Timm Gudehus

# Logistik

Timm Gudehus

# Logistik

## Grundlagen · Strategien · Anwendungen

3., neu bearbeitete Auflage

303 Abbildungen

Springer

Dipl.-Phys. Dr. rer. nat. habil.
**Timm Gudehus**
Strandweg 54
D-22587 Hamburg



ISBN 3-540-24113-2 Springer Berlin Heidelberg New York
ISBN 978-3-540-24113-3 Springer Berlin Heidelberg New York

Bibliografische Information der Deutschen Bibliothek
Die Deutsche Bibliothek verzeichnet diese Publikation in der Deutschen Nationalbibliografie; detaillierte bibliografische Daten sind im Internet über <http://dnb.ddb.de> abrufbar.



Springer ist ein Unternehmen von Springer Science+Business Media

springer.de



Umschlaggestaltung: deblik Berlin
Satz/Datenkonvertierung: medionet AG, Berlin
Herstellung: medionet AG, Berlin
Gedruckt auf säurefreiem Papier 68/3020 – 5 4 3 2 1 0

# Vorwort zur 3. Auflage

Knapp 2 Jahre nach der 2. Auflage erscheint hiermit die 3. Auflage dieses Standardwerks der Logistik. Abgesehen von einigen Korrekturen und Ergänzungen enthält die 3. Auflage nahezu unverändert den erweiterten Inhalt der letzten Auflage. Zusätzlich werden aktuelle Themen behandelt, wie *e-Logistik, RFID* und *elektronisches Kanban* (s. *Sachwortverzeichnis*), und weitere Veröffentlichungen berücksichtigt [314 bis 356].

Neu verfaßt wurde das *Kapitel 14* über die Aufgaben von *Vertrieb, Einkauf* und *Logistik* im Rahmen des *unternehmensübergreifenden Supply Chain Management*. Hinzugekommen sind die Abschnitte *10.7 Dynamische Disposition, 12.8 Elektronisches Kanban, 20.18 Virtuelle Zentrallager und Netzwerkmanagement, 20.19 Bedarfsaufschaukelung und Peitschenknalleffekt* und *22.5 Ausblick*. Die neuen Kapitel *19 Optimale Auslegung von Logistikhallen* und *22 Logistikrecht* behandeln weitere Themen von aktuellem Interesse.

Das *Kapitel 19* über Logistikhallen verbindet die innerbetriebliche und die außerbetriebliche Logistik. Es enthält praxiserprobte *Auslegungsverfahren und Anordnungsstrategien* für Logistikzentren und Fabrikhallen, die auch für die Gestaltung von Umschlagterminals und für die Gebäudeanordnung auf einem Werksgelände geeignet sind. Außerdem werden in diesem Kapitel die Grenzen der *economies of scale* in der Logistik aufgezeigt.

Der *Abschnitt 20.18* enthält die Algorithmen und Formeln einer *neuen Netzwerkstrategie*. Die im Rahmen aktueller Beratungsprojekte vom Verfasser entwickelte *Strategie des virtuellen Zentrallagers* wird hier erstmals veröffentlicht. Sie ermöglicht insbesondere in der Konsumgüterdistribution recht erhebliche Kostenverbesserungen und Bestandssenkungen.

Das *Kapitel 22* enthält Anregungen zur Entwicklung eines integrierten *Logistikrechts*, das die rechtlichen Fragen der Logistik für die Praxis nutzbringend regelt. Anhand ausgewählter Rechtsprobleme wird dargelegt, wo hier besonderer Handlungsbedarf besteht und was ein zukünftiges Logistikrecht leisten könnte. Damit richtet sich dieses Standardwerk auch an *Juristen*, die sich mit Fragen der Logistik befassen.

*Professor Dr. Harald Koch* aus Hamburg und *Professor Dr. Hans-Georg Koppensteiner* aus Salzburg haben mit kritischen Anmerkungen und konstruktiven Hinweisen zur Klärung einiger juristischer Fragen beigetragen. Dafür bin ich ihnen dankbar. Vor allen aber danke ich meiner Frau *Dr. Heilwig Gudehus* für ihre geduldige Bereitschaft, immer wieder aktuelle Fragen der Logistik mit mir zu diskutieren.

Timm Gudehus
Hamburg, im Januar 2005

# Vorwort zur 2. Auflage

Im Herbst 1999 ist dieses Buch erstmals erschienen, zwei Jahre später die zweibändige Studienausgabe. Die Monographie ist inzwischen ein Standardwerk der Logistik. In einigen Unternehmensberatungen und manchen Logistikabteilungen ist das Buch Pflichtlektüre für Anfänger und Nachschlagewerk für Erfahrene. An Universitäten und Fachhochschulen wird es den Studenten als Lehrbuch empfohlen und in der Forschung als Referenzwerk genutzt.

Die aktuelle Entwicklung zeigt, daß wesentliche Fortschritte in der Logistik nur in enger Zusammenarbeit von Wirtschaft, Technik und Informatik möglich sind. Das vorwiegend auf die Prozesse ausgerichtete *Supply Chain Management* ist zwar ein wichtiger, aber nicht der einzige Aspekt der Logistik. Die von *SCM* und *e-commerce* geweckten Hoffnungen sind Ernüchterung gewichen. Auch das lange Zeit gepriesene Outsourcing und der Einsatz von Logistikdienstleistern werden inzwischen realistisch gesehen.

Heute sind meßbare Leistungs- und Serviceverbesserungen gefordert, vor allem kurzfristig realisierbare Rationalisierungen und ergebniswirksame Kosteneinsparungen. Dafür enthält dieses Buch das erforderliche Handwerkszeug. Es weist realistische Verbesserungspotentiale aus und bietet praktisch erprobte Strategien und Handlungsmöglichkeiten. Zu finden sind Algorithmen und Berechnungsformeln für die rechnergestütze Planung und Disposition von Logistik-, Leistungs- und Produktionssystemen.

Die Inhalte der Erstauflage haben sich bewährt. Die Darstellung ist auf positive Resonanz gestoßen. Die bewährten Inhalte und die Darstellungsform sind daher in der Neuauflage unverändert geblieben. Alle Kosten, Preise und monetären Angaben sind auf *Euro* umgerechnet und aktualisiert. Damit behält das Werk seinen Wert als Nachschlagewerk für *Richtkosten* und *Leistungspreise*.

Insgesamt *16 neu verfaßte Abschnitte* und *ein zusätzliches Kapitel* behandeln aktuelle Erkenntnisse und neuere Entwicklungen der Logistik. Hierzu gehört vor allem das *Management dynamischer Netzwerke*. Für die Planung dynamischer Unternehmensnetze bietet das Buch Gestaltungsregeln, Dimensionierungsverfahren und Entscheidungshilfen. Für den laufenden Betrieb enthält es Strategien, Dispositionsregeln und Kalkulationsverfahren.

Die neuen *Abschnitte 2.10, 5.3, 9.13, 10.6, 10.7, 11.14, 11.15* und *12.7* behandeln die *dynamische Disposition*. Die dynamische Disposition sichert marktgerechte Lieferzeiten und Lieferfähigkeiten bei minimalen Kosten. Sie verhindert überhöhte wie auch unzureichende Bestände. Neu sind die *Kostenopportunität der Lagerhaltung*, die *Berechnung dynamischer Sicherheitsbestände*, die Behandlung von *Engpässen* und die *Selbstregelung der Dispositionsparameter* [266; 311].

*Produktionsplanung* und *Fertigungsdisposition* können ihre Ziele mit den gleichen oder ähnlichen Strategien, Verfahren und Algorithmen erreichen, wie die Planung und Disposition von Leistungs- und Logistiksystemen. In den zusätzlichen *Abschnitten 10.6* und *13.9* wird dargestellt, wie sich mit diesem Ansatz die Komplexität der ERP-, MRP- und PPS-Systeme reduzieren läßt.

In den überarbeiteten *Kapiteln 6* und *7* werden die *wirtschaftlichen Aspekte* der Logistik vertieft. Die neuen *Abschnitte 7.7* und *7.8* behandeln die *Erlösseite der Logistik* und die Auswirkungen von Preisstrategien auf die Ressourcennutzung. Die dargestellten Entscheidungsregeln, Kalkulationsverfahren und Gesetzmäßigkeiten der Preisbildung gelten nicht nur für die Logistik sondern auch für andere Leistungssysteme. Leistungssysteme haben heute für die gesamte Wirtschaft eine weitaus größere Bedeutung als die Produktionssysteme für materielle Güter. Das Buch enthält daher auch für Wirtschaftswissenschaftler, die nicht allein an der Logistik interessiert sind, nützliche Informationen.

Handelnde und Nutznießer der Logistik sind die *Menschen*. Das Wirken des Menschen wird in diesem Buch an vielen Stellen angesprochen. In einem neuen *Abschlußkapitel* werden die Wechselwirkungen zwischen den Menschen und der Logistik zusammenhängend behandelt. Ergebnisse sind *Verhaltensempfehlungen* und *Vorgehensregeln*, die das Leistungsvermögen des Menschen für die Logistik fördern und den Nutzen der Logistik für den Menschen sichern sollen.

Die positive Resonanz vieler Leser hat mich bei der Arbeit an der Neuauflage motiviert. Mein besonderer Dank gilt *Dr. Gaby Neumann*, *Dr. Ingo Nowitzky*, *Martin Reinhardt* und *Cathleen Pundt* für Hinweise auf Fehler, für hilfreiche Kommentare und für ihre konstruktive Kritik. Professor *Dr. Hans-Georg Koppensteiner* aus Salzburg bin ich zu Dank verpflichtet für die kritische Durchsicht und Diskussion der in den *Abschnitten 7.7 und 7.8* behandelten Fragen der Preisbildung und des Wettbewerbsrechts.

Dem *Springer-Verlag*, insbesondere *Thomas Lehnert*, danke ich für das Gelingen der Neuauflage. *Claudia Hill* und ihren Kolleginnen sei gedankt für die sorgfältige Bearbeitung der Korrekturen und Ergänzungen. Für das akribische Korrekturlesen danke ich meiner Tochter *Gesina Gudehus*.

Abschließend ein Tip für Neueinsteiger: Lesen Sie nach dem Einführungskapitel zunächst die Einleitungen der Kapitel und die mit dem Pfeil ▶ gekennzeichneten Regeln. Damit verschaffen Sie sich rasch einen Überblick. Außerdem erleichtert es das Verständnis beim späteren Lesen des gesamten Werks.

TIMM GUDEHUS
Hamburg, im Juni 2003

# Vorwort der ersten Auflage

Seit Beginn meiner Industrietätigkeit haben mich die *Probleme* und *Aufgaben* der Logistik mit ihren Dimensionen *Raum* und *Zeit*, *Material* und *Daten*, *Organisation* und *Technik* sowie *Leistung* und *Kosten* fasziniert. Diese Monographie über *Logistik* ist eine Zusammenfassung von Erkenntnissen und Erfahrungen aus meiner Tätigkeit als Planer und Projektmanager, als Privatdozent für Lager-, Transport- und Kommissioniertechnik, als Geschäftsführer von Unternehmen der Fördertechnik, des Anlagenbaus, der Zulieferindustrie und der Textilindustrie sowie als Berater für Strategie und Logistik.

Eingeflossen sind Anregungen, Ideen, Lösungen und Kenntnisse aus Büchern und Veröffentlichungen, aus Diskussionen mit Fachkollegen und Kunden sowie aus der Bearbeitung von Projekten für Industrie, Handel und Dienstleistung. Lösungen und Beiträge anderer habe ich im Verlauf der Jahre weiterentwickelt. Aus eigener Arbeit sind neue Erkenntnisse hinzugekommen. Einige neu entwickelte Problemlösungen und Strategien, die sich in der Beratungspraxis bewährt haben, werden hier erstmals veröffentlicht.

Erarbeitet und verfaßt habe ich das Buch neben meiner beruflichen Arbeit an Wochenenden und Feiertagen sowie in den Wartezeiten auf Geschäftsreisen. Mein größter Dank gilt meiner Frau, *Dr. phil. Heilwig Gudehus*. Sie hat meine häufige Geistesabwesenheit mit Verständnis ertragen, mich in Phasen des Zweifels zur Weiterarbeit ermutigt und mir durch geduldiges Zuhören und kritische Fragen beim allmählichen Verfertigen der Gedanken geholfen [1].

Meinem Vater *Herbert Gudehus*, der sich schon zu Zeiten mit Fragen der Logistik beschäftigt hat, als der Begriff noch weithin unbekannt war, verdanke ich das kritische Denken, den Spaß an der Lösung mathematischer Probleme und viele Anregungen [70; 208; 222].

Einen besonderen Dank schulde ich *Prof. Dr. Helmut Baumgarten*. Er hat mich 1991 in die Logistik zurückgeholt und mir die Zusammenarbeit mit dem *Zentrum für Logistik und Unternehmensplanung GmbH* (ZLU) in Berlin ermöglicht, dessen Gründer und geistiger Vater er ist. Mein weiterer Dank richtet sich an die Kollegen und Mitarbeiter des ZLU. Allen voran und zugleich stellvertretend für das gesamte ZLU-Team danke ich *Dr. Frank Straube* und *Dr. Michael Mehldau*. In der kreativen Atmosphäre des ZLU haben viele Fachdiskussionen im Rahmen der Beratungsprojekte und die Realisierung hieraus entwickelter Konzepte zum Entstehen des Buches beigetragen.

Für hilfreiche Unterstützung, nützliche Informationen, kritische Diskussionen und konstruktiven Widerspruch danke ich *Prof. Dr. Dieter Arnold, Astrid Boecken, Dr. Rudolf von Borries, Dr. Wolfgang Fürwentsches, Oliver Gatzka, Franz Gremm, Richard Kunder, Karsten Lange, Prof. Dr. Heiner Müller-Merbach, Dr. Jochen Miebach, Martin Reinhardt, Prof. Dr. E. O. Schneidersmann, Prof. Dr. Dieter Thormann, Wilhelm Vallbracht, Ole Wagner* und vielen anderen. Danken möchte ich auch dem *Springer-Verlag*, insbesondere *Thomas Lehnert*, für sein Interesse am Gelingen des Werks und die rasche Drucklegung sowie *Claudia Hill* für die sorgfältige Gestaltung.

Diese Monographie über die Logistik mit Teil 1 *Grundlagen, Verfahren und Strategien* und Teil 2 *Netzwerke, Systeme und Lieferketten* richtet sich an Volks- und Betriebswirte, an Ingenieure, Techniker und Informatiker, an Praktiker und Theoretiker, an Planer und Berater, an Anwender und Betreiber, an Anfänger und Fortgeschrittene. Ich hoffe, daß das Werk in Forschung und Lehre, in Theorie und Praxis, in Wirtschaft und Technik sowie für die Beratung und die Unternehmenslogistik von Nutzen ist und breite Verwendung findet.

Timm Gudehus
Hamburg, im Mai 1999

# Inhalt

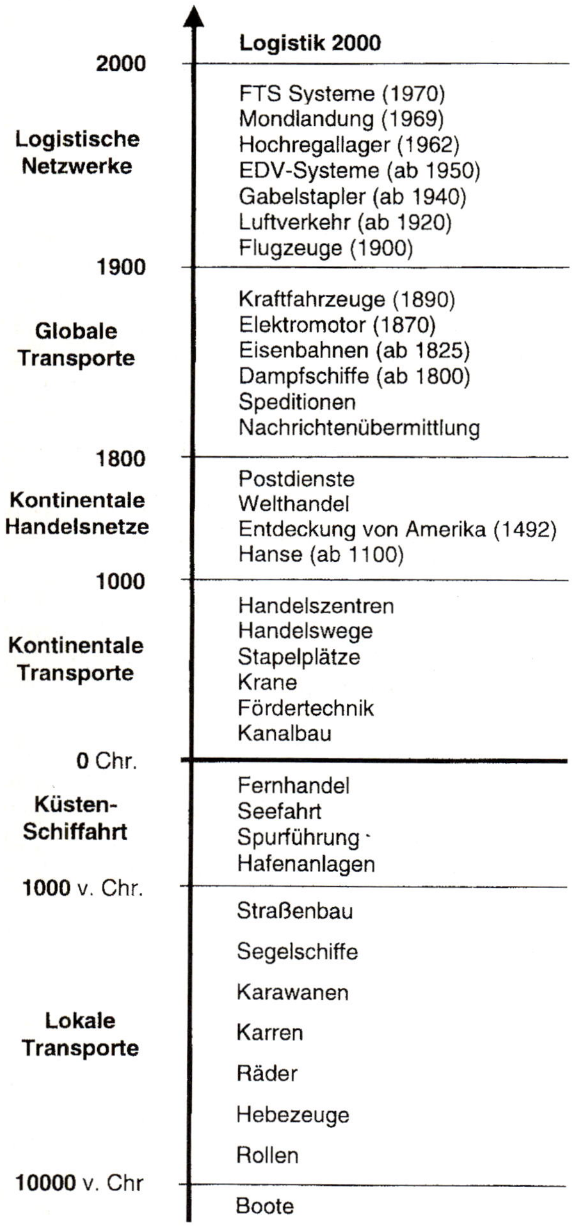


Historische Entwicklung der Logistik

# Einleitung

Die Geschichte der *Logistik* als praktisches Handeln und Geschehen in den Bereichen *Transport*, *Verkehr*, *Umschlag* und *Lagern* reicht weit zurück. *Praktisch-operative Logistik* wurde unter anderen Namen schon immer betrieben: Handel, Spedition, Schiffahrt und Eisenbahn; Stapelplätze, Silos, Lagerhäuser und Stauereien; Fördern und Heben; Kanal-, Straßen- und Hafenbau. Die *Logistikdienstleister* der Vergangenheit waren Postgesellschaften, wie *Thurn&Taxis*, Fuhrunternehmen, wie *Wells Fargo*, sowie die Kaufleute von Venedig und der Hansestädte, die *Fugger*, die *Welser*, die *Godeffroys* oder die *Stinnes*. Die Leistungsfähigkeit der Logistikunternehmer, die schon vor mehr als 150 Jahren große Warenmengen um den gesamten Globus transportierten, Güter aus aller Welt beschafften und Briefe in ganz Deutschland bereits am nächsten Tag zustellten, ist heute weitgehend in Vergessenheit geraten [2; 3; 4; 5; 17; 177; 261; 313; 318].

Neu an der Logistik von heute sind - abgesehen von dem Begriff - die Vielzahl der technischen Lösungsmöglichkeiten, die höheren Geschwindigkeiten, die größeren Kapazitäten sowie die zunehmende *Vernetzung*. Hinzu kommen die vielfältigen Handlungsmöglichkeiten, die sich aus der Steuerungstechnik, der Telekommunikation und der Informatik ergeben [85; 321].

Neu vor allem aber ist die *Erkenntnis*, daß die Verkehrsverbindungen, Lager und Umschlagzentren ein Geflecht von Netzwerken bilden, die Unternehmen, Haushalte und Konsumenten in aller Welt mit den benötigten Gütern und Waren versorgen. Diese Erkenntnis hat sich in den letzten Jahren rasch verbreitet und ist heute unter dem modernen Begriff *Logistik* in aller Munde. Sie ist ein Ergebnis der *theoretischen Logistik* [8; 17; 177; 295; 316].

Die theoretische Logistik ist aus der Planung für die praktische Logistik sowie aus der Kriegswissenschaft [5; 177; 322], den Ingenieurwissenschaften [91; 100; 208] und den Wirtschaftswissenschaften [14; 19] hervorgegangen. Sie wurde lange Zeit unter anderen Namen betrieben, wie *Materialflußtechnik* [21; 29; 60; 89; 127; 268; 269], *Transporttheorie* [7; 177], *Verkehrswirtschaft* [128; 129; 130; 131; 177; 322], *Materialwirtschaft* [271; 272; 312] und *Operations Research* [11; 12; 13; 75; 78; 79; 132]. Die *Theoretiker der Logistik* haben zunächst die historisch gewachsenen Fertigkeiten und Geschäftspraktiken studiert, Techniken und Handlungsmöglichkeiten analysiert und Lösungen für aktuelle Probleme entwickelt [8; 295].

Um jedoch die Veränderungen der Praxis beherrschen und die neuen Handlungsmöglichkeiten effizient nutzen zu können, muß die theoretische Logistik von einer bis heute noch weitgehend deskriptiven *Erfahrungswissenschaft* zu einer rational begründeten *Erkenntniswissenschaft* werden [6; 7; 8; 9; 10; 223; 233; 252; 267; 316]. Dieses Buch will zu dem erforderlichen Wandel der Logistik beitragen. Es enthält eine zusammenfassende Darstellung der *Grundlagen* und *Strategien* der Logistik sowie der organisatorischen, technischen und wirtschaftlichen *Handlungsmöglichkeiten* zur systematischen und zielführenden Lösung der logistischen Aufgaben der Praxis.

Gegenstand des ersten Kapitels sind die *Aufgaben*, *Ziele* und *Aktionsfelder* der Logistik sowie die *Strukturen* und *Prozesse* logistischer *Systeme*. Damit wird das begriffliche Instrumentarium für die *analytisch-normative Logistik* geschaffen. Die analytisch-normative Logistik entwickelt allgemeingültige *Regeln* und *Verfahren* zur Planung und Disposition, *Berechnungsformeln* für die Dimensionierung und *Lösungsverfahren* für konkrete Aufgaben. Sie schafft die *Grundlagen* und *Algorithmen* zur mathematischen Modellierung und Optimierung logistischer Prozesse und Systeme. Ergebnisse der analytisch-normativen Logistik sind *Strategien* und *Entscheidungshilfen* für die Planung und den Betrieb von Logistiksystemen.

Viele Unternehmen halten ihre eigenen Logistikprobleme für einzigartig. Dieser Eindruck wird verstärkt durch unternehmens- oder branchenspezifische Begriffe. Wer die Logistik der Unternehmen verschiedener Branchen analysiert, erkennt jedoch, daß die meisten Logistikprobleme trotz mancher Besonderheit vergleichbar sind, überall die gleichen Grundsätze gelten und ähnliche Lösungsverfahren zum Ziel führen. Die Ausführungen des Buches abstrahieren daher weitgehend von Branchen, Regionen und spezieller Technik.

Eine rein technische oder allein ökonomische Sicht der Logistik verstellt den Blick für das Ganze und verbaut viele Handlungsmöglichkeiten. Die an den Hochschulen übliche Trennung in *technische Logistik* und *betriebswirtschaftliche Logistik* ist daher unzweckmäßig. Betriebswirtschaft, Technik, Informatik und andere Fachbereiche tragen gleichermaßen zur *interdisziplinären Logistik* bei. Die organisatorischen, technischen und ökonomischen Aspekte der Logistik werden daher in diesem Buch gleichrangig dargestellt.

Die mathematischen Grundlagen der Logistik ebenso wie des *Operations Research* (OR) finden sich in der *Arithmetik*, *Algebra* und *Analysis* sowie in der *Wahrscheinlichkeitstheorie* und *Statistik* [11; 12; 13; 82; 86; 171; 251]. Die speziellen OR-Verfahren zur Lösung von Verschnitt-, Transport-, Zuteilungs-, Standort- und Reihenfolgeproblemen werden hier soweit behandelt, wie es im Kontext erforderlich ist. Das gilt auch für die Grundlagen der *Betriebswirtschaft*, der *Volkswirtschaft* und der *Technik* [14; 308].

Die beschriebenen Grundsätze, Strategien und Berechnungsformeln der Logistik wurden für den Bedarf der Praxis entwickelt. Sie haben sich bei der Lösung konkreter Probleme bewährt. Auch wenn die Anregungen aus der Praxis kommen, wird in diesem Buch zunächst die Theorie entwickelt [6; 10; 233]. Anschließend werden praktische Anwendungsmöglichkeiten dargestellt.

Das Werk zeigt *Handlungsspielräume* und *Optimierungsmöglichkeiten* auf und bietet *Lösungsansätze* und *Entscheidungshilfen*. Es enthält *Verfahren* und *Tools* aus der Planungs- und Beratungspraxis, gibt Hinweise auf häufig vorkommende *Fehler* und weist auf *Gefahren* von Standardprogrammen und gebräuchlichen Verfahren hin. Ergebnisse sind vielseitig anwendbare *Planungs- und Gestaltungs-*

*regeln*, *Verfahren* zur Problemlösung, *Betriebsstrategien* und *Dispositionsregeln* sowie allgemeingültige *Berechnungsformeln* zur Dimensionierung und Optimierung von Logistiksystemen und Lieferketten.

Der *erste Teil* des Buches behandelt die *Grundlagen, Verfahren und Strategien*. Er beginnt mit einer Abgrenzung der *Aufgaben und Ziele der Logistik*. Danach werden *Aufbau*, *Strukturen* und *Organisation* von Logistikprozessen und Leistungssystemen beschrieben. Gegenstand der weiteren Kapitel sind die *Planung* und *Realisierung*, die *Potentialanalyse* und die *Strategien der Logistik*. Die betriebswirtschaftlichen Grundlagen der Logistik werden in den zwei Kapiteln über *Logistikkosten* und *Leistungspreise* entwickelt.

Im Kapitel *Zeitmanagement* wird die Rolle der *Zeit in der Logistik* behandelt, aus der sich die Strategien für die *Zeitdisposition* ableiten. Anschließend werden die *Zufallsprozesse in der Logistik* analysiert und die Möglichkeiten und Grenzen der *Bedarfsprognose* dargestellt. Die *Bedarfsprognose* ist Ausgangspunkt für die *Disposition* von Aufträgen, Beständen und Lagernachschub. Die Verfahren und Strategien der *Auftragsdisposition und Produktionsplanung* sowie der *Bestands- und Nachschubdisposition* in den Logistikketten werden in den folgenden Kapiteln behandelt.

Durchlaufende Elemente der *Logistikketten* sind die *Logistikeinheiten*. Deren Funktionen und Bestimmungsfaktoren werden in einem gesonderten Kapitel behandelt, das mit einer Darstellung der zur *Auftragsübermittlung* und *Prozeßoptimierung* benötigten *Logistikstammdaten* abschließt. Grundlegend für die Leistungsberechnung und Systemdimensionierung sind die *Grenzleistungsgesetze* und *Staueffekte*, die Gegenstand des folgenden Kapitels sind. Das letzte Kapitel des ersten Teils befaßt sich mit den Beziehungen und der Aufgabenteilung zwischen *Vertrieb, Einkauf und Logistik*.

Der *zweite Teil* des Buches behandelt die *Netzwerke, Systeme und Lieferketten* und beginnt mit einem Überblick über *Logistiknetzwerke* und *Logistiksysteme*. Danach werden die *Lagersysteme*, die *Kommissioniersysteme* und die *Transportsysteme* behandelt, aus denen sich die übergeordneten Logistiknetzwerke zusammensetzen. Die betreffenden Kapitel beginnen jeweils mit der Festlegung und Abgrenzung der *Funktionen* und *Leistungsanforderungen*, die das System zu erfüllen hat. Dann werden die *Teilfunktionen*, *Systemelemente*, *Strukturen* und *Prozesse* der Systeme analysiert. Aus der Analyse und Klassifizierung der Systeme resultieren *Auswahlregeln* und *Gestaltungsmöglichkeiten* zur Erfüllung der systemspezifischen Anforderungen.

Im anschließenden Kapitel *Optimale Auslegung von Logistikhallen* werden die Systeme und Funktionsbereiche der innerbetrieblichen Logistik zu Umschlaghallen und Logistikzentren zusammengefügt. Die hier dargestellten *Auslegungsverfahren* und *Anordnungsstrategien* sind allgemein nutzbar zur *Layoutplanung* sowie für die Auslegung von Fabrikhallen, die Gestaltung von Umschlagterminals und die Gebäudeanordnung auf einem Werksgelände. Die resultierenden Fabriken und Logistikzentren sind die Quellen, Knotenpunkte und Senken der Logistiknetze von Industrie und Handel.

Die unternehmensübergreifenden Logistiknetzwerke sind Gegenstand des zentralen Kapitels *Optimale Lieferketten und Versorgungsnetze*. Hier werden *Verfahren zur Auswahl optimaler Lieferketten* und die Grundlagen des *Supply-Chain-Management* entwickelt. Danach werden die Konsequenzen für das Vorgehen beim *Einsatz von Logistikdienstleistern* dargestellt. Das folgende Kapitel enthält Gedanken und Anregungen zur Entwicklung eines *Logistikrechts*, das alle rechtlichen Fragen der Logistik für die Praxis nutzbringend regelt. Das Logistikrecht soll *Verkehrsrecht, Frachtrecht, Speditionsrecht* und andere Rechtsbereiche integrieren, die Einfluß auf die Logistik haben. Das letzte Kapitel behandelt die Rolle und die Wirkungsmöglichkeiten der *Menschen in der Logistik*.

Das Werk gibt eine zusammenhängende Darstellung aller aktuellen Bereiche der Logistik. Die beiden Teile und die Kapitel des Buchs sind aufeinander abgestimmt und durch Querverweise miteinander verknüpft. Die einzelnen Kapitel sind jedoch so abgefaßt, daß sie auch in sich verständlich sind.

Zur leichteren Auffindbarkeit werden neu eingeführte *Begriffe* und *Sachworte* kursiv geschrieben. Wichtige *Definitionen* sind mit einem Spiegelpunkt (•) eingerückt, allgemeine Grundsätze und Regeln durch einen Hinweispfeil (▶) gekennzeichnet und dadurch rasch zu finden. *Abbildungen* und *Tabellen* erleichtern das Verständnis des Textes.

Zur Vereinfachung der Programmierung sind die *Formeln*, soweit es die Verständlichkeit zuläßt, einzeilig und mit schrägen Bruchstrichen geschrieben. Besonders nützliche Formeln sind durch **Fettsatz** hervorgehoben und dadurch leichter auffindbar. Ein *Sachwortverzeichnis* und die *Tabellen* mit *Kennzahlen* und *Richtwerten* machen das Buch zum praktisch nutzbaren *Nachschlagewerk*.

Elegante und doch tragfähige Brücken und Bauwerke sind das Ergebnis der konsequenten Nutzung der Gesetze von Statik und Mechanik. Entsprechendes gilt für die Logistik:

▶ Wirtschaftliche und leistungsfähige Logistiksysteme sind nur erreichbar, wenn die *Gesetze der Logistik* bekannt sind und bei der Gestaltung und Dimensionierung richtig genutzt werden.

Dieses Buch hat das Ziel, hierfür die Grundlagen zu schaffen und das erforderliche Wissen zu vermitteln. Darüber hinaus soll es das allgemeine Verständnis für die Logistik fördern, zum Weiterdenken anregen und Anstöße geben für die Forschung und Entwicklung.

Teil 1

# Grundlagen, Verfahren und Strategien

# 1 Aufgaben und Aspekte der Logistik

Die von den Unternehmen, Haushalten und Konsumenten benötigten Waren, Güter, Teile und Einsatzstoffe werden in der Regel nicht an dem Ort und zu dem Zeitpunkt erzeugt, in dem sie gebraucht werden. Sie entstehen meist auch nicht in der benötigten Menge und Zusammensetzung.

Hieraus resultiert die *Grundaufgabe der operativen Logistik* [7; 8; 17; 177]:

▶ *Effizientes Bereitstellen* der geforderten *Mengen* benötigter *Objekte* in der richtigen *Zusammensetzung* zur rechten *Zeit* am richtigen *Ort*.

Für die rationelle Durchführung der Grundaufgabe der operativen Logistik werden von der *analytisch-planenden Logistik* optimale Prozesse, Strukturen und Systeme entwickelt und organisiert [316]. Beide Bereiche der Logistik, *Theorie* und *Praxis*, müssen bei ihren Überlegungen und Entscheidungen stets den Bedarf der *Auftraggeber, Verbraucher* und *Leistungsempfänger* im Auge behalten.

*Logistikobjekte* sind Handelswaren, Lebensmittel, Rohstoffe oder Material, Vorprodukte, Halbfertigfabrikate und Fertigwaren, Investitionsgüter oder Konsumgüter ebenso wie Produktions- und Betriebsmittel. Auch Abfallstoffe und ausgebrauchte Produkte können Gegenstand der Logistik sein. Logistikobjekte, die besondere Sicherheit und einen speziellen Service erfordern, sind Personen und Lebewesen.

*Quellen, Lieferanten* oder *Auslieferstellen* der Logistikobjekte sind Rohstofflager, Produktionsanlagen, Halbfertigwarenlager, Werkstätten, Fabriken und Fertigwarenlager von *Industrieunternehmen* sowie Vorratslager, Importlager und Logistikzentren von *Handelsunternehmen* oder *Logistikdienstleistern. Senken* oder *Anlieferstellen* am Ende der *Logistikketten* sind die Geschäfte, Märkte und Filialen des *Handels* und die Verbrauchsorte der *Konsumenten.* Die Warenquellen, aus denen die *Verbrauchsstellen* beliefert werden, sind selbst *Empfänger* von Gütern und Waren, die aus anderen Quellen kommen. Produzenten, Handel und Konsumenten sind wiederum Quellen von Leergut, Verpackungsabfall, Reststoffen und ausgebrauchten Produkten, die zu entsorgen sind.

Für die *Logistik im engeren Sinn* sind die Standorte der Quellen und Senken, die Produktions- und Versandmengen sowie die Bedarfs- und Verbrauchsmengen vorgegeben. Sie befaßt sich ausschließlich mit den in *Abb. 1.1* dargestellten *Grundfunktionen* und den operativen *Logistikleistungen*:

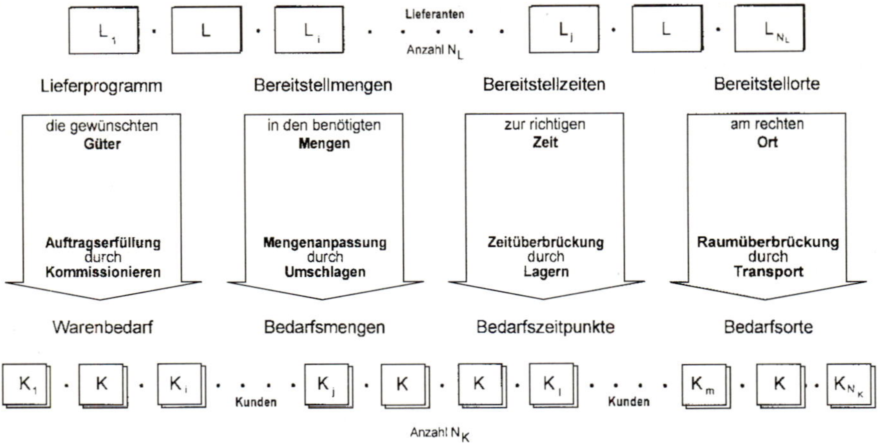


**Abb. 1.1** Grundfunktionen und operative Leistungen der Logistik

$$\begin{array}{l}\text{Transport zur Raumüberbrückung}\\\text{Umschlagen zur Mengenanpassung}\\\text{Lagern zur Zeitüberbrückung}\\\text{Kommissionieren zur Auftragszusammenstellung.}\end{array}\tag{1.1}$$

Die verfahrenstechnischen Prozesse zur Gewinnung, Erzeugung, Herstellung, Abfüllung und Verpackung sind nicht Gegenstand der Logistik. Aufgabe der Logistik ist die *Versorgung* dieser Prozesse mit den benötigten Einsatzstoffen und Teilen, die *Distribution* der resultierenden Erzeugnisse und die *Entsorgung* anfallender Abfälle und Reststoffe.

Logistiksysteme sind spezielle *Leistungssysteme*. Leistungssysteme, die außer den operativen Logistikfunktionen (1.1) weitere Leistungen erbringen, wie Entwicklungs-, Beschaffungs-, Produktions- und Serviceleistungen, sind Gegenstand der *Logistik im weiteren Sinne*. Diese hat die Aufgabe, Systeme zur Erzeugung materieller und immaterieller *Leistungen* aufzubauen, zu betreiben und zu optimieren. Hieraus resultieren Aufgabenüberschneidungen mit der Unternehmensplanung, der Produktionsplanung, dem Maschinenbau, der Fertigungstechnik, dem Anlagenbau, der Verfahrenstechnik, der Informatik und anderen Bereichen der *Technik* und *Betriebswirtschaft*.

Im *weitesten Sinn* umfaßt die Logistik auch den *Einkauf* und den *Verkauf*. Einkauf und Verkauf bahnen die *Logistikketten* zwischen den Unternehmen und zu den Konsumenten an und vereinbaren die *Lieferbedingungen* und *Preise* [19].

Die Logistik ist *interdisziplinär*. Sie nutzt und verbindet das Wissen anderer Fachbereiche, für die wiederum die Logistik eine *Hilfswissenschaft* ist. Das gilt analog für die *Informatik*, deren Aufgabe die Bereitstellung und Verarbeitung von *Informationen* in der benötigten Form zur richtigen Zeit am rechten Ort ist.

Auch wenn die Informatik heute für die Logistik – ebenso wie für die gesamte Wirtschaft – eine zentrale Bedeutung hat, ist es unsinnig, neben einer sogenannten *physischen Logistik* eine *Informationslogistik* oder *e-Logistik* etablieren zu wollen [321]. Für die Logistik ist die Informatik Mittel zum Zweck. Sie darf niemals zum Selbstzweck werden.[1]

Zur Einführung in die Grundlagen der Logistik werden in diesem Kapitel die *Aufgabenbereiche* und *Ziele* der Logistik analysiert, die *Strukturen* und *Prozesse* von *Leistungssystemen* untersucht und die Funktionen von *Leistungsbereichen* und *Leistungsstellen* definiert. Danach werden Aufbau und Strukturen von *Logistiksystemen* und die qualitativen *Effekte von Logistikzentren* beschrieben, deren Quantifizierung Gegenstand der nachfolgenden Kapitel ist. Abschließend werden das *Netzwerkmanagement* von Logistiksystemen und die Aufgabenteilung in der Logistik behandelt.

## 1.1 Leistungssysteme und Maschinensysteme

Der Begriff *Leistungssystem* ist eine Erweiterung des Begriffs *Maschinensystem*. Viele Definitionen, Grundlagen und Methoden der *Theorie der Maschinensysteme* und der *Systemanalyse* lassen sich daher auf allgemeine Leistungssysteme und damit auf die Logistik übertragen [9; 228; 233].

Ein *Maschinensystem* erfüllt *Fertigungsaufträge* und führt nach einem gleichbleibenden *technischen Verfahren* an physischen Objekten materielle Transformationen durch. Maschinensysteme arbeiten *deterministisch*, haben konstante Durchlaufzeiten und sind meist zentral gesteuert. Beispiele für Maschinensysteme sind Druckmaschinen, Werkzeugmaschinen, Chemieanlagen, Abfüllanlagen und Montagelinien. Ein Maschinensystem ist weitgehend unabhängig vom Menschen und hat nur *wenige Freiheitsgrade*.

Neben vielen Analogien gibt es jedoch zwischen Maschinensystemen und Leistungssystemen gravierende Unterschiede:

- *Leistungssysteme* sind von Menschen abhängig. Sie erfüllen *Leistungsaufträge* und führen nach wechselnden *Strategien* an physischen und informatorischen Objekten materielle und immaterielle *Transformationen* aus.

Beispiele für *technische Leistungssysteme*, die von physischen Objekten durchlaufen werden, sind Fabriken, Krankenhäuser, Montagebetriebe, Verkehrssysteme und Logistiksysteme. *Informatorische Leistungssysteme* sind die EDV-Systeme, die Informations- und Kommunikationssysteme (I+K-Systeme) oder Nachrichtendienste. Verwaltungsbetriebe, Banken und Versicherungen sind Beispiele für *administrative Leistungssysteme*.

1 Logistik und Informatik sind selbständige Fachbereiche, die sich zwar gegenseitig befruchten aber nicht ersetzen können. Aufgrund der Unterschiedlichkeit ihres Gegenstands, physische Objekte einerseits und immaterielle Informationen andererseits, unterscheiden sich Logistik und Informatik in der Technik der Systeme [233]. Die speziell für die Logistik benötigte Informatik könnte analog zur *Wirtschaftsinformatik* als *Logistikinformatik* bezeichnet werden. Die Bezeichnung *Informationslogistik* ist ungeeignet, denn es handelt sich hier nicht nur um die Logistik der Informationen.

Leistungssysteme werden in der Regel *stochastisch* in Anspruch genommen. Sie haben schwankende Durchlaufzeiten, sind weitgehend dezentral organisiert und bieten daher *viele Handlungsmöglichkeiten.*

Die *kinematischen Ketten* und Prozesse eines Maschinensystems sind allein durch die Struktur bestimmt. Die *Logistikketten* und *Prozesse* in einem Leistungssystem sind von der *Struktur* und von den *Strategien* abhängig. Sie verändern sich unter dem Einfluß der *Menschen* (s. *Kapitel 23*).

Außer den *Strukturen*, die für alle Systeme gleichermaßen von Bedeutung sind, spielen die *Prozesse* für die Logistiksysteme eine ganz besondere Rolle. Die Entwicklung und Analyse von Strategien zur Gestaltung und Durchführung der Prozesse sind daher zentrale Aufgaben der *theoretischen Logistik* [7].

Die Funktionen eines Leistungssystems werden von den *Leistungsanforderungen* bestimmt. Für die Gestaltung, Dimensionierung und Optimierung eines Systems sind daher vom *Auftraggeber* die *Aufgaben* und *Ziele* vorzugeben, die gewünschten *Leistungsergebnisse* zu spezifizieren, die *Schnittstellen* und *Rahmenbedingungen* zu definieren, die *Leistungsqualität* festzulegen und die benötigten *Leistungsmengen* zu quantifizieren.

Dabei muß sich der Auftraggeber entscheiden zwischen einer *Ergebnisspezifikation*, einer *Verfahrensspezifikation* und einer *Einzelspezifikation*:

- Die reine *Ergebnisspezifikation* legt nur die Leistungsergebnisse fest. Sie läßt Verfahren, Technik, Strukturen und Prozesse offen und erlaubt eine Vielzahl von Lösungen.
- In einer funktionalen *Verfahrensspezifikation* werden die techischen Verfahren und die Leistungsprozesse so vorgegeben, daß nur ein begrenzter Gestaltungsspielraum besteht.
- In einer technischen *Einzelspezifikation* werden außer den Verfahren und Prozessen auch das Material, die Konstruktion und die Verknüpfungen der Systemelemente vorgeschrieben.

Welche dieser *Spezifikationsarten* zweckmäßig ist, hängt ab von den Zielen und der Kompetenz des Auftraggebers sowie von der Art des Systems. In vielen Fällen wird die Ergebnisspezifikation ergänzt um eine Verfahrensspezifikation der wichtigsten Prozesse und die Verfahrenspezifikation um eine Einzelspezifikation der funktionskritischen Elemente.

Für Maschinensysteme ist in Ergänzung zur Ergebnisspezifikation meist eine Einzelspezifikation, für technische Leistungssysteme eine Verfahrensspezifikation sinnvoll. Die reine Ergebnisspezifikation ist für außerbetriebliche Logistiksysteme und für administrative Leistungssysteme am besten geeignet (s. *Kapitel 20*).

## 1.2 Aufgabenbereiche und Ziele

Jede Logistikaufgabe hat bestimmte *Zielvorgaben* und betrifft einen *Aktionsbereich*, der durch die Standorte und Funktionen der Quellen, Senken und Leistungsstellen sowie durch die vorgegebenen Material- und Datenströme definiert ist.

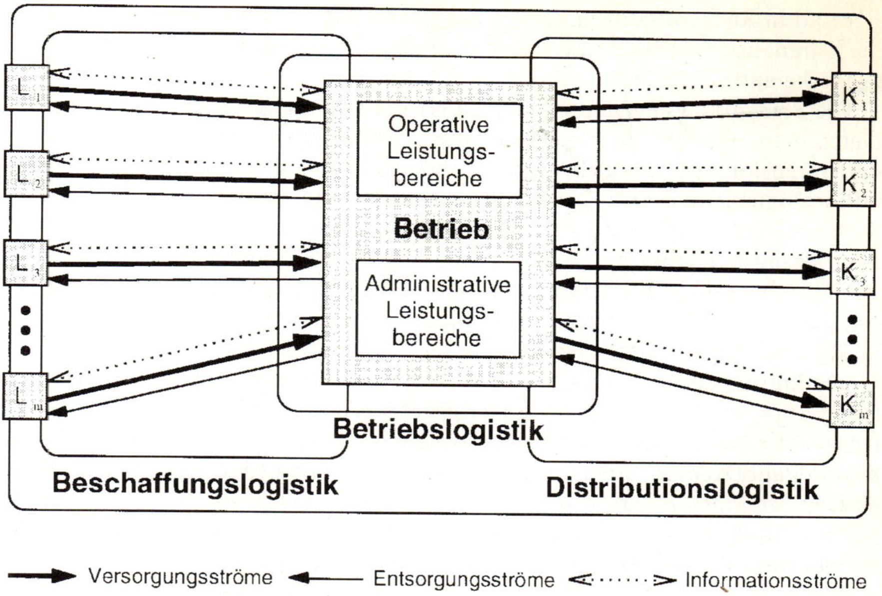


**Abb. 1.2** Bereiche der Unternehmenslogistik
Li: Lieferanten Kj: Kunden

Die *Makrologistik* hat das Ziel, eine *effiziente Güterversorgung* zu sichern und *rationelle Verkehrs-, Güter- und Personenströme* zwischen den Quellen und Senken einer Region, eines Landes und rundum den Globus zu schaffen, unabhängig davon, wem die Güter, die Quellen und die Senken gehören [177; 252]. Eine leistungsfähige *Infrastruktur*, bestehend aus *Verkehrsnetzen* und *Logistikzentren*, geeignete *Institutionen* und wirksame *Gesetze* ermöglichen rationelle *Güterströme und Verkehrsflüsse*, die Voraussetzung sind für eine optimale Entwicklung von Wirtschaft und Gesellschaft (s. *Abschnitt 22.2*).

Die *Mikrologistik* hat zum Ziel, auf der Grundlage privater Vereinbarungen und Verträge die einzelnen Verbraucher und Unternehmen *mit den benötigten Gütern zu versorgen* und den *individuellen Mobilitätsbedarf* kostenoptimal zu decken [177; 252]. Ihre Aufgabe ist, Logistikleistungen anzubieten und auszuführen (s. *Abschnitt 22.2*). Dafür sind Logistiksysteme aufzubauen und zu betreiben sowie die benötigten *Beförderungsketten* und *Versorgungsnetze* zu organisieren. Eine leistungsfähige Unternehmenslogistik ist Voraussetzung für eine optimale Geschäftsentwicklung.

Die *Unternehmenslogistik* umfaßt, wie in *Abb. 1.2* dargestellt, die innerbetriebliche und die außerbetriebliche Logistik. Die *innerbetriebliche Logistik*, auch *Betriebs-, Werks-* oder *Standortlogistik* genannt, verbindet an einem Logistikstandort, in einem Werk oder in einem Betrieb den Wareneingang, die internen Senken und Quellen und den Warenausgang. Die *außerbetriebliche Logistik*, die in Zulaufrichtung als *Beschaffungslogistik*, in Auslaufrichtung als *Distributionslogi-*

*stik* und in Rücklaufrichtung als *Entsorgungslogistik* bezeichnet wird, verbindet die Warenausgänge mit den Wareneingängen unterschiedlicher Logistikstandorte, Werke und Betriebe.

Die *Beschaffungslogistik* befaßt sich also mit dem *Zulauf* der Waren von den Lieferanten bis zu den Betrieben und die *Distributionslogistik* mit der *Verteilung* der Waren von den Betrieben an die Empfänger. Beschaffungslogistik und Distributionslogistik sind zwei Aspekte der gleichen Logistikaufgabe, deren *Ziele* entweder von den Interessen des Empfängers oder von den Interessen des Versenders vorgegeben sind: aus Sicht der Empfänger sind Teile der Distributionslogistik der Lieferanten Bestandteil der eigenen Beschaffungslogistik; aus Sicht der Versender sind Teile der Beschaffungslogistik der Kunden Teil ihrer Distributionslogistik (s. *Abschnitt 20.18*).

Die *Entsorgungslogistik* hat die Aufgabe, Produktionsrückstände, Konsumabfälle, Verpackungsmaterial, Leergut, ausgebrauchte Güter und Reststoffe abzutransportieren, zu lagern, aufzubereiten, einer erneuten Verwendung zuzuführen oder auf Dauer in einem *Endlager* zu deponieren. Sie hieß in der Praxis früher einfach *Müllabfuhr* und in der Theorie *Abfallwirtschaft*. Da das Entsorgen die zeitliche Umkehr des Versorgens ist, wird die Entsorgungslogistik heute auch als *inverse Logistik* (*reverse logistics*) bezeichnet [276; 277].

Die *Verkehrslogistik* und die *Transportlogistik* befassen sich mit den Systemen zur *Beförderung* von Waren, Gütern, Personen und anderen Objekten [209; 218]. In den Stationen und *Knotenpunkten* der Verkehrs- und Transportnetze werden keine Warenbestände gelagert, sondern Durchsatz- und Umschlagleistungen erbracht (s. *Kapitel 18*).

Die übergeordneten *Ziele* der Planung, der Realisierung und des Betriebs von Leistungsystemen sind:

Leistungserfüllung
Qualitätssicherung (1.2)
Kostensenkung.

Das sind auch die *Hauptziele der Unternehmenslogistik*. Inhalte, Priorisierung und Gewichtung der Ziele sind abhängig von der konkreten Aufgabenstellung (s. *Abschnitt 3.4*).

## 1.3 Strukturen und Prozesse

*Leistungssysteme* sind – wie in *Abb. 1.3* dargestellt – *Netzwerke* von einzelnen Leistungsstellen, die von *Material* und *Daten* durchlaufen werden und bestimmte Leistungen erzeugen. Abgesehen von den verfahrenstechnischen und administrativen Prozessen in den Stationen ist jedes Leistungssystem ein *Logistiksystem*.

Ähnlich wie die Strömungssysteme in der Hydrodynamik lassen sich Leistungs- und Logistiksysteme aus *stationärer Sicht* unter dem *Strukturaspekt* oder aus *dynamischer Sicht* unter dem *Prozeßaspekt* betrachten. Für die Lösung der vielfältigen Aufgaben der Logistik sind beide Aspekte erforderlich. Einige Probleme, wie die Optimierung der Prozesse in *vorhandenen Systemen*, lassen sich bes-

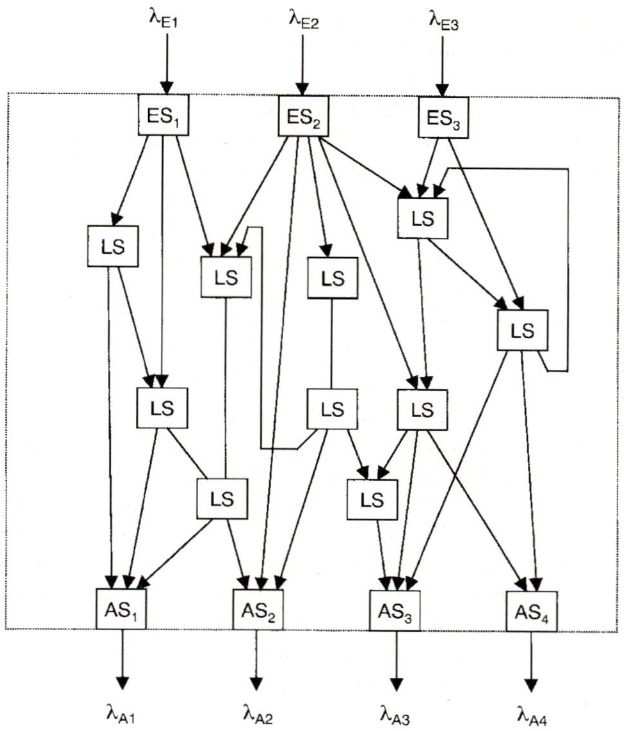


**Abb. 1.3** Allgemeine Struktur eines Leistungs- und Logistiksystems

LS Leistungs- oder Logistikstationen
$ES_i$ Eingangsstationen $\lambda_{Ei}$ Einlaufströme
$AS_j$ Ausgangsstationen $\lambda_{Ai}$ Auslaufströme
→ Auftrags-, Material- und Datenströme (s. *Abschnitt 9.1*)
- - - - Systemgrenze

ser aus prozeßorientierter Sicht lösen. Andere Aufgaben, wie die Gestaltung *neuer Systeme*, erfordern primär eine strukturorientierte Betrachtung. Logistisch Denken heißt daher, zielgerichtet in Prozessen, Strukturen und Systemen denken.

### 1. Strukturaspekt

Unter dem Strukturaspekt werden *Aufbau, Netzwerk, Funktionen, Kapazitäten* und *Leistungsvermögen* des Systems und der Leistungsstellen aus der Sicht eines ruhenden Betrachters analysiert und geplant.

Aus *stationärer Sicht* ist die Aufgabe der Logistik eine *Systemoptimierung* [7; 233]:

- Das *Logistiksystem* ist so zu gestalten, zu dimensionieren, zu organisieren und zu betreiben, daß die *Leistungsanforderungen* bei vorgegebenen *Restriktionen* kostenoptimal erfüllt werden.

Der erste Schritt der Systemoptimierung ist eine *Strukturanalyse*, in der untersucht wird, aus welchen Leistungsstellen sich ein System zusammensetzt und welche Material- und Datenströme zwischen den Leistungsstellen fließen. Die sich anschließende *Potentialanalyse* zeigt auf, ob und in welchem Umfang das System zur Bewältigung vorgegebener Leistungsanforderungen geeignet ist (s. *Kapitel 4*).

Für die Gestaltung der Strukturen gilt der *Grundsatz*:

▶ Die Prozesse bestimmen die Strukturen, nicht die Strukturen die Prozesse.

Bei rein stationärer Sichtweise besteht die Gefahr, den Zweck der Systeme und das *Ziel* der in ihnen ablaufenden Prozesse aus dem Auge zu verlieren.

**2. Prozeßaspekt**

Unter dem Prozeßaspekt werden die *Abläufe* im Logistiksystem und die *Vorgänge* in den Leistungsstellen aus der Sicht eines Betrachters, der den Waren und Daten auf ihrem Weg durch das System folgt, in ihrer *Abfolge* und ihrem *Zeitbedarf* analysiert und gestaltet.

Aus *dynamischer Sicht* ist die Aufgabe der Logistik eine *Prozeßoptimierung:*

- Aus der Vielzahl der Möglichkeiten sind die *Prozesse* und *Leistungsketten* so auszuwählen, zu gestalten, zu kombinieren und zu disponieren, daß die *Leistungsanforderungen* bei Einhaltung der *Restriktionen* kostenoptimal erfüllt werden.

Der erste Schritt der Prozeßoptimierung ist die *Prozeßanalyse* (s. *Abschnitt 4.3*). Die *Prozeßanalyse* ist darauf gerichtet, zu erkennen, wie effektiv die einzelnen Vorgänge in den *Leistungsketten* ablaufen und ob die Leistungsstellen so miteinander verknüpft sind, daß die *Ziele* der Auftraggeber, die *Aufträge* der Kunden und die *Erwartungen* der Empfänger erfüllt werden.

Für die Gestaltung und Optimierung der Prozesse gilt der *Grundsatz*:

▶ Nur wenn alle Leistungsprozesse in einem System bekannt sind, lassen sich die Leistungsstellen dimensionieren, die Leistungskosten errechnen und das Gesamtoptimum erreichen.

Bei rein prozeßorientierter Betrachtung werden häufig die *konkurrierenden* oder *parallel ablaufenden Prozesse* nicht ausreichend berücksichtigt und die *Synergiepotentiale* übersehen.

**3. Dynamischer Netzwerkaspekt**

Unter dem anhaltenden Einfluß des *Operations Research* war die theoretische Logistik lange Zeit auf die Optimierung der *Funktionen* und *Strukturen* bei stationärer Belastung fixiert [12; 86; 94; 171; 181; 215; 264]. Die dynamischen Prozesse in den Auftrags- und Lieferketten wurden dabei weitgehend außer acht gelassen.

Das *Supply Chain Management* ist auf die *Lieferprozesse* von den Lieferanten der Lieferanten durch das eigene Unternehmen bis zu den Kunden der Kunden ausgerichtet [54; 72; 95; 96; 97; 98; 192; 223; 243; 279]. Der reine Prozeßaspekt des SCM verliert jedoch die Strukturen, die Wechselwirkungen zwischen den konkurrierenden Lieferketten und die möglichen Synergien aus der Mehrfachnutzung der Netze und Ressourcen aus dem Blick. Das *Netzwerkmanagement* fordert dagegen, die Ziele der Logistik oder eines Unternehmens durch Optimierung der Prozesse *und* der Strukturen zu erreichen [26; 176; 252]. Das aber ist die zentrale Aufgabe der Unternehmenslogistik (s. *Abschnitt 1.9* und *Abschnitt 2.9*).

Die Leistungsanforderungen und Belastungen der Leistungs- und Logistiksysteme sind in der Regel *instationär*, also zeitlich veränderlich, und *stochastisch*, das heißt zufallsabhängig. Daher ist eine rein statische Betrachtung nicht ausreichend. Ein zukünftiger Schwerpunkt der analytisch-normativen Logistik ist die Entwicklung von Strategien und Algorithmen für die Planung und Disposition *dynamisch belasteter Systeme* [21; 266; 282].

## 1.4 Leistungsstellen und Leistungsbereiche

Leistungssysteme, also auch die Logistiksysteme, setzen sich aus einzelnen *Leistungsstellen* zusammen, die in der Regel zu *Leistungsbereichen* und *Organisationseinheiten* zusammengefaßt sind. Eine Leistungsstelle mit den in *Abb. 1.4* dargestellten *Input-Output-Beziehungen* ist wie folgt definiert:

- In einer *Leistungsstelle* [LS] werden nach *Aufträgen* oder *Anweisungen* unter Einsatz von *Material* und *Ressourcen*, wie Personen, Flächen, Gebäude, Einrichtungen, Maschinen und andere Betriebsmittel, *materielle Produkte* erzeugt oder *immaterielle Leistungen* erbracht.

Aufgabe der Leistungsstellen ist es, bei möglichst geringen Kosten anforderungsgerechte Leistungen zu erbringen, die zur *Wertschöpfung* beitragen. Leistungs-

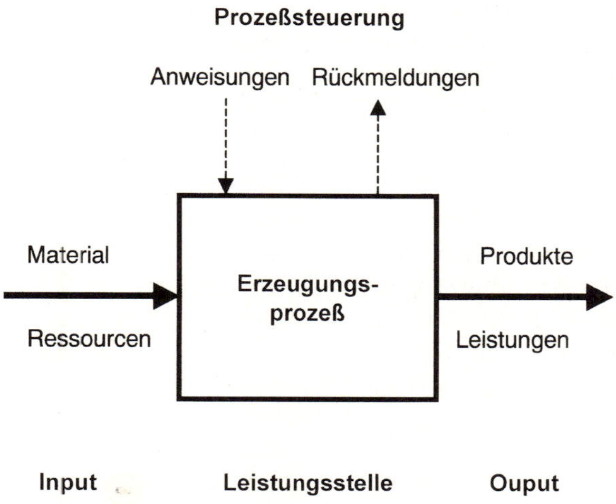


**Abb. 1.4** Input und Output einer Leistungsstelle

stellen oder *Funktionsmodule* sind *Kostenstellen.* Nicht alle Kostenstellen der Betriebsabrechnung aber sind auch Leistungsstellen [14].

Mehrere Leistungsstellen, die sich in einem abgegrenzten Betriebsteil oder in gesonderten Räumlichkeiten befinden, lassen sich, wie in *Abb. 1.5* dargestellt, zu einem *Leistungsbereich* oder *Funktionsbereich* zusammenfassen. Leistungsbereiche, in denen *gleichartige Leistungen* erbracht werden oder die einen bestimmten *Abschnitt der Leistungskette* umfassen, bilden eine *Organisationseinheit.*

*Organisationseinheiten* sind *Werke, Betriebe* oder *Leistungsbereiche*, für deren *Leistungen, Qualität* und *Kosten* eine Betriebsleitung oder ein *Dienstleister* verantwortlich ist (s. *Kapitel 21*). Zur *Ausschreibung* und *Vergabe* an einen *Dienstleister* sind geeignete Leistungsstellen zu einer *Organisationseinheit* zusammenzufassen und so klar voneinander abzugrenzen, daß sich eindeutige *Leistungsumfänge* definieren lassen. Nur dann ist eine selbstregelnde und zielführende *Leistungs- und Qualitätsvergütung* möglich (s. *Kapitel 7* und *21*).

Die *Art der Leistungen* wird durch *Spezifikation* des Leistungsergebnisses und durch Angabe der *Leistungsmerkmale* definiert, wie die Beschaffenheit der Waren oder Produkte, die Transportentfernungen und die Lagerzeiten. Weitere Leistungsmerkmale sind Lieferzeiten, Lagervorschriften, Sicherheitsauflagen und Qualitätsanforderungen.

Für die Systemanalyse und die Systemgestaltung ist es zweckmäßig, die Leistungsstellen nach ihrer Funktion und anderen Merkmalen in Klassen einzuteilen und diese Klassen gesondert zu betrachten (s. *Abschnitt 20.7*) [233].

**1. Leistungsergebnisse**

Das Ergebnis eines Leistungsprozesses kann materiell oder immateriell sein:

- *Materielle Leistungsergebnisse* sind physische Objekte, wie Rohstoffe, Material, Bauten, Industrieerzeugnisse, Konsumgüter oder allgemein *Produkte*, die aus einem Gewinnungs-, Erzeugungs-, Herstellungs-, Veredelungs-, Bearbeitungs- oder Montageprozeß resultieren.
- *Immaterielle Leistungsergebnisse* sind Resultate informatorischer, mengenmäßiger, räumlicher oder zeitlicher *Veränderungen* von oder an Objekten, Personen, Daten oder Informationen, wie ein Abfüllen, Umordnen, Stapeln, Verpacken, Kodieren, Handhaben, Befördern oder Lagern.

Ist das Leistungsergebnis ein materielles Produkt, wird der Prozeß als *Produktions-* oder *Fertigungsprozeß* bezeichnet. Bei einem immateriellen Leistungsergebnis spricht man von einem *Leistungsprozeß.*

In vielen Fällen ist die Unterscheidung zwischen Fertigungsprozeß und Leistungsprozeß jedoch nur eine Frage des Standpunkts und des Eigentums an den behandelten Objekten. So werden Veredelung, Montage, Abfüllen und Verpacken als Teil des Fertigungsprozesses betrachtet, solange sie in einem Unternehmen mit *eigenem Material* stattfinden. Sie werden zu Leistungsprozessen, wenn sie von Dritten außerhalb des Unternehmens mit *fremdem Material* durchgeführt werden.

Beispielsweise ist die Konfektion von Kleidung in einem Textilunternehmen aus gekauften oder selbst hergestellten Stoffen nach eigenen Schnitten ein *Her-*

*stellungsprozeß*. Die gleiche Leistung, ausgeführt nach fremden Schnitten mit bereitgestellten Stoffen, ist eine *Dienstleistung*, die als *passive Lohnveredelung* bezeichnet wird.

Eine Unterscheidung zwischen Fertigungsprozeß und Leistungsprozeß hat daher aus prozeßorientierter Sicht wenig Sinn. Es gibt nur eine *Leistungsproduktion* mit materiellen oder immateriellen Ergebnissen. Das materielle Produkt ist ein *Leistungsträger*, in dem das Ergebnis der einzelnen Leistungsschritte quasi gespeichert ist.

Das Ergebnis und der Durchsatz einer Leistungsstelle werden in *Leistungseinheiten* [LE] gemessen. Meßgrößen für *materielle Leistungsergebnisse* sind *Mengeneinheiten* [ME], wie *Gewicht* [kg; t], *Volumen* [l; m³], *Stück* [ST] oder *Ladeeinheiten* [LE]. Meßgrößen für *immaterielle Leistungsergebnisse* sind *Vorgangsseinheiten* [VE], wie *Aufträge* [Auf], *Positionen* [Pos], *Bearbeitungseinheiten* [BE] oder definierte *Leistungsumfänge* [LU].

*Vorgangseinheiten* zur Messung von spezifischen *Logistikleistungen* sind:

- *Transportleistungseinheiten*: *Transportgut-Entfernung* [Transportgut-km], *Laderaum-Kilometer* [m³-km], *Tonnen-Kilometer* [t-km], *Ladeeinheiten-Kilometer* [LE-km] oder *Personen-Kilometer* [Pers-km].
- *Lagerleistungseinheiten*: *Lagergut-Aufbewahrungszeit* [Lagergut-Tage], *Lagerraum-Tage* [m³-Tage] und *Ladeeinheiten-Tage* [LE-Tage], wie Paletten-Tage oder PKW-Abstelltage.

**2. Typen von Leistungsstellen**

Maßgebend für das *Leistungsvermögen* ist die *Funktionsvielfalt* einer Leistungsstelle. Danach lassen sich monofunktionale und multifunktionale Leistungsstellen unterscheiden:

- In einer *monofunktionalen Leistungsstelle* findet nur ein *gleichartiger Leistungsprozeß* statt.
- In einer *multifunktionalen Leistungsstelle* laufen *gleichzeitig* oder *nacheinander* mehrere unterschiedliche Leistungsprozesse ab.

Leistungsstellen können *direkte Leistungen* erbringen, die *unmittelbar* für einen *Geschäftsprozeß* benötigt werden, oder *indirekte Leistungen*, die für den Geschäftsprozeß nur *mittelbar* von Nutzen sind, wie die Leistungen von Reparaturbetrieben, der Instandhaltung oder der Personalverwaltung.

*Interne Leistungsbereiche* befinden sich innerhalb der Gebäude oder der Werke in der Verantwortung des eigenen Unternehmens. *Externe Leistungsbereiche* liegen außerhalb einer Betriebsstätte oder in der Verantwortung anderer Unternehmen.

Abhängig von der *Zielsetzung* und dem erforderlichen *Detaillierungsgrad* ist es notwendig, *elementare Leistungsstellen*, oder zweckmäßiger, *zusammengesetzte Leistungsstellen* zu betrachten (s. *Abb. 1.5*):

- *Elementare* oder *irreduzible Leistungsstellen* lassen sich ohne Funktionsverlust nicht weiter zerlegen und können zu einer Zeit jeweils nur eine *Leistungsart* erzeugen.

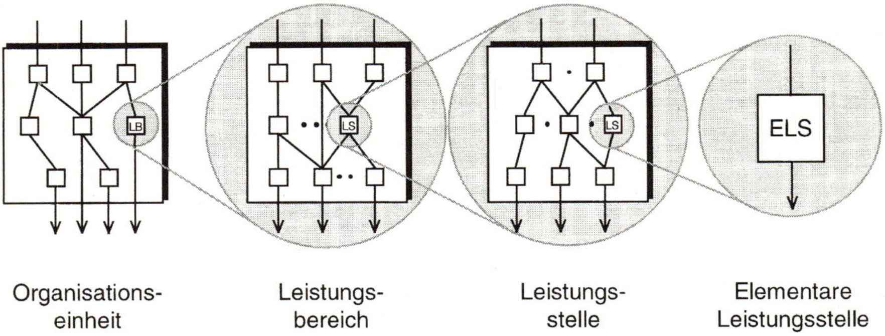


**Abb.1.5** Aufbau von Leistungsstellen, Leistungsbereichen und Organisationseinheiten aus elementaren Leistungsstellen

- *Zusammengesetzte Leistungsstellen* bestehen aus *parallel* oder *seriell* angeordneten elementaren Leistungsstellen und können gleichzeitig mehrere Leistungsarten erzeugen.

Abhängig vom *Leistungsgegenstand* sind zu unterscheiden:

- *Operative Leistungsstellen*: In diesen werden an oder mit *materiellen Objekten*, wie *Material, Ware, Güter* oder *Ladeeinheiten*, Veränderungen, Bearbeitungsvorgänge, Umwandlungen, Produktionsprozesse oder andere *operative Leistungen* durchgeführt.
- *Administrative Leistungsstellen*: In diesen werden an oder mit *Aufträgen, Daten* oder anderen *Informationen* Bearbeitungsvorgänge, Umwandlungen, Übertragungen, Verarbeitungsprozesse, Verwaltungstätigkeiten oder andere *administrative Leistungen* erbracht.

In einer operativen Leistungsstelle können neben den operativen Funktionen auch administrative Arbeiten an den warenbegleitenden Auftragspapieren, Informationen und Belegen geleistet werden.

In den *operativen Leistungsstellen der Fertigung* werden Rohstoffe, Güter und Teile durch die Leistungsprozesse in Produkte umgewandelt. *Operative Leistungsstellen der Fertigung* sind beispielsweise:

- *Produktionsstellen*, in denen aus *Eingangsmaterial* durch Verfahrens- oder Herstellprozesse *materielle Produkte* erzeugt werden,
- *Montagestellen*, in denen aus zugeführten *Teilen, Baugruppen* und *Modulen* Geräte, Fahrzeuge, Maschinen, Anlagen oder andere Produkte erzeugt werden,
- *Abfüllstellen*, in denen Güter in *Flaschen, Dosen, Säcke* oder andere *Verkaufseinheiten* abgefüllt werden,
- *Verpackungsstellen*, die Produkte oder Verkaufseinheiten in *Kartons, Trays, Paketen, Gebinden* oder anderen *Ladungsträgern* zu *Verpackungs-, Versand- oder Ladeeinheiten* verpacken,
- *Demontagestellen*, die ausgediente Produkte demontieren und für das Recycling sortieren.

Operative Leistungsstellen, in denen der einlaufende Gegenstand seine Identität bewahrt, sind *Abfertigungs- oder Servicestellen.* Hierzu gehören :

- *Reparaturstellen*, in denen beschädigte oder defekte Produkte, Transportmittel oder Ladungsträger repariert werden,
- *Bearbeitungsstellen*, in denen an einem zugeführten Gegenstand ohne inhaltliche Veränderung ein Bearbeitungsvorgang, wie das Kodieren oder Erfassen, durchgeführt wird.

In den *Leistungsstellen der Logistiksysteme* finden an den Waren, Gütern und Ladeeinheiten *räumliche, zeitliche* und *informatorische Veränderungen*, aber keine inhaltlichen Umwandlungen statt. *Logistikstationen* sind Leistungsstellen, in denen nur Logistikleistungen erbracht werden. *Transportknoten* oder *Knotenpunkte* sind bestandslose Logistikstationen, die allein dem Durchsatz, dem Umschlag und dem Sortieren dienen.

### 3. Kenndaten von Leistungsstellen

Die einzelnen Leistungsstellen lassen sich allgemein durch folgende *Kenndaten* charakterisieren:

| | | |
|---|---|---|
| *Leistungen* | Auftragsarten<br>Leistungsmerkmale $LM_i$<br>Funktionen $F_\alpha$<br>Leistungsprozesse (Transformationen) | |
| *Objekte* | Beschaffenheit der ein- und auslaufenden physischen Objekte<br>Art der ein- und auslaufenden Daten und Informationen | |
| *Zeiten* | Betriebszeiten, Laufzeiten und Arbeitszeiten<br>Bearbeitungszeiten und Durchlaufzeiten | |
| *Kapazitäten* | Puffer- und Lagerkapazitäten für materielle Objekte<br>Speicherkapazität für Daten und Informationen | (1.3) |
| *Grenzleistungen* | Produktionsgrenzleistungen $\mu_P$ [PE/ZE]<br>Durchsatzgrenzleistungen $\mu_{ij}$ [LE/ZE] | |
| *Ressourcen* | Flächen und Räume<br>Betriebsmittel, Maschinen und Einrichtungen<br>Förderanlagen und Transportmittel<br>Personalbesetzung | |
| *Relationen* | Standorte<br>betriebliche und organisatorische Zuordnung<br>Schnittstellen zu anderen Leistungsstellen. | |

Die aktuelle *Nutzung* der Leistungsstelle, also die *Leistungsbeanspruchung*, ist – wie in *Abb. 1.6* dargestellt – gegeben durch die *Durchsatzraten* $\lambda_i$ [LE/ZE], die

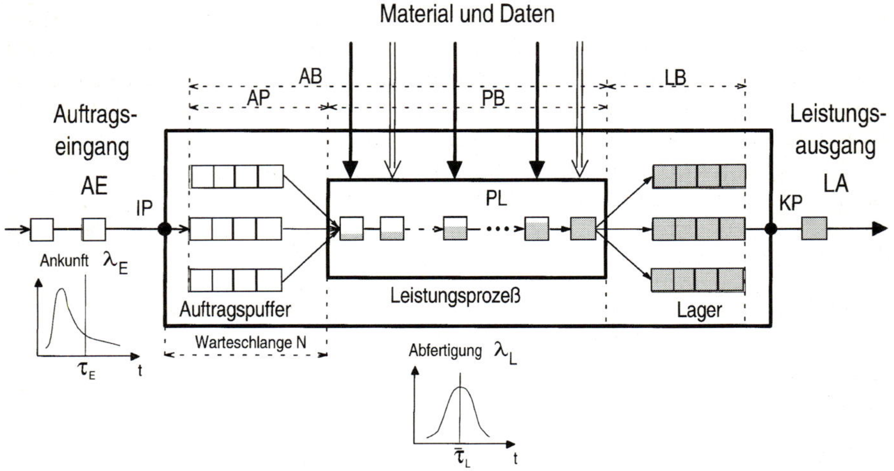


**Abb. 1.6** Leistungsprozeß und Kenndaten einer Leistungsstelle

IP Identifikationspunkt KP Kontrollpunkt
$\lambda_E = 1/\tau_E$ = Ankunftsrate = 1 : mittlere Ankunftstaktzeit
$\mu_L = 1/\tau_L$ = Abfertigungsrate = 1 : mittlere Leistungstaktzeit
$\lambda_A = 1/\tau_A$ = Auslaufrate = 1 : mittlere Auslauftaktzeit
AE: Auftragseingang PL: Produktionsleistung LA: Leistungsausgang
AB = AP + PB = Auftragsbestand, AP = AB – PB = Auftragspuffer
PB = Produktionsbestand, LB = Lagerbestand
GB = LB – AB = frei verfügbarer Gesamtbestand
$DZ_{min}$ = minimale Durchlaufzeit; DZ = aktuelle Durchlaufzeit

*Taktzeitverteilung* und die *Durchlaufzeiten* der eingehenden Aufträge sowie der verarbeiteten, durchlaufenden und erzeugten Güter und Informationen.

Aus der Leistungsbeanspruchung ergeben sich in Verbindung mit den *Dispositions- und Betriebsstrategien* bei vorgegebenen oder geeignet festgelegten *Betriebszeiten, Maschinenlaufzeiten* und *Arbeitszeiten* der *Personalbedarf* und die Anzahl *benötigter Betriebs- und Transportmittel.*

## 1.5 Strukturen von Logistiksystemen

Logistiksysteme bestehen aus *Transportnetzen* und *Leistungsstellen*, die von Warenströmen durchflossen werden (s. *Abb. 1.3*). In den *operativen Logistikstationen* werden die *einlaufenden Warenströme* bearbeitet, zwischengelagert, kommissioniert oder umgeschlagen zu *auslaufenden Warenströmen*. In den *administrativen Logistikstationen* werden *Informationen* und *Daten* erzeugt und bearbeitet, die den *Warenfluß* in den Transportnetzen und operativen Leistungsstellen auslösen und begleiten.

*Umschlag-, Lager-* und *Kommissioniersysteme* sind spezielle Logistiksysteme, die nur eine oder zwei der logistischen Grundfunktionen (1.1) erfüllen (s. *Kapitel*

16 und 17). *Transportsysteme* dienen der reinen Raumüberbrückung. Sie setzen sich zusammen aus *Transportverbindungen* oder *Verkehrswegen*, auf denen die zur Warenbeförderung benötigten Transportströme fließen, und aus *Transportknoten*, in denen die einlaufenden Transportströme zu auslaufenden Transportströmen zusammengeführt und verzweigt werden (s. *Kapitel 18*).

Die Logistiksysteme lassen sich unterscheiden nach der Stufigkeit der Lieferketten zwischen den Quellen und Senken. Die *Stufigkeit* einer Lieferkette wird bestimmt von der Anzahl der Zwischenstationen, die von den logistischen Objekten durchlaufen werden. Sie ist wie folgt definiert:

- Eine *N-stufige Lieferkette* besteht aus *N Transportabschnitten*, die über *N*-1 *Zwischenstationen* miteinander verbunden sind.

Die Struktur eines Logistiksystems wird durch folgende *Strukturparameter* definiert:

- *Anzahl, Standorte* und *Funktionen* der *Quellen* und *Lieferstellen.*
- *Anzahl, Standorte, Funktionen* und *Zuordnung* der *Logistikstationen* zwischen den Quellen und Senken.
- *Anzahl, Standorte* und *Funktionen* der *Senken* und *Empfangsstellen.*

Die *Zwischenstationen* können reine *Transportknoten*, bestandsführende oder bestandslose *Umschlagpunkte*, *Lagerstationen* mit oder ohne Kommissionierung oder größere *Logistikzentren* mit vielfacher Funktion sein.

Ein Teil der Strukturparameter, wie die Standorte der Lieferanten und Kunden, sind in der Regel *Fixpunkte*, die sich kurzfristig nicht verändern lassen. Die übrigen Strukturparameter, insbesondere die Anzahl, Standorte und Funktionen der Zwischenstationen, sind freie *Gestaltungsparameter.*

Bei bekannten Leistungsanforderungen und vorgegebenen Rahmenbedingungen ist es möglich, ein Logistiksystem durch Variation der freien Gestaltungsparameter zu optimieren. Zusätzlich besteht die Möglichkeit, die stärksten Warenströme direkt, die schwächeren Sammel- oder Verteilströme zweistufig und die schwächsten Ströme zwischen den Quellen und Senken drei- oder mehrstufig laufen zu lassen. Hierdurch entstehen Logistiksysteme mit gemischter Struktur. *Strukturgemischte Systeme* sind Überlagerungen von Logistiksystemen mit unterschiedlicher Stufigkeit.

Zur Darstellung der strukturellen Möglichkeiten und ihrer Eigenschaften ist es zweckmäßig, zunächst die *strukturreinen Logistiksysteme* gesondert zu betrachten. Zur Gestaltung eines *vollständigen Logistiksystems* ist jedoch die Auswahl und Optimierung der Lieferketten primär unter dem Prozeßaspekt erforderlich (s. *Kapitel 20*).

### 1. Einstufige Systeme

In einem einstufigen Transportsystem, wie es in *Abb. 1.7* dargestellt ist, bestehen zwischen den Quellen und Senken nur ungebrochene *Direktverbindungen.*

Solange die verfügbaren Transportmittel durch die Warenmengen, die zwischen den Quellen und Senken zu befördern sind, wirtschaftlich ausgelastet sind,

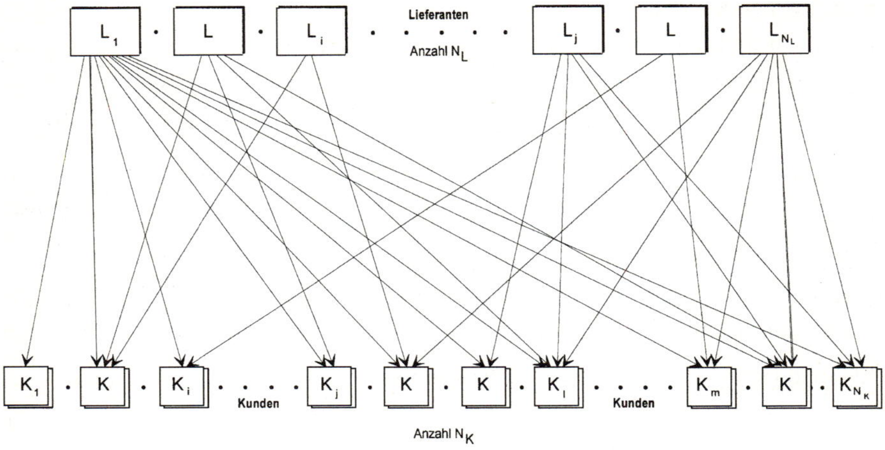


**Abb. 1.7** Einstufiges Transportsystem zur Direktbelieferung

$L_i$: Lieferanten $K_i$: Kunden

ist eine Direktbelieferung mit *zielreinen Transporten* von den Quellen zu den Senken sinnvoll.

Wenn von einer Quelle mehrere Senken, die nicht zu weit von der Quelle entfernt sind, mit kleineren Mengen zu versorgen sind, werden die Zustellorte in *zielgemischten Transporten* auf *Verteiltouren* beliefert. Umgekehrt werden kleinere Warenmengen, die für einen naheliegenden Zielort bestimmt sind, von mehreren Quellen in einer *Sammeltour*, auch *milk run* genannt, abgeholt und als *quellengemischter Transport* zugestellt (*s. Abbildung 20.5*).

## 2. Zweistufige Systeme

In einem zweistufigen System sind die Verbindungen zwischen den Quellen und Senken durch eine *Zwischenstation* unterbrochen.

Sind *wenige Empfangsstellen* von vielen, weit verteilten Quellen über *große Entfernungen* mit Mengen zu beliefern, die in der Direktrelation keine größeren Transporteinheiten füllen, kann ein zweistufiges Transportsystem mit einem Warenfluß über *Umschlagpunkte* vorteilhaft sein, die sich als *Sammelstationen* in der Nähe der Versandorte befinden.

Wenn von *wenigen Quellen* über große Entfernungen eine Vielzahl flächenverteilter Empfänger mit Mengen zu versorgen ist, die in der Direktrelation keine größeren Transportmittel füllen, laufen die Waren günstiger über Umschlagpunkte, die als *Verteilstationen* an geeigneten Standorten in der Region der Empfangsorte liegen.

### 3. Dreistufige Systeme

Bei einer Belieferung vieler Empfänger von einer größeren Anzahl weit entfernter Versender mit Warenmengen, die in den Direktrelationen keine ausreichend großen Transportmittel füllen, kann eine dreistufige Netzstruktur optimal sein.

In einem dreistufigen Netzwerk sind die Verbindungen zwischen den Quellen und Senken entweder, wie in *Abb. 1.8* für ein Frachtnetz dargestellt, durch *Sammelstationen* und *Verteilstationen*, oder, wie in *Abb. 1.9* gezeigt, durch *Logistikzentren* und nachgeschaltete *Verteilstationen* zweimal unterbrochen.

Die Sammelstationen befinden sich in der Nähe der Versender, die Verteilstationen in der Nähe der Empfänger. In den *bestandslosen Umschlagstationen* können Warenumschlag und Transportbündelung nach dem *Crossdocking-Verfahren* ohne Sortierung oder nach dem *Transshipment-Verfahren* mit Sortierung durchgeführt werden (s. *Abb. 20.1*). Zwischen den Sammelpunkten und den Verteilpunkten verkehren *Ferntransporte*, die sogenannten *Hauptläufe*, in denen die Waren mehrerer Versender für viele Empfänger zusammengefaßt sind.

In einem dreistufigen *Frachtnetz* ist eine erhebliche Senkung der Transportkosten erreichbar durch *Bündeln* der Transporte in den Sammel- und Verteilstationen, durch Einsatz der jeweils rationellsten Transportmittel, durch *paarige Hin- und Rücktransporte* im *Hauptlauf*, durch kombinierte Sammel- und Verteilstationen und durch *optimale Touren*.

Eine weitergehende Senkung der Logistikkosten und eine Verbesserung des Lieferservice lassen sich durch Bündeln zusätzlicher Funktionen der logistischen Prozeßkette in *bestandsführenden Umschlagstationen* oder in *Logistikzentren* erreichen. Bei *dezentraler Organisation* wird die Umschlagfunktion einer Gruppe von Sammel- oder Verteilstationen mit der Lagerhaltung, dem Kommissionieren

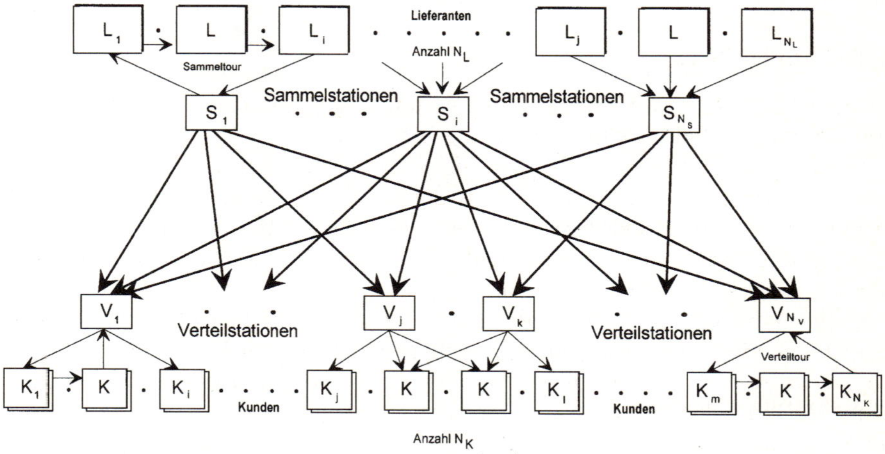


**Abb. 1.8** Dreistufiges Frachtnetz mit Sammel- und Verteilstationen

L: Lieferanten K: Kunden
$S_i$: Sammelstationen $V_j$: Verteilstationen

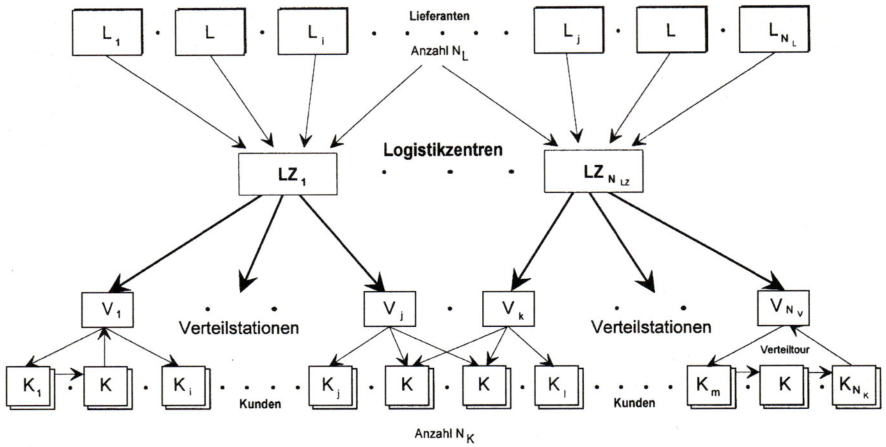


**Abb. 1.9** Dreistufiges Logistiksystem mit Logistikzentren und Verteilstationen

$LZ_n$: Logistikzentren

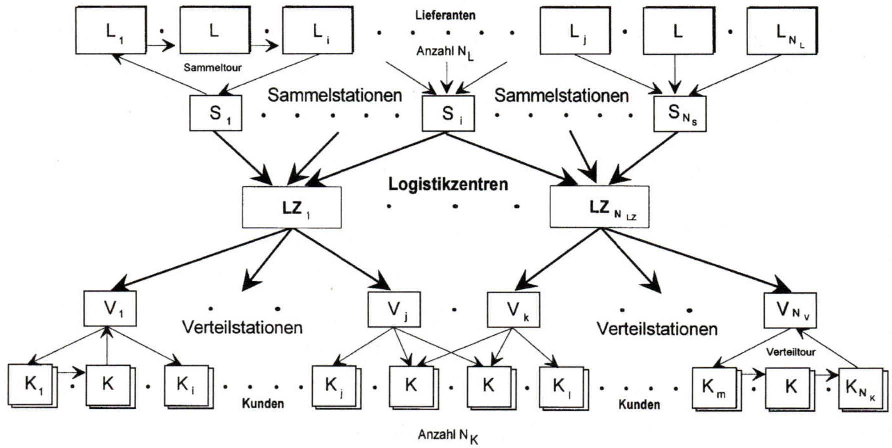


**Abb.1.10** Vierstufiges System mit Sammel- und Verteilstationen und mehreren Logistikzentren

und anderen Funktionen, wie in *Abb. 1.9* gezeigt, in einem oder wenigen Logistikzentren zusammengefaßt, ohne die Stufigkeit des Systems zu erhöhen.

## 4. Mehrstufige Systeme

Mehrstufige Systeme haben mehr als zwei Unterbrechungen der Verbindung zwischen den Quellen und den Senken.

So entstehen vierstufige Systeme, wenn zur weiteren Zentralisierung der Bestände und Funktionen, wie in *Abb. 1.10* dargestellt, ein oder mehrere multifunktionale Logistikzentren an geeigneten Standorten zwischen die Sammelstationen und die Verteilstationen geschaltet werden. Mehrstufige *Transportsysteme* ergeben sich auch im *multimodalen Transport* über große Entfernungen, zum Beispiel in der Luft- und Seefracht mit Vor- und Nachlauf (s. *Abb. 20.4* und *20.21*).

Die Logistiknetze, in die ein Unternehmen eingebettet ist, sind in der Regel *Überlagerungen* von ein-, zwei-, drei- und mehrstufigen Strukturen. Die Quellen und Senken sind durch Logistikketten mit *unterschiedlicher Stufigkeit* verbunden, die sich in Weglänge, Laufzeit und Leistungskosten voneinander unterscheiden. Aus den gegebenen Möglichkeiten sind von der *Disposition* die jeweils zeit- und kostenoptimalen Logistikketten auszuwählen (s. *Kapitel 20*).

## 1.6 Funktionen von Logistikzentren

Um die innerbetrieblichen Logistikleistungen besonders rationell auszuführen und einen besseren Service zu bieten, werden in einem *Logistikzentrum* die in *Abb. 1.11* dargestellten Funktionen zentralisiert. Außerdem können über ein Logistikzentrum Beschaffungs- und Distributionsströme gebündelt werden. Dadurch lassen sich die Transportkosten optimieren.

Ein *offenes Logistikzentrum* besteht aus mehreren Gebäudekomplexen mit umgebenden Verkehrsflächen, Verbindungsstraßen und Verkehrsanschluß an Straße, Bahn, Wasser oder Frachtflughäfen. Offene Logistikzentren umfassen die Logistikbetriebe mehrerer Unternehmen, Stauereien, Speditionen und anderer Logistikdienstleister.

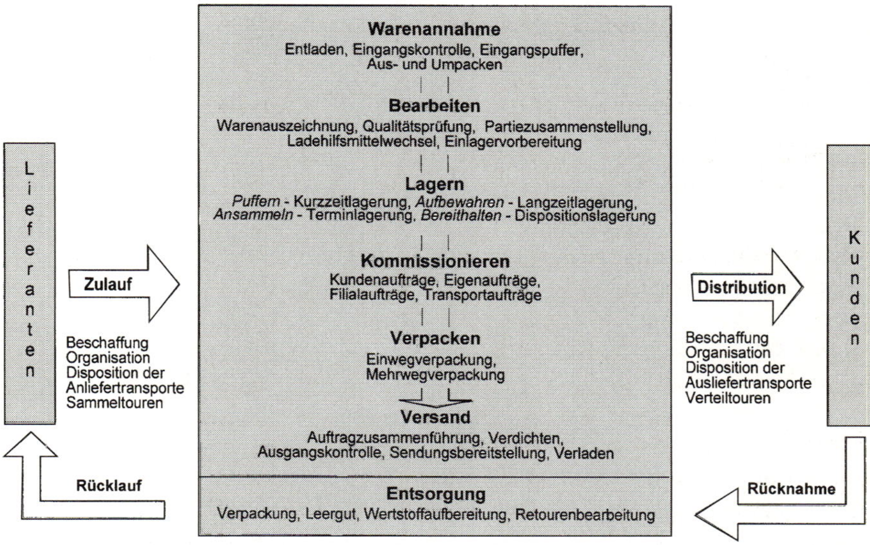


**Abb. 1.11** Funktionen eines Logistikzentrums

Typische Beispiele für offene Logistikzentren sind Bahnhöfe, Flughäfen, Binnenschiffhäfen und Seehäfen. Andere offene Logistikzentren, die zunehmend an Bedeutung gewinnen, sind die *Güterverkehrszentren* (GVZ). Güterverkehrszentren an der Peripherie von Ballungsgebieten und Großstädten sind Ausgangspunkt der *City-Logistik* zur Bündelung der Transporte in und aus den Ballungszentren [20].

In einem *geschlossenen Logistikzentrum* befinden sich die Leistungsstellen in einem zusammenhängenden Gebäudekomplex, der von einer nach außen abgegrenzten Verkehrsfläche umgeben ist. Geschlossene Logistikzentren haben Straßenanschluß, in besonderen Fällen auch Bahnanschluß oder eine unmittelbare Verbindung zu Wasserstraßen oder Flughäfen. Ein geschlossenes Logistikzentrum ist die *Betriebsstätte* eines Industrie-, Handels- oder Dienstleistungsunternehmens oder einer selbständigen Betreibergesellschaft.

Beispiele für geschlossene Logistikzentren sind *Distributionszentren* DZ, *Versandzentren* VZ, *Lagerzentren* LZ, *Zentrallager* ZL, *Warenverteilzentren* WVZ, *Regionalverteilzentren* RVZ, *Warendienstleistungszentren* WDZ, *Versorgungszentren* VSZ und *Umschlagzentren* UZ.[2] Sie sind entweder für nur einen Auftraggeber im Einsatz und speziell für dessen Bedarf eingerichtet (*dedicated warehouse*) oder arbeiten mit entsprechend flexiblen Einrichtungen für mehrere Nutzer (*multi-user warehouse*).

Die meisten Logistikzentren bieten die *operativen Standardleistungen* der Logistik:

*Lagern* der Waren eines oder mehrerer Lieferanten
*Kommissionieren* der Aufträge für viele Kunden (1.4)
*Umschlagen* von *Transferware* vieler Lieferanten für viele Kunden.

Außerdem werden in vielen Logistikzentren *Zusatzleistungen* erbracht, die aus einem Logistikzentrum ein *Kompetenzzentrum* machen, wie:

Qualitätssicherung
Warenbearbeitung
Abfüllen und Verpacken
Ein- und Auspacken
Montagearbeiten
Reparaturdienste (1.5)
Retourenbearbeitung
Reklamationsdienst
Leergutbearbeitung
Entsorgen.

2 Die Vielfalt der Bezeichnungen für Logistikzentren ist nicht allein aus den unterschiedlichen Leistungsschwerpunkten oder aus dem Bemühen um werbewirksame Namen zu erklären, sondern hat auch steuerliche Gründe. Für ein „komplexes" Logistikzentrum, das viele Arbeitsplätze verspricht, sind leichter Fördermittel und Steuererleichterungen zu erhalten als für ein einfaches Lager.

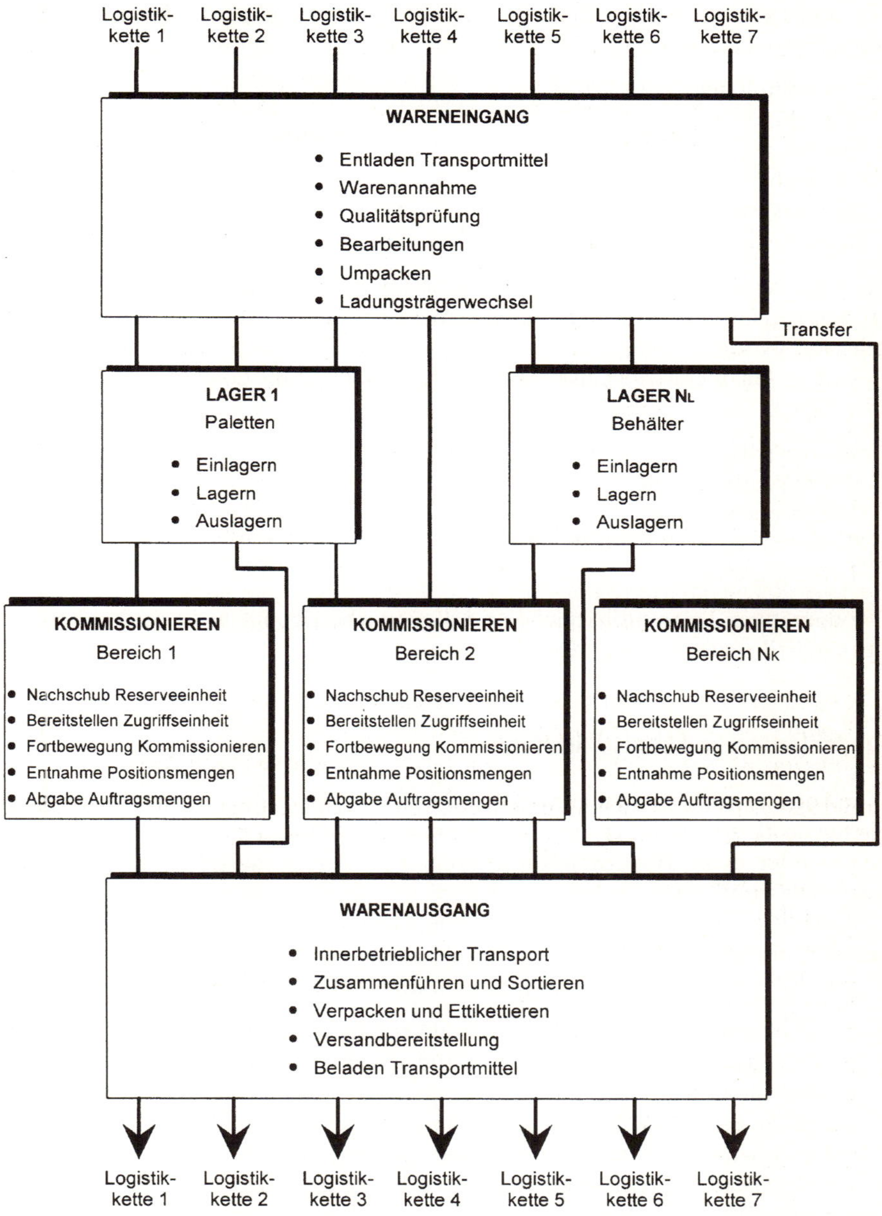


**Abb. 1.12** Operative Leistungsbereiche und innerbetriebliche Logistikketten eines Logistikzentrums

Die logistischen Standardleistungen werden in den *operativen Leistungsbereichen* eines Logistikzentrums erbracht:

Wareneingang
Lagerbereiche
Kommissioniersysteme
Transportsysteme (1.6)
Sortiersysteme
Warenausgang.

Für weitere Leistungen gibt es zusätzliche operative Leistungsbereiche, wie die *Qualitätssicherung*, die *Retourenaufarbeitung*, die *Reklamationsbearbeitung* oder *Reparaturbetriebe*.

Neben den operativen Leistungsbereichen haben große Logistikzentren *administrative Leistungsbereiche*, wie

Auftragsdisposition
Arbeitsvorbereitung
Datenverarbeitung (1.7)
Transport- und Frachtdisposition
Betriebsleitung.

Die operativen Leistungsbereiche und die innerbetrieblichen Logistikketten eines Logistikzentrums zeigt *Abb. 1.12*.

## 1.7 Prozeßketten und Logistikketten

Eine Folge zeitlich nacheinander ablaufender *Vorgänge*, die in einer räumlichen Kette von *Leistungsstellen* und *Stationen* stattfinden und zu einem *Leistungsergebnis* oder einer *Wertschöpfung* führen, wird als *Prozeßkette, Leistungskette* oder *Wertschöpfungskette* bezeichnet.

Abhängig davon, ob die Vorgänge in operativen oder administrativen Leistungsstellen stattfinden und ob sie materielle oder immaterielle Objekte betreffen, sind die Leistungsketten *Logistikketten*, *Informationsketten* oder *Auftragsketten* (s. *Abb. 1.13*):

- Eine *Logistikkette* ist eine Reihe operativer Leistungsstellen, die von materiellen Objekten durchlaufen wird. Ein- und auslaufende Objekte der Logistikkette sind Material, Waren oder Sendungen, die sich im Verlauf des Prozesses räumlich, zeitlich oder physisch verändern. Der Durchfluß durch eine Logistikkette wird als *Material-* oder *Warenfluß* bezeichnet.
- Eine *Informationskette* ist eine Reihe von Leistungsstellen, die von Informationen oder Daten durchlaufen wird. Die ein- und auslaufenden Objekte einer Informationskette sind immateriell. Der Durchsatz einer Informationskette ist der *Informations-* oder *Datenfluß*.
- Eine *Auftragskette* ist eine Reihe administrativer *und* operativer Leistungsstellen, die von Aufträgen und Auftragsergebnissen durchlaufen wird. In den administrativen Leistungsstellen werden die Aufträge angenommen und bear-

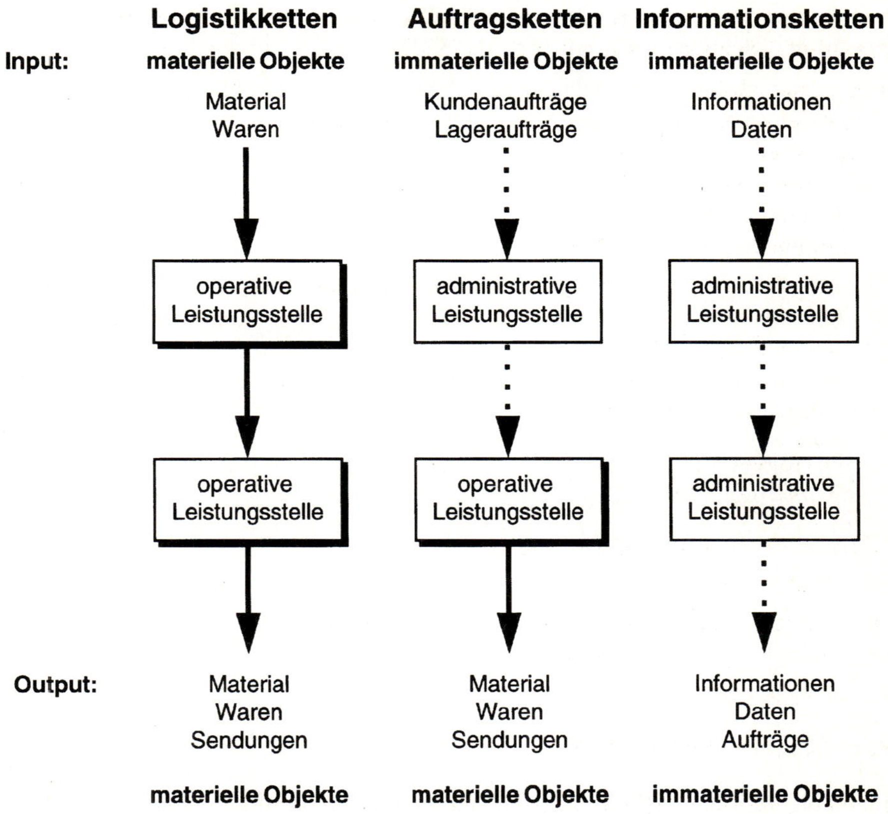


**Abb. 1.13** Logistikketten, Auftragsketten und Informationsketten

⟶ Materialfluß   - - ➔ Datenfluß

beitet. In den operativen Leistungstellen lösen die Aufträge die Erzeugung von Produkten und Leistungen aus. In eine Auftragskette laufen *Aufträge*, also immaterielle Objekte hinein. Heraus kommen Produkte, Waren oder Sendungen, also materielle Objekte (s. z.B. *Abb. 3.7*).

Eine Logistikkette beschreibt den *Lieferprozeß* vom Lieferanten bis zum Kunden, eine Auftragstragskette den *Auftragsprozeß* vom Kunden bis zum Kunden. Eine Logistikkette wird in der Regel von einer Auftragskette ausgelöst und von einer Informationskette begleitet. In den sogenannten *I- und K-Punkten* treffen Informationsketten und Logistikketten zusammen (s. *Abschnitt 2.6*).

Zur Ausführung ein und desselben Auftrags gibt es in der Regel mehrere mögliche Auftragsketten. Es ist eine zentrale Aufgabe der Logistik, abhängig von Art und Inhalt der Aufträge die jeweils optimale Kombination der möglichen Prozeßketten herauszufinden und diese anforderungsgerecht zu gestalten (*s. Kapitel 20*).

Eine *vollständige Leistungskette* umfaßt alle Leistungsstationen von der Quelle bis zur Senke. Sie läßt sich aufteilen in externe und interne Logistikketten:

- *Externe* oder *außerbetriebliche Logistikketten* sind die Abschnitte der Prozeßkette *zwischen* den Versandorten, den Umschlagpunkten, den Logistikzentren und den Empfangsorten.
- *Interne* oder *innerbetriebliche Logistikketten* sind die Leistungsketten *innerhalb* einer Station, eines Betriebs, eines Umschlagpunktes, eines Logistikzentrums oder einer Filiale.

Der Aufbau, die Gestaltung und die Optimierung *externer Logistikketten* werden in *Kapitel 20* ausführlich behandelt.

*Abb. 1.12* zeigt die *internen Logistikketten* eines Logistikzentrums. Jeder mögliche Weg einer Ware durch die operativen Leistungsbereiche (1.6) eines Logistikzentrums, also jede zulässige Aneinanderreihung der verschiedenen Lager-, Kommissionier- und Umschlagprozesse, ist eine *interne Logistikkette.* Eine *interne* Logistikkette durch ein Logistikzentrum beginnt im *Wareneingang* mit den *Umschlag- und Bearbeitungsvorgängen*:

Entladen der Anlieferfahrzeuge
Warenannahme
Qualitätsprüfung (1.8)
Bearbeitungen
Umpacken
Ladungsträgerwechsel.

Für *Transfer-*, *Verteiler-* oder *Transitware*, die im Logistikzentrum nicht gelagert sondern nur umgeschlagen wird, schließen sich an diese Wareneingangsvorgänge direkt die Umschlag- und Bearbeitungsvorgänge (1.11) im Warenausgang an. Das direkte Durchlaufen der angelieferten Ware von Wareneingang bis Warenausgang wird auch als *Crossdocking* bezeichnet (s. *Abschnitt 20.1*).

Wenn die angelieferte Ware gelagert werden soll, folgt auf die Vorgänge im Wareneingang der *Lagerprozeß* mit den *Teilvorgängen*:

Transport zum Lager
Einlagern (1.9)
Lagern
Auslagern.

Werden im Warenausgang nicht nur *ganze* und *artikelreine Ladeeinheiten* benötigt, sondern *Teilmengen* und *artikelgemischte Versandeinheiten,* schließt sich an das Lagern der *Kommissionierprozeß* an. *Teilvorgänge* des Kommissionierens, also der Zusammenstellung von Ware nach vorgegebenen Aufträgen, sind [21]:

Nachschub der Reserveeinheiten
Bereitstellen der Zugriffseinheit
Fortbewegung des Kommissionierers (1.10)
Entnahme der Positionsmengen
Abgabe der Auftragsmengen.

Die innerbetrieblichen Logistikketten schließen ab mit den *Umschlag-* und *Bearbeitungsvorgängen* im *Warenausgang*:

Transport zum Versand
Zusammenführen und Sortieren
Packen und Ettikettieren (1.11)
Verdichten und Verschließen
Versandbereitstellung
Beladen der Transportfahrzeuge.

Die Leistungsbereiche eines Logistikzentrums bestehen in der Regel aus einzelnen Leistungsstellen, in denen parallel oder nacheinander definierte Einzelleistungen erbracht werden. Die Inhalte der einzelnen Teilvorgänge, die Zuordnung zu den Leistungsstellen, die Zusammenfassung von Leistungsstellen zu Leistungsbereichen und die Verbindung der Leistungsstellen zu innerbetrieblichen Logistikketten sind für jedes Projekt anders und fallspezifisch festzulegen.

Grundsätzlich finden in allen Logistikzentren die Vorgänge (1.8) bis (1.11) in ähnlicher Folge statt. In Logistikzentren mit *mehrstufigen Lager- und Kommissioniersystemen* laufen die Vorgänge des Lagerns (1.9) und des Kommissionierens (1.10) in aufeinander folgenden Leistungsbereichen nacheinander ab [21].

Setzt sich ein Lager- und Kommissioniersystem aus *parallelen Leistungsbereichen* zusammen, die auf bestimmte Artikelgruppen oder Auftragscluster spezialisiert sind und in denen ein paralleles oder serielles Arbeiten möglich ist, gibt es, wie in *Abb. 1.12* dargestellt, mehrere *interne Logistikketten*. Für die Auswahl der jeweils kostenoptimalen internen Logistikkette werden geeignete *Zuweisungsstrategien* benötigt (s. *Kapitel 10* und *20*).

## 1.8
## Effekte von Logistikzentren

Die Logistikkosten für die Warenbelieferung über ein Logistikzentrum setzen sich aus folgenden *Kostenanteilen* zusammen:

- *Zulaufkosten* für die Anlieferung von den Lieferstellen zum Logistikzentrum.
- *Zinskosten* für das in den Lagerbeständen gebundene Kapital.
- *Leistungskosten* für die Funktionen im Logistikzentrum.
- *Distributionskosten* für die Auslieferung zu den Empfangsstellen.

Jeder dieser Kostenanteile hängt ab vom Ausmaß der Bündelung der Beschaffung, der Bestände, der Funktionen und der Distribution, also von der *Anzahl* und von den *Funktionen* der Logistikzentren zwischen den Liefer- und Empfangsstellen. Die einzelnen Effekte von Logistikzentren, wie Beschaffungsbündelung, Zulaufbündelung, Bestandsbündelung und Funktionsbündelung, werden nachfolgend näher erläutert.

Die Auswirkungen der Anzahl und Funktionen der Logistikzentren auf die Logistikkosten sind unterschiedlich und teilweise gegenläufig. Hieraus folgt:

- Bei vorgegebenen Leistungsanforderungen und Randbedingungen gibt es in der Regel eine *optimale Anzahl von Logistikzentren*.

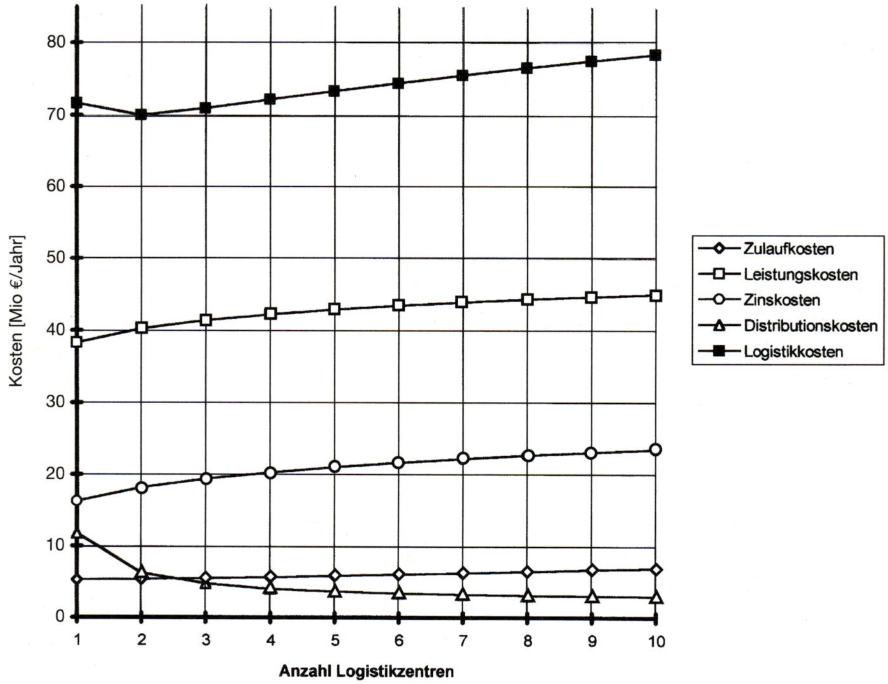


**Abb. 1.14** Abhängigkeit der Logistikkosten von der Anzahl der Logistikzentren Beschaffungssystem eines deutschen Handelskonzerns mit 250 Filialen Beschaffungsstruktur s. *Abb. 1.9*, Lieferketten s. *Abb. 20.23*

Als Beispiel zeigt *Abb. 1.14* das Ergebnis einer Optimierung der Beschaffungslogistik eines deutschen Kaufhauskonzerns mit der in *Abb. 1.9* dargestellten Logistikstruktur. In diesem Beispiel aus der *Handelslogistik* summieren sich die einzelnen Kostenanteile derart, daß die Gesamtkosten zunächst mit Verringerung der Anzahl Logistikzentren kontinuierlich abnehmen bis für zwei Logistikzentren ein flaches *Minimum* erreicht ist.

Für nur ein Logistikzentrum steigen die Gesamtkosten infolge der überproportionalen Zunahme der Distributionskosten wieder an. Die Gesamtlogistikkosten ließen sich in diesem Fall durch Bündelung aller Funktionen, Bestände und Warenströme aus bisher 10 Regionallagern in zwei Logistikzentren um ca. 12 % reduzieren [22; 23].

Außer einer Kostenreduzierung ermöglichen Logistikzentren Verbesserungen des *Servicegrades* und der *Logistikqualität*, die in dezentralen Strukturen ohne Kompetenzzentren kaum erreichbar sind.

### 1. Beschaffungsbündelung

Durch Bündelung vieler kleiner Einzelbestellungen der Empfangsstellen zu *Sammelbestellungen*, die zu bestimmten Terminen in größeren Sendungen an das Logistikzentrum ausgeliefert werden, lassen sich bereits bei den Lieferanten Kosten einsparen.

Größere Lieferaufträge in geringerer Frequenz erleichtern die Disposition und erhöhen die Auslastung der Produktionsanlagen. In Auftragsabwicklung, Fertigung, Lager und Versand sinken die anteiligen Rüstkosten.

Je nach Art der Güter und Fertigungstiefe der Lieferanten sind durch eine Beschaffungsbündelung Kosteneinsparungen möglich, die eine Größenordnung von 2 bis 5 % des Beschaffungswertes und darüber erreichen können. Zusätzlich lassen sich günstigere Lieferbedingungen, wie *Mengenrabatte*, *Just-In-Time-Anlieferung* oder Verwendung von *Standardladungsträgern* vereinbaren, die zur Kostensenkung und Verbesserung der Wettbewerbsposition beitragen.

Die Beschaffungskosten sind für nur ein Logistikzentrum minimal und nehmen mit Anzahl der Logistikzentren zu.

**2. Zulaufbündelung**

Durch Zusammenfassen der Warensendungen eines Lieferanten für viele Kunden zu wenigen größeren Sendungen an ein Logistikzentrum reduziert sich die Anzahl der Zulauftransporte bei gleicher *Zulauffrequenz*. Zugleich erhöht sich die Liefermenge pro Sendung.

Dadurch lassen sich im Zulauf *genormte Ladeeinheiten*, wie Behälter, Paletten oder Container, mit hohem Füllungsgrad einsetzen. Die Auslastung der Transportmittel verbessert sich. Transportfahrzeuge mit größerer Kapazität – Sattelauflieger, Lastzüge, Wechselbrücken, Container, Waggons – und mit geringeren spezifischen Transportkosten, wie die Bahn, können genutzt werden. Rationellere Verladetechniken ergeben weitere Kosteneinsparungen.

Durch *optimale Standorte* der Logistikzentren im jeweiligen *Transportschwerpunkt* läßt sich der *durchschnittliche Fahrweg* der Zulauftransporte minimieren und im Vergleich zur Direktbelieferung meist reduzieren, zumindest aber konstant halten (s. *Abschnitt 18.10*). Hieraus folgt generell:

▶ Durch Belieferung über ein Logistikzentrum lassen sich im Vergleich zur Direktbelieferung die *Zulaufkosten* reduzieren.

Die mögliche Reduzierung der Zulaufkosten durch Senkung der Anzahl Logistikzentren, die sich zwischen den Lieferanten und den Filialen befinden, zeigt für das Beispiel der Handelslogistik *Abb. 1.14*.

In diesem Fall lassen sich die Zulaufkosten, die zu den Logistikkosten zwischen 5 und 10 % beitragen, um ca. 25 % senken, wenn die Filialen statt über 10 Regionallager über nur ein Logistikzentrum beliefert werden.

**3. Bestandsbündelung**

Bei *optimaler Bestands- und Nachschubdisposition* läßt sich durch das Zentralisieren der Bestände gleicher Artikel mit kontinuierlichem Absatz aus vielen dezentralen Lagern in einem Logistikzentrum der Gesamtbestand bei gleichem Servicegrad erheblich reduzieren oder bei gleichem Gesamtbestand der Servicegrad deutlich verbessern.

Durch optimale Nachschubdisposition werden die im Logistikzentrum zusammengefaßten Bestände von nachdisponierbarer Ware auf eine Höhe gesenkt, die gleich der Wurzel aus der Quadratsumme der zentralisierten Einzelbestände ist. So läßt sich durch Zusammenfassen von zwei dezentralen Lagerbeständen mit gleichem Durchsatz und gleichem Sortiment in einem Zentrallager bei unverändertem Servicegrad ein Gesamtbestand erreichen, der nur noch $1/\sqrt{2} = 71\ \%$ der Summe der Einzelbestände beträgt (s. *Kapitel 11*).

Um den gleichen Faktor, um den sich der Gesamtlagerbestand durch Zusammenfassen mehrerer Lager in einem Zentrallager senken läßt, erhöht sich der *Lagerumschlag* des Zentrallagers im Vergleich zum Umschlag der Summe der dezentralen Lager. So erhöht sich durch das Zusammenfassen zweier gleich großer Lagerbestände des gleichen Sortiments der Lagerumschlag um den Faktor $\sqrt{2} = 1{,}41$.

Hieraus folgt:

- Der *Warenbestand* und damit *Kapitalbindung* und *Zinskosten* nehmen mit der Anzahl der Lagerorte ab.
- Der *Lagerplatzbedarf* und damit die *Lagerkosten* lassen sich durch Herabsetzung der Anzahl Lagerorte reduzieren.
- Der *Lagerumschlag* erhöht sich durch das Zusammenfassen vieler dezentraler Lagerbestände in einem oder wenigen Logistikzentren. Damit sinken die *Umschlagkosten.*

Diese Effekte sind jedoch nur bei *nachdisponierbarer Ware* erreichbar, die zur Deckung eines regelmäßigen Bedarfs gelagert und bereitgehalten wird. Pufferbestände, Bestände von Aktions- und Terminwaren oder Langzeitbestände, die sich durch die Nachschubdisposition nicht beeinflussen lassen, mindern den Effekt der Bestandsbündelung in dem Maße, wie sie Anteil am Gesamtbestand haben (s. *Kapitel* 11).

Für das betrachtete Beispiel einer Zentralisierung der Lagerhaltung eines Kaufhauskonzerns ergibt sich bei einem Anteil der nachdisponierbaren Ware am Gesamtbestand der dezentralen Lager von ca. 45 % die in *Abb. 1.14* dargestellte Abhängigkeit der Zinskosten von der Anzahl Logistikzentren.

Die Zinskosten für das im Lagerbestand gebundene Kapital, die zwischen 25 % und 35 % der Gesamtlogistikkosten ausmachen können, lassen sich in diesem Fall durch Errichtung nur eines Zentrallagers anstelle von 10 dezentralen Lagern um ca. 20 % senken.

Der reduzierte Lagerplatzbedarf und der erhöhte Lagerumschlag bewirken zusammen mit anderen Zentralisierungseffekten, wie die Degression der Lagerplatzkosten mit zunehmender Lagergröße, außer der Verminderung der Zinskosten eine Senkung der Betriebskosten der Logistikzentren (s. *Abschnitt 16.3*).

**4. Funktionsbündelung**

Die Bündelung der *Logistikfunktionen* (1.4) und (1.5) in einem oder wenigen Logistikzentren hat bei richtiger Gestaltung, Dimensionierung und Organisation des Logistikzentrums mehrere positive Effekte:

- Erhöhte Effizienz von Betrieb und Verwaltung
- Einsetzbarkeit rationeller Lager-, Kommissionier-, Transport- und Steuerungstechnik
- Reduzierter Anteil angebrochener Ladeeinheiten
- Bessere Volumennutzung optimaler Ladungsträger
- Abnehmende Lagerplatz- und Umschlagkosten
- Ausgleich und bessere Bewältigung von Belastungsspitzen
- Möglichkeit zur effizienten Anlagennutzung im Mehrschichtbetrieb
- Senkung der Verwaltungskosten durch Einsatz moderner Datentechnik
- Reduzierung des anteiligen Führungsaufwands.

Ein entscheidender Beitrag zur Kosteneinsparung durch Zentralisierung der Lagerbestände ergibt sich aus der mit zunehmender Lagerkapazität abnehmenden *Lagerplatzinvestition* und den sinkenden *Umschlagkosten* pro Lagereinheit.

Bei größerer Lagerkapazität, hohem Durchsatz und Mehrschichtbetrieb sind automatisierte Hochregallager wesentlich wirtschaftlicher als konventionelle Lager. Hochregallager sind nur ein Beispiel für eine *rationellere Technik*, deren Einsatz erst nach Schaffung großer Logistikzentren erhebliche Kosteneinsparungen bringt (s. *Kapitel 16*).

Eine weitere Möglichkeit der *Funktionsbündelung* und *Rationalisierung* ist das Verlagern der Kommissionierung der Kundenaufträge aus den Regionallagern oder von den Auslieferfahrzeugen in ein Logistikzentrum. Auch hierdurch lassen sich bei Betrachtung der gesamten Logistikkette erhebliche Kosten einsparen und Qualitätsverbesserungen erreichen.

Aus den Effekten der Funktionsbündelung ergibt sich:

▶ Mit abnehmender Anzahl Logistikzentren sinken die Kosten für die internen Logistikleistungen.

Das Ausmaß der durch eine Funktionsbündelung in Logistikzentren erreichbaren Kosteneinsparungen ist von Fall zu Fall sehr unterschiedlich. In dem betrachteten Beispiel aus der Kaufhausbranche lassen sich die Betriebskosten der Logistikzentren, die mit einem Anteil von 50 % bis 60 % am stärksten zu den Gesamtlogistikkosten beitragen, durch eine Zentralisierung von 10 Regionallagern auf 1 Logistikzentrum um ca. 15 % reduzieren. In anderen Fällen waren durch *optimale Gestaltung, Dimensionierung* und *Organisation* der Logistikzentren wesentlich größere Effekte erreichbar (s. *Kapitel 19*).

**5. Distributionsbündelung**

Durch Bündelung vieler Einzelauslieferungen über ein oder wenige Logistikzentren zu wenigen größeren Sendungen, die direkt oder über Verteilstationen an die Kunden ausgeliefert werden, läßt sich die Anzahl der Auslieferfransporte erheblich senken. Zugleich erhöhen sich die Ausliefermengen pro Sendung.

Für den *Ferntransport* vom Logistikzentrum zu den Verteilstationen oder zu Großkunden können – ähnlich wie beim Zulauf – genormte Ladeeinheiten verwendet und Transportfahrzeuge mit größerer Kapazität und geringeren spezifischen Transportkosten eingesetzt werden. Der Frachtraum wird besser genutzt und gleichmäßiger ausgelastet. Der Anteil von Teilladungen und Stückgut reduziert sich.

Für die Auslieferung von den Verteilstationen an die einzelnen Kunden, also für die *Flächenverteilung*, lassen sich die Kapazitäten eingeführter *Gebietsspediteure* nutzen. Bei Logistikzentren, die sich in stadtnahen *Güterverkehrszentren* befinden, ist die *City-Logistik* einsetzbar. Durch Zusammenfassung von Auslieferungstouren für mehrere Unternehmen sind weitere Bündelungs- und Wegoptimierungseffekte möglich, die zu Entlastungen im *Nahverkehrsbereich* führen [194].

Diesen Bündelungseffekten der Distribution und Flächenverteilung steht jedoch eine mit abnehmender Anzahl und größerer Entfernung der Logistikzentren von den Zustellorten *zunehmende Weglänge der Transporte* gegenüber. Dieser gegenläufige Effekt führt zu einer *größeren Verkehrsbelastung der Straßen*, wenn es nicht gelingt, die Ferntransporte weitgehend über die Bahn abzuwickeln. Volkswirtschaftlich sind daher Logistikzentren erst dann ein Gewinn, wenn die Verkehrsinfrastruktur dem veränderten Bedarf angepaßt wird.

Generell gilt:

- ▶ Mit abnehmender Anzahl Logistikzentren lassen sich die Auslieferfrequenzen reduzieren und rationellere Transportmöglichkeiten nutzen.
- ▶ Die Zunahme der Auslieferungsentfernung kann bei ausgedehntem Servicegebiet dazu führen, daß trotz abnehmender Transportfrequenz die Distributionskosten mit abnehmender Zahl der Logistikzentren ansteigen.

Die Abhängigkeit der Distributionskosten von der Anzahl der Logistikzentren ist für das untersuchte Beispiel der Kaufhauslogistik in *Abb. 1.14* dargestellt. In diesem Fall nehmen die Distributionskosten zu den Kaufhausfilialen bei Belieferung über nur ein Logistikzentrum statt über 10 dezentrale Filiallager um mehr als einen Faktor 3 zu. Ihr Anteil an den Gesamtlogistikkosten steigt damit von ca. 4 auf ca. 14 % an.

Wie der Verlauf der Gesamtkostenkurve zeigt, wird durch den Anstieg der Distributionskosten ein wesentlicher Teil der Einsparungen, die sich durch die Errichtung von einem oder zwei Logistikzentren erzielen lassen, wieder aufgezehrt. Dabei sind allerdings noch keine Kostenreduzierungen durch Vergabe des Betriebs an einen *Systemdienstleister* oder durch Teilverlagerung der Ferntransporte auf andere Verkehrsträger, wie die Bahn, berücksichtigt.

### 6. Weitere Skaleneffekte und Potentiale

Logistikzentren bringen im Vergleich zu dezentralen Logistikbetrieben bei großen Durchsatzmengen und hohen Beständen erhebliche Einsparungen. Die erreichbaren Kostensenkungen durch Transport- und Funktionsbündelung in Logistikzentren sind in der Praxis oftmals deutlich größer als in dem vorangehend dargestellten Beispiel aus der Handelslogistik.

Die Größe der Einsparungen hängt ab von der richtigen Gestaltung und Auswahl der Lieferketten, von der optimalen Gestaltung und Organisation der Logistikzentren und von der Gesamtstruktur des Logistiksystems. Zur Gestaltung, Dimensionierung und Optimierung des Logistiksystems sowie zur Quantifizierung der Effekte von Logistikzentren und anderer Handlungsmöglichkeiten werden Verfahren, Strategien und Berechnungsformeln benötigt, die nachfolgend entwickelt werden.

Zur Kosteneinsparung und Serviceverbesserung kann auch die Einschaltung eines qualifizierten *Logistikdienstleisters* als Betreiber des Logistikzentrums und für die Ausführung der Zulauf- und Distributionstransporte beitragen. Der Logistikdienstleister bietet zusätzlich zu seiner Kompetenz die Möglichkeit, ein Logistikzentrum *gleichzeitig* für mehrere Unternehmen zu betreiben und dadurch weitere *Synergieeffekte* zu erzielen (s. *Kapitel 21*).

## 1.9 Netzwerkmanagement

Das Logistiknetz eines Konsumenten, eines Unternehmens oder eines anderen Wirtschaftsteilnehmers ist stets Teil eines größeren Netzwerks, das über seine direkten Einflußmöglichkeiten hinausreicht. Jedes Unternehmen muß sich daher entscheiden, wo es die Grenzen seines Logistiknetzwerks zieht, und für das abgegrenzte Logistiknetzwerk ein geeignetes Netzwerkmanagement aufbauen [26].

Die Aufgaben des *Netzwerkmanagements*, das abhängig vom Aufgabenschwerpunkt auch als *Supply Chain Management (SCM)* bezeichnet wird, ergeben sich aus der *Art des Logistiknetzwerks*, in dem das Unternehmen arbeitet [26; 223; 241]. Hierfür ist zu unterscheiden zwischen *temporären* und *permanenten Logistiknetzen* sowie zwischen *festen*, *flexiblen* und *kombinierten Netzwerken* (s. *Abschnitt 15.5* und *Abschnitt. 20.18*).

### 1. Temporäre und begrenzte Netzwerke

Temporäre Netzwerke werden für einen befristeten Bedarf aufgebaut und nur für begrenzte Zeit betrieben. Beispiele sind die zeitlich und räumlich begrenzten Logistiknetzwerke von Baustellen, Ausstellungen, Jahrmärkten, Veranstaltungen, Umzügen und Entwicklungsprojekten:

- Das Management temporärer Logistiknetzwerke ist Aufgabe der *Projektlogistik*.

Für Unternehmen, deren Geschäftszweck die regelmäßige Durchführung von Großprojekten an wechselnden Standorten ist, zählt die Projektlogistik zu den Kernkompetenzen. Beispiele sind die *Baulogistik* der Baukonzerne [259], die *Anlagenlogistik* der Unternehmen des Anlagenbaus, die *Objektlogistik* von Großveranstaltern und die *Entsorgungslogistik* von *Bergungs-* und *Abbruchunternehmen*. Zentrale Aufgaben der Projektlogistik sind der Aufbau des temporären Logistiknetzwerks, der Einsatz von geeigneten *Spezialdienstleistern*, wie Möbel-, Schwerlast- und Massengutspeditionen, und die *Systemführung*.

Wenn ein Projekt für ein Unternehmen ein einmaliges Ereignis ist, wie ein Firmenumzug, eine Messeteilnahme oder ein einzelnes Bauvorhaben, lohnt es sich in der Regel nicht, eine eigene Projektlogistik aufzubauen. Hierfür gibt es spezialisierte *Projektdienstleister*, wie Umzugsunternehmen oder Bauspeditionen.

**2. Permanente und flexible Netzwerke**

Permanente Netzwerke werden für einen lange Zeit anhaltenden Bedarf aufgebaut und für unbefristete Zeit betrieben.

Die Regelmäßigkeit und Größe der Logistikaufträge bestimmt die Ausführung des Netzwerks:

- *Feste* oder *starre Logistiknetzwerke* bestehen aus Logistikstationen mit gleichbleibendem Standort, wie Empfangsstellen, Umschlagpunkte, Logistikzentren und Versandstellen, die durch ein festes Transportnetz miteinander verbunden sind.

Beispiele für starre Logistiknetzwerke sind die Netzwerke der *Verbunddienstleister*, wie Bahn, Post, Paketdienstleister, Linienfluggesellschaften und Linienschiffahrtsunternehmen. Andere Beispiele sind die festen *Beschaffungsnetzwerke* der *Handelsunternehmen* mit eigenen Logistikzentren und Regionallagern (s. *Abschnitt 20.11*).

Ähnlich wie in der Elektrizitätswirtschaft ist das feste Logistiknetz eines Unternehmens in der Regel nur für den kontinuierlichen *Grundbedarf* ausgelegt. Bei hoher Auslastung sind die Leistungskosten eines Festnetzes minimal. Die Flexibilität ist jedoch gering.

Für einen saisonalen oder stochastisch auftretenden *Spitzenbedarf*, der weit über den Grundbedarf hinausgeht, wird ein flexibles Netzwerk benötigt, das in der Regel teurer arbeitet als ein Festnetz:

- *Flexible* oder *virtuelle Logistiknetze* sind Netzwerke mit permanent wechselnden Beteiligten, Stationen und Transportverbindungen.

Typische Betreiber von flexiblen Netzwerken sind die sogenannten *4PL-Dienstleister* ohne eigene Transportmittel und Betriebsstandorte (s. *Abschnitt 21.3.3*).

Feste regionale oder nationale Netzwerke lassen sich bedarfsabhängig mit flexiblen lokalen oder globalen Netzwerken zu kombinierten Netzwerken verbinden:

- *Kombinierte Logistiknetzwerke* bestehen aus einer Anzahl fester Stationen, zwischen denen im *Hauptlauf* regelmäßige Transporte stattfinden, in Verbindung mit flexiblen lokalen Netzwerken und spontanen *Relationstransporten* über größere Entfernungen.

Beispiele für kombinierte und mehrstufige Netzwerke sind die globalen Beschaffungs- und Distributionsnetze großer Automobilwerke, Chemieunternehmen und Konsumgüterhersteller mit Werken in vielen Ländern und mehreren Kontinenten (s. *Kapitel 20*).

So zeigt *Abb. 1.15* das Logistiknetzwerk eines Automobilwerks, dessen *Modullieferanten* sich in unmittelbarer Nachbarschaft des Montagewerks befinden. Das Netzwerk der Automobilfabrik erstreckt sich von den vorgelagerten Stufen (2. und 3. *tier*) der Teile- und Komponentenhersteller über die erste Vorstufe (1. *tier*) der Modullie-

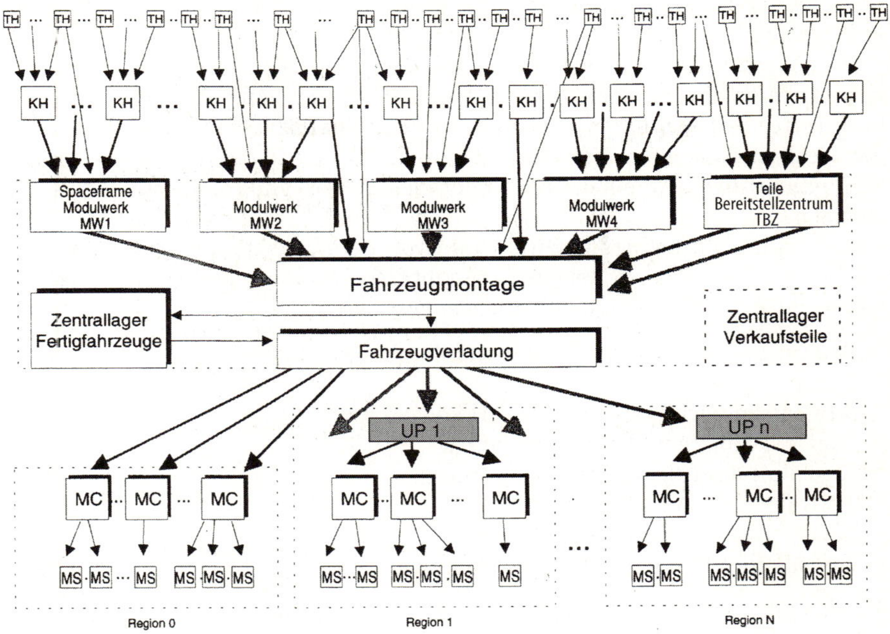


**Abb. 1.15** Logistiknetzwerk eines Automobilwerks (Smart-Fertigung)

| | | | |
|---|---|---|---|
| TH | Teilehersteller (3. tier) | KH | Komponentenhersteller (2. tier) |
| MW | Modulwerke (1. tier) | FM | Fahrzeugmontage |
| UP | Umschlagpunkte | ZL | Zentrallager |
| MC | Marketcenter | MS | Verkaufsstellen |

Prinzipdarstellung ZLU [250]

feranten zum Montagewerk und von dort über Zentrallager und Umschlagpunkte bis zu den Verkaufsstellen in aller Welt. Das Distributionsnetz und die Belieferungsketten für die Fertigfahrzeuge sind in den *Abb. 20.20* und *20.21* dargestellt.

Auch mittelständische Industrieunternehmen mit Werken in europäischen Ländern und Niederlassungen in aller Welt benötigen ein festes *Euro-Logistiknetzwerk* in Verbindung mit einem flexiblen außereuropäischen Netzwerk.

Weltweit tätige *Logistikdienstleister*, wie internationale Speditionen, Fluggesellschaften und Reedereien, verfügen ebenfalls über ein kombiniertes Logistiknetzwerk. Sie verbinden ein firmeneigenes globales *Festnetz* mit flexibel nutzbaren lokalen Netzwerken von Vertragspartnern und Subunternehmern und können so weltweit ein *flächendeckendes Gesamtnetz* anbieten [26].

### 3. Aufgaben des Netzwerkmanagements

Die Logistik ist grenzenlos. Um sie zu beherrschen, ist es notwendig, Grenzen zu setzen, die Anschluß- oder Nahtstellen abzustimmen, innerhalb der Grenzen Ziele festzulegen, die Aufgaben zu bestimmen sowie deren Ausführung richtig zu verteilen und zu kontrollieren. Das sind die wesenlichen Aufgaben des *Netzwerkmanagements.*

Wer Logistikaufgaben bearbeitet, muß über die Grenzen seines eigenen Logistiknetzwerks hinaus sehen. Er muß zumindest die Eingangsstufen der Beschaffungsketten seiner Kunden und die Ausgangsstufen der Belieferungsketten seiner Lieferanten kennen. Nur dann lassen sich *Schnittstellen* vermeiden und in *Verbindungsstellen* für einen ungehinderten Material- und Informationsfluß verwandeln.

Abhängig vom Logistiknetzwerk und von den Unternehmenszielen umfaßt die *Unternehmenslogistik*, zu der das *Supply Chain Management* oder *Netzwerkmanagement* gehören, folgende *Aufgabenbereiche*:

Bedarfsanalyse, Bedarfsplanung und Bedarfsprognose
Gestaltung der Lieferketten
Strategieentwicklung und Netzwerkkonzeption
Logistikplanung und Netzwerkaufbau
Anschluß- und Nahtstellenabstimmung (1.12)
Auftrags- und Bestandsdisposition
Netzbetrieb und Betriebssteuerung
Logistikcontrolling und Logistikberatung.

Die Aufgabenbereiche der Unternehmenslogistik haben in den Unternehmen unterschiedliche Inhalte und Schwerpunkte und sind entsprechend zu organisieren. In Unternehmen, für die Logistik eine *Kernkompetenz* ist, sollte die Unternehmenslogistik eine eigenständige Organisationseinheit sein, die gleichrangig neben Finanzen, Verwaltung, Einkauf, Technik, Produktion und Vertrieb in der Unternehmensleitung verankert ist (s. *Abschnitt 2.9*).

Einige Aufgaben, wie die Strategieentwicklung, die Netzwerkkonzeption und die Logistikplanung fallen meist nur temporär oder projektabhängig an. Hierfür bietet sich daher der Einsatz eines kompetenten *Unternehmensberaters* an.

### 4. Zukunftsaufgaben

Nach der Industrialisierung der Produktions- und Fertigungsprozesse, die Anfang des 19. Jahrhunderts begonnen hat und heute weitgehend abgeschlossenen ist, ist die Herausforderung des 21. Jahrhunderts die *Industrialisierung der Leistungsprozesse.* Hierzu kann die Logistik durch die Industrialisierung der Logistikprozesse einen wesentlichen Beitrag leisten.

Die Phase des Aufbaus fester Transport- und Logistiknetzwerke ist weitgehend abgeschlossen. In den dicht besiedelten Industrieländern ist kaum noch Platz für den Bau neuer Straßen, Eisenbahntrassen, Flughäfen und Logistikbetriebe. Die Zukunft gehört daher dem Aufbau und dem Management flexibler Netzwerke mit dem Ziel einer optimalen Nutzung der vorhandenen Ressourcen.

Die hierfür benötigten gesetzlichen Rahmenbedingungen und zielführenden Strategien sind noch wenig erforscht und daher ein wichtiges Betätigungsfeld für die analytisch-normative Logistik wie auch für internationale Gremien, wie die *Europäische Union* und die *OECD* [25; 35] (s. *Kapitel 22*).

## 1.10 Aufgabenteilung in der Logistik

Ohne daß es allen Beteiligten bewußt ist, wird der Begriff *Logistik* in dreifachem Sinn verwendet:

1. Für den *Praktiker* ist Logistik das Handeln und Geschehen in den Bereichen des Transports, Verkehrs, Umschlags und Lagerns.
2. Für den *Planer* ist Logistik das Gestalten, Dimensionieren und Optimieren der logistischen Prozesse und Systeme.
3. Der *Theoretiker* versteht unter Logistik das Analysieren des praktischen Geschehens, das Erkunden von Handlungsmöglichkeiten und Gesetzmäßigkeiten und die Entwicklung von Verfahren, Strategien und Algorithmen zur Planung, Disposition und Steuerung logistischer Systeme.

Ohne eine klare Trennung der Begriffsebenen besteht die Gefahr von Widersprüchen und sinnlosen Aussagen [10]. Daraus erklären sich viele Mißverständnisse und Widersprüche in der Logistik.

Mit zunehmender Ausweitung und Spezialisierung haben sich in der Logistik – ebenso wie in anderen Fachdisziplinen – *Theorie*, *Umsetzung* und *Praxis* voneinander entfernt. Die Aufgabenbereiche dieser drei Arbeitsfelder der Logistik und ihre Wechselwirkungen sind in *Abb. 1.16* dargestellt.

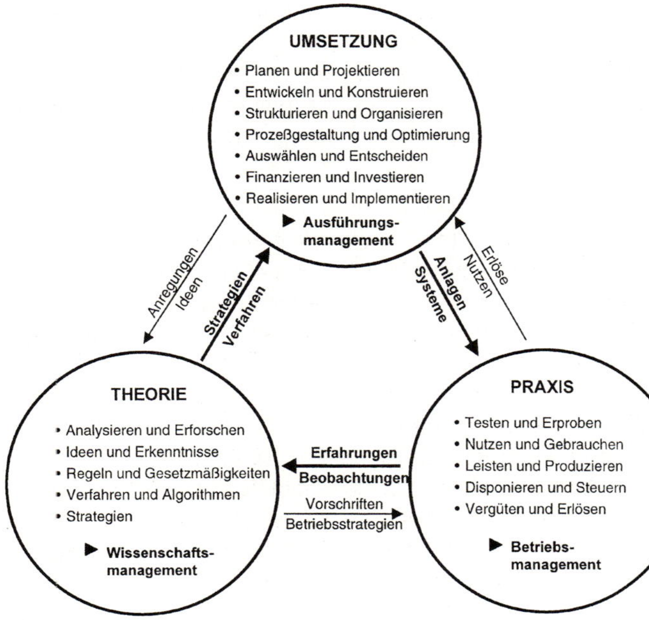


**Abb. 1.16** Aufgaben und Wechselwirkungen von Theorie, Praxis und Umsetzung

Entsprechend dieser Aufgabenteilung gibt es *strategische*, *realisierende* und *operative Logistiker*, die schwerpunktmäßig in der Theorie, in der Umsetzung oder in der Praxis tätig sind.

Aus den Fähigsten und Erfolgreichsten der drei Gruppen rekrutieren sich die *Logistikmanager* und *Supply Chain Manager*. Die Manager geben die Ziele vor, treffen Entscheidungen über Lösungsvorschläge und stellen die Weichen für neue Entwicklungen und Konzepte.

Voraussetzungen für den Erfolg der theoretischen, der realisierenden und der operativen Logistiker sind gegenseitiger Respekt, ausreichende Kenntnis der Aufgaben und Leistungen der anderen Bereiche und die gemeinsame Ausrichtung aller Arbeit auf den *praktischen Nutzen* für das Unternehmen, die Kunden und die Gesellschaft.

### 1. Strategische Logistiker und Theoretiker

*Strategische* und *theoretische Logistiker* haben die *Aufgabe*, durch Erforschung der Grundlagen und durch Entwicklung neuer Konzepte und Strategien der Logistik *praktischen Nutzen zu stiften*. Zu ihnen gehören die Professoren und Forscher an den Hochschulen, die Strategen, Organisatoren und Systemanalytiker in den Unternehmen und die auf Logistik spezialisierten Unternehmensberater.

Voraussetzungen für das erfolgreiche Wirken eines strategischen Logistikers sind, abgesehen von der Kenntnis der Grundlagen, Strategien und Methoden der Logistik und des *Operations Research*, analytisches Denken, Offenheit für neue Ideen, Kreativität und Urteilsvermögen. Die analytisch-normative Logistik erfordert ein solides betriebswirtschaftliches Wissen sowie die Beherrschung von Arithmetik, Algebra, Analysis, Wahrscheinlichkeitsrechnung und Statistik [14; 75; 82; 265; 316]. Ein weiterer Erfolgsfaktor des Theoretikers ist eine gute Kenntnis der Gegebenheiten und des Bedarfs der Praxis.

Viele Theoretiker sind *Generalisten* und neigen dazu, tautologische Begriffssysteme aufzubauen, realitätsfremde Modelle zu erfinden und abstrakte Überlegungen anzustellen, die wenig Bezug zur Praxis haben. Da die Logistik ihre Existenzberechtigung aus der Anwendbarkeit bezieht, ist jedoch allein der praktische Nutzen Maßstab für den Wert der Leistung eines theoretischen Logistikers.

Wer fragt „*Was* ist Logistik?" oder „*Was* verstehen wir unter *Supply Chain Management*?", kann endlos neue Begriffe definieren oder alte Begriffe neu interpretieren ohne Nutzen zu stiften. Nur wer fragt „Welche *Aufgaben* hat die Logistik?" und „*Wie* ist die Aufgabe lösbar?" gelangt zu nützlichen Antworten und schafft sich hierfür die erforderlichen Begriffe [10; 233].

Manche Theoretiker haben die Neigung, mit Kanonen auf Spatzen zu schießen, und arbeiten nach dem Prinzip, warum einfach wenn's auch kompliziert geht. Sie möchten gern einen raffinierten Algorithmus einsetzen, ein neues *OR-Verfahren* testen, *Chaosforschung* betreiben oder die *Komplexitätstheorie* anwenden, auch wenn damit keine praktisch relevanten Verbesserungen erzielbar sind.

Eine hohe *Komplexität* zu konstatieren, ist keine große Leistung. Bei näherem Hinsehen erweisen sich die meisten realen Systeme als komplex. Die Herausforderung für den Theoretiker besteht darin, die *Funktionsweise* eines komplexen

Systems zu verstehen, seine *Gesetzmäßigkeiten* zu erforschen und dadurch die Komplexität beherrschbar zu machen (s. *Abschnitt 10.5.5*) [10].

**2. Realisierende Logistiker und Planer**

Die *realisierenden* oder *ausführenden Logistiker* haben die *Aufgabe*, durch Entwicklung, Konstruktion, Planung, Organisation, Programmieren und Aufbau neuer Maschinen, Anlagen und Systeme *praktischen Nutzen zu bewirken.*

Zu ihnen gehören die Entwickler, Konstrukteure, Systemtechniker und Programmierer der Lieferfirmen von Maschinen, Betriebsmitteln, Fahrzeugen, Software und Steuerungstechnik sowie die *Planer*, *Projektleiter* und *Generalunternehmer* für lagertechnische, fördertechnische, transporttechnische und logistische Gesamtanlagen.

Voraussetzungen für den Erfolg eines realisierenden Logistikers sind, abgesehen von der Kenntnis der Lösungsmöglichkeiten seines Fachgebiets, konstruktives Denken, Organisationsvermögen und Durchsetzungsfähigkeit sowie ein gesichertes Wissen über die Umstände und den Bedarf des praktischen Betriebs.

Die realisierenden Logistiker neigen zu *Spezialistentum* und übertechnisierten Lösungen. Sie haben häufig den undankbarsten Part: Im Erfolgsfall war der Stratege oder der Auftraggeber der Ideengeber. Bei einem Mißerfolg wird der Planer oder das ausführende Unternehmen verantwortlich gemacht.

**3. Operative Logistiker und Praktiker**

*Operativ tätige praktische Logistiker* haben die *Aufgabe*, durch den leistungs- und kostenoptimalen Betrieb eines Logistiksystems *permanenten Nutzen zu schaffen*. Zu ihnen gehören die Disponenten, die Betriebsleiter, die Betreiber und die Nutzer von Anlagen und Systemen der Logistik. Die meisten praktischen Logistiker sind bei den Logistikdienstleistern beschäftigt.

Auch die operativ tätigen *Supply Chain Manager*, *Logistikmanager* und *Netzwerkmanager* sind in vieler Hinsicht praktische Logistiker. Sie führen einen Logistikbetrieb oder sind verantwortlich für ein Logistiknetzwerk und müssen permanent die logistische Wettbewerbsfähigkeit ihres Unternehmens sicherstellen.

Ein operativer Logistiker benötigt die Fähigkeit zum praktischen Denken, Improvisationsvermögen und die genaue Kenntnis der Technik und Leistungsfähigkeit der Betriebsmittel, Anlagen und Systeme seines Tätigkeitsbereichs. In leitender Position muß er darüber hinaus Menschen führen und Betriebsabläufe organisieren können.

Praktiker, die lange Zeit nur in einem Bereich oder einer Branche tätig sind, unterliegen der Gefahr der *Betriebsblindheit*. Hieraus resultiert häufig ein Überlegenheitsdünkel der Praktiker gegenüber den Theoretikern, die ihrerseits zur Herablassung gegenüber den Praktikern neigen.

**4. Spezialisten und Generalisten**

Die Erkenntnisse, Handlungsmöglichkeiten und Lösungen der Logistik sind meist relativ einfach, aber so zahlreich und vielfältig, daß rasch der Überblick verloren geht. Daher wird in der Logistik recht oft das Rad noch einmal erfunden und ein alter Hut unter einem modischen Namen verkauft. Das passiert besonders leicht dem noch unerfahrenen Anfänger, wenn er beginnt, selbst über die Zusammenhänge und Möglichkeiten der Logistik nachzudenken. Aber auch erfahrene Spezialisten und Generalisten sind nicht frei von dieser Neigung.

*Spezialisten* kennen sich in einem begrenzten Fachgebiet sehr gut aus. Sie wissen auf ihrem Gebiet nahezu alles und kennen die Lösungsmöglichkeiten. Sie sehen aber auch die Hindernisse und Probleme. Der Spezialist denkt in Konstruktion und Technik, in Erfahrungen und Beispielen, in Programmen und Rechnerkonfigurationen oder in Geldeinheiten und Kapitalrückfluß.

Vor lauter Bedenken und Detailfreudigkeit sind manche Spezialisten entschlußunfähig. Sie verlieren leicht den Überblick und neigen zur Überbewertung von Teilaspekten. Wer jedoch im Dickicht der Zahlen und in der Fülle der technischen Details stecken bleibt, sieht den Wald vor lauter Bäumen nicht und verfehlt die optimale Gesamtlösung.

*Generalisten* kennen viele Fachgebiete der Technik und Betriebswirtschaft. Sie überschauen ein sehr breites Feld, sehen Zusammenhänge und denken in Systemen. Sie sind in der Regel entscheidungsfreudiger und risikobereiter als die Spezialisten. Wegen mangelnden Tiefgangs und begrenzter Fachkenntnis läuft der Generalist jedoch Gefahr, die Probleme zu unterschätzen, Realisierungshindernisse zu übersehen und innovative Lösungsmöglichkeiten unberücksichtigt zu lassen.

Wer die Grundlagen und die Lösungsmöglichkeiten nicht kennt, nicht rechnen kann und die Details nicht beachtet, wird rasch zum Phantasten. Er neigt zu „intergalaktischen Lösungen" ohne praktischen Wert. Derart abgehobene Generalisten bezeichnen eine größere Anzahl relativ einfacher Zusammenhänge als „hochkomplex", propagieren das Beziehungsgeflecht zwischen Zulieferfirmen und Hersteller, Generalunternehmer oder Systemdienstleister als „virtuelles Unternehmen" oder die Rückbesinnung auf das Werkstattprinzip als „fraktale Fabrik" [51; 52].

Andere Theoretiker und Strategen betrachten nur einen Aspekt der Logistik: *Just In Time*, *Kanban*, *Geschäftsprozesse*, *Outsourcing*, *Benchmarking*, *I+K*, *PPS/MRP/ERP/APS*, *Supply Chain Management* (SCM), *Netzwerkmanagement*, *RFID*, *e-Logistik*. Der jeweils modische Aspekt soll fast alle Aufgaben und Probleme lösen.[3] Die Logistik aber hat viele Facetten und erschließt sich erst bei Betrachtung aller Aspekte.

Ein guter Logistiker ist sowohl Spezialist auf einem Gebiet der Technik oder Betriebswirtschaft als auch Generalist auf allen Feldern, von denen die Logistik abhängt. Er arbeitet nach dem *Habicht-Prinzip*:

► Der Logistiker erhebt sich über das aktuelle Geschehen in Theorie und Praxis. Mit scharfen Augen sieht er die Strukturen, Prozesse und Zusammenhänge. Wenn sich auf einem Gebiet eine Lösung abzeichnet, fokussiert er seinen

3 Zu jedem dieser Schlagworte, unter denen jeder etwas anderes versteht, gibt es Hunderte von Publikationen. Nur wenige davon sind von bleibendem Erkenntniswert [227]

Blick. Erscheint die Lösung interessant, schießt er in die Niederungen von Theorie und Praxis hinab, analysiert die Details und macht Ideenbeute für seine weiteren Überlegungen.

Auf diesem Weg des permanenten Wechsels von *Top-Down* zu *Bottom-Up* und wieder zurück erweitert der Logistiker seine Kompetenz und gewinnt die Fähigkeit zur Problemlösung.

Wer keinen Abstand hat, sieht das Ganze nicht. Nur wer die Details analysiert, versteht auch die Zusammenhänge. Denn ein System ist mehr als die Summe seiner Teile, aber die Funktion des gesamten Systems kann von einem einzigen Teil abhängen [233].

Das gilt speziell für die *Engpässe.* Sie begegnen einem in der Praxis überall, auch wenn sie nicht jedem unmittelbar auffallen [144; 311]. Das Erkennen und die Bewältigung von Engpässen sind entscheidend für das Leistungsvermögen und für die Wirtschaftlichkeit von Leistungs-, Produktions- und Logistiksystemen. Sie sind daher auch ein zentrales Thema dieses Buches (s. *Abschnitte 4.2, 8.5, 8.11, 10.6, 13.7* und *13.9*).

**5. Theorie und Praxis**

Abgesehen von den Beiträgen des *Operations Research* ist die Logistik in weiten Bereichen noch immer eine *Fertigkeit,* die auf Erfahrungen und Experimenten beruht. Das wird von vielen *Praktikern* der Logistik besonders oft betont. Wer zu einem praktischen Problem einen theoretisch begründeten Lösungsvorschlag macht, bekommt daher nicht selten zu hören, das mag in der Theorie richtig sein, gilt aber nicht für die Praxis.

Über das Verhältnis von Theorie und Praxis schrieb bereits vor 200 Jahren *Immanuel Kant* in seiner Abhandlung „Das mag in der Theorie richtig sein, gilt aber nicht für die Praxis“ [6] an die Theoretiker gerichtet:[4]

„Daß zwischen der Theorie und Praxis noch ein Mittelglied der Verknüpfung und des Übergangs von der einen zur anderen erfordert werde, die Theorie mag auch so vollständig sein, wie sie wolle, fällt in die Augen; denn zu dem Verstandesbegriffe, welcher die Regel enthält, muß ein Aktus der Urteilskraft hinzukommen, wodurch der Praktiker unterscheidet, ob etwas der Fall der Regel sei oder nicht; und da für die Urteilskraft nicht immer wiederum Regeln gegeben werden können, wonach sie sich in der Subsumption zu richten habe (weil das ins Unendliche gehen würde), so kann es Theoretiker geben, die in ihrem Leben nie praktisch werden können, weil es ihnen an Urteilskraft fehlt.“

Den Praktikern erwidert Kant auf ihren Ausspruch „Das mag in der Theorie richtig sein, gilt aber nicht für die Praxis“:

„Es kann niemand sich für praktisch bewandert in einer Wissenschaft ausgeben und doch die Theorie verachten, ohne bloß zu geben, daß er in seinem Fache ein Ignorant sei: indem er glaubt, durch herumtappen in Versuchen und Erfah-

4 Der Verfasser dankt *Prof. Dr. Heiner Müller-Merbach,* der als OR-Fachmann diesen Einwand ebenfalls von Praktikern häufiger gehört hat, für den Hinweis auf die Abhandlung von Kant.

rungen, ohne gewisse Prinzipien (die eigentlich das ausmachen, was man Theorie nennt) zu sammeln, und ohne sich ein Ganzes (welches, wenn dabei methodisch verfahren wird, System heißt) über sein Geschäft gedacht zu haben, weiter kommen zu können, als ihn die Theorie zu bringen vermag."

Zwischen Theorie und Praxis gab es also zu allen Zeiten ein Spannungsverhältnis, das ewig weiter bestehen wird. Ohne dieses Spannungsverhältnis, dessen Beziehungsgeflecht aus *Abb. 1.16* ersichtlich ist, gibt es in der Praxis keinen Fortschritt und in der Theorie keine neuen Erkenntnisse [10; 233].

Ein Ziel dieses Buches ist, ohne unnötige Komplizierung und Theoretisierung der Praxis eine *praxisorientierte Theorie der Logistik* zu entwickeln, die zu einem besseren Verständnis der Zusammenhänge führt. Daraus lassen sich Regeln zur Lösung der Probleme und Verfahren zum Erreichen der Ziele der Logistik entwickeln, also *Strategien* für den Aufbau und den Betrieb der Logistiksysteme. Aus dem bekannten Ausspruch von Kant, *nichts ist praktischer als eine gute Theorie*[5], folgt daher:

▶ Nichts ist nützlicher als eine gute Strategie.

Die Entwicklung praktisch brauchbarer Strategien ist ein Schwerpunkt dieses Buches (s. *Kapitel 5*).

5 Diese Erkenntnis von *Immanuel Kant* (1724–1804) wird heute mehr als zehn verschiedenen Wissenschaftlern zugesprochen, von *Ludwig Bolzmann* über *David Hilbert* und *Albert Einstein* bis zu *Kurt Lewin* (Google-Recherche 2005).

# 2 Organisation, Disposition und Prozeßsteuerung

Die *Organisation* der Leistungsbereiche, Betriebe und Netzwerke, die *Disposition* der Aufträge, Bestände und Ressourcen sowie die *Steuerung* der Prozesse bestimmen die *Leistungsfähigkeit* und die *Wirtschaftlichkeit* der Unternehmen und der Logistiksysteme.

Trotz der häufigen Verwendung haben die Begriffe *Organisation, Planung, Disposition* und *Steuerung* in Betriebswirtschaft und Technik, in Informatik, Logistik und Produktion sowie in Theorie und Praxis unterschiedliche Bedeutungen. Besonders verwirrend ist der unscharfe Begriff *Management*, der das Planen, Disponieren und Steuern umfaßt, im Anspruch aber weit darüber hinaus geht [232; 279; 321]. Ebenso vielfältig und unklar sind die Bezeichnungen der Software und DV-Systeme für die Planung, Disposition und Steuerung [98; 234; 236].

Um die aus der Bedeutungsvielfalt resultierenden Mißverständnisse zu vermeiden und die weiteren Ausführungen abzugrenzen, werden die zentralen Begriffe hier wie folgt definiert:

- *Planung* (*planning*) ist die Auswahl, Organisation, Dimensionierung und Optimierung der Prozesse, Netzwerke und Ressourcen zur Erfüllung *zukünftiger Leistungsanforderungen.*

Die Planung arbeitet in der Regel mit unscharfen Informationen, Durchschnittswerten und unsicheren Erwartungen. Eine *Projektplanung* wird für ein bestimmtes Projekt, die *Unternehmensplanung* rollierend in größeren Zeitabständen von einem Monat, einem Quartal oder einem Jahr und eine *Strategieplanung* für Zeiträume von 5 bis 10 Jahren durchgeführt.

- *Disposition* (*scheduling*) ist die mengenmäßige Einteilung der Aufträge mit *aktuellen Leistungsanforderungen* und die terminierte Zuweisung der resultierenden internen Aufträge zu den verfügbaren Ressourcen.

Die Aufträge sind entweder verbindliche Kundenaufträge, Vorgaben einer vorausgegangenen Planung oder aus einer *kurzfristigen Bedarfsprognose* abgeleitet. Anders als die Planung benötigt die Disposition sichere oder relativ gesicherte Informationen. Sie findet unverzüglich nach Auftragseingang oder regelmäßig in kurzen Zeitabständen von wenigen Stunden bis zu mehreren Tagen statt.

Die *Disposition* wird auch als *Feinplanung, Kurzfristplanung, Auftragsplanung, Auftragsabwicklung* oder *Supply Chain Event Management* bezeichnet. Diese Bezeichnungen sind jedoch irreführend, da eine klare Abgrenzung zur mittel- und langfristigen Planung einerseits und zur Steuerung andererseits fehlt.

- *Steuerung* (*control*) ist die Lenkung des operativen Betriebs und die Regelung der Ausführung der internen Aufträge, deren Menge, Inhalt und Termin fest vorgegebenen sind.

Eine *Prozeßsteuerung* lenkt und regelt die automatischen Funktionsabläufe von Anlagen, Transportmitteln und Maschinen, die *Betriebssteuerung* die Arbeitsabläufe in einem Organisations- oder Betriebsbereich, in dem Menschen tätig sind.

- *Organisation* ist das planmäßige Gestalten und der funktionsgemäße Ausbau von Systemen, in denen Menschen und Objekte in einem Strukturzusammenhang stehen [220].

Die Organisation ist ein Teil der Planung, deren weiteres Vorgehen Gegenstand des nachfolgenden Kapitels ist.

In diesem Kapitel werden die *organisatorischen Handlungsmöglichkeiten* behandelt:

Gestaltung der Prozesse und Strukturen
Anzahl und Funktion der Organisationsebenen
Zentralisieren oder Dezentralisieren
Aufbauorganisation und Ablauforganisation (2.1)
Konfiguration von Hardware und Software
Standard-Software oder Individual-Software
Organisation der Disposition.

Hieraus leiten sich Empfehlungen für die *Organisation der Unternehmenslogistik* ab sowie die *Grundsätze und Prinzipien der dynamischen Disposition.*

## 2.1 Aufträge

Die Vorgänge und Prozesse in den Unternehmen und den Logistiksystemen werden von Aufträgen ausgelöst. Jeder Auftrag enthält *Lieferanforderungen*, *Operationsanweisungen* und *Logistikanforderungen*:

- Die *Lieferanforderungen* geben in Form von *Auftragspositionen* an, welche Menge von welchem Artikel, Produkt oder Leistungspaket zu liefern ist.
- Die *Operationsanweisungen* spezifizieren, was wie zu produzieren, zu liefern oder zu leisten ist. Sie sind Vorgaben für die Fertigung, Bearbeitung und Montage oder Vorschriften für die Leistungserstellung.
- Die *Logistikanforderungen* geben vor, wann und wo die Liefermengen in welcher Form abzuholen, abzuliefern oder bereitzustellen sind.

Damit eine fehlerfreie und termingerechte Ausführung möglich ist, müssen die Lieferanforderungen und die Logistikanforderungen folgende Angaben enthalten:

- *Auftragspositionen* mit Angabe der Artikel- oder Produktbezeichnung;
- *Positionsmenge*, die angibt, welche Menge von einer Position zu liefern ist;
- *Adressen* der Lieferstelle und der Empfangsstelle;
- *Zeitangaben* über Abholtermin, Lieferzeit oder Zustelltermin.

Maßgebend für das gesamte Geschehen in einem Leistungs- oder Logistiksystem sind die *externen Aufträge*, die von Versendern, Empfängern, Kunden oder anderen *externen Auftraggebern* erteilt werden. *Externe Aufträge* sind:

Lieferaufträge
Fertigungsaufträge
Bearbeitungsaufträge
Versandaufträge (2.2)
Abholaufträge
Transportaufträge
Lageraufträge.

Für die *Auftragsdisposition* sind zu unterscheiden:

- *Einpositionsaufträge*, die die Liefermenge nur eines Artikels anfordern,
- *Mehrpositionsaufträge*, die mehrere Artikel betreffen,

- *Einzelstückaufträge*, deren Positionen nur eine Artikeleinheit anfordern,
- *Mehrstückaufträge*, die pro Position mehr als eine Artikeleinheit enthalten.

Aus den externen Aufträgen leiten sich die internen Aufträge ab. *Interne Aufträge* regeln, wann und wie in welchen Leistungsbereichen und von welchen Leistungsstellen welcher Aufgabenumfang der externen Aufträge durchzuführen ist. Die internen Aufträge lösen die Prozesse in den und die Transporte zwischen den einzelnen Leistungsstellen aus (s. *Kapitel 10*).

## 2.2 Auftragsbearbeitung und Auftragsdisposition

Jeder operative Leistungsbereich benötigt eine vorbereitende Auftragsbearbeitung, von der die laufend eingehenden Aufträge in terminierte Aufträge für die einzelnen Leistungsstellen umgewandelt werden.

Bei *zentraler Organisation* eines Unternehmens ist die Auftragsbearbeitung für alle Leistungsbereiche in einer gesonderten administrativen Leistungsstelle, der *Auftragszentrale* oder *Auftragsabwicklung*, zusammengefaßt, die auch ein Zentralrechner mit entsprechender Dispositionssoftware sein kann. Bei *dezentraler Organisation* der einzelnen Betriebe, Werkstätten oder Leistungsbereiche findet die Auftragsbearbeitung in einer zugeordneten *Arbeitsvorbereitung* oder *Fertigungsdisposition* statt. Bei vollständig dezentraler Organisation des Unternehmens ist die Auftragsbearbeitung den einzelnen operativen Leistungsstellen weitgehend selbst überlassen.

Die Auftragsbearbeitung umfaßt *vertriebliche*, *kommerzielle*, *technische* und *logistische Aufgaben* [27]. Diese Aufgaben sind in den Unternehmen meist aufgeteilt zwischen kaufmännischer und technischer Auftragsbearbeitung:

- Die *kaufmännische Auftragsbearbeitung*, auch *Auftragsabwicklung* (AAW) genannt, ist in der Regel dem *Vertriebsinnendienst* zugeordnet und für die Auftragsannahme und kaufmännische Bearbeitung verantwortlich.
- Die *technische Auftragsbearbeitung*, auch *Arbeitsvorbereitung* oder *Produktionssteuerung* genannt, ist meist der Produktion zugeordnet und für die technische Bearbeitung, die Einlastung und die Durchführung der Produktionsaufträge zuständig.

Die Verantwortung für die *logistische Auftragsbearbeitung* ist nicht immer klar geregelt und unterschiedlich verteilt. Nur in Unternehmen mit einer gut organisierten Unternehmenslogistik gibt es neben der technischen und kaufmännischen Auftragsbearbeitung eine eigenständige logistische Auftragsbearbeitung (s. *Kapitel 10*):

- Die *logistische Auftragsbearbeitung*, auch *Auftragsdisposition*, *Logistikdisposition* oder *Order Management* genannt, hat die Aufgabe, die kaufmännisch akzeptierten externen Aufträge zu erfassen, nach *Prioritäten* zu ordnen, nach geeigneten *Dispositionsstrategien* in interne Aufträge aufzulösen und diese an die betreffenden Betriebe, Leistungsbereiche und Lieferstellen zur Ausführung weiterzuleiten.

Als Ergebnis der Auftragsdisposition entstehen also durch *Auflösung* der kaufmännisch geprüften externen Aufträge *interne Aufträge* und *Teilaufträge*, die nach geeigneten *Dispositionsstrategien* auf die beteiligten Leistungsstellen verteilt werden. Nach dem Verteilen der Aufträge verfolgt und kontrolliert die Auftragsdisposition die termingerechte, vollständige und fehlerfreie Ausführung der internen Aufträge durch die operativen Leistungsbereiche.

*Interne Aufträge*, die nur einen bestimmten *Leistungsbereich* oder eine *Leistungsstelle* betreffen, sind beispielsweise:

Nachschubaufträge
Produktionsaufträge
Beförderungsaufträge
Einlager- oder Auslageraufträge
Bereitstellungsaufträge
Kommissionieraufträge (2.3)
Sortieraufträge
Pack-, Abfüll- oder Stauaufträge
Ver- und Entladeaufträge
Bearbeitungsaufträge
Prüf- und Kontrollaufträge.

Nach erfolgreichem Abschluß eines Auftrags werden die ausgelieferten Waren und erbrachten Leistungen dem Auftraggeber in Rechnung gestellt und die an der Leistungserstellung beteiligten *Organisationseinheiten* und *Dienstleister* vergütet (s. *Kapitel 7*).

Zusätzlich zur Disposition der externen Aufträge kann die logistische Auftragsbearbeitung weitere *administrative Leistungen* erbringen, wie

*Auskünfte* über Lieferfähigkeit, Termine und Lieferstatus
*Verfolgung* von *Verbleib* und *Herkunft* von Sendungen
*Bestandsführung* und *Nachschubdisposition* (2.4)
*Finanzdienstleistungen*, wie Rechnungsstellung, Inkasso und Mahnwesen
*Abrechnung von Logistikleistungen.*

*Systemdienstleister* übernehmen für ihre Kunden zunehmend auch die Durchführung derartiger administrativer Leistungen (s. *Abschnitt 21.3*).

Für die Aufteilung der Aufgaben der logistischen Auftragsbearbeitung zwischen zentralen und dezentralen Stellen und für die Zuordnung der Auftragsdisposition zu Vertrieb, Produktion oder einer eigenständigen *Unternehmenslogistik* gibt es keine allgemeingültigen Lösungen. Die Organisation der Unternehmenslogistik ist abhängig von der Größe, der Standortverteilung, dem Liefer- und Leistungsprogramm und den Vertriebskanälen des Unternehmens. Unabhängig vom einzelnen Unternehmen aber gelten bestimmte *Grundsätze der Organisation* und allgemeine *Strategien für die Auftragsdisposition* (s. *Kapitel 10*).

*Ziel* der Auftragsdisposition ist die Ausführung der vorliegenden Aufträge innerhalb der zugesagten Lieferzeiten oder zu den geforderten Lieferterminen mit einer bestimmten Lieferfähigkeit durch kostenoptimalen Einsatz der verfügbaren Leistungsstellen und Ressourcen. *Strategien* zum Erreichen dieses Ziels sind:

1. *Beschaffungsstrategien* zur Entscheidung über *Eigen- oder Fremdleistung* (*make or buy*), über *Auftrags- oder Lagerbeschaffung* und über *auftragsspezifische Fertigung* oder *Lagerfertigung*.
2. *Zeitstrategien* zur Einhaltung von *Lieferterminen* oder *Lieferzeiten* mit einer definierten *Termintreue* bei maximalem Handlungsspielraum für Betriebsstrategien.
3. *Betriebsstrategien* zur kostenoptimalen Belegung der Leistungsstellen mit den vorliegenden Aufträgen bei Einhaltung der geforderten Liefertermine mit einer vorgebenen Termintreue.
4. *Bestands- und Nachschubstrategien* für lagerhaltige Ware zur Minimierung der Logistikosten bei vorgegebener *Lieferfähigkeit*.

Die *Make-Or-Buy-Strategien* der Beschaffung hängen von der *Unternehmenspolitik* ab, werden aber sehr wesentlich von der Logistik beeinflußt [28]. Die Möglichkeiten der Fremdbeschaffung von Logistikleistungen und die Probleme, die mit dem *Einsatz von Logistikdienstleistern* verbunden sind, werden in *Kapitel 21* behandelt.

Die Auswirkungen und Strategien der *Zeitdisposition* werden im *Kapitel* 8 ausführlich dargestellt. Im Zusammenhang mit den Zeitstrategien werden auch Kriterien für die Entscheidung über *Auftragsfertigung* oder *Lagerfertigung* entwikkelt.

Gegenstand von *Kapitel 10* sind die Möglichkeiten der Auftragsdisposition nach unterschiedlichen *Betriebsstrategien*. Hierauf aufbauend werden in den *Kapiteln* 13 bis 19 spezielle Betriebsstrategien für Lager-, Kommissionier-, Transport-, Belieferungs- und Beschaffungssysteme entwickelt.

Die Strategien zur optimalen *Bestands- und Nachschubdisposition* sind Schwerpunkt von *Kapitel* 11. In *Abschnitt 11.2* dieses Kapitels werden die Entscheidungskriterien über Kunden- oder Lagerfertigung ergänzt durch Auswahlkriterien für lagerhaltige Artikel.

## 2.3 Aufbauorganisation und Ablauforganisation

Aufbauorganisation und Ablauforganisation schaffen die Voraussetzungen dafür, daß die externen und internen Aufträge fehlerfrei, vollständig und termingerecht ausgeführt werden:

- Die *Aufbauorganisation* legt die Funktionen, Aufgaben und Weisungsabhängigkeit der Leistungsstellen fest. Sie bestimmt die *Organisationsstruktur* des Systems.
- Die *Ablauforganisation* regelt den Durchlauf von Daten und Informationen und den Ablauf der Auftragsbearbeitung. Sie bestimmt den *Prozeßablauf* im System.

Um sie beherrschbar zu machen, ist die Organisation größerer Leistungssysteme und komplexer Logistiksysteme *hierarchisch* aufgebaut. Sie kann in drei *Organisationsebenen* unterteilt werden, deren *Aufgaben* und *Merkmale* in *Tabelle 2.1* dargestellt sind. Für die Aufgabenteilung zwischen und in den Organisationsebenen gelten bestimmte *Organisationsgrundsätze.*

### 1. Administrative Ebene

Auf der administrativen oder strategischen Ebene werden Lieferprogramme und Artikelsortimente festgelegt, Absatzmengen geplant, Unternehmenspläne erarbeitet, Strategien entwickelt, Leistungen organisiert, Rahmenverträge für die Beschaffung ausgehandelt und Maßnahmen vorbereitet, die auf *zukünftige Leistungsanforderungen* ausgerichtet sind.

Die administrative Ebene arbeitet nach bestimmten *Planungs- und Nutzungsstrategien* auf der Grundlage von *unsicheren Informationen*, Erwartungen, mittel- und langfristigen Prognosen und Unternehmenszielen.

### 2. Dispositive Ebene

Auf der dispositiven oder taktischen Ebene werden nach den Vorgaben der administrativen Ebene aus den *externen Aufträgen* der Kunden *interne Aufträge* für den Betrieb erzeugt und *Abrufaufträge* bei den Lieferanten ausgelöst. Die Disposition *verwaltet, disponiert* und *kontrolliert* Aufträge, Bestände und Betriebsmittel.

Die dispositive Ebene bearbeitet aktuelle Aufträge und *Leistungsanforderungen* nach vorgegebenen *Dispositionsstrategien* auf der Grundlage relativ gesicherter Informationen und von Kurzfristprognosen. Die Disposition ist verantwortlich für die effiziente Nutzung der verfügbaren Ressourcen.

| | |
|---|---|
| | **Administrative Ebene** |
| Aufgaben | • Unternehmensplanung<br>• Strategieentwicklung<br>• Programmplanung<br>• Marketing<br>• Verkauf<br>• Einkauf<br>• Finanz- und Rechnungswesen<br>• Personalverwaltung<br>• Controlling der Gesamtprozesse |
| Merkmale | Aufträge der Unternehmensleitung<br>Vorgaben des Marktes<br>Arbeiten nach Planungs- und Nutzungsstrategien<br>unsichere Informationen<br>lange Entscheidungszeiten (Stunden bis Wochen) |
| | **Dispositive Ebene** |
| Aufgaben | • Auftragsdisposition<br>• Auftragsverwaltung<br>• Produktionsplanung<br>• Arbeitsvorbereitung<br>• Bestandsführung<br>• Nachschubdisposition<br>• Betriebsmitteldisposition<br>• Auftragsverfolgung<br>• Kontrolle der operativen Prozesse |
| Merkmale | Externe Aufträge<br>Vorgaben der administrativen Ebene<br>Arbeiten nach Dispositionsstrategien<br>relativ gesicherte Informationen<br>mittlere Bearbeitungszeiten (Minuten bis Stunden) |
| | **Operative Ebene** |
| Aufgaben | • Auslösen der Prozesse<br>• Steuern der Einzelvorgänge<br>• Regeln der Prozesse<br>• Überwachung der Prozesse<br>• Sicherung der Durchführung |
| Merkmale | Interne Aufträge<br>Vorgaben der dispositiven Ebene<br>Ausführung nach Betriebsstrategien<br>gesicherte Informationen<br>kurze Reaktionszeiten (Sekunden bis Minuten) |

**Tab. 2.1** Aufgaben und Merkmale der Organisationsebenen

**3. Operative Ebene**

Die operative Ebene umfaßt die *Betriebssteuerung* und die *Prozeßsteuerungen* für den operativen Betrieb der Leistungsbereiche. Sie steuert und regelt die Ausführung der von der dispositiven Ebene erteilten internen Aufträge und koordiniert die reibungslose Zusammenarbeit zwischen den einzelnen Leistungsstellen. Die Betriebs- und Prozeßsteuerungen sorgen nach geeigneten *Betriebsstrategien* dafür, daß die Prozesse korrekt und mit hoher Verfügbarkeit ablaufen.

Die Betriebssteuerung arbeitet mit *gesicherten Informationen* und ist verantwortlich für einen funktionierenden, effizienten und sicheren Betrieb.

## 2.4 Organisationsgrundsätze

Aus den *Zielvorgaben* und den *Anweisungen* von oben nach unten und den *Vollzugs-* und *Störungsmeldungen* von unten nach oben ergeben sich enge Wechselwirkungen zwischen den Organisationsebenen. Um bei sich verändernden Umständen eine schnelle *Rückkopplung* und *Zielanpassung* zu erreichen, ist es notwendig, die *Entscheidungskompetenz* an die jeweils unterste der möglichen Organisationsebenen zu delegieren [322]. Das besagt der

- *Delegationsgrundsatz*: Entscheidungen sind so dezentral wie möglich und nur so zentral wie nutzbringend und notwendig zu fällen.

Wird dieser Grundsatz nicht beachtet, entstehen lange Entscheidungswege und ablaufhemmende *Reaktionszeiten*. Die Organisation wird träge und ineffektiv.

Aus dem Delegationsgrundsatz folgt für die Disposition das

- *Subsidiaritätsprinzip*: Die Disposition muß so dezentral wie möglich und darf nur so zentral wie sinnvoll und nützlich sein.

Nach diesem Grundsatz darf auch eine unternehmensübergreifende *Zentraldisposition* nur Aufgaben übernehmen, die für die beteiligten Unternehmen von Vorteil sind und nicht von den dezentralen Dispositionsstellen ausgeführt werden können (s. *Abschnitt 22.6*).

In einer *flexiblen Organisation* sind die Organisationsebenen nicht streng hierarchisch getrennt sondern in unterschiedlicher Ausprägung realisiert. Innerhalb einzelner Organisationseinheiten können sich die drei Organisationsebenen wiederholen. Unter Umständen ist es auch zweckmäßig, die Organisationsebenen weiter zu unterteilen.

Ein flexibles, leistungsfähiges und kundenorientiertes Unternehmen arbeitet nach folgenden *Organisationsgrundsätzen*:

- *Selbstregelungsprinzip*: Anweisungen, Entscheidungsspielräume, Qualitätsbewertung und Leistungsvergütung müssen für die Leistungsstellen und Leistungsbereiche so geregelt sein, daß sie im eigenen Interesse weitgehend *selbstregelnd* die erteilten Aufträge effizient, korrekt und termingerecht ausführen.
- *Erfolgsorientierung*: Jede Leistungsstelle muß die Gesamtprozesse des Unternehmens kennen und eigenverantwortlich dazu beitragen, daß ihre Leistungen optimal zum Gesamterfolg beitragen.

- *Anweisungsklarheit*: Keine Stelle darf zur gleichen Aufgabe von mehr als einer anderen Stelle Aufträge oder Anweisungen erhalten.
- *Informationsdisziplin*: Jede Stelle muß die Informationen, die sie zur Ausübung ihrer Funktionen benötigt, rechtzeitig, vollständig und korrekt erhalten und alle Informationen, die andere Stellen über ihre Leistungen benötigen, an diese rechtzeitig, vollständig und korrekt abgeben.
- *Check- and Balance*: Durch wechselseitige Kontrolle der Informationen und Entscheidungen wird eine hohe *Prozeßqualität* gesichert.
- *Beherrschbarkeit*: In einer Stelle dürfen nicht mehr Funktionen und Entscheidungen konzentriert sein, als eine qualifizierte Führungsperson beherrschen kann (Begrenzung der *Führungsreichweite* oder *span of control*).

Bei der Gestaltung einer neuen Organisation werden zunächst für alle *regulären Geschäftsprozesse optimale Standardabläufe* entwickelt und die Bearbeitung der Prozeßschritte den einzelnen Leistungsstellen zugewiesen. Dabei werden die *irregulären Geschäftsprozesse* häufig übersehen oder vernachlässigt, die durch falsche Daten, Fehler, Qualitätsmängel und Ausfall der Auftraggeber, der Leistungsstellen und der Mitarbeiter ausgelöst werden können. Die Organisation von *Notabläufen* und *Ausfallstrategien* ist jedoch in der Regel mindestens so aufwendig und in vielen Fällen weitaus schwieriger als die Organisation der regulären Geschäftsprozesse. Daher gilt der

- *Sicherheitsgrundsatz*: Eine Organisation ist erst dann vollständig und sicher, wenn sie auch auf Fehler und Ausfälle vorbereitet ist und für die irregulären ebenso wie für die regulären Geschäftsprozesse über *optimale Standardabläufe* verfügt.

Komplexe Systeme mit allzu eng verkoppelten Teilsystemen und Leistungsstellen sind nicht mehr beherrschbar, schwerfällig und störanfällig. Sie lassen sich auch mit Hilfe noch so genauer Simulationsverfahren nicht entscheidend verbessern (s. *Abschnitt 13.5.4*, *Abschnitt 13.6.3* und *Abschnitt 15.4*). Hieraus resultiert der

- *Entkopplungsgrundsatz*: Durch das Zwischenschalten von *Auftragspuffern* oder von *Lagerbeständen* ist ein Logistiknetzwerk so in *Teilbereiche* und *Subsysteme* aufzutrennen, daß sich Rückstaus, Rückkopplungen und Störungen eines Teilsystems nur mit ausreichend geringer Wahrscheinlichkeit auf andere Teilsysteme auswirken.

Die entkoppelten Teilbereiche und Subsysteme können dann weitgehend unabhängig voneinander die Aufträge disponieren, die ihnen entweder direkt von den angrenzenden Systemen oder von einem Auftragszentrum erteilt werden.

Der Dispositionsbereich eines Auftragszentrums wird nach dem Entkopplungsgrundsatz auf bestimmte Leistungsbereiche beschränkt und gegenüber der dezentralen Disposition in den Teilbereichen abgegrenzt. So disponiert die *Fertigungssteuerung* den Einsatz der Ressourcen eines Fertigungsbereichs zur Ausführung der Produktionsaufträge selbständig.

Der Einsatz von IT-Systemen für den Informationsaustausch und für die Datenverarbeitung sowie der Zugriff auf zentrale Stammdaten eröffnen heute neue Handlungsmöglichkeiten und Potentiale für die Disposition. Sie setzen aber nicht die bewährten Organisationsgrundsätze außer Kraft. Erst der Delegationsgrundsatz, das Subsidiaritätsprinzip und der Entkopplungsgrundsatz machen die Komplexität großer Netzwerke beherrschbar.

Im Verlauf einer *Potentialanalyse* wird rasch erkennbar, ob die Organisationsgrundsätze in einem Unternehmen durchgängig eingehalten werden. Wo das nicht der Fall ist, ist eine *organisatorische Schwachstelle* zu vermuten, die sich unter Umständen kurzfristig ohne großen Aufwand beheben läßt (s. *Kapitel 4*).

## 2.5 Programmebenen und Rechnerkonfiguration

Die Verwaltung der Auftrags- und Artikeldaten, die Auftragsdisposition sowie die Steuerung und Kontrolle der Leistungsprozesse können heute von *Rechnern* und *Programmen* ausgeführt oder unterstützt werden. Die Mitarbeiter geben die *Artikelstammdaten*, die *Auftragsdaten* und die *Prozeßparameter* ein, erteilen *Auskünfte* und fällen *Entscheidungen*, die nicht dem Rechner überlassen werden.

Den Organisationsebenen entsprechen die *Programmebenen*:

1. *Planungs- und Verwaltungsprogramme* arbeiten für Vertrieb, Einkauf, Finanz- und Rechnungswesen, Personalwesen und Unternehmensplanung. Die Planungsprogramme, wie die *Advanced Planning and Scheduling* (*APS*)-, die *Enterprise Resource Planning* (*ERP*)- und die *Supply Chain Managament* (*SCM*)-*Programme*, ermitteln den Ressourcenbedarf und die Ressourcenbelegung für einen geplanten Bedarf [234]. Die Verwaltungsprogramme führen die *Logistikkostenrechnung* durch, erstellen Rechnungen und übernehmen die *Leistungs- und Qualitätsvergütung* für externe Dienstleister (s. *Kapitel 7*).
2. *Dispositionsprogramme*, wie das *Network-Resource Planning (NRP)*, das *Material-Resource Planning (MRP)*, und die *Produktions-Planungs- und Steuerungsprogramme (PPS)*, generieren aus externen Aufträgen nach *Dispositionsstrategien* interne Aufträge, führen Bestände, vergeben und verwalten Lagerplätze, generieren Nachschubvorschläge, lösen Bestellungen aus, registrieren die Auslastung von Transportmitteln, Anlagen und Betriebsmitteln, führen Tourenplanungen durch und erfassen die Leistungsergebnisse der operativen Ebene.
3. *Steuerungsprogramme* steuern, regeln und kontrollieren entsprechend den internen Aufträgen nach vorgegebenen *Betriebsstrategien* den Ablauf in den einzelnen Leistungsstellen, Anlagen und Teilsystemen. Sie erfassen mit Hilfe entsprechender *Zähleinrichtungen* und *Betriebsdatenerfassungssysteme* (BDE) die von den einzelnen Leistungsstellen erbrachten Leistungseinheiten.

Nach dem Delegationsgrundsatz und dem Subsidiaritätsprinzip sind die Programme in einer *Rechnerhierarchie* auf *Verwaltungsrechner*, *Dispositionsrechner* und *Steuerungsrechner* verteilt. Sie werden den Benutzern als dezentrales *Client-Server-System* angeboten:

- Ein *Host-Rechner* oder zentraler *Server* übernimmt die administrativen und planerischen Aufgaben sowie die Stammdatenverwaltung.

- Die *Client-Stationen*, die dezentral in den Auftragsbearbeitungsstellen und in den Betrieben aufgestellt sind, stehen den weitgehend autonomen Arbeitsplätzen für dispositive Aufgaben und Steuerungsfunktionen zur Verfügung.

Für die administrativen und dispositiven Logistikaufgaben gibt es *Spezialprogramme*, wie die *Warenwirtschaftssysteme* (WWS) des Handels oder die *Tourenplanungssysteme* (TPS) für Speditionen, und *Standardsoftware*, wie die SAP-Softwaremodule *SD Sales and Distribution*, *MM Materialmanagement* und *PP Produktionsplanung* [30]. Qualität und Leistungsfähigkeit der Standard- und Spezialprogramme sind sehr unterschiedlich. Die in den Programmen enthaltenen *Algorithmen* und *Strategien* der Logistik sind daher vor der Benutzung kritisch zu prüfen, da sie nicht für alle Anwendungsfälle geeignet sind und bei Eingabe unzutreffender Parameter zu falschen Ergebnissen führen [266; 290].

Die Rechner und Peripheriegeräte eines Unternehmens sind heute meist über ein *internes Datennetz*, das sogenannte *Intranet*, miteinander verbunden. Um doppelte Datenbestände und mehrfache Datenpflege zu vermeiden, sollten möglichst alle Programme eines Unternehmens auf nur *eine Datenbank* zurückgreifen. Für die Speicherung und Verwaltung der umfangreichen Unternehmens- und Logistikdaten steht heute leistungsfähige *Datenbank-Standardsoftware* zur Verfügung.

Ein grundsätzliches Problem, das bei der Auslegung der DV-Systeme häufig nicht ausreichend beachtet wird, sind die *Antwortzeiten* oder *Bearbeitungszeiten*. Die *Antwortzeiten* auf die Anfrage oder den Befehl eines Benutzers steigen mit der Anzahl der Teilnehmer und der Inanspruchnahme nach dem Gesetz der *Warteschlangen* an (s. *Abschnitt* 13.5). Antwortzeiten, die zu Zeiten durchschnittlicher Belastung im Bereich von wenigen Sekunden liegen, können bei unzureichender Systemauslegung in Spitzenzeiten auf Werte ansteigen, die für den Benutzer nicht mehr akzeptabel sind. Die Reaktionszeiten sind dann für viele logistische Prozesse, deren Prozeßzeiten im Bereich weniger Minuten liegen, zu lang und führen zu einer Ineffizienz, die oft erst nach der Realisierung eines Systems erkannt wird.

Die *zeitkritischen Prozesse* der Leistungskette sollten daher im DV-System von den administrativen Vorgängen entkoppelt werden. Das ist möglich durch unterlagerte *Leitrechner* oder *Prozeßrechner* mit spezieller Software, wie die *Produktions-Planungs- und Steuerungssysteme* PPS, die *Lager-Verwaltungs-Systeme* LVS und die *Transport-Leit-Systeme* TLS, die abgegrenzte zeitkritische Aufgabenumfänge übernehmen. Wenn eine Anlage im *Echtzeitbetrieb* arbeitet, sind dem Prozeßrechner in automatischen Systemen *Gruppen-* und *Einzelsteuerungen* für Teilsysteme, Systemkomponenten und Transportmittel unterlagert (s. *Abb. 18.6*). Die *Abb. 2.1* zeigt die Rechnerhierarchie und Organisationsstruktur eines Servicezentrums, die nach diesen Grundsätzen aufgebaut sind.

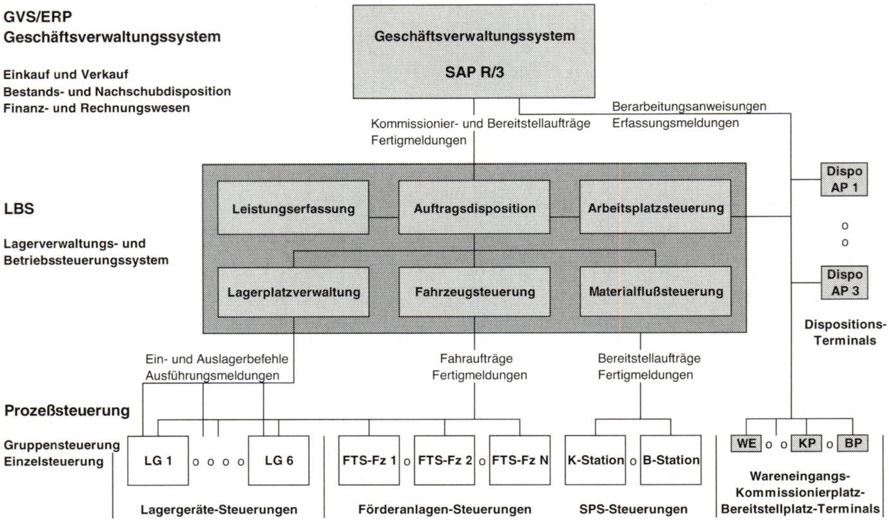


**Abb. 2.1** Rechnerhierarchie und Organisationsstruktur der Lagerverwaltung, Betriebssteuerung und Prozeßsteuerungen eines Bereitstellungs- und Kommissionssystems

## 2.6 Informations- und Datenfluß

Die laufend eintreffenden Aufträge lösen die Prozesse der Leistungserstellung aus und führen zu einem permanenten *Informationsfluß*. Die Warenströme durch die Logistikketten erfordern weitgehend *synchrone Datenflüsse*. Zwischen den Organisationsebenen, den Programmen und den Rechnern findet ein dauernder Informationsaustausch von Anweisungen und Rückmeldungen statt.

Vor oder mit dem Eintritt der Ware in einen Leistungsbereich oder eine Leistungsstelle wird ein Auftrag mit der Information benötigt, was mit der Ware geschehen soll. Beim Eintritt in einen Leistungsbereich werden die Waren an Identifikationspunkten, den *I-Punkten*, identifiziert, erfaßt und kontrolliert. Beim Verlassen des Leistungsbereichs wird an Kontrollpunkten, den *K-Punkten*, geprüft, ob der Auftrag korrekt ausgeführt wurde. Zusätzlich werden am K-Punkt die Kenndaten der auslaufenden Ware erfaßt.

Um eine doppelte Datenerfassung zu vermeiden, sollten innerhalb des gleichen Betriebs die K-Punkte der abgebenden Leistungsstellen und die I-Punkte der sich unmittelbar anschließenden Leistungsstellen identisch sein. Das ist durchaus nicht überall der Fall. Daher bestehen in der Abstimmung der Datenerfassung und in der Zusammenlegung von I- und K-Punkten in den innerbetrieblichen Leistungsketten Rationalisierungsmöglichkeiten. Das gilt auch für *überbetriebliche Logistikketten*, wenn zwischen Lieferstellen und Empfangsstellen ein elektronischer Datenaustausch möglich ist.

Zur Identifikation, Prozeßsteuerung und Kontrolle, zur Sicherung eines unstrittigen *Gefahrenübergangs* und zur *Sendungsverfolgung* der Waren, Ladeeinheiten und Sendungen beim Durchlaufen der Logistikkette sind *Begleitinformationen* erforderlich. Die Begleitinformation umfaßt

- eine *Identinformation* zur Identifikation des Artikels, des Packstücks oder der Ladeeinheit,
- die *Absenderinformation* zur Kennzeichnung von Herkunftsort und Versender,
- die *Zielinformation* zur Erkennung des Bestimmungsortes und des Empfängers
- *Steuerungsinformationen* mit Angaben über Lieferweg, Zwischenstationen und Lagerorte.

Zur Dokumentation und Bereitstellung der jeweils benötigten Begleitinformationen gibt es verschiedene Möglichkeiten [29; 343; 344]:

- Die Begleitinformation wird in *Klarschrift* oder als *Barcode* direkt auf die Artikeleinheiten, Packstücke oder Ladeeinheiten von Hand aufgeschrieben oder aufgedruckt und an den I- und K-Punkten von einer Person, einem Scanner oder einem anderen Gerät gelesen.
- Die Begleitinformation ist in Klarschrift oder als Barcode auf ein *Etikett* aufgedruckt oder in einer *Kodierung*, z.B. einem *Transponder*, enthalten, die an den Artikeleinheiten, Packstücken oder Ladeeinheiten angebracht ist. Sie wird an den I- und K-Punkten z.B. mittels RFID (*r*adio *f*requency *id*entification) gelesen.
- Die Artikeleinheiten, Packstücke und Ladeeinheiten tragen nur die *Identinformation*, die als Identnummer oder Barcode direkt oder auf ein Etikett aufgedruckt ist. Die übrige Information befindet sich auf einem *Begleitdokument*, das der Ware oder Sendung beigefügt ist.
- Die Artikeleinheiten, Packstücke und Ladeeinheiten tragen nur die *Identinformation*, nach deren Lesung die zusätzlich benötigte Begleitinformation an den I- und K-Punkten über den Rechner angezeigt oder ausgedruckt wird.

Das *Kodieren* und *Etikettieren* sowie das *Lesen* und *Scannen* erfordern Zeit und verursachen Kosten. Die Zeiten und Kosten können sich über die gesamte Logistikkette zu Werten summieren, die nicht vernachlässigbar sind.

Der Empfänger, der seine Ware oder eine Sendung wie bestellt erhalten hat, benötigt außer der Identinformation und der Absenderinformation in der Regel keine weiteren Angaben über die Stationen und Wege, die die Sendung bis zu ihm durchlaufen hat.

Hieraus ergibt sich der *Kodierungsgrundsatz*:

▶ Artikeleinheiten, Packstücke und Ladeeinheiten dürfen nur mit *einem* Etikett, *einer* Beschriftung oder *einer* Kodierung versehen sein, die sichtbar nur die Identinformation, die Absenderinformation und die Zielinformation enthält.

Zusätzlich benötigte Steuerungsinformationen sollten in einem Begleitdokument enthalten sein oder am Bedarfsort über den Rechner angezeigt werden. Abweichend von diesem Grundsatz befinden sich heute am Ende der Logistikkette auf einer Artikeleinheit, einem Packstück oder einer Ladeeinheit oft zwei, drei oder mehr Beschriftungen, Etiketten und andere Aufkleber. Besonders krasse Beispiele sind die vielen Aufkleber und Aufschriften auf Gepäckstücken und auf manchen Paketsendungen.

Viele *Kodierungen* und *Identifikationssysteme* sind branchenabhängig standardisiert [29]. Die am weitesten verbreitete Kodierung ist der *EAN-Code*, der auf einem standardisierten *Strichcode* und einem normierten *Nummernsystem* beruht [31].

Zur beleglosen Übertragung von Aufträgen und anderen Logistikdaten mit Hilfe der *Datenfernübertragung* DFÜ (*Electronic Data Interchange* EDI) werden standardisierte *Informationssätze* benötigt. Hierfür gibt es *EDI-Standards*, wie EDIFACT, ODETTE, SEDAS oder CEFIC. Die branchenübergreifende Durchsetzung dieser Standards wird jedoch durch den Siegeszug des *Internet* erschwert, das für die Auftrags- und Datenübertragung neue Möglichkeiten eröffnet hat [31; 32; 33; 34; 36; 37].

## 2.7 Möglichkeiten der Information und Kommunikation

Mit den heutigen *Informations- und Kommunikationstechnologien*, den *I+K-Systemen*, eröffnen sich für die Logistik bisher ungeahnte *Möglichkeiten* zur Rationalisierung [85; 289; 321]. Zugleich aber erhöht sich auch die *Gefahr* von Fehleinschätzungen, Übertreibungen und Mißbrauch.

Der Einsatz der modernen Informationstechnologien in der Logistik, die sogenannte *e-Logistik* [321], bietet folgende *Handlungsmöglichkeiten*:

- Reduzierung der *Transaktionskosten* für die Auftragserteilung und den Informationsaustausch über *EDI* oder *Internet*.
- Austausch vollständiger *Stammdaten* von Artikeln und Aufträgen zwischen Lieferanten und Empfängern, mit deren Hilfe sich rasch Entscheidungen fällen und optimale Dispositionsstrategien realisieren lassen.
- *Avisieren* von Anlieferungen und Lieferdaten per EDI durch den Lieferanten an den Empfänger vor Ankunft der Ware.
- Vereinfachung und Beschleunigung der Auftragsabwicklung zwischen Industrie und Handel durch *elektronische Bestellung*, *Auftragsbestätigung* und *Rechnungsstellung*.
- Abstimmung der *Datenerfassung* an K-Punkten und I-Punkten inner- und überbetrieblicher Leistungsketten zur Vermeidung von Mehrfacherfassungen, von Fehlern und von Zeitverlusten.
- Automatische *Nachschubauslösung* beim Lieferanten auf der Grundlage vereinbarter Lieferfähigkeiten, Nachschubzeiten und Nachschubmengen (*Efficient Consumer Response* ECR und *Continuous Replenishment* CRP).
- Verbesserte *Bedarfsprognose* und *Reaktionsmöglichkeit* der Disposition von Nachschub und Produktion durch Nutzung der am *Point of Sale* (POS) von Scannerkassen verzeichneten Abverkäufe oder der von Auftragsterminals erfaßten Kundenaufträge.
- Verwendung der über Satellitenfunk oder Datenfernübertragung permanent verfügbaren Standorte und Ladungsdaten von Transportmitteln und der eingehenden Transportaufträge zur *dynamischen Transportdisposition*.

- ▶ Nutzung gespeicherter Daten der Vergangenheit in Verbindung mit prozeßsynchron erfaßten Daten zur Realisierung von *Nutzungs-*, *Belegungs-* und *Betriebsstrategien*, die auf mathematischen *Prognoseverfahren* und *Dispositionsalgorithmen* beruhen (s. *Kapitel 9*).
- ▶ Austausch von Informationen über den Standort von Ladeeinheiten und Transportmitteln in der Logistikkette, die sich zur *Kontrolle* und zur *Steuerung* nach optimalen Betriebsstrategien nutzen lassen.
- ▶ Nutzung der an den I- und K-Punkten der Leistungsstellen erfaßten Informationen über Aufträge und Ladeeinheiten zum *Logistikcontrolling* von Eigenleistungen und zur nutzungsgemäßen *Vergütung* der Logistikleistungen von Dienstleistern (s. *Kapitel 7*).
- ▶ Aufbau von Systemen zur *Sendungsverfolgung* (tracking) und Dokumentation der *Sendungsherkunft* (tracing), z.B. mittels *RFID* [333].
- ▶ Aufbau einer effizienten *Qualitätssicherung* auf der Basis der systematischen Erfassung von *Qualitätsmängeln* und der *Pönalisierung* der Abweichungen von vereinbarten Qualitätsstandards (s. *Kapitel 7*).

Die konsequente Nutzung dieser und weiterer Möglichkeiten der modernen Informationstechnologie hat in der Logistik erst begonnen und wird die zukünftige Entwicklung maßgebend beeinflussen [85; 279; 321; 333; 334].

## 2.8
## Gefahren und Fehlerquellen von Telematik und e-Logistik

Da die Nutzung der modernen Informationstechnologie in der Logistik erst am Anfang steht, werden die damit verbunden Gefahren häufig übersehen [299]. Fast alle denkbaren Fehler, die aus diesen Gefahren resultieren können, sind in der Praxis zu beobachten. Besondere *Gefahren* und *Fehlerquellen* des kritiklosen Einsatzes der technischen Mittel und Möglichkeiten von *Telekommunikation, Informatik und Internet*, also kurz von *Telematik* und *e-Logistik*, sind:

- Trotz allen Fortschritts halten viele *Standardprogramme zur Planung, zur Disposition und zur Abwicklung* der Geschäftsprozesse, wie PPS, MRP, ERP, APS, SCM, LVS und TLS, in der Praxis nicht alles, was ihre Hersteller versprechen. Die meisten Standardprogramme sind stark von der Informatik geprägt und berücksichtigen zu wenig die Möglichkeiten, Strategien und praktischen Gegebenheiten der Logistik. Sie enthalten teilweise *falsche Algorithmen*, machen *unzulässige Annahmen* und *bieten nicht alle erforderlichen Funktionalitäten* [234; 235; 236; 241; 266; 280].
- Der *Aufwand für die Anpassung* und der *Zeitbedarf für die Implementierung* der Standardprogramme werden in der Regel unterschätzt. Infolgedessen ziehen sich die Implementierung und die Anpassung an die speziellen Geschäftsgegebenheiten, das sogenannte *Customizing*, endlos hin und belasten das Tagesgeschäft [280].
- Um endlich zu einem Abschluß zu kommen, werden häufig Kompromisse gemacht, *unzulässige Vereinfachungen* durchgeführt und eigentlich erforderliche Funktionen nicht realisiert. Infolgedessen beschränkt und belastet die Software das Geschäft stärker als erwartet, statt es zu entlasten und zu optimieren.

- *Stammdatensätze* sind *unvollständig* oder *unvorteilhaft strukturiert*. So fehlen in vielen Standardprogrammen wichtige *Logistikstammdaten*, wie die Abmessungen und Gewichte der Verkaufs-, Verpackungs- und Ladeeinheiten (s. *Abschnitt* 12.7).
- Ein zu großes Angebot von Dispositionsmöglichkeiten und freien Parametern führt leicht dazu, daß die Programme falsch oder überhaupt nicht eingesetzt werden, da der Anwender schon mit der Auswahl und Einstellung überfordert ist [266; 280].
- *Mangelhafte Daten- und Programmpflege* führen zu verfälschten Ergebnissen.
- *Lange Antwortzeiten*, *Datenverarbeitungszeiten*, *Totzeiten* und *Druckerzeiten* verzögern die Abläufe und mindern die Effizienz.
- *Batchläufe* des Rechners verursachen lange Wartezeiten, verzögern die Arbeit in den Leistungsstellen und bewirken *Totzeiten* für andere Nutzer.
- Die *Mehrfacherfassung* der gleichen Daten an I- und K-Punkten verursacht Zusatzaufwand.
- Das *Fehlen von Logistikstammdaten*, wie Artikelabmessungen, Gewichte und Ladungsträgerzuordnung, und fehlende Leistungskostensätze verhindern den Einsatz vieler Optimierungsverfahren (s. *Abschnitt 12.7*).
- Anwendungsprogramme führen wegen Eingabe falscher Parameter zu *falschen Ergebnissen* oder werden wegen nicht erfüllter Vorraussetzungen oder Unkenntnis der programmierten Algorithmen falsch genutzt.
- *Falsche oder zu stark vereinfachende Algorithmen* der Dispositionsprogramme generieren unbrauchbare Bestellvorschläge [266].
- Rechner, Internet und Programme werden für betriebsfremde Tätigkeiten mißbraucht, z. B. für Computer-Spiele oder für private Zwecke.
- Die Möglichkeiten der Rechner verleiten zu *überzogenen Kontrollen*, zum *übermäßigen Informationsangebot* oder zu *übertriebener Schönheit der Darstellung* von Ausdrucken und Anzeigen. Farbige Grafiken, dreidimensionale Diagramme und bewegte Bilder ohne Berücksichtigung des Nutzens verursachen unnötigen Aufwand.
- Die Ergebnisse und Daten werden *mangelhaft aufgearbeitet* und *schlecht visualisiert*. Überfüllte Tabellen, endlose Listenausdrucke, Zahlenfriedhöfe und unübersichtliche Bildschirmmasken verhindern eine sinnvolle Nutzung.
- Es werden *zu viele* oder *veraltete Daten* erfaßt, gespeichert und ausgetauscht.
- Auf den Artikel- und Logistikeinheiten sind unnötige *Etiketten*, *Aufschriften* und *Kodierungen* angebracht.

Generell gilt für den Einsatz der Telematik in der Logistik der alte DV-Grundsatz: *Unsinn rein*, *Unsinn raus* (*garbage in*, *garbage out*) [311]. Zur Vermeidung der zuletzt genannten Probleme sind folgende *Grundsätze* geeignet:

▶ So wenig Daten und Kontrollen wie möglich, nur soviel wie unbedingt nötig.
▶ Statt vieler Daten nur wenige gezielte und übersichtliche Informationen.
▶ Der Detaillierungsgrad der Informationen wird vom Nutzer bestimmt.

Im Umgang mit den Möglichkeiten der Informationstechnologie sind *Erfahrung*, *Urteilsvermögen* und *Augenmaß* erforderlich. Vor allem aber müssen die Ziele des Unternehmens und die Interessen des Kunden gesehen werden.

So interessiert es einen Empfänger, der seine Ware rechtzeitig, vollständig und fehlerfrei erhält, nicht, auf welchem Weg und in welchen Etappen das geschehen ist. Ein enttäuschter Kunde will nur selten wissen, wo sich die vermißte Ware noch befindet, warum sie zu spät kommt oder wo sie zuletzt erfaßt wurde, sondern seine Lieferung so schnell wie möglich erhalten. Daher gilt:

▶ Identifikations-, Kommunikations- und Informationssysteme sind Mittel zum Zweck und kein Selbstzweck.

Sie sind wichtige Instrumente zur effizienten Erzeugung von Logistikleistungen. Anders als vielfach propagiert aber sind Kommunikations-, Informations- und Identifikationssysteme an sich kein Mehrwert für den Kunden, solange dieser davon keinen Nutzen hat. Das gilt auch für die elektronische Kodierung und Erfassung von *Transpondern* mittels *RFID* [343; 344]. Aussichtsreiche Einsatzmöglichkeiten für *RFID* sind die *Leergutlogistik*, die *Objektkennzeichnung* zur Idenfikation in den Lieferketten und das *elektronische Kanban* (s. *Abschnitt 12.8*).

## 2.9 Organisation der Unternehmenslogistik

Um durchgängige Auftrags- und Logistikprozesse zu sichern, ist es wegen der hierfür erforderlichen Fachkompetenz und der Querschnittsfunktion der Logistik sinnvoll, die Unternehmenslogistik neben Marketing und Vertrieb, Produktion und Entwicklung, Einkauf, DV, Finanzen und Verwaltung als eigenständigen *Servicebereich* zu organisieren. Primäres Ziel der Unternehmenslogistik ist die Sicherung der Wettbewerbsfähigkeit durch Aufbau und Betrieb optimaler Beschaffungs-, Auftrags- und Belieferungsprozesse.

Die zuvor beschriebenen Aufgaben der Unternehmenslogistik, auch *Systemmanagement* oder *Netzwerkmanagement* genannt, lassen sich unterteilen in Aufgaben der strategischen Logistik und Aufgaben der operativen Logistik. Die mittel- und langfristig ausgerichtete *strategische Logistik*, umfaßt das *Logistikcontrolling* und die *Logistikplanung*. Zur kurzfristig ausgerichteten *operativen Logistik*, auch *Systembetrieb* oder *Netzwerkbetrieb* genannt, gehören die *Logistikdisposition* und der *Logistikbetrieb* [26].

Diese Aufgabenbereiche, deren Arbeitsinhalte nachfolgend näher beschrieben werden, lassen sich, wie in dem *Organigramm Abb. 2.2* dargestellt, in entsprechenden Organisationseinheiten zusammenfassen. In kleineren und mittleren Unternehmen können die Aufgabenbereiche enger zusammengefaßt werden und Hierarchieebenen entfallen. In Unternehmen mit mehreren Standorten und in größeren Konzernen ist eine Differenzierung, Spezialisierung und Dezentralisierung der operativen Logistikbereiche notwendig.

Alle Logistikbereiche sind Servicestellen und müssen ihre Aktivitäten auf den Nutzen der Kunden, des gesamten Unternehmens und der anderen Unternehmensbereiche ausrichten.

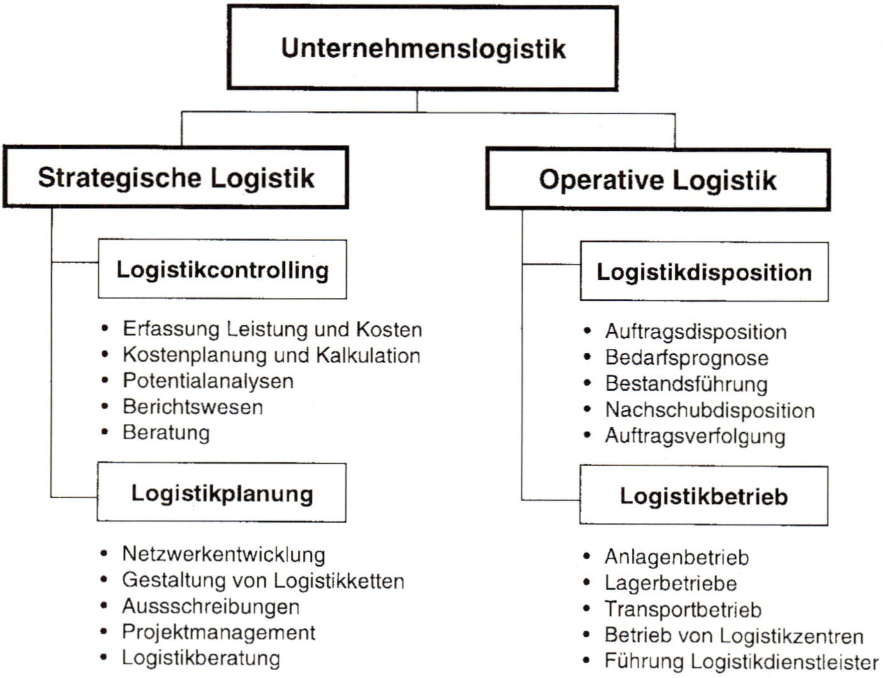


**Abb. 2.2** Organisation und Aufgaben der Unternehmenslogistik

Strategische Logistik = Systemmanagement = Netzwerkmanagement
Operative Logistik = Systembetrieb = Netzwerkbetrieb

### 1. Logistikcontrolling

Das Logistikcontrolling soll die kostenoptimale Erbringung aller benötigten Logistikleistungen kontrollieren und hierauf aufbauend die Logistikplanung, die Auftragsdisposition, den Logistikbetrieb und andere Unternehmensbereiche über die logistisch bedingten Kosten informieren [58; 67; 278; 281].

Arbeitsinstrumente für das Controlling sind die in *Kapitel* 6 dargestellte *Logistikkostenrechnung* und ein *Berichtswesen* über die Kosten-, Leistungs- und Qualitätskennzahlen der Logistikbetriebe. Diese Instrumente sind laufend dem aktuellen Bedarf anzupassen und fortzuschreiben [278; 281].

Für alle Leistungen, die von Logistikdienstleistern durchgeführt werden, muß das Logistikcontrolling die Leistungs- und Qualitätsvergütung konzipieren, den Dienstleistungsmarkt und die aktuellen Leistungspreise verfolgen sowie die laufenden Abrechnungen überprüfen (s. *Kapitel 7 und 21*).

### 2. Logistikplanung

Die Logistikplanung muß die *zukünftige Wettbewerbsfähigkeit* der Unternehmenslogistik vorbereiten und sicherstellen. Zu den Aufgaben der Logistikplanung gehören:

- Konzeption, Aufbau und Weiterentwicklung der Unternehmenslogistik
- Abgrenzung und Gestaltung des Logistiknetzwerks
- Gestaltung und Optimierung der Beschaffungs- und Belieferungsketten
- Auswahl und Einsatz von Logistikdienstleistern
- Planung und Aufbau von Logistikzentren und Logistiksystemen
- Organisation der Disposition
- Vereinbarung von Servicegrad und Logistikqualität
- Gestaltung und Optimierung der innerbetrieblichen Logistikprozesse
- Auswahl und Implementierung von Verfahren zur Bedarfsprognose.

Diese Aufgaben erfordern eine enge Mitwirkung der Logistikplanung bei der Konzeption der Informations-, Kommunikations- und Datenverarbeitungssysteme.

Das Logistikcontrolling und die Logistikplanung haben gemeinsam die Aufgabe, die übrigen Unternehmensbereiche, insbesondere den Vertrieb, in allen Fragen der Logistik zu beraten. Die wichtigsten *Beratungsaufgaben* der Unternehmenslogistik sind in *Abschnitt 14.8.4* aufgeführt.

### 3. Logistikdisposition

Wie bereits zuvor dargestellt und in *Kapitel* 10 genauer ausgeführt, hat die *Logistikdisposition* oder *Auftragsdisposition* die Aufgabe, die kaufmännisch akzeptierten externen Aufträge zu erfassen, nach Prioritäten zu ordnen, nach geeigneten Strategien in interne Aufträge aufzulösen und diese an die betreffenden Betriebe und Leistungsbereiche zur Ausführung weiterzuleiten.

Weitere Aufgaben der Auftragsdisposition sind die *Zeitdisposition* sowie die *Nachschub- und Bestandsdisposition* in den Lagern, die der Unternehmenslogistik direkt unterstellt sind. Hierzu gehören die dynamische Bedarfsprognose, die Überprüfung der Bestände und die Aktualisierung von Meldebeständen, Sicherheitsbeständen und Nachschubmengen (s. *Kapitel 11*).

Außerdem verfolgt und kontrolliert die Auftragsdisposition die termingerechte, vollständige und fehlerfreie Ausführung der internen Aufträge durch die beauftragten operativen Leistungsbereiche. Sie muß dabei einerseits sehr eng mit dem Vertrieb und andererseits mit der Produktion, dem Einkauf und den Lieferanten zusammenarbeiten (s. *Kapitel 14*).

Abhängig von Zuordnung und Weisungsgebundenheit sind viele *Disponenten* Knechte des Vertriebs oder Vollzugsgehilfen der Produktion. Aus Mangel an Kompetenz, Zivilcourage oder Durchsetzungsvermögen versuchen Disponenten allzu häufig, es allen Recht zu machen. Sie werden dadurch zwischen den innerbetrieblichen Fronten aufgerieben und leisten nicht das, was von ihnen erwartet wird. Tiefere Ursache hierfür ist meist das Desinteresse der Unternehmensleitung an der Arbeit, dem Können und der Wirkung der Disponenten.

Disponenten sind die *Strategen des Geschäftsalltags.* Sie entscheiden über den effizienten Einsatz der Ressourcen und können sehr wesentlich zum Erfolg eines Unternehmens beitragen. Sie können aber auch unnötige Kosten und Verluste verursachen. Die Unternehmensleitung muß daher eine unabhängige, durchsetzungsstarke und kompetente Disposition aufbauen und sicherstellen, daß deren Arbeit auf das Interesse des Gesamtunternehmens ausgerichtet ist [266].

**4. Logistikbetrieb**

Der operative Logistikbetrieb ist für die *aktuelle Wettbewerbsfähigkeit* der Unternehmenslogistik verantwortlich. Er umfaßt die Führung der Mitarbeiter und die Einsatzdisposition der Betriebsmittel in den eigenen *Logistikbetrieben*, wie der innerbetriebliche Transport, die Lagerbereiche für Roh-, Hilfs- und Betriebsstoffe, die Halbfertig- und Fertigwarenlager, die Logistikzentren der Distribution und der Fuhrpark.

Wenn die operativen Leistungsbereiche der Unternehmenslogistik, wie Fertigwarenlager, Logistikzentren, Displayfertigung, Umschlagpunkte und Transporte, an *Logistikdienstleister* vergeben sind, beschränkt sich der Logistikbetrieb auf die Systemführung, die Koordination und die Leistungsüberwachung der Dienstleister (s. *Kapitel 21*).

## 2.10 Organisation der Disposition

Die Lieferketten von den Rohstoffquellen bis zum Endverbraucher stehen miteinander in einem permanenten Wettbewerb (s. *Abb. 15.4*). Gewinner in diesem *Wettbewerb der Lieferketten* sind die Unternehmen, die die Aufträge der Abnehmer ihrer Produkte und Leistungen zu minimalen Kosten zuverlässig ausführen. Das erfordert eine *leistungsfähige Disposition.*

Infolge des Wettbewerbs, wegen des wechselnden Bedarfs und durch die Einführung neuer Produkte verschieben und verändern sich die Warenströme in den Lieferketten. Um die Kunden nicht an die Konkurrenz zu verlieren, sind die eingehenden Anfragen und Aufträge umgehend zu bearbeiten. Ein schnelles Reagieren auf die Anforderungen der Kunden und die Veränderungen des Marktes ist nur mit einer *dynamischen Disposition* möglich (s. *Abschnitt 10.6* und [266]).

Die dynamische Disposition der Aufträge und Bestände in den Beschaffungs- und Versorgungsnetzen ist der Schlußstein des Netzwerkmanagement. Erst sie ermöglicht es, die *Hauptziele der Unternehmenslogistik* zu erreichen: marktgerechte *Lieferzeiten* und hohe *Termintreue* bei *minimalen Kosten.*

Ausgehend von einer mittel- und langfristigen Bedarfsprognose wird im Zuge der Planung nach den Kriterien *Service, Lieferzeit* und *Kostenopportunität* entschieden, welche Artikel grundsätzlich ab Lager geliefert werden sollen. Nach den gleichen Kriterien entscheidet die *Auftragsdisposition* im laufenden Betrieb, ob ein aktueller Auftrag vollständig oder teilweise aus dem anonymen Lagerbestand bedient, auftragsspezifisch beschafft oder direkt produziert wird.

Für die Lagerartikel werden die *Bestellpunkte* und die *Nachschubmengen* dynamisch so berechnet, daß sich selbstregelnd *minimale Kosten* ergeben. Damit sichert die dynamische Disposition marktgerechte *Lieferzeiten* und eine kostenoptimale *Lieferfähigkeit.* Sie verhindert überhöhte ebenso wie unzureichende Bestände.

Die *Grundregeln und Prinzipien der dynamischen Disposition©* sind [266]:

1. *Klare Aufgabenteilung zwischen Disposition und Planung*
   - Disposition kurzzeitig
   - Planung mittel- bis langfristig
   - Disposition des aktuellen Bedarfs
   - Planung von zukünftigem Bedarf und Großprojekten
2. *Richtige Organisation der Disposition*
   - dezentrale Disposition von Leistungsstellen und Leistungsbereichen
   - zentrale Disposition von Lieferketten und Netzwerken
   - Abstimmung von interner und unternehmensübergreifender Disposition
   - Subsidiariätsprinzip und Entkopplungsprinzip
3. *Dynamische Kurzzeitprognose und rollierende Mittelfristprognose*
   - Dynamische Prognose des kurzfristigen Bedarfs zur Disposition
   - Rollierende Prognose des Mittel- und Langfristbedarfs für die Planung
4. *Serviceabhängige Sortimentseinteilung in Lagerartikel und Auftragsartikel*
   - Lieferzeitopportunität der Lagerung
   - Kostenopportunität der Lagerung (s. *Abschnitt 11.12*)
   - Lagerhaltung von Fertigwaren und Vorprodukten (s. *Abschnitt 10.6.3*)
   - rollierende Aktualisierung der Sortimentseinteilung
5. *Permanente Auftragsdisposition* (s. *Abschnitt 10.6*)
   - aktuelle Entscheidung von Direktbeschaffung und Lagerlieferung
   - abgestimmte Fertigungsdisposition
   - optimale Beschaffungs- und Versandbündelung
6. *Dynamische Lagerdisposition* (s. *Abschnitt 11.15*)
   - zielabhängige Auswahl der Bestellpunktstrategie
   - aktuelle Berechnung der kostenoptimalen Nachschubmenge
   - selbstregelnde Sicherung der Lieferfähigkeit
   - richtiger Ablauf der Lagerdisposition
7. *Richtige und vollständige Stammdaten und Kostensätze* (s. *Abschnitt 12.7*)
   - Regelung der Stammdatenbeschaffung
   - Kalkulation nutzungsgemäßer Kostensätze
   - Beschaffung nutzungsgemäßer Leistungspreise
   - Verantwortung für Dateneingabe und Pflege
8. *Aufgabenteilung zwischen Disponenten und Dipositionsprogramm*
   - Standardbedarf durch Dispositionsprogramm
   - Sonderbedarf, Freigaben, Änderungen durch Disponenten

Bei einem breiten Sortiment und einem hohen Auftragseingang ist es unerläßlich, die Disponenten durch ein *Dispositionsprogramm* zu unterstützen und zu entlasten. Wenn die Disposition der Standardaufträge und des regulären Nachschubs der Lagerartikel vom Programm durchgeführt wird, können sich die Disponenten konzentrieren auf die Sonder- und Eilaufträge, die Neuanlage und Aktualisierung der Artikel- und Logistikstammdaten sowie die Kontrolle von Lieferzeiten, Termintreue und Auftragserfüllung.

Für die selbstregelnde *Unterstützung* der Auftrags- und Lagerdisposition durch ein *Dispositionsprogramm* werden geeignete *Dispositionsstrategien*, *Prognoseverfahren* und *Algorithmen* zur dynamischen Berechnung der Dispositionsparameter benötigt. Die dynamischen Dispositionsparameter, wie der Glättungsfaktor, der aktuelle Bedarf, der Meldebestand, der Sicherheitsbestand und die Nachschubmenge, müssen vom Dispositionsprogramm jeweils aus den aktuellen Absatzdaten errechnet werden. Die Prognostizierbarkeit der Artikel ist laufend zu überprüfen. Die Beschaffungsstrategien, die Bestellpunktstrategie, die Lagerhaltigkeit und die Ladungsträgerzuordnung sind dynamisch dem aktuellen Artikelabsatz anzupassen [266].

Je mehr Standardabläufe der Disposition zuverlässig, selbstregelnd und zielführend ein Rechner durchführen kann, desto größer ist die *Entlastung* der Disponenten. In Unternehmensbereichen, in denen heute viele Mitarbeiter mit der Disposition beschäftigt sind, liegen daher erhebliche *Rationalisierungspotentiale*. Die Disposition in den *dezentralen Bereichen*, in den Fertigungsstellen, im Einkauf, in den Verkaufsbereichen und in den Filialen des Handels, kann soweit vom Rechner ausgeführt und unterstützt werden, daß hier keine hauptamtlichen Disponenten mehr erforderlich sind. Die verbleibenden Dispositionsaufgaben können von den Fach- und Führungskräften der dezentralen Bereiche neben ihrer übrigen Tätigkeit eigenverantwortlich ausgeführt werden.

Zusätzlich zur dezentralen Disposition benötigen größere Unternehmen eine *zentrale Auftragsdisposition*, die mit wenigen hochqualifizierten Disponenten besetzt ist. Zu ihren Aufgaben gehören die Unterstützung der Disposition in den dezentralen Bereichen, die Kontrolle und Anpassung der Dispositionsprogramme sowie die laufende Abstimmung der Disposition mit der Unternehmensplanung, den Kunden und den Lieferanten.

Auch für das unternehmensübergreifende *Supply Chain Management* ist eine *Zentraldisposition* erforderlich. In vielen Fällen sind die hierfür benötigten Informationen jedoch nicht verfügbar, denn nur wenige Unternehmen geben Informationen über ihre Absatzdaten, Auftrags- und Lagerbestände und Ressourcen uneingeschränkt an Lieferanten und Kunden weiter. Wer etwas anderes erwartet oder fordert, kennt die Gesetze des freien Marktes nicht. Maßgebend für die Bereitschaft zur Beschaffung und Weitergabe der für eine unternehmensübergreifende Lieferkettendisposition benötigten Informationen ist der Zusatznutzen, der aus einer Zentraldisposition für das gesamte Netzwerk im Vergleich zur dezentralen Disposition zu erwarten ist. Eine *Zentralstrategie* ist nur durchsetzbar, wenn sich dadurch die Kosten möglichst aller beteiligten Unternehmen senken lassen und für kein Unternehmen erhöhen.

Unstrittig sind die Vorteile einer Zentraldisposition zur kostenoptimalen und termingerechten Deckung eines *Planbedarfs*, wie die Beschaffung und Erzeugung von *Aktionsware*. Auch in *Engpaßsituationen* und für die *Belieferung aus einem Zentrallager* kann die Zentraldisposition vorteilhaft sein. Abgesehen von diesen Fällen aber sind die allgemeingültigen Auswahl- und Einsatzkriterien für die bekannten Zentralstrategien und die Potentiale anderer denkbarer Teil- und Gesamtstrategien bisher noch wenig erforscht.

# 3 Planung und Realisierung

Die Aufgabe der *Planung von Logistiksystemen und Logistiknetzwerken* besteht darin, aus einer Vielzahl von Möglichkeiten geeignete Anlagen und Betriebsmittel so auszuwählen, in Leistungsstellen anzuordnen, zu Leistungsketten und Logistiknetzen zu verknüpfen, zu organisieren und zu dimensionieren, daß die vorgegebenen *Leistungsanforderungen* unter Berücksichtigung aller *Rahmenbedingungen kostenoptimal* erfüllt werden.

*Aufgaben der Realisierung* sind die *Ausführungsplanung*, die *Konstruktion*, der *Aufbau*, die *Inbetriebnahme* und die *Abnahme* des geplanten Systems. Planung und Realisierung erfordern ein qualifiziertes *Projektmanagement*.

Nach den *Handlungsmöglichkeiten* werden in diesem Kapitel die *Ziele* und das *Vorgehen* der *Planung* und *Realisierung* logistischer Systeme dargestellt. Für ein Planungs- und Realisierungsvorhaben müssen die *Rahmenbedingungen* und *Leistungsanforderungen* bekannt sein, deren Inhalte und Ermittlung in den folgenden Abschnitten erläutert werden.

Danach werden Verfahren zur *Darstellung von Systemen und Prozessen* beschrieben, die zur *Systemanalyse* und *Systemplanung* benötigt werden, sowie *Programme* und *Rechnertools*, die zur Planung und Optimierung einsetzbar sind. Die letzten beiden Abschnitte behandeln die Möglichkeiten der *Technik in der Logistik* und das *Vorgehen bei der Lösungsauswahl*.

## 3.1 Handlungsmöglichkeiten

Entscheidend für den Erfolg der Planung und Realisierung ist die Kenntnis der *Ziele*, *Leistungsanforderungen* und *Rahmenbedingungen* sowie der *Handlungsmöglichkeiten*. Wie in *Abb. 3.1* dargestellt, gibt es in der Logistik folgende Handlungsmöglichkeiten:

- *Organisatorische Handlungsmöglichkeiten*: *Gestaltung* der Prozesse und Strukturen; Entwicklung, Auswahl und Kombination von *Strategien*; Variation der *Strategievariablen*; *Verkopplung* und *Vernetzung* der Systeme.
- *Technische Handlungsmöglichkeiten*: Auswahl der technischen Elemente; Verbesserung und Neukonstruktion von Maschinen, Anlagen und Transportmitteln; Layoutgestaltung; Dimensionierung; Spezialisierung, Mechanisierung und Automatisierung; Einsatz von Steuerungs- und Datentechnik.

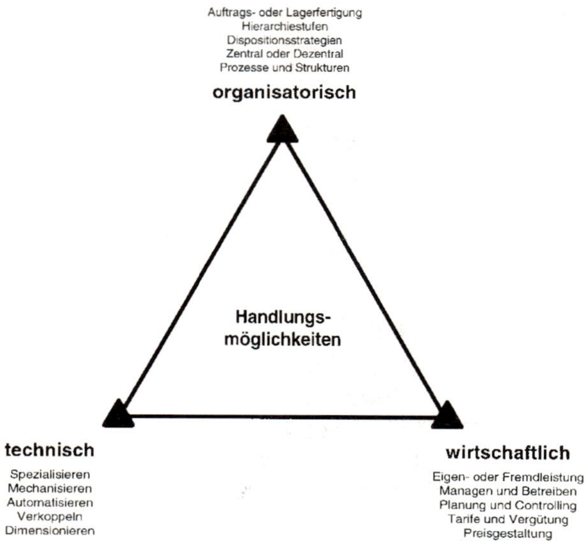


**Abb. 3.1** Handlungsmöglichkeiten der Logistik

- *Wirtschaftliche Handlungsmöglichkeiten*: Eigen- oder Fremdleistung; Kooperationen und Allianzen zur Mehrfachnutzung von Einrichtungen und Kapazitäten; Controlling zur Kostenoptimierung; Gestaltung von Preisen und Tarifen; nutzungsgemäße Vergütung.

Der Gebrauch dieser Handlungsmöglichkeiten hängt von den speziellen Umständen des Unternehmens und von der konkreten Aufgabe ab. In der Praxis wird meist versucht, zunächst ein *vorhandenes System* besser zu nutzen, anzupassen und auszubauen. *Neue Systeme* werden erst dann geplant und realisiert, wenn erkennbar ist, daß sich die benötigten *Leistungsprozesse* nicht mehr innerhalb der alten Strukturen zu wettbewerbsfähigen Kosten realisieren lassen.

Um alle *Handlungsspielräume* auszuschöpfen, ist es ratsam, die bestehenden Strukturen und Prozesse nicht nur in kleinen Schritten zu verbessern, sondern immer wieder neue *Konzepte* zu entwickeln. Das Vorhandene muß an den *Möglichkeiten*, weniger an *Vergleichskennzahlen* oder *Benchmarks* anderer Unternehmen gemessen werden. Nur durch ein Aufbrechen der gewachsenen Strukturen und eine grundlegende Umgestaltung der Prozesse, durch das sogenannte *Reengeneering*, lassen sich *Leistung*, *Qualität* und *Kosten* entscheidend verbessern [223].

Dafür ist zunächst eine *Potentialanalyse* durchzuführen, die den Geschäftszweck definiert, die Kundenanforderungen ermittelt und in einem *Schwachstellenkatalog* alle Mängel in den Leistungsketten aufzeigt (s. *Kapitel 4*). Aus der Potentialanalyse ergibt sich, ob es ausreicht, die Leistungsprozesse innerhalb der vorhanden Strukturen zu optimieren, oder ob es erforderlich ist, auch die Strukturen zu verändern und neue Systeme zu planen und aufzubauen.

Da sich die Anforderungen und Rahmenbedingungen für ein Unternehmen laufend ändern und immer wieder neue technische oder organisatorische Möglichkeiten bestehen, sind Rationalisierung, Verbesserungen und Umgestaltung ein permanenter Prozeß. Der Erfolg dieses *kontinuierlichen Verbesserungsprozesses* (KVP) hängt von der Beteiligung und Motivation der Mitarbeiter und von der Bereitschaft der Unternehmensleitung zu Veränderungen ab (s. *Kaizen* [252]).

Motivation und Veränderungsbereitschaft aber sind allein nicht ausreichend. Weitere Voraussetzung für den Erfolg von Projekten zur Optimierung der Geschäftsprozesse und zur Neugestaltung von Leistungs- und Logistiksystemen sind *Kompetenz* zur Beurteilung der technischen und organisatorischen Lösungsmöglichkeiten und *Erfahrung* in der Nutzung der Handlungsspielräume, Optimierungsparameter und Gestaltungsmöglichkeiten (s. *Abschnitt 23.2*).

Der kontinuierliche Verbesserungsprozeß kann von einem wirksamen *Controlling* unterstützt werden. Das Controlling verfolgt laufend die Effizienz und die Qualität der Leistungserfüllung, weist rechtzeitig auf Planabweichungen, unwirtschaftliche Prozesse und veränderte Anforderungen hin und gibt Anregungen zu neuen Lösungen (s. *Kapitel 6*).

In *Abb. 3.2* sind die *Phasen* der Planung und Realisierung von Logistiksystemen dargestellt. Die angegebenen Zeiten für die einzelnen Phasen sind Erfahrungswerte aus einer Vielzahl unterschiedlicher Projekte. Ausschlaggebend für die *Dauer der Planung* sind die *Kompetenz des Planungsteams* und die *Entscheidungsbereitschaft* des Auftraggebers. Für die *Dauer* und den *Erfolg der Ausführung* sind – abgesehen von der Konjunktur – die *Qualifikation*, die *Leistungsbereitschaft* und die *Erfahrung* der Projektleitung, der Lieferanten und des zukünftigen Betreibers entscheidend [39; 40].

## 3.2 Planungsphasen

Damit auf dem Weg zum Ziel keine Zeit verloren geht und keine aussichtsreichen Lösungsmöglichkeiten ausgelassen werden, ist ein *systematisches Vorgehen* nach *erprobten Methoden* unerläßlich. Wie in den *Abb. 3.2* und 5.5 dargestellt, werden zur Planung und Optimierung in einem *iterativen Prozeß* mehrere *Phasen* und *Arbeitsschritte* durchlaufen, bis die vorgegebenen *Ziele* erreicht sind und alle *Leistungsanforderungen* erfüllt werden.

Die aufeinander folgenden Phasen der Planung eines Leistungs- oder Logistiksystems bis zur Vergabeentscheidung sind die *Zielplanung*, die *Systemplanung*, die *Detailplanung* und die *Ausschreibung*. Die *Arbeitsschritte* und *Arbeitsinhalte* dieser Planungsphasen werden nachfolgend beschrieben [15; 38; 39; 40].

### 1. Zielplanung

Die Arbeitsschritte der Zielplanung – auch *Vorplanung* oder *Grundlagenplanung* genannt – sind:

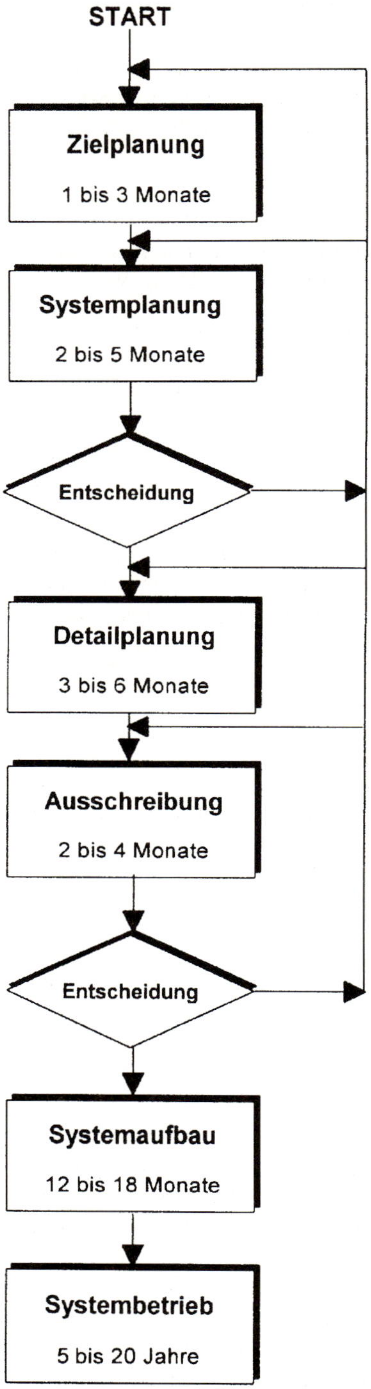


**Abb. 3.2** Phasen der Planung und Realisierung von Logistiksystemen

Aufgabenformulierung
Zielvereinbarung
Prozeßaufnahme
Erfassung der Ladungsträger und Ladeeinheiten
Datenerfassung
Datenanalyse (3.1)
Festlegung der Funktionen
Ermittlung der Rahmenbedingungen
Festlegung der Leistungsanforderungen
Verabschiedung der Planungsgrundlagen

Das Ergebnis der Zielplanung ist eine Dokumentation der *Zielvorgaben* und der wichtigsten *Planungsgrundlagen* für die weiteren Arbeitsphasen. Dieser Bericht muß dem Auftraggeber, der in der Regel die Unternehmensleitung ist, vorgelegt und von diesem verabschiedet werden.

**2. Systemplanung**

Je nach Gegenstand der Planung, ob Unternehmensnetzwerk, Logistiksystem, Logistikzentrum, Transport-, Lager- oder Kommissioniersystem, DV-System oder Teilsystem, wird die Systemplanung auch als *Konzeptentwicklung*, *Entwurfsplanung*, *Materialflußplanung* oder *Layoutplanung* bezeichnet [39; 40]. Schritte der Systemplanung sind (s. *Abschnitt 15.4*):

Segmentierung (s. *Abschnitt 5.5*)
Strategieentwicklung (s. *Abschnitt 5.2*)
Prozeßgestaltung
Strukturplanung
Festlegung der Ladungsträger und Ladeeinheiten (s. *Kapitel 12*)
Konzeption von Lösungsvarianten
Dimensionieren und Optimieren
Layoutentwicklung (s. *Kapitel 19*) (3.2)
Organisationsentwicklung
Entwurfsplanung Bau
Kostenplanung
Lösungsauswahl
Baustufenplanung
Realisierungszeitplan
Realisierungsentscheidung

Ergebnis der Systemplanung ist ein *Planungsbericht* mit Darstellung der ausgewählten Lösung in Form von Zeichnungen, Diagrammen, Tabellen und Beschreibungen. Der Planungsbericht enthält darüber hinaus die Berechnung des *Personal- und Gerätebedarfs*, eine Budgetierung der *Investition*, eine *Betriebskostenrechnung*, den *Wirtschaftlichkeitsnachweis* und einen *Realisierungszeitplan*.

Der Abschlußbericht der Systemplanung ist Grundlage für die Entscheidung, in welchen Baustufen, zu welchen Kosten und in welchem Zeitrahmen das geplante System – wenn überhaupt – realisiert werden kann.

### 3. Detailplanung

Nach der Grundsatzentscheidung zur Realisierung ist eine *Detailplanung* erforderlich, um die geplante Lösung ausschreibungsreif auszuarbeiten und genehmigungsfähig zu machen. An der Detailplanung sind außer den Logistikern die Fachleute anderer Disziplinen, wie Verkehrsplaner, Informatiker, Architekten und Ingenieure, beteiligt.

Die Arbeitsschritte der Detailplanung sind:

Aktualisierung der Planungsgrundlagen
Fachplanung Logistikgewerke
Architektur des Gesamtbauwerks
Fachplanung Baugewerke und Einrichtungstechnik
Spezifikation von Logistikeinheiten und Stammdaten (s. *Abschnitt 12.7*)
Organisations- und Steuerungsplanung (3.3)
Anforderungsspezifikation der DV- und I+K-Systeme
Prüfung der Genehmigungsfähigkeit
Fortschreibung von Investitionen und Betriebskosten
Terminplanung der Realisierung

Ergebnisse der Detailplanung sind *Lastenhefte* mit Plänen und Funktionsbeschreibungen sowie technische *Spezifikationen* der Gewerke, Anlagenteile und Leistungsumfänge. Die Lastenhefte sind zentraler Bestandteil der Ausschreibungsunterlagen.

### 4. Ausschreibung

Ziel der Ausschreibung ist es, die richtigen Partner für den Aufbau und für den Betrieb des geplanten Systems auszuwählen. Arbeitsschritte der Ausschreibung sind (s. *Abb. 21.2*):

Festlegung des Vorgehens
Auswahl qualifizierter Anbieter
Ausarbeitung der Ausschreibungsunterlagen
Verabschiedung und Versand der Ausschreibungsblanketten
Angebotsausarbeitung durch die Bieter und Angebotsabgabe
Auswertung, Vergleich und Bewertung der Angebote (3.4)
Auftragsverhandlungen mit ausgewählten Anbietern
Konzeption der Leistungs- und Qualitätsvergütung
Vertragsentwurf und Vertragsverhandlungen
Vergabeentscheidung und Vertragsabschluß

Zu Beginn der Ausschreibungsphase ist zu entscheiden, ob eine *Leistungsausschreibung* für ein *Dienstleisterangebot*, eine funktionale *Systemausschreibung* für ein *Generalunternehmerangebot* oder spezifizierte *Einzelausschreibungen* von Teilgewerken und Leistungspaketen für *Einzelangebote* durchgeführt werden sollen. Von dieser Grundsatzentscheidung sind Aufbau, Inhalt und Detaillierungsgrad der Ausschreibungsunterlagen abhängig.

Entsprechend dem gewählten Vorgehen schließt die Ausschreibungsphase ab mit der *Vergabe* von Ausführung und Betrieb an einen *Generalunternehmer* bzw.

*Systemdienstleister* oder an mehrere *Lieferanten* bzw. *Einzeldienstleister* (s. *Kapitel 21*).

## 3.3 Realisierungsschritte

Der Aufbau eines Logistiksystems wie auch die Realisierung von Teilanlagen oder Subsystemen finden in folgenden *Arbeitsschritten* statt, die teilweise parallel ablaufen:

Projektmanagement mit
Termin-, Leistungs- und Kostenkontrolle (3.5)

Umsetzungs- und Ausführungsplanung
Bauantrag und Genehmigungsverfahren (3.6)

Grundstückserschließung
Bau der Verkehrsflächen und Außenanlagen (3.7)
Grundbau und Hochbau
Installation der Haus- und Einrichtungstechnik

Konstruktion der Teilgewerke (3.8)
Fertigung, Lieferung und Montage der Logistikgewerke

Pflichtenhefterstellung für Hard- und Software
Beschaffung und Installation der Hardware (3.9)
Programmierung und Implementierung der Software

Probebetrieb
Abnahme von Teilleistungen und Gesamtsystem (3.10)
Inbetriebnahme des Gesamtsystems

Mitarbeitereinstellung (3.11)
Schulung und Einweisung

Nach einem Test der Funktionen, Leistungen und Verfügbarkeit schließt die Ausführung ab mit der Übergabe des betriebsfähigen Systems an den Auftraggeber (s. *Abschnitt 13.8*).

## 3.4 Ziele der Logistik

Die Ziele der Logistik leiten sich ab aus den Unternehmenszielen, aus den übergeordneten Zielen der Volkswirtschaft sowie aus den Forderungen der Gesellschaft und des Staates. Für die Logistik gibt es *wirtschaftliche Ziele* der einzelnen Unternehmen, *humanitäre Ziele* und *ökologische Ziele*, die meist durch Gesetze oder staatliche Auflagen durchgesetzt werden, und *militärische Ziele*, die in Kriegszeiten vorrangig sind [5]. Die humanitären und ökologischen Ziele sind in der Regel als externe *Rahmenbedingungen* vorgegeben (s. *Abschnitt 22.2*).

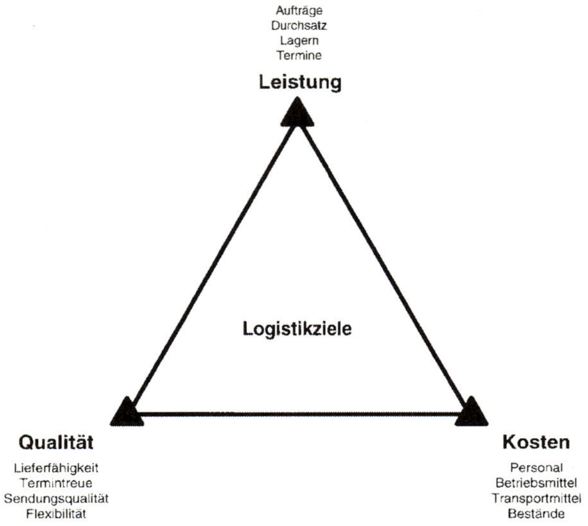


**Abb. 3.3** Ziele der Unternehmenslogistik

Aus dem obersten Unternehmensziel der Sicherung eines anhaltend hohen Gewinns leiten sich die *Hauptziele der Unternehmenslogistik* ab (s. *Abb.3.3*):

*Leistungserfüllung*
*Qualitätssicherung* (3.12)
*Kostensenkung*

Anforderungsgemäße Leistungen und marktgerechte Qualität sind Voraussetzungen für gute *Erlöse* zu gewinnbringenden *Preisen*. In Verbindung mit geringen *Kosten* ergibt sich damit auch im Wettbewerb ein dauerhaft hoher Unternehmensgewinn.

### 1. Humanitäre Ziele

Humanitäre Ziele der Logistik wie auch der Technik sind [9]:

- Maximale Sicherheit für den Menschen
- Verläßliche Versorgung mit lebenswichtigen Gütern

- Entlastung des Menschen von körperlicher Arbeit, wie das Heben schwerer Lasten
- Arbeitserleichterung durch ergonomische Arbeitsplatzgestaltung und Bereitstellung
- Eliminieren von Primitiv- und Routinearbeiten

- Prognose von Fahrzeiten, Staus und Umleitungen für Verkehrsteilnehmer
- Preisgünstige, häufig fahrende und flächendeckende Verkehrsmittel
- Optimaler Einsatz von Fahrzeugen der Polizei, der Feuerwehr und von Notdiensten

- Schnellstmögliche Versorgung von Kranken und Verwundeten

Das Ausmaß, in dem die humanitären Ziele erreicht werden müssen, wird durch gesetzliche Vorschriften, durch Auflagen der Gewerbeaufsichtsämter und durch betriebliche Bestimmungen geregelt.

**2. Ökologische Ziele**

Die ökologischen Ziele sind für die gesamte Logistik von Bedeutung; für die *Entsorgungslogistik* aber sind sie entscheidend. Sie umfassen:

- Vermeidung und Verminderung von Abfall
- Senkung der Schadstoffemission
- Reduzierung von Lärm und Geräuschen
- Schonung der Ressourcen
- minimaler Materialeinsatz
- Senkung des Energieverbrauchs
- Schutz und Schonung der Natur
- Verminderung des Flächenverbrauchs

Viele ökologische Ziele, wie die Senkung des Energieverbrauchs, minimaler Materialeinsatz und Verminderung des Flächenverbrauchs, sind mit den ökonomischen Zielen verträglich. Andere Ziele, die nur mit Mehraufwand zu erreichen sind, werden vom Staat oder vom Unternehmen als *Rahmenbedingungen* vorgegeben (s. *Kapitel 22*).

**3. Leistungsziele**

Die Leistungserfüllung umfaßt in der Logistik die *Einzelziele:*

- Ausführung der *Aufträge*
- Erfüllung der *Terminforderungen*
- Erbringung des *Leistungsdurchsatzes*
- Bewältigung des *Warendurchsatzes* (3.13)
- Lagern der *Warenbestände*
- Erfüllung zusätzlicher *Serviceleistungen*

Maßstab für die Leistungserfüllung sind die spezifischen *Leistungsanforderungen*. Die Leistungsanforderungen müssen vor der Planung und Realisierung eines Logistiksystems für jedes Einzelziel (3.13) quantifiziert und während des laufenden Betriebs regelmäßig aktualisiert werden (s. *Abschnitt 3.6*).

**4. Qualitätsziele**

Die Qualität eines Leistungssystems ist Maßstab für die Einhaltung der geforderten Leistungsergebnisse. Dabei ist zu unterscheiden zwischen der *Produktqualität*, die in der Fertigung mit Einsatz von Maschinensystemen angestrebt wird, und der *Leistungsqualität*, die für Logistiksysteme maßgebend ist [9; 53].

Die drei wichtigsten *Teilziele* der logistischen *Leistungsqualität* und ihre *Meßgrößen* sind:

- *Leistungsbereitschaft* $\eta_{LBer}$
  Lieferfähigkeit von lagerhaltiger Ware (3.14)
  Fertigungsbereitschaft für auftragsspezifisch gefertigte Ware

- *Sendungsqualität* $\eta_{SQual}$
  Vollständigkeit (3.15)
  Unversehrtheit
  Mängelfreiheit

- *Termintreue* $\eta_{Ttreu}$
  Einhaltung zugesagter Lieferzeiten (3.16)
  Einhaltung vereinbarter *Abhol-* und *Zustelltermine*

Zur Messung eines *Qualitätsmerkmals* X wird für einen statistisch ausreichenden *Betriebszeitraum* die Anzahl $n_{Xricht}$ der erfüllten und die Anzahl $n_{Xfalsch}$ der nicht erfüllten Anforderungen erfaßt (s. *Abschnitt 9.14*). Die Anzahl der erfüllten Anforderungen $n_{Xricht}$ in Relation zur Gesamtzahl der Anforderungen $n_{Xges} = n_{Xricht} + n_{Xfalsch}$ ist der *Erfüllungsgrad* des betrachteten *Qualitätsmerkmals*: $\eta_X = n_{Xricht}/(n_{Xricht} + n_{Xfalsch})$.

Die drei Qualitätsmerkmale *Leistungsbereitschaft*, *Sendungsqualität* und *Termintreue* bestimmen zusammen den *Servicegrad*:

- Der *Servicegrad* $\eta_{Serv}$ ist die Wahrscheinlichkeit, daß ein Kunde die bestellte Ware vollständig, korrekt und termingerecht erhält.

Der Servicegrad, der auch als *Logistikqualität* bezeichnet wird, ist das Produkt von Leistungsbereitschaft, Sendungsqualität und Termintreue:

$$\eta_{Serv} = \eta_{LBer} \cdot \eta_{SQual} \cdot \eta_{Ttreu} . \qquad (3.17)$$

Beträgt beispielsweise die Lieferfähigkeit eines Lagerartikels 98%, die Sendungsqualität 99% und die Termintreue 95%, dann ist der Servicegrad $\eta_{Serv} = 0{,}98 \cdot 0{,}99 \cdot 0{,}95 = 92{,}2\ \%$.

Weitere *Qualitätsziele* der Logistik, die sich nicht unmittelbar am Leistungsergebnis messen lassen, sind:

- *Flexibilität* der Leistungsbereitschaft gegenüber Anforderungsänderungen, Saisonschwankungen und Sortimentsveränderungen
- *Informationsbereitschaft* über Lieferfähigkeit, Liefertermine, Lieferstatus, Sendungsverbleib und Sendungsherkunft
- *Zuverlässigkeit* und *Verfügbarkeit* der Transportmittel, Betriebseinrichtungen, Anlagen und Systeme (s. *Abschnitt 13.6*)

*Maßstab* für die Erfüllung der Qualitätsziele sind *Qualitätsstandards*, die von der Unternehmensleitung, von Kunden, vom Gesetzgeber oder vom Markt vorgegeben werden. Qualitätsstandards sind Zahlenwerte, die die zulässige Größe der Einzelziele (3.14), (3.15) und (3.16) festlegen. *Qualitätsmängel* sind unzulässige Abweichungen von den Qualitätsstandards. Sie werden in *Mängelstatistiken* erfaßt und in Relation gesetzt zu den vereinbarten Standards (s. *Abschnitt 7.5.8*).

### 5. Kostensenkung

Das Hauptziel aller Unternehmen wie auch der gesamten Volkswirtschaft ist eine Senkung der Kosten möglichst ohne Beeinträchtigung von Leistung und Qualität.

*Einzelziele* und *Maßnahmen* zur Kostensenkung in der Logistik sind:

- Vermeidung, Reduzierung oder Verkürzung von Handling und Transport
- Vermeidung oder Reduzierung von Beständen
- optimale Nutzung der Infrastruktur, wie Flächen, Gebäude, Transportwege und Lagerkapazitäten
- maximale Auslastung von Ladungsträgern, Transportmitteln und Transportnetzen
- Leistungssteigerung von Transportmitteln, Betriebsmitteln und Anlagen
- verbesserter Informations- und Datenfluß (3.18)
- effizienter Personaleinsatz
- optimale Nutzung der Zeit
- Einsatz von Logistikdienstleistern

Maßgebend für die Beurteilung der verschiedenen Möglichkeiten und Maßnahmen zur Kostensenkung sind die Auswirkungen auf die *Betriebskosten* in Relation zu den *Investitionen*, die zur Realisierung erforderlich sind (s. *Abschnitt 5.1*). *Maßstab* für die Erfüllung der *Kostenziele* sind die *Plan-Leistungskosten* für Eigenleistungen und die *Ist-Leistungspreise* für Fremdleistungen (s. *Kapitel 6*).

### 6. Zielkonflikte

Viele Ziele der Logistik sind untereinander unverträglich. Dieser Zielkonflikt kann nicht allein von der Logistik gelöst werden [11; 233]. Er ist für jedes Projekt von der Unternehmensleitung durch Priorisierung der Einzelziele zu entscheiden.

Die Logistik muß hierfür der Unternehmensleitung die Zielkonflikte aufzeigen sowie Prioritäten und Gewichte für die angestrebten Teilziele vorschlagen. Aus den allgemeinen Zielen der Logistik lassen sich unternehmensspezifische oder projektabhängige *Zielgrößen* und *Zielfunktionen* ableiten (s. *Abschnitt 5.1*).

Hinter der Zielgewichtung verbergen sich oft ungelöste, hin und wieder auch nur scheinbare Zielkonflikte. Zur Vermeidung scheinbarer und zur Aufdeckung echter Zielkonflikte, die von der Unternehmensleitung zu entscheiden sind, ist es ratsam, zunächst die benötigten *Funktionen* festzulegen und die *Rahmenbedingungen* zu erfassen. Danach sind die *Leistungsanforderungen* zu quantifizieren und die gewünschten *Qualitätsstandards* zu vereinbaren.

Die Ziele der Kostensenkung sind dann im Rahmen dieser Vorgaben zu formulieren und auf Verträglichkeit mit den Leistungs- und Qualitätszielen zu überprüfen. Wenn dabei Unvereinbarkeiten der Kostenziele mit den Leistungs- und Qualitätszielen erkennbar werden, müssen die Leistungs- und Qualitätsanforderungen sowie unter Umständen auch die Rahmenbedingungen infrage gestellt und auf die Kostenvorgaben abgestimmt werden.

## 3.5 Rahmenbedingungen

Die *Rahmenbedingungen*, auch *Randbedingungen* oder *Restriktionen* genannt, sind *Fixpunkte* für die Planung und den Betrieb von Leistungs- und Logistiksystemen. Sie begrenzen den Handlungsspielraum. Die Rahmenbedingungen für Logistiksysteme lassen sich einteilen in:

- *Räumliche Rahmenbedingungen*

Die Lage der Quellen und Senken ist fest vorgegeben oder auf bestimmte räumliche Bereiche beschränkt. Die für das Lagern und den Transport verfügbaren Flächen, Höhen und Verkehrswege sind fixiert oder in ihrer Auswahl eingeschränkt.

- *Zeitliche Rahmenbedingungen*

*Betriebszeiten* und *Schichtpläne* sind bereits festgelegt. *Fahrpläne* sind vorgegeben. Bearbeitungsschritte und Produktionsprozesse erfordern bestimmte *Prozeßzeiten*. Bei der Personaldisposition sind tarifliche und gesetzliche *Arbeitszeiten* zu beachten.

- *Technische Rahmenbedingungen*

Die Beschaffenheit der Ware, wie Haltbarkeit und Verderblichkeit, die verfügbaren Lagerkapazitäten, die Geschwindigkeit, das Fassungsvermögen und die Belastbarkeit der Transportmittel, das Durchsatzvermögen der Transportstrecken und Transportknoten oder Schnittstellen zu angrenzenden Systemen beschränken die verwendbaren Ladungsträger, Lagertechniken, Transportmittel und Verkehrswege.

- *Strukturelle Restriktionen*

Eine vorhandene interne und externe Infrastruktur begrenzt und beeinflußt die Lösungsmöglichkeiten. Zur logistischen Infrastruktur gehören Transportnetze, Verkehrswege und Verkehrsanschlüsse sowie die Lage von Umschlagpunkten und Güterverkehrszentren. Vor allem die Auswahl geeigneter Standorte und optimaler Transportwege hängt von der Infrastruktur im Umfeld des Unternehmens ab.

- *Organisatorische Rahmenbedingungen*

Vorhandene Abläufe, verfügbare Daten, beschränkte Informationen, eingeführte Kodiersysteme, bestehende Rechner, Standardsoftware, vorrangige Strategien oder die Unternehmensorganisation sind zu berücksichtigen.

- *Betriebswirtschaftliche Restriktionen*

Bei Eigenleistungen ist mit bestimmten Sätzen für Abschreibungen, Zinsen, Personal und andere Kostenfaktoren zu kalkulieren. Für Fremdleistungen sind Leistungs- und Beschaffungspreise vorgegeben. Die Investitionsmittel sind begrenzt. Die maximal zulässige Kapitalrückflußdauer ist von der Unternehmensleitung festgelegt.

- *Sicherheitsauflagen*

Für Mensch und Gut sind bestimmte Sicherheitsvorschriften zu beachten. Der Zugriff auf die Ware und die Lieferfähigkeit lieferkritischer Artikel müssen gewährleistet sein. Verluste wertvoller, gefährdeter oder gefährlicher Güter durch Schwund, Diebstahl, Alterung, Unfälle oder Feuer müssen verhindert werden oder durch Versicherungen ausreichend abgedeckt sein. Längere Betriebsunterbrechungen und unzulässige Folgewirkungen sind auszuschließen.

- *Wettbewerbsbedingungen*
Maßgebend für die Leistungs- und Qualitätsanforderungen sind in vielen Fällen die vom Wettbewerb gebotenen Serviceleistungen, wie die Lieferzeiten, die Lieferfähigkeit und die Termintreue. Ebenso können die günstigeren Kosten und Preise des Wettbewerbs Vorgaben für die Unternehmenslogistik sein.
- *Gesetzliche und ökologische Rahmenbedingungen*
Gesetze, Vorschriften, Tarife, Regeln und Normen begrenzen die Handlungsmöglichkeiten des einzelnen Unternehmens und sind zwingend zu berücksichtigen.

Die Rahmenbedingungen beschränken die Vielzahl möglicher Lösungen auf eine geringere, meist immer noch große Anzahl *zulässiger Lösungen*, unter denen nach geeigneten Verfahren die anforderungsgerechte und kostenoptimale Lösung zu finden ist.

Aus den Rahmenbedingungen ergeben sich *Ausschlußkriterien*, kurz *K.O.-Kriterien* genannt, bei deren Nichterfüllung eine denkbare Lösung aus dem weiteren Optimierungsprozeß ausscheidet. Um zu vermeiden, daß eine ungeeignete Lösung ausgearbeitet wird, ist es ratsam, alle erkennbaren K.O.-Kriterien vor Planungsbeginn aufzulisten.

Nicht alle Rahmenbedingungen sind unverrückbar. In vielen Fällen ist es möglich, durch Aufhebung hinderlicher Rahmenbedingungen eine Lösung zu ermöglichen, die wesentlich mehr Geld einspart als für die Beseitigung oder Veränderung der betreffenden Rahmenbedingungen aufzuwenden ist.

## 3.6 Leistungsanforderungen

Bei der Ermittlung der Leistungsanforderungen, deren Quantifizierung als *Mengengerüst* bezeichnet wird, ist zu unterscheiden zwischen *primären Leistungsanforderungen*, die durch die Anforderungen der Auftraggeber oder die Vorgaben der Unternehmensleitung festgelegt sind, und *sekundären Leistungsanforderungen*, die sich aus den primären Leistungsanforderungen ableiten lassen.

Primäre Leistungsanforderungen der Logistik sind:

**1. Warenkenndaten**

Beschaffenheit der Artikel, Waren und Güter
Artikelanzahl und Sortimentsbreite
Preise und Rabatte (3.19)
Maße und Gewichte der Warenstücke
Maße, Gewichte und Inhalte der Verkaufseinheiten

**2. Auftragsanforderungen**

Art der Aufträge
Anzahl Aufträge pro Periode
Anzahl Positionen pro Auftrag (3.20)
Anzahl Warenstücke oder Gebinde pro Position
Anzahl Leistungsseinheiten pro Position

**3. Terminforderungen**

$$\begin{array}{l}\text{Abholtermine}\\ \text{Liefertermine}\\ \text{Lieferzeiten}\\ \text{Zustelltermine}\end{array} \tag{3.21}$$

Wenn die in den Logistikketten eingesetzten *Logistikeinheiten* [LE] und die *Verpackungshierarchie* bekannt sind, lassen sich aus den Warenkenndaten, Auftragsanforderungen und Terminforderungen die *Auftragsmengen*, der *Leistungsdurchsatz* und die *Warenströme* errechnen. Damit ergeben sich die

**4. Durchsatzanforderungen**

$$\begin{array}{l}\text{Leistungsdurchsatz [LM/PE]}\\ \text{Wertströme [€/PE]}\\ \text{Mengenströme [LE/PE]}\\ \text{Volumenströme [m}^3\text{/PE]}\\ \text{Gewichtsströme [kg/PE]}\end{array} \tag{3.22}$$

Die Wertströme, also die *Umsätze*, werden für die Bestandsoptimierung und die Festlegung der Sicherheitsstandards benötigt. Die Mengen- und Volumenströme bestimmen das Leistungsvermögen und sind maßgebend für die Gestaltung des gesamten Logistiksystems und die Dimensionierung der Leistungsstellen.

**5. Bestandsanforderungen**

Das Lagern von Artikeln und das Puffern von Warenmengen sind kein Selbstzweck sondern ein Mittel zur Erfüllung bestimmter Ziele. Die Höhe der Lagerbestände und der Puffermengen sind daher wichtige *Handlungsparameter* für die Planung und Optimierung von Logistiksystemen und Leistungsketten.

Die Bestände resultieren aus den Durchsatzanforderungen (3.22), den *Beschaffungs-* und *Nachschubstrategien* und dem *Lieferprogramm*. Die *Programmplanung*, die Festlegung des Anteils der *Eigen-* und der *Fremdfertigung* und die Abgrenzung des *lagerhaltigen Sortiments* sind strategische Entscheidungen, die vor der Planung zu fällen und im Verlauf des Betriebs immer wieder kritisch zu überprüfen sind. Für lagerhaltige Artikel sind die Bestandswerte das Ergebnis einer *Lagerprozeßkostenoptimierung* bei vorgegebenen Auftrags-, Durchsatz- und Qualitätsanforderungen. Für nicht lagerhaltige Artikel ergeben sich die Lager- und Pufferbestände aus der *zeitlichen Abstimmung* der Einzelschritte der Leistungserstellung (s. *Kapitel 8* und *10*).

Der *optimale Lagerbestand* eines Artikels ist in der Regel nicht der für den geforderten Ablauf und Lieferservice minimal mögliche Bestand, sondern das Ergebnis einer Optimierung der *Lagerprozesse* und der *Leistungskosten*. Daher ist die bestandslose *Just-In-Time-Belieferung* ohne Zwischenlager, weder beim Lieferanten noch beim Empfänger oder an einem anderen Ort, und ohne Zwischenpuffer vor der Verbrauchsstelle selten die optimale Lösung (s. *Kapitel 11*).

Aus den Durchsatzanforderungen und den Logistikstrategien resultieren also die sekundären *Bestandsanforderungen*:

Anzahl der lagerhaltigen Artikel
Bestandswerte pro Artikel [€] (3.23)
Bestandsmengen pro Artikel [LE]

Charakteristisch für die Leistungsanforderungen der Logistik sind die kurzzeitigen *stochastischen Schwankungen*, die Folge eines zufallsabhängigen Auftragseingangs oder Verbrauchs sind, und die *mittel- und langfristigen Veränderungen*, die sich im Tages-, Wochen- und Jahresverlauf aus *Produktionsschwankungen* oder *Nachfrageänderungen* ergeben. Als Beipiel für derartige Veränderungen zeigt *Abb. 3.4* den *Saisonverlauf* des monatlichen Periodenverbrauchs und der Lagerbestände der Dispositionsware eines Kaufhaussortiments (s. *Kapitel 10*).

Aufgrund der prinzipiellen Unsicherheit von Prognosen und Hochrechnungen sind die Leistungsanforderungen mit *Fehlern* behaftet, die erfahrungsgemäß eine Größenordnung von mindestens ± 5 % haben. Daher ist es nicht sinnvoll, mit Berechnungsverfahren zu arbeiten oder Simulationen durchzuführen, deren Genauigkeit wesentlich größer ist als der Fehler der Eingabedaten.

## 3.7 Ermittlung der Planungsgrundlagen

Die *Planungsgrundlagen* umfassen die *Funktionen*, die *Leistungsanforderungen* und die *Rahmenbedingungen*, die für einen zukünftigen Zeitraum bis zum *Planungshorizont* zu erwarten sind oder von der Unternehmensleitung festgelegt werden.

Da Planung, Aufbau und grundlegende Veränderungen von Logistiksystemen mindestens ein bis zwei Jahre dauern, ist es nicht sinnvoll, neue Systeme für einen Planungshorizont von weniger als 5 Jahren zu planen. Wenn möglich, sollte für einen Horizont von 10 Jahren geplant und ein flexibles *Stufenkonzept* für den schrittweisen Aufbau des *Zielsystems* entwickelt werden.

Wenn für ein neu zu errichtendes oder anzumietendes Lager der zukünftige Kapazitätsbedarf geplant wird, beispielsweise weil mehrere Lager zu einem Zentrallager zusammengefaßt werden sollen, werden oft die IST-Bestände mit den *Umsatzzuwachsfaktoren* auf den Planungshorizont hochgerechnet. Dieses Vorgehen führt jedoch in der Regel zu überhöhten Beständen. Damit aber bleiben die *Optimierungsmöglichkeiten* ungenutzt, die sich im Rahmen einer Neuplanung und Umstrukturierung bieten.

Vielfach wird auch der Lagerbestand aus dem geplanten Umsatz oder Verbrauch mit Hilfe von *Umschlagfaktoren* errechnet, die aus *Vergleichskennzahlen* abgeleitet sind oder als *Zielvorgabe* von der Unternehmensleitung festgelegt werden. Derartige *Benchmarks* aus anderen Unternehmen, Vergleichszahlen der Vergangenheit oder Kennwerte aus anderen Bereichen des gleichen Unternehmens sind in der Logistik nur bedingt nutzbar. Sie bergen die Gefahr, daß die speziellen Vorraussetzungen der Kennzahlen nicht angemessen berücksichtigt sind und nur die Unzulänglichkeiten der Vergleichsunternehmen fortgeschrieben werden (s. *Abschnitt 4.5*).

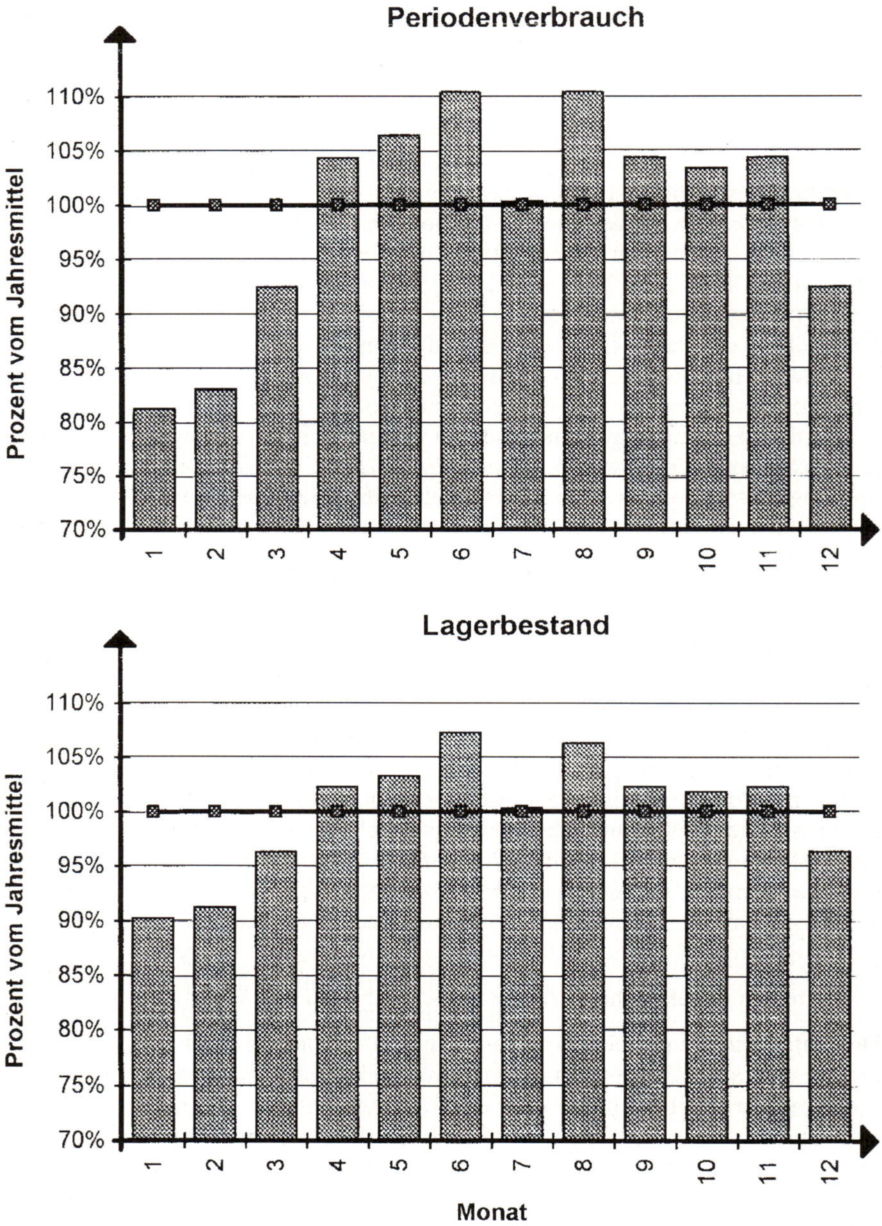


**Abb. 3.4** Saisonverlauf von Absatz und Lagerbestand für Dispositionsware in einem Logistikzentrum des Handels

Monats- Spitzenfaktor Absatz $f_{sp}(A) = 1{,}15$
Monats- Spitzenfaktor Bestand $f_{sp}(B) = 1{,}07$

Die Bedarfsplanung für die zu gestaltenden Lieferprozesse und Logistiksysteme muß vielmehr aufsetzen auf einer *Absatzanalyse* der Artikel und einer *Strukturanalyse* der Sortimente und Aufträge (s. *Abschnitt 5.8*). Die aus der *Programmplanung* und der *Absatzanalyse* abgeleiteten *IST-Absatzmengen* der Artikel sind hochzurechnen mit dem geplanten realen Umsatzwachstum [38]. Die benötigte *Lieferfähigkeit* und die gewünschten *Lieferzeiten* sind mit den Bedarfsträgern abzustimmen, vom Vertrieb festzulegen oder von den Kunden zu erfragen.

Die Durchsatzmengen und Bestandswerte in Ladeeinheiten, wie Behälter oder Paletten, müssen aus den entsprechenden Werten in Stück und aus dem *Fassungsvermögen* der Ladeeinheiten unter Berücksichtigung der *Pack- und Füllstrategien* berechnet werden (s. *Kapitel 12*). Es kann zu großen Fehlern führen, wenn die Warenströme und Bestände nur in Ladeeinheiten erfaßt und mit Hilfe von Umsatzzuwachsfaktoren auf den Planungshorizont hochgerechnet werden.

Die sicherste Ausgangsbasis für die Ermittlung der zukünftigen Leistungsanforderungen sind die *Auftrags- und Artikeldaten* einer *Vergangenheitsperiode*, die möglichst ein ganzes Geschäftsjahr umfaßt. Die benötigten Auftrags- und Artikeldaten sollten von der Datenverarbeitung eines Unternehmens zur Verfügung gestellt werden können. Allerdings fehlen vielfach wichtige *Logistikstammdaten*, wie die Maße und Gewichte der Warenstücke und Gebinde. Die fehlenden logistischen Artikeldaten müssen für eine Planung mit einigem Aufwand, zum Beispiel durch *Auslitern*, direkt in den Lagern oder Filialen erfaßt werden (s. *Abschnitt 12.7*).

Die kurz- und mittelfristigen Veränderungen der Leistungsanforderungen oder des Verbrauchs, die vor allem für die *Disposition* benötigt werden, lassen sich für *Standardleistungen* oder *Standardartikel* mit *hinreichend gleichmäßigem Bedarf* nach den in *Kapitel* 9 dargestellten Verfahren aus den *Zeitreihen* der Auftragseingänge oder Verbräuche der Vergangenheit prognostizieren [76; 77]. Die langfristigen Veränderungen bis zum Planungshorizont können für Standardartikel und Standardleistungen mit Hilfe von *Hochrechnungsfaktoren* aus den IST-Absatzmengen der Artikel und Sortimente abgeleitet werden. Generell gilt:

- Die Prognosegenauigkeit für den Bedarf von *Standardartikeln* und *Standardleistungen* ist relativ hoch. Dadurch reduziert sich das Absatzrisiko.

Dementsprechend gering sind jedoch die Gewinnaussichten, da viele Unternehmen bevorzugt risikolose Standardartikel und Standardleistungen anbieten.

Die meisten Unternehmen müssen auch *Sonderartikel* in ihrem Angebot haben, wie Aktionsware, Modeware oder neue Produkte, und *Sonderleistungen* erbringen können, wie kundenspezifische Leistungen oder neuartige Leistungsangebote. Deren Bedarf läßt sich grundsätzlich nicht aus Vergangenheitswerten ableiten. Der zukünftige Bedarf von *Sonderprodukten* und *Sonderleistungen* muß nach einer *Marktanalyse*, aufgrund genereller *Erfahrungen* oder durch Vergleich mit den *Lebenszyklen* ähnlicher Produkte und Leistungen abgeschätzt werden. Damit ist ein nicht unerhebliches unternehmerisches Risiko verbunden. Grundsätzlich gilt daher:

- Der zukünftige Absatz von *Sonderartikeln* und *Sonderleistungen* ist nicht aus Vergangenheitswerten extrapolierbar und nur ungenau planbar. Das Absatzrisiko ist hoch.

Dafür aber sind auch die Gewinnaussichten hoch, da nur wenige Unternehmen das Risiko eingehen, Sonderleistungen oder Sonderartikel zu entwickeln und anzubieten.

Jede Ermittlung von Planungsgrundlagen birgt die Gefahr, daß zu viele Daten erfaßt und zu detaillierte Auswertungen durchgeführt werden, die für die Planung nicht erforderlich sind. Andere, für die Planung und Optimierung wichtigere Daten fehlen dagegen später. Es ist daher notwendig, vor der Ermittlung der Planungsgrundlagen genau zu überlegen, welche Daten wofür benötigt werden und wie sich diese mit ausreichender Genauigkeit beschaffen lassen. Hier gilt der *Grundsatz*:

▶ So wenig Planungsdaten wie möglich, nur soviel wie unbedingt nötig.

Bei Daten, die nur mit großem Aufwand und Zeitbedarf genauer zu beschaffen sind, genügt in vielen Fällen eine Abschätzung oder eine Ableitung aus verfügbaren Daten mit Hilfe geeigneter *Umrechnungsfaktoren*.

## 3.8 Darstellung von Systemen und Prozessen

Um die Strukturen und Prozesse eines Leistungs- oder Logistiksystems darzustellen und transparent zu machen, ist es notwendig, zunächst die operativen und administrativen Leistungsstellen festzulegen und voneinander abzugrenzen, die an den betrachteten Prozessen beteiligt sind.

Für jede Leistungsstelle ist die Beschaffenheit der ein- und auslaufenden Material- und Datenflüsse zu spezifizieren und der Durchsatz anzugeben. Die Kenndaten (1.3) der Leistungsstellen sind zu erfassen, in einem *Blockdiagramm* wie *Abb. 1.6* darzustellen oder als *Tabelle* zu dokumentieren. Das Ergebnis ist eine *Input-Output-Analyse* aller beteiligten Leistungsstellen [228; 233].

Die räumlichen, zeitlichen und logischen Beziehungen zwischen den Leistungsstellen und die Prozeßabläufe in den Systemen lassen sich in Form von *Strukturdiagrammen*, *Ablaufdiagrammen* und *Prozeßketten* darstellen. Jede dieser drei *Darstellungsformen* zeigt jedoch nur einen *Aspekt*. Erst zusammen geben sie ein vollständiges Bild des Systems.

Die unterschiedlichen Aspekte müssen getrennt dargestellt und dürfen nicht in einer Darstellung vermischt werden. Die *Input-Output-Analyse* der Leistungsstellen und das Erstellen der Systemdarstellungen sind effiziente Verfahren, um die Zusammenhänge verständlich zu machen und die *Schwachstellen* eines bestehenden Logistiksystems zu erkennen. So gilt die *Erfahrungsregel*:

▶ Unübersichtliche Material- und Datenflüsse, Mehrfachzuläufe von Aufträgen gleicher Art auf eine Leistungsstelle, weit verzweigte, übermäßig vernetzte Ablaufdiagramme und eine große Anzahl von Prozeßketten, die zum gleichen

Leistungsergebnis führen, sind Indizien für *Verbesserungspotentiale* und *Handlungsbedarf*.

Mit den nachfolgend dargestellten Verfahren ist es möglich, die Ursachen vieler Schwachstellen zu erkennen und zu beheben sowie optimale Prozeßketten und Logistiksysteme zu gestalten.

### 1. Strukturdiagramme

Ein logistisches *Strukturdiagramm* ist eine abstrakte Darstellung der *räumlichen Struktur* des Logistiksystems. Hierfür verwendete *Symbole* sind:

- *Fett umrandete Rechtecke* sind abstrakte Darstellungen der *operativen Leistungsstellen* und *Leistungsbereiche*.
- *Dünn umrandete Rechtecke* bilden die *administrativen Leistungsstellen* und *Leistungsbereiche* ab.
- *Durchlaufende gerichtete Linien* stellen *Materialflüsse* und *Ströme physischer Objekte* dar.
- *Punktierte gerichtete Linien* bilden *Datenflüsse* und *Ströme informatorischer Objekte* ab.

Materialströme fließen nur zwischen operativen Leistungsstellen. Datenflüsse können administrative Leistungsstellen untereinander verbinden, aber auch administrative mit operativen Leistungsstellen und operative Leistungsstellen untereinander. Als Beispiel zeigt *Abb. 3.5* die Logistikstruktur eines Abfüllbetriebs der chemischen Industrie oder der Getränkeindustrie.

Ein *quantifiziertes Strukturdiagramm* enthält die Durchsatzmengen der Material- und Datenströme und die Lager- und Pufferbestände in den Leistungsstellen. In einem *Sankey-Diagramm* sind die Breiten der Linien für die Materialflüsse zur besseren Anschaulichkeit proportional zur Stromstärke dargestellt.

### 2. Ablaufdiagramme

Ablaufdiagramme stellen die *zeitliche Folge* und die logische Verknüpfung der Einzelvorgänge von Prozessen dar. Für die Systemanalyse und die Prozeßgestaltung sind die in *Abb. 3.6* gezeigten Standardsymbole [42] geeignet, die auch in der Datentechnik für die Darstellung von Programmabläufen verwendet werden. Die wichtigsten Symbole sind:

- *Rechtecke* für *Einzelvorgänge*, die durch einlaufende Informationen oder Objekte ausgelöst werden und nach Beendigung des Vorgangs Objekte oder Informationen abgeben.
- *Rhomben* für bedingte *Verzweigungen* des Ablaufs, die sich aus einer Entscheidung oder einem Informationsvergleich ableiten.

Die Rechtecke sind mit den Vorgängen, die Rhomben mit den Verzweigungsbedingungen beschriftet. Die Vorgangs- und Entscheidungssymbole werden gemäß dem zeitlichen Ablauf der Vorgänge und Entscheidungen durch gerichtete *Pfeile* miteinander verbunden.

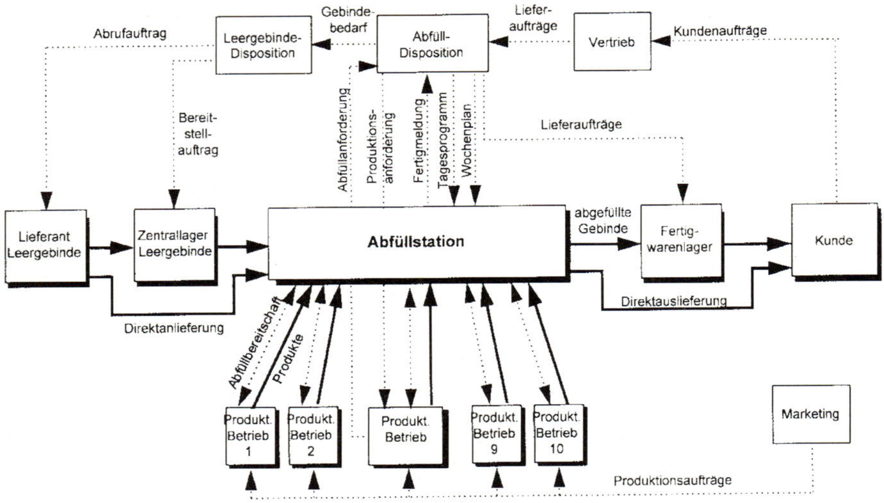


**Abb. 3.5** Strukturdiagramm eines Abfüllbetriebs

| | |
|---|---|
| dicke Rechtecke: | operative Leistungsbereiche |
| dünne Rechtecke: | administrative Leistungsstellen |
| durchlaufende Pfeile: | Material- und Warenfluß |
| gestrichelte Pfeile: | Informations- und Datenfluß |

*Vorgangsfolgen*, die aus einer größeren Anzahl von Einzelvorgängen und internen Entscheidungen bestehen, werden durch *Rechtecke mit doppelten oder fetten Seitenkanten* symbolisiert, deren innere Struktur in einem gesonderten Ablaufdiagramm dargestellt ist.

Gesondert dargestellte Teilprozesse beginnen mit einer *Eingangsschnittstelle* und enden mit einer *Ausgangsschnittstelle*, die durch *Kreise* mit einem E bzw. mit einem A symbolisiert sind. Durch Verknüpfung der einzelnen Teilprozesse können auf diese Weise alle Prozesse eines größeren Leistungs- oder Logistiksystems übersichtlich dokumentiert werden.

### 3. Prozeßkettendarstellung

Die Prozeßkettendarstellung zeigt die *räumlich und zeitlich* aufeinander folgenden Leistungsstellen eines Geschäftsprozesses. Die Prozeßkettendarstellung folgt dem Weg eines ausgewählten *Prozeßgegenstands* durch ein System. Jede Durchlaufmöglichkeit eines Prozeßgegenstands ergibt eine eigene Prozeßkette.

Für *Auftragsketten* ist der Prozeßgegenstand ein *Auftrag*, der zunächst in administrativen und dann in operativen Leistungsstellen bearbeitet wird und am Ende zu einem Produkt oder einem Leistungsergebnis führt. Bei einer *Logistikkette* ist der Prozeßgegenstand ein *physisches Objekt*, wie eine Sendung, die zu befördern ist, ein Leergebinde, das abgefüllt wird, Tabak, aus dem Zigaretten hergestellt werden, oder eine beladene Palette, die ein Logistikzentrum durchläuft.

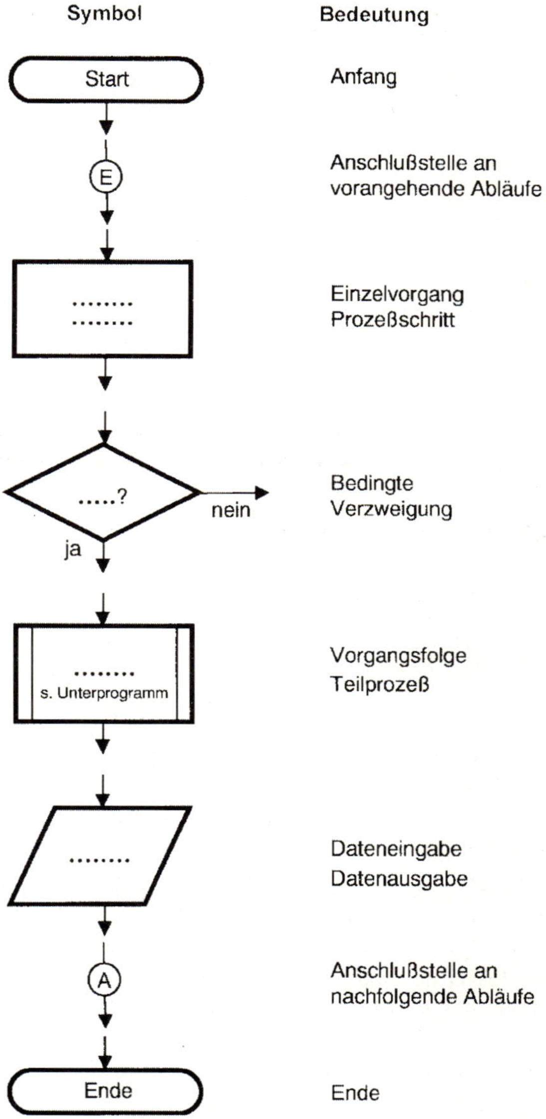


**Abb. 3.6** Standardsymbole zur Darstellung von Programm-, Prozeß- und Funktionsabläufen nach DIN 66001

Welche der möglichen Prozeßketten dargestellt und analysiert werden, hängt von der Aufgabenstellung ab. Für den Geschäftsprozeß *Kundenbelieferung* ist der *Kundenauftrag* der Prozeßgegenstand. Maßgebend für diesen Prozeß ist die *Auftragsprozeßkette*. Die Auftragsketten eines Abfüllbetriebs mit der in *Abb. 3.5* gezeigten Struktur sind in *Abb. 3.7* dargestellt.

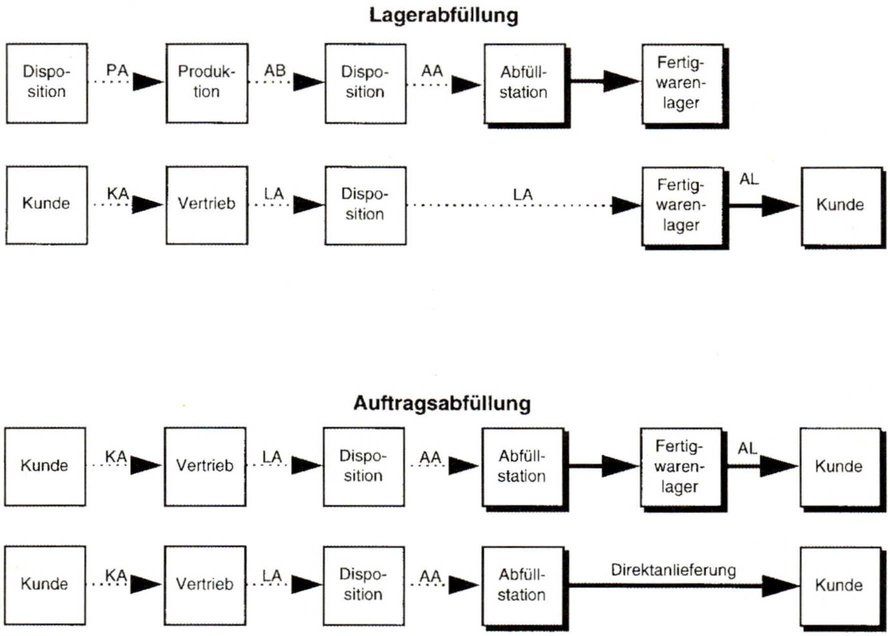


**Abb. 3.7** Auftragsketten eines Abfüllbetriebs

| | |
|---|---|
| KA Kundenauftrag | AB Abfüllanforderung |
| LA Lieferauftrag | AA Abfüllauftrag |
| PA Produktionsauftrag | AL Auslieferung |

## 3.9 Programme zur Planung und Optimierung

Bei der Planung, Optimierung und Disposition von Logistiksystemen und Leistungsketten haben sich *mathematische Modelle, Programme* und *Rechnertools* vielfach bewährt. *Ziele* des Einsatzes von *Programmen* und *Rechnertools* sind die Nutzung von Berechnungsformeln und Algorithmen, die Untersuchung der Wechselwirkungen einer Vielzahl von Einflußparametern, die Durchführung von Optimierungen und Sensitivitätsrechnungen, die Simulation der Funktionsabläufe in Systemen sowie die Unterstützung, Vereinfachung und Beschleunigung der Planung und Disposition.

*Gefahren* der Rechnertools sind *praktische Unbrauchbarkeit* oder *falsche Ergebnisse*, die daraus resultieren, daß die Programme zu speziell, zu universell, zu stark vereinfacht, zu komplex, undurchschaubar, unverständlich, zu starr, unnötig genau oder einfach falsch sind.

Zur Vereinfachung der Programmierung oder aus programmtechnischen Gründen ändern manche Programmierer vorgegebene Algorithmen, Strategien oder Strukturen eigenmächtig und unabgestimmt, ohne die Folgen zu bedenken.

Daraus resultieren dann falsche oder unsinnige Rechenergebnisse. Wenn die unplausiblen Ergebnisse von erfahrenen Praktikern und Analytikern verworfen werden, war nur der Programmieraufwand vergebens. Werden sie aber aus blindem Vertrauen in den Rechner zur Entscheidungsgrundlage gemacht und in der Praxis genutzt, kann das zu erheblichen Schäden führen (s. *Abschnitt 2.8*).

Um diese Gefahren zu vermeiden, sind bei der Entwicklung und Programmierung von Rechnertools folgende *Grundsätze* zu beachten:

- ▶ so einfach und doch so realistisch wie möglich
- ▶ so speziell wie nötig, so universell wie möglich
- ▶ Ergebnisse nicht wesenlich genauer als Eingabewerte
- ▶ benutzerverständlicher und nachvollziehbarer Programmaufbau
- ▶ verständliche Dokumentation von Programmaufbau und Algorithmen
- ▶ Plausibilitätsprüfung der Ergebnisse durch Kontrollrechnungen

Mit Hilfe der in diesem Buch entwickelten Grundlagen und Berechnungsformeln wurde eine Reihe von Programmen und Rechnertools erstellt. Hierzu gehören Programme zur:

Erfassung und Berechnung der Planungsgrundlagen
Bedarfsprognose und Szenarienrechnung (s. *Kapitel 9*)
Auftragsdisposition und Produktionsplanung (s. *Kapitel 10*)
Auswahl und Zuordnung von Ladungsträgern und Transportmitteln
Gerätebedarfs-, Personalbedarfs- und Kommissionierleistungsberechnung
Dimensionierung und Optimierung von Lager- und Kommissioniersystemen
Berechnung von Grenzleistungen (s. *Tabellen 13.1* bis *13.4*)
Berechnung von Staueffekten (s. *Tabelle 13.5*)
Dimensionierung und Optimierung von Fahrzeugsystemen
Investitions- und Betriebskostenrechnung (3.24)
Bestands- und Nachschubdisposition (s. *Tabelle 11.7*)
Leistungs- und Qualitätsvergütung
Berechnung von Leistungspreisen und Artikellogistikkosten
Dimensionierung und Optimierung von Logistikzentren
Auswahl optimaler Transportketten (s. *Tabelle 20.2*)
Struktur- und Standortoptimierung (s. *Abschnitt 18.10*)
Tourenplanung und Fahrwegoptimierung (s. *Abschnitt 20.11*)
Simulation der dynamischen Disposition in Lieferketten
  und Versorgungsnetzen [266]
Auswahl und Optimierung von Logistikketten
Optimierung von Logistiksystemen

Die analytischen Rechnertools sind meist als *Tabellenkalkulationsprogramme* in MS-EXCEL und MS-ACCESS programmiert. Sie sind *modular* aufgebaut und lassen sich bedarfsgerecht zu neuen Programmen zusammenfügen. Die Tools wurden in zahlreichen Projekten und Beratungen erfolgreich eingesetzt und haben sich als Planungshilfsmittel bestens bewährt [266].

Als Beispiel aus der Beratungspraxis zeigt *Abb. 3.8* den Aufbau und die Einflußfaktoren eines Prozeßmodells zur Kalkulation der Kosten für die verschiedenen

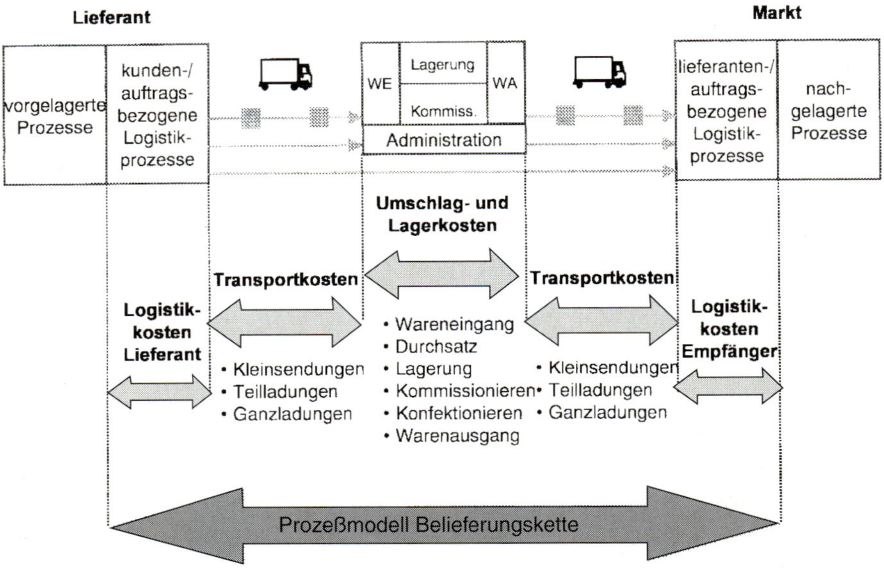


**Abb. 3.8** Prozeßmodell für Belieferungskosten zwischen Industrie und Handel

Lieferketten zwischen den Lieferstellen und Empfangsstellen von Industrie und Handel (s. *Kapitel 20*).

## 3.10 Technik und Logistik

Die Technik hat für die Logistik grundsätzlich nur soweit Bedeutung, wie mit ihrer Hilfe die *Logistikaufgaben* lösbar und die *Logistikziele* erreichbar sind. Die Entwicklung und der Einsatz der Technik in der Logistik haben in der Vergangenheit teils nacheinander, teils überlappend mehrere *Phasen* durchlaufen (s. *Abbildung* zur *Einleitung*). Diese Phasen entsprechen den *technischen Handlungsmöglichkeiten* [45; 46]:

1. *Mechanisierung*: Eine bestimmte Funktion, wie das Befördern oder Heben einer Last, die bisher vom Menschen ausgeführt wurde oder technisch nicht möglich war, wird durch *Erfindung*, *Neukonstruktion* oder *Weiterentwicklung* einer mechanischen Einrichtung, einer Maschine, eines Transportmittels oder eines Gerätes realisiert.
2. *Leistungssteigerung*: Das Leistungsvermögen der Maschine, des Geräts oder des Transportmittels wird durch Vergrößerung der *Kapazität*, Erhöhung von *Geschwindigkeit* und *Beschleunigung* oder *Vereinfachung* der mechanischen Bewegungsabläufe gesteigert.
3. *Kostensenkung*: Die *Herstellkosten* der Maschine, des Geräts oder des Transportmittels werden durch vereinfachte *Konstruktion*, *modularen Aufbau*, *günstigeren Materialeinsatz* und Fertigung in *größeren Stückzahlen* vermindert.

Durch *geringeren Verschleiß, bessere Wartung* und *längere technische Nutzungszeit* lassen sich *Betriebskosten* und *Kosten pro Leistungseinheit* senken.

4. *Qualitätsverbesserung*: *Leistungsqualität, Nutzungskomfort, Betriebssicherheit, Platzbedarf, Zuverlässigkeit* und *Verfügbarkeit* werden verbessert.
5. *Automatisierung*: Die Bedienung der Geräte, Maschinen und Transportmittel wird durch *Elektronik* und *Steuerungstechnik* unterstützt, vereinfacht und vom Menschen unabhängig.
6. *Verkettung*: Transportelemente, Geräte und Maschinen werden zu *Transport-, Produktions-* und *Logistikketten* verkoppelt. So entstehen aus der Verbindung von Förderstrecken, Ein- und Ausschleusern, Regalbediengeräten und Handhabungsgeräten mit Maschinen, Anlagen und zwischengeschalteten Pufferplätzen *Produktionslinien, Verpackungslinien, Abfüllanlagen* oder *Lagermaschinen*, die von einem *Prozeßrechner* gesteuert und aus einem *Leitstand* überwacht werden.
7. *Vernetzung*: Mehrere Transportketten, parallele Produktionslinien, inner- oder außerbetriebliche Transportmittel und Lagermaschinen werden zu einem *Netzwerk* integrierter *Produktions-, Transport-, Logistik-* und *Leistungssysteme* zusammengefügt, das unter Nutzung der *Prozeßleittechnik* und der *Informations- und Kommunikationstechnik* optimal auf die jeweiligen Leistungsanforderungen ausgerichtet ist und zu minimalen Kosten arbeitet.

Die wichtigsten Entscheidungskriterien für den Technikeinsatz sind die *Betriebskosten* und die *Leistungskosten* (s. *Kapitel 6*). Kostensenkungen sind in der Logistik durch *Senkung des Investitionsaufwands*, durch *Leistungssteigerung* bei gleichem Personaleinsatz, durch *Personaleinsparungen* bei gleicher Leistung, am wirkungsvollsten aber durch Leistungssteigerung bei gleichzeitiger Personaleinsparung möglich.

Darüber hinaus können Kostensenkungen aus der *Verminderung des Grundflächenbedarfs* resultieren, beispielsweise durch den Bau von *Hochregallagern* anstelle von *Hallenlagern*, durch *erhöhte Auslastung der Ressourcen* oder aus einer *besseren Nutzung vorhandener Räume*, etwa durch den Einbau von Durchlauflagern oder von Hängebahnanlagen. *Qualitätsverbesserungen* sind wirtschaftlich nur von Interesse, wenn sie zu Kosteneinsparungen oder zu einem Nutzenzuwachs führen, der vom Markt honoriert wird.

Der Einsatz von Technik zur Lösung logistischer Aufgaben ist in der Regel mit einem Anstieg der Fixkosten infolge der erhöhten Zinsen und Abschreibungen auf das investierte Kapital verbunden. Aus diesem *Fixkostendilemma* resultieren folgende *Voraussetzungen für den wirtschaftlichen Einsatz der Technik* in der Logistik (s. *Abschnitt 6.8*):

- Je höher die Mechanisierung und die Automatisierung, umso notwendiger ist eine *intensive, dauerhafte und möglichst gleichmäßige Nutzung* der Anlagen und Systeme.
- *Außerbetriebliche Transportmittel*, die mit hohen Investitionen verbunden sind, wie Containerschiffe, Frachtflugzeuge und Eisenbahnen, aber auch Fahrzeugflotten mit zentralem Transportleitssystem, erfordern einen Betrieb möglichst rund um die Uhr.

- *Innerbetriebliche Hochleistungssysteme*, wie *Sortiersysteme*, *FTS-Anlagen* und *Kommissioniersysteme mit dynamischer Bereitstellung*, sind in der Regel nur wirtschaftlich, wenn sie an mindestens 250 Tagen im Jahr mehrschichtig genutzt werden.
- *Hochinvestive Lagersysteme*, wie Hochregallager, Durchlauflager und Kompaktlager, erfordern über das ganze Jahr eine hohe Belegung der Platzkapazität.

Aus diesen Voraussetzungen ergeben sich folgende *Nutzungskriterien* für die Technik in der Logistik:

- ▶ Bei geringen Leistungs- und Kapazitätsanforderungen oder bei ungleichmäßiger Nutzung über das Jahr sind konventionelle Transport- und Lagereinrichtungen mit geringer Technisierung und Automatisierung kostengünstiger und flexibler.
- ▶ Bei hohen Leistungs- und Kapazitätsanforderungen und gleichmäßiger Nutzung über das gesamte Jahr sind die Leistungskosten von hochtechnisierten und automatisierten Systemen meist deutlich – in vielen Fällen um mehr als einen Faktor 2 – niedriger als bei konventionellen Systemen mit geringem Technikeinsatz.
- ▶ Mit zunehmender *Zentralisierung* der Funktionen und *Bündelung* von Transporten und Beständen sind die Voraussetzungen für den wirtschaftlichen Einsatz der Technik in der Logistik immer besser erfüllt.

Hieraus erklärt sich, daß zunächst die Großunternehmen der Industrie, wie die Automobilindustrie und die chemische Industrie, die Technisierung und Automatisierung von Logistiksystemen vorangetrieben haben. Auch *Verbunddienstleister*, wie Paketdienste, Fluggesellschaften, die Bahn und internationale Schifffahrtsgesellschaften, haben seit Jahrzehnten erhebliche Summen in die Technik investiert.

Mit einem Zeitversatz von etwa 20 Jahren sind die großen Handelskonzerne der Industrie gefolgt, nachdem sie ihre Beschaffungslogistik zunehmend selbst übernommen, zentralisiert und in den dafür errichteten Logistikzentren die Voraussetzungen für den Technikeinsatz geschaffen haben. Heute sind auch kleinere Logistikdienstleister und mittelständische Industriebetriebe gezwungen, zunehmend die Technik zur Rationalisierung ihrer Logistik zu nutzen.

Aus den Voraussetzungen und Kriterien für den Technikeinsatz in der Logistik leiten sich folgende *Forderungen* an *Maschinenbau, Anlagenbau und Fahrzeugbau* ab:

- Verbesserung der *Zuverlässigkeit* und *Verfügbarkeit* von Maschinen, Anlagen und Systemen
- Verlängerung und Garantie von *Standzeiten* und *Laufleistungen* der Maschinen, Geräte, Anlagen, Transportmittel, Flurförderzeuge, Handhabungsgeräte und Sorter
- Verbesserung der *Leistungsfähigkeit* bei unterproportionaler Steigerung der Kosten
- Senkung der *Kosten* bei unverminderter oder verbesserter Leistungsfähigkeit und Qualität

- Beachtung der wirtschaftlichen *Einsetzbarkeit* von Neuentwicklungen und des *betriebswirtschaftlichen Nutzens* von Verbesserungen und Leistungssteigerungen für den Anwender
- *Standardisierung* der Elemente und *Modularisierung* der Systeme zur Vereinfachung und Beschleunigung von Wartung und Reparaturen
- Entwicklung flexibel einsetzbarer *Handhabungsgeräte*, *Roboter* und *Systeme* für das Sortieren und Kommissionieren

An die *Steuerungstechnik* und an die *Informations- und Kommunikationstechnik* richten sich die *Forderungen*:

- Ermöglichung *belegloser Prozesse* in der inner- und außerbetrieblichen Logistik
- Verbilligung und Vereinfachung von *Kodierungen*
- Lösung der automatischen Anbringung von Etiketten und Kodierungen an Warenstücke, Verpackungen, Ladungsträgern und Ladeeinheiten
- leistungsfähige und kostengünstige *Lesegeräte* für Kodierungen und *Erfassungseinrichtungen* für Maße und Gewichte
- kostengünstige und herstellerunabhängige Verfahren der *Informationsübertragung*
- Entwicklung wirtschaftlicher *Verfahren zur Erkennung* und *Lagebestimmung* von Warenstücken mit nichtquaderförmiger Gestalt und in schiefer Position als Voraussetzung für den „Griff in die Kiste" durch Handhabungsroboter statt durch die Hand des Menschen

Gemeinsame Aufgaben von Technik, Informatik *und* Logistik sind die abgestimmte *Normierung von Lade- und Transporteinheiten* und die *Standardisierung von Logistikstammdaten, Kodierungen und Datenaustausch.* Durch Normierung und Standardisierung lassen sich die Prozesse in den unternehmensübergreifenden Logistikketten der Beschaffung und Belieferung optimal aufeinander abstimmen und die Ziele eines *Efficient Consumer Response* (ECR) erreichen [34; 47; 48]. Dabei ist jedoch zu beachten, daß eine verfrühte Standardisierung und Normierung ebenso wie zu weitgehende Regelungen zu Erstarrung und Unflexibilität führen, die Handlungsmöglichkeiten begrenzen und die freie Entwicklung hemmen [313].

Wer im Verlauf der Planung zu früh auf die Technik sieht, verliert den freien Blick für die Prozesse, Strukturen und Strategien. Daraus folgt der *Grundsatz*:

▶ Der Weg einer erfolgreichen Planung führt über die Prozesse, Strukturen und Strategien zur geeigneten Technik und nicht umgekehrt.

Wer jedoch die Möglichkeiten der Technik nicht ausreichend kennt, läuft Gefahr, bewährte und kostengünstige Lösungen zu verpassen oder nicht realisierbare Systeme zu konzipieren.

Brauchbare Ideen und gute technische Lösungen sind selten. Abgesehen von Pioniergebieten, auf denen in wenigen Jahren neue Lösungen wie Pilze aus dem Boden schießen, ist die Innovationsrate in Technik und Logistik wesentlich geringer als allgemein angenommen und vielfach behauptet wird. Zwischen einer guten Idee und der ersten erfolgreichen Realisierung vergehen immer noch Jahre. Das liegt auch daran, daß viele Unternehmen das Risiko des Ersteinsatzes einer neuen Technik oder Systemlösung scheuen.

## 3.11 Vorgehen zur Lösungsauswahl

Zur Auswahl einer optimalen Lösung und zur begründeten Entscheidungsempfehlung für die Unternehmensleitung müssen die technisch möglichen Lösungen auf ihre Machbarkeit überprüft, bewertet und miteinander verglichen werden.

Verfahren zur Bewertung, zum Vergleich und zur Auswahl möglicher Lösungsvarianten für Teilsysteme wie auch für das Gesamtsystem sind die *Machbarkeitsanalyse*, der *Leistungsvergleich*, der *Wirtschaftlichkeitsvergleich* und die *Nutzwertanalyse.* Diese Verfahren werden nacheinander zur Reduzierung der Lösungsvielfalt auf die gesuchte *optimale Lösung* angewandt.

### 1. Machbarkeitsanalyse

In der Machbarkeitsanalyse, auch *Feasibility-Studie* genannt, wird die grundsätzliche Realisierbarkeit der zur Diskussion stehenden Lösungen geprüft.

Die Machbarkeitsanalyse umfaßt die Prüfung von

- *technischer Realisierbarkeit*
- *Erfüllung der Leistungsanforderungen*
- *Einhaltung der Rahmenbedingungen*, *Restriktionen* und *Auflagen*
- *Durchführbarkeit im vorgegebenen Zeitrahmen*

Ziel der Machbarkeitsanalyse ist das Ausscheiden ungeeigneter Lösungen aufgrund von *K.O.-Kriterien* und die Selektion von Lösungen, deren weitere Bearbeitung sinnvoll ist.

### 2. Leistungsvergleich

Die grundsätzlich geeigneten Lösungen erfüllen die gestellten Leistungsanforderungen, haben in der Regel aber unterschiedliche Leistungsreserven.

Nach der Machbarkeitsanalyse werden die *Grenzleistungen*, die *Leistungsreserven* und die *Flexibiltät* der ausgewählten Lösungen ermittelt und miteinander verglichen. Ziel des Leistungsvergleichs ist die Auswahl der leistungsfähigsten Lösungsvarianten, soweit sie nicht überdimensioniert sind (s. *Abschnitt 13.7*).

### 3. Wirtschaftlichkeitsvergleich

Der Wirtschaftlichkeitsvergleich umfaßt den Vergleich der *Investitionen* und der *Betriebskosten* für alle machbaren, hinreichend leistungsfähigen und ausreichend flexiblen Lösungsvarianten. Außer der Investition und den Betriebskosten können auch die *Leistungskosten* und die *Kapitalrückflußzeit*, der sogenannte ROI, miteinander verglichen werden (s. *Abschnitt 5.1*).

| Bewertungskriterium | Bestimmungsmerkmale |
|---|---|
| **Servicequalität** | Fehlerarten und Fehlerhäufigkeit<br>Lieferfähigkeit, Warenverfügbarkeit<br>Durchlaufzeiten und Termintreue<br>Fehlerfolgekosten |
| **Verfügbarkeit** | Zuverlässigkeit, Funktionssicherheit<br>Störanfälligkeit, Robustheit, Bewährtheit, Zugänglichkeit<br>Unterbrechungszeiten zur Störungsbeseitigung<br>Redundanz und Ausweichmöglichkeiten<br>Betriebsunterbrechungskosten |
| **Flexibilität** | bei Durchsatz- und Bestandsschwankungen<br>bei Sortimentsänderungen (Artikelanzahl, Verteilung)<br>bei Änderungen der Logistikeinheiten (Gebinde, Pakete, Paletten)<br>bei Änderungen der Auftragstruktur (Menge, Positionen)<br>bei Veränderung von Quellen oder Senken (Anzahl, Standorte)<br>Leistungs- und Kapazitätsreserven<br>Anpassungsfähigkeit, Erweiterbarkeit, Modularität<br>Spezialisierungsgrad, Universalität, anderweitige Verwendbarkeit |
| **Kompatibilität** | Kombinierbarkeit mit anderen Systemen<br>Erfüllbarkeit der Schnittstellenanforderungen<br>Verträglichkeit mit bestehenden Rahmenbedingungen |
| **Personalintensität** | Anzahl des benötigten Betriebspersonal<br>Qualifikation des Personals<br>Abhängigkeit von Spezialisten und Know-How der Mitarbeiter |
| **Schadensrisiko** | Bruch, Beschädigung, Verderb, Ausschuß<br>Schwund, Diebstahl, Einbruch<br>Verluste durch Feuer, Wasser, Unfall<br>Unfallgefahr, Arbeitssicherheit<br>Schadensfolgekosten |
| **Kostenrisiko** | Überschreitung des Investitionsbudgets<br>Planungsfehler (Dimensionierung, Personalbedarf, Kostenkalkulation)<br>Progoseverläßlichkeit und Auslastungsrisiko<br>Kostenvariabilität und Fixkostenanteil |

**Tab. 3.1** Bewertungskriterien zum Vergleich von Logistiksystemen

Ziel des Wirtschaftlichkeitsvergleichs ist die Auswahl von Lösungen mit minimalen Betriebskosten bei maximalem Leistungsvermögen, die sich im vorgegebenen Investitionsrahmen realisieren lassen. Wenn der Investitionsrahmen nicht eingehalten oder ein vorgegebener ROI-Wert von keiner Lösung erfüllt wird, kann die Wirtschaftlichkeitsrechnung dazu führen, daß ein Vorhaben oder ein Projekt nicht realisiert wird (s. *Kapitel 6.10*).

### 4. Nutzwertanalyse

In vielen Fällen gibt es mehrere Lösungen mit unterschiedlichem Mechanisierungs- und Automatisierungsgrad, die bei annähernd gleichen Betriebskosten alle Leistungsanforderungen und Randbedingungen erfüllen. Für den Vergleich von Lösungsvarianten, die im Rahmen der Planungsgenauigkeit technisch und wirtschaftlich gleichwertig sind, ist eine *Nutzwertanalyse* sinnvoll [11; 49; 50].

*Arbeitsschritte* der Nutzwertanalyse sind:

1. *Erstellen eines Katalogs von Bewertungskriterien*, die voneinander unabhängig sein müssen, mit *Bestimmungsmerkmalen*, nach denen die Erfüllung der verschiedenen Kritieren beurteilt wird (s. *Tabelle. 3.1*).
2. *Vereinbarung einer Benotungsskala* zur Bewertung des Erfüllungsgrads der Bewertungskriterien. Einige in der Beratungspraxis übliche Benotungsskalen zeigt *Tabelle 3.2*.

| **Positivkriterien** | **Negativkriterien** | **Punktwerte der Beurteilung** | | |
|---|---|---|---|---|
| Beurteilung | Beurteilung | **Note** | **Punkte** | **Punkte** |
| sehr gut<br>optimal erfüllt | minimal<br>verschwindend gering | **1** | **8 bis 10** | **2**<br>**++** |
| gut<br>anforderungsgerecht | gering<br>akzeptabel | **2** | **6 bis 8** | **1**<br>**+** |
| befriedigend<br>bedingt anforderungsgerecht | durchschnittlich<br>bedingt akzeptabel | **3** | **4 bis 6** | **0** |
| ausreichend<br>nicht ganz anforderungsgerecht | relativ hoch<br>grade noch vertretbar | **4** | **2 bis 4** | **-1**<br>**-** |
| mangelhaft<br>kaum noch akzeptabel | sehr hoch<br>kaum noch akzeptabel | **5** | **1 bis 2** | **-2**<br>**- -** |
| ungenügend<br>nicht anforderungsgerecht | unvertretbar hoch<br>nicht akzeptabel | **6** | **0**<br>**KO-Kriterium** | **- x** |

**Tab. 3.2** Benotungsskalen zur Kriterienbewertung für Systemvergleiche

| Bewertungskriterium | Gewicht | **Lösung 1** STL mit stat. Bereitstel. | **Lösung 2** SGL mit Komm.Stollen | **Lösung 3** HRL mit dyn.Bereitstel. |
|---|---|---|---|---|
| **Servicequalität** | 15% | 3 | 2 | 2 |
| **Verfügbarkeit** | 15% | 2 | 2 | 3 |
| **Flexibilität** | 25% | 2 | 3 | 4 |
| **Kompatibilität** | 10% | 2 | 4 | 3 |
| **Personalintensität** | 15% | 4 | 3 | 2 |
| **Schadensrisiko** | 5% | 4 | 3 | 2 |
| **Kostenrisiko** | 15% | 2 | 3 | 3 |
| **Gesamtbewertung** | 100% | **2,55** | **2,80** | **2,90** |

**Tab. 3.3** Systemvergleich von 3 verschiedenen Lösungen zum Lagern und Kommissionieren von Paletten auf Paletten

Lösung 1: Staplerlager mit konventioneller Kommissionierung im Lagerbereich
Lösung 2: Stollenkommissionierlager mit statischer Bereitstellung durch Schmalgangstapler
Lösung 3: Automatisches Hochregallager mit dynamischer Bereitstellung
Bewertung: Schulnoten gemäß 3. Spalte s. *Tabelle 3.2*

3. *Ableitung der relativen Gewichte* der einzelnen Bewertungskriterien aus ihrer Bedeutung für das Unternehmen (s. *Tabelle 3.3*).
4. *Benotung der Bewertungskriterien* für die zur Auswahl stehenden Lösungen entsprechend dem Erfüllungsgrad der Bestimmungsmerkmale (s. *Tabelle 3.3*).
5. *Berechnung des Gesamtnutzwertes* durch Summation der mit den Gewichten multiplizierten Bewertungsnoten (s. *Tabelle 3.3*).
6. *Sensitivitätsanalyse des Gesamtnutzwertes* gegenüber Veränderungen der Benotung und der Gewichtung der wichtigsten Bewertungskriterien.

Die *Tabelle 3.3* zeigt das Ergebnis eines Systemvergleichs von 3 verschiedenen Lösungen für das Lagern und Kommissionieren von kartonierter Ware auf Paletten. Das automatische *Hochregallager* mit dynamischer Bereitstellung hat in diesem

Fall mit 2,90 die schlechteste Gesamtnote im Vergleich zu einer Gesamtnote von 2,80 für ein *Stollenkommissionierlager* mit statischer Bereitstellung und von 2,55 für ein konventionelles *Staplerlager*, dem hiernach der Vorzug zu geben wäre.

Das Verfahren der Nutzwertanalyse ist mit Vorsicht anzuwenden. Wie das Beispiel in *Tabelle 3.3* zeigt, liegen die ermittelten Nutzwerte von zwei oder auch drei Lösungen in vielen Fällen relativ nahe beieinander, da sich die unterschiedlichen Bewertungen der einzelnen Kriterien in der Summe ausgleichen. Eine Sensitivitätsanalyse ergibt häufig, daß geringe Veränderungen in der Gewichtung und Bewertung zu einer Verschiebung in der Rangfolge der Lösungen führen. Allgemein gilt der *Grundsatz*:

▶ Die Nutzwertanalyse ist geeignet zur Beurteilung, zum Vergleich und zur Objektivierung der Entscheidung über unterschiedliche Lösungsmöglichkeiten, die wirtschaftlich nahezu gleichwertig sind.

Das Verfahren der Nutzwertanalyse ist auch für den Vergleich von Angeboten oder von unterschiedlichen Organisationsmöglichkeiten einsetzbar. Die Nutzwertanalyse kann jedoch eine mit Risiko behaftete Entscheidung nicht ersetzen. Diese Entscheidung muß die Unternehmensleitung treffen [213].

# 4 Potentialanalyse

In einer Potentialanalyse – in der Logistik auch *Logistikaudit* genannt – werden die Leistungen der Unternehmenslogistik mit den Anforderungen verglichen und die Leistungsfähigkeit der Prozesse und Strukturen überprüft [22; 54].

*Ziele* der Potentialanalyse sind:

- Abgrenzung der *Potentialfelder*, deren Optimierung die größten Effekte erwarten läßt;
- Aufzeigen der *Schwachpunkte* und *Handlungsspielräume* in den Potentialfeldern;
- Abschätzung der *Potentiale* zur Leistungsverbesserung und Kostensenkung.

Aus den Ergebnissen der Potentialanalyse lassen sich *Optimierungsmöglichkeiten* und *Maßnahmen* zur *kurzfristigen* Verbesserung der Prozesse und zur Beseitigung von Schwachstellen sowie *mittel-* und *langfristig* ausgerichtete *Vorschläge* zur *Zielplanung*, zur *Neukonzeption* und für konkrete *Projekte* ableiten. Als Beispiel zeigt die *Abb. 4.1* die *Potentialfelder* im Logistiknetzwerk zwischen Konsumgüterindustrie und Handelsunternehmen.

Je nach Ausgangslage liegen die Kostensenkungspotentiale zwischen 10 und 20 % der Gesamtlogistikkosten. Unter besonderen Umständen und in einzelnen Bereichen sind auch deutlich höhere Einsparungen möglich. Bei einer Umsatzrendite zwischen 1 % und 3 % und einem Logistikkostenanteil in Höhe von 10 % vom Umsatz bedeutet eine Reduzierung der Logistikkosten um 10 % eine *Gewinnsteigerung* um 25 % bis 100 %.

Der *Aufwand* für die Durchführung einer Potentialanalyse der Unternehmenslogistik durch ein kompetentes Beratungsunternehmen ist vergleichsweise gering. Der *Zeitbedarf* ist abhängig von der Größe des Unternehmens und liegt in den meisten Fällen zwischen 4 Wochen und 3 Monaten. Die Potentialanalyse macht sich durch die erzielten Kosteneinsparungen und Leistungsverbesserungen meist in weniger als einem Jahr bezahlt.

Eine Potentialanalyse soll nicht nur die Kostensenkungspotentiale abschätzen sondern auch die Möglichkeiten zur Verbesserung von Leistung, Qualität und Wettbewerbsfähigkeit ausweisen. Sie kann jedoch nicht die Planung und Optimierung der Systeme und Prozesse ersetzen. Eine Potentialanalyse bietet der Unternehmensleitung vielmehr eine *Entscheidungsgrundlage* dafür, welche *Projekte* mit den größten Potentialen und den besten Aussichten auf Erfolg vorrangig in Angriff genommen werden sollten.

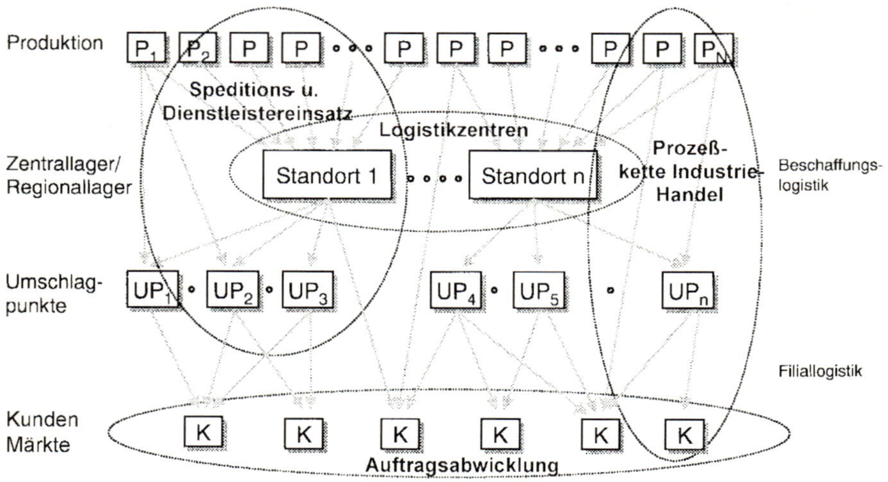


**Abb. 4.1** Potentialfelder im Logistiknetzwerk zwischen Konsumgüterindustrie und Handelsunternehmen

In diesem Kapitel werden die Inhalte der *Arbeitschritte einer Potentialanalyse* beschrieben:

Anforderungsanalyse
Leistungsanalyse
Prozeßanalyse (4.1)
Strukturanalyse
Benchmarking

Jeder dieser Arbeitsschritte umfaßt eine *Checkliste* zur Überprüfung der verschiedenen Potentialfelder und Hinweise auf mögliche *Schwachstellen.*

## 4.1 Anforderungsanalyse

Maßgebend für die Unternehmenslogistik sind die *Anforderungen* und *Ziele.* Als Grundlage für die Potentialanalyse müssen daher zunächst die Leistungs- und Serviceanforderungen der Kunden, des Marktes, des Vertriebs und der übrigen Geschäftsbereiche an die Unternehmenslogistik erfaßt und kritisch analysiert werden.

In der Anforderungsanalyse werden folgende Fragen untersucht und bewertet:

- Ob und wie weit entsprechen die Anforderungen an die Logistik den *Unternehmenszielen*?
- Ist das *Kosten-Nutzen-Verhältnis* zur Erfüllung der Anforderungen angemessen?

- Sind die *Prioritäten* richtig gesetzt? Werden die wichtigsten Marktsegmente angemessen und ertragbringende Kundengruppen vorrangig bedient?
- Ist das *Liefer- und Leistungsprogramm* nicht zu breit gefächert? Umfaßt das Programm erlösschwache Artikel oder Leistungen, die ohne Schaden für die Wettbewerbsfähigkeit aus dem Programm genommen werden können (s. *Abschnitt 5.8*)?
- Wieweit und mit welchen Auswirkungen lassen sich *Leistungs- und Serviceanforderungen* reduzieren?

Der Vertrieb neigt dazu, überzogene Anforderungen an die Logistik zu stellen, solange er die Kosten zu deren Erfüllung nicht kennt. So wird vielfach eine hohe *permanente Lieferfähigkeit* gefordert, wo eine *mittlere Lieferfähigkeit* durchaus ausreichend wäre (s. *Abschnitt 11.8*). Auch wenn nur wenige Kunden extrem kurze Lieferzeiten oder einen 24-Stunden-Service erwarten, werden diese Lieferzeitanforderungen generell gestellt. Statt auf eine hohe Termintreue zu achten, die oft ohne Zusatzkosten durch gute Organisation erreichbar ist, wird auf kurze Durchlaufzeiten und Expreßzustellung gesetzt.

Für alle Anforderungen an die Unternehmenslogistik gilt der *Angemessenheitsgrundsatz*:

▶ Die Kosten einer Serviceverbesserung müssen stets an der damit erreichbaren Umsatzsteigerung oder Erlösverbesserung gemessen werden.

Wenn die Mehrkosten für einen zusätzlichen Service, etwa in Form eines *Expreßzuschlags* oder einer *Verpackungsgebühr*, explizit in Rechnung gestellt werden, verzichten viele Kunden auf den Extraservice.

Das Ergebnis der *Anforderungsanalyse* sind Empfehlungen für ein ausgewogenes Liefer- und Leistungsprogramm, einen angemessenen Lieferservice und differenzierte Qualitätsstandards.

## 4.2 Leistungsanalyse

In der Leistungsanalyse wird untersucht, zu welchen Kosten und mit welcher Qualität die operativen und administrativen Leistungsstellen der Beschaffungslogistik, der Produktionslogistik, der Distributionslogistik und der Filiallogistik die an sie gestellten Anforderungen erfüllen und welchen Wertschöpfungsbeitrag sie leisten.

Hierzu werden die Kenndaten (1.3) der einzelnen Leistungsstellen und der Auftrags-, Material- und Informationsfluß zwischen den Stellen erfaßt. Aus der *Input-Output-Analyse* geht hervor, mit welchem Ressourceneinsatz und zu welchen Kosten der Leistungsdurchsatz erbracht wird.

Die Leistungsanalyse zeigt die *Schwachstellen* der Unternehmenslogistik auf. Hieraus resultieren erste Vorschläge zur Behebung der Ursachen. Zahlreiche Potentialanalysen haben gezeigt, daß vor allem folgende *Schwachstellen* den reibungslosen Prozeßablauf behindern und die Leistungskosten nach oben treiben:

**1. Engpaßstellen**

Engpaßstellen sind Leistungsstellen, die in Spitzenzeiten zu über 95 % ausgelastet sind, vor denen es häufig zu *Warteschlangen* und *Wartezeiten* kommt und die als *Leistungsdrossel* der gesamten Logistikkette in Zeiten hoher Auslastung ansteigende Durchlaufzeiten verursachen.

Auslastungsbedingt lange Lieferzeiten lassen sich in vielen Fällen nachhaltig durch eine Kapazitätserhöhung einer oder weniger Engpaßstellen verkürzen (s. *Abschnitt 13.7*).

**2. Weitpaßstellen**

Weitpaßstellen sind Leistungsstellen, die auch zu Spitzenzeiten nicht voll und im Jahresdurchschnitt zu weniger als 70 % ausgelastet sind. Weitpaßstellen sind häufig personell überbesetzt, arbeiten zu überhöhten Kosten, leisten keinen ausreichenden Beitrag zur Wertschöpfung und sind typische *Verschwendungsstellen*.

Abgesehen von der Kostenersparnis hat die Beseitigung einer Verschwendungsstelle durch Anpassung der Personalbesetzung und Kapazität, durch eine Reorganisation oder auch durch Auflösung und Integration in andere Stellen motivierende Auswirkung auf andere Leistungsstellen.

**3. Ausfallstellen**

Ausfallstellen sind Leistungsstellen mit einer *Verfügbarkeit* unter 90 %. Sie blokkieren vorangehende Leistungsstellen durch häufige oder länger anhaltende *Unterbrechungen*, führen zur Unterauslastung nachfolgender Leistungsstellen und verursachen Lieferzeitverzögerungen oder Terminüberschreitungen (s. *Abschnitt 13.6*).

Die Verfügbarkeit einer Ausfallstelle läßt sich in vielen Fällen mit vergleichsweise geringem Aufwand durch Schulung und Qualifizierung der Mitarbeiter, Verbesserung der Betriebsmittelausstattung, Beseitigung der häufigsten Ausfallursachen und Organisation eines guten Reparaturservice deutlich verbessern. Die positiven Auswirkungen der Beseitigung einer Ausfallstelle auf den gesamten Leistungsprozeß sind oft beträchtlich.

**4. Redundanzstellen**

Redundanzstellen sind Leistungsstellen, die nacheinander oder parallel zu anderen Leistungsstellen am selben Gegenstand oder Auftrag die gleichen Leistungen erbringen oder die gleichen Funktionen haben wie eine andere Leistungsstelle.

Im operativen Bereich wird meist zur *Sicherung der Leistungserbringung* eine Redundanz in Form von Parallelstellen gefordert, auf die bei Ausfall einer Stelle ausgewichen werden kann. Hier ist zu prüfen, ob die Sicherheitsforderung begründet und die gebotene Redundanz angemessen ist. In vielen Fällen genügt statt einer *Vollredundanz* eine *Teilredundanz* (s. *Abschnitt 13.6.3*).

Vor allem in den administrativen Leistungsstellen, aber auch bei der Datenbearbeitung und bei Kontrolltätigkeiten in den operativen Stellen, gibt es häufig unnötige *Doppelarbeiten*, die sich durch bessere Abstimmung beseitigen oder erheblich reduzieren lassen (s. *Abschnitte* 2.6 und 2.7).

**5. Verzögerungsstellen**

Verzögerungsstellen sind Leistungsstellen, die vorgegebene Durchlaufzeiten und Fertigstellungstermine häufig oder erheblich überschreiten, die Lieferzeit gefährden oder in nachfolgenden Stellen Mehrkosten zum Aufholen des *Zeitverlustes* verursachen.

Verzögerungsstellen sind in vielen Fällen zugleich Engpaßstellen oder Ausfallstellen. Oft aber ist die Verzögerung auch die Folge unplanmäßiger Arbeit, falscher Disposition, fehlender Teile, mangelnder Roh-, Hilfs- und Betriebsstoffe oder schlechter Führung. Verzögerungsstellen können daher durch eine effektivere Disposition und Leistungsplanung, rechtzeitige Materialbereitstellung, angemessene Materialpuffer und bessere Führung beseitigt werden.

**6. Fehlerstellen**

Fehlerstellen sind Leistungsstellen, die besonders häufig, in störender Anzahl oder in gravierendem Ausmaß *Fehler* machen. Fehler und Qualitätsmängel wirken sich nicht nur auf das Leistungsvermögen und die Leistungskosten der Fehlerstelle selbst nachteilig aus, sondern verursachen in der weiteren Leistungskette Störungen, Ineffizienz, Nacharbeit, Aufwand, Kosten und Terminverzug bis hin zur Verärgerung und zum Verlust eines Kunden.

Mögliche Maßnahmen zur Behebung von Fehlerstellen sind die Beseitigung der unmittelbaren Fehlerquellen, die Schulung und Qualifizierung des Personals, die Verbesserung der Führung, die Vorgabe von *Qualitätsstandards* und die Einführung eines *Prämiensystems* zur Belohnung der Unterschreitung vorgegebener Fehlergrenzen. Darüber hinaus kann ein umfassendes *Qualitätsmanagement* zur Einhaltung marktgerechter *Qualitätsstandards* beitragen [53].

**7. Hauptkostenstellen**

Hauptkostenstellen sind die Leistungsstellen mit den höchsten Betriebskosten. Sie sind in den Bereichen der Unternehmenslogistik zu finden, die den höchsten Anteil an den Logistikkosten haben.

Im stationären Handel ist beispielsweise der Hauptkostenbereich der Logistik die *Filiallogistik* mit einem Kostenanteil zwischen 45 % bis 60 %, vor den *Fracht-* und *Transportkosten*, deren Anteil abhängig von den Lieferkonditionen zwischen 25 % und 35 % liegt, und der *Lagerlogistik* mit einem Anteil zwischen 10 % und 25 % der gesamten Logistikkosten.

Die Hauptkostenstellen bieten naturgemäß die größten Kostensenkungspotentiale. Durch eine verbesserte Organisation sowie durch Rationalisierung, Mechanisierung, Automatisierung und IT-Einsatz lassen sich hier die höchsten Einsparungen erreichen.

## 4.3 Prozeßanalyse

Die Prozeßanalyse hat zum Ziel, die *Auftragsprozesse vom Kunden bis zum Kunden* und die *Logistikprozesse von den Lieferanten bis zu den Empfängern* der Waren zu bewerten [54]. Hierzu werden die maßgebenden *Auftragsketten* und *Logistikketten* der Unternehmenslogistik erfaßt und dokumentiert (s. *Abschnitt 3.8*).

Die Logistik beginnt stets beim Kunden. Die Auftragsketten müssen daher *entlang dem Datenfluß*, beginnend bei der Auftragsannahme über die Auftragsabwicklung, die Beschaffung, die Produktion und die Distribution bis hin zur Übergabe an den *Kunden* analysiert werden. Die Logistikketten werden *entgegen dem Warenfluß* vom Empfänger bis zu den Lieferanten untersucht. Auf diese Weise wird die *Kundenferne* mancher Leistungsstellen besonders deutlich.

In der Prozeßanalyse werden folgende *Potentialfelder* und *Fragen* untersucht:

**1. Logistikeinheiten (s. *Kapitel 12*)**

- Welche *Ladungsträger* und *Logistikeinheiten* werden in den Logistikketten eingesetzt?
- Sind *Maße* und *Kapazitäten* der Ladeeinheiten richtig aufeinander abgestimmt?
- Wird die *Kapazität* der Ladeeinheiten optimal genutzt?
- Ist das Spektrum der *Ladungsträger* und *Ladeeinheiten* angemessen?
- Wer ist für die *Verpackungshierarchie* verantwortlich und entscheidet über Einführung und Ausmusterung von Ladungsträgern?
- Wer entscheidet nach welchen *Kriterien* über den *Einsatz* der Ladungsträger und Ladeeinheiten?
- Gibt es eine geregelte *Leergutlogistik*?

**2. Logistikstammdaten (s. *Abschnitt 12.7*)**

- Gibt es eine sinnvoll aufgebaute *Logistikdatenbank*?
- Sind die *Logistikstammdaten* vollständig, aktuell und korrekt?
- Wer ist für die *Erfassung*, *Aktualisierung*, *Korrektheit* und *Vollständigkeit* der Logistikstammdaten verantwortlich?
- Wer definiert und normiert die Logistikstammdaten des Unternehmens und sichert die *Kompatibilität* mit den Daten der Lieferanten und Kunden?
- Werden die *Möglichkeiten* der Logistikstammdaten vollständig genutzt?
- Ist der Austausch der Logistikdaten zwischen den internen Leistungsstellen, mit den Lieferanten und mit den Kunden richtig geregelt und technisch optimal gelöst?

**3. Zeiten (s. *Kapitel 8*)**

- Sind *Lieferzeiten* und *Termintreue* marktgerecht?
- Wie gut werden die zulässigen *Durchlaufzeiten* in den *Hauptleistungsketten* eingehalten?
- Werden die zeitlichen *Handlungsspielräume* genutzt?

- Sind die *Betriebszeiten* der Leistungsstellen richtig aufeinander abgestimmt?
- Ist die Länge der *Planungs-* und der *Dispositionsperioden* richtig?
- Sind *Auftragsdurchlaufzeiten* und *Materialdurchlaufzeiten* zu lang?
- Werden die Möglichkeiten zur *Just-In-Time-Anlieferung* richtig genutzt?
- Gibt es ein wirksames *Zeitmanagement*?
- Wo liegen zeitraubende *Engpaßstellen*, *Ausfallstellen* und *Verzögerungsstellen*?

**4. Kosten (s. *Kapitel 6* und *7*)**

- Sind die *Leistungskosten* in den einzelnen Abschnitten der Leistungskette angemessen?
- Existiert ein wirksames *Logistikcontrolling*?
- Wer prüft die Angemessenheit der *Leistungskosten* und *Leistungspreise*?
- Wie hoch sind die *spezifischen Logistikkosten* pro Artikel oder Warengruppe?
- Wo und wie lassen sich die Kosten senken, ohne Leistung und Service zu reduzieren?
- Wo befinden sich *Verschwendungsstellen*, *Redundanzstellen* und *Hauptkostenverursacher*?

**5. Bestände (s. *Kapitel 11*)**

- Wer entscheidet nach welchen Kriterien über die *Lagerhaltigkeit* und die *Lieferfähigkeit* des Sortiments?
- Sind die *Puffer-* und *Lagerbestände* vor und hinter den Leistungsstellen in den verschiedenen Stufen des Leistungsprozesses notwendig und in ihrer Höhe angemessen?
- Genügen die *Sicherheitsbestände* zur produktiven Auslastung, unterbrechungsfreien Leistungserstellung und marktgerechten Kundenbelieferung oder sind sie infolge überzogener Anforderungen an die Lieferfähigkeit überhöht?
- Werden die Bestände auf der richtigen Wertschöpfungsstufe vorgehalten?

**6. Qualität (s. *Abschnitt 3.4*)**

- Werden die benötigten Leistungen mit angemessener Qualität erbracht?
- Gibt es ein *Qualitätsmanagement*, eine *Qualitätssicherung* und eine Erfassung und *Pönalisierung* der internen und externen Qualitätsmängel?
- Sind die Prozesse und Leistungsstellen so *flexibel*, daß sie Anforderungsänderungen verkraften und besondere Kundenwünsche erfüllen können?
- Wo befinden sich *Fehlerstellen*, *Verzögerungsstellen* und *Ausfallstellen*?

**7. Schnittstellen und Anschlußstellen**

- Ist die *Zusammenarbeit* zwischen den internen und externen Leistungsstellen richtig geregelt?
- Werden standardisierte und maßlich aufeinander abgestimmte *Ladeeinheiten* eingesetzt?

- Fließen Material- und Datenströme reibungslos und verzögerungsfrei von einer Leistungsstelle zur nächsten?
- Wie gut und rationell sind *Information* und *Kommunikation* entlang der Leistungskette?

**8. Disposition und Prozeßsteuerung (s. *Kapitel 2, 10* und *11*)**

- Werden die verfügbaren Kapazitäten und Ressourcen richtig genutzt?
- Sind die *Strategien* der Auftragsdisposition, der Bestands- und Nachschubdisposition und der Fertigungsdisposition optimal?
- Werden zur Prozeßsteuerung, zur Informationsübermittlung und im Controlling die richtigen Mittel, Verfahren und Programme eingesetzt?

**9. Lieferketten (s. *Kapitel 20*)**

- Welche Lieferketten gibt es in der heutigen Beschaffungs- und Distributionslogistik?
- Werden die vorhandenen *Lieferketten, Handlungsspielräume* und *Bündelungsmöglichkeiten* optimal genutzt?
- Gibt es bisher ungenutzte Lieferketten?
- Nach welchen *Verfahren* und *Kriterien* werden die Lieferketten ausgewählt?

**10. Eigen- oder Fremdleistung (s. *Kapitel 21*)**

- Welche Teile der Logistikketten gehören zu den *Kernkompetenzen* des Unternehmens?
- Welche Leistungsbereiche und Leistungsstellen können kostengünstiger und kompetenter an Lieferanten, Systemdienstleister oder Logistikdienstleister vergeben werden?
- Wer entscheidet nach welchen Kriterien über Eigen- oder Fremdleistung?

*Ergebnisse der Prozeßanalyse* sind Empfehlungen zur Optimierung der Prozeßabläufe, zum effizienten Einsatz der eigenen Ressourcen und zum Outsourcing sowie eine Abschätzung der hieraus zu erwartenden Kosteneinsparungen [311]. Außerdem ergeben sich aus der Prozeßanalyse Erkenntnisse für die Stellenbesetzung und zu Verbesserungen in den Leistungsstellen.

## 4.4 Strukturanalyse

Nach der Analyse der Anforderungen, Leistungsstellen und Prozesse wird in der *Strukturanalyse* geprüft, ob die vorhandenen Systemstrukturen den gegenwärtigen und zukünftigen Anforderungen genügen und welche Verbesserungen von Leistungen, Service, Qualität und Kosten durch eine Veränderung der Strukturen oder den Aufbau neuer Systeme erreichbar sind.

Hierzu werden *Strukturdiagramme* der gesamten Unternehmenslogistik und von besonders interessierenden Teilbereichen erstellt. Bereits aus dem

Grad der *Verflechtung* und der *Stufigkeit* lassen sich Erkenntnisse über mögliche Schwachstellen gewinnen. So sind Leistungsstellen, die von mehreren Stellen zur gleichen Aufgabe unterschiedliche Anweisungen erhalten, ein Indiz für ungeregelte Abläufe und Konflikte. Ähnliche Materialströme, die auf unterschiedlichen Wegen von der gleichen Quelle zum gleichen Ziel laufen, weisen auf Handlungsmöglichkeiten hin (s. *Abschnitt 3.8*).

Durch die Strukturanalyse lassen sich folgende *Potentialfelder* erschließen und *Fragen* beantworten:

**1. Standorte**

- Befinden sich Werke, Lager, Logistikzentren, Umschlagpunkte, Auslieferstellen und Filialen an den richtigen Standorten?

**2. Funktionszuordung**

- Sind die Aufgaben, Funktionen und Bestände richtig auf die Werke, Lager, Logistikzentren und Umschlagpunkte verteilt?

**3. Zentralisierungsgrad**

- Welche Funktionen sollten zentral, welche besser dezentral ausgeführt werden?
- Wieviele Werke, Lager, Logistikzentren, Auslieferstellen und Filialen sind optimal?
- Wie sollen diese einander zugeordnet werden?
- Welche Kosteneinsparungen und Leistungsverbesserungen sind durch *Bündelung* dezentraler Bestände und Funktionen in einem oder mehreren *Logistikzentren* erreichbar?

**4. Stufigkeit**

- Ist die Anzahl der Stufen in der Beschaffungs- und Distributionslogistik optimal?
- Gibt es vermeidbare Umschlag- oder Handlingvorgänge?
- Wie sind die Laufzeiten in den verschiedenen Lieferketten?
- Wird nach den richtigen Kriterien zwischen *Direktbelieferung* und *Lieferung* über Umschlagpunkte oder Logistikzentren ausgewählt?

Aus der Strukturanalyse resultieren *Empfehlungen* zur Strukturverbesserung, zur Neukonzeption von Teilbereichen oder der gesamten Unternehmenslogistik, zur Zentralisierung oder Dezentralisierung von Funktionen und Beständen sowie eine *Abschätzung* der hierdurch erreichbaren Verbesserungen von Kosten, Leistungen, Service und Wettbewerbsfähigkeit.

## 4.5 Benchmarking

Benchmarking (*benchmark* = Vergleichswert) ist ein *Vergleich* der Kosten-, Leistungs- und Qualitätskennzahlen sowie der Arbeitsweise, Organisation und Strategien mehrerer Unternehmen, Leistungsbereiche oder Leistungsstellen mit analogen Aufgaben und Funktionen. Dabei ist zu unterscheiden zwischen einem *externen*, einem *internen* und einem *analytischen Benchmarking* [55; 56].

Notwendige Voraussetzung für ein sinnvolles Benchmarking ist, daß die Aufgaben, Funktionen, Leistungsanforderungen und Rahmenbedingungen der Leistungsbereiche, deren Kennzahlen miteinander verglichen werden, hinreichend übereinstimmen. Relativ gering erscheinende Unterschiede der Unternehmen, Betriebe oder Leistungsbereiche können zu anderen Kennzahlen führen, ohne daß diese unbedingt besser oder schlechter sind. Daher werden aus dem Benchmarking, insbesondere zwischen Unternehmen aus verschiedenen Branchen, häufig falsche Schlüsse gezogen.

### 1. Externes Benchmarking

Das externe Benchmarking vergleicht die Kennzahlen von Betrieben oder Leistungsbereichen eines Unternehmens mit den Kennzahlen von Betrieben oder Leistungsbereichen *anderer Unternehmen*, die gleiche Aufgaben und Funktionen haben [56].

Beim externen Benchmarking wird häufig der Fehler gemacht, daß nur einzelne Kennzahlen, wie die Höhe der Bestände oder die Lieferfähigkeit, isoliert miteinander verglichen werden, ohne zugleich die übrigen Kennzahlen zu betrachten. Das kann dazu führen, daß die Unternehmensleitung eine Bestandssenkung auf das Niveau des angeblich besten Wettbewerbers vorgibt und dadurch, ohne es zu wollen, die Lieferfähigkeit verschlechtert oder die Gesamtkosten erhöht. Umgekehrt kann die Forderung, die höhere Lieferfähigkeit eines Wettbewerbers zu erreichen, die Bestände nach oben treiben.

Ein anderes Beispiel ist der weit verbreitete Vergleich der Logistikkosten in Relation zum Umsatz. Die Logistikkosten werden in den Unternehmen sehr unterschiedlich definiert, abgegrenzt und erfaßt (s. *Kapitel 6*). Außerdem kann der Durchschnittswert einer vollen Ladeeinheit erheblich voneinander abweichen. Daher können sich die auf den Wert der Ware bezogenen relativen Logistikkosten um mehr als einen Faktor 10 voneinander unterscheiden, auch wenn die Logistikkosten pro Palette gleich sind.

Wegen der Unbekanntheit der näheren Umstände und Ziele der anderen Unternehmen sind die Ergebnisse allgemeiner *Umfragen* und *Trendanalysen* für das Benchmarking kaum geeignet sondern eher irreführend. Hinzu kommt, daß Trendumfragen weniger das tatsächliche Geschehen in den Unternehmen wiedergeben als vielmehr die Meinungen der Befragten, die zu einer Antwort bereit sind [36; 37]. Selbst wenn die Unternehmen alle Fragen kompetent, objektiv und korrekt beantworten würden, bliebe offen, ob ihre Strategien richtig sind oder ob die Benchmarkwerte nur aus dem Nachahmen modischer Trends resultieren.

Diese Einwände gelten auch für Befragungen, die von einer externen Beratung exklusiv für führende Unternehmen einer Branche durchgeführt werden. Die Besten einer Branche sind selten bereit, Auskunft über ihre Betriebskennzahlen und Erfolgsstrategien zu geben. Auch sie wissen nicht, ob es nicht einen noch besseren Weg gibt.

Wer nur dem Trend folgt, kann nicht besser sein als der Durchschnitt und macht die gleichen Fehler wie die anderen. Aus einem allgemeinen Trend lassen sich keine innovativen Strategien ablesen. Nur wer eigene Strategien entwickelt und danach handelt, kann einen Vorsprung erringen und zum Besten seiner Branche werden.

### 2. Internes Benchmarking

Das interne Benchmarking vergleicht die Kennzahlen von Betrieben, Organisationseinheiten und Leistungsbereichen mit einander entsprechenden Aufgaben und Funktionen innerhalb des *gleichen Unternehmens* [56].

Bei einem internen Benchmarking zwischen mehreren Werken, Lagern, Logistikzentren oder Filialen eines Unternehmens läßt sich recht gut überprüfen, wieweit die Aufgaben und Funktionen tatsächlich vergleichbar sind.

Ist die Vergleichbarkeit gesichert, geben die Kosten- oder Leistungsunterschiede Hinweise auf die *Verbesserungspotentiale*. Die Potentiale lassen sich relativ rasch durch Übertragung der Praxis der jeweils besten Leistungsstelle auf die übrigen Leistungsbereiche realisieren.

Das interne Benchmarking ist jedoch nur in größeren Unternehmen mit mehreren gleichartigen Leistungsbereichen durchführbar.

### 3. Analytisches Benchmarking

Das analytische Benchmarking vergleicht die Kennzahlen eines bestehenden Leistungsbereichs mit den Kennzahlen eines optimal geplanten und organisierten Leistungsbereichs, der die selben Funktionen hat und den gleichen Leistungsdurchsatz erbringt.

Das analytische Benchmarking ist meist aufwendiger als das externe oder interne Benchmarking. Es erfordert die Entwicklung eigener Strategien und Lösungen und ist mit Kosten für die Planung und Neukonzeption des betreffenden Betriebsbereichs verbunden. Nur durch ein analytisches Benchmarking ist es jedoch möglich, eigene Handlungsmöglichkeiten zu erkennen, die Verbesserungspotentiale verläßlich abzuschätzen und konkrete Maßnahmen zum Erreichen der erkannten Möglichkeiten zu planen und zu realisieren.

Das analytische Benchmarking ist mittelfristig der einzige zielführende Weg für Unternehmen, die besser werden wollen als der Wettbewerb und auch besser als der gegenwärtig beste eigene Leistungsbereich. Das reine Nachmachen, *Me Too* und *Best Practice* sind für Unternehmen, die auf Dauer am Markt bestehen wollen, keine Erfolgsstrategien.

## 4. Handlungsspielräume und Strategien

Wer kein Ziel vor Augen hat, läuft in die Irre. Wer auf Spatzen zielt, wird auch nur Spatzen treffen. Vor dem Start irgendwelcher Einzelvorhaben ist statt blindem Aktionismus eine Potentialanalyse ratsam, denn

▶ Erst eine Potentialanalyse macht die lohnendsten Ziele erkennbar.

Die Potentialanalyse und das Benchmarking weisen Ziele, *Handlungsspielräume*, Bereiche und Möglichkeiten zur Verbesserung und Optimierung der Unternehmenslogistik aus. Sie bieten jedoch in der Regel noch keine konkreten Lösungen.

Lösungen weisen erst die *Strategien*. Sie sind Vorgehensweisen und Verfahren zum Erreichen eines bestimmten Ziels.

# 5 Strategien

Eine Strategie ist ein Vorgehen oder Verfahren zum Erreichen eines *Ziels* [220; 315]. Strategien ziehen sich wie ein roter Faden durch die Logistik. Sie sind oft die einfachste Möglichkeit zur Leistungssteigerung oder Kostensenkung und eine entscheidende Voraussetzung für den effizienten Einsatz der Technik. Die Konzeption von Strategien und die Untersuchung ihrer Wirksamkeit sind daher ebenso wichtig wie die Entwicklung neuer Techniken und Systeme [57].

Ziele und Strategien werden häufig gleichgesetzt oder verwechselt. *Ein Ziel ist keine Strategie.* Wer ein Ziel hat, aber nicht weiß, wie es zu erreichen ist, hat noch keine Strategie und weiß auch nicht, ob das Ziel überhaupt erreichbar ist. Ein richtiges Ziel ist jedoch Voraussetzung für eine gute Strategie. Ein falsches Ziel, wie etwa das Ziel, die Bestände zu senken, kann zu einer verfehlten Strategie mit unerwünschten Ergebnissen führen, wie höhere Gesamtkosten oder eine schlechtere Lieferfähigkeit [266]. Die Richtigkeit, Wiederspruchsfreiheit und Erreichbarkeit der Ziele müssen daher vor und während der Strategieentwicklung immer wieder überprüft werden.

Strategien werden in der Logistik zur Planung, bei der Realisierung und für den laufenden Betrieb benötigt. Dementsprechend gibt es

- *Lösungs- und Optimierungsstrategien* zur Planung und Optimierung neuer Systeme
- *Nutzungs- und Belegungsstrategien* für den Einsatz geplanter oder vorhandener Systeme
- *Dispositions- und Betriebsstrategien* für den laufenden Betrieb existierender Systeme

Ein bestimmtes Ziel läßt sich in der Regel durch unterschiedliche Strategien erreichen. Wenn das Ziel rein qualitativ beschrieben ist, kann nur die relative *Wirksamkeit* der Strategien miteinander verglichen werden. Wenn eine *Zielfunktion* oder *Zielgröße* vorgegeben ist, läßt sich die Strategiewirksamkeit durch den Strategieeffekt *quantifizieren*:

- Der *Strategieeffekt* ist gleich dem Ausmaß, in dem ein Ziel durch die Strategie erreicht wird.

Der *Strategieeffekt* hängt von den *Leistungsanforderungen*, von den *Restriktionen* und von den *Strategievariablen* ab:

- *Strategievariable* sind freie Parameter, die bei vorgegebenen Leistungsanforderungen innerhalb der Restriktionen variiert und zur Optimierung des Strategieeffekts genutzt werden können.

Bei vielen Strategien erreicht der Strategieeffekt bei einem bestimmten *Optimalwert* der Strategievariablen ein Maximum. Wird die Strategievariable über den Optimalwert hinaus verändert, verschlechtert sich der Strategieeffekt. Die Strategie ist dann *überzogen* und führt vom angestrebten Ziel weg. Wenn eine Strategie überzogen wurde, können die hieraus resultierenden Nachteile oder Abweichungen vom Optimum durch eine *Gegenstrategie* vermindert oder aufgehoben werden.

In der Logistik gibt es in allen Organisationsebenen eine Vielzahl von Strategien. Diese können sich in ihrer Wirksamkeit gegenseitig beeinträchtigen. Über die *Wirksamkeit* der Strategien der Logistik und ihre gegenseitige *Verträglichkeit* ist immer noch zu wenig bekannt.

Die *Ziele, Rahmenbedingungen* und *Anforderungen* bestimmen die Strategien. Wenn die Strategien klar definiert sind, können die Prozesse gestaltet und die Systeme dimensioniert werden. Ändern sich Ziele, Rahmenbedingungen oder Leistungsanforderungen, sind die bisher verfolgten Strategien zu überprüfen und unter Umständen neue Strategien zu entwickeln.

In diesem Kapitel werden die *Zielgrößen*, die *Grundstrategien* der Logistik sowie die *Lösungs- und Optimierungsstrategien* behandelt. Die Entwicklung von Nutzungs- und Belegungsstrategien sowie von Dispositions- und Betriebsstrategien ist Gegenstand der nachfolgenden Kapitel.

## 5.1 Zielfunktionen und Zielgrößen

Die meisten Ziele der Logistik sind durch eine *Zielfunktion* oder eine *Zielgröße* quantifizierbar (s. *Abschnitt 3.4*). Die Zielgröße soll durch eine Strategie oder einen Optimierungsprozeß entweder minimiert oder maximiert werden.

Primäre *Zielfunktionen* der Logistik sind die *monetären Zielgrößen*. Hierzu gehören *Betriebskosten*, *Investitionen*, *Leistungskosten* und *Kapitalrückflußdauer*. Die monetären Zielgrößen werden beeinflußt oder beschränkt durch *nichtmonetäre Zielgrößen*, wie *Leistungssteigerung*, *Serviceverbesserung* und *Qualitätssicherung*.

### 1. Betriebskosten

Das Hauptziel der Planung und Optimierung eines *Logistiksystems* ist die Senkung der *Betriebskosten* in den betreffenden Leistungsbereichen. Die Betriebskosten sind eine Funktion des *Leistungsdurchsatzes* $\lambda_i$, der *Restriktionen* $r_j$ und der *Strategievariablen* $x_k$:

$$K_{betr} = K_{betr}(\lambda_i\,;\, r_j\,;\, x_k) \qquad [€/PE]\,. \qquad (5.1)$$

Bei der Optimierung der Betriebskosten ist als *Restriktion* zu berücksichtigen, daß in der Regel nur *begrenzte Investitionsmittel* zur Verfügung stehen. Daher sind nur Lösungen zulässig, deren Investition I geringer ist als die maximal zulässige Investition $I_{max}$.

Alle Lösungen müssen also die *Investitionsbedingung* erfüllen :

$$I < I_{max} \qquad [€]. \qquad (5.2)$$

Die funktionale Abhängigkeit der Investitionen und Betriebskosten vom Leistungsdurchsatz und von den Strategievariablen ist in der Logistik häufig unstetig. Aufgrund von *Ganzzahligkeitseffekten* können sich die Logistikkosten mit der Variation eines Parameters sprunghaft ändern (s. *Kapitel 6* und *12*).

**2. Leistungskosten**

Zielfunktion der Optimierung einer *Auftrags-* oder *Logistikkette* sind die *Leistungskosten*

$$k = K_{betr} / \lambda \qquad [€/LE]. \qquad (5.3)$$

Die Leistungskosten sind die anteiligen Betriebskosten $K_{betr}(\lambda)$ der Leistungsstellen, die an dem betrachteten Prozeß beteiligt sind, bezogen auf den *Durchsatz* $\lambda$ [LE/PE] der maßgebenden *Leistungseinheit* LE (s. *Kapitel 6*).

Ein Unternehmen kann in der Regel nur einen Teil seiner Beschaffungs- und Belieferungskosten beeinflussen. Die Abgrenzung der beeinflußbaren von den nicht beeinflußbaren Kosten ist in vielen Fällen ein Problem und von der Marktmacht des Unternehmens abhängig.

Für die Optimierung der Beschaffungslogistik ist entscheidend, wieweit die in den Einkaufspreisen enthaltenen Logistikkosten der Lieferanten berücksichtigt werden. Das hängt davon ab, ob sich die Logistikkostenanteile der Einkaufspreise durch Verhandlungen verändern lassen.

**3. Kapitalrückflußdauer**

Da die Einsparungen und Erträge aus einer Investition mit zunehmendem Abstand von der Gegenwart unsicherer werden, fordern viele Unternehmen zur Begrenzung des *unternehmerischen Risikos* und zur Priorisierung alternativer Investitionsvorhaben eine *minimale Kapitalrückflußdauer* (s. *Abschnitt 6.10*). Die Kapitalrückflußdauer einer Zusatzinvestition ohne Einnahmeänderung ist die Zeit, nach der die Mehrinvestition durch die dadurch erzielten Einsparungen zurückgeflossen ist. Die *Kapitalrückflußdauer* oder ROI einer Lösung $L_1$ mit der Investition $I_1$ [€] und den Betriebskosten $K_1$ [€/Jahr] im Vergleich zu einer Anfangslösung $L_0$ mit einer Investition $I_0$ und den Betriebskosten $K_0$ ist

$$\mathbf{ROI = (I_1 - I_0) / (K_0 - K_1)} \qquad \textbf{[Jahre].} \qquad (5.4)$$

Wenn das Ziel einer Investition die Einsparung von Personal ist, folgt aus der begrenzten Kapitalrückflußdauer das *Entscheidungskriterium*:

- Die maximal zulässige *Investition pro eingesparte Vollzeitkraft* $I_{VZK}$ [€/VZK] ist bei einer geforderten Kapitalrückflußdauer $n_{ROI}$ [Jahre], einem Zinssatz $z$ [%/Jahr] und Personalkosten $K_{VZK}$ [€/VZK-Jahr]

| Personalkosten | ROI und Zinsen | | | | | | Jahre |
|---|---|---|---|---|---|---|---|
| | 3 | | 5 | | 8 | | |
| €/Jahr | 8,0% | 5,0% | 8,0% | 5,0% | 8,0% | 5,0% | pro Jahr |
| **50.000** | 130.000 | 140.000 | 210.000 | 220.000 | 300.000 | 330.000 | € |
| **60.000** | 160.000 | 170.000 | 250.000 | 270.000 | 360.000 | 400.000 | € |
| **70.000** | 190.000 | 200.000 | 290.000 | 310.000 | 420.000 | 470.000 | € |
| **80.000** | 210.000 | 220.000 | 330.000 | 360.000 | 480.000 | 530.000 | € |
| **100.000** | 270.000 | 280.000 | 420.000 | 440.000 | 610.000 | 670.000 | € |

**Tab. 5.1** Maximal zulässige Investition pro eingesparte Vollzeitkraft in Abhängigkeit von Personalkosten, Kapitalverzinsung und ROI

ROI: geforderte Kapitalrückflußdauer (return on investment)

$$I_{VZK} < K_{VZK}/(z/2 + 1/n_{ROI}) \qquad [€/VZK]. \qquad (5.5)$$

Für unterschiedliche Personalkosten, Kapitalrückflußzeiten und Zinssätze sind in *Tabelle 5.1* die mit Hilfe von Beziehung (5.5) errechneten Investitionsgrenzwerte angegeben. Hieraus ist ablesbar:

▶ Hohe Personalkosten und niedrige Zinsen stimulieren Rationalisierungsinvestitionen und den Abbau von Arbeitsplätzen.

Die geforderte Kapitalrückflußdauer hängt von der Geschäftspolitik, der Ertragslage und der Situation am Kapitalmarkt ab. Sie liegt bei den meisten Unternehmen zwischen 3 und 8 Jahren.

In kurzfristig agierenden Unternehmen ist eine *Minimierung der Kapitalrückflußdauer* gegenüber einer nachhaltigen Betriebskostensenkung vorrangig. Eine solche Investitionspolitik birgt jedoch die Gefahr in sich, daß stets investitionsarme Lösungen bevorzugt werden, die schnell zu kleineren Ertragsverbesserungen führen. Langfristig kostenoptimale Lösungen, die mit höheren Investitionen verbunden sind, kommen in diesen Unternehmen kaum zur Ausführung (s. *Abschnitt 6.10.5*).

### 4. Nichtmonetäre Zielgrößen

Nichtmonetäre Zielgrößen der Logistik ergeben sich aus den Zielen der Leistungssteigerung und der Qualitätssicherung. Zu *minimierende Zielgrößen* der *Leistungssteigerung* sind:

Personalbedarf
Transportmittelbedarf
Lagerplatzbedarf
Weglängen und Wegzeiten (5.6)
Transportnetzlänge
Transportzeiten und Durchlaufzeiten

Zu *maximierende Zielgrößen* der *Leistungssteigerung* und *Nutzungsverbesserung* sind:

Leistung und Auslastung vorhandenen Personals
Transportleistung vorhandener Transportmittel
Leistungsvermögen eines gegebenen Transportnetzes
Nutzungsgrad von Transportstrecken, Trassen und Netzen (5.7)
Füllungsgrad von Ladeeinheiten und Transportmitteln
Nutzung vorhandener Lagerkapazitäten
Auslastung von Maschinen und Anlagen

Eine Leistungssteigerung ist meist mit einem zusätzlichen Ressourceneinsatz verbunden, während eine Nutzungsverbesserung oder Auslastungserhöhung in vielen Fällen auch ohne weitere Ressourcen möglich sind. Die Ziele der Leistungssteigerung und der Nutzungsverbesserung weisen also Wege zur Kostensenkung.

Zielgrößen der *Qualitätssicherung* sind (s. *Abschnitt 3.4.4*):

Lieferbereitschaft
Vollständigkeit
Termintreue
Schadensfreiheit (5.8)
Sendungsqualität
Zuverlässigkeit
Unfallfreiheit

Die Zielwerte der Qualitätssicherung dürfen nur bis zu den geforderten *Qualitätsstandards* verbessert werden. Eine über die Standards hinausgehende Verbesserung ist meist mit unvertretbaren Zusatzkosten verbunden. Die Zielgrößen der Qualitätssicherung sind in der Regel *Restriktionen* für die Optimierung von Kosten und Leistungen.

**5. Restriktionen**

Neben den Restriktionen, die aus der Qualitätssicherung resultieren, sind bei der Minimierung oder Maximierung der Zielfunktionen und Zielgrößen die in *Abschnitt 3.5* aufgeführten *Rahmenbedingungen* einzuhalten. Einige dieser Rahmenbedingungen sind durch *Mindestgrößen* und *Maximalgrößen* gegeben, wie

minimale Lagerdauer
maximale Lagerdauer
maximale Lieferzeiten (5.9)
maximale Laufzeiten
maximale Störquote

Um zu vermeiden, daß sich *suboptimale Lösungen* ergeben, ist bei der Auswahl und Festlegung der Zielgrößen einer Planung oder Optimierung zu prüfen, wie weit mit einer Zielgröße das unternehmerische *Gesamtziel* erreicht wird [11].

## 5.2
## Bündeln, Ordnen, Sichern

Die meisten Strategien lassen sich zurückführen auf die Grundstrategien *Bündeln, Ordnen* und *Sichern* und die Gegenstrategien *Aufteilen, Umordnen* und *Entsichern* [57].

Das sind die Strategien zur Beherrschung von Komplexität. Diese vielseitig nutzbaren Grundstrategien stehen zueinander, wie in *Abb. 5.1* angedeutet, in einem Spannungsverhältnis, da sie nur begrenzt verträglich sind und sich teilweise gegenseitig ausschließen.

### 1. Bündeln

Aufträge, Sendungen, Bestellungen, Warenmengen, Transportströme, Bestände, Funktionen oder Prozesse werden nach zielabhängigen Kriterien *räumlich* oder *zeitlich* zusammengefaßt. Die Bündelungsstrategien zielen meist auf eine *Kostensenkung* ab. Typische *Bündelungsstrategien* der Logistik sind:

- Segmentieren von Sortiment, Aufträgen und Leistungsarten (s. *Abschnitt 5.5*)
- Zusammenfassen von Warenmengen durch Ladungsträger (s. *Kapitel 12*)
- Zusammenführen dezentraler Funktionen und Bestände in einem Logistikzentrum zur Nutzung von Skaleneffekten [312] (s. *Abschnitte 1.8, 3.10, 6.9, 11.10, 16.6, 17.14, 17.16* und *18.11*) (5.10)
- Konzentration von Dienstleistungen in Logistik- oder Kompetenzzentren (s. *Abschnitte 1.5* und *1.7*)
- Bildung von Sammel-, Serien- oder Batchaufträgen (s. *Kapitel 10* und *11*)
- Nachschub oder Fertigung in optimalen Losgrößen (s. *Kapitel 11*)
- Zusammenfassen von kleinen *Einzelsendungen* zu großen *Sammelsendungen*, um eine kostengünstigere Versandart nutzen zu können (s. *Abschnitt 20.2*).

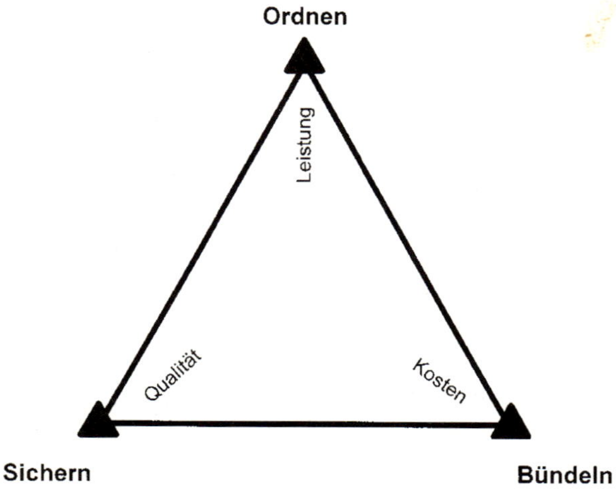


**Abb. 5.1** Grundstrategien und Primärziele der Logistik

In allen Fällen stellt sich die Frage, welche Artikel, Aufträge, Sendungen oder anderen Elemente zu welchem Zweck wie gebündelt werden sollen.

Die Anzahl $N_{part}(n)$ der *Bündelungsmöglichkeiten* von *n* Elementen ist gleich der Zahl der *Partitionen* der Zahl *n* in unterschiedliche Summanden. So lassen sich 4 Aufträge auf 5 unterschiedliche Arten bündeln, die den 5 Zerlegungen der Zahl 4 in 1+1+1+1, 1+1+2, 2+2, 3+1 und 4 entsprechen. Die Abhängigkeit der Anzahl Partitionen von der Anzahl der Elemente zeigt das Diagramm *Abb. 5.2*. Bei Beachtung der logarithmischen Skala ist hieraus ablesbar, daß die Anzahl der Bündelungsmöglichkeiten mit zunehmender Anzahl der Elemente überproportional ansteigt [265]. Sie beträgt bei 40 Elementen bereits 37.338.

Wegen der großen Anzahl der Möglichkeiten ist es bei mehr als 10 Elementen meist praktisch unmöglich, ein optimales Bündeln durch reines Probieren und Simulieren zu erreichen. Das optimale Bündeln von Elementen erfordert vielmehr eine *Bündelungsstrategie*, die auf ein klares Ziel ausgerichtet ist und die Auswahl der zu *Clustern* gebündelten Elemente durch einen *programmierbaren Algorithmus* regelt.

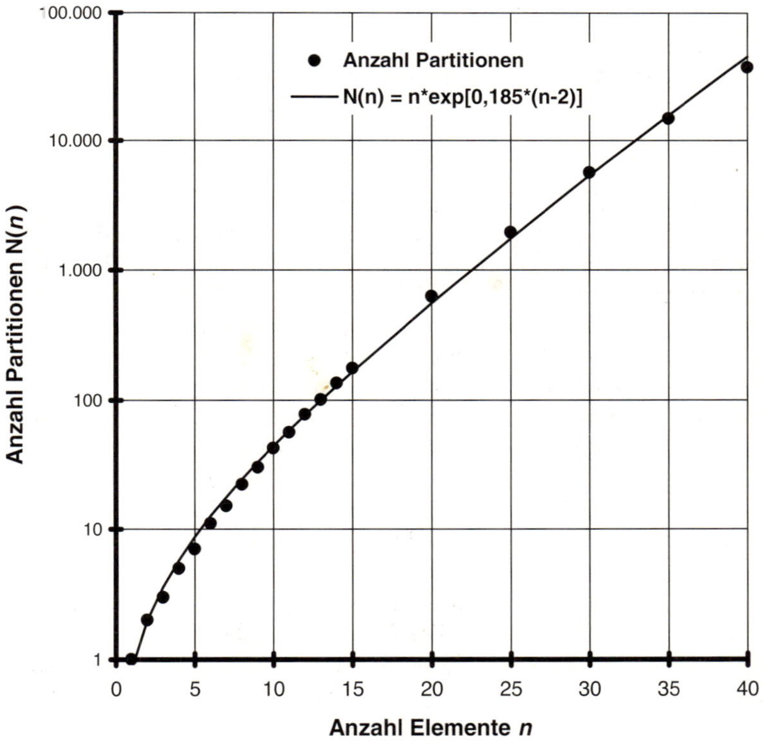


**Abb. 5.2** Bündelungsmöglichkeiten von n Elementen (Partitionen)

Punkte: Exakte Lösung mit der Rekursionsformel von *Biggs* [265]
Kurve: Näherungslösung des Verfassers mit der angegebenen Funktion

Die möglichen Bündelungsstrategien sind meist relativ einfach und mit geringem Organisationsaufwand verbunden. Ihre Realisierung erfordert aber in der Regel eine längere Vorausplanung und einen größeren Technikeinsatz als die Ordnungsstrategien.

**2. Ordnen**

Aufträge, Sendungen, Prozeßketten, Abläufe, Bestände, Ladungsträger, Leistungsstellen, Flächen, Kapazitäten oder Betriebsmittel werden nach zielabhängigen Kriterien einander *zugeordnet*, in bestimmter *räumlicher Reihenfolge* angeordnet oder in eine *zeitliche Prioritätenfolge* gebracht.

Ordnungsstrategien sind meist auf das Ziel der *Leistungssteigerung* ausgerichtet. Sie können aber auch eine Kostensenkung bewirken.

*Ordnungsstrategien* der Logistik sind:

- *ABC-Klassifizierung* (s. *Abschnitt 5.7*)
- *Pack- und Fülloptimierung* (s. *Kapitel 12*)
- *Fahrwegoptimierung* (s. *Abschnitt 18.11*) (5.11)
- *Reihenfolgeoptimierung* [13]
- *Teileanlieferung in Montagereihenfolge (Just-In-Sequence)*
- *Prioritätenregelungen* (s. *Abschnitt 10.4*)

Die Ordnungsstrategien zielen wie die Bündelungsstrategien darauf ab, anteilige Rüstzeiten zu senken, Volumenverluste und Platzbedarf zu reduzieren, Transportwege, Transportzeiten und Durchlaufzeiten zu verkürzen, Kapazitäten von Lagern, Transportmitteln und Betriebseinrichtungen besser auszulasten, Lagerbestände zu senken oder durch Spezialisierung die Effizienz zu verbessern.

Ähnlich wie bei den Bündelungsstrategien stellt sich für das Ordnen die Frage, welche Elemente zu welchem Zweck wie geordnet werden sollen. Die Anzahl $N_{perm}(n)$ der *Ordnungsmöglichkeiten* ist gleich der Zahl der *Permutationen* der $n$ Elemente und durch die Fakultät $N_{perm}(n) = 1 \cdot 2 \cdot 3 \cdots n = n!$ explizit berechenbar. So lassen sich 4 Objekte auf 24 unterschiedliche Arten ordnen.

Die Abhängigkeit der Anzahl Permutationen von der Anzahl der Elemente zeigt das Diagramm *Abb. 5.3*. Die Anzahl der Permutationen wächst mit zunehmender Anzahl der Elemente mehr als exponentiell und damit weitaus stärker als die Anzahl der Partitionen. Sie erreicht bereits bei 8 Elementen den Wert 40.320, während die Anzahl der Partitionen von 8 Elementen nur 22 ist.

Das optimale Ordnen auch einer relativ kleinen Anzahl von Elementen ist daher nur mit Hilfe einer *Ordnungsstrategie* möglich, die auf ein bestimmtes Ziel ausgerichtet ist und die Anordnung oder Reihenfolge der Elemente durch einen programmierbaren Algorithmus regelt. Die Algorithmen der Ordnungsstrategien sind in der Regel komplizierter als die der Bündelungsstrategien [11; 12; 13]. Sie lassen sich aber wegen der großen Leistungsfähigkeit moderner Rechner mit vertretbarem Aufwand realisieren. Der Technikeinsatz der Ordnungsstrategien ist dagegen meist geringer als für die Bündelungsstrategien.

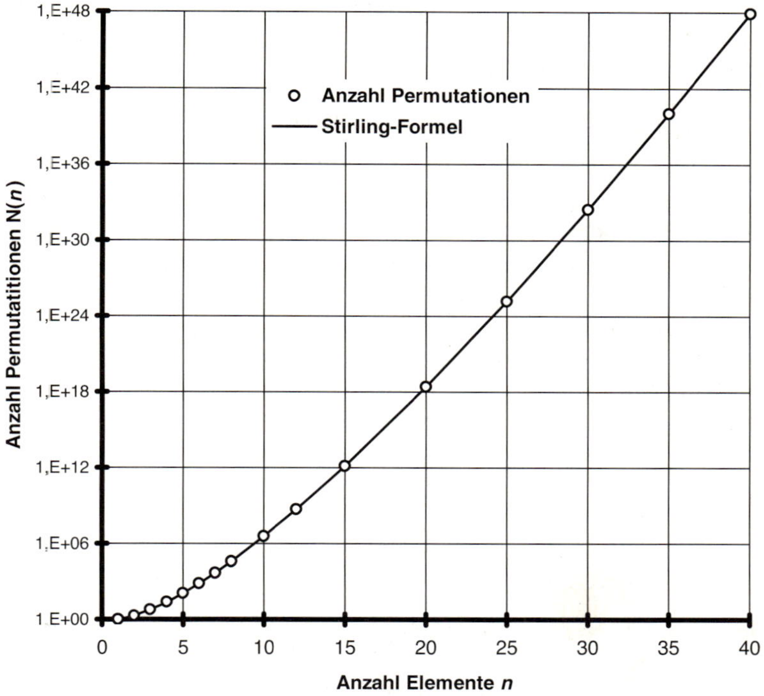


**Abb. 5.3** Ordnungsmöglichkeiten von n Elementen (Permutationen)

Punkte: Exakte Lösung $N_{perm}(n) = n!$
Kurve: Näherungslösung *Stirling-Formel* [82]

### 3. Sichern

*Sicherheitsstrategien* sind erforderlich, um die unterschiedlichsten Sicherheitsanforderungen an die Systeme und Prozesse zu erfüllen. Sie bewirken, daß auch bei Ausfall, Fehlern oder unplanmäßigen Anforderungsänderungen die Leistungen mit ausreichender Sicherheit uneingeschränkt oder zumindest teilweise weiter erbracht werden können. Systeme, Prozeßketten, Funktionsabläufe, Organisation und Steuerung sowie Informations- und Kommunikationssysteme dürfen daher nicht nur nach Kosten- und Leistungsgesichtspunkten gestaltet sein. Sie müssen auch nach *Sicherheitskriterien* strukturiert und konzipiert werden.

*Sicherheitsstrategien* sind primär auf das Ziel der *Qualität* ausgerichtet. Sie beeinflussen jedoch in vielen Fällen auch das Leistungsvermögen und die Kosten. Sicherheitsstrategien der Logistik sind:

- Sicherung von Zuverlässigkeit und Verfügbarkeit (s. *Abschnitt 13.6*)
- Vorbeugungsstrategien und Sicherheitsbestimmungen
- Notfall- und Ausfallstrategien
- Sendungsverfolgung und Artikelrückverfolgung (*tracking and tracing*)

- Sicherheitsketten für Gefahrgut oder Wertsendungen
- Kontrolle und Gegenkontrolle (*check and balance*) (5.12)
- Qualitätssicherung und Controlling
- Redundanz und Universalität
- Unterbrechungsreserven und Sicherheitsbestände [266]
- Kapazitätsreserven zur Überlaufsicherung (s. *Abschnitt 16.1.2*)
- Vorausfertigung und Zeitpuffer [266]
- Brandschutz und Fluchtwege

Die Kosten einer Sicherheitsstrategie steigen überproportional mit dem Grad der Sicherheit. Extreme Sicherheit ist nur zu einem hohen Preis zu haben.

Den Zusammenhang zwischen dem Sicherheitsgrad und dem dafür erforderlichen *Sicherheitsaufwand* spiegelt der in *Abb. 5.4* gezeigte *Sicherheitsfaktor* wider. Der Sicherheitsfaktor $f_{sich}(\eta)$ gibt an, um wie viele Standardabweichungen eine normalverteilte Zufallsgröße mit der Sicherheitswahrscheinlichkeit $\eta$ über den Mittelwert ansteigt (s. *Abschnitt 9.5*). Er ist maßgebend für die *Atmungsreser-*

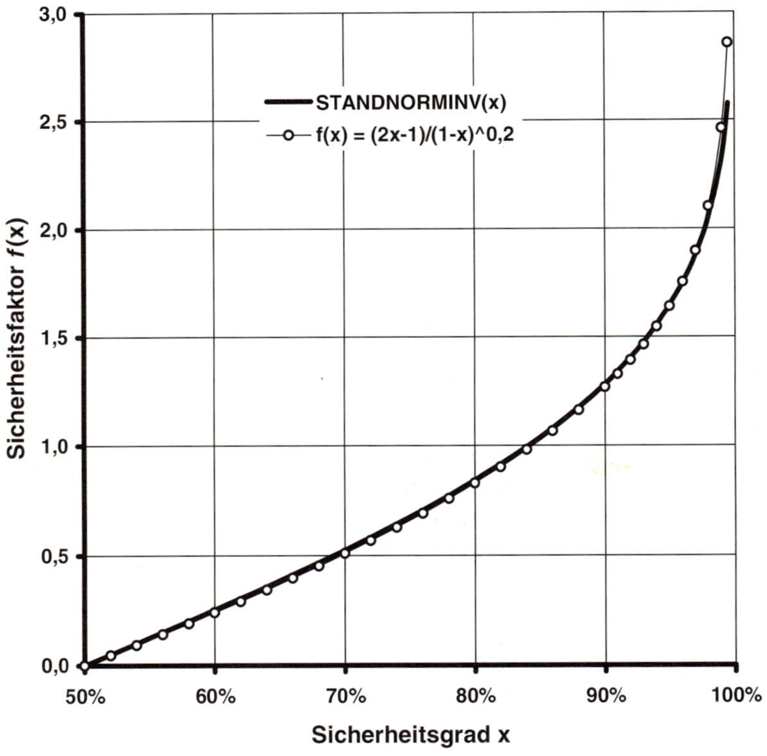


**Abb. 5.4** Abhängigkeit des Sicherheitsfaktors vom geforderten Sicherheitsgrad

Punkte: Exakte Lösung = Inverse Standardnormalverteilung [82]
Kurve: Näherungslösung des Verfassers mit der angegebenen Funktion [266]

*ve* eines Lagers, das eine bestimmte *Überlaufsicherheit* haben soll (s. *Abschnitt 16.1.3*), für den *Sicherheitsbestand* eines Artikels, um eine geforderte *Lieferfähigkeit* einzuhalten (s. *Abschnitt 16.1.3*), und für den *Zeitpuffer* zur Sicherung einer geforderten *Termintreue* [266].

Aus dem Verlauf des Sicherheitsfaktors ist ablesbar, daß der Sicherheitsaufwand über alle Grenzen steigt, wenn sich die geforderte Sicherheit der 100%-Grenze nähert. Absolute Sicherheit, wie hundertprozentige *Lieferfähigkeit* oder absolute *Termintreue*, ist unbezahlbar, wenn Leistungsanforderungen und Durchlaufzeiten von Zufallseinflüssen abhängen.

**4. Kombinationsstrategien und Gegenstrategien**

Zur Verbesserung der Wirksamkeit oder zum Erreichen mehrerer Ziele lassen sich die Grundstrategien *Bündeln*, *Ordnen* und *Sichern* miteinander verbinden zu *Kombinationsstrategien*. Dabei ist jedoch zu berücksichtigen, daß nicht alle Strategien kompatibel sind. Durch die Kombination mehrerer Einzelstrategien oder durch das *Überziehen* einer Strategie kann es zu einer Minderung der Strategieeffekte kommen.

Wenn das Bündeln, Ordnen oder Sichern überzogen wird, kann das angestrebte Ziel verfehlt werden. In dieser Situation sind entsprechende Gegenstrategien zielführend. *Gegenstrategien* der logistischen Grundstrategien sind:

- *Teilen*, *Auflösen* oder *Vereinzeln* von Sendungen, Aufträgen, Beständen oder Funktionen: Einzelbearbeitung statt Serienbearbeitung, Kleinserien statt Großserien, Einzeltransporte statt Sammeltransporte, Kleinmengen- oder Einzelbestellungen statt Großmengen- oder Sammelbestellungen, Spezialisierung statt Standardisierung, Dezentralisieren statt Zentralisieren, Delegieren statt Konzentrieren, Zerschlagen großer Organisationseinheiten.
- *Umordnen* und *Verteilen* von Aufträgen, Beständen, Standorten und Funktionen oder Verändern von Bearbeitungsfolgen.
- *Entsichern* durch Abbau übertriebener Kontrollen, Sicherheitsmaßnahmen, Sicherheitsbestände und Redundanz.

Wie in *Abb. 5.1* dargestellt, richtet sich jede der drei Grundstrategien *Bündeln*, *Ordnen* und *Sichern* primär auf eines der drei Hauptziele *Kosten*, *Leistung* und *Qualität*. In Verbindung mit den entsprechenden Gegenstrategien ist es daher theoretisch möglich, wenn auch praktisch oft schwierig, eine *Strategiekombination* zur optimalen Lösung einer vorgegebenen Logistikaufgabe zu entwickeln.

## 5.3 Gesamtstrategien

Für die Planung und Disposition eines Unternehmensnetzwerks mit mehrstufigen Lieferketten bestehen über die logistischen Grundstrategien des Bündelns, Ordnens und Sicherns hinaus *zusätzliche Handlungsmöglichkeiten* durch *Gesamtstrategien*. Bewährte Gesamtstrategien sind:

- *Festlegung der Lagerhaltigkeit* des Zukaufmaterials, der Vorerzeugnisse sowie von Fertig- und Handelswaren in den verschiedenen Stufen und Stationen des Logistiknetzwerks und der Lieferketten
- *Zusammenfassung des Gesamtbestands* geeigneter Artikel in einem *Zentrallager*, aus der alle Bedarfsträger beliefert werden,
- *Geregelter*, entzerrter, getakteter oder gedrosselter *Durchlauf* der Aufträge und Sendungen durch die mehrstufigen Liefer- und Leistungsketten
- *Zuteilung* knapper Ressourcen und *Engpaßstrategien* bei absehbarer Kapazitätsüberlastung [266]
- *Verteilung* oder *Aufteilung der Aufträge* auf parallele Leistungsstellen oder Leistungsketten
- *Vorausschauende Disposition* der vorangehenden Leistungsstellen bei aktueller Kenntnis des Auftragseingangs der Endverbrauchsstellen
- *Beschaffungsbündelung* und *Zentraldisposition* des Gesamtbedarfs mehrerer Bedarfsstellen aus einer Lieferstelle (s. *Abschnitt 20.18*)
- *Ladungs- und Transportbündelung* der zulaufenden Sendungen aus einer Lieferstelle oder aus einer Beschaffungsregion
- *Versandbündelung* durch Zusammenfassen der Lieferungen aus mehreren Leistungsstellen zu größeren Sendungen
- *Frachtbündelung* mehrerer Sendungen, die für unterschiedliche Empfänger in der gleichen Zielregion bestimmt sind
- *Auswahl der kostenoptimalen Versandart*, wie *Paketversand*, *Stückgutspedition* und *Ladungstransport* oder *Landfracht*, *Seefracht* und *Luftfracht*

Die Realisierung der meisten Gesamtstrategien erfordert eine *Zentralplanung* und ein *Auftragszentrum* für das Logistiknetzwerk [104; 266]. Mit einer zentralen Planung und Disposition sind jedoch nicht nur zusätzliche Vorteile erreichbar sondern auch Gefahren und Nachteile verbunden. Fremd geregelte Abläufe beeinträchtigen die Motivation der Menschen. Eine zu weit gehende Zentralisierung vermindert die Verantwortungsbereitschaft, die Eigeninitiative, die Flexibilität und die Effizienz in den dezentralen Leistungsstellen. Sie erhöht außerdem die Störanfälligkeit.

Die Einspareffekte und Verbesserungen von Teilnetzstrategien, die sich auf überschaubare Teilnetze beschränken, lassen sich in vielen Fällen noch quantifizieren oder zumindest abschätzen. Eine Berechnung aller Auswirkungen einer Gesamtstrategie, die auf die Optimierung eines größeren Gesamtsystems, wie das in *Abb. 1.15* gezeigte Unternehmensnetzwerk abzielt, ist hingegen bisher nicht möglich.

Die positiven Effekte einer Gesamtstrategie werden oft maßlos überschätzt, z. B. die Kosteneinsparungen aus der Nutzung der unverzögerten Information der Endverbrauchsstellen in allen vorangehenden Lieferstellen. In anderen Fällen wird eine Zentraldisposition aus spekulativen oder bilanziellen Gründen zu Fertigungs- oder Beschaffungsaufträgen veranlaßt, die weit über den aktuellen Bedarf hinausgehen. Das kann später große Bestandsabschriften und Verluste zur Folge haben. Die Gefahr einer zentralen Planung und Disposition besteht also darin, daß eine Gesamtstrategie zur Anwendung kommt, deren positive Effekte nicht ausreichend gesichert sind oder deren negative Nebenwirkungen ignoriert werden. Um das zu verhindern, ist eine Quantifizierung oder objektive Abschätzung der Auswirkungen aller Strategien der Planung und Disposition unerläßlich.

## 5.4 Lösungs- und Optimierungsverfahren

Zur effizienten Planung und Optimierung von Systemen und Prozessen werden geeignete *Lösungs- und Optimierungsverfahren* benötigt. In der Logistik haben sich vor allem die nachfolgend beschriebenen *Verfahren* bewährt.

Auch die besten Planungsverfahren, Methoden und Instrumentarien können *Kreativität, Intuition* und *Erfahrung* nicht ersetzen. Nur wer die Probleme der Praxis und die Vielfalt der technischen und organisatorischen Lösungsmöglichkeiten kennt, wer gute und schlechte Lösungen im Betrieb gesehen und die Folgen von Fehlern erfahren hat, kann erfolgreich planen und Lösungen, wie auch immer sie gewonnen wurden, beurteilen (s. *Abschnitt 20.9*) [223].

### 1. Analytische Lösungskonstruktion und Modellrechnungen

Nach einer *Analyse* und *Segmentierung* der Leistungsanforderungen werden in einem *iterativen Gestaltungs- und Optimierungsprozeß* unter Berücksichtigung der Rahmenbedingungen geeignete *Teillösungen* entwickelt, ausgewählt, dimensioniert und zu einer *Gesamtlösung* kombiniert. Dabei wird nach bewährten *Auswahlregeln, Gestaltungsregeln* und *Planungsregeln* gearbeitet. Zur Dimensionierung und Optimierung werden *analytische Zusammenhänge* und allgemeingültige *Berechnungsformeln* genutzt.

Wenn das Leistungsvermögen oder die Kosten einer Teil- oder Gesamtlösung von mehreren *Gestaltungsparametern* und *Strategievariablen* abhängen, wird die Lösung zur Optimierung als *mathematisches Modell* in einem Programm abgebildet. Ein solches Programm zur *Modellrechnung* und *analytischen Simulation* erfaßt den strukturellen Aufbau eines betrachteten Systems oder einer Leistungskette und enthält die funktionalen Zusammenhänge zwischen den *Leistungsanforderungen*, den *Strategievariablen* und den *Zielgrößen* in Form von Berechnungsformeln und Algorithmen. Die *analytische Simulation* durch mathematische Modelle beruht also auf theoretisch hergeleiteten funktionalen Zusammenhängen und Berechnungsformeln (s. *Abschnitt 3.9*).

### 2. Lösungsfindung und Optimierung mit OR-Verfahren

Nach den bekannten *Auswahlverfahren* des *Operations Research* (OR), wie *Branch and Bound* (B&B), *Lineares Programmieren* (LP) und *Simplex-Verfahren*, wird aus den möglichen Lösungen eines definierten Problems mit einer vorgegebenen *Zielfunktion* systematisch die optimale Lösung gesucht. Nach *heuristischen Verfahren*, z.B. nach dem *Eröffnungsverfahren* mit *Add- and Drop-Algorithmus* oder nach dem *Gradienten-Suchverfahren* wird eine annähernd optimale Lösung ermittelt [11; 12; 13].

Die Zusammenhänge zwischen Leistungsanforderungen, Parametern und Zielgrößen sind jedoch in der Logistik häufig *nichtlinear* oder *ganzzahlig*, die Anforderungen *zeitlich veränderlich* und die Probleme *dynamisch*. Die bekannten OR-Standardverfahren zur Lösung linearer und statischer Probleme sind daher zur Bearbeitung logistischer Aufgaben nur begrenzt geeignet. Viele Lösungsverfahren des *Operations Research* haben außerdem den Nachteil, daß der Zusammenhang zwischen der Struktur der Leistungsanforderungen und Rahmenbedingungen einerseits und den Eigenschaften der nach aufwendigen Rechnungen resultierenden Lösungen andererseits nur schwer durchschaubar ist.

OR-Arbeiten konzentrieren sich meist auf die *Modellbildung*, für die oft vereinfachende und manchmal auch realitätsfremde Annahmen gemacht werden, auf die *Klassifizierung der Problemtypen* und auf die ausführliche Darstellung der *mathematischen Verfahren* zur Lösung der Modellprobleme. Eine Diskussion der Eigenschaften und praktischen Konsequenzen der Lösungen, die zum Verständnis und zur Plausibilisierung notwendig wäre, ist nur selten zu finden [196; 233].

Für viele *statische Probleme* gibt es sehr effiziente Algorithmen, wie die Verfahren zur *Reihenfolgeoptimierung*, zur *Tourenplanung*, zur *Packoptimierung* und zur Lösung von *Zuordnungsproblemen*. Für dynamische Probleme geben die OR-Verfahren wertvolle Anregungen zur analytischen Lösungskonstruktion und zur Optimierung [11; 12; 13].

### 3. Digitale Simulation

Bei der *digitalen* oder *stochastischen Simulation* werden die Eigenschaften der Systemelemente und die Struktur eines vorgegebenen Systems in einem *Simulationsmodell* auf dem Rechner abgebildet [59; 60; 61]. Ein *Zufallsgenerator* erzeugt mit angenommenen *Zeitfolgen* und *Häufigkeitsverteilungen* Aufträge und Ladeeinheiten, die in das Modellsystem einlaufen. Durch Zählungen an den Ein- und Ausgängen der einzelnen Leistungsstellen, der Teilsysteme und des Gesamtsystems wird vom Rechner ermittelt, in welchen Zeiten die einlaufenden Mengenströme durchsetzbar sind, wo Staus auftreten, wieweit Rückstaus zu Blockierungen führen und wie sich die Bestände verändern.

Die digitale Simulation ist ein *Experiment* mit einem Modell, das bereits vorhanden ist. Wie das Realexperiment ist das Modellexperiment geeignet zum Test theoretischer Vorhersagen. Nicht geeignet ist das Experiment jedoch zur Lösungskonstruktion und zur Herleitung allgemein gültiger Gesetzmäßigkeiten und funktionaler Zusammenhänge. Das gilt auch für die digitale Simulation.

Die digitale Simulation ist auch ein nützliches Hilfsmittel zur *Überprüfung* der *Funktions-* und *Leistungsfähigkeit* sowie des *Zeitverhaltens* komplexer Systeme, die mit Hilfe analytischer Verfahren entwickelt und optimiert wurden. Durch eine digitale Simulation wird geprüft, ob das im Rechner abgebildete System die eingegebenen Leistungsanforderungen mit den angenommenen Zeitverteilungen und Schwankungen erfüllt. Daher gilt:

▶ Die digitale Simulation einer analytisch konstruierten und optimierten Lösung auf dem Rechner erhöht die *Planungssicherheit* und erlaubt eine Untersuchung des dynamischen *Betriebsverhaltens* bei zeitlich rasch veränderlicher Belastung und verschiedenen *Betriebsstrategien.*

Offen bleibt bei der digitalen Simulation jedoch, warum das System funktioniert, ob sich die geforderten Leistungen nicht auch durch ein einfacheres System erfüllen lassen und durch welche Strategien das System optimiert werden kann [231].

## 5.5 Lösungs- und Optimierungsprozeß

Zur Konstruktion, Gestaltung und Optimierung von Teilsystemen, Gesamtsystemen und Leistungsketten ist innerhalb der einzelnen Planungsphasen, die in *Abschnitt 3.2* beschrieben wurden, ein iterativer Lösungs- und Optimierungsprozeß mit zunehmendem Detaillierungsrad zu durchlaufen.

Dieser Prozeß mit seinen 10 *Schritten* ist in *Abb. 5.5* dargestellt. Die *Arbeitsinhalte* der 10 Lösungs- und Optimierungsschritte für Logistiksysteme und Logistikprozesse sind:

**1. Ermittlung der Anforderungen**

Festlegung der Funktionen
Ermittlung der Leistungsanforderungen (5.13)
Erfassen der Rahmenbedingungen

**2. Analyse der Handlungsspielräume**

Systemelemente und Gestaltungsparameter
Strategien und Strategievariable (5.14)

**3. Ableitung der Zielgrößen**

zu maximierende Zielgrößen
zu minimierende Zielgrößen (5.15)
Mindest- und Maximalgrößen

**4. Segmentieren**

Bündeln und Ordnen der Artikel
Bündeln und Ordnen der Aufträge (5.16)
Bündeln und Ordnen der Sendungen
Zuordnung von Ladungsträgern und Transportmitteln

**5. Gestalten**

Auswahl von Systemelementen
Zusammenfügen zu Teilsystemen und Teilnetzen
Kombination der Teilsysteme zu Gesamtsystemen und Netzwerken (5.17)
Auswahl und Gestaltung der Prozesse und Leistungsketten
Verknüpfen der Teilprozesse zu Gesamtprozessen

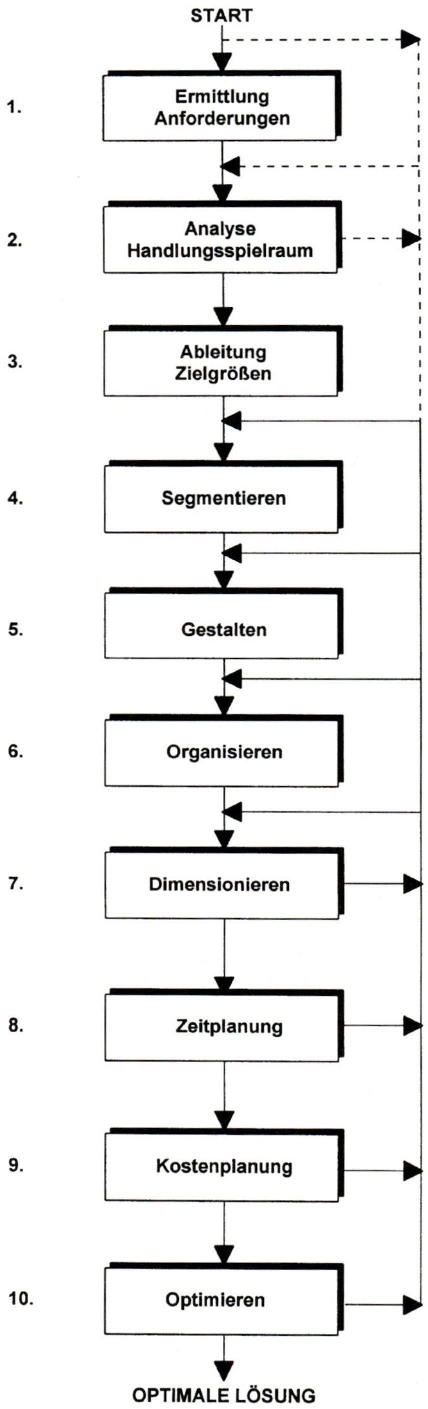


**Abb. 5.5** Schritte des Lösungs- und Optimierungsprozesses

**6. Organisieren**

Aufbau von Organisation, Disposition und Steuerung
Entwicklung von Nutzungs-, Dispositions- und Betriebsstrategien (5.18)
Konzeption der Hard- und Softwarekonfiguration

**7. Dimensionieren**

Berechnen und Festlegen von Abmessungen, Kapazität und Anzahl der Ladeeinheiten

Dimensionieren der Lagermodule, Kommissionierbereiche, Transportelemente, Flächen und Räume

Festlegung von Kapazitäten und Geschwindigkeiten von Fördersystemen und Transportmitteln (5.19)

Berechnung des Bedarfs an Transportmitteln, Umschlaggeräten, Fördermitteln, Flurförderzeugen, Kommissionier- und Lagergeräten und anderer Betriebseinrichtungen

Ermittlung des Personalbedarfs

**8. Zeitplanung**

Festlegung von Betriebszeiten, Arbeitszeiten und Schichtplänen
Erarbeitung von Fahrplänen (5.20)
Berechnung von Durchlaufzeiten und Lieferzeiten
Planung von Versand- und Zustellzeiten

**9. Investitions- und Kostenplanung**

Ermittlung der Investitionen
Kalkulation der Betriebs- und Leistungskosten für *Eigenleistungen* (5.21)
Anfrage der Leistungspreise für *Fremdleistungen*
Berechnung der *Logistikleistungskosten*

**10. Optimieren**

Zielwertoptimierung durch Variation der freien Parameter
Vergleich und Bewertung der Lösungsmöglichkeiten
Vorschlag der optimalen Lösung (5.22)
Entscheidung

Zum Vergleich *konkurrierender Lösungen*, mit denen bei Erfüllung der Mindestanforderungen und annähernd gleichen Betriebskosten weitere Ziele unterschiedlich gut erreichbar sind, ist die *Nutzwertanalyse* geeignet (s. *Abschnitt 3.11*).

Dabei werden nur Lösungen miteinander verglichen, die nicht bereits aufgrund von *K.O.*-Kriterien ausscheiden, wie die Nichterfüllung von Mindestanforderungen, von unverrückbaren Rahmenbedingungen oder von unabdingbaren Zielen. Monetäre Zielgrößen, wie die Investitionen und die Betriebskosten, dürfen nicht in die zu bewertenden Ziele einbezogen werden, da sich monetäre Werte nicht durch Punkte quantifizieren und auch nicht in Punkte umrechnen lassen.

## 5.6 Segmentieren und Klassifizieren

Der erste wichtige Schritt der Planung von Logistiksystemen und der Gestaltung von Prozeßketten ist das Segmentieren und Klassifizieren von Aufträgen, Sortiment, Sendungen und Leistungen in *Klassen* oder *Cluster* mit logistisch ähnlichen Eigenschaften.[1] Das Segmentieren ist eine *Bündelungsstrategie*, deren *Strategievariablen* die *Zuordnungskriterien* sind.

**1. Sortimentseinteilung**

Die Sortimentseinteilung nach vertrieblichen und logistischen Kriterien ist der erste Schritt der Sortimentsanalyse und Sortimentsgestaltung (s. *Abschnitt 5.8*). Logistische Sortimentseinteilungen sind beispielsweise:

- *Lagerhaltige Artikel*, die ab Lager geliefert werden, und *nichtlagerhaltige Artikel*, die kundenspezifisch beschafft oder erzeugt werden [266]
- *Eigenprodukte* und *Fremdprodukte*
- Artikel mit *anhaltendem Bedarf* und Artikel mit *kurzzeitigem Bedarf*, wie die *Aktionsware*
- Warengruppen mit logistisch ähnlicher *Beschaffenheit*, wie gleiche Handhabbarkeit, gleiche Größen- und Gewichtsklassen oder gleiche Wertigkeit

**2. Auftragssegmentierung**

- Klassifizierung der Aufträge nach *Auftragswert* oder nach *Auftragsvolumen* in *Kleinaufträge, Normalaufträge* und *Großaufträge*
- Einteilung der Aufträge in *Einpositionsaufträge* und *Mehrpositionsaufträge* sowie in *Einzelstückaufträge* und *Mehrstückaufträge*
- Segmentierung nach *Dringlichkeit* in *Eilaufträge, Aufträge mit Standardlieferzeit* und *Aufträge mit festem Liefertermin*
- Einteilung der Aufträge nach *Schwierigkeitsgrad, Bearbeitungsumfang* und erforderlicher *Kompetenz* in *Standardaufträge, Spezialaufträge, Fachaufträge* und *Sonderaufträge*

**3. Bestandssegmentierung**

- Einteilung der Artikel nach *Bestandswert, Bestandsmenge* oder *Lagervolumen* in A-, B- und C-Artikel (s. *Abschnitt 5.8*)

---

1 Die sogenannte „Klassenlogik" ist als Lehre von den Klassen, Mengen und ihren Beziehungen ein Bestandteil der *formalen Logik*, die früher als „Logistik" bezeichnet wurde [220].

- Bildung von Warengruppen mit ähnlichen *Lageranforderungen*, wie Sicherheitsware, Kühlware, Kleinteile oder Sperrigwaren,
- *Segmentierung nach Ladungsträgern*, z.B. in *Behälterware* und in *Palettenware.*
- Aufteilung der Artikel nach Bestand oder Anliefermengen in *Paletten oder Behälter pro Artikel*, um daraus die optimale Lagerart und die optimale Platzzuweisung abzuleiten,
- *Zuordnung zu Lagersystemen*, wie *Blocklager*, *Fachbodenlager*, *Einplatzlager*, *Mehrplatzlager* oder *Durchlauflager*

Das Segmentieren der Bestände nach Ladungsträgern und die Zuordnung zu Lagersystemen sind bereits entscheidende Schritte der Lagerplanung, für die geeignete *Zuordnungskriterien* und *Lagerbelegungsstrategien* benötigt werden.

**4. Sendungssegmentierung**

- Einteilung nach Dringlichkeit in *Expreß-*, *Termin-* und *Normalsendungen.*
- Unterscheidung nach Sendungsinhalt in *Einzelstücksendungen* und *Mehrstücksendungen* oder in *Gefahrgut-*, *Schwergut-* und *Wertsendungen*
- Aufteilung nach Sendungsgröße in *Kleinsendungen* und *Großsendungen*
- Klassifizierung nach Versandarten in *Paket-*, *Stückgut-*, *Teilladungs-* und *Ganzladungssendungen* oder in *Landfracht*, *Seefracht* und *Luftfracht* (s. *Abschnitt 20.2*)
- Differenzierung nach Sendungszusammensetzung in *homogene Sendungen*, die nur aus gleichartigen Packstücken bestehen, und in *heterogene Sendungen* oder *Kombifrachtsendungen*, die unterschiedliche Packstücke, wie Pakete und Paletten, enthalten.

**5. Transportklassifizierung**

- Einteilung der Fracht nach *Ladungsträgern*, wie Versandbehälter, Paletten, Container oder Wechselbrücken
- Aufteilung der Transportaufträge in *Spontantransporte*, die zu jedem beliebigen Zeitpunkt anfallen und ausgeführt werden müssen, und in *Regeltransporte*, die zu absehbaren Zeiten in voraussehbaren Mengen anfallen und nach *Fahrplan* durchführbar sind,
- Klassifizierung nach *Beschaffenheit des Transportgutes*, wie Schüttgut, Gase, Flüssigkeiten, Stückgut, Briefe, Pakete, Gefahrgut, Wertgut, Frisch- und Kühlwaren, Möbel oder Schwerlasten,
- Einteilung nach *Verkehrsträgern*, wie *Straßen-*, *Schienen-*, *Wasser-* und *Lufttransport*
- Unterscheidung nach eingesetzten *Transportmitteln*, wie PKW, LKW, Kleintransporter, Sattelauflieger und Lastzug, Frachtflugzeuge und Passagierflugzeuge oder Seeschiffe, Küstenschiffe und Binnenschiffe,
- Unterteilung in *intramodale Transporte*, die mit nur einem Transportmittel durchgeführt werden, und *kombinierte* oder *intermodale Transporte*, für deren Durchführung nacheinander unterschiedliche Transportmittel eingesetzt werden,

- Differenzierung nach *Herkunfts- und Zielgebieten*, wie Länder, Umschlaggebiete, Sammel- und Zustelltouren, oder nach *Relationen*,
- Unterscheidung nach *Transportzeiten*, *Laufzeiten* und *Terminierung* in Eil- oder Expreßtransporte, in Normal-, Linien- oder Plantransporte und in terminierte Abholung oder Zustellung

Die Zuordnung der Transportaufträge zu bestimmten Ladungsträgern und Transportmitteln, die Auswahl der Transportart und die Aufteilung nach Zielgebieten sind entscheidende Handlungsmöglichkeiten für die Planung und Optimierung von Logistiksystemen und Leistungsketten. Die hierfür benötigten *Zuordnungskriterien* und *Berechnungsformeln* zur Quantifizierung der Strategieeffekte werden in *Kapitel 20* entwickelt.

## 5.7 Spezialisieren und Diversifizieren

Die Einteilung in Auftragsgruppen, Artikelklassen und Leistungsarten sowie die damit verbundene Auswahl und Zuweisung von Ladungsträgern, Lagersystemen und Transportmitteln führen auf das *Problem der Spezialisierung* und die damit verbundenen *Grundsatzfragen*:

- Wieweit ist es zweckmäßig, für die Artikelklassen unterschiedliche Umschlag-, Lager- und Kommissioniersysteme zu schaffen und für die Auftragsgruppen verschiedene Transportmittel und Transporttechniken einzusetzen, die auf den *speziellen* Bedarf ausgelegt sind?
- Wieweit lassen sich möglichst wenige, *universell* nutzbare Ladungsträger, Lagersysteme, Transportmittel und Leistungsstellen einsetzen?

Spezialisierte Umschlag-, Lager- und Kommissioniersysteme sind erfahrungsgemäß nur in großen Logistikzentren sinnvoll. Spezialisierte Ladungsträger, Transportmittel und Transportsysteme sind nur bei anhaltend großem Transportaufkommen und gleichbleibendem Transportgut wirtschaftlicher als universelle Systeme.

Wenn zu erwarten ist, daß sich die Leistungsanforderungen und die Sortimentsstrukturen im Verlauf der Nutzungsdauer verändern, sollte bei der Gestaltung von Logistiksystemen der *Grundsatz maximaler Flexibilität* beachtet werden [62]:

▶ Nur so viele unterschiedliche Ladungsträger, Transportmittel, Lagersysteme, Kommissionierbereiche, Leistungsstellen und Transportsysteme wie technisch unbedingt nötig, so wenige und so universell nutzbare Einheiten und Systeme wie möglich.

Mit dem Problem der Spezialisierung von Technik und Systemen eng verbunden ist das Problem der *Sortimentsbreite*, der *Variantenvielfalt* und des *Leistungsspektrums*:

- Wie breit *muß* das *Artikelspektrum* eines Handelssortiments, wie groß die *Variantenvielfalt* eines Produktionsprogramms sein, um die Anforderungen des Marktes zu erfüllen, und wie groß *dürfen* Sortiment und Vielfalt maximal sein, um ausreichende Erträge zu erwirtschaften?
- Wie groß darf das *Leistungsspektrum* eines *Logistikdienstleisters* sein, um bei günstigen Kosten wettbewerbsfähig und attraktiv zu sein?

Das zentrale Problem der Sortimentsbreite, der Variantenvielfalt und des Leistungsspektrums ist permanent, besonders kritisch aber im Vorfeld jeder Planung, zu untersuchen und zu entscheiden. Die Logistik muß hierfür die *Leistungskosten* transparent machen, die mit der Beschaffung, der Herstellung und der Distribution eines Artikels, einer Variante oder einer Leistungsart verbunden sind.

## 5.8 ABC-Analyse

Die ABC-Analyse ist ein Verfahren der Strukturanalyse, das von Logistikern und Unternehmensberatern gern genutzt aber auch häufig mißbraucht wird [80; 230]. Der praktische Nutzen ist in vielen Fällen begrenzt und die Gefahr groß, zu falschen Schlüssen zu gelangen. Nur eine richtig durchgeführte ABC-Analyse kann bei kritischem Umgang mit den Ergebnissen Anregungen zur Lösung eines konkreten Problems geben.

### 1. Pareto-Klassifizierung und Lorenzkurve

Die Pareto-Klassifizierung ist eine Anordnung einer Anzahl von Objekten nach abnehmender Größe einer meßbaren Eigenschaft. Die Menge der *Objekte* mit einer *Gesamtanzahl* N kann bestehen aus

Aufträgen
Artikeln
Sendungen (5.23)
Kunden
Konsumenten

Zu untersuchende *Eigenschaften* mit einer definierten *Maßeinheit* und einer *Gesamteigenschaftsmenge* M sind beispielsweise

Umsatz [€/Jahr]
Absatzmenge [Stück/Jahr]
Bestandswert [€/Artikel]
Bestandsmenge [Stück/Artikel]
Deckungsbeitrag [€/Artikel]
Positionsanzahl [Pos/Auftrag] (5.24)
Auftragsmenge [ME/Auftrag]
Kaufkraft [€/Jahr]
Lieferzeit [Tage/Auftrag]
Zustellzeit [Tage/Sendung]

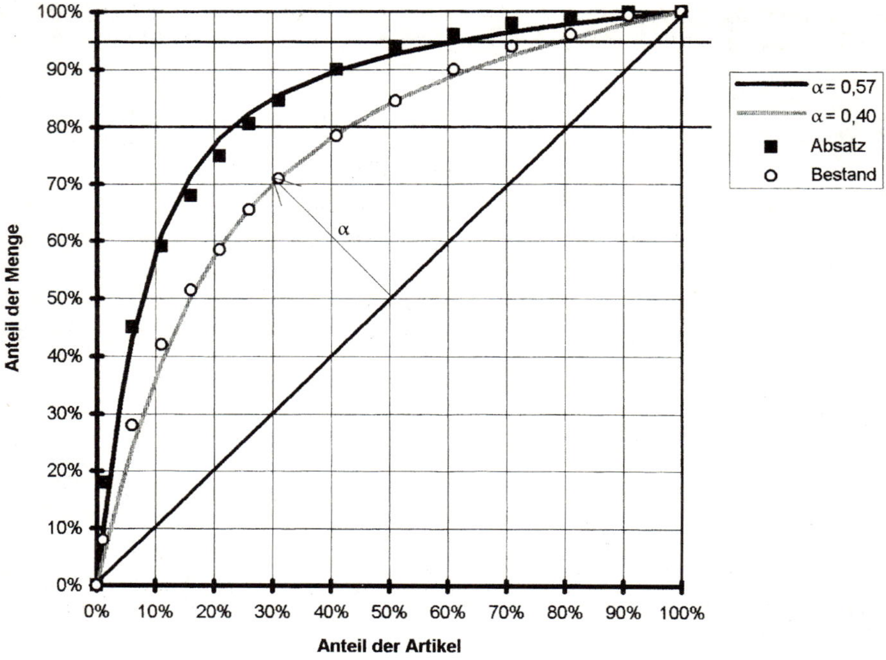


**Abb. 5.6** Lorenzkurven von Absatz und Bestand eines Kaufhaussortiments

*Punkte*: Ergebnisse der Absatz- und Bestandsanalyse
*Kurven*: Parametrisierte Lorenzkurven
*Parameter*: Absatz-Lorenzasymmetrie $\alpha_A = 0{,}57$
Bestands-Lorenzasymmetrie $\alpha_B = 0{,}40$

Das Ergebnis der Pareto-Klassifizierung ist die *Lorenzkurve*.[2] Auf der Abzisse eines Lorenzdiagramms ist der prozentuale Anteil $p_N$ der Gesamtzahl N aller Objekte und auf der Ordinate der prozentuale Anteil $p_M(p_N)$ der Eigenschaftsmenge der Objekte an der betrachteten Gesamteigenschaftsmenge M als Funktion von $p_N$ aufgetragen. Als Beispiel zeigt *Abb. 5.6* die Lorenzkurven für die Verteilung von Absatz- und Bestandsmengen der Artikel eines lagerhaltigen Handelssortiments.

## 2. ABC-Klassifizierung

Zur ABC-Analyse kann entweder die Objektmenge nach der Eigenschaftsverteilung oder die Eigenschaftsmenge nach der Objektverteilung klassisifiziert wer-

2 Die *Lorenzkurve* hat ihren Namen nach *M.O. Lorenz*, der diese Form der Darstellung 1905 zur Veranschaulichung der bereits von *V. Pareto* untersuchten Einkommensverteilung in einer Volkswirtschaft vorgeschlagen hat. In der Volkswirtschaft werden die Objekte in der Regel nach *aufsteigendem* Eigenschaftswert geordnet. Dadurch verlaufen die volkswirtschaftlichen Lorenzkurven unterhalb der Diagonalen [63; 220].

den. Den beiden Analysemöglichkeiten entsprechen die *reguläre ABC-Klassifizierung* und die *inverse ABC-Klassifizierung*:

- Eine *reguläre ABC-Klassifizierung* ist die Aufteilung der Gesamtzahl N der Objekte in A-, B- und C-Objekte mit den Anzahlen $N_A$, $N_B$ und $N_C$ in einem festen Verhältnis

$$N_A : N_B : N_C = p_{NA} : p_{NB} : p_{NC} \tag{5.25}$$

und die Angabe der auf diese Anzahlen entfallenden *Anteile* $M_A$, $M_B$, $M_C$,…. an der *Gesamteigenschaftsmenge*

$$M_A : M_B : M_C = p_{MA} : p_{MB} : p_{MC}. \tag{5.26}$$

Üblich ist eine Einteilung im Verhältnis $N_A : N_B : N_C = 5\,\% : 15\,\% : 80\,\%$ [14]. Das Ergebnis einer ABC-Analyse der Artikel eines Handelssortiments mit der *in Abb. 5.6* dargestellten Lorenzkurve ist in *Tabelle 5.2* wiedergegeben. Hiernach entfallen zum Beispiel auf die 5 % A-Artikel 39 % der Absatzmenge.

- Eine *inverse ABC-Klassifizierung* ist die Aufteilung der Gesamteigenschaftsmenge M in einem festen Verhältnis (5.26) und die Angabe der auf diese Mengenanteile entfallenden Anteile (5.25) der Objektanzahlen.

Vielfach üblich, aber nicht zwingend ist eine Einteilung in drei Klassen mit dem Mengenanteil [14]:

$$p_{MA} : p_{MB} : p_{MC} = 80\,\% : 15\,\% : 5\,\%. \tag{5.27}$$

Für das in *Abb. 5.6* dargestellte Beispiel des Handelssortiments ist das Ergebnis der inversen ABC-Klassifizierung bezüglich der *Absatzmenge* in *Tabelle 5.3* wiedergegeben.

Hiernach ist das Anteilsverhältnis der Artikel mit den *Absatzanteilen* 80% : 15% : 5% gleich 23% : 39% : 38%. Das Anteilsverhältnis der Artikel mit den *Be-*

| | Objekte<br>**Artikel** | | Eigenschaft<br>**Absatzmenge** | | |
|---|---|---|---|---|---|
| **Klasse** | Anteil | Anzahl | Anteil | Menge | Einheit |
| **A-Objekte** | **5%** | 1.500 | **39%** | 24,6 | Mio.WST/a |
| **B-Objekte** | **15%** | 4.500 | **38%** | 23,9 | Mio.WST/a |
| **C-Objekte** | **80%** | 24.000 | **23%** | 14,5 | Mio.WST/a |
| Gesamt | 100% | 30.000 | 100% | 63,0 | Mio.WST/a |

**Tab. 5.2** ABC-Analyse der Eigenschaftsverteilung von Objekten

Objekte Artikel eines Handelssortiments
Eigenschaft Jahresabsatzmenge

| | Eigenschaft Absatzmenge | | | Objekte Artikel | |
|---|---|---|---|---|---|
| **Klasse** | Anteil | Menge | Einheit | Anteil | Anzahl |
| **A-Objekte** | **80%** | 50,4 | Mio.WST/a | **23%** | 6.900 |
| **B-Objekte** | **15%** | 9,5 | Mio.WST/a | **39%** | 11.700 |
| **C-Objekte** | **5%** | 3,2 | Mio.WST/a | **38%** | 11.400 |
| Gesamt | 100% | 63,0 | Mio.WST/a | 100% | 30.000 |

**Tab. 5.3** Inverse ABC-Analyse der Objektverteilung einer Eigenschaft
Eigenschaft Jahresabsatzmenge (WST = Warenstücke)
Objekte Artikel eines Handelssortiments

*standsanteilen* 80% : 15% : 5% ist davon abweichend gleich 43% : 39% : 18%. Die häufig behauptete *80:20-Regel*, nach der 80% der Menge auf 20% der Merkmalsträger entfällt, gilt in diesem Fall nur annähernd für den Absatz und nicht für die Bestände. Allgemein gilt:

▶ Die sogenannte 80:20-Regel ist in den meisten Fällen unzutreffend.

Da sehr unterschiedliche Eigenschaftsmengen, wie Umsätze, Absatzmengen, Auftragspositionen, Bestandswerte, Bestandsmengen oder Bestandsvolumina, betrachtet werden können, gibt es eine Vielzahl von Lorenzkurven und entsprechend viele mögliche ABC-Klassifizierungen, die sich in der Regel deutlich voneinander unterscheiden. So sind die 20 % aller Artikel, die den größten Wertumsatz haben, nicht gleich den 20 % Artikel mit dem größten Volumendurchsatz. Die 20 % aller Artikel, die den größten Bestand haben, sind in der Regel nicht gleich den 20 % Artikel mit dem größten Verbrauch, auch wenn zwischen Beständen und Verbrauch bei optimaler Nachschubdisposition eine Korrelation besteht.

Weiterhin ist bei der Analyse von ABC-Verteilungen vergangener Perioden zu beachten:

▶ Die Renner von heute sind nicht die Renner von morgen.

Das wird oftmals nicht beachtet und führt zu falschen Schlüssen.

### 3. Parametrisierung der Lorenzkurve

Die ABC-Analyse ist der erste Schritt vieler *Bündelungs-* und *Ordnungsstrategien*. Bevor eine ABC-Analyse durchgeführt wird, die in der Regel mit Aufwand verbunden ist und Zeit erfordert, sollten in jedem Fall die Verwendung und das verfolgte Ziel bekannt sein. Der Einsatz und die Strategie bestimmen die Abgrenzung der Objekte, die zu analysierenden Eigenschaften und die Art der ABC-Aufteilung.

Weder das übliche Anteilsverhältnis (5.27) noch die Begrenzung auf drei Klassen sind zwingend und für viele Anwendungszwecke auch nicht sinnvoll. Durch eine Dreiklasseneinteilung mit einem festen Anteilsverhältnis wird vielmehr eine Optimierungsmöglichkeit verschenkt. Generell gilt für die ABC-Analyse der *Grundsatz*:

▶ Die Anzahl der Objektklassen und die Anteile der Objektanzahlen oder Eigenschaftsmengen sind frei wählbar und zur Optimierung nutzbare *Strategievariable.*

Für differenzierte Analysen und Optimierungsrechnungen wird daher eine *Parametrisierung* der Lorenzkurve benötigt. Die Analyse vieler Sortimente von Handels- und Industrieunternehmen und der theoretisch möglichen Verläufe von Lorenzkurven ergibt:

▶ Die Lorenzkurve läßt sich für logistische Optimierungsrechnungen ausreichend genau parametrisieren durch die Funktion©

$$p_M = 1 + \left( \left( 2 - (1-\alpha)^2 \right) \cdot p_N - \sqrt{4 \cdot p_N^2 - 4 \cdot (1-\alpha)^2 \cdot p_N^2 + (1-\alpha)^4} \right) / (1-\alpha)^2 . \quad (5.28)$$

Die *Lorenzasymmetrie* $\alpha$ ist ein Parameter mit Werten zwischen 0 und 1. Sie ist proportional zur maximalen Abweichung der Lorenzkurve von der Diagonalen und kann empirisch bestimmt werden.

Die Funktion (5.28) ist eine um 45° gedrehte *Hyperbel*. Bei *Gleichverteilung* ist die Lorenzasymmetrie $\alpha = 0$ und die Lorenzkurve gleich der diagonal verlaufenden Graden $p_M = p_N$. Bei extremer *Ungleichverteilung* ist die Lorenzasymmetrie $\alpha = 1$ und die Lorenzkurve eine horizontale Grade $p_M = 1$.

### 4. Einsatzmöglichkeiten und Gefahren

*Einsatzmöglichkeiten* der ABC-Analyse sind:

- *Konzentration* bestimmter Maßnahmen auf die wichtigsten Repräsentanten einer Gesamtheit von Objekten
- *Test* der Auswirkung einer Maßnahme an einer kleinen Anzahl von Repräsentanten mit großem Eigenschaftsanteil
- *Spezialisierte Lösungen* für die unterschiedlichen Klassen der Objektgesamtheit
- *Zeilenreduktion durch Auftragsbündelung (s. Abschnitt 17.12)*
- *Bereinigung* durch Streichen von C-Objekten
- *Unterdrückung* von A-Objekten und *Begünstigung* von B- oder C-Objekten

Mit diesen Nutzungsmöglichkeiten ist jedoch eine Reihe von Gefahren verbunden, die Ursache sind für den häufigen Mißbrauch und die enttäuschenden Ergebnisse vieler ABC-Analysen. Hierzu gehören:

- Falsche Hochrechnung von einer Teilanzahl auf die Objektgesamtheit
- Vernachlässigung der Auswirkungen auf die B- und C-Objekte

- Nichtberücksichtigung der zeitlichen Veränderlichkeit der Klassenzugehörigkeit
- Unzulässige Wertung einer Verteilung

Die nachfolgenden Beispiele der logistischen Sortimentsanalyse zeigen einige Anwendungsmöglichkeiten der ABC-Analyse. Weitere *Nutzanwendungen*, die zugleich die Grenzen der ABC-Analyse zeigen, sind die *Schnelläuferstrategien* zur Senkung der mittleren Wegzeiten (s. *Abschnitt 17.6*) und die Strategie der *Auftragsbündelung* zu Serienaufträgen (s. *Abschnitt 17.12*).

## 5.9
## Sortimentsanalyse und logistische Artikelklassifizierung

Ziel der Sortimentsanalyse ist die Unterstützung des Vertriebs bei der *Sortimentsgestaltung* und *Sortimentsentwicklung* (s. *Abschnitt 14.3*). Die Sortimentsanalyse beginnt mit der Sortiments*einteilung* nach vertrieblichen und logistischen Eigenschaften und Zielsetzungen in verschiedene Kategorien.

Für die Logistik sind vor allem folgende *Kriterien* zur Sortimentseinteilung und logistischen Artikelklassifizierung von Bedeutung:

- *Lagerhaltigkeit*: lagerhaltige und nicht lagerhaltige Artikel
- *Absatzgebiete*: lokale, regionale und überregionale Sortimente; nationale, europäische und internationale Produkte (s. *Abschnitt 9.7*)
- *Gängigkeit*: A-Artikel mit hohem, B-Artikel mit mittlerem und C-Artikel mit geringem Absatz
- *Verbrauchsart*: X-Artikel mit regelmäßigem, Y-Artikel mit unregelmäßigem und Z-Artikel mit sporadischem Bedarf (s. *Abbildung 9.8*)
- *Wertigkeit*: hochwertige, mittelwertige und geringwertige Güter
- *Einsatzzweck*: Investitionsgüter, Verschleißteile, Ersatzteile, Verbrauchsgüter, Konsumgüter (*nonfood*), Nahrungs- und Genußmittel (*food*)
- *Verwendungsbreite*: Normteile, Standardartikel, Spezialartikel, Sonderartikel, Kundenanfertigung
- *Lebensdauer*: verderblich, kurzlebig, langlebig, unverderblich, dauerhaft
- *Temperatur- und Frischeanforderungen*: Frischeklassifizierung von Molkereiprodukten (MOPRO) und Lebensmitteln nach Temperatur und **m**aximaler **H**altbarkeits**d**auer (MHD) in

  *Tiefkühlwaren* Temperatur –18 bis –5 (–1) °C / MHD 180 bis 360 Tage
  *Frischwaren* Temperatur +1 bis +4 (+7) °C / MHD 3 bis 30 Tage (5.29)
  *Dauerwaren* Temperatur 10 bis 20 °C / MHD 30 bis 180 Tage
- *Lebenszyklus*: mehrjährig, einjährig, saisonal, modisch
- *Fehlmengenkosten*: Kosten der Nichtverfügbarkeit eines Artikels, wie Gewinnausfall, Deckungsbeitragsverlust, Ersatzbeschaffungskosten oder Stillstandskosten
- *Verpackungsart*: lose Ware; abgepackte Ware in Säcken, Dosen, Flaschen, Fässern, Tüten, Schachteln, Blisterpackungen, Paketen, Containern und anderen Gebinden
- *Variantenvielfalt*: Einvariantengüter; Mehrvariantengüter mit Größen-, Farben-, Material-, Qualitäts-, Komponenten- und Ausführungsunterschieden

- *Zusammensetzung*: Einkomponentenartikel, Mehrkomponentenartikel, Teilanlagen, Gesamtanlagen, Systeme und Bauwerke
- *Fertigungsstufe*: *Primärartikel* oder *Endprodukte*, deren Absatz vom Markt bestimmt wird, und *Sekundärartikel* oder *Vorprodukte*, deren Bedarf sich über eine Stücklistenauflösung aus dem Bedarf der Primärprodukte ergibt.

Für Mehrkomponentenartikel und Mehrvariantenartikel, die vom Unternehmen selbst gefertigt, montiert, abgefüllt oder verpackt werden, benötigt die Logistikdisposition eine *Stückliste*, in der die Beschaffenheit, die Anzahl und die Herkunft aller Komponenten aufgelistet sind. Außerdem werden für die Vorprodukte, Teile und Komponenten, aus denen die Artikel des Lieferprogramms zusammengesetzt sind, *Verwendungslisten* benötigt, aus denen hervorgeht, in welchen Artikeln sie in welcher Menge eingesetzt werden.

Die logistische Artikelklassifizierung hat Auswirkungen auf die *Auftragsdisposition* und *Produktionsplanung*, auf die Höhe der Nachschubmengen und Sicherheitsbestände sowie auf die Auswahl der Lager-, Kommissionier- und Transportsysteme. Sie beeinflußt außerdem die Gestaltung und Optimierung der Lieferketten. Hieraus folgt der *Grundsatz der regelmäßigen Sortimentsüberprüfung*:

▶ Eine Sortimentseinteilung ist niemals endgültig. Sie muß in regelmäßigen Abständen überprüft und korrigiert werden.

Das gilt speziell für die ABC-Klassifizierung des Sortiments nach den Eigenschaften

Umsatzwert und Absatzmenge
Bestandswert und Bestandsmenge (5.30)
Deckungsbeitrag und Gewinn

*Abbildung 5.6* zeigt die Lorenzkurven der Absatz- und Bestandsmengen, die aus einer Sortimentsanalyse der Artikel eines *Kaufhaussortiments* resultieren. In *Abb. 5.7* sind die davon erheblich abweichenden Lorenzkurven von Absatz und Bestand eines Großhandelsunternehmens für *Computerbedarf* dargestellt. In beiden Fällen sind in die Diagramme die Parametrisierungen der Lorenzkurven mit Hilfe der Funktion (5.28) eingetragen.

Für das *Handelssortiment* ist die Lorenzasymmetrie der *Bestandsverteilung* mit $\alpha_B = 0{,}40$ deutlich kleiner als die Lorenzasymmetrie der *Absatzverteilung* $\alpha_A = 0{,}57$. Für das *Computersortiment* ist dagegen die Lorenzasymmetrie der Bestandsverteilung mit $\alpha_B = 0{,}84$ größer als die Lorenzasymmetrie der Absatzverteilung, die $\alpha_A = 0{,}80$ beträgt. Beide Werte sind wesentlich größer als die entsprechenden Werte des Handelssortiments.

Bei optimaler Nachschubdisposition dürfen die Bestände von Artikeln mit regelmäßigem Verbrauch und prognostizierbarem Bedarf nur mit der Wurzel aus dem Absatz ansteigen (s. *Kapitel 11*). Daraus folgt die allgemeine *Regel*:

▶ Bei optimaler Nachschubdisposition lagerhaltiger Artikel mit regelmäßigem Verbrauch ist die Lorenzasymmetrie der Bestände geringer als die Lorenzasymmetrie der Verbräuche.

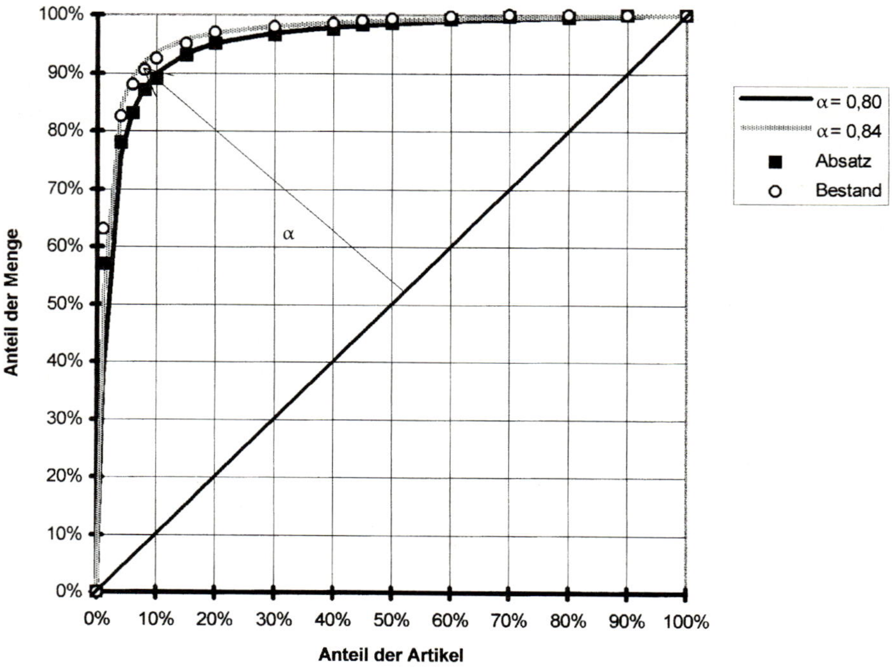


**Abb.5.7** Lorenzkurven von Absatz und Bestand eines Computersortiments

*Punkte*: Ergebnisse der Absatz- und Bestandsanalyse
*Kurven*: Parametrisierte Lorenzkurven
*Parameter*: Absatz-Lorenzasymmetrie $\alpha_A = 0{,}80$
Bestands-Lorenzasymmetrie $\alpha_B = 0{,}84$

Wenn die Lorenzkurven der Verbräuche und Bestände wie für das Beispiel des Computersortiments von dieser Regel abweichen, ist das ein Indiz für einen hohen Anteil von Aktionsware oder für eine falsche Bestands- und Nachschubdisposition (s. *Abschnitt 11.9*).

Außerdem gibt die Größe der Lorenzasymmetrie für den Absatz Hinweise auf die Angemessenheit der Sortimentsbreite. Hier gilt die *Erfahrungsregel*:

▶ Eine Lorenzasymmetrie der Absatzverteilung, die deutlich größer als 1/2 ist, kann ein Indiz sein für ein zu breites Sortiment.

Nach dieser Regel ist das Computersortiment ausgeufert. Aufgrund dieser Diagnose wurde eine *Differentialanalyse* des Computersortiments durchgeführt, in der nicht nur die Lorenzkurven sondern auch ihre *Verteilungsdichten* untersucht werden (s. *Abschnitt 9.2*). Dabei wurden die Bestands- und Absatzverteilungen von Aktionsware und Dispositionsware getrennt untersucht. Das Sortiment wurde um ca. 20% Ladenhüter bereinigt. Die Einführung einer optimalen Nachschubdisposition führte zu erheblichen Bestandsreduzierungen vor allem bei den A-Artikeln.

Zur Festlegung der Lieferzeiten, der Lagerhaltigkeit und des Servicegrads für die Fertigerzeugnisse ist das für den *Primärbedarf* bestimmte Lieferprogramm aus der eigenen Produktion in Serviceklassen einzuteilen, für die den Abnehmern feste Lieferzeiten und ein bestimmter Servicegrad zugesichert werden. Ebenso sind die Artikel der fremd beschafften Handelsware nach Serviceklassen zu ordnen.

Die *Sortimentseinteilung in Serviceklassen* ist abhängig von der Fertigung, den Beschaffungsquellen, der Marktposition und der Geschäftspolitik des einzelnen Unternehmens. Die *Tabelle 5.4* zeigt eine solche Sortimentseinteilung für ein pro-

| | | SERVICEBEREITSCHAFT | | | | |
|---|---|---|---|---|---|---|
| **SERVICEKLASSEN** | | **Standard-lieferzeit** | **Lager-lieferfähigkeit** | **Termintreue bis Versand** | **Positions-Servicegrad** | **Auftrags-Servicegrad** |
| **Abk** | Fertigungsmerkmale | AT | LF | TT | $(LF)^m \times TT$ | $(LF)^{mxn} \times TT$ |
| L | **LAGERARTIKEL** | | | | | |
| **AL** | **Lagerhaltige Standardartikel** | **1** | **98,0%** | **99,0%** | **97,0%** | **91,3%** |
| | Fertigartikel in gleichbleibender Ausführung<br>Vorprodukte in gleichbleibender Ausführung<br>mit anhaltendem und prognostizierbaren Bedarf<br>werden anonym auf Lager gefertigt | bis Versand<br>+ Zustellzeit | für den<br>Einzelartikel | Versand | | Pos/Auftrag<br>4,0 |
| **KL** | **Lagerhaltige Konfektionsartikel**[1)] | **2** | **99,5%** | **98,0%** | **95,8%** | **91,6%** |
| | Standarderzeugnisse mit wechselnden Varianten<br>und anhaltendem und prognostizierbaren Summenbedar<br>werden im Lagerbereich nach Auftrag<br>aus dort lagerhaltigen Teilen und Modulen<br>konfektioniert oder zusammengefügt | bis Versand<br>+ Zustellzeit | für benötigte<br>Teile und Module | Konfektion<br>+ Versand | Teile/K-Art.<br>4,5 | Pos/Auftrag<br>3,0 |
| A | **AUFTRAGSARTIKEL** | | | | | |
| **MA** | **Auftragsgefertigte Montageartikel**[2)] | **5** | **99,0%** | **97,0%** | **92,2%** | **87,7%** |
| | Erzeugnisse in Standardausführung<br>mit sporadischen und nicht prognostizierbaren Bedarf<br>werden im Produktionsbereich nach Auftrag<br>aus lagerhaltigen Teilen und Vorprodukten<br>in Standardabläufen und Standardprozessen<br>zusammengesetzt und montiert | bis Versand<br>+ Zustellzeit | für benötigte<br>Vorprodukte | Montage<br>+ Versand | Teile/M-Art.<br>5,0 | Pos/Auftrag<br>2,0 |
| **FA** | **Auftragsgefertigte Fertigerzeugnisse**[3)] | **10** | **99,0%** | **95,0%** | **94,1%** | **84,2%** |
| | Fertigerzeugnisse in Sonderausführung<br>werden aus lagerhaltigen Teilen und Vorprodukten<br>und mindestens einem Auftragsfertigungsteil<br>mit vorhandenen Werkzeugen und Material<br>in Standardabläufen und Standardprozessen<br>gefertigt, zusammengesetzt und montiert | bis Versand<br>+ Zustellzeit<br>2) | für lagerhaltige<br>Vorprodukte | Fertigung<br>+ Montage<br>+ Versand | Teile/F-Art.<br>6,0 | Pos/Auftrag<br>2,0 |
| **SA** | **Auftragsgefertigte Sonderartikel**[4)] | **> 20** | **98,0%** | **92,0%** | **90,2%** | **90,2%** |
| | Sonderanfertigungen, Protypen, Testartikel, Auslaufartike<br>deren Fertigung neue Werkzeuge, Materialien oder<br>Arbeitsabläufe erfordert | Lieferzeiten<br>nach Planung<br>+Zustellungszeit | für lagerhaltige<br>Vorprodukte | Planung<br>+ Fertigung<br>+ Versand | | |

xxx unterstrichene Felder: Eingabewerte

Servicegrad bis Kunde = Servicegrad bis Versandrampe x Termintreue Spediteur

1) Displays, Trays, Sets, Steckmontage
2) Variantenfertigung
3) Aggregate, Standardmaschinen
4) Sonderanfertigungen, Muster

**Tab. 5.4** Sortimentseinteilung in Serviceklassen

duzierendes Unternehmen. Die angegeben *Zielwerte* der Lieferzeiten, der Termintreue und der Lieferfähigkeit resultieren aus einer detaillierten Analyse der Fertigungsmöglichkeiten und einer konsequenten Standardisierung aller Prozesse. Sie sind für die einzelnen Unternehmen verschieden.

Eine entsprechende Sortimentseinteilung in Serviceklassen ist auch für ein Handelsunternehmen durchzuführen. An die Stelle der Serviceklassen für die auftragsgefertigten Artikel treten bei der Handelsware die Serviceklassen der kundenspezifisch beschafften Artikel. Diese sind abhängig vom Servicegrad der unterschiedlichen Beschaffungsquellen, wie die Hersteller und die Großhändler im In- und Ausland.

*Segmentierung*, *Clusterung* und *Klassifizierung* der Artikel, Aufträge oder Kunden sind kein Selbstzweck. Sie sind meist der erste Schritt zur Entwicklung einer *Strategie* und daher von einem bestimmten *Ziel* abhängig.

Das oberste Unternehmensziel ist ein nachhaltig hoher Gewinn durch maximale Erlöse bei minimalen Kosten. Dem entspricht eine Klassifizierung der *Artikel*, *Aufträge* und *Kunden* nach ihrem Beitrag zum Unternehmensgewinn in:

*Gewinnbringer*
*Deckungsbeitragsbringer* (5.31)
*Verlustbringer*

Aus dieser *Ertragsklassifizierung* lassen sich viele weitere Klassifizierungen ableiten, insbesondere die Zuweisung zu den *Serviceklassen*. So sollten die gewinnstärksten Artikel die höchste Lieferfähigkeit haben, die gewinnbringenden Aufträge mit der besten Termintreue ausgeführt werden und die gewinnbringendsten Kunden den besten Service erhalten.

# 6 Logistikkosten und Leistungskostenrechnung

Die Logistikkosten werden in den Unternehmen unterschiedlich definiert. Bei Umfragen geben selbst Unternehmen der gleichen Branche Logistikkosten an, die stärker voneinander abweichen, als sich durch die Unterschiede ihrer Logistik erklären läßt [37; 278].

Nachprüfungen zeigen, daß einige Unternehmen die Zinsen und Abschriften für Bestände nicht zu den Logistikkosten zählen, während andere auch die in den Einkaufspreisen enthaltenen Logistikkosten ihrer Lieferanten oder die Kosten der Einkaufstätigkeit den Logistikkosten zurechnen. Im Extremfall wird sogar der Einkaufswert der beschafften Waren als Bestandteil der Logistikkosten angesehen.

Ein anderes, nicht nur auf die Logistik beschränktes Problem ist die *Preisbildung für Dienstleistungen*. Die Käufer einer Leistung erwerben kein materielles Produkt sondern immaterielle, nicht lagerbare Leistungen, die ihnen einen *unmittelbaren Nutzen* bringen sollen. Die herkömmlichen Verfahren der Preiskalkulation und Preisbildung, die für materielle Produkte entwickelt wurden, sind auf Dienstleistungen nur begrenzt übertragbar. Die Preise für logistische Leistungen sind daher häufig nicht miteinander vergleichbar oder irreführend [14, 64; 65].

Zur Kalkulation der *Leistungskosten* bietet sich die *Prozeßkostenrechnung* an [58, 66; 278]. Über die Definition, die Einflußfaktoren und die Kalkulation der *Prozeßkosten* bestehen jedoch in der Logistik wie auch in der Betriebswirtschaft unterschiedliche Auffassungen. Das gilt vor allem für die Leistungskosten *multifunktionaler Logistiksysteme*, für die Leistungspreise von *zusammengesetzten Logistikleistungen* und für die Berücksichtigung der *Fixkosten* bei der Kalkulation nutzungsgemäßer Leistungspreise.

Noch schlechter als mit der Definition und der Kalkulation ist es mit der *Erfassung* der Logistikkosten bestellt. Obgleich die Logistikkosten im Handel eine Höhe von 15 bis über 25 % des Umsatzes erreichen und weit mehr als ein Drittel der Handelsspanne aufzehren können, werden sie nur in wenigen Handelsunternehmen über alle Stufen der Logistikkette von der Rampe der Lieferanten bis zur Verkaufsbereitstellung in den Filialen erfaßt. Auch in der Industrie, deren Logistikkosten in der Regel zwischen 5 und 15 % des Umsatzes liegen, gibt es nur wenige Unternehmen, die ihre Logistikkosten gesondert erfassen und regelmäßig kontrollieren [36; 278].

Die *Kalkulation* und *Budgetierung* der Logistikkosten sowie die laufende *Erfassung* und *Kontrolle* von Leistung, Qualität und Kosten der logistischen Leistungsbereiche sind Aufgaben des *Logistikcontrolling*. Das Controlling soll das Management bei der Planung optimaler Systeme und der Steuerung der Prozesse unterstützen. Außerdem soll das Controlling *Handlungsbedarf* und *Handlungsmöglichkeiten* zur Leistungssteigerung, Qualitätsverbesserung und Kostensenkung aufzeigen [58; 67; 223; 278].

Wie genau und für welche Bereiche der Unternehmenslogistik Leistungen, Qualität und Kosten erfaßt, analysiert und kontrolliert werden sollten, ist abhängig von der Höhe der Logistikkosten in Relation zur Wertschöpfung, von den Kernkompetenzen und Zielen des Unternehmens und von der speziellen Aufgabe. Generell gilt hier der Grundsatz: *Weniger ist mehr.* Besser ein Controlling in größeren Zeitabständen mit wenigen aussagefähigen Zahlen und angemessener Genauigkeit als ein Controlling, das permanent alle erdenklichen Leistungsdaten und Kostenanteile differenziert erfaßt und ohne Kenntnis des Informationsbedarfs eine Unmenge allgemeiner Kennzahlen erzeugt [58].

Nicht eine hohe Genauigkeit und große Differenzierung der Leistungs- und Kostenangaben sind entscheidend. Maßgebend sind die *praktische Brauchbarkeit* und der *Verwendungszweck*. Für den Vergleich der *Logistikkosten* in und zwischen den Unternehmen sowie der *Leistungspreise* von Logistikdienstleistern muß vor allem sichergestellt sein, daß sie die gleichen *Leistungsstellen*, die gleichen *Kostenbestandteile*, den gleichen *Leistungsumfang* und die gleichen *Leistungsarten* betreffen.

In diesem Kapitel werden die Betriebskosten von Logistiksystemen und die Leistungskosten für Logistikleistungen definiert, die Grundlagen der *Leistungskostenrechnung* dargestellt, die Abhängigkeiten zwischen Kosten und Leistungen erläutert und die wichtigsten Möglichkeiten zur Kostensenkung zusammengestellt. Ein besonderes Gewicht hat dabei das *Fixkostendilemma der Logistik*. Hierauf aufbauend wird im folgenden Kapitel ein System zur *Leistungs- und Qualitätsvergütung* konzipiert, das zur Vergütung von Logistikdienstleistern und zur Entwicklung nutzungsgemäßer Preis- und Tarifsysteme geeignet ist.

## 6.1 Betriebskosten und Leistungskosten

Entsprechend den beiden Aspekten der Leistungssysteme werden zwei verschiedene *Arten* der *Kostenrechnung* benötigt: Der stationären Sicht entspricht die *Betriebskostenrechung*, der dynamischen Sicht die *Prozeßkosten*- oder *Leistungskostenrechnung*.

### 1. Betriebskostenrechnung

Die *Betriebskosten* $K_{betr}$ [€/PE][1] sind die in einer definierten *Planungsperiode* [PE] zu erwartenden oder in einer *Abrechnungsperiode* angefallenen Kosten einer Leistungsstelle, eines Betriebs oder eines Systems, das bestimmte *Leistungs-*

1 1 € steht hier und nachfolgend für Geldeinheit [GE], die auch ein Dollar oder eine andere Währungseinheit sein kann

*arten* $LA_i$, i = 1,2 … N, in geplanten Mengen $\lambda_i$ [$LE_i$/PE] erbringen soll oder in erfaßten Mengen erbracht hat.

Die *Betriebskostenrechung* ist eine *periodenbezogene Vollkostenrechnung* aus *stationärer Sicht*. Sie ist erforderlich für die Planung von Systemen und für die *Kosten- und Erlös-Rechnung* (KER) der Unternehmen [14; 66].

Die *Logistikkosten* $K_{log}$ [€/PE] sind die Betriebskosten einzelner logistischer Leistungsstellen, von Logistiksystemen oder eines Logistikbetriebs.

## 2. Leistungskostenrechnung

Die Leistungskostenrechnung ist eine *durchsatzbezogene Vollkostenrechnung* aus dynamischer Sicht. Sie wird auch als *Activity Based Costing* (ABC) oder als *Prozeßkostenrechnung* bezeichnet [58; 66; 67; 223]. Die Leistungskosten, die bei der Erzeugung der unterschiedlichen Logistikleistungen anfallen, müssen bekannt sein für die *Optimierung von Prozeßabläufen*, zur *Auswahl optimaler Lieferketten*, für eine kostenoptimale *Disposition* und zur *Kalkulation der Leistungspreise* (s. *Abschnitt 7.2* und *Kapitel 20*). Die logistischen Leistungspreise beeinflussen wiederum die Nutzung der Ressourcen der gesamten Wirtschaft (s. *Abschnitte 6.10, 6.11* und *7.6*).

Die *Leistungskosten* für die immateriellen Logistikleistungen entsprechen den *Stückkosten* materieller Güter. Die Leistungskosten eines Leistungsbereichs – eines Betriebs, einer Anlage, eines Systems oder einer Produktionsstelle –, der nur eine Art von Leistungen erzeugt, sind die Gesamtbetriebskosten $K_{ges}$ [€/PE] einer Periode PE geteilt durch die Leistungsmenge $\lambda$ [LE/PE] der gleichen Periode.

Wenn ein Leistungsbereich in einer Periode unterschiedliche Leistungsarten $LA_i$ mit dem *partiellen Leistungsdurchsatz* $\lambda_i$ [$LE_i$/PE], i = 1,2 …, erzeugt, ist es zur Kalkulation der spezifischen Leistungskosten erforderlich, die Gesamtbetriebskosten *verursachungsgerecht* und *nutzungsgemäß* in eine Summe *partieller Betriebskosten* $K_i(\lambda_i)$ aufzuteilen:

$$K_{ges} = \sum_i K_i(\lambda_i) \qquad [€/PE]. \qquad (6.1)$$

Aus den partiellen Betriebskosten bezogen auf den partiellen Leistungsdurchsatz resultieren die *spezifischen Leistungskosten*:

$$k_i = K_i(\lambda_i)/\lambda_i \qquad [€/LE]. \qquad (6.2)$$

Die *variablen Betriebskosten* sind unmittelbar vom Leistungsdurchsatz abhängig. Sie lassen sich daher relativ problemlos auf die verschiedenen Leistungsarten aufteilen, von denen sie verursacht werden.

Die *Fixkosten* hängen dagegen nicht direkt vom aktuell erbrachten Leistungsdurchsatz ab. Sie werden bestimmt von den *geplanten* Leistungsarten und vom *erwarteten* Leistungsbedarf. Ihre Aufteilung ist nur mit Hilfe geeigneter *Zuweisungsregeln* möglich. Hierfür gilt das *Prinzip* der

- ▶ *Fixkostenverteilung gemäß Inanspruchnahme*: Die Fixkosten werden den partiellen Leistungsarten in dem Verhältnis zugerechnet, in dem die bereitgehaltenen Ressourcen für die Erzeugung der partiellen Leistungen in Anspruch genommenen werden.

Die Bemessungsgröße für die Inanspruchnahme ist bei den verschiedenen Ressourcen unterschiedlich. Sie kann die Belegungszeit, die genutzte Fläche oder die Maßeinheit der Ressourcenleistung sein. Die Bemessungsgröße zur Fixkostenaufteilung muß im Einzelfall so bestimmt werden, daß die Ressource sinnvoll und wirtschaftlich genutzt wird (s. *Abschnitte 6.7* und *6.10.4*).

Die Fixkostenverteilung nach Inanspruchnahme wird gemeinhin als *Verursachungsprinzip* oder als *verursachungsgerechte Kostenverteilung* bezeichnet [278]. Der Grundsatz einer *Verteilung nach Verursachung* ist jedoch nicht durchführbar, da der aktuelle Leistungsdurchsatz die Höhe der Fixkosten der leistungserzeugenden Ressource nicht bestimmt. Der Begriff *gerecht* ist zudem irreführend und unklar, da jeder mit *Gerechtigkeit* andere Vorstellungen verbindet. Die *Inanspruchnahme* einer Ressource läßt sich dagegen objektiv festlegen und unstrittig messen.

## 6.2 Logistikkostenrechnung

Wie die allgemeine Kostenrechnung eines Unternehmens umfaßt auch die Logistikkostenrechnung die *Vorkalkulation*, die *Mitkalkulation* und die *Nachkalkulation* [14, 58; 278].

### 1. Vorkalkulation

Die Vorkalkulation oder *Plankostenrechnung* hat die Aufgabe, die Betriebskosten eines vorhandenen oder geplanten Logistiksystems zu kalkulieren, das in einem *zukünftigen Planungszeitraum* erwartete Logistikleistungen erbringen soll. Ergebnisse der Plankostenrechnung sind *Plan-Logistikkosten* und *Soll-Leistungskosten.*

Die Vorkalkulation dient der *Entscheidungsunterstützung* bei der Planung von Systemen und Prozessen, der *Kostenrechnung* für zukünftige Betriebsperioden und der *Kalkulation* von Preisen und Tarifen.

### 2. Mitkalkulation

Die Mitkalkulation hat die Aufgabe, die im Verlauf einer *Abrechungsperiode* erbrachten Logistikleistungen und die dadurch verursachten Kosten laufend zu erfassen und zu kontrollieren. Ergebnisse der Mitkalkulation sind Informationen über die aktuelle Auslastungs- und Kostensituation.

Die Kenntnis der aktuellen Logistikkosten und der Auslastung ermöglicht den Entscheidungsträgern, rechtzeitig gegenzusteuern und Maßnahmen zur Kostensenkung oder zur Auslastungsverbesserung einzuleiten.

Außerdem dient die Mitkalkulation der laufenden *Abrechnung* und *Vergütung* erbrachter Logistikleistungen eines Logistikdienstleisters zu den vereinbarten *Leistungspreisen* oder eines Logistikbetriebs im eigenen Unternehmen zu den festgelegten *Kostensätzen.*

### 3. Nachkalkulation

Die Nachkalkulation hat die Aufgabe, aus den erfaßten Einzelkosten eines *vergangenen Abrechnungszeitraums* die Betriebskosten eines Logistiksystems zu kalkulieren, das in diesem Zeitraum bestimmte Logistikleistungen in bekannten Mengen erbracht hat. Ergebnisse der Nachkalkulation sind *Ist-Logistikkosten* und *Ist-Leistungskosten*, die mit den entsprechenden Plan-Werten verglichen werden können.

Aus dem *Soll-Ist-Vergleich* lassen sich Schlüsse für die weitere Plankostenrechnung und für die *Preiskalkulation* ziehen. Die wichtigsten *Ursachen* für Abweichungen der Ist- von den Soll-Logistikkosten sind:

- Über- oder unterplanmäßige *Kosten* für die Einsatzfaktoren der Leistungserzeugung, insbesondere der Personalkosten.
- Über- oder unterplanmäßiger *Einsatz* von Personal, Material oder Betriebsmitteln für die Leistungserzeugung.
- Von der Planung abweichende *Leerfahrtanteile* der eingesetzten Transportmittel oder *Kapazitätsnutzung* der Lade- und Transporteinheiten.
- Über- oder unterplanmäßige *Inanspruchnahme* des Leistungsvermögens des Logistiksystems für die verschiedenen Leistungsarten.

Die ersten beiden Ursachen von Soll-Ist-Abweichungen sind in der Regel vom Planer und Betreiber des Logistiksystems zu vertreten.

Höhere Leerfahrtanteile und schlechtere Kapazitätsnutzung können aus einer falschen Planung oder aus einer schlechten Disposition des Betreibers resultieren, aber auch durch veränderte Transportrelationen oder geringere Lager- und Transportmengen verursacht sein, die von den Nutzern zu vertreten sind. Ebenso ist die über- oder unterplanmäßige Inanspruchnahme des Leistungsvermögens entweder die Folge einer schlechten Planung und Bedarfsabschätzung durch den Planer und Betreiber oder von falschen Bedarfsangaben der Nutzer.

Für *geschlossene Logistiksysteme*, deren Leistungen nur von einem oder von einer kleinen Anzahl Unternehmen in Anspruch genommen werden, muß das Risiko von Bedarfsänderungen und der daraus resultierenden Unterauslastung bereitgehaltener Ressourcen von den Nutzern getragen werden. Für geschlossene Logistiksysteme dient die Nachkalkulation daher der Verteilung auslastungsbedingter Überschüsse oder Mehrkosten auf die Nutzer (s. *Abschnitt 7.5.9*).

Für *offene Logistiksysteme*, deren Leistungen am Markt angeboten und die von vielen wechselnden Kunden genutzt werden, muß der Logistikdienstleister das *Risiko* von Bedarfsänderungen und Unterauslastung selbst tragen, da er auch die Chance erhöhter Gewinne aus einer günstigeren Bedarfsstruktur und besseren Auslastung hat. Außerdem kann der Logistikdienstleister über seine Verkaufsorganisation zusätzliche Kunden gewinnen und durch seine *Preispolitik* eine verstärkte Nutzung stimulieren. Für offene Logistiksysteme wird das *Struktur- und Auslastungsrisiko* in die Leistungspreise einkalkuliert (*s. Abschnitt 7.2.3*).

## 6.3 Zusammensetzung der Logistikkosten

Die Logistikkosten setzen sich zusammen aus *spezifischen Logistikkosten* und *logistischen Zusatzkosten*:

- Die *spezifischen Logistikkosten* umfassen alle Kosten einer Leistungsstelle, eines Leistungsbereichs oder eines Unternehmens, die durch die operativen Logistikleistungen *Transport, Umschlag, Lagern, Kommissionieren* und *Bereitstellen* verursacht werden.
- Die *logistischen Zusatzkosten* umfassen die Kosten für *operative Neben- und Zusatzleistungen,* wie Versandverpackung, Etikettieren, Ausladen, Konfektionieren und Leerguthandling, sowie für *administrative Leistungen,* die mit der Erzeugung der Logistikleistungen einhergehen, wie Planung, Disposition, Qualitätssicherung und Controlling.

Nicht zu den Logistikkosten zählen die Kosten für die Produktion von Gütern und für die Erzeugung nichtlogistischer Leistungen. So sind die Kosten für Entwicklung, Konstruktion, Einkauf, Marketing, Vertrieb und Verwaltung keine Logistikkosten. Ebensowenig zählen die Ausgaben für den Einkauf von Handelsware oder von Einsatz-, Roh-, Hilfs- und Betriebsstoffen der Produktion zu den Logistikkosten. Auch die Kosten für *Verkaufsverpackungen* sind keine Logistikkosten sondern Teil der Herstellkosten.

Bei der Gestaltung und Optimierung der Unternehmenslogistik sowie bei der Disposition von Aufträgen und Beständen ist jedoch stets zu beachten, daß außer den Logistikkosten auch nichtlogistische Kosten, wie *Rüstkosten, Fehlmengenkosten, Unterbrechungskosten* und *Bestellkosten,* sowie *Preise, Deckungsbeiträge* und *Umsätze* von der Logistik beeinflußt werden. Für die Unternehmenslogistik gilt daher ebenfalls das *Ökonomische Prinzip*:

▶ Ziel des wirtschaftlichen Handelns ist die Maximierung der Differenz von *Erlösen* und *Kosten* bei minimalem *Kapitaleinsatz.*

### 1. Bestandteile der Logistikkosten

Die Logistikkosten setzen sich aus folgenden *Bestandteilen* zusammen, die in der Regel von der Kostenrechnung gesondert erfaßt werden [14; 58; 66; 67; 223]:

- *Personalkosten*: *Löhne* für gewerbliche und *Gehälter* für angestellte Mitarbeiter mit logistischen Aufgaben einschließlich *Nebenkosten* für Steuern, Abgaben, Urlaub, Krankheit, Abwesenheit usw.
- *Raum- und Flächenkosten*: *Abschreibungen* und *Zinsen* für eigene sowie *Mieten* und *Leasingkosten* für fremde Bauten, Hallen, Flächen und Außenanlagen sowie damit verbundene Kosten für Energie, Heizung, Klima, Instandhaltung und Bewachung.
- *Strecken- und Netzkosten*: *Abschreibungen* und *Zinsen* für eigene sowie *Mieten* und *Gebühren* für die Nutzung fremder Fahrwege, Transportstrecken, Fahrtrassen, Straßen, Autobahnen, Schienennetze oder Verkehrswege.

- *Betriebsmittelkosten*: *Abschreibungen, Zinsen, Reinigungs- und Instandsetzungskosten* für eigene sowie *Mieten* und *Leasingkosten* für fremde Betriebsmittel, wie Regale, Stapler, Transportmittel, Krananlagen, Fördertechnik, Handhabungseinrichtungen und andere *Logistikgewerke* einschließlich zugehöriger Steuerungstechnik und Prozeßrechner sowie die von den Betriebsmitteln verursachten Kosten für *Energie*, *Wartung* und *Reparatur*.
- *Ladungsträgerkosten*: *Abschreibungen* und *Zinsen* für eigene sowie *Miete* und *Leasingkosten* für fremde Ladungsträger, wie Paletten, Behälter, Gestelle, Kassetten und Container.
- *Sachkosten*: Ausgaben für *Packmaterial*, *Transportverpackungen*, *Ladungssicherung*, *Etiketten* und anderes Material, das in Verbindung mit den Logistikleistungen verbraucht wird.
- *IT-Kosten*: *Abschreibungen*, *Zinsen* und Betriebskosten für eigene IT-Systeme sowie *Kosten* für fremde *IT-Leistungen*, soweit diese von den logistischen Leistungsstellen in Anspruch genommen werden.
- *Fremdleistungskosten*: *Frachten* und *Vergütungen* für Logistikleistungen und *Mieten* für Lagerplätze oder Abstellplätze.
- *Steuern, Abgaben, Versicherungen und Gebühren*, die im Zusammenhang mit der Erbringung der Logistikleistungen anfallen.
- *Vorlaufkosten*: Abschreibungen und Zinsen für aktivierte Kosten der *Planung* und des *Projektmanagement* sowie *Anlaufkosten*, die bis zum Beginn der wirtschaftlichen Nutzung einer Leistungsstelle oder eines Logistiksystems aufgelaufen sind.
- *Bestandskosten*: *Zinsen* und *Abschriften* auf Material und Waren in der gesamten Logistikkette, also in Lagern, auf Pufferplätzen und in Bewegung.

Bei der Kalkulation der Bestandskosten werden häufig nur die Zinskosten für die Kapitalbindung berücksichtigt und die *Abschriften* für Wertverluste, Unverkäuflichkeit, Verderb und Schwund der Bestände vernachlässigt. Die Höhe der Abschriften auf die Bestände aber kann bei modischen, verderblichen, hochwertigen oder technisch rasch veraltenden Produkten die Höhe der Zinskosten durchaus erreichen oder sogar überschreiten.

**2. Arten der Logistikkosten**

Abhängig von der Funktion der Leistungsstelle, der Art der Leistung und der Verantwortung für die Leistungserbringung lassen sich die Logistikkosten einteilen in:

- *Transport-*, *Lager-*, *Umschlags-*, *Kommissionier-* und *Bereitstellkosten*
- *Beschaffungskosten, Distributionskosten* und *Entsorgungskosten*
- *operative* und *administrative Logistikkosten*
- *innerbetriebliche* und *außerbetriebliche Logistikkosten*
- *direkte* und *indirekte Logistikkosten*
- *eigene* und *fremde Logistikkosten*

Die *direkten Logistikkosten* sind gleich den anteiligen Betriebskosten aller operativen und administrativen Leistungsstellen, die für die Logistik tätig sind und ihre logistischen Leistungen gesondert erfassen. *Indirekte Logistikkosten* sind Kosten von administrativen Stellen, wie Personalabteilung, Planungsabteilung oder Geschäftsleitung, die indirekt für die Logistik tätig sind, und von operativen Stellen, die ihre Logistikleistungen nicht gesondert erfassen.

Außer bei den *Logistikdienstleistern*, deren Geschäftszweck die Logistik ist, stehen den Logistikkosten in der Regel keine nennenswerten direkten *Erlöse für Logistikleistungen* gegenüber. Daher ist es nur bei Logistikunternehmen und für Logistikbetriebe, die als *interne Dienstleister* arbeiten, sinnvoll, die direkten Logistikkosten durch die Umlage von *indirekten Logistikkosten*, wie anteilige Gemeinkosten für Verwaltung und Vertrieb, zu belasten. Werden die Umsätze des Unternehmens nicht mit logistischen Produkten und Leistungen erzielt, sollten zur Vermeidung unnötiger Komplikationen nur die direkten Logistikkosten, die in diesem Fall selbst Gemeinkosten sind, gemäß der Inanspruchnahme auf die Artikel oder Aufträge umgelegt werden.

Zu den *fremden Logistikkosten* gehören die in den Einkaufspreisen enthaltenen Logistikkosten der Lieferanten. Die Höhe dieser *Lieferantenlogistikkosten* ist abhängig von den *Lieferbedingungen*, wie *Frei Haus* und *Ab Werk*, der *Anlieferform*, der *Sendungsstruktur* und dem gebotenen *Lieferservice*. Die Logistikkosten der Lieferanten werden von der Unternehmenslogistik und den *Beschaffungsstrategien* der Abnehmer beeinflußt [69].

### 3. Fixe und variable Logistikkosten

Zur Beurteilung unterschiedlicher Lösungsvarianten sowie für die Kalkulation von Leistungskosten und Leistungspreisen werden die Logistikkosten in variable und fixe Kosten aufgeteilt [14]:

$$K_{log} = K_{var} + K_{fix}\,. \tag{6.3}$$

Die *Abgrenzung* von fixen und variablen Kosten ist nicht immer so eindeutig, wie oft angenommen wird [253].

Die *variablen Logistikkosten* $K_{var}$ sind die Anteile der Logistikkosten, die sich mit dem Leistungsdurchsatz verändern und bei einer anhaltenden Nichtinanspruchnahme von Leistungen vermeiden lassen. Zu den variablen Logistikkosten zählen:

- *nutzungsbedingte Abschreibungen* für den Verbrauch des *Nutzenvorrates*, der mit den Anlageinvestitionen bereitgestellt wird, wie die Abnutzung von Betriebsmitteln und Transportmitteln infolge der betriebsbedingten Inanspruchnahme,
- *Wartungs- und Instandhaltungskosten* von Transportmitteln, Ladungsträgern und anderen Betriebsmitteln mit nutzungsabhängigem Verschleiß,
- *Personalkosten* für gewerbliche und angestellte Mitarbeiter, soweit deren Anzahl, Arbeitszeiten und Entlohnung dem Leistungsbedarf angepaßt werden können,
- *Sachkosten* der operativen und administrativen Leistungsstellen, soweit diese unmittelbar von den erbrachten Logistikleistungen verursacht werden,
- *Betriebskosten* für mobile Einrichtungen und Geräte, wenn sich die Anzahl dem Leistungsbedarf anpassen läßt,

- *Verbrauchskosten* für Kraftstoffe, Energie, Beleuchtung, Heizung und Klimatisierung von Flächen, Gebäuden und Betriebsmitteln,
- nutzungsabhängige Strecken- und Netzkosten,
- leistungsabhängige Fremdleistungskosten,
- nutzungsabhängige Steuern, Abgaben, Versicherungen und Gebühren,
- Bestandskosten für den bedarfsabhängig veränderlichen Anteil der Bestände.

Die Nutzungsabhängigkeit der Wartungs- und Instandhaltungskosten für Transportmittel und andere Betriebsmittel wird bei der Kalkulation der Logistikkosten häufig nicht richtig berücksichtigt. So ist es falsch, die leistungsabhängigen Wartungs- und Instandhaltungskosten für alle Kalkulationsperioden mit einem festen Prozentsatz vom Investitionswert anzusetzen und damit wie Fixkosten zu behandeln. Die Wartungs- und Instandhaltungskosten steigen im Verlauf der Nutzung an und erreichen am Ende der Gesamtnutzungsdauer den Nutzungswert [70].

Einige Anteile der variablen Kosten lassen sich einer veränderten Leistungsinanspruchnahme nicht so weit anpassen, wie allgemein angenommen wird. Beispielsweise muß bei Jahresarbeitszeitverträgen mit flexibler Einsatzzeit dem Arbeitnehmer oft eine bestimmte *Mindeststundenzahl* pro Jahr garantiert werden, die auch bei geringerer Inanspruchnahme am Jahresende zu vergüten ist.

Die *fixen Logistikkosten* $K_{fix}$ sind die Anteile der Logistikkosten, die unabhängig von der Erbringung der Logistikleistungen permanent anfallen und auch bei anhaltender Nichtinanspruchnahme bestehen bleiben. Wesentliche Bestandteile der fixen Logistikkosten sind:

- *nutzungsunabhängige Abschreibungen* für den *zeitlichen Wertverlust* von Flächen, Gebäuden, Anlagen, Verkehrswegen, Transportnetzen, Transportmitteln und Betriebsmitteln, die zum Erhalt der *Leistungsbereitschaft* permanent vorgehalten werden,
- *kalkulatorische Zinsen* auf das investierte Kapital,
- *feste Mieten und Leasingkosten*,
- *feste Personalkosten* für Mitarbeiter, die als *Mindestbesetzung* oder *Bereitschaftsdienst* auch dann anwesend sein müssen, wenn keine Leistungen in Anspruch genommen werden,
- *fixe Fremdleistungskosten*, soweit sie unabhängig von der Leistungsnutzung anfallen,
- *feste Steuern, Abgaben, Versicherungen* und *Gebühren*,
- *Abschreibungen* von aktivierten Planungs-, Projektmanagement- und Beratungsaufwendungen,
- *konstante Bestandskosten* für den Anteil der Bestände, der sich bei einem Rückgang des Bedarfs nicht abbauen läßt.

Die fixen Logistikkosten sind nicht immer so fest und unabhängig von der Leistung, wie vielfach angenommen wird. So ist eine genaue Trennung zwischen nutzungsunabhängigen und nutzungsbedingten Abschreibungen für Industriebauten, Transportnetze und Verkehrswege in vielen Fällen schwierig.

## 6.4 Abschreibungen und Zinsen

Die Betriebskosten hochtechnisierter Systeme, die große Investitionen erfordern, werden maßgebend von den *Abschreibungen* und *Zinsen* bestimmt. Für die Kalkulation von Abschreibungen und Zinsen gibt es unterschiedliche Verfahren, die von der betriebswirtschaftlichen Zielsetzung abhängen, wie Finanzierung, Bilanzierung, Kostenrechnung, Preiskalkulation oder Investitionsrechnung [14; 70].

Für Investitionsentscheidungen, Betriebskostenrechnungen und Preiskalkulationen ist das Verfahren *nutzungsnaher Abschreibungen* mit *kalkulatorischen Zinsen* am besten geeignet. Abgesehen von seiner Einfachheit sind die Vorteile dieses Verfahrens eine bei gleichbleibender Nutzung bis zum Ende der wirtschaftlichen Nutzungsdauer *konstante Kostenbelastung* und die Möglichkeit der *nutzungsnahen Fixkostenverteilung*.

Andere Kalkulationsverfahren, beispielsweise die steuerlich zulässige degressive Abschreibung über kurze Zeiträume oder eine zu Anfang hohe, mit der Tilgung abnehmende Zinsbelastung, sind mit zeitabhängigen Kostenbelastungen verbunden, verschleiern die Zusammenhänge und führen leicht zu falschen Entscheidungen [70].

### 1. Nutzungsnahe Abschreibungen

Die Abschreibungen bis zum Nutzungsende einer Investition dienen bei Fremdfinanzierung der Tilgung des investierten Kapitals und bei Eigenfinanzierung dem Ansparen des zur Neuinvestition benötigten Kapitals. In beiden Fällen müssen die Abschreibungsbeträge *nutzungsnah* sein, das heißt proportional zur zeitlichen oder leistungsabhängigen *Inanspruchnahme*. Dabei ist zu unterscheiden zwischen den *leistungsabhängigen Abschreibungen*, die von der *Abnutzung* durch Gebrauch bestimmt werden, und den *zeitabhängigen Abschreibungen*, für die der *Wertverlust* infolge von Veraltung oder Unwirtschaftlichkeit maßgebend ist.

Die Höhe der leistungsabhängigen Abschreibungen auf eine Investition, die zu Nutzungsbeginn einen *Beschaffungswert* BW [€] und zum Nutzungsende einen *Restwert* RW [€] hat, resultiert aus der *Gesamtnutzbarkeit* und der *Nutzungsintensität:*

- Ist $\Lambda$ die *Gesamtnutzbarkeit* in Leistungseinheiten [LE] oder in Zeiteinheiten [ZE] und $\lambda$ die *Periodennutzung* in LE/PE bzw. ZE/PE, dann ist die *Periodenabschreibung für die Abnutzung* der Anlage oder des Betriebsmittels

$$K_{AfA} = (BW - RW) \cdot \lambda / \Lambda \qquad [€/PE]. \qquad (6.4)$$

Die minimale Gesamtnutzbarkeit in Zeiteinheiten, zum Beispiel in Betriebsstunden, ist die *technische Mindestnutzungsdauer* $N_T$ [PE]. Die minimale Gesamtnutzbarkeit in Leistungseinheiten, beispielsweise in Fahrkilometern eines Transportmittels oder in Lagerspielen eines Regalbediengeräts, ist die *technische Mindestlaufleistung* $\Lambda_{min}$.

Die technische Mindestnutzungsdauer oder Mindestlaufleistung von Anlagen und Betriebsmitteln muß der Hersteller angeben. Unter der Voraussetzung einer *ordnungsgemäßen Wartung und Instandhaltung* wird die technische Mindestnut-

| Gewerke | Mindestnutzbarkeit minimale Gesamtbetriebszeit | Einheit | Abschreibungszeit 1-Schicht 2.000 | 2-Schicht 4.000 | 3-Schicht 6.000 | h/Jahr |
|---|---|---|---|---|---|---|
| **Lagerbediengeräte** | | | | | | |
| Schmalgangstapler | 30.000 | h | 15 | 8 | 5 | Jahre |
| Regalförderzeuge | 40.000 | h | 20 | 10 | 7 | Jahre |
| Krananlagen | 60.000 | h | 30 | 15 | 10 | Jahre |
| **Flurförderzeuge** | | | | | | |
| Handgabelhubwagen | 15.000 | h | 8 | 4 | 3 | Jahre |
| Stapler, Elektrohubwagen | 20.000 | h | 10 | 5 | 3 | Jahre |
| Elektrokarren, Schleppzüge | 30.000 | h | 15 | 8 | 5 | Jahre |
| FTS-Anlagen | 40.000 | h | 20 | 10 | 7 | Jahre |
| **Fördersysteme** | | | | | | |
| Verschiebewagen | 40.000 | h | 20 | 10 | 7 | Jahre |
| Senkrechtförderer | 40.000 | h | 20 | 10 | 7 | Jahre |
| Paketsorter | 40.000 | h | 20 | 10 | 7 | Jahre |
| Elektrohängebahnen | 50.000 | h | 25 | 13 | 8 | Jahre |
| Kreisförderer | 60.000 | h | 30 | 15 | 10 | Jahre |
| Stetigförderanalgen | 60.000 | h | 30 | 15 | 10 | Jahre |
| **Betriebseinrichtungen** | | | | | | |
| Aufzüge | 60.000 | h | 30 | 15 | 10 | Jahre |
| Roboter | 40.000 | h | 20 | 10 | 7 | Jahre |
| Waagen, Umreifung | 20.000 | h | 10 | 5 | 3 | Jahre |
| **Regale** | | | | | | |
| Fachregale | 15 bis 20 | Jahre | - | 15 bis 20 | - | Jahre |
| Durchlaufregale | 60.000 | h | 20 | 10 | 7 | Jahre |
| Verschieberegale | 40.000 | h | 20 | 10 | 7 | Jahre |
| Umlaufregale | 30.000 | h | 15 | 8 | 5 | Jahre |
| **Rechneranlagen** | | | | | | |
| Hardware | 5 bis 10 | Jahre | - | 5 bis 10 | - | Jahre |
| Software | 3 bis 5 | Jahre | - | 3 bis 5 | - | Jahre |
| **Ladehilfsmittel** | | | | | | |
| DIN-Paletten | 3 bis 5 | Jahre | - | 3 bis 5 | - | Jahre |
| Behälter | 5 bis 10 | Jahre | - | 5 bis 10 | - | Jahre |
| ISO-Container | 7 bis 12 | Jahre | - | 7 bis 12 | - | Jahre |
| **Gebäude** | | | | | | |
| Hallenbauten | 25 bis 40 | Jahre | - | 25 bis 40 | - | Jahre |
| Silobauten | 10 bis 20 | Jahre | - | 10 bis 20 | - | Jahre |
| **Haustechnik** | | | | | | |
| Klimaanlagen | 10 bis 15 | Jahre | - | 10 bis 15 | - | Jahre |
| Sprinkler | 15 bis 20 | Jahre | - | 15 bis 20 | - | Jahre |
| Heizungsanlagen | 15 bis 20 | Jahre | - | 15 bis 20 | - | Jahre |
| Elektroinstallationen | 15 bis 20 | Jahre | - | 15 bis 20 | - | Jahre |

**Tab. 6.1** Richtwerte der Mindestnutzbarkeit innerbetrieblicher Logistikgewerke und resultierende Abschreibungszeiten bei Ein- und Mehrschichtbetrieb

Nutzung: 250 Betriebstage pro Jahr, 8 Betriebsstunden pro Schicht

zungsdauer oder Mindestlaufleistung von qualifizierten Lieferanten auch garantiert. *Erfahrungswerte* der technischen Mindestnutzungsdauer für ausgewählte innerbetriebliche Logistikgewerke und die für unterschiedliche Betriebszeiten resultierenden Abschreibungszeiten sind in *Tabelle 6.1* zusammengestellt.

Die *Nutzungsabschreibung* ist die Abschreibung pro Leistungseinheit und gegeben durch

$$k_{AfA} = (BW - RW) / \Lambda \qquad [€ / LE]. \qquad (6.5)$$

So resultiert für einen Lastzug mit Sattelauflieger, dessen Beschaffungspreis BW = 100.000 € beträgt und der die Mindestlaufleistung $\Lambda_{min}$ = 1.200.000 Fahrkilometer hat, eine Nutzungsabschreibung von 8,00 € pro 100 km oder 0,08 €/km, wenn der Restwert am Ende der Nutzung 0 ist. Die nutzungsnahe Abschreibung ist also unabhängig davon, zu welcher Zeit die Fahrt stattfindet, ob am Anfang, in der Mitte oder am Ende der Gesamtnutzungszeit, und auch unabhängig davon, wie hoch die Fahrleistung pro Periode ist.

Bei *ungleichmäßigem Leistungsanfall* ist die Anzahl genutzter Betriebsstunden oder Leistungseinheiten in den einzelnen Perioden unterschiedlich. Die Abschreibung ist dann periodenabhängig und gemäß Beziehung (6.4) mit der aktuellen Periodennutzung $\lambda$ zu kalkulieren. So ist ein Lastzug mit der Mindestlaufleistung von 1.200.000 Fahrkilometern, der im ersten Jahr 150.000 km, im nächsten Jahr 100.000 km und im dritten Jahr 200.000 km gefahren wird, im ersten Jahr mit 12,5 %, im zweiten Jahr mit 8,33 % und im dritten Jahr mit 16,7 % abzuschreiben.

Die Abhängigkeit der Abschreibung von der Periodennutzung wird vielfach nicht berücksichtigt. Stattdessen wird nutzungsunabhängig mit einer linearen Abschreibung über eine feste Zeit kalkuliert. Bei geringer Nutzung ergeben sich mit einer linearen Abschreibung zu hohe und bei hoher Nutzung zu geringe Leistungskosten. Das kann bei geringer Inanspruchnahme zur Folge haben, daß die wenigen Kunden die Nutzung weiter einschränken, weil die Leistungspreise zu hoch kalkuliert sind. Bei hoher Nutzung steigt der Verschleiß an, ohne daß die mit einer gleichbleibenden Abschreibung kalkulierten Erlöse die erhöhte Abnutzung decken.

Nur bei *gleichmäßiger Inanspruchnahme* während der gesamten technischen Nutzungsdauer $N_T$ [PE], die in Periodenlängen, zum Beispiel in Jahren gemessen wird, wie sie für *Gebäude* und *unbewegliche Einrichtungen* angesetzt werden kann, ist es sinnvoll, mit einer konstanten *linearen Abschreibung* zu kalkulieren. Dann ist:

$$K_{AfA} = (BW - RW) / N_T \qquad [€ / PE]. \qquad (6.6)$$

Die gleiche Beziehung ergibt sich auch für eine nutzungsabhängige Abnutzung aus Beziehung (6.4) mit der *technischen Abschreibungszeit* $N_T$ [PE] bei einer *mittleren Periodennutzung* $\lambda$ [ZE/PE oder LE/PE] und einer Gesamtnutzbarkeit $\Lambda$ [ZE oder LE], denn dann ist $N_T = \Lambda/\lambda$ [PE].

Ein typisches Beispiel für die Nutzungsabhängigkeit der Abschreibungsdauer ist eine Paketsortieranlage mit einem Investitionswert von 8,5 Mio. € und einer garantierten technischen Mindestlaufzeit von 40.000 Betriebsstunden. Im Zweischichtbetrieb mit $2 \cdot 7$ Stunden an 250 Tagen im Jahr ist die Abschreibungszeit $N_T = 40.000/(2 \cdot 7 \cdot 250) = 11{,}4$ Jahre. Die jährliche Abschreibung ist dann 0,75 Mio. €. Bei einer Nutzung im Dreischichtbetrieb mit $3 \cdot 7$ Stunden an 300 Tagen im Jahr sinkt die Abschreibungszeit auf 6,4 Jahre. Die jährliche Abschreibung steigt auf 1,33 Mio. €.

Auch wenn Gebäude, Anlagen und Betriebsmittel aus steuerlichen Gründen, zur Finanzierung oder wegen einer Investitionsförderung progressiv, degressiv oder in einem kürzeren Zeitraum als die nutzungsabhängige Abschreibungszeit abgeschrieben werden dürfen, sollte bei *Investitionsrechnungen* und in der *Leistungskostenrechnung* mit der nutzungsnahen Abschreibung über die *technische Mindestnutzungszeit* kalkuliert werden.

So ist es steuerlich zulässig, ein *Hochregallager* in Silobauweise als Betriebseinheit wie eine Maschine in 10 Jahren abzuschreiben. Die Statistiken im Betrieb befindlicher Hochregallager zeigen jedoch, daß die Nutzungsdauer von Hochregallagern bei ordnungsgemäßer Wartung und Instandhaltung 20 Jahre und länger beträgt. Es wäre daher falsch, sich anstelle eines *Hochregallagers* allein deshalb für ein *Staplerlager* mit einer Halle zu entscheiden, weil die steuerlich zulässige Abschreibungsdauer für die Halle 25 Jahre beträgt. Betriebswirtschaftlich maßgebend für den Systemvergleich zwischen einem automatischen Hochregallager und einem konventionellen Staplerlager in einer Halle sind die Betriebskosten, die sich aus den unterschiedlichen Nutzungsdauern und Kosten der Teilgewerke errechnen (s. *Tabelle 16.6*).

Ist ein Gewerk infolge des technischen Fortschritts oder aufgrund des Fortfalls der Nutzbarkeit vor Ablauf der technischen Nutzungsdauer nicht mehr wirtschaftlich einsetzbar, ist die Abschreibungszeit durch die *wirtschaftliche Nutzungsdauer* $N_W$ begrenzt, die in diesem Fall kürzer ist als die technische Nutzungsdauer [14].

### 2. Kalkulatorische Zinsen

Bei einem größeren Bestand von Gebäuden, Maschinen, Anlagen, Betriebsmitteln oder Fahrzeugen, die zu verschiedenen Zeiten mit den *Beschaffungswerten* $BW_k$ [€], $k = 1,2 \ldots N_I$, angeschafft wurden und am Ende der jeweiligen Nutzungszeit die *Restwerte* $RW_k$ haben, ist der *Zeitwert* des gesamten Anlagebestandes gleich der Summe der mittleren Zeitwerte der Teilanlagen:

$$ZW = \sum_k (BW_k + RW_k)/2 \tag{6.7}$$

Aus dem Gesamtzeitwert und dem Zinssatz ergibt sich die Zinsbelastung. Für die betriebswirtschaftliche Kostenrechnung ist es daher zulässig, die Zinsen für die einzelnen Teilanlagen während der gesamten Nutzungszeit mit dem *mittleren Zeitwert* zu kalkulieren. Die *kalkulatorischen Zinsen* für eine Investition mit einem *Beschaffungswert* BW [€] und einem *Restwert* RW [€] bei einem *Zinssatz z* [%/PE] sind nach diesem *Verfahren der Durchschnittswertverzinsung* [14]:

$$K_{zins} = z \cdot (BW + RW)/2 \qquad [€/PE]. \tag{6.8}$$

Hieraus folgen die *Kalkulationsgrundsätze*:

- ▶ Für alle *Anlagen*, deren Zeitwert während der Nutzungszeit bis zu einem Restwert O abnimmt, sind die Zinskosten auf den *halben Beschaffungswert* zu kalkulieren.

▶ Für *Grundstücke* und Anlagegüter, deren Restwert gleich dem Beschaffungswert ist, sind die Zinskosten auf den *vollen Beschaffungswert* zu kalkulieren.

Werden die Zinsen der Teilanlagen, wie in der Gewinn- und Verlustrechnung, auf den im Verlauf der Nutzungszeit abnehmenden Zeitwert kalkuliert, ergeben sich zu Beginn der Nutzung höhere Leistungskosten als zum Ende der Nutzungszeit. Damit resultieren für Neuanlagen Kosten und Preise, die deutlich höher sind als für Altanlagen gleicher Art und Leistung.

Dadurch würden die Nutzer in der Anfangsphase bestraft und in der Endphase begünstigt. Kunden mit Ausweichmöglichkeit, die in der Endphase der Nutzung durch günstige Preise angezogen wurden, wandern nach einer Neuanschaffung infolge der sprunghaft erhöhten Preise ab. Das ist in manchen Fällen der Grund dafür, daß eine betriebswirtschaftlich eigentlich notwendige und sinnvolle Neuanschaffung immer wieder hinausgezögert wird.

## 6.5 Leistungseinheiten und Leistungsdurchsatz

Die Logistikkosten hängen von *Art* und *Menge* der erbrachten Leistungen ab. Die Art der Leistungen wird durch *Leistungsmerkmale* [LM] gekennzeichnet. Die Menge der erbrachten Leistung pro Periode, also der *Leistungsdurchsatz* $\lambda$ [LE/PE] – auch einfach *Leistung* genannt –, wird in *Leistungseinheiten* [LE] pro Periode [PE] gemessen.

### 1. Leistungsmerkmale und Leistungseinheiten

Die *Leistungsmerkmale* LM spezifizieren den Leistungsumfang, das Leistungsergebnis und die Umstände, unter denen die Leistung zu erbringen ist. *Merkmale von Logistikleistungen* sind:

- Beschaffenheit der Logistikeinheiten, wie Maße, Volumen und Gewicht
- geforderte Lieferzeiten und Zustelltermine
- Lieferfähigkeit, Termintreue und Sendungsqualität
- Neben- und Zusatzleistungen, die nicht gesondert abgerechnet werden,
- Versandvorschriften, Lagervorschriften und Sicherheitsanforderungen

*Leistungseinheiten* [LE] zur Messung von Logistikleistungen sind:

- *Mengeneinheiten* [ME]: *Gewichte* [kg; t], *Volumen* [l; $m^3$], *Stück* [ST], *Gebinde* [Geb] oder *Ladeeinheiten* [LE]
- *Vorgangseinheiten* [VE]: *Aufträge* [Auf], *Positionen* [Pos], *Sendungen* [Sdg], *Bearbeitungseinheiten* [BE] oder definierte *Leistungsumfänge* [LU]

Leistungseinheiten der spezifischen Logistikleistungen *Transport* zur Raumüberbrückung und *Lagern* zur Zeitüberbrückung sind:

- *Transport-Leistungseinheiten*: *Ladeeinheiten-Entfernung* [LE-km], *Transporteinheiten-Kilometer* [TE-km]; *Laderaum-Kilometer* [$m^3$-km] oder *Tonnen-Kilometer* [t-km]

- *Lager-Leistungseinheiten*: *Lagergut-Aufbewahrungszeit* [Lagergut-Tage], *Lagerraum-Tage* [$m^3$-Tage] und *Ladeeinheiten-Tage* [LE-Tag], wie Paletten-Tage oder PKW-Abstelltage.

**2. Leistungsarten**

Für die Kalkulation der Leistungskosten ist zu unterscheiden zwischen einfachen und zusammengesetzten Leistungen:

- *Einfache Leistungen* bestehen nur aus einer Leistungsart und werden durch nur eine Leistungseinheit gemessen.
- *Zusammengesetzte Leistungen* oder *Leistungspakete* $L(n_1,n_2,\ldots,n_N)$ setzen sich aus mehreren *Teilleistungen* $TL_r$ , $r = 1,2\ldots, N$, zusammen, die pro Leistungspaket mit den Anzahlen $n_r$ vorkommen, durch Merkmale $LM_r$ gekennzeichnet sind und in unterschiedlichen Leistungseinheiten $LE_r$ gemessen werden.

Einfache Leistungen der Logistik sind beispielsweise das *Ein- und Auslagern* einer Lagereinheit, das *Lagern* einer Lagereinheit für eine definierte Zeit oder der *Transport* einer Transporteinheit über eine bestimmte Entfernung. Die Leistungseinheit ist im ersten Fall die Lagereinheit LE, im zweiten Falle der LE-Tag und im letzten Fall der TE-km.

Zusammengesetzte Leistungen, die von manchen Dienstleistern auch als *Produkte* bezeichnet werden, sind z. B. das Be- und Entladen einer Sendung mit $M_{LE}$ Ladeeinheiten in $M_{TE}(M_{LE})$ Transporteinheiten, in denen die Sendung von A nach B gefahren wird, oder der *kombinierte Transport* von $M_{WB}$ Wechselbrücken im Vor- und Nachlauf auf der Straße mit $M_{LKW}(M_{WB})$ Lastzügen und im Hauptlauf mit der Bahn auf $M_{WAG}(M_{WB})$ Waggons.

Im allgemeinsten Fall enthalten die Teilleistungen einer zusammengesetzten Leistung in sich verschachtelt weitere Teil- oder Unterleistungen. Eine zusammengesetzte *und* verschachtelte Leistung der innerbetrieblichen Logistik ist beispielsweise das *Kommissionieren* von stündlich $\lambda_{Auf}$ [Auf/h] *Aufträgen* mit durchschnittlich $n_{Pos}$ *Positionen* [Pos] pro Auftrag und im Mittel $m_{EE}$ unterschiedlichen *Entnahmeeinheiten* [EE] pro Position. Eine zusammengesetzte und verschachtelte Leistung der außerbetrieblichen Logistik ist die *Spedition* einer Sendung mit einer bestimmten Packstückanzahl auf Paletten über einen oder zwei Umschlagpunkte zu einem vorgegebenen Ziel.

Der Auftraggeber interessiert sich in der Regel wenig für die Einzelleistungen, die mit der Auftragsdurchführung verbunden sind. Er erwartet ein *Leistungsergebnis*, das ihm Nutzen bringt. Daher ist es notwendig, zu unterscheiden zwischen *Endleistungen* oder *Leistungsergebnissen*, die der *Auftraggeber* sieht und bestellt hat, und *Vorleistungen, Teilleistungen* und *Einzelleistungen*, die zur Erzeugung eines Leistungsergebnisses vom *Auftragnehmer* erbracht werden.

In der Logistik ist das Leistungsergebnis ein immaterielles Produkt, wie eine zugestellte Sendung oder ein versandfertig kommissionierter Auftrag. Die Vorleistungen sind in der Regel ebenfalls Leistungen, können aber auch materielle Objekte umfassen, wie Transportverpackungen oder Ladungssicherungen, die zur Leistungserstellung benötigt werden.

### 3. Leistungsdurchsatz und Grenzleistungen

Der Durchsatz $\lambda$ einer Leistung $L(n_1,n_2,\ldots,n_m)$, die sich aus $n_r$ Teilleistungen $TL_r$ zusammensetzt, bewirkt einen *Durchsatz von Teilleistungen*

$$\lambda_r = n_r \cdot \lambda, \quad r=1,2\ldots,m \qquad [TL/PE]. \qquad (6.9)$$

Enthält eine der Teilleistungen $TL_r$ ihrerseits eine Unterleistung UL mit $n_{ur}$ Leistungseinheiten, dann ist der *induzierte Leistungsdurchsatz* der enthaltenen Leistung gegeben durch

$$\lambda_{ur} = n_{ur} \cdot n_r \cdot \lambda \qquad [UL/PE]. \qquad (6.10)$$

Die in *Abb. 6.1* dargestellte Auflösung einer kombinierten und verschachtelten Leistung in Teilleistungen und enthaltene Unterleistungen entspricht der *Stücklistenauflösung* der Fertigungsplanung. Anzahlen und Mengen der Vorleistungen, Teilleistungen und Einzelleistungen, die mit einem Leistungsauftrag verbunden sind, hängen ab von der Beschaffenheit und Zusammensetzung der Endleistung, von der Auftragsdisposition sowie vom Fassungsvermögen und Füllungsgrad der verwendeten Ladungsträger und Transportmittel.

Verändern sich beim Durchlauf durch die Logistikkette die Lade- und Transporteinheiten, ist es notwendig, die Kosten auf die *elementaren Logistikeinheiten* zu beziehen, die die Logistikkette von Anfang bis Ende unverändert durchlaufen. Hierzu müssen die Leistungskosten für Teilabschnitte der Logistikkette, die von *zusammengesetzten Ladeeinheiten* durchlaufen werden, auf die in ihnen enthaltenen elementaren Einheiten umgerechnet werden (s. *Abschnitt 12.2*).

Wenn eine Leistungsstelle oder ein Logistiksystem mehrere Leistungsarten $LA_i$ erbringen kann, die jeweils durch bestimmte Leistungsmerkmale $LM_i$ gekennzeichnet sind, ist der Leistungsdurchsatz gegeben durch einen *Leistungsvektor*:

$$\lambda = (\lambda_1, \lambda_2, \ldots, \lambda_N). \qquad (6.11)$$

Die Komponenten des Leistungsvektors sind die *partiellen Leistungen* $\lambda_i$ $[LE_i/PE]$, $i = 1,2\ldots,N$, die unter Umständen in unterschiedlichen Leistungseinheiten $LE_i$ gemessen werden.

Die maximal möglichen Leistungsdurchsätze der Leistungsarten, für die eine Leistungsstelle ausgelegt ist, sind die *partiellen Grenzleistungen* $\mu_i$ $[LE_i/PE]$. Die Grenzleistungen einer Leistungsstelle lassen sich zu einem *Grenzleistungsvektor* zusammenfassen:

$$\mu = (\mu_1, \mu_2, \ldots, \mu_N). \qquad (6.12)$$

Die Auslastung einer Leistungsstelle mit dem Leistungsvektor (6.11) und dem Grenzleistungsvektor (6.12) ist gegeben durch den *Auslastungsvektor*:

$$\rho = (\rho_1, \rho_2, \ldots, \rho_N). \qquad (6.13)$$

mit den *partiellen Auslastungen*

$$\rho_i = \lambda_i / \mu_i \qquad [\%]. \qquad (6.14)$$

Eine Leistungsstelle, die unterschiedliche Leistungen erbringen kann, wird in der Regel in den partiellen Leistungen verschieden stark genutzt. Sie kann in einigen Leistungsarten hoch und in anderen gering ausgelastet sein.

Bei der Kalkulation nutzungsgemäßer Kostensätze und Preise ist zu unterscheiden, ob eine Leistungsstelle oder ein Logistiksystem die partiellen Leistungen unabhängig voneinander oder nur konkurrierend erbringen kann (s. *Abschnitt 6.10.5*). *Konkurrierende Leistungsarten*, beispielsweise das Einlagern und das Auslagern, können nur soweit erbracht werden, wie die von ihnen in Anspruch genommenen Ressourcen, z.B. die Lagergeräte, nicht für die jeweils andere Leistungsart genutzt werden.

## 6.6 Kostenstellen und Kostentreiber

Jede Leistungsstelle erzeugt Kosten und kann als gesonderte *Kostenstelle* betrachtet werden. Die Kosten einer Leistungsstelle werden von der installierten Kapazität und Grenzleistung sowie von der Menge und Art der erzeugten Leistungen bewirkt. Daher ist grundsätzlich jede Leistungseinheit, von der die Betriebskosten einer Leistungsstelle abhängen, ein *Kostentreiber*.

Die Anzahl der einzelnen Leistungsstellen und der von diesen erbrachten Leistungsarten ist in einigen Fällen jedoch so groß, daß die Leistungserfassung und Kostenrechnung sehr umfangreich und aufwendig werden. Wie in *Abb. 6.1* dargestellt, läßt sich das Problem durch *Ordnen* und *Bündeln* der Leistungsstellen zu *Leistungsbereichen* und durch *Zusammenfassen* von Teilleistungen zu *Leistungspaketen* und *Standardleistungen* vereinfachen. Je nach Bedarf ist auf diese Weise eine beliebig *differenzierte Leistungsabrechnung* oder eine relativ *pauschale Leistungsabrechnung* möglich.

Konkrete Beispiele für die Anwendung des hier beschriebenen allgemeinen Vorgehens zur Kalkulation von Lager-, Kommissionier-, Transport- und Frachtleistungskosten finden sich jeweils am Ende der *Kapitel* 16, 17, 18 und 20.

### 1. Differenzierte Leistungskostenabrechnung

Alle Leistungsstellen, die an der Erzeugung gleicher Leistungsumfänge beteiligt sind und deren Leistungskosten von den gleichen Leistungseinheiten abhängen, werden zu *Leistungsbereichen* zusammengefaßt. Jeder Leistungsbereich ist eine Kostenstelle. Alle Leistungseinheiten, die Einfluß auf die variablen Kosten haben, werden unabhängig davon, wie groß die von ihnen bewirkten Kosten sind, gesondert erfaßt und abgerechnet.

So können für einfache Palettenlager der Wareneingang und der Warenausgang mit der Ein- und Auslagerfördertechnik und dem Lagerbereich zu einer Kostenstelle *Lager* zusammengefaßt werden, wenn im Wareneingang keine wesentlichen Umpackvorgänge und im Warenausgang keine Kommissionierung stattfinden. Kosten- und Preiseinheiten sind in diesem Fall durchgängig für das Ein- und Auslagern von Paletten *€/Pal* und für das Lagern *€/Pal-Tag*. Wenn sich an das Lagern eine Kommissionierung anschließt, werden hierfür zusätzlich für die Lei-

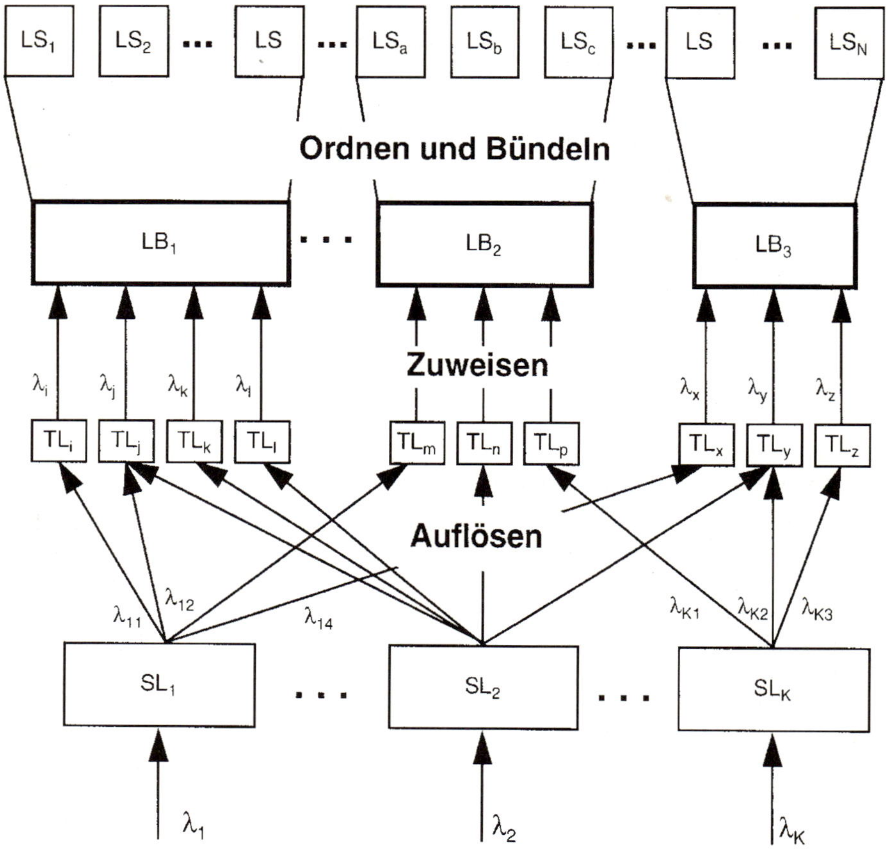


**Abb. 6.1** Auflösen von Standardleistungen in Teilleistungen und Zuweisung zu Leistungsbereichen und Leistungsstellen

$LS_i$ = Leistungsstelle $LB_n$ = Leistungsbereich = Kostenstelle
TL = Teilleistung $SL_k$ = Standardleistung = Leistungsumfang
$\lambda_k$ = Durchsatz [LE/PE] der Kostentreiber [LE]

stungseinheiten *Auftrag*, *Position* und *Entnahmeeinheit* die differenzierten Kosten- und Preiseinheiten *€/Auf*, *€/Pos* und *€/EE* abgerechnet.

Eine derart differenzierte Leistungskostenabrechnung ist für größere Logistikbetriebe mit vertretbarem Aufwand nur auf einem Rechner durchführbar. Die durchgesetzten Leistungseinheiten werden von einem unterlagerten *Lagerverwaltungssystem* (LVS) oder einem *Transportleitrechner* (TLR) laufend erfaßt und einem überlagerten *Verwaltungsrechner* gemeldet. Am Ende einer Abrechnungsperiode kalkuliert der Verwaltungsrechner aus den Leistungsmengen durch Multiplikation mit den Leistungskosten die *Logistikkosten* oder mit den Leistungspreisen die *Leistungsvergütung* für die abgeschlossene Periode (s. *Abschnitt 7.4*).

Der *Vorteil* der differenzierten Leistungsabrechung besteht darin, daß die Nutzer des Logistiksystems direkt mit allen von ihnen verursachten und *veranlaßten* Kosten belastet werden. Kostenwirksame Veränderungen der *Leistungsstruktur* werden mit der Leistungs- und Kostenabrechnung umgehend an die Nutzer weitergegeben. Auf diese Weise werden die Nutzer *selbstregelnd* dazu angeregt, allzu kostentreibende Leistungen weniger in Anspruch zu nehmen. Die Betreiber müssen sich einer veränderten Leistungsinanspruchnahme kurzfristig anpassen, entweder durch Abbau oder durch Aufbau entsprechender Kapazitäten in den betroffenen Leistungsstellen.

Streitigkeiten, Diskussionen und Nachforderungen infolge von Strukturveränderungen entfallen bei der differenzierten Leistungsabrechnung. Sie ist daher vor allem für die *Leistungsvergütung von Systemdienstleistern* geeignet, die ein kundenspezifisches Logistiksystem betreiben, das nicht zugleich auch von anderen Unternehmen genutzt wird.

**2. Pauschalierte Leistungskostenabrechnung**

Bei der pauschalierten Leistungskostenabrechnung werden möglichst viele Leistungsstellen zu möglichst wenigen Leistungsbereichen und Kostenstellen zusammengefaßt. Zur weiteren Vereinfachung werden nur die Kosten der *Hauptleistungen* erfaßt, kalkuliert und abgerechnet, von denen die variablen Kosten *maßgebend* abhängig sind. *Kostentreiber* sind dann nur noch die Leistungseinheiten $LE_i$ der *maßgebenden Leistungsarten.*

Die Kosten für nicht gesondert kalkulierte *Nebenleistungen*, wie das Etikettieren oder das Be- und Entladen, werden anteilig den Kosten der maßgebenden Hauptleistungen zugerechnet, mit denen sie verbunden sind, wie dem Lagern, dem Kommissionieren, dem Umschlag oder dem Transport. Da die Kalkulationsgenauigkeit infolge des Fixkostendilemmas ohnehin begrenzt ist, können auf diese Weise in der Kostenrechnung in der Regel alle Leistungen unterdrückt werden, deren Kosten geringer sind als 10 % der Kosten für die Hauptleistungen.

Das Einkalkulieren der Nebenleistungen und die Berücksichtigung allein der Hauptleistungen als Kostentreiber sind für die Kostenrechnung und Preiskalkulation solange ausreichend genau, wie sich die *Leistungsstruktur* nicht wesentlich ändert, wenn also die Relation der nicht gesondert kalkulierten Nebenleistungen zu den verursachenden Hauptleistungen konstant bleibt. Bei einer pauschalierten Leistungskostenabrechnung ist es daher ratsam, nicht nur den Leistungsdurchsatz laufend zu erfassen sondern auch die Leistungsstruktur zu kontrollieren. Bei gravierenden Strukturveränderungen kann eine Korrektur der Leistungskosten und Leistungspreise notwendig sein.

Die weniger aufwendige pauschalierte Leistungskostenabrechnung ist geeignet für die innerbetriebliche Verrechnung von Leistungen eines Logistikbetriebes, der als interner Dienstleister für einen oder mehrere Bereiche des gleichen Unternehmens arbeitet. Wird die pauschalierte Leistungskostenabrechnung zur Vergütung eines externen Logistikdienstleisters eingesetzt, müssen, um Streitigkeiten auszuschließen, zusätzlich zu den Leistungspreisen auch die Leistungsstruktur und deren maximal zulässige Veränderung vereinbart werden.

## 6.7 Durchsatzabhängigkeit der Logistikkosten

Die *variablen Betriebskosten* lassen sich in eine Summe von *partiellen variablen Kosten* $K_{i\,var} = K_{i\,var}(\lambda_i)$ aufteilen, die vom Leistungsdurchsatz der verschiedenen Leistungsarten abhängen:

$$K_{var} = \sum_i K_{i\,var}(\lambda_i). \qquad [€\,/\,PE] \qquad (6.15)$$

Wenn die Abhängigkeit der variablen Kosten $K_{var}(\lambda_i)$ vom partiellen Leistungsdurchsatz stetig differenzierbar ist, existieren die *partiellen Grenzkosten*:

$$k_{i\,grenz} = \partial K_{var} / \partial \lambda_i \qquad [€\,/\,LE_i]. \qquad (6.16)$$

Die partiellen Grenzkosten hängen von den Leistungsmerkmalen $LM_i$ und den geforderten Grenzleistungen $\mu_i$ der jeweiligen Leistungsart ab. Im Bereich der stetigen Differenzierbarkeit sind die variablen Kosten proportional zum Leistungsdurchsatz $\lambda_i$ mit den partiellen Grenzkosten (6.16) als Proportionalitätsfaktor:

$$K_{i\,var} = k_{i\,grenz} \cdot \lambda_i . \qquad [€\,/\,PE] \qquad (6.17)$$

Die *Fixkosten* sind unabhängig vom Leistungsdurchsatz. Ihre Höhe wird von den fest installierten Ressourcen und deren *Grenzleistungen* $\mu_i$ für die verschiedenen Leistungsarten des Logistiksystems bestimmt:

$$K_{fix} = K_{fix}(\mu_i). \qquad [€\,/\,PE] \qquad (6.18)$$

Um die Fixkosten den Leistungsarten zurechnen zu können, müssen sie gemäß der Inanspruchnahme der Ressourcen aufgeteilt werden in eine Summe *partieller Fixkosten* $K_{i\,fix}$

$$K_{fix} = \sum_i K_{i\,fix} \qquad [€\,/\,PE] \qquad (6.19)$$

Eine nutzungsgemäße Aufteilung der Fixkosten ist nach folgenden *Zuweisungsregeln* möglich:

- Die *Flächenkosten* werden im Verhältnis der Flächeninanspruchnahme, die *Raumkosten* im Verhältnis des Raumbedarfs für die verschiedenen Leistungsarten den partiellen Fixkosten zugeteilt.
- Die Fixkosten für Fahrzeuge, Anlagen und Betriebsmittel, die festen Personalkosten sowie die Strecken- und Netzkosten werden im Verhältnis der *zeitlichen Inanspruchnahme* den partiellen Fixkosten zugerechnet.

Aus den Beziehungen (6.3) und (6.17) bis (6.19) folgt die *Durchsatzabhängigkeit der partiellen Betriebskosten*:

$$K_i(\lambda_i) = K_{i\,fix} + k_{i\,grenz} \cdot \lambda_i \qquad [€\,/\,PE]. \qquad (6.20)$$

Hieraus ergibt sich für die *Durchsatzabhängigkeit der Leistungskosten:*

$$k_i = k_{i\,grenz} + K_{i\,fix} / \lambda_i \qquad [€/LE]. \qquad (6.21)$$

Aus den Beziehungen (6.20) und (6.21) ist ablesbar:

► Die Betriebskosten steigen proportional und die Leistungskosten sinken umgekehrt proportional mit dem Leistungsdurchsatz.

Dieser Zusammenhang gilt genaugenommen nur bei stetig differenzierbarer Abhängigkeit der Betriebskosten vom Durchsatz. Wie in *Abb. 12.10* dargestellt, ist die Abhängigkeit des Ladeeinheiten- und Transportmittelbedarfs und damit auch der Betriebskosten eine Sprungfunktion vom Durchsatz. Über einen längeren Betriebszeitraum ist es jedoch zulässig, mit der mittleren Abhängigkeit zu kalkulieren und die Sprungfunktion durch die *stetige Ausgleichsfunktion* (12.42) aus *Kapitel 12* zu ersetzen.

Der Zusammenhang zwischen Leistungskosten und Leistungsdurchsatz läßt sich mit Hilfe der Definition (6.14) der partiellen Auslastung $\rho_i$ umrechnen in die *Auslastungsabhängigkeit der Leistungskosten*

$$k_i = k_{i\,grenz} + k_{i\,fix} / \rho_i \qquad [€/LE]. \qquad (6.22)$$

Hierin sind

$$k_{i\,fix} = K_{i\,fix} / \mu_i \qquad [€/LE] \qquad (6.23)$$

die Fixkosten pro Leistungseinheit bei *maximalem Leistungsdurchsatz* $\lambda_i = \mu_i$, d.h. bei maximaler Auslastung $\rho_i = 100$ %. Als Beispiel zeigt *Abb. 16.29* für unterschiedliche Lagersysteme die Auslastungsabhängigkeit der Umschlagkosten.

Nach Beziehung (6.20) steigen die Betriebskosten um die Grenzkosten, wenn eine zusätzliche Leistungseinheit erbracht wird. Hieraus folgt der *Grenzkostensatz:*

► Nur wenn der erzielte Leistungspreis höher als die Grenzkosten ist, bringt ein Auftrag einen positiven *Deckungsbeitrag* zur Abgeltung der Fixkosten.

Um die Existenz des Unternehmens langfristig zu sichern, müssen außer den variablen Kosten auch die Fixkosten, die Gemeinkosten und ein angemessener Gewinn erlöst werden. Daher ist bei der Absatzplanung und Preiskalkulation sowie bei Auftragsverhandlungen mit Dienstleistern zu beachten, daß ein Dienstleister auf die Dauer nur existieren kann, wenn die erzielten Leistungspreise über den vollen Leistungskosten liegen und die Gesamterlöse einen angemessenen Gewinn bringen (s. *Abschnitt 7.3*).

Wegen der Auslastungsabhängigkeit der Leistungskosten sowie infolge des Angebots preisgünstiger Rückfrachten und Beiladungen läßt sich dieser Grundsatz in der Geschäftspraxis nicht immer einhalten. So resultieren Tagespreise für Rückfrachten und Beiladungen aus Angebot und Nachfrage und nicht aus der Kostenrechnung, solange freier Frachtraum angeboten wird.

## 6.8 Fixkostendilemma und Auslastungsrisiko

Die Auslastungsabhängigkeit der Leistungskosten führt zum *Fixkostendilemma der Logistik*:

- Ein Logistiksystem, das für eine bestimmte *Leistung* ausgelegt ist, verursacht unabhängig von der Nutzung *Fixkosten, Leerstandskosten* und *Vorhaltekosten.*

Das Fixkostendilemma resultiert aus der Notwendigkeit, für die *Leistungsbereitschaft* eine ausreichend dimensionierte *Infrastruktur*, wie ein Transportnetz, Transportmittel, Gebäude, Anlagen, Regale, Betriebsmittel, und eine Mindestpersonalbesetzung vorzuhalten. Je höher der Fixkostenanteil ist, umso größer wird das Fixkostendilemma.

Konsequenzen des Fixkostendilemmas sind:

- Die *Leistungskosten* von Logistiksystemen sinken mit ansteigender Leistungsnutzung, zunehmender Auslastung der Lade- und Transporteinheiten und abnehmendem Leerfahrtanteil bis zu den *Leistungskosten bei Vollauslastung* der installierten Leistung.
- Leistungskosten und Leistungspreise gelten nur für eine bestimmte Leistungsnutzung, eine definierte Auslastung des Fassungsvermögens von Lade- und Transporteinheiten und für den kalkulatorisch angenommenen Leerfahrtanteil.
- Die *Kalkulationsgenauigkeit* der Leistungskosten und Leistungspreise nimmt mit zunehmender Schwankungsbreite der Leistungsnutzung ab.

Wegen des Fixkostendilemmas tendieren Management und Eigentümer eines Unternehmens dazu, ein neues Logistiksystem zu minimalen Investitionen auszuführen und möglichst knapp zu dimensionieren. Planer und Generalunternehmer neigen dagegen zu höheren Investitionen, wenn sich dadurch die Betriebskosten senken lassen, sowie zur Überdimensionierung, um nicht bei unerwartet ansteigendem Bedarf dem Vorwurf der falschen Dimensionierung ausgesetzt zu sein.

Einen Ausweg aus diesem *Zielkonflikt* weisen folgende *Planungs- und Dimensionierungsgrundsätze*:

1. Zunächst ist eine *Ausgangslösung* zu planen, die bei möglichst niedrigen Investitionen mit geringem Fixkostenanteil alle Leistungsanforderungen und Rahmenbedingungen erfüllt.
2. Danach sind weitere Lösungen zu entwickeln, die durch eine höhere Investition eine Senkung der Betriebskosten ermöglichen, aber einen höheren Fixkostenanteil haben.
3. Eine Lösung mit höherem Fixkostenanteil ist nur dann interessant, wenn die *Kapitalrückflußdauer* (5.4) im Vergleich zur Ausgangslösung kürzer ist als der Zeitraum, für den die geplante Auslastung gesichert ist.
4. Ein neues Logistikzentrum ist für den Endbedarf eines Planungszeitraums von mindestens 5 Jahren so auszulegen, daß es nach einer *ersten Baustufe*, die den Leistungsbedarf für einen Zeitraum von 2 bis 3 Jahren abdeckt, bei laufen-

dem Betrieb *stufenweise, flexibel* und *modular* ausgebaut werden kann, bis die *Endausbaustufe* erreicht ist.

5. Die *Durchsatzgrenzleistungen* und die Betriebsmittelausstattung des Logistiksystems sind so zu bemessen, daß der *mittlere Jahresdurchsatz* innerhalb der *Normalbetriebszeit* möglich ist. Die Normalbetriebszeit ist wiederum so festzulegen, daß pro Arbeitstag oder Woche genügend Zeit verbleibt, um durch flexible Ausdehnung der Betriebszeit auch die Durchsatzanforderungen in den Spitzenzeiten des Jahres zu erfüllen.
6. Die *Lagerplatzkapazität* ist auf den Jahresspitzenbedarf auszulegen, wenn es nicht möglich ist, Überbestände in Spitzenzeiten anderweitig zu lagern.
7. *Transportmittel* und *mobile Einrichtungen* werden nur in einer Anzahl beschafft, die für den Durchsatz des nächsten Betriebsjahres ausreichend ist.

Die Durchsatzabhängigkeit der Leistungskosten und das Fixkostendilemma werden bei der Prozeßoptimierung nicht immer ausreichend berücksichtigt. So führt in vielen Fällen eine Senkung des Leistungsdurchsatzes, etwa durch ein Bündeln von Transporten oder durch ein Vermeiden der Leistungsinanspruchnahme, beispielsweise durch Abbau der Lagerbestände, wegen der *Fixkostenremanenz* nicht zu *ergebniswirksamen Einsparungen*, solange nicht eine andere kostendeckende Verwendung der ungenutzten Ressourcen möglich ist.

Ein Beispiel für das Fixkostendilemma ist der Anstieg der Leistungskosten für die Entsorgung von Hausmüll: Wegen der rückläufigen Mengen aufgrund erfolgreicher Müllvermeidung wird der Preis pro Mülltonne angehoben, um die fixen Deponiekosten weiterhin abzudecken. Eine derartige Reaktion auf eine rückläufige Auslastung ist jedoch grundsätzlich falsch und kann, wenn kein staatlicher Nutzungszwang ausgeübt wird, zum Zusammenbruch des gesamten Geschäfts führen, wenn mit ansteigenden Leistungspreisen immer mehr Kunden die Nutzung einschränken oder Ausweichmöglichkeiten finden.

Zur Sicherung seiner Wettbewerbsfähigkeit sollte ein Logistikdienstleister folgende *Kalkulationsregeln* beachten:

- Die Leistungskosten sind für die *Planauslastung* zu kalkulieren, für die eine Anlage oder ein System ausgelegt wurde.
- Zur Abdeckung des Fixkostenrisikos ist der Fixkostenanteil der Leistungskosten mit einem angemessenen *Auslastungsrisikozuschlag* zu beaufschlagen (s. *Abschnitt 7.2.3*).

Wenn wegen des Wettbewerbs oder eines insgesamt rückläufigen Bedarfs die Auslastung langfristig unter 80 % der Planauslastung liegt, ist dies ein Anzeichen für *Überkapazitäten* am Markt. Die wirtschaftliche Nutzungsdauer sinkt damit unter die technische Nutzungsdauer. Hält dieser Zustand länger an, ist eine *Sonderabschreibung* des Anlagenwertes bis auf den aktuellen *Ertragswert* erforderlich [70]. Die Leistungspreise können dann entsprechend gesenkt werden. Die Chancen für weitere Aufträge steigen.

Nur auf diese Weise und nicht durch auslastungsbedingte Preiserhöhungen ist – wenn überhaupt – ein Überleben und Neubeginn des betroffenen Geschäftszweigs möglich. Sinken allerdings die Erlöse für längere Zeit unter die Grenzkosten, ist es unvermeidlich, überflüssige Kapazitäten stillzulegen oder abzubauen.

Andererseits besteht in Zeiten hoher Nachfrage für die Leistungsanbieter die Chance und für die Nachfrager die Gefahr eines deutlichen Anstiegs der Leistungspreise. Solange die vom Markt benötigten Ressourcen knapp sind oder fehlen, kann der Preisanstieg weit über die Leistungskosten hinausgehen und den freien Anbietern überplanmäßige Gewinne bescheren.

Gegen die nachfragebedingten, meist kurzzeitigen Preisschwankungen können sich Auftraggeber und Auftragnehmer von Logistikleistungen nach oben wie nach unten nur durch einen länger laufenden *Dienstleistungsvertrag* sichern, in dem die Leistungsvergütung einschließlich der Modalitäten zulässiger Preisanpassungen genau geregelt ist (s. *Kapitel 7*).

## 6.9 Möglichkeiten zur Logistikkostensenkung

Die Möglichkeiten zur Kostensenkung lassen sich nach ihren Voraussetzungen und Auswirkungen unterscheiden in

- *investitionsfreie* und *investitionswirksame Kostensenkungsmaßnahmen*
- *leistungsneutrale* und *leistungsverändernde Einsparungen*
- *kurz-*, *mittel-* und *langfristige Maßnahmen*
- *ergebniswirksame* und *ergebnisunwirksame Maßnahmen*
- *organisatorische, technische* und *wirtschaftliche Maßnahmen*

Leistungswirksam sind z. B. Kostensenkungen, die mit einer Verlängerung der Lieferzeit oder einer Verminderung des Leistungsumfangs verbunden sind. Ergebniswirksame Einsparungsmaßnahmen, wie etwa der Einsatz eines kostengünstigen Dienstleisters, vermindern direkt die Ausgaben des Unternehmens, während ergebnisunwirksame Maßnahmen, wie das Freisetzen von Personal, Kapazitäten oder anderer Ressourcen ohne Abbau oder anderweitigen Einsatz, keine unmittelbare Reduzierung der Ausgaben bewirken.

Die organisatorischen, technischen und wirtschaftlichen Kostensenkungsmöglichkeiten müssen im Zusammenhang betrachtet werden, da sie einander vielfach bedingen und sich gegenseitig verstärken, aber auch abschwächen oder ausschließen können.

### 1. Organisatorische Kostensenkungsmaßnahmen

Von größtem Interesse sind die *organisatorischen Kostensenkungsmaßnahmen*, da sie häufig ohne wesentliche Investitionen kurzfristig realisierbar und direkt ergebniswirksam sind. Dazu zählen die *Bündelungs-* und *Ordnungsstrategien* (s. *Abschnitt 5.2*):

- ▶ Durch das räumliche und zeitliche *Bündeln* von Aufträgen, Sendungen, Warenströmen, Beständen, Funktionen und Prozessen lassen sich die Auslastung der Kapazitäten und die Nutzung der Ressourcen verbessern.
- ▶ Durch das räumliche und zeitliche *Ordnen* von Aufträgen, Transporten, Beständen, Kapazitäten und Prozessen lassen sich Personal und Betriebsmittel effizienter nutzen, Leerfahrten vermeiden und Leistungen steigern.

Viele Bündelungsstrategien wie auch einige der Ordnungsstrategien haben allerdings nachteilige Auswirkungen auf die Durchlauf- und Lieferzeiten (s. *Abschnitt 8.12*).

Weitere organisatorische Kostensenkungsmaßnahmen sind das *Elimieren* nichtwertschöpfender Aktivitäten vor allem im administrativen Bereich, das *Vereinfachen* von Organisationsstrukturen und Prozessen sowie die Verbesserung der *Bedarfsprognosen* (s. *Kapitel 9*).

**2. Wirtschaftliche Kostensenkungsmaßnahmen**

*Wirtschaftliche Maßnahmen* zur Kostensenkung und Ergebnisverbesserung in der Logistik sind:

- *Reduktion* der Lieferantenanzahl, der Variantenvielfalt und der Sortimentsbreite.
- *Logistikrabatte* auf die Lieferpreise für die Abnahme ganzer Gebinde, artikelreiner Ladeeinheiten, voller Paletten und kompletter Transporteinheiten (s. *Abschnitt 7.6*).
- *Mengensteigerungen* durch erhöhten Absatz oder durch Bedarfszusammenlegung mehrerer Unternehmen zur Fixkostensenkung, zur besseren Auslastung von Lade- und Transporteinheiten und als Voraussetzung für den effizienten Technikeinsatz.
- *Konzentration* auf die eigenen Kernkompetenzen und *Fremdvergabe* von Randaktivitäten, wie bestimmter Logistikleistungen, an externe Dienstleister.
- *Kooperationen* in der Logistikkette zwischen Lieferanten, Produzenten und Handel, wie *Efficient Consumer Response* (ECR).
- *Liefer- und Beschaffungsbedingungen,* wie *Frei Haus, Ab Werk, FOB (free on board)* oder *CIF (cost insurance freight includet),* die in Verbindung mit der eigenen Unternehmenslogistik zu den günstigsten Kosten führen.
- Nutzungsgemäße *Vergütungs-, Tarif- und Rabattsysteme* (*s. Kapitel 7*).
- Auswahl der *kostengünstigsten Versandart* (s. *Kapitel 12*).

**3. Technische Kostensenkungsmaßnahmen**

Die wichtigsten *technischen Kostensenkungsmaßnahmen* der Logistik sind:

- Entwicklung *neuer Leistungsangebote*: Ein innovatives Leistungsangebot verbessert die Wettbewerbsposition, erhöht den Absatz und ermöglicht höhere Preise (s. *Abschnitt 7.7*).
- *Steigerung des Leistungsvermögens*: Durch erhöhte Geschwindigkeit, größere Beschleunigung und kürzere Totzeiten lassen sich bei gleicher Transportmittelanzahl die Durchsatzleistung steigern, Umschlagleistungen verbessern und Fahrzeiten verkürzen.
- Einsatz *neuer Techniken*: Wenn eine hohe gleichmäßige Auslastung gesichert ist, können die Leistungskosten gesenkt werden, beispielsweise durch ein automatisches Hochregallager anstelle eines konventionellen Staplerlagers oder eines fahrerlosen Transportsystems anstelle mannbedienter Flurförderzeuge.

- Bau *größerer Anlagen*: Bei hohem Leistungsbedarf lassen sich durch den Bau von großen Umschlaganlagen, Logistikzentren und Güterverteilzentren die Logistikkosten senken.
- Einsatz *größerer Transporteinheiten*: Bei ausreichendem Ladungsaufkommen lassen sich durch Ganzzüge, große Containerschiffe und Großraumflugzeuge die Transportkosten erheblich senken.
- Einsatz *größerer Ladeeinheiten*: Solange der Mehraufwand für das Bilden und Auflösen der Ladeeinheiten geringer ist als die Einsparungen, lassen sich die Kosten für das Handling, das Lagern und den Transport durch den Einsatz größerer Ladeeinheiten senken (s. *Kapitel 12*).
- *Normierung* und *Standardisierung* der Betriebsmittel: Aufeinander abgestimmte und normierte Produktverpackungen, Ladeeinheiten und Transportmittel ermöglichen den personalsenkenden und leistungssteigernden Einsatz von Fördertechnik und Handhabungsautomaten.
- *Standardisierung* und *Beschleunigung* von Informations- und Datenaustausch.

**4. Skaleneffekte und das Prinzip der kritischen Masse**

Die technischen Maßnahmen zur Kosteneinsparung sind in der Regel mit Investitionen und Abschreibungen verbunden. Sie sind meist erst nach Erreichen einer bestimmten Mindestauslastung gewinnbringend. Andererseits sind in vielen Fällen nur mit Hilfe der Technik erhebliche Leistungssteigerungen und Kostensenkungen möglich [312; 313].

Als Beispiel für die Senkung der Leistungskosten durch Mengensteigerung und Technikeinsatz zeigt *Abb. 16.26* für verschiedene Palettenlagertypen die Abhängigkeit der Durchsatzkosten von der Lagerkapazität. Bei einem gleichbleibenden Lagerumschlag von 12 pro Jahr sinken die Durchsatzkosten mit ansteigender Kapazität um mehr als einen Faktor 2. Ab etwa 10.000 Palettenplätzen lohnt sich der höhere Technikeinsatz des Hochregallagers. Wird mit der Bestandsbündelung auch der Lagerumschlag erhöht, sinken die Durchsatzkosten, wie in *Abb. 16.27* und *Abb. 16.32* gezeigt, noch weiter.

Das Beispiel verdeutlicht das allgemeine *Prinzip der kritischen Masse*:

- Erst ab einem bestimmten *Mindestbedarf*, einem *kritischen Ladungsaufkommen*, einem *kritischen Leistungsdurchsatz* oder einem *kritischen Lagerbestand* ist der Aufbau eines flächendeckenden Transportnetzes, die Verwendung großer Ladeeinheiten, der Einsatz leistungsstarker Transportmittel, der Bau eines Logistikzentrums oder der Einsatz von Hochleistungstechnik wirtschaftlich.

In vielen Fällen sind große organisatorische und unternehmerische Anstrengungen erforderlich, um die kritische Masse zu erreichen. Im Vorlauf sind erhebliche finanzielle Mittel aufzuwenden und Risiken zu tragen. Wenn jedoch die kritische Masse einmal überschritten und die angestrebte Kostensenkung eingetreten ist, kommt es – ähnlich wie bei einer Kernreaktion in der Atomenergie – zu einem selbständig fortschreitenden Prozeß. Aufgrund der geringeren Kosten können niedrigere Preise gemacht werden. Die Nachfrage steigt. Die Aufträge nehmen zu. Die Auslastung verbessert sich. Die Kosten sinken und so fort (s. *Abschnitt*

7.7). Das Prinzip der kritischen Masse und die daraus resultierende Eigendynamik des Geschäftswachstums haben weitsichtige Logistikunternehmer bereits vor über 100 Jahren mit großem Erfolg genutzt [2; 3].

Heute findet ein ähnlicher Wettbewerb um die kritische Masse beim *e-Commerce*, im *Internet* und beim Aufbau globaler Logistiknetze statt.

**5. Einflußfaktoren der Logistikkosten**

Aus der Analyse der Lagerkosten, der Umschlagkosten, der Kommissionierkosten und der Transportkosten in *Teil 2* resultiert:

- Die Logistikkosten hängen vor allem vom Durchsatz sowie von *Gewicht*, *Volumen* und *Beschaffenheit* der Warenstücke ab.

Abgesehen von den Zinskosten für das Umlaufvermögen hängen die Logistikkosten dagegen nicht vom Wert der Ware und damit auch nicht unmittelbar vom Umsatz ab. Wer Logistikkosten trotzdem in Prozent vom Umsatz oder der Stückkosten angibt und als Benchmark verwendet, hat die Kostenzusammenhänge der Logistik noch nicht verstanden. Wer mit solchen Kostensätzen kalkuliert, verfehlt leicht das angestrebte Optimum. Er läuft Gefahr, bei großen und schweren Warenstücken wegen zu geringer Preise Verluste zu machen und bei relativ kleinen Warenstücken wegen zu hoher Preise Aufträge zu verlieren.

Weitere Einflußfaktoren der Logistikkosten und Leistungspreise sind die *Lagerdauer* und *Transportentfernungen* sowie die eingesetzte *Technik*, die *Kapazitätsauslastung* und die *Marktlage*.

Wegen ihrer Abhängigkeit von Durchsatz, Technik, Kapazität und Marktlage lassen sich für die Leistungskosten und Leistungspreise der Logistik keine allgemeingültigen Angaben machen. Kosten und Preise für die gleiche Leistung können sich, wie die Lagerbeispiele zeigen, in Extremfällen um einen Faktor 2 unterscheiden, ohne falsch zu sein. Darin liegt auch die grundsätzliche Problematik des *Kostenbenchmarking* in der Logistik (s. *Abschnitt 4.5*).

Planungen und Optimierungsrechnungen müssen daher zunächst mit *Richtkostensätzen* durchgeführt werden, die aus vergleichbaren Projekten übernommen, aus überschlägigen Kostenrechnungen abgeleitet oder über Richtpreisanfragen bei Logistikdienstleistern eingeholt werden. Nachdem unter Verwendung dieser Richtkostensätze die Lokistikketten optimiert und ein Logistiksystem geplant und dimensioniert wurde, lassen sich mit den besser bekannten Leistungsanforderungen präzisiere Leistungskosten kalkulieren. Wenn diese zu stark von den Richtkostensätzen abweichen, muß die Optimierungsrechnung mit den genaueren Leistungskosten wiederholt und die Planung in einem *iterativen Prozeß* korrigiert werden.

## 6.10 Wirtschaftlichste Lösung und nutzungsgemäße Preise

Das oberste Ziel eines wirtschaftlich geführten Unternehmens ist ein anhaltend hoher Gewinn [14]. In der *Investitionsphase* werden Anlagemöglichkeiten gesucht, die für das investierte Kapital bei vertretbarem Risiko den höchsten Ertrag erwarten lassen. Während des laufenden *Betriebs* sind die Erlöse soweit es Markt und Umstände erlauben zu steigern und die Betriebskosten und der Ressourcenverbrauch soweit zu reduzieren, wie es die benötigte Leistungsqualität zuläßt.

Zur Sicherung eines ausreichenden Gewinns müssen *nutzungsgemäße Kostensätze* kalkuliert und auskömmliche *Leistungspreise* erzielt werden. Für die Investitionsentscheidung müssen die Ertragswerte der zur Auswahl stehenden Lösungsmöglichkeiten bekannt sein. Der *Ertragswert* einer Investition hängt ab von der Höhe, dem Zeitverlauf und der Struktur des Absatzes, von den erzielbaren Preisen sowie von den Abschreibungen, Zinsen und laufenden Kosten. Bei Kenntnis des Zeitverlaufs aller Einflußfaktoren läßt sich der Ertragswert grundsätzlich berechnen. Für den Fall eines instationären Absatzes gibt es jedoch keine Formel für die explizite Abhängigkeit des Ertragswerts von den Einflußfaktoren. Da zudem die Einflußfaktoren voneinander abhängen, werden die Zusammenhänge undurchschaubar. Eine rationale Entscheidung zwischen den verschiedenen Investitionsmöglichkeiten ist, wenn überhaupt, nur nach schwierigen Berechnungen möglich.

Benötigt werden jedoch Regeln und Verfahren, die rasche Entscheidungen und ein sicheres Kalkulieren erlauben. Praktikable Entscheidungsregeln und Verfahren zur Kalkulation nutzungsgemäßer Preise ergeben sich aus der *allgemeinen Ertragswertformel* für den stationären Absatz. Diese enthält explizit alle Einflußfaktoren. Die Ertragswertformel für den stationären Absatz gilt aufgrund des Mittelwertsatzes näherungsweise auch für einen instationären Absatz, wenn für den Periodenabsatz und die übrigen Einflußfaktoren die *Mittelwerte* des Nutzungszeitraums eingesetzt werden. Die so gewonnenen Regeln und Verfahren sind nicht nur für Logistiksysteme sondern auch für andere Leistungssysteme nutzbar (s. *Kapitel* 6 und 7).

Eine dynamische Wirtschaftlichkeitsrechnung ist nur bei stark veränderlichen Einflußfaktoren erforderlich. Dabei ist jedoch zu beachten, daß die meisten Absatzprognosen und Vorhersagen der Einflußfaktoren mit Fehlern behaftet sind. Daher ist auch hier das *Näherungsprinzip* anwendbar, nach dem das Berechnungsverfahren nicht genauer zu sein braucht als die Eingabedaten (s. *Abschnitt* 15.4).

### 1. Dynamische Wirtschaftlichkeitsrechnung

Der *Ertragswert* einer *Investition* I [€], die in den *Perioden* i = 1,2....N einer *Gesamtnutzungsdauer* N [PE] die *Nettoerlöse* E(i) [€/PE] erbringt, ist gleich der Summe der mit dem *Kapitalmarktzins z* [%/PE] diskontierten Erträge und des diskontierten *Restwertes* RW:

$$EW = \sum_{i=1}^{N} E(i) \cdot (1+z)^{-i} + RW \cdot (1+z)^{-N} \quad [€]. \qquad (6.24)$$

Der Ertragswert wird auch als *wirtschaftlicher Nutzwert, Kapitalwert, Gegenwartswert* oder *Barwert* bezeichnet. *Diskontieren* heißt, daß Einnahmen und Ausgaben pro Zukunftsperiode um den *Abzinsungsfaktor* 1/(1+z) reduziert werden.

Der *Nettoerlös* der Investition in der Periode i, also der *Periodenertrag* oder *Periodengewinn*, ist gleich den laufenden *Einnahmen* $E_{Ein}(i)$ minus den *Tilungsraten* $K_{Tlg}(i)$, den *Zinskosten* $K_{Zins}(i)$ und den laufenden *Ausgaben* $K_{Aus}(i)$:

$$E(i) = E_{Ein}(i) - \left(K_{Tlg}(i) + K_{Zins}(i) + K_{Aus}(i)\right) \quad [€/PE]. \qquad (6.25)$$

Die laufenden *Einnahmen* eines monofunktionalen Systems, das bei einem Periodenabsatz $\lambda(i)$ [LE/PE] nur eine Leistungsart erzeugt und pro Vergütungseinheit LE den Leistungspreis P(i) [€/PE] erzielt, sind:

$$E_{Ein}(i) = P(i) \cdot \lambda(i) \quad [€/PE]. \qquad (6.26)$$

Die Zinsen sind auf das jeweils zu Periodenbeginn noch nicht getilgte Anlagekapital zu zahlen. Die Zinskosten hängen also vom *Tilgungsplan* ab, der regelt, mit welchen Raten in den einzelnen Perioden eine Investition zurückgezahlt wird. In der Praxis sind beliebige Tilgungspläne möglich, von der Tilgungsfreiheit und Rückzahlung am Nutzungsende über eine konstante Tilgung oder eine konstante Rate für Tilgung plus Zins bis hin zur Verwendung des gesamten Periodenertrags für die Tilgung. Außerdem kann sich der Zinssatz abhängig von der Finanzierung und vom Kapitalmarkt während der Nutzungszeit verändern.

Bei der Kalkulation des Ertragswertes sind auch die Auswirkungen von *Steuern* zu berücksichtigen. Eine einmalige Investitionsförderung vermindert die Anfangsinvestition und erhöht damit den Ertragswert. Ebenso bewirken Zinssubventionen, vorzeitige Abschreibungen oder eine steuerliche Entlastung der Betriebskosten einen höheren Ertragswert. Umgekehrt reduzieren steuerliche Belastungen der Einnahmen den Ertragswert.

Um zu untersuchen, wieweit der Ertragswert vom Tilgungsplan und von den steuerlichen Rahmenbedingungen abhängt, wird zunächst mit einer *Standardtilgung* in Höhe der nutzungsnahen Abschreibungen und mit konstantem Zinssatz kalkuliert. Dann ist der Periodenertrag

$$E(i) = E_{Ein}(i) - \left(K_{AfA}(i) + K_{Zins}(i) + K_{Aus}(i)\right) \quad [€/PE]. \qquad (6.27)$$

Nachdem auf diese Weise die wirtschaftlichste Lösung gefunden wurde, kann entschieden werden, welcher Tilgungsplan am günstigsten ist, welche steuerliche Abschreibungsmöglichkeit gewählt wird und wie sich eventuelle Steuersubventionen auswirken.

Die *nutzungsnahen Abschreibungen* werden entweder vom nutzungsbedingten *Wertverzehr* durch die Leistungserzeugung bestimmt oder vom nutzungsunabhängigen *Wertverlust* während der Nutzungszeit, beispielsweise durch technische Veraltung. Wenn die Anlage eine technische *Gesamtnutzbarkeit* $\Lambda$ [LE] hat und bis zum Ende der Nutzungszeit nicht veraltet, sind die von einer Leistungserzeugung $\lambda(i)$ verursachten *Periodenabschreibungen*:

$$K_{AfA}(i) = I \cdot \lambda(i)/\Lambda \qquad [€/PE]. \qquad (6.28)$$

Eine Investition ist um so sicherer, je kürzer die Kapitalrückflußdauer ist. Bei maximaler Tilgung speist sich der Kapitalrückfluß aus den Abschreibungen, Zinszahlungen und laufenden Einnahmen abzüglich der laufenden Ausgaben. Nach n Perioden ist damit der *Kapitalrückfluß*:

$$KR(n) = \sum_{i=1}^{n} \left( K_{AfA}(i) + K_{Zins}(i) + E_{Ein}(i) - K_{Aus}(i) \right) \qquad [€]. \qquad (6.29)$$

Die *Kapitalrückflußdauer*, auch *Amortisationszeit, Return on Investment* oder kurz *ROI* genannt, ist die Anzahl Perioden $n_{ROI}$, nach der eine Investition vollständig zurückgeflossen ist. Sie ist die Auflösung der Gleichung

$$KR(n_{ROI}) = I. \qquad (6.30)$$

nach der Periodenanzahl $n_{ROI}$.

Zur Veranschaulichung der Zusammenhänge und Wechselwirkungen zeigt *Abb. 6.2* für eine stationäre, eine ansteigende und eine abnehmende Nutzung den Kapitalrückfluß einer Investition von 5,7 Mio. € in ein neues Kommissioniersystem, das *PickFaster-System*, das in *Abschnitt 17.16* näher beschrieben wird. Dabei ist der Periodenerlös gemäß Beziehung (6.26) das Produkt des aktuellen Periodenabsatzes der Leistungseinheiten, die in diesem Fall die kommissionierte Verpackungseinheit ist, mit dem *Leistungskostensatz* $k_{LE}$ = 0,17 €/LE für die stationäre Nutzung.

In dem betrachteten Beispiel ist der Ertragswert bei anfangs hoher und linear abnehmender Nutzung 449 T€, bei stationärer Nutzung 0 sowie bei anfangs geringer und linear ansteigender Nutzung –449 T€. Die Amortisationszeit ist bei fallender Nutzung 3,4 Jahre, bei stationärer Nutzung 4,2 Jahre und bei ansteigender Nutzung 5,1 Jahre.

Aus diesem Beispiel sind folgende allgemeingültigen Zusammenhänge ablesbar:

- Der Ertragswert ist bei vorgezogener Nutzung höher und bei verspäteter Nutzung geringer als der Ertragswert für die gleichmäßige Nutzung.
- Mit Verschiebung der Nutzung in die Zukunft verlängert sich die Amortisationszeit.

Bei Kenntnis der Preisentwicklung, des Absatzes und des Zeitverlaufs der übrigen Einflußfaktoren für den gesamten Nutzungszeitraum können der dynamische Ertragswert (6.24) und die Amortisationszeit einer Investition für die Standardtilgung eindeutig berechnet werden. Offen bleibt dabei jedoch, ob der Ertragswert und die Amortisationszeit voneinander unabhängige Entscheidungskriterien sind oder ob einer der beiden Werte für die Investitionsentscheidung ausreicht.

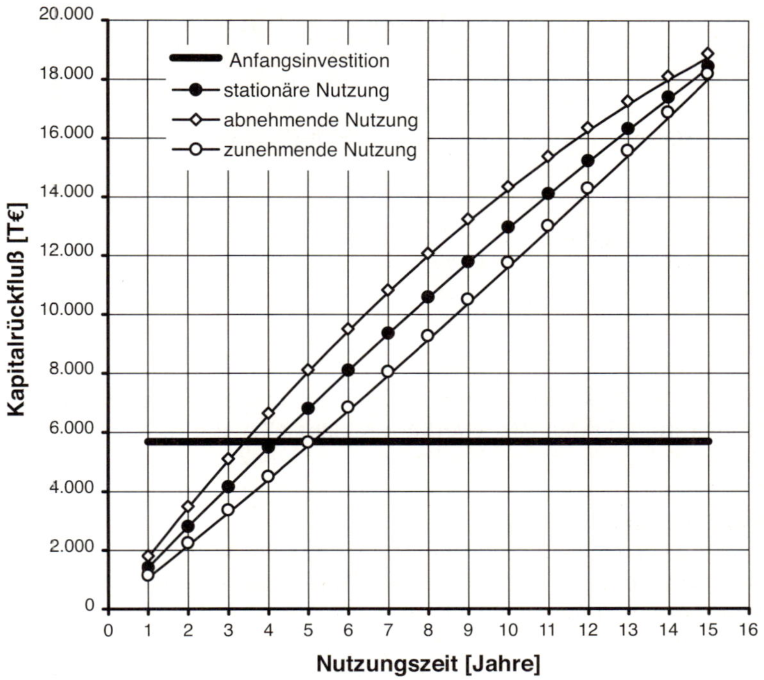


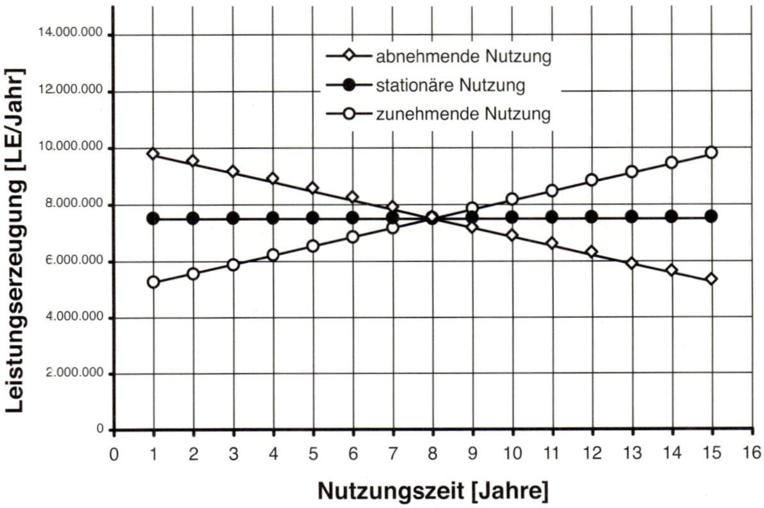


**Abb. 6.2** Kapitalrückfluß bei abnehmender, stationärer und zunehmender Nutzung
Investition 5,7 Mio. €, Nutzungsdauer 15 Jahre, Zinssatz 8 %, Restwert 0

Zur dynamischen Berechnung des Ertragswerts und der Amortisationszeit ist eine Prognose des zukünftigen Absatzverlaufs und der erzielbaren Preise erforderlich. Die möglichen Zeitverläufe von Absatz und Preisen führen jedoch zu einer derartigen Vielzahl von Ertragswerten und Amortisationszeiten, daß weder eine rasche Investitionsentscheidung noch eine praktikable Preiskalkulation möglich ist. Daher ist es notwendig, zunächst den Ertragswert und die Amortisationszeit für den Fall des stationären Absatzes zu kalkulieren. In kritischen Fällen kann anschließend durch *Sensitivitätsrechnungen* geprüft werden, wie sich ein instationärer Verlauf des Absatzes oder anderer Einflußfaktoren auf den Ertragswert auswirkt.

**2. Ertragswert bei stationärem Absatz**

Der Wert einer Funktion ist nach dem *Mittelwertsatz* in erster Näherung gleich dem Wert der Funktion für den Mittelwert der Variablen (s. *Abschnitt 9.6*). Für die Investitionsentscheidung und Preisberechnung ist daher näherungsweise der *mittlere Ertragswert* maßgebend, der sich für den mittleren Planabsatz bei konstantem Preis und Zinssatz ergibt.

Bei einer stationären Leistungserzeugung in Höhe des mittleren Absatzes $\lambda$ und einer Gesamtnutzbarkeit $\Lambda$ ist die anteilige Nutzung pro Periode $\lambda/\Lambda = 1/N$ und die Periodenabschreibung in allen Perioden gleich

$$K_{AfA}(i) = I/N \qquad [€/PE]. \qquad (6.31)$$

Bei der Standardtilgung sind die Zinsen auf den Restwert der Investition zu zahlen, der zu Anfang der Periode nach Abzug der Abschreibungen verbleibt. Die periodischen Zinsen sind also:

$$K_{Zins}(i) = \big(I - (i-1) \cdot I/N\big) \cdot z \qquad [€/PE]. \qquad (6.32)$$

Nach Einsetzen von (6.31), (6.32) und (6.27) in die Ertragswertformel (6.24) resultiert mit einigen Umstellungen:

$$\begin{aligned} EW = \big(E_{Ein} - K_{Aus} - I/N - I \cdot z(N+1)/N\big) \cdot \sum_{i=1}^{N} (1+z)^{-i} + \\ +(I/N) \cdot z \cdot \sum_{i=1}^{N} i \cdot (1+z)^{-i} + RW \cdot (1+z)^{-N}. \end{aligned} \qquad [€] \qquad (6.33)$$

Mit dem *Abzinsungsfaktor* $q = 1/(1+z)$ ergibt die Berechnung der ersten Summe den

- *Barwertfaktor* [14]

$$f(z) = \sum_{i=1}^{N} (1+z)^{-i} = \sum_{i=}^{N} q^{i} = q \cdot (1-q^{N})/(1-q) = \Big((1+z)^{N} - 1\Big) \Big/ \Big(z \cdot (1+z)^{N}\Big) \qquad [PE] \qquad (6.34)$$

Die zweite Summe läßt sich auf die erste Summe zurückführen und ergibt den *Restzinsfaktor*:

$$g(z) = \sum_{i=1}^{N} i \cdot (1+z)^{-i} = q \cdot \sum_{i=1}^{N} i \cdot q^{i-1} = df(q)/dq$$
$$= \left(N - (N+1)(1+z) + (1+z)^{N+1}\right) \Big/ \left(z^2 \cdot (1+z)^N\right). \quad (6.35)$$

Der Restzinsfaktor wird mit dem Abzinsungsfaktor zusammengefaßt zum

- *Zinskalkulationsfaktor*© (6.36)

$$h(z) = (N+1)/N - g(z)/(N \cdot f(z))$$
$$= (N+1)/N - \left((N - (N+1)(1+z) + (1+z)^{N+1}\right) / \left(z \cdot (N(1+z)^N - N)\right)$$

Mit dem Barwertfaktor (6.34) und dem Zinskalkulationsfaktor (6.36) folgt aus Beziehung (6.33) die

► *allgemeine Ertragswertformel*©

$$\mathbf{EW(z;N) = \left(E_{Ein} - K_{Aus} - I/N - I \cdot z \cdot h(z)\right) \cdot f(z) + RW/(1+z)^N} \quad [€]. \quad (6.37)$$

Aus der Ertragswertformel ist ablesbar:

- Der Ertragswert ist bei stationärer Nutzung gleich den mittleren Einnahmen minus den durchschnittlichen Kosten pro Periode multipliziert mit dem Barwertfaktor (6.34) plus dem abgezinsten Restwert.
- Die *durchschnittlichen Kosten* pro Periode sind bei gleichmäßiger Abschreibung

$$\mathbf{K = K_{Aus} + I/N + I \cdot z \cdot h(z;N)} \quad [€/PE]. \quad (6.38)$$

- Die periodischen Zinskosten sind gleich den Zinsen für den Investitionsbetrag multipliziert mit dem Zinskalkulationsfaktor (6.36).

Der Barwertfaktor f(z;N) und der Zinskalkulationsfaktor h(z;N) hängen vom Kapitalmarktzinssatz z und von der Nutzungsdauer N ab.

Der Ertragswert von zwei Investitionen, die den gleichen Periodenertrag haben, ist verschieden, wenn deren Nutzungsdauer unterschiedlich ist. Die Abhängigkeit des Barwertfaktors vom Zinssatz bei unterschiedlichen Nutzungsdauern zeigt die *Abb. 6.3*. Im Grenzfall langer Nutzungszeit geht der Barwertfaktor in den reziproken Zinssatz über:

$$\lim_{N \to \infty} f(z) = 1/z \quad [PE]. \quad (6.39)$$

So folgt aus den Beziehungen (6.39) und (6.49), daß eine ewige Rente in Höhe von R = 1.000 €/Jahr, die ohne Anfangseinzahlung für eine unbegrenzte Anzahl von Jahren (N = ∞) gezahlt wird, bei einem Kapitalzinssatz von z = 5% den Ertragswert EW = R/z = 1.000/0,05 = 24.000 € hat. Das leuchtet auch unmittelbar ein, denn die Anlage des Ertragswerts 24.000 € zum Zinssatz 5% erbringt jährlich Zinsen in Höhe der Rente von 1.000 €/a.

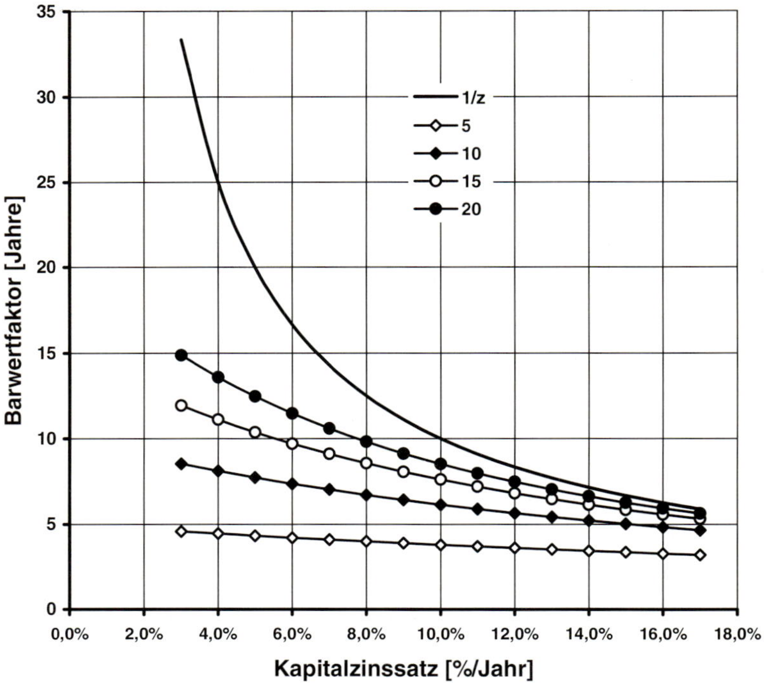


**Abb. 6.3** Barwertfaktor f(z;N) als Funktion des Kapitalzinssatzes

*Parameter*: Nutzungsdauer N = 5 / 10 / 15 / 20 Jahre

In *Abb. 6.4* ist die Abhängigkeit des Zinskalkulationsfaktors von der Anlagedauer N für verschiedene Zinssätze gezeigt. Für den Grenzfall geringer Zinsen und einer langen Nutzungsdauer ist der Zinskalkulationsfaktor:

$$\lim_{N\to\infty} \lim_{z\to 0} h(z) = \lim_{N\to\infty} (N+1)/2N = 1/2. \qquad (6.40)$$

Nach Einsetzen des Grenzwertes (6.40) in Beziehung (6.38) ergibt sich das sogenannte *Durchschnittswertverfahren*, nach dem die mittleren Zinskosten mit dem halben Investitionsbetrag kalkuliert werden [14] (s. *Abschnitt 6.4.2*). Aus *Abb. 16.4.* ist ersichtlich, daß das Durchschnittswertverfahren nur eine grobe Näherung ist und zu Zinserlösen führt, die um mehr als 20% zu gering sein können. Daraus folgt die allgemeine

► *Zinskalkulationsregel*: Die Zinskosten sind zu berechnen für den Investitionsbetrag multipliziert mit dem Zinskalkulationsfaktor (6.36).

### 3. Nutzungsnahe Abschreibungen

Nach Einsetzen von (6.34) für f(z) und von (6.36) für h(z) in Beziehung (6.37) und einigen Umrechnungen ergibt sich folgende Vereinfachung der allgemeinen Ertragswertformel:

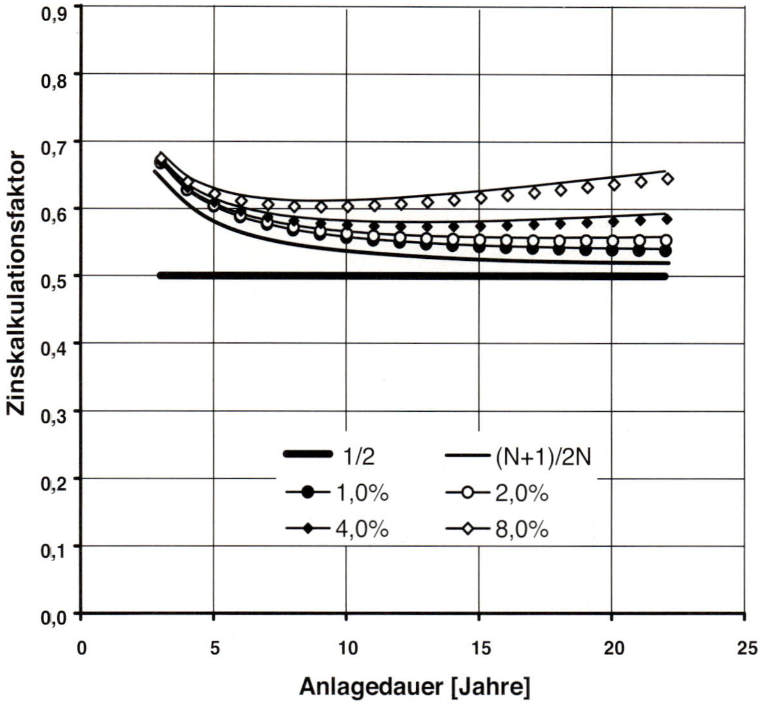


**Abb. 6.4** Zinskalkulationsfaktor h(z;N) als Funktion der Nutzungsdauer

*Parameter*: Kapitalmarktzins z = 1% / 2% / 4% / 8% p.a.
*Näherungsfunktion*: $h(z) \approx (N + 1)/2N$

$$EW(z;N) = (E_{Ein} - K_{Aus}) \cdot f(z) - I + RW/(1 + z)^N \qquad [€]. \qquad (6.41)$$

Hiernach ist der Ertragswert gleich der mit dem Barwertfaktor multiplizierten Differenz von Periodeneinnahmen und laufenden Ausgaben - ohne Abschreibungen und Zinsen - minus dem Investitionsbetrag plus dem diskontierten Restwert. Aus der Ertragswertformel (6.41) sind folgende *Barwertsätze der Investitionsrechnung* ablesbar

- Die Summe der diskontierten Abschreibungen und Zinsen auf den Investitionsrestwert ist unabhängig von der Gesamtnutzungsdauer gleich dem Investitionsbetrag.
- Ist die Summe der diskontierten Nettoerträge $E_{Ein}(i) - K_{Aus}(i)$ über alle Nutzungsperioden gleich dem Investitionsbetrag I, dann ist der Ertragswert 0. Wenn sie größer ist als I, ist der Ertragswert positiv, und wenn sie kleiner ist als I, ist der Ertragswert negativ.
- Der Ertragswert ist unabhängig vom Tilgungsplan für das investierte Kapital.

Das ergibt sich daraus, daß unabhängig vom Ertrags- und Kostenverlauf eine schnellere Tilgung als die Standardtilgung die Summe der diskontierten Zinsen der Investitionsrestwerte in dem Maße reduziert wie sie die Summe der diskontierten Investitionsrückzahlungen erhöht. Die Art der Abschreibung und Rückzahlung einer Investition, ob linear, degressiv, progressiv oder nutzungsnah, hat also keine Auswirkungen auf den Ertragswert vor Steuern. Im Gegensatz dazu läßt sich die Amortisationszeit (6.29) durch vorgezogene Abschreibungen verkürzen, ohne daß sich dadurch der Ertragswert ändert.

Dadurch, daß die diskontierte Summe der Steuern auf den Periodenertrag bei einer kurzen Abschreibungszeit kleiner ist als bei einer längeren Abschreibungszeit, wird eine rasche Abschreibung günstiger als eine langsame Abschreibung. Da sie ohne Auswirkungen auf den Ertragswert vor Steuern ist, besteht für die Verteilung der Abschreibungen über die Gesamtnutzungszeit ein großer Handlungsspielraum.

Wegen der höheren Sicherheit und der ersparten Ertragssteuern liegt eine kurze Abschreibungsdauer im Interesse der Eigentümer und der Gläubiger eines Unternehmens. Bei dieser Strategie werden die Abschreibungen so hoch vorgenommen, wie es die Einnahmen abzüglich der Kosten zulassen, ohne daß ein Periodenverlust eintritt.

Wenn jedoch die laufenden Einnahmen unter die Summe von Abschreibungen, Zinsen und laufenden Ausgaben sinken oder wenn das Management aus anderen Gründen kurzfristig einen hohen Gewinn ausweisen möchte, besteht die Möglichkeit, die Abschreibungen zu reduzieren, auszusetzen oder zu verschieben. Mit dieser Strategie werden Gegenwartsverluste in die Zukunft verschoben. Das aber ist eine Täuschung der Gläubiger sowie unter Umständen auch der Eigentümer oder Käufer eines Unternehmens.

Ein derartiger Mißbrauch wird verhindert durch den

▶ *Grundsatz nutzungsnaher Abschreibungen*: Eine Investition muß über die Zeit entsprechend der *periodischen Inanspruchnahme* der technischen und wirtschaftlichen Nutzungsdauer verteilt werden.

Die Vorschrift nutzungsnaher Abschreibungen unterbindet zugleich übertriebene Abschreibungen, nur um Steuern zu sparen, und sichert eine angemessene Besteuerung des aktuellen Periodengewinns.

Bei einer hohen Periodennutzung der *technischen Gesamtnutzbarkeit* $\Lambda$ [LE], d.h. solange $\lambda(i) > \Lambda/N$ ist, sind die verursachten Periodenabschreibungen durch Beziehung (6.28) gegeben (s. auch Beziehung (6.4)). Sinkt die Periodennutzung, weil die *wirtschaftliche Nutzungsdauer* $N_W$ kürzer als die *technische Nutzungsdauer* $N_T$ ist, unter die wirtschaftliche Durchschnittsnutzung $\Lambda/N_W$, wird also $\lambda(i) < \Lambda/N_W$, dann ist die Mindestabschreibung $I/N_W$ vorzunehmen. Daraus folgt für die nutzungsgemäße Abschreibung die Beziehung:

$$K_{AfA} = I \cdot \mathrm{MAX}(\lambda(i)/\Lambda;\ 1/N_W). \tag{6.42}$$

Das Ende der wirtschaftlichen Nutzungsdauer ist erreicht, sobald der Restbarwert negativ wird. Das tritt ein, wenn die zukünftigen Einnahmen kleiner werden als die zukünftigen Ausgaben. Wird bei anhaltenden Erträgen das Ende der technischen Nutzungsdauer erreicht, steigen die Ausgaben infolge erhöhter *Aufwendungen für Wartung und Instandsetzung* über die laufenden Einnahmen. Dann ist die *wirtschaftliche Nutzungsdauer* gleich der *technischen Nutzungsdauer*. Das Ende der technischen Nutzungsdauer ist auch der Zeitpunkt, zu dem eine Neuinvestition ansteht.

Sinken die Erträge bereits vor Ende der technischen Nutzungsdauer irreversibel unter die laufenden Kosten, wird die wirtschaftliche Nutzungsdauer kürzer als die technische Nutzungsdauer. Dieser Fall tritt ein, wenn der Absatz der Produkte oder Leistungen zurückgeht, weil das Produkt entweder veraltet ist oder vom Wettbewerb kostengünstiger erzeugt wird. Bei anhaltend geringer Nutzung sind gemäß der Regelung (6.42) die Periodenabschreibungen anzuheben. Wenn die bis dahin vorgenommenen Abschreibungen zu gering waren, ist bei Eintreten eines irreversiblen Absatzrückgangs zusätzlich eine *Sonderabschreibung* vorzunehmen (s. *Abschnitt 6.4.1* und *Abschnitt 6.8*).

### 4. Wirtschaftlichste Lösung

Von zwei Investitionsalternativen mit gleichem Kapitalbedarf ist die mit dem höheren Ertragswert die wirtschaftlichere Investition. Von zwei Alternativen mit gleichem Ertragswert ist die mit dem geringeren Kapitalbedarf die wirtschaftlichere Lösung. Investitionsentscheidend ist also nicht der absolute Ertragswert sondern der *relative Ertragswert*:

$$e_w = EW / I \qquad (6.43)$$

Mit anderen Worten:

► Die wirtschaftlichste Lösung hat den höchsten relativen Ertragswert

Für einen stationären Absatz läßt sich der relative Ertragswert über die Beziehung (6.43) mit Hilfe der Ertragswertformel (6.41) errechnen.

Statt des Ertragswertes wird in der Praxis auch die Rendite einer Investition zur Entscheidung herangezogen. Die *Rendite* oder *Rentabilität* ist der Zinssatz $z_R$, bei dem der Ertragswert 0 wird. Sie ergibt sich also durch Auflösung der Gleichung

$$EW(z_R;N) \;=\; 0 \qquad (6.44)$$

nach $z_R$. Diese Gleichung ist nicht explizit lösbar. Im Grenzfall $z/N \rightarrow 0$, also für lange Nutzungsdauer N und niedrigen Kapitalmarktzins z gilt jedoch die *Renditenäherung*©:

$$z_R = z + e_w / f(z). \qquad [\%/PE] \qquad (6.45)$$

Aus der Näherungslösung (6.45) wie auch aus der exakten Lösung der Gleichung (6.44) folgen die *Investitionsbewertungsregeln*:

- Die Rendite eines Investitionsvorhabens mit dem Ertragswert 0 ist gleich dem Kapitalmarktzins.
- Eine Investition mit positivem Ertragswert erzielt eine bessere Rendite als der Kapitalmarktzins, eine Investition mit negativem Ertragswert eine schlechtere Rendite.
- Die Investition mit dem höchsten relativen Ertragswert hat die höchste Rendite.

Das besagt auch die

▶ *Äquivalenzregel der Wirtschaftlichkeitsrechnung*: Der relative Ertragswert und die Rentabilität sind äquivalente Kriterien zur Auswahl der wirtschaftlichsten Lösung.

Der relative Ertragswert oder die Rentabiltität sind sowohl Entscheidungskriterien zwischen Investitionsalternativen, die dem gleichen Ertragsziel oder Einsatzzweck dienen, als auch Auswahlregeln für die *Portfolioplanung* eines Unternehmens. Für die Portfolioplanung sind folgende *Investionsstrategien* möglich:

- *Investitionsauswahl im Investitionsrahmen*: Alle anstehenden Investitionsvorhaben mit positivem Ertragswert werden nach absteigender Rentabilität geordnet und in dieser Reihenfolge soweit ausgeführt, wie es der Investitionsrahmen zuläßt.
- *Investitionsauswahl nach internem Zinsfuß*: Ein aktuelles Investitionsvorhaben wird realisiert, wenn dessen Rentabilität über einem *internen Zinsfuß* liegt, der gleich dem Kapitalmarktzins plus einem festen Zielwert ist.

Investitionen, die über den Investitionsrahmen hinausgehen bzw. deren Rendite unter dem internen Zinsfuß liegt, werden abgelehnt oder zurückgestellt, auch wenn sie einen positiven Ertragswert haben. Ausgenommen hiervon sind Investitionen, die zur Existenzsicherung oder aus gesetzlichen Gründen zwingend notwendig sind.

Die Investitionsauswahl im Investitionsrahmen ist für die *Investitionsplanung* anwendbar, wenn zum Planungszeitpunkt alle Investitionsvorhaben des Unternehmens bekannt sind. Das Zinsfußverfahren ist zur Entscheidung über einzelne Investitionsvorhaben im Verlauf eines Geschäftsjahres geeignet. Das Verfahren ist jedoch mit der Gefahr verbunden, daß im weiteren Verlauf des Jahres andere Investitionsvorhaben mit einer besseren Rendite nicht mehr realisiert werden können, wenn der Investitionsrahmen ausgeschöpft ist.

**5. Minimales Investitionsrisiko**

Zur Beurteilung des *Anlagerisikos* muß außer der Rendite die Kapitalrückflußdauer bekannt sein. Bei stationärer Nutzung und nutzungsnaher Abschreibung folgt mit den Beziehungen (6.29), (6.31) und (6.32) für den Kapitalrückfluß:

$$KR(n) = \sum_{i=1}^{n}\left[I/N + \left(I-(i-1)\cdot I/N\right)\cdot z + E_{Ein}(i) - K_{Aus}(i)\right] \quad [€]. \tag{6.46}$$

Diese Summe ist explizit lösbar und ergibt mit dem *Amortisationsparameter*

$$C(e_w) = e_w/f(z) + 2/N + z\cdot\left(1 + 1/2N + h(z)\right) - (RW/I)\cdot z/\left((1+z)^N - 1\right) \quad [1/PE]. \tag{6.47}$$

nach einigen Umrechnungen:

$$KR(n) = (I/z)\cdot C\cdot n - (I\cdot z/2N)\cdot n^2. \tag{6.48}$$

Der Amortisationsparameter C ist vom relativen Ertragswert abhängig und läßt sich mit Hilfe des Barwertfaktors (6.34) und des Zinskalkulationsfaktors (6.36) explizit berechnen.

Mit Beziehung (6.48) wird aus der Bestimmungsgleichung (6.30) für die Amortisationszeit $n_{ROI}$ eine quadratische Gleichung. Durch Auflösung der Gleichung nach $n_{ROI}$ folgt die

- *Amortisationszeitformel bei nutzungsnaher Abschreibung*©

$$n_{ROI}(e_w) = (N/z) \cdot C(e_w) \cdot \left(1 - \sqrt{1 - 2 \cdot z / N / C(e_w)^2}\right) \quad \text{[PE]}. \tag{6.49}$$

Da in der Regel $2z/N \ll 1$ ist, gilt die *Näherung*©:

$$n_{ROI}(e_w) \approx 1/C(e_w) \tag{6.50}$$

In *Abb. 6.5* ist die mit der exakten Formel (6.49) errechnete Abhängigkeit der Amortisationszeit vom relativen Ertragswert für unterschiedliche Anlage- oder

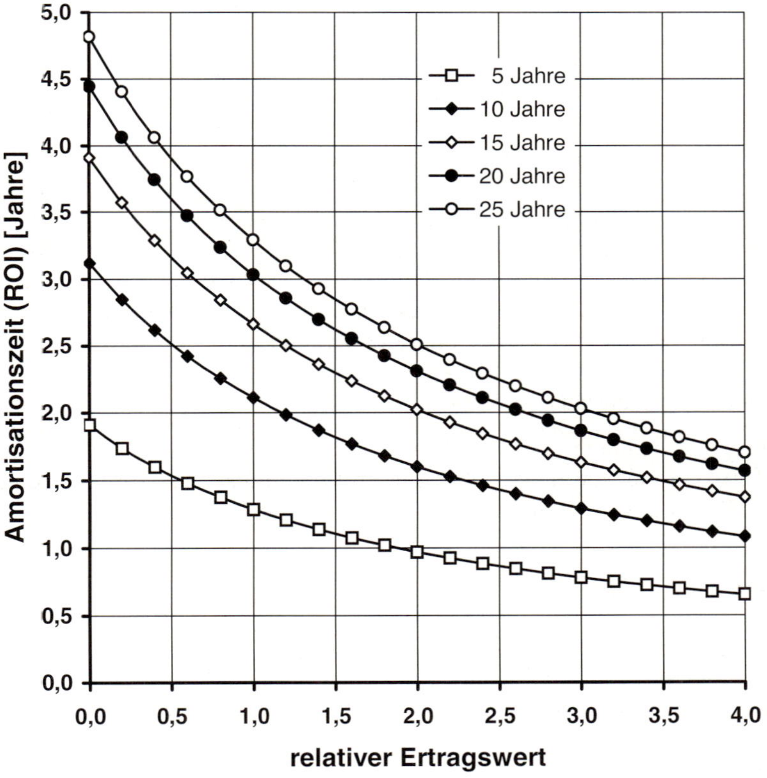


**Abb. 6.5** Amortisationszeit (ROI) als Funktion des relativen Ertragswerts

*Parameter*: Nutzungsdauer N = 5 / 10 / 15 / 20 / 25 Jahre
Kapitalmarktzins 8 % p.a.

Nutzungsdauern N dargestellt. Die Ergebnisse der Näherungsrechnung mit Beziehung (6.50) unterschieden sich kaum sichtbar von diesen Kurven.

Aus den Kurven ist ablesbar, daß zwei Investitionsvorhaben mit gleichem relativen Ertragswert unterschiedliche Amortisationszeiten haben, wenn ihre Nutzungszeiten verschieden sind. Umgekehrt können zwei Investitionsvorhaben mit gleicher Amortisationszeit sehr unterschiedliche Ertragswerte haben, wenn ihre Nutzungszeiten voneinander abweichen.

Nach der Rendite ist die Amortisationszeit bei Standardtilgung ein zusätzliches Bewertungs- und Auswahlkriterium, das es erlaubt, auch das Risiko bei der Investitionsentscheidung zu berücksichtigen. Dafür gelten die *Risikobewertungsregeln*:

- Haben zwei Investitionsvorhaben die gleiche Rendite, dann hat das Vorhaben mit der kürzeren Amortisationszeit das geringere Risiko und ist daher vorzuziehen.
- Wenn zwei Investitionsvorhaben die gleiche Amortisationszeit haben, so ist das Risiko gleich und die Investition mit der höheren Rendite die wirtschaftlichste Lösung.
- Für zwei Investitionsvorhaben mit gleicher Nutzungsdauer und gleichem Ertragswert ist die Amortisationsdauer gleich und der ROI kein zusätzliches Auswahlkriterium.

Hieraus folgt die allgemeine

- *Investitionsstrategie der Ertragsmaximierung bei Risikobegrenzung*: Investitionen sind in der Reihenfolge abnehmender Rendite zu realisieren und bei gleicher Rendite in der Reihenfolge ansteigender Amortisationszeit bei Standardtilgung.

Die in manchen Unternehmen übliche *Strategie der Risikominimierung*, nach der Investitionen mit kürzerer Amortisationszeit vorrangig und nur Vorhaben mit einem ROI unterhalb eines vorgegeben Grenzwertes von 3, 4 oder 5 Jahren ausgeführt werden, kann dazu führen, daß die rentabelsten Investitionen unterbleiben. Unternehmen mit reiner Risikominimierung fallen damit gegenüber anderen Unternehmen im Wettbewerb zurück, die Investitionen primär nach der Rentabilität entscheiden und den ROI erst nachrangig berücksichtigen.

### 6. Auswahlregeln für Investitionen ohne Einnahmeänderung

Investitionen in die Logistik haben für Unternehmen, die nicht selbst Logistikdienstleister sind, keine direkte Auswirkung auf die Einnahmen. Es sind *Ersatzinvestitionen*, die zum Ende der technischen Nutzungsdauer erforderlich sind, *Rationalisierungsinvestitionen* zur Senkung der Betriebskosten oder *Erweiterungsinvestitionen* zur Erfüllung eines ansteigenden Leistungsbedarfs und Sicherung der Wettbewerbsfähigkeit.

Wenn bei einem Investitionsvorhaben die Einnahmen unverändert bleiben, vereinfacht sich die Wirtschaftlichkeitsrechnung. Für die Investitionsentscheidung sind nur die Kosten relevant, die von der Investition unmittelbar beeinflußt werden. Das sind außer den Abschreibungen und Zinsen die Ausgaben, die sich infolge der Investition ändern. Bei konstanter Leistungsinanspruchnahme über eine Nutzungsdauer $N_r$ sind die *relevanten Kosten* einer Lösung $L_r$:

$$K_r = K_{Aus\,r} + I_r/N_r + I_r \cdot z \cdot h(z;N_r) \qquad [€/PE]. \qquad (6.51)$$

Aus der Ertragswertformel (6.41) folgt für Investitionen ohne Einnahmeänderung die

► *Auswahlregel für die wirtschaftlichste Lösung*: Von den Lösungen $L_r$, $r = 1, 2\ldots$, mit dem Investitionsbedarf $I_r$ und den entscheidungsrelevanten Kosten $K_r$ ist diejenige am wirtschaftlichsten, die im Vergleich zur Lösung $L_0$ mit dem geringsten Investitionsbedarf $I_0$ und den Kosten $K_0$ die *höchste relative Ertragswertsteigerung* bringt.

Für die wirtschaftlichste Lösung gilt also:

$$\begin{aligned} \Delta e_W &= \Delta EW/\Delta I = (EW_r - EW_0)/(I_r - I_0) \\ &= \big(K_0 \cdot f(z,N_0) - K_r \cdot f(z,N_r)\big)/(I_r - I_0) = \text{MAX!}. \end{aligned} \qquad (6.52)$$

Für reine Rationalisierungsvorhaben wird als Ausgangslösung statt der Lösung mit dem geringsten Investitionsbedarf der IST-Zustand mit $I_0 = 0$ als Benchmark für die Lösungsauswahl gewählt.

Wenn die Nutzungsdauer für alle Lösungen gleich ist, wenn also $N_r = N$ ist, sind die Barwertfaktoren alle gleich $f(z,N)$. Dann ist die Lösung am wirtschaftlichsten, für die der Quotient $(K_0-K_r)/(I_r-I_0)$ maximal oder der reziproke Quotient minimal ist, für die also gilt:

$$\text{ROI} = (I_r - I_0)/(K_0 - K_r) = f(z,N)/\Delta e_W = \text{MIN!} \qquad [\text{Jahre}] \qquad (6.53)$$

Dieser Quotient ist grade die Kapitalrückflußdauer, d. h. der *ROI der Mehrinvestition* $\Delta I = I_r-I_0$ gegenüber der Ausgangslösung, wenn die Investition durch den Rückfluß der *Kosteneinsparung* $\Delta K = K_0-K_r$ getilgt wird.

Die in *Abschnitt 5.1.3* angegebene Zielfunktion (5.4) ist also nur für den Fall gleicher Nutzungsdauer der Lösungsvarianten korrekt. Bei unterschiedlicher Nutzungsdauer der Lösungen ist die relative Ertragswertdifferenz (6.52) die maßgebende Zielfunktion. Für den ROI ist die zweite Gleichung in Beziehung (6.53) nicht mehr erfüllt. Die Forderung eines minimalen ROI aus den Kosteneinsparungen ist dann ein *zusätzliches Entscheidungskriterium* zwischen Lösungen mit gleicher relativer Ertragswertverbesserung (s. z.B. *Tabelle 16.6*).

## 7. Nutzungsgemäße Kostensätze und Leistungspreise

Die Kosten einer einzelnen Leistungsstelle, einer Anlage oder eines Systems sollten von den Nutzern in dem Maße getragen werden, in dem sie Leistungen in Anspruch nehmen. Dann werden Leistungen nur angefordert, wenn sie wirklich benötigt werden und dem Nutzer soviel Wert sind, wie der in Rechnung gestellte Leistungskostensatz oder Leistungspreis. Andernfalls gilt der aus dem ökonomischen Prinzip resultierende

► *Fehllenkungssatz*: Preise und Kostenbelastungen, die unabhängig sind von der Inanspruchnahme, führen kurzfristig zu Überbeanspruchung, Mißbrauch und Verschwendung und langfristig zur Fehlleitung der volkswirtschaftlichen Ressourcen.

Die kalkulatorischen Gesamtkosten einer einzelnen Leistungsstelle sind nach Beziehung (6.38) die Summe der nutzungsnahen Abschreibungen, mittleren Zinsen und laufenden Kosten, die für die Leistungserzeugung anfallen. Um für multifunktionale Leistungsstellen und zusammengesetzte Systeme *nutzungsgemäße* Kostensätze und Leistungspreise zu kalkulieren, müssen die Gesamtkosten der Leistungsstelle nach *Verursachung* und *Inanspruchnahme* aufgeteilt werden in die partiellen Kosten $K_r$ [€/PE] für die unterschiedlichen Leistungsarten.

Dann ist der Leistungskostensatz gemäß Beziehung (6.3) gleich den partiellen Kosten bezogen auf den partiellen Leistungsdurchsatz $\lambda_r$ [$LE_r$/PE]. Der Leistungspreis wird mit Hilfe der Kalkulationsformel (7.1) aus dem Leistungskostensatz so kalkuliert, daß mit dem erwarteten Leistungsabsatz ein Deckungsbeitrag resultiert, der ausreicht, um Gemeinkosten und Risiken abzudecken und einen angemessenen Gewinn zu erzielen.

Eine *multifunktionale Leistungsstelle* kann simultan bis zu N unterschiedliche Leistungsarten mit den Leistungseinheiten $LE_r$ erbringen. Ist die Leistungsstelle *irreduzibel*, also nicht in elementare Leistungsstellen zerlegbar, konkurrieren die partiellen Leistungsarten. Dann gilt für die Summe der partiellen Auslastungen $\rho_r = \lambda_r/\mu_r$, die sich aus dem *partiellen Leistungsbedarf* $\lambda_r$ [$LE_r$/PE] und den *partiellen Grenzleistungen* $\mu_r$ für r = 1,2 ...N, errechnen, das *Grenzleistungsgesetz*:

$$\rho_{\text{Nutz}} = \sum_r \lambda_r / \mu_r \leq 1 \qquad [€/PE]. \qquad (6.54)$$

Mit anderen Worten: Die *Gesamtauslastung* oder der *Gesamtnutzungsgrad* $\rho_{\text{Nutz}}$ ist maximal 100 % (s. *Abschnitt 13.4*).

Der Gesamterlös, der bei einem Leistungsabsatz $\lambda_r$ [$LE_r$/PE] mit den *partiellen Kostensätzen* $k_r$ für die verschiedenen Leistungsarten erzielt wird, soll die Kosten decken. Das ist der Fall, wenn

$$E = \sum_r \lambda_r \cdot k_r = K_{\text{Var}} + K_{\text{Fix}} \qquad [€/PE]. \qquad (6.55)$$

Eine nutzungsgemäße Aufteilung der variablen Kosten ergibt sich aus dem *Verursachungsprinzip*, nach dem die *partiellen Grenzkosten* $k_{\text{GrV}\,r}$ für die verschiedenen Leistungsarten eindeutig kalkulierbar sind.

Eine *verursachungsgerechte* Aufteilung der Fixkosten ist nicht möglich, da diese bereits zu Nutzungsbeginn festliegen und nicht erst durch die aktuelle Leistungserzeugung verursacht werden. Eine Regel zur *nutzungsgemäßen* Fixkostenaufteilung ergibt sich jedoch aus der Forderung, daß der Gesamterlös (6.55) bei einem geplanten Gesamtnutzungsgrad (6.54) unabhängig sein soll von der *Struktur der Leistungsinanspruchnahme*, also unabhängig davon, in welchem Verhältnis die verschiedenen Leistungsarten aktuell genutzt werden. Mit dieser

Forderung wird das *Leistungsstrukturrisiko* eliminiert. Sie wird erfüllt, wenn die Fixkosten im *Verhältnis der Leistungsinanspruchnahme* aufgeteilt werden:

$$F_{fix} = \sum_r (\lambda_r / \mu_r) \cdot F_{fix} / \rho_{Nutz} = \sum_r F_{fix\,r} \qquad [€/PE]. \qquad (6.56)$$

Daraus folgt (s. Bez. (6.22) und (6.23))die

► *Kalkulationsregel 1A*: Die nutzungsgemäßen partiellen Leistungskostensätze einer multifunktionalen Leistungsstelle werden berechnet aus den Grenzkostensätzen der variablen Kosten $k_{GrFr}$ und den *Grenzfixkosten*

$$k_{GrF\,r} = K_{fix}/\mu_r \qquad [€/LE] \qquad (6.57)$$

mit der *Kalkulationsformel für nutzungsgemäße Leistungskostensätze*

$$k_r(\rho) = K_r(\lambda_r)/\lambda_r = k_{GrV\,r} + k_{GrF\,r}/\rho_{nutz} \qquad [€/LE]. \qquad (6.58)$$

Die partiellen Leistungskostensätze (6.58) lassen sich zurückführen auf die partiellen Leistungskostensätze bei Vollast mit Hilfe der

► *Kalkulationsregel 1B*: Der nutzungsgemäße partielle Leistungskostensatz ist gleich dem partiellen *Vollastkostensatz* $k_r(\rho = 100\%)$ multipliziert mit dem *partiellen Nutzungsfaktor*

$$f_{nutz\,r} = 1 + p_{aus\,r} = 1 + (1/\rho_{Nutz} - 1) \cdot k_{GrF\,r}/(k_{GrV\,r} + k_{GrF\,r}) \qquad (6.59)$$

Hierin ist $\rho_{Nutz}$ der Gesamtnutzungsgrad (6.54), nicht der partielle Nutzungsrad. Daher ist der Gesamterlös (6.55) mit den auf diese Weise kalkulierten nutzungsgemäßen Leistungskostensätzen (6.58) nicht von den partiellen Einzelauslastungen sondern nur von der Gesamtauslastung abhängig.

Werden die Nutzer mit den Kosten im *voraus* belastet, sind die Leistungskostensätze mit der *geplanten Gesamtauslastung* zu kalkulieren, werden sie erst *nachträglich* belastet, sind sie mit der in der letzten Vergütungsperiode ermittelten *IST-Gesamtauslastung* zu berechnen (s. *Abschnitt 7.5.9*).

In Beziehung (6.59) ist $p_{aus\,r}$ partielle *Auslastungsrisikozuschlag*

$$p_{aus\,r} = (1/\rho_{Nutz} - 1) \cdot k_{GrFr}/(k_{GrV} + k_{GrFr}) \qquad (6.60)$$

Der Auslastungsrisikozuschlag wird zur Preiskalkulation mit Hilfe der Beziehung (7.1) benötigt. Er ist für die verschiedenen Leistungsarten unterschiedlich. Sind zum Beispiel für eine Leistungsart die Grenzfixkosten $k_{GrF}$ ebenso hoch wie die Grenzkosten $k_{GrV}$, dann ist bei einem Nutzungsgrad 80 % der Auslastungsrisikozuschlag 12,5 % und der Nutzungsfaktor $f_{nutz} = 1{,}125$.

Die Kalkulationsregeln 1A und 1B sind in der Logistik vielseitig einsetzbar. Sie werden beispielsweise benötigt zur Berechnung der Leistungskostensätze eines Fahrzeugs, also des *Fahrtkostensatzes* $k_{weg}$ [€/km] und des *Haltekostensatzes* $k_{halt}$ [€/h] (s. *Abschnitt 18.12.3*): Wenn die Fixkosten unabhängig davon, ob das Fahrzeug steht oder fährt, 100.000 €/Jahr betragen, und das Fahrzeug bei einem Gesamteinsatz von 300 Tagen/Jahr × 16 h/Tag = 5.600 Stunden/Jahr mit der Fahrgeschwindigkeit 50 km/h bis zu 336.000 km/Jahr fahren oder bis zu 5.600 Stunden halten kann, dann sind die Grenzfixkosten 0,30 €/km für das Fahren und 17,85 €/h für das Halten. Beim Halten fallen keine zusätzlichen variablen Kosten an, so daß der Haltekostensatz bei Vollauslastung 17,85 €/h ist. Aus diesem lassen sich für bekannte Stopzeiten die *Stopkosten* berechnen. Für das Fahren kommen zu den Grenzfixkosten noch die Grenzkosten für Energieverbrauch, Fahrzeugabnutzung, Reifenverbrauch usw. hinzu. Wenn diese z. B. 1,00 €/km betragen, ergibt sich ein Fahrtkostensatz von 1,30 €/km.

Wird im Jahr ein mittlerer Nutzungsgrad von 80 % erwartet, muß der kalkulierte Vollauslastungs-Haltekostensatz gemäß Beziehung (6.60) um den Faktor 1,25, also um 25 % auf 22,30 €/h erhöht werden. Der Vollast-Fahrtkostensatz steigt wegen des geringen relativen Fixkostenanteils von 23 % nur um den Faktor 1,06 oder 6 % auf 1,40 €/km. Das sind etwa die Leistungskostensätze eines Taxis.

Die Kalkulation nutzungsgemäßer Preise für Leistungsketten, Netzwerke und andere Leistungssysteme, die sich aus elementaren Leistungsstellen zusammen setzen, regelt die:

► *Kalkulationsregel 2*: Die nutzungsgemäßen Leistungskosten für eine zusammengesetzte Leistung, die nacheinander oder parallel von mehreren Leistungsstellen erbracht wird, sind die Summe der nutzungsgemäßen Kosten für die in den beteiligten Stellen in Anspruch genommen Teilleistungen.

Entsteht eine zusammengesetzte Leistungseinheit LE gemäß *Stückliste* aus $m_s$ Teilleistungseinheiten $LE_s$ der Leistungsstellen $LS_s$ mit den nutzungsgemäßen Kostensätzen $k_s$, dann ist ihr nutzungsgemäßer Leistungskostensatz:

$$k_{LE} = \sum_s m_s \cdot k_s \qquad [€/LE]. \qquad (6.61)$$

Aus den Leistungskostensätzen werden die Leistungspreise durch Zuschlag der Gemeinkosten, der Risiken und des Plangewinns kalkuliert. Die Forderung, daß auch die Preise nutzungsgemäß sind und *Quersubventionen* zwischen den verschiedenen Leistungsarten unzulässig sind, wird erfüllt mit der

► *Kalkulationsregel 3*: Nutzungsgemäße Leistungspreise werden mit einem einheitlichen Zuschlagsfaktor aus den nutzungsgemäßen Leistungskostensätzen berechnet, die nach den Kalkulationsregeln 1 und 2 zu kalkulieren sind.

Die Höhe des Gemeinkostenzuschlags, die Risikozuschläge und der Gewinn werden im nächsten Kapitel behandelt und mit Hilfe der Kalkulationsformel (7.1) gelöst, die sich aus der Kalkulationsregel 3 ergibt.

Auf viele der hier angesprochenen Fragen der Preiskalkulation für Leistungssysteme und Netzwerke gibt es in der Betriebswirtschaft bis heute keine eindeutigen und allgemein akzeptierten Antworten. Dazu gehört auch das in der Logistik häufig auftretende Problem der *Ganzzahligkeit* des Ladeeinheiten- und Gerätebedarfs, die zu Sprüngen der Kostenfunktionen führt.

**8. Leistungskosten und Investitionsaufwand von Logistikprojekten**

Die meisten Investitionsprojekte der Logistik haben das Ziel, die Leistungskosten zu senken. Aus den in *Abschnitt 3.10* und *6.10* genannten Gründen sinken die Leistungskosten für alle Lösungen mit Zunahme des Leistungs- und Kapazitätsbedarfs zunächst rasch und im weiteren Verlauf immer weniger. Bei sehr hohem Bedarf erreichen sie asymptotisch einen technologisch bedingten Grenzwert. Die Degresssion der Leistungskosten ist für Lösungen mit großem Technikeinsatz und weitgehender Automatisierung, die relativ hohe Investitionen erfordern, erheblich stärker als für personalintensive Lösungen mit geringerem Investitionsaufwand. Die Grenzwerte der Leistungskosten werden für personalintensive Lösungen früher erreicht und sind in vielen Fällen deutlich größer als bei den Lösungen mit einem höheren Investitionsbedarf.

Das zeigen die *Abb. 16.26.*, *16.27* und *16.28* für 4 Lagersysteme mit unterschiedlichem Automatisierungsgrad, die *Abb. 16.32* und *16.33* für ein neuartiges Lagersystem und die *Abb. 17.46* für das Kommissioniersystem, dessen Kapitalrückfluß in *Abb. 6.2* dargestellt ist. In diesen und vielen anderen Fällen ist zu entscheiden, bis zu welchem Grad sich die Investition in Technik und Automatisierung überhaupt lohnt.

Die Entscheidung ist nicht einfach, da zur Berechnung des Investitionsbedarfs und der Leistungskosten eine hinreichend genaue Planung, Dimensionierung und Optimierung der unterschiedlichen technischen Lösungen erforderlich ist. Die Leistungskosten bei gleichen Durchsatz- und Kapazitätsanforderungen hängen nicht stetig von der Investitionshöhe ab, sondern liegen für jede Lösung auf einem anderen Niveau. Die Wirtschaftlichkeit der verschiedenen Lösungen läßt sich gut beurteilen durch eine Gegenüberstellung der Durchsatz- oder Kapazitätsabhängigkeit der relevanten Leistungskosten und des benötigten Investitionsbedarfs. Einen solchen Vergleich zeigen die *Abb. 16.32*, *16.33* und *17.46* für drei Anwendungsbeispiele, die in den *Abschnitten 16.16* und *17.16* näher beschrieben werden.

Zur Entscheidung zwischen den Lösungsvarianten wird zusätzlich die Verbesserung des relativen Ertragswerts oder die Rentabilitätsverbesserung und bei gleicher Rentabilität die Kapitalrückflußdauer aus der Kosteneinsparung benötigt. Diese lassen sich mit Hilfe der vorangehend hergeleiteten Beziehungen (6.52) und (6.53) berechnen. Ein konkretes Beispiel zeigt *Tabelle 16.6*.

## 6.11 Ökonomie und Logistik

Das oberste *Ziel der Ökonomie* ist die Versorgung der Menschen mit den benötigten Gütern und Leistungen zu *minimalen Kosten* [253]. Das *primäre Ziel der einzelnen Unternehmen* ist ein *optimaler Gewinn*, der durch minimale Kosten oder maximale Erlöse erreichbar ist. Aus diesen Zielen resultiert die *Aufgabe der Ökonomie im Bereich der Logistik*:

- ▶ Die benötigten Logistikleistungen sind mit minimalen Kosten zu organisieren und zu erbringen sowie mit optimalem Gewinn zu kalkulieren, zu vermarkten und abzurechnen.

Es ist Aufgabe der Technik, die Logistikleistungen zu ermöglichen, zu vereinfachen, zu verbessern und zu erleichtern. Die *Primärziele der Technik* sind also *Leistung* und *Qualität* unter Berücksichtigung der Wirtschaftlichkeit (s. *Abschnitt 3.10*).

Ziele und Aufgaben von Wirtschaft und Technik sind in der Logistik untrennbar miteinander verbunden. Eine effektive und effiziente Logistik erfordert daher die besten Verfahren und Lösungen der Technik ebenso wie nutzbringende Beiträge der Ökonomie.

**1. Beiträge zur Makrologistik**

Die *Volkswirtschaftslehre* kann durch die Untersuchung folgender Fragen der *Makrologistik* und Lösung nachstehender Probleme nützliche Beiträge leisten:

- Erkundung, Segmentierung und Quantifizierung der *Logistikmärkte* [296, 297, 298]
- *Einflüsse der Logistik* auf die nationale und internationale Wirtschaft
- Grundlagen, Mechanismen und Rahmenbedingungen der *Preisbildung für Logistikleistungen* (s. *Abschnitt 7.7*)
- *Tarifstrukturen* und *Grundsätze der Preisgestaltung* zur Sicherung eines fairen Wettbewerbs auf den Logistikmärkten (s. *Abschnitt 7.19*)
- *Auswirkungen der Preisstruktur* für Logistikleistungen auf die nationale und internationale Ressourcennutzung (s. *Abschnitt 7.8*)
- *Folgen der Quersubvention der Leistungspreise* und des *Zugabeunwesens* bei Post, Bahn und Fluggesellschaften
- Ökonomie der *Verkehrsnetze* und *Logistiknetzwerke*
- Volkswirtschaftlichen Auswirkungen des *Fixkostendilemmas* (s. *Abschnitt 6.8*) und der Folgen der *Skaleneffekte* in der Logistik (s. *Abschnitte 6.9* und *19.11*)
- *Ökonometrie* der Kosten, Preise und Leistungen in den verschiedenen Logistikmärkten
- *Möglichkeiten* und *Grenzen* des *unternehmensübergreifenden Supply Chain Management* in einer freien Marktwirtschaft
- Wirtschaftspolitischen *Handlungsmöglichkeiten* und *Handlungsbedarf* in Verkehr und Logistik (s. auch *Kapitel 22*).

Einige Bereiche der Makrologistik, wie die *Verkehrswirtschaft* [133; 314], die *Transportwirtschaft* [177] und die *Abfallwirtschaft* [276; 277], sind bereits recht gut erforscht. Andere wichtige Bereiche, wie die *Marktsegmentierung*, die *Ökonometrie*, die *Netzwerkökonomie* und die *Preisbildung für Logistikleistungen* wurden dagegen bisher kaum behandelt.

Die *außerbetrieblichen Transport- und Frachtleistungen* werden immer noch weitgehend undifferenziert in *Tonnen-Kilometer* erfaßt. Fundierte Untersuchungen des Einflusses der Sendungsgröße, des Sendungsinhalts und der Versandart auf die Frachtkosten und auf die Preisbildung sind in einschlägigen Fachbüchern nicht zu finden.

Ein Stiefkind der Volkswirtschaft ebenso wie der Betriebswirtschaft ist die *innerbetriebliche Logistik*. Über die Gesetzmäßigkeiten und die erforderlichen

Rahmenbedingungen für eine faire Preisbildung auf dem Markt der innerbetrieblichen Logistikleistungen, die heute von den Unternehmen zunehmend an externe Logistikdienstleister vergeben werden, gibt es keine allgemein anerkannten Untersuchungen.

**2. Beiträge zur Mikrologistik**

Einige Wirtschaftswissenschaftler verstehen die Logistik und das Supply Chain Management als *grundlegend neuen betriebswirtschaftlichen Ansatz*. Für sie bedeutet *Logistik* die *Ausrichtung aller betrieblichen Aktivitäten auf den Endkunden* und das *Denken in Prozessen und Netzwerken*. Darüber hinaus gehend steht für sie *SCM* für *unternehmensübergreifende Kollaboration* und eine *ganzheitliche Sicht* [278; 317; 321]. Bei diesem hohen Anspruch bleibt jedoch unklar, was die Wirtschaftswissenschaften zur Logistik konkret beitragen können.

Die *Betriebswirtschaftslehre* könnte folgende Fragen und Probleme der *Mikrologistik* und der *Unternehmenslogistik* erforschen, bearbeiten und lösen:

- Einheitliche Definition, Abgrenzung und Erfassung der *Logistikkosten* (s. *Abschnitt 6.3*)
- Regeln zur Kalkulation nutzungsnaher *Abschreibungen* und *Zinsen* (s. *Abschnitt 6.10*)
- Abgrenzung und Zuweisung der *Fixkosten* (s. *Abschnitt 6.7*)
- Einheitliche Bemessungsgrundlagen und Kalkulationsverfahren für *Kostensätze, Tarife* und *Preise* von logistischen Einzel-, Verbund- und Netzwerkleistungen *(s. Abschnitt 6.6, Kapitel 7, Abschnitt 9.14, Abschnitt 20.15* und *Abschnitt 21.2*)
- Praktikable *Lösungen für die Fixkostenvergütung* (s. *Abschnitt 7.5.9*)
- Standardverfahren zur *Logistikkostenrechnung für Logistikdienstleister* und zur Kalkulation *nutzungsgemäßer Leistungspreise* (s. *Abschnitt 6.10.7*)
- Standardverfahren zur *Logistikkostenrechnung für Industrie- und Handelsunternehmen* und zur Kalkulation von *Auftragslogistikkosten* und *Artikellogistikkosten* (s. *Abschnitt 6.2*)
- *Leistungsverzeichnisse*, *Preislisten* und *Ausschreibungsblanketten* für logistische Standardleistungen
- *Objektive Erfassung vergleichbarer Logistikkosten* von Handels- und Industrieunternehmen
- *Leistungs- und Kostenvergleich* der Anbieter und Wettbewerber auf den Logistikmärkten
- Analyse und Quantifizierung der betriebswirtschaftlichen Auswirkungen des *Fixkostendilemmas* (s. *Abschnitt 6.8*), der *Synergien* durch Mehrfachnutzung und der *Skaleneffekte* der Logistik [312] (s. *Abschnitte 6.9* und *19.11*)
- Untersuchung und Quantifizierung der direkten und indirekten *Erlöse aus Logistikleistungen* [278]
- *Preisbildung* und *Preisstrategien* für Logistikleistungen (s. *Abschnitt 7.7*)
- Betriebswirtschaftliche *Möglichkeiten* und *Grenzen* des *unternehmensübergreifenden Supply Chain Management.*

Wer zu diesen zentralen Fragen und Problemen der Mikrologistik in den Lehrbüchern der Betriebswirtschaft und in einschlägigen Büchern zu *Logistikkostenrechnung* und *Logistikcontrolling* praktisch nutzbare Informationen, Lösungen und Handlungsempfehlungen sucht, wird weitgehend enttäuscht [14; 58; 63; 66; 67; 223; 270; 271; 278; 317]. Abgesehen von einigen Beiträgen des *Operations Research* fehlen für viele betriebswirtschaftliche Aufgaben und Probleme der Praxis brauchbare Lösungen.

Statt dessen werden praxisferne Vorstellungen entwickelt und falsche Kalkulationsverfahren empfohlen. Typische Beispiele sind das Rechnen mit Lagerplatzkosten in Prozent vom Bestandswert, die fehlende Trennung der Ein- und Auslagerkosten von den Lagerplatzkosten, die falsche Berücksichtigung der Fixkosten und das Rechnen mit Preisen und Tarifen, die nicht nutzungsgemäß sind.

Ohne nutzungsgemäß kalkulierte Kostensätze und Leistungspreise aber sind weder eine Optimierung der Logistikketten noch eine kostenoptimale Disposition möglich. Ebenso wenig lassen sich Gesamtstrategien für das unternehmensübergreifende *Supply Chain Management* durchsetzen, wenn ihr Zusatznutzen im Vergleich zu den einzelwirtschaftlichen Strategien nicht kalkulierbar und objektiv nachweisbar ist [266].

Für die Kalkulation nutzungsgemäßer Verrechnungskostensätze und Leistungspreise für das Lagern, das Kommissionieren, den Umschlag und den innerbetrieblichen Transport fehlen praktisch erprobte Beiträge der Betriebswirtschaft. Nicht einmal die Kostentreiber der wichtigsten innerbetrieblichen Logistikprozesse sind allgemein bekannt.

### 3. Forderungen an die Wirtschaftswissenschaften

Viele wirtschaftswissenschaftliche Bücher und Publikationen zur Logistik beginnen mit langen Begriffserörterungen, neuen Wortschöpfungen und Interpretationen der Logistik ohne praktischen Nutzen. Sie beschreiben ausführlich die historische Entwicklung, berichten aufgrund von Befragungen, die bei Rücklaufquoten unter 20% nicht repräsentativ sind, über die empirische Situation oder üblichen Geschäftspraktiken und diskutieren die Trends und Moden der Marktteilnehmer und der Wissenschaft [36; 37; 278; 317; 321].

Die beliebtesten Themen sind *Logistikmanagement* und *Logistikcontrolling.* Diese Themen werden behandelt, als ob in der Logistik nur Topmanager – am besten CEO – und deren Stäbe tätig sind. Andere Publikationen versprechen erstaunliche Kostensenkungspotentiale, fordern neue Forschungsprojekte und bieten unbegründete Zukunftserwartungen als *Vision* an. Vergebens sucht der Praktiker nach brauchbaren Verfahren zur Kalkulation von Leistungskosten und Leistungspreisen, nach erprobten Modellen für nutzungsgemäße Tarif- und Vergütungssysteme, nach abgesicherten Informationen über Struktur und Größe der Logistikmärkte oder nach einer systematischen Untersuchung der Preisstrategien und Preisbildung für Logistikleistungen.

Für einige der genannten Probleme enthalten dieses und das folgende Kapitel Lösungsvorschläge, die im Zuge von Beratungsprojekten entwickelt wurden und sich in der Praxis bewährt haben. Volks- und Betriebswirte sind aufgerufen, diese Lösungsansätze kritisch zu überprüfen und wenn nötig zu verbessern.

Die wichtigsten *Forderungen der Logistik an die Wirtschaftswissenschaften* sind:

- konstruktive und nutzbringende Beiträge zur analytisch-normativen Logistik
- objektiv nachvollziehbare Lösungkonzepte für praktisch relevante Probleme
- begründete, konsistente und praktisch umsetzbare Handlungsempfehlungen

Hier besteht für die Forschung und Lehre der Ökonomie noch ein weites und fruchtbares Betätigungsfeld (s. auch *Abschnitt 18.13*).

Eine besondere Herausforderung für die Ökonomie der hochentwickelten Industriegesellschaften ergibt sich daraus, daß in immer mehr Absatzbereichen eine Sättigung des Bedarfs erreicht wird, während andererseits begrenzte Ressourcen zu Engpässen führen. Solche *Engpässe* sind erschöpfte Rohstofflager, knappe Flächen in dicht besiedelten Gebieten und nicht mehr erweiterbare Verkehrswege. Logistisch gesehen ist auch ein gesättigter Absatzkanal ein Engpaß am Ende einer Lieferkette.

Die Ökonomie der Zukunft kann daher nicht länger auf Wachstum setzen [355]. Sie muß Lösungen finden, wie die Menschen trotz der *Engpässe* zuverlässig und kostengünstig mit den benötigten Gütern und Leistungen versorgt werden können. Dazu kann die *analytisch-normative Logistik* einen wichtigen Beitrag leisten (s. *Abschnitt 7.8.7*).

# 7 Leistungsvergütung und Leistungspreise

Dienstleister, die ihre Leistungen auf dem Markt anbieten, sind in der Gestaltung ihrer Preise grundsätzlich frei. Von der Freiheit der Preisgestaltung wird jedoch in manchen Dienstleistungsbereichen und vielen Branchen nicht immer sinnvoll Gebrauch gemacht. Das gilt vor allem, wenn der Dienstleister eine Monopolstellung hat, in Teilmärkten Kapazitätsengpässe bestehen oder die Leistungstarife staatlich geregelt sind [64; 65].

Wenn ein Unternehmen einen bestimmten Leistungsumfang, wie den Betrieb eines Logistikzentrums, den inner- oder außerbetrieblichen Transport oder die gesamte Distribution, zur Fremdvergabe an einen Logistikdienstleister ausschreibt, um mit diesem einen längerfristigen Dienstleistungsvertrag abzuschließen, kann das Unternehmen durch *Vorgabe* des *Leistungs- und Qualitätsvergütungssystems* entscheidenden Einfluß auf die Preisgestaltung nehmen. Während der Ausschreibung und Vergabeverhandlungen sorgt der Auftraggeber selbst dafür, daß von den Anbietern faire *Preisgestaltungsgrundsätze* eingehalten werden, die angebotenen Leistungspreise vergleichbar sind und der günstigste Marktpreis ausgehandelt wird (s. *Kapitel 21*).

Dem Zwang zu einer rational nachvollziehbaren Preisgestaltung müssen sich daher vor allem *Systemdienstleister* stellen, die auf der Grundlage eines *Dienstleistungvertrags* langfristig mit ihren Kunden zusammenarbeiten wollen. Zunehmend aber sehen sich auch *Einzel-*, *Spezial-* und *Verbunddienstleister* veranlaßt, faire Preisgestaltungsgrundsätze einzuhalten, wenn sie mit stabilen Kundenbeziehungen als seriöse Anbieter im Markt bestehen wollen [68]. Längerfristige Vereinbarungen der Leistungspreise und Dienstleistungsverträge mit einer klaren Vergütungsregelung schützen Dienstleister und Kunden gleichermaßen gegen *Preisschwankungen* und bieten die für Investitionsentscheidungen erforderliche *Kalkulationssicherheit.*

Nach einer Analyse der negativen Auswirkungen einer falschen Preispolitik werden in diesem Kapitel allgemeine *Preisgestaltungsgrundsätze* hergeleitet, die *Ziele* und *Anforderungen* an die Vergütung von Logistikleistungen formuliert und das Grundkonzept eines *Leistungs- und Qualitätsvergütungssystems* für Logistikleistungen beschrieben, das sich in der Praxis vielfach bewährt hat. Anschließend werden die Schritte zur Entwicklung projektspezifischer Vergütungssysteme dargestellt und die resultierenden *Preis- und Tarifstrukturen* erläutert. Die letzten beiden Abschnitte behandeln die *Preisbildungsprozesse* und *Preisstrategien* für Logistikleistungen sowie deren Auswirkung auf die Ressourcennutzung.

## 7.1 Grundsätze der Preisgestaltung

Negative Folgen der freien Preisgestaltung und Indizien einer unfairen Preispolitik sind [64; 306]:

- Die Preisangaben, Leistungsspezifikationen und Preislisten sind unvollständig, schwer zu verstehen oder für den Kunden nicht zugänglich.
- Die Leistungspreise sind nicht nutzungsgemäß kalkuliert und durch Quersubventionen zwischen den verschiedenen Leistungsarten eines Dienstleisters verfälscht.
- Ein Preisvergleich der angebotenen Leistungen ist kaum möglich.
- Richtigkeit und Angemessenheit der Preisstellung sind nicht nachvollziehbar.
- Beauftragte Leistungen sind preislich gekoppelt mit anderen Leistungen, die nicht unbedingt benötigt werden.
- Die Leistungspreise sind zu pauschal und undifferenziert.
- Der Leistungspreis deckt nur die Kernleistung ab. Mit der Kernleistung zwangsläufig verbundene Nebenleistungen werden während oder nach der Leistungsausführung zusätzlich in Rechnung gestellt.
- Die Leistungspreise werden häufiger als notwendig unbegründet geändert.
- Mengenrabatte, Pauschalregelungen, komplizierte Preismodelle, Abonnements und Zugaberegelungen machen die Kosten der Einzelleistungen für den Benutzer unkalkulierbar, vor allem wenn er seinen Bedarf nicht vorausplanen kann.
- Der Leistungsumfang und die Qualität der Leistungserbringung sind für den Dienstleister nicht verpflichtend oder werden durch *allgemeine Geschäftsbedingungen* eingeschränkt.

In der Logistik sind Beispiele für eine unfaire Preispolitik besonders zahlreich: irreführende, teilweise unsinnige Frachttarife der Speditionen, die häufig immer noch auf überholten *GFT-Tarifen* beruhen; *Rollgeld* oder andere *Gebühren*, die erst beim Empfänger erhoben werden; überhöhte Preise für Lagerleistungen; unterschiedliche Preissysteme der Paketdienstleister; die Quersubvention der Paketpost durch die Monopolpreise der Briefpost; die *Bahncard* und die vielen Sondertarife der Bahngesellschaften; die Quersubvention des Personenverkehrs der Bahn durch überhöhte Netznutzungsentgelte und Streckenkosten für den Gütertransport; die verwirrenden Tarife, Gebühren, Meilenzugaben und die Überbuchungspraxis der Luftfahrtgesellschaften (s. *Abschnitt 22.4*).

Unverständliche Preise für Dienstleistungen sowie mancherlei Tricks und versteckte Rechnungsposten führen zu Verwirrung, Unzufriedenheit und Vertrauensverlust der Kunden. Das mühsame Erfragen von Leistungspreisen und das zeitraubende Studium von Preisangaben belasten den Kunden und sind in vielen Fällen eine Zumutung [64]. Auch Dienstleister, die durch eine verschleiernde Preispolitik versuchen, zusätzliche Gewinne zu erzielen, täuschen und schaden sich am Ende selbst: Ihre Kosten- und Erfolgsrechnung wird durch die verfälschten Preise verschleiert. Sie verlieren die Glaubwürdigkeit und das Vertrauen ihrer Kunden. Die Kunden verzichten auf die angebotenen Leistungen oder weichen auf andere Anbieter aus [65].

Darüber hinaus können nicht nutzungsgemäße Leistungspreise zu Fehlverhalten der Marktteilnehmer und einer volkswirtschaftlich falschen Inanspruchnahme der Ressourcen führen (s. *Abschnitt 7.8*). In Bereichen mit subventionierten Preisen unterbleiben Rationalisierungen. Geschäfte in Bereichen mit überhöhten Preisen gehen verloren. Ein Beispiel ist die Abwanderung des Güterverkehrs von der Schiene auf die Straße (s. *Abschnitt 20.15*).

Wenn jedoch ein Dienstleister seine Leistungen zu Preisen anbietet, die für die Kunden verständlich sind und deren Nutzen berücksichtigen, kann das zu einer Verschiebung der Marktanteile zu seinen Gunsten und zu einer Korrektur der Preisbildung der übrigen Anbieter führen. So hat eine amerikanische Fluggesellschaft durch konstante, übersichtliche und günstige Flugtarife, die keine unerwünschten Serviceleistungen enthalten, innerhalb kurzer Zeit ihren Marktanteil verdoppelt. Sie ist zugleich zur profitabelsten Fluggesellschaft in den USA geworden. Ähnliches ist einer amerikanischen Telefongesellschaft und einem Paketdienstleiter gelungen [64].

Im Interesse der langfristigen Wettbewerbsfähigkeit sollten daher bei der Preisbildung und Rechnungsstellung für Logistikleistungen ebenso wie für andere Dienstleistungen folgende *Preisgestaltungsgrundsätze* beachtet werden (s. *Kapitel 22*):

1. Preise sollten kostendeckend sein. Dumpingpreise sind unzulässig.
2. Leistungspreise müssen transparent, nachvollziehbar und nutzungsgemäß sein.
3. Leistungsumfänge müssen in Leistungskatalogen und Leistungspreise in Preislisten verständlich dokumentiert und für den Kunden jederzeit einsehbar sein.
4. Leistungspreise müssen mit dem Kundennutzen korrellieren. Sie dürfen keine nicht benötigten Neben- oder Serviceleistungen enthalten.
5. Zugaben und kostenlose Extraleistungen sind ausgeschlossen.
6. Zwingend mit dem Leistungsergebnis verbundene Teil- oder Nebenleistungen müssen im Leistungspreis der vom Kunden benötigten Hauptleistung enthalten sein.
7. Extraleistungen, Versicherungen und besonderen Service muß der Kunde jeweils gesondert beauftragen können. Sie werden zu angemessenen Preisen separat abgerechnet.
8. Preise für regelmäßig benötigte Leistungen sollten für längere Zeit, wenn möglich für ein Jahr, gültig sein und nur aus plausiblen Gründen verändert werden.
9. Rückvergütungen, Rabatte oder Staffelpreise müssen für definierte Abnahmemengen oder eine bestimmte zeitliche Abnahmeverpflichtung gelten.
10. Rechnungen müssen einfach kontrollierbar sein und dürfen nur beauftragte Leistungen zu vereinbarten Preisen enthalten.
11. Kostenverursachende Sonderleistungen, wie Eilzuschläge, sind nur den Kunden gesondert in Rechnung zu stellen, die sie ausdrücklich verlangt haben.
12. Leistungspreise sollten die Verpflichtung des Dienstleisters zum Erbringen einer definierten *Leistungsqualität* umfassen, deren Nichteinhaltung zu einer Gutschrift führt.

Diese Preisgestaltungsgrundsätze hindern einen leistungsstarken, innovativen und kostengünstig arbeitenden Dienstleister nicht daran, seine Preise mit einem guten Gewinn zu kalkulieren. Im Gegenteil, er kann sich, wie die Beispiele aus den USA zeigen, durch faire Preise einen zusätzlichen Wettbewerbsvorteil verschaffen [64]. Da die Preisgestaltungsgrundsätze Voraussetzung sind für die volkswirtschaftlich positive Entwicklung nicht nur der Logistik im vereinigten Europa, ist es Aufgabe der zuständigen Stellen der *Europäischen Union*, entsprechende Grundsätze durch EU-Regelungen einzuführen (s. *Abschnitt 7.6*) [306; 307; 313].

## 7.2 Leistungskosten und Leistungspreise

Die Vergütung einer Dienstleistung und die Kalkulation der Leistungspreise hängen von der rechtlichen Beziehung zwischen Nutzer und Erzeuger der Leistungen ab.

Für Unternehmen, die ihre Umsätze nicht mit logistischen Leistungen erzielen, sind die Logistikkosten in der Regel ein Teil der *Gemeinkosten*. Die Plan-Logistikkosten müssen in diesem Fall in einer *artikel-* oder *auftragsbezogenen Logistikkostenrechnung* möglichst nutzungsgerecht auf die *Kostenträger* umgelegt werden, das heißt, auf die vom Unternehmen am Markt verkauften Produkte oder Leistungen. Hieraus resultieren die Logistikkosten pro Artikeleinheit:

- Die *Artikellogistikkosten* sind die Summe der durch Beschaffung, Produktion und Distribution pro Artikeleinheit bewirkten Logistikkosten.

Um die Artikellogistikkosten zu kalkulieren, sind Art und Menge der Logistikleistungen, die zur Beschaffung, Erzeugung und Distribution einer Artikeleinheit eingesetzt werden, zu ermitteln und mit den entsprechenden Leistungskosten (6.1) zu multiplizieren.

Wenn ein *Logistikbetrieb* – beispielsweise ein Logistikzentrum oder eine Versandabteilung – in einem Unternehmen als eigenständiges *Profitcenter* arbeitet, werden den übrigen Unternehmensbereichen die von ihnen in Anspruch genommenen Leistungen mit den *Plan-Leistungskosten* $k_i$ [€/$LE_i$] in Rechnung gestellt. Die Leistungskosten werden für die geplanten Soll-Leistungsdurchsätze $\lambda_i$ [$LE_i$/PE] der Abrechnungsperiode nach Beziehung (6.1) aus den anteiligen Betriebskosten für die verschiedenen Leistungsarten $LA_i$ errechnet.

Ein *Logistikdienstleister* kalkuliert aus den Plan-Leistungskosten die *Leistungspreise* $LP_i$ [€/$LE_i$] für die verschiedenen *Leistungsarten* $LA_i$, die er am Markt anbietet. Hierzu werden die Plan-Leistungskosten um *Zuschläge* zur Abdeckung der *Vertriebs- und Verwaltungs-Gemeinkosten* (VVGK), zum Ausgleich von *Gewährleistungs-* und *Auslastungsrisiken* und für den *Gewinn* erhöht:

$$LP_i = \left(1 + p_{VVGK} + p_{gwl} + p_{aus} + p_{gew}\right) \cdot k_i \qquad [€/LE_i]. \qquad (7.1)$$

Die *Zuschläge* werden dabei so bemessen, daß der mit den geplanten Leistungsdurchsätzen $\lambda_i$ resultierende *Gesamterlös* $E_{ges}$ der Planungsperiode die geplanten *Gesamtkosten* $K_{ges}$ einschließlich Risiken und Gewinn abdeckt:

$$E_{ges} = \sum_i \lambda_i \cdot LP_i \geqq K_{ges} \qquad [€/PE]. \qquad (7.2)$$

Die Höhe der *Zuschläge*, mit denen ein Dienstleister seine Leistungspreise kalkuliert, hängt von unterschiedlichen Einflußfaktoren ab.

**1. Vetriebs- und Verwaltungsgemeinkostenzuschlag**

Der Vertriebs- und Verwaltungsgemeinkostenzuschlag $p_{VVGK}$ soll die allgemeinen Geschäftskosten abdecken, die nicht bereits in der Einzelkalkulation der Leistungskosten berücksichtigt wurden.

Kleinere Logistikdienstleister und Speditionen, die in starkem Wettbewerb stehen, kalkulieren je nach Marktsegment mit einem VVGK-Zuschlag von 10 bis 15%. Große Logistikkonzerne, wie Eisenbahngesellschaften, Reedereien und Fluggesellschaften, haben Vertriebs- und Verwaltungsgemeinkosten von 20% bis zu 50%, in einigen Fällen auch darüber.

Für einen *Systemdienstleister*, der vertraglich geregelt länger als 5 Jahre für das gleiche Unternehmen tätig ist und hierfür keinen Vertrieb benötigt, ist in der Regel ein Verwaltungskostenzuschlag von 8 bis 10 % ausreichend.

**2. Gewährleistungszuschlag**

Der Gewährleistungszuschlag $p_{gwl}$ dient zur Abdeckung aller Risiken aus der *Gewährleistung* einer definierten *Leistungsqualität*.

Wenn für die Nichteinhaltung der Leistungsqualität dem Kunden keine *Gutschrift* eingeräumt wird oder *Pönale* gezahlt werden muß, bestimmt sich der Qualitätszuschlag durch die Höhe der *Reklamationskosten*. Bei einer pönalisierten Leistungsqualität ist der Qualitätszuschlag außer von der Höhe der Reklamationskosten von der Art der *Leistungs- und Qualitätsvergütung* abhängig. Diese muß so vereinbart werden, daß sich der Gewährleistungszuschlag mit Hilfe der Wahrscheinlichkeitsrechnung abschätzen läßt.

Erhält beispielsweise der Kunde bei Nichteinhaltung einer Terminvereinbarung eine Gutschrift in Höhe des doppelten Leistungspreises und beträgt die Wahrscheinlichkeit einer Terminabweichung 0,7%, dann ist der Leistungspreis mit einem *Termingewährleistungszuschlag* von $p_{ter} = 2 \cdot 0{,}7\ \% = 1{,}4\%$ zu kalkulieren. Für eine pönalisierte Sendungsqualität lassen sich analoge kalkulatorische Abschätzungen durchführen.

Bei gut geführten Logistikdienstleistern und üblichen Qualitätszusicherungen hat der Qualitätszuschlag insgesamt eine Größenordnung von 3 bis 5 %.

**3. Auslastungsrisikozuschlag**

Der Auslastungsrisikozuschlag $p_{aus}$ soll den Dienstleister gegen das Risiko der Unterauslastung absichern. Das Auslastungsrisiko hängt ab von der Prognostizierbarkeit des Leistungsbedarfs für die Dauer der Preisbindung sowie vom Fixkostenanteil der Leistungskosten. Bei einem Fixkostenanteil bei Vollast von 50% und der Planauslastung 80% ist der Auslastungszuschlag gemäß Beziehung (6.60) $p_{aus} = 12{,}5\%$. Wenn der Auftraggeber einem Systemdienstleister vertraglich eine bestimmte *Mindestinanspruchnahme* zusichert, die Fixkosten voll übernimmt oder eine auslastungsbedingte *Korrektur der Leistungspreise* zuläßt, ist kein Auslastungsrisikozuschlag erforderlich.

#### 4. Gewinnzuschlag

Die Höhe des Gewinnzuschlags $p_{gew}$ hängt von der *Preispolitik* des Unternehmens ab. Diese muß sich am Kundennutzen sowie an der Markt- und Wettbewerbssituation orientieren (s. *Abschnitt 7.7*).

Ist der Dienstleister mit seinem Leistungsangebot *Monopolist*, wird der Gewinnzuschlag nach oben durch den Nutzen begrenzt, den die angebotene Leistung für den Kunden hat [64]. Der Gewinn ist dann gleich der Differenz zwischen dem *erzielten Verkaufserlös* und den Leistungskosten einschließlich Vertriebs-, Verwaltungs-, Gewährleistungs- und Risikozuschlag.

Steht der Dienstleister im *Wettbewerb* mit anderen Anbietern, muß er sich für den Gewinn eine *untere Grenze* setzen, die ausreicht, um das *allgemeine Geschäftsrisiko* abzudecken und einen ausreichenden *Unternehmensgewinn* zu erzielen. Ein frei am Markt tätiger Logistikdienstleister kann auf die Dauer nur überleben, wenn er einen Gewinn von mindestens 3 % des Leistungsumsatzes erzielt.

Für *innovative Leistungen* kann und darf der Gewinn, solange der Innovationsvorsprung gegenüber dem Wettbewerb besteht, weitaus höher sein, wenn die neue Leistungsart den Kunden einen besonderen Nutzen bringt. Die Aussicht auf einen hohen Gewinn, der das Innovationsrisiko abdeckt und in kurzer Zeit die Entwicklungskosten wieder hereinbringt, ist der Hauptanreiz zur Entwicklung neuer Leistungen.

#### 5. Systemdienstleisterzuschlag

Die Summe aller Zuschläge eines *Systemdienstleisters*, der eine umfassende Gesamtleistung erbringt, auf die Leistungskosten ist der sogenannte Systemdienstleisterzuschlag. Dieser entspricht dem Generalunternehmerzuschlag eines *Generalunternehmers* für die schlüsselfertige Ausführung einer Gesamtanlage [68]:

- Der *Systemdienstleisterzuschlag* ist die Prämie, die der Leistungsnutzer für die *Fremdvergabe* der Managementleistungen und aller Betriebsrisiken zahlen muß, die mit der umfassenden Leistungserstellung verbunden sind.

Der Gesamtzuschlag eines Systemdienstleisters, der gegen das Auslastungsrisiko abgesichert ist, liegt gemäß den oben angegebenen Zuschlagsätzen zwischen 10% und 20%. Wenn der Logistikdienstleister keine Auslastungsabsicherung erhält, erhöht sich der Systemdienstleisterzuschag um den Auslastungszuschlag.

## 7.3 Aufgaben und Ziele der Leistungsvergütung

Ein nutzungsgemäßes und möglichst selbstregelndes Leistungs- und Qualitätsvergütungssystem ist zentraler Bestandteil jedes längerfristigen Vertrags mit einem Logistikdienstleister. Je umfangreicher die einem Dienstleister übertragenen Leistungen sind, umso wichtiger ist eine klare Regelung der Leistungs- und Qualitätsvergütung (s. *Kapitel 21*).

Ein Leistungs- und Qualitätsvergütungssystem muß folgende *Aufgaben* und *Ziele* erfüllen:

- Die Vergütung soll den Logistikdienstleister *selbstregelnd* zur rationellen und korrekten Leistungserbringung veranlassen.
- Das Vergütungssystem muß *revisionsfähig, verständlich, eindeutig, praktikabel* und in seiner Wirkung *transparent* sein.
- Die Preise müssen den oben angegebenen *Preisgestaltungsgrundsätzen* entsprechen.
- Verfahren, Zeitpunkte und zulässige Gründe für *Preisanpassungen*, wie Kostenveränderungen, Strukturverschiebungen oder Rationalisierungsmaßnahmen, müssen vorher vereinbart werden.
- Die *Leistungsinanspruchnahme* und das *Auslastungsrisiko* sind eindeutig zu regeln.
- Die *Erfassung* von Leistungsdurchsatz und Qualitätsmängeln darf nur minimalen Zusatzaufwand verursachen und sollte sich soweit wie möglich anderweitig benötigter Daten bedienen.
- Die *Leistungsabrechnung* sollte mit Hilfe von *Standardsoftware* auf verfügbaren Rechnern durchführbar sein.
- Ein detailliertes *Logistikcontrolling* muß sich für den Auftraggeber durch das Leistungs- und Qualitätsvergütungssystem erübrigen.

Mit einem Leistungs- und Qualitätsvergütungssystem, das diesen Anforderungen genügt, sind Steuerung und Controlling des Logistikbetriebs und der Logistikleistungen nicht mehr Aufgabe des Auftraggebers sondern des Dienstleisters. Der Auftraggeber hat nur einmal pro Abrechnungsperiode die Rechnung zu prüfen und eventuelle Leistungsmängel zu reklamieren.

## 7.4 Grundkonzept der Leistungs- und Qualitätsvergütung

Das *Grundkonzept* eines Leistungs- und Qualitätsvergütungssystems, das die geforderten Eigenschaften hat, sich für unterschiedliche projektspezifische Gegebenheiten ausgestalten läßt und in der Praxis mehrfach bewährt hat, ist in *Abb. 7.1* dargestellt. Das Konzept ist im Prinzip sehr einfach:

- Die *Leistungsumfänge* und *Standardleistungen* $SL_i$, $i = 1,2,..\ N_{SL}$, die ein Dienstleister für den Auftraggeber erbringen soll, sind in einem *Leistungskatalog*, die *Qualitätsmängel* $QM_j$, $j = 1,2,...N_{QM}$, die der Dienstleister vermeiden soll, in einem *Mängelkatalog* dokumentiert.
- Für alle Standardleistungen mit den Leistungseinheiten $LE_i$ sind feste *Leistungspreise* $LP_i$ [€/$LE_i$] vereinbart und in einer *Preisliste* erfaßt.
- Für alle Qualitätsmängel mit den Mängeleinheiten $ME_j$ sind bestimmte *Mängelabzüge* $MA_j$ [€/$ME_j$], auch *Malussätze* genannt, festgelegt und in einer *Malusliste* festgehalten.
- Die *Vergütung* $VG_{PE}$ [€/PE] für eine Abrechnungsperiode PE ist gleich einer *Leistungsvergütung*, die das Produkt von Leistungsdurchsatz und Leistungs-

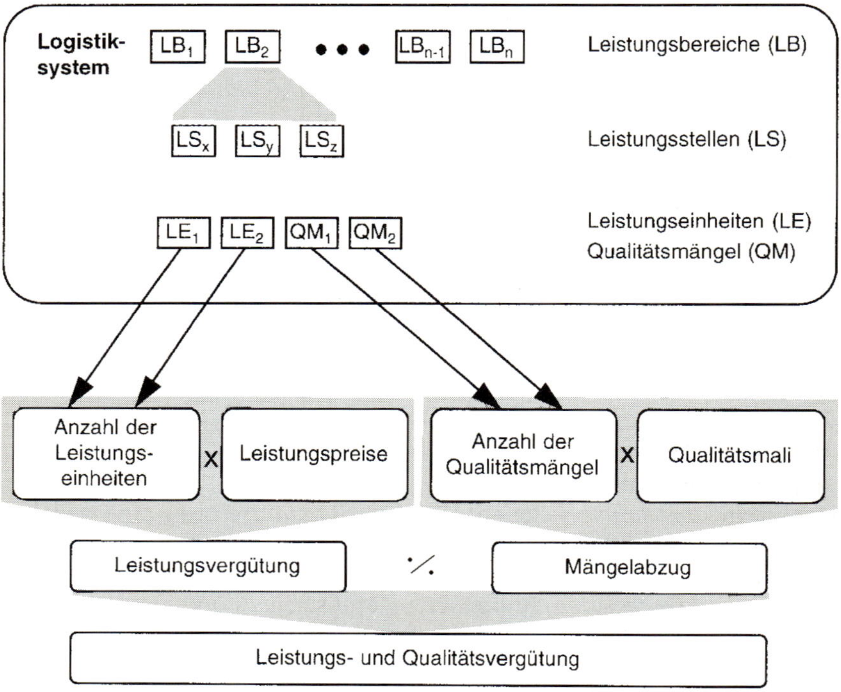


**Abb. 7.1** Grundkonzept eines Leistungs- und Qualitätsvergütungssystems

preisen ist, vermindert um einen *Mängelabzug*, der das Produkt der Anzahl Qualitätsmängel mit den Malussätzen ist.

Hat der Dienstleister in einer Periode $\lambda_i$ [$LE_i$/PE] Standard-Leistungseinheiten erbracht und wurden dabei $\sigma_j$ [$ME_j$/PE] Qualitätsmängel verzeichnet, dann ist die *Periodenvergütung*:

$$VG_{PE} = \sum_i \lambda_i \cdot LP_i - \sum_j \sigma_j \cdot MA_j \qquad [€/PE]. \qquad (7.3)$$

Die Vergütung wird dem internen oder externen Logistikdienstleister jeweils nach Ablauf einer *Vergütungsperiode* vom Auftraggeber gutgeschrieben oder dem Auftraggeber durch den Dienstleister in Rechnung gestellt.

Zur Erläuterung sind in *Tabelle 7.1* einige *Leistungspreise für innerbetriebliche Logistikleistungen* und in *Tabelle 7.2 Leistungspreise für außerbetriebliche Logistikleistungen* angegeben. Die Kalkulation der Leistungspreise für diese und weitere logistische *Standardleistungsumfänge* auf der Grundlage der im letzten Kapitel und im nächsten Abschnitt beschriebenen Verfahren wird in den *Abschnitten 16.13, 17.14, 18.12* und *20.14* näher erläutert.

Die Verminderung der Leistungsvergütung um den Mängelabzug bewirkt, daß sich der Dienstleister nicht allein auf eine effiziente Leistungserbringung konzen-

| LEISTUNGSART | Leistungeinheit | LE | Leistungspreis | Preiseinheit |
|---|---|---|---|---|
| **WARENEINGANG** | mit Eingangsprüfung und Bereitstellen | | | |
| **Entladen** | | | | |
| ganze Paletten aus Transporteinheit | Palette | Pal | 1,00 | €/Pal |
| lose Gebinde aus TE auf Palette | Gebinde | Pak | 0,05 | €/Geb |
| **LAGER** | stark abhängig vom Kapazitäts- und Leistungsbedarf | | | |
| **Einlagern** | Paletten | Pal | 1,00 bis 3,00 | €/Pal |
| mit Abholen aus Wareneingang | Behälter | Beh | 0,15 bis 0,25 | €/Beh |
| **Lagern** | Paletten-Tag | Pal-KTag | 0,10 bis 0,20 | €/Pal-KTag |
| auf dem Lagerplatz | Behälter-Tag | Beh-KTag | 0,02 bis 0,04 | €/Beh-KTag |
| **Auslagern** | Ganzpalette | Pal | 1,00 bis 3,00 | €/Pal |
| mit Bereitsstellen im WA oder K-Bereich | Vollbehälter | Beh | 0,15 bis 0,25 | €/Beh |
| **WARENAUSGANG** | | | | |
| **Kommissionieren** | einschließlich Palettenhandling bei statischer Bereitstellung | | | |
| Gebinde auf Paletten | Gebinde | Geb | 0,15 bis 0,25 | €/Geb |
| Warenstücke aus Gebinden in Kartons | Warenstück | WST | 0,02 bis 0,05 | €/WST |
| **Verladen** | mit Ausgangskontrolle und Ladungssicherung | | | |
| ganze Paletten in Transporteinheit | Palette | Pal | 1,20 bis 1,50 | €/Pal |
| lose Gebinde von Palette in TE | Gebinde | Kart | 0,05 bis 0,10 | €/Geb |
| **ZUSATZLEISTUNGEN** | | | | |
| **Nachschubdisposition** | Nachschubauftrag | NAuf | 3,00 bis 5,00 | €/NAuf |
| **Innerbetrieblicher Transport** | Transportweg 50 bis 100 m | | | |
| von Übernahmestelle | Palette | Pal | 1,00 bis 1,50 | €/Pal |
| bis Abgabestelle | Behälter | Behälter | 0,08 bis 0,15 | €/Beh |

**Tab.7.1** Leistungspreise für innerbetriebliche Logistikleistungen

Unverbindliche Richtpreise 2001 für ausreichend großen Gesamtbedarf

| Ladeeinheiten | Gewicht mittel | Maße und Volumen mittel |
|---|---|---|
| Palette(CCG1) | 500 kg | 1.200×800×1.050 mm |
| Behälter | 25 kg | 600×400×300 mm |
| Gebinde | 5 kg | 10 l/Geb |
| Warenstück | 0,5 kg | 1 l/WST |

triert, sondern dabei auch die Einhaltung der vereinbarten Qualitätsstandards im Auge hat. Durch das Vermeiden von Qualitätsmängeln kann er ebenso seinen Gewinn verbessern wie durch kostengünstiges und rationelles Arbeiten. Dadurch ist das beschriebene Leistungs- und Qualitätsvergütungssystem *selbstregelnd.*

| LEISTUNGSART | Leistungeinheit | LE | PREIS | Preiseinheit |
|---|---|---|---|---|
| **DIREKTTRANSPORTE** | von Ganz- und Teilladungen in Transporteinheiten | | | |
| **Entfernungen bis 250 km** | Nutzfahrt | Fahrt | 70,00 | €/Fahrt |
| | Zwischenstop | Z-Stop | 20,00 | €/Z-Stop |
| | Hinfahrt-Nutzstrecke | H-km | 1,20 | €/H-km |
| | Rückfahrt-Nutzstrecke | R-km | 1,00 | €/R-km |
| **Entfernungen über 250 km** | Nutzfahrt | Fahrt | 120,00 | €/Fahrt |
| | Zwischenstop | Z-Stop | 20,00 | €/Z-Stop |
| | Hinfahrt-Nutzstrecke | H-km | 0,90 | €/H-km |
| | Rückfahrt-Nutzstrecke | R-km | 0,80 | €/R-km |
| **GEBIETSTRANSPORTE** | mit Umschlag, ohne Vorlauf zum Umschlagpunkt | | | |
| **Zustelltransporte** | Zustellstop | Z-Auf | 5,00 bis 8,00 | €/Z-Stop |
| Auslieferfertouren von Umschlagpunkt | Paletten | Pal | 20,00 bis 30,00 | €/Pal |
| zu Empfangsstellen | Stückgut | Pak | 6,00 bis 8,00 | €/100 kg |
| **Abholtransporte** | Abholstop | A-Auf | 5,00 bis 7,00 | €/A-Stop |
| Sammelfahrten von | Paletten | Pal | 18,00 bis 25,00 | €/Pal |
| Abholstellen zum Umschlagpunkt | Stückgut | Pak | 4,00 bis 6,00 | €/100 kg |

**Tab. 7.2** Leistungspreise für außerbetriebliche Logistikleistungen

Unverbindliche Richtpreise 2001 für ausreichend großen Gesamtbedarf
Transporteinheiten: Sattelauflieger oder Lastzug mit 2 Wechselbrücken
Paletten: 800×1.200 mm, max 1.500 mm hoch; mittel 500, max 700 kg/Pal
Stückgut: Einzelstücke und Pakete
Die Leistungspreise für Gebietstransporte sind von der Gebietsgröße abhängig

Immer wieder werden sogenannte *Null-Fehler-Konzepte* propagiert. Null-Fehler aber sind eine Illusion, denn kein von Menschen gebautes System arbeitet absolut fehlerfrei, nicht einmal die Transportsysteme im Weltall. Kein Unternehmen kann sich daher der Notwendigkeit entziehen festzulegen, wo seine Grenzen für tolerierbare Qualitätsmängel liegen, bei 1 Prozent, 1 Promille oder $1 \cdot 10^{-6}$. Dabei ist zu beachten, daß die Qualitätssicherungskosten im eigenen Unternehmen wie auch die Höhe des Gewährleistungszuschlags eines Dienstleisters mit zunehmenden Anforderungen an die Fehlerfreiheit überproportional ansteigen. Absolute Fehlerfreiheit ist wie absolute Sicherheit unbezahlbar (s. *Abschnitt 5.4*).

## 7.5 Entwicklung projektspezifischer Vergütungssysteme

Das Leistungs- und Qualitätsvergütungssystem muß für die speziellen Gegebenheiten jedes einzelnen Projekts angepaßt und teilweise neu entwickelt werden, da Preise und Tarife immer auf ein bestimmtes Leistungsangebot abgestimmt sind.

In vielen Fällen ist es jedoch möglich, für bestimmte Leistungspakete, wie Lagern, Kommissionieren, Umschlag und Transport, bewährte Programmbausteine wiederzuverwenden oder dem speziellen Bedarf anzupassen.

Die *Arbeitsschritte* zur Entwicklung eines projektspezifischen Vergütungssystems für Logistikleistungen nach dem zuvor beschriebenen und in *Abb. 7.1* dargestellten Grundkonzept sind :

**1. Leistungsspezifikation**

Im ersten Schritt ist die Frage zu klären, *was* zu leisten ist. Grundlage jedes Vergütungssystems ist daher eine genaue Spezifikation der geforderten Leistungen.

Hierzu werden Art, Merkmale und Durchsatzmengen der benötigten Leistungen in einem *Leistungskatalog* oder *Leistungsverzeichnis* erfaßt.

**2. Systembeschreibung**

Im zweiten Schritt muß festgelegt werden, *womit* die geforderten Leistungen erbracht werden sollen. Hierfür ist das Leistungssystem mit seinen einzelnen Leistungsstellen, der Personalbesetzung, der Betriebsmittelausstattung und den Relationen so genau zu beschreiben und darzustellen, wie es für die Betriebskostenrechnung erforderlich ist.

Dazu werden nach dem Grundsatz, so wenig Leistungsbereiche wie möglich, soviele wie nötig, die einzelnen Leistungsstellen, wie in *Abb. 6.1* gezeigt, zu *Leistungsbereichen* zusammengefaßt.

**3. Definition von Standardleistungen und Leistungseinheiten**

Im dritten Schritt wird festgelegt, *wie* und *wo* die geforderten Leistungen erbracht werden sollen. Hierzu werden die benötigten Leistungen, wie in *Abb. 6.1* dargestellt, in *Teilleistungen* oder *Basisleistungen* aufgelöst und diese den Leistungsstellen zugewiesen, von denen sie erbracht werden.

Teilleistungen in aufeinander folgenden Leistungsstellen der Leistungskette, die sich auf die gleiche Leistungseinheit beziehen, werden zu *Leistungsumfängen, Standardleistungen* oder *Hauptleistungen* zusammengefaßt. Alle Standardleistungen, aus denen sich eine geforderte *Gesamtleistung* zusammensetzt, sind Bestandteil der Leistungsspezifikation. Die *abzurechnenden Leistungseinheiten* für die Standardleistungen ergeben sich aus den maßgebenden Leistungseinheiten der einzelnen Leistungsstellen.

Enthält eine Standardleistung Nebenleistungen, die nicht gesondert abgerechnet werden, oder Teilleistungen, die von unterdrückten Leistungseinheiten abhängen, so ist deren Relation zu den maßgebenden Leistungseinheiten als *Strukturkennzahl* festzuhalten (s. *Abschnitt 6.6*).

**4. Vereinbarung von Planungszeitraum und Vergütungsperiode**

Als *Planungszeitraum* wird in der Regel ein *Geschäftsjahr* oder ein *Kalenderjahr* gewählt. Innerhalb dieses Planungszeitraums sollten die Leistungspreise möglichst nicht verändert werden.

In Abstimmung mit der laufenden Kosten- und Erlösrechnung (KER) der Unternehmen wird als *Vergütungs-* oder *Abrechnungsperiode* meist der *Monat* gewählt. Die längste sinnvolle Abrechnungsperiode ist ein ganzes *Jahr*, die kürzeste ist die *Woche*. Auch ein *Quartal* ist als Abrechnungsperiode möglich.

Zu vereinbaren sind auch die *Zahlungsbedingungen* und die *Vergütungsform*, zum Beispiel nach dem *Gutschriftsverfahren*, durch *Lastschrift* oder nach *Rechnungsstellung*.

**5. Kalkulation der Betriebs- und Leistungskosten**

Für den *Plan-Leistungsdurchsatz* werden nach den in *Kapitel 6* angegebenen Verfahren und Kostenzuweisungsregeln die Betriebskosten der Leistungsbereiche und hieraus abgeleitet die Leistungskosten für die verschiedenen Leistungsarten kalkuliert.

Durch Summation der Leistungskosten für die einzelnen Leistungsbereiche, die an der Erzeugung einer Standardleistung beteiligt sind, ergeben sich gemäß Beziehung (6.61) die Leistungskosten für die Standardleistungen.

**6. Berechnung der Leistungspreise**

Aus den Leistungskosten für die Standardleistungen werden nach Beziehung (7.1) mit den vereinbarten *Zuschlagsätzen* für *Vertriebs- und Verwaltungsgemeinkosten*, *Gewährleistung* und *Unternehmergewinn* die Leistungspreise berechnet.

Die Zuschlagsätze und der Gewinn sind das Ergebnis von *Verhandlungen* zwischen Auftraggeber und Logistikdienstleister auf der Grundlage einer offengelegten Kalkulation, nachdem zunächst der Anbieter mit den günstigsten Betriebskosten und Leistungspreisen für einen vorgegeben Leistungsbedarf im Zuge einer *Ausschreibung* ausgewählt wurde (s. *Kapitel 21*).

Die vereinbarten Leistungspreise werden in Form von *Preislisten* dokumentiert, wie sie für innerbetriebliche Logistikleistungen *Tabelle 7.1* und für außerbetriebliche Logistikleistungen *Tabelle 7.2* zeigt. Die Preislisten gelten in Verbindung mit der Leistungsspezifikation und den Konditionen der Leistungserbringung, insbesondere der Gewährleistung für Qualitätsmängel.

**7. Festlegung der Qualitätsmängel**

Bei der Festlegung der Qualitätsmängel, die durch einen *Mängelabzug* bestraft werden sollen, ist zu berücksichtigen, daß der Gewährleistungszuschlag mit der Anzahl und Strenge der Qualitätsanforderungen steigt.

Typische *Qualitätsmängel* von Logistikleistungen sind:

- Mängel der *Termintreue*

  Verspätete Abholung
  Verspätete oder verfrühte Anlieferung (7.4)
  Nichteinhaltung zugesagter Liefertermine

- Mängel der *Sendungsqualität*

  Unvollständigkeit
  Übermengen
  Beschädigungen (7.5)
  Schwund und Verlust
  Falscher Inhalt

- Mängel der *Disposition*

  fehlende Leistungsbereitschaft
  schlechte Lieferfähigkeit (7.6)

Die Pönalisierung eines externen Dienstleisters für Mängel der *Lieferfähigkeit* setzt voraus, daß dieser auch für die *Bestandsdisposition* verantwortlich ist. Das aber ist eine problematische Verantwortungsverlagerung vom Auftraggeber auf den Dienstleister, die in der Tendenz zu überhöhten Beständen führt.

Die laufende Erfassung der Mängel und die Abwicklung von Reklamationen müssen zwischen Auftraggeber und Logistikdienstleister geregelt werden. (s. *Abschnitt 21.4*)

**8. Vereinbarung der Mängelabzüge**

Für jede Art der Qualitätsabweichung wird zwischen Auftraggeber und Dienstleister ein *Malussatz* vereinbart, der pro Mangel von der Leistungsvergütung abgezogen wird. Üblich sind Malussätze in Höhe des zwei- bis dreifachen Leistungspreises für die korrekte Leistung (s. § 431(3) BGB).

Zusätzlich muß die Regulierung des *unmittelbaren Schadens* aus einem Qualitätsmangel, wie der Verlust oder die Beschädigung der Ladung geregelt werden, zum Beispiel durch eine entsprechende *Versicherung*.

Eine Haftung für *Folgeschäden*, die über den Ersatz des unmittelbaren Schadens hinausgeht, sollte der Auftraggeber vom Dienstleister nicht erwarten, da das hiermit verbundene Risiko unkalkulierbar ist und sich kaum versichern läßt.

**9. Regelung des Auslastungsrisikos**

Zur Absicherung des Logistikdienstleisters gegen das Auslastungsrisiko sind unterschiedliche Regelungen möglich:

- *Fixkostenvergütung*: Der Auftraggeber zahlt dem Dienstleister pro Abrechnungsperiode eine *Grundvergütung*, mit der die Fixkosten vollständig abgedeckt werden. Die Leistungen werden dann zu Leistungspreisen vergütet, die nur mit dem variablen Kostenanteil auf *Teilkostenbasis* kalkuliert sind. Bei mehreren Nutzern zahlt jeder Nutzer eine *anteilige Grundvergütung*, die dem Anteil der geplanten Leistungsinanspruchnahme entspricht.
- *Auslastungsgarantie*: Der oder die Auftraggeber sichern dem Dienstleister eine bestimmte *Mindestauslastung* zu und übernehmen bei Unterschreitung der Mindestauslastung die nicht abgedeckten Fixkosten. Die Leistungspreise werden auf *Vollkostenbasis* für die Garantieauslastung kalkuliert. Die Fixkostenunterdeckung wird jeweils zum Ende eines Geschäftsjahres kalkuliert und

dem Dienstleister gutgeschrieben. Mehrere Auftraggeber tragen die Erstattung der Fixkostenunterdeckung in dem Verhältnis, wie sie die von ihnen zugesicherte Mindestauslastung unterschritten haben. Analog kann auch die Belastung des Dienstleisters bei einer Fixkostenüberdeckung infolge einer überplanmäßigen Auslastung vereinbart werden. Die Auftraggeber erhalten dann eine anteilige Gutschrift.

- *Preisanpassung*: Die Leistungen des Dienstleisters werden zunächst zu *Plan-Leistungspreisen* $LP_i^{Plan}$ vergütet, die auf Vollkostenbasis mit den Plan-Leistungsdurchsätzen kalkuliert sind. Nach Ablauf eines Geschäftsjahres werden mit den Ist-Leistungsdurchsätzen $\lambda_i$ [$LE_i$/PE] *korrigierte Ist-Leistungspreise* $LP_i^{Ist}$ kalkuliert, wobei alle übrigen Ansätze der Vorkalkulation unverändert bleiben. Bei Unterschreitung der Planauslastung erhält der Dienstleister eine *Gutschrift*, bei Überschreitung eine *Belastung* in Höhe der Differenz

$$\Delta = \sum_i \lambda_i^{Ist} \cdot \left( LP_i^{Ist} - LP_i^{Plan} \right) \qquad [€/PE]. \qquad (7.7)$$

Jede dieser Fixkostenregelungen veranlaßt die Nutzer dazu, für die Zukunft besser zutreffende Bedarfsprognosen abzugeben und während der Nutzungszeit das Leistungsangebot sinnvoll zu nutzen. Hieraus ergibt sich ein weiterer *Selbstregelungseffekt* des Vergütungssystems.

### 10. Regelung von Preisveränderungen

Rechtzeitig vor Ablauf eines zuvor festgelegten *Preisbindungszeitraums*, der nicht kürzer als ein Jahr sein sollte, *kann* aus begründetem Anlaß auf Antrag eines der Vertragspartner mit aktuellen Kostensätzen für den Plan-Leistungsdurchsatz der folgenden Perioden eine neue Leistungspreisberechnung durchgeführt werden. Die resultierenden Leistungspreise werden zwischen Auftraggeber und Dienstleister verhandelt und neu vereinbart.

### 11. Dokumentation

Alle rechtlich und kaufmännisch wesentlichen Regelungen des Vergütungssystems müssen sorgfältig dokumentiert und von beiden Seiten abgezeichnet werden. Hierzu gehören

Verfahren der Betriebs- und Leistungskostenrechnung
Zuschlagssätze der Leistungspreiskalkulation
Leistungsverzeichnisse und Leistungspreise (7.8)
Mängellisten und Mängelabzüge
Konditionen und Zahlungsform

Bei größeren Projekten und umfangreicheren Leistungen ist es unerläßlich, zur Betriebskostenrechnung und Preiskalkulation ein *Kalkulationsprogramm* zu entwickeln. Mit Hilfe eines solchen Programms lassen sich rasch *Sensitivitätsanalysen* für Parameteränderungen durchführen und unterschiedliche *Auslastungsszenarien* durchrechnen. Das Programm ist außerdem zur Berechnung der Fixkostenvergütung und neuer Leistungspreise bei Kosten- und Strukturänderungen geeignet.

## 7.6 Tarifsysteme und Logistikrabatte

Das dargestellte Vorgehen zur Entwicklung von *Vergütungssystemen* für Systemdienstleister ist auch geeignet zur Entwicklung von *Tarifsystemen* und zur *Preiskalkulation* für andere Logistikdienstleister, wie Briefpost, Paketdienstleister, Speditionen, Bahn, Fluggesellschaften oder Containerdienste.

Das Ergebnis sind auch hier *Leistungsverzeichnisse*, *Preislisten* und *Tariftabellen* für die angebotenen Leistungen in Verbindung mit *allgemeinen Konditionen*, in denen Mengenrabatte, Gewährleistungsumfänge und Haftungsfragen geregelt sind.

### 1. Grundstruktur von Tarifsystemen

Typisch für Preise und Tarife der Logistik – wie auch für viele andere *Leistungstarife* – ist die Zusammensetzung des Preises für einen Leistungsauftrag aus einem Grundtarif und verschiedenen Leistungstarifen:

- Der *Grundtarif* wird pro Basiseinheit, pro Auftrag oder pro Auslieferung in Rechnung gestellt und deckt bestimmte *Basisleistungen*.
- Der *Leistungstarif* wird für bestimmte Leistungseinheiten in Rechnung gestellt und deckt die mit der Leistungseinheit verbundenen Kosten.

Der Preis für einen ausgeführten Auftrag errechnet sich nach dem einfachen *Schema*:

$$\textbf{\textit{Preis}} = \textbf{\textit{Grundtarif}} \cdot \textbf{\textit{Basiseinheit}} + \textbf{\textit{Leistungstarif}} \cdot \textbf{\textit{Leistungseinheiten.}} \qquad (7.9)$$

Für *Bearbeitungsaufträge*, wie das Kommissionieren, das Bilden von Ladeeinheiten, das Be- und Entladen von Transportmitteln oder das Sortieren von Paketen, enthält der Grundtarif alle Kosten, deren Kostentreiber der einzelne Auftrag ist, und der Leistungstarif alle Kosten, die von der Anzahl der zu bewegenden und erzeugten Ladeeinheiten abhängen.

Für *Lageraufträge* werden mit dem Grundtarif die Auftragsbearbeitung sowie das Ein- und Auslagern einer Ladeeinheit abgegolten. Mit dem Leistungstarif wird das Lagern der Ladeeinheit für eine bestimmte Lagerdauer bezahlt. Bei einer für alle Lageraufträge in definierten Grenzen gleichbleibenden Lagerdauer oder bei einer konstant vorzuhaltenden Lagerkapazität kann der Lagerpreis mit dem Preis für das Ein- und Auslagern zu einem *Umschlagpreis* [€/LE] zusammengefaßt werden.

Für *Frachtaufträge* und für *Transportaufträge* können mit dem Grundtarif die Anfahrt, das Bereitstellen des Transportmittels, die Benutzung von Stationen und Umschlagpunkten und andere auftragsabhängige Leistungen, wie das Be- und Entladen, in Rechnung gestellt werden.

Gebräuchliche Tarifsysteme für die Fahrt einer Transporteinheit [TE] oder die Beförderung einer Anzahl Ladeeinheiten [LE] sind:

- *Grundtarif* [€/TE oder €/LE] plus *Entfernungstarif* [€/TE-km oder €/LE-km].
- *Relationspreise* in € pro TE oder pro LE für definierte *Transportrelationen* $A_i \rightarrow B_j$.
- *Zonentarife* in € pro TE oder pro LE für definierte *Entfernungszonen* um den Startpunkt.

Die Benutzung des öffentlichen Straßennetzes durch Kraftfahrzeuge ist über die Kraftfahrzeugsteuer als Grundgebühr und über die zur Fahrleistung proportionale Kraftstoffsteuer als Leistungsgebühr ebenfalls nach dem einfachen Schema (7.9) geregelt. Weitere Beispiele für Transporttarife nach dem Schema (7.9) sind Taxitarife, Frachttarife, Flugpreise, Schiffstarife und Fahrpreise der Bahn (s. *Abschnitt 20.14*).

**2. Logistikrabatte, Gutschriften und Mengenrabatte**

Häufig werden auf die angebotenen Leistungspreise *Rabatte* gewährt. Weit verbreitet, aber betriebswirtschaftlich riskant sind alle Formen von nutzungsunabhängigen *Pauschalrabatten* auf den Leistungspreis oder noch schlimmer auf den Wert der gelieferten Ware.

Betriebswirtschaftlich und logistisch sinnvoll sind jedoch nur *Logistikrabatte*, *Gutschriften* und *Mengenrabatte*, die zur Sicherung einer besseren Auslastung beitragen, indem sie eine inhaltlich oder mengenmäßig klar vorgegebene Leistungsnutzung belohnen:

- *Logistikrabatte* oder *Gutschriften* für Aufträge sind von der Anzahl Ladeeinheiten pro Auftrag abhängig und werden eingeräumt, um die Bestellung ganzer Verpackungseinheiten, kompletter Lagen, artikelreiner Ganzpaletten, voller Transporteinheiten, ganzer Wechselbrücken oder ganzer Sattelaufliegerinhalte zu begünstigen.
- *Mengenrabatte* für Kunden hängen von der Anzahl Ladeeinheiten, Transporte oder Leistungseinheiten ab, die ein Kunde innerhalb einer Periode bestellt hat und sollen zur Lieferantentreue und zur besseren Auslastung der bereitgehaltenen Ressourcen beitragen.

Die Höhe der *Rabattsätze* und *Gutschriften* muß in einer wirtschaftlichen Relation stehen zu den aus der Vermeidung von Anbrucheinheiten oder der ansteigenden Leistungsinanspruchnahme resultierenden Kosteneinsparungen. Hierfür lassen sich keine allgemein gültigen Sätze angeben. Die unterschiedlichen Rabattsätze können nur fallweise durch entsprechende Modellkalkulationen ermittelt werden.

## 7.7 Preisbildung und Preisstrategien

Preise werden von *Angebot* und *Nachfrage* geregelt. Davon sind die meisten Marktteilnehmer überzeugt [14; 308]. Wie, in welchen Grenzen und nach welchen Regeln das geschieht, ist weniger bekannt [322].

Jeder Preis ist das Ergebnis eines Preisbildungsprozesses. Die Preisbildung ist ein Wettstreit zwischen einem oder mehreren *Anbietern* und einem oder mehreren *Nachfragern* nach einer Ware oder Leistung. Der Preisbildungsprozeß endet mit einem *Kaufpreis*, zu dem ein *Verkäufer* die Ware oder Leistung an einen *Käufer* abgibt.

Die Preisbildung ist Teil des *Kaufprozesses*. Der Kaufprozeß ist aus Sicht des Anbieters ein *Verkaufsprozeß*, der außer der Preisbildung das Werben, Anpreisen und Erklären des Angebots umfaßt. Aus Sicht des Nachfragers ist der Kaufprozeß ein *Beschaffungsprozeß*, zu dem auch das Anfragen, Prüfen und Auswählen gehören. Die *Leistungsspezifikation* und das Aushandeln der *Liefer- und Leistungsbedingungen* gehören für beide Seiten zum Kaufprozeß.

Auf den verschiedenen Märkten laufen gleichzeitig und nacheinander zahlreiche Kaufprozesse ab. Die einzelnen Prozesse beeinflussen sich gegenseitig auf unterschiedlichste Weise. Für das gleiche Produkt oder dieselbe Leistung kann jeder Kaufprozeß zu einen anderen Preis führen. Der sogenannte *Marktpreis* ist daher nur ein *Mittelwert* der Kaufpreise, die auf einem definierten Markt in einem bestimmten Zeitraum bezahlt wurden. Er ist eine statistische Größe, die von den Umständen der Erfassung abhängt und sich für viele Güter und Leistungen nur schwer oder überhaupt nicht ermitteln läßt.

Abhängig von den Rahmenbedingungen kann sich der Preisbildungsprozeß in kürzester Zeit abspielen, wie das einfache Akzeptieren eines Angebotspreises, etwas länger dauern, wie das Aushandeln eines Nachlasses, einige Tage oder Wochen erfordern, wie ein schriftliches Angebot mit anschließender Preisverhandlung, oder sich endlos hinziehen, wie das Ringen der Interessengruppen um staatlich regulierte Preise und Tarife. Das Ergebnis der Preisbildung hängt ab von der *Kostensituation*, der *Marktkonstellation*, den *Regeln* und den *Preisstrategien* beider Seiten.

Für Logistikleistungen ebenso wie für Informationsleistungen und andere Dienstleistungen sind die Regeln der Preisbildung in weiten Bereichen lückenhaft, unfair und wenig wettbewerbsfördernd. Die Einhaltung bestehender Regeln läßt sich nur schwer kontrollieren. Die Folgen sind eingeschränkter Wettbewerb, Willkür, Täuschung und ineffiziente Preisbildung. Das führt zu verfälschten, überhöhten und vereinzelt auch unzureichenden Preisen und zur Fehlleitung der volkswirtschaftlichen Ressourcen. Hier bestehen erhebliche Verbesserungspotentiale und entsprechender Handlungsbedarf. Nachfolgend werden daher die Preisbildungsprozesse genauer analysiert und am Beispiel der Logistikleistungen erläutert. Daraus ergeben sich Lösungsvorschläge und Anregungen zur Verbesserung.

## 1. Preisbildungsprozeß und Wettbewerbsregeln

Der Preisbildungsprozeß ist eine Auseinandersetzung zwischen Anbietern und Nachfragern mit ungewissem Ausgang, die in vieler Hinsicht einem *Wettstreit* gleicht. Bei positivem Ausgang kommt es zum Kaufabschluß, bei negativem Ausgang zu einem Kaufverzicht oder einem anderweitigen Kaufabschluß. Ziel der Anbieter ist ein maximaler Gewinn, Ziel der Käufer ein maximaler Nutzen zu minimalem Preis.

Der prinzipielle Ablauf eines *elementaren Preisbildungsprozesses* mit nur zwei Teilnehmern ist mit den wichtigsten Einflußfaktoren in *Abb. 7.2* dargestellt. Einen *komplexeren Preisbildungsprozeß* mit vielen Teilnehmern zeigt *Abb. 7.3*. Die unterschiedlichen Preisbildungsprozesse der Wirtschaft sind die *Spielfelder* der Preiswettkämpfe. Die Rahmenbedingungen, unter denen der Wettstreit ausgetragen wird, sind die *Kostensituation* und die *Marktkonstellation.*

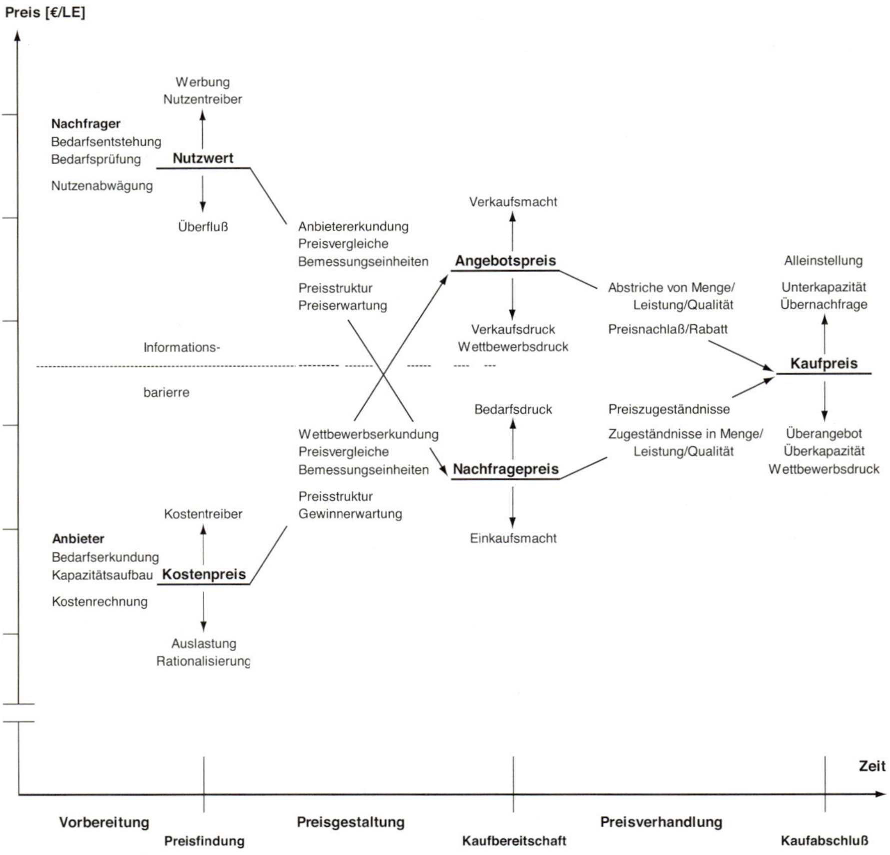


**Abb. 7.2** Elementarer Preisbildungsprozeß zwischen einem Anbieter und einem Nachfrager

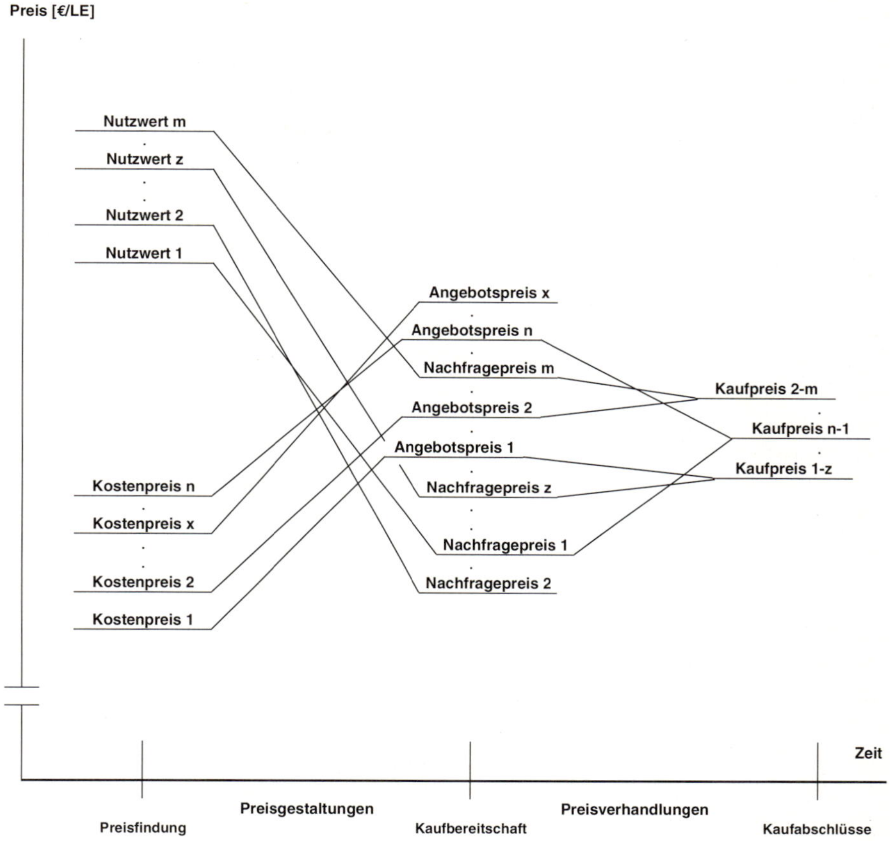


**Abb. 7.3** Komplexer Preisbildungsprozeß mit mehreren Anbietern und Nachfragern

Wie für jeden Wettstreit gelten für die Preisbildung bestimmte Regeln. Ein Teil der Regeln ist durch Gesetze vorgegeben und kann nicht verändert werden. Weitere Regeln für Standardprozesse sind allgemein bekannt und akzeptiert. Ergänzende Regeln können bei Bedarf zwischen den Teilnehmern vereinbart werden.

Für alle Teilnehmer an einem Preiswettstreit sollten die Grundregeln jedes fairen Wettstreits unstrittig und unverletzlich sein. Das sind die *Fairnessgebote*:

- Vor Beginn des Wettstreits müssen alle Regeln vollständig bekannt sein und von beiden Seiten akzeptiert werden.
- Während des Wettstreits dürfen keine Regeln eigenmächtig oder einseitig hinzugefügt, geändert oder für ungültig erklärt werden.
- Beide Seiten müssen sich uneingeschränkt an die Regeln halten.
- Für alle gelten die gleichen Teilnahmebedingungen und Ausstiegsregeln.
- Wer die Teilnahmebedingungen erfüllt, darf nicht an der Teilnahme gehindert werden.

- Jeder Teilnehmer muß bereit sein, zu verlieren oder auszuscheiden.
- Keiner darf gezwungen sein, an einem Wettstreit teilzunehmen, für den er nicht qualifiziert ist.
- Keiner darf eine unverschuldete Notlage, Zwangssituation oder Unkenntnis eines anderen vorsätzlich zu seinem Vorteil ausnutzen.
- Bei unklaren oder fehlenden Regeln wird der Wettstreit unterbrochen, bis sich beide Seiten auf eine einvernehmliche Regelung geeinigt haben.
- Strittige Situationen werden von einer neutralen Instanz entschieden, auf die sich die Teilnehmer zuvor geeinigt haben.

Diese Fairnessgebote sind bis heute nicht vollständig und unmißverständlich in geltenden Gesetzen verankert. Das wird wohl auch noch einige Zeit dauern, da sich einflußreiche Interessenverbände dagegen wehren. Wer sich im Wirtschaftsleben umsieht, wird feststellen, daß in vielen Bereichen gegen die Fairnessgebote verstoßen wird. Wie die in *Abschnitt 7.1* geschilderten Geschäftspraktiken zeigen, gilt das auch in der Logistik.

Besonders schwerwiegend sind die Verstöße von Monopolisten und marktbeherrschenden Unternehmen. Auch der Staat hält sich nicht immer an die Grundregeln. Er tut noch zu wenig zum Schutz der Endverbraucher gegen die Regelverstöße mancher Anbieter.

Im Geschäftsleben ist die neutrale Instanz ein Berater, ein Sachverständiger, ein Verband oder die Industrie- und Handelskammer. Nur in schwierigen Fällen von grundsätzlicher Bedeutung oder bei hohem Streitwert wird ein Schiedsgericht eingeschaltet oder der Streit vor Gericht ausgetragen. Der Endverbraucher verfügt nicht über entsprechende Schlichtungsinstanzen. Der Schutz des Endverbrauchers und der kleineren Marktteilnehmer vor Verstößen gegen die Fairnessgebote ist Aufgabe des Staates. Eine faire Regelung für logistische Leistungspreise sind die in *Abschnitt 7.1* vorgeschlagenen *Preisgestaltungsgrundsätze.*

### 2. Bemessungseinheiten und Preisstruktur

Der Preis ist die pro *Bemessungseinheit* eines materiellen oder immateriellen Gutes zu zahlende Anzahl *Geldeinheiten.* Während die Geldeinheit eine gesetzliche Währungseinheit und daher unstrittig ist, erfordert die Festlegung der Bemessungseinheit genauere Überlegungen und eine Vereinbarung zwischen Anbieter und Nachfrager. Die Preisbemessungseinheiten materieller Güter, also von körperlichen Produkten und Handelswaren, sind für viele Standardprodukte allgemein bekannt und teilweise auch gesetzlich geregelt. Die Preisbemessungseinheiten immaterieller Produkte, wie die Logistikleistungen und andere Dienstleistungen, sind dagegen noch weitgehend ungeregelt.

Der *Angebotspreis* ist der vom Anbieter verlangte oder gewünschte Preis. Der Anbieter will mit dem Preis die Kosten der Beschaffung, Erzeugung und Bereitstellung der Ware oder Leistung abdecken und zusätzlich einen *Gewinn* erzielen. Er muß daher zur Preisfindung zunächst den *Kostenpreis* kalkulieren, der sich unter seinen Produktionsbedingungen für eine geplante Auslastung oder erwartete Absatzmenge ergibt. Durch Zuschlag des Gewinns, den der Anbieter unter der gegebenen Marktkonstellation für erreichbar hält, resultiert aus dem Kostenpreis der Angebotspreis (s. *Abb. 7.2*).

Der Kostenpreis wird bestimmt von den *Kostentreibern*. Der Anbieter ist daher geneigt, als Preisbemessungseinheit seine Kostentreiber zu wählen. Bei der *Preisgestaltung* ist jedoch zu unterscheiden zwischen den *externen Kostentreibern*, die – wie Größe, Menge, Stückzahl und Anzahl Leistungseinheiten – zur Spezifikation der Ware oder Leistung geeignet sind, und den *internen Kostentreibern*, die von den unternehmensspezifischen Verfahren und Prozessen abhängen. Interne Kostentreiber der Logistik sind beispielsweise die Anzahl und Menge der eingesetzten Lade- und Transporteinheiten, die Anzahl der Transporte und Umschlagvorgänge und die Vorgänge der Sendungsverfolgung und Datenverarbeitung. Für den Nutzer eines Produkts oder einer Leistung sind nur die externen Kostentreiber einsehbar, die er durch seine Liefer- und Leistungsanforderungen bestimmt.

Die *Liefer- und Leistungsanforderungen* resultieren aus der vorgesehenen Verwendung der Ware oder Leistung, die dem Käufer einen möglichst hohen *Nutzen* bringen soll. Der Nachfrager hat – bewußt oder unbewußt – eine Vorstellung über den *Nutzwert*, den eine angebotene Ware oder Leistung für ihn hat. Der Nutzwert ist der maximale Kaufpreis, den ein Käufer zu zahlen bereit ist. Unter Berücksichtigung der Marktkonstellation leitet der Nachfrager aus dem Nutzwert den *Nachfragepreis* ab, mit dem er in den Preisbildungsprozeß eintritt.

Wie der Verkäufer den Kostenpreis und seine Gewinnerwartungen so behält auch der Nachfrager den Nutzwert und seine Preiserwartung zunächst für sich. In der Phase der Preisfindung und Preisgestaltung bis zur Preisoffenlegung besteht also zwischen Anbieter und Nachfrager eine *Informationsbarriere* (s. *Abb. 7.2*).

Der Nutzwert hängt von *ökonomisch kalkulierbaren* und von *weichen unkalkulierbaren Nutzentreibern* ab. Ökonomisch kalkulierbar sind die *universellen Nutzentreiber*, die – wie Größe, Menge, Stückzahl und Anzahl Leistungseinheiten – für den allgemeinen wirtschaftlichen Nutzen einer Ware oder Leistung maßgebend sind, und die *speziellen Nutzentreiber*, die – wie besondere Leistungsmerkmale oder Serviceleistungen – unter den Gegebenheiten eines oder weniger Nachfrager von Bedeutung sind. *Weiche unkalkulierbare Nutzentreiber* sind Eigenschaften einer Ware oder Leistung, die nach allgemeiner Ansicht und persönlichem Geschmack wichtig sind. Hierzu gehören Erscheinungsbild, Marke, Unterhaltungswert und Prestige von Produkt oder Leistung sowie Image, Auftritt und Vertrauenswürdigkeit eines Anbieters. Die *Werbung*, die zugleich ein Kostenfaktor ist, hat das Ziel, die weichen Nutzentreiber zu verstärken.

In der Logistik und in anderen Dienstleistungsbereichen gibt es für die gleiche Leistung unterschiedliche Preisbemessungseinheiten. Für einige Logistikleistungen, z. B. für Lagerleistungen, sind die Leistungseinheiten unklar oder deren Messung ungeregelt. Damit Anbieter und Nachfrager mit dem Preisbildungsprozeß beginnen können, müssen sie sich auf Preisbemessungseinheiten einigen, die für beide Seiten praktikabel und meßbar sind.

Aus dem Zusammenhang zwischen Kostentreibern und Nutzentreibern folgt der

- *Grundsatz nutzungsgemäßer Preisbemessungseinheiten*: Als Preisbemessungseinheiten für Güter und Leistungen sind nur objektiv meßbare externe Kostentreiber geeignet, die auch ökonomische Nutzentreiber sind.

Mit diesem Grundsatz ist noch nicht festgelegt, ob es sinnvoll und notwendig ist, alle möglichen Bemessungseinheiten auch zur Preisgestaltung heranzuziehen. Das einfachste ist die Verwendung nur einer Bemessungseinheit. Das ist für einfache Produkte zweckmäßig, nicht aber für zusammengesetzte Güter und kombinierte Leistungen, wie für eine Gesamtanlage oder für Systemdienstleistungen.

Von vielen Anbietern wird auch für das zusammengesetzte Gut oder die kombinierte Leistung ein *Pauschalpreis* oder *Gesamtpreis* angestrebt. Damit aber gehen die *Preistransparenz* und die *Vergleichbarkeit* verloren. Die Möglichkeiten der Preisverhandlungen werden eingeschränkt und der Wettbewerb behindert. Daraus folgt der

- *Grundsatz nutzungsgemäßer Preisdifferenzierung*: Für zusammengesetzte Güter und Leistungen ist im Interesse aller Marktteilnehmer eine differenzierte und nutzungsgemäße Preisaufschlüsselung in *Einzelpreise* notwendig.

Der *nutzungsgemäße Preis* ist proportional zu den nutzungsgemäß kalkulierten Leistungskosten. In diese fließen die variablen Kosten nach dem *Verursachungsprinzip* und die Fixkosten gemäß *Inanspruchnahme* ein (s. *Abschnitt 6.10*).

Die differenzierte Preisaufschlüsselung liegt im Interesse der Nachfrager, da sie die Preistransparenz und Vergleichbarkeit erhöht und die Kosten gemäß Verursachung und Inanspruchnahme auf die Nutzer verteilt. Die Anbieter schützt eine nutzungsgemäße Preisaufschlüsselung gegen das Risiko der Strukturänderung, das entsteht, wenn sich Produkt- oder Leistungszusammensetzung nach der Auftragserteilung ändern. Vor allem aber ist die differenzierte und nutzungsgemäße Preisaufschlüsselung von gesamtwirtschaftlichem Interesse, da sie die Durchsetzung der kostengünstigsten Anbieter fördert.

In manchen Fällen gibt es jedoch so viele mögliche Bemessungseinheiten, daß die Preiskalkulation und die Abrechnung sehr aufwendig werden. Dann ist es zweckmäßig, die Bemessungseinheiten auf eine kleine Anzahl von *Hauptkostentreibern* zu beschränken. Auf diese sind dann die übrigen Bemessungseinheiten mit Hilfe von *Stücklisten* umzurechnen (s. *Abschnitt 6.6*).

Der Zielkonflikt zwischen einer möglichst differenzierten Preisaufschlüsselung und einer effizienten Kostenabrechnung, der auch in der Logistik immer wieder auftritt, ist objektiv und wettbewerbsneutral lösbar durch eine

- *Leistungs- und Preisstandardisierung*: Für alle häufig wiederkehrenden und verkehrsüblichen Standardleistungen werden von einer neutralen Instanz die Preismessungseinheiten so differenziert wie nötig und so pauschal wie möglich festgelegt.

Eine Standardisierung der Leistungsinhalte und der Preisstruktur ist mit dem Erlaubnisvorbehalt nach § 5 GWB zulässig, solange die Festlegung nur die Bemessungseinheiten und die Preisstruktur betrifft, *nicht aber die Höhe der Preise und der Preisbestandteile.*

Eine Standardisierung der Leistungsinhalte, der Preisstruktur und der Bemessungseinheiten verhindert die Preisverschleierung, mit der unredliche Anbieter den Preisvergleich erschweren und den Wettbewerb unterbinden wollen. Monopolisten oder marktbeherrschende Unternehmen, wie Post, Bahn oder Fluggesellschaften, können dann nicht mehr die Preisstruktur diktieren. Eine Leistungs- und Preisstandardisierung ist notwendig, um in der Preisbildung mehr Effizienz, Kalkulierbarkeit, Rechtssicherheit und Fairness für die Endverbraucher und kleinen Marktteilnehmer zu erreichen.

### 3. Standardprozesse der Preisbildung

Die auf den Märkten praktizierten Preisbildungsprozesse verlaufen im Prinzip wie einer der in *Tabelle 7.3* aufgeführten 5 *Standardprozesse.*

Die einfachste Preisbildung ist der Ausschluß des freien Preisbildungsprozesses. Das wird bewirkt durch

- *Festpreise mit Preisbindung*
  Der Kaufpreis wird unabhängig vom Kaufprozeß für einen längeren Zeitraum vom Staat, Hersteller oder Händler festgelegt. Abgesehen von einem eventuell zulässigen Barzahlungsskonto ist der Festpreis nicht verhandelbar.

Die *Vorteile* der Preisbindung sind Verläßlichkeit, Stabilität und damit Planbarkeit der Kaufpreise sowie das Fortfallen von Preisverhandlungen. Staatlich regulierte *Zwangspreise* und genehmigungspflichtige *Festtarife* gelten in der Logistik bis heute für Standardbriefe, im öffentlichen Nahverkehr und für Taxifahrten. Geregelte Festpreise mit Preisbindung werden von der Bahn und den Fluggesellschaften verlangt.

Der *Nachteil* der Festpreise ist, daß sie – wenn überhaupt – nur langsam den Kosten- oder Bedarfsänderungen angepaßt werden. Nach einem Kostenanstieg wie auch bei anhaltender Knappheit, Unterversorgung oder Überauslastung werden die Festpreise bei der nächsten Preisfestlegung erhöht. Nach einem anhalten-

| Standardpreisbildungsprozeß | Reaktion bei Bedarfs- oder Kostenänderungen | Preisbildungs-zeitbedarf | Preisbildungs-aufwand | Wettbewerbs-auswirkung | Kaufpreis-schwankungen |
|---|---|---|---|---|---|
| **Festpreise mit Preisbindung*)** | Monate bis Jahre | minimal | gering | gering | keine |
| **Listenpreise und Preisauszeichnung** | Tage bis Wochen | minimal | gering | hoch | gering |
| **Preisanfrage und Preisangebot** | Stunden bis Tage | mittel bis lang | hoch | hoch | hoch |
| **Auktionen und Börsen** | Minuten bis Stunden | kurz | mittel | sehr hoch | sehr hoch |
| **Selbstkostenabrechnung plus Gewinn*)** | Jahre | gering | hoch | ohne | keine |

**Tab. 7.3** Vorteile und Nachteile der Standardpreisbildungsprozesse

*) keine marktwirtschaftliche Preisbildung

den Ausbleiben von Käufern, Überangebot und Überkapazitäten, seltener auch nach einer Kostensenkung, werden sie herabgesetzt.

Wesentlich flexibler und anpassungsfähiger als die Festpreise sind

- *Listenpreise und Preisangabe*
  Der Angebotspreis wird vor dem Kaufprozeß zusammen mit der Produkt- oder Leistungsspezifikation in einer Preisliste oder mit der Warenauslage auf einem Preisschild bekanntgegeben. Die angegebenen Preise sind für den Anbieter verbindlich.

Der *Vorteil* gegenüber der Festpreisregelung ist, daß Preislisten und Preisangaben von den Anbietern laufend dem Absatz angepaßt werden können. Bei hoher Nachfrage, Überauslastung und Knappheit werden die Preise angehoben, bei schwacher Nachfrage, Unterauslastung und Überversorgung gesenkt. Ansteigende Kosten werden nur soweit in den Preisen weitergegeben, wie es Nachfrage und Wettbewerb zulassen. Kostensenkungen durch Rationalisierung oder verbesserte Verfahren führen zur Preissenkung, wenn sich damit Absatz und Gesamtgewinn steigern lassen.

Weitere Vorteile der Listenpreise, empfohlenen Verkaufspreise und Preisauszeichnung sind relativ geringe Preisschwankungen und das Fortfallen der Preisverhandlung. Sie eignen sich daher vor allem für *Massenprodukte* und *Standardleistungen*, die in kleinen Mengen zu geringem Preis von einem großen anonymen Käuferkreis beschafft werden. Das gilt in der Logistik für die Personenbeförderung und für Frachtleistungen, wie die Paketdienste.

In dem Maße, in dem nach Aufhebung des Rabattgesetzes Nachlässe und Preisverhandlungen zulässig sind, geht der Vorteil der geringen Schwankungen und relativen Stabilität der gelisteten Preise verloren. Das erschwert den Preisvergleich und vermindert die Planungssicherheit von Anbietern und Nachfragern.

Im Ergebnis sind verhandelbare Listenpreise nicht mehr zu unterscheiden von

- *Preisanfrage und Preisangebot*
  Der Angebotspreis wird den Kaufinteressenten auf mündliche oder schriftliche Anfrage oder nach einer Ausschreibung mitgeteilt und ist grundsätzlich verhandelbar.

Der endgültige Kaufpreis ist Ergebnis der Preisverhandlung. Der Vorteil dieses Verfahrens ist, daß bei jedem Kaufprozeß die aktuelle Bedarfs- und Wettbewerbssituation in die Preisbildung einfließt. *Nachteile* sind die zeitaufwendige Preisverhandlung und die dafür notwendige Erfahrung und Kompetenz.

Eine schriftliche Preisanfrage wird vor allem im Geschäftsverkehr zwischen Unternehmen praktiziert. Sie ist sinnvoll für die Beschaffung eines großen Bedarfs, hochwertiger Güter, komplexer Anlagen und größerer Leistungsumfänge.

Das gilt in der Logistik für den Einkauf von Fracht- und Transportleistungen, von Lagerleistungen und von Systemdienstleistungen für einen längeren Bedarfszeitraum. Im Rahmen einer Ausschreibung werden *Leistungspreise* und *Vergütungssätze* verhandelt, um nach der Einigung eine *Rahmenvereinbarung* oder einen *Dienstleistungsvertrag* abzuschließen *(s. Kapitel 21)*.

Zeitbedarf und Aufwand von Preisanfrage und Preisangebot werden erheblich verkürzt bei der Preisbildung auf

- *Auktionen und Börsen*
  In einer *Anbieterauktion* bieten alle Interessenten an einem Liefer- oder Leistungsauftrag einmalig oder mehrmals nacheinander dem Nachfrager einen Angebotspreis. Der Anbieter mit dem *niedrigsten Angebotspreis* erhält am Ende den Zuschlag.
  In einer *Nachfrageraktion* bieten alle Kaufinteressenten dem Anbieter einer definierten Ware oder Leistung einen Nachfragepreis an. Der Nachfrager mit dem *höchsten Nachfragepreis* erhält den Zuschlag.
  An einer *Börse* werden Bedarfsmengen und Nachfragepreise aller aktuellen Kaufinteressenten und die Angebotsmengen und Preise aller Anbieter zusammengeführt und so zum Ausgleich gebracht, daß alle Gebote mit einem Angebotspreis, der gleich oder niedriger ist als einer der Nachfragepreise, einen Käufer finden (s. *Abb. 7.3*).

Die *Vorteile* von Auktionen und Börsen sind die rasche und effiziente Preisbildung und die schnelle Reaktion auf Angebot und Nachfrage. Der Nachteil ist die extreme Schwankung der resultierenden Kaufpreise, die eine erschwerte Prognose und eine hohe Planungsunsicherheit zur Folge hat.

Das *Internet* hat Auktionen und Börsen einfacher, kostengünstiger und schneller gemacht. Vor allem hat das Internet eine große Reichweite, durch die sich die Teilnehmerzahl erhöht. Daraus erklären sich die hohen Erwartungen von *e-commerce* und *e-Logistik* an *Internet-Auktionen* und *Internet-Börsen*. Voraussetzung für das Funktionieren einer Auktion oder Börse ist jedoch, daß sich Menge und Beschaffenheit der angebotenen oder nachgefragten Waren und Leistungen eindeutig und unstrittig spezifizieren lassen.

Das gilt in der Logistik für die Transportkapazität von Standardladungen, z. B. für Schiffsraum zum Transport von Flüssigkeiten, Schüttgut und Containern, und für die Beförderung von Standardfracht, wie Container, Palettenware oder Pakete. Die Laderaumpreise und Frachtkostensätze werden auf sogenannten *Frachtenbörsen* ausgehandelt. Um den effizienten Preisbildungsprozeß einer Auktion im Internet auch für andere Logistikleistungen, wie Lager- und Umschlagleistungen, nutzbar zu machen, müssen diese inhaltlich und preislich standardisiert werden. Das ist Voraussetzung für den Erfolg der *e-Logistik* [321].

Am Ende einer Ausschreibung propagieren viele Logistikdienstleister eine

- *Selbstkostenabrechnung mit Gewinnzuschlag (costs-plus):*
  Als Preis werden pro Abrechnungsperiode alle angefallenen Kosten plus einem vereinbarten Gewinnzuschlag in Rechnung gestellt.

Die aus dem öffentlichen Auftragswesen bekannte Selbstkostenabrechnung ist keine Preisfindung sondern eine *Kostenweitergabe mit Gewinn* [14]. Wie jede Vergütung nach Aufwand und Kosten verhindert die Selbstkostenabrechnung das Interesse des Auftragnehmers an Rationalisierung und Kostensenkung. Sie verführt vielmehr zur Erzeugung unnötiger Leistungen und Kosten. Nach längerer Zusammenarbeit entstehen daher unvermeidlich Streitigkeiten zwischen Auftraggeber und Auftragnehmer über die Angemessenheit der in Rechnung gestellten Kosten (s. *Kapitel 21*). Das läßt sich vermeiden durch ein in sich schlüssiges *Vergütungssystem* mit differenzierten Leistungspreisen, die das Ergebnis einer Ausschreibung sind (s. *Abschnitt 7.4*).

**4. Marktkonstellationen**

Der aus dem Preisbildungsprozeß resultierende Kaufpreis liegt zwischen dem Nutzwert und dem Kostenpreis. Das Ergebnis der Preisbildung hängt außer von der Kostensituation und den Preisstrategien der Anbieter und Nachfrager von der *Marktkonstellation* ab.

Sind wie in *Abb. 7.2* dargestellt an einem Preisfindungsprozeß nur ein Anbieter und nur ein Nachfrager beteiligt, hängt der resultierende Kaufpreis nur vom *Bedarfsdruck* des einen Nachfragers und vom *Verkaufsdruck* des einen Anbieters ab. Der Bedarfsdruck, also der Zwang des Nachfragers zum Kauf, nimmt mit abnehmenden Vorräten, zeitlicher Dringlichkeit seines Bedarfs und den Nöten einer Nichtversorgung zu. Für den Anbieter resultiert daraus die Strategie der

▶ *Nachfragererkundung*, d.h. die Erkundung des Verwendungszwecks und des Bedarfsdrucks des Nachfragers.

Der Verkaufsdruck des Anbieters wächst mit sinkender Kapazitätsauslastung und zunehmenden Beständen. Für den Nachfrager ergibt sich daraus die Strategie der

▶ *Anbietererkundung*, d.h. die Erkundung der Bestands- und Auslastungssituation und des Verkaufsdrucks des Anbieters.

In den meisten Fällen sind an einem Kaufprozeß wie in *Abb. 7.3* dargestellt gleichzeitig oder zeitlich versetzt mehrere Anbieter und Nachfrager beteiligt. Dann wirkt zusätzlich zum Verkaufs- oder Bedarfsdruck der *Wettbewerbsdruck* auf die Preisbildung. In der Praxis gibt es folgende *Wettbewerbskonstellationen* mit zunehmendem Wettbewerbsdruck:

- *kein Wettbewerb*: ein Nachfrager und ein Anbieter
- *Anbieter-Monopol oder Oligopol*: ein oder wenige Anbieter und viele Nachfrager
- *Nachfrager-Monopol oder Oligopol*: viele Anbieter und ein oder wenige Nachfrager
- *vollständiger Wettbewerb*: viele Nachfrager und viele Anbieter

Die Zahl der Nachfrager in einem aktuellen Verkaufsprozeß hängt einerseits davon ab, wie viele Wirtschaftsteilnehmer eine Ware oder eine Leistung überhaupt benötigen, und andererseits davon, wie viele dieser potentiellen Käufer das Angebot kennen. Mit zunehmender Zahl der Nachfrager *vermindert* sich der Wettbewerbsdruck auf den Angebotspreis. Darauf richtet sich die Anbieterstrategie der

▶ *Kundengewinnung*, d.h. die Erkundung, das Werben und die Information potentieller Käufer.

Die Kundengewinnung ist Aufgabe des *Marketing*. Im Gegensatz zur *Marketinglogistik* [19], die Logistik lediglich als Verkaufshilfe für andere Produkte betrachtet, gibt es bis heute kaum ein *Logistikmarketing*, das systematisch das Leistungsangebot eines Logistikdienstleisters fördert.

Bedarfserkundung und Kundeninformation sind auch dann erforderlich, wenn das Angebot nur auf einen Nachfrager ausgerichtet ist, der ein *Nachfragemonopol* hat. Auf den Logistikmärkten sind Nachfragemonopole selten. Wird allerdings ein Logistikdienstleister allzu abhängig von einem Kunden, beispielsweise von einem großen Automobilhersteller, der seinerseits auf mehrere Anbieter zugreifen kann, ist er erpreßbar. Er kann dann als Preis für seine Leistungen bestenfalls die Selbstkosten plus einem minimalen Gewinn erreichen.

Die Konstellation eines Nachfragemonopols ergibt sich auch für Lieferanten, die sich im Zuge des *Supply Chain Management* (SCM) vollständig und irreversibel in das Versorgungsnetz eines Abnehmers ihrer Produkte einbinden lassen. Wenn sich der Abnehmer selbst andere Beschaffungsquellen offen hält, den Lieferanten aber zur Ausschließlichkeit verpflichtet, wird die freie Preisbildung außer Kraft gesetzt.

Die Anzahl der Anbieter für einen konkreten Beschaffungsprozeß hängt davon ab, wie viele Wettbewerber für das benötigte Produkt oder eine Leistung es am Bedarfsort gibt, aber auch davon, welche dieser Wettbewerber von dem Bedarf erfahren, dem Nachfrager bekannt sind und bei der Preisverhandlung berücksichtigt werden. Mit zunehmender Zahl der Anbieter *erhöht* sich der Wettbewerbsdruck auf den Angebotspreis. Das ist das Ziel der Nachfragerstrategie der

▶ *Lieferantenauswahl*, d.h. die Erkundung und Auswahl geeigneter Anbieter.

Die Lieferantenauswahl entfällt, wenn es am Markt nur einen geeigneten Anbieter gibt, der ein *Angebotsmonopol* hat.

In der Logistik gibt es zahlreiche Angebotsmonopole und Oligopole. Bekannte Monopole sind die Briefpost und die Bahn. Weniger bekannte Monopole sind die *Schiffahrtkonferenzen*, die für bestimmte Transportrelationen Kapazitäten festlegen und Preise vereinbaren, die Flughafenbetriebsgesellschaften, von denen die *Flughafengebühren* abhängen, und der Staat als Eigentümer des Straßennetzes, der über Kraftfahrzeugsteuern, Kraftstoffsteuern und Maut die *Straßennutzungspreise* diktiert. Außerdem gibt es in vielen Teilmärkten der Logistik effektive Monopole marktbeherrschender Unternehmen und Oligopole, die, wie beispielsweise die Fluggesellschaften, die Leistungsstandards vorgeben und das Preisniveau bestimmen. Über die Wettbewerbssituation auf den Logistikmärkten und ihre Folgen ist noch immer zu wenig bekannt. Sie ist ein lohnendes Forschungsgebiet von allgemeinem Interesse.

Die Konstellation, daß ein Angebotsmonopolist auf einen Nachfragemonopolisten trifft, ergibt sich aus dem *Outsourcing*. Sie entsteht in der Logistik, wenn sich ein Logistikdienstleister mit einer hohen Investition für viele Jahre an einen Kunden bindet und der Kunde nur von diesem Dienstleister abhängt. Auch im Zuge des SCM werden solche wechselseitigen Abhängigkeiten geschaffen, die eine Preisbildung unter Wettbewerbsbedingungen außer Kraft setzen. Die Auswirkungen derartiger Wettbewerbseinschränkungen und die Grenzen, die sich daraus für das Outsourcing und das unternehmensübergreifende SCM ergeben, werden viel zu wenig beachtet.

## 5. Preisstrategien und Preistheorie

Innerhalb der vorgegeben Regeln und Rahmenbedingungen gibt es für Anbieter und Nachfrager unterschiedliche Handlungsspielräume. Mit Hilfe geeigneter Preisstrategien ist es für beide Seiten möglich, den Ausgang der Preisfindung zu beeinflussen und einen günstigen Endpreis zu erreichen.

Die Preisstrategien der Anbieter und Nachfrager lassen sich einteilen in *Vorbereitungsstrategien*, *Preisgestaltungsstrategien* und *Preisverhandlungsstrategien*. Es gibt *Offensivstrategien* und *Defensivstrategien*, *Bündelungsstrategien* und *Ordnungsstrategien* sowie *faire* und *unfaire Preisstrategien*. Die Erkundung der Preisstrategien, auch der unfairen Strategien, sowie die Untersuchung ihrer Wirksamkeit und Verträglichkeit sind interessante Aufgaben für die Wissenschaft.

Die Preisstrategien der Anbieter sind darauf ausgerichtet, einen maximalen Gewinn zu erzielen. Solange die verkaufte Menge unabhängig vom Preis ist, ist der Gewinn maximal, wenn die Kapazitäten voll ausgelastet sind und alle Vorräte verkauft werden. Sinkt jedoch die Absatzmenge bei einem höheren Preis, gibt es für jeden Anbieter einen *gewinnoptimalen Verkaufspreis*, den sogenannten *Cournotschen Preis* [14]. Dieser liegt zwischen dem Nutzwert und dem Vollauslastungspreis, der zur maximalen Auslastung führt.

Zur Berechnung des gewinnoptimalen Verkaufspreises muß die funktionale Abhängigkeit der Nachfrage vom Preis bekannt sein. Für einige Massenprodukte, deren Absatz lange genug anhält, läßt sich zwar die *Preiselastizität*, also die Steigung der Preis-Absatz-Funktion für den aktuellen Absatzwert abschätzen. Der Gesamtverlauf der Preis-Absatz-Funktion zwischen dem unteren *Sättigungspreis* $p_{min}$, dessen Unterschreitung keinen weiteren Bedarf mehr weckt, und dem *Maximalpreis* $p_{max}$, bei dem der Bedarf auf 0 sinkt, ist aber in der Regel nicht meßbar. Für die meisten Güter und Leistungen ist die Preis-Absatz-Funktion ein gedankliches Konstrukt ohne praktischen Bezug. Eine *Preistheorie*, die ein ungelöstes Problem auf ein unlösbares Problem wie die Messung der Preis-Absatz-Funktion zurückführt, ist für die Praxis untauglich.

An die Stelle der Berechnung eines gewinnoptimalen Preises aus einer fiktiven Preis-Absatz-Funktion treten in der Praxis die Preisstrategien. Leitlinie aller Angebots- und Beschaffungsstrategien sind die aus der Erfahrung resultierenden *Preisbildungsregeln*:

- Bei großem Wettbewerb, geringem Kaufdruck und gesättigtem Markt liegen die Verkaufspreise allgemein verfügbarer Standardprodukte und Standardleistungen nahe den Vollauslastungskosten. Bei Unterauslastung der Kapazitäten können sie temporär sogar bis auf die Grenzkosten sinken.
- Bei geringem Wettbewerb und guter Kapazitätsauslastung sind für Produkte und Leistungen mit hohem Nutzen Verkaufspreise durchsetzbar, die deutlich über dem Kostenpreis nahe dem Nutzwert liegen können.

Die *Preisbildungsregeln* lassen sich für bestimmte Kostenfunktionen und Marktkonstellationen mit den Methoden der *Spieltheorie* aus den Regeln und Strategien der Standardprozesse herleiten (s. *Abschnitt 7.8*). Für andere Kostensituationen und Marktkonstellationen ist nicht nur der Ausgang der individuellen Preisbildungsprozesse, sondern auch das daraus resultierende Preisniveau ungewiß [308].

Das gilt vor allem für Produkte und Leistungen, die von Anlagen, Netzwerken oder Systemen mit hohen Fixkosten erzeugt werden. Der ungewisse Ausgang der Preisbildung für solche *Fixkostenprodukte* ergibt sich aus dem in *Abschnitt 6.8* behandelten *Fixkostendilemma der Kalkulation*, das zu dem *Auslastungsdilemma der Preispolitk* führt:

- Mit ansteigendem Bedarf lassen sich am Markt höhere Preise durchsetzen, während die Stückkosten mit besserer Auslastung abnehmen. Bei fallendem Absatz sinken die Verkaufspreise, obgleich die Stückkosten mit abnehmender Auslastung ansteigen.

Das anhaltende Experimentieren großer Netzbetreiber, wie Post, Bahn, Fluggesellschaften und Telecom, mit den unterschiedlichsten *Preismodellen* und *Netznutzungsentgelten* zeigt, daß es für das uralte Problem der Preisbildung bei hohem Fixkostenanteil bis heute keine allgemein anerkannte Lösung gibt, die selbstregelnd eine hohe Auslastung der fixen Ressourcen bewirkt und mit den Regeln des fairen Wettbewerbs verträglich ist [261; 303].

Eine für Anbieter und Kunden faire Lösung des Auslastungsdilemmas wäre die

- ▶ *Fixpreisstrategie*: Der Preis für Leistungen oder Produkte, die mit hohen Fixkosten erzeugt werden, kann in Phasen schlechter Auslastung bis auf die Vollauslastungskosten gesenkt werden und darf zum Ausgleich in Phasen besserer Auslastung um soviel höher sein, daß im gesamten Geschäftsjahr ein ausreichender Gewinn erzielt wird.

Wenn es mit der Fixpreisstrategie nicht gelingt, auf Dauer die für einen wirtschaftlichen Betrieb notwendige Auslastung zu erreichen, ist der Bedarf zu Vollauslastungspreisen nicht vorhanden. Dann bleibt nur eine schrittweise *Sonderabschreibung* der Investition bis auf 0, um den minimalen Angebotspreis bis zu den Grenzkosten senken zu können. Wird auch zum Grenzkostenpreis keine ausreichende Deckung der Gemeinkosten erreicht, muß der Betrieb eingestellt werden. Dann liegt eine Fehlinvestition vor (s. *Abschnitt 6.10.6*).

### 6. Anbieterstrategien

*Langfristige Vorbereitungsstrategien* der Anbieter sind die *Strategien der Marktpositionierung*:

- ▶ *Nutzenführerschaft*: Alle Anstrengungen sind auf den Nutzen des Angebots für die potentiellen Kunden ausgerichtet. Das Marketing analysiert gemeinsam mit der Entwicklung alle Nutzentreiber der Produkte und Leistungen, um möglichst viele *Alleinstellungsmerkmale* zu bieten, die den Wettbewerb einschränken. Auf diese Weise sind Verkaufspreise durchsetzbar, die auch bei geringer Auslastung deutlich über dem Kostenpreis liegen.
- ▶ *Kostenführerschaft*: Alle Anstrengungen und die Produktentwicklung sind darauf ausgerichtet, ein weitgehend standardisiertes Liefer- und Leistungsprogramm zu minimalen Kosten zu produzieren. Dadurch wird es möglich, mit

Preisen, die knapp unter den Preisen der kostengünstigsten Wettbewerber liegen, bei einem angemessenen Gewinn die Kapazitäten voll auszulasten.

- *Leistungsflexibilität*: Das Liefer- und Leistungsprogramm ist modular konzipiert und die Produktionskapazitäten sind so flexibel, daß bei günstigen Kosten eine rasche Ausrichtung und Anpassung an den aktuellen Kundenbedarf möglich sind. Damit ist eine anfragerspezifische Preisgestaltung und situative Preisverhandlung möglich.

Manche Unternehmen versuchen diese Marketingstrategien zu kombinieren, scheitern aber an der Schwierigkeit, mehr als ein Ziel zu verfolgen. Bei hohem Gewinn fällt das Sparen schwer. Bei knappen Erlösen werden gerne Leistung, Qualität oder Service reduziert.

Beispiele für Kostenführerschaft in der Logistik sind die Standardpaketdienste, die Containerdienste und die Massengutspediteure. Beispiele für eine Nutzenführerschaft sind die Systemdienstleister und Spezialdienstleister. Besondere Flexibilität zeichnet die Kurierdienste, die *Kombifrachtdienstleister* und bestimmte Fachspeditionen aus.

Zu den mittelfristigen *Vorbereitungsstrategien* des Anbieters gehören die oben genannten Strategien der *Kundengewinnung* und der *Nachfragererkundung*. Kurzfristige Vorbereitungsstrategien sind die

- *Angebotspreiserkundung*: Vor der Abgabe des Angebotspreises wird versucht, die Angebotspreise der Wettbewerber zu erfahren und mit dem Erfolg der eigenen Preisangebote aus früheren Verkaufsprozessen zu vergleichen.
- *Nachfragepreiserkundung*: Ebenfalls vor Abgabe des Angebotspreises werden die Preisvorstellungen und bisher bezahlten Preise der potentiellen Kunden oder des Anfragenden erkundet.

Zur Vorbereitung gehört auch die Kalkulation des Kostenpreises für absehbare Auslastungsszenarien. Unter Beachtung der vorangehenden Grundsätze für Bemessungseinheiten, Preisstruktur und faire Preisgestaltung wird der Angebotspreis festgelegt. Dabei können die Anbieter folgende Preisstrategien verfolgen:

- *Räumliche Preisdifferenzierung*: Bei unterschiedlicher Kaufkraft wird das Absatzgebiet in *Preisregionen* aufgeteilt, in denen unterschiedliche Preise angeboten werden.
- *Zeitliche Preissegmentierung*: Bei einem stark zeitabhängigen Bedarf werden *zeitabhängige Preise* offeriert.
- *Zielgruppensegmentierung*: Abhängig von der Höhe ihres Bedarfs oder von den spezifischen Nutzentreibern werden die potentiellen Kunden in *Preiszielgruppen* aufgeteilt, denen über getrennte *Vertriebskanäle* unterschiedliche Preise geboten werden.
- *Produkt- und Leistungsdifferenzierung*: Für verschiedene Arten und Größen der Verpackung, für Design- und Ausstattungsvarianten oder für Zugaben, Service und ein besonderes Ambiente werden unterschiedliche Preise verlangt.

- *Mengendifferenzierung*: Für größere Abnahmemengen wird ein *Mengenrabatt* eingeräumt, der aus den Auftragskostenersparnissen oder einer besseren Auslastung resultiert.

Manche Segmentierungs- und Differenzierungsstrategie ist unverträglich mit den Fairnessgeboten. Wenn die Preisdifferenzierung nicht mit einem Unterschied des Produktnutzens korreliert und nur durch künstliche Marktabschottung aufrechterhalten wird, dient sie der Verschleierung und Täuschung. Sie ist dann eine unfaire Preisstrategie.

So versuchen Fluggesellschaften und Bahn durch platzzahlbegrenzte Frühbuchungspreise einen Teil der Kunden auf auslastungsschwache Tageszeiten zu lenken, und mit Zugabeprogrammen, wie Bonusmeilen, hohe Preise für Geschäftskunden durchzusetzen. Das sind jedoch wettbewerbsrechtlich umstrittene Preismodelle, die bei fraglicher Wirkung für die Auslastung die Kosten und Preise nach oben treiben.

Zusätzlich ist bei der Preisgestaltung auf die *Preiskontinuität* zu achten. Zu häufige, große und unbegründete Änderungen der Angebotspreise und allzu stark schwankende Rabatte verunsichern die Kunden, untergraben das Vertrauen in den Anbieter und wecken Zweifel an der Werthaltigkeit der Ware oder Leistung. Das kann von der Kaufverschiebung über eine Kundenabwanderung bis hin zum Kaufverzicht führen.

Auf Preiskontinuität muß auch bei der Preisverhandlung geachtet werden. Die Preisverhandlung wird in der Regel eröffnet mit der Bekanntgabe des Angebotspreises. Hier ist eine Strategie der *offenen,* auch für den Wettbewerb einsehbaren *Preisangabe* oder die Strategie der *verdeckten Preisangabe* nur für einen kaufbereiten Anfrager möglich. Unter besonderen Umständen nennt auch der Nachfrager zuerst seinen Nachfragepreis.

Soweit das in dem jeweiligen Preisbildungsprozeß vorgesehen ist, beginnt nach der Preisbekanntgabe die Preisverhandlung. Nach dem Versuch, den Nachfrager durch Darlegung des Nutzens und Wertes der angebotenen Ware oder Leistung von der Preisberechtigung zu überzeugen, sind verschiedene *Verhandlungsstrategien* möglich: Abwarten und Kommenlassen, Erfragen der Preisvorstellung des Nachfragers, Zugeständnisse in Menge, Leistung, Qualität und Service, Hinhalten, stufenweises Anbieten eines Nachlasses oder sofortiges Anbieten eines letzen Preises.

Preisverhandlungen sind ähnlich dem Pokern. Sie erfordert auf beiden Seiten Menschenkenntnis und Einfühlungsvermögen, Psychologie und Taktik, Einschätzung der Erwartungen und der Situation der anderen Seite, Kenntnis des Verkaufsdrucks, des Kaufdrucks und des Wettbewerbsdrucks, vor allem aber Erfahrung.

### 7. Beschaffungsstrategien

Die Beschaffungsstrategien der Nachfrager haben das Ziel, für einen maximalen Nutzen einen minimalen Preis zu zahlen.

Bei geringem Bedarf im Vergleich zu den Kapazitäten und Beständen der Anbieter kann der einzelne Nachfrager kaum eine eigene Beschaffungsstrategie durchsetzen. Gegen die zuvor beschriebenen Verkaufspreisstrategien gibt es jedoch *Abwehrstrategien*, wie das Vermeiden zu spezieller Anforderungen und das Zurückweisen unnötiger Differenzierungen, Ausprägungen, Zugaben oder Bündelungen der angebotenen Produkte und Leistungen. Auch die Forderung einer Einzelpreisaufschlüsselung oder nach Angabe eines Gesamtpreises sind Abwehrstrategien.

Die wirksamsten Abwehrstrategien aber sind die bereits behandelte Anbietererkundung und Lieferantenauswahl sowie das Ausweichen, die Bedarfsverschiebung, das Reduzieren der Anforderungen und der Kaufverzicht. Eine wirksame *Ausweichstrategie* in der Logistik ist beispielsweise die Wahl eines anderen Verkehrsmittels oder einer anderen Lieferkette (s. *Kapitel 20*).

Bei einem größeren Bedarf kann der Käufer eigene *Beschaffungsstrategien* verfolgen. Der Bedarf läßt sich durch die folgende *Strategien der Bedarfsbündelung* vergrößern:

- ▶ *Interne Bedarfsbündelung*: Der Bedarf für zusammengehörige oder verwandte Produkte oder Leistungen wird gebündelt angefragt und bei einem Anbieter beschafft.
- ▶ *Externe Bedarfsbündelung*: Mehrere Bedarfsträger tun sich zu einer Einkaufsgemeinschaft zusammen, um ihren gebündelten Gesamtbedarf gemeinsam zu beschaffen.
- ▶ *Zeitliche Bedarfsbündelung*: Für ein bestimmtes Produkt oder eine Leistungsart wird der eigene oder ein gemeinsamer Bedarf für einen längeren Zeitraum gebündelt beschafft.

Eine Bedarfsbündelung der Logistik ist die *Sendungsbündelung*, um statt eines Paketdienstes die günstigere Stückgutfracht oder statt der Stückgutfracht einen kostenoptimalen Ladungstransport nutzen zu können (s. *Abschnitte 20.13* und *20.14*).

Die Bedarfsbündelung stärkt die Einkaufsposition gegenüber einer Marktsegmentierung und gegenüber dem preissteigernden Verkauf über mehrere Handelsstufen. Die Bedarfsbündelung ermöglicht dem Anbieter eine günstigere Preiskalkulation.

Um diese Vorteile der Bedarfsbündelung durchzusetzen, sind folgende *Beschaffungsstrategien* geeignet:

- *Einzelbeschaffung*: Die Bestandteile des Bedarfs für einen längeren Zeitraum oder für ein größeres Projekt werden getrennt ausgeschrieben und bei den jeweils preisgünstigsten *Einzellieferanten* beschafft.
- *Beschaffungsbündelung*: Geeignete Umfänge des Bedarfs werden zu *Ausschreibungspaketen* zusammengefaßt und bei einer kleinen Zahl preisgünstiger *Hauptlieferanten* beschafft.
- *Gesamtbeschaffung*: Der gesamte Bedarf für einen längeren Zeitraum oder ein größeres Projekt wird geschlossen ausgeschrieben und an den preisgünstigsten und leistungsfähigsten *Gesamtlieferanten*, *Generalunternehmer* oder *Systemdienstleister* vergeben.

Die Entscheidung für eine dieser Beschaffungsstrategien hängt ab von der Größe und Komplexität des Bedarfs sowie von der *Beschaffungskompetenz* und der *In-*

*tegrationskompetenz* des Bedarfsträgers. Entscheidend für die Beschaffungsstrategie ist der Gesamtpreis unter Berücksichtigung von Beschaffungskosten, Integrationskosten und Lieferzeit.

Bei *sehr großem Bedarf* für nur ein Produkt oder eine Leistungsart bestehen außer der Einzelbeschaffung die Möglichkeiten:

- *Mengenaufteilung* (*multiple sourcing*): Der Gesamtbedarf wird aufgeteilt und an mehrere Lieferanten vergeben.
- *Mengenbündelung* (*single sourcing*): Der Gesamtbedarf wird an nur einen Lieferanten vergeben.

Die Mengenaufteilung ist unvermeidlich, wenn der Bedarf die Kapazität einzelner Anbieter überschreitet. Sie bietet den Vorteil einer größeren Unabhängigkeit von den Lieferanten. Die Mengenbündelung ermöglicht bei ausreichender Fertigungskapazität wegen der maximalen *Kostendegression* den geringsten Preis, hat aber den Nachteil der Abhängigkeit von einem Lieferanten.

**8. Regelungen zur fairen Preisbildung**

Das *Bürgerliche Gesetzbuch* (BGB), das *Handelsgesetzbuch* (HGB) und das *Wettbewerbsrecht* (UWG; GWB; Art. 81, 82 EGV) regeln hauptsächlich Sachgeschäfte mit *körperlichen Gegenständen* (§ 90 ff BGB). Abgesehen vom Mietrecht und vom Arbeitsrecht sind Regelungen für Geschäfte mit *immateriellen Gütern* und *Leistungen* nur weit verstreut in den Gesetzen zu finden (s. *Abschnitt 22.6*) [302].

Zur *Preisgestaltung* enthalten die Gesetze keine konkreten Regelungen. Es kommen unterschiedliche Preisbegriffe vor, wie *Marktpreis*, *Fracht*, *Mietzins*, *Provision* oder *Vergütung*, ohne daß gesagt wird, wie sich diese objektiv bestimmen lassen. So darf nach § 354 HGB ein *Lagergeld nach den am Orte üblichen Sätzen* gefordert werden (s. auch § 419 HGB). Nach § 460 (2) HGB kann ein Spediteur eine *angemessene* und höchstens die *gewöhnliche Fracht* verlangen. Kein Preis – mit Ausnahme des gesetzlichen Zinssatzes von 5% p.a. gemäß § 352 HGB – und nur wenige Bemessungseinheiten – wie die *Verkaufseinheiten* bestimmter Konsumgüter in § 11 UWG – sind im Gesetz genauer geregelt.

Bezüglich des Liefer- und Leistungsumfangs wird auf die *Verkehrssitte* (§ 157 BGB) und *Handelsgebräuche* (§ 346) verwiesen. Zur *Leistungserfüllung* sagt § 315 BGB: *Die Leistung wird nach billigem Ermessen bestimmt.* Gemäß § 242 BGB muß die *Leistung so bewirkt werden, wie Treu und Glauben mit Rücksicht auf die Verkehrssitte es erfordern.*

Nach geltender Rechtsauffassung verbietet § 1 GWB den Wettbewerbern jegliche Absprache der *Preishöhe*. Auch die *Quersubvention* der Preise eines Produkts zum Zweck der Wettbewerbsverdrängung aus den Gewinnen anderer Produkte, die wegen einer marktbeherrschenden Position zu hohen Preisen verkauft werden, ist verboten. Ganz allgemein sind nach § 138 BGB Rechtsgeschäfte nichtig, die gegen die *guten Sitten* verstoßen. Preise, die in einem auffälligen Mißverhältnis zur Leistung stehen, sind *Wucher*. Aber auch ein ständiger *Verkauf zu Verlustpreisen* oder das fortgesetzte systematische Unterbieten können wettbewerbswidrig sein [304] (s. *Abschnitt 22.4*).

Nach § 11 UWG sind *täuschende Mengenangaben*, nach § 3 und § 4 UWG *falsche Angaben über die Preisbemessung von Waren und gewerblichen Leistungen* verboten. Bei Verstößen droht das Strafgesetz Geld- und Haftstrafen an. Andererseits wurden sinnvolle und bewährte Regelungen, wie die *Zugabeverordnung* und das *Rabattgesetz*, unter dem Einfluß der Wirtschaftslobby inzwischen aufgehoben oder eingeschränkt [304].

Die allgemeinen gesetzlichen Bestimmungen gelten auch für Logistikleistungen und Logistikdienstleister. So zählen Beförderungsunternehmen, Frachtführer, Schiffahrtsgesellschaften, Spediteure und Lagerhalter zum *Handelsgewerbe*. Speziell für das Fracht-, Speditions- und Lagergeschäft enthalten die §§ 407 bis 475 HGB detaillierte Regelungen.

Der Überblick zeigt, daß die Gesetze allgemeine Grundsätze formulieren und nur in Ausnahmefällen konkrete Regelungen enthalten. Das ist solange ausreichend, wie die Handelsbräuche, Verhaltensnormen und Begriffe, auf die sich ein Gesetz bezieht, allgemein bekannt, akzeptiert und unstrittig sind (s. *Kapitel 12*).

Wegen der Allgemeinheit der Gesetze und der in vielen Wirtschaftsbereichen fehlenden *Verhaltensnormen* ist das Wettbewerbsrecht vorwiegend *Richterrecht* [302]. Die Marktteilnehmer sind in Streitfällen von der Sachkunde der Anwälte und der Richter abhängig. Daraus resultiert ein hohes Prozeßrisiko, das Klagen weitgehend verhindert. Die Folgen sind Unsicherheit, Unkenntnis, Ignoranz und Täuschung bis hin zum Rechtsbruch. Das zeigen auch die in *Abschnitt 7.1* geschilderten unfairen Praktiken der Preisgestaltung auf den Logistikmärkten.

Was kann und sollte unter diesen Umständen geschehen? Gemäß § 2 GWB und mit dem Erlaubnisvorbehalt gemäß § 5 GWB sind Vereinbarungen zulässig, die

- allgemeine Geschäfts-, Liefer- und Zahlungsbedingungen festlegen
- die Anwendung von Normen zum Gegenstand haben
- einheitliche Methoden der Leistungsbeschreibung enthalten
- die Grundsätze der Preisaufgliederung regeln, ohne die Preishöhe festzulegen

Damit wird den Wirtschaftsteilnehmern die Möglichkeit gegeben, im gemeinsamen Interesse die allgemein gehaltenen Gesetze zu präzisieren. Die Marktteilnehmer können auf diese Weise selbst zum fairen Wettbewerb, zur größeren Rechtssicherheit und zur positiven Wirtschaftsentwicklung beitragen.

In der Logistik besteht vor allem auf folgenden Gebieten Regelungsbedarf (s. *Kapitel 12*):

▶ Definition und Spezifikation von *Standardleistungen* der Logistik, wie Beförderungs-, Transport-, Lager-, Kommissionier- und Umschlagleistungen.
▶ Spezifikation und Regelung von logistischen *Zusatzleistungen*, wie Eilbearbeitung, Expreßbeförderung, Versicherungen oder Sicherheitslagerung, sowie von logistischen *Verbund- und Systemdienstleistungen* (s. *Abschnitt 21.2*).
▶ Festlegung von *Leistungseinheiten*, *Bemessungsgrundlagen* und *Preisstrukturen* für die logistischen Standard- und Zusatzleistungen.
▶ *Regeln für Standardpreisbildungsprozesse* der Logistik, wie Listenpreise, Frachtenbörsen, Angebote und Ausschreibungen.

- *Grundsätze fairer Preisgestaltung* entsprechend den Vorschlägen in *Abschnitt 7.1*. Dazu gehört auch das *Prinzip der Reziprozität*, nach dem Regeln für beide Seiten gleichermaßen gelten.
- allgemein verbindliche *Qualitätsstandards* und *Gewährleistungregeln*
- *Standardverträge für Logistikleistungen* und *Standardbedingungen* für Geschäfte mit Endverbrauchern (s. *Abschnitt 21.5* und *22.5*).

Die bestehenden Regelungen sind oft unvollständig, unzureichend oder einseitig. Die seit 1999 in der EG aufgehobene staatliche Reglementierung der Verkehrswirtschaft wirkt sich immer noch aus [313]. So sind die *Allgemeinen Deutschen Spediteurbedingungen* (ADSp) oder die Beförderungsbedingungen und Preisstrukturen der Bahn, Post und Fluggesellschaften weitgehend von den Interessen der Anbieter geprägt.

Grundsätzlich sollten durch Gesetze nur die allgemeinen Rahmenbedingungen und die Fairnessgebote vorgegeben werden und keine Einzelregelungen. Die einzelnen Verhaltensregeln können besser von den Marktteilnehmern selbst entwickelt und vereinbart werden (s. *Abschnitt 22.6*).

Entsprechende Verhaltensregeln und Richtlinien unabhängiger Institutionen fehlen bis heute in der Logistik. Regeln und Normen für das Geschäft mit Logistikleistungen, die für alle Teilnehmer fair und gesetzeskonform sind, können nur von neutralen Institutionen, ähnlich wie DIN, VDI oder ISO, erarbeitet und in Gremien verabschiedet werden, in denen die Marktteilnehmer angemessen und gleichberechtigt vertreten sind. Eine hierfür geeignete Institution wäre der *Bundesverband für Logistik e.V.* (BVL). Die *Logistikforschung* kann hierzu mit konstruktiven Lösungsvorschlägen und überzeugenden Handlungsanstößen beitragen, die zu einem *integrierten Logistikrecht* führen (s. *Kapitel 22*).

## 7.8 Preisstrategien und Ressourcennutzung

Unter den Wettbewerbsbedingungen eines freien Marktes ist das Testen von Preisstrategien für den einzelnen Anbieter riskant. Wenn überhaupt sind Preisexperimente nur über einen längeren Zeitraum möglich, in dem der Absatz keinen preisfremden Einflüssen unterliegt.

Die Wirkung einer Preisstrategie bei unterschiedlicher Marktkonstellation läßt sich dagegen risikolos mit Hilfe eines Rechenmodells studieren, das den Preisbildungsprozeß so genau nachbildet, wie es die jeweilige Fragestellung erfordert. Mit einem *Standardmodell der Preisbildung*, das nachfolgend beschrieben wird, können auch die *Gesetzmäßigkeiten der dynamischen Preisbildung* erkundet werden. Dazu wird beobachtet, welche Preise sich ergeben, wenn Anbieter und Nachfrager im Wettstreit miteinander bestimmte Preisstrategien verfolgen, um einen möglichst hohen Gewinn zu erreichen.

Mit Hilfe des Standardmodells werden am Beispiel entfernungsabhängiger Preise die Auswirkungen von Preisstrategien auf die Nutzung der Ressourcen – hier der Transportkapazitäten – demonstriert. Das auf diesen Anwendungsfall angepaßte Standardmodell macht trotz seiner Einfachheit bereits viele Zusammenhänge deutlich.

Das Standardmodell der Preisbildung läßt sich nach Bedarf differenzieren und erweitern. Jeder kann mit den angegebenen Formeln ein Preisbildungsmodell für eine bestimmte Marktkonstellation programmieren und allein oder mit mehreren Teilnehmern Preisbildungsprozesse durchspielen.

## 1. Wettbewerbskonstellation

In der einfachsten Version des Standardmodells wird ein Markt von zwei Wettbewerben $W_1$ und $W_2$ mit einem Produkt in gleichen *Verkaufseinheiten* [VKE] beliefert, das in gleicher Qualität an zwei verschiedenen Werksstandorten erzeugt wird. Die Werke liegen im Abstand D [km] an den beiden Enden des Marktgebiets, das in N gleich große *Absatzgebiete* $G_i$ aufgeteilt ist. Jedes Absatzgebiet wird aus einem *Verteilzentrum* $VZ_i$, i = 0,1,2.. N–1, beliefert. Der *Transportweg* vom Werk $W_1$ zum Verteilzentrum $VZ_i$ ist $d_1(i)$. Vom Werk $W_2$ zum Verteilzentrum $VZ_i$ ist der Weg $d_2(i)$.

Die Basisversion des Wettbewerbsmodells läßt sich mit den angegebenen Berechnungsformeln verallgemeinern auf mehrere Wettbewerber $W_n$, n = 1,2… $N_W$ mit unterschiedlicher Kostenstruktur, auf Absatzgebiete verschiedener Größe in einem Gesamtgebiet beliebiger Form wie auch auf andere Standorte der Werke und Verteilzentren.

Das Standardmodell wird hier angewendet auf transportintensive Konsumgüter, wie Getränke oder Benzin. Es ist auch zur Untersuchung der Preisbildung von Fracht- und Transportleistungen geeignet. Für die nachfolgenden Modellrechnungen wurde die Marktkonstellation von zwei Brauereien mit Produktionsstätten in Bremen und München nachgestellt, die den deutschen Markt mit einem gleichwertigen Premium-Bier beliefern. Die Verkaufseinheit ist eine 0,33 *l*-Flasche (1 VKE = 1 Fl).

## 2. Marktbedarf und Nachfrageverhalten

Im einfachsten Fall ist der Gesamtmarkt gesättigt und der Gesamtverbrauch unabhängig vom Preisniveau. Dann hat jedes der gleich großen Absatzgebiete $G_i$ den gleichen Periodenbedarf $\lambda$ [VKE/PE], den sich die Wettbewerber teilen müssen. Für die Summe des Gebietsabsatzes $\lambda_n(i)$ aller Anbieter gilt also:

$$\lambda_1(i) + \lambda_2(i) + \ldots + \lambda_{Nw}(i) = \lambda \qquad (7.10)$$

Bei unterschiedlichem Gesamtabsatz in den einzelnen Gebieten ist in Beziehung (7.10) anstelle von $\lambda$ mit einem gebietsabhängigen Periodenbedarf $\lambda(i)$ zu rechnen.

In einem *ungesättigten Markt* hängt der Gesamtabsatz vom Preisniveau ab. Dann ist $\lambda = \lambda(P)$. Das *Preisniveau P* ist der mit dem Absatz gewichtete Mittelwert der Verkaufspreise aller Anbieter und entspricht dem *Marktpreis*.

Für Modellrechnungen zur Untersuchung von Preisstrategien bei preisabhängigem Gesamtbedarf eignet sich die

- *Standard-Preisnachfragefunktion*©

$$\lambda(P) = \lambda_s \cdot \begin{cases} 1 & \text{für } P < P_s \\ 1 - (P^e - P_s^e)/(P_m^e - P_s^e) & \text{für } P_s < P < P_m \\ 0 & \text{für } P > P_m . \end{cases} \tag{7.11}$$

In *Abb. 7.4* ist die auf 1 normierte Standard-Preisnachfragefunktion (7.11) für drei Beispiele dargestellt. In allen Fällen sinkt der Absatz nach Überschreiten eines *Sättigungspreises* $P_s$ ab dem *Sättigungsbedarf* $\lambda_s$ mit einer *Preiselastizität* der Nachfrage, die durch den *Preisexponenten e* gegeben ist, mehr oder weniger rasch ab, bis er beim *Maximalpreis* $P_m$ den Wert 0 erreicht.

Durch Aufteilung des Gesamtabsatzes auf mehrere Nachfragegruppen oder Einzelnachfrager, deren Preisabsatzfunktionen sich voneinander unterscheiden, ist eine Differenzierung des Standardmodells möglich. Damit läßt sich auch das Verhalten der Nachfrager nachbilden und in den Preisbildungsprozeß einbeziehen. Auf diese Weise können die zuvor beschriebenen Differenzierungs- und Segmentierungsstrategien genauer untersucht werden.

In dem hier betrachteten Anwendungsfall wird ein gesättigter Markt mit vielen anonymen Nachfragern angenommen. Die Preise liegen dann zwischen dem Vollauslastungspreis und dem Sättigungspreis. Der Gesamtabsatz $\lambda$ der Absatzgebiete ist unabhängig vom Preisniveau gleich dem Sättigungsbedarf $\lambda_s$.

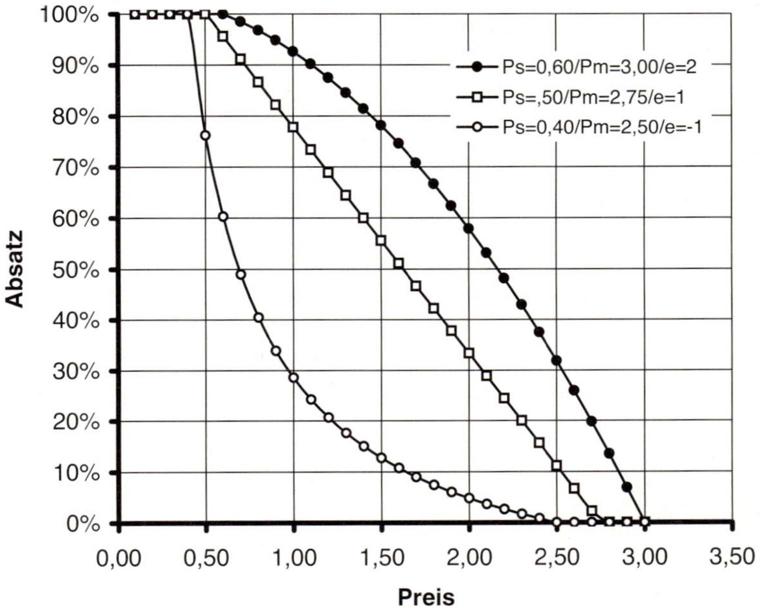


**Abb. 7.4** Normierte Preisnachfragefunktion für 3 Produkte

$P_s$: Sättigungspreises $P_m$: Maximalpreis $e$ : Preisexponent

### 3. Marktaufteilung

Offen ist noch die Frage, in welchem Verhältnis sich der Gesamtbedarf auf die Wettbewerber aufteilt. Für absolut gleichwertige Produkte wird die Aufteilung allein von der Preisempfindlichkeit der Nachfrager bestimmt.

Solange zwei Wettbewerber $W_n$ und $W_r$ in einem Absatzgebiet für ihre Produkte die gleichen Preise verlangen, wenn also $P_n = P_r$ ist, und die Produkte gleichwertig sind, verteilt sich der Absatz zu gleichen Teilen auf die beiden Anbieter. Für den Fall unterschiedlicher Preise verteilt sich der Absatz auf die beiden Konkurrenzprodukte im umgekehrten Verhältnis der Preise nach der

- *Präferenzrelation*

$$\lambda_n(i) / \lambda_r(i) = \left(P_n(i) / P_r(i)\right)^s \qquad (7.12)$$

Der *Sensitivitätsexponent s* berücksichtigt die Preisempfindlichkeit der Abnehmer. Bei geringer Preisempfindlichkeit ist der Sensitivitätsexponent $s$ nahe 0 und das Absatzverhältnis nahezu unabhängig von der Preisrelation. Bei hoher Preisempfindlichkeit ist $s$ wesentlich größer als 1 und die Absatzverteilung extrem preisabhängig.

Für den allgemeinen Fall einer Anzahl von $N_W$ Wettbewerbern gelten insgesamt $N_W-1$ Präferenzrelationen (7.12). Aus der Summe (7.10) und den Präferenzrelationen (7.12) folgt für die

- *Aufteilung des Gebietsabsatzes auf die Wettbewerber*

$$\lambda_n(i) = \left[1/P_n(i)^s / \left((1/P_1(i)^s + \ldots + (1/P_{Nw}(i)^s)\right)\right] \cdot \lambda \quad \text{für } n = 1,2,\ldots \qquad (7.13)$$

Die Beziehungen (7.13) quantifizieren das allgemeine

► *Marktaufteilungsgesetz*: Die Absatzmengen der einzelnen Wettbewerber sind über die Präferenzrelationen, die von den relativen Preisen bestimmt werden, aneinander gefesselt und in der Summe vom Gesamtbedarf aller Abnehmer abhängig, den die Wettbewerber gemeinsam über das Preisniveau beeinflussen.

Wenn die Preise der Wettbewerber in einem Absatzgebiet gleich hoch sind, teilt sich der Absatz zu gleichen Teilen auf die Wettbewerber. Dann ist $\lambda_1(i) = \lambda_2(i) = \ldots = \lambda/N_W$. Steigen die Preise proportional zu den Transportkosten mit der Werksentfernung, ergibt sich bei hoher Preisempfindlichkeit der Abnehmer in den Absatzgebieten die in *Abb. 7.5* dargestellte Aufteilung des Bedarfs auf die Wettbewerber.

Aus dem einfachen Beispiel sind folgende allgemein gültigen Auswirkungen der Entfernungspreisstrategie ablesbar:

► Bei entfernungsabhängigen Preisen und hoher Preisempfindlichkeit des Marktes teilt sich der Gebietsabsatz gemäß den Präferenzrelationen entfernungsabhängig auf die Wettbewerber auf.

► Bei hoher Preisempfindlichkeit des Marktes werden im Nahgebiet eines Werkes fast nur die dort erzeugten Produkte gekauft.

► Entsprechend der Konzentration des Absatzes auf das jeweils nächstliegende Werk reduziert sich die Gesamtzahl der Transporte von den Werken in die ferneren Absatzgebiete und damit der Transportaufwand.

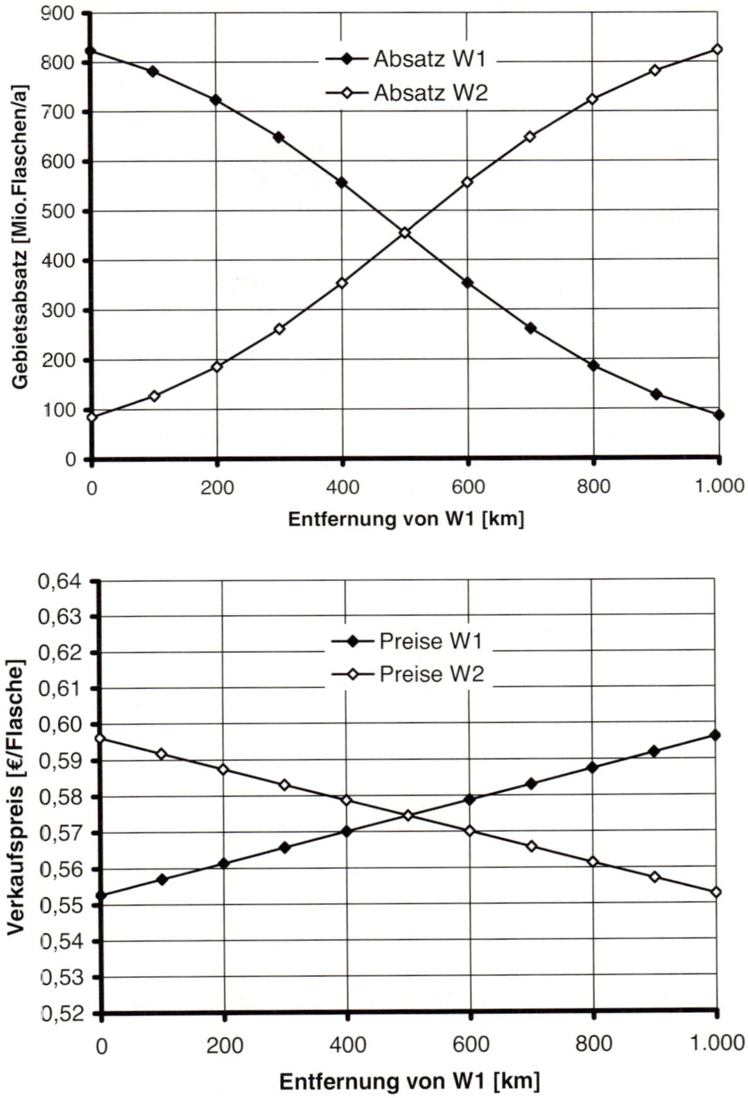


**Abb. 7.5** Absatzverteilung in den Zustellgebieten bei entfernungsabhängigen Verkaufspreisen Sensitivitätsexponent $s = 30$

Bei *Produkten mit unterschiedlicher Wertigkeit* sind in einer weiteren Differenzierung des Standardmodells außer den Preisen auch die *Nutzwerte* $W_n$ der Produkte zu berücksichtigen. Dazu sind in den Beziehungen (7.12) und (7.13) die Ausdrücke $1/P_n(i)^s$ zu ersetzen durch $(W_n/P_n(i))^s$. Das führt bei Produkten mit unterschiedlicher Wertigkeit zu wertabhängigen Marktverschiebungen, die den Einfluß entfernungsabhängiger Preise überlagern aber nicht grundsätzlich verändern.

## 4. Kosten und Preise

Um die Auswirkungen der Preisstrategien auf die Gewinne berechnen zu können, müssen die Kostenfunktionen aller Wettbewerber bekannt sein. Hierfür wird im Standardmodell folgende allgemeine Kostenfunktion angesetzt:

$$K_n = K_{Fix\,n} + \sum_{i=0}^{N-1} \left(k_{Var\,n} + k_{Tran} \cdot d_n(i)\right) \cdot \lambda_n(i) \qquad \text{für } n = 1,2,\ldots \qquad (7.14)$$

Hierin sind $K_{Fix\,n}$ [€/a] die gesamten Fixkosten eines Wettbewerbers $W_n$, $k_{Var\,n}$ [€/VKE] die Grenzkostensätze der Verkaufseinheit, $k_{Tran}$ [€/VKE*km] die spezifischen Transportkosten pro Verkaufseinheit und Kilometer und $d_n(i)$ [km] die Werksentfernungen der Verteilzentren. Die Summe erstreckt sich über alle N Absatzgebiete.

Für den als Beispiel betrachteten Fall zweier Wettbewerber mit Werken an den Standorten $x_1 = 0$ und $x_2 = N \cdot D$ und mit N Verteilzentren, die in gleichen Abständen zwischen den beiden Werken liegen, sind die Werksentfernungen:

$$d_1(i) = D \cdot i / N \qquad \text{und} \qquad d_2(i) = D \cdot (N - 1 - i) / N \text{ für } i=1,2 \,..N. \qquad (7.15)$$

In der Regel sind die Kostenstrukturen und Kostensätze der Wettbewerber selbst bei gleichen Produkten unterschiedlich. Bei den *Fixkostenprodukten* sind die variablen Kosten gering im Vergleich zu den Fixkosten. Für *personalintensive* und *materialintensive Produkte* sind die variablen Kosten weitaus höher als die Fixkosten. Für *transportintensive Produkte* und *Leistungen* liegen die Transportkosten in der Größenordnung des Deckungsbeitrags.

Für die nachfolgenden Modellrechnungen werden die Transportkostensätze und alle übrigen Kosten der beiden Anbieter gleich hoch angesetzt. Die Be- und Entladekosten ebenso wie die Zustellkosten in der Fläche sind in den entfernungsunabhängigen variablen Kosten enthalten.

Die Wettbewerber können entweder eine Konstantpreisstrategie oder eine Entfernungspreisstrategie verfolgen.

Bei der *Konstantpreisstrategie* werden die Verkaufspreise mit einem *Preiskalkulationszuschlag* $p_{kal\,n}$ kalkuliert und um die *mittleren Transportkosten* erhöht:

$$\boldsymbol{P_n = (1 + p_{kal\,n}) \cdot (K_{Fix\,n}/\lambda_n + k_{Var\,n}) + k_{Tran} \cdot d_{mitt\,n} \quad \text{für} \;\; n = 1,2 \ldots} \qquad (7.16)$$

Hierin ist

$$\lambda_n = \sum_{i=0}^{N-1} \lambda_n(i) \qquad \text{für } n = 1,2\ldots \qquad (7.17)$$

der über alle Gebiete summierte Absatz des Wettbewerbers $W_n$ und

$$d_{mitt\,n} = \sum_{i=0}^{N-1} d_n(i) \cdot \lambda_n(i) / \lambda_n \qquad \text{für } n = 1,2\ldots \qquad (7.18)$$

die mittlere Entfernung aller Verteilzentren zum Werk $W_n$.

Bei der *Entfernungpreisstrategie* werden die Verkaufspreise aus den Kosten ab Werk mit dem Kalkulationszuschlag kalkuliert und für jedes Absatzgebiet um die bis dahin anfallenden Transportkosten erhöht:

$$P_n(i) = (1 + p_{kal\,n}) \cdot (K_{Fix\,n}/\lambda_n + k_{Var\,n}) + k_{Tran} \cdot d_n(i) \quad \text{für } n = 1,2\ldots \tag{7.19}$$

Auch in dieser Beziehung ist $\lambda_n$ der über alle Absatzgebiete summierte Absatz (7.17) und $d_n(i)$ die Entfernung des Verteilzentrums $VZ_i$ zum Werk $W_n$.

Bei entfernungsunabhängigen Preisen werden die Transportkosten auf alle Marktteilnehmer gleichmäßig verteilt. Dadurch subventionieren die Käufer im Nahgebiet mit überhöhten Preisen die Käufer im Ferngebiet, wo die Preise nicht die vollen Transportkosten decken (*phantom freight* [35]). Allgemein gilt der

▶ *Grundsatz nutzungsgemäßer Preise und Tarife*: Nur entfernungsabhängige Preise und Frachttarife belasten die Käufer gemäß Inanspruchnahme mit den Transportkosten. Sie verhindern Quersubventionen und die Verschwendung von Transportressourcen.

Der Effekt ist besonders ausgeprägt bei transportintensiven Produkten und extrem bei reinen Frachtleistungen, für die in die Preiskalkulation keine Herstellkosten einfließen.

**5. Gewinnoptimierung und Strategieparameter**

Durch Auswahl der Preisstrategie, Festlegung der Strategieparameter und die Zeitfolge der Strategieanwendung bestimmt jeder Anbieter seine *Preispolitik* so, daß er einen möglichst hohen Gewinn macht. Der *Gewinn* eines Wettbewerbers ist für die Entfernungspreisstrategie ebenso wie für die Konstantpreisstrategie die Summe der Erlöse in den Absatzgebieten minus den Kosten:

$$G_{Konst\,n} = \sum_{i=0}^{N-1} P_n(i) \cdot \lambda_n(i) - K_n. \qquad \text{für } n = 1,2\ldots \tag{7.20}$$

Für die Konstantpreisstrategie ist jeweils die Preisfunktion (7.16) und für die Entfernungspreisstrategie die Preisfunktion (7.19) einzusetzen. In allen Beziehungen sind die Absatzfunktionen durch (7.13) gegeben und mit den jeweiligen Preisfunktionen zu berechnen.

Die Beziehungen (7.13) bis (7.20) sind ein verkoppeltes Gleichungssystem, das die Abhängigkeit der Gewinne der N Wettbewerber von den Strategieparametern wiedergibt:

- *Strategieparameter* einer Verkaufspreisstrategie ist der *Preiskalkulationszuschlag* $p_{kal}$, mit dem der Preis aus den Kosten berechnet wird.

Im einfachsten Fall nur eines einzigen Anbieters, also für einen Monopolisten, ist das Gleichungssystem geeignet, den Preiskalkulationszuschlag so zu bestimmen, daß der Gewinn maximal wird. Unter speziellen Bedingungen ist das Gleichungssystem im Monopolfall explizit lösbar. Die Lösung ist der *Cournot'sche-Preis* [14; 308]. Für den allgemeinen Monopolfall läßt sich das Gleichungssystem nach dem Verfahren der *Zielwertsuche* lösen. Das Ergebnis ist der *gewinnoptimale Kalkulationszuschlag*.

Bei mehr als einem Wettbewerber hat das Gleichungssystem unendlich viele Lösungen. Abgesehen davon sind einem Wettbewerber in der Regel die Kostenfunktionen der anderen Anbieter nicht genau bekannt. Jeder sieht nur einen Teil der Auswirkungen seiner Preispolitik und auch nicht immer die Preise der anderen Anbieter. Ihm bleibt daher nur die Möglichkeit, vorsichtig einzelne Preisstrategien auszuprobieren und die Auswirkungen auf seinen Gewinn zu beobachten.

Der Preisbildungsprozeß gleicht damit einem Spiel mit folgender Grundregel:

▶ Jeder Wettbewerber versucht mit seiner Preispolitik seinen Gewinn zu maximieren, der über die Präferenzrelationen (7.12) und die Summenbeziehung (7.10) an die Preispolitik der anderen Wettbewerber sowie über die Preisabsatzfunktion (7.11) an das Kaufverhalten der Abnehmer gefesselt ist.

Mit dem Standardmodell der Preisbildung läßt sich berechnen, wie sich die Preispolitik mehrerer Wettbewerber bei unterschiedlicher Marktkonstellation auf die Gewinne und den Ressourceneinsatz auswirkt. Dabei sind folgende Marktkonstellationen zu unterscheiden:

- *Übernachfrage*: Der Sättigungsbedarf für ein Produkt ist höher als die Summe der Produktionskapazitäten aller Wettbewerber und kann daher nur teilweise gedeckt werden.
- *Ausgeglichene Nachfrage*: Der Sättigungsbedarf ist höher als die Summe der Produktionskapazitäten minus der Kapazität eines Wettbewerbers.
- *Überkapazitäten*: Der Sättigungsbedarf ist geringer als die Summe der Produktionskapazitäten minus der Kapazität eines Wettbewerbers.

Im Fall der *Übernachfrage* ergibt sich aus dem Preisbildungsprozeß solange ein langsames Hochschaukeln des Preisniveaus bis der Gesamtbedarf infolge seiner Preisabhängigkeit auf die Summe der vorhandenen Produktionskapazitäten zurückgegangen ist. Das Preisniveau kann dann deutlich über den Vollauslastungskosten liegen und solange gehalten werden, bis die Kapazitäten dem Bedarf entsprechend ausgebaut werden.

Dann ergibt sich die Situation der *ausgeglichenen Nachfrage*. In dieser Situation bewegen sich die Preise zwischen dem Sättigungspreis und den Vollauslastungspreisen der Wettbewerber. Die durchsetzbaren Kalkulationszuschläge reichen grade aus zum Ausgleich von Geschäftsrisiko und Auslastungsschwankungen sowie zur Eigenkapitalverzinsung in Höhe des Kapitalmarktzinssatzes [308].

Im Fall der *Überkapazität*, der in unseren gesättigten Märkten mit rückläufigem Bedarf immer häufiger eintritt, können sich die Wettbewerber mit Preisen unter den Vollauslastungskosten solange unterbieten, bis sich ein Anbieter vom Markt zurückzieht oder seine Produktionskapazität abbaut. Danach tritt wieder der Zustand ausgeglichener Nachfrage ein.

Der Prozeß der Kapazitätsanpassung verläuft in manchen Branchen sehr langsam und verlustreich. Hier fehlen noch Regeln und Strategien, um die Verluste zu begrenzen.

## 6. Ergebnisse der Modellrechnungen

Unter Verwendung der Beziehungen (7.13) bis (7.20) wurden für den Modellfall der Brauereien mit Hilfe eines EXCEL-Programms drei verschiedene Strategiekombinationen durchgerechnet. Die verwendeten Kostensätze und die Ergebnisse für die Strategiekombination der beiden Wettbewerber sind in *Tabelle 7.4* gegenübergestellt.

| | Strategiekombinationen | | | |
|---|---|---|---|---|
| Strategie W1 | Konstantpreis | Entfernungspreis | Konstantpreis | |
| Strategie W2 | Konstantpreis | Entfernungspreis | Entfernungspreis | |
| **Absatzsumme** | **1.000** | **1.000** | **1.000** | **Mio.Fl/a** |
| Anteil W1 | 500 | 500 | 484 | Mio.Fl/a |
| Anteil W2 | 500 | 500 | 516 | Mio.Fl/a |
| **Umsatzsumme** | **567** | **567** | **563** | **Mio.€/a** |
| Anteil W1 | 283 | 283 | 274 | Mio.€/a |
| Anteil W2 | 283 | 283 | 289 | Mio.€/a |
| **Kostensumme** | **542** | **534** | **536** | **Mio.€/a** |
| Anteil W1 | 271 | 267 | 266 | Mio.€/a |
| Anteil W2 | 271 | 267 | 270 | Mio.€/a |
| **Gewinnsumme** | **25,0** | **32,7** | **27,4** | **Mio.€/a** |
| Anteil W1 | 12,5 | 16,4 | 8,7 | Mio.€/a |
| Anteil W2 | 12,5 | 16,4 | 18,8 | Mio.€/a |
| **Transportkosten** | **21,7** | **14,0** | **15,8** | **Mio.€/a** |
| Anteil W1 | 10,9 | 7,0 | 7,6 | Mio.€/a |
| Anteil W2 | 10,9 | 7,0 | 8,3 | Mio.€/a |
| **Transportaufwand** | **10,9** | **7,0** | **7,9** | **Mio.LKW-km/a** |
| Anteil W1 | 5,4 | 3,5 | 3,8 | Mio.LKW-km/a |
| Anteil W2 | 5,4 | 3,5 | 4,1 | Mio.LKW-km/a |
| **Lastkraftfahrzeuge** | **109** | **70** | **79** | **LKW** |

**Tab. 7.4** Auswirkungen unterschiedlicher Preisstrategien von 2 Brauereien

Produkt: 0,33 l Premium-Bier in Flaschen
Produktionskapazität: 2 Werke je 600 Mio. Flaschen/a = 2 Mio. Hektoliter/a
Absatzgebiete mit je einem Verteilzentrum: 11
Fixkosten W1 und W2: 200 Mio. €/a
Grenzfixkostensatz: 0,33 €/Flasche
Grenzkostensatz: 0,14 €/Flasche
Frachtkostensatz: 0,0043 €/Flasche*100 km
Konstantpreis: 0,57 €/Flasche
Entfernungspreis: s. *Abb. 7.5*

Die erste Spalte enthält als Ausgangssituation den Fall 1 zweier Wettbewerber, die bei überall gleichen Preisen einen Markt mit ausgeglichener Nachfrage beliefern. Der Gesamtabsatz verteilt sich zu gleichen Teilen auf die beiden Wettbewerber, deren Produktionskapazitäten damit zu etwa 83 % ausgelastet sind. Der Gewinn jedes Wettbewerbers beträgt 12,5 Mio. €/a, das sind 4,4 % vom Umsatz. Dafür kalkuliert jeder Anbieter mit einem Zuschlag von 25 % auf die Vollauslastungskosten, von dem etwa 14 % gemäß Beziehung (6.60) ein Auslastungsrisikozuschlag zur Kompensation der Unterauslastung sind.

Die Summe der Transportkosten ist 21,7 Mio. €/a. Sie fallen für beide Anbieter in gleicher Höhe an. Für den Transport zwischen den Werken und den Verteilzentren sind insgesamt 109 Lastzüge mit Sattelaufliegern im Einsatz.

Sobald einer der Wettbewerber im Gesamtabsatzgebiet den überall gleichen Preis senkt, um seine Auslastung zu verbessern, zieht der andere nach, weil er sonst Absatz verliert und infolge zu geringer Auslastung Verlust macht. Wenn das Unterbieten zu weit geht, machen beide Wettbewerber Verlust. Dann heben sie ihre Preise wieder an, bis sie den angestrebten Mindestgewinn von etwa 4 % erreicht haben. Das funktioniert jedoch nur bei einem Gesamtabsatz, der die Produktion beider Anbieter zu mehr als 50 % auslastet. Sinkt die Gesamtauslastung unter 50 %, kann einer der beiden Wettbewerber den anderen durch *Dumpingpreise*, die unter dem Vollauslastungskostensatz liegen, aus dem Markt verdrängen.

Wenn beide Bieter zu Entfernungspreisen übergehen, ergibt sich nach einiger Zeit ein anderer Zustand mit den in der zweiten Spalte von *Tabelle 7.4* gezeigten Werten. Bei gleichen Durchschnittspreisen und gleichem Gesamtabsatz wie zuvor werden die einzelnen Absatzgebiete, wie in *Abb. 7.5* gezeigt, von den Wettbewerbern unterschiedlich beliefert. Daraus resultiert eine Transportkostensenkung von insgesamt 7,7 Mio. €/a, die bei jedem Wettbewerber zu einem Gewinnanstieg um 31 % auf 16,4 Mio. €/a führt. Vor allem aber reduziert sich die Anzahl der benötigten Lastzüge um 39 Lkw auf nur noch 70 Lkw.

Die letzte Spalte der *Tabelle 7.4* enthält die Ergebnisse für den Fall, daß nur der zweite Wettbewerber Entfernungspreise bietet, während der erste bei konstanten Preisen bleibt. Hier ist der Einschwingprozeß bis zum Gleichgewichtszustand etwas komplizierter als in den anderen Fällen. Im Ergebnis ist die Gewinnsumme deutlich geringer als im Fall 2 aber noch immer etwas höher als für die Ausgangssituation. Auch die Transportkosteneinsparung ist geringer als im Fall 2.

Für den ersten Wettbewerber ist der Gewinn sogar gesunken, während er für den zweiten mit den entfernungsabhängigen Preisen erheblich ansteigt. Daher wird sich der erste Anbieter überlegen, ob er nicht auch zu Entfernungspreisen übergehen soll. Daraus folgt:

- ▶ Nachdem einer der Wettbewerber mit der Strategie entfernungsabhängiger Preise begonnen hat, werden die anderen Wettbewerber früher oder später folgen, wenn sie Gewinn und Marktposition halten wollen.
- ▶ Verkaufen alle Wettbewerber konsequent zu entfernungsabhängigen Preisen, sinken Transportaufwand und Transportkosten. Das führt für alle zu einem größeren Gewinn oder erhöht den Spielraum für Preissenkungen zu Gunsten der Abnehmer.

Die Reduzierung des Transportaufwands und die Schonung der Ressourcen sind besonders hoch bei transportintensiven Produkten und reinen Frachtleistungen.

**7. Konsequenzen und offene Fragen**

Mit zunehmender Anzahl der Wettbewerber und Berücksichtigung weiterer Einflußfaktoren, wie unterschiedliche Kosten, Preisdifferenzierung, Preissegmentierung, Nutzwerte und Nachfragerstrategien, wird der Preisbildungsprozeß immer komplizierter.

Zusätzlich ist zu berücksichtigen, daß die Käufer in der Regel erst mit einer gewissen Verzögerung auf veränderte Preise reagieren und die Wettbewerber Absatzänderungen erst nach einer bestimmten Zeit wahrnehmen. Dadurch wird der Preisbildungsprozeß dynamisch. Eine weitere Dynamik der Preisbildung ergibt sich für Produkte mit endlicher Lebensdauer. Die Absatzfunktion ist dann die *Lebenszyklusfunktion* des Produkts, die sich ab Markteinführung bis zum Auslaufen des Produkts von Periode zu Periode ändert.

Auch *dynamische Preisbildungsprozesse* können mit Hilfe des zuvor beschriebenen Standardmodells studiert werden. Dafür müssen die sich von Periode zu Periode ändernden Absatzfunktionen und Preise mit Reaktionsfaktoren versehen werden, mit denen sich eine verzögerte Änderung nachstellen läßt. Dann kann auch die Preisentwicklung in aufeinander folgenden Perioden studiert werden.

Weitgehend offen ist die Frage nach der richtigen Preisstrategie zur Sicherung einer angemessenen Auslastung bei übersättigten Märkten. Hierzu sind weitere Untersuchungen der *dynamischen Preisbildung* erforderlich, die den Rahmen dieses Buches sprengen würden. Das vorgestellte Standardmodell zur Preisbildung ermöglicht derartige Untersuchungen und eröffnet der Anwendung ebenso wie der Forschung ein weites und nutzbringendes Arbeitsgebiet.

Unsere auf Expansion ausgerichtete Konsumgesellschaft wächst unaufhaltsam, bis in immer mehr Bereichen Engpässe und Ressourcenmangel eintreten. Dieser Zustand zeichnet sich heute bei den Verkehrswegen ab. Daher ist es an der Zeit, darüber nachzudenken, was getan werden kann, um dem unnötigen Ressourcenverbrauch Einhalt zu gebieten [308; 309]. Die vorangehenden Ausführungen zeigen, wie sich durch *nutzungsgemäße Preise* der Ressourcenverbrauch selbstregelnd und gewinnbringend reduziert.

**8. Nutzungsgemäße Preise und leistungsgemäße Vergütung**

Rahmenbedingungen für eine selbstregelnde effiziente Erfüllung des Güter- und Leistungsbedarfs der Wirtschaftsteilnehmer sind *freier Marktzugang* und *faire Wettbewerbsbedingungen* [308; 313]. Voraussetzungen für eine selbstregelnde effiziente Nutzung der Ressourcen sind nutzungsgemäße Preise und leistungsgemäße Vergütung:

- Zu *nutzungsgemäßen Preisen* bezahlen die Wirtschaftsteilnehmer für die Güter und Leistungen im *Verhältnis der Inanspruchnahme* der Ressourcen.

- Eine *leistungsgemäße Vergütung* verteilt die Verkaufserlöse auf die Leistungsproduzenten im *Verhältnis ihres Leistungsbeitrags* zur Erzeugung der Güter und Leistungen.

Von einer Erfüllung der Grundbedingungen einer freien Marktwirtschaft und der Voraussetzungen einer effizienten Ressourcennutzung sind wir auch heute – über 200 Jahre nach Entdeckung der *Unsichtbaren Hand* durch *Adam Smith* – in vielen Wirtschaftsbereichen noch recht weit entfernt [308; 309]. Das gilt vor allem für immaterielle Produkte wie die Logistikleistungen [313].

Die Gründe sind nicht nur Widerstände einflußreicher Interessengruppen und Lücken in den Gesetzen, sondern auch fehlende Kenntnisse über die Definition, Bemessung, Kalkulation und Sicherung nutzungsgemäßer Preise und leistungsgemäßer Vergütung. Hier sind noch viele Probleme zu lösen. Besonders dringlich ist die Lösung der offenen Probleme der fairen Preisbildung und effizienten Ressourcennutzung in *gesättigten Gesellschaften.* Für eine gesättigte Gesellschaft sind *Wachstumsstrategien* keine Lösung mehr, da in immer mehr Bereichen der Bedarf gedeckt ist und in anderen Bereichen *Engpässe* der Ressourcen das Wachstum begrenzen.

# 8 Zeitmanagement

Die Zeit ist die vierte Dimension der Logistik. Die *Strukturen* der Systeme werden durch *Standorte* und *Entfernungen* determiniert, die *Abläufe* durch *Zeitpunkte* und *Zeitspannen*. Die *Prozesse* sind durch Raum *und* Zeit bestimmt.

Das Bewußtsein der Menschen für die Zeit hat sich in den letzten zweihundert Jahren revolutionär gewandelt [71]. In der Logistik hat sich die Einstellung gegenüber der Zeit erst im Zuge der *Just-In-Time-Bewegung* (JIT) grundlegend verändert [72; 73; 223].

Daß *Lieferzeiten* und *Termintreue* wichtige *Wettbewerbsfaktoren* sind, ist inzwischen allgemein bekannt [36; 72]. Die Konsequenzen aus dieser Kenntnis aber werden in der Praxis nur zögernd umgesetzt [73]. *Terminzusagen* sind oft unverbindlich und ungenau. *Termintreue* wird entgegen dem Grundsatz *Pünktlichkeit vor Schnelligkeit* nach wie vor geringer bewertet als kurze Zustellzeiten. Eine Verkürzung der *Lieferzeiten* gilt vielfach als teures Marketinginstrument, wird aber nur selten als Chance zur Kostensenkung gesehen.

Die *zeitlichen Handlungsspielräume*, *Einflußfaktoren* und *Optimierungsmöglichkeiten* in den Leistungsketten sind bisher nicht ausreichend erkannt. Ihre Nutzung zur Optimierung von Durchlaufzeiten, Verbesserung der Termintreue und Senkung der Kosten ist Aufgabe des *Zeitmanagements* [72; 73].

In diesem Kapitel werden die *Zeitpunkte* und *Zeitspannen* der Logistik definiert, die Zusammensetzung und Einflußfaktoren der *Durchlaufzeiten* für Aufträge und Material analysiert und *Strategien zur optimalen Zeitnutzung* entwickelt. Ergebnisse sind *Handlungsmöglichkeiten* für das Zeitmanagement und *Zeitdispositionsstrategien* zur Optimierung von Liefer- und Leistungszeiten.

## 8.1 Zeitpunkte und Zeitspannen

*Zeitpunkte* und *Termine* werden durch eine *Zeitangabe* fixiert. Zeitangaben beziehen sich stets auf einen bestimmten *Zeitnullpunkt* $t_0$, wie den Anfang eines Kalenderjahres, den Beginn des Geschäftsjahres oder den Tagesanfang.

*Zeitangaben* zur Fixierung eines *Zeitpunktes* $t$ sind:

Kalenderjahr [KJ]
Kalendermonat [KM]
Kalenderwoche [KW]

Kalendertag [KT]
Tageszeit [TZ] (8.1)
Anzahl Zeiteinheiten ab $t_0$.
Anzahl Perioden ab $t_0$

Wichtige *Zeitpunkte* der Logistik, der Planung und des Projektmanagement sind:

- *Anfangstermine* $t_A$: Startzeitpunkte, Zeitnullpunkte, Anfangszeiten, Abholzeiten und Abfahrzeiten
- *Endtermine* $t_E$: Abschlußzeitpunkte, Fertigstellungstermine, Anlieferzeiten, Ankunftszeiten oder Haltbarkeitstermine
- *Zwischentermine* $t_Z$: Anfangs- und Endzeitpunkte bestimmter Teilvorgänge oder einzelner Abschnitte der Prozeßkette
- *Ecktermine* für Entscheidungen oder Ereignisse und *Meilensteine* für bestimmte Aufgaben, Planungsschritte und Realisierungsphasen

Soweit die *zeitlichen Rahmenbedingungen* nicht die Termine vorgeben, sind die Zeitpunkte *freie Parameter*, die sich zur *Optimierung* der Planung und Disposition nutzen lassen.

*Zeitspannen sind Zeitabstände* zwischen zwei Zeitpunkten ohne festen Anfangszeitpunkt. *Zeitabstände* $\tau$, *Zeitdauern* $T$ und *Zeitbedarf* werden in *Zeiteinheiten* [ZE] gemessen, wie:

Sekunde [s]
Minute [min]
Stunde [h]
Tag [d] (8.2)
Woche [W]
Monat [M]
Jahr [a]

Wichtige *Zeitspannen von Leistungsstellen und Prozeßketten* sind:

- *Vorgangszeiten* $\tau$, wie Fertigungszeiten, Prozeßzeiten, Fahrzeiten, Spielzeiten, Einlagerzeiten, Auslagerzeiten, Basiszeiten, Leistungszeiten, Wartezeiten und Lagerdauern
- *Durchlaufzeiten* $T_{DZ}$, wie Auftragsdurchlaufzeiten, Materialdurchlaufzeiten, Lieferzeiten, Laufzeiten, Nachschubzeiten und Transportzeiten
- *Nutzungsdauer* $T_{ND}$ von Gebäuden, Maschinen, Anlagen, Transportmitteln und Betriebseinrichtungen

Die *technische und wirtschaftliche Nutzungsdauer* ist maßgebend für die *Nutzbarkeit* und damit für die *Betriebskosten* (s. *Abschnitt 6.4*).

*Spezifische Zeitlängen der Logistik* sind die *Transportzeit* und die *Lagerdauer*:

- Die *Transportzeit* $T_{Tra}$ ist die Zeit von der Übernahme bis zur Ablieferung des Transportguts und wird bestimmt von den *Transportstrategien (s. Kapitel 18)*.
- Die *Lagerdauer* $T_{Lag}$ ist die Zeit von der Ablage bis zur Entnahme der Ladeeinheit auf einem Lagerplatz und wird bestimmt von den *Nachschub- und Bestandsstrategien (s. Kapitel 11)*.

Transportzeiten lassen sich bei bekannter Länge und Beschaffenheit des Transportwegs aus Geschwindigkeit, Beschleunigungs- und Bremswerten des Transportmittels und aus der Anzahl und Dauer der Haltevorgänge errechnen.

Maßgebend für die *Lagerbarkeit* wie auch für die zulässige *Transportzeit* von Waren und Produkten ist deren *maximale Haltbarkeitsdauer.*

Von besonderer Bedeutung für die Logistik sind Taktzeiten, Zykluszeiten und Bemessungszeiten:

- *Taktzeiten* $\tau$ sind die Zeitabstände zwischen regelmäßig aufeinander folgenden Ereignissen, Vorgängen, Ankünften, Aufträgen oder Abfertigungen.
- *Zykluszeiten* $T_{\mathrm{Zyk}}$ sind Zeitabstände, in denen definierte Ereignisse, wie Bedarfsspitzen, wiederkehren oder in denen bestimmte Aktivititäten, wie die Disposition, durchzuführen sind.
- *Bemessungszeiten* oder *Periodenlängen* $T_{\mathrm{PE}}$ sind Zeiteinheiten zur Messung von Ankunftsraten, Durchsatzleistungen und Abfertigungsraten, von Geschwindigkeiten, Frequenzen oder Lagerumschlag.

Einige Zeitspannen, wie die Vorgangszeiten und die Leistungszeiten, sind durch die Anforderungen und *Rahmenbedingungen* vorgegeben, andere, wie Lebensdauern, Transportzeiten und Jahreszyklen, durch Natur, Volkswirtschaft oder Technik bestimmt. Viele Zeitspannen aber, wie Taktzeiten, Lieferzeiten, Fahrzeiten, Lagerdauer und Dispositionszyklen, sind beeinflußbar oder, wie die Bemessungszeiten und Periodenlängen, frei wählbar. In jedem Projekt gilt es daher, die beeinflußbaren Zeiten herauszufinden und sie zur Optimierung von Durchlaufzeiten und Kosten zu nutzen.

Bei der Angabe einer Zeitdauer kann es sich um einen *Mittelwert* $T_{\mathrm{m}}$, einen *Minimalwert* $T_{\mathrm{min}}$ oder einen *Maximalwert* $T_{\mathrm{max}}$ handeln. Wenn nichts anderes vermerkt ist, ist im folgenden mit $T = T_{\mathrm{m}}$ der Mittelwert gemeint.

Maßgebend für die Angabe von Zeitpunkten und die Festlegung von Bemessungszeiten und Periodenlängen ist der *Genauigkeitsgrundsatz*:

▶ Die *Genauigkeit* der Zeitmessung wird vom Verwendungszweck der Zeitangabe bestimmt.

So muß die Genauigkeit für die Angabe von Zeitpunkten und Zeitspannen der geforderten *Termintreue* oder *Termingenauigkeit* entsprechen [266]. Ein zu genaues Zeitmaß kann eine unerreichbare Pünktlichkeit vortäuschen und unnötigen Aufwand verursachen. Ein zu grobes Zeitmaß hat negative Konsequenzen für Durchlaufzeiten und Termintreue. Wer Lieferzeiten in Wochen mißt, sieht Abweichungen von einer Woche als normal an. Wer Liefertermine in Kalendertagen angibt, wird kaum stundengenau liefern.

Damit sich *Ist-Zeitwerte* zufriedenstellend messen und *Planzeiten* ausreichend genau angeben lassen ist der *Zeiteinheitengrundsatz* zu beachten:

▶ Die *Zeiteinheit* zur Messung und Angabe einer Zeitspanne sollte eine Größenordnung von 1 bis 10 % der gemessenen Durchlauf-, Vorgangs- oder Prozeßzeit für die betreffende Prozeßkette haben.

*Spielzeiten* von Fördermitteln werden daher in der Regel in *Sekunden* angegeben und gemessen, *innerbetriebliche Transportzeiten* in *Minuten*, *außerbetriebliche Beförderungszeiten* auf der Schiene, der Straße oder in der Luft in *Stunden* und Fahrzeiten von Seeschiffen in *Tagen*.

Zur Messung von *Taktzeiten* und von *Vorgangszeiten* ist die *Sekunde* die geeignetste Zeiteinheit, denn wenn sich Einzelvorgänge sehr oft wiederholen, bewirken wenige Sekunden den Mehr- oder Minderbedarf vieler Mitarbeiter oder Geräte.

## 8.2 Planungszeitraum und Periodeneinteilung

Der *Planungszeitraum* ist die Zeitspanne zwischen einem bestimmten Kalenderdatum und dem *Planungshorizont*. Die *Periodeneinteilung* ist ein erster und weitreichender Schritt der *Zeitplanung*. Sie ist eine *Intervalleinteilung* oder *Skalierung* des Planungszeitraums in gleiche Zeitabschnitte, die als *Perioden* bezeichnet werden.

### 1. Planungszeiträume

In der *Langfristplanung* von Großunternehmen und der öffentlichen Hand wird mit Planungszeiträumen von mindestens 5 Jahren, vielfach auch von 10 Jahren, in der *Verkehrswegeplanung* sogar mit 20 oder 50 Jahren gerechnet. Die rollierende *Mittelfristplanung*, wie die *Geschäftsjahresplanung* und die *Absatzplanung* der Unternehmen, arbeitet mit Planungszeiträumen von 1, 2 oder 3 Jahren [14].

Die Zeiträume der kurzfristigen Planung ergeben sich aus dem *Grundsatz*:

► Für die *Kurzfristplanung, Prognoserechnung, Transportdisposition* und *Auftragsdisposition* muß ein Zeitraum betrachtet werden, der mindestens so lang ist wie die längste Auftragsdurchlaufzeit.

In *Industrieunternehmen* mit Lieferzeiten von mehreren Monaten bis über ein Jahr erstreckt sich die *rollierende Kurzfristplanung* über einen Zeitraum von 6 Monaten bis 2 Jahren. In kleineren *Gewerbebetrieben*, wie im Handwerk und in Reparaturbetrieben, mit Liefer- oder Servicezeiten von einigen Tagen bis zu mehreren Wochen umfaßt der rollierende Planungszeitraum 5 Wochen bis 6 Monate.

*Logistikdienstleister*, wie Speditionen, Paketdienstleister, Bahn und Post, müssen in der Kurzfristplanung mit Planungszeiträumen von einem Tag bis zu maximal 2 Wochen arbeiten, um den kurzfristig schwankenden Anforderungen folgen zu können.

### 2. Periodeneinteilungen

Die *Periodeneinteilung* ist für die Bedarfsprognose, Planung und Disposition von großer Tragweite (s. *Kapitel 9, 10* und *11*). Die zweckmäßige Periodeneinteilung ergibt sich aus der Aufgabe. Sie muß sorgfältig bedacht werden. Häufig wird die Periodeneinteilung aus der Vergangenheit fortgeschrieben, aus anderen Planungen übernommen oder unbedacht festgelegt. Hierdurch können Handlungsmöglichkeiten verspielt und wichtige Entscheidungen vorzeitig fixiert werden.

Für die Systemdimensionierung, Terminplanung, Disposition, Prognoserechnung und Leistungsvergütung ist es erforderlich, den betrachteten Planungszeitraum in eine Folge gleich langer Perioden $PE_i$, i = 1,2 ..... $N_{PE}$ aufzuteilen. Eine Periode $PE_i$ ist eine Zeitspanne bestimmter Länge mit einem *Periodenanfang* $t_i$, der durch eine *Zeitangabe* (8.1) gegeben ist. Die *Periodenlänge* $T_{PE}$ wird in *Zeiteinheiten* (8.2) gemessen.

Je nach benötigter Genauigkeit, die abhängig ist von der Problemstellung, werden die einzelnen Perioden in *Unterperioden* aufgeteilt. Übliche *Periodenlängen* und *Periodeneinteilungen* sind:

- *Kalenderjahr, Geschäftsjahr* oder *Planungsjahr* mit Unterteilung in
  Quartale $QU_i$, i = 1, 2, 3, 4
  Kalendermonate $KM_i$, i = 1, 2 ..., 12
  Kalenderwochen $KW_i$, i = 1,2 ..., 52 (8.3)
  Kalendertage $KT_i$, i = 1,2 ..., 365
- *Monate* mit Unterteilung in
  Monatstage $MT_i$, i = 1,2 ... 30 bzw. 31 (8.4)
- *Wochen* mit Einteilung in
  Wochentage $WT_i$, i = 1,2 ... 7 (8.5)
- *Tage* mit Unterteilung in
  Stunden $ST_i$, i = 1,2 ... 24 (8.6)

Die *Feinheit der Periodeneinteilung* bestimmt den *Fehler von Prognoserechnungen* (s. *Abschnitt 9.8*). Auch die *Genauigkeit der Terminplanung* und die *erreichbare Termintreue* hängen von der Periodeneinteilung ab [266]. So verwendet die Bahn eine Periodeneinteilung in Stunden mit einer Unterteilung in Minuten, da die *Fahrpläne* der Züge auf die Minute genau sein sollen.

In vielen Unternehmen wird die *Auftrags-* und *Bestandsdisposition* zyklisch durchgeführt und der Dispositionszyklus an die *Periodenfrequenz* $\nu_{PE} = 1/T_{PE}$ gekoppelt. Die eingehenden Aufträge werden in einem *Auftragsspeicher* gesammelt und einmal, zweimal oder mehrmals pro Periode zur Bearbeitung eingeplant. Die Bestände werden in einem festen Zyklus – täglich, wöchentlich oder monatlich – überprüft und bei Unterschreiten des Meldebestands nachdisponiert (s. *Abschnitt 11.11*).

Da Durchlaufzeiten und Bestände von der *Dispositionsfrequenz* abhängen, gilt die *Regel*:

▶ Bei zyklischer Auftrags-, Nachschub- und Bestandsdisposition lassen sich die Auftragsdurchlaufzeiten und Lagerbestände durch Verfeinerung der Periodeneinteilung und Erhöhung der Dispositionsfrequenz reduzieren.

Die Möglichkeit zur Verkürzung der Auftragsdurchlaufzeit durch Erhöhung der Taktfrequenz ist in der *Informatik* besser bekannt als in der Logistik. So wurden die Taktfrequenzen der Rechner in den letzten Jahren immer weiter erhöht und dadurch das Leistungsvermögen und die Antwortzeiten verbessert. Bei der Zeitplanung und Disposition in der Logistik aber wird die Freiheit zur Festlegung von Periodenlänge und Taktfrequenz nicht immer konsequent genutzt.

## 8.3 Betriebszeiten und Arbeitszeiten

Der zweite Schritt der Zeitplanung ist die Regelung der Betriebszeiten. Die Betriebszeit ist eine Abfolge von Zeitabschnitten $T_{BZ}(j)$, j = 1,2 ...$N_{BZ}$, mit festen Anfangszeitpunkten $t_j$ und fester oder variabler Betriebsdauer $T_{BZ}(j)$. *Betriebszeiten* werden durch folgende Zeitangaben geregelt:

- *Betriebskalender* mit den *Kalenderdaten* der *Betriebstage* [BT] pro Jahr oder pro Woche
  $N_{BT}$ = 250 bis 300 BT/Jahr (8.7)
  $N_{BT}$ = 4 bis 7 BT/Woche
- *Anfangszeitpunkte* und *Anzahl Schichten* pro Woche oder pro Arbeitstag
  $N_{Sch}$ = 5 bis 28 Schichten/Woche
  $N_{Sch}$ = 1 bis 4 Schichten/BT (8.8)
- *Anfangszeitpunkte* und *Anzahl Betriebsstunden* pro Woche, Arbeitstag oder Schicht
  $N_{BSt}$ = 28 bis 168 Betriebsstunden/Woche
  $N_{BSt}$ = 8 bis 24 Betriebsstunden/BT (8.9)
  $N_{Bst}$ = 5 bis 10 Betriebsstunden/Schicht

Die Betriebszeitpläne müssen mit den *Arbeitszeitplänen* des eingesetzten Personals abgestimmt sein. Der Arbeitszeitplan umfaßt eine allgemeine *Arbeitszeitregelung* und einen betriebsspezifischen *Personaleinsatzplan*. In der Arbeitszeitregelung werden der Urlaubsanspruch und die Anzahl Arbeitstage festgelegt, die eine *Vollzeitkraft* (VZK) oder eine *Teilzeitkraft* (TZK) pro Jahr, pro Woche und pro Tag zu leisten hat. Der Personaleinsatzplan regelt die Anwesenheit der einzelnen Mitarbeiter an den Wochentagen und in den Schichten.

Die Summe der Betriebszeiten einer Planungsperiode $T_{BZ} = \boldsymbol{\Sigma}\, T_{BZ}(j)$ ist die *Gesamtbetriebszeit*. Der Anteil der Gesamtbetriebszeit $T_{BZ}$ an der Periodenlänge $T_{PE}$

$$\eta_{BZ} = T_{BZ} / T_{PE} \qquad [\%] \qquad (8.10)$$

ist der *Zeitnutzungsgrad* der Betriebszeitregelung.

Für die weit verbreitete Betriebszeitregelung einer Woche mit 5 Arbeitstagen, 2 Schichten pro Tag und 7 Stunden pro Schicht, also mit 14 Betriebsstunden pro Arbeitstag ist der Zeitnutzungsgrad $\eta_{BZ} = 5 \cdot 14/(7 \cdot 24) = 41{,}7$ %. Das bedeutet: In weniger als 42 % der Zeit kann der betreffende Betrieb Leistungen produzieren und Aufträge bearbeiten. In den restlichen 58 % der Zeit bleiben die Ressourcen ungenutzt und die Aufträge liegen.

Für die Betriebszeitregelung gibt es folgende *Betriebszeitstrategien:*

- ▶ *Bedarfsabhängige Betriebszeiten*: Beginn und Dauer des Betriebs werden vom Leistungsbedarf bestimmt. Transportfahrten finden abhängig vom Transportaufkommen statt. Lieferaufträge werden rund um die Uhr angenommen. An- und Auslieferungen sind zu allen Zeiten möglich.
- ▶ *Planabhängige Betriebszeiten*: Der Betrieb findet zu geregelten Zeiten nach einem festen *Betriebszeitplan* statt. Transporte werden nach *Fahrplänen* durch-

geführt. Der Logistikbetrieb hat feste Arbeitszeiten. Die Auftragsannahme hat bestimmte *Annahmezeiten*. An- und Auslieferzeiten sind zeitlich genau festgelegt. Für die Läden, Filialen und Märkte des Einzelhandels gelten feste *Ladenöffnungszeiten*.

*Voraussetzungen* für planabhängige Betriebszeiten sind ein für längere Zeit im voraus absehbarer Leistungsbedarf, ein konstanter oder in gleichen Zyklen wiederkehrender Leistungsbedarf sowie weitgehend gleichbleibende oder planbare Leistungsinhalte. Wenn diese Voraussetzungen erfüllt sind, können die Betriebszeiten abhängig von dem zu erwartenden Leistungsbedarf und dem daraus abgeleiteten Arbeitsanfall und Zeitbedarf im voraus geplant werden (s. *Abschnitt 9.10*). Diese Voraussetzungen sind zum Beispiel im öffentlichen Nahverkehr weitgehend erfüllt. Daher können die Fahrpläne und Frequenzen von Bahnen und Bussen auf den Beförderungsbedarf abgestimmt werden.

Die Festlegung der Betriebszeiten ist eine unternehmerische Entscheidung mit weitreichenden Konsequenzen, denn (s. *Abschnitt 3.4.4*):

▶ Die Betriebszeitregelung bestimmt die Leistungsbereitschaft, die Flexibilität und die Lieferzeiten des Unternehmens sowie den Nutzungsgrad der Ressourcen.

Ziele einer *flexiblen* oder *dynamischen Betriebszeitregelung* sind eine *maximale Nutzung* der Ressourcen, *minimale Durchlaufzeiten* und *Flexibilität* gegenüber Bedarfsschwankungen.

Grundsätzlich sind die Anfangszeiten und die Länge der Betriebszeiten in bestimmten Grenzen *frei wählbare Parameter*, die es erlauben, den zeitlichen und mengenmäßigen Bedarf kostenoptimal und flexibel zu erfüllen. In der Praxis aber wird dieser zeitliche *Handlungsspielraum* durch eine Reihe von *Restriktionen* und *Regulierungen* erheblich eingeschränkt, wie

- tarifliche Arbeitszeit- und Urlaubsregelungen
- gesetzliche Feiertage
- Bestimmungen für Feiertags- und Nachtarbeit und für Überstunden
- branchenspezifische Beschränkungen der Maschinenlaufzeiten
- Ladenschlußgesetze
- Fahrverbote für den gewerblichen Güterverkehr
- Mitbestimmungsrechte bei Arbeitszeitregelungen und Betriebsurlaub

Diese Restriktionen gehen in einzelnen Branchen und Ländern, wie etwa in der deutschen Textilindustrie, soweit, daß durch einen zu geringen Zeitnutzungsgrad die internationale Wettbewerbsfähigkeit verlorengeht und die Branche zum Sterben verurteilt ist. Der internationale Wettbewerbsdruck hat jedoch in den letzten Jahren eine allgemeine Tendenz zur *Deregulierung* ausgelöst und eine *Lockerung* der Betriebszeitrestriktionen bewirkt (s. *Abschnitt 22.4*).

Während in der Vergangenheit die gesetzlichen und tariflichen Arbeitszeitregelungen die Regelungsmöglichkeiten für die Betriebszeiten erheblich beschränkt haben, werden in Zukunft die Markt- und Kundenanforderungen die Betriebszeit bestimmen, von der sich wiederum flexible Arbeitszeitregelungen ableiten. Unternehmen, die diesen Wandel konsequent und rasch vollziehen, haben die besten Wettbewerbschancen.

## 8.4 Flexibilisierung und Synchronisation

Flexibilisierung und Synchronisation der Betriebszeiten und der Dispositionszeiten sind *Zeitstrategien* zur Reduzierung der Durchlaufzeiten und zur Verbesserung der Effizienz [266]. Zur Realisierung dieser Zeitstrategien ist eine Flexibilisierung der individuellen Arbeitszeit erforderlich.

### 1. Flexibilisierung der Betriebszeitdauer

Die Länge der Betriebszeiten innerhalb der einzelnen Perioden wird abhängig vom Leistungsbedarf ausgedehnt oder verkürzt, entweder durch Anpassung der Anzahl Arbeitstage oder Schichten pro Woche oder durch Variation der Anzahl Arbeitsstunden pro Tag oder Schicht. Ohne zusätzliche Ressourcen zu installieren, lassen sich durch Flexibilisierung der Betriebszeitdauer:

- das Leistungsvermögen von Leistungsstellen mit fester Grenzleistung einem veränderlichen Bedarf anpassen,
- die Arbeitszeit der Mitarbeiter besser nutzen, da sich Wartezeiten wegen fehlender Aufträge vermindern lassen,
- die Einsatzdauer der Transportmittel einem wechselnden Transportaufkommen besser anpassen,
- eine Produktion auf Lager vermeiden, wenn diese bisher zur Beschäftigung der anwesenden Mitarbeiter erforderlich war.

Eine flexible Betriebszeitdauer ist für das Dienstleistungsgewerbe, insbesondere für die Logistik, von größter Bedeutung, da hier kein *Arbeiten auf Vorrat* möglich ist und der Leistungsbedarf besonders stark schwanken kann. Aber auch die Industrie, allen voran die Automobilindustrie und deren Zulieferer, geht heute zu bedarfsabhängigen Betriebszeiten über und schafft auf diese Weise die *atmende Fabrik* (s. *Abschnitt 10.5.1*).

*Nachteile* bedarfsabhängiger Betriebszeiten – vor allem bei stark schwankendem Bedarf – sind die *Vorhaltekosten* für den Betriebsmittelbedarf in Spitzenzeiten und eine *geringe Betriebsmittelauslastung* in bedarfsschwachen Zeiten. Bei extremen saisonalen Bedarfsschwankungen sind daher auch mit flexiblen Betriebszeiten entweder längere Lieferzeiten oder eine Produktion auf Lager unvermeidlich (s. *Kapitel 10* und *11*).

### 2. Synchronisation des Betriebsbeginns

Der Betriebsbeginn wird für parallel arbeitende oder voneinander abhängige Leistungsstellen aufeinander abgestimmt sowie für aufeinander folgende Leistungsstellen einer Leistungskette gegeneinander versetzt. Dadurch ist es möglich,

- *Auftragsdurchlaufzeiten* zu *verkürzen*, da ein Auftrag nicht mehr am Ende der Betriebszeit oder Periode in einer Leistungsstelle liegen bleibt, sondern in der nächsten Leistungsstelle sofort weiterbearbeitet wird,

- *Transportzeiten* und *Lieferzeiten* zu reduzieren, da längere *Liegezeiten* in den Umschlagpunkten entfallen,
- *Wartezeiten* von Mitarbeitern zu Beginn der Betriebszeit zu *vermeiden*, die bei gleichen Arbeitszeiten in allen Leistungsstellen entstehen, wenn eine Leistungsstelle erst nach Abschluß eines bestimmten Leistungspensums einer vorangehenden Leistungsstelle mit der Arbeit beginnen kann.

So sollte mit dem tagesaktuellen Kommissionieren von *Auftragsserien* erst begonnen werden, wenn die Eingangsbearbeitung einer ausreichenden Anzahl am gleichen Tag eingehender Aufträge abgeschlossen ist und der Rechner einen entsprechenden *Batchlauf* ausgeführt hat, der die Kommisisonieraufträge generiert.

Wenn ein 24-Stunden-Service gefordert ist, muß in einem Logistikzentrum der Versand der fertig kommissionierten Waren auch nach Abschluß der regulären Arbeitszeit möglich sein. Die Abstimmung der Vorlaufzeiten, Hauptlaufzeiten und Nachlaufzeiten der Transportfahrten ist eine notwendige Voraussetzung für kurze Gesamtlaufzeiten in der Frachtspedition.

**3. Flexible Arbeitszeiten**

Durch Wochen- und Jahresarbeitszeitverträge ist es heute möglich, die Mitarbeiter bei einer *persönlichen Arbeitszeit*, die im Jahresmittel deutlich unter 40 Stunden pro Woche liegen kann, flexibel und bedarfsabhängig einzusetzen und dadurch lange Betriebszeiten zu erreichen. Bei der Optimierung der Betriebszeiten durch Betriebszeitstrategien sind folgende *Grundsätze* zu beachten:

- ▶ Administrative Leistungsstellen ohne unmittelbaren Kundenkontakt müssen sich in ihren Betriebszeiten nach den operativen Leistungsstellen richten und nicht umgekehrt.
- ▶ In personalintensiven Leistungsbereichen, insbesondere in administrativen Organisationseinheiten, verbessert ein erhöhter Leistungs- und Zeitdruck kurzzeitig das Leistungsvermögen, kann aber langfristig zum Nachlassen der Leistung und zum Absinken der Leistungsqualität führen.

Die Personalbesetzung administrativer Leistungsstellen braucht daher nicht auf kurzzeitige, für nur wenige Stunden oder Tage auftretende Leistungsspitzen ausgelegt zu sein. Sie sollte aber ausreichen, um das *durchschnittliche Arbeitsvolumen* einer Periode ohne permanenten Zeitdruck bewältigen zu können.

## 8.5 Auftragsdurchlaufzeit einer Leistungsstelle

Die *Auftragsdurchlaufzeit* $T_{ADZ}$ durch eine Leistungsstelle ist die Zeitspanne zwischen Eintreffen eines Leistungsauftrages und dem Abschluß der Leistungsproduktion.

Die Auftragsdurchlaufzeit einer einzelnen Leistungsstelle setzt sich zusammen aus Wartezeit, Rüstzeit, Leistungszeit und Verfahrenszeit:

$$\textit{Auftragsdurchlaufzeit} = \textit{Wartezeit} + \textit{Rüstzeit} + \textit{Leistungszeit} + \textit{Verfahrenszeit}$$

oder

$$T_{ADZ} = T_{WZ} + T_{RZ} + T_{LZ} + T_{VZ}. \tag{8.11}$$

Die *Rüstzeit* $T_{RZ}$ ist die Zeit, die benötigt wird, um eine Leistungsstelle für die Durchführung eines anstehenden Auftrags vorzubereiten und nach Ablauf der Leistungszeit für einen nachfolgenden Auftrag freizumachen. Rüstzeiten sind beispielsweise:

*Auftragsannahmezeiten*
*Vor- und Nachbereitungszeiten*
*Materialbereitstellungszeiten* (8.12)
*Umschalt- und Räumzeiten*
*Lastaufnahme- und Lastabgabezeiten*
*Basiszeiten beim Kommissionieren*
*Be- und Entladezeiten*
*Datenerfassungszeiten*

Der Zeitbedarf für die Vor- und Nacharbeiten ist bei der Durchlaufzeitberechnung nur soweit zu berücksichtigen, wie diese nicht im *Zeitschatten* während der Leistungszeit eines anderen Auftrags durchgeführt werden. Der *Zeitschatten* wird beispielsweise bei der Strategie der *Parallelisierung* zur Senkung der Durchlaufzeiten genutzt (s. *Abschnitt 8.11*).

Die *Leistungszeit* $T_{LZ}$ ist die Zeit, die eine einsatzbereite Leistungsstelle zur Erzeugung der im Auftrag geforderten Leistung benötigt. Typische Leistungszeiten für *operative Leistungsprozesse* sind:

*Produktionszeiten*
*Fertigungszeiten*
*Montagezeiten*
*Abfüllzeiten*
*Reparaturzeiten* (8.13)
*Demontagezeiten*
*Bearbeitungszeiten*
*Ein- und Auslagerzeiten*
*Greifzeiten*
*Umschlagzeiten*
*Wegzeiten und Fahrzeiten*

Leistungszeiten *administrativer* und *kreativer Leistungsprozesse* sind beispielsweise:

*Datenverarbeitungszeiten*
*Auftragsbearbeitungszeiten*
*Dispositionszeiten* (8.14)
*Planungszeiten*
*Konstruktionszeiten*
*Entwicklungszeiten*

Die *Leistungszeit* $T_{LZ}$ ist in der Regel abhängig von der geforderten *Auftragsgröße*, d.h. von der Leistungsmenge m. So ist die Leistungszeit einer Produktions- oder Abfertigungsstelle mit dem *Leistungsvermögen* μ [ME/ZE] gleich $T_{LZ}(m) = m/\mu$ [ZE].

Die *Verfahrenszeit* $T_{VZ}$ ist eine verfahrenstechnisch bedingte Zeitdauer, die verstreichen muß, bevor am Auftragsgegenstand der nächste Bearbeitungsschritt ausgeführt werden darf. Verfahrenszeiten sind beispielsweise:

*Trockenzeiten*
*Aushärtungszeiten*
*Ablagerungszeiten* (8.15)
*Reifezeiten*
*Gärungszeiten*

Die Summe von *minimaler Rüstzeit* $T_{RZ\,min}$, *minimaler Leistungszeit* $T_{LZ\,min}$ und *minimaler Verfahrenszzeit* $T_{VZ\,min}$ ohne die Wartezeit ist die *minimale Auftragsdurchlaufzeit*:

$$T_{ADZmin} = T_{RZmin} + T_{LZmin} + T_{VZmin}. \qquad (8.16)$$

Die *Wartezeit* $T_{WZ}$ ist der Anteil der Durchlaufzeit, der nicht durch Rüst-, Leistungs- und Verfahrenszeiten in Anspruch genommen wird. Sie ist gleich der Differenz zwischen der tatsächlichen und der minimalen Auftragsdurchlaufzeit. Wartezeiten ergeben sich aus

- *Ausfallzeiten* wegen Betriebsunterbrechung, Störung oder fehlender Personalbesetzung der Leistungsstelle
- *Totzeiten* infolge fehlender Daten, Informationen, Entscheidungen oder Anweisungen
- *Nachbearbeitungszeiten* zur Behebung von Fehlern und Mängeln am Auftragsgegenstand
- *Stauzeiten* infolge der Belegung der Leistungsstelle durch vorangehende Aufträge (s. *Abschnitt 13.5.3*)
- *Blockierzeiten* infolge eines Rückstaus aus einer nachfolgenden Leistungsstelle (s. *Abschnitt 13.5.4*)
- *Materialbeschaffungszeiten*, die anfallen, wenn das zur Auftragsausführung benötigte Material erst noch beschafft oder hergestellt werden muß,
- *Unterbrechungszeiten* wegen Ausfalls oder *Nichtverfügbarkeit* einer vorangehenden Leistungsstelle (s. *Abschnitt 13.6*)
- *Pufferzeiten*, die von der Auftragsplanung zum *Ansammeln* von Aufträgen, zur optimalen *Auslastung* oder zur wirtschaftlichen *Mehrfachnutzung* der Ressourcen für *konkurrierende Aufträge* disponiert werden.

Bei mangelhafter Wartung und schlechter Betriebsführung können Ausfallzeiten, Totzeiten und Nachbearbeitungszeiten die Leistungszeiten um ein Vielfaches überschreiten. Sie sind jedoch grundsätzlich beherrschbar. In gut geführten Betrieben haben diese Wartezeiten in der Summe einen deutlich kleineren Anteil an der Auftragsdurchlaufzeit als die Summe der Rüst- und Leistungszeiten.

Weitaus gravierender wirken sich die *Stauzeiten*, *Blockierzeiten*, *Materialbeschaffungszeiten* und *Pufferzeiten* auf die Auftragsdurchlaufzeit aus. Die Summe dieser Wartezeiten kann sehr viel größer sein als die Summe der Rüst- und Leistungszeiten.

## 8.6 Durchlaufzeiten von Leistungsketten

Die *Auftragsdurchlaufzeit* $T_{ADZ}$ durch eine Leistungskette ist die Zeitspanne zwischen dem *Auftragseingang* am Anfang der Auftragskette und der *Fertigstellung* des materiellen oder immateriellen Leistungsergebnisses am Ende der Leistungskette.

Der Auftrag kann ein *Fertigungsauftrag*, ein *Lieferauftrag*, ein *Nachschubauftrag*, ein *Transportauftrag*, ein *Zustellauftrag*, ein *Beförderungsauftrag* oder ein anderer *Leistungsauftrag* sein. Richtet sich der Auftrag an ein Handelsunternehmen, das Waren verkauft, oder einen Industriebetrieb, der Produkte herstellt, ist die Auftragsdurchlaufzeit gleich der *Lieferzeit* $T_{LZ}$, die zwischen Auftragserteilung und Erhalt der Waren oder Produkte durch den Kunden vergeht [73].

Maßgebend für die Lagerdisposition ist die *Nachschubzeit* oder *Beschaffungszeit* $T_{BZ}$, die zwischen Ausgang eines Nachschubauftrags und Eintreffen des Nachschubs im Lager vergeht. Richtet sich der *Nachschubauftrag* zur Lagerauffüllung an eine *interne Leistungsstelle* des gleichen Untenehmens, ist die Nachschubzeit eine *interne Beschaffungszeit*, wird das Lager von einer *externen Stelle* beliefert, ist die Nachschubzeit eine *externe Beschaffungszeit*.

Dabei ist zu unterscheiden zwischen der *Erstbeschaffungszeit* $T_{EBZ}$, die den *Vorbereitungsprozeß* einer erstmaligen Eigenfertigung oder den *Einkaufsprozeß* einer Erstbeschaffung umfaßt, und der *Wiederbeschaffungszeit* $T_{WBZ}$ für eine *Wiederholfertigung* der eigenen Produktion oder für den Abruf aus einem bestehenden *Rahmenvertrag* mit einem Lieferanten. Die Wiederbeschaffungszeit ist in der Regel wesentlich kürzer als die Erstbeschaffungszeit.

Ist der Auftrag ein *Beförderungsauftrag* an eine Spedition oder an einen Logistikdienstleister, ist die Auftragsdurchlaufzeit die *Transportzeit* $T_{TZ}$ oder *Frachtlaufzeit* $T_{FZ}$ zwischen Abholort und Zustellort. Handelt es sich um einen *Leistungsauftrag*, ist die Auftragsdurchlaufzeit die *Servicezeit* $T_{SZ}$.

Im einfachsten Fall betrifft der Auftrag nur *eine* Leistungsstelle. Dann gelten für die Auftragsdurchlaufzeit die Ausführungen des vorangehenden Abschnitts. Meist sind jedoch mehrere Leistungsstellen oder Leistungsbereiche an der Ausführung eines Auftrags beteiligt. Mehrpositionsaufträge, Fertigungsaufträge oder Montageaufträge, zu deren Durchführung mehrere Artikel, Zukaufteile oder Vorarbeiten benötigt werden, durchlaufen mit den von ihnen ausgelösten Materialströmen *parallel* und *nacheinander* eine Reihe von administrativen und operativen Leistungsstellen.

Wenn von einem Auftrag zwei oder mehr *parallele Leistungsstellen* in Anspruch genommen werden, gibt es, wie in *Abb. 8.1* dargestellt, *mehrere Teilleistungsketten*, die im Verlauf der Auftragsausführung zusammenlaufen und am Ende das fertige Produkt, die vollständige Leistung oder den kompletten Auftrag ergeben. Die an der Auftragsdurchführung beteiligten Leistungsketten münden in einer *Endleistungsstelle*, die den externen Auftrag fertigstellt. Typische Endleistungsstellen sind die Endmontage der Fertigung, der Warenausgang eines Betriebs und die Empfangsstelle einer Lieferung.

An der Durchführung eines externen Auftrags, der sich aus verschiedenen Teilleistungen, Artikeln oder Vorprodukten zusammensetzt, sind also außer der Auftragskette mehrere Leistungsketten beteiligt. Die Auftragskette beginnt mit der *Auftragsbearbeitungsstelle*, deren *auftragsspezifischer* Leistungsprozeß durch den betreffenden Auftrag ausgelöst wird, und setzt sich fort mit den Leistungsketten, die an der Ausführung beteiligt sind. Die Leistungsketten starten entweder mit einer *Produktionsstelle*, deren *freie Produktionskapazität* für die benötigte Auftragsmenge reserviert wird, oder mit einer *Lagerstelle*, aus deren *freiem Lagerbestand* die für den Auftrag benötigte Auftragsmenge entnommen wird.

Solange die *freie Produktionskapazität* oder der frei verfügbare *Lagerbestand* ausreicht zur Deckung der für die externen Aufträge benötigten Mengen, sind die den Produktions- und Lagerstellen vorangehenden Leistungsstellen vom zeitkritischen *Auftragsprozeß* entkoppelt. Produktionsstellen mit *freier Kapazität* und Lagerstellen mit *freiem Bestand* ausreichender Höhe sind daher *Entkopplungsstellen* der Auftragskette.

An der Durchführung eines Auftrags sind also, wie in *Abb. 8.1* gezeigt, Leistungsstellen beteiligt, die auftragsspezifisch arbeiten, und Entkopplungsstellen, die vorangeschaltete, nicht auftragsspezifisch arbeitende Leistungsstellen von den auftragsspezifisch arbeitenden Leistungsstellen trennen. Durch die Entkopplungsstellen läuft die *Auftragsprozeßgrenze*. Die vor der Auftragsprozeßgrenze liegenden Leistungsstellen arbeiten *anonym* auf Vorrat. Ab der Auftragsprozeßgrenze arbeiten die Leistungsstellen *auftragsspezifisch*.

Die Auftragskette, deren Summe der Durchlaufzeiten am größten ist, ist die *zeitkritische Leistungskette* oder *Hauptleistungskette*. Die Hauptleistungskette bestimmt die Auftragsdurchlaufzeit. Die zeitunkritischen Leistungsketten sind *Nebenleistungsketten* oder *Zulieferketten* für Material, Teile und Module, die *rechtzeitig* für den Hauptprozeß bereitgestellt werden müssen.

Durch Verkürzung der Durchlaufzeiten oder Zwischenschalten einer Entkopplungsstation in der Hauptleistungskette, aber auch durch Verlängerung der Durchlaufzeiten in einer Nebenleistungskette, kann die Hauptleistungskette zu einer Nebenleistungskette werden. Umgekehrt kann eine Nebenleistungskette zur Hauptleistungskette werden, wenn sie nicht mit einem ausreichenden Vorlauf beginnt.

Für *komplexe Leistungsprozesse*, wie die Durchführung von Großprojekten, der Aufbau von Anlagen und Systemen oder die Abläufe auf einer Großbaustelle, ist es zweckmäßig, alle Leistungsstellen und ihre gegenseitige Verknüpfung in einem speziellen Programm, z.B. *MS-Project*, zu erfassen, das nach einem geeigneten *Netzplanverfahren*, wie *PERT* oder *CPM*, aus den Verknüpfungen und den Zeiten der Einzelvorgänge die zeitkritische Leistungskette – auch *kritischer Pfad* genannt – errechnet und die *Engpaßstellen* ausweist [74].

Die Auftragsdurchlaufzeit $T_{ADZ}$ ist gleich der Summe der *Auftragsdurchlaufzeiten* $T_{ADZ\,i}$ durch die Leistungsstellen $LS_i$, i =1,2...N, aus der sich die Hauptleistungskette zusammensetzt:

$$T_{ADZ} = \sum_{i=1}^{N} T_{ADZi}. \qquad (8.17)$$

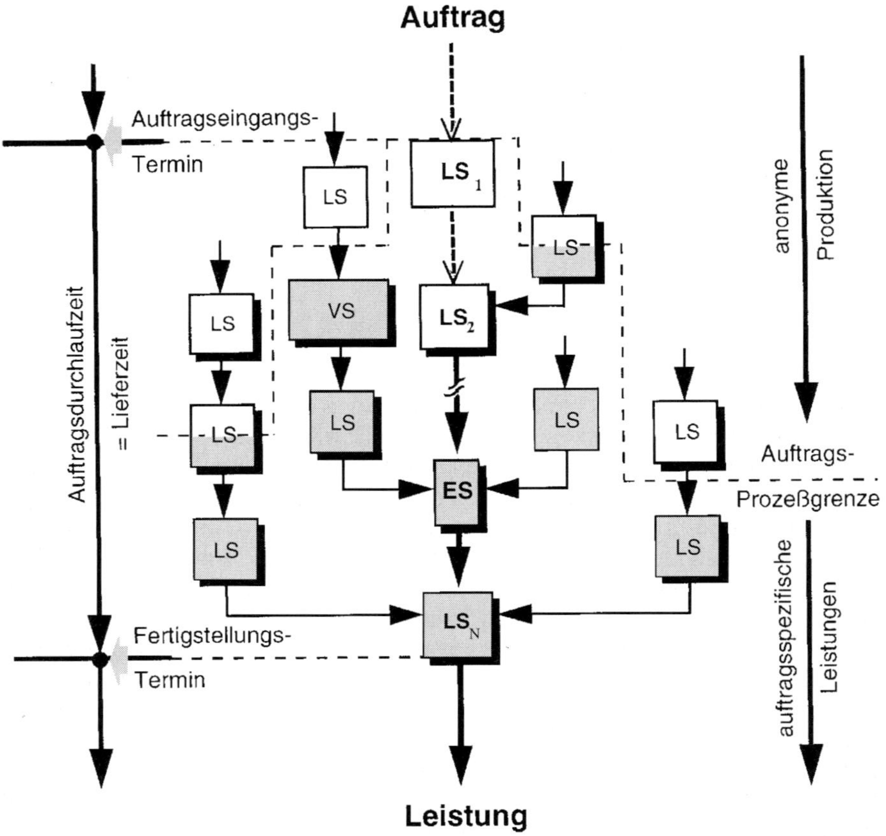


**Abb. 8.1** Auftragsnetzwerk mit parallelen Leistungsketten

$LS_i$: Leistungsstellen
ES Engpaßstelle
VS Verschwendungsstelle
⟶ Hauptleistungskette = zeitkritische Leistungskette
→ Nebenleistungs- oder Zulieferketten
---- Auftragsprozeßgrenze

Bei der Durchlaufzeitberechnung nach dieser Beziehung sind auch Transporte, Umschlagpunkte und Lager als Leistungsstellen zu berücksichtigen.

Die *minimale Auftragsdurchlaufzeit* $T_{ADZmin}$ ist gleich der Summe der minimalen Durchlaufzeiten aller Leistungsstellen der Hauptleistungskette:

$$T_{ADZmin} = \sum_{i=1}^{N} T_{ADZmini} = \sum_{i=1}^{N} (T_{RZmini} + T_{LZmini} + T_{VZmini}), \qquad (8.18)$$

also gleich der Summe der minimalen Rüstzeiten, Leistungszeiten und Verfahrenszeiten der zeitkritischen Prozeßkette.

Die Auslegung der zeitkritischen Leistungskette und das Festlegen der Entkopplungsstationen sind wichtige Schritte der *Prozeßgestaltung* und *Systemplanung*. Hierbei sind folgende *Regeln* zu beachten:

- Durch das Zwischenschalten ausreichend dimensionierter *Entkopplungsstationen* lassen sich die auftragsspezifischen Leistungsketten verkürzen und die Auftragsdurchlaufzeit reduzieren.
- Je weiter zum Ende der Hauptleistungskette eine Entkopplungsstation zwischengeschaltet wird, je später also das Material, die Teile und die entstehenden Produkte einem bestimmten Auftrag zugeordnet werden, desto kürzer sind die Lieferzeiten (*partponing*).
- Bei jeder Verkürzung der Hauptleistungskette ist zu prüfen, ob dadurch nicht eine Nebenleistungskette zur zeitkritischen Leistungskette wird.

Von der Möglichkeit zur Verkürzung der Lieferzeiten durch möglichst späte *Individualisierung* der Erzeugnisse wird beipielsweise in der *Fahrzeugindustrie* Gebrauch gemacht. Durch den Einsatz von werksnah angesiedelten *Teile-* und *Modullieferanten*, die nach einem *rollierenden Absatzplan* parallel zum Montageprozeß Teile und Module fertigen und diese nach Abruf in auftragsspezifischer Reihenfolge (just in sequence JIS) kurzfristig und termingerecht (just in time JIT) am Montageband bereitstellen, läßt sich die Lieferzeit eines PKW ab Werk auf wenige Tage reduzieren.

Voraussetzung für derart kurze Lieferzeiten ist allerdings, daß die Absatzplanung dem Bedarf entspricht und der Auftragseingang nicht für längere Zeit die Montagekapazität übersteigt. Die Wahrscheinlichkeit, daß die rollierende Absatzplanung für die Teile und Module den tatsächlichen Bedarf trifft, nimmt mit zunehmender Variantenvielfalt ab. Unerläßliche Bedingungen für kurze Lieferzeiten sind daher ein konsequentes *Variantenmanagement* und eine ausreichend verläßliche *Prognostizierbarkeit* des Bedarfs (s. *Abschnitt 9.9*).

## 8.7 Materialdurchlaufzeit

Die *Materialdurchlaufzeit* $T_{MDZ}$ ist die Zeitspanne zwischen *Materialeingang* und *Materialausgang* einer Leistungskette. Der Materialdurchlauf bindet Umlaufkapital, kostet Zinsen, benötigt Lager- oder Pufferplatz und ist mit Risiken verbunden.

Der Materialdurchlauf für auftragsspezifisch beschafftes oder produziertes Material wird durch einen *externen Auftrag* ausgelöst. Hierfür gilt die Bedingung:

- Die Materialdurchlaufzeit für *auftragsspezifisches Material* muß kürzer sein als die geforderte Lieferzeit.

Wenn diese Bedingung nicht erfüllbar ist, können kürzere Lieferzeiten nur durch Bevorratung des Materials und der Zulaufteile mit den zu langen Beschaffungszeiten erfüllt werden.

Zinsen und Lagerplatzkosten steigen linear mit der Materialdurchlaufzeit. Außerdem erhöhen sich die Kapitalbindung, die Zinskosten und das Lagerrisiko mit zunehmender Wertschöpfung beim Durchlaufen der Leistungskette.

Aus dem Ziel der *Kostensenkung* resultiert daher der *Grundsatz:*

- Wenn ein Lagern unerläßlich ist, sollte das Material möglichst *am Anfang* der Leistungskette in einer Stufe geringerer Wertschöpfung gelagert werden.

Dieser Planungsgrundsatz steht im Widerspruch zu der Regel des letzten Abschnitts, nach der zur Verkürzung der *Auftragsdurchlaufzeit* ein Lager als Entkopplungsstation möglichst *am Ende* der Hauptleistungskette liegen sollte. Dieser *Zielkonflikt* zwischen Kostensenkung und Auftragsdurchlaufzeit ist nur projektspezifisch lösbar (s. *Abschnitt 8.12*).

*Ziel* der *Bestandsdisposition* für Lager zur *Entkopplung von Produktionsprozessen* ist:

- Der Bestand des Lagers muß so disponiert werden, daß bei Einhaltung der geforderten Lieferfähigkeit und Lieferzeiten die *Prozeßkosten* der gesamten Logistikkette minimal sind.

Ein analoges Ziel gilt für die Bestandsdisposition in den *Lieferketten des Handels:*

- Die Warenbestände in den Filialen und die Bestände in den vorgeschalteten Reservelagern müssen so disponiert werden, daß bei *minimalen Prozeßkosten* für die gesamte Lieferkette eine *marktgerechte Warenverfügbarkeit* in den Filialen erreicht wird.

*Nichtauftragsspezifisches Material* wird aufgrund einer *Absatzprognose* oder *Produktionsplanung* nach einem *internen Auftrag* im voraus beschafft oder produziert und solange auf *Lager* genommen, bis es für einen externen Auftrag benötigt wird. Die Materialdurchlaufzeit für *Lagermaterial* ist daher größer als die Lieferzeit. Die Differenz zwischen der Materialdurchlaufzeit und der Lieferzeit ist die *Lagerzeit* des Materials. Die Lagerzeit von Material oder Ware, die im voraus beschafft oder hergestellt wurden, ist eine *Wartezeit auf Lieferaufträge.*

Durch *Vorabbeschaffung* oder *Lagerfertigung* von Verbrauchsmaterial, Teilen oder Modulen, für die noch keine externen Aufträge vorliegen, lassen sich die Lieferzeiten verkürzen. Außerdem sind dadurch größere Bestellmengen mit günstigeren *Beschaffungskosten*, größere Fertigungslose mit geringeren *Herstellkosten* und eine *Vermeidung von Engpässen* möglich [266].

Der Preis für die Senkung der Beschaffungs- oder Herstellkosten und für die Reduzierung der Lieferzeiten durch Vorabbeschaffung oder Lagerfertigung sind die *Lagerprozeßkosten*, die sich zusammensetzen aus *Lagerplatzkosten*, *Zinskosten* und *Risikokosten* (s. *Kapitel 11*).

## 8.8 Zeitdisposition und Termintreue

Lieferzeiten und Termintreue hängen ab von den Durchlaufzeiten der Leistungsstellen, die an einem Auftrag beteiligt sind, von den Schwankungen der einzelnen Durchlaufzeiten und von der zeitlichen Auftragsdisposition.

Die Durchlaufzeit durch eine Leistungsstelle kann sich infolge stochastisch bedingter Wartezeiten und schwankender Leistungszeiten gegenüber der minimalen Durchlaufzeit (8.18) mehr oder weniger verlängern.

Die Durchlaufzeiten werden vor allem durch stochastisch schwankende Wartezeiten, die infolge von Staueffekten auftreten, verlängert. Mit ansteigender Auslastung einer Leistungsstelle nehmen die Länge und die Schwankungen der Wartezeiten rasch zu (s. *Abschnitt* 13.5). Größe und Schwankung der Durchlaufzeiten hängen daher von der Anzahl der im Auftragspuffer und der in Arbeit befindlichen Aufträge ab.

Aus der Überlagerung der Verteilungen von Wartezeiten und Leistungszeiten ergibt sich die in *Abb. 8.2* dargestellte *Durchlaufzeitverteilung*, die nach rechts *schiefverteilt* ist. *Mittelwert* und *Schwankungsbreite* dieser Verteilung lassen sich durch *Messung* der Durchlaufzeiten, durch *Berechnung* der Durchlaufzeitverteilung aus Wartezeit- und Leistungszeitverteilungen oder durch *Simulation* ermitteln.

Für jede Durchlaufzeitverteilung gibt es eine

- *X %-Durchlaufzeit* XDZ, die mit einer Wahrscheinlichkeit X eingehalten wird.

Um bei schwankender Durchlaufzeit einen vorgegebenen Liefertermin LT mit einer *Termintreue* X einzuhalten, muß mit dem Auftrag spätestens zum *letztmöglichen Starttermin* $ST_{max}$ begonnen werden. Dieser ist gegeben durch

$$ST_{max} = LT - XDZ \geqq AET. \qquad (8.19)$$

Wenn die Zeitspanne (LT-AET) zwischen dem geforderten *Liefertermin* LT und dem *Auftragseingangstermin* AET größer ist als die X%-Durchlaufzeit, gibt es einen *zeitlichen Handlungsspielraum*. Dieser ist für die in *Abb. 8.2* dargestellten *Zeitstrategien* der *Vorwärtsterminierung*, der *Rückwärtsterminierung* und der *freien Terminierung* nutzbar.

**1. Vorwärtsterminierung**

Mit der Auftragsausführung wird begonnen, sobald die Leistungsstelle frei ist. Die Aufträge werden nach einer bestimmten *Abfertigungsstrategie* ausgeführt.

Nach Fertigstellung bleibt das Auftragsergebnis für die Dauer einer *Nachpufferzeit* NP = LT - AET - XDZ bis zum Liefertermin liegen. Hierfür wird Puffer- oder Lagerplatz benötigt.

**2. Rückwärtsterminierung (Just In Time)**

Mit der Ausführung eines Auftrags wird erst zum letztmöglichen Starttermin (8.19) begonnen. Die einzelnen Aufträge werden in der zeitlichen *Reihenfolge ihrer Späteststarttermine* ausgeführt.

Vor der Ausführung befindet sich der Auftrag für eine *Vorpufferzeit* VP = LT – AET – XDZ in einem *Auftragspuffer.* Der Auftrag wird grade rechtzeitig – *just in time* – fertiggestellt.

Ein wesentlicher *Vorteil* der Rückwärtsterminierung ist, daß nach der Auftragsfertigstellung kein Lager- oder Pufferplatz benötigt wird. Diesem Vorteil steht das *Risiko der Terminüberschreitung* gegenüber.

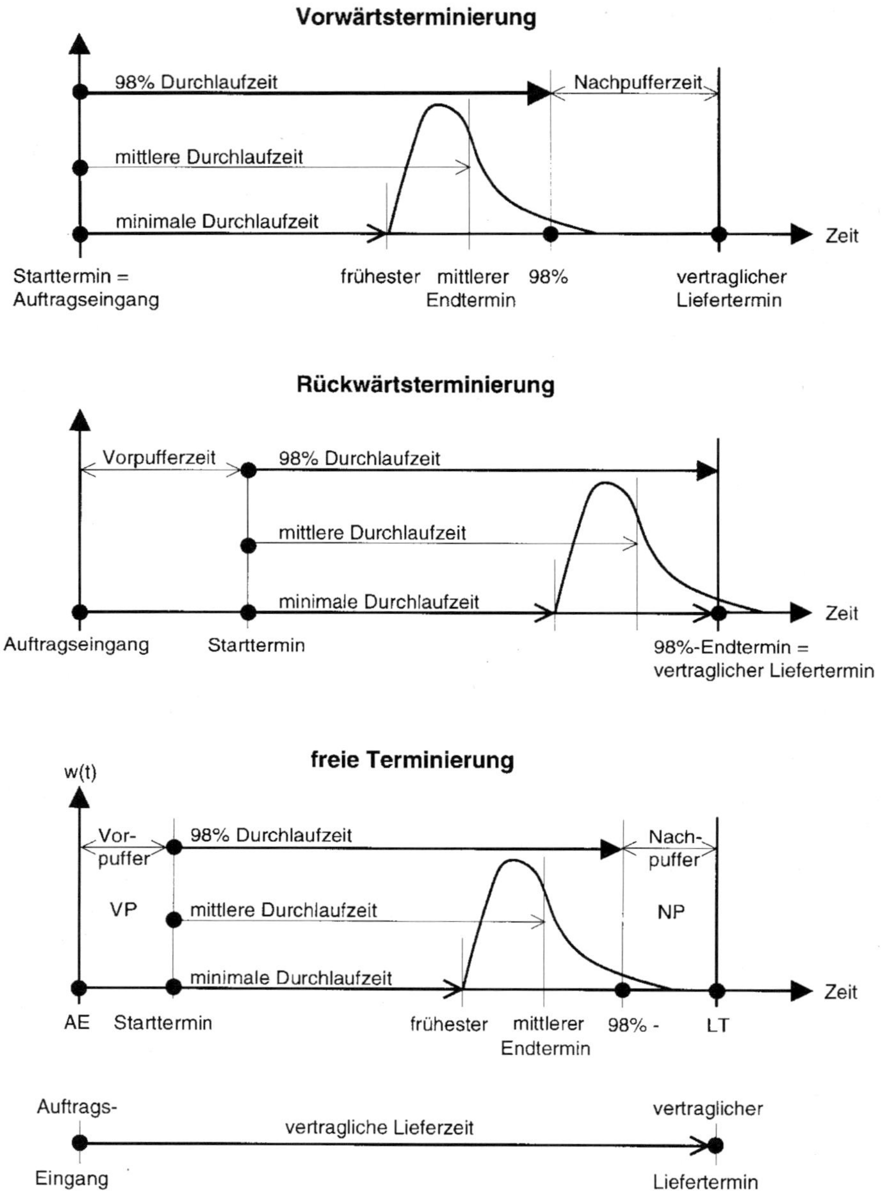


**Abb. 8.2** Zeitdispositionsstrategien und Termintreue einer einzelnen Leistungsstelle
w(t): Wahrscheinlichkeitsdichte der Durchlaufzeitverteilung

### 3. Freie Termininierung

Mit der Auftragsbearbeitung wird zu einem *Starttermin* ST begonnen, der zwischen Auftragseingangstermin und Spätestarttermin liegt.

Bis zur Ausführung wartet der Auftrag für eine *Vorpufferzeit* im Auftragspuffer. Die Vorpufferzeit ist in den Grenzen $0 < VP < LT - AET - XDZ$ frei wählbar. Nach Fertigstellung liegt das Ergebnis für eine *Nachpufferzeit* $NP = LT - VP - AET - XDZ$ auf einem Lager- oder Pufferplatz.

Bei freier Terminierung und ausreichendem Auftragseingang ensteht ein *Auftragsbestand* AB(t), der sich im Verlauf der Zeit verändert, wenn *Auftragseingang* AE(t) oder *Produktionsleistung* PL(t) zeitabhängig sind (*s. Abschnitt 10.5*).

Bei freier Terminierung ist es möglich, die einzelnen Aufträge aus dem Auftragsbestand kostenoptimal zu *Sammelaufträgen* zu bündeln. Der Starttermin und die Ausführungsreihenfolge von Einzel- oder Sammelaufträgen können unter Berücksichtigung des Auftragsbestands so disponiert werden, daß neben der Termintreue die Auslastung, die Effizienz, die Prozeßkosten oder andere Zielgrößen optimiert werden (s. *Kapitel 10*).

## 8.9 Zeitdisposition mehrstufiger Leistungsketten

Wenn ein Auftrag eine Kette von Leistungsstellen durchlaufen muß, gibt es für jede einzelne Leistungsstelle die Möglichkeit der Vorwärtsterminierung, der Rückwärtsterminierung oder der freien Terminierung. Außerdem besteht in bestimmten Grenzen die Freiheit zur Festlegung der *Zwischenstarttermine* $ST_i$ für die einzelnen Leistungsstellen. Zur Erläuterung zeigt *Abb. 8.3 oben* eine durchgängige *Rückwärtsterminierung* einer Leistungskette mit *Vorpufferzeiten* $VP_i$ für eine angenommene *Termintreue* der einzelnen Leistungsstellen von 98 % und *Abb. 8.3 unten* eine *Just-In-Time-Disposition ohne Vorpufferzeiten.*

Die Auftragsdisposition hat also für eine Leistungskette die Möglichkeit, die *Vorpuffer* und die *Zwischenstarttermine* frei zu wählen und dadurch mehrere Logistikziele zu erfüllen. Dabei sind für die Zwischenstarttermine $ST_i$ folgende Grenzen einzuhalten:

$$ST_i + XDZ_i \leqq ST_{i+1} \qquad \text{für alle } i = 1 \ldots N. \tag{8.20}$$

$XDZ_i$ sind die X%-Durchlaufzeiten für eine Termintreue von $X_i$ der Leistungsstellen $LS_i$. $ST_1$ ist der Eingangstermin der ersten Leistungsstelle $LS_1$ und $ST_N$ der Eingangstermin der letzten Leistungsstelle $LS_N$.

Die minimale X%-Durchlaufzeit $XDZ_{min}$ für den Gesamtauftrag ist gleich der Summe der $X_i$%-Durchlaufzeiten $XDZ_i$ der einzelnen Leistungsstellen:

$$XDZ_{min} = \sum_i XDZ_i \leqq LZ_{soll} = LT - AET \qquad \text{mit} \quad \prod_i X_i > X. \tag{8.21}$$

Diese Summe muß kleiner sein als die geforderte Lieferzeit $LZ_{soll}$. Wenn diese Bedingung nicht erfüllbar ist, kann der Liefertermin nicht mit der geforderten Termintreue eingehalten werden. Dann muß vom Auftraggeber entweder eine geringere Termintreue akzeptiert oder ein späterer Liefertermin vereinbart werden.

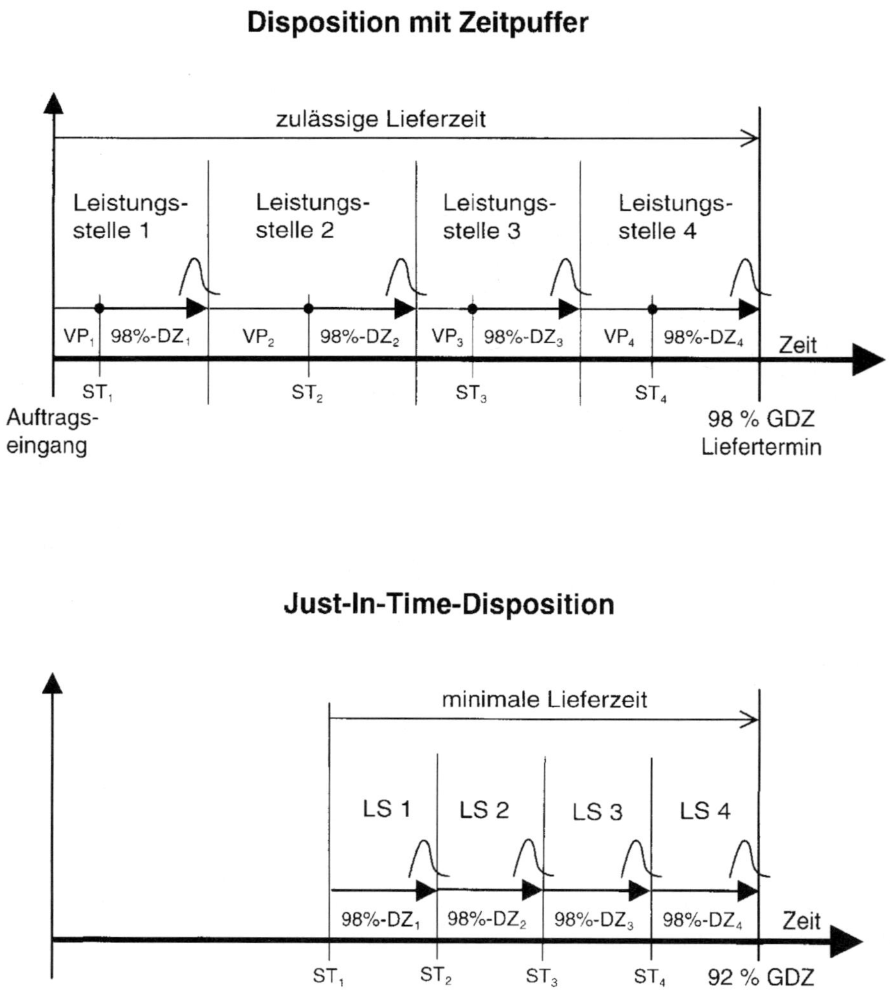


**Abb. 8.3** Rückwärtsterminierung in einer Leistungskette mit und ohne Zeitpuffer

$LS_i$ Leistungsstellen
GDZ Gesamtdurchlaufzeit
$ST_i$ Starttermine
$DZ_i$ Durchlaufzeit von $LS_i$
$VP_i$ Vorpufferzeiten

Die *Termintreue* ist gleich der Wahrscheinlichkeit, daß eine bestimmte Liefer- oder Durchlaufzeit eingehalten wird. Daher ist, wenn in Beziehung (8.21) das Gleichheitszeichen gilt, die Gesamttermintreue der Leistungskette gleich dem Produkt der Termintreue der einzelnen Leistungsstellen

$$\eta = \eta_1 \cdot \eta_2 \cdots \eta_n . \tag{8.22}$$

Hieraus folgt der allgemeine *Grundsatz*:

▶ Damit die Termintreue für den Gesamtauftragsdurchlauf $X = \eta$ ist, muß die *mittlere Termintreue* der nacheinander an diesem Auftrag beteiligten Leistungsstellen $X_i \geq \eta^{1/n}$ sein.

Solange das Produkt der Termintreue der einzelnen Leistungsstellen größer als die geforderte Gesamttermintreue ist und in Bedingung (8.21) das Ungleichheitszeichen gilt, sind für die zeitliche Disposition der Starttermine und der Vorpufferzeiten nachfolgende *Zeitdispositionsstrategien* möglich.

### 1. Zentrale Disposition nach dem Push-Prinzip

Eine *zentrale Auftragsdisposition* erfaßt – wie in *Abb. 8.4 oben* dargestellt – die externen Aufträge, zerlegt sie in interne *Subaufträge* für die beteiligten Leistungsstellen, bestimmt für jede Leistungsstelle unter Berücksichtigung des aktuellen Auftragsbestands nach *Strategien zur optimalen Auslastung* die Starttermine und Vorpufferzeiten und übergibt die Subaufträge *nacheinander* an die erste, die zweite und alle weiteren Leistungsstellen (s. *Abschnitte 2.2, 2.3* und *14.3*).

Durch die zugeteilten Subaufträge wird das Geschehen in den Leistungsstellen *angeschoben*. Die Leistungsstellen warten auf Aufträge der Auftragsdisposition und geben das Auftragsergebnis unverzüglich an die nächste Stelle weiter, wenn es fertiggestellt ist.

Die Auftragskette arbeitet nach dem *Push-Prinzip*. Die Zwischenprodukte lagern, wenn überhaupt, in den Empfangsstellen.

### 2. Zentrale Disposition nach dem Pull-Prinzip

Wie bei der Zentraldisposition nach dem Push-Prinzip erfaßt und disponiert eine *zentrale Auftragsdisposition* die externen Aufträge. Die Subaufträge werden jedoch in diesem Fall *gleichzeitig* an alle Leistungsstellen der Auftragskette mit der Maßgabe verteilt, das Auftragsergebnis erst weiterzugeben, wenn dies von der folgenden Leistungsstelle verlangt wird.

Auf diese Weise wird der Auftragsgegenstand beginnend bei der letzten Leistungsstelle durch die Auftragskette *gezogen*. Die Auftragskette arbeitet nach dem *Pull-Prinzip*. Die Zwischenprodukte lagern bei den Abgabestellen.

In beiden Fällen, beim Push-Prinzip wie beim Pull-Prinzip, überwacht die Auftragsdisposition die Einhaltung aller Termine, beschafft das benötigte Material, sorgt für die erforderlichen Betriebsmittel und regelt die Zwischenlagerung. Bei Störungen, Ausfällen oder Verzögerungen muß die Auftragsdisposition eingreifen und notfalls umdisponieren. Die Auftragsdisposition kann außer den *externen Kundenaufträgen* bei Bedarf auch *interne Lageraufträge* einplanen, die nicht durch aktuelle Kundenaufträge abgedeckt sind (s. *Kapitel 10*).

### 3. Zentrale Engpaßterminierung

Unter Nutzung des zeitlichen Spielraums zwischen Auftragseingang und Liefertermin werden von der Auftragszentrale nach den in *Kapitel* 10 dargestellten *Bearbei-*

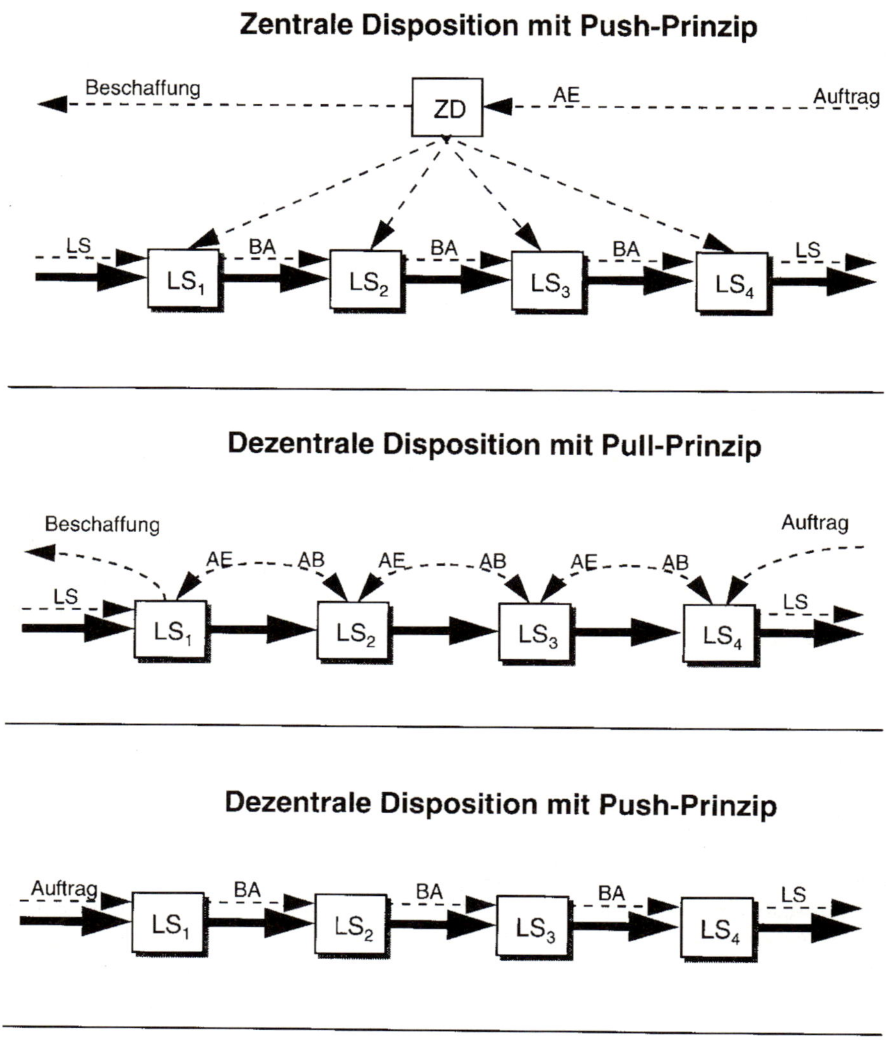


**Abb. 8.4** Zentrale und dezentrale Disposition mit Push- und Pull-Prinzip

| | | | |
|---|---|---|---|
| → | Materialfluß | ---> | Datenfluß |
| $LS_i$ | Leistungsstellen | ZD | Zentrale Auftragsdisposition |
| AE | Auftragseingang | AB | Auftragsbestätigung |
| BA | Begleitauftrag | LS | Lieferschein |

*tungs- und Abfertigungsstrategien* zuerst die *Engpaßstellen der Hauptleistungskette* so mit den Aufträgen eines Auftragsbestands belegt, daß das Leistungsvermögen der Engpaßstellen optimal genutzt wird. Die Terminierung der Aufträge für die übrigen Leistungsstellen der Haupt- und Nebenauftragsketten leitet sich aus der optimalen zeitlichen Belegung der Engpaßstellen ab. Sie erhalten ihre Aufträge entweder nach dem Push-Prinzip von der zentralen Auftragsdisposition oder dezentral nach dem Pull-Prinzip von der jeweils nachfolgenden Stelle.

Die zentrale Engpaßterminierung ist Kernstrategie vieler PPS-Systeme zur Produktionsplanung und Fertigungssteuerung (s. *Abschnitt 19.9*) [104; 234; 266].

Der wesentliche *Vorteil* einer zentralen Auftragsdisposition ist, daß der zeitliche Handlungsspielraum zum Erzielen eines *Gesamtoptimums* genutzt werden kann. *Negative Auswirkungen* der durch eine zentrale Auftragsdisposition *fremdgeregelten Abläufe* sind fehlende Verantwortung, wenig Eigeninitiative, geringere Effizienz und unzureichende Motivation der Mitarbeiter. Das kann sich vor allem in Störfällen sehr nachteilig auswirken. Ein Ausweg aus diesem Nachteil ist eine *dezentrale Disposition* oder eine Kombination von zentraler und dezentraler Disposition.

**4. Dezentrale Disposition nach dem Pull-Prinzip**

Der externe Auftrag geht bei der *letzten Leistungsstelle* ein, die den Gesamtauftrag fertigstellen muß. Diese disponiert unter Berücksichtigung ihres aktuellen Auftragsbestands *sofort* den Starttermin und die Vorpufferzeit des im eigenen Leistungsbereich liegenden Auftragsteils und gibt entsprechend terminierte *Zuliefer-* oder *Vorarbeitsaufträge* an die voranliegenden Leistungsstellen. Die vorangehenden Stellen verfahren mit den ihnen erteilten Aufträgen ebenso, bis die Auftragsprozeßgrenze erreicht ist.

Umgehend nach Einplanung und Prüfung der Lieferfähigkeit teilt jede Leistungsstelle der Empfangsstelle einen machbaren Termin für den Auftrag mit. Nach Erhalt aller Auftragsbestätigungen von den vorangehenden Leistungsstellen plant die letzte Leistungsstelle den *verbindlichen Liefertermin* und teilt ihn dem Kunden mit. Jede Leistungsstelle entscheidet dabei weitgehend selbständig über die Materialbeschaffung, die Bevorratung und den Ressourceneinsatz. Auf Störungen, Ausfälle und Verzögerungen reagieren die Leistungsstellen eigenverantwortlich.

Bei dieser Art der dezentralen Disposition *ziehen* die einzelnen Leistungsstellen aus den vorangehenden Stellen zunächst die *Auftragsbestätigung* und nach Erreichen des Fälligkeitstermins das *Auftragsergebnis*. Die einzelnen Leistungsstellen stehen zueinander in einem *Kunden-Lieferanten-Verhältnis* und kontrollieren sich auf diese Weise gegenseitig. Die Leistungskette arbeitet nach dem *Pull-Prinzip*.

Die einfachste Realisierung des Pull-Prinzips ist das *Kanban-Verfahren* [332]: Jede Leistungsstelle meldet den Zulieferstellen den Bedarf durch Bereitstellen eines geleerten *Behälters* an einem vereinbarten Übergabeplatz. Eine Begleitkarte – auf Japanisch *Kanban* – gibt die Art und Nachschubmenge des benötigten Artikels an. Die Zulieferstelle nimmt nach Anlieferung eines Vollbehälters den Leerbehälter mit und erhält auf diese Weise den nächsten Auftrag (s. *Abschnitt 12.8*).

Die dezentrale Disposition nach dem Pull-Prinzip wird in der *Fließfertigung* von Produkten eingesetzt, die in großer Variantenvielfalt nach spezifischen Kundenwünschen aus einer Vielfalt von Teilen und Modulen in kurzer Durchlaufzeit zu geringen Kosten herzustellen sind. Beispiele sind die Automobilindustrie und deren Zulieferer, die Hersteller von Haushaltsgeräten, die Produzenten von Unterhaltungselektronik und die Computerindustrie.

### 5. Dezentrale Disposition nach dem Push-Prinzip

Die dezentrale Disposition nach dem Push-Prinzip läuft, wie in *Abb. 8.4* gezeigt, analog zur dezentralen Auftragsdisposition nach dem Pull-Prinzip. Der externe Auftrag geht jedoch zusammen mit einem Auftragsgegenstand in der *ersten* Leistungsstelle der Leistungskette ein, die damit auch Auftragsannahmestelle ist.

Der Auftragsgegenstand kann ein Paket oder eine Sendung mit einem Transportauftrag sein, aber auch ein Vorprodukt, Material und Teile für einen Produktions- oder Montageauftrag. Die erste Leistungsstelle disponiert ihren eigenen Vorpuffer und Starttermin. Sie gibt ihr Auftragsergebnis nach *Vorankündigung* oder mit einem *Begleitauftrag* an die nächste Leistungsstelle zur Bearbeitung weiter.

Der vom Auftraggeber bestimmte Empfänger erhält das bestellte Auftragsergebnis, z.B. das Paket, den Sendungsinhalt oder das fertige Erzeugnis, zusammen mit einem *Lieferschein* von der letzten Leistungsstelle der Auftragskette. Auf diese Weise *schiebt* eine Leistungsstelle die Arbeit der nächst folgenden Leistungsstelle an. Die Leistungskette arbeitet nach dem *Push-Prinzip.*

Die dezentrale Disposition in Verbindung mit dem Push-Prinzip ist typisch für *Beförderungs- und Zustellaufträge* und wird von Post, Bahn, Paketdiensten und Spediteuren praktiziert. Das Verfahren wird aber auch in der *Werkstattfertigung* eingesetzt.

### 6. Zentrale oder dezentrale Disposition

*Vorteile* der dezentralen Disposition sind die größere Eigenverantwortung und die daraus resultierende Motivation und höhere Effizienz der weitgehend unabhängig arbeitenden Leistungsstellen. Unter optimalen Voraussetzungen verläuft der gesamte Auftragsprozeß *selbstregelnd.* Administrative Kosten und Zeitverluste einer zentralen Auftragsdisposition entfallen.

Die vollständig dezentrale Disposition hat jedoch folgende *Nachteile*:

- Bei unvorhergesehen großen Bedarfsschwankungen und starken Veränderungen der Auftragsinhalte können sich die Reaktionszeiten bis zur Auftragsbestätigung und die Gesamtlieferzeit erheblich verlängern, wenn die einzelnen Leistungsstellen nicht vorbereitet sind.
- Neue Produkte oder andersartige Leistungen können nur nach längerer Vorplanung und Abstimmung ausgeführt werden.
- Die Leistungsstellen, die sich nahe der Auftragsannahmestelle befinden, neigen zur Selbstoptimierung, verbrauchen ohne Rücksicht auf das Gesamtoptimum einen größeren Teil des zeitlichen Handlungsspielraums und belassen den übrigen Stellen zu wenig Spielraum.

Diese Nachteile und Probleme der rein dezentralen Auftragsdisposition sind nur unter folgenden *Voraussetzungen* beherrschbar:

- Die *Reaktionszeit* der Leistungsstellen auf Anfragen ist hinreichend kurz.
- Die *Durchlaufzeiten* der Aufträge durch die einzelnen Leistungsstellen ist nicht zu lang.

- Der *Bedarf* ist soweit im voraus bekannt oder so gut prognostizierbar, daß jede Leistungsstelle ihren Materialbedarf und ihren Ressourceneinsatz vorausplanen kann.
- Die Aufträge betreffen *Standardprodukte* oder *Standardleistungen*, deren Abläufe bekannt sind und deren Durchlaufzeiten in den Leistungsstellen wenig schwanken.
- *Generelle Regeln* für die Disposition von Pufferzeiten und Startterminen in den Leistungsstellen verhindern den suboptimalen Verbrauch des zeitlichen Handlungsspielraums.

Wenn diese Voraussetzungen für eine dezentrale Disposition nicht erfüllbar sind, muß sie von einer zentralen *Auftragsdisposition* unterstützt werden (s. *Abschnitte 2.2, 2.9* und *14.3*). Die zentrale Auftragsdisposition entwickelt übergreifende Strategien, gibt allgemeine Regeln für die Zusammenarbeit vor, übernimmt die mittel- und langfristige Planung der Ressourcen und stellt durch ein *Logistikcontrolling* sicher, daß Auslastung, Termineinhaltung und Kosten der Leistungsstellen im vorgegebenen Rahmen liegen [266].

In der Praxis finden sich die unterschiedlichsten *Kombinationen von zentraler und dezentraler Disposition* mit dem Pull- oder Push-Prinzip. Die Abschnitte der Leistungskette bis zur Auftragsprozeßgrenze werden einfacher zentral disponiert und arbeiten effizienter nach dem Push-Prinzip. Die auftragsspezifischen Leistungsstellen disponieren besser dezentral und arbeiten rascher und effizienter selbständig nach dem Pull- oder Push-Prinzip.

## 8.10 Just-In-Time

Just-In-Time im eigentlichen Sinn des Wortes ist die *Rückwärtsterminierung einer Leistungskette ohne Zeitpuffer* zwischen den einzelnen Bearbeitungsstellen. Wie in *Abb. 8.3 unten* dargestellt, wird der jeweilige Auftrag von einer Leistungsstelle mit einer Termintreue $\eta_i$ gerade rechtzeitig fertiggestellt und an die nächste Leistungsstelle weitergegeben. *Gerade rechtzeitig – Just In Time* – heißt, daß die Auftragsgegenstände, die auf eine Leistungsstelle oder einen Hauptleistungsprozeß zulaufen, nicht zwischengelagert werden müssen [72; 73].

Die *Just-In-Time-Strategie* ist anwendbar auf die Hauptleistungskette, beispielsweise die Kern- oder Endmontage, wie auch auf Zulieferketten. Sie bietet folgende *Vorteile*:

- Die Gesamtauftragsdurchlaufzeit ist minimal.
- Puffer und Lager sind nicht erforderlich.

Diese Vorteile der Just-In-Time-Strategie müssen jedoch mit folgenden *Nachteilen* erkauft werden:

- Eine Kostenoptimierung durch Nutzung vorhandener Zeitpuffer zur optimalen Kapazitätsauslastung ist nicht möglich.

- Die Wahrscheinlichkeit der Einhaltung einer Termintreue $\eta$ für den Gesamtauftragsdurchlauf sinkt mit dem Produkt $\eta = \eta_1 \cdot \eta_2 \cdots \eta_n$ der Termintreue $\eta_i$ der einzelnen Leistungsstellen.

So ist die Termintreue der Gesamtdurchlaufzeit für das in *Abb. 8.3 unten* dargestellte Beispiel von 4 Leistungsstellen einer Hauptleistungskette mit einer angenommenen Termintreue der einzelnen Stellen von 98 % nur $0{,}98^4 = 0{,}922 = 92{,}2\,\%$.

Just-In-Time im eigentlichen Sinn des Wortes ist daher nur unter folgenden *Voraussetzungen* erfolgreich und wirtschaftlich:

- Termintreue und Ausfallsicherheit der beteiligten Leistungsstellen sind hoch.
- Durch Auftragsbündelung sind keine wesentlichen Kosteneinsparungen erreichbar.

Diese Voraussetzungen von Just-In-Time sind in der *Fließfertigung* von Einzelprodukten mit *gleichbleibendem Durchsatz*, *wenig schwankenden Durchlaufzeiten*, *geringen Umrüstzeiten*, *hoher Verfügbarkeit* und *großer Fehlerfreiheit* der beteiligten Leistungsstellen erfüllbar. Das gilt beispielsweise für die Endmontage in der Automobilindustrie, für die Herstellung von Haushaltsgeräten und für die Produktion von Büromaschinen und Computern. In diesen und einigen weiteren Branchen konnten durch Just-In-Time – oft in Verbindung mit *Kanban* – teilweise spektakuläre Lieferzeitverkürzungen erreicht werden.

In anderen Branchen mit ungleichmäßigem Durchsatz und schwankenden Durchlaufzeiten der Einzelstationen hat sich Just-In-Time zur Durchlaufzeitminimierung und Vermeidung von Lager- und Pufferbeständen nicht bewährt oder als zu kostenaufwendig erwiesen. Aber auch in Unternehmen, die Just-In-Time zunächst mit Erfolg eingeführt haben, ist inzwischen eine Abkehr von der minuten- oder stundengenauen Anlieferung und die Einführung der ein- oder mehrtagesgenauen Anlieferung zu verzeichnen. Dabei werden *Zwischenpuffer* wieder zugelassen [36; 37].

Just-In-Time hat heute in der Logistik an Bedeutung verloren. Alle Versuche, Just-In-Time durch Auflockerung der strengen Terminbindung, Zulassen größerer Zwischenpuffer und Hinzunahme der übrigen Logistikziele zu einer *Just-In-Time-Philosophie* zu erweitern, führen zur allgemeinen Logistikaufgabe, nach der das benötigte Gut *zur rechten Zeit*, also *Just In Time*, am richtigen Ort bereitzustellen ist [72]. Der wichtigste Beitrag der Just-In-Time-Bewegung besteht darin, daß sie die Bedeutung der Zeit für die Logistik bewußt gemacht hat [73].

## 8.11 Strategien zur Lieferzeitverkürzung

Außer Just-In-Time gibt es eine Vielzahl von Strategien zur Reduzierung von Durchlaufzeiten und Lieferzeiten, die sich nach ihrer *Kostenwirksamkeit* einteilen lassen in *kostensenkende*, *kostenneutrale* und *kostenerhöhende Zeitstrategien*.

Die wichtigsten *Strategien zur Durchlauf- und Lieferzeitverkürzung* sind in der Reihenfolge ihrer *Kostenwirksamkeit*:

- *Eliminieren*: Das Eliminieren von vermeidbaren Stufen der Auftragskette, das Reduzieren von Liegezeiten und Wartezeiten und das Streichen von Vorgängen oder Tätigkeiten, die nicht zur Wertschöpfung beitragen, sind Möglichkeiten zur Durchlaufzeitverkürzung, die meist auch zu einer Kostensenkung führen. Eliminierbare Wartezeiten und entbehrliche Vorgänge gibt es vor allem in den *administrativen Leistungsstellen*. Beispiele sind Wartezeiten auf Informationen, das Weiterführen von Karteien, auch wenn es Datenbanken gibt, das Mehrfacherfassen gleicher Daten oder aufeinander folgende Ein- und Ausgangskontrollen (s. *Abschnitte 2.6* und *2.7*).
- *Entstören*: Das Beseitigen von *Störstellen* in der Hauptleistungskette, also von *Ausfallstellen, Fehlerstellen* und *Verzögerungsstellen*, ist eine meist kostensparende, kurzfristig durchführbare und in vielen Fällen äußerst wirksame Maßnahme zur Durchlaufzeitreduzierung für alle Aufträge (s. *Abschnitt 4.2*). Darüber hinaus werden durch das Entstören die Schwankungen der Durchlaufzeiten vermindert und damit die *Termintreue* verbessert.
- *Vereinfachen*: Durch die Vereinfachung von Abläufen und Verfahren lassen sich sowohl Durchlaufzeiten verkürzen als auch Kosten senken.
- *Standardisieren*: Nach dem Eliminieren überflüssiger Vorgänge und der Vereinfachung der Abläufe und Verfahren kann die Definition und Einführung von *Standardprozessen* für eine minimale Anzahl benötigter Abläufe zu weiteren Zeiteinsparungen und Kostensenkungen führen. Ebenso kann die Standardisierung von Teilen, Modulen und Produkten wie auch von Ladehilfsmitteln und Ladeeinheiten zur Einsparung von Zeit und Kosten beitragen.
- *Reihenfolgestrategien*: Bei freier Terminierung lassen sich durch *optimale Reihenfolge* und *zeitliche Disposition* der Aufträge nicht nur Durchlaufzeiten reduzieren sondern auch Auslastungen verbessern, Leistungen steigern und Kosten senken. Reihenfolge- und Zeitstrategien sind durch geeignete *Prozeß-Planungs- und Steuerungssysteme* (PPS) mit relativ geringen Kosten realisierbar (s. *Kapitel 10*).
- *Terminieren*: Das Vereinbaren eines verbindlichen Liefertermins und das Festlegen hieraus abgeleiteter verbindlicher Abliefertermine für die beteiligten Leistungsstellen bewirken ein terminbewußtes Arbeiten, eine höhere Termintreue und effektiv kürzere Auftragsdurchlaufzeiten. Das Terminieren ist bei dezentraler Disposition nicht unbedingt mit Mehrkosten verbunden. Die Terminierung darf sich jedoch nicht nur auf Eilaufträge beschränken.
- *Synchronisieren*: Der Betriebsbeginn für parallel arbeitende Leistungsstellen wird aufeinander abgestimmt und für aufeinander folgende Leistungsstellen gegeneinander versetzt. (s. *Abschnitt 8.4*). Das Synchronisieren ist eine relativ kostengünstige Strategie, die sich auf die Durchlaufzeit aller Aufträge positiv auswirkt. Beispiele für das Synchronisieren in der Logistik sind die aufeinander abgestimmten *Fahrpläne* der Bahn, die *grüne Welle* der Ampelschaltung im Straßenverkehr oder die *Regalbestückung* in den Filialen des Einzelhandels vor Beginn der Verkaufszeit.
- *Flexibilisieren*: Durch das Vorhalten flexibel einsetzbarer Ressourcen, durch flexible Personaldisposition mit Springereinsatz und durch bedarfsabhängige Betriebszeiten lassen sich Wartezeiten in Spitzenbelastungszeiten oder infolge

von Veränderungen der Auftragsinhalte vermeiden. Die Flexibilität hat ihren Preis, ist aber in einigen Fällen geeignet, außer den Durchlaufzeiten auch die Gesamtkosten zu senken.

- *Parallelisieren*: Die Aufträge werden, soweit das möglich ist, in *Teilaufträge* zerlegt, die in parallelen Leistungsstellen gleichzeitig bearbeitet werden. Eine andere Möglichkeit der Parallelisierung ist das Ausführen von Vor- oder Nacharbeiten im *Zeitschatten* anderer Aufträge. Das Parallelisieren ist in vielen Fällen kostenneutral und läßt sich kombinieren mit einer kostensparenden *Spezialisierung* der Leistungsstellen (s. *Kapitel 10*).
- *Entkoppeln*: Die Lieferzeit läßt sich ganz entscheidend reduzieren durch das Zwischenschalten von Entkopplungsstellen zur Verkürzung der zeitkritischen Leistungskette. Der Preis für das Entkoppeln ist jedoch eine *Lagerfertigung* in den vorangehenden Leistungsstellen, die mit Lagerhaltungskosten und Bestandsrisiken verbunden ist. Voraussetzung für das Entkoppeln ist eine gute *Prognostizierbarkeit* des Bedarfs (s. *Kapitel 9*).
- *Flip-Flop-Prinzip*: Das Einrichten von zwei Stellen mit gleicher Funktion, von denen abwechselnd die eine Stelle arbeitet während sich die andere Stelle vorbereitet, ist eine wirksame, allerdings auch mit Mehrkosten verbundene Strategie zur Durchlaufzeitverkürzung.
- *Priorisieren*: Die einfachste Priorisierung ist das Vorziehen von *Eilaufträgen*. Hierdurch läßt sich die Durchlaufzeit der Eilaufträge erheblich verkürzen, solange ihr Anteil nicht wesentlich über 5% liegt. Das Vorziehen der Eilaufträge wirkt sich jedoch meist nachteilig auf die Durchlaufzeiten und die Prozeßkosten der *Normalaufträge* aus. Das gilt vor allem, wenn die Eilaufträge mit *absoluter Priorität* ausgeführt und Arbeiten an bereits laufenden Aufträgen für Eilaufträge unterbrochen werden.
- *Auflösen*: Kundenspezifische Einzelfertigung anstelle anonymer Serienfertigung, das Zerlegen größerer Aufträge in Teilaufträge, Direktauslieferung einzelner Sendungen anstelle der Sammelbelieferung in Zustelltouren und die Fertigung in kleineren Losgrößen sind geeignet zur Verkürzung der Durchlaufzeiten. Die *Auflösungsstrategien* wirken jedoch der kostensparenden Bündelung entgegen und sind in der Regel mit einem Kostenanstieg verbunden.
- *Beschleunigen*: Die Durchlaufzeit läßt sich reduzieren durch eine Erhöhung der Geschwindigkeit, der Taktfrequenz der Auftragsbearbeitung oder der Leistung einzelner Leistungsstellen. Das Beschleunigen, beispielsweise durch eine höhere Fahrgeschwindigkeit von Transportmitteln, ist meist mit größeren Kosten verbunden, kann aber neben der Laufzeitverkürzung auch eine Kosteneinsparung bewirken, wenn dadurch die Ressourcen besser ausgelastet werden, etwa durch schnelleren Umlauf der Transportmittel [222].
- *Engpaßbeseitigung*: Die Engpaßbeseitigung durch zusätzliche Ressourcen ist eine meist aufwendige, in vielen Fällen aber unvermeidliche Maßnahme zur nachhaltigen Senkung der Lieferzeiten aller Aufträge [266]. Eine Kapazitätserhöhung führt vor allem in Spitzenbelastungszeiten zu einer erheblichen Reduzierung der Wartezeiten vor der Engpaßstelle und kann in vor- und nachgeschalteten Stellen wegen des Fortfalls von Unterbrechungs- und Wartezeiten Kosten einsparen (s. *Kapitel 13*).

Um die Wirksamkeit der Strategien zur Lieferzeitverkürzung sicherzustellen, ist ein *Zeitcontrolling* empfehlenswert [73]. Am einfachsten und wirkungsvollsten aber ist eine weitgehend dezentrale Auftragsdisposition in Verbindung mit einer selbstregelnden *Leistungs- und Qualitätsvergütung*, die alle an einem Auftrag beteiligten Leistungsstellen aus Eigeninteresse zur Leistungssteigerung, Termintreue und Kostensenkung veranlaßt (s. *Kapitel* 7).

## 8.12 Optimale Durchlauf- und Lieferzeiten

Durchlaufzeiten und Leistungskosten sind voneinander abhängig. Extrem kurze Durchlauf- und Lieferzeiten sind meist mit hohen Vorhaltekosten, aufwendigen Zeitstrategien und dem Verzicht auf eine kostensparende Bündelung verbunden. Andererseits sind mit kurzen Lieferzeiten *Wettbewerbsvorteile* möglich und *höhere Preise* erzielbar, die die Mehrkosten ausgleichen oder übertreffen können.

Aber auch sehr lange Durchlauf- und Lieferzeiten sind teuer. Das Umlaufvermögen, die erforderlichen Lagerkapazitäten und der Pufferplatzbedarf in den Leistungsstellen steigen mit der Lieferzeit an und verursachen zunehmend Kosten. Hinzu kommen Umsatz- und Ertragseinbußen, wenn die Lieferzeiten nicht mehr wettbewerbsfähig sind.

Das Zusammenwirken dieser Effekte führt zu einer Abhängigkeit der Leistungskosten von der Durchlaufzeit, die idealtypisch in *Abb. 8.5* dargestellt ist. Hieraus ist ablesbar, daß es außer der technisch bedingten *minimalen Durchlaufzeit* eine *kostenoptimale Durchlaufzeit* gibt. Die kostenoptimale Durchlaufzeit läßt sich jedoch nur schwer ermitteln, da sie von vielen, teilweise nicht quantifizierbaren Faktoren abhängt. Darüber hinaus kann sich die Abhängigkeit der Kosten von der Durchlaufzeit durch eine Strategieänderung *sprunghaft* ändern.

Die Lieferzeiten von Industrie und Handel gelten häufig als zu lang [73]. Sobald die Nachfrage die kurzfristig verfügbare Kapazität überschreitet, sind längere Lieferzeiten jedoch unvermeidlich, weil sich vor *Engpaßstellen* zunehmend Warteschlangen von unerledigten Aufträgen bilden. Daran läßt sich ohne Kapazitätsausweitung oder Betriebszeitverlängerung wenig ändern.

Wie vorangehend gezeigt, sind lange Lieferzeiten jedoch *nicht notwendig* die Folge überlasteter Kapazitäten. Sie sind häufig ein Indiz für unwirtschaftliche oder schlecht aufeinander abgestimmte Prozesse und ein fehlendes Zeitmanagement. In Zeiten geringer Beschäftigung kann es sogar zu längeren Lieferzeiten kommen, weil sich Leistungsstellen an der Arbeit festhalten und die Rüst- und Leistungszeiten ausdehnen.

Zur Verkürzung der Durchlauf- und Lieferzeit trägt grundsätzlich jede Reduzierung der Rüst-, Leistungs-, Reife- und Wartezeiten in der zeitkritischen Prozeßkette bei. Zahlreiche Untersuchungen in Industrie und Handel, insbesondere in der Automobilindustrie, haben ergeben, daß in den meisten Fällen die Summe der Wartezeiten um einen Faktor 5 bis 10 größer ist als die Summe von Rüst- und

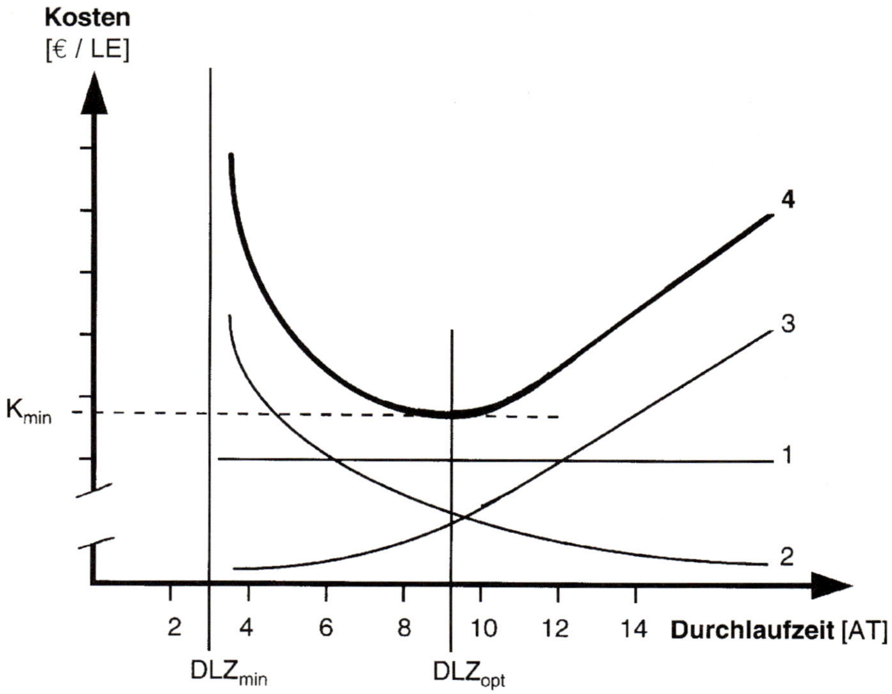


**Abb. 8.5** Abhängigkeit der Leistungskosten von der Durchlaufzeit

1 = lieferzeitunabhängige Kosten
2 = Kostensenkung durch bessere Ressourcennutzung
3 = Kostenanstieg durch erhöhtes Umlaufvermögen, zusätzlichen Lager- und Pufferplatz, Erlöseinbußen und verlorene Aufträge
4 = Gesamtleistungskosten
$DLZ_{min}$: minimale Durchlaufzeit $DLZ_{opt}$: optimale Durchlaufzeit

Leistungszeiten. Daher ist der wirksamste Hebel zur Senkung der Lieferzeiten eine Reduzierung der Wartezeiten [73].

Der größte Anteil der Wartezeiten wird durch Stauzeiten, Materialbeschaffungs- und Pufferzeiten verursacht. Stauzeiten sind meist die Folge einer hohen Auslastung. Materialbeschaffungszeiten fallen an, wenn das Lagerrisiko zu hoch ist. Pufferzeiten dienen zur optimalen Mehrfachnutzung teurer Ressourcen und zur Abstimmung konkurrierender Aufträge.

Die Stau-, Lager- und Pufferzeiten werden auch als *Liegezeiten* bezeichnet. Die Liegezeiten sind Optimierungsparameter der *Auftragsdisposition* (s. *Kapitel 10*). Sie lassen sich zur Senkung der Kosten, zur Verbesserung der Auslastung oder zum Erreichen anderer Zielgrößen nutzen. Je mehr der Handlungsspielraum der Disposition durch enge Lieferzeitforderungen eingeschränkt wird, um so stärker reduzieren sich die Optimierungsmöglichkeiten.

Die vielfach gestellte Forderung nach kürzeren Lieferzeiten ist also nicht so einfach und folgenlos zu erfüllen, da das Ziel der Lieferzeitverkürzung teilweise mit dem Ziel der Kostenminimierung konkurriert. Mit Hilfe der vorangehend aufgeführten Zeitstrategien ist trotz dieses Zielkonflikts bis zu einem gewissen Punkt eine Senkung der Prozeßkosten durch Verkürzung der Durchlauf- und Lieferzeiten möglich.

# 9 Zufallsprozesse und Bedarfsprognose

Die Teilnehmer am Wirtschaftsprozeß entscheiden weitgehend frei über ihre *Beschaffungs-* und *Produktionsmengen* und nutzen ihre *Zeit*, wie es ihnen paßt. Unternehmen, Verbraucher und andere Abnehmer von Produkten und Leistungen erteilen ihre Aufträge unabhängig voneinander in den von ihnen gewünschten Mengen zu den ihnen passenden Zeiten. Die Produzenten, Lieferanten und Dienstleister nutzen im Rahmen der zugesagten Liefertermine die Freiheit, die ihnen erteilten Aufträge optimal zu bündeln oder zu zerlegen und zu den für sie günstigsten Zeiten auszuführen. Sie produzieren möglichst in den für ihr Kostengefüge optimalen Mengen.

Das Leistungsvermögen und die Durchlaufzeiten der *Leistungsstellen*, in denen die Aufträge ausgeführt werden, können abhängig von Art und Menge des Bedarfs *stochastisch* schwanken. Weitere Schwankungen von Durchsatz und Laufzeiten der Leistungsstellen werden von zufallsabhängigen *Störungen* und *Ausfällen* bewirkt.

Das *unkorrelierte Zeitverhalten* der *Auftraggeber*, *Auftragnehmer* und *Leistungsstellen* und die *Abweichungen* der Bedarfsmengen von den Produktionsmengen bewirken in der gesamten Wirtschaft und in den Unternehmen *zufallsabhängige* oder *stochastische Prozesse* [11; 75; 76; 239]. Die *Stochastik* der Wirtschaftsprozesse hat erhebliche Auswirkungen auf die Logistik.

Typische Beispiele für *stochastische Logistikprozesse* sind das Eintreffen von Personen, das Vorbeifahren von Fahrzeugen, das Entstehen von Bedarf, der Auftragseingang und das Eintreffen von Informationen, deren *Mengen* und *Zeitabstände* Zufallsgrößen sind. Weitere Beispiele sind Lieferprozesse, Produktionsprozesse, Bedienungsvorgänge oder Abfertigungen, deren *Lieferzeiten*, *Taktzeiten*, *Durchlaufzeiten* oder *Abfertigungszeiten* zufallsverteilt sind.

Viele stochastische Prozesse verändern sich im Verlauf der Zeit. Sie sind *instationär*. Bei einem instationären stochastischen Prozeß werden die *systematischen Veränderungen*, die erst im Verlauf mehrerer *Perioden* erkennbar sind, von den *stochastischen Schwankungen* der einzelnen Prozeßereignisse verdeckt, die in unmittelbar aufeinander folgenden Perioden auftreten.

Stationäre und instationäre stochastische Prozesse sind für die Logistik von besonderer Bedeutung. Sie bestimmen maßgebend:

- die *Möglichkeit* und *Qualität* von Bedarfsprognosen
- die *Disposition* von Aufträgen, Lagernachschub und Beständen
- die *Staueffekte* in Logistiksystemen

- die *Termintreue* von Leistungsketten
- die *Gestaltung* von Prozessen und Systemen
- die *Dimensionierung* von Pufferplätzen, Staustrecken und Lagerkapazitäten
- die *Bemessung* der Leistungen von Leistungsstellen und Transportknoten

In diesem Kapitel werden die wichtigsten Eigenschaften von *zufallsabhängigen Prozessen* dargestellt und die mit den Prozessen verbundenen *stochastischen Ströme* analysiert. Hieraus werden die Voraussetzungen für *Mittelwertrechnungen* und *Wahrscheinlichkeitsmessungen* sowie die Bedingungen für die *Prognose* stochastischer Ströme hergeleitet. Abschließend werden *Verfahren zur Bedarfsprognose* dargestellt [76; 226].

## 9.1 Stochastische Ströme

Jede Ereignisfolge mit stochastisch veränderlichen Zeitabständen $\tau$ oder unkorreliert schwankenden Mengen $m$ ist ein *zufallsabhängiger Prozeß*. Die zeitliche Folge der Ereignisse eines zufallsabhängigen Prozesses ist ein *stochastischer Strom* [75].

Maßgebend für die Gestaltung, die Steuerung und das Verhalten einzelner Leistungsstellen und der aus diesen aufgebauten Logistiksysteme sind die einlaufenden Auftrags-, Material- und Datenströme:

- *Auftragsströme* – auch *Auftragseingang* genannt - sind stochastische Ströme, bei denen das Ereignis das Eintreffen eines *Auftrags* oder eines *Abrufs* von einer oder mehreren *Bestelleinheiten* [BE], *Verkaufseinheiten* [VKE] oder *Verbrauchseinheiten* [VE] ist.

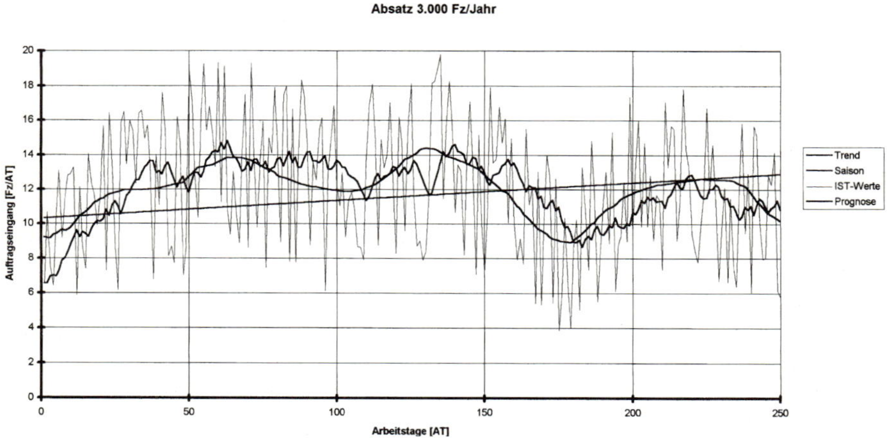


**Abb. 9.1** Täglicher Auftragseingang einer Verkaufsniederlassung

| | |
|---|---|
| Aufträge | Einzelbestellungen für PKW des gleichen Typs |
| Tagesabsatz | 12 Einzelbestellungen; Streuung ±3,5 Fz |

- *Materialströme* – abhängig vom Gegenstand auch *Transportstrom, Verkehrsfluß, Personenstrom, Warenfluß* oder *Frachtstrom* genannt – sind stochastische Ströme, bei denen das Ereignis das Eintreffen einer oder mehrerer Transporteinheiten, Fahrzeuge, Personen, Artikeleinheiten, Warenstücke, Frachtstücke oder anderer *Ladeeinheiten* [LE] ist.
- *Datenströme* – auch *Informationsfluß* genannt – sind stochastische Ströme, bei denen das Ereignis das Eintreffen eines oder mehrerer Datensätze, Belege, Dokumente, Kodierungen oder anderer *Informationseinheiten* [IE] ist.

Zur Erläuterung zeigt *Abb. 9.1* den Jahresverlauf des täglichen Auftragseingangs für einzelne Neufahrzeuge einer größeren Verkaufsniederlassung. Der Auftragseingang schwankt stochastisch von Tag zu Tag relativ stark und hat im Verlauf des Jahres einen saisonal veränderlichen Verlauf, der einen ansteigenden langfristigen Trend überlagert.

Im Unterschied zu den *kontinuierlichen Strömen* von homogenem Schüttgut, Flüssigkeiten oder Gasen sind die Auftrags-, Material- und Datenströme der Logistik in der Regel *diskrete Ströme*, bei denen in *unterbrochener Folge* diskrete *Mengeneinheiten* [ME] *einzeln* oder *pulkweise* ankommen. Die *Durchflußgesetze diskreter Ströme* unterscheiden sich grundlegend von den *Strömungsgesetzen homogener Ströme.*

Wenn $\tau_P$ [ZE/P] die *mittlere Taktzeit* der Ereignisse und $m_P$ [ME/P] die *durchschnittliche Menge pro Ereignis* eines allgemeinen Prozesses P ist, dann ist die mittlere *Taktrate* des Prozesses

$$\lambda_\tau = 1/\tau_P \qquad [1/ZE] \qquad (9.1)$$

und die mittlere *Durchsatzrate, Stromstärke* oder *Intensität*

$$\lambda_P = m_P \cdot \lambda_\tau = m_P/\tau_P \qquad [ME/ZE]. \qquad (9.2)$$

Abhängig von der Taktzeitverteilung und von der Menge pro Ereignis lassen sich folgende *Stromarten* unterscheiden, die in *Abb. 9.2* dargestellt sind:

1. *Rekurrente Ströme*: Die Ereignisse treffen in zufallsabhängigen Zeitabständen *einzeln* und *unkorreliert* ein. Der Prozeß ist *zeitstochastisch* und $m_P = 1$. Die Taktrate ist gleich der Durchsatzrate.
2. *Schubweise rekurrente Ströme*: Die Ereignisse treffen in zufallsabhängigen Zeitabständen mit Schüben oder Pulks *gleicher Größe* ein. Der Prozeß ist ebenfalls zeitstochastisch, jedoch mit einem konstanten Inhalt $m_P > 1$. Die Durchsatzrate schubweiser Ströme ist größer als die Taktrate.
3. *Schubweise getaktete Ströme*: Die Ereignisse treffen in gleichbleibenden Zeitabständen mit Schüben oder Pulks stochastisch schwankender Größe ein. Der Prozeß ist *mengenstochastisch.*
4. *Schubweise stochastische Ströme*: Die Ereignisse treffen in zufallssabhängigen Zeitabständen mit Schüben oder Pulks stochastisch schwankender Größe ein. Es handelt es sich um einen *allgemeinen stochastischen Prozeß.*

Der in *Abb. 9.1* gezeigte Auftragseingang für einzelne Fahrzeuge ist beispielsweise ein rekurrenter Strom. Wenn pro Auftrag mehr als eine Mengeneinheit bestellt

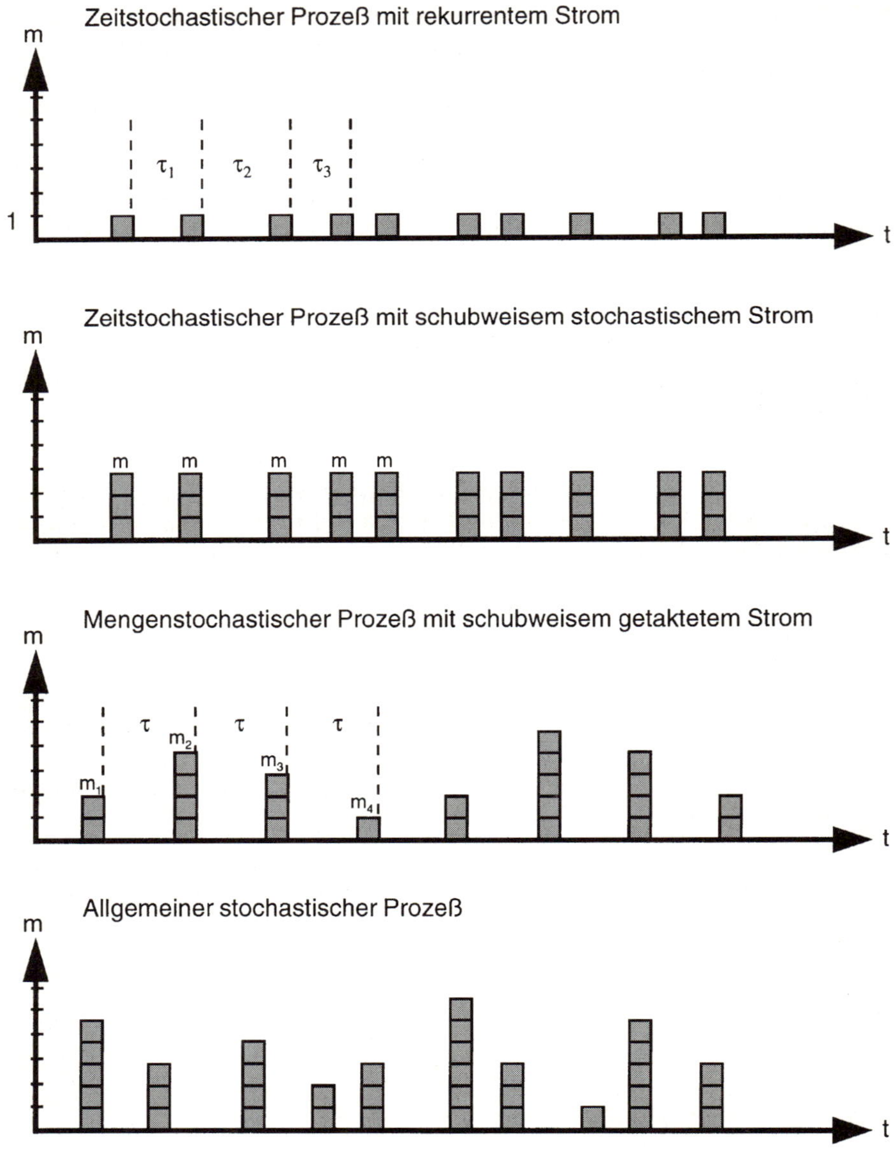


**Abb. 9.2** Zufallsabhängige Prozesse und stochastische Ströme

$\tau_i$ Taktzeiten
$m_i$ Pulkinhalte

wird, handelt es sich um einen schubweisen stochastischen Strom. Andere schubweise stochastische Ströme entstehen durch das Entladen stochastisch eintreffender Transporteinheiten, die eine wechselnde Anzahl von Ladeeinheiten enthalten, bei der schubweisen Abfertigung von Transporteinheiten an Transportknoten oder bei der Bearbeitung von Auftragsserien anstelle von Einzelaufträgen.

Solange die mittlere Taktzeit und die durchschnittliche Menge pro Ereignis zeitunabhängig sind, ist der stochastische Strom *stationär. Saisoneinflüsse, Verbraucherverhalten, Bedarfsänderungen* oder ein *Produktlebenszyklus* können dazu führen, daß sich die Durchsatzrate im Verlauf der Zeit t verändert. Der stochastische Strom ist dann *instationär:*

$$\lambda_P = \lambda_P(t). \tag{9.3}$$

Die Zeitabhängigkeit der Durchsatzrate kann, wie in dem Beispiel *Abb. 9.1*, durch eine zeitliche Veränderung der Taktrate, aber auch durch eine Änderung der Menge pro Ereignis oder durch gleichzeitige Veränderung beider Größen verursacht werden.

Bei einem *instationären stochastischen Strom* ist eine systematische zeitliche Veränderung überlagert von den zufallsabhängigen Schwankungen der Durchsatzrate. Die Auswirkungen der beiden Effekte sind unterschiedlich:

- *Die stochastischen Schwankungen* der Auftrags-, Material- und Datenströme verursachen in den Logistiksystemen vor den einzelnen Leistungsstellen kurzzeitige *Staueffekte*. Sie bestimmen in der Lagerhaltung die Höhe der *Sicherheitsbestände* und der sogenannten *Atmungsreserve* (s. *Abschnitt 11.8* und *16.13*).
- *Die systematische zeitliche Veränderung* der Auftrags-, Material- und Datenströme ist maßgebend für die Kapazitäten, die zur Bewältigung der Spitzenanforderungen benötigt werden, und für die Höhe der Bestände, die zum Ausgleich von Bedarfsänderungen vorgehalten werden.

Zeitpunkte und Mengen der Einzelereignisse eines stochastischen Prozesses sind grundsätzlich nicht vorhersehbar. Bei Kenntnis der *Zeitverteilung* der Taktzeiten und der *Häufigkeitsverteilung* der Mengen ist jedoch die *Wahrscheinlichkeit* vieler Auswirkungen stochastischer Prozesse berechenbar.

Aus dem Zeitverhalten von Bedarfs- und Durchsatzmengen während eines zurückliegenden Zeitraums läßt sich unter bestimmten Voraussetzungen die weitere Entwicklung ableiten und der zukünftige Bedarf prognostizieren. Die Überlagerung der systematischen Zeitabhängigkeit durch die stochastischen Schwankungen erschwert jedoch die Prognose [76; 77].

## 9.2 Zeitverteilungen und Häufigkeitsverteilungen

Die Zufallsabhängigkeit *diskreter Ereignisgrößen*, die nur eine abzählbare Anzahl von Werten annehmen können, ist durch eine *Häufigkeitsverteilung* darstellbar. Die Zufallsabhängigkeit *stetiger Ereignisgrößen*, die ein *kontinuierliches Spektrum* von Werten annehmen können, läßt sich durch eine *Wahrscheinlichkeitsdichte* beschreiben [82].

Besondere Ereignisgrößen der Logistik sind die *Zeiten*, wie die *Durchlaufzeiten* und die *Taktzeiten*. Diese sind stets positiv. Die Wahrscheinlichkeitsdichte stochastisch verteilter Zeitwerte ist eine *Zeitverteilung*. Zeitverteilungen sind nur für positive Argumente von Null verschieden.

Wahrscheinlichkeitsdichten und Zeitverteilungen sind wie folgt definiert [75; 82]:

- Das Produkt $w_P(\tau) \cdot d\tau$ der *Wahrscheinlichkeitsdichte* oder *Zeitverteilung* $w_P(\tau)$ mit der differentiellen Zeitspanne $d\tau$ ist die Wahrscheinlichkeit dafür, daß der *Zeitwert* zwischen $\tau$ und $\tau + d\tau$ liegt.

Die Wahrscheinlichkeit, daß der Zeitwert $\tau$ kleiner ist als ein bestimmter Wert *T*, ist gegeben durch die *Verteilungsfunktion:*

$$W_P(T) = \int_0^T w_P(\tau) \cdot d\tau. \qquad (9.4)$$

Alle Zeitverteilungen erfüllen die *Normierungsbedingung:*

$$W_P(\infty) = \int_0^\infty w_P(\tau) \cdot d\tau = 1. \qquad (9.5)$$

Das heißt: Die Wahrscheinlichkeit $W_P(\infty)$, daß der Zeitwert im Bereich $0 \le \tau < \infty$ liegt, ist gleich 1.

Die Zeitwerte eines stochastischen Prozesses P streuen *zufallsabhängig* um den *Mittelwert* oder *Erwartungswert*:

$$\tau_P = \int_0^\infty \tau \cdot w_P(\tau) \cdot d\tau \qquad [\text{ZE}]. \qquad (9.6)$$

Die *Schwankung, Streuung* oder *Standardabweichung* $s_\tau$ [ZE] der Zeiten um den Mittelwert (9.6) ist gleich der Wurzel aus der *Varianz*. Die *Varianz* ist gegeben durch:

$$s_\tau^2 = \int_0^\infty (\tau - \tau_P)^2 \cdot w_P(\tau) \cdot d\tau \qquad (9.7)$$

Ein *dimensionsloses Maß* für die Größe der zufallsabhängigen Schwankungen eines stochastischen Prozesses ist die *Variabilität*

$$V_\tau = (s_\tau / \tau_P)^2 \qquad (9.8)$$

Die Wurzel aus der Variabilität $v_\tau = s_\tau/\tau_P$ ist der *Variationskoeffizient* [75].

Die *Abb. 9.3* zeigt einige Beispiele unterschiedlicher *Zeitverteilungen* zufallsabhängiger Prozesse in der Logistik:

- Die Verteilung der Bedienungszeiten einer Lagerfläche durch einen Stapler ist unter bestimmten Voraussetzungen eine *Rechteckverteilung*.
- Die Einzelspielzeiten eines Regalförderzeugs (RFZ) haben eine *Dreiecksverteilung* [21].

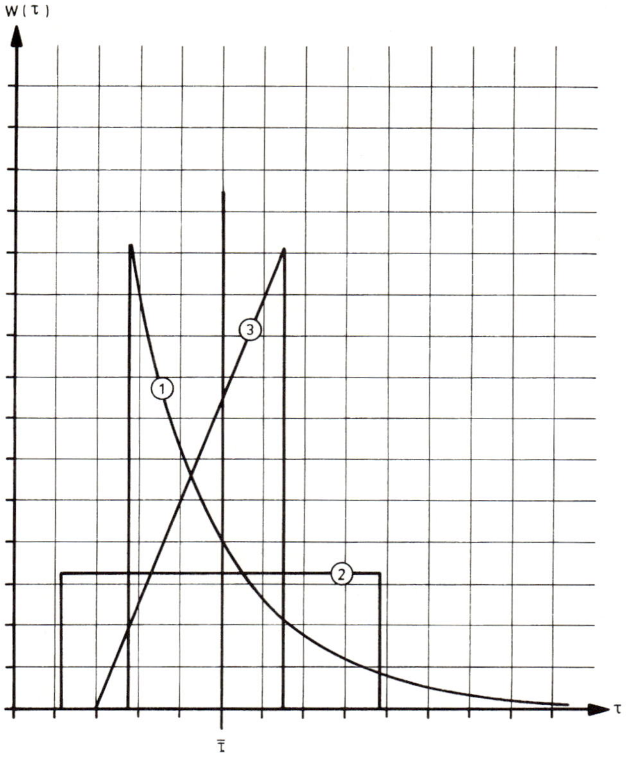


**Abb. 9.3** Spezielle Zeitverteilungen der Logistik

Kurve 1 modifizierte Exponentialverteilung (Fahrzeuge einer Fahrspur)
Kurve 2 Rechteckverteilung (Staplerbedienung einer Lagerfläche)
Kurve 3 Dreieckverteilung (Regalbediengerät eines Hochregallagers)

- Die Zeitabstände eines Fahrzeugstroms auf einer Fahrspur haben eine modifizierte *Exponentialverteilung* [78; 239].
- Die Greifzeiten beim Kommissionieren sind annähernd *normalverteilt* [21; 50].
- Die Durchlaufzeiten durch eine Leistungsstelle haben eine *Schiefverteilung*, die auf der Zeitachse um die minimale Durchlaufzeit nach rechts verschoben ist (s. *Abb. 8.2*).

Für eine Bearbeitungsstation oder einen Transportknoten mit N verschiedenen *Abfertigungsarten* und den *konstanten Abfertigungszeiten* $\tau_i$, die zufällig wechselnd in Anspruch genommen werden, haben die Taktzeiten die diskreten Werte $\tau_i$, $i = 1,2\ldots$ N. Die Verteilung diskreter Zufallsgrößen ist eine *diskrete Häufigkeitsverteilung* $w(\tau_i)$. Weitere *diskrete Zufallsgrößen* der Logistik sind:

- die Menge pro Ereignis für mengenstochastische Prozesse
- die Ereignisanzahl pro Periode für allgemeine stochastische Prozesse
- der Pulkinhalt schubweiser Ströme und der Inhalt von Sendungen

- der Bestand eines lagerhaltigen Artikels mit regelmäßigem Bedarf
- der Verbrauch eines Artikels in einer bestimmten Zeitspanne

Die Häufigkeitsverteilung diskreter Zufallsgrößen ist analog zur Wahrscheinlichkeitsdichte stetiger Zufallsgrößen definiert [82]:

- Die *Häufigkeitsverteilung* oder *Wahrscheinlichkeitsfunktion* $w_P(x_i)$ einer *diskreten Zufallsgröße* ist die Wahrscheinlichkeit für den Eintritt des *Wertes* $x_i$.

Im einfachsten Fall sind die diskreten Zufallswerte *ganze Zahlen* $x_i = i$ und die Funktionswerte der Häufigkeitsverteilung $w_P(x_i) = w_P(i)$ nur für $i = 1,2,\ldots\infty$ definiert.

Die Wahrscheinlichkeit, daß der diskrete Wert x kleiner ist als ein bestimmter Wert $x_n$, ist gegeben durch die *Verteilungsfunktion*:

$$W_P(x_n) = \sum_{i<n} w_P(x_i) \tag{9.9}$$

Häufigkeitsverteilungen erfüllen die *Normierungsbedingung*:

$$\sum_{i=0}^{\infty} w_P(x_i) = 1 \tag{9.10}$$

Der *Mittelwert* oder *Erwartungswert* $m_P$ einer Zufallsgröße x mit der *Häufigkeitsverteilung* $w_P(x)$ ist gegeben durch:

$$m_P = \sum_{i=0}^{\infty} x_i \cdot w_P(x_i) \tag{9.11}$$

Die *Streuung* $s_m$ oder *Standardabweichung* der Zufallsgröße ist gleich der Wurzel aus der *Varianz*:

$$s_m{}^2 = \sum_{i=0}^{\infty} (x_i - m_P)^2 \cdot w_P(x_i) \tag{9.12}$$

Die *Variabilität* $V_m = (s_m/m_P)^2$ ist gleich dem Quadrat des *Variationskoeffizienten* $v_m = s_m/m_P$.

Die Häufigkeitsverteilung einer Zufallsgröße läßt sich entweder durch Analyse des Prozesses *theoretisch* herleiten oder durch Zählung der Ereignisanzahlen *experimentell* ermitteln. Auch der Verlauf der Zeitverteilung eines stationären stochastischen Prozesses kann, wie die Greifzeitverteilung, gemessen oder, wie die Dreiecksverteilung von RFZ-Spielzeiten, analytisch aus dem Prozeß abgeleitet werden. Während eine Auszählung zur Bestimmung einer Häufigkeitsverteilung in vielen Fällen noch mit vertretbarem Aufwand möglich ist, erfordert die Messung einer Zeitverteilung meist einen erheblichen Aufwand. Für *instationäre Prozesse* ist die Messung von Zeit- oder Häufigkeitsverteilungen nur selten durchführbar und für zukünftige Prozesse prinzipiell unmöglich.

Stochastische Prozesse führen in Logistiksystemen zu *Staueffekten*, wie die *Warteschlangen* und *Wartezeiten* vor einzelnen Stationen und die gegenseitige *Blockierung* aufeinander folgender Leistungsstellen. Analytische Untersuchungen und Simulationsrechnungen haben zu der Erkenntnis geführt [29; 61; 79]:

- Die meisten Staueffekte in Logistiksystemen hängen in erster Näherung von der *Taktrate* und der *Variabilität* der Zuströme und der Abfertigung ab, aber nur unwesentlich vom genauen Verlauf der Zeitverteilung und der Häufigkeitsverteilung.

Daher ist es für die Praxis in der Regel meist ausreichend, Zeitverteilungen und Häufigkeitsverteilungen durch geeignete *Standardverteilungen* zu approximieren, deren Mittelwert gleich dem gemessenen Mittelwert ist und deren Streuung und genereller Verlauf mit der Erfahrung annähernd übereinstimmen.

Der Versuch, Zeit- oder Häufigkeitsverteilungen durch eine *stochastische Simulation* zu bestimmen, stößt auf das Problem, daß hierzu die Zeit- und Häufigkeitsverteilungen der Eingabewerte benötigt werden. Auch bei der stochastischen Simulation logistischer Systeme werden daher für die Zeit- und Häufigkeitsverteilungen von Eingangsströmen und Abfertigungsraten wegen fehlender Kenntnis der tatsächlichen Verteilungen – häufig ohne nähere Angaben – *Standardverteilungen* angesetzt.

## 9.3 Stetige Standardverteilungen

Wegen ihrer besonderen Eigenschaften, die es erlauben, Warteschlangenprobleme explizit zu lösen und das Grenzleistungsvermögen von Transportknoten zu berechnen, sind die nachfolgend angegebenen und in *Abb. 9.4* dargestellten *stetigen Standardverteilungen*[1] zur *Approximation* der kontinuierlichen Zeitverteilungen zufallsabhängiger Logistikprozesse besonders geeignet [11; 75; 79; 82]:

### 1. Exponentialverteilungen

Die Wahrscheinlichkeitsdichte einer *einfachen Exponentialverteilung* ist die normierte *Exponentialfunktion*:

$$w_E(\tau,\tau_P) = (1/\tau_P)\cdot\exp[-\tau/\tau_P] \tag{9.13}$$

Die Streuung $s$ der Exponentialfunktion ist gleich ihrem Mittelwert $\tau_P$ und die Variabilität gleich 1. Ein stochastischer Prozeß, dessen Zeitverteilung eine Exponentialfunktion ist, heißt *Poissonprozeß* [75].

Eine Exponentialverteilung ist zur Approximation immer dann sinnvoll, wenn die Taktzeiten eines Zufallsprozesses ab dem Wert Null mit *gleichmäßig* abnehmender Wahrscheinlichkeit jeden Wert annehmen können. Generell gilt der *Grundsatz*:

▶ Ist außer dem Mittelwert nichts über die Zeitverteilung bekannt, muß, wenn die Ergebnisse auf der sicheren Seite liegen sollen, mit einer Exponentialverteilung gerechnet werden.

1 Die nachfolgenden Formeln der Standardverteilungen sind z.B. in MS-EXCEL hinterlegt und einfach abrufbar. Damit entfällt das aufwendige Programmieren dieser Funktionen und das Nachschlagen von Einzelwerten in den Tabellen der Fachbücher für Statistik [82].

**Abb. 9.4** Standard-Zeitverteilungen

k > 1 Erlang-Verteilung
k = 1 Exponentialverteilung
k → ∞ Dirac-Verteilung

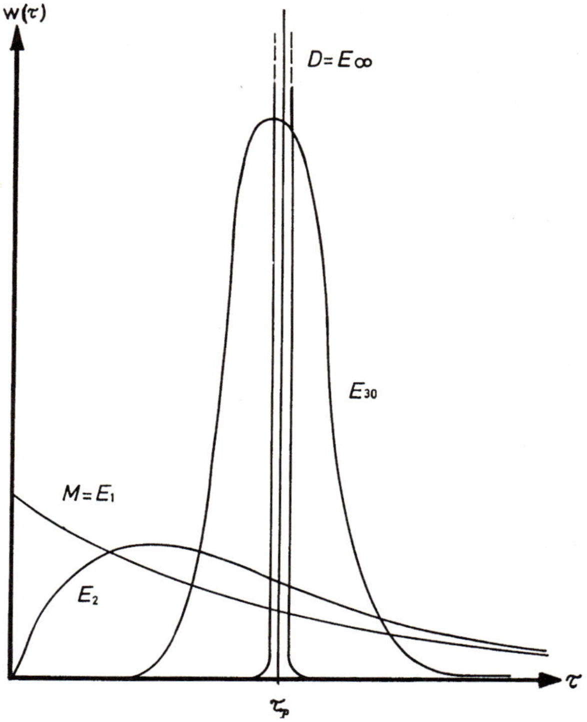


So kann in guter Näherung für die Verteilung der Taktzeiten von Auftragseingängen, Dateneingängen, Personenankünften oder Telefonanrufen eine einfache Exponentialverteilung angesetzt werden [11; 239]. Auch die Warteschlangen vor einzelnen Leistungsstellen sind näherungsweise exponentialverteilt (s. *Abb. 13.21*) [75].

Ladeeinheiten, Transporteinheiten oder Fahrzeuge, die *auf einer Spur* nacheinander einen Bezugspunkt passieren, haben wegen ihres technisch bedingten Mindestabstands und der endlichen Grenzleistung vorangehender Leistungsstellen einen *minimalen Zeitabstand* $\tau_0 > 0$. In diesen Fällen läßt sich die Zeitverteilung approximieren durch eine *modifizierte Exponentialverteilung* mit der Wahrscheinlichkeitsdichte [11; 79]:

$$w_E(\tau,\tau_P,\tau_0) = \begin{cases} 0 & \text{wenn } \tau < \tau_0 \\ \left(1/\left(\tau_p - \tau_0\right)\right) \cdot \exp\left[-\left(\tau - \tau_0\right)/\left(\tau_p - \tau_0\right)\right] & \text{wenn } \tau \geq \tau_0 \end{cases} \qquad (9.14)$$

Der Nullpunkt der modifizierten Exponentialverteilung ist, wie in *Abb. 9.3* dargestellt, auf der Zeitachse um die *Mindesttaktzeit* $\tau_0$ nach rechts verschoben. Die Streuung ist $s = \tau_p - \tau_0$. Sie ist durch die mittlere Taktzeit $\tau_p$ und den minimalen Taktabstand $\tau_0$ bestimmt.

Eine modifizierte Exponentialverteilung kann immer dann angesetzt werden, wenn die Taktzeiten des stochastischen Prozesses ab einem bestimmten Minimalwert $\tau_0$ mit gleichmäßig abnehmender Wahrscheinlichkeit jeden Wert annehmen. Ein zufallsabhängiger Prozeß mit einer modifizierten Exponentialverteilung ist ein *modifizierter Poissonprozeß* [79].

Für $\tau_0 \rightarrow 0$ geht die modifizierte Exponentialverteilung in die Exponentialverteilung (9.13) über. Im Grenzfall $\tau_0 \rightarrow \tau_p$ wird aus der modifizierten Exponentialverteilung eine diskrete *Dirac-Verteilung*. Die Dirac-Verteilung beschreibt einen *Prozeß* mit *konstanten Taktzeiten*.

Aus einer getakteten Abfertigung oder aus einem getakteten Herstellungsprozeß, wie etwa einer Fließbandfertigung, resultieren *getaktete Ströme* oder *Diracströme*. Mit abnehmender Schwankung der Abfertigungszeiten wird auch die Zeitverteilung der Durchlaufzeiten einer Leistungsstelle zu einer Dirac-Verteilung.

### 2. Erlang-Verteilungen

Die Wahrscheinlichkeitsdichte einer *k-Erlang-Verteilung* ist [75]:

$$w_k(\tau, \tau_p) = (k/\tau_p)^k \cdot \tau^{k-1} \cdot \exp[-k \cdot \tau/\tau_p] / (k-1)!. \qquad (9.15)$$

Der *Erlang-Parameter k* ist eine ganze Zahl größer 0 und gleich der reziproken Variabilität:

$$k = 1/V_P = (\tau_P/s)^2. \qquad (9.16)$$

Der Erlang-Parameter ist also durch den Mittelwert $\tau_p$ und die Streuung $s$ eindeutig fixiert.

Bei maximaler Variabilität $V_P = 1$, also für $k = 1$, geht die Erlang-Verteilung in die Exponentialverteilung (9.13) über. Für kleine Variabilitäten $V_P \ll 1$, also für $k \gg 1$, wird die Erlang-Verteilung asymptotisch zur *Normalverteilung* (9.19). Im Grenzfall verschwindender Variabilität, also für sehr große $k \rightarrow \infty$ wird aus der Erlang-Verteilung eine diskrete *Dirac-Verteilung*. Erlang-Verteilungen umfassen also als Grenzfälle die Exponential-, die Normal- und die Dirac-Verteilung.

Erlang-Verteilungen sind immer dann geeignet, wenn zusätzlich zum Mittelwert ein Anhaltswert für die Streuung bekannt ist. Das gilt für die *Taktzeiten* vieler Abfertigungs- oder Bedienungsstationen, wie Reparaturdienste, Mautstellen, Kassen, Ausgabestellen, Auskunftsstellen oder Auftragsannahmestellen. Die Verteilung der Durchlaufzeiten durch eine oder mehrere aufeinander folgende Leistungsstellen mit stochastisch schwankenden Bearbeitungszeiten läßt sich durch eine *modifizierte Erlang-Verteilung* approximieren, die analog zur modifizierten Exponentialverteilung (19.14) auf der Zeitachse um die minimale Durchlaufzeit der Leistungskette nach rechts verschoben ist (s. *Abb. 8.2*).

## 9.4 Diskrete Standardverteilungen

Zur Approximation der Häufigkeitsverteilung diskreter Zufallsgrößen sind wegen ihrer besonderen mathematischen Eigenschaften folgende *diskrete Standardverteilungen* besonders geeignet [11; 82]:

### 1. Binominalverteilung

Die *Binominalverteilung* ist für $0 \leq x \leq N$ gegeben durch die Funktion [82]:

$$w_B(x) = \left[N!/\left((N-x)! \cdot x!\right)\right] \cdot p^x \cdot (1-p)^{N-x} \tag{9.17}$$

mit den *Binominalkoeffizienten* $[N!/((N-x)! \cdot x!)]$ und der *Fakultät* $N! = 1 \cdot 2 \cdot 3 \cdot .. \cdot N$.

Die Binominalverteilung $w_B(x) = w_B(x; N; p)$ ist nur für positive ganzzahlige Werte $0 \leq x \leq N$ definiert und nach rechts schiefverteilt. Der *Mittelwert* der Binominalverteilung ist $m_B = N \cdot p$, die *Streuung* $s = \sqrt{N \cdot p \cdot (1-p)}$ und die *Variabilität* $V_B = (1-p)/(p \cdot N)$.

Die Binominalverteilung gibt die Wahrscheinlichkeit an, daß ein *Ereignis* P, dessen Einzelausführung die Wahrscheinlichkeit $p$ hat, bei N unabhängigen Ausführungen genau x mal eintritt. So ist beispielsweise $w_B(3;5;1/6) = 5{,}4\ \%$ die Wahrscheinlichkeit, daß bei fünfmaligem Würfeln mit einem sechszahligen Würfel die gleiche Zahl genau dreimal vorkommt.

Die Binominalverteilung ist geeignet zur Approximation von Häufigkeitsverteilungen ganzzahliger positiver Zufallsgrößen mit relativ kleinem Mittelwert $m_B$ und geringer Schwankung $s < m_B$. So sind beispielsweise die *Stückzahlen von*

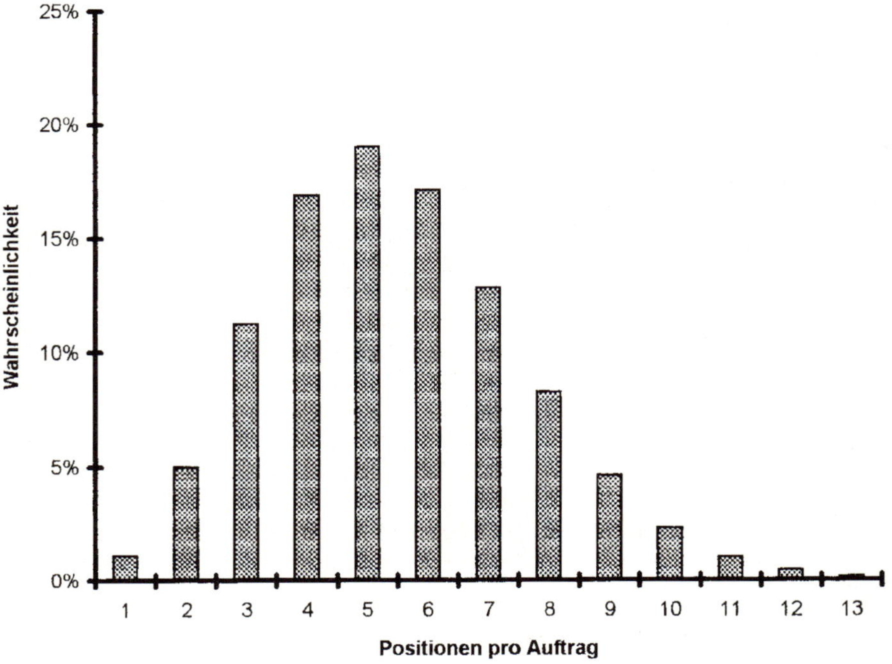


**Abb. 9.5** Poissonverteilung

Beispiel: Häufigkeit der Positionsanzahl pro Auftrag
Mittelwert: 5,5 Positionen pro Auftrag

*Sendungen*, die *Pulklängen schubweiser Ströme*, die *Nachschubmengen von Lieferaufträgen* und die *Durchsatzmengen pro Periode* eines stochastischen Stroms in guter Näherung binominalverteilt.

**2. Poissonverteilung**

Durch den Grenzübergang $N \rightarrow \infty$ mit $p = m/N$ bei konstantem Mittelwert $m$ geht die Binominalverteilung in die *Poissonverteilung* (9.17) über [82]:

$$w_P(x) = \left(m^x / x!\right) \cdot e^{-m}. \tag{9.18}$$

Die in *Abb. 9.5* dargestellte Poissonverteilung hat den Mittelwert $m$, die Streuung $s = \sqrt{m}$ und die Variabilität $V_m = 1$.

Für die Approximation der Häufigkeitsverteilung diskreter Zufallsgrößen gilt der *Grundsatz*:

► Ist außer dem Mittelwert nichts über die Häufigkeitsverteilung einer diskreten Zufallsgröße bekannt, muß, damit die Ergebnisse auf der sicheren Seite liegen, mit einer Poissonverteilung gerechnet werden.

Die Anzahl der in einem festen Zeitraum eintretenden Einzelereignisse mit zufallsabhängigem Zeitabstand ist poissonverteilt, wenn die Zeitverteilung eine Exponentialfunktion ist [75].

## 9.5 Normalverteilung und Sicherheitsfaktor

Die wichtigste Verteilungsfunktion der Wahrscheinlichkeitsrechnung und Statistik und damit auch für die Analyse zufallsabhängiger Logistikprozesse ist die *Gauß-Verteilung* oder *Normalverteilung* [82, 251]. Die Normalverteilung ist zur Approximation sowohl von diskreten wie auch von stetigen Verteilungen geeignet. Sie ist definiert durch die *Dichtefunktion*:

$$w_N(x) = \exp\left[-\left(x/s - m/s\right)^2 / 2\right] \Big/ \sqrt{2\pi s^2}. \tag{9.19}$$

Hierin sind $m$ der *Mittelwert* und $s$ die *Streuung*.

Die Dichtefunktion (9.19) der Normalverteilung entsteht für große Mittelwerte $m \gg 1$ bei konstanter Streuung $s$ asymptotisch aus der Binominalverteilung (9.17) sowie für große k-Werte aus der Erlang-Verteilung (9.15).

Wie in *Abb. 9.6* dargestellt, ist die Normalverteilung symmetrisch um den Mittelwert. Zu beachten ist jedoch, daß sie auch für negative Argumente von Null verschiedene Werte hat. Daher ist die Normierungsbedingung (9.5), die für Wahrscheinlichkeitsdichten mit nur positiven Argumenten gilt, für die Normalverteilung bei kleinen Mittelwerten nicht erfüllt.

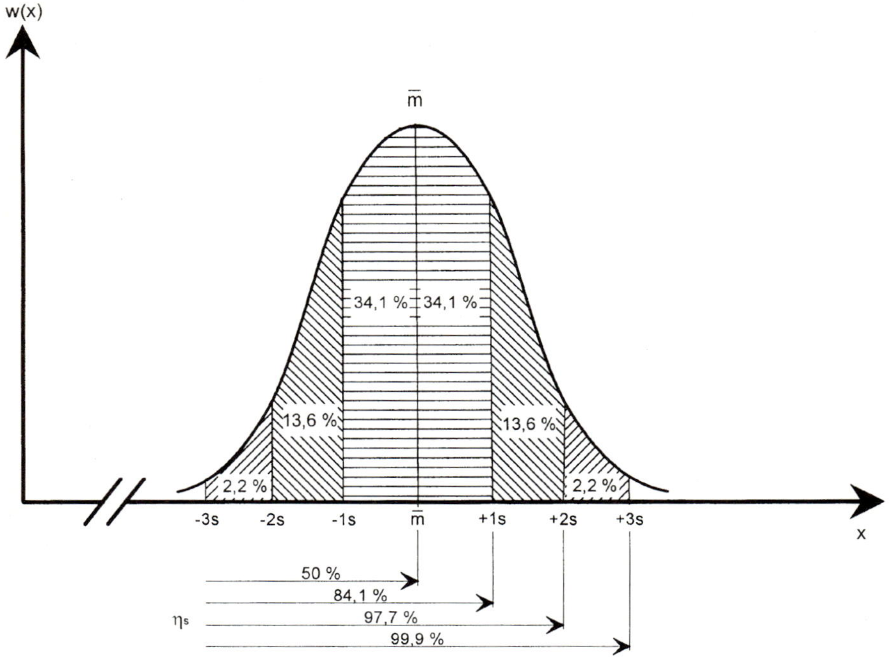


**Abb. 9.6** Normalverteilung und Sicherheitsfaktor
Mittelwert $m$ Streuung $s$ Sicherheit η

Die *Verteilungsfunktion* der zentrierten *Normalverteilung* mit dem Mittelwert $m = 0$ und der Streuung $s = 1$ ist die *Standardnormalverteilung* $\phi(x)$. Ihre Umkehrfunktion ist die *inverse Standardnormalverteilung*:

$$f(\eta) = \phi^{-1}(\eta) \,. \tag{9.20}$$

Die Werte dieser Funktion, deren Verlauf in *Abb. 5.4* gezeigt ist, werden auch als *Sicherheitsfaktor* bezeichnet, denn es gilt der *Satz*:

► Ist $m$ der Mittelwert und $s$ die Streuung einer normalverteilten Zufallsgröße x, dann liegen deren Werte mit der Wahrscheinlichkeit $\eta$ unterhalb der Grenze $m + f(\eta) \cdot s$.

Dieser Satz wird beispielsweise genutzt zur Berechnung des *Sicherheitsbestands* in Abhängigkeit von der *Lieferfähigkeit* (s. *Abschnitt 11.8*) und der *Überlaufreserve* in der Lagerdimensionierung (s. *Abschnitt 16.1*). Einige Werte des Sicherheitsfaktors $f(\eta)$ sind in *Tabelle 11.5* angegeben. Weitere Werte lassen sich mit Hilfe der MS-EXCEL-Funktion STANDNORMINV($\eta$) berechnen oder aus *Abb. 5.4* ablesen.

Die große Bedeutung der Normalverteilung resultiert daraus, daß sie besonders geeignet ist zur Approximation der Wahrscheinlichkeitsdichte und der

Häufigkeitsverteilung großer Zahlen, die sich aus einer Summe vieler unabhängiger Zufallsgrößen zusammensetzen. Das besagt das *Gesetz der großen Zahl* [82]:

▶ Die Summe

$$Z = \sum_{i=1}^{N} z_i \tag{9.21}$$

einer großen Anzahl N unabhängiger Zufallsgrößen $z_i$ mit den Varianzen $s_i^2$ ist approximativ normalverteilt und hat die Varianz

$$s_Z{}^2 = \sum_{i=1}^{N} s_i{}^2 . \tag{9.22}$$

Sind die Varianzen der einzelnen Zufallsgrößen alle gleich $s^2$, dann ist die Varianz des Summenwertes

$$s_Z{}^2 = N \cdot s^2 . \tag{9.23}$$

Bei einer Streuung s = 1 aller N Zufallsgrößen resultiert aus Beziehung (9.23) für die Streuung des Summenwertes $s_Z = \sqrt{N}$.

Eine Verallgemeinerung des Gesetzes der großen Zahl ist das *Fehlerfortpflanzungsgesetz* [82]:

▶ Eine stetig differenzierbare Funktion $F(z_1,.z_i..,z_N)$ von N unabhängigen Zufallsgrößen $z_i$ mit den Varianzen $s_i^2$ ist approximativ normalverteilt mit der Varianz

$$s_F{}^2 = \sum_{i=1}^{N} \left(\partial F/\partial z_i\right)^2 \cdot s_i{}^2 . \tag{9.24}$$

Mit Hilfe der Gesetze (9.22), (9.23) und (9.24) lassen sich Variabilität und Streuung zusammengesetzter Zufallsgrößen berechnen, wie die Variabilität der Stromintensität, die Schwankung von Beständen oder die Streuung des Verbrauchs in der Wiederbeschaffungszeit.

Eine Konsequenz aus dem Gesetz der großen Zahl ist die *Zentralisierungsregel*:

▶ Die Schwankungen der Leistungs- und Durchsatzanforderungen in den dezentralen Bereichen eines Unternehmens sind größer als die Schwankung der summierten Leistungs- und Durchsatzanforderungen.

Diese Regel gilt für Auftragseingänge, Bestände, Personalbedarf und andere Anforderungen und begünstigt die Schaffung zentraler Funktionsbereiche.

Aus dem Gesetz der großen Zahl folgt auch ein hilfreicher *Kalkulationsgrundsatz* für die *Kostenrechnung* und die *Investitionsplanung*:

▶ Die relative Genauigkeit einer Kostensumme aus vielen Einzelkosten ist weitaus höher als die Genauigkeit der Einzelkosten.

Daher ist auch bei nur grober Kenntnis vieler Teilkosten gleicher Größenordnung eine relativ genaue Gesamtkostenrechnung möglich. Dieser Sachverhalt ist für Budgetkostenrechnungen zur Investitionsentscheidung, für die Leistungskostenrechnung und für die Preiskalkulation von großer praktischer Bedeutung. Der Fehler der Gesamtkosten läßt sich mit Hilfe des Fehlerfortpflanzungsgesetzes (9.24) aus den geschätzten Fehlern der Einzelkosten errechnen.

## 9.6 Mittelwertrechnungen in der Logistik

Disposition und Dimensionierungsrechnungen werden in der Regel mit den *Mittelwerten* von Auftragseingang, Auftragsstruktur, Leistungsdurchsatz, Grenzleistungen und anderer stochastischer Größen durchgeführt. Dabei wird häufig nicht beachtet, ob und wieweit das zulässig ist.

Der arithmetische *Mittelwert* der Werte $F(x_i)$ einer stetig differenzierbaren Funktion $F(x)$ für eine Anzahl von Argumenten $x_i$ ist:

$$F_m = (1/N) \cdot \sum_{i=1}^{N} F(x_i). \tag{9.25}$$

Wenn die einzelnen Argumente mit kleinen Differenzen $\Delta_i \ll x_i$ um einen Mittelwert $x_m$ verteilt sind, wenn also

$$x_i = x_m + \Delta_i \qquad \text{mit} \quad x_m = (1/N) \cdot \sum_i x_i \tag{9.26}$$

ist, läßt sich der Mittelwert (9.25) in eine *Taylor-Reihe* nach zunehmenden Ableitungen $F^{(n)}(x) = dF^n/(dx)^n$ entwickeln. Die ersten Glieder der Taylor-Reihe sind:

$$F_m = (1/N) \cdot \sum_{i=1}^{N} \left( F(x_m) + F^{(1)}(x_m) \cdot \Delta_i + F^{(2)}(x_m) \cdot \Delta_i^{\,2}/2 + \ldots \right). \tag{9.27}$$

Da die Summe der Abweichungen vom Mittelwert gleich Null ist,

$$\sum_{i=1}^{N} \Delta_i = 0, \tag{9.28}$$

folgt aus der Reihenentwicklung (9.27) der *Approximationssatz*:

▶ Wenn die Krümmung der Funktion im Streubereich der Argumente um den Mittelwert $x_m$ gering ist, wenn also $F^{(2)}(x_m) \ll 1$, ist der Mittelwert $F_m$ einer stetig differenzierbaren Funktion approximativ gleich dem Funktionswert $F(x_m)$ für den Mittelwert der Argumente

$$F_m \approx F(x_m). \tag{9.29}$$

Eine Nutzanwendung ist der *Mittelwertsatz der Logistik:*

1. In *erster Näherung* kann mit den Mittelwerten der stochastischen Größen geplant, dimensioniert und disponiert werden.

2. In einer *Störungsrechnung* ist zu prüfen, welche Auswirkungen die stochastischen Schwankungen auf Staueffekte, Überlaufgefahr von Lagern, Lieferfähigkeit, Termintreue oder andere Kenngrößen haben (s. *Abschnitt 15.4*).

Nach einer Segmentierung der Aufträge, Sortimente und Ströme in lagertechnisch, transporttechnisch oder logistisch verwandte Klassen darf also für jede Klasse oder Gruppe mit dem *mittleren Auftrag*, einem *Durchschnittsartikel* oder einem *Durchschnittsstrom* als *Repräsentant* gerechnet werden (s. *Abschnitt 5.5*).

Der Mittelwertsatz der Logistik gilt nur unter der Voraussetzung, daß die betreffende Funktion keine Sprünge aufweist. Das ist für die Betriebs- und Prozeßkosten, die meist linear oder reziprok linear von den Argumenten abhängen, nur solange zutreffend, wie Ganzzahligkeitseffekte vernachlässigbar sind. Die aus der *Ganzzahligkeit* des Ladeeinheiten- und Transportmittelbedarfs resultierenden Sprünge der Kostenfunktionen müssen daher durch eine *Ausgleichsfunktion* geglättet werden, deren Verlauf im Einzelfall zu bestimmen ist (s. *Kapitel 12*).

## 9.7 Durchsatzschwankungen

Der *mittlere Durchsatz* in einem festen *Zeitintervall* T [ZE] ist für einen stationären stochastischen Strom mit der Durchsatzrate $\lambda_P$:

$$\lambda(T) = T \cdot \lambda_P \qquad [ME/ZE]. \qquad (9.30)$$

Aufgrund der Stochastik des Prozesses schwankt der *gemessene Durchsatz* in aufeinander folgenden Zeitabschnitten gleicher Länge T zufallsabhängig mit einer *Durchsatzschwankung* $s_\lambda(T)$ um den mittleren Durchsatz (9.30). Wenn

$$M_N = \sum_{i=1}^{N} m_i \qquad [ME] \qquad (9.31)$$

die Summe der im Zeitraum T eintreffenden Ereigniseinheiten ME ist und

$$T_N = \sum_{i=1}^{N} \tau_i \qquad [ZE] \qquad (9.32)$$

die Summe der gemessenen Zeitabstände der Ereignisse, dann ist der gemessene Durchsatz im Zeitraum T gegeben durch:

$$\lambda(T) = M_N / T_N \qquad [ME/ZE]. \qquad (9.33)$$

Die Summen (9.31) und (9.32) erstrecken sich jeweils über die Anzahl N der Ereignisse in der Zeit T. Deren Mittelwert ist bei einer durchschnittlichen Menge $m_P$ pro Ereignis:

$$N(T) = T \cdot \lambda_P / m_P \qquad (9.34)$$

Mit Hilfe des Fehlerfortpflanzungsgesetzes (9.24) ergibt sich für die Varianz des gemessenen Durchsatzes (9.33):

$$\begin{aligned} s_\lambda(T)^2 &= \left(\partial\lambda(T)/\partial M_N\right)^2 \cdot s_M{}^2 + \left(\partial\lambda(T)/\partial T_N\right)^2 \cdot s_T{}^2 \\ &= \left(1/T_N{}^2\right) \cdot s_M{}^2 + \left(M_N{}^2/T_N{}^4\right) \cdot s_T{}^2 . \end{aligned} \tag{9.35}$$

Für die Varianz $s_M^2$ der Mengensumme (9.31) folgt aus dem Gesetz der großen Zahl (9.23)

$$s_M{}^2 = N(T) \cdot s_m{}^2 . \tag{9.36}$$

Hierin ist $s_m^2$ die *Mengenvarianz* des stochastischen Stroms (9.2). Für die Varianz $s_T{}^2$ der Zeitsumme (9.32) folgt entsprechend

$$s_T{}^2 = N(T) \cdot s_\tau{}^2 \tag{9.37}$$

mit der *Taktzeitvarianz* $s_\tau{}^2$ des stochastischen Stroms (9.2). Durch Einsetzen der Beziehungen (9.36) und (9.37) in (9.35) ergibt sich unter Verwendung der mittleren Ereignisanzahl (9.34) der Satz:

► Die *Durchsatzschwankung* eines stochastischen Stroms mit der *Intensität* $\lambda_P$, der *Taktzeitvariabilität* $V_\tau = (s_\tau/\tau)^2$, der *mittleren Pulkmenge* $m_P$ und der *Mengenvariabilität* $V_m = (s_m/m)^2$ in aufeinander folgenden Zeitintervallen der festen Länge T ist

$$s_\lambda(T) = \sqrt{m_P \cdot T \cdot \lambda_P \cdot \left(V_\tau + V_m\right)} = \sqrt{m_P \cdot \lambda_T \cdot \left(V_\tau + V_m\right)} . \tag{9.38}$$

Von der Durchsatzschwankung in der *Wiederbeschaffungszeit* $T_{WBZ}$ bei einem regelmäßigen stochastischen Verbrauch hängt beispielsweise die *Lieferfähigkeit* ab. Die Beziehung (9.38) ist daher nutzbar zur Berechnung des für eine vorgegebene Lieferfähigkeit erforderlichen *Sicherheitsbestands* (s. *Abschnitt 11.6*).

Wenn das Zeitintervall T gleich der Periodenlänge $T_{PE}$ ist, für die der *Periodendurchsatz*

$$\lambda_{PE} = T_{PE} \cdot \lambda_P \qquad [ME/PE] \tag{9.39}$$

eines stochastischen Stroms gemessen wird, ergibt sich aus Beziehung (9.38):

- Die *Variabilität des Periodendurchsatzes* $\lambda_{PE}$ eines stochastischen Stroms mit der *Taktzeitvariabilität* $V_\tau$, der *mittleren Pulkmenge* $m_P$ und der *Mengenvariabilität* $V_m$ ist

$$V_{PE} = \left(s_{PE}/\lambda_{PE}\right)^2 = m_P \cdot \left(V_\tau + V_m\right)/\lambda_{PE} . \tag{9.40}$$

Für die Schwankung des Periodendurchsatzes eines *Poissonstroms* mit $V_\tau = 1$ und mit konstanter Menge $m_P$ pro Ereignis, also mit $V_m = 0$, folgt aus (9.38) die einfache Beziehung:

$$s_{PE} = \sqrt{m_P \cdot T_{PE} \cdot \lambda_P} = \sqrt{m_P \cdot \lambda_{PE}} . \tag{9.41}$$

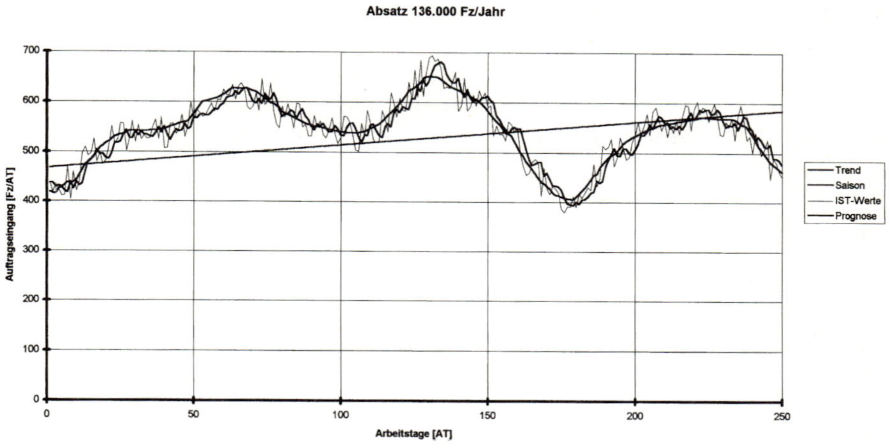


**Abb. 9.7** Täglicher Auftragseingang eines Automobilwerks

Aufträge Einzelbestellungen für PKW aus 100 Verkaufsniederlassungen
Tagesabsatz 544 Einzelbestellungen; Streuung ±23,3 Fz

So ist beispielsweise die Streuung bei einem poissonverteilten Einzelstückdurchsatz von 100 Stück pro Periode gleich 10 Stück und der Variationskoeffizient 10 %. Bei einem Durchsatz von jeweils 4 Stück pro Ereignis erhöht sich die Schwankung des gleichen Periodendurchsatzes um einen Faktor 2 auf 20 Stück. Bei einem Einzelstückdurchsatz von 10.000 Stück pro Periode ist die Streuung gleich 100 Stück und der Variationskoeffizient nur noch 1 %.

Aus den Beziehungen (9.38), (9.40) und (9.41) ist ablesebar:

- Die *Schwankung* des Periodendurchsatzes eines stochastischen Stroms wächst mit der Wurzel aus dem Periodendurchsatz, der Periodenlänge, der Stromintensität und der Schublänge.
- Die *Variabilität* des Periodendurchsatzes nimmt umgekehrt proportional mit dem Periodendurchsatz, der Periodenlänge und der Stromintensität ab und proportional mit der Schublänge zu.

Die zufallsbedingten Schwankungen stochastischer Ströme und Ereignisfolgen mitteln sich also bei hinreichend großer Periodenlänge heraus, wenn die Periodenlänge deutlich kleiner ist als die Zeiträume, in denen sich systematische zeitliche Veränderungen abspielen.

Aus den Beziehungen (9.40) und (9.41) ergibt sich eine wichtige *Nutzanwendung*:

- Die Summation des sporadischen Bedarfs einer großen Anzahl von Bedarfsstellen ergibt einen regelmäßigen Bedarf.

Aufgrund dieser Regel kann es zu erheblichen Vorteilen führen, die dezentral eingehenden Bestellungen für überregional verkaufte Artikel in einer zentralen Auftragssammelstelle oder in einem Zentralrechner zusammenzuführen, dort zu analysieren und die weitere Bearbeitung zu disponieren. Die Vorteile einer solchen *Zentraldisposition* nehmen mit der Größe des Verkaufsgebiets eines Artikels zu. Daher ist bei der Bewertung der Effekte sorgfältig zu unterscheiden zwischen dem *lokalen*, *regionalen*, *nationalen* und *globalen Sortiment*.

Wenn beispielsweise bei 45 Händlern eines Fahrzeugherstellers, wie in *Abb. 9.1* dargestellt, täglich durchschnittlich 12 Einzelbestellungen für einen Fahrzeugtyp eingehen, dann ist nach Beziehung (9.41) die Streuung dieser Bestellungen $\sqrt{12} = 3{,}5$ oder 30 % der Tagesverkaufsmenge. Die Summe der Bestellungen bei allen 45 Händlern beträgt 544 Wagen pro Tag und hat den in *Abb. 9.7* dargestellten Verlauf. Die Streuung des Gesamtauftragseingangs erreicht mit $\sqrt{544} = 23{,}3$ nur 4,3 % der gesamten Tagesverkaufsmenge des Unternehmens. Bei einer derart geringen Streuung ist eine erheblich bessere Absatzanalyse, Verkaufsprognose und Auftragsdisposition möglich, als sie der einzelne Händler durchführen kann.

In der Versorgungslogistik mit lagerhaltiger Ware wird der gleiche Effekt zur Optimierung der Belieferung einer Vielzahl von Bedarfsstellen mit sporadischem Verbrauch genutzt:

► Viele dezentrale Bedarfsstellen werden aus einem zentralen Lager bedient, dessen Verbrauch regelmäßiger und besser prognostizierbar ist als die dezentralen Einzelverbräuche.

Abgesehen von der besseren Nachschubdisposition lassen sich hierdurch die Sicherheitsbestände senken und eine höhere Lieferfähigkeit erreichen als bei dezentraler Lagerung der Bestände (s. *Abschnitt 11.8*). Ein typisches Beispiel ist die überregionale *Ersatzteilversorgung* aus einem Zentrallager [221].

## 9.8 Prognostizierbarkeit

Für die Planung von Logistiksystemen sowie für die Auftrags-, Nachschub- und Bestandsdisposition wird eine möglichst genaue Kenntnis der zukünftigen Entwicklung der Auftrags-, Material- und Datenströme benötigt.

Die zukünftige Entwicklung eines instationären stochastischen Stroms läßt sich nur prognostizieren, wenn die systematische zeitliche Veränderung einen *regelmäßig wiederkehrenden Verlauf* hat, der mit ausreichender Genauigkeit aus dem Periodendurchsatz vergangener Perioden ableitbar ist und sich in der Zukunft fortsetzt. Wenn der systematische zeitliche Stromverlauf keine wiederkehrende Regelmäßigkeit aufweist oder unvorhersehbare Einflüsse den zeitlichen Verlauf plötzlich verändern können, ist eine quantitative Prognose grundsätzlich nicht möglich [76].

Ein Maßstab für die Güte einer Prognose ist der Prognosefehler [82]:

- Wenn $\lambda_{Pro}(t_i)$ der prognostizierte und $\lambda_{Ist}(t_i)$ der beobachtete Wert in der Periode $t_i$ ist, ist der *Prognosefehler* für einen *Zeitraum* von n Perioden $t_1$ bis $t_n$

$$\Delta_{Prog} = \sqrt{\sum\left(\lambda_{Pro}(t_i) - \lambda_{ist}(t_i)\right)^2 / (n-1)} \tag{9.42}$$

Sind die stochastischen Schwankungen unabhängig vom systematischen zeitlichen Verlauf, setzt sich der Prognosefehler zusammen aus der *stochastischen Streuung* $s_{PE}$, die durch (9.41) gegeben ist, aus einem *verfahrensbedingten Fehler* $s_{\lambda m}$ der Prognosewerte, der durch das Prognoseverfahren verursacht wird, und aus einem *systematischen Fehler* $\Delta_t$ der Prognosewerte, der aus dem systematischen Zeitverlauf resultiert. Nach dem Fehlerfortpflanzungsgesetz ist also die Größe des Prognosefehlers

$$\Delta_{Prog} = \sqrt{s_{PE}{}^2 + s_{\lambda m}{}^2 + \Delta_t{}^2}\,. \tag{9.43}$$

Aus dieser Abhängigkeit lassen sich folgende *Prognostizierbarkeitsbedingungen* ableiten:

1. Der Periodendurchsatz muß für soviele Perioden der Vergangenheit bekannt sein, daß ein systematischer Verlauf mit ausreichender Genauigkeit erkennbar und quantifizierbar ist.
2. Die stochastischen Schwankungen des Periodendurchsatzes müssen geringer sein als die benötigte Prognosegenauigkeit.

Aus der Abhängigkeit (9.38) der stochastisch bedingten Durchsatzschwankungen von der gewählten Periodenlänge und von der Stromintensität resultiert für die *Wahl der Periodenlänge* die Forderung:

▶ Die *Periodenlänge* muß so kurz sein, daß zeitliche Veränderungen so genau wie nötig erkennbar sind, und andererseits so lang, daß sich die stochastischen Schwankungen so weit wie möglich herausmitteln.

Aus dieser Forderung ergibt sich für die *Prognostizierbarkeit:*

▶ Wenn ein Strom so schwach ist, daß die stochastischen Schwankungen in einer Periodenlänge, die notwendig ist, um den systematischen Zeitverlauf zu erfassen, größer sind als die benötigte Prognosegenauigkeit, ist keine brauchbare Prognose möglich.

Die Genauigkeit, mit der sich die Stromintensität der nächsten Perioden bestenfalls prognostizieren läßt, hängt von der Variabilität des Periodendurchsatzes (9.40) ab, die dem *Rauschen* in der Nachrichtentechnik entspricht. Bei geringer Variabilität ist die Prognosegenauigkeit hoch. Mit zunehmender Variabilität wird die Prognostizierbarkeit immer schlechter, bis sie für Variabilitäten nahe 1 unmöglich ist.

Ein Maß für die Prognostizierbarkeit stochastischer Ströme ist der in *Abb. 9.8* dargestellte *Nullperiodenanteil.* Wenn $w_{PE}(\lambda)$ die Häufigkeitsverteilung des Periodendurchsatzes ist, dann ist $w_{PE}(0)$ die Wahrscheinlichkeit, daß in einer Periode *kein* Ereignis eintritt. Diese Wahrscheinlichkeit ist gleich dem *Nullperiodenanteil.*

Die Häufigkeitsverteilung $w_{PE}(\lambda)$ eines Periodendurchsatzes $\lambda$ mit einer Variabilität $V < 1$ läßt sich approximieren durch die Binominalverteilung (9.17) mit den Parametern $p = 1-V$ und $N = \lambda/(1-V)$. Hieraus folgt:

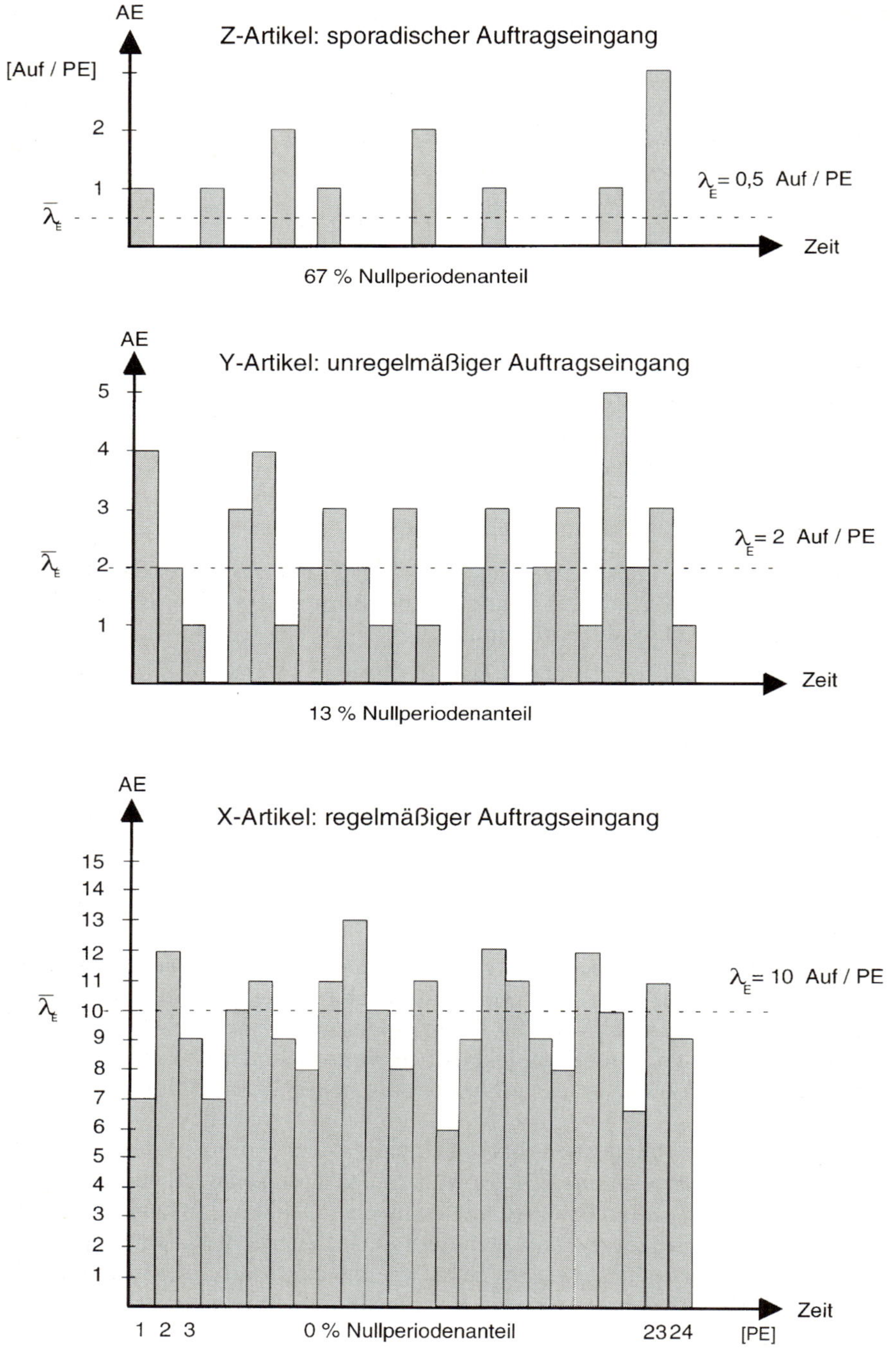


**Abb. 9.8** Streuung und Nullperiodenanteil von X-, Y- und Z-Artikeln

▶ Der *Nullperiodenanteil* für einen Periodendurchsatz λ mit der Variabilität *V* ist

$$w_{PE}(0) = V^{\lambda/(1-V)} \underset{\text{für } V \to 1}{=} e^{-\lambda}. \tag{9.44}$$

Entsprechend ihrem Nullperiodenanteil lassen sich Ereignisse, Aufträge und Sortimente in die XYZ-Klassen bzw. *Verbrauchsarten* einteilen [80; 81]:

▶ *X-Ereignisse, X-Aufträge* oder *X-Artikel*: Der Nullperiodenanteil liegt nahe Null. Die *Ereignisse* sind *regelmäßig*. Für einen systematischen Zeitverlauf ist der zukünftige Verlauf *gut prognostizierbar*.
▶ *Y-Ereignisse, Y-Aufträge* oder *Y-Artikel*: Der Nullperiodenanteil reicht bis zu 50 %. Die *Ereignisse* sind *unregelmäßig*. Auch bei systematischem Zeitverlauf ist der zukünftige Verlauf nur *ungenau prognostizierbar*.
▶ *Z-Ereignisse, Z-Aufträge* oder *Z-Artikel*: Der Nullperiodenanteil liegt über 50 %. Die *Ereignisse* sind *sporadisch*. Ein systematischer Zeitverlauf ist kaum noch feststellbar. Der zukünftige Verlauf ist nur *ungenau* oder *gar nicht prognostizierbar*.

Aus Beziehung (9.44) ist ablesbar, daß der Nullperiodenanteil mit dem Periodendurchsatz und daher auch mit der Periodenlänge exponentiell abnimmt. Die XYZ-Klassifizierung hängt also von der Periodenlänge ab und korrelliert mit der ABC-Klassifizierung der Absatzmengen (s. *Abschnitt* 5.7).

## 9.9
## Prognoseverfahren

Alle mathematischen Verfahren zur Prognose des zukünftigen Verlaufs einer Zeitreihe, eines stochastischen Stroms, eines Bedarfs oder eines Verbrauchs setzen voraus, daß sich der zeitliche Verlauf in einem bestimmten *Beobachtungszeitraum der Vergangenheit* für einen *Prognosezeitraum in der Zukunft* fortsetzt [76; 77; 226; 258].

Wenn sich der systematische Zeitverlauf in einem aktuellen Beobachtungszeitraum nur wenig ändert, kann angenommen werden, daß der *Mittelwert* der zurückliegenden Perioden für einen Prognosezeitraum weiterhin erhalten bleibt, der nicht länger ist als der Beobachtungszeitraum. Dieser Mittelwert läßt sich entweder nach dem Verfahren des *gleitenden Mittelwerts* oder der *exponentiellen Glättung* berechnen.

Wenn sich aus einer Analyse zurückliegender Zeitreihen ableiten läßt, daß sich der systematische Zeitverlauf jeweils nach Ablauf einer bestimmten *Zykluszeit* wiederholt, ist das nachfolgend dargestellte *Zyklusverfahren* zur Prognose geeignet. Das Zyklusverfahren ist anwendbar zur Prognose zufallsabhängiger Wirtschaftsprozesse, deren systematisches Zeitverhalten sich aus einem natürlichen, kalendarischen, kulturellen, geschäftlichen oder volkswirtschaftlichen *Fundamentalzyklus* erklären oder herleiten läßt:

- *Natürliche Fundamentalzyklen* sind die Umlaufzeiten von Erde und Mond, die hieraus abgeleiteten *Jahreszeiten* und die *Erzeugungszyklen* für Naturprodukte.

- *Kalendarische Fundamentalzyklen*, die sich aus den natürlichen Fundamentalzyklen ableiten, sind der *Tageszyklus*, der *Wochenzyklus*, der *Monatszyklus* und der *Jahreszyklus*.

Mit den natürlichen und den kalendarischen Fundamentalzyklen lassen sich viele kulturelle, volkswirtschaftliche und geschäftspolitische Zyklen erklären und vorausberechnen:

- *Kulturelle Fundamentalzyklen* ergeben sich aus wiederkehrenden *Feiertagen*, wie *Weihnachten*, *Ostern*, *Ramadan* und *Schulferien*. Sie sind häufig mit kalendarischen Zyklen verknüpft.
- *Volkswirtschaftliche Fundamentalzyklen* sind die *Konjunkturzyklen*, deren Länge und Höhe nicht genau prognostizierbar sind, und die *Angebots- und Nachfragezyklen*, wie der sogenannte *Schweinezyklus*.
- *Geschäftspolitische Zyklen* sind die Folge von *Ladenöffnungszeiten*, *Betriebszeiten*, *Schichtplänen*, *Fahrplänen*, *Aktionszyklen*, *Katalogzyklen* oder *der Einteilung des Geschäftsjahres*.

Anders als die extern bedingten Fundamentalzyklen lassen sich die geschäftspolitischen Zyklen von den Unternehmen beeinflussen oder verändern.

Bei einer Überlagerung eines zyklischen Zeitverlaufs durch stochastische Schwankungen kann das Zyklusverfahren mit einem der beiden Mittelwertverfahren kombiniert werden. Wenn keine ausreichenden Anhaltspunkte für ein zyklisches Verhalten vorliegen, ist anstelle der Mittelwert- und Zyklusverfahren, die sich in der Logistik bewährt haben, eine Prognose durch Ansatz einer *parametrisierten Modellfunktion*, wie der sogenannten *logistischen Funktion* möglich [251]. *Allgemeine Modellverfahren* werden vor allem in der *Absatzprognose* und für volkswirtschaftliche Vorhersagen eingesetzt [76; 77].

### 1. Gleitender Mittelwert

Nach dem Verfahren des gleitenden Mittelwerts wird der Durchsatz $\lambda(i+k)$ zukünftiger Perioden $i + k$ ab einer Gegenwartsperiode $i$ gleich dem gemittelten Periodendurchsatz der letzten $N$ zurückliegenden Perioden gesetzt:

$$\lambda(i+k) = \lambda_m(i) = \sum_{n=1}^{N} \lambda(i-n)/N \qquad \text{für alle} \quad k > 0. \tag{9.45}$$

Jeweils nach Abschluß einer Gegenwartsperiode wird die Prognoserechnung (9.45) mit den Durchsatzwerten der letzten N Perioden wiederholt.

Bei einer stochastischen Streuung $s_\lambda$ des Periodendurchsatzes ist nach dem Gesetz der großen Zahl die Streuung und damit der *stochastisch bedingte Fehler* des prognostizierten Mittelwertes (9.45):

$$s_{\lambda m} = s_\lambda / \sqrt{N}\,. \tag{9.46}$$

Die *Glättungszahl* N des gleitenden Mittelwertes (9.45) muß also möglichst groß gewählt werden, um den stochastischen Prognosefehler gering zu halten.

**2. Exponentielle Glättung**

Nach dem Verfahren der *exponentiellen Glättung* wird der Durchsatz $\lambda(i+k)$ zukünftiger Perioden ab einer Gegenwartsperiode i gleich dem *gewichteten Mittelwert* aus dem Durchsatz $\lambda(i-1)$ und dem Prognosewert $\lambda_m(i-1)$ der letzten Periode i – 1 gesetzt:

$$\lambda(i+k)=\lambda_m(i)=\alpha\cdot\lambda(i-1)+(1-\alpha)\cdot\lambda_m(i-1)\qquad \text{für alle}\quad k>0 \tag{9.47}$$

Der *Glättungsparameter* $\alpha$ ist eine reelle Zahl aus dem Intervall $0 < \alpha < 1$. Nach Abschluß einer Gegenwartsperiode wird die Prognoserechnung unter Verwendung des letzten IST-Wertes erneut durchgeführt.

Durch sukzessives Einsetzen der Vergangenheitswerte in die Gleichung (9.47) ergibt sich, daß durch die exponentielle Glättung der *gewichtete Mittelwert*

$$\lambda_m(i)=\alpha\cdot\sum_{n=0}^{i}(1-\alpha)^n\cdot\lambda(i-1-n) \tag{9.48}$$

aller Vergangenheitswerte gebildet wird. Der Einfluß eines vergangenen Wertes $\lambda(i-1-n)$ auf den Mittelwert (9.48) nimmt wegen des Faktors $(1-\alpha)^n$ exponentiell mit dem Periodenabstand n von der Gegenwart ab. Für Glättungsparameter nahe 1 nimmt der Einfluß der Vergangenheitswerte sehr rasch, für kleine Glättungsparameter nur langsam ab [266].

Aus dem Fehlerfortpflanzungsgesetz folgt für den *stochastisch bedingten Fehler* des Prognosewerts der exponentiellen Glättung

$$s_{\lambda m}=s_\lambda\cdot\sqrt{\alpha/(2-\alpha)} \tag{9.49}$$

Die Streuung (9.49) des Prognosewertes (9.47) der exponentiellen Glättung ist also für kleine Glättungsparameter gering und für Glättungsparameter nahe 1 gleich der Streuung des Periodendurchsatzes. Um den stochastisch bedingten Prognosefehler gering zu halten, ist der Glättungsparameter klein zu wählen. Um eine systematische Änderung rasch zu erkennen, muß der Glättungsparameter nahe 1 gewählt werden.

Aus dem Vergleich der Beziehungen (9.46) und (9.49) folgt, daß ein Glättungsparameter $\alpha$ die effektive *Glättungsreichweite* $N=(2-\alpha)/\alpha$ bewirkt. So ist für $\alpha=0{,}2$ die effektive Glättungsreichweite 9 Perioden. Die vor der Glättunsreichweite liegenden Werte haben bei der Mittelwertbildung (9.48) insgeamt nur ein Gewicht von 13% [266].

Ein besonderer Vorteil der exponentiellen Glättung gegenüber anderen Prognoseverfahren liegt darin, daß in die Prognoserechnung immer nur der zuletzt berechnete Prognosewert und der aktuelle Wert der letzten Periode eingehen. Das macht das Speichern großer Datenbestände aus der Vergangenheit entbehrlich und verkürzt erheblich die Rechenzeit (s. *Abschnitt 9.13*).

**3. Zyklusverfahren für einfache Zyklen**

Wenn sich das Zeitverhalten jeweils nach einer *Zykluszeit* $T_Z$ wiederholt, wird die Zykluszeit so fein wie nötig unterteilt in eine Anzahl von N Perioden mit der *Pe-*

*riodenlänge* $T_{PE} = T_Z/N$ und den *Periodenendzeitpunkten* $t_{Zi} = t_{Zo} + i \cdot T_{PE}$, $i = 1,2,\ldots,N$.

Der Zeitverlauf eines zyklisch veränderlichen Stroms innerhalb einer Zykluszeit $T_Z$ ist dann darstellbar in der Form

$$\lambda_{PE}(i) = \lambda_Z \cdot g_Z(i) \qquad [ME/PE]. \tag{9.50}$$

mit den *Zyklusgewichten* $g_Z(i)$ und der *zyklusbereinigten Stromintensität* $\lambda_Z$. Die Zyklusgewichte sind über einen vollen Zyklus auf N normiert, das heißt:

$$\sum_{i=1}^{N} g_Z(i) = N. \tag{9.51}$$

Die zyklusbereinigte Stromintensität ist gleich dem Mittelwert des Periodendurchsatzes im Verlauf eines Zyklus:

$$\lambda_Z = \sum_{i=1}^{N} \lambda_{PE}(i)/N \qquad [ME/PE]. \tag{9.52}$$

Die *Zyklusgewichte* für einen Zyklus Z mit den *gemessenen* Periodendurchsätzen $\lambda_{PE}(i)$ sind:

$$g_Z(i) = \lambda_{PE}(i)/\lambda_Z \tag{9.53}$$

In *Abb. 9.9* ist als Beispiel der auf diese Weise ermittelte Tages-, Wochen- und Jahresdurchsatz des Zentrallagers eines Handelsunternehmens dargestellt.

Zur Prognose wird zunächst für den Verlauf einer folgenden Zykluszeit der gemessene Verlauf der letzten abgeschlossenen Zykluszeit angesetzt. Wenn die systematische zeitliche Veränderung von stochastischen Schwankungen mit einer Streuung $s_{PE}$ überlagert ist, sind die gemessenen Zyklusgewichte (9.53) der einzelnen Zyklen mit dem stochastischen Fehler $s_{PE}/\lambda_Z$ behaftet.

Wenn die Zyklusgewichte eines Artikels mit schwachem Verbrauch von Zyklus zu Zyklus zu stark schwanken, ist es möglich, diese gleich den Zyklusgewichten einer ganzen Warengruppe oder anderer Produkte mit *analoger Verbrauchscharakteristik* aber deutlich höherem Periodenbedarf zu setzten, die wegen des höheren Bedarfs eine relativ geringe stochastische Streuung haben.

Für den Periodenverlauf können im nächst folgenden Zyklus auch die exponentiell geglätteten Zyklusgewichte und zyklusbereinigten Stromintensitäten aus mehreren zurückliegenden Zyklen verwendet werden. Durch dieses *Kombinationsverfahren* läßt sich der stochastisch bedingte Fehler der Zyklusgewichte und der bereinigten Stromintensität auf die Größenordnung (9.49) senken.[2]

2 Das aus bekannten Verfahren abgeleitete *Kombinationsverfahren* zur Prognose zyklisch veränderlicher stochastischer Ströme verbindet die Vorteile der exponentiellen Glättung mit den Vorteilen des einfachen Zyklusverfahrens und erreicht nach wenigen Zyklen eine gute Prognosegenauigkeit.

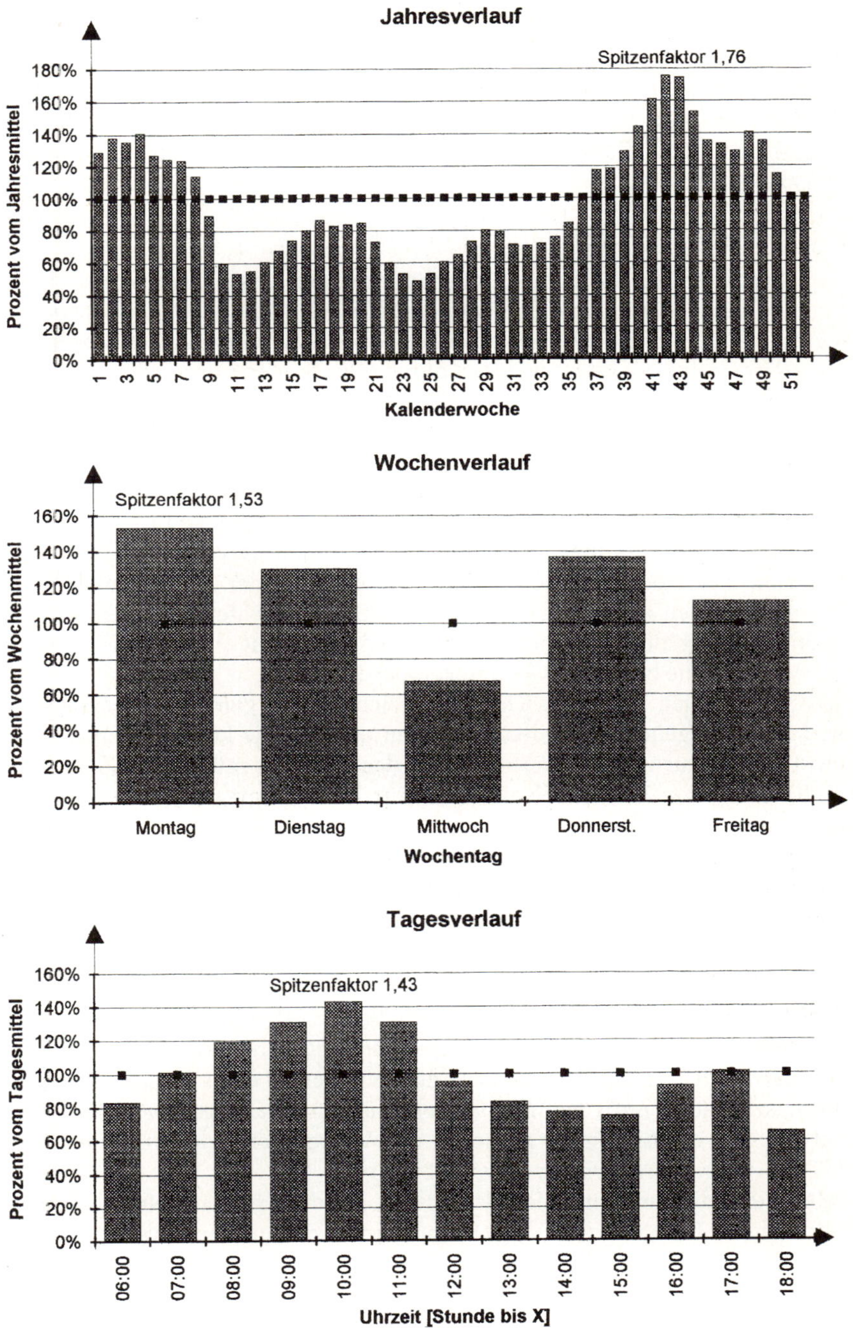


**Abb. 9.9** Zyklusgewichte und Spitzenfaktoren des Jahres-, Wochen- und Tagesverlaufs der Versandanforderungen eines Handelslagers

### 4. Zyklusverfahren für überlagerte Zyklen

Wenn die systematische zeitliche Veränderung eines instationären stochastischen Stroms eine *Überlagerung* von zwei oder mehr wiederkehrenden Zyklen mit unterschiedlichen Zykluszeiten ist, beispielsweise von einem *Tag* T, einer *Woche* W und einem *Jahr* J, läßt sich der Strom darstellen als ein *Produkt der Einzelzyklen* [77]:

$$\lambda(i;k;l) = \lambda_0 \cdot g_T(i) \cdot g_W(k) \cdot g_J(l) \quad [\mathrm{ME/PE}]. \tag{9.54}$$

Der *Tageszyklus* ist gegeben durch die *Tageszyklusgewichte* $g_T(i)$ für die einzelnen Stunden $i = 1,2,\ldots 24$ des Tages. Der *Wochenzyklus* wird durch die *Wochenzyklusgewichte* $g_W(k)$ für die einzelnen Wochentage $k = 1,2\ldots 7$ oder für Betriebstage $k = 1,2\ldots 5$ dargestellt. Der *Jahreszyklus* ist durch *Jahres-* oder *Saisonzyklusgewichte* $g_J(l)$ für die Kalenderwochen $l = 1,2\ldots 52$ oder für die Kalendermonate $l = 1, 2,\ldots 12$ gegeben.

Ein anderes Beispiel für überlagerte Zyklen ist das Produkt aus einem Tageszyklus mit Stundeneinteilung, einem Monatszyklus mit Tageseinteilung und einem Jahreszyklus mit Monatseinteilung. In einigen Fällen gibt ein Produkt aus einem Tageszyklus mit Stundeneinteilung und einem Jahreszyklus mit Kalender- oder Betriebstagen den zeitlichen Verlauf am besten wieder. Allgemein ergeben sich die Zykluszeiten aus dem in der Vergangenheit beobachteten Zeitverlauf. Die Periodeneinteilung der einzelnen Zyklen wird bestimmt durch den Verwendungszweck und die benötigte Genauigkeit der Prognose.

Die verschiedenen Zyklusgewichte lassen sich aus den gemessenen Zyklusgewichten zurückliegender Perioden errechnen und für die kommenden Zyklen prognostizieren. Zur weiteren Verbesserung der Prognose müssen die Zyklusgewichte für *irreguläre Zyklen*, beispielsweise für Wochen mit nur 4 Arbeitstagen, mit einem Feiertag oder vor Weihnachten, gesondert berechnet werden. Auch die zyklusbereinigte Stromintensität (9.52) wird nach dem Verfahren der exponentiellen Glättung aus den Werten zurückliegender Zyklen errechnet und jeweils nach Abschluß eines Zyklus fortgeschrieben.

### 5. Modellprognoseverfahren

Für den zeitlichen Verlauf eines instationären Stroms wird bei diesem Verfahren eine *Modellfunktion* mit einer Anzahl freier *Parameter* angesetzt. Die freien Parameter der Modellfunktion werden aus den IST-Werten eines vergangenen Beobachtungszeitraums nach der *Methode der kleinsten Quadrate* so bestimmt, daß die mittlere Abweichung (9.42) zwischen den Werten der Modellfunktion und den IST-Werten minimal wird [76; 77; 82; 251; 313].

Die Modellfunktion kann beispielsweise ein Produkt sein aus einer langsam veränderlichen *Trendfunktion* $\lambda_{Tr}(t)$ und einer normierten *Zyklusfunktion* $g_{Zyk}(t)$:

$$\lambda(t) = \lambda_{Tr}(t) \cdot g_{Zyk}(t) \tag{9.55}$$

Im einfachsten Fall hat die *Trendfunktion* $\lambda_{Tr}(t)$ einen linearen Verlauf

$$\lambda_{Tr}(t) = \lambda_o + c_1 \cdot t$$

Allgemein wird für die Trendfunktion eine Summe von Potenzen $\Sigma\, c_n \cdot t^n$ mit Parametern $c_n$ angesetzt. Für ein Produkt oder eine Leistung mit *endlicher Gesamtabsatzzeit* ist die Trendfunktion eine *Absatzkurve* $\lambda_{Abs}(t)$, auch *Produktlebenskurve* genannt, die sich unter bestimmten Voraussetzungen aus der Absatzfunktion ähnlicher Produkte oder Leistungen ableiten läßt.

Die *Zyklusfunktion* $g_{Zyk}(t)$ kann, wie im Beispiel (9.54), das Produkt mehrerer *Einzelzyklusfunktionen* sein. Im allgemeinsten Fall ist die Zyklusfunktion eine Fourierreihe aus trigonometrischen Funktionen

$$g_{Zyk}(t) = \sum_n \left(a_n \cdot sin(n \cdot \omega \cdot t) + b_n \cdot cos(n \cdot \omega \cdot t)\right)$$

mit den freien Parametern $a_n$, $b_n$ und $\omega$.

Zur mittel- und langfristigen Prognose instationärer stochastischer Ströme der Logistik wie auch des kurz- und mittelfristigen Bedarfs von Produkten oder Leistungen sind die allgemeinen Modellverfahren weniger gut geeignet als das Zyklusverfahren, da es für Modellverfahren kaum möglich ist, den stochastisch bedingten Prognosefehler abzuschätzen und die problemadäquate Periodeneinteilung festzulegen.

## 9.10 Bedarfsplanung und Bedarfsprognose

Die Bedarfsplanung bestimmt die Leistungsanforderungen und den Durchsatz der Produktions- und Leistungsstellen eines Unternehmens oder eines Betriebs für einen bestimmten Planungszeitraum.

Dabei ist zwischen *Primärbedarf* und *Sekundärbedarf* zu unterscheiden [223]:

- Der *Primärbedarf* für Produkte und Leistungen wird von *externen Faktoren*, wie *Konsumentenverhalten*, *Wettbewerb*, *Jahreszeit* und *Konjunktur*, bestimmt und ist durch unternehmerische Maßnahmen nur *begrenzt beeinflußbar.*
- Der *Sekundärbedarf* für Produkte und Leistungen wird vom Primärbedarf *induziert*. Er läßt sich aus dem Primärbedarf aufgrund *technischer Zusammenhänge*, wie *Stücklisten* in Verbindung mit *Teiledurchlaufzeiten*, errechnen, durch *planerische Maßnahmen*, wie Fahrpläne, Betriebszeitregelung und Kapazitäten, regeln oder durch *dispositive Maßnahmen*, wie die Auftrags-, Bestands- und Nachschubdisposition, beeinflussen.

Der Primärbedarf ist unter den vorangehend aufgeführten Voraussetzungen prognostizierbar. Der Einfluß *unternehmerischer Maßnahmen*, wie Werbeaktionen, eine Veränderung des Produkt- und Leistungsangebots oder eine andere Preispolitik, auf die zukünftige Bedarfsentwicklung läßt sich zwar aufgrund von Erfahrungen abschätzen und planen, ist jedoch nur mit begrenzter Verläßlichkeit vorausberechenbar. Ebensowenig lassen sich die quantitativen Auswirkungen von *Verhaltensänderungen* der Konsumenten und des Wettbewerbs prognostizieren.

Für Dienstleistungsunternehmen, die keine Leistungen auf Vorrat produzieren können, ist es unerläßlich, ihre Systeme, Strukturen und Kapazitäten *flexibel* für einen veränderlichen Bedarf einzurichten. Aber auch in Unternehmen, die

Konsumgüter produzieren oder mit diesen handeln, verbreitet sich zunehmend die Erkenntnis, daß es besser ist, *möglichst flexibel* auf die sich ändernden Anforderungen zu reagieren und den Markt nach dem *Pull-Prinzip* zu bedienen, als nach einem *relativ starren Absatzplan* Güter zu beschaffen oder zu produzieren und sie nach dem *Push-Prinzip* in den Markt zu drücken.

Bei einem bekannten, prognostizierbaren, geplanten oder fest in Auftrag gegebenen Primärbedarf ist der Sekundärbedarf im Prinzip berechenbar und damit auch planbar. Spezielle Verfahren der *Sekundärbedarfsrechnung*, wie die *MRP-Verfahren* (*Material Requirements Planning*), berechnen und terminieren aus dem Primärbedarf unter Berücksichtigung der *Stücklisten*, der *Teilefertigungszeiten*, der *Lagerbestände* und der aktuellen *Bestände in der Pipeline* den Teilebedarf für die zukünftigen Perioden [223; 234].

Das gilt zum Beispiel für den Sekundärbedarf der Flugzeugindustrie, der Anlagenhersteller, der Bauunternehmen und für Großprojekte. Der zukünftige Teile- und Materialbedarf läßt sich in diesen Branchen aus dem aktuellen *Auftragsbestand*, dem geplanten *Fertigstellungszeitpunkt* für die Anlage oder das Gesamtprojekt und den Lieferzeiten der Teile, der Module, der Anlagenkomponenten und des übrigen Materials ableiten.

Wenn eine Leistung oder ein Artikel für mehrere unterschiedliche und voneinander unabhängige Primärbedarfe benötigt wird, ist die artikelgenaue Bedarfsplanung unter Umständen sehr aufwendig. Beispiele hierfür sind Lagerartikel, Roh-, Hilfs- und Betriebstoffe und Teile, die in unterschiedliche Fertigprodukte einfließen, sowie Produkte, die in verschiedenen Ausprägungen und Verpackungen auf mehreren Absatzmärkten vertrieben werden.

Es ist daher eine Frage der Zweckmäßigkeit und des Aufwands, ob der Bedarf einer Sekundärleistung oder eines Sekundärteils genau geplant oder wie ein unabhängiger Primärbedarf prognostiziert wird. Erkennbare Veränderungen des Primärbedarfs können dabei über *Korrelationsfaktoren* berücksichtigt werden. Die Bedarfsprognose unabhängig davon, ob es sich um einen Primär- oder einen Sekundärbedarf handelt, ist vor allem für die verbrauchsabhängige Nachschub- und Bestandsdisposition von anonym auf Lager gefertigten oder beschafften Artikeln zulässig, da ja grade durch den Lagerbestand Verbrauch und Beschaffung voneinander entkoppelt werden.

Zur logistischen Bedarfsprognose, wie auch für die Planung und Disposition, ist die *Feinheit der Periodeneinteilung* festzulegen. Die Periodeneinteilung ist abhängig von der Genauigkeit, die zur Planung oder Disposition benötigt wird, und ergibt sich daher aus der jeweiligen Aufgabenstellung. Wegen der Grenzen der Prognostizierbarkeit muß die Periodeneinteilung einerseits so grob wie möglich sein und andererseits so fein wie nötig. Hieraus folgt:

1. Für die *Planung und Disposition von Verkehrsanlagen* mit hohen Durchsatzraten, die sich – wie der Verkehr in Flughäfen, Bahnhöfen und auf den Straßen – in weniger als einer Stunde ändern, wird der *Tageszyklus* mit einer Periodeneinteilung von *10 Minuten* oder noch kürzer benötigt.
2. Für die *Planung und Disposition von Logistikbetrieben* muß der *Tageszyklus* mit der *Stundenabhängigkeit* der stochastischen Ströme, also der Ankunfts-, Durchsatz- und Abfertigungsraten und der Material-, Transport- und Ver-

kehrsströme, bekannt sein. Um alle wesentlichen *systematischen Änderungen* im Tagesverlauf zu erfassen und zugleich die *stochastischen Schwankungen* herauszumitteln, ist die *Stunde* die geeignete Periodenlänge.

3. Für die *Planung und Disposition von Produktionsbetrieben* mit Lieferzeiten von einer oder mehreren Wochen wird der *Jahreszyklus* mit der *Wochenabhängigkeit* des Bedarfs und die *Kalenderwoche* als Periodenlänge benötigt. Bei Lieferzeiten von einem oder mehreren Tagen wird der Jahreszyklus mit dem Wochenverlauf und zusätzlich der Wochenzyklus mit dem Wochentagsverlauf benötigt. Eine *Just-In-Time-Fertigung* muß – wie ein Logistikbetrieb – unter Umständen auch den stundengenauen Bedarf des Abnehmers berücksichtigen.
4. Für die *Nachschub- und Bestandsdisposition* kann die Periodenlänge bei *bedarfsabhängiger Disposition* so lang gewählt werden wie die geforderte *Reaktionszeit* zur Bedienung der Abrufaufträge und bei *zyklischer Disposition* so lang wie der *Dispositionszyklus*. Zur Bedarfsprognose ist in der Regel eine Periodenlänge von einem *Tag* angemessen. Um die Streuung der stochastischen Schwankungen zu erfassen, die zur Berechnung des Sicherheitsbestands benötigt wird, ist als Bemessungsgrundlage der *Betriebstag* zu wählen (s. *Abschnitt 11.6*).

Die Periodeneinteilung zur Prognoserechnung ist nicht notwendig gleich der Periodeneinteilung der Betriebs- und Arbeitszeiten. Für die Periodeneinteilung der Betriebs- und Arbeitszeiten gibt es einen *zeitlichen Handlungsspielraum*, der – wie in *Kapitel 8* dargestellt – zur Verkürzung von Durchlaufzeiten, zur Senkung der Betriebskosten und zur Verbesserung des Service genutzt werden kann. Eine Veränderung der Betriebszeiten kann jedoch Rückwirkungen auf den Bedarf haben. So können eine Verlängerung oder Verschiebung der Ladenöffnungszeiten oder die Einführung bedarfsabhängiger Betriebszeiten zu einem Anstieg des Auftragseingangs führen.

Für *Sonderleistungen* zur Deckung eines einmaligen Bedarfs oder für *Sonderartikel* mit kurzzeitigem Bedarf, wie *Aktionsware*, *Modewaren* oder *Saisonartikel*, ist im allgemeinen keine verläßliche Prognose aufgrund vergangener Zeitreihen möglich. Der mögliche Absatz von Sonderleistungen und Sonderartikeln läßt sich nur mit Hilfe einer *Marktanalyse* ermitteln oder aufgrund von *Erfahrungen* abschätzen.

In einigen Branchen ist jedoch auch für kurzlebige Artikel und für Produkte mit befristetem Bedarf eine *bedingte Prognose* durch einen Vergleich mit dem *Lebenszyklus* ähnlicher Leistungen oder Artikel möglich. Beispielsweise wird im *Versandhandel* mit zunehmender Genauigkeit der voraussichtliche Absatz eines Artikels aus dem *Bestellverlauf* für vergleichbare Artikel nach Erscheinen früherer Kataloge hergeleitet. In der *Automobilindustrie* wird mit Hilfe früherer *Anlaufverkaufskurven* ähnlicher Fahrzeugtypen der Verkauf von Neueinführungen geplant.

Grundsätzlich sollten *Bedarfsprognosen* von *erfahrenen Vertriebsleuten* und *Disponenten* sowie alle hieraus abgeleiteten *Bedarfsplanungen* von *kompetenten Planern* geprüft und durchdacht werden, bevor aus ihnen Handlungen abgeleitet werden, die mit wesentlichen Kosten oder größeren Risiken verbunden sind.

Jedes Programm, das nach einem bestimmten Prognoseverfahren aus Vergangenheitswerten den zukünftigen Bedarf errechnet, muß außer dem prognostizierten Bedarf auch den *Prognosefehler* der letzten Vorhersage angeben. Wird der Prognosefehler deutlich größer als die stochastische Streuung oder nimmt er in den letzten Perioden stark zu, ist das ein *Alarmzeichen*, das den Disponenten zu einer sorgfältigen Prüfung des errechneten Prognosewerts und einer eventuellen Korrektur des hieraus abgeleiteten Beschaffungsvorschlags veranlassen soll.

## 9.11 Spitzenfaktoren und Dimensionierung

Maßgebend für die Auslegung und Dimensionierung von Logistiksystemen, Logistikzentren und Produktionssystemen sind die Anforderungen in *Spitzenbelastungszeiten.*

Bei einem zyklischem Bedarfsverlauf ist die Anforderung zur Spitzenzeit gleich dem mit einem *maßgebenden Spitzenfaktor* multiplizierten Durchschnittsbedarf $\lambda_0$. Der *maßgebende Spitzenfaktor* ist gleich dem Produkt der *maximalen Zyklusgewichte* aller Zyklen, die länger sind als die geforderte *Reaktionszeit* des betreffenden Systems. Hieraus folgt der allgemeine *Dimensionierungsgrundsatz*:

- Bei der Planung und Dimensionierung sind die Spitzenfaktoren aller zyklischen Veränderungen zu berücksichtigen, deren Zykluszeit größer ist als die maximal zulässigen Durchlaufzeiten, Lieferzeiten oder Leistungserfüllungszeiten.

So muß beispielsweise der Versandbereich eines Logistikzentrums oder einer Umschlaganlage in der Regel innerhalb von ein oder zwei Stunden auf die Versandanforderungen für bereitstehende Ware reagieren können. Die zulässige Auftragsdurchlaufzeit eines Logistikzentrums beträgt dagegen für einen großen Teil der Aufträge einen oder auch mehrere Tage.

Hieraus ergeben sich folgende *Dimensionierungsregeln für Logistikzentren und Umschlaganlagen*:

- Für die Auslegung der Funktionsflächen und für den Personal- und Gerätebedarf im *Warenausgang und Versand* ist der Tagesspitzenfaktor des Jahresspitzentages maßgebend. Dieser *Versandspitzenfaktor* $f_V$ ist gleich dem Produkt aus *Tagesspitzenfaktor* $f_T$, *Wochenspitzenfaktor* $f_W$ und *Jahres-* oder *Saisonspitzenfaktor* $f_S$

$$f_V = f_T \cdot f_W \cdot f_S \,. \tag{9.56}$$

- Für das *Leistungsvermögen* und den Geräte- und Personalbedarf in den übrigen Funktionsbereichen ist der Spitzenfaktor für den mittleren Tagesdurchsatz maßgebend. Dieser *Durchsatzspitzenfaktor* $f_D$ für den Spitzentag des Jahres ist gleich dem Produkt aus dem *Wochenspitzenfaktor* und dem *Saisonspitzenfaktor*

$$f_D = f_W \cdot f_S \,. \tag{9.57}$$

- Für die Auslegung der Lagerkapazitäten ist der Bestandsspitzenfaktor $f_B$ maßgebend. Bei optimaler Nachschubdisposition ist, wie in *Abschnitt 11.9* gezeigt wird, der *Bestandsspitzenfaktor* gleich der Wurzel aus dem Durchsatzspitzenfaktor

$$f_B = \sqrt{f_D} \,. \tag{9.58}$$

Als Beispiel zeigt *Abb. 9.9* den *Tagesverlauf*, den *Wochenverlauf* und den *Saisonverlauf* der Versandanforderungen eines Logistikzentrums für den stationären Handel. Das Produkt von Tages-, Wochen- und Jahresspitzenfaktor des Versands beträgt $f_V = 3{,}85$. Der Versand ist also in der Spitzenstunde des Jahres fast viermal so hoch wie im Jahresdurchschnitt. Für den Durchsatzspitzenfaktor errechnet sich $f_D = 1{,}76 \cdot 1{,}53 = 2{,}69$ und für den Bestandsspitzenfaktor $f_B = \sqrt{2{,}69} = 1{,}64$, also ein deutlich geringerer Spitzenfaktor als für den Tagesdurchsatz.

Wenn es möglich ist, einen Teil des Bedarfs der Spitzenzeiten vorzuproduzieren oder zu verschieben, lassen sich die Spitzenanforderungen glätten. Die *Abb. 3.4* zeigt für das gleiche Logistikzentrum wie *Abb. 9.9* den Saisonverlauf von Durchsatz und Beständen pro Kalendermonat. Die Saisonspitzenfaktoren des Monatsverlaufs sind wegen der Glättung über die längere Periode deutlich geringer als die Saisonspitzenfaktoren bezogen auf die Kalenderwochen.

## 9.12 Testfunktionen zur Szenarienrechnung

Der zeitliche Verlauf und die absolute Höhe von Auftragseingang, Leistungsanforderungen und Bedarf sind grundsätzlich nicht mit Sicherheit für einen längeren Planungszeitraum prognostizierbar oder planbar. Nicht nur Dienstleistungsunternehmen, auch Hersteller und Handelsunternehmen von Konsumgütern müssen sich daher darauf einstellen, nach dem *Pull-Prinzip* zu arbeiten und *flexibel* auf die sich verändernden Anforderungen des Marktes und der Kunden zu reagieren. Nichts anderes besagen im Prinzip die aktuellen Schlagworte *Efficient Consumer Response* (ECR), *Continuous Replenishment* (CRP) und *Supply Chain Management* (SCM) [23; 47; 48; 223; 234; 236].

Daher ist es unerläßlich, das Leistungsvermögen und das Verhalten geplanter Logistiksysteme und Produktionsbetriebe, die mit größeren Investitionen verbunden sind und deren Realisierung längere Zeit erfordert, für unterschiedliche *Szenarien* der Leistungsanforderungen und der Absatzentwicklung zu untersuchen. Ebenso sollten die Verfahren und Algorithmen der Disposition vor der Implementierung für verschiedene Szenarien des Auftragseingangs getestet werden.

Für derartige Szenarienrechnungen werden geeignete *Testfunktionen* oder *Modellfunktionen* für den Auftragseingang oder andere Leistungsanforderungen benötigt, die es erlauben, den Tages-, Wochen- oder Jahreszyklus zu verändern, die stochastische Streuung zu verkleinern oder zu vergrößern und den langfristigen Trend durch eine größere oder geringere Steigung abzuändern.

Gegenüber der Verwendung realer Absatzverteilungen aus einem abgeschlossenen Zeitraum haben Modellabsatzfunktionen den Vorteil, daß sich mit ihrer Hilfe die Auswirkungen von erwarteten oder geplanten Veränderungen des Absatzes simulieren lassen. Auch die Auswirkungen unterschiedlicher Dispositionsstrategien können auf diese Weise im voraus kalkuliert werden.

Ein gewünschter oder erwarteter systematischer Zeitverlauf sowie die Zufallsabhängigkeit eines Periodenabsatzes und Periodenverbrauchs lassen sich für einen bestimmten Betrachtungszeitraum durch folgende *Modellfunktion* generieren©:

$$\lambda(i) = \text{RUNDEN}\big(\lambda_A \cdot g_{Trend}(i) \cdot g_{Zyk}(i) \cdot g_{Stör}(i) \cdot g_{AZuf}(i)\big) \cdot \\ \cdot \text{MAX}(1; \text{RUNDEN}\big(m \cdot g_{mZuf}(i))\big) \tag{9.59}$$

Für die $N_{PE}$ Perioden $i = 1,2...N_{PE}$ eines Planungs- oder Dispositionszeitraums, der zum Beispiel ein Jahr mit 250 Arbeitstagen ist, lassen sich mit der Funktion (9.59) in einem Kalkulationsprogramm wie EXCEL ganzzahlige Absatzwerte erzeugen, die zufällig um einen einstellbaren systematischen Zeitverlauf schwanken:

Der erste Faktor der Modellfunktion generiert einen stochastisch um den Mittelwert $\lambda_A$ schwankenden *Auftragseingang*, der sich im Verlauf des Betrachtungszeitsraums systematisch verändert und an einigen Tagen auch den Wert 0 haben kann. Der zweite Faktor erzeugt eine um den Mittelwert $m$ stochastisch schwankende *Liefermenge*, die minimal 1 VE ist. Die *Absatzparameter* $\lambda_A$ und $m$ lassen sich so einstellen, daß ein vorgegebener Gesamtabsatz resultiert.

Außer der Trendfunktion und der Störfunktion sind die *Gewichtsfunktionen* $g_{xx}(i)$ über den Betrachtungszeitraum auf N normiert (s. Bez. 9.51). Mit den *Modellparametern* der Gewichtsfunktionen lassen sich unterschiedliche systematische Veränderungen und stochastische Schwankungen einstellen.

Die *Trendfunktion*

$$g_{Trend}(i) = 1 + c_{Tr} \cdot i / N_{PE} \tag{9.60}$$

erzeugt eine lineare Absatzveränderung mit dem frei einstellbaren *Trendanstieg* $c_{Tr}$ ab dem Anfangswert 1 bei $i = 0$ bis zum Endwert $1 + c_{Tr}$ bei $i = N_{PE}$.

Die *Zyklusfunktion*

$$g_{Zyk}(i) = 1 + (f_{Zyk} - 1) \cdot \text{SIN}(2\pi \cdot \nu_{Zyk} \cdot i / N_{PE}) \tag{9.61}$$

generiert einen sinusförmigen Saisonverlauf um den Mittelwert 1. Die Höhe der Saisonspitzen ist durch den *Zyklusfaktor* $f_{Zyk} \leq 1$ und die Anzahl der Saisonspitzen pro Jahr durch die *Zyklusfrequenz* $\nu_{Zyk}$ veränderbar.

Die *Störfunktion*

$$g_{Stör}(i) = \text{WENN}\big(i < i_A; 1; \text{WENN}(i > i_E; 1; f_{Stör})\big) \tag{9.62}$$

erzeugt einen sprunghaften Anstieg vom Ausgangswert 1 um den frei wählbaren *Störfaktor* $f_{Stör}$, der in einer einstellbaren *Anfangsperiode* $i_A$ beginnt und in der *Endperiode* $i_E$ endet.

Durch die *Auftragszufallsfunktion*

$$g_{AZuf}(i) = 1 + c_{Auf} \cdot \big(2 \cdot \text{ZUFALLSZAHL}() - 1\big) \tag{9.63}$$

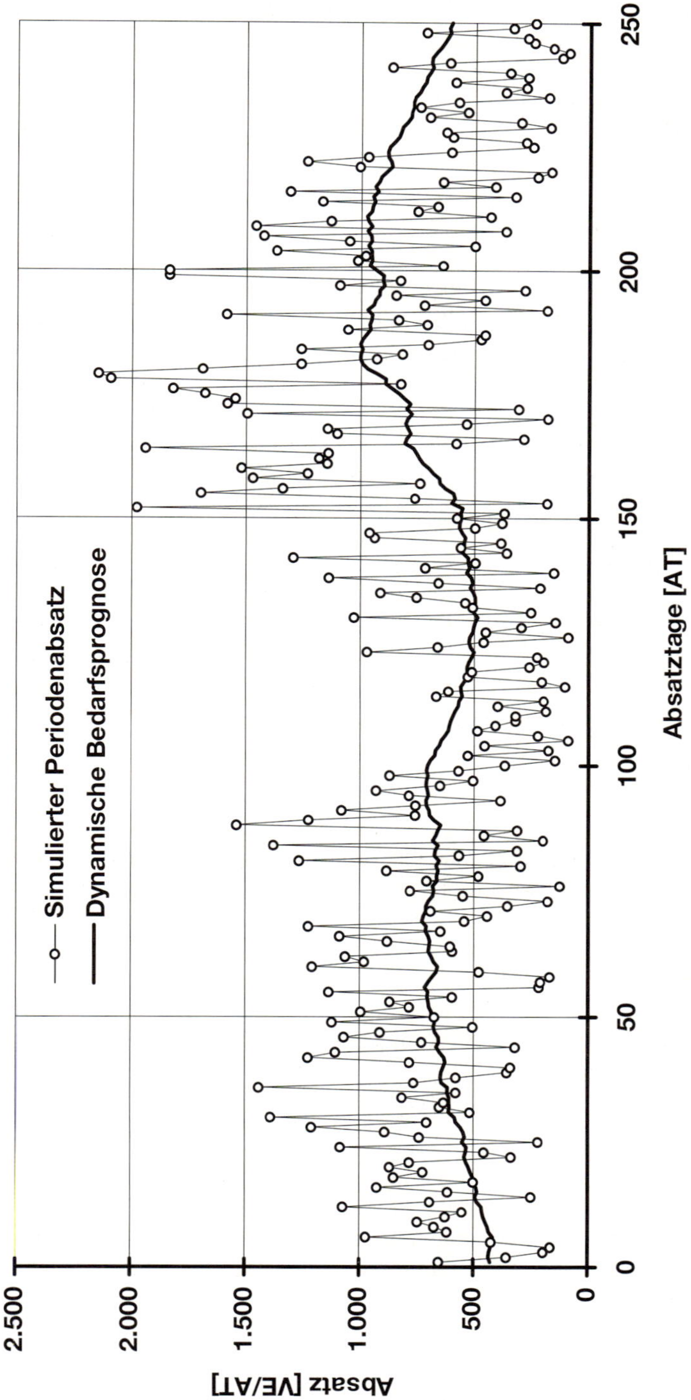


**Abb. 9.10** Kurzfristige Absatzprognose eines Artikels mit stochastisch und systematisch veränderlichem Periodenabsatz

Dynamische Absatzprognose mit dem Algorithmus (9.66) bis (9.70)
Tagesabsatz 700 ± 360 VE, Trend + 100 % p.a., Saisonalität ± 50 %
Abstiegsfaktor 2 vom 80. bis zum 100. AT

werden Zufallszahlen erzeugt, die zwischen $1 + c_{Auf}$ und $1 - c_{Auf}$ gleichverteilt sind. Mit einem *Auftragszufallsfaktor* $c_{Auf}$, dessen Wert zwischen 0 und 1 liegt, ist die *Streubreite* der Zufallsfunktion (9.63) in Grenzen einstellbar.

Entsprechend ist die *Mengenzufallsfunktion*:

$$g_{mZuf}(i) = 1 + c_m \cdot \left(2 \cdot \text{ZUFALLSZAHL}() - 1\right) \tag{9.64}$$

Mit dem frei wählbaren *Mengenzufallsfaktor* $c_m$ lassen unterschiedliche Streubreiten der Positionsmenge pro Auftrag generieren.

Wenn die Zufallsfunktionen (9.63) und (9.64) eine bestimmte *relative Streuung* erzeugen sollen, ist für die Zufallsfaktoren einzusetzen:

$$c_{Auf} = \sqrt{3 \cdot s_\lambda / \lambda_A} \quad \text{und} \quad c_m = \sqrt{3 \cdot s_m / m}. \tag{9.65}$$

Die *Abb. 9.10* zeigt einen mit der Modellfunktion (9.59) und den dort angegebenen Parameterwerten erzeugten Absatzverlauf. *Abb. 9.11* zeigt den gleichen Absatzverlauf, der jedoch über die Störfunktion vom ersten bis zum 60. Tag auf Null unterdrückt ist und danach plötzlich eingeschaltet wird.

Mit diesen Modellfunktionen wurden die nachfolgend dargestellten Verfahren der *dynamischen Prognose* entwickelt und getestet. Auch die Strategien der dynamischen Auftrags- und Fertigungsdisposition (s. *Abschnitt 10.5 und 10.6*) sowie der dynamischen Bestands- und Nachschubdisposition wurden mit Hilfe der Modellfunktion (9.59) getestet (s. *Abschnitt 11.15*).

## 9.13 Dynamische Prognose

Der Erfolg der Disposition hängt ab von der Qualität der Bedarfsprognose und von der Aktualität der Logistikkennwerte, die in die Dispositionsentscheidung einfließen.

Wenn sich der systematische zeitliche Verlauf in einem aktuellen Beobachtungszeitraum relativ wenig ändert, setzen sich der mittlere Absatz und die Absatzstreuung der zurückliegenden Perioden mit hoher Wahrscheinlichkeit in der näheren Zukunft fort. Das gilt auch für den aktuellen Mittelwert und die Streuung der Logistikkennwerte.

### 1. Dynamische Bedarfsprognose

Für einen kurzen Prognosezeitraum von einigen Tagen bis zu mehreren Wochen lassen sich Mittelwert und Streuung des Periodenbedarfs mit einer Genauigkeit, die für die Auftrags- und Lagerdisposition ausreicht, aus dem Absatz der letzten Perioden nach dem Verfahren der exponentiellen Glättung berechnen. Hierfür sind folgende *Algorithmen* geeignet:

- *Prognose des kurzfristigen Bedarfs*: Der zu erwartende mittlere Periodenbedarf $\lambda_m(i)$ [VE/PE] errechnet sich mit dem Absatzglättungsfaktor $\alpha_\lambda$ aus dem

Absatz $\lambda(i\text{–}1)$ der letzten Periode $i\text{–}1$ und dem zuletzt prognostizierten Periodenbedarf $\lambda_m(i\text{–}1)$ nach der *Standardformel für den dynamischen Mittelwert*

$$\lambda_m(i) = \alpha_\lambda \cdot \lambda(i-1) + (1-\alpha_\lambda) \cdot \lambda_m(i-1). \tag{9.66}$$

▶ *Prognose der Bedarfsstreuung*: Die prognostizierte Streuung des Bedarfs $s_\lambda(i)$ errechnet sich mit dem Glättungsfaktor $\alpha_\lambda$ aus der zuletzt prognostizierten Streuung $s_\lambda(i\text{–}1)$ sowie aus dem prognostizierten Periodenbedarf $\lambda_m(i\text{–}1)$ und dem Absatz $\lambda(i\text{–}1)$ in der letzten Periode nach der *Standardformel der Bedarfsstreuung*©

$$s_\lambda(i) = \left[\alpha_\lambda \cdot (\lambda_m(i-1) - \lambda(i-1))^2 + (1-\alpha_\lambda) \cdot s_\lambda(i-1)^2\right]^{1/2} \tag{9.67}$$

Die Formel zur Berechnung der aktuellen Bedarfsstreuung, die z.B. zur Berechnung des dynamischen Sicherheitsbestands benötigt wird, folgt aus der Anwendung des Verfahrens der exponentiellen Glättung auf die Varianz $s_\lambda(i)^2$.

Für einen neuen Artikel müssen vor dem Absatzbeginn für den Periodenbedarf und dessen Streuung Schätz- oder Planwerte als *Anfangswerte* eingegeben werden. Für *Mehrstückaufträge* lassen sich der Auftragseingang und die mittlere Liefermenge sowie deren Streuung auch getrennt prognostizieren. Das ist für die Entscheidung der Lagerhaltigkeit eines Artikels von Interesse. Zur dynamischen Prognose der Liefermenge ist in den Beziehungen (9.66) und (9.67) $\lambda(i)$ durch $m(i)$ und $s_\lambda(i)$ durch $s_m(i)$ zu ersetzen.

#### 2. Dynamischer Glättungsfaktor

Mit einem konstanten Glättungsfaktor, der nicht den Strukturänderungen des Absatzverlaufs folgt, besteht die Gefahr, daß die systematischen Änderungen des Bedarfs nicht rechtzeitig erkannt und daher bei der Disposition zu spät berücksichtigt werden. Daher muß der Glättungsfaktor der Änderung des Absatzverlaufs regelmäßig angepaßt werden. Das ist möglich mit Hilfe des *dynamischen Glättungsfaktors*©

$$\alpha_\lambda(i) = 2\,[\mathrm{MIN}(v_{max}; s_\lambda(i-1)/\lambda_m(i-1))]^2 / \Big([\mathrm{MIN}(v_{max}; s_\lambda(i-1)/\lambda_m(i-1))]^2 + (s_\lambda(i-1)/\lambda_m(i-1))^2\Big) \tag{9.68}$$

Der dynamische Glättungsfaktor bewirkt, daß bei abnehmender Absatzstreuung der Glättungsfaktor $\alpha$ größer und die *Glättungsreichweite* kürzer wird. Damit kann der Mittelwert einer systematischen Veränderung schneller folgen. Mit zunehmender Absatzstreuung nimmt der Glättungsfaktor automatisch ab. Die Glättungsreichweite steigt an, so daß die Streuungen über einen längeren Zeitraum geglättet werden. Dafür aber folgt der resultierende Mittelwert einer systematischen Veränderung mit einer größeren Verzögerung.

Der *maximale Variationskoeffizient* $v_{max}$ für den prognostizierten Periodenbedarf in Beziehung (9.68) bewirkt, daß der gleitende Mittelwert nicht stärker als zulässig schwankt. So ist für die Lagerdisposition eine Schwankung des prognostizierten Periodenabsatzes bis zu 5 % zulässig, denn damit schwankt die optimale Nachschubmenge nur um den Faktor $\sqrt{1{,}05}$ oder ±2,5 %.

Damit der gleitende Mittelwert einer systematischen Veränderung nicht zu langsam folgt, ist es erforderlich, den dynamischen Glättungsfaktor nach unten zu begrenzen durch den *minimalen Glättungsfaktor* $\alpha_{min}$. Dieser hat beispielsweise den Wert 0,033, wenn die Glättung effektiv nicht mehr als die letzten 60 AT berücksichtigen soll.

Damit nicht eine zufällige Folge gleicher Abweichungen vom Mittelwert wie eine systematische Veränderung erscheint, muß der dynamische Glättungsfaktor auch nach oben begrenzt werden durch den *maximalen Glättungsfaktor* $\alpha_{max}$. Er hat z.B. den Wert 0,333, wenn die Glättung effektiv mindestens die letzten 5 AT berücksichtigen soll.

Aus der Begrenzung des dynamischen Glättungsfaktors nach oben und unten folgt eine erste *Zusatzbedingung*:

$$\alpha_\lambda = \begin{cases} \alpha_{\text{min}} & \text{wenn} \quad \alpha_\lambda(i) < \alpha_{\text{min}} \\ \alpha_\lambda(i) & \text{wenn} \quad \alpha_{\text{min}} \leq \alpha_\lambda(i) \leq \alpha_{\text{max}} \\ \alpha_{\text{max}} & \text{wenn} \quad \alpha_\lambda(i) > \alpha_{\text{max}}. \end{cases} \tag{9.69}$$

Wenn der Absatz für eine längere Anzahl aufeinander folgender Perioden 0 ist, muß der dynamische Glättungsfaktor auf den Maximalwert gesetzt werden. Daraus resultiert die zweite *Zusatzbedingung*

$$\alpha_\lambda = \text{WENN}\left(\sum_{\text{n}=1}^{\text{N}} \lambda(i-n) = 0; \alpha_{\text{max}}\right) \tag{9.70}$$

Die Summe in (9.70) erstreckt sich dabei über so viele Absatzperioden wie die Glättungsreichweite des maximalen Glättungsfaktors. Für $\alpha_{max}=0{,}333$ ist also $N=5$.

Die zweite Zusatzbedingung ist erforderlich, damit die dynamische Absatzprognose den Absatzbeginn eines neu eingeführten oder eines längere Zeit nicht benötigten Artikels möglichst schnell erkennt. Durch diese Bedingung wird auch das Absatzende eines auslaufenden Artikels rechtzeitig berücksichtigt.

Die *Abbildung 9.11* zeigt, wie rasch die dynamische Absatzprognose mit dem Algorithmus (9.66) bis (9.70) dem plötzlich einsetzenden Absatz eines neuen Artikels folgt, der erst ab dem 61. Absatztag angefordert wird. Bei einer Bedarfsprognose mit dem dynamischen Glättungsfaktor ist es daher nicht unbedingt erforderlich, für jeden Artikel einen korrekten Anfangswert einzugeben. Das Dispositionsprogramm errechnet den aktuellen Absatz nach kurzer Zeit selbst [266; 280].

### 3. Dynamische Berechnung von zufallsabhängigen Logistikkennwerten

Infolge systematischer und zufälliger Einflüsse schwanken die meisten Logistikkennwerte, wie die Lieferzeit, die Lieferfähigkeit und der aktuelle Lagerbestand, ähnlich wie der Absatz stochastisch um einen zeitlich veränderlichen Mittelwert. Für die Disposition und zur Beurteilung der Leistungsqualität müssen die Logistikkennwerte und ihre Streuung möglichst aktuell bekannt sein. Sie lassen sich ebenfalls nach dem Verfahren der exponentiellen Glättung aus dem letzten aktuellen IST-Wert und dem letzten Prognosewert berechnen.

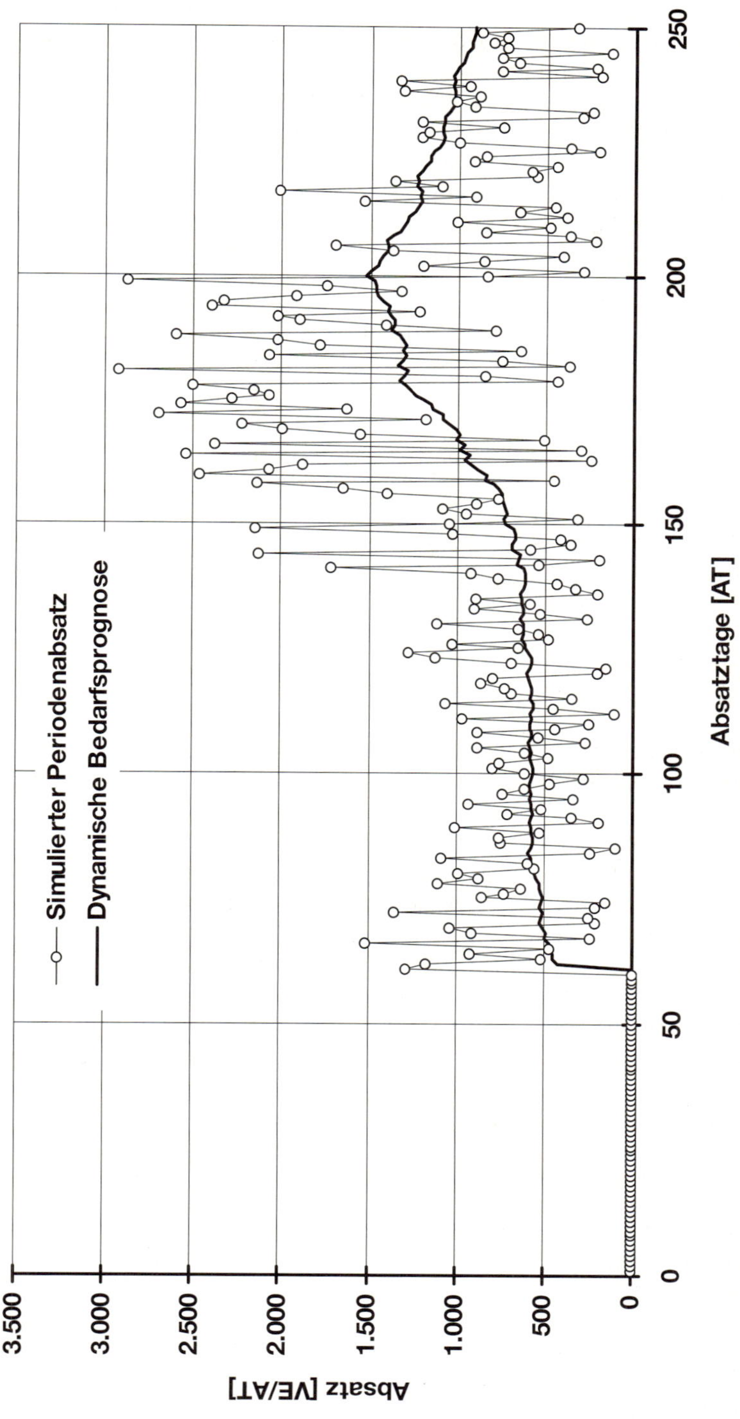


**Abb. 9.11** Dynamische Absatzprognose eines Artikels mit plötzlich einsetzendem Bedarf

Dynamische Absatzprognose mit dem Algorithmus (9.66) bis (9.70)
Absatzbeginn am 61. Tag.
Übrige Absatzparameter s. *Abb. 9.10*

Das ist besonders wichtig für die Wiederbeschaffungszeit (WBZ) eines Lagerartikels, die zur Berechnung des aktuellen *Bestellpunkts* und des dynamischen *Sicherheitsbestands* benötigt wird. Die *Wiederbeschaffungszeit* $T_{WBZ}$ [AT] wird gemessen in der Anzahl $n_{WBZ}$ der Absatztage von der Auslösung eines Lagernachschubauftrags bis zum Eintreffen der Nachschubmenge auf dem Lagerplatz. Für einen neuen Artikel oder bei einem Wechsel der Lieferstelle muß als *Anfangswert* für die Wiederbeschaffungszeit eine Standardlieferzeit oder ein Planwert eingegeben werden. Ab Eintreffen der ersten Lieferung ist es möglich, den Mittelwert und die Streuung der Wiederbeschaffungszeit zu berechnen:

▶ Die aktuelle *mittlere Wiederbeschaffungszeit* $n_{WBZ}(i)$ ergibt sich mit dem *WBZ-Glättungsfaktor* $\alpha_{WBZ}$ aus der Wiederbeschaffungszeit $n_{WBZ}(j-1)$ für die letzte Beschaffung zu einer Zeit $j < i$ und der vorherigen mittleren Wiederbeschaffungszeit $n_{WBZm}(j-1)$ nach der *Standardformel des dynamischen Mittelwerts*

$$n_{WBZm}(j) = \alpha_{WBZ} \cdot n_{WBZ}(j-1) + (1-\alpha_{WBZ}) \cdot n_{WBZm}(j-1) \tag{9.71}$$

▶ Die aktuelle *Streuung der Wiederbeschaffungszeit* $s_{WBZ}(i)$ ergibt sich aus der letzen WBZ-Streuung $s_{WBZ}(j-1)$, der letzten mittleren Wiederbeschaffungszeit $n_{WBZm}(j-1)$ und der Wiederbeschaffungszeit $n_{WBZ}(j-1)$ für die letzte Beschaffung nach der *Standardformel der dynamischen Streuung*©:

$$s_{WBZ}(j) = \left[\alpha_{WBZ} \cdot (n_{WBZm}(j-1) - n_{WBZ}(j-1))^2 + (1-\alpha_{WBZ}) \cdot s_{WBZ}(j-1)^2\right]^{1/2} \tag{9.72}$$

Wenn effektiv die letzten $n_{WBZ}$ Beschaffungsvorgänge berücksichtigt werden sollen, ist der *WBZ-Glättungsfaktor*:

$$\alpha_{WBZ} = 2/(n_{WBZ} + 1). \tag{9.73}$$

zu setzen. So ist z.B. für $n_{WBZ} = 5$ der WBZ-Glättungsfaktor $\alpha_{WBZ} = 0{,}33$. Alternativ kann nach jedem aktuellen Nachschubeingang der WBZ-Glättungsfaktor mit Hilfe von Beziehung (9.68) auch dynamisch aus den vorangehenden Werten der mittleren Wiederbeschaffungszeit und deren Streuung neu berechnet werden.

Mit den Standardformeln (9.71) und (9.72) ist analog die Berechnung des aktuellen Mittelwertes und der Streuung anderer Logistikkenngrößen möglich.

### 4. Bedarfsprognose in Logistiknetzen

Der Absatz der voranliegenden Liefer- und Leistungsstellen, aus denen die Bedarfsstellen eines mehrstufigen Logistiknetzes beliefert werden, läßt sich grundsätzlich aus dem Absatzverlauf der Endverbrauchsstellen berechnen, wenn die Zusammensetzung der Endprodukte, die Bestände und die Ressourcen sowie die Dispositionsstrategien aller nachfolgenden Stellen bekannt sind. Eine solche *Netzbedarfsrechnung* ist heute für eine begrenzte Anzahl von Endprodukten und ein überschaubares Versorgungsnetzwerk mit einem leistungsfähigen Rechner und geeigneter Software grundsätzlich möglich.

Für eine größere Artikelanzahl, umfangreiche Stücklisten und ein vielstufiges Versorgungsnetz ist die Netzbedarfsrechung jedoch sehr aufwendig. Außerdem sind die benötigten Informationen für unternehmensübergreifende Lieferketten in der Regel nicht verfügbar. Aus geschäftspolitischen Gründen geben nur wenige Unternehmen Informationen über ihre Absatzdaten, Auftrags- und Lagerbestände und Ressourcen uneingeschränkt an Lieferanten und Kunden weiter.

Maßgebend für die Bereitschaft zur Beschaffung und Weitergabe der für eine Zentraldisposition benötigten Informationen ist der Zusatznutzen, der aus einer zentralen Bedarfsrechnung für das gesamte Netzwerk im Vergleich zur dezentralen Bedarfsermittlung zu erwarten ist. *Vorteile* für die Zentraldisposition werden heute vor allem aus folgenden Punkten erwartet:

- Kenntnis des Summenverbrauchs mehrerer Verbrauchsstellen zur besseren Prognose systematischer Bedarfsänderungen.
- Unverzögerte Information über den Absatz der Endverbrauchsstellen zur schnellen und effizienten Marktbedienung (*Efficient Consumer Response* ECR).

Nach dem Gesetz der großen Zahl ist die relative Schwankung des Summenverbrauchs kleiner als die relative Schwankung der Einzelverbräuche. Aus dem summierten Absatz aller Verkaufsstellen ist daher eine bessere Gesamtbedarfsprognose möglich, als sie der einzelne Händler aufgrund des ihm bekannten Bedarfs durchführen kann.

Aus dem Summenbedarf vieler paralleler Absatzstellen für den gleichen Artikel können auch recht zuverlässig die *Saisongewichte* errechnet werden. Damit lassen sich systematische Bedarfsveränderungen des Gesamtmarktes besser erkennen, der mittelfristige Absatz und Umsatz zutreffender prognostizieren und Engpässe rechtzeitig voraussehen.

Wenn eine Leistungsstelle in einem Versorgungsnetz von den Endverbrauchsstellen über eine, zwei oder mehr Leistungsstellen getrennt ist, reagiert der Absatz dieser Stelle, der sich aus den Bestellungen der folgenden Stellen ergibt, erst mit einem bestimmten *Informationszeitverzug* $\Delta t$ auf eine systematische Veränderung des Endverbrauchs. Der Zeitverzug der Absatzinformation infolge einer dazwischen befindlichen *Lagerstelle* ist im Mittel gleich der halben Reichweite des Lagerbestands. Bei einer *bestandslosen Leistungsstelle* ist der Zeitverzug im Mittel gleich der halben Bündelungszeit der Beschaffungsaufträge. Je weiter eine Leistungsstelle in der Lieferkette von der Endverbrauchsstelle entfernt ist, um so größer ist die Informationsverzögerung (s. *Abbildung 9.12 Oben*).

Wenn hingegen alle Leistungsstellen des Versorgungsnetzwerks mit den Endverbrauchsstellen über *EDI* oder *Internet* verbunden sind, ist es prinzipiell möglich, den zukünftigen Bedarf aus den simultan über die Lieferketten weitergeleiteten Absatzinformationen der Endverbrauchsstellen zu errechnen (*Abbildung 9.12 Unten*). Bei der Prognose des eigenen Absatzes einer Leistungsstelle aus dem Endverbrauch der nachfolgenden Lieferketten sind jedoch auch deren Nachschubstrategien zu berücksichtigen. Das aber scheitert in der Praxis meist an der fehlenden Verfügbarkeit dieser Zusatzinformationen.

Selbst wenn das Dispositionsverhalten aller Lager- und Leistungsstellen und der aktuelle Absatz der Endverbrauchsstellen bekannt sind, ist der Nutzen aus

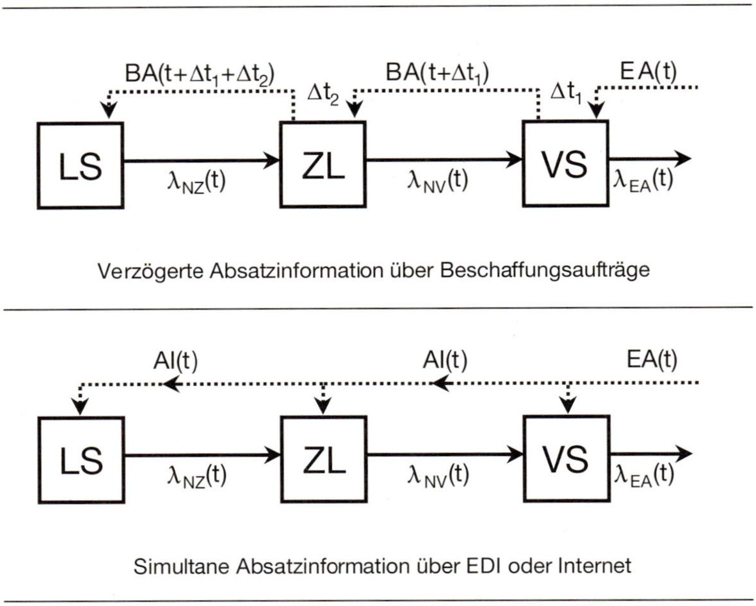


**Abb. 9.12** Lieferkette mit verzögerter und mit unverzögerter Absatzinformation

LS: Lieferstelle ZL: Zentrallager VS: Verkaufsstelle
EA: Endverbrauchsaufträge BA: Beschaffungsaufträge
AI: Absatzinformation über EDI oder Internet

diesen Informationen meist begrenzt. So ergibt die Simulation eines zweistufigen Versorgungsnetzes, daß sich durch die kurzfristige Absatzprognose auf der Basis des unverzögerten Endverbrauchs anstelle des eigenen Absatzes keine nennenswerten Bestandssenkungen oder Kosteneinsparungen erreichen lassen [273]. Daher gelten die *Regeln*:

- Eine Kenntnis des unverzögerten Summenbedarfs ist für die kurzfristige Bedarfsprognose zur aktuellen Auftrags- und Bestandsdisposition in den einzelnen Liefer- und Lagerstellen meist nicht erforderlich.
- Die Kenntnis des unverzögerten Summenbedarfs aller Endverbrauchsstellen eines Artikels ist nutzbar für die mittelfristige Bedarfsprognose, die zur Ressourcenplanung in einem Unternehmens- und Logistiknetzwerk benötigt wird.

In Unkenntnis dieser Regeln werden die Möglichkeiten und Potentiale der Nutzung der unverzögerten Endverbrauchsinformationen häufig überschätzt.

## 9.14 Messung von Wahrscheinlichkeitswerten

Viele Größen der Logistik, wie Ausfallraten, Fehlerquoten, Umschaltfrequenzen und Folgewahrscheinlichkeiten, sind *Wahrscheinlichkeitswerte*, die durch Zählung und Auswertung von Zufallsereignissen gemessen werden. Die Meßvoraussetzungen, die erreichbare Meßgenauigkeit und die erforderliche Anzahl der Messungen sind durch die *Regeln der Wahrscheinlichkeitsmessung* vorgegeben.

Die wichtigsten *Qualitätskennwerte*, wie Zuverlässigkeit, Verfügbarkeit, Lieferfähigkeit und Termintreue, ergeben sich aus der Messung einer *komplementären Wahrscheinlichkeit*, wie die Unzuverlässigkeit, die Lieferunfähigkeit bzw. die Terminuntreue. Bei der Messung von Qualitätskennwerten sind die *Regeln der Qualitätsmessung* zu beachten. Eine Nichtbeachtung dieser Regeln kann in der Praxis zu Fehlschlüssen, Streitigkeiten und erheblichen Kosten führen. Das gilt vor allem für vertraglich pönalisierte Garantiewerte der *Zuverlässigkeit* und *Verfügbarkeit* (s. *Abschnitt 13.8*).

**1. Regeln der Wahrscheinlichkeitsmessung**

Die Wahrscheinlichkeit $p_z$ eines Zufallsereignisses Z wird gemessen, in dem für einen statistisch ausreichend langen Zeitraum die Anzahl $n_z$ der Zufallsereignisse und die Gesamtzahl der Ereignisse n erfaßt werden. Die *gemessene Wahrscheinlichkeit* ist dann der Quotient der Anzahl zutreffender Ereignisse zur Gesamtzahl der erfaßten Ereignisse [82]:

$$p_z = n_z / n. \tag{9.74}$$

Der gemessene Wahrscheinlichkeitswert (9.74) ist mit einem Fehler behaftet, der von der Streuung und von der Anzahl der Zufallsereignisse abhängt.

Wenn die betrachteten Zufallsereignisse unabhängig voneinander zu allen Zeiten mit gleicher Wahrscheinlichkeit eintreten, ist der *Meßfehler*, also die Standardabweichung der Anzahl $n_z$ der Zufallsereignisse nach dem Gesetz der großen Zahl gleich $s_{nz} = \sqrt{n_z}$. Damit folgt nach dem Fehlerfortpflanzungsgesetz für die Varianz der gemessenen Wahrscheinlichkeit $s_p{}^2 = (\partial p_z/\partial n_z) \cdot s_{nz}{}^2 = s_{nz}{}^2/n^2 = n_z/n^2 = p_z/n$.

Hieraus ergeben sich die *Regeln der Wahrscheinlichkeitsmessung*:

- Wenn eine erwartete *Wahrscheinlichkeit* $p_z$ mit einer *Genauigkeit* $s_p$ gemessen werden soll, ist die Gesamtzahl der zu erfassenden Ereignisse

$$n(p_z; s_p) = p_z / s_p{}^2. \tag{9.75}$$

- Werden zur Messung der Wahrscheinlichkeit $p_z$ eines Zufallsereignisses Z insgesamt n Ereignisse gezählt, dann hat der resultierende Wahrscheinlichkeitswert den Fehler

$$s_p = \sqrt{p_z / n}. \tag{9.76}$$

Gemäß Beziehung (9.75) steigt die Anzahl der zu erfassenden Gesamtereignisse umgekehrt proportional zum Quadrat der zulässigen Streuung des Meßergebnisses. So sind beispielsweise für eine geforderte Meßgenauigkeit $s_p = 1\% = 0{,}01$ einer erwarteten Wahrscheinlichkeit $p = 95\% = 0{,}95$ insgesamt mindestens $n = 0{,}95/0{,}01^2 = 9.500$ Ereignisse zu erfassen.

## 2. Regeln der Qualitätsmessung

Das zu messende Zufallsereignis einer *Qualitätskennzahl* ist das *Nichteintreten* des gewünschten Qualitätszustands. So ist im Fall der Verfügbarkeit das Zufallsereignis das Eintreten der Nichtverfügbarkeit (s. *Abschnitt 13.6*).

Die *Qualitätskennzahlen* Lieferfähigkeit, Termintreue, Zuverlässigkeit und Verfügbarkeit sind also die *komplementäre Wahrscheinlichkeit* $\eta = 1 - \eta_u$ der Wahrscheinlichkeit $\eta_u$ der Lieferunfähigkeit, der Terminuntreue, der Unzuverlässigkeit bzw. der Nichtverfügbarkeit.

Zur Messung einer Qualitätskennzahl wird für einen statistisch ausreichend langen Zeitraum die Anzahl der *richtigen Ereignisse* $n_r$ und die Anzahl der *falschen Ereignisse* $n_f$ erfaßt. So sind z.B. für die *Lieferfähigkeit* die richtigen Ereignisse die vollständig aus dem Lagerbestand ausgeführten Aufträge und die falschen Ereignisse die nicht ausführbaren Aufträge (s. *Abschnitt 11.8*).

Die *gemessene Qualitätskennzahl* ist der Quotient der Anzahl richtiger Ereignisse zur Gesamtzahl der erfaßten Ereignisse $n = n_r + n_f$:

$$\eta = n_r / n = n_r / (n_r + n_f) = 1 - n_f / n \qquad (9.77)$$

Die Zufallsgröße, aus deren schwankender Anzahl ein Fehler der zu ermittelnden Qualitätskennzahl resultieren kann, ist das falsche Ereignis. Die Gesamtzahl der Messungen n ist hingegen ein fester Wert einer Meßreihe. Nach dem Fehlerfortpflanzungsgesetz ist damit $s_\eta^2 = s_{nf}^2/n^2$. Wenn die falschen Ereignisse zu allen Zeiten unabhängig voneinander mit gleicher Wahrscheinlichkeit rein zufällig eintreten, ist der *Meßfehler* $s_{nf}$ einer gemessenen Anzahl $n_f$ falscher Ereignisse $s_{nf} = \sqrt{n_f} = \sqrt{(1-\eta)n}$.

Durch Einsetzen der letzten in die vorangehende Beziehung folgen die beiden *Regeln der Qualitätsmessung*:

- ▶ Wenn eine erwartete *Qualitätskennzahl* $\eta$ mit einer Genauigkeit $s_\eta$ gemessen werden soll, ist die *Gesamtzahl der zu erfassenden Ereignisse*

$$n > (1 - \eta) / s_\eta^2. \qquad (9.78)$$

- ▶ Werden zur Messung der Qualitätskennzahl $\eta$ insgesamt n Ereignisse gezählt, dann ist der *Meßfehler des Qualitätswerts*

$$s_\eta = \sqrt{(1-\eta)/n}. \qquad (9.79)$$

Je größer die geforderte Meßgenauigkeit desto mehr Ereignisse müssen insgesamt erfaßt werden. Die Zahl der zu erfassenden Ereignisse sinkt andererseits mit zunehmendem Qualitätswert. Um beispielsweise eine erwartete Verfügbarkeit von 92,5% mit einer Meßgenauigkeit $s_\eta = 1\% = 0{,}01$ zu bestimmen, sind nach Beziehung (9.78) insgesamt mindestens $n = (1-0{,}925)/0{,}01^2 = 750$ Ereignisse zu erfassen.

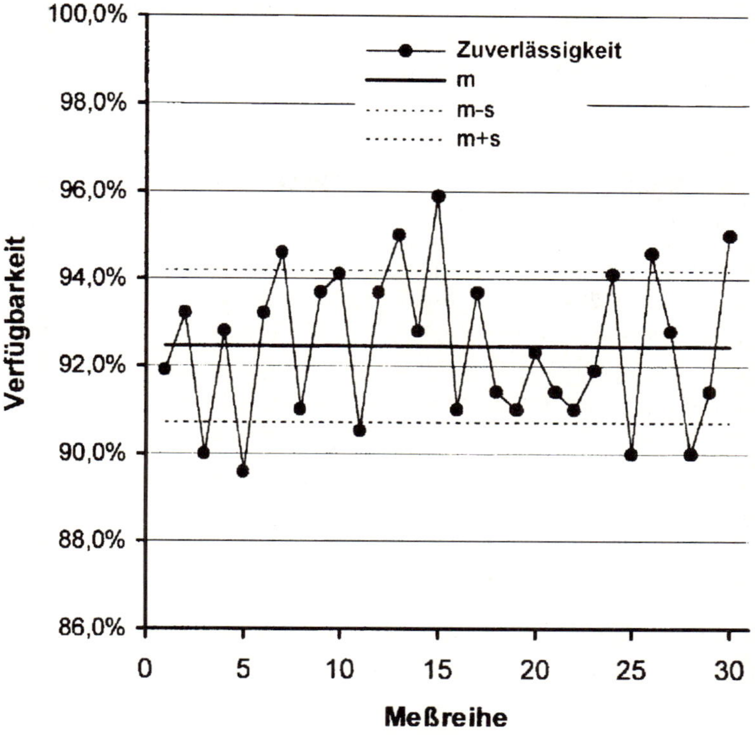


**Abb. 9.13** Ergebnisse einer Zuverlässigkeitsmessung

Mittelwert aller 30 Meßreihen m = 92,5%
Berechnete Meßwertstreuung $s = \pm 1{,}7\%$
Theoretische Meßwertstreuung $s = \pm 1{,}8\%$
Gesamtereignisse pro Meßreihe n = 221

Zur Erläuterung sind in *Abb. 9.13* die Ergebnisse einer Reihe von insgesamt 30 Zuverlässigkeitsmessungen eines Transportgeräts dargestellt. Jede Meßreihe umfaßt genau 221 Transportspiele. Die gestörten Transportspiele wurden mit Hilfe eines Zufallsgenerators erzeugt. Die errechneten Zuverlässigkeitswerte der einzelnen Meßreihen schwanken mit der Streuung $s_\eta = \pm 1{,}7\%$ um den Mittelwert $m_\eta = 92{,}5\%$ der 30 Meßreihen. Nach Beziehung (9.35) ist die theoretisch zu erwartende Streuung der 30 Einzelmessungen um den Mittelwert ±1,8%. Der gemessene Mittelwert m = 92,5%, der aus den 30 × 221 = 6.630 Ereignissen aller 30 Meßreihen resultiert, hat gemäß Beziehung (9.79) immer noch einen Fehler von ±0,3%.

### 3. Voraussetzungen einer Wahrscheinlichkeitsmessung

Vor der Messung einer Wahrscheinlichkeit oder eines Qualitätswertes ist zu prüfen, ob während der Messung folgende *Voraussetzungen* erfüllt sind:

- ▶ Die zu messende Wahrscheinlichkeit darf sich während der Meßzeit nicht wesentlich verändern.
- ▶ Die zu erfassenden Zufallsereignisse müssen während der gesamten Meßdauer zufällig und unkorreliert sein.

Beide Voraussetzungen sind beispielsweise bei einer Lieferfähigkeitsmessung nicht unbedingt erfüllt, da die Lieferunfähigkeit nicht zu allen Zeiten mit gleicher Wahrscheinlichkeit eintritt. Die Lieferunfähigkeit ist vielmehr nach dem Zugang des Lagernachschubs für längere Zeit 0 und kann nur am Ende einer Wiederbeschaffungsphase 1 werden (s. *Abschnitt 11.8*).

Daher ist außer den Regeln der Qualitätsmessung folgende *Zusatzforderung für Lieferfähigkeitsmessungen* zu beachten:

- ▶ Eine Meßreihe zur Ermittlung der *Lieferfähigkeit* muß einen oder mehrere volle Lieferzyklen erfassen, die sich jeweils von einem Nachschubeingang im Lager bis zum nächst folgenden Nachschubeingang erstrecken.

Wenn sich ein Einflußfaktor auf den Wahrscheinlichkeitswert während der Meßzeit systematisch verändert, ist damit zu rechnen, daß die Wahrscheinlichkeit nicht konstant bleibt. So verringert sich die Termintreue eines Fertigungsbetriebs mit zunehmender Auslastung. Die Überlaufwahrscheinlichkeit eines Lagerbestandes sinkt mit der Anzahl der Lagerartikel (s. *Abschnitt 16.1*, Bez. (16.16)). Bedingung für eine verläßliche Wahrscheinlichkeitsmessung ist daher, daß während der Meßzeit alle wesentlichen Einflußfaktoren konstant bleiben.

# 10 Auftragsdisposition und Produktionsplanung

Vor Ausführung der eingehenden Aufträge ist zu entscheiden, zu welcher Zeit, von welchen Leistungsbereichen, in welcher Form und in welcher Reihenfolge die Aufträge zu bearbeiten sind. Hieraus resultiert die allgemeine *Aufgabe der Auftragsdisposition:*

- Die externen Aufträge sind so aufzulösen, zu bündeln, zu ordnen und als interne Aufträge den Leistungsbereichen und Leistungsstellen zuzuweisen, daß bei Erfüllung der Auftragsanforderungen die verfügbaren Ressourcen *kostenoptimal* genutzt werden.

Die Auftragsdisposition können Disponenten, ein Rechner oder ein Disponent mit Unterstützung durch einen Rechner ausführen [223; 234; 236]. Der Disponent oder der Rechner arbeitet nach bestimmten *Dispositionsstrategien*. Viele Dispositionsstrategien sind das Ergebnis langjähriger Erfahrung und des Probierens nach dem *Trial-and-Error-Verfahren*. Bewährte Strategien sind teilweise in Form von *Arbeitsanweisungen* und *Dispositionsregeln* dokumentiert, häufig aber nur in den Köpfen der Disponenten vorhanden.

Die erforderliche Qualifikation der *Disponenten*, der Nutzen den sie stiften, aber auch der Schaden, den ein Disponent anrichten kann, sind nicht in allen Unternehmen ausreichend bekannt. In vielen Betrieben – auch von weltbekannten Unternehmen – liegt die gesamte Auftragsdisposition immer noch in den Händen einzelner Mitarbeiter. Wenn ein langjähriger Mitarbeiter in den Ruhestand geht, treten Probleme auf, weil der Disponent sein Wissen mitnimmt oder nicht rechtzeitig ein Nachfolger eingearbeitet wurde.

Um die Dispositionstätigkeit zu verbessern, die Strategien personenunabhängig zu dokumentieren und den Disponenten zu entlasten, ist es erforderlich, die sinnvollen *Dispositionsstrategien* und deren *Parameter* zu kennen, die *Strategiewirksamkeit* zu quantifizieren und zu vergleichen und die wirkungsvollsten Strategien auszuwählen und zu programmieren. Auf diese Weise ist es möglich, die Auftragsdisposition zunehmend einem Rechner zu übertragen. Für einfache Leistungs- oder Fertigungssysteme und gleichartige Aufträge kann ein Programm mit den richtigen Algorithmen die Disposition allein ausführen. Für komplexere Systeme und veränderliche Aufträge entlastet der Rechner den Disponenten von der Routinearbeit [223; 234; 236; 266].

In *Kapitel 8* wurden bereits die *zeitlichen Handlungsmöglichkeiten* dargestellt und hieraus die *Zeitstrategien* der Auftragsdisposition abgeleitet. Die Beschaffungs-, Bestands- und Nachschubstrategien sind Gegenstand des nachfolgenden *Kapitels 11*. In diesem Kapitel werden *Betriebsstrategien* für den optimalen Einsatz einzelner, paralleler und verketteter Leistungsstellen behandelt, die sich in *Bearbeitungsstrategien*, *Zuordnungsstrategien*, *Abfertigungsstrategien* und *Fertigungsstrategien* einteilen lassen.

Aus den abstrakten Betriebsstrategien, die grundsätzlich in allen Fertigungs-, Logistik- und Leistungssystemen anwendbar sind, lassen sich für die Logistik konkrete Lager-, Kommissionier- und Transportstrategien ableiten. Deren Wirksamkeit und Einsetzbarkeit werden in den *Kapiteln 13* bis *19* analysiert.

In Verbindung mit den *Zeitstrategien* und den *Nachschubstrategien* lassen sich die Betriebsstrategien auch zur Auftragsdisposition verketteter Fertigungs- und Leistungssysteme mit parallelen Auftragsketten nutzen, wie sie *Abb. 8.1* zeigt. In der Fertigung sind die hier beschriebenen Betriebsstrategien einsetzbar für die Auftragsdisposition und Produktionsplanung von Werkstätten, Abfüll- und Verpackungsbetrieben sowie von Fertigungs- und Montagelinien. Die Betriebsstrategien sind auch nutzbar für die Disposition von administrativen Leistungsstellen, wie Büroarbeitsplätze, Schreibdienste und Call-Center. Auch die Arbeit der Auftragsdisposition selbst läßt sich nach diesen Strategien organisieren.

Die *qualitative Auswirkung* unterschiedlicher Betriebsstrategien auf bestimmte Zielgrößen, wie die *Auslastung* der Leistungsstellen, die *Auftragsdurchlaufzeit*, der *Lagerbestand* oder die *Leistungskosten*, läßt sich meist relativ einfach beurteilen. Schwieriger ist dagegen die *Quantifizierung der Abhängigkeit* einer Zielgröße von den *Strategievariablen*. Die Strategieauswirkung auf die *Gesamtkosten* eines längeren Planungszeitraums läßt sich nur für begrenzte Systeme mit bestimmten Annahmen unter einschränkenden Voraussetzungen berechnen [266].

Die Wirksamkeit der Strategien, nach denen die *Auftragsdisposition* den aktuellen Auftragseingang bearbeitet, hängt von den *Fertigungsstrategien* ab, nach denen die *Produktionsplanung* die *Betriebszeiten* und *Kapazitäten* festlegt, um den mittelfristigen Bedarf wirtschaftlich zu bewältigen. Hierzu gehört vor allem die Entscheidung zwischen *Auftragsfertigung* und *Lagerfertigung*.

Zur Demonstration des Zusammenhangs zwischen *Auftragsdisposition* und *Produktionsplanung* wird nachfolgend ein *Algorithmus* dargestellt, mit dem sich für verschiedene Dispositions- und Fertigungsstrategien der *Auftragsbestand*, der *Lagerbestand* und die *Auftragsdurchlaufzeiten* in Abhängigkeit vom Auftragseingang und von der Produktionskapazität berechnen lassen. Mit Hilfe der angegebenen Berechnungsformeln werden Modellrechnungen durchgeführt zur Quantifizierung der Wirksamkeit unterschiedlicher Betriebsstrategien. Diese verdeutlichen zugleich die Komplexität bereits eines einfachen Produktions- und Lagersystems.

Die weitaus höhere Komplexität größerer Liefer-, Fertigungs- und Versorgungsnetze läßt sich nur mit Hilfe des *Entkopplungsprinzips* und des *Subsidiaritätsprinzips* beherrschen. Durch Anwendung dieser Grundprinzipien der Planung und Disposition werden im letzen Abschnitt des Kapitels das Vorgehen, die Regeln und die Strategien der *permanenten Auftragsdisposition* entwickelt. Dazu gehören Entscheidungsregeln zwischen Auftragsbeschaffung und Lagerfertigung, ein allgemeines Verfahren zur Fertigungsplanung sowie Vorgehen und

Strategien der Fertigungs-, Beschaffungs- und Versanddisposition. Diese sind nutzbar für die *Produktions-Planung- und Steuerung* (PPS), das *Enterprise Resource Planning* (ERP) und das *Advanced Planning and Scheduling* (APS) [83; 84; 223; 234; 235; 236; 266]

## 10.1 Leistungs- und Fertigungsstrukturen

In einer einzelnen Leistungs- oder Fertigungsstelle laufen, wie in *Abb. 1.6* dargestellt, nacheinander folgende *Vorgänge* ab:

Auftragseingang
Speichern des Auftragsbestands
Auslösen des Leistungsprozesses
Leistungserzeugung (10.1)
Lagern der Erzeugnisse
Auslauf der Leistungsergebnisse

Ein Lagern oder Zwischenpuffern nach der Leistungserzeugung ist nur möglich, wenn die Leistungsergebnisse *lagerbare Objekte* oder *speicherbare Informationen* sind. Für Leistungsprozesse, wie die Just-In-Time-Bereitstellung, deren Ergebnis nicht speicherbar ist, entfällt der Lagervorgang.

Wie in den *Abb. 1.3, 8.1* und *10.1* dargestellt, können einzelne Leistungs- und Fertigungsstellen miteinander zu Fertigungs- oder Leistungssystemen mit unterschiedlicher *Leistungsstruktur* kombiniert, verkettet und vernetzt sein.

Die gesamte Auftragsdisposition vereinfacht sich erheblich für Fertigungs- und Leistungssysteme, die nach dem *Entkopplungsprinzip* ausgelegt sind:

▶ Alle Teile eines Leistungsnetzwerks, die nicht aus verfahrenstechnischen Gründen direkt miteinander verbunden sein müssen, sind durch ausreichend bemessene Auftrags- oder Warenpuffer voneinander zu entkoppeln und so dezentral wie möglich zu disponieren und zu steuern.

Wenn ein Leistungs- und Fertigungssystem nach dem Entkopplungsprinzip aufgebaut ist, läßt sich die Auftragsdisposition aufteilen in eine *zentrale Disposition* der externen Aufträge und in die *dezentrale Disposition* der internen Aufträge in den voneinander entkoppelten Leistungs- und Fertigungsbereichen (s. *Abschnitt 2.2*).

### 1. Einzelne Fertigungs- oder Leistungsstellen

Im einfachsten Fall ist zur Ausführung eines Auftrags nur eine Fertigungs- oder Leistungsstelle erforderlich, wie sie in *Abb. 10.1 oben* dargestellt ist. Dann reduzieren sich die Strategien der Auftragsdisposition auf die in *Abschnitt 8.8* behandelten und in *Abb. 8.2* illustrierten *Zeitstrategien – Vorwärtsterminierung, Rückwärtsterminierung* und *freie Terminierung* – sowie auf die nachfolgend beschriebenen *Bearbeitungs-, Abfertigungs-* und *Fertigungsstrategien.*

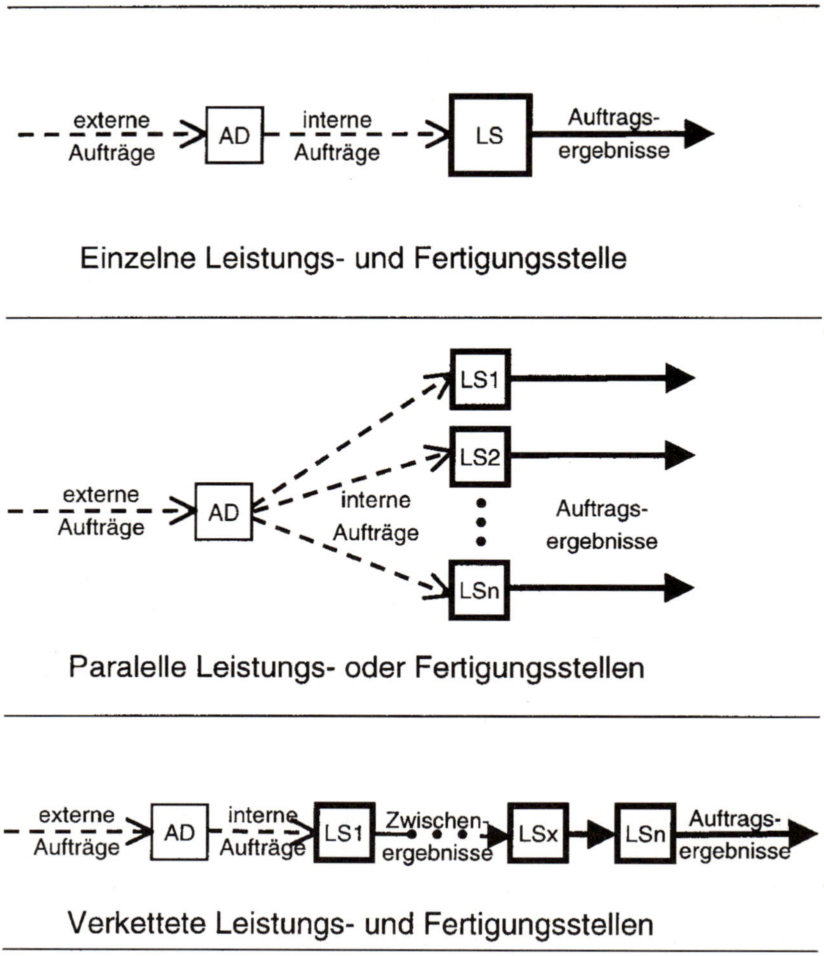


**Abb. 10.1** Elementare Anordnungsmöglichkeiten der Leistungs- und Fertigungsstellen

Ergebnisse: Leistungen oder Produkte
AD: Auftragsdisposition
LS: Leistungs- oder Fertigungsstelle

Beispiele für einzelne Fertigungsstellen sind *Abfüllstationen* der Getränkeindustrie, der Pharmaindustrie und der chemischen Industrie oder *Verpackungsstationen* der Konsumgüterindustrie (s. *Abb. 3.5*). Einzelne Leistungsstellen in der Logistik sind Ver- und Entladerampen, Warenannahmestellen, Packplätze oder Transportfahrzeuge.

### 2. Parallele Fertigungs- und Leistungsstellen

Bei begrenztem Leistungsvermögen einer Leistungsstelle und größerem Leistungsbedarf stehen – wie in *Abb. 10.1 mitte* dargestellt – für die Auftragsdurchführung in der Regel mehrere *parallele Leistungsstellen* zur Auswahl.

Wenn nicht vom Auftrag eine bestimmte Leistungsstelle vorgeschrieben ist, werden für die Auftragsdisposition paralleler Leistungsstellen *Zuordnungsstrategien* benötigt (s. *Abschnitt 13.9.5*).

Einzelne und parallele Fertigungsstellen in der Produktion sind charakteristisch für die *Werkstattfertigung*. Beispiele für parallele Leistungsstellen in der innerbetrieblichen Logistik sind parallele Kommissionierbereiche und in der außerbetrieblichen Logistik die alternativen Frachtketten (s. *Kapitel 19*).

### 3. Verkettete Leistungs- und Fertigungsstellen

Wenn zur Ausführung eines Auftrags, wie in *Abb. 10.1 unten* gezeigt, eine *Kette von Fertigungs- und Leistungsstellen* zu durchlaufen ist, kommen für die Auftragsdisposition die in *Abschnitt 8.9* beschriebenen Zeitstrategien hinzu, wie die *Push-Strategie*, die *Pull-Strategie* und die *Just-In-Time-Strategie*.

Verkettete Fertigungsstellen sind charakterisch für eine *Linienfertigung*. Beispiele für verkettete Fertigungsstellen sind Zigarettenmaschinen mit angeschlossener Verpackungsstation, Abfüllanlagen mit nachfolgender Verpackung und anschließender Palettierung oder *Fertigungslinien*, die aus einer Reihe von Maschinen oder Arbeitsplätzen bestehen. Beispiele für außerbetriebliche Leistungsketten in der Logistik sind die *Beschaffungs- und Lieferketten* (s. *Kapitel 19*).

### 4. Leistungsbäume

Wie in *Abb. 8.1* gezeigt, können an der Ausführung eines Auftrags mit nur einem Endprodukt oder einem Leistungsergebnis mehrere *parallele Prozeßketten* beteiligt sein, die zusammen ein *Auftragsnetzwerk* oder einen *Leistungsbaum* bilden.

Von den parallelen Ketten eines Leistungsbaums ist die zeitkritische Leistungskette die *Hauptleistungskette*. Die anderen Leistungsketten sind *Nebenketten*, die in die Hauptkette münden. Für die Auftragsdisposition der Nebenketten eines *Leistungs- und Fertigungsbaums* werden zusätzlich geeignete *Zuführungs-* und *Nachschubstrategien* benötigt.

Beispiele für Leistungsbäume in der Fertigung sind die Endmontagebänder im Fahrzeugbau oder in der Druckmaschinenindustrie.

### 5. Vernetzte Fertigungs- und Leistungssysteme

Im allgemeinsten Fall ist zur Ausführung eines Auftrags ein *vernetztes Fertigungs-, Logistik- oder Leistungssystem* erforderlich, wie es abstrakt in *Abb. 1.3* dargestellt ist. Ein vernetztes System besteht aus einer größeren Anzahl von Leistungs- oder Fertigungsstellen, die alle an der Auftragsausführung beteiligt sind.

Beispiele vernetzter Leistungssysteme der Logistik sind Speditionsnetzwerke, Flugnetze der Luftverkehrsgesellschaften, Frachtnetze von Paketdienstleistern oder das Beschaffungsnetz eines Automobilwerks (s. *Abb. 1.15*).

Wenn die einzelnen Stationen, Leistungsbereiche und Leistungsketten durch Zwischenpuffer voneinander entkoppelt sind, erhalten nur die Hauptleistungsketten, die an der Ausführung eines externen Auftrags direkt beteiligt sind, von der *Zentraldisposition* terminierte interne Aufträge. Die Auftragsplanung oder Arbeitsvorbeitung einer Hauptleistungskette disponiert die eingehenden Aufträge nach den hier beschriebenen Dispositions- und Fertigungsstrategien und leitet aus ihnen durch eine *Stücklistenauflösung* Unteraufträge für die zugehörigen Nebenleistungsketten ab (s. *Abschnitt 13.9.1*).

Die Nebenleistungsketten und alle Leistungsstellen, die vor der in *Abb. 8.1* gezeigten *Auftragsprozeßgrenze* liegen, arbeiten nach dem *Pull-Prinzip*. Sie erhalten ihre Aufträge jeweils von der nächst folgenden Leistungsstelle und erzeugen bei Bedarf ihrerseits interne Aufträge, die sie den vorangehenden Leistungsstellen direkt erteilen.

Wenn mehrere Hauptleistungsketten zur Auswahl stehen, benötigt die Zentraldisposition *Zuordnungsregeln* für die Verteilung der betreffenden Aufträge. *Zentralstrategien* zur Abstimmung und Koordination der dezentralen Leistungsbereiche sind nur erforderlich, wenn sich eine optimale Zusammenarbeit der dezentralen Bereiche nicht selbstregelnd ergibt. Das aber muß das Ziel der operativen Auftragsdisposition sein (s. *Abschnitt 13.9*).

### 6. Produktions- und Lagersysteme

Kombinierte Produktions- und Lagersysteme, die – wie in *Abb. 10.2* dargestellt – aus einem *Produktionsbereich* und einem *Fertiglager* bestehen, sind in der Industrie weit verbreitet: Die Abfüllbetriebe der Konsumgüterindustrie, der Chemie und in der Pharmaindustrie arbeiten je nach Auftragslage abwechselnd für externe Aufträge oder auf Lager. Die Zigarettenindustrie und die Getränkeindustrie

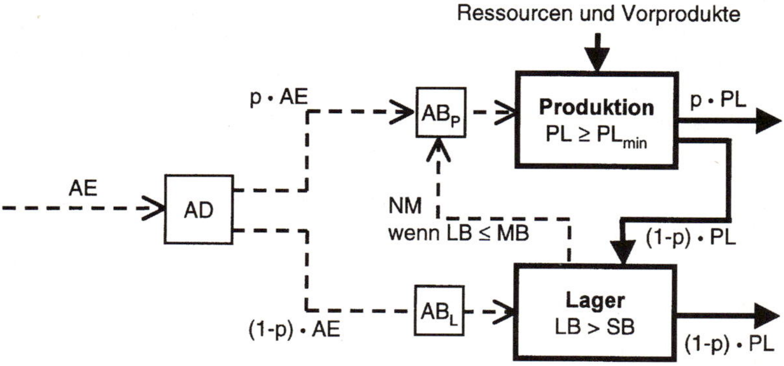


**Abb. 10.2** Kombiniertes Produktions- und Lagersystem

| | | | |
|---|---|---|---|
| AE | Auftragseingang | AD | Auftragsdisposition |
| $AB_P$ | Produktionsauftragsbestand | $AB_L$ | Lagerauftragsbestand |
| PL | Produktionsleistung | $PL_{min}$ | Mindestleistung |
| LB | Lagerbestand | MB | Meldebestand |
| SB | Sicherheitsbestand | p | Anteil der Auftragsfertigung |

produzieren teilweise auf Lager und teilweise nach Kundenaufträgen. Auch die Automobilindustrie montiert die Fertigfahrzeuge zum Teil nach konkreten Aufträgen und zum Teil anonym auf Lager oder für Händler.

Ein kombiniertes Produktions- und Lagersystem ist ein *Zweikanalsystem* mit Rückkopplung, das zwei verschiedene *Auftragsketten* zur Auswahl bietet (s. auch Abb. 3.7): Die erste Auftragskette läuft von der Auftragsdisposition über einen Produktionsauftragspuffer direkt in die Produktion und danach durch einen eventuell erforderlichen Ausgangspuffer zum Empfänger. Die zweite Auftragskette läuft von der Auftragsdisposition über einen Lagerauftragspuffer in das Fertiglager und von dort zum Kunden. Die Lagerauftragskette induziert eine *interne Auftragskette* mit Nachschubaufträgen, wenn der Lagerbestand den Meldebestand unterschreitet.

Den beiden Auftragsketten entsprechen zwei *Logistikketten*: Die erste Logistikkette ist die Hauptleistungskette der Produktion, auf die aus den Nebenketten Vorprodukte, Material und Ressourcen zulaufen. Sie endet mit dem direkten Versand der Fertigprodukte an die Abnehmer. Die zweite Logistikkette umfaßt ebenfalls die Hauptkette der Produktion, verläuft aber über den Fertigpuffer und einen Zwischentransport weiter zum Lager und von dort nach unterschiedlicher Lagerdauer zu den Abnehmern.

Entsprechend den beiden Auftragsketten sind für ein kombiniertes *Produktions- und Lagersystem* folgende *Betriebsarten* oder *Fertigungsstrategien* möglich:

- *Auftragsfertigung*: Alle eingehenden Aufträge werden direkt an den Produktionsbereich zur Ausführung weitergeleitet. Die Produktion bearbeitet zu 100 % externe Aufträge. Abgesehen von einem Ausgangspuffer ist ein Fertigwarenlager nicht erforderlich.
- *Lagerfertigung*: Alle Aufträge werden an den Lagerbereich weitergeleitet und aus dem Fertigwarenbestand bedient. Die Produktion arbeitet zu 100 % für den Lagernachschub.
- *Auftrags- und Lagerfertigung*: Ein Teil der externen Aufträge wird an die Produktion und der restliche Teil an den Lagerbereich zur Ausführung gegeben. Die Produktion führt mit einem *Anteil* p ihrer Kapazität externe Aufträge und mit dem restlichen Anteil 1-p interne Lagernachschubaufträge aus.

Diese Fertigungsstrategien lassen sich mit den nachfolgenden *Dispositionsstrategien* und den in *Kapitel 11* dargestellten *Nachschubstrategien* kombinieren.

## 10.2 Bearbeitungsstrategien

Nach Überprüfung der Richtigkeit und Vollständigkeit des Auftragsinhalts beginnt die *Auftragsvorbereitung* mit der Zerlegung der externen Aufträge in Teilaufträge, die jeweils in einem zusammenhängenden Auftragsprozeß ausgeführt werden. Wenn zur Ausführung eines Teilauftrags eine Hauptleistungskette mit Nebenketten erforderlich ist, muß der Auftrag nach einer *Stückliste* weiter aufgelöst werden in *Vorprodukte*, *Komponenten*, *Teile* und *Module*, die aus den Nebenketten auf die Hauptkette zulaufen.

Auf die Zerlegung und Stücklistenauflösung der externen Aufträge folgt die Zuweisung der hieraus resultierenden *internen Aufträge* zu den Leistungsstellen oder Leistungsketten, von denen die Aufträge ausgeführt werden sollen. Für die dezentrale Auftragsdisposition besteht die Möglichkeit der *Einzelbearbeitung* oder der *Sammelbearbeitung* sowie der *Komplettbearbeitung* oder der *Teilbearbeitung* der eingehenden Aufträge. Außerdem sind Kombinationen dieser *Bearbeitungsstrategien* möglich.

Bei der Leistungsproduktion ist zu unterscheiden zwischen einem *kontinuierlichen* und einem *diskontinuierlichen Betrieb*. Diese *Betriebsarten* oder *Fertigungsstrategien* sind abhängig von der *Verfahrenstechnik* und von der *Relation des Auftragseingangs zur Produktionskapazität*:

- *Kontinuierlicher Betrieb*: Solange der Auftragseingang größer ist als die Produktionskapazität oder wenn aufgrund der Verfahrenstechnik ein ununterbrochener Prozeß erforderlich ist, werden die betreffenden Leistungs- und Fertigungsstellen durchlaufend betrieben.
- *Diskontinuierlicher Betrieb*: Wenn der Auftragseingang kleiner als die Produktionskapazität ist und die Verfahrenstechnik Unterbrechungen zuläßt, wird der Betrieb der Fertigungs- oder Leistungsstellen unterbrochen, solange keine Aufträge zu bearbeiten sind.

Für den diskontinuierlichen Betrieb muß der Start der Auftragsbearbeitung geregelt werden. Hierfür besteht die Möglichkeit der *Sofortausführung*, der *Terminausführung* und der *Vorabausführung*.

| **Fertigungsstrategie**<br>Strategievariable | **Durchlaufzeiten** | **Lagerbestand** |
|---|---|---|
| **Auftragsfertigung**<br>Mindestlosgröße | -- bis ++<br>auslastungsabhängig | ++<br>ohne Fertigbestand |
| **Lagerfertigung**<br>Nachschubmenge | ++<br>auslastungsunabhängig | -- bis o<br>bedarfsabhängig |
| **Kontinuierlicher Betrieb**<br>Laufzeiten | -- bis ++<br>bedarfsabhängig | -- bis o<br>bedarfsabhängig |
| **Diskontinuierlicher Betrieb**<br>Startzeiten | o bis ++<br>auslastungsabhängig | -- bis ++<br>Lager- bzw. Auftragsf. |

**Tab. 10.1** Auswirkungen der Fertigungsstrategien

optimale Zielerfüllung: ++
gute Zielerfüllung: +
keine Auswirkung: o
gegenläufige Zielerfüllung: –

| Bearbeitungsstrategie<br>Strategievariable | Prozeßkosten | Durchlaufzeiten | Termintreue |
|---|---|---|---|
| **Einzelbearbeitung**<br>keine | - | ++ | - |
| **Sammelbearbeitung**<br>Batchgröße | ++ | -- | + |
| **Komplettbearbeitung**<br>keine | - | ++ | + |
| **Teilbearbeitung**<br>Teilungsanzahl, Teilmengen | ++ | - | + |
| **Sofortausführung**<br>keine | - | + | - |
| **Terminausführung**<br>Starttermin | + | o | + |
| **Vorabausführung**<br>Starttermin oder Losgröße | + | ++ | ++ |
| **Parallelbearbeitung**<br>Stationszahl, Teilmengen | + | ++ | + |

**Tab. 10.2** Bearbeitungsstrategien und Strategiewirksamkeit

Die möglichen *Fertigungsstrategien* und ihre *Strategievariablen* sind in *Tabelle 10.1* einander gegenübergestellt. Die Tabelle enthält außerdem Angaben zu den qualitativen Auswirkungen der Fertigungsstrategien auf die Durchlaufzeiten und die Lagerbestände.

Die nachfolgend genauer beschriebenen Bearbeitungsstrategien sind mit ihren *Strategievariablen* in *Tabelle 10.2* aufgeführt. In dieser Tabelle sind auch die qualitativen Auswirkungen der Bearbeitungsstrategien auf die *Leistungskosten*, die mittleren *Durchlaufzeiten* und die *Termintreue* bewertet [11; 104].

### 1.1 Einzelbearbeitung

Jeder einzelne Auftrag wird in der zugewiesenen Leistungsstelle gesondert eingeplant und unabhängig von anderen Aufträgen ausgeführt. Die Einzelbearbeitung ist die einfachste Bearbeitungsstrategie und erfordert keinen zusätzlichen Organisationsaufwand.

Die *Vorteile* der Einzelbearbeitung sind kurze Durchlaufzeiten, die Möglichkeit kundenspezifischer Bearbeitungsfolgen und die sofortige Ausführbarkeit von *Eilaufträgen.* Ein weiterer Vorteil besteht darin, daß die Einzelaufträge nicht wie bei der Sammelbearbeitung nach Auftragsabschluß getrennt und sortiert werden müssen.

Diese Vorteile werden durch folgende *Nachteile* erkauft:

- *hohe Rüst-, Tot- und Wegzeitanteile* mit der Folge höherer Kosten
- *größere Schwankungen* der Durchlaufzeiten und geringere Termintreue
- *schlechtere Auslastung* der Betriebsmittel und Anlagen
- *geringere Füllungsgrade* von Ladeeinheiten und Transportmitteln

Eine Einzelbearbeitung ist unvermeidlich, wenn es keinen Auftragsbestand gleichartiger Aufträge gibt, die sich bündeln lassen, wenn eine Ausführung nach Dringlichkeit unbedingt notwendig ist oder wenn die Abnehmer kürzeste Lieferzeiten fordern.

### 1.2 Sammelbearbeitung

Eine Anzahl von $c_B$ Aufträgen, die den gleichen Bearbeitungsprozeß haben, wird zu einem *Auftragsstapel* (*Batch*) zusammengefaßt, der als interner *Sammel-, Batch- oder Serienauftrag* eine oder mehrere Leistungsstellen durchläuft. Die Sammelbearbeitung setzt einen Auftragsbestand voraus.

Die *Batchgröße* $c_B$ – in der Fertigung *Losgröße* oder *Chargengröße,* in der Logistik *Pulklänge* oder *Seriengröße* genannt – ist eine *Strategievariable*, die zur Optimierung von Kosten und Durchlaufzeiten genutzt werden kann.

In der *Fertigung* wird die Sammelbearbeitung als *Losgrößenfertigung* bezeichnet. Bei hohen Rüstkosten und in einer Chargenfertigung muß die Losgröße für eine wirtschaftliche Produktion größer als sein als eine bestimmte *Mindestlosgröße*, die eine *untere Restriktion* für die Losgrößenfertigung darstellt.

In der *Logistik* wird die Strategie der Sammelbearbeitung auch als *Batchbetrieb*, *Serienbearbeitung* oder *schubweise Abfertigung* bezeichnet. Die Batchgröße oder Pulklänge ist nach oben durch das *Fassungsvermögen* der Transportmittel und das Aufnahmevermögen der Transportelemente oder Stationen begrenzt. Das Fassungsvermögen und das Aufnahmevermögen sind daher *obere Restriktionen* für den Batchbetrieb und für die schubweise Abfertigung.

Die Sammelbearbeitung bietet eine Reihe von *Vorteilen*, die sich vor allem bei vielen Kleinaufträgen positiv auswirken:

- geringere anteilige Rüst-, Tot- und Wegzeitanteile
- dadurch höhere Durchsatzleistungen und geringere Kosten
- geringere Schwankungen der Durchlaufzeiten und bessere Termintreue
- höhere Auslastung von Betriebsmitteln und Anlagen
- besserer Füllungsgrad der Lade- und Transporteinheiten

Die *Nachteile* der Sammelbearbeitung sind:

- organisatorischer Zusatzaufwand
- längere Durchlaufzeiten

- beschränkte Möglichkeit einer vorrangigen Bearbeitung von Eilaufträgen
- Notwendigkeit der abschließenden Trennung und Sortierung der Einzelaufträge

Durch die *Seriengröße*, die *Reihenfolge* der Aufträge innerhalb einer Serie und geeignete *Prioritäten* für die Bearbeitungsfolge mehrerer Serienaufträge ist es in Grenzen möglich, die Terminforderungen zu erfüllen *und* die Kosten zu optimieren (s. *Abschnitt 13.9*).

Im Extremfall ergibt die Optimierung entweder eine Batchlänge $c_B = 1$, das heißt eine Einzelbearbeitung, oder die Batchlänge $c_B = \infty$, das heißt einen kontinuierlichen Betrieb.

## 2.1 Komplettbearbeitung

Bei einer Komplettbearbeitung wird jeder Auftrag von einer Leistungsstelle in einem Arbeitsgang vollständig ausgeführt. Die Komplettbearbeitung ist ohne zusätzlichen Organisationsaufwand durchführbar. Das Auftragsergebnis entsteht geschlossen. Die Auftragsdurchlaufzeit ist minimal.

Eine Komplettbearbeitung ist in der Regel für Eilaufträge unerläßlich oder aus verfahrenstechnischen Gründen notwendig. In vielen Fällen wird auch vom Auftraggeber eine Komplettbearbeitung gefordert. Ein Vorteil der Komplettbearbeitung ist, daß keine Teilmengen zwischengelagert und am Ende zusammengeführt werden müssen.

Für Großaufträge, deren Bearbeitung länger als eine Betriebsperiode dauert, kann die Komplettbearbeitung zu Überstunden oder Wochenendarbeit und damit zu Mehraufwand führen. Außerdem wird die betreffende Leistungsstelle für längere Zeit blockiert.

Nach Abschluß eines Komplettauftrags gegen Ende einer Schicht oder eines Betriebstags kann für die Leistungsstelle eine *Restzeit* verbleiben, die nicht mehr für andere Aufträge nutzbar ist. Dadurch verschlechtert sich unter Umständen die Auslastung und die Kapazitätsnutzung.

## 2.2 Teilbearbeitung

Wenn sich daraus Vorteile ergeben, wird ein Auftrag in zwei oder mehr Teilen ausgeführt, um zwischendurch andere Aufträge zu bearbeiten. *Strategieparameter* der Teilbearbeitung sind die *Teilungsanzahl*, in die ein Auftrag aufgeteilt wird, und die *Teilauftragsmengen*, die in einem Stück gefertigt werden. Restriktionen sind die *Restauftragsmenge* und die *Mindestauftragsmenge*, die in einem Arbeitsgang ausgeführt werden müssen.

Eine Teilauftragsbearbeitung bietet folgende *Handlungsmöglichkeiten*:

- Vorziehen und Einschieben von Eilaufträgen
- Unterbrechung bei Schichtende
- Optimierung der Auslastung und Kapazitätsnutzung
- Verminderung von Anbruch- und Verschnittverlusten
- Füllungsoptimierung von Lade- und Transporteinheiten

Nachteile der Teilauftragsbearbeitung sind:

- erhöhter Organisationsaufwand
- Zwischenspeicherbedarf für Teilmengen
- Zusammenführung der Teilauftragsmengen
- längere Auftragsdurchlaufzeiten

Eine Teilauftragsbearbeitung ist für *Großaufträge* oft aus technischen Gründen unvermeidlich, beispielsweise wenn die Transportmenge das Fassungsvermögen eines Transportmittels überschreitet oder wenn die geforderte Menge nicht in einem Arbeitsgang gefertigt werden kann.

### 3.1 Sofortausführung

Jeder zugeteilte Einzel- oder Sammelauftrag wird von der betreffenden Leistungs- oder Fertigungsstelle ausgeführt, sobald hierfür Kapazität frei ist. Die Sofortausführung impliziert eine Auftragsabfertigung nach der *First-Come-First-Go-Strategie.*

Bei einer Sofortbearbeitung bildet sich vor jeder Leistungs- und Fertigungsstelle eine *Auftragswarteschlange*, deren Länge von der Kapazitätsauslastung und von den Schwankungen des Auftragseingangs und der Abfertigungszeiten abhängt (s. *Abschnitt 13.5*). Hieraus resultieren stochastisch schwankende *Auftragsdurchlaufzeiten*, die sich negativ auf die Termintreue auswirken.

Wenn das Leistungsvermögen oder die Abfertigungskapazität deutlich größer als der Auftragseingang ist und die stochastischen Schwankungen von Auftragseingang und Abfertigung nicht zu groß sind, sichert die Sofortausführung kürzeste Auftragsdurchlaufzeiten. Sie verzichtet jedoch auf die Möglichkeiten und Vorteile anderer Abfertigungsstrategien.

Daher wird die Sofortausführung in der Regel beschränkt auf wichtige Eilaufträge, für die bei zulässiger Teilbearbeitung auch eine Unterbrechung weniger dringlicher Aufträge sinnvoll sein kann. Der Anteil der sofort auszuführenden Eilaufträge sollte in der Regel jedoch 5 % nicht überschreiten, um die Wirksamkeit der anderen Strategien nicht zu verwässern.

### 3.2 Terminausführung

Terminausführung heißt, daß die Aufträge nach einer *festen Zeitstrategie* ausgeführt werden. Eine feste Zeitstrategie determiniert die Zeitfolge der Ausführung. Sie ist nur begrenzt kompatibel mit anderen Reihenfolgestrategien. Feste Zeitstrategien sind:

Vorwärtsterminierung
Rückwärtsterminierung (10.2)
Just-In-Time-Ausführung
Engpaßterminierung

Diese Zeitstrategien sind in *Abschnitt 8.8* und *8.9* genauer beschrieben und in den *Abb.8.2* und *8.3* dargestellt.

Wie die Sofortausführung legt die Just-In-Time-Ausführung die Ausführungsreihenfolge der Aufträge vollständig fest. Die Vorwärtsterminierung, die eine spezielle Vorabausführungsstrategie ist, und die Rückwärtsterminierung lassen sich in Grenzen mit anderen Reihenfolgestrategien kombinieren. Die Engpaßterminierung ist am flexibelsten mit anderen Bearbeitungs- und Abfertigungsstrategien kombinierbar.

### 3.3 Vorabausführung

Vorabausführung heißt, daß eine Leistungs- oder Fertigungsstelle interne Aufträge ausführt, die entweder terminlich noch nicht fällig sind oder für die noch keine Kundenaufträge vorliegen.

Eine Vorabausführung eines Leistungsauftrags ist beispielsweise die vorzeitige Durchführung eines Transportauftrags oder die Ablieferung einer Sendung vor dem vereinbarten Zustelltermin. Wenn für die vorab produzierte Ware oder Leistung keine externen Aufträge vorliegen, wenn also nach anonymen Lagernachschubaufträgen gearbeitet wird, ist die Vorabfertigung eine *Lagerfertigung* (s. *Abschnitt 11.2*).

Die vorzeitige Ausführung von Aufträgen mit lagerbarem Ergebnis erfordert einen nachgeschalteten *Puffer* oder ein *Lager*. Die Höhe des Puffer- oder Lagerbestands wird bestimmt vom zeitlichen Verlauf der Produktion und des Abgangs der Produkte (s. *Abb. 10.3* bis *10.7*).

Eine Vorabausführung ist entweder aus verfahrenstechnischen Gründen notwendig, um einen kontinuierlichen Betrieb zu erreichen, das Ergebnis einer gezielten Strategie, wie einer der *Zeitstrategien* (10.2) oder Folge der *Nachschubstrategien*, die im folgenden Kapitel behandelt werden. *Ziele der Vorabausführung* von extern abgesicherten Aufträgen und der *Lagerfertigung* nach anonymen Nachschubaufträgen sind:

optimale Kapazitätsauslastung
minimale Rüst- und Prozeßkosten
hohe Lieferfähigkeit (10.3)
minimale Lieferzeiten
hohe Termintreue
Engpaßvermeidung (s. *Abschnitt 13.9.6*)

Diese Strategieziele hängen teilweise voneinander ab und lassen sich nicht alle gleichzeitig erreichen. Bei der Vorabausführung externer Aufträge ist der *Strategieparameter* der *Starttermin* und bei der Vorabausführung anonymer Lagernachschubaufträge die *Losgröße*.

## 10.3 Zuordnungsstrategien

Für die Zuordnung der internen Aufträge zu den parallelen Stationen oder Prozeßketten, die für eine Ausführung zur Auswahl stehen, gibt es unterschiedliche

Strategien. Maßgebend für die *Zuordnungsstrategie*, nach der die zentrale Auftragsdisposition arbeitet, ist die Priorität der *Ziele*:

gleichmäßige Kapazitätsauslastung
maximale Stationsauslastung
kleinster Auftragspuffer
minimale Wartezeit (10.4)
kürzeste Durchlaufzeit
geringste Bestände
minimale Prozeßkosten

Um die jeweils zielführende Zuordnung vornehmen zu können, ist es erforderlich, laufend die Kapazitätsauslastung, die Länge der Auftragspuffer und die Höhe der Bestände zu verfolgen und für jeden neu hereinkommenden Auftrag die Länge der Durchlaufzeit und die Höhe der Prozeßkosten zu errechnen. Konkrete Zuordnungsstrategien für logistische Leistungsstellen sind in *Abschnitt 10.5, 13.3* und *13.9* angegeben.

Bei zulässiger Auftragsteilung ist eine weitere Zuordnungsstrategie die

- *Parallelbearbeitung*: Der Auftrag wird in soviele Teile zerlegt, wie freie Leistungs- oder Fertigungsstationen zur Verfügung stehen, und von diesen gleichzeitig ausgeführt.

*Strategieparameter* der Parallelbearbeitung sind die *Anzahl der Parallelstationen* und die *Mengen der Teilaufträge*, die den Parallelstationen zugewiesen werden.

Der wesentliche Vorteil der Parallelbearbeitung ist die Möglichkeit einer erheblichen Verkürzung der Auftragsdurchlaufzeiten für Großaufträge. Zusätzlich lassen sich durch eine Aufteilung und Zuordnung von Großaufträgen zu Parallelstationen in manchen Fällen die Kosten senken.

Die Parallelbearbeitung ist jedoch mit Mehraufwand verbunden, der einen Teil der Kosteneinsparung aufzehren kann: die Teilaufträge sind auf mehrere Stellen zu verteilen; die parallele Ausführung muß koordiniert und synchronisiert werden; es fallen mehrfach Rüstkosten an; die resultierenden Auftragsergebnisse sind an einer Stelle zusammenzuführen und dort zu sammeln, bis der letzte Teilauftrag fertiggestellt ist.

Die Parallelbearbeitung von Großaufträgen wird seit langem in der Fertigung und in der Logistik – insbesondere im Großanlagenbau und auf Großbaustellen – praktiziert. Von der Strategie der Parallelbearbeitung wird auch in *Hochleistungsrechnern* für die Abarbeitung von größeren Berechnungs- und Sortieraufträgen Gebrauch gemacht.

## 10.4 Abfertigungsstrategien

Soweit die Reihenfolge der Auftragsdurchführung nicht bereits durch Zeitstrategien und Bearbeitungsstrategien festgelegt ist, hat die dezentrale Auftragsdisposition einer Leistungs- und Fertigungsstelle die Handlungsfreiheit, durch unterschiedliche *Reihenfolgestrategien* und *Prioritätsregeln* die Kosten zu senken, die

| **Abfertigungsstrategie** Strategievariable | **Prozeßkosten** | **Durchlaufzeiten** | **Termintreue** |
|---|---|---|---|
| **First-In-First-Out** Lieferzeitfolge | -- | + | + |
| **First-Come-First-Go** Startzeitfolge | -- | + | - |
| **Dringlichkeitsfolge** Dringlichkeitsklassen | - | + | ++ |
| **Zeitbedarfsfolge** an- oder absteigende Auftragsprozeßzeit | o | + | o |
| **Rüstkostenfolge** Reihenfolge | ++ | - | o |
| **Rüstzeitfolge** Reihenfolge | + | + | + |
| **Wertfolge** an- oder absteigender Auftragswert | + | -- | o |
| **Mengenfolge** an- oder absteigende Auftragsmenge | + | -- | o |

**Tab. 10.3** Wirksamkeit der Abfertigungsstrategien

Leistung zu steigern, die Durchlaufzeit zu verkürzen oder andere Ziele zu erreichen [13, 104, 266].

Das Ergebnis der Reihenfolgedisposition wird in der Automobilindustrie sehr anschaulich als *Perlenkette* bezeichnet. Die Perlenkette der Endmontage ist die bunte Reihenfolge der Fahrzeuge auf dem Montageband.

In *Tabelle 10.3* sind die nachfolgend genauer beschriebenen *Abfertigungsstrategien* und ihre *Strategievariablen* zusammengestellt. Die Auswirkungen der Abfertigungsstrategien auf Durchsatzleistung, Warteschlangen und Wartezeiten werden in *Abschnitt 13.3* und *13.8* unter Anwendung der Grenzleistungsgesetze und der Warteschlangentheorie analysiert und quantifiziert.

**1. First-In-First-Out und First-Come-First-Go**

Bei der *First-In-First-Out-Strategie* – kurz FIFO – wird der Auftrag, der zuerst ankommt, *zuerst fertiggestellt*. Die *Reihenfolge der Fertigstellungstermine* ist gleich der Reihenfolge des Auftragseingangs.

Bei der *First-Come-First-Go-Strategie* – kurz FIGO – wird mit dem Auftrag, der zuerst ankommt, *zuerst begonnen*. Die *Reihenfolge der Starttermine* ist gleich der Reihenfolge des Auftragseingangs.

Wenn die Durchlaufzeiten paralleler Leistungsstellen gleich lang sind oder keine parallele Bearbeitung möglich ist, sind die FIGO-Fertigstellungstermine gleich den FIFO-Fertigstellungsterminen. Dann ist die FIFO-Strategie identisch mit der FIGO-Strategie.

**2. Dringlichkeitsfolgen**

Die Aufträge des Auftragsbestands werden in zwei oder mehr *Dringlichkeitskategorien* eingeteilt. Die dringlichen Aufträge werden vor den weniger dringlichen Aufträgen ausgeführt, *Eilaufträge* vor *Normalaufträgen*.

Im Extremfall hat jeder Auftrag einen extern vorgegebenen Fertigstellungstermin, der die Reihenfolge der Starttermine bestimmt.

**3. Zeitbedarfsfolgen**

Die Aufträge des Auftragsbestands werden nach absteigender oder aufsteigender Durchlaufzeit, die entweder für den Leistungs- oder Fertigungsprozeß einer Station oder für das Durchlaufen einer längeren Prozeßkette benötigt wird, geordnet und in der Reihenfolge des *Zeitbedarfs* ausgeführt.

**4. Rüstfolgestrategien**

Die Aufträge eines Auftragsbestands werden so geordnet und nacheinander ausgeführt, daß die Summe der bei Auftragswechsel anfallenden *Rüstkosten* oder *Rüstzeiten* minimal ist (s. *Abschnitt 13.9.3*).

Beispielsweise werden die Aufträge in einem Abfüllbetrieb, einer Druckerei oder einer Färberei in *Hell-Dunkel-Folge* ausgeführt. Dunklere Farben folgen auf hellere Farben, um Reinigungszeiten oder Makulatur zu minimieren.

**5. Wertfolgen**

Aufträge mit hohem Auftragswert werden vor Aufträgen mit geringerem Wert ausgeführt, oder umgekehrt, geringwertige Aufträge vor hochwertigen Aufträgen:

Bei einer Auftragsfertigung erhöht die Ausführung in *absteigender Wertfolge* die Liquidität und spart Zinsen, wenn die Aufträge sofort fakturiert werden können.

Wenn auf Lager gefertigt wird oder die Aufträge erst zu einem späteren Termin fakturiert werden, vermindert die Ausführung in *aufsteigender Wertfolge* die Kapitalbindung und den Zinsaufwand.

**6. Mengenfolgen**

Aufträge mit großer Stückzahl oder großer Auftragsmenge werden vor Aufträgen mit kleinen Mengen oder Stückzahlen ausgeführt oder umgekehrt.

**7. Wirksamkeit der Abfertigungsstrategien**

Wie die Bewertung in *Tabelle 10.3* zeigt, sind die drei Ziele *Kostensenkung*, *Durchlaufzeitverkürzung* und *Termintreue* durch die Abfertigungsstrategien unterschiedlich und nicht gleichzeitig erreichbar:

- Die Reihenfolgestrategien nach FIFO, FIGO und Dringlichkeit sind auf die Verkürzung der Durchlaufzeiten und die Termintreue ausgerichtet.
- Die Rüstkostenminimierung zielt auf eine Senkung der Kosten ab.
- Mit einer Minimierung der Rüstzeiten lassen sich Kosten und Durchlaufzeiten senken.
- Die Ausführung nach Zeitbedarf bewirkt bei leichter Kostensenkung eine bessere Termintreue.
- Eine Ausführung nach Wertfolge oder Menge kann Zinskosten sparen.

Die Wirksamkeit der Abfertigungsstrategien ist unterschiedlich und bei einigen Strategien, wie der Reihenfolge nach Zeit- oder Mengenbedarf, relativ gering. Bevor für die Realisierung einer Strategie Aufwand getrieben wird, ist daher der *Strategieeffekt* sorgfältig zu analysieren und wenn möglich zu quantifizieren.

## 10.5 Auftragsfertigung und Lagerfertigung

Zwischen Auftragsfertigung und Lagerfertigung wird in vielen Unternehmen nach qualitativen Kriterien oder aufgrund von Erfahrungen – entweder pauschal für bestimmte Artikel und Auftragsarten oder fallweise für einzelne Aufträge – entschieden. Nur in Ausnahmefällen werden für diese grundlegende Entscheidung *Modellrechnungen* durchgeführt oder programmierbare *Algorithmen* eingesetzt.

In *Abschnitt 11.2* werden die Auswirkungen der Entscheidung zwischen Auftragsbeschaffung und Lagerbeschaffung aus Sicht des Abnehmers analysiert und *Auswahlkriterien für lagerhaltige Artikel* hergeleitet. Hier wird ein *Algorithmus* zur Berechnung der wichtigsten Zielgrößen für unterschiedliche Fertigungs- und Dispositionsstrategien des Produzenten beschrieben.

Der Algorithmus wird für das in *Abb. 10.2* gezeigte, relativ einfache Produktions- und Lagersystem entwickelt und anhand eines Beispiels aus der Automobilindustrie erläutert. Eine Erweiterung des Algorithmus auf Leistungs- und Fertigungsbäume mit einer Hauptleistungskette und mehreren Nebenketten ist grundsätzlich möglich. Das beschriebene Verfahren – jeweils projektspezifisch angepaßt – hat sich in verschiedenen Beratungsprojekten in der Getränkeindustrie, der Chemie, der Zigarettenindustrie und der Automobilindustrie bewährt und zu erheblichen Verbesserungen und Einsparungen geführt.

Die wichtigste Eingabegröße der Modellrechnungen ist der *Auftragseingang* pro Periode

$$AE(i) \quad i = 1, 2, \ldots, N_{PE} \qquad [ME / PE] \qquad (10.5)$$

gemessen in den jeweiligen *Mengeneinheiten* [ME] der Produktion.

Der betrachtete *Planungs-* oder *Untersuchungszeitraum* kann ein *Tag*, eine *Woche*, ein *Jahr* oder ein noch längerer Zeitraum sein, der ab Beginn $t_A$ aufgeteilt ist in $N_{PE}$ *Perioden*

$$PE(i) = [t_A + (i-1) \cdot T_{PE}; t_A + i \cdot T_{PE}] \qquad i = 1,2,\ldots,N_{PE}. \tag{10.6}$$

Die *Periodenlänge* $T_{PE}$ ist eine *Stunde*, ein *Arbeitstag* oder eine andere zweckmäßige Zeitspanne (s. *Abschnitt 8.2*). Die nachfolgenden Modellrechnungen werden für einen Planungszeitraum von einem Jahr mit einer Periodeneinteilung in 250 Arbeitstage [AT] durchgeführt.

Für den Auftragseingang (10.5) kann mit echten Vergangenheitswerten oder mit einer Testfunktion gerechnet werden. In den Modellrechnungen wird die *Testfunktion* (9.59) verwendet, die den Vorteil hat, daß der *Trendverlauf*, das *Saisonverhalten* und die *Zufallsabhängigkeit* des Auftragseingangs gezielt verändert werden können. Damit lassen sich auch die Auswirkungen dieser externen Einflußfaktoren analysieren.

### 1. Produktionskapazität und Produktionsleistung

Die *Produktionskapazität* ist gleich der *maximalen Produktionsleistung* $PL_{max}$ pro Periode, also die maximale Leistungsmenge, die in einer Periode produziert werden kann.

Die Produktionsleistung wird einerseits durch die *technische Grenzleistung* $\mu_P$ [ME/h] des Leistungs- oder Fertigungsbereichs und andererseits durch die *maximale Betriebszeit* $BZ_{max}$ [h/PE] pro Periode bestimmt:

$$PL_{max} = \mu_p \cdot BZ_{max} \qquad [ME/PE]. \tag{10.7}$$

Soweit arbeitsrechtlich möglich und verfahrenstechnisch zulässig, kann die *Produktionsleistung* $PL(i)$ in der Periode $i$ durch eine *variable Betriebszeit* $BZ(i)$ dem Bedarf angepaßt werden. Damit ist:

$$PL(i) = \mu_p \cdot BZ(i) \qquad [ME/PE]. \tag{10.8}$$

Bei größerem Auftragsbestand ist eine Leistungssteigerung durch Überstunden oder Mehrschichtbetrieb möglich. Bei nachlassendem Auftragseingang sind Kurzarbeit oder Ausfallschichten mögliche Anpassungsmaßnahmen.

Eine dynamische Anpassung der Betriebszeiten an die aktuelle Auftragslage wird als *flexible Fertigung* oder *atmende Fabrik* bezeichnet. In einer atmenden Fabrik bestimmen der Auftragseingang und die Fertigungsstrategie die Produktionsleistung $PL(i)$ und diese nach der Umkehrbeziehung

$$BZ(i) = PL(i) / \mu_p \qquad [h/PE] \tag{10.9}$$

die Betriebszeiten.

In einer Fertigung mit einem *festen Betriebszeitplan*, der zu Beginn des Planungszeitraums auf den erwarteten Bedarf abgestimmt wird, begrenzen die geplanten *Betriebszeiten* $BZ(i)$ gemäß Beziehung (10.8) die Produktionsleistung

$PL(i)$. Wenn in einem Zeitraum $[i_1; i_2]$ *Werksferien* vereinbart sind, ist für i ∈ $[i_1; i_2]$ die Produktionsleistung $PL(i) = 0$.

In vielen Fällen kann die Produktion nicht sofort oder noch in der gleichen Periode auf den Auftragseingang reagieren, sondern erst $x \geqslant 1$ Perioden später. Die *Reaktionszeit x* heißt auch *Einfrierzeit* (*freezing time*), weil nur bis zu x Perioden vor der Produktionsperiode eine Umdisposition möglich und danach die *Perlenkette* der Produktionsaufträge eingefroren ist.

In der Regel gibt es eine *Mindestbetriebszeit* $BZ_{min}$ [h/PE], die für eine wirtschaftliche Produktion nicht unterschritten werden darf, und damit eine *minimale Produktionsleistung:*

$$PL_{min} = \mu_p \cdot BZ_{min} \qquad [ME/PE]. \qquad (10.10)$$

Wenn die Produktion einmal wegen Auftragsmangel unterbrochen wurde, ist ein Wiederanlauf der Produktion wegen der damit verbundenen Anlauf- und Rüstkosten erst wirtschaftlich, wenn der Auftragsbestand eine bestimmte *Mindestlosgröße* $LG_{min}$ [ME] erreicht hat.

In den Modellrechnungen wird eine Automobilfabrik für Personenwagen [Fz] mit einer maximalen Produktionsleistung im Dreischichtbetrieb von 750 Fz/AT und einer Reaktionszeit von 1 Tag betrachtet. Die wirtschaftliche Mindestbetriebszeit ist der Einschichtbetrieb. Die minimale Produktionsleistung beträgt dann 250 Fz/Tag. Ein Produktionsstart ist ab einer Zweischichtproduktion von einer Woche sinnvoll, das heißt für eine Mindestlosgröße von 2.500 Fahrzeugen.

### 2. Auftragsfertigung

Mit einer *Produktionsleistung* $PL(i)$, einem *Produktionsauftragseingang* $AE_P(i)$ und einem Auftragsbestand $AB_P(i\text{-}1)$ am Periodenanfang ergibt sich der

- *Produktionsauftragsbestand* am Periodenende:

$$AB_P(i) = \text{MAX}\big(0; AB_P(i-1) + AE_P(i) - PL(i)\big) \qquad [ST]. \qquad (10.11)$$

Bei einer kombinierten Auftrags- und Lagerfertigung (s.u.) kann die Produktion in einer Periode größer sein ist als die Summe von Auftragsanfangsbestand und Auftragseingang. Dann sinkt der Auftragsbestand am Periodenende auf Null und es entsteht ein Fertigbestand.

Bei *konstanter Fertigung* ist die Produktionsleistung $PL(i)$ nach Beziehung (10.8) durch den Betriebszeitplan fest vorgegeben. Bei *flexibler Fertigung* beginnt die Produktion, wenn x Perioden zuvor der Produktionsauftragsbestand größer ist als die Mindestlosgröße. Sie läuft dann mit maximaler Leistung $PL_{max}$ bis der Auftragsbestand $AB(i\text{-}x)$ zum Freezing-Zeitpunkt $i\text{-}x$ kleiner ist als die Produktionskapazität. In der darauf folgenden Periode wird der Restbestand $AB(i\text{-}x)$ abgearbeitet. Sinkt der Auftragsbestand damit unter die minimale Produktionsleistung $PL_{min}$, wird die Produktion solange unterbrochen, bis der Auftragsbestand wieder auf die Mindestlosgröße angestiegen ist.

Hieraus ergibt sich der *Algorithmus* für die

- *Produktionsleistung* bei flexibler Fertigung

$$PL(i)=\begin{cases}\mathrm{MIN}\left(PL_{max};AB_p(i-x)\right) & \text{wenn } AB_p(i-x)>LG_{min}\\ \mathrm{MIN}\left(PL_{max};AB_p(i-x)\right) & \text{wenn } AB_p(i-x-1)>AB_p(i-x)>PL_{min}\\ 0 & \text{wenn } AB_p(i-x-1)<AB_p(i-x)>LG_{min}\end{cases} \qquad (10.12)$$

Die Produktionsdurchlaufzeit $DZ_P(i)$ zum Zeitpunkt $i$ ist bei kontinuierlicher Produktion gleich der Reaktionszeit $x$ plus der Zeit, in der der aktuelle Auftragsbestand (10.12) abgearbeitet wird. In den Zeiten ohne Produktion kommt die Wartezeit $(LG_{min}-AB_P(i))/AE_P(i)$ bis zum Erreichen der Mindestmenge hinzu. Hieraus folgt für die

- *Produktionsdurchlaufzeit*

$$DZ_p(i)=\begin{cases}\mathrm{x}+AB_p(i)/PL_{max} & \text{wenn } AB_p(i-x)>LG_{min}\\ \mathrm{x}+\left(LG_{min}-AB_p(i)\right)/AE_p(i)+AB_{min}/PL_{max} & \\ & \text{wenn } AB_p(i-x-1)<AB_p(i-x)<LG_{min}\\ \mathrm{x}+AB_p(i)/PL_{max} & \text{wenn } AB_p(i-x-1)>AB_p(i-x)>PL_{min}.\end{cases} \qquad (10.13)$$

Für das o.g. Berechnungsbeispiel aus der Automobilproduktion und zwei verschiedene Auftragseingänge ist in den *Abb. 10.3* und *10.4 oben* der mit *Beziehung* (10.12) errechnete Verlauf der *Produktionsleistung* dargestellt und *unten* der daraus nach *Beziehung* (10.11) resultierende *Auftragsbestand*. Für den Auftragseingang wurde in diesen Modellrechnungen die *Testfunktion* (9.59) verwendet, die jeweils in den oberen Abbildungen zusammen mit der Produktionsleistung gezeigt ist.

Im ersten Fall, den *Abb. 10.3* zeigt, ist der mittlere Auftragseingang mit 700 Fz/AT so groß, daß der Auftragsbestand auch zu saisonschwachen Zeiten nicht unter die minimale Produktionsleistung absinkt. Daher ist eine *kontinuierliche Produktion* möglich, die vom 20. bis zum 75. Arbeitstag sowie vom 130. bis zum 223. Arbeitstag mit voller Kapazität arbeitet und sich in den Zwischenzeiten dem sinkenden Auftragsbestand anpaßt. In den Spitzenzeiten, in denen der Auftragseingang größer als die Fertigungskapazität ist, steigt der Auftragsbestand auf über 4.000 Fahrzeuge. Danach sinkt er bei einer Reaktionszeit von 1 AT bis auf eine Tagesproduktion von 750 Fahrzeugen.

Für die Durchlaufzeiten ergeben sich nach Beziehung (10.13) minimal 2 Arbeitstage, maximal 9 Arbeitstage und im Jahresmittel 6,8 Arbeitstage. Mit zunehmender Auslastung steigen die Durchlaufzeiten an.

Im zweiten Fall mit einem mittleren Auftragseingang von 250 Fz/AT sinkt der Auftragsbestand, wie in *Abb. 10.4* dargestellt, immer wieder unter die minimale Produktionsleistung von 250 Fz/AT. Die Produktion bricht ab, nachdem der Auftragsbestand bis auf die Mindestproduktionsleistung abgearbeitet ist, und be-

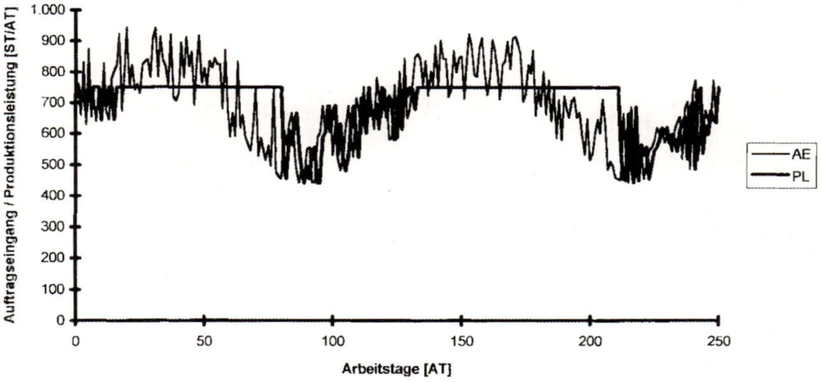


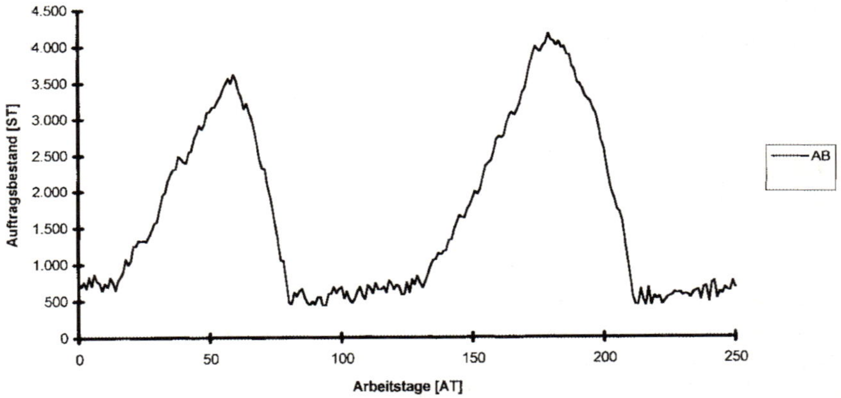


**Abb. 10.3** Produktionsleistung und Auftragsbestand bei kontinuierlicher flexibler Auftragsfertigung von 175.000 Fahrzeugen im Jahr

| | | |
|---|---|---|
| $AE$ | Auftragseingang | $AE_{\text{mittel}} = 700$ FZ/AT |
| $PL$ | Produktionsleistung | $x$ = Reaktionszeit = 1 AT |
| $PL_{\text{min}} = 250$ FZ/AT | | $PL_{\text{max}} = 750$ FZ/AT |
| $AB$ | Auftragsbestand | |

ginnt wieder, wenn der Auftragsbestand die Mindestlosgröße von 2.500 Fahrzeugen überschreitet. Daraus resultiert eine *diskontinuierliche Produktion*. Für die Durchlaufzeiten ergeben sich nach Beziehung (10.13) minimal 2 Arbeitstage, maximal 8 Arbeitstage und im Jahresmittel 3,9 Arbeitstage.

Wenn die Lieferzeiten der Auftragsproduktion für die Auftraggeber zu lang sind und dadurch Aufträge verloren gehen, ist ein möglicher Ausweg die Lagerfertigung.

### 3. Lagerfertigung

Bei reiner Lagerfertigung ergibt sich der Auftragseingang $AE_P(i)$ für die Produktion ausschließlich aus den Nachschubaufträgen für das Fertiglager.

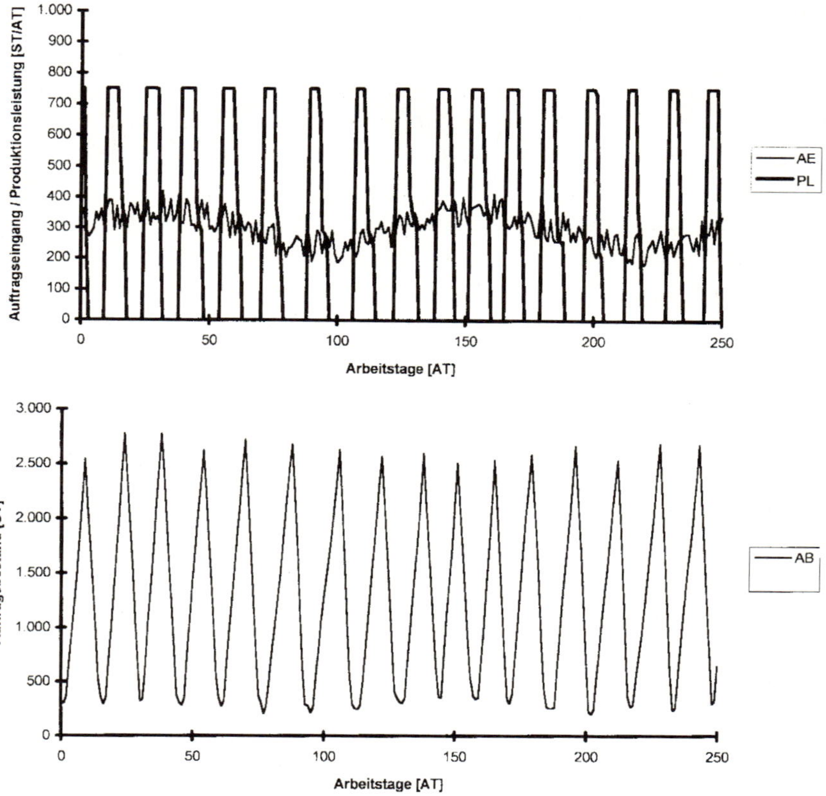


**Abb. 10.4** Produktionsleistung und Auftragsbestand bei diskontinuierlicher flexibler Auftragsfertigung von 62.500 Fahrzeugen im Jahr

| | | |
|---|---|---|
| *AE* | Auftragseingang | $AE_{mittel}$ = 250 FZ/AT |
| *PL* | Produktionsleistung | $x$ = Reaktionszeit = 1 AT |
| $PL_{min}$ = 250 FZ/AT | | $PL_{max}$ = 750 FZ/AT |
| *AB* | Auftragsbestand | $LG_{min}$ = Mindestlosgröße = 2.500 FZ |

Wenn der *Lagerbestand* $LB(i)$ in einer Periode $i$ den *Meldebestand MB* unterschreitet, wird ein Nachschubauftrag mit einer *Nachschubmenge* $NM(\mathrm{i})$ ausgelöst, die entweder immer gleich groß oder bei optimaler Nachschubdisposition verbrauchsabhängig ist. Der *Meldebestand* ist gleich der Summe eines *Sicherheitsbestands SB*, der bei schwankendem Auftragseingang und veränderlichen Wiederbeschaffungszeiten eine geforderte *Lieferfähigkeit* sichert, und des Verbrauchs in der Wiederbeschaffungszeit, der vom externen Auftragseingang bestimmt wird. Verfahren und Formeln zur Berechnung der *optimalen Nachschubmenge* und des *Sicherheitsbestands* sind in *Kapitel* 11 angegeben.

Die *Wiederbeschaffungszeit* $\mathrm{T_{WBZ}}$ hängt ab von der *Produktionsdurchlaufzeit*, von der in Periodenlängen $\mathrm{T_{PE}}$ gemessenen *Transportzeit* $TZ = z \cdot \mathrm{T_{PE}}$ zwischen Produktion und Lager sowie von der Art der Nachschubauslieferung.

Für die Auslieferung an das Fertiglager sind folgende *Auslieferstrategien* möglich:

- *Geschlossene Nachschubauslieferung*: Die in einer oder aufeinander folgenden Perioden produzierte Nachschubmenge wird in einem *Fertigpuffer* (FP) angesammelt und erst an das *Fertiglager* (FL) ausgeliefert, wenn sie vollständig ist.
- *Kontinuierliche Nachschubauslieferung*: Die produzierte Nachschubmenge wird Stück für Stück, in vollen Lade- oder Transporteinheiten, oder jeweils am Ende einer Periode an das Fertiglager ausgeliefert.

Bei geschlossener Auslieferung ist die minimale Wiederbeschaffungszeit $T_{WBZ} = z + x + NM/PL_{max}$ und bei Auslieferung mindestens einmal pro Periode $T_{WBZ} = z + x$. Damit folgt bei einem *Lagerauftragseingang* $AE_L(i)$ für den

- *Meldebestand*

$$MB(i) = \begin{cases} SB + (z + x + NM / PL_{max})AE_L(i) & \text{bei geschlossener Auslieferung} \\ SB + (z + x)AE_L(i) & \text{bei kontinuierlicher Auslieferung.} \end{cases} \tag{10.14}$$

Bei optimaler Nachschubdisposition und reiner Lagerfertigung ergibt sich damit für den

- *Produktionsauftragsbestand* am Periodenende

$$AB_p(i) = \begin{cases} NM(i) & \text{wenn } LB(i-1) < LB(i) > MB \\ AB_p(i-1) - PL(i) & \text{wenn } LB(i-1) > LB(i) \\ 0 & \text{wenn } LB(i-1) > LB(i) < MB. \end{cases} \tag{10.15}$$

Aus dem Produktionsauftragsbestand (10.15) folgt mit dem Algorithmus (10.12) die Produktionsleistung.

Bei kontinuierlicher Nachschubauslieferung wird während der Produktionsphase laufend der Lagerbestand durch die Produktionsleistung $PL(i\text{–}z)$ des Tages $i\text{–}z$ aufgefüllt, an dem der Transport ans Lager abgeht. Gleichzeitig gehen vom Lagerbestand die Mengen des Auftrageingangs $AE(i)$ ab. Daher sind am Ende der Periode $i$

- *Fertigpufferbestand* $FB(i)$ und *Lagerbestand* $LB(i)$ bei *kontinuierlicher Auslieferung* an das Lager

$$\begin{aligned} FB(i) &= 0 \\ LB(i) &= LB(i-1) - AE_L(i) + PL(i-z). \end{aligned} \tag{10.16}$$

Bei geschlossener Nachschubauslieferung wird die gesamte fertig produzierte Nachschubmenge $NM$ erst am Tag $i$ der vollständigen Fertigstellung aus dem Fertigpuffer an das Fertiglager geliefert. Sie kommt dort am Tag $i + z$ an und füllt den Lagerbestand wieder auf. Hieraus resultieren

- *Fertigpufferbestand* und *Lagerbestand* bei *geschlossener Auslieferung* an das Lager

$$FB(i) = FB(i-1) + PL(i) - \text{WENN}\left(FB(i-1) + PL(i) = NM;\ NM;\ 0\right)$$
$$LB(i) = LB(i-1) - AE_L(i) + \text{WENN}\left(FP(i-z-1) + PL(i) = NM;\ NM;\ 0\right). \quad (10.17)$$

Für das Beispiel der Automobilproduktion zeigen die *Abb. 10.5* bei geschlossener Auslieferung und *Abb. 10.6* bei kontinuierlicher Auslieferung *oben* den mit diesen Beziehungen errechneten Verlauf der *Produktionsleistung* und *unten* den Verlauf des *Lagerbestands*. Aus dem Vergleich der beiden Modellrechnungen wie auch aus den Berechnungsformeln ist ablesbar:

- Der Produktionsverlauf ist für beide Auslieferstrategien gleich, aber verschoben. Wegen der kürzeren Wiederbeschaffungszeit beginnt die Produktion für den Lagernachschub bei kontinuierlicher Auslieferung um $NM/2PL_{max}$ später.

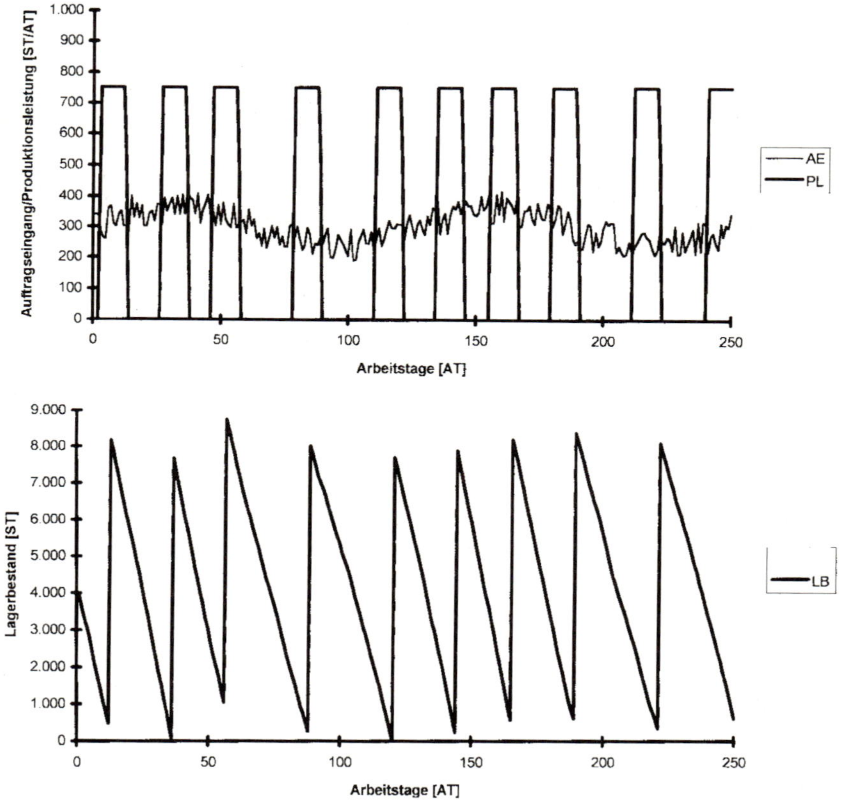


**Abb. 10.5** Produktionsleistung und Lagerbestand bei flexibler Lagerfertigung mit geschlossener Nachschubauslieferung von 75.000 Fahrzeugen im Jahr

| | | | |
|---|---|---|---|
| *AE* | Auftragseingang | $AE_{mittel} = 300$ FZ/AT | |
| *PL* | Produktionsleistung | $LG_{min} = 1.250$ FZ | |
| $PL_{min} = 250$ FZ/AT | | $PL_{max} = 750$ FZ/AT | |
| *LB* | Lagerbestand | $NM$ = Nachschubmenge = 8.000 FZ | |

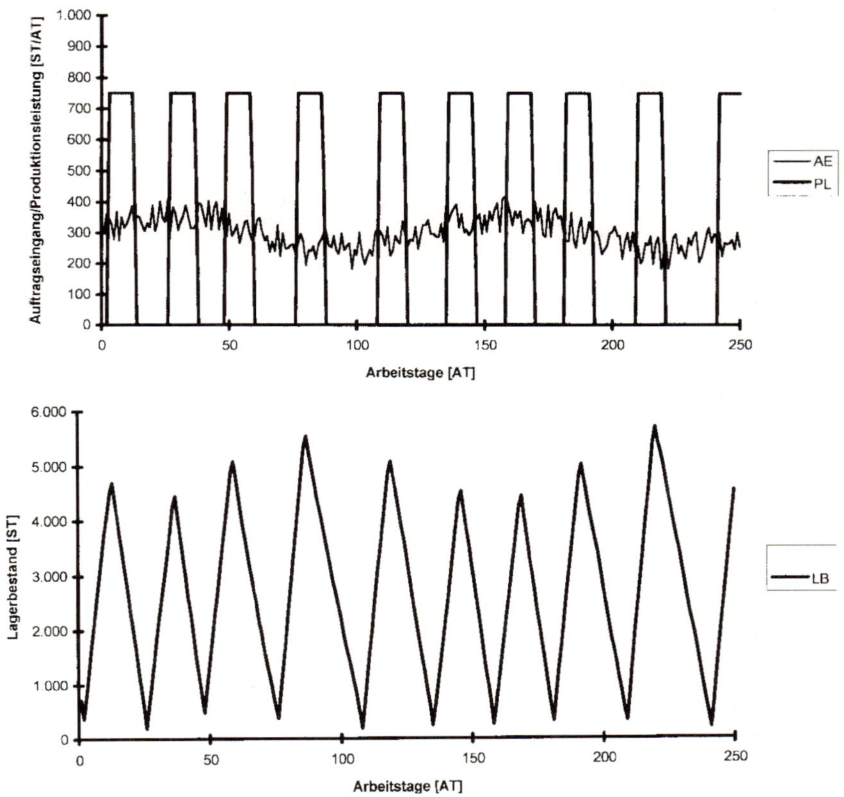


**Abb. 10.6** Produktionsleistung und Lagerbestand bei flexibler Lagerfertigung mit kontinuierlicher Auslieferung von 75.000 Fahrzeugen im Jahr

| | | |
|---|---|---|
| *AE* | Auftragseingang | $AE_{mittel} = 300$ FZ/AT |
| *PL* | Produktionsleistung | $LG_{min} = 1.250$ FZ |
| $PL_{min} = 250$ FZ/AT | | $PL_{max} = 750$ FZ/AT |
| *LB* | Lagerbestand | *NM* = Nachschubmenge = 8.000 FZ |

- Der typische Sägezahnverlauf des Lagerbestands hat bei geschlossener Auslieferung senkrechte Anstiegsflanken und bei kontinuierlicher Auslieferung schräg verlaufende Anstiegsflanken.
- Der Lagerbestand ist bei kontinuierlicher Nachschubauslieferung fast um einen Faktor 2 geringer als bei geschlossener Nachschubauslieferung.
- Der Unterschied zwischen geschlossener und kontinuierlicher Auslieferung verringert sich mit abnehmender Nachschubmenge und verschwindet, wenn die gesamte Nachschubmenge in nur einer Periode produziert werden kann.

Wenn zwischen der Produktion und dem Fertiglager ein Transport stattfindet, ist die Auslieferung in vollen Lade- und Transporteinheiten kostenoptimal. Daraus ergibt sich die *optimale Nachschub- und Auslieferungsstrategie*:

▶ Die Nachschub- und Lagerkosten sind am günstigsten, wenn die Nachschubmenge ein ganzzahliges Vielfaches des Fassungsvermögens der Ladeeinheiten und der Transporteinheiten ist und in vollen Lade- und Transporteinheiten kontinuierlich von der Produktion an das Lager ausgeliefert wird.

*Strategieparameter* zur weiteren Minimierung der Summe von Transportkosten für den Lagernachschub und Lagerkosten sind das *Fassungsvermögen* der eingesetzten Lade- und Transportmittel sowie die *Lagernachschubmenge* (s. *Kapitel 11*).

Bei reiner Lagerfertigung ist die Auftragsdurchlaufzeit gleich der Auftragsbearbeitungszeit im Fertiglager, die bei verfügbarem Lagerbestand in der Regel wenige Stunden bis maximal ein Tag beträgt und damit wesentlich kleiner als die Produktionsdurchlaufzeit ist. Hieraus folgt:

▶ Bei ausreichender Produktionsleistung und richtig bemessenem Sicherheitsbestand ermöglicht die Lagerfertigung minimale Lieferzeiten.

Minimale Lieferzeiten sind nur bei ausreichendem Lagerbestand möglich. Wenn die Produktion den Nachschub nicht rechtzeitig liefert und der Verbrauch in der Wiederbeschaffungszeit größer ist als der Lagerbestand $LB(i)$, entsteht ein

- *Lagerauftragsbestand*

$$AB_L(i) = \text{MAX}\big(0; AB_L(i-1) + AE_L(i) - LB(i)\big). \tag{10.18}$$

Der Preis für die kurzen Lieferzeiten der Lagerfertigung sind die Mehrkosten, die gegenüber der Auftragsfertigung durch den Transport von der Produktion zum Fertiglager, das Einlagern, das Lagern und das Auslagern entstehen. Von diesen Mehrkosten fallen bei hochwertigen Erzeugnissen und großem Lagerbestand vor allem die *Zinskosten* für die Kapitalbindung und das *Absatzrisiko* ins Gewicht (s. *Abschnitt 11.2*).

#### 4. Auftrags- und Lagerfertigung

Durch eine kombinierte Auftrags- und Lagerfertigung lassen sich die Vorteile der Auftragsfertigung und der Lagerfertigung nutzen und die Nachteile in Grenzen vermeiden.

Beim kombinierten Betrieb des Lager- und Fertigungssystems *Abb. 10.2* werden die externen Aufträge nach bestimmten *Zuteilungskriterien* zu einem Anteil $p$ dem Produktionsbereich und zu einem Anteil 1-$p$ dem Lagerbereich zur Ausführung zugewiesen. Damit teilt sich der externe Auftragseingang $AE(i)$ auf in einen *externen Produktionsauftragseingang*

$$AE_P(i) = p \cdot AE(i) \tag{10.19}$$

und einen *Lagerauftragseingang*

$$AE_L(i) = (1-p) \cdot AE(i), \tag{10.20}$$

deren Summe gleich dem *Gesamtauftragseingang* ist:

$$AE(i) = AE_P(i) + AE_L(i). \tag{10.21}$$

Der Auftragsbestand der Produktion ergibt sich bei kombinierter Auftrags- und Lagerfertigung aus dem externen Produktionsauftragseingang (10.19) und den internen Lagernachschubaufträgen, die bei Erreichen des Meldebestands $MB$, also wenn $LB(i) < MB$ wird, erteilt werden. Daraus folgt für den

- *Produktionsauftragsbestand* bei kombinierter Auftrags- und Lagerfertigung

$$AB_p(i) = \mathrm{MAX}\Big(0; AB_p(i-1) + AE_p(i) - PL(i) + \mathrm{WENN}(LB(i) < MB;\ MB;0)\Big) \quad (10.22)$$

Die Produktionsleistung bei kombinierter Auftrags- und Lagerfertigung errechnet sich mit dem allgemeinen Algorithmus (10.12) aus dem Produktionsauftragsbestand (10.22).

Nach Beziehung (10.14) ist der Meldebestand vom aktuellen Verbrauch und von der *Lagerproduktionsleistung* $PL_L$ abhängig, die zur Fertigung des Lagernachschubs bereitgestellt wird. Damit die Wiederbeschaffungszeit für das Fertiglager nicht zu lang ist, muß für den Lagernachschub ein Anteil $p_L \geqslant p$ der maximal möglichen Produktionsleistung freigehalten werden. Die Produktionskapazität $PL_A(i)$ für die Auftragsfertigung ist daher während der Lagernachschubproduktion begrenzt durch

$$PL_A(i) \quad \leqq \quad (1 - p_L) \cdot PL_{max} . \quad (10.23)$$

Mit Hilfe der angegebenen Formeln lassen sich die Auswirkungen des Auftragseingangs auf die Produktionsfunktion, den Auftragsbestand, den Lagerbestand und die Durchlaufzeiten für unterschiedliche Einflußfaktoren und Strategieparameter berechnen. Die Anzahl der *Einflußfaktoren*, wie Höhe, Saisonalität und Schwankung des Auftragseingangs, der *Strategieparameter*, wie die Nachschubmenge, die Produktionskapazität und die Reaktionszeit, und der *Handlungsmöglichkeiten*, wie Periodeneinteilung, Werksferien oder Verteilung zwischen Auftrags- und Lagerfertigung ist jedoch so groß, daß eine Darstellung und Diskussion auch nur der wichtigsten Abhängigkeiten den Rahmen sprengen würde.

Dem interessierten Leser wird empfohlen, mit den angegebenen Formeln ein *Tabellenkalkulationsprogramm* zu schreiben, das soviele Zeilen hat, wie Perioden betrachtet werden, und damit selbst Modellrechnungen mit entsprechenden Parametervariationen durchzuführen. Mit einem solchen Tabellenkalkulationsprogramm wurden die in den *Abb. 10.3* bis *11.7* dargestellten Kurvenverläufe errechnet.

Die *Abb. 10.7* zeigt für das Beispiel der Automobilindustrie das Ergebnis der Tabellenkalkulation bei einer kombinierten Auftrags- und Lagerproduktion mit einer konstanten Produktionsleistung, die gleich dem durchschnittlichen Auftragseingang ist. Im Verlauf der kontinuierlichen Produktion ensteht in Zeiten, in denen der Auftragseingang größer ist als die Produktionskapazität, ein zunehmender Auftragsbestand, nachdem der Lagerbestand abgebaut ist. Wenn der Auftragseingang unter die Produktionsleistung sinkt, nimmt der Auftragsbestand wieder ab. Danach baut sich aus der Überschußproduktion ein zunehmender Lagerbestand auf.

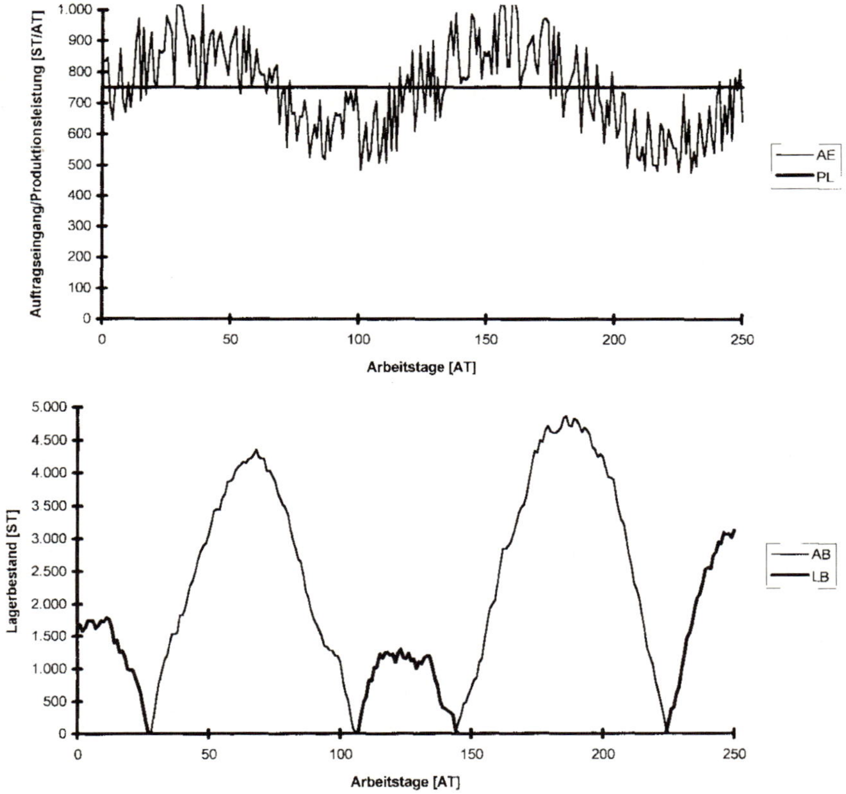


**Abb.10.7** Produktionsleistung, Auftragsbestand und Lagerbestand bei kombinierter Auftrags- und Lagerfertigung von 187.500 Fahrzeugen im Jahr

| | | | |
|---|---|---|---|
| *AE* | Auftragseingang | $AE_{\text{mittel}}$ | = 750 FZ/AT |
| *PL* | Produktionsleistung = | $PL_{\max}$ | = 750 FZ/AT |
| *AB* | Auftragsbestand | *LB* | Lagerbestand |

Aus den angegebenen Beziehungen und Modellrechnungen lassen sich folgende *Zuweisungsregeln* für die Auftragsfertigung und die Lagerfertigung herleiten und ihre Auswirkungen quantifizieren:

- *Großaufträge* eignen sich besser für die Auftragsfertigung, kleinere Aufträge besser für die Auslieferung ab Lager.
- *Eilaufträge* und *Sofortaufträge* sind vorteilhafter ab Lager auszuliefern.
- *Terminaufträge* werden bei gleichmäßig hohem Auftragseingang auf Termin gefertigt und direkt ausgeliefert und bei geringem oder schwankendem Auftragseingang in Zeiten geringerer Auslastung vorgefertigt und über das Lager ausgeliefert.
- Bei einer *Mehrvariantenfertigung* sind gängige und geringerwertige Varianten mit prognostizierbarem Bedarf günstiger auf Lager zu produzieren und selte-

ne oder hochwertigere Varianten mit sporadischem Bedarf besser nach Kundenauftrag.

In der Konsumgüterindustrie werden beispielsweise Großaufträge mit Aktionsware gleich nach der Produktion in die termingerecht bereitgestellten Sattelaufliegerfahrzeuge verladen und am Fertigwarenlager vorbei direkt zu den *Regionallagern* oder *Crossdockingstationen* des Handels transportiert. Abgesehen von den dadurch ersparten Kosten für den Zwischentransport und die Überlagernahme lassen sich mit der *Direktlieferstrategie* die Schwankungen des Lagerauftragseingangs reduzieren und die Lagerbestände senken. Nicht selten stehen jedoch einer kurzfristigen Einführung der Direktauslieferung organisatorisch oder datentechnisch fest installierte Abläufe im Wege, die sich nur mit größerem Aufwand verändern lassen.

**5. Beherrschung der Komplexität**

Die Analyse des in *Abb. 10.2* dargestellten Produktions- und Lagersystems zeigt, wie viele Einflußgrößen und Handlungsmöglichkeiten bereits bei der Disposition des relativ einfachen Systems aus zwei verkoppelten Leistungsstellen zu beachten sind. Die Verkopplung und Vernetzung mehrerer solcher Elementarsysteme führt wegen der mit zunehmender Elementeanzahl explodierenden Anzahl der Bündelungs- und Ordnungsmöglichkeiten zu einer sehr hohen *Komplexität* (s. *Abb. 5.2* und *5.3*).

Zugleich haben die vorangehenden Modellrechnungen gezeigt, daß die stochastische Simulation des relativ einfachen Systems sehr aufwendig ist und kaum weiter führt als die Systemanalyse. Die Simulation kann zwar die Auswirkungen der Veränderung einzelner Leistungsanforderungen oder Handlungsparameter aufzeigen. Sie erklärt jedoch nicht, warum sich welche Auswirkungen einstellen. Mit zunehmender Komplexität des Systems wird auch das Simulationsmodell komplexer. Die Ergebnisse werden immer unverständlicher. Die stochastische Simulation eines komplexen Systems mit vielen Handlungsmöglichkeiten und Parametern ergibt daher keine allgemein gültigen Strategien, mit denen sich das Ziel minimaler Gesamtkosten bei Einhaltung der geforderten Lieferzeiten und Lieferfähigkeiten erreichen läßt.

Die Komplexität von Liefer- und Versorgungsnutzen, die sich aus einer großen Anzahl von Produktions-, Leistungs- und Lagerstellen zusammensetzen, wird beherrschbar, wenn bei der Gestaltung und Planung das *Entkopplungsprinzip* aus *Abschnitt 10.1* befolgt wird und bei der Disposition das *Subsidiaritätsprinzip* aus *Abschnitt 2.4*. Die entkoppelten Teilbereiche und Subsysteme können dann weitgehend unabhängig voneinander die Aufträge disponieren, die ihnen von den angrenzenden Systemen, einer zentralen Auftragsdisposition oder direkt von externen Kunden erteilt werden. Solange keine Engpässe auftreten, ergibt sich selbstregelnd ein relatives oder das absolute Gesamtoptimum, wenn die Disposition der Teilsysteme jeweils auf das Optimum ihres Einflußbereichs ausgerichtet ist. Offen aber ist die zentrale Frage, welche Dispositionsstrategie dafür am besten geeignet ist (s. *Abschnitt 20.18*)

## 10.6 Permanente Auftragsdisposition

Die Auftragsdisposition ordnet permanent die eingehenden externen Aufträge nach Prioritäten, löst sie nach geeigneten Dispositionsstrategien in interne Aufträge auf und leitet diese an die betreffenden Fertigungsbereiche, Lieferstellen und Fertigwarenlager zur Ausführung weiter (s. *Abschnitt 2.2*). Weitere Aufgaben der Auftragsdisposition sind die Beschaffungsdisposition und die Versanddisposition.

Damit die Auftragsdisposition die Aufträge unverzüglich bearbeiten kann, müssen zuvor von der Planung die Art und die Strategien der Auftragsausführung mit der Produktion und den externen Beschaffungsquellen abgestimmt sein, soweit diese Einfluß auf die Lieferzeit haben. Aus der Abstimmung der Lieferanforderungen mit den Fertigungs- und Beschaffungsmöglichkeiten resultieren unterschiedliche Beschaffungsstrategien. Gemäß der Lieferzeitforderung ist unter Berücksichtigung der Kostenopportunität auszuwählen, welche Positionen ab Lager geliefert und welche auftragsspezifisch gefertigt oder beschafft werden.

In einem Unternehmen mit eigener Produktion ist die Abstimmung der Strategien der zentralen Auftragsdisposition mit den Strategien der Lagerdisposition und der dezentralen Fertigungsdisposition entscheidend für den Erfolg der Disposition. Eine weitere Erfolgsbedingung sind *Dispositionsperioden*, die in allen Leistungsbereichen die gleiche Länge haben und deren Beginn aufeinander abgestimmt ist. Wird zum Beispiel eine tagesgenaue Termineinhaltung angestrebt, ist die Länge der Dispositionsperioden 1 Arbeitstag (s. *Abschnitt 8.2*).

### 1. Auftragsbeschaffung oder Lagerfertigung

Für die Bestellung eines reinen Auftragsartikels, der grundsätzlich nicht auf Lager produziert wird, gibt es nur die *Auftragsfertigung* oder die *Auftragsbeschaffung*. Für einen Lagerartikel besteht die Möglichkeit, diesen ab Lager auszuliefern oder nach Auftrag zu fertigen bzw. zu beschaffen.

Sind beide Möglichkeiten zugelassen, ergeben sich aus der *Lieferzeitopportunität* und der *Kostenopportunität* der Lagerhaltung, die im folgenden Kapitel behandelt werden, folgende *Zuweisungsregeln für die Auftrags- oder Lagerfertigung*:

- *Kleinaufträge* mit Bestellmengen, die kleiner sind als die halbe optimale Nachschubmenge und der aktuelle Lagerbestand, werden ab Lager ausgeliefert.
- *Großaufträge* mit Bestellmengen, die größer sind als die halbe optimale Nachschubmenge oder der aktuelle Lagerbestand, werden nach Auftrag gefertigt, wenn die geforderte Lieferzeit länger ist als die Standardlieferzeit.
- *Großaufträge* mit einer geforderten Lieferzeit, die kürzer als die Standardlieferzeit ist, werden aufgeteilt in einen sofort zu bedienenden *Lagerlieferanteil* in Höhe der halben optimalen Nachschubmenge und einen verbleibenden *Auftragslieferanteil*, der erst nach der Standardlieferzeit geliefert wird.

Aus dieser Festlegung ergibt sich über längere Zeit selbstregelnd der kostenoptimale Anteil der Auftragsfertigung p und der Anteil der Lagerfertigung 1–p (s. *Abb. 10.2*).

## 2. Erzeugnisarten und Fertigungsverfahren

In einer Produktionsstelle werden *Einsatzstoffe*, wie Rohstoffe, Vorprodukte, Teile und Module, von Arbeitskräften, Maschinen und Anlagen in unterschiedliche *Erzeugnisse* umgewandelt. Die Art und Beschaffenheit der Erzeugnisse $E_r$, $r = 1,2...$, mit den Erzeugniseinheiten $VE_r$, die Auftragsmenge und der Fertigstellungszeitpunkt werden durch die *Fertigungsaufträge* [FAuf] vorgegeben. Bei einem periodischen Auftragseingang $\lambda_A$ [FAuf/PE] mit den mittleren Auftragsmengen pro Artikelposition $m_r$ [$VE_r$/Auf] ist der *Erzeugnis- oder Leistungsbedarf* $\lambda_r = m_r \lambda_A$ [$VE_r$ / PE].

Maßgebend für die Fertigungsdisposition sind die Erzeugnisart und das Fertigungsverfahren. Diese ergeben sich aus dem technologischen Fertigungsprozeß:

- *Unstetigproduktion* oder *Taktfertigung*: In einem getakteten Prozeß werden einzeln oder in einer bestimmten Losgröße *diskrete Erzeugnisse* hergestellt. Diese können einzelne *Werksstücke* oder *Warenstücke* [WSt] sein oder zu mehreren in *Verpackungseinheiten* [VPE] oder *Ladungsträgern* [LE] abgefüllt sein.
- *Stetigproduktion* oder *Verfahrensproduktion*: In einem stetigen Prozeß wird ein *kontinuierliches Produkt* erzeugt, das nicht in der gleichen Fertigungsstelle abgepackt oder abgefüllt wird. Die Ausstoßmenge kann Gas, Flüssigkeit, Schüttgut, ein Materialstrang oder eine Stoffbahn sein. Sie wird gemessen in *Gewichtseinheiten* [kg, t], *Volumeneinheiten* [$m^3$, l], *Flächeneinheiten* [$m^2$] oder *Längeneinheiten* [m, km].

Der kontinuierliche Ausstoß einer Stetigproduktion wird in den meisten Fällen in einem *Materialpuffer* zwischengespeichert, aus dem nachfolgende Abfüllstationen und Weiterverarbeitungsstellen bedarfsabhängig versorgt werden. Eine *Prozeßfertigung* ist daher in der Regel zwei- oder mehrstufig und durch Zwischenpuffer entkoppelt.

## 3. Organisation der Fertigung

In einer *mehrstufigen Fertigung* sind die einzelnen Produktionsstellen auf unterschiedliche Weise miteinander verbunden:

- In der *Werkstattfertigung* sind die einzelnen Produktionsstellen durch Auftrags- oder Warenpuffer voneinander entkoppelt. Mehrere Produktionsstellen führen nach dem *Verrichtungsprinzip* am Auftragsgegenstand in sich abgeschlossene Arbeitsgänge durch oder erzeugen *parallel* das benötigte Einsatzmaterial.
- In der *Fließfertigung* sind mehrere Produktionsstellen ohne Zwischenlager in Reihe geschaltet. Sie führen *nacheinander* nach dem *Prozeßfolgeprinzip* am Auftragsgegenstand oder Leiteinsatzstoff einzelne Arbeitsschritte aus und verbrauchen Einsatzmaterial, das aus anderen Produktionsstellen über Zwischenpuffer von außen zugeführt wird. Im Grenzfall ist die Fließfertigung eine kontinuierliche Prozeßfertigung, bei der aus verfahrenstechnischen Gründen für eine längere Zeit keine Unterbrechung möglich ist.

- In einer *Netzwerkfertigung* ist die *Hauptleistungskette*, in der schrittweise der Auftragsgegenstand erzeugt wird, ohne Zwischenpuffer vernetzt mit einer oder mehreren *Zulieferketten*, in denen Module oder größere Teile ebenfalls nach dem Fließprinzip gefertigt werden.

Die Werkstattfertigung ist geeignet für Einzelaufträge und Kleinserien. Die Fließfertigung ist wirtschaftlich bei Großserien und in der Massenproduktion. Durch eine Verkürzung der *Umrüstzeiten*, eine *Standardisierung* der Komponenten und ein konsequentes *Variantenmanagement* der Erzeugnisse aber lassen sich auch in der Fließfertigung unterschiedliche Artikel in kleinen Losgrößen wirtschaftlich produzieren. Die herkömmliche Gleichsetzung von Kleinserienfertigung und Werkstattfertigung ist also irreführend.

In der Praxis finden sich daher meistens *Mischformen* der Werkstattfertigung, der Fließfertigung und der Netzwerkfertigung. Eine ausgedehnte Netzwerkfertigung wurde in einigen Industriezweigen, wie der Autoindustrie und im Computerbau, mit der Just-In-Time-Bereitstellung der Zulaufteile angestrebt. Sie hat sich aber in reiner Form nicht durchsetzen können, da sie nur selten kostenoptimal und meist zu störanfällig ist.

### 4. Fertigungsplanung

Aufgabe der Fertigungsplanung ist das rechtzeitige Bereitstellen der mittel- und langfristig benötigten Ressourcen. Die Planung muß auch die organisatorischen Voraussetzungen für eine effiziente Fertigungsdisposition schaffen.

Dafür ist die *Aufbau- und Ablauforganisation* der Fertigung zu planen und zu optimieren. Das geschieht zweckmäßig in folgenden *Planungsschritten*:

- *Erfassung und Optimierung der Produktionsstruktur*: Abgrenzung der parallelen und aufeinander folgenden *Fertigungsbereiche* mit ihren Produktionsstellen, Fertigungslinien und Fertigungsnetzen, die durch ausreichend bemessene Puffer- oder Lagerstellen entkoppelt sind (s. z. B. *Abb.1.15*, *3.5* und *10.8*).
- *Auswahl der Standardfertigungsketten*: Erfassung der zulässigen Fertigungsketten mit allen Produktionsstellen, Lagerstationen und Leistungsstellen, die zwischen Produktionseingang und Ausgang nacheinander an der Erzeugung des Produktionsprogramms beteiligt sind. Auswahl und Kennzeichnung der kostenoptimalen *Standardfertigungsketten* der unterschiedlichen Produktgruppen und Produktfamilien (s. z.B. *Abb. 3.7* und *10.9*).
- *Einteilung der Fertig- und Vorerzeugnisse in Kanbanteile, Lagerteile und Auftragsteile*: *Kanbanteile* sind geringwertige Massenprodukte mit anhaltendem Bedarf, deren Verbrauch nicht einzeln erfaßt werden muß, und die nach dem selbstregelnden Zweibehälter-Kanban-Prinzip ohne DV-Unterstützung über Ein- und Auslaufpuffer direkt von Fertigungsbereich zu Fertigungsbereich laufen können (s. *Abschnitt 11.11*). *Lagerteile* sind Standardprodukte mit einem regelmäßigen prognostizierbaren Bedarfsverlauf und positivem Lageropportunitätsgewinn, die nach den Strategien der dynamischen Lagerdisposition anonym auf Lager gefertigt werden (s. *Abschnitt 11.12*). *Auftragsteile* sind alle übrigen Artikel und Vorprodukte. Sie werden auftragsbezogen gefertigt.

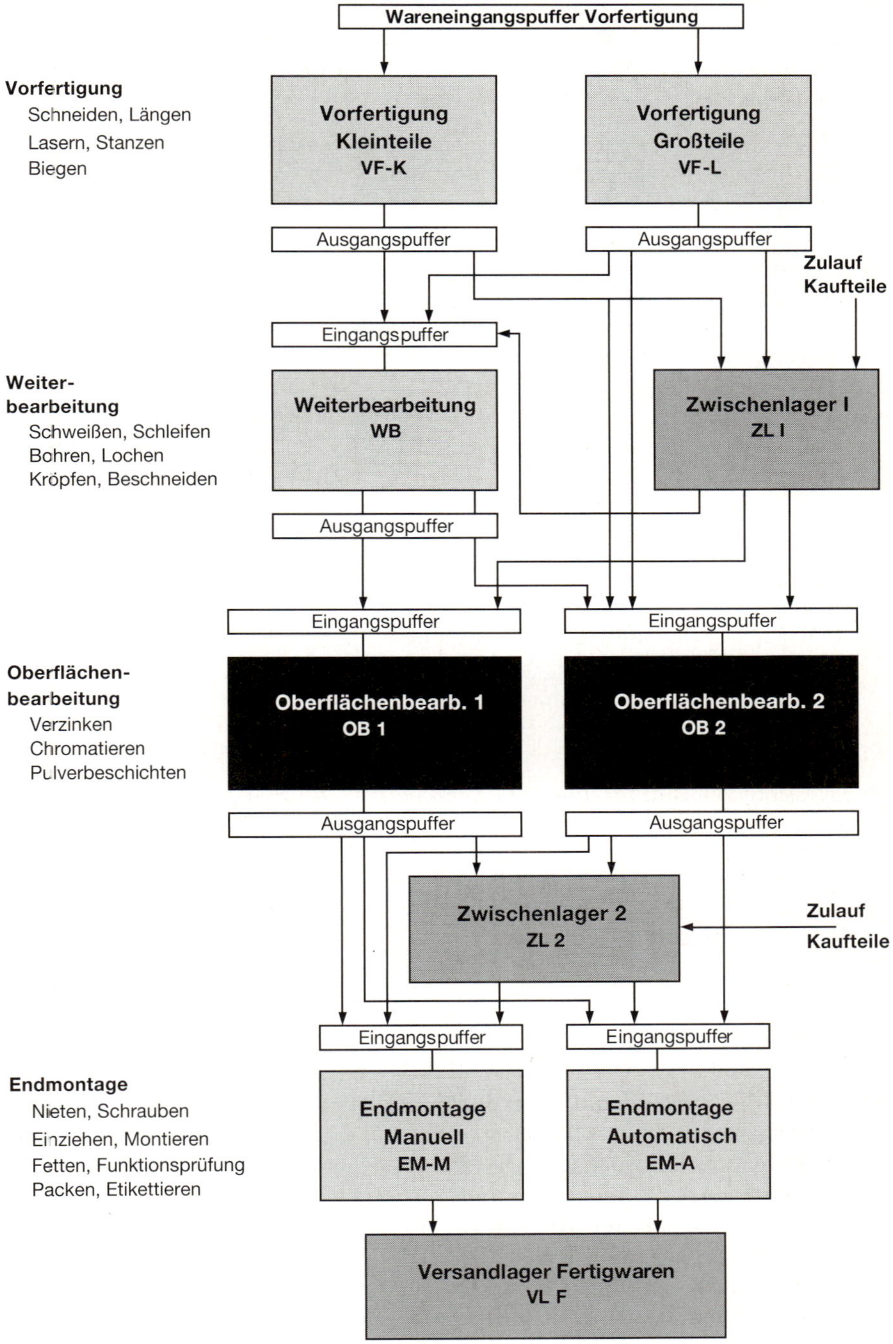


**Abb. 10.8** Fertigungsstruktur in einem Betrieb der Beschlagindustrie
Engpaßstationen: Oberflächenbearbeitung

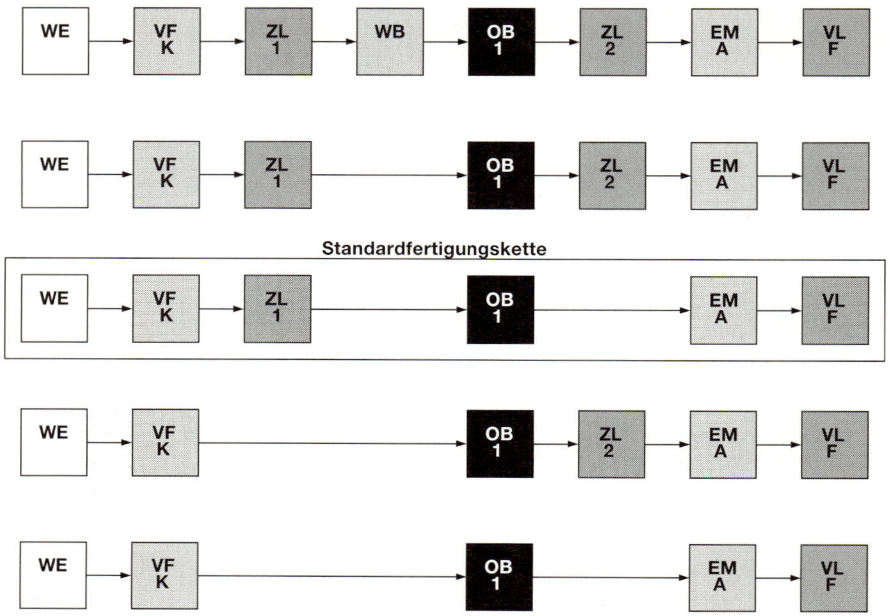


**Abb. 10.9** Innerbetriebliche Fertigungsketten für Kleinteile

Fertigungsstruktur und Bezeichnung s. *Abb. 10.1*
Engpaßstellen: Oberflächenbearbeitung

- *Planbelegung zur Engpaßermittlung*: Durch eine Planbelegung der Standardfertigungsketten mit den Materialbedarfsströmen, die über die Stücklistenauflösung aus dem *geplanten Auftragseingang* resultieren, werden die *Engpaßbereiche* bestimmt, die bei maximalem Auftragseingang am höchsten ausgelastet sind (s. *Abschnitt 13.9*).
- *Abstimmung der Betriebszeiten und Dispositionszeiten*: Synchronisation der Betriebs- und Arbeitszeiten in den aufeinander folgenden Produktionsbereichen. Abstimmung der Länge der Dispositionsperioden und der Dispositionszeitpunkte der zentralen Auftragsdisposition und der Fertigungsdisposition.

Damit sind die Aufbauorganisation und die Ablauforganisation der Fertigung abgeschlossen. Der resultierende *Fertigungsablauf* wird für einzelne Teile, Produkte, Produktgruppen oder Standardartikel in *Arbeitsplänen* dokumentiert. Diese legen die Abfolge der Produktions- und Leistungsstellen fest, geben die einzelnen Arbeitsvorgänge und deren Zeitbedarf vor und weisen den Material- und Teilebedarf pro Erzeugniseinheit aus.

Aus dem Fertigungsablauf, dem Zeitbedarf für die einzelnen Bearbeitungsschritte und den mittleren Transport- und Pufferzeiten, die bei *maximaler Planbelastung* zwischen den Fertigungsbereichen zu erwarten sind, wird für jeden Arbeitsplan eine *Standardlieferzeit* (SLZ) ermittelt. Diese kann mit einer *Termin-*

*treue* eingehalten werden, die von der aktuellen Auslastung der Engpaßstelle, der Fertigung und der Streuung der Auftragsgrößen abhängt.

Wenn für einen Arbeitsgang mehrere Fertigungsstellen zulässig sind, werden diese im Arbeitsplan als *Optionen* ausgewiesen. Die Start- und Endtermine sind im Arbeitsplan nicht festgelegt. Die Terminfestlegung und Auswahl der Fertigungsstelle sind erst Aufgaben der *Fertigungsdisposition*. Nur bei einer Prozeßfertigung und einer Projektfertigung werden von der Fertigungsplanung auch die beteiligten Fertigungsstellen verbindlich festgelegt und die Anfangs-, Zwischen- und Endtermine geplant.

### 5. Fertigungsdisposition

Die Fertigungsdisposition hat die Aufgabe, die aktuellen Aufträge den verfügbaren Ressourcen so zuzuweisen, daß sie zu minimalen Kosten in der zugesicherten Lieferzeit mit der vereinbarten Termintreue ausgeführt werden. Sie belegt dazu die einzelnen, miteinander verketteten oder vernetzten Produktionsstellen eines Fertigungsbereichs nach geeigneten *Fertigungsstrategien* mit den einzelnen Aufträgen.

Die *Fertigungsstrategie* bestimmt die Auslastung und die Auftragsdurchlaufzeit der einzelnen Produktionsstellen. Die Vielzahl der zuvor beschriebenen Einzelstrategien erschwert jedoch die Arbeit der Disposition und erhöht die Gefahr einer falschen Strategieauswahl.

In *Abschnitt 13.9* wird aus einer Analyse der Auswirkungen der verschiedenen Einzelstrategien auf das Leistungsvermögen, die Kosten und die Durchlaufzeiten eine *Standardstrategie der dynamischen Fertigungsdisposition* entwickelt, die auf die *Engpaßstellen* einer Lieferkette oder eines Fertigungsnetzwerks angewandt wird. Nach jeder abgeschlossenen Dispositionsperiode werden bis zum Beginn der nächsten Periode die einzelnen Schritte dieser Standardfertigungsstrategie durchlaufen.

### 6. Beschaffungsdisposition

Die Beschaffungsdisposition für fremd erzeugte Handelsware kann grundsätzlich zwischen einer *Just-In-Time-Beschaffung* und einer *Vorabbeschaffung* entscheiden. Dafür sind die eventuellen Mehrkosten des Lieferanten für die Just-Intime-Bereitstellung und die Terminrisiken gegen die eigenen Lagerkosten der vorzeitigen Anlieferung abzuwägen.

Wenn mehrere interne oder externe Bedarfsstellen den gleichen Artikel benötigen oder wenn eine Lieferstelle mehrere Artikel an das Unternehmen liefert, besteht darüber hinaus die Möglichkeit, die Anlieferungen optimal zu bündeln.

Eine kostenoptimale Beschaffungsbündelung ist bei einer Lagernachschubbeschaffung durch die in *Abschnitt 11.11.3* beschriebene und in *Abbildung 11.14* dargestellte *zyklische Sammeldisposition* mit festen Beschaffungsterminen zu erreichen. In die zyklische Sammeldisposition können auch die Auftragsbeschaffungen einbezogen werden.

Durch eine kostenoptimale Beschaffungsbündelung und eine zyklische Sammeldisposition lassen sich die Beschaffungskosten und die Zulauftransportkosten erheblich senken.

## 7. Versanddisposition

Die Versanddisposition ist Aufgabe der zentralen Auftragsdisposition, einer Versandstelle oder eines Logistikdienstleisters, der die Fertigwarenlagerung und den Versand ausführt. Logistikdienstleister neigen zur Selbstoptimierung (s. *Kapitel 20*). Der Logistikdienstleister muß daher durch eindeutige *Versandregeln* dazu veranlaßt werden, eine optimale Sendungsbündelung durchzuführen und die kostengünstigste Versandart auszuwählen.

Bewährte *Versandstrategien* sind:

- Wenn ein Kundenauftrag mehrere Lieferpositionen umfaßt oder für den gleichen Liefertermin mehrere Kundenaufträge vorliegen, werden diese in einer Lieferung zusammengefaßt und in der *günstigsten Versandart* dem Kunden zugestellt.
- Durch die Vereinbarung fester Versandtermine mit einem Kunden – etwa alle 2 Tage oder einmal pro Woche – ist ein *Sammelversand* möglich. Alle bis zum Versandtermin eintreffenden Lieferungen für den Kunden werden in einem Zwischenpuffer gesammelt und geschlossen versandt.
- Eine weitere Möglichkeit der *Versandbündelung* ist das Zusammenfassen aller Sendungen, die für mehrere Kunden einer *Zielregion* bestimmt sind und zu festen Zeiten versandt werden können.

Die Sendungen können dann vom Paket- oder Speditionsdienstleister als Ganz- oder Teilladung abgeholt und entweder zum nächsten Sammelumschlagpunkt oder bei ausreichender Menge direkt zum Verteilumschlagpunkt in der Zielregion transportiert werden. Das ist besonders effektiv für Exportsendungen in ferne Länder und nach Übersee (s. *Kapitel 19*).

Für die nach Auftrag gefertigten Positionen muß die Auftragsdisposition entscheiden, ob diese nach der Fertigstellung direkt ab Werk oder von einem Versandzentrum versandt werden (s. *Abb. 10.2*). Diese Entscheidung hängt außer von den Kosten von den technischen Versandeinrichtungen in der Produktion und im Versandzentrum ab.

Soweit es die technischen Einrichtungen zulassen, gelten für den *Werksversand* die *Standardbedingungen*

- Der *Direktversand* ab Produktionswerk ist *notwendig*, wenn ein zugesagter Liefertermin nur auf diesem Weg eingehalten werden kann. Voraussetzung ist, daß es sich um einen Einpositionsauftrag handelt oder eine *Teillieferung* zulässig ist.
- Ein *Direktversand* ab Werk ist *wirtschaftlicher* für große, schwere und sperrige Teile, Maschinen, Aggregate und Anlagen, die in der Fertigung versandfertig verpackt werden können.
- Für große Liefermengen ist ein *Direktversand* ab Werk *schneller* und *wirtschaftlicher*, wenn diese in vollen Paletten mit dem LKW als Teil- oder Ganzladungen oder per Bahn versandt werden. Optimal ist in diesem Fall eine Produktion direkt in ein bereitstehendes Transportmittel.

Für den *Zentralversand* ab einem Versandlager oder zentralen Umschlagpunkt gelten entsprechend die *Standardbedingungen*

- ▶ Der Versand ab einer Zentralstelle ist notwendig, wenn für einen Mehrpositionsauftrag eine Komplettlieferung zusammen mit Artikeln aus dem Fertigwarenlager oder anderen Fertigungsbereichen vorgeschrieben ist.
- ▶ Ein Versand ab Zentralstelle ist für kleinere Liefermengen wirtschaftlicher, wenn dort eine rationelle Verpackung und eine bessere Bündelung mit anderen Sendungen für den gleichen Kunden oder in die gleiche Region möglich ist.

Die Standardversandbedingungen ebenso wie die Standardfertigungsstrategien können in Form von Algorithmen und Entscheidungsregeln in einem *Dispositionsprogramm* realisiert werden, das dem Disponenten für jeden eingegebenen Auftrag zeit- und kostenoptimale Ausführungsvorschläge macht.

Mit zunehmender Übertragung der Standardprozesse der Disposition an ein leistungsfähiges Programm verlagert sich die Verantwortung des Disponenten auf die Überprüfung der Vorschläge des Rechners und die Lösung von Ausnahmefällen. Mehr noch als bisher gilt dann:

- ▶ Die *Disponenten* sind die Strategen des Tagesgeschäfts.

Das sollte auch vom Management respektiert und bei der Qualifikation der Disponenten beachtet werden.

## 10.7 Dynamische Disposition

Die herkömmliche Disposition ist weitgehend statisch. Sie findet in *längeren Abständen* zu *bestimmten Zeitpunkten* nach *gleichbleibenden Strategien* statt. Dabei werden die inzwischen eingetretenen Veränderungen in unterschiedlichem Ausmaß berücksichtigt.

In der Prozeßindustrie, wie in der Chemieindustrie und in der Stahlerzeugung, ist vielfach noch die *monatliche Disposition* zu finden. In großen Handelsketten und Produktionsbetrieben ist die *wöchentliche Disposition* weit verbreitet. *Logistikbetriebe*, wie Speditionen und Verkehrsbetriebe, aber auch andere *marktnahe Unternehmen* disponieren mindestens einmal am Tag.

In der Regel werden die seit der letzten Disposition hinzugekommenen und die noch nicht begonnenen Aufträge neu disponiert und die wichtigsten Veränderungen der Ressourcen berücksichtigt, wie die Verfügbarkeit von Material und Produktionseinrichtungen. Die *Dispositionsstrategien,* wie Lagerfertigung oder Auftragsfertigung, und die *Strategieparameter*, wie Lagernachschubmengen und Sicherheitsbestände, bleiben jedoch lange Zeit unverändert. In dieser Hinsicht ist die Disposition der meisten Unternehmen immer noch weitgehend statisch.

Je kürzer die Dispositionsperioden um so größer ist die *Termingenauigkeit* und desto kürzer ist die *Reaktionszeit.* Je flexibler die Anpassung der Dispositionsstrategien und Parameter an die Veränderungen um so besser sind die *Res-*

*sourcennutzung*, die *Lieferfähigkeit* und die *Wettbewerbsfähigkeit*. Das leistet die dynamische Disposition [266]:

- Die *dynamische Disposition* erfolgt in kurzen Zeitabständen, deren Länge von der geforderten Termingenauigkeit bestimmt wird, nach Strategien, deren Auswahl und Parameter laufend den veränderten Umständen angepaßt werden.

Abhängig von der Auslösung der Disposition unterscheiden sich die *periodendynamische Disposition* und die *ereignisdynamische Disposition*:

- Die *periodendynamische Disposition* findet periodisch in kurzen Zeitabständen statt und berücksichtigt alle Veränderungen der Aufträge, Ressourcen und anderen dispositionsrelevanten Ereignisse der letzten Periode.
- Die *ereignisdynamische Disposition* findet unmittelbar nach Eintreffen eines Auftrags, Veränderung einer Ressource, einer Störung oder einem anderen dispositionsrelevanten Ereignis statt.

Mit der ereignisdynamischen Disposition ist zwar die größte Dynamik und Flexibilität erreichbar. Aufwand und Zeitbedarf der Disposition nehmen jedoch mit der Ereignishäufigkeit rasch zu, so daß eine rein ereignisdynamische Disposition – selbst wenn sie weitgehend vom Rechner ausgeführt wird – in den meisten Fällen nicht realisierbar ist. Der Zielkonflikt zwischen Flexibilität und Praktikabilität wird gelöst durch die *Kombination von perioden- und ereignisdynamischer Disposition*:

▶ Die dynamische Disposition findet regulär in kurzen Zeitabständen statt und wird nur bei Eintreffen eines Eil- oder Großauftrags, nach Ausfall einer wichtigen Ressource oder bei einem anderen gravierenden Ereignis neu durchgeführt.

Die wichtigsten Eigenschaften der dynamischen Disposition im Vergleich zur herkömmlichen Disposition sind also die *rasche Reaktion* auf aktuelle Ereignisse und die *laufende Adaption* der Strategien und Dispositionsparameter an aktuelle Veränderungen. Dafür werden geeignete *Anpassungstrategien* benötigt.

# 11 Bestands- und Nachschubdisposition

Bestände sind notwendig zum Ausgleich von temporären Abweichungen zwischen Verbrauch und Produktion sowie zur Sicherung der Versorgung bei Produktions- und Lieferunterbrechungen. Sie sind erforderlich zur Erfüllung von Leistungs- oder Serviceanforderungen und geeignet zur Optimierung der Betriebskosten.

Warenbestände binden Kapital, kosten Zinsen, benötigen Lagerplatz und sind mit Risiken verbunden. Daher versuchen viele Unternehmen – insbesondere in Zeiten *schwacher Konjunktur* – durch Vorgabe hoher Drehzahlen einen Bestandsabbau zu erzwingen, ohne die daraus resultierenden Kostensteigerungen und Leistungsminderungen ausreichend zu berücksichtigen.[1] In anderen Unternehmen steigen die Bestände – vor allem am Ende einer *Hochkonjunkturphase* – über das benötigte Maß hinaus an.

Beide Verhaltensweisen sind Folgen einer allgemeinen *Unsicherheit* und *Unkenntnis* der Verfahren, Strategien und Auswirkungen der *Bestands- und Nachschubdisposition*. Die *Unkenntnis* besteht trotz einer kaum noch überschaubaren Vielzahl theoretischer Arbeiten, Fachbücher und Veröffentlichungen auf diesem Gebiet [14; 86; 87; 88; 89; 90; 91; 92]. Viele Arbeiten untersuchen ohne Anwendungsbezug unterschiedliche Nachschubstrategien und enthalten stark vereinfachende, unpraktikable oder falsche Formeln zur Berechnung von Nachschubmengen und Sicherheitsbeständen. Die *Unsicherheit* resultiert auch aus den unplausiblen Bestellvorschlägen der Dispositionsprogramme, die mit ungeeigneten Algorithmen oder mit falschen Dispositionsparametern rechnen [234; 235; 236; 266; 280].

Neben der allgemeinen Unkenntnis sind in vielen Fällen folgende *Schwachpunkte* die Ursache für zu hohe oder zu geringe Bestände:

- geteilte Verantwortung für Bestände und bestandsabhängige Kosten
- fehlende Kriterien zur Auswahl lagerhaltiger Artikel
- übertriebene Anforderungen an die Lieferfähigkeit
- unzureichende, spekulative oder zu optimistische Bedarfsprognose
- unzulängliche Dispositionsverfahren

1 Das kann soweit gehen, daß unbedingt benötigte Produktionslager als „Werksentkopplungsmodule“ bezeichnet werden, um das Vorhandensein von Lagern vor dem Vorstand zu verbergen.

Die ersten drei Schwachpunkte lassen sich durch *strategische Maßnahmen* der Bestands- und Nachschubdisposition beheben:

- *Verantwortung nur einer Stelle für Bestände und bestandsabhängige Kosten*
- *Gezielte Auswahl der lagerhaltigen Artikel* in allen Stufen der Versorgungsnetze
- *Bedarfsgerechte Festlegung* der *Lieferfähigkeit* für lagerhaltige Artikel

Zur Unterstützung der *strategischen Dispositionsentscheidungen* werden in diesem Kapitel die Aufgaben, Ziele und Merkmale von *Puffern*, *Lagern* und *Speichern* analysiert, für die unterschiedliche Dispositionsverfahren erforderlich sind. Anschließend werden *Auswahlkriterien für lagerhaltige Artikel* entwickelt.

Nachdem festgelegt ist, in welcher Stufe der Logistikkette welche Waren mit welcher Lieferfähigkeit gelagert werden sollen, beginnt die *operative Aufgabe* der Bestands- und Nachschubdisposition:

- Nachschub und Bestände sind so zu disponieren, daß bei *minimalen Kosten* eine vorgegebene *Lieferfähigkeit* gewährleistet ist.

Die *operative Bestands- und Nachschubdisposition* umfaßt die *Teilaufgaben:*

1. Bestimmung der *Dispositionsparameter* für die lagerhaltigen Artikel
2. Rollierende Prognose oder Abschätzung des zukünftigen *Bedarfs*
3. Aktuelle Berechnung der optimalen *Nachschubmenge*
4. Dynamische Berechnung der *Sicherheitsbestände*

Nachfolgend werden die hierfür benötigten *Dispositionsparameter* und *Leistungskostensätze* definiert. Damit wird die *Logistikkostenfunktion* für den Nachschub- und Lagerprozeß aufgestellt und aus dieser eine allgemeine Formel zur Berechnung der *kostenoptimalen Nachschubmenge* hergeleitet. Nach Definition der *permanenten* und der *mittleren Lieferfähigkeit* wird der erforderliche *Sicherheitsbestand* berechnet. Aus der Verbrauchsabhängigkeit der optimalen Bestände ergeben sich Konsequenzen für die *Zentralisierung von Beständen.*

Ein weiteres Ergebnis sind praktikable *Nachschubstrategien*, die anschließend dargestellt und miteinander verglichen werden. Mit Hilfe eines *Tabellenprogramms zur Bestands- und Nachschuboptimierung* werden die *Einflußfaktoren* auf die Bestandshöhe und die Prozeßkosten untersucht. Zum Abschluß werden *Maßnahmen zur Bestandsoptimierung*, das Vorgehen der *dynamischen Lagerdisposition* und die *Kostenopportunität der Lagerhaltigkeit* behandelt.

## 11.1 Puffern, Lagern, Speichern

Die Gründe für Material- und Warenbestände in den Versorgungsnetzen sind vielfältig. Für die Planung des Platzbedarfs sowie für die Bestands- und Nachschubdisposition ist es zweckmäßig, nach den in *Tabelle 11.1* aufgeführten *Funktionen*, *Zielen* und *Merkmalen* die Bestandsarten *Puffern*, *Lagern* und *Speichern* zu unterscheiden.

| | PUFFERN | LAGERN | SPEICHERN |
|---|---|---|---|
| **Funktionen** | **Bereithalten**<br>zum Verbrauch<br>zur Verarbeitung<br>zur Bearbeitung<br>zur Abfertigung | **Bevorraten**<br>von Handelsware<br>von Produktionsbedarf<br>von Fertigwaren<br>von Ersatzteilen | **Aufbewahren**<br>zur Produktion<br>zum Transport<br>zur Aktionsauslieferung<br>zum Sortieren |
| | Stau permanenter Warteschlangen | Lagern von Reservemengen | Speichern temporärer Warteschlangen |
| Ziele | Auslastungssicherung<br>Unterbrechungsschutz<br>minimaler Platzbedarf | sofortige Verfügbarkeit<br>optimale Lieferfähigkeit<br>minimale Prozeßkosten | Kapazitätsnutzung<br>minimale Kosten<br>maximaler Erlös |
| **Bedarf** | **permanent** | **permanent** | **temporär** |
| Bestandshöhe | minimal<br>stochastisch um<br>Mittelwert schwankend | optimal<br>stochastisch abfallender<br>Sägezahnverlauf | vorbestimmt<br>ansteigend , konstant<br>abfallend |
| Artikelspektrum | minimal | breit | gering |
| Liegezeit | kurz | mittel bis lang | vorbestimmt |
| **Disposition** | **zufallsabhängige Staueffekte** | **verbrauchsabhängig Pull-Prinzip** | **planabhängig Push-Prinzip** |
| Einflußfaktoren | Varianz von Zulauf und Verbrauch<br>Verfügbarkeit der Lieferstelle | geforderte Lieferfähigkeit<br>Verbrauch<br>Nachschub<br>Prozeßkosten | Produktionsplan<br>Absatzplan<br>Lade- und Tourenplan<br>Zykluszeiten |

**Tab. 11.1** Funktionen, Ziele und Merkmale von Puffen, Lagern und Speichern

In der Praxis werden die idealtypischen *Bestandsarten* nicht immer klar getrennt und die Begriffe *Puffern, Lagern* und *Speichern* unterschiedlich oder synonym verwendet. In einigen Fällen haben Bestände auch mehrere Funktionen. So ist der Übergang vom Puffern zum Lagern und vom Lagern zum Speichern fließend und abhängig von der Disposition.

## 1. Puffern

Puffern ist das *Bereithalten* eines möglichst geringen *Arbeitsvorrats* eines oder weniger Artikel für die Produktion, Verarbeitung oder Abfertigung. Aufgabe ungeregelter oder gezielt disponierter Pufferbestände ist die *Sicherung* einer gleichmäßig hohen Auslastung einer Leistungsstelle mit stochastisch schwankendem Zulauf und Verbrauch.

Ein Pufferbestand, der für *längere Zeit* oder *unbefristet* vorgehalten wird, schwankt wie in *Abb. 11.1* dargestellt zufallsabhängig um einen *Mittelwert* $m_B$, dessen Höhe so bemessen ist, daß es nicht zu einer Unterbrechung der Versor-

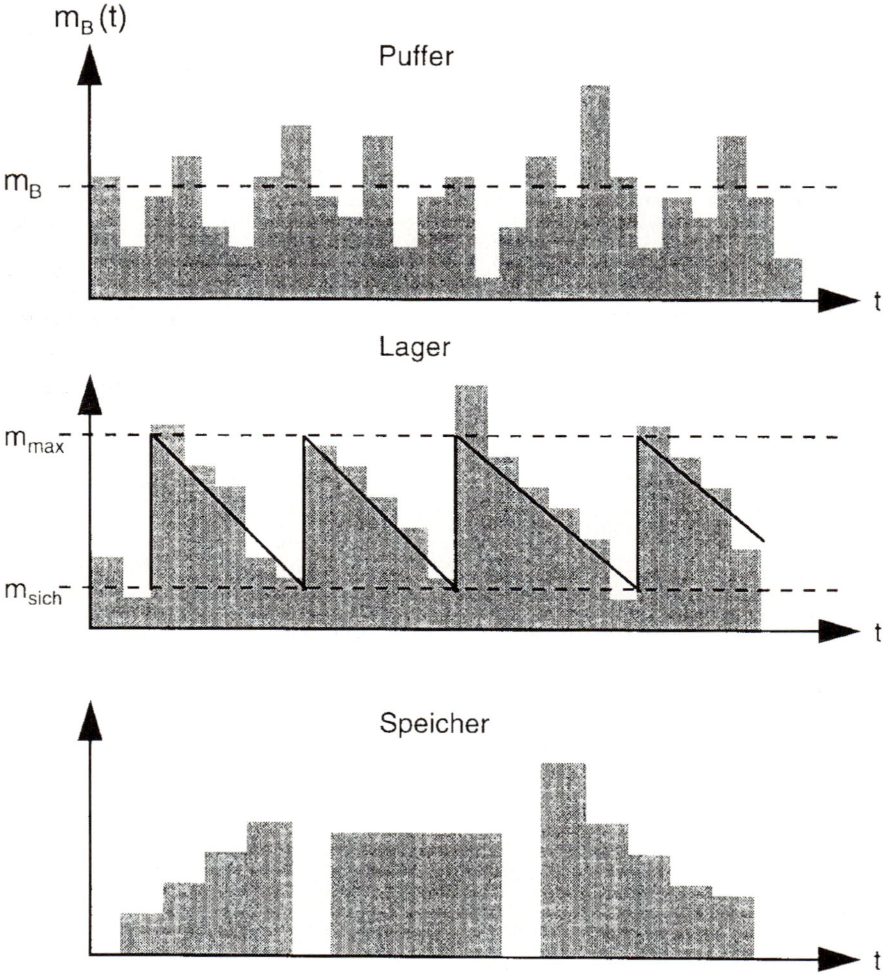


**Abb. 11.1** Bestandsverlauf für Puffer, Lager und Speicher

$m_B(t)$ aktueller Bestand in Ladeeinheiten
$m_{max}$ durchschnittlicher Maximalbestand
$m_{min}$ durchschnittlicher Minimal- oder Sicherheitsbestand

gung kommt. Die *Liegezeit* des Materials oder des einzelnen Warenstücks ist relativ *kurz*. Zu unterscheiden sind Puffer mit Disposition und Puffer ohne Disposition.

Beispiele für *Puffer ohne Disposition* sind *Warteschlangen* vor Leistungsstellen und Transportknoten mit zufallsabhängigem Zulauf oder stochastisch schwankendem Bedarf. Bei den *Puffern ohne Disposition*, deren Zulauf *unabhängig von der Abfertigung* ist, bestimmt sich die Höhe der Pufferbestände aus der Stärke und der Variabilität des einlaufenden Stroms sowie aus der Größe und den

Schwankungen des Leistungsvermögens der Abfertigungsstelle nach den in *Kapitel 13* behandelten *Staugesetzen*. Beispiele für *Puffer mit Disposition* sind:

- *Material- und Teilepuffer* vor Bearbeitungsstationen, Produktionsmaschinen und Arbeitsplätzen zur Entkopplung störungs- und ausfallgefährdeter Leistungsstellen und zur Sicherung eines unterbrechungsfreien Betriebs.
- *Warenpuffer* vor Kommissionierplätzen und in den Verkaufstheken oder Regalen von Läden, Märkten und Handelsfilialen zur Sicherung einer vorgegebenen Warenverfügbarkeit.

Für *Puffer mit Disposition* ist der Nachschub ebenso wie beim Lagern *verbrauchsabhängig*. Die Nachschubdisposition arbeitet nach dem *Pull-Prinzip*, wobei anders als beim Lagern ein minimaler Platzbedarf in unmittelbarer Nähe der Bedarfs- oder Abfertigungsstelle angestrebt wird.

### 2. Lagern

Lagern ist das *Bevorraten der Bestände* einer größeren Anzahl *von Artikeln* oder eines breiten Sortiments *mit* länger *anhaltendem Bedarf*.

Wie in den *Abb. 10.5, 10.6, 11.1, 11.4* und *11.23* dargestellt, sinkt der Lagerbestand eines Artikels von einem *Maximalbestand* sägezahnartig bis ein *Mindestbestand* erreicht ist, der durch eine *Nachschubmenge* wieder bis zum Maximalbestand aufgefüllt wird. Die *Lagerdauer* der einzelnen Verbrauchseinheit ist nicht vorausbestimmt. Die Summe der Bestände aller Artikel eines Lagers schwankt weniger stark als die Bestände der einzelnen Artikel.

*Ziele* des Lagerns sind die sofortige *Verfügbarkeit* der Lagerware, die Sicherung einer *vorgegebenen Lieferfähigkeit*, die *Glättung saisonaler Bedarfsschwankungen* zur besseren *Produktionsauslastung* und die *Optimierung der dispositionsabhängigen Logistikkosten. Beispiele* für Lagerbestände sind

- *Produktionsversorgungslager* mit Roh-, Hilfs- und Betriebsstoffen
- *Zwischenlager* für Teile, Halbfertigprodukte und Module
- *Fertigwarenlager, Auslieferungslager* und *Ersatzteillager*
- *Zentrallager, Regionallager* und *Filiallager* von Handelsunternehmen mit regelmäßig nachbestellter *Stapelware* oder *Dispositionsware*, deren Bedarf prognostizierbar ist
- *Vorratslager* der Konsumenten

Lagerbestände sind grundsätzlich frei disponierbar. Die optimale Nachschubdisposition der Lagerbestände wird vom Bedarf bestimmt und arbeitet nach dem *Pull-Prinzip*. Die Höhe der Bestände ist abhängig vom Dispositionsverfahren, von Art und Höhe des Verbrauchs, von der Wiederbeschaffungszeit und den Mindestmengen der Lieferstelle sowie von den Rüst-, Nachschub- und Lagerkosten.

### 3. Speichern

Speichern ist das *Ansammeln* und *Aufbewahren* von Material oder Ware zur Produktion, zum Transport, zum Verkauf oder zum Sortieren für einen *begrenzten Zeitraum. Ziele* des Speicherns sind die *optimale Nutzung* von Fertigungs- oder

Transportkapazitäten zu minimalen Kosten, der *Ausgleich von Erzeugungszyklen* oder das Erzielen maximaler Erlöse durch günstige *Beschaffung* in großer Menge.

In einem Speicher wird in der Regel nur der Bestand relativ weniger Artikel angesammelt und aufbewahrt. Der Speicherbestand eines Artikels wird – wie in *Abb. 11.1* dargestellt – entweder aus *Teilanlieferungen* aufgebaut und zu einem vorgegebenen Zeitpunkt komplett ausgeliefert, in gleicher Menge für eine bestimmte Zeit aufbewahrt und dann in einem Schub vollständig ausgeliefert oder zu einem festen Zeitpunkt komplett angeliefert und in *Teilauslieferungen* abgebaut. Beispiele für *Speicherbestände* sind:

- *Vorräte von Naturrohstoffen*, die zur Erntezeit entstehen und im Verlauf eines Jahres verbraucht werden
- *Aktionsware* des Handels, die mit einem bestimmten Vorlauf beschafft und zum Aktionszeitpunkt ausgeliefert wird
- Auftrags- oder projektspezifisch beschafftes Material und hergestellte Teile für eine Gesamtanlage oder ein Bauvorhaben, die auf einer *Speicherfläche* gesammelt und dann verbaut werden
- *Frachtgut*, das an einem Umschlagpunkt angesammelt wird bis das Fassungsvermögen eines Transportmittels oder der Abfahrtszeitpunkt erreicht ist
- *Temporäre Warteschlangen* vor Leistungsstellen oder Transportknoten mit zyklischer Abfertigung
- *Schubweise angelieferte Ware*, die auf die Weiterverteilung wartet
- Warenstücke, Behälter oder Ladeeinheiten, die in einem *Sortierspeicher* gesammelt werden, um sie nach Zielorten oder anderen Kriterien zu ordnen

Die Höhe der Speicherbestände wird bestimmt von einem Arbeitsplan, einem Absatzplan, einem Produktionsplan, einem Fahrplan, einer Sortierstrategie oder einem Abfertigungszyklus. Die *Liegezeit* im Speicher ist meist vorbestimmt. Die Disposition von Speicherbeständen ist *planabhängig* und arbeitet in der Regel nach dem *Push-Prinzip.*

So kann ein *Teil* einer Warenmenge, die für eine Verkaufsaktion beschafft und in einem Zentrallager angesammelt wurde, nach einem festen *Verteilungsschlüssel* bei Beginn der Aktion an die Filialen ausgeliefert werden. Der restliche Aktionsbestand dient als Bedarfsreserve und wird an die Filalen mit dem besten Abverkauf nachgeliefert. Anteil und Verteilungsschlüssel der Erstverteilung für Aktionsware sind wichtige *Stategieparameter* von Verkaufsaktionen.

Eine besondere Form des Speicherns ist das längere *Aufbewahren* von Gütern, Waren, Dokumenten, Büchern, Filmen, Datenträgern, Bildern, Möbeln und Wertgegenständen bis zu einem Zeitpunkt, zu dem sie wieder benötigt oder genutzt werden. Beispiele für *Aufbewahrungsspeicher*, die besondere Zugriffs- und Sicherheitsanforderungen erfüllen müssen, sind Bibliotheken, Archive, Depots, Abstellager und Tresore.

Nicht nur Material und Waren, auch *Aufträge* und *Daten* lassen sich speichern, puffern und lagern. Durch gebündelte Ausführung gesammelter Aufträge oder durch das Arbeiten aus einem permanenten *Auftragspuffer* können – ebenso wie durch eine Lagerfertigung – Auslastung und Herstellkosten optimiert werden.

Vor der Bestandsdisposition muß daher die *Auftragsdisposition* entscheiden, welche Auftragspositionen sofort ab Lager geliefert und welche kundenspezifisch beschafft oder gefertigt werden sollen (*s. Abschnitt 11.15*).

## 11.2 Auswahlkriterien für lagerhaltige Artikel

Ein produzierendes Unternehmen muß regelmäßig prüfen, ab welcher Fertigungsstufe welche Artikel kundenspezifisch hergestellt und welche Materialien, Teile und Fertigwaren anonym auf Lager beschafft oder gefertigt werden. Entsprechend muß ein Handelsunternehmen entscheiden, welche Artikel in welcher Stufe einer Lieferkette permanent auf Lager gehalten und welche Artikel auf Kundenauftrag bei den Lieferanten bestellt werden sollen. Für jede Stufe der Lieferketten ist also festzulegen, ob und für welche Artikel zwischen *Lieferstelle* und *Verbrauchsstelle* eine *Lagerstelle* geschaltet werden soll.

Die Lieferstelle, die das Produkt selbst herstellt oder ihrerseits die Ware aus einem Lager liefert, kann ein *externer Lieferant* oder eine *interne Produktionsstelle* sein. Die von der Lieferstelle *kundenspezifisch* hergestellte oder beschaffte Ware wird als *Kundenware* oder *Auftragsware* bezeichnet, die von der Lieferstelle *anonym* auf Lager gelieferte Ware als *Lagerware.*

Maßgebend für die Entscheidung, ob Auftragsware oder Lagerware hergestellt oder beschafft wird, sind der *Service*, den der Kunde benötigt oder der ihm geboten werden soll, die *Kosten* für den Direktbeschaffungsprozeß im Vergleich zu den Kosten für den Nachschub- und Lagerprozeß sowie das *Absatzrisiko*, das mit der Lagerhaltung verbunden ist (s. *Abb. 11.2*).

### 1. Serviceauswirkungen

Für *Lagerware* ist der Servicegrad optimal: Die benötigte *Lieferfähigkeit* läßt sich durch einen ausreichend bemessenen *Sicherheitsbestand* gewährleisten. Die *Lieferzeit* wird allein von der Auftragsdurchlaufzeit und der Versandzeit der Lagerstelle bestimmt und kann daher extrem kurz sein.

Der Servicegrad für *Auftragsware* ist dagegen *ungewiß* und *schwankend.* Bei auftragsspezifischer Fertigung ist die *Lieferzeit* abhängig von der Auslastung der produzierenden Lieferstelle. Bei kundenspezifischer Beschaffung aus einem Lieferantenlager wird der Servicegrad von dessen Lieferfähigkeit und der Zustellzeit der gewählten Beschaffungskette bestimmt.

### 2. Kostenauswirkungen

Die Stückkosten der Fertigung sind vom Produkt, vom Fertigungsverfahren und von den *Rüstkosten* pro Auftrag abhängig. Die *Stückkosten* einer produzierenden Lieferstelle sind daher für Kundenaufträge mit geringen Mengen höher als für Lagernachschubaufträge mit großen Mengen.

Bei einer Kundenauftragsfertigung besteht die Möglichkeit, zur Senkung der anteiligen Rüstkosten Einzelaufträge zu sammeln bis eine *Mindestmenge* erreicht ist, die in einem Durchgang gefertigt wird. Die *Serienbearbeitung* der Kunden-

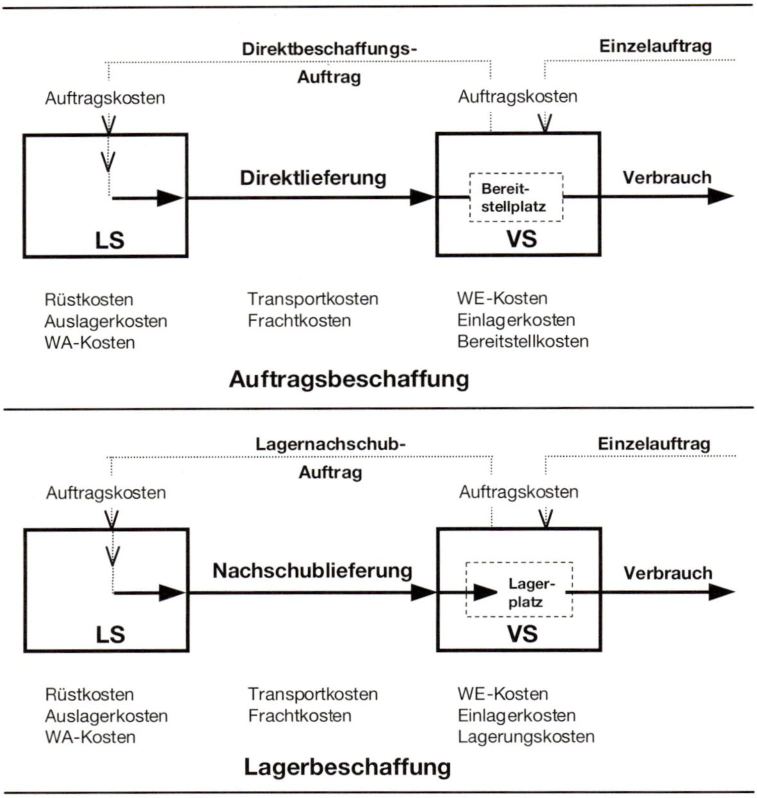


**Abb. 11.2** Regelglieder und relevante Kosten der Auftragsbeschaffung und der Lagerbeschaffung

LS: Lieferstelle, Produktionsstelle, Lagerstelle
VS: Verbrauchs-, Verkaufs- oder Versandstelle

aufträge aber verlängert bei geringem Auftragseingang und kleinen Kundenaufträgen die Lieferzeit.

Auch eine Lieferstelle, die nicht selbst produziert, hat *Auftragsbearbeitungskosten*, die jedoch in der Regel deutlich geringer sind als die Rüstkosten der Fertigung. Bei externen Lieferstellen schlagen sich die Rüstkosten und die Auftragsbearbeitungskosten in der Vorgabe von *Mindestlosgrößen* und *Mindestabnahmemengen* oder in *Preiszuschlägen für Mindermengen* nieder.

Bei einer Auftragsfertigung entstehen Lagerhaltungskosten nur, wenn der Kundenauftrag vorgefertigt und bis zur Auslieferung zwischengelagert wird. Lagerware verursacht dagegen stets Lagerhaltungskosten. Deren Höhe ist abhängig von der geforderten Lieferfähigkeit, dem Beschaffungspreis, dem Volumen und dem Gewicht der Ware sowie von der *Nachschubmenge*. Die Gesamtkosten für die Belieferung über ein Lager lassen sich jedoch durch Nachschub in *optimalen Losgrößen* minimieren.

### 3. Absatzrisiko

Jeder Warenbestand, der nicht durch verbindliche Kundenaufträge abgesichert ist, birgt das Risiko in sich, daß ein Teil der Ware keinen Abnehmer findet.

Bei *Kundenware* besteht ein Absatzrisiko nur, wenn diese ohne Abnahmeverpflichtung des Kunden im voraus gefertigt wird. Das ist in einigen Branchen üblich, beispielsweise in der Textilindustrie und bei Zulieferbetrieben der Automobilindustrie, die nach ungesicherten *Blockaufträgen* oder *Rahmenvereinbarungen* kundenspezifische Ware fertigen.

Für anonyme *Lagerware* ist das Absatzrisiko unvermeidlich. Es ist daher ein wichtiges Entscheidungskriterium für die Lagerhaltigkeit. Das Absatzrisiko für Lagerware hängt ab von

- der *Innovationszeit* des betreffenden Artikels, die für modische Waren oder Computerprodukte besonders kurz ist,
- der *Alterungsgefahr* oder *Verderblichkeit* der Ware, wie sie z.B. für Lebensmittel besteht,
- der *Absetzbarkeit* der Ware, die von der *Verwendbarkeit*, der *Abnehmerzahl* und den *Märkten* bestimmt wird,
- der *Bestandsreichweite*, das heißt, der Relation des Lagerbestands zum Verbrauch.

Dem Absatzrisiko steht in einigen Fällen eine hohe *Gewinnchance* gegenüber, beispielsweise bei Ersatzteilen oder bei spekulativ oder kostengünstig beschaffter Ware [221]. In jedem Fall aber muß das Absatzrisiko, das nach zu langer Lagerdauer oder erkennbarer Unverkäuflichkeit zu *Abschriften* führt, bei der Bestandsdisposition durch einen angemessenen *Risikozins* kalkulatorisch berücksichtigt werden. Hierfür gilt die Regel:

▶ Der *Lagerrisikozins* liegt für modische Waren und andere Artikel mit zeitlich begrenzter Verkäuflichkeit, wie Computer, zwischen 10 und 15 % p.a. und für Artikel mit mehrjähriger Verkäuflichkeit und Einsetzbarkeit zwischen 3 und 5 % p.a.

Um das Absatzrisiko des Lagerbestands zu begrenzen, kann auch für jeden Artikel eine maximal *zulässige Reichweite* $RW_{zul}$ [PE] festgelegt werden, durch die Nachschubmenge und Sicherheitsbestand begrenzt werden, wenn sich aus der geforderten Lieferfähigkeit oder der Bestellmengenrechnung ein Bestand ergibt, dessen Reichweite höher ist als die maximal zulässige Reichweite.

Die qualitativen *Auswirkungen* von Kundenlieferung oder Lagerhaltung und die damit verbundenen *Einflußfaktoren* auf Service, Kosten und Absatzrisiko sind in *Tabelle 11.2* zusammengestellt. Hieraus ergeben sich die in *Tabelle 11.3* aufgeführten *Entscheidungskriterien*.

Danach gelten folgende *Abgrenzungsregeln* zwischen Kundenlieferung und Lagerhaltung:

▶ Die *Kundenlieferung* ist *unvermeidlich*, wenn das Produkt sehr *speziell*, nur für wenige oder für nur einen Kunden geeignet ist.

| ZIELFUNKTION | | AUFTRAGSBESCHAFFUNG | LAGERBESCHAFFUNG |
|---|---|---|---|
| SERVICE | **Lieferfähigkeit** | **ungesichert, schwankend** | **optimal** |
| | Einflußfaktoren | Fertigungslosgröße<br>Auslastung | Sicherheitsbestand |
| | **Lieferzeit** | **ungesichert, schwankend** | **minimal** |
| | Einflußfaktoren | Fertigungslosgröße<br>Auslastung | Auftragsbearbeitung |
| KOSTEN | **Lagerprozeßkosten** | **minimal** | **mittel bis hoch** |
| | Einflußfaktoren | Liefertermin<br>Auftragsdisposition | Nachschubmenge<br>Lieferfähigkeit<br>Stückpreis, Volumen, Gewicht<br>Saisonalität und Stochastik |
| | **Fertigungskosten** | **mittel bis hoch** | **optimal** |
| | Einflußfaktoren | Produkt und Verfahren<br>Rüst- und Auftragskosten<br>Seriengröße und Lieferzeit<br>Saisonalität und Stochastik | Produkt und Verfahren<br>Rüst- und Auftragskosten<br>Nachschubmenge |
| ABSATZRISIKO | | **minimal** | **mittel bis hoch** |
| | Einflußfaktoren | nur bei Vorfertigung ohne Abnahmeverpflichtung | Alterung und Verderblichkeit<br>Innovation und Mode<br>Verwendungsbreite<br>Bestandsreichweite |

**Tab. 11.2** Auswirkungen und Einflußfaktoren von Auftragsbeschaffung und Lagerbeschaffung
Kundenfertigung und Lagerfertigung der Industrie
Kundenbestellung und Lagersortiment im Handel
Lagerprozeßkosten: Kosten für Bestellung + Transport + Einlagern + Lagern + Bestand
Fertigungskosten: Kosten für Rüsten + Produzieren + Material

- ▶ Eine *Kundenlieferung* ist *anzustreben*, wenn der Bedarf temporär, der Stückpreis hoch, die Auftragsmenge, das Volumen oder das Gewicht groß und das Absatzrisiko hoch ist.
- ▶ Die *Lagerhaltung* ist *unvermeidlich*, wenn eine kurze Lieferzeit und eine hohe Lieferfähigkeit Voraussetzungen sind für die Absetzbarkeit der Ware.
- ▶ Eine *Lagerhaltung* ist *vorteilhaft*, wenn der Gewinn im Vergleich zum Absatzrisiko hoch, der Bedarf vorhersehbar und die Kosten für den Nachschub- und Lagerprozeß geringer sind als die Kosten für den Direktlieferprozeß.

Während die ersten drei Abgrenzungsregeln relativ allgemein und qualitativ sind, ist zur Anwendung der letzten Abgrenzungsregel eine vergleichende *Kostenrechnung* durchzuführen. Hierzu werden die *Dispositionsgrößen* des be-

| | AUFTRAGSARTIKEL | LAGERARTIKEL |
|---|---|---|
| **HAUPTKRITERIEN** | **Kundenware** | **Lagerware** |
| Unterkriterien | Bestellartikel | Bestandsartikel |
| **PRODUKT** | **speziell** | **universell** |
| Stückpreis | mittel bis hoch | gering bis mittel |
| Stückvolumen | mittel bis groß | klein bis mittel |
| Verwendungsbreite | gering | groß |
| **SERVICE** | **ungewiß** | **optimal** |
| Lieferzeit | schwankend | minimal |
| Lieferfähigkeit | ungesichert | bedarfsgerecht |
| **BEDARF** | **temporär** | **permanent** |
| Prognostizierbarkeit | schlecht | gut |
| Auftragsgröße | groß | klein |
| **ABSATZRISIKO** | **hoch** | **gering** |
| Innovationszeit | kurz | lang |
| Verderblichkeit | groß | gering |
| **OPTIMIERUNGSSTRATEGIE** | **Auftragsbündelung** | **Nachschubbündelung** |
| Strategievariable | Seriengröße | Nachschublosgröße |

**Tab. 11.3** Auswahlkriterien und Optimierungsstrategien für Auftragsartikel und Lagerartikel

Industrie: Kundenfertigung und Lagerfertigung
Handel: Kundenbestellung und Lagerbeschaffung

treffenden Artikels und die *Leistungskosten* für die zu vergleichenden Beschaffungsketten benötigt (s. *Abschnitt 11.14*).

## 11.3 Disposition ein- und mehrstufiger Lagerstellen

*Einstufige Lagerstellen* sind durch vorangehende und nachfolgende Produktions- oder Bearbeitungsstellen von anderen Lagerstellen der Logistikkette getrennt. Beispiele für einstufige Lagerstellen sind *Produktionslager*, die ohne Zwischenpuffer direkt die Maschinen versorgen, und *Verkaufsbestände* in Märkten und Filialen, aus denen der Kunde bedient wird.

Wenn in einer Logistikkette mehrere Lagerstellen unmittelbar aufeinander folgen, handelt es sich um *mehrstufige Lagerstellen*. Beispiele für *zweistufige Lagerstellen* sind *Materialpuffer* unmittelbar an den Maschinen mit vorgeschalteten *Reservelagern*. Ein Beispiel für *interne dreistufige Lagerstellen* ist ein *Kommissioniersystem* mit *Zugriffsbeständen* auf den Bereitstellplätzen, *Nachschubbeständen* auf den Nachschubplätzen, die in unmittelbarer Nähe der Bereitstellplätze angeordnet sind, und *Vorratsbeständen* in einem getrennten Reservelager. Ein Beispiel *externer dreistufiger Lagerstellen* ist das *Fertigwarenlager* eines Produzenten, das ein *Zentrallager* eines Handelsunternehmens beliefert, aus dem die *Verkaufsbestände* in den Filialen aufgefüllt werden.

Für die Bestandsdisposition müssen alle Größen der betrachteten Lieferkette *vollständig* und *aktuell* bekannt sein, die Einfluß haben auf die Nachschub- und Lagerhaltungskosten. Für jede einzelne Lagerstelle sind das die *Kostensätze* für den Nachschub- und Lagerprozeß sowie die *Artikellogistikdaten*, die *Verbrauchswerte* und die *Nachschubgrößen*.

Der Ablauf der *bestandsabhängigen Nachschubdisposition* einer Lagerstelle für einen einzelnen Artikel ist in *Abb. 11.3* dargestellt. Die maximale *Bestandshöhe* und der *Meldebestand* werden von der Nachschubmenge und vom Sicherheitsbestand bestimmt, die voneinander unabhängige *Strategievariable* der Nachschub- und Bestandsdisposition sind:

- Die *Nachschubmenge* ist die *Strategievariable der Nachschubdisposition* und geeignet zur kostenoptimalen Bündelung des Nachschubbedarfs.
- Der *Sicherheitsbestand* ist die *Strategievariable der Bestandsdisposition* und erforderlich zur Sicherung der benötigten Lieferfähigkeit.

Bei *mehrstufigen Lagerstellen* sind die Nachschubgrößen der nachfolgenden Lagerstellen gleich den Verbrauchswerten der vorangehenden Lagerstelle. Hieraus folgt das in *Abb. 8.4 Mitte* gezeigte Prinzip der *Nachschubdisposition nach dem Pull-Prinzip* für mehrstufige Lagerstellen:

- Bestände und Nachschubmengen in mehrstufigen Lagerketten werden zuerst für die letzten Lagerstellen, dann mit den Nachschubmengen der letzten Stellen als Verbrauchsmengen für die vorangehenden Lagerstellen und so fort bis zu den ersten Lagerstellen disponiert.

Die schrittweise Disposition kann entweder von einer zentralen Auftragsdisposition, von einem Rechner oder dezentral von den einzelnen Lagerstellen durchgeführt werden. Sie führt im gesamten Versorgungsnetz *selbstregelnd* zu minimalen Kosten bei der geforderten Lieferfähigkeit, wenn jede Stelle mit den richtigen Sicherheitsbeständen und den kostenoptimalen Nachschubmengen disponiert und an keiner Stelle Engpässe auftreten (s. *Abschnitt 20.18* und [266]).

Ein Wechsel der Transportmittel oder der Ladeeinheiten wirkt sich über die Kostensätze für den Nachschub und für das Lagern auf die Disposition und die Bestände aus. Wird für eine bestandsführende Bedarfsstelle ein *anderer Beschaffungsweg* gewählt, ergeben sich infolge der dadurch veränderten Dispositionsgrößen und Prozeßkostensätze in allen Lagerstufen einschließlich der Bedarfsstelle selbst andere Bestände und Nachschubmengen.

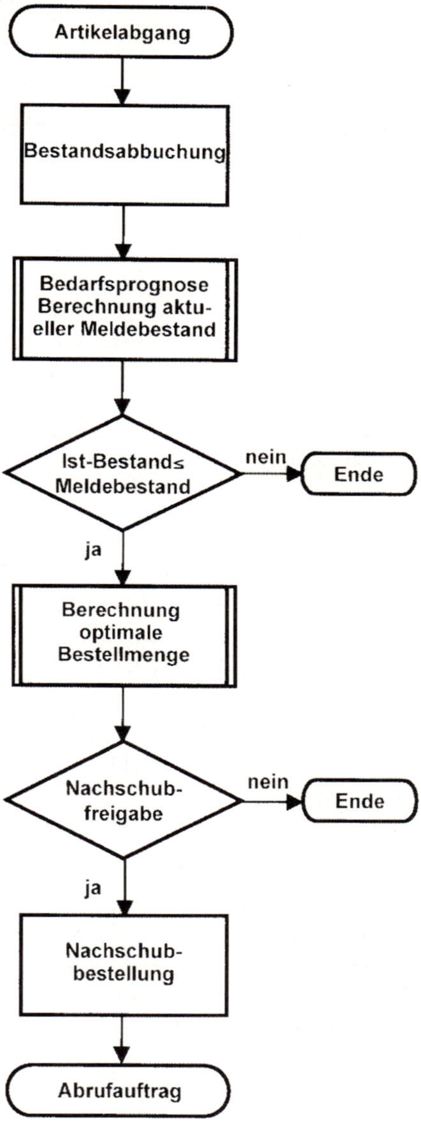


**Abb. 11.3** Einzeldisposition von Nachschub und Bestand nach dem Meldebestandsverfahren

So ergeben sich durch eine *Transportbündelung* im Zulauf und in der Auslieferung erhebliche Kosteneinsparungen und Serviceverbesserung bei der Belieferung vieler Bedarfsstellen mit geringem Einzelverbrauch aus einem *Zentrallager* im Vergleich zur direkten *Regionallagerbelieferung*.

Die wechselseitige Abhängigkeit der Bestände in den *Lieferketten* von den Herstellern bis zum *Point of Sales* (POS) des Handels hat seit einiger Zeit größere Aufmerksamkeit gefunden. Die sich hieraus ergebenden Optimierungsmöglichkeiten werden unter dem Schlagwort *Efficient Consumer Response* (ECR) propagiert. Der Anstoß für ECR resultiert aus der besseren und schnelleren datentechnischen Verbindung der Unternehmen durch *Electronic Data Interchange* (EDI) und einer leistungsfähigeren Software zur *Prognose* und Bestandsdisposition. In vielen ECR-Projekten fehlen jedoch die Anwendung der richtigen *Dispositionsstrategien*, die konsequente Nutzung der *Strategievariablen* und die Kenntnis der hierfür benötigten *Dispositionsparameter* [16; 23; 47; 48, 94; 95; 96; 97; 98; 234; 236].

## 11.4 Dispositionsparameter

Dispositionsparameter der Bestands- und Nachschubdisposition sind die *Artikellogistikdaten*, die *Verbrauchswerte* und die *Nachschubgrößen*, die Einfluß auf die Höhe der Bestände haben. Nur wenn alle diese Dispositionsparameter vollständig und hinreichend genau bekannt sind, ist eine *optimale Bestands- und Nachschubdisposition* möglich.

### 1. Artikellogistikdaten

Zur Disposition von Aufträgen, Beständen und Transporten werden die logistischen *Artikelstammdaten* benötigt (s. *Abschnitt 12.7*):

- *Mengeneinheit* [ME = WST, kg, l, m, $m^2$, $m^3$...] des *Artikels* [Art]
- *Volumen* $v_{VE}$ [l/VE], *Gewicht* $g_{VE}$ [kg/VE] und *Inhalt* $c_{VE}$ [ME/VE] der *Verbrauchseinheit* oder *Verkaufseinheit* [VE]
- *Beschaffungswert* $P_{VE}$ [€/VE] pro Verbrauchseinheit (s. *Abschnitt 11.6*)
- *Kapazität* $C_{LE}$ [VE/LE] der zur Nachschublieferung und Einlagerung verwendeten *Ladeeinheiten* [LE]
- Geforderte *permanente Lieferfähigkeit* $\eta_{lief}$ oder *mittlere Lieferfähigkeit* $\eta_{Mlief}$

Darüber hinaus ist zur Bestandsdisposition eine gute Warenkenntnis erforderlich, die Beschaffenheit, Herkunft und Verwendungszweck der Artikel umfaßt.

In vielen Unternehmen sind die *Artikellogistikdaten* nicht vollständig erfaßt oder nicht in den *Artikelstammdaten* im Rechner hinterlegt. Das kann ein Grund dafür sein, daß bestimmte Dispositionsstrategien nicht durchführbar sind oder der Rechner falsche Bestellvorschläge macht [266; 280].

### 2. Verbrauchsdaten

Aus dem Verbrauch der zurückliegenden Perioden lassen sich bei *hinreichend regelmäßigem Bedarf* nach den in *Kapitel* 9 dargestellten *Prognoseverfahren* für einen ausreichenden Prognosezeitraum folgende *Verbrauchsdaten* ableiten:

- *Auftragseingang* $\lambda_A$ [Auf/PE] und *Auftragsstreuung* $s_A$ [VE]
- *Auftragsmenge* $m_A$ [VE/VAuf] und *Mengenstreuung* $s_m$ pro Auftrag
- *Mindestmenge* $m_{Amin}$ [VE/VAuf] pro *Auftrag* [Auf]

Aus dem Auftragseingang $\lambda_A$ [Auf/PE] und der mittleren Auftragsmenge $m_A$ ergibt sich der *Periodenbedarf*, *Absatz* oder *Verbrauch*:

$$\lambda_{VE} = m_A \cdot \lambda_A \qquad [VE / PE]. \qquad (11.1)$$

Wird der zukünftige Bedarf mit Hilfe eines Rechnerprogramms aus dem zurückliegenden Verbrauch ermittelt, ist es notwendig, daß der Disponent die Prognosewerte regelmäßig beurteilt und nach seiner Erfahrung und Absatzkenntnis entweder bestätigt oder korrigiert.

### 3. Nachschubgrößen

Eine in Grenzen frei wählbare *Strategievariable der Nachschubbündelung* ist die

- *Nachschubmenge* $m_N$ [VE/NAuf] pro *Nachschubauftrag* [NAuf].

Für externe Lieferstellen ist die Nachschubmenge gleich der *Bestellmenge*, für interne Produktionsstellen gleich der *Fertigungslosgröße*.

Aus der mittleren Nachschubmenge und dem durchschnittlichen Periodenverbrauch ergeben sich über einen längeren Zeitraum die *Nachschubfrequenz*

$$f_N = \lambda_{VE} / m_N \qquad [NAuf / PE] \qquad (11.2)$$

und die *Zykluszeit*

$$T_N = 1 / f_N \qquad [PE]. \qquad (11.3)$$

Frequenz und Zykluszeit des Nachschubs sind also keine unabhängigen Dispositionsparameter, sondern durch den Periodenverbrauch und die Nachschubmenge bestimmt.

Die zur Anlieferung der Nachschubmenge $m_N$ benötigte *Anzahl Ladeeinheiten* mit einem Fassungsvermögen $C_{LE}$ [VE/LE] ist:

$$M_N = \{m_N / C_{LE}\} \qquad [LE], \qquad (11.4)$$

wobei die geschweiften Klammern {...} das *Aufrunden* auf die nächst größere ganze Zahl bedeuten. Wie in *Abb. 12.10* dargestellt, ist die Abhängigkeit des Ladeeinheitenbedarfs von der Nachschubmenge eine unstetige *Treppenfunktion*.

Für unterschiedliche Nachschubmengen, die nicht gleich einem ganzzahligen Vielfachen der Ladeeinheitenkapazität sind, ist der *mittlere Ladeeinheitenbedarf* für eine Nachschubmenge $m_N$ (s. *Abschnitt 12.5*):

$$M_N = \begin{cases} m_N / C_{LE} + (C_{LE} - 1) / 2C_{LE} & \text{wenn } m_N > C_{LE} \\ 1 & \text{wenn } m_N \le C_{LE}. \end{cases} \qquad (11.5a)$$

Wenn $m_N > C_{LE}$ ist, enthält jede Nachschubanlieferung eine Ladeeinheit, die durchschnittlich zu einem Anteil $(C_{LE}-1)/2C_{LE}$ leer ist. Wenn $m_N \leqslant C_{LE}$ ist, wird stets eine ganze Ladeeinheit benötigt. Für Beziehung (11.5a) läßt sich in geschlossener Form schreiben:©

$$M_N = \text{MAX}\big(1;\ m_N / C_{LE} + (C_{LE} - 1) / 2C_{LE}\big) \qquad [LE]. \qquad (11.5b)$$

Der Leeranteil $(C_{LE}-1)/2C_{LE}$ und die aus diesem resultierenden Zusatzkosten für Transport und Lagerung teilweise leerer Ladeeinheiten können zum Verschwinden gebracht werden durch eine *Mengenanpassungsstrategie*, nach der die Nachschubmenge auf ein ganzzahliges Vielfaches des Fassungsvermögens einer Ladeeinheit ab- oder aufgerundet wird.

Die *zulässige Nachschubmenge* kann durch eine vorgegebene *Mindestnachschubmenge* $m_{Nmin}$ [VE/NAuf] nach unten begrenzt sein:

$$m_N \geq m_{Nmin} \qquad [VE/NAuf]. \qquad (11.6)$$

Die Mindestmenge für den Nachschub ist entweder eine vom Lieferanten vorgegebene *Mindestbestellmenge* oder ein von der Produktion vorgebenes *minimales Fertigungslos*. Jede vorgegebene Mindestmenge muß in Frage gestellt und die mit ihrer Aufhebung verbundenen Mehrkosten ermittelt werden, wenn dadurch eine Senkung der Gesamtkosten möglich erscheint.

Maßgebend für den *Meldebestand* und für den *Sicherheitsbestand* sind der Periodenverbrauch sowie

- die Länge $T_{WBZ}$ [PE] und die Streuung $s_{WBZ}$ [PE] der *Wiederbeschaffungszeit*.[2]

Die Wiederbeschaffungszeit ist die aktuelle Beschaffungszeit (9.71) bei wiederholter Bestellung. In der dynamischen Nachschubmengenrechnung darf nicht mit der Erstbeschaffungszeit gerechnet werden.

Bei einem Absatz $\lambda_{VE}$ [VE/PE] ist die *Verbrauchsmenge in der Wiederbeschaffungszeit:*

$$m_{WBZ} = T_{WBZ} \cdot \lambda_{VE} \qquad [VE]. \qquad (11.7)$$

Länge und Streuung der Wiederbeschaffungszeit lassen sich für etablierte Lieferanten durch eine Auswertung der Lieferzeiten für vergangene Nachschubbestellungen ermitteln. Neue Lieferanten müssen sich in einer *Rahmenvereinbarung* für die Abrufbelieferung zu verläßlichen Lieferzeiten verpflichten.

## 11.5 Bestandsgrößen

Wenn die Nachschubmenge bis zum Erreichen eines Mindestbestands gleichmäßig verbraucht und in regelmäßigen Abständen der Nachschub geschlossen angeliefert wird, hat der Bestand den in *Abb. 11.4* dargestellten sägezahnartigen Zeitverlauf (s. *Abschnitt 10.5.3*). Aufgrund der *Stochastik* des Verbrauchs und wegen der *Ganzzahligkeit* der Verbrauchseinheiten ist der Zeitverlauf des aktuellen Bestands eine unregelmäßige *Treppenfunktion*. Aus dem Zusammenwirken mehrerer stochastischer Einflüsse resultiert die in *Abb. 11.1*, *Abb. 11.4* und *Abb. 11.23* gezeigte Streuung des aktuellen Bestandsverlaufs um einen mittleren Verlauf.

Der *Minimalbestand* $m_{min}$ [VE] variiert im Verlauf der Zeit um einen Sicherheitsbestand, der die *Strategievariable der Bestandsdisposition* ist:

2 Wiederbeschaffungszeit, Durchsatzraten und andere zeitabhängige Größen müssen durchgängig auf die gleiche Zeiteinheit, z. B. auf einen Kalendertag, einen Betriebstag oder die Periodenlänge bezogen sein.

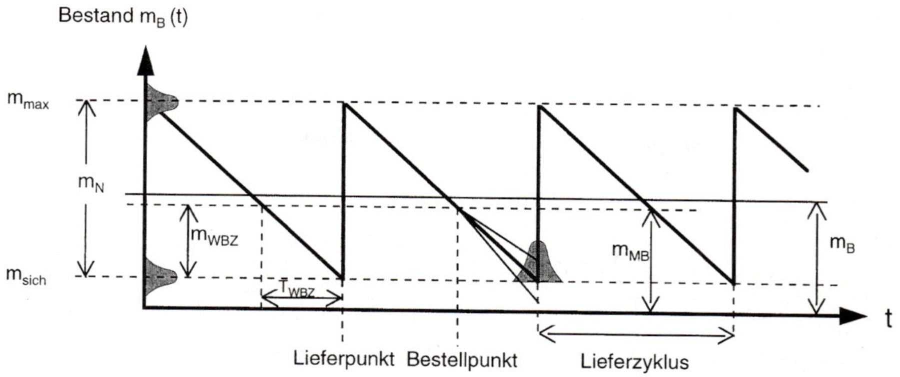


**Abb. 11.4** Bestandsverlauf bei gleichmäßigem Verbrauch und geschlossener Anlieferung [29]

| | |
|---|---|
| $m_B(t)$ | aktueller Bestand |
| $m_{sich}$ | Sicherheitsbestand = Mindestbestand |
| $m_{max}$ | durchschnittlicher Maximalbestand |
| $m_N$ | Nachschubmenge |
| $m_B = m_{sich}+m_N/2$ | mittlerer Bestand |
| $m_{WBZ}$ | Verbrauch in der Wiederbeschaffungszeit |
| $m_{MB} = m_{sich}+m_{WBZ}$ | Meldebestand |

▶ Der *Sicherheitsbestand* $m_{sich}$ [VE] *verhindert*, daß infolge stochastischer Bedarfsschwankungen oder unsicherer Lieferzeiten der Lagerbestand vor Eintreffen des Nachschubs auf Null sinkt und dadurch *Lieferunfähigkeit* eintritt.

Die Höhe des Sicherheitsbestands wird bestimmt von der geforderten Lieferfähigkeit. Er hängt von der Streuung des Verbrauchs und der Wiederbeschaffungszeit ab (s. *Abschnitt 11.8*). Bei einem vorgegebenen Sicherheitsbestand $m_{sich}$ und korrekter Nachschubdisposition ist der Minimalbestand $m_{min}$ im langzeitigen Mittel gleich dem Sicherheitsbestand $m_{sich}$.

Der *aktuelle Bestand* $m_B(t)$ schwankt also zwischen dem *Sicherheitsbestand* und einem *Maximalbestand* $m_{max}$:

$$m_{sich} \leq m_B(t) \leq m_{max} \quad \text{[VE]}. \qquad (11.8)$$

Für den *Maximalbestand* gilt bei geschlossen angelieferten Nachschubmengen $m_N$:

$$m_{max} = m_{sich} + m_N \quad \text{[VE]}. \qquad (11.9)$$

Aus den Beziehungen (11.8) und (11.9) folgt:

▶ Der *mittlere Lagerbestand* eines Artikels ist bei geschlossener Nachschubanlieferung gleich der Summe von Sicherheitsbestand und halber Nachschubmenge:

$$m_B = m_{sich} + m_N / 2 \quad \text{[VE]}. \qquad (11.10)$$

Die Nachschubmenge und der Sicherheitsbestand sind also zwei Hebel, von denen die Bestandshöhe abhängt. Von diesen beiden Hebeln wird der Sicherheitsbestand in seiner Auswirkung häufig unterschätzt, nicht immer korrekt festgelegt und nur selten aktualisiert.

Zur Unterbringung eines Bestands $m_B$ in Ladeeinheiten mit dem Fassungsvermögen $C_{LE}$ werden $M_B = \{m_B/C_{LE}\}$ ganze Ladeeinheiten benötigt. Wenn nicht nur volle Ladeeinheiten nachgeliefert und verbraucht werden, ist der

- *mittlere Bestand in Ladeeinheiten* mit Fassungsvermögen $C_{LE}$

$$M_B = \mathrm{MAX}\left(1;\ (m_{sich} + m_N/2)/C_{LE} + (C_{LE}-1)/2C_{LE}\right) \qquad [\mathrm{LE}], \qquad (11.11)$$

denn im Mittel ist pro Artikelbestand eine Ladeeinheit zu $(C_{LE}-1)/2C_{LE}$ leer. Nur wenn für Nachschub *und* Verbrauch die *Mengenanpassungsstrategie* der Rundung auf ganze Ladeeinheiten befolgt wird, entfällt der Zusatz $(C_{LE}-1)/2C_{LE}$. Der *Lagerplatzbedarf* $N_{LP}$ [LE-Plätze] zur Unterbringung der Ladeeinheiten des Bestands für einen Artikel in einem Lager hängt ab von der *Art der Lagerung*, wie Einzel- oder Mehrplatzlagerung, und von der *Lagerordnung*, wie feste oder freie Lagerordnung (s. *Abschnitt 16.4*).

Der *Lagerplatzbedarf* bei *Einzelplatzlagerung* ist:

$$N_{LP} = \{(m_{sich} + f_{LO} \cdot m_N)/C_{LE}\} \qquad [\mathrm{LE-Plätze}] \qquad (11.12)$$

mit dem *Lagerordnungsfaktor*

$$f_{LO} = \begin{cases} 1/2 & \text{für } \textit{freie Lagerordnung} \\ 1 & \text{für } \textit{feste Lagerordnung.} \end{cases} \qquad (11.13)$$

Ohne Mengenanpassungsstrategie ergibt sich hieraus der *mittlere Lagerplatzbedarf bei Einzelplatzlagerung*

$$N_{LP} = \mathrm{MAX}\left(1;\ (m_{sich} + f_{LO} \cdot m_N)/C_{LE} + (C_{LE}-1)/2C_{LE}\right). \qquad (11.14)$$

Der *Lagerplatzbedarf bei Mehrplatzlagerung* mit einer Platzkapazität $C_{LP} > 1$, zum Beispiel für Blocklager oder Durchlauflager, errechnet sich nach den in *Kapitel* 16 angegebenen Beziehungen.

Aus dem Durchschnittsbestand leiten sich verschiedene *Lagerkenngrößen* ab:

- ▶ Die *mittlere Bestandsreichweite* $RW_B$ [PE] ist gleich der *Verbrauchszeit* des mittleren Bestands bei Fortsetzung des bisherigen Verbrauchs

$$RW_B = m_B/\lambda_{VE} \qquad [\mathrm{PE}]. \qquad (11.15)$$

Die *Nachschubreichweite* $RW_N$, die *Sicherheitsbestandsreichweite* $RW_{sich}$ und die *maximale Reichweite* $RW_{max}$ eines Artikels ergeben sich entsprechend, indem in die Beziehung (11.15) anstelle des Durchschnittsbestands die Nachschubmenge, der Sicherheitsbestand bzw. der Maximalbestand eingesetzt wird.

Die Reichweite des Bestands unterscheidet sich von der *Liegezeit* oder *Lagerdauer* der einzelnen Artikeleinheit. Diese hängt von der *Entnahmestrategie*, wie *First-In-First-Out* (FIFO) oder *Last-In-First-*Out (LIFO), und vom Verbrauch ab. Die tatsächliche Lagerdauer läßt sich erst bei Auslagerung der Ware feststellen, wenn der Einlagerzeitpunkt vermerkt wurde.

Aus der Begrenzung des Absatzrisikos für den Lagerbestand durch eine maximal *zulässige Reichweite* $RW_{zul}$ ergibt sich als obere Grenze für Nachschubmenge und Sicherheitsbestand die *Risikorestriktion*:

$$m_{sich} + m_N < RW_{zul} \cdot \lambda_{VE}. \tag{11.16}$$

Eine derartige Risikorestriktion, die eine Überalterung der Bestände verhindert, fehlt in vielen Dispositionsprogrammen.

Die reziproke mittlere Reichweite ist der

- *Lagerumschlag*

$$U_B = \lambda_{VE} / m_B = 1 / RW_B \qquad [1 / PE]. \tag{11.17}$$

Der auf ein Jahr bezogene Lagerumschlag wird als *Lagerdrehzahl* [1/Jahr] bezeichnet. Der Lagerumschlag darf nicht mit der *Nachschubfrequenz* verwechselt werden. Aus den Definitionsgleichungen (11.2) und (11.17) ist ablesbar:

▶ Der Lagerumschlag unterscheidet sich von der Nachschubfrequenz um den Faktor $m_N/m_B = 2m_N/(2m_{sich}+m_N)$.

Bei geringem Sicherheitsbestand ist der Lagerumschlag nahezu doppelt so groß wie die Nachschubfrequenz. Bei gleicher Nachschubfrequenz verringert sich der Lagerumschlag mit zunehmendem Sicherheitsbestand. Hieraus folgt die Regel:

▶ Ein Lagerumschlag, der kleiner ist als die Nachschubfrequenz, ist ein Indiz für zu hohe Sicherheitsbestände.

Für die Bestandsreichweite und den Lagerumschlag eines Artikels sind nur die dynamischen Mittelwerte interessant (s. *Abschnitt 9.13.3*). Reichweite- und Drehzahlangaben beziehen sich oft auf ein ganzes Lager oder ein Sortiment. Bestandsreichweite und Lagerumschlag aber sind nur für ein homogenes Sortiment, das die Bedingungen des Mittelwertsatzes der Logistik erfüllt, sinnvolle Kennzahlen. Je heterogener das Sortiment und je unterschiedlicher die Artikel in einem Lager sind, umso unsinniger wird die Betrachtung der pauschalen Bestandsreichweite oder Lagerdrehzahl.

Spätestens bei Erreichen oder Unterschreiten des Meldebestands muß ein Nachschubauftrag erteilt werden, damit die Lagerstelle lieferfähig bleibt.

- Der *Meldebestand* $m_{MB}$ [VE] ist gleich der Summe von Sicherheitsbestand und Verbrauchsmenge in der Wiederbeschaffungszeit

$$m_{MB} = m_{sich} + T_{WBZ} \cdot \lambda_{VE} \qquad [VE]. \tag{11.18}$$

Der *Bestellzeitpunkt* $t_{BP}$ ist der Zeitpunkt, für den $m_B(t_{BP}) = m_{MB}$ ist, zu dem also der Meldebestand erreicht wird.

Bei instationärem Verbrauch $\lambda_{VE} = \lambda_{VE}(t)$ verändern sich Sicherheitsbestand und Verbrauch in der Wiederbeschaffungszeit im Verlauf der Zeit. Daher muß der Meldebestand mit den aktuellen Werten der Verbrauchsprognose permanent neu berechnet werden. Er ist eine dynamische Größe (s. *Abb. 11.3*).

## 11.6 Kostensätze für Nachschub und Lagerung

Die von der Bestands- und Nachschubdisposition abhängigen *Lagerlogistikkosten* setzen sich zusammen aus den *Nachschubkosten* und den *Lagerhaltungskosten*.

Die *Nachschubkosten* umfassen alle Kosten für den Nachschubprozeß, der sich von der Nachschubdisposition bis zur Einlagerung des Nachschubs in den Lagerplatz erstreckt. Sie setzen sich aus den *Nachschubauftragskosten*, den *Zutransportkosten* und den *Einlagerkosten* zusammen. Die *Lagerhaltungskosten* sind die Summe der *Zinskosten für den Bestandswert* und der *Lagerplatzkosten zur Unterbringung der Bestandsmenge* (s. *Abb. 11.2* unten).

Zur Kalkulation und Optimierung der Lagerlogistikkosten werden die Kostensätze der beteiligten Leistungsprozesse benötigt.

### 1. Nachschubauftragskosten $k_{\mathrm{NAuf}}$ [€/NAuf]

Die *Nachschubauftragskosten* sind die Summe

$$k_{\mathrm{NAuf}} = k_{\mathrm{VSAuf}} + k_{\mathrm{LSAuf}} + k_{\mathrm{Send}} \qquad [€\,/\,\mathrm{NAuf}] \qquad (11.19)$$

folgender *Kostenanteile*:

- *Auftragskosten der Verbrauchsstelle* $k_{\mathrm{VSAuf}}$ für die Nachschubdisposition, das Erstellen des Abrufauftrags, den Informationsaustausch mit der Lieferstelle, die Sendungsannahme und die Eingangserfassung pro Nachschubanlieferung.
- *Auftragskosten der Lieferstelle* $k_{\mathrm{LSAuf}}$ für die Auftragsannahme, das *Rüsten* in der Fertigung oder Kommissionierung, die Auftragsbearbeitung, die Disposition von Fertigung, Lager, Warenausgang und Versand sowie für die Rechnungsstellung und Kommunikation mit der Lagerstelle.
- *Sendungskosten* $k_{\mathrm{Send}}$, die bei *Einzeltransport* des Nachschubs eines Artikels von der Lieferstelle zur Lagerstelle in voller Höhe anfallen und bei gebündeltem Transport des Nachschubs für mehrere Artikel anteilig entstehen.

Die Auftragskosten der Lieferstelle fallen *explizit* nur bei den internen Lieferstellen an. Sie sind ebenso wie die Transportkosten bei *Belieferung frei Lagerstelle implizit* in den Lieferpreisen der externen Lieferanten enthalten.

Bei entsprechenden Konditionen werden sie in Form von *Mindermengenzuschlägen*, *Großmengenrabatten* oder *Logistikrabatten* gesondert in Rechnung gestellt (s. *Abschnitt 7.6*). Wenn sich die Auftragskosten der Lieferstelle durch das Dispositionsverhalten der Lagerstelle verändern, müssen diese bei der Bestandsdisposition durch korrigierte Leistungskostensätze berücksichtigt werden.

### 2. Spezifische Transportkosten $k_{\mathrm{TrLE}}$ [€/LE]

Die Transport- oder Frachtkosten pro Ladeeinheit für den Transport zwischen Lieferstelle und Lagerstelle sind abhängig von den gewählten Ladeeinheiten, von der Entfernung zwischen Lieferstelle und Lagerstelle, von der Versandart und von der Kapazität der eingesetzten Transportmittel (s. *Kapitel 18*).

Sie werden wie die Sendungskosten maßgebend beeinflußt von der Summe der Nachschubmengen aller Artikel, die von derselben Lieferstelle in einer Sendung angeliefert werden, also vom Ausmaß der *Transportbündelung* (s. *Kapitel 19*).

**3. Spezifische Einlagerkosten $k_{\mathrm{Lein}}$ [€/LE]**

Die Kosten für das Einlagern der einzelnen Ladeeinheit vom Wareneingang auf den Lagerplatz sind Bestandteil der Nachschubkosten. Sie können grundsätzlich auch den Transportkosten zugerechnet werden.

**4. Beschaffungspreis $\mathrm{P}_{\mathrm{VE}}$ [€/VE]**

Benötigt wird entweder der Beschaffungspreis pro Mengeneinheit $\mathrm{P}_{\mathrm{ME}}$ [€/ME] oder pro Verbrauchseinheit $\mathrm{P}_{\mathrm{VE}}$ [€/VE]. Mit dem Inhalt der Verbrauchseinheit $c_{\mathrm{VE}}$ [ME/VE] folgt der Preis pro Mengeneinheit aus dem Preis pro Verbrauchseinheit nach der Beziehung:

$$\mathrm{P}_{\mathrm{ME}} = \mathrm{P}_{\mathrm{VE}} / c_{\mathrm{VE}} \qquad [€/\mathrm{ME}]. \qquad (11.20)$$

Der Beschaffungspreis ist bei Fremdbezug der *aktuelle Netto-Einkaufspreis* pro Verbrauchseinheit abzüglich aller Rabatte und Skonti, der für die aktuelle Nachschubmenge gilt. Bei Eigenfertigung ist der Beschaffungspreis gleich den *Herstellkosten ohne Rüstkostenanteil* und *ohne Gemeinkostenzuschläge*.

In der Dispositionsrechnung darf für den Beschaffungspreis nicht mit dem Verkaufspreis, mit den Vollkosten oder mit überholten Einkaufspreisen gerechnet werden, auch wenn die bilanzielle Bestandsbewertung hiervon abweicht.[3]

**5. Lagerzinssatz $z_{\mathrm{L}}$ [% pro PE]**

Der Lagerzinssatz ist die Summe

$$z_{\mathrm{L}} = z_{\mathrm{K}} + z_{\mathrm{R}} \qquad [\%\ \text{pro PE}] \qquad (11.21)$$

des *Kapitalzinssatzes* $z_{\mathrm{K}}$, mit dem die Kapitalbindung durch den *Bestandswert* zu verzinsen ist, und eines *Risikozinssatzes* $z_{\mathrm{R}}$, durch den das *Abwertungsrisiko* wegen Schwund, Alterung und Unverkäuflichkeit sowie eine eventuelle *Bestandsversicherung* kalkulatorisch berücksichtigt werden.

Eventuelle Zahlungsfristen der Lieferstelle sind ohne Einfluß auf die Zinskosten des Lagerkapitals, da vor Ablauf der Zahlungsfrist freigesetztes Lagerkapital anderweitig zinssparend einsetzbar ist.

**6. Spezifische Lagerplatzkosten $k_{\mathrm{LP}}$ [€/LE · PE]**

Die Lagerplatzkosten pro Ladeeinheit und Periode beziehen sich auf die Lagerzeit einer Ladeeinheit und unterscheiden sich – allein schon wegen der verschie-

3 Siehe Fußnote 5.

| LEISTUNGSART | Leistungs-Einheit | LEISTUNGSKOSTEN kleinere Lager von | bis | | größere Lager von | bis | Preis-Einheit |
|---|---|---|---|---|---|---|---|
| **Auftragskosten** | Lagerstelle | | | | | | |
| Disposition + Abruf | N-Auftrag | 3,00 | 4,00 | | 2,50 | 3,50 | €/N-Auftrag |
| Eingangserfassung | N-Auftrag | 7,00 | 13,00 | | 4,00 | 6,00 | €/N-Auftrag |
| **Einlagern** | einschließlich interner Transport vom WE zum Lager | | | | | | |
| Behälter | Behälter | 0,30 | 0,40 | | 0,20 | 0,30 | €/Beh |
| Palette | Palette | 2,50 | 3,50 | | 1,50 | 2,00 | €/Pal |
| **Lagern** | Einzelplatzlagerung | | | | | | |
| Behälter | Beh-KTag | 0,04 | 0,06 | | 0,02 | 0,03 | €/Beh-KTag |
| Palette | Pal-KTag | 0,25 | 0,40 | | 0,15 | 0,20 | €/Pal-KTag |
| **Auslagern** | ohne Kommissionieren und ohne Transport zum WA | | | | | | |
| Behälter | Behälter | 0,20 | 0,30 | | 0,15 | 0,20 | €/Beh |
| Palette | Palette | 1,50 | 2,50 | | 0,80 | 1,40 | €/Pal |
| **Lagerzinssatz** | | **9,0%** | **20,0%** | | **7,0%** | **17,0%** | pro Jahr |
| Kapitalbindung | - | 4,0% | 12,0% | | 4,0% | 12,0% | pro Jahr |
| Lagerrisiko | - | 5,0% | 8,0% | | 3,0% | 5,0% | pro Jahr |
| **Ladeeinheiten** | Einheit | **Volumen** außen | innen | Einh | **Außenabmessungen** Länge | Breite | Höhe |
| Behälter | l/LE | 74 | 63 | mm | 600 | 400 | 310 |
| Palette | l/LE | 1.008 | 860 | mm | 1.200 | 800 | 1.050 |

**Tab. 11.4** Ausgewählte Leistungskostensätze für Nachschub und Lagern

Kosten der Leistungsarten ohne Gemeinkostenzuschläge, Preisbasis 2001
1 Jahr = 365 Kalendertage (KTage) = 250 Betriebstage (BTage)

denen Maßeinheit – grundlegend von den Ein- und Auslagerkosten, die sich auf die durchgesetzte Ladeeinheit beziehen (s. *Abschnitt 16.13*).

Die Lagerplatzkosten sind ebenso wie die Einlager- und Auslagerkosten abhängig von der *Art der Ladeeinheiten* und von der *eingesetzten Lagertechnik*, jedoch unabhängig vom Wert des Inhalts der Lagereinheit. Hieraus folgt:

► Es ist es falsch, die *Lagerplatzkosten*, wie allgemein üblich, mit einem Prozentsatz des Bestandswertes oder unter Einbeziehung der Ein- und Auslagerkosten zu kalkulieren.

Für ausgewählte Ladeeinheiten, Transportarten und Lagertechniken sind einige Leistungskostensätze in *Tabelle 11.4* zusammengestellt. Hieraus geht hervor, wie unterschiedlich die Kostensätze sein können. Daher müssen die zur Disposition benötigten Kostensätze für den konkreten Einsatzfall neu ermittelt und laufend aktualisiert werden.

Die zur kostenoptimalen Disposition benötigten internen und externen Leistungskostensätze sind nicht einfach zu ermitteln. Sie dürfen nicht aus allgemeinen Kennzahlen abgeleitet oder ungeprüft von anderen Unternehmen übernommen werden. Deshalb enthalten die Eingabefelder der Dispositionsprogramme für die Prozeßkostensätze häufig keine oder falsche Werte. Unkorrekte Prozeßkostensätze aber verfälschen die Nachschubmengenrechnung [266; 280].

## 11.7 Lagerlogistikkosten

Ziele der Bestands- und Nachschubdisposition sind die *Sicherung einer geforderten Lieferfähigkeit* und die Minimierung der dispositionsabhängigen Logistikkosten, die mit dem Nachschub- und Lagerprozeß verbunden sind. Diese *Lagerlogistikkosten* sind die Summe der *Nachschubkosten* $K_N$ und der *Lagerhaltungskosten* $K_L$:

$$K_{NL}(m_N) = K_N(m_N) + K_L(m_N) \qquad [€/PE] \qquad (11.22)$$

Mit den zuvor angegebenen Zusammenhängen und Kostensätzen ergibt sich bei einem Verbrauch $\lambda_{VE}$, einer Nachschubmenge $m_N$ und einer Nachschubfrequenz $f_N = \lambda_{VE}/m_N$ für die *Nachschubkosten*:

$$K_N(m_N) = (\lambda_{VE} / m_N) \cdot \left(k_{NAuf} + (k_{TrLE} + k_{Lein}) \cdot \{m_N / C_{LE}\}\right). \qquad (11.23)$$

Für eine Nachschubmenge $m_N$, einen Sicherheitsbestand $m_{sich}$ und mengenunabhängige Wiederbeschaffungszeit sind die *Lagerhaltungskosten*:

$$K_L(m_N) = P_{VE} \cdot z_L \cdot (m_{sich} + m_N / 2) + k_{LP} \cdot \left\{(m_{sich} + f_{LO} \cdot m_N) / C_{LE}\right\}. \qquad (11.24)$$

Hierin bedeuten die geschweiften Klammern das Aufrunden auf die nächst größere ganze Zahl.

Die hieraus ohne den Ganzzahligkeitseffekt resultierende Abhängigkeit der Lagerlogistikkosten (11.22) von der Nachschubmenge ist für ein Beispiel in *Abb.*

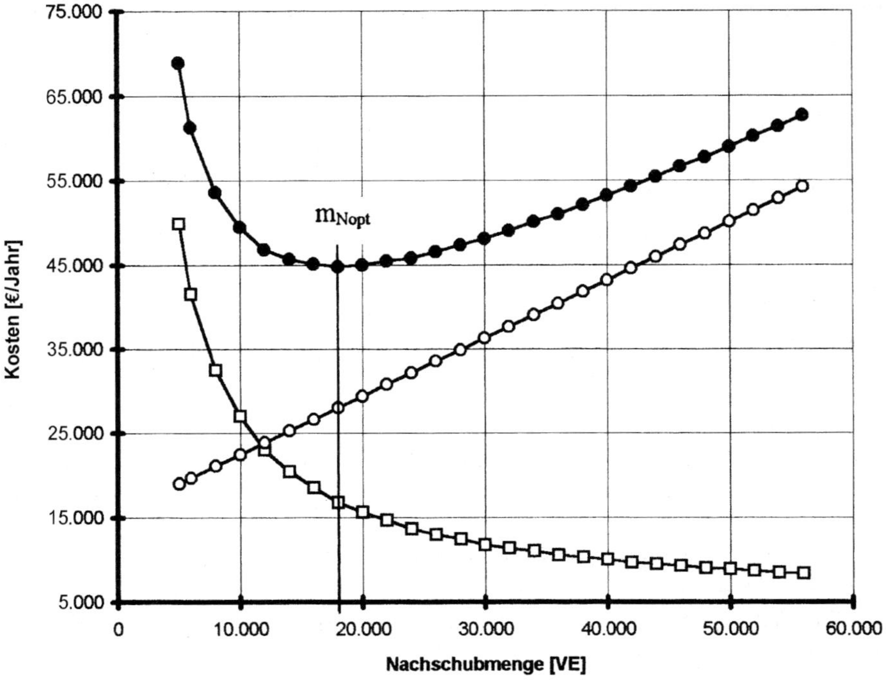


**Abb. 11.5** Lagerlogistikkosten als Funktion der Nachschubmenge

| | |
|---|---|
| Beispiel: | Fertigwarenlager für Zigaretten |
| Parameter: | s. Tabellen 11.4 und 11.7 |
| Quadrate: | Nachschubkosten |
| Kreise: | Lagerhaltungskosten |
| Punkte: | Nachschubkosten + Lagerhaltungskosten |

*11.5* dargestellt. Aus dieser Darstellung wie auch aus den Beziehungen (11.22) bis (11.24) ist ablesbar:

- Die *Nachschubkosten* sinken umgekehrt proportional mit der Nachschubmenge $m_N$.
- Die *Lagerhaltungskosten* steigen proportional mit dem Sicherheitsbestand und der Nachschubmenge.
- Die *Lagerlogistikkosten* sinken zunächst mit zunehmender Nachschubmenge, steigen dann aber mit weiter zunehmender Nachschubmenge an und haben bei einer *optimalen Nachschubmenge* $m_{Nopt}$ einen Minimalwert, der gleich den *optimierten Lagerlogistikkosten* ist.
- Der Verlauf der Lagerlogistikkosten ist in einem größeren Bereich um die optimale Nachschubmenge relativ flach.

Wegen des flachen Kurvenverlaufs im Bereich des Minimums hängt die Höhe der minimalen Lagerlogistikkosten nicht sehr empfindlich vom genauen Wert der optimalen Nachschubmenge ab. Das hat für die Berechnung der optimalen Nachschubmenge und für die Nachschubdisposition folgende Konsequenzen:

- Die Berechnung der optimalen Nachschubmenge braucht nicht besonders genau zu sein.
- Ein berechneter Optimalwert für die Nachschubmenge muß nicht akribisch eingehalten werden, vor allem dann nicht, wenn durch ein Auf- oder Abrunden volle Lade- oder Transporteinheiten erreichbar sind.
- Die Ungenauigkeit einzelner Dispositionsparameter und Prozeßkostensätze wirkt sich relativ wenig auf die optimale Nachschubmenge und die optimierten Lagerlogistikkosten aus.
- Die Ungenauigkeit mehrerer Dispositionsparameter und Prozeßkostensätze mittelt sich nach dem Fehlerausgleichsatz teilweise heraus.

Die Unempfindlichkeit der optimalen Nachschubmenge und der optimierten Lagerlogistikkosten gegenüber Veränderungen und Ungenauigkeiten der Parameter und Kostensätze erleichtert zwar die theoretische Lösung des Optimierungsproblems, rechtfertigt aber nicht das Fortlassen oder die falsche Berücksichtigung wichtiger Einflußgrößen, wie der Lagerplatzkosten.

Die optimale Nachschubmenge läßt sich analytisch nur berechnen, wenn die Kostenfunktion $K_{NL}(m_N)$ *stetig differenzierbar* ist. Für Ladeeinheiten mit $C_{LE} > 1$ sind die Lagerlogistikkosten (11.22) jedoch eine *Treppenfunktion* der Nachschubmenge, die keine stetige Ableitung hat (s. *Abb. 12.10*). Wenn $m_N > C_{LE}$ ist, ergeben sich mit Beziehung (11.5) für die *mittlere Nachschubmenge* und mit Beziehung (11.14) für den *mittleren Lagerplatzbedarf* die *mittleren Nachschubkosten*

$$K_{Nm} = (k_{TrLE} + k_{Lein}) \cdot \lambda_{VE} / C_{LE} + \big((k_{NAuf} + (k_{TrLE} + k_{Lein})(C_{LE} - 1)/2C_{LE})\big) \cdot \lambda_{VE} / m_N . \tag{11.25}$$

Für die *mittleren Lagerhaltungskosten* resultiert:

$$K_{Lm} = P_{VE} \cdot z_L \cdot (m_{sich} + m_N / 2) + k_{LP} \cdot \big((m_{sich} + f_{LO} \cdot m_N) / C_{LE} + (C_{LE} - 1)/2C_{LE}\big). \tag{11.26}$$

Die Summe $K_{NLm}(m_N) = K_{Nm}(m_N) + K_{Lm}(m_N)$ ist stetig nach der Nachschubmenge $m_N$ differenzierbar. Durch Nullsetzen der Ableitung der Kostenfunktion $K_{NLm}(m_N)$ und Auflösung nach $m_N$ ergibt sich die

- *optimale Nachschubmenge*© bei mengenunabhängiger Wiederbeschaffungszeit (11.27)©

$$m_{Nopt} = \sqrt{2 \cdot \lambda_{VE} \cdot \big(k_{NAuf} + (k_{TrLE} + k_{Lein})(C_{LE} - 1)/2C_{LE}\big) / (P_{VE} \cdot z_L + 2f_{LO} \cdot k_{LP} / C_{LE})}$$

Bei *begrenzter Produktionsleistung* μ der Lieferstelle ist die Gesamtfertigungszeit mengenabhängig. Für diesen Fall ergibt sich bei täglicher Auslieferung, daß die optimale Nachschubmenge (11.27) mit dem Faktor $\sqrt{1/(1-\lambda/\mu)}$ zu multiplizieren ist [359] (s. *Bez. (20.45)*).

Darüber hinaus ist die Nachschubmenge aufgrund der *Mindestbestellmengenforderung* (11.6) und der *Risikorestriktion* (11.16) eingeschränkt auf den Bereich:

$$m_{N\,min} < m_{Nopt} < m_{N\,max} = RW_{zul} \cdot \lambda_{VE} - m_{sich}\,. \tag{11.28}$$

Mit Beziehung (11.10) und der optimalen Nachschubmenge (11.27) folgt der

- *optimale mittlere Lagerbestand*

$$\mathbf{m_{Bopt} = m_{sich} + m_{Nopt} / 2} \tag{11.29}$$

Durch Einsetzen der optimalen Nachschubmenge (11.27) in die Kostenfunktion (11.22) ergeben sich die *minimalen Lagerlogistikkosten*

$$K_{NLmin} = K_{NL}(m_{Nopt}). \tag{11.30}$$

Die Berechnungsformel (11.27) für die optimale Nachschubmenge geht für $C_{LE} = 1$ und $k_{LP} = 0$, also bei Vernachlässigung der Ladeeinheitenkapazität und der Lagerplatzkosten, in die sogenannte *Andler-Formel* über [11; 14; 16; 80; 86; 87; 88; 92; 99; 100; 101].[4] Für Ladeeinheiten mit einer Kapizät $C_{LE} > 1$ und Lagerplatzkosten, die im Vergleich zu den Zinskosten nicht vernachlässigbar sind, unterscheidet sich die allgemeine Nachschubformel (11.27) von der Andler-Formel in mehrfacher Hinsicht.

Eine wichtige Konsequenz aus der *Nachschubformel* (11.27) ebenso wie aus der einfachen Andler-Harris-Formel, die international *economic order quantity* (EOQ) genannt wird, ist:

▶ Die optimale Nachschubmenge steigt proportional mit der Wurzel aus dem Verbrauch.

Weitere Konsequenzen aus der *allgemeinen Nachschubformel (11.27)*, die in den üblichen Bestellmengenrechnungen mit der Andler-Harris-Formel nicht beachtet werden, sind:

▶ Die Lagerlogistikkosten, die optimale Nachschubmenge und der optimale Lagerbestand hängen von der Art und Kapazität der verwendeten *Ladeeinheiten* ab (s. *Abb. 11.6*). Die Verwendung zu großer Ladeeinheiten führt z.B. zu einem hohen Anteil von *Anbrucheinheiten* und dadurch zu Mehrkosten.

▶ Lagerplatzkosten, optimale Nachschubmenge und optimaler Lagerbestand hängen von der *Lagerordnung* ab. Bei fester Lagerordnung und relativ geringen Sicherheitsbeständen sind die Lagerplatzkosten deutlich höher als bei freier Lagerordnung.

▶ Nicht nur der Wert, sondern auch das *Volumen der Lagerware* bestimmt die Lagerhaltungskosten, die optimale Nachschubmenge und den optimalen Bestand (s. *Abb. 11.7*).

---

4 Die in Deutschland übliche Bezeichnung *Andler-Formel* ist ungerechtfertigt: *Andler* selbst verweist in seiner diesbezüglichen Arbeit aus dem Jahr 1929 auf andere, frühere Veröffentlichungen zur Losgrößenoptimierung und hat die betreffende Formel übernommen [100]. In Amerika und England wird die klassische Losgrößenformel als *Harris-* oder *Wilson-Formel* bezeichnet [16]. Die erste Losgrößenformel wurde nach Kenntnis des Verfassers von dem Amerikaner *F. Harris* im Jahr 1913 veröffentlicht [91].

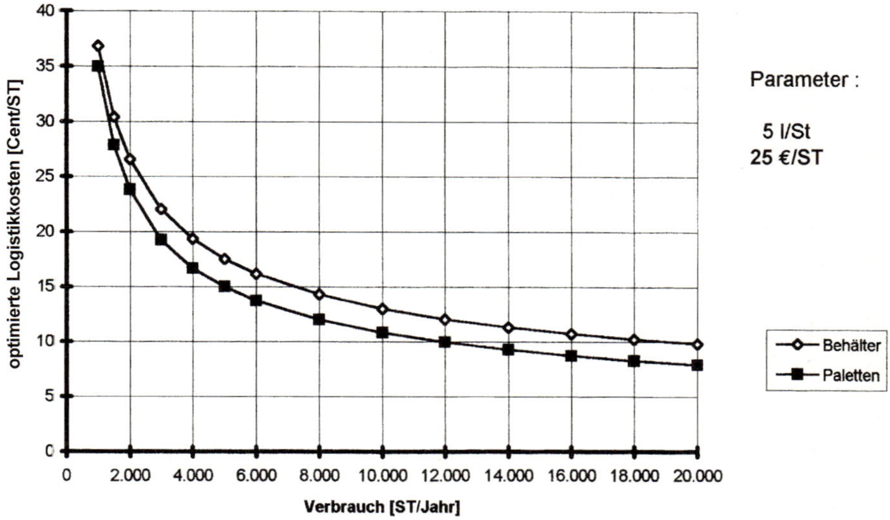


**Abb. 11.6** Verbrauchsabhängigkeit der optimierten Lagerlogistikkosten
Beispiel: Handelswarenlager
Parameter: Ladungsträger (s. *Tabelle 11.4*)

- Ohne *Auffüllstrategie* erhöhen sich die Lagerlogistikkosten. Bei geringen Nachschubmengen und Beständen tragen die Mehrkosten für Anbrucheinheiten nicht unwesentlich zu den Lagerlogistikkosten bei.
- Die betriebswirtschaftlich übliche, jedoch grundsätzlich falsche Kalkulation der Lagerplatzkosten mit einem Lagerkostensatz in Prozent vom Bestandswert führt zu überhöhten Beständen von billigen und großvolumigen Artikeln.
- Die optimale Nachschubmenge und der optimale Bestand hängen von der Höhe der Leistungskostensätze ab. Mit Ansteigen der spezifischen Auftragskosten, Transportkosten und Einlagerkosten nehmen Nachschubmenge und Bestand zu. Bei hohem Warenwert, ansteigenden Zinsen und größeren Lagerplatzkosten werden Nachschubmenge und Bestand geringer.

Wenn die Leistungskosten auslastungsabhängig sind, ist zu entscheiden, mit welchen Kostensätzen zu rechnen ist (s. *Abschnitt 6.9*). Für die Nachschubmengenrechnung gilt:

- Wenn es sich um *externe Leistungen* handelt, muß mit den aktuellen Leistungspreisen gerechnet werden, die auf Vollkostenbasis kalkuliert sind und sich im Verlauf der Zeit aufgrund von Angebot und Nachfrage ändern können.
- Für *interne Leistungen* müssen die Leistungskostensätze auf Vollkostenbasis für die maximal mögliche Leistung und Kapazitätsnutzung der Produktion, des Lagers und des Transportsystems kalkuliert werden.

Wird statt mit den *Vollauslastungskostensätzen* mit auslastungsabhängigen Kostensätzen kalkuliert, ergeben sich bei geringer Auslastung höhere Kostensätze

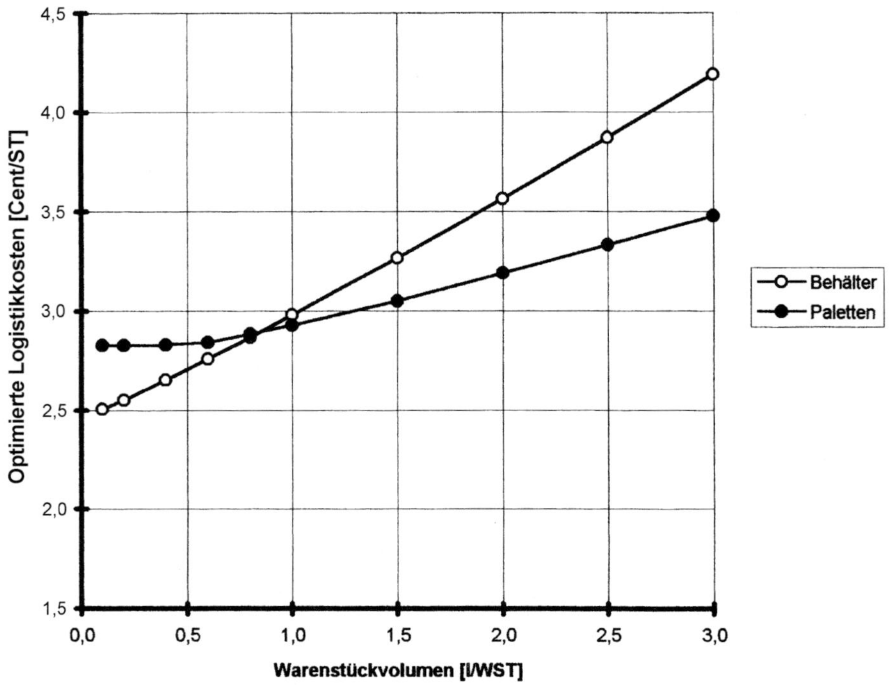


**Abb. 11.7** Optimierte Lagerlogistikkosten als Funktion des Stückvolumens
Parameter: Ladungsträger

und dadurch nach der allgemeinen Nachschubformel eine Senkung der Inanspruchnahme. Bei einer hohen Auslastung resultieren geringere Leistungskostensätze mit dem Effekt zunehmender Inanspruchnahme. Dieser Effekt ließe sich sinnvoll umkehren durch die Strategie *auslastungsabhängiger Leistungskostensätze*:

► In Zeiten geringer Auslastung werden die Leistungskostensätze gesenkt und bei Annäherung an die Grenzleistung erhöht.

So werden durch eine Anhebung der Rüstkosten bei Annäherung an die Grenzen der Produktionskapazität eine Abnahme der Nachschubfrequenz, größere Losgrößen, geringere Rüstzeitverluste und eine Steigerung der Produktionskapazität erreicht.[5] Ebenso verhindert ein Heraufsetzen der spezifischen Lagerplatzkosten

5 Produktionsgetriebene Unternehmen tendieren dazu, in auslastungsschwachen Zeiten verstärkt auf Lager zu produzieren, um dadurch die Fertigung weiter auszulasten und vermeintlich den Deckungsbeitrag zu verbessern. Dabei wird jedoch übersehen, daß Lagerware maximal zu Herstellkosten ohne Deckungsbeitrag zu bewerten ist. Ein Deckungsbeitrag wird erst durch den Verkauf der Ware erwirtschaftet. Wenn also absehbar ist, daß der Markt die Ware nicht abnimmt, muß die Produktion sofort gedrosselt werden.

mit zunehmendem Füllungsgrad ein Überlaufen des Lagers. Eine Senkung der spezifischen Lagerplatzkosten bei geringem Füllungsgrad bewirkt eine bessere Lagernutzung und günstigere Nachschubkosten.

## 11.8 Lieferfähigkeit und Sicherheitsbestand

Die Festlegung der *Lieferfähigkeit* ist eine unternehmerische Entscheidung von großer Tragweite [271]. Sie hängt vom Sicherheitsbedarf und von der Marktsituation ab und ist mit Risiken verbunden, die sich oft nur schwer abschätzen lassen.

Bei der *Planung der Lieferfähigkeit* ist zu unterscheiden zwischen einer Unterbrechungsreserve und dem Sicherheitsbestand:

- Die *Unterbrechungsreserve* ist ein *eiserner Bestand* zur Sicherung der Versorgung der Verbrauchsstelle für die Dauer einer *unregelmäßig* auftretenden Unterbrechung des Nachschubs, z.B. durch Anlagenausfall, Reparatur, Betriebsunterbrechung, Transportschaden, Streik oder einen Engpaß der Lieferstelle.
- Der *Sicherheitsbestand* ist eine *Schwankungsreserve* zur Sicherung der Lieferfähigkeit während der Wiederbeschaffungszeit gegen die *regelmäßigen* stochastischen Schwankungen des Periodenbedarfs und der Wiederbeschaffungszeit.

Die *Unterbrechungsreserve* ist ein *Sperrbestand*, der nur bei Auftreten der Ereignisse, für die sie bestimmt ist, angegriffen werden darf [266]. Ihre Höhe ergibt sich aus dem Produkt des Periodenverbrauchs mit der maximal zu erwartenden Unterbrechungszeit.

Der *Sicherheitsbestand* ist dagegen jederzeit frei verfügbar und zentraler Handlungsparameter der Bestandsdisposition. Wenn der Nachschub zu spät eintrifft, kann der Sicherheitsbestand in den letzten Tagen der Wiederbeschaffungszeit vollständig aufgebraucht werden.

Für den stationären Verbrauch mit stochastischer Streuung läßt sich der Sicherheitsbestand, der zur Erfüllung einer benötigten Lieferfähigkeit erforderlich ist, mit Hilfe der Wahrscheinlichkeitstheorie berechnen. Die exakte Lösung ist jedoch kompliziert und nicht in einer geschlossenen Formel darstellbar. Für die Lagerdisposition genügt zur Berechnung des Sicherheitsbestands eine *Näherungsformel*, die nachfolgend hergeleitet wird. Sie sichert die Einhaltung der Lieferfähigkeit auch bei instationärem Bedarf besser als die exakte Lösung und bewirkt zugleich eine Senkung der Sicherheitsbestände gegenüber der herkömmlichen Standardformel [266].

### 1. Lieferbereitschaft und Tageslieferfähigkeit

Die *Lieferbereitschaft* oder *Lieferfähigkeit* $\eta_{\text{lief}}$ eines Lagerartikels ist die Wahrscheinlichkeit, daß der frei verfügbare Lagerbestand ausreicht, einen Lieferauftrag für diesen Artikel mit der zugesicherten *Termintreue* auszuführen. Sie ist gleich der Auftragslieferfähigkeit für Einpositionsaufträge.

Für Mehrpositionsaufträge gilt nach den Regeln der Wahrscheinlichkeitsrechnung:

▶ Die *Auftragslieferfähigkeit für Mehrpositionsaufträge* ist gleich dem Produkt der Lieferbereitschaft für die einzelnen Artikel.

Beträgt beispielsweise die Lieferfähigkeit der einzelnen Artikel eines Sortiments 98 %, dann ist die Auftragslieferfähigkeit für Aufträge mit durchschnittlich 5 Positionen nur $(98\%)^5 = 0{,}98^5 = 0{,}90 = 90\ \%$.

Bei einer *Mehrstückanforderung* ist die volle Lieferfähigkeit nur gegeben, wenn die geforderte Menge für den Artikel vollständig vorrätig ist. Eine abgeschwächte Form der Lieferfähigkeit ist die *Teillieferfähigkeit*, die erfüllt ist, wenn von dem Artikel mindestens eine Verbrauchseinheit lieferbar ist.

Die Lieferfähigkeit ist ein Wahrscheinlichkeitswert, der stochastisch um einen Mittelwert streut. Die *mittlere Lieferfähigkeit* ist nur über einen längeren Zeitraum hinreichend genau meßbar. Die Messung setzt voraus, daß sich der Mittelwert in diesem Zeitraum nicht ändert. Das ist nur bei stationärem Verbrauch und konstanter mitttlerer Wiederbeschaffungszeit der Fall (s. *Abschnitt 9.14*).

Bei instationärem Verbrauch oder sich ändernder Wiederbeschaffungszeit läßt sich jedoch nach jeder Nachschubanlieferung mit Hilfe der Standardformel für den dynamischen Mittelwert (9.71) aus der Lieferfähigkeit für den Zeitraum seit der letzten Anlieferung und der zuletzt errechneten dynamischen Lieferfähigkeit die *aktuelle mittlere Lieferfähigkeit* berechnen.

Für die Messung der *auftragsbezogenen* Lieferfähigkeit gilt die Definition:

- Die *Lieferfähigkeit* eines Artikels ist das über einen bestimmten Zeitraum gemessene Verhältnis der Aufträge, die aus dem Artikelbestand vollständig bedient wurden, zur Gesamtzahl der Aufträge für den Artikel.

Wenn eine tagesgenaue Termineinhaltung gefordert ist, zählen alle Aufträge als erfüllt, die am Tag des Auftragseingangs ausgeführt werden. Statt der auftragsbezogenen Lieferfähigkeit kann daher auch die Tageslieferfähigkeit gemessen werden. Sie ist wie folgt definiert:

- Die *Tageslieferfähigkeit* eines Artikels ist das über einen längeren Zeitraum gemessene Verhältnis der Tage, an denen alle Lieferaufträge aus dem Bestand vollständig bedient wurden, zur Gesamtzahl der Tage.

Tage, an denen der Bestand nicht zur Erfüllung aller eingehenden Lieferaufträge ausreichend war, zählen dabei als Tage der *Nichtlieferfähigkeit*, auch wenn an einem solchen Tag ein Teil der Aufträge ausgeführt werden konnte. Daraus folgt der *Satz*:

▶ Bei gleichem Sicherheitsbestand ist die auftragsbezogene Lieferfähigkeit ist größer als die Tageslieferfähigkeit.

Dieser Satz ist grundlegend zur Berechnung des Sicherheitsbestands für eine benötigte Lieferfähigkeit, da sich die mittlere Tageslieferfähigkeit mit Hilfe der Wahrscheinlichkeitstheorie einfacher berechnen läßt als die auftragsbezogene Lieferfähigkeit.

**2. Lieferfähigkeit in der Wiederbeschaffungszeit**

Wenn $\lambda_m$ [VE/AT] der mittlere Tagesverbrauch und $n_{WBZ}$ [AT] die Wiederbeschaffungszeit in Anzahl Absatztagen sind, ist der mittlere Verbrauch in der Wiederbeschaffungszeit:

$$m_{WBZ} = n_{WBZ} \cdot \lambda_m \tag{11.31}$$

Wegen der stochastischen Streuung des Tagesverbrauchs und der veränderlichen Beschaffungszeiten schwankt der Verbrauch in der Wiederbeschaffungszeit um den Mittelwert (11.31). Dauert die Wiederbeschaffung mehrere Tage, ist der Verbrauch in der Wiederbeschaffungszeit nach dem Gesetz der großen Zahl annähernd normalverteilt.

Wenn $s_\lambda$ die Streuung des Verbrauchs und $s_{WBZ}$ die Streuung der Wiederbeschaffungszeit ist, folgt aus dem Gesetz der großen Zahl (9.23) und dem Fehlerfortpflanzungsgesetz (9.24) für die Streuung des Verbrauchs in der Wiederbeschaffungszeit [266; 310]:

$$s_{mWBZ}{}^2 = n_{WBZ} \cdot s_\lambda{}^2 + \lambda_m{}^2 \cdot s_{WBZ}{}^2. \tag{11.32}$$

Damit in der Wiederbeschaffungszeit von der Bestellung bis zum Eintreffen des Lagernachschubs mit der Wahrscheinlichkeit $\eta_{WBZ}$ keine Liefer<u>un</u>fähigkeit auftritt, muß der Sicherheitsbestand gleich dem Produkt des *Sicherheitsfaktors* $f_s(\eta)$ der Normalverteilung mit der Streuung des Verbrauchs in der Wiederbeschaffungszeit $s_{mWBZ}$ sein:

$$m_{sich} = f_s(\eta_{WBZ}) \cdot s_{mWBZ} \qquad \text{für} \quad \eta_{WBZ} \geq 50\ \% \tag{11.33}$$

| Sicherheitsgrad | Sicherheitsfaktor |
|---|---|
| 50,0% | 0,00 |
| 80,0% | 0,84 |
| 85,0% | 1,04 |
| 90,0% | 1,28 |
| 95,0% | 1,64 |
| 98,0% | 2,05 |
| 99,0% | 2,33 |
| 99,9% | 3,09 |

**Tab. 11.5** Sicherheitsfaktoren $f_s$ ($\eta$) für unterschiedliche Sicherheitsgrade
Sicherheitsgrad = Lieferfähigkeit, Überlaufsicherheit u.a.

Der *Sicherheitsfaktor* $f_S(x)$ ist gegeben durch die *inverse Standardnormalverteilung* (9.20), die in EXCEL als Funktion STANDNORMINV($\eta$) aufrufbar ist. Seine Abhängigkeit von der geforderten Sicherheit zeigt die *Abb. 11.8*. Für einige übliche Sicherheitsgrade ist der Sicherheitsfaktor in *Tabelle 11.5* aufgelistet.

Anstelle der inversen Standardnormalverteilung, die keine explizite Funktion des Arguments ist, kann auch mit folgender *Näherungsfunktion*© gerechnet werden:

$$f_S(\eta) = (2\eta - 1)/(1 - \eta)^{0,2} \qquad \text{wenn} \quad \eta \geq 50\ \% \tag{11.34}$$

Die *Abbildung 11.8* zeigt, daß die Näherungsfunktion (11.34) über den gesamten praktisch interessierenden Bereich von 50% bis über 99,5% kaum von der inversen Standardnormalverteilung abweicht. Aus dem Kurvenverlauf *Abb. 11.8* ist außerdem ablesbar, daß der Sicherheitsfaktor und damit der benötigte Sicherheitsbestand bei Annäherung des geforderten Sicherheitsgrads an die 100 % über alle

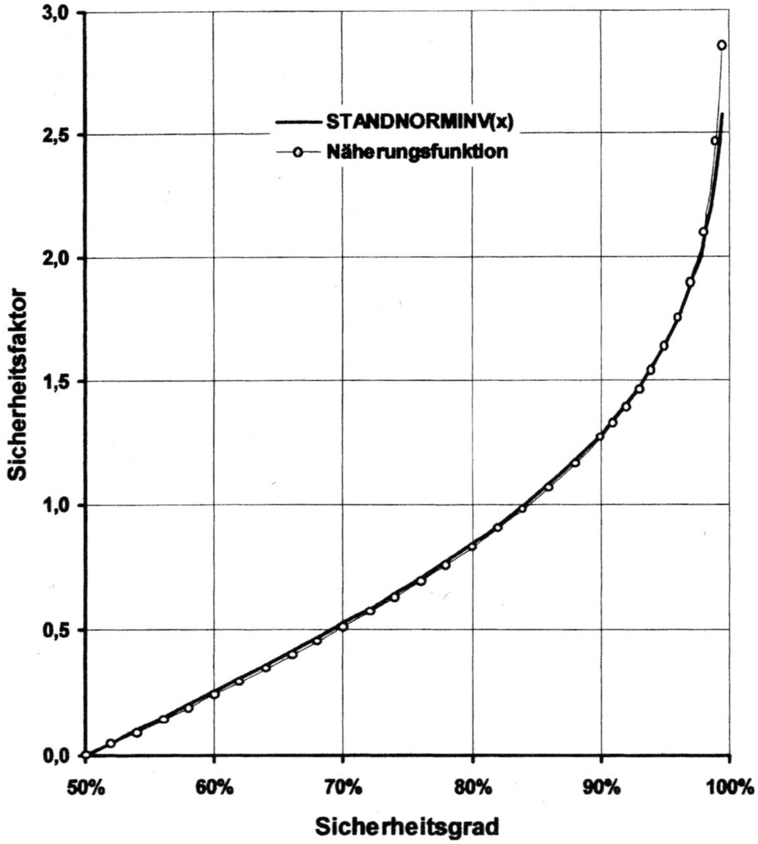


**Abb. 11.8** Exakter und approximativer Sicherheitsfaktor

Grenzen ansteigt. Hundertprozentige Lieferfähigkeit ist daher bei einem stochastisch schwankenden Bedarf grundsätzlich nicht erreichbar.

Für eine Lieferfähigkeit von 50% ist der Sicherheitsfaktor 0 und daher der benötigte Sicherheitsbestand 0. Ohne Sicherheitsbestand ist die Lieferfähigkeit in der Wiederbeschaffungszeit bereits 50%.

### 3. Mittlere Lieferfähigkeit und dynamischer Sicherheitsbestand

Die Beziehung (11.33) ist eine häufig in der Fachliteratur zu findende und in der Praxis gebräuchliche Formel für den Sicherheitsbestand. Die herkömmliche Sicherheitsbestandsformel führt meist zu überhöhten Sicherheitsbeständen, da bei deren Herleitung nicht die Zeiten vom Eingang des Nachschubs bis zum Erreichen des Bestellpunkts berücksichtigt wurden. In diesen Zeiten ist der Bestand höher ist als der Meldebestand und daher die Lieferfähigkeit 100 %.

Die mittlere Länge des Zeitraums, in dem die Lieferfähigkeit 100 %, also 1 ist, ist gleich der *Nachschubreichweite* $T_{NRW} = m_N/\lambda_m$, die sich aus der Nachschubmenge $m_N$ bei einem mittleren Tagesverbrauch $\lambda_m$ errechnet, minus der Wiederbeschaffungszeit $T_{WBZ} = n_{WBZ}$ gemessen in Absatzperioden (s. *Abbildungen 3.2* und *6.1*). Wenn die Nachschubreichweite größer ist als die Wiederbeschaffungszeit und die Lieferfähigkeit in der Wiederbeschaffungszeit gleich $\eta_{WBZ}$ ist, gilt daher für die *mittlere Lieferfähigkeit* über einen längeren Zeitraum:

$$\begin{aligned}\eta_{lief} &= 1 \cdot (T_{NRW} - T_{WBZ}) / T_{NRW} + \eta_{WBZ} \cdot T_{WBZ} / T_{NRW} \\ &= 1 - (1 - \eta_{WBZ}) \cdot n_{WBZ} \cdot \lambda_m / m_N. \qquad (11.35)\end{aligned}$$

Die Auflösung von Beziehung (11.35) nach der Lieferfähigkeit $\eta_{WBZ}$ ergibt:

$$\eta_{WBZ} = 1 - (1 - \eta_{lief}) \cdot m_N / (n_{WBZ} \cdot \lambda_m) \qquad \text{wenn } m_N > WBZ \cdot \lambda_m \qquad (11.36)$$

Das heißt: Wenn eine Lieferfähigkeit $\eta_{lief}$ erreicht werden soll, genügt für die Lieferfähigkeit in der Wiederbeschaffungszeit $\eta_{WBZ}$ der Wert (11.36). Dieser ist kleiner als die geforderte Lieferfähigkeit, solange die Nachschubreichweite länger ist als die Wiederbeschaffungszeit. Wenn die Nachschubreichweite kürzer ist als die Wiederbeschaffungszeit, ist $\eta_{WBZ} = \eta_{lief}$.

Bei einem instationären Absatz und veränderlichen Wiederbeschaffungszeiten müssen der prognostizierte Tagesabsatz und dessen Streuung sowie die Wiederbeschaffungszeit und deren Streuung stets mit den aktuellen Werten jeden Tag i neu berechnet werden. Mit diesen dynamisch berechneten Werten folgt nach Einsetzen von Beziehung (11.36) in die Sicherheitsbestandsformel (11.33) aus Beziehung (11.32) die

▶ *Standardformel für den dynamischen Sicherheitsbestand*©:

$$m_{sich}(i) = \begin{cases} f_s\big(1-(1-\eta_{lief})\cdot m_N / (n_{WBZ}\cdot\lambda_m)\big)\cdot s_{mWBZ}(i) & \textbf{wenn } m_N > n_{WBZ}\cdot\lambda_m \\ f_s(\eta_{lief})\cdot s_{mWBZ}(i) & \textbf{wenn } m_N < n_{WBZ}\cdot\lambda_m \end{cases} \qquad (11.37)$$

mit der *dynamischen Absatzstreuung* in der Wiederbeschaffungszeit

$$s_{\mathrm{mWBZ}}(i) = \left[n_{\mathrm{WBZ}}(i) \cdot s_\lambda(i)^2 + \lambda_{\mathrm{m}}(i)^2 \cdot s_{\mathrm{WBZ}}(i)^2\right]^{1/2} \quad [\mathrm{VE}]. \tag{11.38}$$

Hierin ist $m_N(i)$ [VE/NAuf] die aktuelle Nachschubmenge. $\lambda_m(i)$ [VE/AT] und $s_\lambda(i)$ [VE/AT] sind die dynamischen Prognosewerte (9.66) und (9.77) von Mittelwert und Streuung des Tagesbedarfs. $n_{WBZ}(i)$ und $s_{WBZ}(i)$ sind die aktuelle Wiederbeschaffungszeit und ihre Streuung, die mit Beziehung (9.71) bzw. (9.72) errechnet werden. Der prognostizierte Bedarf und dessen Streuung müssen dynamisch aus dem zurückliegenden Auftragseingang berechnet werden und nicht aus dem Verlauf des Lagerabgangs, der durch Fehlmengen gegenüber dem Bedarf verzerrt sein kann.

Die Formel (11.37) gilt für einen mittleren Tagesabsatz $\lambda_m > 0$. Solange ein Artikel keinen Absatz hat, also für $\lambda_m = 0$, ist der Sicherheitsbestand $m_{sich}(i) = 0$.

In der Wiederbeschaffungszeit tritt die Lieferunfähigkeit mit der größten Wahrscheinlichkeit erst in den letzten Tagen vor dem Eintreffen des Nachschubs ein. Der effektive Zeitraum der Lieferunfähigkeit ist daher kürzer als die Wiederbeschaffungszeit. Das heißt:

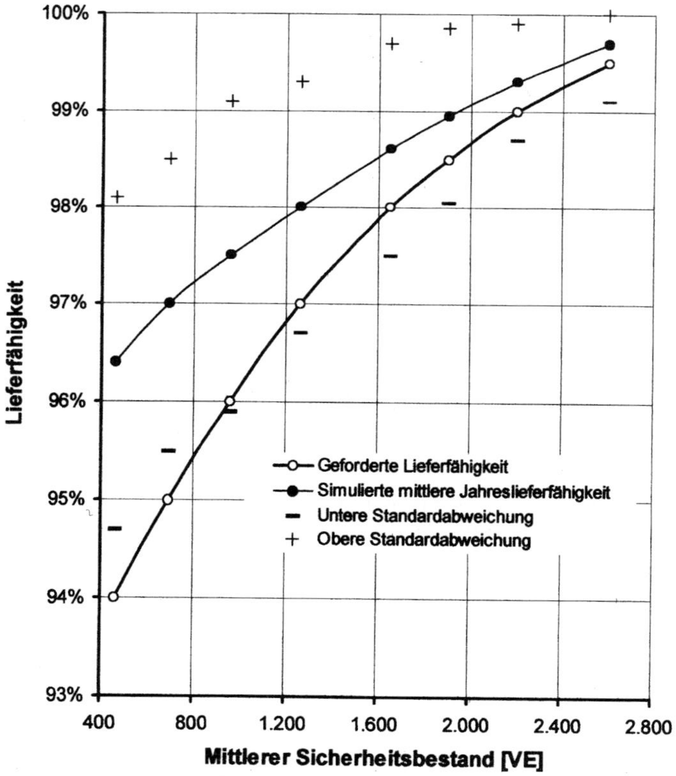


**Abb. 11.9** Geforderte Lieferfähigkeit und simulierte Lieferfähigkeit als Funktion des Sicherheitsbestands

Übrige Parameter: s. *Abb. 11.10*

▶ Wenn der Sicherheitsbestand mit den Beziehungen (11.37) und (11.38) berechnet wird, resultiert eine mittlere Lieferfähigkeit, die größer ist als die geforderte Lieferfähigkeit.

Diese Aussage wird bestätigt durch einen Vergleich mit der mathematisch exakten Lösung. Zur Kontrolle durchgeführte Simulationsrechnungen ergeben, daß der aus (11.37) und (11.38) resultierende Sicherheitsbestand im Rahmen der statistisch zu erwartenden Genauigkeit auch für den Fall eines instationären Absatzverlaufs zu einer deutlich höheren Lieferfähigkeit führt als gefordert [266]. Wie *Abb. 11.9* zeigt, liegt die mittlere Lieferfähigkeit $\eta_{IST}$ eines Jahres mit einer Wahrscheinlichkeit von mehr als 85 % über der geforderten Lieferfähigkeit $\eta_{lief}$. Voraussetzung ist, daß stets mit den dynamischen Werten für den Absatz, die Nachschubmenge und die Wiederbeschaffungszeit gerechnet wird.

Die *Abbildung 11.10* zeigt einen Vergleich der mit Hilfe der neuen Standardformel (11.37) und der nach der herkömmlichen Formel (11.33) berechneten Abhän-

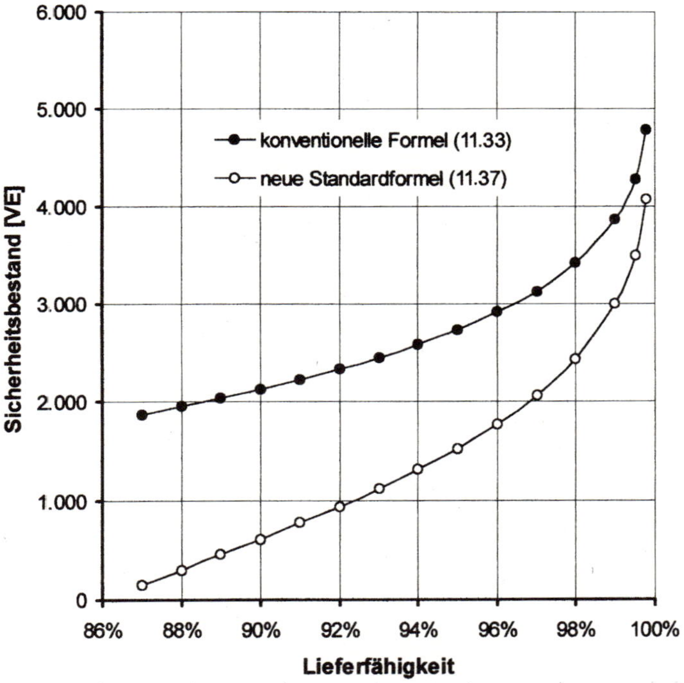


**Abb. 11.10** Vergleich des Sicherheitsbestands mit dynamischer Berechnung und herkömmlicher Berechnung

Obere Kurve: konventionelle Berechnung
Untere Kurve: neue Standardformel
WBZ 5 AT, WBZ-Streuung 2 AT
Absatz 700 VE/AT, Absatzstreuung 400 VE
Nachschubmenge 12.500 VE/NAuf

gigkeit des Sicherheitsbestands von der geforderten Lieferfähigkeit. Daraus ist ablesbar:

- Der herkömmlich berechnete Sicherheitsbestand liegt in diesem wie auch in vielen anderen Fällen weit über dem tatsächlich erforderlichen Sicherheitsbestand.

Die vom Verfasser entwickelte, urheberrechtlich geschützte neue Sicherheitsbestandsformel (11.37) mit der dynamischen Streuung (11.38) hat sich in der Praxis bereits vielfach bewährt. Sie läßt sich in die Dispositionsprogramme bekannter Standardsoftware, wie SAP, J.D.EDWARDS und Navision, relativ einfach implementieren [266].

**4. Einflußfaktoren auf den Sicherheitsbestand**

Der Periodenabsatz ist das Produkt $\lambda = m \cdot \lambda_A$ [VE/PE] der mittleren *Bestellmenge* $m$ [VE/Auf] mit dem *Auftragseingang* $\lambda_A$ [Auf/PE]. Wenn $s_A$ die Streuung des Auftragseingangs und $s_m$ die Streuung der Bestellmengen ist, folgt nach dem *Fehlerfortpflanzungsgesetz* (9.24) für die *Absatzstreuung*:

$$s_\lambda = (m^2 \cdot s_A^2 + \lambda_A^2 \cdot s_m^2)^{1/2} = \lambda \cdot (V_A + V_m)^{1/2}, \qquad (11.39)$$

wobei $V_A = s_A{}^2/\lambda_A{}^2$ die *Variabilität des Auftragseingangs* und $V_m = s_m{}^2/m^2$ die *Variabilität der Bestellmengen* ist. Hieraus wird ersichtlich:

- Die Absatzstreuung ist proportional zum Periodenabsatz.
- Die stochastische Schwankung des Periodenabsatzes wird verursacht durch die Streuung des Auftragseingangs und die Schwankung der Bestellmengen.

Wenn es gelingt, die Schwankungen der Bestellmengen zu reduzieren, etwa durch das Aussondern von Großmengenaufträgen, sinkt die Streuung des Periodenabsatzes und damit auch der erforderliche Sicherheitsbestand.

Aus den Beziehungen (11.37), (11.38) und (11.39) lassen sich die wichtigsten Einflußfaktoren auf die Höhe des Sicherheitsbestands ablesen:

- Der Sicherheitsbestand steigt mit der *geforderten Lieferfähigkeit* zunächst nur schwach und dann immer stärker an. Bei Annäherung an die 100 % übersteigt er jeden Wert (s. *Abb.11.8, 11.10* und *11.11*).
- Bei geringer Streuung der Wiederbeschaffungszeiten steigt der Sicherheitsbestand mit der *Wurzel aus dem Absatz.*
- Der Sicherheitsbestand wächst zunächst unterproportional und bei großer Streuung linear mit der *Absatzstreuung* (s. *Abb. 11.12*).
- Der erforderliche Sicherheitsbestand steigt ab einer unteren Schwelle mit der *Wurzel aus der Wiederbeschaffungszeit* (s. *Abb. 11.13*).
- Mit größer werdender *Streuung der Wiederbeschaffungszeit* nimmt der Sicherheitsbestand immer weiter zu (s. *Abb. 11.14*).
- Bei sehr großer Streuung der Wiederbeschaffungszeit verändert sich der Sicherheitsbestand linear mit dem Absatz und nicht nur mit der Wurzel aus dem Absatz.

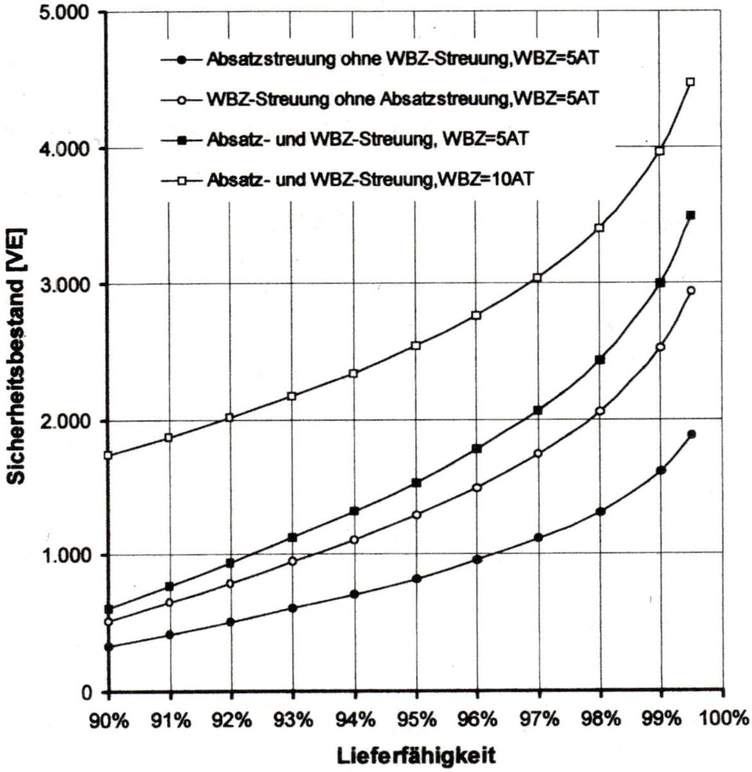


**Abb. 11.11** Abhängigkeit des Sicherheitsbestands von der Lieferfähigkeit für unterschiedliche Wiederbeschaffungszeiten und WBZ-Streuung

Übrige Parameter: s. *Abb. 11.10*

Die Schwelle der Wiederbeschaffungszeit in der *Abb. 11.13*, unterhalb der kein Sicherheitsbestand benötigt wird, erklärt sich daraus, daß bei kurzer Lieferzeit die mögliche Nichtlieferfähigkeit während der Wiederbeschaffungszeit kaum ins Gewicht fällt gegenüber der gesicherten Lieferfähigkeit bis zum Bestellpunkt. Diese Schwelle ist abhängig von der Größe der Nachschubmengen. Sie steigt mit der Relation der Nachschubreichweite zur Wiederbeschaffungszeit.

Die Abhängigkeiten des Sicherheitsbestands von den unterschiedlichen Einflußfaktoren sollte jeder Planer und jeder Disponent kennen und bei seinen Entscheidungen berücksichtigen. Die wichtigsten *Konsequenzen* sind:

- Vertrieb und Kunden sollte vermittelt werden, daß eine Lieferfähigkeit von 100 % unbezahlbar und nicht möglich ist.
- Fertigung und Lieferanten müssen wissen, in welchem Ausmaß lange Lieferzeiten und wie stark unzuverlässige Lieferzeiten die Sicherheitsbestände nach oben treiben und die Logistikkosten erhöhen.

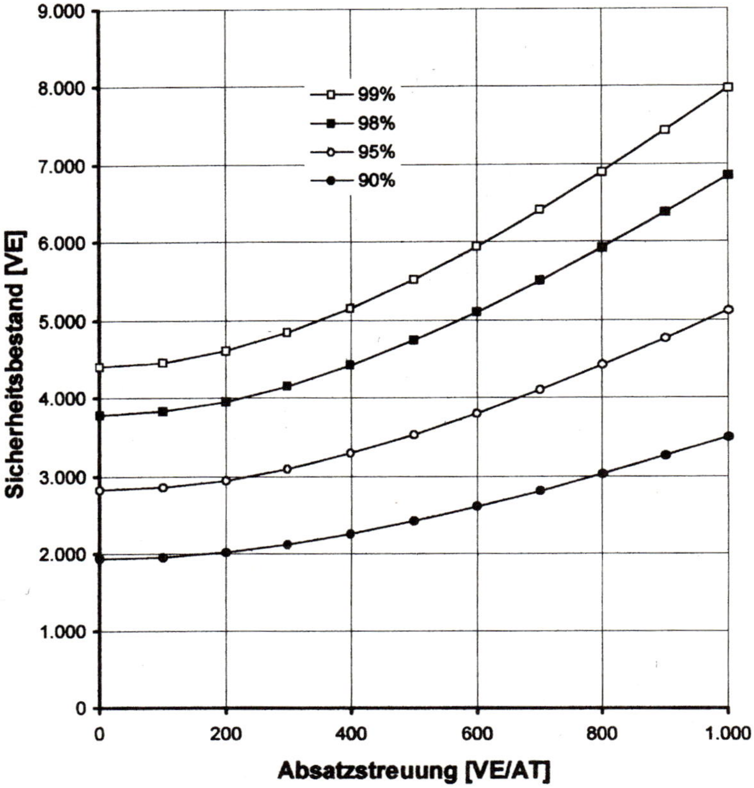


**Abb. 11.12** Abhängigkeit des Sicherheitsbestands von der Absatzstreuung für unterschiedliche Lieferfähigkeiten

Übrige Parameter: s. *Abb. 11.10*

► Durch eine Auftragsfertigung oder Auftragsbeschaffung von Großmengenbestellungen läßt sich die Verbrauchsstreuung des Lagerbedarfs reduzieren und damit der Sicherheitsbestand senken.

Wenn die Bestellmenge größer ist als die halbe optimale Nachschubmenge, ist die direkte Auftragsbeschaffung oder Auftragsfertigung der Großmengenbestellungen zugleich eine Möglichkeit zur Kosteneinsparung (s. *Abschnitt 11.14*).

### 5. Sicherheitskosten und Lieferfähigkeit

Sicherheit kostet Geld. Das gilt auch für die Sicherung der Lieferfähigkeit. Die Kosten zur Sicherung der Lieferfähigkeit sind gleich den Lagerungskosten für den Sicherheitsbestand. Bezogen auf die durchgesetzte Verbrauchseinheit sind die *Sicherheitsstückkosten*:

$$k_{sich}(\eta) = (k_{LP}/C_{LE} + P_{VE}z_L) \cdot m_{sich}(\eta) / \lambda \qquad [€/VE]. \qquad (11.40)$$

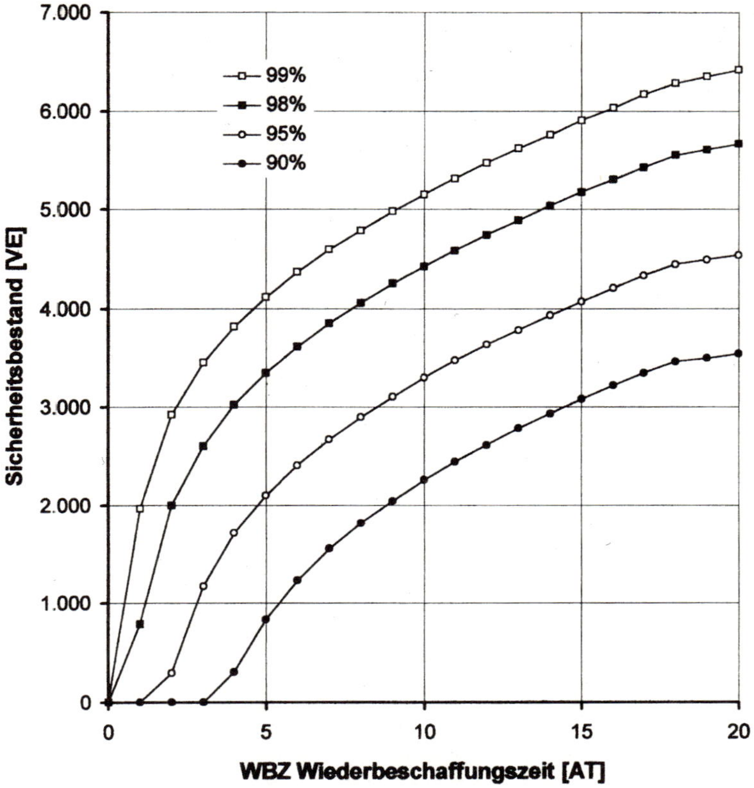


**Abb. 11.13** Abhängigkeit des Sicherheitsbestands von der Wiederbeschaffungszeit für unterschiedliche Lieferfähigkeiten

Übrige Parameter: s. *Abb. 11.10*

Wie *Abb. 11.15* für ein Beispiel zeigt, steigen die Sicherheitskosten mit Annäherung an die 100 % mit der geforderten Lieferfähigkeit η immer stärker an. Sie sinken umgekehrt proportional mit der Wurzel des Verbrauchs λ, denn der Sicherheitsbestand wächst proportional zur Wurzel aus λ. Mit der Länge und Unsicherheit der Wiederbeschaffungszeit nehmen die Sicherheitskosten zu. Sie sind für hochwertige und großvolumige Artikel höher als für geringwertige und kleine Artikel.

Den mit der Lieferfähigkeit η ansteigenden Sicherheitskosten stehen in der Regel Fehlmengenkosten gegenüber, die proportional zur *Lieferunfähigkeit* 1–η ansteigen, also mit zunehmender Lieferfähigkeit kleiner werden. *Fehlmengenkosten* infolge von Lieferunfähigkeit können sein:

- entgangener Gewinn oder fehlender Deckungsbeitrag für den Umsatzausfall von Fertigartikeln oder Handelsware
- Kosten der Produktionsunterbrechung und Wartezeiten wegen fehlenden Materials oder ausbleibender Zulieferteile

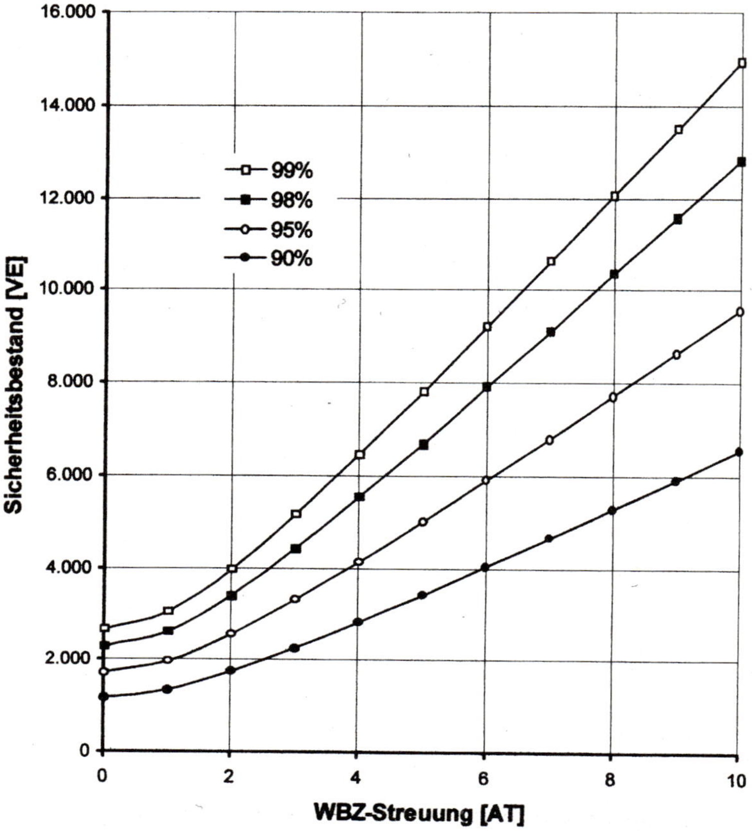


**Abb. 11.14** Abhängigkeit des Sicherheitsbestands von der WBZ-Streuung für unterschiedliche Lieferfähigkeiten

Übrige Parameter: s. *Abb. 11.10*

- Stillstandskosten infolge fehlender Ersatzteile
- Lieferverzugsstrafen oder Pönalen bei Terminüberschreitungen

In manchen Fällen lassen sich die *Fehlmengenstückkosten* $k_{fehl}$ [€/VE] kalkulieren, in anderen zumindest abschätzen.

Bei einer Lieferfähigkeit $\eta$ treten die Fehlmengenkosten mit der Wahrscheinlichkeit $1-\eta$ auf. Die effektiven Fehlmengenkosten sind daher $(1-\eta) \cdot k_{fehl}$. Die Kostensumme der Sicherheitskosten und der Fehlmengenkosten sind die *Risikokosten*:

$$k_{risk}(\eta) = k_{sich}(\eta) + (1 - \eta) \cdot k_{fehl} \qquad [€/VE]. \qquad (11.41)$$

Die Risikokosten haben bei einer bestimmten Lieferfähigkeit $\eta_{opt}$ ein Minimum, das im Beispiel der *Abbildung 11.15* bei 99,3 % liegt.

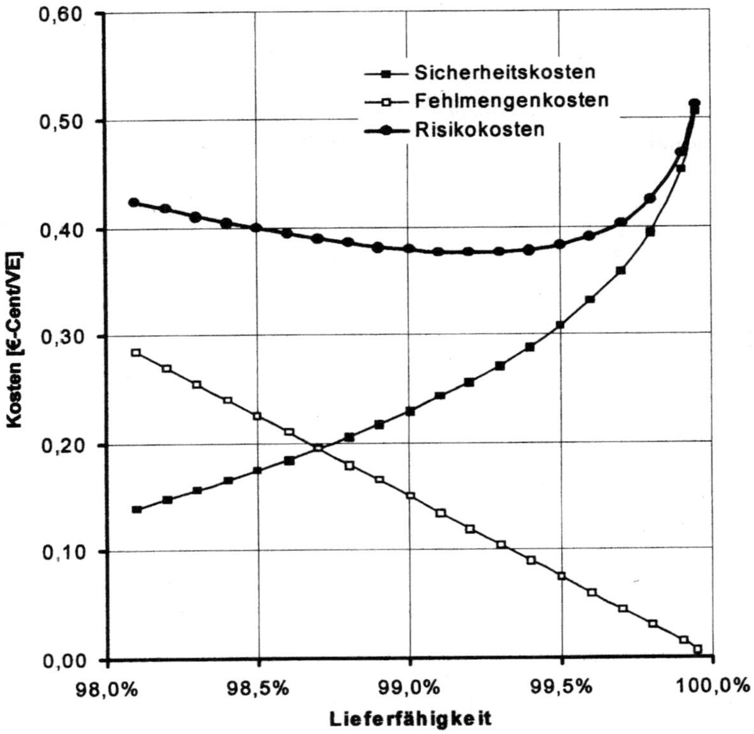


**Abb. 11.15** Abhängigkeit der Risikokosten von der Lieferfähigkeit

| | |
|---|---|
| Beschaffungspreis: | 2,50 €/VE |
| Fehlmengenstückkosten: | 0,15 €/VE |
| Absatz: | 100 VE/AT |
| Übrige Parameter: | s. *Abb. 11.10* |

Grundsätzlich läßt sich also bei bekannten Fehlmengenkosten durch Bestimmung des Minimums der Risikokosten (11.41) die *kostenoptimale Lieferfähigkeit* $\eta_{opt}$ ermitteln. Auch wenn das im Einzelfall umständlich ist, wird dadurch die sonst recht willkürliche Festlegung der Lieferfähigkeit allein durch den Vertrieb oder die Unternehmensleitung objektiviert.

Zur Festlegung der *Standardlieferfähigkeit* eines Sortiments oder einer Artikelgruppe sollten daher mit Hilfe von Beziehung (11.40) Modellrechnungen durchgeführt werden, um abzuschätzen, ob eine Standardlieferfähigkeit von 95%, 98%, 99% oder sogar 99,5% angemessen und notwendig ist.

Wegen der vielen zufallsabhängigen Einflußfaktoren geht es dabei stets um eine Risikoabwägung, die sich durch mathematische Verfahren unterstützen läßt. Die Festlegung der Lieferfähigkeit bleibt jedoch auch dann noch eine unternehmerische Entscheidung mit einem unvermeidlichen Restrisiko.

## 11.9
## Verbrauchsabhängigkeit von Beständen und Logistikkosten

Der mittlere Lagerbestand ist nach Beziehung (11.10) gleich der Summe von Sicherheitsbestand und halber Nachschubmenge. Nach Beziehung (11.27) ist die optimale Nachschubmenge proportional zur Wurzel aus dem Periodenverbrauch. Für nicht zu stark schwankende Wiederbeschaffungszeiten ist auch der Sicherheitsbestand proportional zur Wurzel aus dem Verbrauch. Daher gilt:

- Bei optimaler Nachschubdisposition von Artikeln mit regelmäßigem Verbrauch ist der *optimale Lagerbestand* proportional zur Wurzel aus dem *Periodenverbrauch*

$$m_{Bopt} = F_L \cdot \sqrt{\lambda_{VE}} \,. \tag{11.42}$$

Der Proportionalitätsfaktor $F_L$ ist ein *Lagerstrukturfaktor*, der abhängig ist von den Dispositionsparametern, den Kostensätzen und der geforderten Lieferfähigkeit des betreffenden Lagers.

Aus der Proportionalität (11.42) folgen die *Planungsregeln*:

- Wenn der Absatz eines Artikels mit regelmäßigem Bedarf um einem bestimmten Faktor steigt, dann erhöht sich der Lagerbestand bei optimaler Disposition und gleichbleibender Lieferfähigkeit nur um die Wurzel aus diesem Faktor.
- Der *Bestandsspitzenfaktor* $f_{Bsais}$, um den sich der mittlere Bestand eines Artikels gegenüber dem Jahresdurchschnittsbestand erhöht, ist bei optimaler Disposition gleich der Wurzel aus dem *Verbrauchsspitzenfaktor* $f_{Vsais}$, um den der Verbrauch in der Saisonspitze höher ist als im Jahresmittel:

$$f_{Bsais} = \sqrt{f_{Vsais}} \,. \tag{11.43}$$

Diese Planungsregeln sind nutzbar zur Berechnung der Bestände für steigenden oder abnehmenden Absatz und für die korrekte Berücksichtigung von *Saisonschwankungen* bei der Lagerplanung. So ist bei einer Verdopplung des Verbrauchs nur mit einem Anstieg des mittleren Lagerbestandes um einen Faktor $\sqrt{2} = 1{,}41$, also nur um 41 % zu rechnen, wenn die Bestände optimal disponiert werden.

Abgesehen von den Effekten der Anbrucheinheiten folgt aus den Beziehungen (11.22), (11.27) und (11.30) für die Verbrauchsabhängigkeit der *spezifischen Lagerlogistikkosten* bei optimaler Bestandsdisposition:

$$k_{Lopt} = K_{Lopt} / \lambda_{VE} = k_0 + k_1 / \sqrt{\lambda_{VE}} \qquad [€ / VE]. \tag{11.44}$$

Der konstante Kostenanteil $k_0$ umfaßt die vom Periodenbedarf unabhängigen spezifischen Transport- und Einlagerkosten. Der variable Kostenanteil mit dem Faktor $k_1$ wird von den Auftrags- und Lagerhaltungskosten bestimmt, deren Anteil an den spezifischen Logistikkosten bei optimaler Nachschubdisposition mit zunehmendem Durchsatz geringer wird. Aus diesem Zusammenhang, der in den *Abb. 11.16* und *11.17* dargestellt ist, ergibt sich:

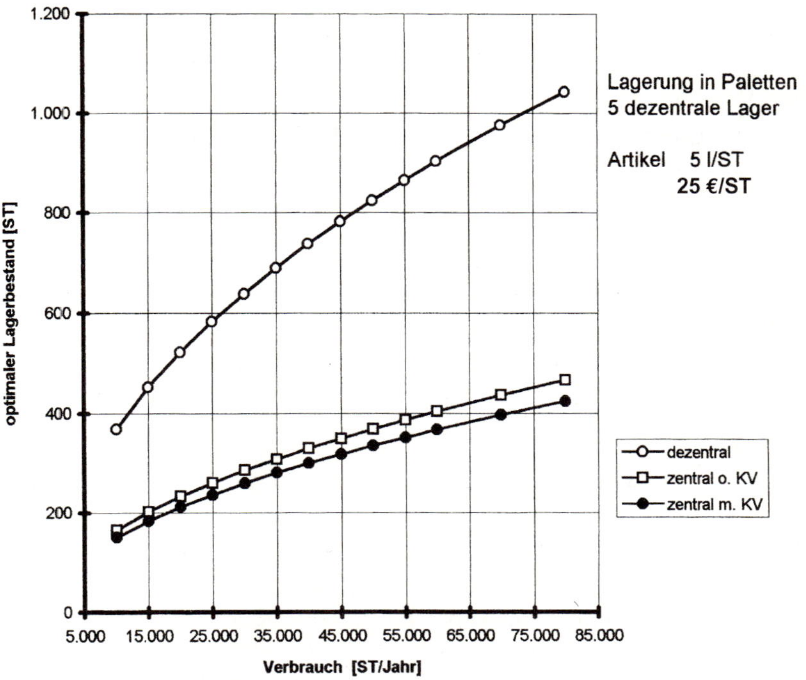


**Abb. 11.16** Verbrauchsabhängigkeit des optimalen Lagerbestands bei zentraler und dezentraler Lagerung

dezentral: Summenbestand in 5 Lagern gleicher Größe
zentral o. KV: Zentrallager ohne Kostenverbesserung
zentral m. KV: Zentrallager mit Kostenverbesserung

► Die spezifischen Lagerlogistikkosten sinken bei optimaler Bestands- und Nachschubdisposition umgekehrt proportional mit der Wurzel aus dem Verbrauch asymptotisch bis auf einen kleinsten Wert, der gleich der Summe der spezifischen Transport- und Einlagerkosten ist.

Wegen des unterproportionalen Anstiegs der Bestände und der Degression der spezifischen Nachschub- und Lagerhaltungskosten mit dem Verbrauch sind die Nachschub- und Lagerhaltungskosten sehr viel geringer, wenn der Gesamtverbrauch eines Artikels mit regelmäßigem Bedarf aus einem *Zentrallager* statt aus mehreren *dezentralen Lagern* beliefert wird.

Eine weitere Kostenverbesserung ergibt sich bei einer Zentralisierung von Lagern, Kommissionieren und Umschlag aus den möglichen Einsparungen bei den Lieferstellen. Auch die Einsparungen durch Bündelung der Transporte, die allerdings durch die Mehrkosten für das zusätzliche Be- und Entladen im zentralen Umschlagpunkt und für längere Transportwege teilweise wieder kompensiert werden, begünstigen in vielen Fällen das zentrale Lagern und Umschlagen der Ware. Hierauf beruht ein wesentlicher Effekt der *Logistikzentren* (s. *Abb. 1.17*).

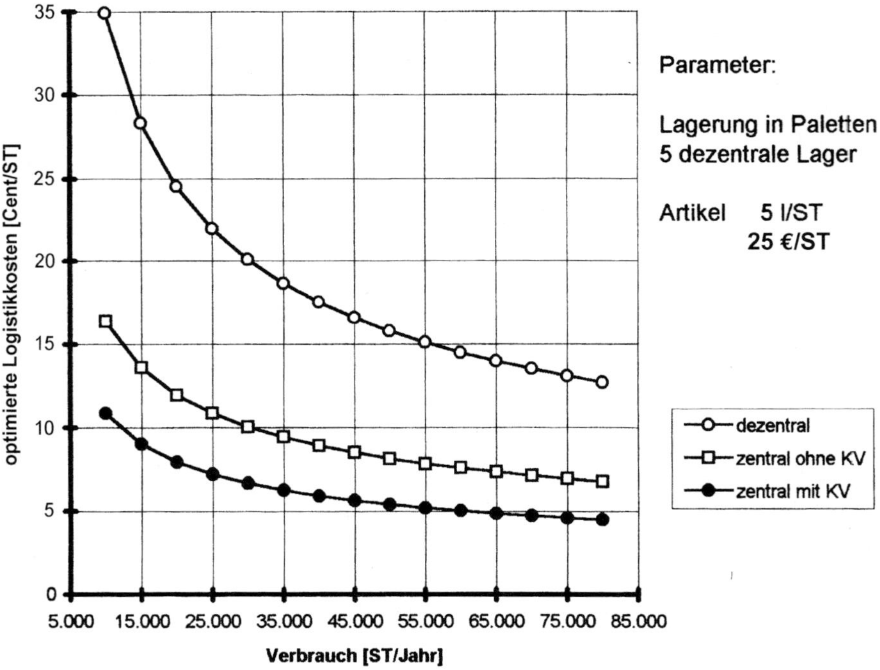


**Abb. 11.17** Verbrauchsabhängigkeit der spezifischen Lagerlogistikkosten bei zentraler und dezentraler Lagerung

Voraussetzung: Optimale Nachschub- und Bestandsdisposition

## 11.10 Zentralisierung von Beständen

Zur Optimierung von Versorgungsnetzen, zur Auswahl optimaler Lieferketten und zur Kalkulation der Einsparungen, die durch eine Bestandsbündelung erreichbar sind, ist es erfordlich, die durch eine Zentralisierung mögliche *Bestandsreduzierung* zu quantifizieren.

Wenn $\lambda_{Ai}$ die Verbräuche des Artikels A in den Lagern $L_i$ der *dezentralen Verbrauchsstellen* $VS_i$, i = 1... N, sind, ist der *Gesamtverbrauch* des Artikels

$$\lambda_A = \sum_{i=1}^{N} \lambda_{Ai} \qquad [VE/PE]. \qquad (11.45)$$

Mit den dezentralen Verbräuchen ergeben sich bei optimaler Disposition gemäß Beziehung (11.42) die Einzelbestände in den *dezentralen Lagern*:

$$m_{BAi} = F_{DL} \cdot \sqrt{\lambda_{Ai}}\,, \qquad (11.46)$$

wobei der *Lagerstrukturfaktor* $F_{DL}$ von den Dispositionsparametern, den Kostensätzen und der geforderten Lieferfähigkeit der dezentralen Lager abhängt. Für einen zentralisierten Verbrauch (11.45) resultiert bei optimaler Disposition der *Zentralbestand*:

$$m_{ZBA} = F_{ZL} \cdot \sqrt{\lambda_A} \tag{11.47}$$

mit dem Lagerstrukturfaktor $F_{ZL}$ des Zentrallagers. Durch Auflösung von (11.46) nach $\lambda_{Ai}$ und von (11.47) nach $\lambda_A$ und Einsetzen der Ergebnisse in (11.45) folgt der *Zentralisierungssatz für den Artikelbestand*:

► Durch das Zusammenfassen in einem Zentrallager mit optimaler Nachschubdisposition reduziert sich die Summe der dezentralen Artikelbestände

$$m_{DBA} = \sum_i m_{BAi} \tag{11.48}$$

bei optimaler Disposition auf einen *Zentrallagerbestand*

$$\mathbf{m_{ZBA}} = (\mathbf{F_{ZL}} / \mathbf{F_{DL}})^2 \cdot \sqrt{\sum_i \mathbf{m_{BAi}}^2} \; . \tag{11.49}$$

Der Zentrallagerbestand $m_{ZB}$ eines *Artikelsortiments* mit den Einzelbeständen $m_{BAi}$ in den dezentralen Lagern $L_i$ ergibt sich durch Summation von (11.48) über alle Artikel:

$$m_{ZB} = \sum_A m_{ZBA} = (F_{ZL} / F_{DL})^2 \cdot \sum_A \sqrt{\sum_i m_{BAi}^2} \; . \tag{11.50}$$

Wenn die dezentralen Artikelverbräuche nur wenig voneinander abweichen, ist nach dem Approximationssatz (9.29) die Summe über das Artikelsortiment A mit der Wurzel und der Summe über die Verbrauchsstellen i vertauschbar. Unter dieser Voraussetzung gilt der *Zentralisierungssatz für den Sortimendsbestand*:

► Sind die Summen der Einzellagerbestände der Artikel A eines Sortiments mit *gleicher relativer Gängigkeit* in den dezentralen Lagern $L_i$, i = 1,2…N,

$$m_{DBi} = \sum_A m_{BAi}, \tag{11.51}$$

dann ist die *Gesamtsumme* der dezentralen Bestände des Sortiments

$$m_{DB} = \sum_i m_{DBi} \tag{11.52}$$

und der *Zentrallagerbestand* des gleichen Sortiments bei optimaler Disposition

$$\mathbf{m_{ZB}} = (\mathbf{F_{ZL}} / \mathbf{F_{DL}})^2 \cdot \sqrt{\sum_i \mathbf{m_{DBi}}^2} \; . \tag{11.53}$$

Bei extremen Unterschieden der relativen Gängigkeit der einzelnen Artikel in den dezentralen Lagern ist der mit Beziehung (11.53) errechnete Zentrallagerbestand bis zu 30 % geringer als der mit der korrekten Beziehung (11.50) errechnete Sortimentsbestand im Zentrallager.

Die Voraussetzung gleicher relativer Gängigkeit der Artikel in den dezentralen Lagern ist in vielen Fällen zumindest für Teilsortimente recht gut erfüllt. Daher gilt in guter Näherung der *Wurzelsatz für die Zentralisierung von Lagerbeständen*, auch *Square Root Law* genannt [102]:

▶ Bei optimaler Bestands- und Nachschubdisposition und gleicher relativer Gängigkeit der Artikel in den dezentralen Lagern ist der Zentrallagerbestand gleich der Wurzel aus der Quadratsumme der Bestände in den dezentralen Lagern multipliziert mit $(F_{ZL}/F_{DL})^2$.

Bei gleichen Lagerstrukturfaktoren $F_{ZL}$ und $F_{DL}$ ergibt sich nach dieser Regel beispielsweise für das Zusammenfassen von 3 dezentralen Lagern mit den Einzelbeständen $m_{DB1} = 300$ VE, $m_{DB2} = 400$ VE und $m_{DB3} = 500$ VE und dem Summenbestand $m_{DB} = 1.200$ VE ein Zentrallagerbestand $m_{ZB} = \sqrt{300^2+400^2+500^2} = 707$ VE. Durch eine Lagerzentralisierung ist also in diesem Fall eine Bestandsreduktion um 41 % möglich.

Für dezentrale Lager mit gleichem Bedarf und gleichen Lagerstrukturfaktoren $F_{ZL} = F_{DL}$ vereinfacht sich die Zentralisierungsregel für Bestände zu der *Faustregel*:

▶ Durch eine Zentralisierung der Bestände aus $N_L$ dezentralen Lagern mit den gleichen Sortimenten und den gleichen Verbräuchen läßt sich der Gesamtbestand in einem Zentrallager bei optimaler Bestands- und Nachschubdisposition um einen Faktor $1/\sqrt{N_L}$ gegenüber dem Summenbestand der dezentralen Lager senken.

Diese einfache Zentralisierungsregel wird in der Praxis meist angewendet, ohne die einschränkenden Voraussetzungen zu beachten, wie die Gleichheit der dezentralen Lager und Sortimente, die optimale Bestandsdisposition und gleiche Strukturfaktoren. Das kann zu überhöhten Einsparungserwartungen, falscher Bestandsplanung und Fehlentscheidungen führen, die sich nach dem Bau eines Zentrallagers nicht mehr korrigieren lassen. So resultiert aus einer Zusammenlegung von nicht überlappenden Sortimenten auch bei optimaler Disposition keine Bestandsreduzierung.

Die Strukturfaktoren für kleine dezentrale Lager und große Zentrallager unterscheiden sich in der Regel aus folgenden Gründen:

▶ Infolge des höheren Durchsatzes reduzieren sich bei gleicher Technik die spezifischen Einlager- und Lagerplatzkosten eines Zentrallagers im Vergleich zu den entsprechenden Kosten dezentraler Lager.
▶ In einem größeren Zentrallager sind die Leistungskosten durch den Einsatz rationeller Lager- und Fördertechnik deutlich geringer als in kleinen dezentralen Lagern. So kann das Zentrallager ab einer bestimmten Mindestkapazität weitaus kostengünstiger als automatisches Hochregallager statt als manuell bedientes Staplerlager ausgeführt werden.
▶ Im Zentrallager lassen sich wegen der höheren Bestände Lagereinheiten mit größerer Kapazität einsetzen. Das führt zu einer weiteren Senkung der Leistungskosten.

Die Auswirkung dieser Effekte auf die Leistungskostensätze für zentrale und dezentrale Lager ist z.B. aus *Tabelle 11.4* ablesbar.

Infolge der Rationalisierungseffekte der Zentrallagerung kann der Strukturfaktor $F_{ZL}$ für ein Zentrallager um 10 % bis 20 % kleiner sein als der Strukturfaktor $F_{DL}$ dezentraler Lager. Damit wird der Faktor $(F_{ZL}/ F_{DL})^2 \approx 0{,}7$ bis 0,8 und es folgt:

► Der Zentrallagerbestand eines Sortiments ist um einen Faktor 0,7 bis 0,8 niedriger als der Bestand, der sich aus den Beziehungen (11.50) und (11.53) ohne diesen Faktor ergibt.

*Abb. 11.16* zeigt die Bestandssenkung in Abhängigkeit vom Verbrauch für das Beispiel einer Zusammenlegung von 5 dezentralen Lagern gleicher Größe in einem Zentrallager ohne und mit einer Kostenverbesserung im Zentrallager.

Auch wenn sich durch die Belieferung aus einem Zentrallager die Lieferzeiten für die Verbrauchsstellen im Vergleich zur Direktbelieferung durch die Lieferanten erheblich verkürzen lassen, werden die dezentralen Verbrauchsstellen $VS_i$ in vielen Fällen zur Überbrückung der Nachlieferzeit weiterhin minimale *Pufferbestände* $m_{DPi}$ bevorraten. Diese Pufferbestände werden nach dem in *Abschnitt 11.11* dargestellten Bereitstellverfahren in der Regel nicht mit einzelnen Warenstücken sondern mit einer optimalen Auffüll- oder Nachschubmenge schubweise nachgefüllt.

Die Summe $m_{DP} = \Sigma m_{DPi}$ der in den dezentralen Verbrauchsstellen vorgehaltenen Pufferbestände, wie beispielweise der *Verkaufsbestände* in den Filialen des Handels, muß bei der Ermittlung der Bestandsreduzierung durch Einrichtung eines Zentrallagers berücksichtigt werden. Eine Bestandsreduzierung ergibt sich daher nur, wenn die Summe des Zentrallagerbestands $m_{ZB}$ und der dezentralen Pufferbestände $m_{DP}$ kleiner ist als die Summe der dezentralen Lagerbestände $m_{DB}$ ohne Zentrallagerung, wenn also

$$m_{ZB} + m_{DP} < m_{DB}. \qquad (11.54)$$

Entscheidend für die Lagerzentralisierung ist jedoch nicht allein die Bestandsreduzierung oder die Verbesserung der Lieferfähigkeit, sondern die Senkung der Gesamtkosten. Die *Abb. 11.17* zeigt für ein Beispiel, wie hoch die Senkung allein der internen Nachschub- und Lagerhaltungskosten durch die Zentralisierung und zusätzlich durch die Kostendegression und effizientere Technik des Zentrallagers sein kann. Eine Zentralisierung der Bestände von Artikeln mit regelmäßigem Bedarf bringt daher für geeignete Sortimente erheblich höhere Einsparungseffekte der Logistikkosten als allgemein erwartet.

Andererseits vermindern sich die Einsparungen in der gesamten Lieferkette, die sich von den Lieferanten bis zu den Bedarfsstellen erstreckt, bei Einrichtung eines Zentrallagers um die *Mehrkosten für den Transport*, die aus einer größeren Entfernung des Zentrallagers von den Bedarfsorten resultieren. Um den Gesamteffekt von Logistikzentren richtig zu bewerten, ist es daher notwendig, die gesamte betroffene Lieferkette einschließlich der außerbetrieblichen Transporte zu betrachten (s. *Kapitel 19*).

## 11.11 Nachschubstrategien

Abhängig vom *Kriterium der Nachschubauslösung* lassen sich drei grundlegend verschiedene *Verfahren der Nachschubdisposition* unterscheiden:

Bereitstellverfahren (b)
Meldebestandsverfahren (s) (11.55)
Zykluszeitverfahren (t)

Das Auslösekriterium für den Nachschub ist beim Bereitstellverfahren der Verbrauch der *Bereitstellmenge* b, beim Meldebestandsverfahren das Erreichen des *Meldebestands* s und beim Zykluszeitverfahren ein *Dispositionszeitpunkt* t.

Bei jedem dieser drei Dispositionsverfahren gibt es für die Nachschubmenge die *Optionen*:

Mindestnachschubmenge (m)
optimale Nachschubmenge (q)
Auffüllmenge auf einen Sollbestand (S) (11.56)

Durch Kombination der drei *Dispositionsverfahren* b, s und t mit den drei *Nachschuboptionen* m, q und S ergeben sich 9 unterschiedliche *Nachschubstrategien*: (b,m), (b,q) und (b,S); (s,m), (s,q) und (s,S); (t,m), (t,q) und (t,S).[6] Die wichtigsten *Merkmale* und *Eignungskriterien* dieser Nachschubstrategien sind in *Tabelle 11.6* zusammengestellt.

### 1. Bereitstellverfahren

*Bereitstellverfahren* sind speziell geeignet zum selbstregelnden Nachfüllen des *Bereitstellpuffers* einer Verbrauchsstelle. Die Verbrauchsstelle kann eine Maschine, ein Arbeitsplatz, ein Montageband, ein Kommissionierplatz, eine Versandrampe, das Verkaufsregal einer Handelsfiliale oder eine andere Stelle mit kontinuierlichem Bedarf sein.

Die Gestaltung eines Bereitstellpuffers und der Ablauf des Nachschubs sind in *Abb. 11.18* dargestellt. Grundprinzip ist, daß in einem Vorpuffer in unmittelbarer Nähe der Verbrauchsstelle eine *Nachschubeinheit* wartet, die nach Verbrauch des Inhalts der *Zugriffseinheit* auf den Bereitstellplatz nachrückt.

Das Bereitstellverfahren erfordert weder eine aktuelle Bedarfsprognose noch eine dynamische Berechnung der Nachschubmenge. Die Frequenz des Nachschubs ergibt sich *selbstregelnd* aus dem Verbrauch [266].

Bei einer verbrauchsabhängigen Bereitstellung bestehen die beiden *Nachschuboptionen:*

6 Üblicherweise werden nur die zwei Auslösekriterien s und t mit den beiden Nachschuboptionen q und S zu den 4 Standardstrategien (s,q), (s,S), (t,q) und (t,S) kombiniert [81; 104].

| | NACHSCHUBSTRATEGIEN | | |
|---|---|---|---|
| | **Bereitstellverfahren** | **Meldebestandsverfahren** | **Zykluszeitverfahren** |
| **MERKMALE** | verbrauchsabhängig | bestandsabhängig | zeitabhängig |
| **Kontroll-Zeitpunkt** | bei Entnahme oder bei Anlieferung | bei Bedarfsbuchung | zu festen Dispositionszeiten |
| **Nachschub-Auslösung** | Leerung Bereitstellmenge oder Leerplatz im Vorpuffer | Erreichen Meldebestand in Verbindung mit Bestand anderer Artikel | Erreichen Bestellpunkt in Verbindung mit Bestand anderer Artikel |
| **Nachschub-Menge** | (b,q) : volle Ladeeinheit<br>(b,S): Pufferplatzkapazität<br>(b,m) : Mindestmenge | (s,q) : optimale Menge<br>(s,S): Auffüllen Sollbestand<br>(s,m) : Mindestmenge | (t,q) : optimale Menge<br>(t,S): Auffüllen Sollbestand<br>(t,m) : Mindestmenge |
| **Vorteile** | minimaler Bestand selbstregelnd | opimaler Bestand selbstregelnd | Nachschubabstimmung für mehrere Artikel |
| **Nachteile** | erhöhte Nachschubkosten | erschwerte Nachschubabstimmung | erhöhter Bestand fremdgeregelt |
| **Bestandsart** | Arbeitspuffer | Nachschublager | Verkaufsbestände |
| **Platzangebot** | gering | ausreichend | pro Artikel begrenzt |
| Platzkosten | sehr hoch | günstig | hoch |
| **Nachschubzeit** | sehr kurz | kurz bis lang | kurz |
| Schwankungen | unzulässig | zulässig | bedingt zulässig |

**Tab. 11.6** Merkmale und Eignungskriterien von Nachschubstrategien

b: freier Pufferplatz s: Meldebestand t: Bestellzeitpunkt
m: Mindestmenge q: Nachschubmenge S: Sollbestand

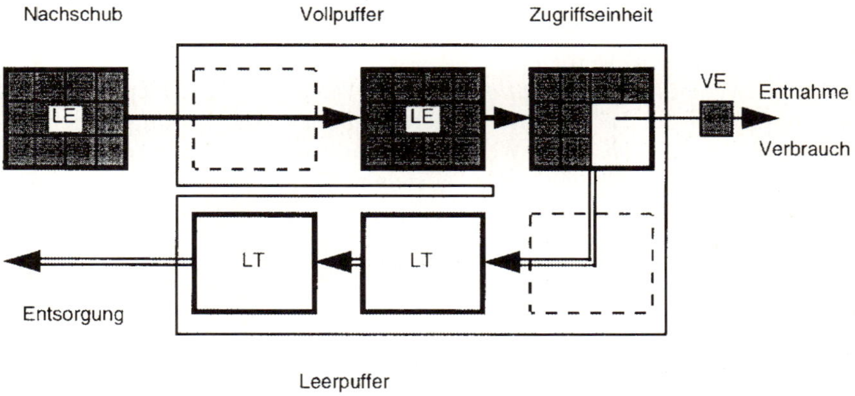


**Abb. 11.18** Bereitstellpuffer und Nachschubversorgung

Vollpufferkapazität 3 Ladeeinheiten LE
Leerpufferkapazität 3 Ladungsträger LT
Ladeeinheitenkapazität 12 Verbrauchseinheiten VE

1. Bei jeder *Entnahme* wird geprüft, ob der Bereitstellplatz noch Verbrauchseinheiten enthält. Wenn der Bereitstellplatz geleert ist, wird eine volle Nachschubeinheit angefordert.
2. Bei jeder *Anlieferung* einer Nachschubeinheit wird kontrolliert, ob im Vorpuffer Platz ist. Die freien Pufferplätze werden mit Nachschubeinheiten aufgefüllt.

Bei der ersten Nachschuboption arbeitet das *Bereitstellverfahren* nach dem sogenannten *Flip-Flop-Prinzip*. Der Vorratsbestand wird dabei auf *minimalem Niveau* gehalten und zugleich ein unterbrechungsfreies Arbeiten gesichert. Geschieht der Abruf einer Nachschubeinheit mit Hilfe einer Behälterbegleitkarte, wird das Flip-Flop-Prinzip auch als *Kanban-Verfahren* bezeichnet (s. *Abschnitt 8.9*).

Die *minimale Nachschubmenge* für das Flip-Flop-Prinzip ist gleich dem *Bedarf in der Wiederbeschaffungszeit*, der sich nach Beziehung (11.7) aus dem Verbrauch und der Wiederbeschaffungszeit errechnen läßt. Die *erste Nachschubeinheit* muß zusätzlich einen *Sicherheitsbestand* enthalten, der nach Beziehung (11.36) die benötigte *Versorgungssicherheit* gewährleistet. Da der Platz am Verbrauchsort meist knapp ist und die Platzkosten hoch sind, ist die aus Beziehung (11.27) resultierende kostenoptimale Nachschubmenge in vielen Fällen nicht größer als die minimale Nachschubmenge.

Um die Anzahl der Nachschubtransporte zu minimieren, muß das Fassungsvermögen der eingesetzten Ladungsträger mindestens so groß sein, daß sie die minimale Nachschubmenge plus Sicherheitsbestand aufnehmen können. Damit nicht zuviel Luft transportiert und gepuffert wird, darf das Fassungsvermögen auch nicht wesentlich größer sein. Hieraus resultiert die *Dimensionierungsregel*:

▶ Das *minimale Fassungsvermögen der Ladungsträger* für das *Kanban-* und das *Flip-Flop-Verfahren* ist gleich dem Sicherheitsbestand plus dem Verbrauch in der maximalen Wiederbeschaffungszeit

$$C_{LE} = m_{sich} + T_{WBZmax} \cdot \lambda_{VE} \qquad [VE/LE]. \qquad (11.57)$$

Bei dieser Bemessung der Ladungsträger kann der Nachschub stets in vollen Ladeeinheiten ausgeführt werden.

Bei der *zweiten Nachschuboption* muß der *Vollpuffer* mindestens eine volle Ladeeinheit und der *Leerpuffer* mindestens einen leeren Ladungsträger aufnehmen können (s. *Abb. 11.18*). Wenn keine Ladungsträger eingesetzt werden, beispielsweise bei Bereitstellung der einzelnen Verbrauchseinheiten in einem *Durchlaufkanal*, ist kein Leerpuffer erforderlich. Die *Vollpufferkapazität* $C_P$ [LE] muß dann mindestens gleich dem Wert (11.57) sein, um den Verbrauch in der Wiederbeschaffungszeit plus dem Sicherheitsbestand aufnehmen zu können.

Wenn die *optimale Nachschubmenge* deutlich größer ist als die *minimale Nachschubmenge* (11.57), muß die Kapazität $C_P$ so groß bemessen sein, daß der Puffer die optimale Nachschubmenge aufnehmen kann. Die *optimale Nachschubmenge* ist dann gleich der *Auffüllmenge*

$$m_{Nauf} = C_p - m_B(t) \qquad (11.58)$$

Abgesehen von der Selbstregelung der Nachschubfrequenz ist das Bereitstellverfahren eine *statische Nachschubstrategie*. Bei zu gering festgelegter Nachschubmenge oder bei rasch ansteigendem Verbrauch besteht die Gefahr temporärer Nichtlieferfähigkeit und hoher Nachschubkosten. Eine zu große Nachschubmenge bewirkt zu hohe Bestände und überhöhte Lagerkosten.

Durch ein *elektronisches Kanban* ohne Karten lassen sich die Vorteile des Bereitstellverfahrens mit den Vorteilen des Meldestandsverfahrens kombinieren (s. *Abschnitt 12.8*)

**2. Meldebestandsverfahren**

Das Meldebestandsverfahren ist besonders geeignet für *Nachschub- und Reservelager*. Immer wenn eine Bedarfsmeldung eingeht, wird geprüft, ob durch diese der Meldebestand (11.18) unterschritten wird. Wenn das der Fall ist, gibt es die zwei *Nachschuboptionen*:

- *Bestellpunktabhängige Einzeldisposition*: Gemäß dem in *Abb. 11.3* dargestellten Ablauf wird nach Erreichen des Meldebestands für jeden einzelnen Artikel unabhängig vom Nachschubbedarf anderer Artikel eine Nachschubbestellung in Höhe der *optimalen Nachschubmenge* (11.27) ausgelöst.
- *Bestellpunktabhängige Sammeldisposition*: Wenn ein Artikel den Meldebestand erreicht hat, wird gemäß dem in *Abb. 11.19* dargestellten Ablauf für alle Artikel der *gleichen Lieferstelle* geprüft, ob die *Sollbestandsdifferenz*

$$\Delta_B(t) = m_{Bsoll} - m_B(t) \tag{11.59}$$

zwischen dem aktuellen *IST-Bestand* $m_B(t)$ und einem *Sollbestand* $m_{Bsoll}$ größer ist als die Mindestnachschubmenge $m_{Nmin}$. Für einen optimalen Teil dieser Artikel wird bei der gleichen Lieferstelle eine *Sammelbestellung* in Höhe der Sollbestandsdifferenzen (11.59) ausgelöst.

Das Auffüllen des Bestands weiterer Artikel des gleichen Lieferanten auf den Sollbestand bietet gegenüber der unabhängigen Einzelbestellung die Möglichkeit einer optimalen *Bündelung* von Nachschubtransporten wie auch von Produktionsaufträgen:

- ▶ Wenn mit der Lieferstelle oder dem Lieferanten eine *Rabattstaffel* für größere Bestellauftragswerte vereinbart wurde, kann durch eine Sammelbestellung der *Maximalrabatt* ausgeschöpft werden.
- ▶ Bei ausreichendem Gesamtbedarf aus einer Lieferstelle können Anzahl und Nachschubmengen der gleichzeitig in einer Nachschubbestellung berücksichtigten Artikel so gewählt werden, daß sich in Summe *volle Ladeeinheiten* oder besser noch *ganze Ladungen*, beispielsweise volle Wechselbrücken oder volle Sattelauflieger, ergeben.
- ▶ Bei Artikeln, die aus den gleichen Einsatzstoffen von derselben Fertigungsstelle ohne große Umrüstzeit nachproduziert werden, beispielsweise Spirituosen, die aus einem Produkt in der gleichen Abfüllanlage in unterschiedliche Flaschentypen abgefüllt werden, besteht die Möglichkeit zur gebündelten Produktion und damit zu einer Verminderung der anteiligen Rüstzeit (s. *Abschnitt 13.9* und *Abschnitt 20.18*).

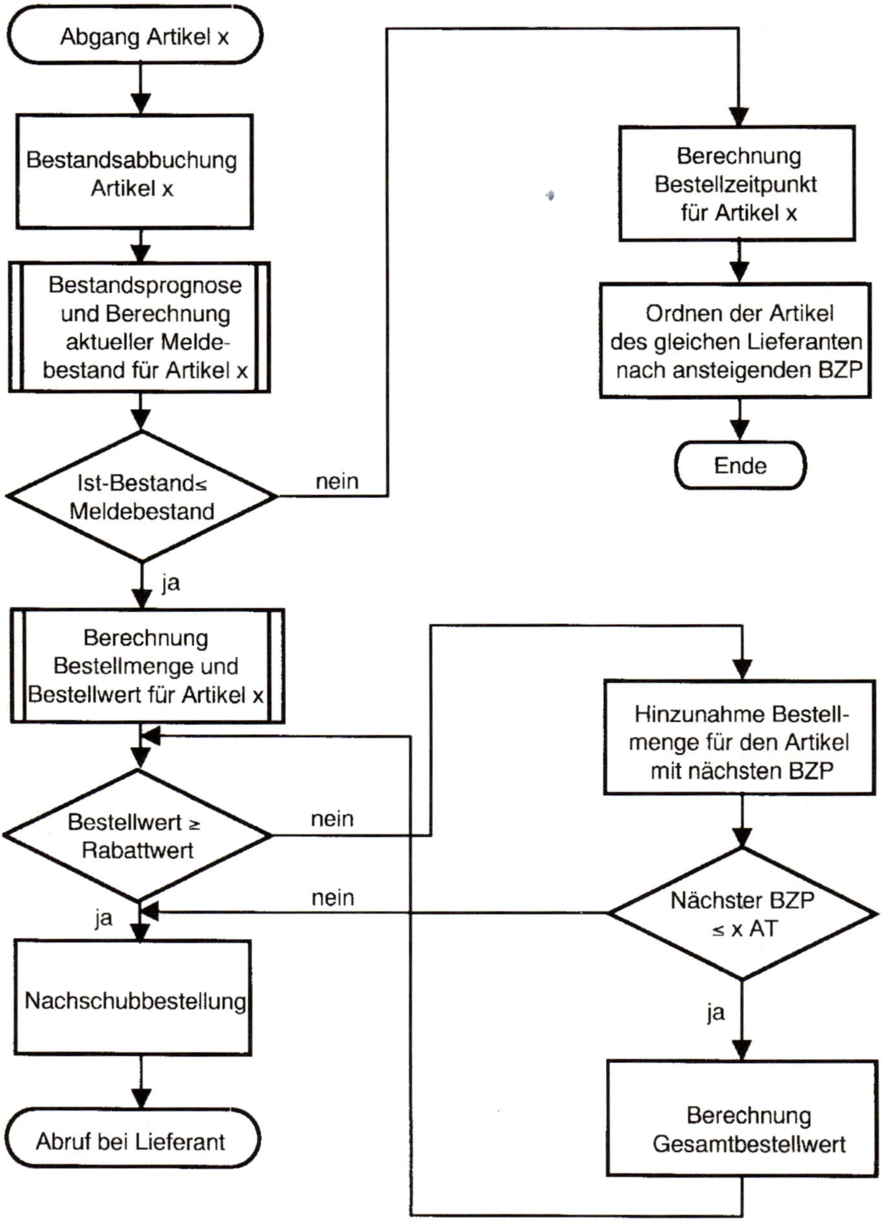


**Abb. 11.19** Bestellpunktabhängige Sammeldisposition von Nachschub und Bestand für mehrere Artikel einer Lieferstelle

BZP : Bestellzeitpunkt in Arbeitstagen (AT) ab IST-Zeitpunkt
x : maximale Vorgriffszeit in Anzahl AT

Die gebündelte Nachschublieferung ist mit geringeren anteiligen Auftrags- und Transportkosten für den einzelnen Artikel verbunden. Das führt nach der allgemeinen Nachschubformel (11.27) zu einer geringeren optimalen Nachschubmenge und einer höheren optimalen Nachschubfrequenz. Der *optimale Sollbestand* ist daher näherungsweise gleich der Summe von Sicherheitsbestand und optimaler Nachschubmenge für den Einzelnachschub:

$$m_{Bsoll} = m_{sich} + m_{Nopt}, \qquad (11.60)$$

auch wenn eine vorgezogene Bestellung effektiv eine höhere Nachschubfrequenz bewirkt als die optimale Nachschubfrequenz $f_{Nopt} = \lambda_{VE}/m_{Nopt}$ der unabhängigen Einzelbestellung.

Ist die verfügbare Lagerkapazität für den einzelnen Artikel durch eine *Platzkapazität* $C_P$ begrenzt, die kleiner ist als der optimale Sollbestand (11.60), beispielsweise, weil im Lager eine *Festplatzordnung* besteht, dann ist die Nachschubmenge für die Sammeldisposition gleich der *Auffüllmenge* (11.58).

Das Meldebestandsverfahren erfordert *bei jedem Verbrauch eine Bestandskontrolle* und ist daher bei manueller Durchführung mit relativ hohem Aufwand verbunden. In dem Maße aber, wie Bedarfsabbuchung und Bestandskontrolle zusammen mit der Bestelleingabe automatisch von einem *Materialwirtschaftssystem* oder einem *Dispositionsprogramm* durchgeführt werden, das *ausreichend verläßliche Bedarfswerte* prognostiziert, gilt:

▶ Das *Meldebestandsverfahren* ist die *optimale Nachschubstrategie*, wenn die Nachschubmenge nach Beziehung (11.27) und der Sicherheitsbestand nach (11.37) und (11.38) mit den *aktuellen Absatzdaten*, *Dispositionsparametern* und *Leistungskostensätzen* errechnet werden.

Aus der Optimierung von Nachschubmenge und Sicherheitsbestand, die zu den angegebenen Berechnungsformeln geführt hat, ergibt sich, daß durch das Meldebestandsverfahren eine geforderte Lieferfähigkeit bei kostenoptimaler Bestandshöhe erfüllt wird.

### 3. Zykluszeitverfahren

Die Nachschubdisposition nach dem Zykluszeitverfahren ist besonders geeignet, wenn die Disposition ohne Rechnerunterstützung manuell durchgeführt wird oder wenn die Lieferstelle nur zu bestimmten Zeiten Nachschub liefert.

Damit der Lieferant in regelmäßigen Touren liefern kann und der Disponent nicht bei jeder Einzelbestellung tätig werden muß, werden Disposition und Nachschublieferungen nach dem Zykluszeitverfahren zu bestimmten Zeitpunkten nach einem vorgegebenen *Dispositionszyklus* durchgeführt. Ein Dispositionszyklus ist definiert durch

- die *Dispositionszykluszeit* $T_D$ [PE], die *Dispositionszeitpunkte* $t_{Dj} = t_{Do} + j \cdot T_D$, $j = 0,1,2\ldots$, und die *Dispositionsfrequenz* $f_D = 1/T_D$.

Gebräuchlich sind die *monatliche Nachschubdisposition* an einem bestimmten Tag des Monats, die *wöchentliche Disposition* an einem festen Wochentag oder die *tägliche Disposition* zu einer bestimmten Tageszeit.

Beim Zykluszeitverfahren bestehen folgende *Nachschuboptionen*:

- *Zyklische Einzeldisposition*: Zum Dispositionszeitpunkt wird für alle Artikel unabhängig voneinander geprüft, ob ihr Bestand bis zum nächsten Dispositionszeitpunkt den Meldebestand (11.18) unterschreiten wird, und für diese Artikel eine Nachschubbestellung in Höhe der optimalen Nachschubmenge (11.27) ausgelöst.
- *Zyklische Sammeldisposition*: Gemäß dem in *Abb. 11.20* dargestellten Ablauf wird zum Dispositionszeitpunkt für alle Artikel der *gleichen Lieferstelle* gemeinsam geprüft, ob die *Sollbestandsdifferenz* (11.59) größer ist als die Mindestnachschubmenge $m_{Nmin}$. Für einen geeigneten Teil dieser Artikel wird bei der betreffenden Lieferstelle eine gebündelte Gesamtbestellung der Sollbestandsdifferenzen (11.59) ausgelöst.

Bei der zyklischen Einzeldisposition erhöht sich der mittlere Bestand pro Artikel gegenüber der Disposition zum optimalen Bestellzeitpunkt auf

$$m_{Bzykl} = m_{Bopt} + \lambda_{VE} \cdot T_D / 2, \tag{11.61}$$

da die optimale Nachschubmenge im Mittel um eine halbe Periodenlänge zu früh bestellt und geliefert wird. Hieraus folgt:

▶ Bei einer Nachschubdisposition optimaler Nachschubmengen nach dem Zykluszeitverfahren ist die mittlere Bestandsreichweite um eine halbe Periodenlänge größer als bei der Nachschubdisposition optimaler Nachschubmengen nach dem Meldebestandsverfahren.

Bei monatlicher zyklischer Disposition erhöht sich also die Lagerreichweite im Mittel um 10 Arbeitstage und bei wöchentlicher Disposition um 2 bis 3 Tage. Im Grenzfall sehr kurzer Dispositionszeiten $T_D \to 0$ geht das Zykluszeitverfahren effektiv in das Meldebestandsverfahren über. Zwei wichtige *Konsequenzen* hieraus sind:

▶ Wenn der Nachschub nach dem Zykluszeitverfahren disponiert wird, muß der Dispositionszyklus so kurz wie möglich sein, um Überbestände zu vermeiden.
▶ Durch Übergang von der monatlichen auf die wöchentliche Disposition läßt sich die mittlere Reichweite um 8 Arbeitstage und durch Übergang von der wöchentlichen auf die tägliche Disposition um 2 Arbeitstage verkürzen.

Aufgrund dieser Erkenntnis, allein durch Umstellung von monatlicher auf wöchentliche Disposition, konnten die Lagerbestände in einem Großunternehmen der chemischen Industrie um mehr als ein Drittel gesenkt und jährliche Kosten in zweistelliger Millionenhöhe eingespart werden.

Durch das zyklische Auffüllen auf den Sollbestand ist – ebenso wie beim Meldebestandsverfahren – eine optimale Nachschubbündelung möglich. Mit einer zyklischen Sammeldisposition werden die Bestände unvermeidlich noch etwas höher als bei der zyklischen Einzeldisposition.

Wenn die verfügbare Lagerkapazität für den einzelnen Artikel durch eine vorgegebene *Platzkapazität* $C_P$ begrenzt ist, z. B., weil im Verkaufsregal eine *Festplatz-*

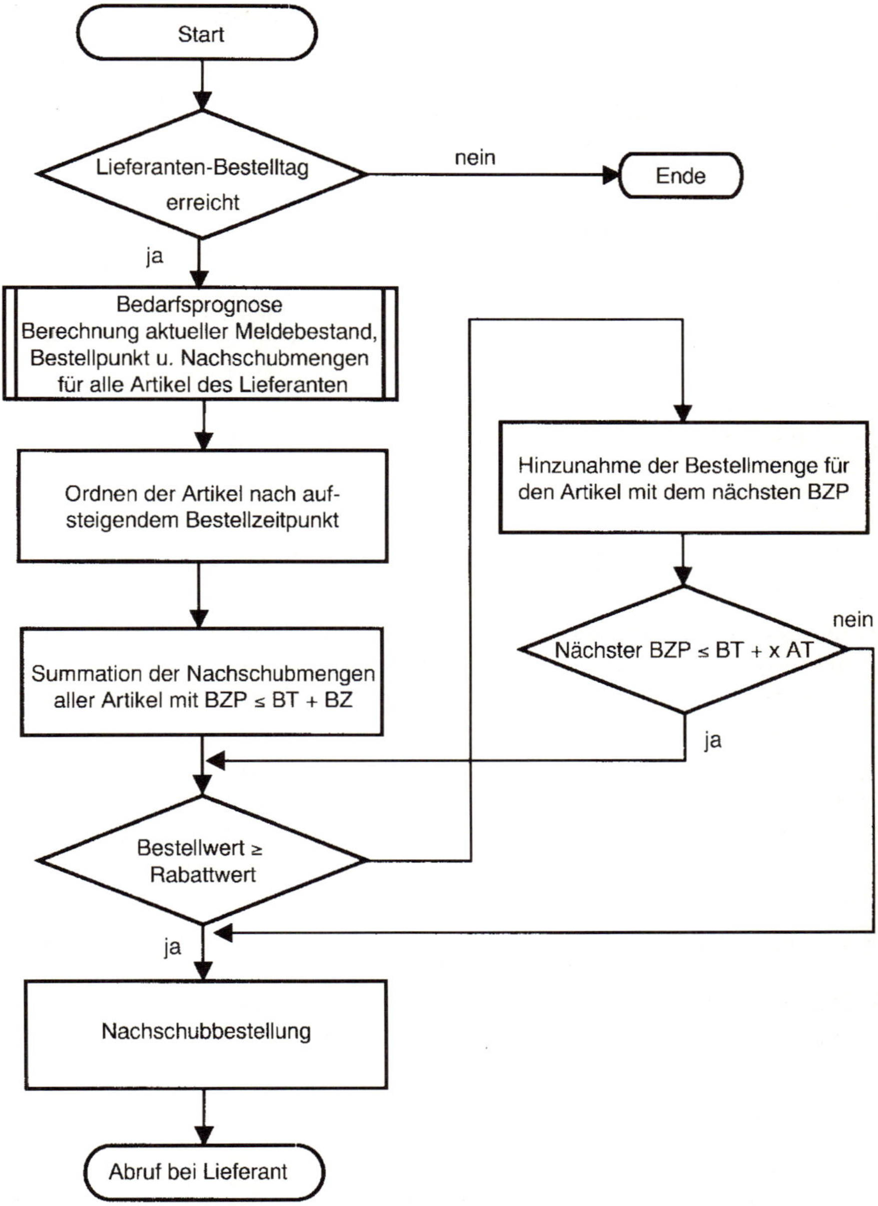


**Abb. 11.20** Zyklische Sammeldisposition von Nachschub und Bestand für mehrere Artikel einer Lieferstelle

BT : Bestelltag der betreffenden Lieferstelle
BZ : Bestellzykluszeit
BZP : Bestellzeitpunkt in Arbeitstagen (AT) ab IST-Zeitpunkt
x : maximale Vorgriffszeit in Anzahl AT

*ordnung* besteht, ist die Nachschubmenge gleich der *Auffüllmenge* (11.58). Um eine unwirtschaftliche Nachschubdisposition oder zu hohe Bestände zu vermeiden, ist also bei der Auffüllstrategie darauf zu achten, daß die Platzkapazität annähernd gleich der optimalen Nachschubmenge plus dem Sicherheitsbestand ist.

## 11.12 Disposition bei instationärem Bedarf

Bei *instationärem Verbrauch* müssen Sicherheitsbestand, optimale Nachschubmenge und Meldebestand unter Verwendung der aktuellen *Prognosewerte* für den zukünftigen Bedarf laufend neu errechnet werden. Entsprechend sind vorgegebene Platzkapazitäten und verwendete Ladungsträger regelmäßig zu überprüfen und bei deutlichen Abweichungen von der optimalen Größe zu korrigieren. Andernfalls kommt es zu Fehldispositionen, einem Absinken der Lieferfähigkeit und überhöhten Logistikkosten.

Eine optimale Nachschub- und Bestandsdisposition ist bei instationärem Bedarf also nur möglich, wenn dieser mit ausreichender Genauigkeit prognostizierbar ist (s. *Abschnitte 9.8*, *9.9* und *9.13*). Hieraus folgt für die maximale Bestandsreichweite bei instationärem Bedarf die *Dispositionsregel*:

▶ Der Bestand darf nicht größer sein als der Bedarf für einen verläßlichen Prognosezeitraum.

Ohne EDI-Verbindung mit dem Verbrauchsort, der über einen eigenen Puffer- oder Lagerbestand verfügt, erfährt die Lieferstelle von einer Verbrauchsänderung erst, wenn die nächste Nachschubbestellung eintrifft. Die Zeitdifferenz dieser Informationsverzögerung ist im Mittel gleich der halben Reichweite der letzten Nachschubmenge. Infolge der Informationsverzögerung aber hinkt die Anpassung der Bestände stets hinter der aktuellen Veränderung des Bedarfs her.

Speziell für lagerhaltige Artikel mit einem hohen saisonalen Spitzenbedarf, der sich mit ausreichender Genauigkeit aus dem Bedarfsverlauf der Vergangenheit prognostizieren läßt, besteht die Möglichkeit einer *Antizipationsstrategie*:

▶ Der über den Jahresdurchschnittsverbrauch hinausgehende Bedarf der Saisonzeit wird vorgefertigt, um die Belastung der Produktion zu vergleichmäßigen und um die Kapazitäten während der Saison für die kundenspezifische Fertigung freizuhalten [266].

Neue Möglichkeiten zur rechtzeitigen Anpassung der Bestände an einen sich ändernden Verbrauch ergeben sich aus dem *elektronischen Datenaustausch* (EDI) zwischen Lieferstelle, Lagerstelle und Verbrauchsstelle. Bei elektronischem Datenaustausch entfällt die Informationsverzögerung. Dadurch lassen sich Nachschub und Bestand aller Liefer- und Lagerstellen einer Versorgungskette ohne Zeitverzug *synchron* auf den Verbrauch am Ende der Kette einstellen (s. *Abb. 9.12*).

## 11.13
## Strategien zur Bestandsoptimierung

Eine wirksame und wirtschaftliche Senkung von Beständen ist nur möglich, wenn bekannt ist, welche Einflußfaktoren sich in welcher Art und Stärke auf die Bestandshöhe und die davon abhängigen Logistikkosten auswirken. Ohne diese Kenntnis ist eine Diskussion über Bestandshöhen sinnlos [80].

Zur Berechnung der Abhängigkeit der optimalen Nachschubmenge, des Sicherheitsbestands, des Meldebestands und des Lagerbestands von der Lieferfähigkeit, den Dispositionsparametern und den Kostensätzen ist das am Ende dieses Kapitels in *Tabelle 11.7* wiedergegebene *Programm zur Bestands- und Nachschuboptimierung* geeignet. Die *Ergebnisfelder* dieses in EXCEL ausgeführten Tabellenprogramms enthalten die zentralen *Dispositionsformeln* (11.22), (11.27) bis (11.30) und (11.37), die auf die entsprechenden *Eingabefelder* zugreifen. Mit Hilfe dieses Programms wurden unter Verwendung der Kostensätze aus *Tabelle 11.4* für mehrere Beispiele die in den *Abb. 11.4* bis *11.11* dargestellten funktionalen Abhängigkeiten berechnet.

Aus diesen Kurven, den vorangehend hergeleiteten Formeln und den zuvor erläuterten Planungsregeln und Gesetzmäßigkeiten ergibt sich eine Reihe von *Strategien zur Bestandsoptimierung*. Diese lassen sich unterscheiden in *Bestandssenkungstrategien* mit dem Ziel einer Reduzierung allein der Lagerhaltungskosten und *Bestandsoptimierungsstrategien* zur Senkung aller bestandsabhängigen Logistikkosten. Eine Bestandsoptimierung kann unter Umständen auch zu einer Erhöhung der Bestände führen [266].

Die wirksamsten *Bestandssenkungsstrategien* mit positiven Auswirkungen auf die gesamten Logistikkosten sind:

- *Bereinigung des lagerhaltigen Sortiments* durch Überprüfung der Notwendigkeit der Lagerhaltigkeit
- *Übergang zur Auftragsfertigung* für Artikel mit negativem Lageropportunitätsgewinn und zur *kundenspezifischen Beschaffung* für Großmengenaufträge (s. *Abschnitt 11.14*)
- *Dynamische Prognose* des zukünftigen Verbrauchs und laufende *Kontrolle der Prognosewerte* unter Verwendung aktueller Informationen vom Point of Sales des Endverbrauchs in allen Stufen der Versorgungskette
- Begrenzung der Nachschubmengen durch Vorgabe *maximal zulässiger Reichweiten*
- Disposition *optimaler Nachschubmengen*
- *Verkürzung der Dispositionsfrequenz* bei zyklischer Disposition
- *Reduzierung der Wiederbeschaffungszeiten*
- *Minimierung der Schwankungen* der Wiederbeschaffungszeiten durch Auswahl zuverlässiger Lieferanten und verläßlicher Belieferungswege
- *Überprüfung der geforderten Lieferfähigkeit* auf Angemessenheit und Anpassung an den tatsächlichen Bedarf
- Korrekte Berechnung und permanente *Überprüfung der Sicherheitsbestände*

| | | | | | |
|---|---|---|---|---|---|
| **DISPOSITIONSZEITEN** | Dispositionszeitraum | Jahr | Dauer: | 250 | Betriebstage |
| | Dispositionsstrategie | s;q | Zykluszeit: | 0 | BTage |
| **ARTIKELDATEN** | **MB 600** | | Mengeneinheit : | **Zigarette** | = ME |
| | Verbrauchseinheit [VE] | **Stange** | Inhalt: | 200 | ME/VE |
| | Wert | | Herstellkosten: | 12,10 | €/VE |
| | Ladeeinheit [LE] | **Palette** | Kapazität: | 1.200 | VE/LE |
| | **Lieferbereitschaft** | 99,5% | mittel | 99,0% | permanent |
| | **Maximale Reichweite** | | | 125 | BTage |
| **VERBRAUCHSWERTE** | **Verbrauch** | 150.000.000 | ME/Jahr | 3.000 | VE/BTag |
| | **Auftragsmenge** | | Mittelwert | 2.500 | VE/VAuf |
| | Variabiltät: | 0,04 | Streuung | 500 | VE/VAuf |
| **NACHSCHUBGRÖSSEN** | **Mindestmenge** | | | 15.000 | VE/NAuf |
| | **Wiederbeschaffungszeit** | | Mittelwert | 3 | BTage |
| | Variabiltät: | 0,00 | Streuung | 0 | BTage |
| | **Optimale Nachschubmenge** | | | **18.000** | **VE/NAuf** |
| | Runden auf volle LE: | ja | | **15,0** | **LE/NAuf** |
| **KOSTENSÄTZE** | **Nachschubauftragskosten** | | Lagerstelle | 10,00 | €/NAuf |
| | | | Lieferstelle | 287,50 | €/NAuf |
| | **Transportkosten** | | Sendung: | 10,00 | €/NAuf |
| | Lieferstelle-Lagerstelle | | Beförderung: | 5,00 | €/LE |
| | **Lagerkosten** | | Einlagern: | 2,00 | €/LE |
| | | | Lagern: | 0,25 | €/LE*BTag |
| | **Lagerordnungsfaktor** | | freie Lagerordnung | 1/2 | |
| | **Gesamtauftragskosten** | | | 307,50 | €/NAuf |
| | | **Kapital** | **Risiko** | **Gesamt** | |
| | **Lagerzinssatz** | 8,0% | 3,0% | **11,0%** | pro Jahr |
| **BESTANDSGRÖSSEN** | **Sicherheitsbestand** | | Verbrauchseinheiten: | **11.253** | **VE** |
| | | | Ladeeinheiten: | 9,4 | LE |
| | **Lagerbestand** | | maximale Menge: | 29.253 | VE |
| | | | mittlere Menge: | **20.253** | **VE** |
| | | | Ladeeinheiten: | **16,9** | LE |
| | **Meldebestand** | | | **20.253** | VE |
| | **Bestandswert** | | | **245.066** | **€** |
| **LOGISTIKKOSTEN** | Nachschubkosten | | | 17.188 | €/Jahr |
| | Lagerhaltungskosten | | | 28.043 | €/Jahr |
| | **Logistikkosten** | | | **45.231** | **€/Jahr** |
| | **Prozeßkosten = spezifische Logistikkosten** | | | **0,06** | **€/VE** |
| | | davon | Sicherheitskosten | 0,02 | €/VE |

**Tab. 11.7** Tabellenprogramm zur Bestands- und Nachschuboptimierung

Ein Indiz für überhöhte Sicherheitsbestände ist ein Lagerumschlag, der kleiner ist als die Nachschubfrequenz. *Indizien* für nicht optimale Nachschubdisposition sind:

1. Die Spitzenfaktoren des saisonalen Bestandsverlaufs sind größer als die Wurzel aus den Spitzenfaktoren des saisonalen Verbrauchs (s. Beziehung (11.42).
2. Die Lorenzkurve der Bestände für Aktionsware liegt oberhalb der Lorenzkurve der Verbräuche eines nachdisponierbaren Sortiments (vgl. *Abb. 5.6* und *Abb. 5.7* in *Abschnitt 5.8*).

Versuche zur Bestandssenkung durch Vorgabe ungeprüfter oder pauschaler *Benchmarks*, wie maximale Reichweite und minimaler Lagerumschlag, für das ganze Unternehmen, für ein komplettes Sortiment oder ein gesamtes Lager sind keine Bestandsoptimierungsstrategien. Sie führen bestenfalls zu Kostenverschiebungen, in vielen Fällen aber zu einer Erhöhung der Gesamtkosten in der Lieferkette.

*Bestandsoptimierungsstrategien*, deren Wirksamkeit für jeden Anwendungsfall sorgfältig zu prüfen ist, sind:

- Verwendung *korrekter Dispositionsformeln* und Einsatz *geeigneter Dispositionsstrategien*
- Regelmäßige Überprüfung, Dynamisierung und Aktualisierung der Dispositionsparameter und Kostensätze, die zur Berechnung der optimalen Nachschubmenge verwendet werden
- *Nachschubdisposition der Bestände* in mehrstufigen Lagerstellen *nach dem Pull-Prinzip*. Da Artikelwert und Lagerkosten im Verlauf einer Lieferkette zunehmen, verschieben sich die Bestände durch die Disposition nach dem Pull-Prinzip vom Ende der Lieferkette auf die voranliegenden Lagerstellen
- *Runden* der Nachschubmengen *auf volle Packungs- oder Ladeeinheiten*
- *Bündelung des Nachschubs* für Artikel aus einer Lieferstelle und Abstimmung auf die Transportmittelkapazität
- Belieferung einer großen Anzahl von Verbrauchsstellen mit geringem Einzelbedarf über einen oder mehrere *Umschlagpunkte* in vollen Transportmitteln
- Zentralisierung von Beständen in einem oder mehreren *Logistikzentren*

Die beiden letzten Strategien erfordern eine differenzierte Kostenrechnung für die Gesamtheit aller Artikel über alle Belieferungswege von den Lieferanten bis zu den Verbrauchsstellen. Dabei sind auch die Kosten der Lieferanten zu berücksichtigen, soweit diese von den Nachschubmengen und der Nachschubstrategie der Verbrauchs- und Lagerstellen abhängig sind. Durch eine Bündelung der Belieferung über Umschlagpunkte oder aus bestandsführenden Logistikzentren lassen sich im Vergleich zur Direktbelieferung nur für ausgewählte Lieferanten und Artikelgruppen Logistikkosten einsparen.

Eine weitere Voraussetzung für eine kostensenkende Nachschubbündelung und Bestandsreduzierung durch Zentralisierung ist, daß die Warenströme und Zentrallagerbestände der Artikel, für die eine Kostensenkung durch Zentralbelieferung möglich erscheint, zusammen eine *kritische Masse* erreichen, für die sich der Bau und Betrieb eines rationellen Umschlag- oder Logistikzentrums lohnt (s. *Abschnitt 6.8*).

## 11.14
## Kostenopportunität der Lagerhaltung

Aus dem Vergleich der entscheidungsrelevanten Kosten für die Auftragsbeschaffung mit den Kosten der Lieferung ab Lager ergibt sich die Kostenopportunitätsgrenze, ab der für einen bestimmten Artikel die Lagerhaltung kostengünstiger ist als die Auftragsbeschaffung. Wenn die Kostenopportunitätsgrenze der Lagerhaltung bekannt ist, läßt sich auch unter Kostenaspekten und nicht allein aufgrund der Lieferzeitanforderungen festlegen, welche Artikel eines Sortiments zu Lagerartikeln gemacht werden sollten. Außerdem ist für die Lagerartikel entscheidbar, ab welcher Bestellmenge ein Auftrag kostengünstiger direkt beschafft und nicht ab Lager ausgeliefert wird.

In den nachfolgenden Vergleichsrechnungen werden die Transportkosten zwischen Lieferstelle und Bedarfsstelle und die Einlagerkosten nicht berücksichtigt, da sie für die Auftragsbeschaffung und die Lagerbeschaffung über einen längeren Zeitraum in der Regel in gleicher Höhe anfallen und daher nicht entscheidungsrelevant sind. Bei unterschiedlichen Versandarten, Ladeeinheiten und Befüllungsstrategien oder bei einer Transitlieferung der Auftragsware vom Wareneingang ohne Zwischenlagerung direkt zur Verbrauchsstelle oder zum Warenausgang können die unterschiedlichen Transport- und Einlagerkosten die Lageropportunität beeinflussen. Die Herleitung der für diesen Fall etwas umständlicheren Berechnungsformeln verläuft jedoch ebenso wie die nachfolgende Rechnung [266].

### 1. Auftragslogistikstückkosten

Wenn es die Lieferzeitanforderungen zulassen, können die eingehenden Bedarfsanforderungen für eine direkte Auftragsbeschaffung oder Auftragsfertigung über einen bestimmten *Bündelungszeitraum* $n_D$ [AT] gesammelt und zusammen ausgeführt werden. Dadurch reduzieren sich die anteiligen Auftragskosten der Beschaffung oder Fertigung. Der Bündelungszeitraum ist nur dann auf einen Tag begrenzt, wenn die Bedarfsanforderungen noch am gleichen Tag als Beschaffungsauftrag an die Liefer- oder Fertigungsstelle geschickt werden müssen, um die kürzeste Lieferzeit zu ermöglichen.

Abgesehen von den Transportkosten setzen sich die *Direktauftragskosten* $k_{DAuf}$ [€/DAuf] für eine Sammelbeschaffung oder Losgrößenfertigung ebenso wie die *Nachschubauftragskosten* $k_{NAuf}$ [€/NAuf] der Lagerbeschaffung zusammen aus den Auftragskosten der Verbrauchsstelle und den Auftragskosten der Lieferstelle (s. *Abschnitt 11.6.1*). Für eine Produktionsstelle werden die Auftragskosten vor allem von den *Rüstkosten* bestimmt.

Bei gleichem Bestellprozeß sind die Direktauftragskosten gleich den Nachschubauftragskosten. Wenn eine Direktbestellung von einer Person und der Lagernachschub durch einen Rechner ausgelöst wird, können die Direktkosten deutlich höher sein als die Nachschubauftragskosten.

Bei einem mittleren Periodenabsatz $\lambda$ [VE/PE] und einem Bündelungszeitraum $n_D$ [AT] ist die mittlere Bestellmenge pro Beschaffungsauftrag $m_D = n_D \lambda$. Damit sind die *Auftragslogistikstückkosten*:

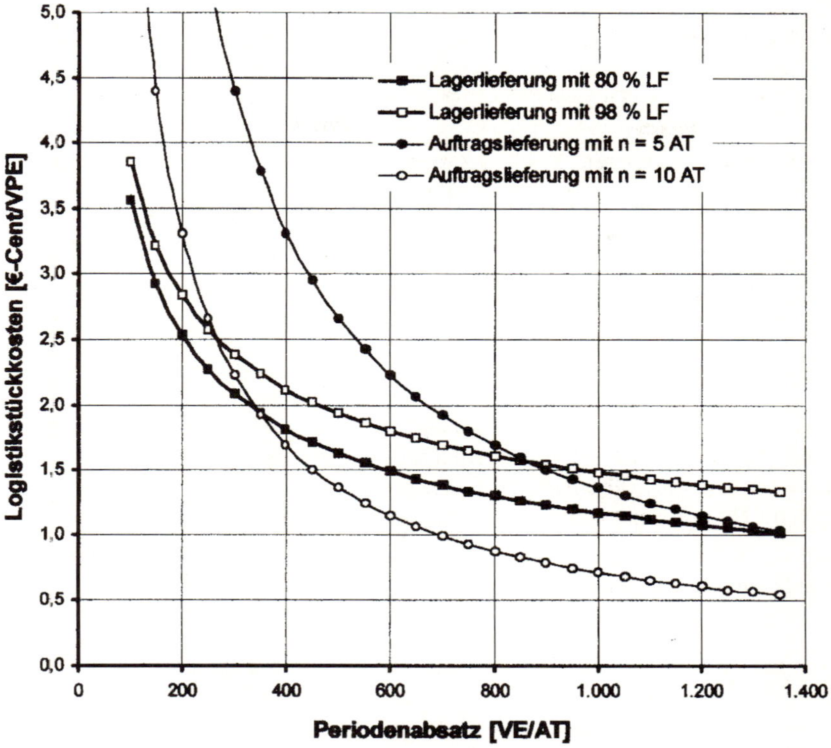


**Abb. 11.21** Abhängigkeit der Logistikstückkosten vom Periodenabsatz bei Auftragslieferung und bei Lagerlieferung

Auftragslieferung mit Beschaffungsbündelung: s. Beziehung (11.62)
Bündelungszeitraum: 5 und 10 AT
Lagerlieferung bei optimalem Nachschub: s. Beziehung (11.63)
Lieferfähigkeit: 80 % und 98 %
Auftragskosten: 65,00 €/Auf
Beschaffungspreis: 2,50 €/VE
Lagerzinssatz: 9 % p.a.
Lagerplatzkosten: 0,25 €/Pal-Tag
Palettenkapazität: 3.200 VE/Pal

$$k_{AL}(\lambda; n_D) = k_{DAuf} / m_D = k_{DAuf} / (\lambda \cdot n_D) \qquad [€/VE]. \qquad (11.62)$$

Die aus Beziehung (11.62) für ein Beispiel aus der Praxis errechnete Abhängigkeit der Auftragslogistikstückkosten vom Periodenabsatz ist für zwei unterschiedliche Bündelungszeiten (5 und 10 AT) in *Abb. 11.21* dargestellt. Hieraus wie aus Beziehung (11.62) ist ablesbar:

► Die *Auftragslogistikstückkosten* sinken umgekehrt proportional mit dem Absatz $\lambda$ und mit der Länge des Bündelungszeitraums $n_D$.

Simulationsrechnungen über 250 Absatztage bestätigen die Berechnungsformel (11.62) für die Logistikstückkosten der direkten Auftragsbeschaffung auch für einen instationären und stark schwankenden Auftragseingang mit stochastisch streuenden Liefermengen [266].

### 2. Lagerlogistikstückkosten

Mit der optimalen Nachschubmenge (11.27) ergeben sich durch Einsetzen in Beziehung (11.30) die *minimalen Lagerlogistikkosten* $K_{NLmin} = K_{NL}(m_{Nopt})$. Ohne die Transport- und Einlagerkosten ergibt sich daraus bezogen auf den Durchsatz für die *Lagerlogistikstückkosten bei optimaler Nachschubdisposition*:

$$k_{LNopt}(\lambda) = (P_{VE}z_L + k_{LP}/C_{LE}) \cdot m_{sich}/\lambda + \\ + [2k_{NAuf} \cdot (P_{VE}z_L + 2f_{LO} \cdot k_{LP}/C_{LE})/\lambda]^{1/2} \quad [€/VE]. \quad (11.63)$$

Die Abhängigkeit der minimalen Lagerlogistikstückkosten (11.63) vom Absatz $\lambda$ [VE/AT] ist für das gleiche Praxisbeispiel bei zwei unterschiedlichen Lieferfähigkeiten (80 % und 98%) ebenfalls in *Abb. 11.21* dargestellt.

Aus dem Diagramm sowie aus der Beziehung (11.63) ist ablesbar:

▶ Die *Lagerlogistikstückkosten* bei optimaler Nachschubdisposition fallen umgekehrt proportional mit der Wurzel des Absatzes und steigen mit der geforderten Lieferfähigkeit.

Die minimalen Lagerlogistikstückkosten (11.63) sinken also weniger rasch mit dem Absatz als die Auftragslogistikstückkosten (11.62). Das hat zur Folge, daß bis zu einem bestimmten Periodenabsatz die anonyme Lagerhaltung kostengünstiger wird als die auftragsabhängige Direktbeschaffung. Der Schnittpunkt der Kurven für die Auftragslogistikstückkosten und die Lagerlogistikstückkosten ergibt den *lageropportunen Absatz.*

### 3. Lageropportunitätsgewinn

Der lageropportune Absatz $\lambda_{Lopp}$ zwischen Auftragslieferung und Lagerlieferung ist erreicht, wenn die Differenz zwischen den Auftragslogistikstückkosten (11.62) und den Lagerlogistikstückkosten (11.63) Null wird. Diese Differenz ist der

- *Lageropportunitätsgewinn*

$$k_{Lopp}(\lambda) = k_{AL}(\lambda) - k_{LNopt}(\lambda). \quad (11.64)$$

Nach Einsetzen der Beziehungen (11.62) und (11.63) in Beziehung (11.64) und Auflösen der Gleichung $k_{Lopp}(\lambda_{Lopp}) = 0$ nach $\lambda_{Lopp}$ ergibt sich der

- *lageropportune Absatz*©

$$\lambda_{Lopp} = \frac{\left[k_{DAuf}/n_D - \left(P_{VE} \cdot z_L + k_{LP}/C_{LE}\right) \cdot m_{sich}\right]^2}{2k_{NAuf} \cdot \left(P_{VE} \cdot z_L + 2f_{LO} \cdot k_{LP}/C_{LE}\right)} \quad (11.65)$$

mit der *Zusatzbedingung*

$$\lambda_{Lopp} = 0 \quad \text{WENN} \quad k_{DAuf}/n_D < (P_{VE} \cdot z_L + 2f_{LO} \cdot k_{LP}/C_{LE}) \cdot m_{sich}. \quad (11.66)$$

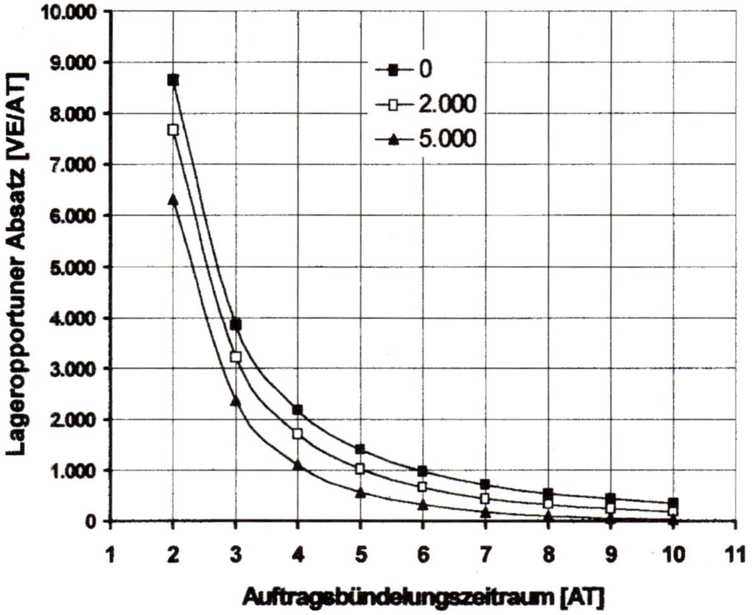


**Abb. 11.22** Abhängigkeit der Lageropportunitätsgrenze von der Auftragsbündelung

Parameter: Sicherheitsbestand 0/2.000/5.000 VE
Beschaffungspreis: 2,50 €/VE

Aus der Lageropportunität folgt der *Lageropportunitätssatz*:

▶ Ein Artikel ist solange wirtschaftlicher auf Lager zu beschaffen und aus dem Bestand auszuliefern als ihn nach $n_D$ Tagen Auftragsbündelung direkt zu beschaffen, wie der Periodenabsatz kleiner ist als der lageropportune Absatz (11.65).

Die *Abb. 11.22* zeigt die Abhängigkeit des lageropportunen Absatzes vom Bündelungszeitraum $n_D$ [AT] für 3 verschiedene Sicherheitsbestände, die sich aus unterschiedlichen Anforderungen an die Lieferfähigkeit ergeben.

Aus dem Lageropportunitätssatz und der Opportunitätsgrenze (11.65) ist ablesbar:

▶ Mit einer Zunahme von Artikelwert und Zinsen sowie mit einem Anstieg von Platzbedarf und Lagerplatzkosten sinkt der lageropportune Absatz.

▶ Mit einem Anstieg der Direktauftragskosten, einer Senkung der Nachschubauftragskosten und einem größerem Sicherheitsbestand erhöht sich der lageropportune Absatz.

Diese Zusammenhänge bestätigen die *Erfahrungsregel*:

▶ Billige und kleine Artikel und Artikel mit geringem Periodenabsatz sind eher Lagerartikel, große und wertvolle Artikel und Artikel mit hohem Absatz eher Auftragsartikel.

Anders als bisher läßt sich jetzt die Grenze zur Entscheidung zwischen Lagerartikeln und Auftragsartikeln für jeden Artikel bestimmen und der Lageropportunitätsgewinn quantifizieren. Ein *Dispositionsprogramm* kann mit Hilfe der Formel (11.65) die Kostenopportunität der Lagerhaltigkeit eines Artikels jederzeit aus den hinterlegten statischen und dynamischen Artikel- und Logistikstammdaten berechnen.

Wird die Opportunitätsgrenze nachhaltig unterschritten und dadurch der Lageropportunitätsgewinn positiv, schlägt das Programm die Umstufung eines Auftragsartikels zum Lagerartikel vor. Wenn der Absatz die Opportunitätsgrenze nachhaltig überschreitet und der Artikel bisher ein Lagerartikel war, weist das Programm die Höhe des *Lageropportunitätsgewinns* (11.64) aus. Ist der Lageropportunitätsgewinn in Relation zu den Auftragslogistikstückkosten (11.62) deutlich kleiner als Null, wird vom Programm eine Umstufung zum Auftragsartikel vorschlagen. Auf diese Weise melden sich die einzelnen Artikel gewissermaßen selbständig, wenn ihr Status als Lagerartikel oder als Auftragsartikel aufgrund eines veränderten Absatzes oder wegen anderer Einflußfaktoren verändert werden sollte.

## 4. Lageropportune Liefermenge

Wenn die Sicherheitsbestandskosten (11.40) im Vergleich zu den Auftragskosten vernachlässigbar sind, ist der Faktor in den eckigen Klammern von Beziehung (11.65) annähernd gleich $k_{\mathrm{DAuf}}/n_{\mathrm{D}}$. Der Ausdruck in den runden Klammern im Nenner ist bei Vernachlässigung der Anbruchmengenkosten gemäß Beziehung (11.27) gleich $2\lambda k_{\mathrm{NAuf}}/m_{\mathrm{Nopt}}{}^2$. Damit ergibt sich für die Opportunitätsgrenze (11.65) die Näherungsformel©:

$$\lambda_{\mathrm{Lopp}} \approx (k_{\mathrm{DAuf}}/k_{\mathrm{NAuf}}) \cdot m_{\mathrm{Nopt}}/2\, n_{\mathrm{D}} \qquad [\mathrm{VE/AT}]. \qquad (11.67)$$

Für einen Bündelungszeitraum $n_{\mathrm{D}} = 1$ Tag und bei gleichen Auftragskosten für Direktbeschaffung und Lagernachschub besagt diese Beziehung: Die Lagerbeschaffung ist kostengünstiger als die Auftragsbeschaffung, wenn der mittlere Tagesbedarf kleiner ist als die halbe optimale Lagernachschubmenge.

Dieses einfache Ergebnis ist auch ohne langen Beweis verständlich, denn bei der Auftragslieferung fallen die Auftragskosten pro gebündelter Beschaffung nur einmal an, während bei der Lagerlieferung die Auftragskosten bei optimaler Disposition ohne Sicherheitsbestand pro Nachschub genau zweimal entstehen: einmal für die Nachschubbeschaffung und einmal als Lagerungskosten, die beim Kostenminimum gleich den Auftragskosten sind.

Das Opportunitätskriterium gilt auch für jeden einzelnen Auftrag eines Artikels, der wahlweise aus einem vorhandenen Lagerbestand geliefert oder nach Auftrag beschafft werden kann. Aus der Näherungsformel (11.67) folgt also für die Auftragsdisposition von Lagerartikeln die

► *Regel der lageropportunen Liefermenge*: Aufträge, deren Liefermenge größer ist als die halbe optimale Lagernachschubmenge, werden kostengünstiger direkt gefertigt oder beschafft und nicht ab Lager geliefert.

Ein Dispositionsprogramm kann nach diesem Kriterium jeden eingehenden Auftrag prüfen und danach die Großmengenaufträge zur Direktbeschaffung aussondern. Das Aussondern der Großmengenaufträge hat abgesehen von der Kosteneinsparung den Vorteil, daß sich dadurch die Absatzstreuung verringert und der erforderliche Sicherheitsbestand kleiner wird (s. *Abschnitt 11.8.4*).

## 11.15 Dynamische Lagerdisposition

Ziel der *dynamischen Lagerdisposition* ist die Sicherung der Lieferfähigkeit der Lagerartikel zu minimalen Kosten. Für Lagerartikel mit einem prognostizierbaren Bedarf kann die Bestands- und Nachschubdisposition von einem leistungsfähigen Dispositionsprogramm weitgehend autark durchgeführt werden. Nur für kritische Lagerartikel, die vom Rechner angezeigt werden, muß der Disponent tätig werden. Die *Bestellpunktstrategie* für die Lagerartikel wird von der Beschaffungsstrategie bestimmt, die für die jeweilige Lieferstelle optimal ist.

Zur Lagerdisposition gehört auch die *Auswahl des Ladungsträgers*, der zur Unterbringung der Nachschub- und Lagermenge eines Artikels technisch geeignet und mit minimalen Kosten verbunden ist. Dieser Handlungsspielraum der Disposition wird nur selten systematisch genutzt.

### 1. Standardablauf der rechnergestützten Lagerdisposition

Zur rechnergestützten Bestands- und Nachschubdisposition der Lagerartikel werden nach jeder abgeschlossenen Dispositionsperiode $i-1$ bis zum Beginn der aktuellen Periode $i$ vom Dispositionsprogramm die folgenden *Rechenschritte* durchgeführt:

1. *Prognoserechnung* von Mittelwert $\lambda_m(i)$ und Streuung $s_\lambda(i)$ des zukünftigen *Periodenbedarfs* aus den vorherigen Prognosewerten und dem Absatz der letzten Periode $i-1$ (s. *Abschnitt 9.13.1*)
2. *Aktualisierung* von Mittelwert $n_{WBZm}(i)$ und Streuung $s_T(i)$ der *Wiederbeschaffungszeit* für alle Artikel, für die in der letzten Periode $i-1$ eine Nachschublieferung eingetroffen ist (s. *Abschnitt 9.13.3*)
3. Berechnung der aktuellen *Nachschubmenge* für alle Lagerartikel aus den Artikellogistikdaten und dem prognostizierten Bedarf
4. Berechnung der für die jeweils geforderte Lieferfähigkeit benötigten aktuellen *Sicherheitsbestände* aller Lagerartikel
5. Berechnung des aktuellen *Meldebestands*, bei dessen Erreichen spätestens ein Nachschub ausgelöst wird
6. Bestimmung der *Bestellpunkte* für Lagernachschubaufträge in Abhängigkeit von der *Bestellpunktstrategie*
7. Anzeige oder Ausdruck einer *Bestelliste* aller Artikel, deren Bestellpunkt erreicht ist, mit Bestellvorschlägen für die Lagernachschubaufträge
8. Anzeige oder Ausdruck einer *Warnliste* aller *kritischen Lagerartikel* mit anormalem Verhalten

Wichtig ist, daß die Dispositionsschritte genau in dieser Reihenfolge ausgeführt werden. Nur so ist die dynamische Lagerdisposition *selbstregelnd*. Auf diese Weise läßt sich mit einer rechnergestützten dynamischen Lagerdisposition erreichen, daß mehr als 90 % aller Bestellvorschläge des Rechners ohne Änderung freigegeben und ausgeführt werden können.

Die resultierenden Nachschubvorschläge für *unkritische Lagerartikel* werden vom Disponenten unverzüglich geprüft und in der Regel sofort freigegeben. Sie werden zusammen mit den Auftragsbestellungen gleicher Artikel direkt bei der Produktions- oder Lieferstelle ausgelöst. *Kritische Lagerartikel* sind Artikel

1. deren Absatz die Lageropportunitätsgrenze (11.65) nachhaltig überschreitet,
2. deren Bestandsreichweite eine vorgegebene maximale Reichweite überschreitet oder nach der Nachschubbestellung überschreiten würde,
3. deren errechnete Nachschubmenge die Kapazität der kleinsten zulässigen Ladeeinheit unterschreitet,
4. deren Prognostizierbarkeit nicht mehr gegeben ist.

Nach Anzeige der kritischen Lagerartikel durch den Rechner entscheidet der Disponent, ob der Artikel vom Lagerartikel zum Auftragsartikel umgestuft werden soll.

**2. Auswahl der Bestellpunktstrategie**

Solange der Bedarf eines Artikels prognostizierbar ist und die Parameter zur Berechnung von Sicherheitsbestand und kostenoptimaler Nachschubmenge bekannt sind, ist das *Meldebestandsverfahren* oder das *Zykluszeitverfahren* für die Bestellpunktbestimmung geeignet.

Nach der Analyse in *Abschnitt 11.11* gelten für diese beiden Bestellpunktstrategien die *Auswahlregeln*:

- ▶ Das *Meldebestandsverfahren* ist optimal, wenn die Produktions- und Lieferstelle jederzeit Bestellungen annimmt und diese auch sofort ausführt.

Wenn bei einer Produktions- oder Lieferstelle innerhalb der Standardlieferzeit nur ein Artikel beschafft wird, ist die *bestellpunktkabhängige Einzeldisposition* zu wählen (s. *Abb. 11.23* ). Können bei derselben Lieferstelle innerhalb der Standardlieferzeit auch andere Artikel beschafft werden, deren vorgezogene Bestellung und gebündelte Anlieferung eine größere Einsparung ergibt als die Mehrkosten aus der Bestandserhöhung, ist die *bestellpunktabhängige Sammeldisposition* wirtschaftlicher als die Einzeldisposition.

- ▶ Das *Zykluszeitverfahren* ist anzuwenden, wenn die Produktions- oder Lieferstelle nur in bestimmten Zeitabständen liefert.

Die *zyklische Einzeldisposition* ist zu wählen, wenn in der Zykluszeit bei der Lieferstelle nur ein Artikel beschafft wird. Die *zyklische Sammeldisposition* ist kostenoptimal, wenn bei derselben Lieferstelle innerhalb der Zykluszeit regelmäßig mehrere Artikel beschafft werden, deren Bündelung eine größere Kostenersparnis bringt als die Mehrkosten der Bestandserhöhung.

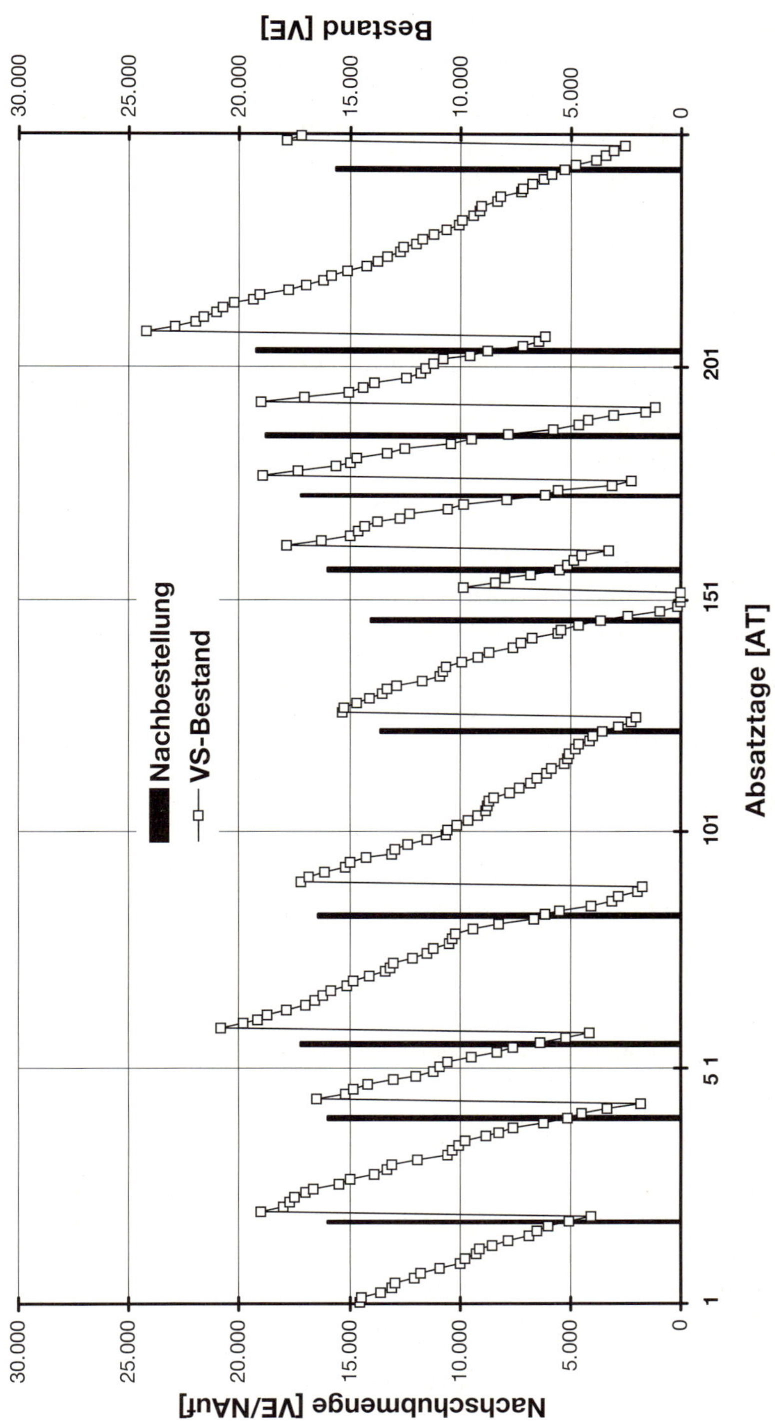


**Abb. 11.23** Simulierter Nachschub und Bestandsverlauf für einen Lagerartikel mit dem Absatzverlauf *Abb. 9.11*

Nachschubstrategie (s, Q): Meldebestandsverfahren mit kostenoptimalem Nachschub
VS-Bestand: aktueller Bestand der Verbrauchs- oder Verkaufsstelle VS

Für Artikel mit einem regelmäßigem Bedarf, der nicht vom Rechner erfaßt wird oder deren Parameter zur Berechnung von Sicherheitsbestand und kostenoptimaler Nachschubmenge nicht bekannt sind, ist das Bereitstellverfahren geeignet. Der Preis für das einfache, da selbstregelnde und rechnerunabhängige Bereitstellverfahren ist jedoch die Gefahr zu hoher oder für die benötigte Verfügbarkeit unzureichender Bestände [266].

Daraus folgt die *Einsatzregel für das Bereitstellverfahren*:

▶ Das *Bereitstellverfahren* nach dem Kanban- oder dem Flip-Flop-Prinzip ist geeignet für Artikel mit einem anhaltend regelmäßigem Bedarf und so geringen Wert, daß der Verbrauch nicht einzeln erfaßt zu werden braucht.

Da zur Kontrolle und Vergütung der Lieferstelle die Beschaffungen nach dem Bereitstellverfahren spätestens bei der Anlieferung erfaßt und im Rechner gespeichert werden, kann der Rechner laufend überprüfen, ob die Voraussetzungen für das Bereitstellverfahren noch erfüllt sind (*Abschnitt 11.11.1*).

### 3. Zuweisung optimaler Ladungsträger

Wenn zur Lagerung der Verbrauchseinheiten eines Artikels technisch mehrere Ladungsträger $LE_j$ mit unterschiedlicher Kapazität $C_{LEj}$ [VE/LE] geeignet sind, müssen alle zulässigen Ladungsträger, zum Beispiel alle für den Artikel technisch geeigneten KLT, Paletten, Gitterboxen und Langgutkassetten, im Artikelstammdatensatz hinterlegt werden. Außerdem müssen die Ladungsträgerkapazitäten und die zugehörigen Lagerkostensätze im Logistikstammdatensatz gespeichert sein (s. *Abschnitt 12.6*).

Aus diesen Kenndaten läßt sich für jeden zulässigen Ladungsträger die benötigte Anzahl Nachschubeinheiten errechnen und der optimale Ladungsträger bestimmen. Dieser ist gegeben durch das *Kriterium des optimalen Ladungsträgers*:

▶ Mit dem optimalen Ladungsträger wird für die kostenoptimale Nachschubmenge die kleinste Anzahl Ladeeinheiten benötigt und der höchste Füllungsgrad erreicht.

Wenn der Füllungsgrad der kleinsten zulässigen Ladeeinheit bei Befüllung mit der ungerundeten kostenoptimalen Nachschubmenge unter 50% sinkt, muß der Disponent in Abstimmung mit dem Vertrieb überprüfen, ob der Artikel weiterhin Lagerartikel bleiben oder zu einem Auftragsartikel umgestuft werden soll.

### 4. Wirkungen der dynamischen Lagerdisposition

Die aus einer dynamischen Lagerdisposition resultierenden Nachschubmengen und der Bestandsverlauf eines Artikels mit dem in *Abb. 9.10* dargestellten Absatz, der über das ganze Jahr anhält und von Tag zu Tag stochastisch um einen systematisch veränderlichen Verlauf schwankt, sind in *Abbildung 11.23* gezeigt.

Gut zu erkennen ist, wie die Nachschubmengen, der Sicherheitsbestand und der maximale Bestand dem systematischen Absatzverlauf folgen. Der Einfluß der stochastischen Tagesschwankungen spiegelt sich in den ungleichmäßigen Treppenstufen des Bestandsabbaus.

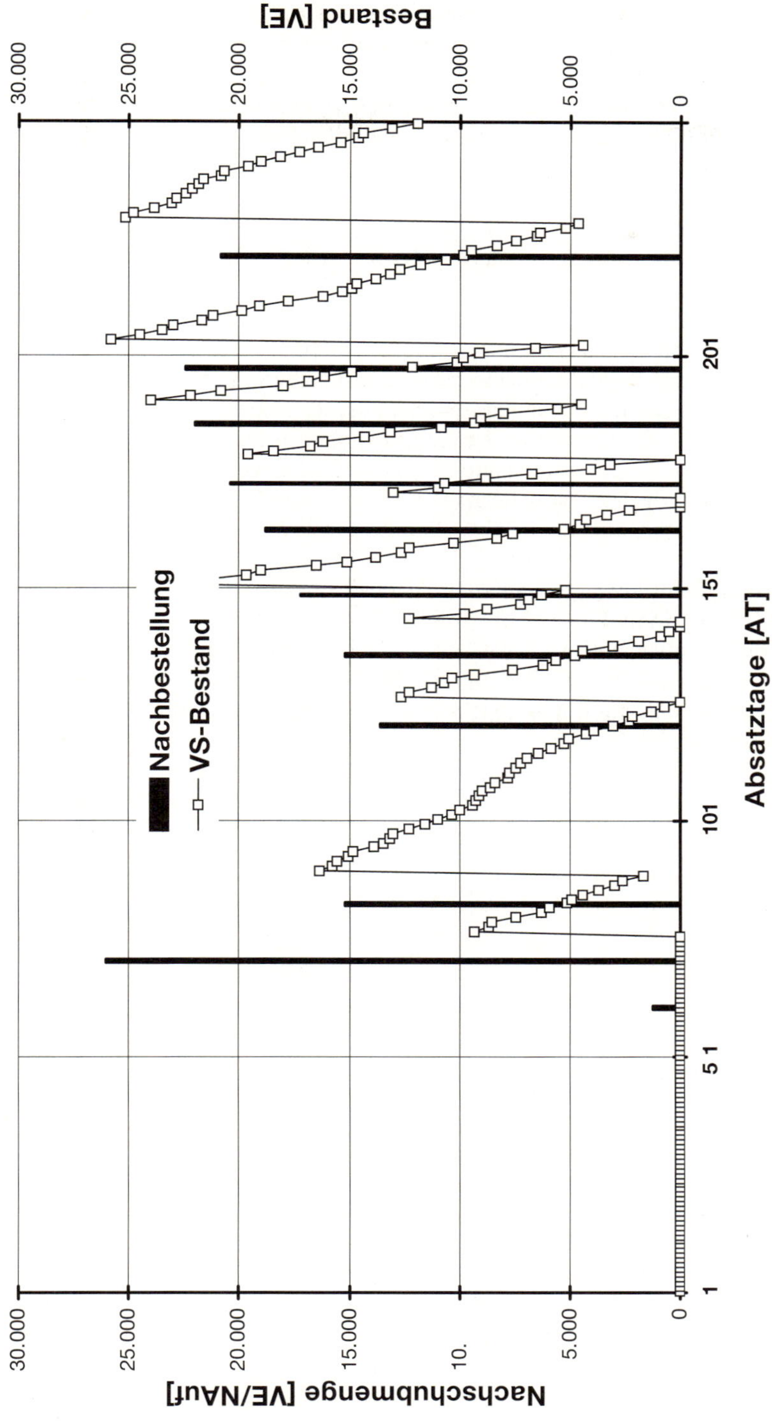


**Abb. 11.24** Dynamische Nachschub- und Bestandsdisposition eines Artikels mit plötzlich einsetzendem Bedarf
Absatzverlauf s. *Abb. 9.12*

Die *Abb. 11.24* zeigt die Nachschubmengen und den Bestandsverlauf für denselben Artikel mit den gleichen Dispositionsparametern, jedoch mit dem Absatzverlauf *Abb. 9.11*, der erst ab dem 61. Tag beginnt. Kurz nach dem Einsetzen des Bedarfs steigt die Bedarfsprognose an und generiert eine erste Nachschubbestellung. Nach deren Eintreffen werden die eingehenden Aufträge ab Lager bedient. Das Programm berechnet die nächsten Nachschubmengen dynamisch, so daß die relevanten Kosten minimal werden.

Wenn in Vorbereitung auf den erwarteten Absatz eines neuen Artikels ein ausreichender *Anfangsbestand* im voraus beschafft wurde, ist das Lager bereits vom ersten Tag an lieferfähig. Aber auch ohne Anfangsbestand, wie in dem Beispiel *Abb. 11.24*, schwingt sich die geforderte Lieferfähigkeit über den dynamischen Sicherheitsbestand sehr rasch ein.

Dieses Beispiel sowie weitere Testrechnungen machen deutlich, wie gut auch Artikel mit einem plötzlich ansteigenden oder aussetzenden Bedarf vom Rechner nach dem Verfahren der dynamischen Lagerdisposition disponiert werden können. Die Modellrechnungen zeigen auch, daß bei einer dynamischen Disposition die *Anfangseinstellung* der Dispositionsparameter weitgehend unkritisch ist. Absolut korrekt müssen hingegen die aktuellen Bestände eingegeben und weitergeführt werden.

Bei der Implementierung eines neuen Dispositionssystems oder bei einer Systemumstellung können daher ohne große Gefahr von Fehldispositionen bis auf die Bestände die alten Erfahrungswerte als *Anfangswerte* übernommen oder Planwerte und *Standardwerte* für gleichartige Artikelgruppen verwendet werden. Dadurch läßt sich die Implementierung oder Umstellung erheblich erleichtern und verkürzen [266; 280].

# 12 Logistikeinheiten und Logistikstammdaten

*Logistikeinheiten* sind materielle Objekte, die in unterschiedlicher Größe und Zusammensetzung die Stationen der Logistikketten durchlaufen. Die *Logistikstammdaten* der Objekte und Stationen werden zur Planung, Steuerung und Optimierung der Logistikketten benötigt.

Wie in *Abb. 12.1* dargestellt, werden lose Waren, Produkte, Sendungen, Frachtstücke, Leergut oder andere *Fülleinheiten* zum Befördern, Heben, Lagern und Versand in *Ladungsträgern* zu *Ladeeinheiten* gebündelt. Für den außerbetrieblichen Transport werden Logistikeinheiten in *Transporthilfsmitteln* oder *Transportgefäßen* zu *Transporteinheiten* zusammengefaßt.

Über kürzere Entfernungen führen Flurförderzeuge, Förderanlagen, Kräne oder Lagergeräte den Transport der Ladeeinheiten durch. Über größere Entfernungen befördern Transportmittel die Ladeeinheiten zwischen den Versandstellen, den Logistikstationen und den Empfangsstellen. In den Logistikstationen werden die Ladeeinheiten auf Stauflächen für kurze Zeit gepuffert und in Lagersystemen für längere Zeit gelagert.

Hieraus resultiert die *Aufgabe der Ladeeinheitenoptimierung* [105; 108]:

- Für ein gegebenes Spektrum von Fülleinheiten sind durch richtige Auswahl, Zuordnung, Befüllung und Kennzeichnung von Ladungsträgern *optimale Ladeeinheiten* zu bilden, in denen die Fülleinheiten eine Logistikkette mit geringstem Aufwand durchlaufen können.

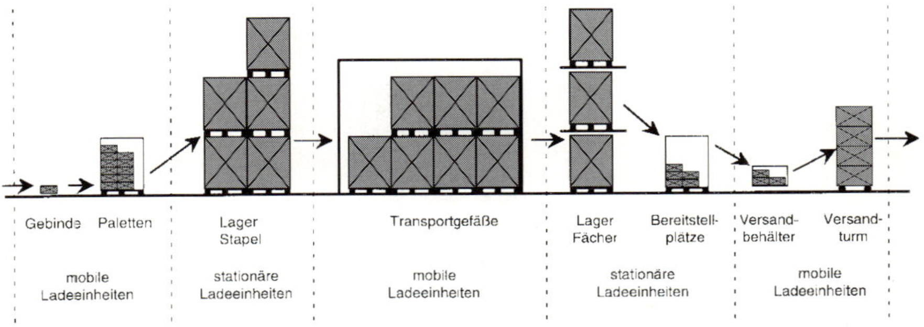


**Abb. 12.1** Fülleinheiten und Ladeeinheiten in der Logistikkette

In diesem Kapitel werden die Funktionen der Ladeeinheiten analysiert und die Logistikstammdaten von Fülleinheiten und Ladeeinheiten definiert.

Zur Berechnung der Anzahl der Ladeeinheiten, die für eine bestimmte *Füllmenge* benötigt werden, ist die Kenntnis der *Ladeeinheitenkapazität* erforderlich. Schwerpunkt dieses Kapitels ist daher die Berechnung der Kapazität und des Füllungsgrads von Ladeeinheiten. Kapazität und Füllungsgrad der Ladeeinheiten sind abhängig von der *Menge* und *Beschaffenheit* der Fülleinheiten. Sie werden außerdem von der *Pack-* und *Füllstrategie* bestimmt.

Mit den resultierenden Berechnungsformeln lassen sich die Auswirkungen unterschiedlicher Pack- und Füllstrategien auf den Ladeeinheitenbedarf, den Füllungsgrad und die Volumennutzung quantifizieren. Sie sind grundlegend für die Dimensionierung und Optimierung von Lager-, Kommissionier- und Transportsystemen.

In den letzten beiden Abschnitten des Kapitels wird der Aufbau einer *Logistikdatenbank* beschrieben und der Datenbedarf für die dynamische Disposition spezifiziert.

## 12.1 Funktionen der Ladeeinheiten

Als *Fülleinheiten* [FE] werden die zusammengefaßten Logistikeinheiten und als *Ladeeinheiten* [LE] die resultierenden Logistikeinheiten einer Stufe der *Verpackungshierarchie* bezeichnet. In *Abb. 12.2* sind als Beispiel die *Verpackungsstufen* und *Ladeeinheiten* eines Unternehmens der Konsumgüterindustrie dargestellt.

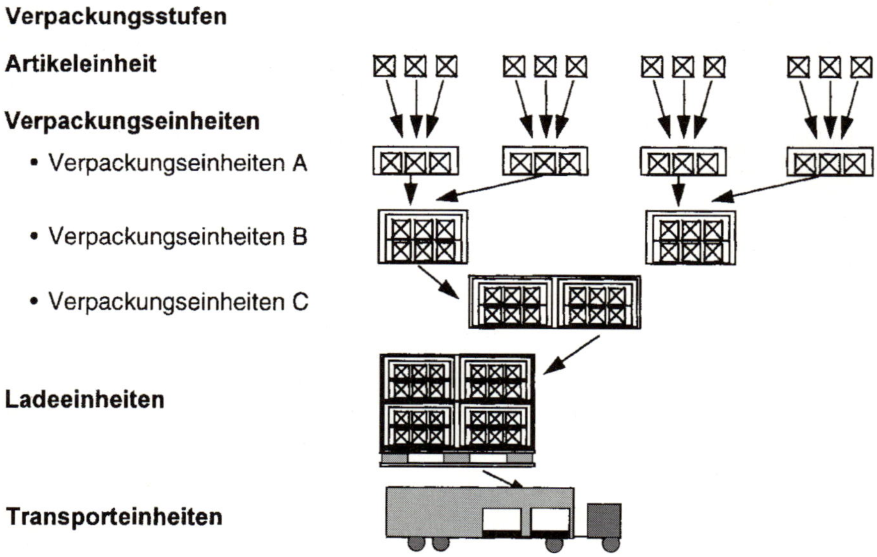


**Abb. 12.2** Logistikeinheiten und Verpackungsstufen eines Unternehmens der Konsumgüterindustrie

*Tabelle 12.1* enthält die Bezeichnungen der Logistikeinheiten in den *Verpackungsstufen* einer *allgemeinen Verpackungshierarchie*.[1]

Logistikeinheiten können auch ohne Verpackung versandt oder ohne Ladungsträger gelagert und transportiert werden. Dann ist die Logistikeinheit einer unteren Verpackungsstufe gleich der Ladeeinheit einer höheren Verpackungsstufe.

Das *Bündeln* von *Fülleinheiten* zu *Ladeeinheiten* bietet folgende *Vorteile* und *Optimierungsmöglichkeiten* [105; 106; 107; 109; 110; 111]:

- Durch standardisierte *Verpackungen* und *Gebinde* lassen sich Güter und lose Waren, die zur Handhabung, zum Stapeln oder für den Versand ungeeignet sind, *handhabbar*, *stapelbar* und *beförderungsfähig* machen.
- *Genormte Verpackungseinheiten* sind Voraussetzung für den Einsatz von *Handhabungsrobotern* und automatischen *Kommissioniersystemen*.
- Durch *Ladungsträger* können Gebinde oder Güter, die wegen ihrer Beschaffenheit zur Lagerung nur schlecht oder gar nicht geeignet sind, *lagerfähig* gemacht werden.
- *Genormte Lagereinheiten* sind die Voraussetzung für moderne *Lagertechnik* und *automatische Lagersysteme*.
- Das Zusammenfassen einer größeren Anzahl von Fülleinheiten zu wenigen Ladeeinheiten führt zu einer Senkung der anteiligen Handling-, Lager- und Transportkosten.
- Durch normierte und aufeinander abgestimmte Ladeeinheiten lassen sich die *Übergänge* zwischen Lager-, Kommissionier- und Fördersystemen sowie der *Umschlag* zwischen inner- und außerbetrieblichen Transportsystemen *beschleunigen* und *rationalisieren*.
- Durch das Bilden von *Transporteinheiten* lassen sich Frachtgut, Ladungen und andere Fülleinheiten, die wegen ihrer Beschaffenheit für den Transport schlecht oder ungeeignet sind, *transportfähig* machen und einer bestimmten *Transporttechnik* anpassen.
- *Genormte* und aufeinander *abgestimmte* Fülleinheiten, Ladeeinheiten und Transporteinheiten ermöglichen *Befüllungsstrategien* und *Stapelschemata* mit *minimalem Packungsverlust* und *optimaler Volumennutzung*.
- *Ladungsträger* und *Transporthilfsmittel* bieten Schutz gegen Beschädigung, Sichern den Inhalt vor Diebstahl und Schwund und machen Umverpackungen entbehrlich.

Diesen Vorteilen und Handlungsmöglichkeiten des Einsatzes von Lade- und Transporteinheiten stehen allerdings auch *Nachteile* gegenüber:

- Das *Befüllen*, *Sichern*, *Kennzeichnen* und *Entleeren* der Lade- und Transporteinheiten sind mit zusätzlichem *Aufwand* verbunden.

---

1 Für die Bezeichnung von Logistikeinheiten und Ladungsträgern gibt es unterschiedliche Begriffe, die vielfach branchenabhängig sind [111; 112]. *Tabelle 1* enthält einen Normierungsvorschlag für die Oberbegriffe. Die zur Erläuterung angegebenen Beispiele sind jedoch aufgrund der unterschiedlichen Begriffsverwendung in der Logistik teilweise mehrdeutig.

| VS Bezeichnung<br>Inhalt | Verpackungsstufe und Logistikeinheit<br>Ladungsträger | Maßeinheit<br>Inhalt/Kapazität |
|---|---|---|
| **0 Ware** | **Mengeneinheit** (Maßeinheit) | **ME** |
| Lose Ware | Schüttgut, Feststoff, Flüssigkeit, Gas<br>Meterware, Flächenware, Massenware | *l*, $m^3$, kg, t<br>m,$m^2$,$m^3$,Stück |
| **1 Artikel** [Art] | **Verkaufseinheit** (Artikeleinheit) | **VKE** |
| Verpackte Ware | Warenstück, Packung, Sack<br>Faß, Flasche, Dose, Display, Tray | [WST/VKE]<br>[ME/VKE] |
| **2 Umverpackung** [Uvp] | **Verpackungseinheit** (Gebinde) | **VPE** |
| Lieferauftrag<br>Bestellung | Paket, Tray, Karton, Kasten, Kiste<br>Palette, Kanister, Tank, Silobehälter | $C_{VPE}$<br>[VKE/VPE] |
| **3 Sendung** [Snd] | **Versandeinheit** (Packstück, Colli) | **VSE** |
| Versandauftrag | Paket, Karton, Behälter, Klappbox<br>Rollbehälter, Palette, Kiste, Container | $C_{VE}$<br>[VPE/VE] |
| **4 Ladung** [Ldg] | **Ladungseinheit** (Frachtstück) | **LE** |
| Fracht<br>Partie | Paket, Kiste, Palette, Container<br>Unit Load Device (ULD Luftfracht)<br>20- und 40-Fuß-Container | $C_{LE}$<br>[VE/LE] |
| **5 Transport** [Trp] | **Transporteinheit** (Transportgefäß) | **TE** |
| | Wechselbrücke, Sattelauflieger, Silofahrzeug<br>LKW-, Schiffs., Flugzeug-Laderaum<br>Waggon, Silowagen, Kesselwagen | $C_{TE}$<br>[LE/TE] |

**Tab. 12.1** Verpackungsstufen und Logistikeinheiten
VS: Verpackungsstufe

- Anschaffung, Wartung und Reinigung der Ladungsträger und Transporthilfsmittel verursachen *Kosten.*
- Lade- und Transporthilfsmittel müssen zur Befüllung bereitgestellt und nach der Verwendung entsorgt oder als *Leergut* zum nächsten Einsatzort gebracht werden.

- Wenn die Innenmaße der *Ladeeinheit* und die Außenmaße der *Fülleinheiten* maßlich nicht aufeinander abgestimmt sind, kommt es zu *Packungsverlusten*.
- Wenn die Füllmenge kein ganzzahliges Vielfaches der Kapazität einer Ladeeinheit ist, entstehen *Anbrucheinheiten* und *Füllungsverluste*.
- Das Eigenvolumen der Ladungsträger und Transporthilfsmittel hat *Laderaumverluste* und das Eigengewicht *Nutzlastverluste* zur Folge.
- Das *Ansammeln* ausreichender Mengen zur wirtschaftlichen Füllung sowie das Befüllen und Entleeren der Ladeeinheiten erfordern *Zeit*. Dadurch verlängern sich Durchlaufzeiten, Lieferzeiten und Transportzeiten.

Es ist Aufgabe der Logistik, diese Nachteile des Einsatzes von Ladungsträgern und Transporthilfsmitteln zu minimieren, damit die Vorteile aus der Bündelung und Normierung optimal zum tragen kommen [105; 106; 107; 108; 109].

## 12.2 Fülleinheiten und Füllaufträge

Fülleinheiten können elementare oder ebenfalls zusammengesetzte Logistikeinheiten sein:

- *Elementare Logistikeinheiten* sind die kleinsten Handlingeinheiten eines Logistiksystems. Sie durchlaufen eine betrachtete Logistikkette unverändert.
- *Zusammengesetzte Logistikeinheiten* werden in der Logistikkette unter Verwendung von Packmitteln, Ladungsträgern oder Transportmitteln aufgebaut und wieder aufgelöst.

Elementare Fülleinheiten der *Verpackungsstufe* 0 sind *lose Waren*, wie Schüttgut, Feststoffe, Flüssigkeiten oder Gase, *unverpackte Waren*, wie Meterware, Flächenware oder Massenware und *einzelne Verbrauchseinheiten* [VE] oder *Warenstücke* [WST], Maschinen oder Anlagenteile.

Fülleinheiten der ersten Verpackungsstufe sind die *Verkaufseinheiten* [VKE] oder *Artikeleinheiten* [AE], die lose oder unverpackte Ware enthalten. In der zweiten Verpackungsstufe werden hieraus mit Hilfe von *Packmitteln* artikelreine *Verpackungseinheiten* [VPE] oder *Gebinde* [Geb] gebildet. Diese werden in der dritten Verpackungsstufe durch *Versandverpackungen, Klappboxen, Behälter* oder *Paletten* zu sendungsbestimmten *Versandeinheiten* [VSE] oder *Packstücken* [PST] zusammengefaßt.

*Lagereinheiten* [LE] entstehen durch Bündeln von Fülleinheiten in einem Behälter, auf einer Palette oder in einem anderen *Ladehilfsmittel* zum Zweck der *Lagerung*. Für die Beförderung werden Fülleinheiten unter Einsatz von *Ladungsträgern*, wie Paletten, Gitterboxpaletten oder ISO-Container, in *Ladungseinheiten* zusammengefaßt. *Transporteinheiten* [TE] entstehen durch das Beladen von *Transporthilfsmitteln* oder *Transportgefäßen*, wie Container, Wechselbrücken, Sattelauflieger oder Waggons (s. *Kapitel 19*).

Fülleinheiten besonderer Art sind *Lebewesen*, wie Vieh oder Pferde. Auch *Personen*, die von Automobilen, Eisenbahnen, Flugzeugen oder Schiffen befördert werden, sind logistisch betrachtet Fülleinheiten.

## 1. Füllaufträge

Die Anforderungen an das Befüllen von Ladeeinheiten werden durch Füllaufträge vorgegeben. Füllaufträge regeln das Verpacken, Palettieren, Lagern, Kommissionieren und Versenden ebenso wie das Beladen für den Transport.

Die *Kenndaten eines Füllauftrags* [FA] sind:

- *Auftragsart*: Verpackungsauftrag, Palettierauftrag, Lagerauftrag, Kommissionierauftrag, Versandauftrag oder Beladeauftrag;
- *Fülleinheiten* [FE]: Beschaffenheit, Inhalt, Außenmaße und Gewicht der Fülleinheiten, wie der Artikeleinheiten eines Packauftrags, der Packstücke einer Sendung oder der Ladeeinheiten einer Ladung;
- *Positionsanzahl* $n_{FA}$ [Pos/FA]: Anzahl Positionen eines Füllauftrags, wie die Artikelanzahl eines Kommissionier- oder Packauftrags, die Anzahl Aufträge eines Versandauftrags oder die Anzahl Sendungen eines Beladeauftrags;
- *Positionsmengen* $m_{FAi}$ [FE/Pos]: Anzahl Fülleinheiten der Auftragspositionen $i = 1, 2 \ldots n_{FA}$.

Aus der Positionsanzahl n und den Positionsmengen resultiert die *Füllmenge* eines Auftrags:

$$m_{FA} = \sum_{i=1}^{n} m_{FAi} \qquad [FE / FA]. \qquad (12.1)$$

Abhängig von Anzahl und Inhalt der Auftragspositionen lassen sich *artikelreine*, *auftragsreine* und *sendungsreine* sowie *artikelgemischte, auftragsgemischte* und *sendungsgemischte Füllaufträge* unterscheiden.

Logistikketten, Logistiksysteme und Logistikzentren müssen meist für eine Vielzahl von Artikeln mit unterschiedlicher Beschaffenheit und zeitlich veränderlichen Bestandsmengen sowie für Aufträge mit unterschiedlichen Anzahlen von Positionen und Mengen ausgelegt und flexibel nutzbar sein. Zur Berechnung der Anzahl Ladeeinheiten, die in den Logistikketten bewegt, gelagert oder benötigt werden, ist es in manchen Fällen unvermeidlich und unter bestimmten Voraussetzungen zulässig, anstelle der Vielzahl im einzelnen meist unbekannter Füllaufträge *Cluster* hinreichend gleichartiger Füllaufträge zu betrachten und mit den *Mittelwerten der Auftragskenndaten* der *Auftragscluster* zu rechnen.

## 2. Kenndaten der Fülleinheiten

Maßgebend für das Befüllen der Ladeeinheiten sind folgende *Stammdaten* der Fülleinheiten:

- *Inhalt* $m_{FE}$ [ME/FE]: Menge [ME] oder Anzahl [ST] der in einer Fülleinheit enthaltenen Artikeleinheiten, Warenstücke, Verkaufseinheiten oder anderer Logistikeinheiten;
- *Außenmaße*: *Länge* $l_{FE}$ [mm], *Breite* $b_{FE}$ [mm], *Höhe* $h_{FE}$ [mm] quaderförmiger Fülleinheiten und *Durchmesser* $d_{FE}$ [mm] zylindrischer oder kugelförmiger Fülleinheiten.

- *Gewicht* $g_{FE}$ [kg/FE]: Gesamtgewicht von Inhalt und Verpackung der Fülleinheit.

Aus den Kennwerten der einzelnen Fülleinheiten lassen sich die *minimalen*, *mittleren* und *maximalen Werte* einer größeren Anzahl von Fülleinheiten errechnen. Für Fülleinheiten, die von der Quader-, Zylinder- oder Kugelform abweichen, kann für viele logistische Fragestellungen zur Mittelwertbestimmung mit den Maßen der *Hüllquader* gerechnet werden.

Das Befüllen von Ladeeinheiten wird durch folgende *Pack- und Füllrestriktionen* für die Fülleinheiten eingeschränkt:

- *Belastbarkeit* $g_{FE\,bel}$ [kg/FE]: maximal zulässige Gewichtsbelastung einer Fülleinheit;
- *Stapelfaktor* $C_{FE\,y}$: maximal zulässige Anzahl übereinander stapelbarer Fülleinheiten;
- *Stapelrichtung*: vorgeschriebene *Oberseite, Standfläche* oder *Außenfläche*;
- *Schachtelfaktor* und *Schachtelmaße*: Maximalzahl ineinander schachtelbarer *Hohlkörper* und Außenabmessungen der entstehenden *Verbundeinheit.*

Wie in *Abb. 12.3* dargestellt, ist durch *logistikgerechte Ladungsträger* ein platzsparendes Ineinanderschachteln möglich oder durch *logistikgerechte Formgebung*, etwa von Preßteilen, eine raumsparendes Aufeinanderstapeln [9]. Der dadurch enstehende Stapel ineinander verschachtelter Fülleinheiten kann logistisch als *Verbundeinheit* betrachtet werden, deren Inhalt gleich dem *Schachtelfaktor* ist.

Wenn die Höhen nicht durch eine *Stapelvorschrift* vorgegeben sind, gilt für die Abmessungen einer Menge von Fülleinheiten, deren minimale Höhe $h_{FE\,min}$ ist:

$$l_{FE} \geq b_{FE} \geq h_{FE} \geq h_{FE\,min}. \tag{12.2}$$

Aus den Abmessungen einer quaderförmigen Fülleinheit ergibt sich das *Fülleinheitenvolumen*

$$V_{FE} = l_{FE} \cdot b_{FE} \cdot h_{FE}, \tag{12.3}$$

aus dem Gewicht und dem Volumen das *spezifische Gewicht* des Füllguts

$$\gamma_{FE} = g_{FE} / V_{FE} \qquad [g/cm^3]. \tag{12.4}$$

Fülleinheiten, deren Volumen im Vergleich zum Innenvolumen der Ladeeinheit sehr klein ist, wie Muttern, Schrauben, Granulat oder Sand, sind *Schüttgut.* Im Extremfall ist das Füllgut ein homogener *Feststoff*, eine *Flüssigkeit* oder ein *Gas* mit Fülleinheiten molekularer Größe.

### 3. Mittlere Abmessungen von Fülleinheiten

Für die Berechnung der mittleren Kapazität von Ladeeinheiten für Fülleinheiten mit *unterschiedlichen Abmessungen* müssen die mittleren Abmessungen und das mittlere Gewicht der Fülleinheiten bekannt sein. Diese Mittelwerte lassen sich aus den Logistikstammdaten der Fülleinheiten errechnen, oder wenn diese nicht bekannt sind, durch *Ausmessen* oder *Auslitern* einer repräsentativen Stichprobe

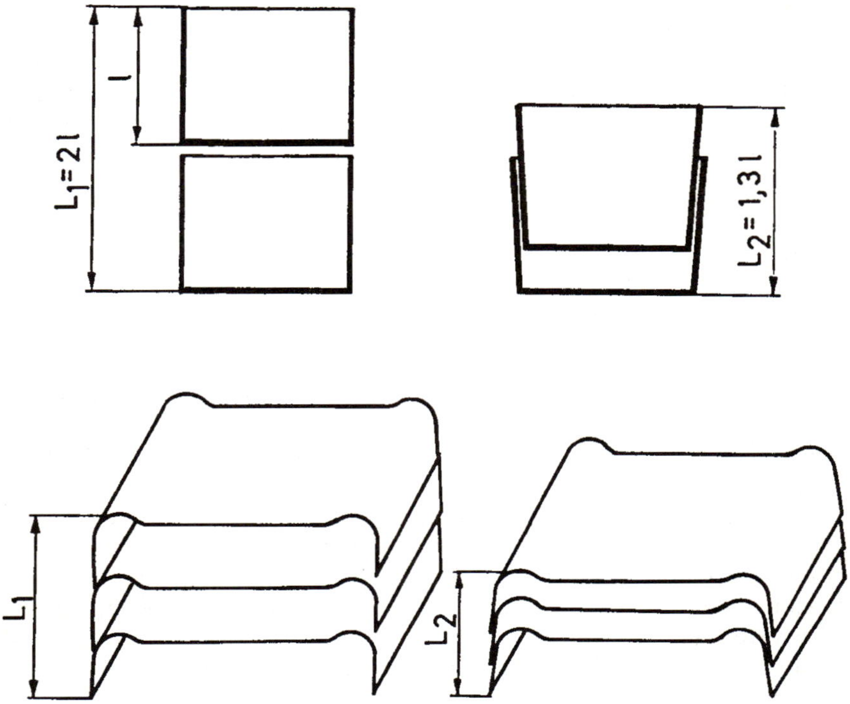


**Abb. 12.3** Logistikgerechte Ladungsträger und Formgebung [9]
Oben: unverschachtelte und verschachtelte Behälter
Unten: unverschachtelte und verschachtelte Preßteile

von Fülleinheiten ermitteln. Das Auslitern einer größeren Anzahl von Fülleinheiten oder Artikeleinheiten ist jedoch recht zeitaufwendig.

In vielen Fällen ist das mittlere Volumen der Fülleinheiten bekannt oder aus dem Durchschnittsgewicht und dem spezifischen Gewicht über die Beziehung (12.4) berechenbar. Dann lassen sich die mittleren Abmessungen der Fülleinheiten bei hinreichender Gleichverteilung aus dem mittleren Volumen berechnen. Wenn die minimale Höhe im Vergleich zu den vorkommenden Längen und Breiten klein ist, wenn also $h_{FE\,min} \ll l_{FE}, b_{FE}$ ist, gilt bei Gleichverteilung zwischen den Grenzen (12.2) für die mittleren Abmessungen:

$$b_{FE} = (l_{FE} + h_{FE})/2 \text{ und } h_{FE} = b_{FE}/2. \tag{12.5}$$

Durch Auflösen dieser Gleichungen ergibt sich $b_{FE} = 2/3 \cdot l_{FE}$ und $h_{FE} = 1/3 \cdot l_{FE}$ und damit für das *Verhältnis der mittleren Seitenlängen*:

$$\boldsymbol{l_{FE} : b_{FE} : h_{FE} = 3:2:1} \tag{12.6}$$

Wenn $h_{FE\,min} \ll l_{FE}, b_{FE}$ ist, ergibt eine Mittelwertrechnung unter Berücksichtigung der Restriktion (12.2) für das mittlere Volumen der Fülleinheiten:

$$v_{FE} = 4/3 \cdot l_{FE} \cdot b_{FE} \cdot h_{FE}. \tag{12.7}$$

Nach dieser Beziehung ist bei sehr unterschiedlichen Abmessungen das mittlere Volumen $v_{FE}$ der Fülleinheiten um 1/3 größer als das Volumen einer Fülleinheit mit den mittleren Abmessungen. Durch Auflösen der Gleichungen (12.6) und (12.7) nach den mittleren Seitenlängen ergibt sich der *Satz*:

▶ Eine größere Anzahl von Fülleinheiten mit dem mittleren Volumen $v_{FE}$ und Maßen, die in den Grenzen (12.1) mit $h_{FEmin} \ll l_{FE}, b_{FE}$ gleichverteilt sind, hat die *mittleren Abmessungen*

$$l_{FE} = 3/2 \cdot v_{FE}^{1/3} \qquad b_{FE} = v_{FE}^{1/3} \qquad h_{FE} = 1/2 \cdot v_{FE}^{1/3}. \tag{12.8}$$

In einer *Simulationsrechnung* für 1.000 Fülleinheiten wurden mehrmals von einem Zufallsgenerator Quaderabmessungen erzeugt, nach der Größe geordnet und über die Gesamtheit gemittelt. Die Simulation ergab für die mittleren Seitenlängen in Übereinstimmung mit der theoretischen Vorhersage (12.6) die Verhältnisse $l_{FE} : b_{FE} = 1{,}50 \pm 0{,}01$ und $b_{FE} : h_{FE} = 2{,}00 \pm 0{,}02$.

Das Ausmessen der Längen, Breiten und Höhen einer *Stichprobe* von mehr als 3.000 Artikeleinheiten eines Kaufhaussortiments ergab ein Verhältnis der mittleren Länge zur mittleren Breite von 1,7 und der mittleren Breite zur mittleren Höhe von 2,4. Die im Vergleich zu den theoretischen Werten größeren experimentellen Werte erklären sich aus der Ungleichverteilung der Abmessungen und der endlichen minimalen Höhe der Artikel des Kaufhaussortiments [112]. Die relativ geringe Abweichung des experimentellen Seitenverhältnisses vom theoretischen Wert zeigt aber auch, daß es ohne allzu große Fehler zulässig ist, näherungsweise mit den Werten der Beziehungen (12.6) und (12.8) zu rechnen.

## 12.3 Ladeeinheiten und Ladungsträger

Ladeeinheiten werden durch Zusammenfassen von Fülleinheiten mittels eines Ladungsträgers gebildet. Die *Ladungsträger* können genormte oder spezielle Lade- oder Transporthilfsmittel sein, sich aber auch auf das Verpacken, Umwickeln oder Umreifen eines Stapels oder Blocks von Fülleinheiten beschränken oder vollständig entfallen [106; 109; 111; 112].

Zur Herleitung von Formeln für die Berechnung von Kapazität und Füllungsgrad ist folgende abstrakte *Definition der Ladeeinheit* geeignet:

- Eine Ladeeinheit ist ein Raum mit bestimmten Abmessungen, der zur Aufnahme von Fülleinheiten geeignet ist.

Diese Definition, die *Abb. 12.4* veranschaulicht, umfaßt *mobile Ladeeinheiten*, die sich bewegen lassen, wie auch *stationäre Ladeeinheiten*, die sich an festen Plätzen befinden.

Die mobilen Ladeeinheiten haben – auch wenn sie über Straßen und Schienen rollen – bezüglich Kapazität und Füllungsgrad die gleichen Eigenschaften wie die stationären Ladeeinheiten. Sie werden daher auch als *rollendes Lager* bezeichnet.

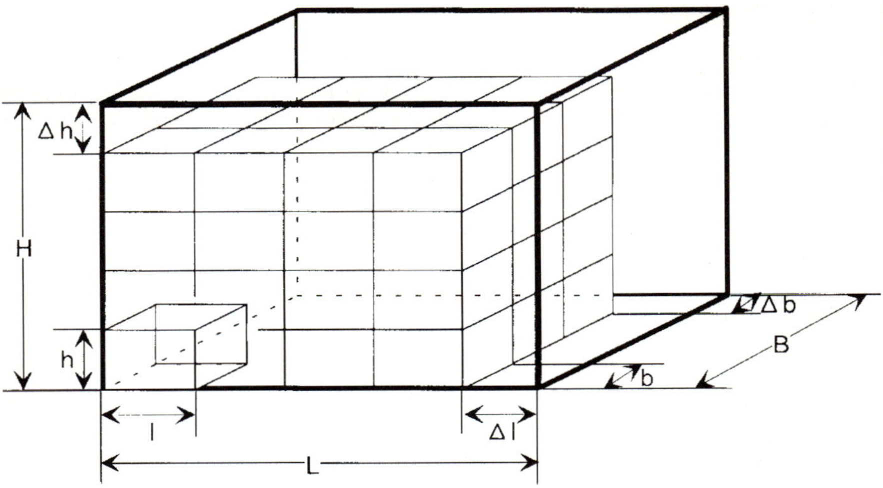


**Abb. 12.4** Ladeeinheiten und Fülleinheiten

l, b, h: Außenmaße der Fülleinheiten
*L, B, H:* Innenmaße der Ladeeinheit
*Δl, Δb, Δh:* Restlängen bei Parallelpackung

### 1. Stationäre Ladeeinheiten

Stationäre Ladeeinheiten sind Teilräume, die an festen Orten zum Lagern, Puffern und Bereitstellen von Lagereinheiten voneinander abgegrenzt sind. Sie werden entsprechend ihrer Funktion als *Lagerplatz*, *Pufferplatz* oder *Bereitstellplatz* bezeichnet (s. *Kapitel 16*).

Beispiele für stationäre Ladeeinheiten sind:

- *Abstellflächen* in Wareneingang, Warenausgang, Umschlaganlagen und Produktion
- *Bereitstell- und Pufferplätze* vor und hinter Arbeitsplätzen und Maschinen
- *Bodenflächen* einer Halle oder eines Freigeländes zur *Block-* oder *Flächenlagerung*
- *Fachbodenplätze* eines *Fachregallagers*
- *Lagerfächer* in Ein- und Mehrplatzlagern
- *Lagerkanäle* von Einfahrregalen, Durchlauflagern oder Kanallagern
- *Staubahnen* von Sortierspeichern oder in Stetigfördersystemen
- *Park- und Abstellflächen* für PKW, LKW, Wechselbrücken oder Container
- *Pufferstrecken* in spurgeführten Fahrzeugsystemen
- *Abstellgleise* in Eisenbahnanlagen

*Semistationäre Ladeeinheiten* sind begrenzt bewegliche Logistikeinheiten, wie Schubladen oder Plätze in Umlauflagern, Verschieberegalen und Paternosterlagern.

**2. Mobile Ladeeinheiten**

Mobile Ladeeinheiten lassen sich bewegen, befördern, stapeln und transportieren. Sie können auch einen eigenen Antrieb haben. Abhängig von Einsatz und Funktion lassen sich die mobilen Ladeeinheiten einteilen in Verpackungs- und Versandeinheiten, in Lager- und Ladungseinheiten sowie in passive und aktive Transporteinheiten:

- *Verpackungseinheiten* [VPE] sind mit Warenstücken oder Artikeleinheiten gefüllte *Packmittel* und *Gebinde*, wie Pakete, Trays oder Kartons.
- *Versandeinheiten* [VSE] sind zum Zweck des *Versands* mit Logistikeinheiten befüllte *Versandhilfsmittel*, wie Ein- und Mehrwegbehälter, Paletten oder Frachtcontainer.
- *Lagereinheiten* [LE] sind für die *Lagerung* in einem *Lagerhilfsmittel*, wie *Behälter, Tablar, Palette, Kassette* oder *Lagergestell*, zusammengefaßte Logistikeinheiten.
- *Ladungseinheiten* [LE] sind für den *Transport* auf einem *Lade- oder Transporthilfsmittel*, wie einer Palette oder in einem Luftfrachtcontainer, verladene Logistikeinheiten.
- *Passive Transporteinheiten* [TE] sind beladene *Transportgefäße* ohne eigenen Antrieb, wie ISO-Container, Wechselbrücken, Sattelauflieger oder Waggons.
- *Aktive Transporteinheiten* [TE] sind beladene *Transportmittel* mit eigenem Antrieb.

Wie bei der bekannten *Puppe in der Puppe* kann eine größere Ladeeinheit kleinere Ladeeinheiten enthalten, in denen sich wiederum noch kleinere Ladeeinheiten befinden. Diese in *Abb. 12.2* dargestellte *Selbstähnlichkeit* ist typisch für die Ladeeinheiten in der Logistikkettte.

*Tabelle 12.2* enthält die *Kenndaten* häufig eingesetzter Ladungsträger und Ladeeinheiten. Die *Abb. 12.5* und *12.6* zeigen die Abmessungen von *Sattelaufliegern*

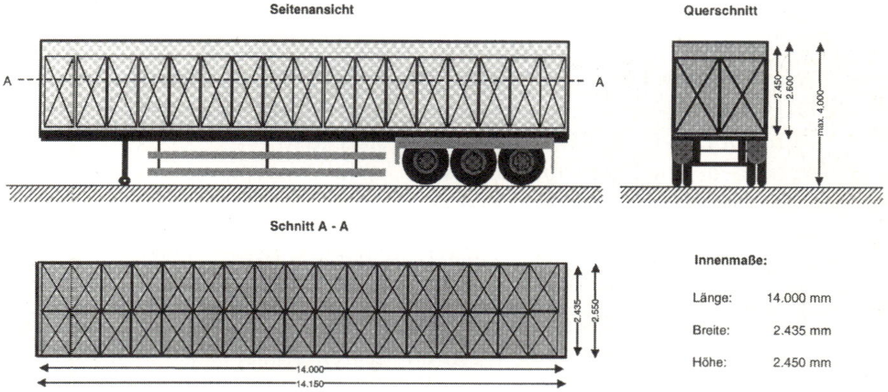


**Abb. 12.5** Sattelaufliegerbrücke mit CCG2-Paletten

Querladekapazität $2 \cdot 17 = 34$ CCG2-Paletten/SA
Längsladekapazität $3 \cdot 11 + 2 = 35$ CCG2-Paletten/SA

| | | | Außenmaße | | | | Innenmaße | | | | Volumen-effizienz |
|---|---|---|---|---|---|---|---|---|---|---|---|
| **Ladeeinheit** | | **Abkürz.** | **Länge** | **Breite** | **Höhe** | **Volumen** | **Länge** | **Breite** | **Höhe** | **Volumen** | |
| Ladungsträger | Größe | LE | l [mm] | b [mm] | h [mm] | v [l] | L [mm] | B [mm] | H [mm] | V [l] | neff |
| **Karton** | | **Kart** | | | | | | | | | |
| Normkarton | klein | | 400 | 300 | 400 | 48 | 380 | 280 | 380 | 40 | 84,2% |
| | normal | | 600 | 300 | 400 | 72 | 580 | 280 | 380 | 62 | 85,7% |
| | groß | | 650 | 450 | 450 | 132 | 630 | 430 | 430 | 116 | 88,5% |
| **Behälter** | | **Beh** | | | | | | | | | |
| Industrieklappbox | klein | INDU-Box | 400 | 300 | 235 | 28 | 365 | 280 | 215 | 22 | 77,9% |
| | groß | INDU-Box | 600 | 400 | 335 | 80 | 558 | 350 | 315 | 62 | 76,5% |
| EURO-Faltbox | klein | EURO-Box | 400 | 300 | 207 | 25 | 370 | 270 | 198 | 20 | 79,6% |
| | groß | EURO-Box | 600 | 400 | 307 | 74 | 570 | 370 | 298 | 63 | 85,3% |
| **Tablar** | standard | **Tab** | 1.260 | 320 | 460 | 185 | 1.260 | 320 | 420 | 169 | 91,3% |
| **Palette** | | **Pal** | | | | | | | | | |
| Halbpalette | hoch | HalbPal | 800 | 600 | 1.950 | 936 | 800 | 600 | 1.800 | 864 | 92,3% |
| EURO-Palette | flach | FlachPal | 1.200 | 800 | 600 | 576 | 1.200 | 800 | 450 | 432 | 75,0% |
| | mittel | CCG1 | 1.200 | 800 | 1.050 | 1.008 | 1.200 | 800 | 900 | 864 | 85,7% |
| | hoch | CCG2 | 1.200 | 800 | 1.950 | 1.872 | 1.200 | 800 | 1.800 | 1.728 | 92,3% |
| Industrie-Palette | hoch | INDU-Pal | 1.200 | 1.200 | 1.950 | 2.808 | 1.200 | 1.200 | 1.800 | 2.592 | 92,3% |
| **Container** | | **CONT** | | | | | | | | | |
| ISO-Container | 20-Fuß | 20"-CONT | 6.058 | 2.438 | 2.438 | 36.008 | 5.867 | 2.330 | 2.197 | 30.033 | 83,4% |
| | 40-Fuß | 40"-CONT | 12.192 | 2.438 | 2.438 | 72.467 | 11.998 | 2.330 | 2.197 | 61.418 | 84,8% |
| **Transportmittel** | | **TM** | | | | | | | | | |
| Wechselbrücke | Koffer | WB | 7.150 | 2.500 | 2.600 | 46.475 | 7.050 | 2.460 | 2.400 | 41.623 | 89,6% |
| Sattelauflieger | Koffer | SAL | 14.150 | 2.550 | 2.600 | 93.815 | 14.000 | 2.435 | 2.450 | 83.521 | 89,0% |

**Tab. 12.2** Standardisierte Ladungsträger und Ladeeinheiten
Mittlere Volumeneffizienz: 85%

und *Wechselbrücken*. Diese normierten *Transportgefäße* setzen sich im europäischen Straßenverkehr immer weiter durch, da ihre Innenmaße auf die *Standardpalettengrößen* CCG1 und CCG2 abgestimmt sind [113].

Die verschiedenen Typen, die technische Ausführung, die Abmessungen und weitere Kenndaten von Standardverpackungen, Normbehältern, Mehrwegverpackungen, Ladungsträgern, Paletten, Ladehilfsmitteln und Transportmitteln sind in einschlägigen *VDI-*, *DIN-* und *ISO-Richtlinien* beschrieben und spezifiziert [110; 111; 113; 114; 116].

Die Organisation von *Behälter-* oder *Palettenpools* sowie des Kreislaufs von *Mehrwegverpackungen*, ISO-Containern und leeren Transportgefäßen sind Gegenstand der *Leergutlogistik*. Auch für die Leergutlogistik sind die in diesem Buch dargestellten Strategien und Verfahren grundlegend [113; 116; 117; 118]. Dabei haben die *ökologischen Ziele*, die sich u.a. in der *Verpackungsordnung* [119] niederschlagen, ein besonderes Gewicht (s. *Abschnitt 3.4*).

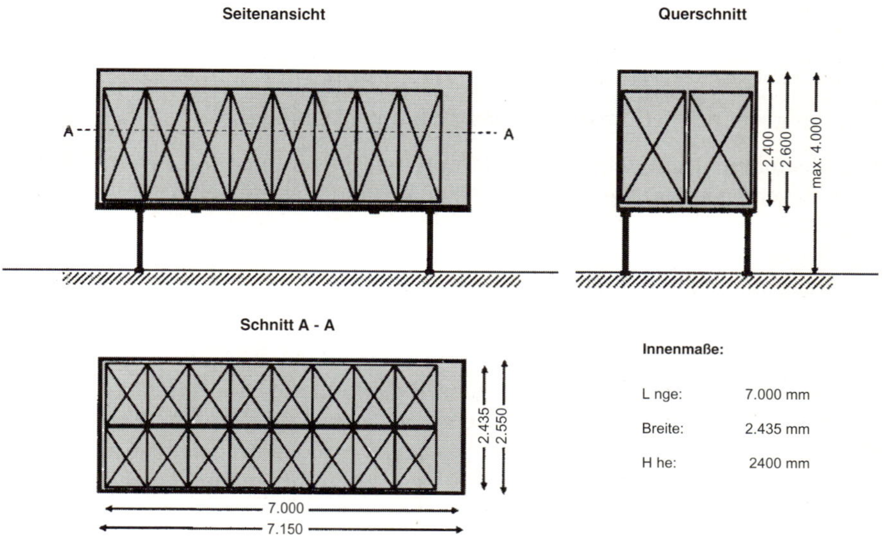


**Abb. 12.6** Wechselbrücke mit CCG2-Paletten

Querladekapazität $2 \cdot 8 = 16$ CCG2-Paletten/WB
Längsladekapazität $3 \cdot 5 + 2 = 17$ CCG2-Paletten/WB

### 3. Kenndaten der Ladeeinheiten

Der Platzbedarf, die Lagerung und der Transport einer Ladeeinheit hängen von folgenden *Stammdaten* ab:

- *Inhalt, Füllmenge* oder *Beladung* $m_{LE}$ [FE/LE]: Anzahl der in einer Ladeeinheit enthaltenen Fülleinheiten [FE];
- *Außenmaße*: *Ladeeinheitenlänge* $l_{LE}$ [mm], *Ladeeinheitenbreite* $b_{LE}$ [mm] und *Ladeeinheitenhöhe* $h_{LE}$ [mm] bei Quaderform und *Durchmesser* $d_{LE}$ [mm] bei zylindrischer Form;
- *Gesamtgewicht* $g_{LEges}$ [kg/LE]: Gewicht der vollen Ladeeinheit mit Ladungsträger.

Für die Kapazität und den Packungsgrad der Ladeeinheiten sind folgende *Stammdaten* maßgebend:

- *Innenmaße* oder *Laderaummaße*: *Beladelänge* $L_{LE}$ [mm], *Beladebreite* $B_{LE}$ [mm] und *Beladehöhe* $H_{LE}$ [mm] quaderförmiger Laderäume sowie weitere Maße irregulärer Laderäume.
- *Nutzlast, Füllgewicht, Tragfähigkeit* oder *Lastgewicht* $G_{LE}$ [kg/LE]: maximal zulässiges Gewicht der Beladung einer Ladeeinheit.

Weitere wichtige Eigenschaften der Ladeeinheiten sind

- *Belastbarkeit* $g_{LE\,bel}$ [kg/LE]: maximal zulässige Gewichtsbelastung einer vollen Ladeeinheit;

- *Stapelfaktor* $C_{LE\,y}$: maximal zulässige Anzahl aufeinander stapelbarer Ladeeinheiten;
- *Befüllbarkeit*: Anzahl und Lage der Seiten, von denen aus die Ladeeinheit befüllt und geleert werden kann.

Abhängig von der Befüllbarkeit lassen sich unterscheiden:

- Ladeeinheiten mit *einseitiger Befüllung und Entleerung*, wie Behälter, Sattelauflieger, ISO-Container oder Lagerkanäle mit einer offenen Seite;
- Ladeeinheiten mit *gegenseitiger Befüllung und Entleerung*, wie Durchlaufkanäle, Füllschächte, Staubahnen oder Pufferstrecken mit Öffnungen an zwei entgegengesetzten Seiten
- Ladeeinheiten mit *mehrseitiger* Befüllung und Entleerung, wie Paletten oder andere Ladungsträger mit mehr als zwei zugänglichen Seiten.

In *Abb.12.7* sind für einseitig und gegenseitig befüllbare Ladeeinheiten mögliche *Packstrategien* dargestellt. *Abb. 12.8* zeigt eine von fünf Seiten befüllbare EURO-Palette, die nach einem optimalen *Packschema* mit Kartons beladen ist.

Für quaderförmige Ladeeinheiten folgt aus den Außenabmessungen das *Außenvolumen* oder *Bruttovolumen* der Ladeeinheit

$$\mathrm{v}_{LE} = l_{LE} \cdot b_{LE} \cdot h_{LE} \tag{12.9}$$

und aus den Innenabmessungen das *Innenvolumen* oder *Nettovolumen*, auch *Laderaum* oder *Nutztraum* genannt

$$\mathrm{V}_{LE} = L_{LE} \cdot B_{LE} \cdot H_{LE}. \tag{12.10}$$

Das Verhältnis von Nettovolumen zum Bruttovolumen ist die *Volumeneffizienz* der Ladeeinheit:

$$\eta_{\mathrm{Veff}} = \mathrm{V}_{LE}/\mathrm{v}_{LE} \qquad [\%]. \tag{12.11}$$

Das Verhältnis von Nutzlast zum zulässigen Gesamtgewicht ist die *Gewichtseffizienz*

$$\eta_{\mathrm{Geff}} = \mathrm{G}_{LE}/\mathrm{g}_{LEges} \qquad [\%]. \tag{12.12}$$

Aus *Tabelle 12.2* ist ablesbar, daß die Volumeneffizienz der gebräuchlichsten Ladeeinheiten zwischen 75 % und 93 % liegt und im Mittel 85 % beträgt. Sie ist relativ unabhängig von der Größe der Ladeeinheiten. Die Gewichtseffizienz liegt für Ladehilfsmittel im Bereich 94 % bis 96 % und für Transporthilfsmittel im Bereich von 80 % bis 95 %.

Das *Eigengewicht* des Ladungsträgers verursacht einen *technischen Gewichtsverlust* $\eta_{\mathrm{Gver}} = 1-\eta_{\mathrm{Geff}}$. Die *Eigenabmessungen* des Ladungsträgers bewirken den *technischen Volumenverlust* $\eta_{\mathrm{Vver}} = 1-\eta_{\mathrm{Veff}}$. Technischer Gewichtsverlust und Volumenverlust werden von der *Konstruktion* und vom *Material* des Ladungsträgers bestimmt.

Aus den Stammdaten der einzelnen Ladeeinheiten lassen sich die *minimalen*, *mittleren* und *maximalen Werte* einer größeren Anzahl von Ladeeinheiten errechnen.

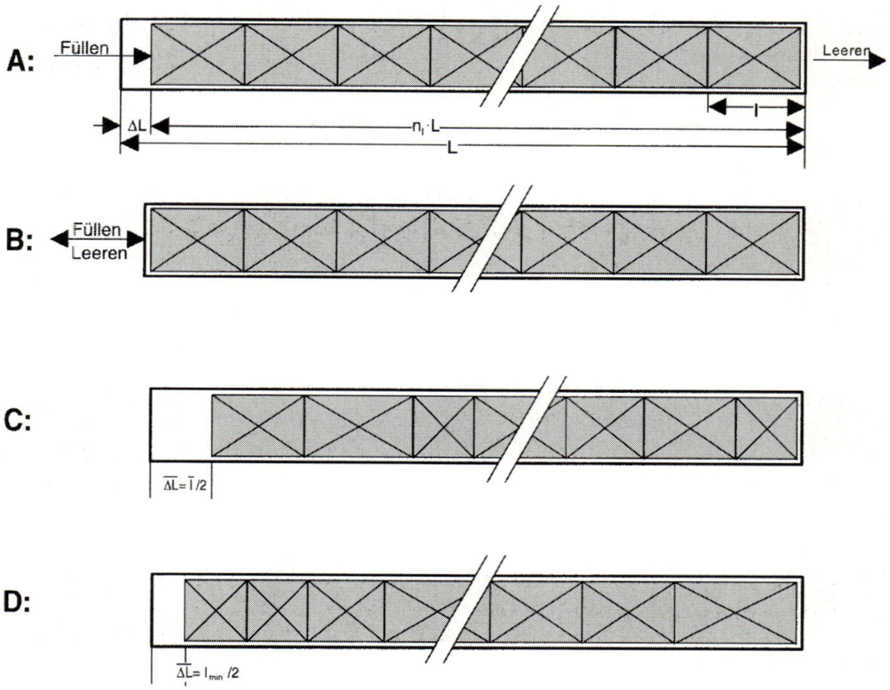


**Abb. 12.7** Eindimensional befüllte Ladeeinheiten

A: Längspackung ohne Längenanpassung bei gleichen Fülleinheiten
Kapazität $C = [L/l]$, Restlänge $\Delta L = L - [L/l] \cdot l$

B: Längspackung mit Längenanpassung bei gleichen Fülleinheiten
Kapazität $C = [L/l] = N_l$, Restlänge $\Delta L = 0$

C: ungeordnete Längspackung von ungleichen Fülleinheiten
Mittlere Kapazität $C = L/l + l/2$, Mittlere Restlänge $\Delta L = l/2$

D: geordnete Längspackung von ungleichen Fülleinheiten
Mittlere Kapazität $C = L/l + l_{min}/2$, Mittlere Restlänge $\Delta L = l_{min}/2$

## 4. Kapazität und Packungsgrad

Die *Kapazität* der Ladeeinheiten ist maßgebend für die Anzahl der Ladeeinheiten, die zur Unterbringung einer bestimmten *Verlademenge* oder *Füllmenge* benötigt wird:

- Die *Kapazität* oder das *Fassungsvermögen* einer Ladeeinheit $C_{LE}$ [FE/LE] ist die maximale Anzahl Fülleinheiten, die sich mit einer bestimmten *Packstrategie* unter Beachtung der *Packrestriktionen* in eine Ladeeinheit einfüllen läßt.

Bei *gewichtsbestimmter Ladung*, das heißt für $[G/g] < [V/v]$, wird die *maximale Kapazität* einer Ladeeinheit durch die zulässige Nutzlast und bei *volumenbestimmter Ladung*, das heißt für $[V/v] < [G/g]$, vom Laderaum begrenzt. Daher ist die *maximale Ladeeinheitenkapazität*

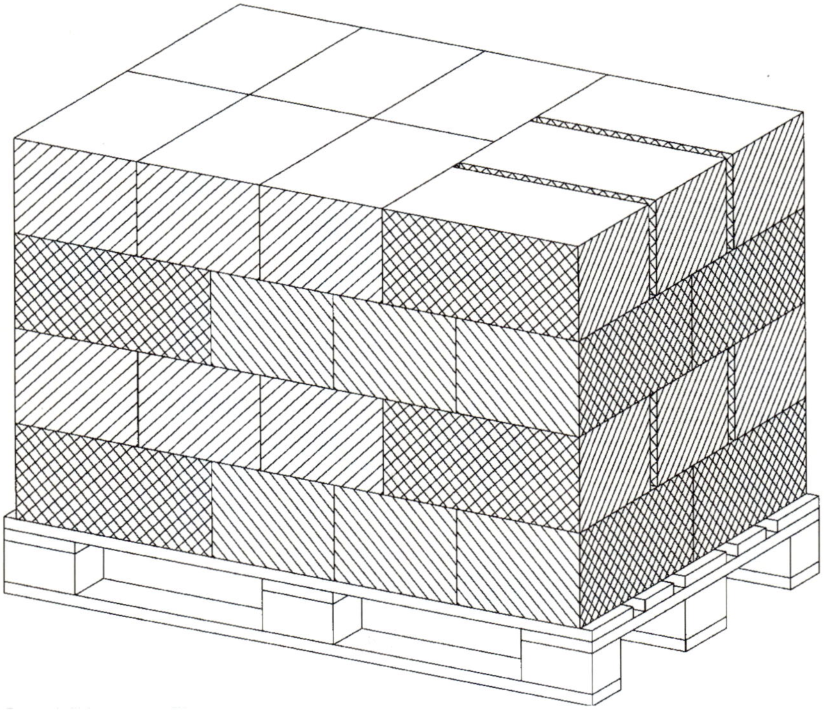

**Abb. 12.8** Optimales Packschema von Kartons auf einer CCG1-Palette

$$C_{max} = MIN([G/g];[V/v]) \qquad [FE/LE]. \qquad (12.13)$$

Hier wie in den folgenden Formeln bedeuten die eckigen Klammern [...] ein *Abrunden* des Klammerinhalts auf die nächst kleinere ganze Zahl.

Weiterhin wird auf die Indizes FE und LE verzichtet, wenn die Bedeutung der Größen ohne Indizierung aus dem Zusammenhang klar ist. Die kleinen Buchstaben *l*, *b*, *h*, v und *g* bezeichnen Außenmaße, Volumen und Gewicht der Fülleinheiten. Die großen Buchstaben *L*, *B*, *H*, V und *G* sind die Innenabmessungen, das Laderaumvolumen und die zulässige Nutzlast der Ladeeinheiten. Wenn das Befüllen mit ungleichen Fülleinheiten betrachtet wird, sind mit den gleichen Buchstaben die entsprechenden *Mittelwerte* einer ausreichend großen Gesamtheit gemeint.

Wenn die Beladung allein vom Gewicht bestimmt wird, ist zur Optimierung der Laderaumnutzung keine Packstrategie erforderlich. Wird für einen Teil einer größeren Lademenge die Kapazität vom Volumen und für einen Teil vom Gewicht bestimmt, kann der Ladeeinheitenbedarf durch eine *Ladungsverteilungsstrategie* minimiert werden (s. *Abschnitt 16.5.5*).

Bei volumenbestimmter Kapazität hängt die Volumennutzung und damit die Kapazität der Ladeeinheiten von der *Packstrategie* ab. Deren *Wirksamkeit* wird gemessen durch den *Packungsgrad*:

- Der *Packungsgrad* ist der Anteil des Innenvolumens $V_{LE}$ der Ladeeinheit, der bei voller Nutzung der Kapazität $C_{LE}$ vom Volumen $C_{LE} \cdot v$ der Fülleinheiten ausgefüllt wird:

$$\eta_{pack} = C_{LE} \cdot v/V \qquad [\%]. \qquad (12.14)$$

Der *Packverlust* ist der bei voller Nutzung der Kapazität unausgefüllte Anteil des Innenvolumens und ergibt sich aus dem Packungsgrad:

$$\eta_{pverl} = 1 - \eta_{pack} \qquad [\%]. \qquad (12.15)$$

Durch Umkehrung von Beziehung (12.14) folgt für einen bekannten Packungsgrad $\eta_{pack}$ die *effektive Ladeeinheitenkapazität*

$$C_{eff} = \eta_{pack} \cdot V/v. \qquad (12.16)$$

Ziel jeder Packstrategie ist eine Maximierung der effektiven Ladeeinheitenkapazität. Da eine komplizierte Packstrategie meist mit einem höheren Aufwand verbunden ist, muß sie zu einer besseren effektiven Kapazität führen als eine einfachere Packstrategie.

### 5. Ladeeinheitenbedarf und Füllungsgrad

Der *Ladeeinheitenbedarf* ist die *minimale Anzahl Ladeeinheiten*, die zur Unterbringung einer bestimmten *Füllmenge* benötigt wird. Der *Ladeeinheitenbedarf* für eine *Füllmenge* $m_{FA}$ [FE], die in gleichartigen Ladeeinheiten mit der *Kapazität* C verladen wird, ist daher:

$$\mathbf{M_{FA} = \{m_{FA}/C\}} \qquad \textbf{[LE].} \qquad (12.17)$$

Die geschweiften Klammern {...} bezeichnen in den Formeln ein *Aufrunden* des Klammerinhalts auf die nächst höhere ganze Zahl.

Ein Maß für die Wirksamkeit einer Füllstrategie ist der Füllungsgrad der Ladeeinheiten:

- Der *mittlere Füllungsgrad* ist das Verhältnis des tatsächlichen Inhalts zum maximal möglichen Inhalt aller Ladeeinheiten eines Füllauftrags

$$\eta_{füll} = m_{FA}/(M_{FA} \cdot C) \qquad [\%]. \qquad (12.18)$$

Bei optimaler Füllung ist $\eta_{füll}$ = 100 %. Wenn die Füllmenge kein ganzzahliges Vielfaches der Kapazität ist, entsteht pro Füllauftrag mindestens eine *Anbrucheinheit*, deren Inhalt kleiner als die Kapazität ist. Infolge der Anbrucheinheiten ist $\eta_{füll} < 100$ %.

Umgekehrt ist bei einem mittleren Füllungsgrad $\eta_{füll}$ von Ladeeinheiten mit der Kapazität C der Ladeeinheitenbedarf

$$M_{FA} = m_{FA}/(\eta_{füll} \cdot C). \qquad (12.19)$$

Bei vorgegebener Füllmenge und Ladeeinheitenkapazität wird der Füllungsgrad von der *Füllstrategie* bestimmt. Ziel jeder Füllstrategie ist eine Minimierung des Ladeeinheitenbedarfs durch Maximierung des Füllungsgrads.

## 12.4 Packstrategien

Fülleinheiten mit Abmessungen, die wesentlich kleiner als die Innenmaße der Ladeeinheit sind, können wie Schüttgut *ungeordnet* in Ladeeinheiten abgefüllt werden. Aus den Lücken zwischen den einzelnen Fülleinheiten und den Innenwänden der Ladeeinheit resultiert ein *Packverlust*, der umso größer ist, je ungeordneter, sperriger und größer die Fülleinheiten in Relation zur Ladeeinheit sind.

Durch *Anordnen* der Fülleinheiten nach geeigneten *Packstrategien* lassen sich die Packverluste minimieren und das Innenvolumen einer Ladeeinheit maximal nutzen.

- Eine *Packstrategie*, *Beladestrategie* oder *Staustrategie* ist ein Verfahren zum Stapeln von Fülleinheiten in oder auf einem Ladungsträger mit dem Ziel einer maximalen Nutzung des verfügbaren Laderaums unter Beachtung vorgebener *Packrestriktionen*.

Packstrategien sind typische *Ordnungsstrategien*, deren Strategievariablen die Anordnungsmöglichkeiten der Fülleinheiten in einer Ladeeinheit sind.

Eine *Packstrategie* ist entweder eine allgemeine *Packvorschrift* mit bestimmten *Regeln* für das Anordnen, Stapeln und Stauen der Fülleinheiten oder ein individuelles *Packschema*, das heißt, eine bestimmte räumliche Anordnung der Fülleinheiten in der Ladeeinheit, wie das in *Abb. 12.8* gezeigte *Palettierschema* für Kartons. Im Unterschied zu einem Packschema ist eine Packvorschrift ein *Algorithmus*, aus dem sich allgemeingültige Formeln zur Berechnung der Kapazität herleiten lassen.

### 1. Packrestriktionen

Beim Befüllen einer Ladeeinheit mit unteilbaren Fülleinheiten sind folgende *allgemeine Packrestriktionen* zu beachten:

- *Ganzzahligkeitsbedingung*: Eine Ladeeinheit kann nur ein *ganze Anzahl* von Fülleinheiten enthalten.
- *Gewichtsbeschränkung*: Das Füllgewicht muß kleiner sein als die *Nutzlast* der Ladeeinheit.
- *Maßbegrenzung der Fülleinheiten*: Die größte Abmessung der Fülleinheiten muß kleiner sein als das größte Innenmaß, die zweitgrößte Abmessung kleiner als das zweitgrößte Innenmaß und die kleinste Abmessung kleiner als das kleinste Innenmaß der Ladeeinheit.

Bei seitlich oder nach oben offenen Ladungsträgern, wie Paletten, besteht zusätzlich eine *Maßbegrenzung der Ladeeinheiten*: Die Außenmaße der beladenen Ladeeinheit dürfen bestimmte Maximalmaße nicht überschreiten.

Die maximale Beladehöhe von Ladeeinheiten, die durch das Befüllen *geschlossener Ladungsträger*, wie Behälter, Gitterboxen und Container, gebildet werden, ist konstruktiv festgelegt. Für *flache Ladungsträger*, wie Paletten oder Bodenlagerplätze, ist hingegen die *Beladehöhe* in Grenzen frei wählbar [105; 113]. Sie wird entweder durch eine *maximale Beladehöhe* $H_{max}$, durch die zulässige *Nutzlast* oder die *Stapelbarkeit der Fülleinheiten* begrenzt. Die Beladehöhe ist daher eine zur Optimierung nutzbare Variable [105]. Für einige Ladeeinheiten, beispielsweise für Paletten mit zulässigem Lastüberstand oder für die Bodenlagerplätze eines Blocklagers, sind außer der Höhe auch die Länge und die Breite der Ladeeinheit begrenzt veränderliche Optimierungsparameter.

Wenn verschiedene Ladungsträger mit unterschiedlicher Konstruktion oder Abmessung verfügbar sind, besteht eine weitere *Optimierungsmöglichkeit* in der *Auswahl* der Ladeeinheiten und in der *Zuordnung* des Füllguts zu den im Einsatz befindlichen Ladungsträgern. Hierfür werden geeignete *Auswahl-* und *Zuweisungsstrategien* benötigt (s. *Kapitel 16*, *Abschnitt 11.15.3* und *Kapitel 19*).

*Spezielle Packrestriktionen*, die sich nur auf einzelne Fülleinheiten oder bestimmte Ladeeinheiten beziehen, sind:

- *Stapelrestriktionen*: Die Fülleinheiten dürfen wegen begrenzter *Belastbarkeit* oder *Kippgefahr* nur in beschränkter Anzahl übereinander gestellt werden.
- *Höhenvorgaben*: Eine Seite der Fülleinheiten ist als Oberseite vorgegeben und dadurch eine Kante als Höhenrichtung ausgezeichnet.
- *Anordnungsrestriktionen*: Eine Seite der Fülleinheiten muß, z.B. zum Lesen einer Kodierung, in einer bestimmten Richtung oder an einer zugänglichen Außenseite angeordnet sein.
- *Sicherheitsanforderungen*: Die Fülleinheiten müssen, beispielsweise, um ein Umkippen, ein Verrutschen oder eine Schieflage zu vermeiden, in der Ladeeinheit gleichmäßig verteilt sein, oder, um eine bessere Ladungssicherheit zu erreichen, in zueinander verdrehten oder miteinander verschränkten Lagen gestapelt werden.

Hinzu kommen fallweise *technische Restriktionen*, wie spezielle Stapel- oder Lagervorschriften für Langgut, Flachgut oder Sperrigteile.

**2. Packoptimierung**

Die Aufgabe der Packoptimierung ist die Lösung eines *mehrdimensionalen Verschnittproblems* [120]. Zur Durchführung der Packoptimierung gibt es heute leistungsfähige *Packoptimierungsprogramme*, die nach unterschiedlichen OR-Verfahren arbeiten [121; 122]:

Beispielsweise werden nach dem Verfahren der *Vollenumeration* durch systematische Permutation für vorgegebene Fülleinheiten und Ladeeinheiten alle möglichen Packungsschemata erzeugt. Aus den zulässigen Lösungen, die alle Packrestriktionen erfüllen, wird durch Vergleich der Packungsgrade das *optimale Packungsschema* ausgewählt. Die zur Packoptimierung durch Vollenumeration benötigte Rechenzeit nimmt mit der Kapazität C der Ladeeinheiten rasch zu, denn die Anzahl $N_{PS}$ aller möglichen Packungsschemata liegt bei dreidimensionaler Befüllung zwischen $3! \leqq N_{PS} \leqq 3! \cdot C!$. Der hohe Rechenaufwand für eine exakte Packoptimierung ist allerdings heute für einen leistungsfähigen Rechner von untergeordneter Bedeutung.

Packoptimierungsprogramme sind einsetzbar zur Ermittlung des optimalen *Packschemas* für *gleiche Fülleinheiten* und zur Ermittlung eines optimalen *Stauschemas* für *unterschiedliche Fülleinheiten*. Wenn mehrere Pack- und Füllrestriktionen zu beachten sind, kann in vielen Fällen das optimale Pack- oder Stauschema nur mit Hilfe eines Packoptimierungsprogramms generiert werden.

Ein Pack- oder Stauschema, das nach einem OR-Verfahren generiert wird, ist jeweils nur für den betrachteten Einzelfall optimal. Daher ist die Anwendbarkeit der Packoptimierungsprogramme beschränkt auf die operative Ermittlung von optimalen Pack-und Stauschemata für definierte Füllaufträge.

Allgemeingültige Berechnungsformeln für die *mittlere Kapazität* und den *durchschnittlichen Ladeeinheitenbedarf* bei unterschiedlichen Fülleinheiten und Füllmengen lassen sich hingegen mit Hilfe von Packoptimierungsprogrammen nicht herleiten. Die Abhängigkeit der Kapazität und des Ladeeinheitenbedarfs von den Fülleinheiten und der Füllmenge aber muß für die Gestaltung und Optimierung von Lieferketten und Logistiksystemen bekannt und quantifizierbar sein. Hierfür werden nachfolgend allgemeine Packstrategien mit Packvorschriften entwickelt und für diese Formeln zur Berechnung von Kapazität und Pakkungsgrad bei gleichen und unterschiedlichen Fülleinheiten hergeleitet.

### 3. Packstrategien für gleiche Fülleinheiten

Die einfachste Strategie zur Packoptimierung gleicher quaderförmiger Fülleinheiten in einem ebenfalls quaderförmigen Laderaum ist die in *Abb. 12.4* dargestellte *Packstrategie* 1:

- *Parallelpackung mit fester Seitenausrichtung*: Beginnend in einer unteren Ecke der Ladeeinheit werden die Fülleinheiten mit ihren Seitenflächen in einer vorgegebenen Ausrichtung parallel zu den Innenflächen der Ladeeinheit lückenlos nebeneinander, hintereinander und übereinander angeordnet.

Bei Seitenausrichtung der Fülleinheiten mit $l$ parallel zu $L$, $b$ parallel zu $B$ und $h$ parallel zu $H$ ist die *Kapazität* der Ladeeinheit mit der *Packstrategie* 1:

$$C(l,b,h)=[L/l]\cdot[B/b]\cdot[H/h] \qquad [\mathrm{FE/LE}]. \qquad (12.20)$$

Der *Packungsgrad* folgt durch Einsetzen von (12.20) in Beziehung (12.14). Für Parallelpackungen mit anderer Seitenausrichtung ergeben sich die Kapazität und der Packungsgrad aus den Beziehungen (12.20) und (12.14) durch entsprechende Vertauschung von $l$, $b$ und $h$ bei festgehaltenem $L$, $B$ und $H$.

Wenn nur die Höhenrichtung fest vorgegeben und die Anordnung in Längs- und Breitenrichtung frei ist, läßt sich die Packstrategie 1 verbessern zur *Packstrategie* 2A:

- *Parallelpackung mit höhenbeschränkter Seitenpermutation*: Von den Packschemata, die mit der Parallelpackung für die zwei möglichen Anordnungen resultieren, wird das Packschema mit dem besseren Packungsgrad gewählt.

Die *Kapazität* der Ladeeinheiten mit der *Packstrategie* 2A ist

$$C_{2A} = \mathrm{MAX}\big(C(l,b,h);C(b,l,h)\big). \tag{12.21}$$

Hierin sind $C(l,b,h)$ und $C(b,l,h)$ die durch Beziehung (12.20) gegebenen Kapazitäten bei fester Seitenausrichtung.

Wenn die Seitenausrichtung durch keine Höhen- oder Seitenrestriktion beschränkt wird, ist ein weiterer Schritt zur Optimierung die *Packstrategie* 2B:

- *Parallelpackung mit vollständiger Seitenpermutation*: Von den maximal 6 möglichen Ausrichtungen der Seitenflächen der Fülleinheiten in Relation zu den Seitenflächen der Ladeeinheit wird die Seitenausrichtung mit dem besten Packungsgrad ausgewählt.

Mit der *Packstrategie* 2B ist die *Kapazität* der Ladeeinheit

$$C_{2B} = \mathrm{MAX}\big(\mathrm{PERM}\big(C(l,b,h)\big)\big). \tag{12.22}$$

Hierin sind

$$\mathrm{PERM}\big(C(l,b,h)\big) = \big(C(l,b,h);C(l,h,b);C(b,l,h);C(b,h,l);C(h,b,l);C(h,l,b)\big) \tag{12.23}$$

alle *Permutationen* der Maße $l$, $b$, $h$ in der Kapazität $C(l,b,h)$, die durch (12.20) gegeben ist.

Wie in *Abb.12.7* für die Längsrichtung dargestellt, ergibt sich bei der Parallelpackung in jeder Raumrichtung eine *Restlänge*, die minimal 0 und maximal gleich den Fülleinheitmaßen $l$, $b$ und $h$ ist, im Mittel also $l/2$, $b/2$ und $h/2$ beträgt. Wenn die Maße der Ladeeinheiten und/oder der Fülleinheiten nicht festgelegt sind, lassen sich die Restlängen der Fülleinheiten, die bei gleicher Ausrichtung nicht nutzbar sind, vermeiden durch die

- *Strategie der Maßanpassung*: Die Innenmaße der Ladeeinheit und die Außenmaße der Fülleinheiten werden im Verhältnis ganzer Zahlen $n_l$, $n_b$ und $n_h$ festgelegt, so daß

$$L = n_l \cdot l \qquad B = n_b \cdot b \qquad H = n_h \cdot h. \tag{12.24}$$

Die Kapazität der Ladeeinheiten ist bei optimaler Maßanpassung

$$C = n_l \cdot n_b \cdot n_h. \tag{12.25}$$

Die Strategie der Maßanpassung führt zu einem Packungsgrad $\eta_{pack} = 100$ %. Sie läßt sich in der Praxis entweder nutzen zur *Optimierung der Fülleinheitenabmessungen* bei vorgegebener Ladeeinheit oder zur *Optimierung der Ladeeinheitenabmessungen* bei vorgegebenen Abmessungen der Fülleinheiten. Die wechselseitige Abstimmung der Innen- und Außenabmessungen von Ladeeinheiten und Fülleinheiten hat zur Entwicklung der genormten *Standardeinheiten* geführt, die in *Tabelle 12.2* zusammengestellt sind.

Wenn die Abmessungen der Fülleinheiten und Ladeeinheiten fest vorgegeben sind und die Relation (12.24) nicht erfüllt ist, kann versucht werden, den Restraum durch die Packstrategien 3A und 3B zu nutzen. Die *Packstrategie* 3A ist die

- *Parallelpackung mit Restraumnutzung bei fester Höhenrichtung*: Wenn die Restlänge $L/l - l \cdot [L/l] > b$ ist, wird nach Durchführung der Parallelpackstrategie in *Längsrichtung* ein weiterer Stapel errichtet, in dem Länge $l$ und Breite $b$ der Fülleinheiten vertauscht sind.

Für $l > b$ ist die *Kapazität* der Ladeeinheit mit Packstrategie 3A:

$$C(l,b,h)=[L/l]\cdot[B/b]\cdot[H/h]+[(L-l\cdot[L/l])/b]\cdot[B/l]\cdot[H/h]. \qquad (12.26)$$

Die *Packstrategie* 3B ist die

- *Parallelpackung mit Restraumnutzung bei freier Höhenrichtung* mit den Schritten:
  *Schritt 1*: Wenn die *Restlänge* $L/l - l \cdot [L/l] > b$ oder $h$ ist, wird nach Durchführung der Parallelpackstrategie in *Längsrichtung* ein weiterer Stapel errichtet, in dem Länge und Breite oder Länge und Höhe der Fülleinheiten vertauscht sind.
  *Schritt 2*: Wenn die *Restbreite* $B/b - b \cdot [B/b] > l$ oder $h$ ist, wird nach Durchführung der Parallelpackstrategie in *Querrichtung* ein weiterer Stapel errichtet, in dem Breite und Höhe oder Breite und Länge der Fülleinheiten vertauscht sind.
  *Schritt 3*: Wenn die *Resthöhe* $H/h - h \cdot [H/h] > l$ oder $b$ ist, wird nach Durchführung der Parallelpackstrategie in *Höhenrichtung* eine weitere Lage aufgestapelt, in der Höhe und Breite oder Höhe oder Länge der Fülleinheiten vertauscht sind.

Mit l > b > h ist die *Kapazität* der Ladeeinheit mit *Packstrategie* 3B:

$$\begin{aligned} C(l,b,h)= {} & L/l \cdot B/b \cdot H/h + (L-l\cdot L/1\,/b) \cdot B/l \cdot H/h \\ & + (B-b\cdot B/b\,/h) \cdot L/l \cdot H/b\,. \end{aligned} \qquad (12.27)$$

Die Packstrategien der Parallelpackung mit Restraumnutzung lassen sich kombinieren mit der Strategie der Seitenpermutation zur *Packstrategie* 4A:

- *Parallelpackung mit Restraumnutzung und höheneingeschränkter Seitenpermutation.*

und zur *Packstrategie* 4B:

- *Parallelpackung mit Restraumnutzung und uneingeschränkter Seitenpermutation.*

Die Kapazität der Ladeeinheiten ergibt sich für die *Kombinationsstrategien* 4A und 4B mit Hilfe der Beziehung (12.22), wobei für die Kapazität $C(l,b,h)$ die Beziehung (12.26) bzw. (12.27) einzusetzen ist.

Die Packoptimierung läßt sich systematisch weiter fortsetzen durch *sukzessives Drehen* von zwei, drei und mehr kompletten *Längs-*, *Quer-* oder *Höhenschichten* um 90 Grad, durch *Drehen einzelner Längs-, Quer- oder Hochstapel* und durch Kombination der Ergebnisse dieser Strategien mit den Strategien der Seitenpermutation und der Restraumnutzung. Für die *kombinierten Packstrategien* lassen sich ebenfalls Berechnungsformeln angeben, die mit der Anzahl der Drehungen und Permutationen immer länger werden. Wegen des dafür erforderlichen Platz-

| Rang | Nr. | Packstrategie | Restriktionen | Packungsgrad Mittelwert | Abweichung vom Optimum |
|---|---|---|---|---|---|
| 1. | OPT | Optimale Packung | keine | 92,8% | 0,0% |
| 2. | 4B | Parallelpackung + Restraumnutzung + Seitenpermutation | keine | 90,4% | 2,7% |
| 3. | 2B | Parallelpackung + Seitenpermutation | keine | 88,5% | 4,9% |
| 4. | 4A | Parallelpackung + Restraumnutzung + Seitenpermutation | Höhe | 86,2% | 7,7% |
| 5. | 2A | Parallelpackung + Seitenpermutation | Höhe | 83,6% | 11,0% |
| 6. | 3B | Parallelpackung + Restraumnutzung | keine | 81,6% | 13,7% |
| 7. | 3A | Parallelpackung + Restraumnutzung | Höhe | 77,5% | 19,8% |
| 8. | 1 | Parallelpackung | Höhe | 75,7% | 22,7% |

**Tab. 12.3** Packungsgrade für unterschiedliche Packstrategien

Berechnungsergebnisse für je 50 unterschiedliche Füllaufträge zum Beladen von Paletten unterschiedlicher Abmessungen mit quaderförmigen Paketen

| | |
|---|---|
| mittleres Packstückvolumen | 18 l/Gebinde |
| mittleres Ladeeinheitenvolumen | 1.323 l/Palette |
| Füllstücke mit Seitenausrichtung | l > b |
| mittlere Seitenrelation | l : b = 1,46 |

bedarfs wird hier auf die Angabe dieser Berechnungsformeln verzichtet, die sich der interessierte Leser analog zu den obigen Beziehungen selbst herleiten kann.

Die Formeln lassen sich verwenden für ein Programm zur Berechnung von Kapazität und Packungsgrad bei unterschiedlichen Packstrategien in Abhängigkeit von den Abmessungen der Fülleinheiten und der Ladeeinheiten. Mit Hilfe eines solchen *Packoptimierungsprogramms* wurden die in *Tabelle* 12.3 angegebenen mittleren Packungsgrade mit den beschriebenen Packstrategien für 50 verschiedene Versandkartons errechnet. Zum Vergleich ist in der Tabelle außerdem die Abweichung des mittleren Packungsgrads einer bestimmten Packstrategie vom Packungsgrad des jeweils optimalen Stapelschemas angegeben, das durch Vollenumeration ermittelt wurde [120; 121; 123].

Die *Tabelle 12.4* enthält die Ergebnisse einer Zufallssimulation der Abmessungen von 50 quaderförmigen Fülleinheiten, die nach den beschriebenen Packstrategien in Ladeeinheiten mit einem Volumen, das 100 mal so groß ist wie das mittlere Volumen der Fülleinheiten, verladen wurden.

Aus den beiden Tabellen und weiteren Simulationsrechungen, bei denen alle relevanten Parameter, wie das Volumenverhältnis V/v, die Seitenausrichtung und das Innenseitenverhältnis $L : B : H$, systematisch variiert wurden, ergeben sich folgende *Gesetzmäßigkeiten* und *Regeln*:

- ▶ Mit zunehmendem Volumenverhältnis V/v, also mit abnehmender Fülleinheitengröße und zunehmender Ladeeinheitengröße, nehmen die Packungsgrade zu und die Unterschiede zwischen den Packstrategien ab.
- ▶ Die Packstrategie 4B der Parallelpackung mit Restraumnutzung und Seitenpermutation führt für Volumenverhältnisse V/v > 100, d.h. für Fülleinheiten, deren Abmessungen im Mittel mindestens um den Faktor 5 kleiner sind als die

| Rang | Nr. | Packstrategie | Restriktion | Packungsgrad Simulation | Verschnittfaktor | Packungsgrad Theorie |
|---|---|---|---|---|---|---|
| 1. | OPT | Optimale Packung | keine | 87,7% | 0,20 | 87,6% |
| 1. | 4B | Parallelpackung + Restraumnutzung + Seitenpermutation | keine | 87,3% | 0,20 | 87,6% |
| 2. | 4A | Parallelpackung + Restraumnutzung + Seitenpermutation | Höhe | 84,3% | 0,25 | 84,7% |
| 3. | 3B | Parallelpackung + Restraumnutzung | keine | 81,6% | 0,30 | 81,8% |
| 3. | 2B | Parallelpackung + Seitenpermutation | keine | 82,8% | 0,30 | 81,8% |
| 4. | 3A | Parallelpackung + Restraumnutzung | Höhe | 75,9% | 0,40 | 76,3% |
| 4. | 2A | Parallelpackung + Seitenpermutation | Höhe | 77,2% | 0,40 | 76,3% |
| 5. | 1 | Parallelpackung | Höhe | 72,8% | 0,50 | 71,0% |

**Tab. 12.4** Mittlerer Packungsgrad und Verschnittfaktoren von Packstrategien zum Befüllen von Ladeeinheiten

Simulation: mittlerer Packungsgrad für 50 verschiedene Füllaufträge mit quaderförmigen Füllstücken
Theorie: mittlerer Packungsgrad nach Beziehung (12.36)
Relativer Laderaum $V/v = 100$
Mittlere Seitenrelation $l : b = 1{,}6$; $b : h = 2{,}2$

Innenmaße der Ladeeinheit, zu mittleren Packungsgraden, die mit maximal 0,5 % nur unwesentlich vom mittleren Packungsgrad der optimalen Packstrategie abweichen.

- Die optimale Packstrategie kann im Vergleich zur Packstrategie 4B, abhängig vom Einzelfall, für relativ große Fülleinheiten mit $V/v < 10$, d.h. für Fülleinheitenabmessungen größer als 1/3 der Ladeeinheitenmaße, im Mittel zu Verbesserungen des Packungsgrads um mehr als 10 % führen.
- Eine Höhenrestriktion verschlechtert den erreichbaren Packungsgrad für Volumenrelationen $V/v > 100$ um weniger als 5 % und für $V/v < 10$ im Mittel um 5 bis 10 %.
- Die einfache Packstrategie 2B der Parallelpackung mit Seitenpermutation ergibt im Mittel nahezu die gleichen Packungsgrade wie die Strategie 3B der Parallelpackung mit Restraumnutzung. Beide Packstrategien sind also nahezu gleichwertig.
- Für Volumenrelationen $V/v > 100$ führen die einfachen Packstrategien 2B und 3B zu Packungsgraden, die im Mittel bis zu 5 % geringer sind als der Packungsgrad des optimalen Packschemas.
- Für Volumenrelationen $V/v < 10$ sind die Packungsgrade der einfachen Strategien 2B und 3B im Mittel bis zu 10 % schlechter als der Packungsgrad des optimalen Packschemas.
- Die einfache Packstrategie 1 der reinen Parallelpackung ist für Volumenrelationen $V/v$ bis 1.000 um 10 bis 20 % schlechter als die optimale Packstrategie. Sie ist nur ausreichend für relativ kleine Fülleinheiten mit einem Volumenverhältnis $V/v$ deutlich über 1.000.

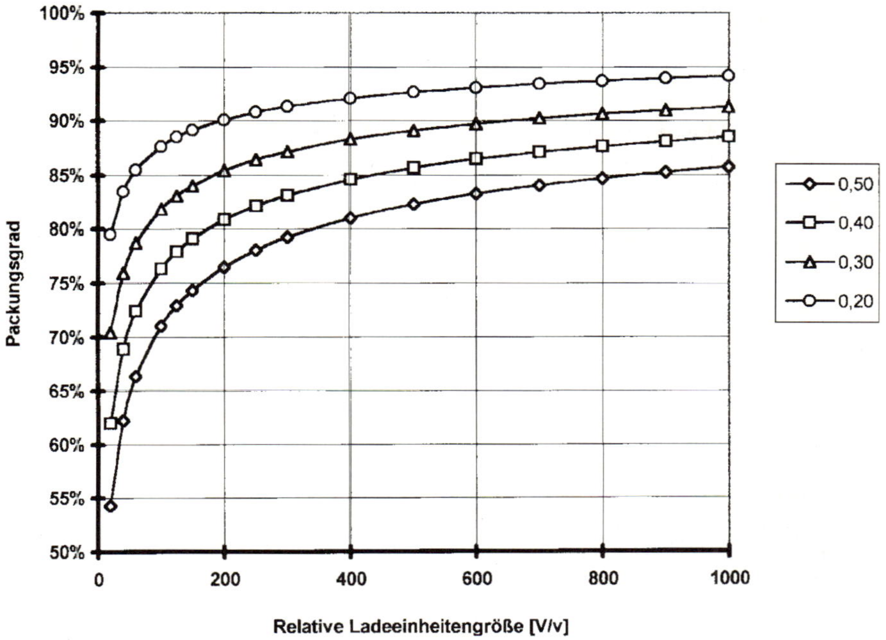


**Abb. 12.9** Packungsgrad als Funktion der relativen Ladeeinheitengröße
Parameter: Verschnittfaktoren verschiedener Packstrategien

Für die erreichbare Volumennutzung ist vor allen anderen Einflußfaktoren das Verhältnis V/v der Größe des Laderaums zur Größe der Fülleinheiten, also die *relative Laderaumgröße* maßgebend (s. *Abb. 12.9*).

## 4. Mittlere Kapazität und Packungsgrad

Zur Auswahl, Dimensionierung und Optimierung von Ladeeinheiten in Logistiksystemen mit Fülleinheiten unterschiedlicher Abmessungen werden Berechnungsformeln für die *Mittelwerte* von Kapazität und Packungsgrad der Ladeeinheiten benötigt. Dafür wird zunächst eine Vielzahl von Füllaufträgen, mit in sich gleichen Fülleinheiten betrachtet, die aber von Auftrag zu Auftrag unterschiedlich sind.

Die nachfolgenden Berechnungsformeln beziehen sich jeweils auf eine *hinreichend homogene Gesamtheit von Fülleinheiten*, deren Einzelabmessungen um die Mittelwerte $l$, $b$ und $h$ so weit streuen, daß die unstetige *Ganzzahligkeitsfunktion* [...] mit ausreichender Genauigkeit durch eine *Mittelwertsfunktion* ersetzt werden kann. Das ist der Fall, solange die Streuung der Einzelabmessungen größer ist als ein Viertel der Mittelwerte. Andererseits sind die maximalen Fülleinheitenabmessungen durch die Innenmaße der Ladeeinheit begrenzt.

Wenn die Abmessungen der Fülleinheiten um weniger als ein Viertel der Mittelwerte schwanken, kann näherungsweise mit den Ganzzahligkeitsfunktionen gerechnet werden, in die für diesen Fall jeweils die Mittelwerte einzusetzen sind. Die Ganzzahligkeitsfunktion hat allerdings den Nachteil, daß sie nicht differenzierbar und daher für analytische Optimierungsrechnungen ungeeignet ist.

Für unterschiedliche Längen $l$ der Fülleinheit liegen die durch das Abrunden entstehenden ganzen Zahlen [L/l] zufallsverteilt in dem Intervall

$$L/l - 1 \leqq [L/l] \leqq L/l\,. \tag{12.28}$$

Daher ist im Mittel

$$[L/l] \cong L/l - 1/2\,. \tag{12.29}$$

Die Beziehung (12.29) besagt, daß durch das ganzzahlige Abrunden im Mittel der Betrag 1/2 verloren geht. Der mittlere *Verschnittverlust*, das heißt die mittlere *Restlänge* beträgt also bei eindimensionaler Beladung $0{,}5 \cdot l$. Analog gilt für die Mittelwerte der Breiten- und Höhenverhältnisse:

$$[B/b] \cong B/b - 1/2 \quad \text{und} \quad [\mathrm{H/h}] \cong H/h - 1/2\,. \tag{12.30}$$

Wie in den *Abb. 12.4* und *12.7* dargestellt, besagen diese Formeln, daß aus der Unterteilbarkeit der Fülleinheiten *Restlängen* resultieren, die im Mittel gleich den halben Kantenlängen der Fülleinheiten in der betreffenden Richtung sind.

Durch Einsetzen der Beziehungen (12.29) und (12.30) anstelle der Ausdrücke mit den eckigen Klammern in die Formel (12.20) ergibt sich für die *mittlere Kapazität* der Ladeeinheit bei dreidimensionaler Befüllung nach der einfachen Parallelpackungsstrategie mit Fülleinheiten unterschiedlicher Abmessungen:

$$\mathrm{C}(l,b,h) = (1 - 0{,}5 \cdot l/L) \cdot (1 - 0{,}5 \cdot b/B) \cdot (1 - 0{,}5 \cdot h/H) \cdot \mathrm{V/v}\,. \tag{12.31}$$

Nach Beziehung (12.7) ist im Mittel $b = 3/4 \cdot \mathrm{v}/(l \cdot h)$. Wird dieser Ausdruck für die mittlere Breite einer Fülleinheit in Beziehung (12.31) eingesetzt, folgt durch Nullsetzen der partiellen Ableitung nach $l$ bei festgehaltenem $h$ und v, daß die Kapazität ein Maximum erreicht, wenn $l/b = L/B$ ist. Ebenso folgt durch Variieren von $l$ bei festem $b$ und v, daß die Kapazität für $l/h = L/H$ maximal ist. Analoge Berechnungen lassen sich auch für die übrigen Packstrategien durchführen. Hieraus folgt der Satz:

▶ Die mittlere Kapazität ist bei einer Befüllung ohne Packrestriktionen am größten, wenn das Seitenverhältnis der Fülleinheiten gleich dem Seitenverhältnis der Ladeeinheiten ist

$$l : b : h = L : B : H\,. \tag{12.32}$$

Wenn nicht grade eine Innenlänge der Ladeeinheit ein ganzzahliges Vielfaches einer Kante der Fülleinheit ist, ergibt sich ein optimaler Packungsgrad mit der

▶ *Seitenausrichtungsstrategie*: Beginnend an einer unteren Ecke der Ladeeinheit werden die Fülleinheiten mit der längsten Kante parallel zur längsten Innenseite der Ladeeinheit und mit der zweitlängsten Kante parallel zur zweitlängsten Innenseite der Ladeeinheit aufgestapelt.

Unter Berücksichtigung der Relation (12.6) für das mittlere Seitenverhältnis der Fülleinheiten folgt aus (12.32) die *Regel*:

▶ Das *optimale Seitenverhältnis* uneingeschränkt befüllbarer Ladeeinheiten mit dem geringsten mittleren Packungsverlust für eine Vielzahl unterschiedlicher Fülleinheiten ist

$$L : B : H = 3 : 2 : 1. \tag{12.33}$$

Aus *Tabelle 12.2* ist zu entnehmen, daß die Grundmaße *L* und *B* vieler Standardbehälter und Normpaletten dieser Regel entsprechen [106; 111].

Aus den Beziehungen (12.8) und (12.32) folgen für unkorrellierte Längen, Breiten und Höhen der Fülleinheiten und der Ladeeinheiten bei optimalem Seitenverhältnis, im Mittel die Beziehungen

$$L/l = B/b = H/h = \left(\mathrm{V}/\mathrm{v}\right)^{1/3}. \tag{12.34}$$

Durch Einsetzen dieser Beziehungen in die Formel (12.31) und in die entsprechenden Formeln für die Kapazität der übrigen Packstrategien ergibt sich©:

▶ Die *mittlere Kapazität* einer uneingeschränkt befüllbaren Ladeeinheit mit dem Innenvolumen V ist für unterschiedliche Fülleinheiten mit dem mittleren Volumen v

$$\mathrm{C} = \left(1 - \mathrm{f_{str}} \cdot \left(\mathrm{v}/\mathrm{V}\right)^{1/3}\right)^3 \cdot \mathrm{V} / \mathrm{v}. \tag{12.35}$$

Gemäß Definition (12.14) ist damit der *mittlere Packungsgrad:*

$$\eta_{\mathrm{pack}} = \left(1 - \mathrm{f_{str}} \cdot \left(\mathrm{v}/\mathrm{V}\right)^{1/3}\right)^3. \tag{12.36}$$

Der *Verschnittfaktor* $f_{str}$ hängt von der Packstrategie ab. Bei Befüllung einer Ladeeinheit nach der einfachsten Parallelpackstrategie liegt der Verschnittfaktor zwischen 0 und 1 und ist im Mittel 0,5. Für die übrigen Packstrategien ergeben sich aus Analysen und Simulationsrechnungen die *Verschnittfaktoren:*

| Nr. | *Packstrategie* | *Restriktion* | *Verschnittfaktor* $f_{str}$ |
|---|---|---|---|
| 1 | Parallelpack | keine | 0,50 |
| 2A | Parallelpack + Seitenpermutation | Höhe | 0,40 |
| 3A | Parallelpack + Restraumnutzung | Höhe | 0,40 |
| 2B | Parallelpack + Seitenpermutation | keine | 0,30 |
| 3B | Parallelpack + Restraumnutzung | keine | 0,30 |
| 4A | Parallelpack + Restraumn. + Seitenperm. | Höhe | 0,25 |
| 4B | Parallelpack + Restraumn. + Seitenperm. | keine | 0,20 |
| OPT | Optimale Packung | keine | 0,20. |

Mit diesen Verschnittfaktoren errechnen sich aus Beziehung (12.36) mittlere Packungsgrade, die für größeren Ladeeinheiten mit V/v > 20 weitgehend unabhängig von der relativen Laderaumgröße V/v mit einer Genauigkeit von besser als 2 % mit den simulierten mittleren Packungsgraden übereinstimmen.

So zeigt *Tabelle 12.4* für die relative Laderaumgröße V/v = 100 den Vergleich der mittleren Packungsgrade, die sich aus einer Simulationsrechnung ergeben, mit den theoretischen Werten aus Beziehung (12.36). In *Abb. 12.9* ist die mit Hilfe der Beziehung (12.36) berechnete Abhängigkeit des durchschnittlichen Packungsgrads vom relativen Laderaum V/v für unterschiedliche Verschnittfaktoren dargestellt.

**5. Beladestrategie für gemischte Befüllung**

Wenn die Fülleinheiten eines Füllauftrags unterschiedliche Abmessungen haben und in den Ladeeinheiten gemischt werden dürfen, läßt sich die mittlere Restlänge in den drei Raumrichtungen durch Befüllen der Ladeeinheiten mit Fülleinheiten in absteigender Größe reduzieren. Wie in *Abb. 12.7 C* und *D* dargestellt, ergibt sich dadurch in Längsrichtung eine von $l/2$ auf $l_{min}/2$ verminderte mittlere Restlänge, wenn $l$ die mittlere und $l_{min}$ die kürzeste Länge der Fülleinheiten sind.

Aus dieser Überlegung resultiert die *Beladestrategie für gemischte Befüllung ohne Reihenfolgerestriktion* mit den Schritten:

*Schritt 1*: Die Fülleinheiten des Auftrags werden nach absteigender Größe geordnet.

*Schritt 2*: Die Fülleinheiten mit dem größten Volumen werden nach der Parallelpackstrategie mit Seitenpermutation in die hierfür benötigte Anzahl Ladeeinheiten eingefüllt.

*Schritt 3*: Aus der verbleibenden Menge werden die Fülleinheiten mit dem nächstgrößten Volumen ausgewählt, die grade noch in die Resträume der teilbefüllten Ladeeinheiten hineinpassen und in die Resträume nach der Parallelpackstrategie mit Restraumnutzung gepackt.

*Schritt 4*: Der Schritt 3 wird mit den nächst kleineren Fülleinheiten fortgesetzt, bis sich keine der verbleibenden Fülleinheiten mehr in den Resträumen unterbringen läßt.

*Schritt 5*: Mit den übrigen Fülleinheiten werden die Schritte 1 bis 4 solange durchlaufen bis alle Fülleinheiten in Ladeeinheiten eingefüllt sind.

Mit dieser Mehrschrittstrategie werden die Resträume mindestens so gut genutzt, wie beim Befüllen der Ladeeinheiten mit gleichen Fülleinheiten, deren Abmessungen gleich den mittleren Abmessungen der ungleichen Fülleinheiten sind. Wegen der kleinen Fülleinheiten sind die Restlängen im Mittel kleiner als bei einer Befüllung mit gleichen Fülleinheiten. Hieraus folgt die *Regel*:

▶ Die mittlere Kapazität und der durchschnittliche Packungsgrad einer Ladeeinheit sind bei *gemischter Befüllung mit ungleichen Fülleinheiten* nach der Mehrschrittstrategie ohne Reihenfolgerestriktion ebenfalls mit den Beziehungen (12.35) und (12.36) berechenbar.

Bei gemischter Befüllung mit ungleichen Fülleinheiten nach der Parallelpackstrategie mit Seitenpermutation liegt der Verschnittfaktor im Bereich

$$0{,}10 \leq f_{str} \leq 0{,}20. \qquad (12.37)$$

Wird für das Befüllen der Ladeeinheiten mit unterschiedlichen Fülleinheiten eine bestimmte Reihenfolge vorgegeben, die die möglichen Packstrategien einschränkt, vermindert sich der erreichbare Packungsgrad.

Wenn sich die Abmessungen der vorkommenden Fülleinheiten um mehr als einen Faktor 10 voneinander unterscheiden, ist es notwendig, durch geeignete *Clusterung* die Gesamtheit der Fülleinheiten in Gruppen hinreichend homogener Fülleinheiten aufzuteilen und die Gestaltung, Dimensionierung und Optimierung für jede dieser Gruppen gesondert durchzuführen. Eine derartige Clusterung der Artikel- oder Fülleinheiten und die Zuordnung optimaler Ladeeinheiten sind weitere *Bündelungs- und Ordnungsstrategien* zur Planung und Optimierung von Logistiksystemen.

## 12.5 Füllstrategien und Ladeeinheitenbedarf

Ziel der Packstrategien ist eine optimale Nutzung des Laderaums einer Ladeeinheit, um die Kapazität zu maximieren. Das Ziel der Füllstrategien ist die Minimierung des Anbruchverlusts eines Füllauftrags, um den Ladeeinheitenbedarf zu minimieren:

- Eine *Füllstrategie* ist ein Verfahren zum Verteilen der Fülleinheiten eines Auftrags auf eine minimale Anzahl von Ladungsträgern unter Beachtung vorgegebener *Füllrestriktionen.*

Füllstrategien sind ebenfalls *Ordnungsstrategien. Strategievariablen* sind die Verteilungsmöglichkeiten der Fülleinheiten eines Auftrags auf die Ladeeinheiten.

### 1. Füllrestriktionen

Beim Befüllen von Ladeeinheiten sind zusätzlich zu den Packrestriktionen bestimmte Füllrestriktionen zu beachten. Eine häufig vorkommende *Füllrestriktion* ist die

- *Positionsreine Befüllung*: Die einzelnen Ladeeinheiten dürfen nur Fülleinheiten der gleichen Position des Füllauftrags enthalten.

Wenn die Positionen eines Füllauftrags einzelne Artikel betreffen, bedeutet die positionsreine Befüllung *Artikelreinheit*: Die einzelnen Ladeeinheiten dürfen jeweils nur die Fülleinheiten eines Artikels enthalten. Artikelgemischte Ladeeinheinheiten sind unzulässig.

Enthalten die Positionen des Füllauftrags jeweils den Inhalt nur eines Auftrags, ist Positionsreinheit gleichbedeutend mit *Auftragsreinheit*: Der Inhalt eines Auftrags darf nicht zusammen mit dem Inhalt anderer Aufträge in eine Ladeeinheit gefüllt werden. Auftragsgemischte Ladeeinheiten sind unzulässig, artikelgemischte Ladeeinheiten erlaubt.

Wenn die Füllauftragspositionen einzelne Sendungsinhalte betreffen, heißt Positionsreinheit *Sendungsreinheit* der Ladeeinheiten: Die Frachtstücke einer Sendung dürfen nicht zusammen mit den Frachtstücken anderer Sendungen in eine Ladeeinheit gefüllt werden. Sendungsgemischte Ladeeinheiten sind unzulässig, auftragsgemischte und artikelgemischte Ladeeinheiten erlaubt.

Eine weitere *Füllrestriktion* ist die

- *Reihenfolgerestriktion*: Die Fülleinheiten müssen in einer vorgegebenen Reihenfolge zugänglich sein und entsprechend eingefüllt werden.

Eine Reihenfolgerestriktion ist zum Beispiel die Beladefolge eines Transportmittels nach der Reihenfolge der Zielorte, um ein Umstapeln der Ladung beim Entladen zu vermeiden. Ein anderes Beispiel ist die Befüllung von Versandeinheiten zur Nachschubversorgung von Filialen in der Reihenfolge der Verkaufstheken, um die Entnahme zu erleichtern. Eine Reihenfolgerestriktion für das Befüllen von Lagerfächern ergibt sich aus dem FIFO-Prinzip (s. *Abschnitt 16.4*).

**2. Füllstrategie für gewichtsbestimmte Ladung**

Bei gewichtsbestimmter Ladung mit $G/g > V/v$ folgt aus der Unteilbarkeit und der begrenzten Belastbarkeit der Fülleinheiten sowie aus der Gewichtsbeschränkung der Ladeeinheiten die

▶ *Füllstrategie für gewichtsbestimmte Ladung*: Bis zum Erreichen der Nutzlast sind die schweren, großen, kompakten und belastbaren Fülleinheiten zuerst und die leichten, sperrigen, kleinen und belastungsempfindlichen Fülleinheiten weiter oben zu stapeln.

Die Füllstrategie für gewichtsbestimmte Ladung ist in analogen Schritten durchzuführen, wie die im letzten Abschnitt unter Punkt 5 beschriebene Beladestrategie für gemischte Befüllung. Dabei werden die Fülleinheiten im ersten Schritt nach absteigendem Gewicht geordnet.

Aus den Beziehungen (12.13) und (12.17) folgt für den *Ladeeinheitenbedarf* zur Unterbringung der Füllmenge $m_{FA}$ [FE] bei gewichtsbestimmter Ladung

$$M_{FA} = \{m_{FA}/[G/g]\} \qquad [LE]. \qquad (12.38)$$

Hierin ist $G$ die zulässige Nutzlast und $g$ das mittlere Fülleinheitengewicht. Die *ekkigen Klammern* bedeuten wie zuvor ein *Abrunden* auf die nächst kleinere ganze Zahl, die *geschweiften Klammern* ein *Aufrunden* auf die nächst größere ganze Zahl.

**3. Mengenanpassung und Kapazitätsanpassung**

Ein optimaler Füllungsgrad von 100 % wird erreicht, wenn beim Verladen einer Füllmenge keine Anbrucheinheiten entstehen. Wenn die Füllmengen verändert werden dürfen, lassen sich Anbrucheinheiten verhindern durch die

▶ *Mengenanpassungsstrategie*: Die Füllmenge oder Liefermenge $m_{FA}$ wird auf ein ganzzahliges Vielfaches $M_{FA} \cdot C$ der Ladeeinheitenkapazität C auf- oder abgerundet.

Die *Mengenanpassungsstrategie* wird in der Praxis vielfach genutzt: Die *Losgrößen* der Produktion werden auf ein ganzzahliges Vielfaches einer Palettenkapazität festgelegt, die *Nachschubmengen* auf den Inhalt ganzer Ladeeinheiten gerundet oder die *Versandmengen* für das gleiche Ziel angesammelt, bis die Kapazität einer Transporteinheit gefüllt ist.

Wenn die Füllmenge nicht veränderbar ist, aber die Kapazität der Ladeeinheiten angepaßt, ausgewählt oder verändert werden kann, besteht eine andere Möglichkeit zur Vermeidung oder Reduzierung der Anbruchverluste durch die

▶ *Kapazitätsanpassungsstrategie*: Die Kapazität der eingesetzten Ladeeinheiten wird so ausgewählt oder festgelegt, daß ein ganzzahliges Vielfaches $M_{FA} \cdot C$ der Ladeeinheitenkapazität möglichst gleich der Füllmenge $m_{FA}$ ist.

Für Packaufträge bedeutet die Kapazitätsanpassung die mengenabhängige Auswahl der Packmittel. Für Palettieraufträge besteht die Möglichkeit zum Einsatz von Paletten unterschiedlicher Abmessungen und Beladehöhen. Bei Transportaufträgen werden entsprechend der Ladungsgröße Transportmittel mit passender Kapazität ausgewählt.

Wenn alle Ladeeinheiten der Kapazität C mit einer Gesamtfüllmenge $m_{FA}$ gefüllt sind, ist der Ladeeinheitenbedarf eine ganze Zahl $M_{FA}$ im Intervall

$$m_{FA}/C \leq M_{FA} \leq (m_{FA} - 1)/C + 1. \qquad (12.39)$$

Mit der Kapazitätsanpassung gelingt es in der Regel nicht immer, Anbrucheinheiten vollständig zu vermeiden, sondern nur, den Füllungsgrad der Anbrucheinheiten im Vergleich zum Füllungsgrad ohne Kapazitätsanpassung deutlich zu verbessern. Eine weitere Verbesserung des Füllungsgrads ist durch Kombination der Kapazitätsanpassung mit der Mengenanpassung möglich.

### 3. Ladeeinheitenbedarf ohne Mengen- und Kapazitätsanpassung

Wenn keine Mengen- oder Kapazitätsanpassung möglich und die Streuung der Füllmengen eines betrachteten Auftragsclusters größer ist als die halbe der Ladeeinheitenkapazität, liegt der gemäß Beziehung (12.17) durch Aufrunden errechnete Ladeeinheitenbedarf $M_{FA}$ *zufallsverteilt* im Intervall

$$m_{FA}/C \leq M_{FA} \leq (m_{FA} - 1)/C + 1. \qquad (12.40)$$

Durch Mittelung über die Intervallgrenzen (12.40) folgt hieraus unter Berücksichtigung der Tatsache, daß pro Füllauftrag mindestens eine Ladeeinheit benötigt wird, der *Satz*©:

▶ Ohne Gewichtsbegrenzung, Mengenanpassung und Kapazitätsanpassung ist der *mittlere Ladeeinheitenbedarf* für eine Füllmenge $m_{FA}$ bei einer Kapazität C

$$\mathbf{M_{FA} = MAX(1; m_{FA}/C + (C-1)/2C)} \quad \textbf{[LE]}. \qquad (12.41)$$

Für Füllaufträge mit mehreren Positionen folgt:

▶ Ohne Gewichtsbegrenzung, Mengenanpassung und Kapazitätsanpassung ist der *mittlere Ladeeinheitenbedarf* für Füllaufträge mit der Füllmenge $m_{FA}$ und N Positionen, die *positionsrein* in Ladeeinheiten der Kapazität C zu befüllen sind,

$$M_{FA} = MAX\left(N; m_{FA}/C + N \cdot (C-1)/2C\right) \qquad [LE]. \qquad (12.42)$$

Die Formeln (12.41) und (12.42) resultieren aus dem auch anschaulich einsichtigen Sachverhalt, daß bei positionsreiner Befüllung ohne Mengenanpassung pro Position eine *Anbrucheinheit* entsteht, deren Inhalt zwischen 1 und C liegt und im Mittel (C-1)/2 beträgt. Der *Anbruchverlust* ist pro getrennt zu beladender Füllauftragsposition im Mittel (C-1)/2C einer Ladeeinheit.

Für C = 1 ensteht kein Anbruchverlust. Für C = 2 ist der mittlere Anbruchverlust pro Position 1/4 einer Ladeeinheit. Für große Kapazität $C \gg 1$ ist $(C-1)/2C \approx 0{,}5$ und der mittlere Anbruchverlust pro Position eine halbe Ladeeinheit.

*Abb. 12.10* zeigt für eine Ladeeinheitenkapazität C = 5 FE/LE die mit Formel (12.17) für konstante Füllmengen und mit Formel (12.41) für veränderliche Füllmengen errechneten Abhängigkeiten des Ladeeinheitenbedarfs von der Füllmenge. Die Funktion (12.41) ist im Bereich $m_{FA} > (C-1)/2$ eine mittlere Gerade durch die Treppenfunktion (12.17) und im Bereich $m_{FA} \leqslant (C-1)/2$ identisch mit der Treppenfunktion.

Wenn die Füllstücke mehrerer Artikel oder Aufträge *gemischt* in die Ladeeinheiten gefüllt werden dürfen, ist die Summe der zusammen einfüllbaren Artikel

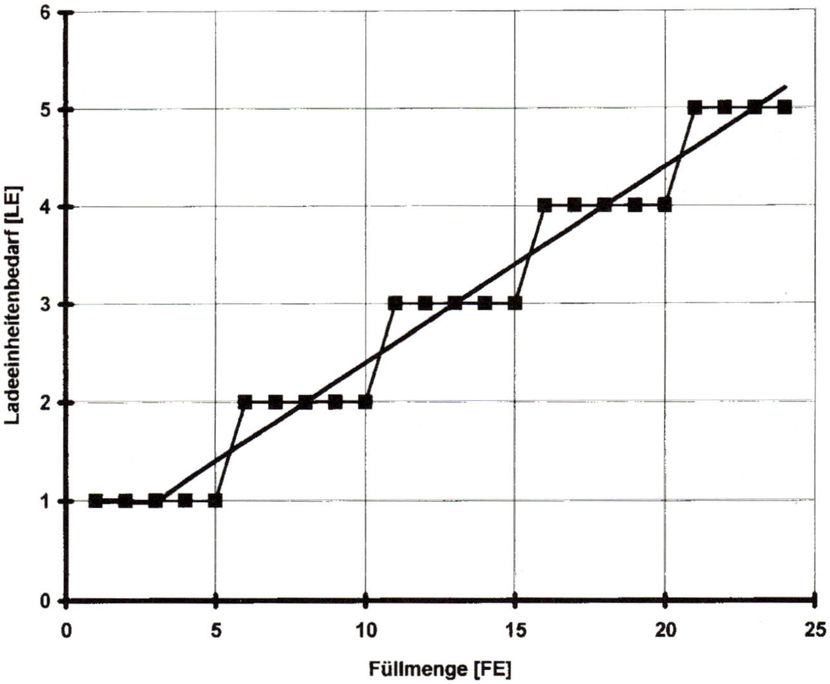


**Abb. 12.10** Ladeeinheitenbedarf als Funktion der Füllmenge

Ladeeinheitenkapazität: C = 5 FE/LE
Treppenfunktion: LE-Bedarf bei definierter Füllmenge nach Bez. (12.17)
Gradenverlauf: mittlerer LE-Bedarf bei variabler Füllmenge nach Bez. (12.41)

oder Aufträge eine Füllauftragsposition, für die Berechnungsformel (12.41) anwendbar ist. Enthält eine Füllauftragsposition $N_A$ Artikel, dann verteilt sich der Anbruchverlust der Füllposition auf die $N_A$ Artikel. Der mittlere Anbruchverlust pro Artikel ist dann $((C-1)/2C)/N_A$.

Durch Einsetzen der Beziehung (12.42) in die Definitionsgleichung (12.18) des mittleren Füllungsgrads folgt©:

- Ohne Gewichtsbegrenzung, Mengenanpassung und Kapazitätsanpassung ist der *mittlere Füllungsgrad* für Füllaufträge mit der Füllmenge $m_{FA}$ und N Positionen, die *positionsrein* in Ladeeinheiten der Kapazität C zu befüllen sind,

$$\eta_{\text{füll}} = m_{FA} / \text{MAX}(N \cdot C; m_{FA} + N \cdot (C-1)/2) \quad [\text{LE}]. \tag{12.43}$$

Aus dieser Funktion sind folgende *Gesetzmäßigkeiten* ablesbar, die in den *Abb. 12.11* und *12.12* für unterschiedliche Ladeeinheitenkapazitäten dargestellt sind:

- Der Füllungsgrad nimmt mit zunehmender *Kapazität* der Ladeeinheiten ab, da der Anbruchverlust pro Füllauftrag immer größer wird.
- Der Füllungsgrad verbessert sich mit zunehmender *Füllmenge*, da der Anbruchverlust pro Füllauftrag mit der Füllmenge abnimmt.

Diese Abhängigkeiten lassen sich durch die Berechnungsformel (12.43) quantifizieren. Sie sind für die Auswahl und Dimensionierung von Ladeeinheiten von grundlegender Bedeutung.

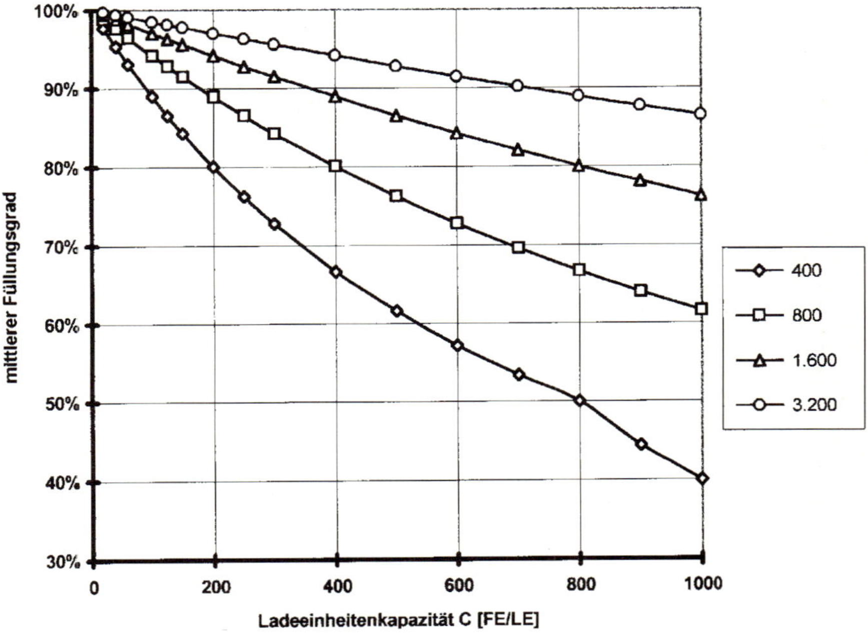


**Abb. 12.11** Kapazitätsabhängigkeit des Füllungsgrads von Ladeeinheiten
Parameter: mittlere Füllmenge pro Füllauftrag [FE/FA]

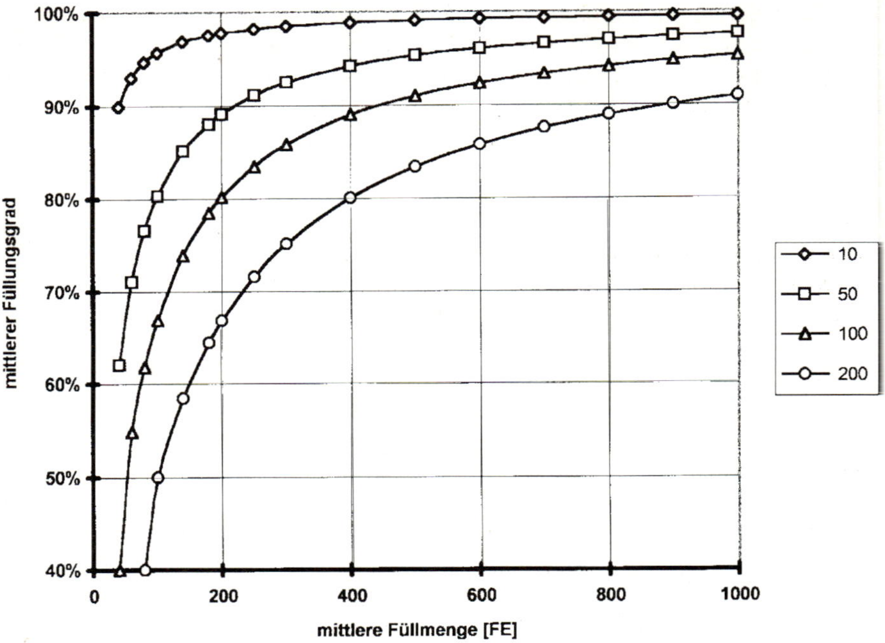


**Abb. 12.12** Füllmengenabhängigkeit des Füllungsgrads von Ladeeinheiten
Parameter: Kapazität der Ladeeinheiten [FE/LE]

## 4. Optimale Ladungsverteilung

In der Luftfracht, in der Seefracht und in Speditionen besteht eine Ladung häufig aus einer *Teilmenge* $m_A$ [FE], für die das Fassungsvermögen der Ladeeinheiten gewichtsbestimmt ist, und einer *Teilmenge* $m_B$ [FE], für die das Fassungsvermögen volumenbestimmt ist.

Für das Befüllen von Ladeeinheiten mit dem Laderaum $V_{LE}$, der Nutzlast $G_{LE}$ und der *spezifischen Nutzlast* $\gamma_{LE} = G_{LE}/V_{LE}$ mit Fülleinheiten, deren mittleres Volumen $v_A$, Gewicht $g_A$ und *spezifisches Gewicht* $\gamma_A = g_A/v_A > \gamma_{LE}$ ist, ist die *gewichtsbestimmte Kapazität*:

$$C_A = \left[G_{LE}/g_A\right]. \tag{12.44}$$

Für das Befüllen mit den Fülleinheiten der Teilladung B, deren mittleres Volumen $v_B$, Gewicht $g_B$ und *spezifisches Gewicht* $\gamma_B = g_B/v_B < \gamma_{LE}$ ist, ist bei einem Packungsgrad $\eta_{pack}$ die *volumenbestimmte Kapazität*:

$$C_B = \eta_{pack} \cdot V_{LE}/v_B. \tag{12.45}$$

Der gesamte *Ladeeinheitenbedarf* ist *bei separater Beladung:*

$$M_{sep} = \left\{m_A/C_A\right\} + \left\{m_B/C_B\right\}. \tag{12.46}$$

Von den $\{m_A/C_A\}$ gewichtsbestimmten Ladeeinheiten ist bei separater Beladung die Nutzlast voll ausgelastet aber ein Teil des Laderaums nicht gefüllt. Von den $\{m_B/C_B\}$ volumenbestimmten Ladeeinheiten ist der Laderaum voll genutzt aber ein Teil der Nutzlast unausgelastet [275].

Bei *gemischter Beladung* mit $C_{Aopt}$ Fülleinheiten der Teilladung A und mit $C_{Bopt}$ Fülleinheiten der Teilladung B werden sowohl die Nutzlast $G_{LE}$ wie auch der effektive Laderaum $\eta_{pack} \cdot V_{LE}$ der Ladeeinheiten vollständig genutzt, wenn gleichzeitig folgende Bedingungen erfüllt sind:

$$\begin{aligned} C_{Aopt} \cdot g_A + C_{Bopt} \cdot g_B &= G_{LE} \\ C_{Aopt} \cdot v_A + C_{Bopt} \cdot v_B &= \eta_{pack} \cdot V_{LE}. \end{aligned} \tag{12.47}$$

Durch Auflösen dieses Gleichungssystems nach $C_{Aopt}$ und $C_{Bopt}$ folgt©:

▶ Die Nutzlast $G_{LE}$ und der effektive Laderaum $\eta_{pack} \cdot V_{LE}$ einer Ladeeinheit werden maximal genutzt mit den *optimalen Teilladungskapazitäten*

$$\begin{aligned} C_{Aopt} &= \eta_{pack} \cdot \left((\gamma_{LE} - \gamma_B)/(\gamma_A - \gamma_B)\right) \cdot (V_{LE}/v_A) \\ C_{Bopt} &= \eta_{pack} \cdot \left((\gamma_A - \gamma_{LE})/(\gamma_B - \gamma_A)\right) \cdot (V_{LE}/v_B). \end{aligned} \tag{12.48}$$

Wenn eine gemischte Beladung der Ladeeinheiten mit den Fülleinheiten der Teilladungen A und B zulässig ist und für die spezifischen Gewichte der beiden Teilladungen und die spezifische Nutzlast des Laderaums die Relation

$$\gamma_A > \gamma_{LE} > \gamma_B \tag{12.49}$$

gilt, läßt sich der Ladeeinheitenbedarf durch optimale Ladungsverteilung minimieren. Die *Ladungsverteilungsstrategie* besteht aus folgenden Schritten:

▶ *Schritt 1*: Die Ladeeinheiten werden mit den optimalen Teilladungskapazitäten (12.48) beladen bis entweder die Teilmenge $m_A$ aller schweren oder die Teilmenge $m_B$ aller leichten Fülleinheiten verladen ist. Die dadurch enstehende Anzahl gemischt befüllter Ladeeinheiten ist

$$M_{AB} = \text{MIN}\left(\{m_A/C_{Aopt}\};\{m_B/C_{Bopt}\}\right). \tag{12.50}$$

▶ *Schritt 2*: Wenn die verbleibende Restmenge $(m_A - M_{AB} \cdot C_{Aopt})$ der Teilladung A größer 0 ist, wird diese in zusätzliche Ladeeinheiten verladen. Die dadurch entstehende Anzahl nur mit A-Fracht beladener Ladeeinheiten ist

$$M_A = \text{MAX}\left(0;\{(m_A - M_{AB} \cdot C_{Aopt})/C_A\}\right). \tag{12.51}$$

▶ *Schritt 3*: Wenn die verbleibende Restmenge $(m_B - M_{AB} \cdot C_{ABopt})$ der Teilladung B größer 0 ist, wird diese in zusätzliche Ladeeinheiten verladen. Die dadurch entstehende Anzahl nur mit B-Fracht beladener Ladeeinheiten ist

$$M_B = \text{MAX}\left(0;\{(m_B - M_{AB} \cdot C_{Bopt})/C_B\}\right). \tag{12.52}$$

Die insgesamt bei *optimaler Ladungsverteilung* entstehende Anzahl Ladeeinheiten ist also:

$$M_{opt} = M_{AB} + M_A + M_B. \quad (12.53)$$

Für ein Beispiel zeigt *Abb. 12.13* den mit Hilfe der Beziehungen (12.44) bis (12.53) berechneten Ladeeinheitenbedarf bei separater und bei optimaler Beladung in Abhängigkeit vom Mengenverhältnis der gewichtsbestimmten zur volumenbestimmten Teilladung. Hieraus sind folgende *Dispositionsregeln* ablesbar:

► Bei einem *optimalen Mengenverhältnis*

$$(m_A / m_B)_{opt} = C_{Aopt} / C_{Bopt} = (\gamma_{LE} - \gamma_B)/(\gamma_A - \gamma_{LE}) \quad (12.54)$$

der Teilladungen A und B mit den spezifischen Gewichten $\gamma_A > \gamma_{LE} > \gamma_B$ läßt sich durch Ladungsverteilung der Ladeeinheitenbedarf um 20 % und mehr reduzieren.

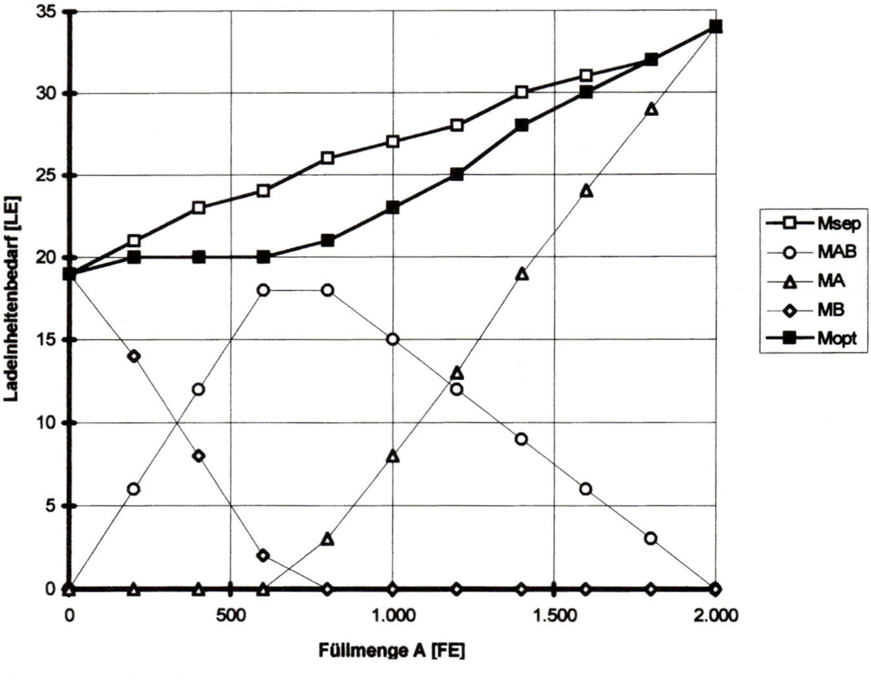


**Abb. 12.13** Ladeeinheitenbedarf bei separater und optimaler Ladungsverteilung als Funktion der Füllmenge

Füllmenge: $m_{AB} = m_A + m_B = 2.000$ Fülleinheiten
$M_{sep}$: LE-Bedarf bei separater Befüllung der leichten und schweren FE
$M_{opt}$: LE-Bedarf bei optimaler Ladungsverteilung
$M_{AB}$: LE-Anzahl mit gemischter Befüllung
$M_A$: LE-Anzahl nur mit schweren A-Frachtstücken
$M_B$: LE-Anzahl nur mit leichten B-Frachtstücken

▶ Die durch optimale Ladungsverteilung erreichbare Reduzierung des Ladeeinheitenbedarfs nimmt mit dem Unterschied der spezifischen Gewichte der Teilladungen zu.

Diese Zusammenhänge sind erfahrenen Spediteuren bekannt. Sie versuchen daher bei einer Übermenge volumenbestimmter Ladung zusätzlich gewichtsbestimmte Ladung zu akquirieren und bei einer Übermenge gewichtsbestimmter Ladung zusätzliche volumenbestimmte Ladung zu bekommen, um die verfügbare Ladekapazität maximal zu nutzen. Die vorangehenden Formeln ermöglichen eine Berechnung des optimalen Mengenverhältnisses (12.54) und eine optimale Beladung mit den Teilladungskapazitäten (12.48) [275].

## 12.6 Logistikstammdaten

Trotz der grundlegenden Bedeutung der Logistikstammdaten werden diese nicht in allen Unternehmen erfaßt, nicht in allen Stammdateien vollständig hinterlegt oder nicht laufend aktualisiert. Hieraus kann die Verwendung falscher Versandverpackungen, der Einsatz ungünstiger Ladungsträger, die Fehlbelegung der Lagerbereiche und die Nutzung kostenungünstiger Logistikketten resultieren [32; 33].

Korrekte und vollständige Logistikstammdaten werden benötigt für die Kalkulation

- der nutzungsgemäßen Leistungskosten und Leistungspreise
- der Logistikkosten von Artikeln, Warengruppen und Aufträgen
- der Logistikkosten einzelner Lieferanten und der gesamten Beschaffung
- der Logistikkosten einzelner Kunden und der gesamten Distribution

Sie sind außerdem Voraussetzung für

- Auswahl und Zuordnung optimaler Ladungsträger und Transportmittel
- Pack- und Füllstrategien zur Bildung optimaler Ladeeinheiten
- kostenoptimale Auftrags- und Bestandsdisposition
- Bestimmung optimaler Beschaffungs-, Belieferungs- und Transportketten
- Kalkulation des Ladungsträger- und Transportmittelbedarfs
- Berechnung von Leistungen und Personalbedarf des Kommissionierens
- leistungsgemäße Vergütung von Logistikleistungen
- Zuweisung optimaler Lager- und Kommissionierbereiche
- Gestaltung, Dimensionierung und Optimierung von Logistiksystemen

Um für alle diese Verwendungszwecke die Logistikdaten im Rechner verfügbar zu halten, ist eine *Logistikdatenbank* erforderlich [33]. Eine Logistikdatenbank ist eine *relationale Datenbank* mit *Referenztabellen* und *Verzeichnissen*, die jeweils zusammengehörige Stammdaten enthalten. Ein bestimmter Stammdatensatz ist in nur einer Referenztabelle hinterlegt, auf die alle Programme zugreifen.

Die Logistikdatenbank eines Industrie- oder Handelsunternehmens umfaßt folgende Haupt- und Unterverzeichnisse:

- *Auftrags- und Artikellogistikdaten*

  Auftragslogistikdaten (12.55)
  Artikellogistikdaten

- *Standortlogistikdaten*

  Lieferantenlogistikdaten
  Betriebslogistikdaten (12.56)
  Verkaufsstellenlogistikdaten

- *Logistikeinheitenverzeichnisse*

  Ladeeinheitenverzeichnis
  Verpackungsverzeichnis
  Ladehilfsmittelverzeichnis
  Transportmittelverzeichnis (12.57)
  Verkaufsplatzverzeichnis
  Lagerplatzverzeichnis

- *Leistungskostenverzeichnis*

  Handlingkosten
  Lagerleistungskosten
  Transportleistungskosten (12.58)
  Frachtkosten
  Administrative Leistungskosten

Nachfolgend werden die Inhalte dieser Verzeichnisse näher erläutert. Die angegebenen Logistikkenndaten müssen unternehmensspezifisch ergänzt und angepaßt werden [31; 32; 33]. *Abb. 12.14* zeigt die Stammdatensätze und Verzeichnisse der Logistikdatenbank eines Handelsunternehmens.

Außer den spezifischen Logistikdaten werden für die Planung und Disposition auch technische, kommerzielle und andere Daten benötigt, die hier nicht behandelt werden. Auch die Verzeichnisse und Stammdatensätze der Logistik beziehen sich teilweise auf kommerzielle Stammdaten und technische Datenverzeichnisse, wie *Preisverzeichnisse*, *Materialverzeichnisse* und *Etikettenverzeichnisse*.

### 1. Auftrags- und Artikellogistikdaten

Die Auftragslogistikdaten spezifizieren die mit einem Auftrag verbundenen logistischen Leistungsanforderungen und lösen die Prozesse in den Logistikketten vom Herstell- oder Versandort bis zum Empfangsort aus (s. *Abschnitt 2.1*).

Dementsprechend umfassen die *Auftragslogistikdaten*:

- *Adressen* der Lieferstelle und der Empfangsstelle
- *Artikelnummern* der zu liefernden Artikel oder zu fertigenden Produkte
- *Liefermengen* Anzahl zu liefernder Artikel- oder Produkteinheiten
- *Zeitanforderungen* Abholtermin, Lieferzeit oder Zustelltermin

Für reine Leistungsaufträge tritt an die Stelle der Artikelnummer eine *Leistungsspezifikation* oder eine *Leistungsnummer*, die sich auf ein *Leistungsverzeichnis*

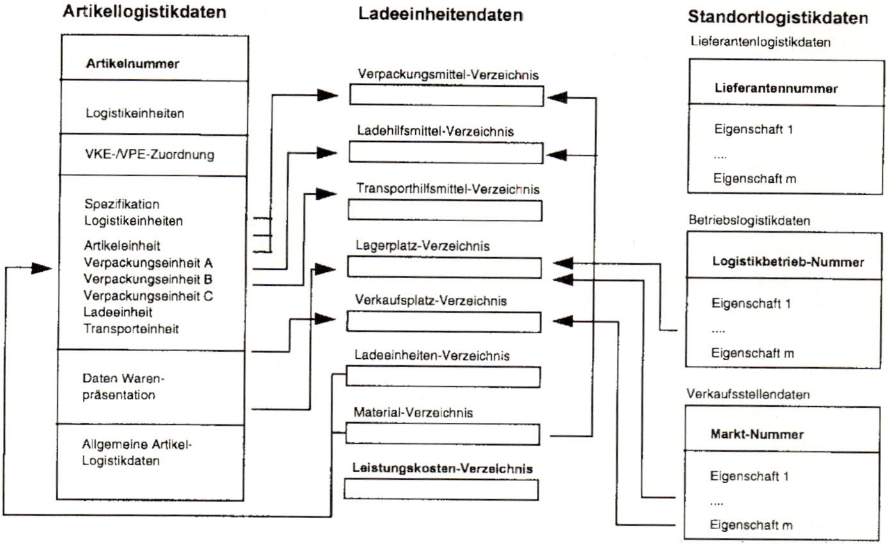


**Abb. 12.14** Stammdatensätze und Verzeichnisse der Logistikdatenbank eines Handelsunternehmens

bezieht. Die geforderten Leistungsmengen sind in *Leistungseinheiten* angegeben.

Die Artikellogistikdaten umfassen alle Informationen und Daten eines Artikels, die zur Durchführung der Logistikprozesse benötigt werden. *Artikellogistikdaten* sind daher die erforderlichen Daten und Angaben über:

| | |
|---|---|
| • *Artikelnummer* | EAN-Nummer oder interne Artikelnummer |
| • *Hersteller* | Adresse des Produzenten |
| • *Bezeichnung* | Name oder übliche Bezeichnung |
| • *Beschaffenheit* | Aggregatzustand, Materialart, Gefahrgutklasse, Brandklasse |
| • *Artikeleinheiten* | Maßeinheit für lose Ware (m, $m^2$, $m^3$, Liter, kg, t)<br>Mengeneinheit für verpackte Ware (VKE, VPE....) |
| • *Liefereinheiten* | in denen der Artikel angeliefert und ausgeliefert wird; Beschaffenheit, Verpackung, Inhalt, Maße, Gewicht und Packrestriktionen |
| • *Versandeinheiten* | in denen die Liefereinheiten versandt werden; Ladungsträger, Inhalt, Maße, Gewicht, Pack- und Füllrestriktionen |
| • *Vorschriften* | Artikelspezifische Vorgaben für Handling, Lager, Transport und andere Logistikprozesse |
| • *Beschaffungsquellen* | Adressen der Lieferstellen oder Lieferanten |
| • *Lagerhaltigkeit* | Auftragsartikel, Lagerartikel mit eigenem Bestand oder aus fremdem Bestand |

- *Lieferfähigkeit* für lagerhaltige Artikel
- *Beschaffungszeit* Erstbeschaffungszeit, Wiederbeschaffungszeit
- *Wert* Einkaufspreis oder Erzeugungskosten (EK)
  Verkaufspreis oder Verrechnungspreis (VP)

Alle Informationen, für die ein gesondertes Verzeichnis existiert, beschränken sich auf die Angabe eines entsprechenden *Kennworts* oder einer *Kennummer.*

Zusätzlich zu den *quantifizierbaren Daten* und den *standardisierten Informationen*, die durch *Kennworte* und *Kennzahlen* angegeben werden, gibt es auftrags- und artikelspezifische Abgaben, die fallweise in Form beschreibender Hinweise einzugeben sind.

**2. Standortlogistikdaten**

Die Logistikdaten eines Standorts umfassen alle Daten und Informationen, die Auswirkungen haben auf die logistische Leistungserfüllung.

Zu den *Lieferantenlogistikdaten* gehören:

- *Auslieferadressen* des oder der Versandstandorte
- *Warenausgang* Anzahl Tore, Fläche und Pufferkapazitäten, Ausgangskontrolle
- *Belieferungsketten* zur Auswahl stehende Belieferungswege und Belieferungsformen
- *Logistikkondition* Preisstellung für die verschiedenen Belieferungsketten
- *Logistikeinheiten* von der Lieferstelle eingesetzte Ladungsträger und Transporthilfsmittel
- *Zeitangaben* Betriebszeiten, Lieferzeiten, Abholzeiten, Zustellzeiten

Die *Betriebslogistikdaten* betreffen die logistischen Gegebenheiten in den eigenen Betrieben, Lagern und Logistikstandorten des Unternehmens außer den Verkaufsstellen. Sie umfassen Angaben über:

- *Wareneingang* Anzahl Tore, Fläche und Pufferkapazitäten, Erfassung und Kontrolle
- *Lagerbereiche* Lagertypen, Kapazitäten und Grenzleistungen der vorhandenen Lager
- *Kommissionierung* Arten, Kapazitäten und Grenzleistungen der Kommissionierung
- *Warenausgang* Anzahl Tore, Fläche und Pufferkapazitäten, Ausgangskontrollen
- *Logistikeinheiten* im Betrieb einsetzbare Ladungsträger und Logistikeinheiten
- *Zeitangaben* Betriebszeiten, Standardlieferzeiten, Abholzeiten

Die Verkaufsstellen eines Unternehmens, wie die Verkaufsniederlassungen, Läden, Filialen oder Märkte, sind Logistikstandorte, die speziell auf den *Kunden* und für den *Verkaufserfolg* ausgelegt sind. Die *Logistikdaten der Verkaufsstellen* spezifizieren die logistischen Gegebenheiten in diesen Leistungsbereichen und umfassen Angaben über:

- *Wareneingang* Anzahl Tore, Fläche und Pufferkapazitäten, Erfassung und Kontrolle
- *Reservelager* Lagertypen, Kapazitäten und Grenzleistungen der Reservelager
- *Verkaufsplätze* Arten und Kapazität der Verkaufsplätze zur Warenbereitstellung
- *Logistikeinheiten* in der Verkaufsstelle einsetzbare Ladungsträger und Logistikeinheiten
- *Zeitangaben* Betriebszeiten, Verkaufszeiten, Anlieferzeiten

Auch bei den Standortlogistikdaten beschränken sich alle Informationen, für die ein gesondertes Verzeichnis existiert, auf die Angabe eines entsprechenden *Kennworts* oder einer *Kennummer.*

**3. Logistikeinheitendaten**

Die Verzeichnisse der Logistikeinheitendaten werden zweckmäßig aufgeteilt in

- Verzeichnisse *elementarer Logistikeinheiten*:

  Artikeleinheiten
  Verpackungseinheiten

- Verzeichnisse *zusammengesetzter Logistikeinheiten*:

  Verkaufseinheiten, Verbrauchseinheiten oder Abgabeeinheiten
  Einkaufseinheiten, Bestelleinheiten oder Nachschubeinheiten
  Bereitstelleinheiten und Lagereinheiten
  Handlingeinheiten und Entnahmeeinheiten
  Verpackungseinheiten und Versandeinheiten
  Frachteinheiten, Ladungseinheiten und Transporteinheiten

- Verzeichnisse der *Ladungsträger*:

  *Packmittel* Flaschen, Fässer, Säcke, Beutel, Rollen, Dosen, Fässer Trays, Kartons, Pakete
  *Ladehilfsmittel* Schubladen, Behälter, Kassetten, Tablare und Paletten
  *Transporthilfsmittel* Container, Wechselbrücken, Sattelauflieger, Waggons
  *Transportmittel* Flurförderzeuge, Lastzüge, Lastwagen, Schienenfahrzeuge, Binnenschiffe, Seeschiffe, Flugzeuge

- Verzeichnisse der *Lagerplätze*:

  *Lagerplätze* Boden-, Block-, Regal-, Behälter-, Palettenlagerplätze
  *Verkaufsplätze* Schubfächer, Fachböden, Haken, Theken, Bodenplätze u.a.

Unabhängig vom Inhalt werden zur Spezifikation der in den Betrieben und Lieferketten vorkommenden Logistikeinheiten folgende *Logistikeinheitendaten* benötigt:

- *Identnummer* Kennummer der Logistikeinheit
- *Bezeichnung* technisch-funktionaler Name

- *Einsatzorte* Angabe der betreffenden Standorte und Logistikketten
- *Form* Würfel, Quader, Zylinder, Kugel, Hüllkörper u.a.
- *Ladungsträger* Ladungsträger gemäß *Ladungsträgerverzeichnis*
- *Vorschriften* spezifische Vorschriften wie Lastaufnahmepunkte und Vorgaben für Logistikprozesse
- *Außenmaße* Länge, Breite, Höhe, Durchmesser und Volumen des maximalen Außenkörpers gefüllter Ladeeinheiten
- *Gewichte* Maximalgewicht, Minimalgewicht, Durchschnittsgewicht gefüllter Ladeeinheiten einschließlich Ladungsträger
- *Kapazität* Innenmaße, Laderaum, Nutzlast Maximalzahl definierter Fülleinheiten
- *Restriktionen* Belastbarkeit, Stapelfaktor, Stapelrichtung und Befüllbarkeit
- *Kodierung* Art und Größe der Kodierung gemäß *Kodierungsverzeichnis,* Inhalt und Anbringungsort der Kodierung

Diese allgemeinen Kenndaten der Logistikeinheiten sind für spezielle Einheiten, wie die Ladungsträger, zu ergänzen um technische Daten, wie Material, Wiederverwendbarkeit, Entsorgungsvorschriften, Beschaffungspreis, Eigentümer usw.

**4. Leistungskostensätze**

In den Verzeichnissen der logistischen Leistungskosten sind alle *Leistungskostensätze* und *Leistungspreise* gespeichert, die zur Kalkulation von Artikel- und Auftragslogistikkosten sowie von optimalen Nachschubmengen und Losgrößen benötigt werden.

Die Anwendungsmöglichkeiten, die Struktur und die Herkunft der Kostensätze und Preise der Unterverzeichnisse (12.58) sind in den *Kapiteln 7 Logistikkosten* und *8 Leistungsvergütung* sowie in den nachfolgenden Kapiteln dargestellt und erläutert.

## 12.7 Datenbedarf zur dynamischen Disposition

Eine wichtige Voraussetzung für die dynamische Auftrags- und Lagerdisposition durch ein Dispositionsprogramm sind vollständige, korrekte und aktuelle Artikel- und Logistikstammdaten. Hierzu müssen die Herkunft, die Verantwortung für die Richtigkeit und Aktualität sowie die Eingabe und laufende Pflege der Artikeldaten und Logistikstammdaten im Unternehmen genau geregelt sein.

Die dispositionsrelevanten Daten umfassen allgemeine *Logistikstammdaten*, statische *Artikelstammdaten*, dynamische *Artikeldaten* und die *Dispositionsparameter.* Die größten Lücken und die meisten Fehler finden sich erfahrungsgemäß in den Artikelstammdaten. Das wird oft erst kurz vor dem Start einer neuen, veränderten oder verbesserten Dispositionssoftware erkannt. Dann reicht meist die Zeit nicht mehr, um alle Artikeldaten zu beschaffen und Lücken zu füllen. Daraus folgt die *Planungsregel*:

▶ Die genaue Kenntnis des dispositionsrelevanten Datenbedarfs und ein planvolles Vorgehen zur Ermittlung der fehlenden Daten sind unerläßliche Voraussetzungen für eine erfolgreiche Disposition.

Es ist verhängnisvoll und hat schon zu erheblichen Belastungen bis hin zum Ruin des Unternehmens geführt, ein Dispositionsprogramm mit unvollständigen oder falschen Stammdaten und Dispositionsparametern zu betreiben [266; 280].

### 1. Logistikstammdaten und Dispositionsparameter

Die allgemeinen Logistikstammdaten umfassen alle für die dynamische Disposition benötigten Daten und Eingabewerte, die für das gesamte Sortiment, einzelne Artikelgruppen oder bestimmte Serviceklassen gelten.

Für das gesamte Sortiment sind zur dynamischen Disposition folgende *Logistikstammdaten* erforderlich:

- *Tageslagerzinssatz* $z_L$ [%/AT]
- *Zulässige Bestandsreichweite* $RW_{zul}$ [AT]

Der Tageslagerzinssatz ergibt sich aus dem Kapitalzinssatz und einem Risikozinssatz, der von der Verkäuflichkeit und Verderblichkeit des Sortiments abhängt.

Außerdem wird ein Ladungsträgerverzeichnis benötigt, das für alle eingesetzten Verpackungseinheiten und Ladeeinheiten folgende Kostensätze für das Einlagern und die Lagerung enthält:

- *Einlagerkostensatz* $k_{LEein}$ [€/LE] pro eingelagerte Ladeeinheit
- *Lagerplatzkostensatz* $k_{LE}$ [€/LE-AT] pro Lagereinheit und Arbeitstag

Pro Warengruppe oder für bestimmte Artikelklassen sind zusätzlich folgende Logistikstammdaten zu hinterlegen:

- geforderte *Lieferfähigkeit* $\eta_{lief}$ [%]
- zugesicherte *Termintreue* $\eta_{treu}$ [%]

Fest zu programmieren sind für alle Artikel die allgemeinen *Dispositionsparameter*:

- *maximaler Variationskoeffizient* $v_{\lambda max}$ = 5 % des Periodenbedarfs
- *minimaler Absatzglättungsfaktor* $\alpha_{min}$ (z.B.=0,033)
- *maximaler Absatzglättungsfaktor* $\alpha_{max}$ (z.B.=0,333)
- *WBZ-Glättungsfaktor* $\alpha_{WBZ}$ = 0,333

Die Verantwortung für die Eingabe und Richtigkeit der Logistikstammdaten und Dispositionsparameter liegt bei den Disponenten, die sich dafür mit dem Vertrieb und dem Controlling abstimmen müssen.

Bei der Neuinstallation eines Dispositionsprogramms oder bei einem Systemwechsel bereiten die allgemeinen Logistikstammdaten in der Regel die geringsten Probleme. Wegen ihrer großen Tragweite aber müssen sie besonders sorgfältig festgelegt werden.

**2. Statische Artikelstammdaten**

Die zur Disposition benötigten statischen *Artikelstammdaten* sind unabhängig von Auftragseingang und Absatz des Artikels. Sie werden bei der Neuaufnahme eines Artikels von den hierfür verantwortlichen Stellen ermittelt und in den Artikeldatensatz eingegeben. Die statischen Artikelstammdaten sollen und dürfen nur aus begründetem Anlaß von der dazu autorisierten Stelle verändert werden.

Zur dynamischen Disposition eines *Erzeugnisses* aus einer eigenen Fertigungsstelle sind folgende *Artikelstammdaten* erforderlich:

- *Fertigungsstellen*
- *Verbrauchs- oder Verkaufseinheiten* [VE = kg, l, $m^3$,$m^2$, m bzw. = Stück, WST ..]
- *Herstellkosten* $P_{VE}$ [€/VE] der Verbrauchs- bzw. Verkaufseinheit
- *Kapazität* $C_{VPE}$ [VE/VPE] *der zulässigen Verpackungseinheiten*
- *Kapazitäten* $C_{LE}$ [VE/LE und VPE/LE] *der zu verwendenden Ladeeinheit*
- *Plandurchlaufzeit* der Fertigung $T_{WBZ\ plan}$ [AT]
- *Produktionsauftragskosten* $k_{Auf}$ [€/PAuf] für Direktlieferung und Lagernachschub
- *Mindestlosgröße* $m_{Nmin}$ und Maximalgröße $m_{Nmax}$ [VE/NAuf]
- *Produktionsgrenzleistung* $\mu_{PMmax}$ [VE/PE]
- *Erzeugnisstückliste* mit dem Einsatzmaterialbedarf $m_m$ [$VE_m$ pro VE]

Wenn der Artikel ein Vorerzeugnis ist, das in der eigenen Produktion zu unterschiedlichen Erzeugnissen weiterverarbeitet wird, benötigt die Fertigungsdisposition zusätzlich eine

- *Materialverwendungsliste* mit den *Materialdurchlaufzeiten.*

Die Verantwortung für die Ersteingabe der statischen Stammdaten eines neuen oder technisch veränderten Artikels aus der eigenen Produktion liegt bei der *Produktentwicklung* in Abstimmung mit den Verantwortlichen für die Produktion. Für einen eingeführten Artikel geht die Verantwortung für die Richtigkeit der Artikelstammdaten auf die Produktion über, die bei Veränderungen des Fertigungsprozesses die Stammdaten überprüfen und gegebenenfalls korrigieren muß.

Für einen *fremdbeschafften Artikel* werden folgende *Artikelstammdaten* benötigt:

- *Beschaffungsquellen*
- *Verbrauchs- oder Verkaufseinheiten* [VE = kg, l, $m^3$,$m^2$, m bzw. = Stück, WST ..]
- *Einkaufs- oder Beschaffungseinheit* $C_{BE}$ [VE/BE]
- *Beschaffungspreis* $P_{VE}$ [€/VE] der Verbrauchseinheit
- *Kapazität* $C_{VPE}$ [VE/VPE] *der zulässigen Verpackungseinheiten*
- *Kapazitäten* $C_{LE}$ [VE/LE und VPE/LE] *der zu verwendenden Ladeeinheit*
- *Planwiederbeschaffungszeit* $T_{WBZplan}$ [AT]
- *Beschaffungsauftragskosten* $k_{Auf}$ [€/BAuf] für Direktlieferung und Lagernachschub
- *Mindestbestellmenge* $m_{Nmin}$ und *Maximalbestellmenge* $m_{Nmax}$ [VE/NAuf]

Die Einkaufs- oder Beschaffungseinheit ist in der Regel eine Verpackungseinheit oder eine Ladeeinheit. Sie kann aber auch davon abweichen.

Für Fremderzeugnisse wird keine Materialstückliste benötigt. Wenn der fremd beschaffte Artikel in der eigenen Produktion zu unterschiedlichen Erzeugnissen weiterverarbeitet wird, muß jedoch auch für das Fremderzeugnis eine *Materialverwendungsliste* mit den *Materialdurchlaufzeiten* im Rechner gespeichert werden.

Verantwortlich für die Ersteingabe, die Aktualisierung und die Richtigkeit der Stammdaten der fremd beschafften Artikel ist in der Regel der *Einkauf* in Abstimmung mit dem Lieferanten.

Wenn bis zum Start eines neuen Dispositionssystems nicht alle statischen Artikelstammdaten bekannt und zutreffend sind, ist es unter Umständen möglich, zunächst für eine überschaubare Anzahl von Artikelgruppen mit ähnlichen Logistikeigenschaften *Standardwerte* oder *Durchschnittswerte* zu ermitteln und diese als Startwerte zu verwenden. Anschließend aber müssen die Stammdaten jedes einzelnen Artikels überprüft und gegebenenfalls korrigiert werden.

### 3. Dynamische Artikeldaten

Die *dynamischen Artikeldaten* sind vom aktuellen Absatz abhängig. Sie werden nach jeder Dispositionsperiode – d.h. bei einer Tagesdisposition täglich – aktuell berechnet und im Artikeldatensatz neu abgespeichert.

Für die automatische Disposition sind vom Programm folgende *dynamische Artikeldaten* täglich neu zu errechnen und zu speichern:

- aktueller *Prognosewert für den Tagesbedarf* $\lambda_m(i)$ [VE/AT]
- aktueller *Prognosewert für die Streuung des Tagesbedarfs* $s_\lambda(i)$ [VE/AT]
- aus der aktuellen Wiederbeschaffungszeit nach Eingang eines Nachschubs berechneter *Prognosewert für die Wiederbeschaffungszeit* $T_{WBZm}(i)$ [AT]
- aus der aktuellen Wiederbeschaffungszeit berechneter *Prognosewert für die Streuung* $s_{Tm}(i)$ der *Wiederbeschaffungszeit* $T_{WBZm}(i)$ [AT]
- optimale *Nachschubmenge* $m_{Nopt}(i)$ [VE]
- aktueller *Sicherheitsbestand* $m_{sich}(i)$ [VE]
- aktueller *Meldebestand* $m_{MB}(i)$ [VE]
- aktueller *Lagerbestand* in VE, KLT und LE eines Lagerartikels
- die *Lageropportunitätsgrenze*
- der *Lageropportunitätsgewinn*

Die Speicher- und Anzeigefelder der dynamischen Artikeldaten müssen vom Programm gesperrt sein, damit sie nicht von außen verändert werden.

Da die dynamische Disposition weitgehend selbstregelnd ist und die aktuellen Werte nach kurzer Zeit aus den Ist-Daten errechnet, genügt es bei den dynamischen Artikeldaten zum Start des Dispositionssystems die alten Absatzwerte, Planlieferzeiten, Nachschubmengen und Sicherheitsbestände als Anfangswerte zu übernehmen.

Dabei ist jedoch eine *Ausnahme* zu beachten:

▶ Die aktuellen *Bestandswerte* der einzelnen Artikel müssen absolut korrekt sein.

Sie müssen daher möglichst durch eine *permanente Inventur* immer wieder überprüft und bei Differenzen korrigiert werden.

**4. Anzeigebedarf**

Für die Eingabe und Anzeige der zur Disposition benötigten Artikel- und Logistikstammdaten sind gut gestaltete *Eingabe-* und *Anzeigemasken* erforderlich. Ein benutzerfreundliches Dispositionsprogramm muß den für die Eingabe und Pflege Verantwortlichen sowie den Disponenten auf Anforderung alle benötigten Artikel- und Logistikstammdaten und die vom Programm berechneten aktuellen Dispositionswerte in übersichtlicher Form anzeigen.

Zur *Anzeige kritischer Artikel* werden zusätzlich Felder für das zweimalige Überschreiten des Streuwertes und für den Nullperiodenanteil benötigt. Außerdem sind alle Lagerartikel anzuzeigen, deren Auftragslogistikstückkosten soweit gefallen sind, daß sie deutlich geringer sind als die Lagerlogistikstückkosten. Für eine *Engpaßwarnung* sind Anzeigefelder für die Engpaßzeit, den Engpaßbedarf und die Überschußkapazität erforderlich [266].

## 12.8 Elektronisches Kanban

Das *Kanban-Verfahren* regelt den Nachschub einer Verbrauchsstelle in *vollen Behältern*, die durch *Karten* (japanisch: *Kanban*) gekennzeichnet sind [252; 267; 332]. Beim *Zweibehälter-Kanban* wird der Nachschub nach Leeren des Zugriffsbehälters ausgelöst, indem der Leerbehälter herausgestellt oder nur die Karte an ein Brett gehängt wird. Beim *Einbehälter-Kanban* von *Lagerteilen* wird die Karte des Zugriffsbehälters ans Brett gehängt, wenn der Inhalt einen *Bestellbestand* erreicht hat, der auf der Karte vermerkt ist (s. *Abschnitt 11.11.1*). Beim *JIT-Kanban* von *Auftragsteilen* wird rechtzeitig ein voller Ladungsträger mit Auftragsteilen durch einen JIT-Beleg bei der Lieferstelle angefordert.

Das bestechend einfache, weil selbstregelnde Kanban-Verfahren ist in der Industrie, insbesondere im Fahrzeugbau, weit verbreitet. Dabei werden jedoch die Nachteile übersehen: Gefahr von Fehlbeständen; unwirtschaftliche Behältergröße; Aufwand und Zeitbedarf für Erstellen, Rücklauf und Erfassen der Karten. Diese Nachteile lassen sich vermeiden durch das *elektronische Kanban*. Beim elektronischen *Kanban ohne Kartenrücklauf* wird der Nachschub nach Leeren des Zugriffsbehälters oder Erreichen des Bestellbestands von der Verbrauchsstelle durch *Scannen der Behälterkodierung* ausgelöst. Über EDI läuft die Anforderung an das Vorratslager oder die Lieferstelle und veranlaßt diese unverzüglich einen Nachschubbehälter auszulagern oder zu befüllen. Der volle Behälter, dessen Inhalt auf einem *Etikett* oder einem *Transponder* [333] kodiert ist, wird sofort an die Bedarfsstelle abgeschickt und von dieser nach der Ankunft gescanned, um so den Empfang zu quittieren.

Leere Großbehälter, Boxpaletten und *Sonderladungsträger* (GLT), die nicht zusammenklappbar sind, bringt das Anlieferfahrzeug der Vollbehälter zurück zur Lieferstelle. Flachpaletten, Klappboxen und *Kleinbehälter* (KLT) werden gesammelt. Sie werden gebündelt zur Lieferstelle gebracht oder in einen allgemeinen *Leergutpool* zurückgegeben.

Beim elekronischen Kanban entfällt die gesamte Zettelwirtschaft des herkömmlichen Kanbans. Der Leergutrücklauf ist vom Vollbehälternachschub entkoppelt und daher rationeller. Außerdem verkürzen sich die *Wiederbeschaffungszeiten*, die jetzt laufend kontrolliert werden, um die Rücklauf- und Bearbeitungszeiten der Karten. Darüber hinaus erfolgt eine aktuelle Verbuchung des Verbrauchs im Rechner. Das eröffnet die Möglichkeit zur Überprüfung der *wirtschaftlichen Behältergröße* und zur *Anpassung des Bestellbestands mit dynamischem Sicherheitsbestand* an einen sich ändernden Verbrauch [266].

# 13 Grenzleistungen und Staueffekte

Produktions-, Leistungs- und Logistiksysteme sind Netzwerke von *Stationen*, die durch *Transportverbindungen* miteinander verknüpft sind. Durch die Netzwerke laufen Logistikobjekte und Informationsobjekte (s. *Abb.1.3*). Die *Logistikobjekte* sind Material, Produkte, Waren, Sendungen, Ladeeinheiten, Personen und Transporteinheiten. Die *Informationsobjekte* sind Aufträge, Belege, Informationen und Daten. In den Abfertigungs-, Produktions- und Leistungsstellen des Systems werden die Objekte verbraucht, bearbeitet, abgefertigt oder erzeugt.

Die *Leistungs- und Durchsatzfähigkeit* der einzelnen Stationen und Verbindungen bestimmt das *Leistungs- und Durchsatzvermögen* des Gesamtsystems. *Warteschlangen* in den Stationen und auf den Verbindungen verlängern die Durchlaufzeiten der Objekte von den Eingängen und Quellen zu den Ausgängen und Senken. Für die optimale Gestaltung und Dimensionierung eines neuen Systems sowie für die Bewertung, den Vergleich und die Verbesserung vorhandener Systeme ist daher die Kenntnis der *Grenzleistungen* und *Staueffekte* der Stationen und Verbindungen erforderlich, aus denen sich die Systeme zusammensetzen [29; 78; 79; 124].

Hierfür werden in diesem Kapitel das *Durchsatzverhalten* der Stationen von Produktions-, Leistungs- und Logistiksystemen analysiert, Formeln zur Berechnung der *technischen Grenzleistungen* hergeleitet und die möglichen *Abfertigungsstrategien* beschrieben. Für die verschiedenen Stationstypen und Abfertigungsstrategien werden *Grenzleistungsgesetze* entwickelt und anhand ausgewählter Beispiele erläutert.

Wenn der Zulauf die Grenzleistung einer Station erreicht oder überschreitet, kommt es zu *Warteschlangen*, *Rückstaus* und *Blockierungen*. Die Auswirkungen und die Quantifizierung dieser *Staueffekte* sind Gegenstand eines weiteren Abschnitts.

Durch Störungen und Ausfälle wird die *technische Grenzleistung* der Systemelemente auf eine *verfügbare Grenzleistung* reduziert. In einem weiteren Abschnitt werden daher die *Zuverlässigkeit* und *Verfügbarkeit* von Elementen, Leistungsketten und Systemen behandelt. Die angegebenen Definitionen und Berechnungsformeln sind grundlegend für den *Funktionstest* und die *Abnahme* von Anlagen und Systemen mit diskontinuierlicher Belastung [125]. Hierfür werden *Funktions- und Leistungsanalysen* entwickelt und Tests zur *Abnahme von Systemen* dargestellt. Zur Demonstration des Nutzens der in diesem Kapitel entwickelten Verfahren werden abschließend Handlungsmöglichkeiten und Strategien zur *Leistungsoptimierung in der Produktion* hergeleitet.

## 13.1 Leistungsdurchsatz

Wie die *Abb. 1.3* zeigt, laufen in die i = 1,2...$N_E$ *Eingangsstationen* $ES_i$ eines Leistungssystems $N_E$ *Einlaufströme* $\lambda_{Ei}$ [$LO_i$/ZE] hinein und aus den j = 1,2...$N_A$ *Ausgangsstationen* $AS_j$ insgesamt $N_A$ *Auslaufströme* $\lambda_{Ej}$ [$LO_j$/ZE] heraus, die aus gleichartigen oder unterschiedlichen Logistikobjekten [LO] bestehen. Hinter den Einlaufstationen verteilen sich die Ströme $\lambda_n(t)$, die in der Regel zeitabhängig sind, auf die verschiedenen Leistungs- und Logistikstationen, in denen sie zusammenlaufen, verzweigt werden, enden oder andere Ströme erzeugt werden.

Produktions-, Logistik- und Transportsysteme sind Subsysteme der Leistungssysteme eines Unternehmens, einer Branche oder einer Volkswirtschaft. Sie unterscheiden sich voneinander durch das Ausmaß der Veränderung, die im System mit oder an den Logistikobjekten stattfindet (s. *Kapitel 1* und *15*):

- Wenn die einlaufenden materiellen Objekte im System technisch verändert oder aus ihnen andere Objekte erzeugt werden, wenn also anders beschaffene Objekte das System verlassen, ist das Leistungssystem ein *Produktionssystem.*
- Wenn die einlaufenden materiellen Objekte das System nach gewisser Zeit in gleicher oder anderer Zusammensetzung technisch unverändert verlassen, handelt es sich um ein *Logistiksystem.*
- Wenn die Einlaufströme aus Lade- oder Transporteinheiten bestehen, die das System nach minimaler Zeit an einem anderen Ort inhaltlich unverändert verlassen, ist das Logistiksystem ein *Transportsystem* (s. *Kapitel 18*).

Das Durchsatz- und Leistungsvermögen eines Produktions-, Logistik- oder Transportsystems wird durch die Durchsatz- oder Leistungsfähigkeit eines oder weniger Engpaßelemente begrenzt.

► *Engpaßelemente* sind die Stationen einer Leistungskette, die bei dem geforderten Durchsatz am höchsten ausgelastet sind.

Das Durchsatz- und Leistungsvermögen eines Systems oder einer Station bezieht sich stets auf eine bestimmte *Zeiteinheit* [ZE] oder *Bemessungszeit*, deren Länge von den gestellten Anforderungen abhängt. Maßgebend für die Auslegung und Dimensionierung eines Leistungs- und Logistiksystems sind in der Regel der Durchsatz und Leistungsbedarf in der *Spitzenstunde* des *Spitzentages* des Planungszeitraums (s. *Abschnitt 9.11*). Hieraus folgt die *Bemessungsregel*:

- Die *Strombelastungen* und *Leistungsdurchsätze* $\lambda$ [LO/h], mit denen die Leistungsberechnungen, Auslastungsanalysen und Stauuntersuchungen durchgeführt werden, beziehen sich in der Regel auf die Zeiteinheit einer *Stunde* [h].

Außerdem ist zu berücksichtigen, ob die Leistungs- und Durchsatzströme *stationär* oder *zeitabhängig*, *getaktet* oder *stochastisch* sind. Dabei ist zu unterscheiden zwischen *rekurrenten Strömen*, in denen die Objekte *einzeln* und *unabhängig* voneinander eintreffen, und *schubweisen Strömen*, in denen die Objekte in *Schüben* oder *Pulks* gleicher oder unterschiedlicher Größe ankommen (s. *Abschnitt 9.1*).

## 13.2
## Elementarstationen und Transportelemente

Die Stationen und Verbindungen, aus denen ein Leistungs- und Logistiksystem aufgebaut ist, lassen sich nach unterschiedlichen Gesichtspunkten klassifizieren (s. *Abschnitt 1.4.3*). Grundlegend für die Berechnung der Grenzleistungen und Staueffekte ist die Unterscheidung zwischen elementaren und zusammengesetzten Stationen (s. *Abb. 1.3* und *1.5*):

- Eine *Elementarstation* hat *eine* zentrale *Abfertigungszone*, in die alle ankommenden Ströme hineinlaufen und aus der alle ausgehenden Ströme herauskommen. Sie läßt sich ohne Verlust ihrer Funktion nicht in einfachere Stationen zerlegen.
- Eine *zusammengesetzte Station* hat *mehrere* parallele oder nacheinander geschaltete *Abfertigungszonen*. Sie läßt sich zerlegen in aneinandergrenzende Elementarstationen.

In den meisten Leistungs- und Logistiksystemen sind die einzelnen Stationen weiter voneinander entfernt und durch Transportverbindungen miteinander verknüpft, die die Entfernungen überbrücken. Die Leistungs- und Durchsatzfähigkeit für zusammengesetzte Stationen ergibt sich ebenso wie für die Systeme aus den Grenzleistungen der konstituierenden Elementarstationen.

Daher beschränken sich die weiteren Ausführungen zunächst auf die unterschiedlichen *Typen von Elementarstationen:*

- Eine *Elementarstation* vom *Typ* $(n,m)$ mit der *Ordnung* $o = n + m$ erzeugt in einer *Abfertigungszone* aus *n Einlaufströmen* $\lambda_{Ei}$ [$LO_i$/h], i = 1,2,...*n*, die an den Eingangsstellen $E_i$ in die Station einlaufen, *m Auslaufströme* $\lambda_{Aj}$ [$LO_j$/h], j = 1,2,...*m*, die an den Ausgangsstellen $A_j$ das Element verlassen.

Die einfachsten Elementarstationen sind die Quellen, die Senken und die Bedienungsstationen. Elementarstationen eines Transportsystems sind die *irreduziblen Transportknoten* oder *Transportelemente* [78; 124]:

- Ein *Transportelement* vom *Typ* $(n,m)$ mit der *Ordnung* $o = n + m$ überführt in einer *Umschaltzone* die Transporteinheiten [TE] von *n Einlaufströmen* $\lambda_{Ei}$ [TE/h], i = 1,2,...*n*, die über die *Eingangspunkte* $E_i$ einlaufen, in m *Auslaufströme* $\lambda_{Aj}$ [TE/h], j = 1,2,...*m*, die an den *Ausgangspunkten* $A_j$ das Element verlassen.

Die einfachsten Transportelemente sind die *Verbindungen*:

- Eine *Transportverbindung* ist ein Element der Ordnung 2 vom Typ (1;1), das einen Strom von Lade- oder Transporteinheiten über eine *Transportweglänge* s [m] von einem Einlaufpunkt E zu einem Ausgangspunkt A befördert.

Die *Abb. 13.1* zeigt in aufsteigender Ordnung die *Struktur* einiger einfacher Elementarstationen. In *Abb. 13.9* ist die Struktur einer Elementarstation, eines Transportelements oder eines Transportknotens der Ordnung $n+m$ vom Typ $(n,m)$

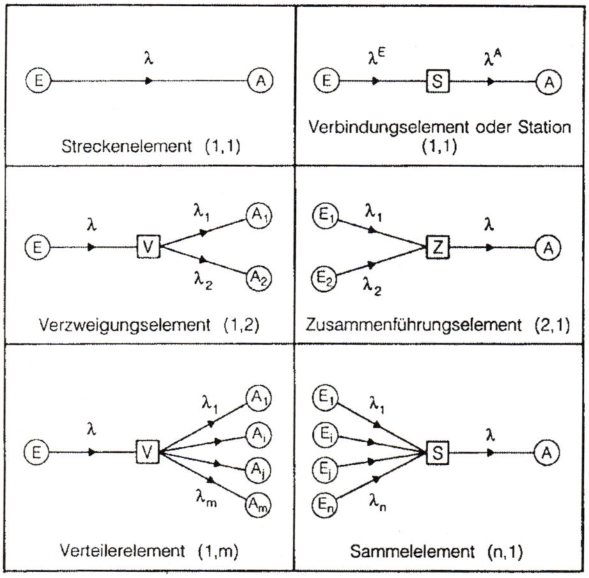


**Abb. 13.1** Einfache Systemelemente in aufsteigender Ordnung
$E_i$ Eingangspunkte $A_j$ Ausgangspunkte

dargestellt. Beispiele für die *technische Ausführung* von Stationen und Transportelementen zeigen die weiteren Abbildungen.

### 1. Quellen

Quellen sind Elementarstationen vom Typ $(0,m)$, aus denen $m$ Auslaufströme $\lambda_{Aj}$ herauskommen. Eventuell vorhandene Einlaufströme einer Quelle werden zunächst nicht näher betrachtet.

Beispiele für Quellstationen erster Ordnung sind

Rohstofflagerstellen
Eingangsstationen
Produktionsstellen
Montagestellen (13.1)
Abfüllstationen
Lagerstellen
Entladestellen

wenn diese nur einen Ausgang haben. Haben die Quellstationen (13.1) zwei oder mehr Ausgänge, die gleichartige oder unterschiedliche Logistikeinheiten abgeben, handelt es sich um Quellen höherer Ordnung.

Quellen geben die auslaufenden Objekte in einem oder mehreren *Quellströmen* $\lambda_{Aj}$ [LO/h] ab. Der Quellstrom oder die Erzeugungsrate $\lambda$ wird von der *Takt-*

*zeit* τ [s] des Erzeugungsprozesses und der *Pulklänge c* [LO], das heißt von der Anzahl Objekte bestimmt, die in einem Schub erzeugt wird.

Zwischen Stromintensität, Taktzeit und Pulklänge besteht der Zusammenhang:

▶ Bei einer *mittleren Taktzeit* τ [s] und einer mittleren *Pulklänge c* ist die auf eine Stunde bezogene *Stromintensität*

$$\lambda(c) = 3600 \cdot c / \tau \qquad [\mathrm{LO/h}]. \qquad (13.2)$$

Da alle Ströme, die ein betrachtetes System durchlaufen, über eine Eingangsstation aus einer *externen Quelle* oder aus einer *internen Quelle* kommen, müssen für die Leistungsberechnung und die Stauanalyse die Größe und die Eigenschaften aller einlaufenden und aller im System erzeugten Ströme bekannt sein.

Die Quellströme können zeitlich konstant sein oder sich mit der Zeit verändern. Abhängig davon, ob die Taktzeiten konstant oder stochastisch veränderlich sind, und davon, ob die Objekte die Quelle einzeln oder in Pulks verlassen, ist ein Quellstrom ein *rekurrenter*, ein *stochastischer* oder ein *schubweiser Strom* (s. *Abb. 9.2* in *Abschnitt 9.1*).

Die maximal mögliche Erzeugungsrate einer Quelle, die sich nach Beziehung (13.2) aus der *minimalen Taktzeit* $\tau_{min}$ ergibt, ist die *Grenzleistung* der Quelle:

$$\boldsymbol{\mu(c) = \lambda_{max}(c) = 3600 \cdot c / \tau_{min}} \qquad [\mathbf{LO/h}]. \qquad (13.3)$$

Für die Auslegung und Dimensionierung von Leistungs- und Logistiksystemen, die wie viele Produktionssysteme und die meisten Transport- und Verkehrssysteme nach dem Push-Prinzip arbeiten, gelten die *Dimensionierungsregeln* (s. *Abschnitt 8.9*):

▶ *Leistungsanforderungen bei Push-Betrieb*: Wenn die Abläufe vom *Push-Prinzip* bestimmt werden, ergeben sich die maximalen Leistungsanforderungen an die Stationen des Systems aus den Grenzleistungen der Quellen.

▶ *Systemauslegung bei Push-Betrieb*: Für den Push-Betrieb ist das System mit seinen einzelnen Stationen beginnend bei den Eingängen und internen Quellen *den durchlaufenden Strömen folgend* bis zu den Ausgängen und Senken auszulegen und zu dimensionieren.

Da materielle Objekte nicht aus dem Nichts entstehen, haben alle Quellen bis auf die Rohstofflagerstellen einen oder mehrere Eingänge, in die das benötigte Material, Aufträge oder auch Transporteinheiten einlaufen, die wie in *Abb. 13.2* B dargestellt zu entladen sind. Ob die Eingangsströme einer Quellstation berücksichtigt werden, hängt von der Problemstellung und von der Systemabgrenzung ab:

- Eine *Quellstation* vom Typ $(n,m)$ der Ordnung $o = n + m$ ist eine Quelle mit $m$ Ausgangsströmen, bei der $n$ Eingangsströme berücksichtigt werden.

So ist beispielsweise eine Abfüllstation für Getränke in Flaschen, die als Leergut zugeführt, abgefüllt und zu je 24 Stück in Kästen abgepackt werden, eine Quellstation der Ordnung 4 vom Typ (3,1). Die drei Einlaufströme sind das Füllgut, die leeren Flaschen und die leeren Kästen. Der Auslaufstrom besteht aus den vollen Getränkekästen mit je 24 Flaschen.

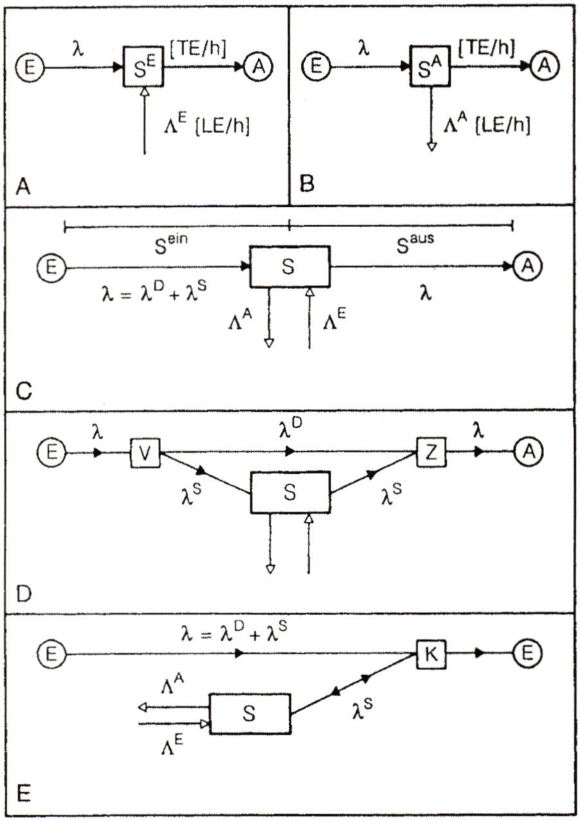


**Abb. 13.2** Übergangsstationen zwischen Transportsystemen

A: Beladestation auf der Fahrstrecke (*online-station*)
B: Entladestation auf der Fahrstrecke (*online-station*)
C: Be- und Entladestation auf der Fahrstrecke (*online-station*)
D: Seitliche Be- und Entladestation neben der Strecke (*offline station*)
E: Rückseitige Be- und Entladestation neben der Strecke (*offline station*)
Λ: Ladeeinheitenströme [LE/h]
λ: Transporteinheitenströme [TE/h]

## 2. Senken

Senken sind Elementarstationen vom Typ ($n$;0), in denen $n$ Einlaufströme $\lambda_{Ei}$ [$LO_i$/h] enden und deren eventuell vorhandene Auslaufströme zunächst unberücksichtigt bleiben.

Beispiele für Senken sind:

Lagerstationen
Verbrauchsstellen
Beladestellen

Verpackungsstationen
Produktionsstellen (13.4)
Depalettierstationen
Demontagestellen
Ausgangsstationen
Deponien
Endlager

Als Beispiel zeigt *Abb. 13.2* unter A eine Beladestation, in der die einlaufenden Ladeeinheiten in Transporteinheiten verladen werden und auf diese Weise das System verlassen.

Senken absorbieren oder verbrauchen die einlaufenden Objekte einzeln oder schubweise mit einer *Verbrauchsrate* oder einem *Abnahmestrom* $\lambda$. Der Abnahmestrom wird gemäß Beziehung (13.2) von der *Taktzeit* $\tau$ [s] und der *Pulklänge* $c$ [LO] des Verbrauchs- oder Abnahmeprozesses bestimmt.

Für die Auslegung und Dimensionierung von Leistungs- und Logistiksystemen, die nach dem Pull-Prinzip betrieben werden, wie Beschaffungssysteme, Versandsysteme und Kommissioniersysteme, gelten die *Dimensionierungsregeln* (s. *Abschnitt 8.9*):

- *Leistungsanforderungen bei Pull-Betrieb*: Wenn die Abläufe vom *Pull-Prinzip* bestimmt werden, ergeben sich die Leistungsanforderungen an die übrigen Stationen des Systems aus den maximalen Verbrauchsraten, Abnahmeströmen und Bedarf der Senken.
- *Systemauslegung bei Pull-Betrieb*: Für den Pull-Betrieb ist das gesamte System mit seinen Stationen von den Ausgängen und den Senken her *entgegen den Strömen* bis hin zu den Eingängen und Quellen auszulegen und zu dimensionieren.

Da bei einem Betrieb nach dem Pull-Prinzip alle Ströme, die in das System einlaufen oder in einer internen Quelle erzeugt werden, am Ende in einer internen oder externen Senke verschwinden, müssen die Größe und Eigenschaften der maximalen Aufnahmeströme aller Senken bekannt sein.

Materielle Objekte können nicht rückstandslos verschwinden. Daher haben alle Senken mit Ausnahme der Endlager und Deponien einen oder mehrere Ausgänge, aus denen mit einem bestimmten Zeitverzug erzeugte Güter, Abfall, Leergut oder zuvor eingelagerte Ladeeinheiten herauskommen. Analog wie bei den Quellen ist die Berücksichtigung der Ausgangsströme einer Senkenstation abhängig von der Problemstellung und von der Systemabgrenzung:

- Eine *Senkenstation* vom Typ $(n,m)$ der Ordnung $o = n + m$ ist eine Senke mit $n$ Eingangsströmen, bei der $m$ Ausgangsströme berücksichtigt werden.

Eine Senkenstation ist von der Auslaufseite her gesehen eine Quellstation. Umgekehrt ist eine Quellstation von der Einlaufseite her gesehen eine Senkenstation. Die in *Abb. 13.2* unter A, B und C gezeigten Be- und Entladestationen ebenso wie Palettier- und Depalettierstationen sind Beispiele für derartige kombinierte Quell- oder Senkenstationen.

### 3. Bedienungsstationen

Bedienungsstationen sind Elementarstationen zweiter Ordnung vom Typ (1,1), in die ein Einlaufstrom einläuft und aus denen ein Auslaufstrom herauskommt.

Wie in der Prinzipdarstellung *Abb. 13.3* gezeigt, wird in einer *Bedienungsstation* an oder mit den einlaufenden Objekten mit einer *Taktzeit*, die gleich der *Bearbeitungszeit* oder *Vorgangszeit* des Bedienungsprozesses ist, einzeln oder schubweise eine Veränderung durchgeführt, eine Serviceleistung erbracht oder eine Erfassung vorgenommen (s. *Abschnitt 8.5*).

In einer *unstetigen Bedienungsstation* kommt jedes Objekt mindestens einmal zum Stillstand. In einer *stetigen Bedienungsstation* bewegen sich die Objekte während des Bedienungsvorgangs, solange kein Stau eintritt.

Beispiele für *Bedienungsstationen* sind:

Servicestationen
Abfertigungsstationen
Mautstationen
Arbeitsplätze
Etikettierstationen (13.5)
Kontrollpunkte

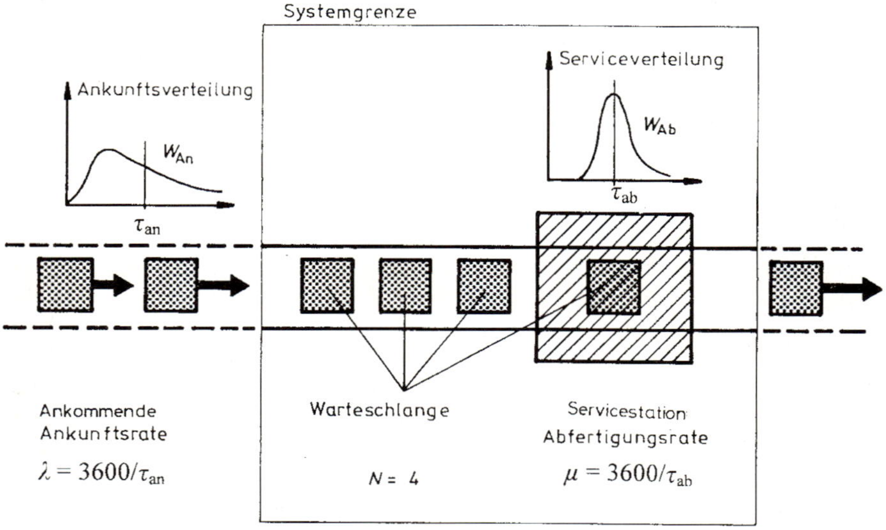


**Abb. 13.3** Bedienungsstation oder Wartesystem vom Typ $W_{an}/W_{ab}/1$

$W_{an}$ Ankunftsverteilung
$W_{ab}$ Abfertigungs- oder Serviceverteilung

$\lambda$ Ankunftsrate oder Einlaufstrom
$\tau_{an}$ Ankunftstaktzeit

$\mu$ maximale Abfertigungsrate oder Grenzleistung
$\tau_{ab}$ Abfertigungs- oder Servicezeit

Erfassungsstationen
Meß- und Prüfstellen
Lesestationen

Die maximale Strombelastbarkeit einer Bedienungsstation ist gleich der *Abfertigungsgrenzleistung*. Für die Berechnung der Grenzleistung gilt:

▶ Die Grenzleistung einer Elementarstation mit einer mittleren *Abfertigungszeit* $\tau_{ab}$ [s] ist bei Abfertigung mit einer mittleren *Pulklänge c* [LO]

$$\mu(c) = \lambda_{max}(c) = 3600 \cdot c / \tau_{ab}(c) \qquad [LO/h]. \qquad (13.6)$$

Bei *Einzelabfertigung* ist $c = 1$ und bei *paarweiser Abfertigung* $c = 2$. Bei konstanter *schubweiser Abfertigung* hat *c* einen festen Wert.

Bei *getakteter Abfertigung* sind die Abfertigungs- oder Taktzeiten gleichbleibend. Bei *stochastischer Abfertigung* schwanken die Taktzeiten zufallsabhängig um einen Mittelwert. Im allgemeinsten Fall schwanken Abfertigungszeiten *und* Pulklänge um bestimmte Mittelwerte (s. *Abb. 9.2*).

#### 4. Stetige Verbindungen

In einer stetigen Verbindung – auch *Streckenelement* genannt – können die Lade- oder Transporteinheiten den Transportweg vom Eingang bis zum Ausgang durchlaufen. Sie kommen nur zum Halt bei Begegnung mit einer *vorfahrtberechtigten Einheit*, bei einem *Rückstau* aus einem der nachfolgenden Elemente oder bei einer *Störung*.

Stetige Verbindungen in *Fördersystemen* zum Befördern von *Ladeeinheiten* oder *passiven Transporteinheiten* sind (s. *Abb. 18.7*) [29; 124; 127]:

Röllchenbahnen
Rutschen
Rollenbahnen
Gurtbänder (13.7)
S-Förderer
Kreisförderer

Zur Illustration zeigt *Abb. 13.4* einen *S-Förderer*, der häufig als leistungsstarke Vertikalverbindung in Stetigfördersystemen für Paletten oder leichtes Stückgut eingesetzt wird.

Stetige Verbindungen in *Fahrzeugsystemen*, in denen *aktive Transporteinheiten* verkehren, wie Stapler, Schleppzüge, Hängebahnen, Kraftfahrzeuge oder Eisenbahnzüge, sind [115; 126]:

Fahrspuren
Fahrtrassen (13.8)
Schienen

Ist $a_{min}$ [m] der *minimale Endpunktabstand* von zwei aufeinander folgenden Lade- oder Transporteinheiten [TE] und $v_S$ [m/s] die *aktuelle Fahrgeschwindigkeit* auf der Verbindungsstrecke, dann ist die minimale Taktzeit auf der freien Strecke

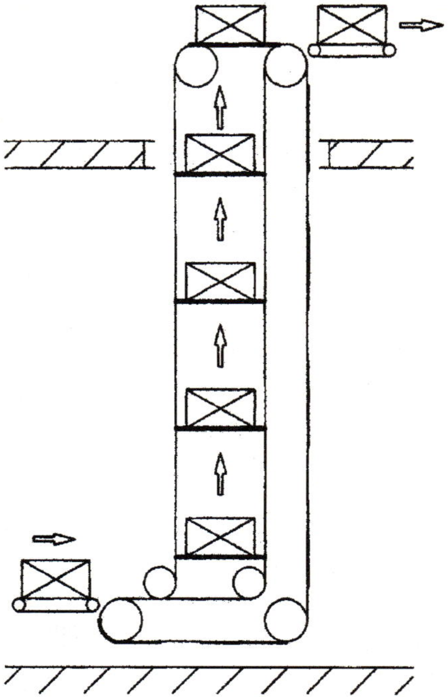

**Abb. 13.4** Beispiel eines vertikalen Stetigförderers
S-Förderer für Pakete, Behälter oder Paletten

$$\tau_S = a_{min} / v_S \qquad [s]. \qquad (13.9)$$

Durch Einsetzen von Beziehung (13.9) in Beziehung (13.6) folgt die *Grenzleistungsformel für stetige Verbindungen*:

► Die *Grenzleistung einer stetigen Verbindung* mit der Fahrgeschwindigkeit $v_S$ [m/s] und einem minimalen Endpunktabstand $a_{min}$ [m] ist bei Einzeldurchfahrt

$$\boldsymbol{\mu = 3600 \cdot v_S / a_{min}} \qquad \textbf{[TE / h]}. \qquad (13.10)$$

Wenn die Verbindung von Pulks mit je $c$ Transporteinheiten durchfahren wird, ist die rechte Seite von (13.10) mit $c$ zu multiplizieren und für $a_{min}(c)$ der minimale Endpunktabstand der Pulks einzusetzen.

In *Födersystemen* ist der minimale Endpunktabstand zweier aufeinander folgender Einheiten gleich der *Länge der Transporteinheiten* $l_{TE}$ [m] plus einem geometrisch oder technisch bedingten *Konstruktionsabstand* $l_{konstr}$ [m], der im günstigsten Fall gleich 0 ist [78]:

$$a_{min} = l_{LE} + l_{konstr} \qquad [m]. \qquad (13.11)$$

| **Streckenelement** | Ladeeinheit<br>LE | Endpunkt-abstand<br>[m] | Geschwin-digkeit<br>[m/s] | **Grenzleistung**<br>**[LE/h]** |
|---|---|---|---|---|
| **Rollenbahn** | EURO-Palette | 1,4 | 0,30 | **771** |
| | Normbehälter | 0,7 | 0,50 | **2.571** |
| **Tragkettenförderer** | EURO-Palette | 1,5 | 0,20 | **480** |
| | Normbehälter | 1,5 | 0,50 | **1.200** |
| **Bandförderer** | EURO-Palette | 1,5 | 0,30 | **720** |
| | Normbehälter | 0,7 | 0,80 | **4.114** |
| **Kreisförder** | EURO-Palette | 2,5 | 0,20 | **288** |
| | Normbehälter | 1,0 | 0,40 | **1.440** |
| **S-Förderer** | EURO-Palette | 2,0 | 0,20 | **360** |
| | Normbehälter | 0,6 | 0,40 | **2.400** |

**Tab. 13.1** Grenzleistungen stetiger Verbindungselemente in Fördersystemen
Tabellenkalkulationsprogramm mit Formel (13.10)
EURO-Palette: l × b × h = 1.2000 × 800 × 1.800 mm
Normbehälter: l × b × h = 600 × 400 × 300 mm

*Tabelle 13.1* enthält die mit Hilfe der Beziehungen (13.10) und (13.11) aus den technischen Kenndaten errechneten Grenzleistungen der wichtigsten stetigen Verbindungselemente von *Fördersystemen* für Paletten und Behälter.

In *Fahrzeugsystemen* ist der minimale Endpunktabstand der Transporteinheiten abhängig von der Art der *Abstandsregelung*, der *Länge der Transporteinheiten* $l_{\mathrm{TE}}$ [m] und vom *Sicherheitsabstand* $l_{\mathrm{sich}}$ [m] zwischen den Transporteinheiten.

Um bei einem Unfall eines voranfahrenden Fahrzeugs einen Aufprall zu verhindern, muß der Sicherheitsabstand mindestens so groß sein wie die Länge des *Bremswegs* $l_{\mathrm{br}}$ [m]:

$$l_{sich} \geq l_{\mathrm{br}} \qquad [\mathrm{m}]. \qquad (13.12)$$

Bei einer *Fahrzeuggeschwindigkeit* $v_S$ [m/s], einer *Reaktionszeit* $t_0$ [s] und einer maximal zulässigen *Notbremskonstanten* $b_n^-$ [m/s²] ist der *Bremsweg* oder sogenannte *Bremsschatten*, der jedem Fahrzeug vorauseilt:

$$l_{br} = v_S \cdot t_0 + v_S^2 / 2b_n^- \quad [m]. \tag{13.13}$$

Bei *aktiver Abstandsregelung* verhindert die Fahrzeugsteuerung oder der Fahrer durch rechtzeitiges Abbremsen, daß der Abstand zum voranfahrenden Fahrzeug, der durch Abstandsmessung permanent kontrolliert wird, den Sicherheitsabstand unterschreitet. Daher ist in diesem Fall der *minimale Endpunktabstand* einzeln aufeinander folgender Transporteinheiten:

$$a_{min} = l_{TE} + v_S \cdot t_0 + v_S^2 / 2b_n^- \quad [m]. \tag{13.14}$$

Bei *passiver Abstandsregelung* oder *Blockstreckensteuerung* ist der Fahrweg in *Blockstrecken* der Länge d unterteilt. Die Blockstreckensteuerung hindert eine Transporteinheit mit ihrem Bremsschatten solange an der Einfahrt in die nächste Blockstrecke, wie sich in dieser noch eine andere Transporteinheit befindet. Daher ist in diesem Fall der *minimale Endpunktabstand* einzeln aufeinander folgender Transporteinheiten

$$a_{min} = d \cdot \text{AUFRUNDEN}\left((l_{TE} + v_S \cdot t_0 + v_S^2 / 2b_n^-) / d\right) \quad [m]. \tag{13.15}$$

Der Vergleich der Beziehungen (13.14) und (13.15) zeigt, daß der Mindestabstand bei passiver Abstandsregelung größer ist als bei aktiver Abstandsregelung, wenn d kein ganzzahliger Bruchteil von (13.14) ist. Daher ist die maximale Durchsatzleistung bei aktiver Abstandsregelung i.d.R. größer als mit einer Blockstreckensteuerung.

Durch Einsetzen der Beziehung (13.14) für den minimalen Endpunktabstand in die allgemeine Grenzleistungsformel (13.10) folgt die *Grenzleistungsformel für Streckenelemente* in Fahrzeugsystemen:

► Die *Grenzleistung eines Streckenelements*, das von Transporteinheiten der *Länge* $l_{TE}$ [m], die eine *Notbremskonstante* $b_n^-$ [m/s²] und eine *Reaktionszeit* $t_0$ [s] haben, mit einer *Fahrgeschwindigkeit* $v_S$ [m/s] *einzeln* durchfahren wird, ist

$$\boldsymbol{\mu_S(v_S) = 3600 / (t_0 + l_{TE} / v_S + v_S / 2b_n^-)} \quad \textbf{[TE/h]}. \tag{13.16}$$

In *Abb. 13.5* ist die mit Hilfe dieser Beziehung errechnete Geschwindigkeitsabhängigkeit der *Streckengrenzleistung* einer Fahrspur für Straßenfahrzeuge unterschiedlicher Länge dargestellt.[1] Hieraus geht hervor, daß die Streckengrenzleistung mit zunehmender Fahrgeschwindigkeit zunächst rasch ansteigt und nach

1 Aus der Fahrschulregel, daß der Abstand zum vorherfahrenden Fahrzeug mindestens gleich der halben Tachoanzeige in Meter sein soll, ergibt sich – ohne Berücksichtigung der Fahrzeuglänge – mit Beziehung (13.10) eine geschwindigkeitsunabhängige Durchsatzleistung pro Fahrspur von 2000 Fz/h. Messungen der Verkehrsleistung stark befahrener Straßen ergeben jedoch deutlich geringere Werte [128; 129].

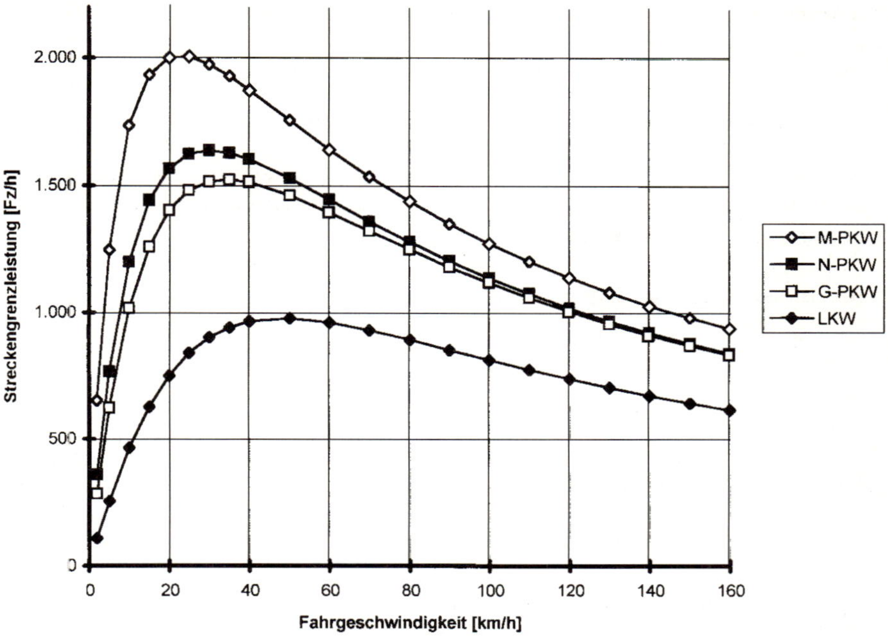


**Abb. 13.5** Geschwindigkeitsabhängigkeit der Streckengrenzleistung einer Fahrspur für Straßenfahrzeuge

M-PKW: Mini-PKW
N-PKW: Normal-PKW
G-PKW: Groß-PKW
LKW: Lastzug
Technische Kenndaten s. *Tabelle 13.2*

Erreichen eines Maximums langsam wieder abfällt. Für kurze Fahrzeuge ist die optimale Grenzleistung deutlich größer als für lange Fahrzeuge. Allgemein folgt aus der Beziehung (13.16) der *Zusammenhang*:

▶ Die Grenzleistung eines Streckenelements ist von der Fahrgeschwindigkeit abhängig und hat ein Maximum bei der *durchsatzoptimalen Geschwindigkeit*

$$v_{Sopt} = \sqrt{2 \cdot l_{TE} \cdot b_n^-} \qquad [m/s]. \qquad (13.17)$$

Die durchsatzoptimale Geschwindigkeit steigt hiernach mit der Fahrzeuglänge und der Notbremskonstanten an. Sie liegt im Straßenverkehr – abhängig von den Anteilen der verschiedenen Fahrzeugtypen – bei ca. 30 km/h. Die durchsatzoptimale Geschwindigkeit ist jedoch in der Regel nicht gleich der kostenoptimalen Geschwindigkeit [222].

Aus der Abhängigkeit (13.16) ergibt sich die Möglichkeit einer *bedarfsabhängigen Leistungsregelung* durch Anpassung der Fahrgeschwindigkeit an den aktuellen Durchsatz. Diese *Optimierungsmöglichkeit* wird zum Beispiel im Straßen-

| Streckenelement | Fahzeug-Typ TE | Fahrzeug-länge [m] | Tot-zeit [s] | Optimale Geschwind. [m/s] | Notbrems-konstante [m/s²] | Grenzleistung [TE/h] |
|---|---|---|---|---|---|---|
| Hängebahnschiene | Elektrofahrzeug | 1,5 | 0,5 | 1,2 | 0,5 | 1.221 |
| FTS-Fahrtrasse | FTS-Fahrzeug | 2,5 | 0,7 | 1,9 | 0,7 | 1.067 |
| Fahrbahn | Schleppzug | 8,0 | 1,0 | 4,0 | 1,0 | 720 |
| Straßenfahrspur | Mini-PKW | 2,5 | 1,0 | 6,3 | 8,0 | 2.011 |
| | Normal-PKW | 5,0 | 1,0 | 8,4 | 7,0 | 1.640 |
| | Groß-PKW | 6,5 | 1,0 | 8,8 | 6,0 | 1.456 |
| | Lastzug | 18,0 | 1,0 | 13,4 | 5,0 | 977 |

**Tab. 13.2** Grenzleistungen von Streckenelementen in Fahrzeugsystemen

Tabellenkalkulationsprogramm mit Formeln (13.16) und (13.17)
1m/s = 3,6 km/h; 1km/h = 0,28 m/s

verkehr genutzt, indem auf viel befahrenen Strecken die Grenzleistung durch eine belastungsabhängige Geschwindigkeitsregelung der aktuellen Verkehrsbelastung angepaßt wird.

Die *Tabelle 13.2* enthält die Grenzleistungen der Streckenelemente verschiedener Fahrzeugsysteme, die sich mit Beziehung (13.16) bei der jeweils leistungsoptimalen Geschwindigkeit (13.17) aus den angegebenen technischen Kenndaten ergeben.

### 5. Unstetige Verbindungen

*Unstetige Verbindungen* oder *Verbindungselemente* sind Stationen, in denen die Ladeeinheiten von einem intermittierend arbeitenden *Umsetzelement* mit einer *Kapazität* $c_U$ [LE] über einen Verbindungsweg der *Länge* $s$ [m] befördert werden. Beispiele für *Verbindungselemente* sind

Verschiebewagen
Drehscheiben
Schwenktische
Umsetzer
Hub- und Senkstationen (13.18)
Aufzüge
Fahrzeuge

Auch *Transportfahrzeuge* mit einer Kapazität $c_{TE}$ [LE/TE], die an einem Beladeort starten, nach einem Fahrweg $s$ den Entladeort erreichen und nach dem Entladen zum Ausgangsort zurückkehren, können zur Berechnung der maximalen Beförderungsleistung als Umsetzelement betrachtet werden.

Die minimale Taktzeit, mit der $c \leqq c_U$ Einheiten von einem Verbindungselement abgefertigt werden können, ist gleich der Summe der *Einlaufzeit* oder *Beladezeit* $t_{bel}(c)$, der doppelten *Wegzeit* $t_{weg}(s)$ des Umsetzelements für die Hin- und Rückfahrt und der *Auslaufzeit* oder *Entladezeit* $t_{ent}(c)$:

$$\tau_v(c;s) = t_{bel}(c) + 2 \cdot t_{weg}(s) + t_{ent}(c) \qquad [s]. \qquad (13.19)$$

Die *Wegzeit* für die Fortbewegung über eine Strecke der Länge $s$ [m] mit einer *Maximalgeschwindigkeit* $v_m$ [m/s] und der mittleren *Bremsbeschleunigungskonstanten* $b_m = 2\,b^+b^-/(b^++b^-)$ [m/s²] ist (s. Bez. (16.59), *Abschnitt 16.10*):

$$t_{weg}(s) = \text{WENN}(s < v_m^2 / b_m;\ 2\sqrt{s/b_m}\ ;\ s/v_m + v_m/b_m) \qquad [s]. \qquad (13.20)$$

Wegen des Zeitbedarfs für die Rückfahrt geht die Wegzeit (13.20) in die Taktzeit (13.19) doppelt ein.

Wenn $s_{ein}$ der *Einlaufweg*, $s_{aus}$ der *Auslaufweg* und die $t_o$ die *Totzeit* für Schalt- und Reaktionsvorgänge ist, folgt mit Beziehung (13.20) für die *Einlaufzeit* $t_{ein}(c) = t_o + t_{weg}(s_{ein})$ und für die *Auslaufzeit* $t_{aus}(c) = t_o + t_{weg}(s_{aus})$, die für das Einlaufen bzw. Auslaufen der $c \leqq c_U$ Einheiten benötigt wird. Bei schubweiser Abfertigung sind der Einlaufweg und der Auslaufweg mindestens gleich der maximalen Länge $c \cdot l_{TE}$ eines Pulks. Wenn die c Ladeeinheiten nicht in einem Schub ver- und entladen werden, sind die Beladezeit und die Entladezeit größer als die Einlaufzeit und die Auslaufzeit eines Pulks.

Durch Einsetzen von (13.19) in Beziehung (13.6) folgt:

▶ Die *Grenzleistung* einer *unstetigen Verbindung*, eines *Verbindungselements* oder eines *Transportmittels*, das die *Ladekapazität* $c_U$, die *Beladezeit* $t_{bel}(c)$ und die *Entladezeit* $t_{ent}(c)$ hat und für einen *Verfahrweg s* die *Wegzeit* $t_{weg}(s)$ benötigt, ist bei Abfertigung von Schüben der mitteren Pulklänge $c \leqq c_U$

$$\boldsymbol{\mu_v(c;s) = 3600\, c / (t_{bel}(c) + 2t_{weg}(s) + t_{ent}(c))} \qquad [\text{LE/h}]. \qquad (13.21)$$

Die Abhängigkeit der Grenzleistung von der Länge des Verfahrwegs ist für das Beispiel eines Verteilerwagens für Paletten mit unterschiedlicher Kapazität in *Abb. 13.6* dargestellt. Die *Tabelle 13.3* enthält die Grenzleistungen weiterer unstetiger Verbindungen von Fördersystemen für Paletten und leichtes Stückgut, die mit Hilfe der Beziehung (13.21) aus den technischen Kenndaten berechnet wurden (s. auch *Abb. 16.20*).

Aus Beziehung (13.21), der *Abb. 13.6* und den tabellierten Grenzleistungen ist ablesbar (s. auch *Abb. 16.20*):

▶ Den stärksten Einfluß auf die Grenzleistung eines Verbindungselements oder Transportfahrzeugs haben die Ladekapazität und die Länge des Transportwegs.

Hieraus folgt, daß sich das Leistungsvermögen unstetiger Verbindungselemente und intermittierend arbeitender Förderelemente vor allem durch eine vergrößerte Ladekapazität $c_U$ und eine Verkürzung des Transportwegs steigern läßt. Weitere Verbesserungsmöglichkeiten sind die Verkürzung der Be- und Entladezeiten, größere Brems- und Beschleunigungswerte und bei größeren Entfernungen eine höhere Fahrgeschwindigkeit.

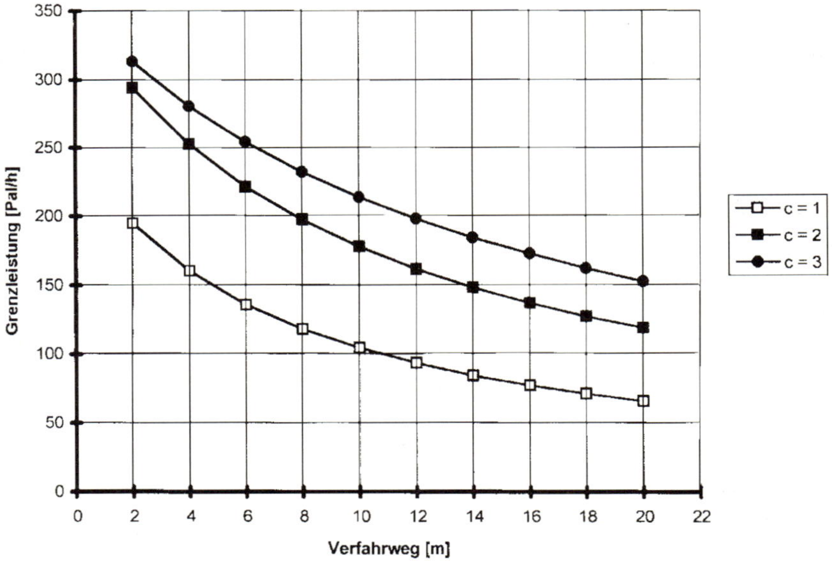


**Abb. 13.6** Abhängigkeit der Grenzleistung eines Verteilerwagens von der Länge des Verfahrwegs

*c* Kapazität des Verteilerwagens [Pal], Technische Kenndaten s. *Tabelle 13.3*

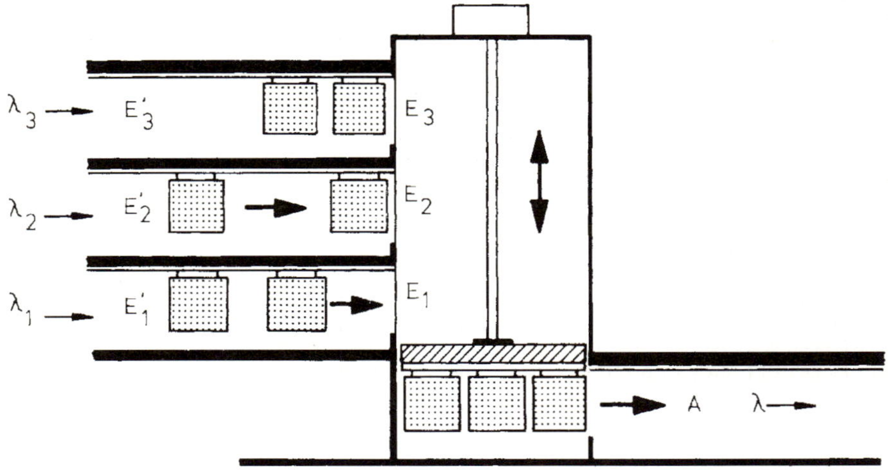


**Abb. 13.7** Absenkstation einer Einschienenhängebahn mit einer Abfertigungskapazität für $c_A = 3$ Fahrzeuge

| Verbindungselement | Ladeeinheit | Abfertigungs-kapazität | Ein- und Auslaufzeit | Geschwin-digkeit | Bremsbe-schleunigung | Verfahrweg | **Grenzleistung** |
|---|---|---|---|---|---|---|---|
| Lastaufnahme | LE | [LE/Fahrt] | [s] | [m/s] | [m/s²] | [m] | **[LE/h]** |
| **Verschiebewagen** | EURO-Pal | 1 | 12,0 | 0,20 | 0,3 | 4,0 | **68** |
| mit Rollenbahn oder Tragketten | EURO-Pal | 2 | 20,0 | 0,20 | 0,3 | 4,0 | **117** |
| | Behälter | 2 | 6,0 | 0,50 | 0,5 | 4,0 | **300** |
| mit Teleskopgabel | EURO-Pal | 1 | 22,0 | 0,50 | 0,5 | 4,0 | **90** |
| | EURO-Pal | 1 | 22,0 | 0,50 | 0,5 | 8,0 | **64** |
| **Verteilerwagen** | EURO-Pal | 1 | 12,0 | 1,00 | 0,8 | 4,0 | **160** |
| mit Rollenbahn oder Tragketten | EURO-Pal | 1 | 12,0 | 1,00 | 0,8 | 8,0 | **118** |
| | EURO-Pal | 2 | 20,0 | 1,00 | 0,8 | 4,0 | **236** |
| **Hubstation** | EURO-Pal | 1 | 12,0 | 0,20 | 0,3 | 3,0 | **83** |
| mit Rollenbahn oder Tragketten | EURO-Pal | 1 | 12,0 | 0,20 | 0,3 | 6,0 | **49** |
| | EURO-Pal | 2 | 20,0 | 0,20 | 0,3 | 3,0 | **140** |
| | Behälter | 2 | 6,0 | 0,50 | 0,5 | 3,0 | **360** |

**Tab. 13.3** Grenzleistungen unstetiger Verbindungselemente in Fördersystemen
Tabellenkalkulationsprogramm mit Formel (13.21)
EURO-Palette: $l \times b \times h = 1.200 \times 800 \times 1.800$ mm
Normbehälter: $l \times b \times h = 600 \times 400 \times 300$ mm

### 6. Verzweigungs- und Zusammenführungselemente

Wie das Beispiel der in *Abb. 13.7* dargestellten Absenkstation einer Hängebahn zeigt, haben die unstetigen Verbindungen (13.18) in vielen Fällen mehrere Eingänge oder mehrere Ausgänge. Dann sind sie *Verzweigungselemente*, *Zusammenführungselemente* oder *Transportelemente höherer Ordnung*.

*Verzweigungselemente* sind Transportelemente der Ordnung 3 vom Typ (1;2) mit einem Eingang und zwei Ausgängen, die einen *Einlaufstrom* $\lambda_E = \lambda_{A1} + \lambda_{A2}$ in zwei *partielle Auslaufströme* $\lambda_{A1}$ und $\lambda_{A2}$ aufteilen. Beispiele für Verzweigungselemente sind (s. *Abb. 18.8*):

Weichen
Schwenktische
Drehscheiben (13.22)
Fahrbahnverzweigungen
Umsetzer

sowie alle Verbindungselemente (13.18) mit zwei Ausgängen.

*Zusammenführungselemente* sind Transportelemente der Ordnung 3 vom Typ (2;1) mit zwei Eingängen und einem Ausgang, die zwei *partielle Einlaufströme*

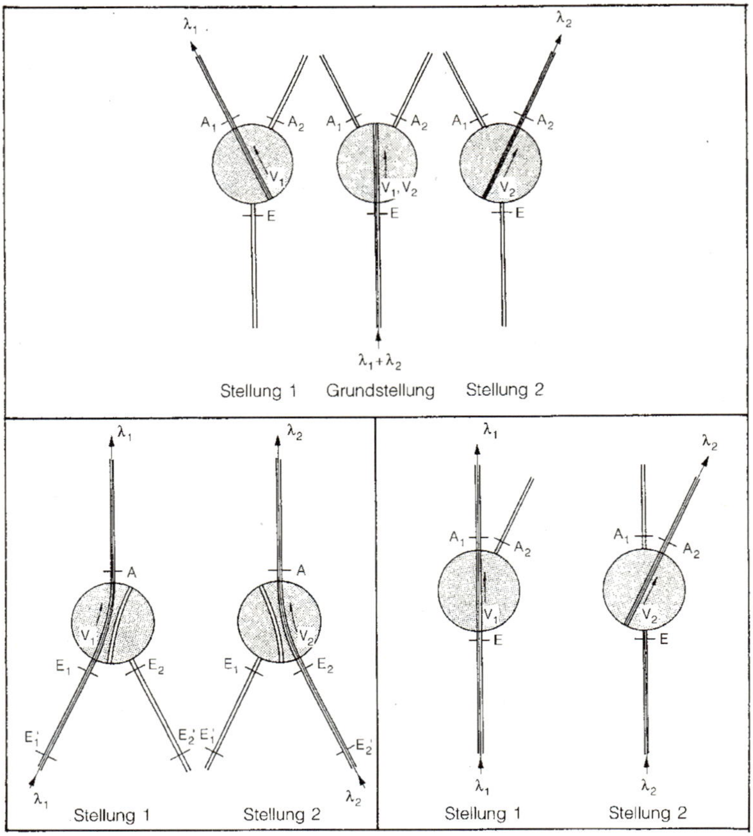


**Abb. 13.8** Unstetige, halbstetige und stetige Verzweigungs- und Zusammenführungselemente einer Hängebahn

$\lambda_{E1}$ und $\lambda_{E2}$ zu einem *Auslaufstrom* $\lambda_A = \lambda_{E1} + \lambda_{E2}$ vereinigen. Beispiele für Zusammenführungselemente sind die in umgekehrter Richtung arbeitenden Verzweigungselemente (13.18) und (13.22) (s. auch *Abb. 18.9*).

Die *Abb. 13.8* zeigt die Verzweigungs- und Zusammenführungselemente einer *Hängebahn*. Hieraus ist ersichtlich, daß es *stetige*, *halbstetige* und *unstetige* Verzweigungselemente und Zusammenführungselemente gibt, abhängig davon ob die Verbindungen in die Verzweigungs- und Zusammenführungsrichtungen *stetig* oder *unstetig* sind.

Bei den unstetigen Verbindungsrichtungen ist die Umschaltzone ein intermittierend arbeitendes *Umschaltelement*, das – wie in *Abb. 13.7* dargestellt – eine bestimmte *Kapazität* $c_U \geqq 1$ hat und $c \leqq c_U$ gleichzeitig einlaufende Einheiten zu einem Auslaufpunkt umsetzt.

Die technisch maximal durchsetzbaren partiellen Ströme sind die *partiellen Grenzleistungen* $\mu_1$ und $\mu_2$, die bei schubweiser Abfertigung von der mittleren

Pulklänge $c \leqq c_U$ abhängen. Für stetige Verbindungsrichtungen läßt sich die partielle Grenzleistung mit Hilfe der Beziehungen (13.10) und (13.16) und für unstetige Verbindungsrichtungen mit Hilfe von Beziehung (13.21) aus den technischen Kenndaten berechnen.

Bei mehr als zwei Ausgängen wird aus einem Verzweigungselement ein *Verteilerelement*. Mit mehr als zwei Eingängen ist ein Zusammenführungselement ein *Sammelelement*. Diese speziellen Transportelemente höherer Ordnung sind ebenfalls in *Abb. 13.1* dargestelt.

### 7. Transportelemente höherer Ordnung

Beispiele für Transportelemente höherer Ordnung mit $n > 2$ Eingängen und/oder $m > 2$ Ausgängen sind (s. *Abb. 13.7* und *18.10*):

Verteilerwagen
Drehscheiben
Aufzüge
Hub- und Senkstationen (13.23)
Regalbediengeräte
Krane
Kreuzungen
Kreuzungsweichen
Mehrfachweichen

Zwischen den $n$ Eingängen $E_i$ und den $m$ Ausgängen $A_j$ eines Transportelements höherer Ordnung fließen durch stetige oder unstetige Verbindungen $n \cdot m$ partielle Ströme $\lambda_{ij}$.

Die *Partialströme* $\lambda_{ij}$ laufen, wie in *Abb. 13.9* dargestellt, als Bestandteile der $n$ Einlaufströme

$$\lambda_{Ei} = \sum_j \lambda_{ij} \tag{13.24}$$

in die Umschaltzone ein und werden dort umgewandelt in die $m$ Auslaufströme

$$\lambda_{Aj} = \sum_i \lambda_{ij}. \tag{13.25}$$

Die *Gesamtstrombelastung* des Transportelements ist also

$$\lambda = \sum_{ij} \lambda_{ij} = \sum_i \lambda_{Ei} = \sum_j \lambda_{Aj}. \tag{13.26}$$

Für die maximalen Durchsatzleistungen in den verschiedenen Verbindungen des Transportelements gilt das *partielle Grenzleistungsgesetz*©:

▶ Jeder *Partialstrom* $\lambda_{ij}$ ist nach oben begrenzt durch die *partielle Grenzleistung* $\mu_{ij}$ der entsprechenden Verbindung $E_i \rightarrow A_j$

$$\lambda_{ij} \leqq \mu_{ij}. \tag{13.27}$$

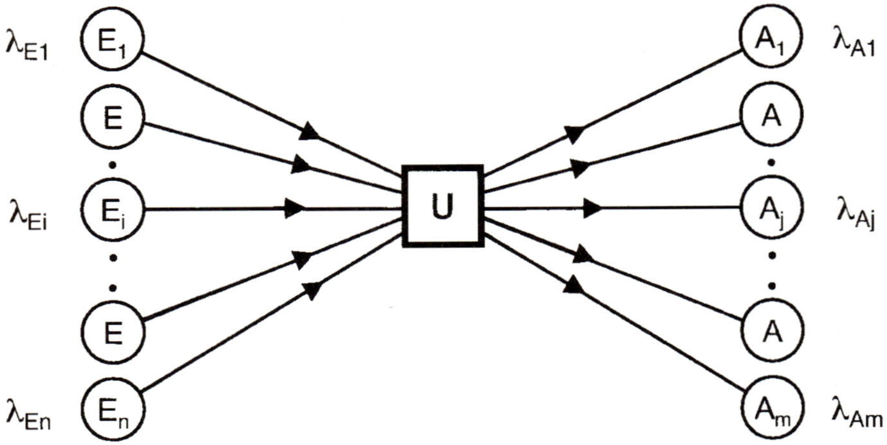


**Abb. 13.9** Irreduzibler Transportknoten (Transportelement) der Ordnung $o = n + m$ vom Typ $(n,m)$

Das partielle Grenzleistungsgesetz besagt, daß alle *partiellen Stromauslastungen* kleiner als 100 % sein müssen, daß also

$$\rho_{ij} = \lambda_{ij} / \mu_{ij} \leqq 1 \qquad \text{für alle i und j.} \qquad (13.28)$$

Wie bei den Verzweigungen und Zusammenführungen lassen sich die Transportelemente entsprechend den vorkommenden Verbindungsarten einteilen in *stetige*, *teilstetige* und *unstetige Transportelemente*. Die partiellen Grenzleistungen sind für die stetigen Verbindungsrichtungen mit Hilfe der Beziehungen (13.10) oder (13.16) und für die unstetigen Verbindungsrichtungen mit Hilfe von Beziehung (13.21) zu berechnen.

Ein Transportelement wird nicht nur durch die Partialströme ausgelastet, sondern auch durch die *Wechselzeiten*, die beim Funktionswechsel von einer Verbindung zu einer anderen Verbindung auftreten:

- Die *Wechselzeit* oder *Zwischenzeit* $z_{ij\,kl}$ [s] ist die Zeit, die bei Funktionswechsel eines Transportelements von einer Verbindung $E_i \rightarrow A_j$ zu einer anderen Verbindung $E_k \rightarrow A_l$ zwischen dem Einlauf der letzten Einheit des Stroms $\lambda_{ij}$ und dem frühest möglichen Auslauf der ersten Einheit des Stroms $\lambda_{kl}$ verlorengeht.

Die Wechselzeit der Transportelemente entspricht der *Rüstzeit*, die bei einem Produktwechsel in einer Produktionsstelle auftritt (s. *Abschnitt 13.9*).

Die Wechselzeit zwischen zwei stetigen Verbindungsrichtungen ist gleich der *Räum- und Schaltzeit*, die zwischen dem Einlauf der letzten Einheit einer Richtung und dem Auslauf der ersten Einheit der nächsten Richtung benötigt wird.

Bei einer Drehweiche, wie sie *Abb. 13.8* zeigt, ist die Wechselzeit gleich der Drehzeit des Weichentellers in die neue Durchlaßrichtung plus der Fahrzeit für den Weg vom Einlaufpunkt zum Auslaufpunkt. Bei einer einspurigen Fahrstrecke mit Gegenverkehr, wie sie an Baustellen häufig vorkommt, ist die Wechselzeit

| Verteilerelement / Sammelelement | Ladeeinheiten-Typ LE | Abfertigungs-Kapazität [LE] | Verfahrweg [m] | Umschaltzeit [s] | Grenzleistungen Durchlauf [LE/h] | Grenzleistungen Abzweig [LE/h] |
|---|---|---|---|---|---|---|
| **Rollenbahn-Drehtisch-Rollenbahn** | EURO-Paletten | 1 | 2,0 | 0,0 | **600** | **140** |
| | EURO-Paletten | 2 | 2,0 | 0,0 | **600** | **210** |
| | Normbehälter | 1 | 1,0 | 0,0 | **3.000** | **300** |
| | Normbehälter | 2 | 1,0 | 0,0 | **3.000** | **450** |
| **Rollenbahn-Hubtisch-Tragkette** | EURO-Paletten | 1 | 0,0 | 0,0 | **650** | **180** |
| | Normbehälter | 1 | 0,0 | 0,0 | **3.000** | **450** |
| **Rollenbahn-Verschiebewagen** | EURO-Paletten | 1 | 4,0 | 0,0 | **700** | **70** |
| | Normbehälter | 1 | 1,5 | 0,0 | **3.000** | **220** |
| | Normbehälter | 2 | 1,5 | 0,0 | **3.000** | **400** |
| **Rollenbahn-Weiche-Rollenbahn** | Normbehälter | 1 | 0,0 | 9,0 | **1.800** | **1.800** |
| **Rollenbahn-Gurttransfer-Rollenbahn** | Normbehälter | 45 Grad | 0,0 | 1,7 | **3.000** | **2.700** |
| **Rollenbahn-Bandabweiser-Rollenbahn** | Normbehälter | 45 Grad | 0,0 | 1,8 | **3.000** | **2.320** |
| **Rollenbahn-Kettenausschleuser** | Normbehälter | 90 Grad | 0,0 | 0,0 | **3.000** | **1.360** |
| | Normbehälter | 45 Grad | | 0,0 | **3.000** | **2.700** |
| **Rollenbahn-Puscher-Rollenbahn** | Normbehälter | 1 | 0,0 | 0,0 | **2.400** | **600** |

**Tab. 13.4** Grenzleistungen von Verteiler- und Sammelelementen in Paletten- und Behälterfördersystemen

EURO-Palette : $l \times b \times h = 1.200 \times 800 \times 1.800$ mm
Normbehälter : $l \times b \times h = 600 \times 400 \times 300$ mm

gleich der Zeit zwischen der Einfahrt des letzten Fahrzeugs in der einen Richtung und der Ausfahrt des ersten Fahrzeugs der Gegenrichtung.

Die Wechselzeit zwischen zwei unstetigen Verbindungsrichtungen ist 0, wenn sie in den Schatten der Taktzeit (13.19) fällt.

In *Tabelle 13.4* sind die Grenzleistungen und Wechselzeiten einiger Transportelemente von Paletten- und Behälterfördersystemen angegeben.

Wenn $\nu_{ij\,kl}$ [1/h] die *Umschaltfrequenz* zwischen den Verbindungen $E_i \to A_j$ und $E_k \to A_l$ ist, geht pro Stunde, also pro 3.600 s, insgesamt die Zeit $\nu_{ij\,kl} \cdot z_{ij\,kl}$ [s] für das Wechseln verloren. Hieraus folgt©:

► Die *Wechselzeitbelastung* eines Transportelements mit den *Wechselzeiten* $z_{ij\,kl}$ [s] und den *Umschaltfrequenzen* $\nu_{ij\,kl}$ [1/h] ist

$$\rho_w = \sum_{ij} \sum_{kl} \nu_{ij\,kl} \cdot z_{ij\,kl} / 3600. \qquad (13.29)$$

Während der unproduktiven Wechselzeitbelastung (13.29) kann eine Station nicht für die eigentlich benötigte Durchsatzfunktion genutzt werden.

## 13.3 Abfertigungsstrategien

Im Gegensatz zu den Grenzleistungen und Wechselzeiten, die konstruktionsabhängig und daher nur schwer veränderbar sind, lassen sich die Umschaltfrequenzen während des Betriebs durch geeignete *Abfertigungsstrategien* verändern und dem Bedarf anpassen:

- Eine *Abfertigungsstrategie* regelt, in welcher *Anzahl* und *Priorität* die einlaufenden Einheiten abgefertigt und auf die verschiedenen Ausgangsrichtungen verteilt werden.

Wie fast alle Strategien in der Logistik ergeben sich die Abfertigungsstrategien aus den drei Grundstrategien *Bündeln*, *Ordnen* und *Sichern* und ihren *Gegenstrategien* (s. *Abschnitt* 5.2). Mit einer Abfertigungsstrategie lassen sich unterschiedliche *Ziele* verfolgen, wie:

- *Auslastungsziele*

  maximale Auslastung der Station (13.30)

- *Leistungsziele*

  maximaler Durchsatz in allen Verbindungsrichtungen (13.31)
  maximaler Durchsatz für bestimmte Verbindungsrichtungen

- *Zeitziele*

  minimale Abfertigungszeiten für alle Verbindungsrichtungen (13.32)
  minimale Abfertigungszeiten für bestimmte Verbindungsrichtungen

- *Stauziele*

  minimale Warteschlangen und Wartezeiten (13.33)
  kein Blockieren vorangehender Stationen

- *Sicherheitsziele*

  größtmögliche Störungs- und Ausfallsicherheit
  maximale Verkehrssicherheit (13.34)
  minimale Unfallgefahr für personenbesetzte Fahrzeuge

Diese Ziele sind in der Regel nicht kompatibel und lassen sich nicht durch die gleichen Strategien erreichen. Daher müssen die angestrebten Ziele vor der Auswahl der Abfertigungsstrategien klar definiert und in ihrer Rangfolge festgelegt werden (s. *Kapitel* 5.1).

Die Auswirkung der verschiedenen Abfertigungsstrategien auf die maximal möglichen Durchsatzleistungen einer Elementarstation oder eines Transportelements lassen sich mit Hilfe der *Grenzleistungsgesetze* quantifizieren.

**1. Auslastungsstrategien**

Wenn die *Abfertigungskapazität* eines Transportelements $c_U > 1$ ist, können bis zu $c_U$ Einheiten gleichzeitig abgefertigt werden. Für Stationen mit $c_U > 1$ muß daher die Anzahl der Einheiten, die in einem Pulk in die Abfertigungs- oder Umschaltzone einlaufen, durch eine *Auslastungs-* oder *Bündelungsstrategie* geregelt werden. Mögliche Auslastungsstrategien sind:

- *Einzelabfertigung*: Die ankommenden Einheiten laufen nacheinander einzeln in die Abfertigungs- oder Umschaltzone, werden dort *einzeln* abgefertigt und in die geforderte Auslaufrichtung umgesetzt.
- *Konstante Pulkabfertigung*: Die ankommenden Einheiten laufen in Schüben *gleicher Pulklänge* $c_K \leqq c_U$ in die Abfertigungs- oder Umschaltzone, werden dort *gemeinsam* abgefertigt und in die geforderte Auslaufrichtung umgesetzt.
- *Variable Pulkabfertigung*: Die ankommenden Einheiten laufen in Schüben *wechselnder Pulklänge* $c \leqq c_U$ in die Abfertigungs- oder Umschaltzone, werden dort *gemeinsam* abgefertigt und in die geforderte Auslaufrichtung umgesetzt.
- *Zyklische Abfertigung*: Das Transportelement oder die Abfertigungsstation arbeitet in einem konstanten oder belastungsabhängigen Zyklus. Die Auslastung der Abfertigungskapazität hängt von der Zykluszeit und von der Strombelastung ab.

Eine *Einzelabfertigung* ist unvermeidlich, wenn die Abfertigungs- oder Umschaltzone zu einer Zeit nur eine Einheit aufnehmen und abfertigen kann. Sie hat den Vorteil minimaler Abfertigungszeit aber den Nachteil einer geringeren Grenzleistung.

Die maximale Auslastung einer Station mit einer Aufnahmekapazität $c_U > 1$ wird mit der *konstanten Pulkabfertigung* erreicht, wenn $c_K = c_U$ ist. Bei geringer Strombelastung führt diese Strategie jedoch dazu, daß die ersten eintreffenden Einheiten länger warten müssen, bevor die zur Vollauslastung geforderten $c_U$ Einheiten aufgelaufen sind. Die Folge sind also lange effektive Durchlaufzeiten. Wenn jede Abfertigung mit Kosten verbunden ist, wird jedoch mit der Abfertigung maximaler Pulklängen Geld gespart.[2]

Um längere Wartezeiten zu vermeiden und die effektiven Durchlaufzeiten gering zu halten, wird eine Station mit einer Kapazit $c_U > 1$ besser nach der Strategie der *variablen Pulkabfertigung* betrieben. Nach jeder Abfertigung werden aus der nächsten vorgegeben Einlaufrichtung die inzwischen eingetroffenen $c \leqslant c_U$ Einheiten abgefertigt. Mit dieser Regelung wird die Station mit zunehmender Belastung immer höher ausgelastet.

Bei niedriger Belastung ist allerdings mit dieser Strategie die Auslastung gering. Dafür aber sind die effektiven Durchlaufzeiten erheblich kürzer als bei der konstanten Pulkabfertigung. Im Vergleich zur Einzelabfertigung aber sind die Durchlaufzeiten auch bei der variablen Pulkabfertigung länger, da für den Ein-

2 Das Dilemma ist jedem Reisenden bekannt, der schon einmal auf eine Fähre oder ein Fahrzeug getroffen ist, das erst abfährt, wenn genügend Passagiere da sind.

und Auslauf und meist auch für die Bearbeitung und das Umsetzen von mehr als einer Einheit mehr Zeit benötigt wird als für eine einzelne Einheit.

**2. Vorfahrtstrategien**

Bei Stationen mit mehr als einem Eingang muß zusätzlich zur Pulklänge die *Priorität* der Abfertigung geregelt sein. Zur Prioritätsregelung von Elementarstationen und Transportelementen sind folgende *Ordnungsstrategien* oder *Vorfahrtsregelungen* geeignet:

- *Gleichberechtigte Abfertigung* (*First-Come-First-Served FCFS*): Die ankommenden Einheiten werden in der Reihenfolge ihres Eintreffens abgefertigt.
- *Einfache Vorfahrt* (z.B. *Vorfahrtsstraße*): Die Einheiten aus einer nachberechtigten Einlaufrichtung dürfen nur in die Abfertigungszone einlaufen, wenn zwischen zwei aufeinander folgenden Einheiten aus den bevorrechtigten Richtungen eine ausreichend große *Grenzzeitlücke* (13.37) vorkommt.
- *Absolute Vorfahrt* (z.B. *Stopstraße*): Alle Einheiten aus einer nachberechtigten Einlaufrichtung müssen an einem Einlaufpunkt anhalten und warten, bis zwischen zwei aufeinander folgenden Einheiten aus den bevorrechtigten Richtungen eine ausreichend große *Grenzzeitlücke* vorkommt.

Beide Vorfahrtsstrategien setzen eine Priorisierung der Einlaufrichtungen in einer *Vorfahrtsrangfolge* voraus:

$$\lambda_{E1} \text{ vor } \lambda_{E2} \text{ vor } \lambda_{E3} \text{ vor } \lambda_{E4} \text{ vor } \ldots\ldots \text{ vor } \lambda_{En} . \tag{13.35}$$

Bei der Zusammenführung von zwei Strömen wird der vorfahrtsberechtigte Strom als *Hauptstrom* $\lambda_H$ und der benachteiligte Strom als *Nebenstrom* $\lambda_N$ bezeichnet. Dann gilt:

$$\lambda_H \quad \text{vor} \quad \lambda_N . \tag{13.36}$$

Das heißt jedoch nicht, daß der Nebenstrom kleiner als der Hauptstrom ist.

Damit mindestens eine Nebenstromeinheit ohne Behinderung des Hauptstroms einlaufen kann, muß der Zeitabstand zwischen zwei Einheiten des Hauptstroms größer sein als die Summe der minimalen Taktzeiten von Hauptstrom und Nebenstrom und der Wechselzeiten vom Hauptstrom zum Nebenstrom und wieder zurück. Die benötigte *Grenzzeitlücke* ist daher:

$$t_{grenz} = \tau_H + \tau_N + z_{HN} + z_{NH} = \tau_H + \tau_N + z . \tag{13.37}$$

Bei absoluter Vorfahrt ist die *Gesamtwechselzeit* $z = z_{HN} + z_{NH}$ um die *Brems-* und *Anfahrzeit* der haltenden Nebenstromeinheit größer als die Gesamtwechselzeit der einfachen Vorfahrt.

Mit der einfachen und der absoluten Vorfahrt wird zu Lasten der Gesamtdurchsatzleistung und auf Kosten der effektiven Durchlaufzeiten der nachberechtigten Richtungen für die bevorrechtigten Richtungen eine kürzere Durchlaufzeit erreicht. Die absolute Vorfahrt bietet gegenüber den beiden anderen Vorfahrtsregelungen eine größere Funktionssicherheit und gewährleistet im Straßenverkehr eine geringere Unfallgefahr.

Von den drei Vorfahrtsstrategien ist die einfache Vorfahrt mit dem geringsten Aufwand zu realisieren. Wegen der erforderlichen Messung der Grenzzeitlücke ist die steuerungstechnische Realisierung der absoluten Vorfahrt in der Regel aufwendiger und mit höheren Kosten verbunden. Für die gleichberechtigte Abfertigung besteht bei hoher Strombelastung das Problem, die Anzahl und die Ankunftszeiten der wartenden Einheiten zu erfassen.

### 3. Steuerungsstrategien

Die größtmögliche Sicherheit gegen Störungen und Unfälle bieten die *Steuerungsstrategien*:

- *Konstante zyklische Abfertigung* (*Feste Ampelregelung*): Jede Einlaufrichtung $E_i$ wird mit der *Bedienungsfrequenz* $\nu_i$ [1/h] für eine *gleichbleibend lange Zykluszeit* $T_{Zi}$ [s] geöffnet, in der nur die Einheiten aus dieser Richtung abgefertigt werden.
- *Flexible zyklische Abfertigung* (*Flexible Ampelregelung*): Jede Einlaufrichtung $E_i$ wird mit der *Bedienungsfrequenz* $\nu_i$ [1/h] für eine *bedarfsabhängige Zykluszeit* $T_{Zi}(\lambda_i)$ [s] geöffnet, in der nur die Einheiten aus dieser Richtung abgefertigt werden.

*Strategieparameter* der zyklischen Abfertigung sind die *Bedienungsfrequenzen*, die *Zykluszeiten* und die *Reihenfolge* der Einlaufrichtungen innerhalb eines Gesamtzyklus. Wenn jede Einlaufrichtung $E_i$ pro Zyklus $n_i$ mal bedient wird, ist die *Gesamtzykluszeit*

$$T_Z = \sum_i n_i \cdot T_{zi} \quad [s]. \tag{13.38}$$

Damit ist die *Gesamtbedienungsfrequenz*

$$\nu_Z = 3600 / T_Z \quad [1/h] \tag{13.39}$$

und die Bedienungsfrequenz der Einlaufrichtung $E_i$

$$\nu_i = n_i \cdot \nu_z \quad [1/h]. \tag{13.40}$$

Die zyklische Abfertigung gewährleistet im Vergleich zu den Vorfahrtsstrategien die größte Störungssicherheit und die geringste Unfallgefahr. Sie ist jedoch mit einer Leistungseinbuße verbunden, die von den *Umschaltfrequenzen* und den *Wechselzeiten* abhängt.

Aus den Beziehungen (13.29), (13.38) und (13.39) ist ablesbar:

- ▶ Mit kurzen Zykluszeiten lassen sich hohe Bedienungsfrequenzen und kurze Wartezeiten erreichen, dafür aber ist der Leistungsverlust hoch.
- ▶ Mit längeren Zykluszeiten vermindert sich der Leistungsverlust, zugleich aber sinken die Bedienungsfrequenzen und steigen die Wartezeiten an.

Die steuerungstechnische Realisierung der zyklischen Abfertigung ist aufwendiger und teurer als für die Vorfahrtsstrategien. Wegen der erforderlichen Messung der Strombelastungen und der Regelung der Frequenzen ist die flexible Ampelregelung noch aufwendiger als die feste Ampelregelung.

Ein wesentlicher Nachteil der zyklischen Abfertigung sind die systematischen *Warteschlangen*, die sich während der *Sperrzeiten* auf den Zulaufstrecken bilden. In der Sperrzeit können die Warteschlangen bis in voranliegende Stationen anwachsen und diese blockieren, wenn die Zykluszeiten aufeinander folgender Stationen nicht richtig synchronisiert sind.

**4. Systemstrategien**

Außer durch geeignete Abfertigungsstrategien für die einzelnen Stationen lassen sich Leistungsvermögen, Durchlaufzeiten und Betriebskosten eines Systems, das aus parallelen und nacheinander geschalteten Stationen besteht, durch übergreifende *Systemstrategien* optimieren. Eine Systemstrategie regelt die Belastung und den Funktionsablauf *mehrerer Stationen.*

Für die unterschiedlichen Logistiksysteme, wie die Umschlag-, Transport-, Lager- und Kommissioniersysteme, gibt es eine Vielzahl *spezieller Systemstrategien*, die in den nachfolgenden Kapiteln behandelt werden. In fast allen Produktions-, Leistungs- und Logistiksystemen aber kommen die folgenden Parallel- und Reihenbetriebsstrategien zum Einsatz.

Wenn in einem System, wie in *Abb. 13.10* dargestellt, nach einer Verzweigungsstelle mehrere Abfertigungsstationen oder Leistungsketten zur Auswahl stehen, die alle die gleiche Funktion bieten, das gleiche Ergebnis erzeugen oder zum selben Ziel führen, sind – abgesehen vom reinen Zufallsbetrieb ohne Strategie – folgende *Parallelbetriebsstrategien* möglich:

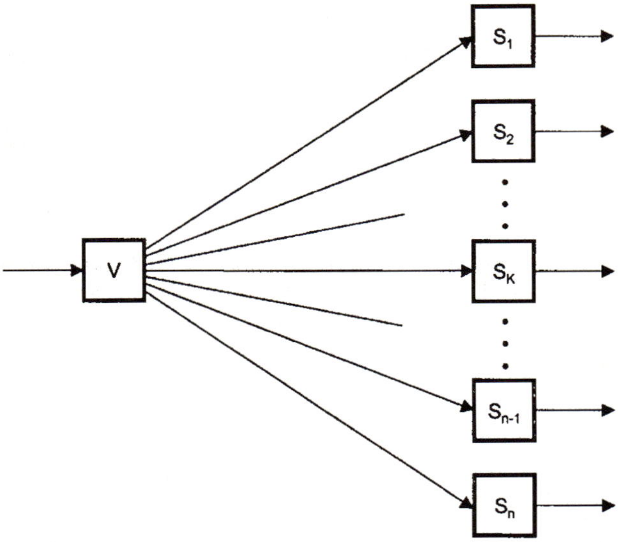


**Abb. 13.10** Parallele Abfertigungsstationen oder Leistungsketten

V : Verzweigungs- und Zuteilungsstelle

$S_k$: Abfertigungsstation oder Prozeßketteneingang

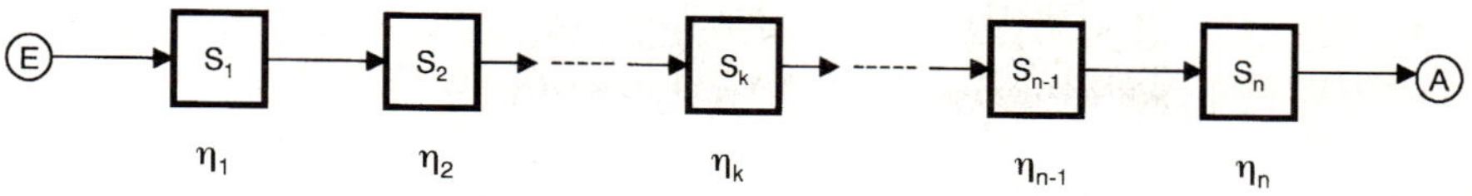


**Abb. 13.11** Einfache Leistungskette, Logistikkette oder Transportkette

$S_k$ Stationen (Leistungsstellen, Abfertigungsstationen, Transportelemente)

$\eta_k$ Funktionssicherheiten (Zuverlässigkeit oder Verfügbarkeit)

- *Zyklische Einzelzuweisung*: Die ankommenden Einheiten werden in zyklischer Folge einzeln auf die parallelen Stationen oder Leistungsketten verteilt.
- *Zyklische Pulkzuweisung*: Die ankommenden Einheiten werden in zyklischer Folge pulkweise auf die parallelen Stationen oder Leistungsketten verteilt, wobei die Pulklänge konstant oder auslastungsabhängig sein kann.
- *Auslastungsabhängige Einzelzuweisung*: Die ankommenden Einheiten werden jeweils der Station oder Leistungskette zugewiesen, die zum Zeitpunkt des Eintreffens am geringsten ausgelastetet ist und die kürzeste Warteschlange hat.
- *Dynamisches Auffüllen*: Die ankommenden Einheiten werden der ersten Station mit freier Staukapazität zugewiesen. Bei ansteigendem Zustrom werden nacheinander weitere Stationen geöffnet. Bei abnehmendem Strom werden Stationen geschlossen [266].

Für die Steuerung des Durchlaufs der Einheiten durch eine Leistungskette, Logistikkette oder Transportkette, die – wie in *Abb. 13.11* dargestellt – aus einer Reihe aufeinander folgender Stationen besteht, gibt es die *Reihenbetriebsstrategien*:

- *Freier Durchlauf*: Die ankommenden Einheiten laufen unabhängig voneinander auf die einzelnen Stationen zu und werden dort nach den zuvor beschriebenen Abfertigungsstrategien abgefertigt.
- *Gedrosselter Einzeldurchlauf*: Stochastisch verteilt ankommende Einheiten, deren zeitlicher Abstand $\tau_E$ kleiner ist als die längste Abfertigungszeit $\tau_{max}$ der Stationen in der Leistungskette, werden von einer *Einlaßdrossel* erst durchgelassen, wenn $\tau_E = \tau_{max}$ ist.
- *Gedrosselter Pulkdurchlauf (Engpaßbelegung)*: Die ankommenden Einheiten werden von einer *Einlaßstelle* in Pulks gruppiert, deren Länge $c_E$ gleich der maximalen Abfertigungskapazität $c_{max}$ und deren zeitlicher Abstand $\tau_E$ gleich der längsten Abfertigungszeit $\tau_{max}$ in der Prozeßkette ist (s. *Abschnitt 13.9.5*).
- *Geregelter Durchlauf* („Grüne Welle"): Die Zykluszeiten der aufeinander folgenden Stationen der Prozeßkette sind so aufeinander abgestimmt, daß ein längerer Pulk von Einheiten die gesamte Kette ohne Halt durchlaufen kann [128; 130].

Die Parallel- und Reihenbetriebsstrategien haben unterschiedliche Auswirkungen auf die Leistung, die Durchlaufzeiten, die Funktionssicherheit und die Prozeßkosten. Die Auswahl unter den möglichen Strategien hängt von der Zielsetzung und den Prioritäten ab und erfordert eine sorgfältige Analyse und Quantifizierung der *Strategieeffekte*. Hierfür werden die nachfolgenden Grenzleistungs- und Staugesetze benötigt [75; 79].

## 13.4 Grenzleistungsgesetze

Damit eine Elementarstation oder ein Transportelement die benötigten Abfertigungs- und Durchsatzleistungen erbringen kann und vor keinem der Einlaufpunkte ein endloser Stau anwächst, muß die *Gesamtauslastung* $\rho$, die gleich der Summe der partiellen *Stromauslastungen* und der *Wechselzeitbelastung* ist, zu allen Betriebszeiten kleiner als 1 sein:

$$\rho = \sum_{ij} \rho_{ij} + \rho_W < 1. \tag{13.41}$$

Durch Einsetzen von Beziehung (13.28) für $\rho_{ij}$ und von Beziehung (13.29) für $\rho_W$ folgt hieraus das *allgemeine Grenzleistungsgesetz*©:

▶ Notwendige Bedingung für die Leistungsfähigkeit einer Elementarstation oder eines Transportelements mit den partiellen *Grenzleistungen* $\mu_{ij}$ [LO/h] und den *Umschaltzeiten* $z_{ij\,kl}$ [s], das von den Partialströmen $\lambda_{ij}$ [LO/h] durchflossen und mit den Umschaltfrequenzen $\nu_{ij\,kl}$ [1/h] umgeschaltet wird, ist

$$\sum_{i=1}^{n}\sum_{j=1}^{m} \lambda_{ij} / \mu_{ij} + \sum_{i,k=1}^{n} \sum_{j,l=1}^{m} \nu_{ij\,kl} \cdot z_{ij\,kl} / 3600 < 1. \tag{13.42}$$ ©

Das Grenzleistungsgesetz (13.42) ist eine notwendige Funktionsbedingung für alle Stationen und Transportelemente, in deren Abfertigungs- und Umschaltzone sich zu gleicher Zeit nur die Einheiten *einer* Verbindungsrichtung befinden dürfen. Wenn die Abfertigungs- und Umschaltzone den gleichzeitigen Durchlauf der Ströme aus mehr als einer Einlaufrichtung zuläßt, erstrecken sich die Summen in Beziehung (13.42) nur über die Einlaufrichtungen, deren Ströme nicht gleichzeitig fließen können.

Für Abfertigungsstationen und Transportelemente, deren Abfertigungs- und Umschaltzone eine *Kapazität* $c_U > 1$ hat, setzen sich die Partialströme $\lambda_a$ zusammen aus Stromanteilen $\lambda_a(c)$ mit *richtungsreinen Schüben* der Länge $c = 1, 2, \ldots, c_U$.

Die partielle Auslastung $\rho_a = \lambda_\alpha/\mu_\alpha$ in der Grenzleistungsbeziehung (13.42) ist in diesem Fall gleich der Summe

$$\lambda_a / \mu_a = \sum_{c=1}^{c_U} \lambda_a(c) / \mu_a(c) \qquad \text{mit } \alpha = i, j. \tag{13.43}$$

Die von der Pulklänge abhängigen partiellen Grenzleistungen $\mu_\alpha(c)$ lassen sich mit Hilfe der vorangehenden Beziehungen berechnen.

Bei zufälliger Durchmischung ist die Wahrscheinlichkeit, daß $c$ Einheiten des Partialstroms $\lambda_\alpha$ aufeinander folgen, $(\lambda_\alpha/\lambda)^c$. Die Wahrscheinlichkeit, daß die nächst folgende Einheit nicht zum Partialstrom $\lambda_\alpha$ gehört, ist $(\lambda-\lambda_\alpha)/\lambda$. Das Produkt dieser beiden Wahrscheinlichkeiten ist die Folgewahrscheinlichkeit:

▶ Die *Folgewahrscheinlichkeit*, daß in einem stochastisch durchmischten Gesamtstrom $\lambda$, der sich aus den Partialströmen $\lambda_\alpha$ zusammensetzt, genau c Einheiten eines Partialstroms aufeinander folgen, ist

$$w_a(c) = (\lambda_a / \lambda)^c \cdot (\lambda - \lambda_a) / \lambda. \tag{13.44}$$ ©

Die *Folgewahrscheinlichkeit* (13.44) ist allgemein nutzbar zur Berechnung der relativen Häufigkeit der Folgen von *c* Lade- oder Transporteinheiten gleicher Art in einem zufallsgemischten Strom, beispielsweise von Fahrzeugen gleicher Farbe in einem Verkehrsstrom [78/2].

Mit der Folgewahrscheinlichkeit folgt für die Stromanteile $\lambda_\alpha(c)$ in der Grenzleistungsformel (13.43):

$$\lambda_a(c) = \begin{cases} w_a(c) \cdot \lambda & \text{für } c < c_U \\ (\lambda_a / \lambda)^c \cdot \lambda & \text{für } c = c_U \end{cases} \tag{13.45}$$

Für die verschiedenen Elementarstationen, Transportelemente und Abfertigungsstrategien ergeben sich aus den allgemeinen Grenzleistungsgesetzen (13.42) und (13.43) *spezielle Grenzleistungsgesetze.*

Nachfolgend werden die Grenzleistungsgesetze für Verzweigungs- und Zusammenführungselemente bei unterschiedlichen Abfertigungsstrategien behandelt. Die hieraus resultierenden Aussagen und Zusammenhänge gelten grundsätzlich auch für Elementarstationen und Transportelemente höherer Ordnung [78; 124].

Für einige Transportelemente wurde zum Test der analytischen Grenzleistungskurven eine *digitale Simulation* durchgeführt [61]. Die Simulationsergebnisse, die in den nachfolgenden Diagrammen eingetragen sind, bestätigen die analytischen Berechnungen mit Hilfe der Grenzleistungsgesetze.

**1. Grenzleistungsgesetz für Zusammenführungen und Verzweigungen**

Bei Einzelabfertigung reduziert sich das allgemeine Grenzleistungsgesetz (13.42) für Verzweigungselemente mit einem Eingang und zwei Ausgängen sowie für Zusammenführungselemente mit zwei Eingängen und einem Ausgang auf die Forderung:

$$\boldsymbol{\lambda_1 / \mu_1 + \lambda_2 / \mu_2 + \nu \cdot z / 3600 < 1} . \tag{13.46}$$ ©

Dabei sind die Partialströme $\lambda_i$ für ein Zusammenführungselement die Anteile des *Einlaufstroms*

$$\lambda_E = \lambda = \lambda_1 + \lambda_2 \tag{13.47}$$

und für ein Verzweigungselement die Anteile des *Auslaufstroms*

$$\lambda_A = \lambda = \lambda_1 + \lambda_2 . \tag{13.48}$$

Da bei nur zwei Betriebsstellungen die Hinschaltfrequenz gleich der Rückschaltfrequenz ist, sind für die Grenzbelastbarkeit des Elements nur die *Umschaltfrequenz*

$$\nu = \nu_{12} = \nu_{12} \tag{13.49}$$

und die *Summe der Wechselzeiten*

$$z = z_{12} + z_{12} \tag{13.50}$$

maßgebend. Bei Pulkabfertigung sind die partiellen Auslastungen $\lambda_i/\mu_i$ gemäß Beziehung (13.43) zu zerlegen in Stromanteile mit richtungsreinen Schüben gleicher Länge.

### 2. Belastungsgrenzen bei zyklischer Abfertigung

Bei zyklischer Abfertigung der Einlaufströme eines Zusammenführungselements ist die Umschaltfrequenz durch Beziehung (13.39) gegeben. Damit folgt aus dem Grenzleistungsgesetz (13.46) der Satz©:

▶ Bei *zyklischer Abfertigung* mit der *Zykluszeit* $T_Z$ [s], der *Wechselfrequenz* $\nu = 3600/T_Z$ [1/h] und der *Wechselzeit z* [s] sind die Partialströme eines Zusammenführungselements begrenzt durch die Bedingung

$$\boldsymbol{\lambda_1 / \mu_1 + \lambda_2 / \mu_2 + z / T_Z < 1.} \tag{13.51}©$$

Für das in *Abb. 13.8* dargestellte Beispiel einer beidseitig stetig arbeitenden Hängebahndrehweiche zeigt *Abb. 13.12* die aus dem Grenzleistungsgesetz (13.51) mit den angegebenen partiellen Grenzleistungen resultierenden *Grenzleistungskurven.*

Die *Grenzleistungskurve* (13.51) für die maximal zulässigen *Belastungszustände* $(\lambda_1; \lambda_2)$ ist eine Grade. Im Grenzfall sehr großer Zykluszeiten verläuft die Grade zwischen den beiden Achsenschnittpunkten $(\mu_1; 0)$ und $(0; \mu_2)$. Mit abnehmender Zykluszeit und zunehmender Zyklusfrequenz verschiebt sich die Grenzleistungsgrade in Richtung auf den Nullpunkt. Die Leistungseinbuße infolge der Wechselzeitbelastung wird immer größer [78].

### 3. Belastungsgrenzen bei gleichberechtigter Abfertigung

Bei *Einzelabfertigung* gleichberechtigter Ströme ist die Wahrscheinlichkeit $w_{ij}$ einer Umschaltung von Partialstrom $\lambda_i$ auf Partialstrom $\lambda_j$ gleich der bedingten Wahrscheinlichkeit, daß die nächste nach einer Einheit des Partialstroms $\lambda_i$ ankommende Einheit dem Partialstrom $\lambda_j$ angehört.

Die Wahrscheinlichkeit, daß eine Einheit eines stochastisch durchmischten Gesamtstroms $\lambda = \sum \lambda_i$ dem Partialstrom $\lambda_i$ angehört, ist $\lambda_i/\lambda$. Die Wahrscheinlichkeit, daß die nächstfolgende Einheit dem Partialstrom $\lambda_j$ angehört, ist $\lambda_j/\lambda$. Die *Umschaltwahrscheinlichkeit* ist gleich dem Produkt dieser beiden Wahrscheinlichkeiten:

$$w_{ij} = (\lambda_i / \lambda) \cdot (\lambda_j / \lambda). \tag{13.52}$$

Die Umschaltfrequenz, das heißt die Anzahl Umschaltungen von Partialstrom $\lambda_i$ auf Partialstrom $\lambda_j$ und umgekehrt, wird damit:

$$\nu_{ij} = w_{ij} \cdot \lambda = \lambda_i \cdot \lambda_j / \lambda. \tag{13.53}$$

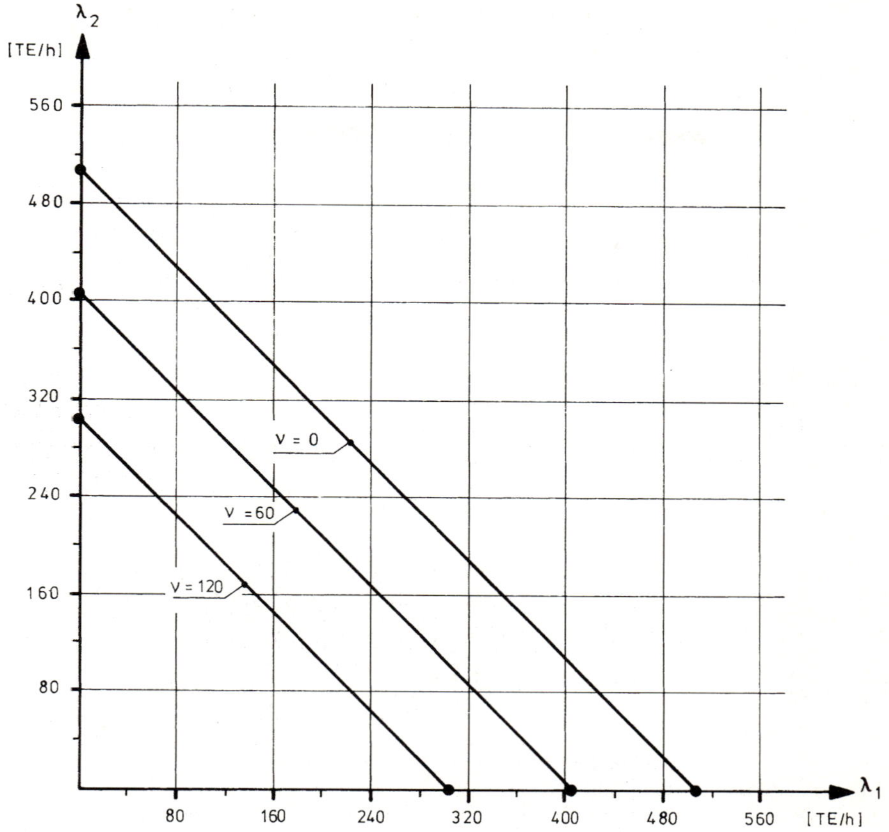


**Abb. 13.12** Grenzleistungsgraden eines stetigen Zusammenführungs- oder Verzweigungselements bei zyklischer Abfertigung

ν [1/h]: Umschaltfrequenz
übrige Parameter s. *Abb. 13.13*

Für nur zwei Einlaufströme oder zwei Auslaufströme ist $\lambda = \lambda_1 + \lambda_2$. Durch Einsetzen von (13.53) in (13.49) und (13.46) folgt damit©:

▶ Bei *gleichberechtigter Abfertigung* stochastischer Ströme $\lambda_i$ [LO/h] in einem Zusammenführungs- oder Verzweigungselement mit der Wechselzeit $z$ [s] sind die Partialströme begrenzt durch die Bedingung

$$\boldsymbol{\lambda_1 / \mu_1 + \lambda_2 / \mu_2 + (\lambda_1 \cdot \lambda_2 / (\lambda_1 + \lambda_2)) \cdot z / 3600 < 1.} \qquad (13.54)^{©}$$

Für das in *Abb. 13.8* dargestellte Beispiel unterschiedlicher Drehweichen einer Hängebahn zeigt *Abb. 13.13* die aus dem Grenzleistungsgesetz (13.54) mit den angegebenen partiellen Grenzleistungen resultierenden *Grenzleistungskurven.*

Für die stetigen Zusammenführungs- und Verzweigungselemente ist die Grenzleistungskurve eine um 45 Grad gedrehte Hyperbel, deren Durchbiegung

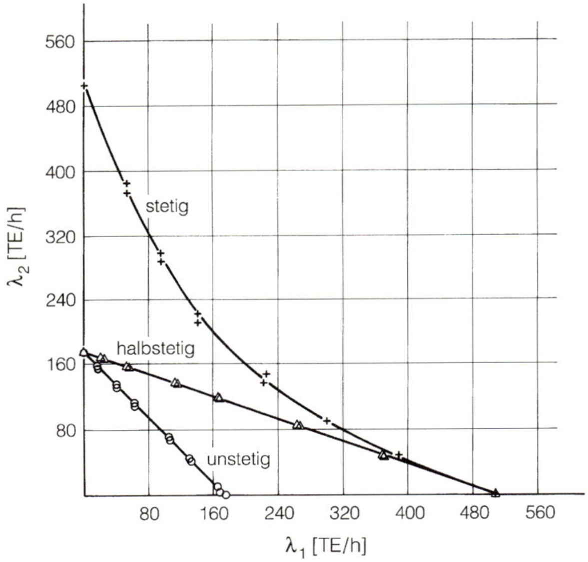


**Abb. 13.13** Grenzleistungskurven für Zusammenführung und Verzweigung bei gleichberechtigter Abfertigung

| | |
|---|---|
| Stetige Verbindung | $\mu_{stet} = 507$ TE/h; $z = 12$ s |
| Unstetige Verbindung | $\mu_{unst} = 173$ TE/h; $z = 0$ s |
| Kreuze, Kreise, Dreiecke | Simulationsergebnisse |

von der Größe der Wechselzeit bestimmt wird. Die Abweichung der Hyperbel von der Verbindungsgraden der Punkte ($\mu_1$; 0) und (0; $\mu_2$) ist der Leistungsverlust infolge der Umschaltbelastung.

Bei den halbstetigen und bei den unstetigen Elementen sind die Grenzleistungskurven Verbindungsgraden zwischen den beiden Achsenschnittpunkten ($\mu_1$; 0) und (0; $\mu_2$), da hier die Wechselzeit Null ist. Da jedoch die Grenzleistung in der unstetigen Verbindungsrichtung deutlich geringer ist als in der stetigen Verbindungsrichtung, liegen beide Grenzleistungsgraden weit unter der Grenzleistungskurve der stetigen Elemente.

Für das Beispiel einer halbstetigen Rollenbahndrehweiche mit Kapazität für $c_U$ Paletten ergeben sich mit der Zerlegung (13.45) der Partialströme in Anteile gleicher Schublänge aus dem Grenzleistungsgesetz (13.54) die in *Abb. 13.14* dargestellten Grenzleistungskurven [78]. Hieraus ist ablesbar, daß ein größeres Fassungsvermögen des Drehtisches nicht für alle Belastungszustände ($\lambda_1$; $\lambda_2$) zu einer Verbesserung der Durchsatzleistung führt. Im Bereich gleicher Partialströme ist die Wahrscheinlichkeit längerer richtungsreiner Schübe gering und die Drehzeit größer als für einen Drehtisch mit der Kapazität $c_U = 1$.

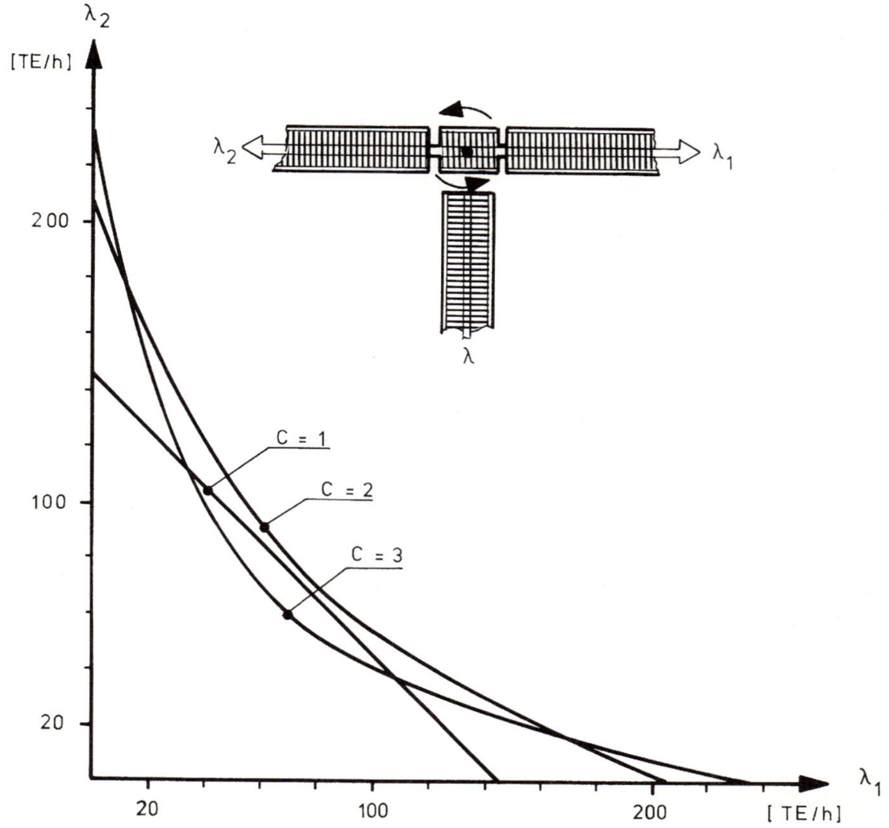


**Abb. 13.14** Grenzleistungskurven einer unstetigen Verzweigung mit Abfertigungskapazität $c = 1, 2$ und 3 LE

Rollenbahn- Drehtisch- Rollenbahn für Paletten mit den Grenzleistungen für
$c = 1$: $\mu_1(1) = \mu_2(1) = 144$ Pal/h
$c = 2$: $\mu_1(1) = \mu_2(1) = 118$ Pal/h; $\mu_1(2) = \mu_2(2) = 207$ Pal/h
$c = 3$: $\mu_1(1) = \mu_2(1) = 100$ Pal/h; $\mu_1(2) = \mu_2(2) = 178$ Pal/h
$\mu_1(3) = \mu_2(3) = 231$ Pal/h

## 4. Belastungsgrenzen bei Vorfahrt

Bei einer Zusammenführung mit Vorfahrt sind nicht alle Zeitlücken zwischen den vorfahrtberechtigten Einheiten des Hauptstroms ausreichend für ein behinderungsfreies Einschleusen der nachberechtigten Einheiten des Nebenstroms. Alle Zeitlücken im Hauptstrom, die kleiner sind als die benötigte Grenzzeitlücke (13.37), gehen für die Leistungsnutzung verloren. Daher ist das Grenzleistungsgesetz (13.54) in diesem Fall nur eine notwendige aber keine hinreichende Bedingung für die Leistungsfähigkeit einer Zusammenführung.

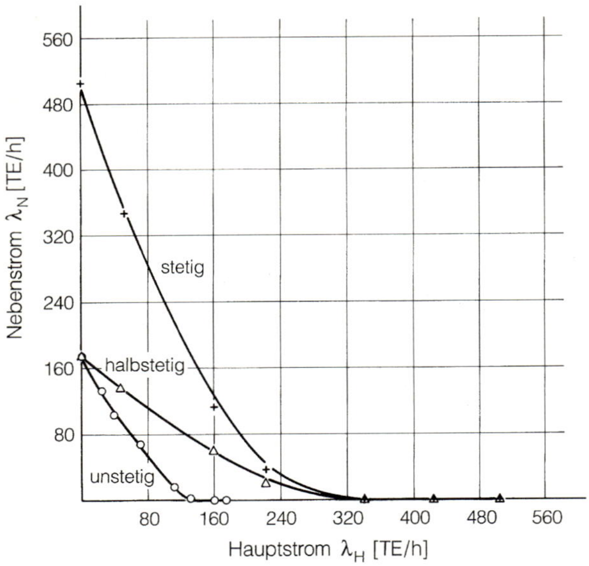


**Abb. 13.15** Grenzleistungskurven stetiger, halbstetiger und unstetiger Zusammenführungen bei absoluter Vorfahrt

| | |
|---|---|
| Parameter | s. *Abb.13.13* |
| Kreuze, Kreise, Dreiecke | Simulationsergebnisse |

Aus einer Analyse der Zeitlückenverteilung resultiert für Hauptströme, deren Taktzeiten annähernd eine *modifizierte Exponentialverteilung* haben (s. *Abschnitt 9.2* und *Abb. 9.2*), das *Grenzleistungsgesetz für Vorfahrt* [78/3]:

- ▶ Der *maximal mögliche Nebenstrom* $\lambda_N$ einer Zusammenführung mit den partiellen *Grenzleistungen* $\mu_N$ und $\mu_H$ und der *Wechselzeit z* ist *bei* einem *vorfahrtsberechtigten Hauptstrom* $\lambda_H$ mit poissonverteilten Zeitlücken

$$\lambda_N < \lambda_H \cdot \exp\big(-(\lambda_H \mu_H z/3600)/(\mu_H - \lambda_H)\big)\Big/\big[\exp((\lambda_H \mu_H/\mu_N)/(\mu_H - \lambda_H)) - 1\big]. \quad (13.55)$$

Für die in *Abb. 13.8* dargestellten stetigen, halbstetigen und unstetigen Hängebahnweichen zeigt *Abb. 13.15* die aus dem Grenzleistungsgesetz (13.55) resultierenden *Grenzleistungskurven bei Vorfahrt*. Aus dem Diagramm und aus der Grenzleistungsformel (13.55) sind folgende *Regeln* ablesbar:

- ▶ Die Durchlaßfähigkeit für den Nebenstrom wird durch eine Vorfahrtsregelung im Vergleich zur gleichberechtigten stochastischen Abfertigung erheblich reduziert.
- ▶ Die Durchlaßfähigkeit nimmt mit ansteigendem Hauptstrom rasch ab und sinkt nahezu auf Null, lange bevor der Hauptstrom die Grenzleistung erreicht hat.

Dieser Effekt ist jedem Autofahrer bekannt, der einmal an einer hochbelasteten Vorfahrtsstraße auf eine ausreichende Lücke zum Einschleusen gewartet hat. Ein anderes Beispiel sind Sekretärinnen, die ihren Chef stets absolut vorrangig bedienen und daher fast nie ausreichend Zeit für Aufträge anderer Mitarbeiter haben.

Die Leistungsminderung durch eine Vorfahrtsregelung wird in der *Verkehrsplanung* nicht ausreichend beachtet, solange mit der bekannten Formel von *Harders* gerechnet wird. Diese vernachlässigt die Mindestabstände der Fahrzeuge und ergibt daher bei hoher Hauptstrombelastung eine weitaus zu große Durchlaßfähigkeit für den Nebenstrom [128; 130].

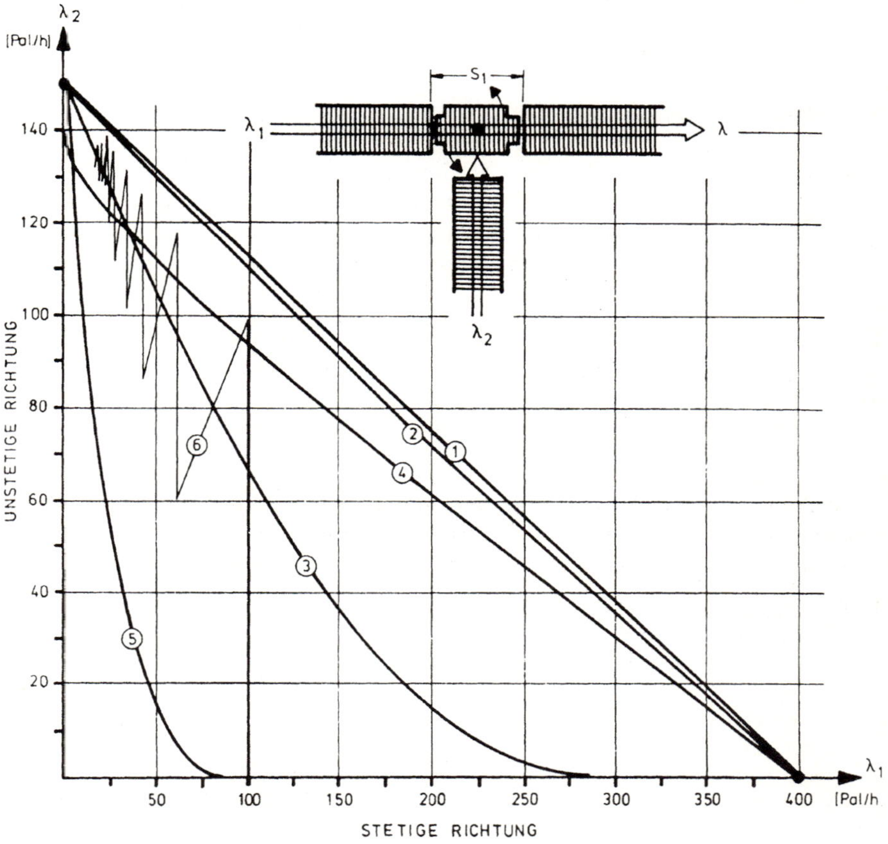


**Abb. 13.16** Grenzleistungskurven für verschiedene Abfertigungsstrategien Rollenbahn- Drehtisch- Rollenbahn für Paletten

Parameter: $\mu_1 = 400$ TE/h; $\mu_2 = 150$ TE/h; $z = 1{,}25$ s
Kurve 1 zyklische Abfertigung mit Umschaltfrequenz $\nu << 60$ 1/h
Kurve 2 gleichberechtigte Einzelabfertigung
Kurve 3 absolute Vorfahrt rekurrenter Ströme mit $\lambda_1$ vor $\lambda_2$
Kurve 4 absolute Vorfahrt rekurrenter Ströme mit $\lambda_2$ vor $\lambda_1$
Kurve 5 absolute Vorfahrt rekurrenter Ströme mit $\lambda_2$ vor $\lambda_1$ und $\tau_1 = 20$ s
Kurve 6 absolute Vorfahrt mit getaktetem Hauptstrom $\lambda_1$

Eine Konsequenz aus dem Grenzleistungsgesetz (13.55) ist das *Vorfahrtprinzip*:

▶ Der stärkere Strom sollte Vorfahrt haben vor dem schwächeren Strom.

Je gleichmäßiger die Lücken im Hauptstrom verteilt sind, umso mehr weicht das Durchlaßverhalten einer Zusammenführung von der stetigen Grenzleistungskurve (13.55) ab. Bei *getaktetem Hauptstrom* hat die Grenzleistungskurve einen *sprunghaften Verlauf*, wie er für das Beispiel einer halbstetigen Zusammenführung einer Rollenbahn als *Kurve 6* in *Abb. 13.16* gezeigt ist. Dieses Diagramm enthält außerdem einen Vergleich der Grenzleistungskurven für die unterschiedlichen Abfertigungsstrategien.

## 13.5 Staueffekte und Staugesetze

Wenn die Gesamtbelastung einer Station die Belastungsgrenze erreicht oder überschreitet, kommt es vor den Einlaufpunkten zu *Wartezeiten*, *Warteschlangen* und *Rückstaus*, die voranliegende Stationen blockieren können. Diese Staueffekte können durch einen *stochastischen* oder einen *systematischen Stau* verursacht werden:

- Ein *stochastischer Stau* entsteht *unterhalb* der zulässigen Belastungsgrenze, wenn der Zulauf oder die Abfertigung stochastisch sind.
- Ein *systematischer Stau* entsteht *oberhalb* der zulässigen Belastungsgrenze unabhängig davon, ob der Zulauf oder die Abfertigung getaktet oder stochastisch sind.

Die Analyse der Einflußfaktoren und die Berechnung von Größe und Auswirkungen stochastischer Staus sind Gegenstand der *Warteschlangentheorie* [75; 132; 133; 134]. Die Theorie der Warteschlangen liefert Formeln zur Berechnung der Staueffekte, die in der Regel recht kompliziert sind und deren Voraussetzungen in der Praxis häufig nicht erfüllt sind oder sich kaum überprüfen lassen.

Wegen der generellen Ungenauigkeit der Leistungsanforderungen und der Unkenntnis der genauen Taktzeitverteilungen genügen in der Logistik zur Berechnung und Abschätzung der zu erwartenden Staueffekte für viele Anwendungsfälle einfache *Näherungsformeln*, die sich unter relativ allgemeinen Voraussetzungen aus den exakten Formeln der Warteschlangentheorie herleiten lassen [29; 79].

Bei richtiger Dimensionierung und korrektem Betrieb eines Logistiksystems sind die stochastischen Staus bei *Einzelabfertigung* von relativ untergeordneter Bedeutung. Ein systematischer Stau, der auch bei schubweiser Ankunft und gebündelter Abfertigung entsteht, kann hingegen wesentlich größere Auswirkungen haben. Die systematischen Staus aber werden in der Warteschlangentheorie, wenn überhaupt, nur am Rande behandelt.

### 1. Klassifizierung der Wartesysteme

In der Warteschlangentheorie ist zur Kurzbezeichnung eines allgemeinen Wartesystems, wie es in *Abb. 13.10* dargestellt ist, mit einer *Ankunftsverteilung* $W_{an}$, mit

$n$ parallelen Abfertigungsstationen und mit der *Abfertigungsverteilung* $W_{ab}$ die *Kendall-Notation* gebräuchlich [75]:

$$W_{an} / W_{ab} / n \qquad (13.56)$$

Ein Wartesystem mit nur einer Bedienungsstation zeigt *Abb. 13.3*. Das einfachste und daher am häufigsten betrachtete Wartesystem M/M/1 ist eine einzelne Bedienungsstation mit exponentialverteilten Ankunfts- und Abfertigungszeiten, die als *Poissonströme* oder als *Markov-Prozeß* bezeichnet werden.

Das System M/D/1 hat eine exponentialverteilte Ankunftsverteilung und eine getaktete Abfertigung, die auch als *Dirac-Verteilung* bezeichnet wird (s. *Abb. 9.4*). Das System D/M/1 hat einen getakteten Zulauf und eine exponentialverteilte Abfertigung. Die Zulaufverteilung und die Abfertigungsverteilung des Systems $E_k/E_l/1$ sind *Erlangverteilungen*. Das System G/G/1 hat im Zulauf und Auslauf allgemeine Zufallsverteilungen (s. *Abschnitt 9.3* u. *9.4*) [75].

Für Wartesysteme vom Typ $E_k/E_l/1$ gibt es explizite Formeln zur Berechnung der Staueffekte [75]. Aus diesen Formeln ist ableitbar, daß die Staueffekte vor einer Abfertigungsstation in erster Näherung nur von der *Systemauslastung* und der *Systemvariabilität* abhängen [79].

- Die *Systemvariabilität* ist der Mittelwert der *Einlaufvariabilität* $V_E = (s_E/\tau_E)^2$ und der *Abfertigungsvariabiltität* $V_A = (s_A/\tau_A)^2$:

$$V = (V_E + V_A) / 2. \qquad (13.57)^{©}$$

Hieraus folgt weiterhin der Satz:

► Stochastisch bedingte Staueffekte treten nur auf, wenn die *Systemvariabilität* größer 0 ist.

Um die Staueffekte für Wartesysteme vom Typ G/G/$n$ mit $n > 1$ Parallelstationen berechnen zu können, muß zusätzlich zu den Mittelwerten und den Variabilitäten des Zulaufs und der Abfertigung die *Abfertigungsstrategie* bekannt sein.

Aus den nachfolgend angegebenen Näherungsformeln zur Berechnung der Staueffekte für Systeme vom Typ G/G/1 und G/G/$n$ ergeben sich grundlegende *Auslegungsregeln* für stochastisch belastete Logistik- und Transportsysteme. Außerdem lassen sich mit Hilfe der Näherungsformeln die Auswirkungen verschiedener Abfertigungsstrategien abschätzen.

Wenn diese Auslegungsregeln berücksichtigt und die Abfertigungsstrategien richtig genutzt werden, sind die einzelnen Stationen eines logistischen Netzwerks ausreichend voneinander entkoppelt. Eine aufwendige stochastische Netzwerkanalyse oder Simulation ist unnötig, solange die Strombelastung *stationär* ist.

**2. Berechnung der Systemvariabilität**

In *bestehenden Systemen* läßt sich die *Variabilität* oder *relative Varianz* $V_E = (s_E/\tau_E)^2$ eines stationären Einlaufstroms $\lambda_E = 3600/\tau_E$ grundsätzlich durch eine Messung der Zeitabstände $\tau$ zwischen den Endpunkten aufeinander folgender

Einheiten ermitteln (s. *Abschnitt 9.2*). Solche Messungen sind jedoch in der Praxis sehr aufwendig, aus betrieblichen Gründen häufig kaum durchführbar oder, weil der Strom instationär ist, nur begrenzt brauchbar [129]. Für *neue Systeme* ist die Verteilung der Einlauftaktzeiten unbekannt und nur unter bestimmten Annahmen prognostizierbar.

Im *Straßenverkehr* wurde in zahlreichen Messungen für die Taktzeiten zwischen Personenwagen, die auf einer Fahrspur einander folgen, eine *modifizierte Exponentialverteilung* beobachtet [128; 129; 130]. Auch in vielen anderen Fällen gibt eine modifizierte Exponentialverteilung die Zufallsverteilung der Zeitabstände ausreichend genau wieder (s. *Abb. 9.2*).

Wenn die Taktzeiten eines Einlaufstroms eine modifizierte Exponentialverteilung mit der *minimalen Taktzeit* $\tau_{Eo}$ haben, ist die *Zulaufgrenzleistung* $\mu_E = 3600/\tau_{Eo}$. Für die *Einlaufvariabilität* gilt dann (s. *Abschnitt 9.3*):

$$V_E = (s_E / \tau_E)^2 = ((\tau_E - \tau_{E0}) / \tau_E)^2 = (1 - \lambda_E / \mu_E)^2. \qquad (13.58)$$

Im Grenzfall $\lambda_E \to 0$ folgt aus Beziehung (13.58) die Einlaufvariabilität $V_E = 1$, das heißt eine maximale Zulaufstreuung, und für den Grenzfall $\lambda_E \to \mu_E$ die Einlaufvariabilität $V_E = 0$, das heißt ein getakteter Zulauf mit minimaler Taktzeit.

Für mehrere Einlaufströme $\lambda_{Ei}$ mit den Zulaufgrenzleistungen $\lambda_{Ei}$, die in einer Station gleichberechtigt abgefertigt werden, ist die *Variabilität* der Einlaufströme näherungsweise gleich dem gewichteten Mittel der Variabilität (13.58) für die partiellen Ströme

$$V_E \approx \sum_i (\lambda_{Ei} / \lambda) \cdot V_{Ei}. \qquad (13.59)$$

Die Variabilität der Grenzleistung einer Abfertigungsstation läßt sich bei bekannter Verteilung der Abfertigungszeiten mit Hilfe der Beziehungen (9.7) und (9.8) aus *Abschnitt 9.2* berechnen. Bei einer *Rechtecksverteilung* der Abfertigungszeiten, wie sie in *Abb. 9.2* dargestellt ist, sind die Taktzeiten $\tau_a$ zwischen einer minimalen Taktzeit $\tau_{min}$ und einer *maximalen Taktzeit* $\tau_{max}$ gleichverteilt. In diesem Fall ergibt sich für die *Abfertigungsvariabilität*:

$$V_A = 1/3 \cdot ((\tau_{max} - \tau_{min}) / (\tau_{max} + \tau_{min}))^2. \qquad (13.60)$$

Im Grenzfall $\tau_{min} = 0$ ist die Streuung der Abfertigungszeiten maximal und die Variabilität der Rechtecksverteilung $V_A = 1/3$. Im Grenzfall $\tau_{max} = \tau_{min}$ ist die Abfertigung getaktet und die Variabilität $V_A = 0$.

Ein Transportelement, das in jeder Funktion $F_\alpha$ eine konstante Taktzeit $\tau_\alpha$ hat und mit der partiellen Grenzleistung $\lambda_\alpha = 3600/\tau_\alpha$ arbeitet, hat eine diskrete Abfertigungsverteilung, deren Streuung sich mit Hilfe von Beziehung (9.12) berechnen läßt. Bei einer partiellen Strombelastung $\lambda_\alpha$ der Funktionen $F_\alpha$ ist die *mittlere Grenzleistung* einer solchen Abfertigungsstation:

$$\mu = \left( \sum_a (\lambda_a / \lambda) \cdot (1 / \mu_a) \right)^{-1} \quad [\mathrm{AE/h}]. \qquad (13.\ 61)$$

Für die *Abfertigungsvariabilität eines Transportelements* folgt damit:

$$V_A = \sum_a (\lambda_a / \lambda) \cdot (1 - \mu / \mu_a)^2 . \qquad (13.62)^©$$

Sind die partiellen Grenzleistungen für alle Funktionen gleich, ist die Abfertigungsvariabilität 0 und die Abfertigung durch das Transportelement getaktet.

Wenn sich die Systemvariabilität weder messen noch mit den angegebenen Formeln berechnen läßt, genügt es in vielen Fällen, die Systemvariabilität nach folgenden *Regeln* abzuschätzen:

- ▶ Im *günstigsten Fall* eines getakteten Zulaufs mit getakteter Abfertigung ist die Systemvariabilität 0.
- ▶ Im *ungünstigsten Fall* eines poissonverteilten Zulaufs mit poissonverteilter Abfertigung ist die Systemvariabilität 1.
- ▶ Im *mittleren Fall*, der bei stochastischem Zulauf und getakteter Abfertigung, bei getaktetem Zulauf und stochastischer Abfertigung oder bei einer Zulauf- und Abfertigungsvariabiltät 1/2 eintritt, ist die Systemvariabilität 1/2.

Wenn die Variabilität des Zulaufs und der Abfertigung unbekannt sind, kann überschlägig mit der *mittleren Systemvariabiltät* $V \simeq 1/2$ gerechnet werden. Da die Zulaufströme bei Annäherung an die Grenzbelastbarkeit in den meisten Fällen zunehmend getaktet sind und die Abfertigungsvariabilität in der Praxis meist deutlich kleiner als 1 ist, liegt der Ansatz einer mittleren Systemvariabilität 1/2 in der Regel auf der sicheren Seite.

### 3. Staugesetze für stochastische Staus

Die Gesamtanzahl aller Einheiten, die vor dem Einlaufpunkt warten und sich in der Abfertigung befinden, hat zu einem Zeitpunkt t einen *ganzzahligen Wert* $N(t)$, der allgemein als *Warteschlangenlänge* oder kurz als *Warteschlange* bezeichnet wird. Die *momentane Warteschlange* $N(t)$ ist eine stochastisch schwankende Zufallsgröße, deren exakter Wert für einen bestimmten Zeitpunkt t nicht vorausberechenbar ist.

Für den Fall der gleichberechtigten Einzelabfertigung stationärer Ströme lassen sich aus den Ergebnissen der Warteschlangentheorie folgende *Staugesetze* ableiten, deren Genauigkeit für die Planungspraxis meist ausreichend ist [79]:

- ▶ Die *mittleren partiellen Warteschlangen* auf den Zuführungsstrecken *vor* den Einlaufpunkten $E_i$ haben bei gleichberechtigter Abfertigung die Länge

$$\begin{aligned} N_{Wi} &= (\lambda_{Ei} / \lambda) \cdot (1 - \varrho + V\varrho) \cdot \varrho^2 / (1 - \varrho) \\ &= (\lambda_{Ei} / \lambda) \cdot N_W \end{aligned} \qquad \text{[AE]}. \qquad (13.63)^©$$

- ▶ Die *Summe der Warteschlangen*, die im Mittel insgesamt auf den Zuführungsstrecken *vor* den Einlaufpunkten warten, ist im eingeschwungenen Zustand bei gleichberechtigter Abfertigung

$$N_W = \sum_i N_{Wi} = (1 - \varrho + V\varrho) \cdot \varrho^2 / (1 - \varrho) \qquad \text{[AE]}. \qquad (13.64)^©$$

▶ Die *mittlere Gesamtwarteschlange aller Einheiten*, die sich im Mittel insgesamt *vor und in* der Station befinden, ist bei gleichberechtigter Abfertigung

$$N = (1-\rho+V\rho)\cdot\rho/(1-\rho) \qquad [\text{AE}]. \qquad (13.65)$$

▶ Die momentane Gesamtwarteschlange schwankt im Verlauf der Zeit um den Mittelwert (13.65) mit der *Streubreite* (*Standardabweichung*)

$$s_N \approx \sqrt{V\cdot\rho\cdot N} \qquad [\text{AE}]. \qquad (13.66)$$

▶ Die *mittlere Wartezeit* der Einheiten, die auf der Zuführungsstrecke *vor* einem Einlaufpunkt $E_i$ auf den Eintritt in die Abfertigungszone warten, ist bei gleichberechtigter Abfertigung[3] für alle Richtungen gleich

$$Z_{Wi} = Z_W = 3600\cdot N_W/\lambda \qquad [\text{s}]. \qquad (13.67)$$

Hierin ist $\lambda$ [AE/h] die *Gesamtstrombelastung* (13.26), $\rho$ die *Gesamtauslastung*, die bei stochastischer Einzelabfertung durch Beziehung (13.42) gegeben ist, und $V$ die *Systemvariabilität* (13.57).

Bei einer Zusammenführung mit Vorfahrt entsteht nur auf der nachberechtigten Nebenstrecke eine Warteschlange. In diesem Fall ist in den Beziehungen (13.63) bis (13.66) anstelle der Gesamtbelastung $\rho$ die Belastung $\rho_N = \lambda_N/\lambda_{N\max}$ des Nebenstromzulaufs und für die Variabilität $V = 1$ einzusetzen. Die vom Hauptstrom $\lambda_H$ abhängige maximale Nebenstromleistung $\lambda_{N\max}$ ist durch den Ausdruck auf der rechten Seite der Grenzleistungsformel (13.55) gegeben [79].

Für die in *Abb. 13.3* dargestellte Bedienungsstation zeigt *Abb. 13.17* die mit Hilfe der Beziehung (13.65) errechnete Abhängigkeit der mittleren Warteschlange von der Auslastung bei einer Systemvariabität 0,60. Die eingetragenen Punkte und Kreise sind das Ergebnis einer digitalen Simulation für zwei unterschiedliche Zulauf- und Abfertigungsvariabilitäten [61]. In *Abb. 13.18* ist die aus Beziehung (13.65) resultierende funktionale Abhängigkeit der mittleren Warteschlange von der Systemvariabilität dargestellt.

Die auch für andere Verteilungen und Variabilitäten durchgeführten Simulationsrechnungen ergeben in guter Übereinstimmung mit den Ergebnissen der analytischen Näherungsrechnung folgende *Staugesetze* [60; 61; 135]:

▶ Bei Auslastungen unter 50 % sind die Warteschlangen im Mittel kleiner als 1 und die Staueffekte auch bei maximaler Systemvarianz vernachlässigbar.
▶ Mit Annäherung an die Belastungsgrenze nehmen die Warteschlangen und damit auch die übrigen Staueffekte immer rascher zu.
▶ Die Staueffekte steigen *überproportional mit der Auslastung* und *linear mit der Systemvariabilität* an.

3 Der Zusammenhang (13.67) zwischen Wartezeit und Warteschlangenlänge wird auch *LITTLE's Gesetz* genannt.

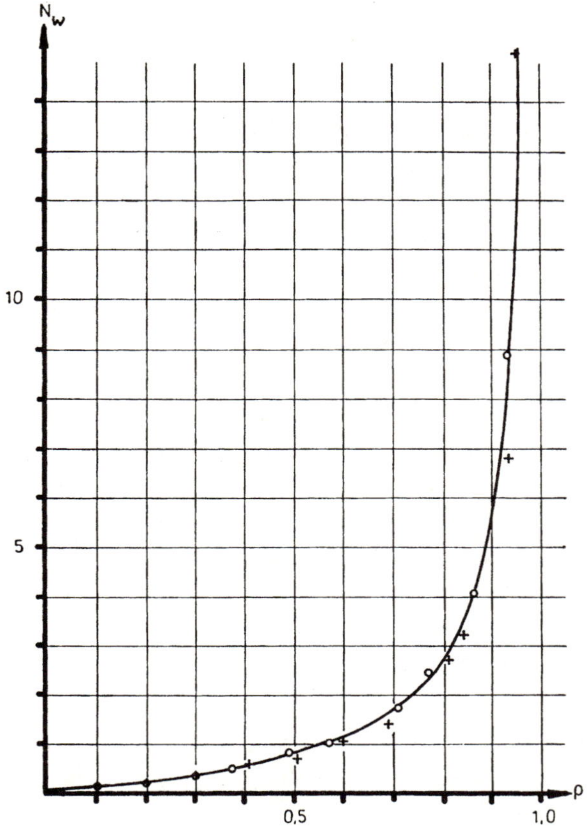


**Abb. 13.17** Auslastungsabhängigkeit der mittleren Warteschlange

| | |
|---|---|
| Systemvariabilität | $V = (V_E + V_A)/2 = 0{,}6$ |
| Kreuze | Simulationsergebnisse für $V_E = 0{,}2$ und $V_A = 1{,}0$ |
| Kreise | Simulationsergebnisse für $V_E = 1{,}0$ und $V_A = 0{,}2$ |

- ▶ Bei maximaler Systemvariabilität beginnt der steile Anstieg der Warteschlangen ab einer Auslastung von etwa 85 % und bei mittlerer Systemvariabilität ab einer Auslastung von 90%.
- ▶ Die Streuung der momentanen Warteschlange um den stationären Mittelwert nimmt mit der Auslastung und der Variabilität zu. Die momentane Warteschlange kann sich kurzzeitig auf hohe Werte aufschaukeln, aber auch bis auf 0 zurückgehen.
- ▶ Bei gleicher Systemvariabilität hat die spezielle Verteilung der Einlauf- und Abfertigungszeiten keinen praktisch bedeutsamen Einfluß auf die Staueffekte.

Zur Illustration der Zusammenhänge und als Beispiel für die Anwendbarkeit zeigt *Abb. 13.19* die mittlere Länge der Warteschlange vor einem halbstetigen Verzweigungselement mit Drehweiche als Funktion der partiellen Stromauslastung

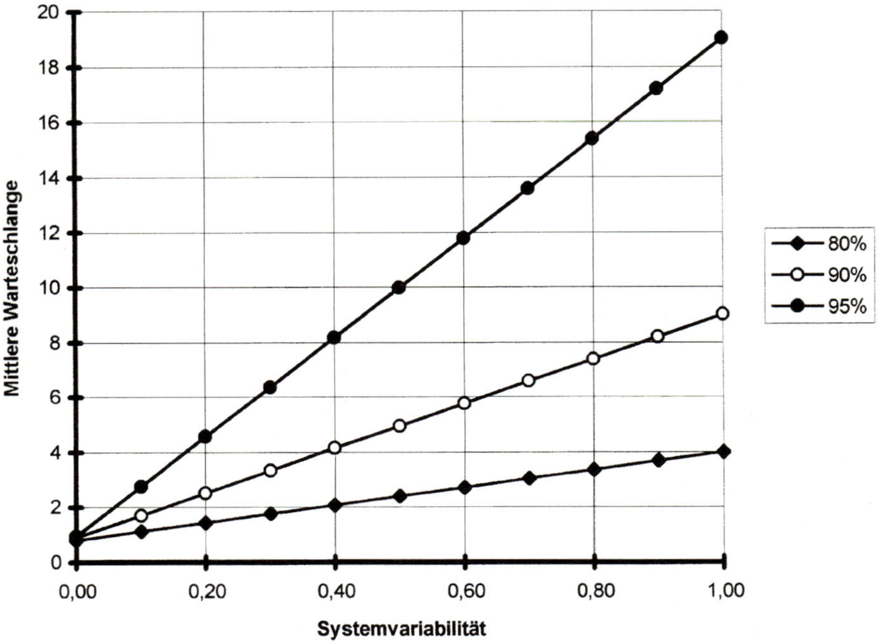


**Abb. 13.18** Abhängigkeit der Warteschlange von der Systemvariabilität
Parameter: Auslastungsgrad

in Abzweigrichtung. Die Kurven wurden für unterschiedliche Auslastungen in Durchlaufrichtung mit Formel (13.63) berechnet. Die eingetragenen Punkte sind Ergebnisse einer digitalen Simulation [61]. Die Simulationsergebnisse stimmen gut mit dem Ergebnis der analytischen Näherungsrechnung überein.

**4. Rückstau und Blockierwahrscheinlichkeit**

Auf dem Verbindungselement zwischen dem Eingangspunkt einer Station $S_0$ und dem Ausgangspunkt einer voranliegenden Station $S_1$ können, wie in *Abb. 13.20* dargestellt, maximal *R* Einheiten gestaut werden. Wenn die Warteschlangenlänge die *Rückstaukapazität R* übersteigt, wird die voranliegende Station blockiert. Daraus resultiert eine reduzierte *Auslastbarkeit* dieser Station.

Die Auslastungsreduzierung ist gleich der Blockierwahrscheinlichkeit der voranliegenden Station durch die folgende Station. Die *Blockierwahrscheinlichkeit* $B_R$ ist die Wahrscheinlichkeit, daß die Warteschlange vor einer Station länger ist als die Rückstaukapazität *R* auf der Verbindung bis zur voranliegenden Station.

Die Blockierwahrscheinlichkeit ergibt sich aus der *Rückstauwahrscheinlichkeit* $P_N$. Diese ist gleich der Wahrscheinlichkeit, daß sich vor und in dem Wartesystem genau *N* Einheiten befinden.

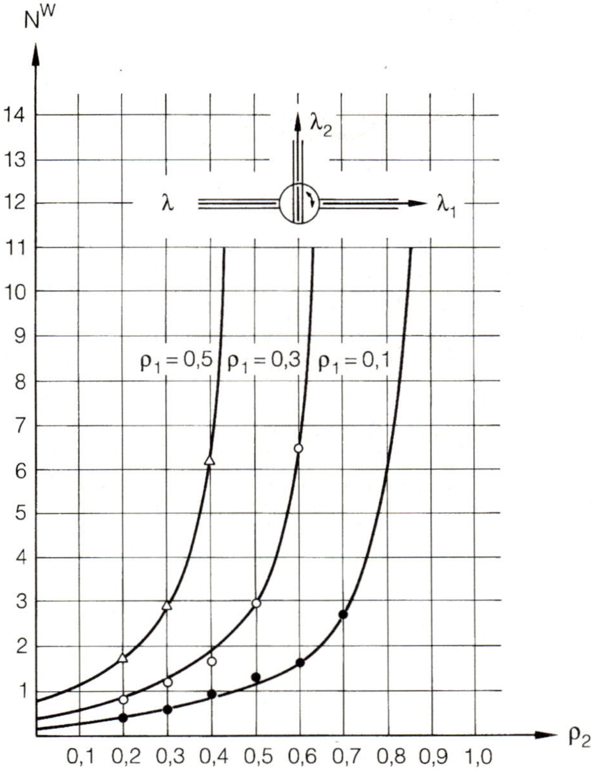


**Abb. 13.19** Mittlere Warteschlange vor einer halbstetigen Verzweigung als Funktion der partiellen Auslastung in Abzweigrichtung

Parameter: partielle Auslastung in Durchlaufrichtung
Punkte, Dreiecke, Kreise: Simulationsergebnisse

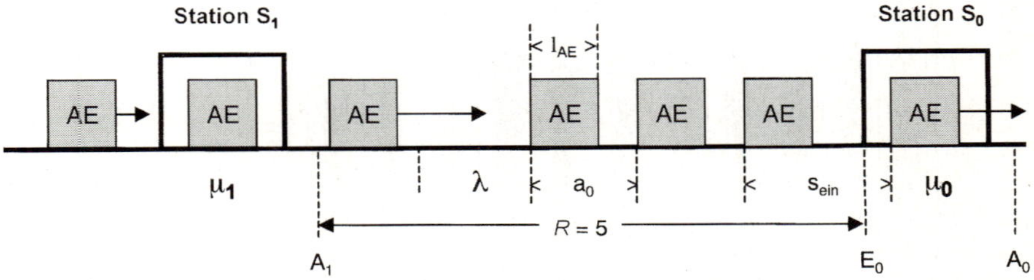


**Abb. 13.20** Abfertigungsstationen in Reihenschaltung mit Zwischenpuffer für 5 Abfertigungseinheiten

R Staukapazität
AE Abfertigungseinheiten
$l_{AE}$ Länge der Abfertigungseinheiten
$a_0$ Stauplatzlänge
$s_{ein}$ Einlaufweg

Bei Einzelabfertigung eines stationären rekurrenten Stroms ist die *Rückstauwahrscheinlichkeit* für eine Systemvariabilität $V$ und eine Gesamtauslastung $\varrho$ näherungsweise [51]:

$$P_N = ((1-\varrho)/V)\cdot\left(\varrho V/(1-\varrho+\varrho V)\right)^N \qquad \text{wenn } N \geqq 1. \qquad (13.68)^{©}$$

Die Wahrscheinlichkeit, die Abfertigungszone besetzt vorzufinden, ist gleich der Gesamtauslastung $\varrho$ der Abfertigungsstation. Die Wahrscheinlichkeit, die Station unbesetzt vorzufinden, ist daher:

$$P_N = 1-\varrho \qquad \text{wenn } N = 0. \qquad (13.69)$$

*Abb. 13.21* zeigt für eine Systemvariabilität $V$ = 0,75 die mit Hilfe der Beziehungen (13.68) und (13.69) errechnete Rückstauwahrscheinlichkeit als Funktion der Warteschlangenlänge.

Die Rückstauwahrscheinlichkeit ist zugleich die Wahrscheinlichkeit, daß sich eine Einheit für eine Wartezeit $Z_W(N)$ = 3600 $N/\lambda$ vor dem Einlaßpunkt befindet, bis sie in die Abfertigungszone eingelassen wird.

Aus Beziehung (13.68) folgt:

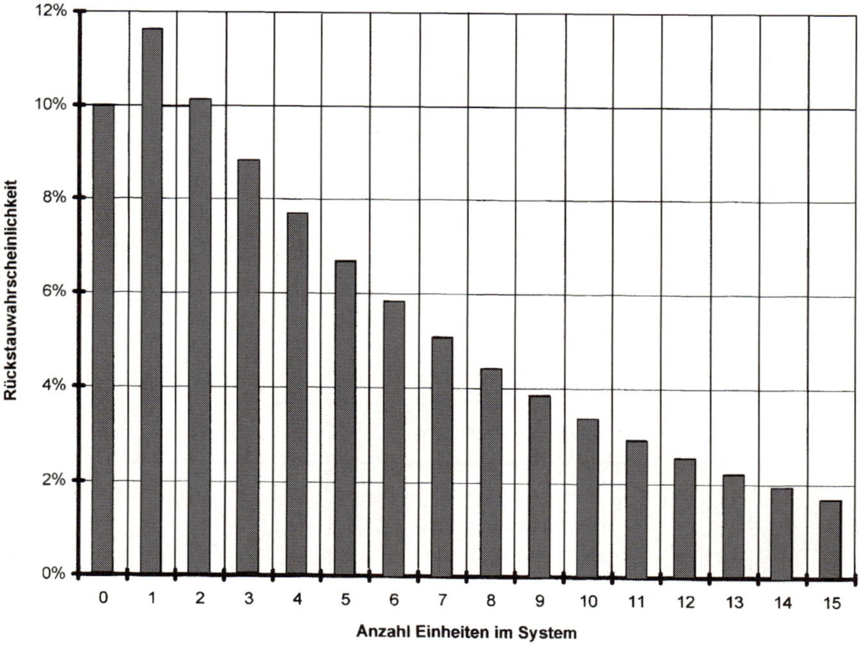


**Abb. 13.21** Wahrscheinlichkeitsverteilung der momentanen Warteschlange (Rückstauwahrscheinlichkeit)

Systemvariabilität $V$ = 0,75 Auslastung $\varrho$ = 90%
Mittlere Warteschlange $N_W$ = 7 AE

▶ Die *Blockierwahrscheinlichkeit* oder *Überlaufwahrscheinlichkeit* für eine Rückstaukapazität $R$ ist bei Einzelabfertigung eines rekurrenten stationären Einlaufstroms, einer Gesamtauslastung ρ und einer Systemvariabilität $V$

$$B_R = \sum_{N=R+1}^{\infty} P_N = \rho \cdot (\rho V / (1 - \rho + V \cdot \rho))^R. \qquad (13.70)^{©}$$

Die Näherungsformeln (13.68) und (14.70) für die Rückstau- und für die Blockierwahrscheinlichkeit werden durch entsprechende Simulationen ebenfalls sehr gut bestätigt [61; 79].

Die Abb. *13.22* zeigt für eine Systemvariabilität $V = 0{,}75$ die mit Beziehung (13.70) berechnete Blockierwahrscheinlichkeit als Funktion der Staukapazität. Hieraus ist ablesbar, daß die Warteschlange eine Staukapazität von 7 AE-Plätzen mit einer Wahrscheinlichkeit von 30 % und eine Staukapazität von 11 Plätzen immer noch mit einer Wahrscheinlichkeit von 20 % überschreitet.

Die Beziehung (13.70) bedeutet:

▶ Die Blockierungswahrscheinlichkeit nimmt exponentiell mit der Anzahl der Stauplätze zwischen zwei aufeinander folgenden Stationen ab.

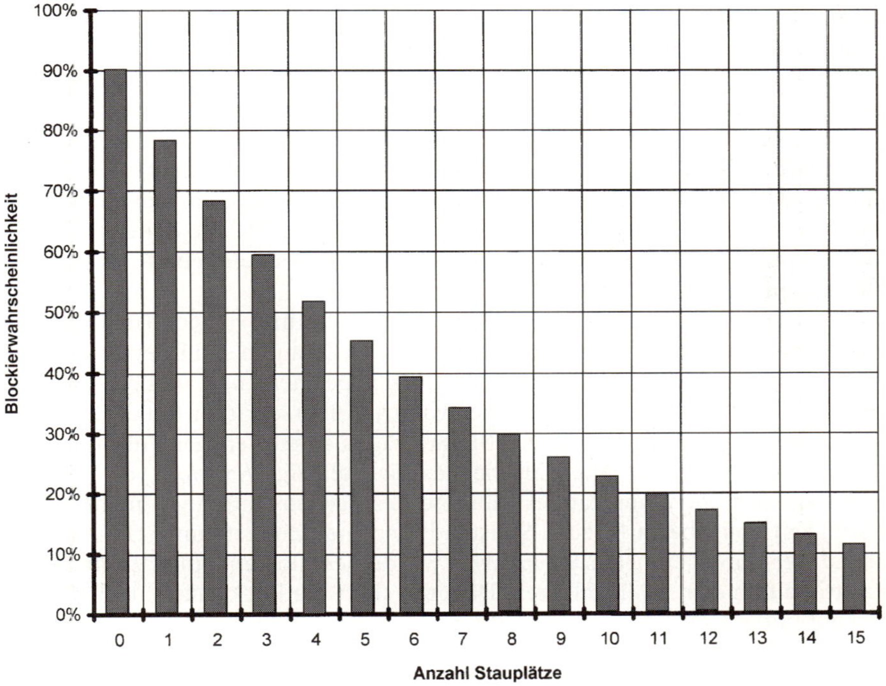


**Abb. 13.22** Blockierwahrscheinlichkeit als Funktion der Staukapazität

Systemvariabilität $V = 0{,}75$ Auslastung $\rho = 90\%$
Mittlere Warteschlange $N_W = 7$ AE

Hieraus ergeben sich die *Auslegungsregeln*:

- Wenn technisch möglich und wirtschaftlich vertretbar, sind aufeinanderfolgende Stationen oder Abschnitte einer Prozeßkette, die hoch ausgelastet sind und eine große Variabilität haben, durch einen Puffer voneinander zu entkoppeln, dessen Staukapazität deutlich größer ist als die mittlere Warteschlange.
- Staueffekte in einer Kette von Stationen lassen sich durch Vorschalten einer *Drosselstelle* senken, die den stochastisch zulaufenden Strom taktet und die Einlaufvarianz reduziert.

In der *Tabelle 13.5* ist ein *Programm zur Berechnung der Staueffekte* für Abfertigungsstationen abgedruckt, das die vorangehenden Formeln in einem EXCEL-Tabellenkalkulationsprogramm enthält. Nach Eingabe des Zulaufstroms, der Abfertigungsgrenzleistung sowie der minimalen und maximalen Taktzeiten für den Zulauf und die Abfertigung berechnet das Programm die Auslastung und die Systemvariabilität und hieraus die mittlere Warteschlange, die mittlere Wartezeit und die Rückstauwahrscheinlichkeit für die eingegebene Staukapazität. Dieses Programm hat sich bei der Stauanalyse von Fördersystemen und anderen Abfertigungsstellen in der Praxis sehr gut bewährt.

Als Beispiel enthält die *Tabelle 13.5* die Eingangsdaten eines *Palettierautomaten*, auf den Einzelkartons aus der Zigarettenproduktion zulaufen. Der Palettierautomat benötigt minimal 40 s, im Mittel 90 s und maximal 150 s für das Aufstapeln der Kartons zu einer vollen Palette nach unterschiedlichen Packschemata. Ein Palettierauftrag umfaßt 24 bis 72 Kartons, die vor dem Palettierautomaten in den Staubahnen eines *Sortierspeichers* sortenrein angesammelt werden.

Die Taktzeit, mit der der Inhalt einer Palette von den 24 parallel arbeitenden Zigarettenmaschinen fertiggestellt wird, ist mimimal 0 s, im Mittel 120 s und maximal 3000 s. Die zulaufenden *Logistikobjekte* LO sind in diesem Fall die im Sortierspeicher gesammelten *Pulks* mit den Kartons für eine Palette, denen *Palettieraufträge* entsprechen, die nach dem Ansammeln eines Paletteninhalts von der Prozeßsteuerung generiert werden.

Aus der Stauanalyse resultiert, daß bei einer Auslastung von 90 % im Mittel 6,3 Palettieraufträge durchschnittlich 9,7 min auf den Zulauf in den Palettierautomat warten. Die installierte Staukapazität des Sortierspeichers für R = 24 Palettieraufträge wird mit einer Wahrscheinlichkeit von 3,3 % überschritten. Mit der gleichen Wahrscheinlichkeit wartet ein Palettierauftrag, also ein fertiger Pulk mit Kartons, im Sortierspeicher länger als die maximal zulässige Wartezeit von 36 min.

Infolge der Rückstaus kam es während des Betriebs mit einer unzulässigen Häufigkeit von über 3 % zum Stillstand einzelner Zigarettenmaschinen. Aufgrund der durchgeführten Stauanalyse wurde beschlossen, einen zusätzlichen Palettierautomaten zu installieren. Dadurch sinkt die Rückstauwahrscheinlichkeit auf unter $3 \cdot 10^{-7}$.

### 5. Staueffekte bei Parallelabfertigung

Wartesysteme vom Typ G/G/*n* mit Abfertigung eines stochastischen Stroms durch *n* Parallelstationen kommen in der Praxis recht häufig vor. Beispiele für

**WARTESYSTEM**

| | | Zulauf | | Abfertigung | |
|---|---|---|---|---|---|
| | | Palettieraufträge | [AE] | Palettierautomat | |
| **Durchsatz bzw. Grenzleistung** | | **36** | AE//h | **40** | AE//h |
| **Auslastung** | | | **90,0%** | | |
| **Taktzeit** | mittel | **100** | s/AE | **90** | s/AE |
| | minimal | 0 | s/AE | 40 | s/AE |
| | maximal | 3.000 | s/AE | 150 | s/AE |
| **Variabilität** | Einlauf | 1,00 | Abfertigung | 0,50 | |
| | | Systemvarabilität | **0,75** | | |
| **Staukapazität** | | maximal | **24** | AE | |
| **Wartezeit** | | maximal | **36,0** | Minuten | |

**STAUEFFEKTE**

| | | Abfertigungseinheiten vor Abfertigung | | Abfertigungseinheiten im System | |
|---|---|---|---|---|---|
| **Warteschlange** | mittel | **6,3** | AE | **7,0** | AE |
| **Wartezeit** | mittel | **607** | s | **697** | s |
| | | **10,1** | min | **11,6** | min |

| | | | |
|---|---|---|---|
| **Überlaufwahrscheinlichkeit** | mit | **3,3%** | Wahrscheinlichkeit |
| | wird die Staukapazität von | **24** | AE überschritten |
| | warten Abfertigungseinheiten länger als | **36,0** | min |

**Tab. 13.5** Tabellenkalkulationsprogramm für Staueffekte
Abfertigungseinheit (AE): Palettierauftrag = Paletteninhalt
Eingabefelder: unterstrichen

derartige *Parallelabfertigungssysteme*, deren Struktur in *Abb. 13.10* dargestellt ist, sind [11; 75]:

Call-Center
Schalter von Banken, Post und Bahn
Mautstellen auf Autobahnen
Paß- und Zollkontrollstellen (13.71)
Schreibdienste
Wareneingangstore
Fahrzeugpools

Wenn der ankommende Strom λ nach der Strategie der *zyklischen Einzelzuweisung* auf *n* Stationen, die alle die *gleiche Grenzleistung* μ haben, verteilt wird, ist jede einzelne Station mit dem Strom $\lambda_n = \lambda/n$ belastet. Die mittlere Auslastung der einzelnen Stationen ist dann $\rho_n = \lambda/(n\mu)$. Wenn der Einlaufstrom ein Poissonstrom mit $V_E = 1$ ist, dann sind die Einlaufströme für die *n* Einzelstationen nach der zyklischen Aufteilung n-Erlangströme mit der Variabilität $V_{En} = 1/n$ (s. *Bez. (9.15)* [75; 136]).[4] Die mittlere Gesamtwarteschlange vor den *n* Stationen ist daher bei *zyklischer Einzelzuweisung*:

$$N_W(n) = n \cdot N_{Wn} = n \cdot (1 - \rho_n + V_n \cdot \rho_n) \cdot \rho_n^2 / (1 - \rho_n). \tag{13.72}$$

Für das Wartesystem M/M/*n* mit maximaler Zulauf- und Auslaufvariabilität ist die Systemvariabilität $V_n = (1 + 1/n)/2$.

Mit einem Gesamtzulaufstrom λ = 220 AE/h, der auf *n* = 4 Stationen mit den gleichen Grenzleistungen $\lambda_n$ = 60 AE/h zyklisch aufgeteilt wird, ist die Stationsauslastung $\rho_n$ = 91,7 %. Für die mittlere Gesamtwarteschlange vor den 4 Stationen resultiert in diesem Fall aus Beziehung (13.72) $N_W(4)$ = 26,5 AE.

Mit der Strategie des *dynamischen Auffüllens* wird dafür gesorgt, daß bei einer Stationsgrenzleistung λ die ersten *n*(λ) = ABRUNDEN(λ/μ) Stationen zu 100 % ausgelastet sind und eine weitere Station die Auslastung $\rho_n = (\lambda - n(\lambda) \cdot \mu)/\mu$ hat. Vor den voll ausgelasteten Stationen warten stets soviele Einheiten, wie dort Warteplätze installiert sind. Vor der letzten, teilausgelasteten Station warten insgesamt soviele Einheiten, wie sich mit Hilfe von Beziehung (13.64) für die Auslastung $\rho_n$ dieser Station ergeben.

Bei der Auffüllstrategie genügt es, daß vor den einzelnen Stationen jeweils ein Warteplatz angeordnet ist, der nachgefüllt wird, sobald eine Einheit in die Abfertigungszone eingelassen wird. Alle ankommenden Einheiten, die keinen freien Warteplatz vorfinden, werden vor dem Verteilpunkt zurückgehalten, bis ein Warteplatz frei wird. Damit folgt für die mittlere *Gesamtwarteschlange bei auslastungsabhängigem Auffüllen* die Näherungsbeziehung:

4 Der Verfasser dankt *Prof. D. Arnold* für den Hinweis auf diesen Zusammenhang und das Problem der Staueffekte vor parallelen Abfertigungsstationen.

$$N_W(n) \approx \begin{cases} \mathrm{MIN}\left(n(\lambda)+1; (1-\varrho_n+V\cdot\varrho_n)\cdot\varrho_n^2/(1-\varrho_n)\right) & \text{wenn } n(\lambda) < \mathrm{n}-1 \\ n(\lambda)+(1-\varrho_n+V\cdot\varrho_n)\cdot\varrho_n^2/(1-\varrho_n). & \text{wenn } n(\lambda) \geq \mathrm{n}-1. \end{cases} \tag{13.73}$$

Hierin ist $n(\lambda)$ = ABRUNDEN($\lambda/\mu$) und $r_n = (1-n(\lambda)\cdot\mu)/\mu$. In dem betrachteten Beispiel mit der Belastung $\lambda$= 220 AE/h ist die Anzahl der voll ausgelasteten Stationen $n(220)$ = ABRUNDEN(220/60) = 3 und die Auslastung der bei dieser Belastung benötigten vierten Station $\varrho_n = (220-3\cdot 60)/60 = 0{,}67$. Damit ergibt sich bei maximaler Systemvariabilität $V = 1$ für die mittlere Gesamtwarteschlange $N_W(n{=}4) = 3 + 1{,}3 = 4{,}3$ AE.

Der Vergleich der Ergebnisse zeigt, daß die Auffüllstrategie im Vergleich zur zyklischen Einzelzuweisung im Mittel 3,7 statt dauernd alle 4 Stationen belastet und dabei die mittlere Warteschlange nur 4,3 statt 26,5 Abfertigungseinheiten beträgt. Das setzt allerdings voraus, daß bei ansteigendem Zulaufstrom die Zahl der besetzten Abfertigungsstationen erhöht und bei abnehmendem Zulaufstrom die Zahl der besetzten Stationen reduziert wird.

Mit diesem Beispiel sollen die grundsätzlichen Möglichkeiten unterschiedlicher Abfertigungsstrategien für Parallelabfertigungssysteme gezeigt werden. Die Vielzahl der Strategien und die unterschiedlichen Abfertigungssituationen erfordern jedoch eine tiefer gehende Analyse, die den Rahmen dieses Buches sprengen würde [29; 75].

**6. Staugesetze für systematische Staus**

Bei einem zeitlich veränderlichen Zulaufstrom $\lambda_Z(t)$ und einer zeitabhängigen Abfertigungsleistung von $\mu_A(t)$ baut sich nach Ablauf einer Zeit T vor dem Einlaufpunkt eine Warteschlange auf mit einer Länge

$$N_W(T) = N_{W0} + \int_0^T \left(\lambda_Z(t) - \mu_A(t)\right)dt. \tag{13.74}$$

Hierin ist $N_{W0}$ die Länge der Warteschlange zum Anfangszeitpunkt 0. Das Integral (13.74) ist nicht für alle möglichen Zeitverläufe des Zustroms und der Abfertigung lösbar.

Für den Fall, daß im Mittel $\lambda_Z < \mu_A$ ist, daß also im zeitlichen Mittel der Zustrom kleiner ist als die Abfertigungsleistung, kann infolge der stochastischen Schwankungen von Zulauf oder Abfertigung die Zulauffrequenz immer wieder kurzzeitig die Abfertigungsfrequenz überschreiten. Dadurch ensteht eine Warteschlange mit schwankender Länge. Die Verteilung und die mittlere Länge dieser stochastischen Warteschlange, die sich nach länger anhaltendem *stationären Zulauf und stationärer Abfertigung* ergibt, lassen sich mit den vorangehenden Beziehungen berechnen.

Ist im Mittel $\lambda_Z > \mu_A$, übersteigt also der Zustrom permanent die Grenzleistung, ist das Integral (13.74) explizit lösbar, wenn $\lambda_Z(t)$ und $\mu_A(t)$ integrierbare Funktionen der Zeit sind. Für die einfachsten, aber praktisch besonders wichtigen Fälle ergeben sich aus (13.74) die *Staugesetze für systematische Staus*:

► Bei einem konstant anhaltenden Zulauf $\lambda_Z$ und einer unzureichenden konstanten Abfertigung mit einer Grenzleistung $\mu_A < \lambda_Z$ wächst die Warteschlange nach einer Zeit T von einem Anfangswert 0 im Mittel an auf den Wert

$$N_W(T) = (\lambda_Z - \mu_A) \cdot T. \tag{13.75}$$

► Bei *unterbrochener Abfertigung*, also für $\mu_A = 0$, und konstantem rekurrenten Zulaufstrom $\lambda_Z$ erreicht die Warteschlange nach einer Zeit T die mittlere Länge

$$N_W(T) = \lambda_Z \cdot T. \tag{13.76}$$

► Bei einem *rekurrenten Zulaufstrom* $\lambda_Z$ mit der Variabilität $V_Z$ ist die Streuung der nach der Zeit T aufgelaufenen Warteschlange um den Mittelwert (13.76)

$$s_N = \sqrt{V_Z \cdot \lambda_Z \cdot T} = \sqrt{V_Z \cdot N_W(T)}. \tag{13.77}$$

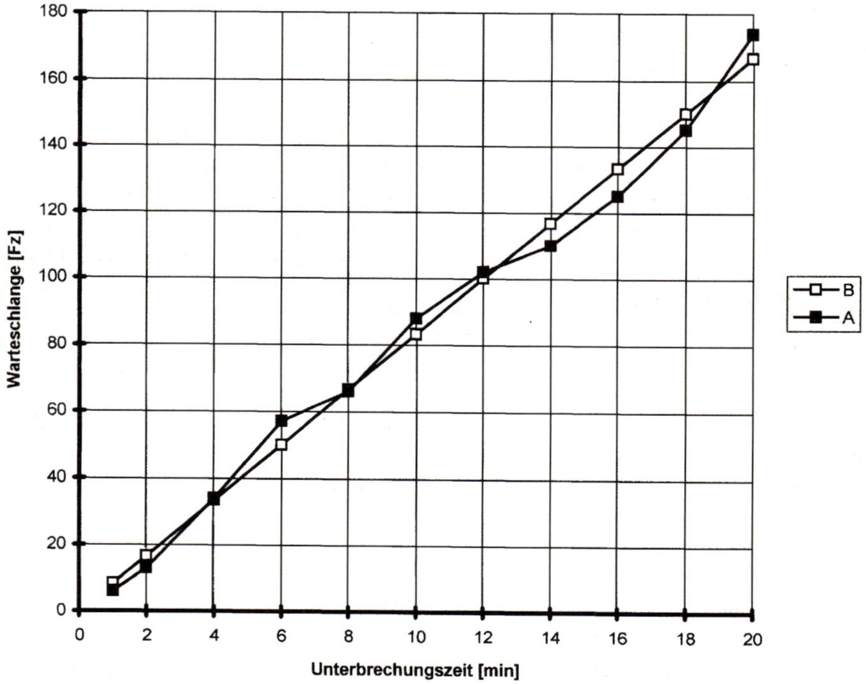


**Abb. 13.23** Länge einer systematischen Warteschlange als Funktion der Unterbrechungszeit für rekurrenten und getakteten Zulauf

Kurve A: poissonverteilter Zulauf mit $V_z = 1$
Kurve B: getakteter Zulauf mit $V_z = 0$
Zulauf: 500 Fz/h

Für einen allgemeinen stochastischen Zulaufstrom mit Pulks, deren Länge und Zeitabstände zufallsabhängig schwanken, ist die Streuung der systematischen Warteschlange durch Beziehung (9.38) in *Abschnitt 9.7* gegeben.

Bei poissonverteilten Zulauftaktzeiten mit maximaler Einlaufvariabilität $V_Z = 1$ ist die Streuung der in ungleichmäßigen Sprüngen anwachsenden Warteschlange gleich der Wurzel aus der mittleren Warteschlangenlänge, also $s_N = \sqrt{N_W}$. Bei getaktetem Zulauf mit $V_Z = 0$ ist die Streuung der anwachsenden Warteschlange 0. Als Beispiel zeigt *Abb. 13.23* den Anstieg einer Warteschlange von Fahrzeugen in Abhängigkeit von der Dauer der Rotphase einer Straßenverkehrsampel.

Die relativ einfachen Staugesetze für systematische Staus sind in der Logistik vielseitig anwendbar. So läßt sich bei *zyklischer Abfertigung* mit Hilfe von Beziehung (13.76) der während der Sperrzeit T entstehende mittlere Stau und mit Hilfe der Beziehung (13.77) dessen Streuung errechnen [135]. Wenn auf eine Station mit konstanter Abfertigungsrate ein schubweiser Strom mit Pulks konstanter Länge zuläuft, ist der dadurch enstehende Rückstau mit Hilfe der Beziehung (13.75) berechenbar.

Haben die Lade- oder Transporteinheiten im Stau den Endpunktabstand $a_S$, dann ist die Länge der Warteschlange nach einer Zeit T

$$L_S(T) = a_S \cdot N_W(T) = a_S \cdot (\lambda_Z - \mu_A) \cdot T. \tag{13.78}$$

Hieraus resultiert für die *Stauausbreitungsgeschwindigkeit*

$$v_S = \partial L_S(T)/\partial T = a_S \cdot (\lambda_Z - \mu_A). \tag{13.79}$$

Wird beispielsweise die Durchlaßfähigkeit einer Fahrspur, auf der 1.200 Fz/h fahren, an einem bestimmten Punkt – etwa durch eine Verkehrskontrolle – auf 100 Fz/h gedrosselt, dann wächst der Stau von diesem Punkt aus entgegen der Fahrtrichtung mit einer Stauausbreitungsgeschwindigkeit von 6,6 km/h, wenn die Fahrzeuge im Stau einen mittleren Endpunktabstand von 6 m haben.

### 7. Auslastbarkeit

Die Auslastbarkeit einer Station, einer Produktionsstelle, eines Transportelements oder eines Teilsystems ist die maximal zulässige Auslastung, bei der noch alle Funktionen mit der benötigten Durchsatzleistung blockierungsfrei erbracht werden.

Wenn die Staukapazität auf den Zulaufstrecken begrenzt ist oder eine maximal zulässige Durchlaufzeit die Wartezeit begrenzt, ist die Auslastbarkeit aufgrund der Staueffekte kleiner als die maximale Auslastung, die aus den Grenzleistungsgesetzen resultiert.

Aus der vorangehenden Analyse der Staueffekte folgen die *Auslegungsgrundsätze* [79]:

- ▶ Die *Auslastbarkeit* eines Systemelements oder eines Transportelements bestimmt sich einerseits aus der Blockierwahrscheinlichkeit, die eine nachfolgende Station bei begrenztem Stauraum bewirkt, und andererseits aus der maximal zulässigen Blockierung der vorangehenden Stationen.

▶ Die *Staukapazität* auf der Verbindung zwischen zwei aufeinander folgenden Stationen muß mindestens so groß sein wie die mittlere Warteschlange, die sich bei der geplanten Gesamtauslastung vor der zweiten Station ausbildet.

Die Auslastbarkeit folgt durch Auflösung von Beziehung (13.65) für die zulässige mittlere Warteschlange $N(\rho) = N_{zul}$ nach der Auslastung $\rho$. Für $V = 1$ ergibt sich auf diese Weise:

▶ Bei einer zulässigen Warteschlange $N_{zul}$ vor und in der Station und maximaler Systemvariabilität ist die *Auslastbarkeit* der Abfertigungsstation

$$\rho_{aus}(N) = N_{zul} / (1 + N_{zul}). \tag{13.80}$$

Wenn beispielsweise eine mittlere Warteschlange von 5 Abfertigungseinheiten zulässig ist, folgt bei maximaler Systemvariabilität, das heißt für $V = 1$, eine Auslastbarkeit von 83 %. Das Beispiel zeigt, daß infolge der Staueffekte die Auslastbarkeit einer Station nicht unerheblich reduziert werden kann. Mit abnehmender Systemvariabilität nimmt jedoch die Auslastbarkeit zu.

Wenn eine bestimmte Staukapazität $R$ nur mit einer Wahrscheinlichkeit p überschritten werden darf, beispielsweise weil die Grenzleistung einer vorangehende Station maximal um p = 2 % reduziert werden darf, dann muß die zulässige Auslastbarkeit $\rho_{aus}(R)$ durch numerische Auflösung der Gleichung (13.70) mit $B_R(\rho) = p$ nach $\rho$ bestimmt werden.

Wenn eine bestimmte Wartezeit Z mit einer Wahrscheinlichkeit q eingehalten werden soll, muß zunächst die für diese Zeitbegrenzung maximal zulässige Warteschlange $N$ errechnet und für diese durch Auflösung der Beziehung (13.68) mit $P_N(\rho) = p = (1-q)$ nach $\rho$ die Auslastbarkeit bestimmt werden.

Derartige Berechnungen zur Abschätzung der Auslastbarkeit sind unerläßlich für Systeme mit hoher Auslastung und geringer Staukapazität. Ein Beispiel sind konventionelle Kommisioniersysteme, wo in einer Gasse zu Spitzenzeiten mehrere Kommissionierer arbeiten, die sich bei Anfahrt des gleichen Fachs gegenseitig behindern können (s. *Abschnitt 17.11* und *Abb. 17.32*).

## 13.6 Zuverlässigkeit und Verfügbarkeit

Zuverlässigkeit und Verfügbarkeit sind Kenngrößen der *Funktionssicherheit* eines Systemelements, einer Leistungskette oder eines Systems. Die *Zuverlässigkeit* ist die Wahrscheinlichkeit, *daß* eine Funktion zu einem beliebigen Bedarfszeitpunkt ausgeführt wird. Die *Verfügbarkeit* gibt an, in welchem *Anteil der Betriebszeit* die Funktion richtig ausgeführt wird.

Die Zuverlässigkeit und die Verfügbarkeit von Stationen, Leistungsketten und Systemen mit *diskontinuierlicher Belastung* sind wie folgt definiert [125;137]:

- Die *Zuverlässigkeit* $\eta_{\alpha zuv}$ eines Systemelements, einer Leistungskette oder eines Systems für eine Funktion $F_\alpha$ ist die Wahrscheinlichkeit, daß die betreffende Funktion von dem Element, der Kette oder dem System während der planmäßigen *Betriebszeit* störungsfrei und korrekt ausgeführt wird.

- Die *Verfügbarkeit* $\eta_{\alpha ver}$ eines Systemelements, einer Leistungskette oder eines Systems für eine Funktion $F_\alpha$ ist die Wahrscheinlichkeit, das Element, die Kette oder das System während der planmäßigen *Betriebszeit* solange in betriebsfähigem Zustand anzutreffen, daß eine störungsfreie und korrekte Ausführung der betreffenden Funktion möglich ist.

Aus der Zuverlässigkeit folgt die *Unzuverlässigkeit* oder *Störungswahrscheinlichkeit*:

$$\eta_{\alpha unz} = 1 - \eta_{\alpha zuv} . \tag{13.81}$$

Aus der Verfügbarkeit ergibt sich die *Nichtverfügbarkeit* oder *Ausfallwahrscheinlichkeit*:

$$\eta_{\alpha nver} = 1 - \eta_{\alpha ver} . \tag{13.82}$$

Zur *Messung* von Zuverlässigkeit und Verfügbarkeit sind alle Funktionen $F_\alpha$ des Elements, der Prozeßkette oder des Systems für eine statistisch ausreichend lange *Testzeit* $T_{test}$ mit den geplanten *Belastungsströmen* $\lambda_\alpha$ zu betreiben (s. *Abschnitt 9.14*).

Die *Gesamtanzahl* der in dieser Zeit durchgeführten Tests der Funktion $F_\alpha$ ist dann

$$n_{\alpha\,gesamt} = \lambda_\alpha \cdot T_{test} . \tag{13.83}$$

Während der Testzeit werden für jede Funktion $F_\alpha$ gesondert alle auftretenden Störungen und Ausfälle erfaßt und zusammen mit den gemessenen *Unterbrechungszeiten* oder *Ausfallzeiten* $\tau_{i\alpha\,aus}$, $i = 1, 2, \dots, n_{\alpha\,falsch}$, in einem *Störungsprotokoll* dokumentiert [125]. Aus der gezählten *Anzahl aller Störungen* $n_{\alpha\,falsch}$ der Funktion $F_\alpha$ und der *Gesamtanzahl durchgeführter Funktionstests* $n_{\alpha\,gesamt}$ folgt die *Anzahl richtiger Funktionserfüllungen*

$$n_{\alpha\,richtig} = n_{\alpha\,gesamt} - n_{\alpha\,falsch} \tag{13.84}$$

Damit ist die

- *gemessene partielle Zuverlässigkeit* des Elements, der Leistungskette oder des Systems

$$\boldsymbol{\eta_{\alpha zuv} = n_{\alpha richtig} / n_{\alpha gesamt} = n_{\alpha richtig} / (n_{\alpha richtig} + n_{\alpha falsch})} \tag{13.85}$$

Durch Summation der gemessenen Ausfallzeiten $\tau_{aus\,\alpha\,i}$ ergibt sich die *Gesamtausfallzeit* für die Funktion $F_\alpha$:

$$T_{\alpha aus} = \sum_i \tau_{i\alpha aus} . \tag{13.86}$$

Die *mittlere Ausfallzeit* – auch *Mean Time To Restore* (*MTTR*) genannt – ist damit:

$$\tau_{\alpha aus} = MTTR_\alpha = T_{\alpha aus} / n_{\alpha falsch} . \tag{13.87}$$

Aus der Gesamtausfallzeit folgt die *Gesamteinschaltzeit* in der Funktion $F_\alpha$:

$$T_{\alpha ein} = T_{test} - T_{\alpha aus} . \tag{13.88}$$

Die *mittlere störungsfreie Einschaltzeit* zwischen zwei Ausfällen wird *Mean Time Between Failure (MTBF)* genannt. Sie ist

$$\tau_{\mathrm{ein}\alpha} = MTBF_\alpha = \mathrm{T}_{\alpha\mathrm{ein}} / \mathrm{n}_{\alpha\,\mathrm{falsch}}. \tag{13.89}$$

Aus der Gesamtausfallzeit und der Gesamteinschaltzeit errechnet sich die

- *gemessene partielle Verfügbarkeit* des Elements, der Leistungskette oder des Systems in der Funktion $F_\alpha$

$$\boldsymbol{\eta}_{\boldsymbol{\alpha}\mathrm{ver}} = \mathrm{T}_{\boldsymbol{\alpha}\mathrm{ein}} / (\mathrm{T}_{\boldsymbol{\alpha}\mathrm{ein}} + \mathrm{T}_{\boldsymbol{\alpha}\mathrm{aus}}) = \boldsymbol{MTBF_\alpha} / (\boldsymbol{MTTR_\alpha} + \boldsymbol{MTBF_\alpha}). \tag{13.90}$$

Für längere Leistungsketten und komplexe Systeme ist eine Messung der Zuverlässigkeit und Verfügbarkeit in der Praxis kaum durchführbar, da es in der Regel nicht möglich ist, die erforderlichen technischen, betrieblichen und belastungsmäßigen Voraussetzungen für eine statistisch ausreichend lange Testzeit zu schaffen. Die Störungen und Ausfallzeiten und damit die Zuverlässigkeit und Verfügbarkeit einzelner Systemelemente lassen sich hingegen während des laufenden Betriebs leichter erfassen. Aus diesen Meßwerten können bei Kenntnis der Strombelastungen die Zuverlässigkeit und Verfügbarkeit für die Prozeßketten und für das Gesamtsystem berechnet werden.

Die voranstehenden und nachfolgenden Definitionen und Berechnungsformeln sind grundlegend für *Funktionstests* und *Abnahmen* von Leistungsketten und Systemen mit diskontinuierlicher Belastung durch *diskrete Ströme* (s. *Abschnitt 13.7* und *13.8*). Für die *Abnahme von förder- und lagertechnischen Systemen* gibt es spezielle *VDI- und FEM-Richtlinien*, die auf den 1976 vom Verfasser entwickelten Berechnungsformeln aufbauen. In diesen sind weitere Einzelheiten und die Voraussetzungen für die Messung der Zuverlässigkeit und Verfügbarkeit geregelt [125; 137].

**1. Verfügbarkeit der Systemelemente**

Da alle partiellen Funktionen von einem irreduziblen Systemelement in der gleichen Abfertigungszone und in einem Transportelement vom gleichen Umschaltelement erbracht werden, unterbrechen Störungen und Ausfälle einer Funktion für die Dauer der Ausfallzeit den Durchsatz für alle Funktionen.

Hieraus folgt:

► Durch Störungen und Ausfälle der partiellen Funktionen eines irreduziblen Systemelements werden die technisch maximal möglichen partiellen Grenzleistungen $\mu_\alpha$ um den Faktor *Gesamtverfügbarkeit* $\eta_{\mathrm{ver}}$ auf die *verfügbaren partiellen Grenzleistungen* reduziert

$$\mu_{\alpha\,\mathrm{ver}} = \eta_{\mathrm{ver}}(\lambda) \cdot \mu_\alpha. \tag{13.91}$$

Für ein Systemelement wird also nur die Gesamtverfügbarkeit benötigt. Diese läßt sich ohne die Funktionsunterscheidung $\alpha$ mit Hilfe der Beziehungen (13.86) und (13.90) aus der Gesamtausfallzeit $T_{\mathrm{aus}}$ und der Testzeit $T_{\mathrm{test}} = T_{\mathrm{aus}} + T_{\mathrm{ein}}$ errechnen. Eine nach den Funktionen getrennte Erfassung der Störungen und Ausfallzeiten ist für die Systemelemente also nicht erforderlich.

Aus den Definitionen und Beziehungen (13.81) bis (13.90) folgt die

▶ Abhängigkeit der Verfügbarkeit von der Strombelastung, der mittleren Ausfallzeit und der Zuverlässigkeit $\eta_{zuv}$

$$\eta_{ver}(\lambda) = \text{MAX}\left(0\,;\, 1 - \lambda \cdot \tau_{aus} \cdot (1 - \eta_{zuv})\right). \tag{13.92}$$ ©

Für das Beispiel eines Regalbediengeräts ist die Abhängigkeit der Verfügbarkeit von der Strombelastung, von der mittleren Ausfallzeit und von der Zuverlässigkeit in den *Abb. 13.24, 13.25* und *13.26* dargestellt. Aus dem Zusammenhang (13.92) und den *Abb. 13.24, 13.25* und *13.26* ist ablesbar:

▶ Mit abnehmender Zuverlässigkeit, zunehmender mittlerer Ausfallzeit und ansteigender Strombelastung sinkt die Verfügbarkeit.

Die Abhängigkeit der Verfügbarkeit von der Strombelastung resultiert daraus, daß bei hoher Belastung die Funktionsfähigkeit häufiger getestet wird. In dem Beispiel des Regalbediengeräts – s. *Abb. 13.24* – sinkt die Verfügbarkeit bei einer Zuverlässigkeit von 99,0 % und einer mittleren Ausfallzeit von 15 min mit zuneh-

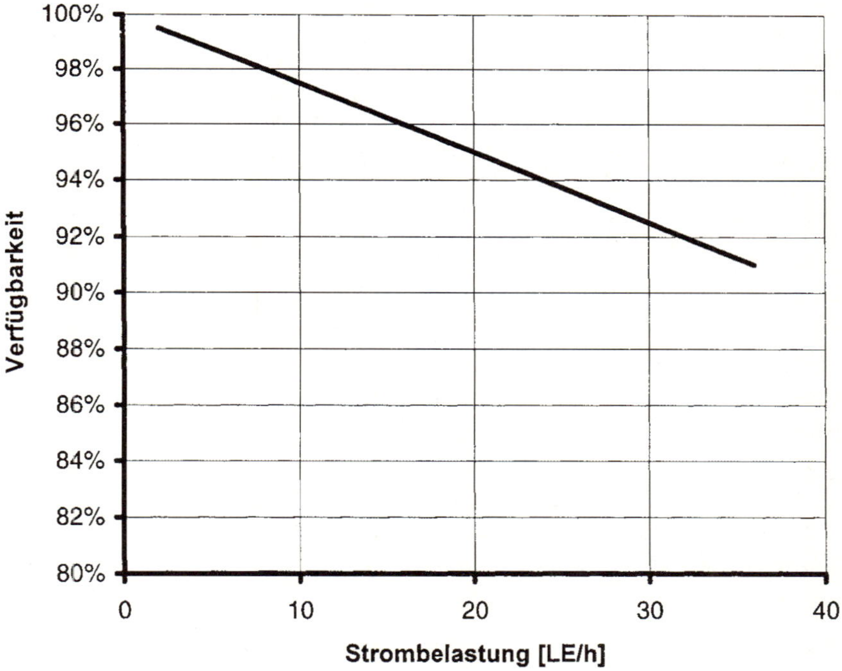


**Abb. 13.24** Abhängigkeit der Verfügbarkeit eines Systemelements von der Strombelastung

| | |
|---|---|
| Beispiel: | Regalbediengerät |
| Grenzleistung | $\mu_{RBG} = 36$ Pal/h |
| Zuverlässigkeit | $\eta_{zuv} = 99{,}0\%$ |
| Mittlere Ausfallzeit | $\tau_{aus} = 15$ min |

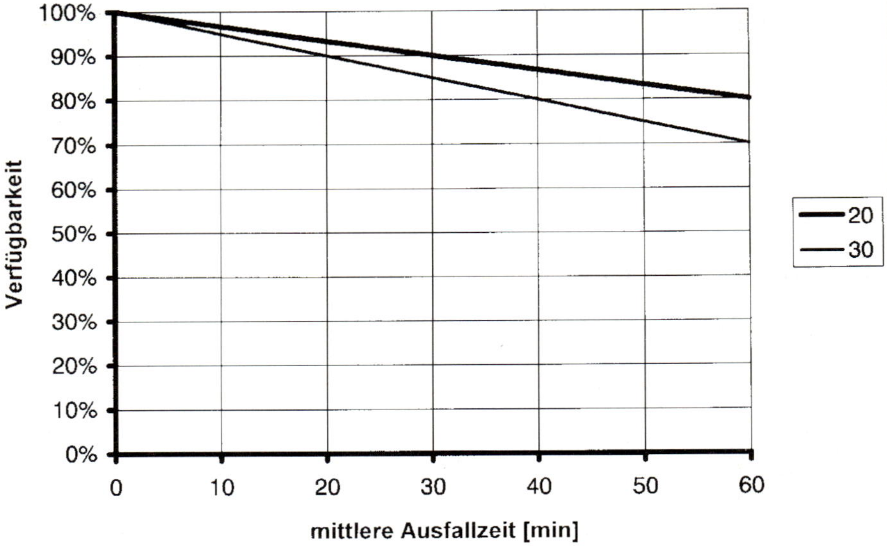


**Abb. 13.25** Abhängigkeit der Verfügbarkeit eines Systemelements von der mittleren Ausfallzeit

Parameter Strombelastung 20 und 30 Pal/h
Übrige Parameter s. Abb.13.24

mender Strombelastung bis zum Erreichen der Grenzleistung, die hier 36 LE/h beträgt, auf 91,0 %.

Der Einfluß der Strombelastung, die allein vom Betreiber und nicht vom Hersteller abhängt, auf die Verfügbarkeit ist vor allem bei der Dimensionierung von Hochleistungssystemen zu beachten, wird aber häufig übersehen.

Eine Konsequenz der Abhängigkeit (13.92) der Verfügbarkeit von der mittleren Ausfallzeit und von der Zuverlässigkeit ist der *Gestaltungsgrundsatz*:

▶ Durch Senkung der mittleren Ausfallzeiten und durch Verbesserung der Zuverlässigkeit läßt sich die Verfügbarkeit erhöhen.

Die *Ausfallzeit* setzt sich zusammen aus einer *Ausfallerkennungszeit*, der *Wartezeit auf Fachpersonal*, der *Fehlersuchzeit*, einer eventuellen *Ersatzteilbeschaffungszeit*, der eigentlichen *Reparaturzeit*, der *Testzeit* und der *Wiedereinschaltzeit*. Die Dauer der einzelnen Anteile der Ausfallzeiten wird sowohl vom Betreiber wie auch vom Hersteller beeinflußt.

*Herstellerabhängige Einflußfaktoren* auf die Ausfallzeiten sind:

Konstruktion und Steuerung
Wartungs- und Reparaturfreundlichkeit
Vollständigkeit der Ersatzteilempfehlung (13.93)
Qualität und Vollständigkeit der Dokumentation
Einweisung und Schulung des Betriebspersonals

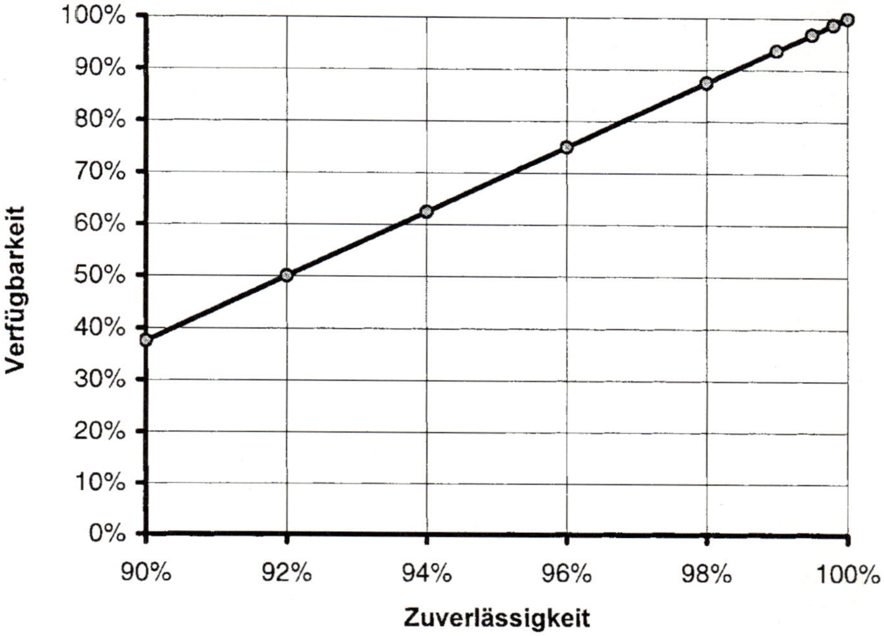


**Abb. 13.26** Abhängigkeit der Verfügbarkeit eines Systemelements von der Zuverlässigkeit
Strombelastung $\lambda_{RBG} = 20$ Pal/h
Mittlere Ausfallzeit $\tau_{aus} = 15$ min
Übrige Parameter s. Abb.13.24

*Betreiberabhängige Einflußfaktoren* auf die Länge der Ausfallzeiten sind:

Aufmerksamkeit des Betriebspersonals
Qualifikation und Verfügbarkeit des Wartungspersonals
Einhaltung der Wartungsvorschriften (13.94)
Verfügbarkeit von Ersatzteilen
Art der Notfallorganisation
Schadensort

Wegen der Vielzahl der Einflußfaktoren ist es oft schwierig, für die Abnahme von Systemen aber unabdingbar, die *Verantwortung* für die wichtigsten Einflußfaktoren auf die Ausfallzeit zwischen Hersteller und Betreiber eindeutig zu regeln [125].

**2. Zuverlässigkeit der Systemelemente**

Die Zuverlässigkeit eines diskontinuierlich belasteten Systemelements wird von seiner *Betriebszuverlässigkeit* bestimmt. In der *Zuverlässigkeitstheorie*, die sich vorwiegend mit kontinuierlich belasteten Elementen und Systemen befaßt, wird die Betriebszuverlässigkeit auch als *Zuverlässigkeitsfunktion* oder einfach als Zuverlässigkeit bezeichnet [138; 139; 140; 141; 142; 149]. Wenn Verwechslungsgefahr besteht, wird nachfolgend die Zuverlässigkeit bei diskontinuierlicher Belastung als *Funktionszuverlässigkeit* bezeichnet und die Zuverlässigkeit bei kontinuierlicher Belastung als *Betriebszuverlässigkeit.*

Die *Betriebszuverlässigkeit* $R(t)$ ist die Wahrscheinlichkeit, daß ein Systemelement für eine Zeitdauer t der *kontinuierlichen Belastung* richtig und störungsfrei arbeitet. Sie nimmt bei stochastischem Störungsanfall mit der *Belastungszeit t* exponentiell ab:

$$R(t) = R_0 \cdot \exp(-t/t_m). \tag{13.95}$$

Hierin ist $R_0$ die *Einschaltwahrscheinlichkeit*, das heißt, die Wahrscheinlichkeit eines erfolgreichen Einschaltens. $t_m$ ist die *mittlere Laufzeit* bis zum Auftreten einer Störung.

Die mittlere Laufzeit zwischen zwei Störungen bei kontinuierlicher Belastung wird in der Zuverlässigkeitstheorie ebenfalls als *Mean Time Between Failure* (MTBF) bezeichnet. Sie ist kleiner als die mittlere störungsfreie Einschaltzeit (13.89) bei diskontinuierlicher Belastung und daher von dieser zu unterscheiden.

Für Elemente, die jeweils erst bei Bedarf eingeschaltet werden, ist die Einschaltwahrscheinlichkeit $R_0 < 1$. Für permanent eingeschaltete Elemente, wie ein Förderband oder die Prozeßsteuerung, ist $R_0 = 1$.

Bei diskontinuierlichem Betrieb ist die Dauer der kontinuierlichen Belastung gleich der Zeit, die ein Systemelement zur Ausführung der Funktion benötigt, also gleich der *Durchlaufzeit* der in einem Schub einlaufenden Abfertigungseinheiten. Hieraus folgt:

- Die *Funktionszuverlässigkeit* diskontinuierlich belasteter Systemelemente, Elementarstationen und Transportelemente nimmt exponentiell mit der *Stationsdurchlaufzeit* ab.
- Die *Betriebszuverlässigkeit* permanent belasteter Systemelemente, wie der Prozeßsteuerung, der Transportfahrzeuge und der Ladungsträger, nimmt exponentiell mit der *Einschalt-* oder *Einsatzdauer* ab.

Die Funkionszuverlässigkeit und die Betriebszuverlässigkeit der Systemelemente werden sowohl vom Hersteller wie auch vom Betreiber beeinflußt. *Herstellerabhängige Einflußfaktoren auf die Zuverlässigkeit* sind:

Konstruktion und Steuerung
Güte des Materials
Sorgfalt und Kontrolle der Montage (13.96)
Dauer und Qualität der Inbetriebnahme
Ausgereiftheit und Bewährtheit

*Betreiberabhängige Einflußfaktoren auf die Zuverlässigkeit* sind:

Dauer der Nutzung
Qualität und Regelmäßigkeit der Wartung
Sicherung gegen Beschädigungen
Beachtung der Bedienungsanweisungen (13.97)
Intensität und Dauer der Belastung
Beschaffenheit der Abfertigungseinheiten

Die Anbieter von Lager-, Förder- und Transportsystemen sollten in ihren Produktspezifikationen die garantierten Funktionssicherheiten und Verfügbarkeitswerte von Standardelementen bei definierter Durchsatzleistung angeben, um die Berechnung der Verfügbarkeit von Transportketten und Transportsystemen und entsprechende Abnahmevereinbarungen zu ermöglichen. Das ist jedoch bisher noch immer nicht die Regel.

### 3. Funktionssicherheit von Leistungs- und Prozeßketten

Leistungssysteme, Logistiksysteme und Transportsysteme werden von den Eingängen und internen Quellen bis zu den Ausgängen und internen Senken von Auftrags- und Logistikketten durchzogen, die aus einer Reihe von elementaren Leistungsstellen, Abfertigungselementen und Transportelementen bestehen. Eine solche Leistungskette ohne Redundanz zeigt *Abb. 13.11*.

Aus der Multiplikationsregel der Wahrscheinlichkeitsrechnung folgt:

- Die *Funktionssicherheit*, also die *Prozeßzuverlässigkeit* $\eta_{zuv}$ oder die *Prozeßverfügbarkeit* $\eta_{ver}$ einer Prozeßkette $PK_\alpha$, die aus n hintereinander geschalteten Stationen und Systemelementen $SE_{k\alpha}$, k = 1, 2...n, mit den Funktionssicherheiten $\eta_{k\alpha}$ besteht, ist

$$\eta_\alpha = \eta_{1\alpha} \cdot \eta_{2\alpha} \cdot \eta_{3\alpha} \cdots \eta_{n\alpha} = \prod_{k=1}^{n} \eta_{k\alpha} . \tag{13.98}$$

Soweit es sich bei den Stationen der Prozeßkette um Elementarstationen oder Transportelemente handelt, ist in das Wahrscheinlichkeitsprodukt (13.98) die Gesamtfunktionssicherheit einzusetzen und nicht die partielle Funktionssicherheit, da auch die übrigen, nicht von der Prozeßkette $PK_\alpha$ genutzten Partialfunktionen die Elemente belasten. Hieraus folgt das *Wechselwirkungsprinzip*:

▶ Die Prozeßzuverlässigkeit und die Prozeßverfügbarkeit sind nicht nur vom Durchsatz der Leistungskette selbst sondern auch von der gleichzeitigen Belastung der Systemelemente durch andere Leistungsketten abhängig.

Aufgrund des Wechselwirkungsprinzips genügt es in der Regel nicht, nur die einzelnen Leistungsketten für sich zu betrachten. Zusätzlich muß auch das Zusammenwirken der verschiedenen Leistungsketten im System berücksichtigt werden (s. *Abschnitt 1.3*).

Eine weitere Konsequenz der Abhängigkeit (13.98) ist das *Komplexitätsprinzip*:

▶ Mit zunehmender Länge einer Leistungskette, also mit steigender Anzahl beteiligter Systemelemente, nehmen Prozeßzuverlässigkeit und Prozeßverfügbarkeit ab.

So ist beispielsweise die Prozeßverfügbarkeit einer Leistungskette mit 10 Elementen, deren Einzelverfügbarkeit jeweils 99,0 % beträgt, nur $(0{,}99)^{10} = 90{,}4$ %.

Außer Leistungsstellen, Abfertigungsstationen und Transportelementen trägt in der Regel auch die übergeordnete *Prozeßsteuerung* zur Erfüllung der Gesamtfunktion einer Leistungskette bei. Daher ist die *Funktionssicherheit der Prozeßsteuerung* $\eta_{PS}$ ein gesonderter Faktor des Wahrscheinlichkeitsprodukts (13.98).

Die *Prozeßzuverlässigkeit einer Transportkette* ist die *Missionswahrscheinlichkeit* [138]:

- Die *Missionswahrscheinlichkeit* ist die Wahrscheinlichkeit, daß eine rechtzeitig abgehende Sendung oder Transporteinheit den Bestimmungsort zur vereinbarten Zeit mit vollständigem Inhalt unbeschädigt erreicht.

Wenn bei einem Transportprozeß primär die Einhaltung der geforderten Laufzeit gesehen wird und die korrekte und schadensfreie Zustellung als selbstverständlich gilt, d.h. wenn die Sendungsqualität 100 % ist, wird die Prozeßzuverlässigkeit einer Transportkette als *Termintreue* bezeichnet.

In einem Fahrzeugsystem führt der Ausfall eines Fahrzeugs ebenso zu einer Störung des Transportprozesses wie der Ausfall der Transportelemente oder der Transportsteuerung. Bei einer Transportkette $TK_{AB}$ von A über die Transportelemente $TE_k$, k = 1, 2,..., n, nach B, die von einzelnen Fahrzeugen [Fz] durchlaufen wird, ist daher die *Betriebszuverlässigkeit des Fahrzeugs* $\eta_{Fz}$ für die Durchlaufzeit von A nach B ein weiterer Faktor in dem Produkt (13.98). Entsprechend ist in Fördersystemen zum Transport von Ladeeinheiten die *Betriebszuverlässigkeit der Ladeeinheiten* $\eta_{LE}$ ein zusätzlicher Faktor im Produkt (13.98).

Wegen des Komplexitätsprinzips ist es ratsam, die Leistungsketten möglichst kurz zu machen. Hierfür gibt es folgende *Gestaltungsmöglichkeiten*:

- ▶ *Auftrennen in Teilleistungsketten* durch Einbau einer *Entkopplungsstelle*, wie eine Lagerstation oder eine Produktionsstelle mit frei verfügbarem Bestand, die den Vorprozeß vom zeitkritischen Auftragsprozeß abkoppelt (s. *Abschnitte 8.6* und *8.10*).
- ▶ *Entkoppeln von Leistungsketten* durch einen *Zwischenpuffer*, dessen *Staukapazität* groß genug ist, um die zulaufenden Einheiten für die Dauer einer Störung in der nachfolgenden Kette aufzunehmen, und dessen *Inhalt* ausreicht, um den Folgeprozeß bei Störung des vorangehenden Teilprozesses weiter zu versorgen.
- ▶ *Nutzung oder Aufbau von Redundanzketten* gleicher Funktion, die parallel zu einem hochbelasteten oder besonders störanfälligen Abschnitt einer Leistungskette verlaufen.

Das Entkoppeln von Teilleistungsketten durch einen *Zwischenpuffer* ist ein übliches Verfahren in der Fertigungstechnik, das bei der Verkettung von Maschinen angewandt wird, um bei einem kurzzeitigen Ausfall einer vorangeschalteten oder nachfolgenden Maschine eine Produktionsunterbrechung zu vermeiden.

Wenn bei einer Produktionsleistung $\lambda$ [PE/h] der Maschine $M_2$ maximal eine Unterbrechungszeit $\tau_{1aus}$ [h] der vorangeschalteten Maschine $M_1$ überbrückt werden soll, muß der Inhalt des Zwischenpuffers $\lambda \cdot \tau_{1aus}$ betragen. Um den Produktionsausstoß $\lambda$ der Maschine $M_1$ für eine maximale Unterbrechungszeit $\tau_{2aus}$ [h] der Maschine $M_2$ aufnehmen zu können, muß der Puffer zwischen $M_1$ und $M_2$ die Kapazität $\lambda \cdot \tau_{2aus}$ haben. Bei stochastischer Schwankung des Zulaufs $\lambda$ oder der Abfertigung $\mu_2$ muß der Zwischenpuffer auch die mittlere Warteschlange aufnehmen können, die sich vor der zweiten Maschine bildet und durch Beziehung (13.64) gegeben ist. Hieraus folgt die *Auslegungsregel*:

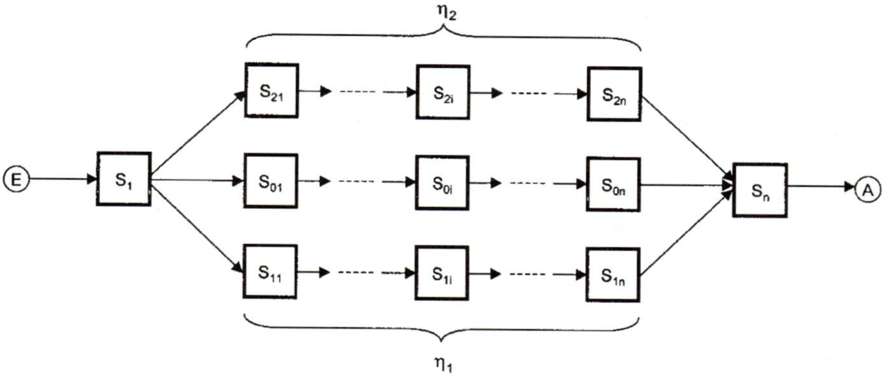


**Abb. 13.27** Prozeßkette mit zweifacher Redundanz

| | |
|---|---|
| $PK_0$ | Hauptkette |
| $PK_1$ und $PK_2$ | Ausweichketten |
| $S_{rk}$ | k-te Station der Parallelkette $PK_r$ |

▶ Ein *Zwischenpuffer* zur Entkopplung einer Station $S_1$ mit der maximalen Ausfallzeit $\tau_{1aus}$ von einer Station $S_2$ mit der maximalen Ausfallzeit $\tau_{2aus}$ muß bei einer Durchsatzleistung $\lambda$ und der Auslastung $\rho_2 = \lambda/\mu_2$ die *Staukapazität* haben

$$C_{ZP} = \mathrm{MAX}\left(\lambda \cdot \tau_{1aus}; \lambda \cdot \tau_{2aus}; (1-\rho_2+V\rho_2)\cdot \rho_2^2/(1-\rho_2)\right). \qquad (13.99)$$

Wie in *Abb. 13.27* für n = 2 dargestellt, hat eine Prozeßkette $PK_0$ mit *n-facher Redundanz* für einen bestimmten Teil der Gesamtkette n Ausweichmöglichkeiten auf parallele Prozeßketten $PK_r$, r = 1, 2,... n, mit gleicher Funktion und ausreichender Leistungsreserve. Wenn eine Parallelkette $PK_r$ einen Anteil $p_r < 1$ des Durchsatzes einer Prozeßkette aufnehmen kann, bietet diese Kette eine *Teilredundanz.* Wenn $p_r = 1$ ist und die Parallelkette im Störungsfall den gesamten Durchsatz der Hauptkette $PK_0$ übernehmen kann, bietet die Kette eine *Vollredundanz.*

Die Wahrscheinlichkeit, daß eine parallele Kette mit der Funktionssicherheit $\eta_r$ und der Aufnahmefähigkeit $p_r$ die Objekte des Stroms im Störungsfall übernehmen kann, ist gleich $p_r \cdot \eta_r$. Die Wahrscheinlichkeit, daß sie diese nicht übernehmen kann ist daher $(1-p_r \cdot \eta_r)$. Die Wahrscheinlichkeit, daß keine der parallelen Ketten die Objekte des Stroms im Störungsfall übernehmen kann, ist gleich dem Produkt aller Nichtübernahmewahrscheinlichkeiten $(1-p_r \cdot \eta_r)$. Daraus folgt:

▶ Die *Funktionssicherheit einer redundanten Prozeßkette* $PK_\alpha$ mit n *Parallelketten* $AK_r$, die die Funktionssicherheiten $\eta_r$ und die *Aufnahmefähigkeiten* $p_r$ haben, ist

$$\eta_\alpha = \left(1 - \prod_{r=0}^{n} (1 - p_r \cdot \eta_r)\right) \cdot \eta_{0\alpha}. \qquad (13.100)^{©}$$

Hierin ist $\eta_{0\alpha}$ die Funktionssicherheit des nicht redundanten Abschnitts $PK_0$ der Prozeßkette $PK_\alpha$. Diese läßt sich nach Beziehung (13.98) aus dem Produkt der Funktionssicherheiten der Stationen der nichtredundanten Restkette errechnen.

Wenn die Verfügbarkeit der nichtredundanten Restkette $\eta_{0ver}$ = 100 % ist, folgt beispielsweise aus (13.100) für die in *Abb. 13.27* gezeigte Prozeßkette, in der alle Parallelketten die Verfügbarkeit $\eta_r$ = 90 % haben, bei *Vollredundanz*, daß heißt für $p_0 = p_1 = p_2 = 1$, die Prozeßverfügbarkeit $\eta_{ver} = (1-(1-0{,}90)^3) = 0{,}999$ = 99,9 %.

Bei einer Hauptkette mit $p_0 = 1$ und einer *Teilredundanz* der Parallelketten mit $p_1 = p_2 = 0{,}5$ ist die Prozeßverfügbarkeit $\eta_{ver} = (1-(1-0{,}90)(1-0{,}5 \cdot 0{,}90)^2) = 0{,}970$ = 97,0 %. Die Prozeßverfügbarkeit bei Teilredundanz ist damit geringer als bei Vollredundanz, aber immer noch deutlich besser als die Prozeßverfügbarkeit ohne Redundanz, die nur 90,0 % beträgt.

### 4. Funktionssicherheit von Systemen

Jeder Funktion $F_\alpha$ eines Teil- oder Gesamtsystems entspricht eine Prozeßkette $PK_\alpha$, die $n_\alpha$ der $N_S$ Stationen des Systems mit der Strombelastung $\lambda_\alpha$ durchläuft. Wenn die *Gesamtstrombelastung* des Systems

$$\lambda = \sum_\alpha \lambda_\alpha \qquad (13.101)$$

ist, wird die Funktion $F_\alpha$ mit der *Nutzungswahrscheinlichkeit* $p_\alpha = \lambda_\alpha/\lambda$ beansprucht. Die Funktionssicherheit des Gesamtsystems ist gleich dem mit den *Nutzungswahrscheinlichkeiten* $p_\alpha$ gewichteten Mittelwert der Funktionssicherheiten $\eta_\alpha$ der Prozeßketten, die sich mit Hilfe der Beziehungen (13.98) und (13.100) aus den Funktionssicherheiten der Systemelemente berechnen lassen.

Hieraus folgt:

- Die *Systemzuverlässigkeit* eines Systems mit den Prozeßketten $PK_\alpha$, den partiellen Strombelastungen $\lambda_\alpha$ und den Prozeßzuverlässigkeiten $\eta_{\alpha zuv}$ ist

$$\eta_{Syszuv} = \sum_\alpha (\lambda_\alpha / \lambda) \cdot \eta_{\alpha zuv}. \qquad (13.102)^©$$

- Die *Systemverfügbarkeit* eines Systems mit den Prozeßketten $PK_\alpha$, den partiellen Strombelastungen $\lambda_\alpha$ und den Prozeßverfügbarkeiten $\eta_{\alpha ver}$ ist

$$\eta_{Sys\,ver} = \sum_\alpha (\lambda_\alpha / \lambda) \cdot \eta_{\alpha ver}. \qquad (13.103)^©$$

Zur Demonstration der Berechnung einer Gesamtverfügbarkeit aus den Verfügbarkeiten der Systemelemente mit Hilfe der Beziehung (13.103) zeigt *Abb. 13.28* eine *Verfügbarkeitsanalyse* für zwei verschiedene Ausführungsformen des Zu- und Abfördersystems eines Hochregallagers. Die Verfügbarkeitsanalyse ergibt, daß bei gleicher Belastung die Systemverfügbarkeit eines getrennten Zu- und Abfördersystems mit 92,5 % um 1,1 % besser ist als die Systemverfügbarkeit von 91,4 % eines kombinierten Zu- und Abfördersystems [137].

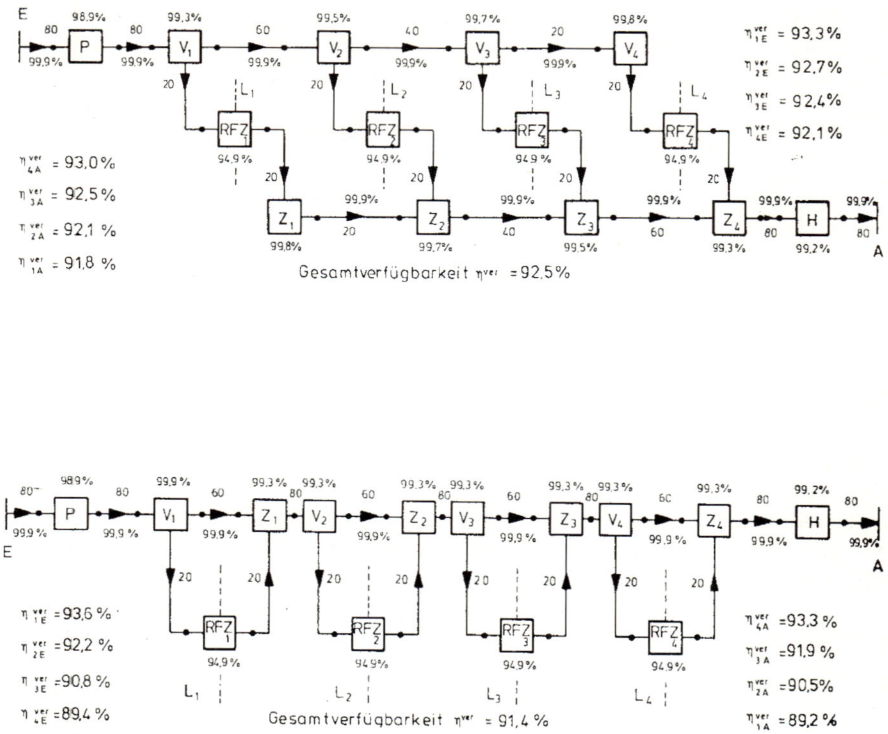


**Abb. 13.28** Verfügbarkeitsanalyse des Zu- und Abfördersystem eines automatischen Hochregallagers

| | | |
|---|---|---|
| Oben | getrenntes Zu- und Abfördersystem | |
| Unten | kombiniertes Zu- und Abfördersystem | |
| Systemelemente | Profilkontrolle | |
| | $V_i$ | Verzweigungselemente |
| | $Z_i$ | Zusammenführungselemente |
| | $RFZ_i$ | Regalförderzeuge |
| | $L_i$ | Lagergassen |
| | H | Hubstation |

Aus der Beziehung (13.102) ergibt sich nach Einsetzen von Beziehung (13.98) für die Prozeßzuverlässigkeiten mit den durch Beziehung (13.85) gegebenen Zuverlässigkeiten $\eta_{\alpha\,zuv}$ der betroffenen Systemelemente nach einigen Umrechnungen der einfache Satz [137]©:

► Werden von einem Leistungs-, Logistik- oder Transportsystem während einer längeren Betriebszeit die angeforderten Funktionen $n_{richtig}$ mal richtig und $n_{falsch}$ mal falsch oder gestört ausgeführt, dann ist die *Systemzuverlässigkeit*

$$\eta_{Syszuv} = n_{richtig} / (n_{richtig} + n_{falsch}). \tag{13.104}$$

Analog folgt aus Beziehung (13.103) nach Einsetzen von Beziehung (13.98) für die Prozeßverfügbarkeiten mit den durch Beziehung (13.90) gegebenen Verfügbarkeiten $\eta_{kver}$ der betroffenen Systemelemente [125; 137]©:

▶ Haben die N Systemelemente $SE_k$ eines Leistungs-, Logistik- oder Transportsystems, die jeweils von einem Anteil $\lambda_k$ des Gesamtdurchsatzes $\lambda$ belastet sind, während einer Gesamtbetriebszeit T die Gesamtausfallzeiten $T_{k\,aus}$, dann ist die *Systemverfügbarkeit*

$$\eta_{Sys\,ver} = \left( T - \sum_{k=1}^{N} (\lambda_k / \lambda) \cdot T_{k\,aus} \right) / T \qquad (13.105)$$

Die Gewichte $g_k = \lambda_k/\lambda$ sind die *Strombelastungsfaktoren* der Systemelemente $SE_k$.

Mit den Beziehungen (13.104) und (13.105) lassen sich die Systemzuverlässigkeit und die Systemverfügbarkeit eines Gesamtsystems direkt aus den gemessenen Störungen und Ausfallzeiten errechnen. Die damit gewonnenen pauschalen Kennzahlen für die Funktionssicherheit des Systems besagen jedoch nichts darüber, welche der Prozeßketten und Systemelemente wie gut oder schlecht arbeiten. Die Systemzuverlässigkeit und die Systemverfügbarkeit sind daher nur bedingt brauchbare Kennzahlen für die Funktionssicherheit eines Systems und zur vertraglichen Regelung einer Systemabnahme allein nicht ausreichend. Zusätzlich müssen zwischen Auftraggeber und Auftragnehmer *Mindestwerte* für die Zuverlässigkeit und Verfügbarkeit aller funktionskritischen Systemelemente und Leistungsketten vertraglich festgelegt werden.

## 13.7 Funktions- und Leistungsanalyse

Um bei der Inbetriebnahme böse Überraschungen und kostspielige Änderungen zu vermeiden, ist vor der Realisierung eines Logistik-, Produktions- oder Transportsystems eine sorgfältige Funktions- und Leistungsanalyse durchzuführen.

Wenn ein bestehendes System seine Leistungsgrenzen erreicht hat oder stärker genutzt werden soll, hilft eine solche Analyse, *Engpässe* zu erkennen, *Schwachstellen* auszuweisen und Maßnahmen zur *Steigerung der Leistungsfähigkeit* zu planen.

Die *Arbeitsschritte* einer *Funktions- und Leistungsanalyse* sind:

1. Erstellen des *Strukturdiagramms* des Logistik-, Produktions- oder Transportsystems mit allen Elementarstationen und Transportelementen und den zwischen diesen bestehenden Verbindungen.
2. Aufstellen des *Strombelastungsdiagramms* durch Eintragen aller in die Stationen einlaufenden und auslaufenden Leistungs- und Durchsatzströme in das Strukturdiagramm.
3. Aufstellen des *Leistungsdiagramms* durch Eintragen der partiellen Grenzleistungen für alle Elementarstationen, Verbindungen und Transportelemente in das Strukturdiagramm.

4. Erfassung und Überprüfung der *Abfertigungsstrategien* an den Stationen und Transportknoten sowie der *Systemstrategien* für Teilsysteme und Gesamtsystem.
5. Berechnung der *Auslastungen* von Stationen, Verbindungen und Transportknoten aus den Strombelastungen und den Grenzleistungen unter Anwendung der Grenzleistungsgesetze und Eintragung der Auslastungswerte in ein *Auslastungsdiagramm.*
6. Berechnung oder Abschätzung der *Staueffekte* vor den Stationen und Transportknoten mit Hilfe der Staugesetze und Eintragung der errechneten Warteschlangen und Blockierungswahrscheinlichkeiten in das resultierende *Staudiagramm.*
7. *Überprüfung der Funktions- und Leistungsfähigkeit* des Systems anhand des Auslastungsdiagramms und des Staudiagramms.
8. Erstellen eines *Verfügbarkeitsdiagramms* durch Eintragung der Verfügbarkeit der einzelnen Stationen, Verbindungen und Transportelemente.
9. *Verfügbarkeitsanalyse* durch Berechnung der *Prozeßverfügbarkeit* für die Auftrags- und Logistikketten und der *Systemverfügbarkeit* für das Gesamtsystem sowie Ermittlung der *funktionskritischen Elemente.*

Ein Logistik-, Produktions- oder Transportsystem kann die geforderten Durchsatzleistungen nur erbringen, wenn folgende *Funktionskriterien* erfüllt sind:

- ▶ Keine Station und kein Transportelement darf bei Normalbetrieb eine Auslastung über 85 % und in der Spitzenzeit von über 95 % haben.
- ▶ Die mittleren Warteschlangen vor den Stationen und Transportelementen müssen auch in der Spitzenzeit kleiner sein als die Staukapazität der zuführenden Verbindungen.

Wenn vor einzelnen Stationen die mittlere Warteschlange größer als die Staukapazität ist, muß die Blockierwahrscheinlichkeit für die vorangehende Station berechnet werden, um zu prüfen, ob deren Auslastung die Blockierung verkraftet.

Die Überprüfung der Funktions- und Leistungsfähigkeit nach diesen Kriterien zeigt rasch und lückenlos alle Engpaßstellen des Systems:

- ▶ *Engpaßstellen* sind Stationen, Verbindungen und Transportelemente, die zu Spitzenzeiten zu mehr als 95 % ausgelastet sind oder deren Warteschlangen die Leistung voranliegender Stationen unzulässig beeinträchtigen.

Engpaßstellen sind die leistungsschwächsten Glieder der Produktions-, Leistungs- und Transportketten. Sie begrenzen das Leistungs- und Durchsatzvermögen des gesamten Systems. Die Analyse hochbelasteter Systeme ergibt, daß ihre Leistungsfähigkeit in der Regel nur durch ein oder wenige Engpaßelemente begrenzt wird [144; 311]. Bei diesen Engpaßelementen müssen die ersten Maßnahmen zur Steigerung der Leistungsfähigkeit des Gesamtsystems ansetzen.

Zur Engpaßbeseitigung bestehen folgende *Handlungsmöglichkeiten*:

- ▶ *Aufbohren des Engpasses*: Steigerung der Grenzleistungswerte durch erhöhte Abfertigungskapazität, Senkung der Rüst- und Stillstandszeiten, verkürzte Ein- und Auslaufzeiten oder reduzierte Abfertigungszeiten.

- *Umgehung des Engpasses*: Ausweichen auf redundante Leistungs- und Transportketten, die die gleiche Funktion bieten und nicht so hoch ausgelastet sind.
- *Doppelung der Engpaßstation*: Einbau einer Parallelstation oder einer *Ausweichkette* (*bypass*) mit gleichen Funktionen.
- *Veränderung der Abfertigungsstrategie*: Gleichberechtigte Abfertigung anstelle von Vorfahrt oder Austausch von Haupt- und Nebenstrom.

In *Abb. 13.29* ist das Strukturdiagramm einer *Behälterförderanlage* in einem realisierten Kommissioniersystem mit statischer Bereitstellung dargestellt, das für eine Funktions- und Leistungsanalyse erstellt wurde. Die gepickte Ware wird in die vom Fördersystem zugeführten Auftragsbehälter abgelegt, die nach Ablage der letzten Auftragsposition in die Packerei befördert werden. Engpaßelemente dieses Systems sind die Zusammenführungselemente Z auf dem Sammelkreisel, der entlang den Regalstirnseiten verläuft, sowie die Pickstationen S in den Regalgassen, die zu Rückstau in eine voranliegende Pickstation führen können.

*Funktionskritische Elemente* eines Logistiksystems sind alle Stationen, deren Ausfall zum Erliegen von mehr als 20 % der regulär geforderten Funktionen oder zu einer Leistungseinbuße von über 20 % führt. Die funktionskritischen Elemente ergeben sich aus dem Leistungs- und Verfügbarkeitsdiagramm des Systems durch schrittweises Nullsetzen der Verfügbarkeit der einzelnen Systemelemente und Berechnung der daraus resultierenden Funktions- und Leistungseinbußen.

*Ausfallstellen* sind Stationen und Transportelemente mit einer Verfügbarkeit unter 90 %. Sie blockieren vorangehende Stationen durch häufige oder länger dauernde Unterbrechungen, führen zur Unterauslastung nachfolgender Leistungsstellen und verursachen Lieferzeitverzögerungen und Terminüberschreitungen.

Die *Abb. 13.28* zeigt das Ergebnis einer *Leistungs- und Verfügbarkeitsanalyse* für zwei verschiedene *Zu- und Abfördersysteme* eines *automatischen Hochregallagers* [124; 125]. Für das System mit getrenntem Zu- und Abfördersystem sind die *Engpaßelemente* das erste Verzweigungselement des Zufördersystems und das letzte Zusammenführungselement des Abfördersystems. Engpaßelemente des kombinierten Zu- und Abfördersystems sind alle Verzweigungs- und alle Zusammenführungselemente. *Funktionskritische Elemente* sind in beiden Fällen die Regalbediengeräte, deren Verfügbarkeit bei voller Belastung hier wie in vielen anderen Fällen 95 % beträgt, bei guter Gerätekonstruktion und regelmäßiger Wartung aber über 98 % liegen sollte.

Wenn die *Durchlaufzeiten* zwischen den Eingangsstationen $ES_i$ und den Ausgangsstationen $AS_j$ eines Systems bestimmte Werte nicht überschreiten dürfen, sind zusätzlich zum Auslastungs- und Staudiagramm *Durchlaufzeitdiagramme* des Systems zu erarbeiten. Hierzu sind alle Leistungs-, Transport- und Auftragsketten gesondert darzustellen (s. *Kapitel 19*).

Für jede dieser Prozeßketten sind die Transportzeiten der Verbindungen, die Wartezeiten vor den Stationen und die Abfertigungs- oder Durchlaufzeiten der Elementarstationen und Transportelemente zu errechnen und aufzusummieren zur Gesamtdurchlaufzeit. Die errechneten *Gesamtdurchlaufzeiten* $T_{ij}$ der ver-

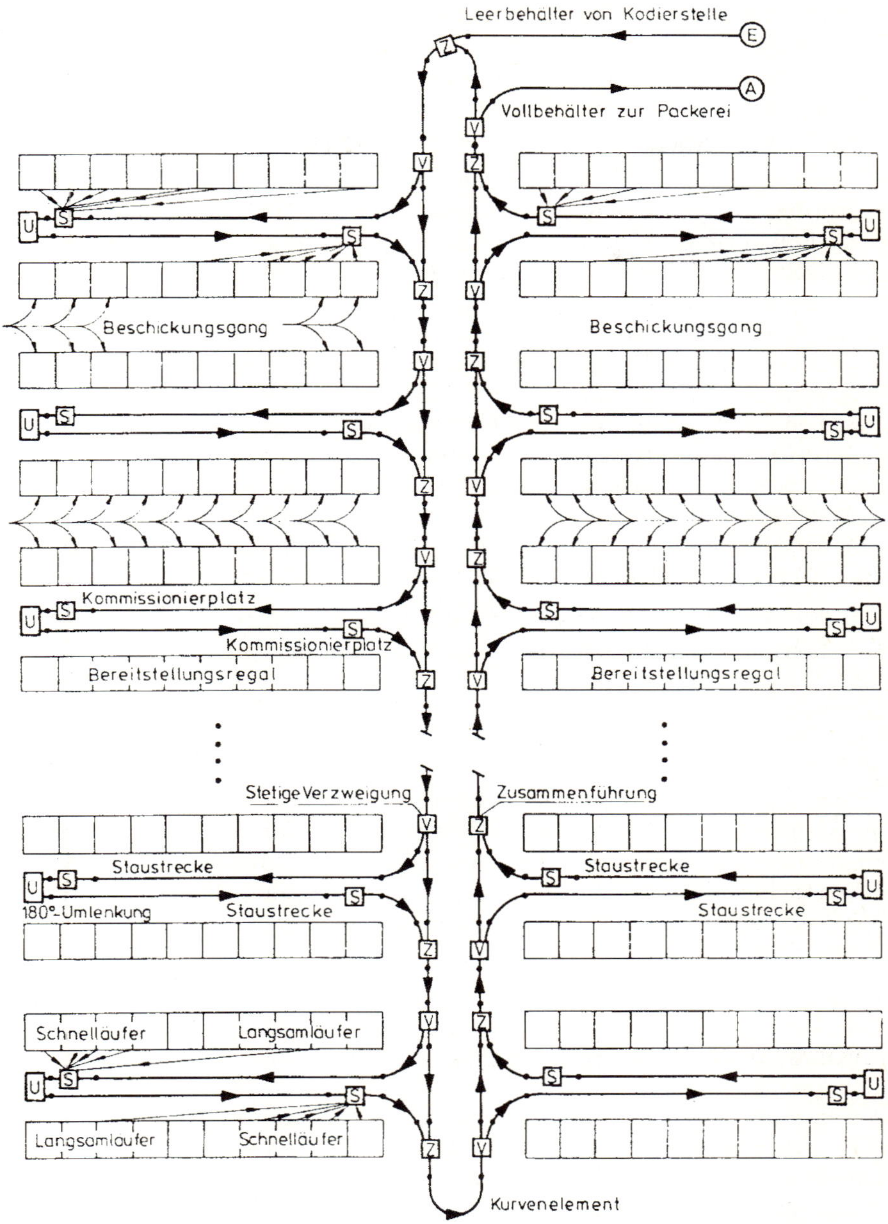


**Abb. 13.29** Strukturdiagramm einer Behälterförderanlage in einem Kommissioniersystem

| | | |
|---|---|---|
| Systemelemente | $V_i$ | Verzweigungselemente |
| | $Z_i$ | Zusammenführungselemente |
| | U | Umlenkscheibe |
| | S | Pickstation |

schiedenen Prozeßketten von den Eingängen zu den Ausgängen sind dann mit den Vorgabewerten zu vergleichen (s. *Abschnitt 8.6*).

Aus der vorangehenden Analyse von Grenzleistungen, Staueffekten und Verfügbarkeit ergibt sich, daß für die Planung und Auslegung von Logistiksystemen und Leistungsketten ein Vorgehen in folgenden *Auslegungsschritten* zweckmäßig ist:

1. Im *ersten Schritt* werden die Leistungs- und Durchsatzanforderungen als stationär, die Prozesse als getaktet, die Durchlaufzeiten als konstant und alle Stationen als funktionssicher betrachtet. Die Grenzleistungen der Leistungsstellen, Prozeßketten und Systeme werden so ausgelegt, daß sie mit einer *Schwankungsreserve* von 10 % für die Mittelwerte der Belastung zur Spitzenstunde ausreichen.
2. Im *zweiten Schritt* wird für das geplante System unter Berücksichtigung der technischen Zuverlässigkeit der Elemente eine *Funktions- und Leistungsanalyse* bei *stationärer Belastung* durchgeführt, um die Engpaßstellen, Schwachstellen und funktionskritischen Elemente zu erkennen.
3. Im *dritten Schritt* werden die Grenzleistungen der Engpaßelemente dem Bedarf bei *stochastischer Belastung* angepaßt. Die resultierenden Staueffekte werden durch ausreichend dimensionierte Lager oder Pufferstrecken entschärft. Die Prozesse werden durch Verbesserung der Verfügbarkeit der funktionskritischen Elemente oder durch Redundanzketten funktionssicher gemacht.

Soll das System mit unterschiedlichen Belastungen betrieben werden, ist die Funktions- und Leistungsanalyse für verschiedene *Belastungsszenarien* durchzuführen. Wenn sich die Belastungsszenarien in weniger als einer Stunde ändern und die stochastischen Schwankungen der Leistungs- und Durchsatzanforderungen hoch sind, sollte nach der analytischen Auslegung und Optimierung eine *digitale Simulation* des Systems durchgeführt werden.

Eine digitale Simulation eines Systems, das nach analytischen Verfahren dimensioniert und optimiert wurde, macht die Wechselwirkungen und Folgen der kurzzeitigen dynamischen und stochastischen Veränderungen deutlich. Soweit die dabei erkennbaren Staueffekte funktionskritisch sind, müssen sie durch erhöhte Grenzleistungen, weitere Staustrecken und veränderte Betriebsstrategien behoben werden [59; 60; 61].

## 13.8 Abnahme von Anlagen und Systemen

Analog zum Vorgehen der Funktions- und Leistungsanalyse wird auch die *Abnahme* einer gelieferten Anlage, eines förder- und lagertechnischen Gesamtsystems oder eines anderen Logistiksystems durchgeführt [125].

Nachdem der *Auftragnehmer* die Fertigstellung gemeldet und der *Auftraggeber* die erforderlichen Betriebsmittel, Stapler, Paletten und Mitarbeiter bereitgestellt hat, wird ein *Funktions- und Leistungstest* durchgeführt:

- Im *Funktionstest* werden die zugesicherten Eigenschaften und Funktionen der einzelnen Systemelemente, der Anlagenteile und des Gesamtsystems geprüft und getestet.

- Im anschließenden *Leistungstest* wird das System mit den vertraglich vereinbarten Durchsatzleistungen belastet.

Nachdem der Funktions- und Leistungstest mit einer *Mindestverfügbarkeit* von 80 % erfolgreich abgeschlossen ist, wird die Anlage dem Auftraggeber zur Nutzung übergeben. Andernfalls hat der Lieferant die Pflicht zur Nachbesserung binnen angemessener Zeit, in der Regel innerhalb von wenigen Wochen. Nach Behebung der festgestellten Mängel wird der Funktions- und Leistungstest wiederholt.

Nach erfolgreichem Funktions- und Leistungstest beginnt die *Probezeit*, die maximal gleich der *Gewährleistungszeit* ist. In der Probezeit werden laufend alle auftretenden Störungen, Störungsursachen und Unterbrechungszeiten vom Betreiber erfaßt und daraus nach den in *Abschnitt 13.6* angegebenen Beziehungen die Verfügbarkeit aller kritischen Einzelelemente, der wichtigsten partiellen Funktionen und der Gesamtanlage errechnet.

Wenn die vertraglich vereinbarten Verfügbarkeitswerte nachhaltig erreicht sind, wird ein Verfügbarkeitstest durchgeführt [137]:

▶ Für den *Verfügbarkeitstest* wird die Anlage für eine statistisch ausreichend lange Zeit, die in der Regel 1 bis 10 Tage beträgt, mit mindestens 70 % der Soll-Leistung belastet (s. *Abschnitt 9.6.3*).

Während des Verfügbarkeitstests werden von Vertretern des Auftraggebers und des Auftragnehmers gemeinsam alle Störungen, Ursachen und Unterbrechungszeiten erfaßt und ausgewertet. Werden am Ende der Testzeit mit den vom Auftragnehmer zu vertretenden Störungen und Unterbrechungszeiten die vertraglich zugesicherten Verfügbarkeitswerte erreicht oder überschritten, ist die Anlage endgültig abgenommen.

Andernfalls ist die Lieferfirma zur *Nachbesserung* verpflichtet. Wenn diese nicht in angemessener Zeit – maximal in 6 Monaten – gelingt, hat der Auftraggeber das Recht zur *Minderung* oder zur *Wandlung*, wenn eine Mängelbeseitigung nicht möglich ist.

Die vertraglich vereinbarten Kapazitäten, Leistungen und Termine lassen sich am wirksamsten durch *Vertragsstrafen* oder *Pönalen* absichern, wie *Terminpönalen*, *Leistungspönalen* und *Verfügbarkeitspönalen*. Jede Pönale erhöht jedoch das Kostenrisiko des Anbieters und wird durch einen *Risikozuschlag* bei der Preiskalkulation berücksichtigt (s. *Abschnitt 7.2.2*). Mit der Höhe der Pönale, die dem Auftragnehmer bei Nichteinhaltung der vertraglichen Leistungen und Vereinbarungen droht, steigt daher auch der Anlagenpreis für den Auftraggeber.

Eine pragmatische Lösung des Zielkonflikts zwischen Absicherung der Vertragseinhaltung und Begrenzung der hieraus resultierenden Mehrkosten ist eine *Pönalebegrenzung*:

▶ Die Summe aller Pönalen und Vertragsstrafen ist auf 10 % des Gesamtpreises beschränkt. Zusätzlich wird jede Einzelpönale auf einen geringeren Wert begrenzt.

Üblich für die Einzelpönalen sind 5 % des Preises für das betroffene Gewerk oder Teilsystem.

Bis zum Ablauf aller Fristen zur Einhaltung von Leistungs- und Verfügbarkeitswerten darf eine Anlage oder ein System nur mit dem Vorbehalt der Erfüllung noch ausstehender Vertragswerte abgenommen werden, auch wenn der *Gefahrenübergang* auf den Auftraggeber mit dem Nutzungsbeginn eintritt.

**1. Terminpönale**

Zur Absicherung der Einhaltung eines *Fertigstellungstermins* und von wichtigen *Eckterminen* ist folgende *Terminpönaleregelung* geeignet:

- Wird der vereinbarte Termin für die Fertigstellung aus Gründen, die der Auftragnehmer zu vertreten hat, nicht eingehalten, kann der Auftraggeber den Preis des betroffenen Teilsystems oder des Gesamtsystems um 0,5 % je angefangene Verzugswoche mindern.

Wenn es auf eine tagesgenaue Termineinhaltung ankommt, ist statt der *Wochenpönale* von 0,5 % eine *Tagespönale* von 0,1 % des Preises pro Verzugstag sinnvoll.

Hat der Auftraggeber Interesse an einer vorfristigen Fertigstellung, kann zusätzlich zur Terminpönale eine analog formulierte *Terminbonusregelung* vereinbart werden.

**2. Leistungspönale**

Zur Absicherung der Einhaltung der vereinbarten Leistungs- und Kapazitätswerte einer Anlage oder eines Systems ist folgende *Leistungspönaleregelung* geeignet:

- Werden die garantierten Werte für Leistung und Kapazität eines Teil- oder Gesamtsystems aus Gründen, die der Auftragnehmer zu vertreten hat, nicht erreicht, hat der Auftraggeber Anspruch auf eine Minderung des Preises des betreffenden Teil- oder Gesamtsystems um 0,5 % je Prozentpunkt der Abweichung vom Vertragswert.

Wenn der Auftraggeber daran Interesse und einen Nutzen hat, ist auch eine *Leistungsbonusregelung* für das Übertreffen bestimmter Leistungs- oder Kapazitätswerte möglich.

**3. Zuverlässigkeits- und Verfügbarkeitspönale**

Ein System oder eine Anlage ist für den Betreiber im praktischen Betrieb nur dann wirtschaftlich nutzbar, wenn die vereinbarten Funktionen und Leistungswerte mit ausreichender Verfügbarkeit erfüllt werden. Daher ist zusätzlich zur Termin- und Leistungspönale folgende *Pönaleregelung für die Zuverlässigkeit und Verfügbarkeit* sinnvoll:

- Werden die vereinbarten Werte der maximal zulässigen *Störquote* und der *Mindestverfügbarkeit* aus Gründen, die der Auftragnehmer zu vertreten hat, nicht innerhalb einer angemessenen Frist erreicht, kann der Auftraggeber den Preis des betreffenden Teil- oder Gesamtsystems je Prozentpunkt der Abweichung vom Garantiewert um 0,5 % mindern.

Beträgt beispielsweise die garantierte Mindestverfügbarkeit einer Anlage, deren Lieferwert 5,5 Mio.€ ist, 98,0 % und wird auch nach mehrfacher Nachbesserung nur eine Verfügbarkeit von 95,0 % erreicht, so reduziert sich der Preis um $3 \cdot 0{,}5\% \cdot 5.500.000$ € = 82.500 €.

Die Verfügbarkeit einer Anlage oder eines Systems erreicht meist nicht sofort nach Fertigstellung den angestrebten Wert, da viele Fehler und Störungen erst nach längerem Betrieb auftreten und behoben werden können. Daher muß die Frist für die Verfügbarkeitspönale abhängig von der Intensität der Anlagennutzung ab Betriebsbeginn ausreichend lang bemessen sein. Für Logistiksysteme wird die *Verfügbarkeitsfrist* in der Regel auf 6 Monate festgelegt.

Bei der Verfügbarkeitsmessung zur Überprüfung der Einhaltung von garantierten Zuverlässigkeits- oder Verfügbarkeitswerten sind unbedingt die in *Abschnitt 9.6* behandelten Regeln der Qualitätsmessung zu beachten. Andernfalls kommt es wegen zu großer Meßfehler nach dem Test zu unnötigen Streitigkeiten. Vor Beginn des Tests ist nach Beziehung (9.35) für die zugesicherte Zuverlässigkeit und Verfügbarkeit die Anzahl der Gesamtereignisse zu berechnen, die erforderlich ist, um eine Meßgenauigkeit von mindestens ± 1 % zu erreichen. Mit der für den Test geplanten Anlagenbelastung ergibt sich hieraus die statistisch benötigte *Testdauer*.

Nach Durchführung des Tests sind außer den Mittelwerten auch die statistischen Meßfehler zu errechnen. Diese müssen kleiner als ± 1 % sein, damit fair entschieden werden kann, ob ein Garantiewert erfüllt ist oder nicht.

### 4. Nachweis der Vollastverfügbarkeit

Die Erfassung der Störungen und Ausfallzeiten sowie die Berechnung der Zuverlässigkeit und Verfügbarkeit sind in den Richtlinien VDI 3580, VDI 3581 und FEM 9.222 geregelt [125]. Keine dieser Richtlinien legt jedoch fest, für welche Belastungswerte die garantierten Verfügbarkeitswerte gelten und wie sich eine vertraglich garantierte Verfügbarkeit in der Praxis nachweisen läßt.

Die Verfügbarkeit von diskontinuierlich belasteten Elementen und Systemen hängt aber gemäß Beziehung (13.92) von der Strombelastung ab (s. *Abb. 13.24*). Wenn die Bemessungsleistung für eine garantierte Verfügbarkeit nicht eindeutig geregelt ist, können sich bei der Abnahme Differenzen ergeben. Da der Betreiber eine maximale Nutzbarkeit bei der garantierten Systemleistung benötigt, sind die einschlägigen Richtlinien zur Abnahme der Verfügbarkeit von Transport- und Lageranlagen um folgenden Passus zu ergänzen:

► Die garantierten Verfügbarkeitswerte sind *Vollastverfügbarkeiten* bei Nutzung der Anlage mit den garantierten Leistungs- und Durchsatzwerten.

Die Garantie einer Mindestverfügbarkeit für ein Systemelement oder eine Gesamtanlage gilt also für eine bestimmte Soll-Leistung.

Eine längere Belastung der Anlage genau mit der vereinbarten Soll-Leistung zur Messung der Vollastverfügbarkeit im Rahmen eines Abnahmetests ist mit einem erheblichen Aufwand an Zeit und Kosten verbunden. Ein Verfügbarkeitstest, der statistisch ausreichend abgesicherte Meßwerte liefern soll, dauert mehrere

Tage und erfordert eine sorgfältige Vorbereitung. Während der gesamten Testzeit ist eine größere Anzahl von gewerblichen Mitarbeitern für die Aufgabe und Abnahme des Transport- und Lagerguts erforderlich, beispielsweise zur Aufgabe der einzulagernden und zur Abnahme der ausgelagerten Paletten beim Test eines automatischen Hochregallagers. Weiteres Fachpersonal wird benötigt für das Erfassen der Anzahl, Ursachen und Dauer auftretender Störungen und zum Beheben der Fehler.

Hinzu kommt, daß ein Verfügbarkeitstest zur Endabnahme einer Gesamtanlage erst sinnvoll ist, nachdem die Anlage eine ausreichend lange Zeit unter Betriebsbedingungen genutzt wurde und die typischen Anfangsstörungen bereits behoben wurden. Wenn eine Anlage jedoch erst einmal vom Auftraggeber produktiv genutzt wird, ist eine mehrtägige Unterbrechung des Betriebs zur Durchführung eines längeren Verfügbarkeitstests in der Regel nicht mehr möglich.

Ein Verfügbarkeitstest bei Soll-Belastung ist jedoch nicht erforderlich, um ein Erreichen der garantierten Vollastverfügbarkeit nachzuweisen. Die Vollastverfügbarkeit läßt sich nämlich aus der Ist-Verfügbarkeit hochrechnen, da aus Beziehung (13.92) folgt:

▶ Ein Systemelement, für das bei einer Ist-Belastung $\lambda_{Ist}$ eine *Ist-Verfügbarkeit* $\eta_{ver}(\lambda_{Ist})$ gemessen wurde, hat bei der Soll-Belastung $\lambda_{Soll}$ die *Vollastverfügbarkeit*©:

$$\eta_{ver}(\lambda_{Soll}) = 1 - (\lambda_{Soll} / \lambda_{Ist}) \cdot (1 - \eta_{ver}(\lambda_{Ist})) \,. \qquad (13.106)^{©}$$

Die *Nichtverfügbarkeit* $\eta_{nver}(\lambda_{Soll}) = 1-\eta_{ver}(\lambda_{Soll})$ für die Soll-Belastung $\lambda_{Soll}$ resultiert aus der gemessenen *Nichtverfügbarkeit* $\eta_{nver}(\lambda_{Ist}) = 1-\eta_{ver}(\lambda_{Ist})$ bei Ist-Belastung $\lambda_{Ist}$ durch Multiplikation mit dem Belastungsverhältnis $\lambda_{Soll}/\lambda_{Ist}$, da die Wahrscheinlichkeit ausfallbedingter Unterbrechungen proportional mit der Belastung ansteigt.

Wenn beispielsweise für ein Regalbediengerät bei einer Ist-Belastung von 15 Ein- und Auslagerungen pro Stunde die Verfügbarkeit $\eta_{ver}(15) = 98{,}6\ \%$ gemessen wurde, errechnet sich nach Beziehung (13.106) für eine Garantieleistung von 30 Ein- und Auslagerungen die Verfügbarkeit $\eta_{ver}(30) = 1 - (30/15) \cdot (1 - 0{,}986) = 0{,}972 = 97{,}2\ \%$. Falls eine Mindestverfügbarkeit bei Garantiebelastung von 98,0 % vertraglich vereinbart wurde, ist diese trotz des recht gut erscheinenden Meßwerts von 98,6 % in diesem Fall nicht erreicht.

Da sich die *Ist-Belastungsstruktur*, die durch die *Strombelastungsfaktoren* $g_k = \lambda_k/\lambda_{ges}$ der einzelnen Systemelemente $SE_k$ gegeben ist, bei der betrieblichen Ist-Belastung in der Regel von der *Soll-Belastungsstruktur* unterscheidet, ist eine direkte Berechnung der Systemverfügbarkeit für die Soll-Belastung mit Hilfe von Beziehung (13.106) nicht zulässig. Die Systemverfügbarkeit für die vereinbarte Soll-Belastung läßt sich jedoch mit Hilfe der Beziehungen (13.103) und (13.98) aus den Soll-Verfügbarkeiten der einzelnen Systemelemente errechnen, die mit Beziehung (13.106) aus den gemessenen Ist-Verfügbarkeiten ermittelt wurden.

Auf diese Weise ist es möglich, anstelle eines längeren Verfügbarkeitstests, der sich in der Betriebspraxis kaum durchführen läßt und daher in vielen Fällen unterlassen wird, aus den laufenden Störprotokollen bis zum Ende der Verfügbarkeitsfrist die Verfügbarkeitswerte bei Soll-Leistung zu bestimmen. Damit sind die garantierten Verfügbarkeitswerte für funktionskritische Systemelemente und für das Gesamtsystem mit relativ geringem Aufwand ohne Betriebsunterbrechungen über einen statistisch ausreichend langen Zeitraum nachweisbar.

## 13.9 Leistungsoptimierung von Produktionsstellen

Für eine kostenoptimale *Produktionsplanung* und termintreue *Fertigungsdisposition* muß das Leistungsvermögen aller Produktionsstellen bekannt sein, die an der Ausführung der Fertigwarenaufträge beteiligt sind. Eine einzelne Produktionsstelle PS($n$,$m$), die aus $n$ *Einsatzmaterialien* $EM_q$, $q$ = 1,2... $n$, mit den Verbrauchseinheiten $VE_q$ bis zu $m$ unterschiedliche *Ausgangserzeugnisse* $AE_r$, $r$ = 1,2...$m$, mit den Erzeugniseinheiten $VE_r$ produzieren kann, ist eine Elementarstation vom Typ ($n$,$m$) der Ordnung $n+m$. Daher gelten die zuvor entwickelten Grenzleistungsgesetze, Staugesetze und übrigen Verfahren zur Analyse und Berechnung der Funktions- und Leistungsfähigkeit auch für Produktionsstellen.

Aus einer Analyse der Einflüsse von Produktwechsel und Leistungszeiten auf die Auslastbarkeit und die Durchlaufzeiten werden nachfolgend *Optimierungsregeln* und aus diesen eine *Standardfertigungsstrategie* für Produktionsstellen hergeleitet. In Verbindung mit weiteren Regeln und Systemstrategien ist die Standardstrategie auch für die Produktionsplanung und Fertigungsdisposition von Fertigungsketten und Versorgungsnetzen einsetzbar [266].

### 1. Leistungskennzahlen einer Produktionsstelle

Maßgebend für den *Materialeinsatz* und für die *Materialbedarfsplanung* (MRP: *Material Requirement Planning*) eines Produktionssystems sind die Stücklisten der Erzeugnisse:

- Eine *Stückliste* $m_{qr}$ [$VE_q$ pro $VE_r$] gibt an, wie viele Verbrauchseinheiten $VE_q$ des Einsatzmaterials $EM_q$ zur Herstellung einer Einheit $VE_r$ des Ausgangserzeugnisses $AE_r$ benötigt werden.

Wenn die Stückliste bekannt ist, lassen sich aus den partiellen Auslaufströmen $\lambda_r$ die partiellen Einlaufströme $\lambda_q$ einer Produktionsstelle berechnen:

$$\lambda_q = \sum_r m_{qr} \cdot \lambda_r \qquad [VE_s/PE]. \qquad (13.107)$$

Die Auslaufströme $\lambda_r$ der Produktionsstelle sind das Ergebnis der aktuellen Produktionsleistung oder einer Planbelegung zur Erfüllung zukünftiger Leistungsanforderungen. Sie resultieren über entsprechende Stücklistenauflösungen aus den Liefer- oder Produktionsaufträgen der Nachfolgestellen, die von der betrachteten Produktionsstelle versorgt werden.

Die maßgebenden *Kennzahlen für die Leistungsfähigkeit* einer elementaren Produktionsstelle sind:

- *Produktionsgrenzleistungen* $\mu_r$ [$VE_r$/PE] der Erzeugnisse $E_r$. Sie sind die maximalen Produktionsleistungen bei ununterbrochener Fertigung jeweils nur eines Erzeugnisses.
- *Produktwechselzeiten* $T_{PWZrs}$ [PE], die für das Umrüsten und den Wechsel von einem Erzeugnis $E_r$ zu einem Erzeugnis $E_s$ erforderlich sind.

Die einzelnen Produktwechselzeiten der *Wechselzeitmatrix* $T_{PWZrs}$ werden auch als *Umrüstzeiten* oder *Rüstzeiten* bezeichnet. Sie können jedoch im Einzelfall länger sein als die rein technischen Rüst- oder Umrüstzeiten (s. *Vorgänge* (8.12) in *Abschnitt 8.5*).

Die Zeit, die zur Vorbereitung der Fertigungsstelle bis zum Start des *ersten* Auftrags für das Erzeugnis $E_r$ benötigt wird, ist die *Erstrüstzeit* $T_{ERZr}$. Die Summe von Erstrüstzeit und *Unterbrechungszeiten*, die jeweils nach einer bestimmten Ausstoßmenge $m_R$ für planmäßige Wartungs- oder Reinigungsarbeiten anfallen, kann in der Wechselzeitmatrix als *Eigenumrüstzeit* $T_{PWZrr}$ berücksichtigt werden.

Die Multiplikation der Wechselzeiten mit dem *Kostensatz* der Produktionsstelle plus den Kosten des Anlaufmaterialverlustes (*Makulatur*) ergibt die *Produktwechselkosten* oder *Rüstkosten*. Deren Höhe bestimmt maßgebend die dispositionsabhängigen Logistikkosten eines Fertigungsbetriebs und ist entscheidend für die *dynamische Disposition* der Aufträge und Bestände in Versorgungsnetzen [266].

Ebenso wie bei anderen Quellstationen für diskrete Ströme resultiert die Grenzleistung $\mu_r = \mu_r(c) = c/\tau_r(c)$ einer *Taktfertigung* aus der *Taktzeit* $\tau_r(c)$ [PE/VE], mit der die Erzeugniseinheiten einzeln ($c = 1$) oder im Pulk ($c > 1$) die Station verlassen (s. *Beziehung* (13.3)).

Ein pulkweiser Produktionsausstoß ist typisch für die *Chargenproduktion*, bei der eine feste Menge gleichartiger Objekte gemeinsam in einer Produktionsstelle erzeugt, bearbeitet und geschlossen fertiggestellt wird. Die *Chargengröße c* wird bestimmt durch das Fassungsvermögen der Produktionsstelle, z.B. eines Schmelzofens, eines Brennofens oder einer Galvanisationsanlage. Sie hängt außerdem von der Kapazität der Ladeeinheiten ab, mit denen die Produktionsstelle beschickt wird.

## 2. Auslastbarkeit und Auftragsdurchlaufzeiten

Die Auslastbarkeit begrenzt das effektive Leistungsvermögen der Produktionsstelle. Sie ist die maximal mögliche Auslastung der Produktionsgrenzleistung:

$$\eta_{aus} = \rho_{prod\,max} \tag{13.108}$$

Die Gesamtauslastung der Produktionsstelle ist die Summe der *produktiven Auslastung* $\rho_{prod}$, die sich aus der Summation der partiellen Auslastungen $\rho_r = \lambda_r/\mu_r$ der Produktionsgrenzleistungen ergibt, und einer *Umschaltauslastung* $\rho_{umsch}$, die mit den *Umschalt-* oder *Wechselfrequenzen* $\nu_{rs}$ aus den *Produktwechselzeiten* $T_{PWZrs}$ resultiert. Bei einem partiellen Produktionsausstoß $\lambda_r$ [$VE_r$/PE] und einem Produktwechsel mit den *Wechselfrequenzen* $\nu_{rs}$ [1/PE] ist also die

- *Gesamtauslastung der Produktions- oder Leistungsstelle*©

$$\rho_{ges} = \rho_{prod} + \rho_{umsch} = \sum_{r} \lambda_r / \mu_r + \sum_{r,s} \nu_{rs} \cdot T_{PWZrs}. \qquad (13.109)$$

Hierin sind die Eigenumrüstzeiten $T_{PWZrr}$, die mit einer festen Wartungs- und Reinigungsfrequenz $\nu_{rr} = \lambda_r/m_R$ wiederkehren, als Unterbrechungszeiten zu berücksichtigen.

Wenn der Auftragszulauf und die Abfertigungszeit stochastisch schwanken, bildet sich vor einer Produktionsstelle eine *Auftragswarteschlange*, die mit zunehmender Auslastung länger wird und zu ansteigenden Auftragswartezeiten führt. Die Produktions- oder Leistungsstelle einer Fertigungskette oder eines Auftragsnetzwerks mit der höchsten Auslastung ist eine *potentielle Engpaßstelle* (s. *Abb. 8.1*). Bei Erreichen oder Überschreiten der 100%-Grenze steigen die Warteschlange und die Wartezeiten immer weiter, bis die Auslastung wieder deutlich unter 100 % absinkt. Für die Dauer der Überauslastung ist die betreffende Produktionsstelle eine *aktuelle Engpaßstelle.*

Unter Berücksichtigung der *Verfügbarkeit* $\eta_{ver}$, die die Produktionsgrenzleistung auf die *effektive Grenzleistung* (13.91) reduziert, muß die Gesamtauslastung nach dem allgemeinen Grenzleistungsgesetz in allen Dispositionsperioden kleiner sein als $\eta_{ver}$. Für die *Auslastbarkeit einer Produktionsstelle* gilt daher

$$\eta_{aus} = \eta_{ver} - \rho_{ums} = \eta_{ver} - \sum_{r,s} \nu_{rs} \cdot T_{PWZrs}. \qquad (13.110)$$

Hieraus ist ablesbar:

▶ Das *effektive Leistungsvermögen* einer Produktionsstelle reduziert sich mit zunehmender Länge der Produktwechselzeiten, mit der Häufigkeit des Produktwechsels und bei unterschiedlichen Produktwechselzeiten auch mit der Reihenfolge des Produktwechsels.

Abgesehen von einer eventuellen *Verfahrenszeit*, die eine Trockenzeit, Reifezeit oder Aushärtungszeit oder 0 sein kann (s. *Vorgänge* (8.15)), ist die Durchlaufzeit eines Produktionsauftrags für das Erzeugnis $AE_r$ mit der Auftragsmenge $m_r$ die Summe von

- *Produktwechselzeit* $T_{PWZ\ r-1,r}$, die abhängig vom vorangehenden Auftrag die Erstrüstzeit oder die Umrüstzeit ist,
- *Leistungszeit* $T_{LZr} = m_r / \mu_r$, die sich aus dem Quotienten von Auftragsmenge und Grenzleistung errechnen läßt, und
- *Auftragswartezeit* $T_{WZ}$, die gleich der Summe der Durchlaufzeiten aller vorangehenden Aufträge ist.

Die Durchlaufzeit für ein Erzeugnis $AE_r$, das mit der Auftragsmenge oder *Fertigungslosgröße* $m_r$ produziert wird, ist also die Summe aller Produktwechselzeiten und Leistungszeiten der vorangehenden Aufträge und des aktuellen Auftrags:

$$T_{DLZr} = \sum_{s=1}^{r} \left( T_{PWZs-1,s} + m_s / \mu_s \right). \qquad (13.111)$$

Die Summe erstreckt sich über alle Produktionsaufträge der Erzeugnisse $AE_s$, die vor dem Erzeugnis $AE_r$ auszuführen sind, und den Auftrag für das Erzeugnis $AE_r$. Der erste Teil der Summe ist die *Rüstzeitsumme*, der zweite Teil die *Leistungszeitsumme*.

Hieraus ist ablesbar:

- Die *Auftragsdurchlaufzeiten* einer Produktionsstelle steigen mit zunehmender Länge der Produktwechselzeiten, mit der Häufigkeit und der Reihenfolge des Produktwechsels sowie mit der Anzahl und Größe der vorrangig abzufertigenden übrigen Fertigungsaufträge.

Die Auftragsdurchlaufzeiten sinken also mit abnehmenden Fertigungslosgrößen, während sich das Leistungsvermögen mit abnehmenden Losgrößen verschlechtert, da diese zu einem häufigeren Produktwechsel führen. Die gegenläufige Abhängigkeit des Leistungsvermögens und der Auftragsdurchlaufzeiten von den Auftragsgrößen führt zu einem grundlegenden *Zielkonflikt* der Fertigungsplanung und der Auftragsdisposition.

### 3. Optimierungsregeln

Das oberste Ziel der Produktionsplanung und Fertigungsdisposition ist eine Minimierung der Kosten bei einer termintreuen Einhaltung der geforderten Lieferzeiten. Die Produktionskosten einer Produktionsstelle sind minimal, wenn die produktive Auslastung maximal ist. Aus den Beziehungen (13.109) und (13.111) ist ablesbar, daß lange Wechselzeiten und häufige Produktwechsel sowohl die Auslastbarkeit einer Produktionsstelle reduzieren als auch die Durchlaufzeiten verlängern.

Daraus folgen die grundlegenden *Optimierungsstrategien der Produktionsplanung und Fertigungsdisposition*:

- *Rüstzeitsenkung*: Durch Reduzierung der Produktwechselzeiten werden sowohl die Kosten gesenkt als auch die Durchlaufzeiten verkürzt.
- *Variantenminimierung*: Durch eine Minimierung der Anzahl der in einer Dispositionsperiode herzustellenden Erzeugnisse oder *Produktvarianten* lassen sich die Auslastbarkeit, die Kosten und die Durchlaufzeiten optimieren.
- *Auftragsbündelung*: Alle Aufträge einer Dispositionsperiode, die das gleiche Erzeugnis betreffen, werden zu einem Sammelauftrag zusammengefaßt und ohne Wechselzeitverlust nacheinander ausgeführt.
- *Rüstfolgeoptimierung*: Die Reihenfolge der unterschiedlichen Sammelaufträge wird so festgelegt, daß die Rüstzeitsumme über alle Aufträge einer Periode minimal ist.

Eine Rüstfolgeoptimierung ist beispielsweise die Auftragsausführung in einem Abfüllbetrieb, einer Druckerei oder einer Färberei in *Hell-Dunkel-Folge* (s. *Abschnitt 10.4.4*). Durch die Optimierungsregeln wird neben den Kosten auch die durchschnittliche Auftragsdurchlaufzeit minimiert.

### 4. Standardfertigungsstrategie

Die zentrale Forderung nach termintreuer Einhaltung der geforderten Lieferzeiten bei minimalen Kosten wird erfüllt, wenn die Belegung jeder Produktionsstelle nach folgender *Standardfertigungsstrategie*© disponiert wird:

1. Für die nächste Dispositionsperiode werden zunächst nur die *fälligen Aufträge* eingelastet, deren Lieferzeit nach einer *Rückwärtsterminierung* einen Start spätestens in dieser Periode erfordert (s. *Abschnitt 8.8*).
2. Alle Aufträge, die in einer Dispositionsperiode das gleiche Erzeugnis anfordern, werden zu einem *Sammelauftrag* zusammengefaßt.
3. Die Sammelaufträge mit den fälligen Aufträgen werden in der *optimalen Rüstzeitfolge* geordnet.
4. Mit der so erreichten Auftragsfolge wird für die betrachtete Periode die Gesamtauslastung (13.109) der Produktionsstelle berechnet.
5. Wenn die Gesamtauslastung kleiner ist als die Verfügbarkeit $\eta_{ver}$, werden in absteigender *Dringlichkeitsfolge* nacheinander weitere Aufträge hinzugenommen und die Schritte 1 bis 4 solange durchlaufen, bis die Auslastung die Verfügbarkeit erreicht hat oder bis alle aktuellen Aufträge eingelastet sind.
6. Liegt die Auslastung einer Produktionsstelle über der Verfügbarkeit, ist also der *Engpaßzustand* erreicht, werden nach vorgegebenen *Engpaßprioritätsregeln* nacheinander einzelne Aufträge auf die nächste Dispositionsperiode verschoben, bis die Auslastung nach den Schritten 1 bis 4 unter der Verfügbarkeit liegt.

Mit diesem Standardablauf der Fertigungsdisposition lassen sich für viele Fertigungsbereiche minimale Kosten bei Einhaltung der Standardlieferzeiten erreichen, solange die Auslastung der Engpaßstelle nicht für länger als eine Periode über die Verfügbarkeit ansteigt.

Sobald erkennbar ist, daß die Auslastung der Engpaßstelle für mehrere Perioden größer als die Verfügbarkeit ist, müssen kurzfristig die Betriebszeiten verlängert, und wenn das nicht mehr möglich ist, die Aufträge vor Beginn des Standardablaufs der Fertigungsdisposition nach geeigneten Engpaßprioritätsregeln ausgewählt werden.

### 5. Zusatzregeln und Zuweisungsstrategien

Für die praktische Anwendung der Standardfertigungsstrategie und der Optimierungsstrategien sind zusätzlich folgende Punkte zu beachten:

- Die *Länge der Dispositionsperiode* eines Fertigungsbereichs darf maximal so lang sein wie die Periodenlänge der Auftragsdisposition. Diese ergibt sich aus der geforderten *Termintreue* (s. *Abschnitt 8.2*). So ist die Dispositionsperiode ein Arbeitstag, wenn eine tagesgenaue Lieferung angestrebt wird [266].
- Wenn als *Bemessungszeit für die Produktionsgrenzleistungen* die Stunde und für die Produktwechselzeiten die Sekunde oder Minute gewählt werden, sind diese zur Berechnung der *Periodenauslastung* nach Beziehung (13.109) mit der Periodenlänge zu multiplizieren, die in den entsprechenden Zeiteinheiten gemessen ist.

- Bei *festen Betriebszeiten* ist in Schritt 5 und 6 der Standardstrategie darauf zu achten, daß durch die Hinzunahme und Herausnahme einzelner Aufträge am Tagesende keine Teilaufträge entstehen, die am nächsten Tag eine zusätzliche Erstrüstzeit erfordern. Das kann durch eine *Mengenanpassungsstrategie* vermieden werden, die unter Umständen Vorrang vor der Dringlichkeitsfolge hat (s. *Abschnitt 12.5.3*).
- In einem Produktionsbetrieb mit *planmäßig veränderlichen Betriebszeiten*, etwa durch Werksferien, Personalausfall, Wartungsarbeiten, Kontrollen oder Kurzarbeit, ändert sich die Periodenlänge von Tag zu Tag.
- In einer *atmenden Fabrik* mit flexiblen Arbeitszeiten ist eine *dynamische Anpassung* der Produktionsgrenzleistungen an den aktuellen Leistungsbedarf über die Betriebszeiten möglich (s. *Abschnitt 10.5*).
- In einer *Fertigungskette*, einem *Auftragsnetzwerk* oder einem *Versorgungsnetz* ist die Standardfertigungsstrategie nur auf die potentiellen Engpaßstellen anzuwenden. Die einer Engpaßstelle nachfolgenden Produktions- und Leistungsstellen werden nach dem *Push-Verfahren*, die vorangehenden nach dem *Pull-Verfahren* disponiert (s. *Abschnitt 8.9*).
- Zur *dynamischen Fertigungsdisposition* werden nach jeder abgeschlossenen Dispositionsperiode bis zum Beginn der nächsten Periode die Schritte der Standardfertigungsdisposition für alle aktuell eingegangenen Aufträge zusammen mit den noch nicht begonnenen Aufträgen erneut durchgeführt.

Sind in einem Produktions- oder Auftragsnetzwerk für das gleiche Erzeugnis mehrere Produktionsstellen verfügbar, sind außerdem folgende *Zuweisungsstrategien* zu beachten:

▶ *Kostenoptimale Zuordnung*: Die Einzel- oder Sammelaufträge werden jeweils der Produktionsstelle zugewiesen, die den Auftrag zu den geringsten Kosten ausführen kann. Die *Auftragskosten* sind die Summe der mengenunabhängigen Rüstkosten und der mengenabhängigen Leistungskosten.

▶ *Dynamische Gleichverteilung:* Die Aufträge oder Auftragspulks werden jeweils derjenigen der N gleichartigen Parallelstationen zugewiesen, die am geringsten ausgelastet ist. Wenn die mittlere Auslastung der Parallelstationen für längere Zeit über 0,9 ansteigt, wird eine weitere Station zugeschaltet. Sinkt sie unter $0{,}8 \cdot (N-1)/N$, wird eine Station abgeschaltet.

Durch das dynamische Zu- und Abschalten wird die mittlere Stationsauslastung zwischen 80 % und 90 % gehalten. In Verbindung mit der kostenoptimalen Zuordnung werden durch die dynamische Gleichverteilung minimale Kosten bei einer akzeptablen Länge der Warteschlangen und Wartezeiten erreicht.

**6. Engpaßstrategien**

Aus dem prognostizierten mittelfristigen Bedarfsverlauf lassen sich kommende *Bedarfsspitzen* ablesen und eventuelle Engpässe erkennen. Das gilt für den Bedarf der Fertigerzeugnisse ebenso wie für den aus dem Primärbedarf über Stücklistenauflösung abgeleiteten Sekundärbedarf.

Die Summe des für die Periode *i* prognostizierten Bedarfs $\lambda_A(i)$ aller Artikel A, die auf den gleichen Anlagen oder Maschinen gefertigt werden, ergibt den *Produktionsleistungsbedarf* in der Periode *i*:

$$\lambda_P(i) = \sum_A \lambda_A(i) \qquad \text{[VE/PE]}. \qquad (13.112)$$

Solange der Leistungsbedarf $\lambda_P(i)$ kleiner ist als die reguläre *Produktionsgrenzleistung* $\mu_P$, d.h. wenn $\lambda_P(i) < \mu_P$ ist, können alle Fertigungsaufträge innerhalb der Plandurchlaufzeit ausgeführt werden. Wenn jedoch der Leistungsbedarf die Produktionsgrenzleistung für mehrere Perioden überschreitet, entsteht ein ansteigender Auftragsbestand, der zu Wartezeiten und längeren Durchlaufzeiten führt.

In den Perioden einer Engpaßzeit $T_{eng}$, für die $\lambda_P(i) > \mu_{Pmax}$ ist, baut sich ein *Auftragsbestand* auf. Dieser erreicht zum Zeitpunkt *i* den Wert:

$$AB(T_{eng}) = \sum_{i \in Teng} \left(\lambda_P(i) - \mu_{P\max}\right) \qquad \text{[VE]}. \qquad (13.113)$$

Wenn der prognostizierte Spitzenbedarf für eine *Engpaßzeit* $T_{eng}$ über die Produktionsgrenzleistung ansteigt und sich in dieser Zeit der Auftragsbestand (13.113) aufbaut, kann dieser durch eine *Vorabfertigung* der betreffenden Artikel vermindert oder sogar ganz vermieden werden. Voraussetzung einer solchen Vorabfertigung ist allerdings, daß der Bedarf in der vorangehenden Zeit deutlich unter der Grenzleistung der Produktion liegt und damit eine Mehrproduktion überhaupt möglich ist.

Der Preis einer vorgezogenen Produktion von *Engpaßartikeln* für einen absehbaren Spitzenbedarf ist ein zusätzlicher Lagerbestand, der mit entsprechenden Kosten und Risiken verbunden ist. Daraus folgt der Grundsatz:

▶ Die Entscheidung zur *Vorabfertigung* oder *Vorausbeschaffung* muß der Disponent in Abstimmung mit dem Vertrieb und der Unternehmensleitung treffen. Sie darf nicht allein einem Dispositionsprogramm überlassen werden.

Ein leistungsfähiges Dispositionsprogramm kann einen Engpaß rechtzeitig erkennen, indem es aus dem prognostizierten mittelfristigen Bedarf und der hinterlegten Produktionsgrenzleistung mit Hilfe von Beziehung (13.113) bestimmt, für welchen Zeitraum eine Engpaßsituation zu erwarten ist. Ebenfalls mit Hilfe von Beziehung (13.113) kann das Programm auch den in der Engpaßzeit auflaufenden Auftragsbestand und die bis zum Beginn der Engpaßzeit verfügbare Überschußleistung berechnen.

Wenn ein Engpaß von mehreren Artikeln verursacht wird, die konkurrierend von der gleichen Engpaßstelle produziert werden, gilt die

▶ *Auswahlregel zur Vorabfertigung von Engpaßartikeln*: Vorzufertigen sind die Artikel mit dem höchsten gesicherten Absatz.

Mit dieser Auswahl wird verhindert, daß bei einem Absatz, der gegenüber der Engpaßprognose unerwartet absinkt, die vorproduzierten Mengen zu lange oder unverkäuflich auf Lager liegen. Außerdem können für diese Artikel in den

Phasen geringerer Auslastung besonders *wirtschaftliche Losgrößen* gefertigt werden.

Wenn der Leistungsbedarf jedoch die maximal verfügbare Produktionsgrenzleistung für mehrere Perioden übersteigt, wird die betreffende Produktionsstelle zum *Engpaß*. Dann sind ein ansteigender Auftragsbestand und immer längere Durchlaufzeiten unvermeidlich. Ist dieser Zustand erreicht, müssen die knappen Ressourcen von der Disposition den einzelnen Aufträgen nach geeigneten Prioritätsregeln zugeteilt werden.

Mögliche *Engpaßprioritätsregeln* sind die Auswahl der sofort auszuführenden Aufträge nach:

First-Come-First-Served
Deckungsbeitrag
Gewinn (13.114)
Dringlichkeit
Kundenbedeutung
Fehlmengenkosten

Die fairste Regelung ist eine Zuteilung des begrenzten Produktionsausstoßes im Verhältnis des regulären Bedarfs der Abnehmer außerhalb der Engpaßzeit.

Wenn aus einer Engpaßstelle mehrere Bedarfsstellen eines größeren Versorgungsnetzes zu beliefern sind, ist in Engpaßzeiten eine *Zentraldisposition* notwendig, um die geplanten Zuteilungsregeln einhalten zu können.

Allgemein gelten die Dispositionsregeln:

▶ Bei ausreichender Produktionsleistung und Verteilung über *ein* Zentrallager genügt die dezentrale Disposition.

▶ Bei mehreren Produktionsauslieferlagern ist eine Zentraldisposition nach der *Strategie des virtuellen Zentrallagers* vorteilhafter als die dezentrale Disposition (s. *Abschnitt 20.18*).

▶ Knappheit und Engpässe erfordern eine zentrale Planung und Disposition.

Hält der Engpaßzustand länger an, ist keine Vorabfertigung möglich. Abgesehen von einer *Preiserhöhung* ist die Lösung eine *Investition* in zusätzliche Produktionsanlagen. Bis zu deren Inbetriebnahme können nicht alle eingehenden Lieferaufträge ausgeführt werden.

# 14 Vertrieb, Einkauf und Logistik

Einkauf und Verkauf vereinbaren die *Lieferbedingungen* und die *Preise*. Sie bahnen damit die Beschaffungs- und Versorgungsketten zwischen den Unternehmen, den Logistikdienstleistern und den Endverbrauchern an. Daher umfaßt die *Logistik im weitesten Sinn* auch Einkauf und Vertrieb (s. *Kapitel 1*).

Andererseits gehört die physische *Distribution* der Produkte eines Unternehmens nach herkömmlicher Auffassung der Betriebswirtschaft zu den Aufgaben des *Vertriebs* [14; 19]. Die *Beschaffung* von Rohstoffen, Material, Vorprodukten und Handelsware wird als zentrale Aufgabe des *Einkaufs* angesehen. Das *Supply Chain Management*, also die Organisation, Disposition und Steuerung durchgängiger Liefer- und Versorgungsprozesse von den Lieferanten bis zu den Kunden aber eröffnet neue Potentiale zur Kostensenkung und zur Steigerung der Wettbewerbsfähigkeit [94; 95; 97; 223; 237; 321]. Das erfordert besondere Fachkompetenz und das Herauslösen der Logistik aus Einkauf und Vertrieb.

Befreit von der Verantwortung für die physische Distribution und von der Disposition der Fertigwarenbestände kann sich der Vertrieb auf seine Kernkompetenzen *Marketing* und *Verkauf* konzentrieren (s. *Abschnitt 7.7.7*). Ohne die Verantwortung für die physische Beschaffung und die aktuelle Disposition beschränkt sich der Einkauf auf das strategische *Beschaffungsmarketing* und die Erkundung konkreter Beschaffungsquellen, auf das Aushandeln der *Einkaufspreise* und *Lieferbedingungen* sowie auf den Abschluß von *Lieferverträgen* und *Rahmenvereinbarungen* (s. *Abschnitt 7.7.6*).

Aus einer Trennung von Vertrieb, Einkauf und Logistik ohne klare Abgrenzung der Aufgaben und Regelung der Zusammenarbeit können jedoch Konflikte, Unverständnis und Widerstände resultieren, die den angestrebten Wettbewerbsvorteil verhindern. Voraussetzung für den gemeinsamen Erfolg ist daher, daß sich Vertrieb, Einkauf und Logistik an folgende *Grundsätze der Zusammenarbeit* halten:

- Kenntnis der gemeinsamen Ziele und Rahmenbedingungen
- Beachtung der spezifischen Handlungsmöglichkeiten
- Respekt vor den Aufgaben und Leistungsbeiträgen der anderen Bereiche
- ausreichende Freiheit und Entscheidungskompetenzen
- gleichberechtigte Partnerschaft ohne Über- oder Unterstellung
- kritische Offenheit im Innenverhältnis, Einvernehmen nach außen
- gegenseitige Unterstützung zum Nutzen von Kunden und Unternehmen

Diese Grundsätze gelten über Einkauf, Vertrieb und Logistik hinaus auch für die Zusammenarbeit anderer Unternehmensbereiche.

Ausgehend von den Kernkompetenzen von Vertrieb und Einkauf wird in diesem Kapitel dargestellt, welche Nahtstellen zwischen Vertrieb, Einkauf und Logistik bestehen, wie die Logistik den Einkauf und den Vertrieb wirkungsvoll unterstützen kann und wo Einkauf und Vertrieb die Anforderungen und Möglichkeiten der Logistik berücksichtigen sollten.

## 14.1 Kernkompetenzen des Vertriebs

Kernkompetenzen und zentrale *Aufgaben des Vertriebs* sind [14]:

- Erkundung des Marktbedarfs
- Analyse der Wettbewerbssituation
- Planung des Liefer- und Leistungsprogramms
- Festlegung des Servicegrads
- Organisation der Vertriebswege
- Führung der Verkaufsorganisation
- Absatz- und Verkaufsplanung
- Werbung und Verkaufsförderung
- Preiskalkulation und Angebotskalkulation
- Anfragebearbeitung und Angebotsausarbeitung
- Kundenbetreuung und Beratung
- Auftragsverhandlung und Vertragsabschluß

Um diese Aufgaben, deren Ziel das *Schaffen von Nachfrage* und das *Verkaufen des Liefer- und Leistungsprogramms* ist, zu erfüllen, verfügt der Vertrieb über *Außendienstmitarbeiter*, eine *Verkaufsorganisation*, einen *Vertriebsinnendienst* und einen *Marketingbereich*.

Das *Marketing* umfaßt die Planung, Auslösung und Überwachung aller Maßnahmen, die auf das Verkaufen der Güter und Leistungen eines Unternehmens gerichtet sind [230]. Wird auch das Erfüllen der Nachfrage, also die Ausführung der Aufträge, dem Marketing zugerechnet, umfaßt das Marketing das gesamte Unternehmen. Das aber ist ein zu weit gehender Anspruch.[1] Auch eine Einbeziehung der Distribution als *Marketing-Logistik* in das Marketing ist unzweckmäßig, denn damit wird am Ausgang der Produktion die Durchgängigkeit der *Logistikketten* von den Lieferanten und der *Auftragsketten* von den Kunden durch das Unternehmen bis zu den Kunden unterbrochen [19].

Die *Verkaufsorganisation* ist abhängig von der Art des Geschäfts und besteht in der Regel aus einem Netz von *Filialen*, *Verkaufsstellen*, *Niederlassungen*, *Geschäftsstellen*, *Vertretungen*, *Händlern* oder *Franchisepartnern*.

1 Nach einer ausklingenden Zeit, in der Marketingfachleute alle Unternehmensaktivitäten dem Marketing unterordnen wollten, versuchen heute manche Logistiker, die Logistik über alles zu stellen [321]. Beides ist ein Zeichen von mangelndem Verständnis und fehlender Kenntnis der Leistungsbeiträge anderer Unternehmensbereiche.

Zu den Aufgaben des *Vertriebsinnendienstes* gehören die *Anfragebearbeitung* und die *Auftragsannahme* mit der kommerziellen Auftragsprüfung, der Auftragserfassung und der Eingabe der Auftragsdaten in das DV-System. Nach Abstimmung und Bestätigung von Leistungsumfang, Preis und Lieferbedingungen wird ein Kundenauftrag zu einem verbindlichen externen Auftrag, der an die *Auftragsdisposition* weitergeleitet wird.

## 14.2 Kernkompetenzen des Einkaufs

Die Kernkompetenzen und zentralen *Aufgaben des Einkaufs* sind:

- Erkundung der Beschaffungsmärkte (Mengenverfügbarkeit und Marktpreise)
- Ermittlung der Lieferanten für die benötigten Güter und Leistungen
- Festlegung allgemeiner Einkaufsbedingungen
- Prüfung der Referenzen, Bonität und Liefer- und Leistungsqualität der Lieferanten
- Anfrage der geplanten Bedarfsmengen für einen bestimmten Zeitraum
- Anfrage des Bedarf für einzelne Projekte
- Verhandlung von Einkaufspreisen und speziellen Lieferbedingungen
- Abschluß von Lieferverträgen und Rahmenvereinbarungen
- Kontrolle der Leistungserfüllung durch die beauftragten Lieferanten
- Verfolgung der allgemeinen Preisentwicklung

Das Ziel dieser strategischen und operativen Aufgaben des Einkaufs ist die kostenoptimale und anforderungsgerechte Erfüllung des Unternehmensbedarfs (s. *Abschnitt 7.7*).

Nicht notwendig zu den Aufgaben des Einkaufs gehören die *Bestands- und Nachschubdisposition* der Lager und der Abruf des *Direktbedarfs* von Produktion oder Kunden bei den Lieferstellen. Diese Aufgaben der *Materialwirtschaft* werden kompetenter und rationeller von einer eigenständigen *Auftragsdisposition* ausgeführt.

## 14.3 Auftragsdisposition und Supply Chain Management

Die *Auftragsdisposition* zur Ausführung der Kundenaufträge und die Disposition der Beschaffung gehören nicht zu den Kernkompetenzen von Einkauf und Vertrieb. Die *Auftragsabwicklung* sollte daher auch nicht, wie in vielen Unternehmen üblich, zusammen mit dem Angebotswesen und der Auftragsannahme dem *Vertriebsinnendienst* oder dem Einkauf unterstellt sein.

Die *Auftragsdisposition*, deren Aufgaben in den *Kapiteln 2, 8* und *10* beschrieben sind, ist der Dreh- und Angelpunkt zwischen Einkauf, Produktion und Vertrieb. Sie erzeugt aus den externen Aufträgen nach geeigneten Dispositionsstrategien interne Aufträge für alle Leistungsbereiche der Beschaffung, der Lieferanten, der Produktion, der Lager und des Versands, die am Auftragsprozeß beteiligt sind.

Nach Regeln und Prioritäten, die von der Unternehmensleitung in Abstimmung mit Vertrieb, Einkauf und Fertigung vorgegeben werden, entscheidet die Auftragsdisposition über

Eigenfertigung oder Fremdbeschaffung
Lagerfertigung oder Auftragsfertigung
Lagerbeschaffung oder Direktbeschaffung
Einsatz begrenzter Ressourcen
Nachschubmengen und Bestandshöhen
Beschaffungs- und Belieferungswege

Diese Entscheidungen können zu Konflikten zwischen Vertrieb, Einkauf und Fertigung führen, die sich am besten lösen lassen, wenn die Auftragsdisposition der Unternehmenslogistik zugeordnet wird und keinem Bereich direkt unterstellt ist, der unmittelbar an der Auftragsdurchführung beteiligt ist (s. *Abschnitt 2.8*).

Wie auch die anderen Unternehmensbereiche, die Lieferanten- oder Kundenkontakt haben, muß sich die Auftragsdisposition an folgende *Abstimmungsgrundsätze* halten:

- ▶ Der Einkauf ist umgehend über alle wichtigen Lieferantenkontakte zu informieren, die über die reine Disposition von Lagernachschub und Direktbeschaffungen hinausgehen, und vor einer Änderung der Liefervereinbarungen einzuschalten.
- ▶ Der Vertrieb ist umgehend über alle wichtigen Kundenkontakte zu informieren und vor einer Änderung der kommerziellen Verkaufseinbarungen einzuschalten.

Wird von dem letzten Grundsatz abgewichen, nimmt der Kunde den Repräsentanten des Vertriebs nicht mehr ernst. Dadurch verringern sich die Chancen für Anschlußaufträge, die der Vertrieb mit jedem Kundenkontakt verfolgt.

Wenn sich alle Akteure an diese Abstimmungsgrundsätze halten, können die *Auftragszentren* aller Unternehmen, die an einer bestimmten Lieferkette beteiligt sind, unmittelbar kooperieren, ohne für jeden einzelnen Auftrag oder Abruf permanent den Einkauf und Vertrieb einzuschalten. Nach dem Aufbau einer direkten datentechnischen Verbindung über *EDI* oder *Internet* ist auf diese Weise ein *Supply Chain Management* (*SCM*) im weitesten Sinne möglich (s. *Abschnitt 20.17* und *20.18*). Gegenstand eines umfassenden SCM sind außer der eigenen Unternehmenslogistik die *unternehmensübergreifenden Beschaffungs- und Versorgungsketten* [223; 279; 321]. Die durchgängigen Lieferketten werden einerseits bestimmt von den

- *Beschaffungssstrategien* (s. *Abschnitt 7.7.7*) für Rohstoffe, Material, Vorprodukte und Handelsware sowie für Logistikleistungen (s. *Kapitel 20*) und andere Dienstleistungen.

Sie hängen andererseits ab von den

- *Vermarktungsstrategien* (s. *Abschnitt 7.7.6*) für das Liefer- und Leistungsprogramm der Produktions- oder Handelsunternehmen wie auch für die Leistungen der Logistikdienstleister.

Die Entwicklung von Vermarktungsstrategien für Logistikleistungen ist Aufgabe des *Logistikmarketing.*

## 14.4 Liefer- und Leistungsprogramm

Der Vertrieb hat in der Regel die *Sortimentsverantwortung.* Dazu gehören nicht nur der Sortimentsaufbau und die Aufnahme neuer Artikel, sondern auch die Prüfung, welche Artikel aus dem Sortiment genommen werden können und wo Sonderaktionen zum Abverkauf von Überbeständen notwendig sind. Ohne regelmäßige Bereinigung ufert das Sortiment aus. Der Anteil unverkäuflicher Ladenhüter und langsam drehender C-Artikel nimmt zu. Die Bestände wachsen an.

Dem Vertrieb fällt es schwer, von sich aus Artikel auslaufen zu lassen und Bestände von unverkäuflicher Ware abzuwerten. Daher muß die Unternehmenslogistik den Vertrieb bei der *Sortimentsanalyse* und *Sortimentsbereinigung* unterstützen. Hierfür muß sie dem Vertrieb *ABC-Analysen* von Aufträgen und Beständen liefern, die ausweisen, wo das Sortiment ausufert, mit welchen Artikeln die wesentlichen Umsätze erzielt werden, welche Bestände in Relation zum Absatz zu hoch sind und welche Artikel kaum noch verkauft werden (s. *Abschnitte 5.7* und *5.8*).

Die ABC-Analyse der verkauften Varianten eines Produkts aus vielen Komponenten gibt Hinweise, ob die Produktvarianten vom Markt angenommen werden und welche Einschränkungen der *Variantenvielfalt* möglich sind. Das *Variantenmanagement*, das mit diesen Informationen arbeitet, kann erhebliche Kosteneinsparungen bewirken [223].

Die Logistik berät Vertrieb, Einkauf und Produktion bei der Entscheidung, welche Artikel günstiger auf Lager gefertigt und welche besser nach Kundenaufträgen ausgeführt werden. Auch zur Planung und Markteinführung neuer *Produkte* kann die Logistik wirkungsvoll beitragen.

### 1. Verpackungslogistik

Die *Verpackungslogistik* [108] hat dafür zu sorgen, daß

- das *Material*, das für Produkte und Verpackungen eingesetzt wird, kostengünstig zu entsorgen, wiederverwendbar oder recycelbar ist [119],
- die *Form* des Produkts und die *Abmessungen* der Verpackung aufeinander und auf die eingesetzten Lade- und Transporthilfsmittel abgestimmt sind, so daß Volumenverluste minimiert werden, Lagerung und Transport gesichert sind und der Verpackungsrücklauf gering ist,
- die *Handlingkosten* beim Kommissionieren, beim Verladen und bei der Regalbefüllung in den Verkaufsstellen möglichst gering sind.

Durch die Vorgabe logistisch optimaler *Verkaufs-* und *Nachschubmengen*, die ein *ganzzahliges Vielfaches* des Inhalts einer Umverpackung, einer Ladeeinheit, einer Palette oder einer Transporteinheit sind, lassen sich Mischpaletten, Anbrucheinheiten und die Feinkommissionierung vermeiden und damit die Distributionskosten reduzieren (s. *Kapitel 12*).

### 2. Trays und Displays

Trays und Displays sind spezielle Logistikeinheiten zur rationellen Verkaufsbereitstellung von abgepackter Ware in den Filialen, Märkten und Verkaufsgeschäften des Lebensmittel- und Konsumgütereinzelhandels. Mit artikelreinen oder artikelgemischten Logistikeinheiten zur direkten Verkaufsbereitstellung entfällt das zeitraubende und aufwendige Handling einzelner Verkaufseinheiten. Warenvereinnahmung und Warenbereitstellung in den Verkaufsfilialen finden mit größeren Ladeeinheiten statt. Die Vereinzelung wird dem Kunden überlassen.

Ein *Tray* ist eine *artikelreine Umverpackung* mehrerer Verkaufseinheiten zur *Bereitstellung im Regal*. Es besteht aus einem flachen Untersatz, wie einem Kartonboden, auf dem die Pakete, Tüten oder Blisterpackungen nebeneinander stehen. Das Tray kann für den Transport mit einer Schutzhaube gesichert sein, die vor dem Einräumen in das Regal abgenommen wird. Die Grundmaße der Trays sind auf die Standardmaße der Fachböden in den Verkaufsregalen und auf die Maße der EURO-Palette abgestimmt. Länge mal Breite sind zum Beispiel 200×200, 200×400, 400×400 oder 400×600 mm.

Ein *Display* ist eine *Ladeeinheit*, in der Verkaufseinheiten unterschiedlicher Artikel auf einem Ladungsträger zur *Verkaufspräsentation* zusammengepackt sind. Als Ladungsträger werden meist halbe EURO-Paletten, sogenannte *Chep-* oder *Düsseldorfer-Paletten*, mit den Grundmaßen 600×800 mm eingesetzt. Der Aufbau besteht aus Kartonteilen, die die Artikeleinheiten zusammenhalten und werbewirksam bedruckt sind.

Ein Vorteil des Displays besteht darin, daß der Lieferant die werbewirksame Aufmachung seiner Waren für alle Verkaufsstellen einheitlich vorgeben kann. Ein Nachteil sind die Kosten, die mit der Disposition und Herstellung der Displays verbunden sind. Displays werden vorwiegend für *Aktionsware* eingesetzt.

### 3. Artikelreine Ganzpaletten

Die größten *Logistikeinheiten* zur Bereitstellung sind *artikelreine Ganzpaletten*, die im Verkaufsraum auf dem Boden stehen und von denen der Kunde die Verkaufsverpackungen direkt entnimmt. Artikelreine Ganzpaletten werden für schnelldrehende Artikel und für Aktionsware wie auch in der Produktionsversorgung eingesetzt (s. *Kapitel 12*).

## 14.5 Lieferservice und Logistikqualität

Der Lieferservice ist ein wichtiger, in manchen Märkten sogar der entscheidende Wettbewerbsfaktor [19]. Es gehört zu den größten Fehlern in einem Unternehmen, wenn eine Ware, für die aufwendig geworben wurde, nicht lieferbar ist.

Der *Lieferservice* umfaßt:

- angemessene *Lieferfähigkeit* lagerhaltiger Ware
- rechtzeitige *Verfügbarkeit* kundenspezifisch gefertigter Ware
- wettbewerbsfähige *Lieferzeiten*
- Erfüllung spezieller *Kundentermine*

Der Vertrieb legt unter Berücksichtigung der Kundenwünsche, der Marktgegebenheiten und der Wettbewerbssituation *Standards* für *Lieferservice* und *Logistikqualität* fest. Maßstab für die Logistikqualität eines Unternehmens sind die zwischen Logistik, Einkauf und Vertrieb vereinbarten *Qualitätsstandards*. Abweichungen von den Standards sind *Qualitätsmängel*. Diese werden in *Mängelstatistiken* erfaßt und vom Logistikcontrolling dem Einkauf bzw. dem Vertrieb gemeldet (s. *Abschnitt* 5.2).

Darüber hinaus kann die Logistik dem Vertrieb kostenneutrale Serviceverbesserungen vorschlagen und die Mehrkosten für zusätzlich geforderte Serviceleistungen angeben. Die Logistik muß jedoch darauf achten, daß vom Vertrieb kein *logistischer Overkill* betrieben wird, wie die flächendeckende oder pauschale Zusage eines 24-Stunden-Auslieferservice, der nur von wenigen Kunden benötigt und auch honoriert wird.

## 14.6 Vertriebswege und Distributionsstruktur

Der *Vertriebsweg* bestimmt, über welche *Verkaufsmittler* das Liefer- und Leistungsprogramm des Unternehmens an welche *Kundengruppen* verkauft wird.

Mögliche Vertriebswege sind der Verkauf über

- eigene Filialen und Verkaufsstellen an den Endverbraucher
- den Großhandel an den Einzelhandel
- Großkundenbetreuer an Handelsketten und Versandhandel
- Direktverkauf an Maschinenfabriken und Erstausstatter (OEM-Kunden)
- Regionalvertretungen an örtliche Wiederverkäufer und Verbraucher
- eine Organisation selbstständiger Händler oder Franchisepartner
- Katalogverkauf und Internethandel [321]

Die physische Distribution umfaßt die *Lagerung*, die *Kommissionierung* und den *Transport* der *Fertigwaren* aus der Eigenproduktion und des fremdbeschafften *Handelssortiments* bis zum Ort der Übernahme durch den Kunden. Dafür gibt es unterschiedliche *Lieferketten*, deren Gestaltung in *Kapitel 20* behandelt wird. Die *Distributionsstruktur* mit der *Gebietseinteilung* und den *Standorten* von *Fertigwarenlagern*, *Logistikzentren* und *Umschlagstationen* und die *Lieferketten* werden bestimmt von den *Lieferbedingungen*, wie *Frei Haus* oder *Ab Werk*, von der Beschaffenheit der Ware, den Liefermengen, den Entfernungen und von den Lieferzeiten.

In vielen Unternehmen orientieren sich die Distributionsstruktur und die Belieferungswege traditionell an den Vertriebswegen. Die Distributionsgebiete und Zustellregionen sind deckungsgleich mit den historisch gewachsenen Vertretungsgebieten und Verkaufsregionen. Die Auslieferlager befinden sich häufig an den Standorten der Vertriebsniederlassungen.

Die Aufgaben und Ziele von Vertrieb und Logistik sind jedoch unterschiedlich. Hieraus folgt:

- Vertriebswege und Belieferungswege müssen nicht übereinstimmen oder parallel verlaufen.
- Optimale Distributionsgebiete sind nicht deckungsgleich mit optimalen Vertriebsregionen.
- Die optimalen Standorte von Fertigwarenlagern, Logistikzentren und regionalen Auslieferlagern sind nicht gleich den optimalen Standorten der Vertriebsstützpunkte.

Ebensowenig, wie sich der Einkauf oder die Dispositionsstelle des Kunden am Bedarfsort der Ware befinden müssen, ist es erforderlich, daß sich Vertriebsniederlassungen, Vertreterstandorte und Verkaufsstellen am gleichen Ort befinden wie die Lager- und Versandstellen. So ist eine optimale europaweite Vertriebsorganisation nach Ländern und Sprachregionen organisiert, während ein optimiertes europaweites Distributionssystem aus grenzüberschreitenden *EURO-Regionen* besteht, die an den *Ballungsgebieten* von Bevölkerung und Industrie sowie an den *Hauptverkehrswegen* ausgerichtet sind (s. *Abb. 20.20*).

## 14.7 Preiskalkulation und Logistikkosten

Zur Kalkulation der Listenpreise von Artikeln und der Verkaufspreise für Einzelangebote müssen neben den Herstell- und Beschaffungskosten die Auftrags- und Artikellogistikkosten bekannt sein. Außerdem sollten Einkauf und Vertrieb für Verhandlungen mit Lieferanten und Kunden über die *Lieferbedingungen* wenn möglich die Kostendifferenz zwischen Lieferung *frei Haus* und Lieferung *ab Werk* kennen.

Hierfür wird eine *Logistikkostenrechnung* benötigt, die die *Leistungskosten* für selbst erbrachte Logistikleistungen kalkuliert und die *Leistungspreise* für fremdbeschaffte Logistikleistungen kennt. Für eine nutzungsgemäße Verteilung angefallener oder geplanter Logistikkosten auf die einzelnen Artikel oder Aufträge werden die *Logistikstammdaten* der Artikel und der Aufträge benötigt. Nur wenn die Logistikstammdaten vollständig verfügbar sind, ist eine Kalkulation korrekter *Logistikstückkosten* und *Auftragslogistikkosten* möglich (s. *Kap. 7*).

Logistikstammdaten und korrekte Logistikkosten sind heute erst in wenigen Unternehmen vollständig verfügbar. Vielfach wird für Kommissionierung, Lagerung und Transport noch mit pauschalen Zuschlagsätzen in Prozent vom Warenwert kalkuliert. Das kann zu Auftragsverlusten infolge überhöhter Logistikkosten, verlustbringenden Preisen und falschen Vertriebsentscheidungen führen. Korrekte Logistikkosten tragen dazu bei, eine Fehlleitung von Ressourcen zu verhindern.

Weitere Beiträge kann die Unternehmenslogistik zur Preiskalkulation leisten, wenn sie über eine *Leistungskostenrechnung* verfügt, die die Material-, Produktions- und Leistungskosten der gesamten Leistungskette von der Beschaffung bis zur Auslieferung erfaßt und den Produkten oder verkauften Leistungen nutzungsgemäß zuordnet (s. *Kapitel 6* und *7*).

## 14.8
## Servicebereiche der Logistik

Zur Unterstützung von Einkauf und Vertrieb sowie zur Förderung des Geschäfts ist die Logistik verantwortlich für alle Servicebereiche, die logistische Dienstleistungen erbringen oder die mit der Warendistribution verbunden sind. Hierzu gehören die Werbemittel- und Druckschriftenlogistik, die Service- und Ersatzteillogistik, die Logistik in den Verkaufsstellen und die logistische Beratung des Verkaufs, des Einkaufs und der Kunden.

### 1. Werbemittel- und Druckschriftenlogistik

Um Waren kaufen und verkaufen zu können, müssen Kunden und Verkaufsvermittler durch Muster und Werbemittel gewonnen sowie durch Druckschriften, Kataloge und Preislisten über das Liefer- und Leistungsprogramm des Unternehmens informiert werden. Nach dem Verkauf sind Kunden, Aktionäre und Geschäftspartner mit Geschäftsberichten, Unternehmensmitteilungen und Dokumentationen über Anlagen, Produkte und Ersatzteile zu versorgen.

Die Distribution der Werbemittel und Druckschriften ist keine Kernkompetenz des Vertriebs und in der Regel auch nicht der Unternehmenslogistik. Sie kann daher von der Logistik zusammen mit der Fertigwarendistribution organisiert oder unabhängig davon an einen hierauf spezialisierten Logistikdienstleister vergeben werden.

Die optimale unternehmensspezifische Lösung der Werbemittel- und Druckschriftenlogistik wird vom Umfang, vom zeitlichen Anfall und von der Art der Werbemittel und Druckschriften bestimmt.

### 2. Ersatzteil- und Servicelogistik

Ein Industrieunternehmen, das anspruchsvolle technische Produkte, wie Fahrzeuge, elektronische Geräte oder hochwertige Maschinen herstellt, muß eine leistungsfähige *Serviceorganisation* haben. Bei der Kaufentscheidung für die Primärprodukte wird die *Ersatzteilversorgung* immer wichtiger. In einigen Branchen, wie der Aufzugindustrie, werden gewinnbringende Deckungsbeiträge nur noch im Service- und Ersatzteilgeschäft erwirtschaftet.

Wenn der *After-Sales-Service* eng mit der Verkaufstätigkeit verbunden ist und die Chancen für Anschlußaufträge fördert, sind Aufbau und Führung der *Serviceorganisation* Aufgaben des Vertriebs. Die *Ersatzteildistribution* und die *Werkstattlogistik* haben jedoch meist besondere logistische Anforderungen zu erfüllen, wie hohe *Teileverfügbarkeit* und extrem kurze *Wiederbeschaffungszeiten*. Sie gehören daher zum Aufgabenbereich der Logistik [221; 249].

### 3. Verkaufsstellenlogistik

Die werbliche Gestaltung, das Angebot, die Warenpräsentation und die eigentliche Verkaufstätigkeit in den Verkaufsstellen und Fililalen liegen in der Verantwortung des Vertriebs.

Aber auch die Logistik fängt beim Kunden an. Voraussetzung für den erfolgreichen Verkauf ist daher eine leistungsfähige Logistik in den Verkaufsstellen.

*Aufgaben der Verkaufsstellenlogistik* sind:

- Disposition von Reservebeständen und Nachschub für die Verkaufsbestände
- Organisation und Technik der Warenanlieferung
- Warenannahme und Eingangskontrolle
- wegoptimale und griffgünstige Aufstellung der Verkaufsregale
- platzsparende Unterbringung der Zugriffsreserven
- Nachfüllen der Verkaufsregale durch eigene Mitarbeiter oder externe Regalpfleger (*Rack Jobber*)
- Organisation von Waren- und Datenfluß im Kassenbereich
- Erfassung der Verkäufe und Aufträge am *Point of Sales* (POS)
- Entsorgung von Leergut, Ladungsträgern, Verpackungsmaterial und zurückgegebenen Waren
- Organisation eines Zustelldienstes für die Kunden

Zeitaufnahmen und Analysen des Mitarbeitereinsatzes in Kaufhäusern und Handelsmärkten zeigen, daß hier oft 30 % bis 40 % der Zeit auf logistische Tätigkeiten entfällt. Zusätzliche Zeit wird für administrative Tätigkeiten und das Kassieren benötigt. Der eigentliche Verkauf und die Kundenberatung erscheinen dagegen mit einem Zeitanteil von weniger als 35 % nachrangig. Diese typischen Kennzahlen zeigen die Potentiale, die in der Logistik der Verkaufsstellen bestehen. Darüber hinaus steht die Verkaufsstellenlogistik in enger Wechselwirkung mit der gesamten Unternehmenslogistik (s. *Abschnitt 20.12*).

### 4. Logistikberatung

Als typische Querschnittsfunktion muß die Unternehmenslogistik die Durchgängigkeit der Logistikprozesse von den Vorlieferanten bis zu den Endkunden organisieren, kontrollieren und sichern. Sie kann und soll jedoch nicht in allen Abschnitten der Liefer- und Produktionsketten operativ tätig und auch nicht in allen Bereichen, in denen logistische Aufgaben anfallen und Fragen zu lösen sind, verantwortlich sein (s. *Abschnitt 2.9*).

In den Bereichen, die außerhalb der Verantwortung der Unternehmenslogistik liegen, muß die Unternehmenslogistik jedoch *logistische Fachberatung* und Unterstützung anbieten. Diese umfassen:

- Beratung des Verkaufs und der Kunden in allen Fragen der Belieferung, wie Lieferzeiten, Lieferfrequenzen, Anliefertermine und Disposition von Nachschub und Beständen (ECR und CRP)
- Unterstützung des Vertriebs bei Verhandlungen mit Kunden über *Logistikkonditionen* und *Logistikrabatte*

- Logistische Beratung des Vertriebs bei der Festlegung von *Verkaufsstandorten* und *Vertretungsgebieten* und bei der Organisation der *Vertretertouren*
- Beratung des Einkaufs bei Verhandlung und Festlegung der Beschaffungsketten
- Beratung der Lieferanten bei Aufbau und Optimierung der Belieferungsketten, insbesondere bei Aufbau einer neuen Lieferbeziehung und bei Einführung neuer Produkte
- Entwicklung von logistischen Standardbedingungen für Einkauf und Verkauf
- Kalkulation von Logistikkosten und Unterstützung der Preiskalkulation
- Logistische Beratung der Unternehmensleitung bei der Vorbereitung und Durchführung von Kooperationen und Akquisitionen

Der eigene Logistikbereich eines Unternehmens kann nicht für alle diese Aufgaben und Fragen permanent besetzt sein und muß daher bei Bedarf logistisch kompetente Unternehmensberatungen hinzuziehen.

# Teil 2

# Netzwerke, Systeme und Lieferketten

# 15 Logistiknetzwerke und Logistiksysteme

Das Logistiknetz jedes Unternehmens ist Teil eines weltumspannenden Netzwerks, das von den Logistiksystemen der Speditionen, Verkehrsbetriebe, Eisenbahnen, Luftfahrtgesellschaften, Schiffahrtslinien und anderer Unternehmen aufgespannt wird. Das globale Logistiknetzwerk hat viele Eigentümer und Benutzer. Es dient unterschiedlichen Zwecken und Interessen.

Zentrale Aufgaben des *Netzwerkmanagements* sind die Abgrenzung des unternehmenseigenen Logistiknetzes und die Regelung der Beziehungen zu den Netzen der Lieferanten, Kunden und Logistikdienstleister. Die Unternehmenslogistik muß entscheiden, welche der geschäftsbedingten Logistikaufgaben den Lieferanten und Kunden überlassen, welche in eigener Regie ausgeführt oder zugekauft und welche als komplette Leistungspakete an *Systemdienstleister* vergeben werden. Die Grenzen des eigenen Logistiknetzwerks hängen davon ab, wie das Unternehmen seine *Kernkompetenzen* definiert und welche Bedeutung die Logistik für das Erreichen der Unternehmensziele hat. Im Extremfall, wie z. B. in der Automobilindustrie, erstreckt sich das Netzwerkmanagement von den Kunden der Kunden bis zu den Lieferanten der Lieferanten (s. *Abb. 1.15* und *Abb. 15.4*).

Die *Kernaufgaben der Unternehmenslogistik* sind daher:

1. Für die benötigten Logistikleistungen sind *Logistiksysteme* so zu gestalten, zu dimensionieren, zu organisieren, zu realisieren, zu betreiben oder zu beschaffen, daß sie die *Leistungsanforderungen* bei Einhaltung der *Restriktionen* kostenoptimal erfüllen.
2. Die einzelnen Logistiksysteme sind so zu einem leistungsfähigen *Logistiknetzwerk* zu verknüpfen und die verfügbaren Ressourcen so zu disponieren, daß die *Auftrags-* und *Logistikprozesse* des Unternehmens optimal ablaufen.

Für diese Doppelaufgabe der Unternehmenslogistik wurden im *Teil 1* die *Grundlagen* und *Strategien* sowie die allgemeinen organisatorischen, technischen und kommerziellen *Handlungsmöglichkeiten* dargestellt. Im nachfolgenden *Teil 2* werden die Auslegung, Dimensionierung und Optimierung der *Lager-*, *Kommissionier-* und *Transportsysteme* behandelt, Verfahren zur Auswahl *optimaler Lieferketten* und zur Gestaltung von *Logistiknetzwerken* entwickelt und hieraus das Vorgehen zum erfolgreichen *Einsatz von Logistikdienstleistern* abgeleitet.

## 15.1 Intralog, Extralog und Interlog

Ein Logistiknetzwerk ist eine Anzahl von Quellen und Senken, die durch Transportsysteme miteinander verbunden sind (s. *Abb. 1.3*). Das Logistiknetzwerk wird von Waren-, Güter- und Personenströmen durchlaufen, die durch Informations- und Datenströme ausgelöst, gesteuert und kontrolliert werden.

Analog zur Unterscheidung zwischen dem *Intranet*, dem *Extranet* und dem *Internet* der Informations- und Kommunikationsnetzwerke lassen sich die Logistiknetzwerke nach den in *Tabelle 15.1* aufgeführten Merkmalen einteilen in *Intralog-*, *Extralog-* und *Interlog-Netze*:

- *Intralog-Netze* sind die innerbetrieblichen Logistiknetzwerke innerhalb der einzelnen Betriebsstätten eines Unternehmens.
- *Extralog-Netze* sind die außerbetrieblichen Logistiknetzwerke zwischen den Betriebsstätten der Unternehmen.
- *Interlog-Netze* sind die Logistiknetze aller Unternehmen und Wirtschaftsteilnehmer.

| | Intralog | Extralog | Interlog |
|---|---|---|---|
| **Merkmale** | | | |
| Abgrenzung | Innerbetriebliches Logistiknetzwerk einer Betriebsstätte | Außerbetriebliches Logistiknetzwerk eines Unternehmens | Unternehmensübergreifende Logistiknetzwerke mit vielen Teilnehmern |
| Betriebsstandorte | einer | mehrere | viele |
| Vernetzung | gering | mittel | hoch |
| Logistikketten | innerbetrieblich | zwischenbetrieblich | überbetrieblich |
| Quellen | Wareneingang<br>Produktionsstellen | Lieferanten<br>andere Betriebsstätten | Unternehmen<br>Haushalte |
| Senken | Verbrauchsstellen<br>Warenausgang | Kunden<br>andere Betriebsstätten | Unternehmen<br>Haushalte |
| Teilsysteme | Maschinensysteme<br>Lagersysteme<br>Kommissioniersysteme<br>Förder- und Transportsysteme | Beschaffungssysteme<br>Distributionssysteme<br>Entsorgungssysteme<br>Intramodale Transportsyteme | Intralog-Systeme<br>Extralog-Systeme<br>Verkehrssysteme<br>Speditionssysteme |
| **Betreiber** | | | |
| Betriebsstätten | Unternehmen | Dienstleister | Dienstleister |
| Betriebsmittel | Unternehmen/Dienstleister | Unternehmen/Dienstleister | Dienstleister |
| Trassennetz | Unternehmen | Verkehrsbetriebe/Staat | Verkehrsbetriebe/Staat |
| Transportmittel | Unternehmen/Dienstleister | Unternehmen/Dienstleister | Dienstleister |

**Tab. 15.1** Merkmale der Logistiknetzwerke

Unternehmen: Industrie- und Handelsunternehmen
Dienstleister: Logistikdienstleister, Speditionen, Umschlagbetriebe usw.
Verkehrsbetriebe: Eisenbahnen, Schiffahrtsgesellschaften, Luftfahrtgesellschaften
Haushalte: Privathaushalte, Gastronomie, Verwaltungen, Krankenhäuser u.a.

Logistiknetzwerke sind Systeme mit vielfacher Funktion, die sich aus Teil- und Subsystemen mit nur einer oder wenigen Funktionen zusammensetzen.

Das *Interlog-Netz* besteht aus den Logistiknetzwerken der Industrie- und Handelsunternehmen, der Dienstleister und der Verkehrsbetriebe. Das Logistiknetzwerk eines Unternehmens setzt sich zusammen aus den Intralog-Netzen der einzelnen Betriebsstätten, die sich von den Eingängen zu den Ausgängen erstrecken, und dem Extralog-Netz, das von den Lieferanten über die Betriebsstätten bis zu den Kunden oder Abnehmern des Unternehmens reicht. *Subsysteme* des *Extralog-Netzes* sind die Beschaffungs- oder Versorgungssysteme der Betriebe, die Distributions- oder Verteilsysteme für die Fertigwaren und die Entsorgungssysteme für Produktions- und Verpackungsreste. *Teilsysteme* des *Intralog-Netzes* sind die Maschinensysteme, Lagersysteme, Kommissioniersysteme, Bereitstellsysteme, Umschlagsysteme und innerbetrieblichen Transportsysteme. *Intralog* oder *Intralogistik* sind inzwischen gängige Bezeichnungen für die innerbetriebliche Logistik.

## 15.2 Systemaufbau und Systemhierarchien

Jedes System besteht aus Systemelementen und einer System- oder Prozeßsteuerung. Die Systemelemente sind so miteinander verbunden und ihre Funktionen werden von der Prozeßsteuerung so koordiniert, daß die Aufträge vom System korrekt und zuverlässig ausgeführt werden.

Die Systemelemente können *Leistungsstellen*, *Teilsysteme*, *Subsysteme* oder *Maschinensysteme* sein, die ihrerseits wieder aus Systemelementen zusammengesetzt sind. Hieraus resultiert eine *Hierarchie der Systeme* [233]:

1. *Logistiknetzwerke* setzen sich zusammen aus den
2. *Extralog-Netzen* und *Intralog-Netzen* der Unternehmen, die aus
3. *Lager-*, *Kommissionier-*, *Umschlag-* und *Transportsystemen* aufgebaut sind, die aus
4. *Teil- und Subsystemen* bestehen, deren Elemente
5. *Leistungsstellen* sind, die *Räume*, *Betriebsmittel* und *Personen* umfassen, oder
6. *Maschinensysteme*, die aus *Teilen*, *Komponenten* und *Modulen* zusammengesetzt sind.

In abstrakter Form zeigt *Abb. 1.5* die Auflösung eines Logistiknetzwerks in einzelne Logistiksysteme oder eines Logistiksystems in einzelne Leistungsstellen und Subsysteme. Aus der Systemhierarchie resultiert eine *Steuerungshierarchie* für die Systemsteuerung. *Abb. 18.6* zeigt beispielsweise die *Ebenen* der hierarchisch aufgebauten Steuerung eines Transportsystems.

Die weitere Auflösung der Teile, Komponenten und Module in ihre Elemente und die Fortsetzung der Systemhierarchie nach unten ist nicht mehr Aufgabe der Logistik sondern anderer Fachdisziplinen, wie die Fördertechnik, der Fahrzeugbau, der Schiffbau, der Flugzeugbau und der Maschinenbau, die auf die Konstruktion und Herstellung der betreffenden technischen Anlagen und Maschinensysteme spezialisiert sind (s. *Abschnitt 3.10*).

Die Hierarchie der Systeme, der Systemaufbau aus Subsystemen und Elementen und die Verkopplung der Systemebenen durch eine hierarchisch aufgebaute Systemsteuerung sind der Schlüssel für die anforderungsgerechte Gestaltung, Dimensionierung und Optimierung der Logistiksysteme und für ein erfolgreiches Netzwerkmanagement. Dabei ist zu unterscheiden zwischen der *horizontalen Vernetzung* von Systemen in der gleichen Hierarchieebene und der *vertikalen Vernetzung* zwischen Systemen unterschiedlicher Hierarchieebenen.

Von anderen horizontal vernetzten Systemen der gleichen Ebene und aus den höheren Hierarchieebenen, mit denen ein System vertikal vernetzt ist, resultieren die *Aufträge* und *Leistungsanforderungen* an das System. Die unterlagerten Hierarchieebenen bestimmen das *Leistungsvermögen* des Systems und erhalten ihre Aufträge aus übergeordneten Systemen.

## 15.3 Leistungsanforderungen und Leistungsvermögen

Maßgebend für die Planung und den Aufbau eines neuen Systems ebenso wie für die Bewertung vorhandener Systeme sind die *Leistungsanforderungen*. Die Leistungsanforderungen resultieren aus der Anzahl und dem Inhalt der *Aufträge*, die Betreiber oder Benutzer dem System erteilen:

- Die Aufträge an das System spezifizieren die *Menge*, die *Beschaffenheit*, die *Qualität* und den *Bedarfszeitpunkt* der geforderten Produkte und Leistungen.

Aufträge an Logistiksysteme sind *Beförderungsaufträge*, *Transportaufträge*, *Lageraufträge*, *Kommissionieraufträge* und *Lieferaufträge*.

Aus einem geforderten oder zu erwartenden *Auftragseingang* $\lambda_A$ [Auf/PE] pro Periode PE und einem mittleren *Auftragsinhalt* $m_A$ [LE/Auf] von *Leistungs- oder Logistikeinheiten* LE resultiert ein *Leistungs- oder Mengendurchsatz*

$$\lambda_{LE} = m_A \cdot \lambda_A \qquad [LE/PE]. \qquad (15.1)$$

Aus einem zeitabhängigen Auftragseingang $\lambda_A(t)$ ergibt sich eine Zeitabhängigkeit des Leistungs- und Mengendurchsatzes $\lambda_{LE}(t)$. Aus einem stochastischen Auftragseingang folgt ein stochastisch schwankender Durchsatz.

Zeitabhängige und stochastisch schwankende Durchsatzanforderungen führen zu Auftragsbeständen oder zu Warenbeständen, für die das System eine ausreichende *Pufferkapazität* bieten muß. Zusätzlich hat die *Auftragsdisposition* die Möglichkeit, einen Teil der geforderten oder geplanten Liefermengen vor dem Lieferzeitpunkt auszuführen und auf Lager zu fertigen. Aus den *dynamischen Durchsatzanforderungen* an ein Logistiksystem und den *Strategien* der Auftrags- und Bestandsdisposition ergibt sich der *Kapazitätsbedarf*, das heißt die *statische Leistungsanforderung* an die Lager- und Pufferkapazität des Systems.

Den *Leistungsanforderungen*, die festlegen, was ein gesuchtes oder vorhandenes System unter welchen Bedingungen *leisten soll*, steht das *Leistungsvermögen* gegenüber, das angibt, was ein bestimmtes System unter gegebenen Bedingungen *leisten kann*.

Das *dynamische Leistungsvermögen* eines Leistungs- oder Logistikystems ist gegeben durch die maximalen *Durchsatzwerte* oder *Grenzleistungen* $\mu_{LE}$ [LE/PE] der Leistungs- und Logistikeinheiten, für die das System ausgelegt ist. Das *statische Leistungsvermögen* eines Logistiksystems ist die *Puffer- und Lagerkapazität* $C_{LE}$ [LE], das heißt die maximale Anzahl von Logistikeinheiten, die im System gepuffert oder gelagert werden kann.

Das Leistungsvermögen eines Systems wird bestimmt vom *Leistungsvermögen der Systemelemente*, von der *Systemstruktur* und von den *Betriebsstrategien*, nach denen die Aufträge disponiert und ausgeführt werden. Außer von diesen *systeminternen Einflußfaktoren* hängt das Leistungsvermögen des Systems von *externen Einflußfaktoren* ab, wie die Größe und Struktur der Aufträge und die Stochastik und zeitliche Veränderlichkeit des Auftragseingangs. Die internen und externen Einflußfaktoren müssen für die Disposition und Optimierung eines bestehenden Systems ebenso bekannt sein wie für die Planung und Realisierung eines neuen Systems.

## 15.4 Systemplanung und Systemoptimierung

Aufgabe der *Systemplanung* ist die Entwicklung eines Systems, das die gestellten *Leistungsanforderungen* bei gegebenen *Randbedingungen* zu minimalen *Leistungskosten* erfüllt. Die *Systemoptimierung* hat die Aufgabe, die Leistungskosten eines vorhandenen Systems zu senken oder das Leistungsvermögen des Systems zu verbessern.

Die *Leistungskosten* $k_{LE}$ [€/LE] sind die *Betriebskosten* $K(\lambda_{LE})$ [€/PE] in einer Periode PE (PE = Tag, Woche, Monat oder Jahr) bezogen auf die erbrachte *Systemleistung* $\lambda_{LE}$ [LE/PE]:

$$k_{LE} = K(\lambda_{LE}) / \lambda_{LE} \qquad [€ / LE]. \qquad (15.2)$$

Wenn ein System mehrere *Leistungsarten* mit den *Leistungseinheiten* $LE_i$ und dem Durchsatz $\lambda_{LEr}$ [LEi/PE] erbringt, müssen die Gesamtbetriebskosten $K(\lambda_{LE1};\lambda_{LE2};\ldots;\lambda_{LEn})$ nutzungsgemäß in eine Summe $K = \Sigma K_R(\lambda_{LEr})$ *partieller Betriebskosten* $K_R(\lambda_{LEr})$ aufgeteilt und aus diesen nach Beziehung (15.2) die *partiellen Leistungskosten* $k_{LEr}$ kalkuliert werden (s. *Abschnitt 6.10.5*).

Die Betriebskosten werden im wesentlichen bestimmt von den Abschreibungen, Zinsen und Wartungskosten für Gebäude, Maschinen, Anlagen und Betriebsmittel, vom Personalbedarf und vom Material-, Energie- und Treibstoffeinsatz. Sie setzen sich zusammen aus *fixen Kosten* $K_{fix}(\mu_{LE})$, die unabhängig vom Leistungsdurchsatz anfallen, und *variablen Kosten* $K_{var}(\lambda_{LE})$, die vom Leistungsdurchsatz abhängen. Die Fixkosten hängen vom Mechanisierungsgrad und vom Leistungsvermögen $\mu_{LE}$ [LE/PE] des Systems ab (s. *Kapitel 6* und *7*).

Wenn die *Systemauslastung*

$$\rho = \lambda_{LE} / \mu_{LE} \qquad [\%] \qquad (15.3)$$

im Verlauf der Zeit absinkt, steigen die Leistungskosten infolge des hohen Fixkostenanteils. Das System ist dann entweder überdimensioniert oder wegen stark schwankender Leistungsanforderungen zur *Vorhaltung von Spitzenkapazität* gezwungen.

Aus diesem betriebswirtschaftlichen Zusammenhang folgt für die Systemplanung und Optimierung das *Verfahren der stufenweisen Annäherung*:

1. Das System ist zunächst unter Annahme eines *stationären Auftragseingangs* ohne stochastische Schwankungen so auszulegen, zu dimensionieren und zu optimieren, daß es den mittleren Leistungsdurchsatz, der für einen vorgegebenen Planungszeitraum zu erwarten ist, mit ausreichenden Leistungsreserven erfüllen kann.
2. Aus den Systemen, die den *stationären Leistungsanforderungen* genügen, werden nach den in *Abschnitt 6.10* beschriebenen Verfahren die wirtschaftlichsten Lösungen ausgewählt.
3. Für die wirtschaftlichsten Lösungen werden die Auswirkungen eines *zeitlich veränderlichen* Auftragseingangs und Leistungsbedarfs untersucht, die Betriebsstrategien und das Leistungsvermögen dem Bedarf zur *Spitzenstunde des Spitzentags* der Planungsperiode angepaßt und erneut die Investitionen und Ertragswerte kalkuliert.
4. Die danach verbleibende wirtschaftlichste Lösung wird unter Berücksichtigung der zu erwartenden *stochastischen Schwankungen* von Auftragseingang und Leistungsbedarf einer *Funktions- und Leistungsanalyse* unterzogen, die in *Abschnitt 13.7* beschrieben ist. Mit den hieraus eventuell notwendigen Veränderungen resultiert die technisch und wirtschaftlich *optimale Systemlösung*.

Dieses Vorgehen entspricht dem in der Physik bekannten *Verfahren der stufenweisen Störungsrechnung*. Danach läßt sich ein mathematisch nicht explizit lösbares Problem durch schrittweise Annäherung mit zunehmender Genauigkeit lösen: Im ersten Schritt wird unter Vernachlässigung von Störungseinflüssen höherer Ordnung zunächst eine Lösung für die Haupteinflußfaktoren errechnet. Die weiteren Einflüsse werden in den nächsten Berechnungsschritten in der Reihenfolge ihrer Bedeutung berücksichtigt. Das Störungsverfahren führt am Ende mit der benötigten Genauigkeit zur gesuchten Lösung.

Entsprechend dem hierarchischen Aufbau der Logistiksysteme lassen sich Systemplanung und Systemoptimierung auf allen Hierarchieebenen, also für die Netzwerke, die Logistiksysteme und deren Subsysteme, nach dem in *Abb. 15.1* dargestellten *iterativen Planungs- und Optimierungsverfahren* durchführen.

Nach einer Erfassung der Leistungsanforderungen und Planungsgrundlagen führt das Verfahren über eine Analyse und Bewertung der vorhandenen oder der zur Auswahl stehenden Liefer- und Leistungsketten und Systemvarianten zur Konzeption einer Systemlösung, die den gestellten Anforderungen genügt.

Am schnellsten zum Ziel führen dabei die *Systemplanungsgrundsätze*:

- ▶ Erst die Liefer- und Leistungsketten analysieren und auswählen, danach die zur Realisierung der benötigten Liefer- und Leistungsketten erforderlichen Strukturen und Netzwerke gestalten und optimieren.
- ▶ Auf die Entwicklung der Netzwerke und Systeme folgt die Gestaltung der Auftragsprozesse und der Daten- und Informationsflüsse zur Disposition, Auslösung, Steuerung und Kontrolle von Auftragsdurchführung und Warenfluß.

**Abb. 15.1** Planung und Optimierung von Systemen

Für Logistiknetzwerke sind die Teilsysteme einzelne Logistiksysteme, wie Lager-, Kommissionier-, Umschlag- und Transportsysteme.

Für Logistiksysteme sind die Teilsysteme einzelne Leistungsstellen, Maschinensysteme, Förderanlagen und Regalbediengeräte.

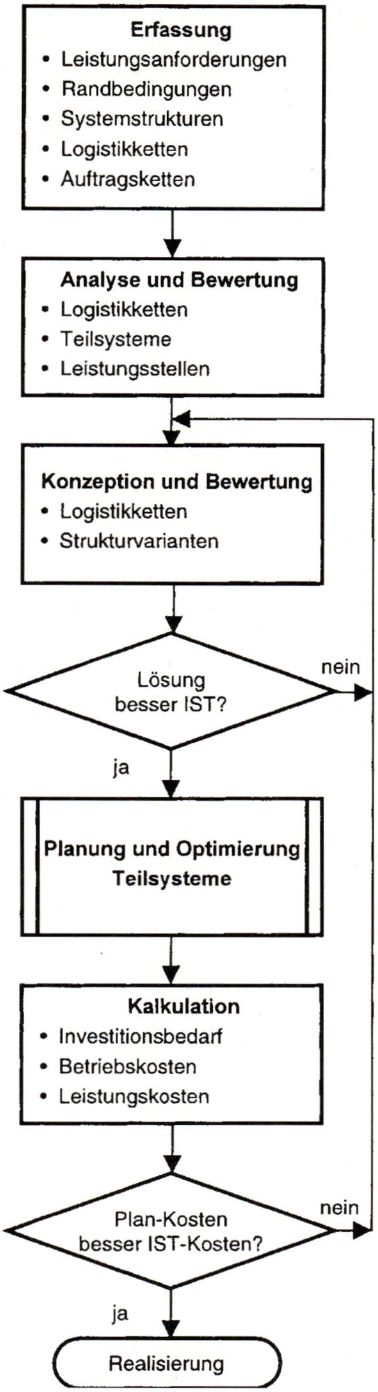

- Der Aufbau, die Erfordernisse und die Strategien von Netzwerk, Auftragsprozessen, Lieferketten und Logistiksystemen bestimmen die Anforderungen an die DV-Systeme, wie APS, ERP, PPS, WWS, TLS und LVS.

Die oftmals begrenzten Funktionalitäten der Standardsoftware dürfen nicht die Ausschöpfung der Potentiale verhindern und die Handlungsmöglichkeiten der Logistik einschränken [234; 235; 236].

Wenn die entwickelte Lösung die Leistungsanforderungen gegenüber dem IST-Zustand nicht zu deutlich reduzierten Kosten erbringen kann, müssen die zunächst als vorgegeben angenommenen unterlagerten Systeme optimiert oder neu geplant werden.

Die Planung und Optimierung der Teilsysteme verläuft wie ein *Unterprogramm* analog zu dem Vorgehen in der überlagerten Hierarchieebene. Das kann entsprechend wieder die Neuplanung und Optimierung leistungsbegrenzender, funktionskritischer oder kostenbestimmender Leistungsstellen, Maschinensysteme oder Elemente erforderlich machen.

Nach diesem iterativen Verfahren werden in den folgenden Kapiteln die Lager-, Kommissionier- und Transportsysteme analysiert und Formeln zur Berechnung des Leistungsvermögens aus den Grenzleistungen ihrer Elemente hergeleitet. Für Lager- und Kommissioniersysteme, deren Aufbau und Struktur von den Kapazitäts- und Durchsatzanforderungen geprägt ist, wird zuerst eine *statische Dimensionierung* und danach eine *dynamische Dimensionierung* durchgeführt, deren Ergebnisse am Ende aufeinander abzustimmen sind. Für ausgewählte Systemlösungen und typische Beispiele aus der Planungspraxis werden die Auswirkung der Einflußfaktoren auf das Leistungsvermögen und die Leistungskosten berechnet.

Die Ergebnisse der Systemanalyse auf der *Ebene der Logistiksysteme* gehen auf der *Ebene der Logistiknetzwerke* in die Auswahl und Optimierung der Liefer- und Leistungsketten und in die Gestaltung der Intralog- und Extralog-Netzwerke ein.

Auf allen Ebenen der Logistiksysteme gelten auch bei komplex erscheinender Aufgabenstellung folgende *Planungs- und Gestaltungsprinzipien* [7; 10]:

- *Einfachheitsprinzip*: Die einfachste Lösung mit den kürzesten Liefer- und Leistungsketten, der kleinsten Anzahl von Parallelsystemen und der geringsten Automatisierung ist häufig auch die beste und wirtschaftlichste Lösung. Sie setzt den Maßstab für alle anderen möglichen Lösungen.
- *Entkopplungsprinzip*: Ein Gesamtsystem ist so auszulegen und zu dimensionieren, daß Rückstaus und Rückkopplungen der Teil- und Subsysteme im Normalbetrieb unwahrscheinlich sind. Bei Einhaltung des Entkopplungsprinzips lassen sich die voneinander entkoppelten Teil- und Subsysteme jeweils für sich gestalten und optimieren.
- *Näherungsprinzip*: Die mathematischen Formeln und Algorithmen zur Dimensionierung und Optimierung brauchen nicht genauer zu sein als die Eingabewerte, die Planungsgrundlagen und die Leistungsanforderungen.

Übermäßig komplizierte Systeme mit eng verkoppelten Teilsystemen und Elementen sind nicht mehr beherrschbar und störungsanfällig. Sie lassen sich auch mit Hilfe noch so genauer Berechnungs- und Simulationsverfahren nicht entscheidend verbessern.

Zwei weitere Grundsätze für die Systemgestaltung und Optimierung folgen daraus, daß der Transport, das Lagern und der Umschlag der Waren und Güter wesentlich aufwendiger und teurer sind als der Austausch, das Speichern und die Verarbeitung von Daten und Informationen. Auf der Ebene der innerbetrieblichen Logistiksysteme gilt daher der Grundsatz der

▶ *Dominanz des Warenflusses*: Primär bestimmt der Material- und Warenfluß das Logistiksystem und nicht der Informations- und Datenfluß.

Auf der Ebene der Logistiknetzwerke gilt der Grundsatz der

▶ *Dominanz der Logistikketten*: Die operativen Liefer- und Leistungsketten und nicht die administrativen Auftragsketten bestimmen die Struktur des Logistiknetzwerks eines Unternehmens.

Jede Auftragskette mündet nach dem Durchlaufen administrativer Leistungsstellen an einer *Umwandlungsstelle* in eine operative Liefer- und Leistungskette, in der die physische Ausführung des Auftrags beginnt. Die Umwandlungsstelle ist die in *Abschnitt 8.6* beschriebene und in *Abb. 8.1* dargestellte *Entkopplungsstelle* zwischen dem anonymen und dem auftragsspezifischen Abschnitt der betreffenden Logistikkette.

## 15.5 Optimierter Istzustand und optimale Lösung

Für die Systemplanung und die Verbesserung der Unternehmenslogistik bestehen zwei extreme *Lösungsmöglichkeiten*:

- *Optimierter Istzustand*: Innerhalb der vorhandenen Strukturen werden an den bestehenden Standorten mit minimaler Investition primär durch organisatorische Maßnahmen, Optimierung der Prozesse und verbesserte Betriebsstrategien die Kosten gesenkt und die Leistungsfähigkeit den erwarteten Anforderungen angepaßt.
- *Optimale Lösung auf grüner Wiese*: Nach grundlegender Neugestaltung der Prozesse und Strukturen werden an optimalen Standorten neue Betriebe aufgebaut, die frei von den Restriktionen der alten Standorte optimal geplant und mit modernster Technik ausgestattet sind.

Die optimale Lösung auf grüner Wiese sollte stets mit dem optimierten Istzustand und nicht nur mit dem meist unzulänglichen Ausgangszustand verglichen werden. Häufig lassen sich bereits durch eine Optimierung der bestehenden Abläufe und Systeme mit geringen Investitionen die Kosten soweit senken und die Leistungsfähigkeit so verbessern, daß der Unterschied zur vollständig neuen Lösung auf grüner Wiese wirtschaftlich nicht mehr attraktiv ist.

Wenn die Gebäude und Anlagen an den vorhandenen Standorten bereits abgeschrieben sind, trotzdem aber weiter genutzt werden können, sind die Fixkosten für den optimierten Istzustand in der Regel erheblich geringer als für die Lösung auf grüner Wiese. In diesen Fällen übertrifft die Fixkostendifferenz häufig die mit einer Lösung auf grüner Wiese erreichbaren Einsparungen der variablen Betriebskosten. Dann ist die langfristig optimale Lösung auf grüner Wiese nur in wirtschaftlich vertretbaren Aufbauschritten erreichbar.

Auch wenn die Lösung auf grüner Wiese nicht sofort realisierbar oder gegenwärtig unwirtschaftlich ist, sollte ein Unternehmen diese Lösung kennen. Aus der Kenntnis der optimalen Lösung auf grüner Wiese resultieren die analytischen *Benchmarks*, an denen sich die Unternehmenslogistik in den bestehenden Strukturen und Betrieben zu messen hat. Außerdem muß die Struktur- und Standortentwicklung langfristig an der optimalen Lösung auf grüner Wiese ausgerichtet werden (s. *Abschnitt 4.5.3*).

## 15.6 Dynamische Netzwerke

Handlungsfelder der praktischen Logistik und Untersuchungsgegenstand der theoretischen Logistik sind die Logistiknetze und die in ihnen ablaufenden Objektbewegungen. Die Logistiknetze bestehen aus *Stationen*, in denen *materielle Objekte* erzeugt, be- und verarbeitet, gelagert, umgeschlagen, umgelenkt und bereitgestellt werden, und einem Geflecht von *Verbindungswegen*, auf denen Transportmittel verkehren und die Objekte zwischen den Stationen befördern.

Die Objekte der Logistik sind Rohstoffe, Halbfertigwaren, Fertigprodukte, Handelswaren, Pakete, Briefe, Lebewesen und Personen. Immaterielle Objekte, wie Informationen, Aufträge oder andere Daten, sind kein unmittelbarer Gegenstand der Logistik. Sie werden benötigt zum Auslösen und Kontrollieren der Prozesse in den Logistiknetzen.

In der Theorie wurden die Objektströme lange Zeit als stationär und die Logistiknetze als unveränderlich angesehen. Nur langsam wird auch die Dynamik der Logistiknetze in der Theorie berücksichtigt [295]. Die Unabhängigkeit der Konsumenten, die Entwicklung der Technik und die laufenden Veränderungen des Bedarfs verursachen stochastische Schwankungen und systematische Veränderungen der Ströme. Die Dynamik der Ströme bewirkt Veränderungen der Logistiknetze. Das Anschwellen, die Verlagerung und das Absinken der Ströme erzwingen kurzfristig Anpassungen der *Netzwerkkapazitäten*, das heißt des Leistungs-, Durchsatz- und Speichervermögens der Stationen und Verbindungen, und langfristig Veränderungen der *Netzstruktur*, also der Standorte der Stationen, der Verbindungswege und ihrer Vernetzung.

Die Erforschung der Gesetzmäßigkeiten dynamischer Netzwerke, der Strukturen, der Prozesse und der dynamischen Strömungsgesetze, sowie die Entwicklung von Strategien und Handlungsmöglichkeiten zur Beherrschung, Gestaltung und Nutzung dynamischer Logistiknetze sind noch nicht weit fortgeschritten. Die Wechselwirkungen zwischen den Möglichkeiten und Grenzen der Technik, den organisatorischen und dispositiven Handlungsmöglichkeiten, dem Bedarf und den Rahmenbedingungen sowie den ökonomischen, humanitären und anderen Zielen und Zwängen sind immer noch nicht ausreichend bekannt.

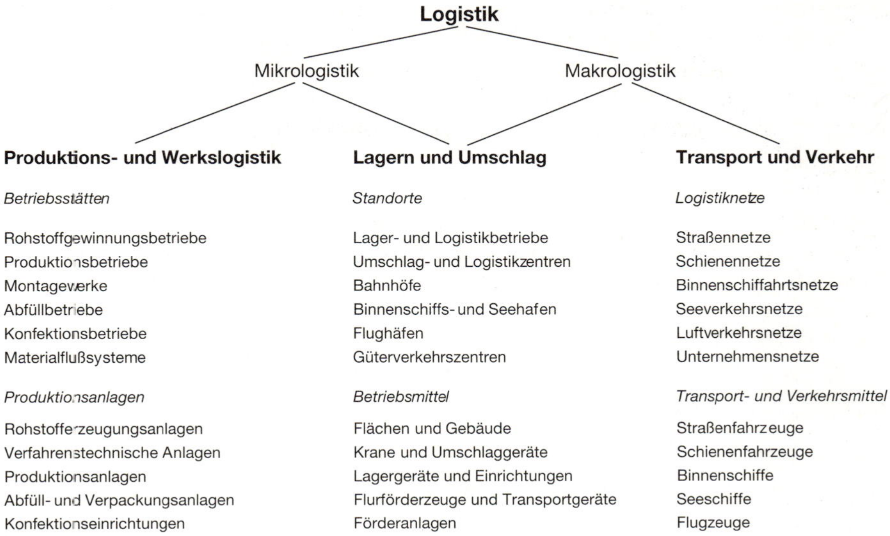


**Abb. 15.2** Untersuchungsbereiche und Handlungsfelder der Logistik

Wer sich in der Logistik zurechtfinden und auf dem wirtschaftlichsten Weg ans Ziel kommen will, muß sein Ziel kennen und sich ein klares Bild machen (*s. Abb. 15.2*). Er benötigt Pläne mit den Standorten, Knotenpunkten, Verbindungen und Entfernungen, braucht Verzeichnisse der Ressourcen, Kapazitäten und Grenzleistungen und verschafft sich einen Überblick über das logistische Leistungsangebot und die Leistungspreise. Diese Informationen liegen in einigen Bereichen der Logistik recht detailliert und vollständig vor, in anderen sind sie noch immer lückenhaft und ungenau.

Auf die Zielfestlegung, Bedarfserkundung und Informationsbeschaffung folgen das Analysieren, Segmentieren und Klassifizieren, darauf das Ordnen, Sortieren und Zuweisen und am Ende das Bündeln, Sichern und Zusammenfügen der ausgewählten Teile zu einer wirtschaftlichen Gesamtlösung. Dazu werden die Logistiknetze unter verschiedenen *Aspekten* betrachtet und klassifiziert. Die Aspekte und die *Klassifizierung* sind eine Frage der Zweckmäßigkeit und werden von den Zielen bestimmt.

Die theoretische Logistik ist wie die Architektur und die Informatik eine *Gestaltungswissenschaft*. Sie muß Antworten auf praktisch relevante Fragen geben und Lösungsverfahren für konkrete Probleme entwickeln. Aus dieser Aufgabe der theoretischen Logistik resultieren mehrere sinnvolle Aspekte und Klassifizierungen der Logistiknetzwerke.

### 1. Untersuchungsaspekte der Logistiknetze

Die Erforschung der Logistiknetzwerke ist besonders fruchtbar unter dem *Strukturaspekt* und unter dem *Prozeßaspekt* (s. *Kapitel 1*). Unter dem *Strukturaspekt*

**Abb. 15.3** Beispiel eines konstruierten Verkehrsnetzwerks
Straßennetz der Stadt Palmanova in Italien

wird erkundet, welche Netzstruktur für welche Anforderungen am besten geeignet ist. Daraus werden die *Strategien zur Strukturgestaltung* entwickelt. Wichtige Strukturkennzahlen zur Beurteilung der Effizienz eines Logistiknetzes sind der *Netzumwegfaktor*, von dem die Fahrweglängen und der Transportmittelbedarf abhängen, und der *Netznutzungsgrad*, der die Auslastung eines Netzwerks angibt und sich auf die Netzkostensätze auswirkt (*s. u.*).

Logistiknetze sind entweder *konstruierte Netze*, die nach Bedarf gestaltet sind und planmäßig realisiert werden, *chaotische Netze*, die unter dem Einfluß vieler Akteure historisch gewachsen sind, oder eine Kombination dieser beiden Netzarten. Ein schönes Beispiel eines konstruierten Netzes ist das in *Abb. 15.3* gezeigte spinnennetzartige Straßennetz der italienischen Stadt *Palmanova*. Andere Beispiele sind die rechtwinkligen Straßennetze von *Manhattan* oder *Mannheim*. Die meisten Verkehrsnetze – die Schienennetze, Wasserstraßennetze und Luftverkehrsnetze – sind chaotische Netze [320]. Die Logistiknetze der Unternehmen sind *kombinierte Netzwerke*.

Die Aufgabe der Unternehmenslogistik besteht darin, für die Leistungsanforderungen unter geschickter Nutzung und Ergänzung der vorhandenen und allgemein zugänglichen Netzwerke ein spezifisches Unternehmensnetzwerk aufzubauen. Dafür werden Auswahl- und Gestaltungsregeln benötigt. Das Ergebnis ist ein innerbetriebliches oder außerbetriebliches Transportnetz, Frachtnetz, Beschaffungsnetz oder Versorgungsnetz.

Unter dem *Prozeßaspekt* wird untersucht, welche Objekte nach welchen Gesetzmäßigkeiten durch die Stationen und Transportverbindungen fließen. Ziel ist herauszufinden, wie die Erzeugung und Lagerung in den Stationen und die Beförderung zwischen den Stationen zu organisieren und zu disponieren sind, um einen veränderlichen Bedarf kostenoptimal zu erfüllen. Ergebnisse sind Regeln und Strategien für die *dynamische Disposition* und zur *Auswahl optimaler Lieferketten* (s. *Kapitel 20*).

Andere Aspekte verbinden den Strukturaspekt und den Prozeßaspekt. Dazu gehört der *Planungsaspekt*, unter dem untersucht wird, wie sich ein Logistikbetrieb oder ein Logistiknetzwerk bedarfsgerecht planen und rationell realisieren lassen (s. *Kapitel 3*). Unter dem *ökonomischem Aspekt* werden die Investitionen, Betriebskosten und Leistungspreise der Logistik erkundet. Untersucht wird, wie sich die technischen und organisatorischen Handlungsmöglichkeiten einzelwirtschaftlich und gesamtwirtschaftlich auswirken (s. *Kapitel 6* und *7*). Unter dem *Funktionsaspekt* wird analysiert, welche Funktionen wie und wo am rationellsten ausgeführt und gebündelt werden können. Der *Technikaspekt* betrachtet die möglichen Beiträge der Technik zur Logistik (s. *Abschnitt 3.10*).

Nicht immer ausreichend berücksichtigt wird der *humanitäre Aspekt*, der den Einfluß des Menschen auf die Logistik und die Auswirkungen der Logistik auf die Menschen betrachtet (s. *Kapitel 23*), und der *ökologische Aspekt*, der die Folgen der Logistik für die Umwelt untersucht und daraus Beschränkungen für die Logistik herleitet [293; 294]. Besondere Aufmerksamkeit hat in der Logistik der *Qualitätsaspekt* gefunden. Unter diesem Aspekt wird untersucht, wie weit ein Logistikstandort, ein Versorgungsnetz oder ein Logistikdienstleister die Anforderungen, Erwartungen und Ansprüche der Auftraggeber, Kunden und Empfänger erfüllt und was sich machen läßt, um eine geforderte Qualität zu erreichen und zu sichern [294]. Weitere Aspekte der Logistik sind die makroökonomisch-volkswirtschaftliche Sicht der *Makrologistik* und die mikroökonomisch-betriebliche Sicht der *Mikrologistik*, die wiederum einen innerbetrieblichen und einen außerbetrieblichen Aspekt hat.

Die Erkenntnisse, die sich aus dem humanitären Aspekt, dem ökologischen Aspekt, dem Qualitätsaspekt und der Makrologistik ergeben, wirken sich auf die Gesetzgebung und damit auf den *juristischen Aspekt* der Logistik aus. Dieser findet sich im *Verkehrsrecht* und im *Wettbewerbsrecht*, aber auch in den gesetzlichen Bestimmungen zur Haftung und Gewährleistung, zum Outsourcing von Logistikbetrieben und zur Preisbildung auf den Logistikmärkten (s. *Kapitel 22*) [302].

In den nachfolgenden Kapiteln werden die technischen, organisatorischen, planerischen und wirtschaftlichen Aspekte der *Lagersysteme*, *Kommisioniersysteme* und *Transportsysteme* detailliert behandelt. Danach werden unter dem Prozeßaspekt und unter dem Strukturaspekt die außerbetrieblichen *Lieferketten und Logistiknetze* analysiert, die letztlich alle der Versorgung der Privathaushalte mit Konsum- und Gebrauchsgütern dienen (s. *Abb. 15.4*). Anschließend wird unter wirtschaftlichem Aspekt, unter Qualitätsaspekten und aus juristischer Sicht der *Einsatz von Logistikdienstleistern* betrachtet. Das letzte Kapitel *Menschen und Logistik* behandelt zusammenfassend den humanitären Aspekt der Logistik.

**2. Netzumwegfaktor**

Der Umwegfaktor der Transportverbindung zwischen zwei Stationen $S_i$ und $S_j$ eines Logistiknetzes ist das Verhältnis der *kürzesten Fahrweglänge* $l_{ij}$ zur *Luftwegentfernung* $d_{ij}$:

$$f_{ij\,umw} = l_{ij} / d_{ij}. \tag{15.4}$$

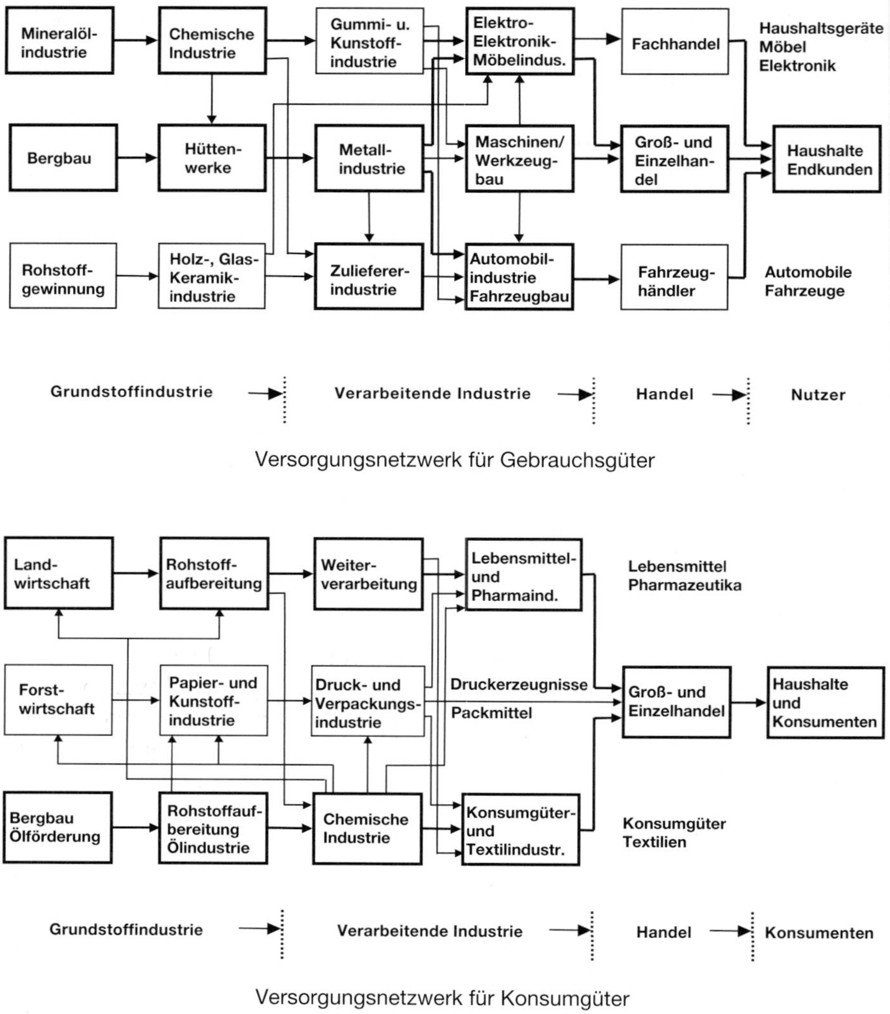


**Abb. 15.4** Versorgungsnetze und Lieferketten der Privathaushalte

Für eine Direktverbindung auf dem Luftweg ist der Umwegfaktor 1. Für einen Verbindungsweg über den Rand eines Quadrats, dessen Ecken die beiden Stationen sind, ist der Umwegfaktor $\sqrt{2} = 1{,}41$. Bei Wasserwegen über Flüsse und Kanäle oder bei kleinen Landstraßen kann der Umwegfaktor nach größer sein.

Eine wichtige Strukturkennzahl eines Logistiknetzes mit insgesamt n kürzesten Verbindungen zwischen den Stationen ist der

- *ungewichtete Netzumwegfaktor*

$$f_{\mathrm{ij\,umw}} = (1/\mathrm{n}) \cdot \sum_{\mathrm{i,j}} l_{\mathrm{ij}} / d_{\mathrm{ij}}. \qquad (15.5)$$

Gibt es zwischen je zwei von insgesamt N Stationen jeweils nur einen kürzesten Weg, ist $n \leq N(N-1)/2$.

Der ungewichtete Netzumwegfaktor des deutschen Hauptverkehrstraßennetzes ist rund 1,23. Das ist recht genau der Mittelwert des minimalen Umwegfaktors 1 und des Umwegfaktors 1,41 eines Quadrats.

Die Weglängen und die Nutzung der Stationsverbindungen durch die Transportströme $\lambda_{ij}$ berücksichtigt der

- *gewichtete Netzumwegfaktor*

$$f_{ijumw} = \sum_{i,j} (l_{ij} \cdot \lambda_{ij}) \cdot (l_{ij} / d_{ij}) \Big/ \sum_{i,j} (l_{ij} \cdot \lambda_{ij}) \tag{15.6}$$

Ein ineffizientes Netz mit unnötig weiten Fahrwegen hat einen Netzumwegfaktor, der wesentlich größer ist als 1,2. Weite Fahrwege bewirken einen großen Transportmittelbedarf, lange Beförderungszeiten und hohe Kosten. Der Netzumwegfaktor läßt sich verringern durch *Wegbegradigungen*, *Direktverbindungen* und *Abkürzungen* für die längsten und am meisten genutzten Stationsverbindungen (s. *Abschnitt 18.3* und *18.9*).

### 3. Netznutzungsgrad

Der Nutzungs- oder Auslastungsgrad einer Verbindung zwischen zwei Stationen $S_i$ und $S_j$ eines Logistiknetzes ist das Verhältnis $\rho_{ij} = \lambda_{ij} / \mu_{ij}$ des aktuellen *Transportstroms* $\lambda_{ij}$ zur maximal möglichen Durchsatzleistung $\mu_{ij}$ der betreffenden Stationsverbindung. Ein Maß für die Nutzung eines Logistiknetzes mit insgesamt n Stationsverbindungen ist der

- *ungewichtete Netznutzungsgrad*

$$\rho_{Netz} = (1/n) \cdot \sum_{i,j} \lambda_{ij} / \mu_{ij}. \tag{15.7}$$

Ein partieller Transportstrom $\lambda_{ij}$ zwischen zwei Stationen $S_i$ und $S_j$ kann die maximale Durchsatzleistung, das heißt die *partielle Grenzleistung* $\mu_{ij}$ nur erreichen, wenn alle anderen Transportströme verschwinden, die auf ihrem Weg die gleichen Stationen und Knotenpunkte nutzen. Die partiellen Nutzungsgrade $\rho_{ij} = \lambda_{ij}/\mu_{ij}$ beeinflussen sich also wechselseitig. Der Netznutzungsgrad ist von der Höhe und von der Struktur der Strombelastung abhängig. Er kann sich auch im Verlauf der Zeit ändern. Für zyklisch wiederkehrende Belastungsstrukturen ist daher die Angabe des minimalen, mittleren und maximalen Netznutzungsgrads notwendig.

Die Frage nach den maximal möglichen Strömen in Netzwerken wird in der *Theorie der Graphen und Netzwerke* behandelt [11; 13; 71; 172; 173; 174]. Sie ist insbesondere Gegenstand der Arbeiten von *Ford-Fulkerson* [305]. Die Graphentheorie untersucht primär kontinuierliche stationäre Ströme und kaum stochastische oder dynamische Ströme. Die Ergebnisse sind für den mathematisch ungeschulten Logistiker schwer verständlich. Bisher ist es nicht gelungen, aus den Erkenntnissen der Graphentheorie allgemeine Konstruktionsprinzipien und Auswahlregeln für Logistiknetzwerke herzuleiten.

Zur Lösung praktischer Probleme sind andere Verfahren besser geeignet. Dazu gehören die *Grenzleistungs- und Staugesetze* [76; 79] (s. *Kapitel 13*), die *Bündelungs- und Ordnungsstrategien* [57] (s. *Kapitel 5*) sowie die daraus abgeleiteten pragmatischen Regeln für die Konstruktion, die Optimierung und den Betrieb von dynamisch belasteten Logistiknetzen. Nach dem *Entkopplungsprinzip*, dem *Einfachheitsgrundsatz* und dem *Subsidiaritätsprinzip* werden zunächst die Stationen und Transportverbindungen dem Bedarf entsprechend ausgewählt und dimensioniert. Anschließend werden die optimierten Systemelemente zu einem funktionsfähigen Gesamtsystem zusammengesetzt. Diese *Anfangslösung* kann danach weiter optimiert werden.

Der Netznutzungsgrad eines Logistiknetzes wird vom Leistungsvermögen weniger *Engpaßelemente* bestimmt. Deren begrenztes Durchlaßvermögen verhindert eine bessere Nutzung der anderen Stationen und Transportverbindungen. Das hat zur Folge, daß der Nutzungsgrad vieler Logistiknetze wesentlich kleiner als 1 ist.

### 4. Netzauslastung und Transportmittelbedarf

Ein besonderes Problem der Netzgestaltung und Netzoptimierung ist der *Zielkonflikt* zwischen der *Netzauslastung und den Netzkosten* einerseits und dem *Transportmittelbedarf und den Transportmittelkosten* andererseits [320]. So hat ein geringer Nutzungsrad eines reinen Transportnetzes hohe Netzkostensätze zur Folge (s. *Abschnitt 18.12*). Der Bau zusätzlicher Verbindungen und leistungsfähigerer Knotenpunkte reduziert bei gleichbleibendem Transportaufkommen den Gesamtnutzungsgrad und geht daher zu Lasten der Netzkostensätze.

Zwischen einer Reduzierung des Netzumwegfaktors zur Senkung der Transportmittelkosten und der damit verbundenen Verminderung des Netznutzungsgrads, der die Netzkosten erhöhen würde, besteht also ein Zielkonflikt, der sich nur im konkreten Einzelfall lösen läßt (s. *Abschnitt 18.12*).

# 16 Lagersysteme

In den Unternehmen und Logistikbetrieben gibt es zahlreiche Lager, die falsch geplant, nicht richtig dimensioniert oder falsch belegt sind. Indizien und Folgen sind *geringe Füllungsgrade*, *schlechte Flächen- und Raumnutzung*, *Platzmangel* oder *Engpässe* bei der Ein- und Auslagerung.

Die Probleme resultieren weniger aus der Lagertechnik, die seit langem bewährt ist, sondern vielmehr aus der Unkenntnis der *Einsatzkriterien*, *Dimensionierungsverfahren*, *Optimierungsmöglichkeiten* und *Betriebsstrategien* für die unterschiedlichen Lagersysteme. Weitere Probleme, wie die falsche Auswahl und Nutzung verfügbarer Lagersysteme, ergeben sich aus der Unkenntnis der Einflußfaktoren auf die *Lagerkosten* und der fehlenden Differenzierung zwischen *Platzkosten* und *Ein- und Auslagerkosten*.

Die *Verfahren*, *Techniken* und *Strategien* des Lagerns ergeben sich aus der allgemeinen *Lageraufgabe*:

▶ *Lagern* ist das *Aufbewahren* und *Bereithalten* der Bestände einer Anzahl von Artikeln.

Unvermeidlich mit diesem *Kernprozeß* des Lagerns verbunden ist das Ein- und Auslagern. Der *Lagerprozeß* setzt sich daher zusammen aus den *Teilprozessen*:

1. *Einlagern* der *Lagereinheiten* mit einem *Lagergerät*
2. *Aufbewahren* und *Bereithalten* der Lagereinheiten auf den *Lagerplätzen*
3. *Auslagern* der Lagereinheiten mit dem Lagergerät

*Zusatzfunktion* vieler Einheitenlager ist das *Kommissionieren ganzer Ladeeinheiten*, das heißt, das *geordnete Auslagern* und *Zusammenstellen* der ausgelagerten Ladeeinheiten nach vorgegebenen Aufträgen (s. *Kapitel 17*).

Aus den verschiedenen Möglichkeiten der *Gestaltung* und *Anordnung* der *Lagerplätze* ergeben sich die unterschiedlichen *Lagerarten*. Die Ausführung der Lagerplätze, der Regale, der Lagergeräte, der Zu- und Abfördertechnik und der Lagersteuerung ist abhängig von der eingesetzten *Lagertechnik*. Maßgebend für die *Organisation* und den *Betrieb* eines Lagers sind die *Lagerverwaltung* und die *Lagerbetriebsstrategien*. Wenn zur Lagerung der Bestände mehrere Lager mit unterschiedlichen *Lagerkostensätzen* zur Auswahl stehen, werden darüber hinaus *Lagernutzungsstrategien* benötigt.

In diesem Kapitel werden die *Lageranforderungen* definiert, die möglichen *Verfahren* und *Techniken* zum Lagern diskreter Ladeeinheiten dargestellt und die

*Betriebsstrategien* für *Stückgutlager* analysiert. Die hieraus abgeleiteten *Vor-* und *Nachteile* der Verfahren, Techniken und Strategien sind zur *Auswahl* und *Gestaltung* der Lagersysteme nutzbar. Die primär technische Auslegung von Deponien, Lagern, Mischbetten, Bunkern und Silos für Schütt- und Massengut sowie von Tanklagern für Flüssigkeiten und Gase wird hier nicht behandelt.

Für die *statische Lagerdimensionierung* werden Formeln entwickelt, mit denen sich der *Lagerfüllungsgrad*, der *Platzbedarf* und der *Flächenbedarf* in Abhängigkeit von der Platzkapazität, der Lagerart und den Betriebsstrategien berechnen und optimieren lassen. Zur *dynamischen Lagerdimensionierung* werden die Grundlagen der Spielzeitberechnung dargestellt und Formeln zur Berechnung der Ein- und Auslagerleistung und des Gerätebedarfs abgeleitet. Aus den funktionalen Abhängigkeiten ergeben sich *Einsatzkriterien* für die unterschiedlichen Lagerarten, *Zuweisungskriterien* für die Lagerbelegung und Möglichkeiten zur *Leistungssteigerung* von Lagersystemen.

Diese Grundlagen der Lagerdimensionierung sind maßgebend für die *Lagerplanung* und für die *Kalkulation* der *Lagerkosten.* Anhand von Modellrechnungen für 4 verschiedene Palettenlagersysteme werden die *Einflußfaktoren* der Lagerkosten dargestellt. Zum Abschluß werden die Konsequenzen für die *Beschaffung von Lagerleistungen* erörtert und ein neuartiges Palettenlagersystem vorgestellt.

Neben den *Einheitenlagern* für gleichartige Ladeeinheiten werden auch *Bereitstellager* zum Kommissionieren mit dynamischer Bereitstellung berücksichtigt. Von den *Kommissionierlagern* für Teilmengen und von den *Sortierspeichern* werden nur die Lageraspekte behandelt.

## 16.1 Lageranforderungen

Zur Auswahl, Auslegung und Dimensionierung eines neuen Lagersystems ebenso wie zur Fremdvergabe von Lagerleistungen müssen die *Lageranforderungen* für den *Planungshorizont* vollständig bekannt sein. Diese umfassen *Auftragsanforderungen*, *Durchsatzanforderungen* und *Bestandsanforderungen.*

Die *Durchsatzanforderungen* ergeben sich aus den *Lageraufträgen* einer *Planungsperiode* [PE], die in der Regel ein repräsentatives Betriebsjahr umfaßt. Bei bekannter Bestands- und Nachschubdisposition resultieren die *Bestandsanforderungen* aus den Lagerabrufen. Sie lassen sich aber auch aus dem Bestand zu Periodenbeginn und dem Durchsatz im Periodenverlauf errechnen.

### 1. Auftragsanforderungen

Die Auftragsanforderungen ergeben sich aus den *Lageraufträgen* der internen oder externen Nutzer eines Lagers und den *Nachschubaufträgen* zur Bestandsauffüllung.

- Ein *Einlagerauftrag* [EAuf] fordert das Einlagern einer bestimmten *Einlager-* oder *Nachschubmenge* $M_E$ [LE/EAuf] eines *Lagerartikels.*

Die Ladeeinheiten der Einlagermenge sind in einem bestimmten *Abholbereich* aufzunehmen, in geeignete Lagerplätze einzulagern und dort aufzubewahren, bis sie von einem Auslagerauftrag angefordert werden.

- Ein *Auslagerauftrag* [AAuf] oder *Lagerabruf* fordert das Auslagern einer *Auslager-* oder *Abrufmenge* $M_A$ [LE/AAuf] vom *aktuellen Bestand* $M_B(t)$ [LE] eines lagerhaltigen Artikels.

Die ausgelagerten Ladeeinheiten sind in einem vorgegebenen *Bereitstellbereich* abzustellen.

Weitere Auftragsanforderungen sind die Bereitstellzeit und die Auftragsdurchlaufzeit:

- Die *Bereitstellzeit* oder *Zugriffszeit* pro Ladeeinheit, $T_B$ [s/LE], ist die Summe der *Spielzeit* des Lagergeräts für den Auslagervorgang und der *Transportzeit* vom Lagerbereich zum Bereitstellbereich.
- Die *Auftragsauslagerzeit* $T_{Auf} = M_A \cdot T_B$ [s/AAuf] eines Auslagerauftrags ist bei sequentieller Einzelauslagerung das Produkt der Auslagermenge $M_A$ mit der *Bereitstellzeit* $T_B$ [s/LE] pro Ladeeinheit.

Infolge der unterschiedlichen Entfernungen der Lagerplätze vom Bereitstellbereich schwanken die einzelnen Bereitstellzeiten stochastisch um eine *mittlere Bereitstellzeit* $T_{B\,mitt}$.

Die Bereitstellzeiten und die Auftragsauslagerzeiten erhöhen sich um die *Wartezeiten*, die aus der vorrangigen oder gleichzeitigen Bearbeitung mehrerer Auslageraufträge und den stochastisch schwankenden Bereitstellzeiten resultieren. In Spitzenbelastungszeiten können die Bereitstellzeiten und Auftragsauslagerzeiten infolge dieser *Staueffekte* erheblich ansteigen.

Die Gesamtzahl der Lageraufträge einer Planungsperiode $\lambda_{LAuf}$ [LAuf/PE], also der Einlageraufträge $\lambda_{EAuf}$ [EAuf/PE] und der Auslageraufträge $\lambda_{AAuf}$ [AAuf/PE], betrifft insgesamt $N_A$ *Lagerartikel*, die sich *permanent* oder nur *temporär* im Lager befinden.

Ein *Lagerartikel* kann der Artikel eines lagerhaltigen *Warensortiments* oder eines *Aktionsprogramms* sein. Der *Lagerartikel* kann aber auch Bestandteil eines *Kundenauftrags* sein, der im Lager angesammelt oder zwischengelagert wird, oder eines *Versandauftrags*, für den Ware in einem Pufferlager oder Sortierspeicher aus mehreren Lager- und Kommissionierbereichen zusammengeführt und bereitgestellt wird. Auch *abgestellte Transporteinheiten*, wie Sattelauflieger, Wechselbrücken und Waggons, oder *geparkte Fahrzeuge* mit oder ohne Beladung, wie Flurförderzeuge, Hängebahnfahrzeuge und Pkw, sind logistisch gesehen Lagerartikel.

Für bestimmte Lagersysteme ist außer der Bereitstellzeit die *Räumzeit* für den gesamten Lagerbestand eine kritische Anforderung. So sollte die Räumzeit für Pkw-Parksysteme nicht mehr als eine halbe Stunde betragen. Die Räumzeit für einen Lagerbestand wird bestimmt von der mittleren Auslagerzeit und der Anzahl gleichzeitig einsetzbarer Lagergeräte.

### 2. Durchsatzanforderungen

Die Durchsatzanforderungen bestimmen den *Geräte-* und *Personalbedarf* eines Lagers. Sie resultieren aus den Einlageraufträgen $\lambda_{AAuf}$ und den Auslageraufträgen $\lambda_{EAuf}$ pro Periode:

- Die *mittlere Einlagerleistung* ist

$$\lambda_{\text{E mittel}} = M_E \cdot \lambda_{\text{EAuf}} \qquad [\text{LE / PE}]. \qquad (16.1)$$

- Die *mittlere Auslagerleistung* ist

$$\lambda_{\text{A mittel}} = M_A \cdot \lambda_{\text{AAuf}} \qquad [\text{LE / PE}]. \qquad (16.2)$$

Solange der Lagerbestand im Verlauf einer Periode nicht auf- oder abgebaut wird, sind die mittlere Einlagerleistung und Auslagerleistung für die gesamte Planungsperiode gleich dem *Lagerdurchsatz*

$$\lambda_D = \lambda_{\text{E mittel}} = \lambda_{\text{A mittel}} \qquad [\text{LE / PE}]. \qquad (16.3)$$

Im Verlauf eines Jahres oder eines Betriebstages aber können sich Einlagerleistung und Auslagerleistung voneinander unterscheiden und vom mittleren Lagerdurchsatz abweichen. Daher müssen zur Lagerdimensionierung wie auch zur Personal- und Gerätebedarfsrechnung die *stündliche Einlagerleistung*

$$\lambda_E \qquad [\text{LE / h}] \qquad (16.4)$$

und die *stündliche Auslagerleistung*

$$\lambda_A \qquad [\text{LE / h}] \qquad (16.5)$$

für die *Spitzenstunde des Spitzentages* des Jahres bekannt sein. Die stündliche Einlager- und Auslagerleistung wird bestimmt von der *Anzahl der Betriebstage* pro Jahr, von der *Anzahl der Betriebsstunden* pro Tag und von den *Durchsatzspitzenfaktoren* $f_{\text{Dsais}}$, die aus dem zeitlichen Verlauf $\lambda_{\text{LAuf}}(t)$ des Eingangs der Lageraufträge ableitbar sind.

Zur Zeit der Spitzenbelastung lassen sich soviele Ein- und Auslagerungen in *kombinierten Ein- und Auslagerspielen* durchführen, wie paarweise zur Ausführung anstehen. Hieraus folgen:

▶ die für externe Aufträge benötigte *kombinierte Ein- und Auslagerleistung*

$$\lambda_{\text{EA}} = \text{MIN}(\lambda_E; \lambda_A) \qquad [\text{LE / h}], \qquad (16.6)$$

▶ die *zusätzlich benötigte Einlagerleistung*

$$\lambda_{\text{Ezus}} = \lambda_E - \text{MIN}(\lambda_E; \lambda_A) \qquad [\text{LE / h}], \qquad (16.7)$$

▶ die *zusätzlich benötigte Auslagerleistung*

$$\lambda_{\text{Azus}} = \lambda_A - \text{MIN}(\lambda_E; \lambda_A) \qquad [\text{LE / h}]. \qquad (16.8)$$

Für ein Lager, das außer zum Lagern auch zur dynamischen Bereitstellung von Ladeeinheiten für das Kommissionieren dient, erhöht sich die benötigte Ein- und Auslagerleistung (16.6) um die interne *Bereitstelleistung* $\lambda_B$ [LE/h] für das Kommissionieren. Die Bereitstellungen für das Kommissionieren lassen sich stets in kombinierten Spielen ausführen, da mit jeder Auslagerung auch eine Rücklagerung verbunden ist. Damit ist

▶ die für externe und interne Aufträge *insgesamt benötigte kombinierte Ein- und Auslagerleistung*

$$\lambda_{\text{EAges}} = \lambda_B + \text{MIN}(\lambda_E; \lambda_A) \qquad [\text{LE / h}]. \qquad (16.9)$$

Die insgesamt benötigte Durchsatzleistungen (16.9) und die zusätzlich benötigten Ein- und Auslagerleistungen (16.7) und (16.8) bestimmen den *vorzuhaltenden Gerätebedarf* und die *Personalbesetzung* des Lagers in Zeiten der Spitzenbelastung (s. *Abschnitt 16.11.2*).

### 3. Bestandsanforderungen

Für den *Lagerplatzbedarf* sind neben der *Beschaffenheit* und den *Eigenschaften* der Lagerartikel folgende *Bestandsanforderungen* maßgebend:

- *Anzahl der Lagerartikel* $N_A$, die das *Lagersortiment* bilden;
- *Lagereinheiten* [LE] mit *Außenabmessungen* $l_{LE}$, $b_{LE}$, $h_{LE}$ [mm], *Außenvolumen* $v_{LE}$ [l/LE], *Durchschnittsgewicht* $g_{LE}$ [kg/LE] und *Maximalgewicht* $g_{LEmax}$ [kg/LE];
- *Maximaler Ladeeinheitenbestand* pro Artikel (*Artikelmaximalbestand*)

$$M_{Bmax} = M_S + M_N \qquad [LE/Art]. \qquad (16.10)$$

- *Mittlerer Ladeeinheitenbestand* pro Artikel (*Artikeldurchschnittsbestand*)

$$M_B = M_S + M_N/2 \qquad [LE/Art]. \qquad (16.11)$$

Hier sind $M_S$ [LE] der *Sicherheitsbestand* und $M_N$ [LE] die mittlere *Nachschubmenge* des Artikels in Lagereinheiten.

Die Artikel eines *homogenen Lagersortiments* werden in gleichartigen Lagereinheiten gelagert. Für ein homogenes Lagersortiment werden zur Lagerdimensionierung nur die *Mittelwerte* der Bestands- und Durchsatzanforderungen über alle Lagerartikel benötigt.

Ein *heterogenes Lagersortiment*, für das *unterschiedliche Lagereinheiten* verwendet werden, muß in *Artikelgruppen mit gleichen Lagereinheiten* unterteilt werden, zum Beispiel in Bestände in *Behältern*, auf *Industrie-Paletten* und auf *EURO-Paletten* mit unterschiedlichen *Beladehöhen*. Die Bestände mit den unterschiedlichen Lagereinheiten können entweder *getrennt* in mehreren parallelen *homogenen Lagern* mit in sich gleichartigen Plätzen gelagert werden, die speziell für die verschiedenen Lagereinheiten ausgeführt sind, oder gemeinsam in einem *heterogenen Lager* mit unterschiedlichen Plätzen oder mit universell nutzbaren gleichartigen Plätzen.

Für die Lagerdimensionierung ist es wichtig, zwischen temporär und permanent lagernden Beständen zu unterscheiden (s. *Abschnitt 11.1*):

- ▶ Der Bestand eines *temporär lagerhaltigen Artikels* ist nur für eine begrenzte Zeit zu lagern. Dieser *Push-Bestand* oder *Speicherbestand* wurde unabhängig vom aktuellen Bedarf in das Lager hineingeschoben.
- ▶ Von einem *permanent lagerhaltigen Artikel* ist im Lager während einer längeren Zeit ein Bestand vorrätig. Der Nachschub eines *Pull-Bestands* oder *Dispositionsbestands* wird abhängig vom aktuellen Bedarf in das Lager hineingezogen.

In der Praxis kann es zu einer *Überlagerung* der Pull-Bestände und der Push-Bestände kommen, wenn, wie in vielen Handels- und Fertigwarenlagern, zusätzlich zum bedarfsabhängigen Pull-Bestand eines permanent lagerhaltigen Artikels für befristete Zeit ein Push-Bestand des gleichen Artikels zu lagern ist. Ursache dafür kann die Vorratsproduktion eines gängigen Artikels für eine bevorstehende Saison sein oder die Vorausbeschaffung von *Aktionsware* für eine geplante Verkaufsaktion [266].

Ein *Push-Bestand* wird entweder in einem Schub eingelagert und nach einer *festen Lagerdauer* in gleicher Menge wieder ausgelagert oder in mehreren Schüben aufgebaut und zu einem *bestimmten Zeitpunkt* vollständig abgebaut oder in einem Schub eingelagert und nach kurzer Zeit in wenigen Schüben ausgelagert. Im einfachsten Fall besteht der Push-Bestand nur aus einer Ladeeinheit, beispielsweise in einem Parkhaus aus einem Pkw.

Der *Pull-Bestand* eines permanent lagerhaltigen Artikels mit regelmäßigem Bedarf läßt sich sich aus den Lagerabrufaufträgen einer Periode errechnen, wenn die Bestands- und Nachschubstrategie bekannt ist (s. *Kapitel 11*). Ein aktueller Bestand $M_B(t)$ wird mit einer bedarfs- und prozeßkostenabhängigen *Nachschubfrequenz* durch *Nachschubaufträge* [NAuf] mit *Nachschubmengen* $M_N$ [LE/NAuf] aufgefüllt und durch stochastisch eingehende *Auslageraufträge* [AAuf] mit kleineren *Auslagermengen* $M_A$ [LE/AAuf] sukzessive abgebaut. Daraus ergibt sich der für *Pull-Bestände* charakteristische *sägezahnartige Bestandsverlauf* (s. *Abb. 11.4*).

Der Maximalbestand $M_{Bmax}$ eines solchen Artikels ist die Summe eines *Sicherheitsbestands* $M_S$ und der *Nachschubmenge* $M_N$, die gleich der Einlagermenge ist. Der Maximalbestand bestimmt den Lagerplatzbedarf bei *fester Lagerordnung*. Der Durchschnittsbestand $M_B$ ist die Summe von Sicherheitsbestand und halber Nachschubmenge und bestimmt den Lagerplatzbedarf bei *freier Lagerordnung*.

- Die *Summe der Maximalbestände* von $N_A$ Artikeln ist:

$$M_{Bmax\,ges} = N_A \cdot M_{Bmax} = N_A \cdot (M_S + M_N) \qquad [LE]. \qquad (16.12)$$

- Der *mittlere Gesamtbestand* für $N_A$ permanent lagerhaltige Artikel ist:

$$M_{Bges} = N_A \cdot M_B = N_A \cdot (M_S + M_N / 2) \qquad [LE]. \qquad (16.13)$$

Der *aktuelle Gesamtbestand* $M_{Bges}(t)$ eines Sortiments mit vielen Artikeln schwankt stochastisch um den Mittelwert (16.13). Er kann sich außerdem im Verlauf des Jahres *saisonal* verändern. Daher genügt es nicht, ein Lager nur für den mittleren Gesamtbestand eines Jahres auszulegen.

Saisonale Bestandsänderungen müssen durch einen saisonalen *Bestandsspitzenfaktor* $f_{Bsais}$ berücksichtigt werden, der sich aus einer Analyse des Jahresverlaufs der Bestände ergibt. Bei nachdisponierbaren Beständen und optimaler Nachschubdisposition ist der saisonale Bestandsspitzenfaktor gleich der Wurzel aus dem Durchsatzspitzenfaktor (s. *Abschnitt* 11.9, *Bez.* (11.43)).

Bei der Auslegung eines Lagers mit *freier Lagerordnung* muß darüber hinaus für die stochastisch bedingten Bestandsschwankungen eine ausreichend bemessene *Atmungsreserve* eingeplant werden. Für Lagersortimente mit großer Artikelzahl und unkorreliertem Nachschub ergibt sich für die stochastische Schwankung des Gesamtbestands eine *Normalverteilung*. Die Streuung des Gesamtbestands läßt sich nach dem Gesetz der großen Zahl aus der Streuung der aktuellen Bestände der einzelnen Artikel errechnen (s. *Abschnitt 9.5*).

Wenn die Sicherheitsbestände wesentlich kleiner als die Maximalbestände sind, was in einem Dispositionslager im allgemeinen der Fall ist, ist die *Varianz des Artikelbestands* $s_A{}^2 = M_B{}^2/12$ und nach Beziehung (9.23) die *Varianz des Gesamtbestands:*

$$s_B^2 = N_A \cdot s_A^2 = M_{Bges}^2 / 12 N_A . \tag{16.14}$$

Aus der saisonalen Veränderung und der stochastischen Schwankung des Gesamtbestands resultiert damit die *Kapazitätsauslegungsregel:*

▶ Wenn der mittlere Gesamtbestand bei freier Lagerordnung mit einer *Überlaufsicherheit* $\eta_{Über}$ Platz finden soll, muß das Lager ausgelegt werden für einen *effektiven Gesamtbestand*

$$M_{Beff} = f_{Bsais} \cdot f_{Überl} \cdot M_{Bges} \qquad [LE]. \tag{16.15}$$

mit dem *saisonalen Bestandsspitzenfaktor* $f_{Bsais}$ und dem *Überlauffaktor*©

$$f_{Überl} = 1 + f_{sich}(\eta_{Über}) / \sqrt{12 \cdot N_A} . \tag{16.16}$$

Der *Sicherheitsfaktor* $f_{sich}(\eta_{Über})$ ist durch die inverse *Standardnormalverteilung* gegeben und für übliche Sicherheitsgrade der *Tabelle* 11.5 zu entnehmen. Für ein Sortiment mit 100 Artikeln und eine geforderte Überlaufsicherheit von 98 % ergibt sich beispielsweise der Überlauffaktor $f_{Über} = 1 + 2{,}05 / \sqrt{12 \times 100} = 1{,}06$. Das Lager muß also in diesem Fall mit einer Atmungsreserve von 6 % des Gesamtbestands ausgelegt werden [103; 149].

#### 4. Lagerdauer und Lagerumschlag

Entscheidend für die Lagerauswahl und die Lagerzuweisung sind außer den Durchsatz- und Bestandsanforderungen die sich hieraus ableitende *Liegezeit* und die *Reichweite* der zu lagernden Bestände.

Die genaue Lagerdauer eines Push-Bestands ist häufig bereits zum Zeitpunkt der Einlagerung bekannt oder absehbar. Die Lagerdauer der einzelnen Ladeeinheiten eines Pull-Bestands ist zum Zeitpunkt der Einlagerung grundsätzlich nicht bekannt.

Die *mittlere Lagerdauer* oder *Reichweite* eines Pull-Bestands ergibt sich aus dem Durchsatz $\lambda_D$ einer längeren Periode und dem Durchschnittsbestand $M_B$ nach der Beziehung:

$$T_L = M_B / \lambda_D \qquad [PE]. \tag{16.17}$$

Der *Lagerumschlag* – auch *Lagerdrehzahl* genannt – ist gleich der reziproken mittleren Lagerdauer $U_L = 1/T_L$ [pro Periode]. Gemäß Beziehung (16.17) ändert sich die mittlere Lagerdauer bei gleichem Bestand, wenn sich der Periodendurchsatz verändert.

Für die Lagerplanung und die Lagerzuweisung sind zu unterscheiden:

- *Kurzzeitlager* und *Pufferlager*, in denen ein Bestand nur für einige Stunden oder Tage angesammelt, abgestellt oder bereitgehalten wird
- *Vorratslager* und *Dispositionslager*, deren Bestände eine Lagerdauer oder Reichweite von mehreren Tagen oder Wochen haben
- *Langzeitlager* und *Speicher*, in denen die Bestände viele Wochen oder Monate lagern.

Wenn die *Aufbewahrungszeit* weniger als einen Tag beträgt und das Bereithalten vorrangig ist, wird das Lager zum *Zwischenpuffer*, wenn das Sortieren die wichtigste Funktion ist, zum *Sortierspeicher*.

## 16.2 Lagerplätze und Lagerarten

Jedes Lager besteht aus einer Anzahl von $N_{LP}$ *Lagerplätzen* [LP]. Ein Lagerplatz kann einen oder mehrere *Stellplätze* [SP] haben, die wiederum eine oder mehrere Ladeeinheiten aufnehmen können. Die *Lagerplatzkapazität* $C_{LP}$ [LE/LP] ist die maximale Anzahl der Ladeeinheiten, die auf einem Lagerplatz untergebracht werden kann.

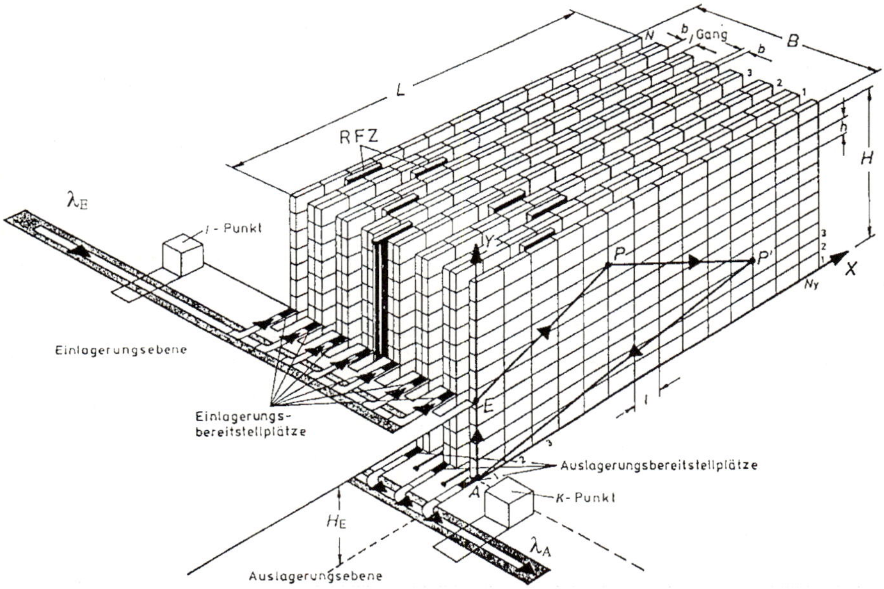


**Abb. 16.1** Prinzipdarstellung eines automatischen Regallagers mit räumlich getrennten Zu- und Abfördersystemen

Lagerkoordinaten: x-Koordinate: horizontal parallel zum Gang
y-Koordinate: vertikal senkrecht zum Gang
z-Koordinate: horizontal senkrecht zum Gang

Zur Angabe der Dimensionen eines Lagers werden die in *Abb. 16.1* für das Beispiel eines Hochregallagers dargestellten *Lagerkoordinaten* verwendet:

| | |
|---|---|
| x-Koordinate: | Horizontalrichtung parallel zum Bedienungsgang |
| y-Koordinate: | Vertikalrichtung senkrecht zur Lagergrundfläche |
| z-Koordinate: | Horizontalrichtung senkrecht zum Bedienungsgang |

Mit $l_{LP}$ wird die *Länge* eines Lagerplatzes in x-Richtung, mit $b_{LP}$ die *Tiefe* eines Lagerplatzes in z-Richtung und mit $h_{LP}$ die *Höhe* eines Lagerplatzes in z-Richtung bezeichnet.

Die *Stapellänge* $C_x$ ist die Maximalzahl Lagereinheiten, die auf einem Lagerplatz nebeneinander stehen, der *Stapelfaktor* $C_y$ die Maximalzahl Lagereinheiten, die auf einem Platz übereinander gestellt werden, und die *Stapeltiefe* $C_z$ die Maximalzahl Lagereinheiten, die auf einem Platz hintereinander stehen kann. Damit ist die *Lagerplatzkapazität*:

$$C_{LP} = C_x \cdot C_y \cdot C_z \qquad [\mathrm{LE/PE}]. \tag{16.18}$$

Die Lagerplatzkapazität bestimmt den *Lagerplatzbedarf* für einen vorgegebenen Bestand und die *Zugänglichkeit* zu den Lagereinheiten.

Bei der Auswahl und Dimensionierung eines Lagers sind zu unterscheiden:

- *Einzelplatzlager* mit der Platzkapazität $C_{LP} = 1$ LE. Auf jedem Lagerplatz kann genau eine Ladeeinheit stehen, die sich im *direkten Zugriff* befindet.
- *Mehrfachplatzlager* mit einer Platzkapazität $C_{LP} > 1$ LE. Auf einem Lagerplatz können mehrere Ladeeinheiten untergebracht werden, von denen jeweils nur die oberste der Auslagerseite zugewandte Einheit ohne Umlagern direkt erreichbar ist.

In einem *homogenen Lager* haben alle Lagerplätze die gleiche Kapazität und die gleichen Grundmaße. In einem *heterogenen Lager* haben die Lagerplätze unterschiedliche Kapazität oder voneinander abweichende Maße für unterschiedliche Ladeeinheiten (s. *Abb. 16.4*).

Für die *Ausführung der Stellplätze* in den Lagerplätzen gibt es folgende Alternativen:

- *Unbewegliche Stellplätze*: Die Ladeeinheiten bleiben zwischen Ein- und Auslagerung unbewegt auf den Stellplätzen stehen.
- *Bewegliche Stellplätze*: Die Ladeeinheiten werden zwischen Ein- und Auslagerung innerhalb des Lagerplatzes von einem Einlagerstellplatz zu einem Auslagerstellplatz bewegt.

Für die *Anordnung der Lagerplätze* bestehen die beiden Möglichkeiten:

- *Ebene Platzanordnung*: Die Lagerplätze sind in einer *Ebene* nebeneinander angeordnet.
- *Räumliche Platzanordnung*: Die Lagerplätze sind neben- und übereinander angeordnet.

In *stationären Lagern*, wie den Blocklagern und Regallagern, sind die Lagerplätze fest an einem Ort fixiert. In *mobilen Lagern*, wie den Verschieberegallagern und Umlauflagern, sind die Lagerplätze beweglich.

Für die Ver- und Entsorgung der Lagerplätze gibt es zwei verschiedene *Bedienungsmöglichkeiten*, die eine unterschiedliche *Erreichbarkeit* der Stellplätze zur Folge haben:

- *Räumlich kombinierte Ein- und Auslagerung* der Ladeeinheiten von einer Seite der Lagerplätze, die in diesem Fall als *Einschubplätze* bezeichnet werden.
- *Räumlich getrennte Einlagerung und Auslagerung* von den zwei Seiten eines Lagerplatzes, der als *Durchschubplatz* bezeichnet wird.

Unter Berücksichtigung der *Mobilität* der Lagerplätze ergeben sich aus der Kombination der *Ausführungsalternativen* der Stellplätze mit den *Anordnungsmöglichkeiten* der Lagerplätze sechs grundlegend verschiedene *Lagerarten* mit praktischer Bedeutung:

1. *Blockplatzlager* mit unbeweglichen Stellplätzen und stationären Lagerplätzen in ebener Anordnung
2. *Sortierspeicher* mit beweglichen Stellplätzen und stationären Lagerplätzen in ebener Anordnung
3. *Fachregallager* mit unbeweglichen Stellplätzen und stationären Lagerplätzen in räumlicher Anordnung
4. *Kanalregallager* mit beweglichen Stellplätzen und stationären Lagerplätzen in räumlicher Anordnung
5. *Verschieberegallager* mit mobilen Lagerplätzen in räumlicher Anordnung
6. *Umlauflager* mit mobilen Lagerplätzen in horizontaler oder vertikaler Anordnung

Die meisten dieser Lagerarten können mit räumlich kombinierter oder räumlich getrennter Ein- und Auslagerung ausgeführt und technisch unterschiedlich gestaltet werden. Sie haben bestimmte *Vor- und Nachteile*, aus denen sich *Einsatzkriterien* zur Vorauswahl der grundsätzlich für eine bestimmte Lageraufgabe geeigneten Lager ergeben [29; 89; 127; 145; 146].

### 1. Blockplatzlager

In einem *Blockplatzlager* sind, wie in *Abb. 16.2* gezeigt, auf einer Bodenfläche zu einer oder beiden Seiten des Bedienungsgangs nebeneinander unbewegliche Blocklagerplätze angeordnet.

Die Blocklagerplätze werden in der Regel aus kombinierten Ein- und Auslagergassen mit Hilfe eines *Frontstaplers* oder eines verfahrbaren *Stapelgeräts* bedient. Die räumlich getrennte Ein- und Auslagerung von zwei Seiten des Blockplatzes erfordert doppelt soviele Gassen. Durch eine Bedienung der Stellplätze *von oben* mit einem *Hallen-*, *Brücken-* oder *Stapelkran* lassen sich die breiten Fahrwege auf schmale Bedienungsgänge reduzieren.

Beispiele *konventioneller Blockplatzlager* (BPL) sind:

- Containerlager mit Front- oder Seitenstaplern oder VanCarriern in Verladebetrieben für Schiffe und Bahn
- Blocklager mit Frontstaplern und breiten Fahrwegen für stapelfähige Paletten oder Gestelle

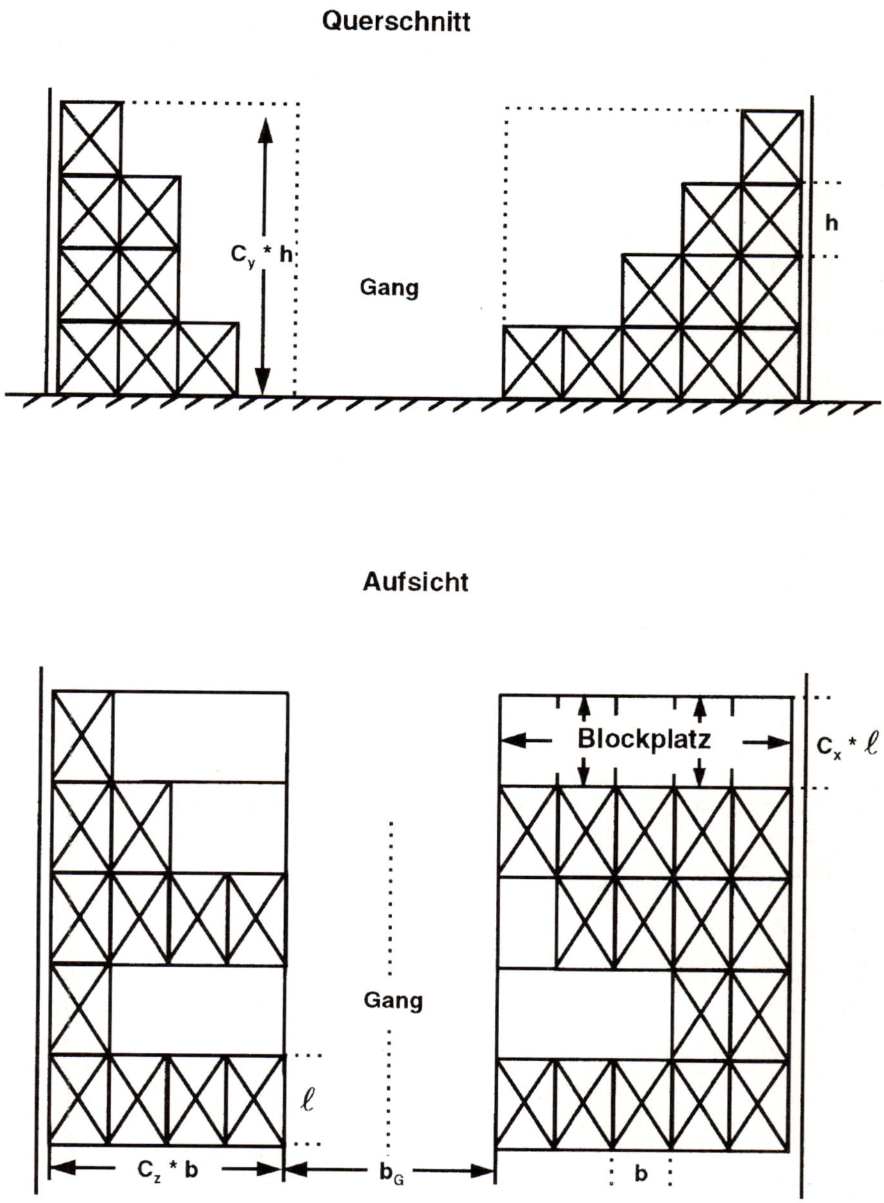


**Abb. 16.2** Blocklagerplätze

$C_x$ = Stapellänge ; $C_y$ = Stapelfaktor ; $C_z$ = Stapeltiefe

- Kranbediente Blocklager für Coils, Papierrollen oder Langgut
- Pufferflächen für Behälter und Paletten mit allseitiger Zugänglichkeit und Staplerbedienung
- Parkplätze für Fahrzeuge zu ebener Erde oder in mehrgeschossigen Parkhäusern

Die *Vorteile* konventioneller Blocklager sind:

- *keine Investition* für Regale
- *kurze Zugriffszeiten*
- bei ausreichender Anzahl Lagergeräte *kurze Räumzeit*
- *einfache Veränderbarkeit* der Platzaufteilung

*Nachteile* der Blocklagerung sind:

- *begrenzter Platzfüllungsgrad* bei artikelreiner Platzbelegung
- *fehlender Einzelzugriff*
- *Verletzung des FIFO-Prinzips* bei kombinierten Ein- und Auslagergängen
- bei großem Lagerbestand *lange Fahrwege* für die Lagerbedienung
- *Verdrückungsgefahr* bei zu hoher Stapelung
- *geringe Flexibilität* bei sich ändernder Bestandsstruktur

Aufgrund dieser Vor- und Nachteile sind Blockplatzlager besonders geeignet

▶ für die *Langzeitlagerung* gleichartiger Ladeeinheiten, die mindestens dreifach stapelbar sind, wie Paletten, Gitterboxen, Lagergestelle und Container;
▶ zur Lagerung auf Freiflächen und in vorhandenen Hallen mit geringer lichter Höhe;
▶ für Artikel mit einem mittleren Bestand von deutlich mehr als 10 Ladeeinheiten oder einer Anliefermenge von mehr als 20 Ladeeinheiten pro Artikel;
▶ zur *Kurzzeitlagerung* und als *Zwischenpuffer* im Wareneingang, in der Produktion und im Warenausgang
▶ zur Lagerung von großen *Push-Beständen* weniger Artikel.

Eine spezielle technische Ausführungsform des Blockplatzlagers ist das *Einfahrregal*. In einem Einfahrregal werden *stapelempfindliche Ladeeinheiten* durch seitlich an Regalstehern befestigte Auflageriegel vertikal voneinander getrennt. Die Ladeeinheiten können wie beim konventionellen Blockplatzlager mehrfach hintereinander lagern [127].

Der Lagerplatz in einem Einfahrregal kann bei ausreichender Raumhöhe einen größeren Stapelfaktor haben als das konventionelle Blocklager. Hieraus folgt:

▶ Der Einsatz eines Einfahrregals ist sinnvoll, wenn eine vorgegebene Hallenhöhe aufgrund eines begrenzten Stapelfaktors der Ladeeinheiten nicht vollständig genutzt werden kann.

Die Einsatzvoraussetzungen für die Blocklagerung sind häufig nicht erfüllt, die Plätze falsch dimensioniert oder die Bestände nicht den richtigen Plätzen zugewiesen. Daher gibt es viele Blockplatzlager und Einfahrregale mit geringem Füllungsgrad und schlechter Raumnutzung.

### 2. Sortierspeicher

In einem Sortierspeicher sind die Lagerplätze einzelne *Einschubkanäle*, *Durchlaufbahnen* oder *Staustrecken*, die, wie in *Abb. 16.3* dargestellt, *ebenerdig* nebeneinander angeordnet sind.

Wenn die Ladeeinheiten nicht selbst beweglich sind, enthalten die Kanäle eine fördertechnische Ausrüstung, mit der die einzelnen Ladeeinheiten oder Ladeeinheitenstapel in Kanalrichtung von einem Stellplatz zum anderen bewegt werden.

Sortierspeicher mit *Durchlaufbahnen* werden *räumlich getrennt* von zwei Seiten durch ein geeignetes Lagergerät bedient. Sortierspeicher mit *Einschubkanälen* werden *räumlich kombiniert* von einer Seite ver- und entsorgt.

Beispiele für *Sortierspeicher* (SSP) sind [93; 124]:

- *Sortierspeicher* für Paletten oder Behälter, die artikelrein gepuffert oder sendungsrein sortiert für den Versand bereitgestellt werden (s. *Abb. 18.13*).
- *Staustrecken* und *Staubahnen* in Fördersystemen
- *Parkspuren* und *Abstellstrecken* in Fahrzeugsystemen
- *Gleisharfen* zur Zugbildung aus Waggons

*Vorteile* der Sortierspeicher sind:

- *gute Zugänglichkeit*
- *Automatisierungsfähigkeit*
- *Einhaltung des FIFO-Prinzips* bei Durchlaufkanälen.

*Nachteile* von Sortierspeichern sind:

- *hohe Investitionen* und *Betriebskosten* für die Fördertechnik
- *großer Flächenbedarf*
- *begrenzter Füllungsgrad* bei artikelreiner Kanalbelegung
- *fehlender Einzelzugriff*
- *Verletzung des FIFO-Prinzips* bei Einschubkanälen
- *geringe Flexibilität* bei sich ändernder Bestandsstruktur

Außer für das reine Sortieren sind Sortierspeicher als *Kurzzeitpuffer* im Wareneingang, in der Produktion und im Warenausgang geeignet. Für die Dispositions- und Langzeitlagerung sind sie zu teuer.

### 3. Fachregallager

Fachregallager bestehen aus einzelnen *Fachmodulen* (FM), die – wie in *Abb. 16.4* gezeigt – einen oder mehrere Lagerplätze enthalten. Die Fachmodule sind – wie in *Abb. 16.5* dargestellt – in einer *Regalkonstruktion* nebeneinander und übereinander zu *Regalscheiben* zusammengefügt. Je zwei Regalscheiben bilden zusammen mit der *Regalgasse* ein *Gangmodul* (GM).

Die meisten Fachregallager sind als *Einzelplatzlager* ausgeführt. Bei einfach tiefer Lagerung befinden sich alle Ladeeinheiten im *Direktzugriff*. Damit ist die Ver- und Entsorgung aus dem gleichen Gang unter Einhaltung des FIFO-Prinzips möglich.

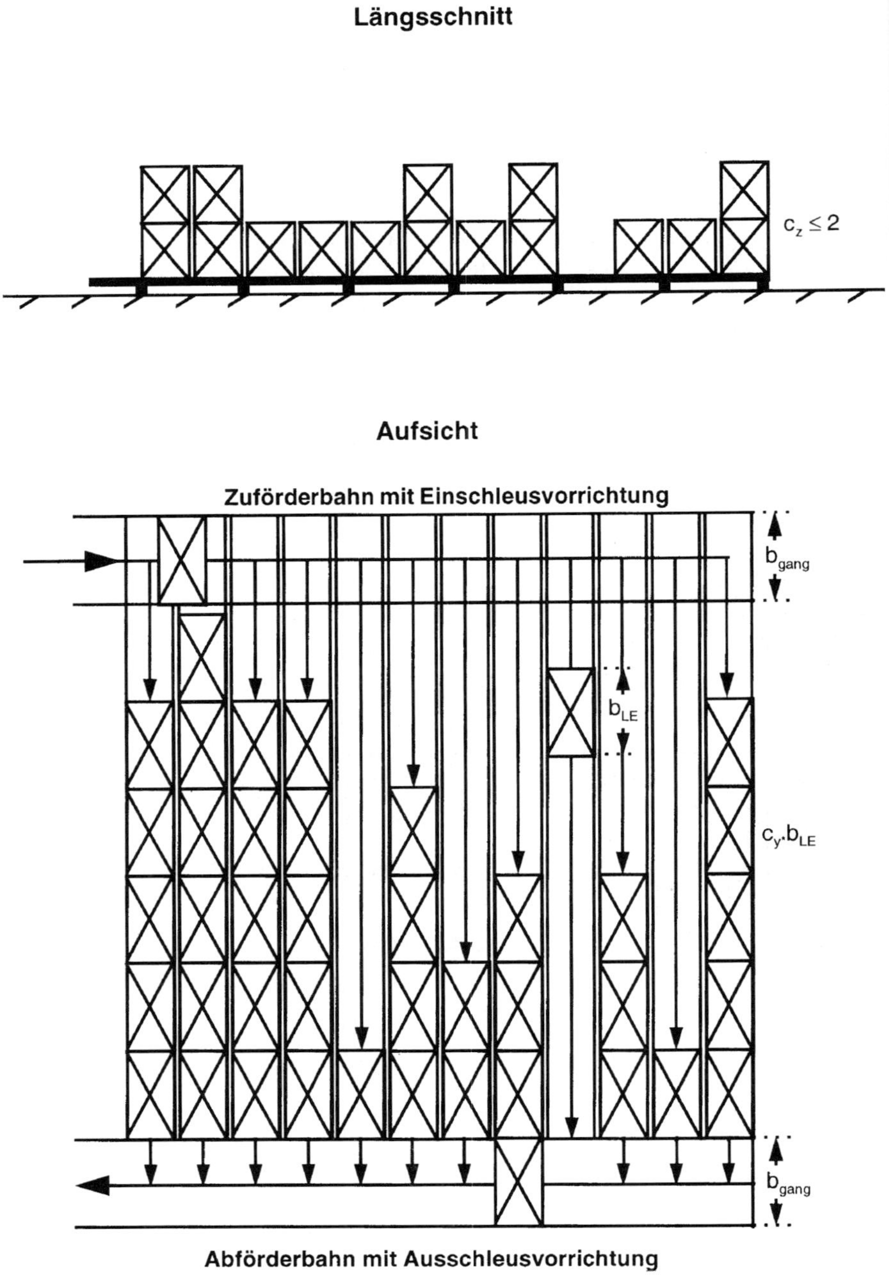


**Abb. 16.3** Sortierspeicher mit räumlich getrennter Ein- und Auslagerung

Kanalkapazität $C_{LK} = C_x \cdot C_z = 6 \cdot 2 = 12$ LE

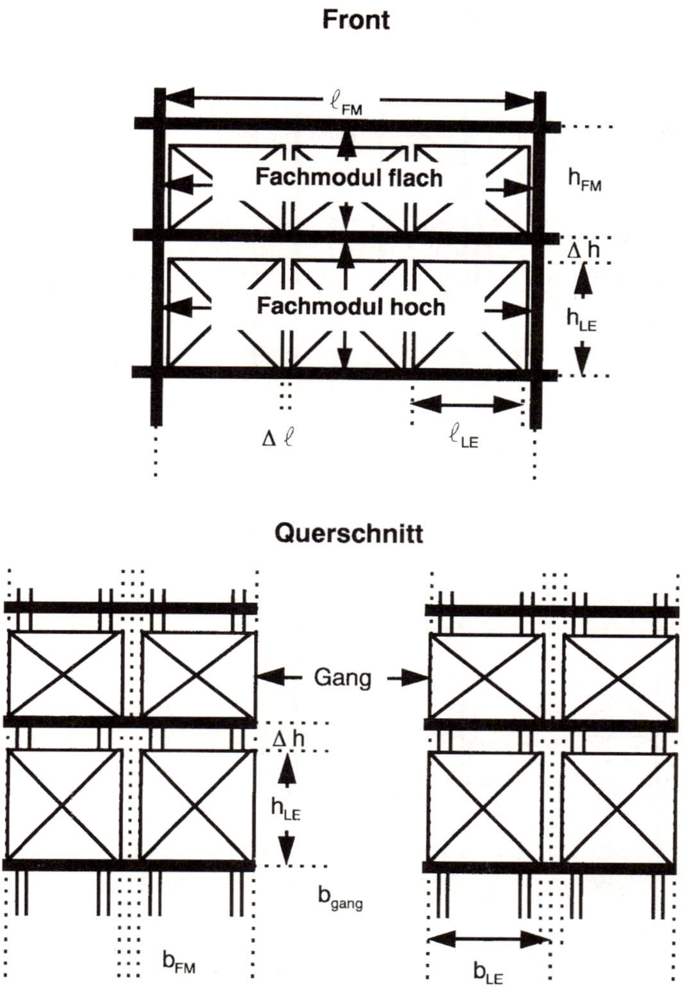


**Abb. 16.4** Fachmodul eines Regallagers mit Einzelplätzen

| | |
|---|---|
| Außenmaße der Ladeeinheiten : | $l_{LE}$, $b_{LE}$, $h_{LE}$ |
| Fachfreimaße: | $\Delta l$, $\Delta b$, $\Delta h$ |
| Außenmaße der Fachmodule: | $l_{FM}$, $b_{FM}$, $h_{FM}$ |

Bei hohen Beständen pro Artikel können auch *doppelt-* und *mehrfachtiefe Lagerplätze* sinnvoll sein, in denen zwei oder mehr Stellplätze hintereinander angeordnet sind, oder *Mehrfachstapelplätze*, in denen zwei oder mehr Ladeeinheiten aufeinandergestellt werden.

Das Lastaufnahmemittel auf dem Lagergerät muß dafür so konstruiert sein, daß trotz der doppelt tiefen Regalfächer keine doppelt breite Bedienungsgasse

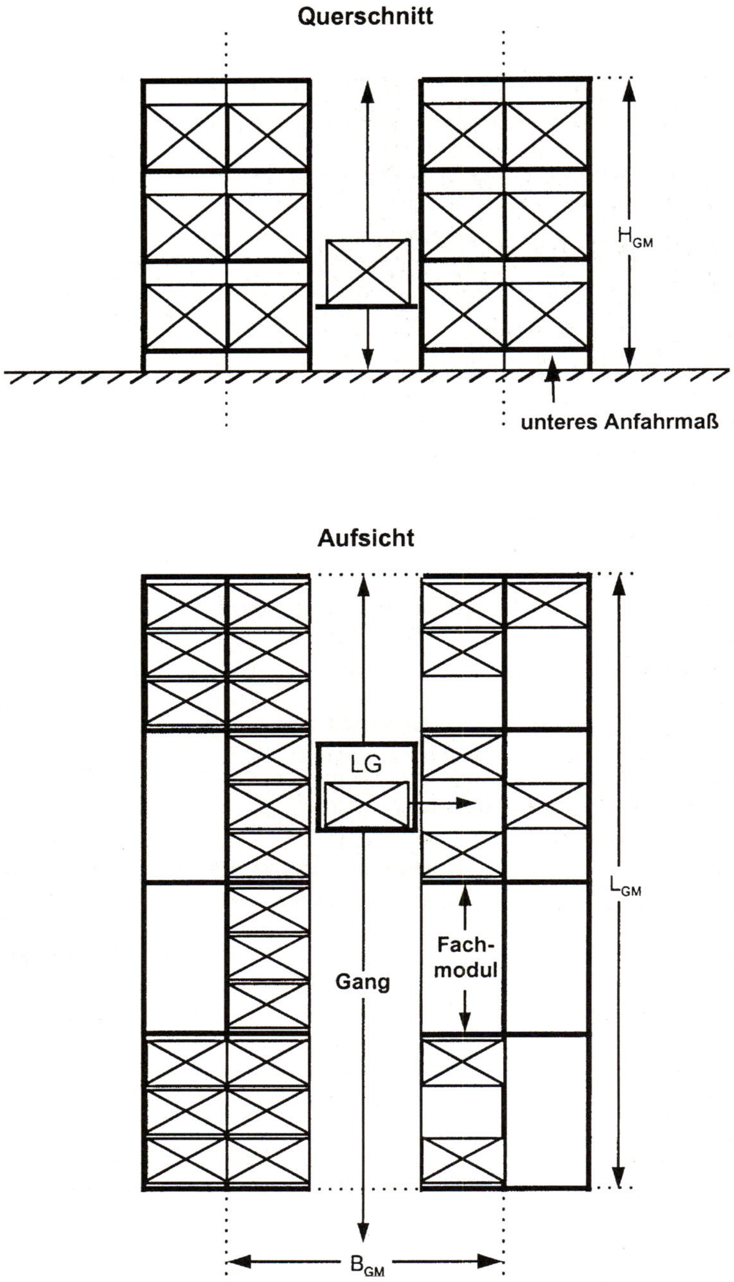


**Abb. 16.5** Gangmodul eines Regallagers mit Einzelplätzen

Maße des Gangmoduls : $L_{GM}$, $B_{GM}$, $H_{GM}$
Lagergerät: LG

benötigt wird, denn bei doppelt breiten Bedienungsgassen ist die Raumnutzung infolge des geringeren Füllungsgrads schlechter als bei der einfach tiefen Lagerung. Auch für Fachregallager mit mehrfach tiefer Lagerung ganzer Ladeeinheiten ist nur die räumlich kombinierte Ein- und Auslagerung sinnvoll.
Typische Beispiele für Fachregallager sind [145; 146]:

- manuell bediente *Fachbodenlager* (FBL)
- konventionelle *Staplerlager* (STL)
- staplerbediente *Schmalganglager* (SGL)
- halbautomatische und automatische *Hochregallager* (HRL)
- automatische *Kleinbehälterlager* (AKL)

Die wesentlichen *Vorteile* der Fachregallager sind:

- *Einzelzugriff* auf jede Ladeeinheit bei einfach tiefer Lagerung
- *Füllungsgrade bis 100 %* bei Einzelplatzlagerung und freier Lagerordnung
- *gute Flächennutzung* bei größerer Regalhöhe
- *kurze Fahrwege* für die Lagerbedienung
- *geringe Zugriffszeiten*
- *flexible Nutzbarkeit* bei wechselnder Bestandsstruktur
- *kurze Räumzeit* bei ausreichender Anzahl Lagergeräte

Diese Vorteile müssen jedoch erkauft werden durch *Investitionen* für

- die Regale, die mit der Regalhöhe zunehmen,
- die Lagergeräte, die mit der Gerätehöhe rasch ansteigen,
- die Zu- und Abfördertechnik.

Trotz der erforderlichen Investitionen ist das Fachregallager in vielen Fällen die *platzsparendste* und *wirtschaftlichste Lösung*.

Besonders geeignet sind Fachregallager bei *geringen Beständen pro Artikel*, beispielsweise für Artikel mit einem Lagerbestand von weniger als 10 Paletten, bei *geringem Lagerdurchsatz* mit einem Umschlag von weniger als 6 pro Jahr, aber auch bei sehr hohem Durchsatz. Daher werden automatische Hochregallager und Kleinbehälterlager auch als *Bereitstellsysteme* für das Kommissionieren mit dynamischer Bereitstellung eingesetzt.

**4. Kanalregallager**

In einem Kanalregallager sind, wie in *Abb. 16.6* dargestellt, mehrere Durchlaufbahnen oder Einschubkanäle in einem Regal *wabenartig* nebeneinander und übereinander angeordnet. Die Ladeeinheiten können wie im Sortierspeicher im Kanal verschoben werden. Sie werden bei *Einschubkanälen* auf einer Seite, bei *Durchlaufkanälen* auf entgegengesetzten Seiten der Lagerkanäle von einem Lagergerät ein- und ausgelagert.

Beispiele für Kanalregallager sind [145]:

- aktive *Durchlauflager* (DLL) mit Rollenbahnen oder Tragkettenförderern für passive Ladeeinheiten
- passive *Kanallager* (KNL) für mobile Ladeeinheiten auf *Rolluntersätzen*

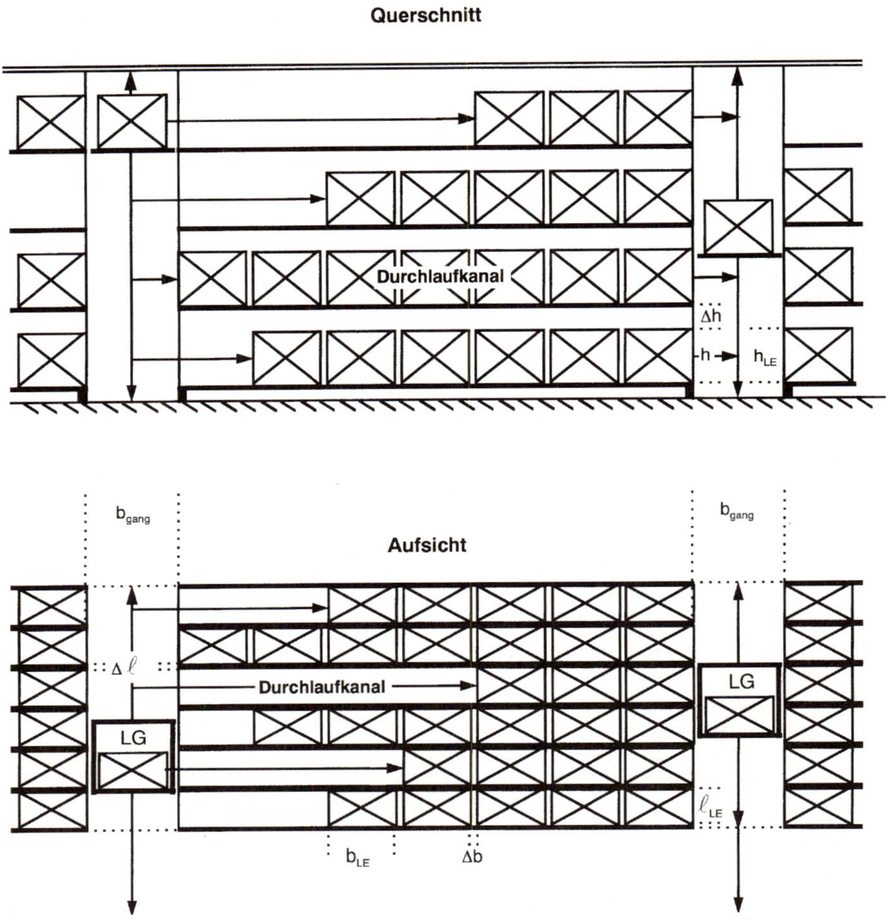


**Abb. 16.6** Kanalregallager mit räumlich getrennter Ein- und Auslagerung

| | |
|---|---|
| Kontruktions- und Fachfreimaße | Δl, Δb, Δh |
| Kanalkapazität | $C_{LK} = C_z = 7$ LE |

- *Kompaktlager* (KPL), in denen die Ladeeinheiten durch unterfahrende *Verfahrwagen* oder von einem *Satellitenfahrzeug* eines Regalbediengeräts im Kanal versetzt werden.

*Vorteile* der Kanalregallager sind

- *kompakte Bauweise* und *gute Raumnutzung*
- *gute Automatisierbarkeit*
- *Einhaltung des FIFO-Prinzips* bei Durchlaufkanälen

Diese Vorteile eines Kanalregallagers müssen erkauft werden mit vergleichsweise hohen *Investitionen* und *Betriebskosten* für die Fördertechnik in den Kanälen, für die Regale und für die Lagerbediengeräte. Bei automatischen Kanallagern kommen noch die Kosten für das Zu- und Abfördersystem und die Steuerung hinzu, bei den passiven Kanallagern außerdem die Kosten für die Rolluntersätze.

Die Kanallager haben die gleichen Nachteile wie die Sortierspeicher. Vor allem der begrenzte Füllungsgrad schränkt bei artikelreiner Kanalbelegung die Nutzung der Kanalkapazität ein. Weitere *Nachteile* der Kanalregallager sind:

- *schlechte Zugänglichkeit* der Ladeeinheiten in dicht übereinander liegenden Kanälen
- *lange Zugriffs-* und *Räumzeiten*

Kanalregallager sind für die Langzeitlagerung, wenn überhaupt, nur als Kompaktlager mit Satellitenfahrzeugen geeignet. Für die Lagerung von Pull-Beständen ist ein Kanalregallager nur in Ausnahmefällen wirtschaftlicher als ein Fachregallager.

Zur *Kurzzeitpufferung* und zur *Versandbereitstellung* kann hingegen ein Durchlauflager bei hohen Artikel- oder Auftragsbeständen, artikelgemischter Kanalbelegung oder begrenzter Raumhöhe eine geeignete Lösung sein.

Ein spezieller Einsatzbereich für Durchlauflager ist das Lagern und Bereitstellen von Zugriffs- und Reserveeinheiten für das Kommissionieren mit statischer Bereitstellung. Dabei kann die Beschickung über automatische Lagergeräte und die davon räumlich getrennte Entnahme ganzer Ladeeinheiten mit dem Stapler oder einzelner Gebinde von Hand erfolgen (s. *Kapitel 17*).

**5. Verschieberegallager**

Bei einem Verschieberegallager sind die *Regalscheiben* (RS) mit den Lagerfächern ebenso aufgebaut wie bei einem stationären Fachregallager. Jeweils zwei miteinander verbundene Regalscheiben sind jedoch auf Rollen und Schienen senkrecht zur Bedienungsgasse gegeneinander verschiebbar [127]. Dadurch läßt sich die Anzahl der Bedienungsgassen reduzieren.

Die *anteilige Gangzahl* pro Lagerplatz ist bei einem Verschieberegallager mit $N_{RS}$ Regalscheiben und $N_G$ Gassen $n_{gang} = N_G/N_{RS} \ll 1/2$. Damit ist der Raumbedarf für ein Verschieberegallager kleiner als für ein Fachregallager gleicher Kapazität mit einer anteiligen Gangzahl 1/2 oder 1.

Die wesentlichen *Vorteile* eines Verschieberegallagers sind:

- *kompakte Lagerung*
- *minimaler Raumbedarf*

Dem stehen jedoch als *Nachteile* gegenüber:

- *schlechte Zugänglichkeit* der einzelnen Lagerplätze
- *lange Zugriffszeiten*
- *Investition* für die Verschiebetechnik
- *aufwendige Automatisierung*
- *begrenzte Ein- und Auslagerleistung*

Wegen des geringen Raumbedarfs bei begrenzter Ein- und Auslagerleistung und wegen der langen Zugriffszeiten eignen sich Verschieberegale vor allem zur

*Langzeitlagerung* von Beständen, auf die nur selten zugegriffen wird. Spezielle Einsatzbereiche von Verschieberegalen sind daher *Archive* für Akten, Dokumente oder elektronische Datenträger.

### 6. Umlauflager

In einem *konventionellen Umlauflager* werden die Lagerplätze für das Ein- und Auslagern zu einem stationären Zugriffsplatz bewegt. Solange kein Zugriff erfolgt, ruht das Lagergut.

Konventionelle Umlauflager gibt es in zwei verschiedenen *Bauarten* [29]:

- *Paternosterlager* (PNL) mit *vertikal* umlaufenden Förductsträngen, an denen *Lagertröge* mit den Einzelplätzen befestigt sind. Der Zugriff auf die Lagerplätze erfolgt von der Seite.

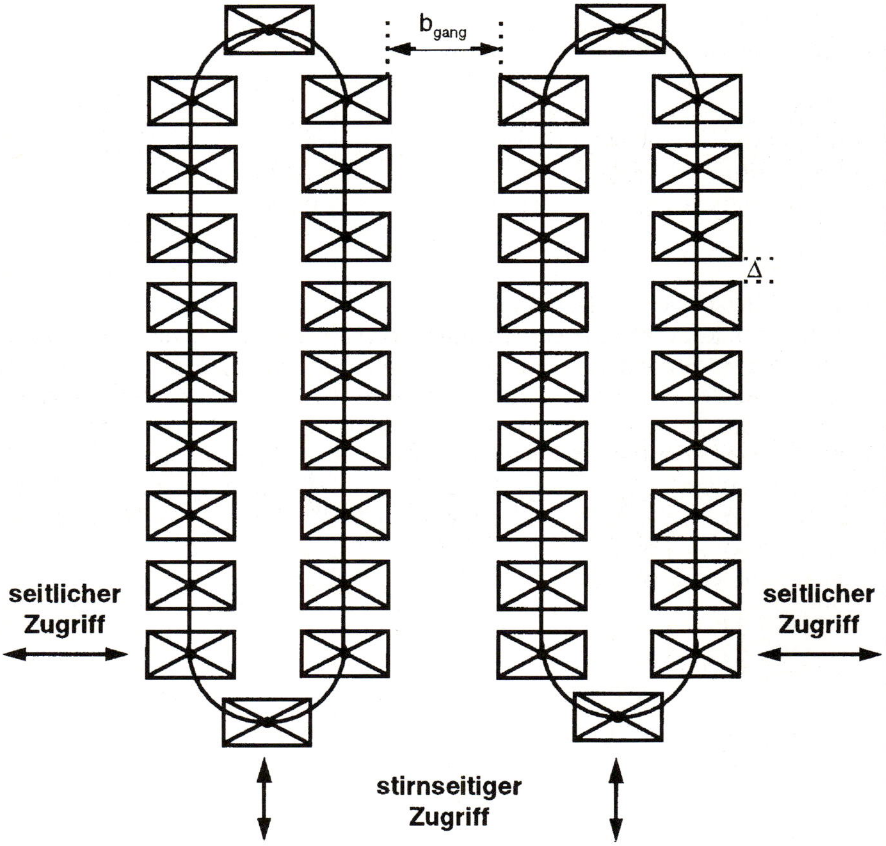


**Abb. 16.7** Umlauflager

*Paternosterlager*: vertikaler Umlauf mit seitlichem Zugriff
*Karussellager*: horizontaler Umlauf mit stirnseitigem Zugriff

- *Karussellager* (KRL) mit *horizontal* umlaufender Förderkette, an der bewegliche *Lagergestelle* hängen. Der Zugriff findet in der Regel an der Regalstirnseite statt.

Die wesentlichen *Vorteile* dieser Umlauflager, deren Prinzip in *Abb. 16.7* dargestellt ist, sind:

- kompakte Lagerung
- Fortfall der Bedienungsgänge

Wegen der Freimaße und der Konstruktion der Umlauftechnik ist der Raumbedarf vieler Umlauflager trotz der Gangeinsparung größer als der Raumbedarf eines Fachregallagers mit gleicher Kapazität.

Weitere *Nachteile* der Umlauflager sind:

- schlechte Zugänglichkeit der Lagerplätze
- lange Zugriffszeiten
- Investition für die Umlauftechnik
- begrenzte Ein- und Auslagerleistung

Einsatzbereiche für Paternoster- oder Karussellager sind Kleinteilelager, Ersatzteillager, Werkzeuglager, Dokumentenlager und Karteien. Ein historisches Einsatzbeispiel eines Umlauflagers ist ein *Park-Paternoster* für Pkw, der bereits in den zwanziger Jahren des letzten Jahrhunderts in den USA gebaut wurde.

Infolge der aufgeführten Nachteile sind Umlauflager als reine Einheitenlager und Pufferlager ungeeignet. Unter bestimmten Voraussetzungen sind Umlauflager einsetzbar als *Bereitstellsystem* für das Kommissionieren mit dynamischer Artikelbereitstellung (s. *Abschnitt 17.2.3*).

Außer den konventionellen Umlauflagern, in denen die Ladeeinheiten nur für den Zugriff bewegt werden, gibt es *dynamische Umlauflager*, in denen die Ladeeinheiten nach der Aufgabe permanent auf einer Fördertechnik umlaufen, bis sie an den Abgabestellen in der gewünschten Reihenfolge ausgeschleust oder abgezogen werden. Beispiele für dynamische Umlauflager sind *Sortierkreisel* (STK), *Umlaufspeicher* (USP) und *Kreissorter* (KRS). Dynamische Umlauflager sind spezielle *Fördersysteme*, die sich in Einsatz und Dimensionierung grundlegend von den anderen Lagersystemen unterscheiden (s. *Abschnitt 18.6*).

## 16.3 Lagertechnik

Jedes Lager setzt sich zusammen aus mehreren Lagergewerken, die zur Ausführung der spezifischen Lagerfunktion benötigt werden. Funktionsspezifische *Lagergewerke* sind:

*Lagereinheiten* und *Ladungsträger*
*Lagerplätze* und *Regale*
*Lagergeräte* mit *Lastaufnahmemitteln*
*Zu- und Abfördersystem* (16.19)

*Lagersteuerung* und *Lagerverwaltung*
*Wareneingang* und *Warenausgang*
*Lagerbau*

Zusätzliche Gewerke eines Lagers ohne lagerspezifische Funktion sind *Sprinkler- und Rauchabzugsanlagen*, *Klima- und Heizungsanlagen*, *haustechnische Anlagen* und *Sozialräume* für das Lagerpersonal.

Die einzelnen Gewerke, aus denen sich ein Lagersystem zusammensetzt, lassen sich technisch unterschiedlich realisieren. Infolge der Vielfalt der technischen Ausführungsmöglichkeiten ergibt sich aus den sechs zuvor dargestellten Lagerarten eine große Anzahl von Lagersystemen.

Die Konstruktion und die technische Realisierung der Lagergewerke sind nicht Aufgaben der Logistik sondern des Stahlbaus, des Maschinenbaus, der Fördertechnik, der Steuerungstechnik und der Bautechnik. Aufgaben der *Lagerplanung* als Spezialgebiet der Logistik sind die Auswahl, Dimensionierung und Kombination der verfügbaren technischen Lösungen für die einzelnen Lagergewerke zu einem funktionssicheren, leistungsfähigen und kostengünstigen Lagersystem.

Für den *Platzbedarf* und die *Funktionssicherheit* eines Lagersystems sind die optimale Abstimmung der *Freimaße*, der *Toleranzen* und der *Positioniergenauigkeit* entscheidend. Maßgebend für die *Ein- und Auslagergrenzleistung* sind die *mittleren Fahrwege* zwischen den Abholbereichen, den Lagerplätzen und den Bereitstellbereichen, die *technischen Leistungsdaten* der Lagergeräte sowie die von der Steuerung benötigten *Tot- und Positionierzeiten*.

## 1. Lagereinheiten und Ladungsträger

Die zu lagernden *Ladeeinheiten* oder *Lagereinheiten* bestehen meist aus einem *Ladungsträger*, der die Artikeleinheiten enthält. Gleichförmige Artikeleinheiten, wie Standardkartons, Blechcoils, Papierrollen, Hänger, Wechselbrücken, Waggons oder Fahrzeuge, können auch ohne Ladungsträger gelagert werden (s. *Kapitel 12*).

*Ladungsträger*, *Lagerhilfsmittel*, *Lagerbehälter* oder *Container* sind erforderlich zur Aufnahme ungleichförmiger Artikel, zur Bildung gleichartiger Ladeeinheiten und zur Mengenbündelung. Gebräuchliche Lagerhilfsmittel sind genormte *Container, Flachpaletten, Boxpaletten, Lagergestelle, Kassetten, Tablare* und *Kleinbehälter.*

Die Ausführung der Lagerhilfsmittel und die Abmessungen der Lagereinheiten bestimmen sehr wesentlich die Lagerart und die Lagertechnik. Maßgebend für die Größe der Lagerplätze und die Breite der Gänge sind die *Außenmaße* einschließlich der maximal zulässigen *Lastüberstände* in allen drei Raumrichtungen und die *Abstellrestriktionen* der Ladeeinheiten.

So wird in automatischen Palettenlagern in der Regel ein beidseitiger Lastüberstand bis zu ± 50 mm zugelassen. Dadurch vergrößern sich die Grundmaße einer 800 × 1.200 mm EURO-Palette effektiv auf 900 × 1.300 mm und die Grundfläche der Ladeeinheit um 22 %. Die *Lastüberstände* wirken sich auf die Abmessungen und die Kosten des gesamten Lagersystems aus, werden aber häufig nicht ausreichend beachtet oder unnötig groß angesetzt.

Die vertikale Ausrichtung und die Höhe der Ladeeinheiten $h_{LE}$ sind meist vorgegeben, während die Orientierung der Länge $l_{LE}$ und Breite $b_{LE}$ zum Gang frei ist. Bei *Langgut*, für das die Länge wesentlich größer ist als der Durchmesser, beispielsweise bei Rohren und Stangen, wie auch bei *Flachgut*, für das Länge und Breite deutlich größer sind als die Dicke, wie Bleche, Glasscheiben, Holzplatten oder Türen, besteht die Möglichkeit, die Lagereinheit mit ihrer längsten Kante flachkant *liegend* oder hochkant *stehend* zu lagern.

### 2. Lagerplätze und Regale

Im einfachsten Fall sind die *unbeweglichen Stellplätze* eines *Blockplatzlagers* markierte Plätze in einer Halle oder auf einer Freifläche, die sich bei Bedarf mit wenig Aufwand verändern lassen.

Bei den *Fachregallagern* sind die unbeweglichen Stellplätze in *Lagerregalen* angeordnet mit *Fachböden* aus Holz oder Blech, mit seitlichen Auflagewinkeln oder mit parallel zum Gang verlaufenden *Auflageriegeln* aus Stahl.

Die *beweglichen Stellplätze* der Sortierspeicher und Kanalregallager für *passive Ladeeinheiten*, wie Paletten oder Behälter, können als Schwerkraft-Rollen- oder Röllchenbahnen oder als angetriebene Tragkettenförderer oder Rollenbahnen ausgeführt werden. Die Ladeeinheiten können auch auf unbeweglichen Stellplätzen stehen und von einem *Verschiebewagen* oder von einem *Satellitenfahrzeug* im Kanal versetzt werden, das unterhalb der Stellplätze verfährt.

Wenn *mobile Ladeeinheiten*, wie Rollpaletten oder Wagen, gelagert werden, sind als Lagerplatz Schienen mit Zugvorrichtungen ausreichend. Bei aktiven Ladeeinheiten mit eigenem Antrieb, wie Fahrzeugen, ist der Lagerplatz eine *Standschiene*, eine *Parkspur* oder ein *Parkplatz*.

Spezielle Gestaltungsparameter der Fachregallager sind die *Fachteilung*, das heißt die Anzahl Ladeeinheiten zwischen zwei Regalstehern, die *Fachhöhe*, die *Fachtiefe* und die *Auflagekonstruktion* für die Ladeeinheiten. Die Breite der Regalsteher und die Höhe der Auflagekonstruktion resultieren aus dem Gewicht und den Abmessungen der Ladeeinheiten sowie aus der Statik und dem Material der *Regalkonstruktion*.

Zwischen je zwei Ladeeinheiten sowie zwischen den Ladeeinheiten und der Regalkonstruktion müssen ausreichend bemessene *Fachfreimaße* vorhanden sein, um trotz der Ungenauigkeit und Toleranzen der Ladeeinheiten und der Regale ein störungsfreies Ein- und Auslagern zu gewährleisten (s. *Abb.* 16.4). Die Fachfreimaße sind umso größer, je geringer die *Positioniergenauigkeit* der Lagergeräte und je größer die *Regaltoleranzen* sind.

So betragen beispielsweise die Fachfreimaße zwischen den Ladeeinheiten und den Regalstehern nach der Richtlinie FEM 9.831 für automatische Palettenlager 100 mm [153]. Dadurch erhöht sich der effektive Platzverbrauch einer EURO-Palette um ca. 10 %. Weiterer Platz wird für die Steher und die Auflageriegel der Regalkonstruktion verbraucht. Bei Einbau einer Sprinkleranlage wird zusätzlicher Platz für die Rohrzuführungen und die Sprinklerköpfe benötigt.

Aus den *Fachfreimaßen* und den *Konstruktionsmaßen* der Regale ergeben sich die *Platzmaßdifferenzen* $\Delta x$, $\Delta y$ und $\Delta z$ in den drei Raumrichtungen zwischen den effektiven *Abmessungen* $l_{SP}$, $b_{SP}$ und $h_{SP}$ der Stellplätze und den Außenmaßen der Ladeeinheiten einschließlich Lastüberstand.

Ein *freier Gestaltungsparameter* aller Lagerarten ist die *Orientierung der Ladeeinheiten* zum Bedienungsgang. Für Ladeeinheiten mit unterschiedlichen Abmessungen in allen drei Raumrichtungen und ohne Abstellrestriktionen gibt es 4 unterschiedliche Orientierungsmöglichkeiten, die sich aus der Kombination folgender *Abstellvarianten* ergeben:

- *Längslagerung*: Die Ladeeinheiten stehen mit der Längskante $l_{LE} > b_{LE}$ parallel zum Gang.
- *Querlagerung:* Die Ladeeinheiten stehen mit der Längskante $l_{LE} > b_{LE}$ senkrecht zum Gang.

jeweils kombiniert mit

- *Flachkantlagerung:* Die Ladeeinheiten sind mit der langen Kante liegend abgelegt.
- *Hochkantlagerung:* Die Ladeeinheiten sind mit der langen Kante stehend aufgestellt.

Bei Blockplatzlagern für Ladeeinheiten mit einer Breite unter 800 mm ist in der Regel eine Längslagerung notwendig, damit die Breite der Blockplätze für das Hineinfahren des Staplers ausreicht [146].

Bei anderen Lagern ist die Orientierung der Ladeeinheiten ein freier Gestaltungsparameter, der sich zur Optimierung der Flächen- und Raumnutzung sowie zur Minimierung der Lagerkosten nutzen läßt. Da es dabei in der Regel zu einem *Zielkonflikt* zwischen Raum- oder Grundflächenbedarf einerseits und Gerätebedarf andererseits kommt, kann diese Optimierung nur im konkreten Einzelfall mit Hilfe eines geeigneten *Lagerdimensionierungsprogramms* durchgeführt werden [147].

### 3. Lagergeräte und Lastaufnahmemittel

Ein Lagergerät befördert eine einzulagernde Ladeeinheit vom *Einlagerübergabeplatz* zum Lagerplatz und eine auszulagernde Ladeeinheit vom Lagerplatz zum *Auslagerübergabeplatz*. Außerdem kann es *Umlagerungen* durchführen.

Maßgebend für die Ein-, Um- und Auslagerleistung eines Lagersystems sind die *Konstruktion*, das *Fahrverhalten*, die *Ganggebundenheit*, das *Lastaufnahmemittel* (LAM), die *Kapazität* $C_{LG}$ [LE/LG] und die *Anzahl* $N_{LG}$ der eingesetzten Lagergeräte. Die technischen *Kenndaten* und die *Richtpreise* für einige gebräuchliche Lagergeräte und Lastaufnahmemittel sind in den *Tabellen* 16.1 und 16.2 zusammengestellt.

Nach dem *Fahrverhalten* lassen sich unterscheiden:

- *Eindimensional verfahrende Lagergeräte*, wie *Hubwagen*, *Frontstapler* und *Seitenstapler*. Diese bewegen die Last in einer *additiven Fahr- und Hubbewegung*.
- *Zweidimensional verfahrende Lagergeräte*, wie *Schmalgangstapler*, flurgebundene *Regalbediengeräte* und flurfreie Lagergeräte. Sie befördern die Ladeeinheiten in einer *simultanen Fahr- und Hubbewegung*.

| **LAGERGERÄT (LG)**<br>Ladeeinheiten | **Kapa-zität**<br>LE/LG | **Hub-höhe**<br>bis ca. | **Gang-breite**<br>EURO-Pal. | **Fahrt**<br>Geschwind.<br>Beschleun. | **Hub**<br>Geschwind.<br>Beschleun. | **Richtpreis**<br>2001<br>T€ |
|---|---|---|---|---|---|---|
| **Hochhubwagen**<br>Paletten | 1 | 4,5 m | 3,0 m<br>3,4 m | 2,0 m/s<br>0,7 m/s² | 0,2 m/s<br>0,1 m/s² | 10 bis 30 |
| **Gabelstapler**<br>Paletten | 1 bis 4 | 6,5 m | 3,0 m<br>3,4 m | 3,0 m/s<br>1,0 m/s² | 0,3 m/s<br>0,3 m/s² | 20 bis 40 |
| **Schubmaststapler**<br>Paletten | 1 | 7 m | 2,2 m<br>2,5 m | 2,5 m/s<br>1,0 m/s² | 0,5 m/s<br>0,3 m/s² | 30 bis 40 |
| **Schmalgangstapler**<br>Paletten | 1 bis 2 | 14 m | 1,5 m<br>1,8 m | 2,5 m/s<br>1,0 m/s² | 0,35 m/s<br>0,5 m/s² | 75 bis 90 |
| **Regalbediengeräte**<br>RGB für Paletten<br>AKL für Kleinbehälter | 1 bis 2<br><br>1 bis 8 | 40 m<br><br>8 m | 1,5 m<br><br>1,0 m | 5,0 m/s<br>1,0 m/s²<br>3,0 m/s² | 2,0 m/s<br>1,0 m/s²<br>2,0 m/s² | 150 bis 250<br><br>70 bis 120 |
| **TransFaster**<br>Paletten | 1 bis 3 | 15 m | 1,6 m | 5,0 m/s<br>1,0 m/s² | 2,0 m/s<br>1,0 m/s² | 120 bis 150 |
| **Verteilerwagen**<br>Paletten, Behälter | 1 bis 2 | - | 1,0 m<br>1,4 m | bis 6 m/s<br>1,0 m/s² | -<br>- | 25 bis 30 |
| **Satellitenfahrzeug**<br>Paletten | 1 | - | 0 | 1,0 m/s<br>0,5 m/s² | -<br>- | 15 bis 20 |
| **Stapelkran**<br>Langgut, Coils u.a. | - | 8 m | 0 | 1,0 m/s<br>0,3 m/s² | 0,3 m/s<br>0,2 m/s² | 100 bis 180 |

**Tab. 16.1** Kenndaten und Richtpreise von Lagergeräten

Gangbreite: Längs- bzw. Quereinlagerung EURO-Paletten 800×1.200 mm
Richtpreise: Stand 2001, mit Elektroantrieb und mitfahrender Steuerung

- *Dreidimensional arbeitende Lagergeräte*, wie *Brückenkrane*, *Hallenkrane* und *Stapelkrane*, die die Last auf einem *räumlich verlaufenden Weg* bewegen.
- *Kombinierte Lagergeräte* mit *Lagerbedienwagen*, *Verteilerwagen* oder *Satellitenfahrzeugen* und *Hubstationen* oder *Vertikalförderzeugen*.

Die Lagerbedienwagen oder Satellitenfahrzeuge werden mit und ohne Last von einer Hubstation oder einem anderen Vertikalförderzeug zwischen den Lagerebenen umgesetzt. Auf den Lagerebenen verfahren Lagerbedienwagen oder Satellitenfahrzeuge horizontal zu den Lagerfächern und in die Lagerkanäle.

| LASTAUFNAHMEMITTEL<br>LAM | Ladeeinheiten<br>LE | Kapazität<br>LE/LAM | Lagergeräte | Fachtiefe<br>bis ca. | Facheinfahrt<br>Geschwind.<br>m/s | <br>Beschleun.<br>m/s² |
|---|---|---|---|---|---|---|
| **Starre Gabel** | Paletten | bis zu 4 | Hubwagen<br>Stapler | 2 m | 0,3 m/s | 0,2 m/s² |
| **Schwenkschubgabel** | Paletten | bis zu 2 | Schmalgang-Stapler | 2 m | 0,3 m/s | 0,2 m/s² |
| **Seitengreifer** | Kartons<br>Fässer | bis 2<br>bis 4 | Stapler<br>RBG | 1,5 m | 0,5 m/s | 0,2 m/s² |
| **Teleskopgabel** | Paletten | bis 2 | Stapler<br>RBG | 2,0 m | 0,5 m/s | 0,3 m/s² |
| **Teleskoptisch** | Tablare<br>Behälter | 1<br>bis 2 | RBG | 1,5 m | 1,0 m/s | 0,8 m/s² |
| **Schub- und Zugvorrichtung** | Tablare | 1 | RBG | 1,5 m | 1,5 m/s | 1,0 m/s² |
| **Rollentisch**<br>**Tragkettenförderer** | Paletten<br>Behälter | 1 bis 2<br>1 bis 4 | RBG<br>Verteilerwagen | - | 0,4 m/s | 0,3 m/s² |

**Tab. 16.2** Kenndaten verschiedener Lastaufnahmemittel

Voraussetzung für die Automatisierung eines Lagers ist eine genaue *Spurführung* der Lagergeräte. Technische Möglichkeiten sind die *mechanische Spurführung* mit Fahr- und Führungsschienen, die *induktive Spurführung* mit Leitdraht, die *optische Spurführung* mit Markierungslinien oder Orientierungsmarken und die *akustische Spurführung* mit Orientierungspunkten zur Koppelnavigation. Die *elektronische Spurführung* arbeitet mit Transpondern, die im Boden verlegt oder am Fahrzeug angebracht sind und deren Signale über RFID erfaßt werden [29; 343].

Das Fahrverhalten, die Art der Spurführung und die Konstruktion haben eine mehr oder minder große *Ganggebundenheit* der Lagergeräte zur Folge [146]:

- *Gangunabhängige Lagergeräte*, wie Hubwagen, Gabelstapler, Schmalgangstapler und andere Flurförderzeuge, können die Lagergassen unbeschränkt wechseln und den Lagerbereich verlassen.
- *Gangumsetzbare Lagergeräte*, wie kurvengängige Regalbediengeräte und Regalbediengeräte mit Umsetzgerät, können mit reduzierter Geschwindigkeit den Regalgang wechseln, aber den Lagerbereich nicht verlassen.
- *Ganggebundene Lagergeräte*, wie Regalbediengeräte ohne Umsetzeinrichtung, können den Regalgang nicht verlassen. Sie bedienen nur die Lagerfächer in einer Lagergasse.

Der Gangwechsel erfordert relativ viel Zeit. Bei hoher *Gangwechselfrequenz* $\nu_{GW}$ [1/h] wird daher die Ein- und Auslagerleistung erheblich reduziert.

Die *Lastaufnahmemittel* können die Ladeeinheiten von *unten*, von *oben*, *stirnseitig* oder *seitlich* aufnehmen, einhaken oder einklemmen. Sie unterscheiden sich außerdem in der Durchführung des *Lastspiels*:

- *Lastaufnahmemittel mit Leerspiel*, wie starre und schwenkbare Gabeln, unterfahrende Teleskopgabeln und Teleskoptische, seitliche Greifarme und Klemmbacken oder von oben einklinkende Container-Spreader, machen bei jeder Lastaufnahme eine leere Hinbewegung und bei jeder Lastabgabe eine leere Rückbewegung.
- *Lastaufnahmemittel ohne Leerspiel*, wie Zug- und Schubvorrichtungen oder Rollentische und Tragkettenförderer zur Bedienung von Kanallagern, führen bei Lastaufnahme und Lastabgabe jeweils nur eine Nutzlastbewegung durch.

Mit einem Lastaufnahmemittel ohne Leerspiel sind höhere Ein- und Auslagerleistungen erreichbar. Maßgebend für das Leistungsvermögen eines Lagergeräts ist außer der Art des Lastspiels die Kapazität des Lagergeräts:

- Die *Kapazität* $C_{LG}$ [LE/LG] eines Lagergeräts ist gleich der Anzahl Ladeeinheiten, die das Gerät gleichzeitig beförden kann.

Sie ist das Produkt der Anzahl $n_{LAM}$ [LAM/LG] Lastaufnahmemittel pro Gerät und der Kapazität $C_{LAM}$ [LE/LAM] pro Lastaufnahmemittel:

$$C_{LG} = n_{LAM} \cdot C_{LAM} \qquad [\mathrm{LE/LG}]. \qquad (16.20)$$

Regalförderzeuge für Paletten werden mit einer Kapazität bis zu 4 Paletten pro RFZ, Regalbediengeräte für Kleinbehälter mit einer Kapazität bis zu 8 Behälter pro RBG gebaut. Die für mehr als ein Lastaufnahmemittel erforderlichen Mehrkosten sind jedoch häufig größer als die damit erreichbaren Einsparungen [21].

#### 4. Zu- und Abfördersystem

Das *Zufördersystem* eines Lagers befördert die einzulagernden Ladeeinheiten aus einem *Abholbereich* zum Einlagerübergabeplatz, nachdem sie an einem *I-Punkt* identifiziert und von der Lagerverwaltung erfaßt wurden. In *automatischen Lagern* müssen die Ladeeinheiten zwischen I-Punkt und Einlagerbereitstellplatz zur Überprüfung ihrer Außenmaße eine *Konturenkontrolle* durchlaufen, hinter der die nicht maßhaltigen Ladeeinheiten wieder ausgeschleust werden.

Das *Abfördersystem* befördert die vom Lagergerät ausgelagerten Ladeeinheiten vom Auslagerübergabeplatz zu einem *Bereitstellbereich*. Dort verlassen die Ladeeinheiten ab einem *K-Punkt* die Zuständigkeit der Lagerverwaltung.

Gangunabhängige Lagergeräte können die Ladeeinheiten aus dem *Abholbereich*, beispielsweise aus dem Wareneingang, zur Einlagerung selbst abholen und nach der Auslagerung im *Bereitstellbereich* außerhalb des Lagers abstellen. Lager mit *gangunabhängigen Lagergeräten* benötigen daher in der Regel kein Zu- und Abfördersystem.

Lager mit *gangabhängigen Lagergeräten* müssen hingegen durch ein Zu- und Abfördersystem ver- und entsorgt werden. In ausgedehnten Lagern und bei großer Entfernung des Abholbereichs oder des Bereitstellbereichs vom Lagerbereich kann auch bei gangunabhängigen Lagergeräten ein gesondertes Zu- und Abfördersystem sinnvoll sein.

In *manuell bedienten Lagern* mit gangumsetzbaren Geräten, beispielsweise mit Schmalgangstaplern, können *Verteilstapler* (VTS) die Funktion des Zu- und Abfördersystems übernehmen. Sie bringen die Ladeeinheiten von und zu *Übergabeplätzen* an der Regalstirnseite, die dafür zweckmäßig als *Kragarmplätze* ausgebildet sind.

Für die Kombination und Anordnung der Zu- und Abfördersysteme *automatischer Lager* gibt es zwei *Möglichkeiten* [29; 127; 148]:

- *Getrennte Zu- und Abfördersysteme* auf zwei Ebenen oder an zwei Regalseiten.
- *Kombinierte Zu- und Abfördersysteme* in einer Ebene an einer Regalseite.

Getrennte Zu- und Abfördersysteme bieten zusätzlichen Platz, der beispielsweise zur Anordnung von Kommissionierarbeitsplätzen mit dynamischer Bereitstellung genutzt werden kann. Sie sind jedoch mit höherem Aufwand verbunden. Bei einem kombinierten Zu- und Abfördersystem entfallen bei Doppelspielen die Leerfahrten zwischen den Auslager- und Einlagerübergabeplätzen. Außerdem ist der fördertechnische und bauliche Aufwand geringer.

Für die Zu- und Abfördersysteme automatischer Lager gibt es eine Vielzahl technischer Ausführungsmöglichkeiten, wie [148]:

*Verschiebehubwagen*
*Verteilerwagen*
*Tragkettenförderer*
*Rollenbahnen*
*Elektrohängebahnen* (EHB)
*fahrerlose Transportfahrzeuge* (FTS)

und *Kombinationen* dieser Fördertechniken. Als Beispiel sind zwei Lösungen für das kombinierte Zu- und Abfördersystem eines automatischen Hochregallagers in *Abb. 16.8* und *Abb. 16.9* dargestellt.

Die Zu- und Abförderstrecken von und zu den Auf- und Abgabeplätzen der Lagergeräte sind meist als *Verschiebehubwagen* oder *Tragkettenförderer* mit mehreren *Stauplätzen* ausgebildet. Die *Stauplatzkapazität* auf den *Stichbahnen* vor den Regalen ist maßgebend für die *Auslastbarkeit* der Lagergeräte und für die *Entkopplung* der stochastisch schwankenden Lagerspielzeiten von dem ebenfalls stochastisch schwankenden Ein- und Auslagerbedarf (s. *Abschnitt 13.5*).

### 5. Lagersteuerung und Lagerverwaltung

Aufgaben der Lagersteuerung sind die *Steuerung* und *Positionierung* der Lagergeräte und der Fördertechnik.

Die Steuerung der ganggebundenen Lagergeräte und der stationären Fördertechnik automatischer Lager ist in der Regel aus *Speicher-Programmierbaren Steuerungsmodulen* (SPS) aufgebaut. Für die Zielsteuerung gangunabhängiger Lagergeräte, Verteilerstapler und Transportfahrzeuge gibt es spezielle *Staplerleitsysteme* (SLS) und *Transportleitsysteme* (TLS) mit *Datenfernübertragung* (DFÜ) über Funk oder Infrarot.

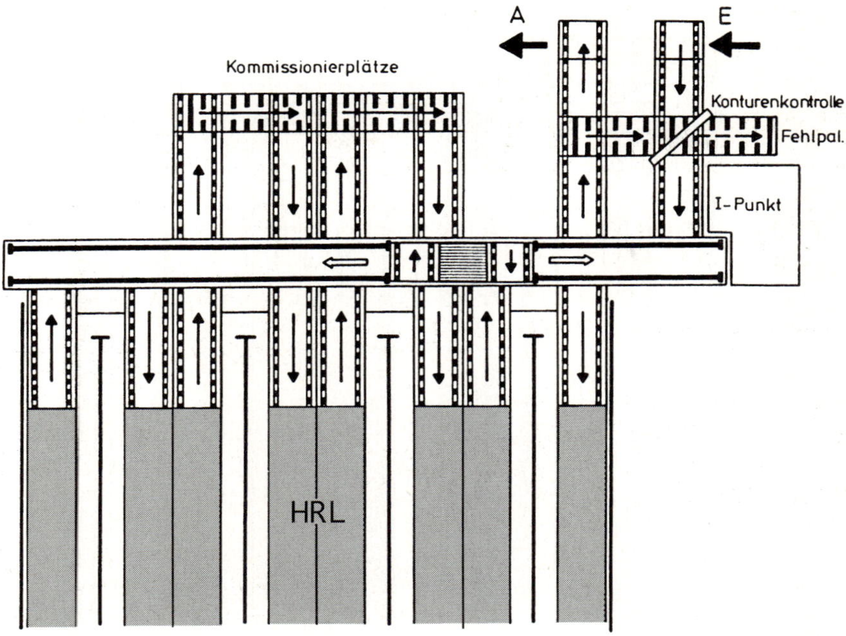


**Abb. 16.8** Räumlich kombiniertes Zu- und Abfördersystem eines automatischen Hochregallagers mit Verteilerwagen in einer Ebene

Für die Positionierung der Lagergeräte gibt es zwei verschiedene Verfahren:

- *Absolutpositionierung*: Bei der Absolutpositionierung orientiert sich die Steuerung des Lagergeräts an einer Positioniermarke unmittelbar am Zielplatz.
- *Relativpositionierung*: Bei der Relativpositionierung orientiert sich die Steuerung an Positioniermarken, die am Mast des Gerätes und entlang dem Verfahrweg angebracht sind.

Das *Positionierverfahren* hat erheblichen Einfluß auf die *Funktionssicherheit*. Der *Zeitbedarf* für die Positionierung wirkt sich auf die Lagerleistung aus.

Die Absolutpositionierung hat den Vorteil einer größeren Genauigkeit und Toleranzunabhängigkeit, erfordert jedoch einen höheren Aufwand und ist langsamer. Die Relativpositionierung ist von den Regaltoleranzen und der Gerätejustierung abhängig, erfordert aber einen geringeren Aufwand und kann schneller arbeiten. Technisch optimal aber auch aufwendiger ist eine Kombination beider Positionierverfahren.

Die Lagersteuerung erhält ihre Anweisungen von der Lagerverwaltung. *Aufgaben der Lagerverwaltung* sind:

- *Annahme*, *Speicherung* und *Ausführungsüberwachung* der anstehenden Ein- und Auslageraufträge
- *Platzzuweisung* der einzulagernden Ladeeinheiten nach optimalen *Belegungsstrategien*

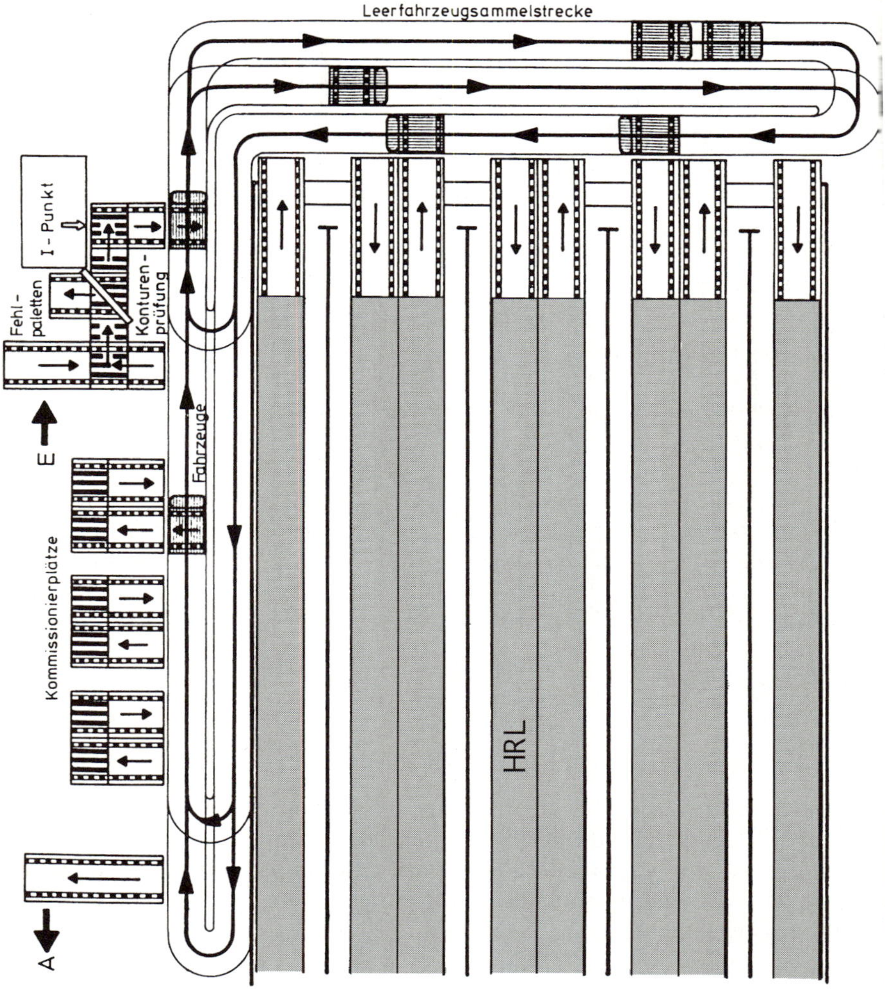


**Abb. 16.9** Fahrzeugsystem zur kombinierten Ver- und Entsorgung eines automatischen Hochregallagers in einer Ebene

*Fahrzeugtechnik*: FTS-Fahrzeuge oder Elektrohängebahn

- *Bestandsverwaltung* aller Ladeeinheiten, die sich zwischen dem *I-Punkt* der Einlagerung und dem *K-Punkt* der Auslagerung befinden,
- *Anweisung* und *Koordination* der Ein-, Um- und Auslagerungen durch die Lagergeräte und die Fördertechnik nach optimalen *Bewegungsstrategien*
- *Erzeugung von Transportaufträgen* für ein Stapler- oder Transportleitsystem

Die Aufgaben der Lagerverwaltung können von einem *Lagerverwalter* oder von einem *Lagerverwaltungssystem* (LVS) ausgeführt werden. Für die spezifischen

Aufgaben der Lagerverwaltung gibt es heute leistungsfähige *Lagerverwaltungsrechner* (LVR) mit entsprechender *Standardsoftware.*

Viele der angebotenenen *Lagerverwaltungssysteme* bieten jedoch nicht die Möglichkeit zur Realisierung aller benötigten Lagerstrategien. Andere Lagerverwaltungssysteme enthalten überflüssige und im Einzelfall sinnlose Strategien und Funktionen. Daher ist es ratsam, vor der Beschaffung eines Lagerverwaltungssystems die für das spezielle Lager benötigten Funktionen und Lagerstrategien in einem *Lastenheft* zu spezifizieren.

Der Lagerverwaltungsrechner arbeitet entweder *Off Line*, das heißt ohne direkte Verbindung mit anderen Systemen, oder *On Line*, das heißt im Verbund mit übergeordneten Systemen, beispielsweise mit einem *Warenwirtschaftssystem* (WWS) oder einem *Auftragsabwicklungssystem* (z.B. SAP), und mit unterlagerten Systemen, wie mit einem *Staplerleitsystem* und mit der *Anlagensteuerung*. Die übergeordneten und unterlagerten Systeme können auch einen Teil der Lagerverwaltungsaufgaben übernehmen. Bei der Funktionsaufteilung zwischen dem Lagerrechner und den über- und untergeordneten Systemen ist jedoch darauf zu achten, daß keine unzulässig langen *Totzeiten* entstehen.

Die *Totzeiten*, die zwischen den Bewegungsschritten einer Ladeeinheit vom *I-Punkt* zum Lagerplatz und vom Lagerplatz zum *K-Punkt* von der Lagersteuerung und vom Lagerverwaltungssystem zur Durchführung von Datenabfragen, zur Datenauswertung und zur Erzeugung von Anweisungen benötigt werden, verlängern die Spielzeiten. Bei hoher Belastungsfrequenz, falscher Funktionsteilung zwischen den Systemen und unzureichender Auslegung der Hard- und Software und der Elektronik können die Totzeiten mehrere Sekunden betragen und die Durchsatzleistung eines Lagers erheblich beeinträchtigen.

### 6. Wareneingang und Warenausgang

Die Funktions- und Leistungsfähigkeit eines Lagers hängt sehr wesentlich von der Gestaltung und Dimensionierung des Warenein- und Warenausgangs ab. Ein falsch geplanter oder schlecht organisierter Warenein- und Warenausgangsbereich kann zu gravierenden Funktionsstörungen und Engpässen führen.

Der Wareneingang und der Warenausgang eines Lagers, das sich in einem gesonderten Lagerbau befindet, besteht aus *Rampen*, *Toren*, *Bereitstellflächen* und anderen *Funktionsflächen* für Kontrollen, Ladungssicherung, Steuerstand und Lagerverwaltung.

Für den Wareneingang und den Warenausgang eines Lagers gibt es folgende *Anordnungs- und Kombinationsmöglichkeiten* (s. *Kapitel* 19):

- *Getrennter Wareneingang und Warenausgang* auf benachbarten oder auf gegenüberliegenden Seiten des Gebäudes
- *Nebeneinander liegender Wareneingang und Warenausgang* an einer Gebäudeseite mit der Möglichkeit zur bedarfsabhängigen Nutzung der Tormodule im Zwischenbereich
- *Kombinierter Warenein- und Warenausgang* mit Tormodulen, die abwechselnd oder bedarfsabhängig zum Entladen und Beladen genutzt werden

Ein vollständig kombinierter Warenein- und Warenausgangsbereich ermöglicht kombinierte Ein- und Auslagerspiele und eine flexible Nutzung der *Tormodule* zu unterschiedlichen Tageszeiten für den Wareneingang oder für den Warenausgang. Die Torbereiche des Warenein- und Warenausgangs sollten, wie in *Abb 16.10* dargestellt, *modular* konzipiert sein. Außer dem modularen Aufbau sind bei der Planung folgende *Dimensionierungsgrundsätze* zu beachten:

- Die *Anzahl* $N_{TM}$ der benötigten *Tormodule* resultiert aus der Frequenz der An- und Auslieferfahrzeuge zur Zeit der Spitzenbelastung, den Be- und Entladezeiten und den Bearbeitungszeiten der Warenannahme und im Versand.
- Die *Anzahl* $N_{BP}$ und die *Anordnung der Bereitstell- und Pufferplätze* pro Tormodul werden einerseits bestimmt von den *Durchsatzmengen* und den *Bearbeitungszeiten* im Wareneingang und Warenausgang und andererseits von der benötigten *Entkopplung* zwischen den innerbetrieblichen und den außerbetrieblichen Logistikketten, die an der Rampe des Lagers zusammentreffen.

Wareneingangspuffer und Warenausgangspuffer können weitgehend entfallen, wenn die ankommenden Ladeeinheiten aus angedockten Sattelaufliegern oder Wechselbrücken ohne Absetzen direkt eingelagert und die ausgehenden Ladeeinheiten, wie in *Abb. 18.20* dargestellt, direkt verladen werden. Diese Arbeitsweise vermindert zugleich den Handlingaufwand, erfordert aber eine perfekte Organisation und Abstimmung der inner- und außerbetrieblichen Logistikketten.

**7. Lagerbau**

Viele Lager, wie Containerlager oder Materiallager, befinden sich auf einer *Freifläche* oder in einem *Multifunktionsbau*, beispielsweise in einer Produktionshalle. Für größere Lager wird in der Regel ein gesonderter Lagerbau errichtet. Der Lagerbau kann eine konventionelle *Halle*, ein *Stockwerksbau* oder ein *spezialisierter Lagerbau* sein, wie die Hochregalsilos oder Parkhäuser.

Ein *Stockwerksbau* ist für Lager mit größerem Durchsatz schlecht geeignet, da die Geschosse durch Aufzüge miteinander verbunden sind, die zusätzliche Transportbewegungen erfordern. Ein *Hochregalsilo* auf einer Bodenplatte aus Beton mit dach- und wandtragender Regalkonstruktion kann für Bauhöhen ab 20 m und Lagerkapazitäten ab etwa 5.000 Palettenplätze leistungsfähiger und vielfach auch kostengünstiger sein als ein konventionelles Regallager gleicher Kapazität, das in einer Halle steht.

Wenn möglich, sollten die Lagerart und die Lagertechnik den Lagerbau bestimmen und der Lagerbau keine Abweichung von der optimalen Lagerung bewirken. Ein Lager ist daher von innen nach außen zu planen, nicht von außen nach innen. In vielen Fällen aber ist ein bestimmter Baukörper als Lagerhülle vorgegeben, aus dessen Abmessungen, lichter Höhe und Stützenraster sich *Restriktionen* ergeben, die suboptimale Lagerlösungen erzwingen.

Restriktionen, die bei jeder Lagerplanung und Dimensionierung zu berücksichtigen sind, ergeben sich aus den *Sicherheitsvorschriften* für das Bedienungspersonal und das Lagergut:

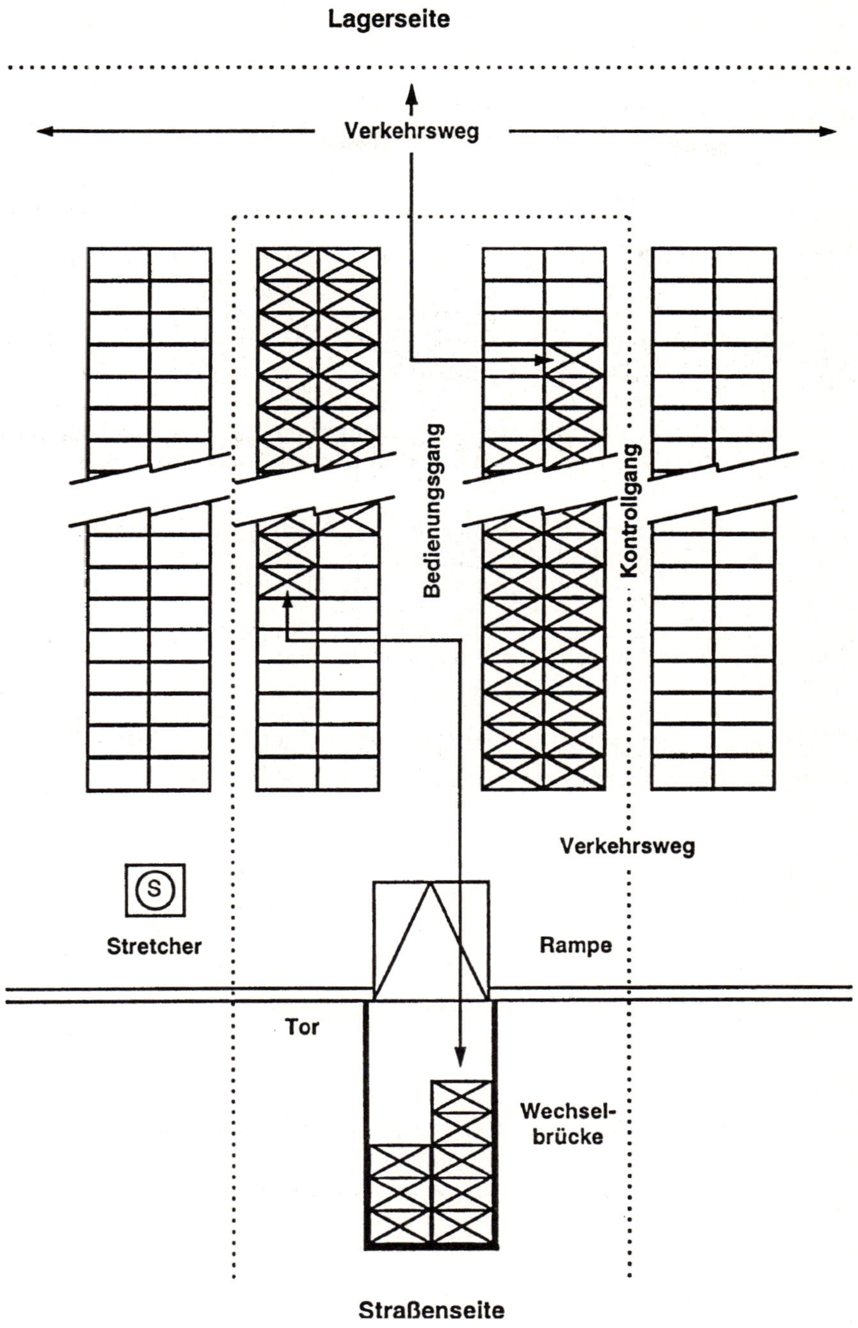


**Abb. 16.10** Tormodul im Wareneingang oder Warenausgang
*Parameter*: Pufferplätze pro Tormodul

- Große Lager mit einer hohen *Brandlast* müssen in mehrere *Brandabschnitte* zulässiger Größe aufgeteilt werden.
- Innerhalb eines Brandabschnitts darf der *Fluchtweg* bis zum nächsten Ausgang eine bestimmte Länge nicht überschreiten.

Die Größe der Brandabschnitte ist abhängig von der *Gefahrgutklasse* des Lagergutes und von der Höhe der *Versicherungsprämien.* Sie liegt in einer Größenordnung von 1.200 bis 6.000 $m^2$. Der *maximale Fluchtwegradius* beträgt nach deutschen Vorschriften 50 m [290].

## 16.4 Lagerbetriebsstrategien

Leistung und Kosten eines Lagersystems hängen von den Strategien ab, mit denen das Lager betrieben wird. Bei der Neuplanung eines Lagers lassen sich durch richtige Lagerbetriebsstrategien die Investitionen reduzieren und die zukünftigen Betriebskosten senken. In vorhandenen Lagern können durch geeignete Lagerstrategien die Durchsatzleistung und die Platznutzung verbessert werden.

Abhängig von Aufgabe und *Zielsetzung* lassen sich die *Lagerbetriebsstrategien* unterscheiden in *Belegungsstrategien* und *Bewegungsstrategien.*

### 1. Belegungsstrategien

Die Belegungsstrategien bestimmen, auf welchen Plätzen und in welchen Lagerzonen welche Artikel gelagert und bereitgestellt werden müssen, um eine möglichst gute Platznutzung und kurze Wege für die Ein- und Auslagerung zu erreichen.

Die wichtigsten Belegungsstrategien sind:

- *Schnelläuferkonzentration*: Um die mittleren Fahrwege der Lagergeräte zu senken, werden die Ladeeinheiten schnellumschlagender Artikel in Plätzen nahe dem Ein- und Ausgang gelagert.
- *Feste Lagerplatzordnung*: Für den maximal zu erwartenden Lagerbestand jedes Artikels werden Lagerplätze fest reserviert, die nicht durch Ladeeinheiten anderer Artikel belegt werden dürfen.
- *Freie Lagerplatzordnung*:[1] Frei werdende Lagerplätze werden für die nächste einzulagernde Ladeeinheit genutzt, unabhängig davon, welcher Artikel darin enthalten ist.
- *Zonenweise feste Lagerordnung*: Bestimmte *Lagerzonen* sind für die Lagerung definierter Warengruppen reserviert oder bestimmte *Lagerplätze* oder *Fachmodule* nur für eine Sorte von Ladeeinheiten geeignet.
- *Gleichverteilungsstrategie*: Um eine *maximale Zugriffsicherheit* zu gewährleisten, wird der Lagerbestand eines Artikels auf mehrere Lagergassen verteilt. Mit *zyklischer Gangzuweisung* resultiert die Gleichverteilung von selbst.

---

1 Die freie Lagerplatzordnung oder kurz freie Lagerordnung wird häufig auch als *chaotische Lagerordnung* bezeichnet, obgleich bei dieser Belegungsstrategie von *Chaos* nicht die Rede sein kann.

- *Platzanpassung*: Kleine Lagerplätze werden mit kleinen Lagereinheiten und geringem Artikelbestand, große Lagerplätze mit großen Lagereinheiten und hohem Artikelbestand belegt (s. *Abschnitte 12.5* und *12.6*).
- *Artikelreine oder chargenreine Platzbelegung*: Lagerplätze mit mehreren Stellplätzen werden nur mit einem Artikel oder einer Produktionscharge belegt.
- *Artikelgemischte Platzbelegung*: Lagerplätze mit mehreren Stellplätzen dürfen mit den Ladeeinheiten von bis zu $N_{AP}$ verschiedenen Artikeln belegt werden.
- *Minimieren von Anbruchlagerplätzen*: In einem Mehrfachplatzlager werden, um den Füllungsgrad zu verbessern und mehr als einen Anbruchlagerplatz pro Artikel zu vermeiden, die Ladeeinheiten aus teilgefüllten Lagerfächern stets zuerst ausgelagert.

Der Effekt einer *Schnelläuferkonzentration* wird meist überschätzt. Die Umschlagleistung kann durch eine Schnelläuferkonzentration in großen Lagern mit langen Wegen bei Einzelspielbetrieb bestenfalls um 15 % erhöht werden, wenn die ABC-Verteilung des Sortiments stark ausgeprägt ist. In den meisten Fällen aber liegt der Schnelläufereffekt deutlich unter 10 % [21].

Bei *fester Lagerplatzordnung* sind in Lagern mit Pull-Beständen, mehr als 100 Artikeln und geringen Sicherheitsbeständen bis zu doppelt soviele Plätze belegt wie bei freier Lagerplatzordnung. Für die Platzverwaltung bei freier Lagerordnung sind heute Standardprogramme und leistungsfähige Lagerverwaltungsrechner verfügbar. Daher ist die feste Platzordnung nur im Bereitstellbereich von Kommissionierlagern sinnvoll, nicht aber in Einheitenlagern und für Reserveplätze.

Die *zonenweise feste Lagerordnung* führt infolge der größeren Bestandsatmung zu einem erhöhten Platzbedarf. Der Platzmehrbedarf gegenüber der vollständig freien Lagerordnung ist dabei umso größer, je kleiner das Platzangebot und je größer die Anzahl der Lagerzonen ist. Daher sollten nur soviele gesonderte Lagerzonen wie unbedingt notwendig geschaffen werden.

Die *artikelgemischte Platzbelegung* wird bei Platzknappheit in Mehrfachplatzlagern, vor allem in Blockplatzlagern und Kanallagern, als *Notlösung* eingeführt, bei Langzeitbeständen aber auch gezielt eingeplant. Die artikelgemischte Platzbelegung ist jedoch mit zusätzlichen Lagerbewegungen verbunden, die einen erhöhten Gerätebedarf zur Folge haben können, denn:

▶ Ist ein Lagerplatz in freier Mischung mit den Ladeeinheiten von $N_{AP}$ unterschiedlichen Artikeln belegt, sind im Mittel $(N_{AP}-1)/2$ Ladeeinheiten umzulagern, um an die Ladeeinheit eines bestimmten Artikels heranzukommen.

Außerdem kann die artikelgemischte Platzbelegung *Unübersichtlichkeit*, Probleme der Platzverwaltung und *Inventurdifferenzen* verursachen.

Soweit *Umlagerungen* nicht in betriebsschwachen Zeiten durchgeführt werden können, ist eine Umlagerung in einem Palettenlager mindestens um einen Faktor 30 teurer als die täglichen Lagerplatzkosten pro Ladeeinheit. Daher ist die artikelgemischte Platzbelegung bei einer Lagerdauer unter 30 Tagen in der Regel nicht sinnvoll. Wenn das Lager und die Platzkapazität richtig dimensioniert sind, ist ein Verzicht auf die artikelgemischte Platzbelegung ohne Raumverlust möglich.

**2. Bewegungsstrategien**

Die Bewegungsstrategien legen fest, in welcher Reihenfolge welche Ein-, Um- und Auslagerungen vom Fördersystem und von den Lagergeräten durchgeführt werden, damit unter Einhaltung vorgegebener *Restriktionen* eine möglichst hohe Einlager-, Auslager- oder Durchsatzleistung erreicht wird.

Die wichtigsten *Restriktionen* der Bewegungsstrategien sind die *Auslagerprinzipien*:

- *Strenges FIFO-Prinzip* (*First-In-First-Out-Prinzip*): Beim strengen FIFO-Prinzip müssen die einzelnen Ladeeinheiten in der Reihenfolge ihrer Einlagerung ausgelagert werden. Das strenge FIFO-Prinzip erzwingt eine Einzelplatzlagerung oder Durchschubkanäle mit räumlich getrennter Ein- und Auslagerung.
- *Schwaches FIFO-Prinzip*: Um eine Überalterung und das Entstehen von Ladenhütern zu verhindern, müssen beim schwachen FIFO-Prinzip die Ladeeinheiten einer früheren vor den Ladeeinheiten einer späteren *Einlagercharge* ausgelagert werden. Das schwache FIFO-Prinzip verbietet bei Mehrfachplatzlagern mit räumlich kombinierter Ein- und Auslagerung das Zulagern in Lagerfächer, in denen sich noch Ladeeinheiten einer früheren Einlagercharge des gleichen Artikels befinden.
- *LIFO-Prinzip* (*Last-In-First-Out-Prinzip*): Bei nur einseitig zugänglichen mehrfach tiefen Lagerplätzen, wie bei den Kanallagern und Einschublagern sind zwangsläufig die zuletzt eingelagerten Ladeeinheiten zuerst auszulagern.

Die wichtigsten *Bewegungsstrategien* sind:

- *Einzelspielstrategie*: Wenn der Wareneingang vorrangig ist, werden nur Einlagerspiele, wenn der Warenausgang vorrangig ist nur Auslagerspiele durchgeführt. Um die Ein- oder Auslagerleistung zu steigern, werden zu Lasten der Durchsatzleistung längere Leerfahrten der Lagergeräte in Kauf genommen.
- *Doppelspielstrategien*: Um die Durchsatzleistung zu verbessern, werden die für einen Bedienungsgang anstehenden Ein- und Auslagerungen in kombinierten Ein- und Auslagerspielen ausgeführt (s. *Abb. 16.1*). Wenn nur ein Einlagerauftrag und ein Auslagerauftrag anstehen, wird das Einlagerfach in der Nähe des Auslagerfachs gewählt. Wenn mehrere Auslageraufträge anstehen, werden jeweils die Ein- und Auslageraufträge kombiniert, deren Fächer am nächsten beieinander liegen. Dadurch wird der *Leerfahrtanteil* der Lagergeräte reduziert. Die einzelnen Einlagerungen und Auslagerungen dauern jedoch in Doppelspielen etwas länger als in Einzelspielen.
- *Fahrwegstrategien*: Lagergeräte mit einer Kapazität $C_{LG} > 1$ LE fahren in einer kombinierten Ein- und Auslagerfahrt auf einem möglichst kurzen Fahrweg nacheinander $C_{LG}$ Einlagerfächer und $C_{LG}$ Auslagerfächer an. Eine bewährte Fahrwegstrategie ist die *Streifenstrategie* (s. *Abb. 16.19*) [21].
- *Umlagerstrategien*: Zum Freiräumen verdeckter Ladeeinheiten in Mehrfachplatzlagern mit artikelgemischter Platzbelegung werden Umlagerungen in Zeiten durchgeführt, in denen keine Ein- oder Auslagerungsaufträge anstehen.
- *Gangwechselstrategie*: Um einerseits den Leistungsverlust durch den Gangwechsel der Lagergeräte zu minimieren und andererseits unzulässig lange

Ein- und Auslagerzeiten zu vermeiden, werden die Ein- und Auslageraufträge für eine bestimmte *Zykluszeit* $T_{GW}$ gesammelt, nach Lagergassen geordnet und von den betreffenden Lagergeräten in zyklischer Gangfolge ausgeführt. Die *Gangwechselfrequenz* $\nu_{GW} = 1/T_{GW}$ wird von der maximal zulässigen Ein- und Auslagerzeit bestimmt.

- *Zuförderstrategien*: Um eine größere Anzahl Ladeeinheiten möglichst schnell einzulagern, werden diese entweder einzeln den Lagergassen in *zyklischer Folge* zugewiesen oder *schubweise* jeweils dem Gang, auf dessen Zuförderbahn oder Einlagerpuffer am meisten Platz ist.
- *Abförderstrategien*: Die am dringendsten benötigten Ladeeinheiten erhalten beim Einschleusen von der Auslagerstichbahn in die Abförderstrecke *absolute Vorfahrt*.

Nicht alle Belegungsstrategien und Bewegungsstrategien sind miteinander verträglich. So reduziert die Schnelläuferstrategie den Effekt der Fahrwegstrategien, da sich Fahrwege nicht mehrfach einsparen lassen. Hieraus folgt der *Grundsatz*:

► Um unnötigen Programmieraufwand zu vermeiden und längere Totzeiten für rechenintensive Algorithmen zu verhindern, dürfen nur wirklich effektive und miteinander verträgliche Strategien realisiert werden.

Vor einer Realisierung der Lagerstrategien muß daher sorgfältig geprüft werden, welche der möglichen Strategien einen ausreichenden Effekt bringen und wieweit die interessanten Strategien miteinander kompatibel sind.

## 16.5 Füllungsgrad und Platzbedarf

Bei einer Lagerplatzkapazität $C_{LP}$ [LE/LP] und freier Lagerordnung ist die mittlere Anzahl Lagerplätze, die bei *artikelreiner Platzbelegung* zur Lagerung von $M_B$ Ladeeinheiten pro Artikel benötigt werden, gegeben durch:

$$N_{LPfrei} = \mathrm{MAX}\big(1; M_B / C_{LP} + (C_{LP} - 1)/2C_{LP}\big) \qquad [\mathrm{LP/Art}]. \qquad (16.21)^{©}$$

Solange der Bestand des Artikels größer als 0 ist, wird mindestens ein Lagerplatz belegt. Bei Beständen, die größer als die Platzkapazität sind, ist pro Artikel ein Lagerplatz im Mittel zu einem Anteil $(C_{LP}-1)/2C_{LP}$ leer. Daher erhöht sich der Platzbedarf pro Artikel um $(C_{LP}-1)/2C_{LP}$. Für Einzelplatzlager mit $C_{LP} = 1$ entfällt der anteilige Platzverlust. Für Mehrfachplatzlager mit großer Platzkapazität $C_{LP} \gg 1$ ist der Leerplatzverlust im Mittel gleich einer halben Lagerplatzkapazität (s. *Abschnitt* 12.5).

Die $N_{LP}$ Lagerplätze können maximal $N_{LP} \cdot C_{LP}$ Ladeeinheiten aufnehmen. Bei *freier Lagerordnung* enthalten die Plätze aber nur $M_B$ Ladeeinheiten. Hieraus folgt:

► Der durchschnittliche *Füllungsgrad* der Plätze eines Lagers mit *artikelreiner Platzbelegung* und *freier Lagerordnung* ist

$$\eta_{Lfrei} = M_B / (N_{LP} \cdot C_{LP}) = M_B / \mathrm{MAX}\big(C_{LP}; M_B + (C_{LP} - 1)/2\big). \qquad (16.22)^{©}$$

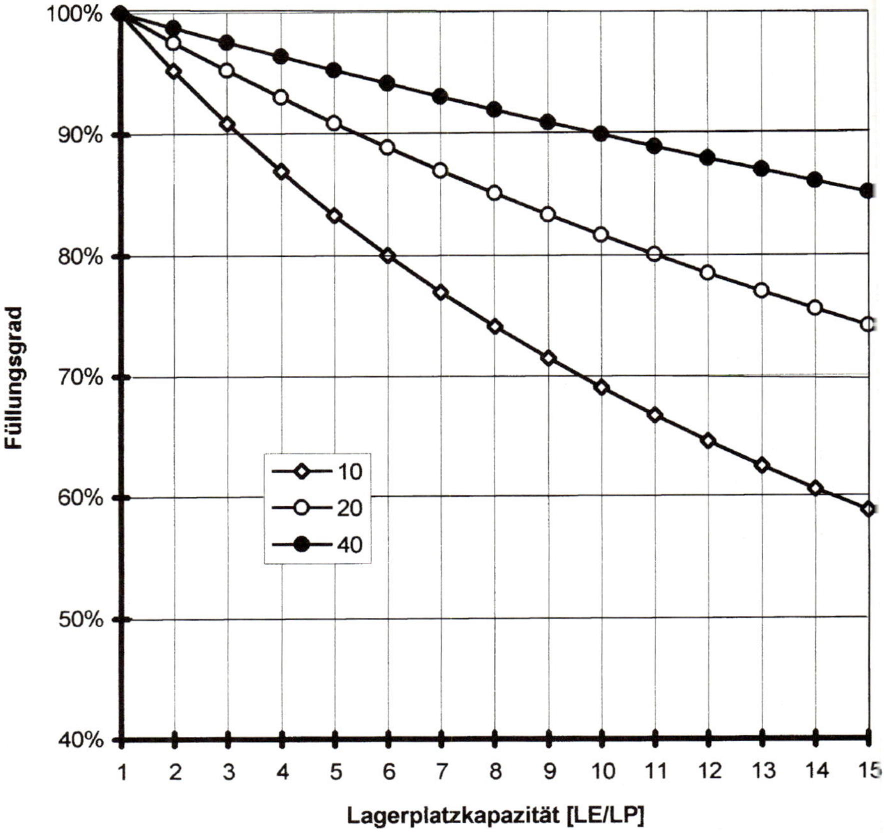


**Abb. 16.11** Lagerplatzfüllungsgrad als Funktion der Platzkapazität

*Parameter*: Durchschnittsbestand pro Artikel $M_B = 10, 20, 40$ LE
freie Lagerordnung, artikelreine Platzbelegung

Für Einzelplatzlager ist die Platzkapazität $C_{LP} = 1$ und daher der Platzfüllungsgrad bei freier Lagerordnung 100 %. Für Mehrfachplatzlager ist $C_{LP} > 1$ und der mittlere Platzfüllungsgrad kleiner als 100 %. Wie in *Abb.* 16.11 dargestellt, nimmt der Platzfüllungsgrad von Mehrfachplatzlagern mit der Platzkapazität ab. Andererseits steigt der Füllungsgrad bei gleicher Platzkapazität, wie *Abb.* 16.12 zeigt, mit dem Bestand pro Artikel an.

Bei *fester Lagerordnung* sind pro Artikel soviele Lagerplätze blockiert, wie zur Lagerung des Maximalbestands (16.10) erforderlich sind. Daher ist die mittlere Anzahl Lagerplätze, die bei *fester Lagerordnung* und artikelreiner Platzbelegung zur Lagerung von Artikeln mit einem Maximalbestand $M_{Bmax}$ benötigt wird:

$$N_{LPfest} = MAX(1; M_{Bmax} / C_{LP} + (C_{LP} - 1) / 2C_{LP}) \quad [LP / Art]. \qquad (16.23)^{©}$$

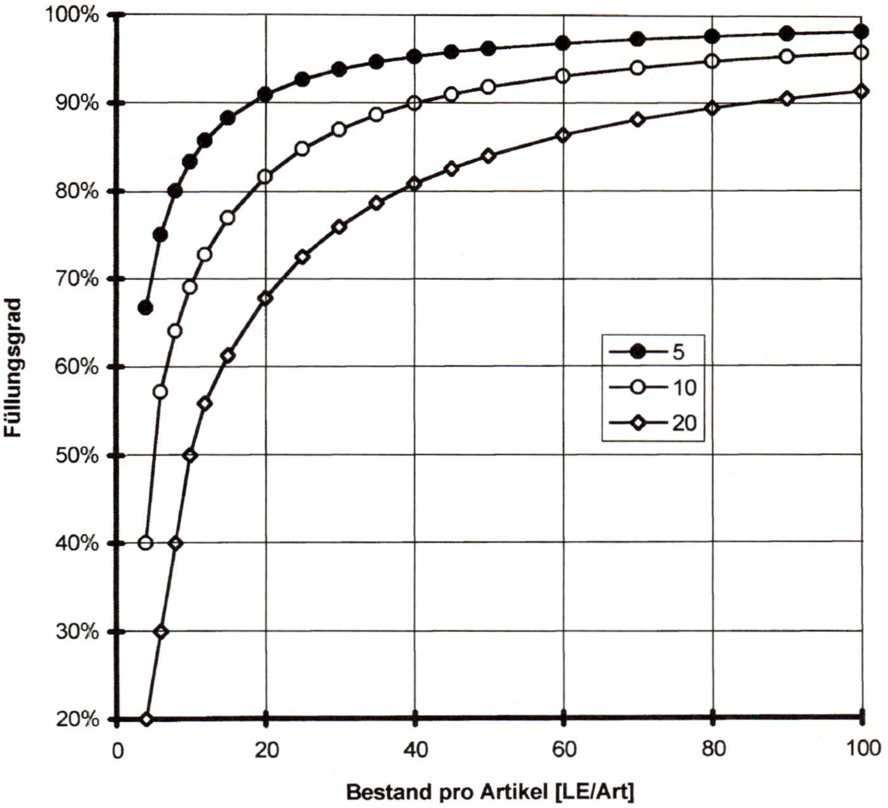


**Abb. 16.12** Lagerplatzfüllungsgrad als Funktion des Artikelbestands
*Parameter*: Platzkapazität $C_{LP}$ = 5, 10, 20 LE
freie Lagerordnung, artikelreine Platzbelegung

Daraus folgt:

► Mit einem Durchschnittsbestand pro Artikel $M_B$ und einem Maximalbestand $M_{Bmax}$ ist der durchschnittliche *Füllungsgrad* der Plätze eines Lagers mit *artikelreiner Platzbelegung* und *fester Lagerordnung*

$$\eta_{Lfest} = M_B / (N_{LPfest} \cdot C_{LP}) = M_B / MAX(C_{LP}; M_{Bmax} + (C_{LP} - 1)/2). \qquad (16.24)^{©}$$

Der *Maximalbestand* und der *Durchschnittsbestand* sind nach den Beziehungen (16.10) und (16.11) vom *Sicherheitsbestand* $M_S$ und von der *Nachschubmenge* $M_N$ pro Artikel abhängig.

Bei fester Lagerordnung ist der Platzfüllungsrad auch für Einzelplatzlager mit $C_{LP}$ = 1 kleiner als 100 %. Für Mehrfachplatzlager verschlechtert sich der Platzfüllungsgrad bei fester Lagerordnung im Vergleich zur freien Lagerordnung. Wie *Abb.* 16.13 zeigt, ist die Verschlechterung des Füllungsgrads bei fester Lagerord-

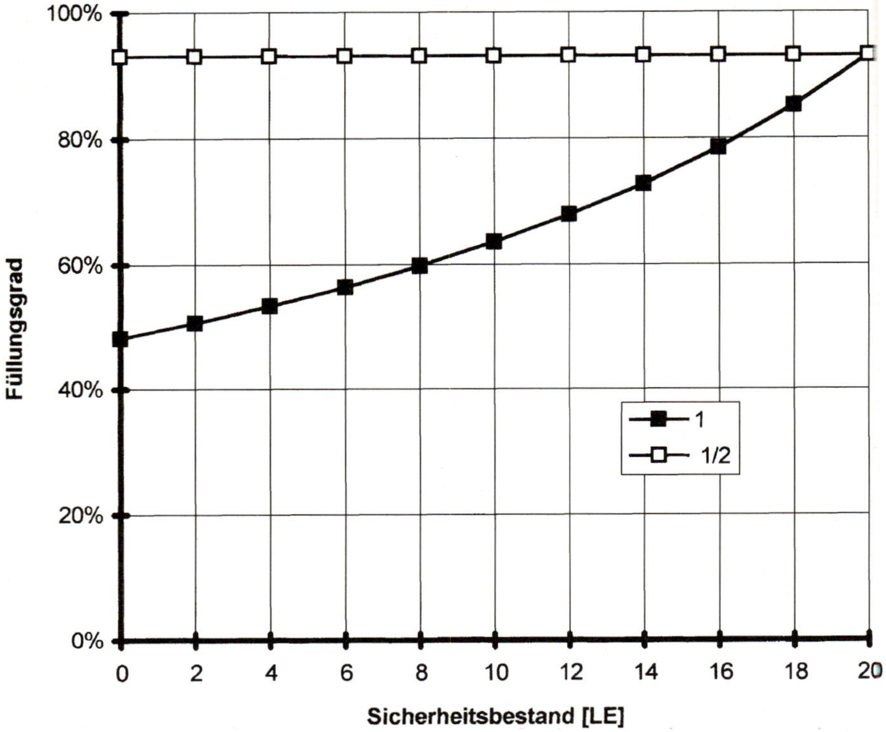


**Abb. 16.13** Lagerplatzfüllungsgrad als Funktion des Sicherheitsbestands

*Parameter*: feste Lagerordnung $f_{LO} = 1$
freie Lagerordnung $f_{LO} = 1/2$
Platzkapazität $C_{LP} = 5$ LE
Durchschnittsbestand $M_B = 20$ LE/Art

nung am größten, wenn der Sicherheitsbestand gering ist. Wenn der Sicherheitsbestand hoch ist, sich also die Bestände während der Lagerzeit kaum verändern, verschwindet der Unterschied des Platzfüllungsgrads zwischen fester und freier Lagerordnung. Hieraus folgt:

▶ Eine feste Lagerordnung ist, wenn überhaupt, nur sinnvoll für Lagerbestände pro Artikel, deren Höhe sich während der Lagerdauer kaum verändert, die also das Lager in der gleichen Menge verlassen, in der sie angeliefert wurden.

Um die Beziehungen (16.21) bis (16.24) für beide Arten der Lagerordnung und den allgemeinen Fall der artikelgemischten Platzbelegung zusammenzufassen, ist es zweckmäßig, einen *Lagerordnungsfaktor* einzuführen, der wie folgt definiert ist:

$$f_{LO} = \begin{cases} 1/2 & \text{für freie Lagerordnung} \\ 1 & \text{für feste Lagerordnung.} \end{cases} \tag{16.25}$$

Bei *artikelgemischter Lagerordnung* darf ein Lagerplatz mit den Ladeeinheiten von $N_{AP}$ verschiedenen Artikeln belegt werden. Infolgedessen reduziert sich der anteilige Leerplatzverlust um den Faktor $1/N_{AP}$, denn er verteilt sich auf $N_{AP}$ Artikel. Damit folgen aus den Beziehungen (16.21) bis (16.24) unter Verwendung der Beziehungen (16.10) und (16.11) die *allgemeinen Lagerdimensionierungsformeln*© [149]:

- Der *Artikellagerplatzbedarf* für einen mittleren Bestand $M_B$ und einen Sicherheitsbestand $M_S$ pro Artikel ist bei einer Platzbelegung mit durchschnittlich $N_{AP}$ verschiedenen Artikeln und einer Lagerplatzkapazität $C_{LP}$

$$N_{LPges} = \mathrm{MAX}\Big(1/N_{AP}; (M_{Sges} + 2f_{LO} \cdot (M_{Bges} - M_{Sges}))/C_{LP} + (1/N_{AP})(C_{LP}-1)/2C_{LP}\Big) \quad [\mathrm{LP/ART}]. \tag{16.26©}$$

- Der erreichbare mittlere *Lagerfüllungsgrad* ist

$$\begin{aligned}\eta_L &= M_B/(N_{LP}C_{LP}) \qquad (16.27)^{©}\\ &= M_B/\mathrm{MAX}\big(C_{LP}/N_{AP}\,;\ M_S + 2f_{LO}\cdot(M_B - M_S) + (1/N_{AP})(C_{LP}-1)/2\big).\end{aligned}$$

- Der *Gesamtlagerplatzbedarf* für einen *Gesamtbestand* $M_{Bges}$ von $N_A$ Artikeln, die einen *Gesamtsicherheitsbestand* $M_{Sges}$ haben, ist bei einer Platzbelegung mit bis zu $N_{AP}$ Artikeln und einer Lagerplatzkapazität $C_{LP}$

$$N_{LPges} = \mathrm{MAX}\big(N_A/N_{AP}\,;\ (M_{Sges} + 2f_{LO}\cdot(M_{Bges} - M_{Sges}))/C_{LP} + (N_A/N_{AP})(C_{LP}-1)/2C_{LP}\big) \quad [\mathrm{LP}]. \tag{16.28©}$$

Für stochastisch schwankende und saisonabhängige Bestände ist in Beziehung (16.28) für den Gesamtbestand $M_{Bges}$ der *effektive Gesamtbestand* $M_{Beff}$ einzusetzen, der nach Beziehung (16.15) zu berechnen ist.

Die Dimensionierungsformeln (16.26) bis (16.28) sind universell nutzbar zur Dimensionierung und Optimierung aller Lagerarten. *Lagerdimensionierungsprogramme*, die ohne diese Berechnungsformeln arbeiten, sind unvollständig und zur Lageroptimierung ungeeignet.

Die *100%-Lagerkapazität* ist gleich der Anzahl Ladeeinheiten-Stellplätze bei 100% Platzfüllungsgrad und gegeben durch:

$$K_L = N_{LP} \cdot C_{LP}. \tag{16.29}$$

Die *effektive Lagerkapazität* ist gleich der Anzahl effektiv nutzbarer Ladeeinheiten-Stellplätze, die gegenüber der 100%-Lagerkapazität um den Lagerplatzfüllungsgrad (16.27) reduziert ist:

$$K_{L\,eff} = \eta_L \cdot K_L = \eta_L \cdot N_{LP} \cdot C_{LP}. \tag{16.30}$$

Aus den Funktionen (16.27) und (16.30) sind folgende *Gesetzmäßigkeiten* ablesbar:

- Die effektive Lagerkapazität ist für ein Mehrfachplatzlager kleiner als die 100%-Lagerkapazität.

- Die Abweichung der effektiven Lagerkapazität von der 100%-Kapazität ist der *Kapazitätsverlust* infolge der begrenzten Nutzbarkeit der Lagerplätze.
- Der Kapazitätsverlust steigt bei vorgegebener Lagerplatzkapazität mit abnehmendem mittleren Bestand pro Artikel an.

Diese Abhängigkeiten sind bei der Lagerplanung wie auch bei der Kalkulation der Platzkosten zu berücksichtigen. Weil die quantitative Auswirkung von Artikelbestand und Platzkapazität auf den Lagerfüllungsgrad nicht allgemein bekannt ist, gibt es viele Durchlauflager und Blocklager, deren Plätze trotz fehlender Lagerkapazität fast ebenso viel Luft wie Ladeeinheiten enthalten.

Für eine artikelgemischte Platzbelegung, also für $N_{AP} > 1$, ist aus der allgemeinen Beziehung (16.27) für den Füllungsgrad ablesbar:

- Die *artikelgemischte Lagerplatzbelegung* verbessert den Platzfüllungsgrad, ist aber bei jedem Zugriff auf ein Lagerfach, das mit den Ladeeinheiten von $N_{AP}$ Artikeln belegt ist, im Mittel mit $(N_{AP}-1)/2$ *Umlagerungen* verbunden.

Durch eine artikelgemischte Platzbelegung ist es also möglich, den Füllungsgrad und damit die effektive Kapazität eines *existierenden Mehrfachplatzlagers* bei erhöhtem Handlingaufwand zu verbessern. Eine artikelgemischte Platzbelegung sollte bei der Planung eines *neuen Lagers*, wenn überhaupt, nur für Langzeitbestände mit einer Lagerdauer von mindestens 30 Tagen vorgesehen werden.

## 16.6 Grundflächenbedarf pro Ladeeinheit

Der 100%-Grundflächenbedarf pro Ladeeinheit ist der *Nettogrundflächenbedarf* für die Lagerplätze und die Bedienungsgänge, ohne den Flächenbedarf für die stirnseitigen *Anfahrmaße*, bezogen auf die 100%-Lagerkapazität. Er ist abhängig von den Stellplatzmaßen, der Breite der Bedienungsgänge, der Anzahl Lagerebenen, der Anzahl Gänge pro Lagerfach und der Lagerplatzkapazität.

Der Stellplatz in einem Lagerplatz hat in Gangrichtung die effektive *Stellplatzlänge* $l_{SP}$ und senkrecht zum Gang die effektive *Stellplatztiefe* $b_{SP}$. Die effektiven Stellplatzmaße resultieren, wie in den *Abb.* 16.4 und 16.6 skizziert, aus den Außenmaßen der Ladeeinheiten einschließlich *Lastüberstand*, den benötigten *Freimaßen* und den anteiligen *Konstruktionsmaßen* der Lagertechnik [153]. Für verschiedene Lagerarten zur Palettenlagerung sind *Richtwerte* für die Stellplatzmaße in *Tabelle* 16.3 zusammengestellt.

Die *Breite der Bedienungsgänge* $b_{gang}$ ergibt sich aus den Maßen und der Orientierung der Ladeeinheiten zum Gang, der Konstruktion und dem Fahrverhalten des Lagergeräts und dem zur Sicherheit erforderlichen *Gangfreimaß*. Richtwerte für die Gangbreiten einiger Lagergeräte für Paletten sind in *Tabelle* 16.1 aufgeführt.

Die *Anzahl der Lagerebenen* übereinander ist bei ebener Anordnung der Lagerplätze auf einer Freifläche oder in einer eingeschossigen Halle mit $N_y = 1$ fest vorgegeben. Bei räumlicher Anordnung der Lagerplätze ist die Anzahl der Lagerebenen $N_y > 1$ ein *freier Parameter*, der zur Lageroptimierung nutzbar ist.

| LAGERTYP | Paletten Richtung zum Gang | Stellplatzmaße Länge [mm] | Tiefe [mm] | Bedienungsgänge Breite z.B. [mm] | anteilige Gangzahl | Stapelfaktor Paletten aufeinander | Ebenen überein. bis zu | Lagerhöhe bis ca. [m] | Flächenbedarf optimiert effektiv [m²/Palette] |
|---|---|---|---|---|---|---|---|---|---|
| Blockplatzlager | längs | 1.300 | 850 | 3.000 | 1/2 | 2 bis 6 | 1 | 4 bis 6 | 0,4 bis 1,8 |
| Einfahrregallager | längs | 1.400 | 850 | 3.000 | 1/2 | 1 | 6 | 6 bis 8 | 0,3 bis 0,6 |
| Durchlauflager | quer | 1.000 | 1.200 | 3.000 | 2 | 1 oder 2 | 4 | 3 bis 8 | 0,25 bis 0,6 |
| Staplerlager | quer | 950 | 1.300 | 2.500 | 1/2 | 1 | 8 | 6 bis 8 | 0,4 bis 0,6 |
| Schmalganglager | quer | 950 | 1.300 | 1.800 | 1/2 | 1 oder 2 | 10 | 8 bis14 | 0,2 bis 0,4 |
| Hochregallager | quer | 950 | 1.300 | 1.500 | 1/2 | 1 oder 2 | 30 | 16 bis 40 | 0,07 bis 0,2 |

**Tab. 16.3** Effektive Stellplatzmaße und Grundflächenbedarf pro Palette für verschiedene Palettenlagertypen

Ladeeinheiten: CCG1-Paletten
Abmessungen: 800×1.200×1.050 mm
Gangbreiten s. Tabelle 16.1

Auch die *Anzahl der Bedienungsgänge* $N_G$, auf die sich die Lagerplätze verteilen, ist ein *freier Parameter* der Lagerdimensionierung. Die *anteilige Gangzahl* pro Lagerplatz ist die Anzahl Bedienungsgänge bezogen auf die Anzahl Lagerplätze $N_{LPz}$ in z-Richtung, das heißt, senkrecht zu den Gängen:

$$n_{gang} = N_G / N_{LPz}. \tag{16.31}$$

Für Lager, deren Plätze stationär zu beiden Seiten eines kombinierten Ein- und Auslagergangs angeordnet sind, ist die anteilige Gangzahl 1/2. Für Durchlauflager mit getrennter Beschickung und Entnahme ist die anteilige Gangzahl 2.

Mit diesen Parametern ist der effektive Grundflächenbedarf für einen Lagerplatz mit der *Stapellänge* $C_x$ und der *Stapeltiefe* $C_z$ in einem Lager mit $N_y$ *Lagerebenen*:

$$F_{LP} = (C_x \cdot l_{SP}) \cdot (C_z \cdot b_{SP} + n_{gang} \cdot b_{gang}) / N_y. \tag{16.32}$$

Bezogen auf die maximal mögliche Anzahl Ladeeinheiten pro Lagerfach folgt hieraus:

▶ Der 100%-*Grundflächenbedarf pro Ladeeinheit* ist für ein Lager mit $N_y$ *Lagerebenen*, einer *Lagerplatzkapazität* $C_{LP} = C_x \cdot C_y \cdot C_z$ und dem *Stapelfaktor* $C_y$

$$F_{LE}(C_{LP}) = F_{LP} / C_{LP} = l_{SP} \cdot (b_{SP} + n_{gang} \cdot b_{gang} / C_z) / (N_y \cdot C_y). \tag{16.33}$$

Der Grundflächenbedarf pro Ladeeinheit nimmt also bei 100 % Lagerplatznutzung mit der Anzahl Lagerebenen und mit der Lagerplatzkapazität ab. Andererseits aber sinkt auch der Lagerfüllungsgrad gemäß Beziehung (16.27) mit der

Platzkapazität. Daher werden mit zunehmender Platzkapazität mehr Stellplätze benötigt.

Der Grundflächenbedarf für einen Artikel mit dem Durchschnittsbestand $M_B$ und dem Sicherheitsbestand $M_S$ ist gleich der Anzahl hierfür benötigter Lagerplätze (16.26) multipliziert mit dem Grundflächenbedarf pro Lagerplatz (16.32). Bezogen auf den Durchschnittsbestand $M_B$ folgt damit:

▶ Der *effektive Grundflächenbedarf pro Ladeeinheit* in einem Lager mit $N_y$ *Lagerebenen* und einer *Lagerplatzkapazität* $C_{LP}$ ist für einen Durchschnittsbestand $M_B$ und einen Sicherheitsbestand $M_S$ pro Artikel

$$F_{LE\,eff}(M_B,C_{LP}) = N_{LP}(M_B,C_{LP}) \cdot F_{LP}(C_{LP}) / M_B = F_{LP}(C_{LP}) / \eta_L(C_{LP}). \qquad (16.34)$$

Für die wichtigsten praktischen Anwendungsfälle folgt aus der universell gültigen Beziehung (16.34) durch Einsetzen der Beziehungen (16.26) für den Platzbedarf pro Artikel und (16.32) für den Grundflächenbedarf pro Lagerplatz:

▶ Der *effektive Grundflächenbedarf pro Ladeeinheit* für ein Lager mit $N_y$ *Lagerebenen, freier Lagerordnung*, $f_{LO} = 1/2$, *artikelreiner Platzbelegung*, $N_{AP} = 1$, *Stapellänge* $C_x$, *Stapeltiefe* $C_z$, *Stapelfaktor* $C_y$ und einem *Durchschnittsbestand* $M_B$ pro Artikel, der größer ist als die Lagerplatzkapazität $C_{LP}$:

$$F_{LE\,eff} = \left(M_B + (C_x \cdot C_y \cdot C_z - 1)/2\right) \cdot l_{SP} \cdot \left(C_z \cdot b_{SP} + n_{gang} \cdot b_{gang}\right) / (C_y \cdot C_z \cdot N_y \cdot M_B). \qquad (16.35)$$

Als Beispiel ist in *Abb.* 16.14 der mit Beziehung (16.35) errechnete effektive Grundflächenbedarf pro Palette für ein Blockplatzlager in einer Ebene, also mit $N_y = 1$, und mit kombinierten Ein- und Auslagergängen, das heißt mit der anteiligen Gangzahl $n_{gang} = 1/2$, als Funktion der Stapeltiefe $C_z$ dargestellt.

Aus dem Kurvenverlauf *Abb. 16.14* und den Funktionen (16.34) und (16.35) sind folgende *Abhängigkeiten* und *Auswirkungen* ablesbar:

1. Der effektive Grundflächenbedarf pro Ladeeinheit nimmt für Mehrfachplatzlager mit der Stapeltiefe $C_z$ zunächst ab und steigt ab einer *optimalen Stapelplatztiefe*, für die der effektive Grundflächenbedarf ein Minimum hat, mit zunehmender Stapeltiefe wieder an.
2. Der effektive Grundflächenbedarf pro Ladeeinheit nimmt bei Mehrfachplatzlagern mit zunehmendem Stapelfaktor $C_y$ ab, wobei sich die optimale Lagerplatzkapazität zu kleineren Werten verschiebt.
3. Der effektive Grundflächenbedarf nimmt bei konstanter Lagerplatzkapazität mit zunehmendem Ladeeinheitenbestand pro Artikel ab.
4. Der effektive Grundflächenbedarf steigt linear mit der Stapellänge $C_x$ an, ist also für $C_x = 1$, das heißt für Lagerplätze und Lagerkanäle, die in Gangrichtung nebeneinander nur eine Ladeeinheit enthalten, am kleinsten.
5. Bei falscher Dimensionierung der Lagerplatzkapazität können Grundfläche und umbauter Raum von Mehrfachplatzlagern, wie Blocklagern, Durchlauflagern und Kompaktlagern, um 25 % bis 40 % über den optimalen Werten liegen.

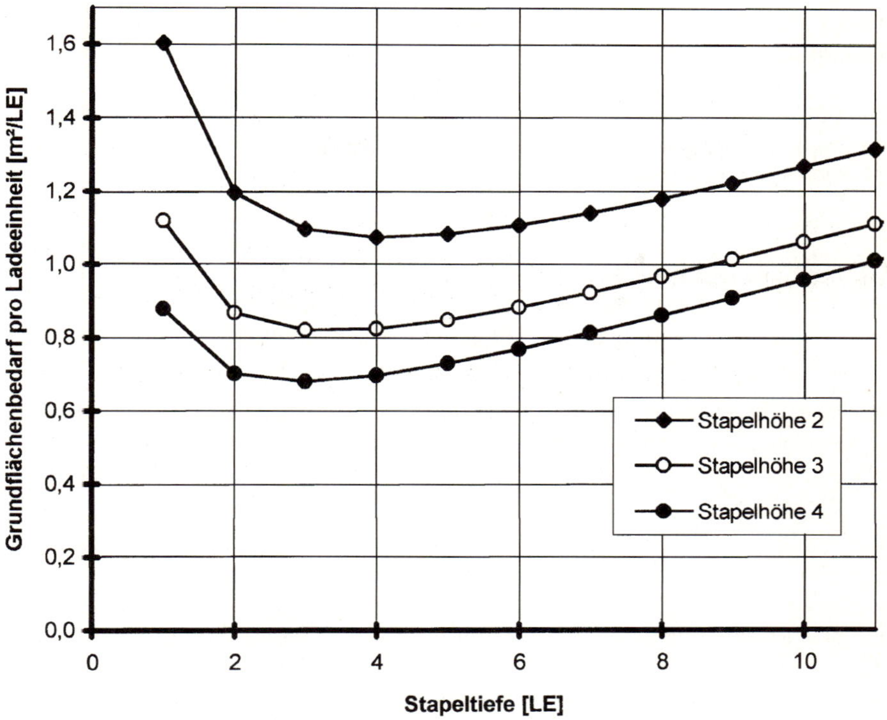


**Abb. 16.14** Effektiver Grundflächenbedarf pro Ladeeinheit als Funktion der Stapeltiefe

| | | |
|---|---|---|
| *Parameter*: | Blockplatzlager | für Europaletten |
| | Stellplatzmaße | 850 mm x 1.250 mm |
| | Gangbreite | $b_{gang}$ = 3.000 mm |
| | Stapelfaktor | $C_y$ = 2, 3, 4 LE/Stapel |
| | Durchschnittsbestand | $M_B$ = 10 Paletten pro Artikel |
| | freie Lagerordnung, artikelreine Platzbelegung | |

6. Bei Zuweisung der falschen Lagerplätze mit einer vom Optimum abweichenden Kapazität können Platznutzung und Füllungsgrad in einem Mehrfachplatzlager um 25 % und mehr vom Optimum abweichen.
7. Für Einzelplatzlager besteht das Problem der Optimierung der Stapeltiefe und der optimalen Platzzuweisung nicht, da die Stapeltiefe eines Einzelplatzlagers definitionsgemäß 1 LE ist.

Aufgrund der gravierenden Auswirkungen der Lagerplatzkapazität auf den effektiven Grundflächenbedarf, den umbauten Raum, den Lagerfüllungsgrad und damit auf die Lagerplatzkosten ist es für *Mehrfachplatzlager* notwendig, vor der eigentlichen Lagerdimensionierung die Lagerplatzkapazität zu optimieren.

## 16.7 Lagerplatzoptimierung für Mehrfachplatzlager

Die optimale Lagerplatzkapazität $C_{LP\ opt}$ eines Mehrfachplatzlagers ist das Produkt der *optimalen Stapellänge* $C_{x\ opt}$ mit dem *optimalen Stapelfaktor* $C_{y\ opt}$ und der *optimalen Stapeltiefe* $C_{z\ opt}$:

$$C_{LP\ opt} = C_{x\ opt} \cdot C_{y\ opt} \cdot C_{z\ opt} \tag{16.36}$$

Die optimale Lagerplatzkapazität resultiert aus den folgenden drei *Stapelregeln*, die sich aus den Beziehungen (16.34) und (16.35) herleiten lassen.

Die *1. Stapelregel* folgt aus dem linearen Anstieg des effektiven Grundflächenbedarfs mit der Stapellänge:

▶ Die *optimale Stapellänge*, also die optimale Anzahl der in Gangrichtung in einem Fach nebeneinander angeordneten Stellplätze ist

$$C_{x\ opt} = 1\ \text{LE}. \tag{16.37}$$

Die 2. Stapelregel ergibt sich daraus, daß der effektive Flächenbedarf pro Ladeeinheit gemäß Beziehung (16.35) mit zunehmendem Stapelfaktor nur so lange abnimmt, wie dieser größer als der Artikelbestand ist. Andererseits ist der Stapelfaktor nach oben begrenzt durch einen *technischen Stapelfaktor* $C_{y\ tech}$ [LE], der gleich der Anzahl Ladeeinheiten ist, die maximal aufeinander gestapelt werden können. Der technische Stapelfaktor wird bestimmt von der Stapelfähigkeit der Ladeeinheiten, der lichten Höhe des Lagerfachs und der Art der Lastaufnahme durch das Lagergerät.

Damit folgt die *2. Stapelregel:*

▶ Der *optimale Stapelfaktor* ist bei einem vorgegebenen *technischen Stapelfaktor* $C_{y\ tech}$ und einem Durchschnittsbestand $M_B$ pro Artikel

$$C_{y\ opt} = \text{MIN}(C_{y\ tech};\ M_B). \tag{16.38}$$

Die 3. *Stapelregel* folgt durch partielle Ableitung der Funktion (16.35) nach der Stapeltiefe $C_z$, Nullsetzen der partiellen Ableitung, $\partial F_{LEeff}/\partial C_z = 0$, und Auflösung dieser Gleichung nach $C_z$:

▶ Die *optimale Stapeltiefe* für die Lagerung von Artikeln mit einem mittleren Bestand $M_B$ und einem Stapelfaktor $C_y$ in einem Lager mit *freier Lagerordnung*, *artikelreiner Platzbelegung*, einer effektiven Stellplatztiefe $b_{SP}$, der anteiligen Gangzahl $n_{gang}$ und der Gangbreite $b_{gang}$ ist

$$\mathbf{C_{z\ opt}} = \sqrt{(2M_B - 1) \cdot n_{gang} \cdot b_{gang} / (C_y \cdot b_{SP})}. \tag{16.39}^{©}$$

Entsprechende Formeln zur Berechnung der optimalen Stapeltiefe ergeben sich für *feste Lagerordnung* und *artikelgemischte Platzbelegung* aus der partiellen Ableitung der allgemeineren Funktion (16.34) für den effektiven Grundflächenbedarf [162].

Aus der Funktion (16.39) sind folgende *Abhängigkeiten* und *Auswirkungen* ablesbar:

1. Die optimale Stapelplatztiefe ist unabhängig von der Anzahl der Lagerebenen, da die Aufgabe der Flächenoptimierung für jede Lagerebene gleich ist.
2. Die optimale Stapelplatztiefe nimmt mit der Wurzel des Artikelbestands zu, denn für größere Bestände können wegen des besseren Füllungsgrads die Lagerfächer zur Kompensation des Gangflächenverlustes tiefer gemacht werden.
3. Mit zunehmender Gangbreite und anteiliger Gangzahl steigt die optimale Stapeltiefe an, da der größere Gangflächenverlust durch tiefere Lagerplätze kompensiert werden muß.
4. Für große Stapelfaktoren ist die optimale Stapeltiefe geringer und die Grundflächennutzung besser als für kleine Stapelfaktoren.

Mit Hilfe der Beziehungen (16.36) bis (16.39) läßt sich für jeden Artikel mit bekanntem Durchschnittsbestand die optimale Lagerfachkapazität errechnen, wobei der mit Beziehung (16.39) errechnete Wert *ganzzahlig* zu runden ist.

Für einen mittleren Bestand von $M_B = 10$ EURO-Paletten eines Artikels mit dem Stapelfaktor $C_y = 4$ Paletten, der in einem Blocklager mit einer Stapelplatztiefe $b_{SP} = 800+50 = 850$ mm, einer Gangbreite $b_{gang} = 3.000$ mm und kombinierten Ein- und Auslagergängen, d.h. mit $n_{gang} = 1/2$, zu lagern ist, errechnet sich beispielsweise mit Hilfe der Beziehung (16.39) die optimale Blockplatztiefe $C_{z\,opt} = \sqrt{(2\cdot 10-1)(1/2\cdot 3000)/(4\cdot 850)} = 2{,}9$ Paletten. Der optimale Blockplatz für diesen Artikelbestand hat also eine Tiefe von 3 Paletten und eine Platzkapazität $C_{BPopt} = 3\cdot 4 = 12$ Paletten. Der optimierte effektive Platzbedarf ist 0,7 $m^2$ pro Palette (s. *Abb. 16.14*).

Durch Auflösen der Funktion (16.39) nach dem mittleren Bestand ergeben sich die folgenden *Zuweisungsregeln für Bestände und Einlagermengen* zu Lagerplätzen unterschiedlicher Kapazität:

- Der *Grenzbestand* zwischen Lagerplätzen der Stapeltiefe $C_z$ und der Stapeltiefe $C_z+1$ ist

$$M_{grenz}(C_z) = C_y \cdot b_{SP} \cdot (C_z + 1/2)^2 / (2n_{gang} \cdot b_{gang}) \qquad (16.40)^{©}$$

- In die Lagerplätze mit der Stapeltiefe $C_z$ sind bei artikelreiner Platzbelegung alle Artikel zu lagern mit einem mittleren Bestand im Intervall

$$M_{grenz}(C_z - 1) < M_B \leqq M_{grenz}(C_z). \qquad (16.41)$$

- Bei Eingang einer Einlagermenge $M_B$ in ein Mehrfachplatzlager ist zunächst der mittlere Bestand während des Verbrauchs zu errechnen. Aus diesem Bestand sind dann mit Hilfe der Zuweisungsregel (16.41) die optimalen Lagerplätze zu bestimmen, in denen die Einlagermenge zu lagern ist.

Für nachdisponierbare Ware mit gleichmäßigem Verbrauch ist der mittlere Bestand einer Einlagermenge $M_E$, die nicht in Plätze mit Ladeeinheiten einer früheren Einlagercharge zugelagert werden darf, $M_B = M_E/2$. Für Einlagermengen,

| Stapelfaktor 2 | | |
|---|---|---|
| Lagermenge Anzahl LE von | bis | Stapeltiefe LE Cz opt |
| 1 | 1 | 1 |
| 2 | 4 | 2 |
| 5 | 7 | 3 |
| 8 | 11 | 4 |
| 12 | 17 | 5 |
| 18 | 24 | 6 |
| 25 | 32 | 7 |
| 33 | 41 | 8 |

| Stapelfaktor 3 | | |
|---|---|---|
| Lagermenge Anzahl LE von | bis | Stapeltiefe LE Cz opt |
| 2 | 2 | 1 |
| 3 | 5 | 2 |
| 6 | 10 | 3 |
| 11 | 17 | 4 |
| 18 | 26 | 5 |
| 27 | 36 | 6 |
| 37 | 48 | 7 |
| 49 | 61 | 8 |

| Stapelfaktor 4 | | |
|---|---|---|
| Lagermenge Anzahl LE von | bis | Stapeltiefe LE Cz opt |
| 3 | 3 | 1 |
| 4 | 7 | 2 |
| 8 | 14 | 3 |
| 15 | 23 | 4 |
| 24 | 34 | 5 |
| 35 | 48 | 6 |
| 49 | 64 | 7 |
| 65 | 82 | 8 |

**Tab. 16.4** Zuweisung optimaler Blocklagerplätze für Paletten

| | | |
|---|---|---|
| Lagerstrategien: | artikelreine Platzbelegung, freie Lagerordnung, Längslagerung | |
| Lagermenge. | mittlerer Artikelbestand während der Lagerzeit | |
| Gangbreite: | 3.000 mm | |
| Grundmaße: | Ladeeinheiten | Stapelplätze |
| Länge: | 1.200 mm | 1.300 mm |
| Breite: | 800 mm | 850 mm |

die das Lager in gleicher Menge wieder verlassen, ist der mittlere Bestand $M_B = M_E$.

In der *Tabelle 16.4* sind die mit Hilfe der Beziehung (16.41) errechneten Grenzbestände aufgeführt, nach denen die Einlagermengen abhängig von Bestandshöhe und Stapelfaktor den unterschiedlich tiefen Lagerplätzen eines Blocklagers für EURO-Paletten zugewiesen werden können. Entsprechende Tabellen lassen sich auch für andere Mehrfachplatzlager mit unterschiedlich großen Lagerplätzen, wie Durchlauflager und Kanallager, errechnen, um sie im Wareneingang zu verwenden. Besser noch ist es, die Formel (16.41) im Lagerverwaltungsrechner zu programmieren und bei jeder anstehenden Einlagerung die jeweils optimalen Lagerplätze zu errechnen.

Aus der Zuweisungsregel (16.40) ergibt sich die Möglichkeit, ein Mehrfachplatzlager durch Schaffung von Lagerplätzen mit unterschiedlicher Tiefe zu optimieren:

- Der Gesamtbestand wird aufgeteilt in Teilbestände mit gleichem Stapelfaktor, deren mittlere Bestände in den Intervallen (16.41) mit $C_z = 1, 2, 3...$ liegen, und für diese Teilbestände der Lagerplatzbedarf mit Hilfe der Beziehung (16.28) errechnet.

Ein nach diesem Verfahren optimiertes Blocklager mit unterschiedlich tiefen Blockplätzen benötigt für einen Bestand mit ausgeprägter ABC-Verteilung bei sonst gleicher Ausführung 10 % bis 20 % weniger Grundfläche als ein für den Durchschnittsbestand aller Artikel optimiertes Blocklager mit nur einer Blockplatztiefe.

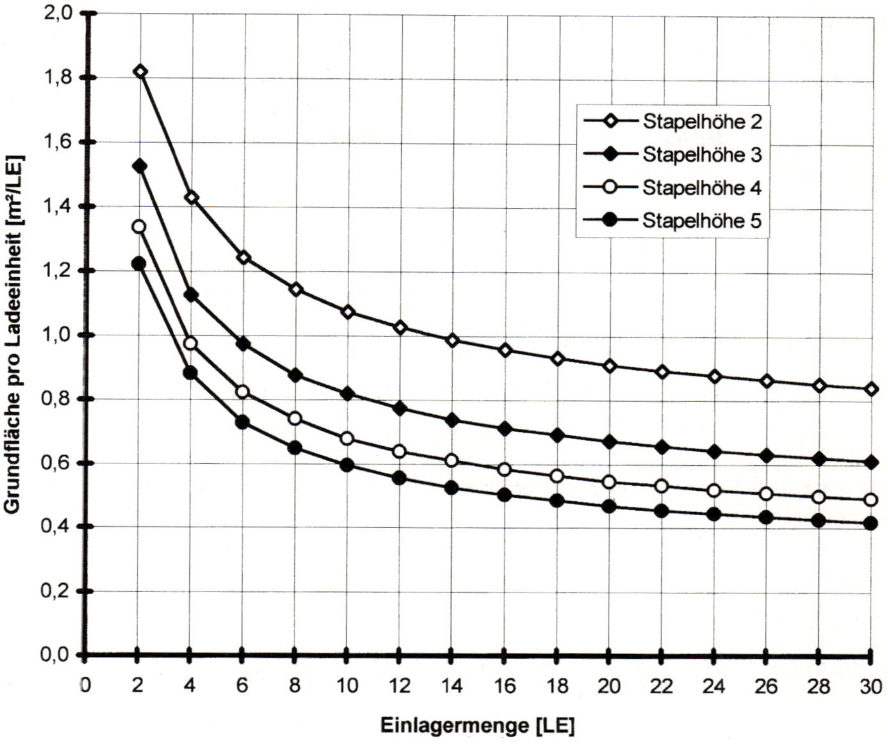


**Abb. 16.15** Effektiver Grundflächenbedarf pro Ladeeinheit bei optimaler Stapeltiefe als Funktion der Einlagermenge

*Parameter*: s. *Abb. 16.14*

Durch Einsetzen der optimalen Stapelplatztiefe (16.39) in die Funktion (16.35) für den effektiven Grundflächenbedarf ergibt sich für den *optimierten effektiven Grundflächenbedarf* bei optimaler Lagerplatztiefe:

$$F_{LE\,opt} = F_{LE\,eff}(C_{z\,opt}) \qquad [m^2/LE]. \qquad (16.42)$$

Für das Beispiel des Blockplatzlagers, dessen effektiver Grundflächenbedarf als Funktion der Stapeltiefe in *Abb. 16.14* dargestellt ist, zeigt die *Abb. 16.15* die mit Beziehung (16.42) errechnete Abhängigkeit des optimierten effektiven Grundflächenbedarfs vom mittleren Bestand pro Artikel. Hieraus ist erkennbar:

- ▶ Der optimale Grundflächenbedarf pro Ladeeinheit nimmt für ein Mehrfachplatzlager mit ansteigendem Bestand pro Artikel ab und erreicht asymptotisch den 100%-Grundflächenbedarf (16.33).

Die Optimierung des Grundflächenbedarfs nach dem zuvor beschriebenen Verfahren ist ein wichtiger Schritt der Planung und Dimensionierung eines Mehrfachplatzlagers, denn durch die Platzoptimierung wird nicht nur die Grundfläche sondern auch der umbaute Raum und die Länge der Fahrwege minimiert. Nur ein Mehrfachplatzlager mit optimierten Lagerplätzen kann auch in den übrigen Parametern kosten- und leistungsoptimal ausgelegt werden.

## 16.8 Lagerplanung und Lagerdimensionierung

Vor Beginn der Planung eines Lagerneubaus oder einer Lagererweiterung ist stets kritisch zu prüfen, ob die Höhe der zu lagernden Bestände erforderlich und wieweit durch eine *optimale Bestands- und Nachschubdisposition* eine Bestandsoptimierung möglich ist (s. *Kapitel 11*).

Gemäß *Abschnitt 3.2* umfaßt eine Lagerplanung die Phasen *Systemfindung*, *Layoutplanung* und *Detailplanung*. Die *Arbeitsschritte* der Systemfindung sind:

1. Ermittlung der *Planungsgrundlagen* mit den Auftrags-, Durchsatz- und Bestandsanforderungen.
2. *Segmentieren* der Lagerartikel in hinreichend homogene *Artikelgruppen* mit ähnlichen Lageranforderungen, gleichen Ladeeinheiten, gleichem Stapelfaktor und vergleichbarem mittleren Bestand pro Artikel.
3. *Vorauswahl* der grundsätzlich geeigneten und *Aussondern* der offensichtlich ungeeigneten Lagerarten nach den zuvor genannten Kriterien.
4. *Technische Grundkonzeption* der geeigneten Lagerarten mit Gestaltung und Bemessung der Stellplätze, Lagerfächer und Fachmodule, Auswahl der Lagergeräte, Bestimmung der Gangbreite und Auslegung des Zu- und Abfördersystems.
5. *Bestimmung der optimalen Lagerplatzkapazität* nach den Stapelregeln und *Berechnung des Lagerplatzbedarfs pro Artikelgruppe*.
6. *Statische Lagerdimensionierung* der technisch konzipierten Lager mit Optimierung der Anordnung von Lagerplätzen, Fachmodulen und Bedienungsgängen durch Nutzung freier *Gestaltungsparameter* und möglicher *Belegungsstrategien*.
7. *Dynamische Lagerdimensionierung* der statisch dimensionierten Lager mit Berechnung und Optimierung der erforderlichen Anzahl $N_{LG}$ Lagergeräte durch Nutzung der *Gestaltungsparameter* und *Bewegungsstrategien*.
8. Konzeption der *Lagersteuerung* und des *Lagerverwaltungssystems* (LVS).
9. Berechnung der *Investition* und der *Betriebskosten* mit Hilfe von Richtpreisfaktoren und Richtkostensätzen.
10. *Gesamtoptimerung* der geeigneten Lager durch Variation der noch verbliebenen freien Parameter.
11. *Auswahl* des jeweils *optimalen Lagersystems* mit den geringsten Durchsatzkosten für die verschiedenen Artikelgruppen aus den geeigneten und optimierten Lagersystemen.

Nachdem auf diesem Wege für die verschiedenen Artikelgruppen das jeweils optimale Lagersystem gestaltet, dimensioniert und ausgewählt worden ist, werden in der *Layoutplanung* die modular aufgebauten Lagersysteme mit den Kommissioniersystemen, dem Wareneingang und Warenausgang und den übrigen Funktionsbereichen zu einer platz- und kostenoptimalen Gesamtanlage zusammengefügt. Entscheidend für den Erfolg der Layoutplanung ist der *modulare Aufbau* eines schrittweise ausbaufähigen Gesamtsystems (s. *Kapitel 19*).

Die Lagerplanung ist ein *iterativer Prozeß*, der sich rasch und zuverlässig mit Hilfe geeigneter Programme zur Dimensionierung und Optimierung für die verschiedenen Lagersysteme durchführen läßt. Diese *Tabellenkalkulationsprogramme* berechnen aus den Eingabewerten mit den hier angegebenen Berechnungsformeln die benötigten Ausgabewerte.

*Eingabewerte* sind die Lageranforderungen und die Richtpreise für die Lagergewerke. *Ergebnisse* sind die Lagerabmessungen, die Lagerkapazität und die Durchsatzgrenzleistungen. *Zielwerte* sind die Gesamtinvestition und die Betriebskosten. Die Ergebnisse werden in den beschriebenen Schritten mit Hilfe der zuvor und der nachfolgend entwickelten Formeln berechnet. Danach werden die Zielwerte unter Nutzung der *freien Gestaltungsparameter* optimiert.

Mit derartigen *Lagerplanungsprogrammen* lassen sich relativ einfach

- *Sensitivitätsrechnungen* für veränderte Anforderungen durchführen,
- *zeitliche Belastungsänderungen* simulieren,
- unterschiedliche *Szenarien* durchrechnen,
- *Systemvergleiche* durchführen,
- *Einsatzbereiche* von Lagerarten und Lagertechniken ermitteln,
- *Lagerplatzkosten* und *Durchsatzkosten* kalkulieren und minimieren,
- *Einflußfaktoren der Lagerkosten* untersuchen.

Leistungsfähige Lagerplanungsprogramme, die alle wichtigen Dimensionierungsparameter und Berechnungsformeln korrekt enthalten, sind unentbehrliche *Werkzeuge* (*DV-Tools*) der Lagerplanung. Sie sind auch zur *analytischen Simulation* geeignet und machen die zeit- und kostenaufwendige *stochastische Simulation* eines Lagersystems entbehrlich (s. *Abschnitt 5.3*).

*Freie Gestaltungsparameter* zur Lagerplanung und Optimierung sind:

- *Orientierungsrichtung* der Lagereinheiten [212]

  Längslagerung $l_{LE} \parallel L_{GM}$
  Querlagerung $l_{LE} \perp L_{GM}$

- *Lagerplatzparameter*

  Kapazität der Lagerplätze $C_{LP}$
  Kapazität der Fachmodule $C_{FM}$

- *Lagerraumparameter* (16.43)

  Anzahl Lagerebenen $N_y$
  Anzahl Bedienungsgänge $N_G$
  Anzahl Lagermodule $N_{LM}$
  Stirnseitige Pufferplätze $N_{PP}$

- *Geräteparameter*

  Kapazität der Lagergeräte $C_{LG}$
  Fahrgeschwindigkeiten $v_x, v_y, v_z$
  Beschleunigungswerte $b_x, b_y, b_z$

Durch Variation dieser *Gestaltungsparameter* lassen sich die Lageranforderungen erfüllen und die Investition und die Betriebskosten eines Lagersystems optimieren. Außerdem bieten die freien Parameter *Handlungsspielräume* zur Einhaltung vorgegebener Restriktionen. Von den Gestaltungsparametern (16.43) lassen sich alle übrigen Lagerkenngrößen ableiten. Soweit im Einzelfall zweckmäßig, können auch andere Kenngrößen, wie die horizontale Anzahl Fachmodule $N_x$, als freie Parameter und dafür einer der Parameter (16.43), z.B. die Anzahl der Lagerebenen $N_y$, als abhängige Kenngröße gewählt werden.

Eine Lagerplanung ist in der Praxis nicht so einfach, wie allgemein angenommen wird. Mit zunehmendem Detaillierungsgrad müssen immer mehr Besonderheiten der Lagersysteme und der Lagertechnik berücksichtigt werden. So läßt sich die Lagerkapazität durch eine Reihe von Detailmaßnahmen verbessern, wie die Nutzung der Anfahrmaße an den Regalstirnseiten zur Unterbringung zusätzlicher Lagerplätze oder die Überbrückung von Verkehrswegen mit Regalen. Die Durchsatzleistung kann durch Lagergeräte für mehrere Ladeeinheiten und durch optimale Fahrwegstrategien gesteigert werden.

Um die praktische Ausführbarkeit einer theoretisch möglichen Lösung beurteilen zu können, sind bereits in der Systemfindung und Layoutplanung technische *Sachkenntnis* und *Erfahrung* erforderlich. Andererseits darf der Lagerplaner nicht vor lauter Technik die Dimensionierung und Optimierung der Gesamtlösung aus dem Auge verlieren.

## 16.9 Statische Lagerdimensionierung

In der statischen Lagerdimensionierung werden die Anzahl und Anordnung der Lagerplätze, die zur Erfüllung der Bestandsanforderungen benötigt werden, so festgelegt, daß die *Investition* für die *statischen Lagergewerke* und die *Lagerplatzkosten* minimal sind.

Alle Lager lassen sich aus *Gangmodulen* [GM] aufbauen, die aus *Fachmodulen* [FM] mit *Lagerplätzen* [LP] bestehen und in unterschiedlicher *Anordnung* ein oder mehrere *Lagermodule* [LM] bilden. Mehrere Lagermodule, die jeweils einen *Brandabschnitt* oder einen *Fördertechnikabschnitt* bilden, werden mit anderen Funktionsbereichen, wie dem Kommissionierbereich, der Packzone, dem Wareneingang und dem Warenausgang, zu einem *Gesamtlayout* zusammengefügt.

Dabei sind folgende *Restriktionen* und *Randbedingungen* einzuhalten:

- Durch maximal *zulässige Grundflächenmaße* $L_{L\,max}$ und $B_{L\,max}$ sind die *Lagerlänge* $L_L$ und die *Lagerbeite* $B_L$ nach oben beschränkt:

$$L_L < L_{L\,max} \quad \text{und} \quad B_L < B_{L\,max}. \tag{16.44}$$

Auch die *Lagergrundfläche* ist damit begrenzt:

$$F_L < F_{L\,max} = L_{L\,max} \cdot B_{L\,max}. \tag{16.45}$$

- Durch eine *maximal zulässige Bauhöhe* $B_{L\,max}$ wird die *Lagerhöhe* $H_L$ eingeschränkt:

$$H_L < H_{L\,max}. \tag{16.46}$$

- Für *manuell bediente Lager* sind infolge einer maximal zulässigen *Fluchtweglänge* $S_{F\,max}$ die Grundmaße eines Lagermoduls, das einen *Brandabschnitt* bildet, begrenzt:

$$S_F = \sqrt{(L_{LM}/2)^2 + (B_{LM}/2)^2} < S_{F\,max}. \tag{16.47}$$

- Die Anzahl der Lagergassen muß so groß sein, daß die Lagergeräte die Lagerplätze auf *kürzesten Wegen* unbehindert bedienen können und in einer Lagergasse nicht mehr als ein Lagergerät verkehrt. Dafür muß die Ganganzahl $N_G$ gleich oder größer sein als die Anzahl der Lagergeräte $N_{LG}$, die aus der dynamischen Lagerdimensionierung resultiert:

$$N_G \geqq N_{LG}. \tag{16.48}$$

- Für *automatische Lager* ist die Anzahl der Lagergassen pro Fördertechnikabschnitt nach oben begrenzt durch die *maximale Gangzahl* $N_{G\,max}$, die durch das vor- und nachgeschaltete Fördersystem mit ausreichender Durchsatzleistung ver- und entsorgt werden kann:

$$N_G \leqq N_{G\,max}. \tag{16.49}$$

  So können beispielsweise mit einem Doppelverteilerwagen als Zu- und Abfördersystem, wie er in *Abb. 16.8* dargestellt ist, maximal 6 Regalbediengeräte eines Palettenhochregallagers ver- und entsorgt werden [148].
- Für *automatische Hochregallager* ist, soweit sinnvoll, anzustreben, daß die Anzahl der Gassen gleich der Anzahl der Lagergeräte ist, um kostspielige und platzraubende Umsetzgeräte und leistungsmindernde Gangwechsel zu vermeiden.
- *Kurvengängige Regalbediengeräte* oder Geräte mit *Gangumsetzer* sind nur bei geringem Lagerumschlag sinnvoll.

Eine begrenzte Lagergrundfläche kann bereits zu einem KO-*Kriterium* für Lagersysteme mit nur einer Lagerebene oder geringer Bauhöhe sein, wenn der *Nettogrundflächenbedarf* für den Lagerbereich $F_L = N_{LP} \cdot F_{LEeff}$ größer ist als die verfügbare Grundfläche (16.45).

Die statische Lagerdimensionierung wird unter Berücksichtigung der projektspezifischen Restriktionen in den nachfolgend beschriebenen *Arbeitsschritten* durchgeführt:

### 1. Gestaltung der Fachmodule

In einem Fachmodul werden ein oder mehrere gleiche oder unterschiedliche Lagerplätze so zusammengefaßt, daß eine möglichst flächen- und raumsparende *konstruktive Einheit* entsteht, die sich mit geringem Aufwand auf dem Boden nebeneinander und in einem Regal übereinander anordnen läßt.

In einem Blocklager ist das Fachmodul gleich einem Blocklagerplatz. In einem Kanallager besteht ein Fachmodul abhängig von der gewählten Regalkonstruktion aus einem oder mehreren nebeneinander liegenden Kanälen.

In einem Fachregallager kann das Fachmodul, wie in *Abb. 16.4* und *17.20* dargestellt, nebeneinander mehrere Lagerplätze mit gleicher Höhe enthalten, die zum Beispiel für 3 EURO-Paletten 800x1.200 mm oder für 2 Industriepaletten 1.000x1.200 mm geeignet sind. Übereinander können Fachmodule mit unterschiedlicher Höhe angeordnet sein, zum Beispiel niedrige Fächer für CCG1-Paletten und hohe Fächer für CCG2-Paletten.

Die Unterbringung unterschiedlicher Paletten in Fachmodulen mit gleichen Außenmaßen macht den Nutzen des *Fachmodulkonzepts* deutlich:

▶ Ein Lager für unterschiedliche Ladeeinheiten läßt sich aus gleichartigen Fachmodulen aufbauen, wenn diese wahlweise für die verschiedenen Ladeeinheiten nutzbar oder umrüstbar sind.

Aus der Gestaltung der Fachmodule resultieren die *Außenmaße* $l_{FM}$, $b_{FM}$, $h_{FM}$ und die *Kapazität* $C_{FM}$ [LP/FM] eines Fachmoduls.

Die Anzahl der Fachmodule mit einer Kapazität $C_{FM}$, die zur Unterbringung der benötigten Anzahl Lagerplätze $N_{LP}$ erforderlich sind, ist dann:

$$N_{FM} = \{N_{LP} / C_{FM}\} \qquad [FM] \qquad (16.50)$$

Die geschweiften Klammern {..} in der Formel bedeuten ein *Aufrunden* auf die nächst höhere ganze Zahl.

**2. Auslegung der Gangmodule**

In einem Gangmodul werden $N_x$ Fachmodule in Gangrichtung nebeneinander und $N_y$ Fachmodule übereinander zu beiden Seiten eines Bedienungsgangs angeordnet. Mehrere parallel aneinander gefügte Gangmodule bilden ein *Lagermodul* (s. *Abb. 16.16* und *16.17*).

Bei ebener Fachmodulanordnung ist die Anzahl der Lagerebenen $N_y$ und damit die vertikale Anzahl der Fachmodule gleich der *Anzahl der Geschosse* des Lagergebäudes. Bei einstöckigen Hallenbauten und ebener Lagerplatzanordnung ist also $N_y = 1$. Bei räumlicher Fachmodulanordnung ist die Anzahl Lagerebenen gleich der Anzahl *Regalebenen*.

Bei $N_y$ Regalebenen und $N_G$ Lagergassen errechnet sich die *horizontale Anzahl Fachmodule* aus dem Fachmodulbedarf (16.50) nach der Beziehung

$$N_x = \{N_{FM} / (2 \cdot N_y \cdot N_G)\} \qquad [FM / GM]. \qquad (16.51)$$

Die *Maße eines Gangmoduls* sind damit:

$$\begin{aligned} L_{GM} &= N_x \cdot l_{FM} + L_{AM} \\ H_{GM} &= N_y \cdot h_{FM} + H_{AM} \\ B_{GM} &= 2 \cdot b_{FM} + B_G . \end{aligned} \qquad (16.52)$$

Hierin sind:

- $L_{AM}$ die *horizontalen Anfahrmaße*, die sich zusammensetzen aus dem vorderen Anfahrmaß $L_V$ und dem hinteren Anfahrmaß $L_H$, die an den Gangstirnseiten für die Geräteabmessungen, die Zu- und Abfördertechnik und einen eventuellen Gangwechsel der Lagergeräte benötigt werden.

- $H_{AM}$ die *vertikalen Anfahrmaße*, die sich zusammensetzen aus den unteren und oberen Anfahrmaßen, die unterhalb der untersten Lagerebene und oberhalb der obersten Lagerebene als Freiraum für die Technik erforderlich sind.
- $B_G$ die *anteilige Gangbreite*, die bei kombinierten Ein- und Auslagergängen gleich der Gangbreite $B_G = b_{gang}$ ist und bei räumlich getrennten Ein- und Auslagergängen gleich der Summe $B_G = b_{Egang}+b_{Agang}$ von Einlagergangbreite $b_{E\,gang}$ und Auslagergangbreite $b_{Agang}$.

Bei räumlich getrennter Ein- und Auslagerung erhöht sich die anteilige Gangbreite (16.52) für die Gangmodule, die an den Außenseiten eines Lagerblocks liegen, jeweils um eine Ein- oder Auslagergangbreite, je nachdem ob die Einlagergänge oder die Auslagergänge außen liegen.

### 3. Anordnung im Lagermodul

Für die Anordnung der Gangmodule in einem Lagermodul gibt es zwei *Standardanordnungen*:

- *Parallele Anordnung* aller $N_G$ Gangmodule mit einem *Verkehrsgang* der Breite $b_{VG}$ für das Zu- und Abfördern der Ladeeinheiten, der an der Frontseite der Gangmodule verläuft (s. *Abb. 16.16*).
- *Gegenüberliegende Anordnung* von je $N_G/2$ Gangmodulen mit einem innen liegenden Verkehrsgang für das Zu- und Abfördern (s. *Abb. 16.17*).

*Grundmaße* und *Grundfläche* des *Lagermoduls* sind bei *paralleler Anordnung*

$$\begin{aligned} L_{LM\,par} &= L_{GM} - L_V + b_{VG} \\ B_{LM\,par} &= N_M \cdot B_{GM} \end{aligned} \tag{16.53}$$

$$F_{LM\,par} = (L_{GM} - L_V + b_{VG}) \cdot N_G \cdot B_{GM}. \tag{16.54}$$

Bei *gegenüberliegender Anordnung* ist

$$\begin{aligned} L_{LM\,geg} &= 2 \cdot (L_{GM} - L_V) + b_{VG} \\ B_{LM\,geg} &= N_M \cdot B_{GM}/2 \end{aligned} \tag{16.55}$$

$$F_{LM\,geg} = (L_{GM} - L_V + b_{VG}/2) \cdot N_G \cdot B_{GM}. \tag{16.56}$$

Die *Höhe des Lagermoduls* $H_{LM}$ ist in beiden Fällen gleich der Höhe $H_{GM}$ des Gangmoduls, die durch Beziehung (16.52) gegeben ist. Damit ist der *umbaute Raum* des Lagers:

$$V_{LM} = L_{LM} \cdot B_{LM} \cdot H_{LM}. \tag{16.57}$$

Der Vergleich der Grundflächen (16.54) und (16.56) zeigt:

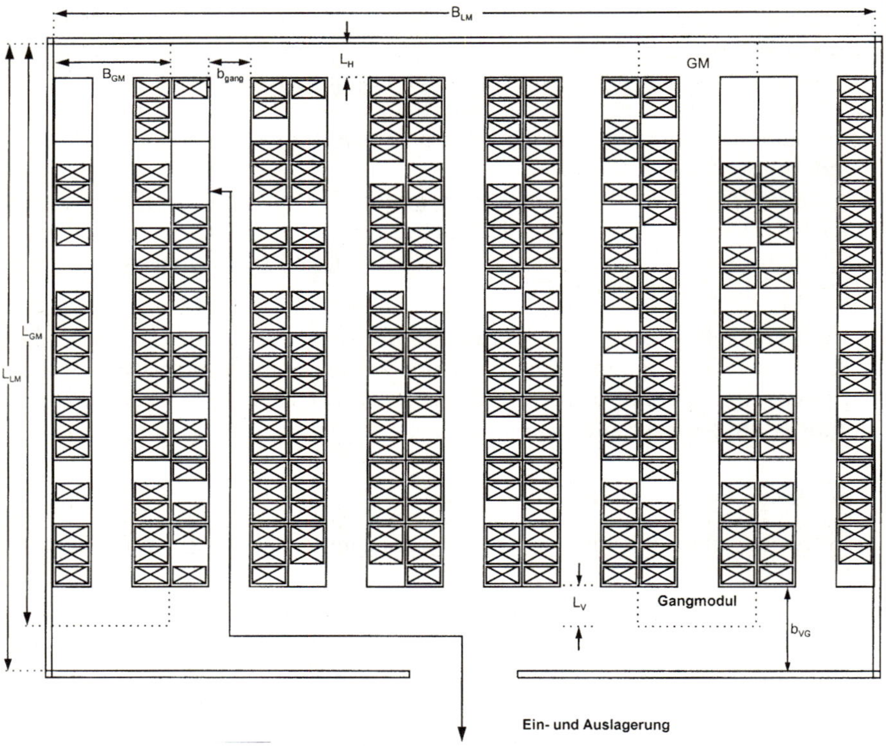


**Abb. 16.16** Lagermodul mit paralleler Anordnung der Gangmodule

GM : Gangmodul
LM : Lagermodul
FM : Fachmodul
$b_{VG}$ : Verkehrsgangbreite

► Der Grundflächenbedarf ist bei der gegenüberliegenden Anordnung der Gangmodule infolge des gemeinsam genutzten Mittelgangs um

$$\Delta F_{LM} = (b_{VG} - L_V) \cdot N_G \cdot B_{GM} / 2 \qquad (16.58)$$

geringer als bei der parallelen Anordnung der Gangmodule.

Bei kurzen Lagergassen und breiten Verkehrsgängen kann die Differenz (16.58) der Grundflächen und damit auch des umbauten Raums beträchtlich sein. Trotzdem haben diese beiden *Standardlageranordnungen* praktische Bedeutung. Für Blockplatzlager und konventionelle Fachregallager ist in vielen Fällen die gegenüberliegende Anordnung der Gangmodule vorteilhafter. Für automatische Hochregallager und Schmalgangstaplerlager mit langen Gassen ist in der Regel eine parallele Anordnung sinnvoll.

Die Anordnung in der Fläche wird nicht allein vom Flächenbedarf und vom umbauten Raum sondern ebenso von der Verbindung des Lagerbereichs mit Wa-

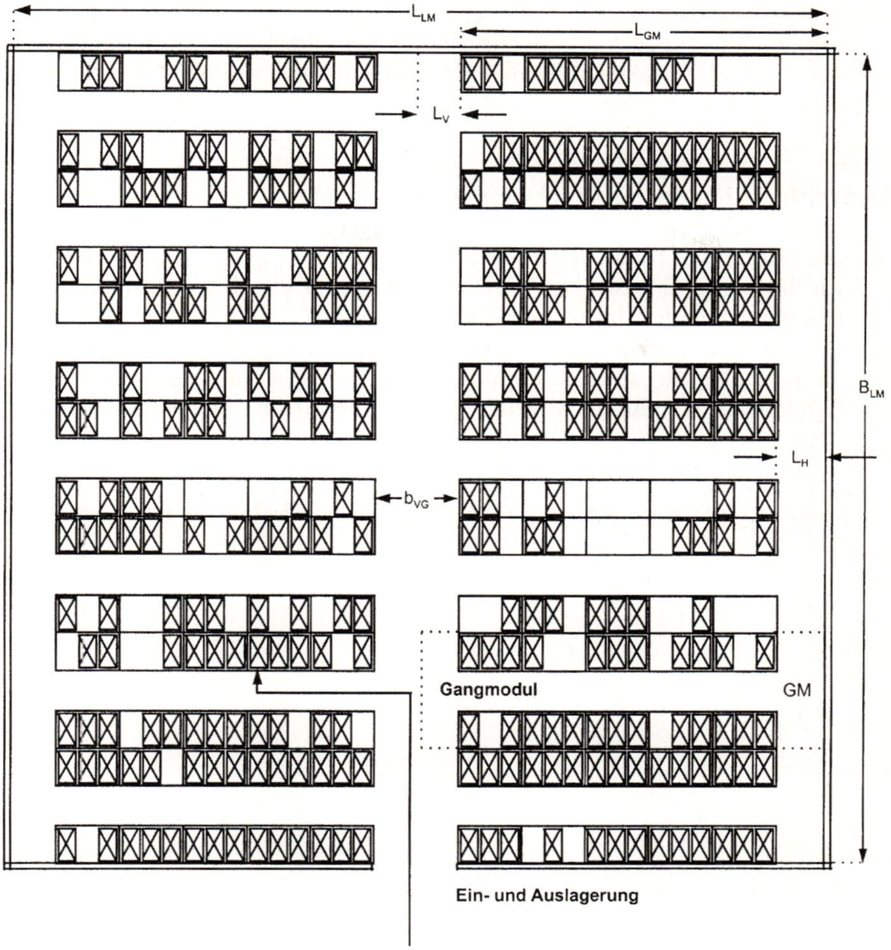


**Abb. 16.17** Lagermodul mit gegenüberliegender Anordnung der Gangmodule

GM : Gangmodul
LM : Lagermodul
FM : Fachmodul
$b_{VG}$ : Verkehrsgangbreite

reneingang, Warenausgang, Kommissionierbereich und Produktion, von der Verkehrsanbindung und von anderen Randbedingungen bestimmt. In Kombination mit den übrigen Funktionsbereichen und weiteren Lagersystemen für andere Artikelgruppen kann daher auch eine von den beiden Standardanordnungen abweichende Anordnung der Gangmodule sinnvoll sein (s. *Abschnitt 19.10*).

Wenn die Anzahl und die Maße der benötigten Gangmodule so groß sind, daß die Abmessungen eines einzigen Lagermoduls die zulässigen Maße eines Brandabschnitts oder eines Fördertechnikabschnitts überschreiten, ist es erforderlich, die Gangmodule in 2, 6, 8 oder mehr gleichgroßen Blöcken zusammenzufassen und aus je ein oder zwei Blöcken mehrere Lagermodule mit entsprechend kleineren Abmessungen zu bilden.

## 16.10 Wegzeitberechnung und Geschwindigkeitsauswahl

Maßgebend für den Gerätebedarf eines Lagers sind die *Spielzeiten* der Lagergeräte für das Ein- und Auslagern. Diese hängen primär von den *Wegzeiten* für die Teilbewegungen in den drei Raumrichtungen ab.
Aus der Zeitabhängigkeit der Geschwindigkeit, wie sie in idealisierter Form in *Abb. 16.18* dargestellt ist, folgt für den Wegzeitbedarf eines Lagergeräts, eines Flurförderzeugs oder eines Fahrzeugs mit eindimensionaler Fortbewegung [21]:

► Die *Wegzeit für eine eindimensionale Fortbewegung* über eine Strecke der Länge *s* [m] mit einer *Maximalgeschwindigkeit* $v_m$ [m/s] und der mittleren *Bremsbeschleunigungskonstanten* $b_m = 2\,b^+b^-/(b^++b^-)$ [m/s$^2$] ist

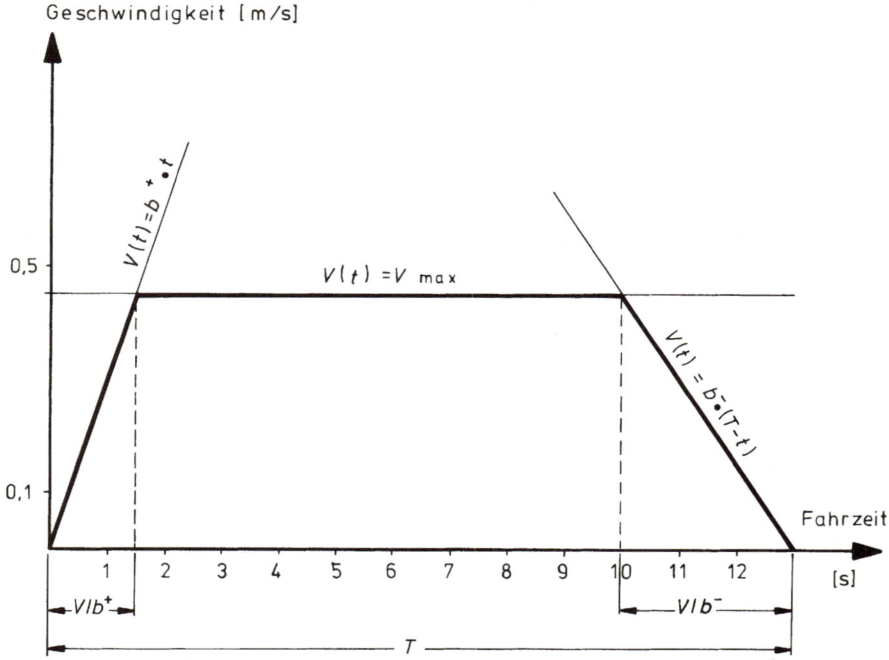


**Abb. 16.18** Idealisierte Zeitabhängigkeit der Geschwindigkeit

$b^+$ : mittlere Anfahrbeschleunigungskonstante
$b^-$ : mittlere Bremsbeschleunigungskonstante
$v_m$ : maximale Geschwindigkeit

$$t_m(s) = \begin{cases} 2 \cdot \sqrt{s / b_m} & \text{für } s \leqq v_m^2 / b_m \\ s / v_m + v_m / b_m & \text{für } s \geqq v_m^2 / b_m \end{cases} \tag{16.59}$$

Anders geschrieben ist

$$\mathbf{t_m(\mathit{s}) = WENN\left(s < v^2 / b_m\,; 2 \cdot \sqrt{\mathit{s} / b_m}\,; \mathit{s} / v_m + v_m / b_m\right)} \quad [s]. \tag{16.60}$$

Die *eindimensionale Wegzeitformel* (16.60) gilt mit m = x für horizontale *Fahrbewegungen*, mit m = y für vertikale *Hubbewegungen* und mit m = z für die *Facheinfahrbewegungen* eines Lagergeräts. Dabei kann mit ausreichender Genauigkeit mit dem Mittelwert der Maximalgeschwindigkeiten mit und ohne Last gerechnet werden.

Bei *simultaner Fortbewegung* über eine Weglänge $l$ in x-Richtung und eine Weglänge $h$ in y-Richtung benötigt ein Lagergerät oder Förderzeug jeweils die längere der beiden eindimensionalen Wegzeiten $t_x(l)$ und $t_y(h)$. Daher gilt:

- ▶ Die *Wegzeit für eine zweidimensionale Fortbewegung* über eine grade Strecke der Länge $l$ mit der Geschwindigkeit $v_x$ und der Beschleunigungskonstante $b_x$ und *simultan* über eine dazu senkrechte Strecke der Länge $h$ mit der Geschwindigkeit $v_y$ und der Beschleunigungskonstanten $b_y$ ist

$$\mathbf{t_{xy}(\mathit{l}, \mathit{h}) = MAX\left(t_x(\mathit{l}); t_y(\mathit{h})\right)}. \tag{16.61}$$

Die *zweidimensionale Wegzeitformel* (16.61) ist anwendbar für simultan fahr- und hubfähige Regalbediengeräte, aber auch für die simultane Flächenbewegung eines Krans oder den Greifvorgang beim Kommissionieren [21].

Um überdimensionierte Antriebe zu vermeiden, sollten die Geschwindigkeiten nur so groß gewählt werden, daß in der Mehrzahl der Fahrten die Maximalgeschwindigkeit erreicht wird. Aus dieser Forderung leiten sich folgende *Auswahlregeln für die Geschwindigkeiten*© von Flurförderzeugen und Regalbediengeräten in Lagersystemen ab [21]:

- ▶ Die *optimale Fahrgeschwindigkeit* ist bei einer maximalen Bedienungslänge $L$

$$v_x \approx 1/2 \cdot \sqrt{L \cdot b_x}\,. \tag{16.62}$$

- ▶ Die *optimale Hubgeschwindigkeit* ist bei einer maximalen Bedienungshöhe $H$

$$v_y \approx 1/2 \cdot \sqrt{H \cdot b_y}\,. \tag{16.63}$$

- ▶ Die *optimale Facheinfahrgeschwindigkeit* ist bei einer maximalen Einfahrtiefe $B$

$$v_z \approx 1/2 \cdot \sqrt{B \cdot b_z}\,. \tag{16.64}$$

Beispielsweise ergibt sich aus (16.62) für eine maximale Bedienungslänge von L = 60 m bei einer Bremsbeschleunigungskonstanten $b_x = 0{,}5\ \text{m/s}^2$ die optimale Fahrgeschwindigkeit $v_x = 1/2 \cdot \sqrt{60 \cdot 0{,}5} = 2{,}7$ m/s = 160 m/min.

Das Lastaufnahmemittel eines Lagergeräts bewegt sich bei simultaner Fahrt mit maximaler Geschwindigkeit in x- und y-Richtung parallel zur *Geschwindigkeitsgraden* $y = (v_y/v_x) \cdot x$. Wenn jeweils gleich viele Punkte einer Regalfläche mit maximaler Fahrgeschwindigkeit und maximaler Hubgeschwindigkeit angefahren werden, ist die mittlere Fahrzeit minimal [21].

Hieraus folgt die zusätzliche *Geschwindigkeitsauswahlregel*©:

▶ Bei *simultaner Fahr- und Hubbewegung* ist die *optimale Hubgeschwindigkeit* für die Bedienung einer Regalfläche mit der Länge *L* und einer Höhe *H*

$$v_y = (H/L) \cdot v_x . \quad (16.65)$$

Bei einer optimalen Hubgeschwindigkeit (16.65) verläuft die Geschwindigkeitsgrade parallel zur Diagonalen der Regalfläche (s. *Abb. 16.1*).

Maßgebend für das Leistungsvermögen von Flurförderzeugen und Regalbediengeräten, die eine große Anzahl von Punkten entlang einer Strecke, auf einer Fläche oder im Raum anfahren, sind nicht die Fahrzeiten zwischen den einzelnen Punkten sondern die *mittleren Fahrzeiten* bei gleichverteilter oder gewichteter Anfahrt der Gesamtheit aller Punkte.

Bei der Wegzeitberechnung für Geräte mit *eindimensionaler Fortbewegung* sind die Operationen der Fahrzeitberechnung und der Mittelwertbildung mit ausreichender Genauigkeit vertauschbar, wenn bei der Mehrzahl der Fahrten die Maximalgeschwindigkeit erreicht wird. Bei richtiger Geschwindigkeitsauswahl gilt daher:

▶ Die mittlere Wegzeit zwischen den Punkten einer Strecke ist bei eindimensionaler Fortbewegung gleich der Wegzeit für den mittleren Abstand zwischen diesen Punkten.

Für den mittleren Abstand von n beliebigen Punkten einer Strecke gilt folgender *Satz der mittleren Weglänge* [21]:

▶ Der *mittlere Weg* zwischen je zwei benachbarten von n geordneten Punkten einer Strecke der *Gesamtlänge S* ist

$$s_n = S/(n+1) . \quad (16.66)$$

Für die Spielzeitberechnung wichtige Sonderfälle dieses Satzes sind:

1. Der mittlere Weg zwischen dem Ende und einem beliebigen Punkt einer Strecke der Länge *S* hat bei gleicher Anfahrhäufigkeit aller Punkte die Länge *S*/2.
2. Der mittlere Weg zwischen zwei beliebigen Punkten einer Strecke der Länge *S* hat bei gleicher Anfahrhäufigkeit aller Punkte die Länge *S*/3.

Daraus folgt speziell für die Facheinfahrt zur Lastaufnahme:

▶ Die *mittlere Einfahrtiefe* für Lagerplätze mit der Stapeltiefe $C_z$ und der Stellplatztiefe $b_{SP}$ ist

$$B = \begin{cases} (C_z + 1) \cdot b_{SP} / 2 & \text{für Lastaufnahme innerhalb des Lagerfachs} \\ b_{SP} & \text{für Lastaufnahme am Ende des Lagerfachs.} \end{cases} \quad (16.67)$$

Bei der Wegzeitberechnung für Geräte mit *zweidimensionaler Fortbewegung* sind die Operation der Mittelwertbildung und der Fahrzeitberechnung *nicht* vertauschbar. Die Integration aller Einzelfahrzeiten (16.61) über eine Fläche der Länge L und der Höhe *H* ergibt mit einer Näherungsgenauigkeit von besser als 2 % [21; 29]:

1. Die mittlere Fahrzeit $t_1$(E,P) zwischen einem Eckpunkt E und den Punkten P einer Fläche der Länge *L* und der Höhe *H* ist bei simultaner Hub- und Fahrbewegung, optimaler Geschwindigkeitsauswahl (16.65) und *gleicher Anfahrhäufigkeit* gleich dem Durchschnitt der beiden Fahrzeiten $t_{xy}(E,P_1)$ und $t_{xy}(E,P_2)$

   $$t_1(E,P) = \left(t_{xy}(E,P_1) + t_{xy}(E,P_2)\right)/2 \qquad (16.68)^{©}$$

   vom Eckpunkt E zu den *Mittelwertpunkten* oder *Testanfahrpunkten*©

   $$P_1 = (2/3 \cdot L;\ 1/5 \cdot H) \qquad P_2 = (1/5 \cdot L;\ 2/3 \cdot H). \qquad (16.69)^{©}$$

2. Die mittlere Fahrzeit $t_2(P,P')$ zwischen zwei zufällig ausgewählten Punkten P und P′ der Fläche der Länge *L* und der Höhe *H* ist bei simultaner Hub- und Fahrbewegung gleich der Fahrzeit (16.61) zwischen den Mittelwertpunkten (16.69)

   $$t_2(P,P') = t_{xy}(P_1,P_2) \qquad (16.70)^{©}$$

Hierin ist die Wegzeit $t_{xy}(P_1,P_2)$ durch Beziehung (16.61) gegeben.

Aus dem Satz der mittleren Weglänge (16.66) folgt für die mittlere Fahrzeit von Lager- und Kommissioniergeräten mit *Mehrfachlastaufnahme* [21]:

- Die *mittlere Fahrzeit einer* n-*Punkte-Rundfahrt*, die am Eckpunkt einer Fläche der Länge *L* und der Höhe *H* anfängt und endet und nach der in *Abb. 16.19* dargestellten *Zweistreifenstrategie* zu n zufällig ausgewählten Punkten in der Fläche führt, ist bei simultaner Hub- und Fahrbewegung (16.71)

$$t_n(L,H) = \begin{cases} t_y(3H/4) + t_y(H/2) + (n-1)\cdot t_x(2L/(n+2)) & \text{für } 3 < n < 6 \\ t_y(3H/4) + t_y(H/2) + t_y(H/4) + (n-2)\cdot t_x(2L/(n+2)) & \text{für } 6 \le n < 10 \\ t_y(3H/4) + t_y(H/2) + t_y(H/4) + (n-2)\cdot t_y(H/6) & \text{für } n > 10. \end{cases}$$

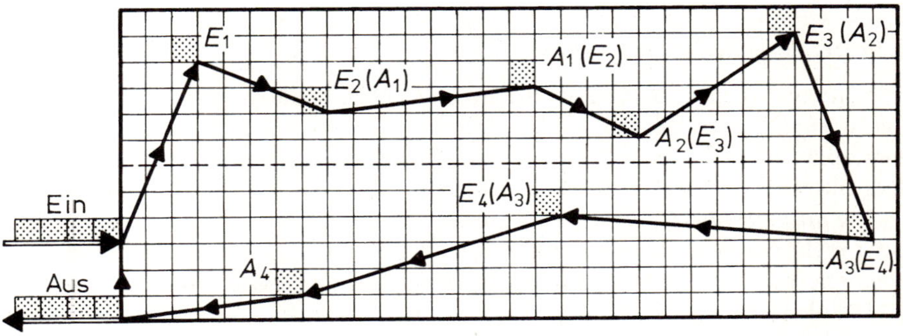


**Abb. 16.19** Kombiniertes Ein- und Auslagerspiel nach der Miebachschen Zweistreifenstrategie
$E_i$: Einlagerfächer $A_j$: Auslagerfächer $C_{LG} = 4$ LE

Hierin sind die Wegzeiten $t_x(..)$ und $t_y(..)$ nach Beziehung (16.60) zu berechnen. Die Fahrzeit für den nicht durch die Beziehung (16.71) abgedeckten Fall $n = 3$ kann näherungsweise zwischen der nach Beziehung (16.71) für $n = 4$ berechneten Fahrzeit und der Doppelspielfahrzeit nach Beziehung (16.70) interpoliert werden.

Die Genauigkeit der angebenen Wegzeitformeln ist für die Fahr- und Spielzeitberechnung in der Praxis ausreichend, da die Geschwindigkeiten und Beschleunigungskonstanten mit größeren Fehlern behaftet sind als die Näherungen.

## 16.11 Dynamische Lagerdimensionierung

In der dynamischen Lagerdimensionierung wird die Anzahl der Lagergeräte errechnet und das Zu- und Abfördersystem ausgelegt. Die Durchsatzleistung eines Lagers wird von den *Lagergeräten* und vom *Zu- und Abfördersystem* bestimmt.

Zur Optimierung der Durchsatzleistung sind die zuvor beschriebenen *Bewegungsstrategien* geeignet. Freie Parameter zur Erfüllung der *Durchsatzanforderungen* bei minimalen *Durchsatzkosten* sind die *Anzahl der Bedienungsgassen,* die *Anzahl der Lagerebenen* sowie die *Anzahl*, das *Fahrverhalten*, die *Geschwindigkeiten* und die *Kapazität der Lagergeräte.*

*Restriktionen* der dynamischen Dimensionierung sind:

- *Maximal zulässige Bereitstell- und Zugriffszeiten* pro Ladeeinheit

  $T_B \leqq T_{B\,max}.$

- *Maximal zulässige Durchlaufzeiten* für Auslageraufträge mit $M_A$ Ladeeinheiten

  $T_{AAuf} = M_A \cdot T_B \leqq T_{A\,max}.$

- Extern geforderte *Lagerstrategien*, wie *FIFO* und *Gleichverteilung* auf die Lagergassen.

Die dynamische Lagerdimensionierung wird mit Hilfe der Wegzeitformeln unter Berücksichtigung der projektspezifischen Randbedingungen in folgenden *Arbeitsschritten* durchgeführt:

### 1. Berechnung der Lagerspielzeiten

Die *Einlagerspielzeit* ist die Zeit, die ein Lagergerät benötigt, um an einem *Einlagerübernahmeplatz* bis zu $C_{LG}$ Ladeeinheiten aufzunehmen, mit diesen zu leeren Lagerplätzen zu fahren, sie dort einzulagern und nach der letzten Einlagerung leer zum Einlagerpunkt zurückzufahren.

Die *Auslagerspielzeit* ist die Zeit, die das Lagergerät benötigt, um leer zu einem oder mehreren Lagerplätzen zu fahren, dort bis zu $C_{LG}$ Ladeeinheiten aufzunehmen, mit diesen zu einem *Auslagerübergabeplatz* zurückzufahren und dort die Ladeeinheiten abzugeben.

Die kombinierte *Ein- und Auslagerspielzeit* ist die Zeit, die ein Lagergerät benötigt, um am Einlagerübernahmeplatz bis zu $C_{LG}$ Ladeeinheiten aufzunehmen, mit diesen nacheinander bis zu $C_{LG}$ leere Lagerfächer anzufahren, die Ladeeinheiten dort einzulagern, auf dem weiteren Fahrweg maximal $C_{LG}$ Ladeeinheiten aufzunehmen, mit diesen zu einem *Auslagerübergabeplatz* zurückzufahren und dort die Ladeeinheiten abzugeben. Bei räumlich getrenntem Einlagerplatz und Auslagerplatz endet das kombinierte Ein- und Auslagerspiel mit einer Fahrt des Lagergeräts vom Abgabe- zum Aufnahmeplatz (s. *Abb. 16.19*).

Bei jedem Bewegungswechsel tritt im Verlauf eines Lagerspiels zwischen Fahrt, Hub und Facheinfahrt eine Totzeit auf. Die mittlere *Totzeit* $t_o$ [s] ist die Summe der Reaktions-, Schalt- und Positionierzeiten, die von der Lagersteuerung und der Lagerverwaltung im Mittel benötigt werden, bevor der nächste Vorgang beginnt. Nach heutigem Stand der Technik gelten folgende *Erfahrungswerte*:

- Für manuell bediente Geräte beträgt die mittlere Totzeit pro Bewegungswechsel, abhängig von Geschick und Übung des Bedieners, 1 bis 2 Sekunden.
- Für automatisch gesteuerte Lagergeräte beträgt die mittlere Totzeit pro Bewegungswechsel bei sorgfältiger Justierung 0,5 bis 1,0 Sekunde.

Bei falscher Justierung, schlechter Steuerung und überlastetem Lagerverwaltungsrechner kann die Totzeit auch deutlich größer sein und die Geräteleistung erheblich reduzieren.

Die Länge des Lastübernahmespiels hängt ab von der Art der Lastaufnahme, die in den Spielzeitformeln durch folgenden *Lastaufnahmefaktor* berücksichtigt werden kann:

$$f_{LA} = \begin{cases} 1 & \text{für Lastübernahme ohne Leerspiel} \\ 2 & \text{für Lastübernahme mit Leerspiel.} \end{cases} \qquad (16.72)$$

Für ein Lagergerät mit nur einem Lastaufnahmemittel zur Aufnahme von $C_{LG}$ Ladeeinheiten resultieren aus dem Funktionsablauf der Lagerspiele und den Wegzeitformeln bei *eindimensionaler Fortbewegung* folgende *Spielzeitformeln* für kombinierte Einlager- und Auslagerpunkte am unteren Ende eines Gangmoduls mit der Länge $L$ und der Höhe $H$©:

▶ Die *mittlere Einzelspielzeit* für getrennte Ein- oder Auslagerspiele ist bei *additiver Fortbewegung* des Lagergeräts

$$\tau_E = \tau_A = 4 \cdot t_o + 2 \cdot t_x(L/2) + 2 \cdot t_y(H/2) + 2 \cdot f_{LA} \cdot t_z(B). \qquad (16.73)$$

▶ Die *mittlere Doppelspielzeit* für kombinierte Ein- und Auslagerspiele im gleichen Gang ist bei *additiver Fortbewegung* des Lagergeräts

$$\tau_{EA} = 6 \cdot t_o + 2 \cdot t_x(L/2) + 2 \cdot t_y(H/2) + t_x(L/3) + t_y(H/3) + 4 \cdot f_{LA} \cdot t_z(B). \qquad (16.74)$$

▶ Die *mittlere Umlagerspielzeit* für Umlagerungen im gleichen Gang ist bei *additiver Fortbewegung* des Lagergeräts

$$\tau_U = 4 \cdot t_o + 2 \cdot t_x(L/3) + 2 \cdot t_y(H/3) + 2 \cdot f_{LA} \cdot t_z(B). \qquad (16.75)$$

In diesen Spielzeitformeln ist die Facheinfahrtiefe B durch Beziehung (16.67) gegeben. Die eindimensionalen Wegzeiten $t_i(..)$ lassen sich für i = x, y mit der Wegzeitformel (16.60) berechnen.

Für die mittleren Spielzeiten von Lagergeräten mit *zweidimensionaler Fortbewegung* ergeben sich bei optimaler Geschwindigkeit folgende Spielzeitformeln für die Bedienung einer Regalfläche mit der Länge *L*, der Höhe *H* und der mittleren Facheinfahrtiefe *B* bei Übernahme und Abgabe der Ladeeinheiten am gleichen unteren Regalende [21; 29; 207]©:

▶ Die *mittlere Einzelspielzeit* für getrennte Ein- oder Auslagerspiele ist bei *simultaner Fahr- und Hubbewegung* des Lagergeräts

$$\tau_E = \tau_A = 2 \cdot t_o + t_{xy}(2L/3;\ H/5) + t_{xy}(L/5;\ 2H/3) + 2 \cdot f_{LA} \cdot t_z(B). \qquad (16.76)$$

▶ Die *mittlere Doppelspielzeit* für kombinierte Ein- und Auslagerspiele im gleichen Gang ist bei *simultaner Fahr- und Hubbewegung* des Lagergeräts

$$\tau_{EA} = 3 \cdot t_o + t_{xy}(2L/3;\ H/5) + t_{xy}(L/5;\ 2H/3) + t_{xy}(14L/30;\ 14H/30) + 4 \cdot f_{LA} \cdot t_z(B). \qquad (16.77)$$

▶ Die *mittlere Umlagerspielzeit* für Umlagerungen im gleichen Gang ist bei *simultaner Fahr- und Hubbewegung* des Lagergeräts

$$\tau_U = 2 \cdot t_o + t_{xy}(L/3;\ H/3) + 2 \cdot f_{LA} \cdot t_z(B). \qquad (16.78)$$

Wenn die Ein- und Auslagerpunkte nicht an der gleichen Stelle liegen sondern getrennt angeordnet sind, erhöhen sich die Einzel- und Doppelspielzeiten um die Fahrzeit zwischen den Ein- und Auslagerpunkten, die mit den Wegzeitformeln (16.60) und (16.61) berechnet werden kann [29].

Liegen die Ein- und Auslagerpunkte nicht an der unteren Regalecke, sondern auf halber Höhe oder mittig unter dem Regal, verkürzen sich die mittleren Fahrwege. Die daraus resultierende Steigerung der Ein- und Auslagergrenzleistungen ist bei Anordnung auf halber Regalhöhe auch für hohe Lager kleiner als 5 % und erreicht bei Anordnung auf halber Länge bei sehr langen Lagern maximal 10 %. Derart geringe Effekte rechtfertigen allein keine besondere Anordnung der Ein- und Auslagerpunkte, es sei denn, diese bietet sich auch aus anderen Gründen an [150].

Mit einer *optimierten Doppelspielstrategie*, wie Einlagerung im *Hinfahrbereich* des Auslagerplatzes oder Auslagerung im *Rückfahrbereich* des Einlagerplatzes, läßt sich bei zweidimensionaler Fortbewegung bestenfalls die mittlere Fahrzeit $t_{xy}(14L/30;14H/30)$ zwischen dem Einlagerfach und dem Auslagerfach einsparen. Diese Fahrzeit beträgt bei Lagern mit großer Regalfläche bis zu 10 % der Doppelspielzeit. Das bedeutet, daß mit einer optimierten Doppelspielstrategie maximal eine Verbesserung der Durchsatzleistung von 10 % möglich ist.

Deutlich größere Durchsatzleistungen lassen sich hingegen durch den Einsatz von *Lagergeräten mit mehreren Lastaufnahmemitteln* erreichen. Hierfür resultieren mit der Wegzeitformel (16.71) folgende Spielzeitformeln©:

▶ Die *mittlere Einlagerspielzeit* und die *mittlere Auslagerspielzeit* eines Lagergeräts mit $n > 2$ Lastaufnahmemitteln sind für *getrennte Ein- oder Auslagerfahrten* nach der in *Abb.* 16.19 dargestellten *Zweistreifenstrategie*

$$\tau_{En} = \tau_{An} = ((n+1) \cdot f_{LA} + n + 3) \cdot t_o + t_n(L;H) + (n+1) \cdot f_{LA} \cdot t_z(B). \qquad (16.79)$$

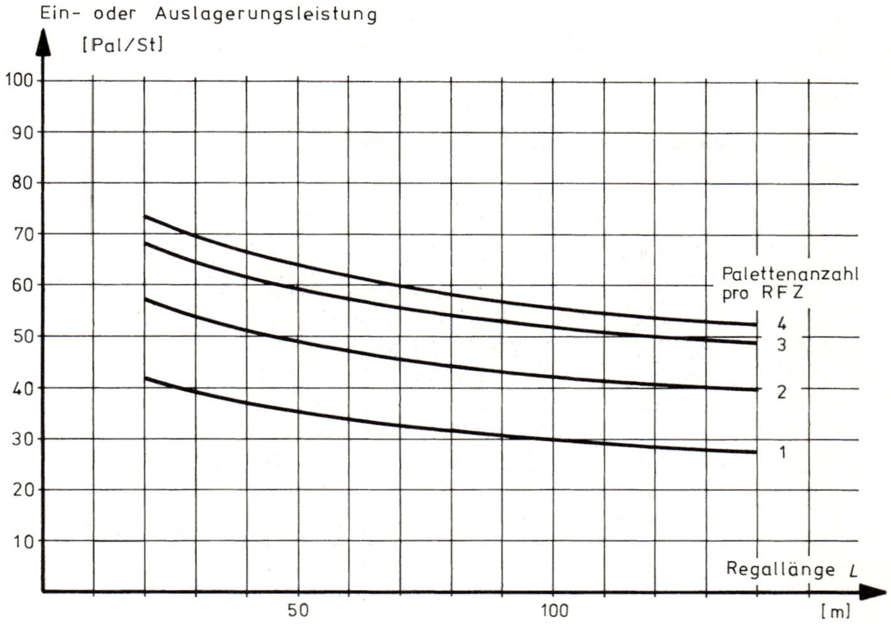


**Abb. 16.20** Ein- oder Auslagergrenzleistung eines Regalbediengeräts mit simultaner Fahr- und Hubbewegung als Funktion der Regallänge [286]

*Parameter*: Lastaufnahmekapazität des Regalbediengeräts
*Strategie* : Ein- und Auslagerrundfahrt nach Zweistreifenstrategie

▶ Die *mittlere Einlager- und Auslagerspielzeit* eines Lagergeräts mit n > 2 Lastaufnahmemitteln ist für *kombinierte Ein- und Auslagerfahrten* nach der in *Abb. 16.19* dargestellten Zweistreifenstrategie

$$\tau_{\mathrm{EAn}} = ((2n+1)\cdot f_{\mathrm{LA}} + 2n + 4)\cdot t_o + t_{2n}(L;H) + (2n+1)\cdot f_{\mathrm{LA}}\cdot t_z(B). \qquad (16.80)$$

In *Abb. 16.20* sind die mit Hilfe der Spielzeitformel (16.79) berechneten Ein- *oder* Auslagergrenzleistungen eines Regalförderzeugs zur Ein- und Auslagerung von EURO-Paletten mit n = 1, 2, 3 und 4 Teleskopgabeln in Abhängigkeit von der Regallänge *L* dargestellt.

Hieraus geht hervor, daß die Leistungssteigerung durch eine zusätzliche Teleskopgabel mit rund 40 % im Vergleich zu einer Teleskopgabel am größten ist. Die Leistungssteigerung wird mit weiteren Teleskopgabeln immer geringer. Da sich jedoch der Gerätepreis mit jedem Lastaufnahmemittel erhöht, muß in jedem Einzelfall sorgfältig geprüft werden, ob es bei hohen Durchsatzanforderungen vorteilhafter ist, Lagergeräte mit mehreren Lastaufnahmemitteln oder mehr Geräte mit nur einem Lastaufnahmemittel einzusetzen [286].

Für *gangumsetzbare Lagergeräte* wird zur Berechnung des Gerätebedarfs außer den Lagerspielzeiten die Gangwechselzeit benötigt.

▶ Die mittlere *Gangwechselzeit* eines gangumsetzbaren Lagergeräts ist bei einer Lagerlänge $L$ und einem mittleren Umsetzweg $B_U$

$$\tau_{GW} = 3 \cdot t_o + 2 \cdot t_x(L/2) + t_u(B_u). \tag{16.81}$$

Die Wegzeiten $t_i(..)$ lassen sich für i = x, u mit Hilfe der eindimensionalen Wegzeitformel (16.60) berechnen. Für die Geschwindigkeit $v_u$ und die Beschleunigung $b_u$ sind die entsprechenden technischen Werte der Umsetztechnik einzusetzen.

Der mittlere Umsetzweg ist bei Gangwechsel *ohne Strategie* gleich einem Drittel der Breite der von einem Gerät bedienten Anzahl Gangmodule, das heißt, es ist $B_u = N_{GM} \cdot B_{GM}/3$. Bei zyklischem Gangwechsel zwischen je zwei benachbarten Gängen ist der Umsetzweg gleich der Breite des Gangmoduls, also $B_u = B_{GM}$. Hieraus folgt:

▶ Bei Lagern mit gangumsetzbaren Lagergeräten und deutlich mehr Gassen als Lagergeräten kann durch einen zyklischen Gangwechsel die Durchsatzleistung des Lagers erheblich verbessert und bei großer Geräteanzahl der Gerätebedarf gesenkt werden.

Umlagerungen, Gangwechsel und Bewegungsstrategien werden bei der Lagerplanung häufig nicht angemessen berücksichtigt oder in ihren Auswirkungen auf die Durchsatzleistung falsch berechnet.

**2. Berechnung des Gerätebedarfs**

Ein Lagergerät kann im allgemeinen folgende *Teilfunktionen* erbringen:

E : gesondertes *Einlagern*
A : gesondertes *Auslagern*
EA: kombiniertes *Ein- und Auslagern* (16.82)
U : gesondertes *Umlagern*
GW: unproduktiver *Gangwechsel*

Die *partielle Auslastung* $\varrho_i = \lambda_i/\mu_i$ einer dieser Teilfunktionen i = E, A, EA, U, GW wird bestimmt durch den *Leistungsdurchsatz* $\lambda_i$ und die partielle Grenzleistung $\mu_i$. Die Grenzleistung $\mu_i$ ist gleich der effektiven Leistung, mit der das Gerät allein die Teilfunktion i erbringen kann (s. *Kapitel 13*).

Die Summe der *partiellen Auslastungen* $\varrho_i = \lambda_i/\mu_i$ kann zu keiner Zeit größer als 100 % sein. Hieraus folgt das

▶ *Grenzleistungsgesetz für ein Lagergerät*©:

$$\boldsymbol{\lambda}_E / \boldsymbol{\mu}_E + \boldsymbol{\lambda}_A / \boldsymbol{\mu}_A + \boldsymbol{\lambda}_{EA} / \boldsymbol{\mu}_{EA} + \boldsymbol{\lambda}_U / \boldsymbol{\mu}_U + \boldsymbol{\nu}_{GW} / \boldsymbol{\mu}_{GW} \leq 1 \tag{16.83}$$

Hierin ist $\lambda_{EA}$ [LE/h] die in kombinierten Spielen durchzuführende *Ein- und Auslagerleistung* sowie $\lambda_E$ die *Einlagerleistung* und $\lambda_A$ die *Auslagerleistung*, die in getrennten Spielen auszuführen sind. Die gleichzeitig zu erbringende *Umlagerleistung* ist $\lambda_U$ [LE/h] und die *Gangwechselfrequenz* $\nu_{GW}$ [1/h].

Die *partiellen Grenzleistungen* $\mu_i$ eines Lagergeräts für die Funktionen i = E, A, EA, U lassen sich aus den betreffenden *Spielzeiten* $\tau_i$ [s] und der *Gerätekapazität* $C_{LG}$ [LE/LG] errechnen:

$$\mu_i = \eta_{ver} \cdot \eta_{aus} \cdot 3600 \cdot C_{LG} / \tau_i \qquad [LE/h]. \qquad (16.84)$$

Die *technische Verfügbarkeit* $\eta_{ver}$ [%] und die *stochastische Auslastbarkeit* $\eta_{aus}$ [%] reduzieren die maximal möglichen Leistungen eines Lagergeräts auf die effektiven Grenzleistungen (16.84).

Die technische Verfügbarkeit der Lagergeräte hängt ab von der Gerätekonstruktion, ihrer Belastung, der Wartung und weiteren Einflußfaktoren (s. *Abschnitt 13.6*). Bedingung für einen wirtschaftlichen und zuverlässigen Lagerbetrieb ist:

▶ Die *technische Verfügbarkeit* muß für automatische Lagergeräte ebenso wie für manuell bediente Geräte mindestens 98 % betragen.

Die stochastische Auslastbarkeit resultiert aus dem schwankenden Zulauf der Ein- und Auslageraufträge und aus den variablen Spielzeiten der Lagergeräte.

Die stochastische Auslastbarkeit ist abhängig von der *Anzahl der Pufferplätze* auf dem Zu- und Abfördersystem vor und nach den Übernahme- und Übergabeplätzen des Lagerbereichs. Aus der analytischen Berechnung mit Hilfe der Warteschlangentheorie wie auch aus der stochastischen Simulation dieses Wartesystems folgt die *Auslegungsregel* [79]:

▶ Um eine *stochastische Auslastbarkeit* eines Lagergerätes mit einer Kapazität $C_{LG}$ = 1 LE von besser als 97 % zu erreichen, müssen pro Lagergasse mindestens 3 Zuführpufferplätze und 3 Abgabepufferplätze vorhanden sein.

Wird die Durchsatzleistung des gesamten Lagers, die durch die Beziehungen (16.6) bis (16.9) gegeben ist, zu gleichen Anteilen auf die $N_{LG}$ Lagergeräte verteilt, dann ist die Durchsatzanforderung pro Gerät gleich $1/N_{LG}$ der Gesamtanforderung. Aus dem Grenzleistungsgesetz (16.83) und den Beziehungen (16.6) bis (16.8) folgt damit©:

▶ Die für eine Einlagerleistung $\lambda_E$, eine Auslagerleistung $\lambda_A$ und eine Umlagerleistung $\lambda_U$ benötigte *Anzahl ganggebundener Lagergeräte* ist

$$N_{LG} = \{MIN(\lambda_E;\lambda_A)/\mu_{EA} + (\lambda_E - MIN(\lambda_E;\lambda_A))/\mu_E + (\lambda_A - MIN(\lambda_E;\lambda_A))/\mu_A + \lambda_U/\mu_U\}. \qquad (16.86)$$

Das durch die geschweiften Klammern geforderte Aufrunden auf die nächste ganze Zahl besagt, daß die Geräteanzahl eine ganze Zahl ist. Diese Ganzzahligkeit kann bei einer geringen Zunahme der Leistungsanforderung einen sprunghaften Anstieg des Bedarfs um ein Lagergerät bewirken.

Sind beispielsweise die Leistungsanforderungen 120 Einlagerungen, 160 Auslagerungen und 30 Umlagerungen in der Spitzenstunde des Spitzentages und haben die Geräte die effektiven Grenzleistungen $\mu_E = \mu_A$ = 35 LE/h, $\mu_{EA}$ = 25 LE/h und $\mu_U$ = 65 LE/h, ergibt sich bei optimal kombinierten Ein- und Auslagerspielen gemäß den Beziehungen (18.6) bis (18.8) mit Hilfe von Beziehung (18.86) ein Bedarf von $N_{LG}$ = {120/25 + 40/35 + 30/65} = {6,4} = 7 Lagergeräten.

Wenn es möglich ist, die Umlagerungen nicht in den Spitzenbelastungszeiten durchzuführen, entfällt in Beziehung (18.86) der Gerätebedarf $\lambda_U/\mu_U$ für die Umlagerungen. In dem betrachteten Fall reduziert sich damit der Bedarf auf $N_{LG}$ = {40/35 + 120/25} = {5,9} = 6 Lagergeräte.

Wenn die Einlagerungen und die Auslagerungen in getrennten Einzelspielen und nicht in kombinierten Doppelspielen durchgeführt werden, ist der Gerätebedarf ohne Umlagerungen $N_{LG}$ = {120/35 + 160/35} = {8,0} = 8 Lagergeräte. Ohne die Doppelspielstrategie erhöht sich also in diesem Fall der Gerätebedarf von 6 auf 8 Lagergeräte.

Für gangumsetzbare Lagergeräte mit einer *Gangwechselgrenzleistung* $\mu_{GW}$ [GW/h] und einer *Gangwechselfrequenz* $\nu_{GW}$ [GW/h] vermindert sich die produktiv nutzbare Zeit infolge der partiellen Auslastung für den Gangwechsel $\nu_{GW}/\mu_{GW}$. Aus dem Grenzleistungsgesetz (18.83) folgt:

► Für *gangumsetzbare Lagergeräte* erhöht sich der Ausdruck innerhalb der eckigen Klammern der Beziehung (18.86) für den Gerätebedarf um den Faktor

$$f_{GW} = 1/(1 - \nu_{GW}/\mu_{GW}). \tag{16.87}$$

So erhöht sich der Gerätebedarf bei einer Gangwechsel-Grenzleistung $\mu_{GW}$ = 15 GW/h und $\nu_{GW}$ = 2 Gangwechseln pro Stunde und Gerät um den Faktor $f_{GW}$ = 1/(1 – 2/15) = 1,15. In dem betrachteten Beispiel nimmt damit die Anzahl der benötigten Lagergeräte von 6 auf 7 zu.

Zu wenig beachtet wird in der Regel der Einfluß der *Betriebszeiten* und der *Spitzenfaktoren* auf den Gerätebedarf. Wenn es beispielsweise möglich ist, die Betriebszeit flexibel von 8 auf 16 Stunden oder mehr pro Tag zu erhöhen und durch organisatorische Maßnahmen die Leistungsanforderungen auf die gesamte Betriebszeit gleichmäßig zu verteilen, läßt sich die Durchsatzleistung eines vorhandenen Lagers bei gleicher Geräteanzahl um einen Faktor 2 und mehr erhöhen oder der Gerätebedarf eines geplanten Lagers um den gleichen Faktor reduzieren.

Bei der Betriebskostenrechnung für die verlängerte Betriebszeit ist allerdings zu berücksichtigen, daß sich Abschreibungen, Energiebedarf und Wartungskosten entsprechend erhöhen und der Personalbedarf kaum sinkt. Die Lagerdimensionierung ist daher keine rein technische sondern eine organisatorische, betriebswirtschaftliche und technische, also eine essentiell logistische Aufgabe.

### 3. Auslegung des Zu- und Abfördersystems

Bei Lagern mit *gangunabhängigen Lagergeräten*, die auch den Transport der Ladeeinheiten vom Abholbereich zum Lagerbereich und vom Lagerbereich zum Bereitstellbereich ausführen, müssen die Spielzeiten (16.73) bis (16.75) um die Wegzeit für die Transporte außerhalb des Lagerbereichs erhöht werden. Dadurch nehmen die Ein- und Auslagergrenzleistungen der Geräte ab und der Gerätebedarf zu.

Bei Lagern mit *gangabhängigen Lagergeräten* können entweder mehrere *Verteilerstapler* oder ein fest installiertes Zu- und Abfördersystem den Transport der Ladeeinheiten vom Abholbereich zum Lagerbereich und vom Lagerbereich zum Bereitstellbereich ausführen.

Die Anzahl der benötigten Verteilerstapler errechnet sich analog zur Anzahl der Lagergeräte nach der Beziehung (16.86) aus den mittleren Spielzeiten für den

Zu- und Abtransport. Ebenso lassen sich die Anzahl der Verteilerwagen eines *Unstetigfördersystems* (s. *Abb. 16.8*) und der Fahrzeugbedarf eines automatischen *Fahrzeugsystems* errechnen (s. *Abb. 16.9*).

Ist das Zu- und Abfördersystem ein *Stetigfördersystem*, wird die Durchsatzleistung von dem jeweils am stärksten belasteten *Engpaßelement* bestimmt (s. *Abb. 16.1*). Das Engpaßelement des Einlagersystems ist in der Regel das erste *Verzweigungselement* auf der Einlagerförderstrecke entlang der Regalstirnseite. Das Engpaßelement des Auslagersystems ist in der Regel das letze *Zusammenführungselement* auf der Auslagerförderstrecke.

Aus der *Engpaßanalyse* ergeben sich folgende *Grenzleistungsgesetze* zur Auslegung des Zu- und Abfördersystems eines Lagers:

▶ Für eine Einlagerleistung $\lambda_E$ müssen die partiellen Grenzleistungen für Durchlaß $\mu_{dur}$ und Ausschleusen $\mu_{aus}$ des Engpaßelements des Zufördersystems so bemessen sein, daß

$$\lambda_E \cdot (1 - 1/N_{LG}) / \mu_{dur} + (\lambda_E / N_{LG}) / \mu_{aus} \leq 1. \qquad (16.88)$$

▶ Für eine Auslagerleistung $\lambda_A$ müssen die partiellen Grenzleistungen für Durchlaß $\mu_{dur}$ und Ausschleusen $\mu_{ein}$ des Engpaßelements des Abfördersystems so bemessen sein, daß

$$\lambda_A \cdot (1 - 1/N_{LG}) / \mu_{dur} + (\lambda_A / N_{LG}) / \mu_{ein} \leq 1. \qquad (16.89)$$

Mit Hilfe der Grenzleistungsbeziehungen (16.88) und (16.89) läßt sich nach Einsetzen der Ein- und Auslagergrenzleistungen $N_{LG} \cdot \mu_E$ und $N_{LG} \cdot \mu_A$ von $N_{LG}$ Lagergeräten anstelle von $\lambda_E$ und $\lambda_A$ und durch Auflösung nach $N_{LG}$ die maximale Anzahl Lagergeräte berechnen, die sich durch ein Stetigfördersystem bedienen läßt, dessen Engpaßelemente die partiellen Grenzleistungen $\mu_{dur}$, $\mu_{aus}$ und $\mu_{ein}$ haben. Damit ergibt sich die maximale Größe eines *Fördertechnikabschnitts* [148].

## 16.12 Investition der Lagergewerke

Für die Systemfindung und Layoutplanung genügt es, die Investitionen für das gesamte Lagersystem mit Hilfe von *Richtpreisfaktoren* für die einzelnen Lagergewerke zu berechnen. Im Zuge der Detail- und Ausführungsplanung muß die Investitionsrechnung durch Einzelkalkulationen präzisiert und durch Angebote der Hersteller untermauert werden.

Außerdem ist zu berücksichtigen, daß die Beschaffungspreise wegen der Kostendegression von Herstellung und Montage großer Stückzahlen mit zunehmender Größe des Lagers abnehmen. Diese Degression der Lagerinvestition läßt sich jedoch in der Planungsphase nur grob abschätzen und erst in der Ausschreibungsphase über konkrete Angebote quantifizieren.

Mit Ausnahme des Lagerverwaltungssystems lassen sich die funktionsspezifischen Lagergewerke in statische und dynamische Lagergewerke einteilen:

▶ Die *statischen Lagergewerke* sind für das Aufbewahren und Bereithalten der Lagereinheiten erforderlich und für die *Lagerplatzkosten* maßgebend.

▶ Die *dynamischen Lagergewerke* werden für das Ein- und Auslagern eingesetzt und verursachen die *Durchsatzkosten*.

Das *Lagerverwaltungssystem* dient sowohl den statischen wie auch den dynamischen Funktionen des Lagers. Der Beschaffungsaufwand für das Lagerverwaltungssystem (LVS) kann daher zur Hälfte der statischen und der dynamischen Lagerinvestition zugerechnet werden. Ebenso sind die Betriebskosten für das LVS aufzuteilen. Die Investition $P_{LVS}$ [€] für die Hard- und Software des Lagerverwaltungssystems ist abhängig von den Anforderungen und der Größe des Lagers und liegt gegenwärtig zwischen 30 und 200 T€.

### 1. Investition der statischen Lagergewerke

Die *statischen Lagergewerke* mit ihren Einflußparametern und Richtpreisfaktoren sind:

- *Grundstück*: Die Grundstücksinvestition wird vom Grundstückspreis und den Erschließungskosten bestimmt. Sie steigt mit einem *Grundstücks- und Erschließungspreisfaktor* $P_{GE}$ [€/m$^2$] proportional mit der *Lagergrundfläche.*
- *Bodenplatte*: Die Investition für Fundament und Bodenplatte hängt von der Bodenbeschaffenheit, der Bauart und der Bodenbelastung ab und nimmt mit einem *Bodenplattenpreisfaktor* $P_{BP}$ [€/m$^2$] ebenfalls proportional mit der *Lagergrundfläche* zu.
- *Gebäude*: Die Investition für den Lagerbau ist von der Bauart, der Bauqualität und der Gebäudetechnik, wie Heizung und Klima, abhängig. Sie steigt für Hallenbauten mit einem *Hallenbaupreisfakor* $P_{HB}$ [€/m$^2$] weitgehend proportional mit der bebauten Fläche, mit einem *Wandpreisfaktor* $P_{WA}$ [€/m$^2$] proportional mit der Wandfläche und mit einem *Dachpreisfakor* $P_{DA}$ [€/m$^2$] proportional mit der überdachten Grundfläche.
- *Regalbau*: Die Investition für das Regal wird von der Lagerart, den Ladeeinheiten, den Fachmodulen und der Regalkonstruktion beeinflußt, bei beweglichen Stellplätzen zusätzlich von der Fördertechnik in den Lagerkanälen. Sie ist mit einem *Lagerplatzpreisfaktor* $P_{LP}$ [€/LP] weitgehend proportional zur *Anzahl* der *Lagerplätze* oder mit einem *Fachmodulpreisfaktor* $P_{FM}$ [€/FM] proportional zur *Anzahl der Fachmodule.*
- *Sprinkleranlage*: Die Investition für eine eventuell erforderliche Sprinkleranlage kann zum Zweck der Systemfindung und Budgetierung grob durch einen *Sprinklerpreisfaktor* $P_{SP}$ [€/LP] abgeschätzt werden. Sie ist abhängig von der *Brandklasse* des Lagerguts und steigt annähernd proportional zur *Anzahl der Lagerplätze.*

Für die Richtpreisfaktoren der statischen Lagergewerke von Palettenlagern sind in *Tabelle 16.5* einige Orientierungsgrößen zusammengestellt, die für Systemvergleiche brauchbar sind. Für die Kalkulation der absoluten Höhe der Lagerinvestition sind diese Werte nur mit Einschränkungen verwendbar. Das gilt vor allem für die Beschaffungskosten der Sprinkleranlage, die von der Brandklasse sowie von der *Ausführung* der Sprinklerzentrale und des Auffangbeckens für das Löschwasser abhängen.

| LAGERGEWERK | Richtpreisfaktor Bandbreite | Modellrechn. | Preiseinheit |
|---|---|---|---|
| **Grundstück** | | | |
| Industriebaugrundstück mit Erschließung ohne Verkehrsfl. | 25 bis 75 | 50 | €/m² |
| **Silobau** | | | |
| Betonbodenplatte | 200 bis 220 | 210 | €/m² |
| Außenwandverkleidung für Stahlkonstruktion | 80 bis 100 | 90 | €/m² |
| Innenbrandwand Beton | 40 bis 60 | 50 | €/m² |
| Dachkonstruktion und Dacheindeckung incl. RWA | 130 bis 180 | 150 | €/m² |
| Zwischenetage mit Arbeitsbühne | 90 bis 120 | 100 | €/m² |
| **Lagerhalle (Höhe 6 bis 12 m)** | | | |
| Fundament, Fußboden, Stützen, Dachkonstruktion, Haustechn. | 100 bis 150 | 125 | €/m² |
| Außenwand | 200 bis 250 | 225 | €/m² |
| Innenbrandwand | 100 bis 150 | 125 | €/m² |
| Dacheindeckung incl. RWA | 50 bis 80 | 65 | €/m² |
| Tormodul mit Überladebrücke und anteiliger Verkehrsfläche | 100 bis 140 | 120 | T€/TM |
| **Regalanlage** | | | |
| Palettenregale freistehend (abhängig von Höhe und Gewicht) | 30 bis 50 | 40 | €/PalPlatz |
| Palettenregale Silobau (dach- und wandtragend) | 60 bis 90 | 75 | €/PalPlatz |
| Platzkennzeichnung Blocklager | 10 bis 16 | 13 | €/Blockpl. |
| **Sprinkleranlage** | | | |
| Sprinklerköpfe, Rohrleitungen und Zentrale (ohne Becken) | 30 bis 50 | 30 | €/PalPlatz |
| **Zu- und Abfördersystem für Paletten (incl. Steuerung)** | | | |
| Zu- und Abförderstrecken und Pufferplätze | 20 bis 30 | 25 | T€/Gasse |
| Stetigfördersystem | bis 10 | 8 | T€/m |
| **Lagerverwaltungs- und Betriebssteuerungssystem** | | | |
| LBS Hard- und Software | 100 bis 400 | 250 | T€ |

**Tab. 16.5** Richtpreisfaktoren für Lagergewerke

Orientierungspreise, Basis 2001
RWA: Rauch- und Wärmeabzugsanlage
Tormodul s. Abb. 16.10

Mit den Richtpreisfaktoren und der anteiligen Investition für das Lagerverwaltungssystem ergibt sich für die *Investition der statischen Lagergewerke* folgende Abhängigkeit von den *Lagerparametern*:

$$I_{L\,stat} = F_L \cdot (P_{GE} + P_{HB} + P_{BP} + P_{DA}) + 2H_L \cdot (L_L + B_L) \cdot P_{WA} + N_{LP} \cdot (P_{LP} + P_{SP}) + N_{FM} \cdot P_{FM} + P_{LVS}/2 \quad (16.90)$$

Diese Abhängigkeit (16.90) zeigt:

- ▶ Die Investitionssumme für die statischen Lagergewerke steigt über die Anzahl der Lagerplätze $N_{LP}$ und der Fachmodule $N_{FM}$ proportional und über die Grundläche $F_L$ und die Außenfläche $2H_L \cdot (L_L + B_L)$ unterproportional mit der effektiven Lagerkapazität.
- ▶ Die Investitionssumme für die statischen Lagergewerke ist nicht direkt von der installierten Durchsatzleistung des Lagers abhängig.

Die statische Lagerinvestition wird von der geforderten Durchsatzleistung nur indirekt über die ausgewählte Lagerart, die Anzahl der Lagergassen und das Layout beeinflußt.

Wird die Investition auf die Anzahl der effektiv lagerbaren Ladeeinheiten bezogen, ergibt sich aus der Abhängigkeit (16.90):

- ▶ Die statische *Lagerplatzinvestition*, das heißt die statische Lagerinvestition pro effektiven Lagereinheitenplatz, nimmt bei allen Lagerarten mit zunehmender Lagerkapazität ab und ist von der installierten Durchsatzleistung weitgehend unabhängig.

Zu dieser *technischen Degression der Lagerplatzinvestition*, die sich über die Abschreibungen und Zinsen auch auf die Lagerplatzkosten auswirkt, tragen bei allen Lagerarten die anteilig immer weniger ins Gewicht fallenden Anfahrmaße Verkehrswege und Volumenverluste bei. Zusätzlich wirkt sich bei Mehrfachplatzlagern der bei gleicher Artikelzahl mit ansteigendem Bestand zunehmende Füllungsgrad aus. Die statische Platzinvestition nimmt nicht weiter ab, wenn die maximale Bauhöhe der betreffenden Lagerart erreicht ist und mehr als ein Lagermodul dieser Höhe benötigt wird.

**2. Investition der dynamischen Lagergewerke**

Die *dynamischen Lagergewerke* mit ihren Einflußparametern und Richtpreisfaktoren sind:

- *Lagergeräte*: Die Investition für die Lagergeräte einschließlich zugehöriger Steuerung, Spurführung und Gangausrüstung verändert sich proportional zum Gerätebeschaffungspreis $P_{LG}$ [€/LG] und zur Anzahl $N_{LG}$ der Lagergeräte.
- *Verteilerstapler*: Die Investition für die Verteilerstapler einschließlich zugehöriger Staplerleitgeräte ist proportional zum Beschaffungspreis $P_{VT}$ [€/LG] und zur Anzahl $N_{VS}$ der Verteilerstapler.
- *Zu- und Abfördersystem*: Die Investition für das Zu- und Abfördersystem einschließlich der zugehörigen Steuerungstechnik ist von der Anzahl der zu bedienenden Lagergänge, der technischen Ausführung und der geforderten Durchsatzleistung abhängig. Sie läßt sich daher nur grob über Richtpreisfaktoren, wie Preis pro Meter, Preis pro Antriebselement oder Preis pro Förderelement, kalkulieren. Zur Lageroptimierung eignet sich am besten ein *Richtpreis pro Lagergasse* $P_{FT}$ [€/LG].

*Richtpreisfaktoren* für einige Lagergeräte und Verteilerstapler sind in *Tabelle 16.1* angegeben. Als Richtpreise für ein automatisches Palettenfördersystem können für Systemvergleiche und zur groben Kostenbudgetierung die in *Tabelle 16.5* angegebenen Werte angesetzt werden.

Für die *Investition der dynamischen Lagergewerke* ergibt sich damit folgende Abhängigkeit von den Richtpreisfaktoren und Lagerparametern:

$$I_{L\,dyn} = N_{LG} \cdot (P_{LG} + P_{FT}) + N_{VS} \cdot P_{VS} + P_{LVS} / 2. \tag{16.91}$$

Abgesehen von den Sprüngen infolge der Ganzzahligkeit nimmt die Anzahl der Lagergeräte und der Verteilerstapler bei gleichbleibender Lagerkapazität nur unterproportional zur benötigten Durchsatzleistung zu, da mit zunehmender Geräteanzahl die Wege in den anteiligen Bedienungsbereichen der Geräte immer kürzer werden. Hieraus sowie aus der weitgehenden Durchsatzunabhängigkeit der Investition für den Lagerverwaltungsrechner folgt:

▶ Die *Investitionssumme für die dynamischen Lagergewerke* steigt unterproportional mit der benötigten Durchsatzleistung.

Analog zur Lagerplatzinvestition ist die *Lagerdurchsatzinvestition* dadurch definiert, daß die dynamische Lagerinvestition (16.91) auf die während der Planbetriebszeit im Verlauf eines Jahres maximal durchsetzbare Anzahl Ladeeinheiten bezogen wird. Für diese ergibt sich ebenfalls eine lagertechnisch verursachte Kostendegression:

▶ Die *Lagerdurchsatzinvestition* nimmt bei gleicher Lagerkapazität mit zunehmender installierter Durchsatzleistung ab und steigt bei gleichbleibender Durchsatzleistung mit der Lagerkapazität an.

Die Lagerdurchsatzinvestition ist keine praktikable Größe und daher in der Lagerplanung ungebräuchlich. Wesentlich anschaulicher und für den Lagervergleich besser geeignet ist die

▶ *Investition pro Lagerplatz*

$$I_{LE} = I_L / K_{L\,eff} = (I_{L\,stat} + I_{L\,dyn}) / K_{L\,eff} \qquad [€ / \text{LE-Platz}]. \tag{16.92}$$

In der Investition pro Lagerplatz wird die gesamte Lagerinvestition für die statischen *und* die dynamischen Lagergewerke allein auf die Anzahl der Lagerplätze und nicht auf den Durchsatz bezogen. Daher ist die Investition pro Lagerplatz von vielen Einflußfaktoren abhängig, die sich in ihren Auswirkungen nur schwer auseinanderhalten lassen.

Bei den Mehrplatzlagern, wie den Blockplatz- und Kanallagern, ist außerdem darauf zu achten, daß bei der Berechnung der Investition pro Lagerplatz die Gesamtinvestition auf die *effektive Lagerkapazität* (16.30) und nicht – wie es häufig getan wird – auf die 100 %-Lagerkapazität (16.29) bezogen wird. Andernfalls erscheinen Mehrplatzlager günstiger als sie tatsächlich sind.

### 3. Investitionsvergleich ausgewählter Lagersysteme

Zum Vergleich verschiedener Lagersysteme für Paletten sowie zur Veranschaulichung der Abhängigkeiten zeigen die *Abb. 16.21* bis *16.29* die Investitionen, Betriebskosten und Leistungskosten für ein *Blocklager* mit Staplerbedienung, ein

**LAGERSYSTEME**

| | Nutzung | Blocklager BPL | Staplerlager STL | Schmalgangl. SGL | Hochregall. HRL | Einheit |
|---|---|---|---|---|---|---|
| **Leistungsanforderungen** | | | | | | |
| Lagersortiment | Spitze | 1.000 | 1.000 | 1.000 | 1.000 | Artikel |
| Durchsatzleistung | Spitze | 960 | 960 | 960 | 960 | Pal/BTag |
| Lagerbestand | Spitze | 20.000 | 20.000 | 20.000 | 20.000 | Paletten |
| Lagerdrehzahl | Spitze | 12 | 12 | 12 | 12 | pro Jahr |
| **Ladeeinheiten** | CCG1-Paletten mit Lastüberstand | | | | Stapelfaktor : 3 | |
| Länge | max | 1.300 | 1.300 | 1.300 | 1.300 | mm |
| Breite | max | 900 | 900 | 900 | 900 | mm |
| Höhe | max | 1.050 | 1.050 | 1.050 | 1.050 | mm |
| Volumen | max | 1,23 | 1,23 | 1,23 | 1,23 | $m^3$/LE |
| **Planbetriebszeiten** | | | | | | |
| Kalendertage | | 365 | 365 | 365 | 365 | KTage/Jahr |
| Betriebstage | | 250 | 250 | 250 | 250 | BTage/Jahr |
| Betriebszeit | | 12 | 12 | 12 | 12 | h/BTag |
| **Auslegung Lagerbereich** | | | | | | |
| Lagergeräte | | 5 FST | 7 SMS | 5 SGS+ 4 VTS | 4 RBG | LG |
| Länge | | 63 | 42 | 44 | 112 | m |
| Breite | | 300 | 254 | 146 | 17 | m |
| Höhe | | 4,4 | 8,4 | 13,6 | 35,0 | m |
| Bebaute Fläche | | 18.900 | 10.634 | 6.424 | 1.926 | $m^2$ |
| Umbauter Raum | | 82.215 | 89.325 | 87.366 | 67.424 | $m^3$ |
| **Investition** | | **6.780** | **5.925** | **5.270** | **5.992** | **T€** |
| pro Palettenplatz | | 339 | 296 | 263 | 300 | €/Pal |
| **Betriebskosten** | 100% | **1.068** | **1.174** | **1.359** | **998** | **T€/Jahr** |
| bei Auslastung | 80% | 973 | 1.046 | 1.178 | 924 | T€/Jahr |
| Fixkosten | | 593 | 532 | 454 | 630 | T€/Jahr |
| Variable Kosten | | 475 | 643 | 906 | 369 | T€/Jahr |
| Nutzungsdauer | | 15 | 15 | 15 | 15 | Jahre |
| **Leistungskosten** | | | | | | |
| Durchsatzkosten | 100% | 1,90 | 2,66 | 3,78 | 1,81 | €/Pal |
| bei Auslastung | 80% | 1,94 | 2,70 | 3,82 | 1,91 | €/Pal |
| Lagerplatzkosten | 100% | 8,4 | 7,4 | 6,2 | 7,8 | €C/Pal-KTag |
| bei Auslastung | 80% | 10,3 | 9,0 | 7,6 | 9,6 | €C/Pal-KTag |
| Umschlagkosten | 100% | 4,45 | 4,89 | 5,66 | 4,16 | €/Pal |
| bei Auslastung | 80% | 5,07 | 5,45 | 6,13 | 4,81 | €/Pal |
| **Relative Ertragswertänderung** | | **187%** | **274%** | **-** | **485%** | |
| **ROI bei Auslastung** | 80% | **7,4** | **5,0** | **0,0** | **2,8** | **Jah e** |

**Tab. 16.6** Kenndaten und Ergebnisse der Modellrechnung von Palettenlagersystemen

| | |
|---|---|
| Blocklager: | Blockplatzlager in Hallenbau mit Frontstaplern |
| Staplerlager: | konventionelles Palettenregallager in Hallenbau mit Schubmaststaplern |
| Schmalganglager: | manuell bedientes Schmalgangstaplerlager in Hallenbau mit Verteilerstaplern |
| Hochregallager: | automatisches Hochregallager in Silobauweise mit Fördersystem jeweils ohne Warenein- und Warenausgang |
| Durchsatzkosten: | spezifische Ein- und Auslagerkosten ohne Platzkosten |
| ROI: | Kapitalrückflußdauer der Mehrinvestition aus Kosteneinsparung |

*Palettenlager mit Schubmaststaplern*, ein manuell bedientes *Schmalgangstaplerlager* und ein *Hochregallager* mit automatischen Regalbediengeräten. Die *Leistungsanforderungen* und *Planbetriebszeiten* sowie die wichtigsten *technischen Kenndaten* dieser 4 Lagersysteme sind in *Tabelle 16.6* zusammengestellt.

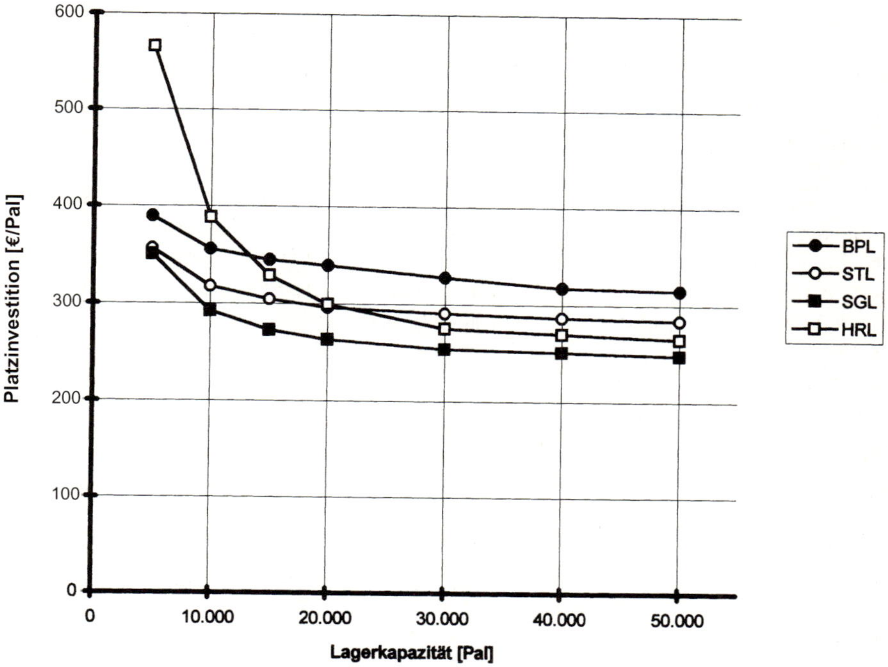


**Abb. 16.21** Investition pro Palettenplatz als Funktion der Lagerkapazität

| | |
|---|---|
| *BPL* : | Blockplatzlager mit Stapelfaktor 3 |
| *STL* : | Staplerlager (Gangbreite 2,5 m) |
| *SGL* : | Schmalgangstaplerlager (Gangbreite 1,75 m) |
| *HRL* : | Hochregallager |
| Parameter : | Drehzahl 12 p.a. |
| | übrige Parameter s. *Tabelle 16.6* |

Die Investitionen, Betriebskosten und Leistungskosten sind mit Hilfe von *Lagerdimensionierungsprogrammen* kalkuliert, die mit den zuvor entwickelten Formeln und Dimensionierungsverfahren arbeiten und die angegebenen Richtpreisfaktoren und Kostensätze verwenden. Die einzelnen Lagersysteme sind jeweils so dimensioniert und optimiert, daß die Gesamtbetriebskosten für die der Planung zugrunde gelegten Leistungsanforderungen minimal sind. Der Warenein- und Warenausgang bleibt bei den Modellrechnungen unberücksichtigt, da er meist projektspezifisch auszulegen und in der Regel nicht systementscheidend ist.

*Abb. 16.21* zeigt die Abhängigkeit der *Investition pro Palettenplatz* von der Lagerkapazität bei einer konstant gehaltenen Lagerdrehzahl von 12 pro Jahr. Aus dieser Abhängigkeit wie auch aus den zuvor hergeleiteten allgemeinen Zusammenhängen ist ableitbar:

- ► Für alle betrachteten Lagersysteme nimmt die Investition pro Palettenplatz mit ansteigender Lagerkapazität zunächst rasch und bei größerer Kapazität immer langsamer ab, bis sie einen asymptotischen Wert erreicht, der für die verschiedenen Lagersysteme in der Regel unterschiedlich ist.

- Für das Blockplatzlager und das Schmalgangstaplerlager erreicht die Investition pro Palettenplatz bereits ab ca. 20.000 Palettenplätze annähernd den asymptotischen Wert, für das automatische Hochregallager erst ab ca. 30.000 Palettenplätze.
- Für die zugrunde gelegten Leistungsanforderungen ist das Schmalgangstaplerlager bei allen Lagerkapazitäten die Lösung mit der geringsten Investition.
- Das Blockplatzlager erfordert bis zu einer Kapazität von 15.000 Palettenplätzen eine geringere Investition als das automatische Hochregallager, ist in der Investition aber stets ungünstiger als das Schmalgangstaplerlager.
- Die Investition für das automatische Hochregallager ist ab 15.000 Palettenplätzen günstiger als die Investition für das Blockplatzlager und erreicht ab 30.000 Palettenplätzen fast die Investitionshöhe des Schmalgangstaplerlagers.

Diese Abhängigkeiten und die relative Höhe der Investition pro Palettenplatz gelten weitgehend unabhängig von der Durchsatzleistung, also auch für andere Lagerdrehzahlen.

Aus Beziehung (16.91) aber folgt:

- Die absolute Höhe der Investition pro Palettenplatz ist stark abhängig von der installierten maximalen Durchsatzleistung und nimmt mit dieser deutlich zu.

Wegen der Abhängigkeit der Investition pro Palettenplatz von der Lagerart, von der Lagerkapazität und von der Durchsatzleistung führt es meist zu falschen Ergebnissen, wenn zur überschlägigen Investitionsabschätzung ein übernommener Richtwert für die Investition pro Palettenplatz einfach mit der benötigten Lagerkapazität multipliziert wird. Das ist nur zulässig, wenn die Kapazitäts- und Durchsatzanforderungen annähernd vergleichbar sind und das gleiche Lagersystem betrachtet wird.

## 16.13 Betriebs- und Leistungskosten

Maßgebend für die Auswahl eines Lagersystems sind primär die Betriebskosten und weniger die Höhe der Investition. Wenn sich durch eine höhere Investition die Betriebskosten senken lassen, ist die Lösung mit der höheren Investition immer dann günstiger, wenn der *Kapitalrückfluß* bei der erwarteten Auslastung in angemessener Zeit – in der Regel werden 3 bis 5 Jahre gefordert – gesichert ist.

Analog zu den Investitionen lassen sich die Betriebskosten $K_L$ [€/PE] eines Lagers aufteilen in die *statischen Betriebskosten* $K_{LS}$ für den Betrieb der statischen Lagergewerke und die *dynamischen Betriebskosten* $K_{LD}$ für den Betrieb der dynamischen Lagergewerke:

$$K_L = K_{LS} + K_{LD} \qquad [€/PE]. \qquad (16.93)$$

Bezogen auf die kostentreibenden Leistungseinheiten ergeben sich aus den anteiligen Betriebskosten die *Leistungskosten* oder spezifischen *Prozeßkostensätze* des Lagers (s. *Abschnitt 6.1*).

Die *Hauptkostentreiber* eines Lagers sind die *Lagerplätze* und der *Durchsatz*. Die entsprechenden Leistungskosten sind die spezifischen *Lagerplatzkosten* und die spezifischen *Durchsatzkosten*. Die gesamten Lagerbetriebskosten bezogen allein auf den Lagerdurchsatz sind die spezifischen *Umschlagkosten*.

Da die spezifischen Umschlagkosten auch die Lagerplatzkosten enthalten, ist der Umschlagkostensatz von der Lagerdauer der durchgesetzten Ladeeinheiten abhängig. Der Lagerplatzkostensatz ist hingegen vom Lagerdurchsatz und der Durchsatzkostensatz von der Platzbelegung weitgehend unabhängig. Daher gilt:

▶ Für den Lagervergleich, für das Angebot und für die Vergütung von Lagerleistungen sowie für die optimale Lagernutzung ist es erforderlich, die Lagerplatzkosten und die Durchsatzkosten gesondert zu kalkulieren.

Bei der Kalkulation der Betriebskosten und der daraus abgeleiteten Leistungskosten ist zu unterscheiden zwischen den *Plan-Kosten* für ein geplantes oder neu errichtetes Lager, das für bestimmte *Plan-Leistungen* ausgelegt ist, und den *Ist-Kosten* für ein bestehendes Lager, das mit *Ist-Leistungen* genutzt wird, die in der Regel von den Plan-Leistungen abweichen.

Bei der Kalkulation der in den *Abb. 16.22* bis *16.26, 16.28* und *16.29* dargestellten Plan-Leistungskosten mit Hilfe der zuvor beschriebenen *Lagerprogramme* wurde eine hundertprozentige Nutzung der installierten Plan-Leistungen über die gesamte Betriebszeit vorausgesetzt. Die Auswirkung einer Unterauslastung der installierten Leistung ist in *Abb. 16.29* gezeigt und wird nachfolgend gesondert betrachtet.

### 1. Lagerplatzkosten

Die *statischen Lagerbetriebskosten* $K_{LS}$ [€/PE] ergeben sich mit den entsprechenden *Richtkostensätzen* für Abschreibungen, Zinsen, Energie und Wartung aus den Investitionen (16.90) für die statischen Lagergewerke und den anteiligen Kosten für das Lagerverwaltungssystem.

Kostentreiber der statischen Betriebskosten eines Lagers für ganze Ladeeinheiten sind die während einer Abrechnungsperiode PE in Anspruch genommenen *Ladeeinheiten-Kalendertage* $\lambda_P$ [LE-KTag/PE]. Bezogen auf diesen Kostentreiber ergeben sich aus den statischen Lagerbetriebskosten die

- *spezifischen Lagerplatzkosten* pro Ladeeinheit und Kalendertag

$$k_P = K_{LS} / \lambda_P \qquad [€ / \text{LE-KTag}] \qquad (16.94)$$

Die Anzahl der in Anspruch genommenen Ladeeinheiten-Kalendertage ist gleich dem mittleren Lagerbestand $M_{Bges}$ [LE], mit dem die angebotenen Lagerplätze im zeitlichen Mittel belegt sind, multipliziert mit der *Periodendauer* in Kalendertagen $T_{PE}$ [KTage/PE]:

$$\lambda_P = M_{Bges} \cdot T_{PE} \qquad [\text{LE-KTage} / \text{PE}]. \qquad (16.95)$$

Die Abhängigkeit der Lagerplatzkosten von der effektiven Lagerkapazität bei konstant gehaltener Drehzahl ist für die in *Tabelle 16.6* spezifizierten Lagersysteme in *Abb. 16.22* dargestellt. Hieraus ist ablesbar:

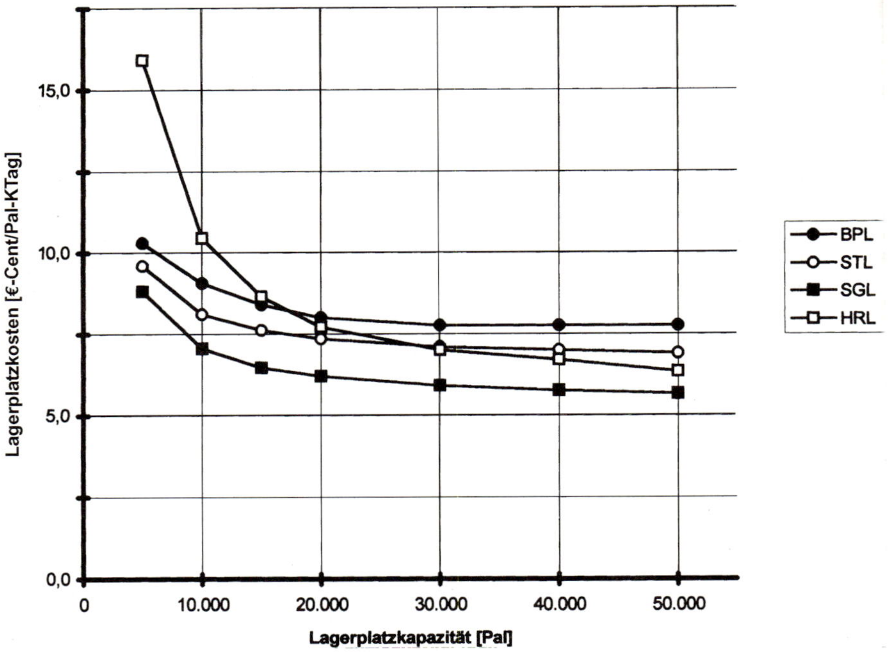


**Abb. 16.22** Lagerplatzkosten als Funktion der Lagerkapazität

| | |
|---|---|
| *BPL* : | Blockplatzlager mit Stapelfaktor 3 |
| *STL* : | Staplerlager (Gangbreite 2,5 m) |
| *SGL* : | Schmalgangstaplerlager (Gangbreite 1,75 m) |
| *HRL* : | Hochregallager |
| Parameter : | Drehzahl 12 p.a. |
| | übrige Parameter s. *Tabelle 16.6* |

- ▶ Die spezifischen Lagerplatzkosten nehmen mit der Lagerkapazität zunächst rasch und mit zunehmender Kapazität immer weniger ab, bis sie einen asymptotischen Wert erreichen.

Die Modellrechnungen ergeben außerdem:

- ▶ Die Lagerplatzkosten sind weitgehend unabhängig von der installierten Durchsatzleistung.
- ▶ Die Lagerplatzkosten hängen relativ wenig vom Volumen der Ladeeinheiten ab. Sie steigen nur unterproportional mit dem Ladeeinheitenvolumen an.

Die aus weiteren Modellrechnungen resultierenden *Abb. 16.24* und *16.25* zeigen:

- ▶ Die Lagerplatzkosten eines *Mehrplatzlagers*, wie das Blockplatzlager, sind empfindlich von der *Lagerplatztiefe*, vom *Bestand pro Artikel* und vom *Stapelfaktor* abhängig, während die Platzkosten der Einplatzlager, wie das Schmalgangstaplerlager und das Hochregallager, von diesen Parametern unabhängig sind.

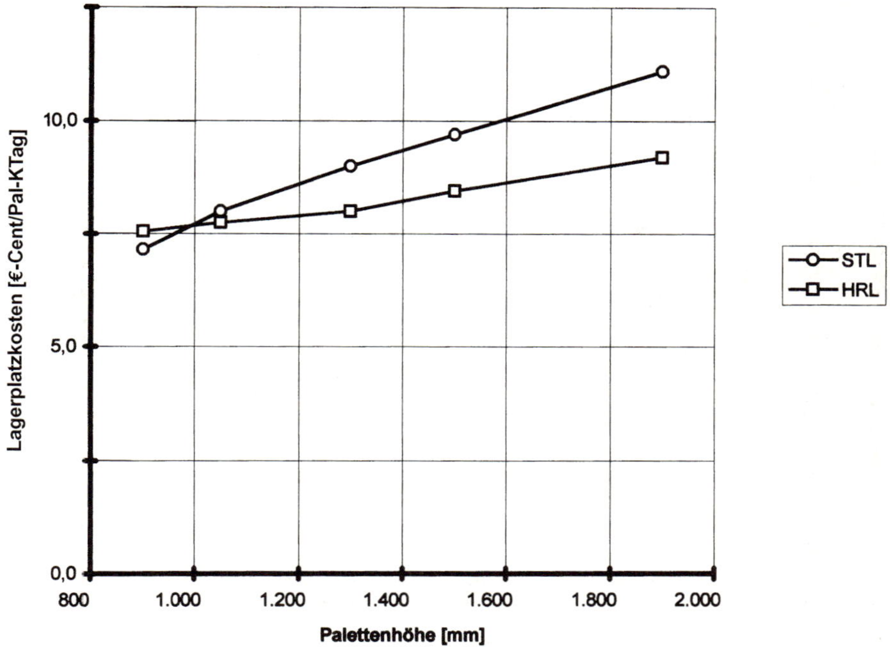


**Abb. 16.23** Abhängigkeit der Lagerplatzkosten von der Palettenhöhe

| | |
|---|---|
| *STL* : | Staplerlager (Gangbreite 2,5 m) |
| *HRL* : | Hochregallager |
| Parameter : | Drehzahl 12 p.a. |
| | 20.000 Paletten, übrige Parameter s. *Tabelle 16.6* |

Hierin spiegeln sich die in den *Abb. 16.14* und *16.15* dargestellten Auswirkungen der Blockplatztiefe und des Stapelfaktors auf den effektiven Grundflächenbedarf pro Ladeeinheit wider. Die Modellrechnungen und ein Vergleich der *Abb. 16.14* und *16.24* zeigen außerdem:

▶ Die flächenoptimale Stapelplatztiefe ist gleich der kostenoptimalen Stapelplatztiefe eines Mehrplatzlagers.

Wegen dieses Zusammenhangs führt das zuvor dargestellte Vorgehen der Lagerplatzoptimierung für Mehrplatzlager zum kostenoptimalen Lagersystem. Ohne eine derartige Lagerplatzoptimierung können die effektiven Lagerplatzkosten eines Mehrplatzlagers infolge der schlechten Raumnutzung erheblich höher sein als notwendig.

Bei den Mehrplatzlagern, wie den Blockplatz- und Kanallagern, müssen die Lagerplatzkosten stets auf die effektive Lagerkapazität (16.30) und nicht auf die 100 %-Lagerkapazität (16.29) bezogen werden, damit die Mehrplatzlager nicht günstiger erscheinen als sie sind.

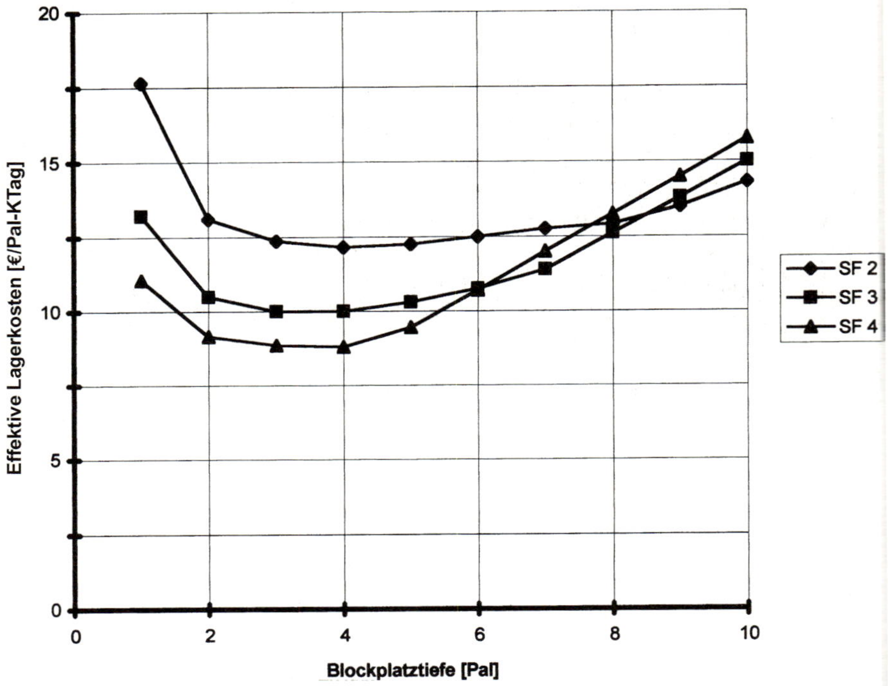


**Abb. 16.24** Abhängigkeit der Lagerplatzkosten eines Blocklagers von der Lagerplatztiefe

SF i: Stapelfaktor i Paletten übereinander
Parameter: 20 Paletten pro Artikel, 20.000 Paletten
Übrige Parameter s. *Tabelle 16.6*

### 2. Durchsatzkosten

Die *dynamischen Lagerbetriebskosten* $K_{LD}$ [€/PE] setzen sich zusammen aus Abschreibungen, Zinsen, Energie und Wartung für die dynamischen Lagergewerke einschließlich der anteiligen Kosten für das Lagerverwaltungssystem und aus den Personalkosten.

Die *Personalkosten* errechnen sich aus der Anzahl $N_{VZK}$ [VZK] der für den Lagerbetrieb benötigten *Vollzeitkräfte* [VZK] und dem *Personalkostensatz* $P_{VZK}$ [€/VZK-Jahr]. Das Lagerpersonal besteht aus den *Bedienungspersonen* für die Stapler und Lagergeräte, das auch mitarbeitende *Vorarbeiter* umfaßt, sowie aus den *Führungskräften*, dem *Wartungspersonal* und der *Leitstandbesetzung*. Das Personal der verschiedenen Qualifikationsstufen ist mit unterschiedlichen Kostensätzen zu kalkulieren.

Für ein Lager mit einer *Tagesbetriebszeit* $T_{BZ}$ [h/BTag] und insgesamt $N_G$ personalbesetzten Geräten ist die *Anzahl der operativen Vollzeitkräfte* mit einer *Personalverfügbarkeit* $\eta_{Pver}$ und einer *täglichen Arbeitszeit* $T_{AZ}$ [h/BTag]:

$$N_{VZK} = [N_G \cdot (T_{BZ} / T_{AZ}) / \eta_{Pver}]. \qquad (16.96)$$

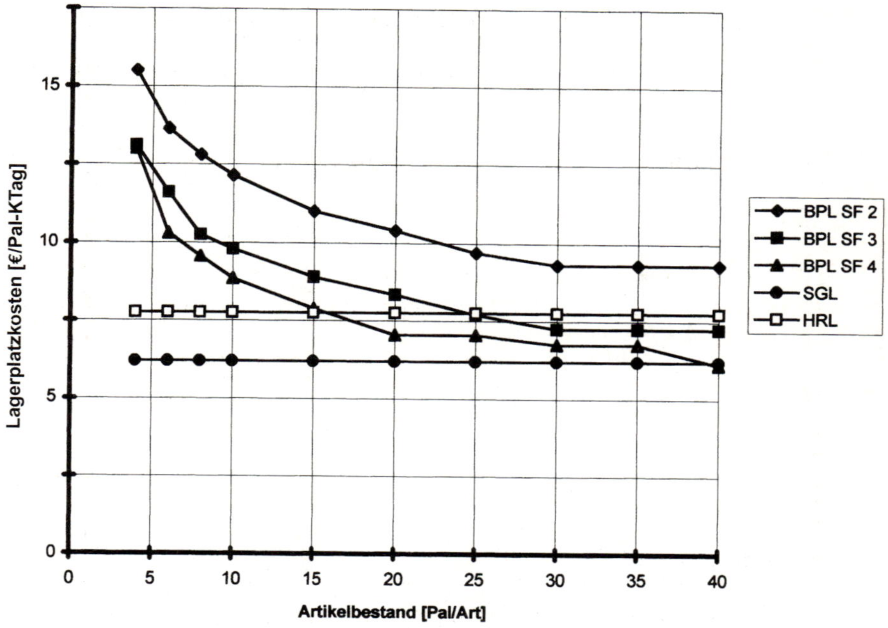


**Abb. 16.25** Abhängigkeit der Lagerplatzkosten vom Artikelbestand bei optimaler Lagerdimensionierung

| | |
|---|---|
| *BPL* SF i: | Blockplatzlager mit Stapelfaktor i Paletten übereinander |
| *SGL*: | Schmalgangstaplerlager |
| *HRL*: | Hochregallager |
| Parameter: | 20.000 Paletten, Drehzahl 12 p.a. |
| | Übrige Parameter s. *Tabelle 16.6* |

Die Personalverfügbarkeit ist das Produkt aus einem *Verteilzeitfaktor* und einem *Urlaubs- und Krankheitsfaktor*. Der Verteilzeitfaktor erfaßt die Zeitverluste für persönliche Verrichtungen, der z. B. nach REFA-Verfahren ermittelt wird, und bei guten Arbeitsbedingungen zwischen 80 und 90 % liegt [151]. Der Urlaubs- und Krankheitsfaktor berücksichtigt die Reduzierung der bezahlten Jahresarbeitszeit durch Urlaub und Krankheit und liegt in Deutschland für gewerbliche Mitarbeiter derzeit bei ca. 80 %.

*Kostentreiber* der dynamischen Betriebskosten sind die in der Abrechnungsperiode durchgesetzten Ladeeinheiten $\lambda_D$ [LE/PE] oder – bei einer Aufteilung in Ein- und Auslagerbetriebskosten – die *Einlagerleistung* $\lambda_E$ [LE/PE] und die *Auslagerleistung* $\lambda_A$ [LE/PE]. Werden die Betriebskosten für die dynamischen Lagergewerke $K_{LD}$ [€/PE] auf den Lagerdurchsatz $\lambda_D$ [LE/PE] während der Betriebsperiode bezogen, ergeben sich die

- *spezifischen Durchsatzkosten* pro ein- und ausgelagerter Ladeeinheit

$$k_D = K_{LD} / \lambda_D \qquad [€ / LE] \qquad (16.97)$$

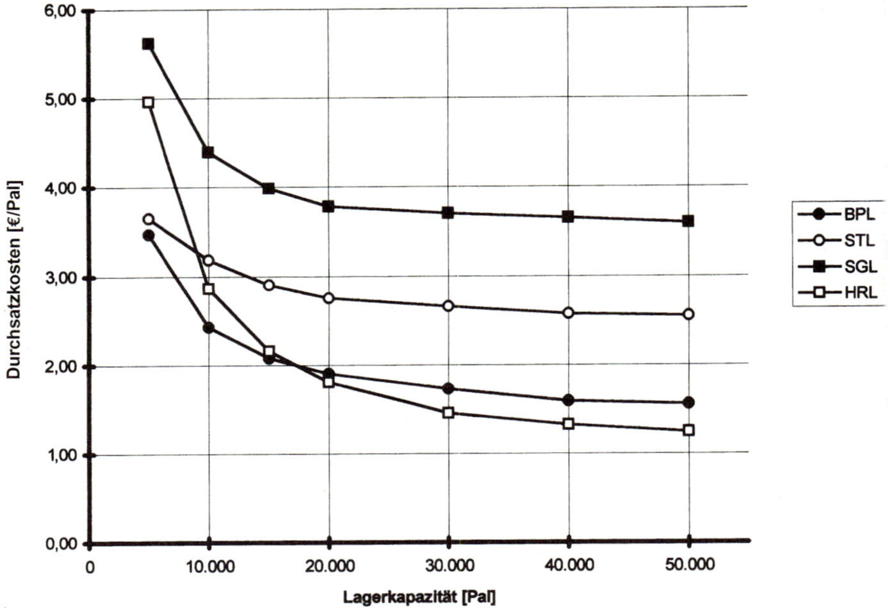


**Abb. 16.26** Abhängigkeit der Durchsatzkosten von der effektiven Lagerkapazität

| | |
|---|---|
| *BPL* : | Blockplatzlager mit Stapelfaktor 3 |
| *STL* : | Staplerlager (Gangbreite 2,5 m) |
| *SGL* : | Schmalgangstaplerlager (Gangbreite 1,75 m) |
| *HRL* : | Hochregallager |
| Parameter : | 20.000 Paletten; Drehzahl 12 p.a.<br>übrige Parameter s. *Tabelle 16.6* |

Für bestimmte Problemstellungen, beispielsweise für die Berechnung optimaler Nachschublosgrößen aus den Nachschubprozeßkosten, ist es notwendig, die dynamischen Betriebskosten weiter aufzuteilen in Einlagerkosten und Auslagerkosten und diese auf die Einlagerleistung bzw. Auslagerleistung zu beziehen (s. Abschnitt 11.6). Damit ergeben sich die spezifischen *Einlagerkosten* $k_E$ [€/LE] und die spezifischen *Auslagerkosten* $k_A$ [€/LE].

Die Abhängigkeit der Durchsatzkosten von der Lagerkapazität bei konstanter Drehzahl ist für die 4 zuvor betrachteten Lagersysteme in *Abb. 16.26* dargestellt. Die Abhängigkeit von der Drehzahl bei konstanter Lagerkapazität zeigt die *Abb. 16.27*. Nicht enthalten in den angegebenen Durchsatzkosten sind die Leistungskosten für den Warenein- und Warenausgang, die je nach Anforderung und Funktionsablauf zwischen 1,50 und 2,00 € pro Palette liegen (Kostenbasis 2001).

Aus den dargestellten Abhängigkeiten und weiteren Modellrechnungen folgt:

► Die spezifischen Durchsatzkosten sind wie die spezifischen Lagerplatzkosten von der Größe des Lagers abhängig, nicht aber von der Nutzung der Lagerplatzkapazität.

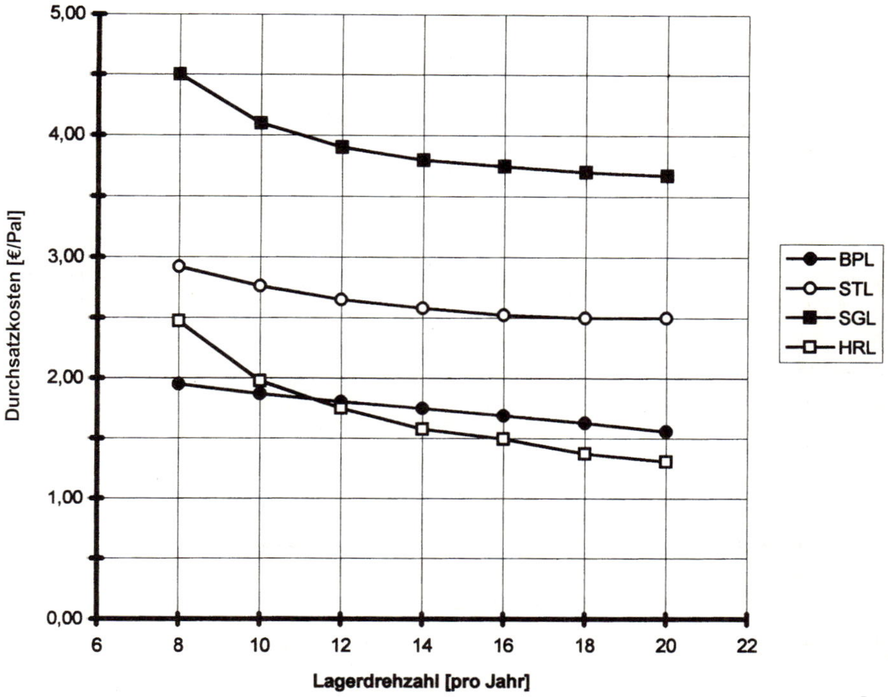


**Abb. 16.27** Abhängigkeit der Durchsatzkosten von der Lagerdrehzahl

| | |
|---|---|
| *BPL* : | Blockplatzlager mit Stapelfaktor 3 |
| *STL* : | Staplerlager (Gangbreite 2,5 m) |
| *SGL* : | Schmalgangstaplerlager (Gangbreite 1,75 m) |
| *HRL* : | Hochregallager |
| Parameter : | 20.000 Paletten, übrige Parameter s. *Tabelle 16.6* |

▶ Die spezifischen Durchsatzkosten verändern sich bei konstanter Lagerkapazität relativ wenig mit der Lagerdrehzahl und steigen nur bei Drehzahlen unter 10 pro Jahr deutlich an.

Die Degression der Durchsatzkosten mit der Größe des Lagers resultiert aus der Umlage der weitgehend durchsatzunabhängigen Kosten für das Lagerverwaltungssystem, für die Leitstandbesetzung und für eine fest installierte Fördertechnik auf einen größeren Durchsatz. Die Durchsatzkostendegression ist daher für Lager mit hoher Automatisierung größer als für Lager mit geringer Automatisierung.

### 3. Kostenvergleich ausgewählter Lagersysteme

Aus den in *Abb. 16.22* bis *16.28* gezeigten Abhängigkeiten der Leistungskosten und den Modellrechnungen ergeben sich für die untersuchten Lagersysteme folgende *Eigenschaften* und *Gesetzmäßigkeiten:*

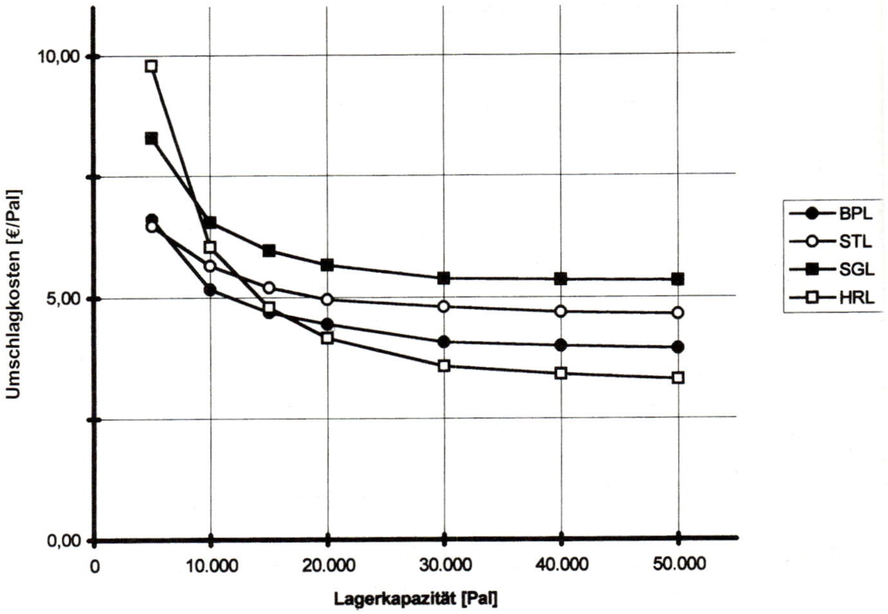


**Abb. 16.28** Abhängigkeit der Umschlagkosten von der effektiven Lagerkapazität

| | |
|---|---|
| *BPL* : | Blockplatzlager mit Stapelfaktor 3 |
| *STL* : | Staplerlager (Gangbreite 2,5 m) |
| *SGL* : | Schmalgangstaplerlager (Gangbreite 1,75 m) |
| *HRL* : | Hochregallager |
| Parameter : | 20.000 Paletten, übrige Parameter s. *Tabelle 16.6* |

- Für das *konventionelle Staplerlager* verändern sich die Lagerplatzkosten und die Durchsatzkosten vergleichsweise wenig mit der Kapazität und der Drehzahl des Lagers. Sie liegen ab 5.000 Palettenplätzen deutlich höher als die Kosten der anderen Fachregallager.
- Für das *Schmalgangstaplerlager* sind die Lagerplatzkosten bei allen Kapazitätsanforderungen geringer als für die anderen Lagersysteme. Die Durchsatzkosten sind dagegen im gesamten Kapazitätsbereich deutlich höher.
- Für das *Blocklager* sind die Lagerplatzkosten im gesamten Kapazitätsbereich höher als für das Schmalgangstaplerlager und für mehr als 20.000 Palettenplätze auch höher als für das Hochregallager. Die Durchsatzkosten des Blocklagers liegen hingegen erheblich unter den Durchsatzkosten des Schmalgangstaplerlagers und bis zu einer Kapazität von 20.000 Palettenplätzen auch unter den Durchsatzkosten des Hochregallagers.
- Für das *Hochregallager* sind die Lagerplatzkosten ab einer Lagerkapazität von mehr als 20.000 Palettenplätzen geringer als für das Blocklager. Sie erreichen asymptotisch annähernd den Wert des Schmalgangstaplerlagers. Die Durchsatzkosten des Hochregallagers zeigen die stärkste Degression und sind im

Vergleich zu den anderen Lagersystemen ab etwa 20.000 Palettenplätzen am günstigsten.

In der *Abb. 16.28* ist die Abhängigkeit der *Umschlagkosten*, also der allein auf den Durchsatz bezogenen Gesamtbetriebskosten der vier untersuchten Lagersysteme dargestellt. Hieraus ist ablesbar:

- Bei großer Lagerkapazität und hoher Lagerdrehzahl sind die *Durchsatz-* oder *Umschlagkosten* eines automatischen Hochregallagers deutlich geringer als die entsprechenden Leistungskosten der anderen Lagersysteme.

Der allgemeine Vergleich der Lagerleistungskosten und ihrer Abhängigkeiten kann nicht die Lagerplanung für ein konkretes Projekt ersetzen sondern nur die Handlungsmöglichkeiten und Tendenzen aufzeigen. Ohne eine qualifizierte Lagerplanung und Kalkulation der Leistungskosten bleiben wesentliche Optimierungsmöglichkeiten ungenutzt. Infolgedessen werden allzu leicht falsche Entscheidungen getroffen.

### 4. Auslastungsabhängigkeit der Lagerleistungskosten

Wenn die installierten Lagerleistungen, also die bereitgehaltene Platzkapazität und die vorgehaltene Durchsatzfähigkeit des Lagers, nicht wie geplant genutzt werden, sind die Ist-Leistungskosten infolge der *Fixkostenremanenz* höher als die Vollauslastungskosten.

Die statischen und die dynamischen Betriebskosten (16.93) setzen sich jeweils zusammen aus nutzungsunabhängigen *Fixkostenanteilen* $K_{Pfix}$ und $K_{Dfix}$ und aus nutzungsabhängigen variablen *Kostenanteilen* $K_{Pvar} = k_{Pvar} \cdot \lambda_P$ und $K_{Dvar} = k_{Dvar} \cdot \lambda_D$. Daher ist:

$$K_L = (K_{Pfix} + k_{Pvar} \cdot \lambda_P) + (K_{Dfix} + k_{Dvar} \cdot \lambda_D). \qquad (16.98)$$

Jeweils bezogen auf den betreffenden Leistungsdurchsatz ergibt sich hieraus die Nutzungsabhängigkeit der *Lagerleistungskosten*

$$k_i(\lambda_i) = k_{i\,var} + K_{i\,fix} / \lambda_i \qquad \text{für } i = P, D. \qquad (16.99)$$

Aus der Nutzungsabhängigkeit folgt für die *Auslastungsabhängigkeit* der Lagerleistungskosten:

► Bei einer Auslastung $\rho_i = \lambda_{iIst}/\mu_i < 1$ der installierten Lagergrenzleistung $\mu_i$, mit i = P der Lagerplatzkapazität und mit i = D der Durchsatzleistung, sind die spezifischen Leistungskosten

$$k_{i\,Ist}(\rho_i) = k_{iPlan} + (K_{ifix} / \mu_i) \cdot (1 - \rho_i) / \rho_i \qquad \text{für } i = P, D. \qquad (16.100)$$

Die Aufteilung der Betriebskosten der vier betrachteten Lagerbeispiele in die fixen und variablen Kosten sowie die hieraus resultierenden Leistungskosten bei 80 % und bei 100% Auslastung sind in *Tabelle 16.6* angegeben. *Abb. 16.29* zeigt die Abhängigkeit der spezifischen Umschlagkosten von der mittleren Nutzung der installierten Kapazität und Leistung während einer Betriebsperiode.

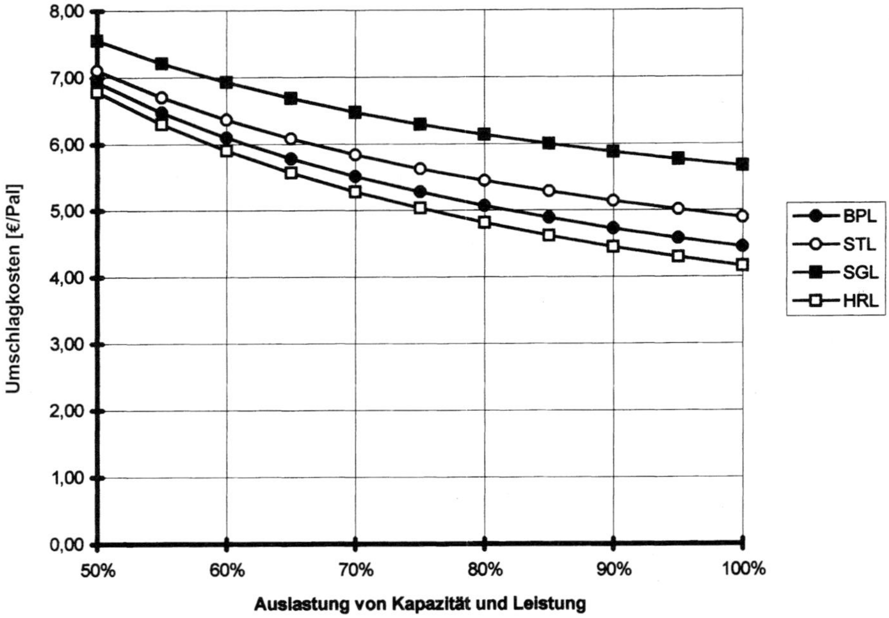


**Abb. 16.29** Auslastungsabhängigkeit der Umschlagkosten

| | |
|---|---|
| *BPL* : | Blockplatzlager mit Stapelfaktor 3 |
| *STL* : | Staplerlager (Gangbreite 2,5 m) |
| *SGL* : | Schmalgangstaplerlager (Gangbreite 1,75 m) |
| *HRL* : | Hochregallager |
| Parameter : | 20.000 Paletten, Drehzahl 12 p.a., übrige Parameter s. *Tabelle 16.6* |

Aus der allgemeinen Auslastungsabhängigkeit der Leistungskosten (16.100), aus dem Funktionsverlauf *Abb.16.29* sowie aus weiteren Modellrechnungen ergeben sich die allgemeingültigen Aussagen (s. *Abschnitt 6.8*):

- Die spezifischen Platzkosten eines Lagers steigen mit abnehmender Nutzung der installierten Kapazität und die spezifischen Durchsatzkosten mit abnehmender Nutzung der installierten Durchsatzleistung zunächst relativ langsam und mit gegen Null gehender Auslastung immer rascher über alle Grenzen an.
- Der Anstieg der Leistungskosten mit abnehmender Auslastung ist für Lager mit einem hohen Fixkostenanteil stärker als für Lager mit einem geringen Fixkostenanteil.
- Der Fixkostenanteil der Lagerplatzkosten ist weitgehend unabhängig vom Automatisierungsgrad sehr hoch und liegt für alle Lagerarten über 85 %.
- Der Fixkostenanteil der Durchsatzkosten ist für Lager mit hoher Automatisierung größer als für Lager mit geringer Automatisierung.

So beträgt der Fixkostenanteil der Durchsatzkosten für das Hochregallager bei der betrachteten Auslegungsanforderung ca. 24 %, für das Blockplatzlager ca. 9 % und für das Schmalganglager ca. 5 %, wenn vorausgesetzt wird, daß beim

Blockplatzlager und beim Schmalgangstaplerlager Personal und Geräteanzahl flexibel der aktuellen Leistungsanforderung angepaßt werden können.

Hieraus folgen für die Lagerauswahl, die Lagernutzung und die Leistungspreiskalkulation die *Auslastungs- und Nutzungsgrundsätze:*

- Eine Unterauslastung der installierten Lagerkapazität hat bei allen Lagerarten einen erheblichen Anstieg der spezifischen Ist-Platzkosten zur folge.
- Eine schlechte Nutzung der Durchsatzleistung wirkt sich bei Lagern mit geringerer Automatisierung auf die spezifischen Durchsatzkosten nicht so stark aus wie bei Lagern mit hoher Automatisierung.
- Die installierte Lagerkapazität eines Lagers mit geringem Fixkostenanteil der Durchsatzkosten sollte möglichst gut belegt werden, auch wenn dabei die mögliche Durchsatzleistung geringer genutzt wird.
- Lager mit einem hohen Fixkostenanteil, wie die automatisierten Hochregallager, sind nur wirtschaftlich, wenn während der gesamten Planbetriebszeit sowohl die durchschnittliche Platznutzung wie auch die mittlere Durchsatzauslastung über 70 % liegen.
- Für stark schwankende Leistungsanforderungen und große Saisonspitzen des Lagerleistungsbedarfs sind automatische Lager mit hohem Fixkostenanteil schlechter geeignet als manuell bediente Lager mit geringem Fixkostenanteil.

Diese Auslastungs- und Nutzungsgrundsätze sind vor allem für einen Lagerdienstleister von großer Bedeutung, der Lagerleistungen am Markt anbietet und hierfür den Bau eines neuen Lagers plant.

## 16.14 Beschaffung von Lagerleistungen

Jedes Unternehmen, das regelmäßig Lagerleistungen benötigt, steht vor der Grundsatzentscheidung, ob und in welchem Umfang es diese selbst erbringen soll oder am Markt beschafft und von einem Dienstleister ausführen läßt.

Für die *Fremdvergabe* der Lagerleistungen sprechen folgende Gründe (s. auch *Kapitel* 20):

- Der Aufbau und der Betrieb eines Lagers sind für einen Lagerdienstleister *Kernkompetenzen*, die er effizienter ausführen kann als ein Unternehmen, dessen Kernkompetenz auf anderen Gebieten liegt.
- Der Lagerdienstleister hat die Möglichkeit, durch den Bau eines größeren Lagers, das er für mehrere Kunden betreibt, technische und betriebswirtschaftliche Skaleneffekte zu nutzen und günstigere Leistungskosten zu erreichen.
- Die Personalkosten sind im Lager- und Speditionsgewerbe geringer als in vielen anderen Branchen.
- Durch geschickte Preisgestaltung und guten Vertrieb kann ein Lagerdienstleister andere Kunden mit gegenläufigem Saisonbedarf akquirieren und dadurch insgesamt eine höhere und gleichmäßigere Auslastung seines Lagers erreichen.

Ein Dienstleister, der für einen oder mehrere Nutzer ein Lager betreibt, muß mit den Erlösen für die Lagerleistungen alle seine Kosten decken. Außerdem will er einen angemessenen Gewinn erwirtschaften. Daher sind die *Leistungspreise*, die ein Dienstleister seinen Kunden für die in Anspruch genommenen Lagerleistungen in Rechnung stellt, um die *kalkulatorischen Zuschläge* für Verwaltung, Vertrieb, Risiken und Gewinn höher als die Leistungskosten, zu denen die gleichen Leistungen im eigenen Unternehmen verrechnet werden.

Wettbewerbsfähige Lagerdienstleister kalkulieren heute – abhängig von Marktlage, Betriebsgröße und Vertragslaufzeit – mit einem *Vertriebs- und Gemeinkostenzuschlag* (VVGK) einschließlich Gewinnerwartung – aber ohne Auslastungsrisiko – zwischen 15 % und 20 %. Wenn der Dienstleister ein Lager ausschließlich für den Bedarf eines oder weniger Kunden errichten soll, ist er hierzu in der Regel nur bereit, wenn die *Vertragslaufzeit* mindestens 5 Jahre, bei größeren Lagern eher 10 Jahre beträgt und er für die gesamte Laufzeit eine verbindliche *Nutzungszusage* erhält.

Bei der Kalkulation der Leistungspreise stellt die Berücksichtigung des *Auslastungsrisikos* das größte Problem dar. Das Risiko erhöhter Leistungskosten infolge einer Abweichung der tatsächlichen Nutzung von der geplanten Nutzung eines Lagers muß der *Lagerdienstleister* bei seiner Kalkulation durch einen entsprechenden *Risikozuschlag* berücksichtigen. Wenn ein Unternehmen, das am Markt Lagerleistungen anfragt, sich nicht festlegen will und keine verbindlichen Zusagen für die Mindestinanspruchnahme der Lagerkapazität *und* des Lagerdurchsatzes macht, ist unter Umständen mit Risikozuschlägen weit über 20 % zu rechnen.

Durch die Gemeinkosten-, Gewinn- und Risikozuschläge auf die kalkulierten Leistungskosten werden die Kostenvorteile des externen Dienstleisters teilweise oder vollständig kompensiert. Unter ungünstigen Umständen sind die resultierenden Leistungspreise des Dienstleisters sogar höher als die Leistungskosten bei Eigenbetrieb eines Lagers.

Aus diesen Gründen kann über die Frage *Eigenleistung* oder *Fremdbeschaffung* von Lagerleistungen letztlich nur nach einer differenzierten Ausschreibung entschieden werden. Die benötigten Leistungen, die Rahmenbedingungen, die Auslastungszusagen, die Vertragslaufzeit und weitere wichtige Vertragsbedingungen werden den Anbietern in einer *Ausschreibungsunterlage* vorgegeben, deren Qualität für den Erfolg der Ausschreibung entscheidend ist (s. *Kapitel 20*).

Besonders wichtig ist es, die anzubietenden *Leistungsumfänge* in der Ausschreibungsunterlage möglichst genau zu spezifizieren und die hiermit abgestimmte *Struktur der Leistungspreise* in einem *Preisblankett* bereits so vorzugeben, wie sie auch zur Vergütung vorgesehen sind. Das betrifft nicht nur die eigentlichen Lagerleistungen, sondern auch das damit verbundene Konfektionieren, Kommissionieren, Ver- und Entladen sowie andere Zusatzleistungen im Warenein- und Warenausgang.

Die Lagerart und die Lagertechnik aber sollten dem Lagerdienstleister nicht verbindlich vorgegeben werden, damit dieser eine optimale Lagerlösung entwikkeln kann, die den Einsatz vorhandener Ressourcen und andere potentielle Nutzer berücksichtigt.

Da die Lagerleistungen und die Einflußfaktoren auf die Leistungspreise von Fall zu Fall unterschiedlich sind, gibt es für Preise von Lagerleistungen keinen transparenten Markt. Selbst wenn die Leistungsanforderungen und Randbedingungen vergleichbar sind, werden die Angebotspreise nicht allein von den Kosten sondern entscheidend von der aktuellen und der regionalen *Marktlage*, das heißt von *Angebot* und *Nachfrage* bestimmt.

Um trotzdem die Angebotspreise der Lagerdienstleister beurteilen und über Eigen- oder Fremdleistung entscheiden zu können, ist es erforderlich, parallel zur Ausschreibung die Leistungskosten bei eigener Durchführung der Lagerdienstleistungen zu kalkulieren. Wenn dafür ein neues Lager zu errichten ist, ist eine *Systemfindung und Layoutplanung* unerläßlich. Zur raschen und zuverlässigen Planung, Dimensionierung, Optimierung und Kostenkalkulation sind die zuvor beschriebenen Lagerplanungstools einsetzbar.

Wenn nach einem Preis-Leistungs-Vergleich unter Abwägung aller Vor- und Nachteile die Entscheidung für den Eigenbetrieb fällt, kann das Ergebnis der Systemfindung und Layoutplanung als Grundlage für die Ausschreibung an potentielle *Generalunternehmer* verwendet werden. Auch bei einer Generalunternehmer-Ausschreibung ist es ratsam, eine *herstellerunabhängige Vorplanung* durchführen zu lassen, um die angebotenen Lösungen technisch-wirtschaftlich besser beurteilen zu können.

## 16.15 Optimale Lagerauswahl

Wenn zur Lagerung eines Warenbestands in einem bestimmten Umkreis des Bereitstellorts mehrere Lager zur Auswahl stehen, ist zu entscheiden, in welchem dieser Lager eine anstehende Einlagermenge gelagert werden soll. Diese Entscheidung wird erschwert, wenn die verfügbaren Lager zum Teil eigene Lager mit unterschiedlichen Leistungskosten sind und zum Teil Lager von Dienstleistern mit verschiedenen Leistungspreisen und Auslastungszusagen.

Unter der Voraussetzung, daß bei der Einlagerung die voraussichtliche Lagerdauer bekannt ist, läßt sich die Lagerauswahl durch folgende *Lagerzuweisungsstrategie* lösen:

▶ Eine anstehende Einlagermenge wird dem Lager zugewiesen, das für die betreffende Menge *verfügbar* ist und bei der voraussichtlichen Lagerdauer die geringsten *Lagerleistungskosten* verursacht.

*Verfügbar* sind für einen Einlagerauftrag alle Lager, die für die betreffende Lagerware technisch zulässig sind und deren ungenutzte Restkapazität zum Entscheidungszeitpunkt für die Einlagermenge ausreicht.

Die *spezifischen Lagerleistungskosten* eines Lagerauftrags A mit $M_E$ Ladeeinheiten betragen für ein Lager $LA_i$ mit einem Lagerplatzkostensatz $k_{Pi}$ [€/LE-KTag] und einem Durchsatzkostensatz $k_{Di}$ [€/LE], das vom Bereitstellort der Ware mit *Zulauftransportkosten* in Höhe von $k_{Zi}$ [€/LE] erreichbar ist, bei einer voraussichtlichen *Lagerdauer* von $T_L$ Kalendertagen:

$$k_{Li}(T_L) = k_{Zi} + k_{Di} + k_{Pi} \cdot T_L \qquad [€/LE]. \tag{16.101}$$

Wenn sich an das Lagern eine Kommissionierung oder Versandbereitstellung anschließt und hierzu die Ladeeinheiten nach dem Auslagern vom Lager zu einen anderen Ort transportiert und dort bereitgestellt werden müssen, erhöhen sich die Lagerleistungskosten (16.101) um die *Auslauftransportkosten* $k_{Ai}$ [€/LE] für die sogenannte *Umfuhr* zwischen dem Lager und dem Bereitstellort.

Bei *eigenen Lagern* sind nur die *variablen Anteile* der *Plan-Leistungskosten* für die Lagerzuweisung maßgebend, da die Fixkosten unabhängig von der Lagerauslastung anfallen. Bei *fremdbetriebenen Lagern* sind die Leistungskosten gleich den Leistungspreisen. Wenn jedoch dem Dienstleister innerhalb einer vereinbarten Periode, zum Beispiel in einem Kalenderjahr, eine bestimmte *Mindest- oder Durchschnittsauslastung* vertraglich zugesichert wurde, sind die Lagerkosten gleich 0 zu setzen, sobald sich abzeichnet, daß die zugesicherte Auslastung nicht erreicht wird.

Aus den Lagerkostensätzen ergibt sich durch die Lagerzuweisungsstrategie *selbstregelnd* eine *kostenoptimale Nutzung* aller verfügbaren Lager. Die Lager werden dabei in folgender Prioritätenfolge mit Lagermengen belegt:

1. Solange ein oder mehrere der verfügbaren *Fremdlager* nicht die zugesicherte Auslastung haben, wird der Einlagerauftrag dem unterausgelasteten Fremdlager mit den geringsten Transportkosten zugewiesen, vorausgesetzt diese sind geringer als die Summe der Transportkosten und der variablen Durchsatzkosten für die verfügbaren Eigenlager.
2. Wenn kein verfügbares Fremdlager unterausgelastet ist, wird der Einlagerauftrag dem verfügbaren *Eigenlager* mit den geringsten Lagerleistungskosten zugewiesen.
3. Wenn alle eigenen Lager voll sind, werden die Einlagermengen in dem verfügbaren *Fremdlager* mit den günstigsten Prozeßkosten gelagert.

Die *Lagerkostenkennlinien* (16.101) steigen linear mit der Lagerdauer an, wobei die spezifischen Lagerleistungskosten abhängig sind von den unterschiedlichen Kostensätzen der zur Auswahl stehenden Lager. In *Abb. 16.30* sind die Lagerkostenkennlinien von drei verschiedenen Lagern dargestellt, die sich mit den Kostensätzen eines Falls aus der Praxis ergeben.

Für die in *Abb. 16.30* dargestellte Kostensituation ergibt die Lagerzuweisungsstrategie, daß ein Einlagerauftrag mit einer voraussichtlichen Lagerdauer bis zu 25 Kalendertagen kostenoptimal im Blockplatzlager zu lagern ist, ein Lagerauftrag mit 25 bis 58 Kalendertagen Lagerdauer im Hochregallager und ein Lagerauftrag mit mehr als 58 Kalendertagen Lagerdauer im Schmalgangstaplerlager. Wenn in einem dieser Lager die Restkapazität nicht ausreicht, ist dieses nicht mehr verfügbar und die Zuweisungsentscheidung zwischen den beiden verbleibenden Lagern zu treffen. Die aktuelle Situation kann sich also abhängig vom Lagerfüllungsgrad ändern. Zusätzlich verändert sich die Kostenlage, wenn die Lagerleistungskosten auslastungsabhängig sind.

Simulationsrechnungen für einen konkreten Lagerverbund haben gezeigt, daß mit der dargestellten Lagerzuweisungsstrategie Kosteneinsparungen im Vergleich zur Lagerzuweisung ohne Strategie in einer Größenordnung von 20 % und mehr möglich sind.

Der Algorithmus der beschriebenen Lagerzuweisungsstrategie läßt sich in einem Warenwirtschaftssystem oder Lagerverwaltungssystem relativ einfach pro-

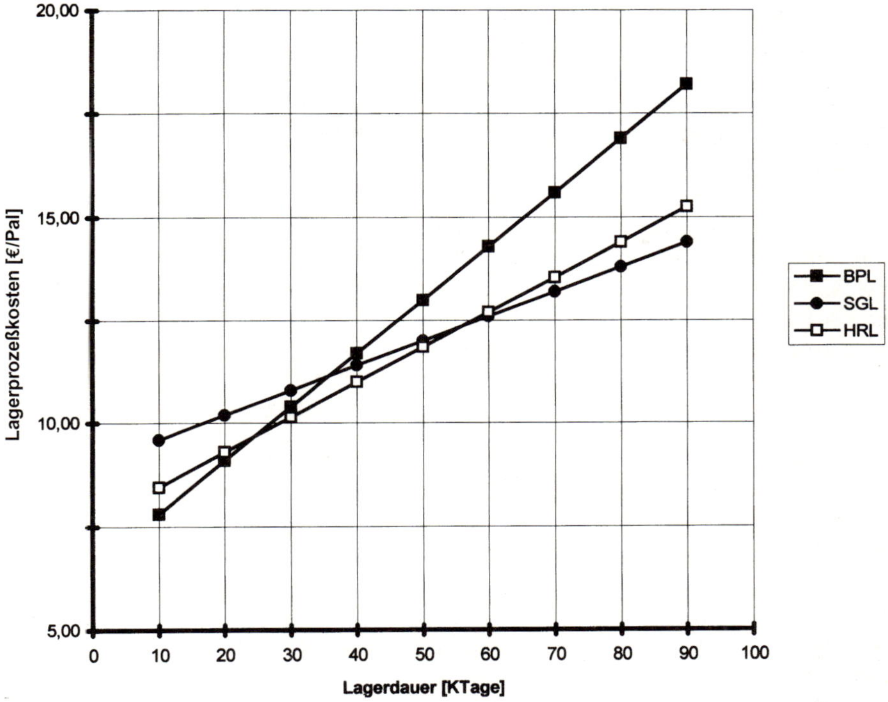


**Abb. 16.30** Lagerkostenkennlinien von drei verfügbaren Palettenlagern

| *Kostensätze* | Transportkosten | Durchsatzkosten | Lagerplatzkosten |
|---|---|---|---|
| Blockplatzlager | 1,25 €/Pal | 5,25 €/Pal | 0,13 €/Pal-KTag |
| Schmalganglager | 1,75 €/Pal | 7,25 €/Pal | 0,06 €/Pal-KTag |
| Hochregallager | 4,00 €/Pal | 3,75 €/Pal | 0,08 €/Pal-KTag |

grammieren. Dadurch ist es möglich, für jeden anstehenden Einlagerauftrag aus der aktuellen Lagerbelegung und den hinterlegten Kostensätzen das jeweils optimale Lager zu errechnen und dem Disponenten vorzugeben.

Die Lagerkostenkennlinien sind nicht nur im praktischen Betrieb zur Lagerzuweisung bei mehreren verfügbaren Lagern geeignet, sondern auch in der *Planungsphase* nutzbar zur Auswahl eines geeigneten Lagersystems. Damit das richtige Lager für den richtigen Bestand genutzt wird, sind folgende *Lagerauswahlregeln* zu beachten:

- Für Lagerbestände mit kurzer Lagerdauer und hoher Drehzahl sind Lagersysteme mit geringen Durchsatzkosten geeignet, auch wenn die Lagerplatzkosten vergleichsweise hoch sind.
- Für Lagerbestände mit langer Lagerdauer und geringer Drehzahl sind Lagersysteme mit geringen Platzkosten vorteilhaft, auch wenn die Durchsatzkosten vergleichsweise hoch sind.

*Schmalgangstaplerlager* für Paletten haben relativ günstige Platzkosten und hohe Durchsatzkosten. Sie sind daher für die Langzeitlagerung besonders geeignet.

Automatische *Hochregallager* haben mit zunehmender Größe abnehmende Durchsatzkosten bei etwas höheren Lagerplatzkosten. Sie sind daher besonders vorteilhaft für die Lagerung von Beständen mit hoher Drehzahl.

*Blockplatzlager* haben bei einem Stapelfaktor höher als 2 und Artikelbeständen größer als 10 Paletten günstige Durchsatzkosten *und* geringe Platzkosten. Wenn diese Einsatzvoraussetzungen erfüllt sind, ist das Blockplatzlager sowohl für wenig umschlagende Langzeitbestände, für schnellumschlagende Kurzzeitbestände wie auch im mittleren Umschlagbereich gut geeignet. Damit verbunden ist der Vorteil einer hohen Nutzungsflexibilität.

*Konventionelle Palettenregallager* mit normal breiten Gängen und Staplerbedienung können ebenfalls recht günstige Durchsatzkosten bei etwas höheren Platzkosten als das Schmalgangstaplerlager haben. Sie sind daher für Bestände mit einer mittleren Drehzahl sowie für stark schwankende Leistungsanforderungen gut geeignet.

Für Pufferbestände mit einer sehr kurzen Lagerdauer bis zu einigen Tagen und bei begrenztem Raum können auch *Durchlauf- und Kanallager* von Vorteil sein, deren Platzkosten sehr hoch, deren Durchsatzkosten aber recht günstig sind.

Mit einem dieser 5 Lagertypen oder mit einer geeigneten Kombination läßt sich der praktische Bedarf zur Lagerung von Paletten stets kostengünstig abdekken. Für andere Lagertypen zur Palettenlagerung, wie Kompaktlager oder Verschieberegallager, besteht nur in besonderen Fällen Bedarf.

Diese allgemeinen Einsatzbereiche der verschiedenen Lagertypen für Paletten, die sich aus den beiden Auswahlregeln, den Systemvergleichen und den vorangehenden Modellrechnungen ableiten, sind zur Vorauswahl in der Systemfindungsphase geeignet. Zur Entscheidung und Abgrenzung der Einsatzbereiche der Lagersysteme für Paletten oder andere Ladeeinheiten sind die Kenntnis der konkreten Leistungsanforderungen, eine Lagerdimensionierung und eine Leistungskostenrechnung unerläßlich.

## 16.16 Automatisches Hochregallager mit flurfreien Lagergeräten

Ende der fünfziger Jahre des letzten Jahrhunderts begann die Zeit der automatischen Hochregallager, die mit flurgebundenen *Regalbediengeräten* heute Höhen bis 50 m erreichen. Parallel dazu wurden Hallenlager gebaut, in denen *Schmalgangstapler* Hubhöhen bis etwa 14 m bedienen. Seither haben sich in der Hochregallagertechnik keine weiteren Systeme durchsetzen können. Der Hochregallagermarkt wird heute beherrscht von den Automatiklagern in Hallen- oder Silobauweise mit flurgebundenen Regalbediengeräten und von den Hochregalen in Hallenbauten mit manuell bedienten Schmalgangstaplern [283; 284].

Im Jahr 2001 ist ein neues Lagersystem mit einem flurfrei arbeitenden Lagergerät auf den Markt gekommen, das gute Aussicht hat, den bodenverfahrenden Regalbediengeräten und Schmalgangstaplern erfolgreich Konkurrenz zu machen [285]. Am Beispiel des neuartigen Lagersystems werden nachfolgend die Ergebnisse eines technisch-wirtschaftlichen Systemvergleichs dargestellt, der mit Hilfe der zuvor beschriebenen Verfahren und Programme durchgeführt wurde, um die Marktchancen der neuen Lagertechnik abzuschätzen.

**1. Systemaufbau**

Zentrale Elemente des neuen Lagersystems sind das Lagergerät *TransFaster©* und das dazu passende Umsetzgerät *TransMover©*. Beide Lagergeräte wurden von der *Krusche AG* entwickelt und sind zum Patent angemeldet [285].

Weitere Systembestandteile sind die Regale zur Aufnahme der Lagereinheiten, wie Paletten, Gestelle, Coils, Langgutkassetten oder andere Lasten. Die Regalanlage ist ebenso aufgebaut wie bei einem automatischen Hochregallager oder einem Schmalgangstaplerlager. Auf einer oberen Ebene sind jedoch seitlich an den Regalstehern die Fahrschienen für den TransFaster montiert. Die statische und dynamische Zusatzbelastung ist relativ gering, so daß auch für die neue Lagertechnik die herkömmlichen *Standardregale* einsetzbar sind. Bei Bedarf kommt ein Transportsystem für die Ein- und Auslagerung oder zur dynamischen Bereitstellung hinzu.

Der *TransFaster* besteht aus einer *Verfahreinheit* und einer vertikal beweglichen *Hubplattform*. Die Verfahreinheit läuft wie ein kleiner Brückenkran auf den beiden Fahrschienen. Die Lagereinheiten werden von der *Hubplattform* mit einem geeigneten *Lastaufnahmemittel*, wie Teleskopgabel, Zugvorrichtung oder Satellitenfahrzeug, aufgenommen, in das Lagerfach eingelagert und nach dem Auslagern auf einen vorgegebenen Bereitstellplatz abgegeben (s. *Abb. 16.31* und *17.42*).

Die Hubplattform ist mit der Verfahreinheit über ein spezielles Seilsystem mit 4 Seilen so verbunden, daß in den Lagergassen eine *simultane Fahr- und Hubbewegung* möglich ist. Der *TransFaster* benötigt daher keine schwere Mastkonstruktion, wie die flurgebundenen Regalbediengeräte und Schmalgangstapler.

Die pendelfreie Beförderung der Lagereinheiten wird durch eine neu entwickelte Steuerung gesichert. Die Prozeßsteuerung führt die Last mittels einer speziellen Bahnregelung auf dem jeweils zeitoptimalen Weg ruckfrei zwischen den Bereitstellplätzen und den Lagerfächern. Nach Erreichen der Zielposition wird die Hubplattform zur Durchführung der sicheren Lastübernahme zwischen den Auflageträgern verriegelt.

Die mit einem TransFaster erreichbaren Einzel- und Doppelspielzeiten für das Ein- und Auslagern liegen in der gleichen Größenordnung wie die Spielzeiten eines flurgebundenen Regalbediengerätes und sind wesentlich kürzer als die Spielzeiten eines Schmalgangstaplers, der bei höheren Fachebenen nur eine *additive Fahr- und Hubbewegung* zuläßt.

Im Vergleich zu den Lagern mit flurgebundenen Lagerbediengeräten bietet das neuartige Lagersystem mit dem *TransFaster* und dem *TransMover* drei entscheidende Vorteile:

- flurfreie Lastbeförderung
- geringes Eigengewicht
- Eignung für unterschiedlichste Durchsatzanforderungen

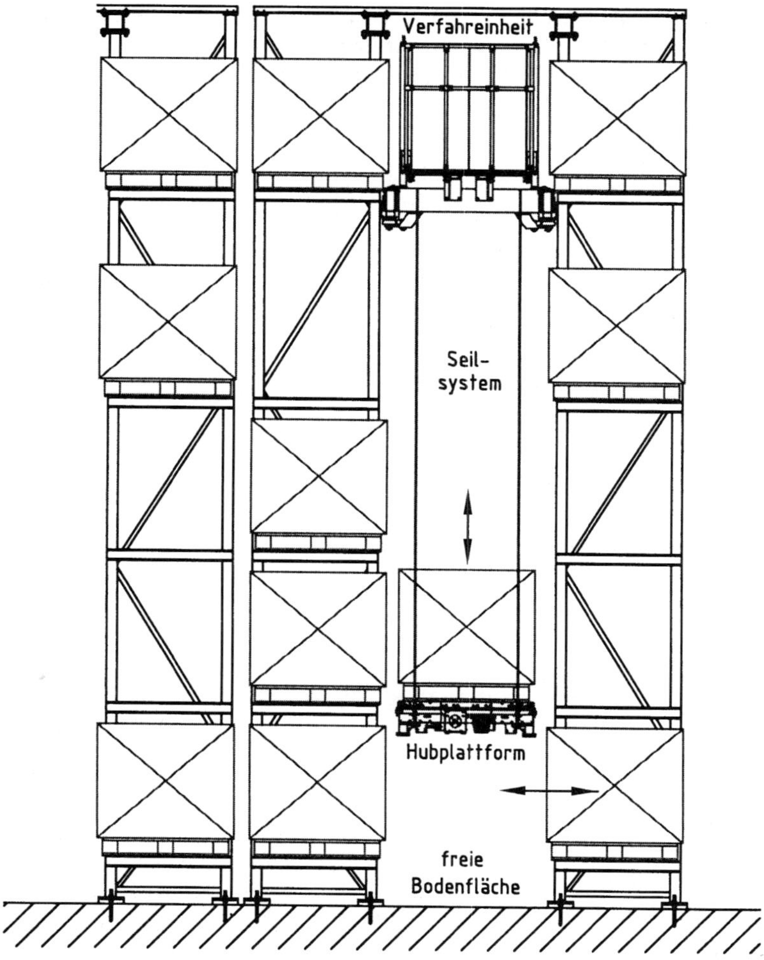


**Abb. 16.31** Querschnitt des TransFaster-Systems

Aus diesen zentralen Vorteilen ergeben sich eine hohe *Flexibilität*, eine große *Anpassungsfähigkeit* und *vielseitige Einsatzmöglichkeiten.*

## 2. Technische Systemvorteile

Die flurfreie Arbeitsweise der neuen Lagergeräte hat zur Folge:

- Mit einer Verlängerung der Fahrschienen in die Vorzone ist eine direkte Bedienung von Bereitstellplätzen auch außerhalb der Lagergassen möglich. Der TransFaster kann dabei unterbrechungsfrei Transport- und Verkehrswege überqueren. Auch über Hallenflächen mit unterschiedlichen Höhen ist der TransFaster problemlos einsetzbar.

- Die Lagergassen und die Fahrbereiche des TransFaster außerhalb des Regalbereichs sind für Stapler, Kommissionierer und andere Flurförderzeuge befahrbar, solange sich der TransFaster in Ruhestellung oder in einem anderen Einsatzbereich befindet.
- Der TransFaster stellt keine Anforderungen an die Belastbarkeit und an die Oberflächenbeschaffenheit der Bodenfläche.
- Bei hohen Umschlaganforderungen können in einer Lagergasse gleichzeitig mehrere TransFaster eingesetzt werden.
- Bei geringen Umschlaganforderungen kann ein *TransFaster* mehrere Gassen bedienen. Er wird dann von dem Umsetzgerät *TransMover* oberhalb der Regale in kurzen Zeiten von 20 bis 30 s von einer Gasse zur anderen umgesetzt. Der Platzbedarf für das Umsetzgerät ist minimal.
- Ein Transportsystem für das Zu- und Abfördern kann an beiden Regalstirnseiten in jeder gewünschten Höhe oder im Regalbereich auf dem Boden angeordnet werden.

Das Eigengewicht eines TransFaster für Paletten ist nur etwa halb so groß wie das Gewicht eines Schmalgangstaplers und erreicht kaum ein Drittel des Eigengewichts eines flurgebundenen Regalbediengeräts. Daraus resultiert:

- Energieverbrauch und Verschleiß des TransFaster sind deutlich geringer als bei einem Schmalgangstapler und einem Regalbediengerät.
- Ohne wesentlichen Mehraufwand lassen sich auf der Hubplattform eines TransFaster auch mehrere Lastaufnahmemittel, z.B. Teleskopgabeln für 2 Paletten, installieren.
- Doppelttiefe Lagerfächer für 2 Paletten lassen sich wegen der kippstabil zwischen den Auflageriegeln verriegelten Hubplattform durch den TransFaster sicher bedienen.
- Nach Aufstellung der Regale kann ein TransFaster in kürzester Zeit mit minimalem Montageaufwand installiert und in Betrieb genommen werden.
- Der TransFaster läßt sich ohne großen Aufwand aus- und einbauen. Er kann daher bei auslaufendem Bedarf in einem anderen Lager weiter verwendet werden, auch wenn dort die Regalhöhe von der alten Höhe abweicht.
- Bei einer größeren Baureihe gleichartiger Geräte sind deutlich geringere Baukosten pro Gerät möglich als für ein flurgebundenes Regalbediengerät.

Aus diesen Vorteilen und Nutzanwendungen resultieren die vielseitigen Einsatzmöglichkeiten der TransFaster-Technik.

### 3. Alternative zum Schmalgangstapler

Bei Standardregalen mit einer Höhe bis 15 m, die frei in einer Halle stehen, ist das vollautomatische TransFaster-System eine wirtschaftliche Alternative zum manuell bedienten Schmalgangstaplerlager. Mit einem Schmalgangstapler sind bei weitem nicht die Durchsatzleistungen eines TransFaster erreichbar, da die Fahr- und Hubgeschwindigkeit des Staplers deutlich geringer und die Positionierzeiten wesenlich länger sind. Mehrere Lastaufnahmemittel pro Gerät sind bei einem Schmalgangstapler nicht sinnvoll, da dadurch das gesamte Gerät zu schwer, zu sperrig und zu unbeweglich wird. Zwei Stapler pro Gasse sind aus Sicherheitsgründen unzulässig. Schmalgangstapler benötigen außerdem eine ebene und ausreichend belastbare Bodenplatte mit einer glatten und toleranzhaltigen Oberfläche.

Ein Schmalgangstapler kann zwar die Lagergassen ohne Zusatzeinrichtungen wechseln und verlassen. Die *Gangwechselzeit* ist jedoch relativ lang. Sie beträgt bei einem rückseitigen Umsetzen abhängig von der Lagerlänge 40 bis 60 s und vermindert bei häufigerem Umsetzen die Verfügbarkeit der Geräte für das produktive Ein- und Auslagern. Der Gangwechsel an der Regalstirnseite erfordert zusätzliche Fläche und behindert den freien Verkehr anderer Flurförderzeuge im Lagervorbereich.

Wegen der maximal zulässigen Fluchtweglänge von 50 m dürfen die Lagergassen für ein manuell bedientes Schmalgangstaplerlager nicht länger als 100 m sein. Das begrenzt bei der Neuplanung eines Lagers die optimale Dimensionierung. Bei Einsatz eines automatischen TransFaster ist die Gassenlänge dagegen technisch unbegrenzt. In der Horizontalfahrt sind mit dem Transfaster Geschwindigkeiten bis 240 m/min möglich.

Wegen der geringeren Gangbreite und der kürzeren Anfahrmaße läßt sich das TransFaster-System auch nachträglich problemlos anstelle eines vorhandenen Schmalganglagers installieren. Die Automatisierung, Leistungssteigerung und Rationalisierung bestehender Schmalgangstaplerlager erfordert mit dem TransFaster weitaus weniger Vorfläche und deutlich geringere Investitionen als eine Automatisierung mit flurgebundenen Regalbediengeräten.

**4. Alternative zum flurgebundenen Regalbediengerät**

Für Lagerhöhen bis 15 m ist der flurfreie TransFaster dem flurgebundenen Regalbediengerät in fast jeder Hinsicht technisch und wirtschaftlich überlegen. Mit 2 TransFastern, die übereinander in einer Lagergasse verkehren, sind auch Lagerhöhen bis 30 m möglich. Damit wird der TransFaster auch in Hochregallagern mit Dach und Wand tragender *Silobauweise* zur Konkurrenz der flurgebundenen Regalbediengeräte.

Wegen ihres großen Eigengewichts und der hohen Linienlast ist für den Einsatz eines flurgebundenen Regalbediengeräts eine sehr stabile und aufwendige Bodenplatte erforderlich. In jeder Gasse muß auf dem Boden eine schwere Fahrschiene verlegt und über den Gassen am Regal eine Führungsschiene montiert werden.

Die vertikalen Anfahrmaße und die Fachfreimaße sind in der Summe für den TransFaster etwa ebenso groß wie für ein Regalbediengerät. Die vorderen und hinteren Anfahrmaße sind dagegen für ein Regalförderzeug deutlich länger als für einen TransFaster. Das seitliche Gangfreimaß zwischen Last und Regalfläche ist beim TransFaster mit 150 mm etwas größer als die 100 mm für ein Regalbediengerät. Modellrechnungen ergeben, daß die Volumennutzung für RBG-bediente und für TransFaster-bediente Hochregallager ohne Umsetzer etwa gleich hoch ist. Mit Umsetzer ist die Volumennutzung mit TransFaster deutlich besser als mit einem flurgebundenen Regalbediengerät.

Ein schienenverfahrendes Regalbediengerät kann nur mit einem relativ aufwendigen Gangumsetzer oder über eine gesonderte Schienenanlage den Gang wechseln. Leistungseinbußen und Flächenverlust sind für das Umsetzen eines flurgebundenen Lagerbediengerätes noch größer als bei einem Schmalgangstapler. Das Umsetzen an der hinteren Regalstirnseite erfordert abhängig von der Regallänge mit 100 bis 120 s erheblich mehr Zeit als beim TransFaster.

## 5. Wirtschaftlichkeitsvergleich

Ein neues System kann sich am Markt nur durchsetzen, wenn es auch wirtschaftlich interessant ist. Mit Hilfe eines entsprechenden Dimensionierungs- und Kalkulationsprogramms wurden daher zahlreiche Modellrechnungen durchgeführt, um die konkurrienden Systeme auch wirtschaftlich miteinander zu vergleichen und die aussichtsreichsten Einsatzbereiche für das neue Lagersystem zu erkunden.

Verglichen werden die *Investitionen* und die spezifischen *Umschlagkosten* pro Palette für ein manuell bedientes Schmalgangstaplerlager in einem Hallenbau, für ein in einer Halle installiertes automatisches TransFaster-System und für ein Hochregallager in Silobauweise mit flurgebundenen Regalbediengeräten. Die Investitions- und Betriebskostenrechnung berücksichtigt alle entscheidungsrelevanten Lagergewerke: anteiliges Grundstück, Fundament, Hallenbau, Dach und Wand, Regale, Lagerbediengeräte, eventuelle Umsetzer, Zu- und Abfördertechnik, Steuerung und Lagerverwaltungsrechner.

In einer ersten Modellrechnung wurde ein Kapazitätsbedarf von 10.000 Euro-Paletten (900×1300×1600 mm) mit einem Lagerumschlag von 12 p.a. betrachtet. Danach wurde die Umschlaganforderung schrittweise von 8 bis 24 pro Jahr verändert. Das ist bei 250 Arbeitstagen und 8 Betriebsstunden pro Tag ein Durchsatz von 40 bis 120 Paletten pro Stunde. Im nächsten Schritt wurde bei einem festen Durchsatz von 12 p.a. der Kapazitätsbedarf von 5.000 bis 40.000 Palettenplätze verändert. Jedes der 3 im Wettbewerb stehenden Lagersysteme wurde für diese Leistungsanforderungen so dimensioniert und optimiert, daß die Betriebskosten bei möglichst geringer Gesamtinvestition minimal sind.

Die Ergebnisse der Modellrechnungen zeigen die *Abb. 16.32* und *16.34*. Aus diesen und weiteren Modellrechnungen ergibt sich:

- ▶ Die *Umschlagkosten* sind für das TransFaster-System im gesamten Bereich ab 6.000 Paletten und Jahresumschlag über 6 am niedrigsten. Für das Hochregallager in Silobauweise mit flurgebundenen Regalbediengeräten liegen die Umschlagkosten erst ab einem Kapazitätsbedarf von mehr als 8.000 Paletten und einem Jahresumschlag über 8 unter den Kosten des Schmalgangstaplerlagers, aber im gesamten Untersuchungsbereich über den Umschlagkosten des TransFaster-Systems.
- ▶ Die *Investition* für das TransFaster-System liegt deutlich unter der Investition für das Hochregallager, aber über der für das Schmalgangstaplerlager. Das Schmalgangstaplerlager erfordert im gesamten Untersuchungsbereich die geringsten Investitionen.

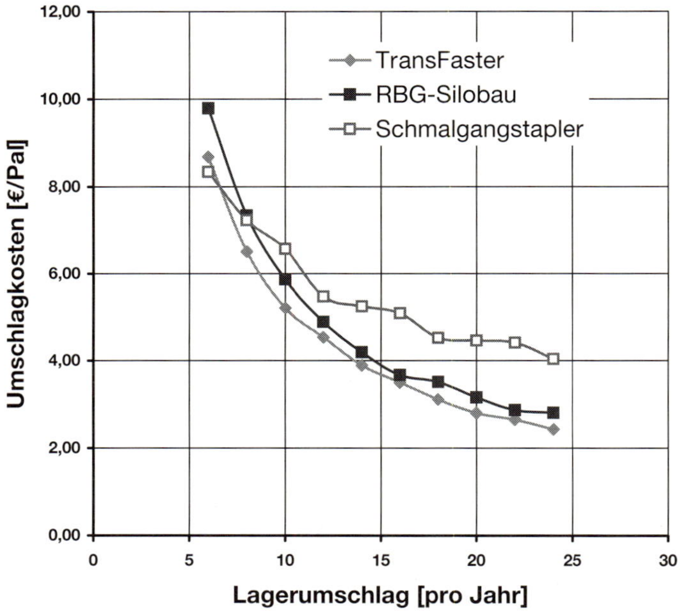


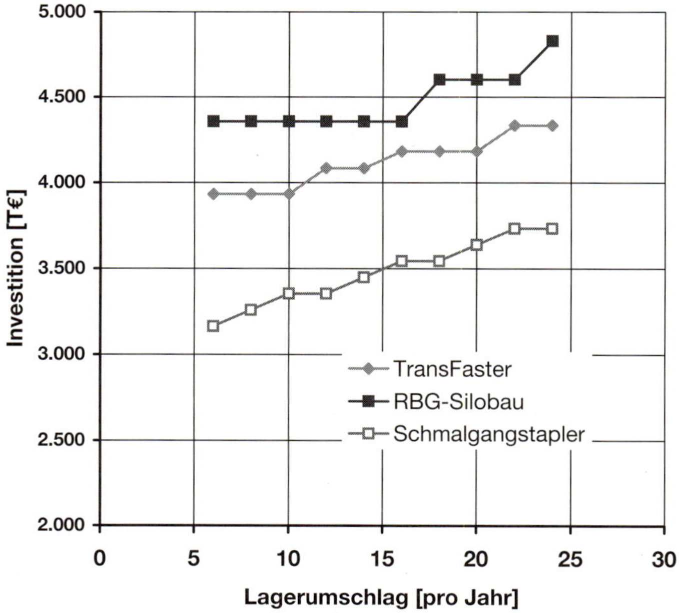


**Abb. 16.32** Wirtschaftlichkeitsvergleich für unterschiedlichen Lagerumschlag Lagerkapazität: 10.000 Paletten 900×1200×1600 mm

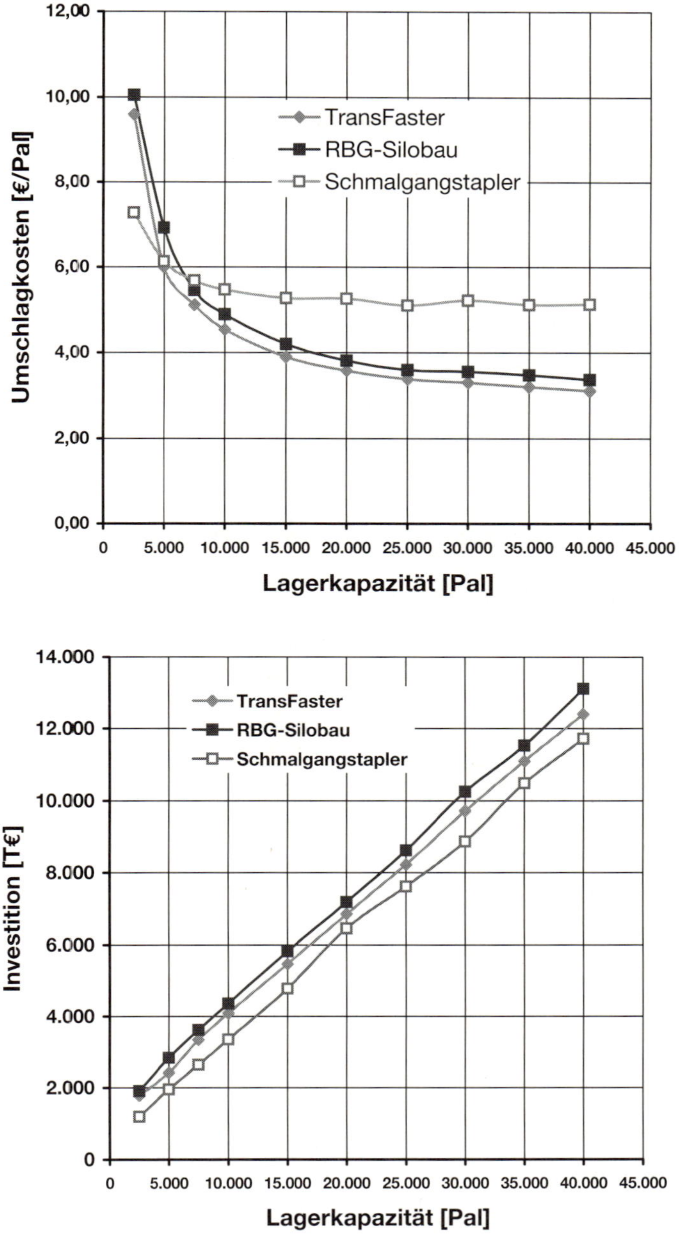


**Abb. 16.33** Wirtschaftlichkeitsvergleich für unterschiedliche Lagerkapazitäten
Lagerumschlag: 12 p.a.

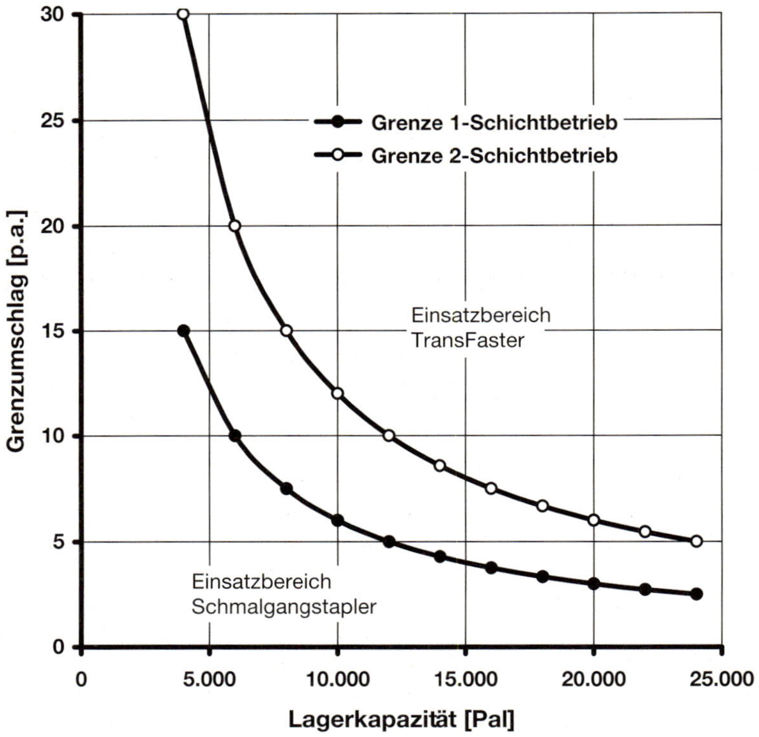


**Abb. 16.34** Einsatzgrenze zwischen Schmalgangstaplerlager und Transfaster-Lagersystem

Parameter: Einschichtbetrieb 8 h/AT, Zweischichtbetrieb 16 h/AT
Jahresbetriebsdauer: 250 AT/Jahr
TransFaster-Grenzleistung: 30 DSp/h

Eine höhere Investition zur Automatisierung, Rationalisierung und Personaleinsparung rechnet sich nur bei einer Betriebskosteneinsparung, die zu einem Kapitalrückfluß (ROI) unter 5 Jahren führt [8]. Aus den Vergleichsrechnungen ergibt sich:

► Wegen des deutlich geringeren Investitionsbedarfs ist die *Kapitalrückflußdauer* des TransFaster-Lagersystems im Vergleich zum Schmalgangstaplerlager wesentlich kürzer als für das automatische Hochregallager mit flurgebundenen Regalbediengeräten.

Ein attraktiver ROI unter 5 Jahre ist daher mit dem TransFaster-Lagersystem bereits bei kleineren Umschlag- und Kapazitätsanforderungen möglich als mit einem konventionellen Hochregallager. So ist der ROI eines TransFaster-Lagers gegenüber dem Schmalgangstaplerlager für 15.000 Paletten und Umschlag 12 p.a. etwas mehr als 2 Jahre, während er bei gleichen Leistungsanforderungen für das Hochregallager gegenüber dem Schmalgangstaplerlager rund 4 Jahre beträgt.

Nur im untersten Bereich geringer Kapazitäts- und Durchsatzanforderungen ist das Schmalgangstaplerlager dem TransFaster sowohl in den Betriebskosten wie auch im Investitionsbedarf überlegen. Der Einsatz eines TransFaster lohnt sich frühestens, wenn mindestens zwei Schmalgangstapler durch einen voll ausgelasteten TransFaster ersetzt werden können. Das heißt:

▶ Bei einem *Kapazitätsbedarf* $K_{lager}$[Pal], einer *Jahresbetriebsdauer* $N_{BD}$ [AT/Jahr], der *Tagesbetriebszeit* $N_{AZ}$ [h/AT] und einer *Ein- und Auslagergrenzleistung* der Transfaster $\mu_{TRF}$ [E+A-Spiele/h] ist der Einsatzbereich zwischen Schmalgangstapler und demTransFaster gegeben durch die *Umschlaggrenze*

$$U_{lager} = \mu_{TRF} \cdot N_{BD} \cdot N_{AZ} / K_{lager} \qquad [p.a]. \qquad (16.102)$$

In *Abb. 16.34* ist der bei $N_{BD}$ = 250 AT/Jahr resultierende Verlauf der Einsatzgrenze für den Einschichtbetrieb mit $N_{AZ}$ = 8 h/AT und für den Zweischichtbetrieb mit $N_{AZ}$ = 16 h/AT dargestellt. Dabei wurde für die Grenzleistung ein mittlerer Wert von $\mu_{TRF}$ = 30 E-A-Spielen/h angesetzt. Oberhalb der gezeigten Grenzen ist ein TransFaster-Lager, unterhalb der Grenzen ein Schmalgangstaplerlager wirtschaftlicher.

Der Vergleich zeigt die wirtschaftlichen Vorteile, die sich aus dem Einsatz der TransFaster-Technik im Vergleich zu anderen Lagersystemen ergeben können. Sie resultieren aus dem Zusammenwirken der zuvor beschriebenen technischen Vorteile: *flurfreie automatische Lastbeförderung, geringes Eigengewicht* und *skalierbare Leistung* bei *maximaler Flexibilität.*

Die konkreten Einsparungen aus dem Einsatz des neuen Lagersystems müssen für den Einzelfall ermittelt werden. Dafür ist eine Planung unerläßlich. Die Modellrechnungen und die theoretische Einsatzgrenze (16.102) geben jedoch Anhaltspunkte für die aussichtsreichsten Einsatzbereiche des neuen Systems.

### 6. Weitere Einsatzmöglichkeiten

Über die Substitution manuell bedienter Schmalgangstapler oder flurgebundener Regalbediengeräte hinaus eröffnen sich für die TransFaster-Technologie in Verbindung mit einem FTS-System weitere interessante Einsatzbereiche. Das sogenannte *PickFaster-System* ist einsetzbar für das *dynamische Bereitstellen* zum personalsparenden Kommissionieren an stationären Arbeitsplätzen. Es ist ebenso geeignet für das *Crossdocking* und *Transshipment* in den bestandslosen Umschlagbetrieben von Handel und Speditionen sowie zur *Just-In-Time-Versorgung* von Produktions- und Montagestellen (s. *Abschnitt 17.16*).

# 17 Kommissioniersysteme

Das Kommissionieren ist die schwierigste Aufgabe der innerbetrieblichen Logistik. Die Schwierigkeiten des Kommissionierens resultieren aus der Vielzahl der *Verfahren, Techniken* und *Kombinationsmöglichkeiten*, aus den unterschiedlichen *Strategien*, nach denen sich Kommissioniersysteme aufbauen und organisieren lassen, sowie aus den vielen *Einflußfaktoren*, von denen *Auswahl, Dimensionierung, Investitionen* und *Kosten* abhängen.

Die *Verfahren*, *Techniken* und *Strategien* des Kommissionierens ergeben sich aus der allgemeinen *Kommissionieraufgabe* [21; 29; 50; 152; 155; 160; 165]:

▶ Das *Kommissionieren* ist das Zusammenstellen von Ware aus einem bereitgestellten Artikelsortiment nach vorgegebenen Aufträgen.

Werden ganze Ladeeinheiten nur *eines* Artikels angefordert, reduziert sich der Kommissionierauftrag auf einen Auslagerauftrag. Wenn ganze Ladeeinheiten von *mehreren* Artikeln angefordert werden, kommt das *Zusammenführen* an einem *Auftragssammelplatz* hinzu. Für das *Kommissionieren ganzer Ladeeinheiten* wird also nur ein *Einheitenlager* mit Fördertechnik oder Flurförderzeugen zur *Auftragszusammenstellung* benötigt (s. *Kapitel 16*).

Kommissionieraufträge für Teilmengen fordern einzelne *Artikeleinheiten* oder *Gebinde* an, die eine *Vereinzelung* der *Auftragsmenge* aus einer bereitgestellten *Artikelmenge* erfordern. Das *Kommissionieren von Teilmengen* ist die zentrale Aufgabe der *Kommissioniersysteme*. Deren *Kernprozeß* ist das Greifen zur *Vereinzelung*, *Entnahme* und *Abgabe* der Entnahmemenge.

Das *Greifen* – auch *Picken* genannt – wird von einem *Kommissionierer* durchgeführt, der eine *Person*, ein *Palettierautomat*, ein *Roboter* oder eine *Abzugsvorrichtung* sein kann. Der Greifvorgang benötigt in der Regel die meiste Zeit und verursacht die höchsten Kosten. Er läßt sich nur schwer mechanisieren und automatisieren.

Der *Kommissionierprozeß* setzt sich zusammen aus den *Teilprozessen*:

1. *Bereitstellung* von Ware in Bereitstelleinheiten
2. *Fortbewegung* des Kommissionierers zum Bereitstellplatz
3. *Entnahme* der geforderten Warenmenge aus den Bereitstelleinheiten
4. *Abgabe* in Sammelbehälter, auf ein Fördersystem oder ein Transportgerät
5. *Zusammenführen* der Sammelbehälter oder Waren an einem Sammelplatz
6. *Beschickung* der Bereitstellplätze mit Nachschub

Aus den räumlichen und zeitlichen Kombinationsmöglichkeiten der *Warenbereitstellung*, der *Entnahme* und der *Abgabe* resultieren die unterschiedlichen *Kommissionierverfahren*. Die verschiedenen *Kommissioniertechniken* ergeben sich aus den technischen Lösungsmöglichkeiten für die Bereitstellung, die Fortbewegung, das Greifen, die Abgabe, das Abfördern und die Informationsanzeige [21; 29; 50; 104; 127; 145; 152; 154; 155; 156].

Durch Verbindung der möglichen Kommissionier- und Beschickungsverfahren mit den verschiedenen Kommissioniertechniken und Lagersystemen entstehen elementare und kombinierte Kommissioniersysteme:

- *Elementare Kommissioniersysteme* sind die Verbindung eines *Sammelsystems*, das die Entnahme, das Ablegen und Zusammenführen der angeforderten Ware durchführt, mit einem *Beschickungssystem*, das die Bereitstellplätze mit Nachschub versorgt.
- *Kombinierte Kommissioniersysteme* sind aus mehreren elementaren Lager- und Kommissioniersystemen aufgebaut, die *nebeneinander* und *nacheinander* angeordnet sind (s. *Abb. 17.17*).

Für die *Organisation* und *Steuerung* der elementaren und der kombinierten Kommissioniersysteme gibt es eine Vielzahl von *Betriebsstrategien*, die sich in *Belegungs-*, *Bearbeitungs-*, *Bewegungs-*, *Entnahme-*, *Nachschub-* und *Leergutstrategien* einteilen lassen. Wenn es in einem Betrieb unterschiedliche Kommissioniersysteme gibt, werden zusätzlich *Nutzungs-* und *Zuweisungsstrategien* benötigt.

In diesem Kapitel werden die *Leistungsanforderungen* an Kommissioniersysteme definiert, die verschiedenen *Verfahren* und *Techniken* des Kommissionierens beschrieben sowie die elementaren Kommissioniersysteme und der Aufbau kombinierter Kommissioniersysteme dargestellt. Dabei werden die *Einsatzbereiche* der unterschiedlichen Kommissioniersysteme analysiert, qualitative *Einsatzkriterien* abgeleitet und Möglichkeiten zur *Leistungssteigerung* und *Kostensenkung* aufgezeigt.

Anschließend werden die *Betriebsstrategien* für Kommissioniersysteme dargestellt, ihre Auswirkungen untersucht und Verfahren zur *Leistungsberechnung* und *Dimensionierung* entwickelt. Hierzu werden Formeln zur Berechnung von *Wegzeiten* und *Greifzeiten* hergeleitet.

Mit diesem Instrumentarium ist es möglich, Kommissioniersysteme systematisch zu planen und so zu optimieren, daß die *Leistungsanforderungen* bei Einhaltung aller *Randbedingungen* zu minimalen *Kommissionierkosten* erfüllt werden. Abschließend werden die *Kalkulation* der Kommissionierkosten behandelt und die wichtigsten *Einflußfaktoren* auf die Kosten analysiert.

## 17.1 Kommissionieranforderungen

Eine der häufigsten Ursachen für Probleme mit dem Kommissionieren ist die unzureichende Kenntnis der Anforderungen. Die Anforderungen an ein Kommissioniersystem werden durch die *Kommissionieraufträge* spezifiziert und durch Angabe der *Leistungsanforderungen* quantifiziert.

Der *Leistungsumfang des Kommissionierens* läßt sich einteilen in:

- *Grundleistungen*

  Entnehmen der Artikelmengen
  Befüllen der Versandeinheiten (17.1)
  Zusammenstellen der Auftragsmengen

- *Vorleistungen*

  Vorbereitung der Aufträge
  Bereitstellen des Sortiments
  Beschicken der Bereitstellplätze
  Nachschub von Reserveeinheiten (17.2)
  Lagern der Reserveeinheiten
  Disposition von Nachschub und Beständen

- *Zusatzleistungen*

  Preisauszeichnung, Kodieren und Etikettieren der Ware
  Verpacken der Warenstücke oder Gebinde (17.3)
  Aufbau und Ladungssicherung der Versandeinheiten
  Kennzeichnung und Etikettieren der Versandeinheit.

Die Vorleistungen sind notwendig, um ein unterbrechungsfreies Kommissionieren zu ermöglichen und werden von den Grundleistungen ausgelöst. Die Zusatzleistungen sind für das eigentliche Kommissionieren nicht zwingend erforderlich und können auch vor oder nach dem Kommissionieren durchgeführt werden. Beim Vergleich von Leistungen und Kosten des Kommissionierens müssen daher die geforderten Zusatzleistungen genau spezifiziert werden.

Der Leistungsumfang wird quantifiziert durch die *primären Leistungsanforderungen*, wie die *Sortimentsanforderungen* und die *Auftragsanforderungen*, und die *sekundären Leistungsanforderungen*, wie die *Durchsatzanforderungen* und die *Bestandsanforderungen*, die sich aus den primären Leistungsanforderungen ableiten. Die Leistungsanforderungen für den *Planungshorizont* lassen sich aus den *Ist-Anforderungen* mit *Hochrechnungsfaktoren* errechnen, die aus einer *Prognose* des Bedarfs in Abstimmung mit der Unternehmensplanung abgeleitet sind.

Die Leistungsanforderungen *schwanken stochastisch* und sind in der Regel *zeitlich veränderlich*. Die stochastischen Schwankungen, die sich aus zufallsabhängigen Einflüssen ergeben, lassen sich durch die *Mittelwerte* und *Varianzen* der Anforderungswerte erfassen (s. *Kapitel 9*).

Die systematischen zeitlichen Veränderungen im Verlauf des Jahres, der Woche und eines Tages sind bei der Dimensionierung durch entsprechende *Spitzenfaktoren* oder unterschiedliche *Belastungsfälle* zu berücksichtigen. Um die systematischen Veränderungen richtig zu erfassen und die stochastischen Schwankungen zu eliminieren, ist es für die Dimensionierung erforderlich, mit den *Stundendurchsatzwerten* zu rechnen.

Das Erfassen, Aufbereiten und Strukturieren der Leistungsanforderungen ist mit Entscheidungen verbunden, die für den Erfolg der Planung eines Kommissioniersystems ausschlaggebend sein können. In vielen Fällen ist es daher notwendig, nach einer ersten groben Festlegung die Leistungsanforderungen im Verlauf der Planung zu differenzieren und bei Bedarf neu zu strukturieren.

Als Beispiel sind in *Tabelle 17.1* die Jahresmittelwerte der Leistungsanforderungen für zwei verschiedene Kommissioniersysteme zusammengestellt. Zusätzlich benötigt werden die saisonalen Veränderungen und die Varianz der stochastischen Schwankungen dieser Werte. Eventuell sind die Aufträge in Groß- und

| | | | Fertigwarenlager Industrie | Warenverteilzentrum Handelskonzern | |
|---|---|---|---|---|---|
| **SORTIMENT** | | | **Nonfood-Produkte** | **Handelssortiment** | |
| **Artikelanzahl** | | | **800** | **30.000** | |
| | Anteil | A-Artikel | 10% | 10% | |
| | | B-Artikel | 40% | 40% | |
| | | C-Artikel | 50% | 50% | |
| **ENTNAHMEEINHEITEN** | | | **Kartons** | **Warenstücke** | |
| **Durchsatzmenge** | | | **18.750** | **252.000** | **EE/Tag** |
| Volumen | | | 3,8 | 5,0 | l/EE |
| Gewicht | | | 1,9 | 2,5 | kg/EE |
| **AUFTRÄGE** | | Art | **Kundenaufträge** | Filialenaufträge | |
| Durchlaufzeit | | max. | 4 | 8 | Stunden |
| **Auftragsdurchsatz** | | | **250** | **1.500** | **Auf/Tag** |
| Positionen | | | 15,0 | 12,0 | Pos/Auf |
| Entnahmemenge | | | 5,0 | 14,0 | EE/Pos |
| **POSITIONSDURCHSATZ** | | | **3.750** | **18.000** | **Pos/Tag** |
| davon | | | | | |
| | | A-Artikel | 50% | 60% | |
| | | B-Artikel | 30% | 35% | |
| | | C-Artikel | 20% | 5% | |
| **BEREITSTELLEINHEITEN** | | | **Paletten** | **Paletten und Behälter** | |
| Kapazität | | | 209 | freie Parameter | EE/BE |
| Durchsatz | | | 90 | aufteilungsabhängig | BE/Tag |
| **VERSANDEINHEITEN** | | | **Paletten** | **Paletten und Klappboxen** | |
| Kapazität | | | 188 | freie Parameter | EE/VE |
| Durchsatz | | | 250 | aufteilungsabhängig | VE/Tag |

**Tab.17.1** Typische Leistungsanforderungen an Kommissioniersysteme für zwei Fallbeispiele

Kleinaufträge oder in Eil- und Normalaufträge zu unterteilen. Anhand dieser beiden Beispiele aus der Planungspraxis werden nachfolgend die allgemeinen Zusammenhänge erläutert und Modellrechnungen durchgeführt.

### 1. Sortimentsanforderungen

Die Sortimentsanforderungen spezifizieren die *Breite und Beschaffenheit des Artikelsortiments*, aus dem kommissioniert werden soll, die *Form der Bereitstellung* und die *Art der Entnahmeeinheiten*. Sie umfassen:

- *Artikelanzahl* $N_S$ des Sortiments, das für den Zugriff bereitzuhalten ist;
- *Beschaffenheit* der Artikel, wie Form, Sperrigkeit, Haltbarkeit, Wertigkeit, Gefahrenklasse und Brandklasse.
- *Artikeleinheiten* [AE] mit *Abmessungen* $l_{AE}$, $b_{AE}$, $h_{AE}$ [mm], *Volumen* $v_{AE}$ [l/VE] und *Gewicht* $g_{AE}$ [kg/AE].
- *Bereitstelleinheiten* [BE] mit *Kapazität* $C_{BE}$ [AE/BE oder EE/BE], *Abmessungen* $l_{BE}$, $b_{BE}$, $h_{BE}$ [mm], *Volumen* $v_{BE}$ [l/BE] und *Gewicht* $g_{BE}$ [kg/BE].
- *Entnahmeeinheiten* [EE] mit *Inhalt* $c_{EE}$ [AE/EE], *Abmessungen* $l_{EE}$, $b_{EE}$, $h_{EE}$ [mm], *Volumen* $v_{EE}$ [l/EE] und *Gewicht* $g_{EE}$ [kg/EE].

In Kommissioniersystemen mit statischer Bereitstellung bestimmt die *Artikelanzahl* die Anzahl der Bereitstellplätze und damit die benötigte *Bereitstellänge* oder *Bereitstellfläche*.

Die *Artikeleinheiten* können einzelne *Warenstücke* [WST] sein oder *Gebinde* [Geb] sein, in denen Flüssigkeit, Pulver, Feststoffe oder auch mehrere Warenstükke abgepackt sind. Abhängig vom Verwendungszweck wird die Artikeleinheit auch als *Verkaufseinheit* [VKE] oder *Verbrauchseinheit* bezeichnet.

Die *Bereitstelleinheiten*, in denen die Artikeleinheiten für den Zugriff bereitgestellt werden, können Paletten oder Behälter sein, aber auch Anlieferkartons oder Einzelteile, die ohne Ladungsträger in einem *Fachbodenregal* oder *Durchlaufkanal* liegen.

In vielen Fällen sind die *Ladeeinheiten* für die Bereitstellung durch den Nachschub vorgegeben. Sind die Bereitstelleinheiten nicht vorgegeben, sind *Auswahl, Abmessungen, Ausrichtung* und *Zuweisungskriterien* der Bereitstelleinheiten für die unterschiedlichen Sortimentsgruppen *Gestaltungsparameter* zur Optimierung des Kommissioniersystems. Aus den Abmessungen der Bereitstelleinheiten und der Entnahmeeinheiten resultiert das *Fassungsvermögen pro Bereitstelleinheit* $C_{BE}$ [EE/BE] (s. *Kapitel 12*).

Die *Entnahmeeinheiten* – auch *Kommissioniereinheiten* [KE], *Greifeinheiten* [GE] oder *Pickeinheiten* [Picks] genannt – sind entweder die Artikeleinheiten selbst oder *Gebinde*, die mehrere Artikeleinheiten enthalten, wie Kartons [Kart], Schrumpfverpackungen, Überkartons oder Displays. Das Kommissionieren der einzelnen Artikeleinheiten wird auch als *Feinkommissionierung* bezeichnet [152].

Für ein *homogenes Sortiment* mit gleichartigen Artikeleinheiten genügt es, die *mittleren Abmessungen* und das *durchschnittliche Gewicht* der Entnahmeeinheiten zu kennen. Wenn sich die Artikeleinheiten stark unterscheiden, muß das Sortiment in mehrere, in sich ausreichend gleichartige homogene *Sortimentsgrup-*

*pen* eingeteilt werden, zum Beispiel in *Großteile*, *Kleinteile* und *Sperrigteile*, die in unterschiedlichen Ladeeinheiten gelagert und bereitgestellt werden.

Wenn sich der Mengendurchsatz der einzelnen Artikel stark unterscheidet, kann es sinnvoll sein, das Sortiment nach einer *ABC-Analyse* aufzuteilen in *Artikelgruppen* mit in sich ähnlicher Gängigkeit, die jeweils $N_A$ A-Artikel, $N_B$ B-Artikel und $N_C$ C-Artikel umfassen. Die Artikelgruppen mit unterschiedlicher Gängigkeit können in den gleichen oder in unterschiedlichen Ladeeinheiten bereitgestellt werden, beispielsweise Artikel mit hohem Volumendurchsatz und Bestand in *Paletten* und mit geringerem Volumendurchsatz und Bestand in *Behältern.*

**2. Auftragsanforderungen**

*Kommissionieraufträge* können *externe Aufträge* sein, wie *Versandaufträge* und *Ersatzteilaufträge*, oder *interne Aufträge*, wie *Sammelauftäge* einer ersten Kommissionierstufe, *Teilaufträge* für parallele Kommissionierbereiche und *Versorgungsaufträge* für die Montage oder Produktion. Wenn für die Aufträge unterschiedliche *Durchlaufzeiten* oder *Termine* gefordert sind, ist eine Aufteilung in *Dringlichkeitsklassen*, wie *Sofortaufträge*, *Eilaufträge* und *Terminaufträge*, erforderlich.

Die Auftragsanforderungen spezifizieren *Anzahl*, *Inhalt* und *Struktur* der Aufträge, die zu kommissionieren sind. Sie umfassen:

- *Art der Kommissionieraufträge* [KAuf]
- *Auftragsdurchsatz* $\lambda_{KAuf}$ [KAuf/PE] pro *Periode* [PE = Jahr, Tag oder Stunde]
- *Auftragspositionen* $n_{Pos}$ [Pos/Auf], d.h. Artikelanzahl pro Auftrag
- *Entnahmemenge* oder *Pickmenge* pro Position $m_{EE}$ [EE/Pos]
- *Versandeinheiten* [VE] mit *Kapazität* $C_{VE}$ [AE/VE oder EE/VE], *Abmessungen* $l_{VE}$, $b_{VE}$, $h_{VE}$ [mm], *Volumen* $v_{VE}$ [*l*/VE] und *Gewicht* $g_{VE}$ [kg/VE]
- *maximal zulässige Auftragsdurchlaufzeit* $T_{K\,Auf\,max}$ [h]

Bei stochastisch schwankendem und zeitlich veränderlichem Auftragseingang müssen der *Mittelwert* und die *Varianz* des *Auftragsdurchsatzes* $\lambda_{KAuf}$ für den *Spitzentag* des Jahres bekannt sein. Wenn die *Betriebszeiten* fest vorgegeben oder die Auftragsdurchlaufzeiten begrenzt sind, wird auch der stündliche Auftragseingang für die *Spitzenstunde* des Spitzentages zur Dimensionierung benötigt.

Für Aufträge, die sich nicht allzu stark voneinander unterscheiden, genügt es, die *durchschnittliche Auftragsstruktur*, also die mittlere Anzahl Positionen und Entnahmemengen für alle Aufträge zu kennen. Wenn die Aufträge sehr unterschiedlich sind, müssen *Auftragscluster* mit in sich ähnlicher Struktur gebildet und separat betrachtet werden, beispielsweise *Großmengenaufträge* und *Kleinmengenaufträge* oder *Einpositionsaufträge* und *Mehrpositionsaufträge.*

Aus der mittleren Positionsanzahl und der Entnahmemenge pro Position errechnet sich die *durchschnittliche Auftragsmenge*:

$$m_A = n_{Pos} \cdot m_{EE} \qquad [\text{EE / KAuf}] \qquad (17.4)$$

Aus der Auftragsmenge und dem mittleren Volumen und Gewicht der Entnahmeeinheiten resultieren das *durchschnittliche Auftragsvolumen* und *Auftragsgewicht*:

$$\begin{aligned} V_A &= n_{Pos} \cdot m_{EE} \cdot v_{EE} && [l/\text{KAuf}] \\ G_A &= n_{Pos} \cdot m_{EE} \cdot g_{EE} && [\text{kg}/\text{KAuf}]. \end{aligned} \qquad (17.5)$$

Die *Versandeinheiten* können Paletten, Behälter, Klappboxen, Versandkartons oder andere Behälter sein. Wenn sich die *Versandanforderungen*, wie die zu verwendenden Verpackungen oder Versandeinheiten, unterscheiden, sind die Aufträge entsprechend zu klassifizieren und bei der Systemauslegung, Leistungsberechnung und Kostenkalkulation getrennt zu betrachten.

Sind die Versandeinheiten nicht vorgegeben, sind *Gestaltung*, *Auswahl*, *Abmessungen* und *Zuweisungskriterien* der Versandeinheiten zu den unterschiedlichen Auftragsgruppen weitere *Handlungsparameter*, die zur Optimierung des Kommissioniersystems genutzt werden können. Aus den Abmessungen der Versandeinheiten und der Entnahmeeinheiten resultiert das durchschnittliche *Fassungsvermögen der Versandeinheiten* $C_{VE}$ [EE/VE] (s. *Kapitel 12*).

### 3. Durchsatzanforderungen

Die Durchsatzanforderungen lassen sich aus dem Auftragsdurchsatz, der Auftragsstruktur und den Sortimentsdaten errechnen. Für die Systemauslegung und die Dimensionierung werden benötigt der

- *Volumendurchsatz*

$$\lambda_V = V_A \cdot \lambda_{KAuf} \qquad [l/\text{PE}] \qquad (17.6)$$

und der

- *Mengendurchsatz*

  Positionen

$$\lambda_{Pos} = n_{Pos} \cdot \lambda_{KAuf} \qquad [\text{Pos}/\text{PE}]. \qquad (17.7)$$

  Entnahmeeinheiten

$$\lambda_{EE} = m_{EE} \cdot \lambda_{Pos} \qquad [\text{EE}/\text{PE}]. \qquad (17.8)$$

  Artikeleinheiten

$$\lambda_{AE} = c_{EE} \cdot \lambda_{EE} \qquad [\text{AE}/\text{PE}]. \qquad (17.9)$$

Mit dem Fassungsvermögen $C_{BE}$ [EE/BE] der *Bereitstelleinheiten* und dem Fassungsvermögen $C_{VE}$ [EE/VE] der *Versandeinheiten* errechnet sich aus dem Durchsatz der Entnahmeeinheiten der

- *Ladeeinheitendurchsatz*

  Bereitstelleinheiten

$$\lambda_{BE} = \lambda_{EE} / C_{BE} \qquad [\text{BE}/\text{PE}]. \qquad (17.10)$$

  Versandeinheiten

$$\lambda_{VE} = \lambda_{EE} / C_{VE} + \lambda_{KAuf}\left(C_{VE} - 1\right) / 2C_{VE} \qquad [\text{VE}/\text{PE}]. \qquad (17.11)$$

Der Zusatzterm für den Durchsatz der Versandeinheiten resultiert daraus, daß pro Kommissionierauftrag eine Anbrucheinheit mit dem mittleren *Anbruchverlust* $(C_{VE}-1)/2C_{VE}$ entsteht. Faßt beispielsweise eine zum Versand eingesetzte Klappbox im Mittel 8 Entnahmeeinheiten, ist also $C_{VE} = 8$ EE/VE, dann ist der Durchsatz der Versandbehälter im Mittel pro Kommissionierauftrag um (8 – 1)/16 = 0,44 Versandbehälter größer als der Vollbehälterdurchsatz, der in diesem Fall gleich ein Achtel des Durchsatzes der Entnahmeeinheiten ist. Analog erhöht sich auch der Durchsatz (17.10) der Bereitstelleinheiten infolge des Anbruchverlustes im Mittel um $(C_{BE}-1)/2C_{BE}$ Bereitstelleinheiten pro Nachschubauftrag, wenn der Nachschub nicht in ganzen Einheiten erfolgt (s. *Abschnitt 12.5*).

Bei der Leistungsberechnung und Dimensionierung von Kommissioniersystemen ist also zu beachten:

- Der Ladeeinheitendurchsatz erhöht sich infolge der Anbrucheinheiten, vor allem wenn die Auftragsmenge im Vergleich zum Fassungsvermögen der Ladeeinheiten klein ist.

Der Durchsatz der Bereitstelleinheiten ist gleich der *Nachschubleistung* für die Bereitstellplätze. Die Nachschub- oder Bereitstelleistung bestimmt maßgebend den *Gerätebedarf* des Beschickungssystems.

Mit größerem Fassungsvermögen der Bereitstelleinheiten reduziert sich die *Nachschubfrequenz* und damit der Gerätebedarf zur Beschickung der Bereitstellplätze. Zugleich aber nehmen auch die Bereitstellänge und damit die Kommissionierwege zu. Außerdem verringert sich der Füllungsgrad der Bereitstelleinheiten im Zugriff mit größerer Kapazität $C_{BE}$, denn sie sind im Mittel nur mit $(C_{BE}+1)/2$ Entnahmeeinheiten gefüllt.

Gegenläufig dazu aber werden mit zunehmender Größe der Ladeeinheiten der Packungsgrad besser und der anteilige Raumverlust durch die Fachfreimaße geringer. Es gibt daher eine *optimale Größe der Bereitstelleinheiten*, die von vielen Einflußfaktoren abhängt und projektabhängig zu bestimmen ist.

Wenn die Versandeinheit gleich der *Ablageeinheit* am Entnahmeplatz ist, bestimmt deren Durchsatz die *Abförder-* oder *Entsorgungsleistung* des Kommissionierbereichs und damit die Auswahl und Auslegung des Abfördersystems.

Durch ein größeres Fassungsvermögen der Versand- oder Ablageeinheiten lassen sich die Abförderleistung und damit der Aufwand für die Fördertechnik zur Entsorgung des Kommissionierbereichs reduzieren. Mit zunehmendem Fassungsvermögen $C_{VE}$ aber verschlechtert sich der Füllungsgrad der Versand- oder Ablageeinheiten, da pro Kommissionierauftrag ein *Anbruchbehälter* entsteht, der im Mittel nur $(C_{VE}+1)/2$ Entnahmeeinheiten enthält. Aus diesen gegenläufigen Effekten folgt, daß es auch eine *optimale Größe der Versandeinheiten* gibt, die ebenfalls projektspezifisch bestimmt werden muß.

#### 4. Bestandsanforderungen

Die Bestände im Kommissionierbereich sind so zu bemessen, daß bei kostenoptimalem Nachschub ein unterbrechungsfreies Kommissionieren mit kurzen Wegen gewährleistet ist. Aus dieser Zielsetzung folgen die *Auslegungsregeln* (s. *Abschnitte 11.2* und *11.8*):

- Im Kommissioniersystem muß für jeden Artikel mindestens der *Pull-Bestand* vorrätig sein, dessen Höhe von der Bestands- und Nachschubdisposition für den Kommissionierbereich bestimmt wird (s. *Abschnitt 11.1*).
- Wenn der Gesamtbestand eines Artikels den für das Kommissionieren benötigten Pull-Bestand übersteigt, darf davon nur so viel im Kommissionierbereich gelagert werden, wie ohne Behinderung des Kommissionierens möglich ist.

Darüber hinausgehende *Reserve-* oder *Push-Bestände* müssen in einem *Reservelager* gelagert werden, das vom Kommissioniersystem räumlich getrennt ist [158].

Für das Kommissionieren mit *statischer Bereitstellung* teilt sich der Bestand pro Artikel auf in

- eine *Zugriffseinheit*, die sich auf einem *Bereitstellplatz* im *Zugriff* befindet,
- eine *Zugriffsreserveeinheit*, die in der Nähe des Bereitstellplatzes untergebracht ist,
- *Reserveeinheiten*, die ebenfalls im Kommissioniersystem oder getrennt in einem *Reservelager* lagern.

Die Summe der Artikelbestände in den Zugriffseinheiten und Zugriffsreserveeinheiten ist der Pull-Bestand des Kommissionierbereichs (s. *Abb. 17.8*).

Der *Platzbedarf* für den Pull-Bestand wird von der Artikelanzahl und der *Belegungsstrategie* für den Zugriffsbereich bestimmt. Der Platzbedarf für die Reserveeinheiten ist abhängig von der *Lagerordnung*. Bei *freier Lagerordnung* ist der Platzbedarf durch den mittleren Bestand, bei *fester Lagerordnung* durch den maximalen Bestand gegeben (s. *Abschnitt 16.5*).

## 17.2 Kommissionierverfahren

Um den Greifvorgang zu ermöglichen, müssen die in *Abb. 17.1* dargestellten *zentralen Elemente eines Kommissioniersystems* an einem Ort zusammenkommen:

- *Bereitstelleinheiten* $B_i$, i = 1,2...$N_S$, in denen ausreichende Warenmengen der $N_S$ Artikel des Sortiments bereitgehalten werden.
- *Auftragsablagen* $A_j$, j = 1,2...$N_A$, auf die die Entnahmemengen $m_{ji}$ aus den Bereitstelleinheiten $B_i$ für $N_A$ gleichzeitig bearbeitete Aufträge abgelegt werden.
- *Kommissionierer* $K_k$, k = 1,2 ..... $N_K$, die das Greifen durchführen.

Die grundlegenden *Kommissionierverfahren* ergeben sich aus den unterschiedlichen Möglichkeiten, die zentralen Elemente des Kommissioniersystems am *Greifort* zusammenzuführen, also daraus, an welchem Ort der Greifvorgang stattfindet, welche der Elemente sich permanent am Greifort befinden und welche nur temporär zum Greifort bewegt werden.

Aus den möglichen Kombinationen, in denen jeweils zwei Elemente zusammen zu einem dritten stationären Element kommen können und in denen ein Element zu zwei stationären Elementen kommen kann, ergeben sich die 6 verschiedenen *Kommissionierverfahren*:

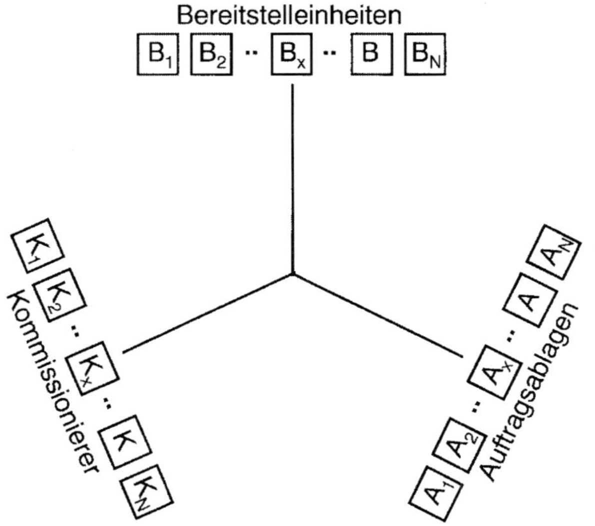


**Abb. 17.1** Zentrale Elemente eines Kommissioniersystems

Bereitstelleinheiten $B_i$, i = 1,2 ...$N_B$
Auftragsablagen $A_j$, j = 1,2 ...$N_A$
Kommissionierer $K_k$, k = 1,2 ...$N_K$

- Kommissionierer kommen mit den Aufträgen zu den Bereitstelleinheiten
- Aufträge kommen zu den Kommissionierern bei den Bereitsstelleinheiten
- Bereitstelleinheiten kommen zu Kommissionierern und Aufträgen (17.12)
- Kommissionierer kommen mit Bereitstelleinheiten zu den Aufträgen
- Kommissionierer kommen zu den Aufträgen bei den Bereitstelleinheiten
- Bereitstelleinheiten kommen mit Aufträgen zu den Kommissionierern

In den *Abb. 17.2* bis *17.6* sind verschiedene Realisierungsmöglichkeiten der wichtigsten dieser sechs grundlegenden Kommissionierverfahren dargestellt. Der Aufbau, die Funktion und die Einsatzvoraussetzungen sowie die Vor- und Nachteile der praktisch relevanten Kommissionierverfahren werden nachfolgend näher beschrieben.

Ein weiteres Kommissionierverfahren, das vollständig *stationäre Kommissionieren*, ergibt sich aus der Möglichkeit, jeweils einen Bereitstellplatz, einen Ablageplatz und einen Kommissionierer stationär an einem Ort zusammenzubringen. Die Kommissionierer sind in diesem Fall stationäre *Abzugsvorrichtungen*, die mit einem *Fördersystem* verbunden sind. Die Abzugsvorrichtungen ziehen die Warenstücke in der geforderten Anzahl von den stationären Bereitstellplätzen auf das Fördersystem, das sie bei *einstufiger Kommissionierung* direkt und bei *zweistufiger Auftragsbearbeitung* über einen *Sorter* zu den Auftragssammelplätzen in der Packerei oder im Versand befördert. An den Auftragssammelplätzen wird die Ware entnommen, in Versandeinheiten abgelegt oder verpackt.

## 1. Konventionelles Kommissionieren mit statischer Artikelbereitstellung

Das konventionelle Kommissionieren ist jedem Konsumenten aus den *Selbstbedienungsgeschäften* bekannt. Beim konventionellen Kommissionieren mit statischer Bereitstellung - bei manueller Entnahme kurz *Mann zur Ware* genannt - befinden sich die Bereitstelleinheiten auf stationären *Zugriffsplätzen*. Die Bereitstellung ist *statisch*. Die Kommissionierer kommen mit den Auftragsablagen oder Versandbehältern zu den Bereitstelleinheiten der Artikel.

Die Zugriffsplätze mit den Bereitstelleinheiten sind - wie in *Abb. 17.2* für ein typisches Beispiel dargestellt - *platzsparend* und *wegoptimal* auf dem Boden nebeneinander oder in geeigneten Regalen übereinander angeordnet.

Die Kommissionierer bewegen sich mit den Aufträgen nacheinander zu den Bereitstellplätzen, die ihnen von einem *Beleg* oder einer *elektronischen Anzeige* angegeben werden, entnehmen die geforderten Mengen und legen sie auf dem Kommissioniergerät oder in die mitgebrachten Sammelbehälter ab. Nach Fertig-

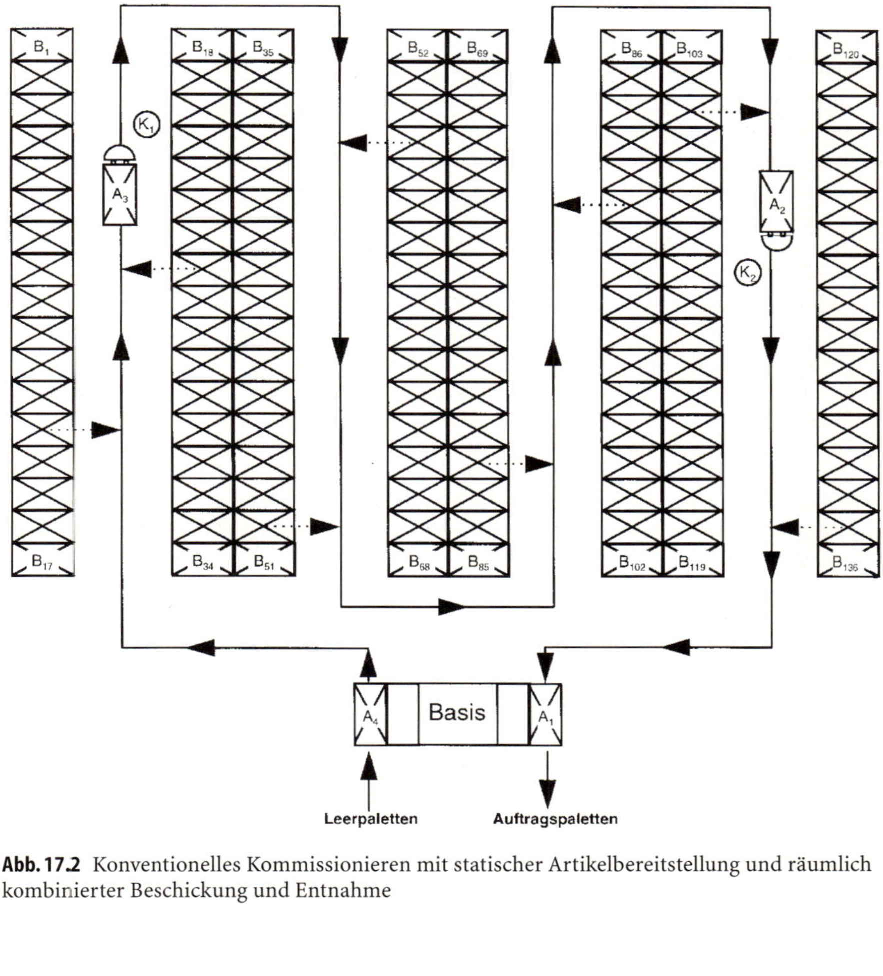


**Abb. 17.2** Konventionelles Kommissionieren mit statischer Artikelbereitstellung und räumlich kombinierter Beschickung und Entnahme

stellung aller mitgenommenen Aufträge wird die kommissionierte Ware an einem *Auftragssammelplatz*, der sogenannten *Basis* der Kommissioniertour, abgegeben.

Die *Vorteile* des konventionellen Kommissionierens sind:

- minimaler technischer Aufwand
- einfache, auch ohne Rechnereinsatz realisierbare Organisation
- kurze Auftragsdurchlaufzeiten
- Möglichkeit der gleichzeitigen Bearbeitung von Eilaufträgen, Einzelaufträgen, Auftragsserien, Teilaufträgen und Komplettaufträgen
- hohe Flexibilität gegenüber schwankenden Durchsatzanforderungen und Sortimentsveränderungen
- Eignung für alle Arten von Waren, von kleinsten bis zu großen, schweren und sperrigen Warenstücken

Wegen dieser Vorteile ist das konventionelle Kommissionieren bis heute am weitesten verbreitet. Dabei werden jedoch häufig die *Nachteile* übersehen oder unterschätzt:

- bei einem breiten Artikelsortiment und großen Bereitstelleinheiten lange Wege mit der Folge eines hohen Kommissionierer- und Gerätebedarfs
- großer Grundflächenbedarf für die Warenbereitstellung und für die Kommissioniergassen sowie bei räumlich getrennter Beschickung und Entnahme für die Beschickungsgänge
- bei großen Artikelbeständen ist ein räumlich getrenntes Reservelager für die Überbestände erforderlich, aus dem der Kommissionierbereich mit Nachschub zu versorgen ist
- Probleme der rechtzeitigen Nachschubbereitstellung nach dem *erschöpfenden Griff*, wenn das letzte Warenstück entnommen ist und für den gleichen Auftrag weitere Warenstücke benötigt werden,
- störende und aufwendige Entsorgung der geleerten Ladehilfsmittel – Paletten, Kartons oder Behälter – nach dem erschöpfenden Griff

Viele dieser Nachteile lassen sich durch greifoptimale Gestaltung der Bereitstellplätze, durch wegoptimale Anordnung und Dimensionierung der Regale, durch geeignete Nachschub- und Wegstrategien sowie durch den Einsatz geeigneter Technik und Steuerung vermindern oder beseitigen. Daher ist das konventionelle Kommissionieren in vielen Fällen nach wie vor das geeignetste und wirtschaftlichste Kommissionierverfahren.

Besonders gut ist das konventionelle Kommissionieren geeignet für das

- ▶ Kommissionieren von Paletten auf Paletten (*Pick to Pallet*) aus einem relativ schmalen Sortiment in einer Kommissionierzone mit Beständen bis zu 10 Paletten pro Artikel;
- ▶ Kommissionieren aus einem breiteren Sortiment von kleinvolumigen Artikeleinheiten, die in Fachbodenregalen oder Durchlaufkanälen bereitgestellt werden.

Die erste Voraussetzung ist beispielsweise in den Zentrallagern von Industrie und Handel zur täglichen Versorgung der Filialen und des Einzelhandels mit *Konsumgütern* erfüllt. Die zweite Voraussetzung ist in der ersten Kommissionierstufe der *Versandhäuser* und im *Pharmahandel* gegeben.

Für quaderförmige Warenstücke mit geeigneter Verpackung, die auf Paletten mit artikelweise gleichbleibendem Packschema angeliefert werden, läßt sich das Kommissionieren von Paletten mit statischer Bereitstellung auf Paletten oder in Rollcontainer auch von einem *Portalroboter* oder einem verfahrbaren *Greifroboter* ausführen.

### 2. Dezentrales Kommissionieren mit statischer Artikelbereitstellung

Auch beim dezentralen Kommissionieren haben die Bereitstelleinheiten einen festen Platz. Die Kommissionierer arbeiten jedoch in *dezentralen Arbeitsbereichen*, in denen sich eine bestimmte Anzahl von Zugriffsplätzen befindet.

Wie in *Abb. 17.3* für ein Beispiel dargestellt, laufen die Aufträge mit oder ohne Sammelbehälter nacheinander auf einer Fördertechnik oder mit einem automatischen Flurförderzeug die betreffenden Kommissionierzonen an. Dort halten sie, bis die geforderte Warenmenge entnommen und abgelegt ist. Danach läuft der Auftrag zu einem nachfolgenden Kommissionierer, der den Bereitstellplatz für die nächste Auftragsposition bedient.

Die dezentral abgelegte Ware wird über ein Sammel- und Sortiersystem zu den Auftragssammelplätzen in der Packerei befördert oder – bei Befüllung der Versandbehälter nach dem *Pick & Pack-Prinzip* – direkt zum Versand transportiert (s. *Abb. 13.29*).

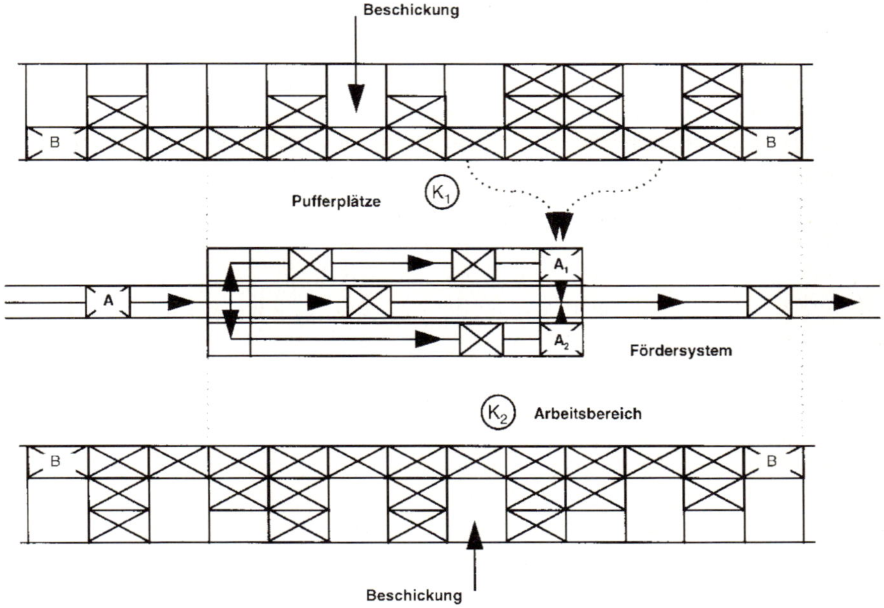


**Abb. 17.3** Dezentrales Kommissionieren mit statischer Artikelbereitstellung und räumlich getrennter Beschickung und Entnahme
Dezentrale Arbeitsbereiche mit Auftragssammelfördersystem

Die *Vorteile* des dezentralen Kommissionierens sind:

- kurze Wege und kontinuierliches Arbeiten
- keine Rüstzeiten und Wartezeiten an einer zentralen Basis
- höhere Pickleistung der Kommissionierer

Diesen Vorteilen steht jedoch eine Reihe von *Nachteilen* gegenüber:

- gegenseitige Abhängigkeit der Kommissionierer in aufeinander folgenden Kommissionierzonen
- geringere Flexibilität bei Schwankungen und Veränderungen der Leistungsanforderungen
- räumliche Trennung der Beschickung von der Entnahme wegen der Fördertechnik in den Kommissioniergassen
- hoher Grundflächenbedarf für die griffgünstige Warenbereitstellung, die Kommissioniergassen, das Sammelfördersystem und die räumlich getrennte Beschickung
- bei großen Artikelbeständen ist ein räumlich getrenntes Reservelager für die Überbestände erforderlich, aus dem der Kommissionierbereich mit Nachschub zu versorgen ist
- gleichzeitiges Bearbeiten mehrerer Aufträge, das heißt *Batchbearbeitung* von *Auftragsserien* oder *zweistufiges Kommissionieren*,
- infolge der Batchbearbeitung oder der zweistufigen Kommissionierung relativ lange Auftragsdurchlaufzeiten
- bei kleinen Auftragsserien ungleichmäßige Auslastung und häufig längere Wartezeiten
- Probleme mit dem erschöpfenden Griff und der Entsorgung der geleerten Ladehilfsmittel

Diese Nachteile des dezentralen Kommissionierens – bei Ablage der Entnahmeeinheiten auf ein Förderband auch *Pick to Belt* genannt – lassen sich durch optimale Gestaltung, Anordnung und Dimensionierung der Bereitstellplätze und Ablageplätze nur bedingt vermindern.

Das dezentrale Kommissionieren kann bei gleichmäßig hohen Leistungsanforderungen, mehr als 10.000 Aufträgen pro Tag mit weniger als 5 Positionen pro Auftrag und einem breiten Sortiment kleinvolumiger Artikel – 10.000 Artikel und mehr – wirtschaftlicher sein als andere Kommissionierverfahren.

Diese speziellen Voraussetzungen sind in Versandlagern für pharmazeutische Produkte, Kosmetikartikel, Computerbedarf, Bücher, Tonträger und Büroartikel erfüllt. Daher ist das dezentrale Kommissionieren in diesen Branchen weit verbreitet.

Weitere Einsatzmöglichkeiten dieses Verfahrens bestehen im Versandhandel zur *Hochleistungskommissionierung* kleinvolumiger Waren. Wegen seiner vielen Nachteile und der speziellen Einsatzvoraussetzungen ist das dezentrale Kommissionieren jedoch im Versandhandel wie auch in der übrigen Wirtschaft relativ selten zu finden.

### 3. Stationäres Kommissionieren mit dynamischer Artikelbereitstellung

Das stationäre Kommissionieren mit dynamischer Bereitstellung ist im Prinzip jedem Konsumenten aus Läden mit *Thekenbedienung* vertraut, wo der Verkäufer einen Warenbehälter aus einem Regal holt, die gewünschten Artikel an der Theke entnimmt und den Behälter mit der Restmenge wieder zurückstellt.

Beim stationären Kommissionieren mit dynamischer Artikelbereitstellung - bei manueller Entnahme kurz *Ware zum Mann* genannt - findet der Greifvorgang an einem *festen Kommissionierarbeitsplatz* statt. Die Bereitstelleinheiten mit den angeforderten Artikeln werden - wie in *Abb. 17.4* dargestellt - aus einem *Bereitstellager* über eine Fördertechnik ausgelagert und an den Kommissionierarbeitsplätzen genau so lange bereitgestellt, bis die benötigten Warenmengen entnommen sind. Die Bereitstellung der Artikel ist *dynamisch*.

Bei einer *Einzelauftragsbearbeitung* befinden sich im Ablagebereich des Kommissionierers die Sammel- oder Versandbehälter jeweils für nur einen Auftrag. Bei einer *einstufigen Serienbearbeitung* sind mehrere Behälter für die Aufträge einer Serie ablagegünstig aufgestellt. Der Kommissionierer legt nach den Vorgaben einer Anzeige die entnommenen Warenmengen für die einzelnen Aufträge in die angewiesenen Sammelbehälter ab. Fertig befüllte Sammelbehälter werden mit einem Flurförderzeug oder von einem Fördersystem zum Versand gebracht (s. *Abb. 17.25*).

Bei einer *zweistufigen Kommissionierung* werden bei jeder Bereitstellung die Artikelmengen für mehrere externe Aufträge, die zu einem *Sammelauftrag* gebündelt sind, gemeinsam entnommen und auf ein Abfördersystem gelegt, das sie zur zweiten Kommissionierstufe oder über einen Sorter in die Packerei befördert. Die nach der Entnahme in den Bereitstelleinheiten verbleibenden Restmengen werden in beiden Fällen zum nächsten Kommissionierarbeitsplatz weiterbefördert oder wieder eingelagert.

Die *Vorteile* des stationären Kommissionierens mit dynamischer Bereitstellung sind:

- weitgehender Fortfall der Wege für den Kommissionierer
- Möglichkeit ergonomisch optimaler Arbeitsplatzgestaltung, wie die Ausstattung mit Greifhilfen für schwere oder sperrige Warenstücke

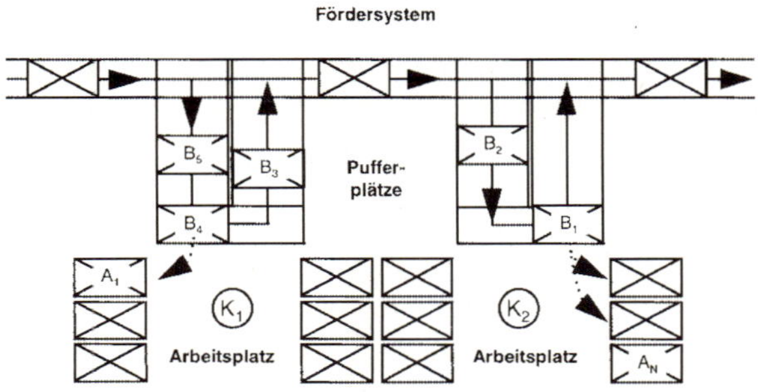


**Abb. 17.4** Stationäres Kommissionieren mit dynamischer Artikelbereitstellung Kommissionierarbeitsplätze mit Bereitstellungsfördersystem

- hohe Kommissionierleistungen
- große Flexibilität bei Veränderungen von Sortiment und Auftragsstruktur
- geringere Probleme beim erschöpfenden Griff
- einfache Entsorgung der geleerten Ladehilfsmittel
- kompaktes und flächensparendes Bereitstell- und Reservelager
- gegen unautorisierten Zugriff optimal gesicherte Warenbestände
- geringer Platzbedarf wegen des Fortfalls der Kommissioniergassen
- einfache Realisierbarkeit des *Pick & Pack-Prinzips*
- Anordnung der Arbeitsplätze in der Nähe von Packerei oder Versand

Wesentliche *Nachteile* des stationären Kommissionierens mit dynamischer Artikelbereitstellung sind:

- *hohe Investition* für das automatische Lager- und Bereitstellsystem sowie für die Zu- und Abfördertechnik zur Auslagerung und Rücklagerung
- relativ *hohe Kosten pro Bereitstellvorgang* für Artikel in Paletten oder anderen Großbehältern
- in Spitzenzeiten und bei zweistufiger Auftragsbearbeitung *lange Auftragsdurchlaufzeiten*
- infolge der begrenzten Bereitstelleistung *eingeschränkte Flexibilität* bei stark schwankenden Leistungsanforderungen
- unter Umständen erforderliche *Ladungssicherung* für die rückzulagernden *Restmengen*

Mit einem leistungsfähigen Bereitstellager und einer entsprechenden Prozeßsteuerung in Verbindung mit *Mehrschichtbetrieb* und *flexiblen Arbeitszeiten* lassen sich diese Nachteile jedoch zum Teil beherrschen (s. *Abschnitt 17.16*).

Eine Möglichkeit zur Minimierung der erforderlichen Bereitstelleistung und damit der Investition in das Bereitstellsystem ist die *Bündelung von Aufträgen*, deren Positionen die gleichen Artikel ansprechen. Da die Zahl der Bereitstellungen pro Auftrag mit ansteigender Anzahl der gleichzeitig in Arbeit befindlichen Aufträge abnimmt, während die Auftragsdurchlaufzeiten mit der Batchgröße zunehmen, ist die *Batchgröße* ein wichtiger *Optimierungsparameter* der dynamischen Bereitstellung [62; 159].

Aus vielen Leistungs- und Kostenvergleichen folgt die allgemeine *Einsatzregel*:[1]

▶ Kommissioniersysteme mit dynamischer Bereitstellung sind geeignet bei *hohen Leistungsanforderungen* und *breitem Sortiment*, wenn eine *Serienbearbeitung* externer Aufträge möglich ist, die weitgehend gleiche Artikel ansprechen.

Auch wenn mit der Entnahme zeitaufwendige Zusatzarbeiten, wie Zählen, Eintüten, Abwiegen oder Zuschneiden, verbunden sind, wenn schwere und sperrige Teile den Einsatz von Handhabungsgeräten erfordern oder wenn hochwertige

1 Entgegen allgemeiner Auffassung ist der sogenannte *Kommissionierfaktor*, das heißt, das Verhältnis des Inhalts einer vollen Bereitstelleinheit zur mittleren Entnahmemenge, kein geeignetes Einsatzkriterium für die dynamische Bereitstellung [50; 152].

Ware gegen falschen Zugriff gesichert werden soll, ist die dynamische Bereitstellung eine gute Lösung.

Die dynamische Artikelbereitstellung ist besonders zur artikelweisen Kommissionierung von Serienaufträgen in der ersten Stufe eines zweistufigen Kommissioniersystems geeignet. Das *zweistufige Kommissionieren* erfordert jedoch eine aufwendigere Organisation und Prozeßsteuerung sowie die Investition für die zweite Kommissionierstufe (s.u.).

*Technische Voraussetzungen* der dynamischen Bereitstellung sind gleichartige Ladeeinheiten und eine ausreichende Stapelsicherheit der Warenstücke und Gebinde auf den Ladehilfsmitteln, die *Normpaletten*, *Tablare* oder standardisierte *Kleinbehälter* sein können.

Die weiteste Verbreitung hat das stationäre Kommissionieren mit dynamischer Bereitstellung bisher in Form der *Automatischen Kleinbehälter-Lagersysteme* – kurz *AKL-System* – gefunden, da hier die Bereitstellkosten im Vergleich zu den eingesparten Wegekosten besonders günstig sind (s. *Abb. 17.34*). Für das Kommissionieren von Paletten auf Paletten ist die dynamische Bereitstellung nur mit einem kostengünstigen und flexiblen Bereitstellsystem wirtschaftlich (s. *Abschnitt 17.16*).

Eine spezielle technische Ausführung des stationären Kommissionierens mit dynamischer Bereitstellung ist das in *Abb. 16.7* gezeigte *Umlauflager*, in dem die Bereitstelleinheiten auf *mobilen Lagerplätzen* zu den Kommissionierplätzen kommen. Das Umlauflager ist zugleich Lager und Bereitstellsystem. Es kann entweder als vertikal umlaufendes *Paternosterlager* oder als horizontal umlaufendes *Karussellager* ausgeführt sein [29]. Wesentliche *Nachteile* der Umlauflager sind die *begrenzte Lagerkapazität*, die *hohen Platzkosten*, der *Nachfüllaufwand* und die *Wartezeiten* zwischen den Bereitstellungen, die eine Größenordnung von 20 bis 60 s pro Position erreichen.

Einsatzbereiche für Paternoster- und Karussellager sind das Lagern und Kommissionieren von Kleinteilen, Ersatzteilen, Werkzeugen, Dokumenten und Karteien. Aber auch für das Lagern und Bereitstellen von *Langgut*, wie Stangenmaterial, Rohre oder Teppichrollen, sind Umlauflager im Einsatz.

#### 4. Inverses Kommissionieren mit statischer Auftragsbereitstellung

Beim inversen Kommissionieren haben die *Auftragsbehälter* für die Dauer der Befüllung einen festen Platz. Der Greifvorgang findet am Auftragsablageplatz statt. Die Kommissionierer kommen mit den Bereitstelleinheiten zu den Auftragsplätzen. Die Artikelbereitstellung ist also wie beim stationären Kommissionieren *dynamisch*.

Die Auftragsablageplätze mit den Sammelbehältern, Paletten oder Versandbehältern einer Auftragsserie sind – wie in *Abb. 17.5* dargestellt – nebeneinander auf dem Boden, auf einem Gestell oder in einem Regal *platzsparend* und *wegoptimal* angeordnet. Die Kommissionierer holen die Bereitstelleinheiten von einem Bereitstellplatz ab, bewegen sich zu den angegebenen Auftragsplätzen, entnehmen die geforderten Artikelmengen und legen sie in die Auftragsbehälter. In den Bereitstelleinheiten verbleibende Restmengen werden für die nächste *Auftragsserie* verwendet oder wieder eingelagert.

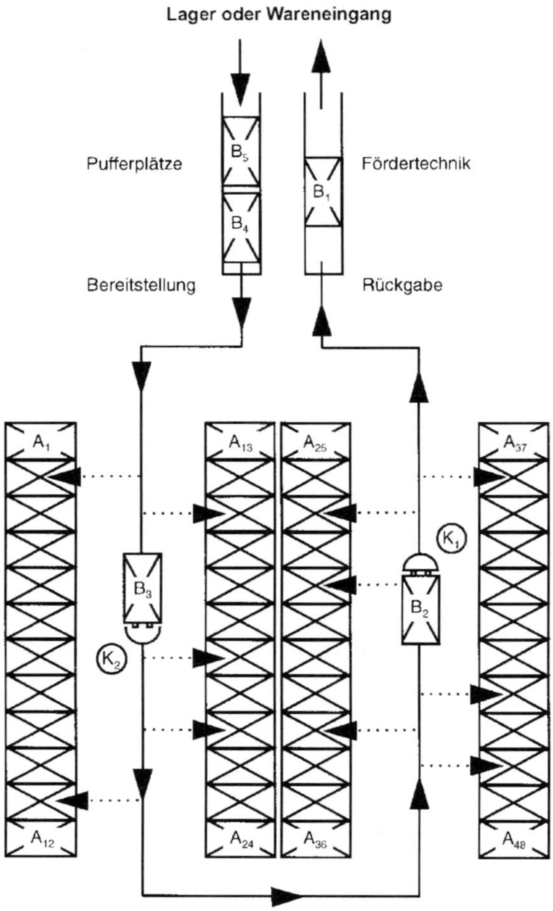


**Abb. 17.5** Inverses Kommissionieren mit stationärer Auftragsbereitstellung Kommissionierkreisel für Palettenware

Der Prozeß des inversen Kommissionierens ist im Prinzip die *zeitliche Umkehr* oder *Inversion* des konventionellen Kommissionierprozesses, wobei die Rollen der Versandeinheiten und der Bereitstelleinheiten vertauscht sind. Da die Kommissionierer die Auftragsbehälter einer Serie im Verlauf ihrer Arbeit umkreisen, wird das Verfahren im Handel auch als *Kommissionierkreisel* oder *Kommissioniertango* bezeichnet.

Das noch relativ wenig verbreitete Verfahren des inversen Kommissionierens bietet folgende *Vorteile*:

- kurze Wege bei geringer Anzahl gleichzeitig bedienter Aufträge
- hohe Leistung der Kommissionierer
- hohe Flexibilität bei Sortimentsveränderungen

- integriertes Bereitstellungs- und Reservelager
- keine Probleme beim erschöpfenden Griff und mit der Entsorgung der geleerten Ladehilfsmittel
- geringer Platzbedarf wegen des Fortfalls der Kommissioniergassen
- Anordnungsmöglichkeit der Auftragssammelplätze nahe dem Versand
- direkte Ablage der Warenstücke in die Versandeinheit (*pick und pack*)
- einfache Organisation des Kommissionierbereichs

Die wesentlichen *Nachteile* des inversen Kommissionierens sind:

- erhöhter lager-, förder- und steuerungstechnischer Aufwand zur Auslagerung und Rücklagerung der Bereitstelleinheiten
- Batchbearbeitung von *Auftragsserien* mit entsprechend aufwendiger Organisation und Prozeßsteuerung
- infolge der Batchbearbeitung relativ lange Auftragsdurchlaufzeiten
- begrenzte Flexibilität bei großen Schwankungen und Spitzen der Leistungsanforderungen

Wie beim stationären Kommissionieren mit dynamischer Bereitstellung verlieren diese Nachteile jedoch in großen Logistikzentren an Bedeutung, die über ein leistungsfähiges Bereitstellsystem und eine entsprechende Prozeßsteuerung verfügen und im flexiblen *Mehrschichtbetrieb* arbeiten können.

Besonders geeignet ist das inverse Kommissionieren bei einer begrenzten Anzahl von Aufträgen mit wenigen Positionen, die möglichst gleiche Artikel betreffen und große Mengen anfordern, sowie bei einem relativ breiten Sortiment von deutlich mehr als 1.000 Artikeln mit ausgeprägter ABC-Verteilung.

*Optimierungsparameter* ist auch hier wieder die *Batchgröße* der gleichzeitig bearbeiteten Aufträge, mit der sich die Zahl der Bereitstellungen minimieren läßt, wobei sich allerdings die Auftragsdurchlaufzeiten verlängern (s.u.).

Das inverse Kommissionieren von Paletten auf Paletten oder in Rolltürme mit Versandbehältern wird in den Logistikzentren des *Handels* für die Nachschubversorgung der Verkaufsfilialen, insbesondere für das *Kommissionieren von Aktionsware*, eingesetzt. Auch für das Zusammenstellen der Versandmengen aus täglich angelieferten artikelreinen Paletten in bestandslosen Umschlagpunkten, die nach dem *Transshipment-Prinzip* arbeiten, eignet sich das inverse Kommissionieren (s. *Abschnitt 19.1*).

In beiden Fällen läßt sich die Anzahl der an einem Tag angesprochenen Artikel durch geeignete *Dispositionsstrategien* für den Filialnachschub begrenzen, indem beispielsweise an einem Wochentag nur die Artikel ausgewählter Warengruppen ausgeliefert werden.

### 5. Mobiles Kommissionieren mit statischer Artikel- und Auftragsbereitstellung

Beim mobilen Kommissionieren mit statischer Bereitstellung sind die Zugriffsplätze mit den Bereitstelleinheiten und die Auftragsablageplätze mit den Auftragsbehältern stationär angeordnet. Zwischen diesen Plätzen bewegt sich der Kommissionierer oder verfährt das Kommissioniergerät.

Der Kommissionierer entnimmt die Warenmenge für einen oder mehrere Aufträge und legt sie in die Sammelbehälter. Nach der Füllung wird der Sammelbe-

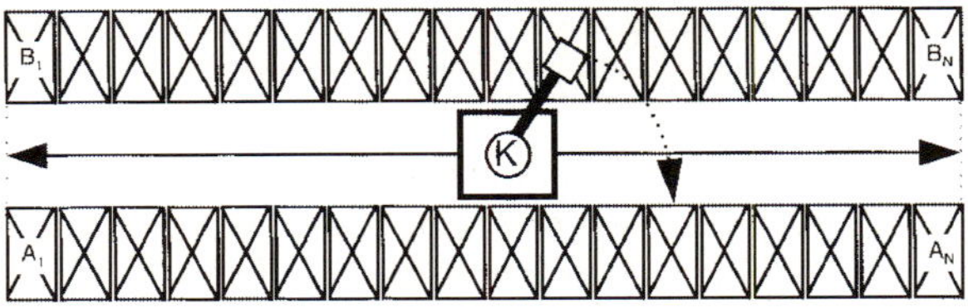


**Abb. 17.6** Mobiles Kommissionieren mit statischer Bereitstellung

Kommissionierroboter oder Lagenpalettierer mit stationären Plätzen für Bereitstelleinheiten und für Versandeinheiten

hälter in die Packerei oder in den Versand befördert und ein leerer Sammelbehälter aufgestellt.

Dieses Kommissionierverfahren eignet sich, wie in *Abb. 17.6* dargestellt, vor allem für das *mechanische Kommissionieren* mit einem verfahrbaren *Kommissionierroboter*, einem *Portalroboter* oder einem *Lagenpalettierer*. Der Einsatz von Robotern ist jedoch beschränkt auf das Kommissionieren formstabiler, kubischer oder zylindrischer Standardgebinde mit nicht zu unterschiedlichen Abmessungen.

Das mobile Kommissionieren unter Einsatz eines Roboters oder eines Lagenkommissionierers mit statischer Bereitstellung der Waren und Aufträge ist nur bei großen Durchsatzmengen, vielen Gebinden pro Position und hoher gleichmäßiger Auslastung im Mehrschichtbetrieb wirtschaftlich. Da diese Voraussetzungen nur selten erfüllt sind, ist das vollautomatische Kommissionieren relativ wenig verbreitet. Einige Einsatzbeispiele gibt es in der Konsumgüterindustrie [145; 154; 155; 156].

**6. Stationäres Kommissionieren mit dynamischer Artikel- und Auftragsbereitstellung**

Wenn Bereitstelleinheiten und Auftragsbehälter zu einem stationären Kommissionierplatz kommen, ist das eine Realisierung des letzten der sechs Kommissionierverfahren. Auch dieses Verfahren wurde inzwischen für Kleinteile realisiert. Es ist mit relativ hohem steuerungs- und fördertechnischen Aufwand verbunden, ermöglicht aber Pickleistungen bis 1000 Entnahmeeinheiten pro Stunde.

## 17.3 Kommissioniertechnik

Die einzelnen Komponenten eines Kommissioniersystems lassen sich technisch unterschiedlich ausgestalten. Die Kombination der möglichen *technischen Alternativen* für

- *Bereitstellung* der Zugriffsmengen: *statisch* oder *dynamisch*
- *Fortbewegung* des Kommissionierers: *ein-* oder *zweidimensional* (17.13)
- *Entnahme* der Ware: *manuell* oder *mechanisch*
- *Abgabe* der Auftragsmengen: *zentral* oder *dezentral*

führt zu der in *Abb. 17.7* dargestellten *Klassifizierung der Kommissioniersysteme* mit 16 verschiedenen Grundsystemen.

Diese vom Verfasser 1973 vorgeschlagene und von mehreren VDI-Richtlinien übernommene Klassifizierung ist jedoch unvollständig [21; 152]. Sie erfaßt weder alle Kommissionierverfahren – beispielsweise fehlt das inverse Kommissionieren – noch alle technischen Varianten, wie die unterschiedlichen Techniken der Beschickung, der Bereitstellung, der Ablage und der Informationsanzeige.

Die Gestaltungsmöglichkeiten und Ausführungsvarianten der Kommissioniertechnik sind sehr vielfältig und führen in Kombination mit den zuvor dargestellten Kommissionierverfahren zu weit über 1.000 unterschiedlichen Kommissioniersystemen. Von den theoretisch möglichen Kommissioniersystemen haben allerdings weniger als 50 praktische Bedeutung. Im konkreten Einzelfall sind davon meist nur wenige Lösungen wirtschaftlich [145; 154, 155; 156].

### 1. Bereitstellung

Für die *Gestaltung* der Bereitstellplätze gibt es folgende Möglichkeiten:

- Der *Bereitstellort* kann sich, wie in den *Abb. 17.2, 17.3* und *17.8* gezeigt, *statisch* an einem Platz befinden oder, wie in *Abb. 17.4* und *17.5* dargestellt, im Verlauf des Kommissionierprozesses *dynamisch* verändern.
- Die *Bereitstellplätze* sind *eindimensional* nebeneinander oder *zweidimensional* neben- und übereinander angeordnet, wobei die Bereitstelleinheiten mit ihrer Längsseite *längs* oder *quer* zum Kommissioniergang gestellt werden können.
- Die *Beschickung* kann, wie in *Abb. 17.2* gezeigt, *räumlich kombiniert* von der gleichen Seite wie das Kommissionieren oder, wie in den *Abb. 17.3, 17.8, 17.9* und *17.10* dargestellt, *räumlich getrennt* von der Rückseite der Bereitstellplätze stattfinden.

Bei der dynamischen Bereitstellung ist die Gestaltung der stationären Arbeitsplätze und der Informationsanzeige sowie die Auslegung des Bereitstellsystems

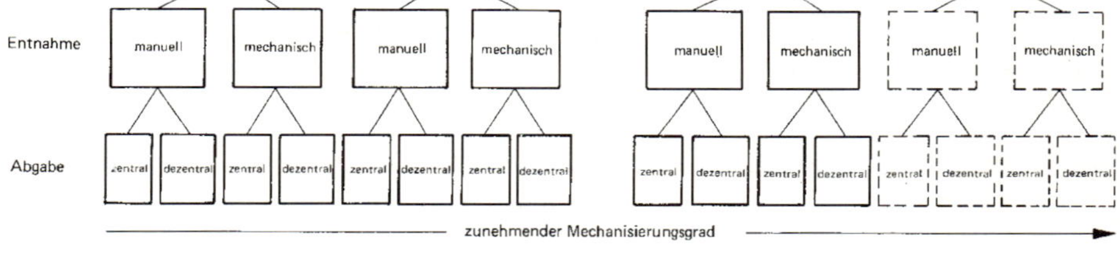


**Abb. 17.7** Klassifizierung der elementaren Kommissioniersysteme

maßgebend für die Kommissionierleistung. Ein wichtiger Dimensionierungsparameter, von dem die *Auslastbarkeit* der Kommissionierer abhängt, ist dabei die *Anzahl der Stauplätze* vor und hinter den Bereitstellplätzen.

In den Kommissioniersystemen mit *statischer Bereitstellung* ist der *Bereitstellplatz* ein Platz auf dem *Boden*, in einem *Regalgestell* oder in einem *Fachbodenregal*. Die Bereitstelleinheit bleibt auf dem Bereitstellplatz unbewegt stehen, bis sie geleert ist.

Bei *räumlich getrennter Beschickung und Entnahme* befindet sich der Bereitstellplatz, wie in den *Abb. 17.8, 17.9* und *17.10* gezeigt, auf der Ausgangsseite eines *Durchlaufkanals, Durchschubkanals* oder *Durchlaufschachtes*, der von der Rückseite beschickt wird. Dadurch stehen hinter jeder Bereitstelleinheit eine oder mehrere Reserveeinheiten, die nach dem erschöpfenden Griff nachlaufen oder vorgezogen werden können.

Der *Nachteil* der räumlich getrennten Beschickung und Entnahme ist der zusätzliche Platzbedarf für die Nachschubgassen, deren *Gangbreite* $b_{NG}$ von der Größe der Bereitstelleinheiten und der Technik der Nachschubgeräte bestimmt wird.

Bei *räumlich kombinierter Beschickung und Entnahme* entfallen die zusätzlichen Nachschubgassen. Zu entscheiden ist hier, ob für Beschickung und Kommissionieren das gleiche Gerät, wie zum Beispiel ein *Kommissionierstapler*, oder unterschiedliche Geräte eingesetzt werden, die nur auf das Lagern *oder* das Kommissionieren spezialisiert sind. Werden unterschiedliche Geräte eingesetzt, muß durch geeignete *Bewegungsstrategien* dafür gesorgt werden, daß diese möglichst nicht im gleichen Gang verkehren, um sich nicht gegenseitig zu behindern.

Der *Vorteil* der *räumlich kombinierten Beschickung und Entnahme* ist der geringere Platzbedarf. Die *Nachteile* sind:

- bei hohem Durchsatz reduzierte Kommissionierleistung infolge der gegenseitigen Behinderung von Nachschub und Kommissionierung
- begrenzte Nachschubleistung ohne Automatisierungsmöglichkeit
- kein unmittelbarer Nachschub nach dem erschöpfenden Griff

Die Nachteile der kombinierten Lösung lassen sich jedoch teilweise durch geeignete Betriebsstrategien, wie die *freie Platzordnung* in Verbindung mit dem *Flip-Flop-Verfahren*, vermeiden oder reduzieren.

Aus den Vor- und Nachteilen ergeben sich die *Einsatzkriterien*:

- ▶ Die *räumliche Trennung* von Beschickung und Entnahme ist bei *hohem Durchsatz*, bei täglich *mehrfachem Nachschub*, für mehrere Kommissionierer pro Gang und bei ausreichendem Platz die bessere Lösung.
- ▶ Die *räumliche Kombination* von Beschickung und Entnahme ist bei geringem Durchsatz, maximal einem Kommissionierer pro Gang und begrenztem Platz die günstigere Lösung.

Die genaue Grenze zwischen diesen beiden Möglichkeiten der Bereitstellung hängt ab von den projektspezifischen Anforderungen und den konkreten Umständen.

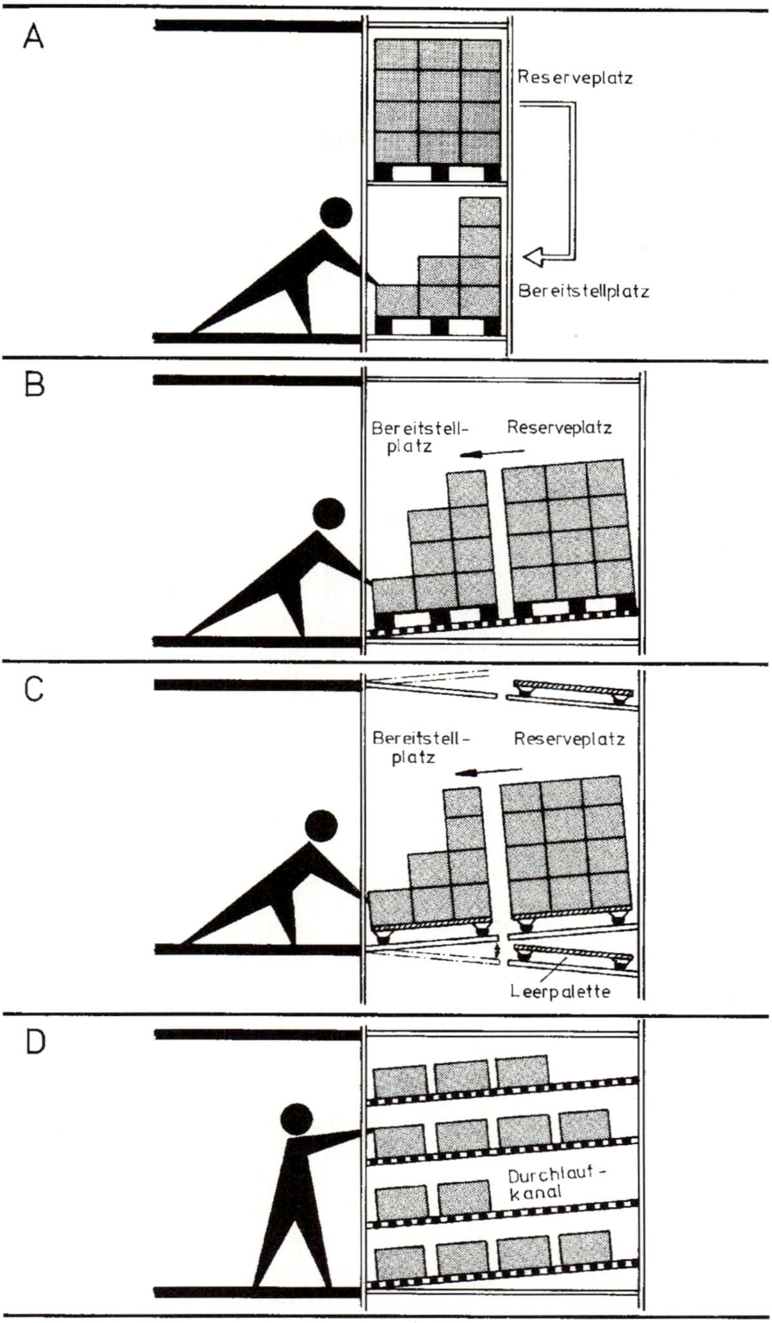


**Abb. 17.8** Lösungsmöglichkeiten zur Bereitstellung der Zugriffsreserve bei räumlich getrennter Beschickung und Entnahme

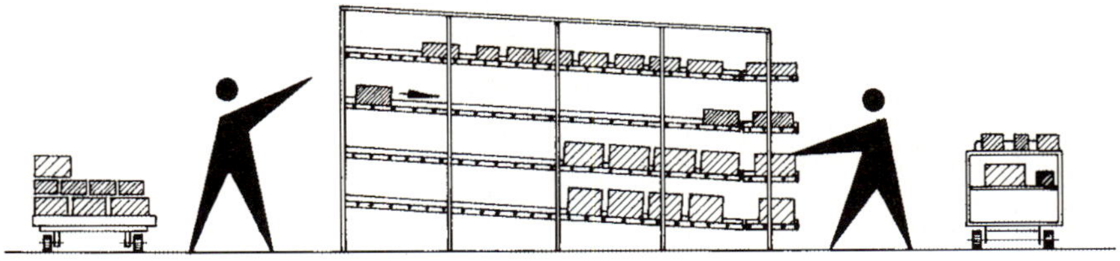


**Abb. 17.9** Statische Bereitstellung von Einzelgebinden im Durchlaufregal mit getrennter Beschickung und Entnahme

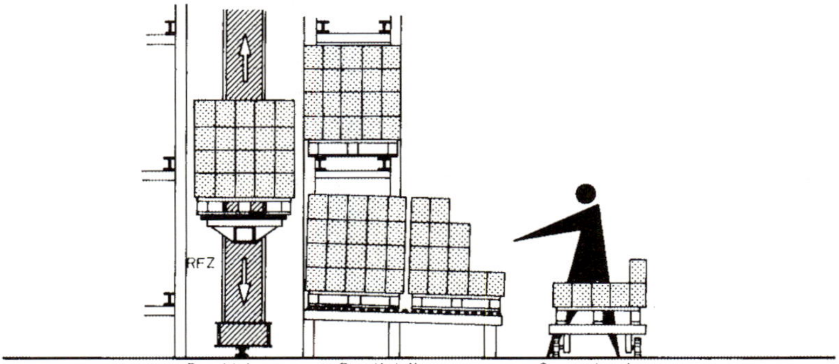


**Abb. 17.10** Statische Bereitstellung von Paletten mit automatischer Beschickung und manueller Entnahme

### 2. Fortbewegung

In den Kommissioniersystemen mit statischer Artikelbereitstellung kommt der Kommissionierer zu den Bereitstellplätzen. Hierfür bestehen folgende Möglichkeiten [21; 29; 127; 154]:

- Der Kommissionierer geht, wie in *Abb. 17.11* dargestellt, *zu Fuß* mit einem *Handwagen* zur Aufnahme der Ware von Platz zu Platz.
- Der Kommissionierer *fährt* ebenerdig mit einem *Horizontalkommissioniergerät* [HKG] oder mit einem speziellen *Pick-Mobil* zu den Bereitstellplätzen.
- Der Kommissionierer fährt auf einem *Vertikalkommissioniergerät* [VKG], das sich in einer *additiven Fahr- und Hubbewegung* horizontal und vertikal fortbewegt.
- Der Kommissionierer befindet sich, wie in *Abb. 17.12* gezeigt, auf einem *Regalbediengerät* [RBG], das sich in einer *simultanen Fahr- und Hubbewegung* gleichzeitig horizontal *und* vertikal fortbewegen kann.

In den ersten drei Fällen ist die *Fortbewegung* des Kommissionierers *eindimensional*, im letzten Fall *zweidimensional.*

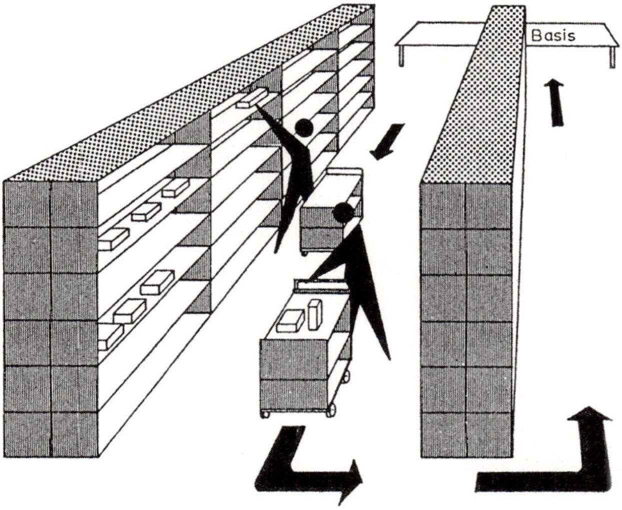


**Abb. 17.11** Kommissioniersystem mit statischer Bereitstellung, eindimensionaler Fortbewegung, manueller Entnahme und zentraler Abgabe

**Abb. 17.12** Kommissioniersystem mit statischer Bereitstellung, zweidimensionaler Fortbewegung, manueller Entnahme und zentraler Abgabe

| KOMMISSIONIERGERÄT<br>Kommissioniereinheiten | Traglast<br>bis ca. | Hubhöhe<br>bis ca. | Gangbreite<br>ca. | Fahrt<br>Geschwind.<br>Beschleun. | Hub<br>Geschwind.<br>Beschleun. | Richtpreis<br>1997<br>T€ |
|---|---|---|---|---|---|---|
| **Zu Fuß ohne Handwagen**<br>Warenstücke, Kleingebinde | 1 kg | - | 1,0 m<br>1,5 m | 2,1 m/s<br>1,4 m/s² | -<br>- | - |
| **Zu Fuß mit Handwagen**<br>Behälter, Gebinde, Warenstücke | 40 kg | - | 1,5 m<br>2,5 m | 1,3 m/s<br>1,0 m/s² | -<br>- | 1 bis 2 |
| **Elektro-Handhubwagen**<br>Behälter, Gebinde, Warenstücke | 1.200 kg<br>1 EURO | 1,0 m | 1,5 m<br>2,5 m | 1,7 m/s<br>0,5 m/s² | 0,05 m/s<br>0,2 m/s | 3 bis 4 |
| **Horizontal-Kommissioniergeräte**<br>Behälter, Gebinde, Warenstücke | 2.000 kg<br>2 EURO | 0,5 m | 1,5 m<br>2,5 m | 2,5 m/s<br>0,7 m/s² | 0,1 m/s<br>0,3 m/s² | 15 bis 20 |
| **Vertikal-Kommissioniergeräte**<br>Behälter, Gebinde, Warenstücke | 1.000 kg<br>1 EURO | 5,5 m | 3,2 m<br>- | 2,2 m/s<br>0,7 m/s² | 0,2 m/s<br>0,5 m/s² | 30 bis 40 |
| **Regalbediengeräte (RBG)**<br>Behälter, Gebinde, Warenstücke | 1.000 kg<br>1 EURO | 10 m | 1,4 m<br>- | 2,0 m/s<br>0,5 m/s² | 0,5 m/s<br>0,5 m/s² | 70 bis 100 |

**Tab. 17.2** Kenndaten und Richtpreise von Kommissioniergeräten (Stand 2002)

Gangbreite: ohne und mit Überholmöglichkeit, Ablage auf EURO-Palette
Richtpreise: mit Elektroantrieb und Handbedienung
ohne Datenanzeige zum Kommissionieren

Die *zweidimensionale Fortbewegung* kann bei einer geringen Anzahl von Entnahmeorten in einer großen Zugriffsfläche gegenüber der eindimensionalen Fortbewegung zu *Wegzeiteinsparungen* führen.[2] Der wesentliche Vorteil der Kommissionierung von einem Regalbediengerät aber besteht in der *kompakten Bauweise* des Kommissioniersystems, die durch *Nutzung der Raumhöhe* und die *schmalen Bedienungsgassen* erreichbar ist.

Von der *Fortbewegungsart* und dem *Aufnahmevermögen* $C_{KG}$ [SB/KG] für Sammelbehälter [SB] sowie von der *Geschwindigkeit* und *Beschleunigung* der *Kommissioniergeräte* hängt sehr wesentlich die *Komissionierleistung* ab. Die erforderliche *Gangbreite* und die erreichbare *Greifhöhe* beeinflussen dagegen den *Flächen- und Raumbedarf* des Kommissioniersystems. Diese *technischen Kenndaten* und die *Richtpreise* einiger *Kommissioniergeräte* [KG] sind in *Tabelle 17.2* zusammengestellt.

Mit Kommissioniergeräten, die mehrere Sammelbehälter oder Versandeinheiten aufnehmen können, läßt sich eine *einstufige Kommissionierung* von *Kleinse-*

2 Die sogenannte *Flächenanfahrdichte*, das heißt, die Anzahl Zugriffe pro Bereitstellfläche, ist allein kein geeignetes Entscheidungskriterium zwischen der eindimensionalen und der zweidimensionalen Fortbewegung [50].

*rien* durchführen. Dadurch reduzieren sich – bei Vermeidung des doppelten Handlings der zweistufigen Auftragsbearbeitung – die anteiligen Wegzeiten pro Position.

### 3. Entnahme

Die Entnahme ist wegen der damit verbundenen *Vereinzelung* der aufwendigste und schwierigste Teil des Greifvorgangs. Für die Durchführung des Greifens gibt es folgende Möglichkeiten [21]:

- Das *manuelle Greifen* wird, wie in *Abb. 17.13* gezeigt, ohne technische Unterstützung von einem Menschen ausgeführt.
- Das *mechanische Greifen* wird vom Menschen mit einer *Greifhilfe* ausgeführt, zum Beispiel mit einem *Saugheber* oder einem anderen *Lastaufnahmemittel*, das von einem Dreh- oder Schwenkkran gehalten wird.
- Das *automatische Greifen* wird ohne direkte Mitwirkung eines Menschen von einem *Greifroboter*, einem *Lagenkommissioniergerät* oder einem *Kommissionierautomaten* ausgeführt (s. *Abb. 17.6*).
- Beim *automatischen Abziehen* werden die in einem *Durchlaufkanal* oder *Durchlaufschacht* bereitgestellten Artikeleinheiten von einer *stationären* oder *mobilen Abzugsvorrichtung* herausgezogen oder zum Herausrutschen gebracht, sodaß sie in einen *Sammelbehälter* oder auf ein *Förderband* fallen (s. *Abb. 17.14 E*).

Beim *manuellen* oder *mechanischen Kommissionieren* sind die *ergonomische Gestaltung* des Greifplatzes, die *Abmessungen* des Zugriff- und Ablageraums sowie der *Abstand* und der *Winkel* zwischen Entnahme- und Ablageort entscheidend für das rationelle Greifen. Diese in *Abb. 17.13* dargestellten *Gestaltungsparameter* sind daher nutzbar zur Optimierung von Kommissioniersystemen mit manueller Entnahme.

Voraussetzungen für das automatische Kommissionieren ohne Mitwirkung des Menschen sind eine *hinreichende Gleichartigkeit*, eine *regelmäßige Form* und eine *geeignete Oberflächenbeschaffenheit* der Entnahmeeinheiten. Außerdem müssen die Entnahmeeinheiten entweder einzeln oder in gleichbleibender Stapelung bereitgestellt werden, damit sie der Kommissionierroboter zuverlässig fassen kann.

Wenn die Ware nicht bereits in geeigneter Form und Stapelung angeliefert wird, ist für das *Vorvereinzeln* bei der Beschickung ein *zusätzlicher Aufwand* erforderlich, der in vielen Fällen die Rationalisierung durch den Kommissionierautomaten aufzehrt. Das gilt beispielsweise für die sogenannten *Schachtkommissionieranlagen* für Kleinpackungen, die ähnlich wie Zigarettenautomaten mit einer automatischen Abzugsvorrichtung arbeiten [154].

Das automatische Kommissionieren *ungeordnet* bereitgestellter Warenstücke scheitert daran, daß der zuverlässige und schnelle „Griff in die Kiste“ durch einen Automaten ein Problem ist, das mechanisch und steuerungstechnisch bis heute ungelöst ist. Aber selbst wenn alle technischen Voraussetzungen für den Einsatz eines Kommissionierautomaten erfüllt sind, ist das automatische Kommissionieren nur in wenigen Fällen wirtschaftlich. Nur wenn eine gleichmäßig hohe Aus-

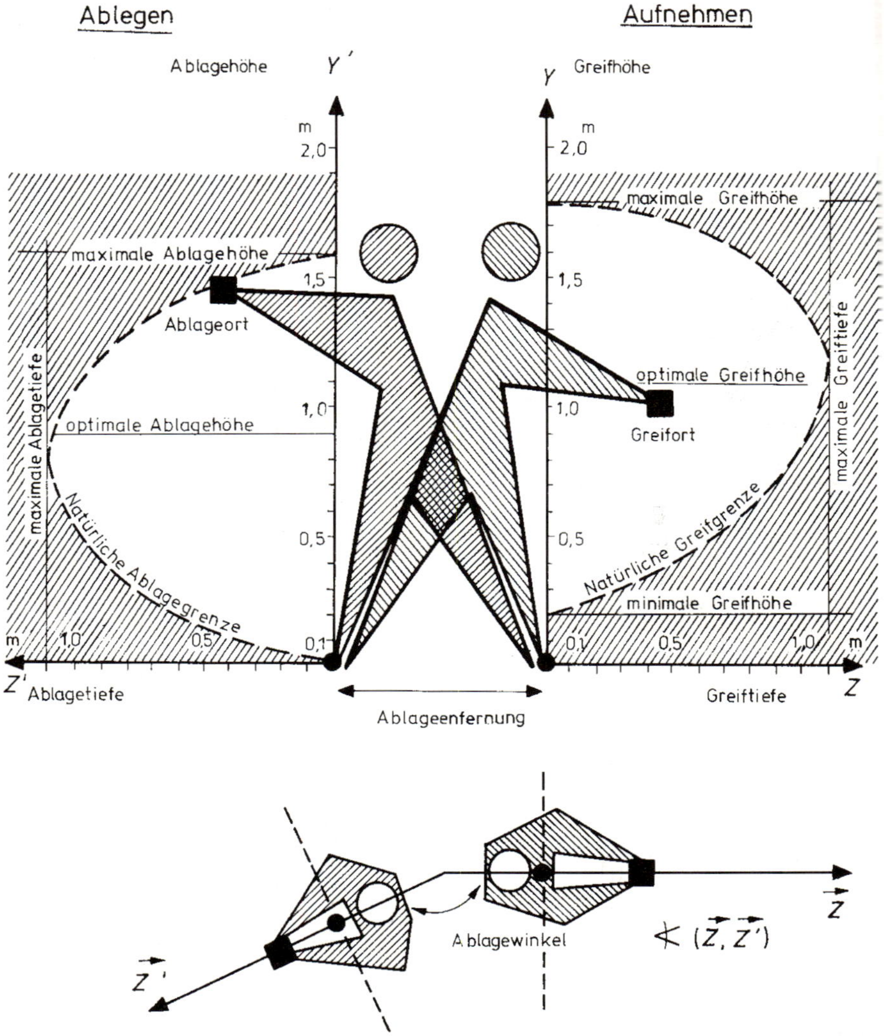


**Abb. 17.13** Räumliche Einflußfaktoren des manuellen Greifvorgangs
Die Maßangaben beziehen sich auf Menschen mit 170 bis 180 cm Körpergröße
Ungünstige Greifbereiche sind schraffiert

lastung der Anlage für das ganze Jahr über mindestens zwei Schichten gewährleistet ist, kann unter bestimmten Umständen das automatische Kommissionieren im Vergleich zum manuellen Kommissionieren zu einer Kostensenkung führen [154].

**Abb. 17.14** Lösungsmöglichkeiten der Ablage beim Kommissionieren

- A Konventionelles Komissionieren auf Palette mit Elektrogabelhubwagen
- B Einstufige Serienkommissionierung in die Fächer eines Regalwagens
- C Dezentrale Abgabe in Auftragsbehälter auf Förderanlage
- D Belegloses Kommissionieren vom Pickmobil mit dezentraler Abgabe
- E Automatisches Kommissionieren mit Abzugsvorrichtungen

**4. Ablage**

Für die Lage des *Abgabeortes*, für die *Ablageform* sowie für die Gestaltung der *Sammelbehälter* und des *Abfördersystems* gibt es die in *Abb 17.14* dargestellten technischen Möglichkeiten:

- Der *Abgabeort* für die entnommenen Warenmengen ist entweder, wie in den *Abb. 17.2, 17.4* und *17.11* gezeigt, eine *zentrale Basisstation*, zu der die Ware vom Kommissionierer befördert wird, oder, wie in *Abb. 17.3* und *17.15* dargestellt, ein *dezentraler Abgabeplatz.*
- Die *Ablageform* können lose Warenstücke und Gebinde *ohne Behälter* sein, spezielle *interne Sammelbehälter* oder die *externen Versandeinheiten.*
- Zur *Abförderung* der Ablageeinheiten kann ein *Kommissionierwagen*, das *Kommissioniergerät* oder ein gesondertes *Fördersystem* eingesetzt werden.

Die *Abgabe* der Entnahmemengen *ohne Behälter* direkt auf ein Fördersystem, das an den Pickort herangeführt ist, hat den Vorteil, daß die Entnahmemenge nicht durch das Fassungsvermögen eines mitgebrachten Behälters begrenzt ist. Dadurch ist ein *kontinuierliches Arbeiten* des Kommissionierers möglich. Unter der Voraussetzung, daß die Kommissioniereinheiten förderfähig sind, läßt sich dieser Vorteil vor allem in der ersten Stufe des *zweistufigen Kommissionierens* nutzen.

Bei *Abgabe* der entnommenen Ware *in einen Behälter* können gleichzeitig mehrere Auftragspaletten oder mehrere Sammelbehälter in einem *Wabengestell* oder einer *Schrankpalette* zu- und abgeführt werden, wenn das Kommissioniergerät ein ausreichendes Aufnahmevermögen hat. Auf diese Weise ist das *einstufige Kommissionieren* von *kleineren Auftragsserien* möglich.

Der Einsatz *interner Sammelbehälter* hat ein doppeltes Handling der Warenstücke oder Gebinde zur Folge, einmal am Pick-Platz und danach in der Packerei oder im Versand. Das zweifache Handling läßt mit dem *Pick&Pack-Prinzip* vermeiden:

**Abb. 17.15** Kommissioniersystem mit statischer Bereitstellung, eindimensionaler Fortbewegung, manueller Entnahme und dezentraler Abgabe

▶ Beim *Pick&Pack* wird die kommissionierte Ware wird gleich am Pickplatz in die *externe Versandeinheit* abgelegt, also in den Versandbehälter, die Versandpalette oder den Versandkarton .

Das Pick&Pack-Verfahren hat sich, wo immer es durchführbar ist, als besonders wirkungsvolles Mittel zur Senkung von Personaleinsatz und Kommissionierkosten erwiesen.

**5. Förder- und Sortiersysteme**

Für das Zuführen von Nachschub und Leergut sowie für das Sammeln, den Abtransport, das Zusammenführen, das Verteilen und das Sortieren der Entnahmemengen werden Förder- und Sortiersysteme benötigt, soweit diese Aufgabe nicht von den Nachschub- und Kommissioniergeräten übernommen wird.

Für die Zuführung und den Abtransport von Paletten und schwerem Stückgut werden *Stetigförderanlagen* mit Rollenbahnen, Tragkettenförderern und Verschiebewagen, *Hängebahnanlagen* und *fahrerlose Transportsysteme* (FTS) eingesetzt, die bei mehrstöckigen Anlagen mit Hubstationen und Aufzügen kombiniert sind. Die Grenzleistung der *Palettenfördersysteme*, die von den Engpaßelementen und der Transportstrategie bestimmt wird, liegt im Bereich von 50 bis 200 Pal/h (s. *Tabellen 13.3* und *13.4*).

Zur Zuführung von Kleinbehältern und zum Abtransport von Sammelbehältern oder losen Teilen werden *Bandförderer* und *Rollenförderer* mit Verzweigungs- und Zusammenführungselementen und Vertikalförderern zu einem Fördersystem kombiniert. Die Grenzleistung der *Fördersysteme für leichtes Stückgut* liegt in der Regel im Bereich von 2.000 bis 3.000 Beh/h (s. *Tabelle 13.4*).

In zweistufig arbeitenden Kommissioniersystemen werden als *Sammelsysteme* auch *Hängekreisförderer* und *Paternoster* eingesetzt, in deren Schachtgondeln die Warenstücke auftragsbezogen abgelegt werden. Für das *Verteilen* der Behälter oder losen Warenstücke auf eine große Anzahl Pack- oder Sammelplätze sind *Hochleistungssorter*, wie *Schuh- oder Posi-Sorter*, *Kippschalensorter* und *Schwenkarmsorter*, mit Sortierleistungen bis zu 10.000 Einheiten/h im Einsatz (s. *Abb. 18.13, 18.14 und 19.2*).

Die Auswahl, Auslegung und Dimensionierung der Transport-, Förder- und Sortiersysteme, mit denen die elementaren Kommissioniersysteme und andere Funktionsbereiche zu einem Gesamtsystem verbunden werden, ist eine projektspezifische Aufgabe. Maßgebend für die Leistungsfähigkeit der Kommissionierer und die Durchsatzleistung des Gesamtsystems sind dabei die *Grenzleistungen der Engpaßelemente*, die daher besonders sorgfältig auszulegen und zu bemessen sind (s. *Kapitel 18*).

**6. Packerei und Auftragszusammenführung**

Der Kommissionierprozeß endet mit der Bereitstellung der versandbereit oder abholfähig zusammengestellten Auftragsmengen. Wenn nicht nach dem Pick&Pack-Prinzip gearbeitet wird, muß die unverpackte Ware nach dem Kommissionieren in der Packerei versandfertig gemacht und anschließend mit der bereits verpackt entnommenen Ware auf einem *Auftragssammelplatz* zusammengeführt werden.

Das Verpacken findet an *Packplätzen* statt, die parallel arbeiten. Deren *Anzahl* läßt sich aus dem *Durchsatz* und der *Struktur* der *Packaufträge* sowie aus dem Zeitbedarf für den Packvorgang errechnen. Der Zeitbedarf wird bestimmt von der ergonomischen Gestaltung der Arbeitsplätze, der Bereitstellung des benötigten Packmaterials, der Zuführung der zu verpackenden Ware und dem Abtransport der fertigen Pakete.

Die zu verpackenden Warenstücke können entweder in einer *Rutsche*, auf einem *Staurollenförderer* oder auf einem *Ladungsträger* den Packplätzen zugeführt werden. Für ein unterbrechungsfreies Packen ist pro Packplatz eine Zuführstrekke ausreichend, die Stauraum für mindestens zwei Aufträge bietet. Alternativ sind pro Packplatz zwei oder mehr parallele Zuführstrecken erforderlich, aus denen nach dem *Flip-Flop-Prinzip* gearbeitet wird.

Der Kommissionierbereich und die Packerei können fördertechnisch *direkt verbunden* sein oder durch das Zwischenschalten eines *stationären* oder *dynamischen Puffers* voneinander *entkoppelt* werden (s. *Abb. 18.13* u. *18.14*).

Bei einer direkten Verbindung und einem stationären Puffer wird die Anzahl gleichzeitig kommissionierter Aufträge, also die *Batchgröße* einer Auftragsserie, von der Anzahl *Zielstationen* begrenzt, die zur Aufnahme der fertig kommissionierten Ware zur Verfügung stehen. Bei direkter Verbindung ist die Anzahl der Zielstationen gleich der Gesamtzahl der Zuführstrecken zu den Packplätzen, bei einem vorgeschalteten statischen Puffer, wie einem *Sortierspeicher*, gleich der Anzahl der Staubahnen (s. *Abb. 18.13*).

Bei einem dynamischen Puffer, also einem *Sortierkreisel*, in dem die kommissionierten Warenstücke umlaufen, bis sie zu den Packplätzen abgezogen werden, wird die Batchgröße vom Fassungsvermögen des Fördersystems begrenzt (s. *Abb. 18.14*).

Die *Anzahl* und das *Fassungsvermögen* der Zuführstrecken zu den Packplätzen, der Staubahnen eines stationären Puffers und der Fördertechnik eines Sortierkreisels sind daher wichtige *Gestaltungs-* und *Dimensionierungsparameter* eines vollständigen Kommissioniersystems mit angeschlossener Packerei.

Werden für den Versand oder Abtransport *Ladungsträger*, wie Paletten oder Behälter, eingesetzt, ist die verpackte Ware in den Ladungsträgern möglichst raumsparend aufzustapeln, abzulegen und zu verdichten. Das *Verdichten* kann auch das Aufeinanderstapeln mehrerer flach beladener Paletten zu sogenannten *Sandwichpaletten* umfassen. Je nach Versandart und Anforderung des Auftraggebers müssen die fertigen Ladeeinheiten *etikettiert* und durch *Umreifen*, *Wickelfolien* oder *Schrumpffolien* für den Transport *gesichert* werden.

Eine *Sendung* oder eine *Ladung*, die in einer Wechselbrücke, einem Sattelauflieger oder einem anderen Transportmittel versand wird, umfaßt in der Regel mehrere Kommissionieraufträge. Das *Zusammenführen* der fertig kommissionierten Aufträge und der hinzukommenden artikelreinen Ganzeinheiten zu verladefähigen Sendungen und Ladungen – entweder auf den Pufferflächen vor den Versandrampen oder direkt in den bereitstehenden Transportmitteln – und die *Vollständigkeitskontrolle* der Aufträge und Sendungen sind die letzten Arbeitsschritte der Auftragsbearbeitung in einem Logistikbetrieb.

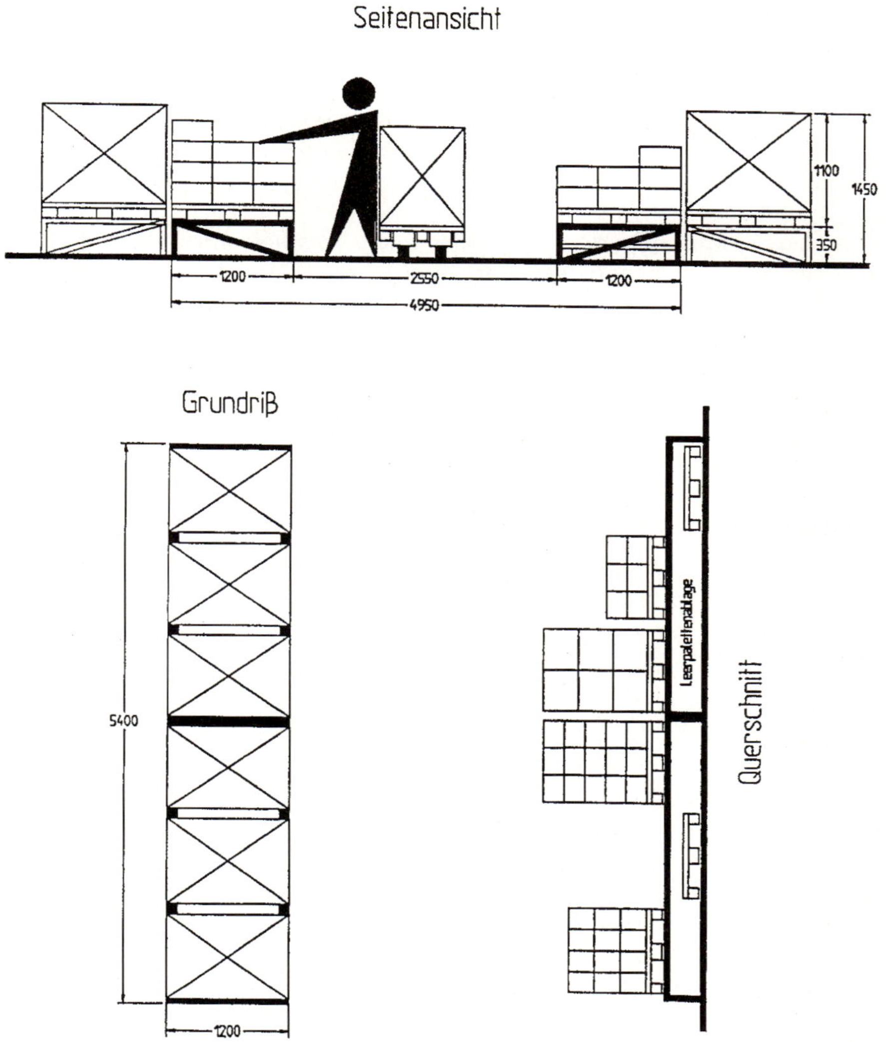


**Abb. 17.16** Optimierte Bereitstellung für das manuelle Kommissionieren von Palette auf Palette

Bereitstellung von CCG1-Paletten in optimaler Greifhöhe
Leerpalettenablageplätze unter den Bereitstellplätzen
Flexibles Flip-Flop-Prinzip mit wechselnden Bereitstellplätzen

## 7. Kommissioniersteuerung

Aufgaben der Kommissioniersteuerung sind das *Auslösen*, *Steuern*, *Optimieren* und *Kontrollieren* der Prozesse in einem Kommissioniersystem.

Die Kommissioniersteuerung wird in den wesentlichen Funktionen und Entscheidungen entweder von *Aufsichtspersonen* übernommen, die durch ein Warenwirtschafts- oder Auftragsabwicklungssystem und die Steuerungstechnik der Geräte und Fördersysteme unterstützt werden, oder weitgehend autark von einem *Lagerverwaltungssystem* (LVS) oder einem *Kommissionierleitsystem* (KLS) ausgeführt, das die benötigten Informationen von über- und untergeordneten Systemen und externen Eingabestellen erhält.

Die Kommissioniersteuerung kann auch in ein *Warenwirtschaftssystem* (WWS) oder *Auftragsabwicklungssystem* (AWS) integriert sein oder von einem *Staplerleitsystem* (SLS) übernommen werden, das um die Funktionen der *Platzverwaltung* und *Informationsanzeige* erweitert ist. Mit einem Lagerverwaltungs- und Auftragsabwicklungssystem, das zugleich die Lagersteuerung und Lagerplatzverwaltung übernimmt, reduziert sich die Tätigkeit der Lagerleitung auf die *Personalführung* und die *Überwachung* der *Leistung* und *Qualität* aus einem *zentralen Leitstand*.

Abgesehen von der Personalentlastung ist der wichtigste *Vorteil* der Steuerung eines Kommissioniersystems mit Hilfe eines DV-Systems die Möglichkeit zur Realisierung von *Betriebsstrategien*, für die eine schnelle Erfassung und Verarbeitung vieler Daten nach bestimmten Algorithmen erforderlich ist. Außerdem lassen sich mit einem DV-System eine verzögerungsfreie Datenübertragung und Datenverarbeitung im *On-Line-Betrieb* realisieren, *geringere Fehlerquoten* erreichen und ein *belegloses Arbeiten* unterstützen.

Damit der Kommissionierer seine Arbeit durchführen kann, müssen ihm der nächste Zugriffsplatz, die angeforderten Artikel, die Entnahmemengen und der Ablageort bekannt gegeben oder angezeigt werden. Für die Bekanntgabe oder Anzeige dieser Informationen bestehen zwei Möglichkeiten [152; 160]:

- *Information mit Beleg* in Form von *Pickzetteln*, *Kommissionierlisten* oder *Auftragsbelegen*
- *Information ohne Beleg* über optische Anzeigen, Displays oder akustisch mittels Kopfhörer (*pick by voice*)

Beim dezentralen Kommissionieren *mit Beleg* laufen die Auftragspapiere in den Sammelbehältern zu den Kommissionierarbeitsplätzen. Beim konventionellen und beim inversen Kommissionieren werden die Belege an der Basis übernommen und vom Kommissionierer mitgeführt. Beim *beleglosen Kommissionieren* kann die Anzeige entweder *stationär* an den Bereitstellplätzen angebracht sein oder als *mobiles* Anzeigeterminal auf dem Kommissioniergerät mitfahren [160].

Das sogenannte *Pick by Light* mit stationärer Anzeige ist optimal einsetzbar in Kommissionierarbeitsbereichen mit begrenzter räumlicher Ausdehnung, also beim dezentralen und stationären Kommissionieren. Bei weit mehr als 100 Artikeln, deren Bereitstellplätze entlang eines Weges länger als 30 m angeordnet sind, ist in den meisten Fällen die mobile Anzeige wirtschaftlicher als die stationäre Anzeige.

Das Lesen, Verarbeiten, Erfassen und Eingeben von Informationen zur Ausführung und Kontrolle kostet den Kommissionierer Zeit. Diese unproduktive *Totzeit* kann bei ungünstiger Anzeige, ungeeigneter Eingabetechnik und vielen Informationen länger sein als die produktive Greifzeit. Bei *On-Line-Betrieb* mit einer Kommissioniersteuerung, die in ein übergeordnetes Auftragsabwicklungs- oder Warenwirtschaftssystem integriert ist, kommt die Gefahr hinzu, daß die *systembedingten Wartezeiten* auf die Informationsverarbeitung in Spitzenzeiten weit über 5 s ansteigen. Um das zu vermeiden, gilt die *Auslegungsregel*:

▶ Bei Kommissioniersystemen mit hohen Leistungsanforderungen, großem Informationsbedarf und On-Line-Betrieb ist eine *autarke Kommissioniersteuerung* erforderlich.

Außer der Geschwindigkeit der Informationsverarbeitung bestimmen die *Vollständigkeit*, die *Anordnung* und die *Lesbarkeit* der Informationen für den Kommissionierer maßgebend die *Totzeiten* und die *Fehlerquote*. Die Informationsanzeige hat daher erhebliche Auswirkungen auf Leistung, Qualität und Kosten des Kommissionierens.

## 17.4 Kommissionierqualität

Die Anzahl der korrekt und termingerecht ausgeführten Positionen oder Aufträge in Relation zur Gesamtzahl der Positionen oder Aufträge einer Periode ist ein Maß für die *Kommissionierqualität*. Die Kommissionierqualität kann durch *Nichtverfügbarkeit* der Ware am Pickplatz und durch *Kommissionierfehler* beeinträchtigt werden.

Die Sicherung der *Warenverfügbarkeit am Zugriffsplatz* ist Aufgabe der Nachschubdisposition für den Kommissionierbereich und erfordert entsprechende *Nachschubstrategien* (s.u.). Die *permanente Verfügbarkeit* der Ware am Pickplatz läßt sich durch Eingabe jeder Leerung eines Zugriffsplatzes steuern und kontrollieren. Die Sicherung der Gesamtwarenverfügbarkeit einschließlich der Reservebestände ist Aufgabe der Bestands- und Nachschubdisposition für den gesamten Logistikbetrieb (s. *Abschnitt 11.11*).

Typische *Kommissionierfehler* sind:

- Entnahme aus einer falschen Bereitstelleinheit
- Verwechslung der Artikel
- Entnahme der falschen Menge
- Ablage in den falschen Auftragsbehälter (17.14)
- Auslassen von Positionen
- Liegenlassen einzelner Pickaufträge
- zu späte Bereitstellung zum Abholen oder Versand

Bei der Messung der Kommissionierqualität ist zu unterscheiden zwischen der *Positionsfehlerquote* und der *Auftragsfehlerquote*:

- Die *Positionsfehlerquote* $\eta_{P\,fehl}$ [%] ist die Relation der Anzahl fehlerhaft ausgeführter Pickpositionen zur Gesamtzahl der bearbeiteten Positionen.

- Die *Auftragsfehlerquote* $\eta_{A\ fehl}$ [%] ist die Relation der Anzahl Aufträge, die nicht vollständig und korrekt ausgeführt wurden, zur Gesamtzahl der Aufträge.

Solange Ware vorrätig ist, sollte die Positionsfehlerquote in allen Kommissioniersystemen deutlich unter 1 % liegen. Fehlerquoten kleiner als 0,1 % pro Position sind nur mit besonderen Vorkehrungen erreichbar [292].

Bei einer Positionsfehlerquote $\eta_{P\ fehl}$ ist die *Positionskommissionierqualität*, also die Wahrscheinlichkeit, daß eine Position fehlerfrei ausgeführt wird, $\eta_{P\ kom} = (1 - \eta_{P\ fehl})$. Die Wahrscheinlichkeit, daß ein Auftrag mit mehreren Positionen fehlerfrei ausgeführt wird, ist das Produkt der Wahrscheinlichkeit, daß die einzelnen Auftragspositionen korrekt ausgeführt werden. Hieraus folgt der *Satz*:

▶ Wenn die Aufträge im Mittel n Positionen haben und die Positionsfehlerquote $\eta_{P\ fehl}$ beträgt, ist die *Auftragskommissionierqualität* $\eta_{A\ kom} = (1 - \eta_{P\ fehl})^n$ und die *Auftragsfehlerquote* $\eta_{A\ fehl} = 1 - (1 - \eta_{P\ fehl})^n$.

Hieraus ergibt sich beispielsweise, daß für Aufträge mit im Mittel 5 Positionen und einer Positionsfehlerquote von 1,0 % die Auftragsfehlerquote 4,9 % beträgt. Das bedeutet:

▶ Für Kommissionieraufträge mit vielen Positionen ist es ungleich schwerer, eine hohe Auftragskommissionierqualität zu erreichen, als für Aufträge mit wenigen Positionen.

Die Kommissionierfehler können durch eine *Qualitätskontrolle* in der Packerei oder im Warenausgang erfaßt und kontrolliert werden. Besser aber, als die Fehler zu kontrollieren, ist es, Fehler zu vermeiden.

Kommissionierfehler lassen sich dadurch vermeiden oder vermindern, daß vom Kommissionierer bestimmte *Kontrollinformationen* angefordert werden, die er vor und nach jedem Pick *eingeben, abscannen* oder *quittieren* muß. Eine andere Möglichkeit ist eine *Kontrollwiegung* oder eine automatische Zählung unmittelbar beim Ablegen der Entnahmemenge am Kommissionierplatz.

Ziel aller Bemühungen ist das *Null-Fehler-Kommissionieren* (*Zero Defect Picking*), auch wenn dieses Ziel grundsätzlich nicht erreichbar ist [157]. Da Fehler, wenn auch selten, immer auftreten können, muß die Organisation eines Kommissioniersystems nicht nur auf das Vermeiden von Fehlern ausgerichtet sondern auch auf das gelegentliche Vorkommen von Fehlern vorbereitet sein.

## 17.5 Kombinierte Systeme

Ein elementares Kommissioniersystem ist nur geeignet zum gleichzeitigen Kommissionieren einer kleinen Anzahl von Aufträgen aus einem begrenzten und hinreichend homogenen Sortiment mit geringen Artikelbeständen.

Bei großem Durchsatz, heterogenem Sortiment und hohen Artikelbeständen ist es erforderlich, mehrere elementare Kommissioniersysteme *parallel* und *nacheinander* zu installieren, die nach gleichen oder unterschiedlichen Verfahren und Techniken arbeiten. Wie in *Abb. 17.17* dargestellt, werden die elementaren

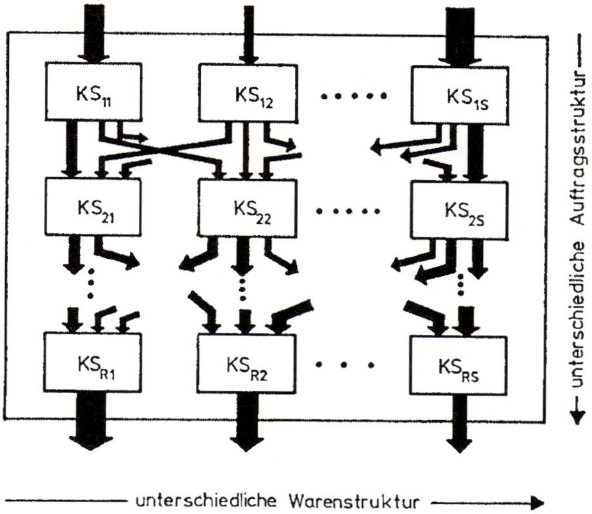


**Abb. 17.17** Netzwerk aus parallel und nacheinander angeordneten elementaren Kommissioniersystemen

Kommissioniersysteme durch Fördertechnik und Informationssysteme zu einem *komplexen Netzwerk* von Lager- und Kommissioniersystemen verknüpft.

Generell gilt:

- Je unterschiedlicher die Warenbeschaffenheit, der Durchsatz und die Bestände des Sortiments sind, umso mehr *parallele* Lager- und Kommissioniersysteme sind erforderlich.
- Je größer der Durchsatz und die Bestände, je kleinvolumiger die Entnahmeeinheiten und je unterschiedlicher die externen Aufträge sind, umso geeigneter sind *mehrstufige* Lager- und Kommissioniersysteme.

Die Schwierigkeit der *Planung* eines Kommissioniersystems für Leistungsanforderungen mit großen Strukturunterschieden besteht darin, die angemessene Differenzierung und die richtige Kombination der benötigten Systeme zu finden. Für einen bestehenden *Logistikbetrieb* mit mehreren unterschiedlichen Kommissioniersystemen ergibt sich das Problem der optimalen Artikelzuweisung und Nutzung der einzelnen Systeme. Hierfür werden geeignete *Nutzungs-* und *Zuweisungsstrategien* benötigt.

### 1. Parallele Kommissioniersysteme

Für Sortimente mit *vielen gleichartigen Artikeln* ist es sinnvoll, ein großes Elementarsystem organisatorisch und auch räumlich in mehrere *Kommissionierzonen* aufzuteilen, die alle nach dem gleichen Verfahren arbeiten. Wie in den *Abb. 13.29, 16.16, 16.17, 17.18* und *17.19* gezeigt, können jeweils 2, 4 oder 6 Gassen eines konventionellen Kommissioniersystems zu *Kommissioniermodulen* oder *Kom-*

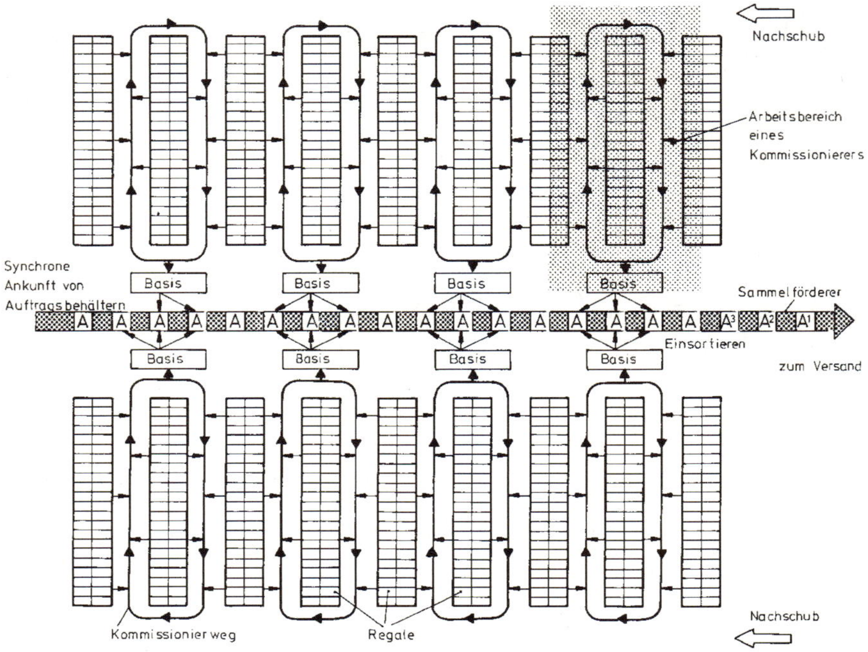


**Abb. 17.18** Parallele Kommissionierzonen in der ersten Stufe eines zweistufigen Kommissioniersystems

*missionierzonen* zusammengefaßt werden, die jeweils einen Teil des Sortiments enthalten.

Wenn die Artikel von *unterschiedlicher Beschaffenheit* sind oder sich in der *Gängigkeit* stark unterscheiden, ist es sinnvoll, das Sortiment in Gruppen ähnlicher Beschaffenheit aufzuteilen und für jede dieser Artikelgruppen ein spezielles Kommissioniersystem zu schaffen. Eine typische Aufteilung dieser Art ist das Kommissionieren von

- *Kleinteilen* oder *Kleinmengen* in einer *Fachbodenanlage* oder einem *Kleinbehältersystem*
- *Großteilen* oder *Großmengen* in einem *Palettensystem*
- *Langgut, Schwergut, Sperrigteilen* oder *Sonderware* in *Spezialsystemen*

Je heterogener das Sortiment ist, desdo mehr unterschiedliche Systeme können erforderlich sein. Zu viele spezialisierte Systeme haben jedoch den *Nachteil*, daß jedes für sich auf den *Spitzenbedarf* ausgelegt sein muß, die Auslastung sehr unterschiedlich sein kann und die externen Aufträge in viele Teilaufträge zerlegt werden müssen, die anschließend aus den getrennten Bereichen zusammenzuführen sind. Hieraus folgt der allgemeine *Planungsgrundsatz*:

► So wenig unterschiedliche und spezialisierte Kommissioniersysteme wie möglich, nur so viele wie unbedingt nötig.

Für alle Artikel, die wegen ihrer Beschaffenheit oder aufgrund *sachlicher Zuweisungskriterien* nicht in genau ein Kommissioniersystem passen, besteht bei parallelen Kommissioniersystemen die Optimierungsmöglichkeit der *durchsatzabhängigen Systemzuweisung*. So werden Artikel mit geringem Volumendurchsatz besser in einem Behälter- oder Fachbodensystem und Artikel mit großem Volumendurchsatz am kostengünstigsten in einem Palettensystem kommissioniert.

**2. Trennung von Lagern und Kommissionieren**

Wenn der Gesamtbestand eines Sortiments mehr Ladeeinheiten füllt, als sich ohne Verlängerung der Wege im Zugriffsbereich unterbringen lassen, ist es für Kommissioniersysteme mit statischer Bereitstellung sinnvoll, einen Teil des Übervorrats in einem *getrennten Reservelager* zu lagern. Der *Übervorrat* ist der Teil des Gesamtbestands, der über den Inhalt einer *Anbrucheinheit* im Zugriff und einer vollen *Zugriffsreserveeinheit* pro Artikel hinausgeht.

In einem gesonderten Reservelager ausreichender Größe, das nur zum Lagern ausgelegt ist, sind die *Lagerplatzkosten* deutlich geringer als in einem Kommissioniersystem, das primär für das rationelle Kommissionieren ausgelegt ist. Ein dem Kommissioniersystem vorgeschaltetes Reservelager hat jedoch den Nachteil, daß die Nachschubeinheiten für das Kommissioniersystem unter Einsatz von Fördertechnik oder Staplern *umgelagert* werden müssen [158].

Hieraus folgt die *Regel*:

▶ Eine getrennte Lagerung der Reservemengen ist nur dann sinnvoll, wenn der gesamte Übervorrat erheblich größer ist als die Kapazität der Reserveplätze im Kommissioniersystem.

Der Nachschub aus dem Reservelager wird über ein geeignetes Transportsystem nach dem *Pull-Prinzip* in *vollen Ladeeinheiten* in das Kommissioniersystem transportiert, sobald eine Zugriffseinheit aufgebraucht ist. Der Inhalt der Nachschubeinheit ist dabei nicht für bestimmte Aufträge reserviert.

**3. Zweistufiges Kommissionieren**

Beim zweistufigen Kommissionieren sind zwei Kommissioniersysteme oder ein Kommissioniersystem und ein Sortiersystem hintereinander geschaltet:

- In der *ersten Kommissionierstufe* werden die Bedarfsmengen für mehrere externe Aufträge, die zu einem *Batch-* oder *Serienauftrag* zusammengefaßt sind, *artikelbezogen* entnommen.
- In der *zweiten Kommissionierstufe* werden die Entnahmemengen der ersten Stufe *auftragsbezogen* kommissioniert oder sortiert.

Die Kommissioniersysteme der ersten Stufe können – wie in *Abb. 17.18* dargestellt – mehrere parallele konventionelle Kommissioniersysteme mit statischer Bereitstellung sein oder ein Kommissioniersystem mit dynamischer Bereitstellung.

Das Kommissionieren der zweiten Stufe wird von einem *Sammelfördersystem*, einer *Hängebahn* oder einem *Hängekreisförderer* in Verbindung mit einem *Verteilfördersystem* oder einem *Hochleistungssorter* ausgeführt, der die Warenstücke der ersten Stufe auf *Sammelplätze* verteilt, wo sie in Pakete verpackt oder auf Versandpaletten gestapelt werden. Die zweite Stufe kann aber auch ein anderes Kommissioniersystem, wie das *inverse Kommissionieren*, sein.

Durch das zweistufige Kommissionieren lassen sich bei statischer Bereitstellung in der ersten Stufe die anteiligen Weg-, Tot- und Basiszeiten verkürzen, denn pro Rundfahrt werden mehr Artikel angefahren und pro Halt größere Mengen entnommen. Bei dynamischer Bereitstellung lassen sich in der ersten Stufe die Bereitstellungen und Rücklagerungen vermindern und die anteiligen Rüstzeiten reduzieren, da aus einer Bereitstelleinheit größere Mengen für mehrere externe Aufträge entnommen werden.

Das zweistufige Kommissionieren hat jedoch den *Nachteil*, daß jede Entnahmeeinheit zweimal in die Hand genommen wird. Außerdem müssen die Entnahmemengen aus dem ersten System in das zweite System transportiert und dort auf die Auftragssammelplätze verteilt werden. Weitere Nachteile sind die längeren Auftragsdurchlaufzeiten und die erschwerte Bearbeitung von Eilaufträgen. Diese Nachteile der zweiten Kommissionierstufe können den Rationalisierungsgewinn der ersten Stufe weitgehend oder vollständig aufzehren.

Da die Nachteile der zweistufigen Kommissionierung bei den *Einpositionsaufträgen* besonders gravierend sind, werden für diese meist *Sonderabläufe* installiert.

Aufgrund seiner Vor- und Nachteile ist eine *Wirtschaftlichkeit* des zweistufigen Kommissionierens, wenn überhaupt, nur unter folgenden *Voraussetzungen* zu erwarten:

- viele Aufträge (> 1.000 pro Tag) mit wenigen Positionen (2 bis 5 Pos/Auf) und kleinen Entnahmemengen (bis 10 WST) aus einem breiten Sortiment (> 10.000 Artikel)
- Aufträge mit unterschiedlicher Struktur, vielen Positionen oder großen Entnahmemengen
- planbarer Auftragseingang (ein oder zweimal pro Tag) und schubweiser Versand (bis zu vier Versandzyklen pro Tag)
- einfach greifbare, förderfähige Entnahmeeinheiten mit geringem Stückgewicht (< 7 kg)
- keine Eilaufträge und Sonderbearbeitung erforderlich
- gleichmäßig hohe Auslastung über das gesamte Jahr für mindestens 8 Stunden pro Tag

Diese Voraussetzungen sind zum Beispiel im *Versandhandel* und *Pharmagroßhandel* gegeben.

Auch wenn alle Voraussetzungen erfüllt sind, kann die Frage, ob das zweistufige Kommissionieren wirtschaftlicher ist als das einstufige, nur im Einzelfall durch einen Vergleich der *effektiven Kommissionierkosten* entschieden werden, nachdem für das einstufige und das zweistufige Verfahren jeweils ein optimales Konzept erarbeitet wurde.

**4. Stollenkommissionierlager**

Stollenkommissionierlager sind eine raumsparende Kombination von Kommissioniersystemen mit eindimensionaler Fortbewegung mit einem Schmalganglager oder einem Hochregallager.

Ein Stollenkommissionierlager ist, wie in *Abb. 17.19* dargestellt, aus einer Anzahl nebeneinander angeordneter Gangmodule aufgebaut. Jedes Gangmodul besteht aus zwei anteiligen *Nachschubgassen*, zwei *Regalscheiben* und zwischen diesen auf mehreren Ebenen angeordneten *Kommissioniergängen*. Durch diese Anordnung entstehen tunnelartige *Kommissionierstollen*, die etwa 2,5 bis 3,0 m hoch und bis zu 60 m lang sein können. Die Kommissionierstollen lassen sich auch zwischen zwei Regalscheiben oder an der Seite eines automatischen Hochregallagers anordnen.

In den Nachschubgassen verfahren handbediente *Schmalgangstapler* oder automatische *Regalbediengeräte* zur Beschickung der Zugriffs- und Reserveplätze mit vollen *Paletten* oder *Behältern*. In den räumlich von den Nachschubgassen getrennten Kommissioniergängen arbeiten die Kommissionierer nach dem Verfahren der konventionellen oder dezentralen Kommissionierung mit statischer Artikelbereitstellung.

Im *Zugriffsbereich* der Kommissionierer befinden sich in einem flexibel gestalteten *Fachmodul*, wie er für ein Beispiel in *Abb. 17.20* gezeigt ist, neben- und übereinander die *Bereitstellplätze*. In dem darüber liegenden Regalbereich sind die Zugriffsreserven abgestellt. Die Zugriffsplätze können auch, wie in den *Abb. 17.8* dargestellt, mit *Durchlaufkanälen* ausgerüstet sein.

Die Kommissionierer arbeiten jeweils in einer Ebene. Sie fahren mit einem *Handwagen*, in einem *Pick-Mobil* oder auf einem *Horizontalkommissioniergerät* beginnend an einer *zentralen Basis* nach den Vorgaben eines Pickbelegs oder einer mobilen Anzeige zu den Pickplätzen an beiden Seiten der Kommissionierstollen, entnehmen die angewiesenen Artikelmengen und beenden ihre *Rundfahrt* wieder an der Basis, wo sie die gefüllten Sammelbehälter oder Versandpaletten abgeben. Von dort werden die vollen Behälter und Paletten von Staplern oder durch ein Transportsystem zur Auftragssammelstelle in den Versand gebracht.

In den Kommissionierstollen kann auch ein Fördersystem zur *dezentralen Abgabe* der entnommenen Artikelmengen installiert sein, das die lose oder in Sammelbehältern abgelegte Ware in den Versand oder zur Packerei befördert.

Die Abmessungen und die Anzahl der Gangmodule, aus denen ein *Kommissioniermodul* besteht, sind durch die maximale *Fluchtweglänge* (<50 m) und die zulässige Größe eines *Brandabschnitts* nach oben begrenzt.

Mehrere Kommissioniermodule können, wie in *Abb. 17.21* gezeigt, nach Bedarf nebeneinander und gegenüberliegend zu einem *Gesamtsystem* angeordnet werden, das zum Kommissionieren aus einem sehr breiten Sortiment von Artikeln in Paletten und Behältern geeignet ist.

Die *Hauptvorteile* der Stollenkommissionierlager sind:

- *gute Kommissionierleistungen* auch bei *breitem Sortiment* (> 1.000 Artikel)
- *hohe Flexibilität* gegenüber Anforderungsschwankungen und Sortimensveränderungen
- *Automatisierbarkeit des Nachschubs*
- *modularer Aufbau*, *kompakte Bauweise* und *stufenweise Ausbaumöglichkeit*

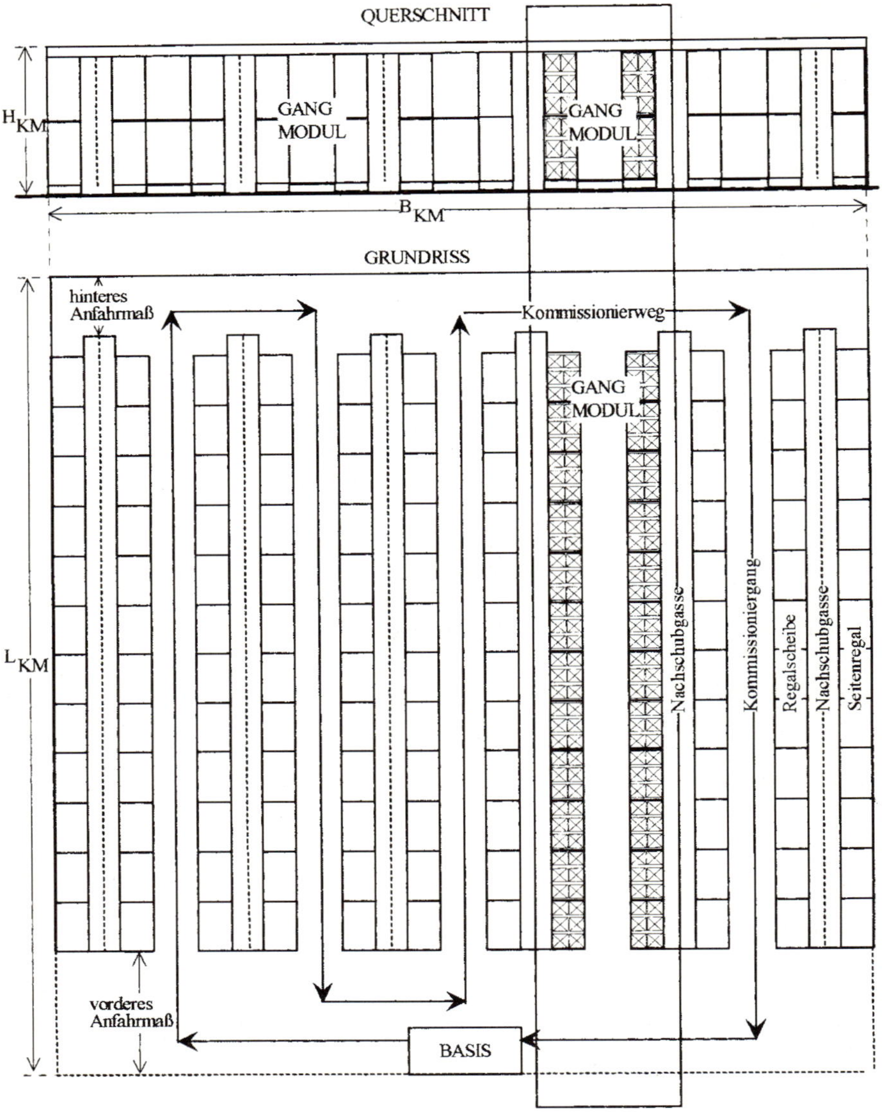


**Abb. 17.19** Kommissioniermodul mit Gangmodulen eines Stollenkommissionierlagers mit zwei Ebenen

Beim Betrieb bestehender Stollenkommissionierlager aber haben sich *Nachteile* und *Einsatzgrenzen* gezeigt, die in der Planungsphase häufig übersehen oder unterschätzt werden. Die wesentlichen *Nachteile* von Stollenkommissionierlagern sind:

- problematische Sicherung der Zugriffsplätze
- schlechte Zugänglichkeit der oberen Ebenen

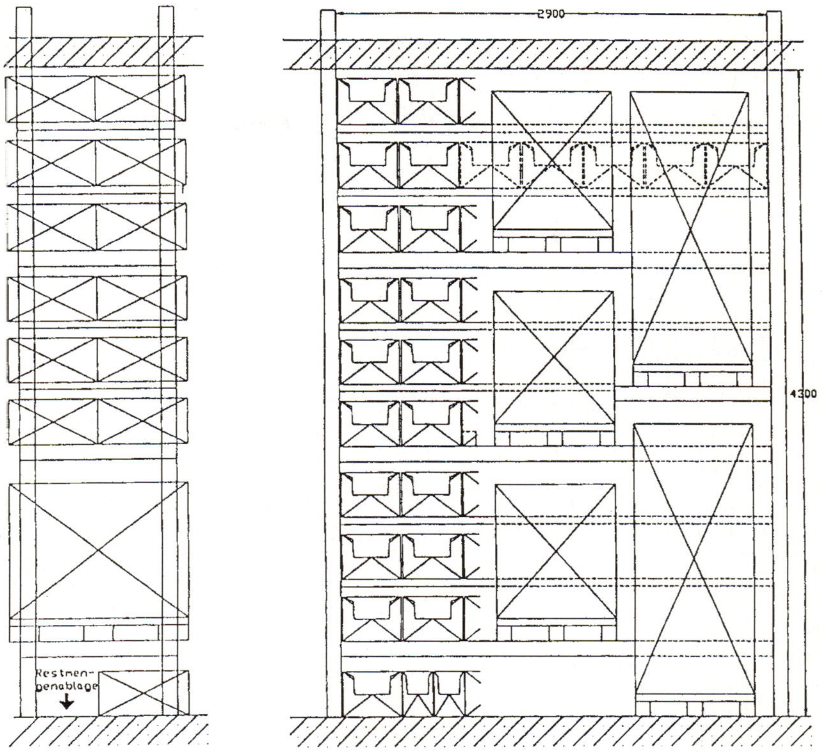


**Abb. 17.20** Umrüstbares Bereitstellmodul für Paletten oder Behälter

- Fluchtwege in den Regalen
- begrenzte Nachschubleistung
- Umlagerungen von den Reserveplätzen auf die Bereitstellplätze
- Staueffekte und Wartezeiten der Kommissionierer
- Umrüsten der Fachmodule bei Sortimentsänderungen
- hohe Platzkosten
- beschränkte Reserveplatzkapazität
- Versorgung der oberen Kommissionierebenen mit leeren Sammelbehältern und Paletten
- Entsorgen der geleerten Ladehilfsmittel von den Zugriffsplätzen
- Abtransport der vollen Auftragsbehälter und Paletten aus den oberen Ebenen

Um die Auswirkungen dieser Nachteile zu begrenzen und die damit verbundenen Probleme zu beherrschen, ist bereits bei der Planung und Auslegung zu beachten:

▶ Hohe Kommissionierleistungen und eine gute Platznutzung eines Stollenkommissionierlagers sind nur mit einer ausgefeilten, rechnergestützten *Kommissioniersteuerung* und optimalen *Betriebsstrategien* erreichbar.

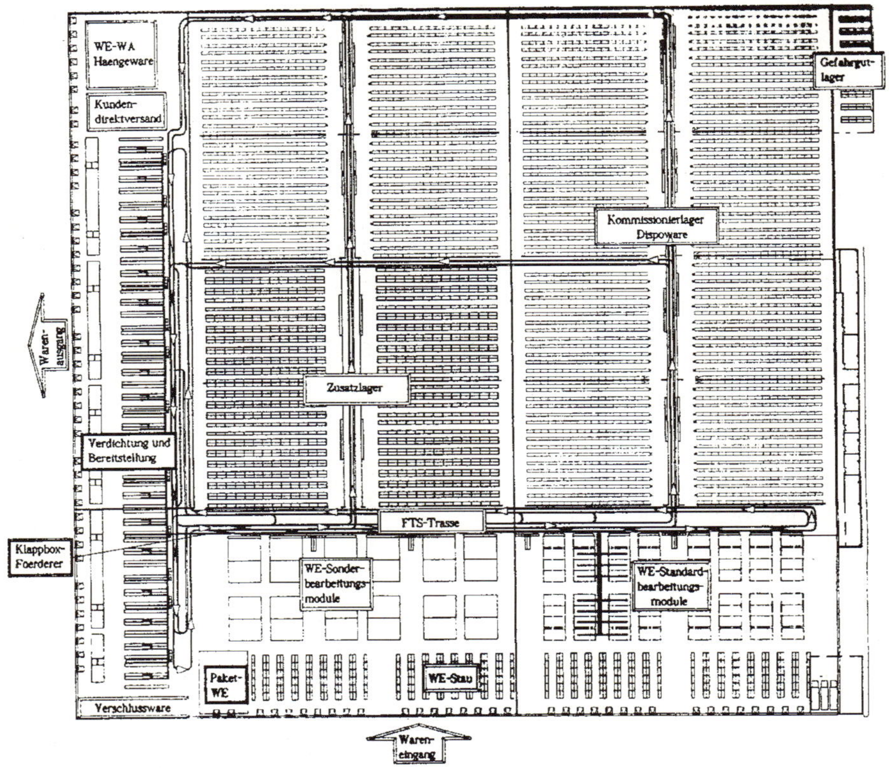


**Abb. 17.21** Logistikzentrum des Handels für Paletten- und Behälterware

12 Kommissioniermodule (Stollenkommissionierlager) mit je 8 Gangmodulen (s. *Abb. 17.19*) für Artikel mit regelmäßigem Verbrauch (Dispoware oder Stapelware)
4 Lagermodule für Aktionsware mit Schmalgangstaplerbedienung (Zusatzlager)
Prinzipdarstellung ZLU [250]

Eine unzureichende Planung und falsche Betriebsstrategien können bei den Stollenkommissionierlagern ebenso wie bei den anderen kombinierten Systemen zu erheblichen Problemen führen.

Große Stollenkommissionierlager, die aus 8 bis 16 Modulen mit je 6 bis 8 Kommissionierstollen in zwei Ebenen bestehen, wurden in den letzten 20 Jahren mehrfach von großen Kaufhauskonzernen zur Versorgung ihrer Filialen mit Stapelware für ein Sortiment von 30.000 bis 50.000 und mehr Artikeln gebaut. Auch einige Industrieunternehmen und Konsumgenossenschaften betreiben Stollenkommissionierlager.

Die Stollenkommissionierlager haben sich nach einigen Anfangsschwierigkeiten und dem Aufbau der erforderlichen Organisation recht gut bewährt. Es hat sich aber auch gezeigt, daß sie nur für einen Teil des Sortiments geeignet sind und für die anderen Sortimentsteile, wie für Aktionsware, Kleinteile und Großteile, andere Systeme benötigt werden. Auch wo ein Stollenkommissionierlager technisch geeignet ist, bleibt zu prüfen, ob nicht ein anderes Kommissioniersystem wirtschaftlicher ist.

## 17.6 Betriebsstrategien für Kommissioniersysteme

Leistung und Kosten eines *bestehenden* Lager- und Kommissioniersystems hängen entscheidend von der Organisation und den Betriebsstrategien ab. Bei der *Planung* eines *neuen* Lager- und Kommissioniersystems lassen sich durch richtige Strategien die Investitionen reduzieren und die zukünftigen Betriebskosten senken.

Die Betriebsstrategien für Lager- und Kommissioniersysteme lassen sich einteilen in:

Belegungsstrategien
Bearbeitungsstrategien
Bewegungsstrategien
Entnahmestrategien
Nachschubstrategien
Leergutstrategien

Von den Betriebsstrategien werden nachfolgend die *Kommissionierstrategien* dargestellt und ihre Effekte analysiert [21; 160; 161]. Die bereits in *Abschnitt 16.4* beschriebenen *Lagerstrategien* werden nur soweit behandelt, wie sie für das Kommissionieren von Bedeutung sind.

Mit den verschiedenen Betriebsstrategien werden meist *unterschiedliche Ziele* verfolgt, deren *Priorität* die Auswahl unter den möglichen Strategien bestimmt. Nicht alle Strategien sind miteinander verträglich. *Inkompatible Strategien* heben sich in ihrer Wirkung ganz oder teilweise auf oder erreichen das gleiche Ziel auf unterschiedliche Art. Vor der Implementierung einer Kommissionierstrategie muß daher geprüft werden, ob der erreichbare *Strategieeffekt* den Aufwand rechtfertigt und ob nicht der Effekt einer anderen, wirkungsvolleren Strategie beeinträchtigt wird.

### 1. Belegungsstrategien

Die Belegungsstrategien legen fest, auf welchen Plätzen und in welchen Zonen welche Artikel gelagert und bereitgestellt werden. *Ziele* der Belegungsstrategien sind *gute Platznutzung*, *kurze Wege* und ein *geringer Nachschubaufwand*. Die wichtigsten *Belegungsstrategien* sind:

- *Feste* oder *statische Pickplatzordnung*: Für jeden Artikel ist, solange er sich im Zugriffssortiment befindet, ein bestimmter Zugriffsplatz reserviert.
- *Freie* oder *dynamische Pickplatzordnung*: Frei werdende Zugriffsplätze werden dem nächsten Artikel mit Platzbedarf zugewiesen und von diesem nur so lange belegt, bis der Platz geleert ist.
- *Feste Reserveplatzordnung*: Auch die Reserveplätze werden bestimmten Artikeln fest zugewiesen.

- *Freie Reserveplatzordnung*: Freie Reserveplätze werden für die Reserveeinheiten eines beliebigen Artikels genutzt.
- *Zonenweise freie Platzordnung*: Bestimmte Bereitstellzonen sind für die Lagerung und Bereitstellung definierter Warengruppen reserviert; innerhalb einer Zone aber ist die Platzordnung frei.
- *Schnelläuferkonzentration*: Um die mittleren Wege zu senken, werden die Zugriffseinheiten schnellumschlagender Artikel bei statischer Bereitstellung nahe der Basis, bei dynamischer Bereitstellung nahe den Ein- und Auslagerplätzen des Bereitstellagers abgestellt.
- *Packoptimale Pickplatzfolge*: Um ein Verdrücken der Pickeinheiten zu vermeiden und einen guten Packungsgrad zu erreichen, sind die Pickplätze entlang dem Kommissionierweg nach abnehmendem Volumen und Gewicht und zunehmender Empfindlichkeit angeordnet (s. *Abschnitt 12.4*).
- *Greifoptimale Platzbelegung*: Schnellgängige und schwer zu entnehmende Artikel werden in optimaler Zugriffshöhe bereitgestellt, langsam gängige und leicht zu greifende Artikel im unteren und oberen Bereich (s. *Abb. 17.13*).
- *Trennung der Reserveeinheiten*: Die Zugriffsreserveeinheiten werden oberhalb des Zugriffsbereichs oder, bei räumlich getrennter Beschickung, in einer gegenüberliegenden Regalfläche gelagert. Übervorräte sind in einem gesonderten Reservelager untergebracht.
- *Starres Flip-Flop-Verfahren*: Im Zugriffsbereich werden jedem Artikel zwei nebeneinander liegende Bereitstellplätze fest zugeordnet. Wenn die Zugriffseinheit durch den erschöpfenden Griff geleert wird, setzt der Kommissionierer seine Arbeit an der daneben stehenden Reserveeinheit fort.
- *Flexibles Flip-Flop-Verfahren*: Im Zugriffsbereich wird zusätzlich zu den Artikelzugriffsplätzen eine Anzahl weiterer Plätze frei gehalten, auf die bei Erreichen des Meldebestands eines Artikels die Zugriffsreserve gestellt wird. Dadurch verändert sich der Bereitstellplatz eines Artikels im Verlauf des Betriebs.
- *Artikelreine Platzbelegung*: Auf einem Bereitstellplatz oder in einer Bereitstelleinheit befindet sich nur ein Artikel.
- *Artikelgemischte Platzbelegung:* Auf einem Bereitstellplatz oder in einer Bereitstelleinheit befinden sich die Einheiten mehrerer Artikel.
- *Durchsatzabhängige Systemzuweisung*: Abhängig vom erwarteten *Volumendurchsatz* wird ein Artikel jeweils dem Kommissioniersystem zugewiesen, das für den entsprechenden Durchsatz am wirtschaftlichsten ist.

Die *feste Pickplatzordnung* ist einfach zu organisieren und erlaubt es, die Zugriffseinheiten der Artikel nach einer vorgegebenen *Pickfolge* aufzustellen, beispielsweise nach abfallendem Volumen und Gewicht oder in einer vom Empfänger gewünschten Artikelfolge. So wird beispielsweise beim Kommissionieren des Filialnachschubs in Handelslagern eine *abteilungsreine Füllung* der Versandbehälter entsprechend der *Reihenfolge in den Verkaufsregalen* gefordert. Die feste Pickplatzordnung erfordert jedoch bei Saisonwechsel oder bei Sortimentsveränderungen aus anderen Gründen ein *Umordnen* des Pickbereichs [161].

Die *freie Pickplatzordnung* wird benötigt für eine flexible Platznutzung in Verbindung mit dem Flip-Flop-Verfahren. Mit einer *freien Reserveplatzordnung* läßt sich der Platzbedarf für die Reserveeinheiten erheblich reduzieren. Voraussetzungen für die freie Platzordnung sind jedoch eine *zuverlässige Platzverwaltung* und eine *dynamische Auftragsdisposition.*

Die *Trennung der Reserveeinheiten* von den Zugriffseinheiten ermöglicht bei der statischen Bereitstellung kleinere Zugriffsflächen und kürzere Wege. Ohne besondere Vorkehrungen, wie das Flip-Flop-Verfahren, kann es dabei jedoch nach dem erschöpfenden Griff zu einer Unterbrechung des Kommissionierens oder zu unvollständigen Aufträgen kommen.

Durch das *Flip-Flop-Verfahren* wird erreicht, daß der Kommissionierer nach dem erschöpfenden Griff die Auftragsbearbeitung ohne Unterbrechung an der rechtzeitig bereitgestellten Reserveeinheit fortsetzen kann, die dann zur Zugriffseinheit wird. Beim *starren Flip-Flop-Verfahren* verdoppelt sich jedoch die Länge der Bereitstellfront und damit der Kommissionierweg. Beim *flexiblen Flip-Flop-Verfahren* ist die Verlängerung der Bereitstellfront und der Kommissionierwege vom Zeitbedarf für den Nachschub abhängig. Bei richtiger Auslegung des Nachschubsystems genügt beim flexiblen Flip-Flop-Verfahren in der Regel eine Zugriffsplatzreserve von 10 % bis 20 %.

Abhängig von der ABC-Verteilung, der Sortimentsbreite, der Anordnung der Zugriffsplätze und der gewählten Bewegungsstrategie sind durch eine *Schnellläuferkonzentration* beim konventionellen Kommissionieren *Wegzeiteinsparungen* bis zu 30 % erreichbar und Leistungsverbesserungen bis zu 10 % möglich. Dem steht der *Nachteil* gegenüber, daß sich die Kommissionierer vor den dicht beieinander liegenden Bereitstellplätzen der schnellgängigen Artikel gegenseitig behindern können. Wegen dieser *Blockiergefahr*, aber auch, weil sich die Umschlagfrequenz eines Artikels im Verlauf der Zeit ändern kann, ist eine Schnellläuferkonzentration in konventionellen Kommissioniersystemen nur in Ausnahmefällen sinnvoll (s.u.).

Durch die in *Abb. 17.22* dargestellte *Auffüllstrategie* mit *flexibler Platzbelegung* ergibt sich *selbstregelnd* eine Konzentration der schnellumschlagenden Artikel in der Nähe der Basis und damit ein Teil des Schnelläufereffekts [161].

Mit der Strategie der *durchsatzabhängigen Systemzuweisung* wird dafür gesorgt, daß Artikel mit geringem Volumendurchsatz in kleinen Mengen, in Kleinbehältern oder als Einzelgebinde in Durchlaufkanälen bereitgestellt werden und wenig Bereitstellfläche belegen. Wegen des geringen Durchsatzes ist für diese Artikel die Nachschubfrequenz in Behältern oder als Einzelgebinde klein. Artikel mit hohem Volumendurchsatz werden dagegen in größeren Mengen und großen Ladeeinheiten bereitgestellt, die mehr Bereitstellfläche belegen, aber bei höherem Durchsatz eine geringe Nachschubfrequenz verursachen.

*Strategieparameter* der durchsatzabhängigen Platzzuweisung ist der *kritische Volumendurchsatz*, unterhalb dessen die Bereitstellung in Fachbodenregalen, in Durchlaufkanälen oder Kleinbehältern und oberhalb dessen die Bereitstellung auf Paletten wirtschaftlicher ist. Der kritische Volumendurchsatz ist projektabhängig und muß im Einzelfall errechnet werden. Hieraus ergeben sich *Zuweisungskriterien* für die Bereitstellung im täglichen Betrieb (s. *Abschnitt 17.15.3*).

Die dargestellten Belegungsstrategien für die Artikelplätze zum *konventionellen Kommissionieren mit statischer Artikelbereitstellung* sind auch einsetzbar für die Belegung der Auftragssammelplätze zum *inversen Kommissionieren.*

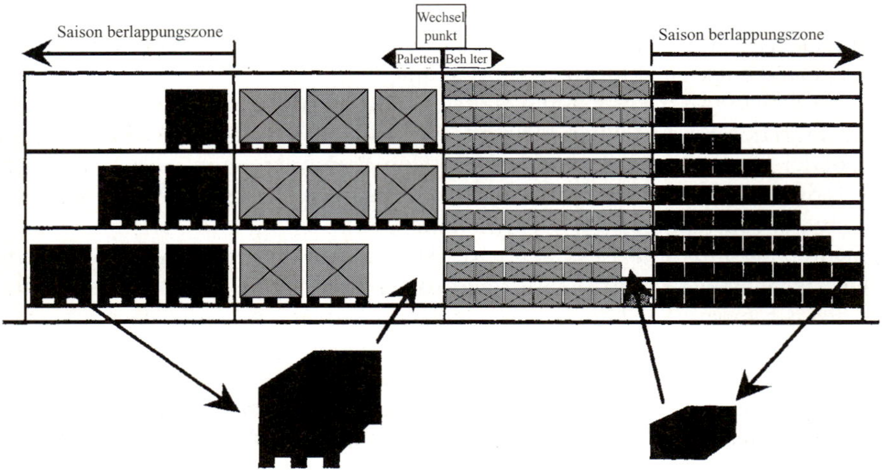


**Abb. 17.22** Auffüllstrategie mit flexibler Platzbelegung für die Warenbereitstellung in Paletten und Behältern [161]

## 2. Bearbeitungsstrategien

Die Bearbeitungsstrategien regeln die *Vorbereitung* und die *Ausführung* der externen Aufträge. Ziele sind die Einhaltung der geforderten *Durchlaufzeiten*, ein *rationelles Kommissionieren* und eine *gleichmäßige Auslastung* paralleler Arbeitsbereiche.

Bevor die externen Aufträge in die operativen Leistungsbereiche zur Ausführung gegeben werden, müssen sie von einer *Auftragszentrale* oder vom *Rechner* geprüft, gesichtet und entsprechend den *Ausführungsstrategien* geordnet werden. Die Aufträge können von der Auftragszentrale nach folgenden Strategien disponiert werden [21; 152; 266]:

- *Getrennte Echtzeitverarbeitung*: Jeder eingehende Auftrag wird sofort bearbeitet und an die betreffenden Kommissionierbereiche weitergeleitet.
- *Zeitgetaktete Stapelverarbeitung*: Die in einem bestimmten *Zykluszeitraum* $T_S$ [h] eingehenden Aufträge werden gesammelt, danach gemeinsam bearbeitet und als *Auftragsstapel* (*Batch*) an die betreffenden Kommissionierbereiche gegeben.
- *Mengengetaktete Stapelverarbeitung*: Die eingehenden Aufträge werden gesammelt bis eine bestimmte *Stapelanzahl* $n_S$ erreicht ist, die gemeinsam bearbeitet und als Auftragsstapel an die betreffenden Kommissionierbereiche weitergegeben wird.

Die *Echtzeitverarbeitung* (*Real-Time-Processing*) ist in konventionellen Kommissioniersystemen mit relativ geringen Leistungsanforderungen üblich und für Eilaufträge auch in größeren Systemen notwendig. Sie bedeutet jedoch einen weitgehenden Verzicht auf leistungssteigernde Ausführungsstrategien. Außerdem bewirkt die Einzelbearbeitung eine stark schwankende Belastung der Kommissionierer. Bei großem Auftragseingang entstehen dadurch *Auftragswarteschlangen* vor den einzelnen Kommissionierbereichen und bei geringem Auftragseingang längere *Wartezeiten* der Kommissionierer.

Die *Stapelverarbeitung (Batch-Processing)* ermöglicht die Nutzung von Ausführungsstrategien zur Leistungssteigerung und führt zu einer gleichmäßigeren Auslastung der Kommissionierer. Sie hat jedoch den Nachteil, daß sich die Auftragsdurchlaufzeiten um die Zykluszeit oder Auftragssammelzeit verlängern.

Bei der *zeitgetakteten Stapelverarbeitung* enthalten die Auftragsstapel unterschiedlich viele Aufträge mit der Folge, daß die Ausführungszeiten voneinander abweichen. Da die Zykluszeit eine frei wählbare *Strategievariable* ist, lassen sich durch Anpassung der Zykluszeit auch kürzere Durchlaufzeiten einhalten bis hin zu einer Zykluszeit $T_S = 0$, die den Übergang zur Echtzeitverarbeitung bedeutet.

Bei der *mengengetakteten Stapelverarbeitung* ist die *Stapelanzahl* ein freier *Strategieparameter*, der sich unterschiedlichen Zielsetzungen, wie Durchlaufzeit und Kommissioniereffizienz, anpassen läßt. Die Ausführungszeiten der Auftragsstapel sind annähernd gleich lang.

Die einzelnen oder angesammelten Aufträge können von der Auftragsvorbereitung nach folgenden *Ausführungsstrategien* geordnet und an die Kommissionierbereiche zur Durchführung weitergegeben werden:

- *Einzelbearbeitung*: Alle Aufträge oder ausgewählte Aufträge, wie Eilaufträge, werden gesondert voneinander als *Einzelauftrag* ausgeführt.
- *Starre Serienbearbeitung* (*Fixed Batch*): Eine feste Anzahl *s* von Aufträgen wird zu einem *Sammel-* oder *Serienauftrag* gebündelt und gemeinsam ausgeführt. Erst nachdem alle Aufträge der Serie fertig kommissioniert sind, wird mit einer neuen Serie begonnen.
- *Dynamische Serienbearbeitung* (*Floating Batch*): Im Kommissionierbereich befindet sich eine bestimmte Anzahl Aufträge gleichzeitig in Arbeit. Wenn ein Auftrag fertig kommissioniert und im Sortierspeicher oder in der Packerei eine Zielstation frei ist, wird mit dem Kommissionieren eines neuen Auftrags begonnen.
- *Nacheinanderbearbeitung*: Einzel- oder Sammelaufträge, die Artikel aus mehreren parallelen Kommissionierbereichen anfordern, durchlaufen als *Komplettauftrag* nacheinander die Bereiche.
- *Parallelbearbeitung*: Einzel- oder Sammelaufträge, die Artikel in mehreren Kommissionierbereichen ansprechen, werden in *Teilaufträge* zerlegt und in den betreffenden Bereichen parallel ausgeführt.
- *Priorisierung von Eilaufträgen*: Eilaufträge werden als Einzelaufträge in allen Kommissionierbereichen vorrangig ausgeführt.

Vorteile der *Einzelbearbeitung* sind minimale Auftragsdurchlaufzeiten und ein geringer Organisationsaufwand. Diese Strategie wird daher vor allem verfolgt, wenn es auf *kurze Lieferzeiten* ankommt. Nachteile sind eine ungleichmäßige Auslastung der Kommissionierer, geringere Kommissionierleistungen, vor allem aber der Verzicht auf Bündelungseffekte.

Entsprechend bietet die *Serienbearbeitung* die Nutzung dieser Bündelungseffekte, allerdings um den Preis längerer Auftragsdurchlaufzeiten und eines erhöhten Organisationsaufwands. Die Anzahl der gebündelten Aufträge, das heißt die *Serien-* oder *Batchgröße s*, ist ein frei wählbarer *Strategieparameter*, durch dessen Festlegung sich jeder gewünschte Kompromiß zwischen Durchlaufzeiten und Bündelungseffekten erreichen läßt bis hin zur Einzelauftragsbearbeitung, für die $s = 1$ zu setzen ist. Die Batchgröße $s$ der Auftragsausführung muß dabei nicht notwendig gleich der Stapelanzahl $n_S$ der vorangehenden Auftragsdisposition sein. Sie ist begrenzt durch die Anzahl und Kapazität der Zielstationen im Zwischenpuffer oder vor den Packplätzen.

Bei der starren Serienbearbeitung ist zwischen zwei aufeinander folgenden Auftragsserien eine *Serienwechselzeit* erforderlich, in der der Kommissionierbereich, das Abfördersystem und der Zwischenspeicher geräumt und für die nächsten Serie vorbereitet werden. Bei der dynamischen Serienbearbeitung entfällt diese Wechselzeit.

Die *Nacheinanderbearbeitung* ungeteilter Aufträge hat den Vorteil, daß nach dem Durchlauf des Auftrags durch alle Bereiche der Auftrag komplett ist. Wenn in die Versandeinheiten kommissioniert wird, können diese direkt zum Versand bereitgestellt werden. Ein weiterer Vorteil ist, daß jeweils *ein* Kommissionierer für das Auftragsergebnis verantwortlich ist, es sei denn, der teilbearbeitete Auftrag wird *staffettenartig* von einem Bereich zum nächsten weitergegeben.

Bei der Nacheinanderbearbeitung entsteht pro Auftrag maximal eine teilgefüllte Versandeinheit. Damit entfällt die Notwendigkeit einer Verdichtung im Versand. Ein weiterer Vorteil besteht in der einfachen Organisation. Nachteile der Nacheinanderbearbeitung aber sind die langen Auftragsdurchlaufzeiten, insbesondere von Aufträgen mit vielen Positionen aus mehreren Bereichen, und die ungleichmäßige Auslastung der Kommissionierer.

Durch eine *Parallelbearbeitung* von Teilaufträgen lassen sich kürzere Auftragsdurchlaufzeiten, eine bessere Auslastung der Kommissionierer und höhere Kommissonierleistungen erreichen. Bei Großaufträgen, die mehr Versandeinheiten füllen, als gleichzeitig in den Pickbereich gebracht werden können, ergibt sich die Parallelbearbeitung zwangsläufig. Nachteile der Parallelbearbeitung sind das Zusammenführen der Teilauftragsmengen und das Entstehen von mehr als einer teilgefüllten Versandeinheit pro Auftrag, die unter Umständen im Versand verdichtet werden müssen.

Durch eine *rechnergestützte Kommissioniersteuerung* lassen sich die Einzelbearbeitung und die Serienbearbeitung mit der Nacheinander- und der Parallelbearbeitung kombinieren und die Strategieparameter so festlegen, daß bei Einhaltung der geforderten Durchlaufzeiten die Vorteile der einzelnen Bearbeitungsstrategien maximal ausgeschöpft und die Nachteile weitgehend vermieden werden.

### 3. Entnahmestrategien

Wenn ein Artikel an mehreren Plätzen zum Picken bereitsteht, regeln die Entnahmestrategien, aus welcher Bereitstelleinheit die Entnahme durchzuführen ist. Die wichtigsten Entnahmestrategien sind:

- *First-In-First-Out-Prinzip* (*FIFO*): Die Ladeeinheiten und Artikelbestände, die zuerst eingelagert wurden, werden zuerst entnommen.

- *Räumung von Anbruchmengen*: Wenn von einem Artikel mehrere Bereitstelleinheiten im Zugriffsbereich stehen, wird zuerst die Bereitstelleinheit mit dem kleineren Inhalt geleert, auch wenn es dadurch zur *Positionsteilung* oder zu längeren Wegen kommt.
- *Mengenanpassung*: Wenn von einem Artikel mehrere Bereitstelleinheiten zur Auswahl stehen, wird auf die Einheit zugegriffen, deren Inhalt größer als die geforderte Entnahmemenge ist, auch wenn dadurch mehrere Anbrucheinheiten pro Artikel entstehen.
- *Mitnahme der Bereitstelleinheit*: Wenn die Entnahmemenge größer ist als die nach der Entnahme verbleibende Restmenge, wird die Überschußmenge auf eine nebenstehende Bereitstelleinheit des gleichen Artikels gelegt und die Bereitstelleinheit mit der verbleibenden Entnahmemenge mitgenommen.

Die Strategie der Mengenanpassung ist vor allem für die dynamische Bereitstellung von Bedeutung, da sie die zweifache Bereitstellung bei der Entnahme großer Mengen verhindert. Bei der statischen Bereitstellung ist die Mengenanpassung nicht sinnvoll, da sie die Nachschubsteuerung erschwert und die Plätze im Zugriffsbereich länger blockiert.

Eine *Mitnahme der Bereitstelleinheit* ist in Verbindung mit dem starren Flip-Flop-Verfahren möglich, wenn der Platz auf der nebenstehenden Zugriffseinheit zur Aufnahme der abgeräumten Überschußmenge ausreicht. Auch bei dynamischer Bereitstellung ist die Mitnahme der Bereitstelleinheit durchführbar, wenn die Überschußmenge auf eine leere Palette oder in einen Leerbehälter abgelegt und darin zurückgelagert wird.

Vorteile der Mitnahmestrategie sind die *Reduzierung der Greifzeit* und die gleichzeitige *Entsorgung des Ladungsträgers*. Diese Vorteile wirken sich besonders bei großen Entnahmemengen aus. Die Mitnahmestrategie ist speziell einsetzbar bei der *Kommissionierung ganzer Lagen* von Kartons auf Paletten.

#### 4. Bewegungsstrategien

Die *Bewegungsstrategien* oder *Fahrwegstrategien* legen fest, in welcher Reihenfolge und auf welchen Wegen sich der Kommissionierer zu den Entnahmeplätzen bewegen soll, damit er seinen Auftrag in kürzester Zeit ausführt.

Bei einer Kommissionierung mit dynamischer Artikelbereitstellung werden *Bewegungsstrategien* nur für das vorangeschaltete Lager- und Bereitstellsystem benötigt, nicht aber für die Kommissionierer an den Bereitstellplätzen (s. *Abschnitt 16.4*).

In den Kommissioniersystemen mit statischer Bereitstellung führt die Suche nach dem kürzesten Weg auf das bekannte *Travelling-Salesman-Problem*, für dessen Lösung im *Operations-Research* unterschiedliche Verfahren entwickelt wurden [11; 13; 163]. Bei $n$ Entnahmepositionen pro Rundfahrt gibt es bis zu n! verschiedene Wege, das sind beispielsweise für n = 12 fast 480 Millionen Wege. Von diesen theoretisch möglichen Wegen ist allerdings die größte Anzahl offensichtlich unsinnig.

Mit den bekannten OR-Verfahren benötigt ein leistungsfähiger Rechner zur Auswahl des kürzesten oder annähernd kürzesten Weges bei mehr als

10 Positionen eine längere Rechenzeit. Das stellt höhere Ansprüche an den Rechner und kann im *Echtzeitbetrieb* unzulässig lange *Totzeiten* zur Folge haben.

Hinzu kommt, daß der kürzeste Weg unpraktikabel sein kann, da er bei mehreren Kommissionierern im System zu störenden Begegnungen führt. Daher ist es für den *praktischen Betrieb* erforderlich, *Bewegungsstrategien* zu entwickeln, deren resultierende Wegzeiten im Mittel wenig – möglichst nicht mehr als 10 % – von der optimalen Wegzeit abweichen, die allgemein verständlich sind, eine *kurze Vorbereitungszeit* erfordern und bei vielen Kommissionierern in einem Bereich einen *geordneten Verkehrsablauf* gewährleisten.

Zur Planung und Dimensionierung von Kommissioniersystemen sowie für die Vorausberechnung des Personalbedarfs muß die funktionale Abhängigkeit der mittleren Wegzeiten von den unterschiedlichen Einflußfaktoren bekannt sein. Der mittlere Weg für eine Vielzahl von Aufträgen, die auf dem jeweils kürzesten Weg kommissioniert werden, kann projektspezifisch durch eine aufwendige und zeitraubende *stochastische Simulation* auf dem Rechner ermittelt werden.

Die verschiedenen *Einflußfaktoren* und ihre *Auswirkungen* auf die mittlere Wegzeit lassen sich auf diese Weise experimentell und in ihren Wechselwirkungen nur unzureichend bestimmen [163]. Für die Planung, die Optimierung und den Betrieb muß daher für die verschiedenen Bewegungsstrategien die mittlere Wegzeit in Abhängigkeit von den unterschiedlichen Einflußfaktoren *analytisch* berechnet werden (s. *Abschnitt 17.10*).

Für das konventionelle Kommissionieren mit statischer Bereitstellung und *eindimensionaler* Fortbewegung haben sich in der Praxis folgende *Bewegungsstrategien* bewährt, deren Abläufe in *Abb. 17.23* dargestellt sind [164; 165]:

- *Durchgang-* oder *Schleifenstrategie*: Der Kommissionierer durchläuft oder durchfährt in einer Schleifenlinie nacheinander alle Kommissioniergänge seines Arbeitsbereichs, in denen sich Artikel für den auszuführenden Auftrag befinden, und läßt dabei Gänge aus, in denen keine Artikel zu entnehmen sind.
- *Stichgangstrategie ohne Gangwiederholung*: Der Kommissionierer bewegt sich entlang der Regalstirnseite und fährt mit seinem Kommissioniergerät oder Handwagen nacheinander in alle Gänge hinein, in denen sich Artikel für seinen Auftrag befinden, entnimmt dort die angeforderten Mengen *für alle Artikel* und kehrt danach zur gleichen Regalstirnseite zurück.
- *Stichgangstrategie mit Gangwiederholung*: Der Kommissionierer bewegt sich entlang der Regalstirnseite und geht nacheinander *für jeden Artikel gesondert* in die Gänge, in denen Artikel angesprochen sind, entnimmt dort die angeforderte Menge und kehrt danach zur gleichen Regalstirnseite zurück, wo er sie in den Kommissionierwagen oder auf ein Förderband ablegt.

Diese Bewegungsstrategien lassen sich weiter differenzieren nach *Entnahme auf einer Gangseite* und *auf beiden Gangseiten* sowie in *Einweg-* und *Gegenverkehr*.

Die *Durchgangstrategie* bietet einen besonders einfachen und geordneten Ablauf. Gegenseitige Behinderungen und Begegnungen der Kommissionierer lassen sich durch *Einwegverkehr* in den Gängen vermeiden. Daher wird in den meisten konventionellen Kommissioniersystemen mit eindimensionaler Fortbewegung nach der *Durchgangstrategie* gearbeitet [164].

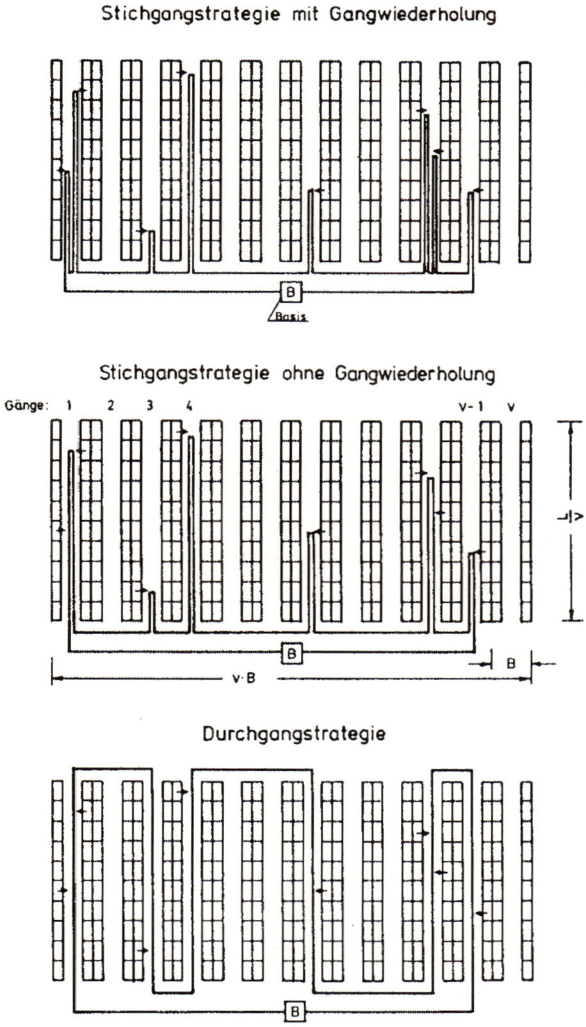


**Abb. 17.23** Stichgangstrategien und Durchgangstrategie bei eindimensionaler Fortbewegung in Kommissioniergassen mit Kopfganganordnung

Strategieparameter: Anzahl Kommissioniergänge $N_{KG} = 12$

Die *Stichgangstrategie ohne Gangwiederholung* bietet sich an, wenn ein Gangwechsel nur an einer Stirnseite möglich ist, weil auf der anderen Stirnseite die Nachschubgeräte verkehren, aber auch bei Sortimenten mit stark *unterschiedlicher Gängigkeit*, wenn die A-Artikel an den Gangenden zur Basis konzentriert bereitgestellt werden.

Die *Stichgangstrategie mit Gangwiederholung* muß angewendet werden, wenn die Kommissioniergänge so schmal sind, daß der Kommissionierer nicht mit seinem Kommissioniergerät hineinfahren kann und daher die Entnahmemenge nach dem Ausfassen zu Fuß zum Gangende bringen muß. Das ist nur bei kleinen Entnahmeeinheiten möglich, die auch in größerer Zahl in der Hand befördert werden können. Dem Vorteil der Platzeinsparung durch die schmalen Gänge steht der Nachteil längerer Wegzeiten wegen der Gangwiederholung gegenüber [164].

Die Auswahl zwischen den drei Bewegungsstrategien der eindimensionalen Fortbewegung ist abhängig von den resultierenden *Wegzeiten*, die von der *Auftragsstruktur*, der *Bereitstellänge* und der *Platzanordnung* bestimmt werden (s.u.).

Bei *zweidimensionaler Fortbewegung* sind die Regalbediengeräte, mit denen die Kommissionierer von Fach zu Fach fahren, in der Regel *ganggebunden*. Eine einfache Bewegungsstrategie zur annähernd wegoptimalen Fortbewegung mit einem Regalbediengerät ist die erstmals von *J. Miebach* vorgeschlagene [165]

- *N-Streifenstrategie*: Die Kommissionierfläche wird in 2, 4 oder N horizontale *Streifen* aufgeteilt, in denen der Kommissionierer, wie in *Abb. 16.19 und 17.24* dargestellt, beginnend an der Basis in einer schlangenförmigen Auf- und Abbewegung nacheinander die einzelnen Fächer seines Auftrags anfährt, bis er am Ende zur Basis zurückkehrt.

Der *Strategieparameter* ist die *Streifenanzahl N*. Die mittlere Wegzeit für die Streifenstrategie ist mit Hilfe der Beziehung (16.71) aus *Kapitel 16* berechenbar. Simulationsrechnungen ergeben, daß der Wegzeitbedarf für den kürzesten Weg weniger als 5 % von dem Wegzeitbedarf der Streifenstrategie abweicht, wenn die Streifenzahl bis zu etwa 25 Positionen pro Rundfahrt gleich 2 und ab 25 Positionen gleich 4 gewählt wird [21; 165].

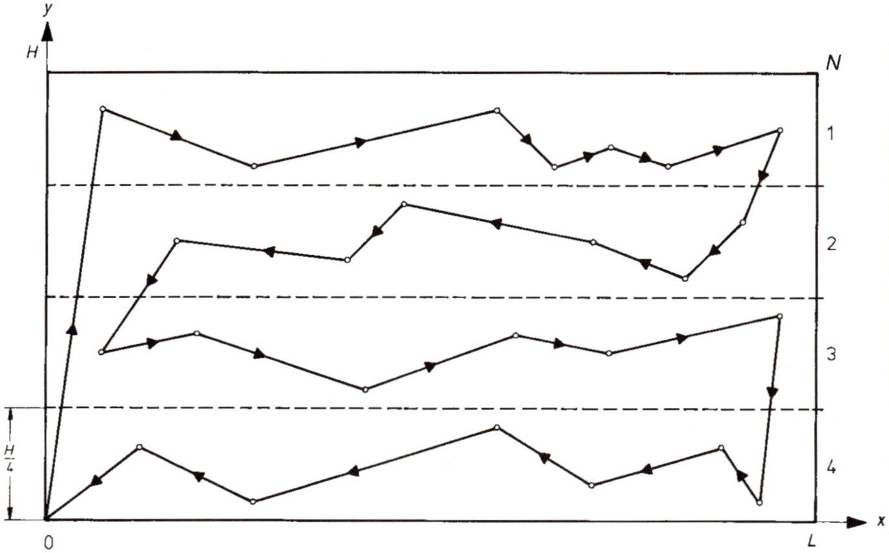


**Abb. 17.24** Streifenstrategie bei zweidimensionaler Fortbewegung
Strategieparameter: Streifenanzahl N= 4

### 5. Nachschubstrategien

Die Nachschubstrategien für den Kommissionierbereich haben zum Ziel, bei *minimalem Aufwand für den Nachschub* eine *hohe Verfügbarkeit der Bestände* auf den Zugriffsplätzen zu sichern.

Die Nachschubsteuerung für den Zugriffsbereich setzt die Verfügbarkeit der benötigten Reservebestände voraus. Diese zu sichern ist Aufgabe der übergeordneten Bestands- und Nachschubdisposition des gesamten Lager- und Kommissioniersystems (s. *Kapitel 11*).

Für Kommissioniersysteme mit *dynamischer Artikelbereitstellung* ist keine gesonderte Nachschubdisposition für den Bereitstellbestand erforderlich, da sich Bereitstell- und Reservebestand ununterscheidbar zusammen im Lager- und Bereitstellsystem befinden.

Bewährte *Nachschubstrategien für die statische Artikelbereitstellung*, die alle nach dem *Pull-Prinzip* arbeiten, sind:

- *Starres Flip-Flop-Verfahren*: Jeder Artikel hat im Zugriffsbereich mindestes zwei fest zugeordnete Bereitstellplätze, auf denen neben- oder hintereinander eine angebrochene Zugriffseinheit und eine volle Zugriffsreserveeinheit stehen. Sobald die Zugriffseinheit vom Kommissionierer geleert wurde, wird der Nachschub einer vollen Bereitstelleinheit ausgelöst. Während der Nachschub durchgeführt wird, setzt der Kommissionierer seine Arbeit ohne Unterbrechung an der nebenstehenden oder vorgezogenen Zugriffseinheit fort.
- *Dynamisches Flip-Flop-Verfahren*: Zusätzlich zu je einem Zugriffsplatz pro Artikel gibt es im Zugriffsbereich eine ausreichende Anzahl Zugriffsreserveplätze. Sobald der Inhalt einer Zugriffseinheit einen bestimmten *Meldebestand* unterschreitet, wird der Nachschub einer Zugriffsreserveeinheit ausgelöst. Diese wird auf einem der freien Reserveplätze im Zugriffsbereich abgestellt. Nachdem der Kommissionierer die Zugriffseinheit vollständig geleert hat, kann er seine Arbeit nach einem Zwischenweg bei der rechtzeitig bereitgestellten Zugriffsreserveeinheit an einem anderen Platz fortsetzen.
- *Nachfüllverfahren*: Sobald der Inhalt des festen Zugriffsplatzes einen bestimmten *Meldebestand* unterschreitet, wird eine *Nachfüllmenge* angefordert, mit der die Zugriffseinheit oder das Zugriffsfach wieder aufgefüllt wird.

Das *starre Flip-Flop-Verfahren* ist gleich dem *Zweibehälter-Kanban* (s. *Abschnitt 12.8*). Es ist die einfachste Nachschubregelung für den Kommissionierbereich. Die Vorteile sind ein *unterbrechungsfreies Kommissionieren* und das *Vermeiden von Fehlmengen*. Bei nebeneinander angeordneten Zugriffs- und Reserveplätzen kommt als weiterer Vorteil die Möglichkeit zur Mengenanpassung und zur Mitnahme der Bereitstelleinheit hinzu. Außerdem besteht ausreichend Zeit zur Leergutentsorgung.

Das starre Flip-Flop-Verfahren mit Reserveeinheiten, die in *Durchlaufkanälen* hinter den Zugriffseinheiten stehen, ist die *optimale Nachschubstrategie* für das Kommissionieren eines breiten Artikelsortiments mit großem Durchsatz, da die Wege minimal sind. Bei nebeneinander angeordneten Zugriffs- und Reserveplätzen erfordert das starre Flip-Flop-Verfahren die verdoppelte Zugriffsfläche mit entsprechend längeren Wegen. Das starre Flip-Flop-Verfahren ist daher bei nebeneinander stehenden Zugriffs- und Reserveeinheiten auf das Kommissionieren aus einem relativ schmalen Sortiment beschränkt. Bei der Kommissionierung von Paletten liegt die Anwendungsgrenze bei etwa 100 bis 200 Artikeln.

Das *dynamische Flip-Flop-Verfahren* reduziert den zusätzlichen Platzbedarf im Zugriffsbereich. Es erfordert jedoch eine *zuverlässige Verwaltung* der Bereitstellplätze, deren Artikelbelegung sich im Verlauf der Zeit ändert, und eine *genaue Verfolgung* des Inhalts der Zugriffseinheiten, um das Erreichen des *Meldebestands* rechtzeitig zu erkennen. Voraussetzung für das dynamische Flip-Flop-Verfahren sind daher eine rechnergestützte Platzverwaltung und eine dynamische Nachschubdisposition [266].

Der *Meldebestand* ist die Menge, die mit ausreichender Sicherheit den Bedarf während *Nachschubzeit* $T_N$ [h] für eine neue Bereitstelleinheit abdeckt. Er ist die Summe eines *Sicherheitsbestands* $m_{sich}$, der die stochastischen Schwankungen von Verbrauch und Nachschubzeiten ausgleicht, und des voraussichtlichen *Verbrauchs* $T_N \cdot \lambda_{EE}$ während der Nachschubzeit:

$$m_{MB} = m_{sich} + T_N \cdot \lambda_{EE} \qquad [EE]. \qquad (17.15)$$

Der Meldebestand hängt also von der Dauer des gesamten Nachschubvorgangs ab und muß bei Änderungen des *Stundenverbrauchs* $\lambda_{EE}$ [EE/h] dynamisch neu errechnet werden (s. *Kapitel 11*).

Wenn die Nachschubeinheit im Zugriffsbereich eintrifft, ist der Bestand auf dem alten Zugriffsplatz im Mittel auf den Sicherheitsbestand abgesunken. Nachdem auch der Sicherheitsbestand verbraucht ist, wird der erste Zugriffsplatz frei und nur noch ein Zugriffsplatz belegt. Hieraus folgt die *Auslegungsregel* (s. *Abschnitt 11.8*):

► Der *Zugriffsplatzbedarf pro Artikel* ist bei Nachschub nach dem dynamischen Flip-Flop-Verfahren

$$N_{ZP} = 1 + m_{sich}/C_{BE} \qquad [ZP / Art]. \qquad (17.16)$$

Auch beim *Nachfüllverfahren* wird der Nachschub durch das Erreichen eines Meldebestands ausgelöst. Im Unterschied zum Flip-Flop-Verfahren aber werden keine vollen Bereitstelleinheiten, sondern jeweils nur eine bestimmte *Nachfüllmenge* für den Zugriffsplatz oder das Zugriffsfach nachgeliefert. Die Nachfüllmenge sollte für Artikel mit regelmäßigem Verbrauch gleich der *optimalen Nachschublosgröße* gewählt werden (s. *Kapitel 11*). Wenn diese nicht bekannt ist, wird nach dem *Kanban-Verfahren* die *Auffüllmenge* nachbestellt, die durch das Fassungsvermögen des Bereitstellplatzes bestimmt ist. Das aber kann zu Ladenhütern, schlechten Drehzahlen oder Fehlmengen führen [266].

Der Vorteil des Nachfüllverfahrens ist der *geringe Platzbedarf* im Zugriffsbereich, der jedoch mit einem *aufwendigeren Handling* der einzelnen Artikeleinheiten beim Nachfüllen erkauft wird. Haupteinsatzbereiche des Nachfüllverfahrens sind *Durchlaufkanäle*, *Verkaufstheken* und *Verkaufsregale* sowie *Werkzeuglager* und *Ersatzteillager*.

### 6. Leergutstrategien

Voraussetzung der Nachschubbereitstellung ist die vorherige Entsorgung der geleerten Ladehilfsmittel, also von Behältern, Paletten und anderen Ladungsträgern.

Mögliche *Leergutentsorgungsstrategien* sind:

- *Leergutentsorgung durch den Kommissionierer*: Das Leergut wird nach dem erschöpfenden Griff vom Kommissionierer entnommen und mitgenommen.
- *Leergutentsorgung durch das Nachschubgerät*: Das Leergut wird im Zuge des Nachschubs vom Nachschubgerät entnommen und abtransportiert (s. *Abb. 17.8c*).
- *Gesonderte Leergutentsorgung*: Das Leergut wird vom Kommissionierer neben oder unter dem Bereitstellplatz abgestellt oder verbleibt auf dem Bereitstellplatz und wird von einem *Leergutentsorger* eingesammelt (s. *Abb 17.16*).
- *Leergutentsorgung durch Fördertechnik*: Bei der dynamischen Bereitstellung, aber auch bei einer statischen Bereitstellung in Durchlaufkanälen kann das Leergut durch ein Abfördersystem entsorgt werden (s. *Abb. 17.14c*).

Der Aufwand der Leergutentsorgung wird bei der Planung und Organisation von Kommissioniersystemen häufig unterschätzt und bereitet dann im laufenden Betrieb erhebliche Probleme.

Das gilt vor allem für die Entsorgung von Leerpaletten, die mit einem *Eigengewicht* über 15 kg nur schwer von einer Person zu handhaben sind. Bei einer Palettenkommissionierung mit hohem Volumendurchsatz kann daher mit einer Leergutentsorgung durch die Nachschubgeräte oder eine geeignete Fördertechnik die körperliche Belastung der Kommissionierer vermindert und die Kommissionierleistung deutlich verbessert werden.

Ebenso wie die Entsorgung des Leerguts muß der Nachschub leerer Sammelbehälter und Paletten für das Kommissionieren richtig organisiert sein und nach geeigneten Strategien gesteuert werden. Mögliche *Leergutnachschubstrategien* sind:

- *Stapelweise Leergutbereitstellung*: An der Basis oder an den Kommissionierarbeitsplätzen wird das zur Ablage der Entnahmemengen benötigte Leergut in ausreichender Menge als Stapel bereitgestellt. Bei Erreichen eines Meldebestands wird vom Kommissionierer Leergutnachschub angefordert.
- *Auftragsweise Leergutbereitstellung*: Das für einen Kommissionierauftrag benötigte Leergut wird an einer zentralen Stelle auftragsweise kodiert auf ein Fördersystem gestellt und von diesem zu den Kommissionierarbeitsplätzen transportiert (*s. Abbildung 17.14c*).

Die *stapelweise Leergutbereitstellung* ist das einfachste und sicherste Verfahren, das technisch und organisatorisch den geringsten Aufwand erfordert. Das Leergut – Versandkartons, Sammelbehälter oder Leerpaletten – wird erst zum Einsatzzeitpunkt auftragsweise kodiert, gekennzeichnet oder durch Hineinlegen des Auftragsbelegs mit dem Auftrag „verheiratet“.

Die *auftragsweise Leergutbereitstellung* ist aufwendiger, unsicherer und beschränkt auf Kommissioniersysteme mit dezentraler Abgabe, in denen ohnehin schon ein Fördersystem zu den Bereitstellplätzen führt. Dabei besteht die Gefahr, daß die Kommissionierer ihre Arbeit nicht fortsetzen können, wenn die Leerbehälterzuführung aus irgendwelchen Gründen unterbrochen ist, sowie die Gefahr der *Verwechslung* der Auftragsbehälter bei der Ablage.

Von besonderer Bedeutung ist die Leergutbereitstellung für das Kommissionieren nach dem *Pick&Pack-Prinzip* mit Ablage der Entnahmeeinheiten direkt in die Versandeinheit. Die hierfür benötigten Kartons und Packmittel müssen entweder vom Kommissionierer auf seinem Gerät mitgebracht oder an den Kommissionierarbeitsplätzen griffgünstig bereitgestellt werden.

Für *Einpositionsaufträge*, deren Packmittelbedarf der Kommissionierer am Entnahmeort selbst abschätzen kann, bereitet das kein Problem. Für *Mehrpositionsaufträge* muß der Leitrechner aus dem Volumen der gesamten Entnahmemenge eines Auftrags die Größe des benötigten Kartons errechnen und dem Kommissionierer am ersten Entnahmeplatz oder dem zentralen Auftragsstartplatz vorgeben.

## 17.7 Planung von Kommissioniersystemen

Das Kommissionieren ist ein Teilprozeß der innerbetrieblichen Logistik, der in enger Abstimmung mit dem Lagern und Umschlagen der Waren und Güter stattfindet. Entsprechend ist die Planung der Kommissioniersysteme nur zusammen mit der Planung der Lager, des Wareneingangs, des Warenausgangs und der übrigen Funktionsbereiche eines Logistikbetriebs möglich (s. *Abschnitte 3.2* und *16.8*).

Da das Kommissionieren den größten Personaleinsatz erfordert und die meisten Handlungsmöglichkeiten bietet, ist es ratsam, zuerst das Kommissioniersystem zu planen und danach die Lager und die übrigen Funktionsbereiche. Die *Systemplanung* eines Kommissioniersystems wird in folgenden *Arbeitsschritten* durchgeführt:

1. Ermittlung der *Kommissionieranforderungen*, also der Sortiments-, Auftrags-, Durchsatz- und Bestandsanforderungen, sowie der *Randbedingungen* und *Schnittstellen*.
2. *Segmentierung* des zu kommissionierenden Artikelsortiments in eine möglichst kleine Anzahl *Sortimentsklassen* mit ähnlicher *Beschaffenheit*, *Gängigkeit* und *Volumendurchsatz*.
3. *Analyse* und *Clusterung* der externen Kommissionieraufträge in *Auftragsklassen*, wie Ein- und Mehrpositionsaufträge, Klein- und Großaufträge oder Termin- und Eilaufträge.
4. *Vorauswahl* geeigneter Kommissionierverfahren, Elementarsysteme, Kombinationsmöglichkeiten und Betriebsstrategien für die verschiedenen Sortimentsklassen aufgrund der zuvor dargestellten Merkmale und Eignungskriterien.
5. *Systementwurf* mit technischer Konzeption von Beschickung, Bereitstellung, Zugriffsmodulen, Regalmodulen, Kommissionier- und Nachschubgeräten, Fördertechnik und Informationstechnik.
6. *Statische Dimensionierung* des Bereitstellbereichs unter Nutzung freier Gestaltungsparameter und geeigneter Belegungsstrategien.

7. *Dynamische Dimensionierung* der Kommissioniersysteme mit Berechnung und Optimierung der erforderlichen Kommissionierer, Kommissioniergeräte, Nachschubgeräte und Fördertechnik unter Nutzung von freien Parametern und Strategievariablen der Bearbeitungs-, Bewegungs- und Nachschubstrategien.
8. *Konzeption der Kommissioniersteuerung*, der Datenströme sowie der Informations- und Kommunikationsprozesse.
9. *Kalkulation der Investition, Betriebskosten* und *Kommissionierleistungskosten* auf der Basis von Richtpreisfaktoren und Richtkostensätzen.
10. *Auswahl der kostenoptimalen Kommissioniersysteme* für die verschiedenen Sortimentsklassen unter Berücksichtigung der *Kompatibilität* mit den vor- und nachgeschalteten Lagern und anderen Funktionsbereichen.

Nach der Entwicklung, Dimensionierung und Optimierung der Kommissioniersysteme werden die Lagersysteme, der Warenausgang, die Packerei, die Versandbereitstellung und der Wareneingang geplant. In der sich anschließenden *Layoutplanung* werden die *modular aufgebauten Lösungen* für die einzelnen Funktionsbereiche auf den verfügbaren Flächen geeignet angeordnet und durch *Transportwege* und *Fördersysteme* miteinander verbunden. Das Ergebnis ist eine platz- und kostenoptimale *Gesamtanlage* (s. *Kapitel 19*).

Dieser *iterative Planungsprozeß* läßt sich mit Hilfe geeigneter *Dimensionierungsprogramme* rasch und fehlerfrei durchführen. Die *Kommissionierprogramme* zur Dimensionierung und Optimierung von Kommissioniersystemen errechnen für vorgegebene Leistungsanforderungen unter Verwendung entsprechender *Dimensionierungsformeln* den Flächen- und Raumbedarf und die Kapazität sowie mit Hilfe von *Spielzeit-, Weg- und Greifzeitformeln* den Personal- und Gerätebedarf eines Kommissioniersystems. Außerdem sind verschiedene Betriebsstrategien mit den entsprechenden Strategievariablen wählbar (s. *Tab. 17.3*).

Mit *Richtpreisen* für die Investitionen und *Kostenfaktoren* für Personal, Abschreibungen und Zinsen werden der Investitionsbedarf und die Betriebskosten und hieraus die *Kommissionierleistungskosten* kalkuliert.

Die einzelnen *Programm-Module* für die elementaren Kommissioniersysteme lassen sich projektspezifisch den verschiedenen technischen Ausprägungen anpassen und für kombinierte Kommissioniersysteme miteinander verknüpfen. Wegen ihres grundlegend verschiedenen Aufbaus und der völlig anderen Betriebsstrategien sind für Systeme mit statischer und mit dynamischer Artikelbereitstellung unterschiedliche Kommissionierprogramme erforderlich. Die Kommissionierprogramme sind ein *analytisches Abbild* der funktionalen Wirkungszusammenhänge des Kommissioniersystems auf dem Rechner.

Die Kommissionierprogramme sind auch zur Untersuchung der verschiedenen Einflußfaktoren und Strategievariablen geeignet. Mit Hilfe der Programme lassen sich unterschiedliche *Szenarien* des Betriebs oder der Nutzung *analytisch simulieren*, die *Kommissionierkosten* minimieren und *Sensitivitätsrechnungen* durchführen.

Das Arbeiten mit den Kommissionierprogrammen hat gezeigt, daß hin und wieder eine weniger geeignet erscheinende *Anfangslösung* nach der Optimierung ebenso gut oder besser ist als das Optimum einer zunächst favorisierten Lösung. Eine Lösungsauswahl noch vor der Dimensionierung und Optimierung allein nach dem Verfahren der *Nutzwertanalyse* oder aufgrund von *Kennzahlen*, wie sie von vielen Planern aus Gründen der Arbeitsersparnis propagiert wird, kann zum Verfehlen der optimalen Lösung führen. Ein solcher Fehler ist später kaum noch korrigierbar.

In vielen Fällen gibt es mehr als nur eine kostenoptimale Lösung. Zur Entscheidung zwischen mehreren Lösungen mit annähernd gleichen Betriebskosten aufgrund von qualitativen Kriterien ist das Verfahren der *Nutzwertanalyse* geeignet (s. *Abschnitt 3.11.4*).

Mehr noch als die Lagerplanung erfordert die Planung eines Kommissioniersystems außer praxisbewährten Rechnertools technische *Sachkenntnis* und *Erfahrung*. Vor aller Technik und bei der Vielzahl der Kombinationsmöglichkeiten darf nicht das Ziel einer leistungsfähigen und kostenoptimalen Gesamtlösung aus dem Auge verloren gehen.

## 17.8 Gestaltungs- und Optimierungsparameter

Entscheidend für den Erfolg der Planung eines Kommissioniersystems sind die vollständige Kenntnis und die richtige Nutzung der freien Gestaltungs- und Optimierungsparameter. Diese Parameter gehen in die Formeln zur Berechnung der Abmessungen, Weglängen, Wegzeiten, Greifzeiten und Kommissionierleistung ein und bestimmen maßgebend die Kommissionierkosten.

Soweit nicht extern vorgegeben, sind die *Gestaltungsparameter aller Kommissioniersysteme*:

Abmessungen der Bereitstelleinheiten
Zuordnungskriterien der Bereitstelleinheiten

Abmessungen der Sammelbehälter (17.17)
Zuordnungskriterien der Sammelbehälter

Batchgröße der Serienaufträge $s$ [Auf/Serie]

Aus den Abmessungen der Ladeeinheiten und Entnahmeeinheiten läßt sich das *Fassungsvermögen* der Ladeeinheiten und damit nach den Beziehungen (17.10) und (17.11) der *Ladeeinheitendurchsatz* errechnen (s. *Kapitel 12*).

Zusätzliche *Gestaltungsparameter* und *Strategievariable* zur Dimensionierung und Optimierung von *Kommissioniersystemen mit dynamischer Artikelbereitstellung* sind (s. *Abb. 17.7*):

Lage der Kommissionierarbeitsplätze
Besetzung der Arbeitsplätze

Anzahl Zulaufstauplätze vor dem Bereitstellplatz
Anzahl Auslaufplätze nach dem Bereitstellplatz (17.18)

Anzahl Abgabeplätze pro Arbeitsplatz
Abstand und Orientierung der Abgabeplätze

Wenn die Parameter (17.17) und (17.18) feststehen, lassen sich aus den Kommissionierleistungsanforderungen die benötigte *Anzahl der Kommissionierplätze* $N_{KP}$ und die *Bereitstelleistung* $\lambda_B$ [BE/h] errechnen. Das vorangeschaltete Lager- und Bereitstellsystem ist für die benötigte Bereitstelleistung und die zur Unterbringung der Bereitstell- und Reserveeinheiten erforderliche Kapazität genauso wie ein Einheitenlager zu dimensionieren (s. *Kapitel 16*).

Zusätzliche *Gestaltungsparameter* und *Strategievariable* zur Dimensionierung und Optimierung konventioneller *Kommissioniersysteme mit statischer Artikelbereitstellung* sind [62]:

Orientierung der Bereitstelleinheiten
Kapazität der Bereitstellplätze $C_{BP}$

Kapazität der Bereitstellmodule $C_{BM}$
Kapazität der Reservemodule $C_{RM}$

Anzahl Kommissioniergänge pro Kommissioniermodul $N_{KG}$
Anzahl Kommissionierebenen $N_{KE}$

Anzahl Nachschubgassen pro Kommissioniermodul $N_{NG}$
Anzahl Nachschubebenen $N_{NE}$ (17.19)

Anzahl Kommissioniermodule $N_{KM}$
Anordnung der Kommissioniermodule

Geschwindigkeit und Beschleunigung der Nachschubgeräte
Kapazität der Nachschubgeräte $C_{NG}$

Geschwindigkeit und Beschleunigung der Kommissioniergeräte
Kapazität der Kommissioniergeräte $C_{KG}$

Anzahl der Basisstationen
Lage der Basisstationen

Vollgutkapazität der Basis
Leergutkapazität der Basis

Beim *inversen Kommissionieren* sind anstelle der Artikelbereitstellplätze die *Aufteilung* und die *Kapazität* der *Auftragssammelplätze*, die *Anzahl* und *Länge* der Kommissioniergassen und deren *Anordnung* in der Fläche die wesentlichen Gestaltungsparameter, mit denen sich Wegzeiten und Kommissionierkosten optimieren lassen.

## 17.9 Statische Dimensionierung

In der statischen Dimensionierung werden die *Anzahl* und die *Anordnung* der Kommissionierarbeitsplätze, Bereitstellplätze und Reserveplätze so festgelegt, daß sich alle Artikel möglichst platzsparend, griffgünstig und wegzeitoptimal im Zugriff befinden und die Bereitstellplätze einfach mit Nachschub versorgt werden können. Dabei sind die projektspezifischen *Restriktionen*, wie verfügbare

**Abb. 17.25** Kommissionierplatzmodul zur dynamischen Artikelbereitstellung für das Kommissionieren von Palettenware in Klappboxen

*Flächen* und *Gebäude* und *begrenzte Bauhöhe* sowie die *gesetzlichen Auflagen* für *Sicherheit* und *Arbeitsplatzgestaltung* zu berücksichtigen.

Besondere Einschränkungen für die Auslegung eines Kommissioniersystems mit statischer Artikelbereitstellung ergeben sich aus der Forderung nach *Brandabschnitten begrenzter Größe* und aus der *maximalen Fluchtweglänge*. Die Fluchtweglänge ist gleich dem kürzesten Abstand zwischen einem Arbeitsplatz und dem nächsten Ausgang des Brandabschnitts. Sie darf in Deutschland nicht länger als 50 m sein [290].

Bei einem *Kommissioniersystem mit dynamischer Artikelbereitstellung* reduziert sich die statische Dimensionierung auf den *modularen Aufbau* und die *optimale Anordnung* der stationären Kommissionierarbeitsplätze unter Berücksichtigung der Gestaltungsparameter (17.18). Ein Beispiel für die Auslegung eines *Kommissionierplatzmoduls* zur Kommissionierung von Paletten in Sammelbehälter auf Rolltürmen zeigt *Abb. 17.25*.

Ein *Kommissioniersystem mit statischer Artikelbereitstellung* läßt sich aus *Bereitstellmodulen* (BM) und *Reservemodulen* (RM) aufbauen, die entlang eines *Kommissioniergangs* neben- und übereinander angeordnet sind und zusammen mit den *Nachschubgassen* ein *Gangmodul* (GM) bilden. Ein *Kommissioniermodul* (KM) besteht aus mehreren Gangmodulen (s. *Abb.* 17.19).

Die statische Dimensionierung wird in folgenden *Arbeitsschritten* durchgeführt:

### 1. Konzeption der Bereitstell- und Reservemodule

Die Konzeption der Bereitstellmodule ist ausschlaggebend für den Platzbedarf und die Leistungsfähigkeit des gesamten Kommissioniersystems. Die Bereitstellmodule müssen folgende *Anforderungen* erfüllen:

- Anordnung möglichst vieler Zugriffsplätze auf minimaler Zugriffsfläche
- Platz für die Zugriffsreserven
- griffgünstige Bereitstellung der Entnahmeeinheiten
- gute Nachschubmöglichkeit für die Zugriffsplätze
- Sicherung der Kommissionierer in Richtung der Nachschubgassen
- Vorkehrung zur Leergutentsorgung
- einfache Umrüstbarkeit bei Einsatz unterschiedlicher Bereitstelleinheiten

*Abb. 17.20* zeigt das Beispiel eines umrüstbaren Bereitstellmoduls für Behälter und Paletten, das diesen Anforderungen genügt und für ein Stollenkommissionierlager konzipiert wurde (s. *Abb. 17.19* u. *17.21*).

Aus dem Aufbau und der Konstruktion resultieren die *Länge* $l_{BM}$, die *Tiefe* oder *Breite* $b_{BM}$ und die *Höhe* $h_{BM}$ des Bereitstellmoduls. Das *Fassungsvermögen* $C_{BM}$ für Bereitstelleinheiten ist gleich der Summe

$$C_{BM} = C_{BMZ} + C_{BMR} \qquad [BE/BM] \qquad (17.20)$$

der *Zugriffskapazität* $C_{BMZ}$, das heißt der Anzahl Plätze im Zugriffsbereich, und der *Reservekapazität* $C_{BMR}$, das heißt der Anzahl Reserveplätze pro Bereitstellmodul.

Die benötigte Anzahl Zugriffsplätze hängt von der Anzahl der Artikel und von der Platzordnung ab. Mit dem *Platzordnungsfaktor*

$$f_{PO} = \begin{cases} 1 & \text{für feste Pickplatzordnung} \\ 2 & \text{für starre Flip-Flop-Ordnung} \\ 1 + m_{sich}/C_{BE} & \text{für dynamische Flip-Flop-Ordnung} \end{cases} \qquad (17.21)$$

folgt die

► Anzahl Bereitstellmodule mit einer Zugriffskapazität $C_{BMZ}$ [ZP/BM], die für das Kommissionieren aus einem Sortiment von $N_S$ Artikeln benötigt wird,

$$N_{BM} = [f_{PO} \cdot N_S / C_{BMZ}]. \qquad (17.22)$$

Diese Anzahl von Bereitstellmodulen ist auf den beiden Seiten der Kommissioniergänge nebeneinander anzuordnen. Die insgesamt benötigte Länge der Kommissioniergänge, die sogenannte *Bereitstellänge*, beträgt daher

$$L_{BL} = N_{BM} \cdot l_{BM}/2, \qquad (17.23)$$

wenn die Länge pro Bereitstellmodul $l_{BM}$ ist.

Die benötigte Bereitstellänge ist auf eine *optimale Anzahl* von Kommissioniergassen aufzuteilen. Zusätzlich sind so viele Reservemodule unterzubringen, daß insgesamt ausreichend Platz für mindestens 2 Bereitstelleinheiten pro Arikel vorhanden ist, von denen jeweils eine auf einem Zugriffsplatz steht.

Wenn die Reservekapazität der Bereitstellmodule nicht ausreicht, können in einem Regal oberhalb der Bereitstellmodule oder auf der Gegenseite der Nachschubgassen zusätzliche *Reservemodule* angeordnet werden, die ähnlich wie die Fachmodule eines Einheitenlagers zum Abstellen von Reserveeinheiten konzipiert sind (s. *Abschnitt 16.2*).

## 2. Gestaltung der Gangmodule und Kommissioniermodule

Ein *Gangmodul* besteht aus $N_x$ Bereitstellmodulen, die zu beiden Seiten eines Kommissioniergangs mit der *Gangbreite* $b_{KG}$ in x-Richtung nebeneinander angeordnet sind. Wie in *Abb. 17.19* dargestellt, setzt sich ein *Kommissioniermodul* in z-Richtung aus $N_{GM}$ parallel angeordneten Gangmodulen zusammen, zwischen denen bei getrennter Beschickung und Entnahme die Nachschubgassen verlaufen.

Bei mehretagigen Kommissioniersystemen, wie den Stollenkommissionierlagern, liegen $N_{KE}$ Kommissionierebenen in y-Richtung übereinander. Soweit es der Höhenabstand der Ebenen, der durch die Kommissioniertechnik und die Regalkonstruktion bestimmt wird, erlaubt, können zwischen den Kommissionierebenen und über der obersten Kommissionierebene Reservemodule eingefügt werden.

Mit $N_{KE}$ *Kommissionierebenen*, einem *vertikalen Anfahrmaß* $H_{AM}$, das sich zusammensetzt aus den unteren und oberen Anfahrmaßen für die Nachschub- und Kommissioniergeräte, und einem *Abstand der Kommissionierebenen* $h_{KE}$ ist die *Höhe eines Gangmoduls*

$$H_{GM} = H_{KM} = N_{KE} \cdot h_{KE} + H_{AM}. \tag{17.25}$$

Die Höhe der Gangmodule ist gleich der lichten Höhe $H_{KM}$ des Kommissioniermoduls.

Bei einer benötigten Anzahl Bereitstellmodule $N_{BM}$, die durch Beziehung (17.22) gegeben ist, sowie bei $N_{KG}$ Kommissioniergängen pro Kommissioniermodul, $N_{KE}$ Kommissionierebenen und $N_{KM}$ Kommissioniermodulen ist die *horizontale Anzahl Bereitstellmodule* pro Gang

$$N_x = \{N_{BM}/(2N_{KG}N_{KE}N_{KM})\} \qquad [\text{BM / Gang}], \tag{17.26}$$

wobei die geschweiften Klammern ein *Aufrunden* auf die nächste ganze Zahl bedeuten.

Mit der *Länge* $l_{BM}$ eines Bereitstellmoduls und dem *horizontalen Anfahrmaß* $L_{AM}$, das die Summe der vorderen und hinteren Anfahrmaße ist, wird damit die *Länge eines Gangmoduls* und damit auch eines Kommissioniermoduls

$$L_{GM} = L_{KM} = N_x \cdot l_{BM} + L_{AM}. \tag{17.27}$$

Bei getrennter Beschickung und Entnahme verlaufen auf der Rückseite der Bereitstellmodule die Nachschubgassen. Die innenliegenden Nachschubgassen eines Kommissioniermoduls bedienen jeweils zwei Gangmodule. Die beiden außen liegenden Nachschubgassen versorgen in der Regel nur einen Gangmodul (s. *Abb. 17.19*). Bei kombinierter Beschickung und Entnahme entfallen die Nachschubgänge.

Mit dem *Nachschubgangfaktor*

$$f_{NG} = \begin{cases} 0 & \text{für räumlich kombinierten Nachschub} \\ 1 & \text{für räumlich getrennten Nachschub,} \end{cases} \tag{17.28}$$

einer *Tiefe pro Bereitstellmodul* $b_{BM}$ und einer *Nachschubgangbreite* $b_{NG}$ ist damit die *Breite eines Gangmoduls* einschließlich der anteiligen Nachschubgangbreiten:

$$B_{GM} = 2 \cdot b_{BM} + f_{NG} \cdot b_{NG}. \tag{17.29}$$

Wenn die äußeren Nachschubgassen jeweils nur einen Kommissioniergang versorgen und sich an den beiden Außenwandflächen noch zwei *Seitenregale* mit Reservemodulen befinden, ist die *Breite des Kommissioniermoduls*

$$B_{KM} = N_{GM} \cdot \left(2b_{BM} + b_{KG}\right) + f_{NG} \cdot \left(\left(N_{GM} + 1\right) \cdot b_{NG} + 2b_{BM}\right) \tag{17.30}$$

Mit der Länge (17.27) und der Breite (17.30) ist der *Grundflächenbedarf für ein Kommissioniermodul:*

$$F_{KM} = L_{KM} \cdot B_{KM}. \tag{17.31}$$

In den Beziehungen (17.25) bis (17.31) sind die *Anzahl Kommissioniermodule*, die *Anzahl der Gangmodule* pro Kommissioniermodul und die *Anzahl der Kommissionierebenen* freie *Dimensionierungsparameter.*

Bei der Nutzung dieser Parameter besteht ein *Zielkonflikt* zwischen der optimalen Raum- und Flächennutzung und der minimalen Kommissionierweglänge. Zusätzlich sind die projektspezifischen *Randbedingungen* zu erfüllen und die allgemeinen *Sicherheitsvorschriften* einzuhalten.

Mit wenigen und langen Gängen wird die benötigte Grundfläche (17.31) minimal, da die Anfahrmaße anteilig nur wenig ins Gewicht fallen. Andererseits aber sind die Abmessungen eines Kommissioniermoduls, der einen Brandabschnitt bildet, begrenzt durch die maximal zulässige Fluchtweglänge von 50 m.

Hieraus resultieren *maximale Abmessungen* eines Kommissioniermoduls von ca. 100×100 m und eine *maximale Ganglänge* von etwa 80 m. Die maximale Ganglänge ist jedoch für das konventionelle Kommissionieren nicht immer wegoptimal, da bei kürzeren Gängen und wenigen Positionen pro Kommissionierauftrag die Wahrscheinlichkeit groß ist, Gänge auslassen und dadurch den Auftragsweg abkürzen zu können. Die *wegoptimale Ganglänge* ist daher gesondert zu berechnen (s.u.).

### 3. Gestaltung und Zuordnung der Basisstationen

Bei zentraler Abgabe hat eine bestimmte Anzahl Gangmodule in einer Ebene eine oder mehrere *Basisstationen*, die stirnseitig vor den Gängen angeordnet sind. Die Basisstationen sind Ausgangs- und Endpunkt für die Rundfahrten der Kommissionierer.

Die Anzahl und die Anordnung der Basisstationen, die Anzahl der von diesen bedienten Gänge und damit die Gesamtzahl der in einem Kommissioniersystem benötigten Basisstationen sind weitere *Gestaltungsparameter*, die zur Systemoptimierung nutzbar sind.

Aus einer Analyse der stirnseitigen Wege ergibt sich die *Anordnungsregel*:

▶ Zur Minimierung der mittleren Wege müssen die Basisstationen möglichst nahe in der Mitte vor den zu bedienenden Gängen angeordnet sein.

In einem größeren Kommissioniersystem mit mehreren benachbarten Basisstationen gibt es zwei verschiedene *Basisanfahrstrategien*:

- *Feste Basis*: Jeder Kommissionierer hat eine feste Basis, an der er seine Aufträge erhält und seine Rundfahrten startet und beendet.
- *Wechselnde Basis*: Der Kommissionierer gibt die Ware für einen ausgeführten Auftrag jeweils an der nächsten freien Basis ab und beginnt dort mit dem folgenden Rundlauf.

Durch wechselnde Basisstationen lassen sich unter Umständen die Wege von und zur Basis verkürzen und bei hoher Durchsatzleistung die *Basiswartezeiten* reduzieren. Eine wechselnde Basis erfordert jedoch eine rechnergestützte Kommissioniersteuerung, um die Kommissionierer an allen Basisstationen gleichmäßig mit Aufträgen zu versorgen.

Anzahl, Gestaltung, Anordnung und Organisation der Basisstationen sind maßgebend für die benötigte *Basiszeit* und haben Einfluß auf die Kommissionierleistung. Die Basis muß mit einem *Terminal* ausgestattet sein und über genügend *Kapazität* zur Bereitstellung von Leergut für das Kommissionieren und das Abstellen der gefüllten Auftragsbehälter verfügen.

Wenn viele Kommissionierer von der gleichen Basis aus arbeiten, kann durch einen zeitversetzten Arbeitsbeginn die Wahrscheinlichkeit für ein gleichzeitiges Zusammentreffen und damit die *Wartezeit an der Basis* erheblich reduziert werden (s. *Abschnitt 17.11*).

In großen Anlagen ist die Basis zur Zuförderung von Nachschub und Leergut und zum Abfördern der Auftragsbehälter über ein Fördersystem mit dem Wareneingang- und Warenausgang verbunden (s. *Abb. 17.21*). Die Auf- und Abgabestellen an der Basis müssen ergonomisch gestaltet und mit einer ausreichenden *Anzahl Pufferplätze* versehen sein, um die Arbeit der Kommissionierer von den vor- und nachgelagerten Transporten zu entkoppeln.

## 17.10 Optimale Wegzeiten und Gangzahlen

Die Zeit, die ein Kommissionierer für die Fortbewegung von der Basis zu den Bereitstellplätzen und zurück zur Basis benötigt, ist abhängig von der Länge des Rundwegs, von der Geschwindigkeit und Beschleunigung sowie von der Anzahl der Bremsbeschleunigungsvorgänge im Verlauf dieses Weges. Die Rundweglänge hängt ab von der Fortbewegungsstrategie, von der Anzahl Positionen pro Auftrag, von der Anordnung, der Anzahl und der Länge der Gänge sowie von der Breite der Bereitstellmodule.

Maßgebend für die Weglänge und für die Anzahl der Bremsbeschleunigungen beim Gangwechsel ist die Anzahl der Gänge, in denen sich die angeforderten Artikel befinden. Für die Leistungsberechnung und Dimensionierung interessiert nicht die Anzahl der aufzusuchenden Gänge für den einzelnen Auftrag, sondern die *mittlere Gangzahl* für eine Vielzahl von Aufträgen.

Eine Wahrscheinlichkeitsanalyse der möglichen Verteilungen von n Artikelpositionen auf N Bereitstellgänge ergibt den *Satz der mittleren Gangzahl* [40; 164, 166]:

▶ Die *mittlere Anzahl Gänge*, in der die Artikel von Aufträgen, die im Mittel n *Positionen* haben, zu finden sind, ist bei *Gleichverteilung* der Artikel eines Sortiments über insgesamt N *Bereitstellgänge*

$$x = \left(1 - \left(1 - 1/N\right)^n\right) \cdot N. \qquad (17.32)^{©}$$

*Beweis:* 1/N ist die Wahrscheinlichkeit, daß ein gesuchter Artikel in einem bestimmten von insgesamt N Gängen liegt, und damit (1–1/N) die Wahrscheinlichkeit, daß er nicht in dem Gang liegt. Also ist $(1-1/N)^n$ die Wahrscheinlichkeit, daß keiner der n angeforderten Artikel, und $(1-(1-1/N)^n)$ die Wahrscheinlichkeit, daß zumindest einer der n Artikel in diesem Gang liegt. Da mit dieser Wahrscheinlichkeit jeder der N Gänge einen der n Artikel enthält, ist (17.32) die mittlere Gangzahl [164; 166].

Für Gangzahlen größer als 10 gilt mit ausreichender Genauigkeit die *Näherungsformel*:

$$x = \left(1 - e^{-n/N}\right) \cdot N. \qquad (17.33)^{©}$$

Die mit Beziehung (17.32) errechnete Abhängigkeit der Gangzahl, die im Mittel aller Rundwege aufgesucht wird, von der Anzahl Auftragspositionen ist für drei verschiedene Bereitstellgangzahlen in *Abb. 17.26* dargestellt. Hieraus wie auch aus Beziehung (17.32) ist ablesbar:

▶ Wenn die Positionsanzahl wesentlich kleiner ist als die Anzahl der Bereitstellgänge, dann ist die mittlere Gangzahl gleich der Anzahl Positionen, da die n Positionen mit großer Wahrscheinlichkeit in unterschiedlichen Gängen liegen.

▶ Nähert sich die Anzahl Positionen der Anzahl Bereitstellgänge, wird die mittlere Gangzahl kleiner als die Positionsanzahl, da immer häufiger mehrere Positionen in einem Gang zu finden sind. Bei n = N und N > 10 befinden sich die Positionen im Mittel in 0,63 · n Gängen.

▶ Mit weiter ansteigender Anzahl Positionen nähert sich die mittlere Gangzahl der Anzahl der Bereitstellgänge, da die angeforderten Artikel mit zunehmender Wahrscheinlichkeit über alle Gänge verteilt sind.

Mit der Beziehung (17.32) für die mittlere Gangzahl ist es möglich, die mittlere Weglänge und die mittleren Wegzeiten für die verschiedenen *Bewegungsstrategien* und *Ganganordnungen* analytisch zu berechnen.

Von der Vielzahl denkbarer *Ganganordnungen* lassen sich die meisten bereits aufgrund qualitativer Überlegungen und Vergleiche als ungeeignet oder wegungünstig ausscheiden. Stochastische Simulationen und analytische Berechnungen ergeben in Übereinstimmung, daß die in den *Abb. 16.6, 17.19* und *17.23* dargestellte *parallele Anordnung der Gangmodule* – kurz *Kopfganganordnung* genannt – mit zentraler stirnseitiger Basis die wegoptimale und praktikabelste Lösung ist, wenn die Anzahl der Gänge richtig gewählt und mit der jeweils geeignetsten Fortbewegungsstrategie gearbeitet wird [164; 165; 166].

Für eine *gegenüberliegende Anordnung der Gangmodule* mit einem zentralen Mittelgang – kurz *Zentralganganordnung* genannt – sind die mittleren Wege bei

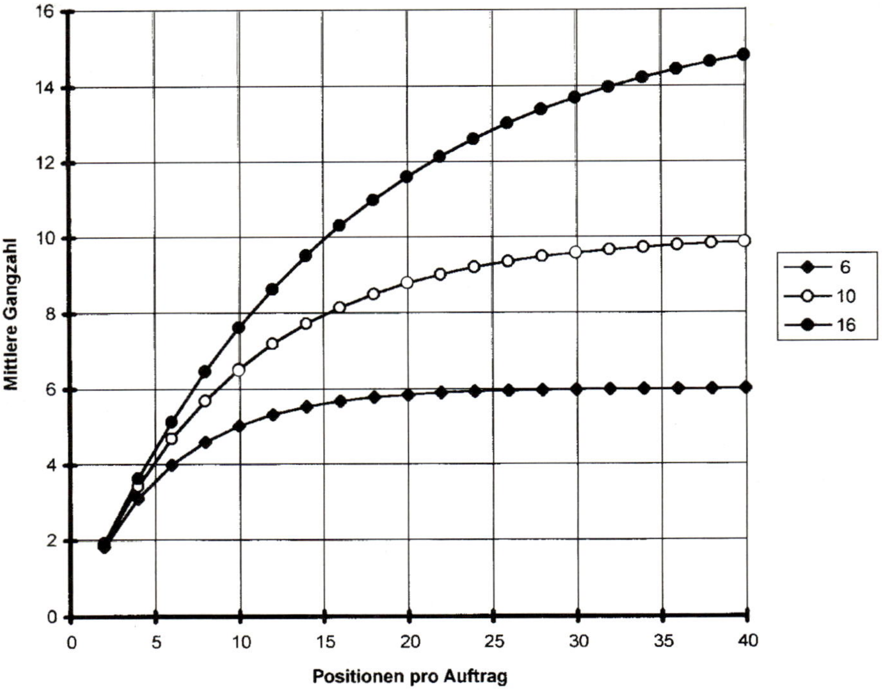


**Abb. 17.26** Abhängigkeit der mittleren Gangzahl beim Kommissionieren von der mittleren Anzahl Positionen pro Auftrag

Parameter: Anzahl der Kommissioniergänge $N_{KG} = 6, 10, 16$

optimaler Gangzahl geringfügig länger als bei der Kopfganganordnung (s. *Abb. 16.7*). Dafür ist die *Zentralganganordnung* etwas *platzsparender*, da der Mittelgang für beide Gangblöcke genutzt wird (*s. Abschnitt* 16.9.3).

Von der Kopf- oder Zentralganganordnung abweichende Anordnungen der Kommissionergänge sind für ein neu zu errichtendes Lager- und Kommissioniersystem nicht sinnvoll, können aber bei vorgegebenen Flächen und Räumlichkeiten notwendig sein, um eine bessere Flächen- und Raumnutzung zu erreichen [166].

### 1. Wege und Zeiten bei Durchgangstrategie

Wenn alle Artikel gleichmäßig über die Gänge verteilt sind und die aufgerundete mittlere Gangzahl x kleiner als die Gangzahl N ist, werden bei einer Rundfahrt nach der Durchgangstrategie, wie sie in den *Abb. 17.2, 17.19* und *17.23* gezeigt ist, bei gradzahligem x genau x Gänge und für ungradzahliges x ein zusätzlicher Gang, also x + 1 Gänge in einer *Schlangenlinie* durchfahren.

Da für Positionszahlen n, die größer als die Gangzahl sind, die mittlere Gangzahl mit großer Wahrscheinlichkeit gleich der Zahl aller Gänge ist, gilt die *Auslegungsregel*:

▶ Beim Kommissionieren nach der *Durchgangstrategie* muß die Anzahl der Kommissioniergänge, die von einer Basis bedient wird, *gerade* sein, damit für Aufträge, deren Artikel über alle Gänge verteilt sind, kein ungenutzter Rückweg entsteht.

In den Gängen der Länge $L_{GM}$ wird im Mittel insgesamt ein Weg der Länge $(x + 1/2) \cdot L_{GM}$ zurückgelegt, wenn die aufgerundete mittlere Gangzahl x kleiner als die Gangzahl ist, und der Weg $N \cdot L_{GM}$, wenn die aufgerundete mittlere Gangzahl x gleich der Gangzahl ist.

Die Weglänge entlang den Stirnseiten ist bei x aufzusuchenden Gängen im Mittel $2 \cdot x/(x + 1)$ mal dem maximalen Weg $(N - 1) \cdot B_{GM}$ an der Stirnseite. Damit folgt:

▶ Die *mittlere Weglänge* beim Kommissionieren von n Auftragspositionen nach der *Durchgangstrategie* aus N parallelen Gangmodulen mit der Länge $L_{GM}$ und der Breite $B_{GM}$ ist

$$L(N) = MIN(N; x + 1/2) \cdot L_{GM} + 2(x/(x+1)) \cdot (N-1) \cdot B_{GM}. \qquad (17.34)$$

Für den mittleren Weg zwischen zwei Entnahmeorten, dessen Länge $L/n$ ist, wird bei einer maximalen *Fahrgeschwindigkeit* v und einer mittleren *Bremsbeschleunigungskonstanten* b die mittlere Fahrzeit $(L/n)/v + v/b$ benötigt (s. *Beziehung* (16.59), *Kapitel* 16).

Zusätzlich finden beim Gangwechsel an den Stirnseiten x Bremsbeschleunigungsvorgänge statt, für die pro Vorgang die Zeit v/b verlorengeht. Hieraus folgt:

▶ Die *mittlere Auftragswegzeit* für das Kommissionieren von n Positionen nach der *Durchgangstrategie* aus N parallelen Gangmodulen mit der Länge $L_{GM}$ und der Breite $B_{GM}$ ist

$$t_n(N) = L(N)/v + (2x + n + 1) \cdot v/b. \qquad (17.35)$$

Hierin ist die mittlere Gangzahl x durch Beziehung (17.32) und die mittlere Weglänge $L(N)$ durch Beziehung (17.34) gegeben. Aus der mittleren Auftragswegzeit (17.35) folgt die anteilige *Wegzeit pro Position:*

$$\tau_{weg}(n) = t_n(N)/n \qquad [s / Pos]. \qquad (17.36)$$

Die Abhängigkeit der Wegzeit pro Position von der Anzahl Auftragspositionen ist in *Abb. 17.27* für ein Beispiel aus der Praxis dargestellt, dessen Leistungsanforderungen in *Tabelle 17.1* angegeben sind. Die anteilige Wegzeit nimmt mit zunehmender Positionsanzahl ab, da sich der Auftragsweg auf immer mehr Positionen verteilt und die Wege zwischen den Stops kürzer werden.

Zusammen mit der *Greifzeit*, der *Basiszeit* und der *Rüstzeit* bestimmt die *Wegzeit pro Position* die Kommissionierleistung. Die Formeln (17.32) bis (17.36) werden daher benötigt zur Berechnung der Kommissionierleistung in einer bestimmten Anzahl Kommissioniergänge bei vorgegebener Auftragsstruktur.

Wenn ein neues Kommissioniersystem geplant wird oder die Möglichkeit besteht, die Ganganordnung zu verändern, ist die Gangzahl N ein *Gestaltungsparameter*, der zur Optimierung der mittleren Wegzeit genutzt werden kann.

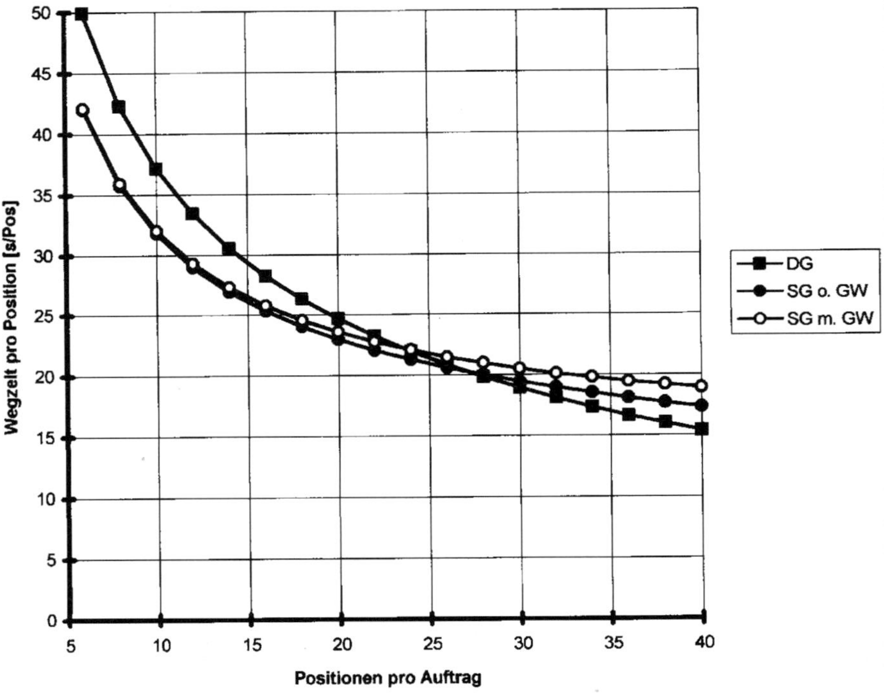


**Abb. 17.27** Abhängigkeit der mittleren Wegzeit pro Position von der mittleren Anzahl Auftragspositionen für unterschiedliche Fortbewegungsstrategien

| | |
|---|---|
| DG: | Durchgangstrategie |
| SG o. GW: | Stichgangstrategie ohne Gangwiederholung |
| SG m. GW: | Stichgangstrategie mit Gangwiederholung |
| Parameter: | s. Legende zu *Abb. 17.28* |

Durch Aufteilung der insgesamt benötigten *Bereitstellänge* $L_{BL}$, die durch Beziehung (17.23) gegeben ist, auf N Gangmodule wird die Länge eines Gangmoduls:

$$L_{GM} = L_{BL}/N\,. \tag{17.37}$$

Nach Einsetzen von (17.37) in Beziehung (17.34) ergibt sich eine funktionale Abhängigkeit der mittleren Weglänge $L(N)$ von der Gangzahl N, deren Verlauf für das o.g. Beispiel *Abb. 17.28* zeigt. Die mittlere Weglänge steigt bei der Durchgangstrategie mit zunehmender Gangzahl wegen der zusätzlichen stirnseitigen Wege zunächst leicht an, sinkt dann aber infolge der Wegeinsparungen durch das Auslassen von Gängen bis zu einer bestimmten Gangzahl $N_{min}$ ab, um danach wegen der immer längeren stirnseitigen Wege wieder anzusteigen.

Insgesamt gilt jedoch:

► Bei der Durchgangstrategie verändert sich die mittlere Weglänge mit der Anzahl der Kommissioniergänge relativ wenig.

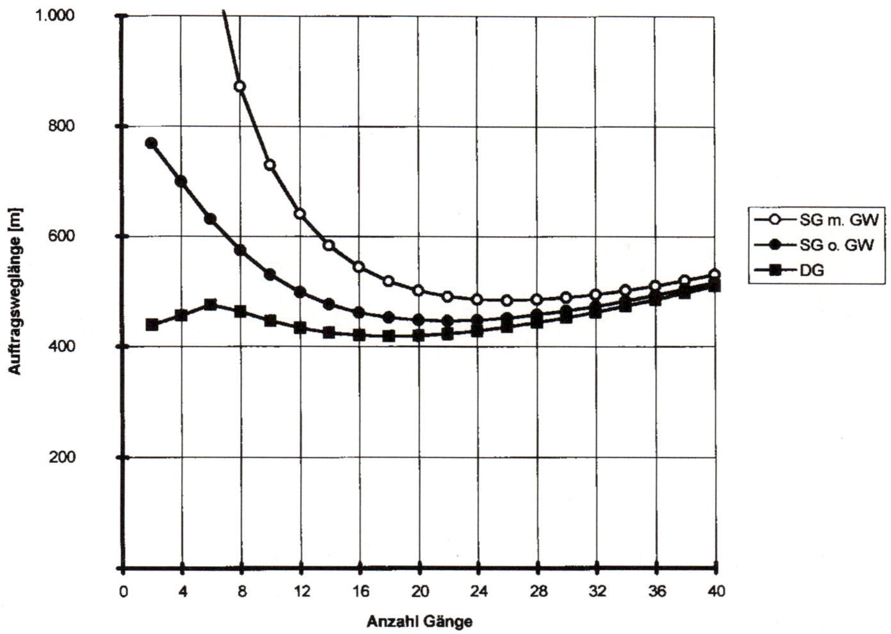


**Abb. 17.28** Abhängigkeit der Auftragsweglänge von der Anzahl Kommissioniergänge für unterschiedliche Fortbewegungsstrategien bei Gleichverteilung aller Artikel *ohne* Schnellläuferkonzentration

| | |
|---|---|
| Fahrwegstrategien: | Durchgangstrategie DG<br>Stichgangstrategie ohne Gangwiederholung SG o. GW<br>Stichgangstrategie mit Gangwiederholung SG m. GW |
| Leistungsanforderungen: | s. Tabelle 17.1, Spalte 1 |
| Kommissioniersystem: | s. Abb. 17.2 und 17.16 |
| Parameter: | Kommissioniergänge, Anzahl 12, Länge 36 m<br>Bereitstelleinheiten Paletten 800x1.200x1.050 mm<br>Versandeinheiten 800x1.200x1.050 mm<br>Gabelhubwagen für 2 Paletten |

Wie *Abb. 17.28* zeigt, hat die mittlere Weglänge bei der Durchgangstrategie in der Regel zwei Minima, von denen das erste bei N = 2 liegt.

Die Gangzahl für das zweite Minimum läßt sich explizit nur näherungsweise bestimmen, da die mittlere Gangzahl nach Beziehung (17.32) ebenfalls von N abhängt. Mit dem Näherungsansatz $x \approx 0{,}63 \cdot n$, der im Bereich des Minimums näherungsweise richtig ist, ergibt sich durch Nullsetzen der partiellen Ableitung $\partial L(N)/\partial N$ nach der Gangzahl N und Auflösung nach N für die *Gangzahl am zweiten Minimum:*

$$N_{min} \approx \sqrt{0{,}3 \cdot n \cdot L_{BL} / B_{GM}} \qquad \text{wenn } n < N_{min}. \qquad (17.38)^{©}$$

Für das betrachtete Beispiel mit einer benötigten Bereitstellänge von insgesamt 432 m, einer Breite der Gangmodule von 5,1 m und im Mittel 15 Auftragspositionen ergibt sich aus Beziehung (17.38) für die Gangzahl am zweiten Minimum

$N_{min} \approx 20$. Dieser Näherungswert stimmt recht gut mit dem genauen Minimumwert überein, der aus *Abb. 17.28* ablesbar ist.

Die mittlere Weglänge ist bei der Gangzahl (17.38) nur kürzer als bei zwei Gängen, wenn die Positionszahl n nicht größer ist als die Gangzahl $N_{min}$ für das zweite Minimum. Andernfalls ist die *wegoptimale Gangzahl* gleich 2.

Weil bei der Durchgangstrategie jeder Gang vollständig durchfahren werden muß, auch wenn nur Artikel am Gangende zu entnehmen sind, bringt eine Bereitstellung der schnellgängigen A-Artikel im vorderen Gangbereich bei dieser Strategie keine Wegeinsparungen sondern nur den Nachteil, daß sich mehrere Kommissionierer in den häufig aufgesuchten Bereitstellungszonen gegenseitig behindern. Auch eine Bereitstellung aller A-Artikel in den mittleren 2 oder 4 Gängen bewirkt nur einen geringen Effekt, da die mittlere Weglänge bei der Durchgangstrategie nur relativ wenig von der Gangzahl abhängt [163; 166].

### 2. Wege und Zeiten bei Stichgangstrategie mit Gangwiederholung

Wenn alle Artikel gleichmäßig über die Gänge verteilt sind, bewegt sich der Kommissionierer nach der Stichgangstrategie mit Gangwiederholung, wie in *Abb. 17.23* gezeigt, n mal in die Gänge hinein. Er legt dabei jedesmal einen *Stichweg* der mittleren Länge $2 \cdot L_{GM}/2 = L_{GM}$ zurück.

Werden die A-Artikel, die einen Anteil $p_A$ am Sortiment und den Anteil $p_{Apos}$ an den Auftragspositionen haben, im vorderen Gangbereich mit der Länge $p_A \cdot L_{GM}$ bereitgestellt und die restlichen Artikel im hinteren Bereich, dann ist eine Position mit der Wahrscheinlichkeit $p_{Apos}$ auf einem Stichweg der mittleren Länge $p_A \cdot L_{GM}$ erreichbar und mit der Wahrscheinlichkeit $(1 - p_{Apos})$ auf einem Stichweg der mittleren Länge $(p_A + 1) \cdot L_{GM}$.

Durch eine Konzentration der A-Artikel im vorderen Gangbereich verkürzen sich daher die mittleren Stichweglängen in den Gängen um den *Schnelläuferfaktor*

$$f_A = 1 + p_A - p_{Apos}. \tag{17.39}$$

Haben beispielsweise 20 % A-Artikel einen Anteil von 65 % an den Auftragspositionen, dann ist $p_A = 0{,}20$, $p_{Apos} = 0{,}65$ und der Schnelläuferfaktor $f_A = 0{,}55$. Das heißt, die Stichwege in die Gänge verkürzen sich in diesem Fall im Mittel um 45 %.

Die Weglänge entlang den Stirnseiten ist bei der Stichgangstrategie ebenso lang wie bei der Durchgangstrategie. Damit folgt:

► Die *mittlere Weglänge* beim Kommissionieren von n Auftragspositionen nach der *Stichgangstrategie mit Gangwiederholung* aus N parallelen Gangmodulen mit der Länge $L_{GM}$ und der Breite $B_{GM}$ ist

$$L(N) = f_A \cdot n \cdot L_{GM} + 2 \cdot \left(x/(x+1)\right) \cdot (N-1) \cdot B_{GM}. \tag{17.40}$$

Beim Hinein- und Hinausgehen aus den Gängen finden bei der Stichgangstrategie mit Gangwiederholung 2n Bremsbeschleunigungsvorgänge statt. Zusätzlich kommen beim Gangwechsel an den Stirnseiten und bei der Anfahrt der Basis x + 1 Bremsbeschleunigungsvorgänge vor. Hieraus folgt:

▶ Die *mittlere Auftragswegzeit* für das Kommissionieren von n Positionen nach der *Stichgangstrategie mit Gangwiederholung* aus N parallelen Gangmodulen mit der Länge $L_{GM}$ und der Breite $B_{GM}$ ist

$$t_n(N) = L(N)/v + (x + 1 + 2n) \cdot v/b. \qquad (17.41)$$

Hierin ist die mittlere Gangzahl x wieder durch Beziehung (17.32) und die mittlere Weglänge $L(N)$ durch Beziehung (17.40) gegeben. Aus der mittleren Auftragswegzeit (17.41) folgt mit der Beziehung (17.36) die anteilige *Wegzeit pro Position* $t_{weg}(n)$, von der zusammen mit der Greifzeit, der Basiszeit und der Rüstzeit die *Kommissionierleistung* abhängt.

Nach Einsetzen der Abhängigkeit (17.37) der Länge pro Gangmodul von der Gangzahl in Beziehung (17.40) ergibt sich die funktionale Abhängigkeit der mittleren Weglänge $L(N)$ von der Gangzahl N. Die Gangzahlabhängigkeit der mittleren Weglänge ist für den Fall eines gleichmäßig verteilten Sortiments in *Abb. 17.28* und für den Fall einer Konzentration der 20 % A-Artikel mit einem Positionsanteil von 65 % im vorderen Gangbereich in *Abb. 17.29* dargestellt. Aus dem allgemeinen Funktionsverlauf und den dargestellten Beispielen ist ablesbar:

▶ Die mittlere Weglänge hängt bei der *Stichgangstrategie* sehr empfindlich von der Anzahl Kommissioniergänge ab. Sie fällt mit zunehmender Gangzahl we-

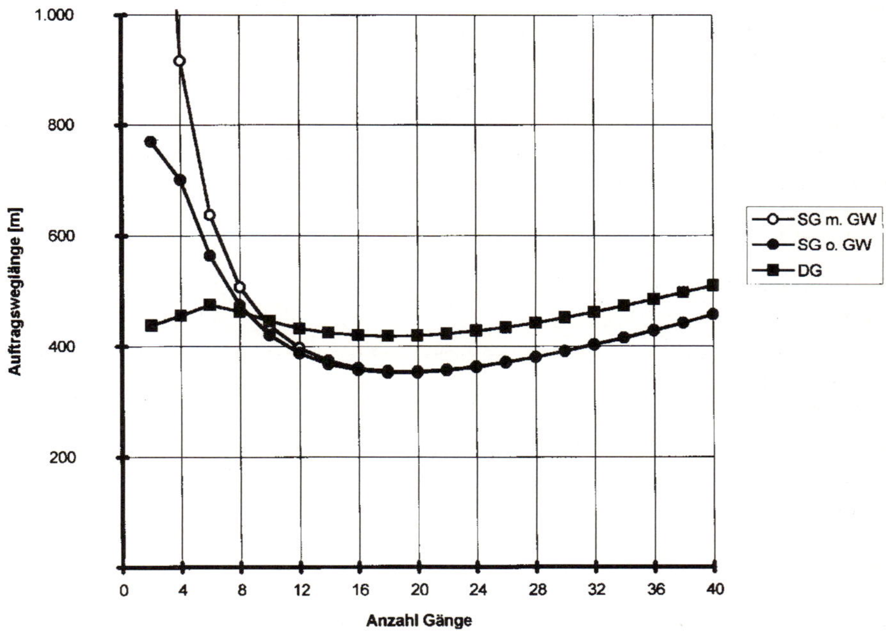


**Abb. 17.29** Abhängigkeit der Auftragsweglänge von der Anzahl Kommissioniergänge für unterschiedliche Fortbewegungsstrategien *mit* Schnellläuferkonzentration der A-Artikel an den Gangenden

Parameter: s. Legende *Abb. 17.28*

gen der sich verkürzenden Wege in den Gängen und der ausgelassenen Gänge bis zu einer *wegoptimalen Gangzahl* rasch ab und nimmt danach wegen der immer längeren stirnseitigen Wege wieder zu.

▶ Durch eine Konzentration der A-Artikel im vorderen Gangbereich läßt sich die mittlere Weglänge bei einer Stichgangstrategie deutlich reduzieren, wenn die Gängigkeit der A-Artikel wesentlich größer ist als die der übrigen Artikel.

Analog wie für die Durchgangstrategie ergibt sich mit der Näherung $x \approx 0{,}63 \cdot n$ durch Nullsetzen der partiellen Ableitung $\partial L(N)/\partial N$ nach der Gangzahl N und Auflösung nach N

▶ die *wegoptimale Gangzahl bei Stichgangstrategie mit Gangwiederholung*

$$N_{min} \approx \sqrt{0{,}5 \cdot n \cdot f_A \cdot L_{BL} / B_{GM}} \qquad \text{wenn } n < N_{min}. \qquad (17.42)^{©}$$

Für das betrachtete Beispiel ergibt sich mit Beziehung (17.42) ohne Schnellläuferkonzentration die optimale Gangzahl 25 (s. *Abb. 17.28*) und mit Schnellläuferkonzentration die optimale Gangzahl 19 (s. *Abb. 17.29*).

### 3. Wege und Zeiten bei Stichgangstrategie ohne Gangwiederholung

Wenn alle Artikel gleichmäßig über die Gänge verteilt sind, wird bei der Stichgangstrategie ohne Gangwiederholung in jedem Gang, aus dem im Mittel n/x Artikel angefordert werden, ein Weg der mittleren Länge $2 \cdot ((n/x)/(1 + n/x)) \cdot L_{GM}$ zurückgelegt.

Durch eine Konzentration der A-Artikel im vorderen Gangbereich verkürzen sich die mittleren Weglängen in den Gängen bei der Stichgangstrategie ohne Gangwiederholung *bestenfalls* um einen *Schnellläuferfaktor*

$$f_A = \mathrm{MIN}\left(1; 1 + p_A - p_{Apos}{}^{n/x}\right). \qquad (17.43)$$

Mit zunehmender Anzahl Artikel pro Gang wächst die Wahrscheinlichkeit, daß ein Artikel im hinteren Langsamläuferbereich liegt und die Stichweglänge bestimmt. Bei im Mittel n = 15 Auftragspositionen und insgesamt N = 20 Gängen ist nach Beziehung (17.32) die mittlere Gangzahl x = 10,7 und damit die mittlere Positionszahl pro Gang n/x = 1,86. Für 20 % A-Artikel mit einen Anteil von 65 % an den Auftragspositionen ist damit der Schnellläuferfaktor $f_A \geqq 0{,}75$. Das heißt: Die mittleren Stichwege in den Gängen verkürzen sich in diesem Fall bestenfalls um 25 %. Das sind 20 % weniger als bei der Stichgangstrategie mit Gangwiederholung.

Da die Weglänge entlang den Stirnseiten wieder ebenso lang ist wie bei der Durchgangstrategie, ergibt sich:

▶ Die *mittlere Weglänge* beim Kommissionieren von n Auftragspositionen nach der *Stichgangstrategie ohne Gangwiederholung* aus N parallelen Gangmodulen mit der Länge $L_{GM}$ und der Breite $B_{GM}$ ist

$$L(N) = f_A \cdot \left(2xn/(n+x)\right) \cdot L_{GM} + 2 \cdot \left(x/(x+1)\right) \cdot (N-1) \cdot B_{GM}. \qquad (17.44)$$

Beim Hinein- und Hinausgehen aus den Gängen finden bei der Stichgangstrategie ohne Gangwiederholung n + x Bremsbeschleunigungsvorgänge statt. Zusätzlich kommen beim Gangwechsel an den Stirnseiten und bei der Anfahrt der Basis x + 1 Bremsbeschleunigungsvorgänge vor. Hieraus folgt:

▶ Die *mittlere Auftragswegzeit* für das Kommissionieren von n Positionen nach der *Stichgangstrategie ohne Gangwiederholung* aus N parallelen Gangmodulen mit der Länge $L_{GM}$ und der Breite $B_{GM}$ ist

$$t_n(N) = L(N)/v + (2x+1+n) \cdot v/b. \tag{17.45}$$

Die mittlere Gangzahl x ist wieder durch Beziehung (17.32) gegeben und die mittlere Weglänge $L(N)$ durch Beziehung (17.44). Aus der mittleren Auftragswegzeit (17.45) folgt mit der Beziehung (17.36) die anteilige *Wegzeit pro Position* $t_{weg}(n)$, deren Abhängigkeit von der Positionszahl n in *Abb. 17.27* dargestellt ist.

Wie die *Abb. 17.28* und *17.29* zeigen, gelten für die Abhängigkeit der mittleren Weglänge von der Anzahl der Kommissioniergänge für die Stichgangstrategie *ohne* Gangwiederholung die gleichen Zusammenhänge, Funktionsverläufe und Aussagen wie für die Stichgangstrategie *mit* Gangwiederholung. Wie zuvor folgt näherungsweise für

▶ die *wegoptimale Gangzahl bei Stichgangstrategie ohne Gangwiederholung*

$$N_{min} \approx \sqrt{0{,}4 \cdot n \cdot f_A \cdot L_{BL}/B_{GM}} \qquad \text{wenn } n < N_{min}. \tag{17.46}^{©}$$

Für das betrachtete Beispiel ergibt sich aus Beziehung (17.46) ohne Schnellläuferkonzentration die optimale Gangzahl 22 und mit Schnellläuferkonzentration die optimale Gangzahl 19.

## 4. Strategievergleich und optimale Ganganordnung

Der Vergleich der mittleren Wegzeiten für die drei untersuchten Bewegungsstrategien und die *Abb. 17.27, 17.28* und *17.29* zeigen:

▶ Ohne Schnellläuferkonzentration ist die Durchgangstrategie mit und ohne Gangzahloptimierung deutlich günstiger als die Stichgangstrategien.

▶ Wenn die Gängigkeit des Sortiments sehr unterschiedlich ist, führt eine Bereitstellung der A-Artikel im vorderen Gangbereich in Verbindung mit einer Stichgangstrategie zu einer deutlichen Verkürzung der mittleren Wege, während sich bei der Durchgangstrategie dadurch keine Verbesserung ergibt.

▶ Für den Fall der Schnellläuferkonzentration weichen die mittleren Weglängen der Stichgangstrategie mit und ohne Gangwiederholung im Bereich der optimalen Gangzahl nur unwesentlich voneinander ab.

▶ Die mit Schnellläuferkonzentration bei optimaler Gangzahl kürzeren Wege der Stichgangstrategien im Vergleich zur Durchgangstrategie werden durch die häufigeren Brems- und Beschleunigungsvorgänge teilweise kompensiert, sodaß der Unterschied der Wegzeiten relativ wenig ins Gewicht fällt.

▶ Bei einem geringen Schnellläuferanteil mit relativ hoher Drehzahl ist die Stichgangstrategie nur für Aufträge mit wenigen Positionen vorteilhafter als die Durchgangstrategie.

Hieraus folgt die allgemeine *Planungsregel für konventionelle Kommissioniersysteme*:

► Ein Kommissioniermodul mit statischer Bereitstellung und eindimensionaler, nicht ganggebundener Fortbewegung der Kommissionierer ist mit einer parallelen oder gegenüberliegenden Anordnung der Gangmodule wegzeitoptimal, wenn für die Anzahl der Kommisioniergänge eine gerade Zahl zwischen 2 und dem Wert (17.38) gewählt wird.

Ausgehend von einer solchen *Anfangslösung* können die Ganglänge und die Gangzahl den Gegebenheiten einer vorhandenen Halle, den Fluchtwegauflagen oder den Erfordernissen eines optimalen Gesamtlayouts angepaßt werden, ohne daß sich dadurch die Wegzeiten wesentlich verschlechtern.

Ergibt die Leistungsberechnung, daß sich in den einzelnen Gängen im Mittel nicht mehr als ein Kommissionierer befindet, kann es sinnvoll sein, die A-Artikel im vorderen Gangbereich zu konzentrieren und Aufträge mit wenigen Positionen, wie *Eilaufträge* oder *Einpositionsaufträge*, nach der Stichgangstrategie zu kommissionieren. Die übrigen Aufträge werden nach der Durchgangstrategie eingesammelt. Die Anzahl Positionen, ab der die Aufträge zeitgünstiger nach der Durchgangstrategie kommissioniert werden, läßt sich mit den *Wegzeitformeln* (17.35), (17.41) und (17.45) errechnen.

## 17.11 Kommissionierleistung und Kommissionierzeit

Die Arbeitsleistung eines Kommissionierers läßt sich auf verschiedene Weise messen:

- Die *Kommissionierleistung* $\mu_{K\,Pos}$ [Pos/h] ist die Anzahl *Positionen* oder *Auftragszeilen*, die ein Kommissionierer pro Stunde bearbeitet.
- Die *Pickleistung* $\mu_{K\,EE}$ [EE/h] ist die Anzahl *Picks* oder *Entnahmeeinheiten*, die ein Kommissionierer pro Stunde greift und ablegt.
- Die *Sammelleistung* $\mu_{K\,VE}$ [VE/h] ist die Anzahl *Versandeinheiten*, die ein Kommissionierer pro Stunde befüllt.

Bei *Leistungsvergleichen von Kommissioniersystemen* ist zu beachten [50]:

► Alle drei Leistungsmeßgrößen für das Kommissionieren hängen empfindlich von der *Auftragsstruktur*, vom *Kommissioniersystem*, von der *Kapazität* der Bereitstelleinheiten und Versandeinheiten sowie von der *Sortimentsbreite* ab.

Welche der Leistungsmeßgrößen im Einzelfall gewählt wird, ist eine Frage der Zweckmäßigkeit und der Vereinbarung.

Wenn ein Kommissionierer zur Ausführung eines Kommissionierauftrags mit $n_{Pos}$ Positionen im Mittel die *Auftragskommissionierzeit* $t_{AKom}$ [s] benötigt, dann ist die *mittlere Kommissionierzeit pro Position*

$$\tau_{Pos} = t_{A\,Kom} / n_{Pos} \qquad [s/Pos]. \qquad (17.47)$$

Die *effektive Kommissionierleistung* eines Kommissionierers ist dann:

$$\boldsymbol{\mu}_{\mathbf{K\,Pos}} = \boldsymbol{\eta}_{\mathbf{ver}} \cdot \boldsymbol{\eta}_{\mathbf{aus}} \cdot \mathbf{3600}/\boldsymbol{\tau}_{\mathbf{Pos}} \qquad \textbf{[Pos / Kom-h].} \qquad (17.48)$$

Hierin sind $\eta_{aus}$ die *Auslastbarkeit* und $\eta_{ver}$ die *Verfügbarkeit* des Kommissionierers (s.u.).

Aus der effektiven Kommissionierleistung (17.48) folgt bei einer mittleren Entnahmemenge pro Position $m_{EE}$ [EE/Pos] die *Pickleistung* pro Kommissionierer

$$\mu_{K\,EE} = m_{EE} \cdot \mu_{Pos} \qquad [EE / Kom\text{-}h]. \qquad (17.49)$$

Wenn die Auftragsmenge $m_A = m_{EE} \cdot n_{Pos}$ [EE/KAuf] in Versandeinheiten mit einer Kapazität $C_{VE}$ [EE/VE] abgelegt wird, entstehen pro Auftrag im Mittel

$$n_{VE} = MAX\left(1; m_{EE} \cdot n_{Pos}/C_{VE} + (C_{VE} - 1)/2C_{VE}\right) \qquad [VE / KAuf] \qquad (17.50)$$

Versandeinheiten, von denen jeweils die letzte nur zum Teil gefüllt ist. Damit wird die *Sammelleistung* eines Kommissionierers

$$\mu_{K\,VE} = n_{VE} \cdot \mu_{K\,Pos}/n_{Pos} \qquad [VE / Kom\text{-}h]. \qquad (17.51)$$

Wegen der teilgefüllten Versandeinheiten ist die Sammelleistung von der Auftragsmenge und vom Fassungsvermögen der Versandeinheiten abhängig. Daher ist die Messung der Leistung eines Kommissionierers in erzeugten Versandeinheiten pro Stunde in der Regel unzweckmäßig.

Die Anzahl der pro Auftrag geleerten Bereitstelleinheiten ist

$$n_{BE} = m_{EE} \cdot n_{Pos}/C_{BE} \qquad [BE / Auf], \qquad (17.52)$$

wenn $C_{BE}$ [EE/BE] der mittlere Inhalt der Bereitstelleinheiten ist. Die Anzahl geleerter Bereitstelleinheiten (17.52) gibt zugleich die Häufigkeit an, mit der im Verlauf der Kommissionierung eines Auftrags die Arbeit nach dem *erschöpfenden Griff* unterbrochen wird.

Um die Kommissionierleistung berechnen zu können, muß also die Kommissionierzeit pro Position ermittelt werden und die Auslastbarkeit und Verfügbarkeit des Kommissionierers bekannt sein. Die Kommissionierzeit ist die Summe der *Wegzeit* $\tau_{weg}$, der *Rüstzeit* $\tau_{rüst}$, der *Greifzeit* $\tau_{greif}$ und der *Basiszeit* $\tau_{bas}$:

$$\tau_{Pos} = \tau_{weg} + \tau_{rüst} + \tau_{greif} + \tau_{bas} \qquad [s / Pos]. \qquad (17.53)$$

Die *Kommissionierzeitanteile* sind für die verschiedenen Kommissionierverfahren von sehr unterschiedlicher Größe. So ist der Wegzeitanteil für das Kommissionieren mit dynamischer Bereitstellung gleich 0. Beim Kommissionieren mit dezentraler Abgabe verschwindet hingegen der Basiszeitanteil.

Für das konventionelle und das inverse Kommissionieren mit eindimensionaler Fortbewegung ist der Wegzeitanteil $\tau_{weg} = \tau_{weg}(n_{pos})$ durch Beziehung (17.36) gegeben. Für das Kommissionieren mit zweidimensionaler Fortbewegung ist der Wegzeitanteil gleich der mittleren Fahrzeit $t_n(L,H)$ einer n-Punkte Rundfahrt, die durch *Beziehung* (16.71) in *Abschnitt 16.10* gegeben ist, geteilt durch die Positionsanzahl $n_{Pos}$.

Bei der Ermittlung der *Kommissionierzeitanteile* ist zu beachten, daß für die Leistungsberechnung und die dynamische Dimensionierung eines Kommissioniersystems nicht die exakten Zeiten der einzelnen Teilvorgänge sondern die *Mittelwerte* für eine Vielzahl von gleichartigen Ereignissen maßgebend sind. Diese Mittelwerte gelten für eine große Anzahl hinreichend gleichartiger Aufträge und Leistungsanforderungen. Wenn das Sortiment zu heterogen oder die Aufträge sehr unterschiedlich sind, ist eine gesonderte Berechnung der Kommissionierzeiten für die unterschiedlichen Sortiments- und Auftragsklassen erforderlich.

Die Kommissionierzeitanteile (17.53) werden stets auf die Auftragsposition bezogen. Daher ist es notwendig, den Zeitbedarf für alle Vorgänge, die nicht direkt von der Auftragsposition sondern von der Bereitstelleinheit [BE], der Entnahmeeinheit [EE], der Versandeinheit [VE] oder vom Kommissionierauftrag [KAuf] ausgelöst werden, auf die Position umzurechnen.

Wenn $t_{BE}$ [s/BE] der Zeitbedarf für einen Vorgang ist, der pro Bereitstelleinheit anfällt, dann ist der anteilig auf die Position umgerechnete Zeitbedarf:

$$t_{Pos} = n_{BE} \cdot t_{BE} / n_{Pos} \qquad [s / Pos]. \qquad (17.54)$$

Hierin ist $n_{BE}$ die durch Beziehung (17.52) gegebene Anzahl Bereitstelleinheiten pro Auftrag. Analog ist der anteilige Zeitbedarf pro Position:

$$t_{Pos} = n_{VE} \cdot t_{VE} / n_{Pos} \qquad [s / Pos], \qquad (17.55)$$

wenn $t_{VE}$ [s/VE] der Zeitbedarf für einen Vorgang ist, der pro Versandeinheit anfällt. In Beziehung (17.55) ist $n_{VE}$ die durch Beziehung (17.50) gegebene Anzahl Versandeinheiten pro Auftrag.

Den größten Einfluß auf die Kommissionierzeit und damit auch auf die Kommissionierleistung haben Vorgänge, die mit jeder Entnahme anfallen. Den nächstgrößten Einfluß haben Vorgänge, die mit jeder Auftragsposition verbunden sind. Die entnahme- und positionsabhängigen Vorgänge und deren Zeitbedarf sind daher mit besonderer Sorgfalt zu gestalten und zu quantifizieren. Die auftragsabhängigen und die ladeeinheitenbestimmten Vorgänge sind im Vergleich dazu meist von geringerem Gewicht, dürfen aber trotzdem nicht vernachlässigt werden.

### 1. Rüstzeit

Die *Rüstzeit pro Position* – auch *Positionsrüstzeit* genannt – ist die im Mittel pro Auftragszeile zur Vor- und Nachbereitung des Greifvorgangs am Pickplatz benötigte Zeit.[3] Die Rüstzeit kann die gleiche Größenordnung haben wie die Greifzeit. Sie wird benötigt für *Informationsvorgänge*, zur *Positionierung* und für *Handhabungsvorgänge*, die zusätzlich zum Greifen anfallen. Außerdem können *Wartezeiten* die Rüstzeit am Entnahmeplatz verlängern.

*Informationsvorgänge* sind erforderlich zur Anweisung und zur Kontrolle der Tätigkeiten am Entnahmeort. Sie umfassen:

3 Die Positionsrüstzeit wird vielfach auch *Totzeit* genannt. Die Rüstzeit pro Position aber umfaßt in der Regel mehr als die in der Regelungstechnik als Totzeit bezeichneten Reaktions- und Informationsverarbeitungszeiten.

Lesen des nächsten Entnahmeplatzes
Suchen und Identifizieren des Entnahmeplatzes
Eingeben von Kontrollinformationen (17.56)
Belegbearbeitung
Kodieren

Das *Positionieren* bringt den Kommissionierer vor dem Greifen in die richtige Ausgangsposition und nach dem Greifen wieder in die Fahrposition. Auch das Zu- und Abfördern der Bereitstelleinheiten bei dynamischer Bereitstellung ist Bestandteil des Positionierens. Zum Positionieren gehören also abhängig vom Kommissionierverfahren und Kommissioniergerät:

Absteigen und Aufsteigen vom Gerät
Ausrichten des Arbeitsgeräts (17.57)
Zu- und Abfördern der Bereitstelleinheit
Hin- und Rückbewegung vom Bereitstellplatz

Die *Handhabungsvorgänge*, die über das Greifen hinausgehen, sind ebenfalls vom Kommissionierverfahren und von der Kommissioniertechnik abhängig.

Der Zeitbedarf für Handhabungen am Entnahmeplatz ist auch davon abhängig, ob und in welchem Umfang dort das Packen durchgeführt wird. Beim Arbeiten nach dem *Pick&Pack-Verfahren* bestimmt vor allem die *Packzeit* die Positionsrüstzeit.

Neben dem Greifen auszuführende Handhabungsvorgänge am Entnahmeplatz können sein:

Aufstellen eines leeren Packmittels oder einer Versandeinheit
Verschließen des Packmittels oder der Versandeinheit
Kodieren und Beschriften (17.58)
Heraus- und Mitnehmen eines geleerten Ladungsträgers
Vorziehen oder Nachschieben der Zugriffsreserveeinheit
Öffnen von Bereitstell- und Verpackungseinheiten

*Wartezeiten* am Entnahmeplatz, die den Kommisionierer an der Arbeit hindern, sind:

Wartezeit auf die Nachschubeinheit
Wartezeit auf Information (17.59)
Blockierzeiten durch andere Kommissionierer

Zur Rüstzeit zählt auch die regelmäßig wiederkehrende Wartezeit auf den Nachschub. Die mittlere Wartezeit auf Nachschub einer neuen Bereitstelleinheit ist gleich der *Spielzeit*, die das Nachschubgerät für den Nachschubvorgang benötigt. Die *stochastisch bedingten Wartezeiten*, die aus den Schwankungen der Nachschubbereitstellung und der Informationsverarbeitung sowie aus der gegenseitigen Behinderung der Kommissionierer resultieren, werden in der *Auslastbarkeit* berücksichtigt (s.u.).

Der Zeitbedarf für die Rüstvorgänge am Entnahmeplatz ist von vielen *Einflußfaktoren* abhängig, wie die *Arbeitsbedingungen*, die *räumlichen Gegebenheiten*, Form, Inhalt und Qualität der *Informationsanzeige* sowie die *Aufmerksamkeit* und *Übung* der Kommissionierer. Diese Einflußfaktoren sind bei der Gestaltung der Entnahmeplätze und der Prozesse sorgfältig zu beachten und zur Optimierung nutzbar.

So lassen sich die Zeiten für die Belegbearbeitung einsparen durch geeignete Anzeigen am Bereitstellplatz oder auf dem Kommissioniergerät. Der Zeitbedarf für die Informationseingabe wird durch das Abscannen von Barcode-Etiketten erheblich verkürzt und zugleich sicherer gemacht. Das Warten auf die Nachschubeinheit nach dem erschöpfenden Griff läßt sich durch die *Flip-Flop-Nachschubstrategie* vermeiden.

Die Quantifizierung des Zeitbedarfs für die Vorgänge, die zur Rüstzeit beitragen, ist im Einzelfall nicht immer einfach. Am sichersten ist es, die Situation am Entnahmeplatz im Maßstab 1:1 aufzubauen und die Dauer der einzelnen Vorgänge mit der Stoppuhr zu messen. Andere bewährte Verfahren sind arbeitswissenschaftliche Methoden, wie *MTM* oder *Workfactor* [151; 167; 168].

Einige Rüstvorgänge am Entnahmeplatz können im *Zeitschatten* anderer Vorgänge stattfinden. So kann die Leerpalette während der Wartezeit auf die Nachschubpalette aus dem Bereitstellplatz entfernt werden. Von den gleichzeitig stattfindenden Vorgängen ist nur die Zeit des länger dauernden Vorgangs in der Rüstzeit zu berücksichtigen.

**2. Greifzeit**

Die Greifzeit, die der Kommissionierer für das Herausnehmen und Ablegen der Entnahmemenge benötigt, ist die eigentliche *Leistungszeit*.

Den zeitlichen Ablauf des manuellen Greifprozesses, der in *Abb. 17.13* räumlich dargestellt ist, zeigt *Abb. 17.30*. Hiernach hängt die Greifzeit ab vom Zeitbedarf der *Teilvorgänge*:

Hinlangen
Aufnehmen
Befördern (17.60)
Ablegen

Mit dem Greifen können Zusatzarbeiten verbunden sein, wie

Abschneiden oder Zuschneiden
Abwiegen oder Verwiegen (17.61)
Abmessen oder Vermessen

Hierfür ist in vielen Fällen das Herausnehmen einer größeren Menge aus der Bereitstelleinheit und ein Zurücklegen der Restmenge erforderlich.

Die Greifzeit hängt über folgende *räumliche Einflußfaktoren* sehr empfindlich von der Gestaltung des Entnahmeplatzes und von der Anordnung der Bereitstelleinheiten ab:

minimale Greifhöhe $h_{gr\,min}$ [m]
maximale Greifhöhe $h_{gr\,max}$ [m]
mittlere Greiftiefe $b_{gr}$ [m]

mittlerer Ablagewinkel $\gamma_{ab}$ [m]
mittlere Ablageentfernung $d_{ab}$ [m] (17.62)

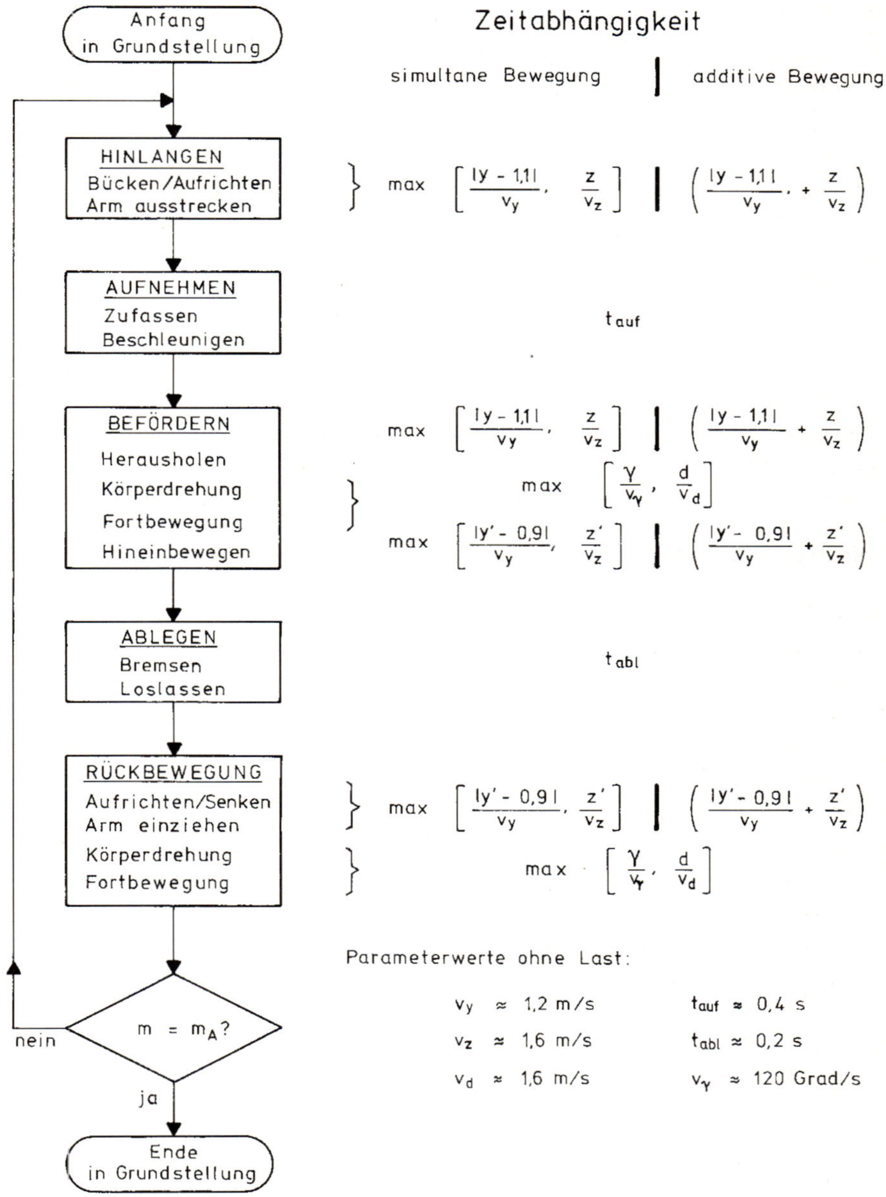


**Abb. 17.30** Prozeßablauf und Zeitbedarf des Greifvorgangs

minimale Ablagehöhe $h_{\text{ab min}}$ [m]
maximale Ablagehöhe $h_{\text{ab max}}$ [m]
mittlere Ablagetiefe $b_{\text{ab}}$ [m] noch (17.62)

Weitere Einflußfaktoren auf die Greifzeit sind:

mittlere Entnahmemenge pro Position $m_{EE}$ [EE/Pos]
mittleres Volumen pro Entnahmeeinheit $v_{EE}$ [l/EE] (17.63)
mittleres Gewicht pro Entnahmeeinheit $g_{EE}$ [kg/EE]

Die gemessene Abhängigkeit der Greifzeit pro Entnahmeeinheit von den wichtigsten Einflußfaktoren (17.62) und (17.63) ist in *Abb. 17.31* dargestellt.

Abgesehen von der Ermüdung bei der Entnahme großer Mengen, die in der Verfügbarkeit berücksichtigt wird, ist die Greifzeit pro Position proportional zur Entnahmezeit pro Pickeinheit:

$$\tau_{greif} = m_{EE} \cdot \tau_{EE} \qquad [s / Pos]. \qquad (17.64)$$

Die Entnahmezeit $\tau_{EE}$ [s/EE] ist für das *mechanische Kommissionieren* gleich der *Spielzeit für den Entnahmezyklus* des Roboters oder Pickgeräts. Diese hängt von der Geschwindigkeit, der Beschleunigung und den Distanzen in den drei Bewegungsrichtungen ab.

Beim *manuellen Kommissionieren* läßt sich die einzelne Entnahmezeit entweder in einem Versuchsaufbau oder am Arbeitsplatz messen oder mit Hilfe von arbeitswissenschaftlichen Verfahren, wie *MTM* oder *Workfactor*, errechnen [151; 167; 168].

Bei der Zeitbestimmung für den Greifvorgang ist zwischen einer *simultanen* und einer *additiven Bewegung* des Kommissionierers zu unterscheiden. Bei der Entnahme aus einem großen Fach oder von einer Palette und bei der Ablage auf eine freie Fläche oder eine Palette ist die Greifbewegung *simultan*. Bei Entnahme aus einem Fachbodenregal und bei Ablage in ein Wabengestell ist die Greifbewegung *additiv*.

Aus einer Analyse des manuellen Greifvorgangs sowie aus Messungen der Abhängigkeit von den Einflußfaktoren resultiert für eine *simultane Greifbewegung* nach einer Mittelung über die Greif- und Ablagehöhe für die mittlere Entnahmezeit bei Einzelpick und simultaner Greifbewegung die

► *halbempirische Entnahmezeitformel*©

$$\tau_{EE} = 2 \cdot \left(1 + g_{EE}{}^2/110\right) \cdot \left(1 + v_{EE}{}^2/18.000\right) \cdot \Big(0{,}3 + \mathrm{MAX}\big(f(h_{gr})/1{,}2; b_{gr}/1{,}6\big) +$$
$$+ \mathrm{MAX}\big(f(h_{ab})/1{,}2; b_{ab}/1{,}6\big) + \mathrm{MAX}\big(\gamma_{ab}/120; d_{ab}/1{,}6\big)\Big) \qquad [s / EE]. \qquad (17.65)$$

Hierin ist

$$f(h) = \begin{cases} (h_{max} - h_{min})/2 & \text{wenn} \quad h_{min} < 1 < h_{max} \\ (h_{max} - h_{min})/2 - 1 & \text{wenn} \quad h_{min} > 1 \text{ oder } h_{max} < 1. \end{cases} \qquad [m] \qquad (17.66)$$

Für Teilvorgänge des Greifzyklus, die nicht simultan sondern additiv stattfinden, ist in Formel (17.65) der entsprechende Ausdruck MAX(a;b) durch die Summe (a+b) zu ersetzen.

Wenn die Entnahmeeinheiten nicht einzeln sondern jeweils zu x Stück in einem Zugriff entnommen und abgelegt werden, ist in Formel (17.65) anstelle von

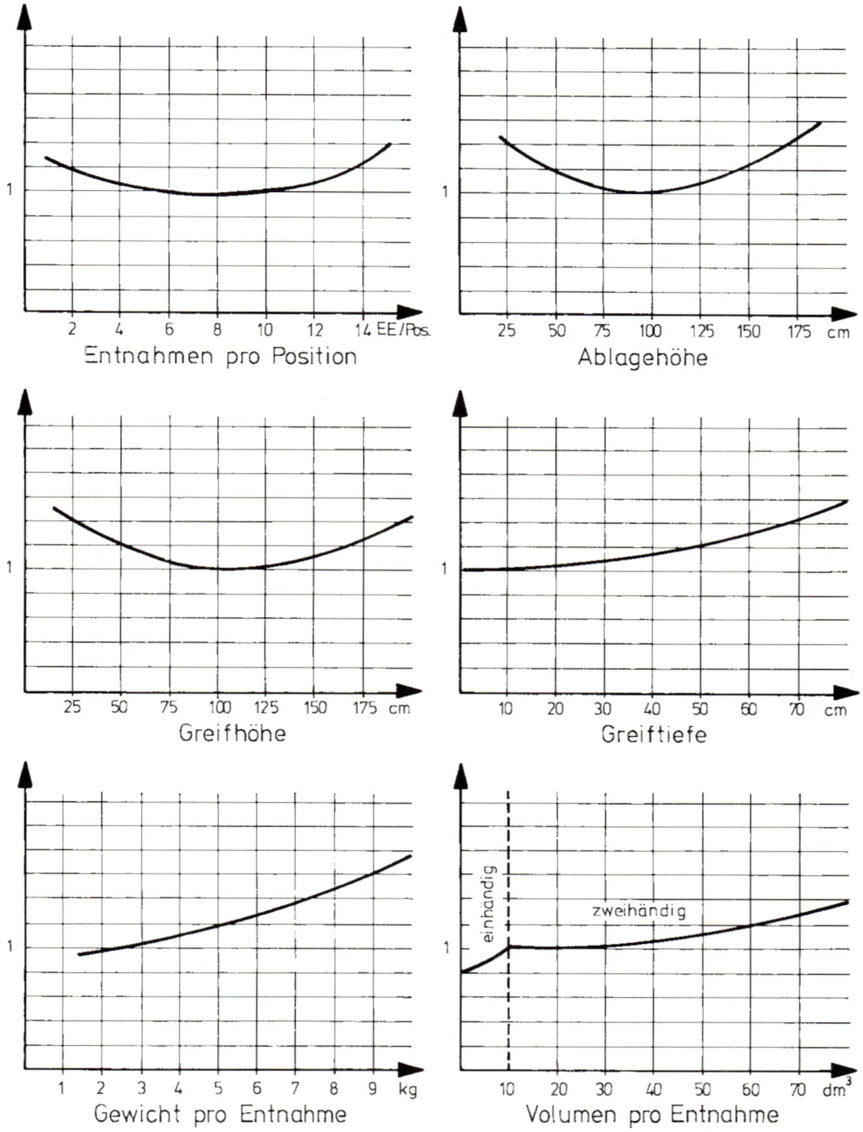


**Abb. 17.31** Abhängigkeit der mittleren Greifzeit pro Entnahmeeinheit von den Einflußfaktoren (17.62) und (17.63)

$g_{EE}$ mit $x \cdot g_{EE}$ und anstelle von $v_{EE}$ mit $x \cdot v_{EE}$ zu rechnen und das Ergebnis durch x zu teilen.

Die mit Formel (17.65) errechneten mittleren Entnahmezeiten liegen in der Regel im Bereich zwischen 2 und 10 s pro Entnahmeeinheit. Sie hängen sehr empfindlich vom durchschnittlichen Volumen und Gewicht der Entnahmeeinheiten ab.

Die halbempirische Entnahmezeitformel (17.65) hat sich für die Leistungsberechnung und Dimensionierung von Kommissioniersystemen in der Praxis vielfach bewährt. Sie ist in folgenden *Grenzen* anwendbar [21]:

Greif- und Ablagehöhen bis 1,8 m
Greif- und Ablagetiefen bis 1,2 m (17.67)
Einzelstückgewichte bis 10 kg/EE
Einzelstückvolumen bis 50 l/EE

Die mittlere Greifzeit pro Position resultiert durch Einsetzen der Formel (17.65) in (17.64).[4]

### 3. Basiszeit

Die *Basiszeit* oder *Auftragsrüstzeit* ist die Zeit, die sich ein Kommissionierer vor Beginn und nach Abschluß einer Kommissionierrundfahrt an der Basis aufhält. In Kommissioniersystemen ohne Basis, wie bei dynamischer Bereitstellung oder dezentraler Abgabe, entfällt die Basiszeit.

Zur Basiszeit tragen folgende *Vor- und Nachbereitungsarbeiten* bei:

Annahme und Abgabe der Auftragsbelege oder Picklisten
Ordnen der Picklisten nach der Wegstrategie
Übernahme leerer Sammel- oder Versandbehälter
Positionieren für die Übernahme und Abgabe (17.68)
Abgabe der gefüllten Behälter
Zielkodierung und Etikettierung der Behälter

Ob und mit welchem Zeitaufwand diese Vorgänge anfallen, hängt vom Kommissionierverfahren und von der Kommissioniertechnik ab. So entfallen beim *beleglosen Kommissionieren* die Zeiten für die Annahme, das Ordnen und die Abgabe von Picklisten. Die Übernahme von Leerbehältern kann im *Zeitschatten* der Vollbehälterabgabe durchgeführt werden.

Die Basiszeit muß *projektspezifisch* durch Zeitmessung der Einzelvorgänge oder nach arbeitswissenschaftlichen Verfahren ermittelt werden. Nicht zur Basiszeit zählen die Wartezeiten, die bei großem Andrang mehrerer Kommissionierer an der Basis aus den stochastisch schwankenden Kommissionierzeiten resultieren. Diese werden in der *Auslastbarkeit* berücksichtigt.

Die Zeiten der einzelnen Vorgänge an der Basis fallen entweder pro Kommissionierauftrag oder pro Sammelbehälter an. Sie müssen daher anteilig auf die Position umgerechnet werden. Wenn für einen Vorgang an der Basis pro Kommissionierauftrag die Zeit $t_{Abas}$ [s/KAuf] benötigt wird, ist die anteilige Basiszeit pro Position

$$\tau_{bas} = t_{Abas}/n_{Pos} \qquad [s\,/\,Pos]. \qquad (17.69)$$

Der Zeitbedarf für einen Vorgang pro Versandeinheit ist nach Beziehung (17.55) umzurechnen.

4 Die Entnahmezeitformel (17.65) ergibt sich aus der vom Verfasser in [21] angegebenen halbempirischen Greifzeitformel durch Integration über alle erreichbaren Greifhöhen und Ablagehöhen.

### 4. Verfügbarkeit

Ein Kommissionierer, ob Mensch oder Maschine, ist nicht während der gesamten Anwesenheitszeit für die von ihm geforderte Leistung verfügbar. Die Arbeitszeit des Kommissionierers setzt sich daher zusammen aus produktiven Zeiten und unproduktiven Zeiten:

- In der *produktiven Zeit* $T_{prod}$ führt der Kommissionierer die für das Kommissionieren erforderlichen Arbeiten und Vorgänge aus.
- Zur *unproduktiven Zeit* $T_{unpr}$ des Kommissionierers zählen *technische Ausfallzeiten*, *persönliche Verteilzeiten* und Zeiten für *kommissionierfremde Nebentätigkeiten*.

Die *Urlaubs- und Krankheitszeiten* des Personals sowie die *Wartungszeiten* der Geräte zählen nicht zur unproduktiven Zeit, da sie außerhalb der Betriebszeit anfallen. Diese Zeiten sind jedoch in der Betriebskostenrechnung zu berücksichtigen.

Bei der Berechnung der Kommissionierleistung nach Beziehung (17.48) wird die unproduktive Zeit durch den Verfügbarkeitsfaktor $\eta_{ver}$ berücksichtigt.

- Die *Verfügbarkeit* eines Kommissionierers ist das langzeitige Verhältnis der produktiven Zeit zur Anwesenheitszeit solange Aufträge vorliegen:

$$\eta_{ver} = T_{prod} / (T_{unpr} + T_{prod}). \qquad (17.70)$$

Die *Ausfallzeiten* eines Kommissioniergeräts oder eines Kommissionierroboters bewirken eine *technische Geräteverfügbarkeit*, die bei guter Konstruktion und vorbeugender Wartung nicht unter 98 % liegen sollte.

Die arbeitswissenschaftlich definierten *persönlichen Verteilzeiten* des Menschen hängen von den *Arbeitsbedingungen*, der *Motivation* und der *Mitarbeiterführung* ab [168]. Beim Kommissionieren kommt als weiterer Einflußfaktor die *Ermüdung* bei großen Entnahmemengen und hohem Gewichts- und Volumendurchsatz hinzu.

Vor allem bei dynamischer Bereitstellung kann ein permanentes Greifen großer Mengen und Gewichte, das nicht durch Wegzeiten unterbrochen wird, zu einer absinkenden Verfügbarkeit der Kommissionierer führen. Andererseits aber erholt sich ein Kommissionierer bei geringerer Auslastung und in den stochastisch bedingten Wartezeiten.

Für die Leistungsberechnung und Dimensionierung von Kommissioniersystemen kann mit folgenden *Erfahrungswerten* gerechnet werden:

$$\begin{array}{ll} \text{sehr gute Arbeitsbedingungen und geringe Belastungen} & \eta_{ver} \approx 90\,\% \\ \text{gute Arbeitsbedingungen und mittlere Belastungen} & \eta_{ver} \approx 85\,\% \\ \text{weniger gute Arbeitsbedingungen und hohe Belastung} & \eta_{ver} \approx 80\,\%. \end{array} \qquad (17.71)$$

Diese Erfahrungswerte sind als Planwerte brauchbar, können jedoch im Einzelfall bei schlechter Führung und fehlender Leistungskontrolle deutlich unterschritten werden.

Wenn ein Kommissionierer mit einer *persönlichen Verfügbarkeit* $\eta_{Pver}$ auf einem Kommissioniergerät arbeitet, das eine *technische Verfügbarkeit* $\eta_{Tver}$ hat, dann ist in der Leistungsberechnung (17.48) mit der *Gesamtverfügbarkeit* von Mensch und Technik zu rechnen. Diese ist gleich dem Produkt der Einzelverfügbarkeiten:

$$\eta_{\text{ver}} = \eta_{\text{Pver}} \cdot \eta_{\text{Tver}}. \tag{17.72}$$

Die Leistungsminderung durch eine schlechte Verfügbarkeit wird vielfach nicht ausreichend beachtet. In der Verbesserung der Arbeitsbedingungen, der Führung und der Kontrolle liegt daher oft ein größerer Hebel zur Leistungssteigerung und Kostensenkung des Kommissionierens als in der technischen Rationalisierung.

**5. Auslastbarkeit**

Die verfügbare Zeit eines Kommissionierers kann nur soweit produktiv genutzt werden, wie er nicht durch stochastisch bedingte oder andere *Wartezeiten* an der Arbeit gehindert ist. Stochastische Wartezeiten entstehen beim Kommissionieren vor den Pickplätzen, in den Gängen und an der Basis infolge der Blockierung durch andere Kommissionierer sowie durch Warten auf Information oder Nachschub, wenn die Abfertigungszeiten stochastisch schwanken.

Die stochastischen Wartezeiten reduzieren die Auslastbarkeit des Kommissionierers und damit die effektive Kommissionierleistung.

- Die *Auslastbarkeit* eines Kommissionierers ist das Verhältnis der Kommissionierzeit $\tau_{\text{kom}}$ zur Summe von stochastisch bedingten mittleren Wartezeiten $\tau_{\text{wart}}$ und Kommissionierzeit:

$$\eta_{\text{aus}} = \tau_{\text{kom}} / (\tau_{\text{wart}} + \tau_{\text{kom}}). \tag{17.73}$$

Die beim Kommissionieren planmäßig auftretenden Abfertigungszeiten, deren Mittelwerte in der Kommissionierzeit enthalten sind, zählen nicht zur stochastischen Wartezeit.

Vor einer Abfertigungsstation mit einer stochastisch schwankenden Abfertigungsleistung

$$\mu = 3600/\tau_{\text{ab}} \qquad [1/\text{h}] \tag{17.74}$$

und einer *mittleren Abfertigungszeit* $\tau_{\text{ab}}$ [s], auf die ein stochastischer Strom $\lambda$ zuläuft, entsteht eine *Warteschlange*, in der die neu Hinzukommenden warten müssen bevor sie drankommen.

Aus den Beziehungen (13.65) und (13.67) des *Abschnitts 13.5* folgt für ein *Wartesystem* mit der *Auslastung*

$$\rho = \lambda/\mu \tag{17.75}$$

die *mittlere Wartezeit*:

$$t_{\text{wart}} = ((1 - \rho + V \cdot \rho) \cdot \rho/(1 - \rho)) \cdot \tau_{\text{ab}} \qquad [\text{s}]. \tag{17.76}$$

Die *Systemvariabilität V* ist bei maximaler Schwankung von Zustrom und Abfertigung gleich 1 und bei getaktetem Zustrom und getakteter Abfertigung 0. Wenn die Variabilität unbekannt ist, kann approximativ mit der *Systemvariabilität* $V = 1/2$ gerechnet werden (s. *Beziehung 13.57*).

Jeder Artikelbereitstellplatz ist im Prinzip eine Abfertigungsstation, zu der die Kommissionierer in stochastisch schwankenden Zeitabständen kommen und warten müssen, wenn sich dort noch ein anderer Kommissionierer befindet. Die mittlere Abfertigungszeit an den Pickplätzen ist

$$\tau_{P\,ab} = \tau_{rüst} + \tau_{greif} \qquad [s\,/\,Pos]. \qquad (17.77)$$

Der mittlere Zustrom der Kommissionierer auf einen der $N_S$ Artikelbereitstellplätze ist gleich $1/N_S$ des Auftragsdurchsatzes $\lambda_{KAuf}$. Wenn ein Kommissionierer zusammen mit seinem Gerät $N_P$ Pickplätze blockiert, ist der Zustrom auf die $N_P$ blockierten Pickplätze:

$$\lambda_P = N_P \cdot \lambda_{KAuf} / N_S \qquad [Pos\,/\,h]. \qquad (17.78)$$

Durch Einsetzen der mit (17.77) resultierenden Abfertigungsleistung $\mu_P = 3600/\tau_{Pab}$ und des Zustroms (17.78) in die Beziehungen (17.75) und (17.76) ergibt sich die Berechnungsformel für die *mittlere Pickplatzwartezeit* $\tau_{Pwart}$ [s/Pos].

Auch eine Basisstation ist eine Wartestation, zu der die Kommissionierer in stochastisch schwankenden Zeitabständen kommen und warten müssen, solange dort vor ihnen andere Kommissionierer tätig sind. Die mittlere Abfertigungszeit an der Basis ist

$$\tau_{B\,ab} = n_{pos} \cdot \tau_{bas} \qquad [s\,/\,KAuf]. \qquad (17.79)$$

Bei $N_B$ parallelen Basisstationen und einem Auftragsdurchsatz $\lambda_{KAuf}$ ist der mittlere Kommissioniererzustrom auf eine der $N_B$ Basisstationen

$$\lambda_B = \lambda_{KAuf} / N_B \qquad [Kom\,/\,h]. \qquad (17.80)$$

Durch Einsetzen der resultierenden Abfertigungsleistung $\mu_B = 3600/\tau_{Bab}$ [KAuf/h] und des Zustroms (17.80) in die Beziehungen (17.75) und (17.76) ergibt sich die Berechnungsformel für die *mittlere Wartezeit* $t_{Bwart}$ *der Kommissionierer vor der Basis.* Die Basiswartezeit pro Auftrag $t_{Bwart}$ geteilt durch die Positionszahl $n_{pos}$ ist die *mittlere Basiswartezeit* $\tau_{Bwart}$ pro Position.

Analog läßt sich auch die mittlere Wartezeit bei stochastisch schwankendem Nachschub oder zufallsabhängiger Informationsbereitstellung mit Hilfe der allgemeinen Wartezeitformel (17.76) aus der mittleren Abfertigungszeit berechnen.

Mit der Summe $\tau_{wart} = \tau_{Pwart} + \tau_{Bwart} + \ldots$ der Pickplatzwartezeit, der Basiswartezeit und eventuell weiterer Wartezeiten ergibt sich aus Beziehung (17.73) die Auslastbarkeit und durch Einsetzen in Beziehung (17.48) die Auswirkung der stochastisch bedingten Wartezeiten auf die effektive Kommissionierleistung. Für das in *Tabelle 17.1* angegebene Beispiel zeigt *Abb. 17.32* die analytisch berechnete Abhängigkeit der Auslastbarkeit von der Durchsatzleistung für eine und für zwei parallele Basisstationen.

Aus den Berechnungsformeln und dem Planungsbeispiel lassen sich folgende allgemeinen *Zusammenhänge* ableiten:

- Die *Auslastbarkeit der Kommissionierer* ist bei geringer Auslastung des Gesamtsystems nur wenig und mit zunehmender Auslastung immer stärker vom Durchsatz abhängig.
- Bei Annäherung an den *Überlastzustand* sinkt die Auslastbarkeit auf Null.
- Entsprechend hängt die effektive Leistung pro Kommissionierer bei geringen Durchsatzanforderungen nur wenig vom Durchsatz ab.

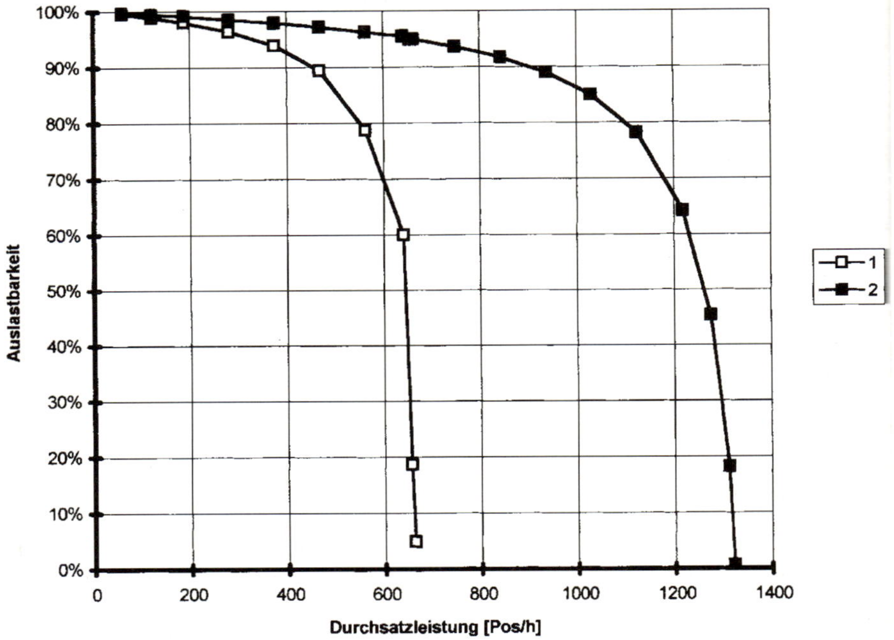


**Abb. 17.32** Abhängigkeit der Auslastbarkeit vom Positionsdurchsatz

Parameter: Anzahl Basisstationen $N_{BS}$ = 1 und 2
Übrige Parameter: s. Legende *Abb. 17.28*

- ▶ Mit zunehmendem Durchsatz nimmt die Kommissionierleistung infolge der gegenseitigen Behinderung der Kommissionierer an den Pickplätzen und an der Basis immer mehr ab.
- ▶ Die benötigte Anzahl Kommissionierer und Kommissioniergeräte steigt mit zunehmender Durchsatzleisung überproportional an.
- ▶ Bei nur einer Basis sind die Wartezeiten vor der Basis kritischer als die Wartezeiten an den Pickplätzen.
- ▶ Bei schmalem Sortiment, geringer Bereitstellfläche und zonenweiser Konzentration der A-Artikel kann es bei hohem Durchsatz vor den Pickplätzen zu erheblichen Wartezeiten kommen.
- ▶ Die Wegzeiteinsparungen durch eine Schnelläuferkonzentration in der Nähe der Basis werden bei hoher Durchsatzleistung überkompensiert durch die Wartezeiten in diesem Bereich.
- ▶ Je mehr Pickplätze ein Kommissionierer mit seinem Gerät blockiert, desto stärker reduziert sich die Auslastbarkeit infolge der Behinderung anderer Kommissionierer.

Für das betrachtete Beispiel wird der Überlastzustand bei einer Basisstation ab etwa 600 Positionen pro Stunde mit 18 Kommissionierern und bei zwei Basisstationen ab etwa 1.200 Positionen pro Stunde mit 32 Kommissionierern im System erreicht, die in beiden Fällen in 12 Gängen arbeiten.

Hieraus resultieren die *Planungsregeln*:

- ▶ Bei hohem Durchsatz ist die Einrichtung von zwei oder mehr parallelen Basisstationen erforderlich, an denen mehrere Kommissionierer gleichzeitig abgefertigt werden können.
- ▶ Die schnellgängigen A-Artikel dürfen nicht in einer Zone konzentriert sondern müssen gleichmäßig über den gesamten Bereitstellbereich verteilt werden.

Wegen der empfindlichen Abhängigkeit der Kommissionierleistung von der Durchsatzleistung ist es unerläßlich, mit Hilfe der angegebenen Formeln die Auslastbarkeit zu berechnen. Wenn die Auslastbarkeit in Zeiten der Spitzenbelastung unter 80 % sinkt, muß die Betriebszeit verlängert oder das Kommissioniersystem umgestaltet werden, da sonst die Gefahr der Überlastung groß ist, die Leistung der Kommissionierer absinkt und die Kommissionierkosten unkalkulierbar ansteigen.

## 17.12 Auftragsbündelung und Zeilenreduktion

Abhängig von der gewählten Bearbeitungsstrategie sind die Kommissionieraufträge entweder *externe Einzelaufträge* [EAuf] oder *interne Sammelaufträge* [SAuf], die aus einer Serie von *s* externen Aufträgen bestehen.

Bei einem Durchsatz der externen Aufträge $\lambda_{EAuf}$ [EAuf/h] und einer *Batchgröße s* [EAuf pro SAuf] ist der *Durchsatz der Sammelaufträge:*

$$\lambda_{SAuf} = \lambda_{EAuf}/s \qquad [SAuf/h]. \qquad (17.81)$$

Bei einer *einstufigen Serienkommissionierung* bleiben die Sammelaufträge *unkonsolidiert*:

- Die Positionen eines Sammelauftrags sind gleich den Positionen der externen Aufträge.

Die Entnahmemengen werden am Entnahmeort getrennt in die Sammel- oder Versandbehälter der einzelnen Aufträge abgelegt. Daraus folgt:

- Wenn die externen Aufträge im Mittel $n_E$ Positionen mit einer durchschnittlichen Entnahmemenge $m_E$ haben, dann haben die *unkonsolidierten Sammelaufträge* mit einer *Batchgröße s* die *gleichen Entnahmemengen* und die *s-fache mittlere Positionsanzahl*

$$n_S = s \cdot n_E \qquad [Pos/SAuf]. \qquad (17.82)$$

Bei der *zweistufigen Serienkommissionierung* wird jeder Sammelauftrag *konsolidiert*:

- Alle Positionen der externen Aufträge einer Serie, die den gleichen Artikel betreffen, werden zu einer *Sammelauftragsposition* [SPos] zusammengefaßt.

Dadurch reduziert sich die Anzahl der Positionen oder Zeilen eines konsolidierten Sammelauftrags gegenüber der Positionszahl (17.82) eines unkonsolidierten Sammelauftrags mit gleicher Batchgröße. Gleichzeitig erhöht sich die mittlere

Entnahmemenge der Sammelauftragspositionen gegenüber der mittleren Entnahmemenge der Einzelauftragspositionen.

Vor allem aber gilt:

▶ Mit der Zeilenzahl der konsolidierten Sammelaufträge verringert sich die benötigte Bereitstelleistung für die dynamische Bereitstellung.

Werden die Aufträge so, wie sie hereinkommen, zu einer Serie zusammengefaßt, dann ist die Reduktion der Zeilenzahl der Sammelaufträge zufallsbestimmt und abhängig von der Wahrscheinlichkeit, daß die Zeilen der *s* externen Aufträge einer Serie die gleichen Artikel betreffen.

Die Überlappungswahrscheinlichkeit der Auftragszeilen kann grundsätzlich durch Auswertung einer großen Anzahl externer Aufträge ermittelt werden. Eine solche Auswertung aber ist stets projektspezifisch und läßt die Einflußfaktoren und Abhängigkeiten kaum erkennen.

Die Zeilenreduktion läßt sich jedoch auch *analytisch* berechnen. Aus einer Wahrscheinlichkeitsanalyse folgt der *Zeilenreduktionssatz* [159]:

▶ Wenn das Sortiment insgesamt $N = N_A + N_B + N_C$ Artikel mit $N_A$ A-Artikeln, $N_B$ B-Artikeln und $N_C$ C-Artikeln umfaßt und die Einzelaufträge im Mittel $n = n_A + n_B + n_C$ Positionen haben, von denen im Mittel $n_A$ die A-Artikel, $n_B$ die B-Artikel und $n_C$ die C-Artikel betreffen, dann ist die *mittlere Zeilenzahl der Sammelaufträge*, die durch Zusammenfassen von jeweils *s* Einzelaufträgen entstehen:

$$\mathbf{n_S = N_A \cdot \left(1-(1-n_A/N_A)^s\right) + N_B \cdot \left(1-(1-n_B/N_B)^s\right) + N_C \cdot \left(1-(1-n_C/N_C)^s\right).} \qquad (17.83)^{©}$$

Werden beispielsweise 1.500 Einzelaufträge mit im Mittel 12 Positionen, die aus einem Handelssortiment mit 30.000 Artikeln und der in *Tabelle 17.1* angegebenen ABC-Verteilung zu kommissionieren sind, zu 2 konsolidierten Serien mit $s = 750$ Aufträgen zusammengefaßt, so ergeben sich für diese aus Beziehung (17.83) im Mittel 5.179 Auftragszeilen. Gemäß Beziehung (17.82) beträgt dagegen die Zeilenzahl der unkonsolidierten Sammelaufträge $750 \cdot 12 = 9.000$.

Die Reduktion der Zeilenzahl der konsolidierten Sammelaufträge gegenüber der Zeilenzahl der unkonsolidierten Sammelaufträge ist durch den *Zeilenreduktionsfaktor* gegeben:

$$r_S = n_S/(s \cdot n_E). \qquad (17.84)$$

Hierin ist die konsolidierte Zeilenanzahl $n_S$ mit Hilfe der Beziehung (17.83) zu berechnen.

In dem betrachteten Beispiel ist der Zeilenreduktionsfaktor $r_s = 5179/9000 = 0{,}64$. Die benötigte Bereitstelleistung wird durch die Konsolidierung der Zeilen einer Auftragsserie in diesem Fall um mehr als ein Drittel reduziert.

Für ein Handelssortiment mit 30.000 Artikeln und zwei verschiedene ABC-Verteilungen ist die Abhängigkeit des Zeilenreduktionsfaktors von der Seriengröße $s$ in *Abb. 17.33* dargestellt. Hieraus wie aus der allgemeinen Beziehung (17.83) sind folgende *Abhängigkeiten* ablesbar:

- Die Zeilenreduktion durch Bündelung externer Aufträge zu konsolidierten Sammelaufträgen nimmt mit der Seriengröße und mit der Ungleichverteilung des Sortiments zu.
- Die Zeilenreduktion nimmt mit ansteigender Positionszahl der externen Aufträge zu und mit zunehmender Artikelanzahl ab.

Entsprechend der Zeilenreduktion steigt die mittlere Entnahmemenge pro Sammelauftragsposition an, denn allgemein gilt:

- Wenn die externen Aufträge eine mittlere Entnahmemenge $m_E$ [EE/EPos] haben und der Zeilenreduktionsfaktor $r_S$ ist, dann ist die *mittlere Entnahmemenge der konsolidierten Sammelaufträge*

$$m_S = m_E / r_S \quad \text{[EE / SPos].} \qquad (17.85)$$

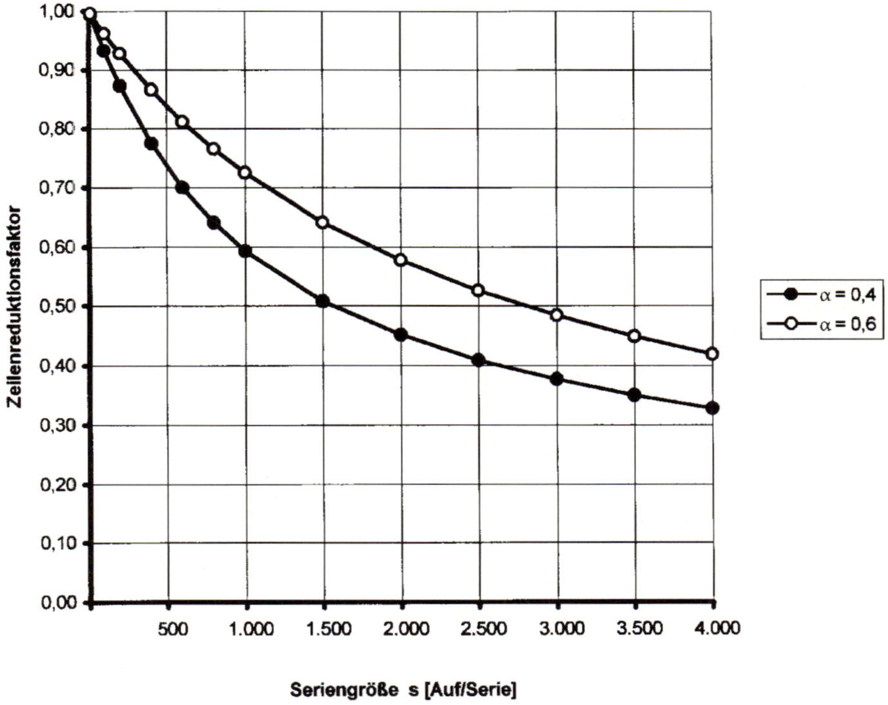


**Abb. 17.33** Zeilenreduktion in Abhängigkeit von der Seriengröße

| | |
|---|---|
| Sortimentsbreite | 30.000 Artikel |
| Auftragsstruktur | 12 Pos/Auftrag |
| Parameter | Lorenzasymmetrie der Positionsverteilung $\alpha = 0{,}4$ und $0{,}6$ |

Die Formeln (17.83) und (17.85) zur Berechnung der Auftragsstruktur der konsolidierten Sammelaufträge sind Grundlage für die Leistungsberechnung und Dimensionierung von *zweistufigen Kommissioniersystemen* und von Kommissioniersystemen mit *dynamischer Bereitstellung*. Dabei ist die Seriengröße begrenzt durch die maximal zulässige Auftragsdurchlaufzeit für die externen Aufträge.

Unter bestimmten Voraussetzungen läßt sich der Bündelungseffekt durch eine geschickte Nachschubstrategie für die zu beliefernden Stellen positiv beeinflussen. So können für die Filialen eines Handelskonzerns, die aus einem Logistikzentrum beliefert werden, an den verschiedenen Wochentagen jeweils bestimmte Teilsortimente nachgeliefert und damit die an einem Tag angesprochene Artikelanzahl reduziert werden. Dadurch nimmt die Wahrscheinlichkeit zu, daß die Nachschubaufträge aus den Filialen an einem Tag die gleichen Artikel ansprechen.

## 17.13 Dynamische Dimensionierung

In der dynamischen Dimensionierung eines Kommissioniersystems werden die Anzahl der Kommissionierer, der Personalbedarf, der Gerätebedarf und die Zu- und Abfördersysteme so ausgelegt, daß die Auftrags- und Durchsatzanforderungen zu minimalen Kosten erfüllt werden.

Bei der Personalbedarfsrechnung ist zu unterscheiden zwischen der benötigten *Besetzung* mit Kommissionierern zu einem *Zeitpunkt* t, zu dem ein Durchsatz $\lambda(t)$ gefordert ist, und dem *Personalbedarf* für einen längeren *Betriebszeitraum* $T_{BZ}$ mit einem mittleren Durchsatz:

- ▶ Wenn der einzelne Kommissionierer eine Pickleistung $\mu_{K\,EE}$ [EE/Kom-h] erbringt und zur Zeit *t* die Pickleistung $\lambda_{K\,EE}(t)$ [EE/h] benötigt wird, ist die hierfür erforderliche *Besetzungszahl* mit Kommissionierern

$$N_K(t) = \left[\lambda_{K\,EE}(t)/\mu_{K\,EE}\right]. \tag{17.86}$$

Die eckige Klammer [...] in der Formel bedeutet ein *Aufrunden* auf die nächste ganze Zahl, da die Anzahl der Kommissionierer ganzzahlig ist. Die benötigte Anzahl Kommissionierer, die Menschen oder Maschinen sein können, verändert sich also mit der Durchsatzleistung.

Damit ein Kommissioniersystem in Spitzenzeiten die geforderte Durchsatzleistung erbringen kann, muß die Anzahl der Kommissioniergeräte, der Kommissionierroboter wie auch der Nachschubgeräte auf den Bedarf der Spitzenstunde ausgelegt werden. Zusätzliche Geräte müssen als *Ausfallreserve* vorgehalten werden.

Für die Geräteausstattung gilt daher die *Auslegungsregel*:

- ▶ Die Anzahl der Geräte ist gleich der Besetzungsanzahl für die Spitzenstunde am Spitzentag des Jahres plus einer Reserve von ca. 10 %, mindestens aber von einem Reservegerät.

Bei hochmechanisierten und automatisierten Anlagen ist ein Mehrschichtbetrieb Voraussetzung für die wirtschaftliche Nutzung. Bei großen Anforderungsschwankungen muß auch bei konventionellen Kommissioniersystemen versucht werden, zumindest in Spitzenzeiten im *flexiblen Mehrschichtbetrieb* zu arbeiten und weniger dringliche Aufträge auf Stunden oder Tage mit geringerer Auslastung zu verschieben.

Der Personalbedarf für einen längeren Betriebszeitraum hängt vom *Arbeitszeitmodell* ab. Bei maximal flexibilisierter *Arbeitszeitregelung* mit Teilzeitarbeit, Überstunden und Zeitausgleichskonten errechnet sich die Anzahl der *Vollzeitkräfte*, die im Verlauf eines Jahres zum Kommissionieren benötigt werden, aus der Besetzung $N_K$, die für den *mittleren Durchsatz* benötigt wird, aus der *Jahresbetriebszeit* $T_{BZ}$ [h/Jahr] und aus der effektiven *Jahresarbeitszeit* $T_{AZ}$ [h/Jahr] einer Vollzeitkraft nach der Beziehung:

$$N_{VZK} = T_{BZ} \cdot N_K / T_{AZ} \,. \tag{17.87}$$

Wenn die Arbeitszeiten der Mitarbeiter nicht flexibilisiert sind, ist der Bedarf an Vollzeitkräften aus der Besetzungszahl für den maximalen Durchsatz zu errechnen und entsprechend höher.

Die Anzahl der benötigten Nachschubgeräte für einen Durchsatz der Bereitstelleinheiten (17.10) und deren Personalbesetzung ergeben sich bei *statischer Bereitstellung* aus den Spielzeiten der eingesetzten Lagergeräte nach den in *Kapitel* 16 angegebenen Verfahren und Berechnungsformeln für das Einlagern und Umlagern. Bei der *dynamischen Artikelbereitstellung* muß zur Dimensionierung des vorangeschalteten Lager- und Bereitstellsystems die benötigte *Bereitstelleistung* bekannt sein.

### 1. Dimensionierung konventioneller Kommissioniersysteme

Für konventionelle Kommissioniersysteme mit statischer Artikelbereitstellung und zentraler Abgabe können maximal soviele externe Aufträge zu einem Sammelauftrag zusammengefaßt werden, wie Sammelbehälter oder Versandeinheiten zur getrennten Aufnahme der externen Auftragsinhalte auf einer Kommissionierrundfahrt mitgenommen werden können.

Hieraus folgt die *Auslegungsregel*:

- Wenn für einen externen Auftrag im Mittel $n_{VE}$ Versandeinheiten benötigt werden und das Kommissioniergerät ein *Fassungsvermögen* für $C_{KG}$ Versandeinheiten hat, dann ist die *maximale Seriengröße*

$$s \leq C_{KG} / n_{VE} \qquad \text{[EAuf / SAuf]}. \tag{17.88}$$

Die Anzahl Versandeinheiten $n_{VE}$ [VE/EAuf] zur Aufnahme der Menge eines externen Auftrags ist für Versandeinheiten mit der Kapazität $C_{VE}$ [EE/VE] durch Beziehung (17.50) gegeben.

Beispielsweise kann ein Kommissionierer in einem *Wabengestell*, das Fächer für 12 Kartons hat, im Mittel 6 externe Aufträge mitnehmen, wenn diese im Mittel 2 Kartons füllen. Aufgrund der Beziehung (17.36) reduziert sich dadurch die anteilige Wegzeit pro Position im Vergleich zur Einzelkommissionierung der externen Aufträge um einen Faktor 6.

Wenn der Inhalt eines externen Auftrags mehr als eine Versandeinheit füllt und das Fassungsvermögen des Kommissioniergerätes zu klein ist, um alle $n_{VE}$ Sammelbehälter oder Versandeinheiten eines Auftrags aufzunehmen, muß der externe Auftrag in zwei oder mehr Teilaufträge zerlegt werden. Die Seriengröße (17.88) wird in diesem Fall kleiner als 1 und der Durchsatz der Sammelaufträge, die dann Teilaufträge sind, nach Beziehung (17.81) größer als der Durchsatz der externen Aufträge. Da die Teilaufträge jedoch nur in einem Teil der Gangmodule eingesammelt werden, erhöht sich bei richtiger Ablauforganisation durch eine Auftragsteilung nicht notwendig die Wegzeit pro Position.

**2. Dimensionierung bei dezentraler Abgabe**

Um eine gleichmäßige Auslastung der Kommissionierer zu erreichen, wird beim Kommissionieren mit statischer Bereitstellung und *dezentraler Abgabe* in *Auftragsserien* gearbeitet. Die Serienaufträge müssen in soviele *Teilaufträge* zerlegt werden, wie es dezentrale Kommissionierarbeitsplätze gibt. Die Anzahl dezentraler Arbeitsplätze wiederum ergibt sich aus der benötigten Besetzungszahl (17.86) für die Spitzenstunde mit dem höchsten Leistungsbedarf.

Die dynamische Dimensionierung von Kommissioniersystemen mit dezentraler Abgabe ist daher ein *iterativer Prozeß* mit folgenden *Schritten* (s. *Abb. 17.3* und *17.15*):

1. Die statisch dimensionierten Gangmodule mit den Bereitstellplätzen für die Artikel werden in einer *Anfangslösung* in eine bestimmte Anzahl $N_{AB}$ *Arbeitsbereiche* aufgeteilt und deren maximale *Besetzung* mit Kommissionierern festgelegt.
2. Die *Arbeitsbereiche* werden *ergonomisch*, *fördertechnisch* und *informatorisch* optimal gestaltet.
3. Bei *starrer Serienbearbeitung* wird die Betriebszeit in *Zeitzyklen* – im Versandhandel *Rhythmen* genannt – eingeteilt, deren Länge durch die maximal zulässige Auftragsdurchlaufzeit und durch das Aufnahmevermögen der nachgeschalteten Fördertechnik begrenzt ist.
4. Bei *dynamischer Serienbearbeitung* wird die *Batchgröße s* der gleichzeitig kommissionierten Aufträge so groß festgelegt, wie aufgrund der geforderten Auftragsdurchlaufzeiten und der Anzahl Zielstationen in der nachgeschalteten Fördertechnik zulässig.
5. Die Serienaufträge werden in so viele *Teilaufträge*, wie Arbeitsbereiche geplant sind, also in $N_{AB}$ Aufträge zerlegt und für diese Teilaufträge die Kommissionierleistung und die Anzahl der benötigten Kommissionierer $N_{Kmax}$ in der Spitzenstunde errechnet.
6. Wenn die errechnete Kommissioniereranzahl kleiner ist als die Planbesetzung der Anfangslösung, ist die Anzahl Arbeitsbereiche zu reduzieren und der zu bedienende Artikelbereich zu vergrößern, bis die Planbesetzung mit der Sollbesetzung übereinstimmt.
7. Wenn die errechnete Kommissioniereranzahl größer ist als die Planbesetzung der Anfangslösung, ist die Anzahl Arbeitsbereiche zu erhöhen und der zu bedienende Artikelbereich zu verkleinern, bis Planbesetzung und Sollbesetzung übereinstimmen.

Sind die nacheinander bearbeiteten Auftragsserien klein, entstehen Teilaufträge mit sehr unterschiedlichen Strukturen und stark wechselnder Frequenz. Dadurch sinkt die *Auslastbarkeit* der Kommissionierer in den dezentralen Arbeitsbereichen, wenn diese nicht über eine ausreichende Anzahl Pufferplätze für die Auftragsbehälter verfügen (s. *Abb. 17.3*).

Daher ist das Kommissionieren mit statischer Bereitstellung und dezentraler Abgabe nur sinnvoll, wenn die geforderten Auftragsdurchlaufzeiten nicht zu kurz sind und ein Arbeiten in ausreichend großen Serien nach der Strategie der *dynamischen Serienbearbeitung* möglich ist.

### 3. Dimensionierung bei dynamischer Artikelbereitstellung

Wenn bei der dynamischen Artikelbereitstellung *einstufig kommissioniert* wird, befinden sich an den parallelen Arbeitsplätzen Aufnahmebehälter für eine bestimmte Anzahl externer Aufträge. In diesem Fall laufen die vom Bereitstellsystem ausgelagerten Ladeeinheiten nacheinander zu allen Arbeitsplätzen, an denen sich Aufträge für den betreffenden Artikel befinden.

Bei einstufiger Kommissionierung sind die *Schritte* zur Dimensionierung eines Kommissioniersystems mit dynamischer Artikelbereitstellung (s. hierzu *Abb. 17.4, 17.25* und *17.34*):

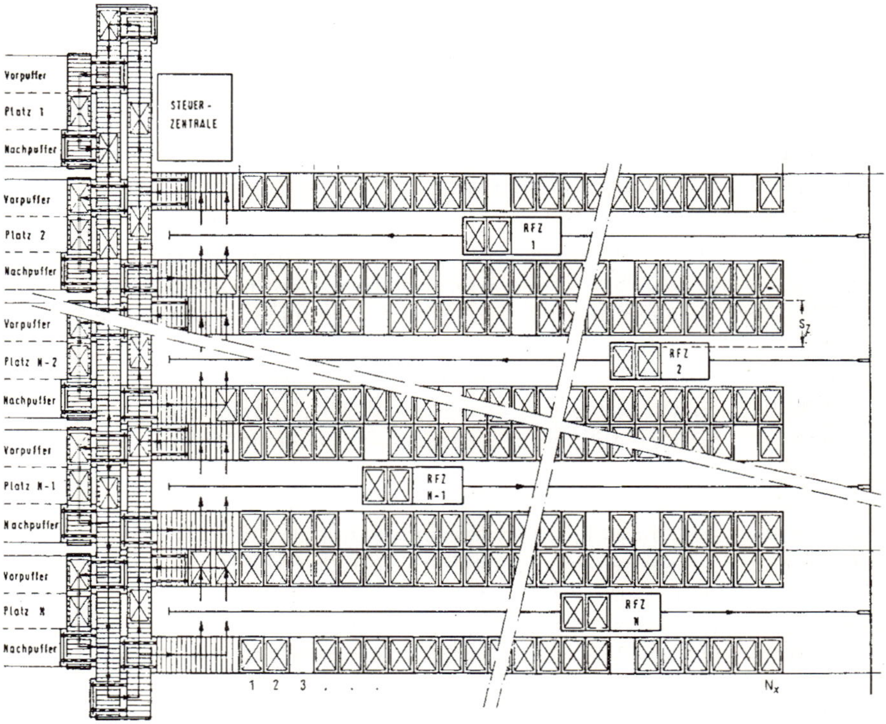


**Abb. 17.34** Kommissioniersystem für Kleinteile mit dynamischer Artikelbereitstellung durch ein Automatisches Kleinbehälter-Lagersystem (AKL)

1. Zuerst werden die stationären *Arbeitsplätze ergonomisch, fördertechnisch* und *informatorisch* optimal gestaltet und die *Planbesetzung* pro Platz festgelegt.
2. Danach wird die Anzahl $s_A$ der an einem Arbeitsplatz gleichzeitig zu bearbeitenden *externen Aufträge* festgelegt. Diese ist durch den Platzbedarf pro Versandeinheit begrenzt.
3. Dann wird für die externen Aufträge die *Kommissionierleistung* pro Arbeitsplatz und pro Kommissionierer berechnet.
4. Für den in der Spitzenstunde geforderten Durchsatz externer Aufträge werden nach Beziehung (17.86) die benötigte Anzahl Kommissionierer $N_K$ und mit der Planbesetzung pro Kommissionierarbeitsplatz $n_{KP}$ die *benötigte Anzahl Arbeitsplätze* errechnet:

   $$N_{AP} = N_K / n_{KP} \qquad [\text{Kom / Platz}]. \qquad (17.89)$$

5. Für die resultierende *Seriengröße*

   $$s = s_A \cdot N_{AP} \qquad (17.90)$$

   wird mit (17.83) die Zeilenanzahl $n_S$ der Serienaufträge und damit aus dem externen Auftragsdurchsatz $\lambda_{Eauf}$ die *benötigte Bereitstelleistung* errechnet:

   $$\lambda_B = n_S \cdot \lambda_{EAuf} / s = r_S \cdot n_E \cdot \lambda_{EAuf} \qquad [\text{BE / h}]. \qquad (17.91)$$

6. Im *entscheidenden Schritt* der Dimensionierung wird das Bereitstellsystem für die Bereitstelleistung (17.91) und die benötigte Gesamtlagerkapazität nach den Verfahren aus *Kapitel 16* dimensioniert.
7. Im letzten Schritt muß das Zu- und Abfördersystem mit den Pufferplätzen auf den Zu- und Abförderstrecken der Kommissionierarbeitsplätze so ausgelegt werden, daß die benötigte Durchsatzleistung (17.91) möglich und eine hohe Auslastung der Kommissionierer gewährleistet ist.

So ergibt die Leistungsberechnung für das Nonfood-Beispiel der *Tabelle 17.1* im Einschichtbetrieb einen Bedarf von $N_{AP} = 6$ Arbeitsplätzen, an denen jeweils ein Kommissionierer Ware für $S_A = 4$ externe Aufträge entnimmt und auf Paletten ablegt. Die 250 externen Aufträge pro Tag mit im Mittel $n_E = 15$ Positionen können daher in 10,4 Serien abgearbeitet werden, die jeweils aus $s = 24$ externen Aufträgen bestehen. Für den Zeilenreduktionsfaktor (17.84) errechnet sich der Wert $r_s = 0{,}79$. Damit sind insgesamt $0{,}79 \cdot 15 \cdot 250 = 2.963$ Bereitstellungen erforderlich, das heißt bei einem 8-Stunden-Betrieb eine Bereitstelleistung von 370 Bereitstelleinheiten pro Stunde.

Im Fall der *zweistufigen Kommissionierung* mit dynamischer Bereitstellung wird die Bereitstelleinheit eines Artikels immer nur an *einen* Arbeitsplatz befördert, wo die angeforderte Menge für einen *konsolidierten Serienauftrag* entnommen und auf ein Transportsystem abgelegt wird. Die Dimensionierung wird bei zweistufer Kommissionierung analog zur dezentralen Abgabe in iterativen Arbeitsschritten durchgeführt. Dabei ist die Seriengröße ein freier Parameter. Die benötigte Bereitstelleistung läßt sich wieder nach Beziehung (17.91) mit der aus Beziehung (17.83) resultierenden mittleren Zeilenzahl errechnen.

Die Leistungs- und Funktionsfähigkeit von Kommissioniersystemen mit dynamischer Bereitstellung hängt kritisch von der richtigen Dimensionierung und

Abstimmung der Teilsysteme ab. Wegen der vielen Einflußfaktoren, der teilweise schwierigen Dimensionierungsformeln und der Vielzahl der Wechselwirkungen zwischen den Leistungsanforderungen und den Auslegungsgrößen sind die Dimensionierung und Optimierung von Systemen mit dynamischer Bereitstellung nur mit einem entsprechenden *Dimensionierungsprogramm* möglich.

## 17.14 Kommissionierleistungskosten

Die spezifischen *Kommissionierleistungskosten* oder *Pickkosten* sind die *Leistungskosten* des Kommissionierprozesses. Sie entsprechen den Stückkosten der Fertigung. Die Pickkosten ergeben sich durch Umlage der Betriebskosten des Kommissioniersystems auf die Leistungseinheiten, in denen das Ergebnis des Kommissionierens gemessen wird. Die *Betriebskosten* $K_{kom}$ [€/PE] umfassen alle Kosten, die in einer *Betriebsperiode* [PE = Jahr; Monat; Tag] für den Betrieb des Kommissioniersystems im Zuge der Leistungserbringung entstehen (s. *Kapitel 6*).

Die Betriebskosten eines Kommissioniersystems sind von folgenden *Leistungseinheiten* abhängig, die die *Kostentreiber* des *Kommissionierens* sind:

| | | |
|---|---|---|
| Auftrag | [Auf] | |
| Position | [Pos] | |
| Entnahmeeinheit | [EE] | (17.92) |
| Bereitstelleinheit | [BE] | |
| Versandeinheit | [VE] | |

Die zugehörigen *Durchsatzgrößen* sind die Leistungsmengen pro Periode [PE]:

| | | | |
|---|---|---|---|
| Auftragsdurchsatz | $\lambda_{Auf}$ | [Auf/PE] | |
| Positionsdurchsatz | $\lambda_{Pos}$ | [Pos/PE] | |
| Entnahmeeinheitendurchsatz | $\lambda_{EE}$ | [EE/PE] | (17.93) |
| Bereitstelleinheitendurchsatz | $\lambda_{BE}$ | [BE/PE] | |
| Versandeinheitendurchsatz | $\lambda_{VE}$ | [VE/PE] | |

Wenn die Auftragsstruktur und die Kapazitäten der eingesetzten Ladeeinheiten bekannt sind, lassen sich vier dieser fünf Durchsatzgrößen mit Hilfe der Beziehungen (17.7) bis (17.11) aus dem Auftragsdurchsatz oder einer der anderen Durchsatzgrößen errechnen. Grundsätzlich ist es daher möglich, die Kommissionierkosten auf nur eine der Leistungseinheiten (17.92) zu beziehen.

Wenn die Leistung des Kommissioniersystems in den *Leistungseinheiten* LE gemessen wird, sind die spezifischen *Kommissionierkosten* $k_{LE}$ [€/LE] gleich den Betriebskosten bezogen auf den *Leistungsdurchsatz* $\lambda_{LE}$ [LE/PE]:

$$k_{LE} = K_{kom}/\lambda_{LE} \qquad [€/LE]. \tag{17.94}$$

Abhängig vom Vertragsverhältnis zwischen dem *Betreiber* und dem *Nutzer* des Kommissioniersystems erhöhen sich die Kommissionierkosten um *Zuschläge* für Verwaltung, Vertrieb, Risiko und Gewinn. Mit dem *Verwaltungs- und Gemeinkostenzuschlag* des externen Dienstleisters resultieren aus den Leistungskosten, zu denen die Leistungen innerhalb eines Unternehmens verrechnet werden, die *Leistungspreise*, die ein externer Dienstleister für die in Anspruch genommenen Leistungen in Rechnung stellt (s. *Abschnitt 7.2*).

Die Betriebskosten eines Kommissioniersystems setzen sich zusammen aus einem *Fixkostenanteil* $K_{fix}$ und einem *variablen Kostenanteil* $K_{var}$, der von den Durchsatzgrößen (17.93) abhängt. Für Kommissioniersysteme mit hohem Fixkostenanteil besteht ein großes *Auslastungsrisiko*. Es ist daher wichtig, die Kosten zu kennen, die unabhängig vom Leistungsdurchsatz sind, und sie von den Kosten abzugrenzen, die sich mit der *Leistungsinanspruchnahme*, also mit dem Leistungsdurchsatz verändern.

Die variablen Kosten lassen sich aufteilen in Kostenanteile, die durch die Auftragsbearbeitung, die Positionsbearbeitung, die Entnahme, das Bereitstellen und das Erzeugen der Versandeinheiten verursacht werden. Die Kosten für das Einlagern auf die Zugriffsreserveplätze und das Umlagern von den Zugriffsreserveplätzen auf die Bereitstellplätze gehören bei statischer Bereitstellung ebenso zu den Bereitstellkosten wie die Kosten der Lagergeräte und des Fördersystems für die dynamische Bereitstellung.

Nicht zu den Kommissionierkosten zählen hingegen die Einlager-, Lager- und Auslagerkosten eines getrennten oder integrierten *Reservelagers*, aus dem das Kommissioniersystem mit Nachschub versorgt wird. Diese Kosten fallen auch für Ladeeinheiten an, die aus dem Lager direkt in den Versand gebracht werden. Daher ist die Bestandshöhe kein Kostentreiber des Kommissioniersystems sondern des gesondert zu betrachtenden Lagersystems.

Wenn die Abhängigkeit der variablen Kostenanteile von den Durchsatzgrößen (17.93) *linear* ist, lassen sich die Betriebskosten eines Kommissioniersystems wie folgt darstellen:

$$K_{kom} = K_{fix} + k_{Auf} \cdot \lambda_{Auf} + k_{Pos} \cdot \lambda_{Pos} + k_{EE} \cdot \lambda_{EE} + k_{VE} \cdot \lambda_{VE} + k_{BE} \cdot \lambda_{BE} \qquad (17.95)$$

mit den *Grenzkostensätzen*:

| | | | |
|---|---|---|---|
| Auftragsgrenzkosten | $k_{Auf}$ | [€/Auf] | |
| Positionsgrenzkosten | $k_{Pos}$ | [€/Pos] | |
| Entnahmegrenzkosten | $k_{EE}$ | [€/EE] | (17.96) |
| Bereitstellgrenzkosten | $k_{BE}$ | [€/BE] | |
| Versandeinheitengrenzkosten | $k_{VE}$ | [€/VE] | |

Die *Grenzkostensätze* (17.96) sind weitgehend unabhängig vom Leistungsdurchsatz. Ihre Höhe wird vom Kommissionierverfahren, der Kommissioniertechnik, der Organisation und den Betriebsstrategien bestimmt.

Grundsätzlich ist es möglich, die Fixkosten gemäß Inanspruchnahme auf die Durchsatzgrößen (17.93) umzulegen und dadurch die *effektiven Leistungskosten* für die fünf Leistungseinheiten (17.92) zu errechnen (s. *Kapitel 6*). Die Kalkulation und Abrechnung der Kommissionierkosten in dieser Differenzierung ist jedoch sehr aufwendig und wegen der Abgrenzungsschwierigkeiten zwischen den Teilfunktionen nicht immer eindeutig. Das gilt speziell für zweistufige Kommissioniersysteme, wo die Kosten der ersten Stufe nicht von den externen Aufträgen sondern von den Serienaufträgen abhängen, und für Systeme mit dynamischer

Bereitstellung, in denen die Bereitstellkosten auf mehrere externe Auftragspositionen umgelegt werden müssen.

Den *Auftraggeber* interessiert nur das *Ergebnis des Kommissionierens*, das heißt die anforderungsgerecht, vollständig und korrekt zusammengestellten externen Aufträge. Wie die geforderten Leistungen im einzelnen durchgeführt werden und welche Vorleistungen damit verbunden sind, ist Sache des Betreibers. Der Auftraggeber will daher auch nur den *Leistungspreis* für die maßgebenden externen Leistungseinheiten wissen, deren Durchsatz er veranlaßt hat und nachprüfen kann. Aus diesen Gründen, aber auch, um eine ausreichende Transparenz und Verständlichkeit zu bewahren, ist es sinnvoll, die Kommissionierkosten nur auf eine, unter Umständen auf zwei und maximal auf drei verschiedene *Leistungseinheiten* zu beziehen.

Die *maßgebenden Leistungseinheiten* oder *Hauptkostentreiber* haben den größten Einfluß auf die Kommissionierkosten. Die Hauptkostentreiber eines Kommissioniersystems sind die *Entnahmeeinheiten*, die *Positionen* und die *Versandeinheiten*.

Wenn als Leistungseinheit nur die Entnahmeeinheit [EE] gewählt wird, sind die Kommissionierkosten gleich den *effektiven Leistungkosten pro Entnahmeeinheit* $k_{\mathrm{EEeff}}$ [€/EE]. Durch Eliminieren aller übrigen Leistungseinheiten mit Hilfe der Beziehungen (17.7) und (17.8) ergeben sich aus Beziehung (17.95) die

- *effektiven Kommissionierkosten* oder *Pickkosten*

$$k_{\mathrm{EEeff}} = \mathrm{K_{fix}}/\lambda_{\mathrm{EE}} + k_{\mathrm{EE}} + k_{\mathrm{Auf}}/\left(\mathrm{n_{Pos}m_{EE}}\right) + \\ k_{\mathrm{Pos}}/\mathrm{m_{EE}} + k_{\mathrm{BE}}/\mathrm{c_{BE}} + \left(k_{\mathrm{VE}}/\mathrm{c_{VE}}\right)\left(1+\left(\mathrm{c_{EE}}-1\right)/\left(2\mathrm{n_{Pos}m_{EE}}\right)\right). \qquad (17.97)$$

Aus Beziehung (17.97) sind folgende *Abhängigkeiten* der Kommissionierkosten ablesbar, die grundsätzlich für alle Kommissioniersysteme gelten:

▶ Die Pickkosten fallen mit zunehmendem *Leistungsdurchsatz*, da sich die Fixkosten auf eine ansteigende Anzahl Leistungseinheiten verteilen (s. *Abb. 17.35*).

▶ Die Pickkosten nehmen mit steigender Anzahl *Auftragspositionen* ab, da die anteiligen Kosten für die Auftragsbearbeitung, die Bereitstellung, die Bildung der Versandeinheiten und – bei statischer Bereitstellung – für die Wege zwischen den Entnahmeplätzen geringer werden (s. *Abb. 17.36*).

▶ Die Pickkosten sinken mit ansteigender *Entnahmemenge* pro Position, da die anteiligen Kosten für die Auftragsbearbeitung, für die Positionsbearbeitung und für die Wege abnehmen (s. *Abb. 17.37*).

▶ Die Pickkosten sind abhängig von der *Kapazität* der Ladeeinheiten, die für die Bereitstellung und für den Versand eingesetzt werden (s. *Abb. 17.40*).

Die Degression der Kosten mit dem Leistungsdurchsatz ist für Kommissioniersysteme mit hohem Fixkostenanteil von entscheidender Bedeutung:

▶ *Hochinvestive Kommissioniersysteme* mit einem Fixkostenanteil weit über 50 % sind nur bei gleichmäßig hoher Auslastung im Mehrschichtbetrieb wirtschaftlich.

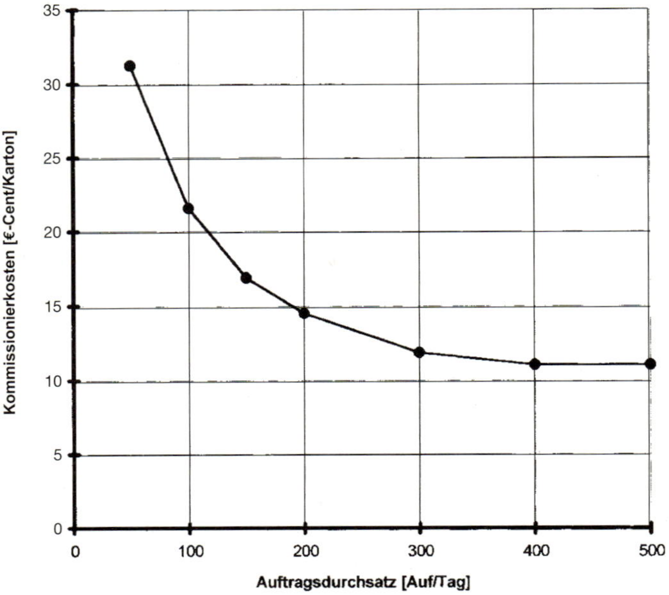


**Abb. 17.35** Abhängigkeit der Kommissionierkosten vom Auftragsdurchsatz
Parameter: s. Legende *Abb. 17.28*

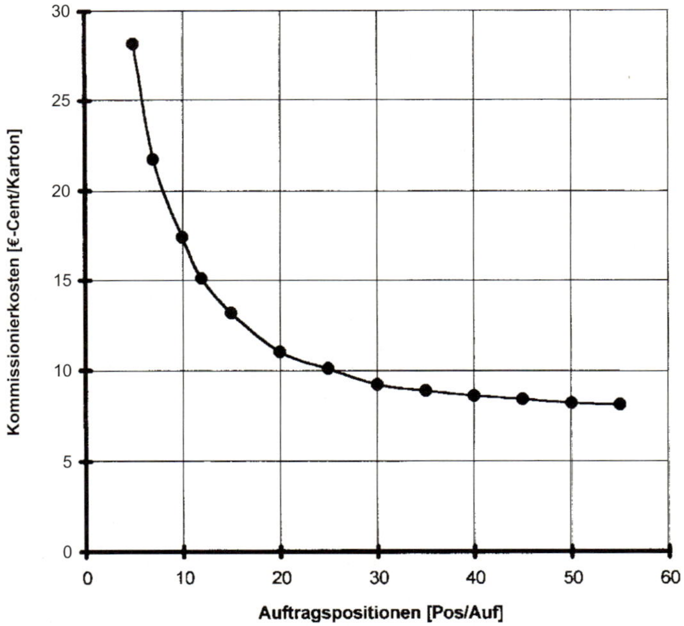


**Abb. 17.36** Abhängigkeit der Kommissionierkosten von der Anzahl Auftragspositionen

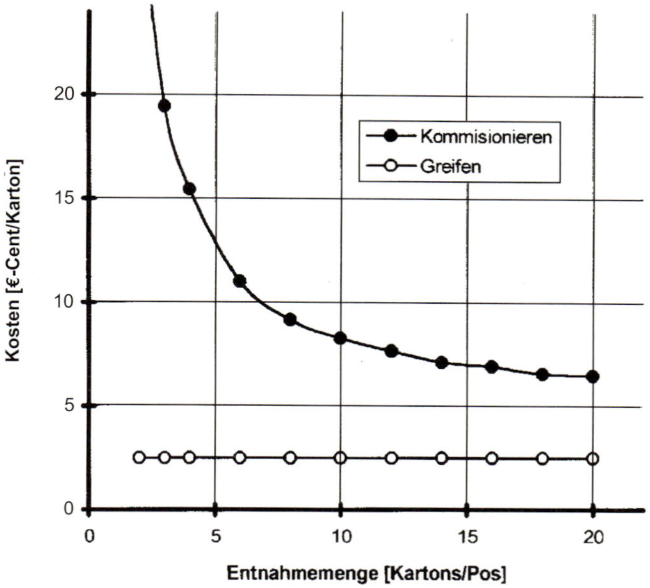


**Abb. 17.37** Abhängigkeit der Kommissionierkosten von der Entnahmemenge pro Position

Das betrifft vor allem Systeme mit dynamischer Bereitstellung, vollautomatische Kommissioniersysteme und zweistufige Kommissioniersysteme mit Sorter.

Die aus Beziehung (17.97) ablesbare Abnahme der spezifischen Kommissionierkosten mit zunehmender Ladeeinheitenkapazität wird ab einer *optimalen Kapazität* kompensiert durch eine Zunahme der Fixkosten infolge des größeren Platzbedarfs und der aufwendigeren Fördertechnik (s. *Abb 17.40*).

## 17.15 Einflußfaktoren und Optimierungsmöglichkeiten

Die Einflußfaktoren auf Leistung und Kosten des Kommissionierens lassen sich einteilen in *externe Einflußfaktoren*, auf die der Planer und Betreiber keinen oder nur geringen Einfluß hat, und *interne Einflußfaktoren*, die der Planer und Betreiber weitgehend selbst bestimmen kann:

- *Externe Einflußfaktoren* sind die *Kommissionieraufträge* und *Leistungsanforderungen* der Auftraggeber, die *Beschaffungspreise* für Gebäude, Einrichtungen und Betriebsmittel sowie die *Kostensätze* für Personal, Abschreibungen, Zinsen, Energie usw.
- *Interne Einflußfaktoren* sind das ausgewählte *Kommissioniersystem*, die eingesetzte *Technik*, die *Gestaltungs- und Dimensionierungsparameter* (17.17) bis (17.19), die *Betriebsstrategien* mit ihren *Strategievariablen* sowie die *Betriebs- und Arbeitszeiten*.

Die Auswirkungen der Einflußfaktoren auf Leistung und Kosten und die wechselseitigen Abhängigkeiten sind derart vielfältig, daß sie sich nur mit Hilfe eines *Kommissionier-Leistungs- und Kostenprogramms* (KLK-Programm) untersuchen lassen, in dem die zuvor entwickelten Berechnungsformeln und Optimierungsalgorithmen hinterlegt sind. Ein solches KLK-Programm für *Kommissioniersysteme mit statischer Bereitstellung* ist in *Tabelle 17.3*[5] wiedergegeben. Analoge KLK-Programme gibt es für *Kommissioniersysteme mit dynamischer Bereitstellung.*

### 1. Kommissionieren von Palette auf Palette

Als *Anwendungsbeispiel* für die vorangehend entwickelten Berechnungsformeln und Optimierungsalgorithmen wird ein konventionelles Kommissioniersystem mit statischer Artikelbereitstellung betrachtet, wie es in den *Abb. 17.2* und *17.16* dargestellt ist, in dem Kartons unterschiedlicher Größe mit der Hand von Paletten auf Paletten kommissioniert werden. Die Leistungsanforderungen sind in *Tabelle 17.1* spezifiziert. Die wichtigsten Kenndaten des Kommissionierystems sind in *Tabelle 17.3* und in der Legende zu *Abb. 17.28* angegeben.

Mit diesem relativ einfachen Kommissioniersystem sind bei geringer Investition recht hohe Kommissionierleistungen möglich. Maximale Kommissionierleistungen werden erreicht durch optimale Greifhöhen, Leerpalettenablageplätze unter den Bereitstellplätzen, kurze Wege bei optimaler Ganganordnung, Bereitstellung nach dem flexiblen Flip-Flop-Verfahren und belegloses Arbeiten nach den Anweisungen eines Kommissionierleitsystems.

Für das Beispiel ergeben sich mit Hilfe des in *Tabelle 17.3* wiedergegebenen KLK-Programms folgende *Zusammenhänge* und *Abhängigkeiten* der Kommissionierkosten, die in den *Abb. 17.35* bis *17.40* dargestellt sind:

- Die *Betriebskosten* betragen c.a. 615 T€ pro Jahr. Davon entfallen auf die *Fixkosten* für die Platz- und Flächenkosten der Bereitstellung, die Kommissioniergeräte und die Steuerung rund 40 %.
- Die *Kommissionierleistungskosten* – jeweils vollständig bezogen auf nur eine Leistungseinheit – liegen bei ca. 9,85 € pro Auftrag, 13 €-Cent pro Paket, 0,66 € pro Position oder 9,85 € pro kommissionierte Palette.
- *Abb. 17.36* zeigt die starke Abhängigkeit der Kommissionierkosten von der Anzahl der *Auftragspositionen.*
- *Abb. 17.37* zeigt das Absinken der *Kommissionierkosten pro Karton* mit Zunahme der Entnahmemenge pro Position. Die allein durch den *Greifvorgang* verursachten Kosten liegen auch bei großen Entnahmemengen immer noch unter 50 % der Kommissionierkosten.
- Erst ab etwa 30 Positionen pro Auftrag und 15 Entnahmeeinheiten pro Position sind die Kommissionierkosten in diesem Beispiel weitgehend unabhängig von der Auftragsstruktur.

5 In diesem wie in anderen Tabellenkalkulationsprogrammen sind die *Eingabefelder* umrandet und die *Parameterfelder* punktiert unterlegt. Die nicht umrandeten Zahlenfelder enthalten Ergebniswerte, die das Programm mit den im Text beschriebenen Formeln berechnet.

- In *Abb. 17.38* ist der Anstieg der Kommissionierkosten mit der *Gebindegröße* dargestellt. Die Kostenzunahme resultiert aus dem Anstieg der Greifzeit und dem zunehmenden Ladeeinheitendurchsatz.
- Die Abhängigkeit der Kommissionierkosten von der *Sortimentsbreite* ist in *Abb. 17.39* dargestellt. Mit zunehmender Artikelzahl werden die Wege länger, die Flächenkosten höher und die Kommissionierleistung geringer.

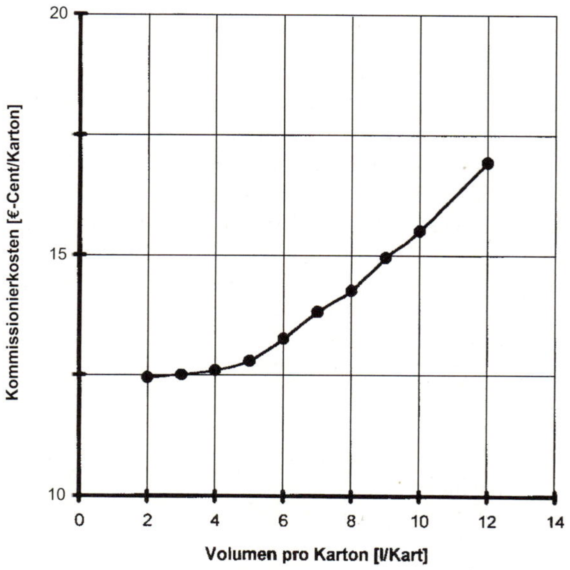


**Abb. 17.38** Abhängigkeit der Kommissionierkosten von der Gebindegröße

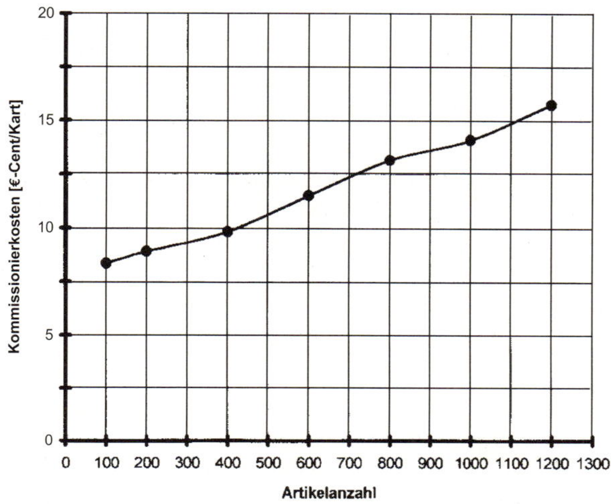


**Abb. 17.39** Einfluß der Sortimentsbreite auf die Kommissionierkosten

- Den Einfluß der *Abmessungen der Versandpaletten* auf die Kosten zeigt *Abb. 17.40*. Die *optimale Höhe der Paletten* liegt für das betrachtete Beispiel zwischen 900 und 1.100 mm.

Die dargestellten Abhängigkeiten der Kommissionierkosten von den verschiedenen Einflußfaktoren zeigen:

▶ Kommissionierleistungen und Kommissionierkosten sind für ein *Benchmarking* nur geeignet, wenn die externen Einflußfaktoren der miteinander verglichenen Logistikbetriebe vollständig übereinstimmen.

Das hier als Beispiel betrachtete Kommissioniersystem für verpackte *Konsumgüter* wurde mit Hilfe eines KLK-Programms dimensioniert, optimiert und vor einigen Jahren in einem Logistikzentrum realisiert. Die erreichten Kommissionierleistungen und Kosten entsprechen den vorauskalkulierten Werten. Auch andere Kommissioniersysteme, die mit Hilfe der dargestellten Verfahren, Dimensionierungsformeln und Kommissionierprogramme geplant wurden, haben sich in der Praxis bewährt und als wirtschaftlich erwiesen.

**2. Nutzungsstrategien**

Wenn ein Logistikbetrieb mehrere unterschiedliche Lager- und Kommissioniersysteme hat, stellt sich die Frage, welche Artikel wo bereitgestellt und welche Aufträge in welchem Bereich kommissioniert werden sollen.

In der *Planungsphase* werden *Nutzungsstrategien* für die verschiedenen Kommissioniersysteme und Arbeitsbereiche benötigt. Hierzu gehören insbesondere Kriterien für die Aufteilung eines Sortiments, dessen Artikel wahlweise in Behäl-

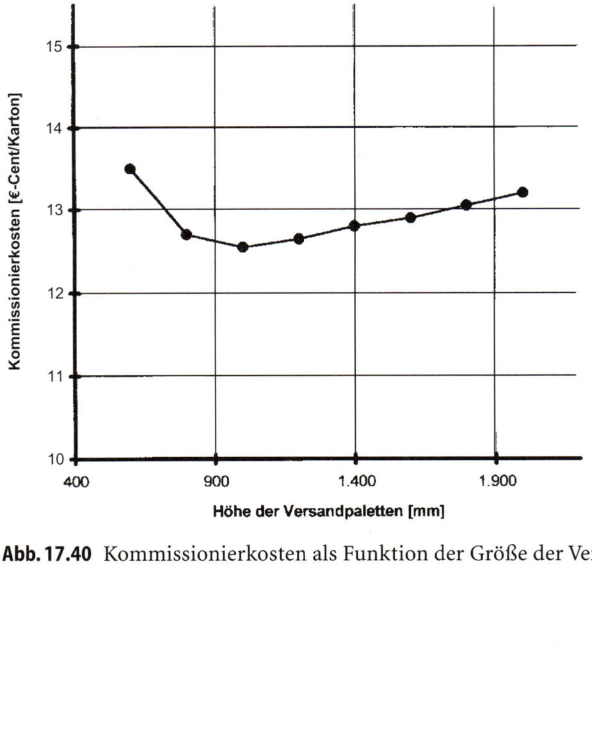


**Abb. 17.40** Kommissionierkosten als Funktion der Größe der Versandeinheiten

tern oder auf Paletten gelagert und bereitgestellt werden können, auf die entsprechenden Kommissionierbereiche.

Für das in den *Abb. 17.19* bis *17.21* dargestellte Stollenkommissionierlager, das für die Leistungsanforderungen der 2. Spalte von *Tabelle 17.1* ausgelegt ist, zeigt *Abb. 17.41* die errechnete Abhängigkeit der Gesamtbetriebskosten von der Artikelverteilung auf Behälter und Paletten. Die *optimale Aufteilung* liegt in diesem Fall bei einer Bereitstellung von ca. 35 % A-Artikel auf Paletten und von ca. 65 % B-Artikel in Behältern. Die *Grundfläche* der optimierten Lösung, deren *Betriebskosten* bei 105 *Vollzeitkräften* ca. 6,6 Mio. €/Jahr betragen, ist ca. 35.000 m² und der *Investitionsbedarf* ca. 28 Mio. € [62].

Als Alternative zu dieser konventionellen Lösung wurde für die gleichen Leistungsanforderungen ein Kommissioniersystem mit dynamischer Bereitstellung aus einem automatischen Hochregallager konzipiert. Die Optimierung der *Alternativlösung* unter Nutzung des Serieneffekts ergibt annähernd die gleichen *Betriebskosten* und den gleichen *Investitionsbedarf*. Im Jahresmittel werden jedoch nur 60 *Vollzeitkräfte* benötigt. Der Grundflächenbedarf beträgt 8.000 m², das

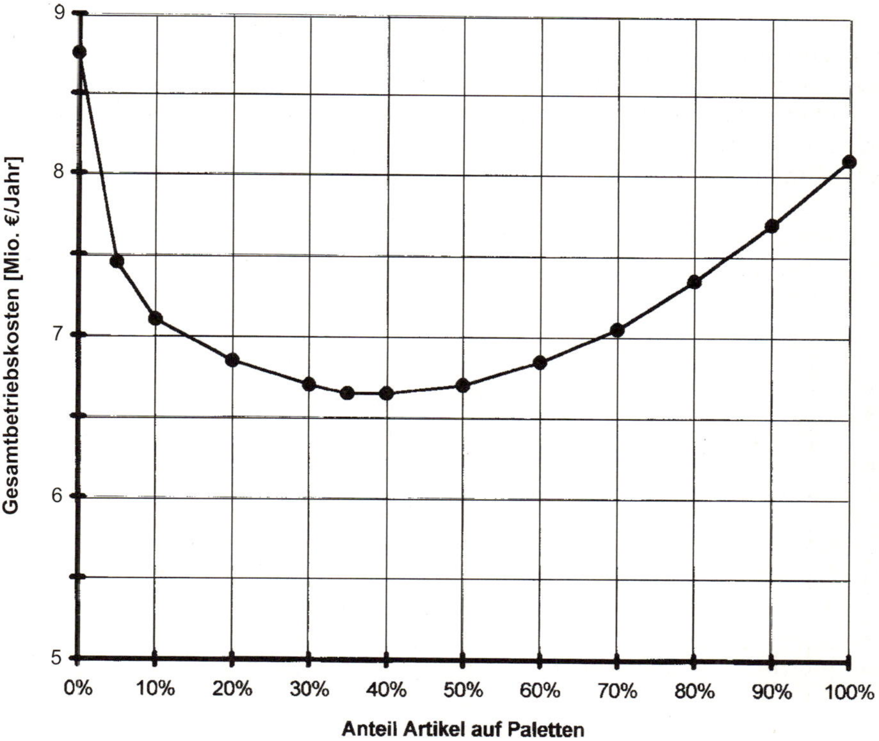


**Abb. 17.41** Gesamtbetriebskosten eines optimierten Stollenkommissionierlagers für Stapelware zur Belieferung von Handelsfilialen als Funktion der Artikelverteilung auf Behälter und Paletten

heißt weniger als ein Viertel der konventionellen Lösung. Trotz dieser Vorteile ist die Systementscheidung am Ende für das Stollenkommissioniersystem gefallen, da es eine deutlich größere *Flexibilität* bietet, die für den Handel ein ganz besonderes Gewicht hat [62].

**3. Zuweisungsstrategien**
Bei mehreren zur Auswahl stehenden Lager- und Kommissionierbereichen werden für den laufenden Betrieb *Zuweisungsstrategien* benötigt, die regeln, in welchem System oder Bereich neu angelieferte und nachgelieferte Artikelmengen zu lagern und bereitzustellen sind. Für den Fall, daß ein Artikel in mehreren Systemen bereitgestellt wird, muß außerdem festgelegt werden, welche Aufträge wo kommissioniert werden sollen [161]. Die Zuweisungsstrategien müssen möglichst *selbstregelnd* und auf einem Rechner *implementierbar* sein.

Entscheidend für die Zuweisung der Artikel zu den Lager- und Kommissionierbereichen sind die Leistungskosten für die *innerbetrieblichen Logistikketten*, die für einen bestimmten Artikel zwischen Wareneingang und Wareausgang technisch möglich sind (*s. Abb. 1.12*). Maßgebend für die Auftragszuweisung sind die Prozeßkosten der möglichen Auftragsketten.

Zur Entwicklung von Zuweisungsstrategien ist es erforderlich, den Logistikbetrieb durch Verknüpfung der einzelnen Programme zur Leistungs- und Kostenkalkulation für den Wareneinang, die Lager, die Kommissionierbereiche und die übrigen Teilsysteme in einem integrierten *analytischen Kostenmodell* auf dem Rechner abzubilden. Mit einem solchen Gesamtprogramm lassen sich unter Berücksichtigung der Kapazitätsbegrenzungen die *optimalen innerbetrieblichen Logistikketten* für unterschiedliche Artikelgruppen und die *optimalen Auftragsketten* für verschiedene Auftragsklassen errechnen.

Sensitivitätsrechnungen mit Hilfe der Kostenmodelle für verschiedene existierende oder geplante Logistikbetriebe, die aus mehreren Lager- und Kommissionierbereichen bestehen, ergeben:

- Für die *Zuweisung des Lagersystems* sind die *Größe*, der mittlere *Bestand* und der *Durchsatz* der *Ladeeinheiten* eines Artikels maßgebend.
- Für die *Zuweisung des Kommissioniersystems* sind primär die *Größe der Entnahmeeinheiten* und der *Volumendurchsatz* des Artikels entscheidend.
- Für die kostenoptimale *Auftragszuweisung* sind die *Versandeinheiten*, die *Auftragsstruktur* und das *Auftragsvolumen* maßgebend.

Die optimale Systemnutzung durch geeignete Zuweisungsstrategien und richtige Festlegung der *Strategieparameter* bietet erhebliche *Potentiale* zur *Leistungssteigerung* und *Kostensenkung* [161]. Die entsprechenden *Grenzwerte* der Strategieparameter für die optimale Artikel- und Auftragszuweisung lassen sich jedoch nur projektspezifisch bestimmen.

| | | | | | | |
|---|---|---|---|---|---|---|
| **ARTIKEL** | Konsumgüter | | | **Sortiment** | 800 | Artikel |
| | | davon | 10% | A-Artikel mit | 50% | der Posit. |

**LOGISTIKEINHEITEN**

| | | Länge | Breite | Höhe | |
|---|---|---|---|---|---|
| **BE Nachschub-Palette CCG1** | Außenmaße: | 800 | 1.200 | 1.050 | mm |
| | Innenmaße: | 800 | 1.200 | 900 | mm |
| | Nutzungsgrad: | 91% | Inhalt: | 864 | l/BE |
| | Verschnittfaktor | 0,25 | Kapazität: | 209 | EE/BE |
| **EE Kartons mit mit EE** | Außenmaße: | 250 | 150 | 100 | mm |
| | Inhalt: | 6 | VKE/EE | 3,8 | l/EE |
| | Gewicht: | 0,50 | g/cm³ | 1,9 | kg/EE |
| **VE Versand-Palette CCG1** | Außenmaße: | 1.200 | 800 | 1.050 | mm |
| | Innenmaße: | 1.200 | 800 | 900 | mm |
| | Nutzungsgrad: | 82% | Inhalt: | 864 | l/VE |
| | Verschnittfaktor | 0,50 | Kapazität: | 188 | EE/VE |

**AUFTRÄGE**

| | externe Kommissionieraufträge | | int. Sammelaufträge | |
|---|---|---|---|---|
| Aufträge pro Tag | 250 | Auf/Tag | 125 | KAuf/Tag |
| Positionen pro Auftrag | 15,0 | Pos/Auf | 30,0 | Pos/KAuf |
| Entnahmemenge pro Position | 5,0 | EE/Pos | 5,0 | EE/Pos |
| Auftragsvolumen | 281 | l/Auf | 563 | l/KAuf |
| Bereitstelleinheiten pro Auftrag | 0,3 | BE/Auf | 0,7 | BE/KAuf |
| Versandeinheiten pro Auftrag | 1,0 | VE/Auf | 2,0 | VE/KAuf |

**DURCHSATZ**

| | pro Tag | | pro Stunde | |
|---|---|---|---|---|
| Verkaufseinheiten | 112.500 | VKE/Tag | 14.063 | VKE/h |
| Entnahmeeinheiten | 18.750 | EE/Tag | 2.344 | EE/h |
| Volumen | 70,3 | m³/Tag | 9 | m3/h |
| Gewicht | 35 | t/Tag | 4 | t/h |
| Bereitstelleinheiten | 90 | BE/Tag | 11 | BE/h |
| Auftragspositionen | 3.750 | Pos/Tag | 469 | Pos/h |
| Versandeinheiten | 250 | VE/Tag | 31 | VE/h |

**ARBEITSZEITEN**

| | | |
|---|---|---|
| Jahresarbeitszeit: | 250 | AT/Jahr |
| Tagesarbeitszeit: | 8 | h/Tag |
| Schichtlänge: | 8 | h/Tag |

**PERSONALKENNZAHLEN**

| | | | |
|---|---|---|---|
| Verteilzeit: | 15% | Verfügbarkeit: | 85% |
| Urlaub und Krankheit: | 20% | Anwesenheit: | 80% |

**Tab. 17.3** (*Blatt 1*) Tabellenprogramm zur Kommissionierleistungs- und Kostenrechnung

**KOMMISSIONIERBEREICH**

| | | Länge | Tiefe | Höhe | |
|---|---|---|---|---|---|
| | Stellplätze | 1 | 1 | 1 | BE |
| **Bereitstellmodul** | Freimaße | 100 | 100 | 200 | mm |
| | Maße | 900 | 1.300 | 1.250 | mm |
| | | | Platzordnungsfaktor | 1,2 | |
| | | | Bedarf Bereitstellmodule | 960 | BM |
| | | | Bereitstellänge | 432 | m |
| **Gangmodul** | | | Kommissionergangbreite | 2,5 | m |
| | | | Nachschubgangbreite | 0,0 | m |
| | | | Breite Gangmodul | 5,10 | m |
| | | vorne | hinten | gesamt | |
| | Anfahrmaße | 5,0 | 3,0 | 8,0 | m |
| **Wegstrategien** | | Durchgang | Stichg.o.GW | Stichg.m.GW | |
| | Schnelläuferfaktor | | 79% | 60% | |
| | Optimale Gangzahl | 12,3 | 28,3 | 27,6 | K-Gänge |
| | Gewählte Gangzahl | 12 | 26 | 24 | K-Gänge |
| | Mittlere besuchte Gangzahl | 11,1 | 18,0 | 17,3 | K-Gänge |
| | Ganglänge | 36 | 17,1 | 18 | m/K-Gang |
| | Kommissionierweg | 521 | 544 | 546 | m/Rundfahrt |
| | Gesamtwegzeit | 562 | 611 | 624 | s/Rundfahrt |
| **Kommissioniermodule** | Anzahl | 1 | 1 | 1 | K-Module |
| | Gangzahl | 12 | 26 | 24 | Gänge/KM |
| **Flächenbedarf** | K-Modul | 2.693 | 3.328 | 3.182 | m²/KM |
| | **Gesamt** | **2.693** | **3.328** | **3.182** | **m²** |

**GREIFPLATZ**

| | | | | |
|---|---|---|---|---|
| **Entnahme** | Höhe | min (<1,1) | 0,50 | m |
| | | max (>1,1) | 1,40 | m |
| | Tiefe | mittel | 0,60 | m |
| **Bewegung** | Winkel | mittel | 90 | Grad |
| | Distanz | mittel | 0,5 | m |
| **Ablage** | Höhe | min (<0,9) | 0,40 | m |
| | | max (>0,9) | 1,30 | m |
| | Tiefe | mittel | 0,40 | m |

**KOMMISSIONIERGERÄT**

| | | | |
|---|---|---|---|
| Typ | **Elektro-Gehgabelhubwagen** | | |
| Kapazität | Anzahl Versandeinheiten | 2 | VE/Gerät |
| | Gerätelänge ohne VE | 1,5 | m |
| Fahrt | Geschwindigkeit: | 1,0 | m/s |
| | Beschleunigung: | 1,0 | m/s² |
| Hub | Geschwindigkeit: | 0,3 | m/s |
| | Beschleunigung: | 0,2 | m/s² |
| Vertikalkommissionierung | ja = 1 nein = 0 | 0 | |
| | Technische Verfügbarkeit | 95% | |

**Tab. 17.3** (*Blatt 2*) Tabellenprogramm zur Kommissionierleistungs- und Kostenrechnung

| | | | | |
|---|---|---|---|---|
| **KOMMISSIONIERZEIT** | | | | **51,8 s/Pos** |
| **Fahrzeit** | | | 18,7 s/Pos | 18,7 s/Pos |
| | Hubzeit | | 0,0 s/Pos | |
| **Greifzeit** | simultan (ja=1): | 1 | 18,6 s/Pos | 18,6 s/Pos |
| | Stück pro Zugriff: | 1 | 25,0 s/Pos | |
| **Totzeit** | Lesen | 3 | s/Pos | 9,3 s/Pos |
| | Suchen | 0 | s/Pos | |
| | Positionieren | 5 | s/Pos | |
| | Etikettieren | 0 | s/Pos | |
| | Belegbearbeiten | 0 | s/Pos | |
| | Auf- und Absteigen | 0 | s/Pos | |
| | Sonstige Tätigkeiten | 0 | s/Pos | |
| | Entsorgen Leer-BE | 10 | s/BE | |
| | Vorholen Voll-BE | 0 | s/BE | |
| **Basiszeit** | Positionieren | 5 | s/KAuf | 5,2 s/Pos |
| | Belegabgabe | 0 | s/KAuf | |
| | Belegannahme | 0 | s/KAuf | |
| | Abgabe Voll-VE | 20 | s/VE | |
| | Ladungssicherung Voll-VE | 30 | s/VE | |
| | Kodieren VE | 10 | s/VE | |
| | Aufnahme Leer-VE | 15 | s/VE | |
| | Sonstiges | 0 | s/VE | |

| | | | | | |
|---|---|---|---|---|---|
| **STAUEFFEKTE** | blockierte Pickplätze | 3 | Basisanzahl | 2 | |
| | am | **Pickplatz** | **Basis** | **Summe** | |
| | **Mittlere Wartezeit** | 0,4 | 2,2 | 2,6 | s/Pos |
| | Systemvariabilität | 0,5 | **Auslastbarkeit:** | **95,1%** | |

| **KOMMISSIONIERLEISTUNG** | | **Stundenleistung** | **Schichtleistung** |
|---|---|---|---|
| **pro Kommissionierer** | Positionen: | 56,2 Pos/h | 449 Pos/Schicht |
| | Verkaufseinheiten: | 1.685 VKE/h | 13.476 VKE/Schicht |
| | Entnahmeeinheiten: | 281 EE/h | 2.246 KE/Schicht |
| | Versandeinheiten: | 3,7 VE/h | 30 VE/Schicht |
| | Weglänge: | 1,0 km/h | 8,3 km/Schicht |

| **PERSONALBEDARF** | | **Schichtbesetzung** | **Tagesbedarf** |
|---|---|---|---|
| | **Kommissionierer:** | **8,3 MA/Schicht** | **8,3 MA/Tag** |
| | vorm Fach: | 4,5 MA | 4,5 MA |
| | in Fahrt: | 3,0 MA | 3,0 MA |
| | an Basis: | 0,8 MA | 0,8 MA |
| | **Vollzeitkräfte** | mit Urlaub und Krankheit | **11 VZK** |

**Tab. 17.3** (*Blatt 3*) Tabellenprogramm zur Kommissionierleistungs- und Kostenrechnung

| | | | | |
|---|---|---|---|---|
| **PLATZKOSTEN** | Platzinvestition: | 70,00 | €/Stellplatz | 67.200 € |
| | Abschreibung: | 10,0 | Jahre | 18.850 €/Jahr |
| | Zinsen: | 6,0% | pro Jahr | 5.655 €/Jahr |
| | Flächenmietkosten: | 70,00 | €/m²/Jahr | 188.496 €/Jahr |
| | | | **Platzkosten** | **213.000 €/Jahr** |
| **GERÄTEKOSTEN** | Elektro-Gehgabelhubwagen | | Gerätebedarf: | **9 Geräte** |
| | Gerätepreis | 4.500 | €/Gerät | 40.500 € |
| | Abschreibungsdauer: | 5,0 | Jahre | 8.100 €/Jahr |
| | Wartung- und Instandhaltung: | 8,0% | pro Jahr | 3.240 €/Jahr |
| | Energie: | 6,0% | pro Jahr | 2.430 €/Jahr |
| | Zinsen: | 6,0% | pro Jahr | 1.215 €/Jahr |
| | | | **Gerätekosten** | **14.985 €/Jahr** |
| **STEUERUNGSKOSTEN** | Zentrale+DFÜ | 50.000 | € | 90.500 € |
| | Terminals | 4.500 | €/Gerät | |
| | Abschreibung: | 5,0 | Jahre | 18.100 €/Jahr |
| | Wartung- und Instandhaltung: | 10,0% | pro Jahr | 9.050 €/Jahr |
| | Zinsen: | 6,0% | pro Jahr | 2.715 €/Jahr |
| | | | **Steuerungskosten** | **29.865 €/Jahr** |
| **PERSONALKOSTEN** | Lohn + Nebenkosten | 32.500 | €/Jahr | **pro Mitarbeiter** |
| | | | Effektive Kostensätze | 23,90 €/h |
| | | | | 0,40 €/min |
| | | | **Personalkosten** | **357.500 €/Jahr** |
| **KOMMISSIONIERKOSTEN** | | | **Betriebskosten** | **615.350 €/Jahr** |
| | davon | fixe Kosten | 40% | 243.130 €/Jahr |
| | | variable Kosten | 60% | 372.220 €/Jahr |

**Kommissionierkosten pro Leistungseinheit LE**

| **LE** | **Auftrag** | **VKE** | **EE** | **Position** | **VE** | **100 kg** |
|---|---|---|---|---|---|---|
| **€/LE** | **9,85** | **0,022** | **0,131** | **0,66** | **9,85** | **7,00** |

**Tab. 17.3** *(Blatt 4)* Tabellenprogramm zur Kommissionierleistungs- und Kostenrechnung

## 17.16 Ein neues Kommissionier- und Bereitstellsystem

Die wichtigsten Vorteile des stationären Kommissionierens mit dynamischer Artikelbereitstellung gegenüber der konventionellen Kommissionierung mit statischer Artikelbereitstellung sind das Entfallen der Weg- und Basiszeiten und eine ergonomisch optimale Arbeitsplatzgestaltung. Daraus ergeben sich höhere Kommissionierleistungen, Personaleinsparungen und Arbeitserleichterungen. Ein weiterer Vorteil ist die weitgehende Unabhängigkeit von der Artikelanzahl. Das bedeutet eine hohe Flexibilität gegen Änderungen der Sortimentsbreite und der Auftragsstruktur. Hinzu kommt der geringere Flächenbedarf wegen der Einsparung der Kommissioniergassen und der kompakten Bauweise des Bereitstell- und Reservelagers (s. *Abschnitt 17.2.3*).

Diese Vorteile der dynamischen Kommissionierung müssen jedoch erkauft werden durch höhere Investitionen für das automatische Lager- und Bereitstellsystem, für die Zu- und Abfördertechnik und für das Steuerungssystem. Die bisherigen Kommissioniersysteme mit dynamischer Bereitstellung arbeiten mit flurgebundenen Regalbediengeräten und einer Bereitstellung über ein stationäres Fördersystem. Die Anzahl der fest installierten Regalbediengeräte und die Fördertechnik begrenzen das Leistungsvermögen. Daraus resultiert als größter Nachteil eine eingeschränkte Flexibilität gegenüber zufälligen Schwankungen und systematischen Veränderungen des Durchsatzes.

Bei der Kleinteilekommissionierung wurden diese Nachteile durch die hohe Leistungsfähigkeit und die relativ günstigen Kosten der Regalbediengeräte und der Fördertechnik für Automatische Kleinteile Lager (AKL) überwunden (s. *Abb. 17.34*). Die dynamische Kleinteilekommissionierung in Verbindung mit einem AKL verdrängt daher seit einigen Jahren das konventionelle Kommissionieren in Fachbodenanlagen.

In diesem Abschnitt wird ein neues hochleistungsfähiges und kostengünstiges Lager- und Bereitstellsystem für Palettenware vorgestellt und mit konkurrierenden Systemen verglichen [287]. Das im November 2002 zum Patent angemeldete *PickFaster-System®* zeichnet sich aus durch große *Flexibilität, Skalierbarkeit, modularen Aufbau, breite Einsetzbarkeit* und die Möglichkeit zum *bedarfsabhängigen Auf- und Ausbau.* Damit ist das PickFaster-System besonders geeignet für die dynamische Palettenkommissionierung. Es ist jedoch gleichermaßen einsetzbar in der Produktion zur Ver- und Entsorgung von Montageplätzen, Abfüllstationen, Arbeitsplätzen, Anlagen und Maschinen.

### 1. Gesamtsystem

Das in *Abb. 17.42* und *17.43* dargestellte PickFaster-System verbindet die *stationäre Fördertechnik* der Eingabe-, Ausgabe- und Bereitstellstationen über die fahrerlosen Transportfahrzeuge einer *FTS-Anlage* mit den Gassen einer *Regalanlage*, die von flurfreien *TransFaster-Lagergeräten* bedient werden. Die FTS-Fahrzeuge fahren unterhalb der TransFaster durch die Lagergassen und verbinden die Lagerplätze der unteren Regalebenen *direkt* mit den Stationen der stationären Förder-

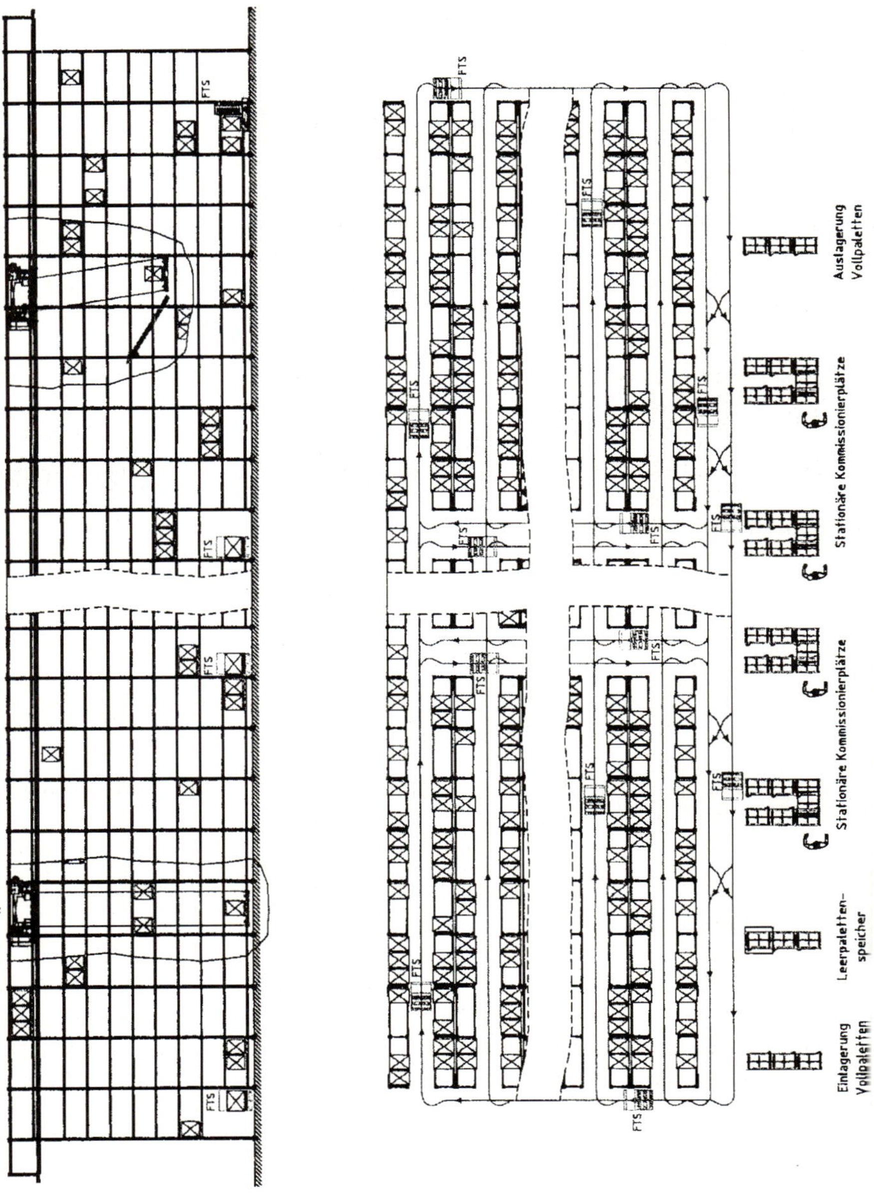


**Abb. 17.42** PickFaster-Bereitstell- und Kommissioniersystem für Palettenware
TF: TransFaster-Lagergerät FTS: FTS-Fahrzeug

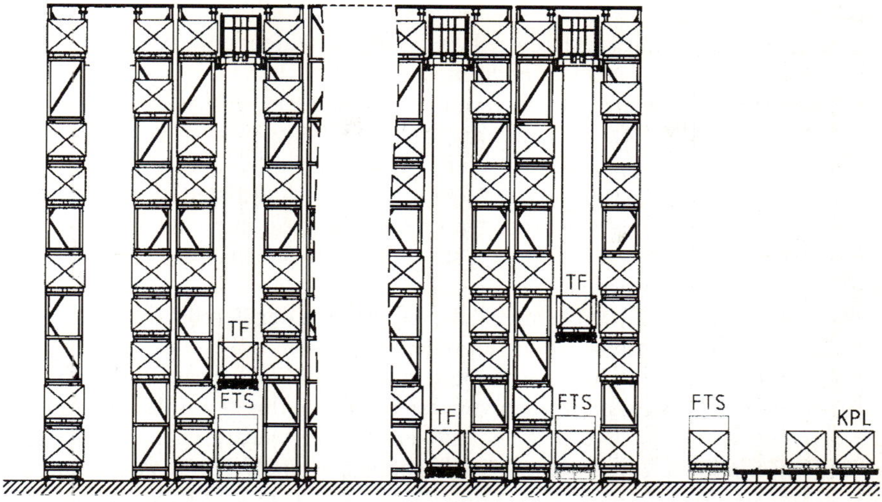


**Abb. 17.43** PickFaster-Bereitstell- und Kommissioniersystem

TF: TransFaster-Lagergeräte
FTS: FTS-Fahrzeug
KPL: Kommissionierplatz

technik. Der Regalbereich und die unmittelbar an den Regalbereich angrenzenden Fahrtrassen sind für den Automatikbetrieb durch Schutzgitter für den Personenverkehr gesperrt.

Die technisch und leistungsmäßig aufeinander abgestimmten Systemelemente und Teilsysteme werden durch ein *Lagerverwaltungs- und Betriebssteuerungssystem* (LBS) zu einem in sich geschlossenen *Gesamtsystem* integriert. Gelagert, befördert und bereitgestellt werden können Paletten, Gitterboxpaletten, Behälter oder Langgutkassetten.

## 2. Stationäre Fördertechnik

Ebenso wie bei anderen Kommissioniersystemen mit dynamischer Artikelbereitstellung ist jede *Kommissionierstation* mit einer stationären Fördertechnik ausgerüstet. Diese kann aus einer auslaufenden Rollenbahn und einer rückführenden Rollenbahn bestehen, die über einen quer verlaufenden Kettenförderer verbunden sind. Auch andere Lösungen und Kombinationen von Stetigförderelementen und unstetig arbeitenden Umsetzelementen sind möglich (s. *Abb. 16.8, 16.9, 17.4* und *17.25*). Auf der Zuführstrecke können zwei, drei oder mehr Paletten als Arbeitsvorrat für das unterbrechungsfreie Kommissionieren zwischengepuffert werden, nachdem sie vom FTS-Fahrzeug auf dem Übergabeplatz abgesetzt wurden.

Am Bereitstellplatz entnimmt der Kommissionierer die vom Rechner über einen Bildschirm angezeigten Artikelmengen. Bei einer *Sammelkommissionierung* werden zu gleicher Zeit mehrere Aufträge bearbeitet, für die in günstiger Ablageposition Auftragspaletten oder Versandbehälter aufgestellt sind. Dadurch werden mit einer Bereitstellung mehrere Artikelpositionen bedient und die erforderliche Bereitstelleistung reduziert (s. *Abschnitt 17.12*).

Angelieferte Vollpaletten werden auf eine gesonderte *Eingabestrecke* aufgesetzt und von einem FTS-Fahrzeug abgeholt. Dort können auch vorzeitig fertig kommissionierte Auftragspaletten oder Leerpalettenstapel aufgegeben werden, um sie im Regal zwischenzulagern. Angeforderte Auftragspaletten und Ganzpaletten werden von den FTS-Fahrzeugen im Lager abgeholt und auf einer speziellen *Auslagerstrecke* abgesetzt, von wo sie von einem Gabelstapler abgenommen und weiter befördert werden.

Eine besonders einfache Lösung ist die Anordnung der Bereitstellplätze in den Regalfächern der untersten Ebene an einer der beiden äußeren Regalscheiben. Im einfachsten Fall ist dafür überhaupt keine stationäre Fördertechnik erforderlich. Die Bereitstellpaletten werden von der Gangseite direkt auf den dynamisch genutzen Regalplätzen abgestellt. Die Artikeleinheiten werden von der Außenseite her entnommen. Diese Lösung ist besonders geeignet für das sogenannte *Transshipment* in den Umschlagstationen des Handels (s. *Abschnitt 19.1.3*). Ähnliche projektabhängige Anordnungen und Ausgestaltungen der stationären Fördertechnik sind für den Einsatz des PickFaster-Systems zur Ver- und Entsorgung einer Produktion, Fertigung oder Montage erforderlich.

### 3. Regalanlage

Die Regalanlage besteht aus 2, 4, 6 oder mehr Regalscheiben mit einer oberen Auflagehöhe bis zu 15 m. Die Regallänge und die Fachteilung ergeben sich aus der benötigten Lagerkapazität, der Artikelanzahl sowie den Abmessungen und dem Gewicht der Lagereinheiten. Bei einem hohen Lagerbestand pro Artikel kann eine doppelt tiefe Lagerung mit zwei Lagereinheiten hintereinander sinnvoll sein.

Der Bau, in dem das PickFaster-System installiert ist, kann eine vorhandene Lager- und Umschlaghalle oder ein Neubau auf grüner Wiese sein, aber auch eine dach- und wandtragende Regalanlage in Silobauweise. So ist der Umbau einer bestehenden Schmalganglageranlage mit konventioneller Kommissionierung problemlos möglich [285].

In einem Teil der Fächer der untersten oder der unteren beiden Regalebenen lagern die *Anbrucheinheiten* der gängigsten A-Artikel mit der größten Zugriffsfrequenz. Die restlichen Plätze der unteren Regalebenen sind dynamisch nutzbar zum temporären Bereitstellen der Anbrucheinheiten der langsamer gängigen Artikel. Diese lagern zusammen mit den Vollpaletten der A-Artikel in den oberen Regalebenen und werden erst auf Anforderung vom TransFaster umgelagert. Die dynamischen Zugriffbereitstellplätze in der untersten Ebene sind in den einzelnen Regalabschnitten so angeordnet, daß sich für die Ein-, Aus- und Umlagerung durch den TransFaster kürzeste Wege ergeben.

### 4. Lagergeräte

Der Aufbau, die Arbeitsweise und die Vorteile der TransFaster®-Technologie mit den flurfrei arbeitenden Lagergeräten sind in *Abschnitt 16.16* beschrieben. Die

Anzahl der TransFaster-Geräte läßt sich flexibel der benötigten Gesamtleistung anpassen.

Für einen hohen Bereitstellungsbedarf läßt sich ein TransFaster mit weitaus geringerem Aufwand als ein Regalbediengerät mit Lastaufnahmemitteln für zwei oder mehr Ladeeinheiten ausrüsten. Außerdem sind in einer Gasse mehrere TransFaster hintereinander oder übereinander einsetzbar. Auf diese Weise lassen sich mit dem TransFaster-System pro Gasse wesentlich höhere Bereitstelleistungen erreichen als mit konventionellen Regalbediengeräten. Bei geringem Bereitstellbedarf kann ein TransFaster durch eine ebenfalls flurfrei arbeitende *Gangumsetzeinheit*, den *TransMover*, von einer Gasse zur anderen umgesetzt werden und dadurch mehrere Lagergassen bedienen.

Die von einem TransFaster mit einer Teleskopgabel erreichbare Ein- und Auslagerleistung ist doppelt so hoch wie die Leistung eines Schmalgangstaplers und fast ebenso hoch wie die Leistung eines flurgebundenen Regalbediengeräts. Sie beträgt in einem Lager mit einer maximalen Hubhöhe von 15 m bis zu 30 Lagereinheiten pro Stunde. Wenn die oberen Regalfächer in aufsteigender Höhe mit den Lagereinheiten der Artikel in abnehmender Zugriffshäufigkeit belegt werden, sind mit einem TransFaster noch höhere Bereitstelleistungen erreichbar (s. *Abb. 17.43* und *17.44*).

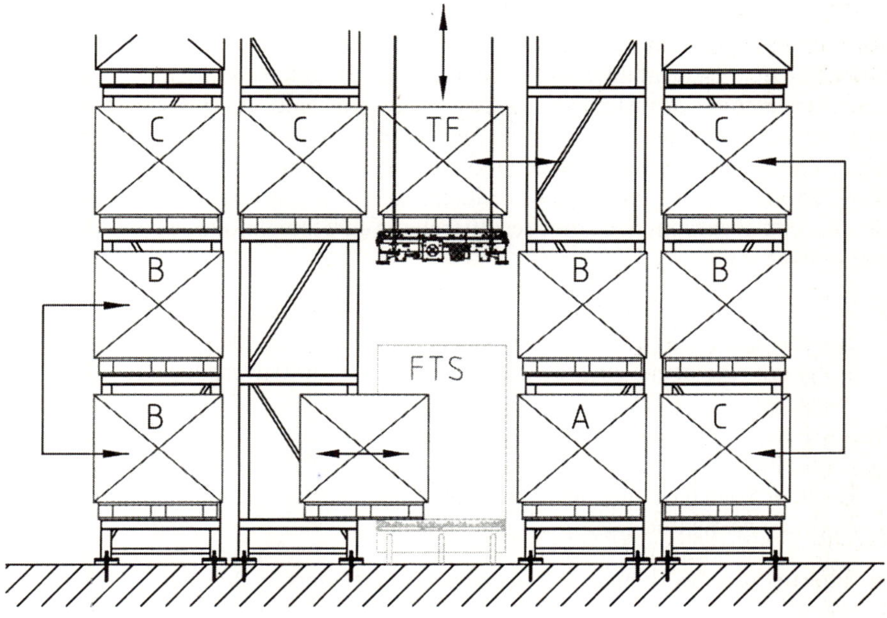


**Abb. 17.44** Zusammenwirken von TransFaster-Lagergerät und FTS-Fahrzeug
A: schnellgängige Artikel B/C: langsamgängige Artikel

**5. FTS-Anlage**

Die freie Bodenfläche unterhalb des Bewegungsraums der TransFaster wird von den fahrerlosen Transportfahrzeugen eines FTS-Systems befahren. Die Systemsteuerung verhindert dabei, daß es zu Kollisionen zwischen den FTS-Fahrzeugen und den TransFaster-Geräten kommt (s. *Abb. 17.42* und *17.44*).

In *Standardausführung* sind die FTS-Fahrzeuge mit einer beidseitig ausfahrbaren Teleskopgabel ausgerüstet, mit der die Lagereinheiten von der Eingabestation, den Plätzen in der untersten Regalebene und den Rückgabeplätzen der Bereitstellstationen abgenommen und auf den Ausgabestationen, den Zulaufplätzen der Bereitstellstationen und der untersten Regalebene abgesetzt werden können (s. *Abb. 17.45*). Wenn die Aufnahme- und Abgabeplätze im Regal entsprechend ausgerüstet werden, sind auch andere Lastaufnahmemittel möglich, wie Tragkettenförderer, Rollenbahnen oder Satellitfahrzeug.

Um die Plätze in der nächst höheren Regalebene zu erreichen, kann das Lastaufnahmemittel auf dem FTS-Fahrzeug auf einer *Hubplattform* installiert werden. Dann ist ein noch größerer Anteil der Artikel ohne Umsetzen durch den TransFaster direkt für das FTS-Fahrzeug zugänglich. Ein ähnlicher Effekt läßt sich auch durch eine doppelt oder mehrfach tiefe Lagerung erreichen.

Damit die FTS-Fahrzeuge zwischen den Eingabe-, Ausgabe- und Bereitstellplätzen und den Zugriffsbereitstellplätzen im Regal möglichst kurze Wege fahren, können die Fahrtrassen des FTS-Spurnetzes die Regalstandflächen und Gassen auch queren (wie in *Abb. 17.42* in Regalmitte). Die FTS-Anlagensteuerung verhindert eine Kollision der FTS-Fahrzeuge, regelt das Abbiegen und Einschleusen und wählt den jeweils kürzesten Fahrweg aus. Auf diese Weise kann ein FTS-Fahrzeug bei einem mittleren Fahrweg von 80 m in einer Stunde rund 20 Paletten aus dem Lager bereitstellen und wieder zurückbringen.

Die Investition pro FTS-Fahrzeug ist weniger als halb so groß wie die Investition für ein TransFaster-Lagergerät. Die Investition für ein TransFaster ist wiederum geringer als für ein flurgebundenes Regalbediengerät. Außerdem entfällt der Aufwand für die stationäre Förderanlage zwischen dem Regalbereich und den Bereitstellstationen. Daraus resultieren die entscheidenden *Vorteile des Pick-Faster-Systems*:

- Die FTS-Fahrzeuge können die in den unteren Regalebenen permanent bereitgestellten Zugriffseinheiten der A-Artikel zu wesentlich geringeren Kosten einlagern, auslagern und bereitstellen wie ein bodenverfahrendes Regalbediengerät.
- Zur Bereitstellung der übrigen Artikel werden weniger als halb so viele Lagergeräte benötigt wie ohne Entlastung durch die FTS-Fahrzeuge, da der Anteil der 15 % A-Artikel eines Sortiments am Gesamtdurchsatz i.d.R. weit über 50 % liegt (s. *Abb. 5.3* und *5.4*).

So übernehmen in dem nachfolgend näher erläuterten Beispiel insgesamt 32 FTS-Fahrzeuge und nur 6 TransFaster die Ein- und Auslagerung und die Bereitstellung der Paletten für 9 Kommissionierplätze. Mit einem automatischen Hochregallager werden für die gleiche dynamische Bereitstellung 14 bodenverfahren-

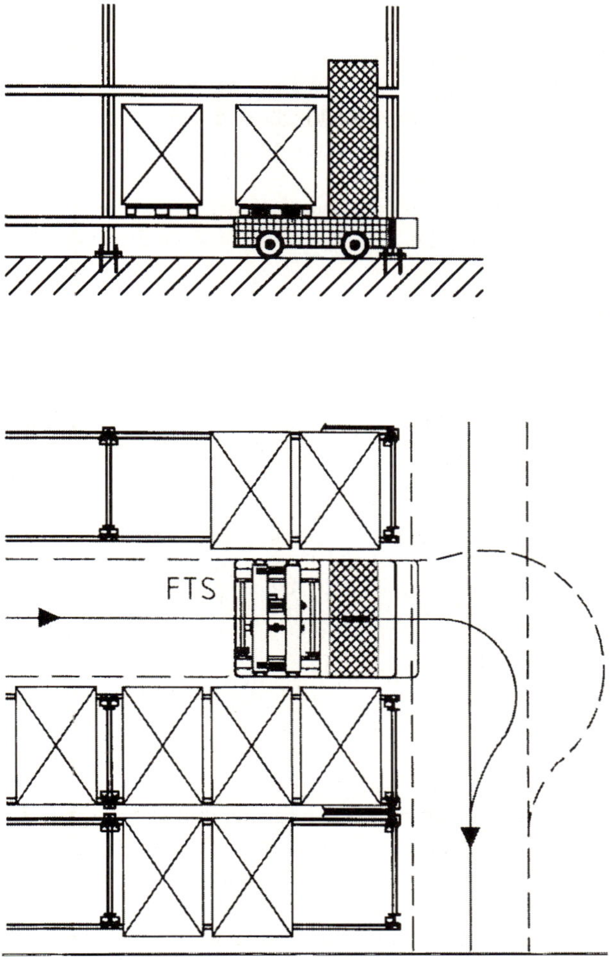


**Abb. 17.45** FTS-Standardfahrzeug für Paletten im PickFaster-Einsatz

de Regalbediengeräte benötigt. An den stationären Pickplätzen erbringen 9 Kommissionierer die gleiche Leistung wie 21 Kommissionierer in einem konventionellen Kommissioniersystem.

Weitere Vorteile des PickFaster-Systems ergeben sich aus den bekannten Eigenschaften der FTS-Systeme:

- relativ freie Spurführung außerhalb des Regalbereichs
- flexible Anordnungsmöglichkeit der Aufnahme-, Abgabe- und Bereitstellplätze
- sehr hohe Grenzleistung der freien Fahrspuren bis zu 1.000 Fz/h
- hohe Einschleus- und Kreuzungsgrenzleistung bis zu 250 Fz/h

- Steigerung der Verkehrsleistung und Überholmöglichkeit durch Parallelspuren
- kurze Transport- und Bereitstellzeiten

Die vielen FTS-Fahrzeuge bedeuten eine hohe Redundanz und führen zu einer erheblich *besseren Systemverfügbarkeit* als eine stationäre Förderanlage (s. *Abschnitt 13.6*).

**6. Systemsteuerung und Betriebsstrategien**

Die Systemsteuerung des PickFaster-Systems ist nach dem Grundsatz maximaler Dezentralisierung hierarchisch aufgebaut (s. *Abb. 2.1*). Die Einzelfunktionen der Systemelemente werden auf der *Prozeßsteuerungsebene* von den Einzel- und Gruppensteuerungen der TransFaster, der FTS-Fahrzeuge und der stationären Fördertechnik gesteuert. Die Funktionen der Systemelemente und der Teilsysteme werden von einem *Lagerverwaltungs- und Betriebssteuerungs-System* (LBS) ausgelöst, koordiniert und kontrolliert.

Das LBS erhält seine Aufträge aus einem übergeordneten Geschäftsverwaltungssystem, an das es auch die Ausführung zurückmeldet (ERP-System, SAP R/3 o.a.). Das LBS hat die Funktionen *Auftragsdisposition*, *Lagerplatzverwaltung*, *FTS-Systemsteuerung*, *Fördertechnikkoordination*, *Arbeitsplatzsteuerung* und *Leistungserfassung*. Die Disposition betrifft die Ausführungsfolge der Einlager-, Auslager-, Kommissionier- und Bereitstellaufträge.

Entscheidend für das Leistungsvermögen des Gesamtsystems und das reibungslose Zusammenwirken der Systemelemente und Teilsysteme sind die *systemspezifischen Belegungs- und Betriebsstrategien*. Das TransFaster-System arbeitet mit folgenden Strategien:

- *Kapazitäts- und Leistungsoptimierung* durch durchsatzabhängige Belegung der Regalebenen und Lagergassen, durch freie Lagerplatzordnung und durch ablaufoptimale Belegung der dynamischen Übergabeplätze (s. *Abschnitt 16.4.1*)
- *Nutzungsoptimierung der TransFaster* durch kombinierte Spiele, minimale Leerbewegungen und kürzeste Lastbewegungen (s. *Abschnitt 16.4.2*)
- *Einsatzoptimierung der FTS-Fahrzeuge* durch kombinierte Fahrten, kürzeste Fahrwege, minimale Leerfahrten und zyklische Gangbedienung (s. *Abschnitt 18.5*)
- *Gesamtsystemstrategien* zur Kollisionsvermeidung und Einsatzkoordination der TransFaster und der FTS-Fahrzeuge
- *Leistungs- und Auslastungsoptimierung der Arbeitsplätze* durch Sammelbereitstellung, Auftragsbündelung, dynamische Gleichverteilung und Reihenfolgeoptimierung

Die benötigten Belegungs- und Betriebsstrategien sowie die zentralen Dispositions-, Steuerungs-, Regelungs- und Kontrollfunktionen werden projektabhängig auf Einzelrechnern oder in einem Zentralrechner durch *Standardsoftwaremodule* realisiert.

## 7. Wirtschaftlicher Systemvergleich

Um die Einsparpotentiale und wirtschaftlichen Vorteile des PickFaster-Systems zu erkunden, wurden mit Hilfe eines entsprechenden Dimensionierungs- und Kostenrechnungsprogramms Modellrechnungen durchgeführt. Kalkuliert und verglichen wurden dabei die Investitionen, die Betriebskosten und die resultierenden Pickkosten für das PickFaster-System, ein konventionelles Kommissioniersystem und eine dynamische Bereitstellung durch ein Hochregallager mit flurgebundenen Regalbediengeräten.

Im konventionellen Kommissioniersystem werden die Artikeleinheiten im Lagerbereich von Paletten entnommen, die auf 2 m hohen Bodenplätzen unterhalb der Reserveplätze in einem Palettenregal bereitgestellt sind (s. *Abb. 16.16*). Der Kommissionierer bewegt sich mit einem Elektrogabelhubwagen, der zwei Auftragspaletten befördert, durch die Lagergassen zu den Entnahmeplätzen (s. *Abb. 17.16* und *17.19*). Die Artikelplätze und Entnahmemengen werden ihm beleglos über ein Display angezeigt. Einlagerungen und Nachschub der Vollpaletten auf die Bereitstellplätze übernehmen Schubmaststapler.

Das Hochregallager in Silobauweise mit flurgebundenen Regalbediengeräten ist über stirnseitige Staustrecken durch ein FTS-System mit den längsseitig angeordneten Kommissionierplätzen verbunden (s. *Abb. 16.9*). An jedem Kommissionierplatz steht eine begrenzte Zahl von Auftragspaletten, in die gleichzeitig kommissioniert wird. Die Entnahmemengen und Ablagepaletten werden über Terminals angezeigt. Die *Seriengröße*, also die Anzahl der Auftragspaletten pro Pickplatz, mit der sich die dynamische Bereitstellung optimieren läßt, ist für die Modellrechnungen $N_S = 2$ Auf/KPlatz.

Die Investitions- und Betriebskostenrechnung berücksichtigt alle entscheidungsrelevanten Systembestandteile der untersuchten Kommissioniersysteme: stationäre Fördertechnik, Kommissioniergeräte, FTS-Anlage, Lagergeräte, Umsetzer, Stapler, Regale, Absperrungen, Fundament, Hallenbau, Dach und Wand, anteiliges Grundstück, Steuerung, Terminals und LBS. Außer den nutzungsnahen Abschreibungen und Zinsen sowie den Energie-, Wartungs- und Instandhaltungskosten sind die Personalkosten entscheidend für die Höhe der Betriebskosten (s. *Abschnitt 17.14*).

Als Beispiel wurde das Kommissionieren von kartonverpackten Konsumgütern aus einem Sortiment von 800 Artikeln untersucht (s. linke Spalte in *Tabelle 17.1*). Auf die 200 schnellgängigsten A-Artikel entfällt etwa 70 % des Durchsatzes. Gepickt werden Verpackungseinheiten [VPE] mit einem mittleren Volumen von 3,8 l und einem Durchschnittsgewicht von 1,9 kg, die auf CCG1-Paletten (900 × 1300×1050 mm) angeliefert und gelagert werden. Auch die Versandeinheiten sind CCG1-Paletten. Als Kapazitätsbedarf für die Reserve- und Anbruchpaletten wurden 8.000 Paletten angenommen. Zu kommissionieren sind täglich 400 Aufträge mit durchschnittlich 15 Positionen und einer mittleren Entnahmemenge von 5 VPE/Pos. Das ist eine Kommissionierleistung von 30.000 VPE pro Tag. Die Durchsatzleistung wurde bei gleichbleibender Auftragsstrukur durch Änderung des Auftragseingangs von 200 bis 800 Aufträge pro Tag von 15.000 bis 60.000 VPE/Tag variiert.

Jedes der 3 Kommissioniersysteme wurde für diese Leistungsanforderungen so dimensioniert und optimiert, daß die Betriebskosten bei möglichst geringer Gesamtinvestition minimal sind. Die verwendeten Kostensätze sind realitätsnah so angesetzt, daß das konventionelle System eher günstiger und die automatischen Lösungen ungünstiger erscheinen.

Die Ergebnisse der Modellrechnungen mit den variierten Durchsatzanforderungen zeigt *Abb. 17.46*. Aus diesen und weiteren Modellrechnungen ergibt sich:

▶ Mit dem PickFaster-System sind die Kommissionierkosten über den gesamten Anforderungsbereich bei einer um rund 15 % höheren Anfangsinvestition um 30 % bis 35 % geringer als mit dem konventionellen Kommissioniersystem.

Die dynamische Bereitstellung durch ein HLR mit flurgebundenen Regalbediengeräten erfordert dagegen eine um 25 % bis 50 % höhere Investition und führt bei gleich hoher Personaleinsparung bestenfalls zu Kosteneinsparungen von 20 %. Der ROI des PickFaster-Systems liegt unter 3 Jahren, der ROI für das HRL weit über 10 Jahren.

Die Modellrechnungen geben eine realistische Vorstellung von den Einsatzpotentialen und Anhaltspunkte für die aussichtsreichsten Einsatzbereiche des neuen Kommissioniersystems. Die konkreten Betriebskosteneinsparungen aus dem Einsatz des neuen Systems müssen für jeden Einzelfall ermittelt werden. Hierfür ist eine Planung unerläßlich.

## 8. Einsatzmöglichkeiten

Das PickFaster-System hat folgende innovativen und patentrechtlich geschützten Merkmale:

1. Kombinierter Einsatz flurfreier Lagergeräte und flurgebundener Transportfahrzeuge, die in den Regalgassen eines automatischen Lagers unterhalb der Lagergeräte verkehren.
2. Nutzung der Plätze in den unteren Regalebenen zur permanenten Lagerung der Zugriffseinheiten der schnellgängigsten A-Artikel eines Lagersortiments. Temporäre Nutzung der restlichen Übergabeplätze in den unteren Regalebenen für die Bereitstellung der Zugriffseinheiten der übrigen Artikel.
3. Direkte Aus- und Rücklagerung der Zugriffseinheiten der A-Artikel nur durch FTS-Fahrzeuge ohne Einsatz der Lagergeräte.
4. Einlagern und Auslagern von Ganzpaletten sowie Umlagern und Rücklagern der Zugriffseinheiten durch ein flurfrei arbeitendes Lagergerät und ein FTS-Fahrzeug ohne Einsatz stationärer Fördertechnik.
5. Vollautomatische, koordinierte und optimale Steuerung und Ausführung aller Funktionen des PickFaster-Systems.

Die Gesamtanlage aus Regalen, flurfreien Lagergeräten, fahrerlosem Transportsystem, stationärer Fördertechnik und LBS ist ein in sich geschlossenes System, dessen Elemente technisch, funktional und leistungsmäßig aufeinander abgestimmt sind. Aus den besonderen Eigenschaften des PickFaster-Systems in Verbindung mit den bekannten Eigenschaften und Vorteilen der eingesetzten Sy-

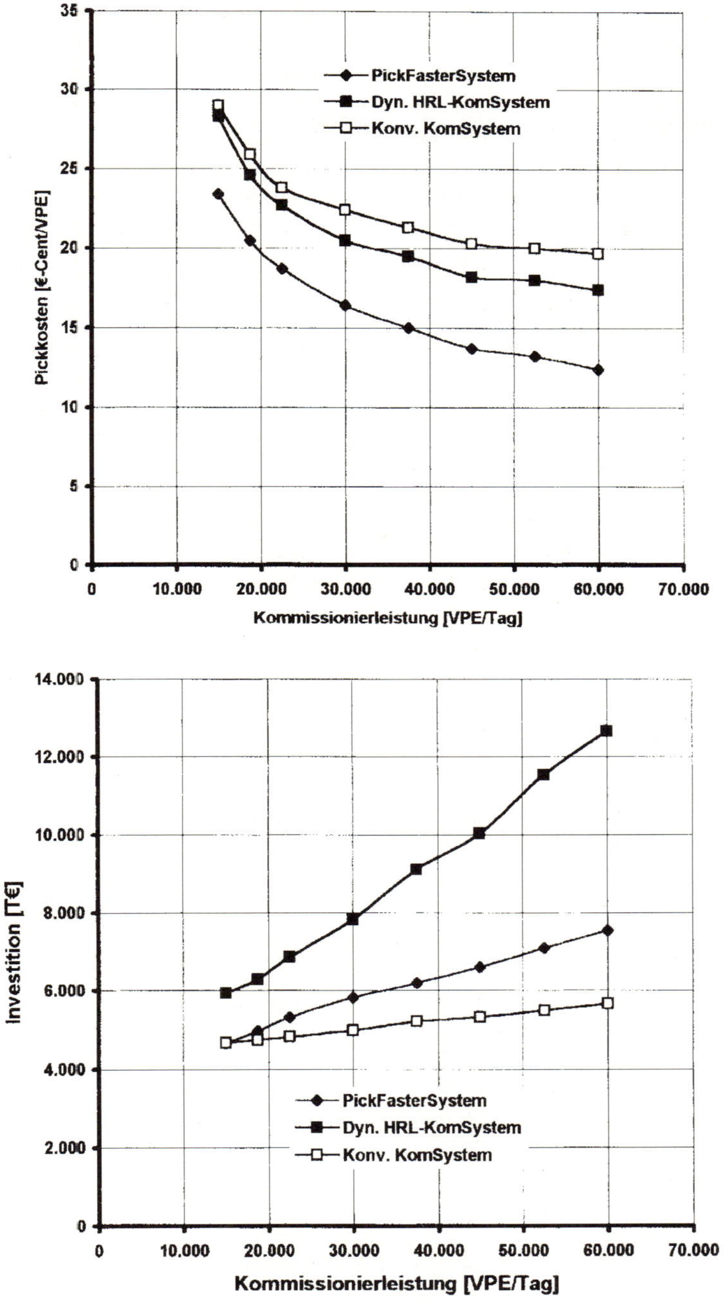


**Abb. 17.46** Wirtschaftlichkeitsvergleich des PickFaster-Systems
Leistungsanforderungen und Vergleichssysteme s. Text

stemelemente und Teilsysteme resultieren eine sehr hohe Leistungsfähigkeit, große Flexibilität, hohe Verfügbarkeit und minimaler Personaleinsatz bei vergleichsweise niedriger Investition sowie geringe Betriebskosten und eine kurze Kapitalrückflußzeit (ROI).

Mit seinen innovativen Leistungsmerkmalen und wirtschaftlichen Vorteilen eröffnet das PickFaster-Kommissioniersystem eine neue Zukunft für die dynamische Palettenkommissionierung. Für das *Crossdocking* und das *Transshipment* in den Umschlagbetrieben des Handels und der Logistikdienstleister bietet die Verbindung der TransFaster-Technologie mit dem PickFaster-System attraktive Möglichkeiten zur Leistungssteigerung und Rationalisierung. Auch für die Ver- und Entsorgung in Produktion und Fertigung ergeben sich mit dem PickFaster-Bereitstellungssystem neue Perspektiven.

# 18 Transportsysteme

Transportsysteme dienen der *Überwindung von Entfernungen.* Sie befördern *Transportgut* von den Eingangsstationen oder Quellen zu den Ausgangsstationen oder Senken eines Logistiknetzwerks, Fertigungsnetzes oder Leistungssystems. Das Transportgut kann *Massengut* oder *Stückgut* sein oder diskrete *Ladeeinheiten,* in denen Massen- oder Stückgut durch Ladungsträger zusammengefaßt und vereinheitlicht wird [29; 115; 124; 126; 127; 169; 170; 177].

Aus der allgemeinen Logistikaufgabe – das rechte Gut zur rechten Zeit am richtigen Ort – resultiert für die Planer, Hersteller und Betreiber von Transportsystemen die allgemeine *Transportaufgabe* [7]:

▶ Ein Transportsystem ist so zu gestalten, zu dimensionieren, zu organisieren und zu disponieren, daß ein bestimmter Beförderungsbedarf unter Berücksichtigung der räumlichen, zeitlichen und technischen Randbedingungen kostenoptimal erbracht wird.

Das *Gestalten* umfaßt die Auswahl technisch geeigneter Transportmittel und Transportelemente sowie das Zusammenfügen der Transportelemente zu einem Transportnetz. *Dimensionieren* ist das Festlegen von Lage und Längen der Transportwege sowie der Leistungskennzahlen der Transportmittel und Transportelemente. *Organisieren* heißt Konzeption und Aufbau der Transportsteuerung. Das *Disponieren* regelt den optimalen Einsatz der Transportmittel zur Ausführung aktueller *Transportaufträge* nach geeigneten *Transportstrategien.*

*Räumliche Randbedingungen* sind die *Standorte* $(x_i;y_i)$ der miteinander zu verbindenden *Stationen* $S_i$, $i = 1, 2, \dots N_S$, und die Wege, Flächen und Durchfahrhöhen, in die sich das Transportsystem einfügen muß. *Zeitliche Randbedingungen* sind die vorgeschriebenen Abholzeiten, die geforderten Anlieferzeiten und die maximal zulässigen Transportzeiten. Die *technischen Randbedingungen* ergeben sich aus der Beschaffenheit des Transportguts sowie aus der Belastbarkeit der Transportmittel, der Transportwege und der Transportelemente (s. *Abschnitt 3.5*).

Dieses Kapitel behandelt die Gestaltung, Dimensionierung und Optimierung *intramodaler Transportsysteme,* die vom Eingang bis zum Ausgang mit der *gleichen Transporttechnik* arbeiten. Im ersten Abschnitt werden die Transportsysteme nach logistischen Kriterien klassifiziert und im folgenden Abschnitt die *Beförderungsaufträge* und der *Beförderungsbedarf* spezifiziert. Danach werden *Grundstrukturen* und *Gestaltungsregeln* für *Transportnetze* behandelt, der Aufbau von *Transportsteuerungen* dargestellt und *Transportstrategien* beschrieben. Gegenstand der weiteren Abschnitte sind der *Aufbau* und die *Leistungsdaten* von *Fördersystemen* und *Fahrzeugsystemen.*

Schwerpunkt der folgenden Abschnitte sind Berechnungsformeln für die *Transportzeiten* und den *Fahrzeugbedarf*, die zur Dimensionierung und Optimierung von Fahrzeugsystemen benötigt werden [126]. Im Anschluß daran werden Algorithmen zur Berechnung *transportoptimaler Logistikstandorte* sowie die *Tourenplanung* und Bestimmung *optimaler Fahrwege* behandelt. Im letzten Abschnitt werden die Zusammensetzung und die Einflußfaktoren der *Transportkosten* diskutiert.

Die Ein- und Ausgangsstationen eines Transportsystems sind in der Regel *Übergänge* zu Transportsystemen anderer Art und Technik. Die Verknüpfung unterschiedlicher Transportsysteme durch *Transportübergänge* und *Umschlagstationen* zu *intermodalen Transportketten* und *globalen Netzwerken* sowie die Bestimmung der *optimalen Transportketten* durch diese Netzwerke sind Gegenstand von Kapitel 20.

## 18.1 Klassifizierung der Transportsysteme

In der Fachliteratur über Verkehrs- und Transportsysteme und in den Richtlinien DIN 30781 und DIN 25003 werden Transportsysteme primär nach *technischen Merkmalen* klassifiziert. Diese sind für die Konstruktion, den Aufbau und die Herstellung kennzeichnend [115; 127; 170; 189; 191]. Für die Logistik ist die *Transporttechnik* jedoch nur soweit von Bedeutung, wie sie die Einsatzmöglichkeiten, die Leistungsfähigkeit, die Betriebskosten und die Verfügbarkeit der Logistiksysteme beeinflußt. Hierfür ist eine Klassifizierung der Transportsysteme nach *logistischen Kriterien* erforderlich.

Bei der Auswahl und Dimensionierung eines Transportsystems ist zu unterscheiden zwischen *Transportsystemen zur kontinuierlichen Beförderung* und *Transportsystemen zur diskontinuierlichen Beförderung.* Transportsysteme zur kontinuierlichen Beförderung sind die *Rohrleitungssysteme* für gasförmiges, flüssiges und festes Massengut und die *Bandförderanlagen* für Massenschüttgut, wie Kohle oder Erz [170].

*Transportsysteme zur diskontinuierlichen Beförderung* sind die *Fördersysteme* und die *Fahrzeugsysteme:*

- In einem *Fördersystem* wird das Transportgut mit oder ohne Ladungsträger auf einem *angetriebenen Transportnetz* von den Aufgabestationen zu den Abgabestationen befördert.
- In einem *Fahrzeugsystem* wird das Transportgut in *Transporteinheiten* mit eigenem Antrieb auf einem *antriebslosen Transportnetz* von den Versand- und Beladestationen zu den Empfangs- und Entladestationen befördert.

Die *Transporteinheiten* [TE] sind die kleinsten Einheiten, die unabhängig voneinander zwischen den Stationen eines Fahrzeugsystems verkehren. Sie bestehen aus *Transportmitteln* mit unterschiedlich gefülltem *Laderaum,* wie *Lastfahrzeuge, Schiffe* oder *Eisenbahnzüge.*

Die zu befördernde Ladungsmenge wird in *Ladungs-* oder *Beförderungseinheiten* gemessen. Für homogenes Massengut ist die Ladungseinheit eine *Gewichtseinheit*, wie *kg* und *t*, oder eine *Volumeneinheit*, wie *l* oder $m^3$. Für diskretes Transportgut ist die Ladungseinheit eine *Ladeeinheit* [LE], die durch Abmessungen, Volumen, Gewicht und Inhalt definiert ist (s. *Abschnitt 12.3*).

Fördersysteme sind in der Regel *offene Systeme*, in deren *Eingabestationen* $E_i$ die *Ladeeinheitenströme* $\lambda_{Ei}$ einlaufen, die nach der Beförderung das System als *Auslaufströme* $\lambda_{Aj}$ durch die *Abgabestationen* $A_j$ wieder verlassen. Die innerbetrieblichen Fahrzeugsysteme und die Schienentransportsysteme sind in der Regel *geschlossene Systeme*, in denen zwischen den Stationen eine konstante Anzahl von Transporteinheiten mit wechselnder Beladung verkehrt oder auf Einsatz wartet. Teilsysteme der innerbetrieblichen Fahrzeugsysteme und der Fahrzeugsysteme in öffentlichen Verkehrsnetzen sind *offene Systeme* mit einer wechselnden Anzahl von Transporteinheiten, die durch die Eingangsstationen einlaufen und durch die Ausgangsstationen auslaufen.

Für die verschiedenen Arten der Transportsysteme gelten die *allgemeinen Einsatzregeln*:

- ▶ *Rohrleitungssysteme* und *Bandförderanlagen* sind geeignet für den Transport eines *kontinuierlichen Massenstroms* über kurze, mittlere und große Entfernungen zwischen zwei oder wenigen Stationen mit unveränderlichem Standort.
- ▶ *Fördersysteme* sind geeignet für das Befördern von einheitlichem und gleichartigem Transportgut mit wenig schwankendem Beförderungsbedarf über kürzere Entfernungen zwischen einer Anzahl von Stationen mit unveränderlichen Standorten.
- ▶ *Fahrzeugsysteme* eignen sich für das Befördern von gleichem und unterschiedlichem Transportgut mit wechselndem Beförderungsbedarf über kurze, mittlere und große Entfernungen zwischen einer unterschiedlichen Anzahl von Stationen, deren Standort sich ändern kann.

Die hoch spezialisierten *Rohrleitungssysteme* werden zur Ver- und Entsorgung von Haushalten und Unternehmen und von verfahrenstechnischen Anlagen eingesetzt. *Bandfördersysteme* finden sich primär im Bergbau, in der Grundstoffindustrie und in Kraftwerksanlagen. Die anforderungsgerechte Konstruktion und Dimensionierung von Rohrleitungssystemen und Bandförderanlagen sind Aufgaben der *Transporttechnik*, die hier nicht weiter behandelt werden.

Die *logistischen Merkmale* der Fördersysteme einerseits und der Fahrzeugsysteme andererseits sind in *Tabelle 18.1* einander gegenübergestellt. Die hieraus ableitbaren *Einsatzkriterien* dieser beiden grundlegend verschiedenen Klassen von Transportsystemen enthält *Tabelle 18.2*. Die Einsatzkriterien und Einsatzregeln der verschiedenen Systemarten begrenzen die Vielfalt der Lösungsmöglichkeiten für eine konkrete Transportaufgabe.

Die für definierte Ladeeinheiten ausgelegten, relativ unflexiblen, dafür aber vollautomatisierbaren *Fördersysteme* sind primär für Transportaufgaben der innerbetrieblichen Logistik geeignet. Die *Fahrzeugsysteme* finden sich sowohl in der innerbetrieblichen Logistik wie auch in der außerbetrieblichen Logistik. We-

| Merkmale | Fördersysteme | Fahrzeugsysteme |
|---|---|---|
| **Transporteinheiten** | Ladeeinheiten<br>ohne Antrieb | Fahrzeuge oder Züge<br>mit Antrieb |
| **Transportnetz** | Förderelemente<br>mit Antrieb | Strecken und Knoten<br>ohne Antrieb |
| **Geschwindigkeit** | 0,5 bis 10 km/h | 1 bis über 500 km/h |
| **Stationen** | fest installiert | fest oder veränderlich |
| **Relationen** | 2 bis 100 | ab 10 bis weit über 1.000 |
| **Streckenlängen** | 1 m bis wenige km | ab 10 m bis über 1.000 km |
| **Transportzeiten** | relativ lang | relativ kurz |
| **Leistungsvermögen** | fest installiert | nach Bedarf variabel |
| **Funktionen** | Befördern<br>Sammeln und Verteilen<br>Sortieren<br>Puffern und Speichern | Transportieren<br>Sammeln und Verteilen<br>Abholen<br>Zustellen |

**Tab. 18.1** Merkmale von Fördersystemen und Fahrzeugsystemen

gen ihrer hohen Flexibilität, der breiten Einsetzbarkeit und der vielseitigen Gestaltungsmöglichkeiten haben Fahrzeugsysteme die größte Bedeutung.

Aus der *Vergleichstabelle 18.1* ist ablesbar, daß sich Fördersysteme und Fahrzeugsysteme in den logistischen Eigenschaften, wie Entfernungen, Transportzeiten und Leistungsvermögen, deutlich voneinander unterscheiden. Trotz dieser Unterschiede zwischen den Systemklassen gelten für die *Grenzleistungen* der Transportelemente, aus denen die Transportnetze aufgebaut sind, für die *Abfertigungsstrategien* an den Knotenpunkten sowie für die *Staueffekte* vor den Eingängen und in den Transportnetzen die gleichen Gesetzmäßigkeiten, die bereits in *Kapitel* 13 behandelt wurden. Die Unterschiede zwischen den Fördersystemen und den Fahrzeugsystemen ergeben sich aus dem *Systemaufbau* und aus der *Fahrzeugtechnik*.

Zwischen den klaren Einsatzdomänen der Systeme gibt es *konkurrierende Einsatzbereiche*, in denen die unterschiedlichen Transportsysteme gleichermaßen geeignet sind. In diesen Anforderungsbereichen ist zur Auswahl und Entscheidung ein Leistungs- und Kostenvergleich der grundsätzlich geeigneten Systeme erforderlich.

| Einsatzkriterien | Fördersysteme | Fahrzeugsysteme |
|---|---|---|
| **Transportgut** | einheitliche und gleichartige Ladeeinheiten | gleichartig oder verschieden mit/ohne Ladungsträger |
| **Transportzeiten** | relativ lang | kurz, mittel oder lang |
| **Stationen** | fest | veränderlich |
| **Relationen** | wenige | wenige bis viele |
| **Entfernungen** | kleiner 1 km | bis über 1.000 km |
| **Ladungsaufkommen** | gering bis mittel möglichst gleichmäßig | gering bis hoch gleichmäßig oder variabel |
| **Einsatzbereiche** | innerbetrieblich | innerbetrieblich außerbetrieblich |

**Tab. 18.2** Einsatzkriterien für Fördersysteme und Fahrzeugsysteme

## 18.2 Transportanforderungen

Die Bewegungen in einem Transportsystem werden ausgelöst durch *Beförderungsaufträge* oder *Transportaufträge*. Ein *Beförderungsauftrag* gibt vor, zu welcher *Abholzeit* $Z_{ab\,i}$ eine *Ladungsmenge* oder *Fracht* mit $M_{LE}$ *Ladeeinheiten* oder *Beförderungseinheiten* an welchem *Abholort* $S_i$ zu übernehmen ist und bis zu welcher *Anlieferzeit* $Z_{an\,j}$ die Ladung an welchem *Zielort* $S_j$ abzuliefern ist.

Der Beförderungsauftrag spezifiziert außerdem die *Frachtbeschaffenheit*:

- *Massengutfracht* besteht aus unabgepackten festen, flüssigen und gasförmigen Stoffen.
- *Stückgutfracht* besteht aus diskreten Ladeeinheiten, wie Pakete, Behälter, Paletten oder ISO-Container, mit bestimmten Außenmaßen, Volumen und Gewicht.

Zusätzliche Transportanforderungen resultieren aus der *Verderblichkeit*, der *Brandgefahr*, der *Explosionsgefahr*, der *Empfindlichkeit*, der *Schwundgefahr* und dem *Wert* der Ladung.

Die anstehenden Sendungen werden vom Auftraggeber, dem sogenannten *Versender*, oder vom Betreiber des Transportsystems so disponiert und zu Beförderungsaufträgen zusammengefaßt, daß die jeweils kostengünstigste *Liefer- und Transportkette* genutzt wird (s. *Kapitel 19*).

Ein aus der *Versanddisposition* resultierender Beförderungsauftrag kann aus einer einzelnen Ladeeinheit bestehen. Er kann ein Versandauftrag sein, dessen Versandmenge in mehreren sendungsreinen Ladeeinheiten verladen ist. Er kann aber auch durch *transportoptimale Zusammenfassung* von mehreren Versandaufträgen entstanden sein, die für den gleichen Zielort bestimmt sind und deren Versandmenge auf *sendungsreinen* oder *sendungsgemischten Ladeeinheiten* bereitgestellt wird (s. *Kapitel* 19).

Die geforderte *Transportzeit* resultiert aus der vorgegebenen Abholzeit und dem gewünschten Anlieferzeitpunkt:

$$T_{\text{tr ij}} = Z_{\text{an i}} - Z_{\text{ab j}} \quad [\text{ZE}]. \tag{18.1}$$

In der außerbetrieblichen Logistik sind in der Regel keine genauen Abhol- und Anlieferzeiten gefordert, sondern nur bestimmte *Zeitfenster* ($Z_a$, $Z_b$) oder eine *maximale Transportzeit* $T_{\text{tr max}}$.

Der *Beförderungsbedarf* $\lambda_{\text{BA ij}}$ ist gleich der Anzahl *Beförderungsaufträge* [BA], die pro Zeiteinheit [ZE = Stunde, Tag oder Woche] zwischen den Stationen $S_i$ und $S_j$ auszuführen ist. Aus dem Beförderungsbedarf und der *durchschnittlichen Ladungsmenge* $M_{LE}$ [LE/BA] resultiert das Ladungs- oder Frachtaufkommen:

- Das *Ladungs-* oder *Frachtaufkommen* ist die Anzahl Ladeeinheiten, die pro Zeiteinheit von den Stationen $S_i$ zu den Stationen $S_j$ zu befördern ist, und gegeben durch die *Beförderungsmatrix*

$$\lambda_{ij} = M_{LE} \cdot \lambda_{\text{BA ij}} \quad [\text{LE / ZE}]. \tag{18.2}$$

Die Elemente der Beförderungsmatrix (18.2) sind die *partiellen Beförderungsströme*. In einer Einlaufstation $S_i$ trifft also ein *Einlaufstrom*

$$\lambda_{Ei} = \sum_j \lambda_{ij} \quad [\text{LE / ZE}] \tag{18.3}$$

ein, der zu den Auslaufstationen $S_j$, j = 1, 2, .. $N_A$, zu befördern ist. An den Stationen $S_j$ verlassen die *Auslaufströme*

$$\lambda_{Aj} = \sum_i \lambda_{ij} \quad [\text{LE / ZE}], \tag{18.4}$$

die von den Eingangsstationen $S_i$, i = 1,2, .. $N_E$, kommen, das Transportsystem.

Als *Zeiteinheit* [ZE] für die Bemessung der Beförderungsströme ist in vielen Fällen die Stunde [h] zweckmäßig, da sie einerseits lang genug ist, um stochastisch bedingte Anforderungsschwankungen herauszumitteln, und andererseits kurz genug, um tageszeitliche Veränderungen zu erfassen. Bei zeitlich veränderlichen Belastungsanforderungen muß das Transportsystem für die entsprechenden *Spitzenszenarien* ausgelegt werden, die durch die *Beförderungsmatrizen* in den Spitzenzeiten gegeben sind.

Die *Belastungsmatrix* für ein neu zu gestaltendes Transportsystem resultiert aus einer *Bedarfserfassung* und einer *Bedarfsprognose* (s. *Kapitel* 9). Sie ist in der

Regel mit stochastischen und prognosebedingten Fehlern in einer Größenordnung von mindestens ±5 % behaftet. Wegen der Ungenauigkeit der Belastungsmatrix brauchen die Formeln zur Berechnung des Leistungsvermögens und des Fahrzeugbedarfs nicht genauer als ± 5 % zu sein [7].

Zwei Stationen $S_i$ und $S_j$, zwischen denen ein regelmäßiger Beförderungsbedarf besteht, bestimmen eine *Transportrelation* $S_i \rightarrow S_j$, für die eine *Beförderungsaufgabe* zu lösen ist. Wenn alle Beförderungsströme von einem *Versandpunkt* VP ausgehen und die Zielstationen $S_j$ in einem begrenzten Gebiet liegen, handelt es sich um eine *Verteilaufgabe* VP $\rightarrow S_j$. Enden alle Ströme aus einem Gebiet in einem *Sammelpunkt* SP, liegt eine *Sammelaufgabe* $S_i \rightarrow$ SP vor. Sind in einem Betrieb Ladeeinheiten von mehreren Aufgabestationen auf viele Zielstationen zu verteilen, ist eine *Sortieraufgabe* zu lösen.

## 18.3 Netzgestaltung und Systemaufbau

Zwischen den Ausgängen und den Eingängen der Leistungsstellen eines Logistiksystems spannen Transportverbindungen ein *Transportnetz* auf, das durch Transportknoten verknüpft ist. Durch das Transportnetz fließen Ströme von Lade- und Transporteinheiten, die von der *Transportsteuerung* so durch das Netzwerk gelenkt werden, daß die vorgegebenen Beförderungs- und Transportaufträge erfüllt werden.

Sind die Versand- und Empfangsstationen bereits durch ein festes Transportnetz miteinander verbunden, besteht die Transportaufgabe darin, die anstehenden Beförderungsaufträge innerhalb der geforderten Transportzeiten zu möglichst geringen Kosten durchzuführen. Hierfür werden geeignete *Betriebsstrategien* und eine *Transportsteuerung* benötigt, mit der sich die wirkungsvollsten *Transportstrategien* durchführen lassen.

Wenn zwischen den Stationen noch kein Transportnetz besteht, sind aus den technisch verfügbaren Systemelementen passende Bausteine auszuwählen und aus diesen ein Transportsystem aufzubauen. Der Aufbau von Transportnetzen aus Transportelementen und die Anordnung der Strecken und Stationen führen auf Probleme, die in der *Graphentheorie* behandelt werden. Dabei entsprechen die Stationen und Transportelemente vom *Typ* $(n,m)$ der *Ordnung* $n+m$, aus denen das Transportnetz besteht, den *Knotenpunkten* mit der *Valenz* $n+m$. Die Verknüpfungsstellen und Transportübergänge zwischen den Transportelementen entsprechen den *Kanten* eines *gerichteten Graphen*.

Die *Graphentheorie* klassifiziert, analysiert und quantifiziert die Strukturen und Verknüpfungen von Netzwerken [171; 172; 173; 174]. Für den praktischen Gebrauch in der Logistik lassen sich aus den Methoden und Ergebnissen der Graphentheorie und den Grenzleistungs- und Staugesetzen allgemeine *Regeln* für die Auswahl und Verknüpfung von Transportelementen sowie *Verfahren* zur Gestaltung von Transportnetzen herleiten. Die Untersuchung der möglichen Strukturen von Transportnetzen und die systematische Herleitung theoretisch abgesicherter und praktisch brauchbarer Auswahl- und Gestaltungsregeln sind wichtige Arbeitsfelder der Logistik, die noch nicht ausreichend erforscht sind [7; 169; 196; 231].

## 1. Netzstrukturen

Abhängig von der Anordnung und Verknüpfung der Stationen, Transportknoten und Verbindungsstrecken besteht ein Transportnetz aus den in *Abb. 18.1* dargestellten *elementaren Netzstrukturen*:

Linienstruktur
Ringstruktur (18.5)
Sternstruktur

Die Grundstrukturen (18.5) lassen sich zu den unterschiedlichsten *Flächen-* oder *Raumnetzstrukturen* verknüpfen.

Einige Beispiele für *Flächentransportnetze*, die durch die Verbindung von Linien-, Kreis- und Sternnetzen entstehen, zeigt *Abb. 18.2*. Derartige Flächennetze sind typisch für *Verkehrssysteme* zur Erschließung ausgedehnter Gebiete. Übereinanderliegende Linien-, Ring- und Flächennetze, die durch *Vertikalförderer* oder *Steigstrecken* miteinander verbunden sind, bilden ein *Raumnetz*. Durch räumliche Netze werden mehrgeschossige Gebäude oder innerstädtische Ballungsgebiete erschlossen. Die flächigen und räumlichen Transportnetze lassen sich durch *Verbin-*

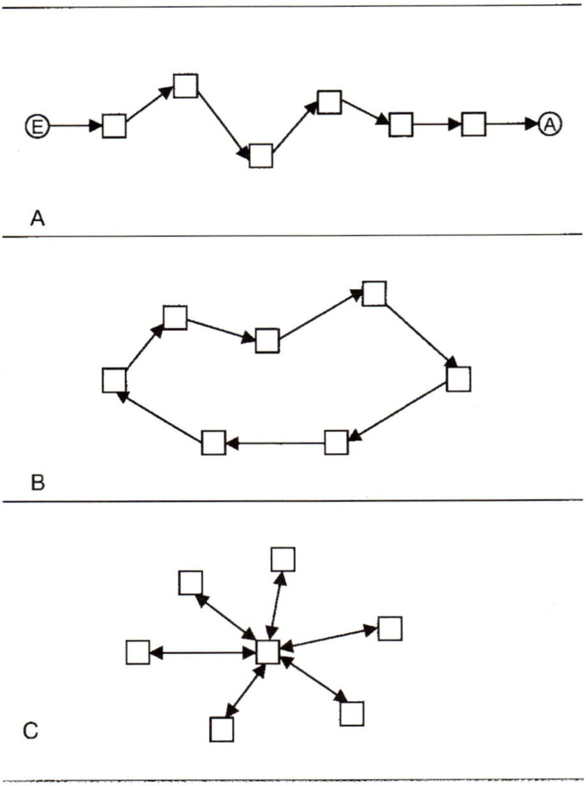


**Abb. 18.1** Elementare Netzstrukturen
A: Linienstruktur
B: Ringstruktur
C: Sternstruktur
□ Stationen oder Transportknoten
→ Transportverbindungen

**Abb. 18.2** Verknüpfte Flächennetzstrukturen

A : Linien-Stern-Netz
B : Sterncluster-Netz
C : Ring-Linien-Netz (Spinnennetz)

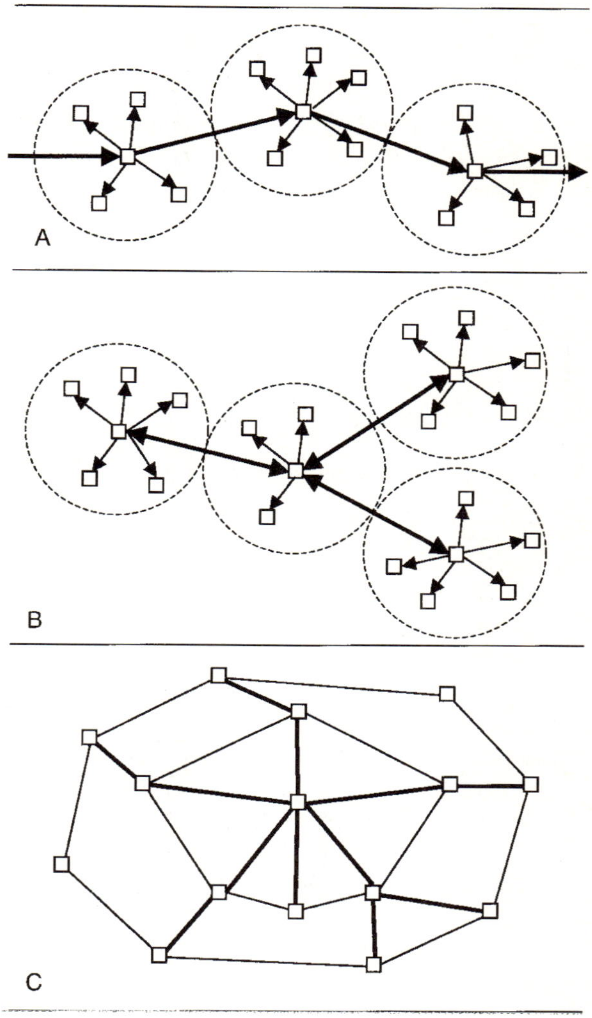


*dungselemente*, *Transportübergänge* und *Umschlagstationen* weiter verknüpfen zu intermodalen, lokalen, regionalen, nationalen und globalen *Logistiknetzwerken*.

Transportsysteme mit einer Linienstruktur bestehen aus einer Anfangsstation, einer Kette von Verbindungsstrecken, Transportknoten oder Zwischenstationen und einer Endstation. Die meisten Fördersysteme haben eine Linienstruktur oder sind aus linearen Teilstrukturen aufgebaut. Die einfachsten Linienfördersysteme sind Förderstrecken, die eine Reihe von Arbeitsplätzen oder Maschinen mit Werkstücken oder Material versorgen.

Auch Fahrzeugsysteme können eine Linienstruktur haben, entweder wenn eine Reihe von Stationen durch eine Transportstrecke miteinander verbunden ist

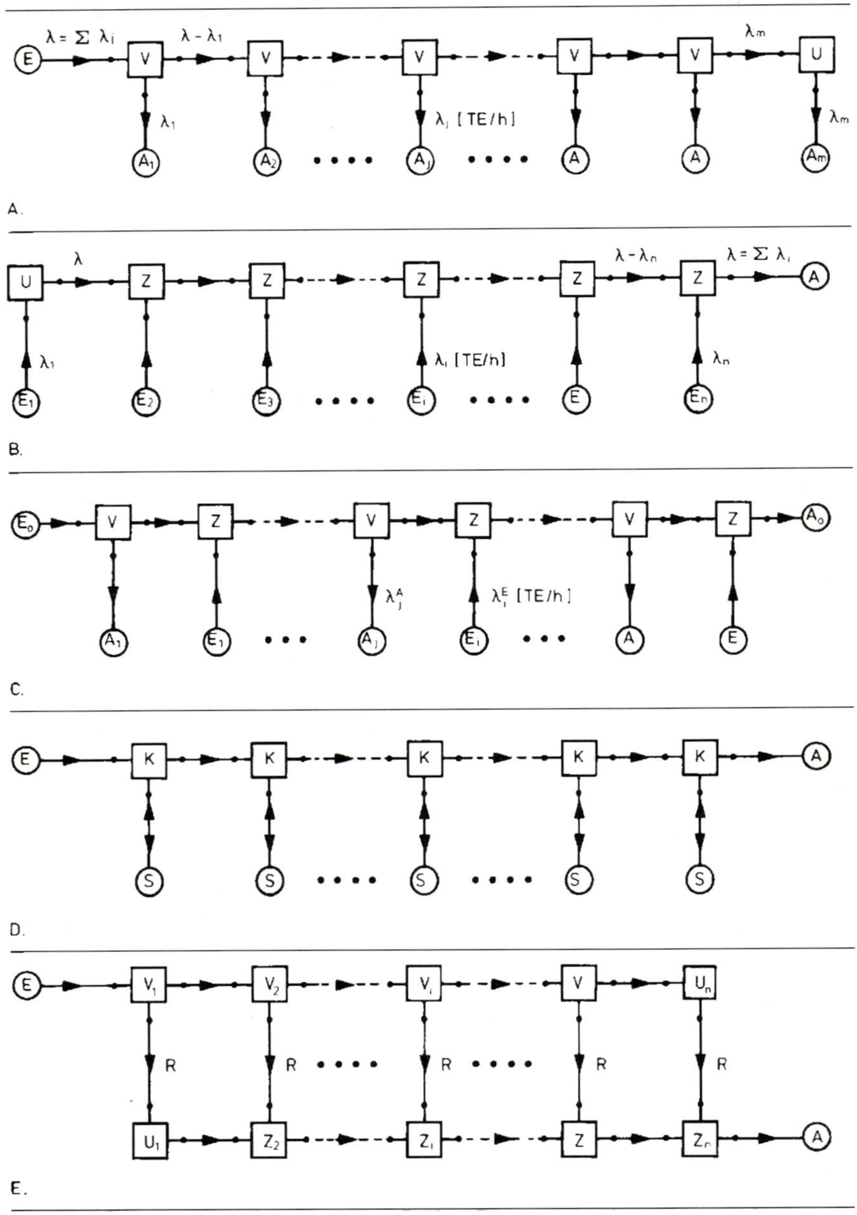


**Abb. 18.3** Netzstrukturen linearer Transportsysteme

A : einspuriger Verteilerkamm
B : einspuriger Sammelkamm
C : teilweise kombinierter Verteiler- und Sammelkamm
D : vollständig kombinierter Verteiler- und Sammelkamm
E : Sortierspeicher mit n Staustrecken für R Transporteinheiten

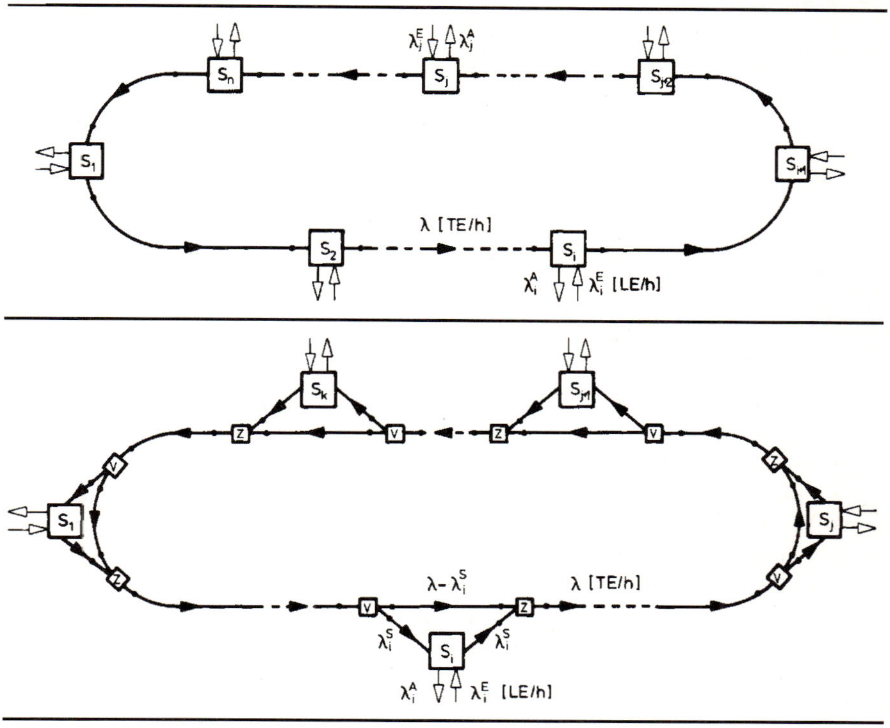


**Abb. 18.4** Transportsysteme mit Ringnetzstruktur

oben : Ringnetz mit On-Line-Stationen ohne Maschen
unten : Ringnetz mit Off-Line-Stationen und Maschen

oder wenn das von den betrachteten Transporteinheiten befahrene *Teilnetz* eine Linienstruktur hat. Beispiele sind Linienverkehre von Autobussen oder Eisenbahnen.

Spezielle Ausprägungen von *Linientransportsystemen* sind die in *Abb. 18.3* dargestellten *linearen Netzstrukturen*:

- *Verteilerkämme* aus Streckenelementen und Verzweigungselementen
- *Sammelkämme* aus Streckenelementen und Zusammenführungselementen
- *Teilweise kombinierte Verteiler- und Sammelkämme* aus Streckenelementen, Verzweigungen und Zusammenführungen
- *Vollständig kombinierte Verteiler- und Sammelkämme* aus Streckenelementen und reversiblen Verbindungselementen
- *Sortierspeicher* mit Zuförderstrecke, Verzweigungen, Staustrecken, Zusammenführungen und Abförderstrecke

Durch Verbindung des Endes mit dem Anfang eines Liniennetzes ensteht ein *Ringnetz* oder *Kreisnetz*. Einfache Ringsysteme mit *On-Line-* oder *Off-Line-Sta-*

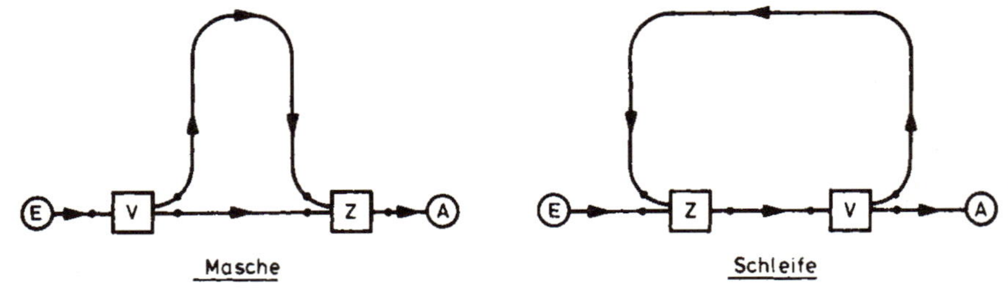


**Abb. 18.5** Masche und Schleife in einem Transportnetz

*tionen*, deren Struktur die *Abb. 18.4* zeigt, sind Kreisförderer, Sammel- und Verteilerkreise und Ringbahnlinien.

Wie in *Abb. 18.5* dargestellt, kann durch ein Verzweigungs- und ein Zusammenführungselement an einen Transportring oder eine Transportstrecke eine Masche oder eine Schleife angefügt werden. Eine *Masche* ist ein gleichgerichteter Nebenkreis, eine *Schleife* ein gegenläufiger Nebenkreis einer Transportstrecke. Aus vermaschten und verschachtelten Kreisen enstehen ausgedehnte Ringsysteme, mit denen sich räumlich verteilte Stationen miteinander verbinden lassen. Als Beispiel zeigt *Abb. 18.21* das *vermaschte und verschachtelte Ringnetz* eines innerbetrieblichen Fahrzeugsystems. Ringnetzsysteme sind charakteristisch für geschlossene Transportsysteme und für bestimmte Transporttechniken, wie Hängebahnen, fahrerlose Flurförderzeuge (FTS) und Schienenfahrzeugsysteme.

## 2. Gesamtnetzlänge und Entfernungsmatrix

Jedes Transportnetz setzt sich zusammen aus einer bestimmten Anzahl $N_{\mathrm{TN}}$ von *Transportelementen* $TE_{\mathrm{k}}$, $k = 1, 2,..N_{\mathrm{TN}}$, mit den *partiellen Funktionen* $\mathrm{F}_{k\alpha}$, $\alpha = 1,2...\mathrm{n_k}$.

Für Streckenelemente, Verbindungselemente und Stationen mit einem Eingang und einem Ausgang ist $\mathrm{n_k} = 1$, da sie nur eine Funktion haben. Verzweigungen mit einem Eingang und zwei Ausgängen sowie Zusammenführungen mit zwei Eingängen und einem Ausgang haben jeweils zwei *partielle Funktionen*. Transportknoten der Ordnung $o = n+m$ haben $\mathrm{n_k} = n \cdot m$ Funktionen (s. *Abschnitt 13.2*).

Die Längen der Wege durch die partiellen Funktionen $\mathrm{F}_{k\alpha}$ eines Transportelements $\mathrm{TE}_k$ sind die *partiellen Durchfahrlängen* $l_{k\alpha}$. Die Summation der Durchfahrlängen aller Transportelemente einschließlich der Stationen, aus denen sich das Transportnetz zusammensetzt, ergibt die

- *Gesamtlänge eines Transportnetzes* mit den partiellen Durchfahrlängen $l_{k\alpha}$ durch die Transportelemente $TE_k$ in den Funktionen $\mathrm{F}_{k\alpha}$

$$L_{\mathrm{TN}} = \sum_k \sum_a l_{ka} . \qquad (18.6)$$

Von der *Gesamtnetzlänge* (18.6) und von der Anzahl und Beschaffenheit der Transportelemente hängen die *Investition* und die *Betriebskosten* des Transportnetzes ab.

Die Länge $l_{ij}$ des *kürzesten Weges* zwischen zwei Stationen $S_i$ und $S_j$ ist die Summe der partiellen Durchfahrlängen $l_{k\alpha}$ durch die $N_{ij}$ Transportelemente, die von den Transporteinheiten auf diesem Weg durchlaufen werden:

$$l_{ij} = \sum_k l_{ka} . \qquad (18.7)$$

Die kürzesten Weglängen $l_{ij}$ sind die Elemente der *Entfernungsmatrix* zwischen den Stationen des Transportnetzes.

### 3. Auswahlregeln und Gestaltungsgrundsätze

Zum Aufbau von Transportsystemen werden *Auswahlregeln für die Transportelemente* und *Gestaltungsregeln für das Transportnetz* benötigt. Die *Gestaltungsregeln* für das Netz sind von der *Struktur der Beförderungsmatrix* und vom *Typ des Transportsystems* abhängig. Die *Auswahlregeln* resultieren aus den Leistungsanforderungen an das Gesamtsystem, den *Grenzleistungen* der Transportelemente und dem *Stauvermögen* der Verbindungsstrecken.

Die Leistungsfähigkeit eines Transportsystems wird begrenzt durch die Grenzleistungen und die Abfertigungsstrategien der *Engpaßelemente* und durch die *Staukapazität* der Transportstrecken. Die Engpaßelemente und der Stauplatzbedarf lassen sich durch die in *Abschnitt 13.7* beschriebene *Funktions- und Leistungsanalyse* erkennen und mit Hilfe der Strategien, Grenzleistungsgesetze und Staugesetze der *Abschnitte 13.3, 13.4* und *13.5* richtig dimensionieren.

Fördersysteme, in denen die Transporteinheiten gleich den Ladeeinheiten sind, sind für den Durchsatz auszulegen, der durch die Beförderungsmatrix (18.2) zur Spitzenstunde gegeben ist. Für Fahrzeugsysteme, deren Transportmittel eine *Beförderungskapazität* $C_{TE} > 1$ LE/TE haben, muß zunächst aus der Beförderungsmatrix die *Transportmatrix* errechnet werden. Die Transportmatrix bestimmt die erforderliche *Netzleistung* und den *Fahrzeugbedarf*. Sie ist abhängig von der *Beförderungsmatrix*, der *Beförderungskapazität* und der *Transportstrategie*.

Aus dem Ziel der Kostenminimierung leiten sich folgende *Gestaltungsgrundsätze für Transportnetze* ab:

möglichst kurze Verbindungswege
möglichst wenig Knotenpunkte
ausreichende Staukapazitäten
geringe Steigungen (18.8)
möglichst wenige Vertikalverbindungen
minimale Gesamtnetzlänge
einfachste Netzstruktur

Zwischen diesen Gestaltungsgrundsätzen bestehen teilweise *Zielkonflikte*. So sind bei kürzester Gesamtnetzlänge mit einfachster Netzstruktur die Investition und die Betriebskosten für das Transportnetz minimal. Dafür sind viele Stationen nicht auf den kürzest möglichen Wegen erreichbar. Das aber hat im Vergleich zu einem dichteren Netz einen größeren Fahrzeugbedarf und höhere Kosten für die Transportfahrten zur Folge.

Die Lösung dieses Zielkonflikts hängt ab von der Relation der Kosten für das Netz und der Kosten für die Transportfahrten. Die Zielkonflikte zwischen den Gestaltungsgrundsätzen (18.8) lassen sich nur bei Kenntnis der speziellen Anforderungen und Randbedingungen lösen.

## 18.4 Transportsteuerung

Die Transportsteuerung hat die Aufgabe, die Bewegung der Lade- oder Transporteinheiten durch das Transportnetz auszulösen, zu kontrollieren, zu koordinieren und entsprechend der Gesamtbelastung zu steuern und zu regeln. Für diese Aufgabe verfügt eine Transportsteuerung mit einem *hierarchischen Steuerungsaufbau*, wie er in *Abb. 18.6* dargestellt ist, über folgende *Steuerungsbereiche* [124; 175; 176]:

*mitfahrende Steuerungen* der Transporteinheiten
*stationäre Einzelsteuerungen* an den Transportelementen (18.9)
*zugeordnete Gruppensteuerungen* für Teile des Transportsystems
*übergeordnete Zentralsteuerung* des gesamten Transportsystems

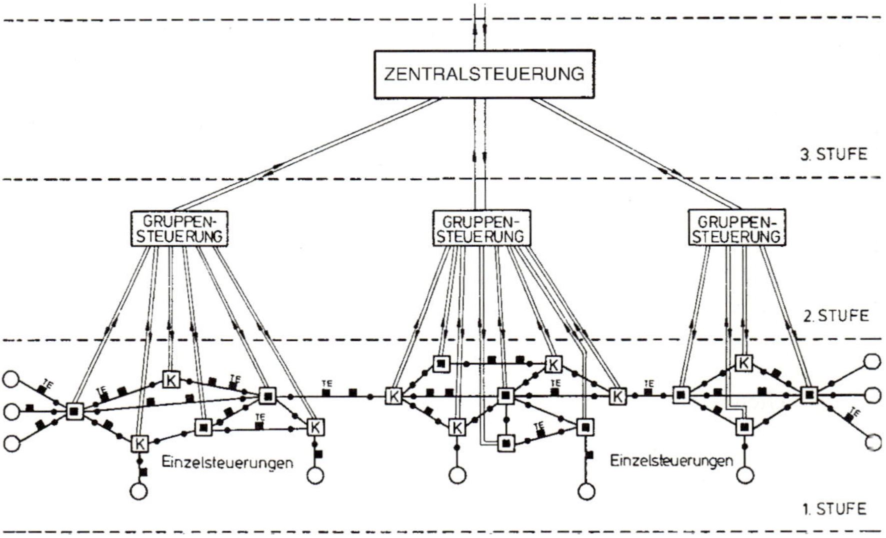


**Abb. 18.6** Aufbau einer hierarchischen Transportsteuerung

K : Transportknoten mit Einzelsteuerungen
TE : Transporteinheiten mit mitfahrender Steuerung

Zusätzlich werden für den Austausch von Daten, Informationen und Anweisungen zwischen diesen Steuerungsbereichen *Datenübertragungssysteme* benötigt [29; 176].

**1. Mitfahrende Steuerung**

In einem *Fördersystem* ist die *mitfahrende Steuerung* in der Regel *passiv*. Sie besteht nur aus der *Kodierung* der Ladeeinheiten, die ein Strichcode (*Barcode*), eine Kodierleiste mit Reflektoren oder ein programmierbarer *Transponder* sein kann. Die Kodierung wird von stationären Leseköpfen oder über RFID erfaßt [29; 333].

In einem *Fahrzeugsystem* ist die mitfahrende Steuerung *aktiv*. Sie übernimmt abhängig vom Steuerungsaufbau bestimmte Teilfunktionen, wie die *Antriebsregelung*, die *Spurführung*, die *Abstandsregelung*, die *Durchfahrtregelung* durch Transportknoten oder die *Zielsteuerung* durch das gesamte Transportnetz. Dafür muß jedes Fahrzeug mit einer Fahrzeugkennung, mit Meßfühlern, Datenerfassungs- und Datenübermittlungseinheiten sowie mit einer *Fahrzeugsteuerung* oder einem *Fahrzeugleitrechner* ausgerüstet sein.

Bei *manueller Bedienung* führt der *Fahrer* einen Teil der Steuerungsfunktionen aus. Er wird dabei unterstützt durch die *Anzeigen* von Meßgeräten, wie Tachometer und Kilometerzähler, oder von einem *Bordrechner* und geleitet durch *Anweisungen* der Zentralsteuerung, die ihm von *mobilen Terminals* angezeigt oder über *Mobilfunk* übermittelt werden. In *fahrerlosen Transportsystemen* (*FTS*) übernimmt der Leitrechner *alle* Steuerungsfunktionen des Fahrzeugs.

**2. Einzel- und Gruppensteuerungen**

Die *stationären Einzelsteuerungen* bestehen aus *Meßfühlern*, wie Schaltern, Kontakten, Lichtschranken und Leseeinrichtungen, zur Erfassung der durchlaufenden Lade- oder Transporteinheiten, aus *Stellgliedern* zum Umschalten zwischen den verschiedenen *Betriebszuständen* der Transportelemente und aus einer *Teilautomatik*, deren Funktionsumfang vom Steuerungsaufbau abhängt.

In größeren Anlagen wird die Steuerung von abgegrenzten *Teilsystemen*, beispielsweise von einer längeren Kette oder einer bestimmten Gruppe der Transportelemente durch eine *Gruppensteuerung* ausgeführt. Die Gruppensteuerung erhält Informationen und Anweisungen von der übergeordneten Zentralsteuerung, den stationären Einzelsteuerungen und den Fahrzeugsteuerungen und gibt ihrerseits Informationen und Anweisungen an die übrigen Steuerungsbereiche ab.

**3. Zentralsteuerung**

Eine übergeordnete *Zentralsteuerung* wird für Transportsysteme mit einem ausgedehnten Transportnetz, einer großen Anzahl von Transporteinheiten und vielen Stationen benötigt. Sie steuert, regelt und koordiniert die Transporte abhängig von der aktuellen Belastung nach vorgegebenen *Gesamtstrategien* und übernimmt übergeordnete Funktionen, wie die *Wegeverfolgung* der Transporteinheiten, die *Verkehrsüberwachung*, die *Staukontrolle* oder die Erfassung und Auswertung von *Störungen*.

Die Zentralsteuerung erhält ihre Befehle entweder vom Betreiber des Transportsystems über einen *Steuerstand* oder in Form von Transportaufträgen und Anweisungen aus einem übergeordneten Warenwirtschafts-, Buchungs- oder Verwaltungssystem.

**4. Steuerungsaufbau**

Die Aufgabenverteilung zwischen den Steuerungsbereichen bestimmt den *Steuerungsaufbau*. Die Steuerung kann dezentral, zentral oder hierarchisch aufgebaut sein:

- Bei *dezentralem Steuerungsaufbau* übernehmen die stationären Einzelsteuerungen und die mitfahrenden Steuerungen alle Funktionen.
- Bei rein *zentralem Steuerungsaufbau* übernimmt eine Zentralsteuerung alle intelligenten Steuerungs-, Regelungs- und Entscheidungsfunktionen. Die Aufgabe der Einzelsteuerungen und der mitfahrenden Steuerungen reduziert sich auf die Erfassung und Weitergabe von Informationen und die Ausführung von Anweisungen.
- Bei *hierarchischem Steuerungsaufbau* hat die Transportsteuerung – wie in *Abb. 18.6* dargestellt – mehrere *Steuerungsebenen*, auf die die verschiedenen Steuerungsfunktionen zweckmäßig verteilt sind.

Für die Aufgabenteilung zwischen den einzelnen Steuerungsebenen gilt der *Dezentralisierungsgrundsatz* (s. *Abschnitte 2.3* und *2.4*):

▶ Alle Funktionen müssen so dezentral wie möglich und dürfen nur so zentral wie nötig und wirtschaftlich ausgeführt werden.

Neben dem Dezentralisierungsgrundsatz sind die *Ausdehnung* und *der Verkettungsgrad* des *Transportnetzes*, die *Verkehrsdichte*, die *Leistungsanforderungen*, der *Sicherheitsbedarf* und die *Transportstrategien* für die Gestaltung und den Aufbau der Transportsteuerung maßgebend.

**5. Datenübertragung**

Der Steuerungsaufbau und die Funktionsteilung bestimmen Menge und Inhalt des erforderlichen Datenaustausches zwischen den einzelnen Steuerungsbereichen und damit die Datenübertragungssysteme. Der Datenaustausch zwischen den stationären *Steuerungseinheiten* findet in der Regel über Leitungen, Kabel oder *Datenbus* statt. In ausgedehnten Systemen ist eine drahtlose Datenübertragung erforderlich.

Die *Kodierung* und die *Position* der Ladeeinheiten in einem Fördersystem wird von *Leseeinrichtungen*, die an den Ein- oder Ausgängen der Transportelemente installiert sind, mechanisch, optisch, induktiv oder mit Laserstrahl festgestellt und an die stationären Steuerungseinheiten übertragen [29].

In einem Fahrzeugsystem kommunizieren die Fahrzeugsteuerungen mit den stationären Einzelsteuerungen und mit der Zentralsteuerung über ein geeignetes *Datenfernübertragungssystem* (*DFÜ*). Für die Datenfernübertragung sind unterschiedliche Techniken möglich, wie *Infrarot* oder *Funk*, deren Einsatz von der Entfernung zwischen den Fahrzeugen, den stationären Empfängern und dem Standort der Zentralsteuerung abhängt [176].

In den außerbetrieblichen Fahrzeugsystemen findet der Informationsaustausch zwischen den Fahrzeugen und der Zentralsteuerung oder einem *Verkehrsleitsystem* zunehmend über *Mobilfunk* und *Satellitenkommunikation* statt. Dabei wird die *Standortbestimmung* der Fahrzeuge durch *Satellitennavigationssysteme*, wie das *Global Positioning System GPS*, unterstützt.

## 18.5 Transportstrategien

Transportstrategien sind *Betriebsstrategien*, nach denen die *Transportdisposition* mit Hilfe der Transportsteuerung die anstehenden Beförderungs- und Fahraufträge ausführen läßt, die Transporteinheiten zu den Zielen leitet und die Abfertigung an den Stationen und Transportknoten regelt.

Durch geeignete Transportstrategien lassen sich die Ziele der Logistik – *Leistungssteigerung*, *Qualitätssicherung* und *Kostensenkung* – oftmals billiger und schneller erreichen als durch eine verbesserte Technik. Transportstrategien bieten daher die beste Optimierungsmöglichkeit. Mit den Transportstrategien lassen sich folgende *Wirkungen* erzielen:

- Lösung der Transportaufgabe mit einem einfacheren Transportnetz
- Verbesserung des Leistungsvermögens eines bestehenden Transportsystems
- Senkung der benötigten Fahrzeuganzahl
- Verbesserung der Funktions- und Verkehrssicherheit

Die Transportstrategien lassen sich einteilen in *Stationsstrategien*, *Fahrwegstrategien*, *Leerfahrtstrategien* und *Verkehrsstrategien* [124; 178; 179; 180].

### 1. Stationsstrategien

Die Stationsstrategien regeln die Abfertigung der Beförderungsaufträge an den Stationen und das Beladen der Transporteinheiten mit den zur Beförderung anstehenden Ladungen.

Für die Abfertigung an den Verladestationen bestehen folgende Möglichkeiten:

- *Feste Abfertigungsreihenfolge* (*First-Come-First-Served FCFS*): Die ankommenden Ladeeinheiten werden in der Reihenfolge ihrer Ankunft von den nächsten in der Station eintreffenden Transporteinheiten übernommen. Dabei werden von einer Transporteinheit jeweils soviele Ladeeinheiten mitgenommen, wie hintereinander für die gleiche Richtung oder das gleiche Ziel bestimmt sind und die freie Kapazität zuläßt.
- *Freie Abfertigungsreihenfolge* (*Ladungsbündelung*): Die für eine Fahrtrichtung oder das gleiche Ziel an einer Station anstehenden Ladeeinheiten werden unabhängig von der Ankunftsreihenfolge gesammelt bis das freie Fassungsvermögen einer Transporteinheit erreicht ist und dann gemeinsam zum Bestimmungsort befördert.

Mit der Ladungsbündelung soll eine bessere Auslastung der Transporteinheiten und damit eine Kostensenkung bewirkt werden. *Voraussetzungen* sind, abgesehen von der Zulässigkeit der Reihenfolgevertauschung, entsprechende *Sortier-*

*einrichtungen* und *Sammelpuffer* in den Verladestationen. Der wesentliche *Nachteil* der Ladungsbündelung sind längere Wartezeiten.

*Beladestrategien* zum Befüllen der Transportmittel sind:

- *Zielreine Beladung*: Ein Transportmittel wird nur mit Ladung für das gleiche Ziel beladen.
- *Zielgemischte Beladung*: Ein Transportmittel wird mit Ladungen für mehrere Ziele beladen, die auf der gleichen Fahrtroute liegen.

Voraussetzung der zielgemischten Beladung ist entweder eine Beladung und Zugänglichkeit der Ladeeinheiten in den Transporteinheiten in der Abfolge der nacheinander anzufahrenden Ziele oder eine Möglichkeit zum Umstapeln der Ladung vor dem Entladen.

Die zielreine und die zielgemischte Beladung lassen sich kombinieren mit den *Abfertigungsstrategien*:

- *Fahrten ohne Zuladen*: Nur vollständig geleerte Transportmittel werden mit einer neuen Ladung beladen.
- *Fahrten mit Zuladen*: Mit einer Lademenge $M_L < C_{TE}$ teilgefüllte Transportmittel werden soweit zusätzlich beladen, wie es die *freie Kapazität* $C_{TE\,frei} = C_{TE} - M_L$ zuläßt.

Voraussetzung für Fahrten mit Zuladen ist ein freier Zugriff auf die einzelnen Ladungen in den Verladestationen, um jeweils eine für die gleiche Zielrichtung bestimmte Ladung verladen zu können.

Die Strategien der *zielgemischten Beladung* und der *Fahrten mit Zuladung* zielen darauf ab, den Füllungsgrad der Transporteinheiten zu erhöhen. Sie haben jedoch nur die angestrebte Wirkung, wenn in den Stationen soviele Ladungen mit passender Größe für die gleiche Fahrtroute anstehen, wie in die freie Kapazität ankommender Transporteinheiten hineinpassen.

**2. Fahrwegstrategien**

Fahrwegstrategien regeln die Reihenfolge, in der die Bestimmungsorte der Ladung einer Transporteinheit angefahren werden, und bestimmen den Fahrweg.

Die Fahrwegstrategien lassen sich einteilen in:

- *Strategien minimaler Fahrwege*: Abhängig von Ladung und Zielorten wird der Fahrweg mit minimaler *Weglänge*, kürzester *Fahrzeit* oder geringsten *Fahrtkosten* gewählt.
- *Strategien maximaler Kapazitätsauslastung*: Abhängig vom gesamten Beförderungsbedarf werden die Transportmittel so eingesetzt, daß ihre Kapazität maximal genutzt wird.
- *Fahrplanstrategien*: Die Transportfahrten werden nach einem festen *Fahrplan* durchgeführt, der bei minimalen Fahrwegen für das erwartete Ladungsaufkommen eine maximale Kapazitätsnutzung anstrebt.

Die Fahrwege und Rundfahrten mit minimaler Weglänge, kürzester Fahrzeit oder geringsten Kosten lassen sich für einfache Transportsysteme mit wenigen Verbindungen nach dem Verfahren der Vollenumeration durch Vergleich aller möglichen Wege relativ rasch herausfinden. Für komplexe Transportnetze mit vielen Verbindungswegen zwischen den Stationen ist die Fahrwegoptimierung in begrenzter Rechenzeit nicht mehr exakt durchführbar.

Im *Operations Research* wurde hierfür eine Reihe *heuristischer Suchverfahren* entwickelt, die in kurzer Rechenzeit zu brauchbaren Näherungslösungen führen [11; 13; 181]. Einfacher und in vielen Fällen ausreichend ist die Auswahl eines annähernd optimalen Fahr- oder Verbindungsweges nach einer *analytischen Fahrwegstrategie*, wie die in *Abschnitt 18.11.2* dargestellte *Streifenstrategie*.

Die Strategien maximaler Kapazitätsauslastung wie auch die meisten Fahrplanstrategien zielen auf eine Minimierung der Betriebskosten ab, arbeiten aber häufig zu Lasten der Benutzer oder Versender, da sie zu verlängerten Warte- und Fahrzeiten führen können. Voraussetzungen sind daher, daß die geforderten Beförderungszeiten ausreichend lang sind und daß in den Verladestationen genügend Pufferplatz für die wartenden Ladungen besteht.

### 3. Leerfahrtstrategien

Die Anzahl der leeren und teilgefüllten Transporteinheiten, die im Transportnetz eines Fahrzeugsystems umlaufen, wird durch *Leerfahrtstrategien* bestimmt, die den Einsatz der leeren Transporteinheiten regeln. Mögliche Leerfahrtstrategien sind:

- *Einzelfahrten*: Jedes Transportmittel bringt die übernommene Ladung zu ihrem Bestimmungsort und kehrt danach auf dem kürzesten Weg leer zur Ausgangsstation zurück, um dort die nächste Ladung zu übernehmen.
- *Kombinierte Fahrten*: Ein geleertes Transportmittel übernimmt am Entladeort eine für die Ausgangsstation bestimmte *Rückladung*.
- *Leerfahrtminimierung*: Ein geleertes Transportmittel übernimmt am Entladeort eine Ladung unabhängig von deren Bestimmungsort, oder fährt, wenn dort keine Ladung ansteht, zur nächstgelegenen Station, in der eine Ladung auf Beförderung wartet.
- *Fahrplanmäßiges Kapazitätsangebot*: Die Fahrzeuge, ob leer oder voll, verkehren unabhängig vom aktuellen Beförderungsbedarf nach einem festen *Fahrplan*, der an einem prognostizierten Bedarf ausgerichtet ist.
- *Leerfahrzeugräumung*: Wenn bei abnehmendem Beförderungsbedarf an den Entladestationen mehr Transportmittel geleert als an den Versandstationen benötigt werden, fahren die leeren Transportmittel zum nächsten freien *Leerfahrzeugpuffer*.

Wenn in den Stationen kein ausreichender Warteraum für leere Transportmittel vorhanden ist, müssen an geeigneten Stellen im Transportnetz spezielle *Pufferstrecken*, *Bahnhöfe* oder *Parkplätze* für Leerfahrzeuge geschaffen werden. Diese Leerfahrzeugpuffer sind möglichst nahe bei den am meisten frequentierten Abgangsstationen anzuordnen.

### 4. Verkehrsstrategien

Verkehrsstrategien regeln und lenken die Ströme der Lade- oder Transporteinheiten so durch das Transportnetz, daß bei Einhaltung der zugesicherten Transportzeiten ein maximaler Durchsatz erreicht wird, ohne daß es dabei zu Kollisionen kommt.

Abhängig von ihrem Wirkungsbereich lassen sich die Verkehrsstrategien einteilen in *Knotenpunktstrategien*, *Teilsystemstrategien* und *Systemstrategien*. Die Knotenpunkt- und Teilsystemstrategien sowie ihre Strategieparameter und Effekte wurden bereits in *Kapitel* 13, insbesondere in *Abschnitt 13.3*, behandelt. Bei den *Systemstrategien* sind zu unterscheiden:

- *Kombinationsstrategien* durch belastungsabhängige Verbindung von Einzelstrategien zur Optimierung von Leistung, Kosten und Sicherheit
- *Gesamtnetzstrategien*, wie Grüne-Welle-Routen oder Umleitungs-, Ausweich- und Räumungsstrategien bei Überlastung und Ausfall einzelner Stationen, Verbindungsstrecken oder Knotenpunkte

Die Systemstrategien erfordern eine *Zentralsteuerung*, die das Geschehen in allen Teilen des Transportnetzes verfolgt.

Die Strategieparameter, Auswirkungen und Einsatzkriterien der Systemstrategien sind noch nicht vollständig erforscht und lassen sich nur begrenzt mit analytischen Verfahren quantifizieren. Bei komplexen Systemen mit zeitlich rasch veränderlichen Belastungen ist zur Untersuchung der Wechselwirkungen der Einzelstrategien und der Auswirkungen von Systemstrategien eine *digitale Simulation* erforderlich (s. *Abschnitt* 5.3) [59; 60; 61; 178; 183; 231].

## 18.6 Fördersysteme

*Bestandteile* eines Fördersystems für den Transport diskreter Ladeeinheiten sind:

Fördergut
Förderhilfsmittel
Streckennetz (18.10)
Materialflußsteuerung

Die *Beschaffenheit des Förderguts* bestimmt seine Förderfähigkeit, von der die einsetzbare Fördertechnik abhängt. Die wichtigsten *Einflußfaktoren auf die Förderfähigkeit* sind:

Bodenebenheit
Rutschfestigkeit
Abriebfestigkeit (18.11)
Standsicherheit
Stapelbarkeit

Wenn das Transportgut selbst nicht förderfähig ist oder kleinere Fördermengen zu größeren Ladeeinheiten gebündelt werden sollen, werden *Förderhilfsmittel* eingesetzt, wie Behälter, Tablare, Paletten oder Rolluntersätze. *Nachteile* des Einsatzes von Förderhilfsmitteln sind das *Be- und Entladen*, die *Beschaffungskosten* und der *Leerbehältertransport* zu den Stationen, in denen mehr Leerbehälter benötigt werden als ankommende Vollbehälter geleert werden.

Für definierte *Abmessungsbereiche* und *Gewichtsklassen* des Förderguts gibt es verschiedene technische *Ausführungsarten* der Fördersysteme, die sich in Auslegung und Konstruktion unterscheiden [29; 124; 127; 148; 169; 170; 237]:

- *Behälterfördersysteme* für Behälter und Kartons bis ca. 800 mm und 60 kg
- *Palettenfördersysteme* für palettiertes Fördergut bis ca. 1.400 mm und 1.500 kg
- *Spezialfördersysteme* für Fördergut mit größerem Gewicht und Volumen oder mit Sonderformen

Bei allen Ausführungsarten setzt sich das Transportnetz aus Auf- und Abgabestationen, Förderstrecken, Zusammenführungen, Verzweigungen und Förderelementen höherer Ordnung, wie Mehrfachweichen, Verteilerwagen und Regalbediengeräten, zusammen.

Bei den am häufigsten eingesetzten Behälter- und Palettenfördersystemen sind die einzelnen Förderelemente weitgehend standardisiert und normiert. Damit ist der *modulare Aufbau* unterschiedlicher Transportnetze aus wenigen gleichartigen *Standardelementen* möglich.

In den *Spezialfördersystemen*, die beispielsweise zur Gepäckbeförderung, für den Karosserietransport, als Produktionsband oder für Schwerlasten benötigt werden, sind die Förderelemente in der Regel Sonderkonstruktionen, die jeweils nur für ein Projekt gebaut werden.

Wenn *mobile Transporthilfsmittel*, wie Rolluntersätze, Rollpaletten oder Rollbehälter, eingesetzt werden, besteht das Transportnetz aus speziellen Fahr- und Führungsschienen und stationären Zugvorrichtungen, unterseitigen Antrieben oder Linearmotoren. *Nachteile* des Einsatzes mobiler Transporthilfsmittel sind das Be- und Entladen, die hohen Beschaffungskosten und der Verschleiß sowie der Leerbehälterrücktransport. Diese Nachteile wiegen nur in wenigen Fällen die *Vorteile* auf, die aus einer leichten und kompakten Bauweise der Trassen und einer unter Umständen höheren Transportgeschwindigkeit resultieren.

Die Förderstrecken eines Fördersystems sind entweder in nur eine Richtung verlaufende *Standardförderer*, die sich aus einzeln angetriebenen *Verbindungselementen* zusammensetzen, oder *Kreisförderer* mit umlaufender *Kette* oder *Endlosseil* und Zentralantrieb. Für Sortieraufgaben mit hoher Durchsatzleistung werden darüber hinaus spezielle *Sortersysteme* benötigt. Die Standardförderer, Kreisförderer und Sorter lassen sich durch *Transportübergänge* miteinander verbinden und zu komplexen Fördersystemen mit mehrfachen Funktionen kombinieren.

### 1. Standardfördersysteme

Technische Ausführungsarten der *stetigen Verbindungselemente* in den Standardfördersystemen sind [29; 124; 127; 237]:

Rutschen
Bandförderer
Gurtförderer
Röllchenbahnen

Rollenbahnen (18.12)
Tragkettenförderer
Plattenbandförderer
S-Förderer

In der Regel werden die Förderelemente direkt oder indirekt von Elektromotoren angetrieben. Auf Gefällestrecken genügt unter Umständen die Schwerkraft als Antrieb.

Die *Abb. 18.7* zeigt eine *Stetigförderstrecke*, die aus einer Kette von Bandförderelementen besteht, und eine Rollenbahnstrecke, deren Teilabschnitte einzeln an- und abschaltbar sind. Beide Ausführungsarten sind *staufähig* und können eine *Warteschlange* von Ladeeinheiten puffern, die durch Rückstau entsteht (s. *Abschnitt 13.5*).

Zwei verschiedene technische Ausführungsarten stetiger *Verzweigungen* in Behälterfördersystemen sind in *Abb. 18.8* dargestellt. *Abb. 18.9* zeigt zwei unterschiedliche technische Lösungen der *Zusammenführung* von zwei Rollenbahnstrecken.

Als Beispiel für ein Förderelement mit unstetigen Verbindungen zwischen den Ein- und Ausgängen zeigt *Abb. 18.10* einen Rollenbahn-Verteilerwagen. Weitere

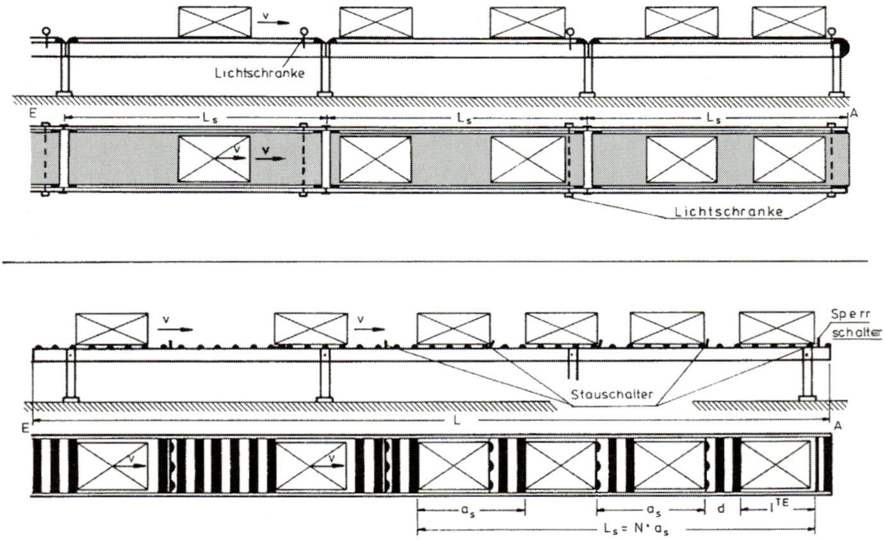


**Abb. 18.7** Ausführungen von Stetigförderstrecken

oben : Gurtförderstrecke aus abschaltbaren Stauelementen
unten: Rollenbahnstrecke aus Trenn- und Stauelementen

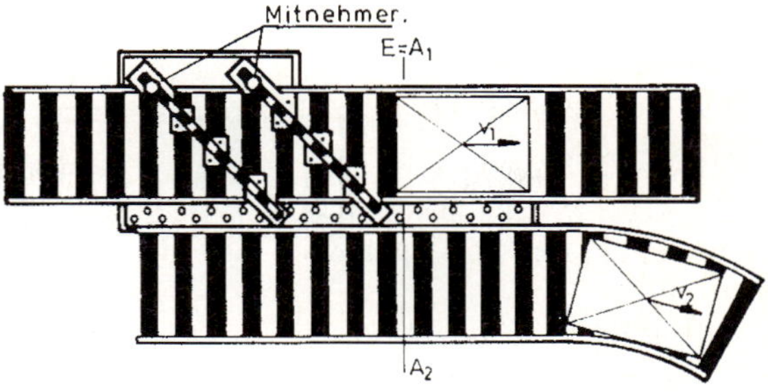


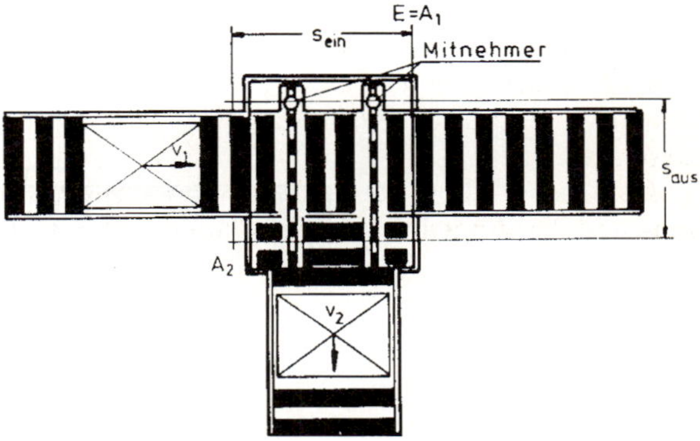


**Abb. 18.8** Stetige Verzweigungselemente in Behälterfördersystemen

oben : Mitnehmender 45-Grad-Kettenausschleuser
unten: Mitnehmender 90-Grad-Kettenausschleuser

Förderelemente von Behälter-und Palettenfördersystemen zeigen die *Abb. 13.4, 13.14, 13.16, 16.8* und *17.34*.

Aus den *Grundstrukturen* (18.5) der Transportnetze mit den in *Abb. 18.3* und *18.4* dargestellten Ausprägungen werden durch Einsatz und geeignete Anordnung konkreter Förderelemente *fördertechnische Teilsysteme*. Diese Teilsysteme lassen sich wieder durch Förderstrecken, unstetige Verbindungselemente und Vertikalförderer zu einem anforderungsgerechten Gesamtsystem zusammenfügen.

In *Abb. 18.11* ist beispielsweise die fördertechnische Ausführung eines Teilsystems dargestellt, das zur Beschickung und Entsorgung der Basisstationen eines ausgedehnten Kommissioniersystems mit Auftragsbehältern entwickelt wurde. Eine Besonderheit dieser Lösung ist, daß weiterlaufende Behälter die anhaltenden Behälter *überholen* können. Weitere Realisierungsbeispiele sind das in *Abb. 16.8* gezeigte Zu- und Abfördersystem eines automatischen Hochregallagers und das in *Abb. 17.34* dargestellte Bereitstellungssystem eines AKL.

Standardfördersysteme für Behälter und Paletten sind besonders geeignet zur Ver- und Entsorgung von Arbeitsplätzen in der Produktion, zur Verkettung von Maschinen, als Zu- und Abfördersysteme vollautomatischer Lager und zur Beschickung und Entsorgung von Kommissioniersystemen mit dynamischer Bereitstellung oder dezentraler Abgabe.

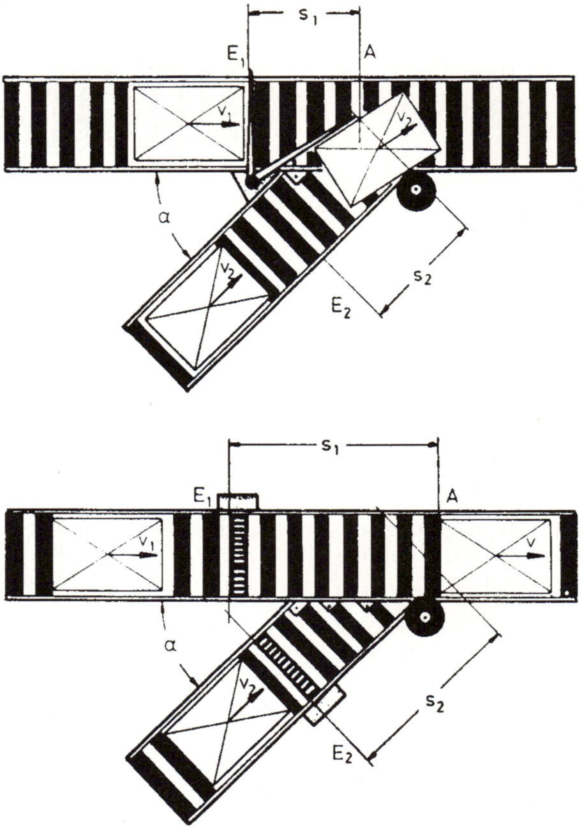


**Abb. 18.9** Stetige Zusammenführungselemente in Behälterfördersystemen

oben : 45-Grad-Rollenbahneinschleuser mit Zweiwegesperre

unten: 45-Grad-Rollenbahneinschleuser mit Zuteilrollen

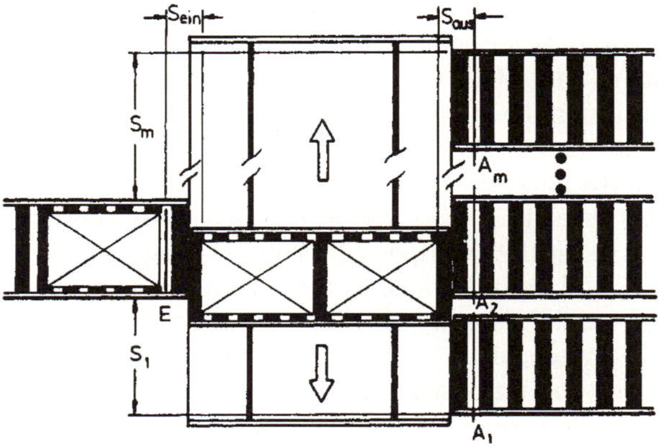


**Abb. 18.10** Unstetiges Verteilerelement

Rollenbahn-Verteilerwagen

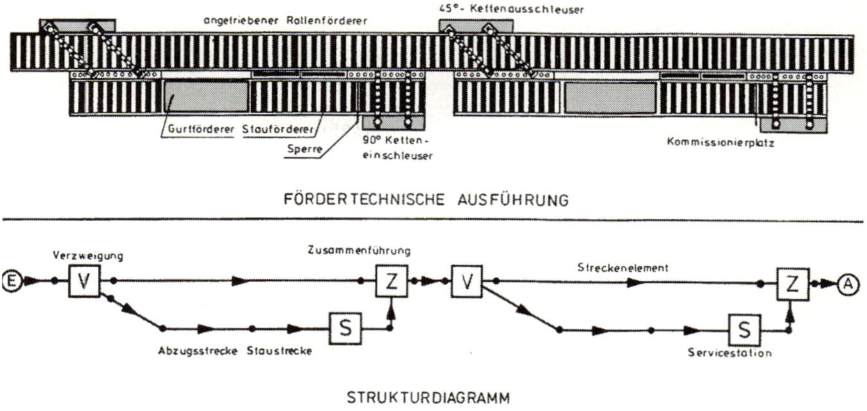


**Abb. 18.11** Technische Ausführung und Strukturdiagramm eines Überholförderers zur Bereitstellung von Auftragsbehältern

## 2. Kreisfördersysteme

Ein Kreisfördersystem besteht aus einem umlaufenden *Zugmittel*, das eine Kette oder ein endloses Seil sein kann, und den am Zugmittel befestigten *Lastaufnahmemitteln* für die zu befördernden Ladeeinheiten.

Die Lastaufnahmemittel sind mit dem Zugmittel fest verbunden oder lassen sich für die Auf- und Abgabe und auf Staustrecken von dem weiterlaufenden Zugmittel lösen. Wenn das Zugmittel *unter Flur* geführt ist, werden die Lastaufnahmemittel von oben eingehängt. Wenn das Zugmittel *über Kopf* angeordnet ist, sind die Lastaufnahmemittel Gehänge oder Gondeln.

Beispiele für Kreisfördersysteme sind [29; 124]:

Unterflurschleppkettenförderer
Hängekreisförderer
Power & Free-Förderer
Kippschalenförderer
Cross-Belt-Förderer (18.13)
S-Förderer
Skilifte
Seilbahnen

Als Beispiel zeigt *Abb. 18.12* einen über Kopf geführten *Power&Free-Förderer* mit Zugkette, Laufschiene und Gehängen zur Lastaufnahme. In *Abb. 18.14* ist ein Kippschalenförderer dargestellt, der als Sorter arbeitet.

Die *Netzstruktur* der Kreisfördersysteme wird bestimmt von dem umlaufenden Zugmittel. Charakteristisch ist daher die in *Abb. 18.4* gezeigte *Ringnetzstruktur* mit einem geschlossenen Förderkreis und Auf- und Abgabestationen, die auf oder neben dem Kreis liegen.

Der Kreisförderer ist ein Stetigförderer, dessen *Streckengrenzleistung* nach Beziehung (13.10) von der Geschwindigkeit des Zugmittels und vom Endpunktab-

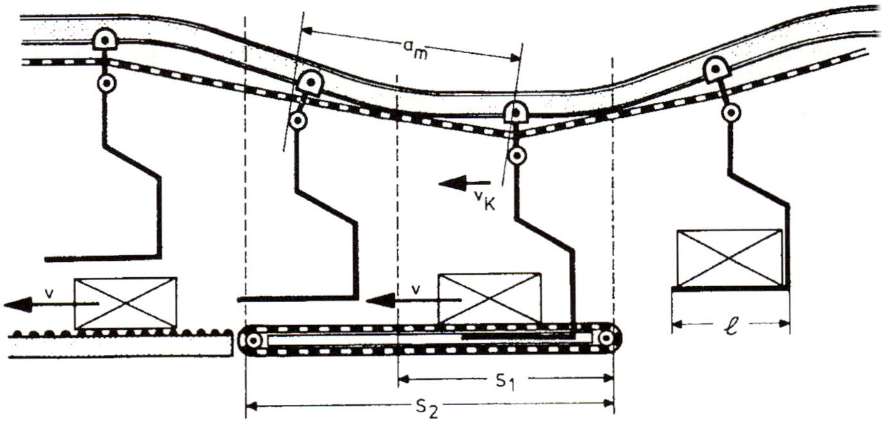


**Abb. 18.12** Hängekreisförderer mit stetiger Lastabgabestation

stand der Lastaufnahmemittel bestimmt wird. Die Leistung des gesamten Kreisfördersystems hängt außer vom Leistungsvermögen des Kreisförderers von den Grenzleistungen der Aufgabe- und Abnahmestationen ab.

Die Stationen des Kreisförderers sind häufig *Transportübergänge* zu Transportsystemen anderer Art. Die Be- und Entladeleistung der Stationen wird bestimmt von der Konstruktion und von der Anordnung. Die Stationen können entweder *On-Line* direkt an der Zugstrecke liegen oder *Off-Line* neben der Zugstrecke angeordnet sein. Bei den *Off-Line-Stationen* müssen die Lastaufnahmemittel vom Zugmittel gelöst werden. Sie können dann im Ruhezustand be- und entladen werden. Bei einer *On-Line-Station* muß die Lastaufnahme und Lastabgabe stetig und synchron mit dem umlaufenden Zugmittel stattfinden. *Abb. 18.12* zeigt eine *On-Line-Station* mit stetiger Lastabgabe eines Hängekreisförderers, die aus einem Tragkettenförderer und einer anschließenden Rollenbahn besteht.

*Hängekreisförderer* und *Power&Free-Förderer* werden ebenso wie die Hängebahnen eingesetzt zum Befördern von Blechteilen, Karrosserieteilen und Stangenmaterial in der Serienproduktion oder in Lackieranlagen, zur dynamischen Bereitstellung von *Packmitteln* sowie als Sammelförderer in zweistufigen Kommissioniersystemen.

Die *Unterflurschleppkettenförderer* konkurrieren mit den innerbetrieblichen Fahrzeugsystemen, insbesondere mit den FTS-Systemen. Sie sind geeignet für das *Crossdocking* in großen Umschlaghallen sowie zur Verbindung von Wareneingangstoren, Lagerbereichen und Warenausgangstoren in ausgedehnten Lager- und Kommissioniersystemen.

### 3. Sortersysteme

Sortersysteme sind spezielle Fördersysteme zum Trennen von *Sortiergut* nach Aufträgen und zum Verteilen des Sortierguts auf eine größere Anzahl von Zielstationen. Abhängig von der *Netzstruktur* und der *Speichermöglichkeit* ist zu unterscheiden zwischen *Liniensortern* und *Kreissortern* mit und ohne Zwischenpuffer [93; 124; 184].

*Liniensorter ohne Zwischenpuffer* sind einspurige Verteilerkämme, deren Netzstruktur in *Abb. 18.3 A* dargestellt ist. Sie bestehen aus einer Aufgabestelle oder Einlaufstation, einer Kette von Strecken- und Verzweigungselementen und ein- oder beidseitigen Sammelbahnen. Am Eingang der Sortierstrecke wird das einlaufende Sortiergut von der Sortersteuerung identifiziert. Von den Verzweigungselementen werden die für das betreffende Ziel bestimmten Einheiten in die Sammelbahnen ausgeschleust.

Je nach Leistungsanforderung und Beschaffenheit der Sortiereinheiten ist die Sortierstrecke eine konventionelle Rollenbahn mit Verzweigungselementen, ein Bandförderer mit Abweisern oder Pushern oder ein Plattenband mit beweglichen Schuhen zum dynamischen Ausschleusen. Die Sortierleistung eines Liniensorters ohne Zwischenpuffer wird von der Ausschleusgrenzleistung der Verzweigungselemente bestimmt. Sie beträgt – abhängig von Bauart und Geschwindigkeit – für Sortiereinheiten [SE] bis zu 600 mm Länge und 30 kg Stückgewicht mit konventionellen Förderelementen 2.000 bis 6.000 SE/h und für *Hochleistungssorter* 8.000 bis zu 13.000 SE/h [93; 184].

Haupteinsatzgebiete von Liniensortern ohne Zwischenspeicher sind die Umschlagpunkte von Paketdienstleistern – s. *Abb. 19.2* – und die zweite Kommissionierstufe in den Logistikzentren des Versandhandels.

*Liniensorter mit Zwischenpuffer* oder *Sortierspeicher* haben die in *Abb. 18.3* E dargestellte Netzstruktur. Sie setzen sich zusammen aus einer *Verteilerstrecke*, mehreren parallelen *Staubahnen* und einer *Abzugstrecke*. In den Staubahnen werden die zulaufenden Sortiereinheiten auftragsrein gesammelt. Die Einheiten vollständiger Aufträge werden bei *statischem Batchbetrieb* abgezogen, wenn die Einheiten aller Aufträge einer Serie, und bei *dynamischem Batchbetrieb*, wenn alle Einheiten eines Auftrags eingetroffen sind.

Zur Realisierung eines Sortierspeichers sind die zuvor beschriebenen Standardförderelemente geeignet. Als Ausführungsbeispiel zeigt *Abb. 18.13* einen Sortierspeicher, der aus der Produktion gemischt ankommende Fertigwarenkartons für das Palettieren sortenrein trennt. Sortierspeicher werden auch eingesetzt zur Auftragszusammenführung im Warenausgang von Produktions- und Logistikbetrieben.

Die Durchsatzleistung eines Sortierspeichers mit Zwischenpuffer ist abhängig von der Betriebsstrategie, von den Grenzleistungen der Ein- und Ausschleuselemente und von der maximalen Länge der Sortieraufträge, deren Anzahl und Länge von der *Staukapazität* der Staubahnen begrenzt wird. Die Sortierleistung erreicht Werte bis 3.000 SE/h und ist damit deutlich geringer als die Durchsatzleistung von Liniensortern ohne Zwischenpuffer [124].

*Kreissorter ohne Zwischenpuffer* sind spezielle Kreisförderer mit einzeln ansteuerbaren, schnell arbeitenden Lastaufnahmemitteln. Die am Zugmittel dicht hintereinander befestigten Lastaufnahmemittel können aufgesetzte Kippschalen, Gurtförderelemente oder Gondeln sein. Als Ausführungsbeispiel zeigt *Abb. 18.14* einen *Kippschalensorter* [93; 124; 184].

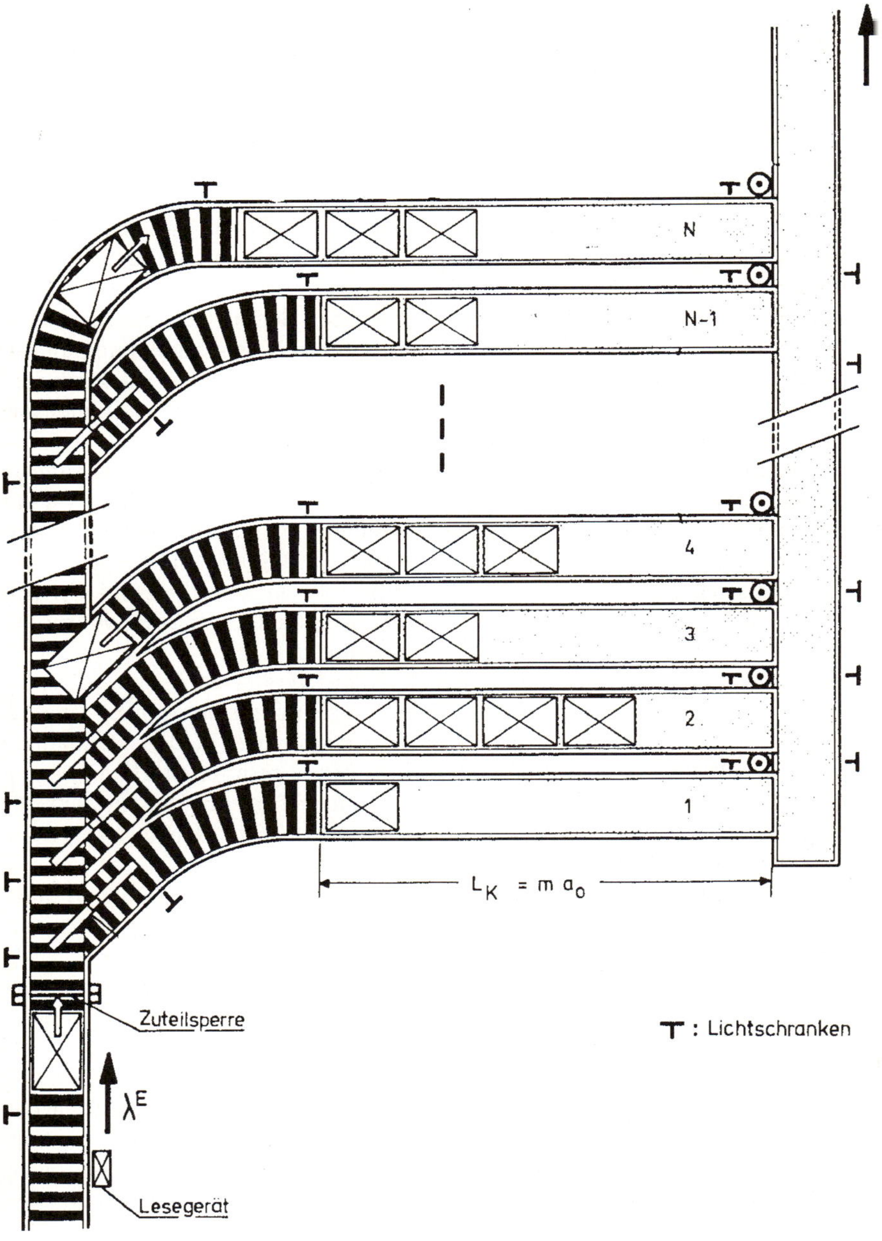


**Abb. 18.13** Sortierspeicher für Behälter oder Kartons

Das Sortiergut wird nach der *Identifizierung* an einer oder mehreren Aufgabestellen über Zuführungsstrecken auf die Lastaufnahmemittel aufgegeben. An den Zielstationen löst die Sortersteuerung das dynamische Abladen oder Abwerfen der Sortiereinheiten in die Zielbahnen oder Sammelrutschen aus.

Wenn die Grenzleistung der Aufgabestationen ausreicht, ist die maximale Sortierleistung gleich der Grenzleistung des zentralen Kreisförderers. Sie erreicht bei Hochleistungssortern bis zu 15.000 SE/h [184]. Kreissorter ohne Zwischenpuffer werden vor allem in zweistufigen Kommissioniersystemen des Versandhandels eingesetzt.

*Kreissorter mit Zwischenspeicher* oder *dynamische Umlaufspeicher* bestehen aus einer oder mehreren *Zuführungsstrecken*, einem *Speicherring* von Strecken-, Kurven- und Verzweigungselementen und einer Anzahl von *Zielbahnen*. Im Speicherring laufen die zugeführten Sortiereinheiten solange um, bis alle Einheiten eines Sortierauftrags eingetroffen sind. Sobald eine Zielbahn frei ist, werden die Einheiten eines vollständigen Auftrags dorthin ausgeschleust.

Das Leistungsvermögen eines dynamischen Umlaufspeichers, der aus Stetigförderelementen oder als Kreisförderer ausgeführt werden kann, ist gleich der Grenzleistung des *Engpaßelements*. Engpaß eines Umlaufspeichers ist das Einschleus- oder das Ausschleuselement mit der höchsten Belastung. Einsatzbereiche dynamischer Umlaufspeicher sind Zufördersysteme automatischer Tablarlager und Arbeitsspeicher vor Packzonen mit vielen parallelen Arbeitsplätzen.

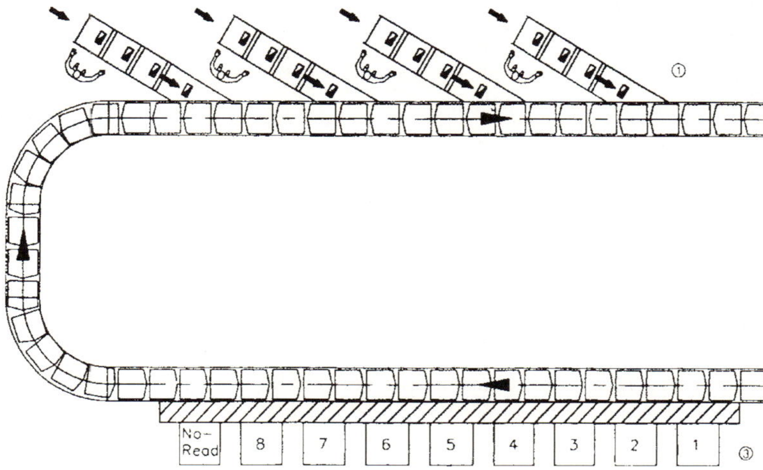


**Abb. 18.14** Kippschalensorter [184]

1 Aufgabestationen
2 Kreisförderer mit Kippschalen
3 Sammelrutschen

## 18.7 Fahrzeugsysteme

Die Bestandteile eines Fahrzeugsystems sind:

Transportmittel
Stationen
Spurnetz (18.14)
Transportsteuerung
Energieversorgung

Die *Transportmittel* eines Fahrzeugsystems sind einzelne beladbare *Transportfahrzeuge* oder *Transportzüge*, die aus einem *Zugfahrzeug* und mehreren *Anhängern* bestehen. Sie bewegen sich mit oder ohne Beladung nach den Vorgaben der Transportsteuerung zwischen den Stationen durch das Spurnetz.

Eine *stationäre* oder *mitfahrende Energieversorgung* liefert die notwendige Energie für den Antrieb der Transportmittel.

### 1. Kennzahlen der Transportmittel

Folgende Leistungs- und Kostenkennzahlen der Transportmittel bestimmen die Leistungsfähigkeit, den Fahrzeugbedarf, die Verfügbarkeit und die Wirtschaftlichkeit eines Fahrzeugsystems:

- *Transportkapazität*: *Laderaum* $V_{TE}$ [m³/TE], *Nutzlast* $G_{TE}$ [kg/TE, t/TE] und *Fassungsvermögen* $C_{TE}$ [LE/TE]
- *Laderaummaße*: Länge $l_{LR}$, Breite $b_{LR}$ und Höhe $h_{LR}$ [m] des nutzbaren Laderaums
- *Fahrgeschwindigkeit*: Maximalgeschwindigkeit $v_{max}$ und Reise- oder Effektivgeschwindigkeit $v_{eff}$ [m/s; m/min oder km/h;]
- *Beschleunigungswerte*: Anfahrbeschleunigung $b_{TE}^{+}$, Bremsbeschleunigung $b_{TE}^{-}$ und Notbremskonstante $b_{TE\,n}^{-}$ [m/s²]
- *Außenmaße*: Länge $l_{TE}$, Breite $b_{TE}$ und Höhe $h_{TE}$ [m] der voll beladenen Transportmittel
- *Energiereichweite*: maximaler Fahrweg $s_{E\,max}$ [m] mit einer Füllung des Energiespeichers
- *Energieverbrauch*: *Treibstoffverbrauch* [l/100 km] oder *Stromverbrauch* [kW/h]
- *Zuverlässigkeit*: mittlere *störungsfreie Laufzeit* (MTBF) oder störungsfreie Laufleistung [km] und *mittlere Ausfallzeit im Störungsfall* (MTTR) (s. *Abschnitt 13.9*)
- *Gesamtnutzbarkeit*: maximale *Laufleistung* [Fahr-Kilometer] oder maximale *Nutzungsdauer* [Betriebsstunden]
- *Anschaffungspreise* von Fahrzeug und Anhängern

Die Leistungs- und Kostenkennzahlen resultieren aus der Konstruktion, der Antriebsart, der Fahrzeugsteuerung und anderen technischen Merkmalen des Transportmittels. Die Kennwerte ausgewählter *Transport-* und *Verkehrsmittel* sind in den *Tabellen 18.3* und *18.4* angegeben.

| VERKEHRSTRÄGER Transportmittel | Transporteinheit | Nutzlast t | Laderaum Länge m | Breite m | Höhe m | Fläche m² | Volumen m³ | Kapazität Anzahl | LE |
|---|---|---|---|---|---|---|---|---|---|
| **STRASSE** | | | | | | | | | |
| Transporter | Laderaum | 2,6 | 3,2 | 2,2 | 2,5 | 7 | 18 | 5 | PalStp |
| Lastwagen | Ladekoffer | 7,5 | 7,2 | 2,4 | 3,0 | 18 | 53 | 17 | PalStp |
| Sattelauflieger-Zug | Sattelauflieger | 27,0 | 13,6 | 2,5 | 3,0 | 34 | 102 | 34 | PalStp |
| Wechselbrücken-Zug | 2 Wechselbrücken | 14,0 | 7,1 | 2,5 | 3,0 | 18 | 53 | 2 X 17 | PalStp |
| **SCHIENE** | | | | | | | | | |
| Standardwaggon | 4 oder 8 Achsen | 50 | 14,6 | 2,6 | 2,8 | 38 | 106 | 36<br>2 | PalStp<br>TEU |
| Großraumwaggon | 8 Achsen | 100 | 26,0 | 2,6 | 2,8 | 68 | 189 | 60<br>4 | PalStp<br>TEU |
| Halbzug | Lok + Waggons | bis 1.600 | bis 500 | 3,0 | | | | 12 bis 16<br>60 | Waggons<br>TEU |
| Ganzzug | Lok + Waggons | bis 4.000 | bis 1.000 | 3,0 | | | | 17 bis 32<br>120 | Waggons<br>TEU |
| **WASSER** | | | | | | | | | |
| Europa-Binnenschiff | Container | 3.000 | 75,0 | 10,0 | 6,0 | 750 | 4.500 | bis 60 | TEU |
| Feederschiff klein | Container | 5.000 | ca. 100 | ca. 22 | | | | 500 | TEU |
| Feederschiff groß | Container | 20.000 | ca. 150 | 26 bis 28 | | | | 1.200 | TEU |
| Containerschiff groß | Container | 80.000 | ca. 350 | 28 bis 32 | | | | 8.000 | TEU |

**Tab. 18.3** Kenndaten ausgewählter Transportmittel [184]
1 PalStp = 1 Euro-Palettenstellplatz
1 TEU = 1 20“ -Container

Das Fassungsvermögen eines Transportmittels ist:

$$C_{TE} = C_{FZ} + N_{Hg} \cdot C_{Hg} \qquad [LE/TE] \qquad (18.15)$$

wenn – wie in *Abb. 18.15* dargestellt – $C_{Fz}$ [LE/Fz] die Kapazität des Fahrzeugs, $C_{Hg}$ [LE/Hg] die Kapazität der Anhänger und $N_{Hg}$ [Hg/TE] die Anzahl der Anhänger ist. Aus (18.15) folgt:

▶ Das *Fassungsvermögen* der Fahrzeuge und Anhänger und die *Anhängeranzahl* sind für die Planung *Optimierungsparameter* und im Betrieb *Dispositionsparameter*, mit denen sich die Kapazität der Transportmittel *flexibel* dem Beförderungsbedarf anpassen läßt.

Im einfachsten Fall ist $N_{Hg} = 0$ und die Transporteinheit ein beladbares Fahrzeug ohne Anhänger. Beispiele sind Stapler, Lastkraftwagen, Personenwagen, Schiffe oder Flugzeuge. Für den Fall $C_{Fz} = 0$ ist – wie bei Eisenbahnzügen, Binnenschiffs-

| **VERKEHRSTRÄGER** | **Geschwind.** | **Reichweite** | **Laufleistung** | **Investition** | **Treibstoff** | **Transportleistungspreise** | | |
|---|---|---|---|---|---|---|---|---|
| **Transportmittel** | effektiv | max | Gesamtnutzung | Neuwert | Verbrauch | Grundpreis | Stoppreis | Wegpreis |
| **STRASSE** | km/h | km/Tag | Mio.km | T€/Fahrzeug | l/100 km | €/Fahrt | €/Stop | €/km |
| **Transporter** | 50 | 400 | 0,8 | 30 | 14 bis 18 | 11,00 | 2,50 | 0,70 |
| **Lastwagen** | 60 | 500 | 1,2 | 60 | 20 bis 25 | 21,00 | 5,10 | 1,05 |
| **Sattelauflieger-Zug** | 60 | 800 | 1,5 | 130 | 35 bis 40 | 45,00 | 17,00 | 1,20 |
| **Wechselbrücken-Zug** | 60 | 800 | 1,5 | 140 | 35 bis 40 | 47,00 | 22,00 | 1,20 |
| | | | | Bereitstellung+Zugbildung | | Fahrt | Traktion | Trasse |
| **SCHIENE** | km/h | km/Tag | Mio.km | T€/Waggon | €/Wag | €/Wag-km | €/Zug-km | €/km |
| **Zug mit Standardwaggons** | 30 bis 60 | 800 | 3,0 | 65 | 35,00 | 0,16 | 13,00 | 5,00 |
| **Zug mit Großraumwaggons** | 40 bis 80 | 1.000 | 3,0 | 95 | 45,00 | 0,22 | 16,00 | 5,00 |
| **WASSER** | km/h | km/Tag | Mio.km | Mio.€/Schiff | l/100 km | €/Fahrt | €/Stop | €/km |
| **Binnenschiff** | 15 | 300 | 1,0 | 3 bis 3 | 500 | | | |
| **Feederschiff klein** | 30 | 650 | 2,0 | 12 bis 15 | 2.000 | 5.000 | 1.300 | 20,00 |
| **Feederschiff groß** | 35 | 850 | 3,0 | 22 bis 25 | 5.000 | 21.000 | 6.600 | 28,00 |
| **Containerschiff groß** | 45 | 950 | 3,0 | 40 bis 50 | 20.000 | 32.000 | 10.000 | 32,00 |

**Tab. 18.4** Leistungs- und Kostenkennwerte ausgewählter Transportmittel
Leistungspreise: Richtwerte aus Modellkalkulationen Kostenbasis: 2000

**Abb. 18.15** Fassungsvermögen eines Transportzugs mit Anhängern
Fahrzeugkapazität $C_{Fz} = 0$ LE
Hängerkapazität $C_{Hg} = 3$ LE
Hängeranzahl $N_{Hg} = 2$
Transportkapazität $C_{TM} = C_{Fz} + N_{Hg}C_{Hg} = 6$ LE
Beladung $M_{TE} = 5$ LE

schleppzügen und innerbetrieblichen Schleppzügen – die Zugmaschine nicht beladbar und die Kapazität der Anhänger $C_{Hg} > 0$. Der allgemeine Fall $C_{Fz} > 0$, $N_{Hg} > 0$ und $C_{Hg} > 0$ liegt zum Beispiel bei einem Lastzug mit Anhängern vor.

## 2. Ausführungsarten der Transportmittel

Die große Ausführungsvielfalt der Transportmittel resultiert aus den unterschiedlichen Konstruktionen, technischen Bauarten und vielen Kombinationsmöglichkeiten der Komponenten von Transportfahrzeugen und Transportzügen. Die *Komponenten der Transportmittel* eines Fahrzeugsystems sind:

Fahrzeug
Anhänger
Lastaufnahmemittel (18.16)
Spurführung
Antrieb
Fahrzeugsteuerung

Zur manuellen oder automatischen Auf- und Abgabe der Ladung können die Transporteinheiten mit *Lastaufnahmemitteln* ausgerüstet sein, deren Technik von der Beschaffenheit der Ladeeinheiten und von den stationären Einrichtungen in den Stationen bestimmt wird. Gebräuchliche *Lastaufnahmemittel* sind [190]:

Haken und Ketten
Spreader und Ladegeschirre
Schub-, Hub- und Teleskopgabeln (18.17)
Rollenbahnen und Tragketten
Lafetten
Greif-, Zug- und Schubeinrichtungen

Die Fahrzeuge lassen sich einteilen in *Hängebahnfahrzeuge, Flurförderzeuge* und *Verkehrsmittel.*

*Hängebahnfahrzeuge* sind Laufkatzen oder Gehänge mit unterschiedlichen Lastaufnahmemitteln, die an Fahrschienen über Kopf verfahren. Die *Vorteile* der Hängebahnen gegenüber den Flurförderzeugen sind die *Flurfreiheit*, die allerdings durch Schutzgitter und Führungsschienen beeinträchtigt wird, und die *permanente Stromversorgung*, die eine große Reichweite der Hängebahnfahrzeuge ermöglicht.

Hängebahnen werden konkurrierend zu den Kreisförderern vorwiegend für innerbetriebliche Transporte von schweren oder sperrigen Lasten über mittlere Entfernungen bei gleichbleibenden Transportrelationen eingesetzt.

Der innerbetriebliche Transport ist auch der Haupteinsatzbereich der Flurförderzeuge. Häufig verwendete *Flurförderzeuge* sind:

Hubwagen
Gabelstapler
Kommissionierfahrzeuge
Van-Carrier (18.18)
Lastfahrzeuge
Unterfahrschlepper
Schleppzüge.

Ein besonders einfaches und vielseitig nutzbares Flurförderzeug ist der in *Abb. 18.16* dargestellte *Gabelhandhubwagen* für Paletten. Gabelhubwagen werden im Wareneingang und Warenausgang zum Entladen, Umsetzen und Beladen sowie für den innerbetrieblichen Transport über kurze Entfernungen verwendet.

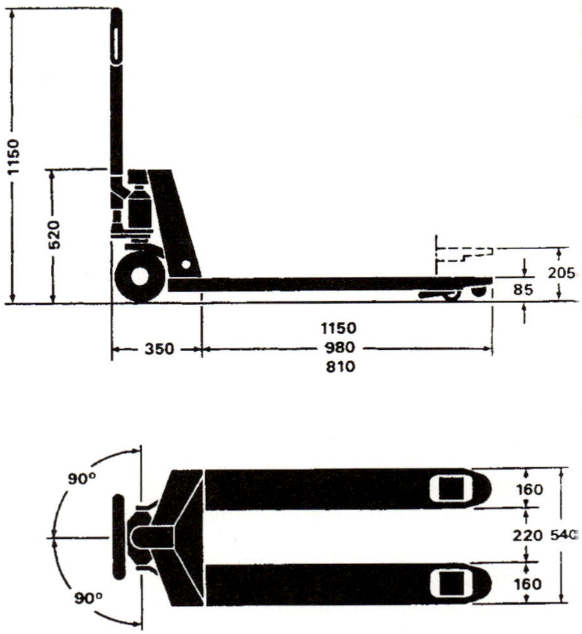


**Abb. 18.16** Gabelhandhubwagen zum innerbetrieblichen Palettentransport

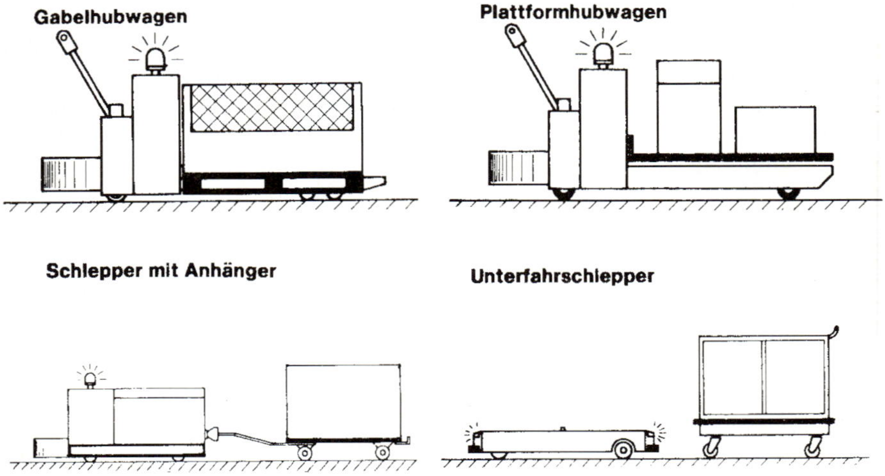


**Abb. 18.17** Fahrerlose Transportfahrzeuge (FTS-Fahrzeuge)

Die *Abb. 18.17* zeigt vier verschiedene Fahrzeugtypen von *Fahrerlosen Transport-Systemen*, kurz *FTS* genannt, die für unterschiedliche Lasten geeignet und mit verschiedenen Lastaufnahmemitteln ausgerüstet sind (s. auch *Abb. 17.45* und *18.18*). Die FTS-Systeme konkurrieren im innerbetrieblichen Transport mit den

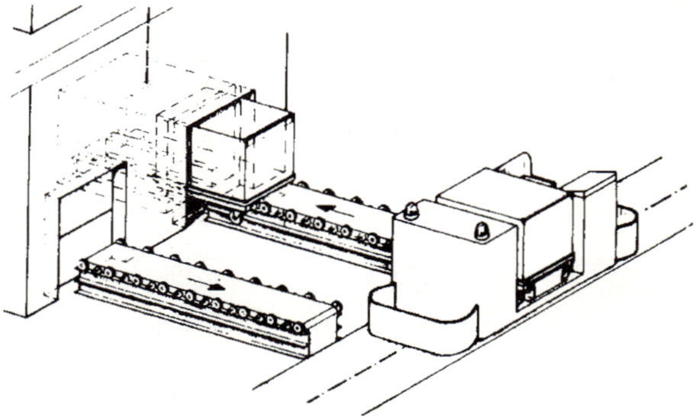

**Abb. 18.18** FTS-Fahrzeug zum Transport von Roll-Containern mit automatischer Lastübergabe zu Rollenbahn und Hubstation

mannbedienten Fahrzeugsystemen und den Hängebahnen, insbesondere wenn im Zwei- oder Dreischichtbetrieb gleichbleibend hohe Transportleistungen mit vielen, häufiger wechselnden Relationen gefordert sind.

In *Abb. 18.15* ist ein *Schleppzug mit Anhängern* dargestellt. Haupteinsatzgebiete von Schleppzügen sind der innerbetriebliche Transport von Paletten und anderen Lasten über größere Entfernungen sowie der Gepäck- und Frachttransport auf Bahnhöfen und in Flughäfen. Das Schleppfahrzeug kann einen Elektro- oder Dieselantrieb haben und manuell oder automatisch gelenkt werden. Die Anhänger können zum automatischen Be- und Entladen mit unterschiedlichen Lastaufnahmemitteln ausgerüstet sein.

Als Beispiel für einen *Transportübergang* zwischen einem Fördersystem und einem innerbetrieblichen Fahrzeugsystem zeigt *Abb.18.18* ein FTS-Fahrzeug, das für den Transport und die automatische Lastaufnahme von Rollbehältern ausgerüstet ist.

Die *Abb. 18.19* zeigt jeweils ein Ausführungsbeispiel der *Verkehrsmittel*:

Straßenfahrzeug
Schienenfahrzeug
Schiff (18.19)
Flugzeug

Verkehrsmittel werden primär im *außerbetrieblichen Transport* eingesetzt und bewegen sich auf den *Verkehrsträgern*:

Straße
Schiene (18. 20)
Wasser
Luft

Als Beispiel für den automatischen Transportübergang zwischen einem innerbetrieblichen Fördersystem und einem außerbetrieblichen Fahrzeugsystem ist in *Abb. 18.20* ein *Sattelaufliegerfahrzeug* dargestellt, das mit Tragkettenförderern zum automatischen Be- und Entladen von Paletten ausgerüstet ist. Ein solches Shuttle-Transportfahrzeug ist wirtschaftlich einsetzbar zwischen Produktion

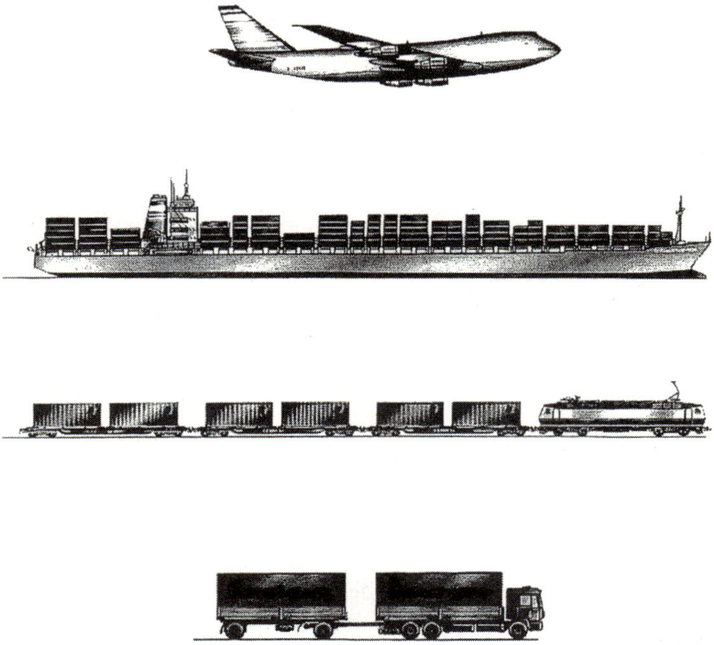

**Abb. 18.19** Verkehrsmittel auf Straße, Schiene, Wasser und in der Luft
Darstellung aus Firmenbroschüre *Kühne & Nagel*

und Fertigwarenlagern, wenn der Transportweg nicht wesentlich größer als 100 km und der Betrieb mehrschichtig ist.

### 3. Spurführung und Spurnetze

Das Spurnetz, der Verkehrsablauf und die Transportstrategien hängen von der *Art der Spurführung* ab. Für diese bestehen folgende Möglichkeiten:

- *Feste Spurführung*: Die Fahrspur der Transportmittel ist durch eine *stationäre Spurführung* fest vorgegeben.
- *Freie Spurführung*: Die Fahrspur kann von der Fahrzeugsteuerung innerhalb eines bestimmten *Verkehrsraums* frei gewählt werden.

Bei *fester Spurführung* können die Fahrzeuge oder Züge die Fahrspur nur an den Knotenpunkten wechseln. Ein Überholen zwischen den Knotenpunkten ist nicht möglich. Die Geschwindigkeiten der Fahrzeuge auf einer Fahrstrecke können in einem begrenzten Zeitraum nur wenig voneinander abweichen. Die *Fahrspur* ist durch fest installierte Fahrschienen, Führungsschienen oder Leitdrähte oder durch optische, akustische oder elektronische Leitspuren räumlich fixiert.

Bei *freier Spurführung* sind *Spurwechsel*, *Spuränderungen* und *Überholvorgänge* an allen Punkten der Fahrtrasse möglich, soweit es die Verkehrslage und

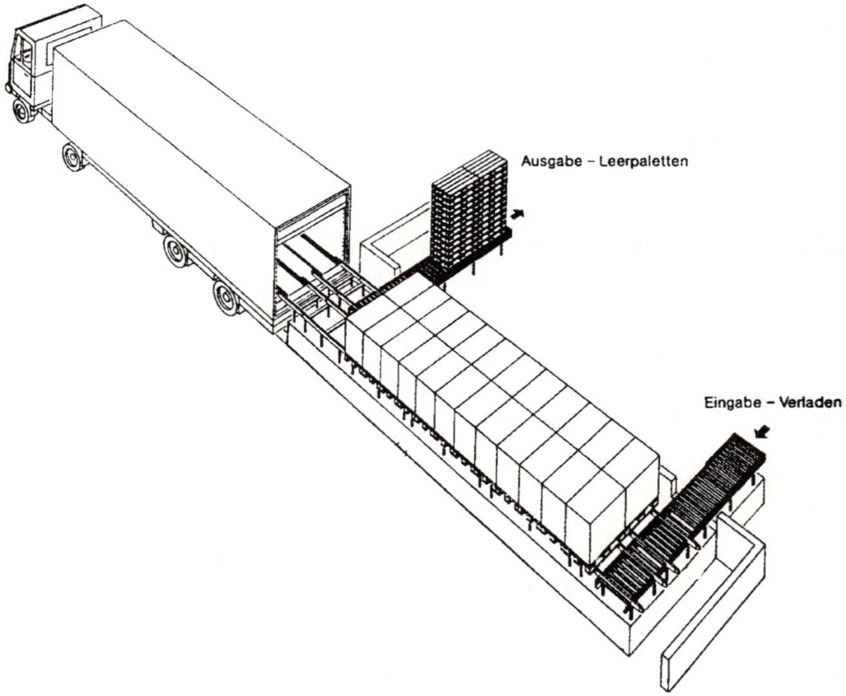


**Abb. 18.20** Shuttle-Fahrzeug mit automatischer Palettenübergabestation [127]

der Verkehrsraum zulassen. Daher können die Fahrzeuge bei freier Spurführung auf der selben Strecke unterschiedliche Geschwindigkeiten haben. Der *Verkehrsraum* ist durch eine Fahrbahn, Fahrtrasse oder Fahrrinne, durch eine Verkehrsfläche oder Wasserfläche oder durch einen vorgegebenen Luftverkehrsraum begrenzt. Bis auf die Schienennetze der Bahn sind die *öffentlichen Verkehrsnetze* Transportnetze mit freier Spurführung.

Die *öffentlichen Verkehrsnetze* – Straßennetze, Binnenschiffahrtsnetze, Seeverkehrsnetze und Luftverkehrsnetze – sind das Ergebnis einer historischen Entwicklung, die vom Industrie- und Bevölkerungswachstum, der *Verkehrspolitik*, der Infrastrukturplanung und der Städteplanung beeinflußt ist. Neue Verkehrswege werden von der *Verkehrswegeplanung* vorbereitet und abhängig von Bedarf und Finanzierbarkeit gebaut. Die öffentlichen Verkehrsnetze sind weitgehend vorgegeben und durch die Unternehmen oder Verkehrsteilnehmer kaum veränderbar.

Die flächendeckenden Verkehrsnetze in den Industrieländern bieten den Verkehrsteilnehmern jedoch eine große Wahlfreiheit für die *Fahrtrouten* zwischen den Stationen. Die weltumspannenden Verkehrsnetze zu Land, auf dem Wasser und in der Luft ermöglichen den Unternehmen den Aufbau *flexibler* oder *temporärer Logistiknetze*, die nur einen kleinen Teil der Verkehrsnetze nutzen. Diese *Handlungsspielräume* werden vom *Netzwerkmanagement* und in der *Tourenplanung* genutzt [175; 178].

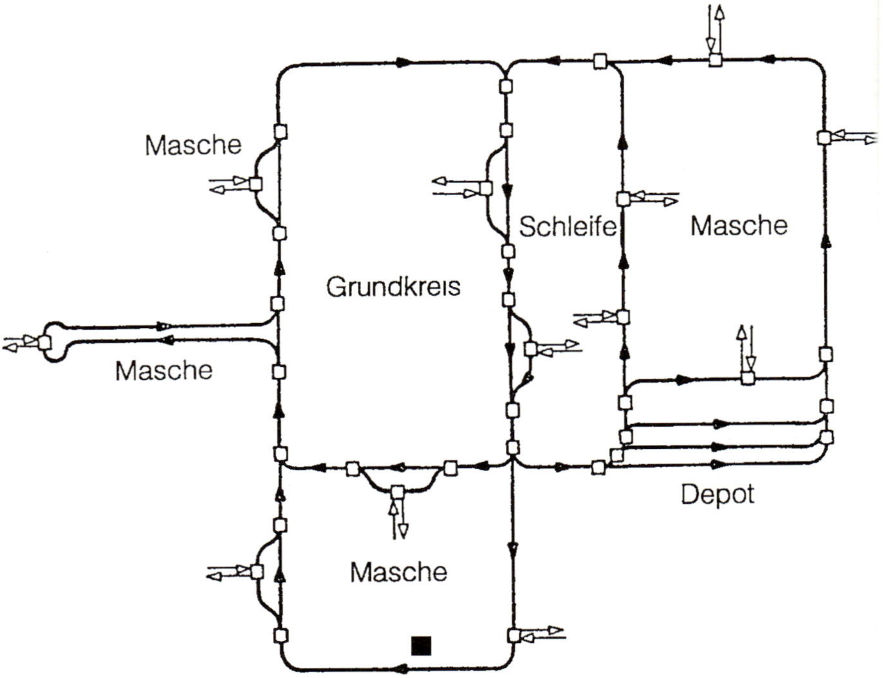


**Abb. 18.21** Geschlossenes Spurnetz eines Fahrzeugsystems
Transportnetz eines FTS-Systems zur Ver- und Entsorgung eines Krankenhauses

*Spurnetze mit fester Spurführung* sind die *Schienennetze* von Eisenbahnen, Hängebahnen und innerbetrieblichen Schienenfahrzeugen sowie die *Spurnetze* fahrerloser Transportsysteme. Als Beipiel zeigt *Abb. 18.21* das unterirdische Spurnetz eines *Allgemeinen Waren-Transportsystems* (AWT) mit den in *Abb. 18.18* dargestellten FTS-Fahrzeugen zum Flächentransport von Containern, mit dem die Stationen eines *Krankenhauses* über Aufzüge mit Wäsche, Mahlzeiten, Medikamenten und anderem Bedarf ver- und entsorgt werden (s. auch *Abb. 17.42*).

Der Einsatz von *RFID* zur Positionsbestimmung in Verbindung mit *Transpondern*, die im Boden der Verkehrsfläche als Flächenraster von Bezugspunkten verlegt sind, ermöglicht heute *FTS-Systeme* – auch *AGV-System* (*Automated Guided Vehicle*) genannt – mit nahezu *freier Spurführung*. Der Fahrzeugrechner ermittelt aus der aktuellen Position den schnelltsten kollisionsfreien Weg und steuert das Fahrzeug – im günstigsten Fall auf kürzestem Direktweg – zum vorgegebenen Ziel.

Die Planung der *innerbetrieblichen Transportnetze* ist Aufgabe der *Materialflußplanung* in Abstimmung mit der *Werks-* oder *Betriebsplanung*. Die Trassenführung der Verkehrswege und die Gestaltung der Schienen- und Spurnetze in den Werken und Betrieben resultieren aus dem Beförderungsbedarf zwischen den Leistungsstellen und den Betriebsbereichen (s.u.).

#### 4. Antriebstechnik und Energieversorgung

In den Transportmitteln kommen heute primär folgende *Antriebstechniken* zum Einsatz:

Gleichstrom- oder Drehstrommotor
Benzin-, Diesel- oder Gasmotor (18.21)
Düsentriebwerke

Andere Antriebstechniken, wie die Windkraft oder die Dampfmaschine, sind von Dieselmotor und Elektroantrieb weitgehend verdrängt worden oder befinden sich, wie der Gyroskopantrieb für Busse oder die Hybridantriebe, im Experimentierstadium.

*Entscheidungskriterien* für die Auswahl der Antriebstechnik eines Transportmittels sind Verfügbarkeit, Verbrauch und Kosten des *Energieträgers*, die benötigte *Antriebskraft*, die angestrebte *Fahrgeschwindigkeit* und *Beschleunigung* sowie die Art der *Energieversorgung*.

Für die *Energieversorgung* des Fahrzeugantriebs bestehen folgende Möglichkeiten:

- *Stationäre Energieversorgung* über Schleifleitungen, Stromschienen, Oberleitung oder Schleppkabel
- *Mitfahrende Energieversorgung* aus einem Treibstofftank, einer Batterie oder einem Akku oder durch einen mechanischen Energiespeicher, wie Gyroskop oder Feder

Der *Vorteil* der *stationären Energieversorgung* ist, daß die Reichweite der Transportmittel nicht durch den Inhalt eines Energiespeichers begrenzt wird. Der Hauptnachteil sind die fest neben der Fahrspur installierten Versorgungsleitungen. Dadurch ist die stationäre Energieversorgung beschränkt auf spurgeführte Fahrzeugsysteme. Das heißt:

► Die *stationäre Energieversorgung* beschränkt die Beweglichkeit der Transportmittel auf feste Fahrspuren, ermöglicht aber den unterbrechungsfreien Einsatz der Fahrzeuge.

Eine *mitfahrende Energieversorgung* ist Voraussetzung für ein spurfreies Fahrzeugsystem. Sie erfordert keine festen Versorgungsleitungen entlang den Fahrwegen und ermöglicht dadurch eine größere *Beweglichkeit* der Transportmittel. Dieser Vorteil wird jedoch mit folgenden *Nachteilen* und *Einschränkungen* erkauft:

- Der Inhalt des mitfahrenden Energiespeichers begrenzt die *Reichweite* des Transportmittels.
- Energiespeicher und Energieträger benötigen Platz und haben ein *Eigengewicht*, das zu Lasten der Nutzlast geht und für dessen Beförderung Energie verbraucht wird.
- Zum Aufladen der Energiespeicher müssen in ausreichendem Abstand *Tankstellen* oder *Ladestationen* vorhanden sein, die eine eigene Versorgungslogistik benötigen.

- Das Tanken oder Aufladen erfordert Zeit, die für den Transporteinsatz verloren geht und die *Verfügbarkeit* der Transportmittel reduziert.

Hieraus folgt:

▶ Die *mitfahrende Energieversorgung* ermöglicht eine größere Bewegungsfreiheit der Transportmittel, begrenzt aber deren Reichweite und vermindert die Verfügbarkeit.

Die begrenzte Reichweite und die verminderte Verfügbarkeit sind *Restriktionen*, die bei der Systemauslegung und der Berechnung des Fahrzeugbedarfs sowie bei der Tourenplanung und Einsatzdisposition der Fahrzeuge berücksichtigt werden müssen.

## 18.8 Transportmatrix und Transportmittelbedarf

Damit ein Fahrzeugsystem eine Transportleistung erbringen kann, die durch eine *Beförderungsmatrix* $\lambda_{ij}$ [LE/h] gefordert wird, müssen zwischen den Stationen $S_i$ und $S_j$ Transportströme fließen, die durch eine *Transportmatrix* $\lambda_{TE\,ij}$ [TE/h] gegeben sind. Die Transportmatrix wird benötigt zur Ermittlung der Verkehrsbelastung der Strecken und Knoten des Transportnetzes und zur Berechnung des Transportmittelbedarfs.

Die Transportströme zwischen den Stationen setzen sich zusammen aus einem *Ladungstransportstrom* $\lambda^V_{TE\,ij}$ von Transportmitteln *mit* Beladung und einem *Leertransportstrom* $\lambda^L_{TE\,ij}$ von Transportmitteln *ohne* Beladung:

$$\boldsymbol{\lambda}_{TE\,ij} = \boldsymbol{\lambda}^V{}_{TE\,ij} + \boldsymbol{\lambda}^L{}_{TE\,ij} \qquad \textbf{[TE/h].} \qquad (18.22)$$

Die funktionale Abhängigkeit der *Ladungstransportströme* und der *Leertransportströme* vom Beförderungsbedarf $\lambda_{ij}$ und vom Fassungsvermögen $C_{TE}$ der Transportmittel wird von den Transportstrategien bestimmt.

### 1. Ladungstransportströme

Wenn jedes Transportmittel maximal beladen ist, befördert es $C_{TE}$ Ladeeinheiten. Daraus folgt:

▶ Für Transportmittel mit dem Fassungsvermögen $C_{TE}$ [LE/TE] und eine geforderte Beförderungsleistung $\lambda_{ij}$ [LE/h] ist der *minimale Ladungstransportstrom*

$$\lambda^V{}_{TE\,ij} = \lambda_{ij}/C_{TE} \qquad [\text{TE/h}]. \qquad (18.23)$$

Minimale Ladungstransportströme sind durch maximale Ladungsbündelung mit der Strategie zielreiner Fahrten bei freier Abfertigungsreihenfolge erreichbar, wenn die Transportzeiten nicht begrenzt sind.

Wenn für eine Transportrelation nur eine maximale Abfertigungswartezeit $Z_{ij}$ [h] zulässig ist, müssen die Transportfahrten mit einer *Mindestfrequenz* $\nu_{ij\,min} = 1/Z_{ij}$ [1/h] stattfinden, auch wenn die in der Zeit $Z_{ij}$ für das Ziel $S_j$ ankommenden Ladeeinheiten das Transportmittel nicht voll auslasten. Hieraus folgt:

▶ Bei *freier Abfertigungsreihenfolge* durch Transportmittel mit dem *Fassungsvermögen* $C_{TE}$ [LE/TE], den maximal zulässigen *Abfertigungswartezeiten* $Z_{ij}$ [h], *zielreinen Fahrten* und einem *Beförderungsbedarf* $\lambda_{ij}$ [LE/h] sind die *Ladungstransportströme*

$$\boldsymbol{\lambda}^{V}{}_{TE\,ij} = \mathbf{MAX}\left(\boldsymbol{\lambda}_{ij}/C_{TE}\,;1/Z_{ij}\right) \qquad [\mathbf{TE/h}]. \qquad (18.24)^{©}$$

Bei fester Abfertigungsreihenfolge und zielreinen Fahrten können jeweils nur soviele Ladeeinheiten in einem Transportmittel befördert werden, wie nacheinander für die gleiche Zielrichtung ankommen. Für einen stochastisch durchmischt ankommenden Ladeeinheitenstrom ergibt sich die Anzahl zielrein aufeinander folgender Ladeeinheiten aus der *Folgenwahrscheinlichkeit* (13.45). Damit folgt [185]:

▶ Bei *fester Abfertigungsreihenfolge* durch Transportmittel mit dem *Fassungsvermögen* $C$ [LE/TE], den maximal zulässigen *Abfertigungswartezeiten* $Z_{ij}$ [h], *zielreinen Fahrten* und *zielgemischten Beförderungsströmen* $\lambda_{ij}$ [LE/h] sind die *Ladungstransportströme*

$$\boldsymbol{\lambda}^{V}{}_{TE\,ij} = \mathbf{MAX}\left(\left(\left(1-\boldsymbol{\lambda}_{ij}/\boldsymbol{\lambda}_{Ei}\right)\Big/\left(1-\left(\boldsymbol{\lambda}_{ij}/\boldsymbol{\lambda}_{Ei}\right)^{C}\right)\right)\cdot\boldsymbol{\lambda}_{ij}\,;1/Z_{ij}\right) \quad [\mathbf{TE/h}]. \quad (18.25)^{©}$$

Hierin sind $\lambda_{Ei}$ die Einlaufströme (18.3) in die Stationen $S_i$. Bei einer Kapazität $C$ = 1 LE/TE ist die Volltransportmatrix für beide Abfertigungsstrategien gleich der Belastungsmatrix.

Für zielgemischte Fahrten und für Fahrten mit Zuladen ergeben sich die Ladungstransportströme aus der Summation der erforderlichen Einzelfahrten. Die Anzahl der Einzelfahrten ist abhängig von der *Tourenplanung* (s. *Abschnitt 18.11*).

Fahrten mit Zuladung sind nur möglich, wenn ein Transportmittel eine Station teilgefüllt verläßt. Das kommt bei freier Abfertigungsreihenfolge immer dann vor, wenn sich in der maximalen Abfertigungswartezeit weniger als $C_{TE}$ Ladeeinheiten für eine Zielrichtung ansammeln.

Für die Strategien der Fahrten mit Zuladung und der zielgemischten Fahrten gelten folgende *Einschränkungen*:

▶ *Transportfahrten mit Zuladung* haben nur einen positiven Effekt, wenn die Transportmatrix durch das Anfahren mehrerer Ziele deutlich kleiner wird als die Transportmatrix (18.24) für Fahrten ohne Zuladung.

▶ *Zielgemischte Fahrten*, die bei fester Abfertigungsreihenfolge eine volle Beladung der Transportmittel ermöglichen, sind nur sinnvoll, wenn die hiermit erreichbare Transportmatrix kleiner ist als die Transportmatrix (18.25) für zielreine Fahrten.

Daher sind die maximalen Ladungstransportströme bei freier Abfertigungsreihenfolge durch Beziehung (18.24) und bei fester Abfertigungsreihenfolge durch Beziehung (18.25) gegeben. Für beide Abfertigungsstrategien kann also das Fahrzeugsystem mit den Transportmatrizen (18.24) und (18.25) dimensioniert werden. Ein so ausgelegtes Fahrzeugsystem ist dann auch für andere Transportstrategien, wie zielgemischte Fahrten und Fahrten mit Zuladung, ausreichend bemessen [126].

### 2. Transportmatrix für einzelne und kombinierte Fahrten

Für die beiden einfachsten Leerfahrzeugstrategien der einzelnen und der kombinierten Fahrten lassen sich die Leertransportströme und damit auch die Transportmatrix direkt berechnen. Bei Einzelfahrten ist der von einer Station $S_j$ zu einer Station $S_i$ zurückfließende Leertransportstrom gleich dem von der Station $S_i$ zu der Station $S_j$ hinfließenden Ladungstransportstrom

$$\lambda^{L}{}_{TE\,ji} = \lambda^{V}{}_{TE\,ij}. \qquad (18.26)$$

Aus Beziehung (17.22) folgt damit die

▶ *Transportmatrix für einzelne Fahrten* mit leerer Rückfahrt

$$\boldsymbol{\lambda}_{TE\,ij} = \boldsymbol{\lambda}^{V}{}_{TE\,ij} + \boldsymbol{\lambda}^{V}{}_{TE\,ji}. \qquad (18.27)$$

Bei kombinierten Fahrten ist der Transportstrom zwischen einer Station $S_i$ und einer Station $S_j$ in beiden Richtungen jeweils gleich dem Maximum des hinfließenden und des rückfließenden Ladungstransportstroms. Daraus folgt die

▶ *Transportmatrix für kombinierte Fahrten* mit maximal genutzter Rückfahrt

$$\boldsymbol{\lambda}_{TE\,ij} = \mathrm{MAX}\left(\boldsymbol{\lambda}^{V}{}_{TE\,ij};\ \boldsymbol{\lambda}^{V}{}_{TE\,ji}\right). \qquad (18.28)^{©}$$

Die Abhängigkeit der Transportströme (18.27) und (18.28) vom Fassungsvermögen und vom Beförderungsbedarf bewirkt, daß die *Transportmittelauslastung*

$$\eta_{TE\,ij} = \lambda_{TE\,ij} / \left(C_{TE} \cdot \lambda_{ij}\right) \qquad (18.29)^{©}$$

bei freier Abfertigungsreihenfolge besser ist als bei fester Abfertigungsreihenfolge. Daher nimmt der Transportmittelbedarf bei freier Abfertigungsreihenfolge mit zunehmendem Fassungsvermögen rascher ab als bei fester Abfertigungsreihenfolge.

Aus dem Zusammenwirken von Abnahme des Transportmittelbedarfs, Zunahme der Lastübernahmezeit und Anstieg des Fahrzeugpreises mit dem Fassungsvermögen wurde die in *Abb. 18.22* dargestellte Abhängigkeit der Investition für die Fahrzeuge eines FTS-Systems für Paletten vom Fassungsvermögen bei freier und bei fester Abfertigungsreihenfolge berechnet. Dieses Praxisbeispiel zeigt, wie wirkungsvoll sich ein Transportsystem durch richtige Abfertigungsstrategie und optimale Festlegung des Fassungsvermögens verbessern läßt [185].

### 3. Strombelegung

Die *Strombelegung* oder *Verkehrsbelastung* ergibt sich, indem die Ströme der Transportmatrix so auf die Strecken und Knoten des Netzes umgelegt werden, daß sie auf kürzestem Weg von den Ausgangsstationen zu den Zielstationen fließen.

**Abb. 18.22** Abhängigkeit der Transportmittelinvestition vom Fassungsvermögen der FTS-Fahrzeuge

Graue Balken: Feste Abfertigungsreihenfolge

Schwarze Balken: Freie Abfertigungsreihenfolge

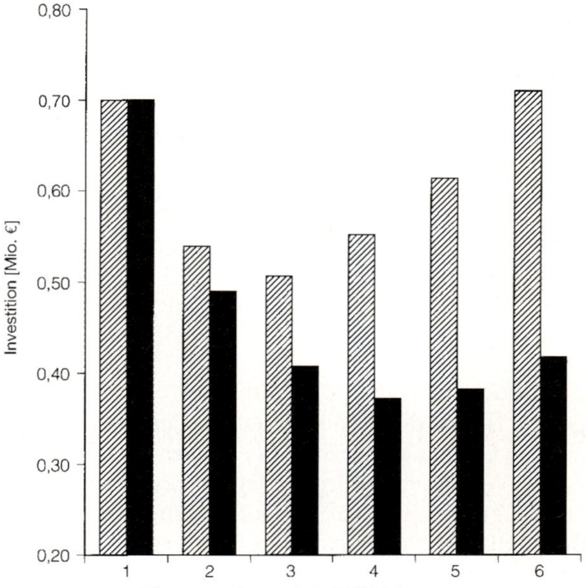


Aus der Umlage der Transportströme resultiert die

- *Strombelegungsfunktion*

$$\varepsilon_{\text{ij}\,ka} = \begin{cases} 1 & \text{wenn } \lambda_{\text{TE ij}} \text{ das Element } TE_k \text{ in Funktion } F_{ka} \text{ durchläuft} \\ 0 & \text{wenn } \lambda_{\text{TE ij}} \text{ das Element } TE_k \text{ in Funktion } F_{ka} \text{ nicht durchläuft} \end{cases} \tag{18.30}$$

Mit Hilfe der Strombelegungsfunktion ergeben sich

- die *partiellen Transportströme* durch das *Transportelement* $TE_k$ in der *Einzelfunktion* $F_{k\alpha}$

$$\lambda_{ka} = \sum_{\text{i}} \sum_{\text{j}} \varepsilon_{\text{ij}\,ka} \cdot \lambda_{\text{TE ij}}. \tag{18.31}$$

Für die Transportstrategien der einzelnen und der kombinierten Fahrten mit den Transportmatrizen (18.27) bzw. (18.28) ist das Umlegen der Transportströme anhand einer Abbildung des Transportnetzes relativ einfach durchführbar, indem zwischen zwei Stationen jeweils der kürzeste Weg gewählt wird.

### 4. Strombelegung bei Leerfahrtminimierung

Für Transportsysteme mit *Redundanz*, in denen zwischen den Stationen mehrere Wege zur Auswahl stehen, und für Fahrten mit Zuladen oder für zielgemischte Fahrten fehlen bisher geeignete *Algorithmen* zur Bestimmung der Transportmatrix, zur Herleitung der Belegungsfunktion und damit auch zur Berechnung der Transportströme und des Transportmittelbedarfs.

Auch für die Strategie der *Leerfahrtminimierung* gibt es bisher keine explizite Formel zur Berechnung der Leertransportströme. Zur Dimensionierung werden für den Fall der Leerfahrtminimierung jedoch nur die *partiellen Transportströme* (18.31) benötigt.

Diese ergeben sich für die Strategie der Leerfahrtminimierung durch Umlegen der Ladungstransportströme (18.24) oder (18.25) auf die jeweils kürzesten Wege und anschließendes Ergänzen der Leerfahrzeugströme. Wenn für eine Station $S_i$ die *Leerfahrzeugdifferenz*

$$\Delta\lambda^{L}{}_{\mathrm{TE\,i}} = \sum_{j}\left(\lambda^{V}{}_{\mathrm{TE\,ij}} - \lambda^{V}{}_{\mathrm{TE\,ji}}\right) \quad (18.32)$$

positiv ist, hat die Station einen *Leerfahrzeugüberschuß*. Ist die Differenz (18.32) negativ, besteht an der Station ein *Leerfahrzeugbedarf*.

Das Verfahren der *Ergänzung der Leerfahrzeugströme* besteht darin, den Leerfahrzeugüberschuß auf den kürzesten Wegen von den Überschußstationen zu den Bedarfsstationen zu leiten. Hierfür wird – beginnend bei der Station mit dem größten Leerfahrzeugüberschuß – der Überschuß (18.32) auf die nächstgelegenen Stationen mit Leerfahrzeugbedarf verteilt. Da die Summe über die Leerfahrzeugdifferenzen (18.32) gleich Null ist, entstehen nach diesem Verfahren minimale Leertransportströme.

### 5. Durchlaufzeiten und Transportzeiten

Auf dem Weg von Station $S_i$ zu Station $S_j$ durchläuft ein Transportmittel nacheinander $N_{ij}$ Transportelemente $TE_k$. Es legt dabei einen *Gesamtfahrweg* $l_{ij}$ zurück, der sich aus den *partiellen Durchlauflängen* $l_{k\alpha}$ durch die einzelnen Elemente zusammensetzt (s. Beziehung (18.7)).

Die Zeit für die Fahrt durch eine Verbindungsstrecke der Durchlauflänge $l_{k\alpha}$ mit der Fahrgeschwindigkeit $v_\alpha$ ohne Anhalten, Beschleunigen oder Abbremsen ist:

$$z_{\mathrm{D}ka} = l_{ka}/\mathrm{v}_{a}\,. \quad (18.33)$$

Wenn am Anfang oder Ende der Verbindungsstrecke eine Beschleunigung oder ein Abbremsen stattfindet, erhöht sich die Durchlaufzeit um die Beschleunigungs- und Bremszeiten. Die Durchlaufzeit für eine Wegstrecke, an deren Anfang und Ende das Transportmittel steht, also die Geschwindigkeit 0 hat, ist durch Beziehung (16.59) gegeben.

Die Durchlaufzeit durch eine Belade- oder Entladestation mit der *Einlaufzeit* $t_{\mathrm{ein}}$, der *Lastübergabezeit* für $C$ Ladeeinheiten $t_{\mathrm{LÜ}}(C)$ und der *Auslaufzeit* $t_{\mathrm{aus}}$ ist:

$$z_{\mathrm{DLÜ}} = t_{\mathrm{ein}} + t_{\mathrm{LÜ}}(\mathrm{C}) + t_{\mathrm{aus}}\,. \quad (18.34)$$

Wenn $z_{\mathrm{D}k\alpha}$ die *Durchlaufzeit* einer Transporteinheit durch das Transportelement $TE_k$ in der partiellen Funktion $\mathrm{F}_{k\alpha}$ ist, $z_{\mathrm{W}k\alpha}$ die mittlere partielle *Wartezeit* vor dem Transportelement und $\varepsilon_{ij\,k\alpha}$ die durch Beziehung (18.30) definierte Strombelegungsfunktion des Netzes ist, folgt für die

- *Transportzeit* von Station $S_i$ zu Station $S_j$

$$T_{ij} = \sum_k \sum_\alpha \varepsilon_{ij\,ka} \cdot \left( Z_{D\,ka} + Z_{W\,ka} \right) \qquad [h]. \qquad (18.35)$$

Das erste Transportelement der Summe über k ist die Beladestation und das letzte die Entladestation. Die *mittleren Wartezeiten* $Z_{W\,k\alpha}$ lassen sich bei bekannter Strombelastung mit Hilfe von Beziehung (13.67) aus *Kapitel 13* berechnen.

Für längere Fahrwege in Verkehrsnetzen wie auch zur Näherungsberechnung für innerbetriebliche Transportnetze genügt es, die Transportzeit zwischen den Stationen mit einer *Reise- oder Effektivgeschwindigkeit* $v_{eff}$ zu berechnen, in der die Brems- und Beschleunigungszeiten auf den einzelnen Streckenabschnitten pauschal berücksichtigt sind. Dann gilt für die Transportzeiten ohne Wartezeiten die *Näherungsformel*:

$$T_{ij} \approx \mathbf{n}_{\mathbf{Stop}} \cdot t_{\mathbf{Stop}} + l_{ij} / \mathbf{v}_{\mathbf{eff}} \qquad [\text{TE-Fahrt}]. \qquad (18.36)$$

Hierin sind $l_{ij}$ die Fahrwege zwischen den Stationen, $n_{Stop}$ die Anzahl der Be- und Entladestops auf der Fahrt von $S_i$ nach $S_j$ einschließlich des Anfangs- und Endstops und $t_{Stop}$ die mittlere Stopzeit.

Die Transportzeiten einschließlich der Wartezeiten sind um einen *Wartezeitfaktor* $f_W$ größer als die reinen Transportzeiten (18.36). Der Wartezeitfaktor ist bei nur einem Fahrzeug im System gleich 1 und steigt mit der Auslastung des Transportsystems an (s. *Abb. 18.23*).

Aus den Transportzeiten (18.35) oder (18.36) folgt mit dem Ladungstransportstrom $\lambda^V_{TE\,ij}$ die *mittlere Nutzfahrzeit*:

$$T^V = \sum_i \sum_j \left( \lambda^V{}_{TE\,ij} / \lambda^V{}_{TE} \right) \cdot T_{ij}. \qquad (18.37)$$

Die mittlere Nutzfahrzeit ist *Zielfunktion*, wenn eine Minimierung der Fahrzeiten in einem Transportsystem angestrebt wird. Das ist z.B. erreichbar durch das Einfügen von Abkürzungs- und Überholstrecken oder durch eine erhöhte Fahrgeschwindigkeit.

**6. Transportmittelbedarf nach dem Belegungsverfahren**

Sind die Transportmatrix und die Transportzeiten bekannt, läßt sich der Transportmittelbedarf berechnen. Wenn von Station $S_i$ zur Station $S_j$ stündlich $\lambda_{TE\,ij}$ Fahrten mit einer Transportzeit $T_{ij}$ [h] stattfinden, ist die Anzahl der im Einsatz befindlichen Transportmittel:

$$N_{TM\,ij} = \lambda_{TE\,ij} \cdot T_{ij} \qquad [\text{TE}]. \qquad (18.38)$$

Durch Summation über alle Transportrelationen folgt hieraus für eine Transportmatrix $\lambda_{TE\,ij}$ und die Transportzeiten $T_{ij}$ der

▶ *aktuelle Transportmittelbedarf* des Fahrzeugsystems

$$N_{\mathrm{TM}} = \sum_{i}\sum_{j} \lambda_{\mathrm{TE\,ij}} \cdot T_{\mathrm{ij}} = N_{\mathrm{TE\,D}} + N_{\mathrm{TE\,W}} \qquad [\mathrm{TE}]. \qquad (18.39)$$

Entsprechend der Zusammensetzung der Transportzeiten (18.35) aus Durchlaufzeiten und Wartezeiten ist die Anzahl der Transporteinheiten im System gleich einer Anzahl $N_{\mathrm{TE\,D}}$ *durchlaufender Transporteinheiten*, die sich in einem der Transportelemente fortbewegen oder abgefertigt werden, und einer Anzahl $N_{\mathrm{TE\,W}}$ *wartender Transporteinheiten*, die vor den Transportelementen auf Abfertigung warten (s. *Abb. 18.25*).

Für Transportmittel, deren *Verfügbarkeit* $\eta_{\mathrm{ver}}$ infolge technischer Störungen oder wegen des Zeitbedarfs für das Aufladen kleiner 1 ist, ist der

▶ effektive Transportmittelbedarf

$$N_{\mathrm{TM\,eff}} = N_{\mathrm{TM}} / \eta_{\mathrm{ver}} \qquad [\mathrm{TE}]. \qquad (18.40)$$

Der effektive Transportmittelbedarf ist größer als der aktuelle Transportmittelbedarf.

So ist der Bedarf eines FTS-Systems mit Elektrofahrzeugen, deren Verfügbarkeit infolge der Aufladezeiten nur 85 % beträgt, um 18 % größer als die Anzahl aktuell im Einsatz befindlicher Fahrzeuge. Wenn das Aufladen außerhalb der Betriebszeit oder in auslastungsschwachen Zeiten möglich ist, steigt die Verfügbarkeit auf die rein ausfallbedingte Verfügbarkeit, die in der Regel besser als 98 % ist. Der effektive Fahrzeugbedarf sinkt dann um 15 %.

### 7. Transportmittelbedarf nach dem Rundfahrtverfahren

Besteht das Transportsystem aus Fahrzeugen, Zügen, Schiffen oder Flugzeugen, die von einer Station $S_0$ starten und nach einem *Umlauf* oder einer *Rundfahrt* zu n Zielorten $S_j$ wieder zum Ausgangspunkt $S_0$ zurückkehren, läßt sich die *Umlaufzeit* oder *Rundfahrzeit* $T_R$ [ZE] eines Transportmittels nach Beziehung (18.36) aus der Stopzahl, der effektiven Reisegeschwindigkeit und der Länge des Rundfahrwegs $l_R$ berechnen.

In der innerbetrieblichen Logistik wird die Rundfahrzeit auch als *Spielzeit* $t_R$ [s] bezeichnet und meist in *Sekunden* gemessen. Im außerbetrieblichen Transport wird die Umlaufzeit für Straßenfahrzeuge, Eisenbahnzüge und Flugzeuge in *Stunden* und für Schiffe in *Tagen* angegeben.

Die Anzahl Rundfahrten, die ein Transportmittel mit der *Verfügbarkeit* $\eta_{\mathrm{ver}}$ pro Zeiteinheit ZE durchführen kann, ist die *effektive Rundfahrtleistung*. Diese ist gegeben durch:

$$\mu_{\mathrm{R\,eff}} = \eta_{\mathrm{ver}} / T_{\mathrm{R}} \qquad [\text{TE-Fahrten / ZE}]. \qquad (18.41)$$

Daraus folgt:

▶ Für einen *Rundfahrtbedarf* $\lambda_R$ [TE/PE] pro Betriebsperiode PE ist der *Transportmittelbedarf* bei einer effektiven *Rundfahrtleistung* des Transportmittels $\mu_{\mathrm{R\,eff}}$ [TE/PE]

$$N_{\text{TM eff}} = \left\{ \lambda_{\text{R}} / \mu_{\text{Reff}} \right\} \qquad [\text{TE}]. \qquad (18.42)$$

Das durch die geschweiften Klammern angezeigte ganzzahlige Aufrunden auf die nächste ganze Zahl ist nur erforderlich, wenn ein Transportmittel zum Ende der *Betriebsperiode* PE, die im innerbetrieblichen Bereich eine Schicht und im außerbetrieblichen Transport ein Tag oder eine Woche sein kann, alle Rundfahrten beendet haben soll.

Die Dimensionierungsformel (18.42) wird in der innerbetrieblichen Logistik vielfach genutzt zur Berechnung des Bedarfs von Staplern, Lagergeräten oder Kommissionierern *(s. Kapitel 16* und *17)*. Im außerbetrieblichen Transport ist die Beziehung (18.42) zur Berechnung des Transportmittelbedarfs bei *Fahrplanbetrieb* geeignet (s.u.).

## 18.9 Auslegung und Dimensionierung von Fahrzeugsystemen

Für die Gestaltung und Optimierung innerbetrieblicher Fahrzeugsysteme wird häufig das Verfahren der *digitalen Simulation* propagiert [59; 60; 61]. Dabei wird in der Regel nicht gesagt, woher die zu simulierende Anfangslösung kommt. Die digitale Simulation ist also nur ein *Modellversuch* zur Überprüfung der Leistungsfähigkeit und zur experimentellen Verbesserung einer bereits *existierenden Lösung* (s. *Abschnitt 5.3*).

*Analytische Verfahren* zur Gestaltung, Dimensionierung und Optimierung von Transportsystemen sind kaum bekannt. Daher gibt es nur wenige Untersuchungen der Auswirkungen der freien *Gestaltungsparameter* und der unterschiedlichen *Transportstrategien* auf die Leistung, den Fahrzeugbedarf und die Betriebskosten von Fahrzeugsystemen [126; 179; 180; 183; 185; 226].

Freie Parameter zur Gestaltung, Dimensionierung und Optimierung von Fahrzeugsystemen sind die *Netzparameter*

Streckenverlauf
Grundkreise
Maschen und Schleifen
Abkürzungsstrecken
Parallelstrecken
Überholstrecken (18.43)
Gegenkreise
Nebenlinien
Stationsanordnung
Fahrtrichtung

und die *Fahrzeugparameter*

Fahrgeschwindigkeiten
Fassungsvermögen (18.44)
Lastübernahmezeit

Die Fahrzeugparameter (18.44) sind in der Regel untereinander wie auch von den Leistungsanforderungen abhängig: Die Geschwindigkeit ist für Fahrzeuge mit geringem Fassungsvermögen in der Regel größer als für Fahrzeuge mit großem Fassungsvermögen. Wenn nicht durch eine geeignete Ladetechnik dafür gesorgt wird, daß mehrere Ladeeinheiten gleichzeitig be- und entladen werden können, steigt die Lastübernahmezeit mit der Lademenge.

In der Planungspraxis bewährte analytische Verfahren zur Gestaltung, Dimensionierung und Optimierung von Fahrzeugsystemen, die von den Netzparametern (18.43) und den Fahrzeugparametern (18.44) systematisch Gebrauch machen, sind das *Ringnetzauslegungsverfahren* für Ringtransportnetze, wie sie die *Abb. 18.1B, 18.4* und *18.21* zeigen, das *Liniennetzauslegungsverfahren* für Liniennetze der in den *Abb. 18.1A* und *18.2A* gezeigten Art und die Kombination beider Verfahren für Ringliniennetze, für die in *Abb. 18.2C* ein Beispiel dargestellt ist [126].

Bei der Netzgestaltung werden die Standorte und der Beförderungsbedarf der Auf- und Abgabestationen zunächst als vorgegeben betrachtet. Die Stationen liegen optimal entweder direkt an Quellen und Senken mit einem großen Beförderungsbedarf oder in den *Transportschwerpunkten* von *Einzugsgebieten* mit einer größeren Anzahl von Quellen und Senken, von denen jede für sich nur einen geringen Beförderungsbedarf hat (*s. Abschnitt 18.10* und *Kapitel 19*).

### 1. Ringnetzauslegungsverfahren©

Nach dem Ringnetzauslegungsverfahren, das für die innerbetrieblichen Fahrzeugnetze besonders geeignet ist, sind folgende *Auslegungsschritte* iterativ zu durchlaufen:

1. Unter Berücksichtigung der räumlichen Randbedingungen werden die Stationen, zwischen denen ein permanenter Beförderungsbedarf besteht, durch eine *minimale Anzahl von Transportringen* kürzester Länge miteinander verbunden.
2. Die *Fahrtrichtung* in den Transportringen wird so festgelegt, daß die umlaufenden Fahrzeuge alle geforderten Transporte durchführen können.
3. Für diese *Ausgangslösung* und geeignete *Transportstrategien* wird mit den Beziehungen (18.22) bis (18.28) aus der Beförderungsmatrix und der Kapazität der Transportmittel die *Transportmatrix* berechnet.
4. Die Transportströme werden auf die Streckenelemente und Knotenpunkte des Transportnetzes umgelegt und so die *Strombelastung* ermittelt.
5. Mit einer *Funktions- und Leistungsanalyse* (s. *Abschnitt 13.7*) wird für die resultierende *Strombelastung* die Einhaltung der Grenzleistungs- und Staugesetze der Streckenelemente und Transportknoten überprüft.
6. Hierbei erkennbare *Engpässe* oder unzulässige *Staueffekte* werden durch Leistungssteigerung, Umgehung, Doppelung oder Änderung der Abfertigung beseitigt (s. *Kapitel 13* ).
7. Unter Berücksichtigung der *Strombelastung* werden mit Hilfe von Beziehung (18.35) oder (18.36) die *Transportzeiten* berechnet und mit den geforderten Transportzeiten verglichen.

8. Wenn die Transportzeiten für einzelne Relationen länger als zulässig sind, werden passende *Abkürzungsstrecken* oder *Überholstrecken* in das Ringnetz eingefügt.
9. Für die aus dem Beförderungsbedarf errechnete Transportmatrix werden mit Hilfe von Beziehung (18.39) der *aktuelle Fahrzeugbedarf* und mit Beziehung (18.40) der *effektive Fahrzeugbedarf* errechnet.
10. Durch sukzessive *Variation der Netzparameter* (18.43), wie Hinzufügen oder Herausnehmen von *Abkürzungs-* und *Überholstrecken*, versuchsweise *Umkehr der Fahrtrichtung* im Netz und, soweit zulässig, durch *Veränderung der Stationsanordnung*, wird der *Fahrzeugbedarf minimiert.*
11. Durch schrittweise *Variation der Fahrzeugparameter* (18.44), wie Veränderung des Fassungsvermögens, der Fahrgeschwindigkeit und der Lastübernahmezeit, werden *Fahrzeugbedarf* und *Betriebskosten* weiter optimiert.

Zur rationellen Netzgestaltung und Netzoptimierung werden die zuvor entwikkelten Berechnungsformeln für die Transportzeiten und den Fahrzeugbedarf benötigt. Drei unterschiedliche FTS-Transportnetze, die nach diesem Verfahren gestaltet und optimiert wurden, zeigen die *Abb. 17.21, 17.42* und *18.21.*

**2. Liniennetzauslegungsverfahren©**

Das Liniennetzauslegungsverfahren ist geeignet für außerbetriebliche Transportnetze, speziell für die Auslegung von Bahnlinien und anderen Linienverkehrsnetzen. Die Auslegungsschritte dieses Verfahrens sind:

1. Je zwei weit voneinander entfernte Ausgangsstationen, zwischen denen ein großes Beförderungsaufkommen besteht, werden durch eine *Hauptlinie* mit Hin- und Rückfahrstrecke verbunden.
2. Soweit das ohne größere Umwege möglich ist, werden die Trassen der Hauplinien so gelegt, daß möglichst viele weitere Stationen mit geringerem Beförderungsbedarf an den Hauptstrecken liegen.
3. Jede Hauptlinie wird über die beiden Ausgangsstationen hinaus zu weiteren Außenstationen hin verlängert, von und zu denen ein Beförderungsbedarf besteht.
4. In Querrichtung zu einer Hauptlinie werden noch nicht angeschlossene Stationen nacheinander erschlossen durch eine minimale Anzahl von *Zubringerlinien*, die in die Hauptlinie einmünden, oder von *Nebenlinien*, die an bestimmten *Umstiegspunkten* die Hauptstrecke kreuzen.
5. Soweit das ohne größere Umwege möglich ist, werden die Trassen der Zubringer- und Nebenlinien so gelegt und über die Endstationen hinaus verlängert, daß die restlichen Stationen mit geringerem Beförderungsbedarf an einer der Linien liegen.
6. Die aus den Beförderungsströmen zwischen allen Stationen, die auf diese Weise miteinander verbundenen sind, mit der Transportkapazität $C_{TE}$ der eingesetzten Züge oder Transportfahrzeuge errechneten Ladungstransportströme (18.24) werden auf den kürzesten Wegen auf die Haupt-, Zubringer- und Nebenlinien umgelegt. Hieraus resultieren die partiellen Transportströme (18.31) durch die Teilabschnitte der Haupt-, Zubringer- und Nebenlinien.

7. Die minimale *Transportfrequenz*, also die zur Beförderung des Bedarfs erforderliche Anzahl Transportfahrten auf einer Haupt-, Zubringer- oder Nebenlinie, ist gleich dem ganzzahlig aufgerundeten Maximum der summierten Transportströme entlang dieser Strecke. Die Anzahl der hierfür benötigten Züge oder Transportmittel errechnet sich mit Hilfe der Beziehungen (18.41) und (18.42) aus der Umlaufzeit eines Zuges oder Transportmittels auf der betreffenden Haupt-, Zubringer- oder Nebenlinie.
8. Mit den vorangehenden Beziehungen werden danach die *Fahrzeiten* für die Streckenabschnitte und die *Transportzeiten* zwischen den Stationen berechnet.
9. Wenn das Liniensystem nach einem *festen Fahrplan* betrieben wird, werden die *Abfahrtzeiten von den Endstationen der Hauptlinien* unter Berücksichtigung des Tagesverlaufs des Beförderungsaufkommens so über die Betriebsperiode von einer Schicht, einem Tag oder einer Woche verteilt, daß für die Beförderungsaufträge minimale Wartezeiten entstehen.
10. Die *Abfahrtzeiten von den Endstationen der Zubringer- und Nebenstrecken* werden danach mit den Ankunftszeiten der Hauptlinientransporte an den Kreuzungs- und Umstiegspunkten so *synchronisiert*, daß die für den Umstieg benötigten Zeiten eingehalten werden und minimale Umstiegswartezeiten entstehen.
11. Durch sukzessive *Variation der Netzparameter*, wie Hinzufügen von *Direktverbindungen*, *Umkehr der Fahrtrichtung* oder *Veränderung der Stationsanordnung*, wird der Transportmittelbedarf minimiert.
12. Durch schrittweise *Variation der Fahrzeugparameter*, wie Veränderung des Fassungsvermögens, der Fahrgeschwindigkeit und der Lastübernahmezeit, werden *Fahrzeugbedarf* und *Betriebskosten* weiter optimiert.

Das hier nur im Ansatz skizzierte Liniennetzauslegungsverfahren kann ebenso wie das Ringnetzauslegungsverfahren durch zusätzliche Auslegungs- und Optimierungsschritte stufenweise weiter verbessert werden. Nach diesem Verfahren lassen sich beispielsweise optimale Liniennetzwerke für den europaweiten *Hukkepacktransport* von Sattelaufliegern oder für die Distribution von Autos auf der Bahn konzipieren. Auch das Liniennetz einer weltweit tätigen *Containerschiff-Reederei* läßt sich auf diese Weise konzipieren und optimieren.

### 3. Dimensionierungsprogramme für Fahrzeugsysteme

Mit Hilfe der zuvor angegebenen Berechnungsformeln ist es möglich, die schrittweise Auslegung, Dimensionierung und Optimierung eines Fahrzeugsystems durch Dimensionierungsprogramme zu unterstützen und zu beschleunigen.

*Eingabewerte* eines *Dimensionierungsprogramms für Fahrzeugsysteme* sind die *Beförderungsmatrix*, die *Standorte der Stationen* und die *Leistungs- und Kostenkennwerte der Transportmittel*. Die technischen und betriebswirtschaftlichen Kennwerte der zur Auswahl stehenden Verbindungselemente und der Be-, Ent- und Umladestationen werden in Form von *Programmbausteinen* bereitgestellt. Aus diesen *Transportelementen* kann der Benutzer ein vorgegebenes Transportnetz im Programm nachbilden oder nach den vorangehenden Auslegungsverfahren ein neues Transportnetz aufbauen.

**Abb. 18.23** Fahrzeuganzahl $N_F$ und mittlere Transportzeit T als Funktion der Gesamtbelastung für verschiedene Leerfahrzeugstrategien

*Kurve 1* Einzelfahrten, voll hin, leer zurück
*Kurve 2* Kombinierte Fahrten zwischen je 2 Stationen
*Kurve 3* Fahrten mit Leerfahrzeugoptimierung

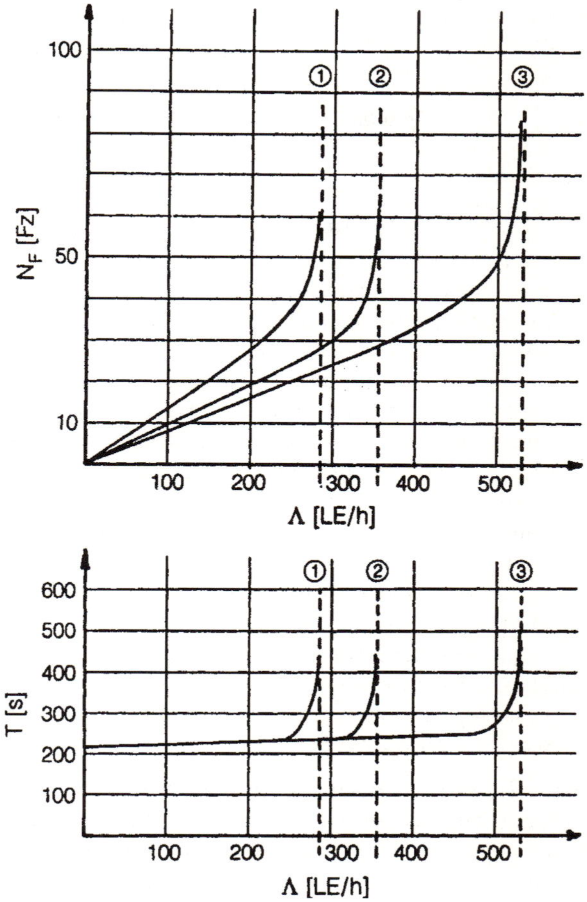


Die Programmbausteine der Transportelemente enthalten für unterschiedliche Abfertigungsstrategien die Formeln zur Berechnung der partiellen Grenzleistungen, Auslastungen, Durchlaufzeiten, Warteschlangen und Wartezeiten. Nach Aufruf des Programmbausteins für ein Transportelement gibt der Benutzer die Ausgangsnummern der vorausgehenden und die Eingangsnummern der nachfolgenden Transportelemente ein sowie die partiellen Transportströme, die das betreffende Transportelement in den verschiedenen Funktionen durchlaufen.

Das Programm berechnet aus diesen Eingabewerten die Grenzleistungen, die Durchfahrtzeiten, die mittleren Wartezeiten, die Gesamtzahl der Fahrzeuge, getrennt nach durchlaufenden und wartenden Fahrzeugen, die mittlere Nutzfahrzeit, die Investition und die Betriebskosten. Damit sind die Auswirkungen einer Netzänderung oder einer Veränderung der Gestaltungsparameter auf das Leistungsvermögen, den Fahrzeugbedarf, die Kosten oder andere Zielgrößen sofort ablesbar und für den nächsten Optimierungsschritt nutzbar.

**Abb. 18.24** Fahrzeuganzahl $N_F$ als Funktion der Gesamtbelastung für unterschiedliche Transportnetze

*Kurve 1* Netz ohne Abkürzungen mit Stationen neben der Strecke, $L_{TN} = 640$ m

*Kurve 2* Netz mit Abkürzungen und Stationen neben der Strecke, $L_{TN} = 820$ m

*Kurve 3* Netz mit Abkürzungen und Stationen an der Strecke, $L_{TN} = 800$ m

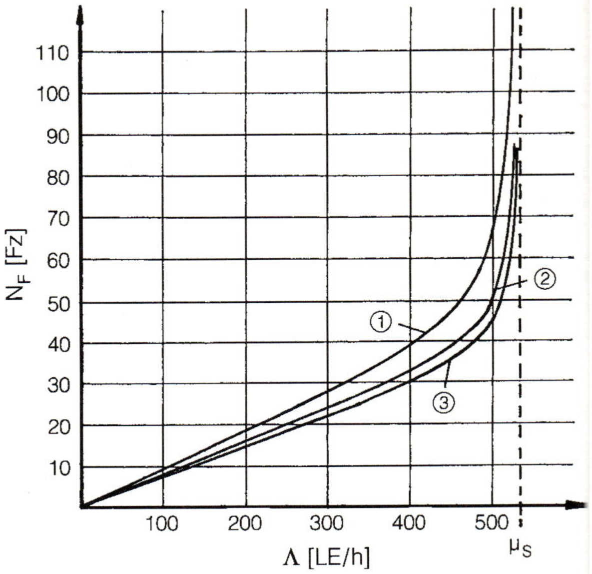


**Abb. 18.25** Abhängigkeit des Fahrzeugbedarfs einer Hängebahnanlage von der Fahrgeschwindigkeit

Kreise: Fahrzeuggesamtzahl; Quadrate: in Bewegung, Dreiecke: im Stau

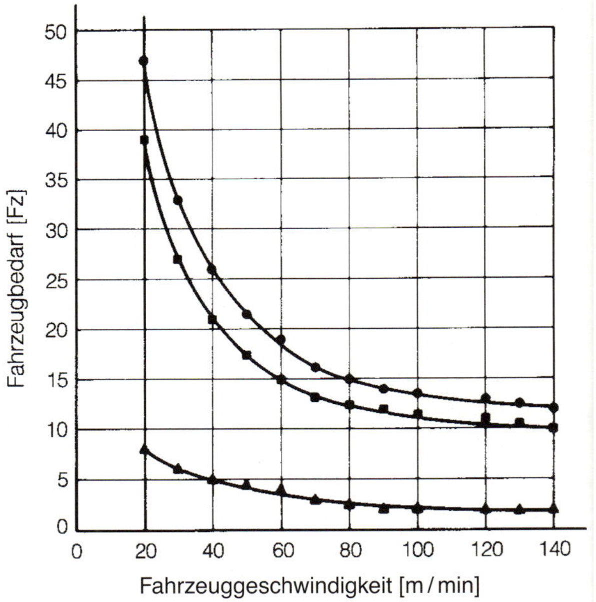


Mit Hilfe eines solchen Dimensionierungsprogramms für Fahrzeugsysteme wurde beispielsweise ein Hängebahnsystem mit insgesamt 35 Stationen und einer Anfangsnetzlänge von 526 m durchgerechnet und optimiert, das im Versandhandel zum Palettentransport zwischen dem Wareneingang, einem automatischen

Hochregallager und anschließenden Kommissionierbereichen eingesetzt wird. Die *Abb. 18.23*, *18.24* und *18.25* zeigen einige für diesen Einsatzfall berechnete Abhängigkeiten des Fahrzeugbedarfs und der mittleren Nutzfahrzeit vom Beförderungsbedarf, von den Transportstrategien, von der Netzgestalt und von der Fahrgeschwindigkeit.

Für die Strategie der Leerfahrzeugminimierung errechnete das Dimensionierungsprogramm bei einer Fahrgeschwindigkeit von 42 m/min einen Bedarf von 28 Hängebahnfahrzeugen. Eine zum Test durchgeführte digitale Simulation ergab einen Fahrzeugbedarf von 29 Fahrzeugen. Durch systematische Vereinfachung der Streckenführung und Verbesserung der Stationsanordnung ließen sich der ursprünglich für notwendig gehaltene Fahrzeugbedarf von 29 auf 22 Fahrzeuge senken und die Gesamtnetzlänge von 526 auf 417 m reduzieren [126]. Ein anderes Fahrzeugsystem, das mit Hilfe des beschriebenen Dimensionierungsprogramms gestaltet und optimiert wurde, ist das in *Abb. 17.21* dargestellte FTS-System für die innerbetrieblichen Transporte in einem Warenverteilzentrum des Handels.

## 18.10 Optimale Logistikstandorte

Die Standortentscheidung für einen neuen Betrieb hängt von den Zielen des Unternehmens und von den speziellen Aufgaben des Betriebs ab [12]. Für reine Logistikbetriebe, wie Lager, Umschlagterminals und Logistikzentren, ist das Ziel der Standortwahl in der Regel die Minimierung der Logistikkosten.

Die standortabhängigen Logistikkosten sind die Summe der *Betriebskosten* des Standorts und der *Transportkosten* für die Zulauf- und Auslauftransporte des Logistikbetriebs. Hieraus folgt:

- Der *optimale Logistikstandort* ist der Standort, für den die Summe der Betriebskosten und der Transportkosten minimal ist.

Für einen Logistikstandort im Außenbereich eines Einzugsgebiets, das von einem Logistikbetrieb bedient werden soll, ist die Standortabhängigkeit der Transportkosten in der Regel weitaus größer als die Standortabhängigkeit der Kosten für die innerbetrieblichen Logistikleistungen, wie das Abfüllen, Verpacken, Lagern, Kommissionieren, Konfektionieren und Umschlagen (s. *Abb.18.27*).

Daher kann der optimale Logistikstandort für ein vorgegebenes *Servicegebiet*, wie es *Abb. 18.26* zeigt, in folgenden *Schritten* bestimmt werden:

1. Zuerst werden die *transportunabhängigen Standortfaktoren* zusammengestellt und analysiert, von denen die Kosten für die innerbetrieblichen Logistikleistungen abhängen.
2. Danach wird der *transportoptimale Standort* für die Zulaufströme aus den Beschaffungs- und Abholorten und für die Auslaufströme zu den Belieferungs- und Zustellorten bestimmt.
3. Für den transportoptimalen Standort und seine Umgebung werden mit den dort geltenden Standortfaktoren die *Betriebskosten* und die *Transportkosten* kalkuliert.

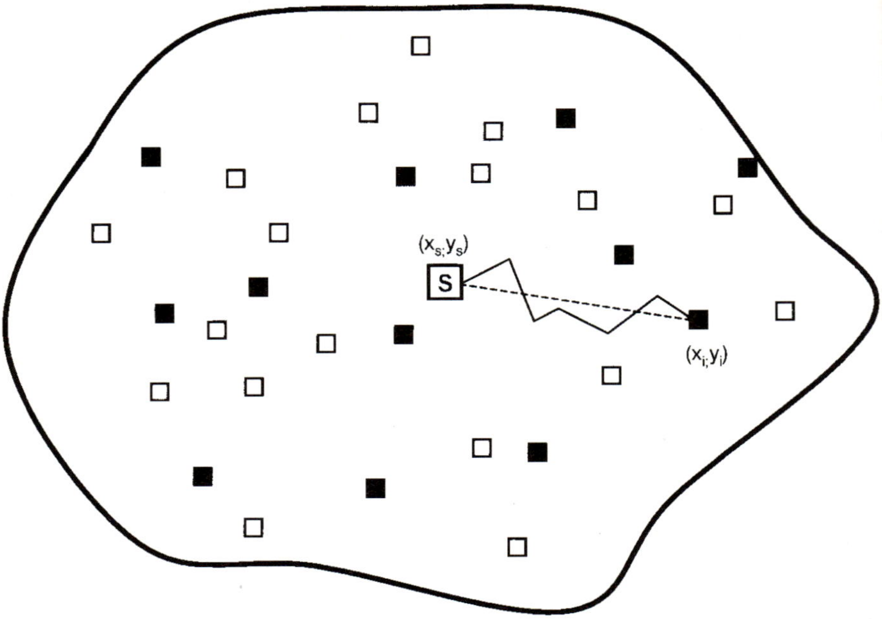


**Abb. 18.26** Servicegebiet eines Logistikstandorts S
■ Quellen = Abholorte □ Senken = Zustellorte
---- Luftlinie ___ Fahrweg

4. Durch Verschiebung des Standortes in Richtung der günstigsten Standortfaktoren wird die Summe von Betriebskosten und Transportkosten minimiert und damit der *optimale Standort* bestimmt.

Dieses Vorgehen zur Standortbestimmung hat gegenüber aufwendigeren OR-Verfahren den Vorteil, daß in jedem Schritt die Auswirkungen der unterschiedlichen *Einflußfaktoren*, deren Werte für die Zukunft nur ungenau bekannt sind, transparent bleiben [12]. Außerdem führt das Verfahren schnell zu einem in der Praxis umsetzbaren Ergebnis.

### 1. Transportunabhängige Standortfaktoren

*Transportunabhängige Standortfaktoren* sind alle Umstände, Kosten, Preise und Parameter außer den Transportkosten, die Einfluß auf die Standortentscheidung haben.

Allgemeine *transportunabhängige Standortfaktoren* für einen Logistikbetrieb sind:

- *Grundstück und Gebäude*: Angebot, Bebaubarkeit, Eignung und Preise von Baugrundstücken, Hallen und Betriebsgebäuden; Verkehrsflächen; Erschließung; Bebauungsvorschriften.

- *Erreichbarkeit und Verkehrsanbindung*: Zufahrten zu Hauptverkehrsstraßen; Bahnanschluß; Hafennähe; Flughafennähe; Nachtfahrverbote; Fahrbeschränkungen für LKW.
- *Arbeitskräfte und Personalkosten*: Potential geeigneter Arbeitskräfte; Löhne und Gehälter; Urlaubszeiten und Krankheitsquoten.
- *Allgemeine Rahmenbedingungen*: Öffentliche Fördermittel; Steuervergünstigungen; Steuern und Abgaben; Genehmigungszeiten; Arbeitszeitbeschränkungen.

Bei Nichterfüllung der Mindestanforderungen kann jeder dieser Standortfaktoren auch für einen transportoptimalen Standort zum *KO-Kriterium* werden.

Zu den allgemeinen Standortfaktoren kommen *projektspezifische Standortfaktoren* hinzu, wie die Bereitschaft von Logistikdienstleistern, einen geeigneten Logistikbetrieb anzubieten.

## 2. Transportabhängige Standortoptimierung

Die Kosten für die Zu- und Auslauftransporte werden bestimmt von den Fahrweglängen, den Transportzeiten und dem Transportmittelbedarf, die wiederum von der *Transportart*, wie Ganzladungen oder Teilladungen, und von der *Transportstrategie* abhängen.

*Ganzladungstransporte* laufen *direkt* von den Quellen zum Logistikzentrum und von dort zu den Senken, wobei die Möglichkeit für kombinierte Hin- und Rückfahrten besteht. *Teilladungstransporte* finden entweder als *Sammelfahrten*, als *Zustellfahrten* oder als kombinierte *Sammel- und Verteilfahrten* statt (s. *Abb. 19.5*).

Zur exakten Bestimmung des transportoptimalen Standorts müßten daher für jeden möglichen Standort und den zu erwartenden Beförderungsbedarf die kostengünstigsten Abhol- und Auslieferfouren von den Quellen und zu den Senken geplant, kalkuliert und miteinander verglichen werden.

Da jedoch der zukünftige Beförderungsbedarf grundsätzlich nicht genau bekannt ist, ist zur Bestimmung des transportoptimalen Logistikstandorts eine exakte Tourenplanung weder sinnvoll noch notwendig. Hierfür genügt eine Minimierung des gewichteten *mittleren Transportwegs*

$$d_m(x_s;y_s) = \sum_i \lambda_i \cdot d((x_i;y_i,),(x_s;y_s)) / \sum_j \lambda_j \qquad (18.45)$$

der Einzelfahrten zwischen den Quell- und Senkenstandorten $(x_i;y_i)$ mit dem *Beförderungsbedarf* $\lambda_i$ [TE/PE] und dem gesuchten Logistikstandort $(x_s;y_s)$. In einem hinreichend dichten Verkehrsnetz gilt für die *Fahrwege* $d((x_i;y_i,),(x_s;y_s))$ zwischen den Quellen und Senken und dem Logistikstandort die *Näherungsformel*:

$$d((x_i;y_i,),(x_s;y_s)) = f_{umw} \cdot \sqrt{(x_i - x_s)^2 + (y_i - y_s)^2} \, . \qquad (18.46)$$

Der *Umwegfaktor* $f_{umw}$ berücksichtigt die mittlere Abweichung des tatsächlichen Fahrweges von der *Luftlinie*, die gleich der euklidischen Entfernung ist [196].

Wenn es entlang der Luftlinie einen direkten Fahrweg gibt, ist der Umwegfaktor 1. In einem rechtwinklig verlaufenden Verkehrsnetz ist der Fahrweg im ungünstigsten Fall eine Treppenfunktion um die Luftlinie und damit um den Faktor $\sqrt{2}$ länger als die Luftlinie. Nach dieser Überlegung ist der *mittlere Umwegfaktor* theoretisch gleich dem Mittel aus den beiden Werten 1,0 und 1,41, also gleich 1,21. Für das deutsche Straßennetz resultiert ein mittlerer Umwegfaktor $f_{umw}$ = 1,23. Die mittlere Abweichung der einzelnen Fahrwege von den mit Beziehung (18.46) und dem mittleren Umwegfaktor $f_{umw}$ = 1,21 errechneten Entfernungen ist kleiner als 9 %.

Nach Einsetzen von (18.46) in (18.45) folgen durch partielle Ableitung nach den Standortkoordinaten $(x_s;y_s)$ und Nullsetzen der beiden Ableitungen die

- *Lagekoordinaten des transportoptimalen Standorts*

$$x_s = \sum_i \lambda_i \cdot x_i \Big/ \left((x_i - x_s)^2 + (y_i - y_s)^2\right)^{1/2} \Big/ \sum_j \lambda_j \Big/ \left((x_j - x_s)^2 + (y_j - y_s)^2\right)^{1/2}$$
$$y_s = \sum_i \lambda_i \cdot y_i \Big/ \left((x_i - x_s)^2 + (y_i - y_s)^2\right)^{1/2} \Big/ \sum_j \lambda_j \Big/ \left((x_j - x_s)^2 + (y_j - y_s)^2\right)^{1/2} . \qquad (18.47)$$

Im Nenner dieser Formeln erscheinen die gesuchten Koordinaten $(x_s;y_s)$ des optimalen Standorts. Die Standortkoordinaten lassen sich daher nur durch eine *Iterationsrechnung* beginnend mit den Schwerpunktkoordinaten bestimmen. Der erste Iterationsschritt des sogenannten *Miehle-Verfahrens* ergibt [12]:

► Die *Lagekoordinaten des transportoptimalen Standorts* sind in erster Näherung gleich den *Schwerpunktkoordinaten* des zu bedienenden Einzugsgebiets

$$x_s = \sum_i \lambda_i \cdot x_i \Big/ \sum_j \lambda_j$$
$$y_s = \sum_i \lambda_i \cdot y_i \Big/ \sum_j \lambda_j . \qquad (18.48)$$

Durch Einsetzen dieser Anfangslösung (18.48) in die Formel (18.47) ergibt sich die zweite Näherung der Standortkoordinaten und so fort. Modellrechnungen ergeben, daß die genaueren Lösungen für Gebiete mit mehr als 10 Quellen und Senken von den Schwerpunktkoordinaten nur geringfügig abweichen. Hieraus folgt weiterhin:

► Wegen der ungenauen Kenntnis des Beförderungsbedarfs und der Veränderlichkeit der Quell- und Senkenstandorte kann zur Standortbestimmung mit den Schwerpunktkoordinaten (18.48) gerechnet werden.

Aus Beziehung (18.48) folgt beispielsweise für ganz *Deutschland* und einen Beförderungsbedarf, der proportional zur Bevölkerungsdichte ist, ein *Transportschwerpunkt* in dem Städteviereck *Bad Hersfeld – Eisenach – Fulda – Meiningen*. Die mittlere Transportentfernung zum transportoptimalen Standort ist für Deutschland ca. 280 km.

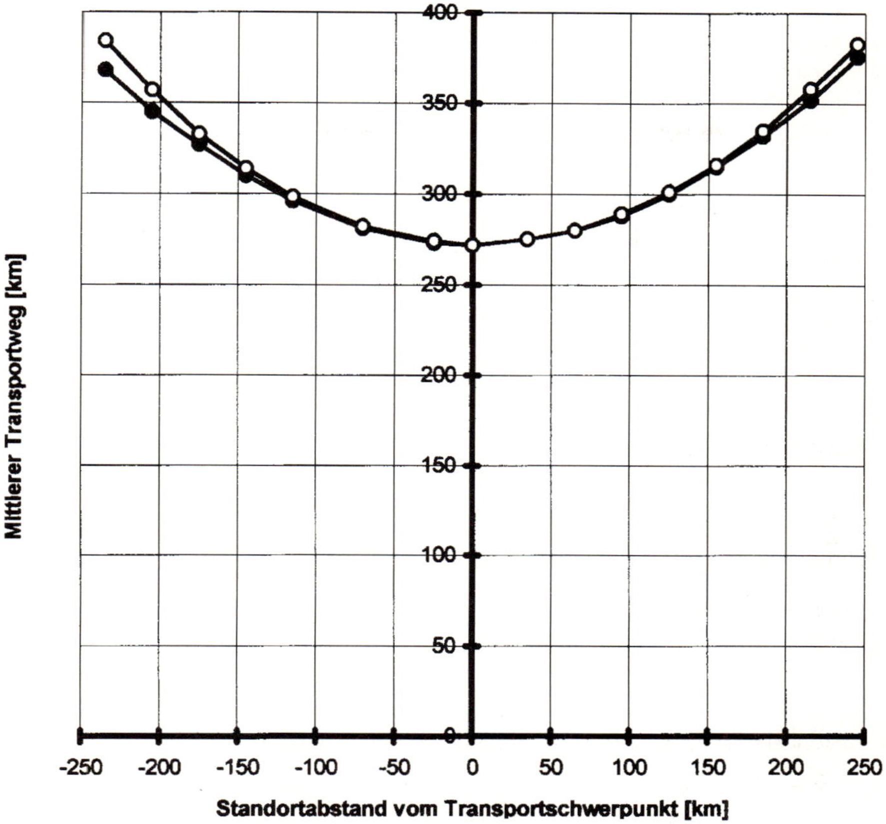


**Abb. 18.27** Abhängigkeit der mittleren Transportentfernung vom Logistikstandort

Punkte: Ost-West-Standortentfernung vom optimalen Standort
Kreise: Nord-Süd-Standortentfernung vom optimalen Standort
Servicegebiet: Deutschland mit Servicefläche 358.000 km$^2$
Beförderungsbedarf proportional zur Bevölkerungsdichte

Die *Abb. 18.27* zeigt für dieses Beispiel, wie wenig sich der mittlere Transportweg (18.45) im Nahbereich um den Transportschwerpunkt mit dem Abstand des Logistikstandorts vom Optimum verändert. Erst bei einem Abstand von mehr als 50 km wird die Verlängerung des mittleren Transportweges signifikant. Die relativ geringe Abhängigkeit des mittleren Transportweges vom Logistikstandort in der Nähe des Transportschwerpunkts rechtfertigt das beschriebene Näherungsverfahren zur Bestimmung des transportoptimalen Logistikstandorts.

### 3. Flächenabhängigkeit des mittleren Transportwegs

Zur Berechnung von Transport- und Frachtkostensätzen für ein bestimmtes Servicegebiet und für die Optimierung von Logistikstrukturen wird die explizite Abhängigkeit der mittleren Transportentfernung von der Fläche des Servicegebiets benötigt.

Wenn das Servicegebiet eine Kreisfläche $F_S = \pi \cdot R^2$ mit gleichverteilten Quellen und Senken ist, läßt sich der mittlere Transportweg (18.45) zum Schwerpunkt in der Kreismitte explizit berechnen. Das Ergebnis ist:

$$d_{\text{mittel}} = f_{\text{umw}} \cdot 2/3 \cdot \sqrt{F_s/\pi}. \qquad (18.49)^{©}$$

Mit dieser Beziehung läßt sich der mittlere Transportweg *approximativ* auch für Servicegebiete mit einer Fläche F berechnen, die – wie das Gebiet in *Abb. 18.26* – von der Kreisform abweicht, wenn das Gebiet zusammenhängend und hinreichend kompakt ist.

So errechnet sich beispielsweise für Deutschland mit einer Servicefläche von 358 000 km$^2$ aus der Näherungsgleichung (18.49) mit dem Umwegfaktor $f_{\text{umw}}$ = 1,23 eine mittlere Transportentfernung zum optimalen Standort von 277 km, die von der korrekten mittleren Entfernung 280 km nur um 1 % abweicht.

## 18.11 Tourenplanung und Fahrwegoptimierung

Um den Beförderungsbedarf der *Quellen* und *Senken* in einem *Servicegebiet*, wie es in *Abb. 18.26* gezeigt ist, von einem *Logistikstandort* S kostenoptimal zu erfüllen, müssen die Abhol- und Zustellfahrten so organisiert werden, daß Anzahl und Einsatzzeit der Transportmittel minimal sind.

Dabei sind in der Regel folgende *Restriktionen* zu beachten:

- *Transportkapazität*: Das Fassungsvermögen der eingesetzten Transportmittel begrenzt die Ladungsmenge längs einer Fahrt.
- *Frachtgut*: Die Empfindlichkeit und die Beschaffenheit der Frachtstücke beschränken die Möglichkeiten der Beladung oder erfordern eine bestimmte *Packfolge*.
- *Fahrzeiten*: Die Fahrzeit pro Rundfahrt darf nicht länger sein als die zulässige Arbeitszeit des Fahrers.
- *Abhol- und Anlieferzeiten*: Für das Abholen und Anliefern sind bestimmte *Zeitpunkte* oder *Zeitfenster* vorgegeben.
- *Geschwindigkeit*: In der effektiven Fahrgeschwindigkeit müssen die verkehrsbedingten Geschwindigkeitsbegrenzungen und Staueffekte berücksichtigt werden.

Das *Tourenplanungsproblem* mit Restriktionen ist für eine größere Anzahl von Quellen und Senken mathematisch in begrenzter Zeit nicht exakt lösbar. Das *Operations Research* hat für das Tourenplanungsproblem jedoch eine Reihe von *heuristischen Lösungsverfahren* entwickelt, die bei Problemen ohne Zeitrestriktionen rasch zu guten Ergebnissen führen und in *Tourenplanungsprogrammen* genutzt werden. Die meisten Tourenplanungsprogramme arbeiten nicht nur mit OR-*Suchalgorithmen* sondern mit bestimmten *Konstruktionsverfahren* oder mit einer Kombination dieser beiden Verfahren [175; 178; 181; 186; 262; 263].

Bei mehrfachen Zeitrestriktionen und Einschränkungen der Beladefolge weisen die heutigen Standardprogramme zur Tourenplanung jedoch Unzulänglichkeiten auf [186; 196; 217]. Die Unzulänglichkeiten der Tourenplanungsprogramme sind auch darauf zurückzuführen, daß die in den Programmen verwendeten Algorithmen für den Benutzer nicht nachvollziehbar und die *Grenzen der Optimierungsmöglichkeiten* nicht allgemein bekannt sind. Das hat zur Folge, daß die Tourenplanungsprogramme den Anforderungen der Praxis nicht in allen Fällen gerecht werden und den Anwender enttäuschen. Der erfahrene *Disponent* ist daher auch weiterhin unentbehrlich [196].

Für die Planung und Optimierung von Logistikstrukturen und Logistikprozessen sowie für die Kalkulation von nutzungsgemäßen Transport- und Frachtkostensätzen besteht ein zusätzlicher Nachteil der Tourenplanungsprogramme darin, daß die Abhängigkeit der benötigten Fahrzeuganzahl und der mittleren Fahrweglänge vom Beförderungsbedarf und von der Größe des Servicegebiets nicht explizit berechenbar ist.

Für die Planung und die Kostenrechnung werden daher *analytische Verfahren* zur Tourenplanung und zur Fahrwegoptimierung benötigt, die möglichst rasch zu brauchbaren und kalkulierbaren Lösungen führen. Ein solches Verfahren ist das *Drehstrahlverfahren zur Tourenplanung* in Verbindung mit der *Streifenstrategie zur Fahrwegoptimierung*. Die nachfolgende Beschreibung dieser analytischen Verfahren gibt Einblick in die Probleme und Grenzen der Tourenplanung. Die aus dem Drehstrahlverfahren und der Streifenstrategie resultierenden Lösungen sind geeignet als *analytisches Benchmark* zur Beurteilung der am Markt angebotenen Tourenplanungsprogramme.

## 1. Verfahren der Tourenplanung

Die Tourenplanung ist relativ einfach für Quellen und Senken, die durch *Ganzladungstransporte* direkt bedient werden können. Die Fahrten zu den Quellen und Senken mit Ganzladungsaufkommen werden daher ausgesondert und separat geplant. Die Tourenplanung beschränkt sich für diese Quellen und Senken auf die Erzeugung *kombinierter Hin- und Rückfahrten* mit kürzesten Wegen und geringsten *Leerfahrten* zwischen einer Senke und einer benachbarten Quelle.

Der schwierigere Teil der Tourenplanung besteht in der Planung der *Teilladungstransporte*. Dafür muß zunächst eine brauchbare *Ausgangslösung* konstruiert werden, die den Beförderungsbedarf unter Einhaltung der Restriktionen erfüllt. Die Ausgangslösung kann dann mit Hilfe von heuristischen Verfahren weiter verbessert werden.

Viele Tourenplanungsverfahren arbeiten zur Erzeugung der Anfangslösung mit einer *Clusterstrategie*: Im ersten Schritt werden benachbarte Quellen und Senken zu *Clustern* zusammengefaßt, die jeweils von einem Transportmittel bedient werden können. Im zweiten Schritt wird für die einzelnen Cluster der optimale Fahrweg bestimmt. Im nächsten Schritt wird die Einhaltung der übrigen Restriktionen überprüft. Bei Nichteinhaltung einer Restriktion wird versucht, diese durch Veränderung der Reihenfolge und Zuordnung der Quellen und Senken zu erfüllen.

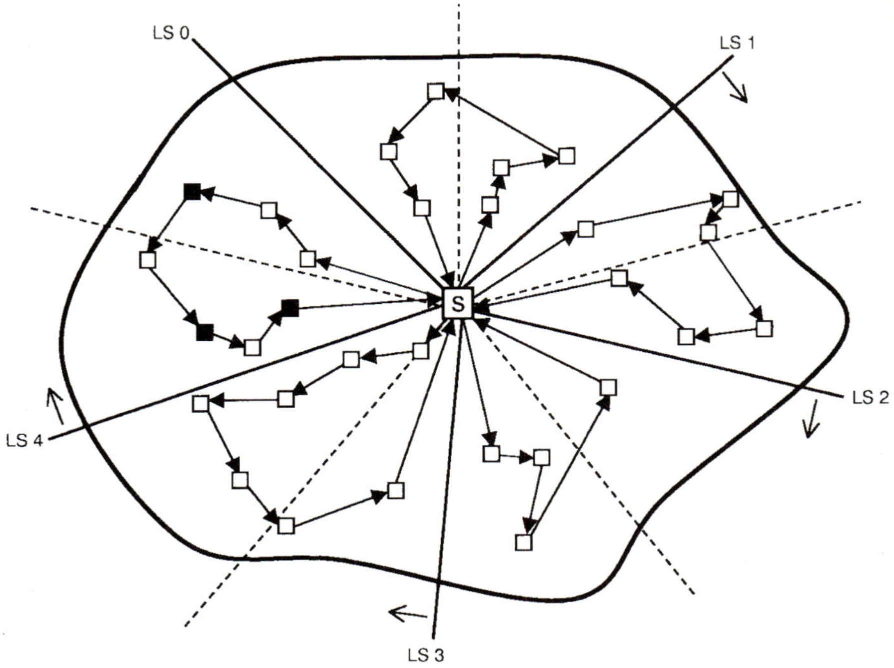


**Abb. 18.28** Tourenplanung nach dem Drehstrahlverfahren mit Fahrwegoptimierung nach der Sektorstrategie

□ Zustellorte ■ Abholorte → Rundfahrwege
LS Leitstrahlen mit Drehrichtung --- Sektorteilungen

Das *Drehstrahlverfahren*© ist ähnlich dem *Sweep Algorithmus* [262] eine analytische Clusterstrategie, deren Vorgehen in *Abb. 18.28* dargestellt ist. Es wird zunächst für die Auslieferfahrten zu den Senken des Servicegebiets durchgeführt:

1. Vom Logistikstandort wird in eine beliebige Richtung ein *Grundstrahl* LS 0 durch das Servicegebiet gelegt, der möglichst keine Quellen und Senken schneidet.
2. Beginnend beim Grundstrahl wird ein *Leitstrahl* LS 1 so weit gedreht, bis der Beförderungsbedarf einer betrachteten Zeitspanne, z.B. von 6, 12 oder 24 Stunden, zu allen Senken im Sektor zwischen LS 0 und LS 1 das Fassungsvermögen eines Transportmittels zu 80 % bis 90 % füllt.
3. Beginnend bei der Endstellung des ersten Leitstrahls wird ein zweiter Leitstrahl LS 2 so weit gedreht, bis das Fassungsvermögen eines zweiten Transportmittels ausgelastet ist. Auf diese Weise wird das Verfahren mit einem dritten, vierten bis N-ten Leitstrahl fortgesetzt, bis der Grundstrahl SL 0 erreicht ist und alle Senken einem Sektor zugeordnet sind.
4. Wenn die Füllung des Transportmittels im letzten Sektor kleiner ist als die Summe der Restkapazitäten der übrigen Transportmittel, wird durch *sukzes-*

*sives Vordrehen* der Leitstrahlen das Restaufkommen auf die Transportmittel der vorangehenden Sektoren gleichmäßig verteilt.

5. Ist eine Verteilung des Restaufkommens nicht möglich und die Auslastung des letzten Transportmittels deutlich geringer als die übrige Auslastung, wird die Auslastung durch *sukzessive Rückdrehung* der Leitstrahlen vergleichmäßigt.
6. Anschließend wird für jeden *Bedienungssektor* der *optimale Fahrweg* des Transportmittels bestimmt und die *Gesamtfahrzeit* errechnet.
7. Ist die resultierende Gesamtfahrzeit des Transportmittels in einem Sektor länger als zulässig, werden durch Drehen der begrenzenden Leitstrahlen Zielorte an benachbarte Sektoren abgegeben, in denen ein Fahrzeug noch nicht voll ausgelastet ist.

Wenn in dem Servicegebiet zu gleicher Zeit *Quellen und Senken* zu bedienen sind, werden die Quellen sukzessive in die Fahrwegoptimierung der Auslieferfahrten einbezogen und nach jedem Auslieferort alle auf dem Weg liegenden Quellen angefahren, deren anstehende Ladung in den geleerten Frachtraum hineinpaßt.

Für die übrig bleibenden Quellen wird geprüft, ob sie auf dem Rückweg noch ungenutzter leerer Ganzladungsfahrten liegen und gegebenfalls diesen zugewiesen. Für alle danach noch unbedienten Quellen ist eine gesonderte Tourenplanung nach dem Drehstrahlverfahren erforderlich.

Die nach dem Drehstrahlverfahren oder einem anderen Clusterverfahren gewonnene Ausgangslösung wird durch Vertauschen von Vorgängern und Nachfolgern einer Fahrt sowie durch Abgabe von Stops an benachbarte Fahrten sukzessive optimiert, bis keine weitere Reduzierung der Transportmittel und keine wirtschaftlich interessante Verkürzung der Fahrzeiten mehr erreichbar ist.

## 2. Strategien zur Fahrwegoptimierung

Abhängig von der Zielvorgabe ist der *optimale Fahrweg* durch eine gegebene Anzahl von Zielorten der Weg mit der *kürzesten Fahrweglänge*, der *kürzesten Fahrzeit* oder den *geringsten Fahrtkosten*. Bei der Fahrwegoptimierung wird meist stillschweigend vorausgesetzt, daß die Transportkapazität *eines* Fahrzeugs zur Bedienung der Zielorte ausreicht. Die Fahrwegoptimierung im Rahmen der Tourenplanung wird erschwert durch die geforderten Abhol- und Anlieferzeitfenster und andere Restriktionen.

Die Aufgabe, den optimalen Fahrweg von einem Startpunkt $S_0$ durch n Zielorte $S_i$ zurück zum Startpunkt herauszufinden, ist das klassische *Travelling-Salesman-Problem* des *Operations Research* [11; 13; 171; 175; 178; 181; 186].

Für eine kleine Anzahl von Zielorten läßt sich der optimale Fahrweg nach dem *Verfahren der Vollenumeration* bestimmen:

- Für jeden der *n*! Rundfahrwege $S_0 \rightarrow S_i \rightarrow S_j \ldots \rightarrow S_r \rightarrow S_0$, die sich durch Permutation der *n* Zielorte $S_i$ ergeben, wird nacheinander die Einhaltung der Restriktionen geprüft. Unzulässige Fahrwege werden ausgeschlossen. Für zulässige Wege werden die Fahrweglänge, die Fahrzeit oder die Fahrtkosten berechnet und mit den Werten des bis dahin besten Fahrwegs verglichen. Der Fahrweg mit dem besseren Zielwert wird ausgewählt. Danach wird der nächste Fahrweg durchgerechnet, bis am Ende der optimale Fahrweg übrig bleibt.

Da die Fahrweganzahl *n*! mit der Anzahl Zielorte *n* stärker als exponentiell ansteigt (s. *Abb. 5.3*), ist das Travelling-Salesman-Problem mit oder ohne Restriktionen für eine größere Anzahl von Zielorten nach dem Verfahren der Vollenumeration in begrenzter Zeit auch mit einem leistungsfähigen Rechner nicht lösbar. Die im OR entwickelten *heuristischen Verfahren* zielen darauf ab, für größere *n* in kurzer Rechenzeit eine gute *Näherungslösung* zu finden, die von der optimalen Lösung möglichst wenig abweicht.

Viele Verfahren, wie das *Saving-Verfahren* oder das *Zirkelverfahren*, arbeiten mit einer *Eröffnungsstrategie* zur Konstruktion einer brauchbaren *Anfangslösung*, die alle Restriktionen erfüllt und nach unterschiedlichen Verfahren schrittweise verbessert wird [262; 263]. Eine solche Eröffnungsstrategie ist die *Strategie des nächsten Zielorts:*

▶ Beginnend mit dem Startpunkt $S_0$ wird nach dem Zielort $S_i$ als nächstes der Zielort $S_j$ angefahren, zu dem die Entfernung, die Fahrzeit oder die Fahrkosten am geringsten sind, und so fort bis alle Zielorte abgefahren sind.

Die Strategie des nächsten Zielorts führt zu Fahrtrouten, die irgendwo im Servicegebiet enden und häufig einen langen Rückweg zum Startpunkt haben. Diesen Nachteil vemeidet die *Streifenstrategie*[1] (s. *Abschnitt 17.6*):

▶ Das Zielgebiet wird durch Trennlinien in Längsrichtung in eine *gerade Anzahl* von Streifen gleicher Breite zerlegt. Im ersten Streifen werden die Zielorte nacheinander in der Richtung weg vom Startpunkt abgefahren. Nach Anfahrt des letzten Zielorts im ersten Streifen werden die Zielorte des zweiten Streifens in die umgekehrte Richtung zurück abgefahren und so fort, bis alle Streifen durchfahren sind.

Nach der Streifen- oder Sektorstrategie entstehen *Rundfahrtouren*, die am Ausgangsort enden. Modellrechnungen führen zu der *Dispositionsregel* (s. *Abb. 18.30* und *18.31*):

▶ Bei Anfahrt von weniger als 30 Zielorten sind in der Regel 2 Streifen oder Sektoren wegoptimal. Bei mehr als 30 Zielorten können 4 Streifen oder Sektoren zu einer weiteren Wegverkürzung führen.

Für die Tourenplanung nach dem Drehstrahlverfahren sind die Streifen Teilsektoren, die durch Teilung der Zielsektoren zwischen den Leitstrahlen entstehen. Die aus einer *Zweistreifenstrategie* resultierenden Rundfahrten sind in *Abb. 18.28* dargestellt. Ein anderes Anwendungsbeispiel ist die in *Abb. 17.24* gezeigte *Streifenstrategie* zur Anfahrt von *n* Lagerorten einer vertikalen Lagerfläche mit einem Regalbediengerät. Die in *Abb. 17.23* dargestellte *Durchlaufstrategie* beim eindi-

1 Die Streifenstrategie zur Fahrwegoptimierung ist eine Verallgemeinerung der von *J. Miebach* entwickelten, heute vielfach praktizierten *Zweistreifenstrategie* für das Kommissionieren [21; 165].

mensionalen Kommissionieren ist eine *Mehrstreifenstrategie*, in der die Streifen die Gangmodule sind.

### 3. Zeitrestriktionen

Für die Anfangslösung, die aus einer Eröffnungsstrategie resultiert, wird geprüft, ob die geforderten Abhol- und Anlieferzeitfenster eingehalten werden, und durch geeignete Verfahren versucht, die Zeitanforderungen zu erfüllen.

Zur Erfüllung von zeitlichen Restriktionen, die auf einer geplanten Rundfahrtour nicht eingehalten werden und sich auch nicht verändern lassen, bestehen folgende *Handlungsmöglichkeiten*:

- Umkehr der Fahrtrichtung der Rundfahrtour
- Verschiebung der Startzeit der Rundfahrtour
- Vorziehen der Anfahrt zeitkritischer Zielorte und Verschiebung zeitunkritischer Zielorte
- Anfahrt zeitkritischer Zielorte aus dem Rückfahrtstreifen bereits auf der Hinfahrt
- Auslassen zeitunkritischer Zielorte und Anfahrt auf einer nächsten Tour
- Aufteilung der Fahrt in zwei nacheinander stattfindende Rundfahrtouren
- Durchführung einer oder mehrerer zusätzlicher *Eilzustellfahrten*
- Einsatz kleinerer *Expressfahrzeuge* zur Bedienung der dringlichsten Zielorte

Diese Handlungsmöglichkeiten sind in aufsteigender Folge mit Leistungseinbußen oder Mehraufwand verbunden. Generell gilt der *Grundsatz*:

▶ Der Aufwand zur Erfüllung zeitlicher Restriktionen nimmt mit der Anzahl der Zielorte, für die feste Zeitfenster vorgegeben sind, und mit der geforderten *Termintreue* rasch zu.

Häufig wird nicht bedacht, daß auch das beste Fahrwegoptimierungsprogramm nicht alle Zeitanforderungen in einer Rundfahrt erfüllen kann. So können beispielsweise 3 voneinander entfernte Zielorte, die zum gleichen Zeitpunkt *Just-In-Time* angefahren werden sollen, nur mit 3 Direktfahrten pünktlich bedient werden.

### 4. Mittlere Fahrwege

Die mittlere Fahrweglänge von Rundfahrten nach der Streifenstrategie läßt sich für rechteckige Gebiete exakt und für andere Flächenformen approximativ berechnen. Das ist für die Planung und die *Kostenrechnung* ein wichtiger Vorteil der Streifenstrategie gegenüber den heuristischen OR-Verfahren, für die sich die mittlere Fahrweglänge nur durch aufwendige Simulationsrechnungen bestimmen läßt.

Wenn der Fahrweg zwischen zwei Punkten des Servicegebiets durch Beziehung (18.46) gegeben ist, folgt aus der in *Abb. 18.29* gezeigten Aufteilung eines rechteckigen Servicegebiets mit der *Länge L*, der *Breite B* und der *Fläche* $F = L \cdot B$ in eine gerade Streifenanzahl N die

▶ *mittlere Fahrweglänge einer Rundfahrt nach der Streifenstrategie* zu *n gleichmäßig* über das Servicegebiet verteilten Zielorten

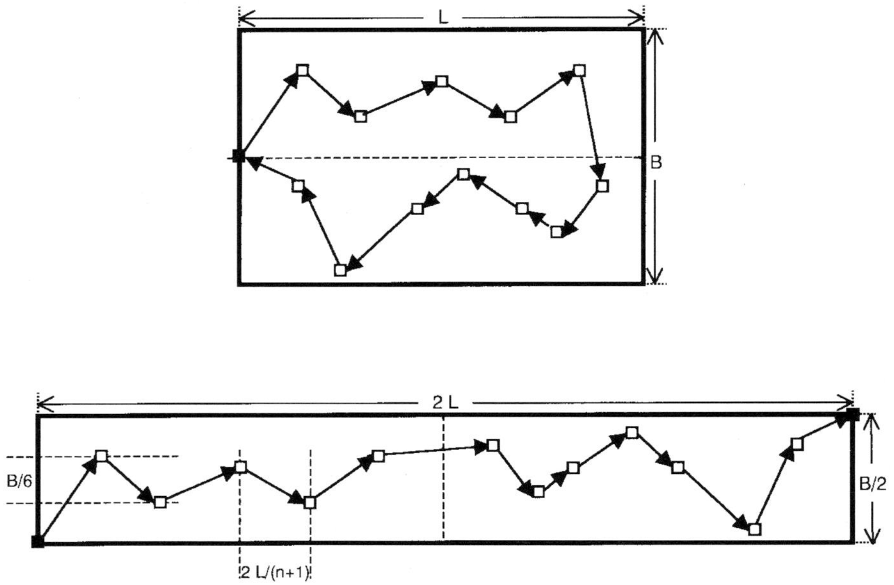


**Abb. 18.29** Berechnung der mittleren Tourenlänge für ein rechteckiges Servicegebiet bei Abfahrt nach der Streifenstrategie

Oben: Originalgebiet Unten: Äquivalenzgebiet

$$l_R(n) = f_{umw} \cdot (n+1) \cdot \sqrt{(N \cdot L/(n+1))^2 + (B/3N)^2}\,. \qquad (18.50)^{©}$$

In *Abb. 18.30* ist die hiermit berechnete Abhängigkeit der mittleren Fahrweglänge von der Anzahl Stops pro Rundfahrt dargestellt. Hieraus ist die Regel ablesbar:

▶ Für geringe Stopzahlen nimmt der mittlere Fahrweg unterproportional und für große Stopzahlen proportional mit der Stopzahl zu.

Aus der Beziehung (18.50) ergibt sich der

▶ *mittlere Fahrweg pro Stop* bei gleichverteilten Zielorten

$$s_{Stop} = l_R(n)/n = f_{umw} \cdot (1/n) \cdot \sqrt{(N \cdot L)^2 + (n+1)^2 \cdot (B/3N)^2}\,. \qquad (18.51)^{©}$$

*Abb. 18.31* zeigt die hieraus resultierende Abhängigkeit des mittleren Fahrwegs pro Stop von der Anzahl Stops pro Rundfahrt. Hieraus folgt die weitere *Regel*:

▶ Der mittlere Fahrweg pro Stop nimmt zunächst rasch mit der Stopzahl ab und erreicht für große Stopzahlen asymptotisch einen Grenzwert.

Außerdem geben die *Abb. 18.30* und *18.31* ein Beipiel für die zuvor genannte Regel, nach der sich die mittleren Fahrwege für weit mehr als 30 Stops pro Rundfahrt

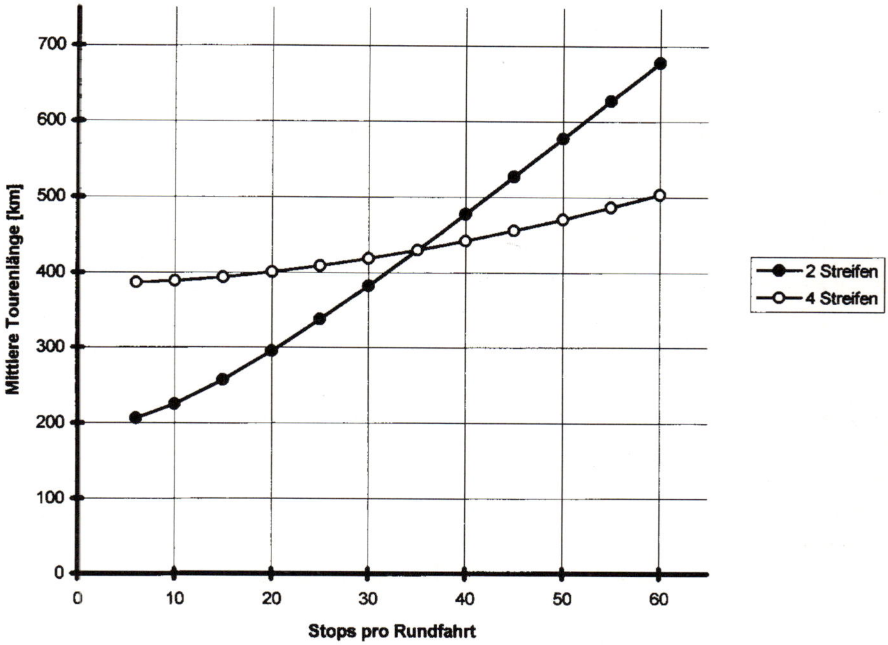


**Abb. 18.30** Abhängigkeit des mittleren Rundfahrwegs von der Anzahl Stops pro Tour
Parameter  Streifenanzahl der Rundfahrstrategie
Rechteckiges Servicegebiet mit 4.000 km² und $f_{\text{form}}$ = L/B = 1,5
Umwegfaktor 1,24

durch den Übergang von einer Zweistreifen- zu einer Vierstreifenstrategie verkürzen lassen.

Ein Maß für die Abweichung einer Servicefläche $F_S = L \cdot B$ mit der *mittleren Länge L* und der *mittleren Breite B* vom Quadrat und vom Kreis ist der *Formfaktor*

$$f_{\text{form}} = \text{L}/\text{B}. \tag{18.52}$$

Mit dem Formfaktor (18.52) folgt aus Beziehung (18.50) die *Abhängigkeit des mittleren Rundfahrweges* zu *n* Zielorten nach der N-Streifenstrategie von der *Servicefläche* $F_S$:

$$l_R(F,n) = f_{\text{umw}} \cdot \sqrt{f_{\text{form}} \cdot \text{N}^2 + (n+1)^2 / (9 f_{\text{form}} \cdot \text{N}^2)} \cdot \sqrt{F_S}. \qquad (18.53)^{©}$$

In *Abb. 18.32* ist die mit Beziehung (18.53) errechnete Flächenabhängigkeit des Rundfahrwegs für drei verschiedene Formfaktoren dargestellt. Hieraus ist ablesbar:

- ▶ Die mittlere Rundfahrtlänge nimmt proportional zur Wurzel aus der Servicefläche zu und ist nur wenig abhängig von der Form des Servicegebiets.

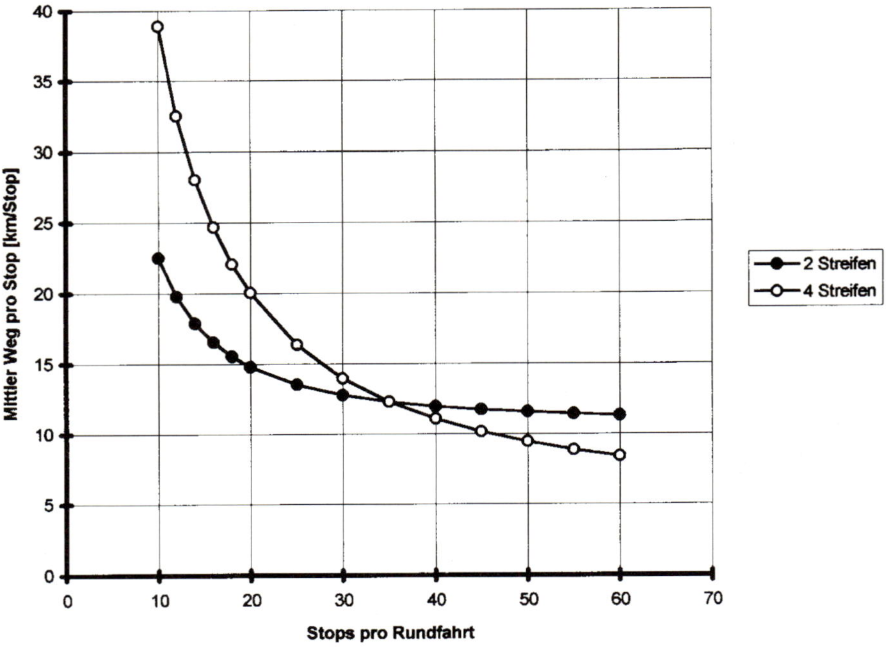


**Abb. 18.31** Abhängigkeit des mittleren Fahrwegs pro Stop von der Anzahl Stops
Parameter s. *Abb. 18.30*

Wegen des relativ geringen Formeinflusses ist die Beziehung (18.53) auch zur *näherungsweisen* Berechnung des mittleren Fahrwegs für Servicegebiete geeignet, deren Fläche F nicht rechteckig ist. In diesen Fällen ist für den Formfaktor (18.52) das Verhältnis der *maximalen Länge* zur *mittleren Breite* des Servicegebiets einzusetzen.[2]

### 5. Transportmittelbedarf

Der Transportmittelbedarf in einem Fahrzeugsystem ist gleich der Anzahl Fahrten, die nach einer der Tourenplanung und Fahrwegoptimierung zu gleicher Zeit stattfinden müssen, um den Beförderungsbedarf unter Berücksichtigung aller zeitlichen und übrigen Randbedingungen zu befriedigen.

Werden die Touren nach dem Drehstrahlverfahren geplant und nach der Streifenstrategie abgefahren, ist der Fahrzeugbedarf für ein Servicegebiet maxi-

2 Es ist eine lohnende Forschungsaufgabe, die Ergebnnisse der OR-Verfahren zur Standortbestimmung, Tourenplanung und Fahrwegoptimierung mit den Ergebnissen des analytischen Verfahrens zu vergleichen und die Genauigkeit und Grenzen der Näherungsformeln (18.48), (18.49), (18.50) und (18.53) zu untersuchen.

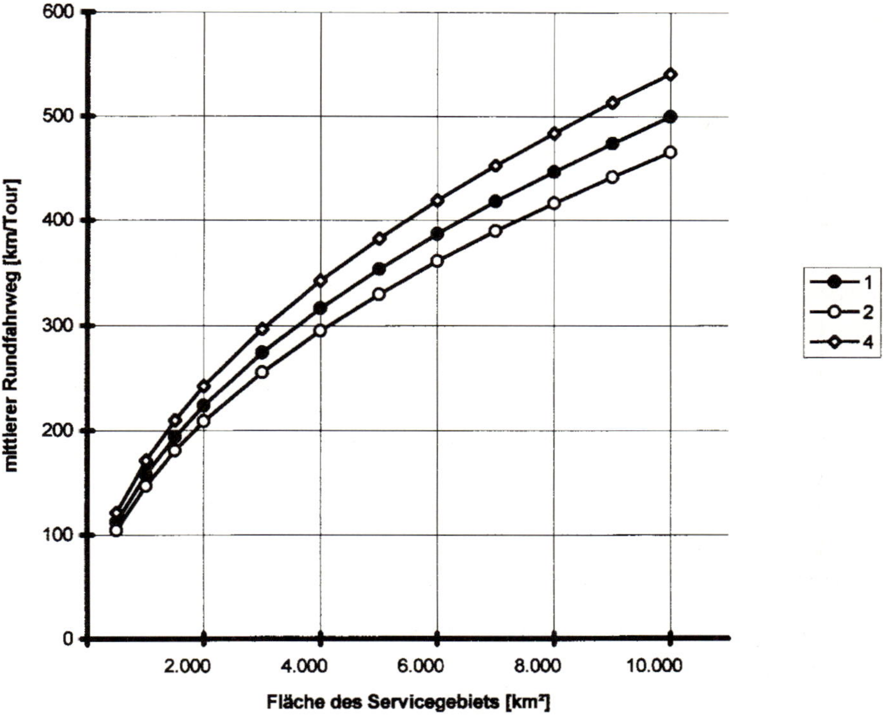


**Abb. 18.32** Abhängigkeit des mittleren Rundfahrwegs von Größe und Form der Servicefläche

Parameter Formfaktor $f_{\text{form}} = L/B = 1, 2, 4$ Stops pro Tour: 20
übrige Parameter s. *Abb. 18.30*

mal gleich der Anzahl Sektoren, die jeweils in einer Rundfahrtour bedient werden. Wenn die Summe der Fahrzeiten von zwei oder mehr Touren kürzer als die zulässige Einsatzzeit eines Transportmittels ist und die zeitlichen Restriktionen damit verträglich sind, kann *ein* Transportmittel diese Touren nacheinander ausführen. Dadurch reduziert sich der Transportmittelbedarf. Die Fahrzeit pro Tour läßt sich näherungsweise mit Hilfe der Beziehungen (18.36) und (18.51) berechnen.

Das Drehstrahlverfahren in Verbindung mit der Streifenstrategie ist geeignet für die mittelfristige Transportplanung, zur Entwicklung fester Tourenpläne und für die approximative Berechnung des Transportmittelbedarfs. Dabei wird mit dem mittleren täglichen Beförderungsbedarf bei einer durchschnittlichen Verteilung der Quellen und Senken gerechnet. Für die *Fahrzeugdisposition* im operativen Tagesgeschäft sind Tourenplanungsprogramme nur dann besser geeignet, wenn sie für typische Testkonstellationen zu einem geringeren Transportmittelbedarf und deutlich kürzeren Fahrzeiten führen als das Drehstrahlverfahren [181; 186; 188; 217].

## 18.12 Transportleistungskosten

Die Betriebskosten $K_{TS}$ [€/PE] eines Transportsystems TS sind gleich der Summe der *Netzbetriebskosten* $K_{TN}$ für das Transportnetz TN und der *Transportmittelkosten* $K_{TM}$ für den Betrieb der Transportmittel TM, die für einen Beförderungsbedarf (18.2) benötigt werden:

$$K_{TS} = K_{TN} + K_{TM} \qquad [€/PE]. \qquad (18.54)$$

*Hauptkostentreiber* eines Transportsystems sind die *Transportmengen*, die *Transportentfernungen* und die *Anzahl* der zu bedienenden Abhol- und Zielorte. Durch Aufteilung und Zurechnung der Transportbetriebskosten (18.54) auf diese Kostentreiber lassen sich nach den Verfahren aus *Abschnitt 6.6* die spezifischen *Transportkostensätze* kalkulieren.

### 1. Netzbetriebskosten

Die *Netzbetriebskosten* setzen sich zusammen aus (s. *Kapitel 6*):

- *Abschreibungen und Zinsen* für die Netzinvestition
- *Energiekosten* für den Netzbetrieb
- *Personalkosten* für das Betriebspersonal
- *Kosten für Wartung und Instandsetzung* des Netzes
- *Steuerungskosten* für Verkehrsregelung und Verkehrssicherung
- *Netzmanagementkosten* für Aufbau, Ausbau, Führung und Verwaltung des Netzwerks

Die Höhe der Netzbetriebskosten wird bestimmt von der Gesamtnetzlänge $L_{TN} = \Sigma\, l_{k\alpha}$ und von den *Stationen* und *Transportelementen* $TE_k$ mit den *Durchfahrlängen* $l_{k\alpha}$ und *Funktionen* $F_{k\alpha}$. Die installierten Grenzleistungen der Transportelemente hängen von den maximalen *Transportleistungen* $\lambda_{k\alpha\,max}$ ab, die in Spitzenzeiten für die Funktionen $F_{k\alpha}$ erwartet werden.

Wenn die Betriebskosten $K_{TN} = K_{TN}(\lambda_{k\alpha}; l_{k\alpha})$ [€/PE] für das Netz kalkulatorisch auf die für eine Periode geplante *Gesamttransportleistung* $\Sigma\lambda_{k\alpha} \cdot l_{k\alpha}$ [TM-km/PE] umgelegt werden, ergeben sich die

- *spezifischen Netzkosten* pro Transportmittel-Kilometer

$$k_{TN} = K_{TN} \big/ \left( \sum \lambda_{k\alpha} \cdot l_{k\alpha} \right) \qquad [€/TM\text{-}km]. \qquad (18.55)$$

Bis auf die Wartungs- und Instandhaltungskosten und die nutzungsbedingte Abschreibung sind die Netzbetriebskosten unabhängig von der aktuellen Verkehrsbelastung des Transportnetzes und damit überwiegend *Fixkosten*. Daher trägt der Eigentümer oder Betreiber eines Transportnetzes ein hohes *Auslastungsrisiko*.

Wenn ein Transportnetz, wie die öffentlichen Verkehrsnetze, nicht vom Betreiber sondern von anderen Transportdienstleistern oder von Verkehrsteilnehmern genutzt wird, müssen diese mit den Netzkosten belastet werden. Dafür sind aus den spezifischen Netzkosten (18.55) unter Annahme einer bestimmten Planauslastung *Netzbenutzungsgebühren* zu kalkulieren, die auch das *Auslastungsrisiko* durch einen entsprechenden *Risikozuschlag* berücksichtigen.

Möglichkeiten zur Kostenbelastung der Benutzer eines Transportnetzes sind:

- ▶ *Zeitabhängige Direktbelastung*: Steuern, Grundgebühren oder Eintrittsgelder, die pro Transportmittel für eine bestimmte Nutzungszeit unabhängig von der Fahrleistung erhoben werden.
- ▶ *Nutzungsabhängige Direktbelastung*: Maut, Wegegeld, Nutzungsgebühren oder andere Abgaben, die abhängig von der gefahrenen Weglänge und der Größe des Transportmittels unmittelbar vor oder nach Beendigung der Nutzung kassiert werden.
- ▶ *Indirekte Belastung*: Gebühren oder Steuern, die im Kraftstoffpreis oder in den Energiekosten enthalten sind.

In der Praxis ist eine Kombination dieser Kostenbelastungsformen zu finden. Da der Kraftsstoff- oder Energieverbrauch weitgehend proportional zur Fahrleistung, zur Fahrzeugkapazität und zur Fahrwegbelastung ist, entspricht die indirekte Kostenbelastung der Straßenbenutzer am besten dem Prinzip der Kostenbelastung gemäß Inanspruchnahme (s. *Abschnitt 7.1*). Außerdem ist diese Form der indirekten Belastung mit den geringsten Erfassungskosten verbunden, da keine Mautstellen erforderlich sind.

Bei der nutzungsabhängigen Direktbelastung besteht die Möglichkeit, zu Hauptverkehrszeiten höhere Netzgebühren zu erheben als zu verkehrsschwachen Zeiten. Damit wird ein Teil der Verkehrsbelastung aus der Hauptverkehrszeit in Nebenzeiten verdrängt [319]. Ein solches Verfahren aber kann für einige Verkehrsteilnehmer unerwünschte soziale Folgen haben, die sich nur schwer durch andere verkehrspolitische Maßnahmen ausgleichen lassen.

Für die Nutzung von Schienennetzen ist es möglich, die Haupt- und Nebennetze mit unterschiedlichen *Teilnetzkostensätze* zu kalkulieren. Eine solche Differenzierung ergibt für stark befahrene *Hauptnetze* meist geringere spezifische Netzkostensätze als für schwach befahrene *Nebennetze*. Bei einer nutzungsgemäßen Belastung der Netzbenutzer würde das zu einer Verdrängung des Verkehrs auf die Hauptnetze und zur Abnahme der Nutzung der Nebennetze führen. Daraus aber resultiert ein Teufelskreis, wenn dann die Nutzungsgebühren für das Nebennetz weiter erhöht werden.

Die dargestellten Abhängigkeiten und Wechselwirkungen machen deutlich, daß die Umlage der Netzkosten auf die Netzbenutzer ein schwieriges Problem ist, das noch nicht allgemeingültig gelöst ist [313; 314].

### 2. Transportmittelkosten

Abgesehen von den Kosten für eventuelle Transportbehälter sind die Betriebskosten eines *Fördersystems* gleich den Netzbetriebskosten. Für die *Fahrzeugsysteme* kommen zu den Netzbetriebskosten die *Betriebskosten der Transportmittel* hinzu.

Die Transportmittelkosten setzen sich zusammen aus:

- Nutzungsbedingten *Abschreibungen und Zinsen* für die Transportmittel einschließlich Fahrzeugsteuerung

- *Energie- und Betriebsmittelkosten* für den Fahrzeugbetrieb
- *Personalkosten* für die Besatzung der Transportmittel
- *Wartungs- und Instandhaltungskosten* für die Transportflotte
- *Steuerungskosten* für die Transportmitteldisposition, Einsatzsteuerung und Einsatzkontrolle
- *Flottenmanagementkosten* für Planung, Beschaffung und Verwaltung der Transportmittel

Die Kosten für Abschreibungen, Zinsen, Wartung und Instandhaltung der *Transporthilfsmittel* sind gesondert zu kalkulieren, denn ihre Zurechnung hängt davon ab, ob die Transporthilfsmittel dem Verlader oder dem Betreiber der Transportmittel gehören.

Die Zinsen, die Steuerungskosten und die Kosten für das Flottenmanagement hängen ab von der *Anzahl*, vom *Typ* und von der *Kapazität* der Transportmittel einer Flotte, die für einen geplanten Transportbedarf bereitgehalten wird. Die Personalkosten werden von der *Einsatzdauer* und der *Besetzung* der Transportmittel bestimmt.

Die nutzungsbedingten Abschreibungen, die Kraftstoff- und Energiekosten sowie die Wartungs- und Instandhaltungskosten sind proportional zur *Fahrleistung* (s. *Kapitel 6*).

**3. Transportkostensätze und Transportleistungspreise**

Nach den in *Kapitel* 6 und 7 beschriebenen Verfahren lassen sich aus den Transportbetriebskosten (18.54) mit den Kennzahlen der *Transporteinheiten* [TE], den *Einsatzzeiten*, der *Fahrzeugbesetzung* und den mittleren *Stopzeiten* die *Transportkostensätze* kalkulieren:

$$\begin{array}{lll} \textit{Grundkosten} & k_{Gr} & [€/\text{TM-Fahrt}] \\ \textit{Stopkosten} & k_{Stop} & [€/\text{TM-Stop}] \\ \textit{Fahrwegkosten} & k_{Weg} & [€/\text{TM-km}]. \end{array} \qquad (18.56)$$

Mit diesen Kostensätzen sind die *Transportkosten* für eine Transportfahrt, die sich insgesamt über eine *Fahrweglänge* $l_{FW}$ [km] erstreckt und zwischen Start- und Endpunkt der Nutzfahrt mit $n_{Stop}$ *Stops* verbunden ist, gegeben durch:

$$K_{TF}\left(l_{FW}; n_{Stop}\right) = k_{Gr} + n_{Stop} \cdot k_{Stop} + l_{FW} \cdot k_{Weg} \qquad [€/\textbf{TE-Fahrt}]. \qquad (18.57)$$

Auch der Betreiber einer Transportflotte trägt ein *Auslastungsrisiko*, wenn auch nicht in gleichem Ausmaß, wie der Netzbetreiber, da ein größerer Anteil der Transportmittelkosten variabel ist. Mit den kalkulatorischen Zuschlägen für das Auslastungs- und Bereithaltungsrisiko sowie für Verwaltung, Vertrieb und Gewinn folgen aus den Transportkostensätzen (18.56) nach Beziehung (7.1) die *Transportleistungspreise*.

Für ausgewählte Transportmittel und verschiedene Verkehrsträger sind in *Tabelle 18.4* Kennwerte für Transportleistungspreise angegeben, die mit Hilfe eines

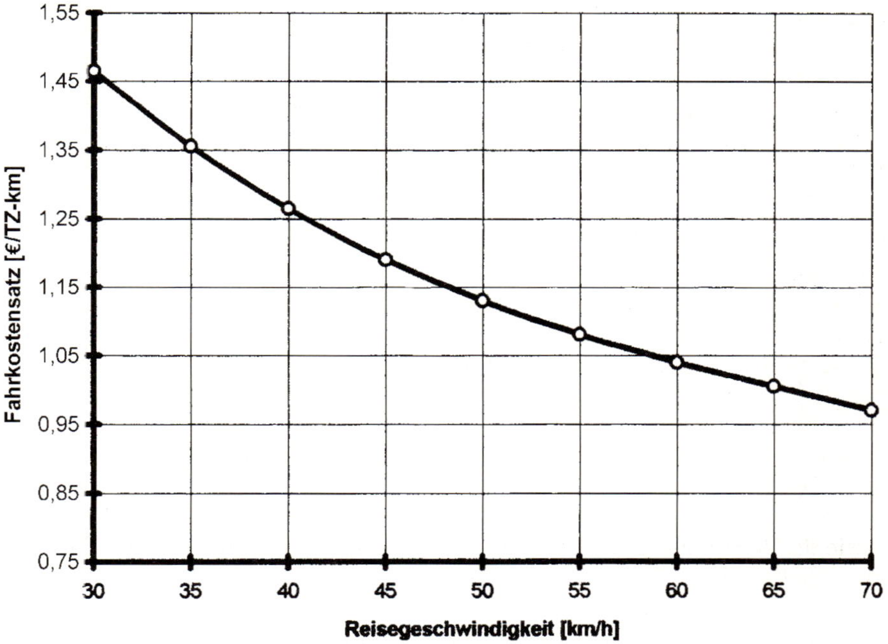


**Abb. 18.33** Abhängigkeit des Fahrwegkostensatzes für einen Sattelaufliegerzug (TZ) von der Reisegeschwindigkeit

Kalkulationsprogramms für Transportkosten auf Preisbasis 2002 unter realistischen Annahmen für die mittlere Auslastung und die Einsatzdauer berechnet wurden. Das *Transportkostenprogramm* wurde nach den in *Kapitel 6* und 7 dargestellten Kalkulationsverfahren erstellt und macht von den in diesem Kapitel entwickelten Berechnungsformeln Gebrauch. In den Wegpreisen sind die anteiligen Netzkosten (18.55) enthalten.

Mit Hilfe des Transportkostenprogramms lassen sich Auswirkungen der unterschiedlichen Einflußfaktoren auf die Transportkosten analysieren. Die *Abb. 18.33* bis *18.37* zeigen die Ergebnisse einer Sensitivitätsanalyse der Transportkostensätze und Transportpreise für die in *Abb. 12.5* und *18.20* dargestellten *Sattelaufliegerzüge*.

Die Abhängigkeit des Fahrwegkostensatzes $k_{\text{Weg}}$ [€/TM-km] von der effektiven Reisegeschwindigkeit zeigt *Abb. 18.33*. Mit zunehmender Reisegeschwindigkeit sinken die Fahrwegkosten. Hieraus ist erkennbar, wie groß der Einfluß von Geschwindigkeitsbegrenzungen und Staus auf die Transportkosten ist.

Die Auswirkungen einer Änderung der Kraftstoffpreise auf den Fahrwegkostensatz ist in *Abb. 18.34* dargestellt. Eine Verdoppelung des Dieselkraftstoffpreises von 0,75 auf 1,50 €/*l* würde einen Anstieg der Fahrwegkosten von 1,25 auf 1,45 €/km, also um 16 % bewirken.

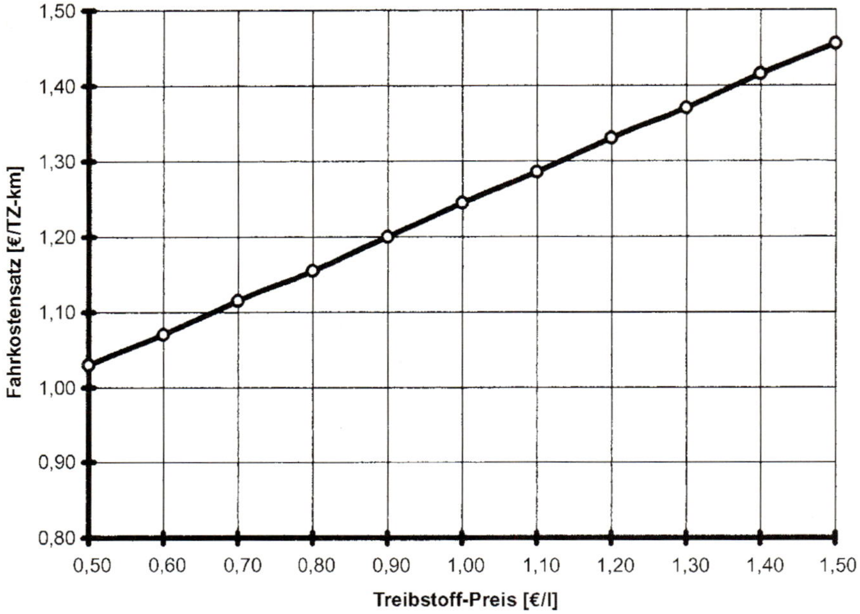


**Abb. 18.34** Einfluß des Treibstoffpreises auf den Fahrwegkostensatz für einen Sattelaufliegerzug

*Abb. 18.35* zeigt den linearen Anstieg des mit Beziehung (18.57) kalkulierten *Relationspreises* für Transportfahrten von einem Verladeort zu einem Zielort mit der Transportentfernung. Der Relationspreis hängt sehr empfindlich vom *Leerfahrtanteil* ab, also vom Anteil der ungenutzten Fahrten vom Zielort zum nächsten Verladeort (s. *Abb. 18.35* und *18.36*).

### 4. Paarigkeit des Frachtaufkommens

Bei Betrieb eines Fahrzeugsystems im Shuttle-Verkehr mit kombinierten Hin- und Rückfahrten zwischen je zwei Stationen hängen Auslastung des Transportsystems und Transportkosten von der Paarigkeit des Ladungsaufkommens zwischen den Stationen ab.

Wenn das *Hinlaufaufkommen* $\lambda_{ij}$ von $S_i$ nach $S_j$ größer ist als das *Rücklaufaufkommen* $\lambda_{ji}$ von $S_j$ nach $S_i$, wenn also $\lambda_{ij} > \lambda_{ji}$, ist die Paarigkeit der Relation $S_i \rightarrow S_j$ gleich dem Quotienten $\lambda_{ji}/\lambda_{ij}$. Wenn $\lambda_{ji} > \lambda_{ij}$ ist, ist die Paarigkeit $\lambda_{ij}/\lambda_{ji}$. Allgemein gilt:

- Die *Relationspaarigkeit des Frachtaufkommens* zwischen zwei Stationen $S_i$ und $S_j$ ist

$$\eta_{ij\,paar} = \mathrm{MIN}\left(\lambda_{ji}/\lambda_{ij};\lambda_{ij}/\lambda_{ji}\right) \qquad [\%]. \qquad (18.58)$$

Besteht nur in einer Richtung ein Frachtaufkommen, ist die Paarigkeit 0 %. Ist das Frachtaufkommen in beide Richtungen gleich, ist die Paarigkeit 100 %. Wenn

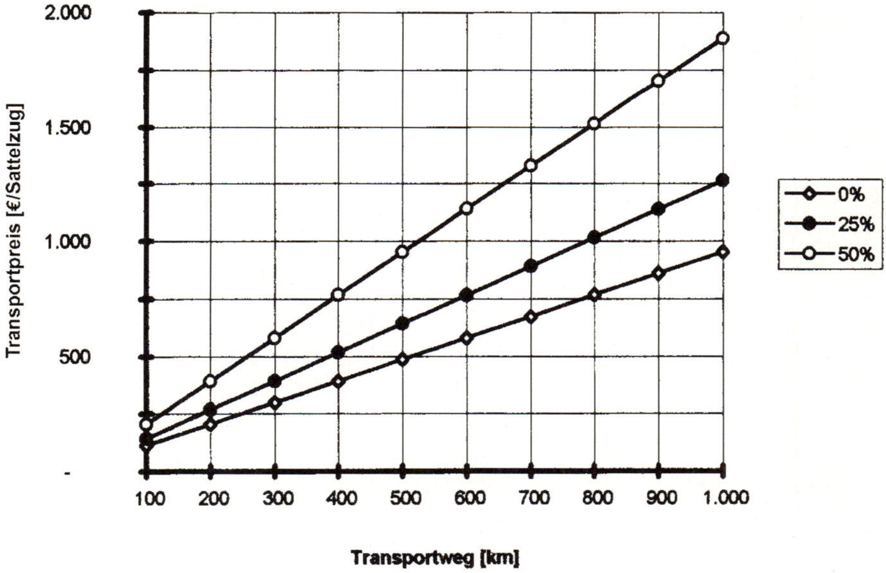


**Abb. 18.35** Entfernungsabhängigkeit der Relationspreise für Transportfahrten mit einem Sattelaufliegerzug

Parameter Leerfahrtanteil

das Rückfrachtaufkommen halb so groß ist wie das Hinfrachtaufkommen ist $\lambda_{ji} = \lambda_{ij}/2$ und die Paarigkeit 50 %.

Ist die Relationspaarigkeit $\eta_{ij\ paar}$, dann ist der *Leerfahrtanteil* bei reinem Shuttlebetrieb mit vollen Fahrzeugen:

$$\eta_{ij\ leer} = \left(1 - \eta_{ij\ paar}\right)/2 \qquad [\%]. \qquad (18.59)$$

So ist beispielsweise für eine Paarigkeit von 50 % der Leerfahrtanteil bei kombinierten Fahrten mit vollen Fahrzeugen 25 %.

Für Transportsysteme mit mehr als zwei Stationen ergibt sich aus den Relationspaarigkeiten (18.58) und dem *Gesamtfrachtaufkommen*

$$\lambda = \sum_{i,j} \lambda_{ij} \qquad [\mathrm{LE/PE}] \qquad (18.60)$$

durch gewichtete Summation über alle Stationen die *Systempaarigkeit*:

$$\eta_{TS\ paar} = \sum_{i,j} \left(\lambda_{ij}/\lambda\right) \cdot \mathrm{MIN}\left(\lambda_{ji}/\lambda_{ij}; \lambda_{ij}/\lambda_{ji}\right) \qquad [\%]. \qquad (18.61)$$

Wenn sich die Summation (18.60) und (18.61) auf die Stationen in zwei voneinander getrennten Servicegebieten beschränkt, ergibt (18.61) die *Gebietspaarigkeit des Frachtaufkommens* zwischen diesen Gebieten.

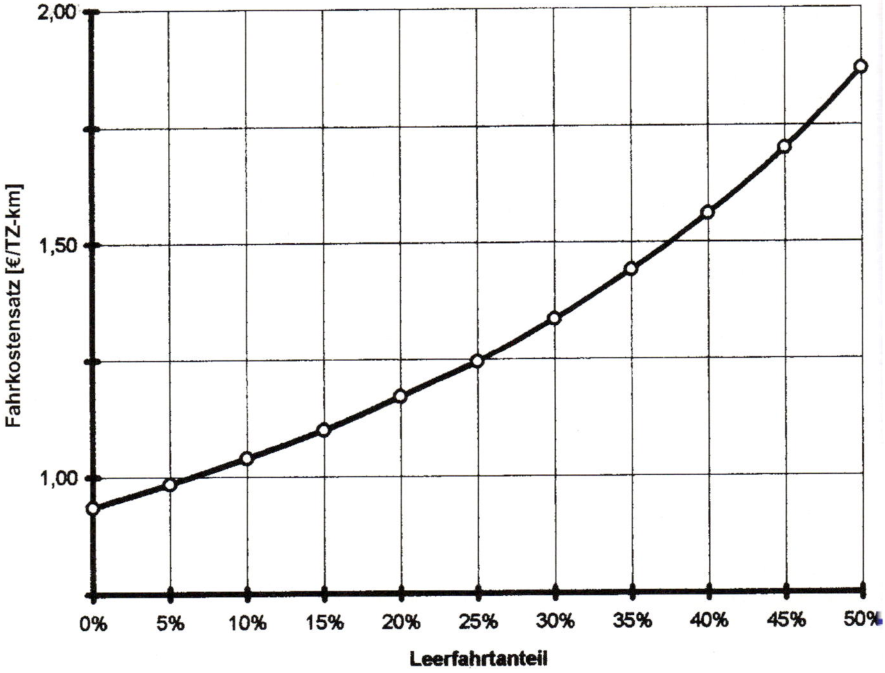


**Abb. 18.36** Abhängigkeit des effektiven Fahrtkostensatzes für Transportfahrten vom Leerfahrtanteil

Die Paarigkeit ist maßgebend für die Auslegung des Trassennetzes und die Betriebsstrategien des Transportsystems. Bei hoher Paarigkeit und einem Frachtaufkommen zwischen zwei Stationen, das regelmäßig verkehrende Transportfahrzeuge ausreichend füllt, ist eine direkte Linientrasse mit Hin- und Rückfahrten sinnvoll. Bei geringer Paarigkeit und schwachem Frachtaufkommen zwischen den Stationen sind Netze mit *Ringstruktur und Rundfahrten* oder Netze mit *Sternstruktur und gebrochenem Transport* vorteilhafter (s. *Abb. 18.1, 18.21, 19.15* und *19.16*).

Wenn der Rückfahrweg nicht genutzt und auch nicht vergütet wird, muß der Fahrwegkostensatz für die produktive Hinfahrt entsprechend erhöht werden. Bei 50 % Leerfahrtanteil ist daher der effektive Fahrwegkostensatz für die Hinfahrt doppelt so hoch wie bei 0 % Leerfahrtanteil, also bei 100 % bezahlter Nutzung der Rückfahrt. Dieser Zusammenhang macht die großen Einsparungsmöglichkeiten deutlich, die sich mit einer *paarigen Nutzung* von Relationsfahrten und einer *Reduzierung des Leerfahrtanteils* von Rundfahrten erzielen lassen.

Aus den unterschiedlichen Chancen für bezahlte Rückfahrten erklären sich auch die häufig recht stark voneinander abweichenden Transportkostensätze, die am Markt angeboten werden. Zwischen Gebieten mit einem ausgeglichenen Hin- und Rückfrachtaufkommen sind die Transportpreise niedriger als zwischen

Gebieten, zwischen denen ein ungleiches Frachtaufkommen besteht. Für ungleichgewichtige Relationen sind die Transportkosten in der Richtung mit dem kleineren Frachtaufkommen in der Regel deutlich geringer als in der Gegenrichtung.

### 5. Entfernungskostensätze

Wenn die Transportkosten nicht differenziert mit den Kostentreibern *Fahrt, Stop* und *Transportweg* kalkuliert sondern nur auf die Transportentfernung bezogen werden, ergibt sich die in *Abb. 18.37* dargestellte Entfernungsabhängigkeit des resultierenden *Entfernungskostensatzes* $k_{entf} = K_{TF}(l_{FW})/l_{FW}$.

Der pauschale Entfernungskostensatz nimmt mit zunehmender Transportentfernung ab, da die darin anteilig enthaltenen Grundkosten für Anfahrt, Warten, Rangieren und Laden immer weniger ins Gewicht fallen. Die bei Spediteuren übliche Abrechnung von Ladungstransporten nach pauschalen Entfernungssätzen

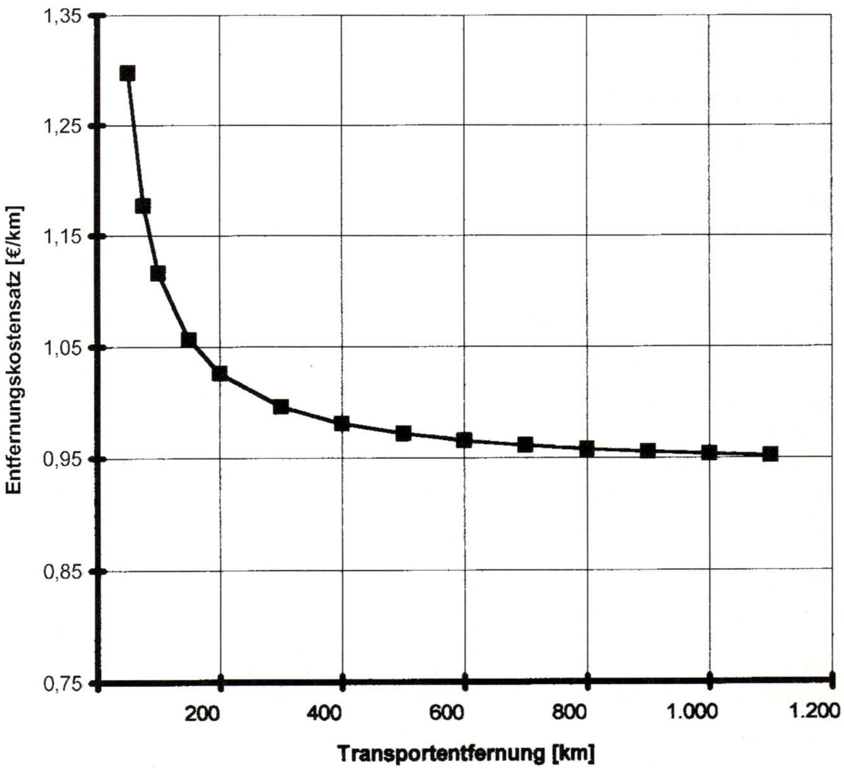


**Abb. 18.37** Abhängigkeit des Entfernungskostensatzes für Transportfahrten mit einem Sattelaufliegerzug von der Transportentfernung

Transportkosten einschließlich Anfahrt, Warten, Rangieren und Ladezeit bei 100% Rückfrachtnutzung

entspricht daher nicht den Grundsätzen einer transparenten und fairen Preisgestaltung (s. *Abschnitt 7.1*).

Abhängig von *Kapazität* und *Füllungsgrad* der Transportmittel resultieren aus den Transportkosten die *Frachtkosten*. Die Kalkulation und die Einflußfaktoren der Frachtkosten werden in den *Abschnitten 19.13* und *19.14* behandelt.

## 18.13 Transport und Verkehr

Transport und Verkehr sind zwei unterschiedliche Aspekte der gleichen Aufgabe *Transport* bezeichnet den *Mikroaspekt*, *Verkehr* den *Makroaspekt* des Beförderns von Gütern und Personen. Dementsprechend unterscheiden sich die Aufgaben und Ziele des *Transportwesens* und des *Verkehrswesens*.

### 1. Transportwesen

*Transport* ist das Befördern von Gütern und Personen im Auftrag einzelner Unternehmen und Wirtschaftsteilnehmer.

Der Transport ist ein Teil der *Mikrologistik*. Deren Gegenstand sind die Materialströme innerhalb der Unternehmen und zwischen einzelnen Lieferanten und Abnehmern. Hieraus folgt:

- Das *Transportwesen* behandelt die *einzelwirtschaftlichen Aspekte*, die individuellen Transportströme zwischen Versendern und Empfängern sowie die Transportnetze der Industrie-, Handels- und Dienstleistungsunternehmen.
- Gegenstand der *Transporttechnik* sind die Transportmittel, die Technik des Be-, Ent- und Umladens, die Fahrtrassen, auf denen sich die Transportmittel bewegen, und die Prozeßsteuerung zur Lenkung, Sicherung und Kontrolle der Transportmittel.
- Die *Transportwirtschaft* befaßt sich primär mit den *Prozessen* der Beförderung und des Umladens, mit den Transport- und Frachtketten sowie mit den Transport- und Frachtkosten für den individuellen Beförderungsbedarf.

*Ziel der Transportwirtschaft* ist die kostenoptimale und zuverlässige Erfüllung des Beförderungsbedarfs der einzelnen Unternehmen.

### 2. Verkehrswesen

Die *Verkehrsströme* sind die Summe aller individuellen Transportströme zwischen den Haushalten, Unternehmen und anderen Wirtschaftsteilnehmern.

Der Verkehr ist ein Teil der *Makrologistik*. Gegenstand der Makrologistik sind die Güter- und Personenströme zwischen einer Vielzahl von anonymen Quellen und Senken einer Region, eines Landes oder rund um den Globus. Hieraus folgt

- Das *Verkehrswesen* behandelt die *gesamtwirtschaftlichen Aspekte*, die Verkehrsströme und die Verkehrserschließung zwischen und in den Regionen und Ländern, die öffentlichen Verkehrsnetze und die Verkehrseinrichtungen.

- Gegenstand der *Verkehrstechnik* sind die Verkehrswege und Verkehrsnetze sowie die Verfahren zur effizienten und sicheren Lenkung der Verkehrsströme durch die verfügbaren Verkehrsnetze.
- Die *Verkehrswirtschaft* interessiert sich für die *Strukturen* der Verkehrsnetze, für die Verkehrswege, die Knotenpunkte und die Übergänge zwischen den verschiedenen Verkehrsträgern sowie für die Kosten und Preise der Güter- und Personenbewegungen in einem Wirtschaftsraum. Dazu gehören auch die Ursachen der *Verkehrsentstehung* und die Möglichkeiten zur *Verkehrseindämmung* (s. *Abschnitt 7.8*) [313].

Ziel der Verkehrswirtschaft ist die kostenoptimale, störungsfreie und umweltschonende Bewältigung des gesamten Transportaufkommens einer Region oder eines Landes.

### 3. Zielkonflikte zwischen Transport und Verkehr

Transport und Verkehr bedingen einander:

- Voraussetzungen für wirtschaftliche Transporte zwischen den einzelnen Versendern und Empfängern sind sichere und leistungsfähige Verkehrsnetze, eine bedarfsgerechte Verkehrslenkung und eine nutzungsgemäße Belastung der Verkehrsteilnehmer mit den Kosten der Verkehrsnetze.
- Aufbau, Unterhalt und Betrieb der Verkehrsnetze erfordern eine hinreichend große Anzahl von Verkehrsteilnehmern mit ausreichendem Transportaufkommen, um die Netze gut auszulasten und deren Kosten zu erwirtschaften.

Aus den teilweise voneinander abweichenden Interessen resultieren *Zielkonflikte* zwischen der Transportwirtschaft und der Verkehrswirtschaft:

- Die Transportwirtschaft arbeitet für die Ziele *einzelner* Unternehmen und Verkehrsteilnehmer, auch wenn diese nicht dem gesamtwirtschaftlichen Interesse dienen.
- Die Verkehrswirtschaft strebt einen sicheren und wirtschaftlichen Betrieb der Verkehrsnetze im Interesse *aller* Unternehmen und Verkehrsteilnehmer an, auch wenn damit für einzelne Verkehrsteilnehmer oder Gruppen zumutbare Nachteile verbunden sind.

Hieraus leiten sich für die *Forschung* und *Lehre*, die unabhängig von den Interessen der Unternehmen und der Politik arbeiten sollten, folgende Aufgaben ab:

- *Aufzeigen* organisatorischer, technischer und wirtschaftlicher *Handlungsmöglichkeiten* zum Erreichen der Ziele
- Entwicklung von Verfahren zur *Lösung der* verschiedenen *Transport- und Beförderungsaufgaben*
- Konzeption und Analyse von *Strategien* zur Bewältigung des Transportbedarfs und des Verkehrsaufkommens
- Erarbeiten von *Lösungsvorschlägen* für die *rechtliche Regelung* der *Zielkonflikte* zwischen Transport und Verkehr (s. *Abschnitt 6.10* und *Kapitel 22*)

### 4. Transportlogistik und andere Modeworte

Ebenso wie die Begriffe *Umschlag, Lagern* und *Kommissionieren* bezeichnet der Begriff *Transport* ohne jeden Zusatz eine der vier Grundfunktionen (1.1) der Logistik. Die Kombination des Unterbegriffs *Transport* mit dem Oberbegriff *Logistik* zum Wort *Transportlogistik* ist daher ebenso unsinnig wie die Bezeichnungen *Verkehrslogistik, Speditionslogistik, Lagerlogistik, Verpackungslogistik* oder *Informationslogistik.* Mit solchen *Modeworten* versucht die Werbung der beteiligten Wirtschaftszweige einen tradierten Fachbereich aufzuwerten. Sie stiften jedoch eher Verwirrung und bewirken das Gegenteil.

Sinnvoll ist hingegen die Verbindung des Begriffs Logistik mit der Bezeichnung einer Branche, wie

*Handelslogistik*
*Automobillogistik*
*Krankenhauslogistik,*

mit bestimmten Gütern wie

*Konsumgüterlogistik*
*Kühlwarenlogistik*
*Wertgutlogistik*
*Ersatzteillogistik*

oder mit einer Projektart, wie

*Baustellenlogistik*
*Ausstellungslogistik*
*Anlagenlogistik*

Eine Unterscheidung von Spezialbereichen der Logistik ist nur soweit von Nutzen, wie sich die speziellen Ziele und Anforderungen von denen der allgemeinen Logistik unterscheiden. Die meisten Grundsätze, Strategien und Handlungsmöglichkeiten gelten jedoch in allen Bereichen der Logistik.

# 19 Optimale Auslegung von Logistikhallen

In einer Logistikhalle werden primär Logistikleistungen ausgeführt, wie das Umschlagen, Lagern und Kommissionieren von Gütern, Handelswaren und Sendungen. Die Auslegung einer Logistikhalle erfordert Sachkenntnis, Geschick und Erfahrung. Sie läßt sich nicht einem Rechner übertragen. Dafür sind die Anforderungen und Restriktionen zu unterschiedlich und die Handlungsmöglichkeiten und Parameter zu vielfältig. Hinzu kommen Zielkonflikte, die kein Rechner lösen kann. Das Layout einer analytisch konstruierten *Ausgangslösung* läßt sich jedoch mit Hilfe von OR-Verfahren, Simulation und CAD auf einem Rechner interaktiv optimieren und im Detail ausarbeiten [29; 326; 327; 328].

Die wichtigsten Auslegungsziele für Logistikhallen sind die *Transportoptimierung* und die *Flächenminimierung*. Um sie zu erreichen, werden *Auslegungsverfahren* für den Hallengrundriß und *Anordnungsstrategien* für die Funktionsbereiche benötigt. Die nachfolgend hergeleiteten Auslegungsverfahren und Anordnungsstrategien gelten vor allem für *Logistikhallen*, wie Umschlaghallen, Lagerhallen und Logistikzentren, deren Betriebskosten maßgebend von den Transporten bestimmt werden. Sie sind hilfreich für die Planung von *Vielzweckhallen*, deren Flächennutzung sich im Verlauf der Zeit ändern kann. Auch Großmärkte, Verkaufshallen, Speisesäle und Großraumbüros lassen sich auf diese Weise auslegen. Für *Fabrikhallen* sind die Auslegungsregeln soweit anwendbar, wie es die technischen Gegebenheiten der Produktionsprozesse zulassen [327].

Die in der Praxis erprobten Auslegungsverfahren und Anordnungsstrategien sind auch zur Auslegung von offenen Umschlagflächen und für die Gebäudeanordnung auf einem Werksgelände geeignet. Mit ihrer Hilfe wird abschließend die *Größenabhängigkeit der Durchsatzkosten von Umschlaghallen* berechnet, aus denen sich Grenzen der *economies of scale* in der Logistik ergeben [312].

## 19.1 Anforderungen und Restriktionen

Eine Halle ist so auszulegen, daß sie eine benötigte *Gesamtfläche* bietet und sich entlang den Außenseiten eine ausreichende *Anzahl von Toren* anordnen läßt. Dabei sind bestimmte *räumliche* und *technische Restriktionen* zu beachten.

Die benötigte *Hallenfläche* resultiert aus dem Flächenbedarf der Funktionen, für die eine Halle gebaut wird. So wird die Fläche einer *Umschlaghalle* bestimmt von dem Pufferplatzbedarf für das Ansammeln angelieferter Güter, die später wieder ausgeliefert werden sollen. Der Flächenbedarf für eine *Lagerhalle* hängt von der benötigten Lagerkapazität und der eingesetzten Lagertechnik ab (s. *Kapitel 16*). In einem *Logistikzentrum* werden zusätzliche Flächen für das Kommissionieren, die Packerei und andere Funktionen benötigt (s. *Abschnitt 1.6*). Eine *Fabrikhalle* wird bestimmt vom Flächenbedarf der Arbeitsplätze, Maschinen und Anlagen. In allen Fällen kommen die Flächen für die Torbereiche sowie der Flächenbedarf für die Trassen der innerbetrieblichen Transportsysteme hinzu.

Die benötigte *Toranzahl* ergibt sich aus den Ein- und Auslaufströmen zur Spitzenzeit, aus der Kapazität der externen Transportmittel und aus den Be- und Entladezeiten (s. *Abschnitt 16.3.6*). Wenn die Toranzahl richtig festgelegt ist, sind in den Spitzenzeiten alle Tore genutzt und die Ein- und Auslaufströme über die Tore gleichmäßig verteilt.

*Räumliche Restriktionen* für die Hallenauslegung sind die maximale Länge, die maximale Breite oder eine *harte Kante*, die aus den Gegebenheiten eines vorhandenen Grundstücks, angrenzender Gebäude oder des Betriebsgeländes resultieren. Sie entfallen weitgehend bei einem Bau auf *grüner Wiese*. Andere räumliche Restriktionen, die auch beim Bau auf grüner Wiese gelten, sind die Abmessungen und die Lage der Ein- und Ausgänge der *Funktionsbereiche*, die in der Halle unterzubringen sind, die Notwendigkeiten des externen *Verkehrsanschlusses* und die maximal zulässige *Fluchtweglänge* [290].

*Technische Restriktionen* sind die *Tiefe* des Torbereichs und die *Breite* der einzelnen Tormodule, die den *minimal zulässigen Torabstand* bestimmt. Sie hängen von der Art der externen Transportmittel, von der Andocktechnik und von der Gestaltung der *Tormodule* ab (s. *Abb. 16.10*). Weitere technische Restriktionen, wie eine maximale *Spannweite* oder ein *Stützenraster*, können aus einer vorgegebenen Hallenkonstruktion oder aus der Notwendigkeit von *Brandabschnitten* resultieren.

*Grundaufgabe* ist die Auslegung einer Halle mit rechteckigem Grundriß, einer geforderten *Grundfläche* F und einer benötigten *Anzahl Tore* N. Durch die Tore mit dem *Mindestabstand* d läuft im Verlauf der Betriebszeit gleichverteilt ein mittlerer *Einlaufstrom* in die Halle hinein, der von einem innerbetrieblichen Transportsystem über die Hallenfläche verteilt wird. Ein im Mittel ebenso großer *Auslaufstrom* läuft von der Fläche durch die N Tore wieder aus der Halle hinaus. Nach Lösung der Grundaufgabe werden auch andere Hallenformen, weitere Restriktionen sowie die *Funktionsflächen* $F_k$ und die *Austauschströme* $\lambda_{Akl}$ zwischen den Funktionsbereichen berücksichtigt.

## 19.2 Auslegungsziele und Handlungsmöglichkeiten

Die größten Kostentreiber von Logistikhallen sind der innerbetriebliche *Transport*, der *Flächenbedarf* und das *Handling*. Die *Transporte* von und zu den Ein- und Ausgängen lassen sich durch den *Hallengrundriß* und die *Toranordnung* minimieren [208; 329]. Die Transporte innerhalb der Halle hängen von der *Anordnung* der Funktionsbereiche ab. Die *Hallenfläche* wird vom Flächenbedarf der Funktionsbereiche und deren Anordnung bestimmt. Das *Handling* – wie das Be-

und Entladen an den Toren, das Greifen beim Kommissionieren und das Verpacken – findet in den einzelnen Funktionsbereichen statt und ist daher weitgehend unabhängig von der Hallenauslegung.

Die beiden wichtigsten *Auslegungsziele* sind also die *Minimierung der Transporte* und die *Minimierung der Hallenfläche*. Bei großem Durchsatz sind die Transportkosten deutlich höher als die Flächenkosten. Dann ist die Minimierung der Transporte das primäre Auslegungsziel. Mit zunehmendem Flächenbedarf für das Lagern, Bereitstellen und andere Funktionen gewinnt jedoch die Minimierung des Flächenbedarfs als weiteres Auslegungsziel an Bedeutung. Hinzu kommt in vielen Fällen die Forderung nach einer *Erweiterbarkeit* der gesamten Halle oder einzelner Funktionsbereiche. Diese Auslegungsziele sind nur bedingt kompatibel.

Das innerbetriebliche Transportsystem kann ein *Fördersystem* mit fest installierten Förderstrecken sein oder ein *Fahrzeugsystem* mit Flurförderzeugen, Schleppzügen oder anderen Transportmitteln, die auf einem Trassennetz verkehren. Die Summe aller *Trassenabschnitte* ergibt die *Gesamtnetzlänge*. Für Fahrzeugsysteme ergeben sich die innerbetrieblichen *Transportkosten* aus der Anzahl der Transportfahrten und dem damit verbundenen Personalbedarf (s. *Abschnitt 18.12*). Die Gesamtzahl der Transportfahrten wird bestimmt von der benötigten *Transportleistung*:

$$L_{trans} = \sum_{k,l} \lambda_{Akl} \cdot s_{kl} \,. \qquad [TE \cdot m] \qquad (19.1)$$

Die Transportleistung (19.1), die auch als *Transportaufwand* bezeichnet wird [29], ist das Produkt der einzelnen *Transportwege* $s_{kl}$ mit den *Austauschströmen* $\lambda_{Akl}$ zwischen den Funktionsbereichen $FB_k$ und $FB_l$. Dabei ist jeweils mit dem *maßgebenden Austauschstrom* zu rechnen, der bei getrennten Hin- und Rückfahrten gleich der Summe der Hin- und Rückströme ist und bei kombinierten Fahrten gleich dem Maximum von Hin- und Rückstrom (s. *Beziehung* (18.27) und (18.28)).[1] Die Transportleistung (19.1) ist das Produkt der *Summe aller Austauschströme*

$$\lambda_{Ages} = \sum_{k,l} \lambda_{Akl} \qquad [TE/PE] \qquad (19.2)$$

und des *mittleren Transportwegs*

$$s_F = \sum_{k,l} \lambda_{Akl} \cdot s_{kl} / \lambda_{Ages} \,. \qquad [m] \qquad (19.3)$$

1 Zur Vereinfachung wird hier von einheitlichen Transporteinheiten TE ausgegangen, z.B. Normpaletten, auf die alle Materialströme umzurechnen sind, sowie von Transportmitteln mit einem Fassungsvermögen von einer Transporteinheit. Mit unterschiedlichen Transporteinheiten und für Transportmittel mit größerer Kapazität werden die Zusammenhänge komplizierter (s. *Abschnitt 18.8*). Dafür ist eine gesonderte Untersuchung erforderlich. Das gilt auch für den Einsatz eines Stetigfördersystems, dessen Betriebskosten vor allem vom Streckennetz, aber kaum von der Anzahl der Transportbewegungen abhängen.

Das Ziel, die Transportkosten zu minimieren, ist also gleichbedeutend mit einer Minimierung der Transportleistung (19.1) oder des mittleren Transportwegs (19.3).

Für die meisten Logistikhallen sind die Transportwege von und zu den Ein- und Ausgängen wesentlich länger als die Wege zwischen den Funktionsbereichen, vor allem wenn diese durch eine optimale Anordnung minimiert sind (s.u.). Daraus folgt, daß für die *Flächengestalt* von Logistikhallen vor allem die *mittleren Tortransportwege* maßgebend sind.

Wenn die insgesamt benötigte Hallenfläche F, die Toranzahl N, die Torströme $\lambda_i$ sowie die Funktionsflächen $F_k$ mit ihren *Austauschströmen* $\lambda_{Akl}$ vorgegeben sind, bestehen für die Auslegung einer Halle mit rechteckigem Grundriß folgende *Handlungsmöglichkeiten* (s. *Abb. 19.1*):

- *Toranordnung* entlang den Hallenseiten mit den *Torkoordinaten* $c_i$
- *Seitenverhältnis* $f_s$ = a:b von *Hallenlänge* a zu *Hallenbreite* b
- *Anordnung* $(x_k;y_k)$ *und Ausrichtung der Funktionsflächen* $F_k$

*Länge* a und *Breite* b einer Halle mit der Fläche F = a · b sind bei einem Seitenverhältnis $f_s$:

$$a = \sqrt{f_s \cdot F} \qquad b = \sqrt{F / f_s}\,. \tag{19.4}$$

Für eine quadratische Hallengrundfläche ist $f_s = 1$ und $a = b = \sqrt{F}$.

## 19.3 Mittlere Transportwege

Die Fahrwege der innerbetrieblichen *Fahrzeugsysteme* werden zweckmäßig rechtwinklig und parallel zu den Hallenseiten angeordnet (s. *Abb. 19.1*). Auch die Trassen einer *Förderanlage* verlaufen in der Regel parallel zu den Hallenseiten. Für diese innerbetrieblichen Transportsysteme ist die Länge $s_{ij}$ des Fahrwegs zwischen zwei Punkten $(x_i;y_i)$ und $(x_j;y_j)$ gegeben durch die *rechtwinklige Metrik*

$$s_{ij} = |x_i - x_j| + |y_i - y_j| \tag{19.5}$$

Die *euklidische Metrik* einer Fortbewegung auf dem kürzesten Direktweg hat für Hallen, deren Fläche zum größten Teil mit Gütern und Funktionsflächen belegt ist, keine praktische Bedeutung. Für *Hallenkrane*, die sich nach der Lastaufnahme in einer simultanen Verfahr- und Verschiebefahrt diagonal über die Hallenfläche bewegen können, gilt die besondere *Flächenmetrik Bez. (16.61)*. Die speziellen Auslegungsregeln für eine Flächenmetrik lassen sich analog zu den nachfolgenden Ausführungen herleiten.

Wenn die Transportziele und Transportquellen über eine rechteckige Hallenfläche F=a·b *gleichverteilt* sind, ist der *mittlere Flächentransportweg* zwischen zwei beliebigen Hallenpunkten $(x_i;y_i)$ und $(x_j;y_j)$ bei rechtwinkliger Metrik gegeben durch:

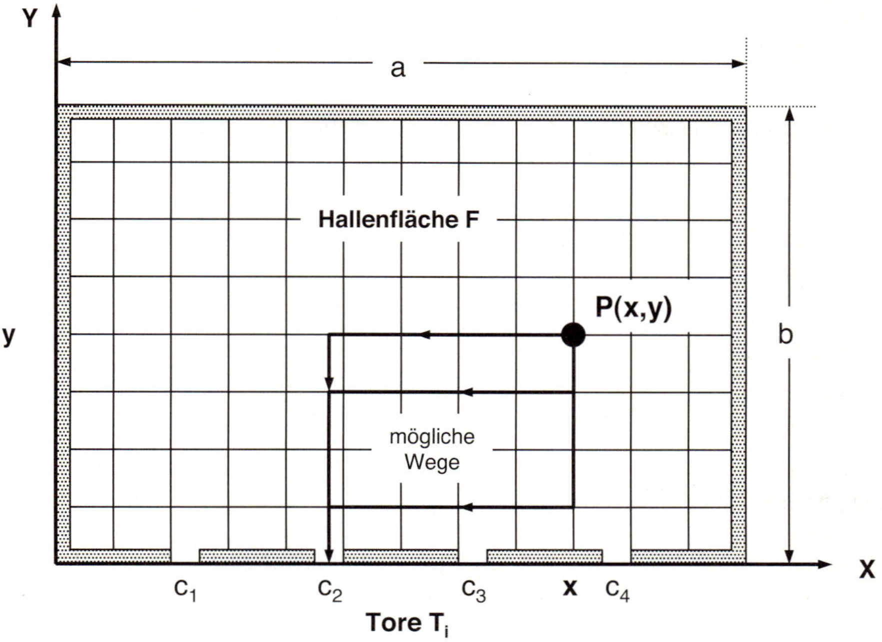


**Abb. 19.1** Rechteckige Hallenfläche mit einseitiger Toranordnung und Transportwegen bei rechteckiger Metrik

$$s_F = \left(1/F^2\right)\int_0^a dx_i \int_0^a dx_j \int_0^a dy_i \int_0^a dy_j \left(\left|x_i - x_j\right| + \left|y_i - y_j\right|\right) = \left(a+b\right)/3. \qquad (19.6)$$

Nach Einsetzen der Beziehungen (19.4) für die Seitenlängen a und b in (19.6) und Ableitung der resultierenden Funktion $s_F(f_s) = (\sqrt{f_s} + 1/\sqrt{f_s})\cdot\sqrt{F}/3$ nach $\sqrt{f_s}$ ergibt sich durch Nullsetzen und Auflösung nach dem Seitenverhältnis $f_s$ die *Regel*:

- Der ungewichtete mittlere Flächentransportweg ist bei quadratischer Hallenfläche mit $f_s = 1$ und $a = b = \sqrt{F}$ minimal und gegeben durch:

$$s_{F\,min} = (2/3)\sqrt{F}\,. \qquad (19.7)$$

Hieraus ist ersichtlich, daß mit einer Reduzierung der Hallenfläche zugleich eine Verkürzung der Flächentransportwege erreichbar ist.

Maßgebend für die Flächengestalt von Logistikhallen aber sind weniger die Flächentransportwege sondern die Tortransportwege. Der *mittlere Transportweg* zwischen einem Tor $T_i$ mit den Koordinaten $(c_i,0)$ und einem beliebigen Hallenpunkt (x;y) ist – wie aus *Abb.19.1* ablesbar – gegeben durch:

$$s_{Ti} = (1/F)\int_0^a dx \int_0^a dy \left(|x - c_i| + |y_i - 0|\right) = (a+b)/2 + c_i \cdot (c_i - a)/a. \qquad (19.8)$$

Bei gleichverteilter Nutzung aller Tore ist der *mittlere Tortransportweg von und zu allen Toren* gleich dem Mittelwert der mittleren Transportwege (19.8) zu den einzelnen Toren:

$$s_T = \sum_{i=1}^{N} \left((a+b)/2 + c_i \cdot (c_i - a)/a\right)/N. \qquad (19.9)$$

Bei gegebener Fläche F und Toranzahl N sind das Seitenverhältnis $f_s$, die Toranordnung entlang den Seiten und die Torkoordinaten $c_i$ freie Parameter, mit denen sich der mittlere Tortransportweg (19.9) minimieren läßt.

## 19.4 Gleichverteilte Tore auf einer Seite[2]

Wenn der Verkehrsanschluß nur von einer Seite her möglich oder die Halle in drei harte Kanten einzufügen ist, können die Tore nur längs einer Hallenseite angeordnet werden. Dann liegt es unter architektonischem Aspekt nahe, die N Tore in *gleichem Abstand* über die Längsseite a zu verteilen. Für diese Anordnung sind die Torkoordinaten $c_i = i \cdot a/(N+1)$ und der Abstand zwischen den Toren $d = a/(N+1)$. Nach Einsetzen der Torkoordinaten und der Beziehungen (19.4) in die Beziehung (19.9) ergibt die Berechnung der Summe:

$$s_T(f_s) = \left(\sqrt{f_s} \cdot (2N+1)/(3N+3) + 1/\sqrt{f_s}\right) \cdot \sqrt{F/2}\,. \qquad (19.10)$$

Die Abhängigkeit (19.10) der mittleren Torweglänge vom Seitenverhältnis $f_s$ ist in *Abb. 19.2* für eine Halle mit N = 8 Toren dargestellt. In diesem Fall hat die mittlere Torweglänge bei dem optimalen Seitenverhältnis $f_{s\,opt} = 1{,}5$ ein Minimum, das um etwa 10 % unter den Torweglängen bei ungünstigeren Seitenverhältnissen liegt.

Durch Nullsetzen der ersten Ableitung von (19.10) nach $\sqrt{f_s}$ resultiert das *transportoptimale Seitenverhältnis bei gleichverteilten Toren auf einer Hallenseite:*

$$f_{s\,opt} = (3N+3)/(2N+1) \qquad (19.11)$$

Für die *minimale mittlere Torweglänge* ergibt sich durch Einsetzen von (19.11) in Beziehung (19.10) unter Verwendung von (19.4):

2 Diese Optimierungsaufgabe ist Gegenstand der ersten Veröffentlichung des Verfassers auf dem Gebiet der Logistik [329]. Diskussionen auf dem *Internationalen Material Handling Congress* 2004 in Graz ergaben, daß es sich dabei um eine suboptimale Lösung handelt. Das hat den Verfasser zu der nachfolgenden allgemeinen Lösung des Problems angeregt [331].

$$s_{T\,min} = \left((2N+1)/(3N+3)\right)^{1/2}\sqrt{F}\ . \tag{19.12}$$

Aus den Beziehungen (19.11) und (19.12) folgt die *Auslegungsregel für Hallen mit einem Tor*:

▶ Wird nur *ein* Tor benötigt, ist die Hallenlänge *doppelt* so lang wie die Breite zu wählen und das Tor in der Mitte der längeren Hallenseite anzuordnen.

Wenn eine größere Anzahl von Toren gleichmäßig über die längere Hallenseite verteilt wird, ist das optimale Seitenverhältnis durch Beziehung (19.11) und die mittlere Torweglänge durch Beziehung (19.12) gegeben. Mit zunehmender Anzahl gleichverteilter Tore nähert sich das transportoptimale Seitenverhältnis 3:2 und die mittlere Torweglänge dem Wert 2/3·a.[3] Mit einer Gleichverteilung der

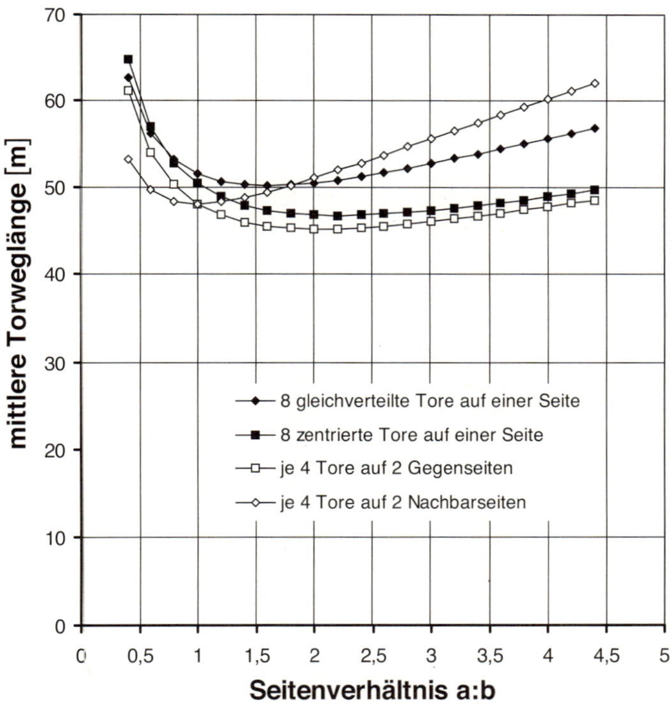


**Abb. 19.2** Abhängigkeit der mittleren Torweglänge vom Seitenverhältnis für unterschiedliche Toranordnungen
*Parameter*: Hallenfläche 4.000 m² minimaler Torabstand 6 m

3 Dieses Ergebnis wurde bereits 1955 von *Herbert Gudehus*, dem Vater des Verfassers, hergeleitet [208].

Tore über die längere Hallenseite wird jedoch nicht das absolute Minimum der mittleren Torweglänge erreicht.

## 19.5 Einseitige transportoptimale Toranordnung

Durch Nullsetzen der ersten Ableitung von Beziehung (19.9) nach den Torkoordinaten $c_i$ ergibt sich, daß die mittlere Torweglänge minimal wird, wenn alle $c_i = a/2$ sind und alle Tore in der Mitte der Hallenseite angeordnet werden. Wegen des endlichen minimalen Torabstand s ist das in der Praxis nicht machbar. Mit dem minimal zulässigen Abstand d kommt die zentrierte Anordnung der Tore der theoretisch optimalen Anordnung am nächsten. Bei dieser Anordnung sind die Torkoordinaten:

$$c_i = a/2 + (2 \cdot i - N - 1) \cdot d/2 \ . \tag{19.13}$$

Nach Einsetzen der Torkoordinaten (19.13) und der Beziehungen (19.4) in die Summe (19.9) ergibt sich für die *mittleren Torweglänge*:

$$s_T(f_s) = \left( \sqrt{f_s} + (2 + (N^2 - 1) \cdot d^2 / 3F) \Big/ \sqrt{f_s} \right) \cdot \sqrt{F/8} \ . \tag{19.14}$$

Diese Beziehung zeigt, daß mit einer Reduzierung der Hallenfläche auch eine Verkürzung der Tortransportwege erreicht wird.

Die Abhängigkeit (19.14) der mittleren Torweglänge vom Seitenverhältnis ist für eine Halle mit N = 8 Toren ebenfalls in *Abb.19.2* dargestellt. Das optimale Seitenverhältnis, für das die mittlere Torweglänge minimal ist, liegt bei $f_{s\,opt} = 2{,}2$. Der minimale mittlere Torweg ist bei zentrierten Toren ca. 8 % kürzer als bei gleichverteilten Toren und etwa 20 % kürzer als die Torweglängen bei ungünstigeren Seitenverhältnissen und anderen Toranordnungen.

Durch Nullsetzen der ersten Ableitung von (19.14) nach $\sqrt{f_s}$ resultiert das *transportoptimale Seitenverhältnis bei zentrierten Toren auf einer Hallenseite:*

$$f_{s\,opt} = \begin{cases} 2 + (N^2 - 1) \cdot d^2 / 3F & \text{wenn } N^2 \leq 3F/d^2 - 1/2 \\ N^2 \cdot d^2 / F & \text{wenn } N^2 > 3F/d^2 - 1/2 \end{cases} \ . \tag{19.15}$$

Wenn die benötigte Toranzahl so groß ist, daß die Toranordnung im engsten Abstand länger wird als die optimale Hallenlänge beim Seitenverhältnis der ersten Zeile von (19.15), ist das Seitenverhältnis nach der zweiten Zeile von (19.15) zu berechnen.

Durch Einsetzen des optimalen Seitenverhältnisses (19.15) in Beziehung (19.14) ergibt sich für die *minimale mittlere Torweglänge* $s_{Tmin}$ *bei zentrierter Anordnung*:

$$s_{T\min} = \begin{cases} \left(2+(N^2-1)\cdot d^2/3F\right)^{1/2} \cdot \sqrt{F/2} & \text{wenn } N^2 \leq 3F/d^2 - 1/2 \\ N\cdot d/4 + F/(4Nd) + (N^2-1)d/12N & \text{wenn } N^2 > 3F/d^2 - 1/2 \end{cases} \quad . \quad (19.16)$$

Aus den Beziehungen (19.14) bis (19.16) resultieren die *Auslegungsregeln für Hallen mit Toren an einer Seite*:

- Die Tore sind auf der längeren Hallenseite in minimalem Abstand zentriert anzuordnen.
- Das transportoptimale Seitenverhältnis der Halle ist durch Beziehung (19.15) gegeben.

Die Abhängigkeit des optimalen Seitenverhältnisses $f_{sopt}=f_{sopt}(N)$ von der Toranzahl ist in *Abb. 19.3* dargestellt. Für *ein* Tor ergibt sich die oben angegebene Auslegungsregel einer mittigen Anordnung und das optimale Seitenverhältnis

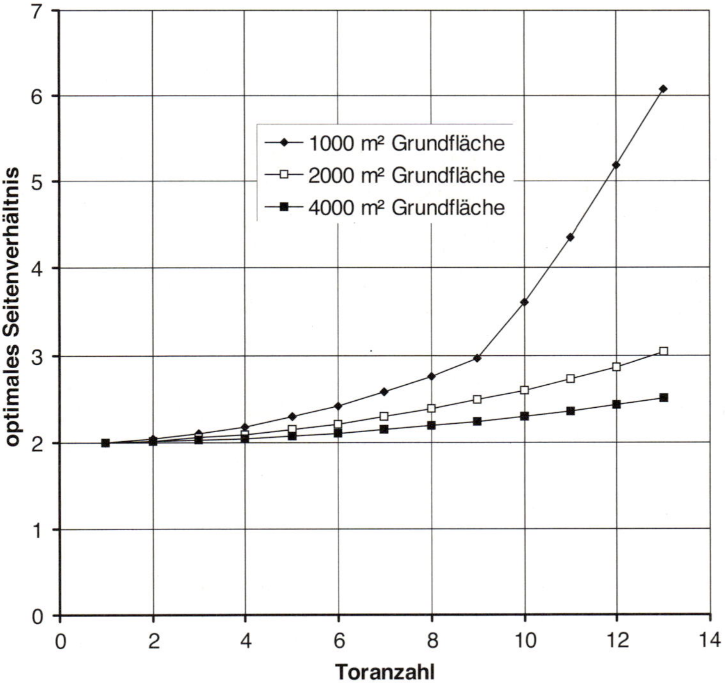


**Abb. 19.3** Abhängigkeit des optimalen Seitenverhältnisses von der Toranzahl bei einseitiger zentrierter Toranordnung

Breite der Tormodule = minimaler Torabstand = 6 m

2:1. Mit zunehmender Toranzahl verschiebt sich das optimale Seitenverhältnis von 2:1 in Richtung 3:1. Wenn der Längenbedarf N·d der Tormodule die minimale Seitenlänge, die sich mit Zeile 1 von (19.15) aus (19.4) ergibt, überschreitet, muß die Länge der Torseite a = N·d gewählt werden.

Abgesehen von der Minimierung der mittleren Torweglänge hat die zentrierte Toranordnung den Vorteil, daß sich bei Bedarf auf beiden Seiten der vorhandenen Tore weitere Tormodule hinzufügen lassen. Damit wird auch das Ziel einer modularen Erweiterbarkeit des Ein- und Ausgangsbereichs erreicht.

## 19.6 Allgemeine Hallenauslegungsregel

Wenn es die Verkehrsverhältnisse zulassen und das Baugrundstück oder funktional angrenzende Gebäude keine harte Kante vorschreiben, an der die Halle direkt angrenzen muß, können die Tore an mehr als einer Seite angeordnet werden.

Bei einer Anordnung der *Tore an zwei Seiten* teilt sich die Anzahl der benötigten Tore auf in eine Summe $N = N_1+N_2$ von $N_1$ Toren an der ersten Torseite und von $N_2$ Toren an der zweiten Torseite. Wenn die Tore an zwei *Gegenseiten* liegen, ist die mittlere Torweglänge das mit der Toranzahl gewichtete Mittel der mittleren Torweglängen $s_T(N_1;f_s)$ und $s_T(N_2;f_s)$, die mit Hilfe von Beziehung (19.14) mit dem gleichen Seitenverhältnis $f_s$ für die jeweilige Toranzahl zu berechnen sind:

$$s_T(f_s) = \left(N_1 \cdot s_T(N_1;f_s) + N_2 \cdot s_T(N_2;f_s)\right) / \left(N_1 + N_2\right) . \tag{19.17}$$

In *Abb. 19.2* ist für eine Halle mit 8 Toren, von denen je 4 auf zwei Gegenseiten zentriert angeordnet sind, die Abhängigkeit (19.17) der mittleren Torweglänge vom Seitenverhältnis dargestellt. Für das optimale Seitenverhältnis, das in diesem Fall bei etwas über 2 liegt, ist die mittlere Torweglänge für die beidseitige zentrierte Anordnung noch um etwa 3 % kleiner als für die einseitige zentrierte Anordnung und etwa 10 % kleiner als für die gleichverteilte Toranordnung auf einer Seite.

Aus den partiellen Ableitungen von (19.17) nach den Toranzahlen $N_1$ und $N_2$ und nach dem Seitenverhältnis $f_s$ ergibt sich durch Nullsetzen der resultierenden Gleichungen, daß die mittlere Torweglänge minimal ist, wenn die Toranzahl auf beiden Seiten gleich groß gewählt wird. Das optimale Seitenverhältnis ist durch Beziehung (19.15) und die minimierte mittlere Torweglänge durch Beziehung (19.16) gegeben, wenn statt mit N mit der halben Toranzahl N/2 gerechnet wird. Daraus folgen die *Regeln zur Hallenauslegung mit Toranordnung an gegenüberliegenden Seiten*:

- Bei gerader Anzahl sind auf den beiden Hallenlängsseiten jeweils die halbe Anzahl, also N/2 Tore, bei ungerader Anzahl auf einer Seite N/2+1/2 und auf der Gegenseite N/2-1/2 Tore in minimalem Abstand zentriert anzuordnen.
- Das optimale Seitenverhältnis ergibt sich aus Beziehung (19.15) mit der halben Toranzahl N/2 anstelle von N.

Wenn die Tore über Eck an zwei *Nachbarseiten* liegen, ist die mittlere Torweglänge das gewichtete Mittel der mittleren Torweglänge $s_T(N_1;f_s)$, die für die Toranzahl $N_1$ mit dem Seitenverhältnis $f_s$ aus Beziehung (19.14) resultiert, und der mittleren Torweglänge $s_T(N_2;1/f_s)$, die sich für die Toranzahl $N_2$ mit dem reziproken Seitenverhältnis $1/f_s$ ergibt:

$$s_T(f_s)=\left(N_1\cdot s_T(N_1;f_s)+N_2\cdot s_T(N_2;1/f_s)\right)/\left(N_1+N_2\right). \qquad (19.18)$$

Für eine Halle mit 8 Toren, von denen je 4 auf zwei Nachbarseiten zentriert angeordnet sind, ist die Abhängigkeit (19.18) der mittleren Torweglänge vom Seitenverhältnis wieder in *Abb. 19.2* dargestellt. Aus der Berechnung des optimalen Seitenverhältnisses und der minimalen Torweglänge ergeben sich analog wie zuvor die auch aus *Abb. 19.2* ablesbaren *Regeln*:

- Bei benachbarter Toranordnung wird das Minimum der mittleren Torweglänge für eine quadratische Hallenfläche mit dem Seitenverhältnis 1 erreicht.
- Die minimale Torweglänge ist bei benachbarten Torseiten etwas länger als bei der zentrierten Anordnung an einer Seite und deutlich länger als bei der gegenüberliegenden Anordnung mit optimalem Seitenverhältnis.

Analoge Berechnungen lassen sich für eine Toranordnung an drei und vier Hallenseiten durchführen. Sie ergeben, daß sich dadurch keine weitere Verkürzung der mittleren Torweglänge erreichen läßt. Daraus folgt die *allgemeine Hallenauslegungsregel*:

▶ Die zentrierte Toranordnung jeweils der halben benötigten Toranzahl an gegenüberliegenden Längsseiten der Halle ergibt bei optimalem Seitenverhältnis die kürzeste mittlere Torweglänge.

Die gegenüberliegende Anordnung beschränkt jedoch die Anordnungsmöglichkeiten der Funktionsbereiche in der Halle und behindert den Anschluß an benachbarte Gebäude. Noch stärker sind die Beschränkungen bei gleichverteilten Toren an drei Seiten der Halle. Sie sind am größten bei einer Gleichverteilung der Tore über alle vier Seiten.

Die allgemeine Hallenauslegungsgregel ist uneingeschränkt anwendbar, wenn in der Halle außer den Tormodulen nur Zwischenpufferplätze und keine weiteren Funktionsbereiche unterzubringen sind. Das gilt z.B. für reine *Umschlaghallen*. Wenn die Anzahl der Tore im Verhältnis zum Pufferflächenbedarf klein ist, d.h. solange $N < \sqrt{3F/d}$, ist die einseitige zentrierte Toranordnung mit dem Seitenverhältnis (19.15) optimal. Für eine größere Toranzahl $N > \sqrt{3F/d}$ ist die zentrierte Toranordnung an gegenüberliegenden Längsseiten mit einem Seitenverhältnis optimal, das durch Beziehung (19.15) mit N/2 statt N gegeben ist.

Bei einer sehr großen Toranzahl im Verhältnis zum Flächenbedarf, d.h. für $N >> 2\sqrt{3F/d}$, ergeben sich auch bei zweiseitiger Toranordnung sehr lange Umschlaghallen mit einer mittleren Torweglänge, die gemäß Beziehung (19.16) mit der Toranzahl immer weiter ansteigt. Das läßt sich auch durch ein Layout, das vom Rechteck abweicht, etwa durch ein L-, U- oder H- oder Kreuz-Layout nicht verbessern.

## 19.7 Modulare Auslegung der Funktionsbereiche

Bevor mit der Anordnung der Funktionsbereiche begonnen wird, sind zunächst die verschiedenen Funktionsbereiche, die in der Halle untergebracht werden sollen, für sich optimal auszulegen und zu dimensionieren.

Ein Funktionsbereich kann - wie ein automatisches Kleinbehälterlager oder eine Produktionsanlage – *unteilbar* sein oder sich aus mehreren *Funktionsmodulen* zusammensetzen, die alle die gleichen Außenmaße haben. So besteht der Torbereich eines Logistikzentrums aus einer Anzahl von *Tormodulen*, ein Lagerbereich aus einer Reihe von *Gangmodulen*, ein *Fertigungsbereich* aus gleichartigen Maschinen, Arbeitsstationen oder *Werkstattmodulen* und eine Packzone aus mehreren *Packstationen*.[4]

Mit der Anzahl der Module nehmen die *Teilbarkeit* und die *Verformbarkeit* sowie die Anzahl und Veränderbarkeit der Zu- und Auslaufstellen eines *modularen Funktionsbereichs* zu. Teilbare und verformbare Funktionsbereiche lassen sich ebenso wie kleine Bereiche flexibel in eine vorgegebene Fläche einfügen. Große, unteilbare und nicht verformbare Funktionsbereiche bestimmen dagegen aus sich heraus entweder den gesamten Bau oder die Anordnung in einer Halle. Wenn ein unteilbarer Funktionsbereich den größten Teil eines Gebäudes ausfüllt, stellt sich die Aufgabe der optimalen Anordnung nicht oder nur für die verbleibende Restfläche.

*Unteilbare Funktionsbereiche der Logistik* sind die *Durchlauflager*, die *Kompaktlager* und die *automatischen Kleinbehälterlager* (AKL) und *Hochregallager* (s. *Kapitel 16*). Die Anzahl der Gassen ergibt sich aus den Durchsatzanforderungen und die Anzahl der Fachmodule aus dem Kapazitätsbedarf. In Grenzen veränderbar sind die Höhe und Länge sowie die Anordnung der Anschlußstellen (s. *Abb. 16.1, 16.8, 16.9, 17.34* und *17.42*) [147]. So lassen sich Kleinbehälterlager und Hochregallager in Laufrichtung der Gassen verlängern, wenn nur der Kapazitätsbedarf ansteigt, und durch Anbau zusätzlicher Gangmodule senkrecht zur Laufrichtung erweitern, wenn auch der Durchsatz zunimmt.

Die optimale Auslegung und Dimensionierung *unteilbarer Funktionsbereiche der Fertigung* sind Aufgaben der Konstruktion und des Anlagenbaus. Wie bei den unteilbaren Logistikgewerken können durch geschickte Konstruktion gewisse Handlungsmöglichkeiten für die Aufstellung - z.B. ein- oder mehrfach geknickt - wie auch für die Anordnung der Zu- und Auslaufpunkte verbleiben. Beides erleichtert die Anordnung in einer Halle. In vielen Fällen ist der Produktionsbereich auch in einer oder zwei Richtungen erweiterbar.

Bei einem *modularen Funktionsbereich* beginnt die Auslegung und Dimensionierung mit den einzelnen Modulen. Für die modularen Logistikbereiche sind das zentrale Aufgaben der Logistik, die in den vorangehenden Kapiteln behandelt wurden. Für die modularen Produktionsbereiche ist das Aufgabe der Maschinenkonstruktion, der Arbeitsplatzgestaltung und der *Fabrikplanung* [327] in

4 Das Prinzip der modularen Bauweise stammt ursprünglich aus der antiken Baukunst [323].

Abstimmung mit der innerbetrieblichen Logistik. In jedem Fall müssen die einzelnen Module so ausgelegt werden, daß sie sich möglichst flexibel zu einem oder mehreren Funktionsbereichen zusammenfügen lassen.

Bei *paralleler Nutzung* der Module werden eine gute Zugänglichkeit und der einfache Anschluß an Nachbarbereiche durch die *Parallelanordnungsstrategie* angestrebt:

- Die parallel genutzten Module werden so *nebeneinander* angeordnet, daß sie von außen gut erreichbar sind.

Beispiele für die modulare Parallelanordnung sind die aneinandergrenzenden Gangmodule eines Lagerbereichs und die nebeneinander liegenden Tormodule im Warenein- und Warenausgang (s. *Abb. 16.16* und *16.17*).

Bei einer *seriellen Auftragsbearbeitung* werden minimale Transportwege innerhalb eines modularen Funktionsbereichs durch die *Verkettungsstrategie* erreicht:

- Alle nacheinander genutzten Module werden so zu einer *Leistungskette* verkoppelt, daß die Auftragsgegenstände die Kette ohne Zwischentransporte durchlaufen und zugleich die einzelnen Module von außen ver- und entsorgt werden können.

Beispiele für die modulare Serienanordnung sind die *Montagelinien* in der Fertigung und die Regale mit den Bereitstellmodulen zum Kommissionieren (s. *Abb. 17.2, 17.19* und *17.20*).

Abhängig von den räumlichen Gegebenheiten und der Transportverbindung mit anderen Funktionsbereichen kann eine parallele Folge oder eine serielle Kette von Modulen in *grader Linie*, einmal gebrochen in *L-Form*, zweimal umgelenkt in *U-Form* oder mehrfach gebrochen als *Meanderlinie* angeordnet werden.

## 19.8 Auslegung und Anordnung der Torbereiche

Ein *Torbereich* besteht aus parallel angeordneten *Tormodulen* (s. *Abb. 16.10*). Wenn die Sendungsgrößen oder die Transportmittel in Zulauf und Auslauf stark voneinander abweichen, sind die Tormodule im Wareneingang und Warenausgang unterschiedlich. Daraus ergeben sich *getrennte WE- und WA-Torbereiche*. Das gilt z.B. für Warenverteilzentren und für Hallen mit internen Eingängen und externen Ausgängen.

Wenn wie bei einer reinen Umschlaghalle die Sendungsgrößen und Transportmittel im Ein- und Ausgang ähnlich sind, können die Tormodule so ausgelegt werden, daß sie für den Wareneingang und für den Warenausgang geeignet sind. Das hat den Vorteil, daß bei gleichzeitigem Zu- und Auslauf *kombinierte Tortransporte* möglich sind. Ein weiterer Vorteil ist die flexible Nutzung bei unterschiedlichen Spitzenzeiten im Zulauf und im Auslauf.

Nach Auslegung und Dimensionierung der Tormodule wird die Anzahl der jeweils benötigten Tore berechnet. Die N Tormodule eines kombinierten WE/WA-Torbereichs werden dann in engstem Abstand nebeneinander zentriert an einer, bei großer Anzahl an zwei Hallenseiten eingefügt. Der aus $N_E$ Modulen zusammengefügte *WE-Torbereich* und der aus $N_A$ Modulen bestehende *WA-Torbereich* können optimal nebeneinander an einer Hallenseite, an gegenüberliegenden Längsseiten oder an zwei Nachbarseiten angeordnet werden (s. *Abb. 17.21* und *20.3*)

Da die Tortransporte von der Innenseite der Torbereiche ausgehen, darf der Flächenbedarf des Torbereichs $F_{Tor}$ nicht in die Berechnung des optimalen Seitenverhältnisses einbezogen werden. Das optimale Seitenverhältnis und die optimalen Innenmaße sind also mit dem *Innenflächenbedarf* $F_{in} = \Sigma F_k - F_{Tor}$ der Funktionsflächen *ohne* die Torflächen zu berechnen. Die Außenmaße der Halle ergeben sich daraus nach Hinzufügen der Torbereiche.

## 19.9
## Vernetzungsstrategien und Belegungsstrategien

Nach der zentrierten Anordnung der Tormodule müssen die übrigen Funktionsbereiche auf der Hallenfläche wegoptimal und platzsparend angeordnet werden. Maßgebend für die Anordnung der Funktionsbereiche sind:

- die *Austauschströme* zwischen den Funktionsbereichen
- der *Flächenbedarf* der einzelnen Funktionsbereiche
- die *Teilbarkeit* und *Verformbarkeit* der Funktionsbereiche
- die *Veränderlichkeit* von Anzahl und Position der Zu- und Auslaufstellen
- die *Expansionsmöglichkeit* bei Bedarfszuwachs.

Ziel der Anordnung der Funktionsbereiche ist eine minimale Anzahl von Transporten bei maximaler Flächennutzung. Aus dem Ziel minimaler Transporte folgt das *Vernetzungsprinzip*:

▶ Der Transportweg zwischen den Ein- und Ausgängen zweier Funktionsbereiche muß um so kürzer sein je größer der maßgebende Austauschstrom ist.

Das Vernetzungsprinzip führt allein noch nicht zu einer Anordnung der Funktionsbereiche mit minimalen Transportkosten. Das ist eine kombinatorische Aufgabe, die exakt durch *Vollenumeration* aller Anordnungsmöglichkeiten oder näherungsweise mit Hilfe *heuristischer OR-Verfahren* lösbar ist [29; 325; 326].

Das Ziel minimaler Transportkosten ist jedoch mit guter Näherung erreichbar durch folgende *Vernetzungsstrategie*:

- Die zwei Funktionsbereiche mit dem größten Austauschstrom werden aneinander gefügt und ihre Ein- und Ausgänge so positioniert, daß der Transportweg minimal ist. Danach wird der Funktionsbereich mit dem nächst stärksten Austauschstrom zu den ersten beiden Funktionsbereichen ausgewählt und so angeordnet, daß der Transportweg minimal ist, und so fort für alle weiteren Funktionsbereiche.

Die mit der Vernetzungsstrategie gewonnene *Ausgangslösung* kann, soweit sich das lohnt durch heuristische OR-Verfahren optimiert werden.[5]

Damit die Grundfläche nicht durch *Verschnittverluste* vergrößert wird, ist für die Anordnung der Funktionsbereiche eine geeignete *Belegungsstrategie* erforderlich (s. *Abschnitt 12.4.5 Packstrategien*). Aus einer Belegungsstrategie, deren einziges Ziel die Flächenminimierung ist, resultiert jedoch in der Regel eine andere Anordnung der Funktionsbereiche als aus der Vernetzungsstrategie mit dem Ziel der Transportoptimierung.

Funktionsbereiche, deren Flächenbedarf klein ist im Vergleich zum Gesamtflächenbedarf, können relativ verlustarm in eine größere Fläche eingefügt werden. Auch modulare und verformbare Funktionsbereiche lassen sich gut in eine vorgegebene Fläche ausreichender Größe einfügen. Daher ist die wesentliche Flächenminimierung bereits erreichbar durch eine *Belegungsstrategie für die Großbereiche*:

- Der unteilbare Funktionsbereich mit dem größten Flächenbedarf wird mit seiner Längskante parallel zur kürzeren der möglichen Hallenseiten in eine hintere Ecke so eingefügt, daß auch eine Erweiterung möglich ist. Danach wird der unteilbare Funktionsbereich mit dem zweitgrößten Flächenbedarf analog in die verbliebene Fläche eingefügt und so fort bis alle großen Funktionsbereiche untergebracht sind.

Wenn zwischen zwei Großbereichen keine Austauschströme fließen, können diese – wie in dem Beispiel *Abb. 19.4* – an zwei Gegenseiten in den Ecken jeweils gegenüber dem Torbereich angeordnet werden, zu dem die größte Transportbeziehung besteht.

Die Anwendung der Belegungsstrategie wird auf wenige unteilbare und nicht verformbare Funktionsbereiche beschränkt, deren Flächenbedarf größer als 1/4 der Gesamtfläche oder deren Außenmaße größer als die halbe Seitenlänge der Halle sind. Nach der flächenoptimalen Anordnung von bis zu vier Großbereichen wird geprüft, ob sich durch eine Vertauschung und Verschiebung der Großbereiche eine Verkürzung der Transportwege zwischen den Großbereichen und zu den bereits eingefügten Torbereichen erreichen läßt. Wenn das möglich ist, wird die Vertauschung vorgenommen.

Nachdem auf diese Weise die Torbereiche und die unteilbaren Großbereiche in den Hallengrundriß mit dem optimalen Seitenverhältnis eingefügt sind, werden die übrigen Funktionsbereiche nach der Vernetzungsstrategie wegoptimal hinzugefügt. Dabei wird mit dem Funktionsbereich begonnen, der den größten Austauschstrom mit den bereits eingefügten Funktionsbereichen hat.

Die weitere Flächenoptimierung wird dadurch erleichtert, daß sich die modularen und verformbaren Funktionsbereiche in ihren Außenabmessungen den Längen der bereits angeordneten Bereiche anpassen und durch einfaches oder mehrfaches Knicken in die Form der Restfläche einfügen lassen. Kleinere Funktionsbereiche können so gedreht und eingefügt werden, daß bei kurzen Wegen ein geringer Verschnittverlust entsteht.

5 Eine Untersuchung der mit Hilfe von OR-Verfahren und durch andere Strategien erreichbaren Verbesserung des mittleren Transportwegs gegenüber der aus der angegebenen Vernetzungsstrategie resultierenden Näherungslösung ist eine interessante wissenschaftliche Aufgabe.

## 19.10
## Arbeitsschritte zur Hallenauslegung

Die wegoptimale und zugleich platzsparende Belegung einer Hallenfläche mit Funktionsbereichen ist in mancher Hinsicht vergleichbar mit einem *Puzzlespiel*, bei dem das fertige Bild unbekannt ist. Wie beim Puzzlespiel ist es am einfachsten, zuerst mit dem Rand zu beginnen und die dorthin gehörigen Torbereiche einzufügen. Danach werden die inneren Funktionsbereiche nach Größe und Transportintensität geordnet und beginnend mit den größten Bereichen nacheinander eingefügt.

Aus dieser Grundüberlegung resultieren folgende *Arbeitsschritte einer zielführenden und rationellen Hallenauslegung*:

1. *Auslegung und Dimensionierung der Funktionsbereiche* nach den Prinzipien der Modularität, Teilbarkeit und Verformbarkeit und Bestimmung von Flächenbedarf, Abmessungen und Anschlußstellen.
2. *Aussondern aller Spezialbereiche*, die sich wegen extremen Flächen-, Längen- oder Breitenbedarfs, wegen ihrer Bauhöhe oder anderer Eigenschaften nicht mit den übrigen Funktionsbereichen kombinieren lassen und ein eigenes Bauwerk erfordern.
3. *Berechnung des Innenflächenbedarfs* der Halle aus der Summe der verbleibenden Funktionsflächen ohne die Flächen der Torbereiche.
4. *Ermittlung der Zu- und Auslaufströme* sowie der *maßgebenden Austauschströme* zwischen den Funktionsbereichen.
5. *Auslegung und Dimensionierung der Tormodule*, Organisation des Zu- und Auslaufs und *Berechnung des Torbedarfs* aus den Zu- und Auslaufströmen.
6. *Berechnung von optimalem Seitenverhältnis, optimaler Innenlänge und optimaler Innenbreite* aus der Toranzahl und dem Flächenbedarf der inneren Funktionsbereiche einschließlich eines Zuschlags von ca. 20 % für die Transporttrassen.
7. *Erstellen einer Grundrißzeichnung* der inneren Hallenfläche mit der optimalen Hallenlänge und Hallenbreite.
8. *Zentrierte Anordnung der Torbereiche*, bei wenigen Toren an einer Hallenlängsseite, bei vielen Toren an zwei Gegenseiten, unter Umständen auch an zwei Nachbarseiten.
9. *Ordnen der Funktionsbereiche* nach Größe, Teilbarkeit und Verformbarkeit sowie nach der Größe der maßgebenden Austauschströme.
10. *Platzsparende Anordnung der Großbereiche* auf der Hallenfläche nach der *Belegungsstrategie*.
11. *Wegoptimales Einfügen* der verformbaren, teilbaren, modularen und kleinen Funktionsbereiche nach der *Vernetzungsstrategie*.
12. *Verlegen der Transporttrassen* zwischen den Funktionsbereichen, so daß alle Ströme auf den kürzesten Wegen fließen. Dafür werden die zunächst ohne Zwischenraum eingefügten Bereiche auseinander geschoben.
13. *Transportoptimale Festlegung der Ein- und Auslaufstationen* der Funktionsbereiche sowie der Eingangs- und Ausgangsfunktion der Tore.

14. *Festlegung eines Rastermaßes* für den Hallenbau, das ein ganzzahliges Vielfaches der kleinsten Modulmaße und mindestens so groß wie die größte Modulbreite sein sollte.

Die *Rastermaße von Logistikhallen* ergeben sich aus den Außenmaßen der Ladeeinheiten und aus den Breiten der Gangmodule und der Tormodule. Bewährte *Standardraster* von Logistikhallen für den Umschlag und das Lagern von *Normpaletten* sind ein ganzzahliges Vielfaches von 2,5 m, z.B. 12,5 m, 15 m oder 22,5 m. Die *Standardhöhe* von Logistikhallen für Normpaletten ist abhängig von der Lagerart. Sie liegt zwischen 5 m und 15 m.

Für Hochregallager ab 15 m Höhe lohnt sich ein *Silobau* mit Dach- und Wand tragenden Regalen. Ein sehr hoher oder langer Hochregalbau wird seitlich an den Hallenbau angeflanscht und über eine Förderanlage mit den übrigen Funktionsbereichen verbunden.

Um rasch einen brauchbaren Entwurf zu erhalten, können die Berechnungen auf einem Taschenrechner und die Flächenbelegung mit Lineal, Papier und Schere von Hand ausgeführt werden. Bei wiederholter Hallenauslegung sowie für die anschließende Detailplanung ist es zweckmäßig, die Optimierungsalgorithmen auf einem Rechner zu implementieren und die Arbeitsschritte der Flächenbele-

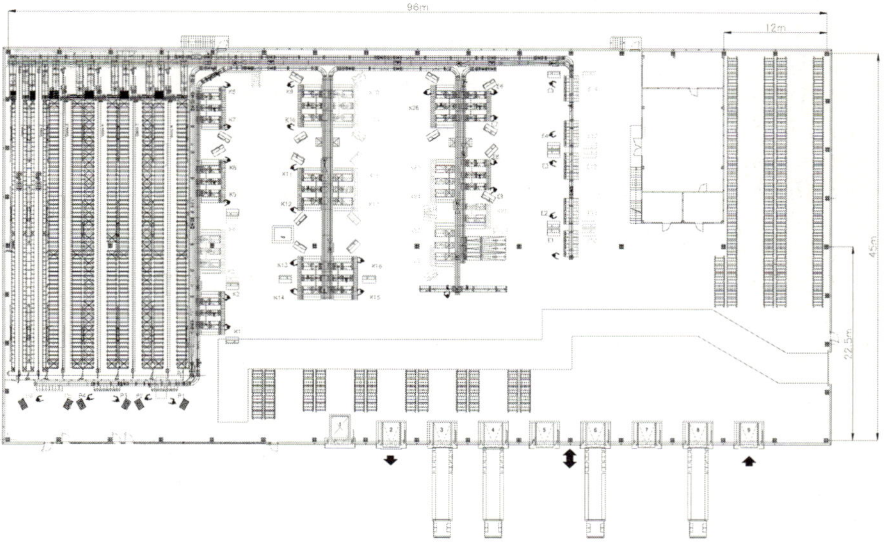


**Abb. 19.4** Layout mit Funktionsbereichen eines Wareneingangs- und Versandzentrums WVZ Bosch Rexroth, Lohr

*WA-Tormodule* (links) *WE-Tormodule* (rechts) *WE/WA-Module* (mitte)
*Kleinbehälterlager* AKL (links außen) *Palettenlager* (rechts außen)
*Kleinpackplätze* (links) *Großpackplätze* (mitte)
*Qualitätskontrolle* (hinten rechts) *Fahrwege und Expansion* (Freiflächen)

Planung und Projektmanagement: *Reinhardt&Ahrens GbR, Berlin*

gung interaktiv mit Hilfe eines CAD-Programms auszuführen. Das Programm berechnet dann für jeden Schritt die resultierende Transportleistung, die belegte Fläche und andere Zielgrößen [29; 324; 325; 328; 330].

Eine Hallenauslegung in diesen Arbeitsschritten hat sich bei vielen Layoutplanungen bewährt. Sie führt sehr rasch zu praktisch brauchbaren Ergebnissen. Ein Hallenlayout, das auf diese Weise entstanden ist und 2003 ausgeführt wurde, ist in *Abb. 19.4* dargestellt. Weitere bereits vor längerer Zeit realisierte Logistikzentren, die nach dem hier dargestellten Verfahren geplant wurden, zeigen die *Abb. 17.21* und die *Abb. 20.3*.

Das Ergebnis der Hallenauslegung ist Ausgangspunkt der *Detailplanung*, zu der die Architektur- und Bauplanung und die Einrichtungsplanung gehören (s. *Abschnitt 3.2.2*). Zentrale Aufgaben der Detailplanung sind die Auswahl der Transportsysteme und die Organisation der Betriebsabläufe. Durch geeignete *Transportstrategien*, wie kombinierte Fahrten, und *Nutzungsstrategien*, wie die Schaffung von *Schnelläuferzonen*, lassen sich die Transporte im Vergleich zur Layoutplanung weiter reduzieren (s. *Kapitel 18*).

Um Verbesserungen im Detail zu ermöglichen, technische Besonderheiten zu berücksichtigen und eventuelle Auflagen erfüllen zu können, wird für die Detailplanung ein ausreichender Spielraum benötigt. Daher darf die Gesamtfläche nicht zu klein bemessen sein. Die Hallenauslegung im Rahmen einer Layoutplanung braucht auch nicht allzu genau zu sein. Grundsätzlich muß sich jedes Verfahren zur Hallenauslegung – wie ein anderes Vorgehen, eine verbesserte Auslegungsstrategie oder eine aufwendige OR-Heuristik – an der Lösung messen lassen, die sich auf einfacherem Weg finden läßt.

## 19.11 Größeneffekte von Logistikzentren

Die Betriebskosten eines Logistikzentrums setzen sich zusammen aus *Flächenkosten*, die vom Lagerplatzbedarf abhängen, aus *Handlingkosten*, die im wesentlichen proportional zum Durchsatz sind, aus *Transportkosten*, deren Höhe vom Produkt der Transportströme und der Fahrwege bestimmt wird, und übrigen Kosten, die weder vom Platzbedarf noch vom Durchsatz abhängen.

Bei Einzelplatzlagerung steigt der Flächenbedarf linear mit dem *Lagerplatzbedarf*, der das Produkt $LP = LD \cdot \lambda$ der erwarteten *mittleren Lagerdauer* LD und des *Plandurchsatzes* $\lambda$ [LE/PE] ist. Auch die innerbetrieblichen Transportströme steigen im wesentlichen proportional zum Durchsatz. Die mittleren Transportwege nehmen nach Beziehung (19.10) und (19.14) mit der Wurzel aus der Hallenfläche und daher auch mit der Wurzel aus dem Durchsatz zu. Flächenbedarf und Weglänge eines Kommissionierbereichs mit statischer Bereitstellung werden zusätzlich von der *Artikelanzahl* bestimmt (s. *Abb. 17.39* und *Abschnitt 17.15.1*).

Daraus folgt für die Abhängigkeit der Betriebskosten vom Plandurchsatz $\lambda$ bei einer erwarteten Lagerdauer LD:

$$K_{betr}(LD,\lambda) = K_o + k_H \cdot \lambda + k_F \cdot LD \cdot \lambda + k_T \cdot \lambda \cdot \sqrt{\lambda} \;. \qquad [€/PE]. \qquad (19.19)$$

Bezogen auf den Durchsatz λ ergibt sich daraus die Abhängigkeit der *Umschlagkosten* von Plandurchsatz und mittlerer Lagerdauer:

$$k_U(\mathrm{LD},\lambda) = k_H + k_F \cdot \mathrm{LD} + K_o / \lambda + k_T \cdot \sqrt{\lambda} \qquad [€/\mathrm{LE}]. \qquad (19.20)$$

Für eine einfache *Umschlaghalle*, in der nur Güter auf Standardpaletten mit Gabelstaplern umgeschlagen werden, lassen sich die Betriebs- und Umschlagkosten mit Hilfe eines *Lagerdimensionierungsprogramms* berechnen, das den Flächenbedarf nach den Formeln aus *Abschnitt 16.6* ermittelt und mit den vorangehenden Algorithmen zur Flächenauslegung arbeitet. Aus einer solchen *Modellplanung* folgt die in *Abb. 19.5* dargestellte Abhängigkeit der Umschlagkosten vom Plandurchsatz bei verschiedenen Planliegezeiten.

Übereinstimmend mit Beziehung (19.20) ergeben sich daraus die Regeln:

- Die Umschlagkosten sinken mit zunehmendem Plandurchsatz bis zu einem *kritischen Durchsatzwert* und steigen danach infolge der immer längeren Transportwege an.

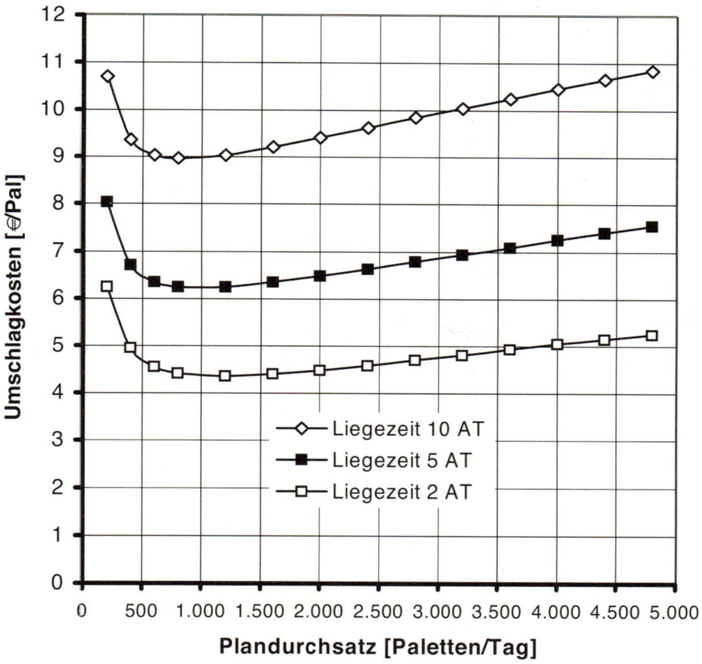


**Abb. 19.5** Abhängigkeit der Umschlagkosten einer Umschlaghalle für Standardpaletten vom Plandurchsatz

Plandurchsatz bei 8 h Betrieb an 250 Tagen/Jahr
Blocklagerung mit Staplerbedienung
Stapelfaktor 3 für bis zu 1000 Artikel
Umschlagkosten bei 100 % Nutzung der Planleistung (Kostenbasis 2004)

- Der kritische Durchsatz verschiebt sich mit zunehmender Lagerdauer und ansteigender Liegezeit zu kleineren Werten.

Für die Praxis heißt das: Wenn durch die Bündelung von Transporten über einen Umschlagpunkt der kritische Durchsatzwert von etwa 1.000 Paletten pro Tag, das entspricht ca. 40 zu- und auslaufenden Sattelaufliegerfahrzeugen, überschritten wird, ist das Ende der Größendregression der Umschlagkosten erreicht. Dann ist es wirtschaftlicher, einen weiteren Umschlagpunkt zu eröffnen und die Transportströme aufzuteilen (s. *Abschnitt 20.10.3*).

Für andere Lagerarten ist die Berechnung des kritischen Durchsatzwertes etwas schwieriger. Sie ist aber noch ohne manuellen Eingriff auf einem Rechner durchführbar. Für multifunktionale Logistikzentren erfordert die Berechnung eine umfangreichere Planung. Sie wird vor allem durch die Abhängigkeit des Kommissionierens von der Artikelanzahl und den Entnahmeeinheiten erschwert [312].

Je nach Durchsatz und Lagerzeit haben die Transportkosten für eine *Umschlaghalle* mit Blockplatzlagerung und Staplerbedienung einen Anteil von 25 % bis 50 % und die Flächenkosten einen Anteil von 20 % bis 40 % an den Gesamtbetriebskosten. Durch *Fördersysteme* anstelle der Stapler oder anderer *Fahrzeugsysteme* und durch den Einsatz von automatischen Lagersystemen reduziert sich der Transportkostenanteil (vgl. z.B. *Abb. 20.2* und *20.3*). Damit verschiebt sich der kritische Durchsatz auch bei großer Lagerkapazität zu höheren Werten.

In den *Logistikzentren* des Handels und der Industrie lagert ein hoher Anteil sogenannter *Dispoware*, die *verbrauchsabhängig* disponiert wird. Bei kostenoptimaler Bestands- und Nachschubdisposition verändern sich die Dispowarenbestände $M_{Bdis} = F_L \cdot \sqrt{\lambda}$ nicht wie die Pufferbestände linear sondern proportional zur Wurzel aus dem Absatz (s. *Abschnitt 11.9*). Dann ist die mittlere Lagerdauer $LD = M_{Bdis}/\lambda = F_L/\sqrt{\lambda}$ umgekehrt proportional zur Wurzel aus dem Durchsatz. Nach Einsetzen in Beziehung (19.20) ergibt sich, daß auch der zweite Term mit zunehmendem Durchsatz sinkt. Das bewirkt eine Verschiebung des *kritischen Durchsatzes für Logistikzentren* zu noch höheren Werten, die über 3.000 Paletten oder 100 Sattelaufliegern pro Tag liegen können.

Die Erforschung der Grenzen der *economies of scale* in der Logistik ist noch nicht weit fortgeschritten. Die Lösung der vielen offenen Probleme, von denen einige in den Fußnoten angesprochen wurden, und die Entwicklung besserer Strategien sind interessante Aufgaben für die *Logistikforschung*.

# 20 Optimale Lieferketten und Versorgungsnetze

Das *Netzwerkmanagement* oder *Supply Chain Management* umfaßt die Auswahl, die Gestaltung, die Organisation und den Betrieb der *Lieferketten* und *Logistiknetze* zur Versorgung von *Bedarfsstellen* oder *Kunden* aus den *Liefer-* oder *Versandstellen*. Dazu gehört auch die Disposition der *Ressourcen*, des *Nachschubs* und der *Bestände* in den Lieferketten.

Eine *Lieferkette* ist eine *Aneinanderreihung* von *Transportverbindungen* und *Zwischenstationen*. Sie verbindet eine *Lieferstelle* mit einer *Empfangsstelle* und wird von *Waren* und *Sendungen* in einer bestimmten *Belieferungsform* durchlaufen. Abhängig von Aufgabe und Aspekt werden die Lieferketten auch als *Versorgungsketten*, *Beschaffungsketten*, *Transportketten*, *Frachtketten*, *Beförderungsketten*, *Entsorgungsketten* oder allgemein als *Logistikketten* bezeichnet.

Für die *Lieferung* der Waren und Güter, die eine Empfangsstelle von einer Lieferstelle anfordert, wie auch für die *Beförderung* von Sendungen und Personen gibt es in der Regel mehrere Logistikketten. Daraus resultiert die *allgemeine Belieferungsaufgabe:*

▶ Für vorgegebene *Warenströme*, *Sendungen* oder *Lieferaufträge* ist aus den möglichen Logistikketten die *optimale Liefer- und Transportkette* auszuwählen, die bei Einhaltung der geforderten *Lieferzeiten* und *Randbedingungen* mit den geringsten *Kosten* verbunden ist.

Hinter der allgemeinen Belieferungsaufgabe, die auf den ersten Blick recht einfach erscheint, verbirgt sich die gesamte *Logistik* [94; 95; 96; 97; 98; 192; 236].

Die Belieferungsaufgabe stellt sich zwischen den Unternehmen, Betrieben und Konsumenten, aber auch innerhalb eines Betriebs. Zu unterscheiden sind daher interne und externe Lieferketten. *Interne Lieferketten* verbinden die Quellen und Senken innerhalb eines Betriebs oder zwischen den Produktions- und Leistungsstellen in einem abgeschlossenen Betriebsgelände. Eine durchgängige *interne Logistikkette* beginnt im Wareneingang und endet im Warenausgang *desselben Betriebs*.

*Externe Lieferketten* verbinden den Warenausgang eines Unternehmens, Betriebs oder Erzeugers mit dem Wareneingang eines *anderen* Unternehmens, Betriebs oder Verbrauchers. Eine durchgängige *externe Logistikkette* beginnt im Warenausgang einer Lieferstelle und endet im Wareneingang einer Empfangsstelle.

Im laufenden Betrieb beschränkt sich die Belieferungsaufgabe auf die Auswahl der jeweils kostenoptimalen aus einer Anzahl *vorhandender Lieferketten*. Darüber hinaus muß das Unternehmen, das die Belieferungskosten trägt, zur Sicherung seiner Wettbewerbsfähigkeit permanent die vorhandenen Lieferketten optimieren und bei Bedarf *neue Logistikstrukturen* schaffen.

Bei Lieferung *frei Haus* stellt sich die *Belieferungsaufgabe* primär dem Lieferanten. Bei Beschaffung *ab Werk* übernimmt der Empfänger die *Beschaffungsaufgabe*. Wenn ein *Logistikdienstleister* eingesetzt wird, muß dieser die *Beförderungsaufgabe* lösen.

In diesem Kapitel werden *Verfahren* und *Algorithmen* zur Lösung der allgemeinen Belieferungsaufgabe entwickelt. Der Schwerpunkt liegt dabei auf der Optimierung externer Lieferketten. Das allgemeine Vorgehen und die hierfür entwickelten Verfahren sind jedoch auf interne Logistikketten übertragbar.

*Bestimmungsfaktoren* für den Aufbau und die Auswahl optimaler Lieferketten sind die *Strukturbedingungen* der jeweils betrachteten Lieferbeziehungen sowie die *Leistungs- und Serviceanforderungen* der Kunden und Lieferanten. *Handlungsmöglichkeiten* bieten die *Gestaltungsparameter* der Versorgungsnetze. Von besonderer Bedeutung sind dabei die *Transportverbindungen* und die *Zwischenstationen*, aus denen sich die Lieferketten und Versorgungsnetze zusammensetzen.

*Auswahl* und *Nutzung* der Lieferketten regeln *Belieferungsstrategien*. Diese werden nachfolgend konzipiert. Daraus leiten sich *Strategieparameter* ab, deren Auswirkungen zu analysieren sind. Wenn die Leistungs- und Serviceanforderungen erfüllt sind, ist das primäre *Ziel* der Optimierung der Lieferketten und Versorgungsnetze eine Senkung der *Belieferungskosten*. Die Berechnung der Belieferungskosten ist daher ein Schwerpunkt dieses Kapitels.

Auf dieser Grundlage wird ein allgemeines *Leistungskostenmodell* entwickelt, das zur Bestimmung optimaler Lieferketten sowie zur Kalkulation der Frachtkosten für unterschiedliche Versandketten geeignet ist. Ergebnisse sind *Optimierungsmöglichkeiten* und *Auswahlkriterien* für optimale Lieferketten, *Gestaltungsgrundsätze* und *Konstruktionsverfahren* für Versorgungsnetze sowie Hinweise auf Potentiale zur *Leistungsverbesserung* und *Kostensenkung*.

## 20.1 Strukturbedingungen

Die Strukturbedingungen sind gegeben durch die *Lieferstellen* und *Empfangsstellen*, die durch Lieferketten miteinander zu verbinden sind, sowie durch die *Zwischenstationen* und *Transportverbindungen*, die für die Beförderung der Waren, Sendungen oder Personen zur Verfügung stehen.

Ein Teil der Strukturbedingungen, wie die Standorte der Lieferanten und der Kunden, sind *Fixpunkte*, die sich nicht verändern lassen oder nur langfristig beeinflußbar sind. Andere Strukturbedingungen, wie die Anzahl und Standorte der Zwischenstationen und die Funktionen dieser Stationen, sind mit mehr oder minder hohem Aufwand veränderbar und daher *Gestaltungsparameter der Netzstruktur*.

### 1. Empfängerstruktur

*Empfangsstellen, Kunden* oder *Senken* der Waren- und Frachtströme können innerbetriebliche Leistungsstellen, Filialen eines Handelsunternehmens, Werke von Industriebetrieben, Kunden eines Herstellers, Lager und Logistikzentren oder die Endverbraucher in einer Region sein.

*Kennzahlen der Kunden-* oder *Empfängerstruktur* sind:

- *Anzahl* $N_E$ der Empfangsstellen
- *Standorte* $(x_j;y_j)$ der Empfangsstellen $E_j$, $j = 1,2 \ldots N_E$

Die Kunden werden von den Lieferanten häufig nach vertrieblichen oder historisch gewachsenen Gesichtspunkten zu *Kundengruppen* zusammengefaßt. Eine vorhandene Kundenklassifizierung sollte jedoch für die Organisation der Belieferung nicht bindend sein. Im Gegenteil:

▶ Erst nach Loslösung von der vertrieblichen Kundenklassifizierung lassen sich in vielen Fällen die Lieferketten und die Distributionsstrukturen wirkungsvoll optimieren.

Außer der kommerziellen *Einkaufstätigkeit*, die im wesentlichen vor dem Warenabruf stattfindet, wird in den Empfangsstellen für die laufende Beschaffung der benötigten Waren eine Reihe von administrativen und operativen Logistikleistungen erbracht.

*Administrative Logistikleistungen* der Empfangsstelle zur Auslösung und Kontrolle der Lieferungen sind:

Disposition von Nachschub und Beständen
Abruf der benötigten Mengen bei den Lieferstellen (20.1)
Erteilen von Speditionsaufträgen bei Beschaffung ab Werk
Verfolgung der Liefertermine und der Lieferqualität

*Operative Logistikleistungen* nach Eintreffen der Ware in der Empfangsstelle sind:

Entladen, Auspacken und Eingangskontrolle
Einlagern und Bevorraten der Ware (20.2)
Bereitstellen und Puffern am Bedarfs- oder Verbrauchsort
Sammeln und Bereitstellen von geleerten Ladungsträgern

So ist beispielsweise der Verbrauchsort in einer Automobilfabrik das Montageband. Die Bedarfsorte in einer Handelsfiliale sind die Verkaufstheken und die Selbstbedienungsregale.

Die Logistikleistungen (20.1) und (20.2), die in den Empfangsstellen erbracht werden, sind mit *Kosten* verbunden, die von den Parametern der Lieferketten, wie der *Lieferfrequenz* und der *Belieferungsform* abhängen. Die Logistikkosten der Empfangsstelle sind Bestandteil der *Belieferungskosten*.

### 2. Lieferantenstruktur

*Lieferstellen* oder *Quellen* der Güter, mit denen ein Abnehmerkreis versorgt wird, können Produktionsstätten oder Fertigwarenlager von Industriebetrieben sein,

Logistikzentren von Handelsunternehmen, Importlager, Anlieferstationen, wie Bahnstationen, Seehäfen oder Flughäfen, aber auch Betriebsstätten und Leistungsstellen innerhalb eines Unternehmens.

*Kennzahlen der Lieferantenstruktur* sind:

- *Anzahl* $N_L$ der Lieferstellen
- *Standorte* $(x_i;y_i)$ der Lieferstellen $L_i$, $i = 1,2 \ldots N_L$

Die Lieferanten werden von den Kunden häufig nach Einkaufsgesichtspunkten oder anderen Kriterien in Lieferantenklassen eingeteilt. Wie für die Kundenklassifizierung gilt der *Grundsatz*:

▶ Erst nach Auflösung der Lieferantenklassifizierung des Einkaufs lassen sich die Lieferketten und Beschaffungsstrukturen optimieren.

So befinden sich Verkauf und Auftragsannahme eines Lieferanten häufig an *einer* Stelle, auch wenn der Lieferant mehrere Auslieferstellen hat. Für die Logistik sind jedoch primär die Auslieferstandorte des Lieferanten und deren Funktionen von Interesse.

Außer der Vertriebstätigkeit, die vor der Auftragsannahme stattfindet, werden auch in den Lieferstellen Logistikleistungen erbracht. *Administrative Logistikleistungen* der Lieferstelle zur Auslösung und Kontrolle der Lieferungen sind:

Annahme und Prüfung der Bestellungen
Auftragsdisposition
Disposition der Fertigwarenbestände
Erteilung von Fertigungsaufträgen (20.3)
Erzeugung von Kommissionieraufträgen
Erteilen von Speditionsaufträgen bei Lieferung frei Haus
Verfolgung der Liefertermine und der Lieferqualität

*Operative Logistikleistungen* bis zum Verladen der Ware in der Lieferstelle sind:

Bevorraten der Lagerware
Ansammeln kundenspezifischer Ware
Auslagern und Bereitstellen
Abfüllen, Konfektionieren und Kommissionieren (20.4)
Verpacken und Ladeeinheitenbildung
Versandbereitstellung und Ausgangskontrolle

Zusätzliche Aufgaben der Lieferstelle können das *Verladen* der Sendungen in die Transportmittel und die *Ladungssicherung* sein.

Die interne *Auftragsdurchlaufzeit* der Lieferstelle trägt maßgebend zur *Lieferzeit* bei. Bei lagerhaltiger Ware ist die Auftragsdurchlaufzeit die Summe der administrativen und der operativen *Auftragsbearbeitungszeit*. Bei Waren und Produkten, die nach Auftrag kundenspezifisch gefertigt oder beschafft werden, erhöht sich die interne Auftragsdurchlaufzeit um die *Fertigungsdurchlaufzeit* bzw. um die *Beschaffungszeit*.

Auch die Logistikleistungen der Lieferstellen sind mit *Kosten* verbunden, die von den Parametern der Lieferketten, wie der *Belieferungsform* und den eingesetzten *Transportmitteln* abhängen. Diese Kosten der Lieferstelle sind ebenfalls Bestandteil der Belieferungskosten.

Bei *produzierenden Lieferstellen* hängen Fertigungsdurchlaufzeit und Lagerkosten für Fertigwaren von der *Produktionsstruktur* ab, also davon, ob es sich um eine *kontinuierliche* oder *diskontinuierliche Produktion* oder um *Massen-* oder *Einzelfertigung* handelt. Weitere Einflußfaktoren auf die Fertigwarenbestände und die Produktionsdurchlaufzeit sind die *Produktionskapazität*, die *Rüstkosten* und die *minimale Losgröße* (s. *Kapitel 10*).

### 3. Zwischenstationen

In den $N_z$ Zwischenstationen $ZS_k$, $k = 1,2 \ldots N_z$, die von den Waren und Sendungen zwischen einer Lieferstelle und einer Empfangsstelle durchlaufen werden, wird das angelieferte Frachtgut abgeladen, umgeladen, bei Bedarf zwischengepuffert, gelagert oder verändert und wieder verladen [115; 193].

In den *Zwischenstationen* finden also *Umschlagprozesse*, *Lagerprozesse* und *Umwandlungsprozesse* statt. Mit *Transitgütern* oder *Durchlaufware* können, wie in *Abb. 20.1* dargestellt, in einer Umschlagstation folgende *Umschlagprozesse* stattfinden:

- *Umschlag ohne Ladungsträgerwechsel* (*einstufiges Crossdocking*): Die Waren und Sendungen, die ohne Ladungsträger oder auf zielrein gefüllten Ladungs-

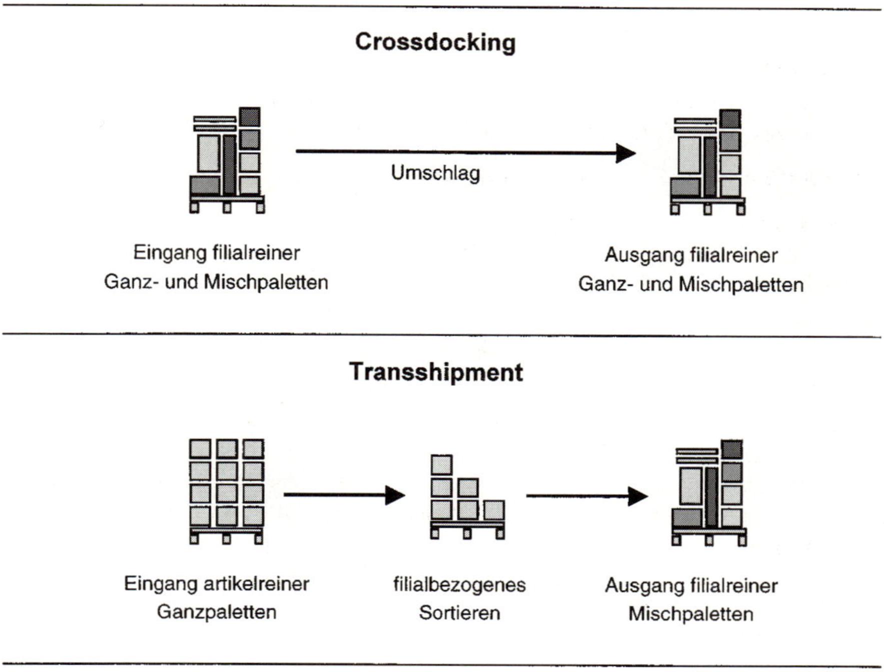


**Abb. 20.1** Crossdocking und Transshipment von Palettenware

trägern in zielgemischt beladenen Transporteinheiten ankommen, werden innerhalb kurzer Zeit – in der Regel in weniger als 24 Stunden – nach Bestimmungsorten oder Touren auf die Warenausgangspuffer verteilt oder direkt in bereitstehende Transporteinheiten verladen. Es findet ein Wechsel des Transportmittels, aber keine Veränderung in der Zusammensetzung der Ladeeinheiten statt.

- *Umschlag mit Ladungsträgerwechsel* (*Transshipment* oder *zweistufiges Crossdocking*): Die in zielgemischt gefüllten Ladungsträgern ankommenden Waren und Sendungen werden innerhalb kurzer Zeit ohne Rest auf zielreine Ladungsträger verteilt, umgepackt und verdichtet (*Split to Zero*). Die so entstehenden zielrein gefüllten Ladungsträger werden nach Bestimmungsorten oder Touren auf die Warenausgangspuffer verteilt oder direkt in bereitstehende Transporteinheiten verladen. Es findet ein Wechsel des Transportmittels *und* eine Änderung der Zusammensetzung der Ladeeinheiten statt.

Speziell in der *Handelslogistik* wird mit *Crossdocking* der Umschlag artikelreiner Paletten und vorkommissionierter Sendungen und mit *Transshipment* der Umschlag nicht vorkommissionierter Ware bezeichnet [23; 194].

Ein Beispiel für eine *Umschlagstation*, die ganz ohne Ladungsträger arbeitet, ist die in *Abb. 20.2* gezeigte Umschlaganlage eines *Paketdienstleisters*, in der zielgemischt angelieferte Pakete über Teleskopbänder entladen, von *Hochleistungssortern* direkt auf die Ausgangstore verteilt und dort in die bereitstehenden Transportfahrzeuge verladen werden.

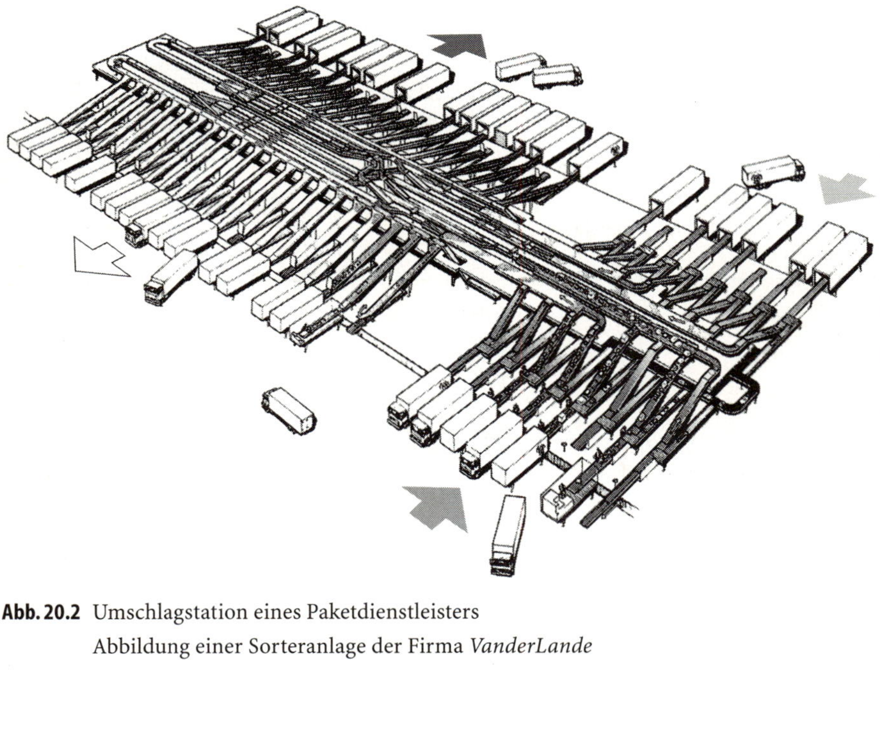

**Abb. 20.2** Umschlagstation eines Paketdienstleisters
Abbildung einer Sorteranlage der Firma *VanderLande*

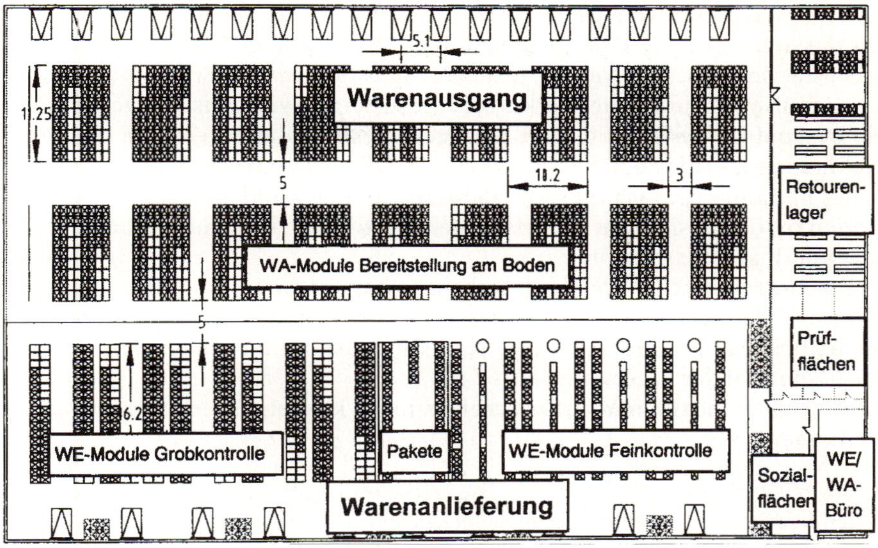


**Abb. 20.3** Umschlagstation einer Handelskette
Prinzipdarstellung ZLU [250]

Ein anderes Beispiel für eine *Logistikstation mit gemischter Funktion* ist die in *Abb. 20.3* dargestellte *Umschlagstation* einer Filialhandelskette. Hier werden *filialreine Paletten* entladen, kontrolliert und auf die Pufferflächen für die Filialsendungen vor den Warenausgangstoren verteilt. *Artikelreine Paletten* und Sendungen mit Paketen für mehrere Filialen werden nach dem Verfahren der *inversen Kommissionierung* auf einer gesonderten Fläche zu filialrein beladenen Paletten aufgebaut und verdichtet, die anschließend ebenfalls auf die Pufferflächen im Warenausgang verteilt werden (s. *Abb. 17.5*).

In den kleineren Umschlagstationen der Speditionen – auch *Transshipment-Punkte* (TSP) genannt – führen *Gabelstapler* und *Schnellläufer* den Transport der Paletten und das Verteilen auf die Ausgangstore oder Verladestellen durch. In großen Umschlagstationen, wie in den *Luftfrachtzentren*, werden zusätzlich *Schleppzüge, Unterflurschleppkettenförderer* oder *fahrerlose Transportsysteme* (FTS) eingesetzt. Paketdienstleister arbeiten zunehmend mit vollautomatischen Sorteranlagen. In *Containerterminals* wird mit Kränen, Spezialstaplern, Van Carriern und in den modernsten Anlagen auch mit FTS-Systemen gearbeitet.

Durch die *Umschlagzeiten* in den Stationen einer Lieferkette verlängert sich die Lieferzeit im Vergleich zum Direkttransport. Die *minimale Umschlagzeit* ist die Summe der Transport- und Handlingzeiten zwischen dem Entladen und dem Verladen in einer Logistikstation. Die *effektive Umschlagzeit* ist gleich der Summe der minimalen Umschlagzeit und der *Wartezeit* bis zur Abfahrt des nächsten Transports oder bis zum Eintreffen der letzten Sendung, die für eine ausgehende Ladung bestimmt ist.

Die Abhängigkeit von den Lieferzeiten vorangehender Stellen und das Warten auf die Anlieferung sind vermeidbar, wenn die benötigten Waren in einer Zwischenstation bevorratet werden. Durch *bestandsführende Zwischenstationen* lassen sich also die Lieferzeiten verkürzen. Die Lieferzeit wird umso kürzer, je näher ein Bestand am Bedarfsort lagert. Der Preis für die dadurch erreichte Lieferzeitverkürzung sind die *Lagerhaltungskosten* und die Gefahr von *Fehlallokationen.* Je näher Bestände, die nicht nur für einen bestimmten Kundenkreis oder nur eine Region bestimmt sind, am Bedarfsort gelagert werden, umso höher sind die Kosten und Risiken (s. *Abschnitt 11.3*).

Die *Auftragsdurchlaufzeit* für lagerhaltige Ware ist die Summe der administrativen und der operativen Auftragsbearbeitungszeit in der betreffenden Station. Sie ist bei richtiger Bestands- und Nachschubdisposition *unabhängig* von der Nachschubzeit der Lagerware.

In den bestandsführenden Zwischenstationen können folgende *Lagerprozesse* stattfinden:

- *Lagern ohne Kommissionierung*: Die artikelrein oder sendungsrein angelieferten Ladeeinheiten werden eingelagert, gelagert, nach einer bestimmten *Lagerdauer* unverändert ausgelagert und *ohne Ladungsträgerwechsel* zum Versand gebracht.
- *Lagern mit Kommissionierung*: Die artikelrein oder sendungsgemischt angelieferten Ladeeinheiten werden eingelagert und gelagert, nach dem Lagern jedoch zerlegt und zu sendungsreinen Versandeinheiten kommissioniert, wobei ein *Ladungsträgerwechsel* stattfindet.

Beim Lagern mit Kommissionieren entstehen aus artikelreinen oder sendungsgemischten Ladeeinheiten artikelgemischte Versandeinheiten und sendungsreine Ladeeinheiten. Verfahren, Technik, Dimensionierung und Beispiele sind für *Lagersysteme* in *Kapitel 16* und für *Kommissioniersysteme* in *Kapitel 17* dargestellt.

Die *Umwandlungsprozesse*, die in einer Zwischenstation stattfinden können, lassen sich nach dem *Grad der Veränderung* der Waren, Güter und Stoffe unterscheiden in:

- *Abfüllen und Abpacken*: *Lose Ware* wird in Fässer, Säcke, Tüten oder andere *Gebinde* abgefüllt und abgepackt. Aus loser Ware wird abgepackte Ware.
- *Zuschneiden und Ablängen*: Flächige Ware, wie Bleche, Platten oder Stoffbahnen, wird auf gewünschte Maße zugeschnitten; Langgut, wie Stangenmaterial, Kabel oder Bandmaterial, wird auf Länge abgeschnitten.
- *Umpacken und Konfektionieren*: Mehrere Artikel- oder Verpackungseinheiten werden unter Verwendung von Träger- und Packmaterial zu *Displays, Trays* oder *kundenspezifischen Verkaufseinheiten* zusammengestellt, aufgebaut und neu verpackt. Aus abgepackter Ware wird anders verpackte Ware.
- *Aufbau und Montage*: Angelieferte Teile oder Baugruppen werden zu einbaubaren *Modulen*, fertigen *Produkten* oder ganzen *Anlagen* zusammengesetzt, montiert und aufgebaut. Die verwendeten Teile bleiben dabei im wesentlichen unverändert.

- *Erzeugung und Herstellung*: Aus Roh-, Hilfs- und Betriebsstoffen werden in einem *verfahrenstechnischen Prozeß* andere Stoffe erzeugt oder Produkte hergestellt. Die einlaufenden Waren werden dabei chemisch und/oder physikalisch verändert und verformt.

In den reinen *Logistikstationen*, auf die sich die weitere Betrachtung beschränkt, finden *keine* Montage- und Produktionsprozesse statt. Die spezifischen *Logistikleistungen* in diesen Stationen sind:

Entladen, Umladen, Verladen
Ein- und Ausgangskontrolle
Aufbau und Abbau von Ladeeinheiten
Ein- und Auslagern (20.5)
Puffern und Lagern
Abfüllen und Abpacken
Konfektionieren und Umpacken
Sortieren und Kommissionieren

In den *internen Logistikketten* sind die *Zwischenstationen* Puffer und Lager für Roh-, Hilfs- und Betriebsstoffe, für Halbfertigfabrikate und Fertigwaren sowie die Produktions- und Leistungsstellen des Betriebs. Der Aufbau, die Gestaltung und die Optimierung der internen Logistikketten sind Aufgabe der *Werksplanung* und der *Materialflußtechnik* [29; 104; 127]

In den *Logistikstationen* einer *externen Lieferkette* werden in der Regel mehrere Logistikleistungen parallel durchgeführt. So wird in *Regionalzentren* neben der dominierenden Umschlagtätigkeit auch Ware zwischengelagert und kommissioniert. In *Regionallagern* wird neben der Lager- und Kommissioniertätigkeit auch *Transitware* umgeschlagen. In den *Logistikzentren* sind außer dem Lagern und Kommissionieren von *Lagerware* und dem Umschlag von *Transitware* weitere Funktionen gebündelt, wie Konfektionieren, Umpacken, Retourenbearbeitung oder Abfüllen loser Ware. In den *Transitterminals*, die in Seehäfen, Flughäfen und an den Landesgrenzen zu finden sind, werden außer dem Umladen auch Packarbeiten, Verzollungen und Warenkontrollen durchgeführt.

Allgemein gilt:

▶ In einer Logistikstation stehen für die gleichen Waren oder Sendungen zwischen Eingang und Ausgang in der Regel *mehrere interne Logistikketten* zur Auswahl, die sich in den Durchlaufzeiten und Leistungskosten unterscheiden.

Die Auswahl der Logistikketten in den Zwischenstationen, die für die verschiedenen Waren und Sendungen jeweils am besten geeignet sind, ist daher eine weitere *Handlungsmöglichkeit* zur Optimierung der Lieferketten.

Von den Leistungen, die an den durchlaufenden Waren und Sendungen erbracht werden, hängen die Betriebskosten der Zwischenstationen ab. Die daraus resultierenden Leistungskosten, wie die *Umschlagkosten*, die *Lagerkosten* und die *Kommissionierkosten*, tragen wesentlich zu den Belieferungskosten bei.

#### 4. Transportverbindungen

Für die Beförderung der Güter und Sendungen zwischen den Stationen der Lieferkette stehen im Prinzip folgende *Verkehrsträger* zur Auswahl, von denen im praktischen Einzelfall jedoch meist nur ein, zwei oder drei in Frage kommen:

Straße
Schiene
Binnenwasserweg (20.6)
Seeweg
Luftraum

Für Gase und Flüssigkeiten – unter bestimmten Voraussetzungen auch für Feststoffe und Stückgut – besteht darüber hinaus die Möglichkeit des *Rohrleitungstransports*, der jedoch nur bei kontinuierlichem Bedarf über viele Jahre wirtschaftlich ist. Für Schüttgut und Stückgut ist auch der Transport durch *Stetigförderanlagen* und mit *Seil-* oder *Hängebahnen* möglich (s. *Kapitel 18*).

Über Umschlag- und Umladestationen lassen sich die verschiedenen Verkehrsträger miteinander zu *intermodalen Transportketten* verbinden, wie sie in *Abb. 20.4* gezeigt sind [115; 193]. Auf den einzelnen Verkehrsträgern können unterschiedliche *Transportmittel* eingesetzt werden (s. *Abb. 18.19*):

- *Straßentransport*: Kleinlaster, Lieferfahrzeuge, Sattelaufliegerzüge, Gliederzüge mit Wechselbrücken, Silofahrzeuge und Tanklastzüge.
- *Schienentransport*: Waggons, Silowagen und Kesselwagen, die zu Waggongruppen, Halbzügen und Ganzzügen verkoppelt werden.
- *Wassertransport*: Schuten, Barken, Binnenschiffe, Frachtschiffe, Containerschiffe, Feederschiffe und Tankschiffe.
- *Lufttransport*: Kleinflugzeuge, Großflugzeuge, Passagierflugzeuge, Frachtflugzeuge und Frachtzeppeline.

Zwischen den Stationen können die Transportmittel auf unterschiedlichen *Transportwegen*, *Touren* oder *Fahrtrouten* verkehren [115].

Jedes Transportmittel hat eine bestimmte *Transportkapazität* $C_{TE}$ [ME/TE, VPE/TE, LE/TE], die von den *Laderaumabmessungen* und der zulässigen *Nutzlast* abhängt. Sie wird für lose Waren in *Volumen-* und *Gewichtseinheiten* [$m^3$ oder t] gemessen, für abgepackte Waren ohne Ladungsträger in *Verpackungseinheiten* [VPE] und für Ladungen mit Ladungsträger in *Ladeeinheiten* [LE]. Die Nutzlast, der Laderaum und die Kapazität einiger Transportmittel für den Straßen-, den Schienen- und den Seeverkehr sind in *Tabelle 18.3* angegeben.

Die *Tabelle 18.4* enthält die *Leistungs- und Kostenkennwerte* dieser Transportmittel. Die *Leistungspreise* für den Transport sind *nutzungsgemäß* aufgeteilt in einen *Grundpreis* [€/Einsatzfahrt], einen *Stoppreis* [€/Zwischenstop] und einen *Fahrwegpreis* [€/km].

Transportmittel mit großer Kapazität, wie Sattelauflieger und Wechselbrücken auf der Straße, Ganzzüge auf der Schiene und große Containerschiffe auf dem Wasser, haben bei guter Auslastung sehr günstige Fahrwegkosten pro Ladeeinheit aber relativ hohe Grund- und Stopkosten. Große Transportmittel sind daher

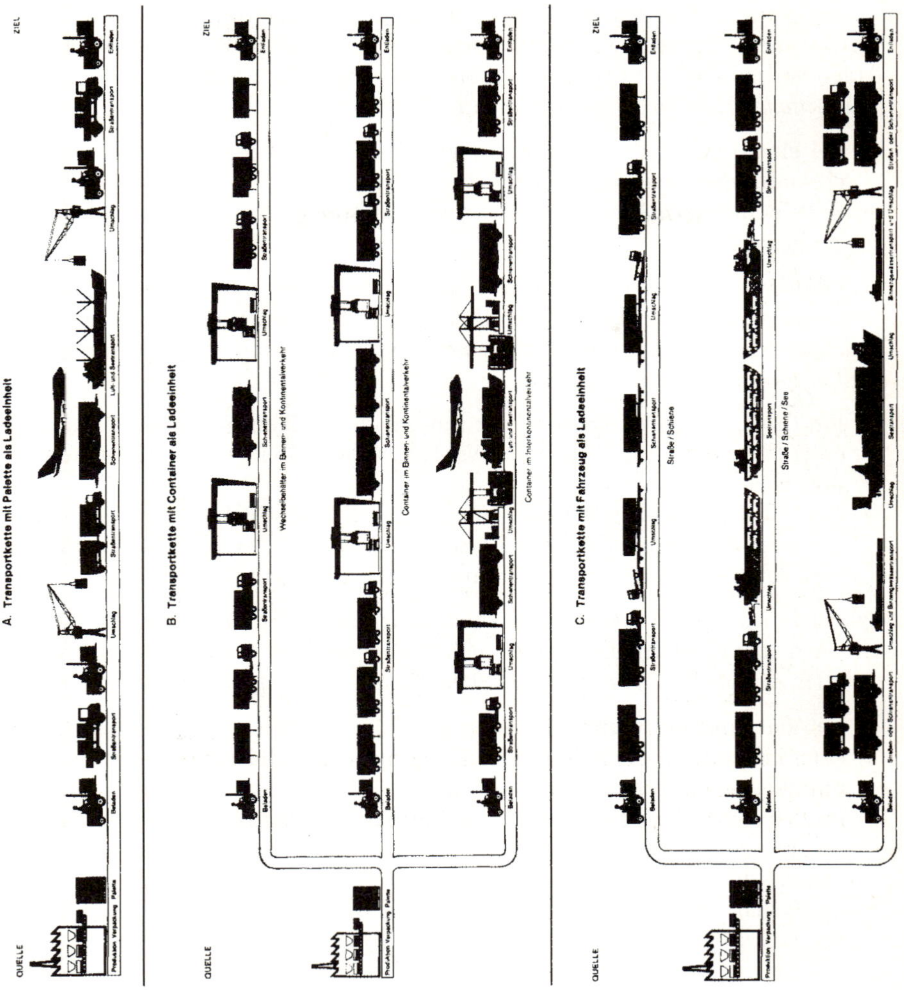

**Abb. 20.4** Intermodale Transportketten = Frachtketten
Quelle: Studiengesellschaft für den kombinierten Verkehr e.V. [115]

für den Transport großer Mengen über weite Entfernungen bei wenigen Stops besonders geeignet.

Transportmittel mit geringer Kapazität, wie die kleineren *Transporter* auf der Straße, der *Cargosprinter* der Bahn und die *Feederschiffe* für Container, haben meist deutlich günstigere Grund- und Stoppreise, dafür aber pro Ladeeinheit relativ hohe Fahrwegkosten. Kleinere Transportmittel sind daher vorteilhafter für den Transport geringer Mengen über kürzere Entfernungen bei vielen Stops einsetzbar.

Die Stationen einer Lieferkette sind miteinander durch *ungebrochene Transporte* ohne Umladen sowie durch *indirekte* oder *kombinierte Transporte* mit Umladen verbunden [115; 193]. Die kombinierten Transporte lassen sich einteilen in *gebrochene Transporte* und *intermodale Transporte* (s. *Abb. 20.4*):

- Bei einem *gebrochenen Transport* wird ohne Änderung des Verkehrsträgers ein- oder mehrmals das Transportmittel gewechselt.
- Bei einem *intermodalen Transport* werden Transportmittel *und* Verkehrsträger gewechselt.

*Kombinierte Transportketten* oder *Frachtketten* setzen sich aus *umschlagfreien Transportverbindungen* und *Umladestationen* zusammen. Die umschlagfreien Transporte werden als *Ladungstransporte* bezeichnet und in *Ganzladungs- und Teilladungstransporte* unterteilt:

- Ein *Ganzladungstransport* ist der umschlagfreie Transport *einer* Sendung in einem Transportmittel von einer Versandstation direkt zu einer Empfangsstation *ohne Zwischenstop.*
- Ein *Teilladungstransport* ist der umschlagfreie Transport *mehrerer* Sendungen in einem Transportmittel *mit Zwischenstops* zum Ab- oder Beladen auf dem Weg von der ersten Versandstation zur letzten Empfangsstation.

Die Ladungstransporte können von Lieferfahrzeugen, Sattelaufliegern, in Wechselbrücken oder ISO-Containern, aber auch in Waggons, Teil- und Ganzzügen oder von Schiffen auf den in *Abb. 20.5* dargestellten *Transportfahrten* durchgeführt werden:

- Im *Abholtransport* werden in einer *Abholfahrt* die Waren oder Sendungen von *einer* Lieferstelle abgeholt und zu *einer* Empfangsstelle oder einem Umschlagpunkt gebracht.
- Im *Sammeltransport* werden Waren oder Sendungen in einer *Sammelfahrt* von mehreren Lieferstellen abgeholt und zu einer Empfangsstelle oder einem *Sammelumschlagpunkt* (SP) gebracht (*milk run*).
- Im *Zustelltransport* werden die Waren oder Sendungen *einer* Lieferstelle in einer *Zustellfahrt* zu *einer* Empfangsstelle gebracht.
- Im *Verteiltransport* werden die Waren oder Sendungen von einem *Verteilumschlagpunkt* (VP) oder einer Lieferstelle abgeholt und in einer *Verteilfahrt* zu mehreren Empfangsstellen befördert
- Ein kombinierter *Verteil- und Sammeltransport* holt Waren und Sendungen von einem *Umschlagpunkt* (UP) ab, bringt sie auf einer *Verteil- und Sammelfahrt* zu den Empfangsstellen, holt auf derselben *Rundfahrt* von Lieferstellen Waren oder Sendungen ab und befördert sie zum Ausgangspunkt der Fahrt.

Die *Beförderungszeit einer Sendung* ist gleich der *Wartezeit* bis zur Abfahrt des Transportmittels, der *Fahrzeit* für den Weg von der Beladestation über eventuelle Zwischenstops bis zur Entladestation und der Summe der *Stopzeiten* einschließlich der Beladezeit an der Ausgangsstation und der Entladezeit in der Endstation.

Die *Wartezeit* auf das nächste Transportmittel wird von der Transportbetriebsart bestimmt. Die *Transportbetriebsarten* sind Organisationsformen für Transportfahrten:

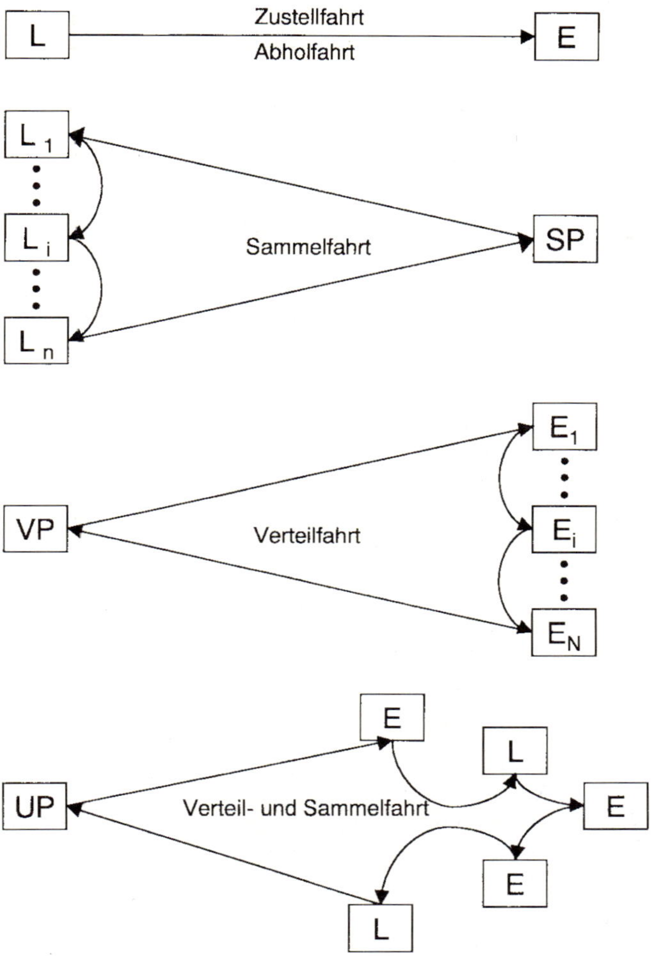


**Abb. 20.5** Mögliche Transportfahrten im Ladungsverkehr

$L_i$: Lieferstellen
$E_j$: Empfangsstellen
SP: Sammelumschlagpunkt
VP: Verteilumschlagpunkt
UP: Umschlagpunkt mit kombinierter Funktion

- *Regeltransporte*, *Touren* oder *Linienfahrten* finden *regelmäßig* mit einer *festen Frequenz* oder nach *Fahrplan* zu *festen Zeiten* auf vorausgeplanten *Fahrtrouten* statt.
- *Bedarfstransporte*, *Trampfahrten* oder *Spontanfahrten* werden *bedarfsabhängig* auf unterschiedlichen Fahrtrouten durchgeführt, wenn eine ausreichend große Ladungsmenge oder eine besonders eilige Sendung zum Transport ansteht.

Die Transportfrequenz $\nu_{TE}$ [TE/PE] der Regeltransporte muß mindestens so groß sein wie die benötigte Lieferfrequenz $f_L$ [1/PE]. Wenn das *Ladungsaufkommen* $\lambda_{LE}$ [LE/PE] größer ist als die *Grenzleistung* $\mu_{LE} = \nu_{TE} \cdot C_{TE}$ [LE/PE], die mit Transportmitteln der Kapazität $C_{TE}$ [LE/TE] bei einer Frequenz $\nu_{TE}$ erreichbar ist, muß die Transportfrequenz erhöht werden.

Wegen der Abhängigkeit der Transportfrequenz vom Ladungsaufkommen werden in der Praxis die Regeltransporte mit Bedarfstransporten kombiniert, die bei erhöhtem Ladungsaufkommen zwischen den Regeltransportzeiten abfahren.

Die *Einsatzzeit* einer Transporteinheit für eine Transportfahrt wird bestimmt von der *Reisegeschwindigkeit* $v_{TE}$ des Transportmittels, der *Länge* $s_{tour}$ der Tour, der *Anzahl der Stops n* und der *durchschnittlichen Stopzeit* $t_{stop}$:

$$T_{TE\,ein} = s_{tour}/v_{TE} + n \cdot t_{stop} \qquad [PE]. \qquad (20.7)$$

Die Stopzeit, die für einen Halt benötigt wird, setzt sich zusammen aus der *Brems-* und *Beschleunigungszeit*, der *Wartezeit* auf Abfertigung und der *Be- und Entladezeit* zur Aufnahme oder Abgabe der Ladung.

Die *Anzahl Transporteinheiten*, die bei einer *Transportfrequenz* $\nu_{TE}$ auf einer Fahrtroute mit der Einsatzzeit (20.7) *im Einsatz* sind, ist:

$$N_{TE\,ein} = \nu_{TE} \cdot T_{TE\,ein} \qquad [TE]. \qquad (20.8)$$

So ergibt sich beispielsweise, daß für die Versorgung einer Automobilfabrik über eine Entfernung von 3.400 km mit CKD-Teilen im Rundlauf permanent 11 Eisenbahnzüge im Einsatz sind, wenn alle 3 Tage ein Ganzzug benötigt wird, der mit einer Reisegeschwindigkeit von 250 km/Tag fährt, eine Be- und Entladezeit von je 1 Tag hat und an einer Grenze einen Tag für den Spurwechsel aufgehalten wird.

Die *Transportkosten* haben in der Regel den größten Anteil an den Belieferungskosten. Aus der Beziehung (20.7) für die Einsatzzeit und der Beziehung (20.8) für die Anzahl der eingesetzten Transportmittel folgt, daß die *Kosten für den Ladungstransport* vom *Ladungsaufkommen*, von der *Belieferungsfrequenz*, der mittleren *Fahrweglänge*, der *Reisegeschwindigkeit*, der *Anzahl Stops* und von der *mittleren Stopzeit* abhängen (s. *Abschnitt 18.8*).

## 20.2 Lieferanforderungen

Maßgebend für das Netzwerkmanagement sind das *Serviceangebot* der Lieferanten sowie die *Serviceerwartungen* und *Leistungsanforderungen* der Kunden. Die Leistungsanforderungen lassen sich einteilen in *primäre Leistungsanforderungen*, wie die *Sortimentsanforderungen* und die *Sendungsanforderungen*, und in die hieraus ableitbaren *sekundären Leistungsanforderungen*, wie die *Durchsatzanforderungen* und die *Bestandsanforderungen*.

### 1. Sortimentsanforderungen

Das in den Produktions- und Lieferstellen gefertigte oder bereitgehaltene Sortiment ist Gegenstand der *Programmplanung* und der *Lagerhaltungspolitik*. Die Festlegung des Warensortiments in den Empfangsstellen ist Aufgabe der *Sorti-*

*mentsplanung* der Kunden. Nach dem Kräftespiel von Angebot und Nachfrage leitet sich aus der Programmplanung der Lieferanten und den Sortimentsanforderungen der Kunden das aktuelle *Liefersortiment* ab.

Aus dem Liefersortiment resultieren die *Sortimentsanforderungen*:

- *Artikelanzahl* $N_A$ des aktuell lieferbaren Sortiments
- *Beschaffenheit* der Artikel: *lose Ware* oder *verpackte Ware*, Form, Sperrigkeit, Haltbarkeit und Wertigkeit; Gefahrenklasse; Brandklasse; Food und Nonfood; Kühlware und Tiefkühlware
- *Mengeneinheiten* [ME = t, $m^3$, $m^2$ oder m] der *losen Ware*
- *Verpackungseinheiten* [VPE = Gebinde, Packstück oder Palette] der *verpackten Ware* mit *Abmessungen* $l_{VPE}$, $b_{VPE}$, $h_{VPE}$ [mm], *Volumen* $v_{VPE}$ [*l*/VPE] und *Gewicht* $g_{VPE}$ [kg/VPE]

Für die Auswahl und Gestaltung der Lieferketten ist es erforderlich, das Liefersortiment zu segmentieren in *Sortimentsklassen*, die lager- und transporttechnisch miteinander verträglich sind. So sind beispielsweise *Zusammenlagerverbote* oder *Zusammentransportverbote* Restriktionen für die Optimierung der Lieferketten.

Für spezielle Waren und Güter sind sogar gesonderte Lieferketten erforderlich, wie *Kühlketten* für Frischwaren und Tiefkühlprodukte oder *Sicherheitsketten* für Wertsendungen oder Gefahrgut.

In den einzelnen Abschnitten der Lieferketten können die Waren und Artikel in unterschiedlichen *Logistikeinheiten* befördert werden (s. *Kapitel 12*). Die verschiedenen *Verpackungsstufen* mit den möglichen *Logistikeinheiten* und *Ladungsträgern* sowie die üblichen *Bezeichnungen* und die hier verwendeten *Abkürzungen* sind in *Tabelle 12.1* zusammengestellt [111; 113].

Die Logistikeinheit einer unteren Verpackungsstufe kann mit der Logistikeinheit der nächst höheren Stufe identisch sein. Dann ist die Kapazität $C_{LEn+1}$ der Logistikeinheit $LE_{n+1}$ der Verpackungsstufe n+1 gleich der Kapazität $C_{LEn}$ der Logistikeinheit $LE_n$ der Verpackungsstufe n: $C_{LEn+1} = C_{LEn}$. Wenn sich die Logistikeinheiten in zwei aufeinander folgenden Abschnitten einer Lieferkette unterscheiden, ist in der Zwischenstation ein *Aufbauen* (*Build Up*), ein *Abbauen* (*Break Down*) oder ein *Umpacken* (*Repacking*) der Logistikeinheiten erforderlich.

Die Verpackungseinheiten der *verpackten Ware* sind in der Regel fest vorgegeben. Die *Versandeinheiten*, in denen die Verpackungseinheiten zum Versand kommen, und die *Ladeeinheiten*, in denen die Versandeinheiten einer Sendung verladen und befördert werden, sind hingegen grundsätzlich frei wählbar und damit Gestaltungsparameter der Lieferkette.

Für *lose Ware* sind die Ladungsträger, wie Kanister, Tankcontainer oder Transportsilos, und die Art und Kapazität der Transportmittel, wie Silofahrzeuge oder Kesselwagen, in der Regel freie Gestaltungsparameter.

**2. Serviceanforderungen**

Die Serviceanforderungen resultieren aus der angebotenen *Lieferfähigkeit*, den zugesicherten *Lieferzeiten* und der angestrebten *Logistikqualität*.

Die von den Lieferstellen angebotene oder von den Kunden geforderte *Lieferfähigkeit* betrifft die *Breite des lieferbaren Warensortiments* und bestimmt die *Höhe der Bestände*, die von den einzelnen Artikeln des Sortiments vorgehalten werden müssen.

Die *Lieferzeitforderung* besteht entweder aus einer zugesicherten *Lieferzeit* oder aus einem bestätigten *Liefertermin*. Die *Lieferzeit* $T_{LZ}$ einer bestandsführenden Lieferstelle ist gleich der Summe der internen *Auftragsdurchlaufzeit* $T_{Auf}$ vom Auftragseingang bis zur Warenbereitstellung an der Rampe der Lieferstelle und der externen *Sendungslaufzeit* $T_{Send}$ vom Warenausgang der Lieferstelle bis zur Wareneingangsrampe des Kunden:

$$T_{LZ} = T_{Auf} + T_{Send} \qquad [h]. \qquad (20.9)$$

Wenn $T_{Send\,min}$ die *minimale Sendungslaufzeit* in der ausgewählten Lieferkette ist, muß der vollständige Sendungsinhalt spätestens zum *Versandtermin*

$$t_{VT} = t_{LT} - T_{Send\,min} \qquad [d:h] \qquad (20.10)$$

im Warenausgang der Lieferstelle versandfertig bereitstehen, um einen vereinbarten Liefertermin $t_{LT}$ einzuhalten.

Die Lieferzeit ist eines der wichtigsten Auswahlkriterien für die Lieferketten. Die verläßliche Einhaltung vereinbarter *Liefertermine* und *Anlieferzeitfenster* ist für die Kunden oft wichtiger als besonders kurze Lieferzeiten [226]. Die geforderten Anliefertermine stellen in der Regel für die Auswahl der Lieferkette eine größere Restriktion dar als das Einhalten einer *allgemeinen Lieferzeitzusage*, wie ein 24- oder 48-Stunden-Service.

Die *Logistikqualität* wird bestimmt von der *Pünktlichkeit* oder *Termintreue* also der Einhaltung der zugesicherten *Lieferzeiten* oder *Liefertermine*, von der *Lieferbereitschaft*, das heißt der Erfüllung der vereinbarten *Lieferfähigkeit*, und von der *Sendungsqualität*. Die Sendungsqualität umfaßt die *Vollständigkeit*, die *Unversehrtheit* und die *Mängelfreiheit* der ausgelieferten Sendungen. Termintreue, Lieferbereitschaft und Sendungsqualität sind wichtige Merkmale einer Lieferkette (s. *Abschnitte 3.4.4* und *17.4*).

### 3. Sendungsanforderungen

Eine *Sendung* ist eine bestimmte Menge von Waren oder Gütern, die innerhalb einer vorgegebenen Zeit an einen Zielort zu befördern ist.

Eine *Massengutsendung* besteht aus einer größeren *Versandmenge* von Gas, Flüssigkeit oder Schüttgut. Eine *Stückgutsendung* umfaßt eine Anzahl einzelner *Versandeinheiten*, die auch als *Packstücke, Frachtstücke* oder *Collis* bezeichnet werden. Im Personenverkehr ist die Sendung ein *Beförderungsauftrag* für eine Person oder Personengruppe.

*Versandeinheiten* [VE] können die einzelnen Verpackungseinheiten der Artikel eines Sortiments sein oder Versandbehälter, wie *Kartons, Pakete, Mehrwegbehälter, Klappboxen, Rollbehälter, Paletten* oder *Container*, die mit der Versandmenge gefüllt sind.

Eine Stückgutsendung kann den Inhalt eines oder mehrerer Lieferaufträge enthalten, die Teilmengen eines größeren Auftrags umfassen oder mehrere Einzelsendungen enthalten, die in einer Sammelstation gebündelt und in einer nachfolgenden Verteilstation wieder aufgeteilt werden.

*Kundensendungen* sind für die Empfangsstellen am Ende der betrachteten Lieferketten bestimmt. *Zwischensendungen* sind *Sammelsendungen*, *Teilsendungen* oder *Nachschubsendungen* an eine vorgeschaltete Zwischenstation.

Aus der Anzahl und dem Inhalt der Bestellungen der Empfangsstellen resultieren die *Sendungsanforderungen:*

- *Sendungsart*: Normal-, Termin- oder Eilsendungen; Gefahrgut- oder Wertsendungen; Kühl- oder Tiefkühlsendungen
- *Lieferzeiten* oder *Beförderungszeiten* [h]
- *Abfahrt-*, *Abhol-* und *Anliefertermine* [Tag: Stunde]
- *Sendungsinhalt*: Schüttgut, Stückgut, Wertgut, Gefahrgut, Kühlware
- *Sendungsgröße*: *Packstückanzahl* $m_S$ [VPE/Snd], *Sendungsvolumen* $V_S$ [*l*/Snd] und *Sendungsgewicht* $G_S$ [kg/Snd]
- *Sendungsstruktur*: *Aufträge* oder *Positionen pro Sendung* $n_S$ [Pos/Snd]; *Auftragsmenge* [ME/Auf] oder *Versandeinheiten pro Sendungsposition* $m_{VE}$ [VE/Pos]
- *Sendungsaufkommen* $\lambda_S$ [Snd/PE]: Anzahl Sendungen, die pro *Periode* [Stunde, Tag, Woche, Monat oder Jahr] von einer *Versandstelle* zu einer *Empfangsstelle* zu befördern sind.

Die Fracht- oder Packstücke einer Stückgutsendung lassen sich nach Gewicht, Volumen, Abmessungen und weiteren Kriterien klassifizieren. Eine für viele Zwecke geeignete *Packstückklassifizierung* unterscheidet [111; 113]:

- *Kleinpackstücke* oder *Standardpakete* mit Abmessungen bis 600 mm und Gewichten unter 30 kg, wie *Pakete*, *Behälter* und *Klappboxen*
- *Norm-* oder *Standardpaletten* mit Grundmaßen bis 1.400 mm, Höhe bis 2.000 mm und Gewichten bis 1.000 kg, wie CCG1- und CCG2-Paletten, *EURO-*, *Chemie-* und *Industriepaletten, Gitterboxpaletten, Rollbehälter* und *Kleincontainer*
- *Großpackstücke* mit Grundmaßen über 1.400 mm, Höhen über 2.000 mm und Gewichten bis 2 t, wie *Frachtkisten*, *Langgutkassetten* und große *Lastbehälter*
- *Schwergut* mit Gewichten über 2 t und *Sperriglasten* mit Maßen über 2 m

*Homogene Sendungen* bestehen aus Packstücken oder Versandeinheiten der gleichen Art und Größenklasse. *Heterogene* oder *gemischte Sendungen* enthalten Versandeinheiten unterschiedlicher Art und Größenklassen. Für den rationellen Transport und Ladungsumschlag derartiger *Mischsendungen* gelten folgende *Versandregeln*:

- ▶ Eine aus Paketen, Paletten und anderen Frachtstücken bestehende Mischsendung sollte, wenn möglich, durch den Einsatz gleicher Ladungsträger in eine homogene Sendung umgewandelt werden.
- ▶ Wenn eine Homogenisierung durch Ladungsträger nicht möglich ist und die komplette Sendung nicht direkt zugestellt werden kann, wird eine Mischsendung für die Zustellung über größere Entfernungen in homogene Teilsendungen aufgeteilt.

Aus der Anzahl *Sendungspositionen* und der mittleren *Positionsmenge* einer homogenen Sendung resultiert die *Sendungsgröße in Packstücken* oder *Versandeinheiten:*

$$m_S = n_S \cdot m_{VE} \qquad [VE / Snd]. \qquad (20.11)$$

Mit dem mittleren *Packstückvolumen* $v_{VE}$ [l/VE] ergibt sich das *Sendungsvolumen*

$$V_S = n_S \cdot m_{VE} \cdot v_{VE} \qquad [l / Snd] \qquad (20.12)$$

und mit dem mittleren *Packstückgewicht* $g_{VE}$ [kg/VE] das *Sendungsgewicht*

$$G_S = n_S \cdot m_{VE} \cdot g_{VE} \qquad [kg / Snd]. \qquad (20.13)$$

Zur Rationalisierung des Be- und Entladens und des Ladungsumschlags werden kleinere Packstücke oder Versandeinheiten einer Sendung auf *Ladungsträgern*, wie Paletten, Gitterboxen, Rollbehälter und Container, zu größeren *Ladeeinheiten* [LE] zusammengefaßt. Bei der Auswahl und Dimensionierung der Ladungsträger ist stets zu bedenken [193]:

- ▶ Einer Rationalisierung des Umschlags durch den Einsatz von Ladungsträgern stehen der *Mehraufwand* für den *Auf- und Abbau der Ladeeinheiten* und der *Verlustraum* der nur teilweise gefüllten *Anbrucheinheiten* gegenüber.

*Auswahl*, *Gestaltung* und *Abmessungen* der Ladeeinheiten sowie die *Zuweisungskriterien* zu den unterschiedlichen Sendungsgrößen sind daher weitere Handlungsparameter zur Optimierung der Belieferungskosten (s. *Kapitel 12*).

Werden die Versandeinheiten einer *einzelnen homogenen Sendung* auf *Ladeeinheiten* mit dem Fassungsvermögen $C_{LE}$ [VE/LE] verladen, dann ist die Anzahl der entstehenden Ladeeinheiten:

$$M_S = \{m_S / C_{LE}\} \qquad [LE / Snd]. \qquad (20.14)$$

Hierin bedeuten die geschweiften Klammern ein *Aufrunden* auf die nächste ganze Zahl, denn pro Sendung entsteht bei *sendungsreiner Beladung* der Ladungsträger eine *Anbrucheinheit*, es sei denn, die Sendungsgröße ist genau ein ganzzahliges Vielfaches der Ladeeinheitenkapazität.

Zur Gestaltung und Optimierung der Lieferketten und Frachtnetze für ein anhaltendes *Sendungsaufkommen* ist es erforderlich, die *mittlere Sendungsstruktur* und deren *Streuung* zu kennen, das heißt den *Mittelwert* und die *Varianz* der Anzahl Sendungspositionen und der Sendungsgröße. Wenn die Struktur der einzelnen Sendungen eines Sendungsaufkommens sehr unterschiedlich ist, müssen *Sendungsklassen* mit in sich ähnlicher Struktur gebildet und diese getrennt betrachtet werden, beispielsweise *Kleinmengensendungen* und *Großmengensendungen* oder *Einstück-*, *Einpositions-* und *Mehrpositionssendungen*.

Aus der Beziehung (20.14) für die Anzahl Ladeeinheiten einer einzelnen Sendung folgt durch Mittelwertbildung über eine Vielzahl homogener Sendungen einer Sendungsklasse (s. *Abschnitt 12.5.3*):

- Wenn die Versandeinheiten auf *sendungsrein gefüllten Ladungsträgern* mit dem *Fassungsvermögen* $C_{LE}$ [VE/LE] verladen werden, ist die mittlere *Anzahl*

*Ladeeinheiten pro Sendung*, das heißt, die *mittlere Sendungsgröße in Ladeeinheiten*

$$M_S = MAX\left(1; m_S/C_{LE} + \left(C_{LE} - 1\right)/2C_{LE}\right) \qquad [LE/Snd]. \qquad (20.15)$$

Der Zusatzterm $(C_{LE}-1)/2C_{LE}$ ist gleich dem *mittleren Anbruchverlust*, der sich pro Auftrag daraus ergibt, daß jeweils eine Ladeeinheit nicht vollständig gefüllt ist. Wenn die Ladeeinheiten gleich den Versandeinheiten sind, verschwindet der Anbruchverlust, da $C_{LE} = 1$ ist. Für sehr große Ladeeinheiten, das heißt für $C_{LE} \gg 1$, wie auch für Massengutsendungen ist der mittlere Anbruchverlust gleich einer halben Ladeeinheit.

Zur Reduzierung der Anbruchverluste und damit der Anzahl der zu befördernden Ladeeinheiten bieten sich unter geeigneten Voraussetzungen folgende *Befüllungsstrategien* an:

- *Verdichtung sendungsreiner Anbrucheinheiten* zu sendungsgemischten Ladeeinheiten
- *Auffüllen oder Abrunden der Liefermenge* auf den Inhalt ganzer Ladeeinheiten

Wenn ein Auf- oder Abrunden zulässig ist, entfällt in Beziehung (20.15) der Term für den Anbruchverlust. Bei einer Verdichtung der Ladeeinheiten von N Sendungen zu gemischten Ladeeinheiten reduziert sich der Term für den Anbruchverlust um den Faktor 1/N (s. *Abschnitt 12.5*).

Ein Beispiel für die Verdichtung von Anbrucheinheiten ist die Bildung von sogenannten *Sandwichpaletten* aus mehreren nur flach beladenen filialreinen Auftragspaletten. So werden Sandwichpaletten zur Belieferung von Handelsfilialen über *Crossdocking-Stationen* gebildet.

### 4. Versandarten

Für die Auswahl und Zuweisung kostenoptimaler Frachtketten ist es zweckmäßig, die Sendungen abhängig von der Sendungsgröße nach *Versandarten* einzuteilen. Für größere *Sendungen* sind folgende *Versandarten* möglich:

- *Ganzladungssendungen* (GLS) sind Einzelsendungen, die ein Transportmittel so weit auslasten, daß Direkttransporte in gesonderten Transporteinheiten wirtschaftlich sind. Für den Inhalt einer Ganzladungssendung gilt

$$f_{GS} \cdot C_{TE} < M_S \leq C_{TE} \qquad \text{mit } f_{GS} = 0{,}6 \text{ bis } 0{,}9. \qquad (20.16)$$

- *Teilladungssendungen* (TLS) sind Sendungen, die zusammen mit anderen Sendungen ein Transportmittel so weit füllen, daß ein gemeinsamer Direkttransport wirtschaftlich ist. Für den Inhalt einer Teilladungssendung gilt

$$f_{TS} \cdot C_{TE} < M_S < f_{GS} \cdot C_{TE} \qquad \text{mit } f_{TS} = 0{,}1 \text{ bis } 0{,}2. \qquad (20.17)$$

Durch Einsatz eines Transportmittels mit geringerer Kapazität $C_{TE}$ ist es möglich, aber nicht immer wirtschaftlich, aus einer Teilladungssendung eine Ganzladungssendung zu machen. Umgekehrt kann bei Einsatz eines größeren Transportmittels eine Ganzladungssendung zu einer Teilladungssendung werden. Die

Kapazitäten der Transportmittel, die zwischen den Stationen eingesetzt werden, sind daher weitere Gestaltungsparameter der Lieferketten.

Für kleinere Sendungen ist ein Direkttransport ohne Umschlag nur innerhalb eines *Nahgebiets* mit begrenzter Ausdehnung und über größere Entfernungen nur als *Beiladung* wirtschaftlich:

- *Beiladungssendungen* (BLS) sind kleinere Sendungen, die in den Restladeraum eines Ladungstransports passen und deren Bestimmungsort auf der gleichen Tour liegt.

Mit Beiladungen verbessert mancher Frachtführer und Spediteur seinen Gewinn. Beispiele für Beiladungen sind auch die Nutzung des Gepäckraums von Passagierflugzeugen für die Luftfracht oder die Last-Minute-Reisenden.

Für kleinere Sendungen, die sich nicht als Beiladung direkt befördern lassen, ist bei größeren Entfernungen ein *indirekter Transport* über einen oder mehrere Umschlagpunkte erforderlich. Übliche *Versandarten* für *kleinere Sendungen* sind Stückgutsendungen und Paketsendungen:

- *Stückgutsendungen* (SGS) bestehen aus einer kleineren Anzahl von *Ladeeinheiten* oder *Großpackstücken*. Für den Inhalt einer Stückgutsendung gilt:

$$C_{LE} < M_S < f_{TS} \cdot C_{TE} \qquad \text{mit } f_{TS} = 0{,}1 \text{ bis } 0{,}2. \qquad (20.18)$$

- *Paketsendungen* (PKS) bestehen aus einem oder wenigen *Kleinpackstücken* oder *Paketen*, deren Anzahl nach oben begrenzt wird durch das Fassungsvermögen $C_{LE}$ einer Ladeeinheit

$$M_S < f_{PS} \cdot C_{LE} \qquad \text{mit } f_{PS} = 0{,}1 \text{ bis } 0{,}3. \qquad (20.19)$$

Die Grenzen zwischen den *Versandarten* (20.16) bis (20.19) und die Größe des Nahgebiets sind weitere *Gestaltungsparameter*, die zur Optimierung der Lieferketten nutzbar sind. Dabei gelten für den Straßentransport andere Optimalitätsgrenzen als für den Schienentransport, den Lufttransport und den Seetransport.

Im Straßenverkehr wird die untere Grenze für Ganzladungen von den Speditionen in der Regel mit 10 bis 15 t oder 20 bis 25 Palettenstellplätzen und für Teilladungen mit 2,5 t oder 5 Palettenstellplätzen pro Sendung angegeben. Die *optimale Grenze* zwischen Teilladungstransport und Stückgut liegt jedoch in vielen Fällen deutlich unter den üblichen 2,5 t pro Sendung. Die technische Obergrenze der Paketdienste ist 31,5 kg pro Packstück. Die wirtschaftliche Grenze liegt abhängig von Gewicht und Volumen zwischen 5 und 10 Paketen pro Sendung.

Die *kostenoptimalen Grenzen* zwischen den Sendungsarten und das *optimale Nahgebiet*, für das sie gelten, sind abhängig von der Größe der eingesetzten Ladeeinheiten, vom Transportmittel, vom Verkehrsträger sowie vom *Sendungsaufkommen*. Für das Sendungsaufkommen gilt der *Kooperationsgrundsatz*:

► Wenn das *eigene Sendungsaufkommen* des Unternehmens, das seine Lieferketten optimieren will, nicht ausreicht, um eine gute Auslastung der Transportmittel zu erreichen oder die Grenze zu einer kostengünstigeren Versandart zu überschreiten, kann das *fremde Sendungsaufkommen* anderer Unternehmen, die von den gleichen oder von benachbarten Lieferstellen beliefert werden und gleiche oder benachbarte Empfangsstellen haben, in die Optimierung einbezogen werden.

Das Bündeln des eigenen Sendungsaufkommens mit dem Sendungsaufkommen anderer Unternehmen ist entweder durch eine *Logistikkooperation* oder durch den Einsatz von *Logistikdienstleistern* möglich, deren Kerngeschäft das Bündeln des Logistikbedarfs mehrerer Unternehmen und Versender ist. Auch die Logistikdienstleister schließen *Allianzen*, um das gemeinsame Frachtaufkommen zu bündeln und eine bessere Auslastung der Systeme zu erreichen.

### 5. Durchsatzanforderungen

Aus dem Sendungsaufkommen $\lambda_S$ [Sdg / PE] und der Sendungsgröße ergeben sich der *Volumendurchsatz*

$$\lambda_V = V_S \cdot \lambda_S \qquad [l/\text{PE}], \qquad (20.20)$$

der *Tonnendurchsatz*

$$\lambda_G = G_S \cdot \lambda_S / 1000 \qquad [t/\text{PE}] \qquad (20.21)$$

und der *Versandeinheitendurchsatz*

$$\lambda_{VE} = m_S \cdot \lambda_S \qquad [\text{VE}/\text{PE}]. \qquad (20.22)$$

Aus der Beziehung (19.15) resultiert für ein Sendungsaufkommen $\lambda_S$ [Snd/PE] der mittlere *Durchsatz der Ladeeinheiten*, die pro Periode zu versenden sind:

$$\boldsymbol{\lambda_{LE} = \lambda_S \cdot \text{MAX}\left(1; m_S / C_{LE} + (C_{LE} - 1) / 2C_{LE}\right) \quad [\text{LE}/\text{PE}].} \qquad (20.23)^{©}$$

Der Volumen-, Tonnen- oder Ladeeinheitendurchsatz für eine Transportrelation ist gleich dem *Ladungsaufkommen*, das auf dieser Relation zu befördern ist.

Aus der Beziehung (20.23) sowie aus der nachfolgenden Beziehung (20.30) ist ablesbar:

▶ Infolge des Anbruchverlustes, der mit dem Fassungsvermögen und der Lieferfrequenz ansteigt, sind der Ladeeinheitendurchsatz und der Transportmittelbedarf größer als der Durchsatz bei vollständiger Füllung.

Eine Kostensenkung, die durch den Einsatz größerer Lade- oder Transporteinheiten erreichbar ist, kann durch die erhöhten Anbruchverluste so weit aufgezehrt werden, daß es günstiger ist, mit kleineren Logistikeinheiten zu arbeiten. Es gibt daher für jede Sendungsklasse eine *optimale Größe* der *Ladeeinheiten* und der *Transporteinheiten*.

Bei der Gestaltung und Optimierung von Belieferungswegen und Distributionsstrukturen ist zu berücksichtigen, daß die Durchsatzwerte *stochastischen Schwankungen* sowie täglichen, wöchentlichen und *saisonalen Veränderungen* unterworfen sind. Die Transportkapazität der betreffenden Transportverbindungen und die Durchsatzfähigkeit der Zwischenstationen müssen daher *flexibel* ausgelegt sein.

Die Regelmäßigkeit und Gleichmäßigkeit des Sendungsaufkommens bestimmt auch die *Transportbetriebsart*. *Plantransporte* sind nur für ein regelmäßiges, anhaltendes und hinreichend großes Sendungsaufkommen wirtschaftlich. Für unregelmäßig oder sporadisch auftretende Sendungen wechselnden Inhalts müssen *Bedarfstransporte* mit unterschiedlichen Transportmitteln durchgeführt werden.

Aus Sicht der *Distribution* sind die Lieferketten für die Durchsatzwerte $\lambda_j$ von einer Lieferstation L zu $N_E > 1$ Empfangsstationen $E_j$ zu gestalten und zu optimieren. Aus Sicht der *Beschaffung* werden die optimalen Lieferketten für die Durchsatzwerte $\lambda_i$ von $N_L > 1$ Lieferstationen $L_i$ zu einer Empfangsstation gesucht.

Werden auch die *Rücklauftransporte* und das *Sendungsaufkommen anderer Unternehmen* berücksichtigt, sind die Lieferketten für die $N_E \cdot N_L$ Durchsatzwerte $\lambda_{ij}$ von $N_L$ Lieferstationen $L_i$ zu $N_E$ Empfangsstationen $E_j$ zu betrachten. Dabei sind die geforderten *Lieferzeiten* $T_{ij}$ [h] zwischen den betrachteten Lieferstellen und Empfangsstellen einzuhalten, deren *minimale Entfernungen* $D_{ij}$ [km] sich aus den vorgegebenen Standorten ergeben.

Hierzu ist es notwendig, die *Regionalstruktur der Belieferungsanforderungen* zu analysieren, das heißt die *Standortverteilung* und das *regionale Mengenaufkommen* der betrachteten Quellen und Senken.

*Abbildung 20.6* zeigt als Beispiel die Standortverteilung der Empfangsstellen eines deutschen Einzelhandelskonzerns mit über 2.500 Filialen. In *Abb. 20.7* ist die Verteilung der Versandmengen aus zwei benachbarten Baustoffwerken nach zweistelligen Postleitzahlen dargestellt.

#### 6. Bestandsanforderungen

Abhängig von den Beständen in einer Lieferkette lassen sich unterscheiden:

- *Transportketten* und *Frachtketten* ohne Warenbestände in den Stationen zwischen der Versandstelle und der Empfangsstelle
- *Bevorratungs-* oder *Vorratsketten* mit Warenbeständen in einer oder mehreren Zwischenstationen der Lieferkette

Die *Lagerbestände* und die *Präsenssortimente* in den Zwischenstationen und in den Empfangsstellen einer Bevorratungskette sind *Optimierungsparameter*, die sich zur Erfüllung der *Lieferzeitanforderungen* und zur *Kostenminimierung* nutzen lassen.

Die Höhe der Bestände von *Waren mit regelmäßigem Bedarf*, kurz *Dispositionsware* oder *Stapelware* genannt, wird in allen Stationen der Lieferkette durch die *Bestands- und Nachschubdisposition* bestimmt. Sie ergibt sich aus der Höhe der *Bestellmengen* der Kunden, aus der Lieferzeit der jeweils vorangehenden Lieferstelle und dem vorgehaltenen *Sicherheitsbestand*.

Bei Kenntnis der Leistungskosten der zuführenden Lieferkette sowie der Lagerhaltungskosten der Lagerstelle lassen sich die *optimalen Nachschubmengen* für Dispositionsware aus dem geplanten oder prognostizierten Absatz pro Periode errechnen. Aus der mittleren Nachschubmenge resultiert die durchschnittliche *Nachschubfrequenz*. Der *Sicherheitsbestand* errechnet sich aus der geplanten Lieferfähigkeit, dem Absatz, den *Lieferzeiten* und der *Termintreue* für den Nachschub (s. *Kapitel 11*).

**Abb. 20.6** Typische Standortverteilung der Empfangsstellen eines deutschen Einzelhandelskonzerns

Prinzipdarstellung ZLU [250]

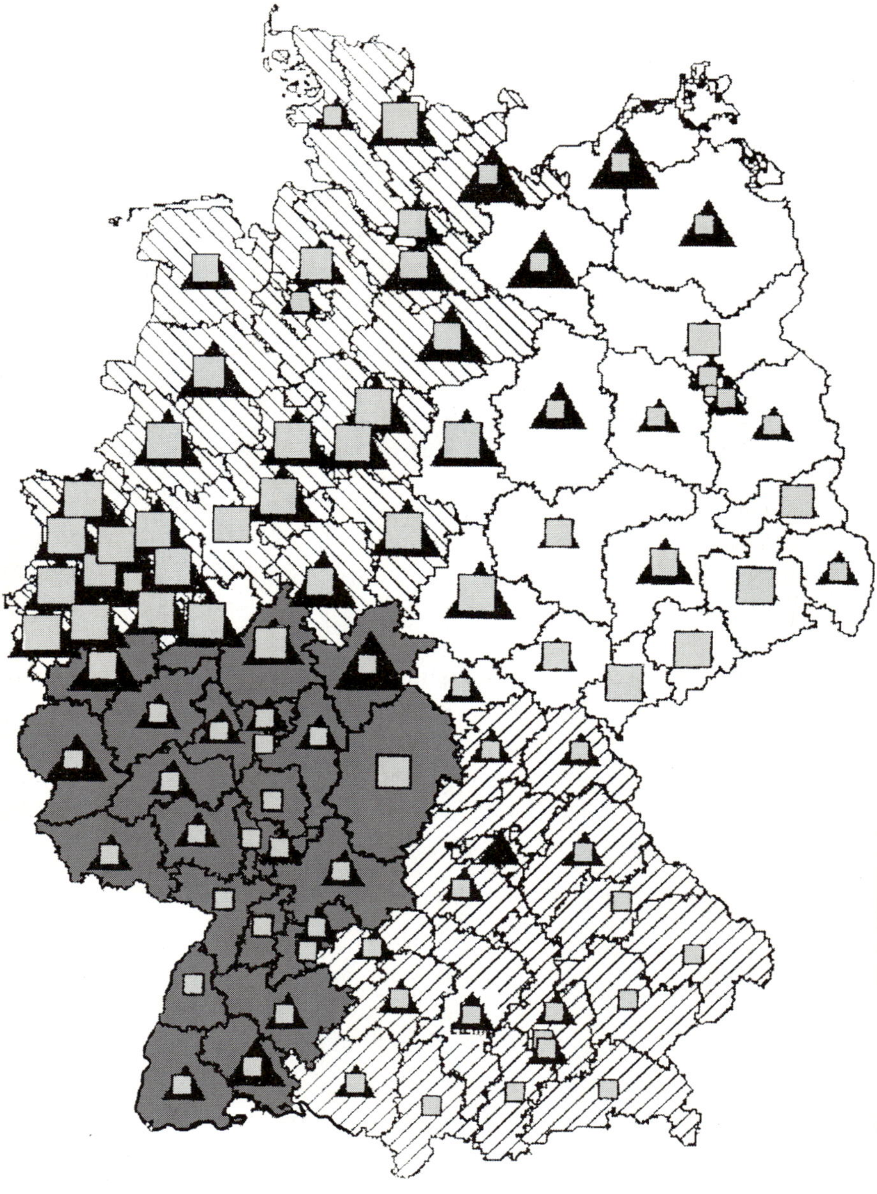

**Abb. 20.7** Regionalverteilung der Versandmengen und Gebietseinteilung für das Distributionsnetz eines Baustoffherstellers

Dreiecke: Mengen aus Werk 1
Quadrate: Mengen aus Werk 2
Prinzipdarstellung ZLU [250]

Bei optimaler Nachschub- und Bestandsdisposition in allen Stufen der Lieferkette, beginnend mit der letzten Empfangsstelle und endend bei der ersten Lieferstelle, ergeben sich selbstregelnd die sogenannten *Pullbestände*. Für die Pullbestände gilt:

▶ Ein *Pullbestand* ist in einer Zwischenstation der Lieferkette nur erforderlich, wenn die Lieferzeiten bei Direktbelieferung oder Transitbelieferung über die Zwischenstation zu lang sind.

▶ Die *Höhe der Pullbestände* wird bestimmt von der geforderten Lieferfähigkeit, den Lieferzeiten und den Belieferungskosten bis zur betreffenden Lagerstelle und ist bei optimaler Disposition proportional zur Wurzel aus dem Periodenbedarf

$$M_{B\,VKE} = F_L \cdot \sqrt{\lambda_{VKE}} \qquad [VKE]. \qquad (20.24)$$

Der *Lagerdispositionsfaktor* $F_L$ hängt ab von den Logistikkosten der Beschaffung und der Bestandshaltung, von der angestrebten Lieferfähigkeit sowie von weiteren Einflußfaktoren (s. *Abschnitt 11.10*).

Zusätzlich zu den reinen Pullbeständen können durch *Vorproduktion* oder *Vorratsbeschaffung* für vorhersehbare *Saisonspitzen*, für geplante *Verkaufsaktionen* oder für *Produktneueinführungen* sogenannte *Pushbestände* entstehen. Für die Pull- und die Push-Bestände in den Lieferketten gilt der allgemeine *Grundsatz*:

▶ *Bestände* für mehrere Bedarfsstellen sind möglichst nahe der Erzeugungsstelle zu lagern, da dort die Lagerkosten und das Risiko der Fehlallokation am geringsten sind.

Pushbestände sollten daher erst dann in die Belieferungskanäle fließen, wenn sie nach dem Pullprinzip aktuell benötigt werden oder wenn der geplante Verkaufszeitpunkt erreicht ist.

**7. Hochrechnungs- und Änderungsfaktoren**

Aufgrund der Marktentwicklung, infolge des technischen Fortschritts, durch geschäftspolitische Maßnahmen, wie *Sortimentsänderung* oder *Umsatzausweitung*, oder durch ein verändertes *Bestellverhalten* können sich die Lieferanforderungen verändern.

Für die langfristige Optimierung der Lieferketten und die Umgestaltung der Beschaffungs- und Distributionssysteme ist es daher erforderlich, die Auswirkungen der absehbaren marktseitigen Veränderungen und der geplanten geschäftspolitischen Veränderungen zu quantifizieren. Das ist mit Hilfe von *Hochrechnungs-* und *Änderungsfaktoren* für die Mittelwerte der Lieferanforderungen möglich, die sich aus der Wahrscheinlichkeitstheorie, den voranstehenden Zusammenhängen zwischen den Leistungsgrößen und aus dem *Wurzelsatz für die Lagerzentralisierung* (s. *Abschnitt 11.10*) ergeben:

- Wenn eine *Umsatzänderung* durch eine Absatzmengenänderung um den *Umsatzfaktor* $f_U$ mit der *Auswirkungswahrscheinlichkeit* p aus einer Änderung der Anzahl Sendungen resultiert, erhöht sich die Sendungsanzahl um den Faktor

$f_U{}^p$. Die Menge pro Position verändert sich dann mit der Wahrscheinlichkeit $1 - p$ und die Positionsanzahl um den Faktor $f_U{}^{1-p}$. Ohne Sortiments- und Bestellfrequenzänderung bleibt die mittlere Anzahl Positionen pro Auftrag bei einer reinen Umsatzänderung unverändert.

- Die *Pullbestände* verändern sich bei optimaler Nachschubdisposition um den Faktor $f_U{}^{1/2}$, wenn sich der Umsatz um den Faktor $f_U$ ändert. Reine *Pushbestände* verändern sich proportional zum Umsatz um den Faktor $f_U$.
- Wenn eine *Sortimentsänderung* um den *Sortimentsfaktor* $f_S$ mit der Wahrscheinlichkeit p aus einer Änderung der Anzahl Sendungen resultiert, erhöht sich die Sendungsanzahl um den Faktor $f_S{}^p$. Die Anzahl der Positionen pro Auftrag ändert sich dann mit der Wahrscheinlichkeit $1 - p$ und die Positionsanzahl um den Faktor $f_S{}^{1-p}$. Ohne Umsatz- und Bestellfrequenzänderung reduziert sich die Menge pro Position um den Faktor $1/f_S$.
- Wenn eine *Änderung der Bestellfrequenz* pro Artikel um den Frequenzfaktor $f_F$ mit der Wahrscheinlichkeit p durch eine Änderung der Anzahl Sendungen wirksam wird, erhöht sich die Sendungsanzahl um den Faktor $f_F{}^p$. Die Anzahl der Positionen pro Auftrag ändert sich dann mit der Wahrscheinlichkeit $1 - p$ und die Positionsanzahl um den Faktor $f_F{}^{1-p}$. Ohne Umsatz- und Sortimentsänderung reduziert sich die Menge pro Position um den Faktor $1/f_F$.

Wenn nichts anderes bekannt ist, kann in allen Fällen für die Auswirkungswahrscheinlichkeit $p = 0{,}5 = 50\ \%$ angesetzt werden.

▶ Eine Reduktion der Empfangsstellen, beispielsweise infolge der Konzentration des Handels, um einen *Konzentrationsfaktor* $f_K$ führt bei gleichbleibendem Umsatz und Sortiment im Jahresmittel zu einer Senkung der Sendungsanzahl um den Faktor $1/f_K$ und einem Anstieg der Sendungsgrößen um den Faktor $f_K$.

▶ Eine Reduktion der Empfangsstellen wegen einer Belieferung der Dispositionsware über Zentrallager um einen *Zentralisierungsfaktor* $f_Z$ führt bei gleichbleibendem Umsatz und Sortiment zu einer Senkung des Positionsdurchsatzes um den Faktor $1/\sqrt{f_Z}$ und zu einem Anstieg der mittleren Positionsmenge um den Faktor $\sqrt{f_Z}$.

Eine Reduzierung der Empfangsstellen beispielsweise um den Faktor 2 führt bei gleichbleibendem Umsatz im Mittel zu einer Halbierung des Sendungsaufkommens und einer Verdoppelung der Liefermengen.

Werden 9 Empfangsstellen in Zukunft über ein Zentrallager beliefert, reduziert sich der betroffene Positionsdurchsatz im Jahresmittel auf ein Drittel, während sich die Liefermengen pro Position im Mittel verdreifachen.

## 8. Elementare Handlingeinheiten und Ladeeinheiten

Maßgebend für Auslegung und Kosten eines Logistiknetzwerks sind die Handlingeinheiten und die Ladeeinheiten (s. *Kapitel 12*). Daraus folgt die *Startregel*:

▶ Zu Beginn jedes Projekts ist eine tabellarische *Aufstellung* der maximalen, minimalen und mittleren Abmessungen und Gewichte der kleinsten *Handlingeinheiten* und der verwendeten *Ladeeinheiten* mit deren Kapazitäten zu erstellen.

## 20.3 Gestaltungsparameter der Lieferketten und Versorgungsnetze

Die Lieferketten $LK_{ij}$ zwischen den *Lieferstellen* $L_i$ und den *Empfangsstellen* $E_j$ eines Versorgungsnetzes werden durch folgende *Gestaltungsparameter* bestimmt:

- *Belieferungsformen [BF]*: *Liefermenge, Lieferfrequenz, Ladungsinhalt, Verpackungsart, Versandeinheit* und *Ladeeinheit*, in denen die Güter befördert und gelagert werden.
- *Strukturparameter [SP]*: *Anzahl* $N_Z$, *Standorte, Zuordnung, Funktionen* (20.5) und *Bestände* der Zwischenstationen, die von den Gütern von der Quelle bis zur Senke durchlaufen werden.
- *Transportparameter [TP]*: *Verkehrsträger, Transportmittel, Transportarten, Fahrwege* und *Betriebsart*, die für den Transport zwischen den Stationen zum Einsatz kommen.

Mit den *optimalen Werten der Gestaltungsparameter* werden die *Leistungsanforderungen* und der gewünschte *Lieferservice* unter Berücksichtigung der technischen und organisatorischen *Randbedingungen* zu *minimalen Kosten* für alle Lieferketten erfüllt.

### 1. Belieferungsformen

Die Logistikleistungen (20.1) und (20.2) in den Empfangsstellen und die Leistungen (20.3) und (20.4) in den Lieferstellen beeinflussen die *Belieferungsform*, die *Belieferungsfrequenz* und die *Versandmengen*.

Die *Verpackungsart* und die *Verpackungseinheiten* sind in der Regel durch die Liefer- oder Versandaufträge vorgegeben. Grundsätzlich sind zwei verschiedene *Verpackungsarten* möglich:

- *Lose Ware* wird ohne Packmittel, abgefüllt in Tanks, Silos oder Transportbehälter oder lose in Rohrleitungen befördert.
- *Verpackte Ware* wird in *Packmitteln*, wie Säcke, Tüten, Fässer, Flaschen, Dosen und Kartons, zu *Gebinden* oder *Verpackungseinheiten* [VPE] abgefüllt, gelagert und befördert.

Wie vorangehend beschrieben, können die *Gebinde* für den Versand zu *Versandeinheiten* und für das Lagern, den Umschlag und den Transport mit Hilfe von *Ladungsträgern*, wie Paletten und Behälter, zu *Ladeeinheiten* zusammengefaßt werden (s. *Tabelle 12.2*).

Hierfür gilt der *Grundsatz*:

► Auswahl und Dimensionierung der Versandeinheiten und der Ladeeinheiten, in denen die Waren und Sendungen in den Abschnitten der Lieferkette gebündelt werden, sind wichtige Handlungsmöglichkeiten zur Gestaltung und Optimierung der Lieferketten.

Um ein aufwendiges Umpacken zu vermeiden, gelten für die Ladeeinheiten die *Einsatzregeln*:

- ▶ In den Zwischenstationen und Transportabschnitten einer Lieferkette sollten soweit wie möglich durchgängig die gleichen Ladeeinheiten zum Einsatz kommen.
- ▶ Ein Wechsel der Ladeeinheiten sollte möglichst nicht mit einem Auspacken oder Umpacken verbunden sein, sondern sich auf die Bildung größerer Ladeeinheiten aus mehreren kleineren Ladeeinheiten beschränken, deren Inhalt dabei unberührt bleibt.

So ist es in der Regel sinnvoll, Paletten für den Ferntransport in ISO-Container oder Wechselbrücken zu verladen und die Container über noch größere Entfernungen mit der Bahn oder auf Schiffen zu befördern. Wenn der Frachtraum, wie in der *Luftfracht*, besonders knapp oder teuer ist, kann es jedoch kostengünstiger sein, zielgemischt gefüllte einlaufende Ladeeinheiten vollständig abzubauen und durch geschicktes Stauen für den Weitertransport zielreine Ladeeinheiten mit möglichst hohem Füllungsgrad aufzubauen (s. *Abschnitt 12.5*).

**2. Strukturparameter**

Zusätzlich zur Kunden- und Lieferantenstruktur, die in der Regel vorgegeben ist, wird die Struktur eines Logistiksystems oder Versorgungsnetzes durch folgende *Parameter* bestimmt:

- *Anzahl* $N_Z$ der logistischen Zwischenstationen
- *Standorte* $(x_k;y_k)$ der Zwischenstationen $ZS_k$, $k = 1,2 \ldots N_Z$
- *Funktionen* (19.5) der Zwischenstationen

Aus *Sicht eines Lieferanten* ist die Belieferung einer größeren Anzahl von Empfangsstellen aus einer oder wenigen Quellen zu optimieren. Die Belieferungsaufgabe ist ein *One-to-Many-* oder *Few-to-Many-Problem*, das darin besteht, die optimalen Lieferketten in einem bestehenden *Distributionssystem* auszuwählen und die Betriebskosten durch ein neues System zu minimieren.

Aus *Sicht eines Unternehmens* mit einer oder wenigen Empfangsstellen, die laufend Ware aus mehreren Lieferstellen bekommen, reduziert sich die Belieferungsaufgabe auf ein *Many-to-One-* oder *Many-to-Few-Problem*, das heißt, auf die Optimierung der Lieferketten in einem *Beschaffungssystem*.

Das *Many-to-Many-Problem* stellt sich *Handelsunternehmen* mit Hunderten oder Tausenden von Lieferanten und Filialen, und *Speditionen*, die täglich flächendeckend Sendungen vieler Versender an viele Empfänger ausliefern. Hierzu sind die jeweils optimalen Beförderungsketten durch ein *Speditionssystem* auszuwählen, dessen Struktur permanent dem sich ändernden Bedarf anzupassen ist.

Die Anzahl der Zwischenstationen, die von den Waren in einer Lieferkette durchlaufen werden, bestimmt die *Stufigkeit* der Lieferkette:

- Eine *N-stufige Lieferkette* besteht aus *N Transportabschnitten* oder *Kettengliedern*, die durch *N-1 Zwischenstationen* miteinander verbunden sind.

Eine *einstufige Lieferkette* ist eine *Direktbelieferung*, im Handel auch *Streckenlieferung*[1] genannt, die von der Lieferstelle *ohne Zwischenstation* direkt zur Empfangsstelle führt. Entsprechend den möglichen Versand- und Ladeeinheiten und den zur Auswahl stehenden Verkehrsträgern, Transportmitteln, Transportarten, Fahrwegen und Transportbetriebsarten gibt es eine Vielzahl unterschiedlicher einstufiger Lieferketten.

In den *zweistufigen Lieferketten* laufen die Waren über *eine* Zwischenstation. Mögliche *Logistikstationen* sind:

- *Auslieferlager* (AL) unmittelbarer beim Lieferanten
- *Sammelumschlagpunkte* (SP) am Transportschwerpunkt eines *Abholgebiets*
- *Umschlagzentren* (UZ) in der Nähe des Schwerpunkts des *Servicegebiets*
- *Zentrallager* (ZL) in der Nähe des Schwerpunkts des gesamten *Servicegebiets* (20.24)
- *Verteilumschlagpunkte* (VP) am Transportschwerpunkt eines *Verteilgebiets*
- *Regionallager* (RL) in der Nähe des Schwerpunkts eines *Verteilgebiets*
- *Vorratslager* (VL) unmittelbar beim Empfänger

Mit diesen *Logistikstationen* ergeben sich die in *Abb. 20.8* dargestellten *zweistufigen* und die in *Abb. 20.9* gezeigten *dreistufigen Lieferketten.*

Der Unterschied zwischen einem regionalen und einem zentralen Umschlagpunkt wie auch zwischen einem Auslieferlager, einem Zentrallager, einem Regionallager und einem Vorratslager wird bestimmt von der Gebietseinteilung, von der Anzahl der Stationen und vom Standort zwischen den Versandorten und den Empfangsstellen. Mit zunehmender Entfernung vom Versandort und Annäherung an die Empfangsorte wird ein Sammelumschlagpunkt zum Umschlagzentrum und ein Umschlagzentrum zum Verteilumschlagpunkt: SP $\rightarrow$ UZ $\rightarrow$ SP. Ebenso wird ein Auslieferlager zum Zentrallager, ein Zentrallager zum Regionallager und ein Regionallager zum Vorratslager: AL $\rightarrow$ ZL $\rightarrow$ RL $\rightarrow$ VL.

Die funktionsreinen Logistikstationen (20.24) können auf verschiedene Art miteinander kombiniert werden:

- Die Kombination eines Verteilpunktes und eines Sammelpunktes, die das gleiche Einzugsgebiet bedienen, ist ein *regionaler Umschlagpunkt* RU = VP + SP.
- Aus der Kombination eines Verteilumschlagpunktes mit einem Regionallager wird ein *Regionalzentrum* RZ = VP + RL.
- Durch Kombination eines Umschlagzentrums mit einem Zentrallager entsteht ein *Logistikzentrum* LZ = UZ + ZL.

Für eine Belieferung mit loser Ware sind zusätzlich zu den logistischen Zwischenstationen (20.24) folgende *Abfüllstationen* möglich:

1 Unter *Streckenlieferung* wird im Handel häufig die Belieferung *frei Haus* bis an die Rampe des Kunden durch den Lieferanten oder seinen Spediteur verstanden, auch wenn die Lieferung über einen oder mehrere Umschlagpunkte läuft. Diese irreführende Pauschalbetrachtung verbirgt jedoch wichtige Handlungsmöglichkeiten zur Optimierung der Lieferketten.

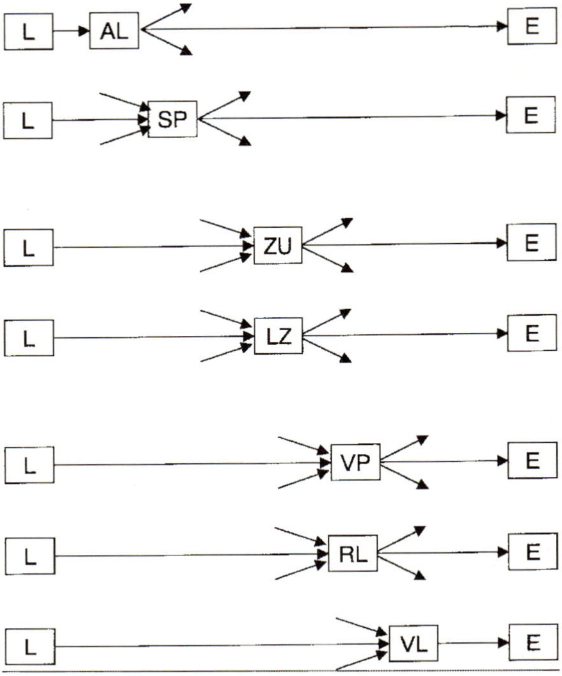


**Abb. 20.8** Zweistufige Lieferketten
L: Lieferstelle
AL: Auslieferlager
SP: Sammelumschlagpunkt
ZU: Zentralumschlagpunkt
LZ: Logistikzentrum
VP: Verteilumschlagpunkt
RL: Regionallager
VL: Vorratslager
E: Empfangsstelle

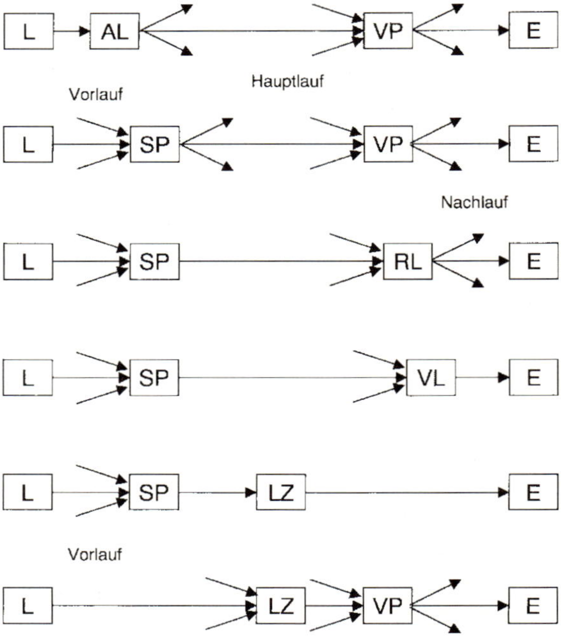


**Abb. 20.9** Dreistufige Lieferketten
Bezeichnungen: s. Abb. 19.8

*Lieferanten-Abfüllstation* (LA)
*Zentrale Abfüllstationen* (ZA) (20.25)
*Regionale Abfüllstationen* (RA)
*Kunden-Abfüllstation* (KA)

Die Abfüllstationen können wieder mit den Umschlagstationen und Lagerstationen auf unterschiedliche Art kombiniert werden.

*Dreistufige Lieferketten* laufen über zwei der Zwischenstationen (20.24) und (20.25), beispielsweise von der Lieferstelle über ein Zentrallager und eine Verteilstation oder über eine Sammelstation und ein Regionallager zum Empfänger. Sechs dreistufige Lieferketten, die besonders häufig vorkommen, sind in *Abb. 20.9* dargestellt. *Vierstufige Lieferketten* nutzen drei der Zwischenstationen (20.24) und (20.25). Die ein-, zwei-, drei- und vierstufigen Lieferketten von vier unterschiedlichen Logistiksystemen deutscher Industrie- und Handelsunternehmen zeigen die *Abb. 20.14, 20.21, 20.23* und *20.25*.

Wie die einstufigen Lieferketten können sich die mehrstufigen Lieferketten in den Belieferungsformen und in den Parametern der Transporte zwischen den Stationen voneinander unterscheiden. Generell gilt:

▶ Die Anzahl möglicher Lieferketten nimmt mit der Stufigkeit rasch zu, während der Bedarf für längere Lieferketten mit der Stufigkeit abnimmt.

Zusätzliche Handlungsparameter sind die möglichen *Funktionen* (20.5) in den Zwischenstationen. So ist zu entscheiden, in welchen Zwischenstationen ein bestandsloser Umschlag mit oder ohne Ladungsträgerwechsel durchgeführt werden soll und in welchen Stationen Waren bevorratet und kommissioniert werden.

### 3. Transportparameter

Eine *Ladung* [Ldg] ist eine Anzahl von Sendungen, die in einem *Direkttransport* zu einem gemeinsamen Zielort oder in einem *Linientransport* auf einer Rundfahrt zu mehreren Empfangsstellen zu befördern sind. Wenn die Sendungen mit einer *Lieferfrequenz* $f_L$ [1/PE] befördert werden sollen, muß mindestens $f_L$ mal pro Periode ein Transport von der Lieferstelle abfahren.

Für ein Ladungsaufkommen $\lambda_{LE}$ [LE/PE], das mit Beziehung (20.23) aus dem Sendungsaufkommen und der mittleren Sendungsgröße resultiert, ist die *durchschnittliche Ladungsgröße*, die jeweils bis zur Abfahrt eines Regeltransports aufgelaufen ist:

$$M_L = \lambda_{LE}/f_L \quad [\text{LE}]. \qquad (20.26)$$

Die Transportkosten werden von der Anzahl der Transportmittel bestimmt, die für eine aufgelaufene Ladungsmenge benötigt wird. Der *Transportmittelbedarf* für eine Gesamtladung, die aus $N_S$ Sendungen mit unterschiedlichen Sendungsgrößen $M_{Sk}$, $k = 1,2....N_S$, besteht, hängt davon ab, wie die Frachtstücke im Laderaum verstaut werden. Wenn mehr als ein Transportmittel benötigt wird, ist der Transportmittelbedarf außerdem davon abhängig, ob die Verteilung einer Sendung über mehrere Transporteinheiten zulässig ist.

Das optimale Verstauen von *Frachtstücken unterschiedlicher Abmessungen* in einem Laderaum ist ein *dreidimensionales Verschnittproblem* [120]. Für das möglichst raumsparende Packen und Verstauen einer bestimmten Ladung unter Berücksichtigung eventueller *Restriktionen*, wie vorgegebene *Orientierungsrichtung* oder einzuhaltende *Sendungsfolgen*, gibt es heute leistungsfähige *Packoptimierungs-* und *Stauprogramme* [120; 121; 122]. Der so ermittelte Transportmittelbedarf ist jedoch nicht mit Hilfe einer geschlossenen Formel berechenbar.

Zur Kalkulation der Transportkosten für ein anhaltendes Sendungsaufkommen, das mit einer bestimmten *Lieferfrequenz* $f_L$ [1/PE] befördert werden muß, ist die Kenntnis des *mittleren Transportmittelbedarfs* ausreichend. Analog zur Beziehung (20.15) für den Ladeeinheitenbedarf pro Sendung gilt:

▶ Wenn keine besondere Füllstrategie verfolgt wird, ist der *mittlere Transportmittelbedarf pro Ladung* bei einer *durchschnittlichen Ladungsgröße* $M_L$ [LE/Ldg] und einer *effektiven Transportmittelkapazität* $C_{TEeff}$ [LE/TE]

$$M_{TE} = MAX\left(1; M_L / C_{TEeff} + \left(C_{TEeff} - 1\right) / 2C_{TEeff}\right) \qquad [TE / Ldg]. \qquad (20.27)^{©}$$

Die Beziehung (18.27) besagt, daß für eine Ladung mindestens eine Transporteinheit benötigt wird und daß *ohne Füllstrategie* pro Ladung ein mittlerer *Anbruchverlust* $(C_{TEeff} - 1)/2C_{TEeff}$ entsteht, wenn die Ladung mehr als eine Transporteinheit füllt (s. *Abschnitt 12.5*).

Die Kapazität $C_{TE}$ [LE/TE] eines betrachteten Transportmittels ist bei *gleichartigen Ladeeinheiten*, wie Paletten oder Behältern mit gleichen Abmessungen, relativ einfach zu berechnen und eine feste Größe. Bestehen die Sendungen jedoch aus unterschiedlichen Frachtstücken, hängt die Kapazität von der Größe, Form und Verteilung der Ladeeinheiten sowie von der *Packstrategie* ab. Für unterschiedliche Frachtstücke läßt sich eine *mittlere Kapazität* $C_{TE}$ [LE/TE] der Transportmittel aus Erfahrungswerten ableiten [195]. Wenn keine Erfahrungswerte vorliegen, ist mit ausreichender Näherung auch eine analytische Berechnung der mittleren Transportmittelkapazität aus dem durchschnittlichen Gewicht und Volumen der Frachtstücke und Ladeeinheiten möglich (s. *Abschnitt* 12.5).

Die verfügbare Kapazität pro Transportmittel ist nur vollständig nutzbar, wenn die Frachtstücke einer Ladung unabhängig von ihrer Sendungszugehörigkeit auf mehrere Transporteinheiten verteilt werden dürfen. Wenn jedoch der Inhalt einer Sendung nicht getrennt oder nur auf eine begrenzte Anzahl von Transporteinheiten aufgeteilt werden darf, entsteht pro Transporteinheit in der Regel ein zusätzlich zu berücksichtigender *Füllverlust*.

Nur im günstigsten Fall füllt eine beliebig ausgewählte Anzahl Sendungen eine Transporteinheit ohne Füllverlust vollständig aus. Im ungünstigsten Fall ist die Größe $M_S$ der letzten Sendung, die in eine Transporteinheit zu verladen ist, genau um eine Ladeeinheit zu groß. Dann bleibt in der Transporteinheit ein Leerraum für $M_S$-1 Ladeeinheiten ungenutzt. Darf eine Sendung auf $N_{TS}$ Transportmittel verteilt werden, reduziert sich der maximale Füllverlust auf $(M_S-1)/N_{TS}$. Bei einer *durchschnittlichen Sendungsgröße* $M_S$ entsteht also pro Transporteinheit im Mittel der *Füllverlust* $(M_S - 1)/2N_{TS}$.

Hieraus folgt:

- ▶ Wenn eine große Anzahl von Sendungen mit einer mittleren Sendungsgröße $M_S$ [LE/Snd] in Transportmittel verladen wird und die einzelnen Sendungen maximal auf $N_{TS}$ Transportmittel aufgeteilt werden dürfen, reduziert sich die mittlere Kapazität $C_{TE}$ [LE/TE] der Transportmittel infolge des Füllverlustes auf die *effektive Kapazität:*

$$C_{TEeff} = MAX\left(M_S; C_{TE} - \left(M_S - 1\right)/2N_{TS}\right) \qquad \text{für } C_{TE} \geq M_S \geq 1. \qquad (20.28)^{©}$$

Wenn die Sendungsgröße $M_S = 1$ LE ist, verschwindet der Füllverlust. Bei *unzulässiger Sendungsteilung* ist $N_{TS} = 1$ und der Füllverlust am größten. Bei beliebiger Sendungsteilung, das heißt für $N_{TS} \rightarrow \infty$, ist die effektive Kapazität gleich der Transportmittelkapazität. *Abbildung 20.10* zeigt die mit Hilfe der Beziehung (19.28) errechnete Abhängigkeit der effektiven Transportmittelkapazität von der mittleren Sendungsgröße und der Sendungsteilung.

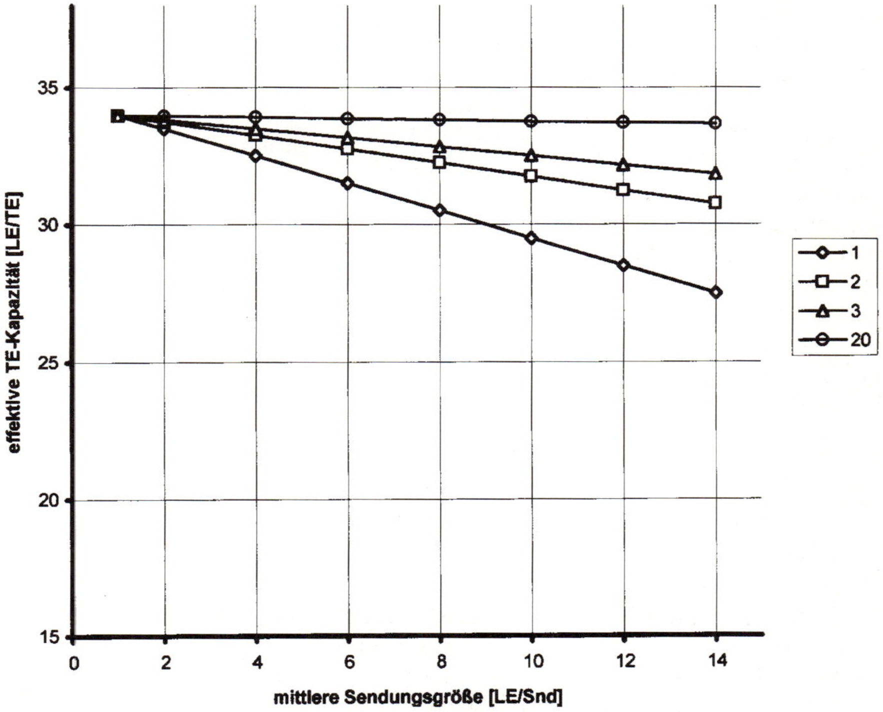


**Abb. 20.10** Abhängigkeit der effektiven Transportmittelkapazität von der mittleren Sendungsgröße und der zulässigen Sendungsteilung

Zulässige Sendungsteilung: $N_{TS}$ = 1, 2, 3, 20 TE/Snd
Maximale TE-Kapazität: 34 LE/TE

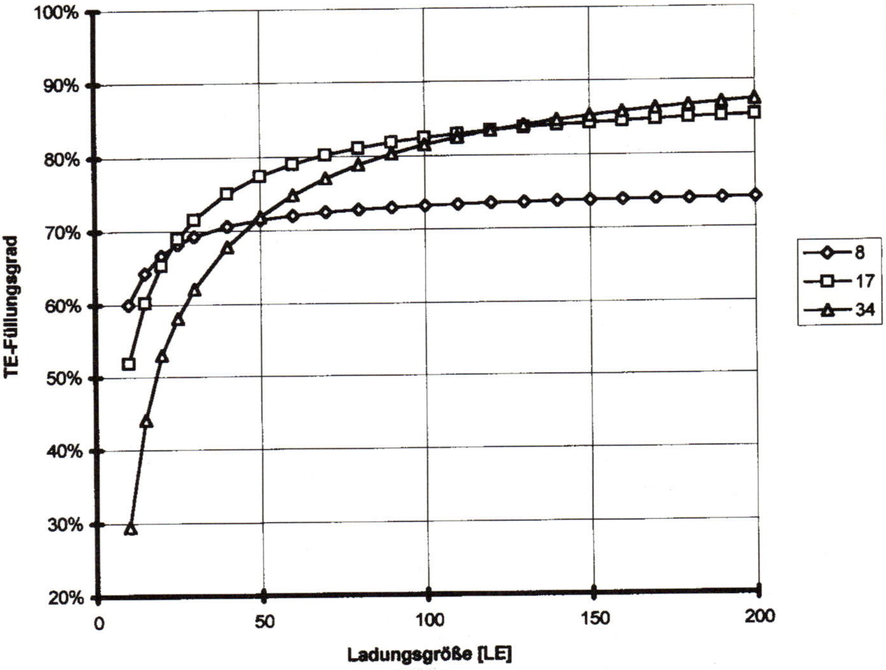


**Abb. 20.11** Abhängigkeit des Füllungsgrads der Transporteinheiten von der Ladungsgröße ohne Sendungsteilung

Kapazität der Transporteinheiten $C_{TE} = 8, 17, 34$ LE/TE
Mittlere Sendungsgröße $M_S = 5$ LE/Snd

Durch Einsetzen der effektiven Kapazität (20.28) in Beziehung (20.27) läßt sich der *Füllungsgrad* $\eta_{TE} = M_L/(M_{TE} \cdot C_{TE})$ der Transporteinheiten errechnen. *Abb. 20.11* zeigt die resultierende Abhängigkeit des Füllungsgrads von der Ladungsgröße für eine Beladung *ohne* Sendungsteilung und die *Abb. 20.12* für eine Beladung *mit* zulässiger Sendungsteilung.

Der *Füllungsverlust* in den ersten Transporteinheiten und der zusätzliche *Anbruchverlust* in der letzten Transporteinheit einer zur Beförderung anstehenden Ladung lassen sich durch folgende *Füllstrategien* vermeiden oder reduzieren:

- *Zurücklassen unkritischer Sendungen*: Die zur Beförderung anstehenden Sendungen werden nach Dringlichkeit ihres Versandtermins verladen. Sendungen mit unkritischem Versandtermin, deren Mitnahme zu einer teilgefüllten Transporteinheit führen würde, werden für einen späteren Transport zurückgelassen.
- *Vorziehen späterer Sendungen*: Zum Auffüllen des Anbruchverlustes, der nach Verladen der regulären Sendungen frei bleibt, werden, soweit vorhanden, Sendungen mit einem späteren Versandtermin vorgezogen.

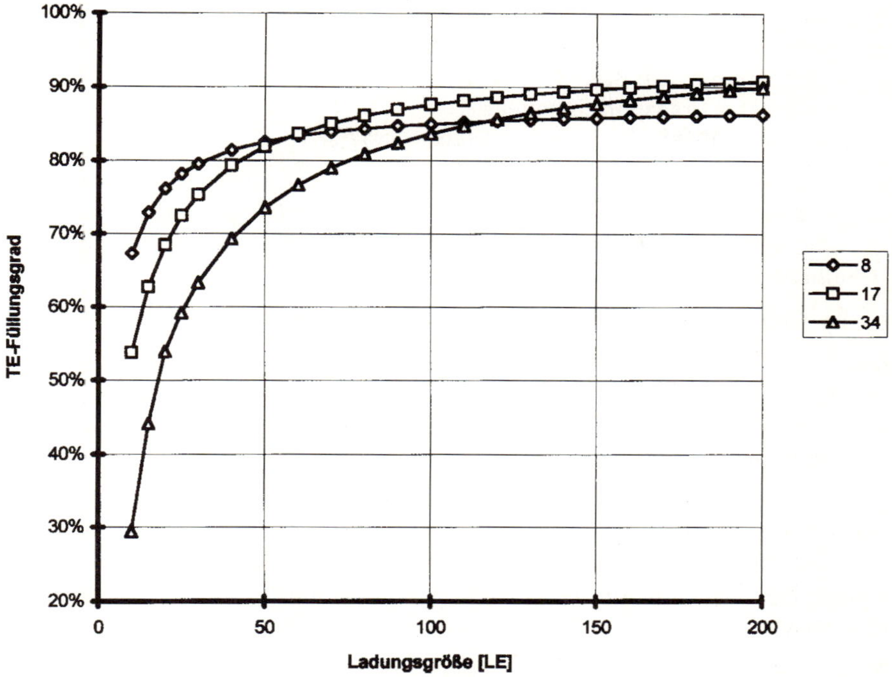


**Abb. 20.12** Abhängigkeit des Füllungsgrads der Transporteinheiten von der Ladungsgröße mit einfacher Sendungsteilung

Zulässige Sendungsteilung $N_{TS} = 2$ Snd/TE
Übrige Parameter: s. *Abb. 20.11*

► *Beiladen von Kleinsendungen*: Bei Ganz- und Teilladungstransporten wird der Restladeraum, der nach Verstauen der regulären Sendungen übrig bleibt, mit kleineren Sendungen gefüllt, die sonst als Stückgut befördert werden.

In einigen Bereichen des Transportgewerbes, wie in der Luftfracht und in der Passagierbeförderung, wird versucht, durch attraktive *Last-Minute-Preise* kurzfristig Bedarf zu erzeugen. Damit aber ist das Risiko verbunden, daß kein zusätzlicher Bedarf geweckt wird sondern nur ein Teil des späteren regulären Bedarfs vorgezogen und zu niedrigeren Preisen bedient wird (*Mitnahmeeffekt*).

Für einen Transportmittelbedarf $M_{TE}$ pro anstehender Ladung resultiert bei einer *Lieferfrequenz* $f_L$ [Ldg/PE] für das *Transportaufkommen:*

$$\lambda_{TE} = f_L \cdot M_{TE} \qquad [TE / PE]. \qquad (20.29)$$

Durch Einsetzen von (20.26) in (20.27) und von (20.27) in (20.29) folgt:

► Ein zu befördernder Ladeeinheitenstrom erzeugt bei einer Lieferfrequenz $f_L$ [1/PE] das *Transportaufkommen*

$$\boldsymbol{\lambda}_{TE} = \mathrm{MAX}\left(f_L ; \boldsymbol{\lambda}_{LE} / C_{TEeff} + f_L \cdot (C_{TEeff} - 1) / 2C_{TEeff}\right) \qquad [TE / PE]. \qquad (20.30)^{©}$$

Das *Transportaufkommen* $\lambda_{TE}$ auf einer bestimmten Fahrtroute ist gleich der *Transportfrequenz*, mit der die Transporteinheiten auf dieser Fahrtroute verkehren und bestimmt nach Beziehung (20.8) die Anzahl der für die Ladungsbeförderung benötigten Transporteinheiten.

Aus der grundlegenden Beziehung (20.30) folgt:

▶ Wenn keine kleineren Transportmittel eingesetzt werden können, steigt bei gleichem Frachtaufkommen mit zunehmender Lieferfrequenz der Transportmittelbedarf, da die mittlere Ladungsgröße abnimmt und infolgedessen der Füllungsgrad der Transporteinheiten immer schlechter wird.

Dieser Zusammenhang führt zu dem *Lieferzeitdilemma der Logistik*:

▶ Kurze Lieferzeiten erfordern hohe Lieferfrequenzen. Hohe Lieferfrequenzen führen zu kleineren Ladungen. Kleinere Ladungen bewirken geringere Transportmittelauslastung oder den Einsatz kleinerer Transportmittel. Beides führt zu höheren Frachtkosten.

Für das Beispiel der Distribution von Stückgutsendungen aus einem Logistikzentrum über regionale Verteilumschlagpunkte an den Handel zeigt *Abb. 20.32* die Auswirkung einer Verringerung der Lieferfrequenz auf die mittlere Sendungslaufzeit einerseits und auf die Frachtkosten andererseits. Eine Konsequenz aus dem Lieferzeitdilemma ist der *Lieferfrequenzgrundsatz*:

▶ Zur Optimierung einer Lieferkette müssen die Lieferfrequenzen für die Transportverbindungen zwischen den Stationen soweit gesenkt werden, wie gerade noch mit den geforderten Lieferzeiten verträglich.

Die Lieferfrequenzen sind daher nach der Transportmittelauswahl die wichtigsten Transportparameter.

## 20.4 Lieferzeiten und Sendungslaufzeiten

Die *Lieferzeit* $T_{LZ}$, die für die Belieferung einer Empfangsstation über eine *N*-stufige Lieferkette LK benötigt wird, setzt sich zusammen aus den *Durchlaufzeiten* $T_{DLn}$ durch die *N*+1 beteiligten Stationen $ST_n$, n = 0,1,2... *N*, den *Beförderungszeiten* $T_{BFn}$ für den Transport zwischen diesen Stationen, den *Stationswartezeiten* $T_{SWn}$ vor und im Wareneingang sowie den *Transportwartezeiten* $T_{TWn}$ in und nach dem Warenausgang der Stationen:

$$T_{LZ} = \sum_{n=0}^{N} \left(T_{DL\,n} + T_{BF\,n} + T_{SW\,n} + T_{TW\,n}\right). \tag{20.31}$$

In der ersten Station $ST_0$ wird die zu liefernde Ware in der Durchlaufzeit $T_{DL0}$ auftragsspezifisch produziert oder in einem Fertigwarenlager kommissioniert. Die Summe erstreckt sich über die N-1 Zwischenstationen der Lieferkette. Am Ende kann es vor der Empfangsstation $ST_N$ zu einer Wartezeit $T_{SWN}$ kommen.

Die *Durchlaufzeiten* durch die Stationen lassen sich aus den *Vorgangszeiten* für die einzelnen Arbeitsschritte der administrativen und operativen Leistungen und aus den innerbetrieblichen Wartezeiten errechnen. Die *Beförderungszeiten* ergeben sich bei bekannten technischen Daten des Transportmittels aus der Transportweglänge, der Anzahl Sendungen pro Transport und der Beladung. Die *Sendungslaufzeit* ist gleich der Auslieferzeit einer Sendung über eine bestimmte Transport- oder Frachtkette.

In der *Sendungsdisposition* ist zwischen planmäßigen und unplanmäßigen Wartezeiten zu unterscheiden:

- Die *planmäßigen Wartezeiten* ergeben sich aus der Abstimmung der Betriebszeiten und der Durchlaufzeiten der Stationen mit den Abfahrtzeiten für die Regel- und Bedarfstransporte.
- Die *unplanmäßigen Wartezeiten* sind die Folge von Verzögerungen und Verspätungen in den Leistungsstellen und auf den Transportverbindungen.

Wenn die Betriebs- und Durchlaufzeiten der Stationen mit den Abfahrtzeiten der Transporte richtig abgestimmt sind, liegt die planmäßige Wartezeit bei einer Lieferfrequenz $f_L$ im Bereich:

$$0 \leq T_{PW} \leq 1/f_L \,. \tag{20.31}$$

Für eine Lieferfrequenz von zweimal pro Tag, das heißt für $f_L = 2$ pro 24 Stunden, beträgt hiernach die planmäßige Wartezeit minimal 0 Stunden, maximal 12 Stunden und bei zufallsverteiltem Eintreffen der Versandaufträge im Mittel 6 Stunden.

Ursachen der unplanmäßigen, meist stochastischen Wartezeiten können eine Überlastung der Stationen oder der Verkehrswege sein, aber auch der Ausfall von Betriebs- und Transportmitteln sowie Störungen, Streiks und Fehler aller Art. Die unplanmäßigen Wartezeiten schwanken abhängig von der Tages- und Jahreszeit und lassen sich grundsätzlich nicht vorausberechnen. Sie sind daher in der Lieferzeitberechnung durch *Erfahrungswerte* oder entsprechende *Zuschläge* auf die Durchlauf- und Beförderungszeiten zu berücksichtigen. Wenn nichts genaueres bekannt ist, kann für die Summe der Transportwartezeit hinter einer Station $ST_n$ und der Stationswartezeit vor der Station $ST_{n+1}$ mit 10 % der Stationsdurchlaufzeit und mit 5 % der Beförderungszeit von $ST_n$ zur folgenden $ST_{n+1}$ gerechnet werden.

Das Bemühen aller *Just-In-Time-Strategien* zielt darauf ab, die Betriebs- und Transportzeiten so gut aufeinander abzustimmen, daß im Idealfall keine planmäßigen Wartezeiten auftreten und die Ware genau zu dem Zeitpunkt eintrifft, zu dem sie benötigt wird (s. *Abschnitt 8.10*). Abgesehen von den erhöhten Kosten aber scheitert dieses Bemühen in vielen Fällen an den unplanmäßigen Wartezeiten. Deren Auswirkungen lassen sich nur durch ausreichende *Zeitpuffer* oder *Warenpuffer* oder durch eine Verlagerung der Fertigungsendstufe der benötigten Teile nahe an den Bedarfsort ausgleichen.

## 20.5 Sendungskosten und Belieferungskosten

Die *Sendungskosten* $k_{S\,ij}$ für die Lieferung einer Sendung S von einer Lieferstelle $L_i$ an eine Empfangsstelle $L_j$ über eine bestimmte Lieferkette $LK_{ij}$, die insgesamt $N_{ij}$ Stationen $ST_n$, n = 1,2...$N_{ij}$ durchläuft, sind gleich der Summe der *anteiligen Kosten* $k_{ST\,n}$ für die in Anspruch genommenen Leistungen in den Stationen $ST_n$ und der *anteiligen Kosten* $k_{TR\,n}$ für die Transporte zwischen den Stationen der Lieferkette:

$$k_{S\,ij} = \sum_{n=1}^{N_{ij}} \left( k_{ST\,n} + k_{TR\,n} \right) \qquad [€ / Snd]. \qquad (20.32)$$

Wenn $\lambda_{S\,ij}$ [Snd/PE] das *gesamte Sendungsaufkommen* pro Periode durch die Lieferketten $LK_{ij}$ zwischen allen betrachteten Lieferstellen $L_j$, i = 1,2 ... $N_L$, und Empfangsstellen $E_j$, j = 1,2 ... $N_E$, ist, ergeben sich aus (20.32) durch Summation über alle Lieferketten die *Belieferungskosten* pro Periode, d.h. die *Gesamtlieferkosten*:

$$K_{ges} = \sum_{LK} \sum_{i,j} \lambda_{S\,ij} \cdot k_{S\,ij} \qquad [€ / PE]. \qquad (20.33)$$

Um die Belieferungskosten pro Periode kalkulieren zu können, muß das gesamte Sendungsaufkommen in den einzelnen Lieferketten bekannt sein, aus dem die Sendungsströme durch die verschiedenen Stationen und Transportverbindungen resultieren.

Aus den Sendungsströmen läßt sich mit Hilfe der zuvor angegebenen Beziehungen der *Durchsatz* an Aufträgen, Leistungen, Mengen, Ladeeinheiten und Transporteinheiten errechnen, der von den Sendungsströmen in den Stationen und Transportverbindungen ausgelöst wird. Zur Kalkulation der Belieferungskosten sind diese Durchsatzwerte mit den jeweiligen *Leistungskostensätzen* für die Logistikleistungen in den Stationen und mit den *Transport-* oder *Frachtkostensätzen* für die Beförderung zwischen den Stationen zu multiplizieren.

Zur Optimierung und Neukonzeption sowie für Vergleichsrechnungen genügt es, mit *Richtwerten* für die Leistungskosten und Leistungspreise zu kalkulieren, die auf Abschätzungen, Modellrechnungen und Erfahrungswerten beruhen. Für die Entscheidung zur Realisierung eines neuen Logistikkonzepts und zur Auswahl der optimalen Lieferketten im operativen Tagesgeschäft werden hingegen *aktuelle Kosten* und *echte Preise* benötigt, die das Ergebnis entsprechender Ausschreibungen, der Angaben von Logistikdienstleistern oder einer genaueren Eigenkalkulation sind.

Ein besonderes Problem für die Optimierung der Lieferketten resultiert daraus, daß die Leistungskosten und Leistungspreise wegen der *Mengendegression* von der Höhe des Leistungsdurchsatzes und wegen der *Fixkosten* von der Auslastung der Stationen abhängen (s. *Abschnitte 16.13* und *17.14*). Analog sind die Transportpreise und Frachttarife vom Ladungsaufkommen und von den Sendungsgrößen abhängig (s. *Abb. 20.27* und *20.28*). Hinzu kommt die prinzipiell nicht vorauskalkulierbare Abhängigkeit der Preise von *Angebot* und *Nachfrage* (s. *Abschnitt 7.7*).

Die Mengen- und Auslastungsabhängigkeit der Kosten und Preise läßt sich dadurch berücksichtigen, daß die Sendungs- und Belieferungskosten zunächst mit *vorläufigen Kosten* und *Preisen* kalkuliert werden, die für den Durchsatz, die Auslastung und die Transportmengen einer *Anfangslösung* gelten. Wenn aus einem Optimierungsschritt ein Durchsatz resultiert, der erheblich von dem zunächst angesetzten Durchsatz abweicht, müssen die Kostensätze und Preise vor Durchführung des nächsten Optimierungsschritts entsprechend korrigiert werden.

Dabei kann es vorkommen, daß der Durchsatz für einzelne Stationen oder Transportverbindungen unter einen Wert absinkt, für den der Betrieb einer Station oder die Durchführung regelmäßiger Transporte nicht mehr wirtschaftlich ist. Wenn diese *kritische Masse* für eine Station oder Verbindung nicht erreicht wird, muß der Durchsatz auf benachbarte Stationen und Verbindungen verlegt werden. Alternativ können auch mehrere benachbarte Stationen mit unzureichendem Durchsatz oder Regionen mit einem zu geringen Sendungsaufkommen zusammengelegt werden. Beide Maßnahmen verändern die Struktur des Logistiksystems.

Solange das eigene Ladungsaufkommen ausreicht, ist es in der Regel von Vorteil, die Transportmittel ausschließlich für den Eigenbedarf zu nutzen. Hierfür können entweder eigene Transportmittel eingesetzt oder fremde Transportmittel angemietet werden. Die Transportkostensätze für diese *Transportleistungen* sind gleich den Leistungskosten der eigenen Transportmittel bzw. gleich den Leistungspreisen für den fremden Laderaum (s. *Tabelle 18.2*).

Dabei ist zu berücksichtigen, daß die Leistungspreise davon abhängen, ob die Transporteinheiten auf der *Rückfahrtstrecke* vom Auftraggeber selbst oder vom Spediteur genutzt werden. Dementsprechend ist der Kilometersatz im Straßentransport für die selbst genutzte Rückfahrt geringer als für die Hinfahrt (s. *Abschnitt 18.12*). Hieraus folgt der *Grundsatz*:

▶ Durch *paarige Hin- und Rücktransporte*, die sich zum Beispiel durch die Kombination von Beschaffungs-, Distributions- und Entsorgungstransporten ergeben, lassen sich die Transportkosten deutlich reduzieren.

Wenn das eigene Ladungsaufkommen nicht ausreicht, um ein Transportmittel bei der benötigten Lieferfrequenz wirtschaftlich auszulasten, müssen die Sendungen zusammen mit dem Ladungsaufkommen anderer Versender befördert werden. Für diese *Frachtleistungen* gelten die *Frachttarife* für *Teilladungen*, *Stückgutsendungen* und *Paketsendungen* (s. *Tabellen 20.3*, *20.4* und *20.5*).

Für die Kalkulation und Optimierung der Belieferungskosten sind nur Leistungspreise, Transportpreise und Frachttarife geeignet, die eindeutig von den Leistungseinheiten und den relevanten Kostentreibern abhängen, wie den Mengeneinheiten, den Ladeeinheiten und den Sendungsgrößen. Da Spediteure nicht immer von sich aus transparente und nutzungsgemäße Preise anbieten, ist es erforderlich, die benötigte *Preisstruktur* in den Anfragen und Ausschreibungen für Logistik- und Transportleistungen entsprechend vorzugeben (s. *Kapitel 21*).

## 20.6 Auftragsprozesse und Informationsfluß

Die Bereitstellung der Ausliefermengen in den Lieferstellen wird durch *Liefer-* oder *Nachschubaufträge* ausgelöst. Die Liefer- und Nachschubaufträge laufen vor Beginn der Lieferung *entgegen dem Warenfluß* von den Empfangsstellen zu den Lieferstellen.

Die Beförderung der Sendungen durch die Lieferkette zu den Empfangsstellen wird durch *Versand-*, *Transport-* und *Beförderungsaufträge* veranlaßt, die in der Regel vom Versender erteilt werden und vor, parallel oder mit den Sendungen zu den Empfängern laufen.

Die mit dem Auftragsdurchlauf verbundenen *administrativen Auftragsprozesse*

Auftragserteilung
Auftragsannahme
Auftragsbearbeitung
Auftragsdisposition (20.34)
Sendungsankündigung
Empfangsbestätigung

bestimmen sehr wesentlich die Auftragsdurchlaufzeiten, die Belieferungsstrategien und damit auch die Belieferungskosten. Daher sind die Analyse und Gestaltung der Auftragsprozesse für die Optimierung der Lieferketten von besonderer Bedeutung [85; 223; 241].

Der Waren- und Sendungsstrom durch die Lieferketten wird von einem *Informations- und Datenfluß* begleitet. Die sendungsbegleitenden Daten und Informationen sind notwendig, um den Lauf der Sendungen zu steuern und zu verfolgen.

Das Kennzeichnen der Waren und Sendungen durch Etiketten oder Beschriftung, das Erstellen der Begleitdokumente, wie der *Frachtbriefe*, sowie das Lesen, Prüfen und Verarbeiten der Informationen in den Stationen der Lieferkette sind mit einem nicht zu unterschätzenden Zeit- und Kostenaufwand verbunden, der bei den Durchlaufzeiten und Leistungspreisen zu berücksichtigen ist.

Die Lieferung einer Sendung wird mit dem *Quittieren* der Vollständigkeit und Richtigkeit der zugestellten Warenmenge durch den Empfänger abgeschlossen. Die *Empfangsbestätigung* muß möglichst schnell dem Lieferanten oder Versender zugeleitet werden, damit dieser den Auftrag abschließen und gegebenenfalls die Rechnung fakturieren kann.

Die Informations- und Kommunikationsprozesse im Zusammenhang mit der Belieferung sind kein Selbstzweck sondern notwendige Voraussetzung zur Realisierung optimaler *Belieferungsstrategien* und zur Sicherung einer hohen *Sendungsqualität*. Viele Belieferungsstrategien und Optimierungsmöglichkeiten der Lieferketten scheitern immer noch an den unzureichenden *Informations- und Kommunikationssystemen* oder an der Nichtverfügbarkeit, Fehlerhaftigkeit und Unvollständigkeit der benötigten *Logistikdaten* von Artikeln und Sendungen [47; 85; 223]. Hier eröffnen sich mit *Transpondern* und *RFID* neue Möglichkeiten [333; 334].

## 20.7 Belieferungsstrategien

Alle wesentlichen Belieferungsstrategien lassen sich herleiten aus den drei Grundstrategien *Bündeln*, *Ordnen* und *Sichern* und den Gegenstrategien *Trennen*, *Umordnen* und *Entsichern* (s. *Abschnitt* 5.2).

### 1. Bündelungsstrategien der Belieferung

Die Bündelungsstrategien zur Optimierung der Belieferung sind in der Regel auf eine *Kostensenkung* ausgerichtet. Hierzu gehören:

- *Auftragsbündelung*: Die Lieferaufträge für mehrere Besteller werden von einer *produzierenden Lieferstelle* zusammen ausgeführt oder in einer *bestandsführenden Lieferstelle* oder *Zwischenstation* als Serienauftrag kommissioniert. Strategieparameter ist die *Fertigungslosgröße*, *Seriengröße* oder *Batchgröße*.
- *Ladungsbündelung*: Der Inhalt eines oder mehrerer Aufträge, die für einen Empfänger bestimmt sind, wird auf Ladeeinheiten zusammengefaßt, um das Be-, Ent- und Umladen zu erleichtern. *Strategieparameter* ist die Kapazität der Ladeeinheiten.
- *Zeitliche Sendungsbündelung*: Das Sendungsaufkommen wird in einer Versandstation oder in einer Zwischenstation für eine bestimmte Zeit angesammelt, damit eine größere Ladung erreicht wird. In der *Bündelungszeit* $T_{BZ}$ [PE], die der Strategieparameter ist, läuft im Mittel eine *Bündelungsmenge*

  $$M_B = \lambda_S \cdot M_S \cdot T_{BZ} \qquad [LE] \qquad (20.35)$$

  auf, wenn $\lambda_S$ [Snd/PE] das Sendungsaufkommen und $M_S$ [LE/Snd] die mittlere Sendungsgröße sind. Mit ansteigender Bündelungszeit wächst die Bündelungsmenge. Zugleich aber nehmen die Lieferfrequenz, für die $f_L \leq 1/T_{BZ}$ gilt, ab und damit die Lieferzeiten zu.
- *Quellenbündelung*: Die für *eine* Empfangsstelle bestimmten Sendungen von mehreren Versendern, von benachbarten Lieferstellen oder aus einem Sammelgebiet werden zusammen abgeholt und gemeinsam bearbeitet (*milk run*).
- *Senkenbündelung*: Sendungen einer Versandstelle, die für mehrere Empfangsstellen oder für ein Zustellgebiet bestimmt sind, werden gemeinsam bearbeitet und zusammen befördert.
- *Transportbündelung*: Mehrere Ladungen, die auf einer Tour abgeholt oder zugestellt werden können, werden in einer Transporteinheit befördert. Für den Ferntransport werden kleinere Transporteinheiten zu einer größeren Transporteinheit gebündelt. *Strategieparameter* sind die Kapazitäten der eingesetzten Transporteinheiten.

Eine Gegenstrategie zur Transportbündelung ist die *Aufteilung von größeren Sendungen* auf mehrere Transportmittel zur besseren Laderaumnutzung. Eine Gegenstrategie zur Sendungsbündelung ist die

- *Sendungstrennung*: Die Sendungen werden nach Sendungsgröße in Klassen mit kleinen, mittleren und großen Sendungen eingeteilt und auf den jeweils optimalen Frachtketten ausgeliefert.

Weitere Gegenstrategien zur Sendungsbündelung sind die *Just-In-Time-Strategie* und das *One-Piece-Flow-Prinzip*, die auf eine Minimierung der Liefer- und Wartezeiten ausgerichtet sind [72]. Für diese Strategien sind im Extremfall die Bündelungszeit gleich 0 und die Batchgröße gleich 1. Der Preis hierfür sind in der Regel erhöhte Belieferungskosten.

Eine Bündelungsstrategie zur Senkung der Bestands- und Lagerkosten im gesamten Belieferungssystem ist die

- *Zentralisierung der Bestände*: Die Warenbestände von Artikeln, die für mehrere Bedarfsstellen bestimmt sind, werden an einem oder wenigen Standorten soweit zentralisiert, wie dadurch nicht die Lieferzeiten und die Lieferfähigkeit beeinträchtigt werden.

Wenn infolge einer zu starken Zentralisierung der Bestände die Serviceanforderungen nicht mehr eingehalten werden können, ist als Gegenstrategie eine teilweise *Dezentralisierung der Bestände* mit einer Bevorratung kostenminimaler Puffermengen in der Nähe der Bedarfsstellen erforderlich (s. *Abschnitt 11.10*).

**2. Ordnungsstrategien der Belieferung**

Durch folgende Ordnungsstrategien lassen sich Zeiten und Kosten innerhalb einer Lieferkette optimieren:

- *Priorisierung*: Eilaufträge, Expreßsendungen und andere vorrangige Aufträge werden sofort ausgeführt, nachrangige Aufträge und Sendungen nur soweit es die verfügbaren Kapazitäten zulassen.
- *Optimale Bearbeitungsfolgen*: In den Stationen werden Aufträge und Sendungen in der Reihenfolge bearbeitet, die mit den geringsten Rüstkosten und Wechselzeiten verbunden ist.
- *Packstrategien*: Versandeinheiten oder Packstücke werden in einer solchen Reihenfolge und Orientierung in die *Ladeeinheiten* gepackt, daß Volumen und Nutzlast der Ladeeinheit optimal genutzt werden (s. *Abschnitt 12.4*).
- *Staustrategien*: Die Ladeeinheiten und Frachtstücke der Sendungen einer ausgehenden Gesamtladung werden in einer solchen Reihenfolge und Orientierung in den *Transporteinheiten* verstaut, daß Frachtraum und Nutzlast optimal genutzt werden und eine vorgegebene *Beladefolge* der Sendungen eingehalten wird (s. *Abschnitt 12.5*).
- *Füllstrategien*: Durch Auf- oder Abrunden der Liefermengen, durch Vorziehen oder Zurücklassen zeitunkritischer Sendungen oder durch Sendungsteilung werden die Anbruchverluste in den Lade- und Transporteinheiten minimiert (s. *Abschnitt 12.5*).
- *Optimale Transportfolgen*: Transportaufträge und Transportfahrten werden in *der* Reihenfolge und auf *den* Fahrwegen ausgeführt, die mit dem geringsten Aufwand und Zeitbedarf verbunden sind [11; 13; 24; 196].

Wenn für eine Relation mehrere Liefer- oder Transportketten zur Auswahl stehen, kann grundsätzlich für jede anstehende Sendung gesondert errechnet werden, welche der bestehenden Möglichkeiten die kostengünstigste ist. Wenn das zu aufwendig oder wegen Unkenntnis der Logistikdaten und Kosten nicht möglich ist, werden *Zuweisungsstrategien* benötigt, die festlegen, für welche Sendungsart welche Lieferkette zu wählen ist.

**3. Sicherheitsstrategien der Belieferung**

Zur Absicherung der Belieferung bei Ausfällen und Verzögerungen sind folgende *Sicherheitsstrategien* geeignet:

- *Sicherheitsbestände*: Zur Sicherung der *Lieferfähigkeit* bei Schwankungen der Wiederbeschaffungszeit und des Bedarfs werden in den bestandsführenden Stationen der Lieferkette *Sicherheitsbestände* vorgehalten (s. *Abschnitt 11.8*).
- *Mengenpuffer*: Stochastisch schwankende Ankunftsraten und Abfertigungszeiten führen zu Staus und Warteschlangen, zu deren Aufnahme ausreichend bemessene Stauräume und Pufferstrecken vorgehalten werden müssen (s. *Abschnitt 13.5*).
- *Zeitpuffer*: Zur Sicherung des unterbrechungsfreien Betriebsablaufs in den Stationen und der pünktlichen Einhaltung der Fahrpläne gegen unplanmäßige Wartezeiten und Schwankungen der Durchlaufzeiten sind angemessene *Zeitpuffer* einzuplanen (s. *Abschnitt 8.6*).
- *Redundanzen*: Ausfälle, Störungen und Betriebsunterbrechungen einzelner Stationen oder Verbindungen einer Lieferkette können durch Ersatzstationen und Ausweichverbindungen überbrückt werden (s. *Abschnitt 13.6*).

## 20.8 Spezifikation der Lieferketten

Ein gut geführtes Logistikprojekt beginnt mit der Aufnahme und Analyse der Auftragsprozesse, Logistikstrukturen und Lieferketten einschließlich der damit verbundenen Informations- und Datenflüsse. Das Ergebnis einer Optimierung oder Neukonzeption der Unternehmenslogistik wird in Form von Strukur-, Ablauf- und Flußdiagrammen dargestellt und durch Spezifikation der angestrebten Systeme, Prozesse und Lieferketten beschrieben.

Zur *Übersichtsdarstellung* genügen die in *Abb. 20.8* und *20.9* dargestellten *Lieferkettendiagramme*, in denen die Stationen als *Kästen* und die Transportverbindungen als gerichtete *Pfeile* symbolisiert sind. Durch Bezeichnung der Stationen werden die Strukturen und durch Beschriftung der Verbindungen die Warenströme und Transportmittel angegeben. Die *Abb. 20.14*, *20.21*, *20.23* und *20.25* geben auf diese Weise einen Überblick über die Lieferketten einiger Industrie- und Handelsunternehmen. *Abbildung 20.17* zeigt die wichtigsten *Frachtketten* von Speditionsunternehmen und *Beförderungsketten* von Transportdienstleistern.

Zur genaueren *Spezifikation* ist eine *Belieferungstabelle* mit den *qualitativen Merkmalen* der Lieferketten erforderlich, wie sie *Tabelle 20.1* für ein Beispiel aus der Konsumgüterindustrie zeigt, dessen Distributionsstruktur in *Abb. 20.13* und

| | LK 1 | LK 2 | LK 3 | LK 4 | LK 5 |
|---|---|---|---|---|---|
| **Lieferstelle** | **Werk** | **Werk** | **Werk** | **Werk** | **Werk** |
| Funktionen | Produktion<br>Verladen | Produktion<br>Verladen | Produktion<br>Verladen | Produktion<br>Verladen | Produktion<br>Verladen |
| Ladeeinheiten | artikelr. Ganzpal. | artikelr. Ganzpal. | artikelr. Ganzpal. | artikelr. Ganzpal. | artikelr. Ganzpal. |
| **Transport 1** | | **W bis VL** | **W bis FL** | **W bis FL** | **W bis FL** |
| Verkehrsträger | | Straße | Straße | Straße | Straße |
| Transportmittel | | Shuttle-Fahrzeug | Shuttle-Fahrzeug | Shuttle-Fahrzeug | Shuttle-Fahrzeug |
| TE-Kapazität [LE] | | 34 | 34 | 34 | 34 |
| Tour | | Direkt | Direkt | Direkt | Direkt |
| Rückfrachtauslastung | | 0% | 0% | 0% | 0% |
| **Zwischenstation 1** | | **Versandlager** | **Versandlager** | **Versandlager** | **Versandlager** |
| Funktionen | | Einlagern<br>Lagern<br>Kommissionieren<br>Verladen | Einlagern<br>Lagern<br>Kommissionieren<br>Verladen | Einlagern<br>Lagern<br>Auslagern<br>Verladen | Einlagern<br>Lagern<br>Auslagern<br>Verladen |
| Ladeeinheiten | | filalr. Mischpal. | filalr. Mischpal. | artikelr. Ganzpal. | artikelr. Ganzpal. |
| **Transport 2** | **W bis HL** | **VL bis F** | **VL bis CD** | **VL bis TS** | **VL bis HL** |
| Verkehrsträger | Straße | Straße | Straße | Straße | Straße |
| Transportmittel | Sattelfaufl./WAB | Sattelfaufl./WAB | Sattelfaufl./WAB | Sattelfaufl./WAB | Sattelfaufl./WAB |
| TE-Kapazität [LE] | 34 | 34 | 34 | 34 | 34 |
| Fahrt | Ladungstransport | Ladungstransport | Ladungstransport | Ladungstransport | Ladungstransport |
| Rückfrachtauslastung | 0% | 0% | 0% | 0% | 0% |
| **Zwischenstation 2** | **Handelslager** | | **Cross-Docking** | **Transshipment** | **Handelslager** |
| Funktionen | Einlagern<br>Lagern<br>Kommissionieren<br>Verladen | | Entladen<br><br><br>Verladen | Entladen<br><br>Sortieren<br>Verladen | Einlagern<br>Lagern<br>Kommissionieren<br>Verladen |
| Ladeeinheiten | filalr. Mischpal. | | filalr. Mischpal. | filalr. Mischpal. | filalr. Mischpal. |
| **Transport 3** | **HL bis F** | | **CD bis F** | **TS bis F** | **HL bis F** |
| Verkehrsträger | Straße | | Straße | Straße | Straße |
| Transportmittel | Transporter | | Transporter | Transporter | Transporter |
| TE-Kapazität [LE] | 12 | | 12 | 12 | 12 |
| Fahrt | Verteiltour | | Verteiltour | Verteiltour | Verteiltour |
| Rückfrachtauslastung | 0% | | 0% | 0% | 0% |
| **Empfangsstellen** | **Handelsfilale** | **Handelsfilale** | **Handelsfilale** | **Handelsfilale** | **Handelsfilale** |
| Funkionen | Entladen<br>Kontrolle | Entladen<br>Kontrolle | Entladen<br>Kontrolle | Entladen<br>Kontrolle | Entladen<br>Kontrolle |

**Tab. 20.1** Belieferungstabelle eines Konsumgüterherstellers

............. Stationsgrenzen ________ Verantwortungsgrenzen
$LK_i$: Lieferkette $i = 1,2,3,4,5$
übrige Abkürzungen: s. Legende *Abb. 20.13* u. *20.14*

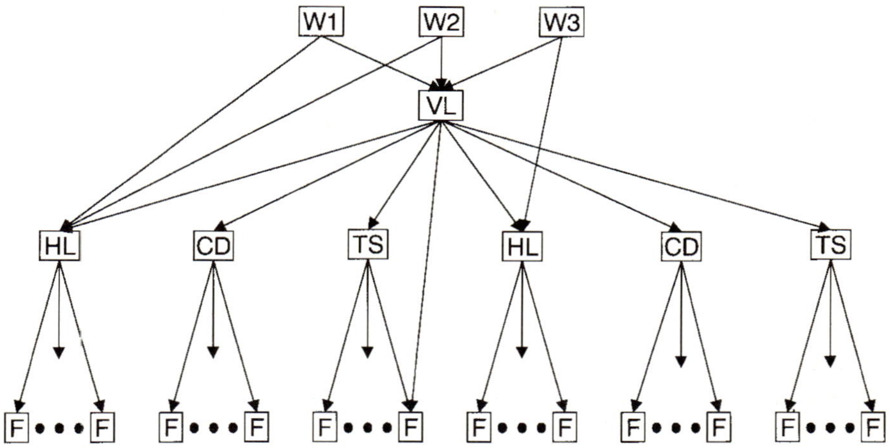


**Abb. 20.13** Distributionsstruktur eines Konsumgüterherstellers

| | | | |
|---|---|---|---|
| Wi: | Produktionswerke | VL: | Versandlager |
| CD: | Crossdocking-Stationen | TS: | Transshipment-Stationen |
| HL: | Handelslager | F: | Filialen des Einzelhandels |

dessen Auslieferungsketten in *Abb. 20.14* dargestellt sind. Beginnend mit den Lieferstellen werden über die Stufen der Lieferketten, die in den Spalten der Tabelle aufgeführt sind, für alle Stationen bis hin zu den Empfangsstellen die *operativen Logistikleistungen* (20.2), (20.4) und (20.5) aufgelistet, die in den Stationen erbracht werden. Außerdem werden die *Versand- und Ladeeinheiten* spezifiziert, die die einzelnen Stationen verlassen. Die Transportverbindungen zwischen den Stationen der Lieferketten werden durch Angabe des *Verkehrsträgers*, des *Transportmittels* und der gewählten *Transportart* spezifiziert.

Durch Grenzlinien können in den Diagrammen und in der Matrixtabelle die *Gefahrenübergänge* zwischen den Beteiligten der Lieferkette markiert und die *Verantwortung* für die Abschnitte der Lieferketten abgegrenzt werden. So liegt der Gefahrenübergang für Lieferungen *ab Werk* für das in *Tabelle 20.1* angegebene Beispiel an der Versandrampe der Produktion oder des Fertigwarenlagers und für Lieferungen *frei Haus* an der Eingangsrampe der Handelslager, der Crossdocking-Stationen oder der Handelsfilialen.

Zur Berechnung der Lieferzeiten und Kosten sowie zur Dimensionierung eines neuen Logistikkonzepts wird eine weitergehende *Detailspezifikation* der Lieferketten benötigt. Die Detailspezifikation umfaßt die Aufträge, die Durchsatzwerte und die Bestände der einzelnen Stationen sowie das Sendungsaufkommen und die Ladungsströme zwischen den Stationen der Lieferketten. Außerdem sind die Belieferungsform, die Strukturparameter und die Transportparameter des gesamten Logistiksystems und der einzelnen Lieferketten zu quantifizieren. Damit ist festgelegt, welche Empfangsstellen von welchen Lieferstellen heute oder in Zukunft mit welchem Anteil ihres Sendungsaufkommens über welche der zur Auswahl stehenden Lieferketten versorgt werden.

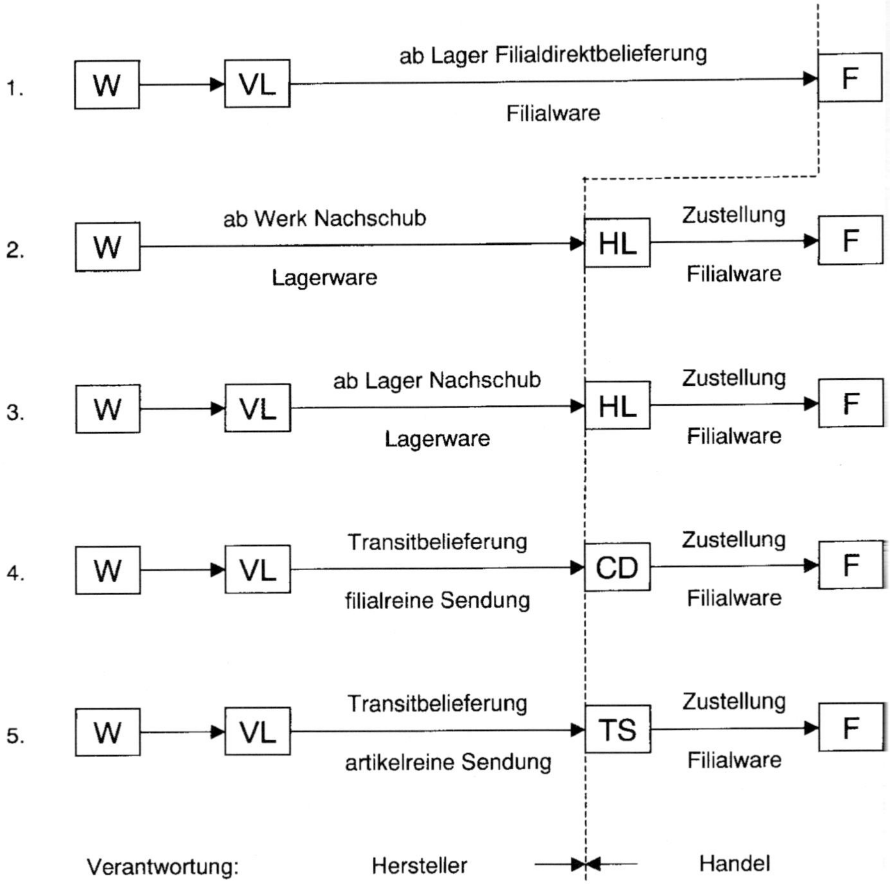


**Abb. 20.14** Distributionsketten eines Konsumgüterherstellers

| | | | |
|---|---|---|---|
| W: | Produktionswerk | F: | Filiale des Einzelhandels |
| VL: | Versandlager | HL: | Handelslager |
| CD: | Crossdocking-Station | TS: | Transshipment-Station |

Mit diesen Angaben läßt sich die Spezifikationstabelle der Lieferketten ausbauen zu einem *Tabellenkalkulationsprogramm zur Berechnung der Belieferungskosten* und zur *Bestimmung optimaler Lieferketten* (BOL). Das BOL-*Programm* errechnet für jede Station und jede Transportverbindung der Lieferketten aus den Durchsatzwerten und den eingegebenen Kostensätzen und Leistungspreisen die enstehenden Kosten und summiert die Kosten für die Abschnitte der Lieferkette zu den Kosten der gesamten Lieferkette. Die Summe (20.33) der Belieferungskosten (20.32) über alle Lieferketten ergibt dann die Gesamtbelieferungskosten für die betrachtete Periode.

In einer weiteren Stufe errechnet das BOL-Programm aus den Lieferfrequenzen, aus den Bearbeitungs- und Betriebszeiten der Stationen und aus den Abfahrt- und Beförderungszeiten der Transportmittel die *Lieferzeiten* für die verschiedenen Lieferketten und die *Sendungslaufzeiten* für die unterschiedlichen Transport- und Frachtketten.

Das BOL-Programm ist *modular* aus den miteinander verknüpften Blättern eines Tabellenkalkulationsprogramms aufgebaut. In den Blättern des BOL-Programms können *Unterprogramme* zur Berechnung der Leistungskosten in den Stationen und zur Kalkulation der Transport- oder Frachtkosten für die Transportverbindungen hinterlegt sein oder *Tabellen* mit Leistungspreisen und Frachttarifen.

## 20.9 Optimierung von Lieferketten und Logistikstrukturen

Theoretisch liegt es nahe, zur Optimierung der Lieferketten und der Logistikstruktur eines Unternehmens die *Zielfunktion der Gesamtlieferkosten* (20.33) durch systematische Variation aller freien *Gestaltungsparameter* der Lieferketten unter Beachtung der vorgegebenen *Lieferanforderungen* und *Restriktionen* zu minimieren. Für ein solches Vorgehen bieten sich die Verfahren des *Operations Research* an. Die Anzahl und die Variationsbreite der Gestaltungsparameter sowie die Anzahl der Kombinationsmöglichkeiten der Parameter nehmen jedoch mit dem Produkt $N_L \cdot N_E$ der Anzahl der Liefer- und Empfangsstellen rascher als exponentiell zu. Daher ist eine Lösung der zu Anfang dieses Kapitels formulierten *allgemeinen Belieferungsaufgabe* mit der Zielfunktion (20.33) durch eine *Vollenumeration* auch in relativ einfachen Fällen selbst auf einem leistungsfähigen Rechner innerhalb begrenzter Zeit nicht möglich.

Die allgemeine Belieferungsaufgabe enthält als Unterprobleme die bekannten Standardprobleme des OR, wie die einstufige *Standortoptimierung*, die mehrstufigen *Warehouse-Location-Probleme*, die *Tourenplanung*, die *Fahrwegoptimierung* und die *Netzwerkgestaltung*. Bereits für diese Teil- und Unterprobleme der allgemeinen Belieferungsaufgabe führen die mathematischen Lösungsverfahren des OR nur zu einem brauchbaren Ergebnis, wenn das Problem stark vereinfacht wird und die Rechnungen mit geeignet konstruierten *Anfangslösungen* beginnen [12; 86; 94; 96; 97; 98; 181]. Zusätzliche Handlungsparameter, die bei den OR-Standardproblemen meist nicht berücksichtigt werden, sind die Nutzung unterschiedlicher Lieferketten zwischen den einzelnen Liefer- und Empfangsstellen und die Disposition der Bestände in den Stationen der Lieferketten.

Der Ansatz, eine derart komplexe Aufgabe nur durch mathematische Verfahren zu lösen, ist vergleichbar mit dem Versuch, Brücken und Bauwerke allein mit dem *Verfahren der finiten Elemente* durch Simulation vom Computer errechnen zu lassen. Logistiksysteme müssen ebenso wie große Bauwerke und Gesamtanlagen von erfahrenen Fachleuten unter Nutzung bewährter Regeln und Näherungsverfahren konstruiert und dimensioniert werden.

Die Aufgabe einer Optimierung der Unternehmenslogistik besteht in der Praxis darin, mit vertretbarem Aufwand möglichst rasch eine Lösung zu finden, deren Gesamtkosten deutlich geringer sind als die IST-Kosten. Wichtiger als das Erreichen eines theoretisch denkbaren Optimums ist es zu verstehen, aus welchen Einzelmaßnahmen und Teilschritten die günstigeren Kosten der optimierten Lösung im Vergleich zur IST-Situation resultieren. Für die Optimierung der Unternehmenslogistik haben sich in der Beratungspraxis iterative Verfahren zur Bestimmung optimaler Lieferketten bewährt, die von dem vorangehend beschriebenen *BOL-Tool* sowie von den zuvor und nachfolgend dargestellten *Gestaltungsgrundsätzen*, *Konstruktionsmethoden* und *Näherungsverfahren* Gebrauch machen.

Das iterative Verfahren der analytischen Lösungskonstruktion ist auch geeignet für die Entwicklung von Anfangslösungen, die sich mit Hilfe von OR-Verfahren weiter optimieren lassen. Außerdem ist es möglich, eine analytisch konstruierte und dimensionierte Lösung durch eine *digitale Simulation* zu überprüfen und im Detail zu verbessern.

Die Verfahren der analytischen Lösungskonstruktion, die heuristischen Optimierungsverfahren des OR und das Verfahren der digitalen Simulation schließen sich also nicht aus, sondern ergänzen sich gegenseitig [264]. Das gilt nicht nur in der Praxis der Unternehmensberatung sondern auch für die Entwicklung und Überprüfung weiterer Gestaltungsgrundsätze, Konstruktionsmethoden und Näherungsverfahren (s. *Abschnitt 5.3*).

### 1. Iterative Optimierung der Lieferketten und Netzstrukturen

Die Bestimmung der *optimalen Lieferketten* zwischen einem vorgegebenen Lieferanten- und Abnehmerkreis ebenso wie der *optimalen Transportketten* zwischen vorgegebenen Versand- und Empfangsstellen erfordert einen *iterativen Optimierungsprozeß*. Die *Arbeitsschritte* der Optimierung sind:

1. *Erfassung* und *Analyse* der bestehenden *Logistikstrukturen*, *Auftragsprozesse* und *Lieferketten* einschließlich der damit verbundenen *Informations- und Datenflüsse*.
2. *Spezifikation der Strukturbedingungen*, also der Kunden- oder Empfängerstruktur, der Lieferanten- oder Versenderstruktur, der vorgegebenen Zwischenstationen und der verfügbaren Transportverbindungen.
3. *Ermittlung der Lieferanforderungen*, das heißt, der Sortiments-, Service- und Sendungsanforderungen, Bestimmung der Hochrechnungs- und Änderungsfaktoren zur Berechnung der *Lieferanforderungen für den Planungshorizont* und Erfassung der *Restriktionen*.
4. *Segmentierung der Sortimente*, *Aufträge* und *Sendungen* in hinreichend homogene Gruppen mit in sich ähnlichen Eigenschaften.
5. *Festlegung der benötigten Lieferketten* mit *Spezifikation der Belieferungsformen*, *Strukturparameter* und *Transportparameter*. Dafür werden zuerst die einstufigen Lieferketten festgelegt, danach die zweistufigen und dann die drei- und mehrstufigen Ketten. Höherstufige Lieferketten werden nur berücksichtigt, wenn sie zur Erfüllung der Anforderungen erforderlich sind oder geringere Kosten erwarten lassen.
6. *Analyse der regionalen Verteilung* der Standorte der Liefer- und Empfangsstellen, des Sendungsaufkommens und der Ladungsströme.
7. Vorläufige *Einteilung des Servicegebiets* in *Sammel- und/oder Verteilregionen*.

8. *Entwicklung einer Ausgangslösung für die Netzwerkstruktur*, entweder ausgehend von den bestehenden Strukturen durch Streichung vorhandener und Hinzufügen anderer Zwischenstationen oder durch grundlegende Neukonzeption mit einer Minimalzahl von Zwischenstationen in den *Transportschwerpunkten* der zuvor gebildeten Regionen (s. *Abschnitte 18.10 und 20.10*).
9. *Umlegung des Sendungsaufkommens* auf die kostenoptimalen Lieferketten der Ausgangslösung. Dabei werden die größeren und eiligen Sendungen den Lieferketten mit geringer Stufigkeit zugeordnet und die kleineren und weniger dringlichen Sendungen höherstufigen Ketten.
10. *Ableitung der Durchsatzanforderungen* und der *Bestandsanforderungen* aus dem Sendungsaufkommen, das in den Stationen der Lieferkette zu bearbeiten und zwischen den Stationen zu befördern ist. Hierzu werden die zuvor angegebenen Zusammenhänge und Berechnungsformeln benötigt.
11. Erstellen eines projektspezifischen *BOL-Programms* aus Programm-Modulen für die Lieferstellen, Logistikstationen und Empfangsstellen sowie für die Transportverbindungen zwischen diesen Stationen.
12. *Berechnung der Lieferzeiten* und Überprüfung der Einhaltung der Lieferanforderungen für die *Ausgangslösung.*
13. *Berechnung der Belieferungskosten* und *Überprüfung der kritischen Durchsatzmengen* auf der Basis *vorläufiger Prozeßkostensätze*, die für die abgeleiteten Durchsatz- und Bestandsanforderungen der Ausgangslösung gelten.
14. Iterative *Optimierung* der *Lieferketten* und der *Netzwerkstruktur* durch schrittweise *Variation der freien Gestaltungsparameter*, wie der Liefer- und Nachschubfrequenzen, der Belieferungsformen, der Strukturparameter und der Transportparameter.
15. *Gestaltung* der *Auftragsprozesse* zur Auslösung und der *Informations- und Datenflüsse* zur Steuerung und Kontrolle der Belieferungsprozesse.

Zur Optimierung der Lieferketten werden nacheinander die zur Auswahl stehenden Lieferketten mit den zu bearbeitenden Einzelsendungen oder Sendungsströmen belegt. Dabei wird stets die *optimale Lieferkette* gewählt, die bei Einhaltung der Lieferzeitanforderungen und übrigen Restriktionen für eine betrachtete Lieferbeziehung die geringsten Sendungskosten (20.32) hat.

Für die Strukturentwicklung und Grobdimensionierung der Lieferketten ist es ausreichend, den Optimierungsprozeß mit dem *durchschnittlichen Sendungsaufkommen* für Sendungsklassen mit in sich ähnlicher Struktur durchzuführen. Für genauere Rechnungen wird das *echte Sendungsaufkommen* für ein Geschäftsjahr Sendung für Sendung nach *Zuteilungsregeln* kostenoptimal auf die Lieferketten umgelegt.

### 2. Berücksichtigung durchsatzabhängiger Kosten

Durch Summation der Ströme in den optimalen Lieferketten für die verschiedenen Lieferbeziehungen ergeben sich die *Leistungsanforderungen* an das Logistiksystem, das heißt, die benötigten *Logistikleistungen* in den Stationen und das *Ladungsaufkommen* zwischen den Stationen des Systems. Wenn im Zuge der Optimierung die Durchsatz- und Bestandsanforderungen gegenüber der Ausgangslösung erheblich verändert werden, müssen die Leistungskostensätze überprüft und gegebenenfalls korrigiert werden.

Die Durchsatzanforderungen für einzelne Stationen oder Transportverbindungen können so gering werden, daß die Leistungskosten infolge der Fixkosten überproportional ansteigen und der Betrieb unwirtschaftlich ist (s. *Abschnitt 19.11*). Wenn es nicht möglich ist, die betreffenden Stationen und Verbindungen zusätzlich mit *fremden Sendungsaufkommen* auszulasten und damit das Fixkostendilemma zu umgehen, muß der Optimierungsprozeß bei der Strukturkonzeption ab *Schritt 7* erneut begonnen werden.

**3. Prozeßoptimierung und Strukturoptimierung**

Die Optimierung der Lieferketten wird abwechselnd unter dem *Strukturaspekt* und unter dem *Prozeßaspekt* durchgeführt, bis sich eine stabile und konsistente Gesamtlösung ergibt, die alle Anforderungen erfüllt. Eine reine *Strukturoptimierung*, die für eine Lieferbeziehung jeweils nur eine Lieferkette berücksichtigt, führt ebensowenig zum Ziel wie eine reine *Prozeßoptimierung* ohne Beachtung der resultierenden Auslastung der Stationen und Transportverbindungen.

Wegen der Vielzahl der Gestaltungsparameter hat die iterative Optimierung in der Regel einen recht *großen Lösungsraum*. Dieser wird jedoch durch eine Reihe von projektabhängigen *Restriktionen* erheblich eingeschränkt. Dabei ist nicht auszuschließen, daß die aus einer *Anfangslösung* durch iterative Optimierung resultierende *optimierte Lösung* ein Nebenoptimum ist und das theoretische Optimum minimaler Gesamtbelieferungskosten verfehlt wird. Maßstab für den Erfolg der Optimierung aber sind weniger die theoretisch minimalen Gesamtbelieferungskosten sondern die IST-Belieferungskosten (s. *Abschnitt 15.5*).

**4. Einsparpotential und Sensitivitätsrechnungen**

Durch einen Vergleich der Gesamtkosten für die *resultierende Lösung* mit den Gesamtkosten für die IST-Lieferketten ergibt sich das *Einsparungspotential*, das durch *Optimierungsmaßnahmen* oder eine optimale Gesamtlösung erreichbar ist. Diesem Einsparungspotential müssen die eventuell erforderlichen *Investitionen* für den Aus- und Aufbau der benötigten Strukturen gegenübergestellt werden. Zusätzlich ist die *Kapitalrückflußdauer* (ROI) zu errechnen und mit dem von der Unternehmensleitung vorgegebenen maximalen ROI-Wert zu vergleichen (s. *Abschnitt 5.1*).

Das BOL-Programm kann auch dazu genutzt werden, *Sensitivitätsrechnungen* für absehbare Veränderungen der Lieferanforderungen oder der Randbedingungen durchzuführen. Auf diese Weise läßt sich beispielsweise quantifizieren, wie sich der Fortfall oder das Hinzukommen eines bestimmten Sendungsaufkommens auf die übrigen Belieferungskosten auswirken würde.

Wenn ein Liefer- oder Beförderungssystem erst einmal in einem Belieferungsprogramm analytisch abgebildet ist, können mit dem Programm auch die Kostenersparnisse und Kostenverschiebungen der *Umstellung eines Lieferanten* auf einen anderen Belieferungsweg oder von einer *Frei-Haus-* auf eine *Ab-Werk-*Belieferung kalkuliert werden. Ebenso lassen sich auf diese Weise die *Auftragslogistikkosten*, die *Beförderungskosten* oder die Kostenersparnisse und damit die zulässigen *Logistikrabatte* für eine veränderte Belieferungsform berechnen.

Für das operative Tagesgeschäft wird ein BOL-Programm benötigt, um die täglich anstehenden Sendungen den jeweils optimalen Lieferketten zuzuweisen. Solange ein BOL-Programm nicht zur Verfügung steht, müssen die Sendungen nach allgemeinen *Zuweisungsstrategien* auf die Lieferketten verteilt werden. Die Zuweisungsstrategien lassen sich mit Hilfe von *Modellrechnungen* für das betreffende Logistiksystem entwickeln. Beispiele für solche Zuweisungsstrategien sind die *Grenzkriterien* (20.16) bis (20.19) zwischen Ganzladungs-, Teilladungs-, Stückgut- und Paketsendungen.

Das hier dargestellte allgemeine Vorgehen zur Optimierung von Lieferketten und Logistiknetzen wird nachfolgend anhand mehrerer Beispiele aus der Beratungspraxis näher erläutert. Dabei ergeben sich weitere Aspekte und projektspezifische Besonderheiten.

Außer geeigneten Verfahren und brauchbaren Rechnertools erfordert die Gestaltung der Logistikstrukturen und die Optimierung der Lieferketten *Kreativität* und *Erfahrung* sowie die Kenntnis der *Handlungsmöglichkeiten* und ihrer Auswirkungen. Modellrechnungen zeigen, daß die verschiedenen Handlungs- und Strategieparameter sehr unterschiedliche Auswirkungen auf die Belieferungskosten haben, aber nur wenige Parameter für die Praxis interessante Kostensenkungen bewirken. Diese gilt es herauszufinden.

## 20.10 Transportnetze und Transportketten

Die *Transportdienstleister* – Frachtführer, Speditionen, Paketdienstleister, Luftfahrtunternehmen, Verkehrsgesellschaften, Reedereien, Post und Bahn – führen laufend die *Transport-* und *Beförderungsaufträge* einer Vielzahl unterschiedlicher *Versender* oder *Verlader* aus. Daneben vermieten oder verchartern sie *Laderaum* und *Transportmittel*. Für dieses Dienstleistungsgeschäft halten die Transportdienstleister *Transportkapazitäten* sowie ein *Transport-* oder *Frachtnetz* vor, das ein bestimmtes *Servicegebiet* abdeckt. Damit können sie unterschiedliche *Transportketten* – auch *Frachtketten*, *Beförderungsketten* oder *Speditionsketten* genannt – anbieten (s. *Abb. 20.4*).

### 1. Aufbau von Transport- und Frachtnetzen

Ein *Transport-* oder *Frachtnetz* besteht aus einer Anzahl *regionaler Umschlagpunkte* (RU). Von jedem Umschlagpunkt aus wird ein zugehöriges *Einzugsgebiet* oder *Nahgebiet* bedient.

Zwischen den regionalen Umschlagpunkten finden mit bestimmten *Beförderungs- oder Transportfrequenzen* sogenannte *Hauptlauftransporte* statt:

- In einem *dezentralen Netz*, wie es in *Abb. 20.15* dargestellt ist, sind N regionale Umschlagpunkte durch maximal N(N-1)/2 Transportverbindungen *direkt* miteinander verbunden, auf denen regelmäßig Hin- und Rücklauftransporte stattfinden.

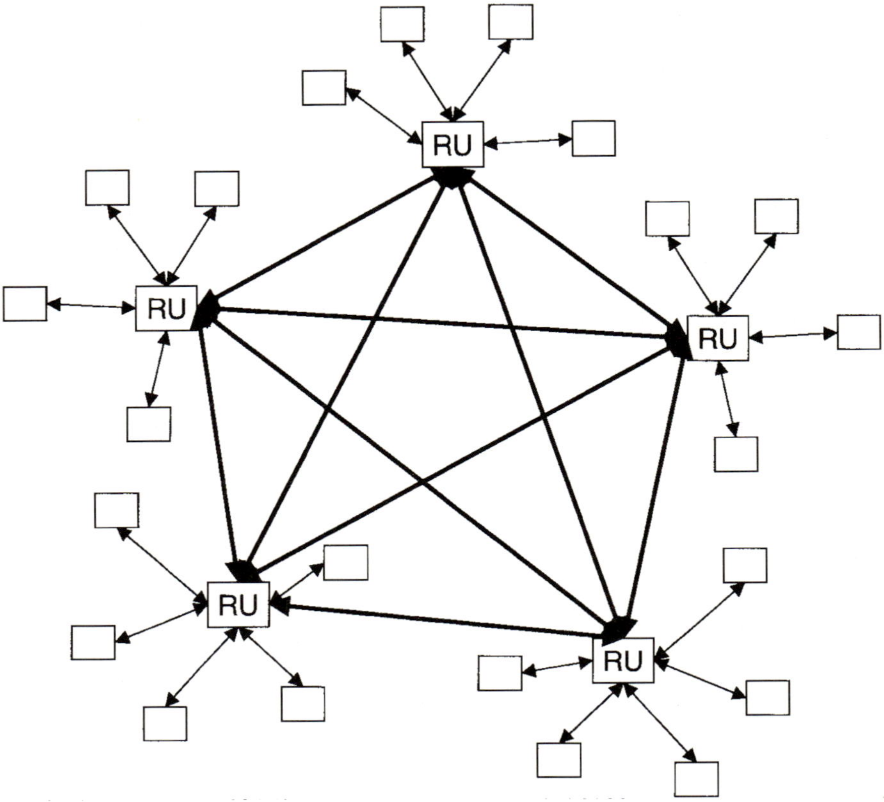


**Abb. 20.15** Dezentrales Fracht- oder Transportnetz
RU: Regionale Umschlagpunkte (N = 5)

- In einem *zentralen Netz*, das *Abb. 20.16* zeigt, sind N regionale Umschlagpunkte über N Transportverbindungen, die als *Speichen* (*spokes*) bezeichnet werden, mit einem *zentralen Umschlagpunkt*, der *Nabe* (*hub*) genannt wird, verbunden. In dem *Zentralumschlagpunkt* (ZU) werden die aus mehreren Regionen einlaufenden Ladungen zu auslaufenden Ladungen umsortiert und gebündelt.

Der Vorteil dezentraler Netze sind die im Mittel kürzeren Entfernungen und Beförderungszeiten zwischen den Stationen. Der Nachteil ist eine geringere Auslastung großer wirtschaftlicher Transportmittel bei unzureichenden Ladungsströmen und höherer Transportfrequenz.

In einem *zentralen Netz* – auch *Nabe-Speiche-System* (*Hub and Spoke*) genannt – reduziert sich die Zahl der Transporte bei gleicher Belieferungsfrequenz gegenüber dem dezentralen Netz maximal um den Faktor (N-1)/2. Um den gleichen Faktor erhöht sich im Mittel das Ladungsaufkommen der Transportrelationen vom und zum zentralen Umschlagpunkt. Daraus resultieren für das zentrale Transportnetz folgende *Vorteile*:

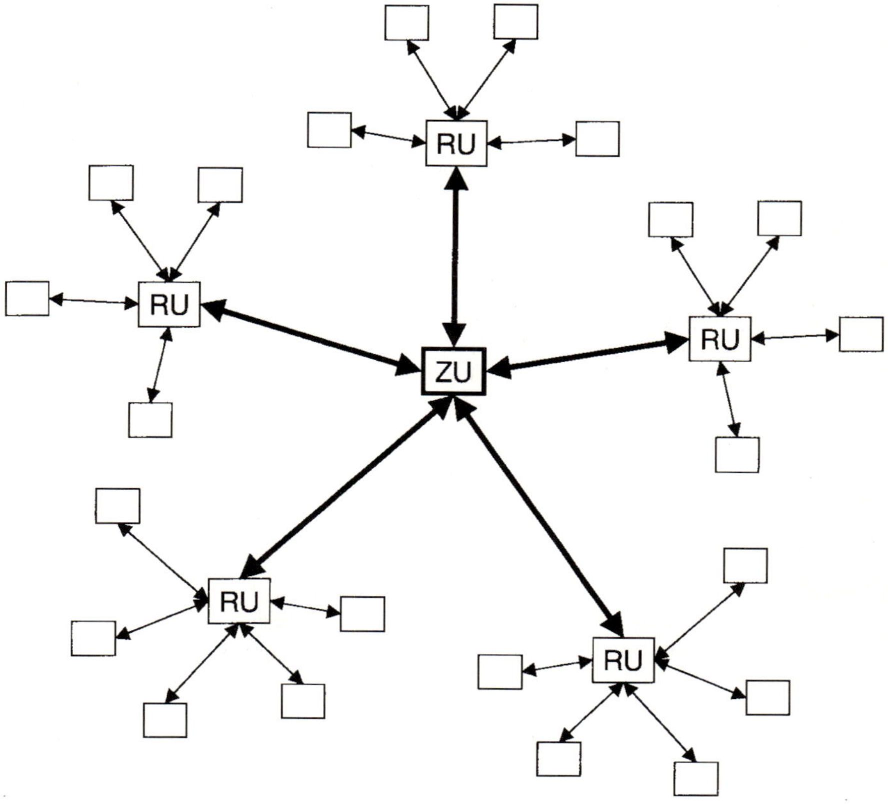


**Abb. 20.16** Zentrales Fracht- oder Transportnetz
RU: Regionale Umschlagpunkte (N = 5)
ZU: Zentraler Umschlagpunkt (Nabe oder Hub)

▶ In einem zentralen Netz können für die Transporte zwischen den regionalen Umschlagpunkten und dem zentralen Umschlagpunkt entweder mit gutem Füllungsgrad größere Transportmittel eingesetzt oder mit gleich großen Transportmitteln eine höhere Beförderungsfrequenz als in einem dezentralen Netz geboten werden.

Dieser positive Effekt tritt ab 4 Umschlagpunkten ein und nimmt linear mit der Anzahl der Umschlagpunkte zu. Der Preis und damit der Nachteil des zentralen Netzes sind die Kosten und der Zeitverlust für den zusätzlichen Umschlag sowie die längeren Transportwege für Lieferungen aus benachbarten Umschlagpunkten, die über den Zentralumschlagpunkt laufen. Hieraus folgt die *Regel*:

▶ Ein zentrales Netz ist zur Verbindung einer großen Anzahl weit voneinander entfernter Umschlagpunkte sinnvoll und wirtschaftlich, wenn das direkte wechselseitige Frachtaufkommen pro Periode deutlich geringer ist als die Transportmittelkapazität.

Aufgrund der unterschiedlichen Anforderungen und des in der Regel ungleichmäßig verteilten Frachtaufkommens in und zwischen den Regionen sind die Transport- und Frachtnetze der Verkehrsgesellschaften und Speditionen in der Praxis eine *Kombination* von zentralen und dezentralen Netzen.

Soweit zwischen zwei Stationen im Hin- und Rücklauf ein hinreichend großes Frachtaufkommen besteht, werden Direkttransporte durchgeführt. Die restlichen Sendungen werden entweder über einen anderen regionalen Umschlagpunkt oder über einen zentralen Umschlagpunkt befördert. In der Regel hat auch der zentrale Umschlagpunkt ein eigenes Einzugsgebiet und damit eine Doppelfunktion.

In einem regional strukturierten und dicht bevölkerten Land wie Deutschland arbeiten die flächendeckenden Speditionen, die Eisenbahn, die Post und die Luftverkehrsgesellschaften weitgehend mit dezentralen Netzen. In einem großflächigen Land, wie die USA, und in zentral organisierten Ländern, wie Frankreich und England, haben Speditionen, Luftfahrtgesellschaften und andere Transportdienstleister überwiegend zentrale Netze. Für die Paketdienstleister ist in den meisten Ländern wegen des geringen Sendungsaufkommens auf vielen Relationen ein zentrales Netz mit einem oder wenigen *Hubs* von Vorteil.

Durch eine Verknüpfung der nationalen Netze eines international tätigen Frachtdienstleisters und durch Verbindung der Netze verschiedener Transportdienstleister untereinander entstehen *kombinierte Netzwerke* mit gemischt zentraler und dezentraler Struktur. Wenn die Netze von Frachtdienstleistern, die mit verschiedenen Verkehrsträgern arbeiten, weltweit miteinander verknüpft werden, entstehen *internationale Transport- und Frachtnetze* mit *intermodalen Transportketten*, die den ganzen Globus umspannen (s. *Abb. 20.4*).

Für die Versender wie auch für die Frachtdienstleister eröffnet sich mit der Vielfalt und der Komplexität der internationalen Transportnetze eine kaum noch überschaubare Fülle möglicher Transportketten. Zur Auswahl unter den Transportketten sind daher *Tools* für die Berechnung der Beförderungskosten und Laufzeiten sowie allgemeingültige *Zuweisungsstrategien* unerläßlich.

## 2. Standardfrachtketten

Für die Entwicklung von Zuweisungsstrategien und zur optimalen Festlegung der entsprechenden Strategieparameter, wie der Grenzkriterien (20.16) bis (20.19), ist es zweckmäßig, die möglichen Frachtketten nach aufsteigender Stufigkeit in *Standardfrachtketten* einzuteilen.

Der größte Teil des nationalen und internationalen Frachtaufkommens durchläuft eine der 5 *Standardfrachtketten*, die in *Abb. 20.17* dargestellt sind. Diese Frachtketten fächern sich weiter auf durch die verschiedenen Verkehrsträger, Transportmittel, Transportarten und Betriebsarten.

Die *Standardfrachtkette 1* des Direkttransports ohne Umschlag zwischen einer Lieferstelle und einer Empfangsstelle ist eine einfache Transportverbindung. Sie ist bei ausreichendem Ladungsaufkommen für mittelgroße Sendungen innerhalb eines Nahgebiets und für größere Sendungen auch über größere Entfernungen am schnellsten und wirtschaftlichsten. Am häufigsten ist der Direkt-

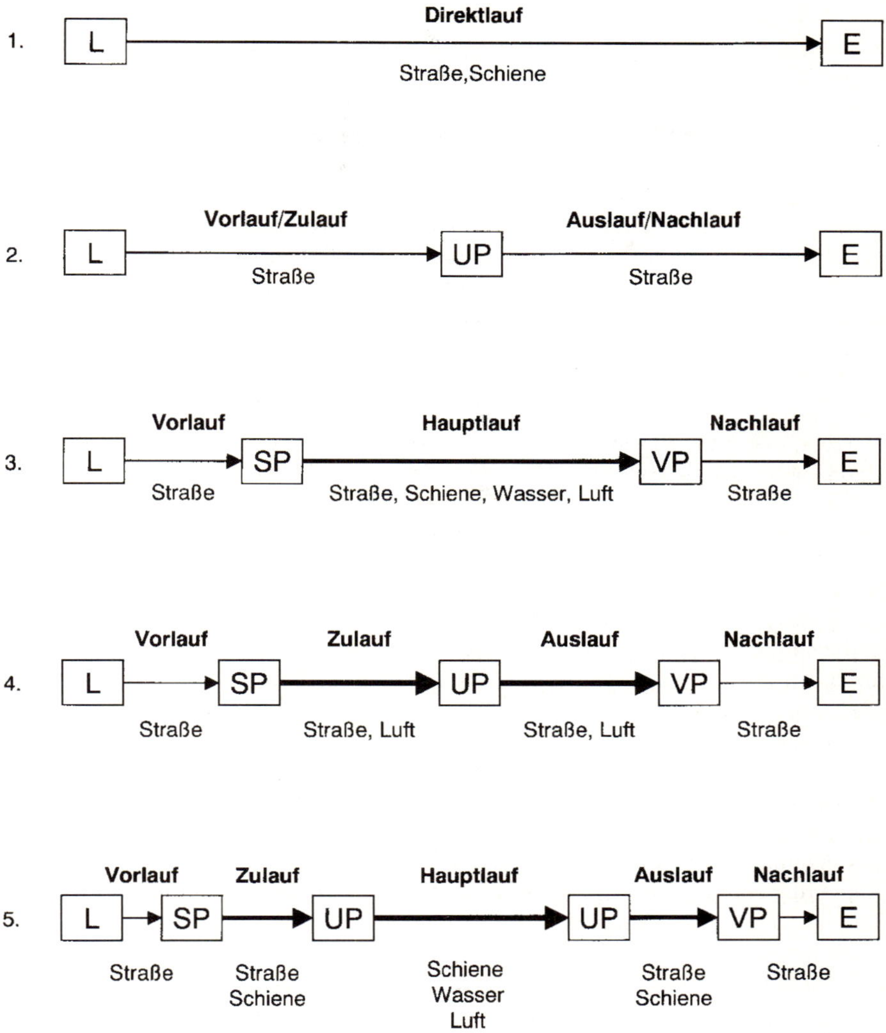


**Abb. 20.17** Standardfrachtketten zwischen Lieferant und Empfänger

UP: Umschlag- oder Umladepunkt
SP: Sammelumschlagpunkt
VP: Verteilumschlagpunkt

transport im Straßenverkehr. Bei großem und regelmäßigen Ladungsaufkommen, beispielsweise zwischen den Werken der Grundstoff- und der Konsumgüterindustrie, ist auch eine direkte Bahnverbindung wirtschaftlich.

Die *Standardfrachtkette 2* ist typisch für die Verteilung kleinerer Sendungen innerhalb des Einzugsgebiets eines Umschlagpunktes. Die zu befördernden Sendungen werden im *Vorlauf* auf *Sammelfahrten* bei mehreren Kleinversendern oder in Abholfahrten bei einem Großversender abgeholt, der auch weiter entfernt sein kann, und nach einem Umschlag im *Nachlauf* zu den Empfangsstellen gebracht. Die kombinierten Sammel- und Verteilfahrten finden meist im Straßenverkehr statt.

Die *Standardfrachtkette 3* mit einem *Vorlauf* im Einzugsgebiet eines Sammelumschlagpunktes, einem *Hauptlauf* zu einem Verteilumschlagpunkt und einem *Nachlauf* in einem anderen Gebiet ist typisch für die Sendungsspedition über größere Distanzen. Während der Vorlauf und der Nachlauf mit geeigneten Transportfahrzeugen auf der Straße stattfinden, kann der Hauptlauf entweder mit Sattel- oder Gliederzügen ebenfalls auf der Straße, aber auch auf einem anderen Verkehrsträger durchgeführt werden. Die *Standardfrachtkette 3* ist typisch für *intermodale Straße-Bahn-Transporte* (s. *Abschnitt 13.16*). Sie ist auch die einfachste Verbindungsmöglichkeit im Schiffs- und Luftverkehr mit einem *dezentralen Netz*.

Für Frachtdienstleister mit einem *zentralen Netz* ist die *Standardfrachtkette 4* charakteristisch, die mit zwei Hauptläufen über einen zentralen Umschlagpunkt läuft.

Bei intermodalen Transporten über große Entfernungen kann zwischen den regionalen Umschlagpunkten und dem Hauptlauf, der in einem größeren, kostengünstigeren oder schnelleren Transportmittel auf einem anderen Verkehrsträger durchgeführt wird, jeweils ein weiterer Umschlagpunkt zweckmäßig sein, in dem auch andere Ladungsströme zusammenlaufen und ein Wechsel des Transportmittels oder des Verkehrsträgers stattfindet (s. *Abb. 20.4*). Dadurch entsteht die *Standardfrachtkette 5*.

Im regionalen, nationalen, kontinentalen und globalen Warenverkehr stehen die Frachtketten der unterschiedlichen Logistikdienstleister und Verkehrsträger miteinander im Wettbewerb. Den Unternehmen stellt sich daher die Frage, ob und zu welchem Anteil die benötigten Transporte und Beförderungsleistungen mit eigenen Transportmitteln und über ein eigenes Netz durchgeführt werden sollen und wann besser ein Transport- oder Logistikdienstleister einzusetzen ist. Wegen der unterschiedlichen Anforderungen und Ziele gibt es für die Frage, ob Fremdleistung oder Eigenleistung, keine allgemeingültige Lösung sondern nur unternehmensindividuelle oder branchenspezifische Antworten [28].

### 3. Gestaltungsprinzipien zur Gebietseinteilung

Für Frachtdienstleister mit eigenem Netz und Unternehmen mit eigenem Beschaffungs- oder Distributionssystem stellt sich die Aufgabe, ein *Servicegebiet*, in dem sich die zu bedienenden Liefer- und Empfangsstellen befinden, so in eine Anzahl von Regionen aufzuteilen, daß bei Einhaltung der Liefer- und Laufzeitanforderungen insgesamt die kostengünstigsten Lieferketten möglich sind.

Für ein bestehendes Netz mit vorhandenen Umschlagpunkten ist es möglich, nach Abbildung des Netzes, der Lieferketten und der Anforderungen in einem BOL-Programm die Anzahl der Gebiete und die Zuordnung der Standorte nach einem zielführenden *Suchalgorithmus* zu verändern und auf diese Weise eine optimale Gebietseinteilung zu entwickeln. Ein solches Vorgehen ist jedoch recht aufwendig und birgt zugleich die Gefahr in sich, daß eine strukturell grundlegend andere Lösung mit deutlich günstigeren Kosten verfehlt wird. Daher ist es in vielen Fällen ratsam, zur Gebietseinteilung eine *Anfangslösung* neu zu konstruieren und für diese eine Optimierung der Lieferketten durchzuführen.

Für die Gebietseinteilung haben sich folgende *Gestaltungsprinzipien* bewährt:

- *Prinzip der minimalen Anzahl*: Die Zahl der Gebiete sollte so klein wie möglich sein, damit eine geringe Anzahl von Umschlagpunkten entsteht, deren Fixkosten sich auf einen hohen Durchsatz verteilen, für die sich der Einsatz rationellster Technik lohnt und die sich im Hauptlauf durch kostengünstige Transporte verbinden lassen (s. *Kapitel 19*).
- *Prinzip der notwendigen Anzahl*: Die Ausdehnung der einzelnen Gebiete wird nach oben begrenzt durch die maximale *Reichweite der Auslieferfahrzeuge*, die von der zulässigen Auslieferzeit, der effektiven Reisegeschwindigkeit und der Anzahl und Dauer der Stops bestimmt wird. Aus der gewünschten Abdeckung des Servicegebiets durch die *Auslieferungskreise* resultiert die minimal notwendige Anzahl von Gebieten.
- *Prinzip des ausgeglichenen Ladungsaufkommens*: Die einzelnen Gebiete sollten ein annähernd gleiches Ladungsaufkommen haben, damit die Umschlagpunkte nicht zu unterschiedlich belastet sind und zwischen den Umschlagpunkten, von einem Logistikzentrum oder aus einem Werk im Hauptlauf viele *paarige Hin- und Rücktransporte* entstehen.
- *Prinzip der Gebietsteilung*: Wenn das Sendungsaufkommen eines Gebiets so groß ist, daß ein Umschlagpunkt keine Kostendegression mehr aufweist, wird das Gebiet aufgeteilt in Gebiete mit annähernd gleichem Sendungsaufkommen und von zwei Umschlagpunkten bedient (s. *Abschnitt 19.11*).

Zur Erläuterung der Anwendung dieser Gestaltungsprinzipien zeigt *Abb. 20.18* für das Beipiel des in *Abb. 20.24* dargestellten Distributionssystems einer Großhandelskette, wie sich aus einer maximalen Tagestourenlänge eines Auslieferfahrzeugs von 350 km ein Radius des maximalen Auslieferkreises von 145 km Luftlinie und des *mittleren Auslieferkreises* von 120 km Luftlinie errechnen läßt [196]. In *Abb. 20.19* ist dargestellt, wie die Auslieferkreise mit einem Radius von 120 km um 5 *Regionalzentren* annähernd 90 % der Empfangsstellen in Deutschland abdekken, wenn die Standorte in den Bedarfsschwerpunkten der zugeordneten 5 *Ausliefergebiete* liegen. Bei einem Absatzzuwachs im Gebiet *Mitte-Ost* ist eine Gebietsteilung mit einem zusätzlichen Umschlagpunkt in der Umgebung von Erfurt vorgesehen.

Die in *Abschnitt 18.10* beschriebenen und in *Abb. 18.27* dargestellten Modellrechnungen haben gezeigt, daß die Zuordnung der Empfangs- und Lieferstellen an den Gebietsgrenzen zu dem einen oder anderen Nachbargebiet und die Abweichung der Standorte der Umschlagpunkte vom Transportschwerpunkt einen relativ geringen Einfluß auf die Summe der Belieferungskosten haben. Hieraus folgt das

- *Prinzip der zulässigen Vereinfachung*: Für die Praxis ist eine relativ grobe Gebietseinteilung, beispielsweise auf der Ebene zweistelliger Postleitzahlen, und

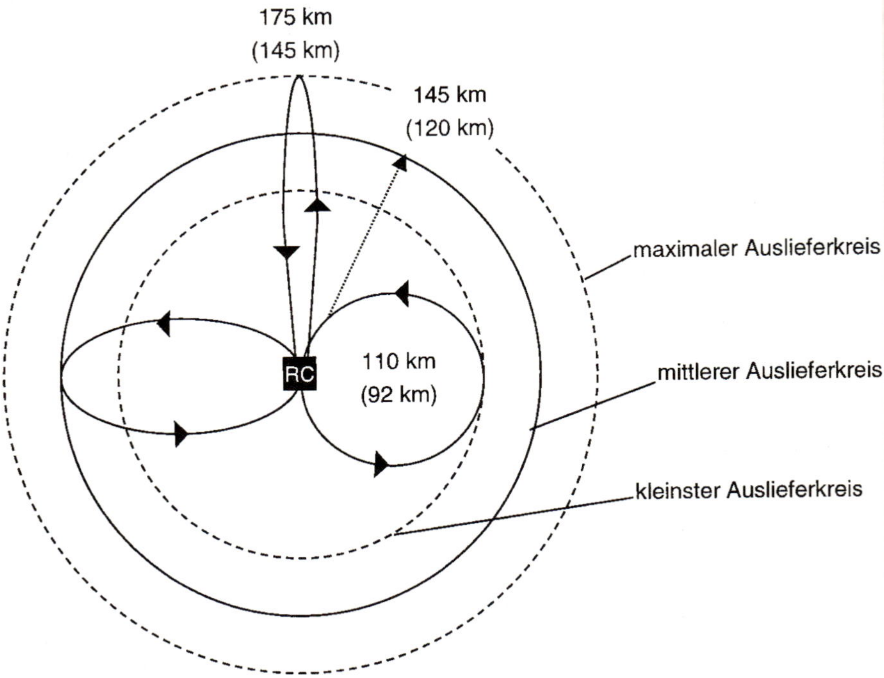


**Abb. 20.18** Auslieferttouren und Auslieferkreise eines Regionalzentrums (RC)
Maximale Tagestourenlänge der Auslieferfahrzeuge 350 km
Mittlerer Umwegfaktor = Straßenentfernung: Luftlinie = 1,2
xxx km: Straßenentfernungen
(xxx km): Luftlinienentfernungen

eine Anordnung der Standorte der Umschlagpunkte in einem Umkreis um den Transportschwerpunkt der Einzugsgebiete ausreichend, der einen Radius von ca. 10% des Gebietsdurchmessers hat.

Die genaue Lage der Umschlagpunkte ergibt sich ohnehin erst während der Realisierung aus den bestehenden Möglichkeiten und vorliegenden Restriktionen. Die Zuordnung einzelner Liefer- und Empfangsstellen zu den Umschlagpunkten wird von der konkreten *Tourenplanung* bestimmt und kann sich im Verlauf der Zeit ändern (s. *Abschnitt 18.11*) [24; 196].

Eine andere Möglichkeit zur Gebietseinteilung von *Distributionssystemen mit einer Quelle*, von *Beschaffungssystemen mit einer Senke* und von *zentralen Netzen*, die dem *Drehstrahlverfahren der Tourenplanung* (s. *Abb. 18.28*) entspricht, ist das

► *Stern- und Kreisverfahren*©: Um die zentrale Liefer- oder Empfangsstelle, das Umschlagzentrum oder das Logistikzentrum wird ein konzentrisches *Nahgebiet* geschaffen, dessen Größe durch den maximalen Auslieferkreis der eingesetzten Transportmittel bestimmt wird. Das außerhalb liegende *Ferngebiet*

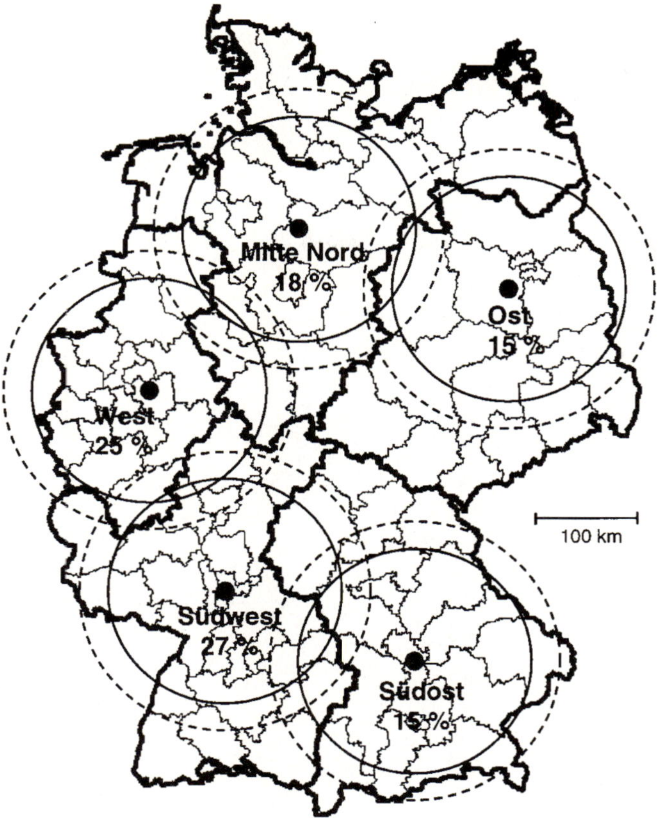


**Abb. 20.19** Regionalzentren mit Gebieten und Auslieferkreisen einer Großhandelskette für Installationsmaterial

| | |
|---|---|
| Prozentangaben: | Anteil der Gesamtsendungen pro Jahr |
| Punkte | Optimale Standorte der Regionalzentren |
| ———— | mittlere Auslieferkreise (120 km) |
| ………… | maximale Auslieferkreise (145 km) |

Prinzipdarstellung ZLU [250]

wird in eine minimale Anzahl von *Sektoren* mit etwa gleichem Ladungsaufkommen aufgeteilt. Bei großer Gesamtgebietsausdehnung wird jeder Sektor in weitere Distributions- oder Beschaffungsgebiete zerlegt.

Als Beispiel für die Anwendung des Stern- und Kreisverfahrens zeigt *Abb. 19.20* die Anfangslösung einer Gebietseinteilung zur europaweiten *Distribution von Fertigwaren, Autos oder Ersatzteilen* aus Deutschland, die nach diesen Gestaltungsgrundsätzen entwickelt wurde.

Die zugehörigen *Distributionsketten* für Fertigfahrzeuge sind in *Abb. 19.21* dargestellt. Nach einer europaweiten Ausschreibung wurden die Gebiete im Zuge ei-

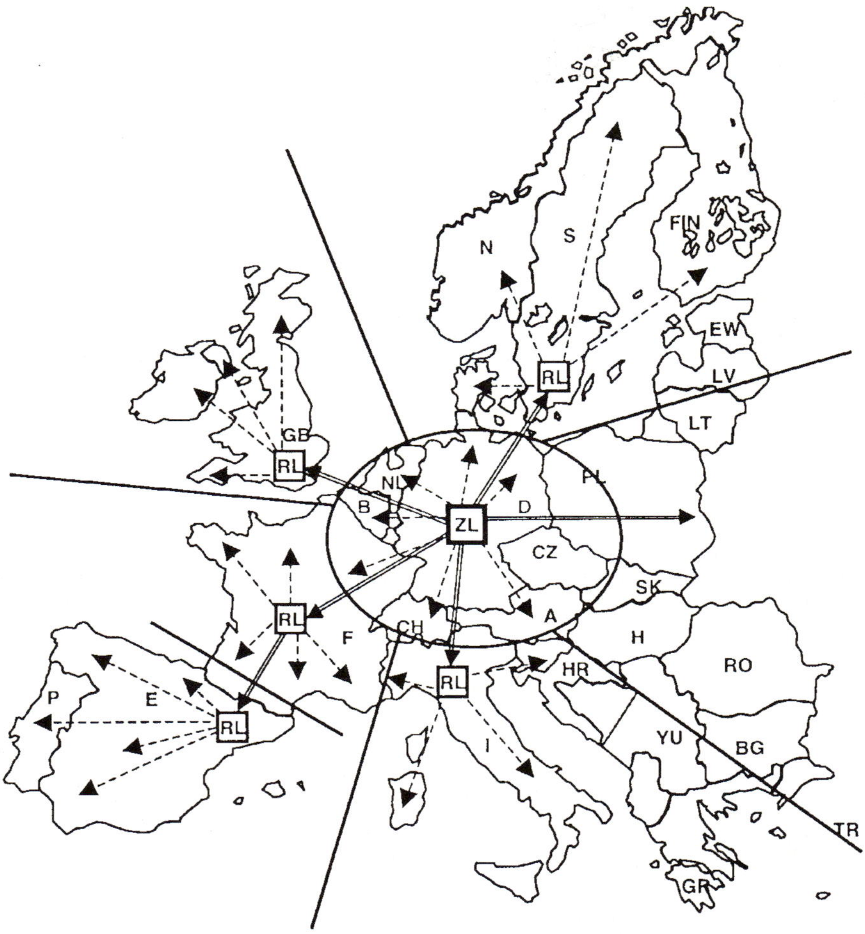


**Abb. 20.20** Aufteilung von Europa nach dem Stern- und Kreisverfahren in Servicegebiete zur Eurodistribution von Fertigwaren und Ersatzteilen aus Deutschland

*Zentrales Umschlaglager* (ZL) zur *Kundenbelieferung* in der Zentralregion und zur *Nachschubbelieferung* der *Regionalen Umschlaglager* (RL)

→ Nachschubbelieferungen → Kundenbelieferungen

ner Feinplanung optimiert, arrondiert und an die konkreten Gegebenheiten der einzelnen Verkehrsträger und Dienstleister angepaßt. Das *Fahrzeugdistributionssystem* arbeitet inzwischen erfolgreich und hat im Vergleich zu bestehenden Systemen bei kurzen Laufzeiten deutlich günstigere Distributionskosten.

Mit Hilfe der Gestaltungsprinzipien zur Gebietseinteilung läßt sich bei Kenntnis der *Standortverteilung* und des *Sendungsaufkommens* für die Liefer- und Empfangsstellen, wie es beispielsweise in den *Abb. 20.6* und *20.7* dargestellt ist,

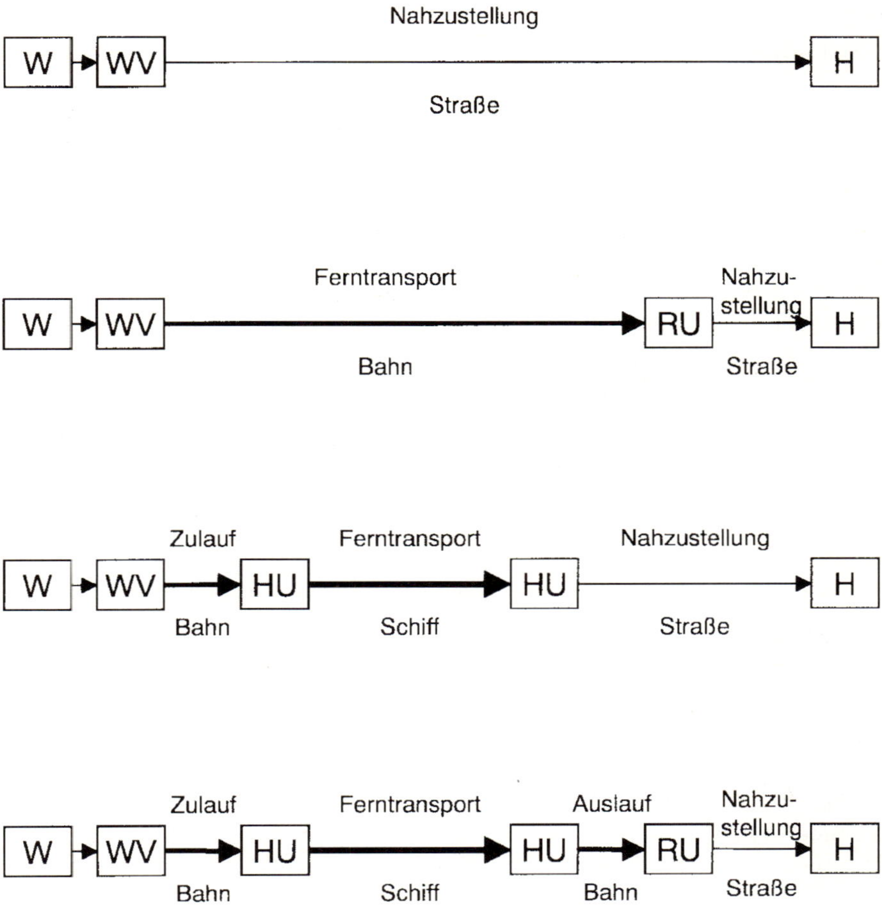


**Abb. 20.21** Fahrzeugauslieferungsketten der Automobilindustrie
W: Montagewerk H: Fahrzeughändler
WV: Werksverladung mit Pufferflächen
HU: Hafenumschlagpunkt Bahn/Schiff
RU: Regionaler Umschlagpunkt Bahn → Straße

recht schnell eine brauchbare *Anfangslösung* konstruieren. Wenn ein mehrstufiges Logistiksystem benötigt wird, beispielsweise mit zwei oder drei Regionallagern, muß die Gebietsaufteilung nach den o.g. Gestaltungsgrundsätzen zunächst in *Hauptgebiete* und danach für jedes Hauptgebiet in *Umschlaggebiete* durchgeführt werden.

## 20.11 Distributionsketten der Konsumgüterindustrie

Aus den Werken der Konsumgüterindustrie werden die Filialen der Handelskonzerne, der Konsumgenossenschaften, der Einzelhandelsketten und der kleinen Einzelhändler regelmäßig mit Ware versorgt [23].

Eine häufige *Distributionsstruktur* für Konsumgüter zeigt *Abb. 20.13*. Fünf der möglichen Distributionsketten innerhalb dieser Struktur sind in *Abb. 20.14* dargestellt und in *Tabelle 20.1* spezifiziert. Sie führen vom *Werk* oder über *Fertigwarenlager* direkt zu den *Handelsfilialen* oder über *Handelslager* und *Umschlagpunkte* zu den Filialen. Für kleinere Stückgutsendungen werden außerdem die über einen Umschlagpunkt laufenden Standardfrachtketten 2 und 3 der *Abb. 20.17* eines Stückgutspediteurs genutzt.

Grundsätzlich ist zu entscheiden, ob die Lager und Umschlagstationen vom Lieferanten, vom Handel oder von einem Logistikdienstleister betrieben werden. So kann die in *Abb. 20.14* gezeigte *Verantwortungsgrenze* zwischen Hersteller und Handel für die Belieferungswege 4 und 5 auch an der Rampe der Filiale liegen, wenn die Umschlagpunkte mit Crossdocking oder Transshipment vom Hersteller oder seinem Dienstleister betrieben werden.

In der Belieferung der Handelsfilialen konkurrieren also die Lieferketten von Hersteller, Spediteuren und Handel. Sie unterscheiden sich häufig nur im Verlauf der Verantwortungsgrenze und sind in den logistischen Funktionen weitgehend gleich.

Die von Industrie und Handel genutzen Lieferketten, die Anzahl und Standorte der Werke und Filialen sowie die Anzahl und Standorte der Fertigwarenlager, Handelslager und Umschlagpunkte sind meist historisch gewachsen und von Unternehmen zu Unternehmen verschieden. Daher stellt sich für jedes Unternehmen immer wieder die Frage, ob die gewachsenen Logistikstrukturen und Lieferketten optimal sind und den zukünftigen Marktanforderungen entsprechen (s. *Abschnitt 20.18*).

Diese Frage wird für die Lieferanten des Handels dadurch verschärft, daß große Handelsunternehmen aus den im nächsten Abschnitt angegebenen Gründen ihre Beschaffungslogistik zunehmend selbst bestimmen und auf ihre Ziele hin optimieren wollen. Die Folgen sind eine abnehmende Belieferung der Vielzahl einzelner Filialen und eine zunehmende Belieferung einer kleinen Anzahl von Lagern und Umschlagstationen, die sich in der Regie des Handels befinden [23; 48; 194; 197; 198].

Gleichzeitig wird der *Gefahrenübergang* zwischen Hersteller und Lieferant von den Filialen zur Rampe des Lagers oder einer Umschlagstation vorverlegt, die vom Handelsunternehmen selbst oder von einem beauftragten Logistikdienstleister betrieben werden. Im Extremfall geht das Handelsunternehmen zur *Selbstabholung* über. Die Ware wird der Industrie ab Werk oder ab Fertigwarenlager abgenommen, um auch die Zulauftransporte selbst disponieren und mit den Auslieferfahrten zu den Filialen zu *paarigen Transporten* kombinieren zu können.

Parallel zu der Veränderung der Lieferketten durch den Handel aber müssen von der Industrie weiterhin die verbleibenden Einzelhändler und die Filialen kleinerer Handelsketten frei Haus beliefert werden. Hierfür setzt die Industrie zunehmend Logistikdienstleister ein (s. *Kapitel 21*).

Die logistischen *Veränderungen* des Marktes und die sich fortsetzende *Konzentration* im Handel, die einhergehen mit einem Abbau regionaler Handelslager und einer Konzentration der Lagerbestände in wenigen Logistikzentren, zwingen die Konsumgüterindustrie zur Anpassung und Neuausrichtung ihrer Distributionslogistik.

Ein Instrument hierfür ist das zuvor dargestellte *BOL-Verfahren* zur Bestimmung der optimalen Lieferketten. Dieses Verfahren wurde erfolgreich zur Neuausrichtung der Unternehmenslogistik mehrerer Konsumgüterhersteller und anderer Lieferanten des Handels eingesetzt.

So verfügte beispielsweise ein mittelständischer Hersteller von *Spirituosen*, der aus dem Zusammenschluß mehrerer kleiner Unternehmen entstanden ist, über 3 Werke an verschiedenen Standorten und über 8 Fertigwarenlager. Mit eigenem Fuhrpark sowie von einer wechselnden Anzahl von Spediteuren wurden jährlich 150.000 t Fertigwaren auf 240.000 Paletten an fast 12.000 Kunden ausgeliefert, die pro Jahr ca. 110.000 Lieferaufträge erteilen.

Ergebnisse einer Neuausrichtung der Unternehmenslogistik und der Optimierung der Distributionsketten waren in diesem Fall: Schließung eines Werkes; mittelfristige Konzentration der Massenproduktion auf einen Hauptstandort; Auslieferung aus einem Logistikzentrum am Standort des Hauptwerks; Auflösung des eigenen Fuhrparks und Übertragung der Auslieferungen an 3 Frachtdienstleister.

Die mit Hilfe des BOL-Programms errechneten jährlichen Einsparungen allein im Bereich der Distribution – ohne die Effekte aus einer Bestandssenkung durch optimale Losgrößen und aus der Werkszusammenlegung – lagen bei über 3,5 Mio.€ pro Jahr oder 18 % der bisherigen Kosten. Die prognostizierte Kostensenkung wurde innerhalb von 2 Jahren voll realisiert. Außerdem wurden durch die neue Unternehmenslogistik die Flexibilität erhöht, der Kostenvorteil der Selbstabholung verringert und der Service deutlich verbessert.

Zu ähnlichen Ergebnissen führte auch die Neuausrichtung der Unternehmenslogistik eines führenden Herstellers von *Haushalts- und Körperpflegemitteln*. Dieses Unternehmen belieferte aus zwei Inlandswerken und mehreren europäischen Werken über 2 Fertigwarenlager ca. 2.300 Handelsfilialen und etwa 200 Zentrallager und Crossdocking-Stationen des Einzelhandels pro Jahr mit fast 115.000 t Fertigwaren.

Aus der Optimierung der Strukturen und der Distributionsketten resultierte die Lösung, die Auslieferung von einem *Logistikzentrum* an einem optimalen Standort durchzuführen. Der Bau des Logistikzentrums wurde an einen Generalunternehmer vergeben. Der Betrieb erfolgt heute in eigener Regie. Für die Distribution in Deutschland werden 3 Spediteure eingesetzt. Bei deutlich verbessertem Service und erhöhter Flexibilität erreichten die Kosteneinsparungen in diesem Fall über 20 % der bisherigen Distributionskosten.

## 20.12 Beschaffungsketten des Handels

Untersuchungen der Geschäftsprozesse in den Fililalen des Handels haben ergeben, daß die Mitarbeiter in den Filialen zu 30 bis 40 %, in einigen Fällen sogar zu über 50 % mit *logistischen Tätigkeiten* beschäftigt sind, wie Warenannahme, Eingangsprüfung, Lagerarbeiten, Umräumen, Regalbefüllung, Leergutentsorgung, Warenbereitstellung für die Kundenzustellung und Disposition. Der eigentliche Verkauf ist dagegen mit weniger als 30 % der Arbeitszeit nachrangig [197].

Eine wesentliche Ursache hierfür ist die große Anzahl ungeregelt über den ganzen Tag eintreffender Sendungen unterschiedlichster Größe. Diese Erkenntnis hat viele Handelsunternehmen dazu veranlaßt, ihre Beschaffungslogistik kritisch zu überprüfen und neu zu gestalten.

*Ziele* einer Optimierung der *Handelslogistik* sind [18; 23; 48; 194; 197]:

Stärkung des Verkaufs
Reduzierung der Rampenkontakte
Entlastung der Filialen von operativen Logistikaufgaben
Erleichterung und Verbesserung der Disposition
Erhöhte Warenpräsenz in den Filialen (20.36)
Vermeidung von Ausschuß und Retouren
Optimierung der Bestände
Senkung der Kosten für die gesamte Beschaffungskette

Außerdem muß sich der Handel darauf einstellen, daß ein zunehmender Anteil der Kunden eine *Zustellung* der Waren fordert, die er in einer Filiale, nach Katalog oder über *Electronic-Commerce* (E-Commerce) per *Internet* bestellt [35].

Das erste *Praxisbeispiel* einer optimierten Handelslogistik ist eine expansive *Baumarktkette* mit einem Sortiment von mehr als 60.000 Artikeln. Die über Deutschland und das angrenzende Ausland verteilten 80 Märkte wurden bisher von mehr als 1.200 Lieferanten frei Markt beliefert. Jeder Markt erhielt täglich zwischen 30 bis 60, in der Spitze weit über 100 Sendungen. Die Sendungsgröße liegt zwischen einem Paket, mehreren Paletten und einer vollen LKW-Ladung. Die Belastung der Filialbelegschaft durch Logistiktätigkeiten betrug 30 bis 35 % der Arbeitszeit.

Die Optimierung der Unternehmenslogistik führte in diesem Fall zu der in *Abb. 20.22* dargestellten Logistikstruktur mit zunächst 2 und nach weiterer Expansion 3 Logistikzentren an optimalen Standorten. Vier der möglichen Beschaffungsketten und die Verantwortungsabgrenzung zwischen den Lieferanten und dem Handelsunternehmen zeigt *Abb. 20.23*. Die Wareneingangsprüfung wird damit für alle Lieferungen, die über die Logistikzentren laufen, in diese vorverlegt.

Etwa 55 % der Warenstücke mit 70 % des Volumens werden von den Lieferanten weiterhin als Ganz- oder Teilladungssendungen über die *Beschaffungskette* 1 direkt oder von Fachspediteuren an die Märkte geliefert. Das sind im wesentlichen Sendungen mit mehr als 5 Paletten oder über 1 t Gewicht, sperrige oder großvolumige Artikel, wie Teppiche und Gefahrgut, und unverträgliche Waren, wie Zement, Steine und Düngemittel.

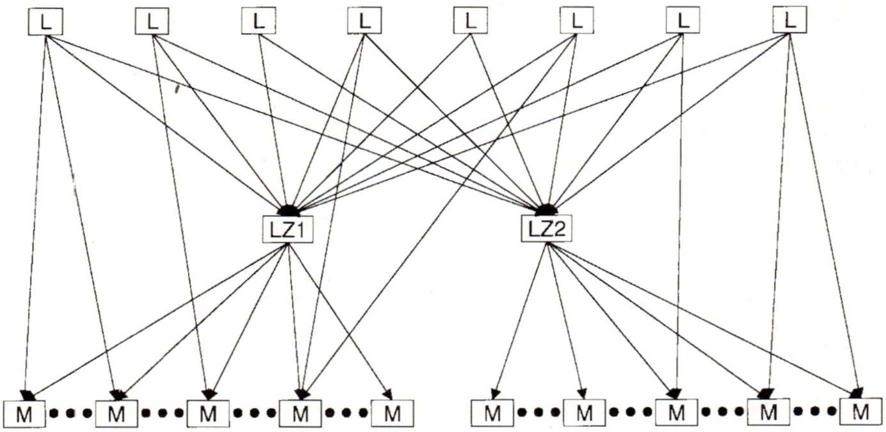


**Abb. 20.22** Beschaffungsstruktur einer Baumarktkette

L: Lieferanten (ca. 1.200) M: Märkte (ca. 80)
LZ: Logistikzentren mit Crossdocking, Transshipment und Lager

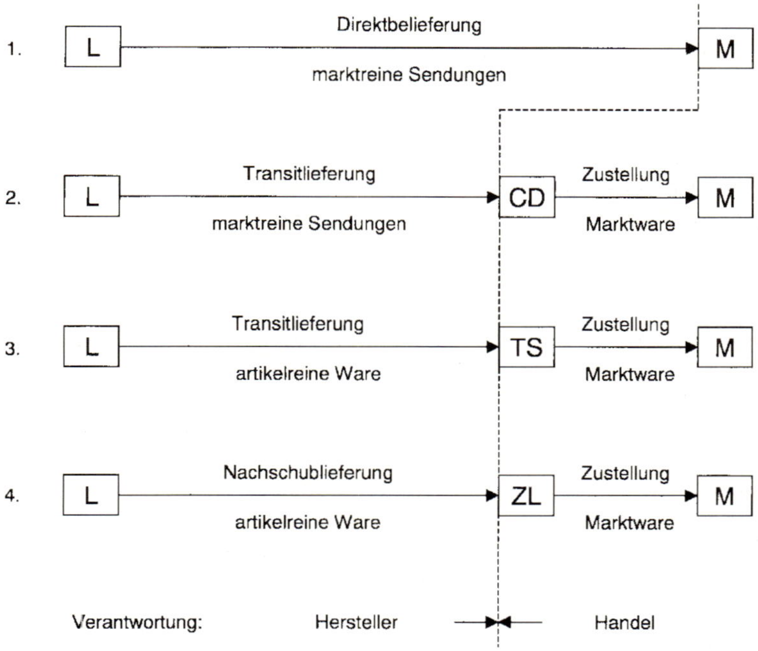


**Abb. 20.23** Beschaffungsketten einer Baumarktkette

L: Lieferant M: Markt mit Verkaufsbeständen
CD: Crossdocking TS: Transshipment
ZL: Zentrallager

Über die eigenen Logistikzentren laufen 45 % der Warenstücke, die ca. 50 % vom Umsatz, aber nur 30 % des Volumens ausmachen. Rund 50 % der Lieferungen an die Logistikzentren, deren Inhalt größer als 1/2 Palette pro Markt ist, werden über die *Beschaffungskette* 2 nach dem *Crossdocking-Verfahren* abgewickelt. Rund 40 % der Lieferungen mit kleineren Mengen durchlaufen die *Beschaffungskette* 3 nach dem *Transshipment-Verfahren*. Über die *Beschaffungskette* 4 mit Zwischenlagerung im Logistikzentrum läuft ein Teil der Aktionsware und die Importware, die zusammen etwa 10 % des gesamten Warenbedarfs ausmachen.

Mit der neuen Unternehmenslogistik der Baumarktkette wurden die Warenbestände bei gleichzeitig verbesserter Warenpräsenz abgebaut, die Logistikbelastung der Märkte erheblich reduziert und die Beschaffungslogistikkosten für die betreffenden Warenströme um mehr als 15 % gesenkt. Zugleich wurden damit die Voraussetzungen für eine rechnergestützte Disposition, eine verstärkte Verkaufstätigkeit und die weitere Expansion geschaffen [256].

Das zweite *Praxisbeispiel* ist eine Unternehmensgruppe des *Elektrogroßhandels* mit über 110 Verkaufsstellen, die flächendeckend über Deutschland verteilt sind. Bisher wurde die bei den Lieferanten kundenspezifisch bestellte oder ab Lager gekaufte Ware von den Kunden in den Verkaufsstellen selbst abgeholt oder mit angemieteten Fahrzeugen zugestellt. Die Lieferbereitschaft war unzufriedenstellend, die Lieferzeiten teilweise zu lang und unverläßlich, das Präsenzsortiment zu gering und die Beschaffungskosten zu hoch.

Die Optimierung der Unternehmenslogistik ergab in diesem Fall die in *Abb. 20.24* dargestellte *Beschaffungs- und Distributionsstruktur* mit zunächst 5 und

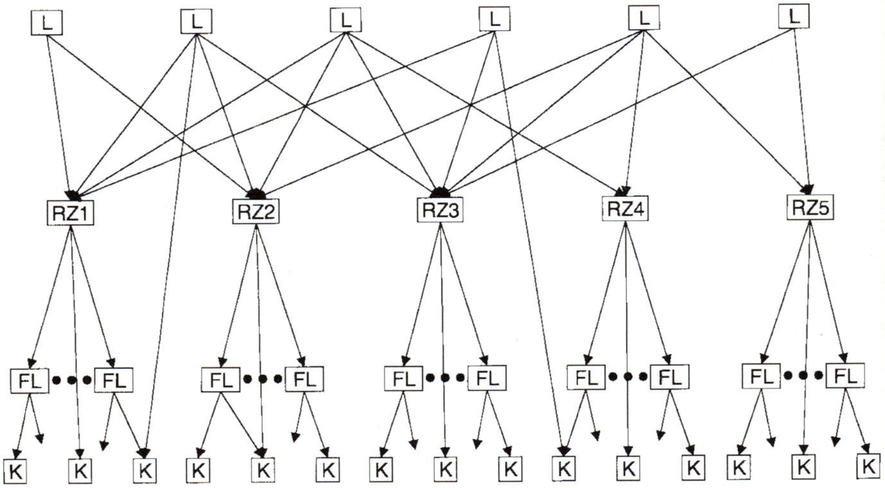


**Abb. 20.24** Distributionsstruktur einer Großhandelskette für Installationsmaterial und Elektroartikel

L: Lieferanten (ca. 450) FL: Filialen (ca. 110) K: Endkunden
RZ: Regionalzentren mit Crossdocking, Transshipment und Lager

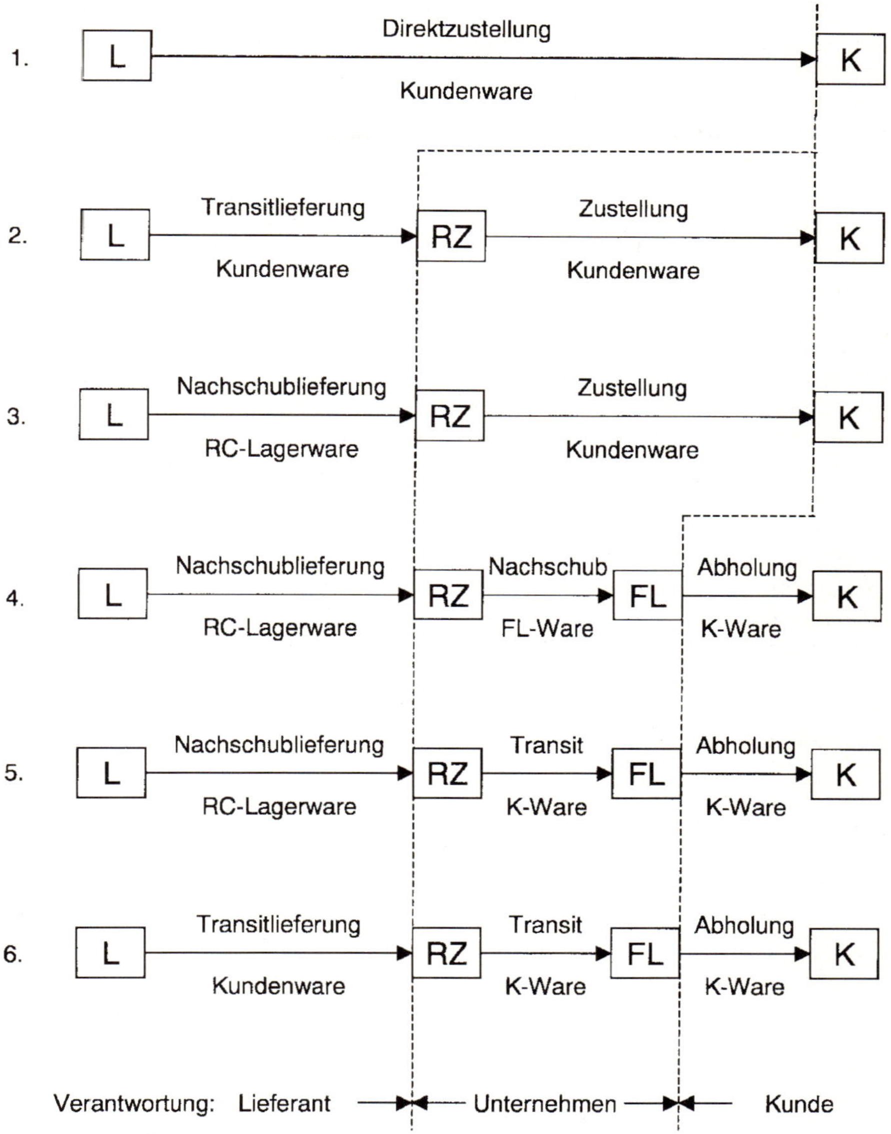


**Abb. 20.25** Beschaffungs- und Lieferketten der Großhandelskette für Installationsmaterial und Elektroartikel

später 6 *Regionalzentren*, deren Standorte und Einzugsgebiete in *Abb. 20.19* gezeigt sind. Die resultierenden 6 *Beschaffungs- und Lieferketten* und die Verantwortungsabgrenzung zwischen den Lieferanten, dem Handelsunternehmen und den Kunden zeigt *Abb. 20.25*.

In den Regionalzentren wird ein breites *regionales Sortiment* vorrätig gehalten, in den Verkaufsstellen ein schmaleres *lokales Sortiment*. Die *Kundenzustellung* wird auf den Belieferungsketten 2 und 3 und die *Filialbelieferung* auf den Beschaffungsketten 4, 5 und 6 grundsätzlich von einem zugeordneten Regionalzentrum aus im *Ladungsverkehr* in bestimmten *Touren* durchgeführt. Je nach Sendungsaufkommen werden dafür Sattelaufliegerfahrzeuge, Wechselbrückenzüge oder kleinere Lieferfahrzeuge eingesetzt.

Die Verteilung der *Kleinsendungen* bis zu 3 Pakete übernimmt ein *Paketdienstleister*, von dessen Speditionsnetz die Standardfrachtkette 3 in *Abb. 20.17* mit nur einem Verteilumschlagpunkt pro Gebiet und dem zugehörigen Nachlauf genutzt wird. Der Hauptlauf ist ein täglicher Ladungstransport der Paketsendungen vom Regionalzentrum zum nächsten Umschlagpunkt des Paketdienstleisters. Ebenso werden Stückgutsendungen, die nicht in eine feste Tour passen, von einem *Gebietsspediteur* abgeholt und über dessen nächsten Umschlagpunkt zusammen mit den Sendungen anderer Lieferanten zugestellt.

Ergebnisse der Optimierung der Unternehmenslogistik sind eine wesentlich verbreiterte Warenpräsenz, eine erhöhte Lieferfähigkeit, verläßliche kurze Lieferzeiten und eine Senkung der Logistikkosten um mehr als 20 %. Die Veränderung der Unternehmenslogistik löste eine Neuausrichtung der gesamten Geschäftspolitik aus mit einer klaren Unterscheidung zwischen dem *Zustellgeschäft* und dem *Abholgeschäft* und einer veränderten Sortimentspolitik. Zugleich wurde die Basis für eine zukünftige Expansion unter Einbeziehung neuer Lieferanten geschaffen.

## 20.13 Auswahl optimaler Transport- und Frachtketten

Lieferketten, die nur Umschlagstationen aber keine bestandsführenden Zwischenstationen enthalten, sind die *Transport- und Frachtketten*. Beispiele für intermodale Transportketten und Standardfrachtketten zeigen die *Abb. 20.4* und *20.17*.

Die Belieferungskosten sind für Transport- und Frachtketten gleich den *Frachtkosten*, die im Personentransport als *Beförderungskosten* bezeichnet werden. Dementsprechend lassen sich mit Hilfe eines Programms zur *Auswahl optimaler Transportketten* – kurz *AOT-Programm* genannt – die Fracht- oder Beförderungskosten für unterschiedliche Transportketten kalkulieren, die Sendungslaufzeiten errechnen, die optimalen Transportketten bestimmen und die verschiedenen *Einflußfaktoren* auf die Frachtkosten untersuchen.

Als *Beispiel* ist in *Tabelle 20.7* am Ende dieses Kapitels ein AOT-Programm für einstufige, zweistufige und dreistufige Transport- und Frachtketten abgedruckt. In den beiden ersten Spalten dieses *Tabellenkalkulationsprogramms* ist für *Ganz- und Teilladungssendungen* die in *Abb. 20.17* gezeigte *Transportkette* 1 abgebildet. Für *Stückgutsendungen* und *Paketsendungen* beinhalten die Spalten 3 bis 6 des AOT-Programms die *Frachtketten* 2 und 3 der *Abb. 20.17* mit ein- und zweifachem Umschlag. In den Umschlagstationen für Stückgutsendungen ist wahlweise ein *Crossdocking* (CD) oder ein *Transshipment* (TS) möglich.

Die *Lieferstellen* können ein oder mehrere Logistikzentren, Regionallager oder Werke sein, aber auch eine größere Anzahl von Versendern. Als *Empfangsstellen* sind wenige Großabnehmer, eine größere Anzahl mittlerer Abnehmer oder eine Vielzahl von flächenverteilten Kunden möglich.

Das *AOT-Programm* berücksichtigt keine Bestände in den Umschlagpunkten zwischen den Liefer- und Empfangsstellen. Es läßt sich jedoch durch Hinzufügen der Logistikfunktionen (20.5) in den Versandstellen, Zwischenstationen und Empfangsstellen erweitern zu einem *BOL-Programm* für die *Bestimmung optimaler Lieferketten* mit bestandsführenden Stationen. Durch zusätzliche *Programmzeilen* können weitere Zwischenstationen und Transportverbindungen eingefügt werden. Damit werden Beförderungs- und Lieferketten mit höherer Stufigkeit möglich, die in weiteren *Programmspalten* abgebildet werden.

*Rückfrachten*, *Leergutrückführung* und *Entsorgungstransporte* können über die gleichen Transportketten wie die Belieferung zurücklaufen, aber auch andere Transportketten nutzen. In beiden Fällen lassen sich Rücktransporte durch zusätzliche Spalten im AOT-Programm erfassen. Bei Nutzung der gleichen Transportmittel errechnet das Programm aus den betreffenden Hin- und Rückfrachtströmen den Anteil der *paarigen Transporte* und die daraus resultierenden Transportkostenersparnisse.

Für die *Entfernungen* zwischen den Lieferstellen, den Umschlagstationen und den Empfangsstellen können entweder die mit dem Sendungsaufkommen gewichteten *mittleren Entfernungen* zwischen den betrachteten Regionen oder die *genauen Entfernungen* für spezielle Relationen und einzelne Sendungen eingegeben werden.

Die Leistungskosten für den Umschlag, die Transporte und andere Logistikleistungen werden in entsprechenden *Unterprogrammen* errechnet. Sie können bei Bedarf durch aktuelle Leistungspreise überschrieben werden. Für die Transportmittel unterschiedlicher Verkehrsträger können die entsprechenden Kapazitäten, Reisegeschwindigkeiten und Leistungskosten eingegeben werden.

Die Abmessungen und Gewichte der *Logistikeinheiten*, wie die Verpackungseinheiten, die Ladeeinheiten und die Transporteinheiten, werden in ein weiteres Unterprogramm eingegeben, das hieraus mit Hilfe der in *Kapitel 12* angegebenen Formeln die *effektiven Kapazitäten* errechnet. Aus den Kapazitäten der Logistikeinheiten und den *Sendungsanforderungen* errechnet das Programm mit Hilfe der Formeln (20.15) bis (20.30) den Ladeeinheitenbedarf, das Transportaufkommen und den Leistungsdurchsatz.

Eingabewerte des AOT-Programms sind die *Sendungsanforderungen* und die *Strukturparameter. Ergebnisse* sind die *Beförderungskosten pro Periode* für die verschiedenen Transport- und Frachtketten und die spezifischen *Frachtkosten pro Verpackungseinheit, pro Ladeeinheit* oder *pro 100 kg.*

## 20.14 Einflußfaktoren der Frachtkosten

Um die Auswirkungen der verschiedenen Einflußfaktoren auf die Frachtkosten zu quantifizieren, wurden mit Hilfe des AOT-Programms der *Tabelle 20.2* eine Reihe von *Modellrechnungen* durchgeführt.

Als *Beispiel* wurde die in *Abb. 20.13* gezeigte *Distributionsstruktur* mit einem Logistikzentrum gewählt, das den Einzelhandel in Deutschland flächendeckend mit *palettierten* und *unpalettierten Verpackungseinheiten* beliefert. Die Auslieferung erfolgt auf der Straße im Zu- und Hauptlauf mit Sattelauflieger- oder Wechselbrücken-Zügen und im Nachlauf mit 7,5 t-Transportern. Die Ergebnisse der Modellrechnungen für dieses Beispiel aus der Praxis sind in den *Abb. 20.26* bis *20.32* dargestellt.

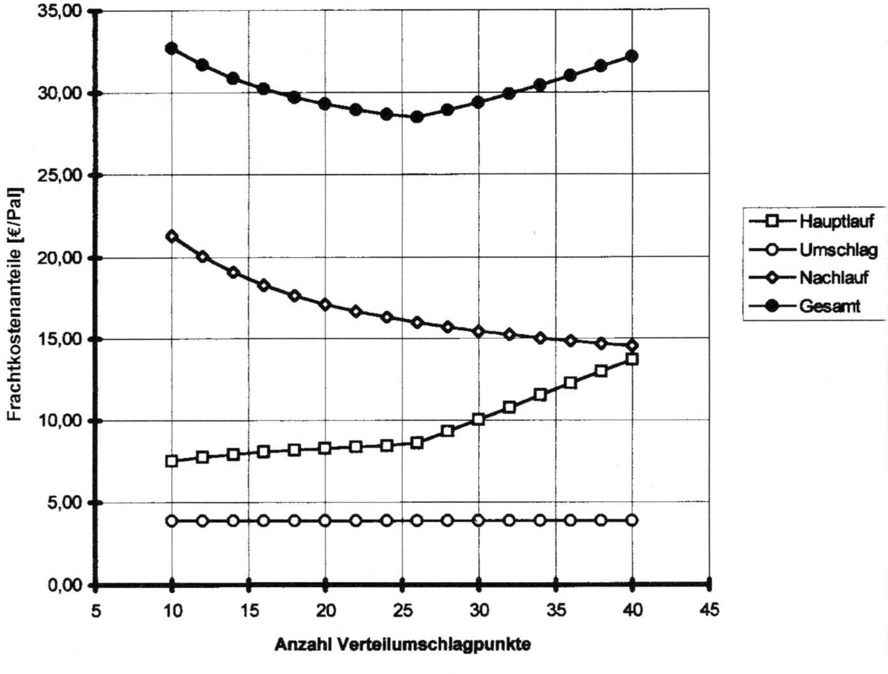


**Abb. 20.26** Abhängigkeit der Frachtkosten für Stückgutsendungen von der Anzahl Umschlagpunkte bei zweistufiger Transportkette

| | |
|---|---|
| Frachtaufkommen: | 30.000 VPE/Tag = 600 Voll-Pal/Tag = 75.000 t/a |
| Mittl. Sendungsinhalt: | 50 VPE/Snd = 1,0 Voll-Pal/Snd |
| Mitt. Verpackungseinheit: | VPE = Karton mit 12 l/VPE und 10 kg/VPE |
| Ladeeinheiten: | LE = CCG1 Paletten mit im Mittel 49 VPE/LE |
| Mittl. Entfernung L→E: | 280 km |
| Stufigkeit: | zweistufig über 1 Verteilumschlagpunkt (VP) |
| Abwicklungsform: | Crossdocking |

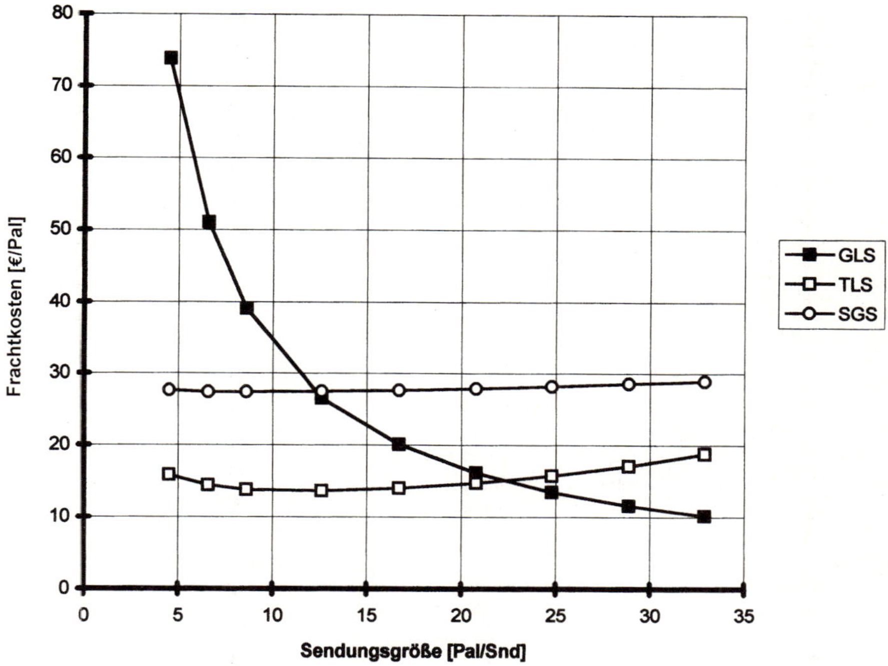


**Abb. 20.27** Abhängigkeit der Frachtkosten von der Sendungsgröße für Ganzladungs-, Teilladungs- und Stückgutsendungen

GLS: Ganzladungssendungen
TLS: Teilladungssendungen
SGS: Stückgutsendungen
Struktur: 20 Verteilumschlagpunkte
Parameter: wie *Abb. 20.26*

Die Sendungsanforderungen und weitere Parameter der Modellrechnungen sind in der Legende zu *Abb. 20.26* angegebenen. In der Legende der weiteren Abbildungen sind nur die jeweils veränderten Parameter aufgeführt. Die verschiedenen Abhängigkeiten gelten *ceteris paribus*.

In *Abb. 20.26* ist die Abhängigkeit der mittleren Frachtkosten pro Palette von der *Anzahl der Umschlagpunkte* dargestellt, die sich für eine *zweistufige Auslieferung* von Stückgutsendungen über jeweils *einen* Verteilumschlagpunkt mit Crossdocking ergibt. Ein ähnlicher Verlauf ergibt sich für die zweistufige Auslieferung von Paketsendungen.

Bis zu 25 Umschlagpunkten nehmen die Nachlaufkosten stärker ab als die Hauptlaufkosten zunehmen, so daß die Frachtkosten insgesamt sinken. Ab 25 Umschlagpunkten aber steigen die Hauptlaufkosten stärker als die Nachlaufkosten abnehmen, da bei dem betrachteten Ladungsaufkommen der mittlere Füllungsgrad der exklusiven Ganzladungstransporte zu den Umschlagpunkten immer schlechter wird. Die optimale Anzahl Umschlagpunkte ist daher in diesem Fall 25.

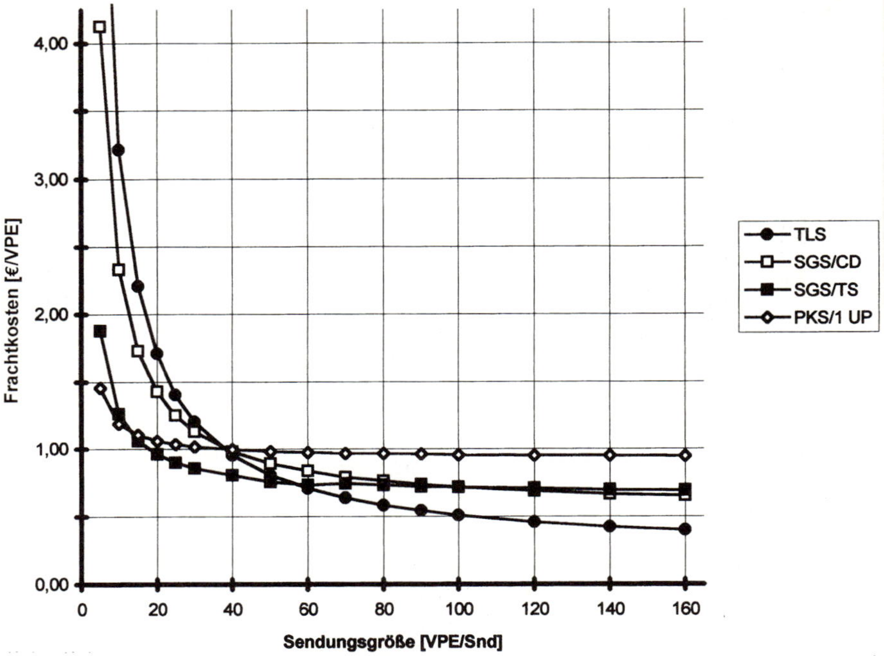


**Abb. 20.28** Abhängigkeit der Frachtkosten von der Sendungsgröße für Teilladungs-, Stückgut- und Paketsendungen

| | |
|---|---|
| TLS: | Teilladungssendungen |
| SGS/CD: | Stückgutsendungen über 1 UP mit Crossdocking |
| SGS/TS: | Stückgutsendungen über 1 UP mit Transshipment |
| PKS/1 UP: | Paketsendungen über 1 Verteilumschlagpunkt |
| übrige Parameter: | wie *Abb. 20.26* |

Durch Parametervariation ergeben sich aus den Modellrechnungen für die Stückgut- und Paketsendungen folgende *Zusammenhänge*:

- Die Frachtkosten verändern sich im Bereich der optimalen Anzahl nur wenig mit der Anzahl der Umschlagpunkte.
- Bei zweistufiger Belieferung über Verteilumschlagpunkte in den Zielregionen verschiebt sich die optimale Anzahl der Umschlagpunkte mit zunehmendem Frachtaufkommen und abnehmender Sendungsgröße nach oben, mit abnehmendem Frachtaufkommen und zunehmender Sendungsgröße nach unten.
- Wenn das Frachtaufkommen einen *kritischen Wert* unterschreitet, ist eine *dreistufige Belieferung* über einen regionalen Sammelpunkt in der Nähe des Versandortes mit gemeinsamem Hauptlauf zusammen mit dem Ladungsaufkommen anderer Versender zu den regionalen Verteilumschlagpunkten günstiger als die zweistufige Belieferung nur über die Verteilumschlagpunkte in der Zielregion (s. *Abb. 20.29*).

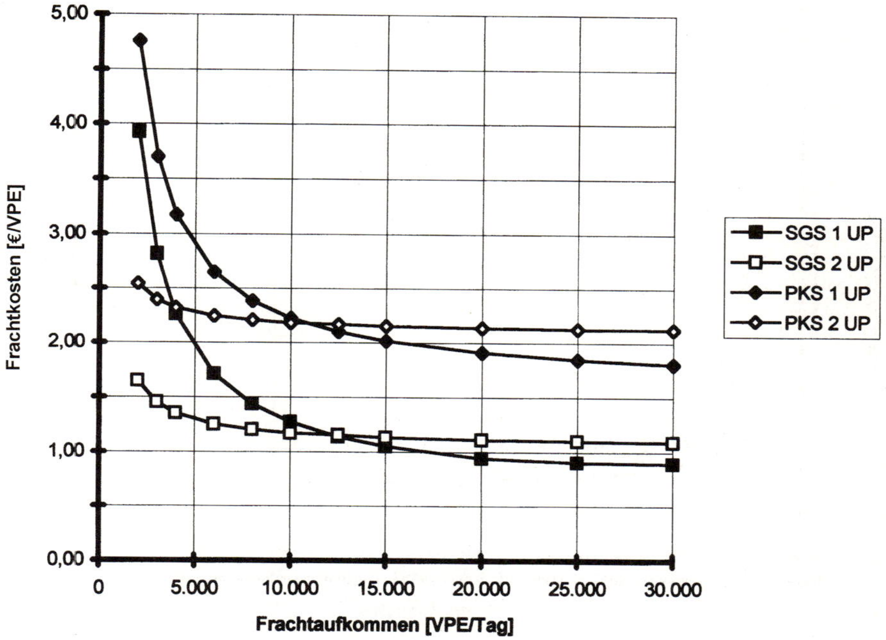


**Abb. 20.29** Abhängigkeit der Frachtkosten vom Frachtaufkommen

| | | |
|---|---|---|
| SGS 1 UP: | Stückgutsendungen über 1 UP mit Crossdocking | |
| SGS 2 UP: | Stückgutsendungen über 2 UP mit Crossdocking | |
| PKS 1 UP: | Paketsendungen über 1 Verteilumschlagpunkt | |
| PKS 2 UP: | Paketsendungen über 2 UP | |
| Sendungsgrößen: | SGS: 50 VPE/Snd | PKS: 3 VPE/Snd |
| übrige Parameter: | wie *Abb. 20.26* | |

▶ Ein Hauptlauf direkt vom Auslieferort zum regionalen Verteilumschlagpunkt ist nur bei einem täglichen Ladungsaufkommen von mehr als einer Ganzladung wirtschaftlich oder wenn eine Kombination des Zulauftransports zum Verteilumschlagpunkt mit der Direktbelieferung eines Großkunden in der Region möglich ist.

Die errechnete *Abhängigkeit der Frachtkosten von der Sendungsgröße* ist für Ganzladungs-, Teilladungs- und Stückgutsendungen in *Abb. 20.27* gezeigt und für Teilladungs-, Stückgut- und Paketsendungen in *Abb. 20.28*. Hieraus sind folgende *Gesetzmäßigkeiten* und *Abhängigkeiten* ablesbar:

▶ Die Frachtkosten hängen für alle Versandarten und Abwicklungsformen sehr stark von der Sendungsgröße ab.

▶ Ausgehend von kleinen Sendungsgrößen können sich die Frachtkosten bei einer Verdopplung der Sendungsgröße mehr als halbieren.

▶ Der Ganzladungstransport ist für Sendungen mit mehr als etwa 22 Paletten oder 11 t kostengünstiger als der Teilladungstransport (s. *Abb. 20.27*).

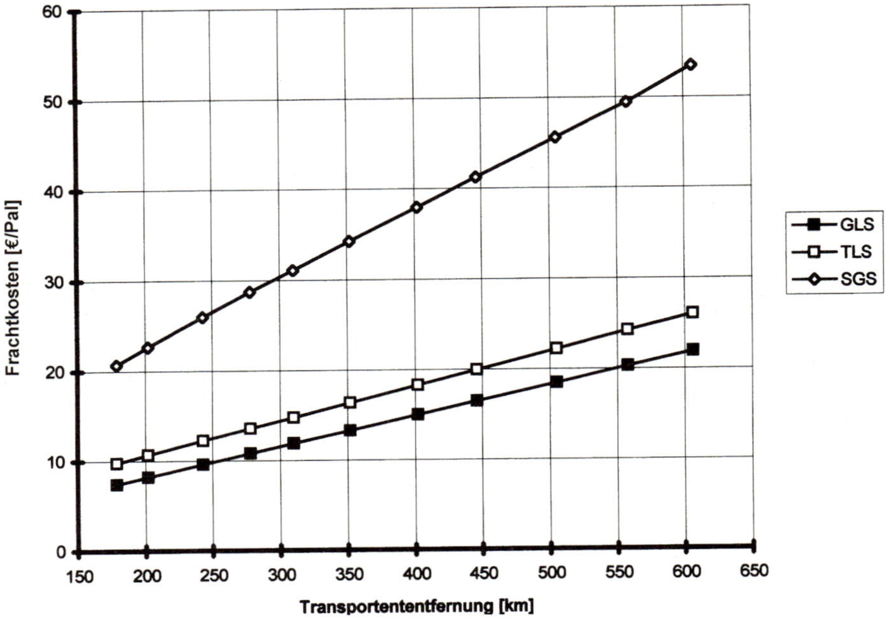


**Abb. 20.30** Abhängigkeit der Frachtkosten von der Transportentfernung

| | |
|---|---|
| GLS: | Ganzladungssendungen mit 1.500 VPE = 31 Pal/Snd |
| TLS: | Teilladungssendungen mit 600 VPE = 12,6 Pal/Snd |
| SGS: | Stückgutsendungen mit 75 VPE = 2 Pal/Snd |
| übrige Parameter: | wie *Abb. 20.26* |

- ▶ Soweit das gesamte Sendungsaufkommen für direkte Auslieferfahrten ausreicht, ist der Teilladungstransport für Sendungen ab 3 Paletten und 1.500 kg wirtschaftlicher als die Stückgutspedition (s. *Abb. 20.28*).
- ▶ Kleinere Stückgutsendungen mit weniger als ca. 1,5 Paletten sind wirtschaftlicher nach dem *Transshipment-Verfahren*, größere Stückgutsendungen günstiger nach dem *Crossdocking-Verfahren* auszuliefern (s. *Abb. 20.28*).
- ▶ Die Frachtkosten von Sendungen mit weniger als 10 Verpackungseinheiten sind für Paketsendungen geringer als für Stückgutsendungen (s. *Abb. 20.28*).
- ▶ Die *Optimalitätsgrenzen* zwischen den verschiedenen Versandarten hängen ab von Größe und Gewicht der Paletten und Verpackungseinheiten sowie von Frachtaufkommen und Entfernung zwischen Quellgebiet und Zielgebiet.

Die hier quantifizierten Optimalitätsgrenzen sind ein Beipiel für die zuvor beschriebenen *Zuweisungskriterien* (20.16) bis (20.19) für optimale Lieferketten.

Die Abhängkeit der Frachtkosten vom *Frachtaufkommen* und von der *Stufigkeit* der Transportketten zeigt *Abb. 20.29*. Dabei unterscheidet sich die mittlere Größe der Stückgutsendungen (50 VPE/Snd) von der mittleren Größe der Paketsendungen (3 VPE/Snd). Aus dieser Abhängigkeit sowie aus weiteren Modellrechnungen ergeben sich die *Regeln*:

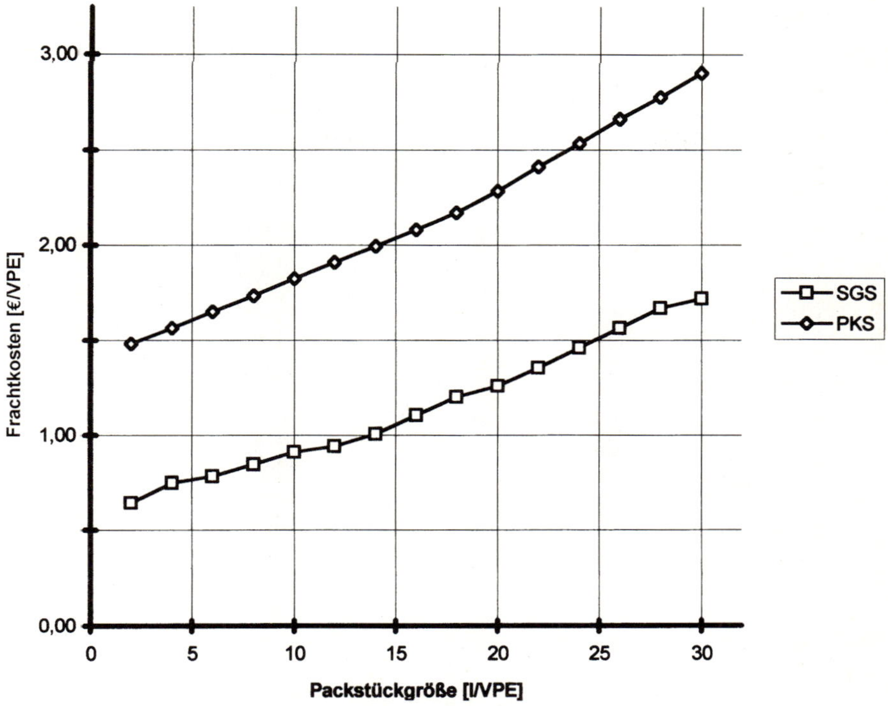


**Abb. 20.31** Abhängigkeit der Frachtkosten von der Packstückgröße

| | |
|---|---|
| SGS: | Stückgutsendungen mit 50 VPE/Snd |
| PKS: | Paketsendungen mit 3 VPE/Snd |
| Frachtaufkommen: | 20.000 VPE/Tag |
| übrige Parameter: | wie *Abb. 20.26* |

- Mit abnehmendem Frachtaufkommen steigen die Frachtkosten für Stückgut- und Paketsendungen wegen der schlechteren Auslastung der Lade- und Transporteinheiten stark an.
- Mit zunehmendem Frachtaufkommen erreichen die Frachtkosten bei optimaler Auslastung der Lade- und Transporteinheiten asymptotisch einen Grenzwert.
- Wenn das Frachtaufkommen nicht ausreicht zur Belieferung der Verteilumschlagpunkte in hinreichend gefüllten Sattelaufliegern oder Wechselbrücken, ist ein Transport über zwei Umschlagpunkte kostengünstiger.
- Die *Optimalitätsgrenze* zwischen der zweistufigen und der dreistufigen Belieferung liegt in diesem Fall bei ca. 12,5 Paletten pro Relation. Sie hängt ab von der Zulaufentfernung sowie von der Höhe der Umschlagkosten.

Die errechnete Abhängigkeit der Frachtkosten von der *Transportentfernung* zwischen Versandort und Empfangsstelle zeigt die *Abb. 20.30*. Hieraus sind folgende Abhängigkeiten und *Regeln* ablesbar:

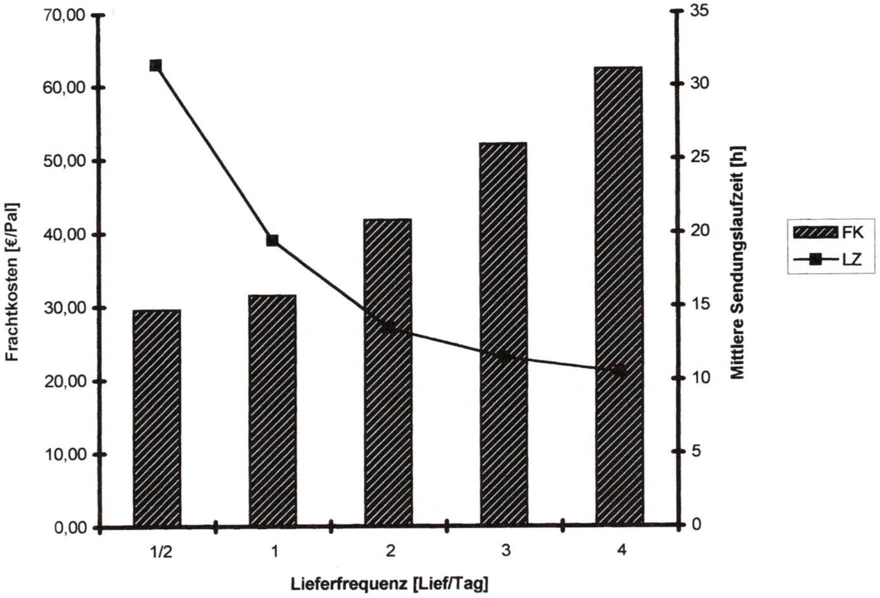


**Abb. 20.32** Frachtkosten und Sendungslaufzeit als Funktion der Lieferfrequenz

Palettensendungen über einen Verteilumschlagpunkt mit Crossdocking
Frachtaufkommen: 27 Pal/Tag und Region
Mittl. Sendungsinhalt: 2 Pal/Snd
übrige Parameter: wie *Abb. 20.26*

- ▶ Die Frachtkosten nehmen für alle Sendungsarten mit der Entfernung *linear* zu.
- ▶ Der entfernungsbedingte Kostenanstieg ist für Stückgut- und Paketsendungen größer als für Ganz- und Teilladungssendungen.

Ein weitere wichtige Einflußgröße auf die Frachtkosten ist die *Frachtstückgröße*. Die *Abb. 20.31* zeigt die Abhängigkeit der Frachtkosten vom Packstückvolumen bei konstant gehaltenem Frachtaufkommen. Hieraus ist der *Zusammenhang* ablesbar:

- ▶ Bei gleicher Sendungsstruktur und gleicher Versandart nehmen die Frachtkosten linear mit der Größe der Packstücke zu.

Bei gleichem Sendungsaufkommen bewirken große Packstücke ein größeres Ladungsaufkommen als kleine Packstücke, so daß ein Wechsel zu einer anderen Versandart, beispielsweise von Paketsendungen zu Stückgutsendungen oder von Stückgutsendungen zu Teilladungen kostengünstiger sein kann.

Als letzte Abhängigkeit zeigt *Abb. 20.32* für Stückgutsendungen, die über einen Verteilumschlagpunkt ausgeliefert werden, den Einfluß der Lieferfrequenz auf die Sendungslaufzeit und auf die Lieferkosten. Der Anstieg der Frachtkosten mit zunehmender Lieferfrequenz resultiert in diesem Fall aus der abnehmenden Auslastung der Zulauftransporte zu den Verteilumschlagpunkten. Bei weiterer Erhöhung der Lieferfrequenz kommen die Mehrkosten für den Einsatz kleinerer Auslieferfahrzeuge und für Sonderfahrten hinzu. Allgemein gilt die *Regel*:

▶ Mit zunehmender Lieferfrequenz wird die Verkürzung der Sendungslaufzeiten immer geringer, während die Frachtkosten stärker ansteigen.

Insgesamt zeigen die Modellrechnungen, daß die optimale Lieferkette und die Frachtkosten sehr stark von den Leistungsanforderungen abhängen, insbesondere vom Frachtaufkommen, von der Frachtstückgröße und von der Sendungsgröße. Sie werden außerdem durch eine Reihe von Parametern beeinflußt, wie den Lieferfrequenzen, den Strukturparametern, den Entfernungen und der Größe des Servicegebiets.

Ohne genaue Kenntnis der Anforderungen, Randbedingungen und übrigen Gegebenheiten sind daher Frachtkostenvergleiche und *empirische Benchmarks* für Transport- und Frachtkosten irreführend. Mit Hilfe eines AOT-Programms lassen sich hingegen projektspezifische *analytische Benchmarks* für die Frachtkosten errechnen. Der Vergleich der aktuell gezahlten Frachtpreise und der daraus resultierenden Frachtkosten mit den analytischen Benchmark-Werten zeigt am sichersten die *Einsparungs- und Verbesserungspotentiale* auf, die durch eine Optimierung der Transport- und Lieferketten erreichbar sind.

## 20.15 Transportpreise und Frachttarife

Zur Beförderung seiner Sendungen kann ein *Versender*, der selbst keine Transportmittel besitzt oder für längere Zeit anmieten will, am Markt entweder *Transportleistungen* oder *Frachtleistungen* einkaufen.

### 1. Transportleistungspreise

*Transportleistungen* sind Transportfahrten, die von einem *Auftragnehmer* mit einem bestimmten Transportmittel nach Anweisung eines *Auftraggebers* durchgeführt werden. *Auftraggeber* können Privatpersonen, Unternehmen aus Industrie und Handel aber auch Logistikdienstleister sein. *Auftragnehmer* sind im Straßentransport die sogenannten *Frachtführer*, in der Binnenschiffahrt die *Partikuliere*, in der Seeschiffahrt die *Reedereien* und im Luftverkehr die *Chartergesellschaften*.

Die Transportmittel werden vom Auftragnehmer mit Fahrpersonal bereitgestellt und einschließlich Treib- und Schmierstoffe sowie Reparatur und Wartung betriebsfähig gehalten. Die *Einsatzzeiten* werden zwischen Auftraggeber und Auftragnehmer vereinbart und die *Transportfahrten* nach den Anforderungen und Vorgaben des Auftraggebers durchgeführt.

Für den Straßentransport können beispielsweise Sattelaufliegerzüge, Wechselbrücken-Gliederzüge oder Transporter mit einer Kapazität angefordert werden, die durch Nutzlast und Laderaum definiert ist. Im Seeverkehr können für den

Transport bemannte Schiffe gechartert werden, im Schienenverkehr Eisenbahnzüge mit Waggons, Lok und Fahrdienstpersonal.

Für die Vergütung von Transportleistungen gibt es im Transportgewerbe eine Vielfalt von Möglichkeiten und Usancen[64; 199; 200; 219]. Die verschiedenen *Transportvergütungssysteme* lassen sich grundsätzlich unterscheiden in:

- *Vergütung des Transportmitteleinsatzes nach Zeit und Aufwand (Zeitcharter)* zu bestimmten *Periodensätzen* zuzüglich *einsatzbedingter Kosten* für Treibstoffverbrauch, Trassennutzung usw. (z.B. Autovermietung oder Schiffscharter).
- *Vergütung des Transportmitteleinsatzes nach Leistung* zu nutzungsgemäßen *Leistungspreisen* (z.B. Taxifahrt).

Um die Transportkosten für den Versender zu optimieren, ist die Vergütung nach Leistung geeigneter als eine Vergütung nach Zeit und Aufwand oder nach anderen Verfahren. Die *leistungsabhängige Vergütung* mit den nutzungsgemäßen *Transportleistungspreisen*

| | | | |
|---|---|---|---|
| **Grundpreis** | $P_G$ | **[€/TE-Fahrt]** | |
| **Stoppreis** | $P_{ST}$ | **[€/TE-Stop]** | (20.37) |
| **Fahrwegpreis** | $P_{FW}$ | **[€/TE-km]** | |

setzt voraus, daß die Art der *Transporteinheiten* TE durch die Angabe der Daten von Transportmittel und Laderaum eindeutig spezifiziert ist, daß das Einsatzgebiet, die *Einsatzzeit* und die mit einer *Transportfahrt* verbundenen *Grundleistungen*, wie das Bereitstellen einschließlich Be- und Entladen klar vereinbart wurden und daß die mittleren *Stopzeiten* bekannt sind.

Mit den Leistungspreisen (19.37) ist der *Transportpreis* für die Durchführung einer Transportfahrt, die sich insgesamt über einen *Fahrweg* $s_{FW}$ [km] erstreckt und zwischen Start- und Endpunkt der Nutzfahrt mit $n_{ST}$ *Stops* verbunden ist, gegeben durch:

$$P_{TR} = P_G + n_{ST} \cdot P_{ST} + s_{FW} \cdot P_{FW} \qquad \textbf{[€ / TE-Fahrt]}. \qquad (20.38)$$

Ein *Beispiel* für nutzungsgemäße Transportpreise sind die Taxipreise. Für die Beförderung ist ein Grundpreis festgelegt, der abhängig von Einsatzgebiet, Einsatzzeit und Anfahrweg zur Zeit zwischen 2,00 und 2,50 € pro Fahrt liegt, und ein Fahrwegpreis, der gegenwärtig zwischen 1,30 bis 1,50 €/km beträgt. Darüber hinaus wird für den Zu- oder Ausstieg eines Fahrgastes an einem Zwischenhalt oder für größere Gepäckstücke ein Zuschlag erhoben. Entsprechende Leistungspreise anderer Transportmittel sind in *Tabelle 18.4* angegeben.

### 2. Frachtleistungspreise

Das Abholen, Befördern und Zustellen von *Sendungen* ist eine *Frachtleistung*, die mehr umfaßt als den reinen Transport. Das Frachtunternehmen kann eine Spedition, ein Paketdienstleister, die Bahn, die Post oder ein Verkehrsbetrieb sein. Es organisiert die *Frachtketten* zur Ausführung von Versandaufträgen und verfügt dafür in der Regel über ein festes Frachtnetz. Für die Transporte werden eigene oder fremde Transportmittel eingesetzt.

Für die Vergütung von Frachtleistungen gibt es eine noch größere Vielfalt von Tarifsystemen, Frachttabellen, Fahrpreisen und Beförderungstarifen als für die Vergütung von Transportleistungen [199; 200; 201; 219]. Viele Frachtpreise und Tarife, die von Beförderungsunternehmen angeboten, teilweise auch staatlich festgelegt werden, sind jedoch nur wenig leistungsabhängig und kaum nutzungsgemäß (s. *Abschnitt 7.1* und *Abschnitt 22.4*) [64].

Eine nutzungsgemäße Frachtkostenkalkulation – zum Beispiel mit dem AOT-Programm – ergibt, daß die Frachtkosten für die in *Abb. 20.17* dargestellten Standardfrachtketten in weiten Grenzen linear von der Frachtstückgröße und von der Entfernung zwischen Versandort und Zustellort abhängen (s. *Abb. 20.30* und *20.31*). Ein weiterer Einflußfaktor auf die Frachtkosten ist die Sendungsgröße (s. *Abb. 20.28*).

Die Abhängigkeit der Frachtkosten von Frachtstückgröße, Entfernung und Sendungsgröße wird nutzungsgemäß wiedergegeben durch die *Frachtleistungspreise*:

$$\begin{array}{lll} \textbf{Sendungspreis} & P_S & [\text{€/Snd}] \\ \textbf{Mengenpreis} & P_{ME} & [\text{€/ME}] \\ \textbf{Entfernungspreis} & P_E & [\text{€/ME-km}]. \end{array} \qquad (20.39)$$

Mengenpreis und Entfernungspreis hängen von der gewählten Mengeneinheit ME ab und erhöhen sich mit der Größe der Mengeneinheit.

Zur Erläuterung sind in *Tabelle 20.3* die Frachtpreise für die Zustellung von Stückgutsendungen in Deutschland über die beiden *Standardfrachtketten* 2 und 3 aus *Abb. 20.17* zusammengestellt. Die Frachtkostensätze wurden mit Hilfe des zuvor beschriebenen AOT-Programms kalkuliert. Die Frachtpreise der *Tabelle 20.3* sind gegenüber den kalkulierten Frachtkostensätzen um einen *Gemeinko-*

| **Transportkette**<br>Frachtaufkommen | **Sendungspreis**<br>**€/Sendung** | **Mengenpreis**<br>**€/PalStp** | **Entfernungspreis**<br>**€/Pal-km** |
|---|---|---|---|
| **Zustellung über 1 UP**<br>größer 20 Pal/Tag pro Zielgebiet | **4,80** | **12,00** | **0,075** |
| **Zustellung über 2 UP**<br>kleiner 20 Pal/Tag pro Zielgebiet | **7,20** | **19,00** | **0,075** |

**Tab. 20.3** Frachtleistungspreise für Stückgutsendungen
Modellrechnung für Crossdocking von Euro-Paletten
Preise = Kostensätze + 20% Gemeinkosten
Gesamtfrachtaufkommen größer 20 Pal/Tag
Grundmaße 800 × 1.200, Gewicht bis 500 kg/Pal

| Entfernung km von | bis | Sendungsgewicht bis 500 | 500 bis 1.000 | 1.000 bis 1.500 | 1.500 bis 2.000 | 2.000 bis 2.500 | kg/Snd |
|---|---|---|---|---|---|---|---|
| | 100 | 8,57 | 6,65 | 6,26 | 6,10 | 6,01 | €/100kg |
| 100 | 200 | 10,44 | 8,52 | 8,14 | 7,97 | 7,88 | €/100kg |
| 200 | 300 | 12,32 | 10,40 | 10,01 | 9,85 | 9,76 | €/100kg |
| 300 | 400 | 14,19 | 12,27 | 11,89 | 11,72 | 11,63 | €/100kg |
| 400 | 500 | 16,07 | 14,15 | 13,76 | 13,60 | 13,51 | €/100kg |
| 500 | 600 | 17,94 | 16,02 | 15,64 | 15,47 | 15,38 | €/100kg |
| 600 | 700 | 19,82 | 17,90 | 17,51 | 17,35 | 17,26 | €/100kg |
| 700 | 800 | 21,69 | 19,77 | 19,39 | 19,22 | 19,13 | €/100kg |
| 800 | 900 | 23,57 | 21,65 | 21,26 | 21,10 | 21,01 | €/100kg |
| 900 | 1.000 | 25,44 | 23,52 | 23,14 | 22,97 | 22,88 | €/100kg |

**Tab. 20.4** 100 kg-Frachttarife für Palettenzustellung über zwei Umschlagpunkte

| Stückgutbeförderung von EURO-Paletten | | | |
|---|---|---|---|
| Gesamtfrachtaufkommen | > 30 Pal/Tag | | > 12 t/Tag |
| Sendungspreis | 7,20 €/Snd | | 7,20 €/Snd |
| Mengenpreis | 19,00 €/Pal | | 4,75 €/100kg |
| Entfernungspreis | 0,075 €/Pal-km | | 0,0188 €/100kg-km |
| | min | mittel | max |
| Palettengewicht | 200 | 400 | 600kg/Pal |

*stenzuschlag* erhöht. Der Vertriebs- und Verwaltungsgemeinkostenzuschlag (VVGK), den ein Spediteur für Verwaltung, Vertrieb, Disposition, Steuerung, Sendungsverfolgung, Auslastungs- und Leerfahrtrisiko, Leistungsbereitschaft und Gewinn benötigt, wurde hier mit 20 % angesetzt.

Die aktuellen Leistungspreise und damit auch der erwirtschaftete Deckungsbeitrag hängen von *Angebot* und *Nachfrage* auf dem Transport- und Frachtmarkt zum Zeitpunkt der Auftragsverhandlung ab. Daher können die gezahlten Transportpreise und Frachttarife erheblich von den auf Kostenbasis kalkulierten Preisen und Tarifen abweichen, die in den *Tabellen 18.4*, *20.3*, *20.4* und *20.5* angegeben sind.

Mit den Leistungspreisen (20.39) ist der *Frachtpreis* für eine Sendung der Größe $m_S$ [ME/Snd], die über eine Entfernung $d_E$ [km] zu befördern ist, gegeben durch:

| Entfernung km von | bis | Sendungsgewicht bis 500 | 500 bis 1.000 | 1.000 bis 1.500 | 1.500 bis 2.000 | 2.000 bis 2.500 | kg/Snd |
|---|---|---|---|---|---|---|---|
| | 100 | 5,86 | 4,58 | 4,32 | 4,21 | 4,15 | €/100kg |
| 100 | 200 | 7,73 | 6,45 | 6,20 | 6,09 | 6,03 | €/100kg |
| 200 | 300 | 9,61 | 8,33 | 8,07 | 7,96 | 7,90 | €/100kg |
| 300 | 400 | 11,48 | 10,20 | 9,95 | 9,84 | 9,78 | €/100kg |
| 400 | 500 | 13,36 | 12,08 | 11,82 | 11,71 | 11,65 | €/100kg |
| 500 | 600 | 15,23 | 13,95 | 13,70 | 13,59 | 13,53 | €/100kg |
| 600 | 700 | 17,11 | 15,83 | 15,57 | 15,46 | 15,40 | €/100kg |
| 700 | 800 | 18,98 | 17,70 | 17,45 | 17,34 | 17,28 | €/100kg |
| 800 | 900 | 20,86 | 19,58 | 19,32 | 19,21 | 19,15 | €/100kg |
| 900 | 1.000 | 22,73 | 21,45 | 21,20 | 21,09 | 21,03 | €/100kg |

**Tab. 20.5** 100kg- Frachttarife für Palettenzustellung über einen Umschlagpunkt

Stückgutbeförderung von EURO-Paletten

| | | | |
|---|---|---|---|
| Gesamtfrachtaufkommen | > 30 Pal/Tag | | > 12 t/Tag |
| Sendungspreis | 4,80 €/Snd | | 4,80 €/Snd |
| Mengenpreis | 12,00 €/Pal | | 3,00 €/100kg |
| Entfernungspreis | 0,075 €/Pal-km | | 0,0188 €/100kg-km |
| | min | mittel | max |
| Palettengewicht | 200 | 400 | 600kg/Pal |

$$P_{FR} = P_S + m_S \cdot \left(P_{ME} + d_E \cdot P_E\right) \qquad [€ / \mathrm{Snd}]. \qquad (20.40)$$

Hieraus ergibt sich für den *Frachtpreis pro Mengeneinheit*:

$$p_{ME} = P_{FR} / m_S = P_S / m_S + P_{ME} + d_E \cdot P_E \qquad [€ / \mathrm{ME}]. \qquad (20.41)$$

Nach dieser Preisberechnung nimmt der Frachtpreis pro Mengeneinheit entsprechend dem Verlauf in *Abb. 20.28* umgekehrt proportional mit der Sendungsgröße ab und entsprechend dem Verlauf in *Abb. 20.30* linear mit der Entfernung zu. Über die Abhängigkeit der Leistungspreise (20.39) von der Größe der Mengeneinheit ergibt sich der in *Abb. 20.31* gezeigte Anstieg des spezifischen Frachtpreises (20.41) mit dem Frachtstückvolumen.

**3. Frachttarife**

Die Sendungsgröße wird in unterschiedlichen *Mengeneinheiten* ME gemessen:

$$ME = \text{kg, t, m}^3\text{, Paket, Palette, ISO-Container oder LE.} \qquad (20.42)$$

Die Mengeneinheit, die für eine Frachtkostenabrechnung zu wählen ist, hängt ab von der Frachtbeschaffenheit und von der Transport- und Umschlagtechnik, die in der Frachtkette eingesetzt wird.

Die Frachtkosten hängen sehr wesentlich von der Kapazität der Transportmittel ab. Sie wird bei *volumenbestimmter Fracht* durch den *Laderaum* und bei *gewichtsbestimmter Fracht* durch die *Nutzlast* begrenzt. Daher wird die Sendungsgröße für volumenbestimmte Fracht in *Liter*, *Kubikmeter* oder *Ladeeinheiten* gemessen und für gewichtsbestimmte Fracht in *Kilogramm* oder *Tonnen* (s. *Abschnitt 12.5*).

Dementsprechend wird die Ladung in der *Möbelspedition* in Laderaummetern und bei der Beförderung von Gas in Kubikmetern gemessen. In der *Massengutbeförderung* von Flüssigkeiten und Feststoffen wird die Ladungsgröße in Tonnen und die Entfernungsleistung in Tonnen-Kilometer-Sätzen abgerechnet.

In der *Stückgutspedition* sind entfernungsabhängige 100kg-Frachtkostensätze und Tabellenwerke üblich [199; 201]. Als Beispiel sind in den *Tabellen 20.4* und *20.5* die 100kg-Frachttarife für Paletten zusammengefaßt, die für die angegebenen Palettengewichte und Lieferketten aus den Mittelwerten der Tabellengrenzen mit Hilfe der Frachtpreisformel (20.41) und den Frachtleistungspreisen der *Tabelle 20.3* kalkuliert wurden.

Die 100kg-Sätze haben den Nachteil, daß sie die Größe und Beschaffenheit der Frachtstücke nicht direkt berücksichtigen, von denen die Kosten für das Be- und Entladen und das Handling in den Umschlagstationen abhängen. Wenn die Fracht aus einzelnen *Frachtstücken* mit definierter Größe oder aus diskreten *Ladeeinheiten*, wie Pakete, Behälter, Paletten oder Container, besteht, deren Abmessungen und Gewichte standardisiert sind, sollte daher die Sendungsgröße in den entsprechenden *Versandeinheiten* gemessen und die Frachtkosten mit Hilfe der Formel (20.40) abgerechnet werden. So ist bei den Paketdienstleistern eine Abrechnung nach *Packstücken* verschiedener Gewichtsklassen üblich, wie sie die *Tabelle 20.6* zeigt [219]. Im Containerverkehr werden 20"- und 40"-ISO-Container abgerechnet.

Wenn sich die Sendungsstruktur für einen vereinbarten Abrechnungszeitraum nur wenig ändert, kann der Sendungspreis in den Mengenpreis einkalkuliert werden. Für feste Frachtrelationen zwischen definierten Gebieten mit hinreichend gleichbleibendem Frachtaufkommen kann auch mit einem durchschnittlichen Entfernungspreis gerechnet werden. Dieser wird dann, wie in der *Frachttabelle 20.6* für die Paketzustellung, mit dem Mengenpreis zu einem *Einheitstarif* pro Mengeneinheit zusammengefaßt [260].

Eine *Mischkalkulation* zur Vereinfachung der Frachttarife verwässert jedoch das Prinzip nutzungsgemäßer Preise, denn durch die höheren Stückpreise für große Sendungen und für Sendungen über kurze Entfernungen werden die nicht auskömmlichen Stückpreise für kleine Sendungen und für Sendungen über große Entfernungen subventioniert (s. *Abschnitt 7.1*).

| Servicegebiet | Zustellpreis Pakete bis 5 kg | Pakete 5 bis 15 kg | Pakete 15 bis 31 kg | |
|---|---|---|---|---|
| Nahgebiet | 3,20 | 5,40 | 7,60 | €/Paket |
| Ferngebiete | 3,70 | 6,10 | 9,10 | €/Paket |

**Tab. 20.6** Frachtkostensätze für die Paketzustellung

Einzelstücksendungen (1 Sendung = 1 Paket)
Frachtaufkommen > 5.000 Pakete pro Tag
Preise 2002
Nahgebiet Umschlag über 1 Umschlagpunkt
Ferngebiet Umschlag über 2 Umschlagpunkte

Bei einer Abrechnung nach Frachttabellen kommt zur Problematik der Mischkalkulation noch die *Rundungsproblematik* hinzu. Da sich die Tarifsätze an den Grenzwerten einer Tabelle sprunghaft ändern, kann sich der Frachtpreis für eine Sendung, deren Gewicht oder Entfernung nur minimal über einer Grenze liegt, erheblich vom Frachtpreis einer nahezu gleich großen Sendung mit Werten kurz unterhalb der Grenze unterscheiden. Hier helfen auch Glättungsregeln wenig. Einfacher und unmißverständlich ist dagegen die Frachtabrechnung mit Hilfe der Formel (20.40) unter Verwendung vereinbarter Leistungspreise (20.39).

Allgemein gilt für die Kostenabrechnung der *Grundsatz*:

► Die *Differenzierung der Transportpreise und Frachttarife* wird von der *Zielsetzung* und von der *Verfügbarkeit* der zur Abrechung benötigten *Daten* bestimmt.

In dem Maße, wie die Logistikdaten der Artikel und Sendungen in den Stammdateien der Warenwirtschaftssysteme vollständig erfaßt sind und zusammen mit den hinterlegten Entfernungen von Versand- und Empfangsorten von den Transportleitsystemen zur Sendungssteuerung genutzt werden, wird sich die nutzungsgemäße Abrechnung der Transport- und Frachtleistungen mit den Leistungspreisen (20.37) und (20.39) durchsetzen (s. hierzu *Abschnitt 7.6.1* und *15.6*).

## 20.16 Kombinierter Ladungsverkehr

Im kombinierten Ladungsverkehr, kurz *KLV* genannt, werden *Sattelauflieger* (SA) oder *Wechselbrücken* (WB) auf der Straße durch Zugmaschinen von den Versandorten zu einem *Umschlagterminal* der Bahn gefahren. Dort werden die Transportbehälter auf Waggons verladen und von einem Zug zu einem Zielumschlagterminal transportiert. Nach dem Entladen an der Zielstation werden die

Sattelauflieger oder Wechselbrücken von Zugmaschinen abgeholt und auf der Straße zum Bestimmungsort gebracht [238; 239; 240].

Der KLV-Transport ist ein Beispiel für den *intermodalen Transport* mit einer *dreistufigen Standardtransportkette*, wie sie in den *Abb. 20.4* und *Abb. 20.17* dargestellt ist. Durch den KLV können Transporte von der Straße auf die Schiene umgeleitet und damit die Straßen entlastet werden. Voraussetzung ist jedoch, daß der KLV im Vergleich zum direkten Straßentransport für Versender und Spediteure *zeitlich* und *wirtschaftlich* attraktiv ist.

Durch geeignete Fahrplangestaltung ist heute eine effektive Reisegeschwindigkeit der Züge auf der Schiene von $v_{Zug} \approx 100$ km/h möglich, während die Lastzüge auf den Straßen eine mittlere Reisegeschwindigkeit von $v_{Lkw} \approx 60$ km/h erreichen. Die kürzere Fahrzeit auf der Schiene verlängert sich jedoch um die Fahrzeit für den Vor- und Nachlauf auf der Straße über eine mittlere Stationsentfernung $d_{Stat}$ [km] und durch die Warte- und Verladezeit $T_{Stat}$ [h] an den Umschlagstationen. Daher ist der KLV zeitlich erst für *Transportweglängen* $l_{Trans}$ attraktiv, die größer sind als die *zeitkritische Entfernung*:

$$l_{Z\,krit} = 2 \cdot v_{Zug} \cdot (d_{Stat} + T_{Stat} \cdot v_{Lkw})/(v_{Zug} - v_{Lkw}) \quad [\text{km}]. \tag{20.43}$$

Der Grenzwert (20.43) hängt von der Vor- und Nachlaufentfernung $d_{Stat}$ und von der Warte- und Verladezeit $T_{stat}$ ab.

Mit den genannten Richtwerten für die Reisegeschwindigkeiten auf Straße und Schiene resultiert beispielsweise bei einer mittleren Stationsentfernung $d_{Stat}$ = 30 km und einer Stationsaufenthaltszeit $T_{stat} = 1$ h eine kritische Entfernung von 450 km, ab der ein KLV-Transport eine kürzere Fahrzeit bietet als der direkte Straßentransport. Bei einer größeren *Zuverlässigkeit* und *Pünktlichkeit* der Bahn im Vergleich zum Straßenverkehr kann der KLV-Transport auch für kürzere Transportentfernungen zeitlich interessant sein.

Um wirtschaftlich attraktiv zu sein, müssen die Transportkosten für den KLV-Transport günstiger sein als für den direkten Straßentransport. Die Straßentransportkosten sind für eine Direktfahrt durch Beziehung (18.57) mit dem Fahrweg $l_{FW} = l_{Trans}$ gegeben und für den Vor- und Nachlauf mit dem Fahrweg $l_{FW} = d_{Stat}$. Für einen Sattelaufliegerzug ergibt die Transportkostenrechnung auf Preisbasis 1998 bei 100 % Paarigkeit einen *Grundkostensatz* $k_{Str\,Gr}$ = 35,50 €/Transportfahrt und einen *Fahrwegkostensatz* $k_{Str\,Weg}$ = 0,85 €/SA-km.

Auch die Kosten für den Schienentransport in Abhängigkeit von der Transportentfernung $l_{FW} = l_{Trans}$ lassen sich mit der Beziehung (18.57) errechnen, wenn die entsprechenden Kostensätze (18.56) für den Bahntransport bekannt sind. Für ein konkretes Praxisbeispiel zur Untersuchung einer neuartigen Umschlagtechnik für Sattelauflieger wurden nach den in *Kapitel* 18 beschriebenen Verfahren unterschiedliche Schienennetze geplant und die KLV-Kostensätze für ein Belastungsszenario mit einer effektiven Zugauslastung von 75 % kalkuliert. Der *Grundkostensatz* für das Be- und Entladen und die Stationskosten beträgt für dieses KLV-System $k_{Zug\,Gr}$ = 53,50 €/Transportfahrt und der *Fahrwegkostensatz* $k_{Zug\,Weg}$ = 0,38 €/SA-km. Dabei wurden die Trassenkosten für die Nutzung des Schienennetzes durch einen Zug mit 39 Waggons mit 5,00 €/Zug-km angesetzt.

Die Entfernungsabhängigkeit der Kosten für einen KLV-Transport über zwei Umschlagpunkte ist damit gegeben durch:

$$k_{\mathrm{KLV}} = 2 \cdot (k_{\mathrm{Str\,Gr}} + d_{\mathrm{Stat}} \cdot k_{\mathrm{Str\,Weg}}) + k_{\mathrm{Zug\,Gr}} + l_{Trans} \cdot k_{\mathrm{Zug\,Weg}} \quad [€/\mathrm{SA}]. \tag{20.44}$$

In *Abb. 20.33* ist die hiermit errechnete Abhängigkeit der Transportkosten für den KLV im Vergleich zum direkten Straßentransport dargestellt. Ohne die Kosten für den Vor- und Nachlauf auf der Straße ist der KLV-Transport bereits für Transportentfernungen ab 100 km wirtschaftlich. Durch den Vor- und Nachlauf auf der Straße verteuert sich jedoch der KLV-Transport bei einer mittleren Stationsentfernung von 30 km um ca. 122 € pro SA-Transport. Infolgedessen verschiebt sich in dem betrachteten Fallbeispiel die wirtschaftliche Einsatzgrenze für den KLV-Transport wie in *Abb. 20.33* dargestellt auf ca. 300 km.

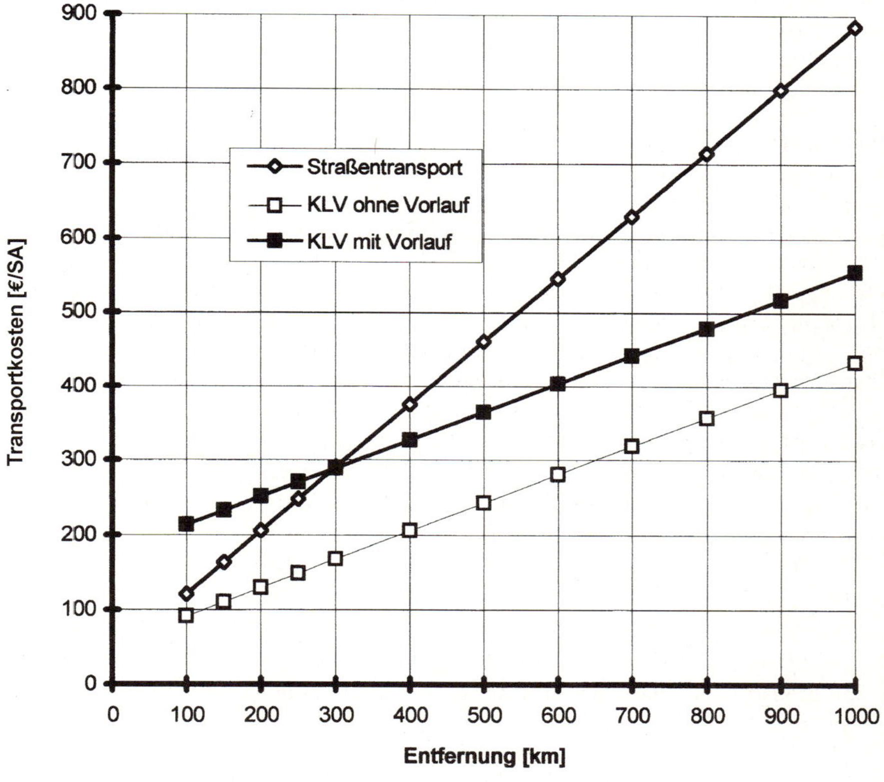


**Abb. 20.33** Vergleich der Transportkosten des KLV-Transports und des Straßendirekttransports von Sattelaufliegern

| Kostensätze | Straße | Schiene | |
|---|---|---|---|
| Grundkosten | 35,50 | 53,35 | €/SA-Fahrt |
| Fahrwegkosten | 0,85 | 0,38 | €/SA-km |

Stationsentfernung: 30 km im Zulauf und Nachlauf

Die Modellrechnungen zeigen, daß die wirtschaftliche Einsatzgrenze für den KLV-Transport sehr empfindlich von einer Reihe von Einflußfaktoren abhängt, vor allem vom *Trassenpreis*, von der *Zugkapazität*, von der *Auslastung* und von den Betriebskosten der *Umladetechnik* und der Stationen. Die Auswirkungen der unterschiedlichen Einflußfaktoren auf die Laufzeiten und die Transportkosten lassen sich mit den hier entwickelten Auslegungs- und Kalkulationsverfahren untersuchen und quantifizieren.

Kritisch für den Erfolg des KLV-Transports im Wettbewerb mit dem Straßentransport sind außer den genannten Einflußfaktoren die *Gemeinkostenzuschläge* und *Gewinnerwartungen*, mit denen die Beteiligten an der Transportkette ihre *Leistungspreise* kalkulieren. Solange die Bahn mit Zuschlagssätzen kalkuliert, die weitaus höher sind als die Gemeinkostensätze und Gewinnzuschläge der Speditionen für den Straßenverkehr, verschiebt sich die kritische Kostengrenze für den KLV-Transport zu größeren Entfernungen in den Bereich über 500 km. Oberhalb dieser Grenze aber ist das Ladungsaufkommen für einen wirtschaftlichen KLV-Netzbetrieb in den meisten Relationen zu gering.

Analog wie für das hier betrachtete Beispiel des KLV-Transports über *Straße-Schiene-Straße* lassen sich nach dem beschriebenen Verfahren auch die Kosten für andere intermodale Transportketten, wie *Straße-Schiff-Straße* oder *Straße-Luft-Straße*, kalkulieren und die jeweils optimale Transportkette auswählen.

## 20.17 Kundenausrichtung der Lieferketten (ECR und SCM)

*Efficient Consumer Response* (ECR) und *Supply Chain Management* (SCM) bedeuten Ausrichtung aller Aktivitäten und Prozesse entlang den Lieferketten auf den Kunden [23; 47; 48; 95; 97; 98; 194; 202; 236; 241; 243; 246].

Die Aktivitäten beginnen mit dem Informations- und Datenaustausch. Die Verkaufsstellen informieren die Lieferstellen *unverzüglich* – am einfachsten über *Internet* oder durch *elektronischen Datenaustausch* (EDI) – über die aktuellen Absatzdaten und die Höhe der Verkaufsbestände. Verkaufsplanung und Marketing der Lieferstellen informieren die Abnehmer rechtzeitig über neue Produkte, geplante Aktionen, Produktionsänderungen und die verfügbaren Lagerbestände.

Aus den aktuellen Informationen über den Absatz aller Verkaufsstellen können die Lieferanten nach den in *Kapitel* 9 dargestellten Verfahren mit relativ hoher Verläßlichkeit den zukünftigen Bedarf der Produkte mit regelmäßigem Verbrauch prognostizieren. Aus der Absatzprognose und den aktuellen Lagerbeständen lassen sich nach den in *Kapitel* 10 und 11 beschriebenen *Entscheidungskriterien* und *Dispositionsstrategien* Aufträge an die Produktion zur Fertigung von Lagerware und Kundenware herleiten.

In letzter Konsequenz des ECR werden auf diese Weise auch die Entwicklung und Markteinführung neuer Produkte und die Optimierung der Beschaffungs- und Lieferketten mit allen beteiligten Stellen abgestimmt.

### 1. Chancen und Risiken des SCM

Die Chancen und Vorteile der Optimierung der Lieferketten und ihrer Ausrichtung auf die Abnehmer und Konsumenten sind heute weitgehend bekannt und unstrittig. Die Einführung von ECR und SCM erfordert jedoch erhebliche Vorleistungen und Veränderungen in den beteiligten Unternehmen. Der laufende Betrieb ist außerdem mit Kosten für den elektronischen Datenaustausch und für die Abstimmung der Aktivitäten verbunden [247; 248].

Innerhalb des eigenen Logistiknetzwerks stellt die Kundenausrichtung der Lieferketten prinzipiell kein Problem dar, auch wenn ECR und SCM bisher nur in wenigen Unternehmen realisiert sind und konsequent praktiziert werden. Grundsätzliche Schwierigkeiten ergeben sich jedoch, wenn mehrere Unternehmen an einer Lieferkette beteiligt sind. Solange die Beteiligten – Industrie, Handel und Logistikdienstleister – versuchen, den Nutzen von ECR und SCM allein für sich zu erreichen und die Vorleistungen und Kosten auf die anderen Teilnehmer zu verlagern, werden ECR und SCM nicht den angestrebten Erfolg bringen.

Marktbeherrschende Unternehmen der Automobilindustrie, der Chemie und der Konsumgüterindustrie bemühen sich daher, die Grenzen ihres Logistiknetzwerks auf der Zulieferseite wie auf der Abnehmerseite immer weiter auszudehnen, um sich als *Systemführer* die Vorteile von ECR und SCM zu sichern. Seit einiger Zeit nehmen auch die großen Handelsunternehmen ihre Beschaffungslogistik in eigene Regie [23; 47; 192; 197; 234; 236; 241; 243; 245; 246; 247; 248]. Andere Unternehmen versuchen, durch vertikale und horizontale Kooperation ihre Lieferketten zu optimieren und die Kundenausrichtung der Prozesse zu erreichen.

Unabhängig davon, wer *Prozeßführer* der Lieferketten ist, optimale Lieferketten, SCM und ECR sind nur möglich durch *Kooperation* aller Beteiligten. Eine offene und vertrauensvolle Kooperation läßt sich weder erzwingen noch staatlich verordnen. Auch Appelle wirken nicht kurzfristig. Die Einsicht in die Notwendigkeit zur Kooperation in den Lieferketten kann sich nur im freien Spiel der Marktkräfte aus dem Eigeninteresse der Beteiligten entwickeln.

So werden mit der anhaltenden Konzentration des Handels sowie mit den Zusammenschlüssen und Allianzen von Speditionen, Reedereien, Fluggesellschaften und anderen Logistikdienstleistern größere Transportaufkommen, die Zusammenlegung von Beständen und ein Überschreiten der kritischen Masse für rationelle Logistikbetriebe angestrebt. Ziel der großen Unternehmen und Allianzen ist eine *Beherrschung* der Beschaffungs-, Beförderungs- und Belieferungsketten, um diese weiter zu rationalisieren und zu optimieren [23; 35; 248].

### 2. Kooperation, Koordination, Kollaboration

Seit jeher haben sich Unternehmen, die an einem Projekt oder der Herstellung anspruchsvoller Konsum- oder Gebrauchsgüter beteiligt sind, miteinander abgestimmt. Auf der effizienten Kooperation zwischen den Beteiligten beruht der Erfolg der industriellen Arbeitsteilung. Die bilaterale *Kooperation* in den Lieferketten und Versorgungsnetzen ist also nichts Neues (s. *Abb. 15.4*). Das Geheimnis der Effizienz der freien Marktwirtschaft liegt jedoch in der *Freiwilligkeit* der Kooperationen zwischen den Unternehmen [308; 309; 322]. Die Preise der Güter und

Leistungen ergeben sich aus Angebot und Nachfrage (s. *Abschnitt 7.7*). Die Gewinne sind das Ergebnis der permanenten Optimierung von Produkten und Prozessen in und zwischen den Unternehmen. In eigenem Interesse stimmen die Beteiligten die *Schnittstellen* untereinander ab. Durch gemeinsame *Standardisierung* und *Normierung* steigern sie ihre Effizienz (*s. Abschnitt 3.10*).

Eine Standardisierung und Normierung der Erzeugnisse, Informationen und Schnittstellen, die über mehr als eine Stufe der Beschaffungs- und Versorgungsnetze hinausgeht, erfordert die *Koordination* aller Einflußfaktoren. Zur Entwicklung von Normen, Standards und Verhaltensregeln im Interesse aller Wirtschaftsteilnehmer wurden spezielle Institutionen geschaffen, wie DIN, VDI, VDE, CCG und FEM. Daran arbeiten auch die nationalen Wirtschaftsverbände und internationale Organisationen, wie WTO und OECD. Neutrale Normen, Standards und Verhaltensregeln sind die Grundlage des freien Handels rund um den Globus.

Unter Hinweis auf die Mehrstufigkeit der Lieferketten wird von einigen Interessengruppen eine noch weitergehende *Supply Chain Collaboration* (SCC) oder *Multi-Tier Collaboration* propagiert (s. *Abb.1.15*). Unter der Führung eines OEM, der Erzeuger des Endproduktes ist, sollen die Zuliefererunternehmen von einer zentralen Stelle über mehr als zwei Stufen informatorisch und logistisch eng miteinander verzahnt und dispositiv aufeinander abgestimmt werden. In Aussicht gestellt werden eine höhere Transparenz, die Senkung der Bestände und geringere Kosten über die gesamte Lieferkette. Weitgehend offen bleibt jedoch, wie die behaupteten Vorteile, wenn sie denn eintreten, gemessen werden können und wer davon letztlich profitieren soll.

Der Preis für die unternehmensübergreifende Kollaboration ist ein Verlust der Unabhängigkeit, die Einschränkung des Wettbewerbs und langfristig die Aufgabe der *Preisbildung* am freien Markt (s. *Abschnitt 22.4*). Die weisungsgebundene Kollaboration mit dem OEM würde die Vorteile des *Outsourcing* wieder zunichte machen, mit dem vertikal integrierte Konzerne vor nicht langer Zeit ihre verkrusteten Strukturen aufgebrochen haben.

Die Gefahren einer zu weit gehenden *Zentralisierung* der Planung und Disposition hat das Versagen der Planwirtschaft in den sozialistischen Ländern gezeigt [322] (s. *Abschnitt 22.6*). Viele Großunternehmen, die in der Blütezeit des Sozialismus ebenfalls zum Zentralismus neigten, haben sich bemüht, dezentrale Strukturen mit eigenständigen Entscheidungsvollmachten einzuführen. Das war nur schwer durchzusetzen, da manche Manager, Berater und Theoretiker immer noch eine große Neigung für zentral gelenkte Strukturen haben und heute von den ERP-, APS- und SCM-Systemen neue Wunder erwarten.

Aus der Abwägung der dargelegten Nachteile gegen die fraglichen Vorteile des SCC resultiert die *Kooperationsempfehlung*:

► Kooperation und Koordination ja, Kollaboration nein.

Der erfolgreiche Einsatz von *Logistikdienstleistern* zeigt, wie sich bei richtiger Organisation der Geschäftsbeziehungen die Unabhängigkeit der beteiligten Unternehmen wahren läßt und zugleich für beide Seiten Vorteile erreichbar sind.

| | Ladungen | | Stückgut | | Pakete | | |
|---|---|---|---|---|---|---|---|
| | Ganzlad. | Teillad. | 1 UP CD | 2 UP CD | 1 UP | 2 UP | Einheit |
| **LIEFERSTELLEN** | Anzahl | 1 | **Logistikzentrum** | | 100 | km vom GS | |
| Lieferfrequenz | 1 | 1 | 1 | 1 | 1 | 1 | pro BT |
| Versandeinheit | Karton | Karton | Karton | Karton | Karton | Karton | VPE |
| Volumen | 12,0 | 12,0 | 12,0 | 12,0 | 12,0 | 12,0 | l/VPE |
| Gewicht | 10,0 | 10,0 | 10,0 | 10,0 | 10,0 | 10,0 | kg/VPE |
| VPE-Durchsatz | 30.000 | 30.000 | 30.000 | 30.000 | 30.000 | 30.000 | VPE/BT |
| Jahrestonnage | 74.700 | 74.700 | 74.700 | 74.700 | 74.700 | 74.700 | t/Jahr |
| Ladeeinheit | CCG1 | CCG1 | CCG1 | CCG1 | CCG1 | CCG1 | LE |
| Kapazität | 49 | 49 | 49 | 49 | 49 | 49 | VPE/LE |
| LE-Durchsatz | 618 | 632 | 804 | 804 | 618 | 608 | LE/BT |
| Sendungen | 20 | 50 | 400 | 400 | 10.000 | 10.000 | Snd/BT |
| VPE | 1.500 | 600 | 75 | 75 | 3 | 3 | VPE/Snd |
| Ladeeinheiten | 30,9 | 12,6 | 2,0 | 2,0 | 0,1 | 0,1 | LE/Snd |
| Gewicht | 14.940 | 5.976 | 747 | 747 | 30 | 30 | kg/Snd |
| **VORLAUF** | **ohne** | **ohne** | **ohne** | **LS - UPI** | **ohne** | **LS - UPI** | |
| Aufkommen | | | | eigen | | eigen | |
| Mittlerer Fahrweg | | | | 50 | | 50 | km/Fahrt |
| Transporteinheit | | | | Sattelzug | | Sattelzug | |
| Kapazität | | | | 34 | | 34 | LE/TE |
| effektiv | | | | 33,5 | | 34,0 | LE/TE |
| Transportaufkommen | | | | 24,5 | | 18,4 | TE/BT |
| Transportkostensätze | | | | | | | |
| Fahrt | | | | 40,50 | | 40,50 | €/Fahrt |
| Weg | | | | 1,05 | | 1,05 | €/TE-km |
| Stop | | | | 15,00 | | 15,00 | €/Stop |
| **Vorlaufkosten** | **0** | **0** | **0** | **2.277** | **0** | **1.709** | **€/BT** |
| **UMSCHLAG I** | **ohne** | **ohne** | **ohne** | **1** | **ohne** | **1** | **UPI** |
| Umschlagkostensätze | | | | | | | |
| Sendung | | | | 1,50 | | 0,25 | €/Snd |
| VPE | | | | | | 0,20 | €/VPE |
| Ladeeinheit | | | | 3,00 | | | Ä/Pal |
| **Umschlagkosten** | **0** | **0** | **0** | **3.012** | **0** | **8.500** | **€/BT** |
| Servicefläche | 357.000 | km² | Betrieb | 250 | BT/Jahr | Umwegfkt. | 1,2 |

**Tabelle 20.2** (*Blatt 1*) AOT-Programm zur Auswahl optimaler Transportketten©
Eingabefelder: unterstrichen Ergebnisfelder: nicht unterstrichen

| | | | | | | | |
|---|---|---|---|---|---|---|---|
| **HAUPTLAUF** | **LS - ES** | **LS - ES** | **LS - UPII** | **UPI - UPII** | **LS - UPII** | **UPI - UPII** | |
| Aufkommen | eigen | eigen | eigen | eig.+fremd | eigen | eig.+fremd | |
| Mittlerer Fahrweg | 292 | 314 | 232 | 232 | 232 | 232 | km/Fahrt |
| Transporteinheit | Sattelzug | | Sattelzug | | Sattelzug | | |
| Kapazität | 34 | 34 | 34 | 34 | 34 | 34 | LE/TE |
| Sendungsteilung | | 1 | 2 | 2 | 2 | 2 | TE/Snd |
| effektiv | | 28,2 | 33,7 | 33,7 | 34,0 | 34,0 | LE/TE |
| Transportaufkommen | 20,0 | 22,9 | 24,3 | 23,8 | 20,0 | 17,9 | TE/BT |
| Transportkostensätze | | | | | | | |
| Fahrt | 40,50 | 40,50 | 40,50 | 40,50 | 40,50 | 40,50 | €/Fahrt |
| Weg | 1,05 | 1,05 | 1,05 | 1,05 | 1,05 | 1,05 | €/TE-km |
| Stop | 15,00 | 15,00 | 15,00 | 15,00 | 15,00 | 15,00 | €/Stop |
| **Hauptlaufkosten** | **6.941** | **8.900** | **6.896** | **6.758** | **5.674** | **5.077** | **€/BT** |
| **UMSCHLAG II** | **ohne** | **ohne** | **20** | **20** | **20** | **20** | **UPII** |
| Umschlagkostensätze | | | | | | | |
| Sendung | | | 1,50 | 1,50 | 0,25 | 0,25 | €/Snd |
| VPE | | | 0,10 | 0,10 | 0,20 | 0,20 | €/VPE |
| Ladeeinheit | | | 3,00 | 3,00 | | | €/Pal |
| **Umschlagkosten** | **0** | **0** | **3.012** | **3.012** | **8.500** | **8.500** | **€/BT** |
| **NACHLAUF** | **ohne** | **ohne** | **UPII - ES** | **UPII - ES** | **UPII - ES** | **UPII - ES** | |
| Aufkommen | | | eig.+fremd | eig.+fremd | eig.+fremd | eig.+fremd | |
| Mittlerer Fahrweg | | | 121 | 121 | 121 | 121 | km/Tour |
| Transporteinheit | | | Lastwagen | | Transporter | | |
| Kapazität | | | 12 | 12 | 233 | 233 | LE/TE |
| Füllungsgrad | | | 80% | 80% | 70% | 70% | |
| Transportaufkommen | | | 92,9 | 92,9 | 193,9 | 193,9 | TE/BT |
| Transportkostensätze | | | | | | | |
| Fahrt | | | 18,50 | 18,50 | 9,50 | 9,50 | €/Fahrt |
| Weg | | | 0,93 | 0,93 | 0,65 | 0,65 | €/TE-km |
| Stop | | | 4,65 | 4,65 | 2,38 | 2,38 | €/Stop |
| **Nachlaufkosten** | **0** | **0** | **13.944** | **13.944** | **40.792** | **40.792** | **€/BT** |
| **EMPFANGSSTELLEN** | **Großabnehmer** | | **Standardkunden** | | **Kleinkunden** | | **ES** |
| Anzahl | 200 | 400 | 10.000 | 10.000 | 50.000 | 50.000 | pro Jahr |
| Empfänger | 20 | 50 | 400 | 400 | 10.000 | 10.000 | pro BT |
| **GESAMTKOSTEN** | **6.941** | **8.900** | **23.851** | **29.003** | **54.966** | **64.579** | **€/BT** |
| **pro VPE** | **0,23** | **0,30** | **0,80** | **0,97** | **1,83** | **2,15** | **€/VPE** |
| **pro LE** | **11,23** | **14,07** | **29,67** | **36,08** | | | **€/LE** |
| pro 100 kg | 2,32 | 2,98 | 7,98 | 9,71 | 18,40 | 21,61 | €/100 kg |

**Tabelle 20.2** (*Blatt 2*) AOT-Programm©

## 20.18
## Virtuelle Zentrallager und Netzwerkmanagement

Bei der Belieferung eines großen Absatzgebiets aus einem einzigen *Fertigwarenlager* lassen sich wegen der langen Transportzeiten nicht für alle Kunden und Abnehmer kurze Lieferzeiten einhalten. Das ist nur über dezentrale Auslieferungslager möglich, die jeweils in der Mitte eines kleineren Absatzgebiets liegen. Aus den einzelnen *Zentrallagern der Teilgebiete* werden *Großabnehmer* und *Handelslager* direkt beliefert. Kleinere Abnehmer, wie eigene *Verkaufsstellen* und selbständige *Handelsgeschäfte*, erhalten ihren Bedarf über die *Regionallager* des Lieferanten oder des Handels. Außerdem kann das Zentrallager selbst als Regionallager arbeiten, aus dem die kleinen Abnehmer eines *Nahgebiets* direkt beliefert werden.

Damit ergibt sich die in *Abb. 20.34* dargestellte Struktur eines *mehrstufigen Versorgungsnetzes* für Verkaufsstellen, Filialen und Großkunden, die aus Lieferstellen und Produktionsstandorten mit unterschiedlichen Artikeln beliefert werden. Die gleiche Struktur ergibt sich aus der Kostenminimierung der Auslieferung bestandsloser Artikel und kundenspezifischer Sendungen durch eine Fracht- und Transportbündelung (s. *Abschnitt 20.9* und *20.10*).

Das resultierende Versorgungsnetz setzt sich zusammen aus *Distributionsnetzen*, deren grau markierte Leistungsstellen und Verbindungen von der Industrie beherrscht werden (s. *Abschnitt 20.11*), und aus *Beschaffungsnetzen*, deren weiß gekennzeichnete Leistungsstellen und Verbindungen der Handel beherrscht (s. *Abschnitt 20.12*). Für nicht lagerhaltige Artikel und für kundenspezifische Sendungen sind die Zwischenstationen bestandslose Umschlagpunkte. Für lagerhaltige Artikel sind sie dezentrale Lager.

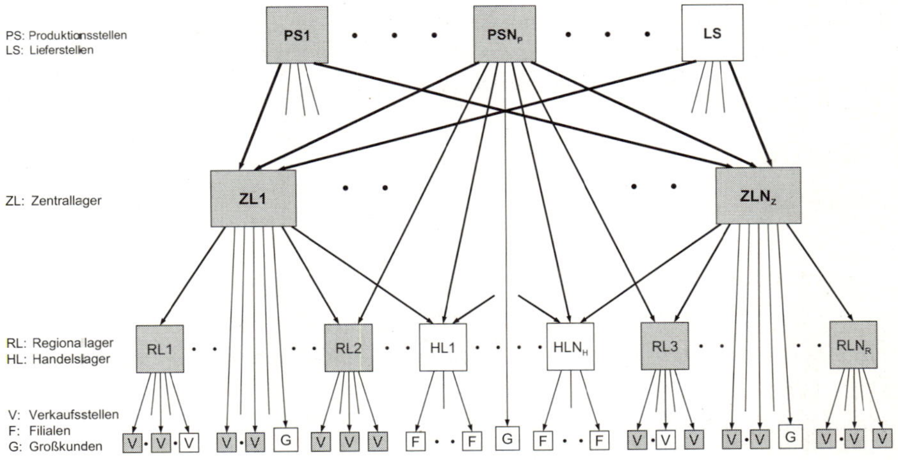


**Abb. 20.34** Mehrstufiges Versorgungsnetz

*Graue Stationen*: Liefer-, Lager-, Umschlag- und Verkaufsstellen der Industrie
*Weiße Stationen*: Liefer-, Lager-, Umschlag- und Verkaufsstellen des Handels

Die minimale Anzahl dezentraler Lager- und Umschlagstandorte ergibt sich aus der überlappungsarmen Abdeckung des Servicegebiets durch *Auslieferkreise*, in denen die Kunden von einem Lagerstandort in der geforderten Lieferzeit beliefert werden können (s. *Abb. 20.18*). So resultieren für Deutschland bei einem maximalen Auslieferkreis von 124 km Luftlinie minimal 6 *Zentrallager*. Sie liegen im Zentrum von 6 Gebieten, aus denen alle Kunden innerhalb von 24 h beliefert werden können (s. *Abb. 20.19*).

Der Preis für die kürzeren Lieferzeiten aus mehreren Zentrallagern sind größere Lagerkosten und höhere Bestände. Werden Bestand und Nachschub von $N_L$ Lagern mit annähernd gleichem Absatz und gleichen Kostensätzen gemäß dem eigenen Absatz unabhängig voneinander disponiert, so sind die gesamten Lagerkosten und der Summenbestand nach dem *Wurzelsatz der Bestandszentralisierung* um einen Faktor $\sqrt{N_L}$ höher als für ein einziges Zentrallager (s. *Abschnitt 11.10*). Das ist für 6 Lager ein Faktor 2,5.

Die Kosten und Bestände dezentraler Lager, die aus einer Produktionsstelle versorgt werden, lassen sich jedoch durch eine zentrale Disposition nach der folgenden *Strategie des virtuellen Zentrallagers* erheblich reduzieren. Damit eröffnen sich neue Potentiale für das *Netzwerkmanagement*.

### 1. Kostenoptimaler Gesamtnachschub

Die Versorgung von $N_L$ Lagern $L_n$, $n = 1,2,\ldots N_L$, mit dem Absatz $\lambda_n$ aus einer Produktionstelle ist kostenoptimal, wenn die *dispositionsrelevanten Gesamtkosten*, also die Summe aller durch die Disposition beeinflußbaren Auftrags-, Rüst-, Transport- und Lagerkosten, minimal ist. Die Summe der Rüstkosten hat ein Minimum, wenn der Nachschub des gleichen Artikels für alle Lager möglichst gebündelt gefertigt wird.

Sind die Sicherheitsbestände klein im Vergleich zum mittleren Gesamtbestand eines Artikels, dann ist die Summe der Rüstkosten der Produktion und der einzelnen Lagerkosten gleich der Summe der Rüst- und Lagerkosten für ein *virtuelles Zentrallager* mit den gleichen Platzkosten wie die einzelnen Lager und mit dem *Summenabsatz*

$$\lambda_S = \Sigma\,\lambda_n\,. \tag{20.44}$$

Daraus folgt:

▶ Die *optimale Gesamtnachschubmenge* $m_{\text{Nopt S}}$ zur Direktbelieferung aller Lager mit dem gleichen Artikel ist die kostenoptimale Nachschubmenge eines virtuellen Zentrallagers mit dem Summenabsatz (20.44).

Für einen *Summenabsatz* $\lambda_S$, einen *Stückpreis* P, einen *Lagerzinssatz* $z_L$, einen *Lagerplatzpreis* $k_{LP}$ und eine *begrenzte Fertigungskapazität* $\mu$ ist die *optimale Gesamtnachschubmenge* bei freier Lagerordnung, Aufrunden auf volle Ladeeinheiten und *täglicher Auslieferung* gegeben durch (s. *Abschnitt 11.7* und [349]):

$$m_{\text{Nopt S}} = \sqrt{\left(2\cdot\lambda_S\cdot k_{\text{Auf}} / (\text{P}\cdot z_L + k_{LP} / C_{LE})\right)} \Big/ \sqrt{\left(1-\lambda_S/\mu\right)} \quad [\text{VE}]\,. \tag{20.45}$$ ©

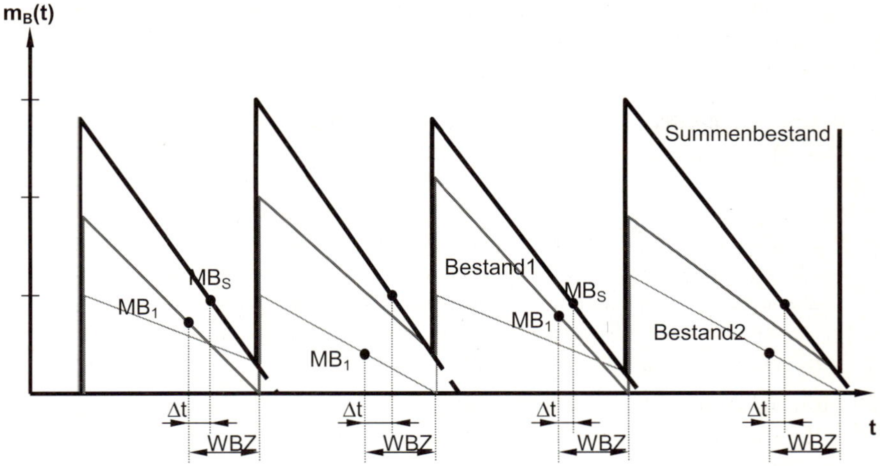


**Abb. 20.35** Bestandsverlauf und Bestellpunkte von 2 Lagern bei zentraler Disposition
Δt : Zeitdifferenz der Bestellauslösung für ein virtuelles und ein reales Zentrallager

Die Gesamtnachschubmenge (20.45) wird nach Fertigstellung der ersten Tagesmenge gemäß der aktuellen Dringlichkeit im Verhältnis des Bedarfs auf die einzelnen Lager verteilt.

### 2. Optimale Nachschubverteilung

Damit der Nachschubbedarf in allen Lagern zu gleicher Zeit entsteht und dann gebündelt beschafft werden kann, muß der Bestellpunkt in den einzelnen Lagern möglichst gleichzeitig erreicht werden. Dafür müssen deren Bestände annähernd die gleiche Reichweite haben (s. *Abb. 20.35*). Das ist erreichbar mit der *Verteilungsregel*:

► Die optimale Produktionsmenge (20.45) wird an die einzelnen Lager im Verhältnis ihrer Absatzes ausgeliefert.

Die *optimalen Nachschubmengen der Artikelbestände in den einzelnen Lagern* sind daher:

$$m_{\text{Nopt n}} = (\lambda_n / \lambda_S) \cdot m_{\text{Nopt S}} \,. \qquad \text{[VE]} \qquad (20.46)$$

### 3. Sicherung der Lieferfähigkeit

Zur Einhaltung einer geforderten *Lieferfähigkeit* $\eta_{\text{lief}}$ gibt es für die einzelnen Lager zwei Möglichkeiten (s. *Abschnitt 11.8*):

1. Jedes einzelne Lager hat seinen *eigenen Sicherheitsbestand*, der mit Beziehung

$$m_{\text{sich n}} = f_S(\text{WENN}(\eta_{\text{lief}} < T_{WBZ} \cdot \lambda_n ; \eta_{\text{lief}} ; 1-(1-\eta_{\text{lief}}) \cdot m_{\text{Noptn}}/(T_{WBZ} \cdot \lambda_n)) \cdot \cdot \sqrt{T_{WBZ} \cdot s_{\lambda n}^2 + \lambda_n^2 \cdot s_T^2} \,. \qquad (20.47)^{©}$$

aus der Höhe $\lambda_n$ und der Streuung $s_{\lambda n}$ des Einzelabsatzes, der optimalen Nachschubmenge (20.46) des Lagers $L_n$ sowie aus der Länge $T_{WBZ}$ und Streuung $s_T$ der Wiederbeschaffungszeit berechnet wird.

2. Die einzelnen Lager teilen sich im Verhältnis der Wurzel aus ihrem Absatz einen *virtuellen Gesamtsicherheitsbestand* $m_{\text{sich S}} = \Sigma m_{\text{sich n}}$, der mit einer zu (20.47) analogen Beziehung aus der Höhe $\lambda_S$ und der Streuung $s_{\lambda S}$ des Summenabsatzes (20.44), der kostenoptimalen Gesamtnachschubmenge (20.45) des virtuellen Zentrallagers sowie aus der Länge $T_{WBZ}$ und Streuung $s_T$ der Wiederbeschaffungszeit berechnet wird.

Voraussetzung für die *Strategie des virtuellen Gesamtsicherheitsbestands* ist, daß jedes Lager, das nicht mehr lieferfähig ist, auf den Bestand eines benachbarten Lagers zugreifen kann und von diesem unverzüglich mit Nachschub beliefert wird. Abgesehen von dem damit verbundenen Zeitverzug ist die *Querbelieferung* mit zusätzlichen Abwicklungs-, Handling- und Transportkosten verbunden, die in der Regel höher sind als die Mehrkosten für einen eigenen Sicherheitsbestand.

Damit die einzelnen Lager mit der geforderten Wahrscheinlichkeit $\eta_{\text{lief}}$ lieferfähig sind, muß der Nachschub *spätestens* ausgelöst werden, wenn in einem der Lager der aktuelle Bestand $m_{Bn}(i)$ den *dezentralen Meldebestand* $m_{MBn}(i)$ unterschreitet (s. *Abb. 20.35*). Der aktuelle *dezentrale Meldebestand* am Tag i ist:

$$m_{MBn}(i) = T_{WBZ} \cdot \lambda_n(i) + m_{\text{sich n}}(i) \qquad [\text{VE}] \,. \qquad (20.48)$$

Auch wenn zur Transportbündelung mit dem Nachschub für andere Artikel eine *zyklische Sammeldisposition* durchgeführt wird, ist mit dem dezentralen Meldebestand (20.48) zu rechnen (s. *Abschnitt 11.11.3* und *Abb. 11.20*).

### 4. Nachschubstrategie des virtuellen Zentrallagers©

Die Zentraldisposition mehrerer Lager, die aus einer Lieferstelle mit den gleichen Artikeln direkt versorgt werden, führt im Vergleich zur individuellen Disposition zu wesentlichen Verbesserungen, wenn sie in den folgenden *Arbeitsschritten der Nachschubstrategie des virtuellen Zentrallagers* durchgeführt wird:

1. Der Zentralrechner berechnet nach jedem Tag i für alle Lager und alle Artikel aus dem aktuell prognostiziertem Absatz die optimale Gesamtnachschubmenge (20.45) sowie die einzelnen Nachschubmengen (20.46), Sicherheitsbestände (20.47) und Meldebestände (20.48).
2. Wenn in einem der Lager der aktuelle Bestand eines Artikels den aktuellen Meldebestand (20.48) unterschreitet, wird in der Lieferstelle die Fertigung der Gesamtmenge (20.45) ausgelöst.
3. Die erste produzierte Tagesmenge des Artikels wird spätestens nach Ablauf der Wiederbeschaffungszeit an das Lager ausgeliefert, dessen Bestand zu diesem Zeitpunkt die geringste Reichweite hat.

4. Wenn vor dem Fertigstellungstag der ersten Tagesmenge der Artikelbestand in mehreren Lagern auf Null gesunken ist, werden die Tagesmengen in einer Prioritätenfolge auf die betreffenden Lager verteilt, die der Dauer der Lieferunfähigkeit entspricht.
5. Die übrige Tagesproduktion wird gemäß Beziehung (20.46) im Verhältnis des Artikelabsatzes unter Berücksichtigung des aktuellen Bestands so auf die Lager verteilt, daß deren Bestände für den betreffenden Artikel die gleiche Reichweite haben.

### 4. Erreichbare Kosten- und Bestandssenkung

Die Zentraldisposition nach der Strategie des virtuellen Zentrallagers führt zu minimalen Lagerlogistikkosten bei einem optimalem Gesamtbestand, der – abgesehen von den Sicherheitsbeständen – nicht wesentlich größer ist als der Bestand eines realen Zentrallagers für den Summenabsatz.

Wie in *Abb. 20.35* für 2 Lager beispielhaft dargestellt, wird in einem virtuellen Zentrallager der Nachschub um eine Zeitdifferenz $\Delta t$ früher ausgelöst als in einem realen Zentrallager, wenn in einem der dezentralen Lager der Bestellpunkt früher erreicht wird als für den Zentralbestand. Das kann bei dezentralen Anfangsbeständen mit gleicher Reichweite nur vorkommen, wenn der aktuelle Verbrauch vom erwarteten Verbrauch systematisch oder zufällig abweicht. Aus der mittleren *Bestellzeitdifferenz* $\Delta t$ resultiert ein mittlerer Bestand des virtuellen Zentrallagers, der um $\Delta t \cdot \lambda_S$ höher ist als der mittlere Bestand eines realen Zentrallagers. Die Bestandsdifferenz zwischen dem virtuellen und dem realen Zentrallager ist bei gleichmäßigem Absatz minimal. Sie nimmt mit der Streuung und der abweichenden Dynamik der dezentralen Absatzwerte zu.

Abgesehen von der stochastisch oder dynamisch bedingten Bestandsdifferenz folgt aus dem *Wurzelsatz der Bestandszentralisierung*, der sich mit Hilfe der zentralen Formeln (20.45) und (20.47) beweisen läßt (s. *Abschnitt 11.10*), die allgemeine *Regel*:

- Kosteneinsparung und Bestandssenkung durch eine Zentraldisposition nach der Strategie des virtuellen Zentrallagers steigen mit der Anzahl der Lager und mit der Höhe der Nachschubauftragskosten.

So ergibt sich durch die Strategie des virtuellen Zentrallagers für 3 dezentrale Lager mit annähernd gleichem Absatz eine Reduzierung der Lagerlogistikkosten bis zu einem Faktor $1/\sqrt{3}=0{,}58$ und eine Senkung des Gesamtbestands bis zu 40%.

Die Nachschubauftragskosten sind für die Versorgung aus einer Produktion besonders hoch. Daher hat die Zentraldisposition für dezentrale Produktionsauslieferlager den größten Effekt.

### 5. Disposition zweistufiger Distributionsnetze

Für ein zweistufiges Distributionsnetz, wie es in *Abb. 20.34* gezeigt ist, führen folgende *Dispositionsstrategien* zu minimalen Kosten und optimalen Beständen:

- Nachschub und Bestände in den einzelnen *Zentrallagern*, die ihren Nachschub direkt aus einer Produktion erhalten, werden nach der Strategie des virtuellen Zentrallagers *zentral* disponiert.
- Lagerhaltige Artikel (SKU: *stock keeping units*) und Kundenaufträge sowie Nachschub und Bestände in den nachgelagerten *Regionallagern* und *Handelslagern* werden unabhängig voneinander *dezentral* so disponiert, daß die Auftrags-, Transport- und Lagerkosten der Belieferung aus dem Zentrallager minimal werden (s. *Kapitel 11*).
- Aufträge und *Lagerhaltigkeit* ebenso wie Nachschub und Bestände in den *Endverkaufsstellen* und *Verbrauchsstellen* werden von diesen mit Programmunterstützung *dezentral* so disponiert, daß die Auftrags-, Transport- und Lagerkosten der Belieferung aus deren Lieferstellen minimal werden (s. *Abschnitt 11.14*).
- Die *Lieferfähigkeit* der Endverkaufs- und Verbrauchsstellen wird durch Minimierung der *Risikokosten* (11.14) aus den *Fehlmengenkosten* abgeleitet oder ist – ebenso wie die Lieferzeiten – durch die Anforderungen des Marktes oder der Kunden vorgegeben (s. *Abschnitt 11.9.5*).
- Die *Lieferfähigkeiten* der vorangehenden Lieferstellen sind retrograd von Stufe zu Stufe so festzulegen, daß die Summe aller *Sicherheitskosten* (11.49) im gesamten Versorgungsnetz minimal wird.
- Zur *Vermeidung des Peitschenknalleffekts* durch das Zusammentreffen vieler Auslieferungen am gleichen Tag erhalten die Regionallager und Handelslager ebenso wie die Verkaufsstellen und Handelsfilialen ihren Nachschub aus einem Zentrallager an verteilten Tagen (s. *Abschnitt 20.19*).
- Wenn am Tag der Nachschubanlieferung an ein Zentrallager ein Regionallager oder ein Großabnehmer mit Nachschub zu beliefern ist, wird dieser ohne Zwischenlagerung im *Crossdocking* direkt vom Wareneingang zum Warenausgang befördert und noch am gleichen Tag wieder ausgeliefert (s. *Abschnitt 20.1.3*).
- *Großmengenbestellungen* eines Regionallagers, Handelslagers oder Kunden, die größer sind als die halbe optimale Nachschubmenge (20.46), werden als *Direktauftrag* an die Produktion weitergeleitet und nach Fertigstellung bei Ganz- und Teilladungen direkt und bei kleineren Mengen im Crossdocking über das Zentrallager ausgeliefert (s. *Abschnitt 11.14.4*).
- Produktionsmengen für eine *Aktion* werden in dem zuvor geplanten *Verteilungsschlüssel* bei Ganz- und Teilladungen direkt und bei kleineren Mengen im Crossdocking über die Zentrallager an die Empfänger verteilt.

Zur Realisierung der Strategie des virtuellen Zentrallagers muß eine Zentraldisposition den täglichen Bestelleingang und die aktuellen Bestände aller Lager kennen, die unmittelbar aus der Produktion beliefert werden.

Diese Voraussetzung ist innerhalb des eigenen Distributionsnetzes eines Herstellers über das interne IT-Netz erfüllbar. Handelslager und Großabnehmer können von der Strategie des virtuellen Zentrallagers nur profitieren, wenn sie bereit sind, die Disposition der betreffenden Artikelbestände dem Produzenten zu überlassen. Dafür ist eine entsprechende EDI-Verbindung erforderlich.

## 6. Strategien des unternehmensübergreifenden Netzwerkmanagement

Bis heute sind folgende *Kernprobleme des Netzwerkmanagement* allgemein ungelöst:

1. Nach welchen Strategien sind die Sendungsströme und Artikelbestände in einem Versorgungsnetz zu disponieren, damit sich bei Einhaltung der geforderten Lieferzeiten und der benötigten Lieferfähigkeit minimale Gesamtkosten und optimale Bestände ergeben?
2. Wie viele Zentrallager, wie viele Regionallager und wieviele Umschlagpunkte werden bei optimaler Disposition zur Versorgung eines großen Absatzgebiets mit einem bestimmten Artikelbedarf aus einer gegebenen Anzahl von Lieferstellen benötigt, damit die Gesamtkosten minimal sind?

Die erste Frage ist Gegenstand der *Prozeßoptimierung*, die zweite Gegenstand der *Strukturoptimierung*. Die Lösungen beider Fragen sind voneinander abhängig (s. *Abschnitt 1.3*). Die allgemeine Lösung dieser Kernprobleme des Netzwerkmanagement ist nur für eine zentral gelenkte Planwirtschaft von praktischer Bedeutung. In einer Marktwirtschaft mit freiem Wettbewerb kann sich eine theoretisch optimale Lösung nur durchsetzen, wenn sie auch im Interesse jedes einzelnen Akteurs liegt.

Das aber ist im allgemeinen nicht der Fall. Die einzelnen Akteure – die Produzenten und Lieferanten auf der einen Seite, die Verbraucher und Handelsunternehmen auf der anderen Seite – sind vielmehr bestrebt, ihr Distributions- oder Beschaffungsnetz so zu gestalten und zu disponieren, daß sich für sie selbst ein maximaler Nutzen und Gewinn ergibt. Sie suchen daher primär nach Gestaltungsregeln und Dispositionsstrategien für das von ihnen beherrschte Teilnetz. Das unternehmensübergreifende *Supply Chain Management* (SCM), das besser als *Netzwerkmanagement* oder *Supply Network Management* (SNM) bezeichnet wird, umfaßt die koordinierte Planung und Disposition der Netzwerke von zwei oder mehr Unternehmen. Dazu sind Unternehmen nur bereit, wenn sie nachweisbar davon profitieren.

Die Strategie des virtuellen Zentrallagers ist eine neue *Netzwerkstrategie* mit berechenbaren Potentialen, die für die *Distribution von Konsumgütern* mit großen Bedarfsströmen recht erheblich sein können. Sie läßt sich mit relativ geringem Aufwand implementieren, wenn die einzelnen Lagerstellen bereits über *Intranet* oder *EDI* mit der Unternehmenszentrale datentechnisch verbunden sind. Andere bekannte Netzwerkstrategien sind die *Sammeldisposition* (s. *Abschnitt 11.11*), die *Fracht-* und *Transportbündelung* über die Umschlagpunkte von Logistikdienstleistern (s. *Abschnitt 20.7* und *Kapitel 21*) sowie das *Crossdocking* und *Transshipment* in den Beschaffungsnetzen des Handels (s. *Abschnitt 20.1.3*).

Die Entwicklung weiterer Netzwerkstrategien mit nachweisbaren, wirtschaftlich interessanten Effekten ist eine zentrale Aufgabe der *Logistikforschung*. Da helfen keine Befragungen, keine Trendanalysen und kein Controlling. Die Strategieentwicklung erfordert kreatives Denken, eine nüchterne Analyse der Zusammenhänge und realistische Simulationsrechnungen zum Test der Strategien und Algorithmen.

## 20.19 Bedarfsaufschaukelung und Peitschenknalleffekt

Ein beliebtes Argument für die Vorteile einer Zentraldisposition ist der sogenannte *Peitschenknalleffekt* (*bull-whip-effect*), nach dem Entdecker auch *Forrester-Aufschaukelung* genannt [351]. Durch Simulation wird für eine Kette aufeinander folgender Liefer- und Lagerstellen demonstriert, daß sich aus einer geringen Bedarfsänderung einer Endverbrauchsstelle für die Zulieferstellen ein Absatzverlauf ergeben kann, der sich mit zunehmendem Abstand von der Endverbrauchsstelle immer stärker aufschaukelt [350; 352; 353; 354].

Aus einer Analyse der veröffentlichten Simulationsrechnungen, der Voraussetzungen und des angenommenen Dispositionsverhaltens der Akteure sowie aus eigenen Simulationsrechnungen des Verfassers ergibt sich, daß die Bedarfsaufschaukelung in den Zulieferstellen sehr unterschiedliche *Ursachen* hat [273]:

1. Wenn alle Lagerstellen bei normalen Lieferzeiten unabhängig voneinander jeweils für sich kostenoptimal disponieren, ergibt sich eine Aufschaukelung der Absatzstreuung mit zunehmendem Abstand von der Endverbrauchsstelle daraus, daß die kostenoptimalen Nachschubmengen wegen des höheren Gesamtabsatzes und der geringeren Lagerungskosten für vorgelagerte Stellen größer sind als für nachfolgende. Diese *normale Bedarfsaufschaukelung* ist die Folge der bündelungsbedingten Nachschubsprünge der einander beliefernden Lagerstellen.
2. Bei *synchronem Bestellverhalten* und Zusammentreffen der Bestellungen aus mehreren parallelen Bedarfsstellen, zum Beispiel, wenn alle Filialen eines Handelsunternehmens denselben Artikel am gleichen Tag disponieren, kommt es in der zentralen Lieferstelle zu erheblichen Anforderungsspitzen, die wie ein Peitschenknall wirken.
3. Besonders kritisch wird das Bestellverhalten der Verbrauchsstellen, wenn eine *Engpaßphase* absehbar ist oder auch nur befürchtet wird. Schon ein Gerücht oder falsche Schlüsse aus einer mehrfach verzögerten Lieferung können dazu führen, daß schlagartig die nächste Bestellmenge erhöht wird, um einen größeren Vorrats- und Sicherheitsbestand aufzubauen. Dieser Effekt kann auch bei einer programmgeregelten Nachschubdisposition eintreten, denn ein Programm errechnet bei längeren und unzuverlässigeren Lieferzeiten einen größeren Sicherheitsbestand und zieht damit den Bestellpunkt vor.
4. Wenn eine Verbrauchs- oder Verkaufsstelle eine *spekulative Beschaffungsstrategie* verfolgt, eine *Verkaufsaktion* vorbereitet oder den Markt monopolisieren will, kann die plötzliche Bestellung einer ungewöhnlich großen Menge bei der Lieferstelle unterschiedlichste, teilweise irrationale Effekte auslösen, die sich mit zunehmender Entfernung von der Endverbrauchsstelle noch verstärken.

Die *normale Aufschaukelung der Nachschubströme* infolge der Disposition kostenoptimaler Mengen läßt sich grundsätzlich nicht vermeiden, wenn die Gesamtkosten minimiert werden sollen. Die Anliefermengen lassen sich jedoch erheblich reduzieren durch die Strategie der *kontinuierlichen Nachschubauslieferung* und durch die *Fertigung auf einer minimalen Anzahl von Produktionsma-*

*schinen* (s. *Abschnitt 10.5.3* und [349]). Das gilt vor allem für Artikel mit anhaltend hohem Bedarf. Damit wird eine der gravierendsten Ursachen des Peitschenknalleffekts entschärft.

Das *synchrone Bestellverhalten* paralleler Bedarfsstellen läßt sich durch einen abgestimmten *Dispositionsplan* mit versetzten Bestelltagen beheben. Da die daraus resultierende bessere Lieferfähigkeit eines Zentrallagers im gemeinsamen Interesse liegt, sind dazu auch Bedarfsstellen bereit, die Wettbewerber sind und nicht dem Betreiber des Zentrallagers gehören.

Wenn viele parallele Bedarfsstellen völlig unabhängig voneinander disponieren, führt die Summe des stochastischen Bedarfs bei der gemeinsamen Lieferstelle sogar zu einer Glättung der zufälligen Bedarfsschwankungen und zu einem Ausgleich des individuellen Dispositionsverhaltens der einzelnen Lieferstellen. Eine weitere Dämpfung der Endverbrauchsschwankungen bewirken die Pufferbestände in den Bedarfsstellen.

Der *Effekt einer Engpaßsituation* läßt sich durch eine Zentraldisposition mit den *Engpaßstrategien* aus *Abschnitt 13.9.6* regeln oder zumindest für die Beteiligten erträglich machen [266]. Hier ist ein rechtzeitiges und planvolles Handeln erforderlich, um Panik- und Hamsterbestellungen vorzubeugen. Frühindikatoren einer Engpaßsituation sind plötzliche Eilbestellungen für denselben Artikel, die in gleicher Menge von mehreren Kunden angefragt werden und für denselben Endkunden bestimmt sind. Derartige *Phantombestellungen* führen zu einer temporären Aufblähung des Bedarfs.

Der *Effekt einer spekulativen Beschaffung* wird verursacht vom Verhalten, durch eine spezielle Taktik oder durch die Stimmung der Wirtschaftsteilnehmer. Derartige Effekte sind beispielsweise aus der *Halbleiterindustrie* bekannt. Sie sind prinzipiell nicht prognostizierbar und liegen daher außerhalb der Einflußmöglichkeiten der Disposition.

# 21 Einsatz von Logistikdienstleistern

Jedes Unternehmen steht vor der Frage, welche Leistungen und Produkte es selbst erzeugen soll und welche besser fremd zu beschaffen sind. Das gilt auch für die Logistikleistungen. Die Entscheidung über Eigenleistung oder Fremdleistung - *Make or Buy* - hängt von den *Unternehmenszielen*, dem *Leistungsbedarf* und dem *Dienstleistungsangebot* ab[28].

Lange Zeit waren die Unternehmen bestrebt, möglichst viel selbst zu machen. Werksfuhrparks führten die Transporte durch. Lager wurden in eigener Regie errichtet und betrieben. Konzernspeditionen organisierten die Frachten. Unternehmen, die entgegen dem allgemeinen Trend die Transport-, Fracht- und Lagerleistungen von Logistikdienstleistern ausführen ließen, haben dagegen ihre Kräfte und Ressourcen auf die eigenen *Kerngeschäfte* konzentriert. Sie waren damit häufig erfolgreicher als Unternehmen mit hohem Eigenleistungsanteil.

Inzwischen hat sich der Trend umgekehrt. Die Unternehmen vergeben einen zunehmenden Teil der Logistikleistungen bis hin zum innerbetrieblichen Transport einschließlich Bereitstellung am Montageband an Logistikdienstleister. Manche Unternehmen gehen soweit, ihre gesamte Beschaffungs- oder Distributionslogistik an einen *Systemdienstleister* zu vergeben [37].

In einigen Fällen hat die vollständige Fremdvergabe in eine Hand jedoch zum Verlust der eigenen Logistikkompetenz, zur Abhängigkeit vom Dienstleister und zur Enttäuschung der Erwartungen geführt [204; 291]. Das „Rundum-Sorglos-Paket", das einige Systemdienstleister anpreisen, ist nicht zum Nulltarif zu haben. Aufbau und Management eines kundenspezifischen Logistiksystems haben ihren Preis. Die maßgeschneiderte Systemdienstleistung ist daher nicht selten teurer als die Summe der eigenen und der kostenoptimal beschafften Einzelleistungen. Eine Fremdvergabe der gesamten Beschaffungs- oder Distributionslogistik an einen Dienstleister ist nur unter bestimmten Voraussetzungen für den Auftraggeber von Vorteil.

Eine Voraussetzung für den erfolgreichen Einsatz von Logistikdienstleistern ist das sorgfältige Vorgehen in folgenden *Schritten*:

1. Gesamtkonzeption der *Unternehmenslogistik*
2. Abgrenzung und Quantifizierung des *Leistungsbedarfs*
3. Entwicklung und Verabschiedung der *Vergabepolitik*
4. Durchführung der *Ausschreibung*
5. Regelung der *Leistungskontrolle* und *Leistungsvergütung*

Wenn Logistikdienstleister auf diese Weise sorgfältig ausgewählt und optimal eingesetzt werden, sind durch Fremdvergabe unter Umständen erhebliche Verbesserungen von Leistungen und Service erreichbar. Abhängig von der Ausgangslage sind zugleich Kostensenkungen um 20 % und mehr möglich [37; 204].

In diesem Kapitel werden die Verfahren und Inhalte der Arbeitsschritte zum Einsatz von Logistikdienstleistern dargestellt, die Merkmale und Einsatzkriterien für Einzel-, Verbund- und Systemdienstleister entwickelt sowie die Chancen und Risiken der Fremdvergabe von Systemleistungen aufgezeigt.

## 21.1 Konzeption der Unternehmenslogistik

Vor der Entscheidung über die Fremdvergabe von Logistikleistungen sollte ein schlüssiges und zukunftsweisendes Gesamtkonzept der *Unternehmenslogistik* vorliegen. Wenn die eigenen Kräfte und Kenntnisse im Unternehmen hierfür nicht ausreichen, kann eine *Unternehmensberatung* mit fundierter Logistikkompetenz mit der Konzeption der Unternehmenslogistik beauftragt werden.

Die Entwicklung eines Logistikkonzepts sollte nicht einem Logistikdienstleister übertragen werden und auch nicht erst im Zuge einer Ausschreibung erfolgen. Dienstleister haben eigene Interessen, die teilweise mit den Zielen des Auftraggebers konkurrieren, und neigen in Konfliktsituationen zur *Selbstoptimierung*.

Aus der Konzeption der Unternehmenslogistik resultieren:

- Grenzen, Struktur und Stationen des eigenen Logistiknetzwerks
- Vorgaben für das Netzwerkmanagement und die Systemführung
- Benchmarks für die Transport- und Frachtkosten
- Benchmarks für die Kosten und Preise innerbetrieblicher Logistikleistungen
- Benchmarks für Investition und Betriebskosten unternehmensspezifischer Logistikzentren

Außerdem leiten sich aus dem Gesamtkonzept der Unternehmenslogistik die benötigten *Leistungsumfänge* und *Leistungsmengen* ab.

### 1. Vorplanung als Benchmark

Wenn für die Realisierung des Logistikkonzepts der *Neubau* eines Logistikzentrums oder eines anderen Logistikbetriebs erforderlich ist, sollte vor der Ausschreibung eine *neutrale Vorplanung* durchgeführt werden.

Aus der *Systemfindung und Layoutplanung* resultieren Budgetwerte für die zu erwartende *Investition* und *Richtkosten* für den Betrieb des Logistikzentrums. Hieraus ergeben sich *analytische Benchmarks* für die *Leistungspreise* zur Beurteilung der Angebote.

### 2. Prüfung der Kooperationsmöglichkeiten

Im Zuge der Konzeptentwicklung ist auch zu prüfen, ob und wieweit durch *interne Kooperation* mit anderen Konzerngesellschaften oder durch *externe Kooperation* mit fremden Unternehmen zusätzliche Bündelungseffekte, eine Kombinati-

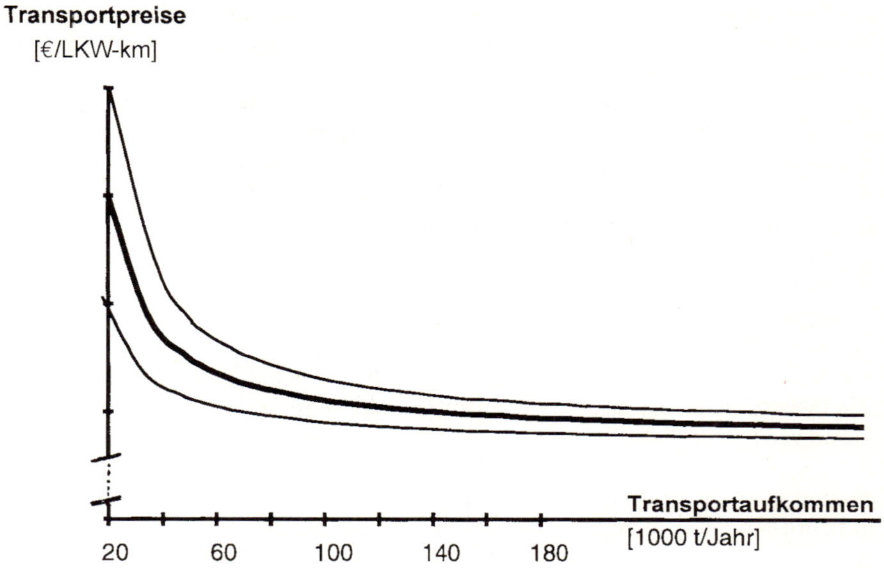


**Abb. 21.1** Degression der Transportpreise für Ladungstransporte mit dem Transportaufkommen

LKW: Zugmaschine mit 1 Sattelauflieger oder 2 Wechselbrücken
Quelle: Auswertung von Transportausschreibungen aus den Jahren 1996 bis 1998 und Modellrechnungen [250]

on volumenbestimmter und gewichtsbestimmter Frachten (s. *Abschnitt 12.5.4*), erhöhte Paarigkeiten und andere Kosteneinsparungen möglich oder Einkaufsvorteile bei der Leistungsbeschaffung erreichbar sind [275].

So können durch eine gemeinsame Ausschreibung und Vergabe eines größeren Fracht- und Transportaufkommens günstigere Preise erzielt werden als bei getrennter Vergabe, wenn das gemeinsame Aufkommen eine Kostendegression erwarten läßt. *Abb. 21.1* zeigt beispielsweise die Mengendegression der Transportpreise für Ladungstransporte. Mehrere Kooperationspartner, die zusammen ein Transportaufkommen von mehr als 60.000 t pro Jahr haben, können hiernach je nach Verteilung ihres Aufkommens Einsparungen in einer Größenordnung von 10 % und darüber erreichen.

## 21.2 Leistungsbedarf

Entscheidend für den Erfolg der Ausschreibung und Vergabe von Logistikleistungen sind die *Abgrenzung* und *Spezifikation* der *Leistungsumfänge*, die Kenntnis der benötigten *Leistungsmengen*, eine unstrittige, nutzungsgemäße *Vergütung* und die Vorgabe der *Rahmenbedingungen*, unter denen die Leistungen zu erbringen sind. Eine klare Abgrenzung und detaillierte Spezifikation des logistischen *Leistungsbe-*

*darfs* des Unternehmens sind sowohl für die Entscheidung zur Fremdvergabe an Einzel-, Verbund- oder Systemdienstleister erforderlich als auch für die Eigenleistung durch Unternehmensbereiche, die als *Profitcenter* arbeiten.

Entsprechend den unterschiedlichen Verfahren, Techniken und Betriebsmitteln sind die *Logistikleistungen* voneinander abzugrenzen in logistische *Einzelleistungen* des Transports, Umschlags und Lagerns, damit verbundene *Zusatzleistungen*, die benötigten *administrativen Leistungen* und in nichtlogistische *Sonderleistungen*. Die maßgebenden *Leistungseinheiten*, die wichtigsten *Rahmenbedingungen* und die *Leistungspreise* der Transport-, Umschlag- und Lagerleistungen wurden bereits in den vorangehenden Kapiteln definiert und beschrieben.

Durch Zusammenfassung von Einzelleistungen, Zusatzleistungen und administrativen Leistungen entstehen verkettete *Leistungsumfänge*, die eine Prozeßkette von Einzelleistungen umfassen, und aus diesen vernetzte *Systemleistungen*, die eine Vielzahl von Leistungsumfängen enthalten. Die verketteten Leistungsumfänge und vernetzten Systemleistungen sind nach den Einzelleistungen zu bemessen und abzurechnen, die in ihnen erzeugt werden. Die administrativen Zusatzleistungen können entweder gesondert abgerechnet oder – wie die Gemeinkosten und der Gewinn – anteilig den operativen Leistungen zugerechnet werden.

### 1. Transportleistungen

Operative *Transportleistungen* sind:

innerbetriebliche Transporte
Ganz- und Teilladungstransporte
Sammel- und Verteilfahrten (21.1)
Abholen und Zustellen
Linientransporte
Relationsfahrten

Mit dem Transport unmittelbar verbundene *administrative Leistungen* sind:

Tourenplanung und Fahrwegoptimierung
Einsatzdisposition von Fahrern und Transportmitteln (21.2)
Transportverfolgung und Sendungsinformation

Die Leistungsanforderungen für Transporte sind in *Abschnitt 18.2*, die möglichen Transportmittel in *Abschnitt 18.7* und die Transportleistungspreise in *Abschnitt 18.12* dargestellt. Die Kosten für die administrativen Zusatzleistungen (21.2) werden in der Regel in die Leistungspreise der operativen Transportleistungen einkalkuliert.

### 2. Umschlagleistungen

Operative *Umschlagleistungen* sind:

Be- und Verladen
Umladen
Auflösen und Bilden von Ladeeinheiten (21.3)
Sortieren
Aus- und Entladen

Mit den Umschlagleistungen können folgende *administrative Leistungen* verbunden sein:

Pack- und Stauoptimierung
Disposition von Ladungsträgern und Transporthilfsmitteln (21.4)
Aufbau und Führung eines Umschlagbetriebs

Die Umschlagleistungen (21.3) einschließlich der administrativen Zusatzleistungen (21.4) sind in der Regel Teilleistungen einer längeren Liefer- oder Frachtkette. Die Umschlagkosten werden daher – wie in *Abschnitt 20.13* und *20.14* beschrieben – meist in die *Frachtkostensätze* eingerechnet. Unter Umständen kann aber auch eine gesonderte Abrechnung der Umschlagkosten sinnvoll sein.

**3. Lagerleistungen**

Operative *Lagerleistungen* sind:

Ein- und Auslagern
Puffern und Lagern (21.5)
Kommissionieren
Auftragszusammenführung

Mit dem Lagern und Kommissionieren unmittelbar verbundene operative *Zusatzleistungen* sind:

Ent- und Beladen
Qualitätsprüfung
Verpacken und Etikettieren (21.6)
Aufbau von Ladeeinheiten
Verdichten von Ladungen

Das Lagern und Komissionieren und die operativen Zusatzleistungen (21.6) finden in einem *Lagerbau* oder *Logistikbetrieb* statt und erfordern entsprechende Betriebseinrichtungen. Mit den Lagerleistungen sind in der Regel folgende *administrative Leistungen* verbunden:

Aufbau und Führung des Lagerbetriebs
Lagerplatzverwaltung (21.7)
Bestandsführung und Nachschubdisposition
Auftragsbearbeitung

Die Leistungsanforderungen an ein Lager- und Kommissioniersystem sind in den *Abschnitten 16.1* und *17.1*, die Kalkulation der Betriebskosten und Leistungspreise in den *Abschnitten 16.13*, *16.14* und *17.14* beschrieben.

**4. Sonderleistungen**

Mit den spezifisch logistischen Dienstleistungen lassen sich unterschiedliche nichtlogistische Leistungen verbinden. Beispiele für derartige Sonderleistungen (*value added services*), die parallel zu den Logistikprozessen und vielfach am gleichen Standort ausgeführt werden, sind:

Abfüllen
Konfektionieren
Displayherstellung
Verzollungen
Leergutdienste (21.8)
Inkasso
Reparaturdienste
Montagearbeiten

Je höher der Anteil der nichtlogistischen Leistungen ist, desto mehr wird das Logistiksystem zu einem allgemeinen *Leistungssystem*, das mit anderen Leistungssystemen der Produktion und des Handels konkurriert.

**5. Verkettete Leistungsumfänge**

Beispiele für *verkettete Leistungsumfänge* sind:

- *Erzeugen von auftragsspezifischen Sendungen*: Hierzu sind die Teilleistungen Einlagern, Lagern, Auftragsbearbeitung, Auslagern, Kommissionieren, Verpacken und Versandbereitstellung durchzuführen.
- *Fracht-, Speditions- und Beförderungsleistungen*: Diese werden durch Verkettung von Transport- und Umschlagleistungen erzeugt.
- *Bereitstellen von Teilen und Modulen am Verbauort* oder von *Waren am Verkaufsort*: Das umfaßt die Einzelleistungen Lagern, Kommissionieren, Beladen, Transport, Abladen, Zwischenpuffern und Zuführung.

Das Verketten der Einzelleistungen zu Leistungsumfängen erfordert zusätzlich folgende *Prozeßleistungen*:

Aufbau und Organisation der Leistungsketten
Auftragsannahme und Auftragsabwicklung (21.9)
Sendungsverfolgung und Sendungsrückmeldung

Die Leistungsanforderungen und Randbedingungen für einen verketteten Leistungsumfang ergeben sich aus den enthaltenen Einzelleistungen. Die Leistungskosten und Leistungspreise für logistische Leistungsumfänge einschließlich der dafür erforderlichen Zusatzleistungen (21.9) lassen sich nach den in *Kapitel 6* und 7 entwickelten Verfahren kalkulieren. Für ausgewählte Liefer- und Frachtleistungen sind die Anforderungen, Kosten und Preise in den *Abschnitten 20.2, 20.13* und *20.14* dargestellt.

**6. Systemleistungen**

Beispiele für *vernetzte Systemleistungen* sind:

- Betrieb eines *Frachtsystems*, das aus einem Netzwerk von gleichen oder unterschiedlichen Transportsystemen besteht, die durch flächenverteilte Umschlagpunkte miteinander verknüpft sind.
- Betrieb eines *Logistikzentrums*, in dem unterschiedliche Lager-, Kommissionier- und Umschlagleistungen erbracht werden.

- Betrieb eines *Beschaffungs-*, *Bereitstellungs- oder Distributionssystems*, das mehrere miteinander vernetzte Transport-, Umschlag- und Lagerketten umfaßt.

Voraussetzungen für vernetzte Systemleistungen sind entsprechende Logistikstationen und Logistiknetzwerke.

Darüber hinaus sind folgende administrative *Systemleistungen* erforderlich:

Aufbau und Organisation des Fracht- oder Logistiknetzwerks
Netzwerkmanagement (s. *Abschnitt 1.9*)
Aufbau und Organisation der Logistikstationen (21.10)
Betriebsführung
Systemführung

Die Leistungen eines Logistiksystems sind komplette *Leistungsumfänge*, die in dem System erzeugt werden. Die Leistungsanforderungen und Leistungspreise ergeben sich nach den in *Kapitel 6* und *7* dargestellten Verfahren der Logistikkostenrechnung und Leistungsvergütung aus den Einzelleistungen der Leistungsumfänge.

Die Kosten für die administrativen Systemleistungen (21.10), die eine Größenordnung von 5 % bis 15 % der operativen Leistungskosten haben, werden entweder anteilig den Leistungspreisen für die Leistungsumfänge zugerechnet oder als *Systemleistungskosten* gesondert in Rechnung gestellt.

## 21.3 Logistikdienstleister

Nach den in *Tabelle 21.1* aufgeführten *Eigenschaften* und *Merkmalen* lassen sich die Logistikdienstleister einteilen in

Einzeldienstleister
Verbunddienstleister (21.11)
Systemdienstleister

Viele der am Markt tätigen Logistikdienstleister sind als Einzel-, Verbund- oder Systemdienstleister spezialisiert auf bestimmte *Güter*, wie

| | | | | |
|---|---|---|---|---|
| Wertgut | Frischwaren | Gase | Druckerzeugnisse | |
| Gefahrgut | Kühlwaren | Flüssigkeiten | Briefe | (21.12) |
| Möbel | Getränke | Baustoffe | Werbemittel | |
| Schwerlasten | Lebensmittel | Abfallstoffe | Tonträger | |

Andere Logistikdienstleister konzentrieren ihre Leistungen auf bestimmte *Frachtarten* oder *Ladeeinheiten*, wie

| | | | | |
|---|---|---|---|---|
| Stückgut | Briefe | Paletten | Lebewesen | (21.13) |
| Massengut | Pakete | Container | Personen | |

oder auf spezielle *Branchen*, wie die

| Merkmale | Einzel-dienstleister | Verbund-dienstleister | System-dienstleister |
|---|---|---|---|
| **Leistungsumfang** | **Einzelleistungen** | **Verbundleistungen** | **Systemleistungen** |
| | Transport, Umschlag<br>Lagern, Spezialleist. | Speditions- und<br>Frachtketten | Betrieb von Lager-,<br>Bereitst. und Distr.Syst. |
| **Ressourcen** | **Transportmittel**<br>**Logistikbetriebe** | **Transportnetzwerke**<br>**Umschlagterminals** | **Logistiknetzwerke**<br>**Logistikzentren** |
| Know-how | Technisches<br>Spezialwissen | Technik, DV, I+K<br>Organisation | Logistik, DV, I+K, Planung<br>Projektmanagement |
| **Ausrichtung** | **fachspezifisch** | **leistungsspezifisch** | **kundenspezifisch** |
| | Güter<br>Regionen, Relationen<br>regional und national | Frachtarten<br>Netzwerke<br>national und global | Branchen und Kunden<br>Standorte, Funktionen<br>lokal, national, global |
| **Kundenkreis** | klein, temporär<br>wechselnd | groß, anonym<br>veränderlich | wenige Großkunden<br>gleichbleibend |
| **Auschreibung und Vertrag** | Anfrage<br>Auftrag<br>Auftragsbestätigung | Anfrage/Auschreibung<br>Auftrag<br>Rahmenvereinbarung | Ausschreibung<br>Absichtserklärung (LOI)<br>Dienstleistungsvertrag |
| **Bindung**<br>Vertragslaufzeit | **kurz**<br>unterschiedlich | **mittel**<br>bis 1 Jahr | **lang**<br>3 bis 10 Jahre |

**Tab. 21.1** Eigenschaften und Merkmale von Logistikdienstleistern

| | | |
|---|---|---|
| Automobilindustrie | Stahlindustrie | |
| Chemische Industrie | Bauindustrie | (21.14) |
| Getränkeindustrie | Grundstoffindustrie | |
| Konsumgüterindustrie | Handelsunternehmen | |

*Personenverkehrsunternehmen* spezialisieren sich auf ausgewählte *Personengruppen*, wie Urlaubsreisende, Berufstätige, Geschäftsreisende oder Kranke und auf bestimmte Nahverkehrsregionen oder Fernverkehrsrelationen.

Der *Aktionsradius* eines Logistikdienstleisters kann sehr unterschiedlich sein. So gibt es lokale, regionale, nationale und internationale Logistikdienstleister, die als Einzeldienstleister, Verbunddienstleister oder Systemdienstleister in den unterschiedlichsten Spezialisierungsformen (21.11) bis (21.14) tätig sind.

Viele Logistikdienstleister treten am Markt in mehrfacher Funktion auf und bieten unterschiedliche Einzel-, Verbund- oder Systemdienstleistungen an. Die großen Logistikkonzerne versuchen auf diese Weise, ihre Ressourcen maximal auszulasten, große Bündelungseffekte zu erreichen und zusätzliche Synergien zu erzielen. Daraus ergibt sich die Chance zu weiteren *Kostenreduzierungen*, aber auch die Versuchung der *Selbstoptimierung* zu Lasten der Kunden.

### 1. Einzeldienstleister

Die Einzeldienstleister der Logistik beschränken sich auf die Durchführung abgegrenzter Transport-, Umschlag- oder Lagerleistungsumfänge. Sie sind häufig auf bestimmte Güter, Frachtarten und Branchen spezialisiert und in begrenzten Gebieten oder festen Relationen tätig.

Beispiele für Einzeldienstleister der Logistik sind:

- *Transportdienstleister* (*carrier*): Fuhrunternehmen, Expreß- und Kurierdienste, Taxibetriebe, Unfallnotdienste, Umzugsunternehmen, Wertgutransporteure, Binnenschiffer, Reedereien, Flugzeugchartergesellschaften
- *Umschlagdienstleister*: Hafenbetriebe, Umschlagbetriebe, Stauereien, Umschlagterminals, Bahnhöfe, Flughafenbetriebe
- *Lagerdienstleister*: Lagerhausgesellschaften, Betreiber von Tank- und Silolagern, Lagereibetriebe für Stückgut, Paletten oder Möbel, Kühlhausbetreiber, Parkplatzbetreiber, Parkhäuser, Stapelhäuser, Archive, Deponien

Hinzu kommen die mit der Logistik unmittelbar oder mittelbar zusammenarbeitenden

- *Sonderdienstleister*: Abfüllbetriebe, Verpackungsunternehmen (*co-packer*), Konfektionäre, Leergutdienste, Reparaturbetriebe, Verzollungsbetriebe, DV- und IT-Dienstleister.

Für die Transport- und Beförderungsleistungen verfügen die Transportdienstleister über eigene Transportmittel. Die Lager- und Kommissionierleistungen und andere innerbetriebliche Logistikleistungen werden meist in eigenen Logistikbetrieben ausgeführt.

Spezialisierte Einzeldienstleister arbeiten in der Regel auf der Grundlage einer längerfristigen Vereinbarung für feste Kunden oder als *Subkontraktor* für größere Verbund- und Systemdienstleister. Weniger spezialisierte Einzeldienstleister sind auf der Basis kurzfristig erteilter Aufträge für wechselnde Auftraggeber tätig.

Die Transportdienstleister können ihre Aufträge auch von einer *Frachtenbörse* über das *Internet* erhalten. Sie gewinnen dadurch eine größere Unabhängigkeit von den marktbeherrschenden Verbund- und Systemdienstleistern. In den USA ist diese Möglichkeit bereits Realität [203]. Auch in Europa wurden hierfür inzwischen die rechtlichen und technischen Rahmenbedingungen geschaffen [258].

**2. Verbunddienstleister**

Ein Verbunddienstleister integriert mehrere logistische Einzelleistungen zu größeren Leistungsumfängen. Er betreibt hierfür mit eigenen und fremden Ressourcen Umschlag- und Logistikzentren und ein Transport-, Fracht- oder Logistiknetzwerk, das auf den Bedarf eines *anonymen Kundenkreises* ausgerichtet ist.

Beispiele für Verbunddienstleister (*forwarder*) sind:

Briefpostdienste
Paketdienste
Expreßdienste
Frachtdienstleister
Containerdienste
Stückgutspeditionen (21.15)
Eisenbahngesellschaften
Fluggesellschaften
Reedereien
Betreiber von Logistikzentren
Entsorgungsdienste.

Das Leistungsangebot eines Verbunddienstleisters umfaßt Einzelleistungen, verkettete Leistungsumfänge und vernetzte Systemleistungen, die meist aufgrund kurzfristig erteilter Aufträge für einen wechselnden Kundenkreis ausgeführt werden. Die *Bindefrist* von Rahmenvereinbarungen mit festen Leistungspreisen zwischen einem Verbunddienstleister und seinen Kunden beträgt in der Regel maximal 1 Jahr.

**3. Systemdienstleister**

Ein Systemdienstleister entwickelt, realisiert und betreibt ein Logistiksystem, das auf den speziellen Bedarf eines oder weniger fester Kunden ausgerichtet ist. Das Logistiksystem eines Systemdienstleisters ist weitgehend *kundenspezifisch.*

Der Systemdienstleister (*integrator*) läßt sich von anderen Logistikdienstleistern durch folgende *Merkmale* abgrenzen [204]:

- Der Systemdienstleister bietet ein integriertes Logistiksystem, das den Leistungsbedarf eines oder weniger Kunden besonders rationell, zuverlässig und qualitativ überlegen erbringt.
- Für den vereinbarten Leistungsbedarf des Auftraggebers übernimmt der Systemdienstleister die volle Leistungs-, Qualitäts- und Kostenverantwortung.

Der Systemanbieter im Dienstleistungsgeschäft entspricht in vieler Hinsicht dem *Generalunternehmer* im Anlagengeschäft oder im Baugewerbe. Im Unterschied zum Generalunternehmer, dessen Leistungsschwerpunkte in der Planung und Realisierung liegen und der in der Regel das vom ihm ausgeführte System schlüsselfertig an einen Betreiber übergibt, ist der Systemdienstleister selbst der *Betreiber* des von ihm oder gemeinsam mit dem Kunden konzipierten und aufgebauten Systems.

Abhängig vom Bedarf und von der Aufgabenstellung muß der Systemdienstleister in der Lage sein, ein breites Spektrum logistischer Leistungen selbst zu erbringen oder zu beschaffen. Er muß also über ausreichende *Ressourcen* für außerbetriebliche und innerbetriebliche *Logistikleistungen* sowie für die *Disposition, Information* und *Kommunikation* verfügen [85].

Aus einem Logistikdienstleister, der über ausreichende Ressourcen für die benötigten Einzelleistungen verfügt, wird erst ein Systemdienstleister, wenn er auch die *Kompetenz* hat, die Einzelleistungen bedarfsgerecht zu *organisieren*, zu einer Gesamtleistung zu *integrieren* und das laufende Geschäft zu *managen*. *Ziel* eines Systemdienstleisters muß es sein, die von ihm übernommenen Aufgaben wesentlich *besser* und *kostengünstiger* durchzuführen, als es dem Auftraggeber selbst oder unterstützt von Einzel- und Spezialdienstleistern möglich ist. Andernfalls ist die Fremdvergabe eines größeren Leistungsumfangs an einen Systemdienstleister für den Auftraggeber uninteressant.

Ein guter Systemdienstleister erreicht dieses Ziel durch folgende *Erfolgsfaktoren* und *Qualifikationsmerkmale*:

- kompetentes Management
- vertrauenswürdige und qualifizierte Mitarbeiter
- größere Effizienz durch Professionalität, Erfahrung und Spezialisierung
- Synergien durch bessere Auslastung, Mehrfachnutzung der Ressourcen und Bündelung
- günstigeres Personalkostenniveau durch niedrigere Lohn- und Gehaltstarife
- eigene Ressourcen für die funktionskritischen Leistungen
- leistungsfähige Steuerungs-, Informations- und Kommunikationssysteme
- günstigere Beschaffungsmöglichkeiten für Einzelleistungen durch bessere Marktkenntnis und größere Marktmacht
- hohe Flexibilität und gute Ausgleichsmöglichkeiten für Spitzenlasten durch kurzfristig verfügbare Ressourcen

Der Systemdienstleister erbringt ein vereinbartes Leistungsspektrum für ein bestimmtes Unternehmen auf der Grundlage eines *langfristigen Dienstleistungsvertrags* zu festen Leistungspreisen. Abhängig von der Höhe der *Investition* für die kundenspezifischen Bauten und Betriebsmittel und ihrer technischen *Nutzungsdauer* liegt die *Vertragslaufzeit* zwischen 3 und 10 Jahren. In vielen Fällen ist die tatsächliche Bindung noch länger.

Das logistische Systemdienstleistungsgeschäft wird daher auch als *Kontraktlogistik* bezeichnet. Seit einiger Zeit heißen Systemdienstleister mit eigenem IT-System *und* eigenen Logistikressourcen für Transport, Umschlag und/oder Lagern auch *3PL* (*third party logistics provider*). Systemdienstleister *ohne* eigene Logistikressourcen, mit oder auch ohne eigenes IT-System sind die sogenannten *4PL* (*fourth party logistics provider*).

Mit diesen irreführenden Modebezeichnungen ist jedoch wenig gewonnen, solange für den Kunden nicht deutlich erkennbar ist, was die konkreten Leistungen dieser Dienstleister sind und welchen Mehrwert sie im Vergleich zu anderen Dienstleistern zu bieten haben. So reduziert sich die Leistung eines 4PL letztlich auf das Organisieren und Managen fremder Logistikressourcen. Sie sind vergleichbar mit dem *Sofaspediteur* alter Zeiten, der für seine Kunden per Fax und Telefon Transporte organisiert und Frachtraum beschafft ohne über eigene Transportmittel zu verfügen.

Manche 4PL präsentieren sich als „hochkompetente Generalunternehmer für logistische Systemleistungen", obgleich sie kaum spezifische Logistikkompetenz nachweisen können. Fraglich ist jedoch auch bei den kompetenteren 4PL, ob sie auf Dauer einen sicheren Zugang zu den fremden Frachtnetzen und Logistikressourcen gewährleisten können. Daher ist zu bezweifeln, ob sich 4PL langfristig durchsetzen und am Markt behaupten können [274].

## 21.4 Vergabepolitik

Nicht alle Logistikleistungen eignen sich für eine Fremdvergabe. Nicht jedes Unternehmen braucht einen Systemdienstleister. Ohne Kenntnis der Unternehmensziele läßt sich nicht entscheiden, ob und in welchem Ausmaß die Logistik zur Kernkompentenz gemacht, in Teilen an Einzel- und Verbunddienstleister vergeben oder als Ganzes einem qualifizierten Systemdienstleister übertragen werden sollte.

Wenn bestimmte Logistikleistungen zu den wesentlichen Wettbewerbsfaktoren des Unternehmens gehören, ist es falsch, diese einem Logistikdienstleister zu übertragen, auch wenn sich hierdurch kurzfristig die Kosten senken oder Investitionen vermeiden lassen. Das Unternehmen muß in diesem Fall die Logistik für die betreffenden Bereiche zur Kernkompetenz machen und ein eigenes wettbewerbsfähiges und kostengünstiges Logistiksystem aufbauen.

Eine Frage, die sich mit dem Einsatz eines *Lagerdienstleisters* für Industrie- und Handelsunternehmen gleichermaßen stellt, ist die Verantwortung für die Höhe der Bestände. Wenn die Bestandshöhe und die Nachschubfrequenz nicht selbstregelnd nach dem *Pull-Prinzip* durch den Absatz sondern nach dem *Push-Prinzip* von Produktion und Beschaffung bestimmt werden, läßt sich diese Aufgabe der Warenwirtschaft und der Unternehmensplanung grundsätzlich nicht an einen Dienstleister delegieren.

Nachdem ein Unternehmen seine Vergabepolitik für die benötigten Logistikleistungen formuliert hat und Umfang und Mengen der fremd zu beschaffenden Leistungen festgelegt sind, muß eine *Vergabestrategie* entwickelt werden, die sicherstellt und festlegt, daß und wie die Ziele der Fremdvergabe erreicht werden können.

Mit der Fremdvergabe von Logistikleistungen werden von den Handels- und Industrieunternehmen folgende *Ziele* verfolgt [37; 204]:

Leistungssteigerung
Serviceverbesserung
Kostensenkung
Konzentration auf Kernkompetenzen
Freisetzung eigener Ressourcen (21.16)
Personalabbau

Nutzung externer Spezialkompetenz
Vermeidung von Investitionen
Erhöhte Flexibilität

Durch den Einsatz eines Systemdienstleisters sind für den Auftraggeber zusätzlich vereinfachte Abläufe und eine Reduzierung der Komplexität seiner Geschäftsprozesse erreichbar (s. *Kapitel 19.11*).

**1. Logistikdienstleister in der Industrie**

Die Logistikkosten betragen in der Industrie zwischen 5 % und 15 % der Gesamtkosten [36; 37]. Die Logistik ist daher für Produktionsunternehmen in der Regel keine Kernkompetenz. Sie muß funktionieren, ist aber nicht geschäftsentscheidend (s. *Abschnitt 20.11*).

Die *Industrie* – voran die Automobilindustrie – ist daher zunehmend bereit, immer umfassendere Anteile ihrer Logistikketten geeigneten Dienstleistern zu übertragen. Auf der *Beschaffungsseite* übernehmen Systemdienstleister die gesamte Vorratshaltung und Teilebereitstellung bis hin zum Produktionsprozeß. Wenn der Systemdienstleister auch noch die Vormontage von Teilen oder die Fertigung kompletter Module übernimmt, wird er zum *Systemlieferanten*. Er konkurriert dann mit den Lieferanten, die ihre Fertigungsleistungen um Logistikleistungen ergänzen.

Auf der *Absatzseite* sind Systemdienstleister für die gesamte Fertigwarenlagerung, Ersatzteilhaltung und Distribution verantwortlich. Sie errichten Logistikzentren und betreiben Transportnetze, die vollständig oder in entscheidenden Teilen auf den speziellen Kundenbedarf zugeschnitten sind.

Die *Grenzen der Fremdvergabe* von Logistikdienstleistungen liegen für ein Industrieunternehmen da, wo unmittelbar das Geschäftsinteresse berührt wird. Die Grenze kann auf der Beschaffungsseite durch die Forderung nach absoluter *Versorgungssicherheit* für teure oder kontinuierlich arbeitende Produktionseinrichtungen gegeben sein.

In der Distribution ergibt sich die Grenze der Fremdvergabe aus der Art des *Kundenkontaktes* bei der Anlieferung der Ware. Wenn die Warenanlieferung untrennbar mit speziellen Verkaufs-, Montage-, Service- oder Beratungsleistungen verbunden ist und hierduch eine besondere *Kundenbindung* oder *Kundenbeobachtung* angestrebt wird, verbietet es sich, die Zustellfahrten einem Fremdunternehmen zu übertragen.

Auch wenn ein Industrieunternehmen einen großen Anteil seines Logistikleistungsbedarfs mit Nutzen und Gewinn fremd vergibt, muß sichergestellt sein, daß es die *Systemführung* seiner Unternehmenslogistik nicht aus der Hand gibt und das Management seines Logistiknetzwerks in eigener Regie behält.

**2. Logistikdienstleister im Handel**

Im Handel betragen die Logistikkosten zwischen 5 % und 25 % des Umsatzes. Die Logistik verbraucht damit 10 % bis 50 % der Handelsspanne und ist allein deshalb ein zentraler Wettbewerbsfaktor [36; 37].

Viele Einzelhandelsketten, Einkaufsgenossenschaften und Versandunternehmen betrachten daher die Logistik neben der Beschaffung, der Sortimentspolitik und dem Verkauf als *Kernkompetenz*. Sie wollen sich durch eigene Logistiksysteme einen entscheidenden Wettbewerbsvorteil verschaffen und Abhängigkeiten vermeiden. Das kann soweit gehen, daß ein Versandhaus wie der *OTTO* Versand einen eigenen Paketdienst betreibt. Um sich trotzdem die Vorteile eines Systemdienstleisters zu sichern, organisieren manche Handelsunternehmen ihre Logistik so, daß die unternehmenseigenen Logistikgesellschaften wie fremde Systemdienstleister arbeiten. Im Extremfall betreibt eine Logistikgesellschaft des Handels wie der *Hermes Versandservice* von *OTTO* auch Dienstleistungsgeschäfte für Dritte.

Andere Handelsketten und die großen Kaufhauskonzerne entwickeln zwar ihre Logistiksysteme mit den erforderlichen Prozeßabläufen, Strukturen und Logistikzentren selbst, suchen sich aber für die *Realisierung* und den *Betrieb* einzelner Logistikzentren und regionaler Warenverteilzentren qualifizierte Logistikdienstleister. Die Systemführung für die gesamte Beschaffung und Distribution aber gibt der Handel nicht aus der Hand.

Immer mehr Handelsunternehmen bestimmen selbst ihre *Lieferketten*. Sie schreiben der Industrie zunehmend auch die *Lieferkonditionen* vor, für die folgende *Möglichkeiten* bestehen [205]:

- *Frei Verkaufsstelle*: Der Lieferant oder der von ihm beauftragte Logistikdienstleister liefert an die Rampen der Filialen, Märkte und Kaufhäuser.
- *Frei Logistikstelle*: Der Lieferant oder sein Transportdienstleister beliefert die Logistikzentren oder Umschlagpunkte, die vom Handelsunternehmen selbst oder von einem beauftragten Dienstleister betrieben werden.
- *Ab Werk*: Ein vom Handelsunternehmen beauftragter Transportdienstleister holt die versandfertig bereitgestellten Sendungen an der Werksrampe oder vom Fertigwarenlager des Lieferanten ab.

Durch Verlagerung des Wareneingangs an eine vorgeschaltete Logistikstelle und aus den dadurch möglichen Bündelungseffekten ergeben sich für den Handel interessante Kostensenkungspotentiale. Außerdem bekommt der Handel die Rampen der Filialen in die eigene Regie. Die daraus resultierende Entlastung der Filialen von unplanbaren Wareneingangsaufgaben kann zu weiteren *Kosteneinsparungen* und zu *Umsatzsteigerungen* führen.

Die positiven Effekte einer vorverlegten Rampe gelten jedoch nicht für alle Waren und Sendungen. Sendungen, die ohne Umschlag als *Teil- oder Ganzladungen* direkt von der Versandstelle des Lieferanten an die Handelsfilialen geliefert werden, lassen sich über eine zwischengeschaltete Logistikstelle nicht kostengünstiger liefern. Für spezielle Waren, wie Gefahrgüter, Großteile und Sperrigwaren, sind die hierauf ausgerichteten Distributionssysteme der Industrie und der Spezialdienstleister besser geeignet als die Beschaffungssysteme des Handels, die meist für Standardgüter, wie Paletten- und Behälterware, ausgelegt sind (s. *Abschnitt 19.12*).

### 3. Einsatz von Verbund- und Systemdienstleistern

Systemdienstleister und Verbunddienstleister bieten folgende *Vorteile* und *Chancen*:

- Nutzung vorhandener Logistikressourcen, wie Fachpersonal, Frachtnetze, Logistikzentren, Umschlagpunkte sowie Informations-, Steuerungs- und Kommunikationssysteme
- größere Leistungsfähigkeit und bessere Logistikqualität durch Professionalität, Erfahrung und Spezialisierung
- geringere Kosten durch größere Effizienz und bessere Auslastung der Ressourcen
- günstigere Lohn- und Gehaltsstruktur durch andere Tarifverträge

Hierdurch lassen sich in vielen Fällen die Kosten senken, Investitionen vermeiden und die Flexibilität verbessern. Das kann vor allem für Unternehmen interessant sein, die in einen etablierten Markt eindringen, ein neues Geschäft aufbauen oder einen bestehenden Geschäftszweig ausbauen und die damit verbundenen Schwellenkosten für die Logistik vermeiden wollen.

Die Vorteile, die sich mit dem Einsatz eines Systemdienstleisters erreichen lassen, sind jedoch mit einigen Nachteilen und Risiken verbunden. Der schwerwiegendste und unvermeidliche *Nachteil* der Vergabe an einen Systemdienstleister ist die langfristige vertragliche Bindung an ein anderes Unternehmen. Weitere *Nachteile* und *Risiken* sind:

- Abhängigkeit vom Systemdienstleister bei Aufgabe des eigenen Logistik-Know-how
- finanzielle Schwäche und mangelnde Investitionsbereitschaft des Systemdienstleisters
- Inkompetenz und schlechte Qualifikation der Mitarbeiter des Dienstleisters
- unzureichende Kostentransparenz und Kostenkontrolle
- mangelnder Leistungsanreiz und nachlassendes Interesse
- Kumulation von Gemeinkosten- und Gewinnzuschlägen bei kaskadenartiger Beauftragung von Subkontraktoren die wiederum andere beauftragen
- Nichtweitergabe von Kosteneinsparungen aus Rationalisierung, Mengenwachstum oder Einkaufsvorteilen
- Offenlegung innerbetrieblicher Schwachstellen gegenüber dem Systemdienstleister
- Mißbrauch vertraulicher Geschäftsdaten und Kundeninformationen, insbesondere wenn der Systemdienstleister auch für den Wettbewerb arbeitet

Diese Nachteile und Risiken lassen sich durch richtige Partnerwahl, Ausschreibung und Vertragsgestaltung vermeiden oder begrenzen. Daher ist für den erfolgreichen Einsatz von Systemdienstleistern eine gute Ausschreibung entscheidend.

### 4. Vergabestrategien

Wenn die Grundsatzentscheidung zum Einsatz von Logistikdienstleistern gefallen ist, bleibt zu entscheiden, auf wieviele Anbieter die Ausschreibung beschränkt werden soll und wie die benötigten Leistungsumfänge am besten auf eine begrenzte Dienstleisteranzahl verteilt werden.

In zahlreichen Ausschreibungen von inner- und außerbetrieblichen Logistikleistungen für Industrie- und Handelsunternehmen haben sich folgende *Vergabestrategien* für den Auftraggeber als vorteilhaft erwiesen:

- Mit den Transport- und Umschlagleistungen der Lieferketten in ein bestimmtes Zielgebiet und der Beschaffungsketten aus einem Herkunftsgebiet wird am besten nur ein Speditionsdienstleister beauftragt.
- Teil- und Ganzladungen aus dem und in das gleiche Gebiet werden zusammen ausgeschrieben und an den gleichen Transportdienstleister vergeben, damit dieser die aus der Rückfahrtauslastung resultierenden Kosteneinsparungen an den Auftraggeber weitergibt.
- Ganzladungs-, Teilladungs- und Stückgutsendungen werden grundsätzlich getrennt von Paketsendungen und anderen Spezialsendungen ausgeschrieben und vergeben, da nur wenige Logistikdienstleister auf allen Gebieten die gleiche Kompetenz haben.
- Das gleiche gilt für die sogenannte *Kombifracht*, die aus mehreren Paketen, Paletten und anderen Frachtstücken besteht und innerhalb eines vereinbarten Zeitfensters als *geschlossene Sendung* zugestellt wird. Die hierauf spezialisierten *Kombifrachtdienstleister* verfügen über ein eigenes Frachtnetz, das sich von den Frachtnetzen der reinen Standardpaketdienste einerseits und der reinen Stückgutspeditionen andererseits durch hohe Flexibilität und vielseitig einsetzbare Ressourcen unterscheidet.
- Um einerseits einen ausreichenden Wettbewerb zu sichern und andererseits den Bietern eine attraktive Erfolgschance zu bieten, sollten für eine landesweite Ausschreibung von Transport- und Frachtdienstleistungen mindestens 5 und maximal 10 Dienstleister angefragt werden.
- Wenn das Gesamtladungsaufkommen in einem größeren Land wie Deutschland ausreicht, werden für Ganz- und Teilladungssendungen wie auch für Stückgutsendungen mindestens 2 und maximal 3 Dienstleister eingesetzt, die jeweils ein bestimmtes Gebiet bedienen, um ein *internes Benchmark* zu haben und um sich eine Austauschoption zu bewahren.
- Für *Paketsendungen* ist in einem Land der Einsatz nur eines Verbunddienstleisters von Vorteil, da mit einem größeren Gesamtaufkommen günstigere Leistungspreise zu erzielen sind. Das gleiche gilt für andere Verbunddienstleistungen, wie Briefpost, Kombifracht oder Werbemitteldistribution.
- Außerbetriebliche Logistikleistungen, wie Transport- und Frachtleistungen, und innerbetriebliche Logistikleistungen, wie Lager- und Kommissionierleistungen, werden besser an unterschiedliche Dienstleister, und wenn an einen Dienstleister, in *getrennten Verträgen* vergeben, da nur wenige Dienstleister auf allen Gebieten gleiche Kompetenz haben, die Gefahr der Selbstoptimierung des Dienstleisters besteht, die Vertragslaufzeiten unterschiedlich sind und für beide Bereiche eine gesonderte Ausstiegsoption gewahrt bleiben muß.
- Wenn innerbetriebliche Logistikleistungen an mehreren Standorten zu vergeben sind, beispielsweise in getrennten Regionallagern oder unterschiedlichen

Werken, ist der Einsatz von mindestens zwei Logistikdienstleistern ratsam, um zwischen diesen ein internes Benchmark zu betreiben.

- Wenn die Lagerleistungen oder andere innerbetriebliche Logistikleistungen in einem bestehenden Betrieb des Auftraggebers oder des Dienstleisters ausgeführt werden, ist die Aufforderung von 5 bis 10 Bietern sinvoll.

Für Lagerleistungen, Kommissionierleistungen und andere Logistikleistungen, die in einem speziellen *Logistikbau* ausgeführt werden, der bereits existiert oder erst noch zu errichten ist, gibt es folgende *Handlungsmöglichkeiten*:

- *Eigenbau und Eigenbetrieb*: Der Logistikbau mit den erforderlichen lager-, förder- und steuerungstechnischen Einrichtungen wird auf eigene Kosten realisiert und in eigener Regie vom Unternehmen selbst betrieben.
- *Eigenbau und Fremdbetrieb*: Der Logistikbau mit allen Einrichtungen ist Eigentum des Unternehmens. Der Betrieb wird an einen Logistikdienstleister vergeben, der darin die vereinbarten Leistungen erbringt.
- *Fremdbau und Fremdbetrieb*: Der Logistikbau mit den lager-, förder- und steuerungstechnischen Einrichtungen wird von einem Systemdienstleister errichtet oder als Eigentümer übernommen, um darin die Logistikleistungen zu erbringen.

Der Aufbau und Betrieb eines Logistiksystems, das speziell auf den Bedarf eines Kunden zugeschnitten ist und nur für einen Auftraggeber Leistungen erbringt, durch einen Systemdienstleister ist, wenn keine erheblichen Tarifdifferenzen bestehen, erfahrungsgemäß um 10 % bis 15 % teurer als der optimale Eigenbetrieb. Die Mehrkosten resultieren aus dem *Gemeinkosten- und Gewinnzuschlag* auf die Leistungskosten, mit dem ein Dienstleister zur Abdeckung von Management-, Verwaltungs- und Vertriebskosten, Finanzierungskosten und Risiken sowie zum Erzielen eines angemessenen Gewinns kalkuliert.

Der Zuschlag für Gemeinkosten und Gewinn wird jeweils auf die vom Dienstleister zu tragenden Kosten kalkuliert: bei Bau und Betrieb durch den Dienstleister auf die Betriebskosten *einschließlich* Abschreibungen und Zinsen für den Logistikbau, bei Betrieb ohne Eigentum am Logistikbau auf die Betriebskosten *ohne* Abschreibungen und Zinsen.

Bei der Entscheidung zwischen Eigen- und Fremdbau sowie zwischen Eigen- und Fremdbetrieb sind die Mehrkosten gegen die Vorteile der Fremdvergabe abzuwägen. Dabei ist zu berücksichtigen, daß das Unternehmen bei Eigenbau und Eigenbetrieb ebenfalls Risiken tragen muß, Verwaltungskosten hat und für das eingesetzte Kapital einen Gewinn erwirtschaften will. Bei einer *Betriebsübernahme nach BGB § 613a* entstehen *Transferkosten*, wie *Abfindungen* für ausscheidende Mitarbeiter und *Kompensationszahlungen* für Mitarbeiter, die vom Dienstleister übernommen werden.

Da die Kosten für die Planung eines neuen Logistikstandorts und damit auch die Angebotskosten relativ hoch sind, ist nach der Entscheidung für eine Fremdvergabe von Bau und Betrieb der *Ausschreibungsgrundsatz* zu beachten:

- Für Lager- und Logistikleistungen, die an einem neu aufzubauenden Standort erbracht werden, sollten nicht mehr als 5 Logistikdienstleister zum Angebot aufgefordert werden.

Ein Abweichen von diesem Grundsatz führt erfahrungsgemäß zu Absagen der qualifiziertesten Dienstleister und zu schlecht ausgearbeiteten Angeboten, sobald die Bieter erkennen, daß die Auftragsschancen wegen der großen Bewerberanzahl gering sind.

Die Vergabestrategien sind je nach Marktlage und Anbieterverhalten im Verlauf der Ausschreibung flexibel zu handhaben. So lassen sich durch das Inaussichtstellen größerer Vergabeumfänge im Einzelfall weitere Preisvorteile erzielen.

Aus den Vergabestrategien resultiert, daß der Einsatz nur eines Systemdienstleisters für die *gesamte* Beschaffung und Distribution mit *allen* Lager- und Transportleistungen entgegen dem Trend von Befragungen eher die Ausnahme als die Regel ist [137]. Viele *out-sourcing-geschädigte* Unternehmen, über die keine Trendanalyse berichtet, da sich kaum ein Geschädigter dazu bekennen mag, lösen sich wieder aus der zu weitgehenden Bindung an einen Systemdienstleister und suchen sich stattdessen mehrere neue Dienstleistungspartner.

## 21.5 Ausschreibung von Logistikleistungen

Für die Fremdvergabe von Transport- und Frachtleistungen wie auch von anderen Logistikleistungen, die seitens der Anbieter keine größeren kundenspezifischen Investitionen erfordern, genügt eine einfache *Leistungsanfrage*. Die an einen ausgewählten Bieterkreis zu versendende Leistungsanfrage muß folgende *Angaben* und *Anlagen* enthalten (s. *Abschnitt 22.5*):

- Kurzbeschreibung des Leistungsbedarfs
- Tabellen mit den benötigten Leistungsmengen
- vom Anbieter auszufüllende Preisblanketten
- allgemeine Einkaufsbedingungen für Logistikleistungen

Für die Vergabe von Verbundleistungen, von Lagerleistungen, die mit einer größeren Investition verbunden sind, und von komplexen Systemleistungen ist eine *Leistungsausschreibung* ratsam. Die Besonderheiten und Risiken einer Leistungsausschreibung sind in vielen Unternehmen nicht ausreichend bekannt. Aufwand und Zeitbedarf werden meist unterschätzt.

Die *Schritte einer Leistungsausschreibung* sind in *Abb. 21.2* dargestellt. Es sind die gleichen Schritte wie bei einer Anlagenausschreibung. Zusätzlich ist in *Abb. 21.2* der für die einzelnen Schritte benötigte Zeitbedarf angegeben. Bei zügiger Durchführung ergibt sich für einfachere Ausschreibungen mit einem Vergabewert von unter 5 Mio.€/Jahr ein *Gesamtzeitbedarf* von 10 bis 12 Wochen und für größere Ausschreibungen mit einem Vergabewert von mehr als 5 Mio.€/Jahr eine Ausschreibungsdauer von 20 bis 30 Wochen.

Mit der Durchführung der Ausschreibung sollte die Unternehmensleitung ein *Ausschreibungsteam* beauftragen, in dem der Einkauf, die Logistik und Beauftragte der betroffenen Fachbereiche vertreten sind. Das Ausschreibungsteam wählt den Bieterkreis aus, gibt die Ausschreibungsunterlagen frei, führt die Verhandlungen mit den Bietern und schlägt der Unternehmensleitung einen ausgewählten Anbieter zur Vergabe vor.

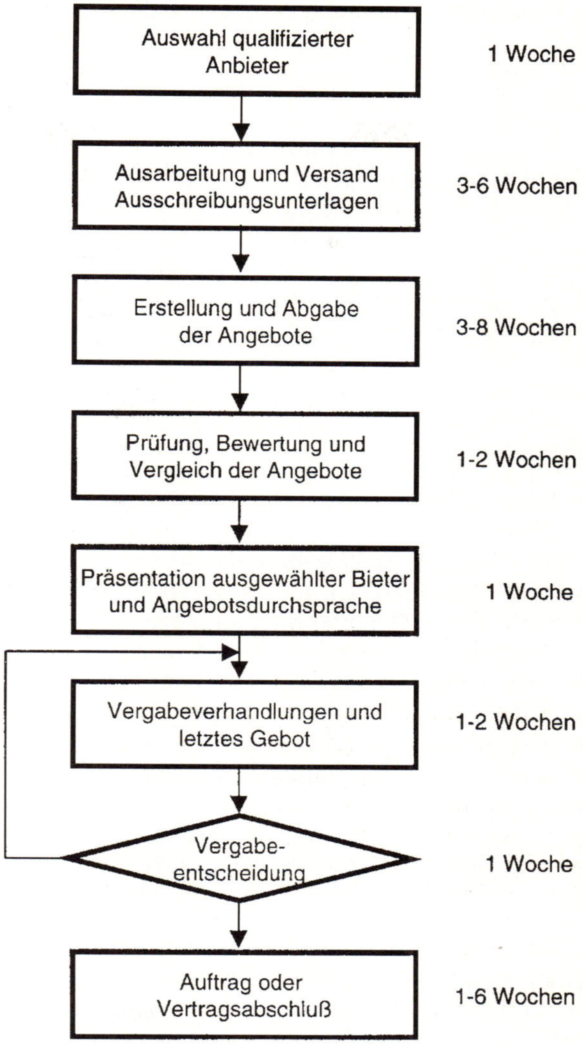


**Abb. 21.2** Schritte und Zeitbedarf einer Leistungsausschreibung

Dauer von Einzel- und Verbundausschreibungen:
10 bis 12 Wochen
Dauer von Lager- und Systemausschreibungen:
20 bis 30 Wochen

Für die Ausarbeitung der Ausschreibungsgrundlagen und des Mengengerüsts, das Verfassen der Ausschreibungsblankette, die Betreuung der Bieter während der Angebotsausarbeitung, die Auswertung der Angebote und das Führen der Verhandlungen werden erfahrene Fachleute benötigt. Wenn diese im Unternehmen nicht verfügbar sind, kann hiermit eine *Unternehmensberatung* beauftragt werden, die auf Leistungsausschreibungen spezialisiert ist.

### 1. Ausschreibungsunterlagen

Für die Ausschreibung von Verbund-, Lager- oder Systemleistungen ist das Verfahren der *funktionalen Leistungsausschreibung* einer *detaillierten Lösungsausschreibung* vorzuziehen.

Die funktionale Leistungsausschreibung gibt das Grundkonzept und die Ziele der Unternehmenslogistik vor. Sie spezifiziert die benötigten *Funktionen* und *Leistungsumfänge* und grenzt sie so voneinander ab, daß eindeutige *Leistungspakete* entstehen, für die gesonderte Leistungspreise abzugeben sind. Für die einzelnen Leistungspakete werden jedoch keine technischen Lösungen festgelegt und Ausführungsvorschriften gemacht. Damit erhalten die Anbieter die Möglichkeit, durch eigene Ideen und geschickten Einsatz ihrer Ressourcen zur Optimierung beizutragen. Außerdem wird auf diese Weise sichergestellt, daß der Anbieter im Auftragsfall die volle *Funktionsverantwortung* übernimmt.

Inhalte der *Ausschreibungsblankette* für eine funktionale Leistungsausschreibung sind:

- Kurzbeschreibung von Grundkonzept und Zielen der Unternehmenslogistik
- Darstellung von Ausschreibungsgegenstand und Vorgehen
- Angebotstermin, Vergabezeitpunkt und Bindefrist
- Leistungsverzeichnis mit Spezifikation der Leistungsumfänge
- Service- und Qualitätsanforderungen
- Angabe der benötigten Leistungsmengen
- Abgrenzung der anzubietenden Leistungspakete
- Anforderungen und Schnittstellen von DV und I+K
- Einkaufs- und Vergabebedingungen
- vertragsrechtliche Rahmenbedingungen
- Leistungserfassung und Leistungsvergütung
- Pönalisierung von Qualitätsmängeln
- vom Bieter auszufüllende Preisblanketten
- vom Anbieter zu unterzeichnende Einverständniserklärung

Um zu verhindern, daß ein Anbieter nach der Auftragserteilung versucht, durch einen eigenen Vertragsentwurf mit anderen Konditionen die Angebotsgrundlage nachträglich zu verändern oder umzuinterpretieren, ist es erforderlich, bereits in der Ausschreibungsblankette alle kosten- und leistungsrelevanten Bedingungen für den Auftrag oder Dienstleistungsvertrag vorzugeben und durch eine Einverständniserklärung bestätigen zu lassen. Hierzu gehören *Vertragslaufzeit* und *Kündigungsfristen*, *Versicherungspflichten*, *Haftung und Gewährleistung*, *Preisanpassungsregelungen* und *Kontrollrechte* sowie *Rechtsgrundlagen* und *Vorschriften* (s. *Abschnitt 22.5*) [206].

Um spätere Mißverständnisse zu vermeiden und die Angebotsausarbeitung zu erleichtern, müssen die *Struktur der Unternehmenslogistik*, der *Waren- und Auftragsfluß*, die wichtigsten *Beschaffungs-, Distributions- und Leistungsketten*, der *DV-Rahmen*, das *Mengengerüst* und die *Preisblanketten* in Form von Strukturdiagrammen, Prozeßabläufen und Tabellen dargestellt werden und Bestandteil der Ausschreibungsunterlage sein. Der Anbieter muß schriftlich erklären, daß er diese Unterlagen geprüft hat, für plausibel hält und die angebotenen Leistungen auf dieser Grundlage erbringen kann.

### 2. Angebotsauswertung

Vor der Einladung ausgewählter Anbieter müssen die eingegangenen Angebote nach formalen, sachlichen und kommerziellen Kriterien geprüft und ausgewertet werden.

Bereits die Einhaltung des *Angebotstermins* gibt Aufschluß über das Interesse und die Verläßlichkeit der Anbieter. Wenn die Angebotsfrist ausreichend lang bemessen war und diese von mindestens 3 Anbietern eingehalten wurde, sollten verspätet eingehende Angebote nur in begründeten Ausnahmefällen berücksichtigt werden.

Die *formale Angebotsprüfung* dient der Beurteilung der *Angebotsqualität*. Sie umfaßt die Prüfung von *Vollständigkeit* und *Aufmachung*. Sind Angebot, Preisblanketten und Einverständniserklärung rechtsgültig unterschrieben? Sind alle Preisblanketten wie vorgegeben ausgefüllt? Sind alle geforderten Informationen und Angaben enthalten? Wie ist der Gesamteindruck?

*Beurteilungskriterien* für die Angebote sind: Übersichtlichkeit und Gliederung; Verständlichkeit; Fehlerhäufigkeit, Lesbarkeit, Sauberkeit; Brauchbarkeit von Zeichnungen, Tabellen und Diagrammen. Die Angebotsqualität gibt einen ersten Eindruck von der zu erwartenden Qualität der Leistungen und von der Kundenorientierung des Anbieters.

Zur *sachlichen Angebotsauswertung* gehört die Prüfung von:

- *Systemlösung*: Kann die angebotene Systemlösung alle Funktionen und Leistungen zuverlässig und flexibel erfüllen?
- *Funktionserfüllung*: Wie werden die ausgeschriebenen Funktionen und Leistungsumfänge realisiert? Art und Technik der eingesetzten Betriebsmittel.
- *Leistungserfüllung*: Reichen die angebotenen Kapazitäten und Ressourcen zur Erfüllung der benötigten Leistungsmengen aus?
- *DV- und I+K-Kompetenz*: Entsprechen die DV-Systeme und die I+K-Konzeption des Anbieters den Anforderungen?
- *Personalqualifikation*: Erfahrung, Verläßlichkeit, Fluktuation und Kompetenz der Mitarbeiter und Führungskräfte des Anbieters für die ausgeschriebenen Leistungen
- *Referenzen*: Sind die angegebenen Referenzen und Erfahrungen zutreffend und relevant für den ausgeschriebenen Leistungsumfang

Die sachlichen Prüfungspunkte sind in der Regel *K.O.-Kriterien*. Wenn ein oder mehrere K.O.-Kriterien nicht erfüllt sind und auch durch Rückfragen beim Anbieter nicht geklärt werden können, scheidet der Anbieter aus, es sei denn, kein Anbieter kann die betreffende Anforderung erfüllen. In diesem Fall ist vom Ausschreibungsteam die Machbarkeit der gestellten Anforderungen zu überprüfen. Danach ist die Anforderung eventuell zu revidieren.

Die formale und sachliche Angebotsprüfung resultiert in einer Benotung der vorliegenden Angebote nach dem *Nutzwertverfahren* (s. *Abschnitt 3.11*). Die

| Bewertungskriterien | Gewicht | Bieter 1 | Bieter 2 | Bieter 3 | Bieter 4 | Bieter 5 | Bieter 6 |
|---|---|---|---|---|---|---|---|
| Angebotsqualität | 10% | 3,0 | 3,5 | 4,0 | 2,0 | 2,5 | 2,5 |
| Referenzen und Kompetenz | 15% | 3,0 | 1,5 | 3,0 | 2,0 | 3,0 | 2,5 |
| Leistungserfüllung | 30% | 3,0 | 3,5 | 3,0 | 1,5 | 2,5 | 2,0 |
| DV-Systeme | 20% | 2,0 | 2,0 | 2,5 | 2,0 | 2,0 | 2,0 |
| Eigene Ressourcen | 10% | 3,0 | 2,0 | 2,0 | 2,0 | 4,0 | 1,5 |
| Personalqualifikation | 15% | 2,0 | 2,5 | 2,5 | 1,5 | 3,0 | 2,0 |
| **Gesamtbewertung** | **100%** | **2,7** | **2,6** | **2,8** | **1,8** | **2,7** | **2,1** |

**Abb. 21.3** Nutzwertanalyse von Logistikleistungsangeboten
Anbieter von Transport- und Frachtleistungen zur Distribution von Handelsware aus einem Logistikzentrum in ein Zielgebiet
1: sehr gut 2:gut 3: befriedigend 4: ausreichend 5: mangelhaft

*Abb. 21.3* zeigt das Ergebnis der Bewertung von 6 Angeboten für unterschiedliche Transport- und Frachtleistungen zur Distribution von Handelsware an Verkaufsstellen und Kunden. Nach dieser Synopse hat der *Bieter 4* mit der Note 1,8 das beste Angebot und der *Bieter 6* mit der Note 2,1 das zweitbeste Angebot abgegeben. Kein Bieter ist wegen Nichterfüllung eines K.O.-Kriteriums ausgeschieden.

In der anschließenden *kommerziellen Angebotsauswertung* werden folgende Punkte geprüft und verglichen:

- *Leistungspreise* für die verschiedenen Leistungsumfänge
- *Jahreskosten*, die mit den Planmengen aus den Leistungspreisen resultieren
- *Zahlungsbedingungen*: Anerkennung der vorgegebenen oder Forderung anderer Zahlungsfristen
- *Haftung und Gewährleistung*: Höhe und Dauer der Gewährleistungszusagen; Haftungssummen; Höhe der Malussätze zur Qualitätssicherung

Nach der Leistungserfüllung sind die aus den Leistungspreisen für die Planmengen resultierenden *Jahresbetriebskosten* das wichtigste Auswahlkriterium für die Auswahl des Logistikdienstleisters. Wegen unterschiedlicher Kalkulationsverfahren, aus taktischen Gründen oder wegen Quersubvention zwischen verschiedenen Leistungsumfängen weichen die angebotenen *Leistungspreise* für Logistikleistungen nicht selten bis zu ± 50 % voneinander ab. Die Unterschiede zwischen

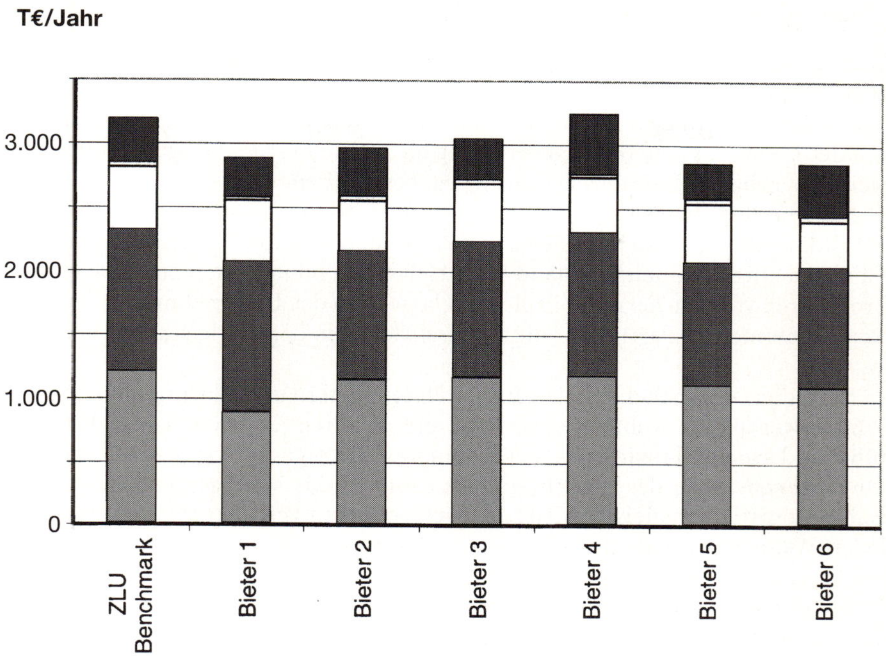


**Abb. 21.4** Transport- und Frachtkostenvergleich [250]

Bedeutung der Balkeninhalte von unten nach oben:
1. Ganz- und Teilladungstransporte mit Sattelaufliegern oder Wechselbrücken
2. Grundlasttouren mit 7,5 t Transportern
3. Spitzenlastfahrten mit 7,5 t Transportern
4. Umschlagkosten von Relaisstationen
5. Stückgutsendungen über einen Umschlagpunkt

den resultierenden *Betriebskosten* sind in der Regel geringer, liegen aber in vielen Fällen, insbesondere bei Lagerleistungen, immer noch bei ± 25 %. Wegen der erfahrungsgemäß häufig sehr großen Preisdifferenzen von Angeboten für Lagerleistungen, die mit einer Neuinvestition verbunden sind, ist zur Orientierung ein fundiertes *Benchmarking* erforderlich, das aus einer neutralen Planung und Kostenbudgetierung resultiert (s. *Abschnitt 16.14*).

Für die oben als Beispiel angegebene Ausschreibung von Fracht- und Transportleistungen sind die aus den angebotenen Leistungspreisen errechneten Jahreskosten in *Abb. 21.4* einander gegenübergestellt. Die Spreizung zwischen dem günstigsten und dem ungünstigsten Angebot der Jahreskosten beträgt in diesem Fall 12 %. Der *Bieter 4* mit dem qualitativ besten Angebot ist – wie so häufig – mit 3,25 Mio.€/Jahr der Teuerste. Der *Bieter 6* mit der zweitbesten Angebotsbewertung macht das kostengünstigste Angebot, das mit 2,9 Mio.€/Jahr den zuvor kalkulierten Benchmarkwert von 3,15 Mio.€/Jahr unterschreitet.

### 3. Bietergespräche und Vergabeverhandlungen

Zur Präsentation ihres Unternehmens und zur Angebotsdurchsprache sollten mindestens zwei, maximal vier Anbieter mit dem besten Preis-Leistungsverhältnis eingeladen werden. Damit sie sich vorbereiten können, sollten den Bietern mit der Einladung und der Tagesordnung die offenen Fragen mitgeteilt und Hinweise auf größere Preisabweichungen gegeben werden.

Manche Logistikdienstleister neigen in der Präsentation zur übertriebenen Selbstdarstellung, wobei die Belange des Kunden und die Fragen des Angebots häufig zu kurz kommen. Niemand sollte sich durch bunte Folien und Hochglanzbroschüren von der Kernfrage ablenken lassen, ob das Unternehmen mit seinen Repräsentanten als Partner für die ausgeschriebenen Logistikleistungen geeignet ist.

Nach den Gesprächen mit den ausgewählten Bietern und Klärung aller offenen Punkte werden die Anbieterbewertung und der Preisvergleich erneut durchgeführt und eventuell revidiert. Das Ergebnis der Bietergespräche ist eine fundierte *Vergabeempfehlung* des Ausschreibungsteams an das Management. Der ausgewählte Logistikdienstleister wird zur abschließenden *Vergabeverhandlung* eingeladen. Wenn es mehr als einen Favoriten gibt, müssen diese zur Abgabe eines letzten Preisgebots aufgefordert werden.

Bei der Forderung des letzten Preisgebots und den Vergabeverhandlungen sind Augenmaß und Erfahrung erforderlich. Der zukünftige Geschäftspartner muß mit seinen Erlösen langfristig leben können. Zu vermeiden ist auch, daß sich ein Dienstleister mit nicht kostendeckenden Kampfpreisen den Auftrag erkauft und später, wenn sich die Bindung nur mit hohem Aufwand lösen läßt, Nachforderungen stellt (s. *Abschnitt 22.5*).

### 4. Auftrag und Vertragsabschluß

Bei einer Leistungsanfrage kommt der Vertrag zur Leistungserbringung durch *Auftragsschreiben* und *Auftragsbestätigung* zustande. Diese einfache Form des Vertragsabschlusses sollte auch für den Abschluß einer Leistungsausschreibung gewählt werden, wenn keine besonderen Gründe für einen formellen *Dienstleistungsvertrag* sprechen.

Um die verhandelten Leistungspreise und Konditionen sowie die Vorrangigkeit der Ausschreibungsunterlagen rechtlich bindend zu machen, muß das Auftragsschreiben folgende *Rangfolge* der Gültigkeit der dem Auftrag zugrundeliegenden Dokumente festschreiben:

1. Ausschreibungsunterlage und Einkaufsbedingungen des Auftraggebers
2. Preise und Vereinbarungen der Auftrags- und Vergabeverhandlungen
3. Angebot und Verkaufsbedingungen des Auftragnehmers

Wenn für die Leistungserstellung eine größere Investition und umfangreiche Vorarbeiten seitens des Auftragnehmers erforderlich sind, ist es für beide Seiten vorteilhafter, daß der Auftraggeber unmittelbar nach der Auftragsentscheidung zunächst eine einseitige Absichtserklärung in Form eines *Letter of Intent* (LOI) abgibt. Zusätzlich zur Erklärung der Bereitschaft zum Vertragsabschluß sollte der Letter of Intent die gleiche Festlegung der Rangfolge der Ausschreibungs- und Angebotsunterlagen und der bereits getroffenen Abmachungen enthalten, wie ein Auftragsschreiben.

Wenn die Systemlösung und der aufzubauende Logistikbetrieb im Zuge der Ausschreibung noch nicht ausreichend genau durchgeplant werden konnten, darf der Auftrag nur mit dem *Vorbehalt* der Einhaltung der angebotenen Leistungen und Kosten erteilt werden. In diesem Fall ist zunächst ein *Vorvertrag* zur Detailplanung, Ausarbeitung und Ausschreibung der vorgeschlagenen Lösung abzuschließen.

Wenn die ausgeplante und durch entsprechende Ausschreibungen abgesicherte Lösung alle Anforderungen erfüllt und sich im Rahmen der angebotenen Kosten realisieren läßt, werden mit dem Systemdienstleister ein *Realisierungs-* oder *Projektmanagementvertrag* und ein *Dienstleistungs-* oder *Betreibervertrag* abgeschlossen:

- Der *Realisierungsvertrag* regelt für den Fall des Fremdbaus und der *Projektmanagementvertrag* für den Fall des Eigenbaus die Projektleitung, die Leistungs-, Termin- und Kostenkontrolle der mit dem Bau beauftragten Firmen sowie die Bezahlung und die Pflichten der Vertragspartner für den Aufbau und die Inbetriebnahme des zukünftigen Logistikbetriebs bis zum Start der produktiven Leistungserbringung.
- Der *Dienstleistungsvertrag* regelt bei Fremdeigentum des Logistikbetriebs und der *Betreibervertrag* bei einem Logistiksystem, das Eigentum des Auftraggebers ist, die Leistungen und Pflichten von Auftragnehmer und Auftraggeber sowie die Rahmenbedingungen und die Vergütung ab Betriebsbeginn für die gesamte Dauer der Leistungserbringung.

Für den Fall, daß mit der Vergabe eines bestehenden oder neuen Logistikbetriebs an einen Dienstleister eigene Mitarbeiter, die bis dahin in diesem Bereich tätig waren, freigestellt oder übernommen werden sollen, ist in dem Dienstleistungs- oder Betreibervertrag auch die *Mitarbeiterübernahme* gemäß *BGB §613a* zu regeln.

Um Auslassungen und Veränderungen der in der Ausschreibungsunterlage vorgegebenen Vertragsbedingungen zu vermeiden, ist es ratsam, daß die Vertragsentwürfe vom Auftraggeber formuliert und dem Auftragnehmer zur Prüfung übergeben werden. Rechtsabteilungen oder Fachanwälte sollten erst hinzugezogen werden, wenn die sachlichen und kommerziellen Vertragspunkte zwischen den Partnern unstrittig geregelt sind (s. *Kapitel 22*) [206; 336 bis 346].

Für die langfristige Bindung an einen Partner, wie sie mit dem Einsatz eines Systemdienstleisters angestrebt wird, sind vor allem die *Vertrauenswürdigkeit*, die *Einsatzbereitschaft* und die *Fähigkeiten* der für die Systementwicklung, den Systemaufbau und den laufenden Betrieb verantwortlichen *Fach- und Führungskräfte* des Systemdienstleisters entscheidend. Der Systemanbieter muß daher frühzeitig, spätestens zum Zeitpunkt der Angebotspräsentation, das vorgesehene *Projektteam* mit dem verantwortlichen *Projektmanager* vorstellen. Während der Angebots- und Vertragsverhandlungen und der System- oder Ausführungsplanung zeigt sich rasch, wie die Zusammenarbeit klappt und ob eine langfristige Partnerschaft möglich ist.

Die endgültigen Verträge für die Realisierung und den Betrieb des Logistiksystems sollten erst unterzeichnet werden, wenn ein gutes Vertrauensverhältnis zwischen den Partnern besteht. Das setzt nicht nur Kompetenz, Leistungsfähigkeit und Vertrauenswürdigkeit beim Systemdienstleister voraus sondern auch Offenheit, Kooperationsbereitschaft und den Willen zur gemeinsamen Lösung unerwartet auftretender Probleme beim auftraggebenden Unternehmen.

## 21.6 Dienstleisterkontrolle und Vergütungsanpassungen

Wenn die Leistungsvergütung des Logistikdienstleisters richtig geregelt ist, beschränken sich die Kontrollaufgaben des Auftraggebers auf die *Überprüfung* der inhaltlichen und mengenmäßigen Richtigkeit der in Rechnung gestellten Leistungen und die laufende *Verfolgung* der Leistungsqualität anhand von Fehlerstatistiken, Reklamationen seitens der Kunden und Qualitätsberichten. Eine zusätzliche Aufgabe des *Logistikcontrolling* ist die Verfolgung des Leistungsangebots und der Preisentwicklung auf dem Dienstleistungsmarkt.

Ein Logistikcontrolling, das darüber hinaus auch die Abläufe und den Ressourceneinsatz im Verantwortungsbereich des Dienstleisters kontrolliert, ist nicht erforderlich und verursacht nur zusätzliche Kosten. Hier gilt vielmehr der *Grundsatz*:

- Das Logistikcontrolling innerhalb seines Logistiksystems oder Logistikbetriebs ist Aufgabe des Dienstleisters und nicht des Auftraggebers.

Die Grundsätze einer nutzungsgemäßen und selbstregelnden Leistungsvergütung, die Entwicklung von Leistungs- und Qualitätsvergütungssystemen für Logistikleistungen und die Verfahren zur rationellen Leistungserfassung und Vergütung sind in *Kapitel 7* dargestellt.

Eine besonders kritische Belastungsprobe für die längere Zusammenarbeit zwischen einem Auftraggeber und einem Systemdienstleister ist die Anpassung der Vergütung an veränderte Gegebenheiten. Wenn die zulässigen Gründe und die mögliche Höhe der Anpassung nicht richtig geregelt sind, kommt es erfahrungsgemäß zu Streitigkeiten, die bis zur vorzeitigen Vertragsauflösung führen können.

Bei der *Vergütungsanpassung* ist zu unterscheiden zwischen *kostenbedingten Preisanpassungen*, die jährlich infolge des Anstiegs der Personal-, Energie- und Lebenshaltungskosten notwendig sind oder einmalig durch Einführung von Maut oder Ökosteuer ausgelöst werden, und *strukturbedingten Vergütungsanpassungen*, die wegen einer Änderung der Rahmenbedingungen, der Leistungsstruktur oder bei Rationalisierungen erforderlich werden. Zur unstrittigen Regelung kostenbedingter Preisanpassungen ist es zweckmäßig, für alle wesentlichen Kostenanteile, deren Änderung absehbar ist, das *kalkulatorische Gewicht* festzulegen, mit dem die prozentuale Erhöhung der Vergütungssätze aus dem nachgewiesenen Anstieg eines Kostenfaktors zu errechnen ist. Für die strukturbedingte Vergütungsanpassung ist das in *Abschnitt 7.5* beschriebene *projektspezifische Vergütungssystem* geeignet, mit dem sich die Auswirkungen struktureller ebenso wie kostenbedingter Änderungen auf die Vergütungssätze für beide Seiten nachvollziehbar kalkulieren lassen.

# 22 Logistikrecht

Seit Jahren entwickeln sich Speditionen, Transportunternehmen und Verkehrsgesellschaften zu *Logistikdienstleistern.* Sie bieten als Verbunddienstleister oder Systemdienstleister *integrierte Logistikleistungen* an, die weit über das Transportieren, Befördern und Lagern von Gütern hinausgehen. So ist die sogenannte *Kontraktlogistik* auf den komplexen Logistikbedarf einzelner Branchen ausgerichtet (s. *Kapitel 20*).

Die Rechtsordnung kennt dagegen bis heute keine Logistikdienstleister. Bekannt sind nur *Frachtführer, Lageristen, Transportunternehmer* und *Spediteure.* Neben dem *Fachanwalt für Verkehrsrecht* ist seit kurzem auch der *Fachanwalt für Transport- und Speditionsrecht* zugelassen [335]. Auch wenn einige Anwälte *Logistikrecht* als Fachkompetenz angeben, existiert noch kein offiziell anerkannter *Fachanwalt für Logistikrecht.* Über *Verkehrsrecht* [336; 337], *Transportrecht* [338; 339; 340; 341], *Speditionsrecht* [441; 442] und *Personenbeförderungsrecht* [343] gibt es zahlreiche Bücher und Kommentare. Im August 2002 ist erstmals ein Fachbuch über *Transport- und Logistikrecht* erschienen [344]. Für Frühjahr 2005 ist das erste Buch über *Logistikrecht* angekündigt [345].

Interessierte Logistiker und Juristen haben inzwischen den Bedarf für ein *integriertes einheitliches Logistikrecht* erkannt, das alle rechtlichen Fragen der Logistik für die Praxis nutzbringend regelt.[1] Die nachfolgenden *Gedanken und Anregungen* sind ein Beitrag zur Entwicklung des Logistikrechts. Dazu wird zunächst analysiert, was unter Logistikrecht zu verstehen ist und welche Teilbereiche es umfaßt. Danach wird anhand ausgewählter Rechtsprobleme der Logistik dargelegt, wo besonderer *Handlungsbedarf* besteht und welche *Aufgaben* sich daraus für ein zukünftiges Logistikrecht ergeben.

## 22.1 Rechtsordnung und Rechtsquellen

Die *Rechtsordnung* regelt das Verhalten der Menschen und ihre Beziehungen zueinander, um bestimmte gesellschaftliche Ziele durchzusetzen. Dementsprechend gilt:

1 Eine Google-Suche im November 2004 ergab bereits 3.150 Eintragungen zum Stichwort *Logistikrecht.* Darin sind allerdings viele Wiederholungen enthalten.

- Das *Logistikrecht* regelt das Verhalten und die Beziehungen von Personen, Unternehmen und Institutionen, die mit der Vermarktung, der Beschaffung und der Durchführung von Logistikleistungen zu tun haben.

Logistikleistungen umfassen die operativen *logistischen Einzelleistungen*, den *Transport*, den *Umschlag*, das *Lagern* und das *Kommissionieren*, die damit verbundenen *Zusatzleistungen* wie Abfüllen, Konfektionieren und Verpacken sowie die daraus durch Verkettung und Vernetzung erzeugten *Verbund- und Systemleistungen*. Dazu gehören auch die zur Leistungserzeugung erforderlichen *administrativen Leistungen*, wie *Organisation*, *Disposition*, *Information* und *Kommunikation* (s. *Abschnitt 21.2*).[2]

Die wichtigsten *Rechtsquellen* einer freiheitlichen Rechtsordnung sind die *förmliche Rechtssetzung* durch *Verfassung*, *Staatsverträge*, *Gesetze* und *Verordnungen* und das *Richterrecht* mit der *Präzedenswirkung* höchstrichterlicher Entscheidungen. Die förmliche Rechtssetzung ist in den kontinentaleuropäischen Ländern vorherrschend. Im angelsächsischen Recht dominiert das Richterrecht, auch *Fallrecht* oder *case law* genannt.

Ergänzend beziehen sich Rechtsprechung und Verträge auf die *Normen* und *Richtlinien* nationaler und internationaler Institutionen, wie DIN, VDI, FEM, ISO, EU und OECD, sowie auf die *Empfehlung* von *allgemeinen Geschäftsbedingungen* (*AGB*) durch *Verbände*. Im Logistikrecht gehören dazu die *Allgemeinen Deutschen Spediteurbedingungen* (*ADSp*). Eine mittelbare Rechtsquelle ist der *Stand von Wissenschaft und Technik*, der in Büchern und Publikationen dokumentiert ist.

Die institutionalisierte Rechtsordnung ergänzt die tradierten Normenordnungen, wie *Moral*, *Sitten* und *Handelsgebrauch*, und bestärkt den Grundsatz von *Treu und Glauben*. Sie präzisiert die *Verkehrssitten*, regelt die Anwendbarkeit von Normen, Richtlinien und allgemeinen Geschäftsbedingungen und schafft damit den rechtlichen Rahmen für private Vereinbarungen, Verträge und Geschäfte.

## 22.2
## Ziele des Logistikrechts

Die *Makrologistik* hat das Ziel, durch Normen, Regeln und Gesetze sowie durch Institutionen und Infrastruktur eine *effiziente Güterversorgung* zu sichern und *rationelle Verkehrs-*, *Güter- und Personenströme* zwischen den Quellen und Senken einer Region, eines Landes und rund um den Globus zu ermöglichen unabhängig davon, wem die Güter, die Quellen und die Senken gehören (s. *Abb. 15.2* und *Abschnitt 1.2*). Die Makrologistik kann zum Erreichen folgender *gesamtgesellschaftlicher Ziele* beitragen:

2 Die Auffassung, daß nur die Zusatzleistungen (*added values*) und nicht die Kernleistungen Transport und Lagern Logistikleistungen seien, ist abwegig, denn sie reduziert die Logistik auf die Nebenaktivitäten und grenzt die Hauptleistungen aus. Der besondere Aspekt der Logistik besteht gerade in der Integration, Verkettung und Vernetzung von Einzelaktivitäten zu Gesamtleistungsumfängen.

- Sicherung der Gesundheit und körperlichen Unversehrtheit
- Handlungs- und Bewegungsfreiheit der Menschen
- Sicherung von Gesellschaft und öffentlicher Ordnung (22.1)
- Verkehrs- und Vertrauensschutz
- Sicherung der Funktionsfähigkeit der Märkte
- Schaffung der Rahmenbedingungen für eine effiziente Wirtschaft

Den Rahmen für das Handeln aller Akteure der Makrologistik setzt das *öffentliche Recht* im Strafgesetz, in den Verkehrsgesetzen, im Gewerberecht, in den Umweltgesetzen, mit der Steuergesetzgebung und durch andere Gesetzeswerke.

Die *Mikrologistik* hat zum Ziel, auf der Grundlage privater Vereinbarungen die Verbraucher und Unternehmen *mit den benötigten Gütern zu versorgen* und den *individuellen Mobilitätsbedarf* kostenoptimal zu decken. Ihre Aufgabe ist, Logistikleistungen anzubieten und auszuführen. Dafür sind Logistiksysteme aufzubauen und zu betreiben sowie *Beförderungsketten* und *Versorgungsnetze* zu organisieren (s. *Abb.15.2* und *Abschnitt 1.2*).

Die einzelnen Akteure der Mikrologistik sind in ihrem Handeln durch das öffentliche Recht und durch das Privatrecht eingeschränkt. Den Rahmen für die Beziehungen und Verträge *einzelner* Personen, Unternehmen und Institutionen regelt das *Privatrecht* im *Bürgerlichen Gesetzbuch* (BGB), im *Handelsgesetzbuch* (HGB), im *Gesetz gegen den Unlauteren Wettbewerb* (UWG) und in anderen Gesetzen sowie durch *Richterrecht*. Das *Privatrecht* verfolgt neben gesamtgesellschaftlichen und anderen Zielen folgende *einzelwirtschaftliche Ziele*:

- Freiheit der Vertragsschließung und des Vertragsinhalts
- Einhaltung von Verträgen und Vereinbarungen (22.2)
- Vermeiden und Beilegen von Streit
- Verhinderung von unfairen Verträgen, Mißbrauch und Willkür

Die gesamtgesellschaftlichen Ziele (22.1) und die einzelwirtschaftlichen Ziele (22.2) sind auch die *allgemeinen Ziele eines zukünftigen Logistikrechts*. Hinzu kommen die besonderen *Ziele der Logistik*. Deren Teilziele und Merkmale ergeben sich, wie in *Abschnitt 3.4* näher ausgeführt, aus den humanitären und ökologischen Zielen der Gesellschaft sowie aus den individuellen Zielen der Verbraucher und der Unternehmen. Die wichtigsten *Ziele der Unternehmenslogistik* sind:

Erfüllung der benötigten Logistikleistungen
Sicherung der Logistikqualität (22.3)
Einhaltung der vereinbarten Kosten und Preise

Die Sicherung dieser Ziele ist Aufgabe der privaten *Logistikverträge*.

## 22.3 Etablierte Bereiche des Logistikrechts

Seit langem etablierte *Rechtsbereiche der Makrologistik* sind:

- das *Verkehrsrecht* [336; 337], das die nationalen *Straßenverkehrsgesetze* (in Deutschland die StVG mit StVO), die *Eisenbahnverkehrsordnung* (EVO), die

*Schiffahrtsordnungen*, das *Luftverkehrsgesetz* und die internationalen *Verkehrsabkommen* umfaßt

- die Gesetzgebung zur *Verkehrswegeplanung*,
- das *Personenbeförderungsrecht* [343], das die Beförderung von Personen in öffentlichen Verkehrsmitteln, wie Bahn, Bus und Taxi regelt.

Der traditionelle *Rechtsbereich der Mikrologistik* ist

- das *Transportrecht* [338; 339; 340; 341; 342]. Dazu zählen das *Frachtrecht*, d.h. das *Recht der Beförderung*, das *Speditionsrecht*, d.h. das *Recht der Beförderungsorganisation*, und das *Lagerrecht*, das ein spezielles *Verwahrungsrecht* ist.

Diese herkömmlichen Rechtsbereiche sind auch die Schwerpunkte eines zukünftigen Logistikrechts. Sie bedürfen jedoch in vieler Hinsicht der *Klärung* – wieso wird beispielsweise das Lagerrecht dem Transportrecht zugerechnet? – sowie der *Aktualisierung*, der *Ergänzung* und der *internationalen Abstimmung*.

Infolge der Vielzahl paralleler nationaler und internationaler Regelungen für die einzelnen Verkehrsträger und Güterarten ist das heutige Verkehrs- und Transportrecht durch eine große Zersplitterung gekennzeichnet [346]. Trotz mancher Abstimmungsbemühungen ist das *europäische Verkehrsrecht* in vielen Bereichen immer noch weitgehend national ausgerichtet. Das behindert und verteuert den grenzüberschreitenden Güteraustausch.

Das Transportrecht ist vor allem in den §§ 407 bis 905 des *Handelsgesetzbuchs* (HGB) geregelt. Die Regelungen sind in einigen Punkten erstaunlich detailliert. So heißt es in § 431 (3) HGB: "Die Haftung des Frachtführers wegen Überschreitung der Lieferfrist ist auf den dreifachen Betrag der Fracht begrenzt". Unklar aber bleibt, woran sich die Fracht bemißt und wie der Frachtpreis zustande kommt (s. *Abschnitt 7.7.7*).

Ein Vergleich der einschlägigen Paragraphen des HGB vor 1998 mit den heute geltenden Passagen zeigt, daß hier eine Fortentwicklung stattgefunden hat. So werden beispielsweise *intermodale Transporte* besser geregelt als früher. Andererseits bleiben wesentliche Leistungsumfänge, wie das *Umschlagen* und das *Kommissionieren* unberücksichtigt. Aufgrund der aktuellen Entwicklung und des zunehmenden IT-Einsatzes in der Logistik sind manche Passagen des HGB nicht mehr zeitgemäß.

## 22.4 Weitere Bereiche des Logistikrechts

Über das Verkehrs-, Transport- und Personenbeförderungsrecht hinaus gehören zum Logistikrecht alle Regelungen, Gesetze und Gerichtsentscheidungen, die Einfluß auf die Logistik haben. Diese finden sich im Strafrecht, im Arbeitsrecht, im Steuerrecht, im Umweltrecht, im Wettbewerbsrecht, im Preisrecht und im Vertragsrecht. Nachfolgende Beispiele zeigen, mit welchen Problemen die Logistik hier konfrontiert ist.

Das *Strafgesetzbuch* (StGB u.a.) benennt alle Rechtsverstöße, die im öffentlichen Interesse gerichtlich verfolgt werden, und belegt sie mit Haftstrafen, Geldstrafen oder Maßregeln. Zu einem *Logistikstrafrecht* gehören insbesondere das *Verkehrsstrafrecht* (§ 315 und § 316 StGB) und die *Transportgefährdung* (§ 297 StGB). Aber auch die Gesetze zur Bekämpfung der *Umweltkriminalität* §§ 324 ff. StGB und die internationalen *Antiterrorgesetze* betreffen wegen der sich daraus ergebenden Sicherungspflichten, Kontrollen und Verzögerungen die Logistik. Weitere Straftatbestände, die für die Logistik Bedeutung haben, sind das *Erschleichen von Beförderungsleistungen* nach § 265a StGB und der *Wucher* nach § 291 StGB. So kann das Preisgebaren einiger Logistikdienstleister durchaus als Wucher bezeichnet werden (s. *Abschnitte 7.1* und *21.4*).

Auch das *Arbeitsrecht* enthält viele Bestimmungen, die die Logistik betreffen: Die gesetzlichen und tariflichen Arbeitszeitbestimmungen schränken die Betriebszeiten und die Flexibilität der Logistikbetriebe ein. *Fahrzeitregelungen* begrenzen die Einsetzbarkeit der Transportmittel. *Ladenschlußgesetze* beeinflussen den Verkauf und die Distribution (s. *Abschnitt 8.3*). § 613a BGB regelt die *Mitarbeiterübernahme beim Betriebsübergang* im Zusammenhang mit der Ausgliederung von Logistikaktivitäten (s. *Abschnitt 21.5.4*).

Im *Umweltrecht* finden sich ebenfalls viele Gesetze, die sich auf die Logistik auswirken. Dazu gehören die *Verpackungsverordnung* (VerpackV), die *Fahrverbote* für den Güterverkehr und die *Gefahrgutverordnungen* (GGV) für die Lagerung und für die verschiedenen Verkehrsträger.

Das *Steuerrecht* hat über die Kraftfahrzeugsteuer, die Transportsteuern, die Maut, die ökologisch begründeten Sondersteuern auf Kraftstoffe und Energie sowie durch die unterschiedliche Besteuerung der verschiedenen Energieträger und Transportmittel erhebliche Auswirkungen auf die Logistikkosten und damit auf den Einsatz der Verkehrsträger (s. *Abschnitt 18.12*). Das zeigt die Notwendigkeit, auch die Folgen des Steuerrechts für die Logistik zu berücksichtigen.

Einer der wichtigsten Bereiche mit dem vielleicht größten Regelungsbedarf für die Logistik ist das *Wettbewerbs- und Preisrecht*. In *Kapitel 7.7*, insbesondere in *Abschnitt 7.7.8* wurde ausgeführt, daß viele Logistikmärkte durch einseitige Machtverhältnisse, unfaire Preisgestaltung und mangelhafte Preisbildung gekennzeichnet sind. Verbraucher und kleinere Marktteilnehmer sind vor der Willkür der marktbeherrschenden Unternehmen oft nur unzureichend geschützt. Das hat Auswirkungen auf die Ressourcennutzung und auf die Preise für Logistikleistungen.

Ein anderer Bereich allgemeiner Rechtsunsicherheit ist das *unternehmensübergreifende Supply Chain Management*. Durch diese Entwicklung entstehen neuartige Abhängigkeiten mit der Gefahr, daß die freie Preisbildung behindert und der Wettbewerb unterlaufen werden (s. *Abschnitt 7.7.4*).

## 22.5 Logistikverträge

Ein Vertrag regelt die gegenseitigen *Rechte* und *Pflichten* zwischen einem *Auftraggeber*, der bestimmte materielle oder immaterielle Güter benötigt, und einem *Auftragnehmer*, der diese anbietet, ausführt und dafür eine Gegenleistung – meist eine Vergütung in Geld – erhält. Das gilt auch für die *Logistikverträge*

(s. *Tabelle 22.1*): Gegenstand eines *Logistiklieferverträgs* ist ein Logistikgewerk, eine Logistikanlage oder ein Logistiksystem, das zu einem vereinbarten Termin funktionsfähig zu übergeben ist. Gegenstand eines *Logistikleistungsvertrags* ist eine Logistikleistung, die der Auftragnehmer einmalig oder während der Vertragslaufzeit entsprechend dem Bedarf des Auftraggebers zu erbringen hat.

Bei einmaligem Bedarf kommt der Vertrag i.d.R. ohne Beteiligung von Juristen zustande durch Inanspruchnahme eines Angebots, z.B. durch Einsteigen in ein Taxi, durch Kauf eines Fahrscheins, durch mündlichen Auftrag oder durch ein Auftragsschreiben, das sich auf eine vorangehende Anfrage und ein Angebot bezieht. Bei großem Einmalbedarf, komplexeren Liefer- und Leistungsumfängen und für einen länger anhaltenden Bedarf wird dagegen meist ein förmlicher Vertrag abgeschlossen, der oft das Ergebnis einer vorangehenden *Ausschreibung* ist (s. *Abschnitt 21.5*).

| | **Dienstverträge** | | **Werkverträge** | |
|---|---|---|---|---|
| | **Beschäftigungsvertrag** | **Geschäftsbesorgungsvtr.** | **Leistungsvertrag** | **Liefervertrag** |
| **Logistikverträge** | Arbeitsvertrag<br>Anstellungsvertrag<br>Leiharbeitsvertrag<br>Beratungsvertrag | Planungsvertrag<br>Projektmanagementvertrag<br>Vertretungsvertrag<br>Maklervertrag<br>Betreibervertrag | Beförderungsvertrag<br>Frachtvertrag<br>Speditionsvertrag<br>Lagervertrag<br>Chartervertrag / Mietvertrag<br>Betreibervertrag<br>Systemleistungsvertrag | Anlagenliefervertrag<br>Bauausführungsvertrag<br>Softwareliefervertrag<br>Realisierungsvertrag<br><br>Generalunternehmervertrag<br>Systemliefervertrag |
| **Pflichten**<br>des Auftragnehmers | **Arbeit nach Weisung zum Nutzen des Auftraggebers** | **Tätigkeiten nach Auftrag zum Nutzen des Auftraggebers** | **termingerechte Erbringung der Vertragsleistungen mit der vereinbarten Leistungsqualität** | **termingerechte Übergabe des Vertragsgegenstands mit den vereinbarten Eigenschaften** |
| | Anwesenheit<br>Arbeitsbereitschaft<br>Auskunfsbereitschaft | Einsatzbereitschaft<br>Anwesenheitsbereitschaft<br>Auskunfsbereitschaft | Leistungsbereitschaft<br>Informationsbereitschaft<br>Zugang zu Fremdeigentum | beschränkte<br>Auskunftsbereitschaft |
| Sorgfalt | für Fremdeigentum | für Fremdeigentum | für Fremdeigentum | - |
| Verfügungsrecht | an und für Fremdeigentum<br>mit fremden Hilfsmitteln | für Fremdeigentum<br>mit eigenen Hilfsmitteln | an und mit Fremdeigentum<br>mit eigenen Hilfsmitteln | mit eigenem Eigentum<br>und eigenen Hilfsmitteln |
| **Gewährleistung** | **keine** | **keine** | **Leistungsqualität** | **Produktqualität** |
| **Weisungsrechte**<br>des Auftraggebers | **umfassend** | **Auftrag betreffend** | **Fremdeigentum betreffend** | **keine** |
| **Kontrollrechte** | **Tätigkeit betreffend** | **Ergebnis betreffend** | **Ergebnis betreffend** | **Ergebnis betreffend** |
| **Vergütung** | Lohn, Gehalt, Entgelt, Honorar<br>Prämie, Tantieme | Honorar, Gebühr, Provision<br>Zeit und Aufwand | Leistungspreise, Tarife, Miete<br>Grundvergütung, Pauschalverg. | Stückpreise, Mengenpreise<br>Gesamtobjektpreis |
| Vorraussetzung | Arbeitsbereitschaft | vertragsgemäße Tätigkeit | erbrachte Leistung | Übergabe und Abnahme |
| **Bemessung** | **Beschäftigungsdauer**<br>Erfolgsbeitrag | **Zeiteinsatz**<br>Projektkosten | **Leistungseinheiten**<br>Fixkosten | **Mengeneinheiten**<br>Gesamtobjekt |
| Einflußfaktoren | Qualifikation<br>Vertragslaufzeit | Qualifikation<br>Projektgröße | Leistungsqualität<br>Inanspruchnahme | Produktqualität<br>Kaufmenge, Objektgröße |
| **Haftung** | **keine Ergebnishaftung**<br>für geleiste Arbeit | **beschränkte Haftung**<br>für Geschäftsbesorgung | **Leistungshaftung**<br>für Leistungsergebnis | **Produkthaftung**<br>für Vertragsgegenstand |
| für Fremdeigentum | bei Vorsatz u. Grobfahrlässigk. | bei Vorsatz u. Grobfahrlässigk. | beschränkt | keine |
| **Autonomie**<br>des Auftragnehmers | minimal | gering | groß | maximal |

**Tab. 22.1** Arten, Merkmale und Konsequenzen von Logistikverträgen

Die *Besonderheiten von Logistikleistungsverträgen* resultieren aus folgenden Punkten:

1. *Immaterielle Güter*: Logistikleistungen sind keine Sachgüter, nicht anfaßbar und nur bedingt speicherbar.
2. *Fremdes Eigentum*: Logistikleistungen werden an und mit Waren, Gütern, Sendungen und Sachen erbracht, die fremdes Eigentum sind.
3. *Unsicherer Bedarf*: Höhe und Struktur des Leistungsbedarfs oder der Zeitpunkt der Inanspruchnahme angebotener Ressourcen sind bei Vertragsabschluß nicht genau bekannt (s. *Kapitel 9*).

Für die eindeutige Spezifikation von Logistikleistungen wird daher besondere Sachkenntnis benötigt. Die Festlegung der Randbedingungen, der Leistungsbereitschaft, der Haftung und anderer Vertragsbedingungen von Logistikleistungsverträgen erfordert große Sorgfalt.

Das allgemeine deutsche *Vertragsrecht* des BGB, insbesondere die Bestimmungen zum *Dienstvertrag* in §§ 611 ff. BGB und zum *Werkvertrag* in §§ 631 ff. BGB und die Regelungen der §§ 407ff des HGB sind für die Logistik zwar von zentraler Bedeutung, aber nicht ausreichend. Sie geben den Rahmen vor für die *Logistikverträge* und für die *allgemeinen Geschäftsbedingungen der Logistik*. Aus den einschlägigen *nationalen Regelungen*, den höchstrichterlichen *Entscheidungen*, dem *internationalen Vertragsrecht*, den *Unidroit-Principles* und den *Principles of European Contract Law* (PECL) ließe sich ein *internationales Logistikvertragsrecht* entwickeln [348].

Hierzu sind zahlreiche Unklarheiten zu beseitigen und Probleme zu lösen. So ist in der Praxis der vertragsrechtliche Unterschied unklar zwischen einem *Systemdienstleister*, der Teile beschafft, kommissioniert und zusammenfügt, und einem *Systemlieferanten*, der aus Teilen einbaufertige Module herstellt. Zu den offenen Problemen gehören die *Kollision der Geschäftsbedingungen* und die *typengemischten Verträge* für integrierte Logistikleistungen [346] (s. auch *Abschnitt 21.5.4*).

Irreführend sind auch die Bezeichnungen Logistik*dienst*leister, Verbund*dienst*leister und System*dienst*leister, denn die von ihnen ausgeführten Logistikleistungen sind Gegenstand eines *Werkvertrags* und *nicht* eines *Dienstvertrags*. Juristisch korrekt wären sie als *Logistikleister*, *Verbundleister* und *Systemleister* oder allgemein als *Logistikunternehmen* zu bezeichnen. Eine Dienstleistung wird jedoch nach dem allgemeinen Verständnis von Wirtschaft und Gesellschaft mit dem Ergebnis gleichgesetzt. Daher wäre es vielleicht besser, den *Dienstvertrag* im BGB in *Beschäftigungsvertrag* umzubenennen, denn das Wesensmerkmal dieser Vertragsart ist die Vergütung einer auftragsgemäßen Beschäftigung und nicht des Ergebnisses eines geleisteten Dienstes.

Die Art des Vertrags hat Konsequenzen für die Haftung. So unterscheidet sich die *Produkthaftung* eines Herstellers materieller Güter von der *Leistungshaftung* eines Dienstleisters. Maßgebend für die Haftung sind grundsätzlich die *Eigentumsverhältnisse* (s. *Tabelle 22.1*):

- Wenn der Auftraggeber Eigentümer der Sachen ist und bleibt, an und mit denen der Auftragnehmer logistische oder andere Leistungen erbringt, haftet der Auftragnehmer gegenüber dem Auftraggeber nur für die von ihm erbrachten Leistungen. Die Haftung für das resultierende materielle Produkt gegenüber Dritten trägt der Auftraggeber.

- Wenn der Auftragnehmer durch Kauf Eigentümer der Sachen wird, an oder mit denen er Leistungen erbringt, oder wenn der Auftragnehmer gemäß § 950 BGB durch Verarbeitung oder Umbildung eines oder mehrerer Stoffe Eigentum an dem Erzeugnis erwirbt, haftet der Auftragnehmer gegenüber dem Auftraggeber und gegenüber Dritten für das materielle Produkt.

Das heutige *Haftungsrecht* ist unnötig kompliziert und für den Nichtjuristen kaum noch durchschaubar [346]. Abhängig von der Art der Leistung gelten unterschiedliche *Haftungsregelungen* und *Versicherungsbestimmungen*. Kritisch zu überprüfen ist in diesem Zusammenhang die verbreitete Praxis der Logistikunternehmen, durch Gründung von projektspezifischen Einzelgesellschaften mit geringem Kapital die Pflichten der Leistungserfüllung und Haftung zu begrenzen und damit die gesetzlichen Regelungen faktisch zu umgehen. Ebenso ist zu klären, wieweit eine Festlegung der *Versicherungsprämien* nach ADSp mit dem *Wettbewerbsrecht* verträglich und ob die *gesetzliche Haftungsbegrenzung* für Transport- und Lagerschäden von gesamtwirtschaftlichem Interesse ist.

Gravierende rechtliche Probleme ergeben sich in der Logistik vor allem aus der unzureichenden vertraglichen *Regelung* der *Abnahme eines Logistiksystems* (s. *Abschnitt 13.8*) sowie aus dem Fehlen anerkannter Regeln für die *Leistungserfüllung*, *Qualitätssicherung* und *Preisanpassung* von Logistikleistungen. Das führt oft zu Streitigkeiten, die meist außergerichtlich entschieden werden, denn das Fehlen anerkannter Regeln und die mangelnde Sachkunde von Anwälten und Richtern auf dem Gebiet der Logistik bewirken ein hohes *Prozeßrisiko*. Die Folgen sind Unsicherheit, Ignoranz und Täuschung bis hin zum Erpressungsversuch (s. *Abschnitt 7.7.8*).

Um derartige Differenzen auszuschließen, muß ein *Logistikleistungsvertrag* außer den für alle Verträge notwendigen Punkten *Vertragsgegenstand, Aufgaben und Ziele, Laufzeit und Kündigung, Geheimhaltungs- und Wettbewerbsklausel, Lösung von Streitfragen und Vertragsergänzungen* sowie der *Salvatorischen Klausel* folgende Punkte regeln:

Leistungsspezifikation und Leistungserfüllung
Rahmenbedingungen und Schnittstellen
Leistungsbereitschaft und Flexibilität
Qualitätssicherung und Gewährleistung
Pönalisierung von Leistungsmängeln
Haftung und Versicherung
Vergütungsregelung und Preisanpassung (22.4)
Eigentums- und Kontrollrechte
Einsatz und Haftung von Unterauftragnehmern
Informationsrechte und Informationspflichten
Geschäftsabwicklung im Kündigungsfall
Rationalisierungs- und Beratungspflicht

Zu vielen dieser Punkte enthalten die vorangehenden Kapitel dieses Buchs in der Praxis bewährte Regelungsvorschläge. Sie sind über das Sachwortverzeichnis zu finden.

## 22.6 Parität, Subsidiarität und Allgemeinheit

Das Logistikrecht ist ein spezielles *Leistungsrecht*, dessen Gegenstand *Leistungen, Rechte* und andere *immaterielle Güter* sind. Das Leistungsrecht findet sich weit verstreut in vielen Gesetzen und steht in mancher Hinsicht noch am Anfang der Entwicklung.

Ebenso wie die gesamte Rechtsordnung werden Entwicklung und Aufbau des Logistikrechts maßgebend bestimmt von den Rechtsgrundsätzen der *Parität*, der *Subsidiarität* und der *Allgemeinheit*.

Das *Paritätsprinzip* fordert:

- *Neutralität*: Regeln und Gesetze sollen unter gleichen Voraussetzungen für alle die gleichen Konsequenzen haben.
- *Reziprozität*: Vertragsbedingungen und Regelungen, die beidseitig wirken, gelten für beide Seiten gleichermaßen.

Das Paritätsprinzip folgt aus dem Grundrecht der Gleichheit der Menschen vor dem Gesetz. Es ist nur erreichbar, wenn Regeln und Gesetze eindeutig und widerspruchsfrei sind.

Das duale *Subsidiaritätsprinzip*[3] fordert (s. auch *Abschnitt 2.4*):

- *Subsidiaritätsverbot*: Die größere, übergeordnete, zentrale Handlungseinheit darf keine Aufgaben übernehmen, die eine kleinere, untergeordnete, dezentrale Einheit ohne Mithilfe (*sine subsidium*) selbst lösen kann.
- *Subsidiaritätsgebot*: Die größere, übergeordnete, zentrale Handlungseinheit soll helfend und regelnd eingreifen, wenn die kleinere, untergeordnete, dezentrale Einheit wichtige Aufgaben nur mit Unterstützung (*cum subsidium*) lösen kann oder damit vorrangige gesellschaftliche Ziele erreichbar sind.

Die Entscheidung zwischen Verbot und Gebot ist kein rein rechtliches Problem. Sie hängt von den Umständen ab und erfordert Urteilsvermögen und Sachkunde. Im Logistikrecht wird dafür logistische Sachkunde benötigt.

Aus dem Subsidiaritätsprinzip folgen die Grundsätze der *Privatautonomie*, der *Regionalautonomie* und *Staatsautonomie*: Die Menschen müssen die Freiheit zur privaten Vereinbarung ihrer Geschäfte behalten und soweit wie möglich von Eingriffen des Staates verschont bleiben. Die regionalen Institutionen sollen ihre lokalen Aufgaben selbst lösen.

---

3 Das Prinzip der *Subsidiarität* ist neben der *Personalität* und der *Solidarität* Kern der katholischen Soziallehre. Es wurde erstmals 1931 von Papst Pius XI in der Enzyklika "Quadragesimo Anno" formuliert [347].

Im Bereich der Logistik heißt das: Städte und Gemeinden entscheiden weitgehend eigenständig über den lokalen Straßenbau und die örtliche Verkehrsregelung. Die einzelnen Staaten regeln nationale Aufgaben, wie den Aufbau und Betrieb eines Autobahnnetzes, selbständig. Nur übernationale Aufgaben, die im Interesse aller Staaten liegen, wie die Abstimmung der nationalen Verkehrsnetze zu einem europäischen Gesamtnetz, werden internationalen Institutionen wie der EU übertragen.

Wenn mehrere Handlungseinheiten jede für sich das gleiche Problem regeln, kann nur eine übergeordnete Instanz beurteilen ob und sicherstellen, daß die Einzelregelungen eindeutig, widerspruchsfrei und zielführend sind. Daher folgt aus dem Subsidiaritätsgebot das *Allgemeinheitsprinzip* mit

- *Allgemeinheitsgebot*: Recht und Gesetz müssen so allgemeingültig formuliert werden, daß spezielle, lokale oder fallweise Einzelregelungen weitgehend überflüssig sind.
- *Allgemeinheitsvorrang*: Das allgemeinere, übergeordnete, zentrale Recht hat Vorrang vor dem speziellen, untergeordneten, lokalen Recht.

Das heißt für das Logistikrecht: Zuerst ist zu prüfen, wieweit das allgemeine Recht auf die speziellen Rechtsfragen der Logistik anwendbar ist. Dann ist zu überlegen, ob sich das *allgemeine Leistungsrecht* so ergänzen läßt, daß auch das Logistikproblem gelöst wird. Nur wenn das nicht möglich ist, ist das Logistikrecht entsprechend weiter zu entwickeln.

Auch innerhalb des Logistikrechts gelten Subsidiaritätsprinzip und Allgemeinheitsprinzip: Ein zukünftiges *allgemeines Logistikrecht* sollte die Rechtsfragen regeln, die für alle Leistungsarten der Logistik zutreffen. Ein neues *allgemeines Verkehrsrecht* enthält Regelungen, die für alle Verkehrsträger gelten, und wird ergänzt um Sonderregelungen für den Straßen-, Schienen-, Luft- und Schiffsverkehr. Analog sind Transportrecht, Haftungsrecht, Vertragsrecht und andere Bereiche eines neuen Logistikrechts zu gestalten.

## 22.7 Agenda zur Logistikrechtsentwicklung

Der Begriff *Logistikrecht* und die damit verbundene Sichtweise sind recht neu. Ein neues Rechtsgebiet muß erst seine Existenz rechtfertigen, bevor es sich etablieren kann. Das ist möglich, indem interessierte Juristen und Logistiker folgende *Agenda* bearbeiten:

1. Klärung und *Abstimmung der Ziele* und *Abgrenzung der Aufgaben* eines zukünftigen Logistikrechts unter Beachtung von Parität, Subsidiarität und Allgemeinheit
2. *Sichtung der bestehenden Rechtsordnung*, insbesondere der Gesetze und der Rechtsprechung, und *Prüfung ihrer Relevanz für die Logistik*
3. *Untersuchung des Geschäftsgebarens auf den Logistikmärkten* und Dokumentation der einschlägigen *Vertragsarten* und privatrechtlichen Regelungen der Logistik

4. *Erkunden des gesetzlichen Regelungsbedarfs* der Logistik durch *Analyse der aktuellen Probleme*
5. Erarbeiten von Vorschlägen zur *Harmonisierung, Ergänzung* und *Verbesserung* der bestehenden Regelungen in allen Rechtsbereichen, die Einfluß auf die Logistik haben
6. *Abstimmung der nationalen Logistikrechte* und Schaffung der rechtlichen *Rahmenbedingungen einer internationalen Logistik*

Ergebnisse dieser Agenda könnten *Beiträge zur Rechtsfindung* sein, wie *Kommentare zum Logistikrecht*, und *Vorschläge zur Rechtssetzung*, wie Gesetzesänderungen, neue Gesetze, staatliche Regelungen und internationale Abkommen.

Ein derart anspruchsvolles Programm kann mit Aussicht auf Erfolg nur gemeinsam von Juristen und Logistikern bearbeitet werden, die unabhängig und konstruktiv die Zukunft gestalten wollen und nicht parteiisch oder defensiv an der Vergangenheit festhalten. Sie benötigen dafür die Unterstützung der Logistikunternehmen und der Verbände, der Anwaltskammern und der Rechtswissenschaft sowie der zuständigen staatlichen Institutionen.

Der Bedarf zur Klärung der rechtlichen Fragen der Logistik wächst mit der Integration Europas und der internationalen Vernetzung aller Länder dieser Welt. *Administrative Handelshemmnisse* und *inkompatible Rechtsordnungen* behindern die optimale Nutzung der weltweiten Ressourcen und die Sicherung des Wohlstands. Hier ist daher noch viel zu tun (s. *Abschnitt 23.4*).

# 23 Menschen und Logistik

Die Menschen sind einerseits Handelnde und Produzenten und andererseits Kunden und Nutznießer der Logistik. Als Produzenten und Handelnde bestimmen sie maßgebend Service, Leistung und Kosten. Als Kunden und Nutznießer kommen sie in den Genuß von Leistung und Service. Sie sind aber auch die Betroffenen von Leistungsmängeln, schlechtem Service und hohen Kosten.

Die vielfältigen Auswirkungen des menschlichen Handelns und Verhaltens in der Logistik sind den Beteiligten selten bewußt. Sie wurden in den vorangehenden Kapiteln mehrfach angesprochen (s. *Abschnitt 1.10, 2.8, 2.4, 3.1, 3.4, 13.6*). Wegen ihrer grundsätzlichen Bedeutung wird die Rolle des Menschen in der Logistik in diesem Abschlußkapitel vertieft und zusammenhängend behandelt.

Wenn nur wenige Menschen an der Produktion und Leistungserstellung beteiligt sind, hängen Menge und Qualität der Leistung primär von den *Menschen in der Aufbauphase* eines Systems ab. Je mehr Menschen an der betrieblichen Leistungserzeugung mitwirken, um so stärker bestimmen die *Menschen im Betrieb* die Menge und die Qualität der Leistung.

Nach einer Betrachtung von *Leistungsfähigkeit* und *Leistungsbereitschaft* sowie von *Eigennutz* und *Schwächen* des Menschen wird das Wirken der Menschen zuerst in der *Aufbauphase* und dann in der *Betriebsphase* der Anlagen und Systeme analysiert. Aus der Analyse ergeben sich *Maßnahmen* und *Verhaltensregeln* zur Vermeidung der negativen und zur Förderung der positiven Wirkungen des Menschen in der Logistik. Einsicht und Verhaltensregeln können Menschen dazu bewegen, außer zum eigenen auch zum Nutzen der Mitmenschen, des Unternehmens und der Kunden zu handeln.

Zwischen den Anbietern und den Kunden bestehen häufig *Zielkonflikte* über die Leistungsinhalte und über die Angemessenheit der Preise. Die Leistungspreise sollen sich auf einem freien Markt bei fairen Rahmenbedingungen durch Angebot und Nachfrage regeln. In der Praxis aber wird die faire Preisbildung in der Logistik durch staatliche Eingriffe, ungünstige Rahmenbedingungen und nutzungsferne Preise verfälscht und behindert (s. *Abschnitt 7.7*). Hier setzt die Kritik am Verhalten der Menschen in Forschung und Lehre, in den Unternehmensleitungen und in der Politik an. Ihr Einfluß ist für die langfristige Entwicklung der Logistik entscheidend. In der strategischen Logistik sind noch viele Handlungsmöglichkeiten ungenutzt, auf die in den beiden letzten Abschnitten dieses Kapitels hingewiesen wird.

## 23.1 Erfolgsbeeinflussende Eigenschaften der Menschen

In der Planung, bei der Realisierung und im Betrieb wirken sich auf der strategischen, der dispositiven und der operativen Ebene sehr unterschiedliche Eigenschaften des Menschen auf die Leistung, die Ergebnisse und damit auf den Unternehmenserfolg aus. Auch in der Forschung und Lehre, in der Beratung und in der Politik ist die Abhängigkeit der Ergebnisse vom Menschen unübersehbar, obgleich sie von den Akteuren nur selten zugegeben wird.

### 1. Leistungsfähigkeit und Leistungsbereitschaft

Die Leistungsfähigkeit des Menschen ist entscheidend für die Qualität der Arbeit in der Aufbauphase und in der Betriebsphase. Seine Leistungsbereitschaft ist primär maßgebend im laufenden Betrieb eines Logistiksystems, in dem viele Menschen operativ tätig sind.

Die *Leistungsfähigkeit* des Menschen hängt ab von seiner *Eignung* für die ihm übertragenen Aufgaben. Die Eignung resultiert aus der persönlichen Disposition und der fachlichen Qualifikation:

- Die *persönliche Disposition* umfaßt Veranlagungen und Eigenschaften, wie Kraft, Fleiß, Ausdauer, Geschicklichkeit, Intelligenz, Denk- und Urteilsvermögen, Kommunikationsfähigkeit, Interesse, Lernbereitschaft, Entscheidungskraft und Charakter.
- Die *fachliche Qualifikation* umfaßt Fachwissen, Verständnis für die Zusammenhänge, Ausdrucksvermögen und richtiges Verhalten.

Zu den *Charaktereigenschaften*, die sich positiv auf die Leistungsfähigkeit auswirken, zählen Einsichtsfähigkeit, Verständnis und Menschlichkeit. Negative Charaktereigenschaften sind Desinteresse, Verlogenheit, Ignoranz, Selbstüberschätzung und Überheblichkeit. Sie beeinträchtigen auch das Wirken mancher Manager, Politiker, Berater und Forscher.

Der Charakter eines Menschen und seine persönliche Disposition lassen sich kaum ändern oder beeinflussen. Fachliche Qualifikation läßt sich hingegen erwerben durch Lernen und Erfahrung und vermitteln durch Schulung und Anleitung. Hier ist in der Logistik noch manches zu tun [288; 289].

Die *Leistungsbereitschaft* des Menschen wird beeinflußt von seinem Befinden und seiner Motivation:

- Das *Befinden* des Menschen und damit seine Leistung werden beeinträchtigt durch Ermüdung, Erschöpfung, Hitze, Kälte und Langeweile.
- Die *Motivation* des Menschen läßt sich fördern durch Erfolgserlebnisse, Anerkennung und Lob sowie durch eine faire Vergütung seiner Leistung.

Ergonomische Arbeitsabläufe steigern unmittelbar die Leistung. Gegen Ermüdung und Langeweile können Arbeitsplatzwechsel (*job rotation*) und Funktionsanreicherung (*job enrichment*) helfen. Angenehme Arbeitsbedingungen verbessern das Befinden und die Motivation. Auf die Motivation zielen auch Programme zur Beteiligung der Mitarbeiter an den Veränderungsprozessen im Unternehmen, wie *Kaizen* und *KVP*.

Bis heute ungelöst ist das Problem der fairen Leistungsvergütung. Die Lösungsansätze der Güterproduktion, wie Akkordlohn und Leistungsprämien, sind auf Logistikbetriebe und andere Leistungsbereiche wegen der stochastischen Prozesse, der Schwierigkeit der Leistungsmessung und der schwankenden Anforderungen nicht direkt übertragbar.

**2. Eigennutz und Schwächen**

Die stärkste Triebkraft des Menschen ist der *Eigennutz*: Eigennutz zur Befriedigung seiner existentiellen *Bedürfnisse*, wie Hunger, Durst, Wärme, Sicherheit und Arterhaltung, und Eigennutz zur Erfüllung seiner innigsten *Wünsche*, wie Liebe, Anerkennung und Lebensfreude.

Der *natürliche und faire Eigennutz*, gebändigt durch Recht und Gesetz, ist grundsätzlich etwas Positives. Er ist Leistungsansporn und Quelle allen persönlichen Bedarfs [319; 322]. Ohne den natürlichen Eigennutz würde die Wirtschaft nicht funktionieren, ja sie wäre sinnlos, denn:

▶ Das Ziel des Menschen als Konsument und als Produzent ist die Befriedigung seines Eigennutzes.

Aus dem eigennützigen Bestreben, mit minimalem Einsatz möglichst viel zu erhalten, erwächst das *ökonomische Prinzip* oder *Wirtschaftlichkeitsprinzip*:

▶ Das Ziel des wirtschaftlichen Handelns des einzelnen Menschen und der Unternehmen sind maximale Erlöse und Leistungen bei minimalen Kosten und Mitteleinsatz.

Negativ sind Eigennutz und Gewinnstreben erst, wenn sie rücksichtslos zu Lasten anderer verfolgt werden. Der *unfaire und rücksichtslose Eigennutz* wird zur Gefahr in Verbindung mit anderen Schwächen des Menschen, wie Faulheit, Dummheit, Neid, Machtgier, Ignoranz und Selbsttäuschung [319; 322].

Am schwersten zu bekämpfen ist der *eingebildete* oder *vorgetäuschte Gemeinnutz*, denn das Gegenteil von *gut* ist bekanntlich nicht *schlecht*, sondern *gut gemeint*. Das erkennbar Schlechte läßt sich abwehren. Gegen die verordnete gute Absicht sind Zahlende und Begünstigte oft hilflos. Die fatalen Folgen der Devise *Gemeinnutz geht vor Eigennutz* hat der kommunistische ebenso wie der faschistische Sozialismus gezeigt.

Von den Gefahren des vorgetäuschten Gemeinnutzes sind wir bis heute nicht frei. Das zeigt sich auch in der Logistik: Von den Unternehmen angeblich zum Nutzen der Kunden erdachte Bonus- und Rabattsysteme, Meilenprämien und andere Zugabeprogramme wirken sich in Wahrheit zum Nachteil der Kunden aus, da keine Ablehnung möglich ist, die Preistransparenz verloren geht und alle, auch die nicht Begünstigten, dafür höhere Preise zahlen. Kostenlose Hauszustellung, 24-Stunden-Service, extrem kurze Lieferzeiten, Just-In-Time oder Tracking and Tracing sind fragwürdige Fortschritte, wenn sie nur von wenigen benötigt oder gewünscht werden, die Mehrkosten aber von allen getragen werden sollen.

Eigennutz und Schwächen des Menschen lassen sich nicht ändern. Wer die *Veränderung in den Köpfen* fordert und damit mehr als bessere Einsicht meint, will den *neuen Menschen*. Er unterliegt damit einer Selbsttäuschung oder will – bewußt oder unbewußt – von seinem persönlichen Eigennutz ablenken. Daher ist Vorsicht geboten gegen Devisen wie *Teamgeist ist wichtiger als Einzelleistung* oder *Das Unternehmen geht vor.*

Was für den Einzelnen, seine Angehörigen oder sein Unternehmen gut und nützlich ist, wissen die Menschen meist selbst am besten. Was ihnen und anderen schadet, können oder wollen viele Menschen nicht wissen. Darüber müssen alle Menschen nachdenken. Rücksichtslosen Eigennutz und menschliche Schwächen wird es immer geben. Sie können jedoch durch *Verhaltensregeln* eingedämmt und ihre Auswirkungen durch *Gesetze* begrenzt werden.

Einige nützliche Verhaltensregeln werden nachfolgend für die Ausbauphase und den Betrieb logistischer Systeme vorgeschlagen. Ein begründeter Vorschlag für eine gesetzliche Regelung sind die *Grundsätze der Preisgestaltung* aus *Abschnitt 7.1.*

## 23.2 Erfolg und Verhalten in der Aufbauphase

Das Management der Unternehmenslogistik ist ein iterativer Prozeß, der niemals zum Stillstand kommt. Die Aufbauphase für ein Logistiksystem, ob mechanische Anlage, System oder Unternehmensnetzwerk, beginnt mit der Zielplanung und endet mit der Inbetriebnahme. In allen Phasen der Planung und während der Realisierung werden Ergebnisse und Erfolg von den beteiligten Menschen bestimmt (s. *Abschnitte 3.2* und *3.3*).

Besondere Probleme entstehen durch den *Zeitdruck*, unter dem viele Projekte geplant und realisiert werden. Arbeiten und Entscheiden unter Zeitdruck erfordert Erfahrung, Urteilsvermögen, Entscheidungsbereitschaft und Charakterstärke. Nur mit diesen Fähigkeiten gelingt es, unter Zeitdruck gute Arbeit zu leisten, Planungs- und Bearbeitungsschritte möglichst parallel auszuführen, Unwichtiges zu beschleunigen und das Wichtigste ausreichend zu bedenken, ohne in Hektik zu verfallen, die Nerven zu verlieren und Fehler zu machen.

### 1. Menschliche Einflüsse auf die Zielplanung

In der Theorie steht am Projektbeginn ein *Auftraggeber*, der die Anforderungen und Ziele vorgibt und die Realisierung auslöst. In der Praxis beginnt bereits hier die Abhängigkeit des Projekterfolgs vom Menschen. Die externen und internen Auftraggeber, also die Kunden oder das Management, sind sich oftmals selbst nicht klar über ihre Ziele und Prioritäten. Die Leistungsanforderungen für den Planungshorizont sind häufig nur unzureichend bekannt. Überzogene Erwartungen, vorgefaßte Meinungen, allgemeine Trends und persönliche Interessen beeinflussen die Vorgaben für ein Projekt.

Hieraus können gravierende Fehler, erhebliche Leistungsmängel und unnötige Kosten resultieren, die erst im laufenden Betrieb zutage treten, dann aber kaum noch korrigiert werden können. Das läßt sich weitgehend vermeiden, wenn alle Beteiligten die *Verhaltensregeln für die Phase der Zielplanung* beachten:

- ▶ Keine Planung ohne klare Zielvorgaben.
- ▶ Das Hauptziel, Erfüllung der benötigten Leistungen zu minimalen Kosten bei angemessener Qualität, darf in keiner Projektphase aus dem Auge verloren werden.
- ▶ Soweit ein Projekt die Kunden des Unternehmens betrifft, ergeben sich die Ziele aus dem Kundennutzen.
- ▶ Die Projektziele müssen schriftlich und eindeutig formuliert sein. Die Leistungs-, Qualitäts- und Serviceanforderungen müssen für den Planungshorizont quantifiziert werden und vollständig sein.
- ▶ Ziele und Anforderungen sind vor Beginn der Planung zwischen Auftraggeber und den Projektverantwortlichen einvernehmlich zu verabschieden.

Die Zukunft ist stets ungewiß. Es ist unmöglich, die Anforderungen für einen Planungshorizont auch nur von 3 bis 5 Jahren genau festzulegen. Daraus ergibt sich die Notwendigkeit, bei *Ungewißheit* zu planen und zu entscheiden. Aus Ängstlichkeit oder Gewissenhaftkeit sind viele Menschen dazu nicht fähig. Sie fordern Gewißheit, wo es keine geben kann, statt flexible Systeme zu schaffen, die Veränderungen gewachsen sind. Sie sehen nicht die Chancen, die sich bei flexibler Reaktion und Disposition während des laufenden Betriebs ergeben können [322].

**2. Menschliches Wirken in der Systemplanung**

In der Systemplanung werden die Weichen für den Erfolg oder Mißerfolg eines Projektes gestellt. Außer falschen Vorgaben können in dieser Projektphase ein unsystematisches Vorgehen, unzureichende Kenntnisse, Voreingenommenheit, mangelnde Erfahrung und fehlende Einsicht zu falschen Entscheidungen mit irreparablen Fehlern führen. Die aussichtsreichsten Handlungsmöglichkeiten werden übersehen, die größten Potentiale bleiben ungenutzt, die besten Optimierungsstrategien sind nicht bekannt. Chancen werden vertan.

Hiergegen helfen die *Verhaltensregeln für die Phase der Systemplanung*:

- ▶ Phantasie, Kreativität, Kompetenz und Offenheit sind ausschlaggebend für den Erfolg der Systemplanung.
- ▶ Nur mit Unvoreingenommenheit, nicht mit Benchmarks oder durch Nachmachen lassen sich neue Lösungen finden und Durchbrüche erzielen, die einen wirklichen Fortschritt bewirken.
- ▶ Methodik, Wissen und Erfahrung sind wichtiger als persönliche Interessen, Taktik, Macht und Hierarchien.
- ▶ Alle denkbaren K.O.-Kriterien und unverrückbaren Randbedingungen sind bereits bei der Lösungsauswahl, Systemauslegung und Dimensionierung zu berücksichtigen.

Die Ergebnisse der Systemplanung mit Investitionsbedarf, Wirtschaftlichkeitsrechnung und Realisierungszeitplan müssen als Vorgabe für die Detailplanung vollständig dokumentiert und vom Auftraggeber verabschiedet werden.

### 3. Verhalten bei Detailplanung und Ausschreibung

Manche gute Systemlösung scheitert an einer unzureichenden Detailplanung oder mangelhaften Ausschreibung. Wegen fehlender Qualifikation einzelner Fachleute werden wichtige Punkte, wie Bedienungsfreundlichkeit, Arbeitsbedingungen, Sicherheit oder Schnittstellen, nicht bedacht oder nicht ausreichend detailliert geplant. Andere Punkte werden infolge der Dominanz eines Managers oder eines Fachbereichs, etwa der Bauabteilung, der DV oder des Finanzbereichs, unnötig kompliziert oder verzögert.

Der Erfolg der Ausschreibung ist gefährdet, wenn keine qualifizierte Ausschreibungsunterlage mit vollständigen Lastenheften, ausreichend differenzierten Preisblanketten und klaren Vergabebedingungen vorliegt. Gründe dafür sind oft Zeitdruck, falsche Sparsamkeit, ein forsches Management oder ein mächtiger, aber in der Logistik unerfahrener Einkauf. Aus gleichen Gründen werden häufig auch die falschen Bieter ausgewählt und qualifizierte Lieferanten übergangen.

Um das zu vermeiden, sind folgende *Verhaltensregeln für die Detailplanung und Ausschreibung* hilfreich:

- ▶ Das Projektteam muß für die Detailplanung und Ausschreibung einem erfahrenen Projektleiter unterstellt werden und mit qualifizierten Fachleuten aller betroffenen Fachbereiche besetzt sein. Dazu gehören auch die Verantwortlichen für den späteren Betrieb.
- ▶ Für Detailplanung und Erstellung der Ausschreibungsunterlagen muß ausreichend Zeit vorhanden sein.
- ▶ Ergebnisse, Berechnungen, Lastenhefte und Ausschreibungsunterlagen müssen verständlich dokumentiert sein. Sie sind von den Betriebsverantwortlichen auf Vollständigkeit und Richtigkeit zu prüfen.
- ▶ Bieter müssen nach objektiven Kriterien ausgewählt werden, wie Qualifikation, Kompetenz und Referenzen.

### 4. Menschliche Einflüsse während der Realisierung

Auch nach dem *Point of no Return*, wenn die Hürden der Planung und Ausschreibung genommen sind und das Management über die Realisierung und Vergabe entschieden hat, können die Menschen noch viele Fehler machen und Hindernisse errichten. Unerwartete, meist kostenwirksame Widerstände kommen von Genehmigungsbeamten, vom Betriebsrat, aus dem IT-Bereich oder aus den Betriebsbereichen, die später mit der geplanten Anlage oder dem neuen System arbeiten sollen.

Während der Realisierungsphase werden viele Punkte entschieden, die für den Projekterfolg und für die Effizienz des späteren Betriebs ausschlaggebend sind. In der letzten Phase vor dem Betriebsbeginn ist der menschliche Einfluß besonders groß. Fähigkeiten und Schwächen, Interessen und Sorgen, Motivation und Arbeitsfreude, Leistungsfähigkeit und Leistungsbereitschaft entscheiden über Erfolg oder Mißerfolg.

Häufig sind Mißverständnissee, Verständigungsprobleme und fehlende Kommunikation zwischen den Fachleuten unterschiedlicher Disziplinen die Ursache von Fehlern oder Verzögerungen. Die Fachsprache der Informatiker, der Ingenieure, der OR-Fachleute und der Betriebswirte ist heute derart spezialisiert, daß nur ein rechtzeitiger Abgleich der Begriffe Mißverständnisse verhindern kann.

Viele Probleme lassen sich vermeiden oder meistern durch folgende *Verhaltensregeln für die Realisierungsphase*:

- Einsatz eines qualifizierten Projektteams unter Leitung eines erfahrenen Projektmanagers mit angemessenen Entscheidungsbefugnissen
- Auswahl der richtigen Realisierungspartner, die durch faire Auftragsbedingungen, realistische Termine und auskömmliche Preise motiviert sind, gute Arbeit zu leisten und sich für den Erfolg des Gesamtprojekts und des Auftraggebers einzusetzen
- Organisation und Durchführung eines qualifizierten Projektmanagement mit laufender Termin-, Leistungs- und Kostenkontrolle
- Frühzeitige Auswahl und Einbindung der späteren Betriebsverantwortlichen
- Rechtzeitige Einstellung, Schulung und Einweisung der Mitarbeiter, die in der Anlage und mit dem System arbeiten
- Kompetente Planung, Vorbereitung und Durchführung der Tests, Abnahme und Inbetriebnahme von Einzelgewerken, Teilleistungen und Gesamtsystem
- Vorbeugende Organisation von Wartung, Instandsetzung und Ersatzteilhaltung
- Interesse am Projektfortschritt, Anerkennung der Leistung und Rückendeckung in schwierigen Situationen durch Management und Unternehmensleitung

Wenn Auftraggeber und Management die Projektbeteiligten unter fairen Bedingungen selbständig arbeiten lassen, lösen sich viele Fragen wie von selbst. Spaß an der Sache, Stolz auf die Leistung und Vorfreude auf das gemeinsame Werk führen schneller zu nachhaltigen Erfolgen als ein allzu aufwendiges Controlling und Reporting.

## 23.3 Leistung und Qualität im Betrieb

Meßgrößen für die Leistungsfähigkeit einer Anlage oder eines Systems sind die *Menge* und die *Qualität* der erzeugten Leistungen und Produkte.

Für eine weitgehend automatisch arbeitende Anlage hängen Menge und Qualität der erzeugten Güter und Leistungen von der Qualifikation des Bedienungspersonals sowie von den Mitarbeitern der Qualitätskontrolle, Wartung und Instandhaltung ab. Sie bestimmen die *technische Verfügbarkeit*. Deren Produkt mit der technischen Grenzleistung ergibt das effektive Leistungsvermögen.

Die technische Verfügbarkeit einer richtig konzipierten und vorschriftsmäßig gewarteten Anlage, wie ein automatisches Hochregallager oder ein Sortersystem, liegt heute über 98 %. Die Leistungsminderung durch Nichtverfügbarkeit ist also minimal. Die Fehlerquote liegt deutlich unter 1 ‰, die Leistungsqualität also weit über 99,9 %.

In einem System, in dem Menschen wesentliche Arbeitsschritte der Produktion oder Leistung erbringen, werden Menge und Qualität ganz entscheidend bestimmt von der *Leistungsbereitschaft* und der *Leistungsfähigkeit* der gewerblichen Mitarbeiter, von der *Kompetenz* der Disponenten und vom *Verhalten* des Management im operativen Betrieb.

So liegt die Verfügbarkeit des Menschen beim Kommissionieren, abhängig von Arbeitsbedingungen und Belastung, zwischen 80 % und 95 %. Bei schlechter Führung und fehlender Leistungskontrolle kann die Verfügbarkeit einzelner Mitarbeiter auch weitaus geringer sein (s. *Abschnitt 17.11.4*). Die Positionsfehlerquote eines Kommissionierers liegt unter normalen Umständen im Bereich von 0,5 % bis 2 % (s. *Abschnitt 17.4*).

Allgemein gilt für Logistik- und Leistungssysteme:

▶ Verfügbarkeit und Qualität der von Menschen abhängigen Systeme sind weitaus schlechter als von automatischen Systemen.

Die Unterschiede von Verfügbarkeit und Qualität zeigen, welche Verbesserungspotentiale bei den von Menschen abhängigen Systemen bestehen.

**1. Maßnahmen im gewerblichen Betrieb**

Die Verfügbarkeit eines gewerblichen Mitarbeiters ist das Verhältnis zwischen produktiver Zeit und Arbeitszeit in den Zeiträumen, in denen Aufträge vorliegen. Auch bei genügend Aufträgen vermindert sich die produktive Zeit um die sogenannte *persönliche Verteilzeit* [168].

Die persönliche Verteilzeit ist erforderlich für das regelmäßige Ausruhen nach den produktiven Arbeitsschritten und für persönliche Verrichtungen. Sie kann sich durch Ermüdung, Ablenkung, Desinteresse, fehlende Motivation und schlechtes Befinden erheblich erhöhen.

Zur Verbesserung der Verfügbarkeit und Steigerung der effektiven Leistung sind daher folgende *Maßnahmen der Verteilzeitsenkung* geeignet:

keine zu schweren Lasten
keine dauerhafte Überbelastung
gute Beleuchtung
wenig Ablenkung
hohe Sicherheit
menschliche Behandlung
angemessene Bezahlung

Das Leistungsvermögen des Menschen wird nicht nur durch eine geringe Verfügbarkeit beeinträchtigt. Auch der Zeitbedarf für die produktiven Verrichtungen bestimmt die Leistungsmenge. Das Leistungsvermögen läßt sich daher durch folgende *Maßnahmen zur Taktzeitsenkung* verbessern:

ergonomische Arbeitsplatzgestaltung
ergonomisch optimale Prozeßabläufe
minimale Totzeiten
Schulung und Training

Eine große Leistungsmenge ist nur von Wert, wenn auch die Qualität hoch ist. Fehler und Leistungsmängel verursachen meist erheblich größere Schäden als nur der Leistungsverlust durch Korrektur und Nacharbeit. Fehler können durch eine Qualitätssicherung oder von den nachfolgenden Stellen erfaßt und kontrolliert werden. Doch hier gilt der *Qualitätssicherungsgrundsatz*:

▶ Besser Fehler vermeiden als Fehler kontrollieren.

Zur Fehlervermeidung tragen folgende *Maßnahmen der Selbstkontrolle* bei:

Kontrollmessungen am Arbeitsplatz
Kontrollmeldungen durch den Mitarbeiter
persönliche Kennzeichnung der Arbeitsergebnisse
regelmäßige Weiterbildung

Mit derartigen Maßnahmen läßt sich im Rahmen eines Null-Fehler-Programms, wie das *Zero Defect Picking*, die Fehlerquote eines Kommissionierers unter 1 ‰ senken [157].

Die Wirkung anonymer Leistungs- und Qualitätskontrollen auf das Leistungsvermögen und auf die Fehlerquoten wird häufig überschätzt, der dafür notwendige Aufwand zu wenig berücksichtigt und die demotivierende Wirkung nicht gesehen.

Eine selbstregelnde Lösung ist die *ergebnisabhängige Leistungs- und Qualitätsvergütung* der Mitarbeiter. Hierfür aber ist eine Lösung der Probleme der Leistungsmessung und der Belastungsschwankungen erforderlich.

### 2. Einfluß der Bedienung und der Disponenten

Das Leistungsvermögen einer hochtechnisierten Anlage hängt vom *Bedienungspersonal* ab. Für dessen Arbeit sind *Aufmerksamkeit*, *Qualifikation* und *Motivation* ausschlaggebend. Die Aufmerksamkeit läßt sich durch gute Anzeigetechnik und einen optimal gestalteten Leitstand fördern. Die fachliche Qualifikation muß durch richtige Mitarbeiterauswahl gesichert und durch Aus- und Weiterbildung gefördert werden. Die Motivation bestimmt im wesentlichen das Management.

Über den effizienten Einsatz einer Anlage und der Ressourcen eines Logistiksystems entscheiden die *Disponenten*. Die Aufgaben, die erforderliche Qualifikation, die Handlungsmöglichkeiten und die Verantwortung der Disponenten werden in vielen Unternehmen nicht angemessen wahrgenommen. Viele Disponenten arbeiten nach Erfahrungsregeln, die weder schriftlich fixiert noch untereinander abgestimmt sind.

Die *Dispositionsprogramme* der ERP-Standardsoftware bieten zwar eine Vielzahl von Dispositionsverfahren und Fertigungsstrategien sowie zahlreiche Parameter. Sie geben dem Benutzer jedoch keine Entscheidungshilfen für den Einsatz der angebotenen Verfahren und die Festlegung der freien Parameter. Viele Standardprogramme sind außerdem unvollständig, verwenden unzulängliche oder falsche Berechnungsformeln und arbeiten weitgehend statisch.

Die meisten Disponenten wirken im Stillen. Sie leisten oft bessere Arbeit, als unter den gegebenen Umständen erwartet werden kann. Manche Disponenten aber sind auch überfordert und demotiviert. Das Management sollte wissen:

- ▶ Der Schaden, den ein unqualifizierter oder demotivierter Disponent anrichtet, kann immens sein.

Auf dem Gebiet der Ausbildung der Disponenten, der Unterstützung ihrer Arbeit durch Programme und der Würdigung ihrer Leistung durch das Management ist noch viel zu tun [266].

**3. Verhalten der Manager**

Die verheerendsten Auswirkungen auf das Leistungsvermögen eines Logistik- oder Leistungssystems haben unqualifizierte Manager. Unkenntnis, Desinteresse, Überheblichkeit und Selbstüberschätzung führen zu *Fehlentscheidungen* und zu *Fehlverhalten* gegenüber den Mitarbeitern.

Fehlentscheidungen des Management können manchmal durch die unterstellten Manager und Mitarbeiter korrigiert oder ignoriert werden. Abgesehen vom Schaden für das Unternehmen sind die Folgen meist Frustration und Demotivation. Noch demotivierender aber wirken sich Fehlverhalten und Charakterschwäche eines Managers aus.

Ein häufiges Fehlverhalten von Führungskräften ist ihre seltene Anwesenheit in den operativen Betriebsbereichen. Hier gilt auch heute noch das biblische Wort: *Nur das Auge des Herrn macht die Kühe fett.*

Manche Manager meinen, sie könnten Ihre Führungsaufgaben von Managementsystemen ausführen lassen, an die Mitarbeiter delegieren oder durch ein aufwendiges Controlling ersetzen. Doch wer nicht entscheiden kann, wer den direkten Umgang mit den Menschen scheut, keine Konflikte austragen und nicht ausgleichen kann, sollte nicht Manager werden.

## 23.4 Forderungen an Wissenschaft und Politik

In der Logistik ebenso wie in anderen Bereichen unserer modernen Leistungsgesellschaft sind wir von funktionierenden Märkten noch weit entfernt. Staatliche Eingriffe, ungünstige Rahmenbedingungen und nutzungsferne Preise verhindern die faire Preisbildung und führen zu einer volkswirtschaftlich unerwünschten Fehlleitung der Ressourcen [253; 319; 322].

Wenn die EU für den Autoverkauf in ganz Europa gleiche Bedingungen vorschreibt, das Porto eines grenzüberschreitenden Briefes, der vom Standard abweicht, dagegen auch bei geringerer Entfernung viermal so hoch sein darf wie für eine Inlandszustellung, so ist dies ein typisches Beispiel für den Rückstand der Dienstleistungswirtschaft im Vergleich zur Warenwirtschaft (s. *Abschnitt 22.4*).

Das heißt (s. *Kapitel 22*):

- ▶ Europa benötigt in der Mikrologistik und Makrologistik allgemeingültige Verhaltensregeln, wirksamere Gesetze und bessere Rahmenbedingungen.

Diese Forderung ist kein Plädoyer für eine Flut von Gesetzen, die alles bis ins kleinste Detail regeln. Im Gegenteil: Benötigt werden allgemeingültige Verhaltensregeln und grundsätzlich anwendbare Gesetze, die Einzelfallregelungen überflüssig machen (s. *Abschnitt 22.6*).

Dazu können die Logistiker und Wirtschaftswissenschaftler durch Erforschung der Zusammenhänge und Gesetzmäßigkeiten beitragen. Die weit verbreitete *historisch-deskriptive Logistik* reicht dafür nicht aus [19; 67; 252; 263; 270; 279; 355]. Auch das viel gepriesene *Wissensmanagement* hilft nicht weiter. Allein das Dokumentieren und Verwalten vorhandenen Wissens bringt weder Fortschritt noch neue Erkenntnisse. Zu kurz kommen heute die Wissensgewinnung und das Finden neuer Lösungen.

Gefordert ist eine *analytisch-konstruktive Logistik*, die praktisch umsetzbare Lösungsvorschläge, begründete Handlungsanweisungen und brauchbare Verfahrensregeln erarbeitet. Diese sind Grundlage und Voraussetzung, um gemeinsam mit Juristen und Politikern allgemein verbindliche Verhaltensregeln zu vereinbaren, wirksame Gesetze zu formulieren und bessere Rahmenbedingungen zu schaffen (s. *Kapitel 22*). Dabei sollte die Devise sein:

► Die Logistik ist für den Menschen da, nicht der Mensch für die Logistik.

Alles Nachdenken über wirtschaftliche Zusammenhänge und über die Logistik sollte vom einzelnen Menschen ausgehen [356].

## 23.5 Ausblick

Jeder Mensch unterliegt der Gefahr der *Selbsttäuschung*. Sie kann die eigenen *Fähigkeiten* betreffen und zu Überheblichkeit und Selbstüberschätzung führen oder das eigene *Wissen* und eine Fehleinschätzung der Risiken und Auswirkungen von Entscheidungen zur folge haben. Die größte Gefahr einer Selbsttäuschung besteht bei den eigenen *Handlungsmotiven*. Hinter vorgeblicher Sachlogik, Gemeinnutz und Nächstenliebe verbirgt sich oft reiner Eigennutz [322].

Die Selbsttäuschung ist auch Ursache von *Übertreibung* und *Einseitigkeit*. Wenn sich nach langem Widerstand gegen Veränderungen eine neue Erkenntnis oder Einsicht durchgesetzt hat, wird diese oft als allein richtige Lösung hartnäkkig verfolgt, auch wenn sich frühere Lösungen bereits bewährt haben. In den Unternehmen werden neue Strategien überzogen. In der Politik werden neue Gesetze gemacht und Regeln erlassen ohne Rücksicht auf Nebenwirkungen und unerwünschte Folgen. Erst wenn der Schaden offensichtlich ist, werden die neuen Strategien verworfen und Gesetze geändert. Das hat wiederum eine übertriebene Umkehr zur folge [356].

Beispielhaft dafür ist das endlose Hin und Her zwischen *Zentralisierung* und *Dezentralisierung*, das sich in der Logistik ebenso wie in den Unternehmen und in der Politik abspielt. Generationen von Beratern leben davon, Systeme, Unternehmen und Organisationen zu zentralisieren, um sie danach wieder zu dezentralisieren (s. *Abschnitt 2.4*). Weitere Beispiele sind die einseitigen Therapien und vielen Patentlösungen, die aus der Betrachtung eines komplexen Problems unter nur einem Aspekt resultieren. Das zeigt das ständige Aufkommen und Verschwinden neuer Begriffe und Abkürzungen, die meist Ausdruck modischer Trends sind (s. *Abschnitt 1.10.4* und *18.13.4*).

Gegen die Gefahren der Selbsttäuschung, Einseitigkeit und Übertreibung helfen folgende *Verhaltensempfehlungen*:

sachliche Klärung der angestrebten Ziele
gemeinsame Priorisierung divergierender Ziele
Berücksichtigung aller relevanten Aspekte
Offenheit gegenüber Ideen und Lösungsvorschlägen
systematische Entwicklung geeigneter Strategien
nüchterne Untersuchung der Kompatibilität und Konflikte
objektive Analyse der Folgen und Nebenwirkungen
pragmatisches Abwägen der Vor- und Nachteile
selbstkritische Suche nach Widersprüchen
Respekt vor begründeten Einwänden
Akzeptieren und Berücksichtigen von Ungewißheit und Risiken
Abwägen zwischen Freiheit und Sicherheit
Begrenzung der Zentralisierung
fairer Ausgleich der Interessen
ausgewogene Kombination von Altem und Neuem.

Diese Verhaltensempfehlungen gelten über die Logistik hinaus auch für andere Unternehmensbereiche ebenso wie in der Wissenschaft und für die Politik.

Die vergleichsweise überschaubare Logistik ist ein gutes Arbeits- und Übungsfeld zur Entwicklung und Erprobung von Strategien, Verhaltensregeln und Konzepten, von denen sich viele auf die Ökonomie, die Politik und andere Lebensbereiche übertragen lassen. Einige allgemein gültige Strategien und Grundsätze sind in diesem Buch zu finden. Vieles ist jedoch noch ungelöst, manches läßt sich verbessern. In einigen Branchen liegt die operative Logistik noch immer viele Jahre zurück hinter den Erkenntnissen, Handlungsempfehlungen und Lösungen der theoretischen Logistik.

Permanente Herausforderungen an die *theoretische Logistik* sind das Gewinnen weiterer Erkenntnisse zur Verbesserung der logistischen Wettbewerbsfähigkeit und das Überzeugen der Praktiker vom Nutzen theoretischer Erkenntnisse. Herausforderungen für die Praktiker in Wirtschaft und Politik sind die rasche Umsetzung der lohnenden Strategien, Handlungsempfehlungen und Lösungen in der *operativen Logistik*. Das erfordert Verständnis für die Ergebnisse und Empfehlungen der theoretischen Logistik, aber auch Risiko- und Investitionsbereitschaft.

# Literatur

Angesichts der rasch wachsenden Anzahl Bücher, Fachzeitschriften, Berichte, Veröffentlichungen und wissenschaftlichen Arbeiten über Logistik ist eine vollständige Angabe der Literatur zu den in diesem Buch behandelten Themen nicht möglich. In den einzelnen Kapiteln werden alle Publikationen und Werke zitiert, aus denen Anregungen, Strategien, Methoden, Verfahren, Algorithmen, Daten, Darstellungen oder Beispiele in den Text eingeflossen sind. Zusätzlich ist eine Auswahl einschlägiger Fachbücher und weiterführender Arbeiten zum jeweiligen Thema angegeben.

Hinzugekommen sind in der Neuauflage einige Handbücher, Fachbücher und Lexika der Logistik, die seit 1998 erschienen sind, ergänzende Veröffentlichungen zu aktuellen Fragen sowie weitere Literatur zur *Disposition*, *Betriebswirtschaft* und *rechtlichen Aspekten* der Logistik.

Die durch das *Copyrightzeichen* © gekennzeichneten Berechnungsformeln und Algorithmen sowie die hieraus abgeleiteten Regeln und Verfahren wurden erstmals vom Verfasser entwickelt. Sie sind ebenso wie die Texte, Abbildungen und Tabellen dieses Buches sein geistiges Eigentum. Nach der Lehre vom geistigen Eigentum steht dem Urheber ein durch den Schöpfungsakt begründetes umfassendes Recht zu, das sich auf alle Verwertungen seines Werkes bezieht und durch die positive Gesetzgebung nur seine Anerkennung und Ausgestaltung findet [300]. Auch wenn das geltende Urheberrechtsgesetz (UrhG) keine Ideen, Algorithmen und Formeln schützt, gebietet die wissenschaftliche Redlichkeit, diese nur mit Namensnennung des Urhebers zu verwenden und wiederzugeben. Abweichungen von diesem Grundsatz begründen den Vorwurf des *Plagiats* [301]. Auch das in Logistik und Ingenieurwissenschaften verbreitete Zitieren von Sekundärliteratur ohne Namensnennung des eigentlichen Urhebers ist wissenschaftlich nicht korrekt.


1. von Kleist H., (1810); Über die allmähliche Verfertigung der Gedanken beim Reden, in Heinrich von Kleist Sämtliche Werke, Knauer Klassiker, München/Zürich
2. Feldmann G. D., (1998); Hugo Stinnes, Biographie eines Industriellen, 1870–1924, C.H. Beck, München
3. Hoffmann G., (1998); Das Haus an der Elbchaussee, Die Godeffroys – Aufstieg und Niedergang einer Dynastie, Kabel-Verlag, Deutsches Schiffahrtsmuseum, Hamburg
4. Leithäuser G.L., (1975); Weltweite Seefahrt, Safari-Verlag, Berlin
5. Jomini A.H., (1881); Abriß der Kriegskunst (Originaltitel: Précis d' art de la guerre), Berlin
6. Kant E., (1793); Über den Gemeinspruch: Das mag in der Theorie richtig sein, taugt aber nicht für die Praxis. Berl. Monatschrift, Neu: J. Ebbinghaus, Vittorio Klostermann, Frankfurt a. M. (1968)
7. Gudehus T., (1975); Transporttheorie, Programm einer neuen Forschungsrichtung, Industrie-Anzeiger Nr.64, S. 1379 ff.
8. Weise H., (1998); Logistik – ein neuer interdisziplinärer Forschungszweig entsteht, Internationales Verkehrswesen (48) 6/98, S. 49 ff.

9. Hubka V., (1973); Theorie der Maschinensysteme, Grundlagen einer wissenschaftlichen Konstruktionslehre, Springer, Berlin-Heidelberg-New York
10. Popper K., (1973); Logik der Forschung, J.C.B. Mohr (Paul Siebeck), Tübingen, 5. Auflage
11. Churchman C. W., Ackhoff L. A., Arnoff E. L., (1961); Operations Research, R. Oldenbourg, Wien-München
12. Domschke W., Drexl A., (1990); Logistik: Standorte, Oldenbourg, München-Wien
13. Müller-Merbach H., (1970); Optimale Reihenfolgen, Springer, Berlin-Heidelberg-New York
14. Wöhe G., (2000); Allgemeine Betriebswirtschaftslehre, Franz Vahlen, München, 20. Auflage
15. Baumgarten H. u.a., (1981–1999); RKW-Handbuch Logistik; Erich Schmidt Verlag, Berlin
16. Toporowski W., (1996); Logistik im Handel, Optimale Lagerstruktur und Bestellpolitik einer Filialhandelsunternehmung, Physica-Verlag, Heidelberg
17. Kapoun J., (1981); Logistik, ein moderner Begriff mit langer Geschichte, Zeitschrift für Logistik, Jg. 2,, Heft 3, S. 124 ff.
18. Henning D.P., (1981); Spezifische Aspekte der Logistik im Handel, RKW-Handbuch Logistik, Band 3, Hrsg. Prof. Dr. H. Baumgarten, ESV-Verlag, Berlin
19. Pfohl H.-Chr., (1990); Logistiksysteme, Betriebswirtschaftliche Grundlagen, 4. Aufl., Springer, Berlin-Heidelberg-New York
20. Krampe H., (1998); Territoriale Logistik, in Grundlagen der Logistik, hussverlag, München, 2. Auflage, S. 277 ff.
21. Gudehus T., (1973); Grundlagen der Kommissioniertechnik, Dynamik der Warenverteil- und Lagersysteme, Girardet, Essen
22. Straube F., Gudehus T., (1994); Auch die Logistik gehört auf den Prüfstand, HARVARD BUSINESS manager, 4/1994, S. 42 ff.
23. Laurent M., (1996); Vertikale Kooperation zwischen Industrie und Handel: neue Typen und Strategien zur Effizienzsteigerung im Absatzkanal, Dt. Fachverlag, Frankfurt am Main
24. Gerhardt M., Rechnergestützte Dispositionsverfahren für die Transportlogistik, Logistik im Unternehmen 9, Nr.7/8, S. 40 ff.
25. Baumgarten H. u.a., (1998); Zukunftspotentiale in der euoropäischen Logistikforschung, 15. Internationaler Logistikkongress, Europa vernetzen, Berichtsband 2, S. 839 ff.
26. Heymann K., (1997); Vernetzte Systeme beherrschen, Jahrbuch der Logistik 98, Verlagsgruppe Handelsblatt, S. 35 ff.
27. Darr W., (1992); Integrierte Marketing Logistik, Auftragsabwicklung als Element der marketinglogistischen Strukturplanung
28. Baumgarten H., (1992); Make-or-Buy entscheidet der Manager; Jahrbuch der Logistik '92, Verlagsgruppe Handelsblatt, Düsseldorf
29. Arnold D., (1995); Materialflußlehre, Viehweg, Braunschweig-Wiesbaden
30. SAP, (1994); R/3-System MM, Verbrauchsgesteuerte Disposition, Software Handbuch, SAP AG, Walldorf
31. Centrale für Coorganisation GmbH (CCG), (1994); EAN 128-Standard, Internationale Codierung zur Übermittlung logistischer Dateninhalte, Coorganisation 1/94
32. Centrale für Coorganisation GmbH (CCG), (1995); Das EAN-Nummernsystem: Grundlage aller Coorganisation
33. Centrale für Coorganisation GmbH (CCG), (1993); Der SINFOS-Datenpool
34. Förster H., (1995); EDI in Europa, Rollt der EDI-Zug?, Coorganisation 2/95, S. 14 ff.
35. Schmidt H., (1998); Das Diktat der Netzwerke, Frankfurter Allgemeine Zeitung, 27.6.1998, N.46/S. 13
36. Baumgarten H., Wolff S., (1993); Perspektiven der Logistik, Trend-Analysen und Unternehmensstrategien, hussverlag, München
37. Baumgarten H., (1996); Trends und Strategien der Logistik 2000, Analysen-Potentiale-Perspektiven, Technische Universität Berlin, Bereich Logistik
38. Gudehus T., (1972); Ermittlung der Planungsgrundlagen für Warenverteil- und Lagersysteme, dhf deutsche hebe und fördertechnik, Nr. 3/72
39. Kleiber W., (1992); HOAI Honorarordnung für Architekten und Ingenieure, Rehm, München

40. Gudehus T., (1973); Planung von Warenverteil- und Lagersystemen, Betriebs-Management Service
41. Gudehus T., (1994); Gestaltung und Optimierung außerbetrieblicher Logistikstrukturen, Fördertechnik 3/94
42. DIN 66001, (1993); Sinnbilder und ihre Anwendung, Standardsymbole zur Darstellung von Programm-, Prozeß- und Funktionsabläufen, Beuth, Berlin-Wien-Zürich, 12/93
43. Scheer A.-W., (1995); Architektur integrierter Informationssysteme – Grundlagen der Unternehmensmodellierung, 2. Aufl., Springer, Berlin–Heidelberg–New York
44. Krallmann H., (1996); Systemanalyse, R. Oldenbourg, München
45. Gudehus T., (1979); Mechanisierung und Automatisierung in Transportsystemen, in Lagerlogistik; Verlag Industrielle Organisation, Zürich, S. 104 ff.
46. Mehldau M., (1991); Beitrag zur Teilautomatisierung des Materialfluß als Instrument logistischer Systemgestaltung, in Schriftenreihe BVL, Hrsg. Baumgarten H. und Ihde G.B., Band 25, hussverlag, München, Dissertation TU Berlin, Bereich Logistik
47. Ritter S., (1997); Warenwirtschaft, ECR und CCG, Dynamik im Handel 7-97, S. 18 ff.
48. Breiter P. M., (1996); ECR – Efficient Consumer Response, Wer hat was davon?, Distribution 7-98, S. 12 ff.
49. Zangemeister C., (1972); Nutzwertanalyse in der Systemtechnik, Wittemannsche Buchhandlung, München
50. Borries R., Fürwentsches W., (1975); Kommissioniersysteme im Leistungsvergleich, moderne industrie, München
51. Schuh G., (1996); Logistik in der virtuellen Fabrik, in Logistik Management, Springer, Berlin-Heidelberg-New York
52. Warnecke H.J., (1993); Revolution der Unternehmenskultur – Fraktale Unternehmen, Springer, Berlin-Heidelberg-New York
53. DIN EN ISO 9000 ff., (1994); Qualitätsmanagement und Qualitätssicherung, Beuth, Berlin-Wien-Zürich
54. Baumgarten H., (1993); Prozeßanalyse logistischer Abläufe, Fabrik 43. Jhrg. 6, S. 14–17
55. Leibfried K.H.J., McNair C.J., (1992); Benchmarking, Von der Konkurrenz lernen, die Konkurrenz überholen, Haufe, Freiburg i.Br.
56. Röder A., Friehmuth U., (1998); Standards für den Logistikvergleich, Logistik Heute, 10-98, S. 48 ff.
57. Gudehus T., (1992); Strategien in der Logistik, Fördertechnik 9/92, S. 5ff.
58. Horváth, P., (1992); Controlling, Verlag Franz Vahlen, München, 4. Aufl., S. 500 ff.
59. Kuhn A., Reinhardt A., Wiendahl H.-P., (1993); Handbuch der Simulationsanwendungen in Produktion und Logistik, Vieweg, Braunschweig Wiesbaden
60. Lanzendörfer R., (1975); Simulationsmodelle von Transport-, Lager- und Verteilsystemen, Materialflußsysteme II, S. 135 ff., Krausskopf, Mainz
61. Volling K., Utter H., (1972); Digitale Simulation diskreter Zufallsprozesse, fördern und heben 4 (Herr H. Utter hat auf dem Rechner der Demag-Fördertechnik AG die Simulationsrechnungen zum Test der analytischen Näherungsformeln durchgeführt)
62. Gudehus T., (1992); Analytische Verfahren zur Dimensionierung und Optimierung von Kommissioniersystemen, dhf 7/8-92
63. Gabler-Wirtschafts-Lexikon, (1992); Bd. 5, Th. Gabler, Wiesbaden
64. Berry L.L., Yadav M.S., (1997); Oft falsch berechnet und verwirrend – die Preise für Dienstleistungen, HARVARD BUSINESS manager 1/1997, S. 57 ff.
65. Simon H., (1996); Können wir uns Dienstleistungen noch leisten?, Frankfurter Allgemeine Zeitung, 1.4.1996
66. Mayer R., (1991); Prozeßkostenrechnung und Prozeßkostenmanagement, Verlag Franz Vahlen, München, S. 74 ff.
67. Weber J. (Hrsg.), (1993); Praxis des Logistik-Controlling, Schäffer-Poeschel Verlag, Stuttgart
68. Gudehus T., (1996); Systemdienstleister in der Logistik, Chancen, Risiken, Auswahlkriterien, TECHNICA 4/96, S.14–19

69. Gudehus T., (1995); Beschaffungsstrategien, Wettstreit der Konditionen, LOGISTIK HEUTE, 11/95, S.36–95
70. Gudehus H., (1959); Bewertung und Abschreibung von Anlagen, Th. Gabler, Wiebaden
71. Landes D.S., (1983); Revolution in Time, Harvard University Press, Cambridge, Massachusetts, and London, England
72. Zibell R. M., (1990); Just-in-Time-Philosophie, Grundlagen, Wirtschaftlichkeit, in Schriftenreihe BVL, Hrsg. Baumgarten H. und Ihde G.B., Band 22, hussverlag, München, Dissertation TU Berlin, Bereich Logistik
73. Wolff S., (1994); Zeitoptimierung der logistischen Ketten, in Schriftenreihe BVL, Hrsg. Baumgarten H. und Ihde G.B., Band 35, hussverlag, München, Dissertation TU Berlin, Bereich Logistik
74. Witt P., (1998); Netzplantechnik, Handbuch Logistik, Hrsg. J. Weber und H. Baumgarten, Schäffer-Poeschel, Stuttgart, S.412 ff.
75. Ferschl F., (1964); Zufallsabhängige Wirtschaftsprozesse, Physica-Verlag, Wien-Würzburg
76. Lewandowski R., (1974); Prognose- und Informationssysteme und ihre Anwendungen, de Gruyter, Berlin-New York
77. Nullau B. u.a., (1969); Das Berliner Verfahren, Ein Beitrag zur Zeitreihenanalyse, DIW-Beiträge zur Strukturforschung, Heft 7, Duncker&Humblot, Berlin
78. Gudehus T., (1975); Grenzleistungsgesetze für Verzweigungs- und Zusammenführungselemente, Zeitschrift für Operations Research, Physica Verlag Würzburg, Band 20, 1976 B37–B61
Gudehus T., (1975); Grenzleistungsgesetze für Verzweigungs- und Sammelemente, fördern und heben, Krausskopf-Verlag, Mainz, Nr.16
Gudehus T., (1976); Grenzleistungen bei absoluter Vorfahrt, Zeitschrift für Operations Research, Physica Verlag Würzburg, Band 20, 1976 B127–B160
79. Gudehus T., (1976); Staueffekte vor Transportknoten, Zeitschrift für Operations Research, Würzburg, B207–B252
80. Soom E., (1979); So senken Sie die Lagerkosten, in Lagerlogistik, Hrsg. Rupper P. und Scheuchzer R.H., Verlag Industrielle Organisation, Zürich, S. 17 ff.
81. Krampe H., Lucke H.-J. (Hrsg.), (1993); Grundlagen der Logistik, Einführung in Theorie und Praxis logistischer Systeme, hussverlag, München
82. Kreyszig E., (1975); Statische Methoden und ihre Anwendungen, Vandenhoek & Ruprecht, Göttingen
83. Glaser H., Petersen L., (1998); Verfahren der Produktionsplanung und -kontrolle, Handbuch Logistik, Hrsg. Weber J. und Baumgarten H., Schäffer-Poeschel, Stuttgart, S.425 ff.
84. Wiendahl H.P., (1998); Belastungsorientierte Auftragsfreigabe (BOA), Handbuch Logistik, Hrsg. Weber J.und Baumgarten H., Schäffer-Poeschel, Stuttgart, S.436 ff.
85. Scheer A.-W., (1998); Informations- und Kommunikationssysteme in der Logistik, Handbuch Logistik, Hrsg. Weber J.und Baumgarten H., Schäffer-Poeschel, Stuttgart, S. 495 ff.
86. Schneeweiß Chr., (1981); Modellierung industrieller Lagerhaltungssysteme; Springer, Berlin-Heidelberg-New York
87. Popp W., (1979); Lagerhaltungsplanung, in Handwörterbuch der Produktionswirtschaft, Band VII, S. 1046 ff., C.E. Poeschel, Stuttgart
88. von Zwehl W., (1979); Wirtschaftliche Losgrößen, in Handwörterbuch der Produktionswirtschaft 1. Aufl., Band VII, S. 1166 ff., C.E. Poeschel, Stuttgart
89. Jünemann R., (1989); Materialfluß und Logistik, Springer, Berlin-Heidelberg-New York
90. Bogaschewski, R., (1996); Losgröße, Handwörterbuch der Produktionswirtschaft, 2. Aufl., Band 7, S. 1163 ff. C.E. Poeschel, Stuttgart
91. Harris F., (1913); How Many Parts to Make at Once, Factory – The Magazine of Management, S. 135–136 und S.152
92. Bellmann R., Glücksberg I., Gross O., (1995); On the Optimal Inventory Equation, Management Science 2; S. 83 ff.
93. VDI-Richtlinie, (1983); Sortiersysteme für Stückgut VDI 3619, Beuth, Berlin-Wien-Zürich

94. Bucklin L. P., (1966); A Theory of Distribution Channel Structure; CA:IBER Special Publications
95. Cooper M.C., Lambert M.L., Pagh J.D., (1997); Supply Chain Management: More Than a New Name for Logistics, The International Logistics Management, Vol. 8, No. 1
96. Cavonato J. I., (1992); A Total Cost/Value Model for Supply Chain Competitiveness, Journal of Buisiness Logistics, Vol. 13, No. 2
97. Christofer M., (1992); Logistics and Supply Chain Management; Pitman Publishing, London
98. Scott Ch., Westbrook R., (1991); New Strategic Tools for Supply Chain Management, International Journal of Physical Distribution and Logistics Management, Vol. 21, No. 1
99. Singer P., (1995); Losgrößenverfahren, Neues Verfahren versus Andler, LOGISTIK HEUTE 10–95
100. Andler K., (1929); Rationalisierung der Fabrikation und optimale Losgröße, R. Oldenbourg, München
101. Taft E.W., (1918); Beitrag in „The Iron Age", Band 101, S. 1410, USA
102. Maister D.H., (1976); Centralisation of Inventories and the „Square Root Law", International Journal of Physical Distribution, Vol.6, No. 3, S. 126 ff.
103. Heidenbluth V., (1992); Kriterien zur Lagerkapazitätsbestimmung, TECHNIKA, Industrieverlag, Zürich
Heidenbluth V., (1992); Neues Optimierungsmodell für Bestände und Kapazitäten von Lagern, fördern und heben
104. Schulte C., (1995); Logistik, Wege zur Optimierung des Material- und Informationsflusses, Franz Vahlen, München
105. Gudehus T., Kunder R., (1977); Optimierung von Ladeeinheiten, Betriebswirtschaftliche Forschung und Praxis, Heft 1/1977
106. Grundke G., (1995); Fortschritte bei Verpackungen, Jahrbuch der Logistik 1995, Verlagsgruppe Handelsblatt, S. 118 ff.
107. Baumgarten H., (1972); Über technische und organisatorische Möglichkeiten zur Anpassung der Industriebetriebe an das Containersystem, Dissertation, TU Berlin
108. DIN 55510, (1982); Verpackung, Modulare Koordination im Verpackungswesen, Modulare Teilflächen des Flächenmoduls 600 mm x 400 mm, Beuth, Berlin-Wien-Zürich
109. Michaletz T., (1994); Wirtschaftliche Transportketten mit modularen Containern; in Schriftenreihe BVL, Baumgarten H. und Ihde G.B. hussverlag, München
110. Centrale für Coorganisation GmbH (CCG), (1985); CCG1 und CCG2, Einheitliche Ladehöhen für EURO-Paletten
111. Richtlinien zur Standardisierung von Ladeeinheiten:
DIN 55405, Packstücke
DIN 30820, Kleinladungsträger
DIN 15146, Paletten
DIN 15155, Gitterbox
DIN 70013 und DIN/EN 284, Wechselbehälter
ISO R 668 und 830, Überseecontainer
112. Lange K., Reinhardt M., (1992); Ermittlung von Außenmaßen und Volumen der Warenstücke im Regionalverteilzentrum Norderstedt der HERTIE AG, Projektbericht ZLU, Zentrum für Logistik und Unternehmensplanung GmbH, Berlin
113. Centrale für Coorganisation GmbH (CCG), (1995); Logistik-Verbund für Mehrwegtransportverpackungen
114. Wollboldt F., Frerich-Sagurna R., (1990); Logistikgerechte Palette, Mit weniger mehr erreichen, Jahrbuch der Logistik 1990, Verlagsgruppe Handelsblatt, S. 241 ff.
115. DIN 30 781, (1989); Transportkette, Teil 1: Grundbegriffe, Teil 2: Systematik der Transportmittel und Transportwege, Beuth, Berlin-Wien-Zürich
116. Paulsmeyer J., (1997); Mehrwegtransportverpackung, Der Boom ist ausgeblieben, Logistik Heute, 9-97, S. 50 ff.
117. Wehking K.H., (1994); Mehrwegtransportverpackung, Jahrbuch der Logistik 1994, Verlagsgruppe Handelsblatt, S. 115 ff.

118. Stölzle W., Queisser J., (1994); Gestaltung von Mehrwegtransportsystemen, Jahrbuch der Logistik 1994, Verlagsgruppe Handelsblatt, S. 183 ff.
119. Verpackungsverordnung, (1991); Bundesgesetzblatt Teil 1, Nr. 36, S. 1234 ff.
120. Gilmore P., Gomory R.E., (1965); Multistage Cutting Stock Problems of Two and More Dimensions, Operations Research, Jg. 13, Heft 1
121. MULTISCIENCE GmbH, (1995); MULTIPACK, Optimierungs-Software für Logistik und Verpackungs-Entwicklung, Heilbronn, Firmendruckschrift
122. MULTISCIENCE GmbH, (1995); Randvolle Laster dank richtiger Software, EUROCARGO 6/95
123. o. Verfasser, (1995); Gebindeabmessungen und optimale Packungsschemata, NORDMILCH e.G., PHILIP MORRIS u.a. [ZLU]
124. Gudehus T., (1977); Transportsysteme für leichtes Stückgut, VDI-Verlag, Düsseldorf
125. VDI- und FEM-Richtlinien zu Zuverlässigkeit und Verfügbarkeit, Beuth, Berlin-Wien-Zürich
(1983) Zuverlässigkeit und Verfügbarkeit von Transport- und Lageranlagen, VDI 3581
(1980) Grundlagen zur Erfassung von Störungen an Hochregalanlagen, VDI 3580
(1992) Anwendung der Verfügbarkeitsrechnung für Förder- und Lagersysteme, VDI 3649
(1989) Regeln über die Abnahme und Verfügbarkeit von Regalbediengeräten und anderen Gewerken, FEM 9.222
126. Gudehus T., (1993); Analytische Verfahren zur Dimensionierung von Fahrzeugsystemen, OR Spektrum 15, 147–166
127. Martin H., (1995); Transport- und Lagerlogistik, Vieweg, Braunschweig-Wiesbaden
128. Wehner B., (1970); Abwicklung und Sicherung des Verkehrsablaufs, Hütte, Band II, S. 364 ff., Wilhelm Ernst & Sohn, Berlin München Düsseldorf
129. Leutzbach W., (1956); Ein Beitrag zur Zeitlückenverteilung gestörter Verkehrsströme, Dissertation, TH Aachen
130. Harders J., (1968); Die Leistungsfähigkeit nicht signalgeregelter Verkehrsknoten. Forschungsbericht Heft 7, Forschungsgesellschaft e.V. des Bundesverkehrsministeriums, Bonn
131. Dorfwirth R., (1961); Wartezeiten und Rückstau von Kraftfahrzeugen an nicht signalgesteuerten Verkehrsknoten. Forschungsarbeiten aus dem Straßenverkehrswesen, Neue Folge, Heft 43, Bad Godesberg
132. Gnedenko B.W., (1984); Handbuch der Bedienungstheorie, Akademieverlag, Berlin
133. Krampe H., Kubat J., Runge W., (1973); Bedienungsmodelle, München Wien
134. Schaßberger R., (1973); Warteschlangen, New York Wien
135. Schütze P., (1974); Überlastwahrscheinlichkeiten und Wartezeiten an Lichtsignalanlagen, Straßenbau und Verkehrstechnik, Heft 160
136. Ren G., (1998); Verhalten der Zwischenzeit der Fördereinheiten bei Verteiler- und Sammelelementen, S. 65 ff., deutsche hebe- und förderetchnik, 3/98
137. Gudehus T., Zuverlässigkeit und Verfügbarkeit von Transportsystemen,
Teil I (1976); Kenngrößen der Systemelemente, fördern+heben 26, Nr. 10, S 1021 ff.,
Teil II (1976); Kenngröße von Systemen, fördern+heben 26, Nr. 13, S 1343 ff.,
Teil III (1979); Grundformeln für Systeme ohne Redundanz, fördern+heben 29, Nr. 1, S. 23 ff.
138. Seifert W., Simon H.-J., (1975); Systemzuverlässigkeit der Gepäckförderanlage im Flughafen Frankfurt, Technische Mitteilung AEG-Telefunken, 65. Jahrg., Heft 8, S. 320 ff.
139. VDI Handbuch, (1992); Technische Zuverlässigkeit, VDI Verlag Düsseldorf
140. Schwanda V., (1974); Technische Zuverlässigkeit, in Materialflußsystem I, Krausskopf, Mainz, S. 235 ff.
141. Kaufmann A., (1970); Zuverlässigkeit in der Technik, R. Oldenbourg, München
142. Hummitz P., (1965); Zuverlässigkeit von Systemen, VEB-Verlag Technik, Berlin
143. Messerschmitt-Bölkow-Blohm, (1971); Technische Zuverlässigkeit, Springer, Berlin-Heidelberg-New York
144. Gudehus T., (1975); Engpässe in Fördersystemen, fördern und heben 25, Nr. 3/4, S.206 ff.

145. mehrere Verfasser, (1992); Lagertechnik '92, Sonderpublikation des Fördermittel Journals, Europa Fachpresse Verlag
146. Bäune R., Martin H., Schulze L., (1991); Handbuch der innerbetrieblichen Logistik, Logistiksysteme mit Flurförderzeugen, Hrsg. Jungheinrich AG, Hamburg
147. Gudehus T., Hofmann K., (1973); Die optimale Höhe von Hochregallagern, deutsche hebe- und fördertechnik Nr. 2
148. Gudehus T., (1979); Transportsysteme für automatische Hochregallager, Teil I: Theoretische Grundlagen, fördern und heben 29, Nr. 7, S. 629 ff., Teil II: Technische Lösungsmöglichkeiten, fördern und heben 29, Nr. 9, S. 775 ff.
149. Gudehus T., Kunder R., (1974); Kapazität und Füllungsgrad von Stückgutlagern, Industrie-Anzeiger, Nr. 93/74 und Nr.104
150. Gudehus T., (1972); Wohin mit der Kopfstation?, Materialfluß Nr. 8
151. Workfactor, Leistung und Lohn, Arbeitgeberverband Deutschland
152. VDI, Richtlinie VDI 3590, Kommissioniersysteme, Blatt 1,2,3, (1994/1976/1977); Beuth, Berlin-Wien-Zürich
153. FEM-Richtlinie: Berechnungsgrundlagen für die Regalbediengeräte Toleranzen, Verformungen und Freimaße im Hochregallager, FEM 9.831, (1995)
154. Klimmek K., (1993); Kommissionierautomaten, Rentabilitätsrechnung vor Prestigeprojekt, Logistik Heute, 10-93
155. Vogt G., (1993); Kommissionier-Handbuch, Sonderpublikation der Zeitschrift Materialfluß, verlag moderne industrie
156. mehrere Verfasser, (1991); Europäischer Materialfluß Markt 1991
157. Miebach J., (1991); Zero Defect Picking- eine neue Sicht bei der Entwicklung von Kommissionierstrategien, Deutscher Logistik Kongreß, Berlin, Tagungsbericht, Band 1, S. 251 ff.
158. Gudehus T., (1974); Lagern und Kommissionieren, Trennen oder Kombination von Reservelager und Kommissionierbereich, fördern und heben Nr.15
159. Gudehus T., (1978); Die mittlere Anzahl von Sammelaufträgen, Zeitschrift für Operations Research, Würzburg, Band 22, B71–B78
160. VDI-Richtlinie VDI 3311, (1998); Beleglose Kommissioniersysteme (Entwurf)
161. Reinhardt M., (1993); Strategien für Planung und Betrieb eines Kommissioniersystems innerhalb eines Warenverteilzentrums, Diplomarbeit, TU Berlin, Bereich Logistik
162. Gudehus T., (1974); Dimensionierung von Durchlauflagern, Industrie-Anzeiger Nr. 48
163. Schröder F., (1994); Simulationsgestützte Überprüfung des Kommissionieraufwands für alternative Organisationsformen bei statischer Bereitstellung, Diplomarbeit, TU Berlin, Bereich Logistik
164. Kunder R., Gudehus T., (1975); Mittlere Wegzeiten beim eindimensionalen Kommissionieren, Zeitschrift für Operations Research, Band 19, S. B53 ff.
165. Miebach J., (1971); Die Grundlagen einer systembezogenen Planung von Stückgutlagern, dargestellt am Beispiel des Kommissionierlagers, Dissertation, TU Berlin
166. Schulte J., (1996); Berechnungsgrundlagen konventioneller Kommissioniersysteme, Dissertation, Universität Dortmund
167. MTM, Grundzüge des MTM, Programmierte Unterweisung, Deutsche MTM-Vereinigung, Hamburg
168. REFA, (1972); Methodenlehre des Arbeitsstudiums, Karl Hanser Verlag, München
169. Gudehus T., (1979); Transportsysteme, Handwörterbuch der Produktionswirtschaft, Poeschel, S. 2015–2027
170. Bahke E., (1973); Transportsysteme heute und morgen; Krauskopf, Mainz
171. Domschke W., (1995); Logistik: Transport; Oldenbourg, München-Wien
172. Busacker R.G., Saaty T.L., (1968); Endliche Graphen und Netzwerke, Oldenbourg, München-Wien
173. König D., (1936); Theorie der endlichen und unendlichen Graphen; Leipzig
174. Sachs H., (1988); Einführung in die Theorie der endlichen Graphen; Hanser, München
175. Vogt M., (1997); Tourenplanung in Ballungsgebieten, Dissertation, Universität GH Kassel

176. Kern A., (1994); Transportsteuerungssysteme – Konzeption, Realisierung und Systembeurteilung für den wirtschaftlichen logistischen Einsatz, in Schriftenreihe BVL, Baumgarten H. und Ihde G.B., hussverlag, München, Dissertation TU Berlin, Bereich Logistik
177. Ihde G.B., (1991); Transport, Verkehr, Logistik, Vahlen, München
178. Matthäus F., (1978); Tourenplanung, Verfahren zur Einsatzdisposition von Fuhrparks, Toechte Mittler, Darmstadt
179. Modaschl J., (1986); Verhalten von Transportsystemen bei unterschiedlichen Fahrzeugeinzelstrategien, Dissertation, Universität Stuttgart
180. Xiao W., (1990); Verhalten von Transportsystemen, Einfluß unterschiedlicher Randbedingungen auf die Wirkungsweise von Transportstrategien, Dissertation, Universität Stuttgart
181. Domschke W., (1985); Logistik, Rundreisen und Touren, R. Oldenbourg, München-Wien
182. Brandes T., (1997); Betriebsstrategien für Materialflußsysteme unter besonderer Berücksichtigung automatisierter Lagersysteme, Dissertation, TU Berlin, Bereich Logistik
183. Schmidt F., (1988); Beitrag zur mathematisch-analytischen Erfassung der fahrzeuganzahlbestimmenden Wirkungszusammenhänge komplexer fahrerloser Transportsysteme, Dissertation, Universität Dortmund
184. Dullinger H., (1996); Sortereinsatz in Kommissioniersystemen, Berichtsheft des 35. BVL-Forums „Pick&Pack – Fortschritte in der Kommissioniertechnik", BVL, Bremen
185. Gudehus T., (1978); Transportmatrix und Fassungsvermögen, Zeitschrift für Operations Research, Band 22, B219ff., Physica Verlag, Würzburg
186. Vahrenkamp R., Vogt M., (1998); Tourenplanung und Fuhrparkmanagement, Logistik Jahrbuch 1998, S. 166 ff., handelsblatt fachverlag
187. Heymann K., (1997); Vernetzte Systeme beherrschen, Logistik Jahrbuch 1997, S. 166 ff., handelsblatt fachverlag
188. Feige D., (1998); Tourenplanung, Szenariotechnik optimiert Disposition, LOGISTIK HEUTE, 5-98, S. 21 ff.
189. DIN 25 003, (1998); Systematik der Schienenfahrzeuge; Übersicht, Benennung, Begriffserkärung (z.Z. Entwurf)
190. DIN 15 003, (1997); Hebezeuge; Lastaufnahmeeinrichtungen, Lasten und Kräfte, Begriffe
191. Michaletz T., (1994); Wirtschaftliche Transportketten mit modularen Containern, Logistisches Konzept zur Umverteilung des Güterverkehrsaufkommens, hussverlag, München
192. Kuhn A. (Hrsg.), (1995); Prozeßketten in der Logistik: Entwicklungstrends und Umsetzungsstrategien, Dortmund
193. Herrmann G., Kliem D., Müller K.W., (1976); Normung in der Transportkette, Grundlagen, Aufgaben, Organisation, Probleme, deutsche hebe und fördertechnik, 9/76, S. 67 ff.
194. Bock D., Hildebrand H., Krampe K., (1996); Handelslogistik, in Grundlagen der Logistik, hussverlag, München, 2. Auflage, S. 233 ff.
195. Kempcke Th., (1997); Jährliche Fahrleistung 60.000 km, Dynamik im Handel, 7-97, S. 28 ff.
196. Diruf G., (1998); Modelle und Methoden der Tourenplanung, Handbuch Logistik, Schäffer-Poeschel, Stuttgart, s. 376 ff.
197. Prümper W., (1979); Logistiksysteme im Handel, die Organisation der Warenprozesse in Großbetrieben des Einzelhandels, Thun-Verlag, Frankfurt a.M.
o. V., (1998); Karstadt testet Neuorganisation, Lebensmittelzeitung 13/98
198. Gudehus T., (1995); Beschaffungsstrategien, Wettstreit der Konditionen, LOGISTIK HEUTE, 11-95, S. 36 ff.
199. o. V., (1994); Kosteninformationssysteme für die leistungsorientierte Kalkulation von Straßengütertransporten, Bundesverband des deutschen Güterfernverkehrs (BDF) e.V.
200. Pittrohf K., (1996); KURT Kostenorientierte unverbindliche Richtpreistabellen, Hrsg. Bundesverband des Deutschen Güternahverkehrs (BDN) e.V., Frankfurt
201. o. V., (1998,1997,1996); Preisspiegel Gütertransporte, Informationsdienst der Zeitschrift Distribution

202. o.V., (1995); Continuous Replenishment, Coorganisation 2/95, S. 31 ff.
203. Keebler J.S., Andraski J.C., Sease G.J., (1998); Logistics Strategies in North America, Tagungsbericht des 15. Deutschen Logistikkongress, Berlin, Band 1 S. 49 ff.
204. Gudehus T., (1994); Systemdienstleister – ja oder nein?, Jahrbuch für Logistik, S. 180 ff.
205. Gudehus T., (1995); Frei Haus oder ab Werk?, Wettstreit der Konditionen, Jahrbuch für Logistik, S. 176 ff.
206. Griesshaber H., (1998); Industrie-, Transport- und Logistikbedingungen, Die AGB-Alternative des neuen Transportrechts, Verlag Dr. Grieshaber, München
207. Schaab W., (1969); Automatisierte Hochregalanlagen, Bemessung und Wirtschaftlichkeit, VDI-Verlag, Düsseldorf
208. Gudehus H., (1955); Das optimale Seitenverhältnis von Stückguthallen, Interne Stellungnahme zu einer Untersuchung von G. Kienbaum für die Hamburger Hafen- und Lagerhaus AG über Probleme des Stückgutumschlags
Gudehus H., (1958/59); Stadtautobahnnetz Hamburg, Interne Studie, Behörde für Wirtschaft und Verkehr der Hansestadt Hamburg
Gudehus H., (1967); Wirtschaftlichkeit von Containerschiffen, Interne Studie, Behörde für Wirtschaft und Verkehr der Hansestadt Hamburg
Gudehus H., (1967); Über den Einfluß der Frachtraten auf die optimale Schiffsgeschwindigkeit, Schiff und Hafen, 19.Jg., Heft 3/67
Gudehus H., (1971); Optimierung von Handelsschiffen, Interne Studie, Behörde für Wirtschaft und Verkehr der Hansestadt Hamburg
Gudehus H., (1971); Zur Besteuerung des Straßenverkehrs, Interne Studie, Behörde für Wirtschaft und Verkehr der Hansestadt Hamburg
209. Ewers H.-J., (1973); Systemorientierte Integration von Transportabläufen im Güterverkehr, Beiträge aus dem Institut für Verkehrswissenschaften an der Universität Münster, Heft 72, Göttingen
210. Schlitgen R., Streitber H.J., (1995); Zeitreihenanalyse, R. Oldenbourg, Wien
211. Rürup B., (1995); Fischer Wirtschaftslexikon, Fischer Taschenbuch Verlag GmbH, Frankfurt am Main
212. Gudehus T., (1971); Langgut- und Flachgutlagerung in automatisierten Hochregallagern, Industrie-Anzeiger Nr. 21
213. Feuchtinger, (1954); Die Berechnung signalgesteuerter Knotenpunkte des Straßenverkehrs, Kirschbaum, Bielefeld
214. Großeschallau W., (1984); Materialflußrechnungen, Logistik in Industrie, Handel und Dienstleistungen, Springer, Berlin-Heidelberg-New York
215. Ford L.R., Fulkerson D.R., (1962); Flows in Networks, Princeton University Press, Princeton, New York
216. Berndt T., Krampe H., Lochmann G., Lucke H.J., (1983); Algorithmen für die Dispositive Steuerung des innerbetrieblichen Transportwesens, Hochschule für Verkehrswesen, 30, Nr. 3
217. Isermann H., (1997); Softwaresysteme für die operative Tourenplanung. Wann kommt der Durchbruch? Jahrbuch der Güterverkehrswirtschaft
218. Pawellek G., (1997); Verkehrssysteme und Logistik, Innovative Methoden und Konzepte der Transportsystemplanung, Zeitschrift Mensch und Technik, VDI/VDE S. 23 ff.
219. o. V., (1995); Was kostet die Welt?, Kurier-, Expreß- und Paketdienste, Umfrage, LOGISTIK HEUTE 8-95, S. 19 ff.
220. Brockhaus Lexikon, (1984); Deutscher Taschenbuch Verlag, München, Band 17
221. Ihde B., Lukas G., Merkel H., Neubauer H., (1988); Ersatzteillogistik, hussverlag, München
222. Gudehus H., (1967); Über den Einfluß der Frachtraten auf die optimale Schiffsgeschwindigkeit, Schiff und Hafen, Heft 3/67, 19. Jg., S. 173 ff.
223. Schönsleben P., (1998); Integrales Logistikmanagement, Planung und Steuerung von umfassenden Geschäftsprozessen, Springer, Berlin-Heidelberg-New York
224. Wiendahl H.P., (1997); Betriebsorganisation für Ingenieure, Hanser Verlag, München-Wien, 4. Aufl.

225. Stommel H.J., (1976); Betriebliche Terminplanung, de Gruyter, Berlin-New York
226. Boutellier R., Corsten D., (1997); Bessere Prognosen in der Logistik, Datenqualität und Modellgenauigkeit, Jahrbuch der Logistik 1997, Verlagsgruppe Handelsblatt, S. 115 ff.
227. Andersen H. Chr., (1835 ff.); Des Kaisers neue Kleider, in Das große Märchenbuch, Diogenes, Zürich
228. Churchman, C.W., (1970); Einführung in die Systemanalyse, München
229. VDI-Richtlinie, (1982); Zeitrichtwerte für Arbeitsspiele und Grundbewegungen von Flurförderzeugen, VDI 2391
230. Hammel W., (1963); Das System des Marketing, Freiburg
231. Rall B., (1998); Analyse und Dimensionierung von Materialflußsystemen mittels geschlossener Warteschlangengesetze, Dissertation, TH Karlsruhe
232. Greiling M., (1997); Verbesserung der Produktionslogistik durch Losgrößenharmoniesierung, Ein bedientheoretischer Ansatz, Dissertation, TH Karlsruhe
233. Lenk, H., Ropohl G. (Hrsg.), (1978); Systemtheorie als Wissenschaftsprogramm, Athenäum, Königstein/Taunus
234. Fritsche B., (1999); Advanced Planning and Scheduling (APS), Die Zukunft von PPS und Supply Chain, LOGISTIK HEUTE, Heft 5-99, S. 50 ff.
235. LOGISTIK HEUTE, (1992); Umfrage, Was bieten PPS-Systeme, LOGISTIK HEUTE, Heft 9-92, S. 81 ff.
236. Scheutwinkel W., (1999); SCM-Marktübersicht, Anspruch und Wirklichkeit, LOGISTIK HEUTE, Heft 5-99, S. 60 ff.
237. Axmann, N., (1993); Handbuch für Materialflußtechnik, Stückgutförderer, expert-Verlag, Ehningen bei Böblingen
238. Bläsius, W., (1999); Quo Vadis – Kombinierter Verkehr?, deutsche hebe- und fördertechnik, dhf 3/99
239. Arnold D., Rall B., (1998); Analyse des Lkw-Ankunftsverhaltens in Terminals des Kombinierten Verkehrs, Internationales Verkehrswesen 6/98
240. Buscher R., Hayens O., (1998); KV-Verkehr wirtschaftlich?, Logistik Heute 7/8-98
241. Wolff S., Buscher R., (1999); Prozeßbeschleunigung mit Logistik und IT, Branchenreport 1999 Automobilzulieferer, Verband der Automobilindustrie e.V. (VDA)
242. Gabler Wirtschaftslexikon, (1993); 13. Aufl., Th. Gabler, S. 2156 ff. Wiesbaden
243. Baumgarten H., (1999); Prozeßkettenmanagement, in Handbuch Logistik, Schäffer-Poeschel, Stuttgart, S. 226 ff.
244. Baumgarten H., (1996); Wertschöpfungspartner Lieferant, in Jahrbuch Logistik 1996, Verlagsgruppe Handelsblatt, Düsseldorf, S. 10–13
245. Baumgarten H., Darkow I., (1999); Gestaltung und Dimensionierung von Logistiknetzwerken, in Jahrbuch Logistik 1999, Verlagsgruppe Handelsblatt, Düsseldorf, S. 146 ff.
246. Baumgarten H., Wolff S., (1999); Versorgungsmanagement – Erfolge durch Integration von Beschaffung und Logistik, in Handbuch Industrielles Beschaffungsmanagement, Gabler, Wiesbaden
247. Buscher R., Koperski D., (1999); Logistikstrategien für die flexible Kundenwunschfabrik, in Jahrbuch Logistik 1999, Verlagsgruppe Handelsblatt, Düsseldorf, S. 190 ff.
248. Straube F., (1999); Erfolgsfaktor der internationalen Logistik; Flexibilität und Stabilität durch Prozeß-Standardisierung, Logistik im Unternehmen, 10.Jg., Heft 9, S.3 ff.
249. Straube F., (1988); Kriterien zur Planung und Realisierung von Instandhaltungskosten in logistikorientierten Unternehmen, in Schriftenreihe BVL, Hrsg. Baumgarten H. u. Ihde G.B., hussverlag, München, Dissertation, TU Berlin
250. ZLU, Zentrum für Logistik und Unternehmensplanung GmbH, Berlin-Sao-Paulo-Boston
251. Krause B., Metzler P., (1988); Angewandte Statistik, VEB Deutscher Verlag der Wissenschaften, S. 343 ff.
252. Gabler Lexikon Logistik, (1998); Management logistischer Netzwerke und Flüsse, Hrsg. Klaus P. und Krieger W., Gabler, Wiesbaden
253. Schneider E., (1969); Einführung in die Wirtschaftstheorie I. und II. Teil, J.C.B. Mohr, Tübingen

254. Ahrens J., Straube F., (1999); The Pull Principle, Logistics Europe, September 99, S. 64 ff.
255. Berentzen Chr., (1999); 3. Logistik-Restrukturierung nach Firmenübernahmen in der Spirituosenindustrie, 16. Deutscher Logistik-Kongress, Tagungsbericht I, S. 751 ff.
256. Makowski E., (1999); Maßstab für mehr Effizienz, Crossdocking bei Hornbach, Logistik Heute 4 EXTRA Handelslogistik, S. 82 ff.
257. Hitzinger W., (1998); Strategische Weichenstellung für die Zukunft, Das neue Logistikkonzept der bauMax AG, Informationen für den Handel, Nr.7/8, S.17–19
258. Ritzer S., (2000); Logistik für mehr Markterfolg, Forecasting- und Optimierungssoftware für den Handel, TECHNICA, 11/2000
259. Kulick R., (1981); Logistische Aufgaben bei der Vorbereitung und Abwicklung von Auslandsbaustellen, Bauingenieur 56, S. 93 ff., Springer, Berlin-Heidelberg-New York
260. Kopfer H., Schneider B., Bierwirth C., (2000); Fracht- und Laderaumbörsen im Internet, Von der Pinwand zum Auktionshaus, LOGISTIK HEUTE 4/2000, S. 22 ff.
261. Hill R., (1837); Post Office Reform, Its Importance and Practicability, (Hinweis aus Schwanitz D. (1999), Bildung, Alles, was man wissen muß, Eschborn, Frankfurt a.M., S. 505)
262. Gilbert B., Miller L., (1974); A Heuristic Algorithm for Vehicle Dispatching Problems, Operations Research Quarterly No. 22, S. 340 ff.
263. Varenkamp R., Voigt M., Eley M., (2000); Logistikmanagement, Ouldenburg, München
264. Daganzo C. F., (1991/96/99); Logistic Systems Analysis, Springer, Berlin-Heidelberg-New York
265. Biggs N.L., (1999); Discrete Mathematics, Oxford Science Publications, Revised Edition
266. Gudehus T., (2002); Dynamische Disposition, Strategien und Algorithmen zur optimalen Auftrags- und Bestandsdisposition, Springer, Berlin-Heidelberg-New York
267. Arnold D., Isermann H., Kuhn A., Tempelmeier H., (2002); Handbuch Logistik, Springer, Berlin-Heidelberg-New York
268. Bahke E., (1973); Materialflußsysteme, Krauskopf-Verlag, Mainz
269. Jünemann R., (1963); Systemplanung für Stückgutläger, Krauskopf-Verlag, Mainz
270. Weber J., Baumgarten H. (Hrsg.), (1998); Handbuch der Logistik, Management von Material- und Warenflußprozessen, Schäffer-Poeschel, Stuttgart
271. Soom E., (1976); Optimale Lagerbewirtschaftung in Gewerbe, Industrie und Handel, Bern/Stuttgart
272. Hartmann H., (1997); Materialwirtschaft, Organisation, Planung, Durchführung, Kontrolle, 7. Aufl., Deutscher Betriebswirte-Verlag, Gernsbach
273. Gudehus T., (2001); Optimaler Nachschub in Versorgungsnetzen, Logistik Spektrum 13/01 Nr. 4, 5 ,6, sowie in Logistik Management 3. Jg. 2001, Ausgabe 2/3
274. Zinn H., (2002); Forth Party Logistics, Mehr als ein Modebegriff?, LOGISTIK HEUTE, 9/2002, S. 36
275. Behrentzen Chr., Reinhardt M., (2002); Kooperation in der Distributionslogistik von Strothmann Spirituosen und Melitta Haushaltswaren, in Integriertes Supply Chain Management, Hrsg. A. Busch/W.Dangelmaier, Gabler, Wiesbaden
276. Göpfert I., (1999); Industrielle Entsorgungslogistik, in Handbuch Logistik, Management von Material- und Warenflußprozessen, Schäffer-Poeschel, Stuttgart, S. 202 ff.
277. Fleischmann M., Bloemhof-Ruwaard J.M. et al., (1997); Quantitative models for reverse logistics: a review EJOR 103, S. 1–17
278. Weber J., (2002); Logistikkostenrechnung, Kosten-, Leistungs- und Erlösinformationen zur erfolgsorientierten Steuerung der Logistik, Springer, Berlin-Heidelberg-New York
279. Kuhn A., Hellingrath H., (2002); Supply Chain Management, Optimierte Zusammenarbeit in der Wertschöpfungskette, Springer, Berlin-Heidelberg-New York
280. Dittrich J., Mertens P., Hau M., (2000); Dispositionsparameter von SAP R/3-PP, Einstellhinweise, Wirkungen, Nebenwirkungen, Vieweg
281. Darkow I., (2001); Logistik-Controlling in der Versorgung, Dissertation TU Berlin

282. Dangelmaier W., Lessing H., Holthöfer N., (2002); Prognosebasierte Ressourcenplanung in einem Logistiknetzwerk, Jahrbuch der Logistik 2002, Handelsblatt Fachverlag, Düsseldorf, S.27 ff.
283. Hochregallagerstatistik, (2001); Zeitschrift Materialfluß, Verlag Moderne Industrie, München
284. Rödig W., Degenhard W., (2001); Weltrangliste Flurförderzeuge 2000/2001, Von der Expansion zur Konsolidierung, dhf 12/2001, S. 11 ff.
285. Krusche AG Lagertechnik, (2001); Wartenberg, Der neue TransFaster, Firmendruckschriften 2001/2002
286. Gudehus T., (1972); Regalförderzeuge für mehrere Ladeeinheiten?, fördern und heben,Heft 11/72
287. Gudehus T. und Lukas G., (2002); System zum dynamischen Bereitstellen und Kommissionieren von Paletten und anderen Ladeeinheiten, Anmelde-Nr. 10250964.6 vom 1. 11. 2002
288. Neumann G., (2001); Wissensbasierte Unterstützung des Planers, Dissertation, Otto-von-Guericke-Universität, Magdeburg
289. Neumann G., Krzyzaniak S., Lassen C.C., (2001); The Logistics Knowledge Portal: Gateway to more individualized learning in logistics, Educational Multimedia and Hypermedia, Proceedings of ED-MEDIA 2001, Tampere, Finland
290. VDI-Richtlinie VDI 3564, (1999); Empfehlungen zum Brandschutz in Hochregalanlagen (Entwurf), *3.8 Rettungswege*, Beuth, Berlin-Wien-Zürich
291. o. Verfasser, (2002); Logistik-Outsourcing stößt an Grenzen, Kunden kritisieren Qualitätsmängel, Dienstleister sind schlecht auf Kundenwünsche vorbereitet, FAZ Nr. 286 vom 9. 12. 2003, S. 22
292. Lolling A., (2001); Analyse und Reduzierung von Kommissionierfehlern, Bewertung der menschlichen Zuverlässigkeit, Logistik Jahrbuch 2001, S. 254 ff., Handelsblatt Fachverlag
293. Benz M., (2000); Umweltverträglichkeit von Transportketten, Logistik Jahrbuch 2000, S. 170 ff., Handelsblatt Fachverlag
294. Baumgarten H. et al., (1998); Qualitäts- und Umweltmanagement logistischer Prozeßketten, Verlag Paul Haupt, Bern-Stuttgart-Wien
295. Krampe H., (2000); Ist Logistik eine Wissenschaft? Gegenstand und Instrumentarien der Logistik, Logistik Jahrbuch 2000, S. 199 ff., Handelsblatt Fachverlag
296. Klaus P., (1999); Die TOP 100 der Logistik, Eine Studie zu Marktgrößen, Marktsegmenten und den Marktführern in der Logistik-Dientsleistungswirtschaft, Deutscher Verkehrs-Verlag
297. Müller Steinfahrt U., (1998); Logistik in Deutschland, Gabler Lexikon Logistik, S. 283 ff.; Dr. Th. Gabler, Wiesbaden
298. Klaus P., (1998); Logistik in Nordamerika, Gabler Lexikon Logistik, S. 290 ff.; Dr. Th. Gabler, Wiesbaden
299. Mack J., (2001); Softwareentwicklung als Expedition, Entwicklung eines Leitbilds und einer Vorgehensweise für die professionelle Softwareentwicklung, Dissertation, Fachbereich Informatik, Universität Hamburg, Logos Verlag, Berlin
300. Hillig H.-P., (2002); Einführung in das Urheber- und Verlagsrecht, S. XIII, *Urheberrechtsgesetz* (UrhR), *Verlagsrechtsgesetz* (VerlagsG), *EG-Recht*, Beck-Texte im dtv
301. DFG, (1998); Vorschläge zur Sicherung guter wissenschaftlicher Praxis, Empfehlungen der Kommission „Selbstkontrolle in der Wissenschaft", Deutsche Forschungsgemeinschaft
302. Hefermehl W., (1966); Einführung in das Wettbewerbsrecht und Kartellrecht, *Gesetz gegen den unlauteren Wettbewerb* (UWG), *Zugabeverordnung*, *Rabattgesetz*, *Kartellgesetz*, Beck-Texte im dtv
303. Cassel G., (1900); Grundsätze für die Bildung der Personentarife auf Eisenbahnen, Archiv für Eisenbahnwesen, 23. Jahrgang, S. 116–146 und 402–424

304. Schmidt W.-A., Senze C., (2002); Nicht jede Preisaktion ist dem Handel jetzt erlaubt, Auch nach dem Wegfall des Rabattgesetzes setzen Gerichte Grenzen, FAZ Nr. 294 vom 18.12.2002, S. 19
305. Ford L.R., Fulkerson D.R., (1962); Flows in Networks, Princeton
306. Europäische Kommission, (1999); Faire Preise für Infrastrukturbenutzung, Weißbuch der Europäischen Kommission, Internationales Verkehrswesen (51), 10/1999, S. 436 ff.
307. Wissenschaftliches Kolloquium, (2000); Grenzkosten als Grundlage für die Preisbildung im Verkehrsbereich, Schriftenreihe der Verkehrswissenschaftlichen Gesellschaft e.V.
308. Preiser E., (1959/1975); Nationalökonomie heute, Eine Einführung in die Volkswirtschaftslehre, C.H. Beck, München
309. Smith A., (1789); Der Wohlstand der Nationen, Übersetzung von H.C. Rektenwald 1978, DTV, München
310. Tempelmeier H., (1999); Material-Logistik, Modelle und Algorithmen für die Produktionsplanung und Steuerung und das Supply Chain Management, 4. Aufl., Springer, S. 366
311. Goldratt E., Coy J., (1984 USA/2001 Deutschland); Das Ziel, Ein Roman über Prozeßoptimierung, Campus Verlag, Frankfurt/New York
312. Nowitzky I., (2003); Economies of Scale in der Distributionslogistik, Dissertation Universität Karlsruhe; IFL
313. Eckey N.-F., Stock W., (2000); Verkehrsökonomie, Eine empirisch orientierte Einführung in die Verkehrswissenschaften, Gabler, Wiesbaden
314. Aberle G., (1996); Transportwirtschaft, München
315. von Neumann, Morgenstern O., (1946); Theory of Games and Economical Behaviour, Princeton
316. Morgenstern O., (1955); Note on the Formulation of the Theory of Logistics, in Naval Research Logistics Quarterly 5, S. 129ff
317. Witte H., (2001); Logistik, Ouldenbourg, München-Wien S.4
318. Böseler U., (1995); Die Ahnen der logistischen Dienstleister, in Jahrbuch Logistik 1995, S.20ff
319. Smith A, (1776); An Inquiry into the Nature and Causes of the Wealth of Nations, Oxford, deutsche Übersetzung "Wohlstand der Nationen" von H.C. Recktenwald, DTV, München
320. Schaur E., (1992); Ungeplante Siedlungen, Merkmale, Wegsystem, Flächeneinteilung; Mitteilungen des Instituts für leichte Flächentragwerke, Universität Stuttgart, Karl Krämer, Stuttgart
321. Straube F., (2004); e-Logistik, Springer, Berlin-Heidelberg-New York
322. Hayek F.A., (1988); The Fatal Conceit, The Errors of Socialism, Routledge, New York
323. Brockhaus-Lexikon (1998), 9. Band, „Modul [von lat. modulus „Maß", „Maßstab"] Baukunst: der untere halbe Säulendurchmesser, eine relative Maßeinheit … der antiken Formenlehre", Brockhaus, Leipzig-Mannhein
324. Dambach G. (1992); Ein vektorbasierter Ansatz zur Materialflußorientierten Layoutplanung, Dissertation, Wissenschaftlicher Bericht des Instituts für Fördertechnik der Universität Karlsruhe, Heft 38
325. Dangelmaier, W. (1986); Algorithmen und Verfahren zur Erstellung innerbetrieblicher Anordnungspläne, Bericht des IPA Frauenhofer-Institut für Produktionstechnik und Automatisierung, Stuttgart-Berlin
326. Dangelmaier W., (1999); Layoutplanung und Standortoptimierung, in Handbuch Logistik, Schafer-Poeschel, S.322 ff.
327. Dolezalek C.M., Warnecke H.-J. (1981); Planung von Fabrikanlagen, 2. Aufl., Berlin 1981
328. Engelhardt W., (1987); Groblayout-Entwicklung und Bewertung als Baustein rechnergestützter Fabrikplanung, Fortschrittsberichte VDI, Reihe 2, Nr. 144, Düsseldorf
329. Gudehus T., (1971); Transportwegoptimierung durch richtige Gebäudeauslegung, dhf, Nr.12, Jrg. 1971
330. Mayer S. (1983), Entwicklung eines modularen Rechnerprogramms zur interaktiven Verbesserung von Layouts für Fabrikanlagen, Abschlußbericht Deutsche Forschungsgemeinschaft Stuttgart

331. IMHC-Report (2004); Report International Material Handling Conference, Graz
332. Geiger G., (2003); Kanban, Hanser, München
333. Finkenzeller K., (2002); RFID-Handbuch, Hanser, München
334. Shephard S. S.S.; (2004); Rfid, McGraw-Hill
335. FAZ, 23. und 24. 11.2004; Weitere Fachanwaltstitel, Bekanntgabe einer Mitteilung der Bundesrechtsanwaltskammer
336. Conrads K.-P., (2004); Verkehrsrecht, Verlag Deutsche Polizeiliteratur
337. Xanke P., (2002); Verkehrsrecht, Deutscher Anwaltsverlag
338. Frehmuth et al., (2000); Kommentar zum Transportrecht, Recht und Wirtschaft
339. Koller I. , (2004); Transportrecht, Kommentar, C.H.Beck
340. Wieske Th., (2002); Transportrecht - Schnell erfaßt, Springer, Berlin-Heidelberg-New York
341. Brandenburg H., (2001); Transport- und Speditionsrecht
342. Alff R , (1991); Fracht-, Lager- und Speditionsrecht, Luchterhand
343. Sellmann K.-A., (2002); Personenbeförderungsrecht, Kommentar, C.H. Beck
344. Müglich A., (2002); Transport- und Logistikrecht, Vahlen
345. Wieske Th., (2005); Logistikrecht, Springer, Berlin-Heidelberg-New York, 2005
346. Grieshaber H., (1998); Logistikverträge S. 331ff., Transportrecht S. 464, in Gabler Lexikon Logistik, Gabler, Wiesbaden
347. Brucks W., (1997); Subsidiarität, Definition und Konkretisierung eines gesellschaftlichen Strukturprinzips, Soziologisches Institut der Universität Zürich, Online Publication, http://socio.ch/demo/t_wbrucks.htm
348. Bonell M. (2002); The Unidroit Priciples in Practice: Case Law and Bibliography on the Unidroit Principles of International Commercial Contracts, Transnational Publisher
349. Gudehus T. (2004); Dynamische Disposition bei begrenzter Produktionsleistung, Teil I, fördern und heben 9/2004, S. 512ff, Teil II, fördern und heben 10/2004, S. 599ff,
350. Arnold D., Faißt B.; (1999), Untersuchung des Bullwhip-Effekts in sequentiellen Lieferketten, Tagungsbericht der 5. Magdeburger Logistik-Tagung über Logistiknetzwerke, Otto-von-Guericke-Universität, Magdeburg, S. 180 ff
351. Forrester J.; (1961); Industrial Dynamics, MIT Press, and John Wiley & Sons Inc, New York
352. Kahn J.A.; (1987), Inventories and the Volatarity of Production, American Economic Review, 77, No.4, S. 667 ff.
353. Lee H.L., Padmanabhan V., Whang S.; (1997), Information Distortion in a Supply Chain: The Bullwhip Effect, Management Science, Vol. 43, No. 4, S. 546 ff
354. Sterman J.D.; (1989), Modelling Managerial Behaviour: Mispreceptions of Feedback in a Dynamic Decision Making Experiment, Management Science Vol.35, No.3, S. 321 ff.
355. Murphy P.R., Wood D.F.; (1996/2004); Contemporary Logistics, 8th ed., Pearson Prentice Hall, New Jersey
356. Afheldt H.; (2003/2005); Wirtschaft, die arm macht, Vom Sozialstaat zur gespaltenen Gesellschaft, 2. Aufl., Kunstmann, München

# Sachwortverzeichnis

Das Sachwortverzeichnis mit über 6700 Begriffen macht das vorliegende Buch zu einem *Nachschlagewerk und Lexikon der Logistik*. Die fett gedruckten Seitenzahlen geben die Hauptfundstellen an. Dort wird der betreffende Begriff definiert und im Zusammenhang ausführlich erklärt. Die übrigen Seitenzahlen geben Hinweise auf weitere Einsatzbereiche des Begriffs.

Als *Nachschlagewerk* erleichtert das Sachwortverzeichnis das Auffinden der Textstellen zu einer gesuchten Fragestellung. Als *Lexikon* ist es ein Beitrag zum Verständnis, zur Klärung und zur Vereinheitlichung der verwirrenden Begriffsvielfalt der Logistik. Vielleicht ist es möglich, damit einige der Mißverständnisse und Fehler zu vermeiden, die so oft aus der unkritischen Verwendung unklarer Begriffe resultieren.

## B

## C

## L

## S

## T

## X



## Z

# Abbildungsverzeichnis

# Tabellenverzeichnis

Druck: Strauss GmbH, Mörlenbach
Verarbeitung: Schäffer, Grünstadt